Ein starkes Stück Bautechnik.

BAUWERKSVERSTÄRKUNG & -SANIERUNG

- Mitglied des Markenverbandes TUDALIT e.V.
- über 30 Jahre Erfahrung mit Klebearmierungen

NACHTRÄGLICHES VERSTÄRKEN VON STAHLBETON DURCH LAMELLEN:
- zur deutlichen Nutzlasterhöhung
- als Auswechselarmierung
- zur zusätzlichen Horizontalaussteifung
- bei Änderung des statischen Systems

NACHTRÄGLICHES VERSTÄRKEN VON STAHLBETON DURCH TEXTILIEN:
- ausschließlich mit nichtkorrosiven und Alkali-resistenten Materialien (CFK, Glasfaser)
- zur rissfreien Reprofilierung
- besonders zeiteffizientes Verfahren

Laumer Bautechnik
Bahnhofstraße 8
84323 Massing
Tel.: 08724/88-0

Laumer Leipzig Bausanierung
Fritz-Zalisz-Straße 38a
04288 Leipzig
Tel.: 034297/48 400

SPEZIALTIEFBAU

- keine Grundwasserabsenkung
- kein anfallendes Bohrgut
- völlig erschütterungsfrei
- Qualitätsnachweis: Probebelastung durch unabhängiges Institut

CSV-BODENSTABILISIERUNG:
- Optimierung der Lastabtragung durch lastproportionale Säulenanordnung
- Vergleichmäßigung der Baugrundeigenschaften bei heterogenen Untergrundverhältnissen

MIKROPFÄHLE:
- als Auftriebssicherung und als Rückverankerung
- besonders geeignet bei beengten Platzverhältnissen

Laumer GmbH & Co.CSV Bodenstabilisierung KG
Bahnhofstraße 8
84323 Massing
Tel.: 08724/88-900

www.laumer.de

Die Fachzeitschrift zum gesamten Massivbau

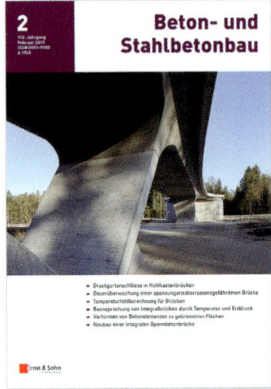

Neueste wissenschaftliche Erkenntnisse, Themen aus der Baupraxis und anwendungsorientierte Beiträge über neue Normen, Vorschriften und Richtlinien machen Beton- und Stahlbetonbau zu einem unverzichtbaren Begleiter und einer der bedeutendsten Zeitschriften für den Bauingenieur, seit mehr als 100 Jahren. Mit Berichten über ausgeführte Projekte und Innovationen im Baugeschehen erhält der Ingenieur weitere praktische Hilfestellungen für seine tägliche Arbeit.

Hrsg.: Ernst & Sohn
Beton- und Stahlbetonbau
114. Jahrgang 2019
12 Hefte / Jahr
Impact Faktor 2017: 0,717
ISSN 0005-9900 print
ISSN 1437-1006 online
Auch als ejournal erhältlich.

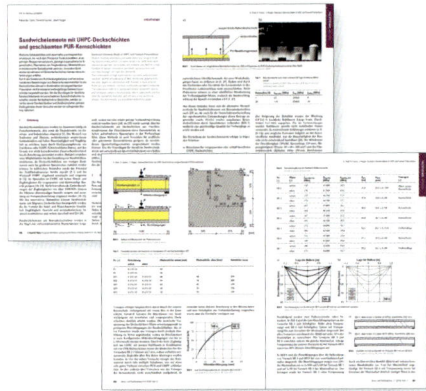

Probeheft bestellen:
www.ernst-und-sohn.de/Zeitschriften

Ernst & Sohn
Verlag für Architektur und technische Wissenschaften GmbH & Co. KG

Kundenservice: Wiley-VCH
Boschstraße 12
D-69469 Weinheim

Tel. +49 (0)800 1800-536
Fax +49 (0)6201 606-184
cs-germany@wiley.com

1097166_dp

STAHL.
VERBUND.
HOLORIB®.

Weitere Infos und unsere kostenlose Bemessungssoftware finden Sie unter **www.holorib.de**

Montana Bausysteme AG
CH-5612 Villmergen
Tel. + 41 56 619 85 85
info@montana-ag.ch

Bautechnik. Materialunabhängig.
Fachübergreifend. Konstruktiv.

Die Diskussionsplattform für den gesamten Ingenieurbau. Aktuelle und zukunftweisende Themenschwerpunkte, wissenschaftliche Erstveröffentlichungen kombiniert mit Beträgen aus der Baupraxis, ein übersichtliches Layout: dieses Konzept macht **Bautechnik** zu einer der erfolgreichsten Fachzeitschriften für den Ingenieurbau – seit 90 Jahren!

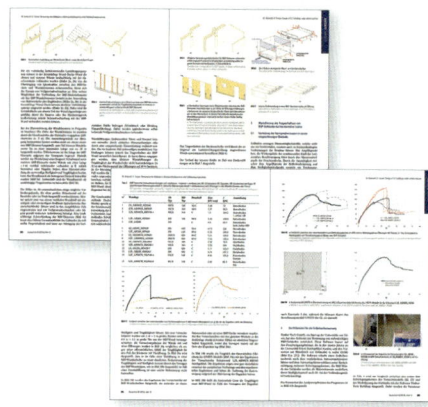

Hrsg.: Ernst & Sohn
Bautechnik
Zeitschrift für den
gesamten Ingenieurbau
96. Jahrgang 2019.
12 Hefte / Jahr
Impact-Faktor 2017: 0,291
ISSN 0932-8351 print
ISSN 1437-0999 online
Auch als e journal erhältlich.

Weitere Zeitschriften:

- Stahlbau
- UnternehmerBrief Bauwirtschaft
- geotechnik

Probeheft bestellen:
www.ernst-und-sohn.de/bate

Ernst & Sohn
Verlag für Architektur und technische
Wissenschaften GmbH & Co. KG

Kundenservice: Wiley-VCH
Boschstraße 12
D-69469 Weinheim

Tel. +49 (0)800 1800-536
Fax +49 (0)6201 606-184
cs-germany@wiley.com

1024106_dp

Bauen mit Betonfertigteilen – Anforderungen und Besonderheiten

Der Betonfertigteilbau ist eine der innovativsten Bauweisen – hier werden neue Betone, Bewehrungen und Herstellverfahren erstmals angewendet, denn das Fertigteilwerk bietet hervorragende Voraussetzungen für die industrielle Fertigung und die Herstellung von Einzelstücken.

Das vorliegende Buch führt in die Bauweise ein und vermittelt alles notwendige Wissen für die Konstruktion, Berechnung und Bemessung. Auch die geschichtliche Entwicklung und der Stand der europäischen Normung werden aufgezeigt.

Der Dreh- und Angelpunkt für den wirtschaftlichen und fehlerfreien Einsatz von Betonfertigteilen und Hauptanliegen dieses Buches ist der fertigungs- und montagegerechte Entwurf. Neben den zu beachtenden Randbedingungen werden typische Fertigteilkonstruktionen zur Diskussion gestellt. Die Verbindungen der Betonfertigteile sind als Schwachstelle gerade bei Horizontallasten besonders zu beachten. Daher wird die Aussteifung von Fertigteilgebäuden ausführlich behandelt. Insbesondere aufgrund von kritischen Detailnachweisen ist eine ingenieurmäßige vereinfachende Betrachtung der Aussteifung gegenüber einer computergestützten Berechnung vorzuziehen. Besonderheiten der Bemessung, z. B. Lager, Knoten und Stöße, werden vertieft dargestellt.

Alfred Steinle, Hubert Bachmann, Mathias Tillmann
Bauen mit Betonfertigteilen im Hochbau
3. Auflage
2018. 336 Seiten.
€ 55,–*
ISBN: 978-3-433-03224-4
Auch als ebook erhältlich.

BUNDLE: ebook + Print!
€ 79,–
ISBN 978-3-433-03263-3

Online Bestellung:
www.ernst-und-sohn.de/3224

Ernst & Sohn
Verlag für Architektur und technische Wissenschaften GmbH & Co. KG

Kundenservice: Wiley-VCH
Boschstraße 12
D-69469 Weinheim

Tel. +49 (0)6201 606-400
Fax +49 (0)6201 606-184
service@wiley-vch.de

* Der €-Preis gilt ausschließlich für Deutschland. Inkl. MwSt. Die Versandkosten für Deutschland, Österreich, Schweiz, Liechtenstein und Luxemburg entfallen. Für alle anderen Länder gilt der Preis zzgl. Versandkosten. Irrtum und Änderungen vorbehalten. 1158046_dp

Tragwerksverstärkung
von Stahlbeton mit Stahl- oder Kohlefaserlamellen, Kohlefasersheets oder Spritzbeton

Roxeler Bauwerkserhaltung

Ingenieurmäßige Instandsetzung von Hoch-, Tief- und Brückenbauwerken

Roxeler
Betonsanierungsgesellschaft mbH
Otto-Hahn-Straße 7
48161 Münster
Telefon: 02534 6200-0
Telefax: 02534 6200-32
E-Mail: mail@roxeler.de
www.roxeler.de

Beratung und Ausführung
- Nutzlasterhöhung
- Änderung des statischen Systems
- Ergänzung fehlender oder korrodierter Bewehrung
- Auswechselbewehrung für das nachträgliche Anlegen von Treppen- oder Fahrstuhlöffnungen

Werterhaltung durch StoCretec-Systemlösungen für Betonschutz und -instandsetzung

Alle Produkte und Systeme entsprechen den Vorgaben und Prüfkriterien der EN 1504: Betoninstandsetzung, Oberflächenschutz, Tragwerksverstärkung, Risssanierung, kathodischer Korrosionsschutz (KKS) für Wände, Stützen und Decken.

Hoch entwickelte Bodenbeschichtungssysteme haben sich auf vielen Millionen Parkhaus-Quadratmetern bestens bewährt: Auf Bodenplatten, Gehflächen, Zwischen- und Freidecks, Rampen sowie an Wänden, Stützen und Decken.

StoCretec GmbH
Gutenbergstraße 6 | 65830 Kriftel | Telefon 06192 401-104
stocretec@sto.com | www.stocretec.de

Bewusst bauen.

„Pflichtlektüre und Hochgenuss für den Ingenieurbaukünstler" (Jörg Schlaich)

Billington proklamiert in diesem Buch die neue, eigenständige Kunstform Ingenieurbau (Structural Art), die er als der Architektur ebenbürtig ansieht. Nicht zufällig nennt der Titel die klassischen Domänen des Bauingenieurs, wobei Billington konkret die epochalen Bauwerke Eiffelturm und Brooklyn Bridge im Sinn hat.

In leicht lesbarem Stil und auf unterhaltsame Weise stellt Billington die Ideale, Prinzipien und Methoden der Kunst des Ingenieurbaus dar. Er verdeutlicht ihre historische Entwicklung anhand der Bauwerke herausragender Ingenieure wie Telford, Maillart, Freyssinet und Menn.

David Billington
Der Turm und die Brücke
Die neue Kunst des Ingenieurbaus
2013. 298 Seiten.
€ 29,90*
ISBN 978-3-433-03077-6
Auch als ebook erhältlich

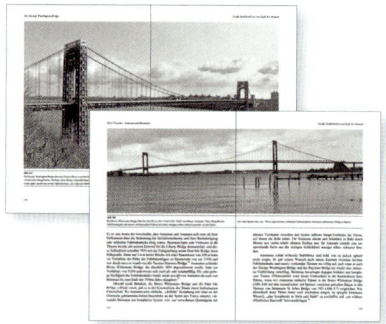

Online-Bestellung:
www.ernst-und-sohn.de/3077

Ernst & Sohn
Verlag für Architektur und technische
Wissenschaften GmbH & Co. KG

Kundenservice: Wiley-VCH
Boschstraße 12
D-69469 Weinheim

Tel. +49 (0)6201 606-400
Fax +49 (0)6201 606-184
service@wiley-vch.de

* Der €-Preis gilt ausschließlich für Deutschland. Inkl. MwSt. Die Versand kosten für Deutschland, Österreich, Schweiz, Liechtenstein und Luxemburg entfallen. Für alle anderen Länder gilt der Preis zzgl. Versandkosten. Irrtum und Änderungen vorbehalten. 1039156_dp

Gerhard Hanswille, Markus Schäfer, Marco Bergmann

Eurocode 4 – DIN EN 1994-1-1 Bemessung und Konstruktion von Verbundtragwerken aus Stahl und Beton

- Normungsauslegung durch Normenmacher
- lesbare und fehlerbereinigte konsolidierte Fassung des für Deutschland relevanten Normtextes

Der Normentext des Eurocode 4 Teil 1-1 und sein Nationaler Anhang werden praxisgerecht bearbeitet und zu einem durchgängig lesbaren Text zusammengefasst (konsolidierte Fassung). Die Regelungen und Hintergründe der Norm werden erläutert und durch zahlreiche Beispiele komplettiert.

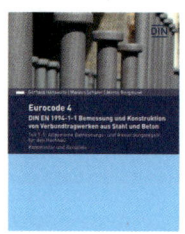

2 / 2020 · ca. 320 Seiten

Softcover
ISBN 978-3-433-03162-9
ca. **€ 108***

eBundle (Print + PDF)
ISBN 978-3-433-03182-7
ca. **€ 140,40***

Bereits vorbestellbar.

BESTELLEN
+49 (0)30 470 31-236
marketing@ernst-und-sohn.de
www.ernst-und-sohn.de/3162

* Der €-Preis gilt ausschließlich für Deutschland. Inkl. MwSt.

2020 BetonKalender

Wasserbau
Konstruktion und Bemessung

Herausgegeben von

Prof. Dipl.-Ing. DDr. Dr.-Ing. E.h. Konrad Bergmeister
Wien

Prof. Dr.-Ing. Frank Fingerloos
Berlin

Prof. Dr.-Ing. Dr. h.c. mult. Johann-Dietrich Wörner
Darmstadt

109. Jahrgang

Hinweis des Verlages
Die Recherche zum Beton-Kalender ab Jahrgang 1980 steht
im Internet zur Verfügung unter www.ernst-und-sohn.de

Titelbild: Neue Weserschleuse in Minden (Fertigstellung 2017)
Foto: Bundesanstalt für Wasserbau, Karlsruhe

Bibliografische Information der Deutschen Nationalbibliothek
Die Deutsche Nationalbibliothek verzeichnet diese Publikation in der Deutschen Nationalbibliografie;
detaillierte bibliografische Daten sind im Internet über http://dnb.d-nb.de abrufbar.

© 2020 Wilhelm Ernst & Sohn, Verlag für Architektur und technische Wissenschaften GmbH & Co. KG,
Rotherstr. 21, 10245 Berlin, Germany

Alle Rechte, insbesondere die der Übersetzung in andere Sprachen, vorbehalten. Kein Teil dieses Buches darf ohne schriftliche Genehmigung des Verlages in irgendeiner Form – durch Fotokopie, Mikrofilm oder irgendein anderes Verfahren – reproduziert oder in eine von Maschinen, insbesondere von Datenverarbeitungsmaschinen, verwendbare Sprache übertragen oder übersetzt werden.

All rights reserved (including those of translation into other languages). No part of this book may be reproduced in any form – by photoprint, microfilm, or any other means – nor transmitted or translated into a machine language without written permission from the publisher.

Die Wiedergabe von Warenbezeichnungen, Handelsnamen oder sonstigen Kennzeichen in diesem Buch berechtigt nicht zu der Annahme, dass diese von jedermann frei benutzt werden dürfen. Vielmehr kann es sich auch dann um eingetragene Warenzeichen oder sonstige gesetzlich geschützte Kennzeichen handeln, wenn sie als solche nicht eigens markiert sind.

Umschlaggestaltung: Hans Baltzer, Berlin
Herstellung: HillerMedien, Berlin
Satz: Alexa Glanzner GmbH, Viernheim
Druck und Bindung: CPI Ebner & Spiegel, Ulm

Printed in the Federal Republic of Germany.
Gedruckt auf säurefreiem Papier.

Print ISBN: 978-3-433-03268-8
ePDF ISBN: 978-3-433-60992-7
ePub ISBN: 978-3-433-60991-0
oBook ISBN: 978-3-433-60990-3

ISSN 0170-4958

Vorwort

Der Beton-Kalender 2020 behandelt schwerpunktmäßig die konstruktive Durchbildung und die Bemessung von Konstruktionen des Wasserbaus, die Baugrundverbesserung sowie aktuelle Themen aus dem konstruktiven Bereich der Betonbauweise.

Ein respektvoller Umgang mit der Natur, die Auswirkungen der Klimaveränderung und die Interaktion von Bauwerken mit der natürlichen und auch künstlich geschaffenen Umwelt erfordern eine stete Aktualisierung des Wissens. Der interaktive Zusammenhang zwischen einer von der Natur ausgelösten Ursache, ihrer Wirkung und den entsprechenden Schutzbauwerken stellt im Bauwesen eine ingenieurmäßige Herausforderung dar – von der Modellierung der Einwirkungen, über die Strukturmechanik und die Werkstoffwissenschaften, die Geotechnik und die Bodenverbesserung bis hin zum Konstruktiven Ingenieurbau. Der Baustoff Beton muss zunehmend multidimensionalen Anforderungen an das verhaltens- und verformungsgesteuerte Langzeitverhalten, aus veränderlichen Umwelteinwirkungen und aus ästhetischen Gesichtspunkten entsprechen. Hierzu gibt es aktualisierte Beiträge und neues Wissen im vorliegenden Beton-Kalender 2020 in praxisnah aufbereiteter Form.

Die kausalen Zusammenhänge können dabei naturwissenschaftlich erfasst werden, jedoch die Auswirkungen auf die Planung der Betonzusammensetzung sowie der Durchbildung der Betonkonstruktionen sind vielfach nur mit Versuchen und zunehmend mit Modellen der numerischen Approximation und der Wahrscheinlichkeitsrechnung zu erfassen. Hier gilt es mit Mut neue Erfahrungen mit verformungskompatiblen Entwurfskonzepten zu sammeln.

In beiden Teilen dieses Jahrgangs wurden aktuelle Themen zusammengestellt, um ein Nachschlagewerk für die Ingenieurpraxis, aber auch für den wissenschaftlich interessierten Leser zu erstellen.

Im Teil 1 führen *Frank Dehn, Udo Wiens* und *Harald S. Müller* in die aktualisierten Themen der Betonzusammensetzung bei spezifischen Einwirkungen ein. Dabei werden neue Erkenntnisse für die Langzeitbeanspruchung sowie die Dauerhaftigkeit behandelt.

Das Kapitel Betonstahl und Spannstahl wurde von *Jörg Moersch* und *Sven Junge* auf einen aktuellen Stand gebracht.

Mit der Spanngliedverankerung beim Rückbau von Brücken befassen sich *David Sanio* und *Peter Mark*. Anhand von konkreten Beispielen werden temporäre Quer- und Längsvorspannungen für die verschiedenen Phasen des Teilabbruchs dargestellt.

Einen aktuellen Überblick zur Bemessung von Verankerungen in Beton nach neuem Eurocode EN 1992-4 geben *Rainer Mallée, Werner Fuchs* und *Rolf Eligehausen*.

Die Verankerungs- und Bewehrungstechnik erfährt gerade durch nachträgliche Ergänzungsarbeiten ständige Herausforderungen. Dazu hat *Thomas Sippel* Befestigungsprodukte, Bemessungsregeln und deren konstruktive Anwendungsbedingungen in übersichtlicher Form zusammengestellt.

Zu den Schwerpunkten dieser Ausgabe passend, gibt *Claus Kunz* eine bautechnische Einführung zu massiven Verkehrs-Wasserbauwerken.

Mit der Gestaltung und Planung von Schutzbauwerken im Bereich von Wildbächen beschäftigen sich *Jürgen Suda* und *Konrad Bergmeister*. Dabei wird den Ursachen der Einwirkungen, deren Modellierung, der Bemessung sowie der konstruktiven Durchbildung und der Betonzusammensetzung dieser Ingenieurbauwerke breiter Raum gegeben. Auch die Inspektion und Erhaltung sowie die Lebensdauer dieser Schutzbauwerke werden in diesem Beitrag behandelt.

Teil 2 beginnt mit dem Beitrag zur Baugrundverbesserung von *Robert Thurner, Clemens Kummerer* und *Roman Marte*. Die verschiedenen Maßnahmen und deren Wirkungsweise sowie die Verfahren werden erläutert und durch Anwendungsbeispiele ergänzt.

Die Zwangsbeanspruchungen und die Rissbreitenbeschränkung in Stahlbetonbauteilen auf der Grundlage der Verformungskompatibilität behandeln *Nguyen Viet Tue* und *Dirk Schlicke*. Erstmalig im Beton-Kalender werden dabei aktuelle Forschungsergebnisse zur Bemessung unter Berücksichtigung der Riss- und Verformungsentwicklung vorgestellt.

Mit den Auswirkungen des EuGH-Urteils vom 16. Oktober 2014 über die Anpassung des nationalen Bauproduktenrechts beschäftigt sich *Tina Gerschler*. Hierbei werden neben den rechtlichen Randbedingungen auch bisherige Erfahrungen mit der Umsetzung in Deutschland berücksichtigt.

Umfassend hat wiederum *Frank Fingerloos* Normen und Regelwerke in einem Kapitel zusammengestellt.

Der Beton-Kalender 2020 umfasst spezielle, aber für die Sicherung der Lebensräume wichtige Themengebiete. Die Herausgeber des Beton-Kalenders konnten mit kompetenten Autoren ein Buch für die Ingenieurpraxis und wissenschaftliche Vertiefung auf der Grundlage von aktuellen Forschungsergebnissen und Normenvorschriften erstellen. Wir wünschen den Lesern viel Freude und Erfolg beim Umsetzen in innovative und nachhaltige Ingenieurbauwerke.

September 2019

Prof. Dr.-Ing. mult. Dr.-Ing. E. h.
Konrad Bergmeister

Prof. Dr.-Ing. Frank Fingerloos

Prof. Dr.-Ing. Dr. h. c. mult.
Johann-Dietrich Wörner

SICHERHEIT
FÜR HEUTE UND MORGEN

Flutschutzmauern aus Stahl kombiniert mit moderner Architektur – so wird die Millionenmetropole Hamburg mit ihren Bewohnern vor Hochwasser geschützt. HOCHTIEF war maßgeblich am Bau und an der Ausführungsplanung der rund 1600 Meter langen Hochwasserschutzlinie beteiligt und leistet damit einen wichtigen Beitrag für den Schutz der Bürger. Mit kompetentem und erfahrenem Personal in Planung und Ausführung realisieren wir neben Hafen- und Wasserbauprojekten auch komplexe Infrastrukturprojekte - in Europa und ausgewählten Regionen weltweit. Qualität sowie Termintreue – unter steter Einhaltung höchster Standards der Arbeitssicherheit – sind wichtige Säulen unserer Arbeit, auf die sich unsere Kunden seit vielen Jahrzehnten verlassen können. Ihr Kontakt zu uns: **infrastructure@hochtief.de**

Wir bauen die Welt von morgen.

Inhaltsübersicht

1

	Inhaltsverzeichnis VII
	Anschriften XVII
I	**Beton** .... 1 Frank Dehn, Harald S. Müller, Udo Wiens
II	**Betonstahl und Spannstahl** .... 175 Jörg Moersch, Sven Junge
III	**Spanngliedverankerung beim Rückbau von Brücken** .... 249 David Sanio, Peter Mark
IV	**Bemessung von Verankerungen in Beton nach EN 1992-4** .... 293 Rainer Mallée, Werner Fuchs, Rolf Eligehausen
V	**Verankerungs- und Bewehrungstechnik** .... 409 Thomas M. Sippel
VI	**Massive (Verkehrs-)Wasserbauwerke – ein aktueller bautechnischer Überblick** .... 473 Claus Kunz
VII	**Wildbachsperren** .... 501 Jürgen Suda, Konrad Bergmeister
	Stichwortverzeichnis XXI

Inhaltsübersicht

2

	Inhaltsverzeichnis V
	Anschriften XV
VIII	**Baugrundverbesserung** .... 725 Robert Thurner, Clemens Kummerer, Roman Marte
IX	**Zwangbeanspruchung und Rissbreitenbeschränkung in Stahlbetonbauteilen auf Grundlage der Verformungskompatibilität** .... 831 Nguyen Viet Tue, Dirk Schlicke
X	**Die Anpassung des nationalen Bauproduktenrechts nach dem Urteil des EuGH vom 16. Oktober 2014** .... 889 Tina Gerschler
XI	**Normen und Regelwerke** .... 913 Frank Fingerloos
	Stichwortverzeichnis 1245

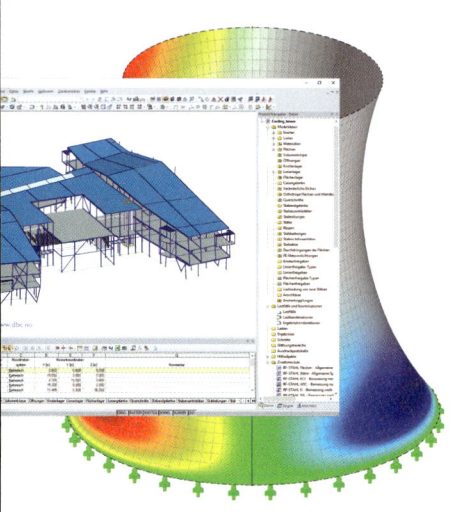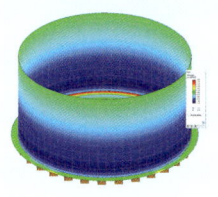

Der einfache Einstieg in die Praxis der Betonbrückenbemessung nach Eurocode

Nguyen Viet Tue,
Michael Reichel, Michael Fischer
**Berechnung und Bemessung
von Betonbrücken**
2015. 456 Seiten.
€ 89,–*
ISBN 978-3-433-01866-8
Auch als ebook erhältlich.

Dieses Buch ist ein Praxisleitfaden für die Berechnung und Bemessung von Brückentragwerken aus Stahlbeton und Spannbeton. Eine 5-feldrige Spannbetonbrücke wird komplett im Sinne einer prüffähigen Statik durchgerechnet. Alle tragenden Teile, also auch Lager, Talpfeiler und Gründungen, werden behandelt. Zudem werden die einzelnen Schritte vertiefend erläutert und Bezüge zur Norm werden nachvollziehbar hergestellt.

Die Berechnungen erfolgen gemäß Eurocode 2 und den zugehörigen deutschen Nationalen Anhängen. Gegliedert ist das Buch in gewohnter Weise nach Heft 504, wodurch das Nachschlagen einzelner Berechnungsschritte erleichtert wird.

Mit diesem Buch geben die Autoren ihren umfangreichen Erfahrungsschatz in Planungs- und Prüfpraxis an den Leser weiter.

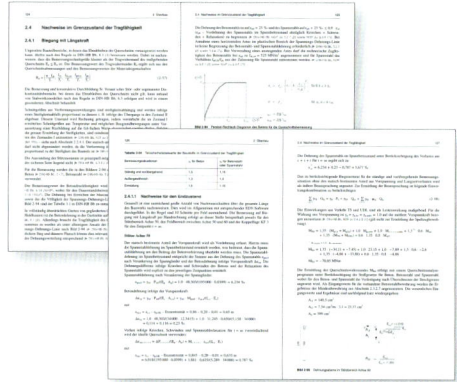

Online Bestellung:
www.ernst-und-sohn.de/1866

Ernst & Sohn
Verlag für Architektur und technische
Wissenschaften GmbH & Co. KG

Kundenservice: Wiley-VCH
Boschstraße 12
D-69469 Weinheim

Tel. +49 (0)6201 606-400
Fax +49 (0)6201 606-184
service@wiley-vch.de

* Der €-Preis gilt ausschließlich für Deutschland. Inkl. MwSt. Die Versandkosten für Deutschland, Österreich, Schweiz, Liechtenstein und Luxemburg entfallen. Für alle anderen Länder gilt der Preis zzgl. Versandkosten. Irrtum und Änderungen vorbehalten. 1099116_dp

Inhaltsverzeichnis

1

I	**Beton** 1
	Frank Dehn, Harald S. Müller, Udo Wiens

1	Einführung und Definition........... 3
1.1	Allgemeines...................... 3
1.2	Definition....................... 3
1.3	Klassifizierung von Beton........... 4
1.3.1	Betonarten...................... 4
1.3.2	Betonklassen.................... 5
1.3.3	Betonfamilie..................... 7

2	Ausgangsstoffe................... 8
2.1	Zement......................... 8
2.1.1	Arten und Zusammensetzung........ 8
2.1.2	Bautechnische Eigenschaften........ 12
2.1.3	Bezeichnung, Lieferung und Lagerung...................... 14
2.1.4	Anwendungsbereiche.............. 15
2.1.5	Zementhydratation................ 19
2.1.6	Der Zementstein.................. 20
2.2	Gesteinskörnungen für Beton....... 22
2.2.1	Allgemeines..................... 22
2.2.2	Art und Eigenschaften des Gesteins .. 23
2.2.3	Schädliche Bestandteile............ 24
2.2.4	Kornform und Oberfläche.......... 28
2.2.5	Größtkorn und Kornzusammensetzung............. 28
2.3	Betonzusatzmittel................. 31
2.3.1	Definition....................... 31
2.3.2	Arten von Zusatzmitteln........... 31
2.3.3	Anwendungsgebiete............... 32
2.3.4	Weitere Anforderungen............ 33
2.4	Betonzusatzstoffe................. 34
2.4.1	Definitionen..................... 34
2.4.2	Inerte Stoffe und Pigmente......... 34
2.4.3	Puzzolanische Stoffe.............. 34
2.4.4	Latent-hydraulische Stoffe.......... 39
2.4.5	Organische Stoffe................. 40
2.5	Zugabewasser.................... 40

3	Frischbeton und Nachbehandlung.... 40
3.1	Allgemeine Anforderungen......... 40
3.2	Mehlkorngehalt.................. 41
3.3	Rohdichte und Luftgehalt.......... 41
3.4	Verarbeitbarkeit und Konsistenz..... 42
3.5	Transport und Einbau............. 44
3.6	Entmischen..................... 46
3.7	Nachbehandlung 47
3.7.1	Nachbehandlungsarten............ 47
3.7.2	Dauer der Nachbehandlung 48
3.7.3	Zusätzliche Schutzmaßnahmen...... 49

4	Junger Beton.................... 50
4.1	Bedeutung und Definition.......... 50
4.2	Hydratationswärme............... 50
4.3	Verformungen................... 50
4.4	Dehnfähigkeit und Rissneigung...... 51
4.5	Bestimmung der Festigkeit von jungem Beton................ 53

5	Lastunabhängige Verformungen..... 53
5.1	Allgemeines..................... 53
5.2	Temperaturdehnung............... 53
5.3	Schwinden...................... 54
5.3.1	Ursachen....................... 54
5.3.2	Mathematische Beschreibung 56

6	Festigkeit und Verformung von Festbeton....................... 58
6.1	Strukturmerkmale 58
6.2	Druckfestigkeit................... 58
6.2.1	Spannungszustand und Bruchverhalten von Beton bei Druckbeanspruchung .. 58
6.2.2	Einflüsse auf die Druckfestigkeit..... 59
6.2.2.1	Ausgangsstoffe und Betonzusammensetzung............ 59
6.2.2.2	Erhärtungsbedingungen und Reife.... 60
6.2.2.3	Prüfeinflüsse.................... 64
6.2.3	Festigkeitsklassen 65
6.3	Zugfestigkeit 65
6.3.1	Bruchverhalten und Bruchenergie.... 66
6.3.2	Einflüsse auf die Zugfestigkeit....... 66
6.3.3	Zentrische Zugfestigkeit 67
6.3.4	Biegezugfestigkeit................ 67
6.3.5	Spaltzugfestigkeit................. 67
6.3.6	Verhältniswerte für Druck- und Zugfestigkeit 68
6.4	Festigkeit bei mehrachsiger Beanspruchung.................. 69
6.5	Spannungs-Dehnungsbeziehungen ... 69
6.5.1	Elastizitätsmodul und Querdehnzahl.. 70
6.6	Einfluss der Zeit auf Festigkeit und Verformung..................... 71
6.6.1	Die zeitliche Entwicklung von Festigkeit und Elastizitätsmodul 71
6.6.2	Verhalten bei Dauerstandbeanspruchung.................. 72
6.6.3	Zeitabhängige Verformungen 72
6.6.3.1	Definitionen.................... 72
6.6.3.2	Kriechverhalten von Beton 73

6.6.3.3	Vorhersageverfahren 75		10.2.5	Festbetonverhalten von Konstruktionsleichtbeton. 119
6.6.4	Verhalten bei dynamischer Beanspruchung. 77		10.2.6	Zur Planung von Bauwerken aus Konstruktionsleichtbeton. 122
6.6.5	Ermüdung 78		10.2.7	Selbstverdichtender Konstruktionsleichtbeton. 123
7	**Dauerhaftigkeit** 81		10.3	Porenbeton 124
7.1	Überblick über die Umweltbedingungen, Schädigungsmechanismen und Mindestanforderungen 82		10.4	Haufwerksporiger Leichtbeton 124
			11	**Faserbeton** 126
7.2	Widerstand gegen das Eindringen aggressiver Stoffe. 89		11.1	Allgemeines 126
			11.2	Zusammenwirken von Fasern und Matrix 126
7.3	Korrosionsschutz der Bewehrung im Beton 91		11.2.1	Ungerissener Beton 127
7.3.1	Allgemeine Anforderungen 91		11.2.2	Gerissener Beton 128
7.3.2	Carbonatisierung 91		11.3	Fasern. 134
7.3.3	Eindringen von Chloriden 93		11.3.1	Stahlfasern 134
7.4	Frostwiderstand 95		11.3.2	Glasfasern 135
7.5	Frost- und Taumittelwiderstand. 96		11.3.3	Organische Fasern 136
7.6	Widerstand gegen chemische Angriffe 98		11.3.3.1	Kunststofffasern (Polymere) 136
			11.3.3.2	Kohlenstofffasern 137
7.7	Verschleißwiderstand. 99		11.3.3.3	Fasern natürlicher Herkunft – Zellulosefasern. 137
7.8	Feuchtigkeitsklassen nach Alkali-Richtlinie 99		11.4	Zusammensetzung 138
			11.4.1	Beton 138
8	**Selbstverdichtender Beton** 100		11.4.2	Fasern. 138
8.1	Allgemeines 100		11.5	Eigenschaften. 138
8.2	Mischungsentwurf 101		11.5.1	Verhalten bei Druckbeanspruchung. . 138
8.3	Frischbetonprüfverfahren an Mörtel 102		11.5.2	Verhalten bei Zugbeanspruchung und bei Biegebeanspruchung. 139
8.4	Prüfungen am Beton 103		11.5.3	Verhalten bei Querkraft- und Torsionsbeanspruchung. 140
8.5	Eigenschaften. 106		11.5.4	Verhalten bei Explosions-, Schlag- und Stoßbeanspruchung. 140
9	**Sichtbeton** 106			
9.1	Einführung 106		11.5.5	Kriechen und Schwinden 140
9.2	Planung und Ausschreibung 107		11.5.6	Dauerhaftigkeit 140
9.3	Betonzusammensetzung und Betonherstellung 107		11.5.7	Frost- und Taumittelwiderstand. 141
			11.5.8	Verhalten bei hoher Temperatur 141
9.4	Einbau und Nachbehandlung. 108		11.5.9	Verschleißwiderstand. 142
9.4.1	Schalung und Trennmittel 108		11.6	Übereinstimmungsnachweis und Prüfungen. 142
9.4.2	Ausführung und Nachbehandlung . . . 109			
9.5	Beurteilung 109		11.7	Richtlinie „Stahlfaserbeton" 142
9.6	Mängel und Mängelbeseitigung. 110			
9.6.1	Sichtbetonmängel. 110		**12**	**Ultrahochfester Beton** 143
9.6.2	Mängelbeseitigung bei Sichtbeton. . . 111		**13**	**Nachhaltiger Beton** 143
9.6.3	Architektonisch bedeutsame Bausubstanz. 112		13.1	Einführung 143
			13.2	Ökobilanz von Beton 144
9.7	Sonder-Sichtbetone 112		13.3	Mischungsentwicklung 146
10	**Leichtbeton** 113		13.3.1	Optimierung der Packungsdichte der granularen Ausgangsstoffe. 146
10.1	Einführung und Überblick 113			
10.2	Konstruktionsleichtbeton nach DIN EN 1992-1-1 114		13.3.2	Bewertung der Leistungsfähigkeit der Bindemittelzusammensetzung. . . 150
10.2.1	Grundlegende Eigenschaften 114		13.4	Methoden der Leistungsbewertung . . 151
10.2.2	Leichte Gesteinskörnung 114		13.5	Zusammensetzung und Eigenschaften nachhaltiger Betone 152
10.2.3	Betonzusammensetzung. 116			
10.2.4	Herstellung, Transport und Verarbeitung. 118		**14**	**Carbonbeton** 156

15	Normative Entwicklung........... 158	15.2.3	DAfStb-Richtlinie	
15.1	Neue EN 206 und DIN 1045-2 158		„Betonbauqualität (BBQ)"......... 159	
15.2	Betonbauqualität entlang der Wertschöpfungskette – Ein integrierter Ansatz............ 158	15.3	Widerstandsklassen – das neue Konzept zur Sicherstellung der Dauerhaftigkeit von Betonbauwerken	
15.2.1	Hintergrund................... 158		für die zukünftige EN 206......... 161	
15.2.2	Bisherige Normen im Betonbau – Defizitanalyse................... 159	16	Literatur...................... 162	

II Betonstahl und Spannstahl 175
Jörg Moersch, Sven Junge

	Einleitung...................... 177	1.3	Ausgewählte Betonstähle nach allgemeinen bauaufsichtlichen	
1	Betonstahl 177		Zulassungen; Stand 11.2018....... 235	
1.1	Betonstahl nach europäischer Norm........................ 177	1.3.1 1.3.1.1	Betonstabstahl .... 235 B500A mit Sonderrippung......... 235	
1.1.1	Betonstahl nach prEN 10080....... 177	1.3.1.2	Betonstabstahl B500B und B550B	
1.1.2	Verzinkter Betonstahl nach prEN 10348.................... 179		mit Gewinderippen Typ SAS 500 und SAS 550 235	
1.1.3	Betonstahl aus rostfreiem Stahl nach prEN 10370................... 179	1.3.1.3	Hochfester Bewehrungsstahl mit Gewinderippen Typ SAS 670/800 .. 235	
1.2	Betonstahl nach DIN 488.......... 180	1.3.2	Betonstahl in Ringen............. 236	
1.2.1	Einführung.................... 180	1.3.2.1	Betonstahl in Ringen B500A mit	
1.2.2	Stahlsorten, Eigenschaften und Kennzeichnung nach DIN 488-1 180		Nenndurchmesser 14,0 und 16,0 mm...................... 236	
1.2.3	Bauaufsichtlich anerkannte Zertifizierungs- und Überwachungs-	1.3.2.2	Betonstahl in Ringen B500B mit Sonderprofilierung „Europrofil" 236	
	stellen für die Herstellung und Verarbeitung von Betonstahl....... 185	1.3.2.3	Betonstahl in Ringen B500B mit Sonderrippung „TWR" 236	
1.2.4	Betonstahl in Stäben nach DIN 488-2 186	1.3.2.4	Betonstahl in Ringen B500B mit Sonderrippung „EMB"........... 236	
1.2.5	Arbeitshilfen für Betonstabstahl 187	1.3.2.5	Betonstahl in Ringen B500B mit	
1.2.6	Betonstahl in Ringen nach DIN 488-3 194	1.3.3	Sonderrippung „RPR"............ 236 Betonstahl mit erhöhtem	
1.2.7	Betonstahlmatten nach DIN 488-4... 196		Korrosionswiderstand 236	
1.2.8	Lieferprogramme für Betonstahlmatten nach DIN 488-4 und bauaufsichtlicher Zulassung 210	1.3.3.1 1.3.3.2 1.3.4	Feuerverzinkte Betonstähle........ 236 Nichtrostender Betonrippenstahl .... 240 Nichtmetallische Bewehrung....... 240	
1.2.9	Anwendungshilfen für Betonstahlmatten................ 217	2	Spannstähle 242	
1.2.10	Gitterträger nach DIN 488-5 224	2.1	Stand der europäischen Normung	
1.2.11	Anwendungshilfen für Gitterträger.................... 226	2.2	bei Spannstählen................ 242 Spannstähle mit allgemeinen	
1.2.12	Bewehrungsdraht nach DIN 488-3 226		bauaufsichtlichen Zulassungen; Stand: 11.2018.................. 243	

III Spanngliedverankerung beim Rückbau von Brücken 249
David Sanio, Peter Mark

1	Einleitung..................... 251	2.1.2	Verbund zum bestehenden	
1.1	Projektübersicht................ 252		Verpressmörtel.................. 263	
		2.1.2.1	Einsatz im Zuge des Rückbaus 263	
2	Verankerungskonzepte........... 259	2.1.2.2	Dauerhafter Einsatz 264	
2.1	Verbundverankerung 260	2.1.2.3	Messtechnische Untersuchungen zur	
2.1.1	Grundlagen.................... 261		Verankerung im Bestand 265	

2.1.3	Verbund mit neuem Beton 267	4.2	Verankerung – lokal. 281
2.1.3.1	Verbundmaterialien 267	4.2.1	Spalt- und Randzug 281
2.1.3.2	Experimentelle Untersuchungen von Verankerungen 268	4.2.2	Teilflächenpressung 282
		4.3	Konstruktive Aspekte. 283
2.1.3.3	Versuchskonzept für Verbundverankerungen von Spanngliedern. ... 270	**5**	**Aspekte der Bauausführung** 284
2.1.3.4	Versuchsauswertung 271	5.1	Abbruchverfahren 284
2.1.3.5	Verankerungslänge. 272	5.2	Bauverfahren der Neuverankerung am Quersystem. 285
2.1.3.6	Beschaffenheit der Oberflächen – Rauheit. 273	5.3	Bauablauf der Neuverankerung – am Spannglied 286
2.2	Verankerung mit Ankerkörpern. 274		
2.2.1	Klemmkonstruktionen 274	5.4	Bauablauf bei Trennung am Quersystem – Verkehrsführung 286
2.2.2	Ankerplatten 275		
2.2.3	Vorhandene (Koppel-)Anker 277		
2.2.4	Aufgeklebte Rippenhalbschalen 277	**6**	**Aspekte der Überwachung.** 287
		6.1	Kriterien. 287
3	**Zum Sicherheitskonzept.** 278	6.2	Kontrolle des Schlupfs. 287
3.1	Vorspannkraft. 278		
3.2	Nutzungsdauer 279	**7**	**Schlussfolgerungen.** 288
4	**Statisch-konstruktive Aspekte** 279	**8**	**Literatur** 289
4.1	Tragwerk – global 279		

IV   Bemessung von Verankerungen in Beton nach EN 1992-4 293
Rainer Mallée, Werner Fuchs, Rolf Eligehausen

1	**Einleitung.** 295	4.3.1	Befestigungen unter äußerer atmosphärischer Beanspruchung oder in ständig feuchten Innenräumen 309
1.1	Geschichtliche Entwicklung 295		
1.2	Neuerungen gegenüber der CEN/TS-1992-4-Reihe 296		
		4.3.2	Befestigungsmittel unter hoher Korrosionsbeanspruchung durch Chloride und Schwefel. 310
2	**Anwendungsbereich.** 297		
3	**Grundlagen der Bemessung.** 303	**5**	**Ableitung der Lasteinwirkungen bei statischer und quasi-statischer Belastung** 310
3.1	Allgemeines. 303		
3.2	Erforderliche Nachweise 304		
3.3	Nachweisverfahren. 304		
3.4	Teilsicherheitsbeiwerte 304	5.1	Allgemeines. 310
3.4.1	Einwirkungen. 304	5.2	Dübel und Kopfbolzen. 310
3.4.2	Widerstände 305	5.2.1	Zuglasten 310
3.4.2.1	Grenzzustand der Tragfähigkeit (statische und quasi-statische Belastung, Erdbebenbelastung) 305	5.2.2	Querlasten 313
		5.2.2.1	Verteilung der Querlasten 313
		5.2.2.2	Querlasten ohne und mit Hebelarm. 319
3.4.2.2	Grenzzustand der Tragfähigkeit (Ermüdung) 306	5.3	Ankerschienen 321
		5.3.1	Zuglasten 321
3.4.2.3	Grenzzustand der Gebrauchstauglichkeit. 306	5.3.2	Querlasten 322
		5.3.3	Ergänzende Regelungen nach CEN/TR 17080 323
3.5	Projektbeschreibung. 306		
3.6	Montage. 307	5.3.3.1	Allgemeines. 323
3.7	Bestimmung des Betonzustands ... 307	5.3.3.2	Zuglasten 323
		5.3.3.3	Querlasten 323
4	**Dauerhaftigkeit** 307	5.4	Kräfte in einer Zusatzbewehrung. ... 323
4.1	Allgemeines. 307	5.4.1	Allgemeines. 323
4.2	Befestigungsmittel in trockenen Innenräumen 309	5.4.2	Zugkräfte 325
		5.4.3	Querkräfte 325
4.3	Befestigungen in ständig feuchten Innenräumen, im Freien und bei hoher Korrosionsbeanspruchung 309		

6	**Nachweis für Kopfbolzen und mechanische bzw. chemische Dübel im Grenzzustand der Tragfähigkeit** . . 326		8.2.8	Versagen der Zusatzbewehrung 376	
			8.2.8.1	Stahlversagen 376	
			8.2.8.2	Versagen der Verankerung 376	
6.1	Allgemeines 326		8.3	Widerstand bei Querbeanspruchung . 376	
6.2	Widerstand bei Zugbeanspruchung . . 327		8.3.1	Erforderliche Nachweise 376	
6.2.1	Erforderliche Nachweise 327		8.3.2	Zusatzbewehrung 376	
6.2.2	Zusatzbewehrung 330		8.3.3	Stahlversagen 377	
6.2.3	Stahlversagen 330		8.3.3.1	Querlast ohne Hebelarm 377	
6.2.4	Kegelförmiger Betonausbruch 330		8.3.3.2	Querlast mit Hebelarm 377	
6.2.5	Herausziehen 340		8.3.4	Rückwärtiger Betonausbruch 377	
6.2.6	Kombiniertes Versagen durch Herausziehen und Betonbruch 340		8.3.5	Betonkantenbruch 377	
			8.3.6	Versagen der Zusatzbewehrung 381	
6.2.7	Spalten 344		8.3.6.1	Stahlversagen 381	
6.2.7.1	Spalten bei der Montage der Befestigungsmittel 344		8.3.6.2	Versagen der Verankerung 381	
			8.4	Kombiniertes Versagen durch Zug- und Querlasten 381	
6.2.7.2	Spalten unter Last 344				
6.2.8	Lokaler Betonausbruch 346		8.4.1	Befestigungen ohne Zusatzbewehrung 381	
6.2.9	Versagen der Zusatzbewehrung 349				
6.2.9.1	Stahlversagen 349		8.4.2	Befestigungen mit Zusatzbewehrung 381	
6.2.9.2	Versagen der Verankerung 349				
6.3	Widerstand bei Querbeanspruchung . 349		8.5	Ergänzende Regelungen nach CEN/TR 17080 381	
6.3.1	Erforderliche Nachweise 349				
6.3.2	Zusatzbewehrung 351		8.5.1	Allgemeines 381	
6.3.3	Stahlversagen 351		8.5.2	Grundlagen der Bemessung 381	
6.3.3.1	Stahlversagen für Querlast ohne Hebelarm 351		8.5.3	Widerstand bei Zugbeanspruchung . . 383	
			8.5.4	Widerstand bei Querbeanspruchung . 383	
6.3.3.2	Stahlversagen für Querlast mit Hebelarm 352		8.5.4.1	Querlast senkrecht zur Schienenachse 383	
6.3.4	Rückwärtiger Betonausbruch 352		8.5.4.2	Querlast in Richtung der Schienenachse 383	
6.3.5	Betonkantenbruch 355				
6.3.6	Versagen der Zusatzbewehrung 364		8.5.5	Kombiniertes Versagen durch Zug- und Querlasten 385	
6.3.6.1	Allgemeines 364				
6.3.6.2	Stahlversagen 364		8.5.5.1	Ankerschienen ohne Zusatzbewehrung 385	
6.3.6.3	Versagen der Verankerung 365				
6.4	Kombiniertes Versagen durch Zug- und Querlasten 365		8.5.5.2	Ankerschienen mit Zusatzbewehrung 386	
6.4.1	Befestigungen ohne Zusatzbewehrung 365		**9**	**Ermüdung** 387	
			9.1	Allgemeines 387	
6.4.2	Befestigungen mit Zusatzbewehrung 366		9.2	Einwirkungen 387	
			9.3	Widerstand 387	
7	**Redundante Befestigungen** 366		9.4	Kombiniertes Versagen durch Zug- und Querlasten 389	
7.1	Allgemeines 366				
7.2	Bemessungskonzept 367		**10**	**Erdbebenbelastung** 390	
8	**Nachweis von Ankerschienen im Grenzzustand der Tragfähigkeit** 368		10.1	Allgemeines 390	
			10.2	Anforderungen 390	
8.1	Allgemeines 368		10.3	Ableitung der auf die Befestigungsmittel einwirkenden Kräfte 391	
8.2	Widerstand bei Zugbeanspruchung . . 369				
8.2.1	Erforderliche Nachweise 369				
8.2.2	Zusatzbewehrung 369		10.4	Widerstände 391	
8.2.3	Stahlversagen 371		10.5	Bemessung 391	
8.2.4	Herausziehen 371		10.5.1	Allgemeines 391	
8.2.5	Kegelförmiger Betonausbruch 371		10.5.2	Leistungskategorien 392	
8.2.6	Spalten des Betons 374		10.5.3	Bemessungskriterien 392	
8.2.6.1	Spalten bei der Montage der Spezialschraube 374		10.5.4	Ableitung der Lasteinwirkungen 394	
			10.5.4.1	Allgemeines 394	
8.2.6.2	Spalten unter Last 374		10.5.4.2	Ergänzungen zu EN 1998-1, Abschnitt 4.3.3.5 394	
8.2.7	Versagen durch lokalen Betonausbruch 375				

10.5.4.3	Ergänzungen zu EN 1998-1, Abschnitt 4.3.5.1 394	11.3.4	Herausziehen unter Zuglast 401
10.5.4.4	Ergänzungen und Änderungen zu EN 1998-1, Abschnitt 4.3.5.2 394	11.3.5	Betonbruch unter Zug- und Querlast 401
10.5.5	Widerstände 395	11.3.6	Interaktion 402
10.5.6	Verschiebungen 397	**12**	**Plastizitätstheorie – CEN/TR 17081** 402
11	**Brandbeanspruchung** 397	12.1	Allgemeines 402
11.1	Allgemeines 397	12.2	Anwendungsbedingungen 403
11.2	Grundlagen der Bemessung 398	12.3	Verteilung der äußeren Lasten auf die Befestigungsmittel einer Gruppe 404
11.3	Bemessung 400		
11.3.1	Allgemeines 400		
11.3.2	Stahlversagen unter Zug- und Querlast 400	12.4	Bemessung 405
11.3.3	Stahlversagen bei Querlast mit Hebelarm 400	**13**	**Literatur** 406

V Verankerungs- und Bewehrungstechnik 409
Thomas M. Sippel

1	**Einleitung** 411	3.6	Ankleben von Stahllaschen 433
		3.7	Nachträglich eingemörtelte Bewehrungsstäbe 433
2	**Spezielle Bewehrungselemente** 412		
2.1	Anwendungsbereich 412		
2.2	Ausführung 413	**4**	**Vorgefertigte Bewehrungsanschlüsse** 441
2.3	Bemessung 416		
2.3.1	Durchstanzbewehrung bei punktförmig gestützten Platten 416	4.1	Ausführungen mit Betonstahl 441
		4.2	Flexible Rückbiegeanschlüsse 444
		4.3	Elemente mit Wärmedämmung 448
3	**Verbindungselemente** 423	4.4	Elemente mit Schalldämmung 453
3.1	Allgemeines 423		
3.2	Betonstahlverbindungen mit gewindeförmig ausgebildeten Rippen 423	**5**	**Elemente zur Querkraftübertragung** 458
		5.1	Stahlauflager für Π-Platten-Decken.. 458
3.3	Betonstahlverbindungen mit konischem Gewinde an den Stoßenden 424	5.2	Querkraftdornsysteme 458
		5.3	Einfache Querkraftdorne 461
3.4	Betonstahlverbindungen mit zylindrischem Gewinde an den Stoßenden 425	**6**	**Fertigteilverbinder** 461
		6.1	Biegesteife Verbindungen 461
		6.2	Lösbare Wandverbinder 466
3.5	Betonstahlverbindungen mit übergezogener oder aufgepresster Muffe 428	**7**	**Literatur** 472

VI Massive (Verkehrs-)Wasserbauwerke – ein aktueller bautechnischer Überblick 473
Claus Kunz

1	**Einführung** 475	3.1	Wasserbauspezifische Bemessungssituationen 478
2	**Regelwerke für massive Wasserbauwerke** 477	3.2	Wasserbauspezifische Einwirkungen 479
3	**Sicherheitskonzept für massive Wasserbauwerke** 478	3.3	Wasserbauspezifische Teilsicherheits- und Kombinationsbeiwerte 482

4	Beton- und Stahlbeton im Wasserbau 484		5	Beispiele für die massige Betonbauweise 492	
4.1	Technische Vertragsbedingungen . . . 484				
4.2	Bemessung 485		6	Bauweisen von (Verkehrs-) Wasserbauwerken 493	
4.3	Herstellung von Beton für massive Wasserbauwerke 485		6.1	Schleusen 493	
4.3.1	Expositionsklassen 486		6.2	Wehre 496	
4.3.2	Anforderungen an den Beton 488		6.3	Düker/Durchlässe 498	
4.3.3	Festlegung und Lieferung des Betons 489		7	Aktuelle Fragestellungen und Forschungen für massive Wasserbauwerke 498	
4.4	Bauausführung für Betone im Wasserbau 490				
4.4.1	Schalen und Bewehren 490				
4.4.2	Fugen 490		8	Literatur 499	
4.4.3	Nachbehandlung 492				

VII Wildbachsperren 501
Jürgen Suda, Konrad Bergmeister

1	Einführung 503		5.3.2	Allgemeine Entwurfsregeln für Dosiersperren 535	
2	Wildbachgrundlagen 506		5.3.3	Konstruktion von Schlitzsperren 536	
			5.3.3.1	Schlitzsperren mit offenem Schlitz . . 537	
3	Schutzkonzepte mit Bauwerken 506		5.3.3.2	Schlitzsperren mit Balken (Balkensperren) 538	
3.1	Geschiebebewirtschaftung 506				
3.1.1	Beeinflussung der Entstehungsprozesse 507		5.3.4	Konstruktion von großdoligen Dolensperren mit Rechen 539	
3.1.2	Beeinflussung der Verlagerungsprozesse (Retention und Dosierung von Geschiebe) 510		5.4	Filtersperren 540	
			5.4.1	Wirkungsweise 540	
			5.4.2	Konstruktion von Filtersperren 540	
3.1.3	Beeinflussung der Ablagerungsprozesse 510		5.5	Bauwerke zur Energieumwandlung . . 544	
			5.5.1	Wirkungsweise 544	
3.2	Schutzbauwerke zur Kontrolle von murartigen Verlagerungsprozessen . . 512		5.5.2	Konstruktion von Murbrechern 545	
			5.5.3	Konstruktion von Murabsturzsperren 548	
3.3	Schutzbauwerke zur Kontrolle von Wildholz 514				
			5.6	Konstruktion von Sperren gegen Hangdruck (Bergdruck) 549	
4	Systematik der Schutzbauwerke 518				
4.1	Allgemeines 518		5.7	Stauraum von Retentions- und Dosiersperren 550	
4.2	Klassifizierungsgrundsätze 518				
4.2.1	Wirkungen der Wildbachschutzbauwerke (Funktionstypen) 518		5.8	Konstruktion der Bauteile von Sperren 552	
4.2.2	Systematik der Wildbachschutzbauwerke 519		5.8.1	Abflusssektion (Überfallsektion) und Sperrenkrone 552	
4.2.3	Klassifizierung von Wildbachsperren 523		5.8.1.1	Allgemeines 552	
			5.8.1.2	Form der Abflusssektion 552	
5	Entwurf und Konstruktion von Schutzbauwerken aus Beton und Stahlbeton 528		5.8.1.3	Konstruktiver Schutz gegen Abrieb (Hydroabrasion) 552	
			5.8.1.4	Kronsteine 553	
5.1	Allgemeine Konstruktionsregeln für Wildbachsperren 528		5.8.1.5	Stahlblechverkleidungen an der Abflusssektion 555	
5.2	Konsolidierungssperren 531		5.8.1.6	Panzerung von Ein- und Auslaufbereichen, Scheiben, Wangen und Querriegeln 555	
5.2.1	Wirkungsweise 531				
5.2.2	Konstruktion von Staffelungen 531				
5.3	Dosiersperren 535		5.8.2	Auskragungen von Abflusssektionen 557	
5.3.1	Wirkungsweise 535		5.8.3	Fundament 557	
			5.8.4	Vorfeldwangen 560	

5.8.5	Scheiben und Pfeiler 560		6.1.3.2	Abfluss 595
5.8.6	Balken- und Rechenkonstruktionen. . 561		6.1.3.3	Hydrologische Modelle 596
5.8.6.1	Allgemeines 561		6.1.4	Abschätzung der Geschiebefracht ... 598
5.8.6.2	Vertikale Rechen 563		6.1.5	Abschätzung von Murfrachten...... 600
5.8.6.3	Gleichmäßig geneigte Rechen 563		6.2	Geotechnische Grundlagen 600
5.8.6.4	Gebrochene Rechen 564		6.2.1	Grenz- und Zwischenwerte des Erddrucks..................... 600
5.8.6.5	Rechenstäbe und Auflager 564			
5.8.7	Sicherung des Sperrenvorfelds (Tosbecken, Kolksicherung) 566		6.2.2	Grundwerte für die Berechnung des Erddrucks..................... 601
5.8.8	Sperrenöffnungen................ 566		6.2.2.1	Bodenkennwerte 603
5.8.8.1	Kleine Öffnungen in Stahlbeton- platten....................... 570		6.2.2.2	Wandreibungswinkel 603
			6.2.3	Erddruckberechnung 604
5.8.8.2	Große Öffnungen in Stahlbeton- platten........................ 570		6.2.4	Sonderformen des Erddrucks....... 605
			6.2.4.1	Erdruhedruck 605
5.8.8.3	Öffnungen in Gewichtsmauern 570		6.2.4.2	Erhöhter aktiver Erddruck 605
5.8.8.4	Öffnungen in Bogenmauern (Gewölbemauern) 570		6.2.4.3	Siloerddruck.................... 605
			6.2.4.4	Verminderter passiver Erddruck (mobilisierter Erdwiderstand) 605
5.8.9	Bauwerksfugen 572			
5.8.9.1	Allgemeines.................... 572		6.2.4.5	Kriechdruck 605
5.8.9.2	Arbeitsfugen.................... 573			
5.8.9.3	Bewegungsfugen 574		**7**	**Einwirkungen.................... 606**
5.8.10	Bewehrungsführung, Konstruktive Durchbildung von Sperren aus Stahlbeton 579		7.1	Grundlagen der statischen und dynamischen Einwirkungen........ 606
			7.1.1	Klassifizierungen der Einwirkungen................... 606
5.8.10.1	Generell 579			
5.8.10.2	Bewehrung von Platten und Scheiben....................... 579		7.1.2	Prozess- und Einwirkungsmodelle für die Dimensionierung der Schutzbauwerke................. 607
5.8.10.3	Anschluss von Vorfeld- oder Rostwangen 582			
			7.1.3	Prozessparameter................ 608
5.8.10.4	Winkelstützmauern 582		7.2	Eigengewicht 608
5.9	Werkstoffe 582		7.3	Erddruck....................... 609
5.9.1	Konstruktionsbeton 582		7.4	Hydrostatischer Wasserdruck....... 610
5.9.1.1	Expositionsklassen............... 583		7.4.1	Einwirkungsmodell 610
5.9.1.2	Chemischer Angriff 584		7.4.2	Statische Wasserdrücke aus dem Ober- und Unterwasser 611
5.9.1.3	Verschleiß – Abrasion 584			
5.9.1.4	Betondeckung 585		7.4.3	Wasserauflasten................. 611
5.9.2	Betonkonzepte für Wildbach- sperren 586		7.4.4	Sohlwasserdruck (Auftrieb)........ 611
			7.4.5	Fugenwasserdruck 613
5.9.2.1	Einleitung...................... 586		7.5	Einwirkungen mit dynamischen Komponenten................... 613
5.9.2.2	Exposition / Klimatische Bedingungen 586			
			7.5.1	Allgemeines.................... 613
5.9.2.3	Bauteilspezifische Bedingungen 586		7.5.2	Wasserdruck.................... 613
5.9.2.4	Herstellungsprozessspezifische Bedingungen 586		7.5.2.1	Einwirkungsmodell 613
			7.5.2.2	Dynamischer Wasserdruck......... 615
5.9.2.5	Exposition / Klimatische Bedingungen 586		7.5.3	Murdruck 616
			7.5.3.1	Einwirkungsmodell 617
5.9.2.6	Ausgangsstoffe.................. 586		7.5.3.2	Dynamischer Murdruck 619
5.9.3	Stahl.......................... 592		7.5.3.3	Statischer Murdruck.............. 620
			7.6	Einwirkungen von Einzelkomponenten 621
6	**Bemessungs- und Berechnungs- grundlagen..................... 593**			
			7.7	Sondereinwirkungen 621
6.1	Hydrologische Grundlagen 593		7.7.1	Lawinen 621
6.1.1	Methoden...................... 593		7.7.2	Seitlicher Hangdruck (Talzuschub) .. 621
6.1.1.1	Rückwärtsgerichtete Indikation 593		7.7.3	Steinschlag, Felssturz............. 621
6.1.1.2	Vorwärtsgerichtete Indikation 594		7.7.4	Rutschung 622
6.1.2	Bestimmung der Verlagerungsprozesse 594		7.7.5	Erdbeben 622
			7.7.6	Verkehrslasten 622
6.1.3	Abschätzung des Abflusses 595		7.7.7	Einwirkungen aus Zwangsbeanspruchung............ 622
6.1.3.1	Niederschlag 595			

7.7.7.1	Eingeprägte Verformung 622		9.1.5.3	Außergewöhnliche Bemessungssituationen 645
7.7.7.2	Temperatur..................... 622		9.1.6	Bemessungswerte............... 645
7.7.7.3	Zeitabhängiges Materialverhalten (Kriechen, Schwinden) 622		9.1.7	Geotechnische Kategorien (GK) 646
			9.1.8	Einwirkungen................... 646
8	**Hydraulische Bemessung**.......... 622		9.1.9	Widerstände.................... 647
8.1	Bemessung des Abflusses im Gerinne 622		9.1.10	Teilsicherheitsbeiwerte 648
			9.1.10.1	Teilsicherheitsbeiwerte für Einwirkungen (Beanspruchungen)... 648
8.1.1	Hydraulische Bemessung des Reinwasserabflusses.............. 622		9.1.10.2	Teilsicherheitsbeiwerte für Bodenkennwerte und Widerstände .. 648
8.1.1.1	Abfluss und Wasserbewegung im Wildbach...................... 622		9.1.11	Nachweise 649
8.1.1.2	Fließgleichungen für Wildbach- gerinne........................ 624		9.1.11.1	Kippen (GEO) 649
			9.1.11.2	Gleiten (GEO) 651
8.1.1.3	Beschreibung des Abfluss- verhaltens...................... 627		9.1.11.3	Grundbruch (GEO) 652
			9.1.11.4	Geländebruchsicherheit (GEO) 654
8.1.1.4	Bemessung von Veränderungen im Abflussprofil.................... 627		9.1.11.5	Spannungsnachweise im Bauteil (STR)................... 654
8.1.1.5	Bemessung von Krümmungen...... 628		9.1.11.6	Stabilitätsnachweise im Bauteil (STR) 655
8.1.2	Bemessung des Geschiebetransports im Gerinne..................... 628		9.2	Einwirkungskombinationen für Wildbachsperren 655
8.1.2.1	Fluviatiler Feststofftransport 628			
8.1.2.2	Murartiger Feststofftransport....... 631		9.2.1	Einwirkungskombinationen für Funktionstypen Retention, Dosierung, Filterung und Energieumwandlung (Murbrecher) 655
8.2	Für die Bemessung relevante Abflüsse 633			
8.2.1	Bemessungsereignis.............. 633			
8.2.2	Überlastfall..................... 634		9.2.1.1	Einwirkungskombinationen mit fluviatilen Verlagerungsprozessen ... 655
8.3	Hydraulische Bemessung von Querbauwerken 634			
8.3.1	Allgemeines.................... 634		9.2.1.2	Einwirkungskombinationen mit murartigen Verlagerungsprozessen .. 657
8.3.2	Bemessung der Abflusssektion 634		9.2.2	Einwirkungskombinationen für die Funktionstypen Stabilisierung / Konsolidierung, Energieumwandlung (Absturzbauwerke)................ 659
8.3.3	Bemessung des Tosbeckens bzw. des Sperrenvorfelds (Kolk) 637			
8.3.4	Bemessung der Sperrenöffnungen ... 638			
8.4	Bemessung des Stauraums (Speicherkapazität) für die Feststofffracht................... 639		9.2.2.1	Einwirkungskombinationen mit fluviatilen Verlagerungsprozessen ... 659
			9.2.2.2	Einwirkungskombinationen mit murartigen Verlagerungsprozessen .. 661
9	**Statische Berechnung und Bemessung**..................... 640		9.2.3	Zuordnung der Einwirkungs- kombinationen 661
9.1	Bemessungsgrundlagen 640			
9.1.1	Normative Grundlagen 640		9.3	Statische Systeme von Wildbachsperren 663
9.1.1.1	Äußere Standsicherheit 640			
9.1.1.2	Innere Standsicherheit 640		9.3.1	Gewichtssperren 666
9.1.2	Charakteristische Werte........... 640		9.3.1.1	Allgemeines.................... 666
9.1.2.1	Baustoffe 640		9.3.1.2	Gewichtssperren in Konstruktionsbeton 666
9.1.2.2	Geotechnische Kennwerte 640			
9.1.2.3	Ständige Einwirkungen und geometrische Parameter........... 641		9.3.1.3	Vorgespannte Betongewichtssperre .. 666
			9.3.1.4	Berechnung und Bemessung 667
9.1.2.4	Veränderliche Einwirkungen 641		9.3.2	Gewölbesperren (Bogensperren).... 669
9.1.2.5	Außergewöhnliche Einwirkungen ... 641		9.3.2.1	Allgemeines.................... 669
9.1.3	Maßgebliche Versagensarten von Wildbachsperren 641		9.3.2.2	Vorbemessung 673
			9.3.2.3	Berechnung und Bemessung 673
9.1.4	Grenzzustände 642		9.3.2.4	Konstruktive Durchbildung 679
9.1.5	Bemessungssituationen 644		9.3.2.5	Ausgeführte Beispiele 679
9.1.5.1	Ständige Bemessungssituationen.... 645		9.3.3	Einfache Plattensperre 681
9.1.5.2	Vorübergehende Bemessungssituationen 645		9.3.3.1	Allgemeines.................... 681
			9.3.3.2	Berechnung und Bemessung 683
			9.3.3.3	Konstruktive Durchbildung 685

9.3.3.4	Ausgeführte Beispiele	685	9.3.6.4	Berechnung und Bemessung	697
9.3.4	Hybridmauern	685	9.3.6.5	Konstruktive Durchbildung	697
9.3.4.1	Allgemeines	685	9.3.6.6	Ausgeführte Beispiele	697
9.3.4.2	Berechnung und Bemessung	685	9.3.7	Aufgelöste Tragsysteme	698
9.3.4.3	Ausgeführte Beispiele	687	9.3.7.1	Massenaktive aufgelöste Tragwerke	699
9.3.5	Winkelstützmauer	688			
9.3.5.1	Allgemeines	688	9.3.7.2	Vektoraktive aufgelöste Tragwerke	701
9.3.5.2	Vorbemessung	690			
9.3.5.3	Berechnung und Bemessung	690	9.3.7.3	Berechnung und Bemessung	704
9.3.5.4	Konstruktive Durchbildung	695	9.3.7.4	Konstruktive Durchbildung	705
9.3.5.5	Ausgeführte Beispiele	695	9.3.7.5	Ausgeführte Beispiele	706
9.3.6	Pfeilerplattensperre	695			
9.3.6.1	Allgemeines	695	**10**	**Erhaltung und Lebensdauer von Schutzbauwerken**	**714**
9.3.6.2	Sperre mit wasserseitigen Stützpfeilern	696			
9.3.6.3	Sperre mit luftseitigen Stützpfeilern	696	**11**	**Literatur**	**719**

Stichwortverzeichnis .... **XXI**

Anschriften

Autoren

Bergmeister, Konrad, Prof. Dipl.-Ing. DDr. Dr.-Ing. E. h.
Universität für Bodenkultur Wien
Institut für Konstruktiven Ingenieurbau
Peter-Jordan-Straße 82, A-1190 Wien

Dehn, Frank, Univ.-Prof. Dr.-Ing.
Karlsruher Institut für Technologie
Institut für Massivbau und Baustofftechnologie,
Baustoffe und Betonbau
Gotthard-Franz-Straße 3, 76131 Karlsruhe

Eligehausen, Rolf, Prof. Dr.-Ing.
Universität Stuttgart
Institut für Werkstoffe im Bauwesen
Pfaffenwaldring 4, 70569 Stuttgart

Fingerloos, Frank, Prof. Dr.-Ing.
Deutscher Beton- und Bautechnik Verein E. V.
Kurfürstenstraße 129, 10785 Berlin

Fuchs, Werner, Prof. Dr.-Ing.
Universität Stuttgart
Institut für Werkstoffe im Bauwesen
Pfaffenwaldring 4, 70569 Stuttgart

Gerschler, Tina, LL.M. (London)
Deutsches Institut für Bautechnik
Nationales, Europäisches und Internationales Recht
Kolonnenstraße 30B, 10829 Berlin

Junge, Sven, Dipl.-Ing.
Institut für Stahlbetonbewehrung e. V.
Kaiserswerther Straße 137, 40474 Düsseldorf

Kummerer, Clemens, Dipl.-Ing. Dr. techn.
Keller Grundbau Ges. mbH
Guglgasse 15, A-1110 Wien

Kunz, Claus, LBDir Dipl.-Ing.
Bundesanstalt für Wasserbau
Abteilung Bautechnik
Kußmaulstraße 17, 76187 Karlsruhe

Mallée, Rainer, Dr.-Ing.
72178 Waldachtal

Mark, Peter, Univ.-Prof. Dr.-Ing. habil.
Ruhr-Universität Bochum
Lehrstuhl Für Massivbau
Universitätsstraße 150, 44801 Bochum

Marte, Roman, Univ.-Prof. Dipl.-Ing. Dr. techn.
Technische Universität Graz
Institut für Bodenmechanik, Grundbau und
Numerische Geotechnik
Rechbauerstraße 12, A-8010 Graz

Moersch, Jörg, Dr.-Ing.
Max Aicher Engineering GmbH
Teisenbergstraße 7, 83395 Freilassing

Müller, Harald S., Prof. Dr.-Ing.
SMP Ingenieure im Bauwesen GmbH
Stephanienstraße 102, 76133 Karlsruhe

Sanio, David, Dr.-Ing.
Ingenieurbüro Grassl GmbH
Adlerstraße 34–40, 40211 Düsseldorf

Schlicke, Dirk, Ass.-Prof. Dr.
Technische Universität Graz
Institut für Betonbau
Lessingstraße 25, A-8010 Graz

Sippel, Thomas Mathias, Dr.-Ing.
Geschäftsführer
ECS European Engineered Construction Systems
Association e. V.
Kaiserswerther Straße 137, 40474 Düsseldorf

Suda, Jürgen, Priv.-Doz. DDipl.-Ing. Dr. rer. nat.
Universität für Bodenkultur Wien
Institut für Konstruktiven Ingenieurbau
Department für Bautechnik und Naturgefahren
Peter-Jordan-Straße 82, A-1190 Wien
und
alpinfra
consulting + engineering GmbH
Lützowgasse 14, A-1140 Wien

Thurner, Robert
Keller Grundbau Ges. mbH
Packerstraße 167, A-8561 Söding

Tue, Nguyen Viet, Univ.-Prof. Dr.-Ing. habil.
Technische Universität Graz
Institut für Betonbau
Lessingstraße 25, A-8010 Graz

Wiens, Udo, Dr.-Ing.
Deutscher Ausschuss für Stahlbeton
Budapester Straße 31, 10787 Berlin

Schriftleitung

Prof. Dipl.-Ing. DDr. Dr.-Ing. E. h.
Konrad **Bergmeister**
Universität für Bodenkultur Wien
Institut für Konstruktiven Ingenieurbau
Peter-Jordan-Straße 82, 1190 Wien

Prof. Dr.-Ing. Frank **Fingerloos**
Deutscher Beton- und Bautechnik-Verein E.V.
Kurfürstenstraße 129, 10785 Berlin

Prof. Dr.-Ing. Dr. h.c. mult.
Johann-Dietrich **Wörner**
Technische Universität Darmstadt
Karolinenplatz 5, 64289 Darmstadt

Verlag

Ernst & Sohn
Verlag für Architektur und technische
Wissenschaften GmbH & Co. KG
Rotherstraße 21, 10245 Berlin
www.ernst-und-sohn.de

**Forschungsgesellschaft
VMM-Spannbetonplatten GbR**

NEU: Richtlinie für „Hohlplatten" vom DAfStb wird Ende 2020 erwartet!

NEU: Richtlinie für „Hohlplatten" vom DAfStb

Aktuell wird an einer Richtlinie für schlaff bewehrte und auch für vorgespannte Hohlplatten gearbeitet. Diese Richtlinie wird voraussichtlich Ende 2020 erscheinen. Hierbei werden die bisherigen Zulassungsanforderungen und die Regelungen nach der Produktnorm **DIN EN 1168** für Spannbeton-Hohlplatten in einer Richtlinie zusammengefasst, um auch in Zukunft, bei der Bemessung der Spannbeton-Hohlplatten, das bisherige Sicherheitsniveau zu erfüllen.

Bis zur Veröffentlichung der Richtlinie darf auch weiterhin (siehe Prioritätenliste vom DIBt) nach den bisher bekannten Bemessungsdokumenten (wie z.B. unserer Zulassung **Z.15.10-276**) gearbeitet werden.

Biegeweiches Auflager

Mit unseren VSD-Querschnitten, die einen sehr hohen Steganteil besitzen, ist die geforderte max. Querkraftausnutzung von 50-60% bis zu einer Spannweite von 10m unter normalen Belastungen in den meisten Fällen **problemlos** zu realisieren. Bis zum erscheinen der Richtlinie vom DAfStb, bemessen wir unsere Deckenelemente weiterhin auf dem bisherigen Zulassungsniveau und erfüllen hier die vorgegebenen Anforderungen in Abstimmung mit dem zuständigen Prüfingenieur.

In der zu erwartenden Richtlinie wird es außerdem ein Bemessungsverfahren geben, um den genauen Nachweis der biegeweichen Lagerung in jedem Einzelfall zu führen, sodass eine höhere Querkraftausnutzung für die Hohlplatten möglich ist. Zu diesem neuen Bemessungskonzept wird es in Kürze auch ein Bemessungstool geben, um hier die Tragwerksplaner frühzeitig bei der Bemessung zu unterstützen.

Bild 1:
Querschnitt **VSD-Platte**

Bild 2:
Schnitt 1-1 **Hohlplatte auf Unterzug**

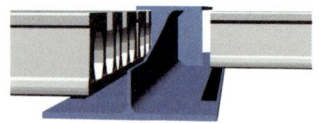

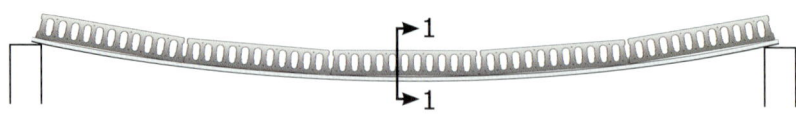

Bild 3:
Verformung der **Hohlplatte auf einem biegeweichem Unterzug**

Im Fußtal 2
D-50171 Kerpen
Tel.: +49 (0) 2237 - 5 34 35
Internet: www.fg-vmm.de
eMail: fgvmm@aol.com

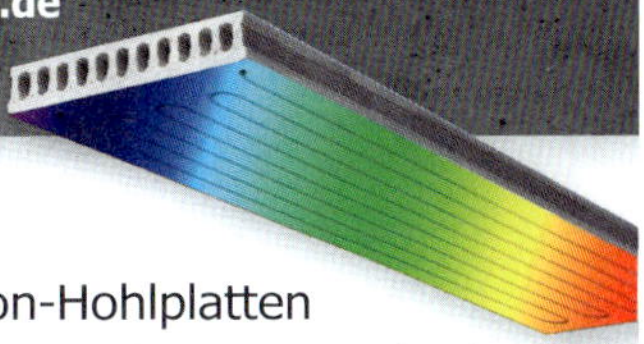

ClimaDeck
Heizen/Kühlen/Temperieren mit Spannbeton-Hohlplatten

Das System **ClimaDeck** besteht aus Spannbeton-Deckenelementen, bei denen bereits im Werk industriell vorgefertigte Rohrleitungen im unteren Plattenspiegel integriert werden, um später das Betonfertigteil zum Kühlen bzw. Heizen zu aktivieren. Durch die bereits im Werk integrierten Rohrleitungen entfallen aufwendige Verlegearbeiten der einzelnen Rohrleitungen auf der Baustelle.

Die Deckenelemente und die Leitungen für Heizung und Kühlung werden als integrierte Einheit auf die Baustelle geliefert.

Das Produkt **ClimaDeck** bildet ein ganzes System mit Decke und Leitungen. Die Montage erfolgt wie bei normalen Spannbeton-Fertigdecken. Nach der Verlegung der Elemente schließt der Sanitärinstallateur die einzelnen Elemente lediglich an den Heiz-Kühl-Kreislauf an. Hierdurch entfallen aufwendige Koordinationen zwischen vielen verschiedenen Gewerken auf der Baustelle und die Bauzeit wird beträchtlich verkürzt.

Die Bemessung der **ClimaDeck** erfolgt nach Zulassung **Z-15.10-300** erteilt vom DIBt mit der Geltungsdauer bis zum 28.02.2020.

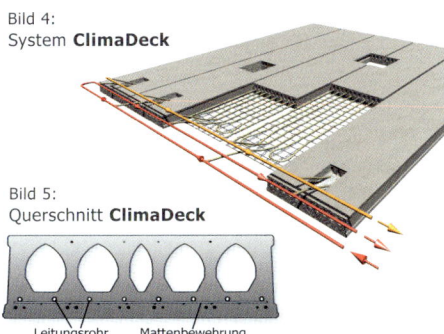

Bild 4:
System **ClimaDeck**

Bild 5:
Querschnitt **ClimaDeck**

Leitungsrohr   Mattenbewehrung

Die **Mitglieder** in der Forschungsgemeinschaft **VMM** Spannbetonplatten

ECHO Betonfertigteile GmbH
Eurotec-Ring 40
D-47445 Moers
Tel.: +49 (0) 2841 - 8890 310
Internet: www.echo-betonfertigteile.de
eMail: info@echo-betonfertigteile.de

H+L Baustoff Werke GmbH
Steigerwaldstraße 8
D-91486 Uehlfeld
Tel.: +49 (0) 9163 - 9976 0
Internet: www.hl-baustoffe.de
eMail: info@hl-baustoffe.de

BWH
Betonwerk-Holdorf GmbH & Co. KG
Steinbrüggen 7
D-49451 Holdorf
Tel.: +49 (0) 5494 - 91647 0
Internet: www.bwh-holdorf.de
eMail: info@bwh-holdorf.de

KETONIA GmbH
Spannbeton-Fertigteilwerk
Almesbach 4
D-92637 Weiden i. d. Opf.
Tel.: +49 (0) 961 - 3005 0
Internet: www.ketonia.de
eMail: info@ketonia.de

MS Betonwerk GmbH & Co. KG
Trinkbornstraße 19
D-56281 Dörth
Tel.: +49 (0) 6747 - 1200
Internet: www.ms-beton.de
eMail: info@ms-betonwerk.de

VEIT DENNERT KG
Veit-Dennert-Straße 7
D-96132 Schlüsselfeld
Tel.: +49 (0) 9552 - 710
Internet: www.dennert.de
eMail: info@dennert.de

Selected chapters from the Beton-Kalender in English

E. Fehling, M. Schmidt, J. C. Walraven, T. Leutbecher, S. Fröhlich
Ultra-High Performance Concrete UHPC
Fundamentals – Design – Examples
2014 · 198 pages
€ 49,90*
ISBN 978-3-433-03087-5

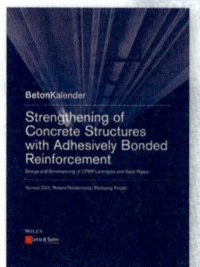

K. Zilch, R. Niedermeier, W. Finckh
Strengthening of Concrete Structures with Adhesively Bonded Reinforcement
Design and Dimensioning of CFRP Laminates and Steel Plates
2014 · 158 pages · € 49,90*
ISBN 978-3-433-03086-8

UHPC becomes attractive because of life cycle cost and sustainability analysis for structures. This book gives a comprehensive overview from material properties and manufacturing to design and dimensioning aspects. With worldwide examples from bridge and building engineering.

The design and use of externally bonded CFRP strips, CF sheets and steel plates according to the German DAfStb guideline, which supplements the Eurocode. With design examples covering fatigue, creep, serviceability and ultimate limit state analysis for slabs, beams and columns.

S. Freudenstein, K. Geisler, T. Mölter, M. Mißler, Ch. Stolz
Ballastless Tracks
2018 · 96 pages
€ 49,90*
ISBN 978-3-433-02993-0

A. Steinle, H. Bachmann, M. Tillmann
Precast Concrete Structures
2019 · 356 pages
€ 79,–*
ISBN 978-3-433-03225-1

The extension of railways and high speed lines for transport infrastructure is an ongoing process worldwide. Ballastless tracks are used more and more. In the book planning and design experiences of 40 years are given which led to the European standard EN 16432 published in 2017.

Building with precast concrete elements is one of the most innovative forms of construction. This book serves as an introduction to this topic, including examples, and thus supplies all the information necessary for conceptual and detailed design.

Order online:
www.ernst-und-sohn.de

All books are also available as

Ernst & Sohn
Verlag für Architektur und technische Wissenschaften GmbH & Co. KG

Customer Service: Wiley-VCH
Boschstraße 12
D-69469 Weinheim

Tel. +49 (0)6201 606-400
Fax +49 (0)6201 606-184
service@wiley-vch.de

* € Prices are valid in Germany, exclusively, and subject to alterations. Prices incl. VAT. excl. shipping. 1006126_dp

1

Beton
Frank Dehn, Harald S. Müller, Udo Wiens

Betonstahl und Spannstahl
Jörg Moersch, Sven Junge

Spanngliedverankerung beim Rückbau von Brücken
David Sanio, Peter Mark

Bemessung von Verankerungen in Beton nach EN 1992-4
Rainer Mallée, Werner Fuchs, Rolf Eligehausen

Verankerungs- und Bewehrungstechnik
Thomas M. Sippel

Massive (Verkehrs-)Wasserbauwerke – ein aktueller bautechnischer Überblick
Claus Kunz

Wildbachsperren
Jürgen Suda, Konrad Bergmeister

I Beton

Frank Dehn, Karlsruhe

Harald S. Müller, Karlsruhe

Udo Wiens, Berlin

MIT UNSEREN BAUSTOFFEN
LASSEN SICH IDEEN VERWIRKLICHEN

www.cemex.de

CEMEX ist einer der größten Betonhersteller Deutschlands. Unsere Fahrmischer liefern fertigen Beton für verschiedenste Anwendungsbereiche im Hoch- und Tiefbau. Dafür steht uns ein großer Fuhrpark und ein modernes Logistiksystem, das von Satelliten gestützt wird, zur Verfügung.

1 Einführung und Definition

1.1 Allgemeines

Die in den letzten Jahrzehnten vollzogene Weiterentwicklung des Baustoffs Beton vom früheren 3-Stoffsystem Zement/Wasser/Gesteinskörnung zum heutigen 5-Stoffsystem, unter zusätzlicher Verwendung von besonders leistungsfähigen Betonzusatzmitteln und Betonzusatzstoffen, war der Schlüssel für verschiedene Innovationen in der Betonbautechnik. Darüber hinaus ermöglicht dieses 5-Stoffsystem die Ausschöpfung des technologischen Leistungsspektrums von Beton in Bezug auf seine Frisch- und Festbetoneigenschaften. Beton kann damit gezielt auf ganz spezifische Anforderungen eingestellt werden, wozu auch die Anforderungen aus dem Bautenschutz und dem Brandschutz gehören.

Auf der Grundlage dieses heute etablierten 5-Stoffsystems – man könnte die Luft im Beton auch als 6. Komponente hinzuzählen – ergibt sich ein äußerst breites Spektrum an entwickelbaren Spezialbetonen, die besonderen Beanspruchungen hinsichtlich mechanischer, physikalischer, chemischer und zunehmend (mikro-)biologischer Einwirkungen widerstehen können. Diese Potenziale können im vorliegenden Übersichtsbeitrag zum Beton meist nur angerissen bzw. grundlagenorientiert dargestellt werden.

Neben hohen technologischen Anforderungen für das Bauen spielen die Wirtschaftlichkeit und heute insbesondere auch die Nachhaltigkeit eine zentrale Rolle. In der Betonbautechnik besteht die große Herausforderung der kommenden Jahre darin, die mit der Betonherstellung einhergehende CO_2-Emission drastisch zu minimieren. Da diesbezüglich das Potenzial des Portlandzementklinkers – dessen Herstellung der Hauptverursacher dieser Emission – seitens der Zementindustrie bereits weitestgehend ausgeschöpft ist, verbleiben als Alternative nur die partielle oder vollständige Substitution durch andere Bindemittel oder eine drastische Minimierung des Portlandzementeinsatzes, z. B. auf ca. 100 kg je m^3 Beton, ohne dass weitere Bindemittel Verwendung finden. Dabei muss man sich auch bewusst sein, dass gut eingeführte sekundäre Bindemittel wie Flugasche und Hüttensand als Ersatz für Portlandzement aus verschiedenen Gründen nicht infrage kommen können. Vor diesem Hintergrund widmet sich ein Abschnitt in diesem Beitrag dem sog. nachhaltigen Beton (auch Ökobeton bezeichnet), zudem werden Hinweise zur Verwendung portlandzementarmer bzw. -freier Bindemittel, wie z. B. alkalisch-aktivierte Bindemittel und Geopolymere, gegeben. Darüber hinaus wird an verschiedenen Stellen die Thematik der Lebensdauerbemessung angeschnitten, die im Kontext von Nachhaltigkeit und Wirtschaftlichkeit mehr und mehr an Bedeutung gewinnt.

Wie die vorangehenden Ausführungen verdeutlichen, adressieren die Schwerpunktthemen des Beton-Kalenders ein breites Spektrum an Anforderungen bzw. Eigenschaften des Baustoffs Beton. Daher ist es wie in vorangegangenen Ausgaben angebracht, zunächst die grundlegenden stofflichen und technologischen Eigenschaften dieses Baustoffs darzustellen. Dieses Wissen bildet den Ausgangspunkt für die Behandlung bzw. das Verständnis der Eigenschaften spezieller Betonarten, aber auch die Grundlage für die Optimierung einer Betonrezeptur im Lichte der jeweiligen spezifischen Einwirkungen bzw. Anforderungen.

Alle Abschnitte dieses Kapitels wurden wie üblich auf den neuesten Stand der Technik gebracht. Dies schließt insbesondere auch die Verweise auf Normen und Richtlinien, aktuelle Entwicklungen (z. B. das Konzept der Betonbauqualität, BBQ, Carbonbeton) sowie weiterführende Literatur ein. Damit ergibt sich für den Leser ein aktueller und vollständiger Überblick. Dieser lässt auch die Vorzüge des Baustoffs Beton bei der Realisierung anspruchsvoller Bauaufgaben unschwer erkennen.

1.2 Definition

Beton war schon in der Antike ein bewährter Baustoff. Bereits die Phönizier, Griechen und Römer haben damit gebaut, wenn auch die Zusammensetzung nicht ganz der heutigen Betonzusammensetzung entspricht [1.1]. Der heutige Beton wird aus Zement, Gesteinskörnungen (früher und auch heute häufig noch als Betonzuschlag bezeichnet), Wasser und meist noch mit Betonzusatzstoffen und Betonzusatzmitteln hergestellt. Das Gemisch aus Zement und Wasser bewirkt beim Frischbeton die Verarbeitbarkeit und den Zusammenhalt. Beim erhärteten Beton sichert es die Verkittung der Gesteinskörner und damit das Zustandekommen der Festigkeit und der Dichtheit des Betons.

Beton wird vereinfacht als ein Zweiphasensystem aufgefasst, das beim Frischbeton aus Zementleim und Gesteinskörnung und beim erhärteten Beton aus Zementstein und Gesteinskörnung besteht. Mit der Betrachtung des Betons als Zweiphasensystem können einige betontechnologische Zusammenhänge klarer dargestellt und die Eigenschaften des frischen und des erhärteten Betons sinnvoller erklärt werden. Aus dieser Betrachtungsweise ergeben sich

---

Beton-Kalender 2020: Wasserbau. Konstruktion und Bemessung.
Herausgegeben von Konrad Bergmeister, Frank Fingerloos und Johann-Dietrich Wörner
© 2020 Ernst & Sohn GmbH & Co. KG. Published 2020 by Ernst & Sohn GmbH & Co. KG.

auch die wesentlichsten *Einflussgrößen* für die Eigenschaften des Betons. Für Beton mit geschlossenem Gefüge sind dies:

- die Eigenschaften des Zementsteins,
- die Eigenschaften der Gesteinskörnung,
- der Verbund zwischen Zementstein und Gesteinskörnung.

Unter diesen drei Einflussgrößen sind die Eigenschaften des Zementsteins für viele, aber nicht für alle Anwendungsfälle die wichtigsten. Der Zementstein wird von einem System sehr feiner Poren durchzogen und weist je nach Zusammensetzung und Alter eine mehr oder weniger hohe Porosität auf. Das Porensystem des Zementsteins ist für die mechanischen Eigenschaften, die Dauerhaftigkeit und die Dichtheit eines Betons von ausschlaggebender Bedeutung. Die betontechnologischen Parameter, welche das Porensystem des Zementsteins bestimmen, sind der Wasserzementwert (das Gewichtsverhältnis von Wasser zu Zement) und der Hydratationsgrad (der Gewichtsanteil des Zements, der zu einem bestimmten Zeitpunkt mit Wasser reagiert hat). Der Hydratationsgrad hängt damit vom Alter des Betons, von der Dauer und der Güte der Nachbehandlung und den Standort- und Klimaverhältnissen ab. Aber auch Art und Festigkeitsklasse des Zements sowie Betonzusätze können das Porensystem des Zementsteins maßgebend beeinflussen.

Moderne Betone werden heute meist unter Verwendung von Betonzusatzmitteln und Betonzusatzstoffen hergestellt (siehe hierzu Abschn. 2.3 und 2.4). Bei den Betonzusatzstoffen dominiert die Flugasche, die als puzzolanischer Stoff, ebenso wie der Silikastaub, auf den Zement in einer bestimmten Menge angerechnet werden darf. Für das aus dem Gemisch von Zement und Puzzolan entstehende Bindemittel gelten die vorangehenden Ausführungen sinngemäß.

Die Gesteinskörnung nimmt im Normalfall etwa 70 % des Betonvolumens ein. Da sie in vielen Fällen fester, steifer und auch dichter als der Zementstein ist, beeinflusst sie bei Normalbeton weniger die Festigkeit als vielmehr seine Steifigkeit, das heißt den Elastizitätsmodul und die Rohdichte des Betons. Die Gesteinskörnungen können in ihrer chemisch-mineralogischen Struktur und Zusammensetzung sowie ihren mechanischen Eigenschaften kaum verändert werden, wohl aber in ihrer Korngrößenverteilung, die sich vorrangig auf die Eigenschaften des Frischbetons auswirkt. Da die Korngrößen der Gesteinskörnungen von Bruchteilen von Millimetern bis zu mehreren Zentimetern reichen können, ist es für manche Problemstellungen von Vorteil, zwischen den beiden Phasen Feinmörtel und grobe Gesteinskörnung anstelle von Zementstein und (nur) Gesteinskörnung zu unterscheiden. Betonzusätze, insbesondere Zusatzstoffe, können sowohl der Phase Zementstein als auch der Phase Feinmörtel zugeordnet werden. Für die Herstellung moderner Hochleistungsbetone wie selbstverdichtender Beton, ultrahochfester Beton und nachhaltiger (bindemittelarmer) Beton ist es notwendig, dass insbesondere die Korngrößenverteilung im Feinstkornbereich (Korndurchmesser < 0,125 mm) optimiert wird.

Der Verbund zwischen Zementstein und Gesteinskörnung gehört zwar zu den drei wichtigsten Einflussgrößen für die Eigenschaften des Betons, er kann aber, für sich allein behandelt, mit baupraktischen Mitteln nur sehr schwer beeinflusst werden. Seine Größe wird damit von den beiden anderen Einflussgrößen, den Eigenschaften des Zementsteins und der Gesteinskörnung, bestimmt.

Betontechnologische Fragen und die Konformität der Eigenschaften sind in Deutschland in Normen geregelt, und zwar in DIN EN 206-1 und DIN 1045-2 für Normalbeton, gefügedichten Leichtbeton und Schwerbeton. Prüfverfahren sind in den Normenreihen DIN EN 12350 für Frischbeton und DIN EN 12390 für Festbeton festgelegt. Weitere Normen gelten für die Ausgangsstoffe, so DIN EN 197 für Zement, DIN EN 12620 für Gesteinskörnungen, DIN EN 450 für Flugasche, DIN EN 13263 für Silikastaub und DIN EN 934 für Betonzusatzmittel.

Die gesamte Normenreihe für den Betonbau setzt sich nach Umstellung auf den Eurocode 2 und der Herausgabe der europäischen Ausführungsnorm nunmehr aus folgenden vier Teilen zusammen:

DIN EN 1992-1-1: „Bemessung und Konstruktion von Stahlbeton- und Spannbetontragwerken – Teil 1-1: Allgemeine Bemessungsregeln und Regeln für den Hochbau" in Verbindung mit dem Nationalen Anhang, DIN EN 1992-1-1/NA.

DIN EN 206-1: „Beton – Teil 1: Festlegung, Eigenschaften, Herstellung und Konformität" in Verbindung mit DIN 1045-2.

DIN EN 13670: „Ausführung von Tragwerken aus Beton" in Verbindung mit DIN 1045-3.

DIN 1045-4: Ergänzende Regeln für Herstellung und Überwachung von Fertigteilen.

Die folgenden Ausführungen nehmen vorwiegend auf die deutschen Normen Bezug, berücksichtigen aber auch den CEB-FIP Model Code 1990 [1.2], insbesondere aber den *fib* Model Code 2010 [6.41].

1.3 Klassifizierung von Beton

1.3.1 Betonarten

Je nach Zusammensetzung, Erhärtungsgrad, besonderen Eigenschaften etc. kann Beton nach verschiedenen Betonarten eingeteilt werden:

Wirtschaftlichkeit von Bauprojekten

Das Buch behandelt den Komplex des Bauprozessmanagements aus baupraktischer Sicht und zeigt, wie durch Prozessoptimierung, durch Industrialisierung und Anwendung neuer Technologien (Sensortechnik, digitale Kommunikation, Echtzeitsteuerung etc.) die Wirtschaftlichkeit von Bauprojekten erheblich gesteigert werden kann. Ausgewiesene Experten und namhafte Unternehmen berichten über Einführung und Umsetzung des Prozessmanagements im Bauwesen und in der Immobilienwirtschaft. Es wird beschrieben, wie Qualität, Termine und Kosten auch bei komplexen Großprojekten zuverlässig gesteuert werden können.

Hrsg.: Christoph Motzko
Praxis des Bauprozessmanagements
Termine, Kosten und Qualität zuverlässig steuern
2013. 226 S.
€ 49,90*
ISBN 978-3-433-03007-3
Auch als ebook erhältlich

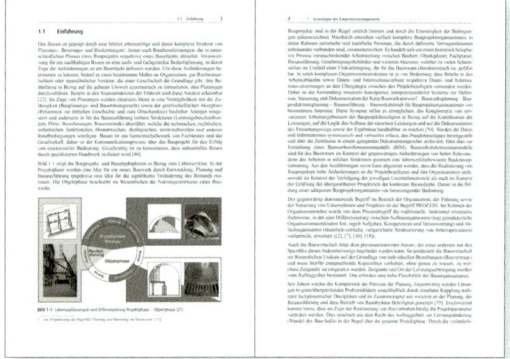

Zeitschrift zum Thema

■ UnternehmerBrief Bauwirtschaft
www.ernst-und-sohn.de/ubb

**Online-Bestellung:
www.ernst-und-sohn.de/3007**

Ernst & Sohn
Verlag für Architektur und technische Wissenschaften GmbH & Co. KG

Kundenservice: Wiley-VCH
Boschstraße 12
D-69469 Weinheim

Tel. +49 (0)6201 606-400
Fax +49 (0)6201 606-184
service@wiley-vch.de

* Der €-Preis gilt ausschließlich für Deutschland. Inkl. MwSt. Die Versand kosten für Deutschland, Österreich, Schweiz, Liechtenstein und Luxemburg entfallen. Für alle anderen Länder gilt der Preis zzgl. Versandkosten. Irrtum und Änderungen vorbehalten. 1031106_dp

- Nach der Rohdichte: Leichtbeton (Trockenrohdichte bis 2,0 kg/dm^3), Normalbeton (Trockenrohdichte über 2,0 bis 2,6 kg/dm^3), Schwerbeton (Trockenrohdichte über 2,6 kg/dm^3).
- Nach dem Erhärtungszustand: Frischbeton, junger Beton und Festbeton.
- Nach der Konsistenz: z. B. steifer Beton, plastischer Beton, weicher Beton, fließfähiger Beton, selbstverdichtender Beton.
- Nach Eigenschaft bzw. Anwendung: z. B. hochfester Beton, Beton mit hohem Wassereindringwiderstand (wasserundurchlässiger Beton), Beton mit hohem Frostwiderstand, Beton mit hohem Widerstand gegen chemische Angriffe, Beton mit hohem Verschleißwiderstand, Beton mit hohem Widerstand gegen erhöhte Temperaturen, Straßenbeton, Strahlenschutzbeton, Sichtbeton, Massenbeton, flüssigkeitsdichter Beton.
- Nach der Betonzusammensetzung: z. B. Kiessandbeton, Splittbeton, Basaltbeton, Barythbeton, Bimsbeton, Styroporbeton, Holzbeton, Faserbeton.
- Nach dem Ort der Herstellung und Verwendung: z. B. Baustellenbeton, werkgemischter und fahrzeuggemischter Transportbeton, Ortbeton, Betonwaren, Betonfertigteile.
- Nach dem Gefüge: z. B. Beton mit geschlossenem Gefüge, haufwerksporiger Beton, Einkornbeton, Porenbeton, Schaumbeton, Luftporenbeton.
- Nach der Bewehrung: z. B. unbewehrter und bewehrter Beton, aber auch Faserbeton, Stahlbeton und Spannbeton, Textilbeton, Carbonbeton.
- Nach dem Fördern, Verarbeiten und Verdichten: z. B. Pumpbeton, Spritzbeton, Ausgussbeton (Prepact, Colcrete), Unterwasserbeton, Stampfbeton, Rüttelbeton, selbstverdichtender Beton, Schleuderbeton, Walzbeton, Pressbeton, Schockbeton, Vakuumbeton.

Für weitere Hinweise siehe die nachfolgenden Abschnitte sowie [0.1] und [1.3].

1.3.2 Betonklassen

In nationalen und internationalen Vorschriften für Beton ist es üblich, Beton nach seiner *Druckfestigkeit* zu klassifizieren. Die Festigkeitsklasse eines Betons ist zugleich einer der Ausgangswerte für den statischen Nachweis einer Betonkonstruktion. Die Festigkeitsklassen nach DIN EN 206-1 sind in den Tabellen 1 und 2 angegeben. Tabelle 1 gilt für Normal- und Schwerbeton, Tabelle 2 für gefügedichten Leichtbeton. Die Kurzbezeichnung gibt mit der ersten Zahl die charakteristische Druckfestigkeit in N/mm^2 an, gemessen am Zylinder mit einem Durchmesser von 150 mm und einer Länge von 300 mm, die zweite Zahl die Druckfestigkeit, gemessen am Würfel mit 150 mm Kantenlänge. Der

Tabelle 1. Festigkeitsklassen für Normal- und Schwerbeton nach DIN EN 206-1

Festigkeitsklasse	$f_{ck,cyl}$ N/mm^2	$f_{ck,cube}$ N/mm^2
C8/10	8	10
C12/15	12	15
C16/20	16	20
C20/25	20	25
C25/30	25	30
C30/37	30	37
C35/45	35	45
C40/50	40	50
C45/55	45	55
C50/60	50	60
C55/67	55	67
C60/75	60	75
C70/85	70	85
C80/95	80	95
C90/105[1]	90	105
C100/115[1]	100	115

[1] Für Beton der Festigkeitsklassen C90/105 und C100/115 bedarf es weiterer auf den Verwendungszweck abgestimmter Nachweise.

Tabelle 2. Festigkeitsklassen für Leichtbeton nach DIN EN 206-1

Festigkeitsklasse	$f_{ck,cyl}$ N/mm^2	$f_{ck,cube}$ N/mm^2
LC8/9	8	9
LC12/13	12	13
LC16/18	16	18
LC20/22	20	22
LC25/28	25	28
LC30/33	30	33
LC35/38	35	38
LC40/44	40	44
LC45/50	45	50
LC50/55	50	55
LC55/60	55	60
LC60/66	60	66
LC70/77[1]	70	77
LC80/88[1]	80	88

[1] Für Leichtbeton der Festigkeitsklassen LC70/77 und LC80/88 bedarf es weiterer auf den Verwendungszweck abgestimmter Nachweise.

statistische Begriff „charakteristisch" bezieht sich auf das 5%-Quantil der Grundgesamtheit, siehe auch Abschnitt 6.2.3. „C" steht für Normal- und Schwerbeton, „LC" für Leichtbeton. Da die Druckfestigkeit einer Betonprobe von ihrer Größe und Gestalt sowie von den Erhärtungsbedingungen, denen sie ausgesetzt war, abhängt, müssen bei einer Einteilung in Festigkeitsklassen die Probenabmessungen, die Lagerungsbedingungen und das Betonalter, zu dem die Bestimmung der Betondruckfestigkeit erfolgt, festgelegt sein.

Die Festigkeitswerte beziehen sich auf die Prüfung im Alter von 28 Tagen nach einer Lagerung im Feuchtraum oder unter Wasser (EN 12390-2). Wird nach DIN EN 12390-2/A20:2015-12, 7 Tage feucht und 21 Tage im Normalklima 20 °C/65 % r. F. gelagert, müssen die Werte wie folgt umgerechnet werden:

- Normalbeton bis C50/60:
  $f_{ck,EN} = 0{,}92 \, f_{ck,DIN}$
- Hochfester Normalbeton ab C55/67:
  $f_{ck,EN} = 0{,}95 \, f_{ck,DIN}$

Soll bei hochfestem Beton statt an Würfeln mit 150 mm Kantenlänge an Würfeln mit 100 mm Kantenlänge geprüft werden, gilt die Umrechnung:

$f_{ck,150} = 0{,}97 \, f_{ck,100}$

Für Leichtbeton stehen keine allgemeingültigen Umrechnungsfaktoren hinsichtlich des Größeneinflusses zur Verfügung. Diese müssen jeweils im Labor bestimmt werden. Für die Umrechnung Wasserlagerung/Trockenlagerung gilt der gleiche Wert wie bei hochfestem Beton (0,95; siehe [1.4]).

In der Bemessungsnorm DIN EN 1992-1-1 wird als Betonfestigkeit die Zylinderfestigkeit verwendet. Der Nachweis der Festigkeit durch die Übereinstimmungsprüfung geschieht jedoch im Regelfall am Würfel. Soll der Zylinder verwendet werden, muss dies vor Beginn der Bauausführung vereinbart werden.

Die Festigkeitsklassen C55/67 bis C100/115 und LC55/60 bis LC80/88 sind dem Hochfesten Beton bzw. Hochfesten Leichtbeton vorbehalten. Jeweils die zwei höchsten Festigkeitsklassen können nur mit Zustimmung der Bauaufsicht nach weiteren Nachweisen angewendet werden.

Obwohl heute Betone mit Festigkeiten deutlich über C100/115 hergestellt und in der Praxis angewendet werden, ist deren Einteilung in Klassen nicht gegeben, da sie bisher nicht Gegenstand einer Norm sind (siehe auch Abschnitt 12 „Ultrahochfester Beton").

Neben den Festigkeitsklassen wird bei Leichtbeton auch zwischen verschiedenen *Rohdichteklassen* unterschieden (siehe Tabelle 3). Eine entsprechende Unterscheidung ist bei Normalbeton nicht erforderlich, da dessen Rohdichte nur in engen Grenzen variiert. Bei Schwerbeton wird die Rohdichte im Versuch oder aus der Mischungszusammensetzung vorab bestimmt, damit sie in der statischen Berechnung entsprechend berücksichtigt werden kann.

DIN EN 206-1 unterscheidet drei Betongruppen: *Beton nach Eigenschaften (nE), Beton nach Zusammensetzung (nZ) und Standardbeton*. Beton nE bedeutet, dass der Besteller die geforderten Eigenschaften und zusätzliche Anforderungen an den Beton dem Hersteller gegenüber festlegt und dass der Hersteller für die Lieferung eines Betons verantwortlich ist, der die Eigenschaften und Anforderungen erfüllt. Bei *Beton nZ* legt der Besteller die Zusammensetzung des Betons und die zu verwendenden Ausgangsstoffe fest. Der Hersteller ist für die Bereitstellung eines Betons mit der vereinbarten Zusammensetzung verantwortlich. Standardbeton ist ein Normalbeton bis höchstens C16/20. Er ist auf bestimmte Anwendungsfälle begrenzt.

Bei der Bestellung eines *Betons nE* müssen folgende Grundangaben gemacht werden: Bezug auf DIN 1045-2, Festigkeitsklasse, Expositionsklasse des Bauwerks oder Bauteils, Festigkeitsentwicklung im Zusammenhang mit der Nachbehandlung, Größtkorn, Art der Verwendung als unbewehrter Beton, Stahlbeton oder Spannbeton und Konsistenzklasse. Bei Leichtbeton muss die Rohdichteklasse und bei Schwerbeton der Zielwert der Rohdichte festgelegt werden. Falls maßgebend, sind zusätzliche Anforderungen zu definieren und entsprechende Prüfverfahren zu vereinbaren. Hierzu zählen Angaben zu Zementeigenschaften, z. B. niedrige Hydratationswärme oder bestimmte Farbe, zu Eigenschaften der Gesteinskörnung, zum Luftgehalt, zur Frischbetontemperatur, zur Wärmeentwicklung, zur Verarbeitungsdauer, zur Wasserundurchlässigkeit, zur Zugfestigkeit und ggf. zu weiteren technischen Anforderungen. Bei Transportbeton können zusätzliche

Tabelle 3. Rohdichteklassen von Leichtbeton nach DIN EN 206-1

Rohdichteklasse	D1,0	D1,2	D1,4	D1,6	D1,8	D2,0
Rohdichte kg/m³	≥ 800 und ≤ 1000	> 1000 und ≤ 1200	> 1200 und ≤ 1400	> 1400 und ≤ 1600	> 1600 und ≤ 1800	> 1800 und ≤ 2000

Bedingungen vereinbart werden, die für Transport und Einbau wichtig sind. Dies sind vor allem Angaben zur Lieferzeit und Abnahmegeschwindigkeit, zu besonderem Transport zur Baustelle und zur Verarbeitungsart, z. B. Pumpen von Leichtbeton. Hinsichtlich der Betonzusammensetzung hat der Hersteller eine beträchtliche Freiheit, aber auch eine große Verantwortung.

Demgegenüber wird bei *Beton nZ* die Betonzusammensetzung genau festgelegt. Die Grundangaben betreffen den Bezug zur DIN 1045-2, den Zementgehalt, die Art und Festigkeitsklasse des Zements, den Wasserzementwert oder die Konsistenzklasse, außerdem die Art der Gesteinskörnung, bei Leichtbeton und Schwerbeton auch die Rohdichte der Gesteinskörnung, das Größtkorn und die Sieblinie, Art und Menge von Zusatzmitteln und Zusatzstoffen und bei deren Verwendung noch die Herkunft dieser Stoffe und des Zements. Diese Angaben sind als Vorsorge für eventuelle Unverträglichkeiten gedacht. Zusätzliche Angaben können die Herkunft der Betonausgangsstoffe betreffen, die Frischbetontemperatur und eventuell weitere Anforderungen. Beim *Beton nZ* trägt der Besteller eine große Verantwortung für die Eigenschaften des Betons. Er wird einen *Beton nZ* nur bestellen, wenn er die Zusammenhänge zwischen Zusammensetzung und Eigenschaften aus eigener Erfahrung kennt.

Standardbeton ist so zusammengesetzt, dass er auch bei gewissen Schwankungen immer noch die vereinbarte Festigkeit erreicht. Die Grundangaben betreffen den Bezug auf DIN 1045-2, die Festigkeitsklasse bis maximal C16/20, die Expositionsklasse des Bauwerks mit der Einschränkung auf X0, XC1 und XC2, die Festigkeitsentwicklung, das Größtkorn und die Konsistenzklasse. Bei Transportbeton können zusätzliche Angaben zur Lieferung gemacht werden. Der Mindestzementgehalt ist in Tabelle 4 festgelegt und soll die vereinbarte Betonfestigkeitsklasse sicher ermöglichen.

Der Zementgehalt nach Tabelle 4 muss vergrößert werden um

– 10 M.-% bei einem Größtkorn der Gesteinskörnung von 16 mm und
– 20 M.-% bei einem Größtkorn der Gesteinskörnung von 8 mm.

Der Zementgehalt nach Tabelle 4, Zeilen 1–3, darf verringert werden um

– höchstens 10 M.-% bei Zement der Festigkeitsklasse 42,5 und
– höchstens 10 M.-% bei einem Größtkorn der Gesteinskörnung von 63 mm.

Die Tabelle zeigt, dass die Konsistenz bei gleicher Festigkeitsanforderung über den Zementgehalt und damit über die Zementleimmenge gesteuert wird.

Unter *Betonsorten* werden Betone eines bestimmten Transportbetonwerks verstanden, die sich z. B. durch Festigkeitsklasse, Zusammensetzung, Konsistenz, Herstellung und ggf. Eignung für bewehrten Beton oder für Beton mit besonderen Eigenschaften unterscheiden.

1.3.3 Betonfamilie

Betone ähnlicher Zusammensetzung können in eine *Betonfamilie* aufgenommen werden, wenn zuverlässliche empirische Beziehungen zwischen deren Eigenschaften bestehen (s. auch [1.5]). Der Prüfaufwand vermindert sich, da die Anzahl der Prüfkörper, die für eine Betonsorte gilt, auf die gesamte Familie angewendet werden kann. Bestehen die Zusammenhänge zwischen den Eigenschaften der einzelnen Betone in der Familie nicht, müssen diese in einem ersten Schritt ermittelt werden. In der Regel wird ein Beton, der im Mittelfeld der Betonfamilie liegt, als Referenzbeton ausgewählt. Auf diesen werden dann die Eigenschaften der anderen Familienmitglieder bezogen. Einschränkend gilt bisher, dass lediglich die 28-Tage-Festigkeit als Eigenschaft verwendet wird, aber grundsätzlich könnten auch andere Eigenschaften, wie z. B. die Zugfestigkeit oder die Carbonatisierungsgeschwindigkeit, verwendet werden. Da die Familie jedoch den Auf-

Tabelle 4. Mindestzementgehalt für Standardbeton mit einem Größtkorn von 32 mm und Zement der Festigkeitsklasse 32,5 nach DIN 1045-2

	Festigkeitsklasse des Betons	Mindestzementgehalt in kg je m³ verdichteten Betons für Konsistenzbereich		
		steif	plastisch	weich
	1	2	3	4
1	C8/10	210	230	260
2	C12/15	270	300	330
3	C16/20	290	320	360

wand des Konformitätsnachweises vermindern soll, steht die Druckfestigkeit im Vordergrund.

Betone in einer Familie bestehen aus:
– Zementen gleicher Art, Festigkeitsklasse und Herkunft,
– Gesteinskörnungen gleicher Art und geologischen Ursprungs.

Betone mit puzzolanischen oder latent hydraulischen Zusatzstoffen, Verzögerern mit einer Verzögerungszeit ≥ 3 h, Luftporenbildnern und Betonverflüssigern bzw. Fließmitteln, die die Betonfestigkeit beeinflussen, bilden eigene Familien. Hinsichtlich des Festigkeitsbereichs gilt, dass Familien für die Festigkeitsklassen C12/15 bis C55/67 gebildet werden können. Wenn der ganze Bereich erfasst werden soll, müssen mindestens zwei Familien gebildet werden. Hochfester Beton ist aus Betonfamilien ausgeschlossen, da für ihn zusätzliche Konformitätsanforderungen gelten. Leichtbeton ist nicht ausgeschlossen, obwohl jede leichte Gesteinskörnung spezifische Eigenschaften besitzt, die die Festigkeit beeinflussen kann. Schwerbeton ist bisher ausgeschlossen.

Damit das Konzept der Betonfamilien den bisherigen Sicherheitsstandard gewährleistet, müssen alle Familienmitglieder regelmäßig geprüft werden. Ruht die Produktion länger als 12 Monate, wird wie bei der ersten Produktion verfahren, d. h. es soll sichergestellt sein, dass kontinuierliche Erfahrung den Verbleib einer Betonsorte in der Familie rechtfertigt.

2 Ausgangsstoffe
2.1 Zement
2.1.1 Arten und Zusammensetzung

Zement ist ein hydraulisches Bindemittel und besteht aus fein gemahlenen, nichtmetallischen, anorganischen Stoffen. Mit Wasser vermischt ergibt er Zementleim. Dieser erstarrt und erhärtet durch Hydratationsreaktionen zu Zementstein. Nach dem Erhärten bleibt der Zementstein auch unter Wasser fest und raumbeständig. In seinen Eigenschaften unterscheidet sich Zement von anderen hydraulischen Bindemitteln, z. B. den hydraulischen oder hochhydraulischen Kalken, durch seine schnellere Festigkeitsentwicklung und häufig auch durch seine höhere Druckfestigkeit.

Hauptbestandteile von Zement nach DIN EN 197-1 können sein:
– Portlandzementklinker (K)
– Hüttensand (granulierte Hochofenschlacke) (S)
– natürliche Puzzolane (P, Q)
– Flugasche (V, W)
– gebrannter Schiefer (T)
– Kalkstein (L, LL)
– Silikastaub (D)

Darüber hinaus können die Zemente Calciumsulfat zur Erstarrungsregelung sowie Zementzusätze enthalten [0.2].

Portlandzementklinker (K) ist ein hydraulischer Stoff. Er besteht nach Massenteilen zu mindestens zwei Dritteln aus Calciumsilicaten und kleineren Anteilen an Aluminium- und Eisenoxid sowie anderen Verbindungen. Portlandzementklinker wird durch Brennen mindestens bis zur Sinterung einer fein aufgeteilten und homogenen Rohstoffmischung hergestellt, die hauptsächlich CaO, SiO_2, Al_2O_3, Fe_2O_3 und geringe Mengen anderer Stoffe enthält (siehe dazu auch Abschn. 2.1.5).

Hüttensand (S) ist ein latent hydraulischer Stoff, d. h. er besitzt bei geeigneter Anregung hydraulische Eigenschaften. Er muss nach Massenteilen mindestens zwei Drittel glasig erstarrte Schlacke enthalten, die durch plötzliches Abkühlen einer geeigneten Hochofenschlacke entsteht. Hüttensand besteht aus CaO, MgO und SiO_2 sowie aus kleineren Anteilen von Al_2O_3 und anderen Oxiden. Das Massenverhältnis (CaO + MgO)/SiO_2 muss größer als eins sein.

Puzzolane sind entweder behandelte oder unbehandelte natürliche Stoffe oder industrielle Nebenprodukte, die kieselsäurereiche oder alumosilicatische Bestandteile oder eine Kombination solcher Verbindungen enthalten. Puzzolane erhärten nach dem Mischen mit Wasser nicht selbstständig. Feingemahlen und in Gegenwart von Wasser reagieren sie aber schon bei Raumtemperatur mit gelöstem Calciumhydroxid $Ca(OH)_2$. Dabei entstehen Calciumsilicat- und Calciumaluminathydratverbindungen, die zur Festigkeitsentwicklung beitragen und den Verbindungen aus der Erhärtung hydraulischer Stoffe ähnlich sind. Puzzolane im Sinne der DIN EN 197-1 müssen im Wesentlichen aus reaktionsfähigem SiO_2 mit einem Massenanteil von mindestens 25 % sowie aus Al_2O_3 bestehen; der Rest enthält Fe_2O_3 und andere Verbindungen. Der Anteil an reaktionsfähigem CaO ist unbedeutend.

Natürliche Puzzolane (P) sind im Allgemeinen Stoffe vulkanischen Ursprungs, z. B. Trass oder Sedimentgesteine mit einer geeigneten chemisch-mineralogischen Zusammensetzung. *Natürliches getempertes Puzzolan* (Q) ist ein thermisch aktivierter Stoff vulkanischen Ursprungs, z. B. Ton, Phonolith, Schiefer oder Sedimentgesteine. Unter den Puzzolanen aus industriellen Nebenprodukten sind von besonderer Bedeutung sind Flugasche und Silikastaub.

Wegen ihrer besonderen Bedeutung wird *Flugasche* (V, W) in der DIN EN 197-1 getrennt von den natürlichen Puzzolanen in einem gesonderten Abschnitt behandelt. Flugaschen im Sinne dieser Norm werden durch die elektrostatische oder mechanische Abscheidung von staubartigen Partikeln in Rauchgasen von Feuerungen erhalten, die mit feingemahlener Kohle befeuert werden. Flugaschen können ihrer Art nach sowohl alumo-silicatisch als auch silicatisch-kalkhaltig sein. Während die alumo-silicatisch Flugasche nur puzzolanische Eigenschaften besitzt, kann die silicatisch-kalkhaltige Flugasche auch zusätzliche, hydraulische Eigenschaften aufweisen. Die in der DIN EN 197-1 behandelte Flugasche V ist ein kieselsäurereicher, feinkörniger Staub, der hauptsächlich aus kugeligen, glasigen Partikeln mit puzzolanischen Eigenschaften besteht. Der Massenanteil an reaktionsfähigem SiO_2 muss mindestens 25 % betragen, während der Massenanteil an reaktionsfähigem CaO auf 10 % beschränkt ist. Kalkreiche Flugasche W mit einem Masseanteil von 10,0 % bis 15,0 % an reaktionsfähigem Calciumoxid (CaO) muss einen Masseanteil von $\leq$ 25 % an reaktionsfähigem SiO_2 aufweisen.

Gebrannter Schiefer (T), insbesondere gebrannter Ölschiefer, wird in speziellen Öfen bei Temperaturen von etwa 800 °C hergestellt. Aufgrund der Zusammensetzung des natürlichen Ausgangsmaterials und des Herstellungsverfahrens enthält gebrannter Schiefer Klinkerphasen sowie puzzolanisch reagierende Oxide, sodass feingemahlener, gebrannter Schiefer ausgeprägte hydraulische und daneben auch puzzolanische Eigenschaften aufweist [2.1].

Kalkstein (L, LL) kann Zementen als inerter Füller zugegeben werden, wobei der Gesamtgehalt an organischem Kohlenstoff (TOC) auf 0,20 % (bei LL) und auf 0,50 % (bei L) beschränkt ist.

Silikastaub (D) entsteht bei der Reduktion von hochreinem Quarz mit Kohle in Lichtbogenöfen bei der Herstellung von Silicium und Ferrosiliciumlegierungen und besteht aus sehr feinen kugeligen Partikeln mit einem Gehalt an amorphem Siliciumdioxid von $\geq$ 85 %. Die spezifische Oberfläche muss mindestens 15,0 m^2/g betragen.

Neben den Hauptbestandteilen können noch Nebenbestandteile im Zement enthalten sein. Nebenbestandteile sind besonders ausgewählte, anorganische natürliche mineralische Stoffe, anorganische mineralische Stoffe, die aus der Klinkerherstellung stammen, oder es sind dieselben Stoffe wie die Hauptbestandteile, es sei denn, sie sind bereits als Hauptbestandteile im Zement enthalten. Die Nebenbestandteile können bis 5 M.-% enthalten sein.

Calciumsulfat wird dem Zement bei seiner Herstellung in geringen Mengen zur Regelung seines Erstarrungsverhaltens zugegeben (siehe dazu auch Abschn. 2.1.5).

Zementzusätze dienen der Verbesserung der Herstellung von Zement oder von dessen Eigenschaften z. B. als Mahlhilfe. Über weitere Einzelheiten zur Zusammensetzung und Herstellung von Zementen siehe z. B [0.2].

DIN EN 197-1 unterscheidet zwischen 5 Hauptarten von Zementen:

CEM I   Portlandzement
CEM II   Portlandkompositzement
CEM III Hochofenzement
CEM IV   Puzzolanzement
CEM V   Kompositzement

Je nach Zusammensetzung wird innerhalb der Hauptarten CEM II bis CEM V zwischen weiteren Zementarten unterschieden. In Tabelle 5 sind die Zementarten nach DIN EN 197-1 und ihre Zusammensetzung als Massenanteil in Prozent zusammengestellt. Die Massenanteile beziehen sich dabei auf die jeweils aufgeführten Haupt- und Nebenbestandteile des Zements ohne Berücksichtigung des Gehalts an Calciumsulfat und Zementzusatz.

Neben den in Tabelle 5 zusammengestellten Zementarten wird in DIN 1164-10 „Zemente mit besonderen Eigenschaften" nur noch Zement mit niedrigem wirksamen Alkaligehalt (NA) behandelt. Anforderungen an Zement mit hohem Sulfatwiderstand (HS) wurden aus DIN 1164 inzwischen in die Neuausgabe von DIN EN 197-1 überführt. HS-Zemente führen bei der europäischen Norm das Kurzzeichen „SR" für „Sulfate Resisting".

Die *Normenbezeichnung* der Zemente nach DIN EN 197-1 erfolgt nach der Art und Festigkeitsklasse des Zements sowie nach der Festigkeitsentwicklung und ggf. nach zusätzlichen Anforderungen. Ein Portlandzement der Festigkeitsklasse 42,5 mit hoher Anfangsfestigkeit trägt folgende Bezeichnung:

- Portlandzement DIN EN 197-1
  CEM I 42,5 R

Für einen Hochofenzement mit einem Hüttensandgehalt von 66 % bis 80 % der Festigkeitsklasse 32,5 mit niedriger Anfangsfestigkeit, niedriger Hydratationswärme und hohem Sulfatwiderstand gilt nach DIN EN 197-1:

- Hochofenzement DIN EN 197-1
  CEM III/B 32,5 N – LH/SR

Neben den Zementen nach DIN EN 197-1 gibt es eine Reihe von zugelassenen Bindemitteln mit allgemeiner bauaufsichtlicher Zulassung.

– Schnellzemente und schnellerhärtender Zement;

– Normalzement, der nicht von EN 197-1 erfasst ist;

– CEM III/A nach EN 197-1 mit Nachweis SR-Eigenschaft;

Tabelle 5. Normalzemente nach DIN EN 197-1

Haupt-zement-arten	Normalzementarten		Zusammensetzung (Massenanteile in Prozent)[a]										
			Hauptbestandteile										Neben-bestand-teile
			Portland-zement-klinker	Hütten-sand	Silika-staub	Puzzolane		Flugasche		ge-brannter Schiefer	Kalkstein		
						natür-lich	natür-lich getem-pert	kiesel-säure-reich	kalk-reich				
			K	S	D[b]	P	Q	V	W	T	L	LL	
CEM I	Portland-zement	CEM I	95–100	–	–	–	–	–	–	–	–	–	0–5
CEM II	Portland-hütten-zement	CEM II/A-S	80–94	6–20	–	–	–	–	–	–	–	–	0–5
		CEM II/B-S	65–79	21–35	–	–	–	–	–	–	–	–	0–5
	Portland-silika-staub-zement	CEM II/A-D	90–94	–	6–10	–	–	–	–	–	–	–	0–5
	Portland-puzzolan-zement	CEM II/A-P	80–94	–	–	6–20	–	–	–	–	–	–	0–5
		CEM II/B-P	65–79	–	–	21–35	–	–	–	–	–	–	0–5
		CEM II/A-Q	80–94	–	–	–	6–20	–	–	–	–	–	0–5
		CEM II/B-Q	65–79	–	–	–	21–35	–	–	–	–	–	0–5
	Portland-flugasche-zement	CEM II/A-V	80–94	–	–	–	–	6–20	–	–	–	–	0–5
		CEM II/B-V	65–79	–	–	–	–	21–35	–	–	–	–	0–5
		CEM II/A-W	80–94	–	–	–	–	–	6–20	–	–	–	0–5
		CEM II/B-W	65–79	–	–	–	–	–	21–35	–	–	–	0–5

Ausgangsstoffe

	Zementart	Klinker	Hüttensand	Silikastaub[b]	Puzzolan natürlich	Puzzolan getempert	Flugasche kieselsäurereich	Flugasche kalkreich	Schiefer	Kalkstein L	Kalkstein LL	Nebenbestandteile
CEM II	Portlandschieferzement	CEM II/A-T	80–94	–	–	–	–	–	–	6–20	–	–	0–5
		CEM II/B-T	65–79	–	–	–	–	–	–	21–35	–	–	0–5
	Portlandkalksteinzement	CEM II/A-L	80–94	–	–	–	–	–	–	–	6–20	–	0–5
		CEM II/B-L	65–79	–	–	–	–	–	–	–	21–35	–	0–5
		CEM II/A-LL	80–94	–	–	–	–	–	–	–	–	6–20	0–5
		CEM II/B-LL	65–79	–	–	–	–	–	–	–	–	21–35	0–5
	Portlandkompositzement[c]	CEM II/A-M	80–94	6–20									0–5
		CEM II/B-M	65–79	21–35									0–5
CEM III	Hochofenzement	CEM III/A	35–64	36–65	–	–	–	–	–	–	–	–	0–5
		CEM III/B	20–34	66–80	–	–	–	–	–	–	–	–	0–5
		CEM III/C	5–19	81–95	–	–	–	–	–	–	–	–	0–5
CEM IV	Puzzolanzement[c]	CEM IV/A	65–89	–	11–35					–	–	–	0–5
		CEM IV/B	45–64	–	36–55					–	–	–	0–5
CEM V	Kompositzement[c]	CEM V/A	40–64	18–30	–	18–30				–	–	–	0–5
		CEM V/B	20–38	31–50	–	31–50				–	–	–	0–5

[a] Die Werte in der Tabelle beziehen sich auf die Summe der Haupt- und Nebenbestandteile.
[b] Der Anteil von Silikastaub ist auf 10 % begrenzt.
[c] In den Portlandkompositzementen CEM II/A-M und CEM II/B-M, in den Puzzolanzementen CEM IV/A und CEM IV/B und in den Kompositzementen CEM V/A und CEM V/B müssen die Hauptbestandteile außer Portlandzementklinker durch die Bezeichnung des Zementes angegeben werden.

- Zemente mit Anwendungszulassung (AZ) für CEM II/B-M;
- Zement mit Anwendungszulassung (AZ) für CEM II/B-LL;
- Zement mit Anwendungszulassung (AZ) für CEM II/B-P.
- CEM II/B-V nach EN 197-1 mit Nachweis NA

Nicht mehr hergestellt wird in Deutschland der *Sulfathüttenzement*. *Tonerdezement* und *Tonerdeschmelzzement* finden im Feuerungsbau Anwendung. Sie dürfen aber in Deutschland seit 1962 nicht mehr für die Herstellung und Ausbesserung tragender Bauteile aus Mörtel, Stahlbeton und Spannbeton verwendet werden [2.2].

Es werden auch sog. *Schnellzemente* angeboten, die nach wenigen Minuten erstarren und bereits in der ersten Stunde eine relativ hohe Festigkeit aufweisen. In Deutschland sind solche Zemente unter der Bezeichnung „Schnellzement 32,5 R-SF" bauaufsichtlich zugelassen. Sie dürfen angewendet werden zur Befestigung von Dübeln und Ankern sowie zur Ausbesserung von Bauteilen aus Beton und Stahlbeton nach DIN EN 206-1/DIN 1045-2 sowie aus Spannbeton mit nachträglichem Verbund, soweit diese einer über die üblichen klimabedingten Temperaturen hinausgehenden Wärmebeanspruchung nicht ausgesetzt sind. Mehrere bauaufsichtliche Zulassungen liegen auch für hydraulische Bindemittel vor, die für die Herstellung von Betonwaren und Betonteilen aus Leichtbeton verwendet werden dürfen und die aus Portlandzementklinker, Hüttensand, Steinkohlenflugasche und/oder natürlichem Gesteinsmehl unter Zugabe von Farbzusätzen und von Calciumsulfat durch gemeinsames werkmäßiges Feinmahlen hergestellt werden. Zemente „mit verkürztem Erstarren" sind als FE-Zement („frühes Erstarren") und als SE-Zement („schnell erstarrend") in DIN 1164-11 genormt. Zemente mit einem erhöhten Anteil an organischen Bestandteilen bis 1 M.-%, bezogen auf den Zement (HO-Zement), sind in DIN 1164-12 geregelt.

2.1.2 Bautechnische Eigenschaften

Zu den bautechnischen Eigenschaften eines Zements zählen insbesondere sein Erstarrungs- und Erhärtungsverhalten, die erreichbare Festigkeit, die Hydratationswärmeentwicklung, die Raumbeständigkeit, die spezifische Oberfläche und der Wasseranspruch, Schwind- und Quelleigenschaften sowie der erreichbare Widerstand gegen Frost, Alkalireaktion und chemischen Angriff. Die bautechnischen Eigenschaften der Zemente müssen dergestalt sein, dass daraus hergestellte Mörtel oder Betone bei entsprechender Zusammensetzung, Herstellung und Nachbehandlung fest, dicht und dauerhaft sind.

Das *Ansteifen* des mit Wasser angemachten Zements wird Erstarren, die Verfestigung des Zements Erhärten genannt. Erstarren und Erhärten sind von vielen Einflüssen abhängig (siehe u. a. [0.2]). Beginn und Ende des Erstarrens werden üblicherweise durch wiederholte Messung des Eindringwiderstandes von Stäben oder Nadeln in einer Zementleim- oder Mörtelprobe ermittelt. Das Erstarrungsvermögen von Frischbeton kann z. B. anhand des Knetbeutelversuchs bestimmt werden [2.32]. Kontinuierliche Messungen sind mit Ultraschall möglich [2.3]. Da Mörtel oder Betone über einen längeren Zeitraum verarbeitbar bleiben müssen, darf das Erstarren nicht unmittelbar nach dem Mischen beginnen. Aus diesem Grunde fordert DIN EN 197-1, dass bei Prü-

Tabelle 6. Anforderungen an mechanische und physikalische Eigenschaften der CEM-Zemente nach DIN EN 197-1

Festigkeitsklasse	Druckfestigkeit N/mm²			Erstarrungsbeginn (min)	Dehnungsmaß (Raumbeständigkeit, mm)
	Anfangsfestigkeit		Normfestigkeit		
	2 Tage	7 Tage	28 Tage		
32,5 L	–	≥ 12			
32,5 N	–	≥ 16	$\geq 32,5$	$\leq 52,5$	≥ 75
32,5 R	≥ 10	–			
42,5 L	–	≥ 16			
42,5 N	≥ 10	–	$\geq 42,5$	$\leq 62,5$	≥ 60	≤ 10
42,5 R	≥ 20	–			
52,5 L	≥ 10	–			
52,5 N	≥ 20	–	$\geq 52,5$	–	≥ 45
52,5 R	≥ 30	–			

fung mit dem Nadelgerät nach DIN EN 196-1, der Erstarrungsbeginn für Zemente der Festigkeitsklasse 32,5 nicht früher als 75 Minuten, für Zemente der Festigkeitsklasse 42,5 nicht früher als 60 Minuten und für Zemente der Festigkeitsklassen 52,5 nicht früher als 45 Minuten nach der Wasserzugabe eintreten darf.

Das gelegentlich bei Transportbeton auftretende, vorzeitige Ansteifen wird bei der Erstarrungsprüfung nach DIN EN 196-3 nicht erkannt. Es macht sich insbesondere bei höheren Temperaturen störend bemerkbar und kann von Zement, Betonzusätzen, Temperatureinflüssen und weiteren Bedingungen bei der Betonherstellung und dem Transport des Betons verursacht oder beeinflusst werden. Zur Vermeidung eines Frühansteifens des Betons müssen beim Zement Art und Menge des Sulfats auf Menge und Reaktionsvermögen der frühzeitig reagierenden Anteile der Hauptbestandteile des Zements abgestimmt werden [0.2].

Das *Erhärtungsvermögen* des Zements wird durch seine Festigkeit in jungem und spätem Alter und durch seine Festigkeitsentwicklung gekennzeichnet. Die Druckfestigkeit der Zemente nach DIN EN 197-1 wird nach DIN EN 196-1 an einer Mörtelmischung aus 1,0 Masseteilen Zement + 3,0 Masseteilen Normsand + 0,5 Masseteilen Wasser geprüft. Die nach DIN EN 197-1 zu erfüllenden Anforderungen sind zusammen mit anderen physikalischen Anforderungen in Tabelle 6 wiedergegeben. Nach Abschn. 1.3.2 wird bei Beton in der Regel die 28-Tage-Druckfestigkeit zugrunde gelegt. Auch die Festigkeitsklassen des Zements werden daher nach der geforderten Mindestfestigkeit im Alter von 28 Tagen bezeichnet. Ferner wird je Festigkeitsklasse zwischen Zementen mit langsamer (L = langsam) und üblicher Anfangserhärtung (N = normal) sowie schnell erhärtenden Zementen (R = rapid) unterschieden. Die 28-Tage-Druckfestigkeit der Zemente ist nach oben begrenzt, um eine möglichst hohe Gleichmäßigkeit der Festigkeitseigenschaften eines Zements einer bestimmten Festigkeitsklasse sicherzustellen. Für Zemente der Festigkeitsklasse 52,5 N wurde keine Obergrenze angegeben, weil hier aufgrund der technischen Gegebenheiten eine zu hohe Überschreitung der geforderten Nennfestigkeit nicht zu erwarten ist. Nach Tabelle 6 werden auch für die CEM-Zemente Anforderungen an die Anfangsfestigkeit gestellt, die je nach Festigkeitsklasse unterschiedlich und für die Zemente mit hoher Anfangsfestigkeit höher sind als für Zemente mit üblicher Anfangsfestigkeit. Das Nachweisalter beträgt dabei, mit Ausnahme der Festigkeitsklassen 32,5 L und 42,5 L, 2 Tage.

Für den Konformitätsnachweis der Zemente gilt DIN EN 197-1. Nach dieser Norm darf das 5%-Quantil der Festigkeitsergebnisse der Eigenüberwachung bei einer Aussagewahrscheinlichkeit von 95 % die entsprechenden Grenzwerte der Tabelle 6 nicht unterschreiten. Soweit die Einhaltung einer Obergrenze der Festigkeit gefordert ist, gilt ein Wert von 90 %. Insgesamt stellen diese Regelungen sicher, dass der Schwankungsbereich der tatsächlichen Festigkeit eines Zements gegebener Festigkeitsklasse gering ist [2.4]. Da die Prüfstreuungen einen wesentlichen Anteil der Gesamtstreuung ausmachen und die tatsächliche Streuung der Zementfestigkeit deutlich geringer ist, erscheint es zweckmäßig und angemessen, bei der Vorausbestimmung der erforderlichen Betonzusammensetzung für eine bestimmte Betondruckfestigkeit vom Mittelwert zwischen unterer und oberer Festigkeitsgrenze der jeweiligen Zementfestigkeitsklasse auszugehen.

Zemente mit üblicher Anfangserhärtung (N-Zemente) weisen bei entsprechender Nachbehandlung eine etwas größere Nacherhärtung in höherem Alter als R-Zemente auf. Die Verwendung von Zement mit höherer Anfangsfestigkeit kann z. B. für frühzeitiges Ausschalen, für frühzeitiges Vorspannen und für das Betonieren bei niedriger Temperatur zweckmäßig und vorteilhaft sein. Die Verwendung von Zement mit langsamer und üblicher Anfangserhärtung ist z. B. für die Herstellung dicker Bauteile und für Massenbeton von Vorteil, da bei der Hydratation des Zements weniger Wärme frei wird als bei R-Zementen (siehe dazu Abschn. 4.2).

Höhe und Entwicklung der *Hydratationswärme* des Zements hängen von seiner Zusammensetzung ab und nehmen in der Regel mit seiner Anfangsfestigkeit zu. Richtwerte für die Hydratationswärme von Zementen enthält Tabelle 7. Die Hydratationswärme von Normalzement mit niedriger Hydratationswärme (LH = low **h**eat development) darf den charakteristischen Wert von 270 J/g nicht überschreiten. Die Hydratationswärme ist dabei entweder nach 7 Tagen gemäß DIN EN 196-8 (Lösungswärmeverfahren) oder nach 41 h gemäß DIN EN 196-9

Tabelle 7. Hydratationswärme (Lösungswärme) deutscher Zemente (Richtwerte)

Zement-festig-keits-klasse	Hydratationswärme in J/g nach			
	1 Tag	3 Tagen	7 Tagen	28 Tagen
32,5 N	60 bis 170	125 bis 250	150 bis 300	210 bis 380
32,5 R 42,5 N	125 bis 210	210 bis 340	275 bis 380	300 bis 420
42,5 R 52,5 N	210 bis 275	300 bis 360	340 bis 380	380 bis 420

(teiladiabatisches Verfahren) zu bestimmen. Für die Wahl der Ausgangsstoffe und der optimalen Betonzusammensetzung kann es in bestimmten Anwendungsfällen jedoch zweckmäßig sein, die Hydratationswärme des Betons unter adiabatischen Bedingungen zu bestimmen. Über die Auswirkungen der Hydratationswärme siehe Abschn. 4.2.

Die Anforderungen an Zemente mit hohem Sulfatwiderstand (Zusatz „SR") nach der neuen DIN EN 197-1:2011 sind bei Verwendung nach DIN 1045-2 für CEM I-SR 0, CEM I-SR 3, CEM III/B-SR und CEM III/C-SR erfüllt. Die Zusätze „0" und „3" beim Portlandzement CEM I-SR stehen für einen C_3A-Gehalt im Klinker von 0% bzw. $\leq$ 3%. Der C_3A-Gehalt von CEM I-SR darf dabei mithilfe des Al_2O_3- und des Fe_2O_3-Gehalts im Klinker ermittelt werden. Ein Prüfverfahren zur Bestimmung des C_3A-Gehalts im Klinker wird derzeit von CEN/TC 51 entwickelt. Der Hüttensandanteil im CEM III/B-SR bzw. CEM III/C-SR muss zwischen 66% und 80% bzw. 81% und 95% liegen.

Als Zemente mit *niedrigem wirksamen Alkaligehalt* gelten gemäß DIN 1164-10 CEM I-Zemente mit einem Gesamtalkaligehalt von höchstens 0,60% Na_2O-Äquivalent, CEM II/B-S von 0,70% Na_2O-Äquivalent, Hochofenzement CEM III/A mit weniger als 49% Hüttensand bei maximal 0,95% Na_2O-Äquivalent und CEM III/A mit mindestens 50% Hüttensand und einem Gesamtalkaligehalt von höchstens 1,10% Na_2O-Äquivalent sowie Hochofenzement CEM III/B und /C mit einem Gesamtalkaligehalt von höchstens 2,00% Na_2O-Äquivalent.

Sonderzemente VLH (= **v**ery **l**ow **h**eat development) nach DIN EN 14216 sind Zemente mit sehr niedriger Hydratationswärme von $\leq$ 220 J/g. Sie werden als Hochofenzement VLH III, Puzzolanzement VLH IV oder Kompositzement VLH V in der Festigkeitsklasse 22,5 hergestellt.

Hochofenzement CEM III/A, III/B oder III/C mit niedriger Anfangsfestigkeit nach DIN EN 197-1 werden mit dem Kennbuchstaben L hinter der Festigkeitsklasse gekennzeichnet.

Zemente müssen *raumbeständig* sein. Darunter wird die Volumenstabilität des Zementleims bzw. Zementsteins während der Hydratation verstanden. Fehlende Raumbeständigkeit ist z. B. auf einen falschen Calciumsulfatgehalt des Zements oder häufiger auf einen zu hohen Gehalt an freiem Kalk oder Magnesiumoxid zurückzuführen. Diese Komponenten reagieren mit Wasser, wobei sich eine erhebliche Volumenvergrößerung einstellt. Solange diese Reaktion vor dem Erstarrungsende abläuft, ist sie unschädlich. Zu einem späteren Zeitpunkt kann sie zu Rissen und einer erheblichen Schädigung des Betons führen. Die Bestimmung der Raumbeständigkeit unter beschleunigten Prüfbedingungen erfolgt mit dem Le-Chatelier-Ring nach DIN EN 196-3. Das damit bestimmte Dehnungsmaß (Nadelspreizung), das der Ausdehnung einer Zementleimprobe nach einem 24-stündigen Kochversuch entspricht, darf für alle Zementarten und Festigkeitsklassen einen Wert von 10 mm nicht überschreiten (siehe Tabelle 6). Eine Reihe von physikalischen Eigenschaften des Zements, insbesondere seine Festigkeitsentwicklung und die Entwicklung der Hydratationswärme werden durch seine *Mahlfeinheit* bzw. seine *spezifische Oberfläche* bestimmt. Die DIN EN 197-1 enthält keine spezifischen Anforderungen an die Mahlfeinheit des Zements. Trotzdem sei auf die Anforderungen der DIN 1164-1:1990 (inzwischen zurückgezogen) hingewiesen. Demnach soll die spezifische Oberfläche des Zements, geprüft mit dem Luftdurchlässigkeitsverfahren nach DIN EN 196-6, im Allg. 2200 cm^2/g und in Sonderfällen 2000 cm^2/g nicht unterschreiten. Für Fahrbahndecken als Beton darf die Mahlfeinheit der Zemente CEM I 32,5 R 3500 cm^2/g nicht überschreiten. Diese Forderung gilt nicht für Zemente der Festigkeitsklasse 42,5 R zur Herstellung von frühhochfestem Beton. Bei Zementen mit mittlerer Feinheit (spezifische Oberfläche etwa 2800 bis 4000 cm^2/g) beeinflusst diese die Frischbetoneigenschaften, insbesondere die Verarbeitbarkeit des Betons, praktisch nicht. Bei Verwendung grober Zemente (spezifische Oberfläche deutlich unter 2800 cm^2/g) sind der Wasseranspruch und das Wasserrückhaltevermögen in der Regel geringer. Beton mit sehr feinem Zement (spezifische Oberfläche etwa 5000 bis 7000 cm^2/g) besitzt in der Regel einen größeren Wasseranspruch und kann bei höheren Zementgehalten je nach Betonzusammensetzung schwer verarbeitbar sein. Vom Wasseranspruch des Zements kann jedoch nicht ohne Weiteres auf den Wasseranspruch des Betons geschlossen werden.

Auf die Umweltverträglichkeit von Zementen insbesondere in Bezug auf den Gehalt und die Auslaugbarkeit von Schwermetallen wird z. B. in [2.5] eingegangen.

2.1.3 Bezeichnung, Lieferung und Lagerung

Nach DIN EN 197-1 muss jeder angelieferte Zement normgemäß mit dem CE-Zeichen gekennzeichnet sein. Aus der Bezeichnung auf Säcken und Lieferscheinen müssen die Zementart, die Festigkeitsklasse, das Lieferwerk, das Bruttogewicht des Sackes bzw. das Nettogewicht des losen Zements, die Kennnummer der Zertifizierungsstelle, die Nummer des EG-Konformitätszertifikats und ggf. die Zusatzbezeichnung für besondere Eigenschaften hervorgehen. Auf jedem Lieferschein müssen außerdem Tag und Stunde der Lieferung, amtliches Kennzeichen des Fahrzeugs, Auftraggeber, Auftragnehmer und Empfänger vermerkt sein. Für Normzemente sind ausschließlich 25-kg-Säcke vorgesehen. Neben den o. g. Kennzeichnungen sind die

Säcke mit der Kennzeichnung „Reizend-X_i" nach der Gefahrstoffverordnung sowie Hinweisen auf Risiken und erforderliche Schutzmaßnahmen zu versehen. Die Säcke von Zementen der Norm DIN 1164 mussten früher gemäß Tabelle 8 farbig gekennzeichnet sein. Heute steht es dem Zementhersteller frei, sich an diese Kennzeichnung zu halten, wobei sie in jedem Fall für Zemente mit besonderen Eigenschaften nach DIN 1164-10 bis -12 gelten.

Der Zement muss vor jeder Verunreinigung und vor Feuchtigkeit geschützt werden. Er darf nur in saubere Transportbehälter gefüllt und darin transportiert und gelagert werden, die keine Rückstände früherer Zementlieferungen oder anderer Stoffe enthalten. Schon geringe Mengen organischer Stoffe oder anderer, mit den Betonbestandteilen nicht verträglicher Stoffe können sich im Beton nachteilig auswirken. – Zement darf mit einem anderen Zement oder mit einem anderen Bindemittel nur vermischt werden, wenn die Stoffe miteinander und mit den übrigen Betonausgangsstoffen verträglich sind. Ein Gemisch aus zwei grundsätzlich miteinander verträglichen Zementen erreicht wenigstens die Festigkeit, die sich aus den Anteilen und den Festigkeiten der beteiligten Zemente errechnen lässt (siehe u. a. [2.6]). Sie ist daher stets kleiner als die Festigkeit des Zements mit der höheren Festigkeit. Auch das Vermischen von zwei grundsätzlich miteinander verträglichen Zementen kann wegen der gegebenenfalls beeinträchtigten Abstimmung der Zementbestandteile und der veränderten Granulometrie ein frühes Ansteifen, veränderte Festigkeiten und größere Festigkeitsstreuungen zur Folge haben. Trotzdem können wirtschaftliche oder technologische Gründe dafür sprechen, Zemente zu mischen. Dann sind aber große betontechnologische Erfahrung, umfangreiche Erstprüfungen für jede Rezeptur und ggf. eine Rücksprache mit dem Hersteller der Zemente erforderlich, um Misserfolge zu vermeiden.

Die Art der Lagerung kann die Zementeigenschaften wesentlich beeinflussen. Nicht vor Luft- und Feuchtigkeitszutritt geschützter Zement nimmt aus der Luft Feuchtigkeit und Kohlensäure auf. Dies kann Klumpenbildung und eine Festigkeitsminderung des Zements zur Folge haben. Letztere ist allerdings in der Regel vernachlässigbar, wenn sich die Klumpen zwischen den Fingern noch zerdrücken lassen. Die Behälter für losen Zement müssen daher so dicht sein, dass keine Feuchtigkeit hinzutreten kann. In Säcken verpackter Zement sollte in geschlossenen Fahrzeugen transportiert und dabei auch vor Bodenfeuchtigkeit geschützt werden. Da Zement gegenüber solchen Einflüssen umso empfindlicher ist, je schneller er erhärtet und je größer seine Anfangsfestigkeit ist, sollte die Lagerungsdauer von Zementen, die in normalen Säcken gelagert werden, in der Regel bei schnell erhärtenden Zementen etwa 1 Monat, bei Zementen mit mittlerer Erhärtungsgeschwindigkeit etwa 2 Monate und bei langsamer erhärtenden Zementen etwa 3 Monate nicht überschreiten. Hydrophobierter Zement ist feuchtigkeitsunempfindlicher, er kann auch längere Zeit in üblichen Säcken gelagert werden, ohne dass die Festigkeit zurückgeht. Jedoch behalten auch üblicher Normzement und als gleichwertig bauaufsichtlich zugelassener Zement in der Regel längere Zeit ihr volles Erhärtungsvermögen, wenn der Zement in Säcken mit einer Innenlage aus bitumiertem oder mit Kunststoff bzw. Kunststoff-Folie beschichtetem Papier oder in weitgehend luftdicht verschlossenen Hobbocks oder Behältern gelagert wird. Aus Sicherheitsgründen sollten jedoch längere Zeit oder nicht sachgerecht gelagerter Zement und der damit hergestellte Beton auf Ansteifungsverhalten, Erstarren und Festigkeit im Rahmen der Betonerstprüfung untersucht werden. Zur Wahrung etwaiger Gewährleistungsansprüche sollten auf der Baustelle bzw. im Betonwerk von jeder Zementlieferung Rückstellproben sachgerecht entnommen, gekennzeichnet und aufbewahrt werden.

2.1.4 Anwendungsbereiche

In vielen Anwendungsbereichen können alle Zemente nach DIN EN 197-1 verwendet werden. Einschränkungen gibt es hinsichtlich des Frost-Tausalzmittelwiderstands und des chemischen Angriffs. In den Tabellen 9 bis 11 sind die bei verschiedenen Expositionsklassen anwendbaren Zemente im Einzelnen aufgeführt. Die Expositionsklassen sind in Tabelle 33 (siehe Abschn. 7.1) beschrieben. Für Beton mit hohem Widerstand gegen Sulfatangriff sind SR-Zemente nach Abschn. 2.1.1 und 2.1.2 zu verwenden oder eine Mischung aus Zement und Flugasche (siehe Abschn. 2.4.3).

Sollten Zemente abweichend von den Anwendungsbereichen der Tabelle 9 verwendet werden, benötigen sie eine sog. Anwendungszulassung des Deutschen Instituts für Bautechnik.

Tabelle 8. Kennfarben für die Zemente nach DIN 1164, Teile 10 bis 12

Festigkeits-klasse	Kennfarbe	Farbe des Aufdrucks
32,5 N	hellbraun	schwarz
32,5 R		rot
42,5 N	grün	schwarz
42,5 R		rot
52,5 N	rot	schwarz
52,5 R		weiß

Tabelle 9. Anwendungsbereiche von Zementen nach DIN EN 197-1, DIN 1164-10, DIN 1164-12 und FE-Zemente sowie CEM I-SE und CEM II-SE nach DIN 1164-11 zur Herstellung von Beton nach DIN 1045-2 [a)]

Expositionsklassen + gültiger Anwendungsbereich – für die Herstellung nach DIN 1045-2 nicht anwendbar			Kein Korrosions- und Angriffsrisiko	Bewehrungskorrosion										Betonangriff										Spannstahlverträglichkeit
				Durch Carbonatisierung verursachte Korrosion				Durch Chloride verursachte Korrosion						Frostangriff				Aggressive chemische Umgebung			Verschleiß			
								Andere Chloride als Meerwasser			Chloride aus Meerwasser													
			X0	XC1	XC2	XC3	XC4	XD1	XD2	XD3	XS1	XS2	XS3	XF1	XF2	XF3	XF4	XA1	XA2 [d)]	XA3 [d)]	XM1	XM2	XM3	
CEM I			+	+	+	+	+	+	+	+	+	+	+	+	+	+	+	+	+	+	+	+	+	+
CEM II	S	A/B	+	+	+	+	+	+	+	+	+	+	+	+	+	+	+	+	+	+	+	+	+	+
	D		+	+	+	+	+	+	+	+	+	+	+	+	+	+	+	+	+	+	+	+	+	+
	P/Q	A/B	+	+	+	+	+	+	+	+	+	+	+	+	+	+	+	+	+	+	+	+	+	+
	V	A/B	+	+	+	+	+	+	+	+	+	+	+	+	+	+	+	+	+	+	+	+	+	–
	W	A	+	+	+	–	–	–	–	–	–	–	–	+	–	–	–	–	–	–	–	–	–	–
	W	B	+	–	+	–	–	–	–	–	–	–	–	+	–	–	–	–	–	–	–	–	–	–
	T	A/B	+	+	+	+	+	+	+	+	+	+	+	+	+	+	+	+	+	+	+	–	+	+
	LL	A	+	+	+	+	+	+	+	+	+	+	+	+	+	+	+	+	+	+	+	–	+	+
	LL	B	+	+	+	–	–	–	–	–	–	–	–	+	–	–	–	–	–	–	–	–	–	+
	L	A	+	+	+	+	+	+	+	+	–	–	–	+	+	–	+	+	+	+	–	–	–	+
	L	B	+	+	+	–	–	–	–	–	–	–	–	+	–	–	–	–	–	–	–	–	–	–
	M [e)]	A	+	+	+	+	+	+	+	+	+	+	+	+	+	+	+[b)]	+	+	+	+	+	+	+
	M [e)]	B	+	+	+	+	+	+	+	+	+	+	+	+	+	+	+[c)]	+	+	+	+	+	+	+
CEM III		A	+	+	+	+	+	+	+	+	+	+	+	+	+	+	+	+	+	+	–	–	–	–
		B	+	+	+	+	+	+	+	+	+	+	+	+	–	–	–	+	+	+	–	–	–	–
		C	+	–	+	–	–	–	+	–	–	+	+	+	–	–	–	+	–	–	–	–	–	–
CEM IV [e)]		A	+	–	+	+	+	+	+	+	–	–	–	+	–	–	–	–	–	–	–	–	–	–
		B	+	–	+	+	+	+	+	+	–	–	–	+	–	–	–	–	–	–	–	–	–	–
CEM V [e)]		A	+	–	+	+	+	–	–	–	–	–	–	+	–	–	–	–	–	–	–	–	–	–
		B	+	–	+	–	–	–	–	–	–	–	–	+	–	–	–	–	–	–	–	–	–	–

Fußnoten a) bis i) siehe Tabelle 11.

Ausgangsstoffe | 17

Tabelle 10. Anwendungsbereiche von CEM-II-M-Zementen mit drei Hauptbestandteilen nach DIN EN 197-1, DIN 1164-10, DIN 1164-12 und FE-Zemente sowie CEM II-SE nach DIN 1164-11 zur Herstellung von Beton nach DIN 1045-2 [a)]

Expositionsklassen + gültiger Anwendungsbereich − für die Herstellung nach DIN 1045-2 nicht anwendbar			Kein Korrosions- und Angriffsrisiko	Bewehrungskorrosion											Betonangriff										Spannstahlverträglichkeit
				Durch Carbonatisierung verursachte Korrosion				Durch Chloride verursachte Korrosion							Frostangriff				Aggressive chemische Umgebung			Verschleiß			
								Andere Chloride als Meerwasser			Chloride aus Meerwasser														
			X0	XC 1	XC 2	XC 3	XC 4	XD 1	XD 2	XD 3	XS 1	XS 2	XS 3	XF 1	XF 2	XF 3	XF 4	XA 1	XA 2 [d)]	XA 3 [d)]	XM 1	XM 2	XM 3	
CEM II	M	A	S-D; S-T; S-LL; D-T; D-LL; T-LL; S-V [i)]; V-T; V-LL [i)]	+	+	+	+	+	+	+	+	+	+	+	+	+	+	+	+	+	+	+	+	+
			S-P; D-P; D-V [i)]; P-V [i)]; P-T; P-LL	+	+	+	+	+	+	+	+	+	+	+	+	−	+	+	+	+	+	+	+	+
		B	S-D; D-T; S-V [i)]; V-T [i)]	+	+	+	+	+	+	+	+	+	+	+	+	+	+	+	+	+	+	+	+	+
			S-P; D-P; D-V [i)]; P-T; P-V [i)]	+	+	+	+	+	+	+	+	+	+	+	−	+	+	+	+	+	+	+	+	+
			S-LL; D-LL; P-LL; V-LL [i)]; T-LL	+	+	+	−	−	−	−	−	−	−	+	−	−	−	−	−	−	−	−	−	+

Fußnoten a) bis i) siehe Tabelle 11.

Tabelle 11. Anwendungsbereiche von CEM-IV- und CEM-V-Zementen mit zwei bzw. drei Hauptbestandteilen nach DIN EN 197-1, DIN 1164-10, DIN 1164-12 und FE-Zemente nach DIN 1164-11 zur Herstellung von Beton nach DIN 1045-2 [a]

Expositionsklassen + gültiger Anwendungsbereich − für die Herstellung nach DIN 1045-2 nicht anwendbar			Kein Korrosions- und Angriffsrisiko	Bewehrungskorrosion										Betonangriff										Spannstahlverträglichkeit
				Durch Carbonatisierung verursachte Korrosion				Durch Chloride verursachte Korrosion						Frostangriff				Aggressive chemische Umgebung			Verschleiß			
								Andere Chloride als Meerwasser			Chloride aus Meerwasser													
			X0	XC 1	XC 2	XC 3	XC 4	XD 1	XD 2	XD 3	XS 1	XS 2	XS 3	XF 1	XF 2	XF 3	XF 4	XA 1	XA 2 [d]	XA 3 [d]	XM 1	XM 2	XM 3	
CEM IV	B	(P [g])	+	+	+	+	+	+	+	+	+	+	+	+	−	+	−	+	+	+	+	−	−	−
CEM V	A	(S-P [h])																							
	B																								

[a] Sollen Zemente, die nach dieser Tabelle nicht anwendbar sind, verwendet werden, bedürfen sie einer allgemeinen bauaufsichtlichen Zulassung.
[b] Festigkeitsklasse ≥ 42,5 oder Festigkeitsklasse ≥ 32,5 R mit einem Hüttensand-Massenanteil von ≤ 50%.
[c] CEM III/B darf nur für die folgenden Anwendungsfälle verwendet werden:
 − Meerwasserbauteile: w/z ≤ 0,45; Mindestfestigkeitsklasse C 35/45 und z ≥ 340 kg/m³
 − Räumerlaufbahnen w/z ≤ 0,35; Mindestfestigkeitsklasse C40/50 und z ≥ 360 kg/m³; Beachtung von DIN 19569
 Auf Luftporen kann in beiden Fällen verzichtet werden.
[d] Bei chemischem Angriff durch Sulfat (ausgenommen bei Meerwasser) muss oberhalb der Expositionsklasse XA1 Zement mit hohem Sulfatwiderstand (HS-Zement) verwendet werden. Zur Herstellung von sulfatwiderstandsfähigem Beton darf bei einem Sulfatgehalt des angreifenden Wassers von SO₄²⁻ ≤ 1500 mg/l anstelle von HS-Zement eine Mischung aus Zement und Flugasche verwendet werden.
[e] Spezielle Kombinationen können günstiger sein. Für CEM-II-M-Zemente mit drei Hauptbestandteilen siehe Tabelle 10. Für CEM-IV- und CEM-V-Zemente mit zwei bzw. drei Hauptbestandteilen siehe Tabelle 11.
[f] Zemente, die P enthalten, sind ausgeschlossen, da sie bisher für diesen Anwendungsfall nicht überprüft wurden.
[g] Gilt nur für Trass nach DIN 51043 als Hauptbestandteil bis maximal 40% Massenanteil.
[h] Gilt nur für Trass nach DIN 51043 als Hauptbestandteil.
[i] Zemente zur Herstellung von Beton nach DIN 1045-2 dürfen nur Flugaschen mit bis zu 5% Glühverlust enthalten.

Die VLH-Zemente nach DIN EN 14216 sind begrenzt einsetzbar. Die Hochofenzemente VLH III/B und III/C können in den Expositionsklassen X0, XC2, XD2, XS2 und XA1 bis XA3 verwendet werden. Meist betreffen diese Bauteile dickwandige Konstruktionen des Wasserbaus, jedoch ohne Frostangriff. Die Puzzolan- und Kompositzemente VLH IV/A und IV/B bzw. V/A und V/B sind nur für X0 und XC2 geeignet.

Wird eine Mischung von zwei Zementen verwendet, gilt in Deutschland die Regel, dass die Mischung für den Anwendungsbereich in Frage kommt, wofür der Zement mit der geringeren Expositionsklasse geeignet ist.

Zusammen mit alkaliempfindlicher Gesteinskörnung nach Abschn. 2.2.3 kann die Verwendung von Zement mit niedrigem wirksamen Alkaligehalt – NA-Zement nach Abschn. 2.1.1 und 2.1.2 – zweckmäßig oder unabdingbar sein. Für Einpressmörtel bei Spannbeton darf nur Portlandzement (CEM I) eingesetzt werden. Eine Übersicht über die Spannstahlverträglichkeit der Zemente ist in den Tabellen 9, 10 und 11, jeweils letzte Spalte, enthalten.

Bei der Herstellung von massigen Betonbauteilen kann die Verwendung von Zement mit niedriger Hydratationswärme, LH, nach Abschn. 2.1.2 zweckmäßig oder notwendig sein (siehe dazu auch Abschn. 4.2).

Nach einem allgemeinen Rundschreiben zu [2.33] ist für das Herstellen von Fahrbahndecken aus Beton in der Regel ein Portlandzement CEM I der Festigkeitsklasse 32,5 R zu verwenden. In Abstimmung mit dem Auftraggeber können aber, mit Ausnahme des CEM III/B, auch die übrigen, in Tabelle 9 für Beton mit hohem Widerstand gegen sehr starke Frost- und Tausalzangriffe (Expositionsklasse XF4) aufgeführten Zemente verwendet werden. Für die Herstellung von Decken aus frühhochfestem Straßenbeton mit Fließmittel ist ein Zement der Festigkeitsklasse 42,5 R zu verwenden. Für die Herstellung von Straßenbautragschichten mit hydraulischem Bindemittel sind Zemente nach DIN EN 197-1 oder hydraulischer Tragschichtbinder nach DIN 18506 geeignet.

2.1.5 Zementhydratation

Aus der Reaktion zwischen Zement und Wasser, der so genannten Hydratation, entsteht der Zementstein. Von besonderer Bedeutung ist dabei die Reaktion des wichtigsten Hauptbestandteils des Zements, des Portlandzementklinkers. Dieser besteht aus sog. Klinkerphasen, die beim Brennen der Ausgangsstoffe des Zements entstehen. Darunter sind die wichtigsten das *Tricalciumsilicat* 3 CaO · SiO$_2$ (C$_3$S), das *Dicalciumsilicat* 2 CaO · SiO$_2$ (C$_2$S), das *Tricalciumaluminat* 3 CaO · Al$_2$O$_3$ (C$_3$A) und das *Calciumaluminatferrit* 4 CaO · Al$_2$O$_3$ · Fe$_2$O$_3$ (C$_4$AF). Eine wichtige Rolle bei der Hydratation dieser Klinkerphasen spielt das Calciumsulfat CaSO$_4$ · 2 H$_2$O (CSH$_2$). Die in Klammern angegebenen Formeln entsprechen den jeweiligen Kurzbezeichnungen, die in der Zementchemie üblicherweise angewandt werden. Die verschiedenen Klinkerphasen unterscheiden sich sowohl in ihrer Reaktionsgeschwindigkeit als auch in ihrem Beitrag zur Festigkeitsentwicklung des Zementsteins. C$_3$A und C$_3$S hydratieren am schnellsten, während das C$_2$S deutlich langsamer reagiert. Die frühe Reaktion des C$_3$A wird durch das Calciumsulfat gebremst (siehe dazu Abschn. 2.1.6). Während C$_3$S für die Entwicklung der Frühfestigkeit entscheidend ist, trägt das C$_2$S vor allem zur Festigkeitsentwicklung in höherem Alter bei. Bei der Hydratation dieser Klinkerphasen wird Wärme freigesetzt. Diese sog. Hydratationswärme ist am höchsten für die Klinkerphase C$_3$A, etwas geringer für C$_3$S und C$_4$AF und am geringsten für das C$_2$S (siehe dazu auch Abschn. 4.2). Als Folge der unterschiedlichen Eigenschaften der Klinkerphasen haben Zemente mit einer hohen Anfangsfestigkeit höhere Anteile der Klinkerphasen C$_3$S und C$_3$A, Zemente mit niedriger Wärmetönung weisen geringere Anteile an C$_3$S und C$_3$A aber höhere Anteile an C$_2$S auf. Die durchschnittlichen Gehalte der Klinkerphasen in Portlandzement betragen:

- C$_3$S 60 M.-%,
- C$_2$S 15 M.-%,
- C$_3$A 10 M.-%,
- C$_4$AF 8 M.-%.

Bei der Hydratation dieser Klinkerphasen entstehen insbesondere die sehr feinen faser- und folienartigen *Calciumsilicathydrate* mCaO · SiO$_2$ · nH$_2$O und hexagonale Kristalle aus *Calciumhydroxid* Ca (OH)$_2$. Bei der Reaktion der Aluminate des Zements bilden sich in Gegenwart des als Nebenbestandteil dem Zement zugegebenen Calciumsulfats Calciumaluminatsulfathydrate und zwar in sulfatreichen Lösungen das nadelförmige Trisulfat, das unter dem Namen *Ettringit* bekannt ist, und in sulfatärmeren und kalkreichen Lösungen das tafelförmige *Monosulfat*. Die Reaktion von C$_3$A mit Calciumsulfat ist mit einer Volumenvergrößerung verbunden, die in noch nicht erstarrten Beton ohne Folgen ist. Reaktionen zwischen C$_3$A und Sulfaten sind aber von entscheidender Bedeutung für den Sulfatwiderstand von erhärtetem Beton, wenn Sulfate von außen in den Beton z. B. aus sulfathaltigem Grundwasser eindringen und zu einer späten Ettringitbildung mit schädigender Volumenvergrößerung führen können. Entsprechend ist bei den Portlandzementen mit hohem Sulfatwiderstand (SR-Zementen) der Gehalt an C$_3$A auf 3 % begrenzt.

Auch bei der Hydratation der anderen Hauptbestandteile des Zements entstehen als wichtigste Hydratationsprodukte Calciumsilicathydrate. Weitere Einzelheiten zu den chemischen Abläufen sowie den sich bildenden Hydratationsprodukten siehe [0.2].

2.1.6 Der Zementstein

Von besonderer Bedeutung für die mechanischen Eigenschaften, die Dauerhaftigkeit und die Dichtheit des Betons sind die bei der Hydratation des Zements entstehenden Strukturen. Nach dem Mischen von Wasser und Zement sind die noch nicht hydratisierten Zementkörner von einer dünnen Wasserschicht umgeben, deren Dicke mit steigendem Wasserzementwert zunimmt. Mit fortschreitender Hydratation wachsen die Hydratationsprodukte in die zunächst von Wasser eingenommenen Zwischenräume. Bei einem Wasserzementwert von etwa 0,40 füllen die Hydratationsprodukte schließlich diese Zwischenräume nahezu vollständig aus. Bei Wasserzementwerten unter 0,40 reicht das beim Mischen des Betons vorhandene Wasser nicht aus, um den Zement vollständig zu hydratisieren, und es verbleiben nichthydratisierte Kerne der Zementpartikel. Bei Wasserzementwerten über etwa 0,40 enthält der Zementstein Hohlräume, die wassergefüllt sind, sich bei Austrocknung des Betons aber entleeren. Diese Hohlräume bilden ein System so genannter *Kapillarporen* mit Porenradien zwischen etwa 10^{-5} bis 10^{-1} mm. Bei Wasserzementwerten größer als ca. 0,60 bleibt das Kapillarporensystem auch bei hohen Hydratationsgraden durchgehend und erleichtert dann das Eindringen von Flüssigkeiten oder Gasen in den Beton.

Die Reaktionsprodukte des Zementsteins selbst formen keine absolut dichte Masse. Sie bilden das so genannte *Zementgel*, das vor allem aus den Calciumsilicathydraten besteht und in das die größeren Kristalle des Calciumhydroxids eingelagert sind. Das Zementgel ist von einem System sehr feiner *Gelporen* (Porenradien etwa 10^{-10} bis 10^{-7} mm) durchzogen. Die Gelporen nehmen etwa 25 % des Gelvolumens ein. Die Gelporosität ist vom Wasserzementwert weitgehend unabhängig und kann daher durch betontechnologische Maßnahmen nicht beeinflusst werden. Dies gilt nicht für die Kapillarporosität, die mit steigendem Wasserzementwert und sinkendem Hydratationsgrad deutlich zunimmt.

Nach [2.7] kann der Zusammenhang zwischen Kapillarporosität V_k, Wasserzementwert $w/z = \omega$ und Hydratationsgrad m für Portlandzement durch die Beziehung nach Gl. (2.1) beschrieben werden. Der Hydratationsgrad ist der Masseanteil des Zements, der zu einem bestimmten Zeitpunkt hydratisiert ist. Entsprechend ist $0 \leq m \leq 1,0$.

Es gilt

$$\frac{V_k}{V_0} = \frac{\omega - 0,36\,m}{\omega + 0,32} \qquad (2.1a)$$

mit der Bedingung

$$m_{max} = \frac{\omega}{0,42} \leq 1,0 \qquad (2.1b)$$

Darin ist V_0 das beim Mischen von Wasser und Zement eingenommene Volumen. Ein Zementstein, der mit einem Wasserzementwert $\omega = 0,7$ hergestellt wurde und der als Folge einer ungenügenden Nachbehandlung nur einen Hydratationsgrad von m = 0,5 erreicht – d. h. nur 50 % des Zements sind hydratisiert – hat dann nach Gl. (2.1) eine Kapillarporosität von ca. 50 % des Ausgangsvolumens V_0 des Zementsteins. Die Kapillarporosität eines Zementsteins mit $\omega = 0,45$ und einem Hydratationsgrad von m = 0,9 sinkt nach Gl. (2.1) auf ca. 15 % des Ausgangsvolumens ab. Die in Gl. (2.1) enthaltenen Zahlenwerte hängen von der Zementart ab und gelten für Portlandzemente. Bei der Verwendung von Zementen mit höheren Anteilen an Zumahlstoffen können sich abweichende Zahlenwerte ergeben.

In Bild 1 sind die Volumenanteile des nicht hydratisierten Zements V_{nh}, des Zementgels V_g und der Kapillarporen V_k in Abhängigkeit vom Wasserzementwert ω für Hydratationsgrade m = 0, m = 0,5 und m = 1,0 aufgetragen. Sie wurden aus der Gl. (2.1) unter der Annahme gewonnen, dass V_g = 2,13 mV_z und w_{min} = 0,42 z ist. Dabei sind V_z das Volumen des Zements vor seiner Hydratation und w_{min} der für eine vollständige Hydratation (m = 1) erforderliche Mindestwassergehalt. Wie in Bild 1 oben gezeigt, hängt der für kleinere Werte von ω erreichbare Hydratationsgrad vom Wasserzementwert ab.

Das Zementgel nimmt ein kleineres Volumen ein als das Volumen der Anteile von Wasser und Zement, aus dem es entstanden ist. In einem Zementstein, der während der Hydratation weder austrocknen, noch Wasser aufnehmen kann, werden daher als Folge der Hydratation die Kapillarporen teilweise entleert. Man spricht dann von innerer Austrocknung. Wie in Bild 1 gezeigt, bleiben unter diesen Lagerungsbedingungen auch bei $\omega \leq 0,42$ m leere Kapillarporen, deren Volumenanteil sich aus Gl. (2.1a und 2.1b) ergibt.

Bild 1 verdeutlicht aber vor allem die Abnahme der Kapillarporosität mit steigendem Hydratationsgrad und sinkendem Wasserzementwert.

Näherungsweise kann der Zusammenhang zwischen der Druckfestigkeit des Zementsteins β_{zs} und der Kapillarporosität V_k mit Gl. (2.2) beschrieben werden [2.7]. Demnach steigt die Druckfestigkeit des Zementsteins überproportional mit sinkender Kapillarporosität.

$$\beta_{zs} = \beta_0 \left(1 - \alpha \cdot \frac{V_k}{V_0}\right)^n \qquad (2.2)$$

wobei

$$\alpha = \frac{\omega + 0,32}{\omega + 0,32\,m} \qquad (2.3)$$

Ausgangsstoffe

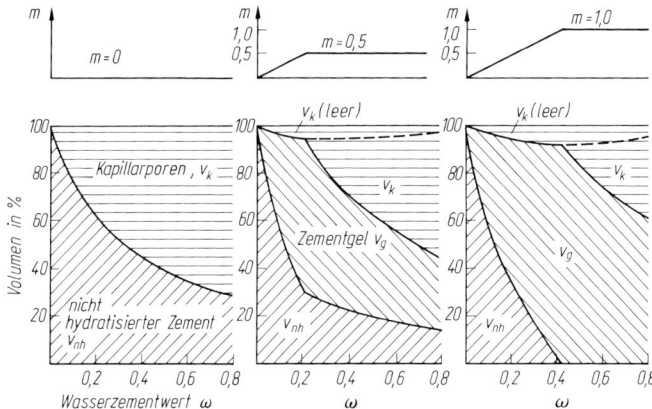

Bild 1. Der Einfluss des Wasserzementwerts ω und des Hydratationsgrads m auf die Volumenanteile des nicht hydratisierten Zements V_{nh} des Zementgels V_g und der Kapillarporen V_k in Zementstein (versiegelte Lagerung)

Unter Berücksichtigung des Beiwertes α erfüllen die Gln. (2.1) bis (2.3) die Randbedingung $\beta_{zs} = 0$ für m = 0. In Gl. (2.2) ist β_0 die Druckfestigkeit des kapillar- und verdichtungsporenfreien Zementgels. In [2.7] werden für $\beta_0 = 240$ N/mm² und n = 3 angegeben. Bild 2 zeigt den Zusammenhang zwischen der Druckfestigkeit des Zementsteins β_{zs} und dem Wasserzementwert ω nach den Gln. (2.1) und (2.2) für m = 0,2; 0,5 und 1,0 sowie für $\beta_0 = 240$ N/mm² und n = 3. In ihrem Verlauf sind diese Kurven der Abhängigkeit der Betondruckfestigkeit vom Wasserzementwert, wie er in Bild 12 dargestellt ist, sehr ähnlich. Nach Bild 2 ergibt sich für ω = 0,7 und m = 0,5 eine Druckfestigkeit des Zementsteins von ca. 14 N/mm². Die Druckfestigkeit eines Zementsteins mit ω = 0,45 und m = 0,8 steigt unter den oben genannten Annahmen auf ca. 95 N/mm² an. Diese Zahlenwerte werden etwas niedriger, wenn man auch den Einfluss von Verdichtungsporen berücksichtigt. Nach Gl. (2.2) und Bild 2 steigt die Druckfestigkeit des Zementsteins für ω < 0,42 m mit sinkendem Wasserzementwert nur noch wenig an und strebt dem Grenzwert β_0 zu. Gl. (2.2) berücksichtigt aber nicht den Beitrag des nicht hydratisierten Zements an der Festigkeit des Zementsteins insbesondere bei niedrigen Wasserzementwerten. Der Gültigkeitsbereich von Gl. (2.2) ist daher auf ω ≥ 0,42 m begrenzt. Die bei sehr geringen Wasserzementwerten verbleibenden nichthydratisierten Kerne der Zementpartikel sind fester als das Zementgel, sodass mit sinkendem Wasserzementwert auch unter ω = 0,42 m die Druckfestigkeit des Zementsteins weiter ansteigt. Von dieser Tatsache macht man beim hochfesten Beton Gebrauch. Ähnlich wie die Druckfestigkeit hängen

auch die elastischen Verformungen und die Kriechverformungen des Zementsteins von seiner Kapillarporosität ab.

Noch deutlicher ist der Einfluss der Kapillarporosität auf die Durchlässigkeit des Zementsteins, da ein kapillarporenfreies Zementgel nahezu undurchlässig gegen Flüssigkeiten und Gase ist. Nach [2.8] steigt der Permeabilitätskoeffizient des Zementsteins für Wasser auf mehr als das 100-Fache, wenn nach dem oben angeführten Beispiel die Kapillar-

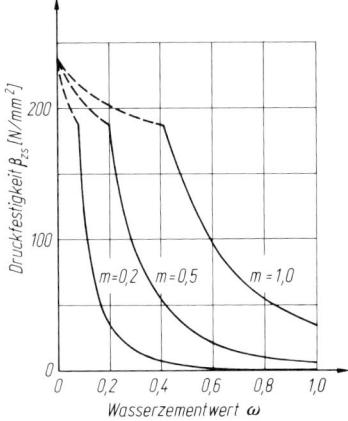

Bild 2. Der Einfluss des Wasserzementwertes ω und des Hydratationsgrades m auf die Druckfestigkeit des Zementsteins β_{zs} nach Gl. (2.2) mit $\beta_0 = 240$ N/mm² und n = 3 (versiegelte Lagerung)

porosität von 15 % auf 50 % des Zementsteinvolumens ansteigt. Dieser besonders ausgeprägte Einfluss der Kapillarporosität auf die Durchlässigkeit des Zementsteins ist auch darauf zurückzuführen, dass mit sinkendem Wasserzementwert und steigendem Hydratationsgrad nicht nur die Gesamtporosität des Zementsteins abnimmt, sondern die Poren feiner und diskontinuierlich werden und sich die Porengrößenverteilung in Richtung kleinerer Porenradien verschiebt.

Die Zementsteineigenschaften werden zwar wesentlich, aber nicht ausschließlich durch die Kapillarporosität in Abhängigkeit von Wasserzementwert und Hydratationsgrad bestimmt. Auch die Packungsdichte der Zementpartikel kann von großem Einfluss auf die Eigenschaften des erhärteten Zementsteins sein [2.9]. Eine optimale Granulometrie des Zements kann zu einer hohen Packungsdichte und damit zu günstigen Eigenschaften führen. Die Packungsdichte kann noch weiter verbessert werden, wenn die zwischen den Zementkörnern verbleibenden Zwickel durch Zusatzstoffe, z. B. Flugasche oder silicatische Feinstäube, ausgefüllt werden. Dies ist vor allem für hochfesten Zementstein und Beton von Bedeutung.

Diese für einen reinen Zementstein dargestellten Zusammenhänge haben auch für den Zementstein im Beton Gültigkeit. Für die Eigenschaften des Betons sind aber zusätzlich die Strukturmerkmale des Zementsteins in Übergangsbereich zu den Gesteinskörnern zu berücksichtigen. In diesen Kontaktzonen weist der Zementstein eine etwas andere Zusammensetzung und Struktur auf. Er ist reicher an Calciumhydroxid, grobporiger, porenreicher und häufig durch Mikrorisse geschädigt. Die Durchlässigkeit von Beton ist daher bei gleichem Wasserzementwert und Hydratationsgrad auch bei Verwendung sehr dichter Gesteinskörner eher höher als jene des reinen Zementsteins. Hochfest wird ein Beton u. a. dadurch, dass die Kontaktzone zwischen Zementstein und Gesteinskörnung durch die Zugabe von Silikastaub verdichtet wird. Die Silikastaubkörner sind 10- bis 100-mal kleiner als die Zementkörner und finden daher zwischen diesen Platz. Außerdem verbrauchen sie bei der Hydratation bzw. puzzolanischen Reaktion Calciumhydroxid, wodurch die sonst an Calciumhydroxid reiche Kontaktzone abgemagert bzw. durch Calciumsilicathydrat ersetzt wird. Beide Effekte stärken die Struktur. Beim Bruch von hochfestem Beton verlaufen die Risse daher nicht im Übergangsbereich von Zementstein und Gesteinskörnung, sondern durch die Gesteinskörner hindurch.

2.2 Gesteinskörnungen für Beton

2.2.1 Allgemeines

Unter Gesteinskörnungen für Beton (früher Betonzuschlag) versteht man ein Gemenge von gebrochenen oder ungebrochenen, gleich oder verschieden großen Körnern aus natürlichen oder künstlichen mineralischen Stoffen, in Sonderfällen auch aus Metall oder aus organischen Stoffen. Die Gesteinskörnungen werden unterschieden nach Stoffart und Korngruppen. Gesteinskörnungen für Beton, Stahlbeton und Spannbeton müssen DIN EN 12620 entsprechen. DIN EN 12620 „Gesteinskörnungen für Beton" legt Anforderungen an normale und schwere natürliche und industriell hergestellte Gesteinskörnungen und Mischungen daraus für die Verwendung in Beton und Mörtel fest. Sie legt auch Anforderungen für den Übereinstimmungsnachweis und ein System zur Qualitätssicherung zur Anwendung in der werkseigenen Produktionskontrolle fest. DIN EN 13055 behandelt die leichten Gesteinskörnungen. Rezyklierte Gesteinskörnungen sind seit der Neuausgabe der europäischen Norm in DIN EN 12620:2008-07/A1 enthalten. Die Festlegung von Typen rezyklierter Gesteinskörnungen nach DIN EN 12620:2008-07/A1 sowie Nachweise zur Umweltverträglichkeit und Angaben zur werkseigenen Produktionskontrolle erfolgen durch DIN 4226-101 bzw. -102. Prüfverfahren für Gesteinskörnungen finden sich u. a. in den Reihen DIN EN 932, 933, 1097, 1367 und 1744. Gesteinskörnung mit dichtem Gefüge hat meist eine Kornrohdichte von mehr als 2,5 kg/dm^3 und wird in erster Linie für Normalbeton und bei Kornrohdichten von mehr als 3,0 kg/dm^3 für Schwerbeton verwendet. Gesteinskörnung mit porigem Gefüge hat meist eine Kornrohdichte von weniger als 1,5 kg/dm^3 und wird in erster Linie zur Herstellung von Leichtbeton eingesetzt.

Gesteinskörnungen müssen bestimmten Anforderungen genügen und überwacht sein (siehe DIN EN 12620). Von bautechnischer Bedeutung sind besonders

– Art und Eigenschaften des Gesteins,
– schädliche Bestandteile,
– Form und Oberflächenbeschaffenheit der Körner,
– Größtkorn und Kornzusammensetzung,
– Lagerung und Zugabe im Betonherstellbetrieb.

Für eine langfristige Sicherung ausreichender Mengen von Gesteinskörnung sind die besonders aus Gründen des Umweltschutzes in bestimmten Gegenden nur noch in begrenztem Umfang verfügbaren Kiessandvorkommen besser auszunutzen. Daher sind für Beton auch sandreichere Gesteinskörnungen, die derzeit wieder in die Grube zurückgegeben werden, und weniger hochwertige Gesteinskörnungen zu verwenden. Natürlich muss die Betonzusammensetzung darauf abgestimmt werden, und mit solchen Gesteinskörnungen hergestellter Beton ist nicht für alle Anwendungsgebiete verwendbar. Aus den gleichen Gründen sowie aus Gründen des Umweltschutzes und der Energieeinsparung erfolgt schon heute die Verwendung von aufbereitetem Betonabbruch sowie von Nebenprodukten und von Abfallstoffen der Industrie als Gesteinskörnung. Dabei ist die Wiederverwendung von Altbeton als Gesteinskörnung ein technologisch weitgehend gelöstes Problem. Dies gilt nicht in gleichem Maß für die Verwendung von Abfallstoffen zur Herstellung von Gesteinskörnung. Hier sind noch weitergehende Untersuchungen erforderlich. Die Richtlinie des Deutschen Ausschusses für Stahlbeton „Beton mit rezyklierten Gesteinskörnungen" [2.10] erlaubt, je nach Einsatzgebiet 25 bis 45 % der Gesteinskörnung durch wiederaufbereiteten Beton zu ersetzen. Viele offene Fragen zum Recycling von Beton wurden in einem vom Deutschen Ausschuss für Stahlbeton initiierten Forschungsprogramm geklärt [2.11].

2.2.2 Art und Eigenschaften des Gesteins

Die Eigenschaften der Gesteinskörnungen sind abhängig von der Art und der Beschaffenheit des Gesteins, aus dem die Gesteinskörnungen bestehen. Einen Überblick über die Eigenschaften der für Normalbeton vorwiegend verwendeten Gesteine gibt Tabelle 12. Die Gesteinskörnungen müssen so fest sein, dass sie die Herstellung eines Betons der geforderten Festigkeit ermöglichen. Diese Forderung wird von natürlichem Sand und Kies oder daraus durch Brechen gewonnener Gesteinskörnung wegen der aussondernden Beanspruchung durch die Natur im Allgemeinen erfüllt. Gesteinskörnungen aus gebrochenem Naturgestein werden für Beton bestimmter Festigkeit im Allgemeinen als ausreichend fest angesehen, wenn das Gestein bei Prüfung nach DIN 52105 (inzwischen ersetzt durch DIN EN 1926) im durchfeuchteten Zustand eine Druckfestigkeit von mindestens 100 N/mm^2 aufweist. Im Zweifelsfall und stets bei unbekannten künstlichen Gesteinskörnungen muss die Eignung als Gesteinskörnung durch eine Betonerstprüfung nachgewiesen werden. Bei Einhaltung dieser Bedingungen beeinflusst die Druckfestigkeit der Gesteinskörnung die Druckfestigkeit des Betons üblicher Festigkeitsklassen nur wenig.

Hochfeste Betone erfordern jedoch die Verwendung hochfester Gesteinskörnungen. Wichtig für die me-

Tabelle 12. Eigenschaften von Gesteinen [0.3]

Gesteinsart	Rohdichte ρ	Dichte ρ_0	Wasseraufnahme nach DIN 52103	Druckfestigkeit nach DIN 52105[1]	E-Modul	Temperaturdehnzahl (Temperaturbereich 0–60 °C)
	kg/dm^3	kg/dm^3	M.-%	N/mm^2	kN/mm^2	10^{-6}/K
Granit	2,60–2,65	2,62–2,85	0,2–0,5	160–210	38–76	7,4
Diorit, Gabbro	2,80–3,00	2,85–3,05	0,2–0,4	170–300	50–60	6,5
Quarzporphyr	2,55–2,80	2,58–2,83	0,2–0,7	180–300	25–65	7,4
Basalt	2,90–3,05	3,00–3,15	0,1–0,3	250–400	96 ($\rho = 3{,}05$)	6,5
Quarzit, Grauwacke	2,60–2,65	2,64–2,68	0,2–0,5	150–300	60 ($\rho = 2{,}63$)	11,8
Quarzitischer Sandstein	2,60–2,65	2,64–2,68	0,2–0,5	120–200	10–20	11,8
Sonstiger Sandstein	2,00–2,65	2,64–2,72	0,2–9,0	30–180	1,5–15	11,0
Dichte Kalksteine	2,65–2,85	2,70–2,90	0,1–0,6	80–180	82 ($\rho = 2{,}69$)	5,0–11,5
Sonstige Kalksteine	1,70–2,60	2,70–2,74	0,2–10,0	20–90	–	
Hochofenschlacke	2,50–2,90	2,90–3,10	0,4–5,0	80–240	34 ($\rho = 2{,}60$)	5,5

[1] Bei Prüfung im trockenen Zustand.

chanischen Eigenschaften des daraus hergestellten Betons ist der E-Modul der Gesteinskörnung, der nach Tabelle 12 in weiten Grenzen schwanken kann. Mit steigendem E-Modul der Gesteinskörnung nehmen der E-Modul des Betons zu und die Schwind- und Kriechverformungen ab. Die Rohdichte der Gesteinskörnung bestimmt die Rohdichte des Betons. Nach Tabelle 12 schwankt sie für natürliche Gesteinskörnung in relativ engen Grenzen.

Die Gesteinskörnung muss ausreichend widerstandsfähig gegenüber den äußeren Einwirkungen sein, denen der Beton ausgesetzt wird. Sie darf z. B. bei Zutritt von Wasser nicht erweichen. Wird der Beton Frosteinwirkungen ausgesetzt, so muss die Gesteinskörnung wetterfest sein und einen hohen Widerstand gegen Frostbeanspruchungen aufweisen. Bei gleichzeitiger Einwirkung von Frost-Tauwechseln und von Taumitteln, z. B. im Betonstraßenbau, muss die Gesteinskörnung im Beton auch gegenüber diesen Einwirkungen ausreichend widerstandsfähig sein. Bei Gesteinskörnung aus gebrochenem Gestein kann dies im Allgemeinen vorausgesetzt werden, wenn das Gestein im durchfeuchteten Zustand mindestens eine Druckfestigkeit von 150 N/mm^2 aufweist. Im Zweifelsfall muss der ausreichende Frostwiderstand der Gesteinskörnung nachgewiesen werden. Der Frostwiderstand bzw. Frost-Taumittelwiderstand wird nach DIN EN 1367-1 oder EN 1367-2 geprüft. Gesteinskörnungen für Beton mit hoher Wassersättigung (XF3) müssen den Anforderungen F2 entsprechen (d. h. 2% Abwitterung), bei zusätzlicher Einwirkung von Taumitteln oder Meerwasser (XF4) wird MS$_{18}$ verlangt (Magnesium-Sulfatwert mit ≤18% Masseverlust).

Gesteinskörnung für Beton mit hohem Widerstand gegen chemische Angriffe muss gegenüber den angreifenden Stoffen ausreichend widerstandsfähig sein. Die Verwendung carbonathaltiger Gesteinskörnungen, z. B. dichter Kalksteine, kann auch bei Einwirken saurer Wässer vertretbar sein, wenn sich die angreifenden Stoffe nur sehr langsam erneuern.

Für Beton mit hohem Verschleißwiderstand gegen besonders starke mechanische Beanspruchungen, z. B. durch starken Verkehr oder durch häufige Stöße, sollte die Gesteinskörnung über 4 mm Korngröße überwiegend aus Quarz oder aus Stoffen mindestens gleicher Härte bestehen. Bei besonders großer Verschleißbeanspruchung sollten sog. Hartstoffe verwendet werden (siehe u. a. DIN 1100 Hartstoffe für zementgebundene Hartstoffestriche).

Für Betone, die hohen Gebrauchstemperaturen bis 250°C ausgesetzt sind, empfiehlt die DIN 1045-2, solche Gesteinskörnungen zu verwenden, die sich für diese Beanspruchung bewährt haben (s. [2.23]).

Für die Oberflächengestaltung von Sichtbeton mit sichtbarer Struktur der Gesteinskörnung (Waschbeton) können ausgewählte Gesteinskörner etwa gleicher oder unterschiedlicher Größe sowie gleicher oder unterschiedlicher Beschaffenheit, aber auch farbige Gesteinskörnungen zweckmäßig sein (siehe u. a. auch [2.12]).

2.2.3 Schädliche Bestandteile

Beton muss nicht nur widerstandsfähig gegenüber äußeren Einwirkungen sein, sondern auch selbst keine zu hohen Mengen schädlicher Bestandteile enthalten. Dies sind Bestandteile, die sich zersetzen, mit den übrigen Bestandteilen des Betons schädliche Verbindungen eingehen, die Eigenschaften des Betons oder den Korrosionsschutz der Bewehrung im Beton beeinträchtigen. Schädliche bzw. unverträgliche Bestandteile der Gesteinskörnung sind u. a. abschlämmbare Stoffe, Glimmer, Stoffe organischen Ursprungs, erhärtungsstörende Stoffe, Schwefelverbindungen, alkalilösliche Kieselsäure und stahlangreifende Stoffe sowie bei künstlicher Gesteinskörnung glasige und nicht raumbeständige Stücke. Schädliche Bestandteile z. B. abschlämmbare Stoffe, Stoffe organischen Ursprungs oder erhärtungsstörende Stoffe machen im Zweifelsfall, d. h. auch beim Überschreiten der in DIN EN 12620 angegebenen Grenzwerte, eine Betoneignungsprüfung über die Verwendbarkeit der Gesteinskörnung erforderlich. Der mögliche negative Einfluss abschlämmbarer Stoffe hängt sehr von deren Art ab und wird häufig überschätzt. Abschlämmbare Stoffe wirken sich in größerer Menge in der Regel dann nachteilig aus, wenn sie tonartig sind und entweder als Klumpen auftreten oder an der übrigen Gesteinskörnung anhaften, da sie dann die Verbundfestigkeit zwischen Zementstein und Gesteinskörnung herabsetzen und das Schwinden und Quellen des Betons erhöhen. Die Schädlichkeit von Schwefelverbindungen in der Gesteinskörnung hängt von deren Art, Menge und Verteilung ab. Sulfate, z. B. Alkalisulfate, Gips oder Anhydrit, können Treibersheinungen im Beton zur Folge haben. Der Sulfatgehalt der Gesteinskörnung, berechnet als SO$_3$, darf daher je Korngruppe im Regelfall 1 M.-%, bezogen auf die bei 105°C getrocknete Gesteinskörnung, nicht überschreiten. Bei höherem Sulfatgehalt oder bei Vorhandensein von Sulfiden, z. B. bei Pyrit und Markasit, die durch Zutritt von Luft und Feuchtigkeit in wenig dichtem Beton oxidieren können, ist eine besondere Beurteilung unter Berücksichtigung der Verhältnisse, die für die Gesteinskörnung im Beton des Bauwerks gelten, durch einen Fachmann notwendig. Die Eignung der Gesteinskörnung, insbesondere des Sandes, ist immer nachzuweisen, wenn zu befürchten ist, dass der Sand Glimmerteilchen enthält.

Gesteinskörnung für bewehrten Beton darf keine schädlichen Mengen an Salzen enthalten, die den Korrosionsschutz der Bewehrung im Beton beeinträchtigen, z. B. Nitrate oder Halogenide (außer Fluorid). Der Gehalt an wasserlöslichen Chloridionen

Cl⁻ darf nach DIN 1045-2 im Regelfall 0,04 M.-% nicht überschreiten. Bei Beton mit Spannstahlbewehrung und bei Einpressmörtel darf die Gesteinskörnung nicht mehr als 0,02 M.-% Chlorid enthalten. Für Betone ohne Betonstahlbewehrung oder anderes eingebettetes Metall darf der Chloridgehalt der Gesteinskörnung einen Wert von 0,15 M.-% nicht überschreiten.

Gesteinskörnungen mit *alkalireaktiver Kieselsäure* können in feuchter Umgebung mit den Alkalien im Beton reagieren. Unter ungünstigen Umständen führt dies zu einer Volumenzunahme und zu Rissen oder sogar zu einer starken Schädigung der Betonbauteile und damit zu einer Beeinträchtigung ihrer Tragfähigkeit und Dauerhaftigkeit. Als alkaliempfindlich gelten Gesteine, die amorphe oder feinkristalline Silicate enthalten, z. B. Opal, Chalcedon und bestimmte Flinte. Als Gesteinskörnung in Deutschland können der in einem begrenzten Teil Norddeutschlands (= eiszeitliches Ablagerungsgebiet in Norddeutschland in Bild 3), insbesondere in Schleswig-Holstein, in größerer Menge vorkommende Opalsandstein und der dort ebenfalls vorkommende leichte Flint schädliche Mengen an alkalireaktiver Kieselsäure enthalten [2.13]. In den Bundesländern Brandenburg, Sachsen, Sachsen-Anhalt und Thüringen ist mit alkaliempfindlichen Gesteinskörnungen zu rechnen (siehe Bild 3 und z. B. [2.14, 2.15]). In einigen Gebieten der neuen Bundesländer wurden Fälle einer Betonschädigung mit Hinweisen auf eine Alkalireaktion bekannt, bei denen besondere Varietäten von gebrochener Grauwacke als reaktives Gestein beteiligt waren. Daher wurden die früher in der Alkali-Richtlinie nur auf die präkambrische Grauwacke beschränkten Anforderungen und Maßnahme auf gebrochene Grauwacke generell ausgeweitet. Problematisch können auch sein: gebrochener Rhyolith (Quarzporphyr), gebrochener Kies des Oberrheins [2.17, 2.36] und rezyklierte Gesteinskörnungen sowie Kiese, die mehr als 10 M.-% gebrochene Anteile der zuvor genannten Gesteinskörnungen enthalten.

An Betonbauwerken, die mit überwiegend ungebrochenen Gesteinskörnungen aus der mitteldeutschen Region hergestellt wurden, sind Schäden aufgetreten, bei denen die Mitwirkung einer schädigenden Alkalireaktion durch Gutachter bestätigt wurde. Dem Grundsatz der Alkali-Richtlinie folgend, wur-

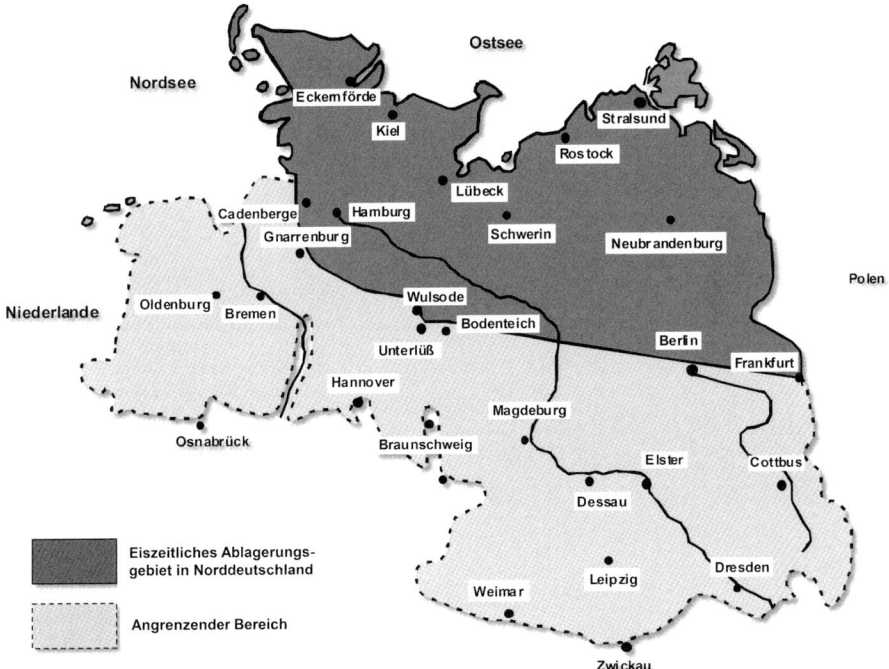

Bild 3. Eiszeitliches Ablagerungsgebiet in Norddeutschland und angrenzender Bereich – fragliche Gesteine im Anwendungsgebiet der Alkali-Richtlinie [2.13]

den die Untersuchungsergebnisse im zuständigen Unterausschuss „Alkalireaktion im Beton" des DAfStb beraten und auf dieser Grundlage beschlossen, den Anwendungsbereich der Richtlinie um diese Gesteinskörnungen zu ergänzen und damit vorsorglich weitere Schäden zu vermeiden. Dabei handelt es sich um ungebrochene Gesteinskörnungen > 2 mm, unabhängig vom Anteil an gebrochenen Körnern aus den Flussläufen und anderen Ablagerungsräumen in den Gebieten der Saale, Elbe, Mulde und Elster im angrenzenden Bereich gemäß Bild 3 sowie aus diesen hergestellte gebrochene Gesteinskörnungen (Kiessplitte).

Grundsätzlich gilt, dass im Zweifelsfall oder wenn Sand und Kies neu erschlossenen, noch nicht erprobten Vorkommen entstammen und alkaliempfindliche Bestandteile nicht auszuschließen sind, die Gesteinskörnung durch eine fachkundige Prüfstelle zu untersuchen ist. Ferner ist die Eignung der Gesteinskörnung unter Berücksichtigung der in Frage kommenden Beton- und Bauwerksverhältnisse nötigenfalls auch im Vergleich zu Bauwerken mit ähnlicher Gesteinskörnung zu beurteilen. Darüber hinaus müssen auch Gesteinskörnungen aus neu erschlossenen Vorkommen, bei denen alkaliempfindliche Bestandteile in schädlicher Menge nicht sicher auszuschließen sind, gemäß [2.13] geprüft und beurteilt werden. Der Gehalt an Opalsandstein kann durch Kochen in Natronlauge und der Gehalt an reaktivem Flint durch Ermittlung der Kornrohdichte beurteilt werden. Die Empfindlichkeit der weiteren gebrochenen und ungebrochenen Gesteinskörnungen nach Alkali-Richtlinie [2.13] wird durch 9-monatige Lagerung eines Betons vorgeschriebener Zusammensetzung in einer Nebelkammer bei 40 °C und anschließender Messung der Quelldehnung und Rissbildung festgestellt. Tabelle 13 enthält auf der sicheren Seite liegende Grenzwerte für die Beurteilung der Eignung von Gesteinskörnung mit alkaliempfindlichen Bestandteilen in eine entsprechende Alkaliempfindlichkeitsklasse. Dem Nebelkammerversuch vorgeschaltet, darf zur Beurteilung der Gesteinskörnung auch ein Schnellprüfverfahren angewendet werden.

Sofern eine Gesteinskörnung nicht aus den Gewinnungsgebieten der Alkali-Richtlinie stammt oder keine in der Alkali-Richtlinie genannten alkaliempfindlichen Gesteinskörnungen enthält und es unter baupraktischen Bedingungen zu keiner schädigenden Alkali-Kieselsäure-Reaktion gekommen ist, ist diese Gesteinskörnung in die Alkaliempfindlichkeitsklasse E I einzustufen.

Die erforderlichen Maßnahmen zur Vermeidung von Alkalireaktionen sind auch wesentlich von den Umweltbedingungen abhängig, denen die Konstruktion während ihrer Nutzung ausgesetzt ist, da eine Alkalireaktion Feuchtigkeit voraussetzt. In [2.13] wird nach vier Feuchtigkeitsklassen unterschieden: WO trocken, WF feucht und WA feucht mit gleichzeitiger Alkalizufuhr von außen. Mit der

Tabelle 13. Beurteilung der Gesteinskörnung mit alkaliempfindlichen Bestandteilen (nach [2.13])

Verwendbarkeit der Gesteinskörnung	Alkaliempfindlichkeitsklasse	Opalsandstein [1] > 1 mm M.-% [2]	Reaktionsfähiger Flint > 4 mm M.-% [2]	5 × Opalsandstein [1] + reaktionsfähiger Flint M.-% [2]	Gebrochene Gesteine [3] und Kiese aus dem mitteldeutschen Raum [4]	
					Dehnung mm/m	Rissbildung
Unbedenklich	EI-O EI-OF EI-S	≤ 0,5 ≤ 0,5	≤ 3,0	≤ 4,0	≤ 0,6	keine
Bedingt brauchbar	EII-O EII-OF EII-S [5]	≤ 2,0 ≤ 2,0	≤ 10,0	≤ 15,0		
Bedenklich	EIII-O EIII-OF EIII-S	> 2,0 > 2,0	> 10,0	> 15,0	> 0,6	stark [6]

[1] Einschließlich Kieselkreide; in den Prüfkornfraktionen 1 bis 4 mm einschl. reaktionsfähigem Flint.
[2] M.-% je Kornfraktion.
[3] Grauwacke, Rhyolith (Quarzporphyr), Oberrhein-Splitt, rezyklierte Gesteinskörnungen sowie Kiese, die mehr als 10 M.-% gebrochene Anteile der zuvor genannten Gesteinskörnungen enthalten.
[4] Kiese aus den Flussläufen und Ablagerungsräumen in den Gebieten der Saale, Elbe, Mulde und Elster im angrenzenden Bereich gemäß Bild 3.
[5] Die Alkaliempfindlichkeitsklasse EII-S ist nicht definiert, weil die bisherigen Untersuchungsergebnisse eine so weitgehende Differenzierung noch nicht zulassen.
[6] Mit Rissbreiten ≥ 0,2 mm.

Alkali-Richtlinie, Ausgabe Februar 2007, sollte für alle Bereiche des Hoch-, Ingenieur und Verkehrswegebaus ein einheitliches Regelwerk mit Maßnahmen und Anforderungen zur Vermeidung von Schäden an Betonbauwerken durch Alkali-Kieselsäure-Reaktion zur Verfügung gestellt werden. Zu diesem Zweck wurden in der Alkali-Richtlinie 2007 Regelungen für Fahrbahndeckenbetone (Betonfahrbahnen der Bauklassen SV und I bis III RStO), die in der Ausgabe 2001 noch nicht enthalten waren, ergänzt. Aufgrund der zum Zeitpunkt der Herausgabe der Alkali-Richtlinie im Jahr 2007 nicht vorhersehbaren Entwicklungen im Bereich des Betonstraßenbaus stellte sich heraus, dass die Aufstellung allgemeingültiger Regeln für Betone nach DIN EN 206-1/DIN 1045-2 mit dem geforderten Anforderungsprofil für diesen Bereich nicht vollständig vereinbar ist. Regelungen für den Bau von Fahrbahndecken aus Beton werden daher auch zukünftig in der TL Beton-StB bzw. in Allgemeinen Rundschreiben Straßenbau (ARS) durch das Bundesministerium für Verkehr und digitale Infrastruktur (BMVI) bekanntgegeben. Die Maßnahmen für die Feuchtigkeitsklasse WS „starke dynamische Beanspruchung zusätzlich zu WA", z. B. für Betonfahrbahnen, wurden daher einer Berichtigung zur Alkali-Richtlinie gestrichen (Ausgabe 2010) und sind daher auch in der aktuellen Ausgabe 2013 der Richtlinie nicht mehr enthalten. Nach den vorliegenden Erfahrungen ist eine nennenswerte Schädigung des Betons durch Alkalireaktion nicht zu erwarten, wenn die vorbeugenden Maßnahmen der Tabelle 14 beachtet werden. Die Gesteinskörnungsgewinnungsgebiete und der Bereich der Anwendung für Beton gemäß [2.13] gehen aus Bild 3 hervor.

Über die Mechanismen der Alkalireaktion sowie über weitere Untersuchungen zu deren Vermeidung siehe [0.2] und [2.34].

Der Europäische Gerichtshof (EuGH) verurteilte die Bundesrepublik Deutschland mit Urteil vom 16.10.2014 (Rechtssache C-100/13) wegen Handelshemmnissen bei Bauprodukten. Gemäß dem Urteil verstoßen zusätzliche Anforderungen an Bauprodukte, die einer harmonisierten Norm entsprechen, gegen europäisches Recht. Die in den Bauregellisten des Deutschen Instituts für Bautechnik (DIBt) enthaltenen technischen Zusatzanforderungen an bereits europäisch harmonisierte Bauprodukte sind demnach unzulässig. Am 10. Oktober 2016 veröffentlichte das DIBt daher eine Änderungsmitteilung zu den Bauregellisten A und B, die am 15. Oktober 2016 in Kraft trat. Hiermit wurden zahlreiche Anforderungen an Übereinstimmungs- und Verwendbarkeitsnachweise gestrichen. Die Änderungen betreffen auch Zemente mit niedrigem wirksamen Alkaligehalt nach DIN 1164-10 („NA-Zemente") und Gesteinskörnungen nach DIN EN 12620 mit Alkaliempfindlichkeitsklasse nach Alkali-Richtlinie. Um die dadurch entstandene regula-

Tabelle 14. Erforderliche vorbeugende Maßnahmen gegen Alkalireaktion in Beton (nach [2.13])

Alkali-empfindlichkeits-klasse	Zementgehalt kg/m^3	Feuchtigkeitsklasse		
		WO	WF	WA
EI-O	>330	keine	keine	keine
EI-OF	>330	keine	keine	keine
EI-S	o.F. [1]	keine	keine	keine
EII-O	>330	keine	NA-Zement [4]	NA-Zement [2]
EII-OF	>330	keine	NA-Zement	NA-Zement
EIII-O	>330	keine	NA-Zement	NA-Zement
EIII-OF	>330	keine	NA-Zement	NA-Zement
EIII-S	≤300	keine	keine	keine
	>300 bis 350	keine	keine	NA-Zement [3]
	>350	keine	NA-Zement	Austausch der Gesteinskörnung [3]

[1] Ohne Festlegung.
[2] NA-Zement siehe Abschn. 2.1.4.
[3] Oder Performance-Prüfung.
[4] Bei Zementgehalt ≤ 330 kg/m^3 „keine".

torische Lücke zu kompensieren, hat der DAfStb im Juni 2018 eine Stellungnahme veröffentlicht, die Empfehlungen für ein technisch gleichwertiges System zur Fortsetzung der Anwendung der Alkali-Richtlinie zum Gegenstand hat (s. a. www.dafstb.de). Trotz der Streichung der Übereinstimmungs- und Verwendbarkeitsnachweise sind die Alkali-Richtlinie und die DIN 1164-10 gemäß Muster-Verwaltungsvorschrift Technische Baubestimmungen 2017/1 (MVV TB) mit ihren Inhalten weiterhin gültig; s. [13.23].

2.2.4 Kornform und Oberfläche

Die Form der Gesteinskörnung soll möglichst gedrungen d. h. kugelig oder würfelig sein. Nach DIN EN 12620 gilt ein Korn als in seiner Form ungünstig, wenn das Verhältnis Länge zu Dicke größer als 3:1 ist. Der Anteil ungünstig geformter, flacher oder länglicher Körner in der Gesteinskörnung über 4 mm soll im Regelfall 50 M.-%, bei Edelsplitt 20 M.-% (siehe auch TL-Min) nicht überschreiten. Die Oberfläche des Gesteinskorns kann glatt oder rau sein. Gesteinskörnung mit höheren Anteilen ungünstig geformter Partikel darf zur Betonherstellung verwendet werden, wenn seine Eignung sowohl am Frischbeton als auch am Festbeton im Rahmen der Betoneignungsprüfung nachgewiesen wurde.

Im Allgemeinen beeinflussen Form und Oberflächenbeschaffenheit des Gesteinskorns die Eigenschaften des Betons nur wenig. Die Betonfestigkeit kann jedoch bei Gesteinskörnung mit sehr glatter Oberfläche geringer sein als bei Gesteinskörnungen mit rauer Oberfläche oder sie kann bei besonders guter Haftung aufgrund chemischer Reaktionen zwischen Zementstein und Gesteinskörnung größer sein. Bei gebrochener Gesteinskörnung ist in der Regel der Wasseranspruch für gleiche Verarbeitbarkeit des Betons etwas größer. Wegen besserer Haftung und Verzahnung sind die Zugfestigkeit, die Biegezugfestigkeit und die Spaltzugfestigkeit von Beton mit gebrochener Gesteinskörnung im Mittel etwa 10 % größer als die entsprechende Festigkeit von Kiessandbeton gleicher Druckfestigkeit und sonst gleicher Zusammensetzung.

2.2.5 Größtkorn und Kornzusammensetzung

Die Kornzusammensetzung der Gesteinskörnungen bestimmt den Wasseranspruch einer Betonmischung, der zur Erzielung einer ausreichenden Verarbeitbarkeit des Frischbetons erforderlich ist. Damit hängen auch die Zementleimmenge und der Zementgehalt von der Kornzusammensetzung der Gesteinskörnung ab, die zur Umhüllung der Gesteinskörnung und zur Erzielung eines geschlossenen Betongefüges erforderlich sind. Die Kornzusammensetzung einer Gesteinskörnung wird durch Sieblinien dargestellt (siehe dazu die Bilder 4 bis 7). Bei einem Auftrag des Siebdurchgangs in Vol.-% über der Korngröße gibt der jeweilige Ordinatenwert den Anteil des Korngemisches in Vol.-% an, der kleiner als die dazugehörige Korngröße ist. (Bei gleicher Dichte der Gesteinskörner ist Vol.-% gleich M.-%.) Ein Korngemisch kann einer stetigen oder einer unstetigen Sieblinie folgen. Unstetige Sieblinien, sogenannte Ausfallkörnungen, können zu einer besonders dichten Packung der Gesteinskörner führen, bedürfen aber besonderer Überlegungen. Die Sieblinienbereiche werden gekennzeichnet durch: 1 grobkörnig, 2 Ausfallkörnung, 3 grob- bis mittelkörnig, 4 mittel- bis feinkörnig und 5 feinkör-

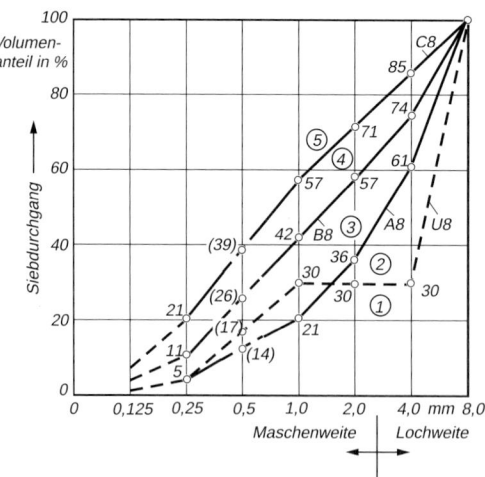

Bild 4. Grenzsieblinien der DIN 1045-2 für Gesteinskörnungen mit einem Größtkorn von 8 mm

nig. Insbesondere zur Bestimmung des Wasseranspruchs werden Sieblinien durch Kennwerte charakterisiert. Dazu gehören z. B. die Körnungsziffer (k-Wert), die Durchgangssumme (D-Summe) und die Feinheitsziffer (F-Wert). Auch die spezifische Oberfläche der Gesteinskörnung in m^2/kg kann zur Charakterisierung eines Korngemisches herangezogen werden. Die Körnungsziffer k und die Durchgangssumme D sind an bestimmte Siebsätze gebunden. Dies sind festgelegte Reihen von Sieben mit einer vorgegebenen Maschenweite, für die der Siebdurchgang bzw. der Siebrückstand bestimmt werden. In Verbindung mit der DIN 1045-2 sind dies die Siebe mit den Weiten 0,25; 0,5; 1,0; 2,0; 4,0; 8,0; 16,0; 31,5 und 63,0 mm. Die Körnungsziffer k ist definiert als die Summe der Rückstände auf allen Sieben dieses Siebsatzes bezogen auf das Gesamtgewicht des Korngemisches. Die D-Summe ist als Summe aller Siebdurchgänge des vollständigen Siebsatzes bis zu 63 mm definiert. Sie ist damit der Fläche unter der Sieblinie bei einem Auftrag entsprechend den Bildern 4 bis 7 proportional. Mit steigendem Feinkornanteil nimmt die D-Summe zu. Der k-Wert, der auch aus der D-Summe berechnet

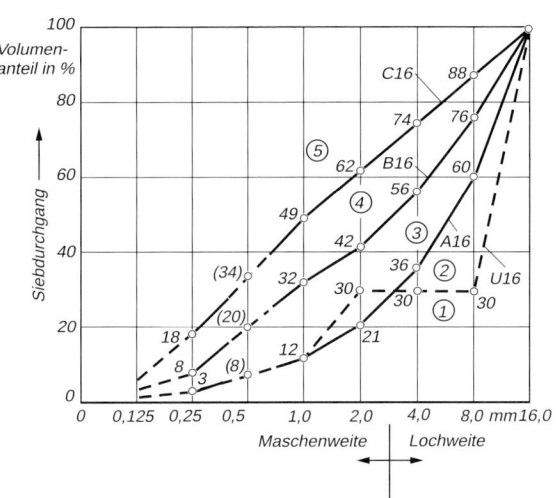

Bild 5. Grenzsieblinien der DIN 1045-2 für Gesteinskörnungen mit einem Größtkorn von 16 mm

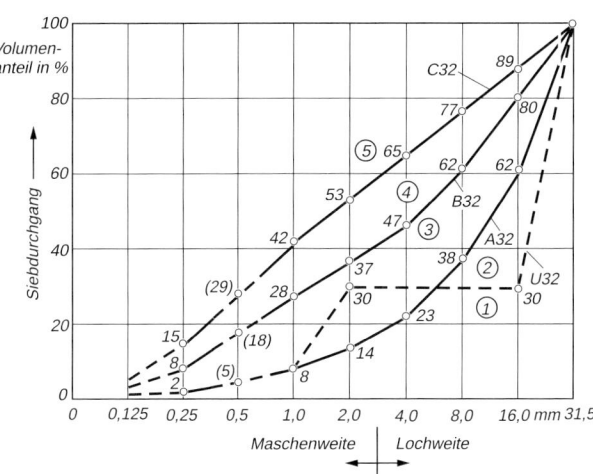

Bild 6. Grenzsieblinien der DIN 1045-2 für Gesteinskörnungen mit einem Größtkorn von 32 mm

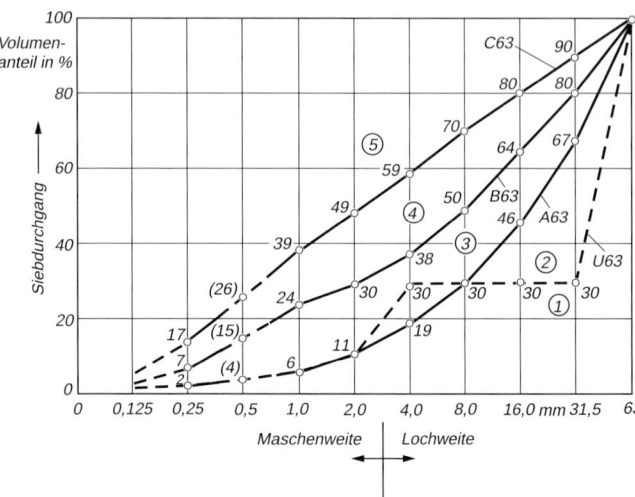

Bild 7. Grenzsieblinien der DIN 1045-2 für Gesteinskörnungen mit einem Größtkorn von 63 mm

werden kann, nimmt dagegen mit steigendem Feinkornanteil ab. Weder k-Wert noch D-Summe sind eindeutige Kenngrößen, da unterschiedliche Sieblinien zu den gleichen k-Werten bzw. D-Summen führen können. Die spezifische Oberfläche eines Korngemisches kann unter Annahme einer kugeligen Form der Körner berechnet werden. Abweichungen von dieser Form werden durch einen Beiwert berücksichtigt.

Für die Herstellung von Beton nach DIN EN 206-1 in Verbindung mit DIN 1045-2 sind Gesteinskörnungen mit einem Größtkorn von 8, 16, 32 oder 63 mm zu verwenden. Das Größtkorn sollte so groß wie möglich gewählt werden, da grobkörnige Korngemische einen geringeren Wasseranspruch und damit auch einen geringeren Zementleimbedarf als feinkörnige Mischungen aufweisen. Das Größtkorn ist aber nach oben durch konstruktive Randbedingungen begrenzt. So soll es ein Drittel der kleinsten Querschnittsabmessung sowie den Abstand der Bewehrung und die Dicke der Betondeckung nicht wesentlich überschreiten.

In Tabelle 15 sind die Kennwerte der Regelsieblinien zusammengestellt. Über weitere grundsätzliche Angaben zur Kornzusammensetzung von Gesteinskörnung siehe u. a. [0.1].

Beton kann mit einer stetigen Sieblinie oder mit Ausfallkörnung entworfen werden. Die sachgerechte Anwendung von Ausfallkörnungen kann z. B. bei Waschbeton zweckmäßig sein, erfordert aber entsprechende Erfahrungen. Die Wahl einer stetigen Kornzusammensetzung oder einer Ausfallkörnung sollte vorwiegend von der Art des Vorkommens der Gesteinskörnung bestimmt werden, da aus technischer Sicht in der Regel beide verwendet werden können. Aus Gründen des Umweltschutzes und aus wirtschaftlichen Gründen ist es im Regelfall nicht mehr vertretbar, eine stetige oder eine unstetige Kornzusammensetzung zu fordern, wenn örtliche Vorkommen dies nicht erlauben.

Tabelle 15. Kennwerte der Gesteinskörnung für die Kornverteilung

Sieblinie nach DIN 1045-2	Körnungsziffer k	D-Summe
A 8	3,64	536
B 8	2,89	611
C 8	2,27	673
U 8	3,87	513
A 16	4,61	439
B 16	3,66	534
C 16	2,75	625
U 16	4,88	412
A 32	5,48	352
B 32	4,20	480
C 32	3,30	570
U 32	5,65	335
A 63	6,15	285
B 63	4,91	409
C 63	3,72	528
U 63	6,57	243

2.3 Betonzusatzmittel

2.3.1 Definition

Betonzusatzmittel sind Stoffe zur Beeinflussung der Eigenschaften von Mörtel und Beton, die chemisch oder physikalisch wirken und dem Beton nur in geringen Mengen zugegeben werden. Nach DIN 1045-2 beträgt die zulässige Gesamtzugabemenge an Zusatzmitteln für unbewehrten Beton und für Stahlbeton bei Zugabe eines Zusatzmittels ≤ 50 g je kg Zement und bei Zugabe mehrerer Zusatzmittel ≤ 60 g je kg Zement. Für hochfesten Beton gelten 70 bzw. 80 g (ml) je kg Zement. Für Spannbeton ist die Zusatzmittelmenge im Allgemeinen auf ≤ 20 g je kg Zement begrenzt. In der DIN EN 206-1 wird neben der zulässigen Gesamtzugabemenge von 50 g je kg Zement auch eine Untergrenze von 2 g je kg Zement angegeben, die nur unterschritten werden darf, wenn das Zusatzmittel vor der Zugabe in einem Teil des Zugabewassers gelöst wird.

2.3.2 Arten von Zusatzmitteln

Seit der Verabschiedung der europäischen Norm DIN EN 934 und der Einführung in Deutschland [2.19] sind die Zusatzmittel mit den ersten 8 Wirkungsgruppen nach Tabelle 16 genormt und können entsprechend DIN 1045-2 verwendet werden. Die Zusatzmittel CR, RH, SB, SBE und SR bedürfen einer allgemeinen bauaufsichtlichen Zulassung des DIBt. In Tabelle 16 sind die Wirkungsgruppen auf-

Tabelle 16. Wirkungsgruppen von Betonzusatzmitteln [2.16]

Wirkungsgruppe	Kurzzeichen	Farbkennzeichen	Wirkung
Betonverflüssiger	BV	gelb	Verminderung des Wasseranspruchs und/oder Verbesserung der Verarbeitbarkeit
Fließmittel	FM	grau	stärkere Wirkung als BV, zur Herstellung von Fließbeton, SVB und hochfestem Beton
Luftporenbildner	LP	blau	Einführung gleichmäßig verteilter, kleiner Luftporen zur Erhöhung des Frost- und Taumittelwiderstandes
Dichtungsmittel	DM	braun	Verminderung der kapillaren Wasseraufnahme
Verzögerer	VZ	rot	Verzögerung des Erstarrens
Beschleuniger	BE	grün	Beschleunigung des Erstarrens und/oder des Erhärtens
Stabilisierer	ST	violett	Verminderung des Absonderns von Anmachwasser (Bluten)
Einpresshilfen	EH	weiß	Verbesserung der Fließfähigkeit, Verminderung des Wasseranspruchs und des Absetzens bzw. Erzielen eines mäßigen Quellens von Einpressmörtel
Chromatreduzierer [1]	CR	rosa	Reduktion von Chrom (VI) zu Chrom (III)
Recyclinghilfen für Waschwasser [1]	RH	schwarz	Wiederverwendung von Waschwasser, das beim Reinigen von Mischfahrzeugen und Mischern anfällt
Schaumbildner [1]	SB	orange	Einführung von Luftporen zur Herstellung von Schaumbeton
Spritzbetonbeschleuniger [1]	SBE	grün	frühzeitige Beschleunigung des Erstarrens und/oder frühzeitiges Erhärten (Frühfestigkeit) von Spritzbeton, unterhalb der in DIN EN 934-2 festgelegten Grenzwerte für herkömmliche Erstarrungsbeschleuniger
Sedimentationsreduzierer [1]	SR	gelbgrün	Verringerung der Sedimentationsneigung von Frischbeton

[1] mit allgemeiner bauaufsichtlicher Zulassung auf Basis von [2.16]

geführt. In der europäischen Norm wird noch unterschieden, ob die Beschleuniger das Erstarren oder das Erhärten beschleunigen. Außerdem gibt es dort kombinierte Wirkungen (VZ + BV, VZ + FM, BE + BV), sodass man in der Summe auf 11 Wirkungsgruppen kommt. Multifunktionale Betonzusatzmittel der Wirkungsgruppen „VZ + BV" und „BE + BV" dürfen zur Herstellung von Beton nach DIN EN 206-1 und DIN 1045-2 allerdings nicht verwendet werden. Neu hinzugekommen in DIN EN 934-2:2012-08 ist der *Viskositätsmodifizierer*, ein Zusatzmittel, das zur Begrenzung der Entmischung durch Verbesserung der Kohäsion in den Beton gegeben wird.

2.3.3 Anwendungsgebiete

Betonverflüssiger (BV) reduzieren den Wasseranspruch des Betons. Sie ermöglichen es daher, bei gegebenem Wassergehalt des Betons seine Verarbeitbarkeit zu verbessern bzw. bei vorgegebener Konsistenz und vorgegebenem Wasserzementwert den Wasser- und den Zementgehalt zu reduzieren. *Fließmittel* (FM) sind besonders wirksame Betonverflüssiger, jedoch mit begrenzter Wirkungsdauer. Sie sind von besonderer Bedeutung für die Herstellung von Fließbeton und selbstverdichtendem Beton sowie die Herstellung von hochfestem Beton mit sehr niedrigen Wasserzementwerten. Je nach chemischer Zusammensetzung können Betonverflüssiger und Fließmittel auch verzögernd wirken. Vor der gemeinsamen Verwendung eines Fließmittels und eines Luftporenbildners muss das sachgerechte Zusammenwirken beider Zusatzmittel überprüft werden, da Fließmittel trotz ausreichenden Luftgehalts im Frischbeton den Mikroluftporengehalt von Luftporenbeton beeinträchtigen können. Jüngere Erfahrungen in der Praxis haben gezeigt, dass die Wirkung hochleistungsfähiger Fließmittel (PCE) durch eine geringe Verunreinigung der Gesteinskörnung mit Tonmineralien erheblich herabgesetzt werden kann [2.39]. Bei der Herstellung von fließfähigen Betonen ist wegen ihrer in der Regel nur begrenzten Wirkungsdauer häufig ein Nachdosieren von Fließmitteln erforderlich.

Luftporenbildner (LP) sollen zur Erzielung eines hohen Frost- bzw. Frost- und Tausalzwiderstandes eine ausreichende Menge kleiner, gleichmäßig verteilter Luftporen im Zementstein erzeugen. Gleichzeitig wird damit die Verarbeitbarkeit des Frischbetons etwas verbessert oder sein Wasseranspruch vermindert. Berücksichtigt man dies bei der Wasserzugabe, so wird bei gleicher Frischbetonkonsistenz die Druckfestigkeit des erhärteten Betons weniger vermindert als dies infolge des erhöhten Porenvolumens des Zementsteins zu erwarten wäre. Die Wirksamkeit von Luftporenbildnern wie die anderer Zusatzmittel kann durch andere, gleichzeitig verwendete Zusatzmittel beeinträchtigt werden (siehe oben) und hängt von der Temperatur des Frischbetons ab. So ist z. B. zur Erzielung eines bestimmten Luftgehalts im Frischbeton bei einer Frischbetontemperatur von 30 °C das 1,2- bis 1,9-Fache der Zusatzmittelmenge erforderlich, die bei einer Frischbetontemperatur von 20 °C erforderlich wäre. Bei einer Frischbetontemperatur von 5 °C sinkt die Zusatzmittelmenge auf das 0,6- bis 0,9-Fache der bei 20 °C erforderlichen Menge ab.

Dichtungsmittel (DM) sollen die Wasseraufnahme von Beton durch kapillares Saugen vermindern. Dies soll durch eine Hydrophobierung des Kapillarporensystems oder durch ein Verstopfen der Poren z. B. durch quellfähige Substanzen erzielt werden. Auch verflüssigende Zusatzmittel wirken indirekt als dichtend, wenn damit der Wasserzementwert und die Kapillarporosität verringert werden. Die Bedeutung der Dichtungsmittel, deren Langzeitwirkung ohnehin nicht immer gegeben ist, wird vielfach überschätzt, weil ein sachgerecht zusammengesetzter, hergestellter und nachbehandelter Beton die Verwendung von Dichtungsmitteln überflüssig macht und durch Dichtungsmittel kaum verbessert wird.

Verzögerer (VZ) werden verwendet, wenn der Zeitraum, in dem der Frischbeton verarbeitbar bleiben soll, im Vergleich zu einem Beton ohne Zusatzmittel deutlich, d. h. um mehrere Stunden, verlängert werden soll. Einige Verzögerer wirken gleichzeitig verflüssigend. Sie greifen in den Reaktionsablauf des Zements direkt ein und sind daher in ihrer Wirkung nicht leicht zu beherrschen. Ihre Wirksamkeit hängt entsprechend von jeweils verwendetem Zement, von der Temperatur und von der Zugabemenge ab, sodass unter Umständen sogar ein Umschlagen der Wirkung möglich ist. Die Richtlinie für Beton mit verlängerter Verarbeitbarkeitszeit des Deutschen Ausschusses für Stahlbeton [2.18] lässt bei Transportbeton die Zugabe des Verzögerers auch auf der Baustelle zu, wenn die Verarbeitbarkeitszeit mehr als 12 Stunden betragen soll und wenn eine Reihe weiterer Bedingungen erfüllt wird. Grundsätzlich ist bei einer Verzögerung des Erstarrens des Betons um mehr als 3 Stunden mit besonderer Sorgfalt vorzugehen, um Schäden, z. B. durch Rissbildung infolge Frühschwindens zu vermeiden. Eine gute Nachbehandlung vorausgesetzt, liegt die Druckfestigkeit von verzögertem Beton in höherem Alter häufig über jener eines sonst gleichen Betons ohne Zusatzmittel.

Beschleuniger (BE) sollen die Entwicklung der Frühfestigkeit und damit meist auch das Erstarren des Frischbetons beschleunigen. Die früher als Beschleuniger eingesetzten Chloride, insbesondere Calciumchlorid, dürfen jedoch nach den deutschen Normen und auch nach der Norm DIN EN 206-1 für Stahl- und Spannbeton nicht mehr verwendet werden, da sie – ebenso wie Thiocyanate – korrosionsgefährdend für den Bewehrungsstahl und insbesondere für den Spannstahl sein können. Da von der harmonisierten europäischen Betonzusatzmittelnorm DIN EN 934-2 nur Erstarrungsbeschleuniger mit mäßiger Beschleunigung des Erstarrens abgedeckt sind, wurde die neue Wirkungsgruppe „Spritzbetonbeschleuniger (SBE)" eingeführt. Diese Beschleuniger bewirken ein sofortiges Erstarren und sind somit von genormten Erstarrungsbeschleunigern deutlich abgegrenzt. Beschleuniger kommen heute meist nur noch für Sonderaufgaben, häufig aber bei Spritzbeton zum Einsatz.

Einpresshilfen (EH) sollen den Wasseranspruch und das Absetzen des Einpressmörtels in Spannkanälen vermindern, seine Fließfähigkeit verbessern und den Mörtel mäßig quellen lassen.

Stabilisierer (ST) sollen eine Entmischung des Frischbetons, insbesondere das Absondern von Wasser, das so genannte Bluten, und bei Leichtbeton das Aufschwimmen der leichten Körner mindern. Bei selbstverdichtendem Beton gibt es den sog. Stabilisierer-Typ, bei dem das Entmischen durch Zugabe von Stabilisierern, meist natürlichen Polysacchariden, verhindert wird. Bei Unterwasserbeton verbessern sie den Zusammenhalt.

Einige Stabilisierer, die in Deutschland hergestellt werden, erfüllen nicht mehr die Anforderungen nach DIN EN 934-2. Für diese Gruppe von Stabilisierern wurde die Wirkungsgruppe „*Sedimentationsreduzierer (SR)*" mit allgemeiner bauaufsichtlicher Zulassung geschaffen.

Chromatreduzierer (CR) sollen Chrom (VI)-Verbindungen in Chrom (III)-Verbindungen reduzieren. Chrom (VI)-Verbindungen sind um den Faktor 1000 giftiger als Chrom (III)-Verbindungen und gelten als krebserregend. Bei Zementen mit hohem Chromgehalt kann es zur Ausbildung von Hautekzemen kommen (sog. Maurerkrätze).

Recyclinghilfen für Waschwasser (RH) werden zum Reinigen von Mischfahrzeugen und Mischern eingesetzt. Es handelt sich dabei um chemische Verbindungen, die die Reaktion von Zement durch Komplexsalzbildung sehr stark hemmen.

Schaumbildner (SB) erzeugen Luftporen zur Herstellung von Schaumbeton bzw. Beton mit porosiertem Zementstein. Schaumbeton wird z. B. zur Verfüllung von Hohlräumen oder für leichte, wärmedämmende Ausgleichschichten verwendet.

Über Angaben zur chemischen und physikalischen Wirkungsweise von Betonzusatzmitteln siehe unter anderem [0.1] und [0.2].

2.3.4 Weitere Anforderungen

Die Produktion von Betonzusatzmitteln geschieht unter einer werkseigenen Produktionskontrolle (WPK) und deren Zertifizierung durch eine notifizierte Stelle [2.19]. Von besonderer Bedeutung ist der Nachweis ihrer Betonverträglichkeit und der Nachweis, dass sie keine Stoffe enthalten, die den Korrosionsschutz der Bewehrung beeinträchtigen. Daher darf der Halogengehalt der Betonzusatzmittel, ausgedrückt als Cl^-, 0,2 M.-%, bei Einpresshilfen 0,1 M.-% nicht überschreiten. Die Anforderungen an das Korrosionsverhalten von Zusatzmitteln sowie das europäische Vorgehen zur Beurteilung des Korrosionsverhaltens über eine Liste der Inhaltsstoffe von Zusatzmitteln („Verzeichnis der anerkannten Substanzen" (Anhang A.1) und „Verzeichnis der zu deklarierenden Substanzen" (Anhang A.2)) sind in dem neuen Teil 1 der Normreihe EN 934 enthalten. Betonzusatzmittel, die Stoffe nach DIN EN 934-1:2008, Anhang A.2, enthalten, dürfen nicht verwendet werden.

Ausgenommen hiervon sind Sulfide und Formiate. Letztere dürfen jedoch nicht in Zusatzmitteln enthalten sein, die für Beton bei vorgespannten Tragwerken eingesetzt werden.

Granulatartige Betonzusatzmittel dürfen nur verwendet werden, wenn ihre Eignung durch eine allgemeine bauaufsichtlichen Zulassung oder eine Europäische Technische Bewertung nachgewiesen wurde.

Nach DIN 1045:1988 war bei der Verwendung von Betonzusatzmitteln stets eine Eignungsprüfung mit der für die Ausführung vorgesehenen Betonzusammensetzung erforderlich. Bei wechselnden Umgebungstemperaturen sollte diese Eignungsprüfung unter Bedingungen der Bauausführung vorgenommen werden. Außer bei Fließmitteln dürfen dem Beton nicht mehrere Zusatzmittel der gleichen Wirkungsgruppe zugegeben werden. Bei der Herstellung eines Betons mit mehreren Betonzusatzmitteln unterschiedlicher Wirkungsgruppen muss nach DIN EN 206-1 eine Erstprüfung durchgeführt werden. Andernfalls ist sie nur erforderlich, wenn eine neue Betonzusammensetzung verwendet werden soll. Wenn Erfahrung vorliegt, und wenn in der Erstprüfung untere und obere Grenzwerte der Zusatzmitteldosierung untersucht wurden, brauchen nach DIN 1045-2 für Dosierungen innerhalb dieser Grenzen keine neuen Erstprüfungen durchgeführt zu werden. Die Betonzusammensetzung darf dabei um ±15 kg Zement/m^3 Beton und ±15 kg Flugasche/m^3 Beton schwanken.

Die Gesamtmenge an Zusatzmitteln darf weder die vom Zusatzmittelhersteller empfohlene Höchstdosierung noch 50 g/kg Zement im Beton überschreiten, sofern nicht der Einfluss einer höheren Dosierung auf die Leistungsfähigkeit und die Dauerhaftigkeit des Betons nachgewiesen wurde. Bei Verwendung mehrerer Betonzusatzmittel unterschiedlicher Wirkungsgruppen ist bei einer insgesamt zugegebenen Menge von 60 g/kg Zement ein besonderer Nachweis nicht erforderlich. Bei Verwendung von Zementen nach DIN 1164-11 oder

DIN 1164-12 in Kombination mit mehreren Betonzusatzmitteln unterschiedlicher Wirkungsgruppen ist die Zugabe der Betonzusatzmittel auf 50 g/kg Zement begrenzt. Flüssige Zusatzmittel sind auf den Wassergehalt bei der Bestimmung des Wasserzementwerts anzurechnen, wenn ihre Gesamtmenge 3,0 dm³ je m³ Beton überschreitet.

2.4 Betonzusatzstoffe

2.4.1 Definitionen

Betonzusatzstoffe sind fein verteilte Stoffe, die durch chemische oder physikalische Wirkung bestimmte Betoneigenschaften, z. B. Konsistenz, Verarbeitbarkeit, Festigkeit, Dichtheit oder Farbe beeinflussen. Sie müssen unschädlich sein, d. h. sie dürfen das Ansteifverhalten, das Erstarren und das Erhärten sowie die Festigkeit und die Dauerhaftigkeit des Betons und den Korrosionsschutz der Bewehrung im Beton nicht beeinträchtigen und mit den Bestandteilen des Betons keine störenden Verbindungen eingehen. Beteiligen sich Betonzusatzstoffe an der Erhärtung oder beeinflussen sie wesentlich die Eigenschaften des Betons auf andere Weise, z. B. durch ihre Granulometrie, so müssen sie außerdem sowohl hinsichtlich ihrer chemischen und mineralogischen Beschaffenheit als auch hinsichtlich ihrer technischen Eigenschaften sehr gleichmäßig sein. Betonzusatzstoffe unterliegen einer Überwachung, bestehend aus einer werkseigenen Produktionskontrolle und einer Fremdüberwachung, deren Einzelheiten in den entsprechenden Normen bzw. im Zulassungs- oder im Prüfbescheid geregelt sind.

DIN EN 206-1 fordert, die Betonzusammensetzung bei Verwendung von Zusatzstoffen stets aufgrund von Erstprüfungen festzulegen. Eine neue Erstprüfung ist nicht erforderlich, wenn z. B. der Flugaschegehalt bis zu 15 kg/m³ schwankt.

Zusatzstoffe können in die Gruppen inerte Stoffe und Pigmente, puzzolanische Stoffe, latent hydraulische Stoffe und organische Stoffe eingeteilt werden. Einen Überblick gibt z. B. [0.1].

Nach DIN EN 206-1 wird unterschieden in Zusatzstoffe Typ I und Zusatzstoffe Typ II. Typ I sind nahezu inaktive Zusatzstoffe, wie z. B. Gesteinsmehl, die einen geringen Effekt dadurch haben, dass sie als Kristallisationsflächen wirken. Typ II sind die puzzolanischen und latenthydraulischen Zusatzstoffe, z. B. Flugasche, Hüttensandmehl und Silikastaub.

2.4.2 Inerte Stoffe und Pigmente

Inerte Stoffe beteiligen sich unter normalen Bedingungen nicht an der Reaktion mit Zement und Wasser. Zu ihnen gehören die Gesteinsmehle z. B. aus Quarz oder Kalkstein. Sie werden eingesetzt, um Verarbeitbarkeit und Zusammenhalt von Betonen aus feinteilarmen Sanden durch Erhöhung des Mehlkorngehalts zu verbessern. Verschiedentlich wurden jedoch auch Hypothesen über eine hydraulische Wirkung von Kalksteinmehl entwickelt, z. B. [0.6]. Inerte Stoffe genügen häufig den Anforderungen der DIN EN 12620 und können dann entsprechend eingesetzt werden.

Auch Pigmente zum Einfärben des Betons gelten als Betonzusatzstoffe nach DIN EN 206-1/DIN 1045-2. Sie müssen gegenüber verschiedenen Einwirkungen ausreichend widerstandsfähig sein, so z. B. gegenüber Licht und alkalischen Wirkungen aus dem Beton. Aus diesem Grunde werden überwiegend Metalloxide, z. B. Eisenoxidrot, -braun, -schwarz, -gelb, Chromoxidgrün, Cobaltblau und Titandioxid sowie Ruß verwendet, siehe auch DIN EN 12878 sowie [2.20]. Für den Einsatz in Beton nach DIN EN 206-1/DIN 1045-2 dürfen nur anorganische Pigmente und Pigmentruß verwendet werden.

Für die Verwendung in standsicherheitsrelevanten Bauteilen aus Stahlbeton oder Spannbeton muss für Pigmente in Lieferform (Pigmentmischungen und wässrige Pigmentpräparationen) nachgewiesen sein, dass das Pigment keine korrosionsfördernde Wirkung auf den im Beton eingebetteten Stahl hat.

Pigmente nach DIN EN 12878 müssen hinsichtlich der Druckfestigkeit die Anforderungen der Kategorie B erfüllen. Pigmente nach DIN EN 12878 müssen hinsichtlich des Gehalts an wasserlöslichen Substanzen die Anforderungen der Kategorie B erfüllen. Bei Verwendung nicht-pulverförmiger Pigmente darf der Gehalt an wasserlöslichen Substanzen bis zu 4 % Massenanteil, bezogen auf den Feststoffgehalt, betragen, vorausgesetzt, die wasserlöslichen Anteile entsprechen den Anforderungen nach DIN EN 934-2.

Pigmente mit einem Gesamtchlorgehalt von $\leq$ 0,10 % Massenanteil dürfen ohne besonderen Nachweis verwendet werden.

Pigmente der Kategorie mit deklariertem Gesamtchlorgehalt dürfen verwendet werden, wenn der höchstzulässige Chloridgehalt im Beton, bezogen auf die Zementmasse, den Anforderungswert in Beton gemäß Abschnitt 2.2.3 nicht überschreitet. Die Farbwirkung der Pigmente und die erforderliche Zugabemenge, die möglichst auf das unbedingt notwendige Maß begrenzt werden sollte, sind abhängig von der Betonzusammensetzung und können zuverlässig nur am ausgetrockneten Beton beurteilt werden. Die Farbwirkung an Betonflächen soll bei neueren Pigmenten mit größeren Teilchendurchmessern dauerhafter sein.

2.4.3 Puzzolanische Stoffe

Puzzolanische Stoffe weisen hohe Anteile an Kieselsäure oder Kieselsäure und Tonerde auf und sind dadurch charakterisiert, dass sie mit Wasser und Calciumhydroxid reagieren. Im Beton entsteht das Calciumhydroxid bei der Hydratation des Portlandzementklinkers. Die Reaktionsprodukte sind in Zusammensetzung und Struktur dem Zementstein ähnlich. Die Reaktionsgeschwindigkeit der Puzzolane ist aber wesentlich langsamer als jene der Zemente, sodass puzzolanhaltige Betone einer guten Nachbehandlung bedürfen, damit in höherem Alter die puzzolanischen Zusatzstoffe wirksam werden.

Die in Deutschland gebräuchlichsten Puzzolane, die als Betonzusatzstoffe Einsatz finden, sind natürlicher Trass nach DIN 51043 sowie Flugasche (FA) nach DIN EN 450, Silikastaub nach DIN EN 13263 bzw. silicatische Feinstäube (SF) und getempertes Gesteinsmehl (GG). Die zwei zuletzt genannten Betonzusatzstoffe bedürfen einer bauaufsichtlichen Zulassung, die in [2.21] geregelt ist.

Flugaschen fallen als Rückstände bei der Verbrennung fein gemahlener Kohle in Kohlekraftwerken an. Sie sind im Rauchgas enthalten und werden über Elektrofilter abgeschieden. Die Reaktionsfähigkeit der Flugaschen ist einerseits auf ihre kleine Teilchengröße, andererseits auf ihre teilweise amorphe, d. h. glasige Struktur zurückzuführen, die wegen der raschen Abkühlung der Asche entsteht. Der Glasanteil der Aschen hängt von der Feuerungsart bei der Kohleverbrennung ab. So unterscheidet man zwischen Flugaschen aus Trockenfeuerungs- und aus Schmelzfeuerungsanlagen. Obwohl bei Schmelzkammeraschen wegen der höheren Brenntemperatur ein höherer Glasanteil und damit eine höhere Reaktionsfähigkeit als bei Trockenfeuerungsaschen zu erwarten ist, kann dies nach [2.22] nicht verallgemeinert werden. Die Korngrößenverteilung von Steinkohleflugaschen liegt etwa im Bereich üblicher Zemente. Flugaschepartikel sind jedoch – anders als Zementkörner – überwiegend kugelig, was sich insbesondere auf die Verarbeitbarkeit von flugaschehaltigem Frischbeton günstig auswirkt. Zur chemischen Zusammensetzung der in Deutschland verwendeten Steinkohleflugaschen siehe z. B. [0.1, 2.26].

Die Anrechenbarkeit von Flugasche nach DIN EN 450 auf den Zementgehalt und die Obergrenze des Wasserzementwertes werden in DIN EN 206-1 und DIN 1045-2 geregelt.

An die Flugaschen nach DIN EN 450 werden chemische und physikalische Anforderungen gestellt. Der Glühverlust darf 5 M.-% (Kategorie A), der Chloridgehalt 0,10 M.-%, der SO_3-Gehalt 3 M.-% und der Gehalt an freiem Calciumoxid 1,0 M.-% nicht überschreiten. Der Gehalt an Freikalk CaO darf weniger als 2,5 M.-% betragen, wenn die Anforderungen an die Raumbeständigkeit erfüllt werden. Neben der Raumbeständigkeit betreffen die physikalischen Anforderungen die Kornrohdichte, die Feinheit und den Aktivitätsindex. Der Aktivitätsindex ist das Verhältnis der im gleichen Alter geprüften Druckfestigkeiten von genormten Mörtelprismen, die einen Massenanteil von 75 % Referenzzement und 25 % Flugasche enthalten, sowie genormten Mörtelprismen, die ausschließlich mit Referenzzement hergestellt sind. Der Referenzzement ist ein CEM I 42,5 und durch Mahlfeinheit, C_3A-Gehalt und Alkaligehalt gekennzeichnet. Der Aktivitätsindex muss nach 28 Tagen mindestens 75 % und nach 90 Tagen mindestens 85 % betragen. Der ermittelte Aktivitätsindex charakterisiert zwar die geprüfte Flugasche, gibt jedoch keine direkte Information über den Festigkeits- und Dauerhaftigkeitsbeitrag der Flugasche im Beton.

Flugasche als Betonzusatzstoff beeinflusst sowohl die Eigenschaften des frischen als auch des erhärteten Betons. So wird bei einem teilweisen Ersatz des Zements durch Flugasche wegen der kugeligen Form ihrer Partikel der Wasseranspruch des Betons reduziert bzw. bei gleichbleibendem Wassergehalt die Konsistenz verbessert. Flugasche kann sich auch auf die Pumpbarkeit des Frischbetons günstig auswirken.

Ein wesentliches Beurteilungskriterium für die Eignung einer Flugasche als Betonzusatzstoff ist die Festigkeitsentwicklung eines damit hergestellten Betons. Dazu werden in der Regel ca. 20 bis 35 M.-% des Zements gegen Flugasche ausgetauscht und Betonmischungen mit und ohne Flugasche bei gleichem Wassergehalt hergestellt. Ein Vergleich der Festigkeitsentwicklung gibt Aufschluss über die puzzolanische Wirkung der Flugasche. Während der ersten Wochen liefert die Flugasche noch keinen wesentlichen Beitrag, sodass die Druckfestigkeit der flugaschehaltigen Mörtel noch deutlich unter jener des Vergleichsmörtels liegt und etwa der Druckfestigkeit eines Mörtels entspricht, bei dem anstelle eines Zementaustauschs durch Flugasche ein gleich großer Austausch durch ein inertes Gesteinsmehl erfolgte. Mit steigendem Betonalter – günstige Erhärtungsbedingungen vorausgesetzt – nähert sich die Druckfestigkeit bei geeigneten Flugaschen immer mehr der Druckfestigkeit des Vergleichsmörtels und kann diese sogar deutlich überschreiten (siehe u. a. [0.1, 2.22]). Das Ausmaß der Festigkeitssteigerung hängt dabei von der Zementart, mit der eine bestimmte Flugasche kombiniert wird, ab. Sie ist bei Portlandzementen im Allgemeinen ausgeprägter als bei Zementen mit hohen Anteilen an Zumahlstoffen.

Wegen der geringeren chemischen Aktivität von Flugaschen im Vergleich zu Zementen wird die Hydratationswärme von Mörteln und Betonen vermindert, wenn ein Teil des Zements durch Flugasche ersetzt wurde (siehe dazu auch Abschn. 4.2 und [2.24]).

Von besonderer Bedeutung ist die Dauerhaftigkeit flugaschehaltiger Betone. Nach [2.25] unterscheiden sich die Carbonatisierungseigenschaften von Betonen, bei denen ein Teil des Zements durch Flugaschen ersetzt wurden, nur wenig von den entsprechenden Eigenschaften der Referenzbetone ohne Flugasche. Untersuchungen zeigten, dass bei nur 2-tägiger Nachbehandlung die Carbonatisierungstiefen von Betonen mit und ohne Flugasche deutlich höher als bei 7-tägiger Nachbehandlung waren und darüber hinaus mit zunehmendem Hüttensandgehalt der Zemente größer wurden. Sowohl bei einer 2- als auch bei einer 7-tägigen Nachbehandlung war der Einfluss der Flugasche auf die Carbonatisierung jedoch geringer als der Einfluss von Art und Festigkeitsklasse des Zements.

Nach [2.26] wird der Sulfatwiderstand von Beton durch Zugabe von Flugasche bei Einhaltung bestimmter Randbedingungen wesentlich verbessert. Untersuchungen zum Frostwiderstand flugaschehaltiger Betone ergaben, dass der Frostwiderstand von flugaschehaltigen Betonen, die entsprechend den Anforderungen der DIN EN 206-1/DIN 1045-2 an Beton mit hohem Frostwiderstand zusammengesetzt sind, sich nicht signifikant vom Frostwiderstand von Referenzbetonen ohne Flugasche unterscheidet. Über eine deutliche Verringerung des Eindringens von Chloriden in flugaschehaltige Betone im Vergleich zu Betonen aus reinem Portlandzement wird in [2.27] berichtet. Maßgeblich für die Verringerung der Chloriddiffusionskoeffizienten in flugaschehaltigen Betonen im Vergleich zu Betonen aus Portlandzement ist die spezifische Ausbildung der Porenstruktur. Es tritt eine effektive Abminderung der transportrelevanten Kapillarporenquerschnitte durch CSH-Phasen der puzzolanischen Reaktion auf. Diese Wirkung ist auf die Verringerung des wirksamen Porenquerschnitts und auf die Querschnittsveränderlichkeit entlang des Transportwegs zurückzuführen. Weiterhin treten Interaktionen der Chloridionen mit den Porenoberflächen bzw. den elektrischen Doppelschichten auf, die sich aufgrund von Ladungsdifferenzen auf der Oberfläche des Zementsteins bilden. Dieser Effekt wird als „ionogener Porenverschlusseffekt" bezeichnet.

Die DIN 1045-2 erlaubt die Anrechnung puzzolanischer Betonzusatzstoffe auf den Mindestzementgehalt bzw. auf den höchstzulässigen Wasserzementwert nach dem k-Wert-Ansatz (s. auch [2.26]).

Demnach darf Flugasche gemäß DIN EN 206-1/ DIN 1045-2 bei der Betonzusammensetzung auf den Zementgehalt und mit den Anrechenbarkeitswert k_f auf den äquivalenten Wasserzementwert angerechnet werden. Dabei kann der Mindestzementgehalt bei Anrechnung von Flugasche für alle Expositionsklassen gegenüber dem Mindestzementgehalt ohne Flugascheverwendung um einen bestimmten Betrag reduziert werden, wenn eine der folgenden Zementarten verwendet wird:

- Portlandzement (CEM I)
- Portlandsilikastaubzement (CEM II/A-D)
- Portlandhüttenzement (CEM II/A-S oder CEM II/B-S)
- Portlandschieferzement (CEM II/A-T oder CEM II/B-T)
- Portlandkalksteinzement (CEM II/A-LL)
- Portlandpuzzolanzement (CEM II/A-P)
- Portlandflugaschezement (CEM II/A-V)
- Portlandkompositzemente nach Tabelle 10 (CEM II/A-M mit den Hauptbestandteilen S, D, P, V, T, LL)
- Portlandkompositzemente nach Tabelle 10 (CEM II/B-M (S-D, S-T, D-T))
- Hochofenzement (CEM III/A)
- Hochofenzement (CEM III/B) mit bis zu 70% (Massenanteil) Hüttensand, wenn die Zusammensetzung entsprechend DIN EN 197-1 nachgewiesen ist.

Dabei darf die Summe von Zement- und Flugaschegehalt (z + f) die geforderten Mindestzementgehalte von Betonen ohne Zusatzstoffe nicht unterschreiten.

Die Flugasche darf bei Verwendung der vorgenannten Zemente in allen Expositionsklassen angerechnet werden, lediglich bei Verwendung von Zementen mit dem Hauptbestandteil „D" (Silikastaub) ist bei den Expositionsklassen XF2 und XF4 eine Anrechnung ausgeschlossen.

Zur Anrechnung der Flugasche darf anstelle des höchstzulässigen Wasserzementwertes (w/z) der höchstzulässige äquivalente Wasserzementwert $(w/z)_{eq} = w/(z + k_f \cdot f_b)$ verwendet werden. Der k_f-Wert (Anrechenbarkeitswert) beträgt für alle Expositionsklassen 0,4 und in besonderen Anwendungsfällen 0,7. Dabei muss die Höchstmenge Flugasche, die auf den Wasserzementwert angerechnet werden darf, bei Zementen ohne die Hauptbestandteile P, V und D der Bedingung

$f/z \leq 0,33$ in Massenanteilen,

bei Zementen mit den Hauptbestandteilen P oder V ohne den Hauptbestandteil D der Bedingung

$f/z \leq 0,25$ in Massenanteilen und

bei Zement mit dem Hauptbestandteil D

$f/z \leq 0,15$ in Massenteilen

genügen.

Falls eine größere Menge Flugasche als Betonzusatzstoff verwendet wird, darf die Mehrmenge bei der Berechnung des äquivalenten Wasserzementwertes nicht berücksichtigt werden.

Bei Zementen mit dem Hauptbestandteil D (Silikastaub) darf keine über f/z = 0,15 hinausgehende Menge Flugasche verwendet werden.

Die Anwendungsregeln für Flugasche mit anderen Zementen, die oben nicht aufgeführt sind, sind in bauaufsichtlichen Zulassungen festgelegt.

In Tabelle 17a sind die für die Anrechnung von Flugasche zugelassenen Zementarten und die anrechenbaren Flugaschemengen zusammengestellt.

Zur Herstellung von Beton mit hohem Sulfatwiderstand darf anstelle von SR-Zement nach DIN EN 197-1 eine Mischung aus Zement und Flugasche verwendet werden, wenn folgende Bedingungen eingehalten werden:

- Sulfatgehalt des angreifenden Wassers: $SO_4^{2-} \leq 1500$ mg/l
- Zementart CEM I, CEM II/A-S, CEM II/B-S, CEM II/A-V, CEM II/A-T, CEM II/B-T, CEM II/A-LL oder CEM III/A sowie Portlandkompositzement nach Tabelle 10 CEM II/A-M mit den Hauptbestandteilen S, V, T, LL und Portlandkompositzement CEM II/B-M (S-T)

Tabelle 17a. Für die Anrechnung von Flugasche zugelassene Zementarten und anrechenbare Flugaschemengen

Zement z	Anrechenbare Flugaschemenge f_b
CEM I	$f_b \leq 0{,}33$ z
CEM II/A-(S,LL,T)	
CEM II/B-(S,T)	
CEM II/A-M [(S-T), (S-LL), (T-LL)]	
CEM II/B-M [(S-T)]	
CEM III/A	
CEM III/B [1)]	
CEM II/A-P	$f_b \leq 0{,}25$ z
CEM II/A-V	
CEM II/A-M [(S-V), (V-T), (V-LL), (S-P), (P-V), (P-T), (P-LL)]	
CEM II/A-D	$f_b \leq 0{,}15$ z [2)]
CEM II/A-M [(S-D), (D-T), (D-LL), (D-P), (D-V)]	
CEM II/B-M [(S-D), (D-T)]	

[1)] max 70 M.-% Hüttensand
[2)] Bei den Zementen mit dem Hauptbestandteil D darf keine über f = 0,15 z hinausgehende Menge Flugasche verwendet werden.

- Der Flugascheanteil, bezogen auf den Gehalt an Zement und Flugasche (z + f), muss bei den Zementarten CEM I, CEM II/A-S, CEM II/B-S, CEM II/A-V und CEM II/A-LL sowie bei Portlandkompositzementen nach Tabelle 10 CEM II/A-M mit den Hauptbestandteilen S, V, T, LL und Portlandkompositzement CEM II/B-M (S-T) mindestens 20 % (Massenanteil), bei den Zementarten CEM II/A-T, CEM II/B-T und CEM III/A mindestens 10 % (Massenanteil) betragen (s. auch Tabelle 17b).

Bei der Herstellung von Beton für tragende Bauteile unter Wasser darf Flugasche eingesetzt und wie folgt angerechnet werden:

- Der Gehalt an Zement und Flugasche (z + f) darf 350 kg/m³ nicht unterschreiten.
- Der äquivalente Wasserzementwert $(w/z)_{eq} = w/(z + 0{,}7 f_b)$ darf 0,60 nicht überschreiten; er muss kleiner sein, wenn andere Beanspruchungen es erfordern (z. B. Expositionsklasse XA).
- Die maximale Menge der auf $(w/z)_{eq}$ anrechenbaren Flugasche beträgt max $f_b = 0{,}33$ z.

Bei einem Größtkorn der verwendeten Gesteinskörnung von 16 mm wird empfohlen, analog zur Regelung für den Bohrpfahlbeton zu verfahren. Die Grenzwerte für den Mehlkorngehalt nach DIN 1045-2 dürfen überschritten werden.

Für Bohrpfahlbeton nach DIN EN 1536 in Verbindung mit DIN SPEC 18140 [2.37] sind beim Einsatz von Flugasche einige Sonderregeln zu beachten. Flugasche nach DIN EN 450-1 zur Herstellung von Bohrpfahlbeton darf grundsätzlich unter den Bedingungen gemäß DIN 1045-2 angerechnet werden. Abweichend davon gilt gemäß DIN SPEC 18140:

- der Gehalt an Zement und Flugasche (z + f) darf bei einem Größtkorn von 32 mm 350 kg/m³ und einem Größtkorn von 16 mm 400 kg/m³ nicht unterschreiten.
- der Mindestzementgehalt bei Anrechnung von Flugasche darf bei einem Größtkorn von 32 mm 270 kg/m³ und einem Größtkorn von 16 mm 300 kg/m³ nicht unterschreiten;
- der äquivalente Wasserzementwert $(w/z)_{eq}$ wird mit $k_f = 0{,}7$ berechnet.

Die Anforderung „$(w/z)_{eq} \leq 0{,}60$" ist in DIN SPEC 18140 entfallen, da sie bereits in DIN EN 1536 enthalten ist. Die zulässigen Zementarten für die Herstellung von Bohrpfählen nach DIN EN 1536 sind gegenüber Beton nach DIN 1045-2 grundsätzlich auf die folgende Auswahl beschränkt:

- Portlandzement (CEM I)
- Portlandhüttenzement (CEM II/A, CEM II/B-S)
- Portlandsilikastaubzement (CEM II/A-D)

Tabelle 17b. Anrechnung von Flugasche und Mindestflugaschemenge bei Beton mit hohem Sulfatwiderstand

Zement	Anrechenbarer Flugaschegehalt f_b	Mindestmenge Flugasche min f
CEM I	$f_b \leq 0{,}33\ z$	min f = 0,2 (z + f) bzw. min f = 0,25 z
CEM II/A-(S,LL)		
CEM II/B-S		
CEM II/A-M [(S-T), (S-LL), (T-LL)]		
CEM II/B-M (S-T)		
CEM II/A-V	$f_b \leq 0{,}25\ z$	
CEM II/A-M [(S-V), (V-T), (V-LL)]		
CEM II/A-T	$f_b \leq 0{,}33\ z$	min f = 0,1 (z + f) bzw. min f = 0,11 z
CEM II/B-T		
CEM III/A		

- Portlandflugaschezement (CEM II/A-V, CEM II/B-V)
- Portlandpuzzolanzement (CEM II/A-P, CEM II/B-P)
- Portlandschieferzement (CEM II/A-T, CEM II/B-T)
- Portlandkalksteinzement (CEM II/A-LL)
- Portlandkompositzement (CEM II/A-M (S-V), CEM II/B-M (S-V), CEM II/A-M (S-LL, V-LL), CEM II/B-M (S-LL, V-LL))
- Hochofenzement (CEM III/A, CEM III/B, CEM III/C)

Eine Anrechnung von Flugasche ist nicht zulässig bei Verwendung der Zemente CEM II/B-V, CEM III/C, CEM II/B-P, CEM III/B mit > 70 % (Massenanteil) Hüttensand.

Für Schlitzwandbeton ist bei Einsatz von Flugasche nach DIN EN 450-1 in Beton nach DIN 1045-2/ DIN EN 206-1 gemäß Abschnitt 5.3.4 (Unterwasserbeton) von DIN 1045-2 sinngemäß anzuwenden. Daraus ergibt sich:

- Der Gehalt an Zement und Flugasche (z + f) darf bei einem Größtkorn von 32 mm 350 kg/m³ nicht unterschreiten.
- Der äquivalente Wasserzement $(w/z)_{eq} = w/(z + 0{,}7\ f_b)$ darf 0,60 nicht überschreiten. Er muss kleiner sein, wenn andere Beanspruchungen es erfordern, wie zum Beispiel die Expositionsklasse XA2.
- Die maximale auf $(w/z)_{eq}$ anrechenbare Flugaschemenge beträgt max $f_b = 0{,}33\ z$.

Zur Herstellung von massigen Bauteilen ist in Änderung bzw. Ergänzung zu den Anforderungen der DIN EN 206-1 und DIN 1045-2 die DAfStb-Richtlinie „Massige Bauteile aus Beton" [2.38] zu beachten. Massige Bauteile sind Bauteile, deren kleinste Bauteilabmessung ≥ 0,80 m beträgt und bei denen Zwang und Eigenspannungen in besonderer Weise zu berücksichtigen sind.

Um möglichst rissfreie Bauteile zu erhalten, d. h. Spannungen aus Temperaturdifferenzen zwischen Bauteilkern und Bauteilrandzonen zu reduzieren, ist die Bindemittelauswahl für den Beton hinsichtlich der Hydratationswärmeentwicklung von besonderer Bedeutung. Deswegen wurden in der DAfStb-Richtlinie

- der Mindestzementgehalt in den Expositionsklassen XD2, XD3, XS2, XS3, XF2, XF3, XF4 und XA2 von 320 auf 300 kg/m³ reduziert,
- der Mindestzementgehalt bei Anrechnung von Zusatzstoffen in der Expositionsklasse XA1 von 270 auf 240 kg/m³ abgesenkt,
- die Mindestdruckfestigkeitsklasse in den Expositionsklassen XD2, XS2, XF2 und XF3 (jeweils ohne künstlich eingeführte Luftporen) sowie in XD3, XS3 und XA2 von C35/45 auf C30/37 gemindert und
- in den Expositionsklassen XD3 und XS3 der $(w/z)_{eq}$ von 0,45 auf 0,50 erhöht bei Verwendung von Zementen nach Tabellen 9 und 10 in Kombination mit Flugasche als Betonzusatzstoff, wobei in allen Fällen der Mindestflugaschegehalt 20 M.-% bezogen auf (z + f) betragen muss (f = 0,2 (z + f) oder 0,25 z). (Diese Regelung gilt bei Verwendung von CEM II/B-V, CEM III/A oder CEM III/B auch bei Beton ohne Flugasche als Betonzusatzstoff.)

Für Bauvorhaben mit extrem großen Bauteilabmessungen, z. B. Fundamentplatten für Großbauten, Schleusen, etc. werden Betone mit geringeren Zement- und höheren Flugaschegehalten mit einer Zustimmung im Einzelfall oder allgemeiner bauaufsichtlicher Zulassung eingesetzt. Weitere Informationen zur Anwendung von Flugasche in massigen Bauteilen enthält [2.26].

Zum Anrechenbarkeitswert k, der erstmals von *I. A. Smith* angewandt wurde, siehe auch [2.22].

Silicatische Feinstäube (Silikastaub SF) fallen bei der Herstellung von Silicium und Ferro-Silicium-Legierungen an. Sie bestehen bis zu ca. 95 % aus amorpher Kieselsäure. Im Vergleich zu üblichen Zementen weisen sie eine kugelige Form bei wesentlich größerer Feinheit auf. Sie sind daher chemisch viel aktiver als Flugaschen, haben aber einen wesentlich höheren Wasseranspruch, sodass sie im Allgemeinen nur in Verbindung mit Fließmitteln eingesetzt werden können.

Silicatische Feinstäube werden mit Erfolg verwendet bei Spritzbeton wegen der verbesserten Klebwirkung und dem damit reduzierten Rückprall, bei Faserbeton wegen der verbesserten Verbundeigenschaften zwischen Fasern und Mörtelmatrix sowie zur Herstellung hochfester Betone. Ihre festigkeitssteigernde Wirkung ist nicht nur auf ihre chemische Aktivität, sondern auch auf die Verbesserung der Packungsdichte zurückzuführen (siehe dazu [0.7, 2.28]).

Silikastaub wird entweder pulverförmig oder in wässriger Suspension geliefert. Silikastaub reagiert mit den alkalischen Komponenten des Zementsteins, insbesondere dem Calciumhydroxid. Die zulässige Zusatzmenge bzw. bei Suspensionen der zulässige Feststoffgehalt muss daher nach oben begrenzt werden, um den Korrosionsschutz der Bewehrung auch auf lange Sicht sicherzustellen. Zur Begrenzung von Silikastaub und Flugasche bei gemeinsamer Anwendung wird in [2.29] das sog. Silikastaubäquivalent eingeführt und für die verschiedenen Zemente festgelegt.

DIN 1045-2 hat diesen Ansatz in normative Regeln umgesetzt. Bei gleichzeitiger Verwendung von Flugasche und Silikastaub darf der Gehalt an Silikastaub (ebenso wie bei der alleinigen Verwendung von Silikastaub) 11 % (Massenanteil), bezogen auf den Zementgehalt, nicht überschreiten. Der Mindestzementgehalt darf bei gleichzeitiger Anrechnung von Silikastaub und Flugasche für alle Expositionsklassen außer XF2 und XF4 auf die in DIN 1045-2 angegebenen Mindestzementgehalte bei Anrechnung von Zusatzstoffen reduziert werden. Dabei darf der Gehalt an Zement, Flugasche und Silikastaub (z + f + s) die in DIN 1045-2 angegebenen Mindestgehalte nicht unterschreiten.

Für alle Expositionsklassen mit Ausnahme XF2 und XF4 darf anstelle des Wasserzementwertes der äquivalente Wasserzementwert $(w/z)_{eq} = w/(z + 0{,}4f + 1{,}0s)$ verwendet werden. Dabei müssen die Höchstmengen der beiden Zusatzstoffe, die auf den Wasserzementwert angerechnet werden dürfen, den Bedingungen

$f/z \leq 0{,}33$ in Massenanteilen

und

$s/z \leq 0{,}11$ in Massenanteilen

genügen. Falls eine größere Menge an Flugasche als Betonzusatzstoff verwendet wird, darf die Mehrmenge bei der Berechnung des äquivalenten Wasserzementwertes nicht berücksichtigt werden.

Um eine ausreichende Alkalität der Porenlösung sicherzustellen, muss bei gleichzeitiger Verwendung von CEM I, Flugasche und Silikastaub die Höchstmenge Flugasche der Bedingung

$f/z \leq 3\ (0{,}22 - s/z)$ in Massenanteilen

genügen. Für die Zemente CEM II-S, CEM II-T, CEM II/A-LL, CEM II/A-M (S-T, S-LL, T-LL), CEM II/B-M (S-T) und für CEM III/A gilt:

$f/z \leq 3\ (0{,}15 - s/z)$ in Massenanteilen.

Bei allen anderen Zementen ist eine gemeinsame Verwendung von Flugasche und Silikastaub nicht zulässig.

Getempertes Gesteinsmehl ist ein feinkörniger mineralischer Betonzusatzstoff. Er wird durch Tempern von natürlichem Gestein geeigneter mineralogischer Zusammensetzung und anschließendem Vermahlen hergestellt. Zu dieser Gruppe zählt das Phonolithgesteinsmehl, das mit Wasser und Kalkhydrat Reaktionsprodukte bildet, die dem Zementstein in Eigenschaften und Struktur ähnlich sind. Die Anforderungen, die getemperte Gesteinsmehle als Betonzusatzstoffe zu erfüllen haben, sind ebenfalls in der Zulassungsrichtlinie [2.21] festgelegt. Phonolith hat nach allgemeiner bauaufsichtlicher Zulassung einen Anrechenbarkeitsbeiwert k = 0,60.

2.4.4 Latent-hydraulische Stoffe

Latent-hydraulische Stoffe sind in ihrer chemischen Zusammensetzung Zementen ähnlicher als puzzolanische Stoffe. Sie reagieren mit Wasser in Anwesenheit eines Anregers, z. B. Calciumhydroxid, ohne sich mit diesem selbst zu verbinden. Der wichtigste hydraulische Zusatzstoff im Betonbau ist der Hüttensand, der bei einem schnellen Abkühlen einer basischen Hochofenschlacke entsteht. Latent-hydraulische Eigenschaften hat auch der gebrannte Ölschiefer. In Deutschland darf gebrannter Ölschiefer nicht als Betonzusatzstoff verwendet werden, sondern er wird ausschließlich als Hauptbestandteil zur Herstellung von Portlandschieferzement eingesetzt. Dies wird damit begründet, dass gebrannter Ölschiefer – im Gegensatz zu Flugasche – frühzeitig in den Reaktionsablauf des Zements eingreift. Damit können bereits das Ansteifungs- und Erstarrungsverhalten sowie die frühe Festigkeitsentwicklung des Betons so stark beeinflusst werden, dass eine optimale Einstellung von Portlandzementklinker, latent-hydraulichem Zusatzstoff und Calciumsulfat nur im Zementwerk, nicht aber bei der Herstellung des Frischbetons erfolgen kann. Granulierte Hochofenschlacke (Hüttensandmehl) ist inzwischen in DIN EN 15167 genormt. Eine umfangreiche Literatursichtung und internationale Erfahrungsberichte wurden in einem Sachstandbericht zusammengefasst [2.35]. Der Nachweis der Verwendbarkeit von Hüttensand als Betonzusatzstoff in Beton erfolgt über allgemeine Regelungen in der Musterverwaltungsvorschrift Technische Baubestimmungen 2017/1 (MVV TB), Anlage C 2.1.3 (Nrn. 1.2, 1.4, 1.5, 1.6 und 1.7), s. [13.23]. Die Regelung ist für CEM I und CEM II/A an die Anrechnungsregel für Flugasche angelehnt. Zurzeit existiert eine allgemeine bauaufsichtliche Zulassung.

2.4.5 Organische Stoffe

Organische Betonzusatzstoffe, z. B. auf Kunstharzbasis, benötigen stets eine allgemeine bauaufsichtliche Zulassung oder ein Prüfzeichen des Instituts für Bautechnik. Voraussetzung sind eingehende Untersuchungen, bei denen außer der Unschädlichkeit und der Gleichmäßigkeit auch die grundsätzliche Eignung und ihr Einfluss auf die Betoneigenschaft geprüft wird. Organische Zusatzstoffe haben sich bisher bei Konstruktionsbeton nicht, wohl aber bei Mörtel für Instandsetzungsarbeiten und teilweise auch bei Beton im Umweltschutz durchsetzen können.

2.5 Zugabewasser

Das Zugabewasser des Betons setzt sich aus der Oberflächenfeuchte der Gesteinskörnung und dem Zugabewasser zusammen, das nach DIN 1045-2 der Mischmaschine bei der Betonherstellung mit einer Genauigkeit von ±3 M.-% der abzumessenden Wassermenge zugegeben werden muss. In Sonderfällen kann auch Wasser anderen Ursprungs zur Anmachwassermenge beitragen, z. B. der Wasseranteil von Zusatzmitteln oder Kunststoffdispersionen (siehe Abschn. 2.3 und 2.4) und das Kondenswasser beim Dampfmischen. Die Oberflächenfeuchtigkeit der Gesteinskörnung ergibt sich aus der Gesamtfeuchte der Gesteinskörnung abzüglich der Kernfeuchte im Innern der Gesteinskörner, die sich nicht auf Konsistenz und w/z-Wert des Betons auswirkt. Die für einen bestimmten Beton erforderliche Anmachwassermenge ist von den Ausgangsstoffen, von der gewählten Betonzusammensetzung und von der gewünschten Frischbetonkonsistenz abhängig (siehe Abschn. 3).

Als Zugabewasser sind die meisten in der Natur vorkommenden Wässer geeignet, z. B. Regenwasser, Grundwasser, Moorwasser oder nicht durch Industrieabwässer verunreinigtes Flusswasser. Häufig gilt dies auch für natürliche Wässer, die nach DIN 4030 als betonangreifend für erhärteten Beton gelten. Wasser mit hohem Gehalt an korrosionsfördernden Bestandteilen, z. B. Chloriden wie bei Meerwasser, kann als Anmachwasser für unbewehrten Beton zwar noch geeignet sein, für bewehrten Beton aber nicht, weil dadurch der Korrosionsschutz der Bewehrung im Beton beeinträchtigt wird. Für Spannbeton und für Einpressmörtel darf der Chloridgehalt des Zugabewassers 500 mg/l, für Stahlbeton 1000 mg/l nach DIN EN 1008 nicht überschreiten.

Nicht geeignet als Zugabewasser für Beton sind stark verunreinigte Wässer, die das Erhärten oder bestimmte Eigenschaften des erhärteten Betons ungünstig beeinflussen, z. B. öl-, fett- und zuckerhaltige Wässer. Huminhaltige Wässer können sich bereits in geringen Mengen nachteilig auf das Erstarren und das Erhärten des Betons auswirken. Festigkeitsbeeinträchtigungen können auch durch Zugabewasser verursacht werden, das größere Mengen an Algen enthält oder mit Ton stark verunreinigt ist. Die Brauchbarkeit des Zugabewassers kann in solchen Fällen durch Erstarrungsversuche nach DIN EN 196-3 oder eine Betonerstprüfung nach DIN 1045-2 überprüft werden. Für die Prüfung und die Beurteilung von Wasser unbekannter Zusammensetzung und Wirkung als Zugabewasser für Beton wurde vom Deutschen Betonverein DBV ein Merkblatt erarbeitet [2.30].

Aus Gründen des Umweltschutzes kann Brauchwasser, das in Transportbetonwerken, z. B. beim Reinigen stationärer Mischer oder der Fahrzeugmischtrommeln anfällt, wegen des hohen pH-Wertes nicht oder nur in beschränktem Umfang dem Abwasser zugeführt werden. Dieses sog. Restwasser kann bei Einhaltung bestimmter Randbedingungen zur Betonherstellung verwendet werden. In DIN EN 1008 sind entsprechende Regelungen für Restwasser enthalten. Restwasser zur Herstellung von Beton darf nach DIN 1045-2 mit Ausnahme für Beton mit Luftporenbildner verwendet werden.

3 Frischbeton und Nachbehandlung

3.1 Allgemeine Anforderungen

Das Erreichen der für den erhärteten Beton geforderten Eigenschaften setzt voraus, dass der Frischbeton ein gutes Zusammenhaltevermögen hat und so verarbeitbar ist, dass er ohne wesentliches Entmischen gefördert, an der Einbaustelle eingebaut und praktisch vollständig verdichtet werden kann. Die dafür maßgebende Frischbetoneigenschaft, die Verarbeitbarkeit, muss daher auf den jeweiligen Anwendungsfall, d. h. auf die Förderart, das Einbauverfahren, die Verdichtungsart sowie auf Abmessungen und Bewehrungsgrad des Bauteils abgestimmt sein. Sie ist abhängig von der Betonzusammensetzung, insbesondere vom Wassergehalt des Betons, von evtl. verwendeten Zusatzmitteln, von Feinheit und Menge der Feinststoffe sowie von der Art und der Zusammensetzung der Gesteinskörnung.

Unter Nachbehandlung versteht man im engeren Sinne alle Maßnahmen, die nach dem Verdichten und ggf. einer anschließenden Oberflächenbearbeitung ergriffen werden, um einen Wasserverlust des Betons in der Anfangsphase seiner Erhärtung stark einzuschränken bzw. ganz zu verhindern. Im weiteren Sinne werden darunter auch Maßnahmen verstanden, die den Zweck verfolgen, die Temperatur des erhärtenden Betons, resultierend aus der Frischbetontemperatur, der Hydratationswärme und den Umgebungsbedingungen (hohe Temperaturen oder Frost), zu beeinflussen. Alle diese Maßnahmen dienen dem Schutz des frisch eingebauten und erhärtenden Betons. Zusätzlich ist er vor Regen oder strömendem Wasser und vor Erschütterungen zu schützen.

3.2 Mehlkorngehalt

Für ein gutes Zusammenhaltevermögen und zur Vermeidung von wesentlichen Entmischungen benötigt der Beton nicht nur eine geeignete Zusammensetzung der Gesteinskörnung, sondern auch eine bestimmte Menge an Mehlkorn. Unter Mehlkorn versteht die DIN 1045-2 Kornanteile des Betons mit einer Korngröße bis zu höchstens 0,125 mm, d. h. den Zement, den in der Gesteinskörnung enthaltenen Kornanteil 0/0,125 mm und ggf. einen mineralischen Zusatzstoff. Die folgenden Ausführungen gelten für Rüttelbeton; Besonderheiten bei selbstverdichtendem Beton siehe Abschnitt 8.

Ein Übermaß an Mehlkorn vergrößert den erforderlichen Wassergehalt des Betons unnötig und beeinträchtigt bestimmte Eigenschaften des erhärteten Betons, z. B. den Frostwiderstand, den Frost-Tausalzwiderstand, den Verschleißwiderstand und den Widerstand gegen chemischen Angriff. Die DIN 1045-2 berücksichtigt dies und gibt Höchstwerte an, die für Beton für die Expositionsklassen XF und XM die Werte nach Tabelle 18 nicht überschreiten dürfen. Bei hochfestem Beton ab der Festigkeitsklasse C60/75 und LC55/60 gelten höhere Werte für alle Expositionsklassen. Sie betragen jeweils 100 kg/m^3 mehr als die angeführten Grenzzementgehalte von $\leq$ 400, 450 und $\geq$ 500 kg/m^3. Wird ein Größtkorn von 8 mm verwendet, darf der zulässige Mehlkorngehalt um 50 kg/m^3 erhöht werden.

Für alle anderen Betone beträgt der höchstzulässige Mehlkorngehalt 550 kg/m^3 (außer für selbstverdichtenden Beton). Der Mehlkorngehalt sollte stets möglichst auf das für gute Verarbeitbarkeit notwendige Maß beschränkt werden. Bei Verwendung von luftporenbildenden Betonzusatzmitteln ist im Hinblick auf die Verarbeitbarkeit zu beachten, dass 1 % künstliche Luftporen die Wirkung von etwa 15 kg üblichem Mehlkorn je m^3 verdichteten Betons kompensieren.

Tabelle 18. Höchstzulässiger Mehlkorngehalt für Beton mit einem Größtkorn der Gesteinskörnung von 16 mm bis 63 mm bis zur Betonfestigkeitsklasse C50/60 und LC50/55 bei den Expositionsklassen XF und XM

	1	2
	Zementgehalt z kg/m^3	Höchstzulässiger Mehlkorngehalt [1] kg/m^3
1	$\leq$ 300	400
2	$\geq$ 350	450

[1] Bei z zwischen 300 und 350 kg/m^3 geradlinig interpolieren.
Bei z größer als 350 kg/m^3 und/oder Zugabe von puzzolanischem Zusatzstoff Werte entsprechend erhöhen, zusammen jedoch höchstens um 50 kg/m^3.
Werte bei 8 mm Gesteinsgrößtkorn um 50 kg/m^3 erhöhen.

3.3 Rohdichte und Luftgehalt

Die theoretische *Rohdichte* des Frischbetons kann bei bekannter Zusammensetzung aus der Rohdichte der Ausgangsstoffe leicht errechnet werden. Durch einen Vergleich mit der z. B. nach DIN EN 12350-6 experimentell bestimmten Frischbetondichte erlaubt sie eine Kontrolle der Betonzusammensetzung und der Verdichtung. Für Normalbeton schwankt die Rohdichte in engen Grenzen und wird weitgehend durch die Rohdichte der Gesteinskörnung bestimmt.

Auch der *Luftgehalt* kann eine wichtige Eigenschaft des Frischbetons sein. Er kann aus der Frischbetonrohdichte und der theoretischen Rohdichte des luftporenfreien Betons oder zuverlässiger mit dem Druckausgleichsverfahren nach DIN EN 12350-7 bestimmt werden. Während der Luftgehalt für üblichen Beton ein Maß für die Verdichtung ist und bei praktisch vollständig verdichtetem Beton ohne luftporenbildende Zusatzmittel bei etwa 1 bis 2 % liegt, ist er bei sachgerechtem Luftporenbeton bei Verwendung geeigneter luftporenbildender Zusatzmittel auch ein Maß dafür, ob bestimmte Voraussetzungen für einen hohen Frostwiderstand bzw. Frost-Tausalz-Widerstand des Betons erfüllt sind. Über die Technologie und die Eigenschaften des „grünen" Betons – d. h. des verdichteten, standfesten Betons, dessen Erhärtung noch nicht begonnen hat – siehe u. a. [3.3].

Tabelle 19. Konsistenzbereiche des Frischbetons nach DIN 1045-2

Konsistenz-bereich	Ausbreitmaßklassen		Verdichtungsmaßklassen	
	Klasse	Ausbreitmaß a in mm	Klasse	Verdichtungsmaß
sehr steif	–	–	C0	$\geq 1{,}46$
steif	F1	≤ 340	C1	1,45–1,26
plastisch	F2	350–410	C2	1,25–1,11
weich	F3	420–480	C3	1,10–1,04
sehr weich	F4	490–550	C4 [2]	$< 1{,}04$
fließfähig	F5	560–620		
sehr fließfähig	F6	≥ 630		
SVB [1]		> 700		

[1] Bei Ausbreitmaßen > 700 mm ist die DAfStb-Richtlinie „Selbstverdichtender Beton" zu beachten [8.3].
[2] Gilt nur für Leichtbeton.

3.4 Verarbeitbarkeit und Konsistenz

Die Verarbeitbarkeit des Frischbetons umfasst eine Reihe von Eigenschaften, die nicht durch eine einzige Messgröße beschrieben werden können. Zu diesen Eigenschaften gehören u. a. die Mischbarkeit, das Verhalten beim Transport und beim Einbringen, die Verdichtungswilligkeit und das Verhalten beim Abgleichen der Oberfläche. Eine denkbare Messgröße ist der Energieaufwand, der zur Durchführung der o. g. Operationen erforderlich ist. Insbesondere die zum Verdichten erforderliche Energie kann über die Konsistenz des Frischbetons gut abgeschätzt werden. Entsprechend wird Frischbeton in Konsistenzbereiche eingeteilt (siehe Tabelle 19).

Dies hat sich in der Praxis bewährt, zumal hiermit einfache, d. h. baustellentaugliche Prüfverfahren verbunden sind.

Für das Verständnis des komplexen Verhaltens von Frischbeton ist es jedoch unabdingbar, die Grundlagen und Verfahren der Rheologie heranzuziehen [3.15, 3.16]. Danach kann Frischbeton mit guter Näherung als Bingham-Fluid beschrieben werden, für welches folgende Beziehung gilt:

$$\tau(\dot{\gamma}) = \tau_0 + \mu \cdot \dot{\gamma} \qquad (3.1)$$

In Gl. (3.1) ist τ die Scherspannung, die linear mit der Schergeschwindigkeit $\dot{\gamma}$ ansteigt, nachdem die Fließgrenze (Schergrenze) τ_0 überwunden ist. Der Zuwachs der Scherspannung wird durch die plastische Viskosität μ bestimmt. Für Scherspannungen unterhalb der Fließgrenze verhält sich das Bingham-Fluid wie ein elastischer Festkörper, oberhalb der Fließgrenze wie ein Newton-Fluid (z. B. Wasser), siehe Bild 8.

Zur Beurteilung der Verarbeitbarkeit bzw. des Fließverhaltens von Beton – auch im Hinblick auf die Stabilität einer Mischung – ist es günstiger, die dynamische Viskosität η zu betrachten. Sie errechnet sich aus Gl. (3.1) wie folgt:

$$\eta(\dot{\gamma}) = \frac{\tau(\dot{\gamma})}{\dot{\gamma}} = \frac{\tau_0}{\dot{\gamma}} + \mu \qquad (3.2)$$

Bild 9 veranschaulicht Gl. (3.2). Skizziert sind die Kurvenverläufe für einen steifen Normalbeton, einen weichen Normalbeton und einen selbstverdichtenden Beton. Beim Normalbeton führt das Rütteln und die damit eingetragene Energie zu einem starken Abfall der dynamischen Viskosität, wodurch der Beton fließfähig wird, aber auch entmischen kann (s. Abschn. 3.6). Ihr unterer Grenzwert ist die plastische Viskosität, die nur bei hoher

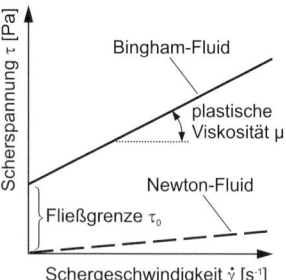

Bild 8. Einfluss der Schergeschwindigkeit $\dot{\gamma} = d\gamma/dt$ auf die Scherspannung τ bei einem Newton-Fluid und einem Bingham-Fluid

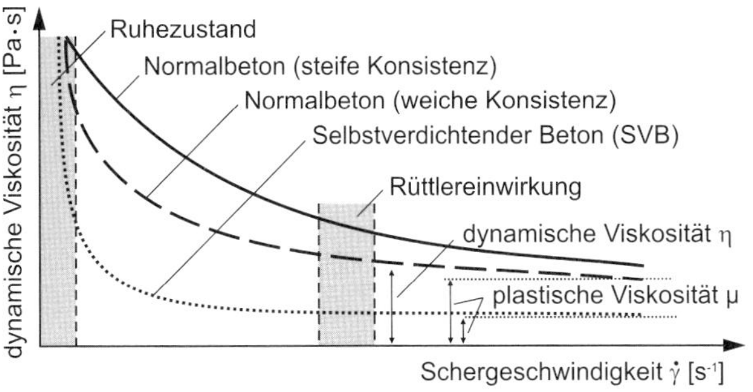

Frischbeton und Nachbehandlung

[Diagramm: dynamische Viskosität η [Pa·s] gegen Schergeschwindigkeit γ̇ [s⁻¹], mit Kurven für Ruhezustand, Normalbeton (steife Konsistenz), Normalbeton (weiche Konsistenz), Selbstverdichtender Beton (SVB), Rüttlereinwirkung, dynamische Viskosität η und plastische Viskosität μ]

Bild 9. Dynamische Viskosität η in Abhängigkeit der Schergeschwindigkeit γ̇ für Betone unterschiedlicher Konsistenz

Schergeschwindigkeit erreicht wird. Der selbstverdichtende Beton besitzt ohne Zufuhr von Rüttelenergie eine dem Normalbeton unter Rütteleinfluss vergleichbare dynamische Viskosität. Er ist also fließfähig und bei richtiger Zusammensetzung auch mischungsstabil (s. Abschn. 3.6).

Zur Bestimmung der Frischbetonkonsistenz wurden eine Reihe von Verfahren entwickelt, siehe dazu u. a. [0.1] und [0.5]. Wissenschaftlich untermauert sind vor allem jene Labormethoden, bei denen mit sog. Viskosimetern Kennwerte bestimmt werden, die das Fließverhalten des Frischbetons nach den Gesetzen der Rheologie charakterisieren. Baustellengerechte Verfahren sind der in DIN EN 12350 Teile 4 und 5 genormte Verdichtungsversuch und der Ausbreitversuch, auf die auch in DIN 1045-2 Bezug genommen wird.

DIN 1045-2 unterscheidet die sieben Konsistenzbereiche „sehr steif", „steif", „plastisch", „weich", „sehr weich", „fließfähig" und „sehr fließfähig". Die Kurzzeichen F1 bis F6 und C0 bis C4 beziehen sich auf den Ausbreitversuch (engl. flow table) bzw. auf den Verdichtungsversuch (engl. compaction test). Bei den Klassen gibt es keine vollständige Übereinstimmung, auch sind die Prüfverfahren nicht für alle Klassen optimal, da die Wirkungsweise der zwei Prüfverfahren unterschiedlich ist und sie z. B. auf einige Änderungen der Betonzusammensetzung sehr unterschiedlich ansprechen. Bei F1/C1 ist der Verdichtungsversuch eher geeignet, während bei F3/C3 eher der Ausbreitversuch verwendet werden sollte. Eine Besonderheit stellt C4 dar, der nur für Leichtbeton gilt. Für Ausbreitmaße > 700 mm, die in DIN EN 206-1 sämtlich in F6 fallen, weist DIN 1045-2 auf die DAfStb-Richtlinie „Selbstverdichtender Beton" (SVB) hin, da diese Betone eine für SVB geeignete Zusammensetzung haben müssen. In dieser Richtlinie werden zusätzliche Prüfverfahren zur Messung der Konsistenz beschrieben und bewertet.

Die DIN EN 206-1 lässt neben den beiden oben genannten Verfahren auch den Slump-Versuch und den Vébé-Versuch zu. Da eine zuverlässige Korrelation zwischen den Ergebnissen verschiedener Prüfmethoden zur Bestimmung der Frischbetonkonsistenz nicht möglich ist, muss insbesondere bei Anwendung der DIN EN 206-1 bei einer Klassifizierung der Frischbetonkonsistenz stets das zugehörige Prüfverfahren angegeben werden.

Die Konsistenz des Frischbetons ist nach den Gegebenheiten beim Einbau des Frischbetons so zu wählen, dass der Beton vollständig verdichtet werden kann. Die Abmessungen des Bauteils, der Abstand der Bewehrung, die zur Verfügung stehenden Verdichtungsgeräte und Umweltbedingungen während des Betonierens sind dabei zu berücksichtigen [0.9].

Die Frischbetonkonsistenz hängt ab von der Betonzusammensetzung, insbesondere vom Wassergehalt, vom Kornaufbau und Größtkorn der Gesteinskörnung, vom Mehlkorngehalt und vom Gehalt an Zusatzstoffen. Sie kann durch Zusatzmittel wesentlich beeinflusst werden, siehe Abschn. 2.3. Dabei ist zu beachten, dass für eine gezielte Wirkung von betonverflüssigenden Zusatzmitteln eine Mindestmenge von Zementleim im Beton vorhanden sein muss. Diese liegt bei ca. 250 l/m^3 [3.1].

Mit steigendem Wassergehalt wird der Beton in seiner Konsistenz weicher. Die für eine bestimmte Konsistenz erforderliche Wassermenge hängt aber vom Wasseranspruch und damit vom Kornaufbau und vom Mehlkorngehalt der Gesteinskörnung ab. Eine weichere Konsistenz, die durch Erhöhung des Wassergehalts erzielt wurde, ist aber nicht gleichbedeutend mit einer verbesserten Verarbeitbarkeit, weil der Zusammenhalt des Frischbetons durch zu hohen Wasser- aber auch durch zu geringen Mehlkorngehalt verschlechtert wird.

Seit einigen Jahren geht die Tendenz eher zu weichen Mischungen, die zuverlässig zu verarbeiten sind. In der früheren DIN 1045 war die Klasse F3 als „Regelkonsistenz" bezeichnet, was zum Ausdruck bringen sollte, dass diese Konsistenz der Regelfall sein sollte. Damit sollte sichergestellt werden, dass auch bei ungünstigen Betonierbedingungen, z. B. eng liegender Bewehrung, stets eine ausreichende Frischbetonverdichtung auch im Bereich der Betonüberdeckung der Bewehrung sichergestellt wird. Das für die Konsistenz F3 genannte Ausbreitmaß von 420 bis 480 mm kann erfahrungsgemäß nur für Kiessandbeton gelten; für Beton mit Natursand und überwiegend kubisch gebrochenem Gesteinssplitt und mit Konsistenz F3 liegt das entsprechende Ausbreitmaß eher am unteren Klassenrand.

Fließbeton – hierunter versteht man Beton in den Konsistenzklassen F4 bis F6 – soll ein gutes Fließvermögen und ein gutes Zusammenhaltevermögen aufweisen. Er wird aus einem steiferen Beton als Ausgangsbeton durch nachträgliches Zumischen eines Fließmittels (siehe Abschn. 2.3) hergestellt.

Die Frischbetonkonsistenz ist vor Baubeginn unter Berücksichtigung der Verarbeitungsbedingungen festzulegen und während der Bauausführung einzuhalten. Erweist sich der Beton mit der festgelegten Konsistenz für einzelne, z. B. engbewehrte Betonierabschnitte als nicht ausreichend verarbeitbar und soll, falls dies nicht aufgrund entsprechender Erstprüfungen mit einem Fließmittel geregelt werden kann, daher der Wassergehalt erhöht werden, so muss der Zementanteil entsprechend dem durch den w/z-Wert vorgegebenen Gewichtsverhältnis vergrößert werden. Sonst werden der Wasserzementwert unzulässig vergrößert und die Eigenschaften des erhärteten Betons beeinträchtigt. Transportbeton muss die vereinbarte Konsistenz bei Übergabe an der Verwendungsstelle des Betons aufweisen. Das erforderliche Konsistenzvorhaltemaß muss umso größer sein, je länger der Transportweg und je höher die Betontemperatur sind. Das nachträgliche Zumischen von Wasser zum fertigen Frischbeton, z. B. bei Ankunft auf der Baustelle, ist nach den deutschen Betonvorschriften nur erlaubt, wenn es planmäßig vorgesehen ist. In diesem Fall gelten die Bedingungen, dass die Gesamtwassermenge und die nachträglich noch zugebbare Wassermenge nach Erstprüfung auf dem Lieferschein angegeben werden, dass der Fahrmischer mit einer geeigneten Dosiereinrichtung ausgestattet ist und dass die Proben für die Produktionskontrolle nach der letzten Wasserzugabe entnommen werden. Sonst ist die nachträgliche Wasserzugabe nicht gestattet, weil dadurch die Qualität sowohl des Frischbetons als auch des Festbetons erheblich beeinträchtigt werden. Unzulässig bzw. grob fahrlässig ist es auch, anstelle eines Betons der Konsistenz F3, z. B. wegen des geringeren Preises einen Beton der Konsistenz F2 zu bestellen und ihm bei Ankunft auf der Baustelle noch Wasser bis zur Konsistenz F3 zuzumischen, obwohl die Betonzusammensetzung auf diese nachträgliche Wasserzugabe nicht abgestimmt ist.

Die Bedeutung der Frischbetoneigenschaften, insbesondere seiner Verarbeitbarkeit, ist durch den Wandel in der Betontechnik, z. B. vom mit Kübel geförderten Baustellenbeton zum Transport- und zum Pumpbeton, noch wesentlich gestiegen. Verschiedentlich wird insbesondere bei höheren Temperaturen bei Übergabe von Transportbeton auf der Baustelle über eine nicht ausreichende Verarbeitbarkeit oder ein *Frühansteifen* des Betons geklagt. Häufig ist dann das Betonrezept zu ausgemagert, eine Betonerstprüfung bei höherer Temperatur, z. B. 30 °C, nicht durchgeführt und nicht berücksichtigt worden, dass zur Erzielung einer bestimmten Konsistenz bei höherer Frischbetontemperatur ein größerer Wasserzusatz erforderlich ist.

Das Ansteifen des Betons ist ein Vorgang, der dem Erstarren und Erhärten stets vorausgeht und zur Festigkeitsbildung notwendig ist. Das im Allgemeinen nicht gewünschte und dann nachteilige Frühansteifen des Betons kann z. B. durch den Zement, durch die Betonzusätze, durch Herstellen und Befördern des Betons und durch erhöhte Frischbetontemperaturen verursacht werden bzw. ausgelöst werden sein. Es kann vermieden werden, wenn dabei sachgerecht vorgegangen und die entsprechende Erstprüfung gegebenenfalls auch bei höherer oder niedrigerer Frischbetontemperatur durchgeführt wird.

3.5 Transport und Einbau

Hinsichtlich des Transports von Beton ist zu unterscheiden zwischen der Beförderung und der Förderung. Unter Beförderung wird der Transport bzw. die Anlieferung des angemischten Betons zur Baustelle verstanden. Dort erfolgt die Förderung des Betons mit entsprechenden Technologien, z. B. mit einem Kübel oder dem Pumpen an die Einbaustelle. Beim Befördern und beim Fördern muss dafür Sorge getragen werden, dass die Zusammensetzung und die Eigenschaften des Betons nicht nachteilig beeinflusst werden.

Seit vielen Jahren wird Beton weit überwiegend als Transportbeton hergestellt, d. h. in einem Betonwerk gemischt und mit Fahrzeugen, die in der Regel über einen Mischer verfügen, auf die Baustelle transportiert. Nur Frischbeton mit steifer Konsistenz darf ohne Mischer oder Rührwerk befördert werden. Demgegenüber wird Baustellenbeton in einer Mischanlage auf der Baustelle angemischt und dort eingebaut. Beim Transportbeton sollte der Beton während der Fahrt in Bewegung gehalten und unmittelbar vor dem Entladen nochmals durchmischt werden. Als Höchstwert für die Zeitspanne zwischen Wasserzugabe beim Anmischen und der Übergabe auf der Baustelle sollten bei Fahrzeugen mit Rührwerk 90 Minuten, bei jenen ohne Rührwerk 45 Minuten nicht überschritten werden. Wichtige Einflussgrößen auf die Verarbeitbarkeitszeit sind neben dem Erstarrungsverhalten des Zements, die Konsistenz des Betons und vor allem die Frischbeton- bzw. die Umgebungstemperatur.

Das Fördern des Betons auf der Baustelle erfolgt in Gefäßen wie z. B. Krankübeln, auf Bändern oder in Rohrleitungen, durch die der Beton gepumpt, also unter Anwendung eines Druckes gefördert wird. Die Pumpförderung hat sich wegen ihrer hohen Leistungsfähigkeit durchgesetzt und in der Praxis bewährt. Gleichwohl müssen an einen pumpbaren Beton gewisse Anforderungen gestellt werden, auf die nachfolgend eingegangen wird.

Die Pumpfähigkeit eines Betons wird durch die Art und die Eigenschaften seiner Bestandteile sowie durch deren anteilmäßige Zusammensetzung und damit durch die Frischbetoneigenschaften bestimmt. Zu ihrer Sicherstellung ist entscheidend, dass der im Transportrohr bzw. -schlauch aufgebaute Förderdruck möglichst gleichmäßig durch das Gemisch der Betonkomponenten Zement, Wasser sowie feiner und grober Gesteinskörnung übertragen wird. Hierfür ist insbesondere ein guter Zusammenhalt des Gemischs wichtig. Zudem muss das Grobkorn so von Feinmörtel umschlossen sein, dass die Hohlräume zwischen den groben Gesteinskörnern vollständig ausgefüllt sind. Auf den Wandungen des Förderrohrs oder Förderschlauchs muss sich eine Gleitschicht („Schmierfilm") ausbilden können.

Ist der Anteil des Gemischs aus Zement, Wasser und Feinkorn im Beton zu gering, besteht die Gefahr von Verstopfungen, da der Pumpendruck nicht annähernd gleichmäßig über das zusammenhängende Gemisch der Betonkomponenten, sondern überwiegend durch Kornkontakt übertragen wird und sich auf dem Förderrohr bzw. -schlauch keine ausreichend dicke Gleitschicht ausbilden kann. Hierdurch steigen die Reibung zwischen den Gesteinskörnungen im zu pumpenden Beton sowie der Rohr- bzw. Schlauchwandung und damit der erforderliche Pumpendruck stark an. Kommt es dadurch zum Austreiben von Wasser bzw. wässrigem Zementleim aus der Mörtelmatrix des Betons (Entmischen), so besteht die Gefahr der Verkeilung von gröberen Gesteinskörnern und des Verlusts des Schmierfilms an der Rohrwandung mit der Konsequenz einer Verstopfung.

Für die Herstellung von pumpfähigem Beton ist prinzipiell jeder (zertifizierte) Zement geeignet. Vorteilhaft ist ein hohes Wasserrückhaltevermögen (hohe Mahlfeinheit). In der Praxis haben sich Zemente mit Blaine-Werten zwischen 3.000 g/m^2 und 5.000 g/m^2 bei Mindestzementgehalten von ca. 265 kg/m^3 (Größtkorn 16 mm) [3.17] bzw. ca. 320 kg/m^3 [3.18] bewährt.

Natürliche Gesteinskörnungen im Beton üben aufgrund ihrer gerundeten Kornform beim Pumpen geringere Reibungskräfte an den Rohr- bzw. Schlauchwandungen aus als gebrochene Gesteinskörnungen (Splitte). Zudem wird bei Verwendung von natürlichen Gesteinskörnungen im Beton ein geringerer Mörtelanteil zur Umhüllung der Körner als bei Verwendung von Splitten benötigt. Der überschüssige Mörtel wirkt dabei als Schmierfilm. Wenn auf Splitte als Gesteinskörnung im Beton nicht verzichtet werden kann, sollte zumindest in der Kornfraktion 0/4 mm ein geeigneter Natursand eingesetzt werden, um die für das Pumpen des Betons erforderlichen rheologischen Eigenschaften sicherzustellen. Für den Einsatz von Gesteinskörnungen in pumpfähigem Beton sind Kornzusammensetzungen mit Sieblinien unmittelbar unterhalb der Regelsieblinie B und Körnungsziffern nicht größer als 4,3 (Größtkorn 16 mm) zu empfehlen [3.17]. Von großer Bedeutung für eine gute Pumpbarkeit ist insbesondere eine stetige Kornverteilung der Fraktionen des Sandes. Schwankungen in der Kornverteilung können die Pumpbarkeit des Betons beeinträchtigen.

Von besonderem Einfluss auf die Eignung eines Betons zum Pumpen ist sein Mehlkorn- bzw. sein Feinsandgehalt. Pumpbarer Beton muss mindestens so viel davon enthalten, dass die sich damit ergebende Zementleimmenge alle Hohlräume zwischen den Gesteinskörnern ausfüllt. Ein zu hoher Mehlkorn- und Feinsandgehalt führt allerdings zu einer zähklebrigen, gummiartigen Konsistenz des Betons, die das Pumpen erschwert. Bewährt haben sich Mehlkorngehalte (Korndurchmesser $< 0{,}125$ mm) zwischen 400 kg/m^3 und 450 kg/m^3. Mehlkorn- und Feinsandgehalte von ca. 450 kg/m^3 (Korndurchmesser $< 0{,}25$ mm). Bei Verwendung von gebrochenen Gesteinskörnungen (Splitt) ist eine Erhöhung des Mehlkorngehalts um 5 % bis 10 % zweckmäßig.

Pumpbarer Beton erfordert eine nicht allzu steife Konsistenz. Jedoch besteht bei zu weichen Betonen mit hohem Wassergehalt die Gefahr der Entmischung, die zu einer Verstopfung der Rohrleitung führen kann. Zudem vermindert sich bei hohen Wassergehalten die Gleitwirkung des Feinmörtels. Wichtig für die Vermeidung von Verstopfungen ist auch die Sicherstellung einer gleichbleibenden Konsistenz des Betons. In der Praxis haben sich für Pumpbeton Wasserzementwerte zwischen 0,42 und 0,65 bei weicher bis plastischer Konsistenz mit Ausbreitmaßen zwischen 350 mm und 480 mm bewährt [3.17]. Allerdings können bei Verwendung geeigneter Pumpen durchaus auch Betone mit Ausbreitmaßen bis ca. 600 mm gepumpt werden [3.19]. Auch selbstverdichtende Betone sind i. d. R. gut pumpbar.

Nach dem Einbringen des Betons in die Schalung ist für eine vollständige Verdichtung zu sorgen. Unter den verschiedenen Verdichtungsarten findet weit überwiegend die Rüttelverdichtung Anwendung. Sie erfolgt mittels Innenrüttlern (zylindrische Rüttelflasche) oder Außenrüttlern, die entweder die Schalung oder die Betonoberfläche (Rüttelbohlen) in Schwingungen versetzen. Die Verdichtungsart des Walzens (Walzbeton, engl.: Roller Compacted Concrete) fand bislang überwiegend bei der Herstellung von Dämmen und Staumauern, seltener bei nicht bewehrten Bodenplatten Anwendung und erfordert eine steife bis sehr steife (erdfeuchte) Frischbetonkonsistenz. Die Rüttelverdichtung ist gut möglich für Betone der Konsistenzklassen F2 und F3. Bei den Konsistenzklassen F4 und F5 darf nur leicht bis leicht gerüttelt werden, um eine Entmischung zu vermeiden (s. Abschn. 3.6). Die Rüttelflasche soll rasch eingetaucht und nach kurzem Verweilen langsam zurückgezogen werden, wobei auf das Eintreten eines Oberflächenschlusses zu achten ist. Der Abstand der Eintauchstellen hängt vom Durchmesser der Rüttelflasche bzw. der eingetragenen Rüttelenergie ab. Als Faustregel gilt, dass bei üblich zusammengesetztem Beton der Abstand der Eintauchstellen etwa gleich dem 10-fachen Durchmesser der Rüttelflasche entsprechen sollte. Ein längeres Berühren der Bewehrung ist zu vermeiden. Bei Betonagen auf geneigten Flächen ist in der am tiefsten liegenden Stelle zu beginnen.

Durch ein Nachverdichten können Gefügestörungen wie Hohlräume und Risse im noch frischen Beton, die z. B. durch Setzungsbehinderungen infolge der Bewehrung, Frühschwinden (plastisches Schwinden) und Wasserabsonderung der Gesteinskörnung entstanden sind, beseitigt werden. Dies ist solange möglich, wie der Beton noch verdichtbar ist, d. h. die Rüttelflasche in den Beton eindringen kann und beim Herausziehen ein Oberflächenschluss entsteht.

3.6 Entmischen

Eine der wichtigsten Anforderungen an den Frischbeton ist, dass er sich beim Transport, Einbau, Verdichten und in der daran anschließenden Zeit bis zum Erstarrungsbeginn nicht entmischt. Entmischungsvorgänge sind die Trennung von grober Gesteinskörnung und Feinmörtel, das Absetzen größerer Gesteinskörner nach dem Einbau oder die Bildung einer Wasser- oder Zementleimschicht auf der Betonoberfläche.

Diese Prozesse können gut anhand des Stokes'schen Gesetzes nachvollzogen werden. Dieses Gesetz gibt die Sinkgeschwindigkeit v eines kugelförmigen Körpers mit dem Durchmesser r_k und der Dichte ρ_k in einer Flüssigkeit mit der Dichte ρ_w an.

$$v = \frac{2 \cdot r_k^2 \cdot g(\rho_k - \rho_w)}{9 \cdot \eta} \qquad (3.3)$$

In Gl. (3.3) ist g die Erdbeschleunigung und η die dynamische Viskosität der Flüssigkeit. Übertragen auf einen Frischbeton wird hiermit z. B. die Sinkgeschwindigkeit der groben Gesteinskörnung im Zementleim oder Feinmörtel beschrieben. Sie steigt mit dem Quadrat des Korndurchmessers an und wird mit wachsender dynamischer Viskosität (steiferer Konsistenz, siehe Bild 9) abgemindert. Der Temperatureinfluss auf diese Prozesse ist dadurch einbezogen, dass die Viskosität temperaturabhängig ist und mit steigender Temperatur abnimmt. Das Stokes'sche Gesetz beschreibt in der Praxis beobachtbare Prozesse auch dann zutreffend, wenn Kornpartikel mit sehr geringer Dichte (geschäumte Kunststoffe) oder Lufteinschlüsse betrachtet werden. Große Lufteinschlüsse bzw. Luftblasen steigen durch das Rütteln, welches die dynamische Viskosität absenkt, viel schneller nach oben als feine, künstlich eingebrachte Luftporen, die selbst durch längeres Rütteln nicht ausgetrieben werden.

Der Zusammenhalt des Frischbetons wird vor allem durch eine richtige Wahl der Gesteinskörnung und durch einen ausreichenden Zement- und Mehlkorngehalt entsprechend dem Abschn. 2.2, 2.4 und 3.2 sichergestellt.

Mit Blick auf das Stokes'sche Gesetz (siehe Gl. (3.3)) bedeutet dies, dass die Parameter Kornradius r_k bzw. Korngrößenverteilung, die dynamische Viskosität η des Feinmörtels und damit die Konsistenz des Betons sowie die Dichte des Mehlkornleims ρ_w, welche durch den Mehlkorngehalt bestimmt wird, in geeigneter Weise zu wählen sind. Zusätzlich muss beachtet werden, dass die dynamische Viskosität von der Temperatur und insbesondere von der eingetragenen Rüttelenergie abhängt (s. Bild 9).

Das Absondern von Wasser an der Betonoberfläche, das sog. *Bluten*, wird durch die unterschiedliche Dichte von Zement und Gesteinskörnung einerseits und Wasser andererseits ausgelöst. Werden betonverflüssigende Zusatzmittel oberhalb der sog. Sättigungspunktes zugegeben, sind alle Feinstteilchen in der Suspension dispergiert, wodurch die Neigung zu Entmischen und Bluten vergrößert wird [3.2]. Das Bluten wirkt sich auf das Aussehen von Sichtbetonflächen (siehe Abschn. 9), aber die Festigkeit, insbesondere auf die Dauerhaftigkeit von horizontalen Betonoberflächen, aber auch auf den Verbund zwischen Beton und Bewehrung sehr nachteilig aus. Es kann sogenannte Blutkanäle hinterlassen und bewirkt eine ungleichmäßige Festigkeitsverteilung über die Höhe eines Betonquerschnitts in Richtung der Schwerkraft. Der ungünstige Festigkeitseinfluss ergibt sich insbesondere aus dem Sachverhalt, dass das Bluten zu Fehlstellen unter den großen Gesteinskörnern führt und damit den Verbund stört oder gänzlich aufhebt. Genau dieser Mechanismus bewirkt auch eine starke Reduktion der Verbundfestigkeit zum Bewehrungsstahl. Betontechnologisch

Maßnahmen zur Verringerung des Blutens sind u. a. eine Reduktion des Wassergehaltes, ein ausreichender Mehlkorngehalt, die Verwendung feinkörniger Betonzusatzstoffe bzw. fein gemahlener Zemente und der Einsatz von Stabilisierern als Betonzusatzmittel entsprechend Abschnitt 2.3.

Das Absinken der groben Gesteinskörnung bzw. die Anreicherung von sandreicheren Schichten in den oberen Querschnittsbereichen ist durch eine geeignete Betonzusammensetzung zu minimieren, wenngleich es auch nicht ganz vermeidbar ist. Daher wurde in der DIN EN 1992-1-1 berücksichtigt, dass der Verbund in der oberen Bewehrungslage verringert ist. Die Sedimentation von Grobkorn gehorcht dem oben angegebenen Stokes'schen Gesetz. Überschlägig kann für normalschweres, natürliches Grobkorn eine Rohdichte von 2,6 bis 3,0 kg/dm^3 und für die Feinmörtel eine Rohdichte von 1,7 bis 1,9 kg/dm^3 angesetzt werden. Die dynamische Viskosität des Mörtels beträgt im Ruhezustand etwa 10^4 bis 10^6 Pa · s und wird durch Rütteln auf Werte von 1 bis 100 Pa · s abgesenkt. Ein zu langes Rütteln bewirkt, dass überschlägig eine um etwa den Faktor 10^3 bis 10^4 erhöhte Sinkgeschwindigkeit eine zu lange Zeit vorherrscht, was den Entmischungsvorgang nach sich zieht. Dadurch entstehen im Beton mehr oder weniger große Bereiche mit einer ausgeprägten Anreicherung von grober Gesteinskörnung und fehlendem Feinmörtel, sogenannte Kiesnester.

Entmischungsvorgänge sind möglichst zu vermeiden. Als einfache Regel hat sich bewährt, dass bei Einhaltung der grundsätzlichen Anforderungen an die Betonzusammensetzung der für eine ordnungsgemäße Verarbeitung geringst mögliche Wassergehalt eingestellt wird. Müssen Betone mit Ausbreitmaßen größer als 480 mm (entsprechend dem oberen Grenzwert der Konsistenzklasse F3) verarbeitet werden, sind zwingend Fließmittel einzusetzen. Eine Ausnahme hinsichtlich der anzustrebenden Vermeidung von Entmischungsvorgängen ist bei der Bearbeitung einer frischen Betonoberfläche gegeben. Das praxisübliche händische oder maschinelle Glätten, z. B. bei Betonplatten, bewirkt eine Anreicherung von Feinmörtel in einer dünnen Oberflächenzone, die für den erwünschten glatten Oberflächenschluss sorgt.

3.7 Nachbehandlung

Die Nachbehandlung soll sicherstellen, dass auch in den oberflächennahen Bereichen des Betons ausreichend Wasser für die Hydratation des Zements zur Verfügung steht. Hierbei muss berücksichtigt werden, dass die Hydratation zum Stillstand kommt, wenn die rel. Feuchte im Porensystem des Zementsteins unter etwa 80 % sinkt. Da der junge Beton noch wenig dicht ist, gibt er ohne Schutzmaßnahmen sehr schnell Wasser ab. Wesentlich ist daher, dass mit der Nachbehandlung unmittelbar nach dem Verdichten des Betons bzw. nach dem Bearbeiten der Betonoberflächen begonnen wird.

Zusätzliche Nachbehandlungsmaßnahmen sind jedoch entbehrlich, wenn die Betonoberflächen durch die Schalung geschützt sind oder wenn die natürlichen Witterungsbedingungen während der ersten Tage nach der Herstellung des Betons die Verdunstung über die Betonoberfläche weitgehend verhindern. Dies gilt z. B. bei regnerischem, sehr feuchtem oder nebeligem Wetter. Fragen der Nachbehandlung von Beton werden ausführlich behandelt u. a. in [0.1, 3.4–3.8].

3.7.1 Nachbehandlungsarten

Die Nachbehandlung kann entweder nur die Austrocknung des Betons behindern oder aber auch wasserzuführend sein. Zu den Methoden, die eine Austrocknung des Betons behindern, zählen das Belassen des Betons in der Schalung, das Abdecken der Betonoberflächen mit dampfdichten Folien, die an den Ecken und Kanten gegen Durchzug geschützt sind und der Auftrag von geeigneten Nachbehandlungsmitteln. Zusätzlich wasserzuführend können neben das Auflegen von wasserspeichernden Abdeckungen bei gleichzeitigem Verdunstungsschutz und ständigem Feuchthalten oder ein sichtbarer Wasserfilm auf der Betonoberfläche, z. B. durch ständiges Besprühen oder Fluten.

Diese Methoden können allein oder in Kombination angewendet werden. Im Allgemeinen sind jene Methoden, bei denen Wasser zugeführt wird, wirksamer als Methoden, die lediglich die Austrocknung behindern. Es ist aber zu beachten, dass das Besprühen einer warmen Betonoberfläche mit kaltem Wasser eine Temperaturschockbeanspruchung und damit Oberflächenrisse zur Folge haben kann. Diese Methode sollte daher nur dann gewählt werden, wenn der Beton kontinuierlich und flächendeckend besprüht werden kann und wenn dabei keine großen Temperaturunterschiede zwischen Betonoberfläche und Wasser auftreten. Bei Sichtbetonflächen ist zu beachten, dass Wasser auf frisch entschaltem Beton Ausblühungen zur Folge haben kann. Flüssige Nachbehandlungsmittel sind möglichst frühzeitig und flächendeckend nach dem Abtrocknen der Betonoberfläche aufzubringen. Sie können in ihrer Wirkung sehr unterschiedlich sein, sodass Eignungsprüfungen erforderlich sind. Zu beachten ist ferner, dass Nachbehandlungsmittel die Haftung einer später aufgebrachten Beschichtung herabsetzen können. Werden mit Nachbehandlungsmitteln versehene Betonoberflächen, z. B. Betonstraßen nach ihrer Herstellung, starker Sonneneinstrahlung ausgesetzt, so ist es zweckmäßig oder sogar notwendig, zusätzlich die Betonoberflächen nass zu halten oder mindestens abzudecken [2.33].

Zu den Nachbehandlungsmethoden kann man im weiteren Sinne ein Verfahren zählen, in dem auf der

Innenseite einer Betonschalung ein saugfähiges Fasergewebe angebracht wird [3.9, 3.10]. Das Gewebe entzieht dem frischen Beton Wasser. Dadurch werden der Wasserzementwert des frischen und die Kapillarporosität des erhärteten Betons reduziert. Es entsteht eine weitgehend lunkerfreie Betonoberfläche. Wird der Beton ausreichend lange in der Schalung belassen, so werden im Vergleich zu Oberflächen, die mit normaler Schalung hergestellt wurden, Oberflächenfestigkeit und -härte, Verschleißwiderstand sowie der Widerstand der Betonrandzonen gegen das Eindringen von Kohlendioxid oder Tausalzlösungen deutlich verbessert.

Hochfester Beton mit Wasserzementwerten $\leq$ 0,35 bildet ein so dichtes Gefüge aus, dass eine Nachbehandlung von außen praktisch nicht möglich ist. In diesem Fall kann eine innere Nachbehandlung angewandt werden. Diese beruht auf der Idee, im Beton selbst einen Wasservorrat anzulegen, der während der Hydratation zur Verfügung steht. Zu diesem Zweck hat sich eine Mischung von leichter und normaler Gesteinskörnung bewährt [3.12, 3.13]. Eine andere Möglichkeit besteht darin, superabsorbierende Polymere einzumischen, die sich während der Hydratation entleeren [3.14]. Ein mit der inneren Nachbehandlung verbundener Vorteil ist die Verringerung des autogenen Schwindens, das bei hochfestem Beton ausgeprägt ist.

3.7.2 Dauer der Nachbehandlung

Die erforderliche Nachbehandlung hängt von einer Reihe wesentlicher Parameter ab:

- *Die Nachbehandlungsempfindlichkeit* des Betons. Sie wird bestimmt durch die Betonzusammensetzung. Langsam erhärtende Zemente, im Allgemeinen auch Zemente mit hohen Anteilen an Zumahlstoffen und Betone mit puzzolanischen Zusatzstoffen, sind meist nachbehandlungsempfindlicher als Betone aus schnell erhärtenden Portlandzementen. Betone mit niedrigem Wasserzementwert hydratisieren etwas langsamer als Betone mit höherem Wasserzementwert. Um eine bestimmte Dichtheit des Betons am Ende der Nachbehandlung zu erreichen, ist aber die erforderliche Nachbehandlungsdauer für einen Beton mit niedrigem Wasserzementwert bei sonst gleichen Randbedingungen kürzer als für einen Beton mit höherem Wasserzementwert.
- *Die Temperatur des erhärtenden Betons.* Die Hydratationsgeschwindigkeit nimmt mit sinkender Temperatur deutlich ab. Eine Verlängerung der Nachbehandlungsdauer ist dann unerlässlich. Dies gilt insbesondere für dünnere Querschnitte, die ihre Hydratationswärme an die Umgebung schneller abgeben als dicke. Der Einfluss der Temperatur auf die erforderliche Nachbehandlungsdauer kann mit den Beziehungen für den Reifegrad nach Abschn. 6.2.2.2 recht zuverlässig abgeschätzt werden. Dazu ist aber eine möglichst kontinuierliche Erfassung der Betontemperatur in den Randbereichen eines Betonquerschnitts unerlässlich. Ist die Nachbehandlung von besonderer Bedeutung, so sollte auch der Einfluss von Zementart und ggf. Zusatzstoffen auf die Aktivierungsenergie bzw. auf die Temperaturabhängigkeit der Hydratation des Betons genauer berücksichtigt werden. Dazu sind u. U. Erstprüfungen erforderlich.
- *Die Umweltbedingungen* während und unmittelbar nach der Nachbehandlung. Hohe Temperaturen, Sonneneinstrahlung und Wind beschleunigen die Austrocknung des ungeschützten Betons. Die Nachbehandlung ist dann zu verlängern, da der Beton sonst nach der Nachbehandlung sehr schnell austrocknet. Ist die rel. Feuchte der umgebenden Luft dagegen sehr hoch, so liegen dadurch auch ohne zusätzlichen Schutz günstige Hydratationsbedingungen vor.
- *Die Beanspruchung* des Bauwerks während seiner Nutzung. Je schärfer diese ist, umso länger ist die erforderliche Nachbehandlungsdauer, um die Dauerhaftigkeit des Betons sicherzustellen.

Insbesondere der Einfluss der Nachbehandlungsempfindlichkeit und der Temperatur eines Betons können zutreffend erfasst werden, wenn der Beton so lange nachbehandelt wird, bis seine oberflächennahen Bereiche einen bestimmten Reifegrad erreicht haben. Näherungsweise kann der Reifegrad aber auch aus der zeitlichen Entwicklung der Betondruckfestigkeit abgeschätzt werden. Entsprechend fordert DIN EN 13670 in Verbindung mit DIN 1045-3, dass der Beton solange nachbehandelt werden muss, bis die Druckfestigkeit des oberflächennahen Betons einen bestimmten Prozentsatz der charakteristischen Druckfestigkeit des verwendeten Betons erreicht hat. Dieser Prozentsatz hängt von der Expositionsklasse ab, der das Bauteil ausgesetzt ist. Für die Klasse XM (Verschleißbeanspruchung) beträgt er 70 % und für alle übrigen Expositionsklassen 50 %. Näherungsweise kann die Dauer der Nachbehandlung, die sich aus diesen Forderungen ergibt, auch aus dem Verhältnis der Druckfestigkeiten eines Betons nach 2 Tagen und nach 28 Tagen $r = f_{cm2}/f_{cm28}$ unter Berücksichtigung der Oberflächentemperatur des Betons abgeschätzt werden. Entsprechende Werte für die Mindestnachbehandlungsdauer sind in Tabelle 20 angegeben, die DIN 1045-3 entnommen ist. Ohne genaueren Nachweis sind die Werte bei XM für die Mindestdauer der Nachbehandlung nach Tabelle 20 zu verdoppeln. Der Verhältniswert r ist umso geringer, je langsamer der Beton hydratisiert. Bei den Expositionsklassen XC2, XC3, XC4 und XF1 darf die Mindestnachbehandlungsdauer anstelle der Werte von Tabelle 20, die sich auf die Oberflächentemperatur

Tabelle 20. Mindestdauer der Nachbehandlung von Beton bei den Expositionsklassen nach Tabelle 33 außer X0, XC1 und XM (aus DIN 1045-3)

1	2	3	4	5
Oberflächentemperatur θ in °C [e]	\multicolumn{4}{c}{Mindestdauer der Nachbehandlung in Tagen [a]}			
	\multicolumn{4}{c}{Festigkeitsentwicklung des Betons [c] $r = f_{cm2}/f_{cm28}$ [d]}			
	$r \geq 0{,}50$	$r \geq 0{,}30$	$r \geq 0{,}15$	$r < 0{,}15$
1	≥ 25	1	2	2	3
2	$25 > \theta \geq 15$	1	2	4	5
3	$15 > \theta \geq 10$	2	4	7	10
4	$10 > \theta \geq 5$ [b]	3	6	10	15

[a] Bei mehr als 5 Stunden Verarbeitbarkeitszeit ist die Nachbehandlungsdauer angemessen zu verlängern.
[b] Bei Temperaturen unter 5 °C ist die Nachbehandlungsdauer um die Zeit zu verlängern, während der die Temperatur unter 5 °C lag.
[c] Die Festigkeitsentwicklung des Betons wird durch das Verhältnis der Mittelwerte der Druckfestigkeiten nach 2 Tagen und nach 28 Tagen (ermittelt nach DIN EN 12390-3) beschrieben, das bei der Erstprüfung oder auf der Grundlage eines bekannten Verhältnisses von Beton vergleichbarer Zusammensetzung (d. h. gleicher Zement, gleicher w/z-Wert) ermittelt wurde.
[d] Zwischenwerte dürfen eingeschaltet werden.
[e] Anstelle der Oberflächentemperatur des Betons darf die Lufttemperatur angesetzt werden.

des Betons beziehen, auch anhand der Frischbetontemperatur zum Zeitpunkt des Betoneinbaus festgelegt werden (s. DIN 1045-3).

Die erforderliche Nachbehandlungsdauer steigt daher mit abnehmenden Werten für r und sinkender Temperatur. Die DIN 1045-3 fordert darüber hinaus, dass bei verzögerten Betonen mit mehr als 5 Stunden Verarbeitungszeit die Nachbehandlungsdauer angemessen zu verlängern ist. Bei Temperaturen unterhalb von 5 °C kommt die Hydration weitgehend zum Stillstand. Die DIN 1045-3 fordert daher, dass in Fällen, in denen die Oberflächentemperatur des Betons unter 5 °C sinkt, die Nachbehandlungsdauer um die Zeit zu verlängern ist, während der die Temperatur unter 5 °C lag.

3.7.3 Zusätzliche Schutzmaßnahmen

Beton ist bis zur ausreichenden Erhärtung nicht nur feucht zu halten, sondern auch gegen schädliche Einflüsse zu schützen, z. B. gegen starkes Abkühlen oder Erwärmen, starken Regen, strömendes Wasser, chemische Angriffe sowie gegen Schwingungen und Erschütterungen, die das Betongefüge lockern und die Verbundwirkung zwischen Bewehrung und Beton gefährden können. Bei hoher Lufttemperatur sollte die Temperatur des Frischbetons insbesondere bei massigen Bauteilen möglichst niedrig sein. Mit Ausnahme des Dampfmischens darf sie 30 °C im Allgemeinen nicht überschreiten. Ferner ist es möglich, die Unschädlichkeit der erhöhten Frischbetontemperatur durch entsprechende Versuche mit den vorgesehenen Stoffen und unter den zu erwartenden Bedingungen oder durch geeignete numerische Analysen nachzuweisen. Wird in Sonderfällen, z. B. beim Betonieren in Ländern mit höheren Temperaturen, Frischbeton mit einer Temperatur über 30 °C verarbeitet, so muss, z. B. durch Wahl der Ausgangsstoffe, durch entsprechende Prüfungen und durch besondere Maßnahmen während der Bauausführung dafür gesorgt werden, dass kein frühes Ansteifen auftritt und dass die geforderten Frisch- und Festbetoneigenschaften sicher erreicht werden. Um Oberflächenrisse zu vermeiden, soll die Temperaturdifferenz zwischen Betonoberfläche und dem Kern eines Querschnitts 20 K nicht überschreiten. Dies kann zusätzliche Maßnahmen, z. B. eine Wärmedämmung, erforderlich machen.

Auch das Betonieren bei niedrigen Temperaturen erfordert besondere Maßnahmen. Nach DIN 1045-3 muss die Betontemperatur bei Lufttemperaturen zwischen $+5$ und -3 °C beim Einbringen in der Regel mindestens 5 °C und bei Lufttemperaturen unter -3 °C die ersten drei Tage mindestens 10 °C betragen. Die Frischbetontemperatur darf jedoch auch in diesen Fällen im Allgemeinen 30 °C nicht überschreiten. Soweit nötig, sind daher bei niedriger Temperatur das Zugabewasser und ggf. auch die Gesteinskörnung vorzuwärmen und die Wärmeverluste des eingebrachten Betons durch wärmedämmendes Abdecken oder andere geeignete Maßnahmen gering zu halten. Junger Beton mit einem Zementgehalt von mindestens 240 kg/m³ und einem Wasserzementwert von höchstens 0,60, der vor starkem Feuchtigkeitszutritt geschützt wird, kann in der Regel erstmals ohne Schaden durchfrieren, wenn er eine Druckfestigkeit von wenigstens 5 N/mm² erreicht hat oder wenn seine Temperatur bei Verwendung rasch erhärtender Zemente wenigstens drei Tage 10 °C nicht unterschritten hat. Ein hoher Frostwiderstand ist damit allerdings noch nicht gegeben. Weitere Hinweise siehe DIN 1045-3.

Angaben über das *Betonieren im Winter bei tiefen Temperaturen* und über das *Betonieren bei sehr heißer Witterung* siehe [0.4] und [3.11]. Über die gezielte Wärmebehandlung siehe [6.15].

4 Junger Beton

4.1 Bedeutung und Definition

Etwa 2 bis 4 Stunden nach der Wasserzugabe beginnt der Beton zu erstarren, wenn dieser Zeitraum nicht durch Zusatzmittel oder Temperatureinflüsse verlängert oder verkürzt ist. Die Erstarrungsphase erstreckt sich über mehrere Stunden und geht dann in die Erhärtung über, ohne dass der Beginn der Erhärtung, d. h. die Entwicklung nutzbarer mechanischer Eigenschaften wie Festigkeit und E-Modul, genauer zu definieren ist. Im Allgemeinen spricht man aber bei einem Beton, der älter als 1 bis 2 Tage ist, von erhärtetem Beton, davor von jungem Beton. Im Zeitraum zwischen Erstarrungsende und Erhärtungsbeginn sind zwar die mechanischen Eigenschaften des jungen Betons noch nicht technisch nutzbar, die in diesem Zeitraum ablaufenden Vorgänge, insbesondere Wärmeentwicklung und Volumenänderungen, können aber für die mechanischen Eigenschaften und die Dauerhaftigkeit des erhärteten Betons von so wesentlicher Bedeutung sein, dass die Kontrolle der Vorgänge im jungen Beton und ihre quantitative Erfassung einen wesentlichen Bestandteil moderner Betontechnologie bilden.

4.2 Hydratationswärme

Wie schon in Abschn. 2.1.2 erläutert, ist die Hydratation des Zements ein exothermer Prozess, bei dem Wärme freigesetzt wird. Als Folge davon erwärmt sich der junge Beton. Er kühlt wieder ab, wenn pro Zeiteinheit weniger Wärme freigesetzt wird als an die kühlere Umgebung abgegeben wird. Bei adiabatischen Bedingungen, bei denen kein Wärmeaustausch mit der Umgebung stattfindet, hängt die zeitliche Entwicklung der Betontemperatur ab vom Zementgehalt und der Hydratationswärme des Zements sowie von der spezifischen Wärme und Ausgangstemperatur der Betonausgangsstoffe. Kann der Beton Wärme an die Umgebung abgeben, so sind als weitere Parameter zu berücksichtigen: die Umgebungstemperatur, die Luftbewegung, die Wärmeleitfähigkeit des Betons, die Dicke des Betonbauteils und eine eventuell vorhandene Wärmeisolierung oder die Betonschalung mit ähnlicher Wirkung.

Die Hydratationswärme steigt im Allgemeinen mit steigender Festigkeitsklasse des Zements an. Über die Hydratationswärme deutscher Zemente siehe Abschn. 2.1 und Tabelle 7. Zemente mit langsamerer Festigkeitsentwicklung (N-Zemente) setzen auch Wärme langsamer frei als Zemente mit hoher Anfangsfestigkeit (R-Zemente). Dies gilt insbesondere für LH-Zemente und für Hochofenzemente. Mit steigendem Hüttensandgehalt nimmt die Geschwindigkeit der Wärmeentwicklung deutlich ab, in höherem Alter ist die insgesamt entwickelte Hydratationswärme vom Hüttensandgehalt jedoch weitgehend unabhängig [0.1]. Auch ein teilweiser Austausch von Zement durch Flugasche verzögert die Entwicklung der Hydratationswärme. Die freigesetzte Hydratationswärme ist dem Zementgehalt proportional, sodass insbesondere bei zementreichen Betonen mit einem hohen Temperaturanstieg als Folge der Hydratation zu rechnen ist. Die spezifische Wärme des Betons, das ist die Wärmemenge, die erforderlich ist, um 1 kg Beton um 1 K zu erwärmen, ist dagegen von geringerem Einfluss (siehe dazu auch [0.1, 4.1]).

Durch die Abkühlung der Betonoberflächen ist die Temperaturverteilung über den Querschnitt ungleichmäßig. Dies ist insbesondere bei dickwandigen Bauteilen von Bedeutung. Nach [4.2] ist in einem Beton, der mit 300 kg/m³ CEM I 32,5 R hergestellt wurde, im Kern einer 6 m dicken Betonwand mit einem Temperaturanstieg bis zu 40 K gegenüber der Ausgangstemperatur zu rechnen. In einer 1 m dicken Betonwand ist dagegen nur ein Temperaturanstieg von ca. 25 K zu erwarten. Kann sich die Oberfläche des Betons abkühlen, so stellt sich innerhalb des Querschnitts ein Temperaturgradient ein, der bis zu 20 K betragen kann (siehe z. B. [4.1]). In dünnwandigen Bauteilen ist der Temperaturgradient jedoch weniger ausgeprägt, sodass nach [0.1] näherungsweise über den Querschnitt konstante Temperaturverteilung angenommen werden kann. Über Rechenverfahren zur Abschätzung der zeitlichen Entwicklung der Hydratationswärme und die sich daraus ergebende Temperaturverteilung siehe u. a. [0.1, 4.1–4.4].

4.3 Verformungen

Junger Beton erfährt Verformungen, die verschiedene Ursachen haben können und die nicht durch äußere Beanspruchungen ausgelöst werden. Sie können bei verschiedenen Betonaltern kritische Größen erreichen. Bereits während der ersten Stunden nach der Wasserzugabe treten im jungen Beton Verkürzungen auf, die mehrere mm/m betragen können, und zwar auch dann, wenn der Beton weder durch Bluten noch durch Austrocknung Wasser verliert. Indem in diesem Zeitraum der Beton noch plastisch ist, lösen solche Verformungen nur dann eine Schädigung bzw. Risse aus, wenn sie durch die Schalung, die

Bewehrung oder angrenzenden, bereits erhärteten Beton behindert werden. Risse dieser Art können aber durch Nachverdichten des Betons vor dem Erstarrungsbeginn ohne Festigkeitsverlust wieder geschlossen werden.

Wird der Beton nach Erstarrungsbeginn nicht durch ausreichende Nachbehandlungsmaßnahmen gegen Austrocknung geschützt, so erleidet er eine Volumenminderung, die als plastisches Schwinden (auch Früh- oder Kapillarschwinden) bezeichnet wird und die zu Trennrissen im jungen Beton führen kann. Je nach Austrocknungsbedingungen können diese Schwindverformungen bis zu ca. 3 mm/m anwachsen. Sie sind umso größer je höher der Zementgehalt und der Wasserzementwert. Ihre Größe hängt auch von der Zusammensetzung des Mehlkorns sowie von Art und Menge von Betonzusatzmitteln ab [3.2]. Nach [4.5] treten in den Poren des Zementsteins Kapillarspannungen bzw. ein Unterdruck auf, sobald das Blutwasser an der Betonoberfläche verdunstet ist bzw. vom Beton aufgesaugt wurde. Solche plastischen Schwindverformungen können daher durch geeignete Maßnahmen, insbesondere Schutz vor Austrocknung und Wasserzufuhr, verhindert werden.

Nach Abschn. 4.2 erwärmt sich der Beton als Folge der Hydratation. Die Erwärmung ist mit einer Volumenzunahme verbunden, die bei Behinderung Druckspannungen im Beton zur Folge hat. Wegen der hohen plastischen Verformbarkeit des jungen Betons bleiben diese Druckspannungen jedoch gering (siehe dazu Abschn. 4.4). Von wesentlich größerer Bedeutung ist die Verkürzung des Betons, wenn er sich, je nach Zementart und Bauteildicke, nach einem oder mehreren Tagen wieder abkühlt. Die Größe dieser Verkürzung ist der Temperaturänderung und der Wärmedehnzahl des Betons proportional. Bei nichtlinearer Temperaturverteilung über den Querschnitt und bei Behinderung dieser Verkürzungen treten Eigen- und Zwangspannungen und als Folge davon Risse nach Abschn. 4.4 auf.

Schwindverkürzungen, die durch eine Austrocknung des erhärteten Betons nach der Nachbehandlung ausgelöst werden, sind nicht mehr den Eigenschaften des jungen Betons zuzuordnen und werden beim erhärteten Beton behandelt.

4.4 Dehnfähigkeit und Rissneigung

Eine Behinderung der Verkürzung nach den in Abschnitt 4.3 aufgeführten Mechanismen löst Zwangspannungen im Beton aus, welche Trennrisse über den ganzen Querschnitt zur Folge haben, wenn die Zugfestigkeit des jungen Betons erreicht wird. Über den Querschnitt nichtlinear verteilte Verkürzungen, z. B. als Folge einer über den Querschnitt veränderlichen Temperaturverteilung, bewirken Eigenspannungen, welche Risse im Allgemeinen nur im Oberflächenbereich auslösen. Neben der Größe der im jungen Beton auftretenden Verformungen ist also seine Dehnfähigkeit für das Auftreten von Rissen entscheidend. Die Zugfestigkeit im Anfangsstadium der Erhärtung des Betons nimmt zwar mit steigendem Betonalter kontinuierlich zu, die Dehnfähigkeit (das ist die beim Zugbruch auftretende Dehnung) nimmt jedoch insbesondere während des Erstarrens deutlich ab und durchläuft bei einem Betonalter etwa zwischen 6 und 20 Stunden ein Minimum, um dann wieder etwa auf Werte anzusteigen, die für den erhärteten Beton charakteristisch sind. Treten die in Abschn. 4.3 beschriebenen plastischen Schwindverformungen auf und werden behindert, so führen sie fast unvermeidlich zu Trennrissen im Beton, weil ihr Auftreten mit dem Minimum der Dehnfähigkeit des jungen Betons zeitlich weitgehend zusammenfällt.

Wesentlich komplexer ist die Entstehung von Rissen als Folge einer behinderten Temperaturverformung. Bild 10 zeigt schematisch den zeitlichen Verlauf der Betontemperatur und der im Beton auftretenden Spannungen, wenn die Temperaturdehnung z. B. in statisch unbestimmten Tragsystemen behindert wird (siehe dazu [0.1]). Eine Erwärmung des Betons löst erst dann Druckspannungen aus, wenn der E-Modul des Betons so groß ist, dass der Beton der Wärmedehnung einen messbaren Widerstand leistet (Temperatur T_{01}). Mit steigender Temperatur steigen auch die Druckspannungen im Beton und erreichen bei T_{max} ein Maximum. Da der E-Modul des jungen Betons klein und die Relaxation des jungen Betons sehr hoch sind, erreicht die Druckspannung im Beton jedoch nur sehr geringe, u. U. vernachlässigbare Werte. Mit einsetzender Abkühlung

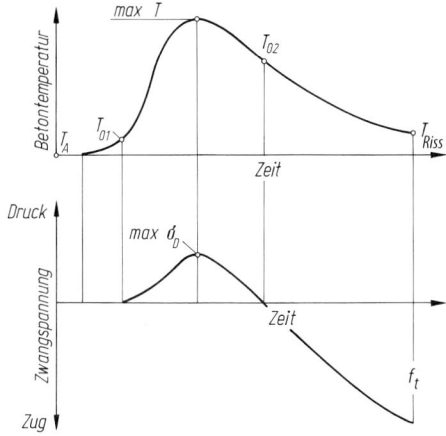

Bild 10. Temperatur- und Spannungsentwicklung in jungem Beton bei behinderter Temperaturdehnung

verkürzt sich der Beton, die Druckspannungen nehmen ab und werden bei einer bestimmten Temperatur T_{02} zu null. Wegen der Relaxation der Druckspannungen im vorangegangenen Zeitabschnitt ist $T_{02} > T_{01}$. Eine weitere Abkühlung hat Zugspannungen zur Folge, die bei einer kritischen Temperatur T_{Riss} die Zugfestigkeit des Betons erreichen und einen Trennriss verursachen. Die Größe der auftretenden Spannungen kann auch analytisch bestimmt werden [4.4]. Dazu sind jedoch eine Reihe von z. T. nur sehr schwer zu bestimmenden Werkstoffkennwerten als Eingangsparameter erforderlich, insbesondere die zeitliche Entwicklung von E-Modul und Zugfestigkeit sowie die Kriech- und Relaxationseigenschaften des jungen Betons [0.1, 4.4]. Die kritische Risstemperatur wird daher häufiger in sog. Reißrahmenversuchen experimentell bestimmt (siehe u. a. [4.1]). Nach diesen Untersuchungen kann die Rissneigung eines Betons bzw. die Temperatur T_{Riss}, bei der die Zugfestigkeit des Betons erreicht wird, vermindert werden durch ein Absenken der Frischbetontemperatur, eine Reduktion der Abkühlgeschwindigkeit, die Verwendung von Gesteinskörnungen mit geringer Wärmedehnzahl, die Verwendung von Zementen mit langsamer Hydratationswärmeentwicklung (LH- oder VLH-Zemente), die Begrenzung des Zementgehalts und einen teilweisen Austausch des Zements gegen puzzolanische Zusatzstoffe. Zemente gleicher Art, Festigkeitsentwicklung und Wärmetönung weisen je nach chemischer Zusammensetzung unterschiedliche Reißneigung auf, insbesondere deswegen, weil sie sich in ihren Relaxationseigenschaften und der zeitlichen Entwicklung der Zugfestigkeit unterscheiden können. In [4.6] wird gezeigt, dass durch eine gezielte Abkühlung der Betonoberflächen während des ersten Tages mehr als 8 Stunden lang die Oberflächen thermisch vorgespannt werden können. Dadurch wird die Rissgefahr, insbesondere an den Bauteiloberflächen deutlich vermindert.

Überlegungen zur Herstellung und Zusammensetzung von Beton, der eine geringe Neigung zum Reißen als Folge der Hydratationswärme hat, sollten nicht ausschließlich auf Reißrahmenversuchen aufbauen. Die Ergebnisse solcher Versuche stellen das Integral einer Reihe von Einflussparametern dar, und die Veränderung auch nur eines Parameters unter wirklichkeitsnahen Bedingungen kann zu einer Verschiebung der gemachten Beobachtung führen. Nicht alle Einflüsse werden in solchen Versuchen stets richtig erfasst, z. B. die tatsächliche Dehnungsbehinderung eines Bauwerkes, die Wärmeabführung und insbesondere überlagerte Verformungen aus plastischem Schwinden und Austrocknungsschwinden etc. und daraus resultierende Eigenspannungen. Solche Untersuchungen erlauben aber die Einstufung von Betonen bestimmter Zusammensetzung in Kategorien, z. B. niedriger, mittlerer oder hoher Reißwiderstand.

Die Rissanfälligkeit junger erhärtender Betone wird auch dadurch verstärkt, dass der E-Modul im Zuge des Hydratationsfortschritts schneller anwächst als die Zugfestigkeit. Daher führen behindernde Verformungen in einem frühen Stadium bereits zu relativ hohen Zugspannungen, während sich der Widerstand des Betons, also die Zugfestigkeit, noch auf einem vergleichsweise niedrigen Niveau befindet. Rissbildungen sind die Folge dieser Diskrepanz.

Wie oben bereits erwähnt, ist eine exakte Quantifizierung des Risikos einer Rissbildung infolge thermischer und/oder hygrischer Einflüsse aufgrund zahlreicher stofflicher, geometrischer sowie last- und systembedingter Einflussgrößen überaus schwierig. Für eine überschlägige vergleichende Beurteilung von Betonen genügt jedoch eine vereinfachende Idealisierung der tatsächlichen Verhältnisse. Sie kann herangezogen werden, wenn für junge Betone, z. B. im Alter von einem Tag, die Zugfestigkeit und der E-Modul bekannt sind oder zutreffend abgeschätzt werden können. Unter Berücksichtigung des wirksamen E-Moduls (siehe [5.9]), den Kriech- bzw. Relaxationseinflüssen Rechnung trägt, kann für ein Betonbauteil unter vollem Verformungszwang die sich ausbildende Zugspannung $\sigma_{ct}(t)$ wie folgt überschlägig ermittelt werden:

$$\sigma_{ct}(t) = \frac{1}{1 + \rho(t,t_0) \cdot \varphi(t,t_0)} \cdot E_c(t) \cdot \varepsilon(t,t_0)$$

(4.1)

Darin ist t der Betrachtungszeitpunkt (oder das Betonalter); t_0 ist der Zeitpunkt, ab dem sich die Beanspruchung bzw. ein Zwang aufbaut (oder das Belastungsalter); $\rho(t, t_0)$ gibt den Relaxationskennwert an, der vereinfachend zu $\rho \approx 0,8$ = konstant angenommen werden kann. Mit $\varphi(t, t_0)$ ist die Kriechzahl zum Zeitpunkt t für den Beginn der Beanspruchung zum Zeitpunkt t_0 bezeichnet und $E_c(t)$ gibt den E-Modul zum Zeitpunkt t an. Die Dehnung $\varepsilon(t, t_0)$ entspricht entweder der hygrischen oder thermischen zwangauslösenden Verformung ($\varepsilon_{cs}(t, t_0)$ bzw. $\varepsilon_{cT}(t, t_0)$) oder ihrer Summe zum Zeitpunkt t, bei einem Beginn der Beanspruchung zum Zeitpunkt t_0.

Aus Gl. (4.1) geht hervor, dass die Zwang-Zugspannungen $\sigma_{ct}(t)$ mit dem Dehnungsbestreben $\varepsilon(t, t_0)$ und dem E-Modul $E_c(t)$ des Betons anwachsen, während das Kriechvermögen, ausgedrückt durch das Produkt $\rho(t, t_0) \cdot \varphi(t, t_0)$, zu einer Verminderung der Spannungen führt. Das Risiko der Rissbildung P_{Riss} lässt sich grob vereinfachend anhand des Quotienten $P_{Riss} = \sigma_{ct}(t)/f_{ct}(t)$ abschätzen, wobei $f_{ct}(t)$ die Zugfestigkeit des Betons zum Betrachtungszeitpunkt t darstellt. Da ein Riss entsteht, wenn $\sigma_{ct} = f_{ct}(t)$ wird und damit $P_{Riss} = 1,0$ wird, ist das Risiko der Rissbildung umso geringer, je weiter der Quotient unter 1,0 liegt. Das Rissbildungsrisiko wird hierbei allein anhand des lokal vorherrschenden Beanspruchungsgrads $\sigma_{ct}(t)/f_{ct}(t)$ ermittelt und beruht auf keinem wahrscheinlichkeitstheoretischen Konzept. Dennoch können hiermit z. B. Betone mit unterschiedlichen Eigenschaften vergleichend bewertet werden. Die Gl. (4.1) gilt generell für Beton, also nicht nur für junge Betone.

Über die Beeinflussung der Eigenschaften von jungem Beton durch Nachverdichtung oder Erschütterungen siehe u. a. [4.7–4.9].

4.5 Bestimmung der Festigkeit von jungem Beton

Vor allem im Tunnelbau ergibt sich immer wieder die Aufgabe, die Festigkeit von Spritzbeton in frühem Alter zu bestimmen. Prinzipiell eignen sich dazu verschiedene Methoden. Dies sind die Messung der Ultraschallgeschwindigkeit im jungen Beton, das Abbrechverfahren nach *Johansen*, das Ausziehverfahren (Lok-Test), die Erhärtungsprüfung an getrennt hergestellten Probekörpern und verschiedene Eindringverfahren [4.10]. Bild 11 zeigt die Festigkeitsbereiche, die näherungsweise mit verschiedenen Methoden gemessen werden können.

Aus Bild 11 ist ersichtlich, dass bei sehr niedrigen Betonfestigkeiten der Test mit dem Penetrationsnadeldurchmesser 9 mm geeignet ist, bei etwas größeren Festigkeiten der Penetrationsnadeldurchmesser 3 mm, ab einer Festigkeit von etwa 4 N/mm² kommt der Setzbolzen in Frage, und bei Festigkeiten ab 10 N/mm² kann man Bohrkerne auswerten. Die ganze Spannbreite der Festigkeiten kann auch zerstörungsfrei mit dem Ultraschallverfahren überstrichen werden [4.12].

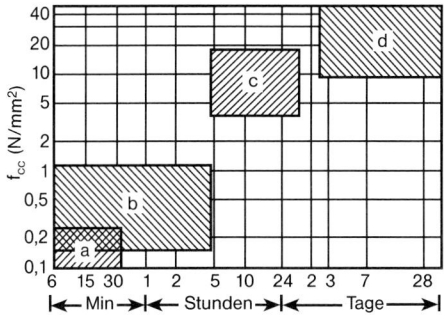

Bild 11. Anwendungsbereiche der Verfahren zum Messen der Spritzbetondruckfestigkeit [4.11]
a) Penetrationsnadel $\varnothing$ 9 mm
b) Penetrationsnadel $\varnothing$ 3 mm
c) Setzbolzen
d) Bohrkerne

5 Lastunabhängige Verformungen

5.1 Allgemeines

Die Gesamtverformung eines Tragwerks ist die Summe aus lastunabhängigen und lastabhängigen Verformungen. Die lastunabhängigen Verformungen betreffen die Temperaturverformung und die hygrischen Verformungen, d. h. das Schrumpfen infolge chemischer Reaktion und innerer Austrocknung (die Summe entspricht dem Grundschwinden), das Schwinden bei Wasserabgabe an die Umgebung (Trocknungsschwinden) und das Quellen bei Befeuchtung. Die Einteilung in lastunabhängige und lastabhängige Verformungen ist eine Konvention, die die mathematische Beschreibung der Phänomene vereinfacht. In Wirklichkeit wird jede lastunabhängige Verformung von Spannungen begleitet, seien es Eigenspannungen, die in einem Querschnitt bei ungleichmäßigen Temperatur- und Schwinddehnungen entstehen, oder Zwangspannungen, die bei Behinderung durch äußere Auflagerbedingungen erzeugt werden. Die Eigen- und Zwangspannungen können so groß werden, dass Risse entstehen, die die mittlere Dehnung maßgebend beeinflussen. Dennoch wird im Folgenden die traditionelle Methode zugrunde gelegt, wonach Temperaturdehnung, Schwinden und Quellen getrennt von einer mechanischen Belastung betrachtet werden können.

5.2 Temperaturdehnung

Wird ein Tragwerk erwärmt, dehnt sich dieses entsprechend der Temperaturdehnzahl des Betons aus

$$\varepsilon_T = \alpha_{bT} \Delta T \qquad (5.1)$$

mit

α_{bT} Temperaturdehnzahl

ΔT Temperaturänderung

Die Temperaturdehnzahl α_{bT} des Betons ist von der Temperaturdehnzahl α_{gT} der Gesteinskörnung, von der Temperaturdehnzahl α_{zST} des Zementsteins, vom Gesteinskörnungs- bzw. Zementsteinanteil und vom Feuchtezustand des Betons abhängig. Die Temperaturdehnzahl von Beton kann in erster Näherung nach Gl. (5.2) abgeschätzt werden [5.1].

$$\alpha_{bT} = \alpha_{gT} \cdot v_{gT} + \alpha_{zST} \cdot v_{zsT} \qquad (5.2)$$

Darin sind v_{gT} und v_{zsT} die Volumenanteile der Gesteinskörung bzw. des Zementsteins und α_{gT} bzw. α_{zsT} deren Temperaturdehnzahlen. Die Vorhersage kann verbessert werden, wenn anstelle der Phasen Gesteinskörnung und Zementstein zwischen den Phasen Gesteinskörnung und Feinmörtel unterschieden wird [5.2].

Die Temperaturdehnzahl α_{gT} üblicher Gesteinskörnung liegt etwa zwischen 5 und $12 \cdot 10^{-6}$/K. Ist die Gesteinskörnung wassergesättigt, so sind die Werte etwas geringer als im lufttrockenen Zustand. Gesteinskörnungen mit geringer Temperaturdehnzahl sind dichter Kalkstein und Hochofenschlacke. Mit wachsendem Quarzgehalt der Gesteinskörnung nimmt dessen Temperaturdehnzahl zu.

Die Temperaturdehnzahl α_{zST} des Zementsteins liegt etwa zwischen 10 und $23 \cdot 10^{-6}/K$. Sie ist überwiegend vom Feuchtezustand abhängig und beträgt für wassergesättigten und für sehr trockenen Zementstein etwa $10 \cdot 10^{-6}/K$. Bei 65 bis 70% rel. Luftfeuchte erreicht sie einen Höchstwert von etwa $23 \cdot 10^{-6}/K$. Mit steigendem Alter des Zementsteins nimmt α_{zST} etwas ab. Für Beton liegt die Temperaturdehnzahl α_{bT} etwa zwischen 5,4 und $14,2 \cdot 10^{-6}/K$. Davon treffen die kleinsten Werte für zementarmen, wassergesättigten Beton mit dichter Gesteinskörnung aus Kalkstein und die größten Werte für lufttrockenen (65 bis 70% rel. Ausgleichsfeuchte) und zementreichen Beton mit quarzreicher Gesteinskörnung zu. Richtwerte für die Temperaturdehnzahl einiger Betone können Tabelle 21 entnommen werden [5.1].

Die Annahme einer Proportionalität zwischen Temperaturdehnung und Temperaturänderung nach Gl. (5.1) gilt nur für einen mittleren Temperaturbereich. Bei hohen Temperaturen ist α_{bT} nicht mehr konstant und nimmt mit steigender Temperatur eher zu. Besonders schwierig ist die Bestimmung von α_{bT}, wenn mit der Erwärmung des Betons ein Feuchtetransport verbunden ist. Über die Temperaturdehnzahl von Beton bei sehr tiefen Temperaturen wird in [5.3] berichtet. Ein Überblick über wesentliche Zusammenhänge und Einflussgrößen der Wärmedehnung ist in [5.12] enthalten.

Beim Nachweis der durch Temperaturänderungen verursachten Schnittgrößen oder Verformungen nach DIN EN 1992-1-1 kann für Beton und für Betonstahl eine Temperaturdehnzahl $\alpha_{bT} = 10 \cdot 10^{-6}/K$ angenommen werden, wenn im Einzelfall nicht andere Werte durch Versuche nachgewiesen werden. Für die Berücksichtigung der durch Witterungseinflüsse in Bauteilen hervorgerufenen mittleren Temptaturschwankungen darf je nach Bauteilart und -abmessungen mit einer Temperaturdifferenz ΔT zwischen $\pm 7,5$ K und ± 20 K gerechnet werden.

5.3 Schwinden

5.3.1 Ursachen

Das Schwinden des Betons hat verschiedene Ursachen. Für Normalbeton ist der größte und bedeutendste Teil das *Trocknungsschwinden*. Es stellt sich ein, wenn Beton in trockener Umgebung Feuchte abgibt und als Folge sein Volumen reduziert. In Wasser oder an sehr feuchter Luft nimmt der Beton dagegen Wasser auf. Dies ist mit einer Volumenzunahme, dem *Quellen*, verbunden. Schon in Abschn. 2.1.6 wurde darauf hingewiesen, dass das bei der Hydratation des Zements entstehende Zementgel ein kleineres Volumen einnimmt als das Volumen der Anteile von Wasser und Zement, aus denen es entstanden ist. Man bezeichnet diese Volumenabnahme als *chemisches Schwinden*. Bei niedrigem

Tabelle 21. Richtwerte für die Temperaturdehnzahl α_{bT} von Beton [5.1]

Gesteinskörnung	Feuchtigkeitszustand bei Prüfung	Temperaturdehnzahl α_{bT} in $10^{-6}/K$ von Beton mit einem Zementgehalt (kg/m³) von				
		200	300	400	500	600
Quarzgestein	wassergesättigt	11,6	11,6	11,6	11,6	11,6
	lufttrocken [a]	12,7	13,0	13,4	13,8	14,2
Quarzsand und Quarzkies	wassergesättigt	11,1	11,1	11,2	11,2	11,3
	lufttrocken [a]	12,2	12,6	13,0	13,4	13,9
Granit, Gneis, Liparit	wassergesättigt	7,9	8,1	8,3	8,5	8,8
	lufttrocken [a]	9,1	9,7	10,2	10,9	11,8
Syenit, Trachyt, Diorit, Andesit, Gabbro, Diabas, Basalt	wassergesättigt	7,2	7,4	7,6	7,8	8,0
	lufttrocken [a]	8,5	9,1	9,6	10,4	11,1
Dichter Kalkstein	wassergesättigt	5,4	5,7	6,0	6,3	6,8
	lufttrocken [a]	6,6	7,2	7,9	8,7	9,8

[a] Bei 65 bis 70% rel. Luftfeuchte und bis zum Alter von rd. 1 Jahr, danach etwas geringer.

Wasserzementwert, kleiner als etwa 0,40, reicht die Wassermenge für eine vollständige Hydratation nicht aus. Die Folge ist eine innere Austrocknung und damit verbunden eine Volumenabnahme des Betons. Sie wird als *autogenes Schwinden*, früher oft auch als *Schrumpfen*, bezeichnet. Dieses ist von den Umweltbedingungen unabhängig und insbesondere bei hochfesten Betonen von Bedeutung, da es hier den Anteil des Trocknungsschwindens an der gesamten Schwindverformung sogar übertreffen kann. Auf das *plastische Schwinden* des jungen Betons während des Erstarrens und des Anfangsstadiums der Erhärtung wurde schon in Abschn. 4.3 eingegangen. Auch die Carbonatisierung des Betons ist mit einer Volumenabnahme, dem *Carbonatisierungsschwinden* verbunden [5.4]. Das plastische Schwinden kann durch geeignete technologische Maßnahmen gering gehalten werden. Auch der Anteil des Carbonatisierungsschwindens an der Gesamtschwindverformung ist unter normalen Umweltbedingungen relativ klein, sodass für die Vorhersage des Schwindens von Betonen niedriger und mittlerer Festigkeitsklassen eine Differenzierung zwischen den einzelnen Komponenten des Schwindens nicht erforderlich ist. Die Vorhersage des Schwindens insbesondere hochfester Betone kann jedoch deutlich verbessert werden, wenn zwischen Trocknungsschwinden und Grundschwinden (= Summe aus chemischem und autogenem Schwinden) unterschieden wird.

Für Normalbeton kann in erster Näherung angenommen werden, dass Wasserverlust und Trocknungsschwinden einander proportional sind. Bei einer genaueren Betrachtung ist aber zu berücksichtigen, dass insbesondere der Wasserverlust aus den feinen Kapillarporen und den Gelporen zu einer Volumenänderung führt, während der Wasserverlust der bei einem Trocknungsvorgang zuerst austrocknenden gröberen Kapillarporen mit einem deutlich geringeren Schwinden verbunden ist.

Da die Austrocknung von Beton ein sehr langsam ablaufender Diffusionsprozess ist, entwickelt sich auch die Schwindverformung nur langsam mit der Zeit. Die oberflächennahen Bereiche eines Betonquerschnitts stehen schon nach einer kurzen Trocknungsdauer im Feuchtegleichgewicht mit der umgebenden Luft. Mit steigender Entfernung von der Oberfläche nimmt der Feuchtegehalt des Betons aber deutlich zu, sodass z. B. im Kern eines Betonzylinders mit einem Durchmesser von 500 mm nach einer Trocknungsdauer von mehreren Jahren immer noch eine relative Feuchte von über 90 % herrscht. Viele Jahrzehnte verstreichen, ehe ein solcher Betonzylinder über seinen ganzen Querschnitt die sog. Ausgleichsfeuchte erreicht hat. Da die rel. Feuchte über den Querschnitt ungleich verteilt ist und von außen nach innen zunimmt, ist auch die freie Schwindverformung über den Querschnitt nicht konstant und nimmt von außen nach innen ab. Als Folge davon entstehen Eigenspannungen, die sog. Schwindspannungen. Dies sind Zugspannungen an der Oberfläche und Druckspannungen im Kern, da der nur langsam austrocknende Kern die freie Schwindverkürzung der Ränder behindert. Unter ungünstigen Bedingungen lösen die Zugspannungen Schwindrisse an der Oberfläche von Betonteilen aus. Im Gegensatz zum Trocknungsschwinden ist das Grundschwinden über den Querschnitt nahezu gleichmäßig verteilt, sodass es keine Eigenspannungen im o. g. Sinn auslöst. Sowohl Trocknungsschwinden als auch Grundschwinden führen aber zu Gefügespannungen, weil der Zementstein in der Regel wesentlich mehr als die Gesteinskörnung schwindet. Wegen der Behinderung des Zementsteinschwindens durch die steiferen Gesteinskörner entstehen Druckspannungen im Zugschlagkorn und Zugspannungen in der Mörtel- bzw. Zementsteinmatrix, die zu den schon in Abschn. 5.1 genannten Rissen in der Kontaktzone Zementstein-Gesteinskörnung führen. Zwängungsspannungen entstehen in statisch unbestimmten Konstruktionen, wenn die mittlere Schwindverformung eines Bauteils behindert wird. Durchgehende Trennrisse können die Folge sein. Bei der Abschätzung der Größe solcher Schwindspannungen ist aber stets der Einfluss des Kriechens von Beton zu berücksichtigen. Da sich die Schwindspannungen nur langsam entwickeln, werden sie unter der Wirkung des Kriechens abgebaut. Überschlägig können die Schwindspannungen durch Anwendung von Gl. (4.1) abgeschätzt werden.

Die physikalischen Vorgänge, die zum Schwinden des Betons führen, sind heute, wenn auch nicht in allen Einzelheiten, so doch im Grundsatz geklärt. Im Wesentlichen sind dies Veränderungen von Kapillarspannungen im Porensystem des Zementsteins, Veränderungen der Oberflächenspannungen in den Hydratationsprodukten des Zementsteins sowie der sog. Spaltdruck zwischen den Hydratationsprodukten als Folge der Austrocknung (siehe dazu u. a. [5.5]). Die Eigenschaften der Gesteinskörnung, insbesondere sein Elastizitätsmodul, wirken sich zwar auf die Größe des Betonschwindens aus, mit Ausnahme tonhaltiger oder sehr poröser Gesteinskörnungen schwinden Gesteinskörnungen aber selbst nicht oder nur sehr wenig.

Die Schwindverformungen von Beton nach langer Trocknungsdauer liegen im Bereich von 0,1 bis 1 mm/m. Der wichtigste Einflussparameter für die Größe des Schwindens von Normalbeton ist der Feuchteverlust des Betons nach einer gegebenen Trocknungsdauer. Das Schwinden nimmt daher mit steigendem Anmachwassergehalt und sinkender rel. Feuchte der umgebenden Luft zu. Mit sinkender Kapillarporosität und mit sinkendem Wasserzementwert wird vor allem die Geschwindigkeit einer Austrocknung und damit auch der zeitlichen Entwicklung des Schwindens reduziert. Von besonderer Bedeutung für die Größe des Schwindens ist der Einfluss des Zementleimgehalts: In erster Näherung ist das Schwinden dem Zementleimgehalt proportional. Dies ist die wesentliche Ursache für die im Vergleich zu Beton meist viel höheren Schwindmaße von Mörteln. Abweichungen von dieser Linearität können durch Betrachtungen auf der Basis der Verbundwerkstofftheorie erklärt werden. Schwindverformungen des Betons nehmen mit steigender Mahlfeinheit des Zements zu, aus dem er hergestellt wurde. Dies ist mit der Zunahme der Hydratationsgeschwindigkeit von Zementen mit hoher Mahlfeinheit zu erklären. Als Folge davon ist schon in jungem Alter der Gelporenanteil des Zementsteins hoch. Ein Wasserverlust führt daher zu großen Schwindverformungen. Nach Untersuchungen, über die in [5.6] berichtet wird, steigt das Schwinden des Betons deutlich mit zunehmendem Gehalt des Zements an wasserlöslichen Alkalien. Die Schwindverformungen eines Betons sind umso geringer, je größer der E-Modul der Gesteinskörnung ist, da steife Körnungen das Zementsteinschwinden mehr behindern als weniger steife. Dicke Bauteile schwinden wesentlich langsamer als dünne, weil sie erst nach langer Trocknungsdauer ein Feuchtegleichgewicht mit der Umgebung erreichen. Zumindest theoretisch müsste das Endschwindmaß aber von der Bauteildicke unabhängig sein. Da sehr dicke Bauteile aber diesen Wert u. U. erst nach Jahrhunderten erreichen, kann für die praktische Anwendung von einer Abnahme des Endschwindmaßes mit steigender Bauteildicke ausgegangen werden. Die Dauer der Nachbehandlung wirkt sich zwar auf die Größe des Schwindens erst bei einer sehr langen Feuchtlagerung aus [5.7], sie ist aber entscheidend für den Widerstand der randnahen Zonen gegen das Auftreten von Schwindrissen, die insbesondere bei unzureichender Nachbehandlung beobachtet werden.

Bei wechselnder Trocken- und Feuchtlagerung ist das Schwinden nur teilweise reversibel, sodass Quellverformungen bei Feuchtlagerung deutlich kleiner als vorangegangene Schwindverformungen sind. Im Vergleich zu den Schwindeigenschaften von Betonen mittlerer Festigkeitsklassen sind die Schwindverformungen hochfester Betone nicht wesentlich geringer. Zwar laufen die diffusionsgesteuerten Trocknungsprozesse und damit das Trocknungsschwinden um ein Vielfaches langsamer ab als bei Normalbeton, das Grundschwinden vollzieht sich bei hochfesten Betonen jedoch vergleichsweise rasch und übertrifft mit steigender Festigkeit die Größe des Trocknungsschwindens [5.8–5.10].

5.3.2 Mathematische Beschreibung

Die *Schwindverformung* eines Betons $\varepsilon_{cs}(t, t_s)$ bei einem Alter t, der ab einem Alter t_s austrocknen konnte, setzt sich nach Gl. (5.3) aus den Anteilen Grundschwinden $\varepsilon_{cas}(t)$ und Trocknungsschwinden $\varepsilon_{cds}(t, t_s)$ zusammen [5.11].

$$\varepsilon_{cs}(t, t_s) = \varepsilon_{cas}(t) + \varepsilon_{cds}(t, t_s) \qquad (5.3)$$

Die Komponenten des Schwindens $\varepsilon_{cas}(t)$ und $\varepsilon_{cds}(t, t_s)$ ergeben sich nach den Gln. (5.4) und (5.5) aus dem Grundwert des Grundschwindens $\varepsilon_{cas0}(f_{cm})$ und einer Zeitfunktion $\beta_{as}(t)$ bzw. aus dem Grundwert des Trocknungsschwindens $\varepsilon_{cds0}(t, t_s)$, einem Beiwert β_{RH} zur Berücksichtigung des Einflusses der rel. Luftfeuchte auf das Trocknungsschwinden sowie einer Zeitfunktion $\beta_{ds}(t - t_s)$.

$$\varepsilon_{cas}(t) = \varepsilon_{cas0}(f_{cm}) \cdot \beta_{as}(t) \qquad (5.4)$$

$$\varepsilon_{cds}(t, t_s) = \varepsilon_{cds0}(f_{cm}) \cdot \beta_{RH} \cdot \beta_{ds}(t - t_s) \qquad (5.5)$$

Das Grundschwinden $\varepsilon_{cas}(t)$ nach Gl. (5.4) ergibt sich aus dem Produkt der Gln. (5.6) und (5.7).

$$\varepsilon_{cas0}(f_{cm}) = -\alpha_{as} \left[\frac{f_{cm}/f_{cm0}}{6 + f_{cm}/f_{cm0}}\right]^{2,5} \cdot 10^{-6} \qquad (5.6)$$

$$\beta_{as}(t) = 1 - \exp\left[-0,2\left(\frac{t}{t_1}\right)^{0,5}\right] \qquad (5.7)$$

Darin bedeuten:

f_{cm} mittlere zylindrische Betondruckfestigkeit im Alter von 28 Tagen: $f_{cm} = f_{ck} + 8 \text{ N/mm}^2$

f_{cm0} $= 10 \text{ N/mm}^2$

t_1 $= 1$ Tag

t Zeit [Tage]

α_{as} Beiwert zur Berücksichtigung der Zementart nach Tabelle 22

Tabelle 22. Beiwerte für die Gln. (5.6) bis (5.8)

Zementtyp nach DIN EN 1992-1-1	Merkmal	α_{as}	α_{ds1}	α_{ds2}
SL	langsam erhärtend	800	3	0,13
N, R	normal oder schnell erhärtend	700	4	0,12
RS	schnell erhärtend und hochfest	600	6	0,12

Die Vorhersage des Trocknungsschwindens ε_{cds} folgt den Gln. (5.8) bis (5.11).

$$\varepsilon_{cds0}(f_{cm}) = [(220 + 110 \cdot \alpha_{ds1}) \cdot \exp(-\alpha_{ds2} \cdot f_{cm}/f_{cm0})] \cdot 10^{-6}$$
(5.8)

$$\beta_{RH} = -1{,}55 \left[1 - \left(\frac{RH}{RH_0}\right)^3\right]$$

für $40 \leq RH < 99\% \cdot \beta_{s1}$ (5.9)

$\beta_{RH}(RH) = 0{,}25$ für $RH \geq 99\% \cdot \beta_{s1}$

$$\beta_{ds}(t - t_s) = \left[\frac{(t - t_s)/t_1}{350(h_0/h_1)^2 + (t - t_s)/t_1}\right]^{0,5}$$
(5.10)

$$\beta_{s1} = \left(\frac{3{,}5 f_{cm0}}{f_{cm}}\right)^{0,1} \leq 1{,}0$$
(5.11)

Darin bedeuten:

f_{cm} mittlere zylindrische Betondruckfestigkeit [N/mm^2]

f_{cm0} = 10 N/mm^2

t_1 1 Tag

RH   rel. Feuchte der umgebenden Luft [%]

RH_0 100 %

h_0 wirksame Bauteildicke $h_0 = \frac{2 A_c}{u}$

mit A_c = Querschnittsfläche und u = Anteil des Querschnittsumfangs, der einer Trocknung ausgesetzt ist

h_1 100 mm

$\alpha_{ds1}, \alpha_{ds2}$ Beiwerte zur Berücksichtigung der Zementart nach Tabelle 22

β_{s1} Beiwert, der die innere Austrocknung des Betons berücksichtigt

Die Zuordnung der Erhärtungsklassen nach DIN EN 1992-1-1 zu den Normzementen nach DIN EN 197-1 geschieht anhand von Tabelle 23.

Nach Gl. (5.6) ist das Grundschwinden für Betone niedriger Druckfestigkeit gering und nimmt erst für höhere Festigkeitsklassen mit steigender Betondruckfestigkeit deutlich zu. Im Gegensatz zum Grundschwinden sinkt das Trocknungsschwinden mit steigender Betondruckfestigkeit, und auch die gesamte Schwindverformung nimmt mit steigender Betondruckfestigkeit etwas ab. Natürlich ist in diesem Zusammenhang die Betondruckfestigkeit nur als Hilfsgröße zu sehen. Insbesondere das Trock-

Tabelle 23. Zuordnung der Zementtypen nach DIN EN 1992-1-1 zu den Normzementen nach DIN EN 197-1

Zementtyp nach DIN EN 1992-1-1	Festigkeitsklassen
SL	32,5 N
N, R	32,5 R; 42,5 N
RS	42,5 R; 52,5 N; 52,5 R

nungsschwinden ist umso geringer, je kleiner die Kapillarporosität bzw. je geringer der Anmachwassergehalt bzw. der Wasserzementwert. Dieser beeinflusst auch die Betondruckfestigkeit, sodass daraus der Zusammenhang zwischen Schwinden und Betondruckfestigkeit abgeleitet werden kann.

Das Grundschwinden ist von der rel. Feuchte der umgebenden Luft unabhängig, während das Trocknungsschwinden wegen der beschleunigten Austrocknung mit sinkender rel. Luftfeuchte deutlich zunimmt. Bemerkenswert ist, dass nach Gl. (5.9) Normalbetone erst bei einer Lagerung an Luft mit einer rel. Feuchte von nahezu 99 % quellen. Dagegen ist bei hochfesten Betonen mit einer Druckfestigkeit von ca. 100 N/mm^2 wegen der vorangegangenen inneren Austrocknung schon bei einer Lagerung an Luft mit einer rel. Feuchte von ca. 90 % mit Quellverformungen zu rechnen. Die zeitliche Entwicklung des Trocknungsschwindens wird durch Gl. (5.10) beschrieben, die auf der Diffusionstheorie aufbaut und damit auch physikalisch begründbar ist. Aus dieser Beziehung folgt, dass sich das Trocknungsschwinden langsamer als das Grundschwinden entwickelt und dass es auch von den Bauteilabmessungen abhängig ist. Nach Gl. (5.10) hat ein Betonkörper mit quadratischem Querschnitt und einer Kantenlänge von 100 mm nach einer Trocknungsdauer von 1 Monat bereits ca. 50 % von ε_{cds0} erreicht. Beträgt die Kantenlänge dagegen 500 mm, so sind wegen der langsameren Austrocknung nach einem Monat erst ca. 10 % von ε_{cds0} aufgetreten.

Für $t \to \infty$ erhält man aus den Gln. (5.6), (5.7) und (5.10) als Endwert des Schwindens:

$$\varepsilon_{cs}(t \to \infty) = \varepsilon_{cas0}(f_{cm}) + \varepsilon_{cds0}(f_{cm}) \cdot \beta_{RH}$$
(5.12)

Der Endwert des Schwindens wäre daher von den Bauteilabmessungen unabhängig. Da dicke Bauteile jedoch viel langsamer als dünne Bauteile austrocknen, haben sie auch nach jahrzehntelanger Trocknung erst einen kleinen Anteil dieses Endwerts erreicht. Im CEB-FIP Model Code 1990 (MC 1990) sowie *fib* Model Code 2010 (MC 2010) wurden daher für das sog. Endschwindmaß jene Schwindverformungen $\varepsilon_{cs,70}$ angegeben, die sich aus dem in diesen Dokumenten verwendeten Vorhersageverfahren ergeben. Sie gelten für Normalbetone und weichen von den Werten, die man für mittlere Festigkeitsklassen aus den Gln. (5.3) bis (5.11) erhält, nur wenig ab. Für verschiedene Umweltbedingungen und Bauteilabmessungen sind diese Werte in Tabelle 24 zusammengestellt. Für hochfeste Betone mit Druckfestigkeiten im Bereich 60 N/mm² ≤ f_{cm} ≤ 130 N/mm² können in erster Näherung die Tabellenwerte mit dem Faktor $(63/f_{cm})^{0,2}$ multipliziert werden.

Mit der Einführung der DIN EN 1992-1-1:2011-01 wurde das oben beschriebene Vorhersageverfahren (siehe [5.11]) durch neue Formeln zur Abschätzung des Schwindens ersetzt. Die damit verbundene Darstellung des Schwindens widerspricht jedoch der Diffusionstheorie, die auch für Beton Gültigkeit besitzt. Schwerer wiegt aber noch, dass die neu vorhergesagten Endschwindwerte um bis zu rd. 40% kleiner sind als die gemäß [5.11] berechneten Werte, siehe [5.13]. Während die Formeln zur Schwindvorhersage in [5.11] auf einer umfangreichen Datenbank beruhen und das Betonschwinden physikalisch korrekt und in der Größenordnung zutreffend wiedergeben, sind keine Hintergrunddokumente bekannt, die ein derartiges Abmindern der Schwindwerte in der neuen Norm begründen würden. Es ist daher zu erwarten, dass kurzfristig Korrekturen in DIN EN 1992-1-1:2011-01 vorgenommen werden. Der Praxis kann daher nur empfohlen werden, weiterhin mit den bewährten, zuverlässigen und sicheren Angaben gemäß [5.11] zu arbeiten, so wie dies in [5.14] auch empfohlen wird.

6 Festigkeit und Verformung von Festbeton[1]

6.1 Strukturmerkmale

Da die beiden Phasen des Betons, der Zementstein und die Gesteinskörnung, sich in ihrer Struktur sowie in ihren Festigkeits- und Verformungseigenschaften deutlich unterscheiden, ist Beton auch makroskopisch heterogen. Die Mikrostruktur des Betons wird durch das Porensystem des Zementsteins nach Abschn. 2.1.6 und durch die Struktur der Kontaktzonen zwischen Zementstein und Gesteinskörnung bestimmt. Die Gesamtporosität von Beton nimmt mit steigendem Hydratationsgrad und abnehmendem Wasserzementwert ab und liegt je nach Prüfmethode etwa im Bereich von 8 bis 15% bezo-

Tabelle 24. Endschwindmaße $\varepsilon_{cs,70}$ nach MC 2010 und MC 90 für Betone mit einer charakteristischen Festigkeit f_{ck} zwischen 20 und 50 N/mm²

Trockene Umweltbedingungen (Innenräume) RH = 50%			Feuchte Umweltbedingungen (im Freien) RH = 80%		
Wirksame Bauteildicke h_0 [mm]					
50	150	600	50	150	600
Endschwindmaß $\varepsilon_{cs,70}$ [‰]					
−0,57	−0,56	−0,47	−0,32	−0,31	−0,26

gen auf das Betonvolumen [0.5]. Über Methoden zur Bestimmung der Gesamtporosität, der Kapillarporosität und der Porengrößenverteilung von Beton siehe u. a. [0.1].

Wesentlich für die mechanischen Eigenschaften von Beton ist, dass schon im unbelasteten Normalbeton in den Kontaktzonen zwischen Zementstein und Gesteinskörnung Mikrorisse vorhanden sind, und zwar als Folge der geringen Festigkeit der Kontaktzone und der Behinderung des plastischen Schwindens und des Grundschwindens von Zementstein durch die steiferen und volumenstabilen Gesteinskörner. Diese Mikrorisse beeinflussen die Verformungseigenschaften des Betons und sind der Ausgangspunkt der Rissentwicklung bei Druck- oder Zugbeanspruchung. Die Gesteinskörnung weist – mit Ausnahme von leichter Gesteinskörnung – eine wesentlich dichtere Struktur als der Zementstein auf, sodass ihre Struktureigenschaften im Allgemeinen weniger wichtig sind als die des Zementsteins.

6.2 Druckfestigkeit

Die Druckfestigkeit ist für die meisten Anwendungen die wichtigste bautechnische Eigenschaft des Betons. Zurzeit wird Beton mit Druckfestigkeiten bis zu rd. 85 N/mm² routinemäßig hergestellt. Bei Berücksichtigung von Sondermaßnahmen können jedoch hochfeste Betone mit Druckfestigkeiten bis zu rd. 150 N/mm² auch unter Baustellenbedingungen hergestellt werden. Darüber liegen in vielen Ländern bereits bauprakische Erfahrungen vor, insbesondere in Norwegen, den USA und Frankreich, aber auch in Deutschland (siehe auch Abschnitt 12).

6.2.1 Spannungszustand und Bruchverhalten von Beton bei Druckbeanspruchung

Eine äußere, gleichmäßig verteilte, einachsige Druckspannung löst im Beton einen ungleichmäßigen, räumlichen Spannungszustand aus. Die steiferen Gesteinskörnungen ziehen einen größeren Anteil der abzuleitenden äußeren Druckbeanspruchung an sich als der Zementstein, sodass die in Kraftrich-

---
[1] Im Folgenden wird als Vorzeichenregel eingehalten: Werkstoffkenngrößen sind absolut z. B. f_{ck} = |f_{ck}|, Druckspannungen und Verkürzungen sind negativ; Zugspannungen und Verlängerungen sind positiv.

tung wirkenden Druckspannungen in der Gesteinskörnung größer sind als im Zementstein. Rechtwinklig zur Belastungsrichtung entstehen Druck- und Zugspannungen, die in sich im Gleichgewicht stehen.

Wegen der meist geringen Verbundfestigkeit zwischen Zementstein und Gesteinskörnung beginnen bei einer Spannung von etwa 40 % der Druckfestigkeit die bereits vor der Belastung vorhandenen Risse in den Kontaktzonen zwischen Zementstein und groben Gesteinskörnungen zu wachsen. Bei einer Spannung größer als etwa 80 % der Druckfestigkeit setzen sie sich in der Mörtelphase des Betons, vorzugsweise in einer Richtung parallel zur äußeren Belastung, fort. Beton ist damit schon vor Erreichen der Druckfestigkeit von einem System feiner Mikrorisse durchzogen, die auch für die Abweichung des Spannungs-Dehnungsverhaltens von der Linearität verantwortlich sind. Häufigkeit und Länge der Mikrorisse nehmen mit steigender Spannung zu, und kleinere Risse vereinigen sich zu größeren.

Die Druckfestigkeit des Betons ist erreicht, sobald in einem meist örtlich begrenzten Bereich des Betons die Mikrorisse bis auf eine kritische Länge gewachsen sind, sodass bei einer Beanspruchung mit konstanter Belastungsgeschwindigkeit ein schlagartiger Bruch auftritt. Wird dagegen bei einer Beanspruchung mit konstanter Verformungsgeschwindigkeit die Spannung nach Erreichen der Druckfestigkeit reduziert, so wachsen die Mikrorisse nur langsam bzw. stabil bei steigender mittlerer Verformung an. Es entsteht der abfallende Ast der Spannungs-Dehnungslinie. Wesentlich ist für das in Abschn. 6.5 beschriebene Spannungs-Dehnungsverhalten, dass auch der Druckbruch von Beton meist diskret ist, d. h. dass er in einem örtlich begrenzten Bereich auftritt.

Das Bruchverhalten von Leichtbeton unterscheidet sich von den hier für Normal- und Schwerbeton beschriebenen Vorgängen, da der E-Modul vieler leichter Gesteinskörnungen geringer als der E-Modul des Zementsteins ist. Der innere Spannungszustand bei Druckbeanspruchung ist bei Leichtbeton daher anders als bei Normalbeton. Die Mikrorisse verlaufen nicht mehr vorzugsweise durch die Zementsteinmatrix, sondern auch durch die leichte Gesteinskörnung. Entsprechend werden Verformungsverhalten und Festigkeit in weit höherem Maß durch die Gesteinskörnung bestimmt, als dies für Normalbeton der Fall ist (siehe auch Abschn. 10.2.5).

6.2.2 Einflüsse auf die Druckfestigkeit

Aus der Beschreibung des Bruchvorgangs von Beton bei Druckbeanspruchung geht hervor, dass die Druckfestigkeit des Betons vor allem von den mechanischen Eigenschaften des Zementsteins bestimmt wird. In erster Näherung sind daher Betondruckfestigkeit und Zementsteinfestigkeit einander proportional. Unter Einbezug der Angaben in Abschnitt 2.1.5 hängt die Druckfestigkeit des Betons vom Wasserzementwert, vom Hydratationsgrad sowie von Zementart, Zusatzstoffen und u. U. Zusatzmitteln und damit von der Betonzusammensetzung und von den Erhärtungsbedingungen ab. Die Eigenschaften der Gesteinskörnung sind vor allem für die Festigkeit von Leichtbeton und von hochfestem Beton von Bedeutung. Auch der Verbund zwischen Zementstein und Gesteinskörnung übt einen wesentlichen Einfluss auf die Betondruckfestigkeit aus, ist jedoch kaum direkt zu beeinflussen und wird daher vorrangig von den Eigenschaften des Zementsteins und der Art der Gesteinskörnung bestimmt. Auch Prüfeinflüsse sind bei der Beurteilung des Ergebnisses von Druckfestigkeitsprüfungen zu berücksichtigen.

6.2.2.1 Ausgangsstoffe und Betonzusammensetzung

Ausgangsstoffe und die Betonzusammensetzung müssen so gewählt werden, dass der Frischbeton sachgerecht verarbeitet werden und der erhärtete Beton die geforderte Druckfestigkeit erreichen kann. Konsistenz und Verarbeitbarkeit des Frischbetons (siehe Abschn. 3.4) müssen daher so beschaffen sein, dass der Beton mit den für die Bauausführung vorgesehenen Geräten sachgerecht und ohne wesentliches Entmischen transportiert, eingebaut und praktisch vollständig verdichtet werden kann. Während die Konsistenz des Frischbetons besonders vom Wassergehalt bzw. von der Zementleimmenge abhängt, ist der Wasserzementwert w/z die für die Betondruckfestigkeit wichtigste Einflussgröße. Bei gleichem Wasserzementwert und sonst gleichen Bedingungen nimmt die Betondruckfestigkeit im Alter von 28 Tagen mit der Normendruckfestigkeit des Zements zu.

Für Beton ist in der Regel die 28-Tage-Druckfestigkeit von Bedeutung. Für frühzeitiges Ausschalen, für das Vorspannen und Abschätzen des Erhärtungsverlaufs und der Nacherhärtung ist auch die Betondruckfestigkeit in jüngerem bzw. in späterem Alter wichtig. Der Zusammenhang zwischen Betondruckfestigkeit und Wasserzementwert wurde erstmals von *Abrams* festgestellt [6.1]. Die Abhängigkeit der Betondruckfestigkeit im Alter von 28 Tagen vom Wasserzementwert für verschiedene Zementfestigkeitsklassen nach *Walz* [6.43] hat sich zur Abschätzung des für eine bestimmte Betondruckfestigkeit erforderlichen Wasserzementwerts in Deutschland bewährt. Im MC 1990 [1.2] wurde die Darstellung für kleinere Wasserzementwerte auf den damals aktuellen, heute noch gültigen Erfahrungsstand gebracht. Der experimentell gewonnene Einfluss des Wasserzementwerts auf die Betondruckfestigkeit nach Bild 12 entspricht in seinem Verlauf Bild 2 und den Gln. (2.2) und (2.3) in Abschn. 2.1.6.

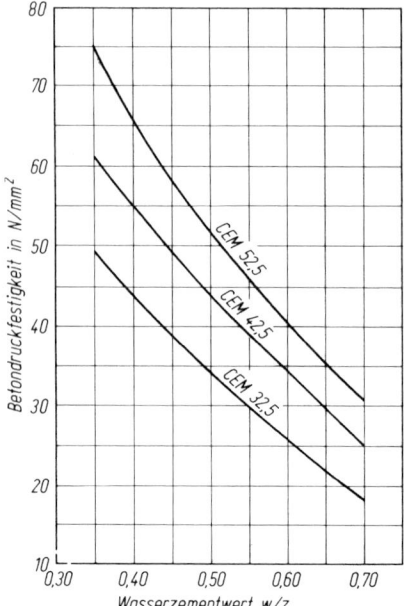

Bild 12. Charakteristische Betonzylinderdruckfestigkeit im Alter von 28 Tagen in Abhängigkeit von w/z-Wert und Zementfestigkeitsklasse [1.2]

Der Einfluss der Zementart kommt in Gl. (2.2) durch den Hydratationsgrad im Alter von 28 Tagen zum Ausdruck: Dieser steigt mit steigender Festigkeitsklasse des Zements, da die hochfesten Zemente im Allgemeinen schneller als die niederfesten hydratisieren. Der Zementgehalt hat vor allem einen indirekten Einfluss auf die Betondruckfestigkeit: Wird der Zementgehalt bei konstantem Wassergehalt erhöht, so sinkt damit der Wasserzementwert, und die Betondruckfestigkeit steigt entsprechend Bild 12. Darüber hinaus wirken sich der Zement- bzw. der Zementleimgehalt auf die Frischbetonkonsistenz aus und beeinflussen damit z. B. über die Verarbeitbarkeit des Frischbetons indirekt auch die Betondruckfestigkeit. Die Betondruckfestigkeit nimmt mit steigender Dicke der Zementsteinschicht, welche die Gesteinskörner umhüllt, und damit steigendem Zementgehalt ab. Wie schon in Abschn. 2.1.6 dargestellt, sind auch der Kornaufbau des Zements sowie eventuell vorhandene Zusatzstoffe für die Packungsdichte des Zementleims und so für die Druckfestigkeit von Bedeutung. Da alle diese Einflussgrößen nur schwer in allgemeingültiger Form beschrieben werden können, stellt der Zusammenhang zwischen Betondruckfestigkeit und Wasserzementwert nach Bild 12 nur einen, meist auf der sicheren Seite liegenden, Schätzwert dar.

Unter den Eigenschaften der Gesteinskörnung sind Art und Festigkeit des Gesteins, Form und Oberflächenbeschaffenheit des Korns sowie Kornzusammensetzung und Größtkorn von Bedeutung für die Betondruckfestigkeit (siehe auch Abschn. 2.2). Art und Festigkeit des Gesteins sowie Form und Oberflächenbeschaffenheit des Gesteinskorns machen sich aber nur dann nennenswert bemerkbar, wenn die Oberflächeneigenschaften die Haftung zwischen Zementstein und Gesteinskörnung deutlich beeinflussen, z. B. bei Gesteinskörnung mit sehr glatter oder sehr rauer Oberfläche oder bei wesentlichen chemischen Reaktionen zwischen Zementstein und Gesteinskorn.

Bevor der selbstverdichtende Beton (SVB) erfunden wurde, galten die folgenden Zusammenhänge: Gesteinskörnung mit kleinem Größtkorn und hohem Sandanteil besitzt eine höhere spezifische Oberfläche als Gesteinskörnung mit geringerem Sandanteil und größerem Größtkorn. Bei gegebenem Zementgehalt und Wasserzementwert ist die Zementsteinschicht, die die Gesteinskörnung umhüllt, beim sandreichen Beton daher dünner und seine Druckfestigkeit etwas höher als jene des Betons mit grobkörniger Gesteinskörnung. Dies kann jedoch nur in einem engen Bereich genutzt werden, da sich sonst Verarbeitungsschwierigkeiten ergeben. Für die praktische Anwendung sind daher sandärmere Korngemische mit üblichem Größtkorn und möglichst geringer Wasser- bzw. Zementleimbedarf vorteilhaft und zweckmäßig, soweit dem Gründe der Rohstoffsicherung von Gesteinskörnung nicht widersprechen.

Die Erfahrungen haben aber gezeigt, dass die Kornzusammensetzung im Feinsandbereich und im Feinstoffbereich die Festigkeit und die Dichtigkeit des Betons wesentlich beeinflusst. Durch die Verbesserung der Kornzusammensetzung in Richtung besserer Hohlraumausfüllung ergibt sich kein größerer, sondern teilweise sogar ein kleinerer Wasseranspruch für gleiches Konsistenzmaß, und die Festigkeit und Dichtigkeit werden deutlich verbessert. Auch die durch Betonzusatzstoffe (inerte Stoffe und Puzzolane) teilweise erreichten Festigkeitssteigerungen sind insbesondere in jüngerem Betonalter auf den verbesserten Kornaufbau in diesen Bereichen und nicht auf eine Beteiligung an der Erhärtung zurückzuführen. Zum Kornaufbau des SVB siehe Abschnitt 8.2.

6.2.2.2 Erhärtungsbedingungen und Reife

Die Erhärtungsbedingungen werden im Wesentlichen durch das Alter, die Feuchtigkeit und die Temperatur des Betons bestimmt. Alle drei können die Betondruckfestigkeit wesentlich beeinflussen. Die Betondruckfestigkeit nimmt mit dem Alter des Betons zu. Die Endfestigkeit wird u. U. erst nach Jahren erreicht, ein wesentlicher Anteil stellt sich je-

Tabelle 25. Richtwerte für die Festigkeitsentwicklung von Beton aus verschiedenen Zementen bei 20 °C-Lagerung

Festigkeitsklasse des Zements nach DIN EN 197-1	Betondruckfestigkeit in % der 28-Tage-Werte nach			
	3 Tagen	7 Tagen	90 Tagen	180 Tagen
52,5 N; 42,5 R	70 bis 80	80 bis 90	100 bis 105	105 bis 110
42,5 N; 32,5 R	50 bis 60	65 bis 80	105 bis 115	110 bis 120
32,5 N	30 bis 40	50 bis 65	110 bis 125	115 bis 130

Tabelle 26. Richtwerte für die Festigkeitsentwicklung von Beton aus verschiedenen Zementen bei 5 °C-Lagerung

Festigkeitsklasse des Zements nach DIN EN 197-1	Betondruckfestigkeit bei 5 °C-Lagerung in % der Werte bei 20 °C-Lagerung nach		
	3 Tagen	7 Tagen	28 Tagen
52,5 N; 42,5 R	60 bis 75	75 bis 90	90 bis 105
42,5 N; 32,5 R	45 bis 60	60 bis 75	75 bis 90
32,5 N	30 bis 45	45 bis 60	60 bis 75

doch bis zum 28. Tag ein. Anfangsfestigkeit, Erhärtungsverlauf und Nacherhärtung können je nach Zement, Betonzusammensetzung und Erhärtungstemperatur sehr unterschiedlich sein. Auf die zeitliche Entwicklung der Druckfestigkeit des Betons nach ca. 1 Tag wird in Abschn. 6.6.1 eingegangen. Von besonderer baupraktischer Bedeutung ist auch die Festigkeitsentwicklung des jungen Betons. Mit einem schnell erhärtenden Zement (siehe auch Abschn. 2.1.1) kann bereits nach 1 Stunde eine Druckfestigkeit von über 5 N/mm^2 erreicht werden. Eine hohe Anfangsfestigkeit ist auch mit frühhochfestem Beton mit Fließmittel erreichbar, sodass z. B. damit hergestellte Betonfahrbahnen in der Regel bereits im Betonalter von 1 Tag für den Verkehr freigegeben werden können und teilweise sogar schon nach 6 bis 10 Stunden freigegeben worden sind. Richtwerte für die Anfangsfestigkeit und die Nacherhärtung von Beton aus verschiedenen Zementen gehen aus den Tabellen 25 und 26 hervor.

Damit der Zementstein im Beton einen hohen Hydratationsgrad nach Abschnitt 2.1.6 aufweist, muss ihm bei ausreichend hohen Temperaturen über einen ausreichend langen Zeitraum Wasser zur Hydratation zur Verfügung stehen. Die Hydratation des Zementsteins kommt zum Stillstand, wenn die rel. Feuchte im Inneren des Betons unter ca. 80 bis 90% sinkt. Beton muss daher nachbehandelt, d. h. vor Austrocknung und niedrigen Temperaturen geschützt bzw. feuchtgehalten werden. Die Nachbehandlung bestimmt vor allem die Eigenschaften der oberflächennahen Bereiche eines Betonquerschnitts und damit der Betonüberdeckung der Bewehrung, da diese zuerst austrocknen, während tieferliegende Querschnitte über einen längeren Zeitraum einen zur Hydratation ausreichenden Feuchtegehalt aufweisen können. Die Nachbehandlung von Beton ist daher besonders für die Dauerhaftigkeit einer Betonkonstruktion von großer Bedeutung. Nach DIN 1045-3 muss Beton für alle Expositionsklassen [1.3] außer X0, XC1 und XM so lange nachbehandelt werden, bis die Festigkeit des oberflächennahen Betons 50% der charakteristischen Festigkeit des verwendeten Betons erreicht hat. Für die Expositionsklasse XM werden 70% gefordert (siehe Abschnitt 3.6). Die Nachbehandlung sollte möglichst als besondere Position im Leistungsverzeichnis ausgeschrieben werden mit der Aufforderung, die vorgesehenen Maßnahmen im Angebot auszuweisen.

Die Nachbehandlung des Betons wirkt sich auch auf seine Druckfestigkeit aus. Solange der Beton eine relative Feuchte von 80 bis 90% im Porenraum besitzt, hydratisiert der Zement weiter. Je dichter ein Bauteil ist, umso langsamer trocknet dieses aus und umso länger wird die Feuchte für die Hydratation ausreichen. Unterschiedliche Versuchsergebnisse, die zwischen 10 und 60% Verringerung der Festigkeit gegenüber Feuchtlagerung berichten, sind durch die Abmessungen der Probekörper zu erklären. Ein zweiter Aspekt ist die Erhärtungsgeschwindigkeit des Zementes. Hochofenzemente erhärten langsamer als andere Zemente und sind daher empfindlicher hinsichtlich der Nachbehandlung. Die Tatsache, dass es bei Betonbauten selten Festigkeitsprobleme gibt, liegt u. a. an der Tatsache, dass die mittlere Festigkeit eines Querschnitts trotz mangelnder Nachbehandlung die geforderte erreicht.

Die Druckfestigkeit des Betons ist aber auch abhängig vom Feuchtigkeitszustand des Betons bei der Prüfung. Betone gleicher Zusammensetzung, Verdichtung und Hydratation weisen eine umso größere Druckfestigkeit auf, je mehr der Beton zum Zeitpunkt der Prüfung ausgetrocknet ist. Je nach Betonzusammensetzung und Feuchtigkeitszustand kann die Druckfestigkeit trockener Proben um 10 bis 40 % höher als jene feuchter Proben sein.

Wie andere chemische Vorgänge wird auch die Erhärtung des Betons durch niedrige Temperaturen verzögert und durch höhere Temperaturen beschleunigt. Sowohl die Verzögerung durch niedrige Temperaturen als auch die Beschleunigung durch höhere Temperaturen ist bei Verwendung von langsam erhärtendem Zement ausgeprägter und bei Verwendung von schnell erhärtendem Zement weniger ausgeprägt als bei Verwendung von Zement mit mittlerer Erhärtungsgeschwindigkeit. Richtwerte für den Einfluss der Lagerungstemperatur auf die Betondruckfestigkeit in Abhängigkeit von der Festigkeitsklasse des Zements können den Tabellen 25 und 26 entnommen werden. Der Einfluss der Lagerungstemperatur auf die Festigkeitsentwicklung kann näherungsweise auch durch den Reifegrad erfasst werden.

Mit steigender Temperatur wächst die Hydratationsgeschwindigkeit des Zements. Entsprechend wird auch die zeitliche Entwicklung der mechanischen Eigenschaften des Betons von der Lagerungstemperatur beeinflusst. Um diesen Zusammenhang zu quantifizieren, wurde in der Betontechnologie der Begriff der Reife bzw. des Reifegrades R eingeführt. Die einfachste Beziehung hierfür ist der Reifegrad R_s nach *Saul-Nurse* entsprechend Gl. (6.1).

$$R_s = \Sigma(T_i + 10) \cdot \Delta t_i \qquad (6.1)$$

Darin ist T_i die mittlere Betontemperatur in °C, die während des Zeitintervalls Δt_i in Tagen wirkt. Der Reifegrad entspricht damit dem Integral des Zeitverlaufs der Betontemperatur über einer Temperatur von $-10\,°C$. In Gl. (6.1) wird von der Annahme ausgegangen, dass bei einer Temperatur von $-10\,°C$ die Hydratation völlig zum Stillstand kommt. Der Reifegrad R_s stellt eine empirisch gefundene Größe dar. Die Annahme eines linearen Zusammenhangs zwischen Erhärtung und Temperatur entspricht nicht den Gesetzmäßigkeiten der Physik. Wendet man die bekannte *Arrhenius*-Gleichung an, so müsste der Reifegrad nach Gl. (6.2) formuliert werden.

$$R_A = const \int_0^t e^{-Q/RT} \cdot dt \qquad (6.2)$$

Darin bedeuten T die Betontemperatur in K, t das Betonalter, Q die Aktivierungsenergie für die Hydratation und R die allgemeine Gaskonstante, siehe dazu u. a. [6.18]; weitere Reifegradformeln finden sich in [0.1, 1.2, 6.19]. Nach Gl. (6.2) nimmt die Reife R_A mit steigender Temperatur überproportional zu. Die Anwendung der linearen Beziehung Gl. (6.1) führt daher zu einer Unterschätzung der beschleunigenden Wirkung erhöhter Temperaturen. Ob mit Gl. (6.1) die verzögernde Wirkung tiefer Temperaturen unter- oder überschätzt wird, hängt von der Aktivierungsenergie ab. Nach [6.18] wird diese von der Zementart, aber auch vom Wasserzementwert, Zusatzmitteln und Zusatzstoffen beeinflusst. Sie müsste daher für jede Betonmischung, für die Gl. (6.2) angewandt wird, experimentell bestimmt werden.

Anstelle des Reifegrades kann auch der Begriff des wirksamen Betonalters eingeführt werden. Weicht die Betontemperatur von 20 °C ab, so entspricht das wirksame Betonalter jenem Zeitintervall, nach dem der Beton dieselbe Reife wie bei einer Betontemperatur von 20 °C erreicht hat. Unter Zugrundelegung der Beziehung nach Gl. (6.1) ergibt sich für das wirksame Betonalter t_T:

$$t_T = \frac{\Sigma(T_i + 10) \cdot \Delta t_i}{30} \qquad (6.3)$$

Gl. (6.3) wird z. B. verwendet, um den Einfluss der Lagerungstemperatur vor der Belastung auf das Kriechen von Beton zu berücksichtigen.

Eine Verfeinerung der Reifeformel von *Saul* u. a. ist die *gewichtete* Reife. Die gewichtete Reife gibt den Erhärtungsbeitrag eines jungen Betons je Stunde an. Sie ist in Gl. (6.4) definiert.

$$R_g = 10 \, (C^{0,1\,T - 1,245} - C^{-2,245})/\ln C \qquad (6.4)$$

mit

R_g gewichtete Reife [°C · h]

T mittlere Temperatur in der betrachteten Stunde [°C]

C C-Wert des Zements oder Bindemittelgemischs

Für niederländische und deutsche Zemente sind die C-Werte in Tabelle 27 wiedergegeben. Daraus geht hervor, dass der C-Wert hauptsächlich vom Klinkergehalt des Zements abhängig ist.

Die C-Werte sind für folgende Fälle um ± 0,10 zu korrigieren bzw. beim Grundwert zu belassen:

– wenn die Erhärtungstemperatur des Betons überwiegend unter 35 °C liegt und der Beton eine „Festigkeitsentwicklung < 5" hat, dann gilt der Grundwert;

- wenn die Erhärtungstemperatur des Betons überwiegend unter 20 °C liegt und der Beton eine „Festigkeitsentwicklung 5–8" hat, dann gilt der Grundwert + 0,10;

Tabelle 27. C-Werte von niederländischen und deutschen Zementen

Niederlande

Zementart	C-Wert
CEM I, CEM II/A, CEM II/B	1,30
CEM III/A	1,40
CEM III/B	1,55

Deutschland [6.35]

Zementart	C-Wert
CEM I	1,25 bis 1,35
CEM II/B-S	1,30 bis 1,40
CEM III/A	1,35 bis 1,45
CEM III/B	1,40 bis 1,60

Deutschland [0.3]

Gehalt an Portlandzementklinker in Masse-%	C-Wert
> 65 %	1,3
50 bis 64	1,4
35 bis 49	1,5
20 bis 34	1,6

- wenn die Erhärtungstemperatur des Betons überwiegend zwischen 20 und 35 °C liegt und der Beton eine „Festigkeitsentwicklung 5–8" hat, dann gilt der Grundwert – 0,10;
- wenn die Erhärtungstemperatur des Betons überwiegend zwischen 35 und 50 °C liegt und der Beton eine „Festigkeitsentwicklung < 5" hat, dann gilt der Grundwert – 0,10.

Erläuterung:

1) „Festigkeitsentwicklung < 5" bedeutet, dass zwischen 24 und 36 h bei einer Erhärtungstemperatur von 20 °C die Festigkeitszunahme unter 5 N/mm² liegt.

2) „Festigkeitsentwicklung 5–8" bedeutet, dass zwischen 24 und 36 h bei einer Erhärtungstemperatur von 20 °C die Festigkeitszunahme zwischen 5 und 8 N/mm² liegt.

Über eine Eichkurve, die in Vorversuchen bei ca. 20 und 65 °C bestimmt wird, wird die Beziehung zwischen Festigkeit und gewichteter Reife hergestellt. Eine solche Beziehung ist in Bild 13 exemplarisch für eine bestimmte Betonzusammensetzung dargestellt.

Mithilfe der Methode der gewichteten Reife kann dann für jeden Zeitpunkt die Festigkeit eines erhärtenden Betons vorhergesagt werden, wenn in der Konstruktion die Temperatur gemessen wird. Am besten geschieht dies an einigen ausgewählten Stellen mithilfe von einbetonierten Thermoelementen. Für die Ermittlung der gewichteten Reife kann z. B. die niederländische Norm NEN 5970:2001-9 herangezogen werden.

Nicht vollständig erfasst werden kann damit der Einfluss stark veränderlicher Temperaturen wäh-

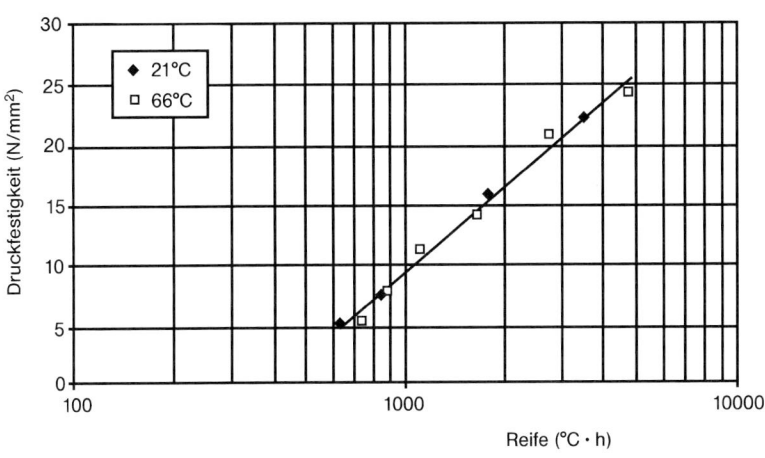

Bild 13. Eichkurve für einen bestimmten Beton [6.14]

rend der Erhärtung: Junger Beton, der anfangs bei niedriger Temperatur gelagert, aber vor Frosteinwirkung und frühzeitiger Austrocknung geschützt wird, erreicht einer während anschließenden Lagerung bei 20 °C etwas höhere Druckfestigkeiten als ein Beton, der stets bei 20 °C gelagert wurde. Die Druckfestigkeitssteigerung ist umso ausgeprägter, je größer die Anfangsverzögerung durch niedrige Temperaturen ist. Sie ist daher bei Beton mit langsam erhärtendem Zement größer als bei Beton mit schnell erhärtendem Zement. Dagegen haben erhöhte Anfangstemperaturen in höherem Alter geringere Druckfestigkeiten zur Folge im Vergleich zur Druckfestigkeit gleicher Betone, die stets bei 20 °C gelagert wurden. Diese Beobachtung ist auch beim Betonieren im Winter bzw. beim Betonieren in warmer Umgebung von Bedeutung.

Die höhere 28-Tage-Druckfestigkeit bei anfangs niedriger Temperatur und die etwas geringere 28-Tage-Druckfestigkeit bei anfangs höherer Temperatur kann vor allem damit erklärt werden, dass sich bei beschleunigter Anfangserhärtung kurzfaserige und bei Verzögerung der Anfangserhärtung langfaserige Hydratationsprodukte bilden, die ineinanderwachsen und ein festes Gerüst bilden. Ein ähnlicher Effekt kann sich auch bei beschleunigenden und verzögernden Betonzusatzmitteln ergeben. Beschleuniger haben eine höhere Anfangstemperatur und daher eine geringere 28-Tage-Druckfestigkeit zur Folge. Verzögerer bewirken dagegen eine niedrigere Anfangstemperatur und eine höhere 28-Tage-Druckfestigkeit.

Höhere Betontemperaturen werden gezielt insbesondere zur Herstellung von Betonfertigteilen und von Betonwaren angewendet, um z. B. durch Dampfmischen, Wärmebehandlung oder Dampfhärtung die Festigkeitsentwicklung des Betons zu beschleunigen und so die Zeit bis zum Entschalen und Vorspannen bzw. Transportieren und Stapeln zu verkürzen [6.15].

6.2.2.3 Prüfeinflüsse

Die Druckfestigkeit von Beton wird an Probekörpern durch stetige Steigerung der Spannung oder Stauchung bestimmt. Für einen Beton gegebener Zusammensetzung und Erhärtung kann das erzielte Ergebnis durch zusätzliche Parameter beeinflusst werden, die mit dem Probekörper, der Prüfmaschine oder der Versuchsdurchführung in Verbindung stehen. Zu diesen Prüfeinflüssen gehören insbesondere Größe und Gestalt der Prüfkörper, die Ebenheit ihrer Druckflächen, die Steifigkeit der Prüfmaschine sowie Steifigkeit und Ebenheit der Druckplatten, ungewollte Exzentrizitäten beim Einbau der Probe sowie die Versuchsdurchführung, insbesondere die Belastungs- oder Dehngeschwindigkeit.

Die geringste Prüfkörperabmessung d soll in der Regel bei gesondert hergestellten Prüfkörpern das 4-Fache und bei aus Bauteilen herausgearbeiteten Prüfkörpern das 3-Fache des Größtkorns D nicht unterschreiten. Prüfkörper mit d/D kleiner als 3 (jedoch nicht kleiner als 2) sollten nur in Ausnahmefällen zur Prüfung herangezogen werden. Wegen der größeren Versuchsstreuungen sollte dann jedoch eine größere Anzahl von Prüfkörpern geprüft werden. Die Betondruckfestigkeit wird heute in Deutschland an 150-mm-Würfeln ermittelt. Nach DIN EN 12390-2/A20:2015-12 sollen die Probekörper 7 Tage feucht und anschließend bei einer Temperatur zwischen 15 und 22 °C zu lagern. Die DIN EN 206-1 fordert die Bestimmung der Betondruckfestigkeit entweder an Zylindern 150/300 mm oder an 150-mm-Würfeln, die bis zur Prüfung wassergelagert wurden. Die DIN EN 1992-1-1 baut auf die Druckfestigkeit von wassergelagerten Betonzylindern 150/300 mm im Alter von 28 Tagen auf. Der Einfluss der Lagerungsart ist zu berücksichtigen (siehe Abschn. 1.3.2).

Die Druckfestigkeit eines Prüfkörpers nimmt bei gegebenem Querschnitt mit steigender Schlankheit, ausgedrückt durch das Verhältnis Höhe h zu Breite bzw. Durchmesser d ab. Würfel mit h/d = 1 weisen daher eine höhere Druckfestigkeit als Zylinder mit h/d > 1 auf. Platten mit h/d < 1 können ein Vielfaches der Druckspannungen von Zylindern aufnehmen (siehe dazu Tabelle 28). Die höheren Druckfestigkeiten gedrungener Körper sind auf die Behinderung der Querdehnung der druckbeanspruchten Probekörper durch die steiferen Druckplatten der Prüfmaschine zurückzuführen. Dadurch entsteht in der Nähe der belasteten Flächen ein dreiachsiger Druckspannungszustand, der die aufnehmbare Druckkraft erhöht. Durch Zwischenlagen oder Lasteintragung über bürstenartige Druckplatten, welche die freie Querdehnung des Probekörpers nicht nennenswert behindern, ist die Druckfestigkeit von der Probenschlankheit h/d weitgehend unabhängig. Solche Maßnahmen sind aber für einen routinemäßigen Einsatz i. Allg. zu aufwändig. Die Druckfestigkeit von Probekörpern gegebener Schlankheit, z. B. von Würfeln, nimmt im Allgemeinen mit steigender Größe ab. Die Ursache dieser Beobachtung liegt in der zunehmenden Wahrscheinlichkeit von Defekten (*Weibull*-Theorie).

Tabelle 28. Verhältniswerte der Druckfestigkeit von Prüfkörpern verschiedener Schlankheit

Schlankheit h/d	0,5	1,0	1,5	2,0	3,0	4,0
Verhältniswerte [a]	1,40 bis 2,00	1,10 bis 1,20	1,03 bis 1,07	1,00	0,95 bis 1,00	0,90 bis 0,95

[a] Im Bereich h/d < 2 entsprechen die größten Werte Beton mit geringerer Festigkeit, die kleineren Werte Beton höherer Festigkeit.

Bei Normalbeton der Festigkeitsklassen oberhalb von C20/25 nimmt der zahlenmäßige Unterschied zwischen Würfel- und Zylinderdruckfestigkeit mit wachsender Betonfestigkeit ab. Dieser Beobachtung wird in DIN EN 206-1 Rechnung getragen. Die o. g. Umrechnungsfaktoren können auch für jeden Einzelfall experimentell bestimmt werden. Dies ist nach DIN 1045-2 zwingend erforderlich, wenn Würfel oder Zylinder mit Abmessungen verwendet werden, die von den o. g. Standardwerten abweichen. Dann sind die Umrechnungsfaktoren für die Druckfestigkeit bei der Erstprüfung für Beton jeder Zusammensetzung und für jedes Prüfalter im Einzelnen experimentell zu bestimmen. Prüfkörper werden entweder in Stahl- bzw. Gusseisenformen oder in Kunststoffformen hergestellt. Wegen der geringeren Wärmeleitfähigkeit der Kunststoffformen und der damit verbundenen höheren Anfangstemperatur des Betons ist die Druckfestigkeit darin hergestellter Proben im Vergleich zu Proben aus Stahl- oder Gusseisenformen in jungem Alter etwas höher, nach 28 Tagen in der Regel etwas niedriger.

Prüfkörper, die aus Bauteilen oder größeren Betonstücken herausgearbeitet worden sind, können bei gleichem Verdichtungs- und Hydratationsgrad, d. h. bei an sich gleicher Druckfestigkeit, wegen des angeschnittenen Gefüges und evtl. durch das Herausarbeiten verursachte Gefügelockerungen bei sachgerechtem Vorgehen etwa bis zu 10 % geringere Druckfestigkeitsergebnisse liefern als in Formen hergestellte Prüfkörper. Wegen ungleicher Verdichtungs- und Hydratationsgrade und anderer Einflüsse können jedoch zwischen dem Bauwerksbeton und gesondert hergestellten Probekörpern auch größere Festigkeitsunterschiede auftreten.

Die Druckflächen der Prüfkörper müssen eben, parallel und rechtwinklig zur Druckrichtung sein. Die Abweichungen der Druckflächen von der Ebenheit dürfen 0,1 mm nicht überschreiten. Anderenfalls sollten die Druckflächen abgeschliffen oder, wenn dies z. B. wegen zu geringer Festigkeit nicht möglich ist, sachgerecht mit Zementmörtel abgeglichen werden. Das Abgleichen von Druckflächen mit sehr dünnen Schwefelschichten sollte, wegen der sonst zu erwartenden geringeren Druckfestigkeit, auf Beton mit einer Druckfestigkeit bis zu höchstens 30 N/mm² beschränkt bleiben und nicht angewendet werden, wenn keine Erfahrungen mit diesem Verfahren vorliegen. Die Druckfestigkeitsergebnisse können auch durch ungleiche Längssteifigkeit der Rahmenteile, durch unterschiedliche Quersteifigkeit verschiedener Prüfmaschinen, vor allem aber durch Druckplattenverformung beeinträchtigt werden. Die Druckplatten sollten daher so bemessen und konstruiert sein, dass bei Prüfung der größtmöglichen Prüfkörper auch bei größtmöglicher Belastung mindestens die Ebenheitsanforderungen erfüllt werden, die an die Druckflächen der Prüfkörper gestellt werden.

Mit steigender Beanspruchungsgeschwindigkeit nimmt die Druckfestigkeit von Beton zu. Bei der normengerechten Bestimmung der Betondruckfestigkeit muss daher die Beanspruchungsgeschwindigkeit festgelegt sein. Entsprechend sieht die DIN EN 12390-3 bei der Druckfestigkeitsprüfung eine Belastungsgeschwindigkeit von etwa 0,2 bis 1,0 N/(mm² · s) vor. Die Abhängigkeit der Festigkeit von der Beanspruchungsgeschwindigkeit ist jedoch nicht nur ein „Prüfeinfluss", sondern eine echte Werkstoffeigenschaft, die auch für die Bemessung insbesondere stoß- oder dynamisch beanspruchter Konstruktionen wesentlich ist.

6.2.3 Festigkeitsklassen

Die Festigkeitsklassen der DIN EN 206-1 sind in den Tabellen 1 und 2 (Abschn. 1.3.2) zusammengestellt. Da ein eventueller Bruch eines Bauteils stets von der schwächsten Stelle im Bereich hoher Beanspruchung ausgeht, wurden in diesen Normen die Betonfestigkeitsklassen nicht auf eine mittlere Druckfestigkeit, sondern auf eine Festigkeit abgestimmt, die an möglichst allen Stellen des Bauteils erreicht oder überschritten wird. Nach DIN EN 1992-1-1 gilt die charakteristische Druckfestigkeit f_{ck}. Sie entspricht dem 5%-Quantil der Grundgesamtheit, d. h. des gesamten Betons einer Festigkeitsklasse und errechnet sich wie folgt:

$$f_{ck} = f_{cm} - 1{,}645 \cdot \sigma \qquad (6.5)$$

Darin ist f_{cm} der Mittelwert der Grundgesamtheit und σ die zugehörige Standardabweichung.

Neben der charakteristischen Festigkeit gelten Anforderungen an den Mittelwert von n Ergebnissen aus verschiedenen Mischerfüllungen und nacheinander hergestellten Würfeln. Eine statistische Auswertung zahlreicher Ergebnisse von Druckfestigkeitsprüfungen ergab, dass das 5%-Quantil für die mittlere Druckfestigkeit von 3 Proben etwa um 5 N/mm² über dem 5%-Quantil aller Einzelwerte der Grundgesamtheit liegt. Dieser Betrag ist, außer für sehr niedrige Druckfestigkeiten, von der mittleren Druckfestigkeit unabhängig.

Zur Konformitätskontrolle von Beton siehe DIN-Fachbericht 100 und [6.16].

6.3 Zugfestigkeit

Zur Bestimmung der Risslast von Stahl- und Spannbetonkonstruktionen, zur Abschätzung der erforderlichen Mindestbewehrung und zur Bemessung leicht- oder unbewehrter Konstruktionen ist eine Kenntnis der Zugfestigkeit von Beton unerlässlich. Sie geht auch in Nachweise bez. der Verbundfestigkeit und der Schubtragfähigkeit ein. Die Eigenschaften von Beton unter Zugbeanspruchung sind aber auch bei Stahl- und Spannbetonkonstruktionen von Bedeutung, um das Tragverhalten z. B. eines gerissenen Balkens, das Verhalten im Verankerungsbereich oder bei Zwangsbeanspruchung richtig abschätzen zu können. Anders als bei Druckbeanspruchung ist die Bestimmung der Festigkeit und des Spannungs-Dehnungsverhaltens bei Zugbeanspruchung, vor allem bei zentrischem Zug, mit einer Reihe versuchstechnischer Probleme verbunden. Es werden daher vielfach andere Versuchsmethoden, insbesondere der Biege- und der Spaltversuch angewandt, um das Verhalten von Beton bei Zugbeanspruchung zu bestimmen.

6.3.1 Bruchverhalten und Bruchenergie

Wie schon bei der Beschreibung des Bruchverhaltens von Beton unter Druckbeanspruchung ist auch beim Zugbruch davon auszugehen, dass der Beton schon vor der Belastung von einem System von Mikrorissen in der Kontaktzone zwischen Zementstein und Gesteinskörnung durchzogen ist. Äußere, gleichmäßig verteilte Zugspannungen lösen bis zu ca. 70 % der Zugfestigkeit aber noch kein nennenswertes Wachstum dieser Risse aus, und die Spannungsdehnungslinie des Betons bleibt daher nahezu linear. Bei höheren Zugspannungen beginnen diese Risse bevorzugt in einer Richtung rechtwinklig zur äußeren Beanspruchung zu wachsen. Weist die zugbeanspruchte Probe bereits eine größere Fehlstelle oder eine Kerbe auf, so bildet sich an der Kerbwurzel eine sog. Prozesszone aus. Darunter wird ein System sehr feiner, z. T. parallel verlaufender Mikrorisse verstanden, die aber noch nicht kontinuierlich sind. Die Prozesszone kann zwar noch Zugspannungen übertragen, die aufnehmbaren Spannungen nehmen aber mit steigender Beanspruchung ab, bis sich ein ausgeprägter Riss gebildet hat [6.2].

Dieser Vorgang ist auf einen einzigen Querschnitt begrenzt, sodass der Zugbruch in noch viel größerem Maß diskret, d. h. örtlich begrenzt ist, als der Druckbruch. Erreicht die Riss- und Prozesszonenentwicklung in diesem Querschnitt ein kritisches Ausmaß, so kann ein instabiles Risswachstum und damit ein plötzlicher Bruch nur vermieden werden, wenn die äußere Beanspruchung reduziert wird. So entsteht auch bei Zugbeanspruchung ein abfallender Ast der Spannungsdehnungslinie. Im angerissenen Querschnitt nehmen trotz sinkender Zugspannungen die Verformungen als Folge weiterer Mikroriss- und Prozesszonenbildung zu. Außerhalb dieses Querschnitts nehmen die Dehnungen des Betons mit sinkender Zugspannung dagegen wieder ab. Zur Beschreibung des Spannungs-Dehnungsverhaltens von Beton bei Zugbeanspruchung ist daher zwischen dem Querschnitt, in dem der Bruchvorgang abläuft, und den Bereichen außerhalb dieses Querschnitts zu unterscheiden.

Da die Zugfestigkeit von Beton durch das Wachstum von Mikrorissen bestimmt wird, die sich beim vollständigen Versagen zu einem durchgehenden Riss vereinigen, ist es naheliegend, bruchmechanische Konzepte, d. h. Energiebetrachtungen bzw. die Berücksichtigung örtlicher Spannungskonzentrationen an Fehlstellen oder Rissen, zur Beschreibung des Verhaltens von Beton bei Zugbeanspruchung anzuwenden. Vor allem in der Forschung, in zunehmendem Maß aber auch bei FE-Analysen, wird daher die sog. Bruchenergie G_F als bruchmechanischer Kennwert zur Beurteilung des Widerstandes von Beton gegen eine Zugbeanspruchung herangezogen. RILEM hat zur Bestimmung von G_F folgende Prüfmethode vorgeschlagen [6.3]: Ein gekerbter Biegebalken wird bei konstanter Durchbiegungsgeschwindigkeit mit einer Einzellast beansprucht. Die Lastdurchbiegungsbeziehung wird über den Maximalwert der aufnehmbaren Last hinaus bis zum völligen Versagen der Probe registriert. Die Bruchenergie G_F ist definiert als die Fläche unter dem Lastdurchbiegungsdiagramm, bezogen auf die Betonfläche im gekerbten Querschnitt. G_F ist damit die zur Erzeugung eines Risses unter Einheitslänge erforderliche Energie und hat die Einheit Nmm/mm² bzw. N/mm. Experimentell aufwendiger, letztlich aber genauer, kann die Bruchenergie aus einem zentrischen Zugversuch an Proben, die symmetrisch gekerbt sind und sich im Einspannungsbereich nicht verdrehen können, ermittelt werden [6.44].

Die Bruchenergie hängt von einer Reihe von Parametern, insbesondere vom w/z-Wert und vom Zementstein-Gesteinskörnung-Verbund ab. Nach [6.4] kann die Bruchenergie näherungsweise in Abhängigkeit von der Betondruckfestigkeit nach Gl. (6.6) angegeben werden, die auch im MC 2010 enthalten ist [6.41]:

$$G_F = 73 \cdot f_{cm}^{0,18} \qquad (6.6)$$

Darin bedeuten:

G_F Bruchenergie [N/m]

f_{cm} mittlere Zylinderdruckfestigkeit des Betons [N/mm²]

Nach Gl. (6.6) nimmt die Bruchenergie mit steigender Betondruckfestigkeit zu. Bei höheren Betondruckfestigkeiten ab etwa 80 N/mm² ist nur noch ein sehr geringer Anstieg der Bruchenergie gegeben. Vereinzelt wurde auch das Erreichen eines konstanten Niveaus beobachtet [6.5].

6.3.2 Einflüsse auf die Zugfestigkeit

Die Zugfestigkeit des Betons hängt vor allem von jenen Parametern ab, welche für die Druckfestigkeit des Betons maßgebend sind: Dies sind die Eigenschaften des Zementsteins und die Haftung zwischen Zementstein und Gesteinskörnung. Entsprechend nimmt die Zugfestigkeit des Betons mit sinkendem Wasserzementwert und steigendem Hydratationsgrad zu, wenn auch weniger deutlich als die Druckfestigkeit. Zugfestigkeit und Druckfestigkeit sind daher nicht einander proportional. Da die Haftung und Verzahnung zwischen Zementstein und Gesteinskörnung mit rauer Oberfläche in der Regel besser als bei natürlichem, ungebrochenem Sand und Kies ist, weisen Betone aus gebrochener Gesteinskörnung unter sonst gleichen Bedingungen im Allgemeinen eine Zugfestigkeit auf, die um 10 bis 20% größer ist als die eines Kiessandbetons gleicher Druckfestigkeit. Von besonderer Bedeutung für die Zugfestigkeit sind die Eigenspannungen und daraus resultierenden Mikrorisse im Betongefüge als Folge einer Austrocknung und dem damit verbundenen Schwinden des Betons.

6.3.3 Zentrische Zugfestigkeit

Die zentrische Zugfestigkeit ist die von einer axial auf Zug beanspruchten Probe maximal aufnehmbare mittlere Zugspannung. Sie kommt zwar der tatsächlichen Zugfestigkeit des Betons am nächsten, ihre Bestimmung ist jedoch versuchstechnisch schwierig. Anders als bei duktilen Metallen kann in eine Probe aus Beton die Zugkraft nicht direkt über die Spannbacken einer Prüfmaschine eingeleitet werden. Die Spannungskonzentrationen an der Einspannstelle würden zu einem vorzeitigen Bruch des Betons führen. Seit etwa den frühen 1960er-Jahren stehen jedoch hochfeste Klebstoffe zur Verfügung, mit denen Stahlplatten auf die Endflächen einer Probe geklebt werden können. Beispielsweise über Gewindestangen kann dann die Last in die Probe eingeleitet werden. Ähnlich wie beim Druckversuch herrscht auch beim zentrischen Zugversuch in der Nähe der Lasteintragung ein dreiachsiger Spannungszustand – hier dreiachsiger Zug –, der ein vorzeitiges Versagen des Betons im Lasteintragungsbereich auslösen kann. Es ist daher von Vorteil, Proben zu verwenden, deren Querschnitt sich zur Probenmitte hin verjüngt. Ein standardisiertes Prüfverfahren für den zentrischen Zugversuch wurde von einer Arbeitsgruppe der RILEM entwickelt. Eine entsprechende nationale Prüfnorm existiert nicht.

Die zentrische Zugfestigkeit üblicher Betone liegt etwa zwischen 1,5 und 5 N/mm². Sie nimmt mit steigendem Hydratationsgrad und daher mit steigendem Betonalter zu. Kann der Beton aber nach einer Feuchtlagerung bzw. Nachbehandlung austrocknen, so entstehen in den Betonrandzonen Zugeigenspannungen infolge des Schwindens, die ein im Allgemeinen vorübergehendes Absinken der Betonzugfestigkeit um 10 bis 50% der Zugfestigkeit im Anschluss an die Nachbehandlung zur Folge haben können. Die zentrische Zugfestigkeit nimmt ab, wenn die Abmessungen der Probe im Vergleich zum Größtkorn der Gesteinskörnung abnehmen und z. B. der Durchmesser eines Zylinders oder die Kantenlänge eines Prismas kleiner als etwa das Dreifache des Größtkorns sind. Auch die zentrische Zugfestigkeit wird, wie schon die Druckfestigkeit, durch die Gestalt und Größe des Probekörpers beeinflusst:

Mit steigendem Probenvolumen nimmt auch die Zugfestigkeit des Betons ab.

6.3.4 Biegezugfestigkeit

Wesentlich einfacher ist es, die Zugfestigkeit von Beton an Biegebalken zu bestimmen. Die Biegezugfestigkeit ist als die maximal aufnehmbare Spannung am Zugrand eines Biegebalkens definiert, die sich unter Annahme linear-elastischen Verhaltens des Betons nach der Biegetheorie ergibt.

Die Biegezugfestigkeit von üblichen Betonen liegt etwa zwischen 3 und 8 N/mm². Sie ist, wie schon die zentrische Zugfestigkeit vom w/z-Wert, vom Hydratationsgrad und von der Haftung zwischen Zementstein und Gesteinskörnung abhängig. Auch die Biegezugfestigkeit kann nach der Nachbehandlung als Folge der Schwindeigenspannungen vorübergehend abnehmen. Von besonderem Einfluss auf die Biegezugfestigkeit ist die Größe, insbesondere die Höhe des Biegebalkens: Mit steigender Balkenhöhe nimmt die Biegezugfestigkeit ab und nähert sich bei sehr großen Balkenhöhen der zentrischen Zugfestigkeit.

In Europa gilt DIN EN 12390-5 für die Biegezugprüfung von Beton.

6.3.5 Spaltzugfestigkeit

Die Spaltzugfestigkeit wird vorzugsweise an Zylindern, aber auch an Würfeln oder Prismen bestimmt. Bei Zylindern werden diese entlang zweier gegenüberliegender Mantellinien mit einer Druckkraft beansprucht. Dadurch wird in der Probe ein zweiachsiger Spannungszustand erzeugt, nämlich Druck in Richtung der Linienbelastung und Zug rechtwinklig dazu. Diese Zugspannungen sind über ca. 90% des Zylinderdurchmessers nahezu konstant. Das Verhältnis der maximalen Druck- zur maximalen Zugspannung beträgt $\sigma_y/\sigma_x = -3$. Da die Zugfestigkeit des Betons wesentlich kleiner als seine Druckfestigkeit ist, bewirkt die Zugspannung σ_x ein Aufspalten des Zylinders ähnlich dem Spalten eines Holzklotzes mit einem Beil [6.6]. Nach der Elastizitätstheorie ergibt sich wie an einem Zylinder, Durchmesser d, Länge l, bestimmte Spaltzugfestigkeit $f_{ct,sp}$ aus der im Spaltzugversuch ermittelten Höchstlast F_u nach Gl. (6.7).

$$f_{ct,sp} = 2 F_u / (\pi \cdot d \cdot l) \qquad (6.7)$$

Die Spaltzugfestigkeit liegt für übliche Betone etwa zwischen 2 und 6 N/mm². Sie wird von der Betonzusammensetzung in ähnlicher Weise beeinflusst wie die Biegezugfestigkeit. Auch die Spaltzugfestigkeit ist bei Beton aus gebrochener Gesteinskörnung im Allgemeinen etwa 10 bis 20% größer als bei entsprechendem Kiessandbeton gleicher Druckfestigkeit. Bei Beton gleicher Druckfestigkeit, gleichen w/z-Wertes und vollständiger Verdichtung wird sie mit sandreicherem Korngemisch und kleinerem Größtkorn ebenfalls etwas größer.

Die Spaltzugfestigkeit ist nicht in so starkem Maße wie die Biegezugfestigkeit vom Feuchtigkeitszustand und von Temperaturänderungen bei der Prüfung abhängig. So wird z. B. die Spaltzugfestigkeit im Gegensatz zur Biegefestigkeit und zur zentrischen Zugfestigkeit am Anfang einer Austrocknung fast nicht oder nur in geringem Maße vorübergehend abgemindert. Grund hierfür ist, dass der das Versagen auslösende Spannungszustand im Inneren und nicht in der Randzone der Probekörper auftritt.

Die Prüfung der Spaltzugfestigkeit erfolgt nach DIN EN 12390-6.

6.3.6 Verhältniswerte für Druck- und Zugfestigkeit

Insbesondere für den entwerfenden Ingenieur, aber auch für den Betontechnologen ist es häufig notwendig, aus bekannten Eingangsgrößen, z. B. der Nennfestigkeit des Betons, auf die Zugfestigkeit des Betons zu schließen. Ebenso wichtig ist es, die zentrische Zugfestigkeit des Betons aus anderen Prüfungen, z. B. dem Biegezug- oder dem Spaltzugversuch abzuleiten. Dazu sind Verhältniswerte der Festigkeiten erforderlich. Sie sind von allen Einflussgrößen abhängig, die auch die Festigkeiten selbst beeinflussen. Daher können solche Werte nur die Tendenz aufzeigen, aber in der Regel nicht auf den Einzelfall exakt übertragen werden. Richtwerte für die Verhältniswerte zwischen Druckfestigkeit, Biegezugfestigkeit und Spaltzugfestigkeit enthält die Tabelle 29.

Nach [6.7] kann für den Zusammenhang zwischen Betonzugfestigkeit f_{ct} und der Würfeldruckfestigkeit $f_{cm,cube}$ des Betons die Gl. (6.8) angegeben werden.

$$f_{ct} = c \cdot f_{cm,cube}^{2/3} \qquad (6.8)$$

Der Beiwert c hängt von der Art der Zugbeanspruchung – zentrisch, Biegezug oder Spaltzug – ab. Dieser Ansatz wurde auch im DIN EN 1992-1-1 verwendet und im MC 1990 erweitert [1.2]. Da es bei der Bemessung u. U. notwendig ist, von Ober- und Untergrenzen der Betonzugfestigkeit auszugehen, wurden im MC 1990 folgende Beziehungen für die zentrische Zugfestigkeit angegeben:

$$f_{ctk,min} = f_{ctk0,min}(f_{ck}/f_{ck0})^{2/3} \qquad (6.8a)$$

$$f_{ctk,max} = f_{ctk0,max}(f_{ck}/f_{ck0})^{2/3} \qquad (6.8b)$$

$$f_{ctm} = f_{ctk0,m}(f_{ck}/f_{ck0})^{2/3} \qquad (6.8c)$$

Darin bedeuten $f_{ctk,min}$ bzw. $f_{ctk,max}$ die untere bzw. die obere Grenze der anzusetzenden charakteristischen Betonzugfestigkeit in N/mm². f_{ctm} gibt den Mittelwert der zu erwartenden Betonzugfestigkeit an. Der Parameter f_{ck} ist die charakteristische Zylinderdruckfestigkeit des Betons nach Abschn. 6.2.3 in N/mm²; als Bezugsgröße ist $f_{ck0} = 10$ N/mm². Ferner sind $f_{ctk0,min} = 0,95$ N/mm²; $f_{ctk0,max} = 1,85$ N/mm² und $f_{ctk0,m} = 1,40$ N/mm². Diese Beziehungen finden sich auch im MC 2010 [6.41].

Nach [6.5] überschätzt Gl. (6.8c) die Zugfestigkeit von Beton bei einer Druckfestigkeit größer als 80 N/mm², da die Zugfestigkeit dann nur noch wenig mit steigender Druckfestigkeit zunimmt. Um dies zu berücksichtigen, wird in [6.5] eine Beziehung entsprechend Gl. (6.9) vorgeschlagen:

$$f_{ctm} = f_{ctm0} \cdot \ln(1 + f_{cm}/f_{cm0}) \qquad (6.9)$$

wobei

f_{cm0} = mittlere Betondruckfestigkeit
    $= f_{ck} + 8$ [N/mm²]

f_{ctm0} = 2,12 N/mm² und

f_{cm0} = 10 N/mm².

Im MC 2010 [6.41] wird von folgendem Zusammenhang zwischen mittlerer zentrischer Zugfestigkeit f_{ctm} und mittlerer Spaltzugfestigkeit $f_{ct,sp}$ ausgegangen:

$$f_{ctm} = c_{sp} \cdot f_{ct,sp} \qquad (6.10)$$

wobei $c_{sp} = 1,0$ ist. Neuere Untersuchungen zeigen, dass für Bohrkerne $c_{sp} = 1,1$ gilt, während für geschalte Probekörper mit $c_{sp} = 2,2 \cdot f_{cm}^{-0,18}$ Versuchsergebnisse zutreffend wiedergegeben werden [6.42]. Insofern stellt die Angabe $c_{sp} = 1,0$ einen vereinfachenden Kompromiss dar.

Tabelle 29. Richtwerte für den Zusammenhang zwischen Druckfestigkeit und Biegezug- bzw. Spaltzugfestigkeit

Druckfestigkeit [N/mm²]	Mittlerer Verhältniswert			
	Druckfestigkeit zu Biegezugfestigkeit		Druckfestigkeit zu Spaltzugfestigkeit	
	Kiessandbeton	Splittbeton	Einzelwerte	Mittel
10	5,0	4,0	10,0 bis 6,5	8,0
20	6,0	5,0	12,0 bis 8,0	10,5
30	7,0	5,5	14,0 bis 9,0	11,5
40	7,5	6,0	15,0 bis 10,5	13,0
50	8,0	7,0	16,0 bis 11,5	14,0
60	8,5	7,5	17,0 bis 12,5	15,0
80	9,5	8,5	19,0 bis 13,0	16,0
100	11,0	10,0	23,0 bis 16,0	19,0
120	12,0	11,0	24,0 bis 19,0	21,0

6.4 Festigkeit bei mehrachsiger Beanspruchung

Insbesondere Flächentragwerke und dickwandige Konstruktionen können einem mehrachsigen Spannungszustand unterworfen sein. Aber selbst in einem Biegebalken ist durch die gleichzeitige Entstehung von Schub- und Normalspannungen der Spannungszustand zweiachsig. Allgemein gültige Angaben über die Festigkeit von Beton unter mehrachsiger Beanspruchung sind nur auf der Grundlage sog. Bruchhypothesen möglich.

Die Festigkeit von Beton bei zweiachsiger Druckbeanspruchung ist je nach Verhältnis der Hauptspannungen um bis zu ca. 25 % größer als die einachsige Druckfestigkeit. Die Festigkeit von Beton bei zweiachsiger Zugbeanspruchung ist vom Verhältnis der Hauptspannungen unabhängig und gleich der zentrischen Zugfestigkeit. Ist der Beton gleichzeitig Druck- und Zugspannungen ausgesetzt, so nimmt die aufnehmbare Druckspannung mit steigender Zugspannung deutlich ab [0.8, 6.8, 6.9].

Die Festigkeit von Beton ist wie die der meisten Werkstoffe bei hydrostatischer Beanspruchung, d. h. gleichen Druckspannungen in allen 3 Hauptrichtungen, am größten. Die Festigkeit von Beton bei dreiachsiger Beanspruchung ist umso geringer, je mehr der Spannungszustand vom hydrostatischen abweicht. Allgemeingültige Formulierungen über die Festigkeit von Beton bei mehrachsiger Beanspruchung sind z. B. im MC 1990 [1.2], im MC 2010 [6.41] sowie in [0.8] angegeben. Bild 14 zeigt die Grenzlinie der zweiachsigen Festigkeit und die Grenzfläche der dreiachsigen Festigkeit von Beton.

6.5 Spannungs-Dehnungsbeziehungen

Eines der wichtigsten Merkmale eines Werkstoffs ist seine Spannungs-Dehnungslinie – das ist der Zusammenhang zwischen einer Spannung und der von ihr in Beanspruchungsrichtung ausgelösten Dehnung. Im einfachsten Fall gilt für einachsige Beanspruchungen das Hooke'sche Gesetz: $\sigma = E \cdot \varepsilon$. Darin bedeuten σ die Spannung, ε die dazugehörige Dehnung und E den Elastizitätsmodul. Beton folgt diesem Gesetz näherungsweise bei kurzzeitig einwirkender Druckbeanspruchung bis zu ca. 40 % seiner Druckfestigkeit und bei kurzzeitig einwirkender Zugbeanspruchung bis zu ca. 70 % seiner Zugfestigkeit. Bei höheren Spannungen steigt die Dehnung mit der Spannung überproportional an, und bei einer Entlastung ist nur ein Teil der Verformungen reversibel, d. h. elastisch. Der irreversible Verformungsanteil nimmt mit steigender Spannung zu. Schon bei niedrigen Spannungen ist die von einer Spannung ausgelöste Dehnung umso größer, je langsamer die Spannung aufgebracht wird bzw. je länger sie einwirkt. Ursache hierfür ist die Kriechneigung von Beton. Charakteristisch für Beton ist, dass er nach Erreichen der aufnehmbaren Höchstspannung, der Druck- bzw. der Zugfestigkeit, sich deutlich entfestigt, d. h. mit steigender Dehnung nimmt die aufnehmbare Spannung ab, und die Spannungs-Dehnungsbeziehung weist einen abfallenden Ast auf. Eine Spannung löst auch rechtwinklig zu ihrer Wirkungsrichtung eine Dehnung aus: $\varepsilon_q = -\mu \cdot \varepsilon$. Darin bedeuten ε_q die Dehnung rechtwinklig zur Beanspruchungsrichtung, ε die Dehnung in Beanspruchungsrichtung und μ die Poisson'sche Zahl oder Querdehnzahl. Die Querdehn-

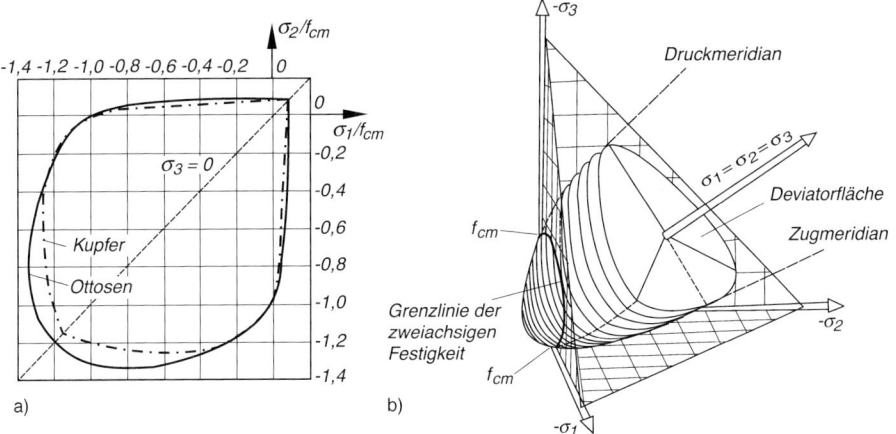

Bild 14. Die Festigkeit von Beton bei mehrachsiger Beanspruchung
a) Grenzlinie der zweiachsigen Festigkeit [1.2]
b) Grenzfläche der dreiachsigen Festigkeit [1.2]

zahl ist für einen Werkstoff mit linear-elastischen Eigenschaften unabhängig von der Größe der aufgebrachten Spannung und liegt in einem Bereich $0 < \mu < 0{,}5$. Die Querdehnzahl μ für Beton ist nur im Bereich niedriger Spannungen konstant ($\mu \approx 0{,}2$) und steigt bei Druckspannungen größer etwa $0{,}4\,f_c$ deutlich an.

Obwohl also die Werkstoffkennwerte Elastizitätsmodul E und Querdehnzahl μ für Beton nur unter Einschränkungen, d. h. bei niedrigen Spannungen und kurzzeitiger Einwirkungsdauer, als konstante Größen behandelt werden können, sind sie unerlässlich, z. B. zur Abschätzung der Bauwerksverformung bei kurzzeitiger Einwirkung der Gebrauchslast, der elastischen Rückverformung bei einer Entlastung oder zur Tragwerksanalyse für den Gebrauchszustand, wenn E und μ in verschiedenen Bauteilen unterschiedlich sind. Die Kenntnis des gesamten Verlaufs der Spannungs-Dehnungslinie ist Voraussetzung zur richtigen Abschätzung des Bauwerkverhaltens im Zustand des Versagens.

6.5.1 Elastizitätsmodul und Querdehnzahl

Zur Beschreibung des elastischen Verhaltens von Beton wird entweder die Neigung der Spannungs-Dehnungslinie im Ursprung, definiert als Tangentenmodul, oder die Sekante zur Spannungs-Dehnungslinie bei Druckbeanspruchung zwischen der Spannung $\sigma = 0$ und $\sigma \approx -0{,}4f_c$, definiert als Sekantenmodul herangezogen. Der E-Modul des Betons wird durch die E-Moduln seiner Komponenten, der Gesteinskörnung und des Zementsteins, bestimmt. Er kann nach der Theorie der Verbundwerkstoffe auch rechnerisch aus den E-Moduln und Volumenanteilen beider Komponenten näherungsweise ermittelt werden. Der E-Modul des Zementsteins hängt von der Kapillarporosität und damit vom Wasserzementwert und vom Hydratationsgrad nach Gl. (2.1) ab. Nach [6.10] besteht zwischen dem E-Modul des Zementsteins E_{zs} und der Kapillarporosität V_K, bezogen auf das Gesamtvolumen V_0, ein Zusammenhang entsprechend Gl. (6.11).

$$E_{zs} = E_0 \left(1 - \alpha \cdot \frac{V_K}{V_0}\right)^m \qquad (6.11)$$

Dabei ist E_0 der E-Modul des kapillarporenfreien Zementsteins, α folgt aus Gl. (2.3) im Abschn. 2.1.6. In [6.10] wird für die Potenz $m = 3$ angegeben. Ein Vergleich von Gl. (6.11) mit Gl. (2.2) im Abschn. 2.1.6 zeigt, dass für $n = m = 3$ E-Modul und Druckfestigkeit des Zementsteins zueinander proportional sein sollten. Versuchsergebnisse [6.8] zeigen jedoch, dass dies nicht zutrifft und dass $m < n$ ist. In einer Beziehung zwischen Druckfestigkeit und E-Modul nach Gl. (6.12)

$$E_{zs} = E_{zso} \cdot (f_{zs}/f_{zso})^p \qquad (6.12)$$

sollte daher die Potenz $p < 1$ sein. Dies stimmt mit der entsprechenden Beziehung für Beton nach Gl. (6.13) überein.

Als Anhaltspunkt kann von einem E-Modul des Zementsteins im Alter von 28 Tagen $E_{zs} \approx 9000\,\text{N/mm}^2$ bei $w/z = 0{,}7$ und $E_{zs} \approx 20\,000\,\text{N/mm}^2$ bei $w/z = 0{,}4$ ausgegangen werden. Darüber hinaus hängt E_{zs} vom Feuchtezustand des Zementsteins ab. Im Vergleich zu wassergesättigtem Zementstein weist trockener Zementstein einen um ca. 10 % geringeren E-Modul auf.

Der E-Modul der Gesteinskörnung kann in weiten Grenzen schwanken und hängt vom chemisch-mineralogischen Charakter des Gesteins ab (vgl. Abschnitt 2.2.2). Der E-Modul von herkömmlich eingesetzter Gesteinskörnung liegt nach Tabelle 12 etwa zwischen $10\,000\,\text{N/mm}^2$ (z. B. Sandstein) und $90\,000\,\text{N/mm}^2$ (z. B. Basalt). Er ist damit meist deutlich größer als der E-Modul des Zementsteins. Leichte Gesteinskörnungen weisen dagegen E-Moduln auf, die je nach Kornrohdichte etwa zwischen 3000 und $20\,000\,\text{N/mm}^2$ liegen und damit auch niedriger als der E-Modul des Zementsteins sein können. Damit sind als wesentliche technologische Parameter für den E-Modul des Betons zu nennen: der Wasserzementwert und das Alter des Betons, der E-Modul und der Volumenanteil der Gesteinskörnung und der Feuchtezustand des Betons. Mit sinkendem Wasserzementwert und steigendem Alter nimmt der E-Modul des Betons zu. Eine Zunahme des Zement- bzw. Zementsteingehalts bewirkt eine Abnahme des E-Moduls. Diese Tendenzen gelten sowohl für den Tangenten- als auch für den Sekantenmodul nach oben genannter Definition. Im Bereich der Gebrauchsspannungen ist der Tangentenmodul für Druck- und für Zugbeanspruchung gleich.

In Deutschland wird der E-Modul bei Druckbeanspruchung nach DIN EN 12390-13, Verfahren B bestimmt (vergleichbar mit der Bestimmung nach DIN 1048-5). Er ist definiert als stabilisierter E-Modul $E_{C,S}$ bei der 3. Belastung nach vorangegangener 2-maliger Be- und Entlastung zwischen den Spannungen $\sigma_{min} = -0{,}5\,\text{N/mm}^2$ und $\sigma_{max} \approx -1/3 f_{cm}$. Durch die Be- und Entlastungszyklen wird sichergestellt, dass bei der 3. Belastung fast nur noch elastische Verformungen auftreten.

Aus den o. g. Einflussparametern geht hervor, dass der E-Modul des Betons mit steigender Betondruckfestigkeit ansteigt. Es liegt daher nahe, den E-Modul von Beton in Abhängigkeit der Betondruckfestigkeit bzw. von der Betonfestigkeitsklasse anzugeben. Damit kann der Einfluss des E-Moduls der Gesteinskörnung und seines Volumenanteils aber nicht erfasst werden, sodass Abhängigkeiten $E_c \approx f(f_{cm})$ stets nur Näherungen aus Versuchen sind. Tabelle 30 gibt die in DIN EN 1992-1-1 enthaltenen Angaben über den E-Modul in Abhängigkeit von der Beton-

Festigkeit und Verformung von Festbeton

Tabelle 30. Rechenwerte des E-Moduls E_{c0m} für Beton nach DIN EN 1992-1-1

Betonfestigkeitsklasse	C12/15	C16/20	C20/25	C25/30	C30/37	C35/45	C40/50	C45/55
E-Modul des Betons [kN/mm²]	27	29	30	31	33	34	35	36
Betonfestigkeitsklasse	C50/60	C55/67	C60/75	C70/85	C80/95	C90/105		
E-Modul des Betons [kN/mm²]	37	38	39	41	42	44		

festigkeitsklasse wieder. Der Schubmodul G kann berechnet werden aus $G = E/(2(1 + \mu))$, wobei μ die Querdehnzahl des Betons ist.

Im MC 1990 und im MC 2010 wird ein Zusammenhang zwischen dem E-Modul des Betons und der mittleren Druckfestigkeit f_{cm} nach Gl. (6.13) gegeben [1.2].

$$E_c = \alpha_E \cdot E_{co} (f_{cm}/f_{cm0})^{1/3} \qquad (6.13)$$

Darin bedeuten E_c = E-Modul des Betons in kN/mm², definiert als Tangentenmodul bei $\sigma = 0$;

E_{co} Grundwert des E-Moduls = 21,5 kN/mm²

f_{cm} mittlere Druckfestigkeit nach Abschn. 6.2.3, $f_{cm} = f_{ck} + 8$ in N/mm²

f_{cm0} 10 N/mm²

α_E Beiwert, der von der Art der Gesteinskörnung abhängt

Für Basalt und dichten Kalkstein ist $\alpha_E = 1,20$; für quarzitische Gesteinskörnung ist $\alpha_E = 1,0$; für Kalkstein und für Sandstein ist $\alpha_E = 0,9$ bzw. 0,7. Soll der Einfluss bleibender Anfangsverformungen berücksichtigt werden, ist E_c um den Faktor 0,85 abzumindern. Bei genauerer Betrachtung hängt der Abminderungsfaktor von der Festigkeit des Betons ab. Dieser Zusammenhang wird in [6.41] berücksichtigt. Der Einfluss der Gesteinskörnungsart auf den E-Modul kann auch dadurch näherungsweise erfasst werden, dass die Rohdichte des Betons, die ja von der Rohdichte der Gesteinskörnung wesentlich beeinflusst wird, als zusätzlicher Parameter eingeführt wird. Ein Überblick über Einflussgrößen, Prüfeinflüsse und Erfahrungen in der Praxis wird in [6.47] gegeben.

Die *Querdehnzahl* von Beton μ hängt von der Betonzusammensetzung, vom Betonalter und vom Feuchtezustand des Betons ab und schwankt im Bereich der Gebrauchsspannungen etwa zwischen 0,15 und 0,25. Mit steigender Betondruckfestigkeit nimmt die Querdehnzahl eher zu. Der wesentliche Einflussparameter ist jedoch die Spannungshöhe. Infolge der Mikrorissbildung bei Druckbeanspruchung nimmt die Querdehnung bei Spannungen über etwa $-0,5\,f_c$ überproportional zu. Entsprechend steigt die Querdehnzahl und erreicht bei $\sigma = -f_c$ Werte um ca. 0,5. Bei weiter steigender Stauchung, d. h. im abfallenden Ast der Spannungs-Dehnungslinie, ist die Mikrorissbildung so weit fortgeschritten, dass $\mu > 0,5$ wird. Dies entspricht einer Volumenzunahme, die ein Maß für die Zerrüttung des Betons ist.

Nach DIN EN 1992-1-1 ist der Einfluss der Querdehnung mit $\mu = 0,2$ zu berücksichtigen, soweit zur Vereinfachung nicht mit $\mu = 0$ gerechnet werden darf.

6.6 Einfluss der Zeit auf Festigkeit und Verformung

6.6.1 Die zeitliche Entwicklung von Festigkeit und Elastizitätsmodul

In Abschn. 6.2.2.2 und Tabelle 25 wurden bereits einige Angaben über die Festigkeitsentwicklung mit steigendem Betonalter gemacht. Im MC 1990 bzw. im MC 2010 werden darüber hinaus auch analytische Funktionen für die zeitliche Entwicklung der *Druckfestigkeit* nach einer Lagerung bei 20 °C entsprechend Gl. (6.14) gegeben [1.2, 6.41]:

$$f_{cm}(t) = \beta_{cc}(t) \cdot f_{cm} \qquad (6.14a)$$

mit

$$\beta_{cc}(t) = \exp\left\{s\left[1 - \left(\frac{28}{t/t_1}\right)^{1/2}\right]\right\} \qquad (6.14b)$$

Darin bedeuten $f_{cm}(t)$ = mittlere Betondruckfestigkeit, N/mm² nach einem Betonalter von t Tagen; f_{cm} = mittlere Zylinderdruckfestigkeit, N/mm² im Alter von 28 Tagen; t_1 = Bezugsalter = 1 Tag; s = Beiwert, der von der Art der Zementart abhängt. In Bezug auf deutsche Normenzemente und für die Betonfestigkeitsklassen C12/15 bis einschließlich C50/60 gelten folgende Werte für den Beiwert s:

Festigkeitsklasse des Zements	32,5 N	32,5 R 42,5 N	42,5 R 52,5 N 52,5 R
Beiwert s	0,38	0,25	0,20

Für hochfesten Beton $\geq$ C55/67 gilt für alle Zemente s = 0,2.

Nach den Gl. (6.14) hat ein Beton aus einem Zement der Festigkeitsklasse 32,5 N nach 7 bzw. nach 180 Tagen seine Druckfestigkeit von 68% bzw. 126% der 28-Tage-Festigkeit erreicht. Für einen Beton aus einem Zement 42,5 R ergeben sich entsprechende Werte von 81% bzw. 112%. Durch Anpassung der Beiwerte s in Gl. (6.14b) kann eine etwas bessere Übereinstimmung mit den Richtwerten der Tabelle 25 erreicht werden. Insgesamt geben aber die Gl. (6.14) den zeitlichen Verlauf der Festigkeitsentwicklung richtig wieder.

Die zeitliche Entwicklung der *Zugfestigkeit* folgt direkt dem Hydratationsgrad. Sie wird jedoch auch durch die Schwindspannungen beeinflusst, die von der Körpergröße und den Lagerungsbedingungen abhängen und die zu einem vorübergehenden Abfall der Zugfestigkeit führen können. Im MC 1990 wird von einer zeitlichen Entwicklung der Zugfestigkeit ausgegangen, die erst ab einem Alter von 28 Tagen affin zur Entwicklung der Druckfestigkeit ist.

Die zeitliche Entwicklung des Elastizitätsmoduls verläuft schneller als jene der Druckfestigkeit. Dies wird im MC 1990 und MC 2010 durch die Gl. (6.15) berücksichtigt:

$$E_c(t) = \beta_E(t) \cdot E_c \qquad (6.15a)$$

mit

$$\beta_E(t) = [\beta_{cc}(t)]^{0,5} \qquad (6.15b)$$

Darin bedeuten $E_c(t)$ = Elastizitätsmodul, N/mm² im Alter von t Tagen; E_c = Elastizitätsmodul, N/mm² im Alter von 28 Tagen nach Gl. (6.13); $\beta_{cc}(t)$ = Beiwert nach Gl. (6.14b). Demnach hat ein Beton aus einem Zement 32,5 N nach 7 Tagen bereits ca. 80% seines E-Moduls im Alter von 28 Tagen erreicht. Im Alter von 180 Tagen ist der E-Modul nur noch um weitere 12% gestiegen. Dies ist darauf zurückzuführen, dass der E-Modul des Betons in hohem Maß vom E-Modul der Gesteinskörnung bestimmt wird, dessen Eigenschaften aber nicht altersabhängig sind.

6.6.2 Verhalten bei Dauerstandbeanspruchung

Die Druckfestigkeit von Beton ist von der Einwirkungsdauer einer konstanten Druckbeanspruchung abhängig. Dies ist von Bedeutung, da viele Betonkonstruktionen einer vorwiegend ruhenden Beanspruchung, d. h. einer sich während der Nutzung nur wenig verändernden Spannung ausgesetzt sind. Eine Dauerspannung in Höhe der Gebrauchsspannungen kann zu einer meist nur geringfügigen Festigkeitssteigerung führen. Wirken hohe Druckspannungen längere Zeit auf den Beton ein, so setzt sich das Mikrorisswachstum auch bei konstanter Spannung fort, bis der Beton versagt. Mit sinkender Spannung nimmt die Zeit bis zum Versagen zu. Die größte Druckspannung, die der Beton gerade noch unendlich lange ertragen kann, wird als Dauerstandfestigkeit bezeichnet. Für einen im Alter von 28 Tagen belasteten Beton beträgt sie ca. 80% der Druckfestigkeit bei kurzzeitiger Beanspruchung.

Die Dauerstandfestigkeit ist vom Alter des Betons zum Zeitpunkt der Lastaufbringung abhängig. Dies ist darauf zurückzuführen, dass bei einer Dauerbeanspruchung zwei gegenläufige Einflüsse zu berücksichtigen sind: Eine hohe Dauerlast bewirkt eine Festigkeitsminderung, die mit steigender Belastungsdauer kontinuierlich, aber mit sinkender Geschwindigkeit zunimmt. Gleichzeitig kann der Beton – ein ausreichendes Feuchteangebot vorausgesetzt – weiter hydratisieren, wodurch er an Festigkeit gewinnt. Sobald die Festigkeitszunahme als Folge der fortschreitenden Hydration größer ist als der Festigkeitsverlust als Folge der fortschreitenden Mikrorissbildung, tritt kein Dauerstandversagen mehr ein. Dieser Zeitpunkt ist umso eher erreicht, je jünger der Beton bei seiner Belastung ist, weil junge Betone ein größeres Nacherhärtungspotenzial als ältere Betone aufweisen, bei der Belastungsbeginn schon weitgehend hydratisiert sind. Der kritische Zeitraum, innerhalb dessen ein Dauerstandbruch unter konstanter Spannung möglich ist, beträgt bei Beton mit einem Belastungsalter von 7 Tagen nur ca. 1 Tag und wächst bei einem Belastungsalter von 28 Tagen auf ca. 3 Tage an.

Bei der Bemessung wird die Wirkung einer hohen Dauerspannung durch eine Abminderung der Rechenfestigkeit f_{cd} berücksichtigt. Der MC 1990 gibt analytische Beziehungen für das Festigkeitsverhalten von Beton unter konstanter Dauerlast [1.2], die sich auch in [6.41] wiederfinden.

Zur Dauerstandfestigkeit unter zentrischer Zugspannung siehe [6.12]. Das Verhältnis zwischen Dauerstand- und Kurzzeitzugfestigkeit liegt hier unter 0,6. Bei hochfestem Beton kann mit 0,75 gerechnet werden [6.17].

6.6.3 Zeitabhängige Verformungen

6.6.3.1 Definitionen

Neben den durch eine kurzzeitig einwirkende Spannung ausgelösten Verformungen erfährt Beton auch zeitabhängige Verformungen. Dies sind Verformungen, die sich erst im Laufe der Zeit einstellen und die im Allgemeinen mit steigender Dauer zunehmen. Darüber hinaus bewirkt auch eine Temperaturänderung Verformungen. Diese wurden in Abschnitt 5.2 behandelt.

Zeitabhängige Verformungen können lastunabhängig oder lastabhängig sein. Zu den lastunabhängigen Verformungen des erhärteten Betons gehören insbesondere das *Schwinden* und das *Quellen*. Diese Verformungen werden vorrangig durch Wasserverlust bei Austrocknung oder durch Wasseraufnahme ausgelöst. Sie sind definiert als die zeitabhängigen Verformungen einer unbelasteten Betonprobe bei konstanter Temperatur (siehe Abschnitt 5.3).

Die zeit- und lastabhängigen Verformungen werden als *Kriechen* bezeichnet. Darunter wird die zeitliche Zunahme der durch eine äußere Belastung ausgelösten Dehnung unter einer konstanten Dauerlast abzüglich der an unbelasteten Proben beobachteten lastunabhängigen Dehnungen verstanden. Dem Kriechen nahe verwandt und auf die gleichen physikalischen Vorgänge zurückzuführen, ist die *Relaxation*. Dies ist die zeitabhängige Abnahme einer Spannung unter einer aufgezwungenen Verformung konstanter Größe.

Nach [1.2, 6.41] kann die Gesamtverformung $\varepsilon_c(t)$, die ein einachsig mit einer konstanten Spannung belasteter Beton zum Zeitpunkt t erfährt, wie folgt ausgedrückt werden:

$$\varepsilon_c(t) = \varepsilon_{ce}(t_0) + \varepsilon_{ck}(t) + \varepsilon_{cs}(t) + \varepsilon_{cT}(t)$$
(6.16a)

$$\varepsilon_c(t) = \varepsilon_{c\sigma}(t) + \varepsilon_{cn}(t)$$
(6.16b)

In den Gln. (6.16) bedeuten: $\varepsilon_{ce}(t_0)$ = lastabhängige Anfangsverformungen zum Zeitpunkt der Lastaufbringung, t_0; $\varepsilon_{ck}(t)$ = Kriechverformung bei einem Betonalter $t > t_0$; $\varepsilon_{cs}(t)$ = Schwind- bzw. Quellverformung bei einem Betonalter t; $\varepsilon_{cT}(t)$ = Temperaturdehnung bei einem Betonalter t nach Abschn. 5; $\varepsilon_{c\sigma}(t) = \varepsilon_{ce}(t_0) + \varepsilon_{cc}(t)$ = gesamte lastabhängige Verformung bei einem Betonalter t; $\varepsilon_{cn}(t) = \varepsilon_{cs}(t) + \varepsilon_{bT}(t)$ = gesamte lastunabhängige Verformung bei einem Betonalter t.

Bei dieser Formulierung ist zu beachten, dass die Differenzierung zwischen Kriechen als lastabhängige und Schwinden bzw. Quellen als lastunabhängige Verformung eine rechentechnisch erforderliche Konvention darstellt. Es ist wahrscheinlich, dass sich Kriechen und Schwinden gegenseitig beeinflussen. Dasselbe gilt für die Trennung zwischen lastabhängiger Anfangsverformung und Kriechverformung. Für das Bauwerksverhalten entscheidend ist letztlich die Summe beider Größen.

6.6.3.2 Kriechverhalten von Beton

Bei der numerischen Behandlung des Kriechens wird im Allgemeinen davon ausgegangen, dass unter Gebrauchsspannungen, d. h. für $\sigma_c < 0,4 \, f_{cm}$ Kriechen und kriecherzeugende Spannung proportional sind. Diese zur Rechenvereinfachung erforderliche Annahme trifft auch bei niedrigeren Spannungen nicht exakt zu und kann insbesondere bei der Abschätzung des Kriechens unter veränderlichen Spannungen zu deutlichen Fehlern führen. Bei Spannungen $\sigma_c > 0,4 \, f_{cm}$ ist die überproportionale Zunahme des Kriechens mit steigender Spannung aber nicht mehr zu vernachlässigen. Wegen der An-nahme einer Proportionalität zwischen Kriechen und kriecherzeugender Spannung für $\sigma_c < 0,4 \, f_{cm}$ und dem linear-elastischen Verhalten in diesem Bereich hat es sich als zweckmäßig erwiesen, die Kriechverformung zum Zeitpunkt t durch die Kriechzahl φ auszudrücken:

$$\varphi(t,t_0) = \varepsilon_{cc}(t,t_0)/\varepsilon_{ci}$$
(6.17)

Dabei ist $\varepsilon_{cc}(t,t_0)$ die Kriechverformung eines Betons im Alter t, der bei einem Alter t_0 belastet wurde, $\varphi(t,t_0)$ ist die dazugehörige Kriechzahl und ε_{ci} ist die elastische Verformung des Betons. Für ε_{ci} kann entweder die elastische Verformung bei Lastaufbringung $\varepsilon_{ci} = \varepsilon_{ci}(t_0)$ oder die elastische Verformung für ein Betonalter von 28 Tagen gewählt werden. Entsprechend ändert sich dann auch die Kriechzahl $\varphi(t,t_0)$. Näheres hierzu findet sich in [6.45].

Das in Abschn. 6.6.3.3 dargestellte Vorhersageverfahren baut auf $\varepsilon_{ci} = \varepsilon_{ci,28}$ auf, sodass für die Kriechverformung gilt:

$$\varepsilon_{cc}(t,t_0) = \varphi(t,t_0) \cdot \sigma_c/E_{c28}$$
(6.18)

wobei σ_c die kriecherzeugende Spannung und $E_{c,28}$ der Elastizitätsmodul des Betons im Alter von 28 Tagen nach Gl. (6.13) sind.

Die gesamte spannungsabhängige Betonverformung $\varepsilon_{c\sigma}(t,t_0)$ ergibt sich dann aus Gl. (6.19):

$$\varepsilon_{c\sigma}(t,t_0) = \sigma_c(t_0) \left[\frac{1}{E_c(t_0)} + \frac{\varphi(t,t_0)}{E_{c0}} \right]$$

$$= \sigma_c(t_0) \cdot J(t,t_0) \quad (6.19)$$

Darin sind $J(t, t_0)$ die sog. Kriechfunktion (engl.: creep compliance), $E_c(t_0)$ der Elastizitätsmodul des Betons zum Zeitpunkt der Belastung und E_{c0} der Elastizitätsmodul im Alter von 28 Tagen nach Gl. (6.13).

Die Kriechzahl $\varphi(t, t_0)$ nimmt mit steigender Belastungsdauer zu. Umstritten ist, ob das Kriechen jemals vollständig zum Stillstand kommt, d. h. einen Endwert erreicht. Dies ist jedoch nicht von baupraktischer Relevanz, denn sicher ist, dass im Bereich der Gebrauchsspannungen die Kriechgeschwindigkeit mit zunehmender Belastungsdauer deutlich abnimmt und bei einer Belastungsdauer von ca. 70 Jahren schon so gering ist, dass nach weiteren 70 Jahren Dauerlasteinwirkung die Kriechverformung um höchstens 5 % des 70 Jahreswertes zunimmt [1.2, 5.9]. Es ist daher gerechtfertigt, von einer sog. Endkriechzahl φ_∞ auszugehen, die für Konstruktionsbetone etwa im Bereich von $1 < \varphi_\infty < 4$ liegt. Die Kriechverformung kann also bis zum 4-Fachen der elastischen Verformung betragen. Sehr jung belastete Betone können um rd. 50 % höheres Kriechen aufweisen.

Die Kriechverformung des Betons ist teilweise reversibel, d. h. nach einer Entlastung geht ein Teil der Kriechverformung im Laufe der Zeit zurück. Entsprechend kann die Kriechverformung in einen irreversiblen Anteil, das *Fließen*, und in einen reversiblen Anteil, die *verzögerte elastische Verformung*, aufgeteilt werden.

Von entscheidendem Einfluss für die Größe des Kriechens ist der Wassergehalt des Betons bei Belastungsbeginn und der mögliche Wasserverlust während der Belastung. Die Kriechverformung eines Betons, der z. B. wegen einer Versiegelung seiner Oberflächen während der Belastung nicht austrocknen kann, wird als *Grundkriechen* bezeichnet. Das Grundkriechen ist umso geringer, je niedriger der Wassergehalt des Betons ist. Kann der Beton während der Einwirkung einer Dauerlast auch trocknen, so ist die Kriechverformung deutlich größer als das Grundkriechen des versiegelten Betons. Dieser zusätzliche Anteil der Kriechverformung wird als *Trocknungskriechen* bezeichnet. Es ist in erster Näherung dem Wasserverlust während der Dauerbelastung und damit der Schwindverformung proportional.

Das Kriechen des Betons kann sich auf das Tragverhalten und die Eigenschaften von Betonbauwerken sowohl günstig als auch ungünstig auswirken: Unter Dauerlast nehmen die Verformungen einer Betonkonstruktion als Folge des Kriechens zu. Nach [6.13] kann die Durchbiegung f(t) eines biegebeanspruchten Bauteils aus Stahlbeton nach Zustand II näherungsweise nach der Beziehung $f(t) = f_e (1 + 0.3 \varphi)$ abgeschätzt werden. Dabei ist f_e die Durchbiegung bei Belastungsbeginn. Bei vorgespannten Konstruktionen bewirkt das Kriechen einen Abbau der Vorspannkraft, der wie folgt abgeschätzt werden kann:
$F_p(t) \approx F_{p0}/(1 + \alpha \cdot \varphi)$, wobei F_{p0} die Vorspannkraft zum Zeitpunkt $t = 0$ und $F_p(t)$ zum Zeitpunkt t sind. Bei Vorspannung gegen starre Widerlager ist $\alpha \sim 0.5$, sonst liegt α im Bereich von etwa $0.08 < \alpha < 0.20$. Günstig wirkt sich das Kriechen auf Eigen- und ungewollte Zwängungsspannungen aus, wenn diese sich langsam entwickeln bzw. über längere Zeiträume wirken. Solche Spannungen werden abgebaut bzw. treten nie in der Größe auf, die sich ohne Berücksichtigung des Kriechens theoretisch ergeben würde. Für Stahlbetontragwerke kann ein Nachweis des Einflusses des Betonkriechens im Allgemeinen entfallen. Für Spannbetontragwerke ist dieser Nachweis erforderlich zur Abschätzung der zu erwartenden Bauwerksverformungen und Spannungsänderungen.

Die Ursachen des Kriechens sind weit weniger geklärt als jene des Schwindens. Sicher ist, dass das Kriechen des Betons fast ausschließlich durch das Kriechen des Zementsteins ausgelöst wird, da normale Gesteinskörnungen nicht oder nur unwesentlich kriechen. Entscheidend für das Kriechen des Zementsteins ist das in ihm enthaltene Wasser. Eine äußere Belastung führt zu Platzwechseln von Wassermolekülen im Zementsteingel. Dazu kommen Gleit- und Verdichtungsvorgänge zwischen den Gelpartikeln. Änderungen des Feuchtegehaltes, z. B. durch gleichzeitige Trocknung, beschleunigen diese Vorgänge. Dies steht im Einklang mit dem schon genannten Einfluss des Feuchtegehaltes von Beton auf seine Kriecheigenschaften und der Beschleunigung des Kriechens bei gleichzeitiger Trocknung. Der überproportionale Anstieg des Kriechens bei hohen Spannungen ist auf ein Fortschreiten des Mikrorisswachstums unter Dauerlast zurückzuführen, das nach Abschn. 6.6.2 bei sehr hohen Spannungen zum Versagen führen kann.

Die Größe der Kriechverformungen hängt sowohl von der Betonzusammensetzung als auch von äußeren Einflussgrößen ab. Die Kriechverformung ist in erster Näherung dem Zementsteinvolumen proportional. Sie steigt mit steigendem Kapillarporenvolumen, sodass eine Verringerung des Wasserzementwerts und eine Erhöhung des Hydratationsgrads bei Belastungsbeginn, z. B. durch Verwendung eines schnell erhärtenden Zements, die Kriechverformungen reduzieren. Obwohl normale Gesteinskörnung nicht kriecht, wirken sich ihre Eigenschaften trotzdem auf das Kriechen aus: Steife Körner, z. B. aus Basalt oder dichtem Kalkstein, behindern das Zementsteinkriechen mehr als weiche Körner, z. B. aus Sandstein. Entsprechend sinkt die Kriechverformung des Betons mit steigendem E-Modul der Gesteinskörnung. Die Kriechverformung nimmt mit steigendem Belastungsalter des Betons und mit steigenden Bauteilabmessungen ab. Auch die Umweltbedingungen wirken sich auf die Größe der Kriechverformungen aus: Mit sinkender rel. Luftfeuchte und steigender Temperatur nehmen die Kriechverformungen zu. Von großer Bedeutung ist die zeitliche Entwicklung des Kriechens. Sie ist u. a. abhängig vom Feuchtezustand des Betons und seiner Veränderung während der Belastung. Dünne Bauteile kriechen schneller als dicke, da sie schneller austrocknen. Eine Steigerung der Umgebungstemperatur erhöht nicht nur den Endwert des Kriechens, sondern beschleunigt auch den Kriechvorgang. Funktionen für den zeitlichen Verlauf des Kriechens werden in [6.11] diskutiert.

Für die praktische Anwendung besonders wichtig ist das Kriechverhalten von Beton bei veränderlichen Spannungen. Wie für andere Werkstoffe wird auch für Beton bei einer Beanspruchung im Bereich der Gebrauchsspannungen die Gültigkeit des Superpositionsprinzips angenommen. Dieses besagt, dass das Kriechen unter veränderlicher Last durch Superponieren der Kriechanteile aus den einzelnen Spannungsinkrementen unter Berücksichtigung der jeweiligen Belastungsalters bestimmt werden kann. Eine Entlastung nach einer vorangegangenen

Druckbelastung ist als Zugspannung zu berücksichtigen unter der Annahme, dass die Kriechverformungen bei absolut gleichen Zug- und Druckspannungen gleich groß sind. Siehe dazu auch Abschn. 6.6.3.3. Die Anwendung des Superpositionsprinzips kann jedoch zu mehr oder weniger deutlichen Fehlern insbesondere bei Entlastung führen. So wird, je nach den gewählten Vorhersageverfahren, die verzögert elastische Rückverformung bei Anwendung des Superpositionsprinzips mehr oder weniger überschätzt. Solange die kriecherzeugenden Spannungen die Linearitätsgrenze des Kriechens nicht überschreiten, wird die Kriechverformung bei einer Spannungssteigerung durch dieses Prinzip überschätzt.

Die Kriechverformungen hochfester Betone sind deutlich geringer als jene von Normalbetonen. Ähnlich dem Schwinden nimmt insbesondere das Trocknungskriechen mit steigender Betondruckfestigkeit ab, sodass für hochfeste Betone der Anteil des Grundkriechens an der gesamten Kriechverformung im Vergleich zu Normalbetonen zunimmt. Die Vorhersage des Kriechens kann daher verbessert werden, wenn zwischen Grundkriechen und Trocknungskriechen differenziert wird.

Einen Sonderfall des Kriechens unter veränderlicher Spannung stellt die *Relaxation* dar, bei der die kriecherzeugende Spannung so abfällt, dass die Dehnung konstant bleibt. Analog zur Kriechzahl φ für den Fall konstanter Spannung kann die Relaxation durch eine Relaxationszahl ψ (t, t_0) = $\Delta\sigma$ (t, t_0)/σ_0 beschrieben werden. Darin bedeuten $\Delta\sigma$ (t, t_0) den Spannungsabfall bei einem Betonalter t und einem Belastungsalter t_0 und σ_0 die Anfangsspannung. Relaxationszahl und Kriechzahl können zueinander in Beziehung gesetzt werden:

$$\psi(t,t_0) = \frac{\varphi(t,t_0)}{1 + \rho \cdot \varphi(t,t_0)} \qquad (6.20)$$

Der Relaxationskennwert ρ in Gl. (6.20) kann bei längerer Beanspruchungsdauer näherungsweise $\rho \approx 0{,}8$ gesetzt werden [5.9]. Wegen des Zusammenhangs zwischen Kriechen und Relaxation hängt die Relaxationszahl von den gleichen Parametern wie die Kriechzahl ab.

6.6.3.3 Vorhersageverfahren

Die Berücksichtigung des Einflusses von Kriechen und Schwinden bei der Bemessung setzt Methoden voraus, mit denen die Größe dieser Verformungen in Abhängigkeit von den wesentlichen Einflussparametern mit ausreichender Zuverlässigkeit vorherbestimmt werden kann.

Als Eingangsparameter werden üblicherweise nur Größen gewählt, die dem entwerfenden Ingenieur bei der Bemessung bekannt sind: die Umfeldbedingungen, denen die Konstruktion ausgesetzt ist, die Bauteilabmessungen und die Festigkeitsklasse des Betons. Zur Verbesserung der Vorhersagegenauigkeit kann auch die Zementart berücksichtigt werden.

Es wurden Methoden zur Abschätzung des Kriechens von Normalbetonen und hochfesten Betonen mit einer Druckfestigkeit bis zu 120 N/mm² entwickelt, die auf dem im MC 1990 enthaltenen Vorsageverfahren aufbauen und die mithilfe einer umfangreichen Datenbank optimiert wurden [5.9].

Im MC 1990 wird ein Vorhersageverfahren für das Kriechen verwendet, das auf einem Produktansatz aufbaut und für Betondruckfestigkeiten bis zu 80 N/mm² Gültigkeit hat. In [5.9] wurde dieses Verfahren so erweitert, dass es auch das Kriechen hochfester Betone einschließt. Im Folgenden wird dieses erweiterte Verfahren wiedergegeben, welches auch in [5.11] enthalten ist. Es berücksichtigt die gleichen Eingangsparameter, die schon zur Vorhersage des Schwindens nach den Gln. (5.3) bis (5.11) herangezogen wurden.

Für die Kriechverformung gilt Gl. (6.18) unter Verwendung des Tangentenmoduls nach Gl. (6.13). Die Kriechzahl φ (t, t_0) eines Betons im Alter von t Tagen, der zum Zeitpunkt t_0 erstmals belastet wurde, folgt aus Gl. (6.21).

$$\varphi(t,t_0) = \varphi_0 \cdot \beta_c(t,t_0) \qquad (6.21)$$

Darin sind φ_0 der Grundwert der Kriechzahl und β_c (t, t_0) eine Funktion zur Beschreibung des zeitlichen Verlaufs des Kriechens. Die Größe φ_0 kann aus den Gln. (6.22) bis (6.26) bestimmt werden.

$$\varphi_0 = \varphi_{RH} \cdot \beta(f_{cm}) \cdot \beta(t_0) \qquad (6.22)$$

mit

$$\varphi_{RH} = \left[1 + \frac{1 - RH/RH_0}{\sqrt[3]{0{,}1 \cdot h_0/h_1}} \cdot \alpha_1\right] \cdot \alpha_2 \qquad (6.23)$$

$$\beta(f_{cm}) = \frac{5{,}3}{\sqrt{f_{cm}/f_{cm0}}} \qquad (6.24)$$

$$\beta(t_{0,\text{eff}}) = \frac{1}{0{,}1 + (t_{0,\text{eff}}/t_1)^{0{,}2}} \qquad (6.25)$$

$$\alpha_1 = \left[\frac{3{,}5\,f_{cm0}}{f_{cm}}\right]^{0{,}7} \quad \text{und} \quad \alpha_2 = \left[\frac{3{,}5\,f_{cm0}}{f_{cm}}\right]^{0{,}2}$$
$$(6.26)$$

mit f_{cm0} = 10 N/mm², RH_0 = 100 %, h_1 = 100 mm und t_1 = 1 Tag.

Die übrigen in den Gln. (6.22) bis (6.26) verwendeten Bezeichnungen entsprechen jenen der Schwindvorhersage nach den Gln. (5.3) bis (5.11). Nach Gl. (6.24) nimmt das Kriechen mit steigender Betondruckfestigkeit ab. Auch hier ist die Druckfestigkeit als eine dem Ingenieur bekannte Hilfsgröße zu verstehen, mit der der Einfluss des Wasserzementwerts und damit der Kapillarporosität auf das Kriechen indirekt erfasst werden kann. Nach Gl. (6.23) nehmen die Kriechverformungen auch mit steigender rel. Feuchte RH und zunehmender wirksamer Bauteildicke h_0 ab. Dabei ist der Einfluss der Bauteildicke umso geringer je höher die rel. Luftfeuchte. Der Grund für dieses Verhalten ist, dass bei hohen rel. Feuchten der Anteil des Trocknungskriechens an der Gesamtkriechverformung immer kleiner wird, sodass bei einer rel. Feuchte von 100% nur noch Grundkriechen auftritt. Die Beiwerte α_1 und α_2 nach Gl. (6.26) bewirken, dass nach Gl. (6.23) mit steigender Betondruckfestigkeit der Einfluss der rel. Feuchte der umgebenden Luft auf das Kriechen immer geringer wird. Damit wird richtig erfasst, dass mit steigender Betondruckfestigkeit der Beitrag des Trocknungskriechens zur gesamten Kriechverformung abnimmt.

Die zeitliche Entwicklung des Kriechens wird durch eine Hyperbelfunktion nach Gl. (6.27) beschrieben. Diese Funktion strebt einem Endwert zu. Für $(t - t_0) \to \infty$ ist $\beta_c(t, t_0) = 1{,}0$

$$\beta_c(t, t_0) = \left[\frac{(t - t_0)/t_1}{\beta_H + (t - t_0)/t_1}\right]^{0{,}3} \quad (6.27)$$

mit

$$\beta_H = 150 \cdot [1 + (1{,}2 \cdot RH/RH_0)^{18}] \cdot h_0/h_1 + 250 \cdot \alpha_3 \leq 1500\,\alpha_3 \quad (6.28)$$

und

$$\alpha_3 = \left[\frac{3{,}5\,f_{cm0}}{f_{cm}}\right]^{0{,}5} \quad (6.29)$$

mit $t_1 = 1$ Tag; $RH_0 = 100\%$; $h_1 = 100$ mm und $f_{cm0} = 10$ N/mm².

Nach den Gln. (6.27) bis (6.29) entwickelt sich die Kriechverformung umso langsamer, je dicker das betrachtete Bauteil ist. Bei hoher rel. Feuchte, wenn also nur noch Grundkriechen auftritt, verschwindet der Einfluss der Körperdicke wie schon in Gl. (6.23). Mit steigender Betondruckfestigkeit nimmt dagegen der zu einem bestimmten Zeitpunkt erreichte Wert von $\beta_c(t, t_0)$ zu, da der Anteil des diffusionskontrollierten Trocknungskriechens geringer geworden ist.

Je nach verwendetem Zement hat der Beton bei einem gegebenen Belastungsalter unterschiedliche Hydratationsgrade. Dies wird durch eine Korrektur des Belastungsalters t_0 nach Gl. (6.30) berücksichtigt:

$$t_{0,\text{eff}} = t_{0,T} \left[\frac{9}{2 + (t_{0,T}/t_{1,T})^{1{,}2}} + 1\right]^\alpha \geq 0{,}5 \text{ Tage} \quad (6.30)$$

Dabei ist $t_{0,T}$ das tatsächliche Belastungsalter, das korrigiert werden muss, wenn die Lagerungstemperatur vor der Belastung deutlich von 20 °C abweicht. Es kann z. B. mittels Gl. (6.3) abgeschätzt werden. Der Bezugswert $t_{1,T} = 1$ Tag. Der Parameter t_0 ist das in den Gln. (6.25) und (6.27) einzusetzende Belastungsalter. Die Potenz α hängt von der Festigkeitsklasse des Zements ab:

Festigkeitsklasse des Zements	32,5 N	32,5 R 42,5 N	42,5 R 52,5 N 52,5 R
Potenz α	-1	0	1

Bei einem gegebenen Betonalter ist nach Gl. (6.26) ein Beton aus einem langsam erhärtenden Zement der Festigkeitsklasse 32,5 N im Vergleich zu einem Beton aus einem schneller erhärtenden Zement 32,5 R bezüglich des Kriechens jünger. Bei höheren Belastungsaltern etwa > 28 Tagen verschwindet der Einfluss der Festigkeitsklasse des Zements auf das korrigierte Belastungsalter.

In vielen praktischen Fällen der Bemessung ist es ausreichend, allein die Endkriechzahl zu berücksichtigen. Sie kann für verschiedene Belastungsalter und Bauteilabmessungen sowie für zwei relevante Umweltbedingungen bei normalfesten Konstruktionsbetonen Tabelle 31 entnommen werden. Die dort angegebenen Werte φ_{70} sind, ähnlich dem Endschwindmaß nach Tabelle 24, für eine Beanspruchungsdauer von 70 Jahren ermittelt worden. Der Zahlwert für φ_{70} stellt die rechnerische Endkriechzahl dar (siehe Abschn. 6.6.3.2). Um Endkriechzahlen für hochfeste Betone (60 N/mm² $\leq f_{cm} \leq$

Tabelle 31. Endkriechzahlen φ_{70} für normalfeste Konstruktionsbetone

Belastungsalter t_0 [Tage]	Trockene Umweltbedingungen (Innenräume) $RH = 50\%$			Feuchte Umweltbedingungen (im Freien) $RH = 80\%$		
	Wirksame Bauteildicke h [mm]					
	50	150	600	50	150	600
1	5,8	4,8	3,9	3,8	3,4	3,0
7	4,1	3,3	2,7	2,7	2,4	2,1
28	3,1	2,6	2,1	2,0	1,8	1,6
90	2,5	2,1	1,7	1,6	1,5	1,3
365	1,9	1,6	1,3	1,2	1,1	1,0

130 N/mm^2) abschätzen zu können, dürfen die Tabellenwerte mit dem Faktor $(63/f_{cm})^{0.9}$ multipliziert werden.

Bei kriecherzeugenden Spannungen im Bereich 0,4 $f_{cm}(t_0) < \sigma_c < 0,6\ f_{cm}(t_0)$ kann die Nichtlinearität des Kriechens mit Hilfe von Gl. (6.31) abgeschätzt werden.

$\varphi_{0,k} = \varphi_0 \exp[\alpha_\sigma (k_\sigma - 0,4)]$
für $0,4 < k_\sigma < 0,6$ (6.31a)

$\varphi_{0,k} = \varphi_0$ für $k_\sigma \leq 0,4$ (6.31b)

In Gl. (6.31) ist $\varphi_{0,k}$ die nichtlineare Kriechzahl. Sie ersetzt φ_0 in Gl. (6.21). Der Koeffizient $k_\sigma = \sigma_c/f_{cm}(t_0)$, wobei $f_{cm}(t_0)$ die Druckfestigkeit zum Zeitpunkt der Belastung ist. Der Koeffizient $\alpha_\sigma = 1,5$.

Im MC 2010 [6.41] ist im Vergleich zum obigen Vorhersageansatz ein erweitertes Modell angegeben. Wesentliche Änderungen bestehen darin, dass eine konsequente Aufspaltung in Grund- und Trocknungskriechen umgesetzt und der Exponent 0,3 in Gl. (6.27) durch eine vom Belastungsalter abhängige Funktion ersetzt wurde. Hierdurch wird zwar die Vorhersagegenauigkeit insbesondere für Endkriechzahlen nicht signifikant verbessert, wohl aber die Prognose der zeitlichen Entwicklung des Kriechens, gerade auch bei variabler Belastung. Zudem trägt die additive Aufspaltung in Verformungskomponenten den beim Kriechen ablaufenden physikalischen Prozessen Rechnung. Nähere Ausführungen hierzu sowie ein Überblick über Mechanismen, Einflussgrößen und Modelle werden in [6.48] gegeben.

Mit Blick auf den Einfluss erhöhter Temperaturen auf das Betonkriechen, die im Industriebau aber auch bei Silos und Behältern eine Rolle spielen können, sei auf die Ansätze in [6.41] verwiesen. Dort wird auch die in diesem Zusammenhang wichtige transiente Kriechen behandelt.

6.6.4 Verhalten bei dynamischer Beanspruchung

Für die Bemessung von Betonkonstruktionen gegen schnell einwirkende, d. h. dynamische Beanspruchungen, z. B. bei einem Aufprall, einer Explosion, einem Schlag oder Stoß, sind Kenntnisse über das Werkstoffverhalten unter solchen Beanspruchungen erforderlich. Entsprechende Angaben und analytische Beziehungen sind im MC 1990 enthalten [1.2]. Sie bauen auf einem Sachstandbericht einer Arbeitsgruppe des CEB auf [6.20]. Demnach steigen Druck- und Zugfestigkeit sowie der E-Modul und die Bruchdehnung von Beton mit steigender Dehn- und Belastungsgeschwindigkeit. Der Anstieg von Druck- und Zugfestigkeit ist besonders ausgeprägt bei sehr hohen Dehngeschwindigkeiten $\dot{\varepsilon} > 30$ s^{-1}. So bewirkt eine Steigerung der Dehngeschwindigkeit von $3 \cdot 10^{-5}$ s^{-1} auf 30 s^{-1} eine Steigerung der Druckfestigkeit um ca. 50%. Bei einer weiteren Steigerung der Dehngeschwindigkeit auf 300 s^{-1} steigt die Druckfestigkeit auf etwa das 2,4-Fache der Druckfestigkeit, die bei $\dot{\varepsilon} = 2\permil/\text{min}$ gemessen wurde. Die Zugfestigkeit steigt auf das 1,75- bzw. 3-Fache bei entsprechenden Dehngeschwindigkeiten. Je höher die Festigkeitsklasse des Betons, umso geringer ist die Zunahme infolge hoher Dehngeschwindigkeit. Je trockener der Beton, umso geringer ist der Einfluss der Dehngeschwindigkeit [6.21]. Der Anstieg von Bruchdehnung und E-Modul bei sehr hohen Dehngeschwindigkeiten ist dagegen weniger ausgeprägt.

Im MC 2010 [6.41] wurden die Abhängigkeiten der Festigkeit von der Dehn- bzw. Belastungsgeschwindigkeit gegenüber den Beziehungen in [1.2] vereinfacht, da neuere Untersuchungen gezeigt haben, dass der Einfluss der Betonfestigkeitsklasse geringer ist und dass die Streuung der Ergebnisse die Unterschiede verwischt. Außerdem war es ein Ziel bei der Erstellung des MC 2010, die Erkenntnisse der Wissenschaft für die Praxis nicht mit zu vielen Einzelheiten zu befrachten. Bild 15 zeigt die Abhängigkeiten der Druck- und Zugfestigkeit von der Dehn- bzw. Belastungsgeschwindigkeit, unabhängig von der Betonfestigkeitsklasse. Zur Erstellung des Diagramms wurden Ergebnisse von Untersuchungen an Betonen mit Druckfestigkeiten zwischen 20 und 120 MPa, sowohl an Normalbeton wie Leichtbeton, herangezogen.

Die Abszisse wird von den Linien an der Stelle der Geschwindigkeiten geschnitten, die üblicherweise beim „statischen" Versuch angewendet werden. Bis zum Knickpunkt wird die Abhängigkeit des Materialverhaltens von der „Rate-process theory" [6.36] dominiert, während ab dem Knickpunkt Trägheitskräfte im Gefüge maßgebend werden. Neben der Festigkeit nehmen auch der Elastizitätsmodul, die

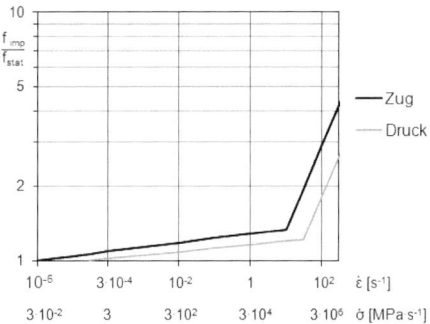

Bild 15. Einfluss von Dehn- bzw. Belastungsgeschwindigkeit auf die Druck- und Zugfestigkeit von Beton, nach [6.41]

Bruchenergie und die Bruchdehnung mit steigender Geschwindigkeit zu, jedoch sind die Zunahmen geringer als bei den Festigkeiten. Die entsprechenden Beziehungen können [6.41] entnommen werden.

Der Widerstand von Beton gegen wiederholte Schlagbeanspruchung kann durch technologische Maßnahmen beeinflusst werden. So ist nach [6.22] die Abhängigkeit des Widerstands gegen wiederholte Schlagbeanspruchung vom Wasserzementwert und vom Hydratationsgrad noch ausgeprägter als bei statischer Beanspruchung. Besonders günstig wirkt sich die Zugabe von Fasern aus.

Die extreme Beanspruchung von Beton unter Schockwellen wird in [6.23] behandelt.

6.6.5 Ermüdung

Einige Betonkonstruktionen sind einer häufig wechselnden, nicht vorwiegend ruhenden Belastung unterworfen. Dazu gehören z. B. Betonstraßen, Eisenbahnschwellen, Offshore-Bauwerke und Brückenkonstruktionen. Sie unterliegen dann einer Ermüdungsbeanspruchung. In Ermüdungsversuchen wird ein Probekörper meist veränderlichen Spannungen unterworfen, die um eine konstante Mittelspannung fluktuieren, sodass die Belastungsgeschichte durch die Mittelspannung und die Spannungsamplitude bzw. die Schwingbreite oder durch die Ober- und die Unterspannung charakterisiert werden kann. Der Bruch stellt sich nach einer bestimmten Lastspielzahl N ein.

Der Widerstand von Beton gegen eine wiederholte Beanspruchung hängt von denselben Parametern ab, welche die Festigkeit von Beton unter Kurzzeitbeanspruchung beeinflussen. Es ist daher sinnvoll, die Ober- und Unterspannungen bei einer Ermüdungsbeanspruchung als Bruchteil einer statischen Festigkeit f_{cm} auszudrücken. Entsprechend ist die bezogene Oberspannung $S_{c,max} = \sigma_{c,max}/f_{cm}$ und $S_{c,min} = \sigma_{c,min}/f_{cm}$. Das Ermüdungsverhalten kann dann in Form von S-logN-Diagrammen, sog. Wöhlerlinien, beschrieben werden. Für die meisten Werkstoffe nimmt die Anzahl der Lastwechsel N bis zum Bruch mit sinkender Oberspannung und sinkender Schwingbreite zu. Als Beispiel für das Ermüdungsverhalten von Beton sind in Bild 16 Versuchsergebnisse gezeigt [6.24].

Die Zeitfestigkeit ist jene Oberspannung, die bei gegebener Unterspannung nach einer gegebenen Anzahl von Lastwechseln zum Versagen führt. Die Dauerschwingfestigkeit ist als jene Oberspannung definiert, die für eine gegebene Unterspannung gerade noch unendlich oft ertragen werden kann. Sie ist für alle Werkstoffe deutlich kleiner als die Kurzzeitfestigkeit. Eine Dauerschwingfestigkeit konnte für Beton bisher nicht sicher nachgewiesen werden. Bei einer Beanspruchung im Druckbereich, d. h. Ober- und Unterspannung sind Druckspannungen, ist bei einer Unterspannung $\sigma_u \approx 0$ und einer Oberspannung von $|\sigma_0| \approx 0.5\ f_{cm}$ nach etwa 10^7 Lastwechseln mit einem Versagen zu rechnen. Aber auch kleinere Spannungen können bei höheren Lastwechselzahlen noch zum Bruch führen. Nach [6.25] kann für Normalbeton von einer Quasi-Druckschwellfestigkeit $|\sigma_0| \approx 0.4\ f_{cm}$ ausgegangen werden. Siehe dazu auch [0.1].

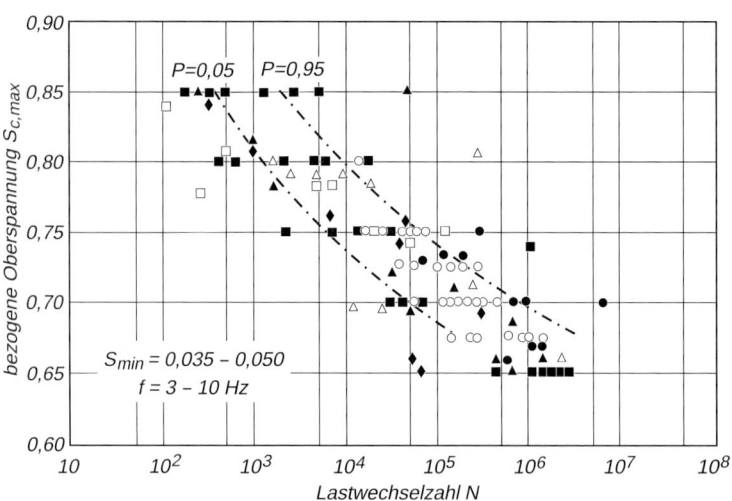

Bild 16. Wöhlerlinien für Beton unter Druckbeanspruchung [6.24]; P = Versagenswahrscheinlichkeit

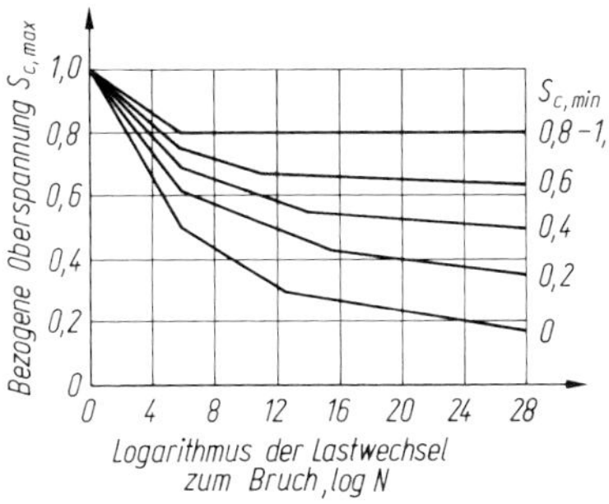

Bild 17. Der Einfluss der bezogenen Oberspannung $S_{c,max}$ und der bezogenen Unterspannung $S_{c,min}$ auf die Anzahl der Lastwechsel bis zum Bruch bei wiederholter Druckbeanspruchung nach den Angaben des CEB-FIP Model Code 1990 [1.2]

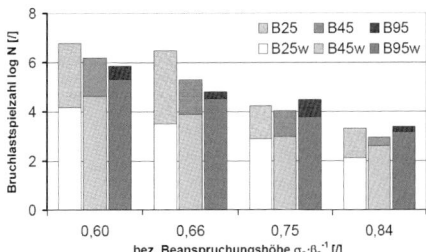

Bild 18. Vergleich der Bruchlastspielzahlen von wasser- und luftgelagertem Beton [6.37]

Im MC 1990 werden analytische Beziehungen für das Ermüdungsverhalten von Beton gegeben [1.2]. Von einer Arbeitsgruppe des CEB wurde hierzu ein Sachstandbericht erstellt [6.26]. Bild 17 zeigt den im MC 1990 gegebenen Zusammenhang zwischen der bezogenen Oberspannung $S_{c,max} = \sigma_{c,max}/f_{ck,fat}$ und logN. Scharparameter ist die bezogene Unterspannung $S_{c,min} = \sigma_{c,min}/f_{ck,fat}$. Die Bezugsgröße $f_{ck,fat}$ ist geringer als die charakteristische Druckfestigkeit f_{ck}. Sie berücksichtigt, dass die Empfindlichkeit von Beton gegenüber einer Ermüdungsbeanspruchung mit steigender Betondruckfestigkeit zunimmt. Nach den im MC 1990 enthaltenen Angaben ist bei einem Belastungsalter von 28 Tagen $f_{ck,fat} \approx 0,82 \; f_{ck}$ für Normalbeton und $f_{ck,fat} \approx 0,75 \; f_{ck}$ für hochfesten Beton.

Bild 17 gilt für reinen Druck und für Körper, die gegen Austrocknung geschützt sind. Im Vergleich zu anderen Literaturangaben sind die Beziehungen für das Ermüdungsverhalten von Beton des MC 1990 sehr konservativ. Im MC 2010 [6.41] sind im Vergleich zu Bild 17 etwas veränderte Kurvenverläufe vorgeschlagen worden. Hintergründe hierfür sind in [6.46] erläutert.

Von Bedeutung ist der bisher weniger beachtete Einfluss des Feuchtegehalts von Beton: Feuchte bzw. wassergesättigte Betone zeigen wesentlich geringere Zeitfestigkeiten als trockene Betone.

Zum Einfluss des Wassergehaltes wurden systematische Versuche durchgeführt, deren Ergebnisse in Bild 18 gezeigt sind [6.37]. Der untere Teil der Säulen betrifft immer die wassergelagerten Prüfkörper, die ganze Säule die luftgelagerten. Die bezogene Beanspruchungshöhe ist definiert als Oberspannung geteilt durch die Zylinderfestigkeit im Alter von 28 Tagen, wobei die Unterspannung immer 2 MPa betrug. Das Diagramm zeigt deutlich, dass wassergelagerte Proben durchweg eine niedrigere Bruchlastspielzahl erreichten als luftgelagerte. Der Unterschied ist umso deutlicher, je geringer die Festigkeitsklasse des Betons ist. Als Grund wird die Porosität des Betons gesehen und damit zusammenhängend die größere Wasseraufnahme des weniger festen und damit poröseren Betons. Bei einer Druckbelastung wird das Wasser in den Kapillarporen zusammengepresst, was zu einem hydrostatischen Druck in der Pore und zu einer Zugspannung im Zementstein führt. Die schwingende Beanspruchung führt damit zu einer früheren Schädigung als im luftgetrockneten Zustand. Diese Hypothese wird durch die Tatsache untermauert, dass der hochfeste und damit dichte Beton am wenigsten von der Feuchte beeinflusst wird.

Da dicke Betonbauteile langsamer austrocknen als dünne und daher über einen längeren Zeitraum einen hohen Feuchtegehalt aufweisen, ist ihre Zeitfestigkeit unter sonst gleichen Bedingungen geringer als jene dünnerer Bauteile [6.27].

In [6.38] wurden normalfester (NB), hochfester (HPC) und ultrahochfester Beton (UHPC) einer Schwingbelastung mit unterschiedlichen Unterspannungen unterworfen, deren Ergebnisse in Form eines Goodman-Diagramms in Bild 19 wiedergegeben sind. Bei der Betrachtung des Diagramms ist zu beachten, dass die Bruchlastspielzahlen unterschiedlich sind. Die oberste Linie stammt von Ermittlungen an normalfestem Beton, die unterste Linie gehört zu hochfestem Beton. Die dazwischen liegenden Punkte und Linien wurden an UHPC ermittelt. Wenn man die üblichen Streuungen bei Schwingversuchen berücksichtigt (vgl. Bild 16), so muss man feststellen, dass sich die Betone aus UHPC (Bild 19) nicht signifikant anders verhalten. HPC weist gegenüber NC den größten Unterschied auf.

Zugschwingversuche an normal- und hochfestem Beton lieferten Ergebnisse, die den Ergebnissen von Druckversuchen sehr ähnlich sind, wenn man die

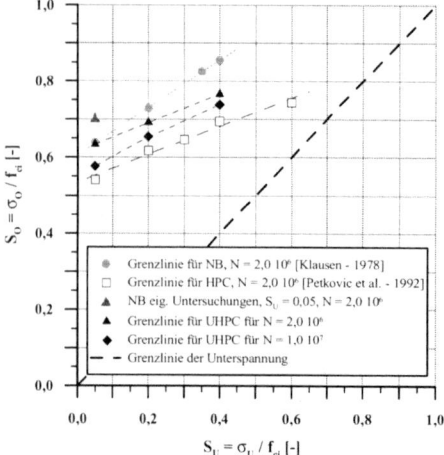

Bild 19. Grenzlinien der Oberspannung für normal (NB)-, hoch (HPC)- und Ultrahochfesten Beton im Goodman-Diagramm [6.38]

Schwingfestigkeit auf die statische Festigkeit bezieht. Bild 20 zeigt ein Beispiel solcher Ergebnisse [6.32, 6.34]. Die zentrische Zugfestigkeit kann an der Ordinate abgelesen werden. Im einfach logarithmischen Maßstab fallen die Festigkeiten als Funktion der Bruchlastspielzahl linear ab und erreichen bei 10^7 Lastspielen einen Wert, der dem 0,6-Fachen der statischen Zugfestigkeit entspricht. Die Nachbehandlungsart und die Prüffrequenz haben auf das Ergebnis einen geringen Einfluss.

Wenn die Unterspannung eine Druckspannung ist, geht die erreichbare Oberspannung im Zugbereich stark zurück. Ein anschauliches Bild liefert das modifizierte Goodman-Diagramm in Bild 21 für einen Beton C35/45. Man erkennt, dass die Abnahme der Oberspannung im Zug-Druck-Bereich deutlich stärker ist als im Zug-Zug-Bereich, vor allem bei höheren Bruchlastspielzahlen.

Biegeschwellversuche an unbewehrtem und faserbewehrtem Beton haben gezeigt, dass die Fasern einen festigkeitssteigernden Einfluss haben können. Die Versuche in [6.40] hatten zwei Ziele, erstens zu zeigen, wie sich Steinkohlenflugasche auf das Ermüdungsverhalten auswirkt, und zweitens, welchen Einfluss Stahlfasern ausüben. Die Betone hatten Druckfestigkeiten zwischen 69 und 55 MPa, der Stahlfasergehalt betrug 1 Vol.-%. Die statische Biegezugfestigkeit von unbewehrtem Beton betrug ca. 5,3 MPa, die der Faserbetone ca. 6,8 MPa. Bild 22 zeigt die Ergebnisse in normalisierter Form. Man erkennt, dass der Zementersatz durch Flugasche von 25 bzw. 50 % nur einen geringen Einfluss hat. Nach 10^7 Lastwechseln fiel die Schwingfestigkeit des unbewehrten Betons auf die Hälfte der statischen Festigkeit. Beim Faserbeton betrug der Abfall nur zwischen 25 und 30 %, wobei der Flugascheanteil von 25 % die beste Wirkung erbrachte.

In den meisten Fällen sind Baukonstruktionen einem Spektrum von Belastungszyklen unterworfen, das wesentlich von der im Laborversuch aufgebrachten Belastungsgeschichte mit konstanter Ober- und Unterspannung abweicht. Um die Zeitfestigkeit bei variablen Ober- und Unterspannungen abschätzen zu können, kann in erster Näherung die sog. *Palmgren-Miner*-Regel angewandt werden [6.24, 6.26, 6.28]:

$$D = \sum \frac{n_{si}}{N_{Ri}} \qquad (6.32)$$

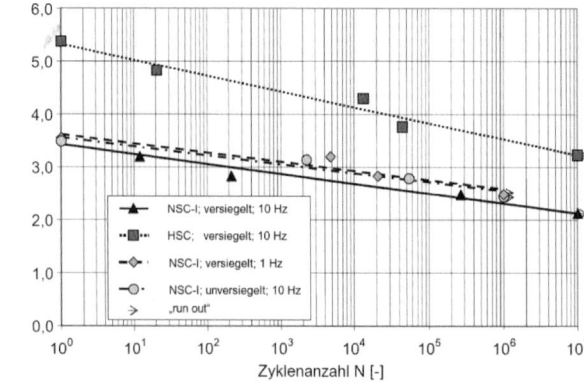

Bild 20. Wöhlerlinien von normalfestem (NSC, w/z = 0,55, f_{cyl} = 50 MPa) und hochfestem (HSC, w/z = 0,30, f_{cyl} = 110 MPa) Beton bei Zugermüdung [6.34]

7 Dauerhaftigkeit

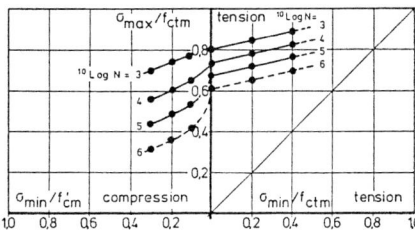

Bild 21. Goodman-Diagramm für Zug-Zug- und Zug-Druck-Beanspruchung [6.39]

Darin bedeuten D = Schädigung des Betons als Folge der Ermüdungsbeanspruchung; n_{Si} = Anzahl der tatsächlich aufgebrachten Lastwechsel mit einer gegebenen konstanten Ober- und Unterspannung; N_{Ri} = Anzahl der Lastwechsel, die bei dieser Ober- und Unterspannung zum Versagen führt. Der Bruch stellt sich ein, sobald D = 1. Die *Palmgren-Miner*-Regel unterstellt, dass sich bei konstanter Ober- und Unterspannung die Schädigung infolge einer Ermüdungsbeanspruchung linear mit der Anzahl der Lastwechsel entwickelt. Sie stellt daher nur eine grobe Näherung dar und kann die tatsächliche Zeitfestigkeit bei variablen Ober- und Unterspannungen sowohl über- als auch unterschätzen.

Weitere ausführliche Untersuchungen zum Ermüdungsverhalten von Beton siehe [6.29–6.33].

Die mechanischen Eigenschaften des Betons sind zwar für die Standsicherheit von Bauteilen aus Beton, Stahlbeton und Spannbeton von außerordentlicher Wichtigkeit, sie reichen jedoch zur Beurteilung der Gebrauchsfähigkeit nicht aus. Betonbauteile müssen auch ausreichend dauerhaft sein. Sie dürfen sich während der gesamten vorgesehenen Nutzungsdauer nicht unzulässig verändern, sodass sie stets gegenüber allen Einwirkungen ausreichend widerstandsfähig sind und der Bewehrung einen ausreichenden Korrosionsschutz bieten.

Im Gegensatz zu den mechanischen Eigenschaften ist die Dauerhaftigkeit von Beton nur schwer zu charakterisieren. Darüber hinaus ist sie auch bei bekannten Umweltbedingungen und Betoneigenschaften keine absolute Größe, die über die Zeit konstant bleibt. Struktur und Eigenschaften von Beton unterliegen schon allein aus energetischen Gründen einem kontinuierlichen Wandel, bei dem der Beton – ähnlich dem korrodierenden Stahl – einem niedrigeren Energieniveau entgegenstrebt, das dem Energieniveau seiner Ausgangsstoffe entspricht. Durch technologische und konstruktive Maßnahmen kann aber die Geschwindigkeit solcher Veränderungen je nach Umweltbedingungen ganz wesentlich reduziert werden. Trotzdem sind Dauerhaftigkeit und Gebrauchsfähigkeit an eine erwartete Nutzungsdauer gekoppelt. Lebensdauervorhersagen unter Einbezug von Instandhaltungsmaßnahmen und unter Berücksichtigung der Gesamtkosten einer Konstruktion spielen daher auch für Betonbauwerke eine zunehmend wichtige Rolle (siehe u. a. [7.1–7.4, 7.44]).

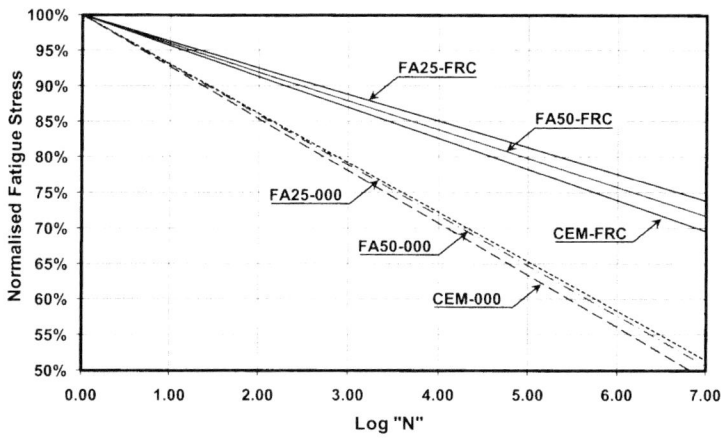

Bild 22. Wöhler-Diagramm von unbewehrtem und stahlfaserbewehrtem Beton nach Biegeschwellversuchen [6.40]

In der Vergangenheit wurde der Dauerhaftigkeit von Betonkonstruktionen, mit Ausnahme spezieller Fälle, wenig Augenmerk geschenkt. Es wurde davon ausgegangen, dass Betonkonstruktionen wartungsfrei sind, wenn gewisse Grundregeln der Betontechnologie beachtet werden. Die Erfahrungen der letzten Jahrzehnte zeigten aber, dass z. T. nur geringfügige Abweichungen von diesen Regeln, manchmal in Verbindung mit falsch eingeschätzten oder verschärften Umweltbedingungen, zu erheblichen Schäden führen können. Dies löste eine rege Forschungstätigkeit aus, und auch in den Normen wird Fragen der Dauerhaftigkeit wesentlich mehr Aufmerksamkeit geschenkt als in der Vergangenheit. Die Erfahrung der letzten 25 Jahre mit geschädigten Bauwerken und die Sorge um dauerhafte Bauwerke haben dazu geführt, dass das Thema Dauerhaftigkeit einen größeren Stellenwert in EN 206-1 und DIN 1045-2 bekommen haben.

Im MC 2010 wird der immensen Bedeutung der Dauerhaftigkeit mit neuen Konzepten Rechnung getragen. Während die Bemessung hinsichtlich Dauerhaftigkeit in DIN EN 1992-1-1 bzw. DIN EN 206-1/DIN 1045-2 auf einem stark empirischen, deskriptiven Ansatz beruht, wird dort erstmalig ein performance-orientiertes, vollprobabilistisches Bemessungskonzept vorgestellt [6.41]. Damit kann bei Vorgabe einer angestrebten Lebensdauer und unter Berücksichtigung des dann planmäßig eingetretenen Schadensumfangs in Abhängigkeit von der Betondeckung beispielsweise eine hierzu passende Betonrezeptur ermittelt werden (siehe auch [7.44, 7.45]). Es ist jedoch nicht möglich, statt der Betonrezeptur als Ersatzkennwert die Betongüte bzw. die Druckfestigkeit heranzuziehen [7.48] (s. Abschn. 7.2). Vielmehr werden Transportkenngrößen, die idealerweise messtechnisch ermittelt wurden, in die Bemessung bzw. bei der Prognose der Lebensdauer einbezogen.

Die Mechanismen, welche die Dauerhaftigkeit von Beton gefährden, können in physikalische, chemische, mechanische und biologische Einwirkungen gruppiert werden. Unter den *physikalischen Einwirkungen* ist an erster Stelle der Frost zu nennen, der Beton, wenn dieser einen kritischen Wassersättigungsgrad aufweist, schädigen kann. Die schädigende Wirkung des Frosts wird verstärkt, wenn gleichzeitig Taumittel auf den Beton einwirken. Obwohl Beton nicht brennbar ist, können hohe Temperaturen an ihm zur völligen Zersetzung zerstören. Ein *chemischer Angriff* liegt vor, wenn in den Beton eindringende Substanzen, z. B. aus der Luft, aus dem Grundwasser oder aus Lagerstoffen, mit Komponenten des erhärteten Betons reagieren. Dadurch werden entweder Bestandteile des Betons gelöst – lösender Angriff – oder die Reaktionsprodukte nehmen ein größeres Volumen in als der Reaktionspartner im Beton – treibender Angriff. Die Reaktionspartner können aber auch schädliche Bestandteile der Betonausgangsstoffe sein. Ein Sonderfall des chemischen Angriffs ist die Carbonatisierung, die vor allem für den Korrosionsschutz der Bewehrung wesentlich ist. Zu den Folgen *mechanischer Einwirkungen* ist insbesondere der Verschleiß zu zählen. Er kann auftreten, wenn die Oberfläche eines Betonbauteils, z. B. durch Verkehr, Schüttgüter o. Ä., beansprucht wird. In jüngster Zeit werden zudem (mikro-)biologische Angriffe, bspw. infolge von Biofilmen, im Zusammenhang mit der Dauerhaftigkeit von Betonbauwerken thematisiert (MIC = microbiologically-induced corrosion).

Den meisten Schädigungsmechanismen ist gemeinsam, dass sie zunächst auf die oberflächennahen Bereiche einwirken und dass sie einen hohen Feuchtegehalt des Betons voraussetzen bzw. in ihrer Wirkung durch Feuchte verschärft werden.

7.1 Überblick über die Umweltbedingungen, Schädigungsmechanismen und Mindestanforderungen

Dauerhaft ist ein Bauwerk, wenn es die vereinbarten Eigenschaften während der Nutzungsdauer in ausreichendem Maße erfüllt. Die Eigenschaften können durch natürliche regelmäßige Einwirkungen, die vom Klima oder der direkten Umgebung ausgehen, beeinträchtigt werden oder durch außergewöhnliche Einwirkungen wie z. B. Brand. Betrachtet man nur die regelmäßigen Einwirkungen, so können sich diese auf den Beton in Form von lösendem und treibendem Angriff auswirken, in Form von Frostabsprengungen oder innerer Schädigung. Bei der Bewehrung oder anderem eingebetteten Metall kann es zur Korrosion kommen, wenn der Beton carbonatisiert oder auch wenn Chloride vorhanden sind. Ähnlich wie bei der mechanischen Beanspruchung wird in DIN EN 206-1 unterschieden zwischen der Einwirkungsseite und der Widerstandsseite. Dauerhaft ist demnach ein Bauwerk, wenn der Widerstandsvorrat während der Nutzungsdauer größer ist als die Summe der Einwirkungen.

Die Einwirkungsseite wird durch *Expositionsklassen* (engl. exposure classes) beschrieben, die sich jeweils auf ein bestimmtes Schadensrisiko beziehen. Dabei wird unterschieden zwischen solchen Einwirkungen, die Korrosion der Bewehrung oder anderer eingebetteter Metalle hervorrufen könnten, und solchen, die den Beton schädigen könnten. In manchen Fällen kann eine Exposition auch beide Mechanismen betreffen, z. B. Meerwasserumgebung, die sowohl den Beton angreifen als auch zur Korrosion der Bewehrung führen könnte. Die Expositionsklasse wird durch den Großbuchstaben X (von Exposition) und einem weiteren Buchstaben bezeichnet (s. Tabelle 32).

Die Klasse X0 (null) deutet darauf hin, dass kein Schadensrisiko besteht. Das Risiko eines Schadens wird in drei bis vier Stufen eingeteilt. In der Summe ergeben sich die 21 Expositionsklassen nach Tabelle 33.

Spalte 1 in Tabelle 33 enthält die Klassenbezeichnung, Spalte 2 die Kennzeichen der einwirkenden Umgebung und Spalte 3 einige Beispiele für die Zuordnung von Bauteilen zu Expositionsklassen. Dabei wird davon ausgegangen, dass der Beton der einwirkenden Umgebung direkt ausgesetzt ist. Wenn zwischen Betonoberfläche und einwirkendem Medium eine Sperrschicht angebracht ist, kann sich dies günstig auswirken, wie im Falle einer Beschichtung auf den Carbonatisierungswiderstand. Es kann sich aber auch ungünstig auswirken, wenn ein Bauteil von innen mit Wasser beaufschlagt wird und sich außen hinter einem Fliesenbelag Feuchte sammelt, die u. U. zu einem Frostschaden führt. Solche Fälle müssen entsprechend sachkundig beurteilt werden. Die drei Stufen des chemischen Angriffs ergeben sich aus Tabelle 34. Abweichend von den Grenzwerten bei chemischem Angriff werden aufgrund einschlägiger Erfahrung Güllebehälter

Tabelle 32. Expositionsklassen – Übersicht

Expositionsklasse	Europäische Namen	Erläuterung	
1	2	3	
X0	0	Kein Angriffsrisiko	
XC	Carbonation	Bewehrungskorrosion verursacht durch	Carbonatisierung
XD	Deicing-Salt		Chloride
XS	Sea		Meerwasser
XF	Frost	Betonangriff verursacht durch	Frost und Frost-Tausalz
XA	Acid		Chemischer Angriff
XM	Mechanical Abrasion		Verschleiß

Tabelle 33. Expositionsklassen und informativ zugeordnete Beispiele

1	2	3
Klassenbezeichnung	Kennzeichen der einwirkenden Umgebung	Beispiele für die Zuordnung von Bauteilen zu Expositionsklassen
1. Kein Korrosionsrisiko und kein Betonangriff		
X0	Beton ohne Bewehrung oder eingebettetes Metall: alle Umgebungsbedingungen, ausgenommen Frostangriff, Verschleiß oder chemischer Angriff	Fundamente ohne Bewehrung ohne Frost; Innenbauteile ohne Bewehrung
2. Korrosionsrisiko durch Carbonatisierung		
XC1	trocken oder ständig nass	Bauteile in Innenräumen mit üblicher Luftfeuchte (einschließlich Küche, Bad und Waschküche in Wohngebäuden; Beton, der ständig in Wasser getaucht ist
XC2	nass, selten trocken	Teile von Wasserbehältern, bewehrte Gründungsbauteile
XC3	mäßige Feuchte	Bauteile, zu denen die Außenluft häufig oder ständig Zugang hat, z. B. offene Hallen, Innenräume mit hoher Luftfeuchtigkeit, z. B. in gewerblichen Küchen, Bädern, Wäschereien, in Feuchträumen von Hallenbädern und in Viehställen; Dachflächen mit flächiger Abdichtung; Verkehrsflächen mit flächiger unterlaufsicherer Abdichtung [a]
XC4	wechselnd nass und trocken	Außenbauteile mit direkter Beregnung

Tabelle 33. Expositionsklassen und informativ zugeordnete Beispiele (*Fortsetzung*)

1	2	3
Klassenbezeichnung	Kennzeichen der einwirkenden Umgebung	Beispiele für die Zuordnung von Bauteilen zu Expositionsklassen
3. Korrosionsrisiko durch Chloride (nicht aus Meerwasser)		
XD1	mäßige Feuchte	Bauteile im Sprühnebelbereich von Verkehrsflächen Einzelgaragen
XD2	nass, selten trocken	Bauteile in Solebädern befahrene Verkehrsflächen mit vollflächigem Oberflächenschutz [a] Bauteile, die chloridhaltigen Industrieabwässern ausgesetzt sind
XD3	wechselnd nass und trocken	Teile von Brücken mit häufiger Spritzwasserbeanspruchung Fahrbahndecken befahrene Verkehrsflächen mit rissvermeidenden Bauweisen ohne Oberflächenschutz oder ohne Abdichtung [a] befahrene Verkehrsflächen mit dauerhaftem lokalen Schutz vor Rissen [a] [d]
4. Korrosionsrisiko durch Meerwasser		
XS1	salzhaltige Luft, aber kein unmittelbarer Kontakt mit Meerwasser	Außenbauteile in Küstennähe (bis ca. 1 km)
XS2	unter Wasser	Bauteile von Hafenanlagen
XS3	Tide-, Spritz- und Sprühnebelbereiche	Kaimauern in Hafenanlagen Sturmflutwehre
5. Frostangriff mit und ohne Taumittel bzw. Meerwasser		
XF1	mäßige Wassersättigung, ohne Taumittel bzw. Meerwasser	Außenbauteile
XF2	mäßige Wassersättigung, mit Taumittel bzw. Meerwasser	Bauteile im Sprühnebel- oder Spritzwasserbereich von taumittelbehandelten Verkehrsflächen soweit nicht XF4 Bauteile im Sprühnebelbereich von Meerwasser
XF3	hohe Wassersättigung, ohne Taumittel bzw. Meerwasser	offene Wasserbehälter Bauteile in der Wasserwechselzone von Süßwasser
XF4	hohe Wassersättigung, mit Taumittel bzw. Meerwasser	Verkehrsflächen, die mit Taumitteln behandelt werden überwiegend horizontale Bauteile im Spritzwasserbereich von taumittelbehandelten Verkehrsflächen Räumerlaufbahn von Kläranlagen Bauteile in der Wasserwechselzone von Meerwasser
6. Chemischer Angriff auf Beton		
XA1	schwacher, chemischer Angriff nach Tabelle 34	Behälter von Kläranlagen Güllebehälter
XA2	mäßiger chemischer Angriff nach Tabelle 34 oder durch Meerwasser	Bauteile in betonangreifenden Böden Bauteile, die mit Meerwasser in Berührung kommen

Dauerhaftigkeit

Tabelle 33. Expositionsklassen und informativ zugeordnete Beispiele *(Fortsetzung)*

1	2	3
Klassen-bezeichnung	Kennzeichen der einwirkenden Umgebung	Beispiele für die Zuordnung von Bauteilen zu Expositionsklassen
XA3	starker chemischer Angriff nach Tabelle 34	Industrieabwasseranlagen mit chemisch angreifenden Abwässern Gärfuttersilos und Futtertische der Landwirtschaft Kühltürme mit Rauchgasableitung
7. Verschleißbeanspruchung		
XM1	mäßige Beanspruchung	tragende oder aussteifende Industrieböden mit Beanspruchung durch luftbereifte Fahrzeuge
XM2	starke Beanspruchung	tragende oder aussteifende Industrieböden mit Beanspruchung durch luft- oder vollgummibereifte Gabelstapler
XM3	sehr starke Beanspruchung	tragende oder aussteifende Industrieböden mit Beanspruchung durch elastomer- oder stahlrollenbereifte Gabelstapler Oberflächen, die häufig mit Kettenfahrzeugen befahren werden Wasserbauwerke in geschiebebelasteten Gewässern, z. B. Tosbecken
8. Betonkorrosion infolge Alkali-Kieselsäurereaktion Anhand der zu erwartenden Umgebungsbedingungen ist der Beton einer der vier nachfolgenden Feuchtigkeitsklassen zuzuordnen.		
WO	Beton der nach normaler Nachbehandlung nicht längere Zeit feucht und nach dem Austrocknen während der Nutzung weitgehend trocken bleibt	Innenbauteile des Hochbaus Bauteile, auf die Außenluft, nicht jedoch z. B. Niederschläge, Oberflächenwasser, Bodenfeuchte einwirken können und/oder die nicht ständig einer relativen Luftfeuchte von mehr als 80% ausgesetzt werden [b]
WF	Beton, der während der Nutzung häufig oder längere Zeit feucht ist	ungeschützte Außenbauteile, die z. B. Niederschlägen, Oberflächenwasser oder Bodenfeuchte ausgesetzt sind Innenbauteile des Hochbaus für Feuchträume, wie z. B. Hallenbäder, Wäschereien und andere gewerbliche Feuchträume, in denen die relative Luftfeuchte überwiegend höher als 80% ist Bauteile mit häufiger Taupunktunterschreitung, wie z. B. Schornsteine, Wärmeübertragerstationen, Filterkammern und Viehställe; massige Bauteile gemäß DAfStb-Richtlinie, „Massige Bauteile aus Beton", deren kleinste Abmessung 0,80 m überschreitet (unabhängig vom Feuchtezutritt)
WA	Beton, der zusätzlich zu der Beanspruchung nach Klasse WF häufiger oder langzeitiger Alkalizufuhr von außen ausgesetzt ist	Bauteile mit Meerwassereinwirkung Bauteile unter Tausalzeinwirkung ohne zusätzliche hohe dynamische Beanspruchung (z. B. Spritzwasserbereiche, Fahr- und Stellflächen in Parkhäusern) Bauteile von Industriebauten und landwirtschaftlichen Bauwerken (z. B. Güllebehälter) mit Alkalisalzeinwirkung

Tabelle 33. Expositionsklassen und informativ zugeordnete Beispiele (*Fortsetzung*)

1	2	3
Klassenbezeichnung	Kennzeichen der einwirkenden Umgebung	Beispiele für die Zuordnung von Bauteilen zu Expositionsklassen
WS [c)]	Beton, der hoher dynamischer Beanspruchung und direktem Alkalieintrag ausgesetzt ist.	Bauteile unter Tausalzeinwirkung mit zusätzlicher hoher dynmischer Beanspruchung (z. B. Betonfahrbahnen).

[a)] Für die Sicherstellung der Dauerhaftigkeit ist ein Instandhaltungsplan im Sinne der DAfStb-Richtlinie „Schutz und Instandsetzung von Betonbauteilen" aufzustellen.
[b)] Wenn z. B. eine offene Halle im Winter sehr stark abgekühlt ist und im Frühjahr von warmer Luft bestrichen wird, kann sich auf der Betonoberfläche Kondenswasser bilden, auch wenn die Luftfeuchte unter 80% liegt. Tritt dieser Fall häufiger auf, so sollten diese Bauteile auf der sicheren Seite liegend in WF eingestuft werden.
[c)] Feuchtigkeitsklasse WS gilt i. d. R. nur für Fahrbahndeckenbeton der Bauklassen SV, I, II und III gemäß TL Beton-StB 07 (Bk 100 bis Bk 1,8 gemäß RStO 12). Für Fahrbahndeckenbeton der Bauklassen IV, V und VI ist eine Einstufung in die Feuchtigkeitsklasse WA ausreichend.
[d)] Für die Planung und Ausführung des dauerhaften lokalen Schutzes von Rissen gilt DAfStb-Richtlinie „Schutz und Instandsetzung von Betonbauteilen".

Tabelle 34. Grenzwerte für die Expositionsklassen bei chemischem Angriff durch natürliche Böden und Grundwasser nach DIN EN 206-1.

Die folgende Klasseneinteilung chemisch angreifender Umgebung gilt für natürliche Böden und Grundwasser mit einer Wasser-/Boden-Temperatur zwischen 5 und 25 °C und einer Fließgeschwindigkeit des Wassers, die klein genug ist, um näherungsweise hydrostatische Bedingungen anzunehmen. Hinsichtlich Vorkommen und Wirkungsweise von chemisch angreifenden Böden und Grundwasser siehe DIN 4030-1. Der schärfste Wert für jedes einzelne chemische Merkmal bestimmt die Klasse. Wenn zwei oder mehrere angreifende Merkmale zu derselben Klasse führen, muss die Umgebung der nächsthöheren Klasse zugeordnet werden, sofern nicht in einer speziellen Studie für diesen Fall nachgewiesen wird, dass dies nicht erforderlich ist. Auf eine spezielle Studie kann verzichtet werden, wenn keiner der Werte im oberen Viertel (beim pH-Wert im unteren Viertel) liegt.

Chemisches Merkmal	Referenzprüfverfahren	XA1	XA2	XA3
Grundwasser				
SO_4^{2-} mg/l [e)]	EN 196-2	≥ 200 und ≤ 600	> 600 und ≤ 3000	> 3000 und ≤ 6000
pH-Wert	ISO 4316	$\leq 6,5$ und $\geq 5,5$	$< 5,5$ und $\geq 4,5$	$< 4,5$ und $\geq 4,0$
CO_2 mg/l angreifend	prEN 13577:1999	≥ 15 und ≤ 40	> 40 und ≤ 100	> 100 bis zur Sättigung
NH_4^+ mg/l [a)]	ISO 7150-1 oder ISO 7150-2	≥ 15 und ≤ 30	> 30 und ≤ 60	> 60 und ≤ 100
Mg^{2+} mg/l	ISO 7980	≥ 300 und ≤ 1000	> 1000 und ≤ 3000	> 3000 bis zur Sättigung
Boden				
SO_4^{2-} mg/kg [b)] insgesamt	EN 196-2 [c)]	≥ 2000 und ≤ 3000 [d)]	> 3000 [d)] und ≤ 12000	> 12000 und ≤ 24000
Säuregrad	DIN 4030-2	> 200 Baumann-Gully	in der Praxis nicht anzutreffen	

[a)] Gülle kann, unabhängig vom NH_4^+-Gehalt, in die Expositionsklasse XA1 eingeordnet werden.
[b)] Tonböden mit einer Durchlässigkeit von weniger als 10^{-5} m/s dürfen in eine niedrigere Klasse eingestuft werden.
[c)] Das Prüfverfahren beschreibt die Auslaugung von SO_4^{2-} durch Salzsäure; Wasserauslaugung darf stattdessen angewandt werden, wenn am Ort der Verwendung des Betons Erfahrung hierfür vorhanden ist.
[d)] Falls die Gefahr der Anhäufung von Sulfationen im Beton – zurückzuführen auf wechselndes Trocknen und Durchfeuchten oder kapillares Saugen – besteht, ist der Grenzwert von 3000 mg/kg auf 2000 mg/kg zu vermindern.
[e)] Falls der Sulfatgehalt des Grundwassers > 600 mg/l beträgt, ist dieser im Rahmen der Festlegung des Bodens anzugeben.

Tabelle 35. Grenzwerte für die Zusammensetzung von Beton für die Expositionsklassen X0 bis XS3

Zeile	Expositionsklassen	Kein Korrosions- oder Angriffsrisiko	Bewehrungskorrosion										
			durch Carbonatisierung verursachte Korrosion				durch Chloride verursachte Korrosion						
							Chloride außer aus Meerwasser			Chloride aus Meerwasser		
		X0 [a)]	XC1	XC2	XC3	XC4	XD1	XD2	XD3	XS1	XS2	XS3
1	Höchstzulässiger w/z	–	0,75	0,65	0,60	0,55	0,50	0,45	Siehe XD1	Siehe XD2	Siehe XD3
2	Mindestdruckfestigkeitsklasse [b)]	C8/10	C16/20	C20/25	C25/30	C30/37 [d)]	C35/45 [d,e)]	C35/45 [d)]			
3	Mindestzementgehalt [c)] in kg/m³	–	240	260	280	300	320	320			
4	Mindestzementgehalt [c)] bei Anrechnung von Zusatzstoffen in kg/m³	–	240	240	270	270	270	270			
5	Mindestluftgehalt in %	–	–	–	–	–	–	–			
6	Andere Anforderungen	–	–								

[a)] Nur für Beton ohne Bewehrung oder eingebettetes Metall.
[b)] Gilt nicht für Leichtbeton.
[c)] Bei einem Größtkorn der Gesteinskörnung von 63 mm darf der Zementgehalt um 30 kg/m³ reduziert werden.
[d)] Bei Verwendung von Luftporenbeton, z. B. aufgrund gleichzeitiger Anforderungen aus der Expositionsklasse XF, eine Festigkeitsklasse niedriger. In diesem Fall darf Fußnote [e)] nicht angewendet werden.
[e)] Bei langsam und sehr langsam erhärtenden Betonen (r < 0,30) eine Festigkeitsklasse niedriger. Die Druckfestigkeit zur Einteilung in die geforderte Druckfestigkeitsklasse nach 4.3.1 ist auch in diesem Fall an Probekörpern im Alter von 28 Tagen zu bestimmen. In diesem Fall darf Fußnote [d)] nicht angewendet werden.

Tabelle 36. Grenzwerte für die Zusammensetzung von Beton für die Expositionsklassen XF1 bis XM3

Zeile	Expositionsklassen	Betonkorrosion											
		Frostangriff				Aggressive chemische Umgebung [l]			Verschleißbeanspruchung [g]		
		XF1	XF2	XF3	XF4	XA1	XA2	XA3	XM1	XM2	XM3
1	Höchstzulässiger w/z	0,60	0,55 [f]	0,55	0,50	0,50 [f]	0,60	0,50	0,45	0,55	0,55	0,45
2	Mindestdruckfestigkeitsklasse [a]	C25/30	C25/30	C25/30	C25/30	C30/37	C25/30	C35/45 [d,d]	C35/45 [c]	C30/37 [c]	C30/37 [c]	C35/45 [c]
3	Mindestzementgehalt [b] in kg/m³	280	300	320	300	320	280	320	320	300 [h]	300 [h]	320 [h]
4	Mindestzementgehalt [b] bei Anrechnung von Zusatzstoffen in kg/m³	270	270 [f]	270	270	270 [f]	270	270	270	270	270	270
5	Mindest-Luftgehalt in %	–	[e]	[e]	–	[e,i]	–	–	–	–	–	–
6	Andere Anforderungen	Gesteinskörnungen für die Expositionsklassen XF1 bis XF4				–	–	[k]	–	Oberflächenbehandlung des Betons [j]		Einstreuen von Hartstoffen nach DIN 1100
		F₄	MS₂₅	F₂	MS₁₈							

[a], [b], [c] und [d] siehe Fußnoten in Tabelle 35.
[e] Der mittlere Luftgehalt im Frischbeton unmittelbar vor dem Einbau muss bei einem Größtkorn der Gesteinskörnung von 8 mm ≥ 5,5 % (Volumenanteil), 16 mm ≥ 4,5 % (Volumenanteil), 32 mm ≥ 4,0 % (Volumenanteil) und 63 mm ≥ 3,5 % (Volumenanteil) betragen. Einzelwerte dürfen diese Anforderungen um höchstens 0,5 % (Volumenanteil) unterschreiten.
[f] Die Anrechnung auf den Mindestzementgehalt und den Wasserzementwert ist nur bei Verwendung von Flugasche zulässig. Weitere Zusatzstoffe des Typs II dürfen zugesetzt, aber nicht auf den Zementgehalt oder den w/z angerechnet werden. Bei gleichzeitiger Zugabe von Flugasche und Silikastaub ist eine Anrechnung auch für die Flugasche ausgeschlossen.
[g] Es dürfen nur Gesteinskörnungen nach DIN EN 12620 verwendet werden. Die Körnungen bis 4 mm müssen überwiegend aus Quarz oder Stoffen mindestens gleicher Härte bestehen, das gröbere Korn aus Gestein oder künstlichen Stoffen mit hohem Verschleißwiderstand. Die Körner aller Gesteinskörnungen sollen mäßig raue Oberflächen und gedrungene Gestalt haben. Das Korngemisch soll möglichst grobkörnig sein.
[h] Höchstzementgehalt 360 kg/m³, jedoch nicht bei hochfesten Betonen.
[i] Erdfeuchter Beton mit w/z ≤ 0,40 darf ohne Luftporen hergestellt werden.
[j] Z. B. Vakuumieren und Flügelglätten des Betons.
[k] Schutzmaßnahmen erforderlich, z. B. Schutzschichten oder dauerhafte Bekleidungen.
[l] Bei chemischem Angriff durch Sulfat (ausgenommen Meerwasser) muss SR-Zement verwendet werden. Bei einem Sulfatgehalt des angreifenden Wassers von SO₄²⁻ ≤ 1500 mg/l darf anstelle von SR-Zement eine Mischung aus Zement und Flugasche verwendet werden (siehe Abschnitt 2.4.3).

dem *schwachen* Angriff und Meerwasser berührende Bauteile dem *mäßigen Angriff* zugeordnet. Die in Spalte 3 gegebenen Beispiele sind indikativ und nicht erschöpfend. Sie sollten aber für die häufigsten Fälle der Praxis ausreichend sein.

Die *Widerstandsseite* wird durch die Betonzusammensetzung definiert. Kennzeichnende Größen sind der höchstzulässige Wasserzementwert, die Mindestdruckfestigkeitsklasse, der Mindestzementgehalt (ohne bzw. mit anrechenbaren Zusatzstoffen), der Mindestluftgehalt und Anforderungen an die Gesteinskörnungen. Außerdem werden bestimmte Zemente für bestimmte Expositionsklassen ausgeschlossen. Die Tabellen 35 und 36 enthalten die Grenzwerte der Betonzusammensetzung für die Expositionsklassen nach Tabelle 34.

Die Tabellen 35 und 36 gehen von einer vorgesehenen Nutzungsdauer von mindestens 50 Jahren aus, wobei eine übliche Instandhaltung vorausgesetzt wird. Die Grenzwerte gelten auch für Schwerbeton, aber für Leichtbeton mit der Einschränkung, dass keine Mindestfestigkeitsklasse festgeschrieben wird. Der Zusammenhang zwischen Wasserzementwert und Festigkeit, der für Normalbeton gilt, ist bei Leichtbeton zusätzlich von der Festigkeit der Gesteinskörnung abhängig. Da die Dauerhaftigkeit hauptsächlich von der Dichte und Dauerhaftigkeit der Matrix abhängt, ist die Festlegung der anderen Grenzwerte (Wasserzementwert, Zementgehalt, Luftgehalt, Zementart) ausreichend. Der Einwand, dass dies bei Normalbeton auch ausreichend wäre, ist richtig. Der DAfStb war aber der Ansicht, dass die Übereinstimmung durch gleichzeitige Festlegung von höchstzulässigem Wasserzementwert und Mindestfestigkeitsklasse nicht schädlich ist und dass die Konformität des Betons einfacher kontrolliert werden kann. Wenn die vorgesehene Nutzungsdauer deutlich von 50 Jahren abweicht, sind zusätzliche Überlegungen hinsichtlich einer Verschärfung oder Abschwächung der Grenzwerte nach den Tabellen 35 und 36 und, falls die Bewehrungskorrosion der kritische Risikofaktor ist, hinsichtlich der Betondeckung anzustellen.

7.2 Widerstand gegen das Eindringen aggressiver Stoffe

Die in Abschn. 7.1 genannten Schädigungsmechanismen werden – mit Ausnahme des Angriffs durch hohe Temperaturen und des Verschleißes – nur wirksam, wenn Wasser, gelöste Stoffe oder Gase in den Beton eindringen. Dem Widerstand des Betons gegen das Eindringen solcher Stoffe, der Dichtheit des Betons, kommt damit für dessen Dauerhaftigkeit eine überragende Bedeutung zu. Die möglichen Transportwege für eindringende Stoffe sind die Kapillarporen des Zementsteins, die Poren in der Kontaktzone zwischen Zementstein und Gesteinskörnung sowie Mikrorisse. Neben der Gesamtporosität und der Porengrößenverteilung ist dabei die Kontinuität des Porensystems von besonderer Bedeutung, die im Zementstein bei ausreichend niedrigem w/z-Wert und hohem Hydratationsgrad nicht mehr gegeben ist (siehe dazu z. B. [7.5, 7.6]).

Ein Stofftransport im Porensystem des Betons erfolgt nach drei unterschiedlichen Mechanismen oder deren Kombinationen. Dies sind die Permeation, die Diffusion und das kapillare Saugen (Absorption). Der Widerstand von Beton gegen das Eindringen von Fremdstoffen kann je nach vorherrschendem Transportmechanismus durch Werkstoffkennwerte charakterisiert werden.

Permeation ist die Durchströmung des Porensystems durch Flüssigkeiten oder Gase als Folge eines äußeren Druckes. Sie wird charakterisiert durch den Permeabilitätskoeffizienten, der für Wasser und Lösungen nach dem Gesetz von *Darcy* definiert wird und die Dimension K_w [m/s] hat (Gl. 7.1a). Für Gase wird bei Berücksichtigung der Viskosität und Kompressibilität des Gases die Geschwindigkeit des Transports durch den spezifischen Permeabilitätskoeffizienten K_g [m^2] bestimmt (Gl. 7.1b). Werden Viskosität und Kompressibilität des Gases vernachlässigt, so hat der Permeabilitätskoeffizient die Dimension K_g [m^2/s]. Die Permeabilität von Beton gegen Flüssigkeiten und Gase ist verhältnismäßig einfach und schnell zu bestimmen und z. B. für den Fall drückenden Wassers von unmittelbarer praktischer Bedeutung.

Unter *Diffusion* wird der Transport von freien Atomen, Molekülen oder Ionen als Folge und in Richtung eines Konzentrationsgefälles verstanden. Der Widerstand eines Werkstoffs gegen Diffusionstransport wird durch den Diffusionskoeffizienten D [m^2/s] nach dem 1. Fick'schen Gesetz charakterisiert (Gl. 7.2). Dieser Transportmechanismus ist von unmittelbarer praktischer Relevanz, z. B. für die Austrocknungsgeschwindigkeit von Beton, für die Carbonatisierung als Folge des Eindringens von Kohlendioxid aus der Luft, für das Eindringen von Chloriden oder den Transport von Radon durch Beton [7.1].

Kapillares Saugen ist die Aufnahme von Wasser oder anderer benetzender Flüssigkeiten in das Porensystem des Zementsteins als Folge von Kapillarkräften. Unter den drei genannten Mechanismen ist das kapillare Saugen das effektivste, d. h. es bewirkt den schnellsten Transport von Wasser oder von Ionen, die im Wasser gelöst sind. Das kapillare Saugen kann durch den Wasseraufnahmekoeffizienten S beschrieben werden (Gl. 7.3). Er hat die Dimension [g/m^2 s^n]. Unter der Annahme, dass die kapillar aufgenommene Flüssigkeitsmenge linear von der Wurzel der Einwirkungsdauer abhängig ist, ist n = 0,5. Das kapillare Saugen ist von praktischer Bedeutung, wenn flüssiges Wasser oder Lösungen unmittelbar auf eine Betonoberfläche einwirken, z. B. bei Fundamenten oder Wänden im Grundwasser, bei Schlagregenbeanspruchung oder bei Tausalzlösungen auf horizontalen oder geneigten Flächen. Die o. g. Transportkoeffizienten können für den Fall stationären Transports durch die Bestimmungsgleichungen entsprechend den Gln. (7.1) bis (7.3) definiert werden:

Permeation von Flüssigkeiten:
$$K_w = \frac{Q}{t} \cdot \frac{1}{A} \cdot \frac{1}{\Delta h} \quad (7.1a)$$

Permeation von Gasen:
$$K_g = \frac{Q}{t} \cdot \frac{1}{A} \cdot \frac{p}{(p_1 - p_2) \cdot \bar{p}} \cdot \eta \quad (7.1b)$$

Diffusion:
$$D = \frac{m}{t} \cdot \frac{1}{A} \cdot \frac{1}{\Delta c} \quad (7.2)$$

Kapillares Saugen:
$$S = \frac{\Delta m}{t^n} \cdot \frac{1}{A} \quad (7.3)$$

Darin bedeuten K_w = Permeabilitätskoeffizient für Flüssigkeiten [m/s]; K_g = spezifischer Permeabilitätskoeffizient für Gase [m^2]; D = Diffusionskoeffizient [m^2/s]; S = Wasseraufnahmekoeffizient [g/(m^2 s^n)] bzw. [m^3/(m^2 s^n)]; Q = Volumen des durchströmenden Stoffes [m^3]; m = durchströmende Masse [g]; Δm = aufgenommene Masse [g] bzw. [m^3]; t = Einwirkungsdauer [s]; l = Dicke des durchströmten Körpers [m]; A = durchströmte Fläche [m^2]; Δh = Druck [m Wassersäule]; $p_1 - p_2$ = Druckgefälle [N/m^2]; Δc = Konzentrationsunterschied [g/m^3]; p = Druck, bei dem Q gemessen wird [N/m^2]; $\bar{p}$ = mittlerer Druck = $(p_1 + p_2)/2$; η = Viskosität des Gases [Ns/m^2] (siehe dazu u. a. [7.8–7.11]).

Insbesondere die Gln. (7.1) und (7.2) sind in ihrem Aufbau sehr ähnlich. Entsprechend werden die Transportkoeffizienten durch die gleichen technologischen Parameter, z. T. auch durch die gleichen Umweltbedingungen, beeinflusst. Mit steigender Kapillarporosität, d. h. zunehmendem w/z-Wert und abnehmendem Hydratationsgrad, sowie zunehmender Mikrorissbildung nehmen K_w, K_g, D und S und damit die Eindringgeschwindigkeit zu. Von großer Bedeutung ist der Feuchtegehalt des Betons: Mit steigendem Feuchtegehalt nehmen die Permeabilität gegen Gase und der Wasseraufnahmekoeffizient ab und gehen bei Wassersättigung gegen null [7.12, 7.13]. Die Beeinflussung des Diffusionskoeffizienten durch den Wassergehalt hängt von der Art des transportierten Mediums ab. So nimmt der Diffusionskoeffizient für Kohlendioxid mit steigendem Wassergehalt deutlich ab, während der Diffusionskoeffizient für Wasserdampf zunimmt [7.12]. Eine Temperaturerhöhung hat im Allgemeinen eine Beschleunigung von Transportvorgängen zur Folge, die je nach Transportmechanismus und transportiertem Medium mehr oder weniger deutlich ist [7.14].

Im MC 1990 werden Beziehungen zur Abschätzung der Transportkoeffizienten in Abhängigkeit von Betongüte, Wasserzementwert und teilweise auch von der Zementart gegeben [1.2]. Aus den Angaben des MC 1990 ergeben sich bei einem mittleren Feuchtegehalt des Betons von 50 bis 70% rel. Feuchte Permeabilitätskoeffizienten für Wasser bei Betonen der Festigkeitsklassen C12 bzw. C50 von ca. $K_w = 2 \times 10^{-11}$ bzw. $K_w = 3 \times 10^{-14}$ [m/s]. Die spezifischen Permeabilitätskoeffizienten für Luft betragen für diese Festigkeitsklassen ca. $K_g = 2{,}5 \times 10^{-15}$ bzw. $K_g = 3 \times 10^{-17}$ [m^2]. Für den Diffusionskoeffizienten von Kohlendioxid durch carbonatisierten Beton erhält man aus den Beziehungen des MC 1990 für Betone der Festigkeitsklassen C12 bzw. C50 Werte von ca. $D_{CO2} = 8 \times 10^{-8}$ [m^2/s] bzw. $D_{CO2} = 1 \times 10^{-9}$ [m^2/s]. Diese Zahlen verdeutlichen die große Schwankungsbreite der Transportkoeffizienten je nach Festigkeitsklasse bzw. Porosität des Betons.

Die überschlägige Abschätzung von Transportkennwerten aus der Betongüte bzw. der Betondruckfestigkeit, wie sie im MC 1990 [1.2], aber auch im MC 2010 [6.41] angegeben wird, darf nicht darüber hinwegtäuschen, dass die Festigkeit als Einflussgröße nur sehr eingeschränkt taugt. Bei gleicher Festigkeit unterschiedlich zusammengesetzter Betone können Transportkoeffizienten wenigstens eine Zehnerpotenz voneinander abweichen bzw. die Größe eines bestimmten Transportkoeffizienten kann für Betone gelten, deren Festigkeit sich um ca. 40 N/mm^2 voneinander unterscheidet [7.48]. Dies erklärt sich aus dem tatsächlichen Einfluss der Porenstruktur, die ausgeprägt durch die Bindemittelwahl (Zement und Zusatzstoffe, wie z. B. Flugasche [2.27]) bestimmt wird, aber weit weniger ausgeprägt auf die Festigkeit Einfluss nimmt. Es ist daher auch nicht möglich, eine Lebensdauerprognose auf den Festigkeitsklassen des Betons aufzubauen. Es wäre wünschenswert, da gerade die Betongüte in der Planungsphase stets bekannt sein muss. Vielmehr ist es am besten, gemessene Transportkenngrößen in Lebensdauerbetrachtungen (Bemessung oder Prognose) einzubeziehen. Dabei ist auch zu beachten, dass zumeist die Eigenschaften der Betonrandzone bzw. der Bereich der Betondeckung von Belang sind.

Über die Abhängigkeit des Permeabilitätskoeffizienten für Sauerstoff und Luft von Feuchte und technologischen Parametern siehe u. a. [7.15]. Angaben zu den Diffusionskoeffizienten von Wasserdampf, Luft und Kohlendioxid sind u. a. in [7.12] und Abschnitt 7.3.2 enthalten. Zu Fragen der Chloriddiffusion siehe Abschn. 7.3.3. Einflüsse auf den Wasseraufnahmekoeffizienten nach Gl. (7.3) sind u.a. in [7.12] behandelt.

7.3 Korrosionsschutz der Bewehrung im Beton

7.3.1 Allgemeine Anforderungen

Eine wesentliche Voraussetzung für die gemeinsame Tragwirkung von Stahl und Beton und für die Dauerhaftigkeit von Bauteilen aus Stahl- und Spannbeton ist, dass die Bewehrung, die ja an der Luft sehr rasch korrodieren würde, im Beton auf Dauer vor Korrosion geschützt ist. Der dauerhafte Korrosionsschutz der Bewehrung im Beton beruht darauf, dass die Porenlösung des Betons im Bereich der Bewehrung eine große OH^--Ionen-Konzentration und daher einen pH-Wert oberhalb von 12,5 aufweist. Das bei der Zementhydratation in großen Mengen (rd. 20 bis 25 M.-%, bez. auf den Zementgehalt für CEM I) abgespaltene Calciumhydroxid sorgt weiterhin für eine Pufferung des hohen pH-Werts von pH = 12,5. Unter diesen Bedingungen bildet sich auf der Oberfläche des Stahles eine so genannte Passivschicht. Dies ist eine sehr dünne, aber dichte Schicht aus Eisenoxid, die eine Auflösung des Eisens in Ionen verhindert. Eine Korrosion von Stahl im Beton kann daher nur auftreten, wenn gleichzeitig drei Bedingungen erfüllt sind:

1) Die Passivschicht wird durch Carbonatisierung oder durch Chloride zerstört.
2) Der elektrische Widerstand des Betons wird durch einen hohen Feuchtegehalt deutlich vermindert.
3) Sauerstoff kann in ausreichender Menge bis zum Bewehrungsstahl vordringen.

Wegen des hohen elektrischen Widerstandes von trockenem Beton geht die Korrosionsgeschwindigkeit von Stahl in trockenem Beton auch dann gegen null, wenn der Beton carbonatisiert ist oder freie Chloridionen enthält. Auch in ständig unter Wasser gelagertem Beton ist wegen unzureichender Sauerstoffzufuhr nicht mit Stahlkorrosion zu rechnen. Eine Korrosionsgefährdung der Bewehrung besteht jedoch bei nicht sachgerecht hergestellten Betonbauteilen, die wechselnd durchfeuchtet und ausgetrocknet werden. Hier kann der Fall eintreten, dass alle drei für die Korrosion erforderlichen Bedingungen erfüllt sind. Ein für die meisten Fälle ausreichender Schutz der Bewehrung vor Korrosion wird aber durch eine angemessen dicke Betondeckung aus entsprechend dichtem Beton und durch Begrenzung des Gehalts an korrosionsfördernden Stoffen in den Betonausgangsstoffen erreicht.

Bei chloridhaltigen Tausalzlösungen, die z. B. auf befahrenen Verkehrsflächen einwirken, sind zusätzlich ein Oberflächenschutz (Einstufung in XD1 mit Einsatz von geeigneten Oberflächenschutzsystemen nach RL-SIB) oder eine unterlaufsichere Abdichtung (Einstufung in XC3) sowie ein dauerhafter lokaler Schutz der Risse bei Einstufung in XD3 erforderlich (s. Tabelle 33). Wichtig ist, dass die Schutz- oder Abdichtungsmaßnahmen gemäß DAfStb-Richtlinie „Schutz und Instandsetzung von Betonbauteilen" zu planen und instand zu halten sind.

Bei XD3 darf alternativ auch eine rissvermeidende Bauweise gewählt werden (s. Tabelle 32). In diesem Fall sind die der Expositionsklasse XD3 zugehörigen Betonanforderungen und die Mindestbetondeckung zur Sicherstellung der Dauerhaftigkeit ausreichend. Über die Mechanismen der Korrosion von Stahl im Beton siehe u. a. [7.16].

7.3.2 Carbonatisierung

Die Vermeidung der Carbonatisierung von Zementstein kann für die Aufrechterhaltung des Korrosionsschutzes der Bewehrung im Beton von großer Bedeutung sein. Carbonatisierung wird das Eindringen von Kohlendioxid aus der Luft in den Beton verursacht. Die Konzentration des Kohlendioxids in der Luft beträgt etwa 0,03 Vol.-%, kann aber in Innenräumen, Garagen oder unter Industrieatmosphäre bis auf Werte von ca. 1 Vol.-% ansteigen. Das Kohlendioxid reagiert zwar mit allen Komponenten des Zementsteins, die calciumhaltig sind. Am wichtigsten ist jedoch die Reaktion mit dem Calciumhydroxid, das für den hohen pH-Wert des Porenwassers im nicht carbonatisierten Zementstein hauptverantwortlich ist. Die Carbonatisierung bewirkt einen Abfall des pH-Wertes auf pH < 9, sodass die Passivierung eines im Beton eingebetteten Stahles nicht mehr gegeben ist. Kohlendioxid dringt zwar umso leichter in die Poren des Zementsteins ein, je weniger diese mit Wasser gefüllt sind. Für die chemische Reaktion zwischen Kohlendioxid und den Hydratationsprodukten des Zements ist aber die Anwesenheit von Wasser erforderlich, sodass die Geschwindigkeit des Carbonatisierungsfortschritts deutlich vom Wassergehalt des Betons abhängt. Bei sehr trockenem bzw. nahezu wassersättigtem Beton geht die Carbonatisierungsgeschwindigkeit gegen null. Sie erreicht ein Maximum bei einer rel. Feuchte im Beton von ca. 50 bis 60%. Der Transport des Kohlendioxids durch das Porensystem des Zementsteins folgt einem Diffusionsprozess nach Abschn. 7.2, für dessen Geschwindigkeit der Diffusionskoeffizient von Kohlendioxid durch den carbonatisierten Beton maßgebend ist. Für Beton, der unter konstanten klimatischen Bedingungen gelagert wird und für Beton im Freien, der vor direkter Regeneinwirkung geschützt ist, kann ihre zeitliche Entwicklung nach dem sog. $\sqrt{t}$-Gesetz, Gl. (7.4), beschrieben werden.

$$d_c = \sqrt{2 D_{CO2} \cdot \frac{C_a}{C_c} \cdot t} \qquad (7.4)$$

Darin bedeuten d_c = Carbonatisierungstiefe [m] zum Zeitpunkt t; D_{CO2} = Diffusionskoeffizient für Kohlendioxid durch carbonatisierten Beton [m²/s]; C_a = Konzentration von Kohlendioxid in der Luft [g/m³]; C_c = Kohlendioxid, das zur Carbonatisierung eines Einheitsvolumens von Beton erforderlich ist [g/m³]; t = Dauer der Carbonatisierung [s]. Nach den Angaben des MC 1990 kann C_a/C_c näherungsweise zu 8×10^{-6} gesetzt werden. Gl. (7.4) ist zur Beschreibung des Carbonatisierungsfortschritts nur unter der Bedingung zutreffend, dass der Diffusionskoeffizient D_{CO2} über die Zeit und den Ort konstant bleibt. Diese Bedingung ist vor allem dann nicht erfüllt, wenn eine Betonoberfläche dem Regen ausgesetzt ist und durch kapillares Saugen schnell Wasser aufnimmt. Als Folge davon nimmt D_{CO2} deutlich ab, und die Carbonatisierung kommt solange zum Stillstand, bis durch eine nachfolgende, viel langsamer verlaufende Trocknung der Feuchtegehalt des bereits carbonatisierten Betons soweit absinkt, dass Kohlendioxid wieder in ausreichendem Maße in den Beton eindringen kann. Gl. (7.4) erlaubt daher keine zuverlässige Abschätzung des Carbonatisierungsfortschritts von Betonbauteilen unter natürlichen Bewitterungsbedingungen. Dieses Defizit ist davon im wesentlichen verbessertes Modell im MC 2010 [6.41] überwunden. Darin sind für die Prognose des Carbonatisierungsfortschritts z. B. die klimatischen Umgebungsbedingungen und die Qualität der Bauausführung (Nachbehandlung) berücksichtigt. Insbesondere aber geht in das Modell ein experimentell zu bestimmender, inverser effektiver Carbonatisierungswiderstand ein, der den tatsächlichen Eigenschaften des Betons bzw. der Struktur seiner Bindemittelmatrix Rechnung trägt.

Für die Belange der Praxis sind in früheren Jahren verschiedene Modifikationen des √t-Gesetzes vorgeschlagen worden. So wird u. a. ein empirischer Zusammenhang zwischen Carbonatisierungstiefe d_c und der Zeit t nach Gl. (7.5) angegeben.

$$d_c = \text{const.} \cdot t^\alpha \qquad (7.5)$$

Die Potenz α liegt im Bereich $0{,}15 < \alpha < 0{,}5$ und ist umso geringer, je häufiger eine Betonoberfläche Regen ausgesetzt ist. Für trockenen Beton oder vor Regen geschützten Beton ist $\alpha = 0{,}5$ (Gl. 7.5). Nach theoretischen Überlegungen sowie experimentellen Untersuchungen strebt die Carbonatisierung von Beton, der unter den Klimabedingungen Nord- und Mitteleuropas häufig Regen ausgesetzt ist, sogar einem Endwert zu, wenn die Trockenperioden zwischen Regenfällen so kurz sind und die Carbonatisierungstiefe schon so groß ist, dass der Beton bis zur Carbonatisierungsfront nicht mehr ausreichend austrocknet, um einen weiteren Carbonatisierungsfortschritt zu erlauben. Ein Modell zur Berechnung der Carbonatisierungstiefe bei intermittierender Regenbeaufschlagung wird in [7.42] vorgestellt, das darauf basiert, dass die Carbonatisierung stoppt,

wenn der Beton wassergesättigt ist. Erst wenn die Trocknungstiefe die vorangegangene Carbonatisierungstiefe erreicht, schreitet die Carbonatisierung weiter. Auf diese Weise können die in der Praxis gemessenen Unterschiede der Carbonatisierungstiefe erklärt werden.

Nach Gl. (7.5) hängt die Carbonatisierungsgeschwindigkeit von der Bindekapazität des Zementsteins gegenüber Kohlendioxid, ausgedrückt durch die Größe C_c, vor allem aber vom Diffusionskoeffizienten D_{CO2} ab. Dieser wird entscheidend geprägt durch die Kapillarporosität des Zementsteins. Er nimmt mit sinkendem w/z-Wert, steigendem Hydratationsgrad und daher mit zunehmender Nachbehandlungsdauer deutlich ab. Eine ausreichende Nachbehandlung ist für einen langsamen Carbonatisierungsfortschritt deswegen von besonderer Bedeutung, weil sie vor allem die Struktur der Randzonen eines Betonquerschnitts verbessert, welche der Carbonatisierung zuerst ausgesetzt sind [7.2].

Die Carbonatisierung des Zementsteins verändert seine Porenstruktur. Bei Betonen aus Portlandzement wurde eine deutliche Reduktion der Kapillarporosität beobachtet, die auch eine Erhöhung von Druckfestigkeit und Oberflächenhärte zur Folge hat. Bei Betonen aus Hochofenzementen nimmt die Reduktion der Kapillarporosität mit steigendem Hüttensandgehalt ab. Darüber hinaus hat die Carbonatisierung bei Betonen aus hüttensandreichen Hochofenzementen eine Verschiebung der Porengrößenverteilung in Richtung gröberer Poren und damit eine Erhöhung von D_{CO2} und eine Beschleunigung des Carbonatisierungsfortschritts zur Folge, die aber durch Reduktion des Wasserzementwerts oder

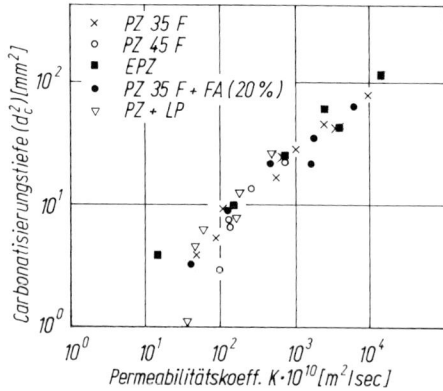

Bild 23. Carbonatisierungstiefe nach 1 Jahr Lagerung bei 20 °C, 65 % r. F., in Abhängigkeit vom Permeabilitätskoeffizienten des Betons gegen Luft im Alter von 56 Tagen; Betone aus Portlandzement, Portlandhüttenzement (EPZ) und Portlandzement mit Flugasche [7.3]

eine verbesserte Nachbehandlung ausgeglichen werden kann. Die Permeabilität von nicht carbonatisiertem Beton gegen Luft kann als Maß für die Carbonatisierungstiefe nach einer bestimmten Carbonatisierungsdauer herangezogen werden. Dies geht aus Bild 23 hervor, in dem das Quadrat der Carbonatisierungstiefen nach einjähriger Lagerung bei 20 °C und 65 % rel. Luftfeuchte von Betonproben mit unterschiedlichen Wasserzementwerten und Nachbehandlungsdauern in Abhängigkeit vom Permeabilitätskoeffizienten gegen Luft am Ende der Nachbehandlung, d. h. zu Beginn der Carbonatisierung aufgetragen sind. Für Betone aus Portland- oder Portlandhüttenzement und für Betone, bei denen bis zu 20 % des Zements durch Flugasche ersetzt wurden, ist dieser Zusammenhang von Betonzusammensetzung und Nachbehandlungsdauer unabhängig. Er gilt aber nicht für Betone aus hüttensandreichen Zementen. Solche Betone weisen wegen der schon beschriebenen Vergrößerung der Porenstruktur durch die Carbonatisierung bei gegebener Permeabilität gegen Luft des nicht carbonatisierten Betons eine größere Carbonatisierungstiefe auf als Betone aus Portlandzementen.

Vielfach wurde der Versuch unternommen, die Carbonatisierungstiefe bei einem bestimmten Betonalter und die Festigkeitsklasse des Betons zu korrelieren [7.4]. Dies kann aber nur sehr eingeschränkt gelingen, siehe [7.48] und Abschn. 7.2. Tatsächlich nimmt mit steigender Betondruckfestigkeit die Carbonatisierungsgeschwindigkeit deutlich ab. Dies ist wegen der Abhängigkeit der Druckfestigkeit von der Kapillarporosität und damit vom Wasserzementwert auch zu erwarten. Nicht ausreichend erfasst wird damit aber insbesondere der Einfluss der Nachbehandlungsdauer: Eine zu kurze Nachbehandlung wirkt sich auf die Carbonatisierungsgeschwindigkeit viel deutlicher aus auf die Druckfestigkeit von Beton aus. Auch der Einfluss des Feuchtegehalts von Beton auf den Carbonatisierungsfortschritt wird über die Druckfestigkeit nicht erfasst: So ist die Carbonatisierungstiefe bei einem gegebenen Betonalter in Betonkonstruktionen, die vor Regen geschützt sind, deutlich höher als in Bauwerken, die dem Regen unmittelbar ausgesetzt sind. Zu beachten ist ferner, dass an Mikrorissen und Fehlstellen im Beton sowie an Rissen in Stahlbetonbauteilen die Carbonatisierungstiefe deutlich größer ist als die mittlere Carbonatisierungstiefe eines riss- und fehlerfreien Betons.

Inwieweit die Carbonatisierung von Beton tatsächlich zur Korrosion der Bewehrung von Beton führt, hängt neben der Carbonatisierungstiefe in entscheidendem Maß vom Feuchtegehalt des Betons in Höhe der Bewehrung und von der Dicke der Betonüberdeckung ab. Korrosionsschäden können in Betonbauwerken im Allgemeinen nur dann auftreten, wenn ein ausreichendes Feuchteangebot, z. B. durch Schlagregen zur Verfügung steht. Dann ist, wenn man von offensichtlichen betontechnologischen Fehlern absieht, der Carbonatisierungsfortschritt aber so langsam, dass die Carbonatisierungstiefe auch nach vielen Jahrzehnten kleiner als die in DIN EN 1992-1-1 geforderten Mindestmaße der Betondeckung ist. Korrosion der Bewehrung in carbonatisiertem Beton wird daher an Bauwerken meist nur dann beobachtet, wenn die tatsächliche Betondeckung, u. U. auch nur örtlich, deutlich kleiner war als in den Normen gefordert. Ein solches Verhalten kann aber in anderen Klimazonen nicht vorausgesetzt werden, wenn z. B. einer monatelangen regenlosen Zeit mit schnellem Carbonatisierungsfortschritt eine längere Regenperiode folgt, während der Beton bis zur Bewehrung durchfeuchtet wird.

Die Kenntnis der physikalischen und chemischen Zusammenhänge der Carbonatisierung reicht heute aus, um ein Dauerhaftigkeitsbemessungskonzept aufzustellen [7.17, 7.45]. Als Eingangsgrößen müssen die Eigenschaften des Betons und die Betondeckung bekannt sein. Die Differentialgleichung des Carbonatisierungsfortschritts wird so dargestellt, dass die Einflüsse der Betonzusammensetzung, der Nachbehandlung, der Umgebungs-CO_2-Konzentration, das Betonalter und eine Witterungsfunktion eingegeben werden. Die Witterungsfunktion berücksichtigt hauptsächlich die Häufigkeit von Regenereignissen und die Orientierung zu einer Himmelsrichtung. Damit lässt sich der Carbonatisierungsfortschritt berechnen. Die Carbonatisierungstiefe wird der vorhandenen Betondeckung gegenübergestellt. Beide Größen können einer gewissen Streuung unterliegen, sodass schließlich ein probabilistischer Ansatz gewählt werden muss. Berechnet wird ein zeit- bzw. bauwerksaltersabhängiger Zuverlässigkeitsindex, der angibt, mit welcher Wahrscheinlichkeit die Carbonatisierungsfront zu einem bestimmten Zeitpunkt eine bestimmte Tiefe, z. B. die Tiefe der Bewehrungslage, erreicht.

7.3.3 Eindringen von Chloriden

Je nach Umgebungs- und Nutzungsbedingungen können in Beton- und Stahlbetonkonstruktionen Chloride eindringen. Quellen von Chloriden sind insbesondere Tausalzlösungen und Meerwasser. Aber auch die Einwirkung von Industrieabwässern oder von PVC-Brandgasen kann eine Chloridbeaufschlagung des Betons zur Folge haben. Während Chloride sich auf die Eigenschaften des erhärteten Betons im Allgemeinen nur wenig auswirken, zerstören sie auch in nicht-carbonatisiertem Beton die Passivschicht auf der Oberfläche von Stählen und lösen dann unter bestimmten Bedingungen die sog. Chloridkorrosion des Stahls aus. Beton kann je nach Zementart und Zementgehalt eine bestimmte Menge an Chloridionen chemisch oder physikalisch binden. Maßgebend für die Chloridkorrosion ist aber der Gehalt an freien Chloridionen im Porenwasser des Betons.

Chloride dringen durch die Kapillarporen des Zementsteins und der Kontaktzone Zementstein/Gesteinskörnung sowie durch Mikrorisse in den Beton ein. Der Transport erfolgt dabei sowohl durch Ionendiffusion im Porenwasser als auch durch kapillares Saugen von Salzlösungen mit nachfolgender Umverteilung der Chloridionen durch Diffusion, siehe dazu u. a. [7.16].

Erfolgt der Transport durch Diffusion, so gilt das 2. Fick'sche Gesetz für instationäre Diffusionsvorgänge nach Gl. (7.6a). Mit dem 2. Glied dieser Gleichung wird berücksichtigt, dass ein Teil der Chloride C_{gb} gebunden wird. Anstelle dessen wird häufig der Diffusionskoeffizient D_{Cl} für Chloridionen in wässriger Lösung durch einen effektiven Diffusionskoeffizienten D_{eff} ersetzt.

Dann gilt Gl. (7.6b).

$$\frac{\partial C}{\partial t} = D_{Cl}\frac{\partial^2 C}{\partial x^2} - \frac{\partial C_{gb}}{\partial t} \quad (7.6a)$$

$$\frac{\partial C_{frei}}{\partial t} = D_{eff}\frac{\partial^2 C_{frei}}{\partial x^2} \quad (7.6b)$$

In Gl. (7.6b) bedeuten C_{frei} die Konzentration freier Chloridionen [g/m^3] zum Zeitpunkt t an der Stelle x, t die Dauer der Chlorideinwirkung [s], x die Ortskoordinate [m] und D_{eff} der effektive Diffusionskoeffizient für Chloridionen in wässriger Lösung [m^2/s], welcher die Bindekapazität des Betons in Abhängigkeit von der Bindemittelart berücksichtigt. Eine Lösung von Gl. (7.6b) führt zu einer Abhängigkeit der Eindringtiefe von Chloriden einer bestimmten Konzentration nach der Beziehung $d_\alpha \sim \sqrt{D_{eff} t}$. Der effektive Diffusionskoeffizient hängt einerseits von der Kapillarporosität des Zementsteins, andererseits von der Bindekapazität des Betons und damit von der Zementart ab (siehe dazu u. a. [7.18, 7.19]). Mit sinkendem Wasserzementwert und verbesserter Nachbehandlung nimmt D_{eff} ab. Deutlicher ist jedoch der Einfluss des Hüttensandgehalts bei Betonen aus Hochofenzementen: Nach [7.20] bewirkt eine Reduktion des Wasserzementwerts von 0,66 auf 0,50 eine Reduktion von D_{eff} um ca. 60 %. Eine Erhöhung des Hüttensandgehalts des Zements von 15 % auf 60 % hat eine Reduktion von D_{eff} um nahezu eine Größenordnung zur Folge. Ähnlich günstig wirkt sich der Zusatz von Flugasche oder silicatischen Feinstäuben aus [2.27, 7.21]. Nach den Angaben in [7.22] kann bei Betonen mit 0,4 < w/z < 0,6 aus Portlandzement von $1 \cdot 10^{-12} < D_{eff} < 10^{-12}$ [m^2/s] und bei Betonen aus Hochofenzementen mit einem Hüttensandgehalt von ca. 60 % von $0,5 \cdot 10^{-12} < D_{eff} < 1 \cdot 10^{-12}$ [m^2/s] ausgegangen werden.

Wesentlich leistungsfähiger als der Chloridtransport durch Diffusion ist der Transport von Chloridionen durch kapillare Aufnahme von Chloridlösungen. Dieser Transportmechanismus ist vor allem dann von Bedeutung, wenn ein Betonbauteil mehrfach mit einer Chloridlösung beaufschlagt wird, dazwischen aber wieder abtrocknen kann. Eine Vorhersage des Eindringens von Chloriden wird vor allem dadurch erschwert, dass unter wirklichkeitsnahen Bedingungen häufig ein Mischtransport vorliegt und dass die Randbedingungen, insbesondere Chloridbeaufschlagung der Oberfläche, der Feuchtegehalt des Betons und die Temperatur, über die Zeit nicht konstant sind. Ein Arbeitsausschuss von RILEM befasste sich mit dem Thema [7.23].

Hinsichtlich der Modellierung des Transports von Chloriden in Beton gibt es verschiedene Ansätze, wovon die wichtigsten z. B. in [7.49] zusammengestellt sind. Im MC 2010 [6.41] ist ein Transportmodell angegeben, welches sich aus der Anwendung der Differenzialgleichung (7.5) ergibt. Es erlaubt die Berechnung der Chloridkonzentration in Abhängigkeit vom Abstand von der Betonoberfläche und berücksichtigt zahlreiche Einflussgrößen, wozu u. a. das Betonalter, die Umweltbedingungen und ein wirksamer Diffusionskoeffizient gehören. Dieser maßgebende Kennwert ist aus einer Analyse experimenteller Daten für den betrachteten Beton zu bestimmen, wodurch eine zuverlässige Prognose der chloridinduzierten Chlorideindringung gewährleistet wird. Die an sich wünschenswerte Verwendung der Betongüte bzw. der Betonfestigkeit als möglichen Ersatzeinflussparameter wäre mit großen Unsicherheiten bzw. Streuungen verbunden. Diesbezüglich gilt das bereits vorangehend für die Carbonatisierung des Betons Gesagte; siehe hierzu auch Abschn. 7.2 und [7.48]. Basierend auf dem Modellansatz in [6.41] ist eine Lebensdauerprognose bzw. die Bemessung auf Lebensdauer für die chloridinduzierte Bewehrungskorrosion möglich. Das Prinzip der Vorgehensweise ist vorangehend in Abschn. 7.3.2 aufgezeigt.

Häufig stellt sich die Frage nach dem kritischen Chloridgehalt des Betons, bei dem mit einem Verlust des Korrosionsschutzes der Bewehrung zu rechnen ist. Wesentlich hierfür ist der Gehalt an freien Chloriden im Porenwasser, der nur schwierig zu bestimmen ist, sodass im Allgemeinen nur der Gesamtchloridgehalt des Betons bekannt ist. Nach [7.24] werden in einem Beton aus Portlandzement etwa 0,4 M.-% Cl$^-$, bezogen auf das Zementgewicht, gebunden. Daraus wurde ein zulässiger Schwellenwert von 0,4 M.-% abgeleitet. DIN 1045-2 enthält zwei Klassen für den höchst zulässigen Chloridgehalt von Beton, und zwar 0,40 % Cl$^-$ bezogen auf den Zementgehalt für Stahlbeton und 0,20 % Cl$^-$ für Spannbeton. Die Forderung nach unkritischen Chloridgehalten wird als erfüllt angesehen, wenn der Chloridgehalt jedes Ausgangsstoffes (Zement, Wasser, Betonzusatzmittel und -zusatzstoffe) den nach den Regelwerken zulässigen Wert einhält. Für Gesteinskörnungen gelten folgende Grenzwerte: 0,04 M.-% bei Stahlbeton und 0,02 M.-% bei Spannbeton. Bei Zementart CEM III gilt als Grenzwert 0,10 M.-% für alle Betone.

Maßgebend für das Einsetzen einer Chloridkorrosion ist jedoch eine Vielzahl von Parametern, die durch einen einzigen Grenzwert nicht erfasst werden können. Nach [7.25] ist der wichtigste Parameter das Verhältnis Cl^-/OH^- in der Porenlösung, das größer als etwa 0,6 sein muss, ehe mit Chloridkorrosion zu rechnen ist. Darüber hinaus sind vor allem der pH-Wert der Porenlösung, der Feuchtegehalt des Betons, die Verfügbarkeit von Sauerstoff und die Bindemittelart wesentliche Parameter. In kritischen Fällen sollte daher zur Beurteilung der Zulässigkeit eines Chloridgehalts im Beton stets ein Fachmann herangezogen werden.

Für die meisten Fälle der Praxis schreibt DIN 1045-2 Mindestanforderungen vor, um Chloridkorrosion zu vermeiden (Tabelle 35). Dabei wird nicht unterschieden, ob Chlorid aus Meerwasser stammt oder aus anderen Quellen. Für die Risikostufe 1 (XD1 und XS1) gilt ein w/z-Wert von 0,55, ein Mindestzementgehalt von 300 kg/m^3 und eine Mindestfestigkeitsklasse C30/37. Für diese Fälle mit geringem Chloridangebot aus der Umgebung und Nutzung wird angenommen, dass die Dichteit des Betons ausreichend ist. Für die Risikostufe 2 (XD2 und XS2) beträgt der w/z-Wert 0,50, der Zementgehalt 320 kg/m^3 und die Festigkeitsklasse C35/45. Auf dieser Stufe muss man davon ausgehen, dass Chlorid durch Diffusion in der Porenlösung des Betons bis zur Bewehrung wandert. Damit der kritische Chloridgehalt während der Nutzungsdauer nicht erreicht wird, werden in DIN 1045-2 höhere Anforderungen an die Dichteit des Betons gestellt. Während auf der Stufe 2 der Beton überwiegend oder ständig nass ist, ist er auf Stufe 3 abwechselnd nass und trocken. Damit stehen alle Faktoren für Chloridkorrosion zur Verfügung: Chlorid für die Depassivierung des Stahls, Wasser für eine hohe elektrische Leitfähigkeit des Betons und Sauerstoff zusammen mit Wasser für die Bildung von Rost. Um dies zu verhindern, fordert DIN 1045-2 einen sehr dichten Beton mit einem höchstzulässigen w/z-Wert von 0,45. Für die schützende Einbettung des Stahls sind alle Zemente nach DIN EN 197-1 geeignet, wobei in den vorangegangenen Abschnitten deutlich wurde, dass Betonzusatzstoffe und Hochofenzemente bei ständigem Wasserkontakt zu besonders dichten Betonen führen.

7.4 Frostwiderstand

Beton kann durch häufige Frost-Tauwechsel geschädigt oder zerstört werden, wenn seine Poren so weit wassergefüllt sind, dass der Beton einen kritischen Sättigungsgrad aufweist. Wegen des Einflusses von Oberflächenkräften in den feinen Kapillarporen des Zementsteins sowie der Gefrierpunkterniedrigung durch gelöste Stoffe im Porenwasser gefriert das Wasser im Zementstein noch nicht bei 0 °C. Vielmehr nimmt der Anteil des gefrierbaren Wassers mit weiter sinkender Temperatur stetig zu. Hydrostatische Drücke in noch nicht gefrorenem Wasser, ausgelöst durch die Volumenvergrößerung des gefrorenen Wassers, osmotische Drücke sowie eine Umlagerung des Wassers im Porensystem des Zementsteins können dann zu so hohen inneren Spannungen führen, dass der Beton zerstört wird (siehe dazu u. a. [7.26–7.28]). Auch bei einem hohen Sättigungsgrad können Betone einen hohen Frostwiderstand aufweisen, wenn durch künstlich eingeführte, fein verteilte Luftporen ein ausreichender Expansionsraum geschaffen wird (siehe u. a. [7.29]). Über Prüfmethoden zur Bestimmung des Frost- und des Frost-Taumittelwiderstandes wird u. a. in [7.30–7.34] berichtet.

Ein hoher Frostwiderstand des Betons erfordert die Einhaltung einiger Regeln hinsichtlich der Betonzusammensetzung [7.50]. Grundsätzlich sollte die Bindemittelmatrix des Betons eine hohe Festigkeit und Dichtigkeit aufweisen. Erreicht wird dies durch hinreichend kleine Wasserzement- bzw. Wasserbindemittelwerte, deren obere Grenzen in DIN 1045-2 genannt sind (s. Tabelle 36). Hierdurch wird einerseits erreicht, dass etwaige Gefügezugspannungen infolge der durch Eisbildung entstehenden Sprengdrücke bis zu einer gewissen Grenze rissfrei aufgenommen werden können, andererseits beugt die Dichtheit einer zu hohen Wassersättigung vor. In diesem Zusammenhang spielt auch die Nachbehandlung eine wichtige Rolle, die für die Ausbildung einer dichten Betonrandzone ausschlaggebend ist. Der Einsatz künstlicher Luftporen schafft Expansionsraum für das gefrierende Wasser und bewirkt gleichzeitig eine Kapillarbrechung, die die Wasseraufnahme über das Kapillarporensystem behindert, sodass kritische Sättigungsgrade nicht bzw. nur nach sehr langer Wassereinwirkung erreicht werden können. Der Wirkungsmechanismus der Luftporen ist in Abschnitt 7.5 etwas näher erklärt. Auf ihren Einsatz kann verzichtet werden, wenn der Wasserzementwert kleiner als 0,35 ist. Schließlich muss die verwendete Gesteinskörnung selbst einen ausreichend hohen Frostwiderstand besitzen. Dies kann mithilfe der in DIN EN 1367 genannten Verfahren überprüft werden.

DIN EN 206-1 und DIN 1045-2 unterscheidet zwei Expositionsklassen hinsichtlich des Frostangriffs: XF1 bei mäßiger Wassersättigung und XF3 bei hoher Wassersättigung. In XF1 fallen Außenbauteile, die dem Regen direkt ausgesetzt sind und wieder abtrocknen. Hier wird ein höchster w/z-Wert von 0,60 zugelassen, eine Mindestfestigkeitsklasse von C25/30 mit einem Mindestzementgehalt von 280 kg/m^3. Diese Anforderungen stimmen denen mit denjenigen der Expositionsklasse XC4 überein (siehe Tabelle 36). Im Fall hoher Wassersättigung sind zwei Optionen möglich, einmal ein besonders dichter Beton mit w/z ≤ 0,50 und C35/45 oder ein Luftporenbeton C25/30 mit 4,0 Vol.-% Mindestluftporengehalt und w/z ≤ 0,55. Der Mindestluftporengehalt ist vom Größtkorn der Gesteinskörnung abhängig, bei kleinem Korn ist er größer als bei großem Korn (siehe Tabelle 36). Bei XF1 müssen die Gesteinskörnungen die Anforderung F_4, bei XF3 die Anforderung F_2 an den Frostwiderstand von Gesteinskörnungen nach DIN EN 12620 erfüllen. Aber auch dann kann nicht mit Sicherheit ausgeschlossen werden, dass nach Frostbeanspruchung einzelne Gesteinskörner an horizontalen Oberflächen ausfrieren (sog. Popout). Bei XF1 und XF3 können alle Zemente nach DIN EN 197-1 verwendet werden, auch können Betonzusatzstoffe des Typs II auf den Mindestzementgehalt und den höchstzulässigen w/z-Wert angerechnet werden.

7.5 Frost- und Taumittelwiderstand

Werden Betonoberflächen, z. B. bei Straßen, Gehwegen oder Brücken, im Winter zur Beseitigung oder Freihaltung von Schnee und Eis mit Taumitteln beaufschlagt, so unterliegen sie einer Beanspruchung, die deutlich schärfer als die reine Frostbeanspruchung ist. Ursachen sind u. a. eine Erhöhung des Sättigungsgrades des Betons mit der Anzahl von Frost-Tauwechseln sowie eine Reihe anderer physikalischer Einwirkungen, siehe dazu u. a. [7.28]. Das am häufigsten verwendete Taumittel ist Natriumchlorid, das zu keinem wesentlichen chemischen Angriff des Betons führt. Andere Taumittel, z. B. Magnesiumchlorid, Harnstoffe und Alkohole können, insbesondere bei nicht optimal zusammengesetzten und nachbehandelten Betonen, auch eine Schädigung durch chemischen Angriff bewirken [0.1, 7.35].

Grundsätzlich gelten für die Erzielung eines hohen Frost- und Taumittelwiderstands eines Betons dieselben Regeln wie für einen hohen Frostwiderstand, allerdings in verschärfter Form. Ein niedriger Wasserzementwert und künstliche Luftporen sollen für einen hohen Frost-Taumittelwiderstand sorgen. Das im Frischbeton erzeugte Luftporensystem, das im erhärteten Beton als Expansionsraum für das unter Druck stehende Wasser im Zementstein dient, kann nur wirksam sein, wenn es sich auch über lange Zeiten nicht mit Wasser füllt. Diese Forderung wird im Allgemeinen nur von sehr kleinen Poren mit Durchmessern < 0,30 mm erfüllt. Darüber hinaus muss der Abstand eines beliebigen Punktes im Zementstein bis zur nächsten Luftpore möglichst gering sein, um die Höhe der entstehenden hydrostatischen Drücke durch gespanntes Wasser zu begrenzen bzw. den Abbau eines hydrostatischen Druckes in den Poren des Zementsteins zu ermöglichen. Luftporensysteme werden daher durch zwei Kennwerte charakterisiert: Der Mikroluftporengehalt L 300 – er gibt den Gehalt an Luftporen < 0,30 mm an und soll 1,5 Vol.-% nicht unterschreiten – und der Abstandsfaktor AF als Maß für den größten Abstand eines Punktes im Zementstein von der nächsten Luftpore, der nicht größer als 0,20 mm sein darf. Diese Kennwerte können zz. nur am erhärteten Beton mithilfe mikroskopischer Verfahren zuverlässig bestimmt werden. Bei der Verwendung von LP-Mitteln nach DIN EN 934 und sachgerechter Herstellung des Betons kann davon ausgegangen werden, dass die Anforderungen an die Kennwerte L 300 und AF eingehalten sind, wenn der Frischbeton die Mindestluftgehalte nach Tabelle 36 aufweist.

Maßgebend für den Frost- und Taumittelwiderstand von Beton ist der Luftgehalt des Zementsteins bzw. des Feinmörtels. Da der Feinmörtelgehalt mit steigendem Größtkorn der Gesteinskörnung im Allgemeinen abnimmt, ist der nach Tabelle 36 erforderliche Luftgehalt des Betons umso geringer, je größer das Größtkorn ist. Höhere Luftgehalte des Frischbetons können erforderlich sein, wenn der Feinmörtelbzw. Mehlkorngehalt des Betons sehr hoch ist. Zu berücksichtigen ist bei LP-Beton auch, dass der Mikroluftporengehalt durch die Zugabe eines Fließmittels beeinträchtigt sein kann. Aus diesem Grunde sind bei LP-Beton mit Fließmittel und bei LP-Fließbeton der Mikroluftporengehalt und der Abstandsfaktor am erhärteten Beton zu prüfen.

Einen hohen Frost- und Taumittelwiderstand kann Beton auch aufweisen, dem anstelle luftporenbildender Zusatzmittel Mikrohohlkugeln in so großer Menge zugemischt werden, dass im erhärteten Beton der geforderte Abstandsfaktor nicht überschritten und der geforderte Mikroluftporengehalt nicht unterschritten wird. Der Luftgehalt des Frischbetons ist in diesem Falle in der Regel deutlich kleiner und kein Maß mehr für einen ausreichenden Mikroluftporengehalt (siehe dazu [7.36]).

In erdfeuchtem Beton, wie er bei der Herstellung einiger Betonwaren verwendet wird, kann – abgesehen von der Zugabe der vergleichsweise teuren Mikrohohlkugeln – ein Gehalt an Mikroluftporen in der erforderlichen Menge im Allgemeinen nicht erzeugt werden. Für solche Betone kann bei sachgerechtem Vorgehen trotzdem ein ausreichender Frost- und Taumittelwiderstand erwartet werden, wenn die Hinweise der Tabelle 36 Anwendung finden. Der ausreichende Widerstand solcher Betone gegen Frost- und Taumittelangriff ist darauf zurückzuführen, dass sie aufgrund ihres niedrigen w/z-Wertes bei guter Nachbehandlung eine geringe Menge an gefrierbarem Wasser aufweisen und so dicht sind, dass je nach Umweltbedingungen nur selten oder nie einen kritischen Sättigungsgrad erreichen. Neben der Verwendung von LP-Mitteln oder Mikrohohlkugeln ist die Erzeugung sehr dichter Betone nach dem heutigen Stand von Wissenschaft und Technik der einzige Weg, Betone mit hohem Frost- und Taumittelwiderstand herzustellen.

Dauerhaftigkeit

DIN EN 206-1 und DIN 1045-2 unterscheiden zwei Expositionsklassen für Frostangriff mit Taumittel bzw. Meerwasser: XF2 bei mäßiger Wassersättigung und XF4 bei hoher Wassersättigung. Dem Wassergehalt des Betons wird wie bei XF1 und XF3 auch hier ein hoher Stellenwert zuerkannt. Für die Schädigung des Betons ist der Sättigungsgrad des Betons maßgebend. Als Sättigungsgrad ist das Verhältnis des aufgenommenen Wassers zu dem maximal aufnehmbaren Wasser definiert, oder anders ausgedrückt, der Anteil des Porenraums, der mit Wasser gefüllt ist. Eine Schädigung von Beton kommt nur zustande, wenn die etwa 10%ige Volumenvergrößerung beim Übergang von Wasser in Eis nicht zwängungsfrei möglich ist. Wegen der stark unterschiedlichen Porengröße, -verteilung und -form sowie der Tortuosität der Poren kann man daraus nicht schließen, dass eine Sättigung von 90% gerade noch keinen Schaden verursacht. Vielmehr ist es so, dass Bauteilzonen, die in einer Bandbreite von weniger als 75 bis 80% wassergesättigt sind, keinen Schaden erleiden. Dazu werden die üblichen Außenbauteile gerechnet.

Temperaturverlauf und Feuchtegehalt spielen auch bei der richtigen Wahl der Expositionsklasse für Betonbauteile, die im Boden eingebettet sind, eine entscheidende Rolle. Insbesondere ist hier die Frage von Interesse, in welche Expositionsklasse Stahlbetonbauteile (z. B. Fundamente) einzustufen sind, die sich im Erdreich im nicht frostfreien Bereich befinden (z. B. von Geländeoberkante bis 0,80 m Tiefe). Vertikale Flächen und Unterseiten von Bauteilen, eingebunden im nicht frostfreien Bereich des Erdreichs müssen hinsichtlich des potenziellen Feuchtegehalts auf der sicheren Seite liegend zunächst als „mäßig wassergesättigt" im Sinne von XF1 eingeordnet werden, wenn lediglich Bodenfeuchte oder zeitweise aufstauendes Sickerwasser ansteht. Hinsichtlich der Temperaturbeanspruchung kann davon ausgegangen werden, dass der Boden eine gewisse Wärmespeicherkapazität (instationäre Randbedingungen) aufweist, die dafür sorgt, dass die häufigen Temperaturwechsel und auch die niedrigen Temperaturen nicht erreicht werden, die an der Außenluft bei direkt bewitterten Oberflächen auftreten. Der Boden kühlt langsamer ab und wärmt sich insgesamt langsamer auf. Somit liegt bei diesen Bauteilen der der Expositionsklasse XF1 zugehörige „erhebliche Angriff durch Frost-Tau-Wechsel" nicht vor. Es kommen nur die Expositionsklassen für Carbonatisierung (i. d. R. XC2) und ggf. für chemischen Angriff XA aus Boden und Grundwasser (Angaben im Bodengutachten oder aus langjährigen Erfahrungen) infrage.

Bei XF2 stehen wiederum zwei Optionen zur Verfügung, eine Betonzusammensetzung mit Luftporen und eine ohne Luftporen. Der Unterschied zwischen den Anforderungen an Betone für XF2 und XF3 liegt darin, dass bei XF2, d. h. bei Taumitteln, Zusatzstoffe vom Typ II zwar verwendet, aber nicht angerechnet werden dürfen. Diese Einschränkung gilt inzwischen nicht mehr für den Zusatzstoff Flugasche. Außerdem werden bei XF2 u. a. die folgenden Zemente ausgeschlossen: CEM II/A-P und CEM II/B-P. Der schärfste Frost-Taumittelangriff tritt bei XF4 auf. XF4 bedeutet hohe Wassersättigung und zusätzlich Taumittel bzw. Meerwasser verbunden mit einem erheblichen Angriff durch Frost-Tau-Wechsel. . Dabei handelt es sich um direkt bewitterte Verkehrsflächen, die mit Taumittel behandelt werden, oder überwiegend horizontale Bauteile im Spritzwasserbereich von taumittelbehandelten Verkehrsflächen, also z. B. Teile von Brücken wie Brückenkappen, die mehr oder weniger horizontal liegen, wo das Wasser sich anreichern kann und ein erheblicher Angriff durch Frost-Tau-Wechsel vorliegt. Außerdem kann es Räumerlaufbahnen von Kläranlagen betreffen und schließlich Bauteile in der Wasserwechselzone von Meerwasser. Für XF4 fordert DIN 1045-2 ausschließlich Luftporenbeton mit einem höchstzulässigen w/z-Wert von 0,50. Betonzusatzstoffe dürfen verwendet, aber – mit Ausnahme von Flugasche – nicht auf den höchstzulässigen w/z-Wert und den Mindestzementgehalt angerechnet werden. Folgende Zemente sind als geeignet betrachtet: CEM I, CEM II/A-S, CEM II/B-S, CEM II/A-V, CEM II/B-V, CEM II/A-D, CEM II/A-LL, CEM II/A-T, CEM II/B-T, CEM III/A und CEM III/B. Bei CEM III/A gilt entweder eine Festigkeitsklasse $\geq$ 42,5 oder $\geq$ 32,5 R mit $\geq$ 50 M.-% Hüttensand. CEM III/B wird nur für zwei Anwendungsfälle vorgesehen:

a) Räumerlaufbahnen in Verbindung mit einer Mindestfestigkeitsklasse (C40/50, w/z $\leq$ 0,35, Mindestzementgehalt $\geq$ 360 kg/m^3 ohne Luftporen und

b) Meerwasserbauwerke mit einer Mindestfestigkeitsklasse (C35/45, w/z $\leq$ 0,45, Mindestzementgehalt $\geq$ 340 kg/m^3.

Diese Ausnahmeregelung geht auf positive Praxiserfahrungen zurück [7.37]. Die Gesteinskörnung muss einen Widerstand MS$_{25}$ bzw. MS$_{18}$ nach DIN EN 12620 aufweisen.

Erfahrungen aus der Praxis und Forschungsergebnisse haben gezeigt, dass in Betonen aus sehr hüttensandreichen Hochofenzementen Mikroluftporen den Frost- und Taumittelwiderstand nicht in dem Maße verbessern, wie das bei Zementen ohne bzw. mit geringeren Gehalten an Zumahlstoffen der Fall ist. Ursache für dieses Verhalten ist wahrscheinlich die sehr dichte Porenstruktur des Hochofenzementsteins, in der künstliche Luftporen nicht nur bei sehr geringen AF-Werten wirksam werden. Dies bedeutet aber auch, dass sich gut und mehrere Wochen nachbehandelte Betone aus hüttensandreichen Hochofenzementen einen hohen Frost- und

Taumittelwiderstand aufweisen können, da sie nur sehr langsam einen kritischen Sättigungsgrad erreichen [7.38]. Wesentlich ist in diesem Zusammenhang die in Abschn. 7.3.2 erläuterte Veränderung der Porenstruktur des Zementsteins durch Carbonatisierung. Die Verdichtung der Porenstruktur von Portlandzementstein als Folge der Carbonatisierung erhöht den Frost- und Taumittelwiderstand solcher Betone, während die Vergröberung der Porenstruktur von Hochofenzementstein durch Carbonatisierung einen deutlichen Abfall des Frost- und Taumittelwiderstands zur Folge hat.

Von besonderer Bedeutung für den Frost- und Taumittelwiderstand ist die Nachbehandlung von Beton. So wird empfohlen, die Nachbehandlungsdauer von Betonen, die einem Frost- und Taumittelangriff ausgesetzt sind, deutlich zu erhöhen. Es kommt vor allem darauf an, dass die oberste Schicht des jungen Betons nicht vorzeitig austrocknet und damit die Porosität des Betons erhöht wird. Bei Frost- und Frost-Taumittelangriff sind die äußersten Millimeter entscheidend für die Dauerhaftigkeit. Vor allem bei heißem und windigen Wetter ist der Beton gefährdet. Daher sollten die Maßnahmen, wie sie in Abschnitt 3.6 behandelt wurden, unverzüglich nach dem Betonieren veranlasst werden. Eine zusätzliche Einhausung der Baustellenflächen bietet weiteren Schutz. Wesentlich ist aber auch, dass der Beton im Zeitraum zwischen dem Ende der Nachbehandlung und der ersten Taumittelbeanspruchung wenigstens einmal austrocknen kann, weil dadurch der Frost- und Taumittelwiderstand im Vergleich zu dauernd feucht gehaltenem Beton deutlich erhöht wird. Beton für den Bau von Fahrbahndecken aus Beton nach ZTV Beton muss stets einen hohen Widerstand gegen Frost-Taumittelangriff aufweisen und ist daher als LP-Beton herzustellen. Über Herstellung, Verarbeitung und Prüfung von LP-Beton im Straßenbau siehe [7.39].

7.6 Widerstand gegen chemische Angriffe

Die Beurteilung des Angriffsvermögens von Wässern, Böden und Gasen erfolgt nach Tabelle 34.

Nach Abschn. 7.1 wird zwischen lösendem und treibendem chemischem Angriff auf Beton unterschieden. Lösend wirken z. B. saure und weiche Wässer, austauschfähige Salze sowie pflanzliche und tierische Öle und Fette. Treiben kann z. B. durch Sulfate hervorgerufen werden. Die Grenzwerte gelten für stehendes und schwach fließendes, in großer Menge vorhandenes und direkt angreifendes Wasser. Der Angriffsgrad erhöht sich um eine Stufe, wenn zwei oder mehr Werte im oberen Viertel (beim pH-Wert im unteren Viertel) liegen. Dies gilt jedoch nicht für Meerwasser, da erfahrungsgemäß dichter Beton Meerwasser auf Dauer ausreichend widersteht. Das Angriffsvermögen des Wassers kann durch starkes Fließen, erhöhte Temperatur und hohen Druck ver-

größert werden. Es nimmt jedoch mit abnehmender Durchlässigkeit des Bodens ab. Bodenproben müssen nur dann untersucht werden, wenn der Boden häufig durchfeuchtet wird und eine Wasserentnahme nicht möglich ist. Bei Aufschüttungen, bei Böden mit Industrieabfällen oder bei Anwesenheit von Sulfiden ist in der Regel eine weitergehende Untersuchung notwendig. Sind betonangreifende Industrieabgase in stärkerer Konzentration, z. B. in Filterkammern, in Kühltürmen oder in Abgasschornsteinen, vorhanden, so kann zur Beurteilung des Sachverhaltes die Hinzuziehung eines Fachmannes erforderlich sein.

Für Beton, der chemischen Angriffen ausgesetzt wird, sollten im Allgemeinen Gesteinskörnungen verwendet werden, die gegenüber den angreifenden Stoffen beständig sind. Schwachen Angriffen widersteht nach Tabelle 36 bei einer Expositionsklasse XA1 ein Beton mit $w/z \leq 0{,}60$ ausreichend. Bei Beton mit hohem Widerstand gegenüber starkem chemischem Angriff (XA2) darf der Wasserzementwert 0,55 nicht überschreiten, siehe Tabelle 36. Gegen sehr starke Angriffe ist außer einem dichten Beton nach XA3 zusätzlich ein dauerhafter Schutz des Betons notwendig. Als Schutzschichten kommen dichte Kunststoffbeschichtungen, Dichtungsbahnen, Plattenverkleidungen, aber auch eine Vergrößerung des Betonquerschnitts in Betracht. Bei Stahlbeton muss auch die Betondeckung auf den jeweils vorhandenen Angriffsgrad abgestimmt sein. Unabhängig vom jeweils vorliegenden Angriffsgrad nach Tabelle 34 ist – abgesehen von Meerwasser – in der Regel bei Sulfatgehalten ab 600 mg SO_4^{2-} je Liter Wasser und ab 3000 mg SO_4^{2-} je kg Boden außer einem dem jeweiligen Angriffsgrad entsprechend dichten Beton ein Zement mit hohem Sulfatwiderstand (SR-Zement) zu verwenden.

Zahlreiche Angaben zum chemischen Angriff und zur Ausführung von dauerhaften Betonkonstruktionen werden in [7.51] gemacht. Sich speziell ergebende Problemstellungen in Bezug auf die Dauerhaftigkeit von Bauwerken im Untergrund sind in [7.52] behandelt.

In England sind in den letzten Jahren Schäden aufgetreten, die entweder durch einen sulfathaltigen Boden oder durch Oxidation sulfidhaltiger Böden verursacht wurden. Schäden zeigten sich in drei Erscheinungsinfolge Bildung von Sekundärettringit und Sekundärgips und Entfestigung durch Thaumasit. Bei Thaumasit handelt es sich um ein dem Ettringit ähnliches Mineral, das zusätzlich Carbonat enthält. Die Thaumasitbildung führt zu einer Auflösung der Zementsteinmatrix mit einer vollständigen Entfestigung des Betons. Thaumasitbildung ist möglich durch gleichzeitige Feuchteeinwirkung, Sulfatangriff, niedrige Temperaturen (< 10 °C), carbonathaltige Betonbestandteile oder externe Carbonatquellen. Der DAfStb hat eine Expertengruppe eingesetzt, die zu folgendem Ergebnis kam: Zusammensetzungen von Beton nach DIN 1045-2 bei den Expositionsklassen XA1, XA2, XA3 (siehe Tabellen 34 und 36) haben gezeigt, dass keine Schäden infolge Sulfatangriff zu erwarten sind. Auch Betone aus Zement-Flugasche-Kombinationen (siehe Abschnitt 2.4.3) haben sich bewährt. Dennoch wird sich die Expertengruppe mit dem Prüf- und Bewertungshintergrund bei Laboruntersuchungen zum hohen Sulfatwiderstand besonders bei niedrigen Temperaturen und mit den Voraussetzungen für eine Thaumasitbildung weiter auseinandersetzen [7.40].

7.7 Verschleißwiderstand

Ein hoher Verschleißwiderstand wird gefordert, wenn Betonoberflächen durch schleifenden oder rollenden Verkehr, durch rutschendes oder aufprallendes Schüttgut, z. B. in Silos, durch ruckartiges Bewegen schwerer Gegenstände oder durch stark strömendes Wasser beansprucht werden [7.43]. Je nach Beanspruchungsart wird der Verschleißwiderstand von Beton von den Eigenschaften der Gesteinskörnung, des Zementsteins oder des Zementstein/Gesteinskörnungverbundes bestimmt. Nach [7.41] kommt der zur Beurteilung des Verschleißwiderstandes gewählten Prüfmethode besondere Bedeutung zu. Sie sollte der tatsächlichen Beanspruchung möglichst nahe kommen, da unterschiedliche Methoden zu einer unterschiedlichen Rangfolge des Verschleißwiderstands verschiedener Betone führen können.

Der Verschleißwiderstand von Beton nimmt mit abnehmendem Wasserzementwert und zunehmender Dauer der Nachbehandlung deutlich zu. Entsprechend steigt er mit steigender Betondruckfestigkeit. Dies wurde schon vor über 80 Jahren in den Arbeiten von *D. Abrams* aufgezeigt. Je nach Art der Beanspruchung kann auch die Art der verwendeten Gesteinskörnung von ebenso großem Einfluss auf den Verschleißwiderstand von Beton sein. Dies gilt insbesondere dann, wenn die Verschleißbeanspruchung zu einem flächigen Abtrag der Betonoberfläche führt. In [7.41] wird über Untersuchungen berichtet, bei denen sich der höchste Verschleißwiderstand für hochfeste Betone mit Wasserzementwerten kleiner 0,30 unter Verwendung von Silikastaub als Betonzusatzstoff ergab.

Für den Hydroabrasionsverschleiß wird in [7.46] als maßgeblicher verschleißbestimmender Parameter das Produkt aus Betondruckfestigkeit und dynamischem E-Modul identifiziert. Je höher dieser Wert ist, desto geringer fällt der Verschleiß aus. Die aus Versuchen abgeleiteten Materialmodelle sind in ein probabilistisches Bemessungskonzept für den Hydroabrasionsverschleiß eingebaut.

Wegen der Abhängigkeit des Verschleißwiderstandes von der Druckfestigkeit fordert die DIN 1045-2 für Beton mit starkem Verschleißwiderstand (XM2) eine Festigkeitsklasse von mindestens C35/45 oder C30/37 mit Oberflächenbehandlung. Bei sehr starker Beanspruchung ist es erforderlich, eine Verschleißschicht mit harten Gesteinskörnungen nach DIN 1100 herzustellen. Sand- und hohlraumarme Gesteinskörnungsgemische nahe der Sieblinie A oder bei Ausfallkörnungen zwischen den Sieblinien B und U der Bilder 4 bis 7 sind zu empfehlen. Der Zementleimgehalt sollte möglichst niedrig gehalten werden. Nach DIN 1045-2 sollte der Zementgehalt bei einem Größtkorn der Gesteinskörnung von 32 mm 360 kg/m^3 nicht überschreiten. Von besonderer Bedeutung für den Verschleißwiderstand ist die Nachbehandlung, die den Hydratationsgrad der oberflächennahen Schichten bestimmt.

7.8 Feuchtigkeitsklassen nach Alkali-Richtlinie

Die Feuchtigkeitsklassen der Alkali-Richtlinie [7.47] sind in DIN EN 1992-1-1 und DIN 1045-2 mit der laufenden Nr. 8 übernommen worden. Ergänzt wird die Umweltbedingung Betonkorrosion infolge Alkali-Kieselsäurereaktion. Anhand der zu erwartenden Umgebungsbedingungen ist der Beton vom Tragwerksplaner einer von vier Feuchtigkeitsklassen zuzuordnen. In Abhängigkeit von der gewählten Feuchtigkeitsklasse ist bei der Betonherstellung eine geeignete Gesteinskörnung bzw. ein geeigneter Zement zu verwenden. Die Feuchtigkeitsklassen sind in den Ausführungsunterlagen anzugeben, sie haben jedoch keine direkten Auswirkungen auf die Bemessung. Die Festlegung der Feuchtigkeitsklassen erfolgt grundsätzlich anhand der im Einzelfall zu betrachtenden bauteilbezogenen Umgebungsbedingungen. In den Erläuterungen zur Alkali-Richtlinie wird eine Zuordnung von Feuchtigkeitsklassen zu Expositionsklassen für einige Fälle empfohlen, die in Tabelle 37 zusammengefasst wird.

Tabelle 37. Zusammenhang zwischen Feuchtigkeitsklassen und Expositionsklassen – beispielhafte Zuordnung nach [7.47]

	1	2	3 [1) 2) 3)]	4
	Expositionsklasse	Umgebungsbedingungen	Feuchtigkeitsklasse [1) 2) 3)]	Bemerkung
1	XC1	trocken, ständig nass	WO WF	massige trockene Bauteile mit b bzw. h ≥ 800 mm in WF
2	XC3	mäßige Feuchte	WO oder WF	Beurteilung im Einzelfall
3	XC2, XC4, XF1, XF3	nass, selten trocken, wechselnd nass und trocken, mäßige bis hohe Wassersättigung, ohne Taumittel	WF	–
4	XF2, XF4 XD2, XD3, XS2, XS3	mäßige bis hohe Wassersättigung, mit Taumittel bzw. Salzwasser nass, selten trocken wechselnd nass und trocken	WA oder WS [5)]	Eintrag von Alkalien von außen (z. B. Chloride)
5	XD1, XS1, XA	mäßige Feuchte	WF [4)] oder WA oder WS [5)]	Beurteilung im Einzelfall

[1)] Im Regelungsbereich der ZTV-ING sind alle Bauteile im Bereich von Bundesfernstraßen in die Feuchtigkeitsklasse WA einzustufen.
[2)] Infolge der Bauteilabmessungen kann eine abweichende Einstufung erforderlich werden.
[3)] Werden Bauteile ein- oder mehrseitig abgedichtet, ist dies bei der Wahl der Feuchtigkeitsklasse zu beachten.
[4)] wenn die Alkalibelastung von außen gering ist.
[5)] Feuchtigkeitsklasse WS gilt i. d. R. nur für Fahrbahndeckenbeton der Bauklassen SV, I, II und III gemäß TL Beton-StB 07. Für Fahrbahndeckenbeton der Bauklassen IV, V und VI ist eine Einstufung in die Feuchtigkeitsklasse WA ausreichend.

8 Selbstverdichtender Beton

8.1 Allgemeines

Selbstverdichtender Beton ist ein Beton, der ohne Einsatz von Verdichtungsenergie selbst entlüftet, fließt und auch schwer zugängliche Stellen in der Schalung vollständig füllt. Der selbstverdichtende Beton wurde zunächst in Japan entwickelt als „Beton mit hohem Füllvermögen" [8.1], später wurde er als „selbstverdichtender Beton" bezeichnet [8.2]. Drei Gründe führten in Japan zur Entwicklung des selbstverdichtenden Betons: einmal wird die Betonierarbeit auf der Baustelle erleichtert, zum anderen wird kein Lärm beim Verdichten erzeugt, und schließlich werden Verdichtungsmängel weitgehend ausgeschlossen. Selbstverdichtender Beton entspricht nicht ganz dem heutigen deutschen Regelwerk, vor allem nicht hinsichtlich des nach DIN 1045-2 begrenzten Mehlkorngehalts und des übergroßen Ausbreitmaßes. Die Richtlinie des DAfStb „Selbstverdichtender Beton" [8.3] schafft hier die nötigen Regeln.

Bei der Zusammensetzung üblicher Betone wird danach gestrebt, das Volumen der Gesteinskörnung hoch und das Haufwerksporenvolumen möglichst klein zu halten. Dadurch wird im Festbeton eine direkte Kraftübertragung von Korn zu Korn mit nur einer geringen Zwischenschicht aus Zementmatrix erreicht. Im Frischbeton entsteht dadurch eine große Stabilität, verbunden mit hoher Viskosität. Seit der Entwicklung der Fließmittel gelingt es, solche Betone plastisch und sogar fließfähig zu machen. Selbstverdichtend wird ein Beton aber erst, wenn die gröberen Gesteinskörner sich beim Fließen nicht gegenseitig behindern. Dafür muss das Matrixvolumen auf ca. 40% erhöht werden. Zur Matrix zählen hier Mehlkorn, Wasser und Luftporen. Die bisherigen Erfahrungen zeigen, dass der Zementgehalt gegenüber üblichen Betonen nicht erhöht zu werden braucht. Da der Wasserzementwert oder, bei Einsatz von reaktiven Zusatzstoffen, der Wasserbindemittelwert die Festigkeit und andere Festbetoneigenschaften bestimmen, kann dieser nicht beliebig erhöht werden. Damit verbleibt allein die Möglichkeit, reaktive und inerte Zusatzstoffe in größeren Mengen zuzugeben.

8.2 Mischungsentwurf

Beim Mischungsentwurf werden drei Typen von selbstverdichtendem Beton (SVB) unterschieden:
- der Mehlkorntyp,
- der Stabilisierertyp und
- der Kombinationstyp.

Wie der Name sagt, wird beim Ersten der Mehlkornanteil erhöht, beim Zweiten ein Stabilisierer verwendet oder aber es werden beide Möglichkeiten kombiniert. Bei Verwendung von stabilisierenden Zusatzmitteln kann SVB unempfindlicher gegenüber den die Mischung beeinflussenden Faktoren gemacht werden. Dadurch kann auch der Mehlkornanteil reduziert werden. Gebräuchlich ist der Mischungsentwurf nach *Okamura* [8.4]. Folgende Schritte sind dabei notwendig:

1. Der Luftgehalt der Frischbetonmischung wird festgelegt.
2. Das Volumen der groben Gesteinskörnung wird festgelegt.
3. Das Volumen der feinen Gesteinskörnung wird festgelegt.
4. Das volumetrische Wasser-Mehlkorn-Verhältnis wird bestimmt.
5. Die optimale Dosierung betonverflüssigender Zusatzmittel wird am Beton bestimmt.
6. Die Mischung wird durch geeignete Prüfgeräte verifiziert.

Im Flussdiagramm (siehe Bild 24) ist die Vorgehensweise dargestellt.

Der Luftgehalt entspricht demjenigen normalen Betons, also ungefähr 1,5 bis 2 Vol.-%. Sind erhöhte Anforderungen an den Frost- bzw. Frost-Tausalz-Widerstand erforderlich, muss mit LP-Mitteln ein entsprechend höherer Luftgehalt eingestellt werden. Der Volumengehalt an groben Gesteinskörnungen beträgt etwa 50% des Betonvolumens. In Deutschland wird meist ein Größtkorn von 16 mm gewählt. Das Sandvolumen wird auf 40% des Mörtelvolumens festgelegt, wobei die Körner < 0,125 mm bereits zum Mehlkorn zu zählen sind. Die erforderliche Wassermenge für einen SVB ist mittels des Wasser-Mehlkorn-Verhältnisses zu ermitteln, die üblichen Werte liegen zwischen 0,30 und 0,35. Um einen Beton selbstverdichtend herzustellen, muss er eine hohe Fließfähigkeit bei einem gleichzeitig hohen Widerstand gegen Entmischen aufweisen. Beide Eigenschaften sind nur mit einer ausreichenden Menge Fließmittel zu erreichen. Die Fließmittelmenge ergibt sich aus Versuchen. Das optimale Verhältnis zwischen Wasser und Mehlkornvolumen wird mithilfe von zwei einfachen Versuchen bestimmt, dem sog. Setzfließversuch und dem Trichterauslaufversuch. Das Bild 25 zeigt die Beziehung zwischen relativem Ausbreitmaß Γ_p und Wasser-Mehlkorn-Volumenverhältnis. Der Schnittpunkt der erhaltenen Linien mit der Ordinate liefert den Wert β_p (Wasserrückhaltevermögen).

Ein anderer Ansatz des Mischungsentwurfs gelang mit der Korn-Gemisch-Prüfung (KGP) [8.10, 8.11]. Bei dieser Prüfung wird die Gesteinskörnung ab

Luftgehalt
2–4%
↓
Grobkorngehalt
Relatives volumetrisches Grobkornverhältnis
0,50
↓
Feinkorngehalt
Volumetrisches Feinkornverhältnis
0,40
↓
Volumetrisches Wasser-Mehlkornverhältnis
Leimfließversuche
$\Gamma_m = 1$ bis 5 ($\rightarrow \beta_P$)
↓
Fließmitteldosierung
Leimfließversuche: $\Gamma_m = 5$; $R_m = 1$
Betonfließversuche: $s_f = 65 \pm 5$cm; $R_c = 0,5$ bis 1

Verifizierung der Mischung
z. B. Box Test, Filling Vessel Test

Bild 24. Vorgehensweise zur Herstellung eines SVB nach *Okamura* [8.4]

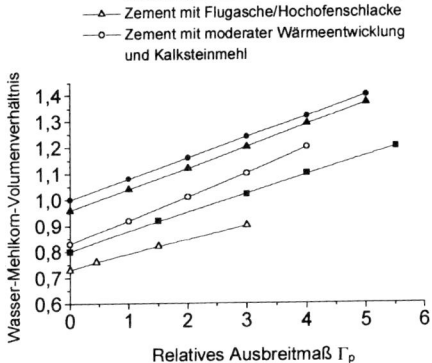

Bild 25. Beziehung zwischen dem relativen Ausbreitmaß Γ_p und dem Wasser-Mehlkorn-Verhältnis [8.4]

0,125 mm in ein Prüfgefäß eingefüllt, verdichtet, mit Wasser geflutet und bis auf das anhaftende Wasser wieder getrocknet. Dabei lassen sich der Hohlraumgehalt und die anhaftende Wassermenge bestimmen. Mit einem angenommenen Wasser-Mehlkorn-Verhältnis (ca. 0,90) kann das Leimvolumen bestimmt werden, das für die Herstellung von SVB nötig ist. Der weitere Mischungsentwurf geschieht dann über die Schritte, die bei konventionellem Rüttelbeton üblich sind. Das Verfahren wurde an Praxismischungen im Transportbetonwerk erprobt und hat sich bei rundem und gebrochenem Korn bewährt.

Für verschiedene Fließmittelmengen werden Trichterauslaufversuche durchgeführt. Liegt die Auslaufzeit bei 9 bis 11 Sekunden, ist der Beton richtig zusammengesetzt. Die optimale Zusatzmitteldosierung ist erreicht, wenn das Ausbreitmaß im Setzfließversuch ca. 650 ± 50 mm erreicht.

Eine typische Betonzusammensetzung enthält in Volumenanteilen 110 l Zement, 120 l Füller, 160 l Wasser und 10 l Luft je m³ Beton. Das restliche Volumen besteht aus Gesteinskörnung bis 16 mm. Unabdingbar ist die Zugabe von Fließmittel in hoher Dosierung. Damit wird ein Frischbeton erreicht, der fließt, sich nicht entmischt und selbst entlüftet. Rheologisch gesehen handelt es sich um eine dilatante Flüssigkeit, d. h. um eine Flüssigkeit, die bei geringer Schubspannung von selbst fließt und bei höherer Schubspannung ansteift (ähnlich einer Stärke-/Wassermischung). Verdichtung mit Rüttlern ist also nicht hilfreich. Ohne Schlag zeigt der selbstverdichtende Beton ein Ausbreitmaß von 700 mm, d. h., die üblichen Konsistenzprüfverfahren sind nicht zielführend.

8.3 Frischbetonprüfverfahren an Mörtel

Die Prüfung des frischen SVB geschieht mit neuartigen Geräten bzw. Methoden [8.5]. Im Folgenden werden nur die in Deutschland gebräuchlichen beschrieben.

Ausbreitfließversuch (Spread test) für Mörtel und Leim[2)]

Zur Prüfung der Fließfähigkeit des Leims bzw. Mörtels wird ein Konus (nach *Hägermann*, DIN EN 1015-3) mit den in Bild 26 angegebenen Maßen auf eine saubere, glatte und mattfeuchte Oberfläche gestellt und mit Leim oder Mörtel bis zum Rand gefüllt. Anschließend wird der Konus nach oben abgezogen, sodass der Mörtel nun lediglich unter der Einwirkung der Schwerkraft fließt. Die Größe des sich bildenden Ausbreitkuchens wird zur Beschreibung der Fließfähigkeit herangezogen.

In Japan wird nicht der Durchmesser des Ausbreitkuchens in cm oder mm angegeben, sondern ein auf den Öffnungsdurchmesser r_0 des verwendeten Konus bezogener Wert ermittelt (Flächenverhältnis), der mit Γ_m für Mörtel bzw. Γ_p für Leim bezeichnet wird. Wenn r der mittlere Durchmesser des Ausbreitkuchens ist, errechnet sich dann Γ_m bzw. Γ_p mit folgenden Gleichungen:

$$r = \frac{r_1 + r_2}{2} \quad [\text{mm}] \tag{8.1}$$

$$\Gamma_{m \text{ bzw. } p} = \left(\frac{r}{r_0}\right)^2 - 1 \tag{8.2}$$

Bei der Herstellung von SVB nach der Methode *Okamura* wird als Zielwert bei den Untersuchungen am Mörtel ein Wert von $\Gamma_m = 5$ angestrebt. Dies entspricht bei Verwendung der oben abgebildeten Konusform nach *Hägermann* einem Durchmesser des Ausbreitkuchens von ca. 25 cm.

Trichterauslauf-Versuch für Mörtel (Funnel test for mortar)

Zur Beurteilung der Viskosität des zu untersuchenden Mörtels wird ein Auslauftrichter mit den in Bild 27 angegebenen Abmessungen verwendet. Der auf den Innenseiten saubere und mattfeuchte Trichter wird mit Mörtel bis zum Rand gefüllt. Anschließend wird die Zeitdauer in Sekunden ermittelt, die der Mörtel benötigt, um nach dem Öffnen der unten angebrachten Verschlussklappe aus dem Trichter auszulaufen. Der Mörtel ist umso höher viskos, je langsamer er ausläuft.

In der japanischen Literatur wird als Messgröße bei der Bestimmung der Auslaufzeit des Mörtels der Wert R_m verwendet. Er errechnet sich mit t in Sekunden wie folgt:

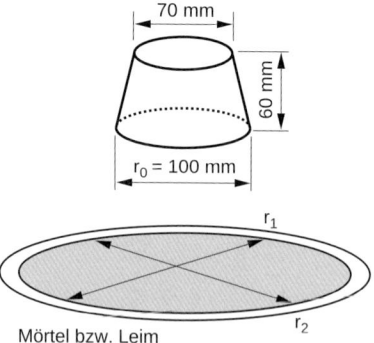

Bild 26. Ausbreitfließversuch für Mörtel/Leim

[2)] Die Abschnitte über die Prüfverfahren sind z. T. wörtlich aus [8.5] entnommen.

Selbstverdichtender Beton | 103

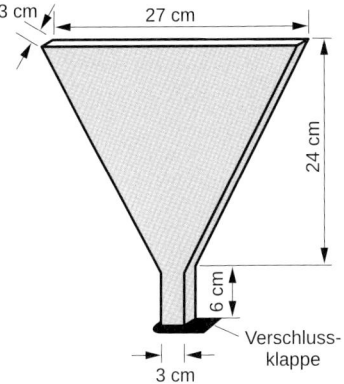

Bild 27. Trichterauslauf-Versuch für Mörtel

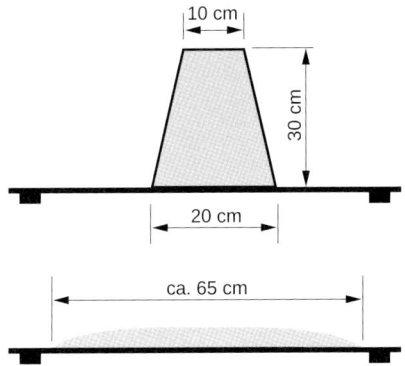

Bild 28. Setzfließversuch

$$R_m = \frac{10}{t} \qquad (8.3)$$

Bei der Herstellungsmethode von SVB nach der Methode *Okamura* wird angestrebt, die Viskosität des Mörtels so einzustellen, dass bei der Untersuchung des Mörtels mithilfe des abgebildeten Auslauftrichters ein Wert für R_m von 1,0 erhalten wird. Dies entspricht einer Auslaufzeit des Mörtels aus dem Trichter von 10 Sekunden.

8.4 Prüfungen am Beton

Setzfließversuch (Slump-flow test)

In diesem Testverfahren wird ein Setztrichter, wie er zur Bestimmung des Slump-Maßes verwendet wird (siehe DIN EN 12350-2), auf einem ausreichend großen, sauberen und mattfeuchten Ausbreittisch (mind. 800 × 800 mm) gestellt und anschließend mit Beton gefüllt. Im Anschluss daran wird der Trichter nach oben hin abgezogen, sodass der Beton nun unter der Einwirkung der Schwerkraft fließen kann (Bild 28). Als Setzfließmaß gilt der mittlere Durchmesser a des sich bildenden Ausbreitkuchens. Eine Unterstützung des Fließvorganges durch Schläge wie bei der Bestimmung des Ausbreitmaßes nach DIN EN 12350-5 findet nicht statt.

Als Wert des anzustrebenden mittleren Durchmessers werden in der Literatur für SVB ca. 65 ± 5 cm genannt. Das Verfahren wird für Laboruntersuchungen und für Baustellenüberwachungen angewendet. Alternativ, und heute weit verbreitet, wird das Verfahren so durchgeführt, dass die kleinere Öffnung des Setztrichters nach unten zeigt.

Manchmal wird zusätzlich die Zeit bestimmt, die der sich ausbreitende Beton benötigt, um nach dem Abziehen des Trichters einen Durchmesser von 500 mm zu erreichen. Diese Zeit wird dann mit t_{500}-Zeit bezeichnet.

L-Kasten-Versuch (L-box test)

Beim L-Kasten-Versuch wird eine winkelförmige Schalung mit den in Bild 29 angegebenen Maßen bei geschlossenem Schieber auf der Einfüllseite (vertikaler Schenkel) mit Beton gefüllt. Anschließend wird der Schieber geöffnet, sodass der Beton nun lediglich unter der Wirkung der Schwerkraft in den unteren, horizontalen Schenkel der Schalung fließen kann. Dabei muss er in der Regel ein Bewehrungshindernis aus drei Bewehrungsstäben mit einem Durchmesser von ca. 16 mm überwinden. Durch die Anordnung mehrerer Bewehrungsstäbe lässt sich die Anforderung an den Beton erhöhen. Bei der Prüfung werden die Höhen h_1 und h_2 jeweils an den Begrenzungswänden der Schalung ermittelt und die Zeitspannen bestimmt, die der Beton nach

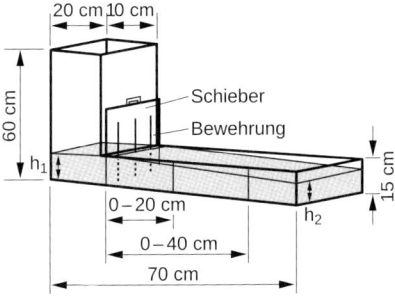

Bild 29. L-Kasten-Versuch

dem Öffnen des Schiebers benötigt, um die 20 bzw. 40 cm Markierung zu erreichen.

Das Verhältnis von h_2 zu h_1 sollte für selbstverdichtenden Beton größer als 0,80 sein. Zusätzlich zur Beurteilung der Nivellierung des Betons und der Fließzeiten wird bei dieser Testmethode auch die Neigung zum Blockieren (Blocking) erkennbar. Das in Schweden entwickelte Verfahren wird dort vornehmlich für Laboruntersuchungen, aber auch für Baustellenüberwachungen angewendet.

Trichterauslauf-Versuch für Beton (V-funnel test for concrete)

Bei diesem Verfahren wird zunächst der Trichter mit den in Bild 30 genannten Maßen bis zum Rand mit Beton gefüllt. Anschließend wird die Verschlussklappe an der Unterseite geöffnet, sodass der Beton frei auslaufen kann, und die Zeitdauer dieses Auslaufvorganges gemessen.

In der Literatur wird die Auslaufzeit zur Beschreibung der Viskosität des selbstverdichtenden Betons verwendet. Je schneller er aus dem Trichter ausläuft, desto niedriger ist seine Viskosität. Für selbstverdichtenden Beton wird eine Auslaufzeit von ca. 12 Sekunden erwartet.

Blockierring-Versuch (J-ring test)

Beim in Japan entwickelten Blockierringversuch (Bild 31) soll der selbstverdichtende Beton zwischen Bewehrungsstäben durchfließen, umso seine Neigung zum Blockieren beurteilen zu können. Dazu wird der Beton innerhalb des Metallrings (z. B. mit Setztrichter für Slump-Maß) zum Fließen gebracht. Die Bewehrungsstäbe, die durch einen Metallring mit ⌀ 30 cm in regelmäßigen Abständen gehalten werden, haben einen Durchmesser von 18 mm. In Abhängigkeit vom Größtkorn des Betons beträgt die Anzahl der Blockierstäbe 22 (Größtkorn

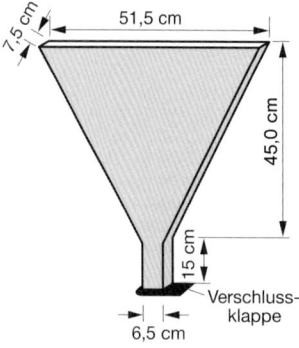

Bild 30. Trichterauslauf-Versuch für Beton

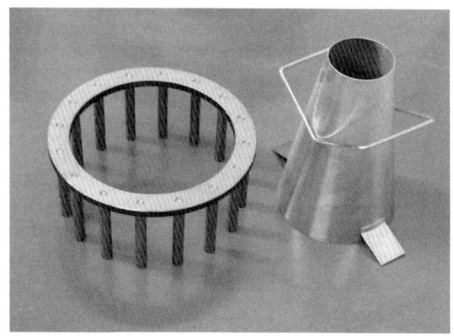

Bild 31. Blockierring und Trichter

8 mm), 16 (Größtkorn 16 mm) bzw. 10 (Größtkorn 32 mm).

Die Anforderungen an den SVB können durch eine entsprechende Wahl der Durchmesser und der Abstände der Bewehrungsstäbe erhöht bzw. gesenkt werden (siehe [8.3]).

Sedimentationsversuch (Sedimentation test)

In der Richtlinie des DAfStb „Selbstverdichtender Beton" sind zwei Versuchsverfahren zur Bestimmung der Sedimentationsstabilität beschrieben. Beim ersten Versuch wird ein Kunststoffrohr von 500 mm Höhe und 100 mm Durchmesser mit SVB gefüllt. Nach dem Erhärten wird es der Länge nach mittig aufgetrennt und die Grobkornanordnung visuell geprüft. Beim zweiten Prüfverfahren wird eine dreiteilige Zylinderform übereinander gestellt. Die drei Teile können zu Erstarrungsbeginn mit einem Schieber voneinander getrennt werden, nachdem der Frischbeton eingefüllt ist. Anschließend wird der Inhalt der drei Teilzylinder gewogen, ausgewaschen, und es wird massenmäßig das Grobkorn bestimmt. Bei einem sedimentationsstabilen Fließbeton werden die Unterschiede zwischen oberem und unterem Teil gering sein. Bei einem nicht stabilen SVB werden sich Unterschiede ergeben. Als Zielwert kann man eine Abweichung von ± 20 % Grobkorn gegenüber dem mittleren Gehalt des Grobkorns tolerieren.

Die Richtlinie SVB des DAfStb enthält ein sog. Verarbeitungsfenster. Bild 32 zeigt an der vertikalen Achse die Trichterauslaufzeit in Sekunden und der horizontalen Achse das Setzfließmaß in mm. Der mittlere grau hinterlegte Bereich gibt ein sog. Verarbeitungsfenster wieder, d. h., wenn man sich in diesem Bereich befindet, ist die Wahrscheinlichkeit sehr groß, dass es sich um einen gut verarbeitbaren SVB handelt. Links oben fließt der Beton weniger, man bezeichnet dies auch als Stagnation. Direkt

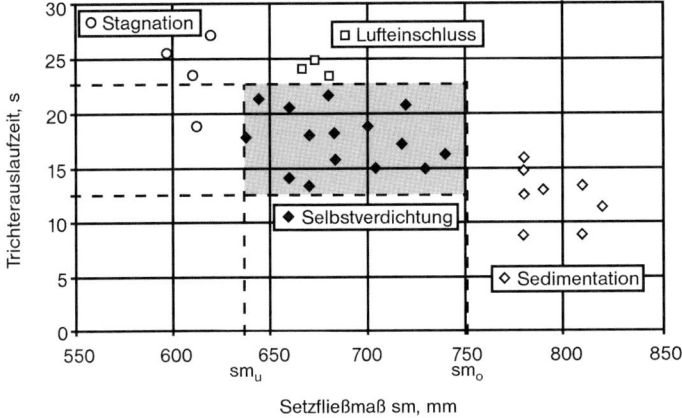

Bild 32. Beispiel für einen Verarbeitungsbereich eines SVB [8.3, 8.12]

über dem Fenster sind meist Lufteinschlüsse im Beton enthalten, und im rechten unteren Teil neben dem Fenster handelt es sich meistens um Betone, die sedimentieren. Das Fenster ist nicht als eine Konstante anzusehen, vielmehr sind die Eckwerte auch von der Temperatur abhängig. Die Grenzen des Fensters müssen in einer laufenden Produktion durch die werkseigene Produktionskontrolle kontinuierlich überprüft werden, da sie sich durch Schwankungen der Ausgangsstoffe verändern können.

Die genannten Prüfverfahren für selbstverdichtenden Beton sind inzwischen genormt und zwar der Setzfließversuch unter EN 12350-8, der Auslauftrichterversuch unter EN 12350-9, der L-Kasten-Versuch unter EN 12350-10 und der Blockierringversuch unter EN 12350-12. Die Nummer EN 12350-11 gilt für die Bestimmung der Sedimentationsstabilität im Siebversuch. Dieser Versuch ist in Deutschland bisher nicht üblich. Bei der Durchführung wird ein 1 l Liter fassender Behälter mit selbstverdichtendem Beton gefüllt und 15 Minuten ruhen gelassen. Wenn sich auf der Oberfläche Blutwasser bildet, wird dies dokumentiert. Danach werden 4,8 kg Beton auf ein Sieb mit quadratischen 5 mm großen Öffnungen entleert und 2 Minuten lang stehen gelassen. Die Menge, die durch das Sieb tropft, ergibt den Messwert in % der auf das Sieb gegebenen Menge. In DIN EN 206-9 „Ergänzende Regeln für SVB" sind zwei Sedimentationsstabilitätsklassen angegeben, eine mit ≤ 20 % und eine mit ≤ 15 %.

Ein kombiniertes Verfahren zur Beurteilung der Verarbeitbarkeit von SVB ist der Versuch mit dem Auslaufkegel [8.9]. Er kombiniert den Setzfließversuch mit dem Trichterauslaufversuch. Dazu wird ein üblicher Setztrichter oben und unten so verlängert, dass eine untere Auslauföffnung mit 63,5 mm Durchmesser entsteht. Der Kegel wird so auf ein Stativ gesetzt, dass der Abstand der Öffnung zum Setzfließtisch 300 mm beträgt. Die Öffnung wird zunächst mit einem Schieber geschlossen und der Kegel wird mit derselben Menge SVB gefüllt wie ein gewöhnlicher Setztrichter. Die Kegelauslaufzeit korreliert sehr genau mit der Auslaufzeit im Trichterauslaufversuch und das Kegelfließmaß ist dasselbe wie das übliche Setzfließmaß. Die neue Versuchsart ist zeitsparend und kann sowohl im Labor wie auf der Baustelle eingesetzt werden. Die neue SVB-Richtlinie [8.12] berücksichtigt die europäische Norm DIN EN 206-9 für selbstverdichtenden Beton, die als Ergänzung zur DIN EN 206-1 herausgegeben wurde, sowie die ergänzenden Regeln in DIN 1045-2. Gegenüber der SVB-Richtlinie aus dem Jahr 2003 wurden in der Neuausgabe [8.12] deutliche Vereinfachungen vorgenommen. So wurden u. a. die aufwendigen Prüfungen an den Ausgangsstoffen gestrichen. Weiterhin wurden die oben beschriebenen europäischen Prüfverfahren und Klassen im Wesentlichen übernommen (Auslaufkegel bleibt erhalten). Die ergänzenden Regelungen für die Bemessung (Teil 1 der Richtlinie) und die Ausführung (Teil 3 der Richtlinie) wurden i. W. beibehalten und lediglich an die neuen europäischen Normen angepasst.

8.5 Eigenschaften

Selbstverdichtender Beton kann als normalfester bis hochfester Beton entworfen werden. Der Vollständigkeit halber werden hier noch die Eigenschaften des erhärteten SVB behandelt.

Die mechanischen Eigenschaften entsprechen im Wesentlichen dem Normalbeton. Die Zugfestigkeit soll etwas höher sein als bei normalem Beton bei gleicher Druckfestigkeit. Der Verbund ist weniger abhängig von der Verbundlage, d. h. ob ein Stab unten oder oben eingebaut ist. Der E-Modul liegt etwa 15 % unter dem von herkömmlichem Beton, wobei jedoch darauf aufmerksam gemacht werden muss, dass die Schwankungsbreite bei herkömmlichem Beton auch bereits ± 30 % beträgt. Das Schwinden ist etwas höher als bei normalem Beton, jedoch in dessen Streubereich. Es sollte darauf geachtet werden, dass der Beton am Anfang nicht austrocknet, sodass die Schwankungsbreite bei herkömmlichem kann. Das Kriechen scheint ebenfalls etwas erhöht zu sein, liegt jedoch auch in der für Normalbeton bekannten Toleranz.

Zu den Eigenschaften Carbonatisierung und Chloriddiffusion liegen einige Ergebnisse vor, die darauf hindeuten, dass der SVB hier nicht schlechter abschneidet. Auch der Frost-Tauwiderstand ist vergleichbar mit dem von herkömmlichem Beton. Hinsichtlich der Festigkeitseigenschaften wird SVB gleich eingestuft wie normaler Beton. Nach der Richtlinie SVB des DAfStb darf SVB für unbewehrten Beton, Stahlbeton und Spannbeton eingesetzt werden. Die Druckfestigkeit ist bis zur Klasse C70/85 begrenzt. Damit steht ein Regelwerk zur Verfügung, das es erlaubt, SVB einzusetzen. Vor allem bei dichter Bewehrung, komplizierter Schalungsgeometrie und Sichtbetonbauteilen bringt er sicherlich Vorteile [8.6]. Hinsichtlich der Ausführung hat er allerdings seine Tücken in der Empfindlichkeit auf Schwankungen der Zusammensetzung, aber auch bez. der Temperatur. Dies sollte beachtet werden und daher ist auch ein höherer Prüfaufwand gerechtfertigt.

Vor der bauaufsichtlichen Einführung der ersten SVB-Richtlinie auf Basis der neuen Normengeneration [8.3] wurden zahlreiche allgemeine bauaufsichtliche Zulassungen erteilt [8.7]. Mit den Zulassungen konnten Erfahrungen gesammelt werden, die schlussendlich die Einführung der Richtlinie rechtfertigten. In [8.8] sind die heutigen Kenntnisse zusammengefasst.

9 Sichtbeton

9.1 Einführung

Betonoberflächen mit besonderen Anforderungen an ihr Erscheinungsbild werden als Sichtbeton bezeichnet. Er ist seit Beginn der Betonbauweise ein bedeutendes Gestaltungselement, das auch in der modernen Architektur vielfältige Anwendung findet. Zur Definition des Begriffs Sichtbeton finden sich Angaben in DIN 18217 [9.1] sowie in Richtlinien und Merkblättern der Bauwirtschaft [9.2, 9.3]. Diese Quellen enthalten zudem wertvolle Angaben und Hinweise für die Praxis. Es existiert jedoch keine eigene, umfassende und allgemeingültige Norm oder Richtlinie zu Sichtbeton, die Angaben zur Planung, Ausschreibung und Ausführung enthält.

Als Sichtbeton bezeichnet man unbeschichtete Betonoberflächen, an deren Aussehen bestimmte Anforderungen gestellt werden. Dabei umfasst das erzielbare Aussehen ein weites Spektrum. Vereinfacht kann man zwischen unbearbeiteten und nachbearbeiteten Oberflächen unterscheiden. Bei den unbearbeiteten Oberflächen wird das Aussehen durch die Betonfarbe, die Schalungstextur einschließlich ihrer flächigen oder strukturierten Anordnung geprägt. Die nachbearbeiteten Oberflächen werden steinmetzmäßig (Stocken, Scharrieren) oder mittels Strahlen (z. B. Sand, Stahlkugeln) aber auch durch Absäuern, Auswaschen sowie Schleifen und Polieren erzeugt. Waschbeton und Terrazzo sind Beispiele für gewaschene bzw. geschliffene Oberflächen. Die folgenden Ausführungen beschränken sich auf Sichtbeton, dessen Aussehen durch die Schalung und Schalhaut geprägt wird (unbearbeitete Oberflächen). Die Einteilung von Sichtbeton erfolgt heute nach vier Klassen, die unterschiedlich hohe Anforderungen an das Erscheinungsbild [9.2, 9.3] festlegen. Kriterien sind die Oberflächentextur, Porigkeit, Farbtongleichmäßigkeit, Ebenheit sowie Arbeits- und Schalhautfugen. Im Weiteren werden den Sichtbetonklassen auch Anforderungen hinsichtlich des Anlegens von Erprobungsflächen und der Qualität der Schalhaut zugeordnet. Zur Präzisierung der jeweiligen Qualitätsanforderungen sind die Angaben in [9.2] mit detaillierten Anforderungen an geschalte Sichtbetonoberflächen, Schalhautklassen und Porigkeitsklassen verknüpft.

Obwohl durch die genannten Merkblätter, anhand technischer Hinweise zur Ausführung sowie durch Empfehlungen zur vertraglichen Regelung der Bauleistung, die Herstellung von Sichtbeton erleichtert wurde und eine erhebliche Objektivierung seiner Beurteilung gelungen ist, bleibt der Sichtbeton keine einfach zu beherrschende Bauweise. So zeigt die Praxis, dass manche Ausführung nicht befriedigt. Dabei sind es nicht nur subjektive Kriterien des Erscheinungsbildes, sondern oft auch objektiv erfassbare Mängel, die Nachbesserungen notwendig machen. Daher werden im Folgenden auch typische Mängel, ihre Ursachen und Möglichkeiten der Mängelbeseitigung kurz aufgezeigt.

9.2 Planung und Ausschreibung

Die Herstellung von Sichtbeton ist eine komplexe Bauleistung. Dementsprechend erfordert sie von den Beteiligten in allen Bauphasen ein hohes Maß an Erfahrung und Sorgfalt, insbesondere aber eine enge Abstimmung. Die Vorstellung des Auftraggebers vom Aussehen der Sichtbetonoberfläche und das vom Auftragnehmer technisch überhaupt erzielbare Ergebnis sind im Vorfeld in Einklang zu bringen. Hilfe hierbei bieten die umfänglichen Angaben in [9.2]. Planende und Ausführende müssen sich darüber verständigen, welche optischen Merkmale die herzustellende Sichtbetonoberfläche hinsichtlich Textur und Farbe aufweist und durch welche Maßnahmen dies erreicht werden soll. Wichtige Parameter sind hierbei die Betonzusammensetzung und -nachbearbeitung sowie die Wahl von Schalungsart, Schalhaut und Trennmittel (s. Abschn. 9.3 und 9.4). Die Mitarbeit eines erfahrenen Betontechnologen ist unbedingt angezeigt, wenn besondere Anforderung an den Sichtbeton (Klassen SB 3 und SB 4, siehe [9.2]) gestellt werden.

Dringend empfohlen wird das Herstellen von Erprobungs- und Referenzflächen. Sie dienen dem Auftragnehmer als Erprobung sowie zur technischen und wirtschaftlichen Optimierung des gesamten Herstellungsprozesses, einschließlich Logistik sowie Personalschulung, und zeigen dem Auftraggeber das erzielbare Ergebnis, ggf. in Abhängigkeit von den gewählten Alternativen. Aus den Erprobungsflächen sollten Referenzflächen für die Beurteilung der endgültig hergestellten Sichtbetonfläche ausgewählt und vor Ausführungsbeginn vertraglich vereinbart werden. Entscheidend ist dabei, dass die Erprobungsflächen in jeder Hinsicht (z. B. auch Lage, Geometrien) möglichst repräsentativ sind. Bei der Beurteilung der hergestellten Sichtbetonoberfläche muss selbstverständlich bedacht werden, dass eine Referenzfläche im Betonbau niemals toleranzfrei reproduzierbar ist (s. Abschn. 9.5). Bezüglich der Wahl der Referenzfläche sollte davon Abstand genommen werden, Ansichtsflächen von bestehenden Bauwerken heranzuziehen. In der Regel sind die Randbedingungen bei der Erstellung dieser Flächen nicht bekannt. Weiterhin prägt der spezifische Gesamteindruck das Erscheinungsbild einer Teilfläche, und es treten durch die Alterung gewollte oder ungewollte Aussehensänderungen ein, die bei neu herzustellenden Flächen nicht reproduziert werden können.

Die Anwendung einer Prüfschalung, wie sie in [9.4] vorgestellt wird, ermöglicht eine Optimierung des Sichtbetonsystems, bestehend aus Schalungshaut, Trennmittel und Frischbeton. Gleichzeitig werden auch Ansichtsflächen erzeugt, die ggf. als Referenzflächen herangezogen werden können. In einem systematischen Vergleich von Qualitätsmerkmalen an zahlreichen Sichtbetonoberflächen aus Prüfschalungen mit jenen, die in der Praxis mit demselben Beton erzielt wurden, konnten die Vorhersagbarkeit der Praxisergebnisse im Grundsatz nachgewiesen und Übertragungsregeln hergeleitet werden [9.14]. Dies bestätigt die Zweckmäßigkeit von Prüfschalungen, wenn sichergestellt wird, dass die Einbaubedingungen vergleichbar sind. Kaum erfasst werden können jedoch die Einflüsse aus klimatischen Randbedingungen beim Einbau und insbesondere beim Entschalen auf die Qualität von Sichtbetonoberflächen.

Die Planung und Ausschreibung von Sichtbeton sowie die Herstellung und anschließende Beurteilung muss die vorstehend genannten Gesichtspunkte berücksichtigen, um etwaige Meinungsverschiedenheiten möglichst im Vorfeld auszuräumen. Hierzu ist auch ein besonderes Augenmerk auf die Qualitätssicherung zu legen. Vorteilhaft ist es, die gesamte Sichtbetonherstellung in Teilprozesse zu gliedern und die jeweiligen Verantwortlichkeiten und Zuständigkeiten sowie unverzichtbare Stichproben und Kontrollen festzulegen. Letzteres ist an allen Schnittstellen besonders wichtig. Bei den Sichtbetonklassen SB 3 und SB 4 nach [9.2] wird empfohlen, Arbeitsanweisungen zu erstellen. In der Praxis hat sich bewährt, ein sogenanntes „Sichtbetonteam" aus Vertretern aller beteiligten Gruppen zu bilden [9.2, 9.5].

9.3 Betonzusammensetzung und Betonherstellung

Um eine Hauptanforderung an Sichtbeton, nämlich die Gleichmäßigkeit, erfüllen zu können, muss die Betonzusammensetzung möglichst konstant sein und die Ausgangsstoffe, also Zement, Gesteinskörnung sowie Betonzusatzstoffe (z. B. auch Pigmente) und Zusatzmittel müssen, neben der Übereinstimmung mit dem Regelwerk (DIN EN 206-1/DIN 1045-2), eine möglichst gleichbleibende Qualität aufweisen. Schon geringe Abweichungen bei den genannten Parametern, die die technologischen Eigenschaften eines Betons nicht nennenswert beeinflussen, können starke Änderungen des Erscheinungsbilds einer Sichtbetonoberfläche hervorrufen.

Es gibt keine Standardzusammensetzung für einen guten Sichtbeton. Bewährt haben sich jedoch robuste Mischungen mit plastischer bis weicher Konsistenz (Ausbreitmaßklasse F2/F3), siehe z. B. [9.6]. Der Mehlkornleim- und Mörtelgehalt sind ausreichend hoch zu wählen, um einem Bluten bzw. Entmischen vorzubeugen, gleichzeitig aber die Klebrigkeit des Betons zu vermeiden. Der w/z-Wert sollte kleiner als 0,55 gewählt werden. Schwankung im w/z-Wert von ± 0,02 können bereits deutliche Abweichungen in der Helligkeit bzw. im Farbton bewirken. Dabei führt ein geringerer w/z-Wert zu einem dunkleren Farbton. Unter Einhaltung der genannten Rezepturparameter wird man bei einem

Größtkorn von 16 bis höchstens 32 mm auf die Zugabe von Fließmittel nicht verzichten können. In [9.14] werden folgende Eckwerte für eine Basiszusammensetzung genannt: 350 kg/m^3 Zement, Flugasche/Kalksteinmehl als Betonzusatzstoff, äquivalenter Wasserzementwert 0,50, Größtkorn 16 mm, Sieblinienbereich angepasst an die Regelsieblinie B16 und Konsistenzklasse am Übergang F4/F5. Davon ausgehend sind eine granulometrische Abstimmung des Gehalts an Zement und Zusatzstoff auf die Eigenschaften der zum Einsatz kommenden Gesteinskörnung im Bereich 0/2 mm im Zuge von Eignungsversuchen an Mörteln unter Berücksichtigung der Wirkung des verwendeten Fließmittels vorzunehmen. Die Zugabe von Luftporenbildner hat sich – unabhängig von seiner Wirkung bez. der Frostbeständigkeit – im Hinblick auf die Stabilisierung von Mischungen bewährt. Mit Mischungszusammensetzungen, die zu selbstverdichtenden Betonen (SVB) führen, lassen sich sehr gleichmäßige Sichtflächen herstellen.

Um das Risiko fleckiger Dunkelverfärbungen auch bei ungünstigen klimatischen Bedingungen (Winterbetonagen) besonders effizient zu minimieren, wird in [9.15] empfohlen, einen Zement mit einem hohen Gehalt an Alkalisulfaten zu verwenden oder Alkalisulfate bzw. Alkalihydroxide dem Zugabewasser zuzugeben. Dabei muss deren Unschädlichkeit auf die Frisch- und Festbetoneigenschaften zuvor nachgewiesen sein und das Risiko einer AKR-Reaktion ausgeschlossen werden können. Als weitere, nicht ganz so effiziente Maßnahme wird die Verwendung eines Zements mit einer hohen Mahlfeinheit vorgeschlagen. Die im Vergleich geringste Effizienz wird mit der Einstellung niedriger Wasserzementwerte sowie dem Austausch von Portlandzement durch bis zu 20 M.-% Kalksteinmehl oder die Verwendung eines CEM II A-LL erzielt. Eine Kombination der Maßnahmen sollte zu besseren Ergebnissen als eine Einzelmaßnahme führen.

Die Mischreihenfolge ist wie bei üblichem Konstruktionsbeton zu wählen. Wenn Pigmente eingesetzt werden, sind sie bereits mit der Gesteinskörnung zuzugeben. Die Mischdauer sollte gegenüber Normalbeton eher erhöht werden und selbst bei leistungsfähigen Mischern eine Minute nicht unterschreiten. Bei der Verwendung von SVB sind deutlich höhere Mischzeiten notwendig. Schwankungen der Frischbetontemperatur, die rund 25 °C nicht überschreiten sollte, sind möglichst zu vermeiden, da auch sie Farbtonunterschiede bewirken.

Bei der Anlieferung bzw. Übergabe des Betons ist zu beachten, dass Abweichungen vom vereinbarten Ausbreitmaß von ± 20 mm nachteilige Auswirkungen auf das Aussehen der Sichtbetonfläche haben können. Eine Kontrolle der Frischbetontemperatur wird empfohlen. Kurze Transportwege sind für die Lieferung von Sichtbeton zu bevorzugen.

9.4 Einbau und Nachbehandlung

9.4.1 Schalung und Trennmittel

Bei den Schalungen kann i. W. unterschieden werden zwischen Schalhäuten, die Wasser saugen oder nicht saugen und deren Haut glatt oder strukturiert ist. Dabei kann die Strukturierung von einer einfachen Holzmaserung bis hin zu einer Schalungsmatrize mit Höhenversätzen im Zentimeterbereich reichen. Nicht saugende Schaltafeln besitzen zumeist eine Oberflächenschicht aus Kunststoff oder Phenolharz oder sie bestehen vollständig aus Kunststoff oder Stahl. Ihre Oberfläche ist glatt, es sei denn, dass sie durch Matrizen strukturiert ist. Bei den saugenden Schaltafeln unterscheidet man zwischen den Typen Massivholzplatte, dreischichtige Holzplatte, Spanplatte und Holzfaserplatte. Ihre Oberflächen sind unterschiedlich porös und teils unbehandelt (z. B. sägerau, gehobelt) belassen oder zusätzlich noch mit einem dünnen Oberflächenfilm versehen.

Die Oberflächeneigenschaften der Schalhaut prägen naturgemäß entscheidend das Erscheinungsbild des die Oberflächentextur widerspiegelnden Sichtbetons. Dies gilt sowohl für die Rauigkeit als auch für die Saugfähigkeit. So erzeugt eine saugende Schalhaut dunklere Oberflächen mit weniger Poren. Lässt die Saugfähigkeit nach mehrmaliger Verwendung nach, entstehen hellere Flächen. Zwischen der Schalhaut und den Bestandteilen des Betons können chemische Reaktionen auftreten, die das Erscheinungsbild der Oberfläche beeinträchtigen. So greift das hochalkalische Porenwasser des Betons manche als Schalhaut bzw. zur Schalhautvergütung eingesetzte Kunststoffe an. Bei erstmaliger Verwendung nicht behandelter Holzschalungen können chemische Reaktionen in der Betonrandzone ablaufen, die Farbunterschiede und Absandungen bewirken. Zur Vorbeugung kann eine Behandlung mit Zementmilch vorgenommen werden [9.6]. Glatte, nicht saugende Schalungen ergeben hellere Oberflächen und sind empfindlicher hinsichtlich Schlieren- und Wolkenbildungen sowie Marmorierungen. Um ein einheitliches Oberflächenbild zu erzielen, sind gleichartige Schaltafeln einzusetzen. Selbst eine bereichsweise unterschiedlich lange oder intensive Lichteinstrahlung auf die Schalhaut kann sich auf das Erscheinungsbild der Sichtbetonfläche auswirken.

Bei der Verwendung von Stahlschalungen können Rostflecken auf der Sichtbetonoberfläche auftreten. Vorsicht ist bei Stahlschalungen in Verbindung mit pigmentierten Betonen geboten. Die üblicherweise verwendeten Metalloxidpigmente reagieren ferromagnetisch, sodass Stahlschalungen grundsätzlich entmagnetisiert werden sollten.

Die Schalhaut wird in Klassen eingeteilt (siehe [9.2]), die den Sichtbetonklassen zugeordnet sind. Detaillierte Angaben zur Art der Schalhäute, ihren

Texturmerkmalen, möglichen Auswirkungen auf die Sichtbetonoberfläche und Anhaltswerte für die Einsatzhäufigkeit sind in [9.2] gegeben. Dort finden sich auch Angaben zu den Abmessungen der Tafeln, gestalterischen Elementen (Schalungseinlagen etc.) und zur Ausführbarkeit von Sichtbeton; siehe auch Beton-Kalender 2016, Teil 2, Kapitel VIII. Die Fugen zwischen den einzelnen Schalelementen müssen so abgedichtet sein, dass weder Feststoffe noch Wasser hindurch treten können.

Trennmittel werden eingesetzt, um das Ausschalen zu erleichtern und dabei die Oberfläche des Sichtbetons nicht zu beschädigen, zur Vergleichmäßigung der Ansichtsflächen und zum Schutz der Schalung selbst. Sie bestehen aus komplexen chemischen Verbindungen und Gemischen. Angaben zu Stoffarten, Eigenschaften, Wirkungsweisen und Anwendungen sind in [9.7, 9.8] enthalten. Allgemeingültige Empfehlungen für die Auswahl von Trennmitteln können nicht gegeben werden. Spezifische Erfahrungen mit entsprechenden Produkten in Verbindung mit einer gewählten Schalhaut müssen der Auswahl zugrunde liegen. Dringend anzuraten sind dennoch entsprechende Vorversuche, beispielsweise mit der in Abschn. 9.2 genannten Prüfschalung.

9.4.2 Ausführung und Nachbehandlung

Für den Einbau von Sichtbeton können die im Hochbau üblichen Verfahren (Kübel, Pumpe) eingesetzt werden. Der Einbau sollte zügig und in gleichmäßiger Geschwindigkeit über alle Schüttlagen, deren Höhe 50 cm nicht übersteigen sollte, hinweg erfolgen. Es ist selbstverständlich, dass Verschmutzungen der Schalung zu vermeiden sind. Ein besonderes Augenmerk muss auf eine gleichmäßige, an die Konsistenz angepasste Intensität der Verdichtung gerichtet sein. Selbst robuste Betonmischungen können Unregelmäßigkeiten und erst recht Verdichtungsfehler, die gerade beim Sichtbeton besonders augenfällig werden (Marmorierungen, Wasserläufer), nicht kompensieren. Eine sorgfältige Planung und Ausführung des Betoneinbaus und der Betonverdichtung ist daher unverzichtbar.

Auch für die Nachbehandlung gilt, dass eine hohe Gleichartigkeit und Gleichmäßigkeit sichergestellt werden muss. Alle Maßnahmen zum Schutz einer jungen Betonoberfläche vor jedweden schädigenden Einwirkungen (Temperaturbeanspruchung, Verschmutzung, Feuchteverlust) sind in verstärktem Maß einzuhalten. Bekannt ist, dass eine wasserzuführende Nachbehandlung das Risiko auftretender Verfärbungen birgt. Bei einer Nachbehandlung mit Folie muss auf die Betonfläche abtropfendes Wasser ebenso wie Zugluft (Kaminwirkung) vermieden werden. In [9.6] wird empfohlen, eher früher auszuschalen und anschließend für eine Luftfeuchte von über 85% zu sorgen oder ein hydrophobierendes Mittel aufzusprühen. Dabei muss jedoch zuvor erprobt worden sein, dass ein solches Mittel zu keiner Beeinträchtigung des Erscheinungsbildes führt. Dies gilt auch für den Einsatz flüssiger Nachbehandlungsmittel.

Auch eine ungleichmäßige Trocknung der Oberfläche nach Abschluss der Nachbehandlung kann zur Fleckenbildung führen. Nur schwer vermeidbar ist der Einfluss der Witterung bei der Herstellung und beim Ausschalen von Sichtbetonoberflächen auf Baustellen. Hierdurch können leichte Veränderungen der Grautöne entstehen.

Ausgehend von den Mechanismen, die den Dunkelverfärbungen zugrunde liegen, sind alle Maßnahmen als günstig einzustufen, die die Verdunstungsrate an der Betonoberfläche unmittelbar nach dem Ausschalen erhöhen und/oder zu einem höheren Hydratationsgrad des Betons zum Zeitpunkt des Ausschalens führen. Hierzu gehört insbesondere die Wahl eines geeigneten Ausschalzeitpunkts, z. B. bei warmen, trockenen Umgebungsbedingungen und einer ggf. zusätzlich verlängerten Schalzeit. Vor einer Foliennachbehandlung ohne zusätzliche Maßnahmen (z. B. Sicherstellung eines Luftspalts, mit zirkulierender Warmluft) wird in [9.15] gewarnt. Bewertet man die langjährigen Erfahrungen, die den Empfehlungen in [9.6] zugrunde liegen, sowie die gewonnenen Erkenntnisse in [9.15] und berücksichtigt man zusätzlich die normativen Vorgaben für die Nachbehandlung, so erscheinen verlängerte Ausschalfristen im Sommer ebenso wie im Winter, sowie im Sommer ggf. das Zuwarten auf hinreichend warme und trockene Tage für das Ausschalen, das Risiko von Dunkelverfärbungen am ehesten zu minimieren.

9.5 Beurteilung

Grundlage der Beurteilung von Sichtbetonflächen bilden die zuvor vertraglich vereinbarten Kriterien, z. B. die Sichtbetonklasse, Referenzflächen etc. Dabei ist zu beachten, dass Referenzflächen nicht toleranzfrei reproduziert werden können. Selbst bei größter Sorgfalt bleibt jedes Bauteil ein Unikat, da auf das Erscheinungsbild Einfluss nehmende Randbedingungen auf der Baustelle nicht beherrscht werden können. Hierzu gehören die Witterung (Temperatur, Feuchte) bei der Sichtbetonherstellung und -ausschalung sowie unvermeidliche Streuungen bei allen eingesetzten Stoffen und Materialien, die das Erscheinungsbild ebenso beeinflussen wie unvermeidbare Abweichungen bei der Betonherstellung und beim Einbau. Die Beurteilung eines Sichtbetons kann erst erfolgen, wenn die Oberfläche gleichmäßig abgetrocknet ist.

Grundlegendes Abnahmekriterium ist der Gesamteindruck einer Ansichtsfläche. Dieser ist aus einem angemessenen Betrachtungsabstand bei üblichen Lichtverhältnissen zu gewinnen. Einen solchen Abstand kennzeichnet, dass er vom Nutzer/Betrachter eines Bauwerks üblicherweise eingenommen wird. Einzelkriterien wie die Porigkeit oder die Farbtongleichmäßigkeit sollten zur Beurteilung nur dann herangezogen werden, wenn der Gesamteindruck der Ansichtsflächen nicht dem vereinbarten Erscheinungsbild entspricht.

9.6 Mängel und Mängelbeseitigung

9.6.1 Sichtbetonmängel

Neben dem Verfehlen von Kriterien, die in Abschnitt 9.1 genannt sind, gehören Schlieren, Wolkenbildungen, Marmorierungen, Ausblühungen und Verfärbungen zu den typischen Mängeln bei Sichtbeton. Ob es sich im Einzelfall tatsächlich um einen Mangel handelt, ist ggf. durch einen Sachverständigen zu entscheiden.

Schlieren, Wolkenbildungen und Marmorierungen sind auf lokale Entmischungen des Betons am Übergang zur Schalhaut zurückzuführen. Ihre Ursache kann gleichermaßen auf der Betonzusammensetzung wie der Betonverarbeitung bzw. -verdichtung beruhen. Je glatter und je weniger saugfähig eine Schalhaut ist, desto höher ist das Risiko für solche Mängel. Die dunkleren, meist glatten Bereiche kennzeichnen ein lokal geringerer w/z-Wert und ein höherer Calciumkarbonatanteil, während in den raueren und helleren Bereichen mehr Calciumsilicate gefunden wurden [9.9]. Die Rauheit bzw. die Ablagerung von unterschiedlichen Verbindungen bzw. Kristallen führt auch zu einer unterschiedlichen Lichtbrechung und damit zu Hell-/Dunkeleffekten.

Einen großen Einfluss auf die Entstehung von Dunkelverfärbungen üben auch die klimatischen Bedingungen bei der Sichtbetonherstellung und beim Ausschalen aus. In den Wintermonaten (niedrige Temperatur, hohe relative Luftfeuchte) ist das Risiko des Auftretens von fleckigen Dunkelverfärbungen im Vergleich zur Sichtbetonherstellung in den Sommermonaten deutlich erhöht [9.9].

Die vorangehenden Ausführungen ergeben ein schlüssiges Bild, wenn man den Mechanismus, der den Dunkelverfärbungen zugrunde liegt, betrachtet [9.15]. So ist an der Oberfläche der dunklen Bereiche ein höherer Anteil an Calciumhydroxid und später, nach der Carbonatisierung, an Calciumcarbonat vorhanden. Dieser mineralogische Sachverhalt bewirkt zwar nicht das dunklere Erscheinungsbild, er sorgt aber für eine dichtere und ebenere Oberflächenstruktur, wodurch erst der optische Eindruck des dunkleren Erscheinungsbilds entsteht. Ebenere und glattere Oberflächen desselben Materials erscheinen dem Betrachter aus optischen Effekten (diffuse Reflektivität) stets dunkler. Hinzu kommt, dass es im dichteren oberflächennahen Gefüge, also in den verengten Mikroporen durch die Anreicherung von Calciumhydroxid, bei deutlich geringeren relativen Luftfeuchten bereits zu einer Kapillarkondensation kommt. Hierdurch wird eine lokale Feuchteanreicherung bewirkt, die eine Dunkelfärbung nach sich zieht. Die Anreicherung von Calciumhydroxid in oberflächennahen Bereichen ist eine Folge des Kapillartransports von Porenwasser aus den tieferen Bereichen an die Oberfläche, die unmittelbar nach dem Ausschalen die Verdunstungsfront darstellt, an der dann das gelöste Calciumhydroxid in kristalliner Form ausfällt. Schreitet die Verdunstungsfront ins Innere voran, was mit zunehmender Trocknung der Oberfläche erfolgt, werden die Mikroporen der Randzone nicht mehr weiter verdichtet. Da in den Wintermonaten die relative Luftfeuchte höher und die Temperatur kleiner als im Sommer ist, was zudem die Hydratation verlangsamt, wird die Verdunstungsrate abgesenkt und der Transport von Calciumhydroxid in die Randzone begünstigt. Die Verdunstungsfront schreitet nur langsam ins Innere voran. Als Folge entsteht eine erhöhte Verdichtung der Mikroporen der Randzone, die bei der höheren Umgebungsfeuchte eine frühe Kapillarkondensation nach sich zieht. Dagegen wandert an trockenen Sommertagen die Verdunstungsfront und damit die Zone der Ausfällung von Calciumhydroxid rasch ins Innere. Die Randzone wird hierdurch weniger verdichtet, bleibt also unebener und wegen der geringeren Kapillarkondensation auch trockener. Beide Effekte haben ein helleres Erscheinungsbild zur Folge. Sind beim Ausschalen die Sommertage kühl und feucht (Regen), werden winterliche Klimabedingungen angenähert und das Risiko von fleckigen Dunkelverfärbungen steigt.

Farbunterschiede (helle und dunklere Grautonbereiche) können ihre Ursache ebenfalls in der Betonzusammensetzung, aber auch in der Schalhaut und der Verdichtung haben. Ein Wechsel der Zementart, ja selbst eine neue Liefercharge, kann den Grauton beeinflussen. Höhere Mahlfeinheiten, geringere C_4AF-Anteile im Klinker sowie höhere w/z-Werte führen zu helleren Sichtflächen. Dies erklärt auch, warum hellere Flächen entstehen, wenn die Saugfähigkeit einer Schalung durch häufigen Einsatz abnimmt. Typisch sind auch dunklere Bereiche an undichten Schalplattenstößen, die sowohl auf den lokal reduzierten w/z-Wert als ggf. auch auf die freigelegte Körnung zurückzuführen sind. Ebenso kann eine unterschiedliche Rüttelintensität, beispielsweise infolge unterschiedlicher Konsistenz oder eines ungewollten leichten Ansteifens, Farbtonunterschiede zwischen den einzelnen Einbauschichten hervorrufen. Selbst die tiefliegende Bewehrung kann sich an der Oberfläche abbilden, wenn die Rüttelflasche die Bewehrung durch Berührung zum Schwingen anregte [9.6].

Aufhellungen durch Kalk oder gar Kalkausblühungen und -aussinterungen entstehen, wenn mit Calciumhydroxid angereichertes Porenwasser in randnahe Schichten bzw. an die Oberfläche gelangt, dort verdunstet und das zurückbleibende Calciumhydroxid carbonatisiert. Solche Aufhellungen oder Ausblühungen treten vor allem dann auf, wenn nach dem Betonieren und Ausschalen Wasser in einen noch jungen Beton eindringen kann und später wieder an die Verdunstungsfront transportiert wird. Bei kühler Witterung und damit langsamer Hydratation ist die Gefahr der Entstehung von Aufhellungen sowie Ausblühungen besonders groß.

Bei Braunfärbungen spielen meist metallische Oxide eine ausschlaggebende Rolle. Sie können z. B. von einer korrodierenden Bewehrung stammen und mit der Feuchtigkeit an die Oberfläche transportiert werden. Seltener sind pyrithaltige Gesteinskörnungen die Ursache solcher Verfärbungen. Braunfärbungen können auch bei Verwendung von mit Phenolharzen vergüteten Schalplatten auftreten [9.10], wenn beispielsweise nach dem Lösen der Spannanker in den entstehenden Spalt Wasser eindringt oder dort kondensiert und aufgrund der hohen Alkalität eine Reaktion mit der Schalhaut stattfindet.

Blau- oder Grünfärbungen sind typisch für die Verwendung eines hüttensandhaltigen Zements. Sie entstehen durch die Bildung von Metallsulfiden. Diese Farberscheinung verschwindet jedoch wieder, wenn Luftsauerstoff in die Randzone eindiffundiert und mit den Metallsulfiden unter Bildung farbloser Metallverbindungen reagiert. Üblicherweise geschieht dies innerhalb weniger Wochen [9.11].

9.6.2 Mängelbeseitigung bei Sichtbeton

Die Mängelbeseitigung bei Sichtbeton ist eine höchst anspruchsvolle Aufgabe, die besondere Fachkenntnisse, Erfahrung und handwerkliche Sorgfalt erfordert.

Zunächst ist ein erfahrener Fachingenieur einzuschalten, der in der Lage ist zu bewerten, ob und ggf. welche Unregelmäßigkeiten lediglich das gewünschte Erscheinungsbild der Sichtbetonflächen betreffen und welche Unregelmäßigkeiten die Tragfähigkeit, die Dauerhaftigkeit und die Gebrauchstauglichkeit beeinträchtigen.

Die Entscheidung, ob im erstgenannten Fall Maßnahmen ergriffen werden, wird davon abhängen, ob das erzielte Erscheinungsbild den auf der Basis von [9.2] getroffenen Vereinbarungen entspricht, ob der Bauherr unabhängig davon eine Schönung oder Beeinflussung des Erscheinungsbildes wünscht und ob erfolgversprechende betonkosmetische Maßnahmen umgesetzt werden können. Manche Unregelmäßigkeiten sind charakteristisch für Betonoberflächen und werden mit der Alterung einer Sichtfläche weniger wahrgenommen oder verschwinden mit der Zeit ganz. Nicht sachgerecht vorgenommene Beseitigungsversuche können das Erscheinungsbild verschlechtern oder sich auch in technischer Hinsicht ungünstig auswirken. Bevor die Mängelbeseitigung in Angriff genommen wird, ist anhand von Probeflächen zu prüfen, ob die gewählte Maßnahme zum gewünschten Ergebnis führt.

Die Möglichkeiten und Grenzen betonkosmetischer Maßnahmen werden in [9.16] aufgezeigt. Sie reichen vom mechanischen und chemischen Reinigen über das Abtragen oder Überspachteln unerwünschter Oberflächenschichten sowie das Reprofilieren beschädigter oder vorab abgetragener Bauteilrandschichten bis hin zum retuscheartigen bis ganzflächigen Gestalten mit Farbe, das bis zur Imitationsmalerei reichen kann.

Über Erfahrungen zur Dauerhaftigkeit fachgerecht vorgenommener betonkosmetischer Maßnahmen wird in [9.16] ebenfalls berichtet. Dort wird ausgeführt, dass die Dauerhaftigkeit einer derartigen Maßnahme umso höher ist, je besser die Sichtbetonfläche insgesamt vor Beanspruchungen aus Witterung geschützt ist. Betonkosmetische Maßnahmen im Außenbereich werden seit etwa 15 Jahren durchgeführt. Erfahrungen zeigen, dass sie zumindest über diesen Zeitraum dauerhaft sein können.

Bei fleckigen Dunkelverfärbungen kann das Abschleifen der Oberfläche bis in eine Tiefe von wenigen Zehntelmillimetern die Verfärbungen beseitigen [9.15]. Es ist allerdings anzuraten, die Schleifarbeiten in diesem Fall ganzflächig über die gesamte Betrachtungseinheit vorzunehmen, da ansonsten eine auffallend fleckige Oberfläche entstehen würde. Ein intensives Trocknen der Oberfläche (Heißluftgebläse) hat nur dann eine dauerhaft positive Wirkung, wenn konstant nur geringfügig schwankende trockene Umgebungsbedingungen herrschen, was in Innenräumen der Fall ist.

Ein Betonaustausch wird notwendig, wenn z. B. tiefer in die Oberfläche hineinreichende Fehlstellen (Hohlstellen, Kiesnester, poröse Arbeitsfugen) auch die Dauerhaftigkeit oder gar die Tragfähigkeit beeinträchtigen oder wenn lokale Verunreinigungen (z. B. durch eingedrungene Öle etc.) aufgetreten sind. Auf der Grundlage entsprechender Voruntersuchungen und einer spezifisch auf den Schadensfall abgestellten Rezepturentwicklung gelingt es i. d. R., einen an den Sichtbeton angepassten Reparaturbeton so einzubringen, dass die Reparaturstelle nur noch anfänglich und aus nächster Nähe zu erkennen ist [9.12].

In Fällen, in denen die festgestellten Unregelmäßigkeiten die Tragfähigkeit, Dauerhaftigkeit oder Gebrauchstauglichkeit beeinträchtigen, müssen bei der Mängelbeseitigung in jedem Fall die dem Kenntnisstand entsprechenden statisch-konstruktiven, materialtechnologischen und dauerhaftigkeitsbezogenen Grundlagen und technologischen Zusammenhänge Berücksichtigung finden, damit die notwendigen Instandsetzungsziele erreicht werden. Betonkosmetische Maßnahmen können hier allenfalls dazu dienen, die in einem zu erstellenden Instandsetzungs- und Instandhaltungsplan beschriebenen und gemäß [9.17], [9.18] ausgeführten Maßnahmen zu kaschieren und an die Umgebung anzupassen.

9.6.3 Architektonisch bedeutsame Bausubstanz

Die zu Beginn der Beton- und Stahlbetonbauweise errichteten, aber auch viele der in den letzten Jahrzehnten in hoher Zahl erstellten Sichtbetonbauwerke haben mittlerweile eine hohe baugeschichtliche Bedeutung erlangt, da an ihnen der architektonische Gestaltungswille erkennbar ist und die bauzeitlichen Gestaltungselemente und Herstellungsbedingungen ablesbar sind. Diese Sichtbetonbauwerke stellen ein Zeugnis der Bauzeit dar und sollten daher – unabhängig davon, ob sie unter Denkmalschutz stehen oder nicht – ihrer Bedeutung angemessen instand gesetzt bzw. instandgehalten werden.

Die direkte Umsetzung der in den einschlägigen Richtlinien genannten Verfahren führt im Regelfall allerdings zu ganzflächig beschichteten Bauteilen. Dabei wird die vom Architekten gewählte und vom Bauherrn ursprünglich gewünschte, durch Gießen von Beton in eine Schalung entstandene Oberfläche durch eine neue, andersartige Oberfläche ersetzt, die putztechnisch oder malertechnisch hergestellt wurde und nicht weniger instandhaltungsbedürftig ist. Es sollten daher künftig verstärkt Anstrengungen unternommen werden, sichtbetonerhaltende Lösungen der Instandsetzung bzw. Instandhaltung zu finden und zu ermöglichen. Hierbei kann auf mehr als 25-jährige Erfahrungen aufgebaut werden; siehe z. B. [9.19] und dort aufgeführte Literatur.

9.7 Sonder-Sichtbetone

Weißer Sichtbeton wird unter Verwendung eines speziellen Portlandzements („Weißzement") und ggf. zusätzlich Weißpigmenten hergestellt. Die Rohstoffe des Portlandzements müssen hierzu frei von Eisen- und Manganoxiden sein. Hinsichtlich der Betontechnologie sowie der Herstellung von Sichtbeton sind keine Unterschiede zu zementgrauem Sichtbeton gegeben. Allerdings erfordert das gewünschte weiße Erscheinungsbild eine besondere Sorgfalt. Selbst feinste Rissbildungen, die man üblicherweise nicht wahrnimmt, können auf einer weißen Ansichtsfläche sehr störend hervortreten.

Farbiger Sichtbeton wird i. d. R. unter Verwendung pulverförmiger Metalloxide oder anderer alkali- und lichtbeständiger Partikel hergestellt. Ihr Anteil liegt meist unter 5 M.-% des Zementgewichts und sollte gering gehalten werden, weil sie als Pulver den Wasseranspruch erhöhen und den Beton zäher sowie klebriger machen. Ein leuchtender und besonders gleichmäßiger Farbton lässt sich nur bei gleichzeitiger Verwendung von Weißzement erzielen. Für die Herstellung eines farbigen Betons gilt das in Abschn. 9.3 Gesagte. Die Mischdauer ist jedoch zu erhöhen, um ein Höchstmaß an Homogenisierung zu erzielen.

Sicht-Leichtbeton ist eine attraktive Variante des Sichtbetons, weil mit diesem Beton bei entsprechender Ausführung a priori auch gleichzeitig eine ausreichende Wärmedämmung erzielt wird. Seine Herstellung erfordert die gleichzeitige Berücksichtigung der Regeln zur Herstellung und Verarbeitung von Leichtbeton (s. Abschn. 10) und jener von Sichtbeton, die oben beschrieben sind. In Bild 33 ist die Zusammensetzung eines Sicht-Leichtbetons jener eines normalschweren Sichtbetons gegenüber

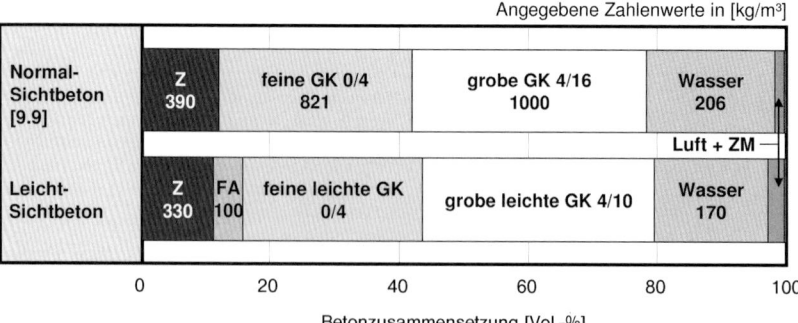

Bild 33. Zusammensetzung eines normalschweren und eines Leicht-Sichtbetons mit den Ausgangsstoffen Zement (Z), Flugasche (FA), feiner und grober Gesteinskörnung (GK), Wasser, Betonzusatzmittel (ZM) und Verdichtungsporen (Luft)

gestellt. Nähere Angaben zur Technologie der Herstellung und Verarbeitung von Sicht-Leichtbeton sowie Beispiele für ausgeführte Bauwerke sind in [9.13] enthalten.

10 Leichtbeton

10.1 Einführung und Überblick

Für bestimmte Anwendungen können das vergleichsweise hohe Eigengewicht und die geringe Wärmedämmung von Normalbeton von Nachteil sein. Dieser Sachverhalt hat schon frühzeitig zur Entwicklung von Leichtbeton geführt. Die Reduktion der Betonrohdichte erfolgt dabei grundsätzlich durch die gezielte Einführung von Luftporen in den Verbundwerkstoff. Dies kann sowohl durch die Verwendung poröser leichter Gesteinskörnungen geschehen (Ansatz 1) als auch durch eine Porosierung der Zementsteinmatrix (Ansatz 2), beispielsweise durch den Einsatz von Luftporen- bzw. Schaumbildnern. Weiterhin ist eine Kombination beider Ansätze möglich. Eine Sonderform stellt der haufwerksporige Leichtbeton dar (Ansatz 3), bei dem der Volumenanteil der Zementsteinmatrix im Verbundsystem so stark reduziert wird, dass Haufwerksporen zwischen den einzelnen Gesteinskörnern entstehen. Dabei dient der Zementstein lediglich zur Verkittung der einzelnen Gesteinskörner.

Die Herstellung und Verwendung von Leichtbetonen ist in der Baupraxis durch verschiedene Normen geregelt, die eine Kategorisierung der Betone entsprechend den oben genannten Entwicklungsansätzen vorsehen [10.1].

Als Konstruktionsleichtbetone werden Betone bezeichnet, die nach DIN EN 1992-1-1 [10.2] und DIN 1045-2 [10.3] sowie DIN EN 206-1 [10.4] hergestellt und verwendet werden. Hierbei handelt es sich um Betone, die im Wesentlichen nach dem Ansatz 1 oder aber auch durch die Kombination der Ansätze 1 und 2 hergestellt werden. Dementsprechend weisen Konstruktionsleichtbetone eine geschlossene Oberfläche auf und werden häufig auch als gefügedichte Leichtbetone bezeichnet. Während ihre Dauerhaftigkeitseigenschaften kaum von jenen eines Normalbetons abweichen, liegen bei den mechanischen Eigenschaften teils deutliche Unterschiede vor. Allerdings ist die Druckfestigkeit dieser Leichtbetone jener von Normalbeton vergleichbar. Sie hängt jedoch wesentlich von der Betonrohdichte sowie der Festigkeit der Zementsteinmatrix ab. Die Rohdichte für Leichtbetone nach DIN EN 206-1 [10.4] kann Werte zwischen 800 und 2000 kg/m³ annehmen. In Abhängigkeit von der Betonrohdichte weisen Konstruktionsleichtbetone vergleichsweise gute Wärmedämmeigenschaften auf. Aufgrund verschärfter bauphysikalischer Anforderungen kann bei herkömmlichen Bauteildicken heute jedoch auf eine gesondert angebrachte Wärmedämmschicht zumeist nicht verzichtet werden.

Während Konstruktionsleichtbetone sowohl als Transportbeton als auch im Fertigteilbereich eingesetzt werden, ist die Anwendung von Poren- und Schaumbetonen i. d. R. auf die Herstellung von Betonfertigteilen oder Betonwaren beschränkt. Anstatt poröse leichte Gesteinskörnungen zu verwenden, werden bei diesem Leichtbetontyp dem Frischbeton luftporen- bzw. gasbildende Stoffe oder aber Schäume zugesetzt, die eine signifikante Porosierung der Zementsteinmatrix zur Folge haben (Ansatz 2). Hierdurch gelingt es, die Betonrohdichte stark zu reduzieren. Diese muss nach DIN 4166 [10.5] und DIN EN 771-4 [10.6] zwischen 300 und 1000 kg/m³ betragen. Um trotz der geringen Rohdichte ausreichende Festigkeiten sicherstellen zu können, werden Porenbetone i. d. R. einer kombinierten Wärme- und Druckbehandlung in einem Autoklaven unterzogen. Aufgrund ihrer sehr geringen Rohdichte zeichnen sich Porenbetone durch gute Wärmedämmeigenschaften aus. Die hohe Porosität hat jedoch auch zur Folge, dass meist keine ausreichende Passivierung einer Bewehrung in Porenbeton gegeben ist. Daher sind ggf. zusätzliche Maßnahmen für den Korrosionsschutz der Bewehrung erforderlich.

Haufwerksporige Leichtbetone kennzeichnet ein vernetztes offenes Porensystem, das aus der Schüttung von mit Zementleim benetzten porösen oder dichten Gesteinskörnern entsteht. Aufgrund ihrer hohen Porosität weisen derartige Betone ebenfalls gute Wärmedämmeigenschaften bei einer geringen Rohdichte auf. Die Herstellung und Anwendung von haufwerksporigem Leichtbeton ist in DIN EN 1520 [10.7] in Verbindung mit DIN 4213 [10.8] geregelt und auf Betonfertigteile und Betonwaren beschränkt. Das Einsatzfeld der Fertigteile reicht von Dächern und Decken über Platten mit bewehrtem Aufbeton bis hin zu Wandbauteilen. Das Herstellungsprinzip der haufwerksporigen Leichtbetone ermöglicht die Variation ihrer Rohdichte und Festigkeit innerhalb einer großen Spanne zwischen 400 und 2000 kg/m³ bzw. 2 und 25 N/mm². Analog zum Porenbeton ist auch bei dieser Betonart der Korrosionsschutz der Bewehrung in Abhängigkeit von den Expositionsklassen durch gesonderte Maßnahmen sicherzustellen.

Den Schwerpunkt des vorliegenden Abschnitts zum Thema Leichtbeton bilden Konstruktionsleichtbetone nach DIN EN 1992-1-1 [10.2], die als Transportbeton oder im Fertigteilbereich eingesetzt werden. Neben der Betontechnologie wird auch die Besonderheiten bei der Herstellung, Anwendung und Qualitätssicherung derartiger Betone eingegangen. Bei den Porenbetonen und haufwerksporigen Betonen, die in der Baupraxis fast ausschließlich in Form von Fertigteilen oder Betonwaren zum Einsatz kommen, werden nur die Grundzüge der Betonherstellung behandelt. Die für Planung und Bemessung relevanten normativen Grundlagen werden hingegen vollständig angegeben.

10.2 Konstruktionsleichtbeton nach DIN EN 1992-1-1

10.2.1 Grundlegende Eigenschaften

Konstruktionsleichtbetone nach DIN EN 206-1 [10.4] in Verbindung mit DIN 1045-2 [10.3] werden ganz oder teilweise unter Verwendung von leichter Gesteinskörnung hergestellt. Die Porosierung der Zementsteinmatrix, beispielsweise durch Zugabe von Luftporenbildner, ist nur bis zu einem begrenzten Luftporengehalt von 10 Vol.-% zulässig. Dementsprechend weisen Konstruktionsleichtbetone eine überwiegend durch Zementstein geprägte Oberflächenstruktur auf, die weitgehend der von normalschwerem Konstruktionsbeton entspricht.

Die Vorteile von Konstruktionsleichtbeton gegenüber Normalbeton liegen vor allem in der Kombination einer geringen Rohdichte mit einer hohen Druckfestigkeit bei gleichzeitig guten Wärmedämmeigenschaften [10.9–10.11]. Derartige Betone ermöglichen im Prinzip die Ausführung von Bauwerken bzw. Bauwerkshüllen ohne zusätzlich aufgebrachte Wärmedämmung – eine essenzielle Forderung beispielsweise bei der Herstellung von Sichtbeton (siehe Abschn. 9.7). Bei beidseitig sichtigen Betonflächen kann auf eine kostenintensive Kerndämmung verzichtet werden, wenn die Wanddicken entsprechend gewählt werden. Weiterhin besitzt Leichtbeton eine geringe Wärmedehnung, wodurch hieraus resultierende Zwang- und Eigenspannungen begrenzt bleiben.

Auch im Hinblick auf das Verformungsverhalten weicht Konstruktionsleichtbeton vom Verhalten normalschwerer Betone ab. Bedingt durch die geringere Steifigkeit der leichten Gesteinskörnung weisen Konstruktionsleichtbetone einen deutlich kleineren E-Modul und größere Schwindverformungen als Normalbeton auf [10.12–10.14]. Allerdings wirkt sich der kleinere E-Modul wiederum günstig auf die Entwicklung von Eigen- und Zwangsspannungen in Bauteilen und Baukonstruktionen aus. Die geringere Wärmefähigkeit und Wärmekapazität führt zu einer gegenüber normalschwerem Beton erhöhten Hydratationswärmeentwicklung [10.13–10.15]. Durch geeignete Maßnahmen können jedoch hieraus resultierende nachteilige Auswirkungen auf die Festbeton- und Bauteileigenschaften vermieden werden.

Bei der Herstellung von Konstruktionsleichtbeton kommt der gezielten Steuerung des Wasserhaushalts der leichten Gesteinskörnung eine besondere Bedeutung zu [10.16]. Schwankungen beim Feuchtegehalt der offenporigen leichten Gesteinskörnung bewirken ein unterschiedliches Saugvermögen, wodurch sich die Frischbetoneigenschaften signifikant ändern können.

Häufig erweist sich die Verdichtung des Leichtbetons als problematisch. Aufgrund der geringen Rohdichte der Betone und der hohen Porosität der verwendeten leichten Gesteinskörnung werden die durch Verdichtungsgeräte eingetragenen Schwingungen stark gedämpft. Diesem Effekt muss durch eine deutlich verlängerte sowie engmaschigere Verdichtung des Betons begegnet werden.

10.2.2 Leichte Gesteinskörnung

Strukturmerkmale und Verhalten

Gesteinskörnungen für die Herstellung tragender Bauteile aus Leichtbeton müssen den Normen DIN EN 12620 [10.17] und DIN EN 13055-1 [10.18] entsprechen. Grundsätzlich kommen Körnungen aus Naturbims, Schaumlava (gebrochene Lavaschlacke), Hüttenbims (gebrochene, geschäumte Hochofenschlacke), Kesselsand (aufbereitete Rückstände von Steinkohlenfeuerungen), Sinterbims (gebrochene Sinterstoffe, z. B. aus Flugasche, Waschbergen oder Ton), Ziegelsplitt (aufbereiteter Ziegelbruch), Blähton, Blähschiefer und Blähglas in Betracht. Für alle Gesteinskörnungen und insbesondere für Blähglas gilt, dass sie keine Reaktivität mit den Alkalien des Zementsteins aufweisen dürfen. Zur Herstellung von Leichtbeton hoher Festigkeit werden bevorzugt Gesteinskörnungen aus Blähton und Blähschiefer sowie teilweise Hüttenbims und Sinterbims verwendet [10.11, 10.12]. Der Anwendungsbereich leichter Gesteinskörnungen zur Herstellung von Konstruktionsleichtbeton ist in DIN 1045-2 [10.3] geregelt.

Der Schlüssel zum Verständnis der Eigenschaften frischer Leichtbetone liegt im Verhalten der leichten Gesteinskörnung. Dabei spielt deren Randzone, die in unmittelbarer Wechselwirkung mit den anderen Komponenten des Betons – vor allem Wasser und Zement – steht, eine maßgebende Rolle. Grundsätzlich muss hierbei zwischen leichten Gesteinskörnungen unterschieden werden, deren Randzone entweder eine sehr geringe Porosität bei gleichzeitig kleinen Porenradien aufweist oder solchen Körnungen, die eine gleichmäßige Porenstruktur über den Querschnitt bei gleichzeitig hoher Porosität besitzen. Dementsprechend werden leichte Gesteinskörnungen in geschlossenporige oder offenporige Körnungen klassifiziert. Aufgrund des daraus resultierenden unterschiedlichen Verhaltens erfordern die Gesteinskornarten eine unterschiedliche Behandlung bei der Betonherstellung.

Geschlossenporige leichte Gesteinskörnungen

Übliche, durch einen Bläh- bzw. Sinterprozess künstlich hergestellte leichte Gesteinskörnungen bestehen aus einem stark porosierten keramischen

Kern, der ein vernetztes Porensystem mit Porendurchmessern zwischen ca. 20 bis 800 µm besitzt und von einer vergleichsweise dichten Sinterhaut umgeben ist. Sie bestimmt maßgeblich die Frisch- und Festbetoneigenschaften (Bild 34). Die Dichtheit der Sinterhaut ist dabei nicht direkt mit der Rohdichte des Gesteinskorns verknüpft. Die Radien der Sinterhautporen variieren zwischen 0,01 und 40 µm, abhängig von der Art der Gesteinskörnung. Bei allen Blähtonzuschlägen sind die Poren der Sinterhaut aufgrund ihrer Größe kapillar hoch aktiv.

Infolge der starken Kapillarwirkung der Sinterhautporen können derartige Leichtzuschläge der Mörtelmatrix des Leichtbetons große Mengen an Wasser bzw. Mehlkornleim entziehen. Wird diesem Verhalten bei der Betonherstellung nicht entgegengewirkt, so tritt ein starker Konsistenzverlust ein. Durch eine gezielte Befeuchtung der Gesteinskörnung vor der Betonherstellung – dem sog. Vornässen – kann ein erheblicher Teil dieses Saugvorgangs vorweg genommen werden, wodurch Konsistenzänderungen stark abgemindert werden.

Das Absorptionsverhalten von Leichtzuschlägen mit Sinterhaut ist durch eine anfangs rasche und mit der Zeit stark abnehmende Wasseraufnahme gekennzeichnet, die über Stunden andauert. Dieses Verhalten resultiert aus der im Zuschlag enthaltenen Luft, die unter dem auf das Korn wirkenden isotropen Druck bei ungestörter Wasserlagerung nicht entweichen kann. Derartige Gesteinskörnungen werden daher häufig bereits lange im Vorfeld der Betonherstellung benässt. Dabei muss beachtet werden, dass kernfeuchte Leichtzuschläge mit trockener Oberfläche erhebliche Mengen an Wasser zusätzlich zur vorhandenen Kernfeuchte aufnehmen. Die Summe aus dieser Wasseraufnahme und der vorhandenen Ausgangsfeuchte überschreitet deutlich den nach DIN V 18004 [10.19] ermittelten Prüfwert der Wasseraufnahme ofentrockener leichter Gesteinskörnungen (siehe [10.11, 10.16]). Dies ist im Zuge der Vorbehandlung leichter Gesteinskörnungen und der Dosierung des Zugabewassers zu berücksichtigen.

Offenporige leichte Gesteinskörnungen

Zu den offenporigen leichten Gesteinskörnungen gehören u. a. Körnungen aus Bims, Lava, Blähtonsand, Blähschiefersand und Kesselsand. Sie sind durch eine gleichmäßig verteilte, hohe Porosität über den gesamten Kornquerschnitt gekennzeichnet und besitzen ein großes kapillares Saugvermögen. Ihr Porensystem wird bei Kontakt mit Wasser bzw. Mehlkornleim – anders als bei leichten Gesteinskörnungen mit Sinterhaut – innerhalb von Sekunden bzw. wenigen Minuten fast vollständig gesättigt. Aufgrund der hohen Vernetzungsgrades der einzelnen Poren und der größeren Porenradien kann das absorbierte Wasser jedoch nicht dauerhaft gehalten werden. Daher wird insbesondere bei hohem Vornässgrad ein Teil des Wassers während des Mischvorgangs wieder abgegeben. Diese unkontrollierte Wasserabgabe, die z. B. auch unter Rüttlereinwirkung auftritt, kann zu Entmischungserscheinungen führen. Andererseits können Schwankungen im Anmachwassergehalt durch die Pufferwirkung der offenporigen Körnungen ausgeglichen werden, wenn das leichte Gesteinskorn nicht vollständig mit Wasser gesättigt ist.

Bei der Auswahl der Gesteinskörnung zur Herstellung eines Leichtbetons muss beachtet werden, dass offenporige Körnungen eine geringere Kornfestigkeit besitzen als Gesteinskörnungen, die eine Sinterhaut aufweisen. Dies begrenzt die Festigkeit solcher Leichtbetone. Weiterhin muss beachtet werden, dass offenporige Leichtsäcke i. d. R. einen erhöhten Mehlkorngehalt (Partikel $\varnothing < 0{,}125$ mm) aufweisen.

Vorbehandlung der leichten Gesteinskörnung

Unabhängig von der Art der leichten Gesteinskörnung sollte bei der Vorbehandlung bzw. der Einstellung des Vornässgrads zunächst die Ausgangsfeuchte im Darrversuch nach DIN V 18004 [10.19] bzw. DIN EN 1097-5 [10.20] bestimmt werden. Für trockene geschlossenporige Gesteinskörnungen entspricht die Menge des erforderlichen Vornässwassers dem Prüfwert der Wasseraufnahme. Sind diese

 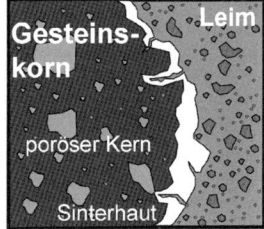

Bild 34. Leichtzuschlagkorn in Ansicht (links) (Quelle: Liapor) und schematischer Querschnitt des Korns, eingebettet in Zementleim (rechts)

hingegen kernfeucht, berechnet sich die Vornässwassermenge aus der 1,3- bis 1,5-fachen Menge der nach DIN V 18004 [10.19] bestimmten Wasseraufnahme, abzüglich der Ausgangsfeuchte (Kernfeuchte) der Gesteinskörnung.

Anders verhält sich dies für offenporige leichte Gesteinskörnungen. Aufgrund der Gefahr einer erneuten Wasserabgabe bei zu hoher Sättigung sind für offenporige Körnungen Vornässgrade von ca. 2/3 des Messwerts der Wasseraufnahme nach DIN V 18004 [10.19] zu empfehlen.

Die baupraktische Einstellung eines definierten Vornässgrads erfolgt durch gezieltes Mischen der verwogenen, ggf. feuchten leichten Gesteinskörnung mit der berechneten Menge an Vornässwasser, vor der Zugabe der restlichen Betonausgangsstoffe. Im Hinblick auf die Dauerhaftigkeit des Leichtbetons sollte der Vornässgrad der Gesteinskörnung auf das für die Verarbeitung erforderliche Mindestmaß begrenzt bleiben.

10.2.3 Betonzusammensetzung

Da bei Leichtbeton die leichte Gesteinskörnung in der Regel eine geringere Druckfestigkeit als die sie umgebende Zementsteinmatrix aufweist, kann eine Steigerung der Betondruckfestigkeit nur durch eine Anpassung des Wasserzementwerts und des Bindemittelgehalts an die Art der verwendeten Gesteinskörnung erfolgen [10.21–10.23]. Weiterhin ist eine gezielte Abstimmung der Rohdichten der Körnungen, die in einer Mischung verwendet werden, notwendig. Stark unterschiedliche Rohdichten der Mörtelmatrix und der groben Gesteinskörnung können Entmischungserscheinungen zur Folge haben. Vor diesem Hintergrund sind den Wahlmöglichkeiten bezüglich der Art der feinen und groben Gesteinskörnung sowie deren jeweiligen Anteil in der Mischung Grenzen gesetzt.

Ausgehend von den Anforderungen an das spezifische Gewicht, die mechanischen Eigenschaften und die Dauerhaftigkeit des Betons muss bei der Entwicklung einer Betonrezeptur zunächst die Art der zu verwendenden groben Gesteinskörnung festgelegt werden. Hierbei gilt generell, dass mit zunehmender angestrebter Festigkeit auch die Rohdichte der erforderlichen groben Gesteinskörnung zunimmt. Um dennoch eine geforderte Rohdichteklasse des Betons erzielen zu können, ist zu klären, ob diese noch unter Verwendung einer Natursandmatrix erreicht werden kann oder ob der Natursand teilweise oder ganz durch Leichtsand ersetzt werden muss. In Bild 35 sind hierzu Bemessungsdiagramme angegeben, die ausgehend von der angestrebten Druckfestigkeit eine Abschätzung der Kornrohdichte der groben Gesteinskörnung sowie der Art und Zusammensetzung der feinen Gesteinskörnung erlauben [10.12].

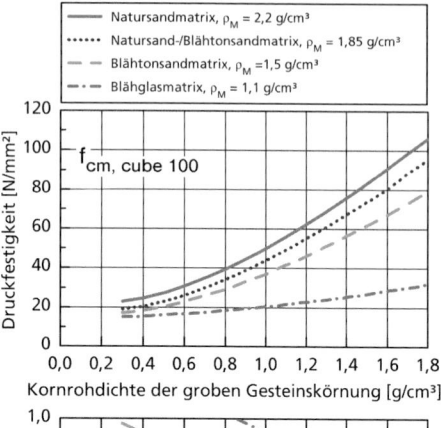

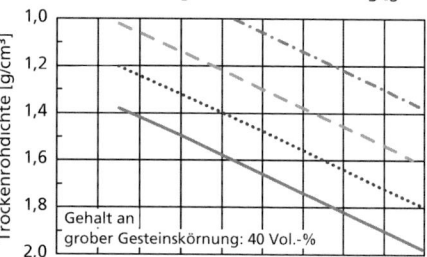

Bild 35. Nomogramm zur Abschätzung der mittleren Betondruckfestigkeit und Trockenrohdichte von Konstruktionsleichtbeton für Zementsteine mit geringen w/z-Werten [10.11]

Im Anschluss an die Auswahl der Art der groben und feinen leichten Gesteinskörnung wird der Mehlkornleimgehalt des Betons festgelegt. Dieser muss gegenüber Normalbeton gleicher Festigkeit um den Faktor 1,10 bis 1,20 erhöht werden und beträgt für übliche Leichtbetone zwischen 330 und 400 dm³ Leim pro m³ Beton.

Deutlich schwieriger gestaltet sich die Ermittlung des erforderlichen w/z-Werts. Im Gegensatz zu Normalbeton ist die Betondruckfestigkeit im Alter von 28 Tagen nicht allein vom w/z-Wert und der Zementart, sondern auch stark von der Festigkeit der leichten Gesteinskörnung abhängig. Das Druckversagen eines Leichtbetons wird durch das Zugversagen der leichten Gesteinskörnung bestimmt. Dementsprechend wird die maximal erreichbare Betondruckfestigkeit durch die Art und Festigkeit der leichten Gesteinskörnung begrenzt. Die für Normalbeton gültige Walz-Kurve ist daher für Leichtbeton nicht anwendbar.

Zielsetzung des Mischungsentwurfs von Leichtbeton ist es, die leichte Gesteinskörnung durch Wahl einer ausreichend hohen Steifigkeit der Zementsteinmatrix zu entlasten. Der w/z-Wert von Leichtbeton muss daher deutlich niedriger als für Normalbeton gewählt und an die Festigkeit der leichten Gesteinskörnung angepasst werden. Bild 36 zeigt hierzu eine entsprechend modifizierte Walz-Kurve für Leichtbeton.

Der Zementgehalt des Betons kann unter Kenntnis des äquivalenten Wasserzementwerts w/z_{eq} entsprechend Gl. (10.1) berechnet werden:

$$z = \frac{V_{Leim} - V_{Luft}}{1/\rho_Z + \alpha_S/\rho_S + w/z_{eq} \cdot (1 + k \cdot \alpha_S)}$$
(10.1)

Hierin bezeichnet z den Zementgehalt in [kg/m³], V_{Leim} und V_{Luft} den volumetrischen Gehalt an Leim bzw. an Verdichtungsporen im Beton in [dm³/m³], α_S den Quotienten s/z aus der Masse des Zusatzstoffs und des Zements je m³ Beton [–], k die Anrechenbarkeit des Zusatzstoffs auf den w/z-Wert, ρ_Z und ρ_S die Dichte des Zements bzw. des verwendeten Zusatzstoffs in [kg/dm³] und w/z_{eq} den äquivalenten Wasserzementwert. Der Gehalt an Verdichtungsporen kann für Leichtbetone zu 2 bis 3 Vol.-% des Betonvolumens angenommen werden. Alle weiteren Kenngrößen können analog zur Vorgehensweise bei Normalbeton berechnet werden.

In Bezug auf die zu verwendende Zementart sowie die Art der zu verwendenden Zusatzstoffe unterliegt Konstruktionsleichtbeton den gleichen Anforderungen wie normalschwerer Konstruktionsbeton.

Besondere Beachtung muss bei Leichtbeton der Hydratationswärmeentwicklung des Zements geschenkt werden [10.26]. Aufgrund seiner guten Wärmedämmeigenschaften kann es insbesondere in massigen Leichtbetonbauteilen zu einer starken Temperaturerhöhung kommen. Damit verbunden ist u. a. auch eine Ausdehnung der in der Gesteinskörnung enthaltenen Luft und somit ein Austreiben des in den Körnern gespeicherten Vornässwassers. Bei Temperaturen von über ca. 70 °C kann dieses Wasserangebot im bereits erhärteten Beton, in Verbindung mit Sulfatresten aus dem Zement, eine verstärkte Bildung von Sekundärettringit begünstigen. Das Quellpotenzial dieses Minerals hätte eine massive innere Schädigung des Betons zur Folge.

Vor diesem Hintergrund kommen bei der Herstellung von Bauteilen aus Leichtbeton in der Regel Zemente mit einer langsamen Festigkeitsentwicklung zum Einsatz. Besonders positiv haben sich u. a. auch Bindemittelgemische aus Zement und Steinkohlenflugasche erwiesen. Hieraus resultieren ebenfalls ein langsamer Erhärtungsverlauf und eine verlängerte Nachbehandlungsdauer. Daher wird bei Verwendung von Konstruktionsleichtbeton für den Festigkeitsnachweis häufig die 56-Tage-Festigkeit vereinbart.

Der Einsatz von Betonzusatzmitteln und insbesondere von Fließmitteln ist auch bei Leichtbetonen weit verbreitet. Bei der Wahl eines Fließmittels sollte im Vorfeld geprüft werden, wie dieses auf eine mögliche Wasserabgabe der leichten Gesteinskörnung reagiert. Robuste Betonmischungen werden in

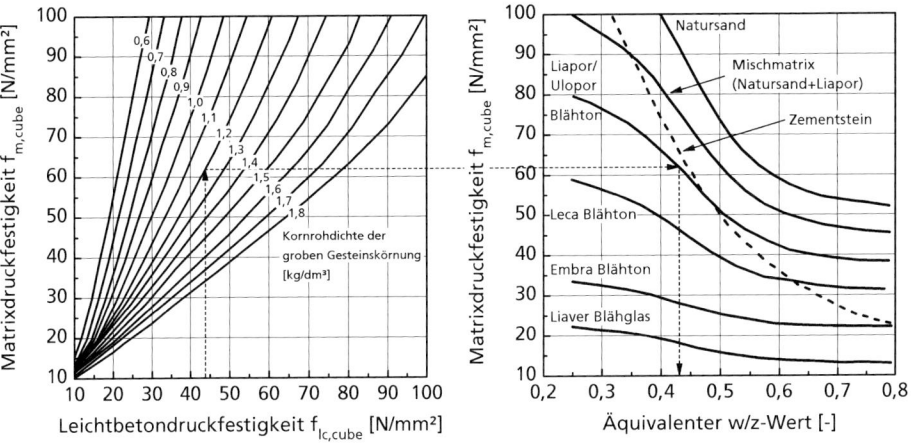

Bild 36. Modifizierte Walz-Kurve zur Abschätzung des erforderlichen Wasserzementwerts w/z_{eq} für die Zementgüte CEM 52,5 in Abhängigkeit von der Kornrohdichte der groben Gesteinskörnung, der Sandart sowie der angestrebten Leichtbetondruckfestigkeit $f_{lc,cube}$ [10.11]

der Praxis unter Verwendung stabilisierender Betonzusatzmittel erzielt.

In Bild 37 sind exemplarisch die Zusammensetzungen eines normalfesten und hochfesten Konstruktionsleichtbetons LC30/33 D1,4 bzw. LC70/77 D1,9 [10.12] sowie eines selbstverdichtenden Leichtbetons LiSA 1,4 (LC30/33 D1,4, SVLB) [10.27] und eines Schaum-Leichtbetons (Infra-Leichtbeton, LC8/9 D0,8) [10.24] aus Zement (Z), Flugasche (FA), Silikastaub (SF), Wasser, Luft, Betonzusatzmittel (ZM) und verschiedenen Gesteinskornarten (GK) dargestellt. Letztere Rezeptur ist derzeit nicht durch DIN 1045-2 [10.3] abgedeckt. Ähnliche Rezepturen werden in [10.25] vorgestellt.

Neben den üblichen Kenngrößen Wasserzementwert, Zement- und Zusatzstoffgehalt sowie Art und Einwaage der Gesteinskörnung muss bei Leichtbeton zusätzlich der Vornässgrad der leichten Gesteinskörnung angegeben werden. Er wird häufig indirekt, d. h. über den sog. Gesamtwassergehalt angegeben [10.28]. Dieser errechnet sich aus der Summe des w/z-wirksamen Anmachwassers, des zugegebenen Vornässwassers und der Ausgangsfeuchte der Gesteinskörnung. Eine Überprüfung des Gesamtwassergehalts mittels eines Darrversuchs kann z. B. als Annahmekontrolle auf der Baustelle dienen, um ggf. stark unterschiedliche Feuchtegehalte der leichten Gesteinskörnung und damit ein unterschiedliches Trocknungs- bzw. Schwindverhalten auszuschließen.

10.2.4 Herstellung, Transport und Verarbeitung

Die Eigenschaften von Leichtbeton im frischen Zustand werden maßgeblich durch das Feuchteabsorptionsverhalten der leichten Gesteinskörnung bestimmt. Bei der Verwendung trockener Gesteinskörnung ist im Vorfeld der Betonherstellung das Wasseraufnahmevermögen zu ermitteln. Kommt feuchte Gesteinskörnung zum Einsatz, muss zunächst deren Wassergehalt bestimmt werden. Dies geschieht vorzugsweise durch Darren (nach DIN EN 1097-5 [10.20]). Eine automatische Feuchtebestimmung mittels Sensoren ist bei leichten Gesteinskörnungen nicht möglich. Mit Kenntnis des Wassergehalts und des Wasseraufnahmevermögens können die Einwaage der Körnung und die für eine ausreichende Vornässung notwendige Menge an Vornässwasser berechnet werden (s. Abschnitt 10.2.2).

Im Rahmen der Betonherstellung wird zunächst die erforderliche Menge an leichter Gesteinskörnung dem Mischer zugeführt. Anschließend wird die berechnete Menge an Vornässwasser zugegeben und zusammen mit der Gesteinskörnung gemischt. Da-

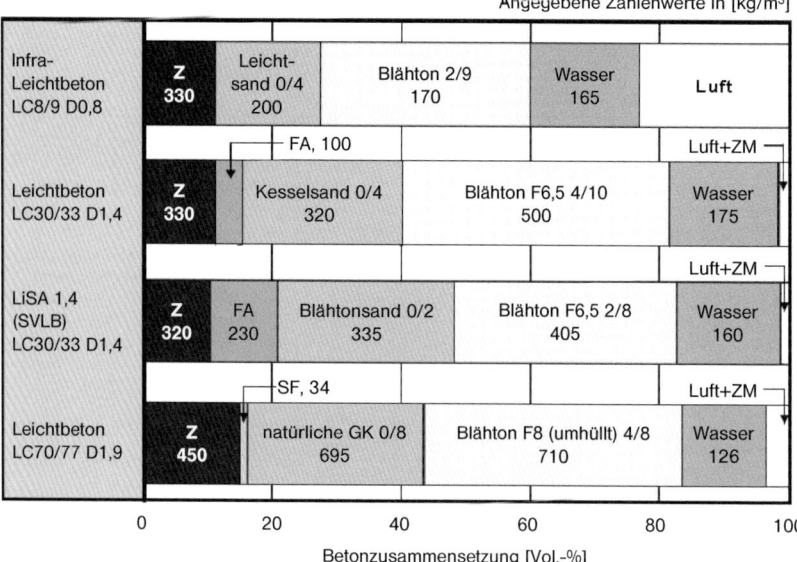

Bild 37. Exemplarischer Vergleich der Zusammensetzung verschiedener Leichtbetone (Vornässgrad der leichten Gesteinskörnung entsprechend Abschn. 10.2.2)

nach werden Zement und Zusatzstoffe sowie das Anmachwasser und ggf. Zusatzmittel dosiert.

Nach der Anlieferung auf der Baustelle muss Leichtbeton zunächst gründlich im Fahrmischer aufgemischt werden. Anschließend sollte eine repräsentative Probe entnommen und das Ausbreitmaß bestimmt werden. Auch bei Konstruktionsleichtbeton hat sich die Einstellung der Regelkonsistenz (Konsistenzklasse F3; Ausbreitmaß a zwischen 42 und 48 cm) als sehr geeignet erwiesen. Sie bewirkt ein robustes Verarbeitungsverhalten und das Risiko einer Überverdichtung bzw. Entmischung bleibt begrenzt.

Insbesondere zu Beginn eines großen Betonierabschnitts ist es ratsam, den Gesamtwassergehalt des Betons der ersten Liefercharges mittels eines Darrversuchs zu überprüfen (s. auch Abschn. 10.2.3). So können Sollwertabweichungen des Vornässgrades oder des Anmachwassergehalts schnell festgestellt und die Wasserzugabe im Transportbetonwerk entsprechend korrigiert werden. Bei langen Transportzeiten zwischen dem Herstellwerk und der Baustelle sollte überlegt werden, ob die Einstellung der Betonkonsistenz auf der Baustelle mithilfe einer mobilen Dosieranlage für Betonzusatzmittel erfolgen kann. Umweltbedingte Einflüsse auf die Betonverarbeitung können dadurch minimiert werden. Hierbei sind die einschlägigen Regeln zum Dosieren von Betonzusatzmitteln in Fahrmischern zu beachten.

Die Förderung von Konstruktionsleichtbeton muss in der Regel mit dem Betonkübel erfolgen, da ein Pumpen bei Einhaltung der empfohlenen Konsistenzklasse nicht möglich ist bzw. zur Verstopfung der Förderleitung führt [10.30, 10.31]. Lediglich bei der Verwendung von selbstverdichtendem Leichtbeton gelingt die Pumpförderung (s. Abschn. 10.2.7) [10.27, 10.29]. Diese wirkt sich positiv auf die Qualität des zu betonierenden Bauteils aus, da die Betonförderung kontinuierlich erfolgt und die Gefahr einer Schüttlagenbildung ausgeschlossen wird. Für beide Förderungsarten gilt, dass ein Lufteintrag in den Beton durch zu große Fallhöhen ausgeschlossen werden muss. Beim Betonieren mit dem Betonkübel ist daher die Verwendung von Schütttrichtern und Schläuchen mit sich nach unten verjüngendem Querschnitt anzuraten.

Konstruktionsleichtbeton erfordert eine intensivere Verdichtung als dies bei herkömmlichem Beton der Fall ist. Beim Einsatz eines Innenrüttlers bedeutet dies ein engmaschigeres und längeres Eintauchen. Dabei muss jedoch eine Überverdichtung, die eine Entmischung des Betons zur Folge haben könnte, vermieden werden. Der Abstand der Eintauchstellen beim Rütteln sollte in Abhängigkeit der Frischbetonrohdichte – abweichend vom Vorgehen bei Normalbeton – auf das Fünf- bis Sechsfache des Rüttelflaschendurchmessers reduziert werden. Die Schüttlagenhöhe bei wandartigen Bauteilen sollte maximal 30 bis 40 cm betragen.

Während der Betonherstellung und -verarbeitung steht die verwendete leichte Gesteinskörnung im ständigen Feuchteaustausch mit der umgebenden Mehlkornleimmatrix. Da eine übermäßige Wasserabgabe der vorgenässten Gesteinskörnung Entmischungserscheinungen bedingen würde, darf nur eine untersättigte Körnung eingesetzt werden. Unter dieser Voraussetzung wirkt das Absorptionsvermögen der Körnung puffernd auf leichte Schwankungen im Anmachwassergehalt. Dies hat eine erhebliche Vergleichmäßigung der Frischbetoneigenschaften zur Folge.

10.2.5 Festbetonverhalten von Konstruktionsleichtbeton

Besonderheiten im Festbetonverhalten von Konstruktionsleichtbetonen sind primär auf die spezifische Tragwirkung und den Versagensmechanismen des Leichtbetons zurückzuführen. Während bei normalschwerem Konstruktionsbeton der Lastabtrag im Gefüge über die steife Gesteinskörnung erfolgt, bewirkt die geringe Steifigkeit und Festigkeit einer leichten Gesteinskörnung den Kraftfluss nahezu ausschließlich über die Mörtelmatrix. Leichtbetone kennzeichnet auch ein sprödes Bruchverhalten, das bei der Bemessung berücksichtigt werden muss.

Weiterhin weisen Leichtbetone ein von Normalbeton deutlich abweichendes hygrisches Verformungsverhalten auf. Dieses wird durch anfängliche Quellverformungen geprägt, denen erst im höheren Alter die typischen Schwindverkürzungen folgen. Zudem wird bei Leichtbeton eine über Jahre andauernde Trocknung beobachtet, die oftmals die Bildung von feinen Krakelee-Rissen an der Betonoberfläche zur Folge hat.

Mechanische Eigenschaften

Im jungen Alter hängt die Druckfestigkeit von Konstruktionsleichtbeton wie bei Normalbeton vorwiegend von der Zementsteinfestigkeit ab. Nähert sich die Zementsteinfestigkeit im Zuge der Hydratation jedoch der Kornfestigkeit, so wächst der Einfluss der Gesteinskörnung und der Dicke der Zementsteinschichten. Daher nimmt die Druckfestigkeit von Konstruktionsleichtbeton im Gegensatz zu Normalbeton bei Verwendung von Portlandzement mit steigendem Alter nach etwa einer Woche nicht mehr wesentlich zu. Dagegen ist eine deutliche Steigerung der Druckfestigkeit bei einem gegebenen Prüfalter mit steigendem Zementgehalt bei gleichem Wasserzementwert zu erwarten.

Um eine bestimmte Druckfestigkeit zu erreichen, ist bei Leichtbeton ein etwas geringerer wirksamer Wasserzementwert als bei Normalbeton erforderlich. Da die im Einzelfall bei einer bestimmten Leichtbetonrohdichte maximal erreichbare Betonfestigkeit von der Festigkeit des Korns bestimmt wird, kann jeder Gesteinskornart eine obere Betongrenzfestigkeit zugeordnet werden [10.11, 10.12, 10.22]. Weiterhin ist auch bei Leichtbeton eine Abhängigkeit der Druckfestigkeit von der Lagerungsart gegeben [10.32]. Über die Druckfestigkeit von Leichtbeton bei Teilflächenbelastung wird in [10.33] berichtet.

Obwohl Leichtbeton bei gleicher Druckfestigkeit wie Normalbeton meist eine höhere Zementsteinfestigkeit besitzt und die Haftung zwischen Gesteinskörnung und Zementstein häufig besser als bei Normalbeton ist, bewirkt die geringe Festigkeit der leichten Gesteinskörnung letztlich eine verminderte Zugfestigkeit des Leichtbetons. Entsprechende Versuche haben gezeigt, dass die Größe der Biegezugfestigkeit, Spaltzugfestigkeit und zentrischen Zugfestigkeit von Konstruktionsleichtbeton meist etwas geringer ist als bei Normalbeton gleicher Druckfestigkeit. Die vorübergehende Abminderung der Biegezug- und der zentrischen Zugfestigkeit als Folge eines Austrocknens kann bei Leichtbeton sehr viel ausgeprägter als bei Normalbeton auftreten (siehe u. a. DIN EN 1992-1-1 [10.2] sowie [10.9, 10.13, 10.34].

Die Dauerstandfestigkeit von Leichtbeton ist mit ca. 70 bis 75 % der Kurzzeitfestigkeit im Alter von 28 Tagen etwas geringer als jene von Normalbeton. Diese stärkere Abminderung wird damit erklärt, dass Leichtbetone i. Allg. eine geringere Nacherhärtung als Normalbetone zeigen, sodass der kritische Zeitraum, während dem ein Dauerstandversagen möglich ist, entsprechend länger andauert [10.11].

Die Druckschwellfestigkeit von Leichtbeton ist ebenfalls etwas niedriger als jene von Normalbeton [10.35]. Dagegen entspricht die Querdehnzahl von Leichtbeton der von Normalbeton.

Der E-Modul von Leichtbeton E_{lcm} ist ausgeprägt von der Art der verwendeten Gesteinskörnung abhängig. Seine Größe korreliert eng mit der Betonrohdichte ρ. Daher wird der E-Modul von Konstruktionsleichtbeton nach DIN EN 1992-1-1 [10.2] unter Verwendung der Beziehung $E_{lcm} = E_{cm} \cdot (\rho/2200)^2$ aus dem E-Modul für normalschweren Beton E_{cm} gleicher Druckfestigkeit abgeschätzt [10.37, 10.38].

In den Spannungs-Dehnungsbeziehungen von Leichtbeton spiegelt sich ein im Vergleich zu Normalbeton deutlich spröderes Verhalten wider (Bild 38). Im ansteigenden Ast ist ein spannungslineares Verhalten bis zu höheren Belastungsgraden gegeben. Die Bruchdehnung nimmt mit steigender Druckfestigkeit zu. Mit Werten von 2,5 bis 3,5 ‰ ist sie größer als jene von Normalbeton. Auffallend ist der im Vergleich zu Normalbeton gleicher Festigkeit wesentlich steiler abfallende Ast der Spannungs-Dehnungskurve [10.11]. Dies wird bei der Bemessung von Stahlleichtbeton- bzw. von Spannleichtbetonkonstruktionen durch eine Anpassung des Parabel-Rechteck-Diagramms berücksichtigt [10.9].

Kriechdehnungen treten bei Konstruktionsleichtbeton in derselben Größenordnung wie bei normalschwerem Konstruktionsbeton gleicher Festigkeitsklasse auf [10.38–10.41]. Die an sich zur erwartende erhöhte Kriechneigung des Leichtbetons wird wegen der vergleichsweise wenig steifen leichten Gesteinskörnung durch das geringere Kriechen seiner festeren Zementsteinmatrix kompensiert. Die Kriechzahl von Leichtbeton ist jedoch geringer als jene eines gleichfesten Normalbetons unter denselben Randbedingungen. Dies resultiert aus der Definition der Kriechzahl gemäß Gl. (6.17) und dem Sachverhalt, dass die elastische Dehnung mit sinkender Rohdichte des Leichtbetons deutlich ansteigt. Zur Abschätzung der Kriechzahl eines Leichtbetons aus dem Kriechverhalten eines normalschweren Betons gleicher Festigkeit ist nach DIN EN 1992-1-1 die Kriechzahl des normalschweren Betons mit dem Faktor $\eta_E = (\rho/2200)^2$ abzumindern. Dies ist konsistent, da der E-Modul von Leichtbeton mit demselben Faktor abgemindert wird (siehe oben). Im MC 2010 wird dieselbe Vorgehensweise vorgeschlagen [6.41].

Die Wärmedehnung von Leichtbeton darf gegenüber normalschwerem Beton mit dem Faktor 0,8 abgemindert werden.

Nähere Angaben zum Schubtragverhalten von Leichtbeton, zu Spannleichtbeton und zur Verbund-

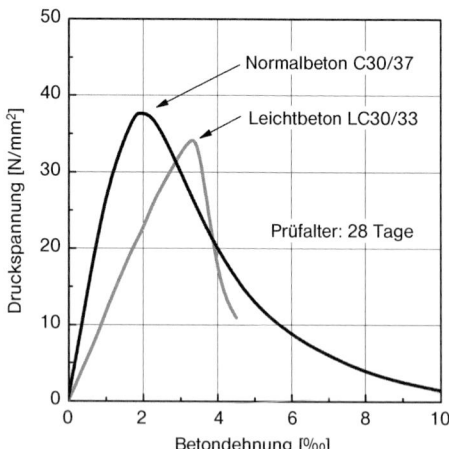

Bild 38. Spannungs-Dehnungs-Diagramm für einen Normalbeton C30/37 und eine Leichtbeton LC30/33 (Prüfwerte)

problematik in Leichtbeton finden sich in [10.42, 10.43].

Trocknungs- und hygrisches Verformungsverhalten

Leichtbeton unterscheidet sich in seinem Trocknungs- und hygrischen Verformungsverhalten erheblich von Normalbeton [10.39, 10.44]. Dies ist im Wesentlichen auf das in der leichten Gesteinskörnung gespeicherte Wasser zurückzuführen, welches nur sehr langsam an die umgebende Zementsteinmatrix und schließlich an die Luft abgegeben wird. Der Feuchtetransport erfolgt dabei anders als bei Normalbeton nicht nur über das Kapillarporensystem des Zementsteins, sondern auch über die Poren der leichten Gesteinskörnung.

Charakteristisch für das hygrische Verformungsverhalten von Konstruktionsleichtbeton sind Quellverformungen im frühen Betonalter, die erst bei länger andauernder Trocknung durch Schwindprozesse abgebaut werden bzw. in eine Schwindverkürzung übergehen (Bild 39). Wie aus Bild 39 ebenfalls deutlich wird, können Quellverformungen nur erfasst werden, wenn die Verformungsmessung im möglichst jungem Betonalter beginnt.

In Abhängigkeit vom Feuchtegradienten über den Bauteilquerschnitt treten erhebliche lokale Verformungsunterschiede infolge von Quellen und Schwinden auf. Diese rufen Eigenspannungen und, bei Erreichen der Betonzugfestigkeit, die Ausbildung von Rissen hervor. Da die Feuchte- und Verformungsgradienten ihren Maximalwert i. d. R. erst in einem Betonalter zwischen 90 und 180 Tagen erreichen, ist eine intensive und langandauernde Nachbehandlung bei Konstruktionsleichtbeton allein nicht ausreichend, um die Rissbildung in der oberflächennahen Randzone zu begrenzen. Der Schlüssel hierfür liegt vielmehr in der Reduktion des Vornässgrades der leichten Gesteinskörnung und damit der Kernfeuchte des Betons.

Das Schwinden des Leichtbetons entspricht nach nach DIN EN 1992-1-1, analog jenem von Normalbeton, der Summe aus Grundschwinden und Trocknungsschwinden, welches gegenüber Normalbeton gleicher Druckfestigkeit um den Faktor 1,5 bzw. 1,2 (für LC 20/22 und höher) zu erhöhen ist. Dasselbe Konzept findet sich auch im *fib* Model Code 2010. Dies stellt sicherlich eine vereinfachende Abschätzung der vergleichsweise komplexen Schwindcharakteristik von Leichtbeton dar. Wie bereits erläutert, hängt die Größe des Trocknungsschwindens ganz entscheidend vom Feuchtegehalt der porösen leichten Gesteinskörnung ab. Solange die Gesteinskörner im Inneren eines Betonbauteils das in ihnen gespeicherte Wasser an die hydratisierende und trocknende Zementsteinmatrix abgeben, tritt ein Quellen auf. Diese Verformung geht erst dann in ein Schwinden über, wenn das Feuchtereservoir allmählich aufgezehrt ist oder die von der Oberfläche aus eintretende Trocknungsfront das Verformungsverhalten dominiert. In [10.44] wird hierzu ein Modell vorgestellt, das neben der Berechnung der zu erwartenden Endschwindverformungen auch den zeitlichen Verlauf des Schwindens von Konstruktionsleichtbeton abbildet.

Dauerhaftigkeit

Die hohe Dauerhaftigkeit von Konstruktionsleichtbeton hat ihre Ursache in der dichten, gegenüber Normalbetonen festeren Zementsteinmatrix und dem ausgezeichneten Verbund zwischen Matrix und leichtem Gesteinskorn. Dieser entsteht durch die Verzahnung zwischen Korn und Matrix und die gute Hydratation im Bereich der Kontaktzone sowie

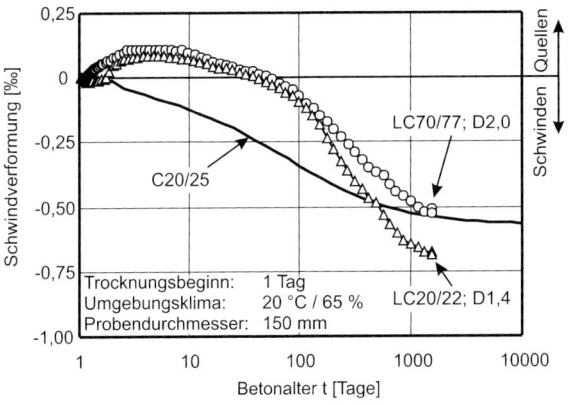

Bild 39. Schwindverformung eines normalfesten (LC20/22; D1,4) sowie hochfesten (LC70/77; D2,0) Konstruktionsleichtbetons im Vergleich zu Normalbeton C20/25

durch eine hydraulische bzw. puzzolane Reaktion zwischen Kornoberfläche und angrenzendem Zementstein. Neuere Untersuchungen bestätigen den hohen Frost-Tau- und Frost-Tausalz-Widerstand von Leichtbeton, der sich in der Praxis auch bei scharfer Witterungsbeanspruchung seit Jahren bewährt hat [10.14, 10.45, 10.46]. Neben den oben genannten Einflussfaktoren ist dies auch auf die Porosität der leichten Gesteinskörnung zurückzuführen. Dem gefrierenden Wasser sowie kristallisierenden Salzen steht dadurch ein ausreichendes Volumen für die Expansion zur Verfügung. Voraussetzung hierfür ist jedoch ein moderater Vornässgrad der leichten Gesteinskörnung.

Auch hinsichtlich des Carbonatisierungsverhaltens liegen keine wesentlichen Unterschiede zum Verhalten von normalschwerem Konstruktionsbeton vor. Mit der in Richtlinien geforderten Erhöhung der Betondeckung wird lediglich dem Sachverhalt Rechnung getragen, dass ein den Bewehrungsstab berührendes Gesteinskorn als Diffusionsbrücke für CO_2 wirken kann. Dies gilt insbesondere für Betone mit Leichtsandmatrix. Aufgrund des hohen Mehlkorngehalts in Verbindung mit der hohen Porosität sind diese Betone deutlich diffusionsoffener als Betone mit Natursandmatrix. Die Carbonatisierung schreitet daher in Betonen mit Leichtsand rascher voran. Dennoch können für die Beurteilung der Dauerhaftigkeit von Leichtbeton die Grenzwerte für die Zusammensetzung von Beton nach DIN 1045-2 [10.3] bzw. DIN EN 206-1 [10.4] herangezogen werden.

Bauphysikalische Eigenschaften

Ein großer Vorteil von Leichtbeton ist seine geringere Wärmeleitfähigkeit. Bild 40 zeigt die Wärmeleitfähigkeit von Leichtbeton in Abhängigkeit von der Betontrockenrohdichte. Wollte man allerdings den geforderten Wärmedurchlasswiderstand von $R = 1,2$ $(m^2 \cdot K)/W$ für ein Außenwandbauteil ohne zusätzliche Dämmung erreichen, wäre bei einer Trockenrohdichte von $\rho = 0,8$ kg/dm^3 immer noch eine Wanddicke von $d = 0,48$ m erforderlich. Das bestätigen auch die Arbeiten in [10.25].

Die Feuerwiderstandsdauer von Bauteilen aus Leichtbeton ist wegen dessen geringerer Wärmeleitfähigkeit, einer kleineren Wärmedehnzahl und der erhöhten Verformbarkeit größer als bei Bauteilen aus Normalbeton [10.48]. Dem bei Brandversuchen zu beobachtenden Abplatzen von Leichtbetonschichten, das durch hohe Wasserdampfdrücke, ausgehend von hohen Gesteinskornfeuchtegehalten, verursacht wird, kann heutzutage durch die Zugabe von hydrophoben, niederschmelzenden Fasern wirksam begegnet werden.

Die Schallschutzeigenschaften von Leichtbeton werden in [10.49] behandelt. Grundsätzlich gilt, dass Leichtbeton aufgrund seiner geringeren Rohdichte ein im Vergleich zu Normalbeton geringeres Schalldämmmaß besitzt. Demgegenüber weist er Vorzüge bei der Trittschalldämmung auf.

10.2.6 Zur Planung von Bauwerken aus Konstruktionsleichtbeton

Wie bei der Planung von Bauobjekten aus Normalbeton stehen zu Beginn der Verwendung von Konstruktionsleichtbeton zunächst rein technische Kriterien, wie die Druckfestigkeit, die Steifigkeit und die Rohdichte des Betons im Vordergrund. Entscheidungskriterium für die Wahl eines Leichtbetons ist in der Regel das geringe spezifische Gewicht und die gute Wärmedämmwirkung dieses Baustoffs. Eine einfache Vorbemessung kann dabei mithilfe von Bild 40 erfolgen. Unter Kenntnis der anzustrebenden Betontrockenrohdichte und der festgelegten mechanischen Kenngrößen kann im nächsten Schritt die Vorplanung der Betonzusammensetzung entsprechend Abschnitt 10.2.3 erfolgen.

Besondere Beachtung muss bei der Planung von Bauwerken aus Konstruktionsleichtbeton der Bemessung im Hinblick auf Eigen- und Zwangspannungen, die aus der abfließenden Hydratationswärme, insbesondere aber aus der hygrischen Verformung des Betons resultieren (s. Abschn. 10.2.5), geschenkt werden. Obwohl diese durch geeignete betontechnologische Maßnahmen reduziert werden können, muss das Verformungsbestreben bei der Bauteilbemessung sowie bei der Planung des Fugenbilds Berücksichtigung finden.

Die unter dem Oberbegriff „Konstruktionsleichtbeton" zusammengefassten Baustoffe differieren in ihren Eigenschaften deutlich stärker, als dies bei normalschwerem Beton der Fall ist. Der Grund hierfür beruht auf den großen Unterschieden in den Eigenschaften der heute verfügbaren leichten Ge-

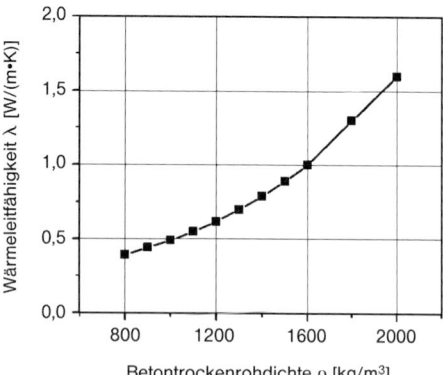

Bild 40. Wärmeleitfähigkeit von Leichtbeton nach DIN V 4108-4 [10.47]

steinskörnungen. Vor diesem Hintergrund wird dringend empfohlen, bei der Ausschreibung von Objekten in Konstruktionsleichtbeton auch die Art und ggf. sogar den Hersteller der leichten Gesteinskörnung von vornherein festzulegen.

Die Ausschreibung sollte aus betontechnologischer Sicht mindestens folgende Angaben enthalten:

- erforderliche Druckfestigkeit im Bemessungsalter (bei Leichtbeton ist die Verschiebung des Bemessungsalters auf 56 Tage nicht unüblich),
- Dauerhaftigkeitsanforderungen (Expositionsklassen nach DIN 1045-2 [10.3] und DIN EN 206-1 [10.4],
- Rohdichteklasse bzw. Zielwert der Betontrockenrohdichte,
- Wärmedämmeigenschaft bzw. Wärmeleitfähigkeit λ,
- ggf. Sichtbetonanforderungen entsprechend [10.50],
- Art und ggf. Herkunft der verwendeten leichten Gesteinskörnung,
- Angaben zur Gestaltung des Qualitätssicherungssystems.

In vielen Fällen hat es sich als sinnvoll erwiesen, bereits zum Zeitpunkt der Ausschreibung einen Betontechnologen hinzuzuziehen.

10.2.7 Selbstverdichtender Konstruktionsleichtbeton

Zu den wesentlichen Vorzügen von selbstverdichtendem Leichtbeton (SVLB) gegenüber herkömmlichem Konstruktionsleichtbeton gehören sicherlich seine robusten Frischbetoneigenschaften, die das Pumpen ermöglichen, in Verbindung mit Festbetoneigenschaften, die denen eines herkömmlichen Konstruktionsleichtbetons vergleichbar sind. Durch den Einsatz von SVLB können insbesondere im Fertigteilbereich schlankere Bauteile hergestellt und somit die Kosten bei Transport und Einbau dieser Bauteile erheblich reduziert werden. Beim Bauen im Bestand eröffnen die Vorzüge der Selbstverdichtung und Pumpbarkeit sowie der geringen Eigengewichtslasten bei höherer Festigkeit und gutem Wärmedämmvermögen vielfältige Anwendungen (siehe [10.51]).

Zusammensetzung und Frischbetoneigenschaften

Die Zusammensetzung von selbstverdichtendem Leichtbeton ähnelt jener von normalschwerem SVB (s. Bild 37) und ist durch einen gegenüber herkömmlichen Konstruktionsleichtbeton um ca. 100 dm^3/m^3 erhöhten Mehlkorngehalt gekennzeichnet. Die Verwendung von SVLB in der Baupraxis wurde durch eine bauaufsichtliche Zulassung geregelt (s. Tabelle 38), die inzwischen jedoch ausgelaufen ist.

Untersuchungen an Frischbeton zeigen, dass SVLB bis zu einem Betonalter von zwei Stunden uneingeschränkt gute selbstverdichtende Eigenschaften besitzt. Das auf das Absorptionsverhalten zurückführende Puffervermögen der leichten Gesteinskörnung gegenüber Schwankungen im Wasserhaushalt des Frischbetons verleiht diesen Betonen eine hohe Robustheit in Bezug auf die Entmischungsstabilität [10.27]. Umfangreiche Laboruntersuchungen sowie mehrere großtechnische Betonagen belegen, dass SVLB problemlos per Pumpförderung eingebaut werden kann. Hergestellte Musterbauteile erreichten Sichtbetonqualität [10.29].

Tabelle 38. Bemessungsrelevante Eigenschaften selbstverdichtender Leichtbetone

Kennwert	Selbstverdichtender Leichtbeton		
	LiSA 1,3 (SVLB)	LiSA 1,4 (SVLB)	LiSA 1,6 (SVLB)
Druckfestigkeitsklasse	min. LC30/33		min. LC35/38
Rohdichteklasse	D1,4		D1,6
Schwinden und Kriechen	nach DIN 1045-1 für Leichtbeton		
zulässige Expositionsklassen	X0, XC1–XC4, XD1, XD2, XS1, XS2, XF1, XA1		
Wärmeleitfähigkeit [W/(m · K)]	< 0,60 [a]		< 0,80 [a]
Festigkeitsentwicklung	langsam		
Frischbetonrohdichte [kg/dm^3]	1550		1800
Schalungsdruck	hydrostatisch [b]		

[a] Nach Zulassung Z-23.11-1244, die inzwischen jedoch ausgelaufen ist.
[b] Bis weitere Nachweise vorliegen.

Festbetoneigenschaften

Selbstverdichtender Leichtbeton entspricht in seinen Festbetoneigenschaften herkömmlichem Konstruktionsleichtbeton gleicher Druckfestigkeit. Die Bemessung von Bauteilen aus SVLB kann somit nach nach DIN EN 1992-1-1 [10.2] erfolgen. Dies gilt ebenfalls für die Abschätzung des Schwind- und Kriechverhaltens, für welches DIN EN 1992-1-1 – wie Versuchsergebnisse belegen – eher zu große Verformungswerte angibt. Tabelle 38 gibt eine Übersicht über alle bemessungsrelevanten Kennwerte.

Die technischen Voraussetzungen für die Herstellung von SVLB sind in nahezu jedem modernen Betonwerk gegeben. Vor der Herstellung und Verwendung der Betone ist lediglich die Durchführung einer Erstprüfung erforderlich. Die Qualitätssicherung ist im WPK-Handbuch zu den Betonen geregelt.

10.3 Porenbeton

Betone bei denen die Rohdichte der Zementsteinmatrix durch Einführung von Luftporen reduziert wird, bezeichnet man als Poren-, Gas- oder Schaumbetone [10.52]. Solche feinkörnigen Betone, die durch Gas bzw. Schaum oder andere Mittel porosiert werden, enthalten als Bindemittel meist Zement, teilweise aber auch Baukalk oder ein Gemisch aus beiden. Als Gesteinskörnung werden vorzugsweise Quarzsande verwendet, als Zusatzstoff u. a. kieselsäurereiche Flugasche, gemahlene Hochofenschlacke und silicatischer Feinstaub. Dieser Beton benötigt einen hohen Anteil an Feinstoffen mit mindestens 30 % Mehlkorn und je nach Art eine zähflüssige bis zähwäßrige Frischbetonkonsistenz, damit die Poren im Frischbeton entstehen können und erhalten bleiben. Das sichere Erreichen bestimmter Eigenschaften des erhärteten Betons setzt eine sehr gleichmäßige Frischbetonkonsistenz und Betonzusammensetzung sowohl hinsichtlich der Art und der Eigenschaften der Ausgangsstoffe als auch hinsichtlich deren Anteile im Beton voraus. Auch die Herstellungs-, Lagerungs- und Erhärtungsbedingungen müssen eine hohe Gleichmäßigkeit besitzen. Grundsätzlich möglich sind die Erhärtung im gespannten Dampf, die Erhärtung bei erhöhter Temperatur im nichtgespannten Dampf und die Erhärtung an der Luft. Letztere ist wegen der langen Erhärtungszeit jedoch i. Allg. ohne praktische Bedeutung.

Bei der Herstellung von Porenbeton werden dem Frischbeton Blähmittel, heute fast ausschließlich auf der Basis von Aluminiumpulver, zugemischt, die nach Einbringen des Frischbetons in entsprechende Formen durch Bildung von Wasserstoff den Blähvorgang bewirken.

Bei Schaumbeton entsteht der Porenraum durch Zugabe eines Schaumbildners während des Mischvorgangs oder durch Einmischen eines möglichst stabilen Schaums. Da man durch neuere Entwicklungen heute auch stabile Schäume herstellen kann, die sich gut im Beton untermischen lassen, hat Schaumbeton wieder an Bedeutung gewonnen [10.53]. Derartige Betone sind jedoch weder durch die einschlägigen Porenbetonnormen noch durch DIN EN 1992-1-1 bzw. DIN EN 206-1/DIN 1045-2 abgedeckt.

Porenbetone nach DIN EN 771-4 [10.6] und DIN 4166 [10.5] werden dampfgehärtet. Dabei wird zwischen Porenbetonnormalbausteinen (DIN EN 771-4 [10.6]), Porenbetonplansteinen und Planelementen (DIN 4166 [10.5]) unterschieden. Während Porenbetonnormal- oder Leichtmauermörtel versetzt werden dürfen, ist für die Verarbeitung von Plansteinen bzw. Planbauplatten ein Dünnbettmörtel vorgesehen. Entsprechend unterscheiden sich beide Produktgruppen auch in den Anforderungen an ihre Maßhaltigkeit. Während für Normalbausteine und Bauplatten Abweichungen in Länge, Breite und Höhe bis zu ± 3 mm (für Normalbausteine bis zu 5 mm in Länge und Höhe) zulässig sind, wird für Plansteine und Planbauplatten eine Maßhaltigkeit von 1,5 mm für Länge und Dicke und von 1 mm für die Höhe gefordert.

Die Rohdichte des Porenbetons ist nach DIN EN 771-4 [10.6] vom Hersteller anzugeben und beträgt i. d. R. zwischen 350 und 1000 kg/m^3. Porenbeton-Bauplatten und -Planbauplatten sind nach DIN 4166 [10.5] entsprechend ihrer Rohdichte in Rohdichteklassen von 0,35 bis 1,00 einzustufen. Ferner werden die Porenbeton-Plansteine und -Planelemente in die Festigkeitsklassen 2, 4, 6 und 8 mit mittleren Druckfestigkeiten von 2,5; 5,0; 7,5 und 10 N/mm^2 eingeteilt. Für Porenbetonnormalbausteine nach DIN EN 771-4 [10.6] ist hingegen keine Festigkeitskategorisierung vorgesehen. Stattdessen muss die Druckfestigkeit des Steins entweder als mittlere Festigkeit oder aber als charakteristische Festigkeit angegeben werden. Die Druckfestigkeit muss dabei mindestens 1,5 N/mm^2 betragen (siehe DIN EN 771-4 [10.6]).

Für weitere Angaben zu Porenbeton siehe auch [10.53–10.56].

10.4 Haufwerksporiger Leichtbeton

Als wärmedämmender Leichtbeton für tragende Bauteile mit geringen Festigkeitsanforderungen findet in erster Linie haufwerksporiger Leichtbeton mit poröser leichter Gesteinskörnung nach DIN EN 13055 [10.18] wie z. B. Naturbims, Schaumlava, Blähton, Blähschiefer, Hüttenbims, Ziegelsplitt und Sinterbims Verwendung. Derartige Betone sind in DIN EN 1520 [10.7] in Verbindung mit DIN 4213 [10.8] geregelt und dürfen nur für die Herstellung von Betonwaren und Betonfertigteilen verwendet werden. Anwendungsbeispiele hierfür sind z. B. Deckenhohlkörper (DIN 4158 [10.56]), Vollsteine (DIN V 18152-100 [10.57]), unbewehrte Wandbauplatten (DIN 18162 [10.58]) und Stahlbetondielen aus Leichtbeton (DIN EN 1520 [10.7]), aber auch Wände aus Leichtbeton mit haufwerksporigem Gefüge (DIN EN 1520 [10.7], DIN 4213 [10.8]).

Zur Gruppe der haufwerksporigen Betone gehören auch solche, bei denen Holzwolle oder Holzspäne als Körnung eingesetzt werden. Derartige Betone werden zur Herstellung von Leichtbauplatten (DIN EN 13168 [10.59], DIN 4108-10 [10.60]) und von Wand- und Deckenhohlkörpern verwendet.

Die umfangreichen Erfahrungen über die Zusammensetzung, Herstellung und den Einbau von Normalbeton können auf haufwerksporige Betone meist nicht übertragen werden, da diese anderen technologischen Gesetzmäßigkeiten unterliegen. Die Eigenschaften dieser Betone, insbesondere die Wärmedämmung und die Festigkeit, sind in erster Linie von den Eigenschaften der Gesteinskörnung (Porengehalt und Porenverteilung, Saugvermögen, Kornfestigkeit), von den Eigenschaften und der Menge des Mörtels sowie vom Verbund zwischen Mörtel und Körnung abhängig. Hinweise über die zu beachtenden Grundsätze bei der Herstellung von haufwerksporigen Leichtbetonen können DIN EN 1520 [10.7] und DIN 4213 [10.8] entnommen werden.

Leichtbeton mit haufwerksporigem Gefüge nach DIN EN 1520 [10.7] und DIN 4213 [10.8] enthält ein eng begrenztes Korngemisch aus dichter oder poriger Gesteinskörnung mit einem Kleinstkorn von mindestens 4 mm. Der Gehalt an Feinmörtel in haufwerksporigen Leichtbetonen ist so zu bemessen, dass alle Gesteinskörner umhüllt, jedoch der Hohlraum zwischen den Körnern nach dem Einbauen des Betons nicht ausgefüllt wird. Die Normen DIN EN 1520 [10.7] und DIN 4213 [10.8] gelten ausschließlich für werkmäßig hergestellte Bauteile, die sowohl als Wandelemente aber auch als plattenförmige Bauteile wie Dächer, Decken und Platten mit bewehrtem Aufbeton ausgebildet werden können. Diese dürfen nur bei vorwiegend ruhenden Lasten nach DIN 1055-3 [10.61] und bei einer Beanspruchung mit den Expositionsklassen X0, XC1 bis XC3, XA1, XD1, XF1 und XF2 verwendet werden.

Haufwerksporige Leichtbetone können in Festigkeitsklassen von LAC 2 bis LAC 25 und in Rohdichteklassen von 0,5 bis 2,0 kg/dm^3 hergestellt werden. Die für die jeweilige Festigkeitsklasse und Rohdichteklasse, aber auch für die sachgerechte Verarbeitbarkeit erforderliche Betonzusammensetzung von Leichtbeton nach DIN EN 1520 [10.7] ist stets aufgrund einer Eignungsprüfung festzulegen. Zement- und Wassergehalt sind so zu wählen, dass die Gesteinskörner von einem feuchtglänzenden, zähklebrigen Feinmörtelfilm umhüllt sind und die Hohlräume zwischen den Körnern beim Einbauen des Betons nicht mit Feinmörtel gefüllt werden. Der Wassergehalt und die Dosierung an verflüssigenden Zusatzmitteln sind gezielt an die vorliegenden Ausgangsstoffe anzupassen, um eine ausreichende Viskosität des Zementleims sicherzustellen. Aus dem gleichen Grund ist auch der Mehlkorngehalt (Zement und Feinstoffe bis 0,125 mm) möglichst zu begrenzen. Er sollte bei haufwerksporigem Beton aus einem eng begrenzten, gröberen Korngemisch etwa 200 kg/m^3 nicht überschreiten.

Bei der Betonherstellung sind wassersaugende Gesteinskörnungen soweit vorzunässen, dass Wasser dem Zementleim bzw. dem Feinmörtel nicht in störender Menge entzogen wird, da sonst die Verarbeitbarkeit des Frischbetons und die Eigenschaften des erhärteten Betons beeinträchtigt werden können (s. auch Abschn. 10.2.2 und 10.2.4). Die Gesteinskörnung sollte jedoch nicht mehr als nötig vorgenässt werden. Wassersaugende Körnungen mit wechselndem Feuchtigkeitsgehalt werden zweckmäßigerweise volumetrisch dosiert. Es dürfen nur Mischer verwendet werden, mit denen ein solcher Beton in angemessener Zeit sachgerecht gemischt werden kann und in denen kein signifikanter Kornbruch auftritt.

Haufwerksporige Leichtbetone sollten in gleichmäßigen, höchstens 30 cm dicken Lagen eingebracht und durch Stochern und leichtes Stampfen sachgerecht verdichtet werden. Sowohl zu geringe als auch zu starke Verdichtung können eine ausreichende Festigkeit bzw. eine ausreichende Wärmedämmung in Frage stellen. Nach dem Entschalen sollten die Bauteile mindestens 3 Tage feucht nachbehandelt werden.

Der Schutz des Bewehrungsstahls vor Korrosion ist in DIN EN 1520 [10.7] in Abhängigkeit von den vorliegenden Expositionsklassen geregelt. Für die Expositionsklassen X0, XC1, XC3 und XA1 ist danach ein ausreichender Korrosionsschutz durch den haufwerksporigen Beton gegeben. Dieser muss jedoch eine Mindeststrohdichte von 1400 kg/m^3 aufweisen. Weiterhin ist die Mindestbetondeckung der jeweiligen Expositionsklasse anzupassen. Für geringere Betonrohdichten oder Expositionsklassen XC2, XF1 und XF2 sowie XD1 ist die Bewehrung darüber hinaus mit einer Korrosionsschutzbeschichtung zu versehen. Hierbei kann es sich um eine Beschichtung mit Zementleim oder Lack handeln. Die Wirksamkeit des Korrosionsschutzsystems ist nach DIN EN 990 [10.62] zu prüfen.

Für bestimmte Expositionsklassen lässt DIN EN 1520 [10.7] das Einbinden des Betonstahls in eine Zone aus Normal- oder Leichtbeton mit geschlossenem Gefüge zu. Weiterhin können nichtrostende Stähle eingesetzt oder die Betonstahlbewehrung durch Feuerverzinkung gegen Korrosion geschützt werden.

Grundsätzlich gilt für alle Korrosionsschutzprinzipien, dass die Mindestbetondeckung in Abhängigkeit von den Expositionsklassen gewählt werden und mindestens 10 mm betragen muss.

Auf der der Außenluft ausgesetzten Seite von Außenwänden aus haufwerksporigem Leichtbeton ist ein Putz für Außenwände nach DIN V 18550 [10.63] vorzusehen.

11 Faserbeton

11.1 Allgemeines

Faserbeton ist ein Beton, dem bei der Herstellung zur Verbesserung des Riss- und Bruchverhaltens Fasern, vorzugsweise Stahl-, alkaliresistente Glas- oder Kunststofffasern (Polymerfasern) zugesetzt werden. Aber auch natürliche Fasern (Zellulose) kommen zum Einsatz. Die Fasern sind im Zementstein bzw. im Mörtel, der Matrix, eingebettet und wirken dort als Bewehrung. Im Zusammenhang mit Faserbeton (FRC, engl. = **F**iber **R**einforced **C**oncrete) fällt auch der Begriff „Faserverstärkte Hochleistungsverbundwerkstoffe", HPFRCC (engl. = **H**igh **P**erfomance **F**iber **R**einforced **C**ement **C**omposites). Dieser Hochleistungsfaserbeton stellt eine neuere Entwicklung dar und zeichnet sich dadurch aus, dass er im Vergleich zum herkömmlichen Faserbeton ein wesentlich zäheres Bruchverhalten bei gleichzeitig deutlich erhöhter Zugfestigkeit aufweist.

Eine rissheme Wirkung bzw. eine feine Rissverteilung lässt sich durch den Einbau von zugfesten und dehnfähigen Fasern in die Matrix erzielen. Im gerissenen Zustand übernehmen die vorhandenen Fasern eine Überbrückung beider Rissufer und können unter bestimmten Voraussetzungen auch noch bei größeren Dehnungen nennenswerte Zugkräfte übernehmen (Bild 41). Im Gegensatz hierzu steht Normalbeton, der ab Rissbreiten > 0,15 mm keine Zugspannungen mehr über den Riss übertragen kann.

Grundsätzlich können durchgehende Fasern (Langfasern) in Richtung der zu erwartenden Zugspannungen eingelegt werden (z. B. textilbewehrter Beton, Ferrocement [11.45]), oder es können kurze Fasern eingemischt werden (siehe [11.1]). Die folgenden Ausführungen beschränken sich jedoch auf kurze Fasern. Je nach den Verarbeitungsbedingungen im erhärteten Beton kann die Verteilung der Fasern unterschiedlich sein (siehe Bild 42):

– nach Lage und Richtung räumlich gleichmäßig verteilt (3-D),

– mit unterschiedlicher Richtung vorwiegend in einer Ebene verteilt, wie etwa beim Faserspritzbeton (2-D),

– einachsig ausgerichtet und gleichmäßig verteilt über den Querschnitt, beispielsweise bei stranggepressten Betonwaren (1-D).

Je nach Lage und Ausrichtung der Fasern ergeben sich dementsprechend auch Unterschiede im Tragverhalten.

11.2 Zusammenwirken von Fasern und Matrix

Die theoretischen Ansätze, mit denen das Tragverhalten von (Stahl-)Faserbeton in der Literatur beschrieben wird, können in zwei prinzipiell unterschiedliche Gruppen unterteilt werden:

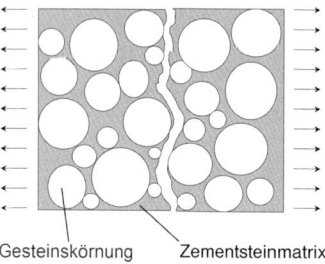

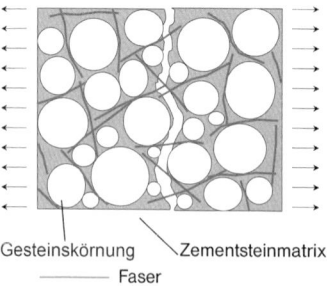

Bild 41. Vergleich von unbewehrtem Normalbeton und Faserbeton im gerissenen Zustand

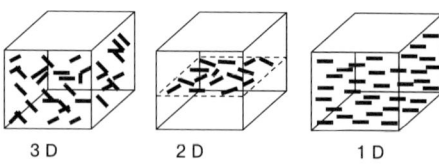

Bild 42. Schematische Darstellung der 3-D-, 2-D- und 1-D-Anordnung von Kurzfasern [11.1]

Faserbeton

- Bruchmechanik-Ansatz (spacing concept)
- Verbundwerkstoff-Ansatz (composite concept)

Das *spacing concept* wurde aus der von *Griffith* 1921 [11.2] entwickelten Bruchmechanik für mit Unstetigkeitsstellen versehene Werkstoffe abgeleitet. Beim Beton sind unter Unstetigkeitsstellen z. B. Poren und Schwindrisse zu verstehen. Bei Angriff einer äußeren Belastung stellen sich an diesen Schwachstellen Spannungskonzentrationen ein, die zu lokalen Verformungen im Werkstoff führen. Durch Zugabe von Fasern in die spröde Matrix werden die an der Risswurzel auftretenden Verformungen vermindert und somit das Ausweiten von Mikrorissen bei steigender Belastung verzögert (Rissbremse). Die Effektivität der Fasern ist abhängig von ihrem Abstand (spacing) untereinander. Ein kleiner Abstand bedeutet einen hohen Widerstand gegen Risse [11.3]. Mit diesem Ansatz lässt sich das Verhalten bis zum Erreichen der Rissspannung erklären. Die Fähigkeit des Faserbetons, auch über die Rissfläche hinaus Kräfte zu übertragen, kann mit diesem Ansatz nicht beschrieben werden.

Die Betrachtung des Faserbetons als Verbundwerkstoff (*composite concept*), bestehend aus zwei homogenen elastischen oder elastoplastischen Stoffen, geht davon aus, dass jede Stoffkomponente (Beton und Fasern) einen Teil der von außen wirkenden Belastung aufnimmt. Die Fasern werden als statistisch verteilte Bewehrung aufgefasst. Die äußere Last wird von den Komponenten entsprechend ihrem Anteil am Gesamtvolumen sowie dem Steifigkeitsverhältnis untereinander übernommen. In den nachfolgenden Abschnitten wird der Verbundwerkstoff-Ansatz, aufgrund seiner Ähnlichkeit zur Stahlbetonbemessung, näher betrachtet.

11.2.1 Ungerissener Beton

Im ungerissenen Zustand beteiligen sich die Fasern am Tragverhalten entsprechend dem Verhältnis ihrer Dehnsteifigkeit zu der des Betons. Da die Bruchdehnung der Zementsteinmatrix (m) unter Zugbeanspruchung deutlich unterhalb der Bruchdehnung der Faserwerkstoffe (f) liegt, reißt die Matrix stets, bevor die Tragfähigkeit der Fasern erreicht ist. Da

Bild 43. Betonprisma unter Zugbeanspruchung

A_c Kompositquerschnitt
A_f Faserquerschnitt, parallel zur Kraft
A_m Matrixquerschnitt

man aus Gründen der Einmischbarkeit der Fasern, der Verarbeitbarkeit des Betons und nicht zuletzt wegen der Kosten angehalten ist, den Fasergehalt V_f auf wenige Vol.-% zu begrenzen, ist der Beitrag der Fasern zur Steigerung der Risslast gering. Selbst bei Verwendung von Fasern mit sehr hohem E-Modul, wie beispielsweise Stahl- oder Kohlefasern, lässt sich die Risslast nur beschränkt anheben, wie im Folgenden gezeigt wird.

In beiden Werkstoffen werden gleiche Dehnungen ε (= idealer Verbund) vorausgesetzt:

$$\varepsilon_c = \varepsilon_f = \varepsilon_m = \frac{\sigma_c}{E_c} = \frac{\sigma_f}{E_f} = \frac{\sigma_m}{E_m} \quad (11.1)$$

Mit der Summe der Kräfte (siehe Bild 43):

$$F = \sigma_c A_c = \sigma_f A_f + \sigma_m A_m \quad (11.2)$$

und $\dfrac{A_f}{A_c} = \dfrac{V_f}{V_c}$ und $V_c = 1$

ergibt sich

$$\sigma_c = \sigma_f V_f + \sigma_m (1 - V_f) \quad (11.3)$$

und

$$\sigma_f = \sigma_m \frac{E_f}{E_m} \text{ führt zu } E_c = E_f V_f + E_m (1 - V_f) \quad (11.4)$$

Somit ergeben sich auch:

$$\sigma_m = \frac{\sigma_c}{1 + V_f \left(\dfrac{E_f}{E_m} - 1\right)}$$

und

$$\sigma_c = \sigma_m \left(\frac{E_f V_f}{E_m} + (1 - V_f)\right) \quad (11.5)$$

Im Normalfall sind die Fasern zufällig verteilt. Dies wird durch den Faktor $\eta = 0{,}5$ berücksichtigt. Die Formeln für die Spannung des Kompositquerschnitts σ_c sowie der Spannung σ_m im Matrixquerschnitt lauten dann:

$$\sigma_m = \frac{\sigma_c}{1 + V_f \left(\eta \dfrac{E_f}{E_m} - 1\right)}$$

und

$$\sigma_c = \sigma_m \left(\eta \frac{E_f V_f}{E_m} + (1 - V_f)\right) \quad (11.6)$$

Die Matrix beginnt zu reißen, sobald die Matrixspannung die Zugfestigkeit f_m erreicht. Die zugehörige Risslast F_{cr} beträgt dabei:

$$F_{cr} = \sigma_c A_c \quad (11.7)$$

Mit

$$\sigma_m = \frac{\sigma_c}{1 + V_f \left(\eta \frac{E_f}{E_m} - 1 \right)} \leq f_m$$

folgt

$$F_{cr} = A_c f_m \left(1 + V_f \left(\eta \frac{E_f}{E_m} - 1 \right) \right) \quad (11.8)$$

Im Vergleich zu einem unbewehrten Betonprisma steigt die Risslast um den Faktor

$$\gamma = 1 + V_f \left(\eta \frac{E_f}{E_m} - 1 \right) \text{an.} \quad (11.9)$$

Beispiel:

$V_f = 0{,}02 \stackrel{\triangle}{=} 2\%$

$E_f = 200\,000\,\text{N/mm}^2$ (Stahlfaser)

$E_m = 30\,000\,\text{N/mm}^2$ (Beton)

für $\eta = 1{,}0 \rightarrow \gamma = 1{,}11 \rightarrow \sigma_c = 1{,}11\,\sigma_m$

für $\eta = 0{,}5 \rightarrow \gamma = 1{,}05 \rightarrow \sigma_c = 1{,}05\,\sigma_m$

11.2.2 Gerissener Beton

Ab einer Rissbreite von ca. 0,15 mm können keine Zugspannungen mehr durch Kornverzahnung über den Riss übertragen werden. Wenn ein Riss die Fasern kreuzt, so behindern diese ein weiteres Öffnen des Risses. Verfügt eine Faser über eine ausreichende Haftlänge, die von der übertragbaren Verbundspannung sowie der Fasergeometrie abhängt, so kann die Faser bis zum Erreichen ihrer Zugfestigkeit belastet werden. Im statistischen Mittel beträgt die vorhandene Haftlänge L_H nur ein Viertel der Faserlänge L (Bild 44).

Unter der Annahme von konstanten Verbundspannungen entlang der Faser wächst die mittlere Ausziehkraft $\overline{F}$ der Faser proportional zur im Beton befindlichen Faseroberfläche. Die mittlere Verbundspannung τ_m wird durch Versuche bestimmt und kann je nach Faserart zwischen 1 und $10\,\text{N/mm}^2$ liegen [11.4]. Bei einem kreisförmigen Faserquerschnitt gilt (s. auch Bild 45)

$$\overline{F} = \tau \cdot O = \tau \cdot L_H 2\pi r = \tau \cdot \frac{1}{4} \cdot L \cdot 2\pi r \quad (11.10)$$

Die mittlere Faserspannung $\overline{\sigma}_f$ beträgt:

$$\overline{\sigma}_f = \frac{\overline{F}}{\pi r^2} = \tau \frac{L}{d} \text{ mit } d = 2r \quad (11.11)$$

Das Verhältnis L/d wird auch als Schlankheit bezeichnet. Die Faserschlankheit, bei der sowohl der Faserquerschnitt als auch die Haftlänge voll ausgenutzt sind, wird als kritische Faserschlankheit $(L/d)_{cr}$ bezeichnet. Dies ist dann der Fall, wenn die

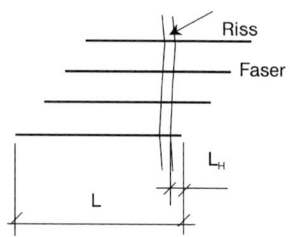

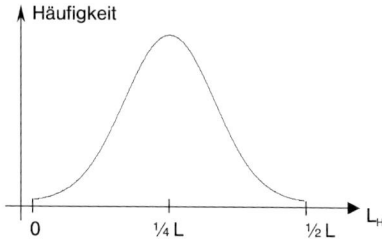

Bild 44. Haftlänge (schematisch) und statistische Verteilung der Haftlängen

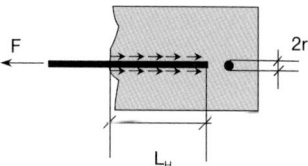

Bild 45. Faser mit der Haftlänge L_H

über die halbe Länge ($L = 2L_H$) eingeleiteten Verbundspannungen gerade der aufnehmbaren Faserzugkraft entsprechen:

$$\sigma_f = 2\tau \frac{L}{d} \leq R_{p0{,}2} \rightarrow \left(\frac{L}{d} \right)_{cr} = \frac{R_{p0{,}2}}{2\tau} \quad (11.12)$$

In Gl. (11.12) entspricht $R_{p0{,}2}$ dem Rechenwert der Zugfestigkeit. Die Zugspannungen entlang der eingebetteten Faser sind in Bild 46 gezeigt.

Bei glatten Fasern hoher Zugfestigkeit ergeben sich so relativ große kritische Faserlängen; der Beton würde sich aber kaum mehr verarbeiten lassen. Deshalb wählt man in der Praxis Faserschlankheiten, die unterhalb der kritischen Faserschlankheit liegen. So kann zwar die Zugfestigkeit der Fasern nicht vollständig ausgenutzt werden, im Hinblick auf das Arbeitsvermögen des Betons kann dies aber durchaus positive Auswirkungen haben (siehe auch Abschnitt 11.5).

Fasern können abhängig von ihrer Schlankheit auf zwei Arten versagen (Bild 47): Die Faser wird her-

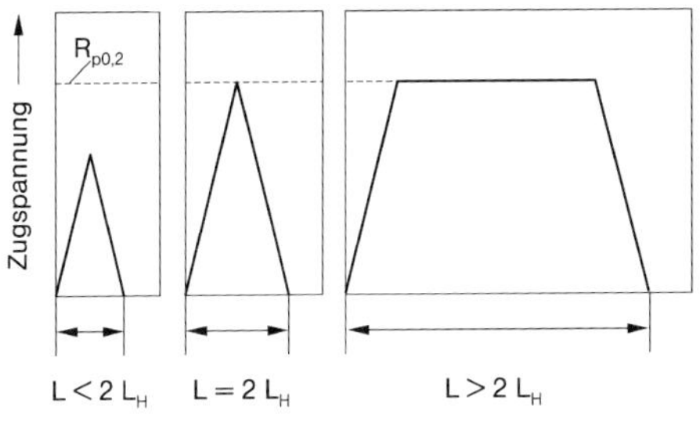

Faserbeton

[Diagram showing Zugspannung vs length with $R_{p0,2}$ marked, three cases: $L < 2L_H$, $L = 2L_H$, $L > 2L_H$]

L: Faserlänge
L_H: erforderliche Haftlänge

Bild 46. Zugbeanspruchung eingebetteter Fasern in Abhängigkeit von ihrer Länge (schematisch) [11.5]

ausgezogen, d. h. der Verbund versagt, oder die Faser reißt.

Auf das Verbundverhalten und die mögliche Verbundspannung τ der Fasern wird weiter unten im Zusammenhang mit dem kritischen Fasergehalt näher eingegangen, da das Verbundverhalten einen besonders großen Einfluss auf das Nachbruchverhalten nimmt.

Zunächst einmal soll die Spannung f_{fc}, die durch die Fasern über einen Riss hinweg übertragen werden kann, unter Einführung des bezogenen Fasergehaltes N (Fasern/m²) berechnet werden:

a) Für die Ausrichtung aller Fasern parallel zur Kraft mit $N = \dfrac{V_f}{\pi r^2}$ gilt:

$$f_{fc} = N \cdot \overline{F}$$

$$f_{fc} = \dfrac{4V_f}{\pi d^2} \cdot \dfrac{L\pi d\tau}{4} = V_f \dfrac{L}{d} \tau \qquad (11.13)$$

b) Für eine zufällige Faserverteilung mit $N = \eta \dfrac{V_f}{\pi r^2}$ gilt:

$$f_{fc} = \eta \dfrac{4V_f}{\pi d^2} \cdot \dfrac{L\pi d\tau}{4} = \eta V_f \dfrac{L}{d} \tau \qquad (11.14)$$

Im Anschluss kann nun der kritische Fasergehalt $V_{f,cr}$ bestimmt werden, bei dem die Risslast gerade noch durch die Fasern übernommen werden kann. Das heisst, die Spannung f_{fc} entspricht der Kompositspannung σ_c^{cr} (Spannung bezogen auf den Gesamtquerschnitt) beim Anriss:

$$f_{fc} = \sigma_c^{cr}$$

mit $\sigma_c^{cr} = f_m \left(\dfrac{E_f V_f}{E_m} + (1 - V_f) \right)$

und $f_{fc} = V_f \dfrac{L}{d} \tau$

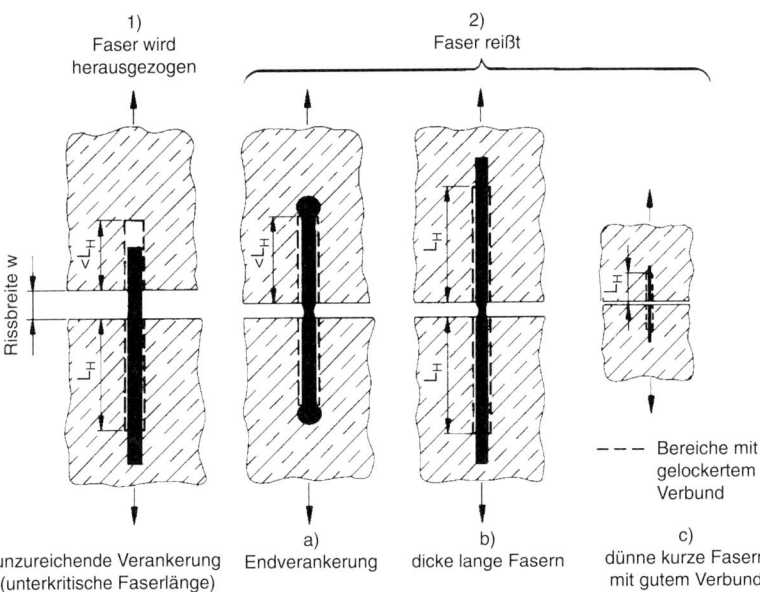

1) Faser wird herausgezogen
2) Faser reißt

– – – Bereiche mit gelockertem Verbund

a) unzureichende Verankerung (unterkritische Faserlänge)
a) Endverankerung
b) dicke lange Fasern
c) dünne kurze Fasern mit gutem Verbund

Bild 47. Verankerung und Versagensmöglichkeiten von Fasern [11.6]

(für Ausrichtung der Fasern parallel zur Kraftrichtung) folgt:

$$V_{f,cr} = \left(\frac{\tau L}{f_m d} - \frac{E_f}{E_m} + 1\right)^{-1} \approx \frac{f_m}{\tau} \cdot \frac{d}{L} \quad (11.15)$$

Entsprechend ergibt sich bei zufälliger Ausrichtung der Fasern:

$$V_{f,cr} = \left(\eta \cdot \frac{\tau}{f_m} \cdot \frac{L}{d} - \frac{E_f}{E_m} + 1\right)^{-1} \approx \frac{1}{\eta} \cdot \frac{f_m}{\tau} \cdot \frac{d}{L}$$
(11.16)

Bild 48 zeigt den Einfluss des Fasergehaltes auf die Arbeitslinie unter zentrischer Zugbeanspruchung.

Die maximal übertragbare Kompositspannung ist abhängig vom Fasergehalt (unterkritisch oder überkritisch), ebenso wie der Verlauf der Arbeitslinie nach Überschreiten der maximalen Spannung (Bild 48). Beim ersten Lastabfall (gekennzeichnet durch A) entzieht sich die Matrix der Lastabtragung. Es findet eine Lastumlagerung auf die vorhandenen Fasern statt. Sind genügend Fasern vorhanden, so kann die Last auf dem Niveau gehalten ($V = V_{F,cr}$) oder sogar weiter gesteigert werden ($V > V_{F,cr}$).

Dieser Bereich wird stark durch das Ausziehverhalten der Fasern beeinflusst, das wiederum von den Faserverbundeigenschaften abhängt. Sind hingegen die Fasern sehr dünn und aufgrund ihrer Oberflächengestalt sowie der chemisch-mineralogischen Zusammensetzung so fest in die Matrix eingebunden, dass die zum Bruch führende Zugkraft auf einer sehr kurzen Länge übertragen werden kann, wie etwa bei Asbestfasern der Fall, so lassen sich das Arbeitsvermögen und die Zähigkeit des Betons durch Faserzugabe kaum erhöhen; eine Steigerung der Zugfestigkeit des Faserbetons lässt sich jedoch erreichen.

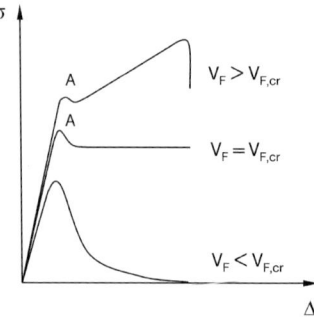

Bild 48. Schematische Spannungs-Dehnungslinie für kurzfaserbewehrten Beton unter Zugbeanspruchung [11.1]

Für den unterkritischen Bereich nach Bild 48 ist, wenn überhaupt, nur eine geringe Erhöhung der maximalen Spannungen zu erwarten, bei größeren Dehnungen fallen die Spannungen stark ab. In beiden Fällen erfolgt die Kraftübertragung nach Ausfall der gerissenen Matrix nur noch über den Ausziehwiderstand der Fasern. Dabei erfahren Fasern, die den Riss schräg kreuzen, zusätzlich eine Biegebeanspruchung. In diesem Fall bewirken die durch die Biegung hervorgerufenen Querpressungen des Betons bei biegesteifen Fasern, wie etwa bei Stahlfasern, eine Erhöhung des Ausziehwiderstandes. Der Ausziehwiderstand ist dann größer als bei Fasern, die den Riss rechtwinklig kreuzen.

Je höher der Ausziehwiderstand der Fasern ist und je länger er mit zunehmender Dehnung erhalten bleibt, desto langsamer nimmt die übertragbare Zugkraft ab und desto mehr steigt das Arbeitsvermögen an. Das größere Arbeitsvermögen ist der entscheidende Vorteil von Faserbeton im Vergleich zu Normalbeton. Das Verformungsverhalten der Fasern ist abhängig vom Dehnvermögen, dem Verbundverhalten und der Endverankerung der Fasern.

Das Verbundverhalten von in Beton eingebetteten Fasern ist sehr komplex und beruht auf dem Zusammenwirken verschiedener physikalischer bzw. chemischer Mechanismen [1.7]:

- Physikalische und chemische Bindung (falls vorhanden): Für Stahlfasern und auch für eine Reihe von Polymerfasern (Polypropylene, Nylon, Polyethylene, usw.) ist diese Art der Bindung schwach bis nicht existent. Sie kann durch Zugabe von adhäsiven Wirkstoffen wie Latex verbessert werden. Diese Zusatzmittel haben jedoch wenig Auswirkung auf das Verhalten nach der Rissbildung und die Zähigkeit der Verbundwerkstoffe, während sie die Spannung bei Erstrissbildung erhöhen. Sie sind zudem relativ teuer. Chemische und physikalische Bindung erlaubt generell nur einen relativ kleinen Schlupf vor dem Versagen.

- Reibung: Die Reibungskomponente wird von der Grenzfläche zwischen Faser und Matrix, den Randbedingungen und der Feinheit der Grenzschicht um die Faser beeinflusst. Dabei ist der Reibungswiderstand wichtig, der bis zum vollständigen Herausziehen der Faser wirksam bleibt, jedoch im Allgemeinen mit wachsendem Schlupf abfällt.

- Mechanische Verzahnung: Eine mechanische Verzahnung der Faser existiert aufgrund der Fasergeometrie in verdrehten, gekerbten oder Hakenfasern. Die mechanische Komponente wird nach Versagen der adhäsiven Haftung aktiviert und ist unmittelbar darauf bis zu einer bestimmten Schlupfgröße, die durch die Fasergeometrie bestimmt wird, wirksam.

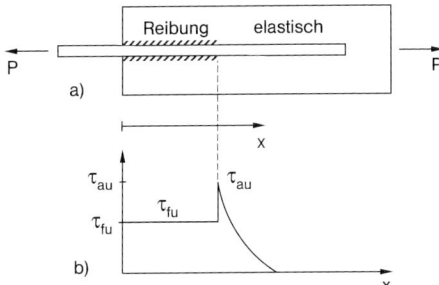

Bild 49. Typische Verbundspannungs-Verschiebungsbeziehungen (schematisch) [11.7]

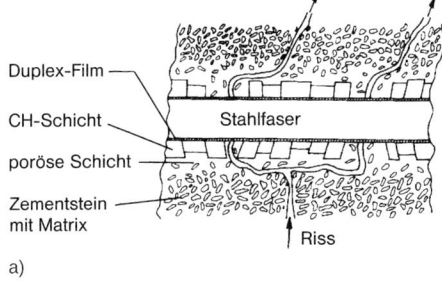

Bild 50. Faser während des Ausziehens [11.11]
a) Geometrie
b) schematischer Verbundspannungsverlauf entlang der eingebetteten Faser

- Faser-Faser-Verzahnung: Die Faser-in-Faser-Verzahnung entsteht, wenn Fasern mit umgebenden Fasern in Kontakt sind. Dies geschieht nur bei sehr hohem Fasergehalt, wie es bei SIFCON (**S**lurry **I**nfiltrated **F**iber **Con**crete) oder SIMCON (**S**lurry **I**nfiltrated **M**at **Con**crete) der Fall ist. Eine kurze Erläuterung beider Begriffe befindet sich im Abschn. 11.4.2.

Untersuchungen an der Universität Michigan [11.8] und [11.9] zeigten, dass die mechanische Komponente der Haftung den Hauptteil an der Verbundzähigkeit und Energiedämpfung bildet, während die Adhäsions-Kohäsionskomponente den primären Teilen an der Anfangsfestigkeit (max. Verbundspannung) darstellt [11.10]. Daraus kann man einen direkten Vorteil ziehen, indem die Faser so verarbeitet wird, dass das mechanische Verhalten optimiert ist. Der zusätzliche Aufwand zur Verformung der Faser wird durch die erhöhte Verbundfestigkeit gerechtfertigt.

Bild 49 zeigt die schematische Darstellung der Faserverbundspannung τ in Abhängigkeit von der lo-

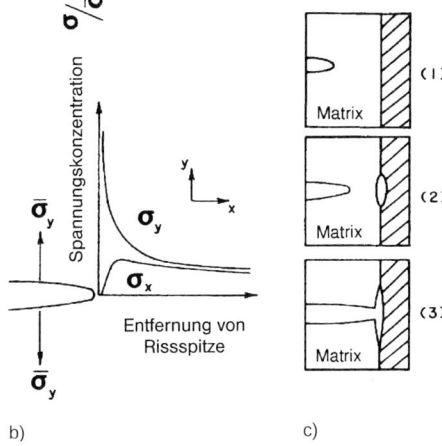

Bild 51.
a) Darstellung der Grenzfläche einer Stahlfaser mit Rissverlauf [11.12]
b) Spannungsfeld an der Rissspitze [11.13]
c) schematischer Verlauf der Rissarretierung an einer Faser [11.13]

kalen Verschiebung s beim Faserauszugsversuch. Der ansteigende Ast OA in Bild 49a hängt mit der elastischen oder adhäsiven Haftung oder mit der Haftreibung zusammen. Die chemische Adhäsion, wenn vorhanden, vergrößert die Spannung bei Spitzenbelastung, vgl. hierzu Segment AB von Bild 49a, das als Beitrag der adhäsiven Haftung zu verstehen ist, und Bild 49b, wo AB = 0. Im nächsten Teil der Kurve (BC im Bild 49a) oder AC im Bild 49b kann der Verbund konstant sein, wie bei reiner Reibung, abfallend, wenn der Schaden mit dem Schlupf fortschreitet, oder verfestigend, wenn die Haftung den Verbund verbessert. Ein abfallender Verbund tritt generell bei glatten Stahl- oder polymeren Fasern auf.

Bild 50b zeigt den schematischen Verlauf der Verbundspannung τ entlang einer zugbeanspruchten eingebetteten Faser, bei der die Haftverbundspannung τ_{au} im linken Bereich bereits überwunden ist. Die Verbundspannung fällt dann auf die Gleitverbundspannung τ_{fu} ab, was zum stick-slip Effekt („haften-gleiten") führen kann.

Das Verhältnis von Verbundspannung zu Schlupf, wie in Bild 49 beschrieben, ist eine Stoffeigenschaft der Grenzfläche; eine solche Grenzfläche einer glatten Stahlfaser zeigt Bild 51a.

Neben der direkten Spannungsübertragung (über den Riss) ist der Effekt der Rissarretierung (crack arrest) von Bedeutung. In [11.12] wird das Rissverhalten derart beschrieben, dass sich ein rechtwinklig zur Faser verlaufender Riss durch die Faser in zahlreiche kleinere Risse aufspaltet (Bild 51a). Der Riss ändert bereits etwa 10 bis 40 µm vor der Übergangszone seine Richtung und läuft nach beiden Seiten parallel zur Faser, um dann hinter der Faser wieder der ursprünglichen Orientierung zu folgen. Eine bruchmechanische Erklärung hierfür ist in [11.13] enthalten: Während die rissverursachende Spannung σ_y rechtwinklig zum Riss ihr Maximum an der Rissspitze hat, entsteht gleichzeitig eine Spannung σ_x, deren maximaler Wert in kurzer Distanz vor der Spitze in der Prozesszone liegt (Bild 51b). Letztere initiiert den neuen, parallel zur Faser orientierten Riss (Bild 51c).

Die experimentelle Ermittlung des in Bild 49 gezeigten Verbundspannungsverlaufes in Abhängigkeit vom Schlupf mittels einer direkten Messmethode gestaltet sich als schwierig, weil u. a. die mechanische Komponente der Haftung, wie z. B. bei Hakenfasern, nicht als lokale Eigenschaft der Grenzfläche betrachtet werden kann. Daher ist es oft besser, das Verhältnis von Auszieh last zu Verschiebung zwischen Faser und Matrix auszuwerten und davon die Haftung bei festgesetztem Schlupf abzuleiten [11.7].

Bild 52 zeigt die Last-Verschiebungskurve beim Herausziehen einer glatten Faser aus dem Beton. In Bild 53 ist das Last-Verschiebungsverhalten für eine Faser mit abgewinkelten Enden (Hakenfasern) dargestellt.

Durch Verwendung von Fasern mit polygonalem Querschnitt (Dreiecke und Quadrate) anstatt von Fasern mit rundem Querschnitt lässt sich das Ausziehverhalten entscheidend verbessern, und zwar durch:

– Vergrößerung der Oberfläche zu der eines Kreises bei gleicher Querschnittsfläche,
– Längsverdrehung und
– Entwicklung von tiefen Rippen zur Verbesserung der mechanischen Verzahnung.

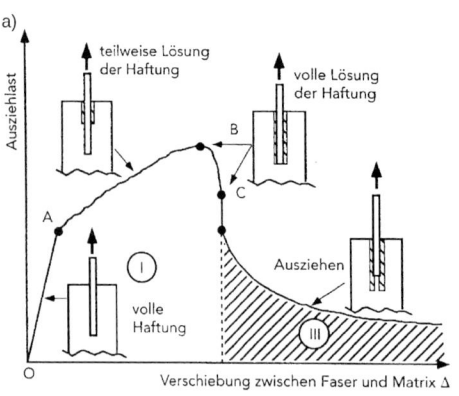
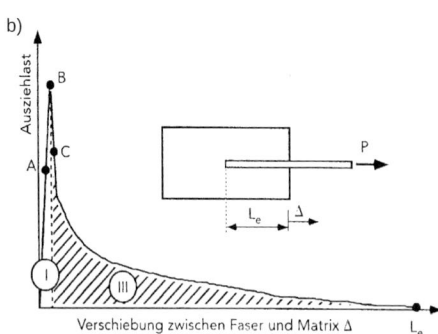

Bild 52. Typische Last-Verschiebungskurve beim Herausziehen einer glatten Faser [11.7]
a) Verschiebung im Bereich (I) vergrößert dargestellt
b) Verschiebung im linearen Maßstab dargestellt

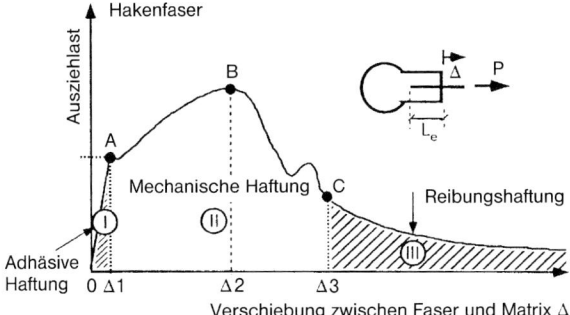

Bild 53. Typische Last-Verschiebungskurve beim Herausziehen einer Faser mit abgewinkelten Enden (Hakenfaser) [11.7]

In Bild 54 werden die Faserspannungen beim Herausziehen solcher optimierter Stahlfasern (Torex) mit denen von glatten Fasern und Fasern mit abgewinkelten Enden verglichen. Die wesentlich vergrößerte Energieaufnahme der Torex-Dreiecksfaser im Vergleich zur glatten Faser und zur Faser mit abgewinkelten Enden (Hakenfaser) ist deutlich zu erkennen.

Nachfolgend zeigt Bild 55 die Last-Verformungskurven von faserverstärkten Hochleistungsverbundstoffen (HPFRCC = High Performance Fiber Reinforced Cement Composites), Faserbeton (FRC = Fiber Reinforced Concrete) und der Zementsteinmatrix ohne Fasern unter Zugbeanspruchung. Faserverstärkte Hochleistungsverbundwerkstoffe sind charakterisiert durch ein Spannungs-Dehnungsverhalten, das Verfestigung („schlupfverfestigende" Haftung in Bild 54 und Bild 55) und Mikrorissbildung zeigt. Das heißt, im Unterschied zum Faserbeton, der im Wesentlichen eine verbesserte Duktilität im Vergleich zur unbewehrten Matrix aufweist, zeichnen sich faserverstärkte Hochleistungsverbundwerkstoffe durch eine erheblich vergrößerte Festigkeit *und* Zähigkeit aus.

Das Bruch- und Verformungsverhalten von hochfesten Betonen kann aber auch durch Zugabe eines speziellen „Fasercocktails", einer Kombination aus Stahl- und Polypropylenfasern, gezielt gesteuert und verbessert werden [11.14]. Die rissvernähende Stahlfaser ist dabei primär für die Duktilität verantwortlich. Durch die Polypropylenfaser werden in der homogenen Zementsteinmatrix hochfester Beto-

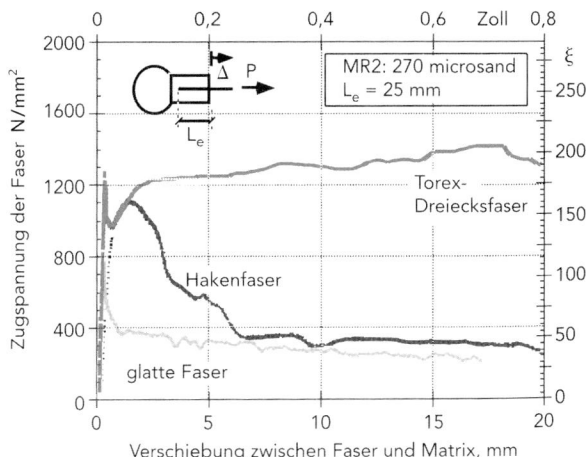

Bild 54. Vergleich der Faserspannungen verschiedener Fasern [11.7]

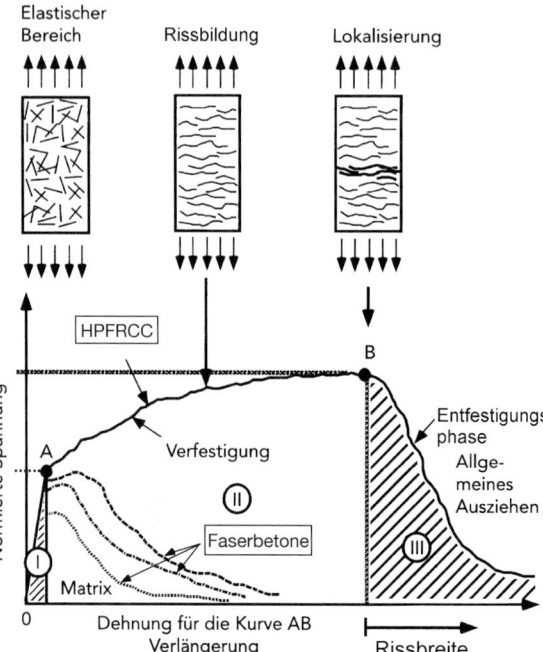

Bild 55. Typisches Spannungs-Dehnungsdiagramm unter einaxialer Zugbeanspruchung [11.7]

ne Mikrodefekte initiiert, die bereits bei geringen Belastungen mikroskopische Rissbildungen bewirken, dadurch die Stahlfasern frühzeitig aktivieren und deren Wirkung erheblich verbessern. Dieses Verhalten konnte durch lichtmikroskopische Aufnahmen an Dünnschliffen aus hochfesten, unterschiedlichen Belastungsniveaus ausgesetzten Prüfzylindern nachgewiesen werden. Die Polypropylenfasern vergrößern im Druckversuch die Dissipation inelastischer Energieanteile während der Belastungsphase, was sich in einer deutlichen Ausrundung des ansteigenden Astes der Spannungs-Dehnungslinie niederschlägt und zu signifikanten Steigerungen der Bruchdehnungen führt.

Alle nachfolgenden Ausführungen beziehen sich auf Faserbeton (FRC) im Allgemeinen, es sei denn, es wird explizit von faserverstärkten Hochleistungsverbundwerkstoffen (HPFRCC) gesprochen.

11.3 Fasern

Für Faserbeton werden überwiegend Fasern aus Stahl, alkaliresistentem Glas, Kunststoff oder Kohlenstoff eingesetzt. Asbestfasern (Durchmesser der Elementarfaser 0,02 bis 0,4 μm) sind zwar für Faserzementprodukte wie Dachplatten, Rohre usw.

technisch gut geeignet. Sie dürfen heutzutage, aufgrund gesundheitlicher Bedenken bei der Herstellung des Betons und bei Sanierungen, nicht mehr verwendet werden. Als Ersatz dienen heute vor allem Kunststofffasern. Tabelle 39 gibt einen vergleichenden Überblick über die mechanischen bzw. physikalischen Eigenschaften verschiedener ausgewählter Fasern.

11.3.1 Stahlfasern

Stahlfasern zeichnen sich durch eine relativ hohe Zugfestigkeit (bis zu $2600 \, N/mm^2$) und einen im Vergleich zur Mörtelmatrix sehr hohen Elastizitätsmodul aus. Sie sind nicht brennbar und im nicht carbonatisierten Beton (alkalisches Milieu) gut gegen Korrosion geschützt (siehe Abschn. 11.5.6).

Die Verbundfestigkeiten glatter Stahlfasern sind meistens niedrig, sodass ihre Zugfestigkeit häufig nicht ausgenutzt werden kann. Durch Querschnittsoptimierung, Wellung, Längsverdrehung, Abkröpfen oder Verdicken der Faserenden kann das Verbundverhalten aber deutlich verbessert werden (vgl. Abschn. 11.2.2).

Werner Seim
Bewertung und Verstärkung von Stahlbetontragwerken
2., aktualis. u. erw. Auflage
2018. 310 Seiten.
€ 59.–*
ISBN 978-3-433-03194-0
Auch als ebook erhältlich.

Das Buch vermittelt die notwendigen Kenntnisse der verschiedenen Methoden der Zustandserfassung und Bewertung von Bauteilen und Tragwerk sowie der Planung von Ertüchtigungsmaßnahmen.

BUNDLE ebook + Print!
€ 79,– *   ISBN 978-3-433-03255-8

www.ernst-und-sohn.de/3194

Ernst & Sohn
Verlag für Architektur und technische Wissenschaften GmbH & Co. KG

Kundenservice: Wiley-VCH
Boschstraße 12
D-69469 Weinheim

Tel. +49 (0)6201 606-400
Fax +49 (0)6201 606-184
service@wiley-vch.de

1162146_dp

* Der €-Preis gilt ausschließlich für Deutschland. Inkl. MwSt. Die Versandkosten für Deutschland, Österreich, Schweiz, Liechtenstein und Luxemburg entfallen. Für alle anderen Länder gilt der Preis zzgl. Versandkosten. Irrtum und Änderungen vorbehalten.

E&S Kalender reduziert

Wir haben unsere Kalender der **Jahrgänge ab 2016 und älter** stark im Preis gesenkt.

je nur € 79,–*

- **Beton-Kalender**
  2016 Beton im Hochbau, Silos und Behälter
  ISBN 978-3-433-03074-5
  2015 Bauen im Bestand, Brücken
  ISBN 978-3-433-03073-8

- **Bauphysik-Kalender**
  2016 Brandschutz
  ISBN 978-3-433-03128-5
  2015 Simulations- und Berechnungsverfahren
  ISBN 978-3-433-03105-6

- **Stahlbau-Kalender**
  2016 Eurocode 3 – Grundnorm, Werkstoffe und Nachhaltigkeit
  ISBN 978-3-433-03127-8
  2015 Eurocode 3 – Grundnorm, Leichtbau
  ISBN 978-3-433-03104-9

- **Mauerwerk-Kalender**
  2016 Baustoffe, Sanierung, Eurocode-Praxis
  ISBN 978-3-433-03131-5
  2015 Bemessung, Bauen im Bestand
  ISBN 978-3-433-03106-3

www.ernst-und-sohn.de/kalender-reduziert

Ernst & Sohn
Verlag für Architektur und technische
Wissenschaften GmbH & Co. KG

Kundenservice: Wiley-VCH
Boschstraße 12
D-69469 Weinheim

Tel. +49 (0)6201 606-400
Fax +49 (0)6201 606-184
service@wiley-vch.de

* Der €-Preis gilt ausschließlich für Deutschland. Inkl. MwSt. Die Versandkosten für Deutschland, Österreich, Schweiz, Liechtenstein und Luxemburg entfallen. Für alle anderen Länder gilt der Preis zzgl. Versandkosten. Irrtum und Änderungen vorbehalten.

Tabelle 39. Eigenschaften ausgewählter Fasern verschiedener Materialien [11.1, 11.3, 11.15, 11.16, u. a.]

Fasertyp	Dichte	Zugfestigkeit	E-Modul	Bruch-dehnung	Alkali-beständigkeit	max. Temperatur	Dicke
	[kg/dm^3]	[N/mm^2]	[kN/mm^2]	[‰]	[–]	[°C]	[µm]
Stahl	7,80	500 bis 2600	200	5 bis 35	+ +	1000	100 bis 500
Glas: E-Glas	2,60	2000 bis 4000	75	20 bis 35	–	800	8 bis 15
AR-Glas	2,70	1500 bis 3700	75	20 bis 35	+	800	12 bis 20
Kohlenstoff: • Standard-Modul (HT)	1,75 bis 1,91	3000 bis 5000	200 bis 250	12 bis 15	+ +	3000	15
• Intermediate-Modul (IM)	1,75 bis 1,91	4000 bis 5000	250 bis 350	11 bis 20			
• Hoch-Modul (HM)	1,75 bis 1,91	2000 bis 4000	350 bis 450	4 bis 11			
Polypropylen	0,98	450 bis 700	7,5 bis 12	60 bis 90	+ +	150	50
Polyvinylalkohol	1,30	800 bis 900	26 bis 30	50 bis 75	+ +	240	13 bis 300
Polyester	1,40	800 bis 1100	10 bis 19	8 bis 20	0	240	10 bis 50
Polyacrylnitril	1,20	600 bis 900	15 bis 20	60 bis 90	+ +	150	13 bis 104
Aramid	1,40	2700 bis 3600	70 bis 130	21 bis 40	0	600	12
Zellulose	1,20 bis 1,50	200 bis 500	5 bis 40	30	–	150	15 bis 60
Asbest	3,40	3500	200	20 bis 30	+ +	1000	0,02 bis 0,4

Einstufung der Alkalibeständigkeit: – gering; 0 mäßig; + gut; + + sehr gut.

11.3.2 Glasfasern

Glasfasern werden unter anderem durch Ausziehen zähviskoser Glasschmelzen aus Platinspinndüsen hergestellt. Ein Hauptproblem bei der Verwendung von Glasfasern besteht in der unzureichenden Beständigkeit im alkalischen Milieu. Die herkömmlichen Silikatgläser, Natron-Kalk-Glas (A-Glas) bzw. Borosilikatglas (E-Glas) sind gegenüber alkalischen Lösungen, wie sie in feuchtem Zementstein bzw. Beton lange Zeit vorliegen können, unbeständig. Erst die Entwicklung von AR-Glasfasern (AR = alkaliresistent), die durch Zugabe von 15 bis 20% Zirkoniumdioxid beständig gegenüber alkalischen Angriffen sind, wie auch Fasern mit einer alkaliresistenten Beschichtung, der sog. „Schlichte", haben in den letzten 20 Jahren zu einer stetig wachsenden Verbreitung von Glasfasern in dünnen Betonbauteilen geführt [11.17]. Neben der Entwicklung von alkaliresistenten Fasern wurde auch die Zementmatrix derart modifiziert, dass insbesondere die chemische Verträglichkeit mit Glasfasern verbessert wurde. Die Alkalität der Zementmatrix wurde durch Zugabe von puzzolanen und/oder latent hydraulischen Zusätzen herabgesetzt, wodurch der chemische Angriff auf die Glasfasern erheblich reduziert wurde. Heute werden AR-Glasfasern auch im konstruktiven Bereich als tragende Bewehrung dauerhaft eingesetzt [11.17]. Ein weiteres Problem stellt die Kerb- und Ritzempfindlichkeit der glasartigen Oberfläche dar. Beim Einmischen von Glasfasern in Mörtel oder Beton sind daher wegen der Reib- und Kerbwirkung der Gesteinskörnung schlechtere Ergebnisse zu erwarten als beim Einsatz in nur wenig gemagertem Zementleim.

Im Gegensatz zu anderen Fasern (z. B. Stahlfasern) handelt es sich bei Glasfasern eigentlich um Faserbündel, die aus ca. 100 bis 200 Einzelspinnfäden (filaments) mit einem Durchmesser von ca. 10 bis 15 µm bestehen (Bild 56). Etwa 10 bis 40 dieser Spinnfäden ergeben einen Roving mit einem Außendurchmesser in der Größenordnung von 1 mm. Spinnfäden und Rovings lassen sich zu Vliesen, Matten und Geweben weiterverarbeiten. Aus dem Roving können durch Schneiden Kurzfasern hergestellt werden. Dabei zerfällt er wieder zu Spinnfäden oder zu noch kleineren Einheiten.

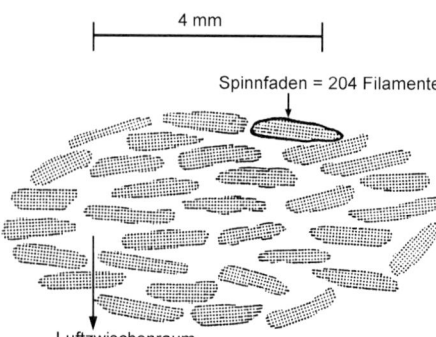

Bild 56. Beispielhafter Aufbau eines typischen Glasfaser-Rovings [11.18]

In den letzten Jahren wurde eine große Anzahl unterschiedlicher Glasfasern entwickelt, die sich sowohl in der Anzahl der Einzelfilamente als auch in der verwendeten Schlichte (Schlichte = Beschichtung der Fasern) unterscheiden. Nachfolgend werden einige Beispiele aufgeführt:

- Roving (Glasfaserstrang aus 32 Spinnfäden ohne Längenbegrenzung);
- Glasfasern mit 204 Einzelspinnfäden (filaments) in verschiedenen Längen zwischen 6 und 25 mm und mit verschiedenen Schlichten;
- Glasfasern mit 102 Einzelspinnfäden in verschiedenen Längen zwischen 6 und 25 mm und mit verschiedenen Schlichten;
- Glasfasern mit wasserdispersiblen Schichten, die sich bei der Berührung mit Wasser in Einzelfilamente auflösen (Einsatz als Prozessfaser; bessere, homogene Verteilung in der Matrix, Verbesserung der Grünstandsfestigkeit des Betons);
- Glasfasermatten (Chopped Strand Mat – CSM); neu entwickelte Glasfasermatten aus ca. 50 mm langen AR-Glasfasern, die mit einem Binder verklebt sind und ein ungerichtetes zweidimensionales Fasergeflecht bilden.

Glasfasern sind ebenfalls unbrennbar und ihre Zugfestigkeit liegt mit etwa 2000 bis 3700 N/mm^2 in den Größenordnungen von hochfesten Stahlfasern. Der Elastizitätsmodul ist etwa 2- bis 3-fach größer als der des Zementsteins und beträgt rund 1/3 desjenigen von Stahl. Der Verbund zwischen Glasfasern und der Zementsteinmatrix ist aufgrund des geringen Faserdurchmessers und der chemisch-mineralogischen Zusammensetzung des Faserwerkstoffs gut, sodass bei üblichen Faserlängen die Zugfestigkeit voll ausgenutzt werden kann.

11.3.3 Organische Fasern

Die große Palette der organischen Fasern weist im Allgemeinen eine mittlere Zugfestigkeit und eine geringe Steifigkeit in Verbindung mit hohen Bruchdehnungen auf. Durch den geringen E-Modul wirken diese Fasern in erster Linie als Rissbremse [11.3, 11.21].

11.3.3.1 Kunststofffasern (Polymere)

Kunststofffasern bestehen aus Polymeren und werden anhand ihrer chemischen Zusammensetzung unterschieden. Die Querschnittsformen hängen von den Herstellungsmethoden ab. Während Polypropylenfasern z. T. durch Spleißung einer Folie entstehen und daher einen fast rechteckigen Querschnitt besitzen, führt z. B. das Nassspinnverfahren bei Polyacrylnitrilfasern zu einer Nierenform. Polymerfasern sind in DIN EN 14889-2 genormt.

Anhand ihrer Geometrie und Formgebung werden Kunststofffasern in fibrillierte, feinfibrilliete und monofilamente Fasern eingeteilt.

Fibrillierte Fasern

Diese Fasern werden durch Herausstanzen aus einer Folie gewonnen. Die Durchmesser der einzelnen Fasern liegen zwischen 300 und 500 µm. Die Länge kann dabei variieren. Die Anzahl an einzelnen Fasern pro kg liegt dabei je nach Länge und Durchmesser zwischen 6 und 7 Millionen einzelner Fasern. Die fibrillierten Faserbündel müssen beim Mischvorgang erst in einzelne Fasern geteilt – also vereinzelt werden. Deshalb sollten fibrillierte Fasern für Betonrezepturen eingesetzt werden, bei denen beim Mischvorgang hohe Scherkräfte frei werden (trockene Mischungen, niedrige Konsistenz, große Gesteinskörner bzw. grobe Körnung etc.).

Feinfibrillierte Fasern

Ähnlich wie fibrillierte Fasern werden auch diese durch Stanzen gewonnen. Die Durchmesser und Längen der Fasern entsprechen in etwa jenen der fibrillierten Fasern. Feinfibrillierte Fasern enthalten nur wenige Fasern pro Bündel und können auch für feinere Mischungen eingesetzt werden.

Monofilamente Fasern

Diese werden gesponnen und dann geschnitten. Zusätzlich kann diese Faser in Wellenform gebracht werden, was eine bessere Verankerung im Beton bewirkt. Um ihre volle Zugfestigkeit ausnutzen zu können, ist es notwendig, diese Faser zu recken. Ist eine monofilamente Faser nicht gereckt, kann es zu Festigkeitsabfällen bei der Biegezugfestigkeit kommen. Die Faserlänge reicht von 6 mm (für besonders feine Mischungen) bis zu 12 mm (für Beton), der Durchmesser beträgt entweder 18 bis 20 µm oder liegt über 30 µm. Die Anzahl an einzelnen Fasern pro kg bewegt sich dabei zwischen 170 und 300 Mio. Fasern pro kg (bei einer Länge von 12 mm).

Polyolefinfasern
Im Zusammenhang mit Kunststofffasern fällt des Öfteren der Begriff „Polyolefin". Zur Gruppe der Polyolefine zählen u. a. Polypropylen und Polyethylen. Polyethylenfasern spielen allerdings nur eine untergeordnete Rolle.

Polypropylenfasern
Die Polypropylenfasern bieten neben geringen Kosten auch eine hohe Alkalibeständigkeit. Die Fasern werden bei der Herstellung wegen der Erhöhung der Festigkeit sowie der Steifigkeit gereckt. So lassen sich Festigkeiten von 450 bis 700 N/mm² bei einem Elastizitätsmodul von 7,5 bis 12 kN/mm² erreichen. Besondere Herstellungsverfahren [11.19], bei denen auch eine Wärmebehandlung der Kunststofffasern durchgeführt wird, ermöglichen E-Modul bis 18 kN/mm².

Polyvinylalkoholfasern
Polyvinylalkoholfasern (PVA) werden in unterschiedlichen Modifikationen angeboten, die sich im Durchmesser und im E-Modul unterscheiden. Der E-Modul kann bis zu 25 kN/mm² reichen; sie erreichen Zugfestigkeiten von bis zu 1100 N/mm². Des Weiteren sind Polyvinylalkoholfasern besonders alkaliresistent und alterungsbeständig. PVA kommt am ehesten in Frage, um die gesundheitsschädlichen Asbestfasern zu ersetzen.

Polyesterfasern
Polyesterfasern sind in alkalischem Milieu mäßig beständig und haben nur eine geringe Bindungskraft in der Zementsteinmatrix. Ihr E-Modul liegt unter 19 kN/mm² und ihre Zugfestigkeit liegt bei ca. 1000 N/mm².

Polyacrylnitrilfasern
Polyacrylnitrilfasern (PAN) sind den speziellen Anforderungen für Faserzementprodukte gut angepasst. Sie haben einen relativ hohen E-Modul von ca. 20 kN/mm², eine gute Alkalibeständigkeit sowie eine gute Grenzflächenhaftung im Zementstein. Die Zugfestigkeit erreicht Werte von bis zu 1000 N/mm². Auch PAN werden von der Industrie für die Herstellung von Asbestersatzprodukten verwendet [11.17].

Aramidfasern
Aramidfasern bestehen aus aromatisierten Polyamiden und nehmen im Rahmen der Kunststofffasern eine Sonderstellung ein. Es sind Zugfestigkeiten bis 3700 N/mm² sowie E-Modulen zwischen 17 und 130 kN/mm² möglich. Ähnlich wie Kohlenstofffasern sind Aramidfasern relativ teuer und bei konventionellem mechanischen Einmischen schwierig zu verteilen. Durch Zugabe von speziellen Zusätzen wie z. B. Silikastaub lässt sich die Verarbeitung hingegen verbessern. Im Vergleich zu Kohlenstofffasern werden Aramidfasern beim Einmischen in die Zementsteinmatrix allerdings weniger leicht beschädigt [11.20].

11.3.3.2 Kohlenstofffasern

Kohlenstofffasern bieten eine Reihe von Vorteilen hinsichtlich ihrer physikalischen und mechanischen Eigenschaften: Sie sind chemisch resistent, temperaturbeständig und leicht. Aufgrund ihrer hohen Festigkeit und des hohen E-Moduls werden Kohlenstofffasern auch zur Verstärkung von Kunststoffen (z. B. CFK-Lamellen) und Metallen verwendet.

Kohlenstofffasern verfügen gewöhnlich über eine große spezifische Oberfläche und eine große Schlankheit, die bei Fasergehalten > 1 Vol.-% eine gleichmäßige Faserverteilung beim Mischen erschweren, sofern Zusätze wie etwa Flugasche fehlen [11.20]. Die weiteren Eigenschaften lassen sich wie folgt zusammenfassen [11.1]:

– hohe Sprödigkeit,
– geringe Kriechneigung,
– chemisch inert,
– hohe Beständigkeit gegenüber Säuren, Laugen und organischen Lösungsmitteln,
– gute elektrische Leitfähigkeit.

Kohlenstofffasern werden – ähnlich wie Glasfasern – beim Mischen des Betons leicht beschädigt. Als weiterer Nachteil ist der hohe Preis zu nennen. Daher kommen Kohlenstofffasern in Faserbeton bisher eher selten zum Einsatz.

11.3.3.3 Fasern natürlicher Herkunft – Zellulosefasern

Zellulose ist der natürliche Baustoff der Pflanzen zur Bildung ihrer Zellwände. Er steht in fast allen Teilen der Welt beinahe unbegrenzt zur Verfügung. Zellulosefasern können aus Pflanzen wie Jute, Kokos, Elefantengras, Sisal, Bambus und verschiedenen Baumarten gewonnen werden. Die Hauptquelle für solche Fasern bildet jedoch Holz. Beim Herstellungsprozess werden die Fasern voneinander getrennt, indem das zwischen den Fasern befindliche Lignin entweder auf mechanischem oder chemischem Wege entfernt wird [11.20].

Nicht speziell aufbereitete Fasern enthalten meist Glukose, welche den Erhärtungsvorgang des Betons unterbinden kann. Ebenso können diese Fasern unter feuchten Bedingungen durch Befall von Bakterien oder Pilzen zerstört werden. Bei Feuchtigkeitsänderungen neigen sie zu starkem Quellen bzw. Schwinden. Außerdem können sie durch das alkalische Milieu geschädigt werden. Durch Verwendung von puzzolanischen Zusätzen lässt sich – ähnlich wie bei Glasfasern – die Gefahr des alkalischen Angriffs jedoch reduzieren [11.22]. Fasern natürlicher Herkunft haben für den Betonbau keine Bedeutung.

11.4 Zusammensetzung

11.4.1 Beton

Für die Betonzusammensetzung gelten die allgemeinen Regeln der *Betontechnologie*, die durch die nachfolgenden Hinweise ergänzt werden.

Je geringer der Anteil grober Gesteinskörnung ist, desto mehr Fasern lassen sich unterbringen, ohne dass es zu Faseragglomerationen (sogenannten Igelbildungen) kommt. Bei Verwendung gröberer Körnungen sind dickere Fasern vorteilhaft. Allgemein wird bei Faserbeton aus Gründen der Verarbeitbarkeit der Größtkorndurchmesser häufig auf 8 mm oder weniger begrenzt. Speziell bei deutschen Tunnelbauprojekten (Stahlfaserbeton) hat sich ein Größtkorn von 16 mm bewährt [11.3].

Besonders bei Stahlfaserbeton ist darauf zu achten, dass dieser ausreichend Feinanteile enthält. Dies ist notwendig, damit die Fasern vollständig vom Feinmörtel umhüllt werden und somit ihre Wirkung optimiert entfalten können. Bei höheren Fasergehalten ist die Leimmenge um ca. 10 % zu erhöhen [11.17].

Für Glasfaserbeton empfiehlt sich ebenfalls eine möglichst feinkornreiche Mischung. Zudem ist zur Verringerung des Schwindens gesteinskörnungsreiche Mischungen mit möglichst niedrigem Zementgehalt zu bevorzugen. Solche Mischungen carbonatisieren schneller und leisten somit einen entscheidenden Beitrag zur Senkung der Alkalität.

Als günstig haben sich *Wasserzementwerte* zwischen 0,4 und 0,5 erwiesen. Um diese Werte einzuhalten, ein relativ hoher Zementgehalt erforderlich, da der Wasseranspruch für eine bestimmte Verarbeitbarkeit des Betons mit zunehmendem Fasergehalt steigt. Dies gilt verstärkt bei Verwendung eines grobkornarmen Gemisches der Gesteinskörnung.

Um den Zementgehalt unter Beibehaltung der Festigkeit zu senken, können 25 bis 35 % des Zementes gegen Flugasche ausgetauscht werden. Im Austausch von bis zu 10 % des Zementes gegen Silikastaub kann sich ebenfalls günstig auswirken. Ein höherer Mehlkorngehalt wirkt sich günstig auf die Verarbeitung aus; die Richtwerte zur Begrenzung des Mehlkorngehaltes sind allerdings zu beachten. Durch Zugabe von Luftporenbildnern kann die Verarbeitbarkeit ebenfalls verbessert werden, gleichzeitig erhöht sich auch der Frostwiderstand. Die Herstellung selbstverdichtender Faserbetone ist heute auch möglich [11.23].

11.4.2 Fasern

Durch Zugabe von Fasern erhöht sich der Wasseranspruch des Betons. Einen entscheidenden Einfluss auf die Einmischbarkeit der Fasern und die Verarbeitbarkeit des Betons hat die *Faserschlankheit* L/d. Mit zunehmender Schlankheit nimmt im Allgemeinen die Verarbeitbarkeit ab.

Der *Fasergehalt* wird gewöhnlich in Vol.-% bezogen auf das Betonvolumen angegeben. Die einmischbare Fasermenge hängt von der Zusammensetzung und Konsistenz des Frischbetons, den Eigenschaften der Fasern (Faserschlankheit, E-Modul) und der Mischtechnik ab.

Der Fasergehalt liegt bei Stahlfaserbeton im Allgemeinen zwischen 0,5 und 2,5 Vol.-%, während bei Glasfasern und Kunststofffasern auch höhere Gehalte möglich sind. Eine spezielle Art des Faserbetons ist der sog. SIFCON (= Slurry Infiltrated Fibre CONcrete), bei dem zuerst die Fasern in eine Schalung eingelegt werden und dann Feinmörtel eingebracht wird. Damit sind Fasergehalte bis 20 Vol.-% [11.24] möglich. Aufgrund des aufwendigen Herstellungsverfahrens (Ausstreuen und Nivellieren des Fasergehaltes) und die nicht zielgerichtete Steuerbarkeit des Faserhaltes wurde SIFCON unter Einsatz von Matten zu SIMCON (= Slurry Infiltrated Mat CONcrete) modifiziert. Wegen des geringen Fasergehaltes von $V_f \leq 3{,}0$ Vol.-% für horizontale Bauteile, die häufig unebene Mattenoberfläche mit herausstehenden Fasern, das schwierige Handling und das spröde Materialverhalten bei SIMCON wurde dieser weiterentwickelt zu DUCON® (= DUctile CONcrete). Ähnlich wie bei SIMCON handelt es sich auch bei DUCON um ein Mattensystem, welches aus einer durchgehenden Drahtbewehrung besteht. Der Stahlgehalt wird dabei durch die Maschenweite und den Drahtdurchmesser reguliert [11.25]. Definitionsgemäß zählen SIMCON und DUCON zu den langfaserbewehrten Betonen (siehe Abschnitt 11.1).

In [11.26] sind Erfahrungen bei der Produktion und Einbringung von stahlfaserbewehrtem *selbstverdichtendem Beton* beschrieben. Die Fasermengen betragen 25 bis 45 kg/m³ (0,3 bis 0,6 Vol.-%). Die Ergebnisse dieser Untersuchungen zeigen, dass durch das Hinzufügen von Stahlfasern zwar eine leichte Verminderung der Verarbeitbarkeit auftreten kann, die jedoch die Herstellung im Gesamten praktisch kaum erschwert.

11.5 Eigenschaften

11.5.1 Verhalten bei Druckbeanspruchung

Die Druckfestigkeit von Faserbeton nimmt mit steigendem Fasergehalt i. Allg. etwas zu (Bild 57a), weil die Entwicklung von Mikrorissen behindert wird. Viel bedeutsamer ist jedoch der Anstieg der Bruchdehnung und insbesondere der Bruchenergie, da mit steigendem Fasergehalt der abfallende Ast des Spannungs-Dehnungsdiagramms immer flacher verläuft. Aber auch eine Vergrößerung der Faserschlankheit kann einen Anstieg der Bruchenergie bewirken (Bild 57b).

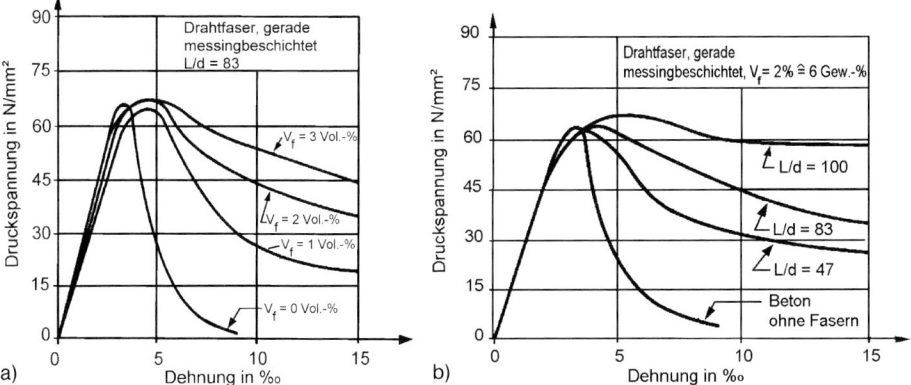

Bild 57. Arbeitslinien von Stahlfaserbeton bei zentrischer Druckbelastung in Abhängigkeit vom Fasergehalt V_f und von der Faserschlankheit L/d [11.28]

Versuche an jungem Beton (zwischen 8 und 72 Stunden) mit Stahlfasern (20, 40 und 60 kg/m^3) und Kunststofffasern (Polypropylen, 5 kg/m^3) zeigten, dass sich durch Faserzugabe die Druckfestigkeit und der E-Modul des Betons im jungen Alter etwas gegenüber dem Nullbeton (ohne Fasern) erhöhen [11.29]. Der Stahlfaserbeton mit 60 kg/m^3 Faserdosierung zeigte die höchste Druckfestigkeit im Alter von 8 und 10 Stunden. Beim Versuch wurde nach dem Anreißen eine weitere Laststeigerung beobachtet, beim Erreichen der max. Druckfestigkeit fiel diese Last nicht wie üblicherweise bei erhärtetem Beton rasch ab, sondern blieb erhalten. Durch diese zwei beobachteten Erscheinungen sind Faserbetone insbesondere für den Einsatz im Tunnelbau vorteilhaft.

11.5.2 Verhalten bei Zugbeanspruchung und bei Biegebeanspruchung

Inwieweit die zentrische Zugfestigkeit und die Biegezugfestigkeit durch eine Faserbewehrung gesteigert werden können, hängt in entscheidendem Maße davon ab, ob der Fasergehalt über dem kritischen Wert nach Abschnitt 11.2.2 liegt. Bei Verwendung kurzer, nichtorientierter Fasern ist eine wesentlich geringere Steigerung von Rissspannungen und Zugfestigkeit zu erwarten [11.30]. Bild 58 zeigt den Einfluss des Stahlfasergehaltes auf die Zugspannung bei Faserbeton unter zentrischer Zugbeanspruchung. In Bild 55 sind zum Vergleich die Arbeitslinien von Faserbeton und Hochleistungsfaserbeton in ein gemeinsames Diagramm eingezeichnet.

Für den Biegezug gilt im Prinzip das Gleiche wie für den zentrischen Zug. Die nichtlineare Spannungs-Rissöffnungsbeziehung kann hier jedoch bei bestimmten geometrischen Bedingungen (Rissöffnungen/Balkenhöhe) aufgrund der günstigeren Spannungsverteilung im Querschnitt zu einer Erhöhung der Tragfähigkeit auch bei geringeren Fasergehalten führen.

Nach verschiedenen Untersuchungen ergibt sich bei Stahlfasern etwa ein linearer Zusammenhang zwischen Biegezugfestigkeit und Fasergehalt mit Festigkeitssteigerungen um 10 bis 20%. Bei ausreichendem Fasergehalt werden aber stets höhere Bruchdehnungen bzw. Durchbiegungen bei Maximallast und vor allem eine deutlich größere Bruchenergie beobachtet, die auf ein Mehrfaches der Bruchenergie unbewehrter Proben ansteigen kann. Deswegen wird im Allgemeinen auch eine deutliche Verbesserung des Widerstandes gegen dynamische Beanspruchung und Schlag beobachtet.

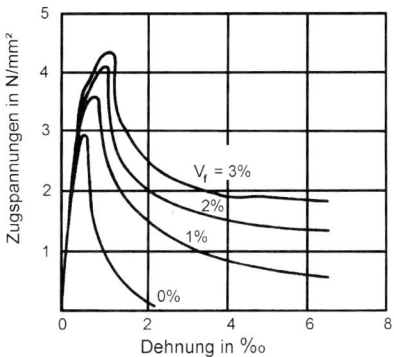

Bild 58. Arbeitslinien von Stahlfaserbeton bei zentrischer Zugbeanspruchung; Einfluss des Fasergehaltes V_f [11.31]

11.5.3 Verhalten bei Querkraft- und Torsionsbeanspruchung

Die *Scherfestigkeit* von Faserbeton kann – wie bei Beton ohne Fasern – auf die Zugfestigkeit des Materials zurückgeführt werden. Daher gelten die Ausführungen des Abschnitts 11.5.2 qualitativ auch für die Schubbeanspruchung.

Bei den in [11.32] beschriebenen Schubversuchen hatte die Zugabe von Stahl- oder Polypropylenfasern bis etwa 1 Vol.-% nur einen sehr geringen Einfluss auf die Schubtragfähigkeit. Durch hohe Gehalte an Glasfasern (ca. 4 Vol.-%) ließ sich die Schubtragfähigkeit dagegen nahezu verdoppeln. In allen Fällen erhöhte die Zugabe von Fasern die Zähigkeit. Diese nahm proportional mit dem Fasergehalt zu. Dies ist darauf zurückzuführen, dass die Fasern die Schubrisse überbrücken, das Öffnen der Risse bremsen und die Rissufer miteinander verbinden. Sie wirken in dieser Hinsicht ähnlich wie eine Bügelbewehrung, sind allerdings bei gleichem Bewehrungsprozentsatz weniger wirksam [11.33].

Die Zugabe von Stahlfasern vergrößert die (Schub-) Verformung bis zum Versagen; der Beton verhält sich also insgesamt duktiler, insbesondere bei größeren Fasergehalten und größeren Faserschlankheiten.

Versuche an gerissenem SIFCON [11.34] belegten, dass die Scherfestigkeit auch vom verwendeten Fasertyp abhängt. So führten beispielsweise längere und dickere Fasern mit hakenartigen Enden bei annähernd gleichem Fasergehalt zu einer größeren Scherfestigkeit als kürzere und dünnere Fasern mit geraden Enden.

Torsionsbeanspruchte Bauteile mit Faserbewehrung ertragen bis zum Versagen wesentlich stärkere Verdrehungen als unbewehrte. Dies führt trotz eines nicht oder nur relativ wenig erhöhten Bruch-Torsionsmomentes zu einer um 1 bis 2 Zehnerpotenzen höheren Energieaufnahme bis zum Bruch [11.3].

11.5.4 Verhalten bei Explosions-, Schlag- und Stoßbeanspruchung

Die Schlagzähigkeit kann durch Zugabe bestimmter Fasern beträchtlich erhöht werden. Der Grund liegt in der für den Auszug der Fasern erforderlichen Energie.

Vergleichende Versuche bei Beanspruchung durch Kontaktexplosion (1kg TNT-Sprengstoff), die mit Stahlbetonplatten (RC), Stahlfaserbetonplatten mit und ohne Bewehrung (RSFRC und SFRC) und Stahlbetonplatten aus Hochleistungsstahlfaserbeton (HPSFRC oder SIFCON mit 8 Vol.-% Fasergehalt) durchgeführt wurden, sind in [11.35] beschrieben. Es wurde die Plattendicke und der Fasergehalt variiert. Dabei wurde u. a. beobachtet, dass HPSFRC und RSFRC einen idealen Verbundwerkstoff zum Schutz vor Explosionen darstellen. In der Regel galt für das Verhalten (> bedeutet besser): HPSFRC > RSFRC > SFRC > RC. Das Energieaufnahmevermögen stieg bei stahlfaserbewehrtem Beton (SFRC) mit steigendem Fasergehalt an. Ergebnisse mit Höchstleistungsfaserbeton sind in [11.36] zu finden.

11.5.5 Kriechen und Schwinden

Die *Kriechverformungen* des Betons werden nur wenig durch Stahlfasern beeinflusst, da sich die versteifende Wirkung der Fasern und der Einfluss des häufig beobachteten Gehalts an Verdichtungsporen in Faserbetonen etwa die Waage halten.

Da der Anteil Fasern am Gesamtvolumen in der Regel gering ist (ca. 1 Vol.-% oder weniger), macht sich die Faserwirkung auf das *unbehinderte Schwindmaß* kaum bemerkbar.

Bei *behindertem Schwinden* lassen sich die entstehenden Risse (als Folge der Zwang- und Eigenspannungen) durch die Fasern zwar nicht verhindern, aber die Rissbreiten können auf ein erträgliches Maß beschränkt werden. Voraussetzung hierfür ist ein ausreichend hoher E-Modul der Fasern im Vergleich zum E-Modul des Betons zum Zeitpunkt der Rissbildung sowie eine ausreichende Verbundfestigkeit.

In [11.37] werden Versuche beschrieben, bei denen Polypropylenfasern mit einem Fasergehalt von 0,1 Vol.-% die beim Frühschwinden (plastischen Schwinden) auftretenden Risse wirksam reduzierten. Bei dem danach folgenden Trocknungsschwinden blieb der Einfluss allerdings gering. Erst bei Fasergehalten von 0,5 Vol.-% und mehr konnten auch beim Trocknungsschwinden die maximalen Rissbreiten deutlich reduziert werden, und die Bildung von Mehrfachrissen wurde gefördert.

In [11.38] sind Versuche beschrieben, bei denen mit vorgereckten Polypropylenfasern (Zugabemenge 2 Vol.-%) gute Erfolge bei der Reduzierung der Rissbreite erzielt wurden. Bei einer Zugabemenge von 1 Vol.-% vorgereckter Polyacrylnitrilfasern wurden in [11.39] ebenfalls mit gutem Erfolg die Rissbreiten reduziert.

Bei Stahlfaserbeton ergab sich in Versuchen eine signifikante Verringerung der maximalen und mittleren Rissbreiten bei Fasergehalten zwischen 0,25 und 0,5 Vol.-%. Bei Fasergehalten > 0,5 Vol.-% konnten die Rissbreiten auf Werte ≤ 0,1 mm beschränkt werden.

11.5.6 Dauerhaftigkeit

Voraussetzung für die Dauerhaftigkeit von Faserbeton ist, dass die durch den Faserzusatz bewirkten Eigenschaften auf Dauer erhalten bleiben. Dies ist nur dann gewährleistet, wenn die Fasern im eingebetteten Zustand ausreichend beständig sind.

Stahlfasern

Wie bereits im Abschnitt 11.3.2 angesprochen, sind die Stahlfasern im alkalischen Milieu des (nichtcarbonatisierten) Betons vor Korrosion geschützt. In der carbonatisierten Randzone von Betonbauteilen kann es hingegen zur Korrosion einzelner Fasern kommen, sofern Feuchtigkeit vorhanden ist. Aufgrund der dünnen Fasern sind i. d. R. keine Abplatzungen zu befürchten, da der Sprengdruck der Korrosionsprodukte, die um die Fasern herum entstehen, dazu erfahrungsgemäß nicht ausreicht. Die außenliegenden Fasern können jedoch durch eine Oberflächenimprägnierung des Stahlfaserbetons mit Polymeren vor Korrosion geschützt werden.

Stahlfasern, die nahe an der Oberfläche in carbonatisiertem Beton liegen, korrodieren, wenn sie der Witterung ausgesetzt sind [11.40]. Außer dem optischen Eindruck einer Oberfläche mit Rostflecken ist damit jedoch keine wesentliche Schädigung verbunden. In gerissenem Beton können Stahlfasern bis in größere Tiefen korrodieren.

Untersuchungen in [11.48] zeigten, dass die Korrosionsneigung von Stahlfasern in Beton wesentlich geringer ist als jene von Stabstahl. Korrosionsauslösende Chloridgehalte lagen im Randbereich eines Bauteils bzw. Betons bei 2,1 M.-%, im Kernbereich bei bis zu 5,6 M.-%. Dies beruht einerseits auf dem Herstellverfahren von Stahlfasern, die kalt unter Verwendung von Ziehmitteln gezogen werden, wodurch sich eine Art Schutzschicht bzw. eine homogenere Passivschicht auf den Fasern ausbildet, und andererseits auf der dichteren Kontaktzone im Vergleich zu jener bei Stabstahlbewehrung.

Glasfasern

Nach Abschnitt 11.3.2 werden Fasern aus Silikatgläsern (A- oder E-Glas) schon nach kurzer Zeit durch den alkalischen Zementstein so stark angegriffen, dass sie ihre Wirksamkeit im Beton weitgehend verlieren. Aber auch an Bauteilen mit alkaliresistenten Glasfasern wurde nach mehrjähriger Auslagerung ein deutlicher Abfall von Bruchdehnung und Zugfestigkeit beobachtet.

Neben dem chemischen Angriff der Glasfasern durch die OH^--Ionen der alkalischen Lösung führen auch die Anlagerungen von Calciumhydroxidkristallen auf der Faseroberfläche zu einer fortschreitenden Einschränkung der Verschiebbarkeit der Faserbündel und der einzelnen Filamente [11.41]. Dieses Einwachsen der Faserbündel führt zu einer Versprödung und einem Festigkeitsabfall des Glasfaserbetons. Durch den Einsatz spezieller Schlichten erreicht man bei neueren AR-Glasfasern eine Änderung der Oberflächenstruktur.

Bei sehr dünnen Bauteilen mit Dicken unter ca. 15 mm kann die Carbonatisierung des Betons in relativ kurzer Zeit über die gesamte Dicke ablaufen. Der damit verbundene Abfall des pH-Wertes der Porenlösung und die weitgehende Umwandlung des Calciumhydroxids der Zementsteinmatrix in Calciumcarbonat schließen einen weiteren Angriff der Porenlösung des Mörtels auf die Glasfasern aus.

Kunststofffasern

Nahezu alle angesprochenen Kunststofffasern sind im alkalischen Milieu des Zementsteins beständig (siehe Tabelle 38). Bei Aramidfasern ist die Dauerhaftigkeit in zementgebundener Matrix jedoch fraglich. In Versuchen wurde bei unbeschichteten Multifilamentlitzen aus Aramid, die in eine Calciumhydroxid-Lösung eingetaucht waren, ein Verlust der Festigkeit festgestellt, der mit steigender Temperatur stark anstieg. Bei Proben, die mit Kunstharz beschichtet waren, wurden die Fasern weniger beeinträchtigt [11.42].

11.5.7 Frost- und Taumittelwiderstand

Haupteinflussgrößen auf den Frost- und Taumittelwiderstand sind das Luftporensystem und der Wasserzementwert. Nach [11.43] verhält sich Faserbeton bei einer Beanspruchung durch wiederholte Frost-Tauwechsel ähnlich wie vergleichbarer Normalbeton.

11.5.8 Verhalten bei hoher Temperatur

Organische Fasern

Obwohl alle organischen Fasern brennbar sind, werden Faserzementprodukte mit synthetischen organischen Fasern trotzdem in die Klasse A2 (nicht brennbar) gemäß DIN 4102 „Brandverhalten von Baustoffen und Bauteilen" eingestuft. Der Grund liegt im Wesentlichen in der schützenden Funktion der Matrix. Diese Ergebnisse sind direkt auf den Beton übertragbar, zumal hier üblicherweise massigere Bauteile als bei den Faserzementelementen vorliegen. Toxische Gase infolge hoher Temperaturen können in der Regel nur sehr langsam aus dem Beton entweichen, sodass keine kritischen Grenzwerte erreicht werden. Kunststofffasern (vor allem PP-Fasern) werden gezielt eingesetzt, um die Feuerwiderstandsdauer von hochfestem Beton zu vergrößern, indem durch die thermische Zersetzung der Fasern Kanäle verbleiben, die eine dampfentspannende Wirkung haben.

Stahlfasern

Zwar werden im Allgemeinen Stahlfasern als nichtbrennbar eingestuft, bei besonders kleinen Durchmessern (Mikrofasern) können diese infolge der einsetzenden Verzunderung durchaus erheblich beschädigt werden. Aber auch beim Verzicht auf Mikrofasern oxidiert der Stahl zwangsläufig bei höheren Temperaturen; man spricht dann von chemischer Oxidation.

Abhilfe kann durch Verwendung von nichtrostenden Stahlfasern mit einem verbesserten Oxidationswiderstand – wie sie für temperaturbeanspruchte Bauteile im Feuerbetonbau, in der Petrochemie, in Zement- und Stahlwerken (Hochöfen, Konverter) und bei Verbrennungsanlagen hauptsächlich zur Anwendung kommen – erreicht werden.

Im Vergleich zu Normalbeton weist der Stahlfaserbeton einen etwas größeren Widerstand gegenüber hohen Temperaturen auf. Dies ist auf die Verbesserung des Zusammenhalts durch die Stahlfasern zurückzuführen.

11.5.9 Verschleißwiderstand

Ob der Zusatz von Fasern den Verschleißwiderstand verbessert, hängt von der Art der Beanspruchung ab. Bei Prallbeanspruchung verhält sich der Faserbeton sehr günstig. Bei schleifender oder rollender Beanspruchung bestimmen die Härte der Betonoberfläche und der Verschleißwiderstand der Gesteinskörnung die Abtragungsrate. In diesem Fall bringen die Fasern kaum eine Verbesserung. Sie können sogar zu etwas höheren Abtragsraten führen, wenn der Wasserzementwert aufgrund der Faserzugabe erhöht werden muss, um eine ausreichende Verarbeitbarkeit zu erzielen.

Für eine Verbesserung des Verschleißverhaltens sollte mindestens ein Stahlfasergehalt von 0,5 Vol.-% zudosiert werden. Bei einem Stahlfasergehalt von 1,0 Vol.-% wurde eine signifikante Zunahme des Stoßverschleißwiderstandes beobachtet.

11.6 Übereinstimmungsnachweis und Prüfungen

In DIN EN 14889-1 [11.27] und DIN EN 14889-2 [11.46] sind die Anforderungen und die Angaben für den Konformitätsnachweis für Stahlfasern und für Polymerfasern enthalten.

Für die Verwendung von Beton nach DIN EN 206-1/ DIN EN 1045-2 sind Stahlfasern nach DIN EN 14889-1 geeignet, deren Konformität mit dem System der Konformitätsbescheinigung „1" nachgewiesen worden ist. Ebenso als geeignet gelten geklebte oder in einer Dosierverpackung zugegebene Stahlfasern nach DIN EN 14889-1, wenn ihre Verwendbarkeit hinsichtlich der Lieferform durch eine allgemeine bauaufsichtliche Zulassung nachgewiesen ist.

Polymerfasern nach DIN EN 14889-2 sind nur geeignet, wenn ihre Verwendbarkeit durch eine allgemeine bauaufsichtliche Zulassung nachgewiesen ist.

11.7 Richtlinie „Stahlfaserbeton"

Im Deutschen Ausschuss für Stahlbeton (DAfStb) wurde im Jahr 2010 eine neue Richtlinie „Stahlfaserbeton" erarbeitet [11.44]. Die Richtlinie ändert und ergänzt die betreffenden Abschnitte aus DIN 1045-1, DIN EN 206-1, DIN 1045-2, DIN 1045-3 und DIN 1045-4 für Stahlfaserbeton und fügt teilweise neue Absätze hinzu. Die Richtlinie nimmt eine Klassifizierung des Stahlfaserbetons anhand der Nachrissbiegezugfestigkeit in Leistungsklassen vor. Es gibt zwei Verformungsbereiche:

– Bereich I mit kleinen Verformungen,
– Bereich II mit großen Verformungen.

Der Planer legt zukünftig die Leistungsklassen fest. Die Betonzusammensetzung einschließlich Fasergehalt und -menge wird durch den Hersteller des Stahlfaserbetons festgelegt. Sie gilt für Normalbeton der Festigkeitsklassen bis einschließlich C50/60, d. h. nicht für hochfesten Beton. Außerdem darf die Faserwirkung bei Bauteilen ohne zusätzliche Betonstahlbewehrung in den Expositionsklassen XS2, XS3, XD2 und XD3 in der Bemessung nicht in Ansatz gebracht werden, da die Stahlfasern bei Chlorideinwirkung in gerissenen Bereichen schnell durchkorrodieren können. Die Richtlinie ist mit 56 Seiten relativ umfangreich und kann hier nicht wiedergegeben werden. Es sollen nur die wesentlichen Inhalte genannt werden.

Das Sicherheitskonzept basiert auf der 5%-Quantile. Beim Nachweis des Grenzzustands der Tragfähigkeit wird die Zugfestigkeit des Betons in Anrechnung gebracht. Der Teilsicherheitsbeiwert im gerissenen Zustand beträgt 1,25, der Teilsicherheitsbeiwert bei Systemwiderstand bei nichtlinearer Berechnung 1,4. Die zwei Verformungsbereiche unterscheiden sich durch die Durchbiegungsgrenzwerte im Biegeversuch. Im Verformungsbereich I beträgt diese Durchbiegung 0,5 mm und betrifft die Gebrauchstauglichkeit. Im Verformungsbereich II beträgt sie 3,5 mm und bestimmt die Tragfähigkeit. In der Richtlinie werden sog. Leistungsklassen eingeführt, die von der Biegezugfestigkeit des Materials abhängen. Sie überstreichen einen Bereich von null bis 3,0 N/mm². In der Richtlinie wird auch die Mitwirkung der Stahlfasern bei der Querkrafttragfähigkeit und beim Durchstanzen geregelt.

Ein weiterer Aspekt der Richtlinie ist die Bestimmung des Stahlfasergehalts im Auswaschversuch. Alternativ können die Fasergehalte auch durch ein induktives Verfahren bestimmt werden, d. h. dadurch, dass die Fasern magnetisch sind, kann durch Messung des Induktionsstroms die Fasermenge bestimmt werden. Die Richtlinie enthält auch Vorschriften über die Kontrolle der Betonausgangsstoffe und des Herstellverfahrens. Die Ermittlung der Leistungsklassen ist genau beschrieben. Aus der Kraftdurchbiegungskurve wird die mittlere Nachrissbiegezugfestigkeit bestimmt, die dann zur Bemessung verwendet werden kann.

Weitere Hinweise zur Bemessung und Ausführung von Stahlfaserbeton enthält der Beton-Kalender 2011.

Inzwischen wurde die Richtlinie ohne wesentliche inhaltliche Änderungen auf die neuen europäischen Normen umgestellt [11.47]. Die Bestimmung des Fasergehalts durch Auswaschen und die Sicherstellung einer homogenen Verteilung der Fasern im Fahrmischer wurden bei der Überarbeitung der Richtlinie dem Hersteller des Stahlfaserbetons zugewiesen.

12 Ultrahochfester Beton

Das Thema Ultrahochfester Beton wurde im Kapitel „Beton" des Beton-Kalenders 2012, Teil 1, S. 437–446 ausführlich handelt. Im Beton-Kalender 2013, Teil 2 ist diesem Thema ein eigenes Kapitel gewidmet (S. 117–239), in dem auch die betontechnologischen Eigenschaften umfassend dargestellt werden. Daher wird hier auf diese Veröffentlichungen verwiesen.

Ergänzend sei jedoch darauf hingewiesen, dass Ultrahochfester Beton bislang weder ein genormter noch zugelassener Baustoff ist. Seine Verwendung in Deutschland war bislang nur auf der Grundlage von Zustimmungen im Einzelfall möglich. Der DAfStb arbeitet derzeit an einer Richtlinie für Ultrahochfesten Beton, die voraussichtlich in 2020 fertiggestellt werden kann.

13 Nachhaltiger Beton

13.1 Einführung

Seit vielen Jahren nimmt die politisch forcierte Nachhaltigkeitsdebatte auch im Bereich des Bauwesens und speziell im Betonbau einen breiten Raum ein. Dies ist verständlich, wenn man bedenkt, dass Beton, als der überragende Massenbaustoff der Gegenwart, auch in der Zukunft durch kein anderes Material ersetzt werden kann, gleichzeitig aber für rund 8 % des CO_2-Ausstoßes weltweit verantwortlich ist. Dieser Ausstoß resultiert primär aus dem Zement, insbesondere dem Portlandzement, dessen Herstellungsprozess durch die Entsäuerung des Kalksteins unabdingbar mit einem hohen CO_2-Ausstoß verbunden ist. Bei der Produktion von einer Tonne Portlandzementklinker wird ca. 0,8 bis 1,0 Tonnen CO_2 emittiert.

Vor dem Hintergrund dieser hohen Emissionsrate hat die Zementindustrie in Deutschland ihre Produktionsprozesse in den beiden letzten Jahrzehnten systematisch optimiert. Einsparpotenziale, was die Umweltbelastung anbelangt, erscheinen auf diesem Weg kaum noch möglich. Sie können aber beispielsweise dadurch erzielt werden, dass Portlandzementklinker zunehmend substituiert wird, z. B. durch Zumahlstoffe wie Kalksteinmehl, Flugasche und andere inerte oder reaktive Stoffe. Diesem Ansatz genügen Kompositzemente (in Deutschland CEM II- und CEM III-Zemente), was letztlich aber nicht ausreicht. Es sind neue Wege zu beschreiten, um die weiter wachsenden Anforderungen an den Umweltschutz erfüllen zu können [13.1]. Hierbei können zwei unterschiedliche Ansätze verfolgt werden. Zum einen sind neuartige Zemente zu entwickeln, siehe z. B. [13.2, 13.3], zum anderen ist der Zement-/Bindemittelgehalt je m^3 Beton deutlich zu reduzieren. Dass der letztgenannte Weg unter Wahrung der technisch relevanten Eigenschaften eines Betons grundsätzlich möglich ist, wurde in verschiedenen Untersuchungen gezeigt und darf als gesichert angesehen werden. Allerdings weicht ein solcher Beton von den normativen Vorgaben deutlich ab (Mindestzementgehalt; ggf. Wasserzementwert) und er erfordert auch neuartige betontechnologische Ansätze. Die Verwendung solcher Betone im baurechtlich geregelten Bereich ist also noch nicht möglich, es sei denn auf der Grundlage einer Zustimmung im Einzelfall. Gegenwärtig sind jedoch bereits erste Zulassungen für bestimmte Anwendungen im Grundbau (Massenbetone) vorhanden. Unter dem Druck des öffentlichen Interesses an nachhaltigem Beton wird diese Entwicklung vermutlich rasch voranschreiten.

Von dieser Momentaufnahme ausgehend, sollen im Folgenden nachhaltige Betone vorgestellt und vor allem die damit verbundenen betontechnologischen Aspekte betrachtet werden. Ein wichtiger Teil der Nachhaltigkeit schließt die Betrachtung ökologischer Kriterien ein, die hier für Beton ebenfalls kurz behandelt werden sollen. Bei all den neuen Ansätzen und Kriterien darf aber nicht übersehen werden, dass schon lange bekannte Konzepte eine außerordentlich große Wirkung in Bezug auf die Nachhaltigkeit besitzen. Dies gilt zum einen für das Prinzip des Recyclings von Beton, zum anderen für die Gewährleistung einer hohen Dauerhaftigkeit. Letzteres wurde ursprünglich aus wirtschaftlichen Erwägungen fokussiert, bildet aber auch ein maßgebendes Element für eine nachhaltige Betonbauweise.

Für die Bewertung der Nachhaltigkeit eines Baustoffs müssen neben den Umweltwirkungen bei der Herstellung (und ggf. Nutzung) auch seine Leistungsfähigkeit und Dauerhaftigkeit betrachtet werden. Vereinfacht kann eine solche Bewertung anhand von Gl. (13.1) erfolgen [13.4]:

$$\text{Baustoff-Nachhaltigkeitspotenzial} \sim \frac{\text{Nutzungsdauer} \cdot \text{Leistungsfähigkeit}}{\text{Summe der Umweltwirkungen}} \quad (13.1)$$

Gl. (13.1) verdeutlicht, dass die Nachhaltigkeit eines Baustoffs proportional mit dessen Nutzungsdauer zunimmt. Die Nutzungsdauer selbst kann jedoch maximal der Lebensdauer des Baustoffs bzw. Bauwerks entsprechen und ist somit von der Dauerhaftigkeit des Baustoffs abhängig. Weitere Ansatzmöglichkeiten die Nachhaltigkeit eines Baustoffs zu verbessern bestehen in der Reduktion der Umweltwirkungen infolge dessen Herstellung sowie in der Steigerung der Leistungsfähigkeit. Die Entwicklung von Betonen mit erhöhter Leistungsfähigkeit stellt daher einen weiteren Ansatz zur Verbesserung der Nachhaltigkeit dar. Dieser Ansatz ist jedoch nur dann wirksam, wenn die Leistungsfähigkeit des Baustoffs auch tatsächlich durch den Planer genutzt bzw. ausgeschöpft wird. Die Leistungsfähigkeit ist wiederum in Relation zur anstehenden Bauaufgabe zu setzen. Dies ermöglicht eine vergleichende Bewertung der Leistungsfähigkeit einzelner Baustoffe.

Die in Gl. (13.1) gegebene Definition des Nachhaltigkeitspotenzials weicht auf den ersten Blick von der üblicherweise gebräuchlichen Definition der Nachhaltigkeit ab (vgl. [13.5]). Eine genauere Betrachtung zeigt jedoch, dass die drei wesentlichen Einflussgrößen der Nachhaltigkeitsbewertung – ökologische Aspekte (durch Verwendung von Ökobilanzdaten), ökonomische und soziokulturelle Auswirkungen (durch Einführung der Leistungsfähigkeit und Lebensdauer eines Bauwerks) – indirekt abgebildet werden. Die Verwendung von Gl. (13.1) ist insbesondere für den planenden Ingenieur oder den Betontechnologen hilfreich, da sie eine einfache Bewertung des Potenzials eines bestimmten Baustoffes zur Erzielung einer besonders hohen Nachhaltigkeit zu einem Zeitpunkt im Bauprozess ermöglicht, zu dem den Betroffenen häufig keine oder nur unzureichende Informationen zu den ökonomischen und soziokulturellen Anforderungen vorliegen. Die Nachhaltigkeit des Baustoffes ist dann jedoch noch immer davon abhängig, ob das vorhandene Nachhaltigkeitspotenzial durch den Planer oder Verwender des Bauwerks genutzt wird.

13.2 Ökobilanz von Beton

Die Errichtung und der Betrieb von Bauwerken gehen i. d. R. mit signifikanten Umweltwirkungen einher. Diese können gemäß DIN EN ISO 14040 [13.6] bzw. DIN EN ISO 14044 [13.7] über standardisierte Verfahren in Form einer Ökobilanz erfasst und einzelne Bauformen anhand der so gewonnenen Kennwerte hinsichtlich ihrer ökologischen Qualität bewertet werden. Während das Verfahren der Ökobilanzierung ein geeignetes Werkzeug für die vergleichende Bewertung verschiedener Ausführungsvarianten gesamter Bauwerke darstellt, ist eine direkte Anwendung dieser Bilanzierungsmethodik mit Hinblick auf die Umweltwirkungen einzelner Baustoffe nur bedingt zielführend, da deren Leistungsfähigkeit und Dauerhaftigkeit hierbei nicht berücksichtigt werden. Dennoch stellt die Ökobilanz einen wichtigen Teil der Bewertung der Nachhaltigkeit von Beton dar. Den Ausgangspunkt bildet die Ökobilanz seiner Ausgangsstoffe. Hinzu kommen Umweltwirkungen, die aus der Herstellung, dem Transport und dem Einbau des Betons resultieren. Die Vorgehensweise der Ökobilanzierung ist in den zuvor genannten Normen geregelt ([13.6, 13.7]; siehe auch [13.8]).

Bei der Ökobilanzierung werden alle Umwelteinwirkungen, die mit der Herstellung des Produkts in Verbindung stehen, erfasst und dann standardisierten Wirkungsgruppen zugeordnet. Bei dieser Zuordnung wird durch die Wirkungsabschätzung berücksichtigt, wie sich eine gegebene Emission auf die Wirkungsgruppe auswirkt. Es werden folgende Wirkungsgruppen unterschieden:

- Primärenergiebedarf (PE, [J bzw. MJ]),
- Treibhauspotenzial (Global Warming Potential, GWP, [kg CO_2-Äquivalent]),
- Ozonabbaupotenzial (Ozone Depletion Potential, ODP, [kg R11-Äquivalent]),
- Versauerungspotenzial (Acidification Potential, AP, [kg SO_2-Äquivalent]),
- Eutrophierungspotenzial (Eutrophication Potential, EP, [kg PO_4-Äquivalent]),
- Bodennahes Ozonbildungspotenzial (Photo Optical Ozone Depletion Potential, POCP, [kg C_2H_4-Äquivalent]).

Die Ermittlung der oben aufgeführten Kennwerte ist für Ausgangsstoffe wie Zement, Zusatzmittel oder Gesteinskörnungen äußerst aufwendig. Die für eine Betonoptimierung erforderlichen Daten der Ausgangsstoffe werden dem planenden Betontechnologen daher in Form von sog. EPD-Erklärungen (Environmental Product Declaration) durch den Ausgangsstoffhersteller zur Verfügung gestellt. Diese Erklärungen sind seit 2013 mit Einführung der europäischen Bauproduktenverordnung für alle Baustoffe, und somit auch für Beton, quasi verpflichtend (siehe [13.9]). Die für die Ökobilanzierung erforderlichen Daten können beispielsweise über die frei zugänglichen Online-Plattformen http://www.bau-umwelt.de [13.10] bzw. die Datenbank Ökobau.dat unter http://www.oekobaudat.de [13.11] beschafft werden. Tabelle 40 gibt einen Überblick über typische Kennwerte für die wichtigsten Betonausgangsstoffe.

Der Vergleich der in Tabelle 40 aufgeführten Daten zeigt, dass unter dem Gesichtspunkt des Primärenergieverbrauchs sowie der Treibhausgasemissionen (GWP) die Zusatzmittelherstellung den größten Umwelteinfluss ausübt. Aufgrund ihrer geringen Dosierung im Beton ist der Einfluss dieser Stoffe – mit Ausnahme beim Versauerungspotenzial – zumeist jedoch nicht von Relevanz, es sei denn, es werden wie bei UHPC üblich, sehr große Mengen eingesetzt. Stattdessen wird i. d. R. der Einfluss des Zements für den Beton maßgebend. Die in Tabelle 40 aufgeführten Werte belegen jedoch, dass zu Zement gemachten Angaben großen Schwankungen unterliegen, was eine korrekte Ökobilanzierung für

Tabelle 40. Ökobilanzkennwerte der wichtigsten Betonausgangsstoffe

	Primärenergie		GWP	ODP	AP	EP	POCP	Quelle
	nicht erneuerbar	erneuerbar						
	[MJ/kg]	[MJ/kg]	[kg CO_2/kg]	[kg R11/kg]	[kg SO_2/kg]	[kg PO_4/kg]	[kg C_2H_4/kg]	
Zement								
Zement (Branchen-EPD)	2,050	0,360	0,587	$2,03 \cdot 10^{-10}$	$0,75 \cdot 10^{-3}$	$0,19 \cdot 10^{-3}$	$0,12 \cdot 10^{-3}$	[13.12]
CEM II 52,5	2,735	0,4349	0,8713	$1,119 \cdot 10^{-11}$	$1,108 \cdot 10^{-3}$	$1,213 \cdot 10^{-4}$	$1,445 \cdot 10^{-4}$	[13.10]
CEM II/A	3,374	0,3023	0,802	$5,97 \cdot 10^{-11}$	$9,69 \cdot 10^{-4}$	$1,44 \cdot 10^{-4}$	$1,13 \cdot 10^{-4}$	[13.11]
CEM II/B	2,992	0,2753	0,666	$5,36 \cdot 10^{-11}$	$8,34 \cdot 10^{-4}$	$1,26 \cdot 10^{-4}$	$9,66 \cdot 10^{-5}$	[13.11]
CEM III	1,769	0,2058	0,344	$4,08 \cdot 10^{-11}$	$4,45 \cdot 10^{-4}$	$6,47 \cdot 10^{-5}$	$4,94 \cdot 10^{-5}$	[13.11]
Flugasche								
ohne Anrechnung	0	0	0	0	0	0	0	[–]
Masseanteil	49,70 %	4,180	4,06·10⁻⁸	$3,2 \cdot 10^{-2}$	$1,76 \cdot 10^{-3}$	$1,1 \cdot 10^{-3}$		[13.13]
Anteil Wertschöpfung	4,84 %	0,350	$8,45 \cdot 10^{-9}$	$2,67 \cdot 10^{-3}$	$1,52 \cdot 10^{-4}$	$9,34 \cdot 10^{-5}$		
Hüttensand								
ohne Anrechnung	0	0	0	0	0	0	0	[–]
Masseanteil	22,20 %	1,390	$2,72 \cdot 10^{-8}$	$5,39 \cdot 10^{-3}$	$7,52 \cdot 10^{-4}$	$9,32 \cdot 10^{-4}$		[13.13]
Anteil Wertschöpfung	3,54 %	0,149	$6,76 \cdot 10^{-9}$	$8,59 \cdot 10^{-4}$	$8,18 \cdot 10^{-5}$	0,10		
Gesteinsmehle und Gesteinskörnungen								
Quarzmehle	2,119	0,7407	0,1203	k. A.	$4,1 \cdot 10^{-4}$	k. A.	k. A.	[13.14]
Sand 0/2	$7,044 \cdot 10^{-3}$	$4,057 \cdot 10^{-2}$	$2,955 \cdot 10^{-3}$	$1,520 \cdot 10^{-13}$	$8,965 \cdot 10^{-6}$	$1,757 \cdot 10^{-6}$	$-1,055 \cdot 10^{-7}$	[13.10]
Kies 2/8 bzw. 8/16	$7,044 \cdot 10^{-3}$	$4,057 \cdot 10^{-2}$	$2,955 \cdot 10^{-3}$	$1,520 \cdot 10^{-13}$	$8,965 \cdot 10^{-6}$	$1,757 \cdot 10^{-6}$	$-1,055 \cdot 10^{-7}$	
Zusatzmittel								
Fließmittel PCE	27,95	1,20	0,944	$3,29 \cdot 10^{-8}$	$1,19 \cdot 10^{-2}$	$5,97 \cdot 10^{-3}$	$5,85 \cdot 10^{-4}$	[13.15]

den Werkstoff Beton erschwert. Unabhängig vom Herstellwerk des Zements können in Deutschland daher die mit „Branchen-EPD" gekennzeichneten Werte herangezogen werden [13.12]. Tabelle 40 zeigt weiterhin, dass Ersatzstoffe wie Flugasche oder Hüttensand, solange sie als Abfallstoffe bewertet werden, als emissionsfrei angesehen werden können. Berücksichtigt man jedoch den Masseanteil der pro Kilogramm Kohle bei der Verstromung anfallenden Flugasche (ca. 12,4 M.-%) bzw. der pro Kilogramm Stahl anfallenden Menge an Hüttensand (ca. 19,4 M.-%), so ergeben sich die in Tabelle 40 mit „Masseanteil" gekennzeichneten Werte [13.13]. Diese sind deutlich größer als die des Zements. Allerdings werden Flugaschen und Hüttensande ja nicht für die Verwendung im Beton hergestellt. Sie fallen bei der Stromproduktion aus Kohle bzw. bei der Stahlerzeugung aus Erzen zwangsläufig als Abfallstoffe an. Insofern ist ihre Verrechnung mit „0" bei Beton angemessen. In der Branchen-EPD der deutschen Zementindustrie erfolgt die Allokation der Umweltwirkungen für Flugasche und Hüttensand auf ökonomischer Basis, d. h. anhand des aus dem Verkauf dieser Stoffe resultierenden Beitrags zur Wertschöpfung bei der Stromproduktion bzw. der Stahlherstellung [13.12].

13.3 Mischungsentwicklung

Wie Tabelle 40 zeigt, wird die Ökobilanz von Beton maßgeblich durch dessen Gehalt an Portlandzementklinker bestimmt. Die verbleibenden Betonbestandteile wie Wasser, Gesteinskörnungen und Zusatzmittel besitzen entweder einen deutlich geringeren Einfluss auf die Umwelt als Portlandzement oder sind aufgrund ihrer geringen Dosierung nicht maßgebend. Vor diesem Hintergrund ist die Zusammensetzung sog. Ökobetone i. d. R. durch einen gegenüber Normalbeton deutlich reduzierten Gehalt an Portlandzementklinker und durch die Zugabe großer Mengen an Betonzusatzstoffen wie beispielsweise Flugasche oder Hüttensand gekennzeichnet. Da Betonzusatzstoffe im Vergleich zu Portlandzement i. d. R. jedoch eine deutlich reduzierte hydraulische Reaktivität besitzen, muss diesem Leistungsdefizit durch eine Reduktion des Anmachwassergehalts begegnet werden, um einen gleichbleibenden (äquivalenten) w/z-Wert sicherzustellen. Dies wirkt sich wiederum ungünstig auf die Verarbeitbarkeit des Betons aus. Der Schlüssel zur Herstellung ökologisch optimierter Betone liegt somit in der Sicherstellung einer ausreichenden Verarbeitbarkeit bei minimalen Gehalten an Wasser bzw. Zementleim im Beton.

Analog zur Vorgehensweise bei Normalbeton müssen auch bei Ökobetonen zunächst die Anforderungen an den Beton festgelegt werden (siehe Bild 59, Nr. 1). Der erforderliche w/z-Wert ω kann in erster Näherung beispielsweise aus der Walz-Kurve [13.16] abgeschätzt und unter Verwendung des gewünschten Zementgehalts z (in [kg/m³]) und der Rohdichte des Wassers ρ_w (in [kg/m³]) zur Berechnung der erforderlichen Packungsdichte ϕ_{erf} herangezogen werden (siehe Gl. (13.13)).

$$\phi_{erf} = \frac{V_{Feststoff}}{V_{gesamt}} = \frac{1\,m^3 - V_w}{1\,m^3}$$

$$= \frac{1\,m^3 - \frac{z \cdot \omega}{\rho_w}}{1\,m^3} \quad (13.2)$$

Hierbei wird davon ausgegangen, dass die aus dem w/z-Wert ω und dem vorgegebenen Zementgehalt z resultierende Wassermenge V_w ausreichen muss, um alle Hohlräume zwischen den granularen Bestandteilen des Betons (inkl. Zement) aufzufüllen. In einem nächsten Schritt muss die Packungsdichte aller granularen Bestandteile des Betons – d. h. der Mischung aus Zement-, Zusatzstoff- und Gesteinskornpartikeln – entweder durch Verwendung entsprechender Berechnungsalgorithmen oder durch experimentelle Optimierungsverfahren auf ein Maximum gesteigert werden (siehe Bild 59, Nr. 2). Der nachfolgende Abschnitt gibt einen Überblick über die zur Verfügung stehenden Verfahren. Abschließend muss im Rahmen der Betonentwicklung experimentell überprüft werden, ob eine hinreichend hohe Packungsdichte erzielt wurde und die Betoneigenschaften den Festlegungen entsprechen (siehe Bild 59, Nr. 3). Der Ablauf der Mischungsentwicklung ist schematisch in Bild 59 dargestellt.

13.3.1 Optimierung der Packungsdichte der granularen Ausgangsstoffe

Die Optimierung der Packungsdichte der granularen Ausgangsstoffe ist ein zentrales Element aller bekannten Mischungsentwurfsmethoden. Grundsätzlich stehen dem planenden Betontechnologen hierzu verschiedene Verfahren zur Auswahl (s. auch [13.17]):

Formalisierte Kornverteilungskurven

Die Anpassung der Sieblinie einer Gesteinskörnung bzw. eines Bindemittel-Gesteinskorn-Gemisches an formalisierte Kornverteilungskurven stellt eine sehr einfache und effiziente Möglichkeit der Packungsdichteoptimierung dar. Einen guten Überblick über die in der Betontechnologie verbreiteten Modelle gibt [13.18]. Zu den bekanntesten zählen hierbei die Modelle von *Andreasen* [13.19] sowie von *Fuller* [13.20], die durch Gl. (13.3) dargestellt werden können:

$$A = \left(\frac{d}{d_{max}}\right)^n \quad (13.3)$$

Hierin bezeichnen d den mittleren Korndurchmesser, d_{max} den Durchmesser des Größtkorns des Korngemisches und n einen Regressionsparameter.

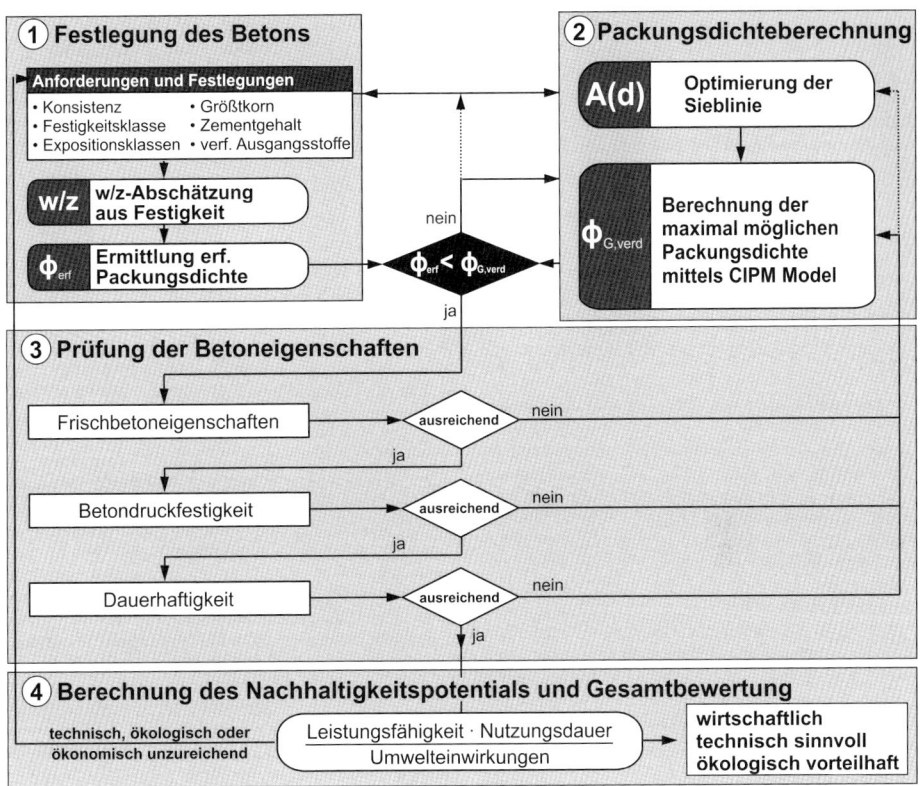

Bild 59. Schematische Darstellung der Arbeitsschritte bei der Entwicklung von Ökobetonen

Dieser beträgt n = 0,37 nach [13.19] bzw. n = 0,50 in Anlehnung an [13.20].

Ausgangspunkt für die Optimierung bilden die volumenbasierten Sieblinien der einzelnen Ausgangsstoffe. Die Volumenanteile der Ausgangsstoffe müssen so gewählt werden, dass die Summe aller Kornverteilungen der Soll-Sieblinie gemäß Gl. (13.3) entspricht.

Bei der Anwendung dieses Modells muss beachtet werden, dass eine entsprechend Gl. (13.3) zusammengesetzte Körnung nicht zwingend eine optimale Packungsdichte aufweist, da die Packungsdichte u. a. auch durch die Kornform der Partikel und durch die eingetragene Verdichtungsenergie beeinflusst wird. Diesem Problem kann jedoch durch eine experimentelle Kalibrierung des Modellparameters n in Gl. (13.3) auf die im Herstellwerk vorliegenden Gesteinskörnungen bzw. Zemente begegnet werden.

Der zentrale Nachteil formalisierter Kornverteilungskurven besteht darin, dass diese Modelle keinerlei Information über die tatsächlich vorhandene Packungsdichte und damit über den vorliegenden Hohlraumgehalt innerhalb des Kornhaufwerks liefern. Daher sind die Ermittlung der für die Betonherstellung erforderlichen Wassermenge und eine anschließende Überprüfung der w/z-Wert-Kriterien aus Festigkeits- und Dauerhaftigkeitsanforderungen ohne zusätzliche experimentelle Untersuchungen nicht möglich.

Mathematisch-physikalische Packungsdichte-Optimierungsverfahren

Diese Verfahren stellen eine leistungsfähige, jedoch technisch sehr aufwändige Form der Sieblinienoptimierung dar. Im Gegensatz zu den rein deskriptiven Kornverteilungskurven gestatten sie auch die Berechnung der maximal möglichen Packungsdichte sowie des zu erwartenden Hohlraumgehalts im Haufwerk. Dies ermöglicht es dem planenden Betontechnologen, die Auswirkungen von Änderungen in der Kornzusammensetzung des Betons auf den Wasseranspruch bzw. den Leimgehalt direkt nachzuvollziehen.

Für die Anwendung bei der Mischungsentwicklung von Beton stehen verschiedene Modelle zur Verfügung. Eine Übersicht geben z. B. [13.17, 13.18]. Als das am weitesten fortgeschrittene Modell für die Betonentwicklung kann derzeit das sog. Compressible-Interaction-Packing-Model (CIPM) von *Fennis* [13.18] angesehen werden, welches auf dem Compaction-Packing-Model (CPM) von *de Larrard* aufbaut [13.21] und neben einer Berechnung der Packungsdichte auch eine Vorhersage der zu erwartenden Konsistenz und Druckfestigkeit des Betons gestattet. Die theoretischen Grundlagen des Modells können anhand von Bild 60 erläutert werden.

Ausgangspunkt für die Betonentwicklung stellen die Packungsdichten $\phi_{K,i,verd}$ der einzelnen Ausgangsstoffe i (im Folgenden als Körnungen bezeichnet; Index K) mit dem mittleren Korndurchmesser d_i dar (s. Bild 60 (a)). Diese können durch experimentelle Untersuchungen beispielsweise mittels der Puntke-Methode (s. u.; [13.22]) ermittelt werden. Hierbei ist jedoch zu beachten, dass die Packungsdichte einer Körnung eine Funktion der zur Verdichtung der Körnung aufgewendeten Energie darstellt. Für die weiteren Berechnungen wird daher die sog. theoretische Packungsdichte $\phi_{K,i}$ herangezogen, die sich bei Aufwendung einer unendlich großen Verdichtungsenergie einstellen würde (s. Bild 60 (b)). Die theoretische Packungsdichte $\phi_{K,i}$ der Körnung kann mittels Gl. (13.4) aus der experimentellen Untersuchung der Packungsdichte an einzelnen Körnungen $\phi_{K,i,exp}$ berechnet werden, wobei die im Experiment eingebrachte Verdichtungsenergie (Kompressionsbeiwert k_i der Körnung i) unter Verwendung von Tabelle 41 abgeschätzt werden kann.

$$\phi_{K,i} = \left[1 + \frac{1}{k_i}\right] \cdot \phi_{K,i,verd}$$

$$= \left[1 + \frac{1}{k_i}\right] \cdot \phi_{K,i,exp} \quad (13.4)$$

Eine Steigerung der Packungsdichte der Körnung i über die theoretische Packungsdichte $\phi_{K,i}$ hinaus ist nicht möglich. Werden jedoch die Hohlräume im Korngerüst der Körnung i durch eine weitere Körnung i+1 mit deutlich geringerer mittlerer Partikelgröße d_{i+1} aufgefüllt, so gelingt es, die Packungsdichte des resultierenden Korngemisches $\phi_{G,i}$ deutlich zu steigern (s. Bild 60 (c)). Der Index i in der Packungsdichtebezeichnung des Korngemisches gibt hierbei an, dass in diesem Fall die Eigenschaften der Körnung i dominierend für die Packungsdichte des Korngemisches G sind. Wird die mittlere Partikelgröße des Zwischenkorns d_{i+1} jedoch soweit gesteigert, dass das Zwischenkorn i+1 die Grundkörnung i in ihrer Packungsdichte beeinflusst, so bewirkt die Zwischenkörnung eine Auflockerung der Grundkörnung und somit ggf. einen Rückgang der Packungsdichte des Korngemischs. Gleiches gilt für den Fall, dass der Gehalt der Zwischenkörnung soweit gesteigert wird, dass deren Volumen das Hohlraumvolumen der Grundkörnung überschreitet (s. Bild 60 (d)). Derartige Auflockerungseffekte werden durch das CPM- bzw. CIPM-Modell durch Einführung des Koeffizienten a_{ij} berücksichtigt, der mittels Gl. (13.5) auf der Grundlage geometrischer Betrachtungen errechnet werden kann.

Die Packungsdichte des Korngemischs wird weiterhin stark durch Wandeffekte beeinflusst. Diese können zwischen der Körnung und der Wandung eines Behälters oder aber zwischen Körnungen stark unterschiedlicher Korngröße auftreten und werden im CPM- bzw. CIPM-Modell durch den Koeffizienten

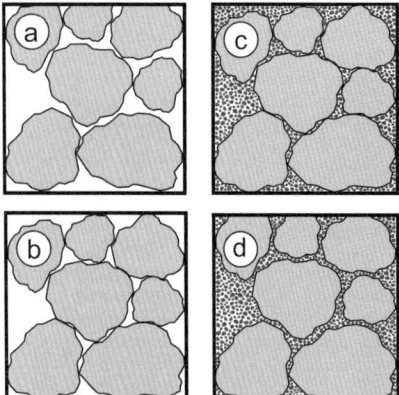

Bild 60. Schematische Darstellung der theoretischen Grundlagen des CPM- bzw. CIPM-Modells

Tabelle 41. Kompressionsbeiwert k in Abhängigkeit von der Verdichtungsmethode [13.18]

Zustand	Verdichtungsmethode	k [–]
trockene Verdichtung des Schüttguts	schütten	4,10
	stochern	4,50
	rütteln	4,75
	rütteln unter 10 kPa Auflast	9,00
Verdichtung als Beton	rütteln	9,00

Nachhaltiger Beton

b_{ij} abgebildet, der die Wechselwirkung zwischen zwei Körnungen i und j beschreibt (siehe Gl. (13.6)).

Der wesentliche Unterschied zwischen dem Modellansatz von *de Larrard* [13.21] und dessen Weiterentwicklung durch *Fennis* ist in der Tatsache zu sehen, dass *Fennis* den Einfluss sehr feiner Mehlkornpartikel mit einem Durchmesser d < 25 μm gesondert berücksichtigt und damit ausgeprägten Oberflächenkräften, die zwischen derartigen Partikeln wirken, besonders Rechnung trägt. Weiterhin kann über die Parameter w_a und w_b sowie C_a und C_b in den Gln. (13.5) und (13.6) der Einfluss der verwendeten Fließmittelart auf das Packungsverhalten der Partikel berücksichtigt werden. Für das Fließmittel Glenium 51 macht *Fennis* folgende Angaben: $w_a = w_b = 1{,}0$ sowie $C_a = 1{,}5$ und $C_b = 0{,}2$ [13.18].

$$a_{ij} = \begin{cases} 1 - \dfrac{\log(d_i/d_j)}{w_{0,a}} & \text{für } \log(d_i/d_j) < w_{0,a} \\ 0 & \text{für } \log(d_i/d_j) \geq w_{0,a} \end{cases}$$

(13.5)

mit

$$w_{0,a} = \begin{cases} w_a \cdot C_a & \text{für } d_i < 25\,\mu m \\ w_a & \text{für } d_i \geq 25\,\mu m \end{cases}$$

$$b_{ij} = \begin{cases} 1 - \dfrac{\log(d_j/d_i)}{w_{0,b}} & \text{für } \log(d_j/d_i) < w_{0,b} \\ 0 & \text{für } \log(d_j/d_i) \geq w_{0,b} \end{cases}$$

(13.6)

mit

$$w_{0,b} = \begin{cases} w_b \cdot C_b & \text{für } d_i < 25\,\mu m \\ w_b & \text{für } d_i \geq 25\,\mu m \end{cases}$$

Die Parameter a_{ij} und b_{ij} gehen in die nachfolgende Gl. (13.8) ein. Die Indizes i und j bezeichnen dabei die miteinander wechselwirkenden Körnungen.

Der oben vorgestellte Ansatz für die Berechnung der Packungsdichte von zwei einzelnen Körnungen wurde von *de Larrard* auf eine beliebige Anzahl n von Einzelkörnungen erweitert, durch deren Mischung ein Korngemisch mit möglichst hoher Packungsdichte erzielt werden soll. Für einzelne Körnungen gilt hierbei die Voraussetzung, dass das Verhältnis der Durchmesser zwischen Kleinst- und Größtkorn $d_{i,min}/d_{i,max}$ einer Körnung im Bereich zwischen 0,5 bis 0,9 liegen muss. Im Rahmen der Packungsdichteberechnung hat dies zur Folge, dass im Herstellwerk vorhandene Kornfraktionen oder Bindemittel mittels Siebung in einzelne Unterkörnungen aufgeteilt werden müssen. Im Modell bezeichnet i = 1 dabei die Körnung mit größtem Korndurchmesser.

Im nächsten Schritt sind die Volumenanteile ϑ_i der einzelnen Körnungen in der Trockenmischung durch den Anwender festzulegen. Diese werden im Modell als Feststoff-Volumenanteile ϑ_i gemäß Gl. (13.7) angegeben. Hierin bezeichnen m_i die Masse und ρ_i die Rohdichte der betrachteten Körnung i.

$$\vartheta_i = \dfrac{\dfrac{m_i}{\rho_i}}{\sum\limits_{v=1}^{n}\dfrac{m_v}{\rho_v}}$$

(13.7)

Um die theoretische Packungsdichte $\phi_{G,i}$ des so festgelegten Korngemisches aus n einzelnen Körnungen berechnen zu können, müssen die Wechselwirkungen zwischen den einzelnen Körnungen untersucht werden. Hierzu wird jeweils eine Körnung i als dominant angenommen und untersucht, ob deren Packungsdichte durch Zugabe der anderen Körnungen j gesteigert werden kann (siehe Gl. (13.8)).

Die Packungsdichte $\phi_{G,i}$ der einzelnen Kornische stellt einen Grenzwert dar, der nur unter Aufwendung einer unendlich großen Verdichtungsenergie k erreicht werden kann. Die tatsächlich bei einem bestimmten Verdichtungsgrad vorliegende Packungsdichte des verdichteten Korngemischs $\phi_{G,verd}$ kann mittels Gl. (13.9) ermittelt werden. Der Kompressionsbeiwert k ist Tabelle 41 zu entnehmen. Da Gl. (13.9) leider keine explizite mathematische Auflösung nach der Größe $\phi_{G,verd}$ erlaubt, muss die durch das Modell vorhergesagte reale Packungsdichte $\phi_{G,verd}$ des Korngemischs iterativ, beispielsweise mittels gängiger Tabellenkalkulationssoftware, ermittelt werden.

$$\phi_{G,i} = \dfrac{\phi_{K,i}}{1 - \sum\limits_{j=1}^{i-1}\left[1 - \phi_{K,i} + b_{ij} \cdot \phi_{K,i} \cdot \left(1 - \dfrac{1}{\phi_{K,j}}\right)\right] \cdot \vartheta_j - \sum\limits_{j=i+1}^{n}\left[1 - a_{ij} \cdot \dfrac{\phi_{K,i}}{\phi_{K,j}}\right] \cdot \vartheta_j}$$

(13.8)

$$k = \sum_{i=1}^{n} \frac{\vartheta_i}{\dfrac{1}{\phi_{G,verd}} - \dfrac{1}{\phi_{G,i}}} \cdot \phi_{K,i} \quad (13.9)$$

Das oben vorgestellte Berechnungsverfahren ist zwar sehr komplex, ermöglicht aber eine gute Abschätzung der zu erwartenden Packungsdichte eines Gemisches aus granularen Betonausgangsstoffen. Die zur Betonherstellung erforderliche Wassermenge w kann aus der Packungsdichte $\phi_{G,verd}$ und dem geplanten Betonvolumen V_{Beton} berechnet werden:

$$V_w = (1 - \phi_{G,verd}) \cdot V_{Beton} \quad (13.10)$$

Die Berechnung der Betonzusammensetzung erfolgt anschließend unter Verwendung des Wasservolumens V_w und der Anteile des Trockengemisches, d.h. der Volumenanteile von Zement, Zusatzstoffen, Gesteinsmehlen und Gesteinskörnungen sowie unter Berücksichtigung der Zusatzmittel.

Experimentelle Verfahren zur Ermittlung der Packungsdichte

Für die experimentelle Bestimmung der Packungsdichte von Bindemittelgemischen bzw. Partikelhaufwerken werden in der internationalen Literatur mehrere Verfahren empfohlen. Nachfolgend wird kurz auf das Puntke-Verfahren eingegangen, das sich durch eine einfache Handhabung auszeichnet [13.22]. Der Grundgedanke des Puntke-Verfahrens besteht darin, dass der Hohlraum in einem Kornhaufwerk durch Zugabe von Wasser und anschließendem Mischen und Verdichten gezielt gefüllt werden kann. Die Packungsdichte wird mittels des Grenzwerts der Wasserzugabe bestimmt, der dann erreicht ist, wenn zusätzlich zugegebenes Wasser keinen Platz mehr in den Hohlräumen des Haufwerks findet. Dieses Wasser schlägt sich in einem Wasserfilm an der Oberseite des Gemischs nieder und führt zu einer signifikanten Veränderung der Lichtbrechung an der Oberfläche.

In der praktischen Umsetzung wird eine definierte Menge eines Partikelgemischs mit bekannter Dichte eingewogen. Das Volumen der Partikel kann aus der Masse der einzelnen Fraktionen m_i und deren Dichte ρ_i berechnet werden:

$$V_p = \frac{m_1}{\rho_1} + \ldots + \frac{m_n}{\rho_n} \quad (13.11)$$

Die Partikelmischung wird zunächst trocken durchgemischt und homogenisiert. Anschließend wird schrittweise Wasser zugegeben, die Zugabemenge an Wasser durch Wägung erfasst, das Gemisch gründlich durchgemischt und durch Stöße verdichtet. Sobald die Packungsdichte erreicht ist, kommt es zu oben beschriebenen Wasserfilmbildung an der Oberfläche des Gemischs. Mithilfe des bis zu diesem Zeitpunkt zugegebenen Wasservolumens V_w kann die Packungsdichte des Gemischs $\phi_{G,exp}$ berechnet werden:

$$\phi_{G,exp} = \frac{V_p}{V_w + V_p} \quad (13.12)$$

Das Verfahren lässt sich sowohl für Korngemische als auch für einzelne Körnungen mit einem Größtkorn von ca. 2 mm bis 3 mm anwenden. Es liefert gut reproduzierbare Werte.

13.3.2 Bewertung der Leistungsfähigkeit der Bindemittelzusammensetzung

Die Leistungsfähigkeit des zuvor optimierten Gemischs aus Zement, Zusatzstoffen und Gesteinskörnung kann in Bezug auf die aus der Hydratation resultierende Festigkeit und Mikrostruktur mithilfe des äquivalenten Wasserzementwerts ω_{eq} gemäß Gl. (13.13) bewertet werden:

$$\omega_{eq} = (w/z)_{eq} = \frac{w}{z + k \cdot r} \quad (13.13)$$

Hierin bezeichnen k den dimensionslosen Anrechenbarkeitsbeiwert für einen Zusatzstoff mit der Masse r nach DIN 1045-2 [1.3], w den Wassergehalt und z den Zementgehalt jeweils in kg/m³ Beton. Wird eine bestimmte Masse Zement nun durch die gleiche Masse an Zusatzstoff jedoch mit einer reduzierten hydraulischen Leistungsfähigkeit (d. h. k < 1) ausgetauscht, so muss auch der Wassergehalt der Mischung reduziert werden, um einen gleichbleibenden (äquivalenten) w/z-Wert zu gewährleisten. Im Extremfall reicht die über den w/z_{eq}-Wert bereitgestellte Menge an Wasser gerade noch aus, um alle Hohlräume im Kornhaufwerk des Bindemittelgemisches zu füllen. Für Bindemittelgemische gilt dann:

$$\phi = \frac{V_z + V_r}{V_w + V_z + V_r}$$

$$= \frac{\dfrac{z}{\rho_z} + \sum_{i=1}^{n} \dfrac{r_i}{\rho_i}}{\dfrac{w}{\rho_w} + \dfrac{z}{\rho_z} + \sum_{i=1}^{n} \dfrac{r_i}{\rho_i}} \quad (13.14)$$

Mithilfe der Gln. (13.13) und (13.14) kann nun die Mindestpackungsdichte ϕ_{min} berechnet werden, die mindestens erforderlich ist, damit der aus dem äquivalenten w/z-Wert resultierende Wassergehalt ausreicht, um noch alle Hohlräume des Kornhaufwerks zu füllen. Zusatzmittel sind wie in der Betontechnologie üblich unter Anrechnung des Wassergehalts zu berücksichtigen. Die zuvor beispielsweise mit dem Modell von *Fennis* ermittelte Packungsdichte $\phi_{G,verd}$ (siehe Gl. (13.9)) muss stets größer oder gleich dem nach Gl. (13.14) ermittelten Wert sein.

$$\phi_{G,verd} \geq \phi_{min} = \frac{\dfrac{z}{\rho_z} + \sum_{i=1}^{n} \dfrac{r_i}{\rho_i}}{\dfrac{\omega_{eq}\left[z + \sum_{i=1}^{n} k_i \cdot r_i\right]}{\rho_w} + \dfrac{z}{\rho_z} + \sum_{i=1}^{n} \dfrac{r_i}{\rho_i}}$$
(13.15)

Das Ergebnis von Berechnungen mittels Gl. (13.15) ist exemplarisch für den Zusatzstoff Flugasche (FA) für verschiedene Wasserzementwerte bzw. Anrechenbarkeitsbeiwerte (k-Werte) in Bild 61 dargestellt. Als Rohdichte wurden für den Zement $\rho_z = 3{,}1$ kg/dm³ und für Flugasche $\rho_{FA} = 2{,}3$ kg/dm³ angesetzt.

Aus Bild 61 (links) wird deutlich, dass bei einem Austausch von Zement durch den Zusatzstoff Flugasche (mit k = 0,4) die Packungsdichte ϕ_{min} des Bindemittelgemischs zwingend zunehmen muss, damit die zugegebene Wassermenge ausreicht, um alle Haufwerksporen zu füllen und somit $\phi_{G,verd} \geq \phi_{min}$ gilt. Diese Tendenz ist insbesondere für Zusatzstoffe mit geringem oder keinem Beitrag zur Hydratation bzw. Festigkeitsbildung wie beispielsweise Gesteinsmehle (s. Bild 61, rechts, für k → 0) gegeben. Bei der Anwendung von Gl. (13.15) bzw. hinsichtlich der Darstellung in Bild 61 muss weiterhin beachtet werden, dass der k-Wert-Ansatz nach DIN 1045-2 [1.3] für hohe Zementaustauschraten seine Gültigkeit verliert und unsinnige Ergebnisse liefert.

13.4 Methoden der Leistungsbewertung

Wie bereits in Abschnitt 13.1 erläutert, stellt die Leistungsbewertung einen zentralen Baustein beim Nachweis der Nachhaltigkeit eines Baustoffs dar. Diese Bewertung wird im Bauwesen üblicherweise mittels mechanischer Kenngrößen, wie der Druck- und Zugfestigkeit und dem E-Modul, sowie durch Dauerhaftigkeitskenngrößen vorgenommen. Nach [13.24] kann es insbesondere bei der Betonentwicklung sinnvoll sein, die mit der Erzielung bestimmter mechanischer Eigenschaften verbundenen Umweltwirkungen in Relation zu einer Bezugsgröße anzugeben. *Damineli* et al. [13.25] führen dazu den sog. Bindemittel-Intensitäts-Indikator b_i ein. Dieser gibt den Quotienten aus der Masse an Bindemittel B (in [kg/m³]) und der Druckfestigkeit f_{cm} (in MPa) an, d. h. die Menge an Bindemittel, die pro 1 MPa Druckfestigkeit erforderlich ist (siehe Gl. (13.16)).

$$b_i = \frac{B}{f_{cm}} \qquad (13.16)$$

Eine Weiterführung dieses Ansatzes stellt der sog. CO_2-Intensitäts-Indikator c_i dar (siehe Gl. 13.17). Hierbei wird die pro Druckfestigkeitseinheit und Kubikmeter Beton emittierte Äquivalentmenge an CO_2 (GWP nach Abschnitt 13.2) berechnet.

$$c_i = \frac{GWP}{f_{cm}} \qquad (13.17)$$

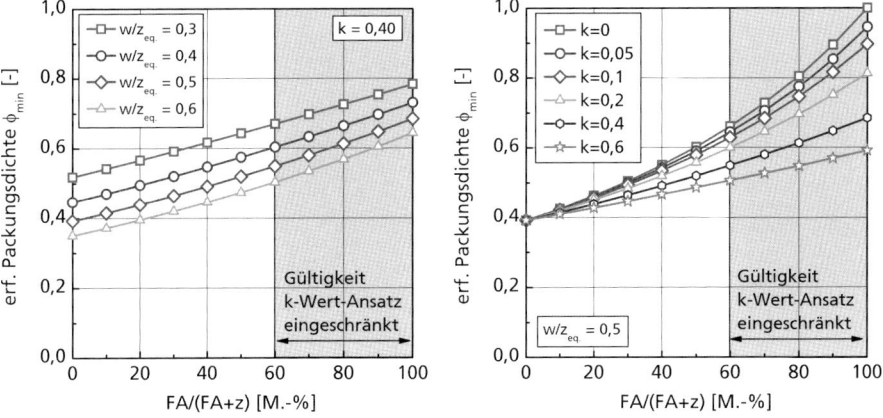

Bild 61. Minimale Packungsdichte ϕ_{min}, die erforderlich ist, damit die aus dem äquivalenten w/z-Wert resultierende Zugabemenge an Wasser ausreicht, um den Hohlraumgehalt des Bindemittelgemischs auszufüllen für Zement-Flugasche-Gemische mit konstanter Gesamtmasse, aber unterschiedlichen Anteilen von Flugasche an der Gesamtbindemittelmasse; links: für variable $w/z_{eq.}$-Werte bei konstantem Anrechenbarkeitsbeiwert k = 0,4; rechts: für $w/z_{eq.} = 0{,}5$ und variablem k-Wert; Berechnung nach Gl. (13.15)

Da die Ökobilanz eines Betons maßgeblich durch die Bilanz seiner Rohstoffe – und hier insbesondere des Zements – bestimmt wird, stellt Gl. (13.17) einen interessanten Bewertungsansatz dar, um durch die Optimierung von Bindemittelart und -gehalt eine geringstmögliche Umweltbelastung je Druckfestigkeitseinheit zu erzielen.

Bild 62 zeigt, dass für heute eingesetzte Betone höherer Festigkeit ca. 5 kg Bindemittel pro Kubikmeter Beton ausreichen, um 1 MPa an Druckfestigkeit zu erzeugen. Aus Bild 62 wird auch deutlich, dass das Optimierungspotenzial bei hochfesten Betonen nahezu ausgeschöpft zu sein scheint, während bei Betonen mit niedriger Festigkeit ein erhebliches Einsparpotenzial an Bindemitteleinsatz besteht. Für eine Druckfestigkeit von 30 MPa müssen derzeit noch zwischen 8 kg bis 17 kg Bindemittel pro erzielter Festigkeitseinheit aufgewendet werden. Einen ähnlichen Bindemittelausnutzungsgrad wie beim hochfesten Beton vorausgesetzt, könnte für den betrachteten Beton mit einer Festigkeit von 30 MPa der Bindemittelgehalt um ca. 100 kg/m³ bis ca. 200 kg/m³ reduziert werden. Berücksichtigt man weiterhin, dass der überwiegende Anteil in Deutschland produzierten Betons eine Festigkeit im Bereich von 30 MPa aufweist [13.26], so werden das Optimierungspotenzial, aber auch der erhebliche Forschungsbedarf zur Entwicklung niederfester Betone mit minimiertem Bindemittelbedarf und hoher Dauerhaftigkeit deutlich.

Der Forschungsbedarf bei der ökologischen Optimierung niederfester Betone resultiert im Wesentlichen aus der Tatsache, dass sich mit abnehmender Druckfestigkeit und damit zunehmender Porosität die Dauerhaftigkeit von Beton i. d. R. verschlechtert. Dies hat u. a. eine Verkürzung der möglichen Nutzungsdauer eines Bauwerks zur Folge, mit ungünstigen Auswirkungen auf die Nachhaltigkeit (siehe Gl. (13.1)).

13.5 Zusammensetzung und Eigenschaften nachhaltiger Betone

Wie aus den Ausführungen in Abschnitt 13.4 deutlich wurde, stehen dem Betontechnologen prinzipiell zwei Möglichkeiten zur Verfügung, besonders nachhaltige Betone herzustellen: Erstens, es werden hochfeste Betone hergestellt oder zweitens, niederfeste und gleichzeitig bindemittelarme Ökobetone. Hochfeste Betone zeichnen sich durch sehr geringe Umweltwirkungen bezogen auf ihre Leistungsfähigkeit aus. Nachhaltig sind derartige Betone jedoch nur, wenn ihre Eigenschaften im Bauwerk auch ausgeschöpft werden. Ist aus planerischer Sicht hingegen keine hohe Druckfestigkeit bzw. Dauerhaftigkeit erforderlich, stellt sog. Ökobetone (engl. Green Concrete, Ecological Concrete oder Sustainable Concrete) eine Alternative dar. Dabei scheint sich der Begriff „Ökobeton" im deutschen Sprach-

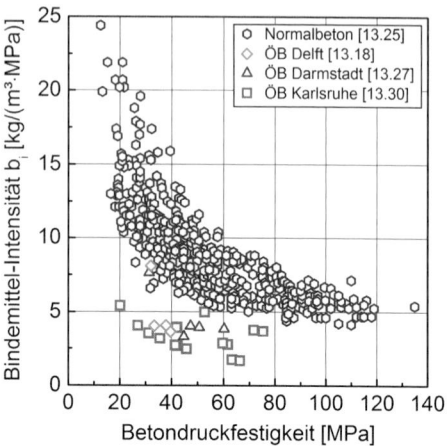

Bild 62. Bindemittelintensität b_i in Abhängigkeit von der Druckfestigkeit des Betons für Normalbeton (NB; nach [13.25]) sowie für verschiedene Ökobetone (ÖB; nach [13.18, 13.27, 13.30])

raum durchzusetzen. Einen umfassenden Überblick über die Forschungsaktivitäten zu ökologischen Betonen geben *Glavind* et al. [13.31–13.33].

Derzeit liegen in der internationalen Literatur nur vergleichsweise wenige Ergebnisse zur Zusammensetzung und den Eigenschaften zementreduzierter Ökobetone vor. *Proske* und *Graubner* berichten in [13.27] über systematische Versuche zur Entwicklung niederfester Betone, bei denen Portlandzement durch Portlandkalksteinzement bzw. Hüttenzement sowie Kalksteinmehl und Flugasche ausgetauscht wurde. Die Zusammensetzung der Betone sowie ausgewählte Eigenschaften sind in Tabelle 42 dargestellt.

Die Untersuchungsergebnisse zeigen, dass auch mit Ökobetonen durch eine gezielte Anpassung der Betonzusammensetzung eine hohe Leistungsfähigkeit erzielt werden kann (vgl. auch Bild 62). Im Hinblick auf die Bemessung ist hierbei insbesondere der gegenüber Normalbeton erhöhte E-Modul zu beachten, der auf den stark erhöhten Gesteinskorngehalt der Mischungen zurückgeführt werden kann. Abstriche in der Leistungsfähigkeit sind jedoch in der Dauerhaftigkeit der Betone zu erwarten.

Untersuchungen von *Rezvani* zum Schwindverhalten von Ökobetonen mit hohen Kalksteinmehlgehalten (Zementaustausch von bis zu 70 M.-%) zeigen, dass ein Austausch von Portlandzement durch Kalksteinmehl nicht zwingend zu einer Reduktion der Schwindverformungen führt [13.28]. Stattdessen konnte eine ausgeprägte Abhängigkeit der Schwindneigung von der Art der verwendeten

Tabelle 42. Zusammensetzung und ausgewählte Eigenschaften von Ökobetonen [13.27]

Ausgangsstoff/ Eigenschaft	Dimension	Referenz- beton Ref. I.XC1	Ökobeton II.XC1	Ökobeton III.XC1	Ökobeton II.XC4	Ökobeton III.XC4
Zementart	[–]	CEM I	CEM II	CEM III	CEM II	CEM III
Zement	[kg/m^3]	240	140	180	180	220
Kalksteinmehl	[kg/m^3]	30	210	160	140	120
Flugasche	[kg/m^3]	0	21	27	50	30
Fließmittel	[kg/m^3]	1,0	3,9 *)	2,0 *)	4,1 *)	2,3 *)
Wasser	[kg/m^3]	180	≤ 135	≤ 135	≤ 135	≤ 135
w/z$_{eq.}$-Wert	[–]	0,750	0,928	0,715	0,690	0,590
Druckfestigkeit f$_{cm,cube}$	[N/mm^2]	31,4	44,8	47,3	50,7	60,2
E-Modul E$_{cm}$	[N/mm^2]	29 500	36 300	37 000	36 700	36 500
Wassereindringtiefe (28 d)	[cm]	0,9	1,6	0,9	0,7	1,4
Frostabwitterung (Würfelverfahren)	[M.-%]	1,1	5,4	9,6	3,1	3,1

*) Fließmittel auf PCE-Basis

Kalksteinmehls und hier insbesondere vom Gehalt toniger Bestandteile (ausgedrückt durch den Methylen-Blau-Wert, MB) festgestellt werden. Mit zunehmendem MB-Wert nahm die Schwindneigung der Betone zu.
Systematische Untersuchungen zum Carbonatisierungsverhalten von Ökobetonen wurden von *Hainer* vorgestellt [13.29]. Die Untersuchungsergebnisse belegen, dass mit zunehmendem Austausch von Portlandzementklinker durch reaktive bzw. nicht reaktive Ersatzstoffe eine verstärkte Neigung zur Betoncarbonatisierung einhergeht. Diesem Nachteil kann durch Reduktion des Wasserzementwerts – soweit die Anforderungen an die Verarbeitbarkeit dies zulassen – begegnet werden. Zur Bewertung unterschiedlicher Zemente bzw. Zementersatzstoffe für die Herstellung klinkerarmer Betone stellt *Hainer* ein umfangreiches Modell vor und gibt Empfehlungen zum maximal zulässigen äquivalenten w/z-Wert in Abhängigkeit von der Bindemittelzusammensetzung.
Zu ähnlichen Ergebnissen kommt auch *Fennis* [13.18]. Den Ausgangspunkt ihrer Entwicklung bilden die Ökobilanzdaten der Ausgangsstoffe sowie deren jeweilige Packungsdichte. Die Ausgangsstoffe werden dabei derart kombiniert, dass Mischungen mit möglichst geringer Umweltwirkung bei gleichzeitig maximaler Packungsdichte entstehen. Dafür wendet *Fennis* die in Abschnitt 13.3 beschriebene Vorgehensweise an und optimiert die Packungsdichte aller granularen Ausgangsstoffe mithilfe des von ihr entwickelten CIPM-Modells. Die Zusammensetzung und wesentliche Kennwerte der entwickelten Betone sind in Tabelle 43 aufgeführt.
Der Vergleich der Ökobetone 1 bis 3 in Tabelle 43 mit dem ebenfalls aufgeführten Referenzbeton belegt, dass durch eine geeignete Packungsdichteoptimierung Betone mit ausreichender Druckfestigkeit bei stark reduziertem Bindemittel- bzw. CO$_2$-Intensität hergestellt werden können (vgl. auch Bild 62). Besonders interessant ist in diesem Zusammenhang auch, dass die untersuchten Betone ein gegenüber dem Referenzbeton signifikant reduziertes Schwind- und Kriechvermögen aufwiesen [13.18]. Der Vergleich mit den Ergebnissen von *Rezvani* [13.28] belegt, dass die Wahl des Zementersatzstoffs von entscheidender Bedeutung für die Beeinflussung des Schwindverhaltens ist.
Die überwiegende Mehrzahl der in der Literatur dokumentierten Arbeiten zur Entwicklung von Ökobetonen verfolgt den Ansatz, Portlandzementklinker durch andere reaktive Bindemittel, wie beispielsweise Hüttensand oder Flugasche, auszutauschen und gleichzeitig die Gesamtbindemittelmenge zu reduzieren. Hierbei muss beachtet werden, dass eine Verfügbarkeit derartiger Ersatzbindemittel im Hinblick auf die großtechnische Einführung von Ökobetonen nicht oder nur sehr eingeschränkt gegeben ist. Untersuchungen am Karlsruher Institut für Technologie zeigen jedoch, dass durch Einsatz

Tabelle 43. Zusammensetzung und Eigenschaften ausgewählter Ökobetone nach *Fennis* [13.18]

Angaben in [kg/m³]	Beton Nr.			
	Ref.	1	2	3
CEM I 42,5 N	260	110	44	125
CEM III/B 42,5	–	–	66	–
Flugasche	–	88	65	75
Quarzmehl	–	62	85	–
Müllverbrennungsasche	–	–	–	50
Sand und Kies	1911	2029	2026	2021
Wasser	161	103	103	112
Fließmittel	2,1	2,1	3,1	3,0
w/z [–]	0,62	0,94	0,94	0,90
w/$z_{eq.}$ [–]	0,62	0,71	0,76	0,73
$f_{cm,cube}$ [MPa]	32,1	39,6	33,5	37,9
$f_{ctm,sp}$ [MPa]	2,5	2,7	2,5	3,0
E_{cm} [GPa]	30,5	32,5	30,5	30,5
GWP [kg CO_2-Äq.]	370	275	251	296
CO_2-Intensität c_i [kg_{CO2}/($m^3_{Beton} \cdot$ MPa)]	11,5	6,9	7,5	7,8

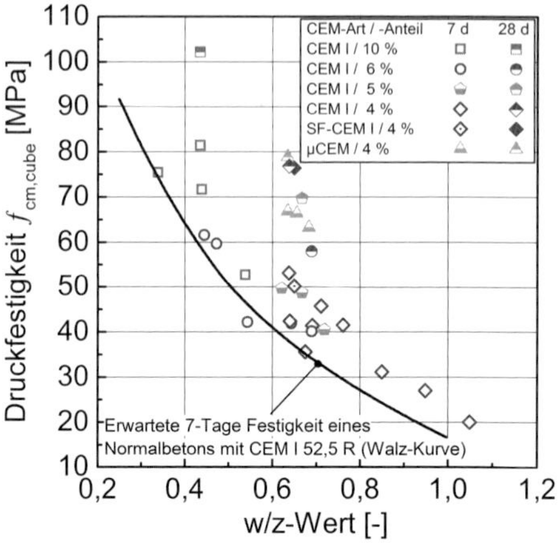

Bild 63. Mittlere Betondruckfestigkeit $f_{cm,cube}$, ermittelt am Würfel im Alter von 7 d bzw. 28 d für Betone bestehend aus Portlandzement CEM I 52,5 R (CEM I), einem Gemisch aus CEM I 52,5 R und 5 M.-% Silikastaub (SF-CEM I) bzw. einem Mikrozement (Portlandzement mit extrem hoher Mahlfeinheit; µCEM) mit unterschiedlichen Zementgehalten (in Vol.-% Zement bezogen auf Feststoffvolumen aller granularen Ausgangsstoffe) sowie Walz-Kurve gemäß [13.16] für Betone mit einem CEM I 52,5 R für Betondruckfestigkeiten im Alter von 7 d (Umrechnung 28 d auf 7 d mittels *fib* Model Code 2010)

inerter Gesteinsmehle und unter Anwendung der in Abschnitt 13.3 vorgestellten Methoden auf die Verwendung von Betonzusatzstoffen verzichtet werden kann [13.30]. Das Ergebnis dieser Entwicklungsarbeiten ist in Bild 63 dargestellt. Darin ist das Volumen des Portlandzements als Anteil am Volumen der trockenen Betonmischung (d. h. dem Volumen aller granularen Ausgangsstoffe) angegeben. Aus Bild 63 wird deutlich, dass auch mit Bindemittelgehalten von nur 4 Vol.-%, entsprechend ca. 110 kg/m³ Portlandzement, Betondruckfestigkeiten erzielt werden können, die die gemäß Walz-Kurve (siehe [13.16]) zu erwartenden Festigkeiten deutlich übertreffen. Problematisch sind beim jetzigen Stand der Entwicklung jedoch die Verarbeitungseigenschaften dieser Betone zu bewerten [13.30]. Untersuchungen zur Dauerhaftigkeit belegen eine systematische Verbesserung des Widerstands des Betons gegen verschiedene Angriffsarten mit abnehmendem Zementgehalt (siehe Bild 64). Dies kann auf die mit abnehmendem Zementgehalt verbundene Abnahme des Zementleimgehalts und eine dadurch bedingte Abnahme des absoluten Porengehalts im Beton zurückgeführt werden [13.30]. Kritisch muss jedoch angemerkt werden, dass die Dauerhaftigkeit derartiger Betone noch nicht mit denen von Normalbeton gleicher Festigkeit gleichzusetzen ist [13.4]. Berechnet man jedoch beispielsweise anhand der in Bild 64 dargestellten Ergebnisse die zu erwartende Lebensdauer eines Bauwerks und setzt diesen Wert zusammen mit der ermittelten Betondruckfestigkeit (als Maß für die Leistungsfähigkeit) und den berechneten Umweltwirkungen in Gl. (13.1) ein, so weisen die entwickelten Ökobetone trotz ihrer reduzierten Dauerhaftigkeit ein stark verbessertes Nachhaltigkeitspotential im Vergleich zu Normalbeton auf [13.4, 13.35].

Abschließend kann festgestellt werden, dass eine Reduktion des Zementgehalts im Beton keine systematische Verschlechterung der Betoneigenschaften zur Folge haben muss und dass das Nachhaltigkeitspotenzial des Betons gemäß Gl. (13.1) dadurch signifikant gesteigert werden kann.

Die vorangehenden Betrachtungen, insbesondere jene zur Leistungsbewertung in Abschnitt 13.4, behalten ihre Gültigkeit auch für ultrahochfeste Betone, obwohl diese nur unter Verwendung sehr hoher

Nachhaltiger Beton | 155

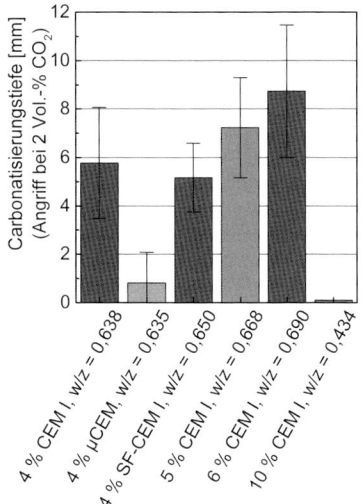
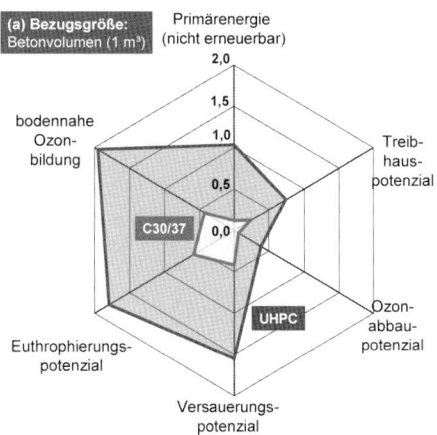

Bild 64. Carbonatisierungstiefe, ermittelt an den in Bild 63 dargestellten Betonen bei einer Lagerung unter 2 Vol.-% CO_2 bei 20 °C und ca. 70 % r. F. im Alter von 56 d [13.4]

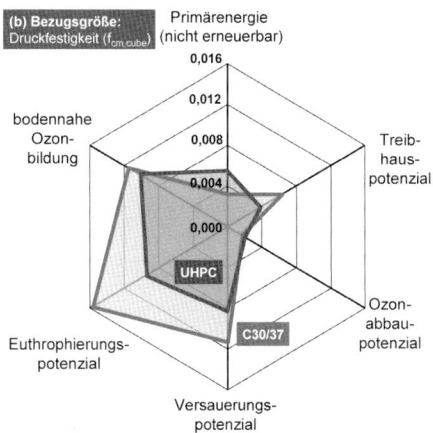

Zementgehalte hergestellt werden können. Die Zusammensetzung eines ultrahochfesten Betons im Vergleich zu einem Normalbeton C30/37 ist exemplarisch in Tabelle 44 aufgeführt [13.36].

Bild 65 zeigt, dass die Herstellung von ultrahochfestem Beton aufgrund des hohen Bindemittel-, Fließmittel- und Stahlfasergehalts signifikant größere Umweltwirkungen pro Volumeneinheit verursacht, als dies bei einem herkömmlichen Beton C30/37 der Fall ist. Bezieht man hingegen die Umweltwirkungen auf die Druckfestigkeit bzw. die Dauerhaftigkeit des Betons – hier durch die Permeabilität ausgedrückt –, so schneidet der ultrahochfeste Beton signifikant besser ab als der Normalbeton. Nicht berücksichtigt wurde bei diesem Vergleich, dass der UHPC bereits eine verstärkende Bewehrung durch

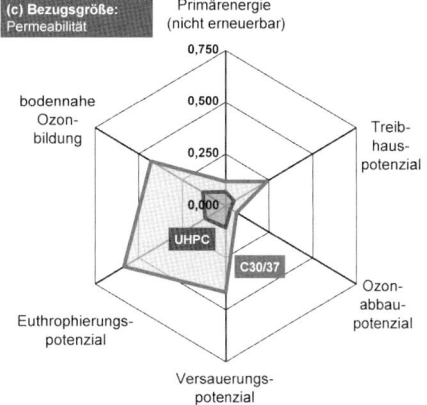

Bild 65. Ökobilanz eines ultrahochfesten Betons UHPC und eines Normalbetons C30/37 nach Tabelle 44 jeweils bezogen auf das Betonvolumen (a), die Druckfestigkeit (b) und die Dauerhaftigkeit (Permeabilität, c); Dimensionen: Primärenergie in 10^3 kg CO_2-Äqu.; Treibhauspotenzial in 10^4 MJ; Treibhauspotenzial in 10^3 kg CO_2-Äqu.; Ozonabbaupotenzial 10^{-4} kg R11-Äqu.; Versauerungspotenzial kg SO_2-Äqu.; Euthrophierungspotenzial 10^{-1} kg PO_4-Äqu.; bod. Ozonbildung 10^{-1} kg C_2H_4-Äqu.

Tabelle 44. Zusammensetzung und Eigenschaften von hochfestem und ultrahochfestem Beton im Vergleich zu Normalbeton [13.36]

Ausgangsstoff/ Eigenschaft	Dimension	C30/37	UHPC
Zement	[kg/m^3]	320	600
Mikrosilica	–		180
Quarzmehl	–		450
Sand 0/2		450	350
Kies 2/16		1500	700
Stahlfasern		–	196
Wasser		180	140
Fließmittel		3	30
w/b	[–]	0,5	0,21
Druckfestigkeit $f_{cm,cube}$	[N/mm^2]	44,0	190,0
E-Modul E_{cm}	[N/mm^2]	30.500	52.000

Stahlfasern enthält und somit im Bauteil ggf. Stabstahlbewehrung eingespart werden kann. Insofern wird in diesem Vergleich der Normalbeton noch begünstigt.

14 Carbonbeton

Carbonbeton besteht aus dem Materialverbund von Carbonbewehrung und Beton. Die Carbonbewehrung wird aus zu Garnen weiterverarbeiteten Carbonendlosfasern (Filamenten) hergestellt und – ähnlich wie bei der Bewehrung aus Betonstahl – in Form von Matten und Stäben geliefert. Mattenartige Bewehrungen werden oft auch als Textil und der damit bewehrte Beton auch als Textilbeton bezeichnet (Oberbegriff). Dabei können die Textilien aus verschiedenen Materialien gefertigt sein, z. B. alkaliresistentem Glas, Carbon oder auch Basalt.

Carbonstäbe werden im Pultrusionsverfahren, in der Regel mit runden Querschnitten in verschiedenen Durchmessern, hergestellt. Eine Profilierung der Oberfläche sorgt für den erforderlichen Verbund zwischen Bewehrung und Beton. Mattenbewehrung wird in einem textilverarbeitenden Prozess hergestellt, sodass diese oft auch die Bezeichnung Bewehrungstextil trägt. Die Mattenbewehrung wird mit verschiedenen Garnquerschnittsflächen und Gitterweiten angeboten. Es gibt einlagige 2-D-Gelege und 3-D-Bewehrungsstrukturen (Bild 66).

Die Zugfestigkeit von Carbonbewehrung liegt bei ca. 3000 N/mm^2 und ist damit höher als die des üblichen Bewehrungsstahls (ca. 550 N/mm^2). Aufgrund der etwa fünf- bis sechsmal höheren Zugfestigkeit wird bei Verwendung von Carbonbewehrung im Vergleich zu üblicher Betonstahlbewehrung entsprechend weniger Bewehrungsmaterial benötigt. Wesentliche mechanische Merkmale (Zug- und Verbundtragverhalten) und grundlegende Mechanismen von Carbonstäben sind in [14.1] zusammengestellt.

Carbonbewehrung weist gegenüber den üblichen Einwirkungen (Bauteilexpositionen) eine hohe Dauerhaftigkeit auf und muss daher nicht wie die Betonstahlbewehrung durch eine Mindestbetondeckung von mehreren Zentimetern Dicke vor Bewehrungskorrosion geschützt werden. Bauteile aus Carbonbeton können somit deutlich dünner und damit materialsparend ausgeführt werden.

Als Betone kommen Feinbetone mit einem Größtkorn von < 2 mm sowie Betone mit einem Größtkorn von ≤ 8 mm zur Anwendung [14.2, 14.3]. Carbonbeton wird üblicherweise im Gieß- oder Laminierverfahren hergestellt; auch Drucken und Schleudern sind möglich. Das Gießverfahren mit in der Regel leicht verdichtbaren oder selbstverdichten-

a) b)

Bild 66. Bewehrungskorb aus a) Stahlbewehrung und b) Carbonbewehrung mit mineralischer Tränkung (Foto: Christoph Großmann)

Bild 67. Weltweit erste carbonbewehrte Fußgängerbrücke ohne Betonstahbewehrung in Albstadt [14.5]

den Betonen wird vor allem für die Herstellung von Neubauteilen verwendet. Wie bei Stahlbeton wird die Carbonbewehrung mithilfe von Abstandhaltern in die Schalung eingebaut. Anschließend wird das Bauteil in einem Arbeitsschritt betoniert.

Das Laminierverfahren wird üblicherweise bei der Verstärkung von Bauwerken eingesetzt. Auf den Untergrund wird zunächst eine ca. 3 bis 5 mm dicke Schicht aus Feinbeton im Sprühverfahren aufgetragen. In diese Schicht wird die erste Lage textiler Bewehrung leicht eingedrückt. Diese Arbeitsschritte werden so oft wiederholt, bis die gewünschte Lagenanzahl erreicht ist. Den Abschluss bildet eine dünne Feinbetonschicht. Der Feinbeton kann händisch oder im Sprühverfahren aufgebracht werden. Der Einsatz von Abstandhaltern zur Lagesicherung ist nicht notwendig.

Carbonbeton (anfangs Textilbeton) wurde seit Mitte der 1990er-Jahre vornehmlich an den Universitäten in Dresden und Aachen entwickelt und im Rahmen zweier Sonderforschungsbereiche der Deutschen Forschungsgemeinschaft (DFG) in seinen Grundlagen erforscht. Seit dem Jahr 2014 erfolgt die Weiterentwicklung vor allem in dem vom Bundesministerium für Bildung und Forschung (BMBF) geförderten C^3-Projekt [14.4].

Mit der nichtrostenden und hochtragfähigen Carbonbewehrung lassen sich besonders dauerhafte Betonkonstruktionen, mit Dicken von weit unter 50 mm, realisieren. Aber auch massive Brückenbaukonstruktionen wurden bereits aus Carbonbeton errichtet, s. a. Bild 67 [14.5]. Die erstmals ausschließlich mit Carbon bewehrte Brücke wurde in Albstadt-Ebingen errichtet. Die Brücke hat eine Breite von 3 m, eine Spannweite von 15 m und ein Gewicht von ca. 14 t. Die Fahrbahndicke beträgt 9 cm und die Dicke der Brüstung 7 cm. Die Brücke kann mit einem Räum- und Streufahrzeug mit einem Gewicht von bis zu 10 t befahren werden [14.5].

Betoninstandsetzungen werden mit Carbonbetonschichten von ca. 10 mm bis 20 mm durchgeführt, siehe z. B. Bild 68 [14.6].

Weitere Beispiele aus der Baupraxis belegen, dass bereits heute vermehrt Bewehrungen aus Carbon und teilweise auch aus Glas für den Neubau und die Sanierung verwendet werden. Neue Fußgängerbrücken, Fertigteilgaragen, Sandwich- und Doppelwände sowie Bahnsteige wurden bisher in Deutschland mit dieser Bewehrung errichtet. Im Ausland erfolgte auch schon die partielle Anwendung im Straßenbrückenbau. Die erste Straßenbrücke in Deutschland, die über einen ausschließlich carbonbewehrten Überbau verfügt, ist in Planung und wird 2020/2021 errichtet. Die Anwendung des Carbonbetons als Sanierungs- und Verstärkungsschicht erfolgte bereits bei Deckenplatten, denkmalgeschützten Schalenkonstruktionen, Silos und Brücken im

Bild 68. Instandsetzung der historischen Bogenbrücke in Naila [14.6]

Rahmen einer allgemeinen bauaufsichtlichen Zulassung. Weitere allgemeine bauaufsichtliche Zulassungen (abZ) liegen u. a. für Fassadenplatten und Sandwichwände, aber auch für Dichtflächen, Garagen und ein System für die Biegeverstärkung vor.

15 Normative Entwicklung

15.1 Neue EN 206 und DIN 1045-2

Im Jahr 2005 wurde vom CEN/TC 104 beschlossen, die Normenfassung der EN 206-1:2000 weitere fünf Jahre lang unverändert zu lassen, damit die Mitgliedsländer Erfahrungen in der Anwendung sammeln können. Im Jahr 2009 wurde schließlich eine vergleichende Umfrage [15.1] zur Zusammenstellung der Nationalen Anwendungsdokumente der EN 206-1:2000 bei allen CEN-Mitgliedstaaten durchgeführt, um einen Überblick darüber zu gewinnen, wie die europäische Betonnorm im Detail in den Ländern Anwendung findet. Damit sollten Bereiche identifiziert werden, in denen die Norm von den Mitgliedsstaaten unterschiedlich ausgelegt wird bzw. in denen Vereinfachungen möglich sind. Zudem sollte dargelegt werden, an welchen Stellen von den Anforderungen der Norm abgewichen wird und wo zusätzliche nationale Anforderungen gestellt werden.

Die Auswertung der Anwendung der Expositionsklassen (Klassenfestlegungen, Beschreibungen und Beispiele) in den verschiedenen CEN-Mitgliedstaaten im Rahmen von [15.1] zeigte zum Beispiel, dass eine weitere Harmonisierung nicht möglich ist. Weiterhin konnte man sich hinsichtlich der Betonzusammensetzung bei einzelnen Expositionsklassen nicht auf vollständig einheitliche Mindestanforderungen einigen. Dies ist nachvollziehbar, wenn man bedenkt, dass die Norm vom Nordpol bis in die Subtropen anwendbar sein soll.

Auf der Grundlage der Umfrage in den CEN-Mitgliedstaaten [15.1] wurden folgende Schwerpunktthemen identifiziert, die bei der inzwischen erfolgten Überarbeitung der EN 206-1 Berücksichtigung fanden:

- Anpassungen durch seit dem Jahr 2000 neu veröffentlichte Produktnormen (etwa für Fasern, rezyklierte Gesteinskörnungen);
- Überarbeitung des k-Wert-Ansatzes für Flugasche und Silikastaub und Aufnahme von neuen Regeln für Hüttensandmehl;
- Aufnahme eines Konzeptes zur Bewertung gleicher Betonleistungsfähigkeit;
- Aufnahme des Konzeptes der gleichen Leistungsfähigkeit von Gemischen aus CEM I und Zusatzstoffen (CEM I + II (EN 197-1)) = (CEM I + Zusatzstoff (im TB-Werk));
- Anpassung der Klassengrenzen und zulässigen Abweichungen bei den Frischbetonprüfungen;
- Überarbeitung der Konformitätsbewertung und Aufnahme neuer Konzepte für diese;
- Aufnahme von EN 206-9 „Ergänzende Regeln für selbstverdichtenden Beton (SVB)";
- Aufnahme zusätzlicher Anforderungen an Beton für besondere geotechnische Arbeiten (Spezialtiefbau);
- Aufnahme der Änderungen zur EN 206-1, EN 206-1/A1 und EN 206-1/A2.

Die neue EN 206 wurde im Juli 2014 veröffentlicht und nahezu zeitgleich ein Entwurf für eine überarbeitete DIN 1045-2 herausgegeben. Anlässlich der Sitzung des NABau-Arbeitsausschusses 005-07-02 AA „Betontechnik" im Dezember 2014 wurden die zum Entwurf der E DIN 1045-2:2014-08 eingegangenen Stellungnahmen beraten. Die Analyse der Stellungnahmen hat gezeigt, dass die eingegangenen Kommentare zum Teil große Gegensätze aufweisen. Aus den Einsprüchen ergibt sich, dass das bisher formulierte, eher vereinheitlichende Normenkonzept für Beton auf Basis von EN 206-1/DIN 1045-2, an seine Grenzen stößt. Daher wurde dieser Normentwurf nicht weiterverfolgt.

Für DIN EN 206:2014-07, die mit Ausgabe DIN EN 206:2017-07 noch einmal geringfügig überarbeitet wurde, existiert somit übergangsweise keine nationale Anwendungsregel. Die europäische Betonnorm ist ohne diese Anwendungsregel nicht anwendbar. Insofern bleibt bis zur Veröffentlichung einer neuen DIN 1045-2 der alte Regelungsstand „DIN EN 206-1:2001-07 (einschl. der Änderungen) in Verbindung mit DIN 1045-2: 2008-08" mit allen zugehörigen DAfStb-Richtlinien – auch bauaufsichtlich – weiter bestehen. Aus diesem Grund haben sich für den Beton-Kalender 2020 keine großen Änderungen für die Regelwerksituation ergeben.

15.2 Betonbauqualität entlang der Wertschöpfungskette – Ein integrierter Ansatz

15.2.1 Hintergrund

Die Betonbauweise hat sich seit Jahrzehnten auch deshalb bewährt, weil die Regelungen für Betonherstellung und -verwendung und die zugehörige Qualitätsüberwachung kontinuierlich an den technischen Fortschritt angepasst und weiterentwickelt worden sind, um den Anforderungen an sichere und dauerhafte Bauwerke jederzeit zu genügen. Die jüngere Erfahrung mit der Anwendung des bestehenden technischen Regelwerks für die Betonherstellung und Bauausführung in Deutschland hat gezeigt, dass die vorhandenen Regelungen und Prüfungen aktuell für einige Anwendungssituationen zu ergänzen und zu modifizieren sind, um die erforderliche Betonbauqualität zielsicher über die Teilbereiche Planung, Betontechnik und Ausführung hinweg zu erreichen. Gezeigt hat sich zudem, dass wirtschaftliche Optimierungsbestrebungen auch nachteilige Auswirkungen auf das fertige Produkt, in diesem Fall also das zu erstellende Massivbauwerk haben können. Dies gilt insbesondere, wenn diese Optimierungsbestrebungen vorrangig innerhalb der einzelnen Teilbereiche, also der Planung, der Betonherstellung und der Bauausführung stattfinden, ohne dass die Schnittstellen zwischen diesen Teilbereichen und die Auswirkungen auf die jeweils anderen Teilbereiche in angemessener Form berücksichtigt werden. Die potenziellen negativen Folgen eines solchen nicht aufeinander abgestimmten Optimierens sind besonders offenkundig und werden gelegentlich auch Realität. Sie können immer dann „besichtigt" werden, wenn das fertige Betonbauwerk nicht die vom Bauherrn gewünschten Eigenschaften aufweist.

15.2.2 Bisherige Normen im Betonbau – Defizitanalyse

Während im allgemeinen Hochbau die Optimierung durch jeden einzelnen Beteiligten oft hinreichend und daher gerechtfertigt ist, kann eine Optimierung bei Ingenieurbauwerken oft nur gemeinsam gelingen – unter Austausch relevanter Informationen und unter Abstimmung wesentlicher Entscheidungen auf die weiteren folgenden Aufgaben. So werden in der Planung eines Bauvorhabens wichtige Annahmen getroffen, die für die Bauausführung und für die Wahl der Baustoffe von Bedeutung sind – beispielsweise, ob eine Bodenplatte von frühen oder auch späten Zwang überstehen können muss. Dabei können solche Annahmen, die dann in die Planung umgesetzt werden, für die Bauausführung Möglichkeiten, aber auch Einschränkungen bedeuten. Gleiches gilt für den Baustoff: Annahmen der Planung und Festlegungen zum Bauverfahren wirken sich bei der Auswahl der Baustoffe entsprechend aus.

Als ein wichtiger Punkt im Hinblick auf die Weiterentwicklung der aktuellen Betonbaunormen stellte sich in der Diskussion um die Neufassung der DIN 1045-2 Ende 2014 heraus, dass keine angemessene Differenzierung der baulichen Anforderungen im Hinblick auf die Komplexität der Bauaufgabe vorgesehen wird. So unterscheiden die aktuellen Regelwerke nicht bzw. in einigen Bereichen nicht ausreichend, ob es sich um eine Bauaufgabe im vergleichsweise einfach strukturierten Hochbau oder um eine als mitunter komplexen Ingenieurbau handelt. Nicht nur in der Betonnorm, sondern auch im Bereich der Bemessung (Planung) und der Bauausführung fehlt eine solche Differenzierung nach Bauaufgaben bislang.

Und nicht zuletzt aufgrund neuer Entwicklungen in der Betontechnik sowie der daraus resultierenden Erweiterung der Anwendungsgebiete im Betonbau drängt die Notwendigkeit, Bauwerke bzw. Bauteile hinsichtlich ihres Anforderungsniveaus an die Bemessung, Betonherstellung und Bauausführung zu klassifizieren. In vielen Fällen des allgemeinen Hochbaus reichen Regelungen der neuen DIN EN 206:2014-07 mit einem Standard aus, in dem die vorgegebenen Öffnungsklauseln der europäischen Norm umgesetzt werden. Bei Infrastrukturbauwerken wie z. B. Brücken- und Wasserbauten werden hingegen beispielsweise deutlich längere Nutzungsdauern angestrebt, welche die Entwicklung eines erweiterten Konzeptes zur Betonbauqualität notwendig machen, um die erhöhten Anforderungen erfüllen zu können. Auch das Angebot von möglichen Betonen, das in den vergangenen 20 bis 30 Jahren durch neue Betonzusatzmittel und ein erweitertes Angebot an Zementen und Betonzusatzstoffen erheblich vergrößert wurde, zwingt aufgrund der damit verbundenen höheren Komplexität zu einer differenzierten Betrachtung, wenn es um die Festlegung von normativen Anforderungen geht.

Bauherren und Bauausführende fordern für anspruchsvolle Bauteile spezielle Bauverfahren und Betonarten, die optimal an die jeweiligen Randbedingungen angepasst sein müssen. Genannt sei hier exemplarisch die Bearbeitbarkeit nicht geschalter Flächen (Glätten, Texturieren). Betroffen hiervon sind zwar vor allem komplexe Ingenieurbauwerke. Aber auch im Hochbau gibt es Fälle, die eine bessere Abstimmung planerischer Vorgaben mit Betontechnik und Bauausführung notwendig machen. Beispielhaft genannt seien realistische Angaben zur Zugfestigkeit nach Eurocode 2 für die Ermittlung der Mindestbewehrung zur Begrenzung der Rissbreite oder die Begrenzung der Durchbiegung von Decken einer Wohnbebauung und ihre Konsequenzen für die Betonauswahl bzw. den E-Modul oder die Festigkeitsentwicklung.

15.2.3 DAfStb-Richtlinie „Betonbauqualität (BBQ)"

Die Sicherstellung der Qualität im Betonbau ist schon deswegen eine schnittstellenübergreifende Aufgabe von Planung, Bauausführung und Baustofftechnik, weil oftmals bereits in der Planung Festlegungen getroffen werden, die für die Wahl der Bauverfahren – also die Bauausführung – und Wahl des Betons – also die Baustofftechnik – von Bedeutung sind. Angeführt werden könnte sicherlich eine Vielzahl weiterer Wechselwirkungen, die ein Interagieren der Bereiche Planung, Bauausführung und Baustofftechnik erfordern. Die bisherige Situation, dass oftmals die Optimierung der jeweiligen Teilaufgabe – Planung, Bauausführung, Baustofftechnik – im Vordergrund steht und nicht die Optimierung des Bauwerks als Ganzes, muss insofern überwunden werden.

Vor diesem Hintergrund arbeitet der DAfStb seit 2016 an einer Richtlinie mit dem Arbeitstitel „Tragwerke aus Beton, Stahlbeton und Spannbeton – Gesamtheitliche Regelungen für die Bemessung und Konstruktion, den Beton und die Ausführung (BBQ-Richtlinie)". Ziel des neuen Konzepts ist es, je nach Bauwerkstyp und Bauaufgabe Anforderungen und Maßnahmen zum Erreichen der erwarteten Qualität festzulegen. Der Arbeitskreis „Beton" hat hierzu zunächst einen übergreifenden Richtlinienentwurf auf der Grundlage eines DAfStb-Vorstandsbeschlusses aus dem April 2016 vorbereitet. Der neue Entwurf der „schmaleren" DIN 1045-2 wird dabei integraler Bestandteil einer neuen DAfStb-Richtlinie sein. Die Richtlinie befindet sich derzeit über eine koordinierende Gruppe in der Abstimmung mit den Technischen Ausschüssen „Bemessung und Konstruktion", „Betontechnik", „Bauausführung", „Bewehrung" und „Betonfertigteile".

Vorgesehen ist eine Unterteilung in drei Betonbauqualitätsklassen, welche insbesondere die Intensität des schnittstellenübergreifenden Kommunikationsbedarfs abbilden sollen:

BBQ-N (BBQ1) Bauwerke mit *normalen* Anforderungen an Kommunikation, Planung, Bauausführung und Baustoffe

BBQ-E (BBQ2) Bauwerke mit *erhöhten* Anforderungen an Kommunikation, Planung, Bauausführung und Baustoffe

BBQ-S (BBQ3) Bauwerke mit *besonders festzulegenden* Anforderungen an Kommunikation, Planung, Bauausführung und Baustoffe

Für einige Bereiche existieren bereits vergleichbare Regelungen, die die Interaktion zwischen Planung, Betontechnik und Ausführung definieren (z. B. DAfStb-Richtlinie „Massige Bauteile aus Beton", DBV-Merkblatt „Sichtbeton"). Auch die Klassensystematik gibt es zum Teil schon in erweiterter Form (z. B. in DIN EN 1990 „Grundlagen der Tragwerksplanung"), allerdings fehlt oftmals eine Verknüpfung untereinander und eine detailliertere Ausgestaltung der zum Teil abstrakten Kategorien. Ziel und gleichermaßen Herausforderung ist es, eine angemessene Differenzierung bei gleichzeitiger Praxistauglichkeit zu erreichen. Dem Planer müssen geeignete Instrumente an die Hand gegeben werden, um mit angemessenem Aufwand zu einer Einstufung in eine Betonbauqualitätsklasse zu kommen. Hierzu sollen innerhalb der drei Bereiche Planung (Bemessung), Bauausführung und Betonherstellung jeweils drei Klassen gebildet werden, mit deren Hilfe der Umfang und die Komplexität der Aufgabe innerhalb der einzelnen Bereiche beschrieben werden soll. Die Einteilung in die jeweilige Planungs-, Beton- bzw. Ausführungsklasse ergibt sich aus folgender Systematik:

Klasse 1: Die Anforderungen ergeben sich aus DIN EN 1992 bzw. DIN EN 13670 bzw. DIN EN 206 und der DAfStb-Richtlinie

Klasse 2: Die Anforderungen ergeben sich aus den Anforderungen gemäß Klasse 1 und je nach Anwendungsbereich weiteren Anforderungen der DAfStb-Richtlinie

Klasse 3: Die Anforderungen ergeben sich aus den Anforderungen gemäß Klasse 1 bzw. Klasse 2 sowie weiteren projektspezifischen Festlegungen der Leistungsbeschreibung oder Standards anderer Baubereiche (z. B. ZTV-ING, ZTV-W LB 215)

Die jeweils höchste Klasse innerhalb der drei Bereiche Planung, Beton und Ausführung definiert die BBQ-Klasse (s. Tabelle 45).

Tabelle 46 zeigt den Entwurf von Anwendungsbeispielen aus dem geplanten Teil 0 der BBQ-Richtlinie, mit deren Hilfe die Zuordnung zu den drei Klassen vorgenommen werden wird. Die Betonbauqualitätsklasse ist insbesondere abhängig von und zu verknüpfen mit

– der Nutzungsart und Nutzungsdauer des Bauwerks oder des Bauteils,

– den Einwirkungen auf das Bauwerk/Bauteil,

– dem eingesetzten Bauverfahren,

– der Art des Betons (z. B. Leichtbeton, Schwerbeton, selbstverdichtender Beton, Faserbeton, Beton mit künstlich eingeführten Luftporen),

– der Bauwerks- bzw. Bauteilkonstruktion (z. B. Bewehrungsgehalte, Einbauteile, spezielle Bauteilgeometrien, Oberflächenbeschaffenheiten).

Die Intensität der Kommunikation über die Schnittstellen wird *ein* zentrales Unterscheidungsmerkmal zwischen den BBQ-Klassen sein. Während der Austausch von Informationen und Festlegungen über die Wertschöpfungskette bei einfachen Betonbau-

Tabelle 45. Verknüpfungslogik der BBQ-Klassen (PK = Planungsklasse, BK = Betonklasse, AK = Ausführungsklasse)

Anforderungen	normal (N)	erhöht (E)	besonders festzulegen (S)
Planungs-, Beton- oder Ausführungsklasse	PK1 und BK1 und AK1	PK2 oder BK2 oder AK2	PK3 oder BK3 oder AK3
Betonbauqualitätsklasse	BBQ-N	BBQ-E	BBQ-S

Normative Entwicklung | 161

Tabelle 46. Anwendungsbeispiele für die BBQ-Klassensystematik: PK = Planungsklasse, BK = Betonklasse, AK = Ausführungsklasse (Auszug aus dem Entwurf der BBQ-Richtlinie)

Bezug	Anwendung		PK	BK	AK	BBQ
1	Bauteil	Bauteile in Expositionsklasse X0				
2	Bauteil	Innenbauteile in Expositionsklasse XC1				
3	Bauteil	Bauteile in Expositiosklasse XC3 oder Außenbauteile in Expositionsklassen XC4, XF1, XA1, XD1, XS1, XM1				
4	Bauteil	Bauteile in Feuchtigkeitsklassen WO oder WF				
5	Bauteil	Gründungsbauteile in den Expositionsklassen XC1/XC2				
6	Bauteil	Bauteile mit geplanten und auf das Einbauverfahren angepassten Betonieröffnungen und Rüttelgassen				
7	Bauteil	Bauteile mit Ebenheitsanforderungen nach DIN 18202, Zeile 1 bzw. Bauteile ohne Ebenheitsanforderungen				
8	Ausführung	Normalbeton für Ortbeton mit Druckfestigkeitsklasse ≤ C25/30 (*Grenze wird noch diskutiert*)				
9	Bauteil	Bauteile in Expositionsklassen XF2, XF3, XD2, XD3, XS2, XS3, XA2, XM2		1	2	2	E
10	Bauteil	Sichtbetonklassen SB1, SB2 oder SB3		2	2	2	E
11	Bauteil	Massige Bauteile nach DAfStb-Richtlinie „Massige Bauteile aus Beton"		2	2	2	E

werken auch auf das Notwendige beschränkt sein kann, sollen bei BBQ-E (BBQ2) und BBQ-S (BBQ3) verbindliche Betonplanungsgespräche, Betonstartgespräche und Betonausführungsgespräche eingeführt werden, an denen die jeweils maßgebenden Personenkreise teilnehmen. Bei BBQ-S (BBQ3) soll ggf. zusätzlich ein übergeordneter Fachkoordinator eingebunden werden.

15.3 Widerstandsklassen – das neue Konzept zur Sicherstellung der Dauerhaftigkeit von Betonbauwerken für die zukünftige EN 206

Neben der Sicherstellung der Tragfähigkeit und der Gebrauchstauglichkeit unserer Ingenieurbauwerke wird in den neuen Regelwerken zur Erzielung möglichst langer Nutzungszeiträume verstärkt Gewicht auf die Sicherstellung der Dauerhaftigkeit gelegt. Die DIN EN 1992-1-1 schreibt hierzu z. B. in allgemeingültiger Form: „Die Anforderung nach einem angemessen dauerhaften Tragwerk ist erfüllt, wenn dieses während der vorgesehenen Nutzungsdauer seine Funktion hinsichtlich der Tragfähigkeit und der Gebrauchstauglichkeit ohne wesentlichen Verlust der Nutzungseigenschaften bei einem angemessenen Instandhaltungsaufwand erfüllt [...]". Somit dienen nahezu alle Anforderungen und Nachweise in den Regelwerken direkt oder indirekt der Sicherstellung der Dauerhaftigkeit des Bauteils. Die „direkten" Maßnahmen zur Sicherstellung der Dauerhaftigkeit lassen sich in 4 Teilaspekte unterteilen:

– Richtige Erfassung und Festlegung der Bauteilexposition,
– Festlegung der Anforderungen an die Ausgangsstoffe, Grenzwerte für die Zusammensetzung (höchstzulässiger Wasserzementwert, Mindestzementgehalt) und Eigenschaften (Mindestdruckfestigkeitsklasse) des Betons aus der Bauteilexposition,
– Einhaltung von Mindestbetondeckungen,
– Nachbehandlung des Betons.

Bei dem aus der Lebensdauerbemessung nach ISO 16204 abgeleiteten neuen Konzept der Widerstandsklassen, das insbesondere für die Expositionsklassen XC, XS und XD vorgesehen ist, wird die Eindringgeschwindigkeit der Carbonatisierungs- oder Chloridfront in den Beton zugrunde gelegt. Eine 50-jährige Nutzungsdauer angenommen, bedeutet dies z. B. eine Widerstandsklasse R20 bei Carbonatisierung, dass die Carbonatisierungsfront nach 50 Jahren unter XC3-Lagerungsbedingungen mit einer Annahmewahrscheinlichkeit von 90 % eine Tiefe von 20 mm nicht überschreitet. Eine Widerstandsklasse R60 bei Chlorideinwirkung stellt sicher, dass unter XS2-Lagerungsbedingungen in einer Zeitspanne von 50 Jahren der kritische korrosionsauslösende Chloridgehalt von 0,5 % (bezogen auf den Zementgehalt) in einer Tiefe von 60 mm mit einer Annahmewahrscheinlichkeit von 90% nicht überschritten wird. Das Einhalten der zuvor beschriebenen Kriterien der Widerstandsklasse kann dann durch deskriptive Festlegungen von Anforderungen an die Betonzusammensetzung (Zementart, Zusatzstoffzugabe, Wasserzementwert) oder durch eine Performanceprüfung des Betons nachgewiesen werden. Der Tragwerkplaner kann dann durch entsprechende Wahl einer Widerstandsklasse die Mindestbetondeckungen flexibler variieren.

Im Zuge der bereits begonnenen Überarbeitung des Eurocode 2 und der Weiterentwicklung der EN 206, die erst jenseits des Jahres 2020 abgeschlossen sein werden, wird dieses neue Dauerhaftigkeitskonzept derzeit in einer gemeinsamen Arbeitsgruppe von CEN/TC 250/SC2 und CEN/TC 104/SC1 entwickelt.

16 Literatur

Allgemeine Lehr- und Handbücher, Monografien

[0.1] Grübl, P., Weigler, H., Karl, S. (2001) *Beton, Arten – Herstellung – Eigenschaften*, Verlag Ernst & Sohn, 2. Aufl., Berlin.

[0.2] Locher, F. W. (2000) *Zement: Grundlagen der Herstellung und Verwendung*, Verlag Bau und Technik, Düsseldorf.

[0.3] Verein Deutscher Zementwerke (2008) *Zement-Taschenbuch 2008*, 51. Ausg., Düsseldorf.

[0.4] ACI Manual of Concrete Practice (2005) *Part 1: Materials and General Properties of Concrete; Part 2: Construction Practices and Inspection, Pavements;* American Concrete Institute, Farmington Hills, Mich.

[0.5] Neville, A. M. (1994) *Properties of Concrete*, Third Edition, Longman Scientific & Technical, London.

[0.6] Taylor, H. F. W. (1997) *Cement Chemistry*, Academic Press Limited, 2nd ed., London.

[0.7] Materials Science of Concrete. American Ceramic Society (1989–2004).
Vol. I, ed. Skalny, J. P., Westerville 1989.
Vol. II, eds. Skalny, J. P., Mindess, S., Westerville 1991.
Vol. III, ed. Skalny, J. P., Westerville 1992.
Vol. IV, eds. Skalny, J. P., Mindess, S., Westerville 1995.
Vol. V, eds. Skalny, J. P., Mindess, S., Westerville 1998.
Vol. VI, eds. Skalny, J. P., Mindess, S., Westerville 2001.
Vol. VII, ed. Skalny, J. P., Westerville 2004.

[0.8] Chen, W. F., Saleeb, A. F. (1994) *Constitutive Equations for Engineering materials; Vol. 1, Elasticity and Modeling*, 2nd, Revised Edition, Elsevier. Amsterdam.

[0.9] Springenschmid, R. (2007) *Betontechnologie für die Praxis*. Bauwerk Verlag, Berlin.

Literatur zu den einzelnen Abschnitten

[1.1] Lamprecht, H.-O. (1996) *Opus Caementitium – Bautechnik der Römer*, 5. Aufl. Beton-Verlag, Düsseldorf.

[1.2] CEB-Comité Euro-International du Beton (1993) *CEB-FIP Model Code 1990*, Bulletin D'Information No. 213/214, Lausanne, May 1993.

[1.3] DIN-Fachbericht 100 (2005) *Beton. Zusammenstellung von DIN EN 206-1 und DIN 1045-2*. Beuth, Berlin.

[1.4] Herrnkind, V., Scholz, S. (2008) Umrechnungsfaktor für gefügedichten Leichtbeton nach neuer Norm, *beton* **58** (4), 164–167.

[1.5] Deutscher Ausschuss für Stahlbeton (2011) *Erläuterungen zu DIN EN 2061, DIN 1045-2, DIN 1045-3 und DIN EN 12620*, DAfStb Heft **526**, Beuth, Berlin.

[2.1] Feige, F. (1992) Zur wirtschaftlichen Verwertung des Ölschiefers bei Rohrbach Zement – Eine Rückschau auf zwei bedeutende Verfahrensentwicklungen, *Zement-Kalk-Gips* **45** (2), 53–62.

[2.2] Neville, A. M. (1973) *High alumina cement concrete*, John Wiley Sons Inc., New York.

[2.3] Herb, A., Große, C., Reinhardt, H.-W. (1999) Ultraschallmesseinrichtung für Mörtel, *Otto Graf Journal* (10), 144–155.

[2.4] Fichtner, N., Sprung, S., Thielen, G. (2000) CE-Kennzeichnung für Zement nach EN 197-1, Erste harmonisierte Bauprodukt-Norm, Mitt. aus der Baunormung, Nr. 21, Nov./Dez. 2000, S. 2–10, auch DIN-Mitt. 79 (2000), Nr. 11, S. 789–796.

[2.5] Van der Sloot, H. A., van Zomeren, A., Meeussen, J. C. L. et al. (2011) *Environmental Criteria for Cement Based Products (ECRICEM), ECN Biomass, Coal and Environmental Research*, ECN report number: ECN-E–11-020. Internet: https//www.ecn.nl/publications/PdfFetch.aspx?nr=ECN-E–11-020.

[2.6] Walz, K. (1961–1962) Die Festigkeit von Zementgemischen, *beton* **11** (1961), (10), 696; ebenso Betontechnische Berichte 1961, Beton-Verlag, Düsseldorf 1962, 271–272.

[2.7] Hansen, T. C. (1986) Physical Structure of Hardened Cement Paste – A Classical Approach, *Materials and Structures* **19** (114), 423–436.

[2.8] Powers, T. C., Copeland, L. E., Hayes, J. C., Mann, H. M. (1954) *Permeability of Portland Cement Paste;* Proceedings, American Concrete Institute, Nov. 1954, pp. 285–300.

[2.9] Reschke, T. (2000) *Der Einfluss der Granulometrie der Feinstoffe auf die Gefügeentwicklung und die Festigkeit von Beton*, Schriftenreihe der Zementindustrie Heft **62**.

[2.10] Deutscher Ausschuss für Stahlbeton (2010) *DAfStb-Richtlinie Beton nach DIN EN 206-1 und DIN 1045-2 mit rezyklierten Gesteinskörnungen nach DIN EN 12620. Teil 1 Anforderungen an den Beton für die Bemessung nach DIN EN 1992-1-1*, Beuth Verlag, Berlin.

[2.11] Abschlussberichte des Verbundforschungsprojekts Baustoffkreislauf im Massivbau (2000), www.b-i-m.de.

[2.12] Heeß, S. (2000) Ausschreibungshinweise für farbigen Sichtbeton, *Betonwerk + Fertigteiltechnik* **66** (2), 28–40.

[2.13] Deutscher Ausschuss für Stahlbeton (2013) *DAfStb-Richtlinie Vorbeugende Maßnahmen gegen schädigende Alkalireaktion im Beton*, Beuth Verlag, Berlin, Oktober 2013.

[2.14] Siebel, E., Reschke, T. (1996–1997) Alkali-Reaktion mit Zuschlägen aus dem südlichen Bereich der neuen Bundesländer. Untersuchungen an geschädigten Bauwerken. *Beton* **46** (1996), (5), 298–301 und (6), 366–370 – Untersuchungen an Laborbetonen. *Beton* **46** (1996), (12), 740–744 und 47 (1997), (1), 26–32.

[2.15] Sprung, S., Sylla, H.-M. (1997) Beurteilung der Alkaliempfindlichkeit und Wasseraufnahme von Betonzuschlagstoffen, *ZKG International* **50** (2), 63–75.

[2.16] Deutsches Institut für Bautechnik (2005) *Grundsätze für die Erteilung von Zulassungen für Betonzusatzmittel (Zulassungsgrundsätze)*, Fassung Juni 2005, In: Zulassungs- und Überwachungsgrundsätze Betonzusatzmittel, Schriften des Deutschen Instituts für Bautechnik, Reihe **B**, Heft **10**, DIBt, Berlin.

[2.17] Öttl, Ch. (2004) *Die schädigende Alkalireaktion von gebrochener Oberrhein-Gesteinskörnung im Beton*, Otto-Graf-Institut, Schriftenreihe Heft **87**, Stuttgart.

[2.18] Deutscher Ausschuss für Stahlbeton (2006) *DAfStb-Richtlinie für Beton mit verlängerter Verarbeitbarkeitszeit (Verzögerter Beton); Eignungsprüfung, Herstellung, Verarbeitung und Nachbehandlung*, November 2006, Beuth Verlag, Berlin.

[2.19] Efes, Y. (2003) Harmonisierte Europäische Zusatzmittelnormen DIN EN 934-2 und DIN EN 934-4 – Vergleich mit den Zulassungsgrundsätzen des Deutschen Instituts für Bautechnik, *Betonwerk + Fertigteiltechnik* **69** (4), 16–31.

[2.20] Teichmann, G. (1993) Praxisnahe Farbstärkebestimmung von Pigmenten in Beton, *Betonwerk + Fertigteil-Technik* **59** (11), 82–90.

[2.21] Deutsches Institut für Bautechnik (2002) *Grundsätze für die Erteilung von Zulassungen für anorganische Betonzusatzstoffe (Zulassungsgrundsätze)*, Fassung Oktober 2002, in: „Zulassungs- und Überwachungsgrundsätze; Anorganische Betonzusatzstoffe, Fassung Oktober 2002", Schriften des Deutschen Instituts für Bautechnik, Reihe **B**, Heft **17**, DIBt, Berlin.

[2.22] Sybertz, F. (1993) *Beurteilung der Wirksamkeit von Steinkohleflugasche als Betonzusatzstoff*; Dissertation, RWTH Aachen, 1991 und Schriftenreihe des DAfStb, Heft **434**, Beuth Verlag, Berlin.

[2.23] Deutscher Ausschuss für Stahlbeton (2011) *Erläuterungen zu den Normen DIN EN 206-1, DIN 1045-2, DIN 1045-3 und DIN EN 12620*, DAfStb Heft **526**, Beuth Verlag, Berlin.

[2.24] Lang, E. (1997) Einfluss von Nebenbestandteilen und Betonzusatzmitteln auf die Hydratationswärmeentwicklung von Zement, *Beton-Informationen* **37** (2), 22–25.

[2.25] Schönlin, K., Hilsdorf, H. K. (1989) *The Potential Durability of Concrete; Proceedings*, IX. European Ready Mixed Concrete Organisation Congress, Stavanger, 1989, pp. 453–479.

[2.26] Lutze, D., vom Berg, W. (Hrsg.), (2004) *Handbuch Flugasche im Beton*, Verlag Bau + Technik, Düsseldorf.

[2.27] Wiens, U. (2005) *Zur Wirkung von Steinkohlenflugasche auf die chloridinduzierte Korrosion von Stahl in Beton*, Deutscher Ausschuss für Stahlbeton, Heft **551**, Beuth, Berlin, 214 S.

[2.28] Malier, Y. (1992) *High Performance Concrete – From material to structure*, E & FN SPON, London.

[2.29] Manns, W. (1997) *Gemeinsame Anwendung von Silicastaub und Steinkohlenflugasche als Betonzusatzstoff*, Beton **47** (12), 716–720.

[2.30] Deutscher Betonverein (1997) *Zugabewasser für Beton*, Merkblatt für die Vorabprüfung und Beurteilung vor Baubeginn sowie die Prüfungswiederholung während der Bauausführung (Fassung Januar 1982, redaktionell überarbeitet 1996), DBV-Merkblatt-Sammlung, Ausgabe April 1997.

[2.31] Deutscher Ausschuss für Stahlbeton (1995) *DAfStb-Richtlinie für Herstellung von Beton unter Verwendung von Restwasser, Restbeton und Restmörtel*, Juli 1995, Beuth Verlag, Berlin.

[2.32] Deutscher Ausschuss für Stahlbeton (2006) *DAfStb-Richtlinie für Beton mit verlängerter Verarbeitbarkeitszeit (Verzögerter Beton) – Erstprüfung, Herstellung, Verarbeitung und Nachbehandlung*, Beuth Verlag, Berlin.

[2.33] FGSV (2007) *Zusätzliche Technische Vertragsbedingungen und Richtlinien für den Bau von Fahrbahndecken aus Beton*, ZTV Beton-StB. 07, Ausgabe 2007.

[2.34] Stark, J. (2008) *Alkali-Kieselsäure-Reaktion*. Schriftenreihe der **F**. A. Finger-Institut für Baustoffkunde, Bauhaus-Universität Weimar, Nr. 3, 2008.

[2.35] Deutscher Ausschuss für Stahlbeton (2007) *Sachstandsbericht Hüttensandmehl als Betonzusatzstoff – Sachstand und Ansätze für die Anwendung in Deutschland*, DAfStb Heft **569**, Beuth, Verlag, Berlin.

[2.36] Mielich, O. (2010) *Beitrag zu den Schädigungsmechanismen in Betonen mit langsam reagierender alkaliempfindlicher Gesteinskörnung*, DAfStb Heft **583**, Beuth Verlag, Berlin.

[2.37] DIN SPEC 18140:2012 (2012) *Ergänzende Festlegungen zu DIN EN 1536:2010-12, Ausführung von Arbeiten im Spezialtiefbau – Bohrpfähle*, Berlin.

[2.38] Deutscher Ausschuss für Stahlbeton (2010) *DAfStb-Richtlinie Massige Bauteile aus Beton – Teil 1: Ergänzungen zu DIN 1045-1 – Teil 2: Änderungen und Ergänzungen zu DIN EN 206-1 und DIN 1045-2 – Teil 3: Änderungen und Ergänzungen zu DIN 1045-3*, April 2010, Beuth Verlag, Berlin.

[2.39] Plank, J. (2015) Einfluss von Tonmineralien auf die Wirkung von PCE-Fließmitteln, *Betonwerk + Fertigteiltechnik* **81** (2), 80–83.

[3.1] Thielen, G., Spanka, G., Grube, H. (1998) *Regelung der Konsistenz durch Fließmittel*, Betontechn. Ber. 1995–1997, Bd. **27**, S. 61–68, Verlag Bau + Technik, Düsseldorf.

[3.2] Spanka, G., Grube, H., Thielen, G. (1998) *Wirkungsmechanismen verflüssigender Zusatzmittel*. Betontechn. Ber. 1995–1997, Bd. **27**, S. 45–60, Verlag Bau + Technik, Düsseldorf.

[3.3] Wierig, H.-J. (1978) Zur Frage der Theorie und Technologie des grünen Betons. Mitteilungen aus dem Institut für Materialprüfung und Forschung des Bauwesens der TU Hannover, Heft **19**. Hannover.

[3.4] Hilsdorf, H. K. (1995) *Criteria for the Duration of Curing*, in: V. M. Malhotra (ed.), Proceedings Adam Neville Symposium on Concrete Technology, Las Vegas, Nev. USA, CANMET, June 1995, S. 129–146.

[3.5] Grübl, P. (1996) Europäisches Konzept zur Nachbehandlung von Beton, *Betonwerk + Fertigteiltechnik* (10), 82–91.

[3.6] Meeks, K. W., Carino, N. C. (1999) *Curing of High Performance Concrete:* Report on the State-of-the-Art. NIST-Report 6295.

[3.7] Bentur, A.; Jaegermann, C. (1991) Effect of curing and composition on the properties of the outer skin of concrete, *Concrete Journal of Materials in Civil Engineering*, ASCE, Vol. 3, No. 4, November 1991, pp. 252–262.

[3.8] Ewertson, C., Peterson, P. E. (1993) *The Influence of Curing Conditions on the Permeability and Durability of Concrete*, Results from a Field Exposure Test. Cement and Concrete Research, Vol. 23, pp. 683 692.

[3.9] Beddoe, R. E. (1995) Einfluss von Schalungseinlagen auf die Dauerhaftigkeit von Beton, *Betonwerk + Fertigteil-Technik* **61** (2), 80–88.

[3.10] Lang, E. (2000) Anwendung von Schalungsbahnen im Kläranlagenbau. Betontechnische Untersuchungen, *Beton-Informationen* **40** (2/3), 19–26.

[3.11] Soroka, I. (1992) Concrete in Hot Environments, E & FN SPON, London.

[3.12] Reinhardt, H.-W., Weber, S. (1997) Hochfester Beton ohne Nachbehandlungsbedarf, *Beton- und Stahlbetonbau* **92** (2), 37–41 und (3), 79–83.

[3.13] Kovler, K., Jensen, O. M. (Eds.) (2007) *Internal Curing of Concrete*, RILEM S. A. R. L. Report **41**, Bagneux.

[3.14] Mechtcherine, V., Reinhardt, H.-W. (Hrsg.) (2011) *Application of super absorbent polymers in concrete construction*, State-of-the-Art Report of the RILEM Technical Committee 225-SAP, Springer.

[3.15] Haist, M. (2010) *Zur Rheologie und den physikalischen Wechselwirkungen bei Zementsuspensionen*, Karlsruher Reihe, Massivbau, Baustofftechnologie, Materialprüfung, Heft **66**, Karlsruher Institut für Technologie, Karlsruhe.

[3.16] Wüstholz, T. (2005) *Experimentelle und theoretische Untersuchungen des Frischbetoneigenschaften von selbstverdichtendem Beton*, Dissertation, Universität Stuttgart.

[3.17] Röhling, S., Eifert, H., Kaden, R. (2000) *Betonbau – Planung und Ausführung*, 1. Auflage, Verlag Bauwesen, Berlin.

[3.18] Holcim GmbH Baden-Württemberg (2004) *Betonpraxis: Der Weg zum dauerhaften Beton*, 4. Auflage.

[3.19] Deutscher Beton-Verein E. V. (1984) *Beton-Handbuch*, 2. Auflage, Bauverlag GmbH Wiesbaden.

[4.1] Springenschmid, R. (1988) *Betontechnologie im Wasserbau, Wasserbauten aus Beton*, Wilhelm Ernst & Sohn.

[4.2] Springenschmid, R. (ed.) (1995) *Thermal Cracking in Concrete at Early Ages*, RILEM Proceedings No. 25, E & FN Spon, London.

[4.3] Reinhardt, H. W., Horden, W. C. (1990) *Temperatur und Spannungen in großformatigen unbewehrten Betonfertigteilen während der Erhärtung*. In: Baustoffe – Forschung, Anwendung, Bewährung, Festschrift R. Springenschmid, TU München 1990, S. 328–341.

[4.4] Rostásy, F. S., Krauß, M., Budelmann, H. (2002) Planung Werkzeug zur Kontrolle der frühen Rissbildung in massigen Betonbauteilen, Teil 1 bis 7. *Bautechnik* **79** (7), 431–435, (8), 523–527, (9), 641–647, (10), 697–703, (11), 778–789, (12), S. 869–874.

[4.5] Wittmann, F. H. (1977) *Ursache und betontechnologische Bedeutung des Kapillarschwindens*, Vorträge Betontag 1977, Deutscher Betonverein E. V., Wiesbaden, S. 256–264.

[4.6] Mangold, M. (1994) *Die Entwicklung von Zwang- und Eigenspannungen in Betonbauteilen während der Hydratation*, Berichte aus dem Baustoffinstitut, Heft **1**, Technische Universität München.

[4.7] Silfwerbrand, J. (1992) *The influence of traffic-induced vibrations on the bond between old and new concrete*. Royal Institute of Technology, Dept of Structural Mechanics and Engineering, Bulletin No. 158, Stockholm.

[4.8] Harsh, S., Darwin, D. (1986) Traffic-Induced Vibrations and Bridge Deck Repairs, *Concrete International* **8** (5), 36–41.

[4.9] Brandl, H., Günzler, J. (1989) Einfluss von Erschütterungen in frühen Erhärtungsstadium von Beton auf den Haftverbund mit Stahl. Bauplanung. *Bautechnik* **43** (1), 13–16.

[4.10] Byfors, J. (1984) Verfahren zur Bestimmung der Frühfestigkeit von Betonbauteilen, *Beton- und Stahlbetonbau* **79** (9), 247–251.

[4.11] Kusterle, W. (1984) Ein kombiniertes Verfahren zur Beurteilung der Frühfestigkeit von Spritzbeton. *Beton- und Stahlbetonbau* **79** (9), 251–253.

[4.12] Reinhardt, H.-W., Grosse, C. U., Herb, A. (1998) Kontinuierliche Ultraschallmessung während des Erstarrens und Erhärtens von Beton als Werkzeug des Qualitätsmanagements, in: DAfStb, Heft **490**, Beuth, Berlin, S. 21–64.

[5.1] Dettling, H. (1962) *Die Wärmedehnung des Zementsteins, der Gesteine und der Betone*, Schriftenreihe des Otto-Graf-Instituts der TH Stuttgart, Nr. 3, Stuttgart.

[5.2] Ziegeldorf, S., Kleiser, K., Hilsdorf, H. K. (1979) *Vorherbestimmung und Kontrolle des thermischen Ausdehnungskoeffizienten von Beton*, DAfStb, Heft **305**, Berlin.

[5.3] Rostásy, F. S., Wiedemann, G. (1982) Festigkeit und Verformung von Beton bei sehr tiefer Temperatur, *beton* **30** (1980) (2), 54–59; ebenso *Betontechnische Berichte* **21** (1980/81), Beton-Verlag, Düsseldorf 1982, S. 17–32.

[5.4] Bunte, D. (1994) *Zum karbonatisierungsbedingten Verlust der Dauerhaftigkeit von Außenbauteilen aus Stahlbeton*, Dissertation, Technische Universität Braunschweig.

[5.5] Wittmann, F. (1974) *Bestimmung physikalischer Eigenschaften des Zementsteins*. Schriftenreihe des Deutschen Ausschusses für Stahlbeton, Heft **232**. Wilh. Ernst & Sohn, Berlin, S. 1–63.

[5.6] Fleischer, W. (1992) *Einfluss des Zements auf Schwinden und Quellen von Beton*, Berichte aus dem Baustoffinstitut, Heft **1**, Technische Universität München.

[5.7] Hilsdorf, H. K., Rottler, S., Müller, H. S. (1993) *Versuche über das Kriechen unbewehrten Betons. Der Einfluss der Lagerung vor der Belastung, der Einfluss einer Spannungsänderung und einer Spannungsumkehr*, Institut für Massivbau und Baustofftechnologie, Universität Karlsruhe.

[5.8] Müller, H. S., Küttner, C. H., Kvitsel, V. (1999) *Creep and shrinkage models of normal and high performance concrete – concept for a unified codetype approach*. Revue Française du Genie Civil.

[5.9] Müller, H. S., Kvitsel, V. (2002) Kriechen und Schwinden von Beton. Grundlagen der neuen DIN1045 und Ansätze für die Praxis, *Beton- und Stahlbetonbau* **97** (1), 8–19.

[5.10] Grube, H. (2003) Definition der verschiedenen Schwindarten, Ursachen, Größe der Verformungen und baupraktische Bedeutung, *Beton* **53** (12), 598–603.

[5.11] Deutscher Ausschuss für Stahlbeton (2010) *Erläuterungen zu DIN 1045-1, 2. überarbeitete Auflage*, Beuth Verlag, Berlin.

[5.12] Haist, M., Müller, H. S. (2015) Thermische Verformung von Beton, in *Betonverformungen beherrschen – Grundlagen für schadensfreie Bauwerke*. 11. Symposium Baustoffe und Bauwerkserhaltung. Müller, H. S., Nolting, U., Haist, M., Kromer, M. (Hrsg.), Karlsruher Institut für Technologie (KIT). Verlag KIT Scientific Publishing, S. 1–14.

[5.13] Müller, H. S., Acosta, F. (2014) *Time dependent effects of structural concrete: Basics for constitutive modelling towards the next generation of Eurocode 2*, in: Massivbau im Wandel. Festschrift zum 60. Geburtstag von Josef Hegger, Lehrstuhl und Institut für Massivbau der RWTH Aachen (Hrsg.), Ernst & Sohn Berlin, S. 395–413.

[5.14] Deutscher Ausschuss für Stahlbeton (2012) *Erläuterungen zu DIN EN 1992-1-1 und DIN EN 1992-1-1/NA*, Heft **600**, 1. Auflage 2012; Beuth Verlag, Berlin.

[6.1] Abrams, D. U. (1925) *Design of Concrete Mixtures; Structural Material Research Laboratory*, Bulletin **1**, Lewis Institute, Chicago, 1918/1925.

[6.2] Hordijk, D. A. (1991) *Local approach to fatigue of concrete*, Meinema, Delft.

[6.3] RILEM FMC 1 (1994) Determination of the fracture energy of mortar and concrete by means of threepoint bend tests on notched beams, RILEM Technical Recommendations for the Testing and Use of Construction Materials, E & FN Spon, London, pp. 99–101.

[6.4] Hilsdorf, H. K. (1992) in: H. Budelmann (Hrsg.), *Stoffgesetze für Beton in der CEB-FIP Mustervorschrift MC90. Technologie und Anwendung der Baustoffe*, Festschrift Prof. Rostásy, Ernst & Sohn, Berlin, S. 95–104.

[6.5] Remmel, G. (1993) *Zum Tragverhalten hochfester Betone und seinem Einfluss auf die Querkrafttragfähigkeit von schlanken Bauteilen ohne Schubbewehrung*. Dissertation, Technische Hochschule Darmstadt.

[6.6] Carneiro, F. (1947) *Une nouvelle méthode d'essai pour déterminer la résistance à la traction du béton*. Réunion des Laboratoires d'Essai de Matériaux, Paris, Juin.

[6.7] Heilmann, H. G. (1969) Beziehungen zwischen Zug- und Druckfestigkeit des Betons, *beton* **19** (2), 68–70.

[6.8] Vonk, R. (1992) *Softening of concrete loaded in compression*. Diss. TU Eindhoven.

[6.9] van Geel, E. (1998) *Concrete behaviour in multiaxial compression. Experimental research*. Diss. TU Eindhoven.

[6.10] Helmuth, R. A., Turk, D. H. (1966) *Elastic Moduli of Hardened Portland Cement and Tricalcium Silicate Pastes; Effect of Porosity*; Special Report 90, Highway Research Board, Washington D. C., pp. 135–144.

[6.11] Müller, H. S. (1986) *Zur Vorhersage des Kriechens von Konstruktionsbeton*, Dissertation, Universität Karlsruhe.

[6.12] Reinhardt, H. W., Cornelissen, H. A. W. (1985) *Zeitstandzugversuche an Beton*, Baustoffe '85, Bauverlag Wiesbaden, S. 162–167.

[6.13] Rüsch, H., Jungwirth, G., Hilsdorf, H. K. (1973) Kritische Sichtung der Verfahren zur Berücksichtigung der Einflüsse von Kriechen und Schwinden des Betons auf das Verhalten der Tragwerke, *Beton- und Stahlbetonbau* **68** (3), 49–60, (4), 76–86, (6), 152–158.

[6.14] Tegelaar, R. A. (2000) Pers. Mitt. 28.08.2000.

[6.15] Deutscher Ausschuss für Stahlbeton (2012) *DAfStb-Richtlinie Wärmebehandlung von Beton*, Beuth Verlag, Berlin, November 2012.

[6.16] Zäschke, W. (2003) *Konformitätskontrolle und Konformitätskriterien*, in: Erläuterungen zu den Normen DIN EN 206-1, DIN 1045-2, DIN 1045-3, DIN 1045-4 und DIN 4226, DAfStb, Heft **526**, Beuth Verlag, Berlin, S. 85–102.

[6.17] Rinder, T. (2003) *Hochfester Beton unter Dauerzuglast*, DAfStb, Heft **544**. Beuth Verlag, Berlin.

[6.18] Carino, N. J.; Tank, R. C. (1990) *Maturity functions for concrete made with various cements and admixtures*, in: Reinhardt, H. W. (Ed.), Testing during concrete construction. RILEM Proc. 11. Chapman and Hall, London, pp 192–206.

[6.19] Bresson, J. (1980) *Prevision de résistance des produit en béton: facteur de maturité, temps equivalent*, CE-RIB Technical Publication No. 56, Paris, März 1980.

[6.20] CEB Comite Euro-International du Beton (1988) *Concrete Structures under Impact and Impulsive Loading*, Synthesis Report, CEB Bulletin D'Information No. 187, Lausanne.

[6.21] Reinhardt, H. W. (1982) Concrete under impact loading – Tensile strength and bond, *Heron* **27** (3), 5–48.

[6.22] Dahms, J. (1969) Über die Schlagfestigkeit des Betons für Rammpfähle. *beton* **18** (1968) (4), 131–136, und (5), 177–182; ebenso Betontechnische Berichte 1968, S. 49–82. Beton-Verlag, Düsseldorf 1969.

[6.23] Ockert, J. (1997) *Ein Stoffgesetz für die Schockwellenausbreitung in Beton*. Diss. Univ. Karlsruhe und Schriftenreihe des Instituts für Massivbau und Baustofftechnologie Heft **30**.

[6.24] Holmen, J. O. (1979) *Fatigue of concrete by constant and variable amplitude loading*, Din Crua-Str. Norwegian Inst. techn., Univ. of Trondheim.

[6.25] Klausen, D., Weigler, H. (1979) Betonfestigkeit bei konstanter und veränderlicher Dauerschwellbeanspruchung, *Betonwerk + Fertigteil-Technik* **45** (3), 158–163.

[6.26] CEB Comite Euro-International du Beton (1988) *Fatigue of Concrete Structures*, State-of-the-Art-Report, CEB Bulletin D'Information No. 189, Lausanne.

[6.27] Stemland, H., Petkovic G., Rosseland S. (1990) *Fatigue of High Strength Concrete*, SINTEF, Trondheim.

[6.28] Nieser, H. (1981) Der Nachweis der Betriebsfestigkeit auf der Grundlage der Schadensakkumulation, *Mitteilungen Institut für Bautechnik* **12** (1), S. 3–9.

[6.29] Zhao, G. Y., Wu, P. G., Bai, L. M. (1996) *Research on fatigue behaviour of high-strength concrete under compressive cyclic loading*. In: Proceedings/Fourth International Symposium on the Utilization of high strength – high performance concrete: 29–31 May 1996, Vol. 2. Paris: Presses de l'ENPC, pp. 757–764.

[6.30] Hordijk, D. A., Wolsink, G. M., de Vries, J. (1995) Fracture and fatigue behaviour of a high strength limestone concrete as compared to gravel concrete, *Heron* **40** (2), 125–146.

[6.31] Mucha, S. (2005) Experimental series on fatigue of high strength concrete, *LACER* **10**, 319–328.

[6.32] Do, M.-T., Chaallal, O., Aitcin, P.-C. (1993) Fatigue behaviour of high-performance concrete, *Journal of materials in civil engineering* **5** (1), 96–111.

[6.33] Pfanner, D. (2003) *Zur Degradation von Stahlbetonbauteilen unter Ermüdungsbeanspruchung*, Fortschritt-Bericht VDI, Reihe 4, Nr. 189, Düsseldorf.

[6.34] Kessler-Kramer, Ch. (2002) *Zugtragverhalten von Beton unter Ermüdungsbeanspruchung*, Dissertation Universität Karlsruhe.

[6.35] Alonso, M. T. (2006) Persönliche Mitteilung aus dem FIZ des VDZ vom 14.03.2006.

[6.36] Krausz, A. S., Krausz, K. (1988) *Fracture kinetics of crack growth*, Dordrecht.

[6.37] Hohberg, R. (2004) *Zum Ermüdungsverhalten von Beton*, Dissertation TU Berlin.

[6.38] Wefer, M. (2010) *Materialverhalten und Bemessungswerte von ultrahochfestem Beton unter einaxialer Ermüdungsbeanspruchung*, Dissertation Universität Hannover.

[6.39] Cornelissen, H. A. W. (1984) *Constant-amplitude tests on plain concrete in uniaxial tension and tension-compression*, Stevin Laboratory Report 5-84-1, Delft.

[6.40] Badr, A. (2010) *Flexural fatigue of fly-ash fibre-reinforced concrete*, Studies and Researches 30, Politecnico di Milano, Italy, pp. 191–203.

[6.41] International Federation for Structural Concrete (2013) *fib Model Code for Concrete Structures*, Ernst & Sohn, Berlin.

[6.42] Müller, H. S., Dutulescu, E., Malárics, V. (2011) Der Spaltzugversuch – Neue Erkenntnisse und ihre Konsequenzen. In: 55. BetonTage, *Betonwerk + Fertigteil-Technik*, (2), 14–16.

[6.43] Walz, K. (1970) *Beziehung zwischen Wasserzementwert, Normenfestigkeit des Zements (DIN 1164, Juni 1970) und Betondruckfestigkeit*, Betontechnische Berichte 1970, Beton-Verlag Düsseldorf, S 165–178.

[6.44] Mechtcherine, V. (2001) *Bruchmechanische und fraktologische Untersuchungen zur Rissausbreitung in Beton*, Schriftenreihe des Instituts für Massivbau und Baustofftechnologie, Heft **40**, Universität Karlsruhe.

[6.45] *fib* Bulletin 70 (2013) *Code-type models for structural behaviour of concrete – Background of the constitutive relations and material models in MC 2010*, International Federation for Structural Concrete (*fib*), Lausanne.

[6.46] Lohaus, L., Oneschkow, N., Wefer, M. (2012) Design model for the fatigue behaviour of normal strength, high-strength and ultra-high-strength concrete, *Structural Concrete* **13** (3), 182–192.

[6.47] Brameshuber, W. (2015) Elastizitätsmodul von Beton – Einflussgrößen, Vorhersage, Prüfungen und Erfahrungen aus der Praxis, in *Betonverformungen beherrschen – Grundlagen für schadensfreie Bauwerke*. 11. Symposium Baustoffe und Bauwerkserhaltung, Müller, H. S., Nolting, U., Haist, M., Kromer, M. (Hrsg.), Karlsruher Institut für Technologie (KIT), Verlag KIT Scientific Publishing, S. 29–36.

[6.48] Müller, H. S., Haist, M., Kvitsel, V., Breiner, R. (2015) Kriechen und Schwinden von Beton – Mechanismen, Einflussgrößen und stoffgesetzliche Modelle, in *Betonverformungen beherrschen – Grundlagen für schadensfreie Bauwerke. 11. Symposium Baustoffe und Bauwerkserhaltung.* Müller, H. S., Nolting, U., Haist, M., Kromer, M. (Hrsg.), Karlsruher Institut für Technologie (KIT). Verlag KIT Scientific Publishing, S. 37–54.

[7.1] Ewertson, C.; Peterson, P. E. (1993) The Influence of Curing Conditions on the Permeability and Durability of Concrete. Results from a Field Exposure Test. *Cement and Concrete Research* **23**, 683–692.

[7.2] Grube, H. (1991) *Ursachen des Schwindens von Beton und Auswirkungen auf Betonbauteile*, Schriftenreihe der Zementindustrie, Heft **52**, Düsseldorf.

[7.3] Schönlin, K. F. (1989) *Permeabilität als Kennwert der Dauerhaftigkeit von Beton*, Schriftenreihe des Instituts für Massivbau und Baustofftechnologie, Heft **8**, Universität Karlsruhe.

[7.4] Hilsdorf, H. K., Schönlin, K., Tauscher, F. (1997) *Dauerhaftigkeit von Betonen*. Schriftenreihe BTB, Düsseldorf.

[7.5] Powers, T. C., Copeland, L. E., Mann, H. M. (1959) *Capillary Continuity or Discontinuity in Cement Pastes*, PCA Research Bulletin No. 110, Skokie, Illinois.

[7.6] Bentz, D. P., Garboczi, E. J. (1991) Percolation of phases in a three-dimensional cement paste microstructural model; *Cement and Concrete Research* **21**, pp. 325–344.

[7.7] Klink, T. (1996) *Der Transport des radioaktiven Isotops Radon-222 in Abhängigkeit von der Mikrostruktur zementgebundener Mörtels*, Mitteilungen für Bauphysik und Materialwissenschaft, Heft **2**, Mainz, Aachen.

[7.8] Reinhardt, H. W. (Ed.) (1997) *Penetration and permeability of concrete, Barriers to organic and contaminating liquids*, E & FN SPON, London.

[7.9] Fehlhaber, Th. (1994) *Zum Eindringen von Flüssigkeiten und Gasen in ungerissenen Beton* – Sosoro, M. und Reinhardt, H. W.: *Eindringverhalten von Flüssigkeiten in Beton in Abhängigkeit von der Feuchte der Probekörper und der Temperatur* – Frey, R. und Reinhardt, H. W.: *Untersuchungen der Dichtheit von Vakuumbeton gegenüber wassergefährdenden Flüssigkeiten*, Schriftenreihe Deutscher Ausschuss für Stahlbeton, Heft **445**, Beuth, Berlin.

[7.10] Reinhardt, H. W., Aufrecht, M. (1995) Simultaneous transport of an organic liquid and gas in concrete, *Materials and Structures* **28** (175), 43–51.

[7.11] Sosoro, M. (1995) *Modelle zur Vorhersage des Eindringverhaltens von organischen Flüssigkeiten in Beton.* Schriftenreihe Deutscher Ausschuss für Stahlbeton, Heft **446**, Beuth, Berlin.

[7.12] Kropp, J., Hilsdorf, H. K. (eds.) (1995) *Performance Criteria for Concrete Durability*, State of the Art Report prepared by RILEM Technical Committee TC 116-PCD, Permeability of Concrete as a Criterion of its Durability. RILEM Report 12, E & FN SPON, London.

[7.13] Parrott, L. J., Chen, Zh. H. (1990) *Some Aspects Influencing Air Permeation Measurements in Cover Concrete*, BCA Report PP/520, January 1990.

[7.14] Jooss, M., Reinhardt, H.-W. (2002) Permeability and diffusivity of concrete as function of temperature. *Cement and Concrete Research* **32**, 1497–1504.

[7.15] Gräf, H., Grube, H. (1986) Einfluss der Zusammensetzung und der Nachbehandlung des Betons auf seine Gasdurchlässigkeit, *beton* **36** (11), 426–429, u. (12), 473–476.

[7.16] Nürnberger, U. (1995) *Korrosion und Korrosionsschutz im Bauwesen*, Bauverlag Wiesbaden.

[7.17] Schießl, P., Gehlen, C., Sodeikat, C. (2004) Dauerhafter Konstruktionsbeton für Verkehrsbauwerke, in *Beton-Kalender 2004*, Ernst & Sohn, Berlin, S. 155–220.

[7.18] Brodersen, H. A. (1982) *Zur Abhängigkeit der Transportvorgänge verschiedener Ionen im Beton von Struktur und Zusammensetzung des Zementsteins*, Dissertation RWTH Aachen.

[7.19] Frey, R. (1987) *Einwirkung von Streusalzen auf Betone unter gezielt praxisnahen Bedingungen*, Schriftenreihe des Deutschen Ausschusses für Stahlbeton Heft **384**, Wilh. Ernst & Sohn, Berlin.

[7.20] Smolczyk, H.-G. (1984) Stand der Kenntnis über Chloriddiffusion im Beton. *Betonwerk + Fertigteil-Technik* **50** (12), 837–843.

[7.21] Page, C. L., Havdahl, J. (1985) Electrochemical Monitoring of Corrosion of Steel in Microsilica Cement Pastes, *Matriaux et Constructions* **18** (103), 41–47.

[7.22] Chloridkorrosion (1983) Berichte über das internationale Kolloquium am 22./23. 2. 1983 in Wien. Mitteilungen aus dem Forschungsinstitut des VZ, Heft **36**, Wien.

[7.23] RILEM TC 178 TMC „Chloride penetration".

[7.24] Richartz, W. (1969) Die Bindung von Chlorid bei der Zementerhärtung, *Zement-Kalk-Gips* **22** (10), 447–456.

[7.25] Hausmann, D. A. (1967) Steel corrosion in concrete, Materials protection, No. **11**, pp. 19–23.

[7.26] Litvan, G. G. (1972) Mechanism of frost action in hardened cement paste. *Journal of the American Ceramic Society* **55** (1), 38–42.

[7.27] Powers, T. C. (1975) *Freezing Effects in Concrete*, in: Durability of Concrete, American Concrete Institute SP-47, pp. 1–12.

[7.28] Setzer, M. J. (1999) *Mikroeislinsenbildung und Frostschaden*, in: Eligehausen, R. (Hrsg.) Werkstoffe im Bauwesen – Theorie und Praxis, Hans-Wolf Reinhardt zum 60. Geburtstag, ibidem Stuttgart, S. 397–413.

[7.29] Springenschmid, R., Breitenbücher, R., Setzer, M. J. (1987) Luftporenbeton – Neuere Untersuchungen zur Feinstsandzusammensetzung, Liegezeit und Nachdosierung von Luftporenbildnern. *Betonwerk + Fertigteil-Technik* **53** (11), 742–748.

[7.30] Fagerlund, G. (1977) The critical degree of saturation method of assessing the freeze-thaw-resistance of concrete, *Materials and Structures* **10** (58), 217–229.

[7.31] ASTM Standard C 666–90 (1994) *Standard Test Method for Resistance of Concrete to Rapid Freezing and Thawing*, Annual Book of ASTM Standards.

[7.32] ÖNORM B 3306 (2016) *Prüfung der Frost-Tausalz-Beständigkeit von vorgefertigten Betonerzeugnissen*.

[7.33] Setzer, M. J., Hartmann, V. (1991) CDF-Test-Prüfvorschrift; *Betonwerk und Fertigteiltechnik* **57** (9), 83–86.

[7.34] Stark, J., Ludwig, H. M. (1993) Erfahrungen mit dem CDF-Verfahren zur Prüfung des Frost-Tausalz-Widerstandes von Beton, *Betonwerk + Fertigteil-Technik* (11), 48–55.

[7.35] Biczók, I. (1968) *Betonkorrosion, Betonschutz*, 6. Auflage, Bauverlag, Wiesbaden/Berlin.

[7.36] Sommer, H. (1977) Ein neues Verfahren zur Erzielung der Frost-Tausalz-Beständigkeit des Betons, *Zement und Beton* **22** (4), 124–129.

[7.37] Rendchen, K. (1999) Frost- und Tausalzwiderstand von Beton mit Hochofenzement, Beispiele aus der Praxis. *Beton-Informationen* **39** (4), 3–23.

[7.38] Hilsdorf, H. K., Günter, M. (1986) Einfluss von Nachbehandlung und Zementart auf den Frost-Tausalzwiderstand von Beton, *Beton- und Stahlbetonbau* **81** (3), 57–62.

[7.39] Merkblatt für die Herstellung und Verarbeitung von Luftporenbeton; Forschungsgesellschaft für Straßen- und Verkehrswesen, Arbeitsgruppe Betonstraßen, Köln, Ausgabe 2004.

[7.40] DAfStb (2003) Sulfatangriff auf Beton: Empfehlungen für die Baupraxis, *Beton* **53** (5), 244–245.

[7.41] Kunterding, H. (1991) *Beanspruchung der Oberfläche von Stahlbetonsilos durch Schüttgüter*, Schriftenreihe des Instituts für Massivbau und Baustofftechnologie, Heft **12**, Universität Karlsruhe.

[7.42] Bakker, R. F. M. (1988) Initiation period, in: P. Schiessl (Ed.) Corrosion of steel in concrete, Chapmann and Hall, London, pp. 22–55.

[7.43] Jacobs, F. (2003) Betonabrasion im Wasserbau, *Beton* **53** (1), 16–23.

[7.44] Müller, H. S., Vogel, M. (2008) Lebenszyklusmanagement im Betonbau. *beton* **58** (5), 206–215.

[7.45] *fib* Bulletin 34 (2006) *Model Code for Service Life Design*, International Federation for Structural Concrete (*fib*), Lausanne, Februar 2006.

[7.46] Vogel, M. (2011) *Schädigungsmodell für die Hydroabrasionsbeanspruchung zur probabilistischen Lebensdauerprognose von Betonoberflächen im Wasserbau*, Schriftenreihe des Instituts für Massivbau und Baustofftechnologie, Dissertation.

[7.47] Deutscher Ausschuss für Stahlbeton (2011) *DAfStb-Richtlinie Vorbeugende Maßnahmen gegen schädigende Alkalireaktion im Beton. Teil 1: Allgemeines, Teil 2: Gesteinskörnungen mit Opalsandstein und Flint, Teil 3: Gebrochene alkaliempfindliche Gesteinskörnungen*, Beuth Verlag, Berlin, Februar 2007, einschließlich Berichtigungen in 2010 und 2011.

[7.48] Müller, H. S., Anders, I., Breiner, R., Vogel, M. (2013) Concrete: treatment of types and properties in MC 2010, *Structural Concrete* **14** (4).

[7.49] Scheydt, J. C. (2013) *Mechanismen der Korrosion bei ultrahochfestem Beton*. Karlsruher Reihe, Massivbau, Baustofftechnologie, Materialprüfung, Heft **74**, Karlsruher Institut für Technologie, Karlsruhe.

[7.50] Müller, H. S., Nolting, U., Haist, M. (2009) *Dauerhafter Beton – Grundlagen, Planung und Ausführung bei Frost- und Frost-Taumittel-Beanspruchung*. 6. Symposium Baustoffe und Bauwerkserhaltung, Müller, H. S., Nolting, U., Haist, M., (Hrsg.) Universität Karlsruhe (TH), Verlag KIT Scientific Publishing.

[7.51] Müller, H. S., Nolting, U., Haist, M. (2011) *Schutz und Widerstand durch Betonbauwerke bei chemischem Angriff*. 8. Symposium Baustoffe und Bauwerkserhaltung, Müller, H. S., Nolting, U., Haist, M. (Hrsg.), Karlsruher Institut für Technologie (KIT), Verlag KIT Scientific Publishing.

[7.52] Müller, H. S., Nolting, U., Haist, M. (2008) *Betonbauwerke im Untergrund – Infrastruktur für die Zukunft*. 5. Symposium Baustoffe und Bauwerkserhaltung, Müller, H. S., Nolting, U., Haist, M. (Hrsg.), Universität Karlsruhe (TH), Verlag KIT Scientific Publishing.

[8.1] Ozawa, K., Maekawa, K., Okamura, H. (1990) *High performance concrete with high filling capacity*. In: E. Vasquez (Ed.), Admixtures for concrete, improvement of properties, Chapman & Hall, London, pp. 51–62.

[8.2] Okamura, H., Ozawa, K. (1996) *Selfcompactable high performance concrete in Japan*. In: P. Zia (Ed.) High performance concrete. SP-159, ACI, Farmington Hills, pp. 31–44.

[8.3] Deutscher Ausschuss für Stahlbeton (2003) *DAfStb-Richtlinie Selbstverdichtender Beton*, Beuth Verlag Berlin, November 2003.

[8.4] Okamura, H., Ozawa, K. (1995) Mix design for self-compacting concrete, *Concrete Library of JSCE* **25** (6), 107–120.

[8.5] Reinhardt, H.-W. et al. (Hrsg.) (2001) *Sachstandbericht Selbstverdichtender Beton (SVB)*, DAfStb Heft **520**, Beuth Verlag, Berlin.

[8.6] Grube, H., Riekert, J. (1999) Selbstverdichtender Beton – ein weiterer Entwicklungsschritt des 5-Stoff-Systems Beton, *beton* **49** (4), 239–244.

[8.7] Efes, Y., Hintzen, W., Herschelmann, A. (2003) Selbstverdichtende Betone mit allgemeinen bauaufsichtlicher Zulassung, *Beton- und Fertigteiltechnik* **69** (12), 6–13.

[8.8] Brameshuber, W. (2004) *Selbstverdichtender Beton*, Verlag Bau + Technik, Düsseldorf.

[8.9] Kordts, S., Breit, W. (2004) Kombiniertes Prüfverfahren zur Verarbeitbarkeit von SVB – Auslaufkegel, *beton* **54** (4), 213–219.

[8.10] Huß, A. (2010) *Mischungsentwurf und Fließeigenschaften von Selbstverdichtendem Beton (SVB) vom Mehlkorntyp unter Berücksichtigung der granulometrischen Eigenschaften der Gesteinskörnung*, Dissertation Universität Stuttgart.

[8.11] Huß, A., Reinhardt, H.-W. (2009) SVB vom Mehlkorntyp mit gebrochener Gesteinskörnung – Entwurfskonzept und Fließeigenschaften von SVB, *Betonwerk + Fertigteil-Technik* 75 (8), 4–12 und (9), 22–34.

[8.12] Deutscher Ausschuss für Stahlbeton (2012) *DAfStb-Richtlinie Selbstverdichtender Beton, Teil 1: Ergänzungen und Änderungen zu DIN EN 1992-1-1 und DIN EN 1992-1-1/NA; Teil 2: Ergänzungen und Änderungen zu DIN EN 206-1, DIN EN 206-9 und DIN 1045-2; Teil 3: Ergänzungen und Änderungen zu DIN EN 13670 und DIN 1045-3*. Beuth Verlag, Berlin, September 2012.

[9.1] DIN 18217:1981-12 (1981) *Betonflächen und Schalungshaut*, Beuth, Berlin.

[9.2] Deutscher Beton- und Bautechnik-Verein E. V. (Hrsg.) (2004) *Merkblatt Sichtbeton*, DBV, Berlin.

[9.3] Österreichische Vereinigung für Beton und Bautechnik (2002) *Richtlinie Geschalte Betonoberflächen („Sichtbeton")*.

[9.4] Lohaus, L., Fischer, K. (2005) *Sichtbeton – Betonzusammensetzung, Einbau, Qualitätssicherung*, in: Sichtbeton – Planen, Herstellen, Beurteilen, 2. Symposium Baustoffe und Bauwerkserhaltung, Müller, H. S., Nolting, U., Haist, M. (Hrsg.). Universitätsverlag Karlsruhe, S. 33–43.

[9.5] Ebeling, K. (1998) Sichtbeton. Planungs- und Ausführungshinweise – Der Aufgabenbereich des Bauingenieurs, *beton* 48 (4), 208–213.

[9.6] Springenschmid, R. (2007) *Betontechnologie für die Praxis*, Bauwerk Verlag, Berlin.

[9.7] Hillemeier, B., Buchenau, G., Herr, R. et al. (2006) Spezialbetone, in *Beton-Kalender 2006* Turmbauwerke und Industriebauten (Hrsg. Bergmeister, K.; Wörner, J.-D.), Ernst & Sohn, Berlin, S. 519–583.

[9.8] Deutscher Beton- und Bautechnik-Verein E. V. (Hrsg.) (2007) *DBV-Merkblatt Trennmittel für Beton, Teil A – Hinweise zur Auswahl und Anwendung*, März 2007, DBV, Berlin.

[9.9] Strehlein, D., Schießl, P. (2008) Fleckige Hell-Dunkel-Verfärbungen an Sichtbetonflächen, *Betonwerk + Fertigteil-Technik* 74 (1), 32–39.

[9.10] Fiala, H., Raddatz, J. (2003) Braune Verfärbungen auf Sichtbetonoberflächen, *Beton-Informationen* 43 (2), 27.

[9.11] Stark, J., Wicht, B. (2000) *Zement und Kalk. Der Baustoff als Werkstoff*. Bau-Praxis. Birkhäuser Verlag, Basel.

[9.12] Günter, M. (2005) Sichtbeton – Möglichkeiten der Mängelbeseitigung und Instandsetzung, in *Sichtbeton – Planen, Herstellen, Beurteilen*, 2. Symposium Baustoffe und Bauwerkserhaltung, Müller, H. S., Nolting, U., Haist, M. (Hrsg.). Universitätsverlag Karlsruhe, S. 71–80.

[9.13] Müller, H. S., Haist, M. (2005) Sichtbetone aus Leichtbeton, in *Sichtbeton – Planen, Herstellen, Beurteilen*, 2. Symposium Baustoffe und Bauwerkserhaltung, Müller, H. S., Nolting, U., Haist, M. (Hrsg.). Universitätsverlag Karlsruhe, S. 57–70.

[9.14] Lohaus, L., Gläser, T., Fischer, K. (2013) Betonentwurf und Prüfkonzepte für anspruchsvolle Sichtbetonbauwerke, *beton* 63 (4), 118-123.

[9.15] Strehlein, D. (2013) *Fleckige Dunkelverfärbungen an Sichtbetonoberflächen, Charakterisierung – Entstehung – Vermeidung*, Dissertation, Lehrstuhl für Baustoffkunde und Werkstoffprüfung, Technische Universität München.

[9.16] Deutscher Beton- und Bautechnik-Verein E. V. (Hrsg.) (2016) *Sachstandbericht Sichtbetonkosmetik*, DBV, Berlin.

[9.17] Deutscher Ausschuss für Stahlbeton (2005) *DAfStb-Richtlinie Schutz und Instandsetzung von Betonbauteilen (Instandsetzungs-Richtlinie)*, Ausgabe Oktober 2001 und Berichtigungen 2002-01 und 2005-12, Beuth Verlag, Berlin.

[9.18] Deutscher Ausschuss für Stahlbeton (2016) *DAfStb-Richtlinie Instandhaltung von Betonbauteilen (Instandhaltungs-Richtlinie)*, Gelbdruck, Stand 14.06.2016, Beuth Verlag, Berlin.

[9.19] Günter, M. (2017) *Bedeutung von Regelwerken bei der Instandsetzung von Fassaden aus Beton*. In: Aachener Bausachverständigentage am 3./4. April 2017, Tagungsband, Springer-Vieweg-Verlag.

[10.1] Bosold, D. (2008) *Zement-Merkblatt Leichtbeton*, Ausgabe 4/2008, Verein Deutscher Zementwerke e. V. (Hrsg.).

[10.2] DIN EN 1992-1-1 (2013) *Eurocode 2: Bemessung und Konstruktion von Stahlbeton- und Spannbetontragwerken – Teil 1-1, Allgemeine Bemessungsregeln und Regeln für den Hochbau in Verbindung mit dem Nationalen Anhang, DIN EN 1992-1-1/NA*, 2011 bzw. 2013, Beuth Verlag, Berlin.

[10.3] DIN 1045-2 (2008) *Tragwerke aus Beton, Stahlbeton und Spannbeton – Teil 2: Beton; Festlegung, Eigenschaften, Herstellung und Konformität; Anwendungsregeln zu DIN EN 206-1 (einschließlich Änderung A3)*. Beuth Verlag, Berlin.

[10.4] DIN EN 206-1 (2017) *Beton – Teil 1: Festlegung, Eigenschaften, Herstellung und Konformität*, Beuth Verlag, Berlin.

[10.5] DIN 4166 (1997) *Porenbeton-Bauplatten und Porenbeton-Planbauplatten*, Beuth Verlag, Berlin.

[10.6] DIN EN 771-4 (2015) *Festlegungen für Mauersteine – Teil 4: Porenbetonsteine*, Beuth Verlag, Berlin.

[10.7] DIN EN 1520 (2011) *Vorgefertigte bewehrte Bauteile aus haufwerksporigem Leichtbeton und mit statisch anrechenbarer oder nicht anrechenbarer Bewehrung*, Beuth Verlag, Berlin.

[10.8] DIN 4213 (2015) *Anwendung von vorgefertigten Bauteilen aus haufwerksporigem Leichtbeton mit statisch anrechenbarer oder nicht anrechenbarer Bewehrung im Bauwerken*, Beuth Verlag, Berlin.

[10.9] Weigler, H., Karl, S. (1972) *Stahlleichtbeton – Herstellung, Eigenschaften, Ausführung*, Bauverlag, Wiesbaden/Berlin.

[10.10] Wischers, G. (1967) Herstellung und Eigenschaften von Leichtbeton hoher Festigkeit, in *Zement-Ta-*

schenbuch 1968/69, Bauverlag, Wiesbaden, S. 237–313.

[10.11] Faust, Th. (2003) *Leichtbeton im Konstruktiven Ingenieurbau*, Ernst & Sohn, Berlin.

[10.12] Müller, H. S., Linsel, S., Garrecht, H. et al. (2000) Hochfester konstruktiver Leichtbeton – Teil 1: Materialtechnologische Entwicklungen und Betoneigenschaften, *Beton- und Stahlbetonbau* **95** (7), 392–414.

[10.13] Weigler, H., Karl, S. (2001) *Beton – Arten, Herstellung, Eigenschaften*, Ernst & Sohn, Berlin.

[10.14] Thienel, K.-Ch. (1992) *Materialtechnologische Eigenschaften der Leichtbetone aus Blähton, Technologie und Anwendung der Baustoffe*. Festschrift Prof. Rostásy. Ernst & Sohn, Berlin.

[10.15] Held, M. (1996) Hochfester Konstruktions-Leichtbeton, *beton* **46** (7).

[10.16] Manns, W. (1983) Leichtzuschlag, in *Zement-Taschenbuch 1984*, Bauverlag, Wiesbaden/Berlin, S. 159–173.

[10.17] DIN EN 12620 (2008) *Gesteinskörnungen für Beton* (einschließlich Änderung A1). Beuth Verlag, Berlin.

[10.18] DIN EN 13055 (2016) *Leichte Gesteinskörnungen*. Beuth Verlag, Berlin.

[10.19] DIN V 18004 (2004) *Anwendungen von Bauprodukten in Bauwerken – Prüfverfahren für Gesteinskörnungen nach DIN V 20000-103 und DIN V 20000-104*, Beuth Verlag, Berlin.

[10.20] DIN EN 1097-5 (2008) *Prüfverfahren für mechanische und physikalische Eigenschaften von Gesteinskörnungen – Teil 5: Bestimmung des Wassergehaltes durch Ofentrocknung*, Beuth Verlag, Berlin.

[10.21] Grübl, P. (1979) Druckfestigkeit von Leichtbeton mit geschlossenem Gefüge, *beton* **29** (3), 91–95.

[10.22] Grübl, P., Klemt, K. (2000) Optimierte Betonzusammensetzung beim Leichtbeton mit geschlossenem Gefüge, *Beton- und Stahlbetonbau* **95** (7), 415–419.

[10.23] König, G., Faust, Th. (2000) Der Einfluss der Sandrohdichte auf die Eigenschaften konstruktiver Leichtbetone, *Beton- und Stahlbetonbau* **95** (7), 426–431.

[10.24] Schlaich, M., El Zareef, M. (2008) Infraleichtbeton, *Beton- und Stahlbetonbau* **103** (3), 175–182.

[10.25] Yu, Q. L., Spiesz, P., Brouwers, H. J. H. (2015) Ultralightweight concrete: Conceptual design and performance evaluation, *Cement & Concrete Composites* **61**, 18–28.

[10.26] Weigler, H., Nicolay, J. (1975) *Temperatur und Zwangsspannung in Konstruktions-Leichtbeton infolge Hydratation*, Schriftenreihe des Deutschen Ausschuss für Stahlbeton, Heft **247**, S. 1–44. Ernst & Sohn, Berlin.

[10.27] Müller, H. S., Haist, M. (2004) Selbstverdichtender Leichtbeton – Erste allgemeine bauaufsichtliche Zulassung, *Betonwerk + Fertigteil-Technik* **70** (12), 8–17.

[10.28] Müller, H. S., Haist, M. (2004) Leichtbeton – Technologie, Innovationen, Anwendungen und ausgeführte Bauwerke, in *VDI Jahrbuch 2004*, S. 155–172.

[10.29] Müller, H. S., Haist, M. (2004) *Bauwerksertüchtigung mit pumpbarem selbstverdichtenden Leichtbeton*, Abschlussbericht zum Forschungsprojekt, Institut für Massivbau und Baustofftechnologie, Universität Karlsruhe (TH).

[10.30] Schulz. B. (1975) Erfahrungen beim Pumpen von Leichtbeton, *beton* **25** (3), 86–91.

[10.31] Rössig, M. (1974) *Fördern von Frischbeton, insbesondere von Leichtbeton, durch Rohrleitungen*. Forschungsbericht des Landes Nordrhein-Westfalen Nr. 2456. Westdeutscher Verlag.

[10.32] Herrnkind, V., Scholz, St. G. (2008) Berücksichtigung des Einflusses der unterschiedlichen Lagerungsarten „trocken" und „feucht" auf die Ergebnisse der Druckfestigkeitsprüfungen, *Beton* (4), S. 164–167.

[10.33] Heilmann, H. G. (1983) *Versuche zur Teilflächenbelastung von Leichtbeton für tragende Konstruktionen*, Schriftenreihe des Deutschen Ausschuss für Stahlbeton, Heft **344**, Ernst & Sohn, Berlin.

[10.34] Weigler, H., Karl, S., Lieser, P. (1972) Über die Biegetragfähigkeit von Stahlleichtbeton, *Betonwerk + Fertigteil-Technik* **38** (5), 324–334 und (6), 44–49.

[10.35] Weigler, H., Freitag, W. (1975) *Dauerschwell- und Betriebsfestigkeit von Konstruktions-Leichtbeton*, Schriftenreihe des Deutschen Ausschuss für Stahlbeton, Heft **247**, S. 45–47, Ernst & Sohn, Berlin.

[10.36] Pauw, A. (1960) Static Modulus of Elasticity of Concrete as Affected by Density, *Journal of the American Concrete Institute* **57** (6), 678–687.

[10.37] Hermann, V. (1980) *Spannungs-Dehnungs-Linien von Leichtbeton*, Schriftenreihe des Deutschen Ausschuss für Stahlbeton, Heft **313**, S. 3–56, Ernst & Sohn, Berlin.

[10.38] Müller, H. S., Kvitsel, V.: Kriech- und Schwindbeiwerte für normalfeste und hochfeste Konstruktionsleichtbetone. Forschungsvorhaben V 402 des Deutschen Ausschusses für Stahlbeton (DAfStb), Veröffentlichung in der Schriftenreihe des DAfStb vorgesehen.

[10.39] Rostásy, F. S., Teichen, K.-Th., Alda, W. (1975) Über das Schwinden und Kriechen von Leichtbeton bei unterschiedlicher Korneigenfeuchtigkeit, *Beton* **24** (1974) (6), 223–229, ebenso Betontechnische Berichte 1974, Beton-Verlag, Düsseldorf, 1975, S. 91–109.

[10.40] Reinhardt, H.-W. (1979) Kriechversuche an Leichtbeton. Einige Ergebnisse niederländischer Untersuchungen, *Beton* **29** (3), 88–90.

[10.41] Hofmann, P., Stöckl, S. (1983) *Versuche zum Kriechen und Schwinden von hochfestem Leichtbeton*, DAfStb Heft **343**, S. 3–19, Deutscher Ausschuss für Stahlbeton, Berlin.

[10.42] Hegger, J., Will, N., Görtz, St., Kommer, B. (2005) Zur Tragfähigkeit von Spannbetonbalken aus hochfestem Leichtbeton, *Betonwerk + Fertigteil-Technik*, (3), 34–45.

[10.43] Dehn, F. (2002) *Einflußgrößen auf die Querkrafttragfähigkeit schubunbewehrter Bauteile aus konstruktivem Leichtbeton*, Dissertation, Universität Leipzig.

[10.44] Kvitsel, V. (2011) *Vorhersage des Schwindens und Kriechens von normal- und hochfestem Konstruktionsleichtbeton*, Dissertation, Karlsruher Institut für Technologie (KIT), Karlsruhe.

[10.45] Hergenröder, M. (1986) Korrosion von Stahl in Leichtbeton – Ergebnisse eines Auslagerungsprogramms, *Betonwerk + Fertigteiltechnik* **52** (11), 725–730.

[10.46] Weigler, H., Karl, S. (1968) Frost- und Tausalzwiderstand und Verschleißverhalten von Konstruktionsleichtbetonen, *Betonsteinzeitung* **34** (5), 225–240 und (11), 581–583.

[10.47] DIN 4108-4 (2017) *Wärmeschutz und Energie-Einsparung in Gebäuden – Teil 4: Wärme- und feuchteschutztechnische Bemessungswerte*, Beuth Verlag, Berlin.

[10.48] Haksever, A., Schneider, U. (1982) Zum Brandverhalten von Leichtbetonkonstruktionen, *Deutsche Bauzeitung* **9**, 1279–1282.

[10.49] Heller, D. (2006) Schallschutz in Gebäuden aus Leichtbeton, *Mauerwerk* **10** (4), 175.

[10.50] Deutscher Beton- und Bautechnik-Verein E. V. (2004) *Merkblatt Sichtbeton*, Fassung August 2004, DBV, Berlin.

[10.51] Müller, H. S., Haist, M., Mechtcherine, V. (2002) Selbstverdichtender Hochleistungs-Leichtbeton, *Beton- und Stahlbetonbau* **97** (6), 326–333.

[10.52] Weber, H., Hullmann, H. (2002) *Porenbetonhandbuch*, Bauverlag, Wiesbaden und Berlin.

[10.53] Nischer, P. (1983) Schaumbeton, *Betonwerk + Fertigteil-Technik* **49** (3), 148–151.

[10.54] Widmann, H., Enoekl, V. (1991) Schaumbeton – Baustoffeigenschaften, Herstellung, *Betonwerk + Fertigteiltechnik* **57** (6), 38–43.

[10.55] Aroni, S., de Groot, G. J., Robinson, M. J. et al. (1993) *RILEM Recommended Practice on Autoclaved Aerated Concrete*, RILEM Secretariat General, 94235 Cachan Cedex, France.

[10.56] DIN 4158 (1978) *Zwischenbauteile aus Beton, für Stahlbeton- und Spannbetondecken*, Beuth Verlag, Berlin.

[10.57] DIN V 18152-100 (2005) *Vollsteine und Vollblöcke aus Leichtbeton – Teil 100: Vollsteine und Vollböcke mit besonderen Eigenschaften*, Beuth Verlag, Berlin.

[10.58] DIN 18162 (2000) *Wandbauplatten aus Leichtbeton, unbewehrt*, Beuth Verlag, Berlin.

[10.59] DIN EN 13168 (2015) *Wärmedämmstoffe für Gebäude – Werkmäßig hergestellte Produkte aus Holzwolle (WW) – Spezifikation*, Beuth Verlag, Berlin.

[10.60] DIN 4108-10 (2015) *Wärmeschutz und Energie-Einsparung in Gebäuden, Teil 10: Anwendungsbezogene Anforderungen an Wärmedämmstoffe – Werkmäßig hergestellte Wärmedämmstoffe*, Beuth Verlag, Berlin.

[10.61] DIN EN 15037-2 (2011) *Betonfertigteile-Balkendecken mit Zwischenbauteilen – Teil 2: Zwischenbauteile aus Beton*, Beuth Verlag, Berlin.

[10.62] DIN EN 990 (2003) *Prüfverfahren zur Überprüfung des Korrosionsschutzes der Bewehrung in dampfgehärtetem Porenbeton und in haufwerksporigem Leichtbeton*, Beuth Verlag, Berlin.

[10.63] DIN EN 1991-1-1 (2010) *Eurocode 1: Einwirkungen auf Tragwerke – Teil 1-1: Allgemeine Einwirkungen auf Tragwerke – Wichten, Eigengewicht und Nutzlasten im Hochbau*, Beuth Verlag, Berlin.

[11.1] Curbach, M., Reinhardt, H.-W. et al. (Hrsg.) (1998) *Sachstandbericht zum Einsatz von Textilien im Massivbau*, DAfStb Heft **488**, S. 63–67. Beuth Verlag, Berlin.

[11.2] Griffith, R. A. (1921) *The Phenomena of Rupture and Flow in Solids*, Transactions of the Royal Society of London, Series A 221, pp. 163–198.

[11.3] Maidl, B. (1991) *Stahlfaserbeton*, Ernst & Sohn, Berlin.

[11.4] Meyer, A. (1979) Faserbeton, in *Zement-Taschenbuch 1979/80*, Bauverlag, Wiesbaden/Berlin, S. 453–477.

[11.5] Wischers, G. (1974) Faserbewehrter Beton, *beton* **24** (3), 95–99 und (4), 137–141.

[11.6] ACI Committee 544 (1984) *State-of-the-art report of fiber reinforced concrete*, ACI Publication SP-81 (1984), pp. 411–432: ebenso: *Concrete International* **4** (1982), (5), 9–30.

[11.7] Naaman, A. (2000) Fasern mit verbesserter Haftung, *Beton- und Stahlbetonbau* **95** (4), 232–238.

[11.8] Alwan, J., Naaman, A. E., Hansen, W. (1991) Pull-Out Work of Steel Fibers from Cementitious Matrices – Analytical Investigation, *Journal of Cement and Concrete Composites* **13** (4), 247–255.

[11.9] Naaman, A. E., Namur, G., Jr., Alwan, J. Najm, H. (1991) Fiber Pull-Out and Bond Slip, Part II: Experimental Validation, *ASCE Journal of Structural Engineering* **117** (9), 2791–2800.

[11.10] Naaman, A. E., Najm, H. (1991) Bond-Slip Mechanisms of Steel Fibers in Concrete, *ACI Materials Journal* **88** (2), 135–145.

[11.11] Bentur, A., Mindess, S. (1990) *Fibre reinforced cementitious composites*, Elsevier Applied Science, London.

[11.12] Bentur, A., Mindess, S. (1985) *Cracking Prozess in Steel Fiber Reinforced Cement Paste*, in: Cement and Concrete Research, Vol. 15, pp. 331–342.

[11.13] Cook, J., Gordon, J. E. (1986) *A Mechanism for the Control of Crack Propagation in All-Brittle Systems*, Proceedings of the Royal Society, Vol. A 228, pp. 508–520.

[11.14] Kützing, L., König, G. (2001) Duktiler Hochleistungsbeton mit Fasercocktail – Technologie – Bemessung – Anwendungen, *Bautechnik* **78** (2), 105–114.

[11.15] Balaguru, P., Ramakrishnan, V. (1988) Properties of Fiber Reinforced Concrete: Workability, Behaviour Under Long-Term Loading, Air-Void Characteristics. In: *ACI Materials Journal*, paper no. 85-M23, Vol. 85, No. 3, May-June 1988, pp. 189–196.

[11.16] DBV-Sachstandsbericht (1996) *Faserbeton mit synthetischen organischen Fasern*, Fassung Oktober 1990, redaktionell überarbeitet 1996, Deutscher Beton-Verein E. V.

[11.17] Nußbaum, G., Vißmann, H.-W. (1999) *Faserbeton*, Schriftenreihe Spezialbetone, Band 2, Verlag Bau und Technik, Düsseldorf.

[11.18] Halm, J. (1996) *Ausgangsstoffe, Herstellverfahren und Eigenschaften von Glasfaserbeton*. In: Tagungsband zum Symposium: Glasfaserbeton – Von der Einzelanwendung zur industriellen Fertigung. Fachvereinigung Faserbeton e. V. (Hrsg.), Forschungs- und Materialprüfanstalt Baden-Württemberg – Otto-Graf-Institut. Stuttgart, 2. Dezember 1996, S. 1–7.

[11.19] Krenchel, H., Shah, S. (1985) Applications of polypropylene fibers in Scandinavia, *Concrete International* 7 (7), 32–34.

[11.20] Johntston, C. D. (2001) *Fiber-Reinforced Cements and Concretes*, Advances in concrete technology – Vol. 3, Gordon and Breach Science Publishers, Canada.

[11.21] Balaguru, P., Shah, S. P. (1985) Alternative Reinforcing Materials for Developing Countries, *International Journal for Development Technology* (3), 87–105.

[11.22] Sethunarayan, R., Chockalingham, S., Ramanathan, R. (1989) Tagungsband zum International Symposium on Recent Developments in Concrete Fiber Composites, Transportation Research Record, No. 1226, Washington D. C., pp. 57 60.

[11.23] Nakamura, S., van Mier, J. G. M., Masuda, Y. (2004) *Self compactibility of hybrid fiber concrete containing PVA fibers*. In: M. di Prisco, R. Felicetti, G. A. Plizzari „Fibre-reinforced concretes". 6th RILEM Symposium BEFIB 2004, Varenna, Italy, Vol. 1, pp. 527–538.

[11.24] Lankard, D. R. (1985) *Slurry infiltrated fiber concrete (SIFCON)*, Properties and applications. Mat. Res. Soc. Symp. Proc. 42, pp. 277–286.

[11.25] Hauser, S., Wörner, J. D. (1999) DUCON, ein innovativer Hochleistungsbeton, *Beton- und Stahlbetonbau* **94** (2), 66–75.

[11.26] Gustafsson, J. (1999) *Experience from full scale production of steel fiber reinforced self-compacting concrete*. In: Skarendahl, A.; Petersson, Ö. (eds.), Self-Compacting Concrete. RILEM Proceedings No. 7, pp. 743–754.

[11.27] DIN EN 14889-1:2006-11 (2006) *Fasern für Beton – Teil 1: Stahlfasern – Begriffe, Festlegungen und Konformität*, Deutsche Fassung EN 14889-1:2006. Beuth Verlag, Berlin, 2006.

[11.28] ACI Committee 544 (1988) Design Considerations for Steel Fiber Reinforced Concrete, Report No. ACI 544.4R-88, *ACI Structural Journal*, September/October 1988.

[11.29] Ding, Y., Kusterle, W. (1999) Eigenschaften von jungem Faserbeton, *Beton- und Stahlbetonbau* **94**, 362–368.

[11.30] Reinhardt, H.-W. (2002) *Beton*, in *Beton-Kalender 2002*, Teil 1; Taschenbuch für Beton-, Stahlbeton- und Spannbetonbau sowie die verwandten Fächer (Hrsg. Eibl, J.). Ernst & Sohn, Berlin, S. 1–152.

[11.31] Soroushian, P., Bayasi, Z. (1987) *Prediction of the tensile strength of fiber reinforced concrete: a critique of the composite material concept*, in: Fiber reinforced concrete, properties and applications ACI SP-105, American Concrete Institute, Detroit, pp. 71–84.

[11.32] Barr, B. (1987) *The fracture characteristics of FRC materials in shear. In: Fiber reinforced concrete, properties and applications*, ACI SP-105, American Concrete Institute, Detroit, pp. 27–53.

[11.33] Swamy, R., Jones, R., Chaim, T. (1987) *Shear transfer in steel fiber reinforced concrete, properties and applications*, ACI SP-105, American Concrete Institute, Detroit, pp. 565–592.

[11.34] Fritz, C., Reinhardt, H.-W. (1991) *Influence of crack width on shear behaviour of sifcon*. In: Reinhardt, H.-W.; Naaman, A. E (eds.), High Performance Fiber Reinforced Cement Composites, RILEM Proceedings No. 15, pp. 213–225.

[11.35] Sun, W., Yan, H., Qi, C., Chen, H. (1999) In: Reinhardt, H.-W.; Naaman, A. E. (eds.), High Performance Fiber Reinforced Cement Composites (HPFRCC3), RILEM Proceedings No. 6, pp. 565–574.

[11.36] Sun, W., Lai, J., Rong, Z., Zhang, Yu., Zhang, Ya. (2007) *Dynamic mechanical behaviour of ultra-high performance cementitious composites under repeated impact*. In: Reinhardt, H.-W.; Naaman, A. E. (Eds.). High Performance Fiber Reinforced Cement Composites (HPFRCC5), RILEM Proceedings 53, Bagneux, pp. 471–479.

[11.37] Grzybowski, M., Shah, S. P. (1990) *ACI Materials Journal* **87** (2), 138–148.

[11.38] Krenchel, H., Shah, S. (1987) *Restrained Shrinkage Test with PP-fiber Reinforced Concrete*. In: ACI SP-105, Fiber Reinforced Concrete, Properties and Applications, American Concrete Institute, Detroit, pp. 141–158.

[11.39] Hähne, H., Karl, S., Wörner, J. (1987) *Properties of polyacrylnitrile fiber reinforced concrete*. In: Fiber reinforced concrete, properties and applications. ACI SP-105, American Concrete Institute, Detroit, pp. 211–223.

[11.40] N. N. (1979) Korrosionsuntersuchungen an Stahlfaserbeton, *beton* **29** (10), 353–360.

[11.41] Schorn, H., Schiekel, M., Hempel, R. (2004) Dauerhaftigkeit von textilen Glasfaserbewehrungen im Beton, *Bauingenieur* **79**, 86–94.

[11.42] Schürhoff, H. J., Gerritse (1986) *Aramid Reinforced Concrete. Aramid Fibres of the Twaron type, for Pre-stressing Concrete*. In: Swamy, R. L.; Wagstaffe, D. R.; Oakley, D. R. (eds.): Third Intern. Symposium on Developments in Fibre Reinforced Cement and Concrete: RILEM Technical Committee 49-TFR, 13–

17 July 1986, Vol. 1. Rochdale, Lancs.: RILEM, Paper 2.6.

[11.43] Balaguru, P., Ramakrishnan, V. (1986) *Freeze-Thaw Durability of Fiber Reinforced Concrete, ACI Journal* **83**, 374–382.

[11.44] Deutscher Ausschuss für Stahlbeton (2010) *DAfStb-Richtlinie Stahlfaserbeton*, Ausgabe März 2010, Beuth, Berlin.

[11.45] Naaman, A. E. (2000) *Ferrocement and Laminated Cementitious Composites*, Techno Press 3000, Ann Arbor.

[11.46] DIN EN 14889-2:2006-11 (2006) *Fasern für Beton – Teil 2: Polymerfasern – Begriffe, Festlegungen und Konformität*, Deutsche Fassung EN 14889-2: 2006, Beuth Verlag, Berlin.

[11.47] Deutscher Ausschuss für Stahlbeton (2012) *DAfStb-Richtlinie Stahlfaserbeton*, Ausgabe November 2012, Beuth, Berlin.

[11.48] Dauberschmidt, C. (2006) *Untersuchungen zu den Korrosionsmechanismen von Stahlfasern in chloridhaltigem Beton*, Dissertation, Institut für Bauforschung, RWTH Aachen.

[13.1] Müller, H. S. (2007) *Zum Baustoff der Zukunft*. In: Tagungsband zur 100-Jahr-Feier des Deutschen Ausschusses für Stahlbeton, Beuth Verlag, Berlin, Oktober 2007, S. 195–221.

[13.2] Scrivener, K. (2016) *Future cements: Research needs for sustainability and potential of LC3 Technology*. In: Proceedings of the II International Conference on Concrete Sustainability (ICCS16), Madrid, Spain, pp. 1107–1113.

[13.3] Nazari, A., Sanjayan, J. G. (2016) *Handbook of Low Carbon Concrete*, Butterworth-Heinemann.

[13.4] Haist, M., Moffatt, J. S., Breiner, R., Vogel, M., Müller, H. S. (2016) *Ansatz zur Quantifizierung der Nachhaltigkeit von Beton auf der Baustoffebene*, Beton- und Stahlbeton **111** (10), 645–656.

[13.5] Bundesministerium für Umwelt, Naturschutz, Bau und Reaktorsicherheit (BMUB), Referat B15 (Hrsg.) (2017) *Leitfaden Nachhaltiges Bauen*, Ausgabe Februar 2016, http://www.nachhaltigesbauen.de, letzter Aufruf: Juli 2017.

[13.6] DIN EN ISO 14040 (2009) *Umweltmanagement – Ökobilanz – Grundsätze und Rahmenbedingungen*, Beuth Verlag, Berlin.

[13.7] DIN EN ISO 14044 (2006) *Umweltmanagement – Ökobilanz – Anforderungen und Anleitungen*, Beuth Verlag, Berlin.

[13.8] Hauer, B. (2012) *Methoden und Ergebnisse der Ökobilanzierung*. In: Nachhaltiger Beton – Werkstoff, Konstruktion und Nutzung, 9. Symposium Baustoffe und Bauwerkserhaltung, Müller, H. S., Nolting, U., Haist, M., Kromer, M. (Hrsg.), KIT Scientific Publishing, Karlsruhe, S. 11–18.

[13.9] Lützkendorf, Th. (2012) *Realisierung zukunftsfähiger Bauwerke – Anforderungen an Planung und Baustoffauswahl*. In: Nachhaltiger Beton – Werkstoff, Konstruktion und Nutzung, 9. Symposium Baustoffe und Bauwerkserhaltung, Müller, H. S., Nolting, U., Haist, M., Kromer, M. (Hrsg.), KIT Scientific Publishing, Karlsruhe, S. 1–10.

[13.10] Institut Bauen und Umwelt e. V. (Hrsg.) (2017) *Umwelt-Produktdeklarationen*, http://www.bau-umwelt.de, letzter Aufruf: Juli 2017.

[13.11] Bundesministerium für Umwelt, Naturschutz, Bau und Reaktorsicherheit (Hrsg.) (2017) *Ökobaudat – Informationsportal Nachhaltiges Bauen*, http://www.oekobaudat.de, letzter Aufruf: Juli 2017.

[13.12] Institut für Bauen und Umwelt (Hrsg.) (2017) *Umwelt-Produktdeklaration nach ISO 14025 für Zement*; Deklarationsnummer: EPD-VDZ-20170026-IAG1-DE, Inhaber: Verein Deutscher Zementwerke e. V., Düsseldorf, Ausstellungsdatum: 01.03.2017.

[13.13] Chen, C., Habert, G., Bouzidi, Y. et al. (2010) *LCA allocation procedure used as an initiative method for waste recycling – an application to mineral additions in concrete, Resources, Conservation and Recycling* **54** (12), 1231–1240.

[13.14] Shitza, A., Doome, R., Wyart, M. (2017) *Environmental footprint of dome selected industrial minerals: A study from IMA-EUROPE*. Industrial Minerals Association Europe (Ed.): Online Ressource: http://www.ima-europe.eu/sites/ima-europe.eu/files/publications/121119_IMA_Study_Poster_v1.5_Print.pdf; letzter Zugriff: Juli 2017.

[13.15] Schießl, P., Stengel, Th. (2006) *Nachhaltige Kreislaufführung mineralischer Baustoffe*. Forschungsbericht der Technischen Universität München, Lehrstuhl für Baustoffe und Materialprüfung, München.

[13.16] Walz, K. (1970) *Beziehungen zwischen Wasserzementwert, Normfestigkeit des Zements (DIN 1164, Juni 1970) und Betondruckfestigkeit, Beton* **20** (11), 499–503.

[13.17] Haist, M., Müller, H. S. (2012) *Nachhaltiger Beton – Betontechnologie im Spannungsfeld zwischen Ökobilanz und Leistungsfähigkeit*. In: Nachhaltiger Beton – Werkstoff, Konstruktion und Nutzung, 9. Symposium Baustoffe und Bauwerkserhaltung, Müller, H. S., Nolting, U., Haist, M., Kromer, M. (Hrsg.), KIT Scientific Publishing, Karlsruhe, S. 29–52.

[13.18] Fennis, S. A. A. M. (2010) *Design of ecological concrete by particle packing optimization*, Dissertation, Technische Universität Delft, Niederlande, Gildeprint Verlag, Niederlande.

[13.19] Andreasen, A. H. M., Andersen, J. (1930) *Über die Beziehung zwischen Kornabstufung und Zwischenraum in Produkten aus losen Körnern (mit einigen Experimenten), Kolloid-Zeitung* **50**, 217–228.

[13.20] Fuller, W. B., Thompson, S. E. (1907) *The laws of proportioning concrete. Journal of the American Society of Civil Engineers* **59**, 67–143.

[13.21] de Larrard, F. (1999) *Concrete mixture proportioning – a scientific approach*, Verlag E & FN Spon, London, England.

[13.22] Puntke, W. (2002) *Wasseranspruch von feinen Kornhaufwerken*, *beton* **52** (5), 242–248.

[13.23] Deutsches Institut für Bautechnik (Hrsg.) (2017) *Muster-Verwaltungsvorschrift Technische Baubestimmungen (MVV TB)*. In: Deutsches Institut für Bautechnik – Mitteilungen, Ausgabe 2017/1 mit Druckfehlerkorrektur.

[13.24] International Federation for Structural Concrete (*fib*) (2012) *Guidelines for green concrete structures*. *fib* Bulletin 67, Lausanne, 2012.

[13.25] Damineli, B. L., Kemeid, F. M., Aguiar, P. S., John, V. M. (2010) Measuring the eco-efficiency of cement use, *Cement and Concrete Composites* **32**, 555–562.

[13.26] Bundesverband der Deutschen Transportbetonindustrie (BTB) (2012) *Jahresbericht 2011/2012*. Eigenverlag, Berlin.

[13.27] Proske, T., Hainer, St., Jakob, M. et al. (2012) Stahlbetonbauteile aus klima- und ressourcenschonendem Ökobeton, *Beton- und Stahlbetonbau* **107** (6), 401–413.

[13.28] Rezvani Divkolaie, S. M. (2017) *Shrinkage model for concrete made of limestone-rich cements*, Dissertation, Technische Universität Darmstadt.

[13.29] Hainer, J. S. (2015) *Karbonatisierungsverhalten von Betonen unter Einbeziehung klinkerreduzierter Zusammensetzungen*, Dissertation, Technische Universität Darmstadt, Institut für Massivbau.

[13.30] Haist, M., Moffatt, J., Breiner, R., Müller, H. S. (2014) Entwicklungsprinzipien und technische Grenzen der Herstellung zementarmer Betone, *Beton- und Stahlbetonbau* **109** (3), 202–215.

[13.31] Glavind, M., Munch-Petersen, C. (2000) Green concrete in Denmark, *Structural Concrete* **1** (1), 1–7.

[13.32] Glavind, M. (2011) Green concrete structures, *Structural Concrete* **12** (1), S. 23–29.

[13.33] Nielsen, C. V., Glavind, M. (2007) Danish Experiences with a decade of green concrete, *Journal of Advanced Concrete Technology* **5** (1), 3–12.

[13.34] Moffatt, J., Breiner, R., Haist, M., Müller, H. S. (2015) Design and Properties of Sustainable Concrete, in *Concrete – Innovation and Design*, Proceedings of the *fib* Symposium 2015, Kopenhagen, Dänemark, (extended Paper).

[13.35] Müller, H. S., Haist, M., Vogel, M. (2014) Assessment of the sustainability potential of concrete and concrete structures considering their environmental impact, performance and lifetime, *Construction and Building Materials* **67**, 321–337.

[13.36] Müller, H. S., Scheydt, J. C. (2011) Dauerhaftigkeit und Nachhaltigkeit von ultrahochfestem Beton – Ergebnisse von Laboruntersuchungen, *Beton* **61** (9), 336–343.

[14.1] Schumann, A., May, M., Curbach, M. (2018) Carbonstäbe im Bauwesen – Teil 1: Grundlegende Materialcharakteristiken, *Beton- und Stahlbetonbau* **113** (12), 868–876.

[14.2] Schneider, K., Butler, M., Mechtcherine, V. (2017) Carbon Concrete Composites C^3 – Nachhaltige Bindemittel und Betone für die Zukunft, *Beton- und Stahlbetonbau* **112** (12) 784–794.

[14.3] Lieboldt, M. (2015) Feinbetonmatrix für Textilbeton; Anforderungen – baupraktische Adaption – Eigenschaften, *Beton- und Stahlbetonbau Spezial* **110** (S1) 22–28.

[14.4] Curbach M., Cherif, Ch., Offermann, P. (2017) *Sparsam, schonend, schön – Das faszinierende Material Carbonbeton*, Technik in Bayern – *Regionalmagazin für VDI und VDE* (02) 6.

[14.5] Rempel, S., Kulas, Ch. (2017) Leichte und korrosionsfeste Betonbauwerke, Technik in Bayern – *Regionalmagazin für VDI und VDE* (02), 14.

[14.6] Al-Jamous, A. (2017) Erfolgreicher Einsatz von Carbonbeton in der Praxis, Technik in Bayern – *Regionalmagazin für VDI und VDE* (02), 12.

[15.1] DIN CEN/TR 15868:2012-04 (E) (2012) *Survey of national requirements used in conjunction with EN 206-1:2000*; English version CEN/TR 15868:2009, Beuth, Berlin.

II Betonstahl und Spannstahl

Jörg Moersch, Freilassing

Sven Junge, Düsseldorf

Beton-Kalender 2020: Wasserbau. Konstruktion und Bemessung.
Herausgegeben von Konrad Bergmeister, Frank Fingerloos und Johann-Dietrich Wörner
© 2020 Ernst & Sohn GmbH & Co. KG. Published 2020 by Ernst & Sohn GmbH & Co. KG.

Einleitung

Das Thema Betonstahl und Spannstahl wurde letztmalig im Beton-Kalender 2016 behandelt. Auch nach weiteren Jahren europäischer Normungsarbeit ist noch keine europäische Norm fertiggestellt. Dies ist im Wesentlichen auf die Umstellung von Bauproduktenrichtlinie auf Bauproduktenverordnung zurückzuführen. Mit der Einführung der verbindlichen Leistungserklärung ist eine völlige Neuregelung der Nachweisverfahren im Rahmen der Qualitätssicherung notwendig geworden, die beinahe alle Mitgliedsländer bisher so nicht praktiziert haben. Es ist nunmehr unabdingbar, dass die gewählten Prüfungen und Nachweismethoden die erklärte Leistung auch absichern und nicht nur einen Hinweis auf Brauchbarkeit liefern. Aus diesem Grund enthält der folgende Beitrag die nationalen Regelungen in aktualisierter Form.

1 Betonstahl

1.1 Betonstahl nach europäischer Norm

1.1.1 Betonstahl nach prEN 10080

Der aktuelle Entwurf der prEN 10080 ist datiert vom September 2017. Eine TC-Umfrage hat im Zeitraum von Dezember 2017 bis März 2018 stattgefunden, die Diskussion der Kommentare läuft derzeit und kann vermutlich im Oktober 2019 abgeschlossen werden (Stand November 2018). Der überarbeitete Entwurf soll dann planmäßig in die CEN-Umfrage gegeben werden.

Allerdings ist bereits ein überarbeitetes Mandat M115 seitens der Kommission, dieses Mal auf Basis der Bauproduktenverordnung, für 2019 angekündigt und es ist anzunehmen, dass die notwendigen Anpassungen erst eingearbeitet werden müssen, bevor der Entwurf auf seine weitere „Reise" geht.

Der vorliegende Entwurf definiert die mandatierten Leistungsmerkmale bzw. Eigenschaften für die Bauprodukte bzw. Lieferarten Betonstabstahl, Betonstahl im Ring, Bewehrungsdraht, Betonstahlmatten und Gitterträger, legt die Prüftechniken zum Nachweis der Eigenschaften fest und regelt die Qualitätssicherungsmaßnahmen bestehend aus Erstprüfung, Eigen- und Fremdüberwachung nach dem System 1+. Ferner ist die Kennzeichnung der Lieferformen spezifiziert.

Alle Leistungsmerkmale sind so definiert, dass die Leistungserklärung entweder ein deklarierter Wert ist, bei dem der Hersteller frei im Leistungsniveau ist, oder es handelt sich um einen deklarierten Wert, bei dem der Hersteller zwar frei in der Wahl des Leistungsniveaus ist, aber zugehörige Mindestoder Höchstwerte einzuhalten hat. Gemäß den Vorgaben der Kommission sind keine „Erklärungen „Prüfung bestanden" enthalten. Eine Übersicht über die Leistungsmerkmale gibt Tabelle 1.

Klärungsbedarf besteht noch bei der Übertragung der Leistungsmerkmale bzw. der deklarierten Leistung für Biegefähigkeit, Festigkeit bei erhöhten Temperaturen und insbesondere für die Ermüdungsfestigkeit in jeweilige Bemessungskennwerte. Eine gemeinsame Arbeitsgruppe aus Vertretern der CEN/TC 250/SC2 und ECISS TC 104 (demnächst CEN/TC 459/SC 4/WG 1) bemüht sich intensiv um die Kohärenz beider Normenwerke.

Die zugrunde liegenden Prüftechniken sind in ISO 15630 definiert, die Vorgehensweise bei der Qualitätssicherung ähnelt den Regelungen in der DIN 488.

Neben der Kennzeichnung des Herstellers bestehend aus Länder- und Werknummer (wie bisher auch in DIN 488) ist das Aufwalzen einer Produktnummer auf eine weitere Rippenreihe verbindlich. Die Herstellerkennzeichnung muss jeweils beim europäischen Markenamt angemeldet sein und ist somit geschützt und die Unverwechselbarkeit bestmöglich sichergestellt.

Die Produktnummer vergibt der Hersteller in Eigenregie. Die Produktnummer repräsentiert die Gesamtheit aller deklarierten Leistungsmerkmale für eine Betonstahlsorte und ist Bestandteil der Leistungserklärung. Mit dem Herstellerkennzeichen in Kombination mit der Produktnummer ist sichergestellt, dass jeder Betonstahl im Handel eindeutig identifiziert und zum Hersteller zurückverfolgt werden kann.

Seitens CEN/TC 250/SC2 wird gewünscht, dass die Produktnummer zusätzlich noch den Hinweis auf Streckgrenzenklasse und Duktilitätsklasse liefert. Neben der Tatsache, dass in der Betonstahlnorm keine Sorteneinteilungen bzw. Klassen enthalten sind, ist noch die Missverständlichkeit dieser Kennzeichnung sowie die damit einhergehende Schaffung neuer Handelsbarrieren Grund für die ablehnende Haltung der Hersteller.

Hinzu kommt, dass das CE-Kennzeichen nicht mehr die Bedeutung hat, die in Deutschland mit dem Ü-Kennzeichen verbunden ist. Das CE-Kennzeichen liefert keinerlei Hinweis auf die Verwendbarkeit des Produkts. Es dient ausschließlich dem Handel. Hier ist nunmehr jeder Anwender gefordert, die Verwendbarkeit des Produkts in seinem jeweiligen

---

Beton-Kalender 2020: Wasserbau. Konstruktion und Bemessung.
Herausgegeben von Konrad Bergmeister, Frank Fingerloos und Johann-Dietrich Wörner
© 2020 Ernst & Sohn GmbH & Co. KG. Published 2020 by Ernst & Sohn GmbH & Co. KG.

Tabelle 1. Deklarierte Leistungsmerkmale in der Leistungserklärung

Mandatiertes Leistungsmerkmal	Leistungserklärung
Gesamtdehnung bei Höchstkraft A_{gt}	Deklarierter charakteristischer Wert A_{gt}: 10%-Quantile bei 90% Aussagesicherheit für das langfristige Qualitätsniveau
Schweißeignung	Deklarierte Werte für chemische Zusammensetzung: Maximalwerte sind einzuhalten
Querschnitte und Toleranzen	Deklarierte Werte für alle Abmessungen und Gewichte: Mindest- bzw. Maximalwerte sind einzuhalten
Biegefähigkeit	Deklarierte Werte für Biegerollendurchmesser für Biege- und Rückbiegeversuch: Maximalwerte der Biegerollendurchmesser sind einzuhalten
Verbundfestigkeit für gerippte oder profilierte Betonstähle	Deklarierter charakteristischer Wert f_R: 5%-Quantile bei 90% Aussagesicherheit für das langfristige Qualitätsniveau Deklarierter charakteristischer Wert f_R: 5%-Quantile bei 90% Aussagesicherheit für das langfristige Qualitätsniveau Deklarierter charakteristischer Wert f_{R-eq}: 5%-Quantile bei 90% Aussagesicherheit für das langfristige Qualitätsniveau Verbundwerte als Mittelwerte
Scherfestigkeit F_s (für Betonstahlmatten und Gitterträger)	Deklarierter Wert F_s: Mindestwert $F_s = 0{,}25\ R_{e,nom}\ A_n$ ist einzuhalten
Streckgrenzenverhältnis Rm/Re	Deklarierter charakteristischer Wert: 10%-Quantile bei 90% Aussagesicherheit für das langfristige Qualitätsniveau
Streckgrenze R_e	Deklarierter charakteristischer Wert: 5%-Quantile bei 90% Aussagesicherheit für das langfristige Qualitätsniveau
Zugfestigkeit R_m	Deklarierter charakteristischer Wert: 5%-Quantile bei 90% Aussagesicherheit für das langfristige Qualitätsniveau
Verhältnis $R_{e,ist}/R_{e,nenn}$	Deklarierter charakteristischer Wert: 10%-Quantile bei 90% Aussagesicherheit für das langfristige Qualitätsniveau
Ermüdungsfestigkeit	Deklarierte Werte für die Mindestanzahl der geprüften Lastwechsel für ein geprüftes Schwingbreiten- und Höchstspannungsniveau
Zyklische Festigkeit	Deklarierte Werte für die Mindestanzahl der geprüften Hysterese-Zyklen für ein geprüftes Dehnungsniveau Mindestdehnung von $\pm\ 2{,}5\%$ sowie Mindestanzahl von Hysterese. Zyklen $N_{cls} = 5$ sind einzuhalten
Festigkeit bei erhöhten Temperaturen	Deklarierter Wert der Streckgrenze getestet bei einer festgelegten Temperatur
Dauerhaftigkeit	Deklarierte Werte für chemische Zusammensetzung: Maximalwerte sind einzuhalten

WIR BAUEN DIE ZUKUNFT –
STARTEN SIE IHRE KARRIERE BEI MAX AICHER.

Als Marktführer der Stahlbranche und Pionier in den Sektoren Bau und Immobilien, verfolgen wir das Ziel, unsere Position zu halten und immer weiter auszubauen. So sind wir stets auf der Suche nach innovativen Ideen und engagierten Mitarbeitern. Durch die starke Auftragslage erhalten Sie bei uns ein abwechslungsreiches Aufgabengebiet, Entwicklungsmöglichkeiten und einen sicheren Arbeitsplatz.

Sie möchten dabei mitwirken, die Zukunft zu gestalten? Senden Sie Ihre Bewerbung an mail@max-aicher.de.
www.max-aicher.de

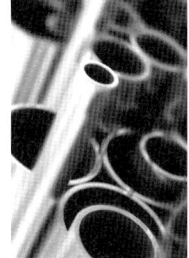

Karl-Eugen Kurrer
Geschichte der Baustatik
Auf der Suche nach dem Gleichgewicht

- Einziges geschlossenes Werk über die Geschichte der Baustatik
- Zeitfenster werden geöffnet: Protagonisten, Anlässe und Umstände von Theoriebildungen werden beschrieben und in die Zusammenhänge gesetzt

BESTELLEN
+49 (0)30 470 31-236
marketing@ernst-und-sohn.de
www.ernst-und-sohn.de/3134

Ernst & Sohn
A Wiley Brand

2. stark erweiterte Auflage · 2015 ·
1188 Seiten · 970 Abbildungen
Hardcover
ISBN 978-3-433-03134-6   € 109*

* Der €-Preis gilt ausschließlich für Deutschland. Inkl. MwSt.

EC2 Kurzfassung – das ideale Handexemplar für die alltägliche Bemessungspraxis

Für die praktische Anwendung bei allen Fällen des üblichen Hochbaus wird mit diesem Buch eine gekürzte konsolidierte Normfassung aus dem berichtigten Eurocode 2-Text und den Regelungen aus dem Nationalen Anhang vorgelegt.

Alle Empfehlungen und Vorschläge aus dem Eurocode, die für Deutschland nicht relevant sind, wurden entfernt. Zur Verbesserung des Gebrauchswertes sind alle nationalen Festlegungen, Änderungen und Ergänzungen farbig unterlegt. Ergänzende kurze Erläuterungen und Verweise in einer Randspalte erleichtern die Einarbeitung und die tägliche Handhabung.

Zur Erleichterung der Einarbeitung in den Eurocode 2 sind für den mit DIN 1045-1 vertrauten Leser in einem Anhang Zuordnungstabellen enthalten, die das schnelle Auffinden vergleichbarer Abschnitte und Gleichungen im Eurocode 2 garantieren.

Frank Fingerloos, Josef Hegger, Konrad Zilch
Kurzfassung des Eurocode 2 für Stahlbetontragwerke im Hochbau
2012. 160 Seiten.
€ 39,–*
ISBN 978-3-433-03045-5
Auch als ebook erhältlich.

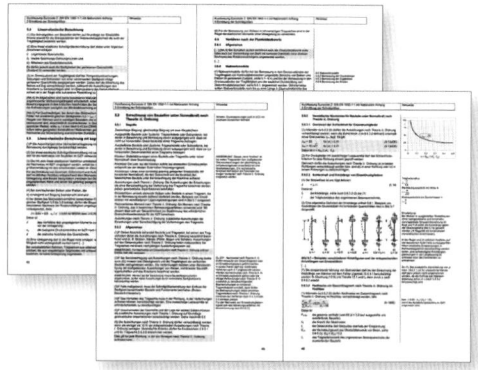

Online Bestellung:
www.ernst-und-sohn.de/3045

Ernst & Sohn
Verlag für Architektur und technische
Wissenschaften GmbH & Co. KG

Kundenservice: Wiley-VCH
Boschstraße 12
D-69469 Weinheim

Tel. +49 (0)6201 606-400
Fax +49 (0)6201 606-184
service@wiley-vch.de

* Der €-Preis gilt ausschließlich für Deutschland. Inkl. MwSt. Die Versand kosten für Deutschland, Österreich, Schweiz, Liechtenstein und Luxemburg entfallen. Für alle anderen Länder gilt der Preis zzgl. Versandkosten. Irrtum und Änderungen vorbehalten. 1075136_dp

Anwendungsfall zu prüfen. Dies kann im Falle des Betonstahls nach prEN 10080 durch Kontrolle des Herstellerkennzeichens in Verbindung mit der Produktnummer auf dem Betonstahl und in der Leistungserklärung überprüft und entschieden werden.

Wo findet man die verwendbaren Stahlsorten?

Da die prEN 10080 keinerlei Stahlsorten spezifiziert, die man bestellen könnte, noch für den Planer Angaben zu den verfügbaren Stahlsorten enthält, ist eine Definition der in den jeweiligen Ländern verwendbaren Stahlsorten unabdingbar. Dies kann z. B. für Deutschland über die bauaufsichtliche Einführung einer Betonstahlsortentabelle ähnlich der Tabelle 2 der DIN 488, Teil 1, erfolgen, wobei diese Tabelle keine der prEN 10080 entgegenstehenden bzw. zusätzlichen Forderungen enthalten darf, sondern lediglich für jeden zu deklarierenden Wert eine zahlenmäßige Angabe macht. Diese Betonstahlsortentabelle könnte auch Bestandteil einer überarbeiteten DIN 488 sein. Wunsch der Kommission ist es aber, dass die nationalen Anhänge des künftigen EC2 die jeweiligen Betonstahlsortentabellen enthalten.

Die Lieferform gerichteter Betonstahl vom Ring ist nicht mandatiert – sie muss national geregelt werden. In Deutschland ist dies in der DIN 488 voll umfänglich enthalten und kann prinzipiell auch so beibehalten werden. Dieses Bauprodukt würde dann weiterhin mit Ü-Kennzeichen geliefert. Die Besonderheit hier ist, dass das Produktkennzeichen des Herstellers nach dem Richten des Ringmaterials seine Bedeutung verliert, da die deklarierten Eigenschaften durch den Richtprozess signifikant verändert wurden. Dies ist ähnlich zu werten wie die Weiterverarbeitungsschritte Biegen und Schweißen. Hier sind Normen wie EN 13670 oder ISO 17660 zugrunde zu legen, um die Anwendung abzusichern.

1.1.2 Verzinkter Betonstahl nach prEN 10348

Beim verzinkten Betonstahl hat sich inzwischen durch die Umstellung von Bauproduktenrichtlinie auf Bauproduktenverordnung herausgestellt, dass die Einführung einer harmonisierten Baustoffnorm nicht möglich ist. Grund hierfür ist, dass es für dieses Produkt keinen Hersteller im eigentlichen Sinne gibt, der eine Leistungserklärung abgeben könnte. Üblicherweise wird der Betonstahl vom Hersteller an den Handel bzw. an einen Weiterverarbeitungsbetrieb/Biegebetrieb veräußert. Dieser erhält vom Bauunternehmer den Auftrag, verzinkten Betonstahl zu liefern. Der Biegebetrieb beauftragt dann ein Unternehmen, welches das Feuerverzinken des ihm gelieferten Betonstahls vornimmt und den verzinkten Betonstahl dann zur Baustelle liefert. Da die Leistungserklärung jedoch laut Mandat nur für den verzinkten Betonstahl gegeben werden kann, der Hersteller des Betonstahls aber nicht für das Verzinken garantiert und der „Feuerverzinker" nicht für das „Vormaterial", ist das Bauprodukt in der Form, wie es das Mandat definiert, am Markt nicht existent. Aus diesem Grund wurde die Ausarbeitung der zu harmonisierenden prEN 10348, Teil 1: „Stahl für die Bewehrung von Beton – Verzinkter Betonstahl" ausgesetzt und die Arbeiten an einer praxisnahen, nicht harmonisierten prEN 10348, Teil 2: „Stahl für die Bewehrung von Beton – Verzinkter Betonstahl: Verzinkte Bewehrungsstahlerzeugnisse" begonnen. Ziel war es, beide Normen zu einer nicht harmonisierten Norm zusammenzufassen.

Ende 2018 hat die Kommission nunmehr zugestimmt, das Bauprodukt „verzinkter Betonstahl" aus dem Mandat zu entlassen. Damit ist der Weg frei für eine nichtharmonisierte Norm. Nun ist aufgrund der Verzögerung in der Entscheidung der Kommission die EN 10348, Teil 2, fertiggestellt und im Februar 2019 publiziert worden. Diese Version wird dann in Zukunft durch die zusammengeführte prEN 10348 ersetzt. Ob diese Normen in Deutschland bauaufsichtlich eingeführt werden, ist noch nicht entschieden. Ein funktionierendes Zulassungswesen für diese Produkte existiert in Deutschland und ist im weiteren Text beschrieben.

1.1.3 Betonstahl aus rostfreiem Stahl nach prEN 10370

Der Entwurf der Norm für „Betonstahl aus rostfreiem Stahl" wird im ersten Quartal 2019 in die CEN-Umfrage gehen.

Die mandatierten Leistungsmerkmale sind die gleichen wie in prEN 10080. Auch die gleichen Lieferformen sind geregelt. Ebenso referenziert der Normentwurf auf ISO 15630 als Prüfnorm und definiert die Qualitätssicherung nach dem System 1+. Allerdings ist aufgrund der geringen Produktionsmengen die werkseigene Produktionskontrolle anderen statistischen Methoden unterworfen als in prEN 10080.

Die wesentlichen Unterschiede liegen darin, dass in diesem Normenentwurf die Leistungsmerkmale durchweg als Grenzwerte definiert sind und so auch deklariert werden. Auch enthält die Norm in Anlehnung an EC2 Leistungsklassen bzw. Duktilitätsklassen. Informative Anhänge liefern darüber hinaus Regeln für den Nachweis der Korrosionsbeständigkeit, geben Hinweise zur Dauerhaftigkeit in bestimmten Einsatzgebieten und zu Schweißverfahren, Magnetismus und Wärmeausdehnung.

In Tabelle 2 sind die üblichen Werkstoffe wiedergegeben, die bei der Produktion von Betonstahl aus rostfreiem Stahl in Europa Verwendung finden.

Tabelle 2. Liste der vorwiegend verwendeten Werkstoffe für Betonstahl

Werkstoffnummer	Werkstoffbezeichnung
1.4003	X2CrNi12
1.4162	X2CrMnNiN21-5-1
1.4301	X5CrNi18-10
1.4311	X2CrNiN18-10
1.4315	X5CrNiN19-9
1.4401	X5CrNiMo17-12-2
1.4406	X2CrNiMoN17-11-2
1.4571	X6CrNiMoTi17-12-2
1.4362	X2CrNiN23-4
1.4436	X3CrNiMo17-13-3
1.4429	X2CrNiMoN17-13-3
1.4462	X2CrNiMoN22-5-3

1.2 Betonstahl nach DIN 488

1.2.1 Einführung

Die allgemeine bauaufsichtliche Einführung der DIN 488, Teile 1 bis 6, ist mit der Ausgabe 02/2010 der Bauregelliste A bzw. mit der Veröffentlichung der MLTB 2010-09 erfolgt.

Die DIN 488 besteht aus den folgenden 6 Teilen:

- DIN 488-1:2009-08, Betonstahl
  - Teil 1: Stahlsorten, Eigenschaften, Kennzeichnung
- DIN 488-2:2009-08, Betonstahl
  - Teil 2: Betonstabstahl
- DIN 488-3:2009-08, Betonstahl
  - Teil 3: Betonstahl in Ringen, Bewehrungsdraht
- DIN 488-4:2009-08, Betonstahl
  - Teil 4: Betonstahlmatten
- DIN 488-5:2009-08, Betonstahl
  - Teil 5: Gitterträger
- DIN 488-6:2010-01, Betonstahl
  - Teil 6: Übereinstimmungsnachweis

1.2.2 Stahlsorten, Eigenschaften und Kennzeichnung nach DIN 488-1

In der DIN 488-1:2009-08 werden die zwei Stahlsorten B500A und B500B hinsichtlich der Festlegungen für die Duktilitätseigenschaften Verhältnis Zugfestigkeit/Streckgrenze R_m/R_e und der prozentualen Gesamtdehnung bei Höchstkraft A_{gt} unterschieden. Die festgelegten Werte zu allen Eigenschaften sind in Tabelle 3 ebenso enthalten wie die Angaben in Spalte 6 darüber, um was für einen Wert es sich dabei handelt. Mit Ausnahme der Eigenschaften Biegefähigkeit und Schweißeignung, die als Mindestwerte eingestuft sind, handelt es sich bei allen anderen Eigenschaften um charakteristische Werte in Form von Quantilwerten, die im Rahmen der Qualitätssicherung nach System 1+, bestehend aus Eigen- und Fremdüberwachung, mit der festgelegten Aussagesicherheit für das langfristige Qualitätsniveau einzuhalten sind. So muss zum Beispiel für die Eigenschaft Streckgrenze ein 5%-Quantilwert von $R_e = 500$ MPa mit einer Aussagesicherheit von 90 % für einen Produktionszeitraum von rd. 0,5 Jahren eingehalten werden. Das bedeutet übertragen, dass nicht mehr als 5 % der Produktion niedrigere Werte aufweisen dürfen. Es handelt sich dabei ausdrücklich nicht um eine Festlegung für jedes einzelne Lieferlos.

Betonstahl wird in den überwiegenden Fällen vom Hersteller an Biegebetriebe oder den Stahlhandel versandt, von wo aus dieser nach einer unbestimmten Lagerzeit entweder ohne weitere Bearbeitung oder durch die Weiterverarbeitung zum Bewehrungselement umgewandelt auf die Baustelle gelangt. Dabei ist es durchaus nicht unüblich, dass auf einer Baustelle Betonstähle von unterschiedlichen Biegebetrieben geliefert werden und somit auch von unterschiedlichen Herstellern stammen können. Damit sind die Angaben der Hersteller zu den Eigenschaften der Betonstähle auf die für ein Bauteil verwendete Charge nicht mehr eins zu eins übertragbar. Aus diesem Grund verwenden Planer bei der Bemessung und Konstruktion von Stahlbetonbauteilen auch nicht die Begriffssymbole der DIN 488. In Tabelle 4 sind die in der DIN EN 1992-1-1 in Verbindung mit dem Nationalen Anhang verwendeten Symbole denen der DIN 488 gegenübergestellt. Für die Eigenschaft Streckgrenze bedeutet dies, dass mit dem Symbol f_{yk} ein charakteristischer Wert definiert ist, der die Qualität derjenigen Menge Betonstahl beschreibt, die in das Bauteil eingebaut wird. Man geht davon aus, dass durch die Festlegungen der DIN 488 auch für das Bauteil mit ausreichender Sicherheit angenommen werden kann, dass es sich für die Streckgrenze bei f_{yk} um einen 5%-Quantilwert handelt.

Ein gesonderter Hinweis gilt dem Durchmesser der Betonstähle. Bei den Angaben in der DIN 488 handelt es sich ebenso um den jeweiligen Nenndurchmesser, wie in DIN EN 1992-1-1. Dieser Wert ist relevant für die Bemessung von Stahlbetonbauteilen, jedoch irreführend für die Konstruktion, da die realen Abmessungen durch die Rippung um rd. 15 % nach oben abweichen können und die Nichtbeachtung in der Planung im Rahmen der Bauausführung erhebliche Probleme in Bezug auf die Betonierbarkeit bei zu geringen Stababständen oder die

Tabelle 3. Stahlsorteneinteilung und Eigenschaften der Betonstähle nach DIN 488-1:2009-08

	1	2	3	4	5	6
1	Kurzname	B500A	B500B	B500A	B500A	Quantile p (%) bei $W = 1 - \alpha$ (einseitig)
2	Werkstoffnummer	1.0438	1.0439	1.0438	1.0438	
3	Oberfläche	gerippt	gerippt	glatt (+G)	profiliert (+P)	
4	Erzeugnisform/ Lieferform	Betonstahl in Ringen, abgewickelte Erzeugnisse, Betonstahlmatten, Gitterträger	Betonstabstahl, Betonstahl in Ringen, abgewickelte Erzeugnisse, Betonstahlmatten, Gitterträger	Bewehrungsdraht in Ringen und Stäben, Gitterträger		
5	Streckgrenze R_e a) MPa b)	500	500	500	500	5,0 bei $W = 0,90$
6	Streckgrenzenverhältnis R_m/R_e	1,05 c)	1,08	1,05 c)	1,05 c)	10,0 bei $W = 0,90$
7	Verhältnis $R_{e,ist}/R_{e,nenn}$	–	1,30	–	–	90,0 bei $W = 0,90$
8	Prozentuale Gesamtdehnung bei Höchstkraft A_{gt} %	2,5 c)	5,0	2,5 c)	2,5 c)	10,0 bei $W = 0,90$
9	Schwingbreite $2\sigma_a$ in MPa b) bei $1 \cdot 10^6$ Lastwechseln; Spannungsexponenten k_1 und k_2 der Wöhlerkurve (Oberspannung von 0,6 $R_{e,nenn}$)	175 d) $k_1 = 4$ d); $k_2 = 9$ d)	$d \leq 28,0$ mm: 175 d) $k_1 = 4$ d); $k_2 = 9$ d) $d > 28,0$ mm: 145 $k_1 = 4$; $k_2 = 9$			5,0 bei $W = 0,75$ (einseitig)
10	Biegefähigkeit	ermittelt im Rückbiegeversuch bis d = 32 mm (s. DIN 488-2 und DIN 488-3); ermittelt im Biegeversuch für d = 40 mm (s. DIN 488-2), ermittelt im Biegeversuch an der Schweißstelle (s. DIN 488-4)				Mindestwert
11	Unter- oder Überschreitung der Nennquerschnittsfläche A_n %	+6/–4	+6/–4	+6/–4	+6/–4	95,0/5,0 bei $W = 0,90$
12	Knotenscherkraft von Betonstahlmatten e)	$0,3 \cdot A_n \cdot R_e$ e), f)	$0,3 \cdot A_n \cdot R_e$ e), f)	e)	e)	5,0 bei $W = 0,90$
13	Bezogene Rippenfläche f_R	4,0 und 4,5: 0,036 5,0 bis 6,0: 0,039 6,5 bis 8,5: 0,045 9,0 bis 10,0: 0,052 11,0 bis 40,0: 0,056	–	g)		5,0 bei $W = 0,90$

Tabelle 3. Stahlsorteneinteilung und Eigenschaften der Betonstähle nach DIN 488-1:2009-08 (Fortsetzung)

1	2	3	4	5	6
14	Schweißeignung [h]	$C_{eq} \leq 0,5 \ (0,52)$ [i] für $d \leq 28$ mm $C_{eq} \leq 0,47 \ (0,49)$ [i] für $d > 28$ mm $C \leq 0,22 \ (0,24)$ $P \leq 0,050 \ (0,055)$ $S \leq 0,050 \ (0,055)$ $N \leq 0,012 \ (0,014)$ [j] $Cu \leq 0,60 \ (0,65)$ [k]			

[a] Die Streckgrenze (und Zugfestigkeit) wird errechnet aus der Kraft bei Erreichen der Streckgrenze (und Höchstkraft) dividiert durch die Nennquerschnittsfläche ($A_n \leq \pi \cdot d^2/4$). Als Streckgrenze gilt die obere Streckgrenze R_{eH}. Tritt keine ausgeprägte Streckgrenze auf, ist die 0,2%-Dehngrenze $R_{p0,2}$ zu ermitteln.
[b] 1 MPa = 1 N/mm²
[c] $R_m/R_e \geq 1,03$ und $A_{gt} \geq 2,0$ für die Nenndurchmesser 4,0 mm bis 5,5 mm.
[d] 100 MPa sowie $k_1 = 4$ [l] und $k_2 = 5$ [l] für Betonstahlmatten. Keine Anforderungen bei Gitterträgern und bei Durchmessern $\leq 5,5$ mm. Gitterträger nach dieser Norm dürfen nur für Bauteile verwendet werden, die durch vorwiegend ruhende Belastung beansprucht werden.
[e] Knotenscherkräfte für Gitterträger siehe DIN 488-5.
[f] Kein Einzelwert darf kleiner sein als $0,25 \cdot A_n \cdot R_e$
[g] Für Profilmaße siehe DIN 488-3.
[h] Die Werte (Massenanteil in %) gelten für die Schmelzenanalyse. Die Werte in Klammern gelten für die Stückanalyse.
[i] $C_{eq} = C + Mn/6 + (Cr + Mo + V)/5 + (Ni + Cu)/15$.
[j] Höhere Anteile sind zulässig, wenn Stickstoff abbindende Elemente in ausreichender Menge vorhanden sind.
[k] Cu-Anteile bis 0,80% (0,85%) sind bei besonderem Nachweis zulässig, siehe DIN 488-6.
Anmerkung:
Die Spannungsexponenten k_1 und k_2 gelten als nachgewiesen, wenn der Übereinstimmungsnachweis nach DIN 488-6 erbracht ist. Ein Variationskoeffizient $v < 0,40$ in Richtung der Lastwechsel wird vorausgesetzt.

Tabelle 4. Vergleich der in DIN 488-1 und DIN EN 1992-1-1 verwendeten Symbole

Beschreibung	DIN 488-1	DIN EN 1992-1-1 [b]
Nenndurchmesser des Stabes, Walzdrahtes oder Drahtes	d	d_s
Streckgrenze	R_e	f_{yk}
Verhältnis $R_{e,ist}/R_{e,nenn}$	$R_{e,ist}/R_{e,nenn}$	$f_{yk,ist}/f_{yk,nenn}$
0,2%-Dehngrenze	$R_{p0,2}$	$f_{0,2k}$
Zugfestigkeit	R_m	f_{tk}
Streckgrenzenverhältnis	R_m/R_e	$(f_t/f_y)_k$
Prozentuale Gesamtdehnung bei Höchstkraft	A_{gt}	ε_{uk}
Nennquerschnittsfläche	A_n	A_s
Bezogene Rippenfläche	f_R	f_R
Schwingbreite	$2\sigma_a$	[a]
Stahlsorten	B500A, B500B	B500A, B500B
		Index k: charakteristischer Wert, z. B. f_{yk}

[a] siehe DIN EN 1992-1-1, Tabelle 6.3DE

Unterschreitung der Mindestbetondeckung zur Folge haben. Für verschiedene Zwecke (z. B. eng gestaffelte Bewehrung, Bewehrungskonzentrationen an Rahmenecken, Mehr-Ebenen-Stöße etc.) wird bei Betonstählen deshalb die Verwendung des Außendurchmessers d_A über die Rippen dringend empfohlen. Dieser beträgt ca. $d_A \sim 1,15 \cdot d_s$ (Nenndurchmesser).

Folgende Lieferformen werden von der DIN 488: 2009-08 abgedeckt:

- Die Stahlsorte B500A wird als gerippter Betonstahl in Ringen und als abgewickeltes Erzeugnis geliefert. Der Begriff entstammt der Übersetzung „decoiled product" aus der EN 10080. Darunter ist schlicht das gerichtete Ringmaterial zu verstehen.
- Bewehrungsdraht mit glatter oder profilierter Oberfläche wird ausschließlich als B500A sowohl in Form von Ringen als auch von Stäben geliefert.
- Die Stahlsorte B500B wird als gerippter Betonstabstahl, als gerippter Betonstahl in Ringen und als abgewickeltes Erzeugnis geliefert.
- Betonstahlmatten können entweder aus der Betonstahlsorte B500A und/oder aus der Stahlsorte B500B hergestellt werden.

Tabelle 5. Nenndurchmesser, -querschnittsflächen und -massen

Nenndurch-messer mm	Beton-stabstahl	Betonstahl in Ringen	Bewehrungs-draht a)	Beton-stahlmatte	Gitter-träger	Nennquer-schnittsfläche mm²	Nenn-masse kg/m
4,0		X a), b)	X	X a)	X a)	12,6	0,099
4,5		X a), b)	X	X a)	X a)	15,9	0,125
5,0		X a), b)	X	X a)	X a)	19,6	0,154
5,5		X a), b)	X	X a)	X a)	23,8	0,187
6,0	X	X	X	X	X	28,3	0,222
6,5		X b)	X	X	X	33,2	0,260
7,0		X b)	X	X	X	38,5	0,302
7,5		X b)	X	X	X	44,2	0,347
8,0	X	X	X	X	X	50,3	0,395
8,5		X b)	X	X	X	56,7	0,445
9,0		X b)	X	X	X	63,6	0,499
9,5		X b)	X	X	X	70,9	0,556
10,0	X	X	X	X	X	78,5	0,617
11,0		X b)	X	X	X	95,0	0,746
12,0	X	X	X	X	X	113	0,888
14,0	X	X c)	X d)	X c	X c), d)	154	1,21
16,0	X	X c)	X d)		X c), d)	201	1,58
20,0	X					314	2,47
25,0	X					491	3,85
28,0	X					616	4,83
32,0	X					804	6,31
40,0	X					1257	9,86

a) Nicht für Anwendung nach DIN EN 1992-1-1.
b) Nur zur Verwendung für die Herstellung von Betonstahlmatten und Gitterträgern.
c) Nur B500B.
d) Nur zur Herstellung von Obergurten von Gitterträgern mit glatter Oberfläche.

- Gitterträger werden aus den Stahlsorten B500A und/oder B500B sowie mit oder ohne Blechstreifen hergestellt.

  Die Nenndurchmesser, die Nennquerschnittsflächen und die dazugehörigen Nennmassen der o. g. Lieferformen können Tabelle 5 entnommen werden.

  Die Stahlsorten unterscheiden sich voneinander durch die Oberflächengestalt. Die Stahlsorte B500A wird mit 3 Rippenreihen (s. Bild 1), die Stahlsorte B500B mit 2 (s. Bild 2) bzw. 4 Rippenreihen produziert (s. Bild 3). Die Länder- und Herstellerkennzeichen (Werkkennzeichen) sind durch die Anzahl von normalbreiten Schrägrippen zwischen verbreiterten oder ausgelassenen Schrägrippen markiert (s. Bilder 4a und 4b).

- Bei Betonstahlmatten befinden sich die entsprechenden Schrägrippen zwischen kürzeren oder punktförmigen, zusätzlich eingewalzten Zwischenrippen (s. Bild 5a). Statt durch diese kürzeren Zwischenrippen oder Punkte kann die Kennzeichnung auch durch größere Rippenabstände (Weglassen einer Rippe, s. Bild 5b) oder durch verdickte Rippen erfolgen.

- Bei Betonstahl in Ringen ist auf einer weiteren Rippenreihe eine zusätzliche Markierung z. B. eine verdickte Rippe aufgebracht.

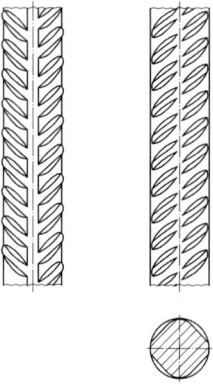

Bild 3. Beispiel für die Kennzeichnung der Stahlsorte B500B (4 Rippenreihen)

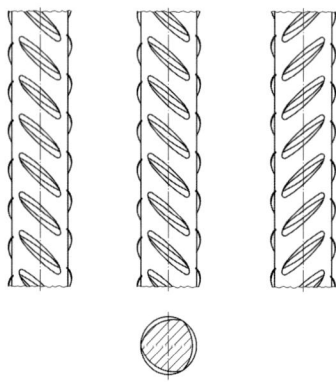

Bild 1. Beispiel für die Kennzeichnung der Stahlsorte B500A (3 Rippenreihen)

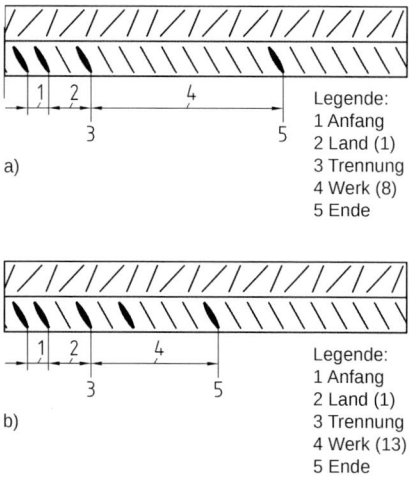

a)

Legende:
1 Anfang
2 Land (1)
3 Trennung
4 Werk (8)
5 Ende

b)

Legende:
1 Anfang
2 Land (1)
3 Trennung
4 Werk (13)
5 Ende

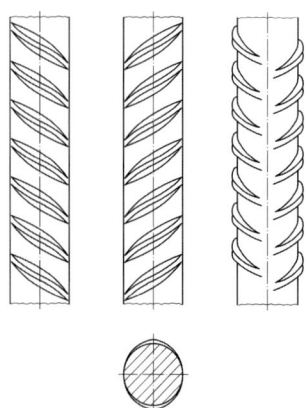

Bild 2. Beispiel für die Kennzeichnung der Stahlsorte B500B (2 Rippenreihen)

Bild 4. Werkkennzeichnung; a) mit einstelliger Werknummer, b) mit zweistelliger Werknummer

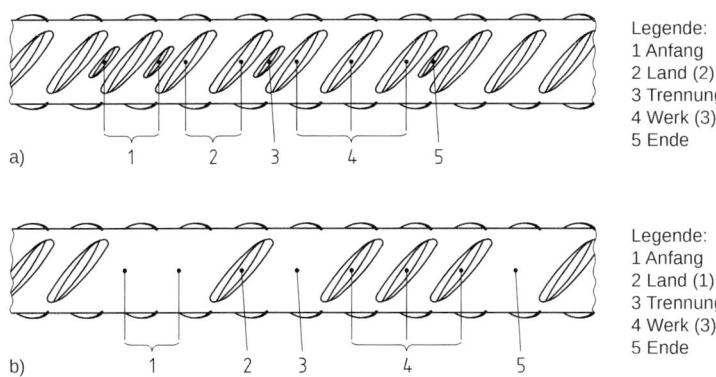

Bild 5. Werkkennzeichen; a) mit verkürzten Zwischenrippen; b) mit ausgelassenen Rippen

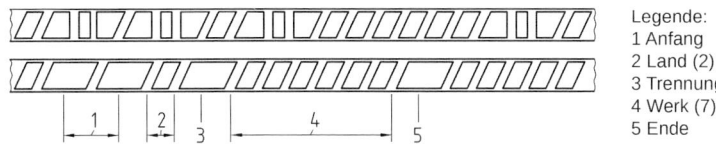

Legende:
1 Anfang
2 Land (2)
3 Trennung
4 Werk (7)
5 Ende

Bild 6. Beispiele für Werkkennzeichen von profiliertem Bewehrungsdraht

– Das Weiterverarbeiterkennzeichen kann entweder direkt auf dem abgewickelten Erzeugnis angebracht oder auf einem befestigten Etikett gedruckt werden.
– Bei Betonstahlmatten und Gitterträgern ist zusätzlich zum Werkkennzeichen auf den Einzelstäben (siehe oben) noch je Bund ein Etikett mit Angabe des Herstellerwerks erforderlich.
– Profilierter Bewehrungsdraht muss ein Werkkennzeichen besitzen, das sinngemäß dem der gerippten Stäbe entspricht (s. Bild 6). Auch glatter Bewehrungsdraht muss ein aus Punkten oder kurzen Längsrippen bestehendes Werkkennzeichen aufweisen. Bei kaltgezogenem Bewehrungsdraht darf auch ein Etikett angebracht werden.

Betonstahl nach DIN 488:2009-08 wird nach einem der folgenden Verfahren hergestellt:

– warmgewalzt, ohne Nachbehandlung, oder
– warmgewalzt und aus der Walzhitze wärmebehandelt, oder
– warmgewalzt und kalt gereckt, oder
– kaltverformt (durch Ziehen oder Kaltwalzen).

Das Herstellverfahren ist an der Rippung nicht ablesbar.

1.2.3 Bauaufsichtlich anerkannte Zertifizierungs- und Überwachungsstellen für die Herstellung und Verarbeitung von Betonstahl

Nachstehend sind die bauaufsichtlich anerkannten Zertifizierungs- und Überwachungsstellen von Betonstabstahl, Betonstahlmatten, Bewehrungsdraht, Betonstahl in Ringen, Betonstahl mit erhöhtem Korrosionswiderstand, Betonstahlverbindungen, Gitterträger-Herstellern sowie Verarbeitung von Ringmaterial aufgeführt, die Betriebe fremdüberwachen. Der vorangestellte Kennbuchstabe wird in den nachfolgenden Verzeichnissen verwendet. Erstprüfungen (einschließlich Erweiterungen) nach DIN 488-6 und Zulassungsprüfungen dürfen nur von den jeweils dafür anerkannten Zertifizierungsstellen durchgeführt werden.

A Baustoffüberwachung BÜW
Institut für Begutachtung und Überwachung von Baustoffen GmbH
Kaiserstraße 100 – Kohlscheid
52134 Herzogenrath NRW04

B Materialprüfungsanstalt (MPA) Stuttgart
Otto-Graf-Institut
FB Baukonstruktion und Werkstofftechnik
Pfaffenwaldring 32
70569 Stuttgart BWU03

C Technische Universität Darmstadt
Institut für Massivbau
Petersenstraße 12
64287 Darmstadt HES01

D Materialprüfanstalt für das Bauwesen
Braunschweig
Beethovenstraße 52
38106 Braunschweig NDS01

E TÜV Rheinland LGA Bautechnik GmbH
Metallische Werkstoffe und Betonstahl
Tillystraße 2
90431 Nürnberg BAY02

F DEKRA Automobil GmbH
Niederlassung Saarbrücken/Werkstofflabor
Untertürkheimer Straße 25
66117 Saarbrücken

G Materialprüfungsamt für das Bauwesen der
TU München
Abteilung Baustoffe
Baumbachstraße 7
81245 München BAY01

H Prüfstelle für Betonstahl
Prüfstelle für Betonstahl
Prof. Dr.-Ing. G. Rehm GmbH
Fritz-Reuter-Straße 26
81245 München BAY05

I Materialprüfungsamt Nordrhein-Westfalen
Marsbruchstraße 186
44287 Dortmund NRW02

K Karlsruher Institut für Technologie (KIT)
Versuchsanstalt für Stahl, Holz und Steine
Kaiserstraße 12
76131 Karlsruhe BWU02

L argus CERT Bau-Güteschutz-Gesellschaft zur
Prüfung, Überwachung und Zertifizierung von
Bauprodukten und -verfahren mbH
Gerhard-Koch-Straße 2 + 4
73760 Ostfildern BWU47

M Materialprüfanstalt für das Bauwesen Hannover
Nienburger Straße 3
30167 Hannover NDS04

N RWTH Aachen University
Institut für Bauforschung Aachen (ibac)
Schinkelstraße 3
52062 Aachen NRW01

O
MFPA Leipzig GmbH
Geschäftsbereich I: Werkstoffe im Bauwesen
Hans-Weigel-Straße 2 B
04319 Leipzig SAC02

R Technische Universität Kaiserslautern
Materialprüfamt
Gottlieb-Daimler-Straße 60
67663 Kaiserslautern RPF01

S Überwachungsgemeinschaft „B-Zert e. V."
Kaiserswerther Straße 137
40474 Düsseldorf ÜG068

T Karlsruher Institut für Technologie (KIT)
Materialprüfungs- und Forschungsanstalt
MPA Karlsruhe
Gotthard-Franz-Straße 3
76131 Karlsruhe BWU01

U TÜV NORD Systems GmbH & Co. KG
Große Bahnstraße 31
22525 Hamburg HHA02

V SLV Halle GmbH
Köthener Straße 33a
06118 Halle (Saale) SAN06
SLV Halle GmbH – Betriebsstätte Dresden
Manfred-von-Ardenne-Ring 20
01099 Dresden

W Stiftung Institut für Werkstofftechnik IWT
Amtliche Materialprüfanstalt (MPA) der
Freien Hansestadt Bremen
Paul-Feller-Straße 1
28199 Bremen HBR01

X PÜZ BAU
Gesellschaft zur Prüfung, Überwachung
und Zertifizierung von Bauprodukten und
-verfahren mbH
Beethovenstraße 8
80336 München BAY36

Y Kiwa GmbH
NL MPA Berlin-Brandenburg
Voltastraße 5
13355 Berlin BER18

Z Gesellschaft für Schweißtechnik International
GmbH
Schweißtechnische Lehr- und Versuchsanstalt SLV
Berlin-Brandenburg
NL der GSI mbH
Luxemburger Straße 21
13355 Berlin

1.2.4 Betonstahl in Stäben nach DIN 488-2

In DIN 488-2 ist Betonstahl in geraden Stäben geregelt. Sie werden warmgewalzt in der Regel nach dem Tempcore-(Thermex-)Verfahren ausschließlich mit hoher Duktilität (B500B) generell mit Rippen hergestellt. Die Standardlieferlängen betragen 12 m bis 15 m, in Sonderfällen sind auf Anfrage auch Längen zwischen 6 m und 31 m lieferbar. Angaben zu Nenndurchmessern (Nenndurchmesserbereich von 6,0 mm bis 40,0 mm) und zugehörigen Nennquerschnittsflächen sowie Nennmassen können der Tabelle 5 entnommen werden.

Hinweis:

Betonstähle in Stäben mit den Durchmessern 6,0 mm und 8,0 mm werden nach wie vor von den

Herstellern produziert und an den Stahlhandel ausgeliefert. Dabei ist es allerdings so, dass die Mengen stetig abnehmen. Dies ist darauf zurückzuführen, dass vorzugsweise in Biegebetrieben, aber auch in Fertigteilwerken zur Fertigung von Bügeln oder anderen filigraneren Biegeformen eher Betonstahl vom Ring zur Minimierung des Verschnittes und zur Prozessoptimierung verwendet wird.

Der rein lagerführende Handel wiederum hat je nach Einzugsgebiet nur eine relativ eingeschränkte Nachfrage nach diesen „dünnen" Betonstabstählen durch die Verlegebetriebe bzw. Bauunternehmen und darüber hinaus auch bei der Lagerung höhere Kosten. Diese ergeben sich aus dem Dimensionsaufpreis der Hersteller aufgrund des erhöhten Werkzeugverschleißes bei der Produktion einerseits und aus der gegenüber größeren Abmessungen eher ineffizienten Lagerung, da die Tonne Betonstahl pro Quadratmeter mit den kleineren Abmessungen entsprechend abnimmt.

Die zulässigen Abweichungen von den Nennquerschnittsflächen betragen als obere Grenze +6% (95%-Quantilwert) und als untere Grenze –4% (5%-Quantilwert). Längenabweichungen sind nicht explizit festgelegt. Gemäß EN 10080 müssen Grenzabweichungen vereinbart werden.

Betonstähle in geraden Stäben weisen als Stahlsorte B500B generell entweder 2 (s. Bild 2) oder 4 Rippenreihen (s. Bild 3) auf. Das Werkkennzeichen (s. Bilder 4a und 4b) ist in Abständen von ca. 1,5 m aufgewalzt.

Nachfolgend sind die Lieferprogramme für Stabstahl der wichtigsten Hersteller am deutschen Markt aufgelistet.

BSW-Badische Stahlwerke GmbH, Kehl

Bei den Badischen Stahlwerken ist Betonstabstahl in den Durchmessern 6, 8, 10, 12, 14, 16, 20, 25, 28, 32 und 40 mm in Lagerlängen von 6 bis 20 m in der Betonstahlsorte B500B (Werkstoffnummer 1.0439) erhältlich. Der Betonstahl wird in Bunden mit einem Bundgewicht von ca. 2,5 t ausgeliefert.

Werkkennzeichen: 1/21
Anschrift:
BSW Badische Stahlwerke GmbH
Graudenzer Straße 45
77694 Kehl
http://www.bsw-kehl.de/

LSW-Lech-Stahlwerke GmbH

Die Lech-Stahlwerke liefern Betonstahl in Stäben in den Durchmessern 8, 10, 12, 14, 16, 20, 25, 28 und 32 mm in der Betonstahlsorte B500B (Werkstoffnummer 1.0439). Der Betonstahl ist in Stablängen von 6 bis 24 m erhältlich. Die Bundgewichte betragen in der Regel 2,5 t.

Werkkennzeichen: 1/22
Anschrift:
LSW Lech-Stahlwerke GmbH
Industriestraße 1
86405 Meitingen-Herbertshofen
http://www.lech-stahlwerke.de/

E. S. F. Elbestahlwerke Feralpi GmbH, Riesa

Die Elbestahlwerke Feralpi liefern Betonstabstahl in den Durchmessern 6, 8, 10, 12, 14, 16, 20, 25, 28, 32 und 40 mm ausschließlich in der Betonstahlsorte B500B (Werkstoffnummer 1.0439). Die Lagerlängen für Betonstabstähle mit Nenndurchmessern ab 12 mm sind 12, 14, 15, 16, 18 und 20 m. Für die Nenndurchmesser 6 bis 20 mm werden noch die Lagerlängen 6 und 7 m vorgehalten. Andere individuelle Lieferlängen zwischen 6 und 22 m werden auf Anfrage produziert.

Werkkennzeichen: 1/26
Anschrift:
E. S. F. Elbe-Stahlwerke Feralpi GmbH
Gröbauer Straße 3
01591 Riesa
http://www.feralpi.de/

H. E. S. Hennigsdorfer Elektrostahlwerk GmbH

Die Hennigsdorfer Elektrostahlwerke liefern Betonstahl in Stäben in den Durchmessern 8, 10, 12, 14, 16, 20, 25, 28, 32 und 40 mm ausschließlich in der Betonstahlsorte B500B (Werkstoffnummer 1.0439). Dabei betragen die Lagerlängen 12 und 14 m für alle Nenndurchmesser. Betonstabstahl mit den Nenndurchmessern 10 bis 40 mm kann auf Anfrage in individuelle Lieferlängen von 6 bis 20 m hergestellt werden.

Werkkennzeichen: 1/9
Anschrift:
H. E. S. Hennigsdorfer Elektrostahlwerke GmbH
Wolfgang-Küntscher-Straße 18
16761 Hennigsdorf
http://www.rivagroup.com/rivastahl/

Ein vollständiges Verzeichnis aller zugelassenen Herstellwerke kann beim Deutschen Institut für Bautechnik, Berlin, bezogen werden.

1.2.5 Arbeitshilfen für Betonstabstahl

In Tabelle 6 sind die Betonstahlquerschnitte bei einer Flächenbewehrung aus Betonstahl unter Beachtung der Mindestabstände nach DIN EN 1992-1-1 (s. Bild 7) in Verbindung mit dem Nationalen Anhang aufgeführt. Die Tabelle 7 enthält die Bemessungswerte der Übergreifungslängen nach DIN EN 1992-1-1 mit Nationalem Anhang in Abhängigkeit vom Nenndurchmesser und der Betonfestigkeitsklasse. Die Werte wurden aus den Grundwerten der Verankerungslänge unter Berücksichtigung der Verbundfestigkeit errechnet. Die Übergreifungslängen sind für den „guten" Verbund (VBI) und den „mäßigen" Verbund (VBII) unter Berücksichtigung der Anteile der gestoßenen Stäbe berechnet. Die Übergreifungslängen gelten für Stöße in der Zugzone. Für große Durchmesser $\varnothing_{large} > 32$ mm sind zusätzliche Regeln zu berücksichtigen. In Tabelle 8 sind die Mindestbiegerollendurchmesser nach DIN EN 1992-1-1/NA Tabelle 8.1DE für Betonstähle, die nach DIN 488 Teil 1 bis 6 produziert worden sind, in mm angegeben.

Grundsätzlich gilt bei der Anwendung aller unten aufgeführten Tabellen, dass zusätzlich die Bedingungen der DIN EN 1992-1-1 in Verbindung mit dem zugehörigen Nationalen Anhang für Deutschland zu beachten sind.

In den Tabellen 7–10 gilt: $a_{s,erf}/a_{s,vorh} = 1,0$;

$l_{0,min}$ beachten!

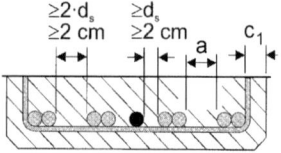

○○ gestoßene Stäbe
● durchgehender Stab

Bild 7. Lichter Stababstand a und Randabstand zum Bauteilrand c_1

Tabelle 6. Querschnitte von Flächenbewehrungen A_s [cm²/m] bei Stabstahl

Stababstand [cm]	Durchmesser Ø[mm]										Stäbe pro m
	6	8	10	12	14	16	20	25	28	32	40	
5,0	5,65	10,05	15,71	22,62	30,79	40,21	62,83	98,17	–	–	–	20,00
6,0	4,71	8,38	13,09	18,85	25,66	33,51	52,36	81,81	102,63	–	–	16,67
7,0	4,04	7,18	11,22	16,16	21,99	28,72	44,88	70,12	87,96	114,89	–	14,29
7,5	3,77	6,70	10,47	15,08	20,53	26,81	41,89	65,45	82,10	107,23	–	13,33
8,0	3,53	6,28	9,82	14,14	19,24	25,13	39,27	61,36	76,97	100,53	157,10	12,50
9,0	3,14	5,59	8,73	12,57	17,10	22,34	34,91	54,54	68,42	89,36	139,61	11,11
10,0	2,83	5,03	7,85	11,31	15,39	20,11	31,42	49,09	61,58	80,42	125,66	10,00
12,5	2,26	4,02	6,28	9,05	12,32	16,08	25,13	39,27	49,26	64,34	100,53	8,00
15,0	1,88	3,35	5,24	7,54	10,26	13,40	20,94	32,72	41,05	53,62	83,82	6,67
20,0	1,41	2,51	3,93	5,65	7,70	10,05	15,71	24,54	30,79	40,21	62,83	5,00
25,0	1,13	2,01	3,14	4,52	6,16	8,04	12,57	19,63	24,63	32,17	50,26	4,00

Betonstahl

Tabelle 7. Erforderliche Übergreifungslänge l_0 für Stabstahl [cm] C12/15 – C60/75

Beton-festigkeits-klasse	Stab-durch-messer Ø (mm)	Anteil der gestoßenen Stäbe ≤ 33%				Anteil der gestoßenen Stäbe > 33%			
		$a \geq 8\,Ø$ und $c_1 \geq 4\,Ø$		$a < 8\,Ø$ oder $c_1 < 4\,Ø$		$a \geq 8\,Ø$ und $c_1 \geq 4\,Ø$		$a < 8\,Ø$ oder $c_1 < 4\,Ø$	
		VB I	VB II	VB I	VB II	VB I	VB II	VB I	VB II
C12/15	6	40	57	48	68	40	57	56	80
	8	53	76	64	91	53	76	74	106
	10	66	95	80	114	66	95	93	132
	12	80	114	95	136	80	114	111	159
	14	93	132	111	159	93	132	130	185
	16	106	151	148	211	148	211	211	302
	20	132	189	185	264	185	264	264	377
	25	165	236	231	330	231	330	330	471
	28	185	264	259	370	259	370	370	528
	32	211	302	296	422	296	422	422	603
	40	–	–	–	–	–	–	–	–
	50	–	–	–	–	–	–	–	–
C16/20	6	33	47	39	56	33	47	46	65
	8	44	62	52	75	44	62	61	87
	10	54	78	65	93	54	78	76	108
	12	65	93	78	112	65	93	91	130
	14	76	108	91	130	76	108	106	152
	16	87	124	121	173	121	173	173	247
	20	108	155	152	216	152	216	216	309
	25	135	193	189	270	189	270	270	386
	28	152	216	212	303	212	303	303	432
	32	173	247	242	346	242	346	346	494
	40	–	–	–	–	–	–	–	–
	50	–	–	–	–	–	–	–	–

Tabelle 7. Erforderliche Übergreifungslänge l_0 für Stabstahl [cm] C12/15 – C60/75 (Fortsetzung)

Beton-festigkeits-klasse	Stab-durch-messer Ø (mm)	Anteil der gestoßenen Stäbe ≤ 33%				Anteil der gestoßenen Stäbe > 33%			
		$a \geq 8\,\varnothing$ und $c_1 \geq 4\,\varnothing$		$a < 8\,\varnothing$ oder $c_1 < 4\,\varnothing$		$a \geq 8\,\varnothing$ und $c_1 \geq 4\,\varnothing$		$a < 8\,\varnothing$ oder $c_1 < 4\,\varnothing$	
		VB I	VB II	VB I	VB II	VB I	VB II	VB I	VB II
C20/25	6	29	41	34	49	29	41	40	57
	8	38	54	45	65	38	54	53	75
	10	47	67	57	81	47	67	66	94
	12	57	81	68	97	57	81	79	113
	14	66	94	79	113	66	94	92	132
	16	75	108	105	150	105	150	150	215
	20	94	134	132	188	132	188	188	268
	25	118	168	164	235	164	235	235	335
	28	132	188	184	263	184	263	263	375
	32	150	215	210	300	210	300	300	429
	40	204	291	286	408	286	408	408	582
	50	286	409	400	572	400	572	572	817
C25/30	6	24	35	29	42	24	35	34	48
	8	32	46	39	55	32	46	45	64
	10	40	58	48	69	40	58	56	80
	12	48	69	58	83	48	69	68	96
	14	56	80	68	96	56	80	79	112
	16	64	92	90	128	90	128	128	183
	20	80	115	112	160	112	160	160	229
	25	100	143	140	200	140	200	200	286
	28	112	160	157	224	157	224	224	320
	32	128	183	180	256	180	256	256	366
	40	174	249	244	348	244	348	348	497
	50	244	349	342	488	342	488	488	697

Tabelle 7. Erforderliche Übergreifungslänge l_0 für Stabstahl [cm] C12/15 – C60/75 (Fortsetzung)

Beton-festigkeits-klasse	Stab-durch-messer Ø (mm)	Anteil der gestoßenen Stäbe $\leq 33\%$				Anteil der gestoßenen Stäbe $> 33\%$			
		$a \geq 8\,\varnothing$ und $c_1 \geq 4\,\varnothing$		$a < 8\,\varnothing$ oder $c_1 < 4\,\varnothing$		$a \geq 8\,\varnothing$ und $c_1 \geq 4\,\varnothing$		$a < 8\,\varnothing$ oder $c_1 < 4\,\varnothing$	
		VB I	VB II	VB I	VB II	VB I	VB II	VB I	VB II
C30/37	6	22	31	26	37	22	31	30	43
	8	29	41	35	49	29	41	40	58
	10	36	51	43	62	36	51	50	72
	12	43	62	52	74	43	62	60	86
	14	50	72	60	86	50	72	70	100
	16	58	82	80	115	80	115	115	164
	20	72	102	100	143	100	143	143	204
	25	90	128	125	179	125	179	179	255
	28	100	143	140	200	140	200	200	286
	32	115	164	160	229	160	229	229	327
	40	156	222	218	311	218	311	311	444
	50	218	311	305	436	305	436	436	622
C35/45	6	20	28	24	33	20	28	27	39
	8	26	37	31	44	26	37	36	52
	10	32	46	39	55	32	46	45	64
	12	39	55	47	66	39	55	54	77
	14	45	64	54	77	45	64	63	90
	16	52	74	72	103	72	103	103	147
	20	64	92	90	128	90	128	128	183
	25	80	115	112	160	112	160	160	229
	28	90	128	126	180	126	180	180	256
	32	103	147	144	205	144	205	205	293
	40	140	199	195	279	195	279	279	398
	50	196	279	274	391	274	391	391	558

Tabelle 7. Erforderliche Übergreifungslänge l_0 für Stabstahl [cm] C12/15 – C60/75 (Fortsetzung)

Beton-festigkeits-klasse	Stab-durch-messer Ø (mm)	Anteil der gestoßenen Stäbe ≤ 33%				Anteil der gestoßenen Stäbe > 33%			
		$a \geq 8\,\emptyset$ und $c_1 \geq 4\,\emptyset$		$a < 8\,\emptyset$ oder $c_1 < 4\,\emptyset$		$a \geq 8\,\emptyset$ und $c_1 \geq 4\,\emptyset$		$a < 8\,\emptyset$ oder $c_1 < 4\,\emptyset$	
		VB I	VB II	VB I	VB II	VB I	VB II	VB I	VB II
C40/50	6	20	26	22	31	20	26	25	36
	8	24	34	29	41	24	34	34	48
	10	30	43	36	51	30	43	42	59
	12	36	51	43	61	36	51	50	71
	14	42	59	50	71	42	59	58	83
	16	48	68	67	95	67	95	95	135
	20	59	85	83	118	83	118	118	169
	25	74	106	104	148	104	148	148	211
	28	83	118	116	166	116	166	166	236
	32	95	135	133	189	133	189	189	270
	40	129	184	180	257	180	257	257	367
	50	180	257	252	360	252	360	360	514
C45/55	6	20	24	20	28	20	24	23	33
	8	22	31	26	38	22	31	31	44
	10	27	39	33	47	27	39	38	54
	12	33	47	39	56	33	47	46	65
	14	38	54	46	65	38	54	53	76
	16	44	62	61	87	61	87	87	124
	20	54	78	76	108	76	108	108	155
	25	68	97	95	135	95	135	135	193
	28	76	108	106	152	106	152	152	216
	32	87	124	121	173	121	173	173	247
	40	118	168	165	235	165	235	235	336
	50	165	236	231	330	231	330	330	471

Betonstahl 193

Tabelle 7. Erforderliche Übergreifungslänge l_0 für Stabstahl [cm] C12/15 – C60/75 (Fortsetzung)

Beton-festigkeits-klasse	Stab-durch-messer Ø (mm)	Anteil der gestoßenen Stäbe $\leq 33\%$				Anteil der gestoßenen Stäbe $> 33\%$			
		$a \geq 8\,\emptyset$ und $c_1 \geq 4\,\emptyset$		$a < 8\,\emptyset$ oder $c_1 < 4\,\emptyset$		$a \geq 8\,\emptyset$ und $c_1 \geq 4\,\emptyset$		$a < 8\,\emptyset$ oder $c_1 < 4\,\emptyset$	
		VB I	VB II	VB I	VB II	VB I	VB II	VB I	VB II
C50/60	6	20	22	20	26	20	22	21	30
	8	20	29	24	35	20	29	28	40
	10	25	36	30	43	25	36	35	50
	12	30	43	36	52	30	43	42	60
	14	35	50	42	60	35	50	49	70
	16	40	58	56	80	56	80	80	115
	20	50	72	70	100	70	100	100	143
	25	63	90	88	125	88	125	125	179
	28	70	100	98	140	98	140	140	200
	32	80	115	112	160	112	160	160	229
	40	109	156	153	218	153	218	218	311
	50	153	218	214	305	214	305	305	436
C55/67	6	20	22	20	26	20	22	21	30
	8	20	29	24	34	20	29	28	40
	10	25	36	30	43	25	36	35	50
	12	30	43	36	51	30	43	42	60
	14	35	50	42	60	35	50	49	69
	16	40	57	56	79	56	79	79	113
	20	50	71	69	99	69	99	99	141
	25	62	88	87	123	87	123	123	176
	28	69	99	97	138	97	138	138	197
	32	79	113	111	158	111	158	158	225
	40	107	153	150	214	150	214	214	306
	50	150	215	210	300	210	300	300	429

Tabelle 7. Erforderliche Übergreifungslänge l_0 für Stabstahl [cm] C12/15 – C60/75 (Fortsetzung)

Beton-festigkeits-klasse	Stab-durch-messer Ø (mm)	Anteil der gestoßenen Stäbe $\leq 33\%$				Anteil der gestoßenen Stäbe $> 33\%$			
		$a \geq 8\,\emptyset$ und $c_1 \geq 4\,\emptyset$		$a < 8\,\emptyset$ oder $c_1 < 4\,\emptyset$		$a \geq 8\,\emptyset$ und $c_1 \geq 4\,\emptyset$		$a < 8\,\emptyset$ oder $c_1 < 4\,\emptyset$	
		VB I	VB II	VB I	VB II	VB I	VB II	VB I	VB II
C60/75	6	20	21	20	25	20	21	20	29
	8	20	28	23	33	20	28	27	39
	10	24	34	29	41	24	34	34	48
	12	29	41	35	49	29	41	40	58
	14	34	48	40	58	34	48	47	67
	16	39	55	54	77	54	77	77	109
	20	48	68	67	96	67	96	96	136
	25	60	85	84	119	84	119	119	170
	28	67	96	94	134	94	134	134	191
	32	77	109	107	153	107	153	153	218
	40	104	148	145	207	145	207	207	296
	50	146	208	204	291	204	291	291	415

1.2.6 Betonstahl in Ringen nach DIN 488-3

Betonstahl in Ringen nach DIN 488-3 wird entweder warmgewalzt und anschließend gereckt und auf kompakte Ringe umgespult oder aus Walzdraht kaltgewalzt und aufgespult generell mit Rippen geliefert. Das Liefergewicht der kompakten Ringe beträgt zwischen 0,5 t und 8,0 t. Grenzabweichungen für Ringgewichte sind nicht explizit festgelegt und müssen vereinbart werden.

Betonstahl in Ringen kann nach DIN 488-3:2009-08 unabhängig vom Herstellverfahren sowohl in der Duktilitätsklasse A im Nenndurchmesserbereich von 4,0 mm bis 12,0 mm als auch in Duktilitätsklasse B im Bereich von 4,0 mm bis 16,0 mm geliefert werden. Die zulässigen Abweichungen von den Nennquerschnittsflächen betragen als obere Grenze +6 % (95%-Quantilwert) und als untere Grenze –4 % (5%-Quantilwert). Größere Durchmesser sind nur nach allgemeiner bauaufsichtlicher Zulassung möglich (s. Abschnitt 1.3.2).

Es ist zu beachten, dass die Betonstähle mit den Nenndurchmessern von 4,0 mm bis 5,5 mm nicht für die Anwendung nach DIN EN 1992-1-1 geeignet sind. Nach DIN 488-1 werden hier geringere Anforderungen (s. Tabelle 3, Fußnote c) an die Duktilität gestellt.

Je nach Stahlsorte weist Betonstahl in Ringen 3 Rippenreihen für B500A (s. Bild 1) oder für B500B entweder 2 (s. Bild 2) oder 4 Rippenreihen auf (s. Bild 3). Zusätzlich zum Werkkennzeichen weist Betonstahl in Ringen auf einer weiteren Rippenreihe entweder eine verdickte Rippe, eine fehlende Rippe oder einen verfüllten Rippenzwischenraum auf. Hierdurch soll dem Abnehmer kenntlich gemacht werden, dass es sich hierbei laut Normbezeichnung um ein abgewickeltes Erzeugnis handelt, das einem Richtprozess entstammt.

In Tabelle 9 sind die für Deutschland wesentlichen Herstellwerke aufgeführt. Ein vollständiges Verzeichnis aller zugelassenen Herstellwerke kann ebenfalls beim Deutschen Institut für Bautechnik, Berlin, bezogen werden.

Den Endzustand als Bewehrung erreicht Betonstahl in Ringen durch Richten (Richtanlage) zum abgewickelten Erzeugnis und anschließender Weiterverarbeitung. Darunter sind gerade Stäbe, Bügel (Bügelautomat) oder beliebige Biegeformen (Biegemaschinen) zu verstehen. Da beim Richtvorgang je nach Verfahren (Rollen- oder Rotorrichter) und Ausgangsmaterial (Herstellverfahren s. o.) Duktilitätseigenschaften und die Rippung maßgeblich verändert werden, definiert die DIN 488-6: 2010-01 – Übereinstimmungsnachweis –, abweichend von DIN 488-1 (s. Tabelle 3) höhere Anforderungen an das langfristige Qualitätsniveau von Betonstahl in Ringen wie folgt (A_{gt}- und R_m/R_e-Werte sind 10%-Quantilwerte):

Tabelle 8. Mindestbiegerollendurchmesser D_{min} für Stäbe bei einmaligem Biegen nach DIN EN 1992-1-1/NA Tabelle 8.1DE

	Haken, Winkelhaken, Schlaufen, Bügel			Schrägstäbe oder andere gebogene Stäbe	
	Stabdurchmesser [mm]			Mindestwerte der Betondeckung rechtwinklig zur Biegeebene	
	Ø < 20 mm	Ø ≥ 20 mm	> 100 mm und > 7 Ø	> 50 mm und > 3 Ø	≤ 50 mm oder ≤ 3 Ø
Normalbeton	4 Ø	7 Ø	10 Ø	15 Ø	20 Ø
Stabdurchmesser	Mindestbiegerollendurchmesser				
6	24 mm	42 mm	60 mm	90 mm	120 mm
8	32 mm	56 mm	80 mm	120 mm	160 mm
10	40 mm	70 mm	100 mm	150 mm	200 mm
12	48 mm	84 mm	120 mm	180 mm	240 mm
14	56 mm	98 mm	140 mm	210 mm	280 mm
16	64 mm	112 mm	160 mm	240 mm	320 mm
20	80 mm	140 mm	200 mm	300 mm	400 mm
25	100 mm	175 mm	250 mm	375 mm	500 mm
28	112 mm	196 mm	280 mm	420 mm	560 mm
32	128 mm	224 mm	320 mm	480 mm	640 mm
40	160 mm	280 mm	400 mm	600 mm	800 mm
Leichtbeton	6 Ø	10,5 Ø	10 Ø	15 Ø	20 Ø
Stabdurchmesser	Mindestbiegerollendurchmesser				
6	36 mm	63 mm	60 mm	90 mm	120 mm
8	48 mm	84 mm	80 mm	120 mm	160 mm
10	60 mm	105 mm	100 mm	150 mm	200 mm
12	72 mm	126 mm	120 mm	180 mm	240 mm
14	84 mm	147 mm	140 mm	210 mm	280 mm
16	96 mm	168 mm	160 mm	240 mm	320 mm
20	120 mm	210 mm	200 mm	300 mm	400 mm
25	150 mm	263 mm	250 mm	375 mm	500 mm
28	140 mm	252 mm	280 mm	420 mm	560 mm
32	160 mm	288 mm	320 mm	480 mm	640 mm
40	200 mm	360 mm	400 mm	600 mm	800 mm

- A_{gt} (B500A) 3,3 %,
- A_{gt} (B500B) 6,0 %,
- R_m/R_e (B500A) 1,07,
- R_m/R_e (B500B) 1,09, warmgewalzt und kalt gereckt,
- R_m/R_e (B500B) 1,10, warmgewalzt mit oder ohne Wärmebehandlung
- f_R +20 % (5%-Quantilwert).

Diese sogenannten Vorhaltewerte geben quasi den „Spielraum" für den Weiterverarbeiter von Betonstahl in Ringen vor. Hierdurch ist sichergestellt, dass das Endprodukt Bewehrung unabhängig davon, ob es aus geraden Stäben nach DIN 488-2 oder aus Betonstahl in Ringen nach DIN 488-3 gefertigt wurde, bei gleicher Duktilitätsklasse auch als technisch gleichwertig anzusehen ist. Voraussetzung hierfür ist natürlich, dass der Verarbeitungsprozess in einem dafür bauaufsichtlich zugelassenen Weiterverarbeitungsbetrieb (z. B. Biegebetrieb, Betonfertigteilwerk etc.) geschieht. Erkennbar ist dies am Lieferschein, in jedem Fall aber am Etikett, das ein entsprechendes Ü-Zeichen zusammen mit dem Verarbeiterkennzeichen enthält und am gelieferten Erzeugnis angebracht sein muss.

In Tabelle 10 sind einige Weiterverarbeiter für Deutschland aufgeführt. Ein vollständiges Verzeichnis aller zugelassenen Weiterverarbeiter kann beim Deutschen Institut für Bautechnik, Berlin, bezogen werden.

1.2.7 Betonstahlmatten nach DIN 488-4

Betonstahlmatten nach DIN 488-4 sind eine werkmäßig vorgefertigte flächige Bewehrung. Sie bestehen aus zwei rechtwinklig sich kreuzenden Scharen von Betonstählen, die an allen Kreuzungsstellen der Längs- und Querstäbe mittels Buckelschweißen (Widerstandspunktschweißen) scherfest miteinander verbunden sind und daher während Transport und Einbau stets ihre Position behalten.

Betonstahlmatten der Duktilitätsklasse A können aus geripptem Betonstahl der Stahlsorte B500A und/oder aus Betonstahl der Stahlsorte B500B nach DIN 488-1 bis DIN 488-3 hergestellt werden. Betonstahlmatten der Duktilitätsklasse B müssen ausschließlich aus Betonstahl der Stahlsorte B500B nach DIN 488-1 bis DIN 488-3 hergestellt werden.

Der Nenndurchmesserbereich reicht von 4,0 mm bis 14,0 mm (mit Zwischenabmessungen) mit der Einschränkung, dass die Stahlsorte B500A bis maximal zur Abmessung 12,0 mm eingesetzt werden kann. Die Stäbe in nur einer Richtung (längs oder quer) dürfen Doppelstäbe sein.

Es ist auch bei diesem Produkt zu beachten, dass Betonstahlmatten, gefertigt mit den Nenndurchmessern von 4,0 mm bis 5,5 mm, nicht für die Anwendung nach DIN EN 1992-1-1 geeignet sind.

Tabelle 9. Werkkennzeichen ausgewählter Herstellwerke für Deutschland – Stand 02.2018

Gegenstand und Herstellart	Herstellwerk bzw. Antragsteller	Kennzeichen	überwacht durch
Betonstahl in Ringen B500A kaltverformt, gerippt Nenn-Ø: 6,0 bis 12,0 mm	Baustahlgewebe GmbH Lippestraße 17–21 45478 Mülheim/Ruhr	1/73	S
Betonstahl in Ringen B500A kaltverformt, gerippt Nenn-Ø: 6,0 bis 12,0 mm	BDW Badische Drahtwerke GmbH Weststraße 31 77694 Kehl/Rhein	1/58	S
Betonstahl in Ringen B500A kaltverformt, gerippt Nenn-Ø: 6,0 bis 12,0 mm	BESTA Eisen- und Stahlhandelsgesellschaft mbH Zur Rauhen Horst 7 32312 Lübbecke	1/35	S
Betonstahl in Ringen B500A Nenn-Ø: 6,0 bis 12,0 mm	Filigran Trägersysteme GmbH & Co. KG Zappenberg 6 31663 Leese/Weser Werk: Leese/Weser	1/4	D
Betonstahl in Ringen B500A Nenn-Ø: 6,0 bis 12,0 mm	Filigran Trägersysteme GmbH & Co. KG Zappenberg 6 31663 Leese/Weser Werk: Klieken	1/5	D

Tabelle 9. Werkkennzeichen ausgewählter Herstellwerke für Deutschland – Stand 02.2018 (Fortsetzung)

Gegenstand und Herstellart	Herstellwerk bzw. Antragsteller	Kennzeichen	überwacht durch
Betonstahl in Ringen B500A kaltverformt, gerippt Nenn-Ø: 6,0 bis 12,0 mm	HBS Hessische Bewehrungsstahl GmbH Rheinstraße 31–39 65795 Hattersheim	1/23	S
Betonstahl in Ringen B500A kaltverformt, gerippt Nenn-Ø: 6,0 bis 12,0 mm	SBS Sächsische Bewehrungsstahl GmbH Industriestraße A4 01612 Glaubitz	1/28	S
Betonstahl in Ringen B500A (1.0438) kaltverformt Nenn-Ø: 6,0 bis 12,0 mm	Van Merksteijn Steel-Netherlands B. V. Bedrijvenpark Twente 237 7602 KJ Almelo Niederlande	2/21	I
Betonstahl in Ringen B500A (1.0438) kaltverformt Nenn-Ø: 6,0 bis 12,0 mm	Westfälische Drahtindustrie GmbH Werk Salzgitter Museumsstraße 64 38229 Salzgitter	1/24	I
Betonstahl in Ringen B500B warmgewalzt und kaltgereckt, gerippt Nenn-Ø: 6,0 bis 16,0 mm	BSW Badische Stahlwerke GmbH Graudenzer Straße 45 77694 Kehl/Rhein Reckstandort: Hattersheim	1/21	S
Betonstahl in Ringen B500B warmgewalzt und kaltgereckt, gerippt Nenn-Ø: 6,0 bis 16,0 mm	Badische Stahlwerke GmbH Graudenzer Straße 45 77694 Kehl/Rhein Reckstandort: Mülheim/Ruhr	1/21	S
Betonstahl in Ringen B500B warmgewalzt und kaltgereckt, gerippt Nenn-Ø: 6,0 bis 16,0 mm	BSW Badische Stahlwerke GmbH Graudenzer Straße 45 77694 Kehl/Rhein Reckstandort: Dinkelscherben	1/21	S
Betonstahl in Ringen B500B warmgewalzt und kaltgereckt, gerippt Nenn-Ø: 6,0 bis 16,0 mm	Badische Stahlwerke GmbH Graudenzer Straße 45 77694 Kehl/Rhein Reckstandort: Glaubitz	1/21	S
Betonstahl in Ringen B500B warmgewalzt und kaltgereckt, gerippt Nenn-Ø: 6,0 bis 16,0 mm	Badische Stahlwerke GmbH Graudenzer Straße 45 77694 Kehl/Rhein Reckstandort: Lübbecke	1/21	S
Betonstahl in Ringen B500B warmgewalzt und kaltgereckt, gerippt Nenn-Ø: 6,0 bis 16,0 mm	BSW Badische Stahlwerke GmbH Graudenzer Straße 45 77694 Kehl/Rhein Reckstandort: Kehl/Rhein	1/21	S
Betonstahl in Ringen B500B (1.0439) warmgewalzt und kaltgereckt Nenn-Ø: 8,0 bis 16,0 mm	Van Merksteijn Steel-Netherlands B. V. Bedrijvenpark Twente 237 7602 KJ Almelo Niederlande	2/21	I
Betonstahl in Ringen B500B mit Sonderrippung „TWR", warmgewalzt und kaltgereckt Nenn-Ø: 8, 10, 12, 14, 16 und 20 mm nach Z-1.2-260	Badische Stahlwerke GmbH Reckstandort Hattersheim Rheinstraße 31–39 65795 Hattersheim	1/21	S

Tabelle 9. Werkkennzeichen ausgewählter Herstellwerke für Deutschland – Stand 02.2018 (Fortsetzung)

Gegenstand und Herstellart	Herstellwerk bzw. Antragsteller	Kennzeichen	überwacht durch
Betonstahl in Ringen B500B mit Sonderrippung „TWR", warmgewalzt und kaltgereckt Nenn-Ø: 8, 10, 12, 14 und 16 mm nach Z-1.2-260	Badische Stahlwerke GmbH Reckstandort Dinkelscherben Siefenwangerstraße 35 86424 Dinkelscherben	1/21	S
Betonstahl in Ringen B500B mit Sonderrippung „TWR", warmgewalzt und kaltgereckt Nenn-Ø: 8, 10, 12, 14 und 16 mm nach Z-1.2-260	Badische Stahlwerke GmbH Reckstandort Glaubitz Industriestraße A4 01612 Glaubitz	1/21	S
Betonstahl in Ringen B500B mit Sonderrippung „TWR", warmgewalzt und kaltgereckt Nenn-Ø: 8, 10, 12, 14, 16 und 20 mm nach Z-1.2-260	Badische Stahlwerke GmbH Reckstandort Kehl/Rhein Weststraße 31 77694 Kehl/Rhein	1/21	S
Betonstahl in Ringen B500B mit Sonderrippung „TWR", warmgewalzt und kaltgereckt Nenn-Ø: 8, 10, 12, 14 und 16 mm nach Z-1.2-260	Badische Stahlwerke GmbH Reckstandort Lübbecke Zur Rauhen Horst 7 32312 Lübbecke	1/21	S
Betonstahl in Ringen B500B mit Sonderrippung „TWR", warmgewalzt und kaltgereckt Nenn-Ø: 8, 10, 12, 14, 16 und 20 mm nach Z-1.2-260	Badische Stahlwerke GmbH Reckstandort Mülheim/Ruhr Lippestraße 17–21 45478 Mülheim/Ruhr	1/21	S

Tabelle 10. Ausgewählte Verarbeiterkennzeichen für Deutschland – Stand 02.2018

Gegenstand und Herstellart	Herstellwerk bzw. Antragsteller	Kennzeichen	überwacht durch
Abgewickeltes Erzeugnis aus Betonstahl in Ringen B500A (1.0438) Nenn-Ø: 6,0 bis 12,0 mm	ArnoldLammering GmbH &Co. KG Filiale Ibbenbühren Gustav-Deiters-Straße 1 49479 Ibbenbühren	T5	I
Abgewickeltes Erzeugnis aus Betonstahl in Ringen B500B (1.0439) Nenn-Ø: 6,0 bis 16,0 mm	Arnold Lammering GmbH & Co. KG Filiale Ibbenbühren Gustav-Deiters-Straße 1 49479 Ibbenbühren	T5	I
Abgewickeltes Erzeugnis aus Betonstahl in Ringen B500B (1.0439) Nenn-Ø: 6,0 bis 16,0 mm	Arnold Lammering GmbH & Co. KG Filiale Meppen/Hüntel Am Rögelberg 30 49716 Meppen	TO	I
Abgewickeltes Erzeugnis aus Betonstahl in Ringen B500A (1.0438) Nenn-Ø: 6,0 bis 12,0 mm	Arnold Lammering GmbH & Co. KG Filiale Papenburg Industriehafen Süd 26871 Papenburg	R3	I

Tabelle 10. Ausgewählte Verarbeiterkennzeichen für Deutschland – Stand 02.2018 (Fortsetzung)

Gegenstand und Herstellart	Herstellwerk bzw. Antragsteller	Kennzeichen	überwacht durch
Abgewickeltes Erzeugnis aus Betonstahl in Ringen B500B, warmgewalzt + kaltgereckt Nenn-Ø: 8,0 bis 16,0 mm	Arnold Lammering GmbH & Co. KG Filiale Papenburg Industriehafen Süd 26871 Papenburg	R3	I
Betonstahl in Ringen nach Z-1.2-260 B500B mit Sonderrippung „TWR" warmgewalzt und kaltgereckt Nenn-Ø: 8,0 bis 16,0 mm	Arnold Lammering GmbH & Co. KG Filiale Papenburg Industriehafen Süd 26871 Papenburg	R3	Y
Abgewickeltes Erzeugnis aus Betonstahl in Ringen B500A (1.0438) Nenn-Ø: 6,0 bis 12,0 mm	Arnold Lammering GmbH & Co. KG Westfalenstraße 19 48529 Nordhorn	BQ	I
Abgewickeltes Erzeugnis aus Betonstahl in Ringen B500B (1.0439) Nenn-Ø: 6,0 bis 16,0 mm	Arnold Lammering GmbH & Co. KG Westfalenstraße 19 48529 Nordhorn	BQ	I
Betonstahl in Ringen nach Z-1.2-260 B500B mit Sonderrippung „TWR" warmgewalzt und kaltgereckt Nenn-Ø: 8,0 bis 16,0 mm	Arnold Lammering GmbH Filiale Ibbenbühren Gustav-Deiters-Straße 1 49479 Ibbenbühren	T5	I
Betonstahl in Ringen nach Z-1.2-260 B500B mit Sonderrippung „TWR" warmgewalzt und kaltgereckt Nenn-Ø: 8,0 bis 16,0 mm	Arnold Lammering GmbH Filiale Meppen/Hüntel Am Rögelberg 30 49716 Meppen	TO	I
Betonstahl in Ringen nach Z-1.2-260 B500B mit Sonderrippung „TWR" warmgewalzt und kaltgereckt Nenn-Ø: 8,0 bis 16,0 mm	Arnold Lammering GmbH Filiale Nordhorn Westfalenstraße 19 48529 Nordhorn	BQ	I
Abgewickeltes Erzeugnis aus Betonstahl in Ringen B500A (1.0438) Nenn-Ø: 6,0 bis 12,0 mm	ATG Deutschland GmbH NL Rostock Hainbuchenring 1 17147 Rostock	MC	O
Abgewickeltes Erzeugnis aus Betonstahl in Ringen B500B (1.0439) Nenn-Ø: 6,0 bis 16,0 mm	ATG Deutschland GmbH NL Rostock Hainbuchenring 1 17147Rostock	MC	O
Abgewickeltes Erzeugnis aus Betonstahl in Ringen B500B (1.0439) Nenn-Ø: 10,0 bis 14,0 mm	ATG Deutschland GmbH Projekt PZS Bosslertunnel Fertigteilwerk/ATG Am Seebach 5 83101 Aichelberg	B8	Y

Tabelle 10. Ausgewählte Verarbeiterkennzeichen für Deutschland – Stand 02.2018 (Fortsetzung)

Gegenstand und Herstellart	Herstellwerk bzw. Antragsteller	Kennzeichen	überwacht durch
Abgewickeltes Erzeugnis aus Betonstahl in Ringen nach Z-1.2-260 B500B mit Sonderrippung „TWR" warmgewalzt und kaltgereckt Nenn-Ø: 10,0 bis 14,0 mm	ATG Deutschland GmbH Projekt PZS Bosslertunnel Fertigteilwerk/ATG Am Seebach 5 83101 Aichelberg	B8	Y
Abgewickeltes Erzeugnis aus Betonstahl in Ringen B500B (1.0439) Nenn-Ø: 6,0 bis 16,0 mm	ATG Deutschland GmbH Rheinstraße 110–112 45478 Mühlheim a. d. Ruhr	HC	I
Betonstahl in Ringen nach Z-1.2-260 B500B mit Sonderrippung „TWR" warmgewalzt und kaltgereckt Nenn-Ø: 8,0 bis 16,0 mm	ATG Deutschland GmbH Rheinstraße 110–112 45478 Mühlheim a. d. Ruhr	HC	I
Abgewickeltes Erzeugnis aus Betonstahl in Ringen B500A (1.0438) Nenn-Ø: 6,0 bis 12,0 mm	ATG Deutschland GmbH Robert-Bosch-Straße 5 40789 Monheim-Baumberg	AL	I
Abgewickeltes Erzeugnis aus Betonstahl in Ringen B500B (1.0439) Nenn-Ø: 6,0 bis 16,0 mm	ATG Deutschland GmbH Robert-Bosch-Straße 5 40789 Monheim-Baumberg	AL	I
Betonstahl in Ringen nach Z-1.2-260 B500B mit Sonderrippung „TWR" warmgewalzt und kaltgereckt Nenn-Ø: 8,0 bis 16,0 mm	ATG Deutschland GmbH Robert-Bosch-Straße 5 40789 Monheim-Baumberg	AL	I
Abgewickeltes Erzeugnis aus Betonstahl in Ringen B500A (1.0438) Nenn-Ø: 6,0 bis 12,0 mm	ATG Deutschland GmbH NL Niemegk Treuenbrietzener Straße 14823 Niemegk	RZ	O
Abgewickeltes Erzeugnis aus Betonstahl in Ringen B500B (1.0439) Nenn-Ø: 6,0 bis 16,0 mm	ATG Deutschland GmbH NL Niemegk Treuenbrietzener Straße 14823 Niemegk	RZ	O
Abgewickeltes Erzeugnis aus Betonstahl in Ringen B500A (1.0438) Nenn-Ø: 6,0 bis 12,0 mm	ATG Deutschland GmbH NL Schwerin Pampower Straße 58 19061 Schwerin	BW	O
Abgewickeltes Erzeugnis aus Betonstahl in Ringen B500B (1.0439) Nenn-Ø: 6,0 bis 14,0 mm	ATG Deutschland GmbH NL Schwerin Pampower Straße 58 19061 Schwerin	BW	O
Abgewickeltes Erzeugnis aus Betonstahl in Ringen B500B (1.0439) Nenn-Ø: 6,0 bis 16,0 mm	BAG Baustahl-Armierungsgesellschaft Mannheim mbH Antwerpener Straße 6 68219 Mannheim	36	I

Tabelle 10. Ausgewählte Verarbeiterkennzeichen für Deutschland – Stand 02.2018 (Fortsetzung)

Gegenstand und Herstellart	Herstellwerk bzw. Antragsteller	Kennzeichen	überwacht durch
Betonstahl in Ringen nach Z-1.2-260 B500B mit Sonderrippung „TWR" warmgewalzt und kaltgereckt Nenn-Ø: 8,0 bis 20,0 mm	BAG Baustahl-Armierungsgesellschaft Mannheim mbH Antwerpener Straße 6 68219 Mannheim	36	I
Abgewickeltes Erzeugnis aus Betonstahl in Ringen B500B (1.0439) Nenn-Ø: 6,0 bis 16,0 mm	BAG Mannheim mbH Grünauer Straße 210–216 12557 Berlin	DQ	I
Betonstahl in Ringen nach Z-1.2-260 B500B mit Sonderrippung „TWR" warmgewalzt und kaltgereckt Nenn-Ø: 8,0 bis 20,0 mm	BAG Mannheim mbH Grünauer Straße 210–216 12557 Berlin	DQ	I
Abgewickeltes Erzeugnis aus Betonstahl in Ringen B500B warmgewalzt und kaltgereckt, gerippt Nenn-Ø: 6,0 bis 10,0 mm	Baustahlgewebe GmbH Lippestraße 17–21 45478 Mülheim/Ruhr	U5	S
Betonstahl in Ringen nach Z-1.2-260 B500B mit Sonderrippung „TWR" warmgewalzt und kaltgereckt Nenn-Ø: 8,0 bis 20,0 mm	Baustahlgewebe GmbH Lippestraße 17–21 45478 Mülheim/Ruhr	U5	S
Abgewickeltes Erzeugnis aus Betonstahl in Ringen B500B warmgewalzt und kaltgereckt, gerippt Nenn-Ø: 6,0 bis 14,0 mm	BBS Bayerische Bewehrungsstahl GmbH Siefenwangerstraße 35 86424 Dinkelscherben	YP	S
Betonstahl in Ringen nach Z-1.2-260 B500B mit Sonderrippung „TWR" warmgewalzt und kaltgereckt Nenn-Ø: 8,0 bis 14,0 mm	BBS Bayerische Bewehrungsstahl GmbH Siefenwangerstraße 35 86424 Dinkelscherben	YP	S
Abgewickeltes Erzeugnis aus Betonstahl in Ringen B500B (1.0439) Nenn-Ø: 6,0 bis 16,0 mm	bbw Betonstahl-Biegebetrieb Weißenfels GmbH & Co. KG Große Deichstraße 1 06667 Weißenfels	PI	O
Abgewickeltes Erzeugnis aus Betonstahl in Ringen B500A kaltverformt, gerippt Nenn-Ø: 6,0 bis 12,0 mm	BDW Badische Drahtwerke GmbH Weststraße 31 77694 Kehl/Rhein	PX	X
Abgewickeltes Erzeugnis aus Betonstahl in Ringen B500B warmgewalzt und kaltgereckt, gerippt Nenn-Ø: 6,0 bis 16,0 mm	BDW Badische Drahtwerke GmbH Weststraße 31 77694 Kehl/Rhein	PX	S

Tabelle 10. Ausgewählte Verarbeiterkennzeichen für Deutschland – Stand 02.2018 (Fortsetzung)

Gegenstand und Herstellart	Herstellwerk bzw. Antragsteller	Kennzeichen	überwacht durch
Betonstahl in Ringen nach Z-1.2-260 B500B mit Sonderrippung „TWR" warmgewalzt und kaltgereckt Nenn-Ø: 8,0 bis 16,0 mm	BDW Badische Drahtwerke GmbH Weststraße 31 77694 Kehl/Rhein	PX	S
Abgewickeltes Erzeugnis aus Betonstahl in Ringen B500A kaltverformt, gerippt Nenn-Ø: 6,0 bis 12,0 mm	BESTA Eisen- und Stahlhandelsges. mbH Zur Rauhen Horst 7 32312 Lübbecke	54	S
Abgewickeltes Erzeugnis aus Betonstahl in Ringen B500B, gerippt, warmgewalzt und kaltgereckt Nenn-Ø: 6,0 bis 16,0 mm	BESTA Eisen- und Stahlhandelsges. mbH Zur Rauhen Horst 7 32312 Lübbecke	54	S
Betonstahl in Ringen nach Z-1.2-260 B500B mit Sonderrippung „TWR" warmgewalzt und kaltgereckt Nenn-Ø: 8,0 bis 16,0 mm	BESTA Eisen- und Stahlhandelsges. mbH Zur Rauhen Horst 7 32312 Lübbecke	54	S
Abgewickeltes Erzeugnis aus Betonstahl in Ringen B500A kaltverformt, Nenn-Ø: 6,0 bis 12,0 mm	Betonstahl Leipzig GmbH Am Gläschen 6 04420 Markranstädt/OT Großlehna	W3	Y
Abgewickeltes Erzeugnis aus Betonstahl in Ringen B500B warmgewalzt und kaltgereckt, gerippt Nenn-Ø: 6,0 bis 16,0 mm	Betonstahl Leipzig GmbH Am Gläschen 6 04420 Markranstädt/OT Großlehna	W3	Y
Abgewickeltes Erzeugnis aus Betonstahl in Ringen B500B (1.0439) Nenn-Ø: 8,0 bis 14,0 mm	Eisen- und Stahlhandel Straub GmbH Werner-Wild-Straße 1 77839 Lichtenau/Baden	WK	I
Betonstahl in Ringen B500A Kaltverformt, gerippt Nenn-Ø: 6,0 bis 12,0 mm	Filigran-Trägersysteme GmbH & Co. KG Zappenberg 6 31663 Leese/Weser Werk Klieken	F3	D
Betonstahl in Ringen B500B warmgewalzt Nenn-Ø: 6,0 bis 16,0 mm	Filigran-Trägersysteme GmbH & Co. KG Zappenberg 6 31663 Leese/Weser Werk Klieken	F3	D
Betonstahl in Ringen B500A Kaltverformt, gerippt Nenn-Ø: 6,0 bis 12,0 mm	Filigran-Trägersysteme GmbH & Co. KG Zappenberg 6 31663 Leese/Weser Werk Leese	F4	D
Betonstahl in Ringen B500B warmgewalzt Nenn-Ø: 6,0 bis 16,0 mm	Filigran-Trägersysteme GmbH & Co. KG Zappenberg 6 31663 Leese/Weser Werk Leese	F3	D

Tabelle 10. Ausgewählte Verarbeiterkennzeichen für Deutschland – Stand 02.2018 (Fortsetzung)

Gegenstand und Herstellart	Herstellwerk bzw. Antragsteller	Kennzeichen	überwacht durch
Abgewickeltes Erzeugnis aus Betonstahl in Ringen B500B (1.0439) Nenn-Ø: 6,0 bis 12,0 mm	Halfen-Produkcja sp. z. o. o. ul. Kolejowa 18a 63-460 Nowe Skalmierzyce Polen vertreten durch: Halfen GmbH Liebigstraße 14 40764 Langenfeld	ZA	I
Abgewickeltes Erzeugnis aus Betonstahl in Ringen B500B NR (1.4571 und 1.4362)) Nenn-Ø: 6,0 bis 12,0 mm	Halfen-Produkcja sp. z. o. o. ul. Kolejowa 18a 63-460 Nowe Skalmierzyce Polen vertreten durch: Halfen GmbH Liebigstraße 14 40764 Langenfeld	ZA	I
Abgewickeltes Erzeugnis aus Betonstahl in Ringen B500A (1.4362 und 1.4462) Nenn-Ø: 6,0 bis 12,0 mm	Halfen-Produkcja sp. z. o. o. ul. Kolejowa 18a 63-460 Nowe Skalmierzyce Polen vertreten durch: Halfen GmbH Liebigstraße 14 40764 Langenfeld	ZA	I
Abgewickeltes Erzeugnis aus Betonstahl in Ringen B500A (1.0438) Nenn-Ø: 6,0 bis 12,0 mm	H-Bau Technik GmbH Am Güterbahnhof 20 79771 Klettgau-Erzingen	61	I
Abgewickeltes Erzeugnis aus Betonstahl in Ringen B500B (1.0439) Nenn-Ø: 6,0 bis 14,0 mm	H-Bau Technik GmbH Am Güterbahnhof 20 79771 Klettgau-Erzingen	61	I
Abgewickeltes Erzeugnis aus Betonstahl in Ringen B500A kaltverformt, gerippt Nenn-Ø: 6,0 bis 12,0 mm	HBS Hessische Bewehrungsstahl GmbH Rheinstraße 31–39 65795 Hattersheim	AH	S
Abgewickeltes Erzeugnis aus Betonstahl in Ringen B500B warmgewalzt, kaltgereckt, gerippt Nenn-Ø: 6,0 bis 16,0 mm	HBS Hessische Bewehrungsstahl GmbH Rheinstraße 31–39 65795 Hattersheim	AH	S
Betonstahl in Ringen nach Z-1.2-260 B500B mit Sonderrippung „TWR" warmgewalzt und kaltgereckt Nenn-Ø: 6,0 bis 16,0 mm	HBS Hessische Bewehrungsstahl GmbH Rheinstraße 31–39 65795 Hattersheim	AH	S
Betonstahl in Ringen B500B Nenn-Ø: 6,0 bis 16,0 mm	KÄMPFE Stahl- und Bewehrungsbau GmbH Gewerbegebiet – Auenblick 4 09221 Neukirchen bei Chemnitz	VB	V

Tabelle 10. Ausgewählte Verarbeiterkennzeichen für Deutschland – Stand 02.2018 (Fortsetzung)

Gegenstand und Herstellart	Herstellwerk bzw. Antragsteller	Kennzeichen	überwacht durch
Betonstahl in Ringen nach Z-1.2-260 B500B mit Sonderrippung „TWR" warmgewalzt und kaltgereckt Nenn-Ø: 8,0 bis 16,0 mm	KÄMPFE Stahl- und Bewehrungsbau GmbH Gewerbegebiet – Auenblick 4 09221 Neukirchen bei Chemnitz	VB	V
Abgewickeltes Erzeugnis aus Betonstahl in Ringen B500A (1.0438) Nenn-Ø: 6,0 bis 12,0 mm	Kerschgens Werkstoffe & Mehr GmbH Steinbachstraße 38–40 52222 Stolberg Werk: NDL Bitburg Dieselstraße 2 54634 Bitburg	88	I
Abgewickeltes Erzeugnis aus Betonstahl in Ringen B500B (1.0439) Nenn-Ø: 8,0 bis 16,0 mm	Kerschgens Werkstoffe & Mehr GmbH Steinbachstraße 38–40 52222 Stolberg Werk: NDL Bitburg Dieselstraße 2 54634 Bitburg	88	I
Betonstahl in Ringen nach Z-1.2-260 B500B mit Sonderrippung „TWR" warmgewalzt und kaltgereckt Nenn-Ø: 8,0 bis 20,0 mm	Kerschgens Werkstoffe & Mehr GmbH Steinbachstraße 38–40 52222 Stolberg Werk: NDL Bitburg Dieselstraße 2 54634 Bitburg	88	I
Betonstahl in Ringen B500A (1.0438) Nenn-Ø: 6,0 bis 12,0 mm	Konrad Kleiner GmbH & Co. KG Kurt-Kleiner-Straße 1 87719 Mindelheim	62	E
Betonstahl in Ringen B500B (1.0439) Nenn-Ø: 8,0 bis 16,0 mm	Konrad Kleiner GmbH & Co. KG Kurt-Kleiner-Straße 1 87719 Mindelheim	62	E
Betonstahl in Ringen nach Z-1.2-260 B500B mit Sonderrippung „TWR" warmgewalzt und kaltgereckt Nenn-Ø: 8,0 bis 16,0 mm	Konrad Kleiner GmbH & Co. KG Kurt-Kleiner-Straße 1 87719 Mindelheim	62	E
Betonstahl in Ringen B500B (1.0439) Nenn-Ø: 6,0 bis 12,0 mm	Max Frank GmbH & Co. KG Mitterweg 1 94339 Leiblfing	48	H
Betonstahl in Ringen nach Z-1.2-260 B500B mit Sonderrippung „TWR" warmgewalzt und kaltgereckt Nenn-Ø: 8,0 bis 12,0 mm	Max Frank GmbH & Co. KG Mitterweg 1 94339 Leiblfing	48	H
Abgewickeltes Erzeugnis aus Betonstahl in Ringen B500B (1.0439) Nenn-Ø: 6,0 bis 16,0 mm	Ruhl GmbH Spitzwasen 12 97340 Marktbreit	51	O

Tabelle 10. Ausgewählte Verarbeiterkennzeichen für Deutschland – Stand 02.2018 (Fortsetzung)

Gegenstand und Herstellart	Herstellwerk bzw. Antragsteller	Kennzeichen	überwacht durch
Betonstahl in Ringen nach Z-1.2-260 B500B mit Sonderrippung „TWR" warmgewalzt und kaltgereckt Nenn-Ø: 6,0 bis 16,0 mm	Ruhl GmbH Spitzwasen 12 97340 Marktbreit	51	O
Abgewickeltes Erzeugnis aus Betonstahl in Ringen B500B (1.0439) Nenn-Ø: 8,0 bis 16,0 mm	Ruhl GmbH Werk Golzow Gewerbegebiet Am Bauernfeld 14778 Golzow	RI	O
Betonstahl in Ringen nach Z-1.2-260 B500B mit Sonderrippung „TWR" warmgewalzt und kaltgereckt Nenn-Ø: 8,0 bis 16,0 mm	Ruhl GmbH Werk Golzow Gewerbegebiet Am Bauernfeld 14778 Golzow	RI	O
Abgewickeltes Erzeugnis aus Betonstahl in Ringen B500B (1.0439) Nenn-Ø: 6,0 bis 16,0 mm	Ruhl GmbH Werk Groß-Rohrheim Schücostraße 15 68649 Groß-Rohrheim	MR	H
Betonstahl in Ringen nach Z-1.2-260 B500B mit Sonderrippung „TWR" warmgewalzt und kaltgereckt Nenn-Ø: 8,0 bis 16,0 mm	Ruhl GmbH Werk Groß-Rohrheim Schücostraße 15 68649 Groß-Rohrheim	MR	H
Abgewickeltes Erzeugnis aus Betonstahl in Ringen B500B (1.0439) Nenn-Ø: 6,0 bis 16,0 mm	Ruhl GmbH Werk Meckenheim Am Hambuch 15 53340 Meckenheim	Y9	O
Betonstahl in Ringen nach Z-1.2-260 B500B mit Sonderrippung „TWR" warmgewalzt und kaltgereckt Nenn-Ø: 8,0 bis 16,0 mm	Ruhl GmbH Werk Meckenheim Am Hambuch 15 53340 Meckenheim)	Y9	O
Abgewickeltes Erzeugnis aus Betonstahl in Ringen B500B (1.0439) Nenn-Ø: 6,0 bis 16,0 mm	Ruhl GmbH Werk Oberschleißheim Kreuzstraße 81 85764 Oberschleißheim	Z6	O
Betonstahl in Ringen nach Z-1.2-260 B500B mit Sonderrippung „TWR" warmgewalzt und kaltgereckt Nenn-Ø: 6,0 bis 16,0 mm	Ruhl GmbH Werk Oberschleißheim Kreuzstraße 81 85764 Oberschleißheim	Z6	O
Abgewickeltes Erzeugnis aus Betonstahl in Ringen B500B (1.0439) Nenn-Ø: 8,0 bis 14,0 mm	Ruhl GmbH Werk Ostrach Robert-Bosch-Straße 2 88356 Ostrach	XW	O

Tabelle 10. Ausgewählte Verarbeiterkennzeichen für Deutschland – Stand 02.2018 (Fortsetzung)

Gegenstand und Herstellart	Herstellwerk bzw. Antragsteller	Kennzeichen	überwacht durch
Betonstahl in Ringen nach Z-1.2-260 B500B mit Sonderrippung „TWR" warmgewalzt und kaltgereckt Nenn-Ø: 8,0 bis 14,0 mm	Ruhl GmbH Werk Ostrach Robert-Bosch-Straße 2 88356 Ostrach	XW	O
Abgewickeltes Erzeugnis aus Betonstahl in Ringen B500B (1.0439) Nenn-Ø: 8,0 bis 16,0 mm	Ruhl GmbH Werk Sassnitz Am Fährhafen Sassnitz 18546 Sassnitz Neu Mukran	RQ	O
Betonstahl in Ringen nach Z-1.2-260 B500B mit Sonderrippung „TWR" warmgewalzt und kaltgereckt Nenn-Ø: 8,0 bis 16,0 mm	Ruhl GmbH Werk Sassnitz Am Fährhafen Sassnitz 18546 Sassnitz Neu Mukran	RQ	O
Abgewickeltes Erzeugnis aus Betonstahl in Ringen B500B (1.0439) Nenn-Ø: 6,0 bis 16,0 mm	Ruhl GmbH Werk Winsen Viefeldweg 45 21423 Winsen/Luhe	5	O
Betonstahl in Ringen nach Z-1.2-260 B500B mit Sonderrippung „TWR" warmgewalzt und kaltgereckt Nenn-Ø: 8,0 bis 16,0 mm	Ruhl GmbH Werk Winsen Viefeldweg 45 21423 Winsen/Luhe	5	O
Abgewickeltes Erzeugnis aus Betonstahl in Ringen B500A kaltverformt, gerippt Nenn-Ø: 6,0 bis 12,0 mm	SBS Sächsische Bewehrungsstahl GmbH Industriestraße A 01612 Glaubitz	KF	S
Abgewickeltes Erzeugnis aus Betonstahl in Ringen B500B warmgewalzt und kaltgereckt, gerippt Nenn-Ø: 6,0 bis 16,0 mm	SBS Sächsische Bewehrungsstahl GmbH Industriestraße A 01612 Glaubitz	KF	S
Betonstahl in Ringen nach Z-1.2-260 B500B mit Sonderrippung „TWR" warmgewalzt und kaltgereckt Nenn-Ø: 8,0 bis 16,0 mm	SBS Sächsische Bewehrungsstahl GmbH Industriestraße A 01612 Glaubitz	KF	S
Betonstahl in Ringen B500A Nenn-Ø: 6,0 bis 12,0 mm	SCR Stahlcenter Riesa GmbH Industriestraße D Nr. 2 01612 Glaubitz	HL	V
Betonstahl in Ringen B500B Nenn-Ø: 6,0 bis 16,0 mm	SCR Stahlcenter Riesa GmbH Industriestraße D Nr. 2 01612 Glaubitz	HL	V

Tabelle 10. Ausgewählte Verarbeiterkennzeichen für Deutschland – Stand 02.2018 (Fortsetzung)

Gegenstand und Herstellart	Herstellwerk bzw. Antragsteller	Kennzeichen	überwacht durch
Betonstahl in Ringen nach Z-1.2-260 B500B mit Sonderrippung „TWR" warmgewalzt und kaltgereckt Nenn-Ø: 8,0 bis 16,0 mm	SCR Stahlcenter Riesa GmbH Industriestraße D Nr. 2 01612 Glaubitz	HL	V
Betonstahl in Ringen B500B (1.0439) Nenn-Ø: 6,0 bis 16,0 mm	Stahlform GmbH & Co. KG KH Am Rautenanger 5 07613 Crossen	GS	V
Betonstahl in Ringen nach Z-1.2-260 B500B mit Sonderrippung „TWR" warmgewalzt und kaltgereckt Nenn-Ø: 8,0 bis 16,0 mm	Stahlform GmbH & Co. KG KH Am Rautenanger 5 07613 Crossen	GS	V
Betonstahl in Ringen B500B Nenn-Ø: 6,0 bis 16,0 mm	STP Aichach GmbH Hanns-Martin-Schleyer-Straße 15 86551 Aichach	BR	F
Betonstahl in Ringen B500A Nenn-Ø: 6,0 bis 12,0 mm	STP Aichach GmbH Hanns-Martin-Schleyer-Straße 15 86551 Aichach	BR	F
Betonstahl in Ringen nach Z-1.2-260 B500B mit Sonderrippung „TWR" warmgewalzt und kaltgereckt Nenn-Ø: 20,0 mm	STP Aichach GmbH Hanns-Martin-Schleyer-Straße 15 86551 Aichach	BR	F
Betonstahl in Ringen B500B Nenn-Ø: 8,0 bis 16,0 mm	Sülzle Stahlpartner GmbH Am Landgraben 3 76669 Bad Schönborn	KS	F
Betonstahl in Ringen B500A Nenn-Ø: 8,0 bis 12,0 mm	Sülzle Stahlpartner GmbH Am Ried 20 88477 Schwendi	EM	F
Betonstahl in Ringen B500B Nenn-Ø: 8,0 bis 16,0 mm	Sülzle Stahlpartner GmbH Am Ried 20 88477 Schwendi	EM	F
Betonstahl in Ringen B500A Nenn-Ø: 6,0 bis 12,0 mm	Sülzle Stahlpartner GmbH Hauffstraße 14 72348 Rosenfeld	EX	F
Betonstahl in Ringen B500B Nenn-Ø: 6,0 bis 16,0 mm	Sülzle Stahlpartner GmbH Am Seerasen 1 99631 Weißensee	M5	F
Betonstahl in Ringen B500A Nenn-Ø: 6,0 bis 12,0 mm	Sülzle Stahlpartner GmbH Birkenstraße 21 72144 Dusslingen	E4	F
Betonstahl in Ringen B500B Nenn-Ø: 6,0 bis 16,0 mm	Sülzle Stahlpartner GmbH Birkenstraße 21 72144 Dusslingen	E4	F

Tabelle 10. Ausgewählte Verarbeiterkennzeichen für Deutschland – Stand 02.2018 (Fortsetzung)

Gegenstand und Herstellart	Herstellwerk bzw. Antragsteller	Kennzeichen	überwacht durch
Betonstahl in Ringen B500A Nenn-Ø: 6,0 bis 12,0 mm	Sülzle Stahlpartner GmbH Hauffstraße 14 72348 Rosenfeld	EX	F
Betonstahl in Ringen B500B Nenn-Ø: 6,0 bis 16,0 mm	Sülzle Stahlpartner GmbH Hauffstraße 14 72348 Rosenfeld	EX	F
Betonstahl in Ringen nach Z-1.2-260 B500B mit Sonderrippung „TWR" warmgewalzt und kaltgereckt Nenn-Ø: 20,0 mm	Sülzle Stahlpartner GmbH Hauffstraße 14 72348 Rosenfeld	EX	F
Betonstahl in Ringen B500B Nenn-Ø: 6,0 bis 16,0 mm	Sülzle Stahlpartner GmbH Im Hinteren Zeil 15 75179 Pforzheim	MQ	F
Betonstahl in Ringen B500A Nenn-Ø: 6,0 bis 12,0 mm	Sülzle Stahlpartner GmbH Im Hinteren Zeil 15 75179 Pforzheim	MQ	F
Betonstahl in Ringen B500B Nenn-Ø: 8,0 bis 16,0 mm	Sülzle Stahlpartner GmbH Industriestraße 1 30926 Seelze	SM	F
Betonstahl in Ringen B500A Nenn-Ø: 6,0 bis 12,0 mm	Sülzle Stahlpartner GmbH Körschtalstraße 96 73780 Denkendorf	GT	F
Betonstahl in Ringen B500B Nenn-Ø: 6,0 bis 16,0 mm	Sülzle Stahlpartner GmbH Körschtalstraße 96 73780 Denkendorf	GT	F
Betonstahl in Ringen nach Z-1.2-260 B500B mit Sonderrippung „TWR" warmgewalzt und kaltgereckt Nenn-Ø: 20,0 mm	Sülzle Stahlpartner GmbH Körschtalstraße 96 73780 Denkendorf	GT	F
Betonstahl in Ringen B500B Nenn-Ø: 6,0 bis 16,0 mm	Sülzle Stahlpartner GmbH Lise-Meitner-Straße 8 72280 Dornstetten	DX	F
Betonstahl in Ringen B500B Nenn-Ø: 6,0 bis 16,0 mm	Sülzle Stahlpartner GmbH Lukoer Straße 50 06862 Dessau-Roßlau	SB	F
Betonstahl in Ringen B500A Nenn-Ø: 6,0 bis 12,0 mm	Sülzle Stahlpartner GmbH Posener Straße 36 23554 Lübeck	KE	F
Betonstahl in Ringen B500B Nenn-Ø: 8,0 bis 16,0 mm	Sülzle Stahlpartner GmbH Posener Straße 36 23554 Lübeck	KE	F
Betonstahl in Ringen B500A Nenn-Ø: 6,0 bis 12,0 mm	Sülzle Stahlpartner GmbH Südstraße 11 99734 Nordhausen	RV	F

Tabelle 10. Ausgewählte Verarbeiterkennzeichen für Deutschland – Stand 02.2018 (Fortsetzung)

Gegenstand und Herstellart	Herstellwerk bzw. Antragsteller	Kennzeichen	überwacht durch
Betonstahl in Ringen B500B Nenn-Ø: 6,0 bis 16,0 mm	Sülzle Stahlpartner GmbH Südstraße 11 99734 Nordhausen	RV	F
Betonstahl in Ringen B500A Nenn-Ø: 6,0 bis 12,0 mm	Sülzle Stahlpartner GmbH Südstraße 11 99734 Nordhausen	RV	F
Abgewickeltes Erzeugnis aus Betonstahl in Ringen B500A; kaltverformt Nenn-Ø: 6,0 bis 12,0 mm	Trebbiner Stahlgesellschaft mbH Gewerbegebiet 1 Zossener Straße 14959 Trebbin	SS	Y
Abgewickeltes Erzeugnis aus Betonstahl in Ringen B500B warmgewalzt und kaltgereckt Nenn-Ø: 6,0 bis 14,0 mm	Trebbiner Stahlgesellschaft mbH Gewerbegebiet 1 Zossener Straße 14959 Trebbin	SS	Y
Betonstahl in Ringen B500A Nenn-Ø: 6,0 bis 12,0 mm	Trebbiner Stahlhandelsgesellschaft mbH Muldestraße 08056 Zwickau	Z3	Y
Betonstahl in Ringen B500B Nenn-Ø: 6,0 bis 14,0 mm	Trebbiner Stahlhandelsgesellschaft mbH Muldestraße 08056 Zwickau	Z3	Y
Abgewickeltes Erzeugnis aus Betonstahl in Ringen B500A Nenn-Ø: 6,0 bis 12,0 mm	Trebbiner Stahlgesellschaft mbH Muldestraße 08056 Zwickau	Z3	Y
Abgewickeltes Erzeugnis aus Betonstahl in Ringen B500B Nenn-Ø: 6,0 bis 14,0 mm	Trebbiner Stahlgesellschaft mbH Muldestraße 0856 Zwickau	Z3	Y
Abgewickeltes Erzeugnis aus Betonstahl in Ringen B500A; kaltverformt Nenn-Ø: 6,0 bis 12,0 mm	Trebbiner Stahlgesellschaft mbH Schorbachstraße 11 35510 Butzbach	ZU	Y
Abgewickeltes Erzeugnis aus Betonstahl in Ringen B500B; warmgewalzt und kaltgereckt Nenn-Ø: 6,0 bis 14,0 mm	Trebbiner Stahlgesellschaft mbH Schorbachstraße 11 35510 Butzbach	ZU	Y

Die zulässigen Abweichungen von den Nennquerschnittsflächen gelten für jeden einzelnen Stab und betragen auch hier als obere Grenze +6% (95%-Quantilwert) und als untere Grenze –4% (5%-Quantilwert). Ferner ist das Verhältnis der miteinander verschweißten Stabdurchmesser für Einzelstabbetonstahlmatten auf mindestens 0,57 für Nenndurchmesser kleiner oder gleich 8,5 mm bzw. auf 0,7 für Nenndurchmesser größer 8,5 mm festgelegt. Für Doppelstabbetonstahlmatten darf das Verhältnis von Nenndurchmesser des Doppelstabs zu Nenndurchmesser des Einzelstabs den Toleranzbereich von 0,7 bis 1,25 nicht überschreiten.

Der Abstand von Längs- und Querstäben darf aus Gründen der Betonierbarkeit nicht kleiner als 50 mm sein. Bei Doppelstäben beträgt der Achsabstand mindestens 100 mm. Die Überstände sollten nicht kleiner als 25 mm sein.

Nennlänge, -breite, -abstand der Stäbe, -überstände der Betonstahlmatten müssen zum Zeitpunkt der Anfrage und Bestellung vereinbart werden. Die Grenzabmaße sind wie folgt festgelegt:

- Länge und Breite der Betonstahlmatte: ± 25 mm oder ± 0,5 %, wobei der größere Wert gilt;
- Stababstand: ± 15 mm oder ± 7,5 %, wobei der größere Wert gilt;
- Überstände: Zum Zeitpunkt der Anfrage und Bestellung zu vereinbaren.

Besondere Grenzabmaßanforderungen dürfen zwischen Hersteller und Käufer jederzeit vereinbart werden.

An jedem Stab einer Betonstahlmatte kann die verwendete Betonstahlsorte anhand der Anzahl der Rippenreihen (s. Bilder 1–3) bestimmt werden. Ferner ist auf jedem Stab das Werkkennzeichen aufgewalzt (s. Abschnitt 1.2.2). Zusätzlich ist an einem Bund der geschweißten Betonstahlmatten ein Etikett mit der Angabe des Herstellerwerks der geschweißten Betonstahlmatte und der Stahlsorte des Erzeugnisses zu befestigen. Die Etiketten sind je max. 20 Betonstahlmatten anzubringen und weisen das Ü-Zeichen und den Typ (z. B. beim Lagermattenprogramm Q257A etc.) sowie den Hersteller aus.

In Tabelle 11 sind die für Deutschland wesentlichen Herstellwerke aufgeführt. Ein vollständiges Verzeichnis aller zugelassenen Herstellwerke kann ebenfalls beim Deutschen Institut für Bautechnik, Berlin, bezogen werden.

1.2.8 Lieferprogramme für Betonstahlmatten nach DIN 488-4 und bauaufsichtlicher Zulassung

Betonstahlmatten werden in Deutschland nach DIN 488-4 und nach allgemeinen bauaufsichtlichen Zulassungen hergestellt. Sie können als Einzel- oder Doppelstabmatten mit den Nenndurchmessern 6,0 bis 12,0 mm für die Betonstahlsorte B500A und mit den Nenndurchmessern 6,0 bis 16,0 mm für die Betonstahlsorte B500B ausgeführt werden. Flächenbewehrungselemente mit Stabdurchmessern größer als 16 mm sind bei einigen Herstellern erhältlich. Diese zählen nicht zu den Betonstahlmatten im Sinne der DIN 488-4 bzw. DIN EN 1992-1-1; da sie jedoch für vergleichbare Bewehrungsaufgaben genutzt werden können, sind sie unter den Lieferprogrammen für Betonstahlmatten aufgeführt.

Die verschiedenen Hersteller bieten ein unterschiedlich breites Spektrum an Mattentypen an. Für den deutschen Markt sind die Lieferprogramme einiger Hersteller, z. T. auch mit Verfügbarkeiten und Bezugswegen nachfolgend zusammengestellt:

Baustahlgewebe GmbH, Eberbach

Q- und R-Matten (ISB-Lagermattenprogramm)
Die Baustahlgewebe GmbH vertreibt alle standardisierten Q- und R-Lagermatten des ISB-Lagermattenprogramms (s. Tabelle 16) von der Q188A/B

Tabelle 11. Werkkennzeichen ausgewählter Herstellwerke für Deutschland – Stand 02.2018

Gegenstand und Herstellart	Herstellwerk bzw. Antragsteller	Kennzeichen	überwacht durch
Betonstahlmatten B500A kaltverformt, gerippt Einfach- und Doppelstabmatten Nenn-Ø: 4,0 bis 12,0 mm	BBS Bayerische Bewehrungsstahl GmbH Siefenwangerstraße 35 86424 Dinkelscherben	1/32	S
Betonstahlmatten B500B, gerippt warmgewalzt, kaltgereckt Einfach- und Doppelstäbe Nenn-Ø: 6,0 bis 12,0 mm	BBS Bayerische Bewehrungsstahl GmbH Siefenwangerstraße 35 86424 Dinkelscherben	1/32	S
Betonstahlmatten B500A kaltverformt, gerippt Einfach- und Doppelstabmatten Nenn-Ø: 4,0 bis 12,0 mm	BDW Badische Drahtwerke GmbH Weststraße 31 77694 Kehl	1/58	S
Betonstahlmatten B500B, gerippt warmgewalzt, kaltgereckt Einfach- und Doppelstäbe Nenn-Ø: 6,0 bis 12,0 mm	BDW Badische Drahtwerke GmbH Weststraße 31 77694 Kehl	1/58	S
Betonstahlmatten B500A kaltverformt, gerippt Einfach- und Doppelstabmatten Nenn-Ø: 4,0 bis 12,0 mm	BESTA Eisen- und Stahlhandelsgesellschaft mbH Zur Rauhen Horst 7 32312 Lübbecke	1/35	S

Tabelle 11. Werkkennzeichen ausgewählter Herstellwerke für Deutschland – Stand 02.2018 (Fortsetzung)

Gegenstand und Herstellart	Herstellwerk bzw. Antragsteller	Kennzeichen	überwacht durch
Betonstahlmatten B500B, gerippt warmgewalzt, kaltgereckt Einfach- und Doppelstäbe Nenn-Ø: 6,0 bis 12,0 mm	BESTA Eisen- und Stahlhandelsgesellschaft mbH Zur Rauhen Horst 7 32312 Lübbecke	1/35	S
Betonstahlmatten B500A kaltverformt, gerippt Einfach- und Doppelstabmatten Nenn-Ø: 4,0 bis 12,0 mm	DWP Drahtwerk Plochingen GmbH Am Nordseekai 37–39 73207 Plochingen	1/78	S
Betonstahlmatten B500B, gerippt warmgewalzt, kaltgereckt Einfach- und Doppelstäbe Nenn-Ø: 6,0 bis 12,0 mm	DWP Drahtwerk Plochingen GmbH Am Nordseekai 37–39 73207 Plochingen	1/78	S
Betonstahlmatten B500A kaltverformt, gerippt Einfach- und Doppelstabmatten Nenn-Ø: 4,0 bis 12,0 mm	HBS Hessische Bewehrungsstahl GmbH Rheinstraße 31–39 65795 Hattersheim	1/23	S
Betonstahlmatten B500B, gerippt warmgewalzt, kaltgereckt Einfach- und Doppelstäbe Nenn-Ø: 6,0 bis 12,0 mm	HBS Hessische Bewehrungsstahl GmbH Rheinstraße 31–39 65795 Hattersheim	1/23	S
Betonstahlmatten B500A kaltverformt, gerippt Einfach- und Doppelstabmatten Nenn-Ø: 4,0 bis 12,0 mm	SBS Sächsische Bewehrungsstahl GmbH Industriestraße A 01612 Glaubitz	1/28	S
Betonstahlmatten B500B, gerippt warmgewalzt, kaltgereckt Einfach- und Doppelstäbe Nenn-Ø: 6,0 bis 12,0 mm	SBS Sächsische Bewehrungsstahl GmbH Industriestraße A 01612 Glaubitz	1/28	S
Betonstahlmatten B500A (1.0438) punktgeschweißt aus kaltverformten Stäben Nenn-Ø: 12,0 mm	Van Merksteijn Steel-Netherlands B. V. Bedrijvenpark Twente 237 7602 Kj Almelo Niederlande	2/21	I
Betonstahlmatten B500B, (1.0439) puktgeschweißt aus warmgewalztem und kaltgereckten Stäben Nenn-Ø: bis 14,0 mm	Van Merksteijn Steel-Netherlands B. V. Bedrijvenpark Twente 237 7602 Kj Almelo Niederlande	2/21	I
Betonstahlmatten B500A (1.0438) punktgeschweißt aus kaltverformten Stäben Nenn-Ø: 12,0 mm	Westfälische Drahtindustrie GmbH Werk Salzgitter Museumstraße 64 38229 Salzgitter	1/24	I

bis zur Q636A/B sowie der R188A/B bis zur R524A/B in den Abmessungen 6,00 m × 2,30 m/ 2,35 m (Q636) in den Betonstahlsorten B500A und B500B (normal- und hochduktil). Diese Matten werden vom Händlerlager an die Baustelle ausgeliefert.

HS-Matten
HS-Matten sind standardisierte Listenmatten für Durchdringungen und Eckverbindungen. Hierbei sind die Querstäbe als Biegestäbe für z. B. die Fertigung von Mattenkörben vorgesehen. Dabei sind Korblängen von bis zu 5,0 m aus unverschnittenen Matten möglich. Das ISB Lagermattenprogramm umfasst die Typen HS1, HS-2 und HS3 (s. Tabelle 21). Sie sind als normalduktile (A) und hochduktile (B) Matten lieferbar.

Diese Matten werden ab dem Herstellerlager ausgeliefert und sind kurzfristig lieferbar.

N-Matten
N-Matten werden aus glatten Drähten hergestellt. Der verwendete Stahl ist kein Betonstahl nach DIN 488. Die Duktilitätseigenschaften lassen sich nicht eindeutig nach den Forderungen der DIN EN 1992-1-1 in die Duktilitätsklassen A und B einordnen. Daher dürfen diesen Matten nicht für statische Zwecke nach DIN EN 1992-1-1 eingesetzt werden. Sie eignen sich aber z. B. als Estrichmatten. Im ISB-Lagermattenprogramm sind zwei Typen, N94 und N141, definiert (s. Tabelle 22).

Diese Matten werden ab dem Herstellerlager ausgeliefert und sind kurzfristig lieferbar.

Vorratsmatten
Neben den standardisierten Lagermatten bietet die Baustahlgewebe GmbH noch standardisierte Vorratsmatten, ebenfalls in den Betonstahlsorten B500A und B500B an. Die Maße der Matten betragen 6,00 m × 2,45 m. Die Vorratsmatten werden unter den Bezeichnungen B188, B257, B335, B424, B524 und B636 vertrieben und entsprechen in den Bewehrungsquerschnitten in Längs- und Querrichtung den Q-Matten des ISB-Lagermattenprogramms. Durch ihre Bauart mit einseitigen seitlichen Stabüberständen lassen sie sich optimal mit Ein-Ebenen-Stoß verlegen. Die Übergreifungslängen entsprechen denen eines Stabstahls gleichen Nenndurchmessers.

Die Vorratsmatten werden von den Herstellerwerken der Baustahlgewebe vorproduziert und bevorratet, die Auslieferung erfolgt über Betonstahlhändler.

Listenmatten
Zum Lieferprogramm der Baustahlgewebe-Gruppe gehören auch normalduktile (B500A) und hochduktile (B500B) Listenmatten. Aufbau und Größe der Matten richten sich nach den individuellen Vorgaben des Bestellers. Die Mattenlängen können zwischen 4,0 m und 14,0 m frei gewählt werden. Auf Anfrage sind andere Längen realisierbar. Die Breiten können zwischen 1,85 m und 3,00 m gewählt werden. Auf Anfrage sind auch gesonderte Maße möglich. Die Produktionstechnik erlaubt maximal 31 Einzel- oder Doppellängsstäbe, also 30 Maschen. Zu beachten ist dabei die maximal mögliche Schweißbreite zwischen dem ersten und dem letzten Längsstab von maximal 2,95 m. Der Mindestrandabstand des letzten Quer- bzw. Längsstabs beträgt an allen 4 Matten-Seiten mindestens 2,5 cm. Längsstäbe können sowohl als Einzel- wie auch als Doppelstäbe ausgebildet werden. Querstäbe sind immer Einzelstäbe. Alle Stababstände können bei Mindeststabstabständen von 50 mm (Querstäbe), 75 mm (Einzelstäbe längs) und 100 mm (Doppelstäbe längs) rasterfrei gewählt werden. Die Querstäbe liegen im Schnitt betrachtet immer oben, die Längsstäbe immer unten. Die nach DIN 488-1 möglichen Durchmesser für Betonstahlmatten von 6 mm bis 14 mm können unter Beachtung der oben genannten Randbedingungen und der Verschweißbarkeit frei in einer Betonstahlmatte angeordnet werden. In Absprache mit dem Hersteller sind beliebig viele Kombinationen der Nenndurchmesser einer Betonstahlmatte möglich.

Die Lieferzeit für Listenmatten beträgt in der Regel 10 bis 12 Arbeitstage nach Auftragseingang.

Sondermatten
Die Baustahlgewebe-Gruppe hat ebenfalls Matten mit allgemeiner bauaufsichtlicher Zulassung im Programm. Hierzu gehören Matten mit Stäben mit der Sonderprofilierung „TWR" in den Nenndurchmessern 8 bis 12 mm als Einfach- und Doppelstabmatten nach allgemeiner bauaufsichtlicher Zulassung Nr. Z-1.3-265 in der Betonstahlsorte B500B sowie geschweißte Betonstahlmatten mit Teilbereichen ohne Schweißverbindung der Längsstäbe mit den Querstäben für erhöhte dynamische Beanspruchung in diesen Bereichen in der Betonstahlsorte B500B(+M-dyn), gerippt warmgewalzt, kaltgereckt in den Nenndurchmessern 6 bis 12 mm als Einfach- und Doppelstabmatten nach allgemeiner bauaufsichtlicher Zulassung Nr. Z-1.3-195.

Die Lieferzeit für diese Matten ist beim Hersteller zu erfragen.

2D-Elemente
2D-Elemente sind bei der Baustahlgewebegruppe industriell gefertigte, ebene Bewehrungselemente mit Stabdurchmessern von 14 mm bis 25 mm, die in Flächentragwerken eingesetzt werden. Es werden 2D-Standardelemente mit festgelegtem Aufbau und festgelegter Breite angeboten. Sie sind in den Vorzugslängen 3,50 m, 4,00 m, 4,50 m und 5,00 m sowie in den Bewehrungsquerschnitten 15,39 cm^2/m bis 49,09 cm^2/m bei Stababständen von 10 cm, 12,5 cm und 15 cm für die Längsbe-

wehrungsstäbe erhältlich. Die Querstäbe dienen als Montagestäbe. Das 2D-Standardelement 2D-4909 hat einen Längsdrahtabstand von 10 cm mit einem Nenndurchmesser von 25 mm und einen Längsbewehrungsquerschnitt von 49,09 cm^2/m. Das Element 2D-1608 mit einem Längsdrahtabstand/-durchmesser von 12,5 cm/16 mm stellt einen Bewehrungsquerschnitt von 16,08 cm^2/m bereit und das Element 2D-1026 mit einem Längsdrahtabstand von 15 cm genannt. Der Längsbewehrungsquerschnitt beträgt hier 10,26 cm^2/m bei einem Nenndurchmesser der Längsstäbe von 14 mm. Alle drei genannten Bewehrungselemente werden in den Standardlieferlängen von 3,50 m, 4,00 m, 4,50 m und 5,00 m vertrieben. Auf Anfrage werden auch andere Bewehrungsquerschnitte und Elementlängen produziert. Dabei können maximal 31 Längsstäbe mit Längsstababständen ab 7,5 cm rasterfrei realisiert werden. Die höchste Schweißbreite zwischen dem ersten und dem letzten Längsstab beträgt 2,95 m. Die Stabab- und -überstände der Montagestäbe am Mattenanfang sowie -ende sollten 1,50 m nicht überschreiten.

2D-Elemente sind in Absprache mit dem Hersteller kurzfristig lieferbar.

3D-Elemente
3D-Elemente sind fertige räumliche Bewehrungsgeflechte, die in Form, Abmessung und Bewehrungsquerschnitt speziell auf Kundenwunsch gefertigt werden. Beispiele typischer 3D-Elemente sind Bewehrungskörbe für Tübbing-Elemente, Bewehrungskörbe für Eisenbahnschwellen oder Bewehrungen für kreisförmige Abdeck- und Übergangsplatten. Die Bewehrung wird geschnitten, gebogen und mittels MAG- oder RP-Schweißung zu einem räumlichen 3D-Bewehrungselement verbunden. Haupteinsatzgebiet ist der Tunnelbau und die Betonfertigteilindustrie. Lieferzeiten werden individuell mit dem Kunden abgestimmt.

Unterstützungskörbe
Die Unterstützungskörbe der Baustahlgewebe GmbH sind gemäß dem DBV-Merkblatt „Unterstützungen" des Deutschen Beton- und Bautechnik-Vereins e.V. zertifiziert. Standardmäßig werden drei Typen von Unterstützungskörben hergestellt. Der auf der unteren Bewehrung stehende Unterstützungskorb BESTABIL DBV-BT ist in den Unterstützungshöhen 5 cm bis 40 cm erhältlich. Der ebenfalls auf der unteren Bewehrung stehende Unterstützungskorb („Schlange") BESTABIL DBVBS wird in den Unterstützungshöhen 2 cm bis 40 cm gefertigt. Der auf der Schalung stehende Unterstützungskorb mit Kunststoff-Füßchen BESTA-BIL DBV-BK kann in den Unterstützungshöhen 8 cm bis 28 cm bezogen werden. Alle drei Typen sind für Standardanwendungen konzipiert und erfüllen die Bedingungen der DIN EN 1992-1-1, sofern in den Konstruktionszeichnungen der Bewehrung und bei den Verlegearbeiten die Bedingungen nach dem DBV-Merkblatt eingehalten werden. Alle BESTA-BIL-Unterstützungskörbe sind kurzfristig lieferbar.

Design-Elemente
Für besondere Anforderungen und größere Unterstützungshöhen bietet die Baustahlgewebe GmbH die Designelemente an. Analog zum Unterstützungskorb DBV-DT kann das Unterstützungselement DTV auf der unteren Bewehrung stehend für Unterstützungshöhen ab 41 cm bis 120 cm eingesetzt werden. Für Installationsdecken mit Betonkernaktivierung ist der mit Kunststoff-Füßchen auf der Schalung stehende Unterstützungskorb DKI in den Unterstützungshöhen von 16 cm bis 42 cm konzipiert. Als besonders stabiles Unterstützungselement mit Doppelfunktion ist das Unterstützungselement DQ in den Unterstützungshöhen von 20 cm bis 120 cm und den Stahlsorten B500A und B500B erhältlich. Neben der Unterstützung der oberen Bewehrung kann das Element auch als Querkraftzulage angesetzt werden. Für Plattendicken ab 90 cm werden im Lieferprogramm noch Unterstützungstürme mit Unterstützungshöhen bis zu 3,0 m vorgehalten. Sie werden aus zwei Listenmatten-U-Körben nach Kundenwunsch in den Betonstahlsorten B500A und B500B gefertigt und auf der Baustelle zusammengesetzt. In der Regel können die Türme an geforderte Belastungen angepasst werden und sind als Querkraftzulage anrechenbar. Alle Designelemente sind kurzfristig erhältlich. Weiterführende Informationen zu Lieferzeiten und Details der Produkte sind bei der Baustahlgewebegruppe erhältlich.

Anschrift:
Baustahlgewebe GmbH
Friedrichstraße 16
69412 Eberbach
www.baustahlgewebe.com

Van Merksteijn Steel-Netherlands B. V.

Q- und R-Matten (ISB-Lagermattenprogramm)
Van Merksteijn Steel-Netherlands B. V. stellt alle standardisierten Q- und R-Lagermatten des ISB-Lagermattenprogramms (s. Tabelle 16) von der Q188A/B bis zur Q636A/B sowie der R188A/B bis zur R524A/B in den Abmessungen 6,00 m × 2,30 m/2,35 m (Q636) in den Betonstahlsorten B500A und B500B (normal- und hochduktil) her.

Diese Matten werden vom Händlerlager an die Baustelle ausgeliefert und haben kurze Lieferzeiten.

Listenmatten
Zum Lieferprogramm von Van Merksteijn Steel gehören auch normalduktile (B500A) und hochduktile (B500B) Listenmatten. Aufbau und Größe der Matten richten sich nach den individuellen Vorgaben des Bestellers. Listenmatten sind bis zum Nenndurchmesser 12,0 mm als Einfach- und Doppelstab-

matten mit Stäben der Betonstahlsorten B500 A und B erhältlich. Weitere Details zu Abmessungen und zum Mattenaufbau sind beim Hersteller erhältlich.

Sondermatten
Van Merksteijn Steel hält eine ganze Reihe von Matten mit allgemeiner Bauaufsichtlicher Zulassung für den deutschen Markt im Programm. Hierzu gehören auch Matten aus Stäben mit der Sonderprofilierung „Europrofil" in den Nenndurchmessern 6, 7, 8, 9 und 10 mm als Einfach- und Doppelstabmatten nach allgemeiner bauaufsichtlicher Zulassung Nr. Z-1.3-197 in der Betonstahlsorte B500B und Betonstahlmatten aus Stäben mit Sonderrippung Ø 16 mm als Einfachstabmatten B500B nach allgemeiner bauaufsichtlicher Zulassung Nr. Z-1.3-205.

Die Lieferzeit für diese Matten ist beim Hersteller zu erfragen.

Unterstützungskörbe
Van Merksteijn Steel-Netherlands B. V. stellt verschiedene Unterstützungskorbtypen in unterschiedlicher Unterstützungshöhe für den deutschen Markt her.

Weitere Informationen sind auf Anfrage beim Hersteller erhältlich.

Anschrift:
Van Merksteijn Steel-Netherlands B. V.
Bedrijvenpark Twente 237
7602 Kj Almelo, Niederlande
www.van-merksteijn.com/

WDI-Baustahl

Q- und R-Matten (ISB-Lagermattenprogramm)
Die WDI Baustahl stellt alle standardisierten Q- und R-Lagermatten des ISB-Lagermattenprogramms (s. Tabelle 16) von der Q188A/B bis zur Q636A/B sowie der R188A/B bis zur R524A/B in den Abmessungen 6,00 m × 2,30 m/2,35 m (Q636) in den Betonstahlsorten B500A und B500B (normal- und hochduktil) her.

Diese Matten werden vom Händlerlager an die Baustelle ausgeliefert und haben kurze Lieferzeiten

Listenmatten
Zum Lieferprogramm der WDI-Baustahl gehören auch normalduktile (B500A) und hochduktile (B500B) Listenmatten als Einzel- und Doppelstabmatten mit Nenndurchmessern bis 12,0 mm. Die maximal lieferbare Länge der Listenmatten beträgt 14,0 m, die maximale Breite 3,20 m.

Details zum Aufbau und zu Lieferzeiten oder weiteren Abmessungen sind auf Anfrage beim Hersteller erhältlich.

Unterstützungskörbe
Unterstützungskörbe werden in allen Ausführungen mit Unterstützungshöhen von 6 cm bis 40 cm angeboten. Es sind sowohl gemäß dem DBV-Merkblatt „Unterstützungen" des Deutschen Beton- und Bautechnik-Vereins e. V. zertifizierte als auch nicht zertifizierte Unterstützungskörbe erhältlich.

Anschrift:
WDI Baustahl GmbH
38229 Salzgitter
Museumstraße 64
www.wdi.de

WILHELM SCHWARZ & Co Bewehrungstechnik GmbH & Co

Q- und R-Matten (ISB-Lagermattenprogramm)
Die Wilhelm Schwarz & Co./Bewehrungstechnik GmbH & Co. KG stellt alle standardisierten Q- und R-Lagermatten des ISB-Lagermattenprogramms (s. Tabelle 16) von der Q188A bis zur Q636A sowie der R188A bis zur R524A in den Abmessungen 6,00 m × 2,30 m/2,35 m (Q636) her.

Diese Matten werden vom Händlerlager an die Baustelle ausgeliefert und haben kurze Lieferzeiten

HS-Matten
HS-Matten sind standardisierte Listenmatten für Durchdringungen und Eckverbindungen. Hierbei sind die Querstäbe als Biegestäbe für z. B. die Fertigung von Mattenkörben vorgesehen. Dabei sind Korblängen bis zu 5,0 m aus unverschnittenen Matten möglich. Das ISB Lagermattenprogramm umfasst die Typen HS1, HS2 und HS3 (s. Tabelle 21). Sie sind als normalduktile (A) und hochduktile (B) Matten lieferbar.

Diese Matten werden ab dem Herstellerlager ausgeliefert und sind kurzfristig lieferbar.

Vorratsmatten
Neben den standarisierten Lagermatten bietet die Wilhelm Schwarz & Co./Bewehrungstechnik GmbH & Co. KG ebenfalls standardisierte Vorratsmatten in der Betonstahlsorte B500A an. Die Maße der Matten betragen 6,00 m × 2,45 m. Die Vorratsmatten werden unter den Bezeichnungen B188, B257, B335, B424, B524 und B636 vertrieben und entsprechen in den Bewehrungsquerschnitten in Längs- und Querrichtung denen der Q-Matten des ISB-Lagermattenprogramms. Durch ihre Bauart mit einseitigen seitlichen Stabüberständen lassen sie sich optimal mit Ein-Ebenen-Stoß verlegen. Die Übergreifungslängen entsprechen denen von Stabstahls gleichen Nenndurchmessers.

Die Vorratsmatten werden von den Herstellerwerken der Baustahlgewebe vorproduziert und bevorratet, die Auslieferung erfolgt über Betonstahlhändler.

Listenmatten
Zum Lieferprogramm der Wilhelm Schwarz & Co./Bewehrungstechnik GmbH & Co. KG gehören auch Listenmatten als Einzel- und Doppelstabmatten in

Nenndurchmessern bis 12,0 mm. Aufbau und Größe der Matten richten sich nach den individuellen Vorgaben des Bestellers. Die Matten können bis zu 12 m Länge und 2,90 m Breite individuell festgelegt werden. Der Abstand der Längsstäbe ist im 50-mm-Raster variabel, es können auch Doppelstäbe berücksichtigt werden. Die Stabdurchmesser sind von 4,0 bis 12,0 mm (in 0,5-mm-Schritten) frei wählbar. Es kann nur ein Durchmesser als Querstab pro Listenmatte geschweißt werden. Mattengrößen kleiner als 4 m × 1,85 m werden im Mehrfachnutzen produziert und können im Nachhinein in der werkseigenen Biegerei, auf Wunsch, geschnitten und gebogen werden.

Details zum Aufbau und zu Lieferzeiten oder weiteren Abmessungen sind auf Anfrage beim Hersteller erhältlich.

Anschrift:
Wilhelm Schwarz & Co.
Bewehrungstechnik GmbH & Co.
Debersdorfer Straße 2
96132 Schlüsselfeld

ESF Elbe-Stahlwerke Feralpi GmbH, Riesa

Q- und R- Matten (ISB-Lagermattenprogramm)
Die Elbestahlwerke Feralpi GmbH vertreibt alle standardisierten Q- und R-Lagermatten des ISB-Lagermattenprogramms (s. Tabelle 16) von der Q188A/B bis zur Q636A/B sowie der R188A/B bis zur R524A/B in den Abmessungen 6,00 m × 2,30 (2,35) m (Q636) in den Betonstahlsorten B500A und B500B (normal- und hochduktil).

Diese Matten werden vom Händlerlager an die Baustelle ausgeliefert.

HS-Matten
Lieferbar sind die Typen HS1, HS2 und HS3 des ISB-Lagermattenprogramms (s. Tabelle 21) als normalduktile (A) Matten. Auf Anfrage können auch hochduktile (B) HS-Matten gefertigt werden.

HS-Matten werden ab dem Herstellerlager ausgeliefert und sind kurzfristig lieferbar.

Listenmatten
Zum Lieferprogramm gehören auch normalduktile (B500A) und hochduktile (B500B) Listenmatten als Einzel- und Doppelstabmatten mit Nenndurchmessern der Stäbe bis 16 mm. Die Abmessungen sind bis zu einer maximalen Länge von 14 m und max. Breite von 3,00 m realisierbar. Details zum Aufbau und zu Lieferzeiten sind auf Anfrage erhältlich. Daneben werden für den Einsatz bei erhöhter dynamischer Belastung Betonstahlmatten mit Bereichen ohne Schweißstellen mit Stäben der Nenndurchmesser 6, 8, 10 und 12 mm produziert.

Details zum Aufbau und zu Lieferzeiten oder weiteren Abmessungen sind auf Anfrage beim Hersteller erhältlich.

Unterstützungskörbe
Die Unterstützungskörbe der Elbe-Stahlwerke Feralpi GmbH sind gemäß dem DBV-Merkblatt „Unterstützungen" des Deutschen Beton- und Bautechnik-Vereins E. V. zertifiziert. Die Standardlagerlänge beträgt 2,00 m und ist für Höhen von 50 bis 400 mm verfügbar.

Die Unterstützungskörbe sind ab Hersteller verfügbar und kurzfristig lieferbar.

Weitere Betonstahlprodukte
Die Elbedrahtwerke liefern auch Sichtbetonunterstützungskörbe vom Typ SBA S in den Unterstützungshöhen von 5 cm bis 26 cm sowie Sichtbetonabstandhalter als Schlangen vom Typ SS in den Unterstützungshöhen von 3 cm bis 26 cm. Die Unterstützungen sind kurzfristig lieferbar.

Anschrift:
ESF Elbe-Stahlwerke Feralpi GmbH
Gröbaer Straße 3
01591 Riesa
www.feralpi.de

RIVA STAHL GmbH

Q- und R-Matten (ISB-Lagermattenprogramm)
Die Riva Stahl GmbH stellt in ihren Werken Brandenburger Elektrostahlwerke GmbH und in Lampertheim alle standardisierten Lagermatten des ISB-Lagermattenprogramms (s. Tabelle 16) von der Q188A bis zur Q636A sowie der R188A bis zur R524A in den Maßen 6,00 m × 2,30 (2,35) m (Q636) als normalduktile Betonstahlmatten der Sorte B500A her. Diese Matten werden vom Händlerlager an die Baustelle ausgeliefert.

Listenmatten
Zum Lieferprogramm gehören auch normalduktile (B500A) Listenmatten als Einzel- und Doppelstabmatten mit Nenndurchmessern der Stäbe bis zu 16 mm. Details zum Aufbau und zu Lieferzeiten sind auf Anfrage erhältlich.

Anschriften:
RIVA STAHL GmbH
Werk Lampertheim
Industriegebiet Nord
68623 Lampertheim
http://www.rivafe.com/germany/
Werk Brandenburg:
B. E. S. Brandenburger Elektrostahlwerke GmbH
Woltersdorfer Straße 40
14770 Brandenburg
http://www.rivafe.com/germany

In Tabelle 12 sind die allgemein bauaufsichtlich zugelassenen Betonstahlmatten der wesentlichen Hersteller für Deutschland aufgeführt. Ein vollständiges Verzeichnis aller zugelassenen Werke kann beim Deutschen Institut für Bautechnik, Berlin bezogen werden.

Tabelle 12. Kennzeichen ausgewählter Herstellwerke für Deutschland – Stand 02.2018

Gegenstand und Herstellart	Herstellwerk bzw. Antragsteller	Kennzeichen	überwacht durch	Bescheid vom: Geltungsdauer bis: Zertifikat vom:
Betonstahlmatten aus warmgewalzten und kaltgereckten Stäben B500B mit Sonderrippung „TWR" Einfach- und/oder Doppelstäbe nach Z-1.3-265 Nenn-Ø: 8,0 bis 12,0 mm	BDW Badische Drahtwerke GmbH Weststraße 31 77694 Kehl/Rhein	1/58	S	B: 01.03.2015 G: 01.03.2020 Z: 10.03.2015
Geschweißte Betonstahlmatten mit Teilbereichen ohne Schweißverbindung der Längs- mit den Querstäben für erhöhte dynamische Beanspruchung in diesen Bereichen B500B (+M-dyn), gerippt, warmgewalzt, kaltgereckt Einfach- und Doppelstäbe nach Z-1.3-195 Nenn-Ø: 6,0 bis 12,0 mm	BESTA Eisen- und Stahlhandelsgesellschaft mbH Zur Rauhen Horst 7 32312 Lübbecke	1/35	S	B: 31.01.2013 G: 31.01.2018 Z: 28.05.2013
Betonstahlmatten aus warmgewalzten und kaltgereckten Stäben B500B mit Sonderrippung „TWR" Einfach- und/oder Doppelstäbe nach Z-1.3-265 Nenn-Ø: 8,0 bis 12,0 mm	BESTA Eisen- und Stahlhandelsgesellschaft mbH Zur Rauhen Horst 7 32312 Lübbecke	1/35	S	B: 01.03.2015 G: 01.03.2020 Z: 10.03.2015
Geschweißte Betonstahlmatten mit Teilbereichen ohne Schweißverbindung der Längs- mit den Querstäben für erhöhte dynamische Beanspruchung in diesen Bereichen B500B (+M-dyn), gerippt, warmgewalzt, kaltgereckt Einfach- und Doppelstäbe nach Z-1.3-195 Nenn-Ø: 6,0 bis 12,0 mm	DWP Drahtwerke Plochingen GmbH Am Nordseekai 37–39 73207 Plochingen	1/78	S	B: 31.01.2013 G: 31.01.2018 Z: 28.05.2013
Betonstahlmatten aus warmgewalzten und kaltgereckten Stäben B500B mit Sonderrippung „TWR" Einfach- und/oder Doppelstäbe nach Z-1.3-265 Nenn-Ø: 8,0 bis 12,0 mm	DWP Drahtwerke Plochingen GmbH Am Nordseekai 37–39 73207 Plochingen	1/78	S	B: 01.03.2015 G: 01.03.2020 Z: 10.03.2015
Geschweißte Betonstahlmatten mit Teilbereichen ohne Schweißverbindung der Längs- mit den Querstäben für erhöhte dynamische Beanspruchung in diesen Bereichen B500B (+M-dyn), gerippt, warmgewalzt, kaltgereckt Einfach- und Doppelstäbe nach Z-1.3-195 Nenn-Ø: 6,0 bis 12,0 mm	HBS Hessische Bewehrungsstahl GmbH Rheinstraße 31–39 65795 Hattersheim	1/23	S	B: 31.01.2013 G: 31.01.2018 Z: 28.05.2013

Betonstahl 217

Tabelle 12. Kennzeichen ausgewählter Herstellwerke für Deutschland – Stand 02.2018 (Fortsetzung)

Gegenstand und Herstellart	Herstellwerk bzw. Antragsteller	Kennzeichen	überwacht durch	Bescheid vom: Geltungsdauer bis: Zertifikat vom:
Betonstahlmatten aus warmgewalzten und kaltgereckten Stäben B500B mit Sonderrippung „TWR" Einfach- und/oder Doppelstäbe nach Z-1.3-265 Nenn-Ø: 8,0 bis 12,0 mm	HBS Hessische Bewehrungsstahl GmbH Rheinstraße 31–39 65795 Hattersheim	1/23	S	B: 01.03.2015 G: 01.03.2020 Z: 10.03.2015
Geschweißte Betonstahlmatten mit Teilbereichen ohne Schweißverbindung der Längs- mit den Querstäben für erhöhte dynamische Beanspruchung in diesen Bereichen B500B (+M-dyn), gerippt, warmgewalzt, kaltgereckt Einfach- und Doppelstäbe nach Z-1.3-195 Nenn-Ø: 6,0 bis 12,0 mm	SBS Sächsische Bewehrungsstahl GmbH Industriestraße A4 01612 Glaubitz	1/28	S	B: 31.01.2013 G: 31.01.2018 Z: 28.05.2013
Betonstahlmatten aus warmgewalzten und kaltgereckten Stäben B500B mit Sonderrippung „TWR" Einfach- und/oder Doppelstäbe nach Z-1.3-265 Nenn-Ø: 8,0 bis 12,0 mm	SBS Sächsische Bewehrungsstahl GmbH Industriestraße A4 01612 Glaubitz	1/28	S	B: 01.03.2015 G: 01.03.2020 Z: 10.03.2015
Betonstahlmatten aus Stäben mit Sonderprofilierung „Europrofil" B500B (1.0439), punktgeschweißt aus kaltverformten Stäben Einfach- und Doppelstabmatten nach Z-1.3-197 Nenn-Ø: 6, 7, 8, 9 und 10 mm	Van Merksteijn Steel – Netherland B. V. Bedrijvenpark Twente 237 7602 KJ Almelo Niederlande	2/21	I	B: 05.03.2011 G: 04.12.2015 Z: 04.04.2011
Betonstahlmatten B500B aus warmgewalzten Stäben mit Sonderrippung Einfachstabmatten nach Z-1.3-205 Nenn-Ø: 16,0 mm	Van Merksteijn Steel – Netherland B. V. Bedrijvenpark Twente 237 7602 KJ Almelo Niederlande	2/21	I	B: 19.12.2012 G: 15.01.2018 Z: 08.03.2013

1.2.9 Anwendungshilfen für Betonstahlmatten

In der Regel werden Betonstahlmatten in flächigen Bauteilen wie Platten oder Wänden in ebener, nicht gebogener Form eingesetzt und die Bewehrungslagen durch Abstandhalter bzw. Unterstützungen in ihrer zugewiesenen Lage gesichert. Regeln und Hinweise für die Verwendung von Unterstützungen sind im DBV-Merkblatt „Unterstützungen nach Eurocode 2" des Deutschen Beton- und Bautechnik-Vereins E. V. zu finden. Sollen Betonstahlmatten gebogen werden, ist von jeder Schweißstelle ein Mindestabstand a von 4 Ø zum Biegerollenanfang und -ende einzuhalten, damit die Mindestbiegerollendurchmesser nach Tabelle 8.1 DE a) der DIN EN 1992-1-1/NA verwendet werden dürfen. Liegt die Schweißung innerhalb des Biegebereiches oder ist diese weniger als 4 Ø vom Anfang der Biegung entfernt, ist für vorwiegend ruhende Belastung der Biegerollendurchmesser nach Tabelle 8.1DE b) auf mindestens 20 Ø zu vergrößern.

Für die Darstellung von Betonstahlmatten in Bewehrungszeichnungen ist die DIN EN ISO 3766 maßgebend. Die vollständige Bezeichnung ist in DIN 488-4:2009-08 Abs. 5 geregelt. Weitestgehend werden für die Beschreibung von Lagermatten jedoch Kurzbezeichnungen verwendet. In Tabelle 16 ist das aktuelle ISB-Lagermattenprogramm aufgeführt, welches i. d. R. bei allen Händlern verfügbar ist. Listenmatten können durch Auflistung der Angaben oder eine Zeichnung mit allen erforderlichen Angaben beschrieben werden. Eine Abstimmung zwischen Auftragnehmer und Auftraggeber sowie Planer und Hersteller bzw. Händler der Bewehrung bezüglich Lieferprogramm und Verfügbarkeit sollte frühzeitig erfolgen.

In den Tabellen 13–15 sind Hilfestellungen für die Konstruktion von Listenmatten zu finden. Die Tabellen 17–20 zeigen die erforderlichen Übergreifungslängen bis zur Betonfestigkeitsklasse C50/60, geordnet nach Lagermattentypen auf. HS- und NS-Mattenprogramme sind in den Tabellen 21–22 aufgeführt.

Tabelle 13. Verschweißbarkeit von Längs und Querstäben

Einfachlängsstäbe Ø	verschweißbar mit Einfachquerstäben Ø von ... bis	Doppellängsstäbe Ø	verschweißbar mit Einfachquerstäben Ø von ... bis
[mm]	[mm]	[mm]	[mm]
6,0	6,0 – 8,5	6,0 d	6,0 – 8,5
6,5	6,0 – 8,5	6,5 d	6,0 – 9,0
7,0	6,0 – 10,0	7,0 d	6,0 – 10,0
7,5	6,0 – 10,0	7,5 d	6,0 – 10,0
8,0	6,0 – 11,0	8,0 d	6,5 – 11,0
8,5	6,0 – 12,0	8,5 d	7,0 – 12,0
9,0	6,5 – 12,0	9,0 d	7,5 – 12,0
9,5	7,0 – 12,0	9,5 d	8,0 – 12,0
10,0	7,0 – 14,0	10,0 d	8,0 – 14,0
11,0	8,0 – 14,0	11,0 d	9,0 – 14,0
12,0	8,5 – 14,0	12,0 d	10,0 – 14,0
14,0	10,0 – 14,0	14,0 d	12,0 – 14,0

Betonstahl 219

Tabelle 14. Betonstahlmatten, Stababstände und Nennquerschnitte bei Einzelstäben

Stababstand [mm]	Einzelstäbe: Ø und vorh. A_s [cm²/m]										
	6,0	6,5	7,0	7,5	8,0	8,5	9,0	9,5	10,0	11,0	12,0	14,0
50	5,65	6,64	7,70	8,84	10,05	11,35	12,72	(14,18)	(15,71)	(19,01)	(22,62)	(30,79)
55	5,14	6,03	7,00	8,03	9,14	10,32	11,57	(12,89)	(14,28)	(17,28)	(20,56)	(27,99)
60	4,71	5,53	6,41	7,36	8,38	9,46	10,60	(11,81)	(13,09)	(15,84)	(18,85)	(25,66)
65	4,35	5,11	5,92	6,80	7,73	8,73	9,79	(10,90)	(12,08)	(14,62)	(17,40)	(23,68)
70	4,04	4,74	5,50	6,31	7,18	8,11	9,09	(10,13)	(11,22)	(13,58)	(16,16)	(21,99)
75	3,77	4,42	5,13	5,89	6,70	7,57	8,48	9,45	10,47	12,67	15,08	20,53
80	3,53	4,15	4,81	5,52	6,28	7,09	7,95	8,86	9,82	11,88	14,14	19,24
85	3,33	3,90	4,53	5,20	5,91	6,68	7,48	8,34	9,24	11,18	13,31	18,11
90	3,14	3,69	4,28	4,91	5,59	6,31	7,07	7,88	8,73	10,56	12,57	17,10
95	2,98	3,49	4,05	4,65	5,29	5,97	6,70	7,46	8,27	10,00	11,90	16,20
100	2,83	3,32	3,85	4,42	5,03	5,67	6,36	7,09	7,85	9,50	11,31	15,39
105	2,69	3,16	3,67	4,21	4,79	5,40	6,06	6,75	7,48	9,05	10,77	14,66
110	2,57	3,02	3,50	4,02	4,57	5,16	5,78	6,44	7,14	8,64	10,28	13,99
115	2,46	2,89	3,35	3,84	4,37	4,93	5,53	6,16	6,83	8,26	9,83	13,39
120	2,36	2,77	3,21	3,68	4,19	4,73	5,30	5,91	6,54	7,92	9,42	12,83
125	2,26	2,65	3,08	3,53	4,02	4,54	5,09	5,67	6,28	7,60	9,05	12,32
130	2,17	2,55	2,96	3,40	3,87	4,37	4,89	5,45	6,04	7,31	8,70	11,84
135	2,09	2,46	2,85	3,27	3,72	4,20	4,71	5,25	5,82	7,04	8,38	11,40
140	2,02	2,37	2,75	3,16	3,59	4,05	4,54	5,06	5,61	6,79	8,08	11,00
145	1,95	2,29	2,65	3,05	3,47	3,91	4,39	4,89	5,42	6,55	7,80	10,62
150	1,88	2,21	2,57	2,95	3,35	3,78	4,24	4,73	5,24	6,34	7,54	10,26
175	1,62	1,90	2,20	2,52	2,87	3,24	3,64	4,05	4,49	5,43	6,46	8,80
200	1,41	1,66	1,92	2,21	2,51	2,84	3,18	3,54	3,93	4,75	5,65	7,70
250	1,13	1,33	1,54	1,77	2,01	2,27	2,54	2,84	3,14	3,80	4,52	6,16

Werte in (Klammern): Abstimmung mit dem Hersteller ist erforderlich.

Tabelle 15. Betonstahlmatten, Stababstände und Nennquerschnitte bei Doppelstäben

Stababstand [mm]	Doppelstäbe: Ø und vorh. A_s [cm²/m]											
	6,0d	6,5d	7,0d	7,5d	8,0d	8,5d	9,0d	9,5d	10,0d	11,0d	12,0d	14,0d
100	2,83	3,32	3,85	4,42	5,03	5,67	6,36	7,09	7,85	9,50	11,31	15,39
105	2,69	3,16	3,67	4,21	4,79	5,40	6,06	6,75	7,48	9,05	10,77	14,66
110	2,57	3,02	3,50	4,02	4,57	5,16	5,78	6,44	7,14	8,64	10,28	13,99
115	2,46	2,89	3,35	3,84	4,37	4,93	5,53	6,16	6,83	8,26	9,83	13,39
120	2,36	2,77	3,21	3,68	4,19	4,73	5,30	5,91	6,54	7,92	9,42	12,83
125	2,26	2,65	3,08	3,53	4,02	4,54	5,09	5,67	6,28	7,60	9,05	12,32
130	2,17	2,55	2,96	3,40	3,87	4,37	4,89	5,45	6,04	7,31	8,70	11,84
135	2,09	2,46	2,85	3,27	3,72	4,20	4,71	5,25	5,82	7,04	8,38	11,40
140	2,02	2,37	2,75	3,16	3,59	4,05	4,54	5,06	5,61	6,79	8,08	11,00
145	1,95	2,29	2,65	3,05	3,47	3,91	4,39	4,89	5,42	6,55	7,80	10,62
150	1,88	2,21	2,57	2,95	3,35	3,78	4,24	4,73	5,24	6,34	7,54	10,26
175	1,62	1,90	2,20	2,52	2,87	3,24	3,64	4,05	4,49	5,43	6,46	8,80
200	1,41	1,66	1,92	2,21	2,51	2,84	3,18	3,54	3,93	4,75	5,65	7,70
250	1,13	1,33	1,54	1,77	2,01	2,27	2,54	2,84	3,14	3,80	4,52	6,16

Tabelle 16. Lagermattenprogramm des ISB ab 01.01.2008

Mattentyp	Querschnitte		Abmessung	Gewicht		Mattenaufbau				Überstände
	längs		Länge	je Matte	je m^2	Stababstand	Stabdurchmesser		Anzahl der Randstäbe	längs
	quer		Breite				Innen	Rand		quer
	[cm^2/m]		[m]	[kg]	[kg]	[mm]	Nenn-Ø		li / re	[mm]
Q188A/B	1,88			41,7	3,02	150	6,0			75
	1,88					150	6,0			25
Q257A/B	2,57			56,8	4,12	150	7,0			75
	2,57					150	7,0			25
Q335A/B	3,35		$\dfrac{6,00}{2,30}$	74,3	5,38	150	8,0			75
	3,35					150	8,0			25
Q424A/B	4,24			84,4	6,12	150	9,0	7,0	4 / 4	75
	4,24					150	9,0			25
Q524A/B	5,24			100,9	7,31	150	10,0	7,0	4 / 4	75
	5,24					150	10,0			25
Q636A/B	6,36		$\dfrac{6,00}{2,35}$	132,0	9,36	100	9,0	7,0	4 / 4	62,5
	6,28					125	10,0			25
R188A/B	1,88			33,6	2,43	150	6,0			125
	1,13					250	6,0			25
R257A/B	2,57			41,2	2,99	150	7,0			125
	1,13					250	6,0			25
R335A/B	3,35		$\dfrac{6,00}{2,30}$	50,2	3,64	150	8,0			125
	1,13					250	6,0			25
R424A/B	4,24			67,2	4,87	150	9,0	8,0	2 / 2	125
	2,01					250	8,0			25
R524A/B	5,24			75,7	5,49	150	10,0	8,0	2 / 2	125
	2,01					250	8,0			25

Tabelle 17. Übergreifungslängen l_0 für Q-Matten im Zwei-Ebenen-Stoß

Typ \ C	Tragstoß in Längsrichtung							Tragstoß in Querrichtung						
	20/25	25/30	30/37	35/45	40/50	45/55	50/60	20/25	25/30	30/37	35/45	40/50	45/55	50/60
	guter Verbund													
Q188A/B	29	25	22	20	20	20	20	29	25	22	20	20	20	20
Q257A/B	33	29	25	23	21	20	20	33	29	25	23	21	20	20
Q335A/B	38	33	29	26	24	22	21	38	33	29	26	24	22	21
Q424A/B	43	37	33	30	27	25	23	50	50	50	50	50	50	50
Q524A/B	50	43	38	35	32	29	27	50	50	50	50	50	50	50
Q636A/B	51	44	39	35	32	30	28	56	48	43	39	35	35	35
	mäßiger Verbund													
Q188A/B	41	35	31	28	26	24	22	41	35	31	28	26	24	22
Q257A/B	47	41	36	33	30	28	26	47	41	36	33	30	28	26
Q335A/B	54	47	41	37	34	32	30	54	47	41	37	34	32	30
Q424A/B	61	52	46	42	38	36	33	61	52	46	42	38	36	33
Q524A/B	71	61	54	49	45	42	39	71	61	54	49	45	42	39
Q636A/B	72	63	55	50	46	42	40	80	69	61	55	50	47	44

Tabelle 18. Übergreifungslängen l_0 für R-Matten im Zwei-Ebenen-Stoß

Typ \ C	Tragstoß in Längsrichtung							Verteilerstoß in Querrichtung						
	20/25	25/30	30/37	35/45	40/50	45/55	50/60	20/25	25/30	30/37	35/45	40/50	45/55	50/60
	guter Verbund													
R188A/B	29	25	25	25	25	25	25	15	15	15	15	15	15	15
R257A/B	33	29	25	25	25	25	25	15	15	15	15	15	15	15
R335A/B	38	33	29	26	25	25	25	15	15	15	15	15	15	15
R424A/B	43	37	33	30	27	25	25	30	30	30	30	30	30	30
R524A/B	50	43	38	35	32	29	27	30	30	30	30	30	30	30
	mäßiger Verbund													
R188A/B	41	35	31	28	26	25	25	15	15	15	15	15	15	15
R257A/B	47	41	36	33	30	28	26	15	15	15	15	15	15	15
R335A/B	54	47	41	37	34	32	30	15	15	15	15	15	15	15
R424A/B	61	52	46	42	38	36	33	30	30	30	30	30	30	30
R524A/B	71	61	54	49	45	42	39	30	30	30	30	30	30	30

Tabelle 19. Übergreifungen für Q-Matten im Zwei-Ebenen-Stoß – Maschenregel

Typ \ C	Tragstoß in Längsrichtung							Tragstoß in Querrichtung						
	20/25	25/30	30/37	35/45	40/50	45/55	50/60	20/25	25/30	30/37	35/45	40/50	45/55	50/60
	guter Verbund													
Q188A/B	1	1	1	1	1	1	1	2	2	2	1	1	1	1
Q257A/B	2	1	1	1	1	1	1	2	2	2	2	2	1	1
Q335A/B	2	2	1	1	1	1	1	3	3	2	2	2	2	2
Q424A/B	2	2	2	1	1	1	1	3	3	3	3	3	3	3
Q524A/B	3	2	2	2	2	1	1	3	3	3	3	3	3	3
Q636A/B	4	3	3	2	2	2	2	6	5	4	4	3	3	3
	mäßiger Verbund													
Q188A/B	2	2	2	1	1	1	1	3	2	2	2	2	2	2
Q257A/B	3	2	2	2	1	1	1	3	3	3	2	2	2	2
Q335A/B	3	3	2	2	2	2	1	4	3	3	3	2	2	2
Q424A/B	4	3	3	2	2	2	2	4	4	3	3	3	3	3
Q524A/B	4	4	3	3	2	2	2	5	4	4	3	3	3	3
Q636A/B	5	4	4	3	3	3	3	8	7	6	5	5	5	5

Tabelle 20. Übergreifungen für R-Matten im Zwei-Ebenen-Stoß – Maschenregel

Typ \ C	Tragstoß in Längsrichtung							Verteilerstoß in Querrichtung						
	20/25	25/30	30/37	35/45	40/50	45/55	50/60	20/25	25/30	30/37	35/45	40/50	45/55	50/60
	guter Verbund													
R188A/B	1	1	1	1	1	1	1	1	1	1	1	1	1	1
R257A/B	1	1	1	1	1	1	1	1	1	1	1	1	1	1
R335A/B	1	1	1	1	1	1	1	1	1	1	1	1	1	1
R424A/B	1	1	1	1	1	1	1	2	2	2	2	2	2	2
R524A/B	1	1	1	1	1	1	1	2	2	2	2	2	2	2
	mäßiger Verbund													
R188A/B	1	1	1	1	1	1	1	1	1	1	1	1	1	1
R257A/B	1	1	1	1	1	1	1	1	1	1	1	1	1	1
R335A/B	2	1	1	1	1	1	1	1	1	1	1	1	1	1
R424A/B	2	2	1	1	1	1	1	2	2	2	2	2	2	2
R524A/B	2	2	2	1	1	1	1	2	2	2	2	2	2	2

Tabelle 21. HS-Mattenprogramm

Kurz-bezeichnung	Länge	Breite	Abstand		Stabdurch-messer		Querschnitte	Gewicht
			Längsstäbe	Querstäbe				
	L	B	a_L	b	a_Q		längs/quer	quer
	m	m	mm	mm	mm	mm	cm^2/m	kg	kg/m^2
HS1		1,25	3·100	600	150	6,0 / 6,0	1,88	18,315	2,93
HS2	5,00	1,85	3·150	900	150	6,0 / 6,0	1,88	22,844	2,47
HS3		1,85	3·150	900	150	8,0 / 8,0	3,35	40,646	4,49

Tabelle 22. N-Mattenprogramm

Matten-typ	Querschnitte		Länge	Gewicht je Matte	Gewicht je m^2	Mattenaufbau in Längs- und Querrichtung		Anwendungshinweise
	längs quer		Breite			Stababstände	Stabdurchmesser	
	$[cm^2/m]$		[m]	[kg]	$[kg/m^2]$	[mm]	[mm]	
N94	0,94			15,9	1,48	75	3,0	– kein Betonstahl nach DIN 488
	0,94		5,00			75	3,0	– nicht für statische Zwecke
N141	1,41		2,15	20,7	2,2	50	3,0	– glatte Drähte
	1,41					50	3,0	

1.2.10 Gitterträger nach DIN 488-5

Generell gilt, dass Gitterträger, hergestellt nach DIN 488-5, nur dann gemäß DIN EN 1992-1-1 angewendet bzw. eingebaut werden dürfen, wenn eine allgemeine bauaufsichtliche Zulassung, z. B. als Wandbau- oder Deckenbauelement, für das Bauprodukt vorliegt, in der die relevanten Bemessungs- und Konstruktionsvorschriften festgelegt sind.

Gitterträger nach DIN 488-5 sind zwei- oder dreidimensionale, industriell vorgefertigte Bewehrungselemente. Sie bestehen aus einem Obergurt und einem (mehreren) Untergurt(en) sowie kontinuierlich verlaufenden oder unterbrochenen Diagonalen. Die Untergurte, Obergurte und Diagonalen sind aus Betonstahl nach DIN 488-1, DIN 488-2 (Betonstahl in Stäben) und/oder DIN 488-3 (Betonstahl in Ringen und Bewehrungsdraht) herzustellen. Für Obergurte dürfen abweichend auch Werkstoffe für Stahlbänder nach DIN EN 10025-2 verwendet werden. Für den Obergurt aus profiliertem Stahlband von S-Gitterträgern ist ein Werkstoff mit mindestens einer Streckgrenze (R_e) von 420 N/mm², mindestens einer Zugfestigkeit (R_m) von 500 N/mm² und mindestens einer Bruchdehnung A_{10} von 8 % zu verwenden. Für den Obergurt aus profiliertem Stahlband vom MQ-Gitterträger (mit Noppen nach Bild 4) ist der Werkstoff S235JR nach DIN EN 10025-2 zu verwenden.

Die Verbindungen zwischen Gurten und Diagonalen sind durch Buckelschweißen (elektrisches Widerstandspunktschweißen) auf automatischen Maschinen werkmäßig herzustellen. Dabei gelten abweichend von den Angaben in DIN 488-1 (s. Tabelle 3, Zeile 12) gesonderte Anforderungen bezüglich der Scherfestigkeit der Schweißverbindungen je nach Typ des Gitterträgers, die in DIN 488-5 niedergelegt sind. Beispiele für die verschiedenen Gitterträgertypen nach DIN 488-5, Ausgabe 08.09, sind in den folgenden Bildern 8–12 dargestellt.

Der Nenndurchmesserbereich für die Gurte und Diagonalen aus Betonstahl in Stäben und Ringen sowie Bewehrungsdraht reicht von 4,0 mm bis 16,0 mm (mit Zwischenabmessungen) mit der Einschränkung, dass die Stahlsorte B500A nur bis maximal zur Abmessung 12,0 mm eingesetzt werden darf. Glatter Bewehrungsdraht B500A+G sowie die Stahlsorte B500B gerippt dürfen in Obergurten bis 16 mm zur Anwendung gebracht werden. Auch bei diesem Produkt ist zu beachten, dass Gitterträger gefertigt mit den Nenndurchmessern 4,0 mm bis 5,5 mm nicht für die Anwendung nach DIN EN 1992-1-1 geeignet sind.

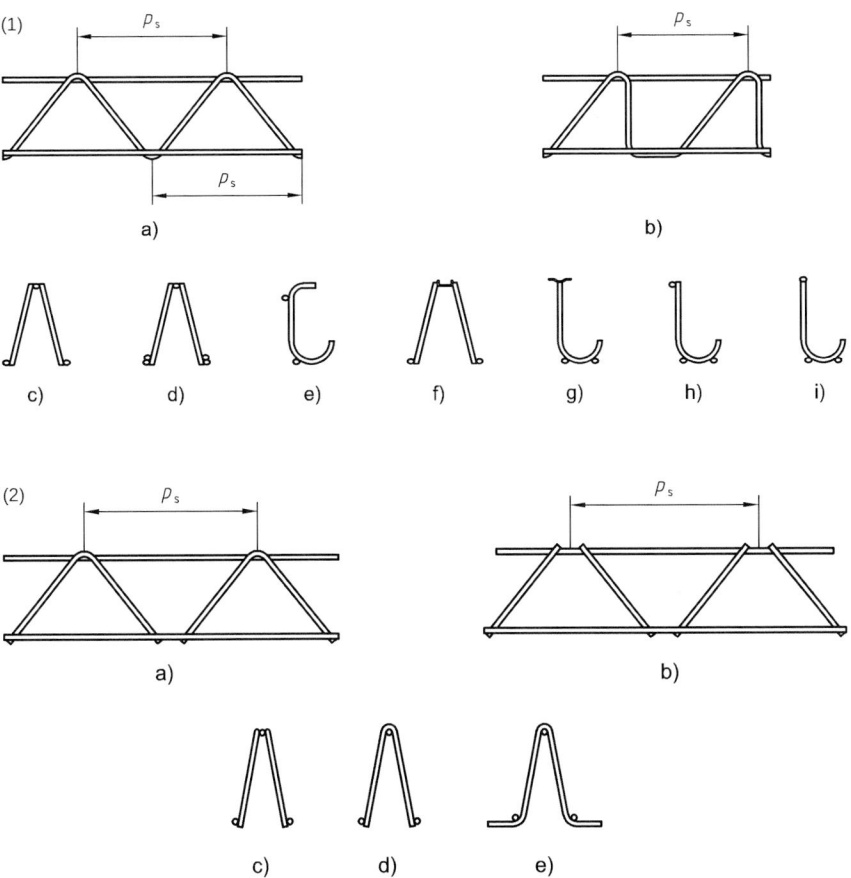

Bild 8. Beispiele für die Gestaltung von Gitterträgern; (1) mit kontinuierlichen Diagonalen, (2) mit unterbrochenen Diagonalen P_s: Abstand der Diagonalen

Die zulässigen Abweichungen von den Nennquerschnittsflächen gelten auch hier für jeden einzelnen Stab und betragen als obere Grenze +6% (95%-Quantilwert) und als untere Grenze –4% (5%-Quantilwert). Das Verhältnis von kleinstem Nenndurchmesser d_{min} zu größtem Nenndurchmesser d_{max} muss bei Stäben größer als 0,3 sein. Sind Stahlbänder an Stäbe angeschweißt, gilt für die Dicke des Stahlbandes, dass 15% des Nenndurchmessers der Diagonalen oder aber 1,5 mm mindestens eingehalten sein müssen. Der größere Wert gilt. Die Querschnittsabmessungen des Obergurtes aus Stahlband für S-Gitterträger dürfen dabei im Einzelfall um höchstens 4% abweichen. Ferner gelten die folgenden maximalen Grenzabmaße (Maßbezeichnungen siehe Bild 9):

Länge (L):   –40 mm/+10 mm, falls L ≤ 5,0 m
    –0,8%/+10 mm, falls L > 5,0 m

Höhe (H_1, H_2):   +1 mm
    –3 mm

Breite (B_1, B_2):   ± 7,5 mm

Abstand (P_s):   ± 2,5 mm (Mittelwert)

Der maximaler Überstand kann zum Zeitpunkt der Anfrage und Bestellung vereinbart werden.

Bei Gitterträgern sind auf den einzelnen Stäben die Werkkennzeichen der Hersteller aufgewalzt. Darüber hinaus ist an jedem Bund von Gitterträgern ein

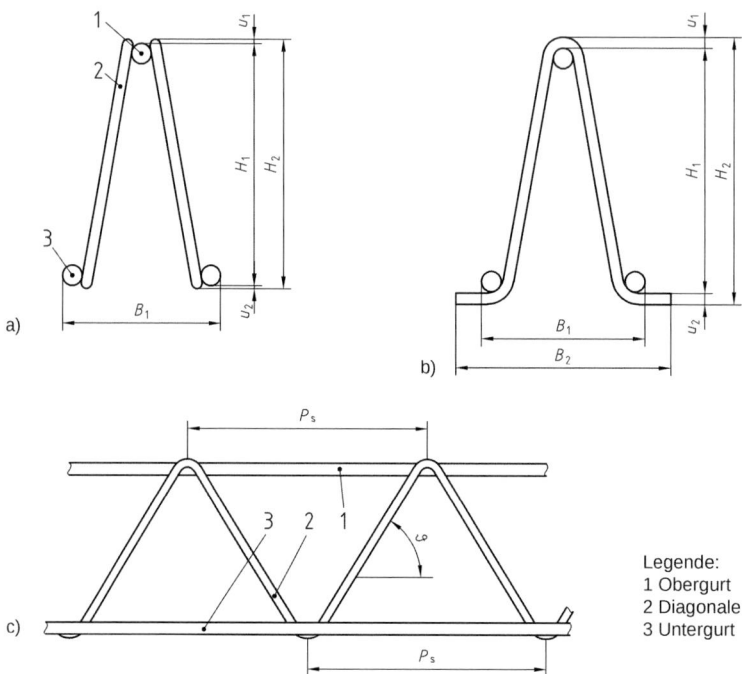

Bild 9. Höhe (H_1, H_2), Breite (B_1, B_2), Überstand (u_1, u_2), Abstand der Diagonalen (P_s) und Neigungswinkel der Diagonalen (ϑ) eines Gitterträgers

Etikett mit Werkkennzeichen dauerhaft und unverlierbar mit Angabe des Herstellerwerks des Gitterträgers und der Stahlsorte(n) des Erzeugnisses zu befestigen.

In Tabelle 25 sind die für Deutschland wesentlichen Herstellwerke aufgeführt. Ein vollständiges Verzeichnis aller zugelassenen Herstellwerke kann ebenfalls beim Deutschen Institut für Bautechnik, Berlin, bezogen werden.

1.2.11 Anwendungshilfen für Gitterträger

Da Gitterträger nicht einheitlich geregelt sind und durch die jeweiligen Hersteller individuell festgelegt werden, hat das Institut für Stahlbetonbewehrung e. V. zusammen mit einigen Herstellern Gewichtstabellen für Standardtypen entwickelt, um dem Planer praxisnahe und übertragbare Angaben für die Berücksichtigung in den Bewehrungsplänen und Stahllisten zur Verfügung zu stellen. Siehe hierzu Tabellen 23 und 24.

1.2.12 Bewehrungsdraht nach DIN 488-3

Unter Bewehrungsdraht wird glatter (+G) oder profilierter (+P) Betonstahl der Betonstahlsorte B500A verstanden, der in Ringen hergestellt und vom Ring oder gerichtet zu Bewehrungen weiterverarbeitet wird. Er gilt nicht als Bewehrung mit hohem Verbund und darf daher nur in Gitterträgern nach DIN 488-5 oder für Sonderzwecke eingesetzt werden. Profilierter Bewehrungsdraht besitzt ein Werkkennzeichen, das sinngemäß dem der gerippten Stäbe entspricht (Beispiel s. Bild 6). Glatter Bewehrungsdraht muss ebenfalls ein aus Punkten oder kurzen Längsrippen bestehendes Werkkennzeichen aufweisen. Bei kaltgezogenem Bewehrungsdraht darf auch ein Etikett angebracht werden. Bei Verwendung des glatten Bewehrungsdrahts in Gitterträgern kann die Kennzeichnung entfallen, sofern das Herstellerwerk der Gitterträger auch das Herstellerwerk des glatten Bewehrungsdrahts ist.

In Tabelle 26 sind die für Deutschland wesentlichen Herstellwerke aufgeführt. Ein vollständiges Verzeichnis aller zugelassenen Herstellwerke kann ebenfalls beim Deutschen Institut für Bautechnik, Berlin, bezogen werden.

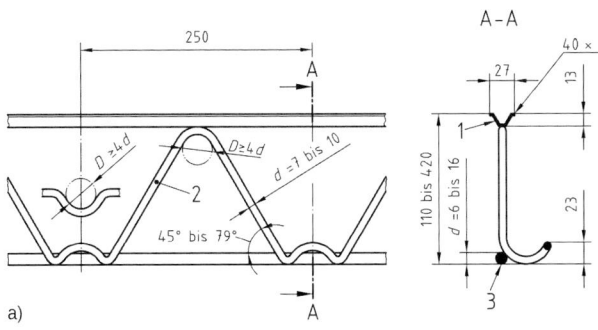

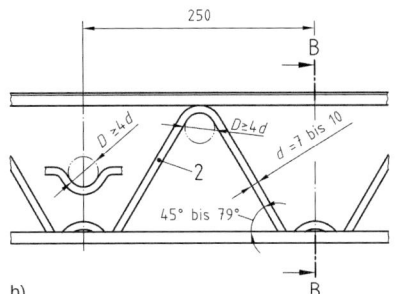 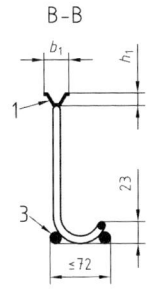

Gitterträger nach Bild 10b mit Obergurt aus profiliertem Stahlband; Maße in Millimeter

Obergurte	h_1	b_1
40 x 3,5	14	31
40 x 2,0	13	27
35 x 1,5	11	24

Bild 10. S-Gitterträger mit Obergurt aus profiliertem Stahlband

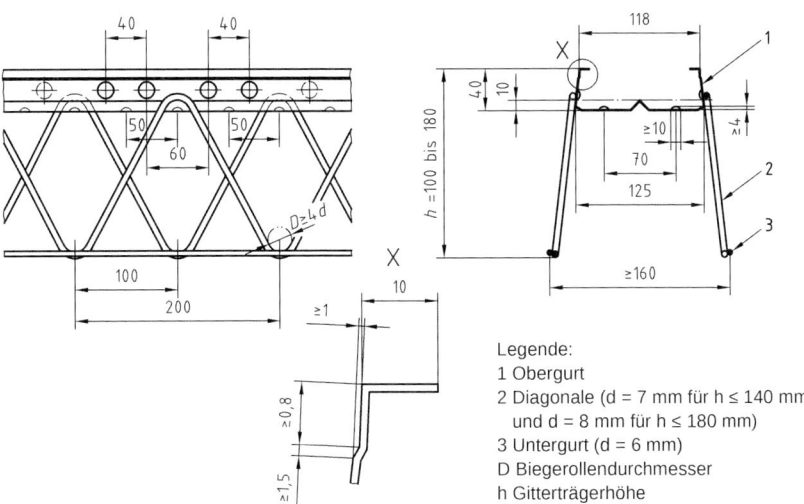

Legende:
1 Obergurt
2 Diagonale (d = 7 mm für h ≤ 140 mm und d = 8 mm für h ≤ 180 mm)
3 Untergurt (d = 6 mm)
D Biegerollendurchmesser
h Gitterträgerhöhe

Bild 11. MQ-Gitterträger mit Obergurt aus profiliertem Stahlband; Maße in Millimeter

Tabelle 23. Listengewichte für Standardabmessungen von Gitterträgern nach DIN 488-5 in kg/m

Nennhöhe H_1 [cm]	Ø OG 8 mm	Ø OG 10 mm	Ø OG 12 mm		Ø OG 14 mm	Ø OG 16 mm
	Ø Diag 6 mm			Ø Diag 7 mm		
	Ø UG 6 mm					
6	1,376	1,597	–		–	–
7	1,402	1,623				2,760
8	1,431	1,652				2,797
9	1,461	1,683	1,953		2,469	2,838
10	1,494	1,715	1,986		2,512	2,881
11	1,528	1,750	2,020		2,558	2,927
12	1,564	1,786	2,056		2,606	2,976
13	1,601	1,822	–	2,366	2,656	3,025
14	1,638	1,860		2,418	2,707	3,076
15	1,677	1,898		2,471	2,759	3,129
16	1,716	1,937		2,524	2,812	3,182
17	1,755	1,977		2,578	2,866	3,236
18	1,796	2,017		2,634	2,921	3,291
19	1,836	2,054		2,690	–	–
20	1,877	2,098		–		
21	1,918	2,140				
22	1,960	2,181				
23	2,002	2,223				
24	2,043	2,265				
25	2,086	2,307				
26	2,128	2,350				
27	2,170	2,392				
28	2,213	2,435				
29	2,256	2,478				
30	2,299	2,521				

Tabelle 24. Listengewichte für Standardabmessungen von Gitterträgern nach DIN EN 1992-1-1 und allgemeiner bauaufsichtlicher Zulassung in kg/m

Nennhöhe H_1 [cm]	Montagegitterträger Ø OG 8 mm Ø Diag 5 mm Ø UG 5 mm	Nennhöhe H_2 [cm]	Schubgitterträger (auch für nicht vorwiegend ruhende Belastung) Ø OG 5 mm Ø Diag 7 mm Ø UG 5 mm
6	1,121	–	–
7	1,139	–	–
8	1,161	8	1,369
9	1,183	9	1,413
10	1,207	10	1,459
11	1,232	11	1,506
12	1,258	12	1,554
13	1,285	13	1,604
14	1,313	14	1,655
15	1,341	15	1,708
16	1,369	16	1,760
17	1,398	17	1,814
18	1,428	18	1,869
19	1,457	19	1,924
20	1,487	20	1,979
21	1,518	21	2,036
22	1,548	22	2,093
23	1,578	23	2,150
24	1,609	24	2,208
25	1,640	25	2,266
26	1,6711	26	2,324
27	1,703	27	2,382
28	1,734	28	2,441
29	1,765	29	2,501
30	1,797	30	2,560

Tabelle 25. Werkkennzeichen ausgewählter Herstellwerke für Deutschland – Stand 02.2018

Gegenstand und Herstellart	Herstellwerk bzw. Antragsteller	Kennzeichen	überwacht durch
Kaiser-Gitterträger KT 800 für Fertigplatten mit statisch mitwirkender Ortbetonschicht B500A (glatt oder gerippt), B500B (gerippt) nach DIN 488 oder B500 NG, B500 NR oder andere Stahlsorten nach Z-15.1-1 Nenn-Ø: 5,0 bis 16,0 mm	BDW Badische Drahtwerke GmbH Weststraße 31 77694 Kehl/Rhein	1/58	S
Kaiser-Omnia Gitterträger KTS für Fertigplatten mit statisch mitwirkender Ortbetonschicht B500A (glatt, profiliert oder gerippt), B500B (gerippt) nach DIN 488 oder entsprechende Stahlsorten nach Z-15.1-38 Nenn-Ø: 5,0 bis 7,0 mm	BDW Badische Drahtwerke GmbH Weststraße 31 77694 Kehl/Rhein	1/58	S
Gitterträger BDW-GT 100 für Balken-, Rippen- und Plattenbalkendecken mit Betonfußleisten und Fertigplatten B500A (glatt, profiliert oder gerippt) oder B500B (gerippt) nach DIN 488 oder entsprechende Stahlsorten nach Z-15.1-98 Nenn-Ø: 5,0 bis 16,0 mm	BDW Badische Drahtwerke GmbH Weststraße 31 77694 Kehl/Rhein	1/58	S
Kaiser-Omnia-Träger KT100 für Fertigplatten mit statisch mitwirkender Ortbetonschicht (MONTAQUICK-Fertigplatten) B500A (glatt, profiliert oder gerippt) oder B500B (gerippt) nach DIN 488 oder entsprechende Stahlsorten nach Z-15.1-136 Nenn-Ø: 6,0 bis 8,0 mm	BDW Badische Drahtwerke GmbH Weststraße 31 77694 Kehl/Rhein	1/58	S
Gitterträger KTW 200 oder KTW 300 für Kaiser-Omnia-Plattenwände B500A (glatt, profiliert oder gerippt) oder B500B (gerippt) nach DIN 488 oder B500 NG(B) oder entsprechende Stahlsorten nach Z-15.2-9 Nenn-Ø: 6,0 bis 8,0 mm	BDW Badische Drahtwerke GmbH Weststraße 31 77694 Kehl/Rhein	1/58	S
Kaiser-Gitterträger KT 800 für Fertigplatten mit statisch mitwirkender Ortbetonschicht B500A (glatt oder gerippt) B500B (gerippt) nach DIN 488 oder B500 NG, B500 NR oder andere Stahlsorten nach Z-15.1-1 Nenn-Ø: 5,0 bis 16,0 mm	BESTA Eisen- und Stahlhandelsgesellschaft mbH Zur Rauhen Horst 7 32312 Lübbecke	1/35	S
Kaiser-Omnia Gitterträger KTS für Fertigplatten mit statisch mitwirkender Ortbetonschicht B500A (glatt, profiliert oder gerippt) B500B (gerippt) nach DIN 488 oder entsprechende Stahlsorten nach Z-15.1-38 Nenn-Ø: 5,0 bis 7,0 mm	BESTA Eisen- und Stahlhandelsgesellschaft mbH Zur Rauhen Horst 7 32312 Lübbecke	1/35	S

Betonstahl 231

Tabelle 25. Werkkennzeichen ausgewählter Herstellwerke für Deutschland – Stand 02.2018 (Fortsetzung)

Gegenstand und Herstellart	Herstellwerk bzw. Antragsteller	Kennzeichen	überwacht durch
Gitterträger BDW-GT 100 für Balken-, Rippen- und Plattenbalkendecken mit Betonfußleisten und Fertigplatten B500A (glatt, profiliert oder gerippt) B500B (gerippt) nach DIN488 oder entsprechende Stahlsorten nach Z-15.1-98 Nenn-Ø: 5,0 bis 16,0 mm	BESTA Eisen- und Stahlhandelsgesellschaft mbH Zur Rauhen Horst 7 32312 Lübbecke	1/35	S
Filigran-D-Gitterträger für Fertigplatten mit statisch mitwirkender Ortbetonschicht nach Z-15.1-90	Filigran Trägersysteme GmbH & Co. KG Zappenberg 6 31633 Leese	1/4	D
Filigran-EQ-Gitterträger für Fertigplatten mit statisch mitwirkender Ortbetonschicht nach Z-15.1-93	Filigran Trägersysteme GmbH & Co. KG Zappenberg 6 31633 Leese	1/4	D
Filigran-S-Gitterträger und Filigran-SE-Gitterträger für Balken-, Rippen- und Plattenbalkendecken mit Betonfußleisten oder Fertigplatten nach Z-15.1-145	Filigran Trägersysteme GmbH & Co. KG Zappenberg 6 31633 Leese	1/4	D
Filigran-D-Gitterträger, Filigran-DH-Gitterträger, Filigran-E-Gitterträger und Filigran-EH-Gitterträger für Balken-, Rippen- und Plattenbalkendecken mit Betonfußleisten oder Fertigplatten nach Z-15.1-148	Filigran Trägersysteme GmbH & Co. KG Zappenberg 6 31633 Leese	1/4	D
Filigran-D-Gitterträger (Typ D, E, EW, SE, SE2, SWE) und Filigran Gitterträger für Filigran-Elementwände (Typ EQ) nach Z-15.2-40	Filigran Trägersysteme GmbH & Co. KG Zappenberg 6 31633 Leese	1/4	D
Filigran D-Gitterträger für Fertigplatten mit statisch mitwirkender Ortbetonschicht nach Z-15.1-90	Filigran Trägersysteme GmbH & Co. KG Gewerbegebiet Haide-Feld 06869 Klieken	1/5	D
Filigran EQ-Gitterträger für Fertigplatten mit statisch mitwirkender Ortbetonschicht nach Z-15.1-93	Filigran Trägersysteme GmbH & Co. KG Gewerbegebiet Haide-Feld 06869 Klieken	1/5	D
Filigran E-Gitterträger und Filigran Ev-Gitterträger für Fertigplatten mit statisch mitwirkender Ortbetonschicht nach Z-15.1-147	Filigran Trägersysteme GmbH & Co. KG Gewerbegebiet Haide-Feld 06869 Klieken	1/5	D
Filigran-D-Gitterträger, Filigran-DH-Gitterträger, Filigran-E-Gitterträger und Filigran-EH-Gitterträger für Balken-, Rippen- und Plattenbalkendecken mit Betonfußleisten oder Fertigplatten nach Z-15.1-148	Filigran Trägersysteme GmbH & Co. KG Gewerbegebiet Haide-Feld 06869 Klieken	1/5	D

Tabelle 25. Werkkennzeichen ausgewählter Herstellwerke für Deutschland – Stand 02.2018 (Fortsetzung)

Gegenstand und Herstellart	Herstellwerk bzw. Antragsteller	Kennzeichen	überwacht durch
Filigran-D-Gitterträger (Typ D, E, EW, SE, SE2, SWE) und Filigran Gitterträger für Filigran-Elementwände (Typ EQ) nach Z-15.2-40	Filigran Trägersysteme GmbH & Co. KG Gewerbegebiet Haide-Feld 06869 Klieken	1/5	D
Kaiser-Gitterträger KT 800 für Fertigplatten mit statisch mitwirkender Ortbetonschicht B500A (glatt oder gerippt) B500B (gerippt) nach DIN 488 oder B500 NG, B500 NR oder andere Stahlsorten nach Z-15.1-1 Nenn-Ø: 5,0 bis 16,0 mm	HBS Hessische Bewehrungsstahl GmbH Rheinstraße 31–39 65795 Hattersheim	1/23	S
Kaiser-Omnia-Träger KTS für Fertigplatten mit statisch mitwirkender Ortbetonschicht B500A (glatt, profiliert oder gerippt) oder B500B (gerippt) nach DIN488 oder entsprechende Stahlsorten nach Z-15.1-38 Nenn-Ø: 5,0 bis 7,0 mm	HBS Hessische Bewehrungsstahl GmbH Rheinstraße 31–39 65795 Hattersheim	1/23	S
Gitterträger BDW-GT 100 für Balken-, Rippen- und Plattenbalkendecken mit Betonfußleisten und Fertigplatten B500A (glatt, profiliert oder gerippt) B500B (gerippt) nach DIN 488 oder entsprechende Stahlsorten nach Z-15.1-98 Nenn-Ø: 5,0 bis 16,0 mm	HBS Hessische Bewehrungsstahl GmbH Rheinstraße 31–39 65795 Hattersheim	1/23	S
Kaiser-Gitterträger KT 800 für Fertigplatten mit statisch mitwirkender Ortbetonschicht B500A (glatt, oder gerippt) oder B500B (gerippt) nach DIN 488 oder B500 NG, B500 NR oder andere Stahlsorten nach Z-15.1-1 Nenn-Ø: 5,0 bis 16,0 mm	SBS Sächsische Bewehrungsstahl GmbH Industriestraße A4 01612 Glaubitz	1/28	S
Kaiser-Omnia-Gitterträger KTS für Fertigplatten mit statisch mitwirkender Ortbetonschicht B500A (glatt, profiliert oder gerippt) oder B500B (gerippt) nach DIN 488 oder entsprechende Stahlsorten nach Z-15.1-38 Nenn-Ø: 5,0 bis 7,0 mm	SBS Sächsische Bewehrungsstahl GmbH Industriestraße A4 01612 Glaubitz	1/28	S
Gitterträger BDW-GT 100 für Balken-, Rippen- und Plattenbalkendecken mit Betonfußleisten und Fertigplatten B500A (glatt, profiliert oder gerippt) oder B500B (gerippt) nach DIN 488 oder entsprechende Stahlsorten nach Z-15.1-98 Nenn-Ø: 5,0 bis 16,0 mm	SBS Sächsische Bewehrungsstahl GmbH Industriestraße A4 01612 Glaubitz	1/28	S

Tabelle 25. Werkkennzeichen ausgewählter Herstellwerke für Deutschland – Stand 02.2018 (Fortsetzung)

Gegenstand und Herstellart	Herstellwerk bzw. Antragsteller	Kennzeichen	überwacht durch
Gitterträger KTW 200 oder KTW 300 für Kaiser-Omnia-Plattenwände B500A (glatt, profiliert oder gerippt) oder B500B (gerippt) nach DIN 488 oder B500 NG(B), B500 NR(B) oder entsprechende Stahlsorten nach Z-15.2-9 Nenn-Ø: 6,0 bis 8,0 mm	SBS Sächsische Bewehrungsstahl GmbH Industriestraße A4 01612 Glaubitz	1/28	S

Montagegitterträger

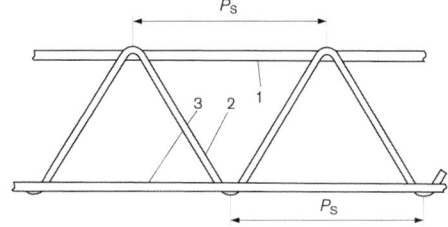

Schubgitterträger

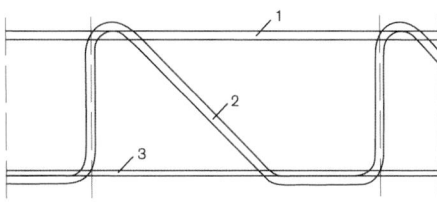

Trägerhöhe 8 bis < 16 cm

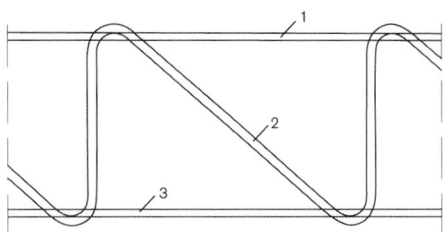

Trägerhöhe 16 bis 30 cm

Legende
1 Obergurt
2 Diagonale
3 Untergurt
P_s Abstand der Diagonalen

Bild 12. Gitterträgertypen und -bezeichnungen

Tabelle 26. Werkkennzeichen ausgewählter Herstellwerke für Deutschland – Stand 02.2018

Gegenstand und Herstellart	Herstellwerk bzw. Antragsteller	Kennzeichen	überwacht durch
Bewehrungsdraht B500A+G/B500A+P kaltverformt Nenn-Ø: 4,0 bis 12,0 mm	BBS Bayerische Bewehrungsstahl GmbH Siefenwangerstraße 35 86424 Dinkelscherben	1/32	S
Bewehrungsdraht B500A+G/B500A+P kaltverformt, Stäbe maschinell gerichtet Nenn-Ø: 4,0 bis 12,0 mm	Badische Drahtwerke GmbH Weststraße 31 77694 Kehl	1/58	S
Bewehrungsdraht B500A+G/B500A+P kaltverformt, Stäbe maschinell gerichtet Nenn-Ø: 4,0 bis 12,0 mm	BESTA Eisen- und Stahlhandelsgesellschaft mbH Zur Rauhen Horst 7 32312 Lübbecke	1/35	S
Bewehrungsdraht B500A+G kaltverformt Nenn-Ø: 5,0 bis 12,0 mm	Filigran Trägersysteme GmbH & Co. KG Zappenberg 6 31663 Leese/Weser Werk: Leese	1/4	D
Bewehrungsdraht B500A+G / B500A+P kaltverformt Nenn-Ø: 5,0 bis 12,0 mm	Filigran Trägersysteme GmbH & Co. KG Zappenberg 6 31663 Leese/Weser Werk: Klieken	1/5	D
Bewehrungsdraht B500A+G / B500A+P kaltverformt, Stäbe maschinell gerichtet Nenn-Ø: 4,0 bis 12,0 mm	HBS Hessische Bewehrungsstahl GmbH Rheinstraße 31–39 65795 Hattersheim	1/23	S
Bewehrungsdraht B500A+G / B500A+P kaltverformt, Stäbe maschinell gerichtet Nenn-Ø: 4,0 bis 12,0 mm	NDW Neckar Drahtwerke GmbH Friedrichdorfer Landstraße 54–58 69314 Eberbach	1/13	S
Bewehrungsdraht B500A+G / B500A+P kaltverformt, Stäbe maschinell gerichtet Nenn-Ø: 4,0 bis 12,0 mm	SBS Sächsische Bewehrungsstahl GmbH Industriestraße A 01612 Glaubitz	1/28	S
Bewehrungsdraht B500A+G/B500A+P kaltverformt Nenn-Ø: 4,0 bis 12,0 mm	Van Merksteijn Steel-Netherlands B. V. Bedrijvenpark Twente 237 7602 KJ Almelo Niederlande	2/21	I
Bewehrungsdraht B500A+G/B500A+P kaltverformt Nenn-Ø: bis 12,0 mm	Westfälische Drahtindustrie GmbH Werk Brandenburg/Havel Kummerléstraße 1 14770 Brandenburg/Havel	1/29	I

1.3 Ausgewählte Betonstähle nach allgemeinen bauaufsichtlichen Zulassungen; Stand 11.2018

1.3.1 Betonstabstahl

1.3.1.1 B500A mit Sonderrippung

Bei der Elbedrahtwerke Feralpi GmbH in Riesa ist auf Anfrage der Betonstabstahl B500A mit Sonderrippung in den Nenndurchmessern 6, 8, 10 und 12 mm nach allgemeiner bauaufsichtlicher Zulassung Z-1.1-215 erhältlich.

Werkkennzeichen: 1/26
Anschrift:
E. D. F. Elbe-Drahtwerke Feralpi GmbH
Gröbaer Straße 1
01591 Riesa
http://www.feralpi.de/deutsch/edfprodukte.htm

1.3.1.2 Betonstabstahl B500B und B550B mit Gewinderippen Typ SAS 500 und SAS 550

Das Stahlwerk Annahütte liefert Betonstabstahl mit Gewinderippen Typ SAS 500, bzw. SAS 550 in den Nenndurchmessern 12, 14, 16, 20, 25, 26, 28, 30, 32, 36, 40, 43, 50, 57,5 und 63,5 mm. Die Gewindestähle sind in individuellen Lieferlängen verfügbar und werden auf Wunsch nach Stahlliste gebogen.

Die Gewindestähle, Muffenverbindungen und Verankerungen sind in folgenden Zulassungen geregelt:

Deutschland:

- Stab: SAS 500 im Durchmesserbereich 12–50 mm, Z-1.1-58
  Zubehör SAS 500 im Durchmesserbereich 12–50 mm, Z-1.5-174
- Stab: SAS 555/700 im Durchmesserbereich 57,5–63,5 mm, Z-1.1-1
  Zubehör im Durchmesserbereich 57,5–63,5 mm, Z-1.5-175
  (als Tragglied in der Geotechnik)

Österreich:

- Stab: SAS 550 im Durchmesserbereich 12–63,5 mm, BMVIT-327.120/0001-IV/IVVS2/2016
  Zubehör im Durchmesserbereich 12–63,5 mm, BMVIT-327.120/0009-IV/IVVS2/2016

Anschrift:
Stahlwerk Annahütte
Max Aicher GmbH & Co. KG
Max-Aicher-Allee 1+2
83404 Ainring-Hammerau
http://www.annahuette.com/

1.3.1.3 Hochfester Bewehrungsstahl mit Gewinderippen Typ SAS 670/800

Das Stahlwerk Annahütte liefert hochfesten Bewehrungsstahl mit Gewinderippen Typ SAS 670/800 in den Nenndurchmessern 18, 22, 25, 28, 30, 35, 43, 50, 57,5 und 63,5 mm.

Die Gewindestähle, Muffenverbindungen und Verankerungen sind in folgenden Zulassungen geregelt:

Deutschland:

Stab: SAS 670/800 im Durchmesserbereich 18–43 mm, DIBt Z-1.1-267

Zubehör im Durchmesserbereich 18–43 mm, DIBt Z-1.5-268

- Druck- und Biegezugbewehrung nach DIN EN 1992-1-1 mit $R_e = 670\ N/mm^2$
- Einsatz als Querkraftbewehrung, in Leichtbetonen, Übergreifungslängen oder Diskontinuitätsbereich: $R_e = 500\ N/mm^2$

Europa:

Stab und Zubehör: SAS 670/800 im Durchmesserbereich 18–63,5 mm, ETA-13/0840

- Druckbewehrung nach DIN EN 1992-1-1 mit $R_e = 670\ N/mm^2$
- Biegezugbewehrung nach DIN EN 1992-1-1 mit $R_e = 600\ N/mm^2$
- Einsatz als Querkraftbewehrung, in Leichtbetonen, Übergreifungslängen oder Diskontinuitätsbereich: R_e nach nationalen Bestimmungen

Für beide Anwendungen gilt:

- Betonfestigkeitsklasse: C20/25 bis C80/95
- Verbindung der Stäbe mittels geschraubten Muffenverbindungen
- Schweißbar nach Schweißverfahren Lichtbogenhandschweißen (111) und Metall-Aktivgasschweißen (135)
- Streckgrenzenverhältnis: $R_m/R_e \geq 1{,}08$
- Dehnung bei Höchstlast: $A_{gt} \geq 5{,}0\ \%$

Anschrift:
Stahlwerk Annahütte
Max Aicher GmbH & Co. KG
Max-Aicher-Allee 1+2
83404 Ainring-Hammerau
http://www.annahuette.com/

Weitere Hersteller und Lieferprogramme können dem Betonstahlverzeichnis des DIBt entnommen werden.

1.3.2 Betonstahl in Ringen

1.3.2.1 Betonstahl in Ringen B500A mit Nenndurchmesser 14,0 und 16,0 mm

Bei der Baustahlgewebe GmbH (s. Tabelle 27) können in Erweiterung zur DIN 488 Betonstähle in Ringen der Duktilitätsklasse B500A in den Nenndurchmessern 14,0 und 16,0 mm nach allgemeiner bauaufsichtlicher Zulassung Z-1.2-250 bezogen werden.

1.3.2.2 Betonstahl in Ringen B500B mit Sonderprofilierung „Europrofil"

Das Unternehmen van Merksteijn liefert Betonstahl in Ringen der Duktilitätsklasse B500B mit den Nenndurchmessern 6,0 – 7,0 – 8,0 – 9,0 – 10,0 – 11,0 und 12,0 mm nach allgemeiner bauaufsichtlicher Zulassung Z-1.2-193 (s. Tabelle 27).

1.3.2.3 Betonstahl in Ringen B500B mit Sonderrippung „TWR"

Bei der Badischen Stahlwerke AG (s. Tabelle 27) können Betonstähle in Ringen der Duktilitätsklasse B500B in den Nenndurchmessern 8,0 – 10,0 – 12,0 – 14,0 – 16,0 - 20,0 und 25 mm nach allgemeiner bauaufsichtlicher Zulassung Z-1.2-260 bezogen werden.

1.3.2.4 Betonstahl in Ringen B500B mit Sonderrippung „EMB"

Das Unternehmen Intersig N. V. liefert Betonstähle in Ringen der Duktilitätsklasse B500B in den Nenndurchmessern 5,0 – 6,0 – 7,0 – 8,0 – 9,0 – 10,0 – 12,0 – 14,0 – 16,0 und 20,0 mm nach allgemeiner bauaufsichtlicher Zulassung Z-1.2-276 (s. Tabelle 25). Für die Weiterverarbeitung (Richten) benötigen die Biegebetriebe eine Zulassung.

1.3.2.5 Betonstahl in Ringen B500B mit Sonderrippung „RPR"

Das Unternehmen Brandenburger Elektrostahlwerke GmbH liefert Betonstähle in Ringen der Duktilitätsklasse B500B in den Nenndurchmessern 6,0 – 8,0 – 10,0 – 12,0 – 14,0 und 16,0 mm nach allgemeiner bauaufsichtlicher Zulassung Z-1.2-275 (s. Tabelle 25). Für die Weiterverarbeitung (Richten) benötigen die Biegebetriebe eine Zulassung.

1.3.3 Betonstahl mit erhöhtem Korrosionswiderstand

1.3.3.1 Feuerverzinkte Betonstähle

Feuerverzinkter Betonstahl ist seit 1981 in Deutschland bauaufsichtlich zugelassen (Zulassungs-Nr.: Z-1.4-165) und kommt in einer Vielzahl von Bereichen zur Anwendung. Zulassungsinhaber bzw. Antragsteller der bauaufsichtlichen Zulassung ist die Institut Feuerverzinken GmbH, Graf-Recke-Straße 82, 40239 Düsseldorf. Gemäß dieser Zulassung mit Ausgabe vom 20. November 2014 ist nur folgender Verfahrensweg zulässig: Erst Verzinken – dann Biegen. Für die praktische Anwendung im Bauwesen stellt diese Regelung einen großen Aufwand dar, da aufgrund des nachträglichen Biegens evtl. auftretende Beschädigungen in der Zinkschicht sehr aufwendig nachgebessert werden müssen.

Aus diesem Grund wurde im Zeitraum von Oktober 2013 bis August 2016 ein breit angelegtes Forschungsprojekt durchgeführt, in dem insbesondere die Möglichkeit des nachträglichen Feuerverzinkens von der Verfahrenstechnik bis hin zur dauerhaften Anwendung untersucht wurde. Auf Grundlage dieser Forschungsergebnisse und weiterer baupraktischer Erfahrungen wurde im Jahr 2018 die vollumfängliche Überarbeitung der bauaufsichtlichen Zulassung beim DIBt beantragt, sodass zum Frühjahr des Jahres 2019 mit einer neuen Zulassung/allgemeinen Bauartgenehmigung gerechnet werden kann.

Für die neue Zulassung / allgemeine Bauartgenehmigung im Jahr 2019 sind die nachfolgenden Regelungen und Zusatzbedingungen vorgesehen. Feuerverzinkte Betonstähle dürfen wie unverzinkte Betonstähle zur Bewehrung von Stahlbeton nach Eurocode 2 unter Beachtung der Regeln der Zulassung verwendet werden. Besondere Auflagen, die bei Entwurf und Bemessung, bei der Ausführung und beim Feuerverzinken zu beachten sind, werden in der Zulassung aufgeführt sein. Es sind ausschließlich autorisierte bzw. zugelassene Feuerverzinkungsunternehmen gemäß abZ Z-1.4-165 zum Feuerverzinken von Betonstählen berechtigt.

Wichtige Bestimmungen für das Bauprodukt, die Herstellung, Lieferung und Kennzeichnung:

– Die Herstellung verzinkter Betonstähle erfordert eine Überwachung, bestehend aus Eigen- und Fremdüberwachung.

– Es dürfen feuerverzinkt werden: Betonstabstahl nach DIN 488-1, Betonstahl in Ringen (im gerichteten Zustand) nach DIN 488-3, Betonstahlmatten nach DIN 488-4, Betonstahl-Gitterträger nach DIN 488-5 sowie alle Betonstähle mit bauaufsichtlicher Zulassung.

– Es werden zukünftig auch weiterverarbeitete Bauprodukte (z. B. Mattenkörbe, Haken, Schlaufen, Bügel etc.) feuerverzinkt werden können. Hierzu müssen jedoch besondere Anforderungen an das Biegen vor dem Verzinken eingehalten werden, da für das Biegen vor dem Verzinken abweichende Anforderungen an die Biegerollendurchmesser gestellt werden. Für Stabdurchmesser ≤ 14 mm müssen Mindestbiegerollendurchmesser von 6 D und für Stabdurchmesser ≥ 16 mm ein Mindestbiegerollendurchmesser von 8 D eingehalten werden. Grundsätzlich wird die Zulassung aber auch die Möglichkeit bieten, die Funktionsfähigkeit kleinerer Biegerollendurchmesser im Einzelfall vor der Bauausführung über eine Verfahrensprüfung nachzuweisen. Die vorgenannten gesonderten Festlegungen an die Biegerollendurchmesser sind für Gitterträger und für die Herstellung von Mattenkörben aus gebogenen Betonstahlmatten nicht anzuwenden.

- Die Mindestschichtdicke des Zinküberzugs muss 85 μm betragen.
- Ausbesserungen von evtl. Fehlstellen und Beschädigungen dürfen zukünftig nur mit zugelassenen Beschichtungsstoffen ausgeführt werden.
- Der verzinkte Betonstahl muss unmittelbar vom Verzinkungsbetrieb zum Verwender (Baustelle, Biegebetrieb, Verwender) mit den folgenden Angaben geliefert werden:
  • Werkkennzeichen des Feuerverzinkungsunternehmens FV ... (s. Tabelle 28),
  • Angaben des Lieferscheins vom Vormaterial (z. B. Betonstahlsorte, Nenndurchmesser in mm etc.),
  • Angabe, ob eine Nachbehandlung durchgeführt wurde,
  • Überwachungszeichen (siehe Allgemeine Bestimmungen).

Wichtige Bestimmungen für die Planung, Bemessung und Ausführung:

- Bei der Bemessung nach DIN EN 1992-1-1 ist bei nicht vorwiegend ruhender Belastung der Nachweis gegen Ermüdung mit einer um den Faktor 0,75 abgeminderten $\Delta\sigma R_{sk}$ (bei N Lastzyklen, Spannungsexponenten k1 und k2 bleiben unverändert) zu führen. Zukünftig wird die Zulassung / Bauartgenehmigung aber die Möglichkeit bieten, die Ausnutzung einer nicht reduzierten Dauerschwingfestigkeit anzuwenden, wenn die Produktleistung vor der Verwendung durch eine Verfahrensprüfung von einer akkreditierten Prüfstelle nachgewiesen wurde.
- Für die Betondeckung gilt DIN EN 1992-1-1. In karbonatisiertem Beton ist den deutlich korrosionsschutztechnischer Vorteil des feuerverzinkten Betonstahls gegenüber unverzinkten Betonstählen festzustellen. In den Expositionsklassen XC1 bis XC4 wird daher eine Abminderung der Betonüberdeckung gemäß der bauaufsichtlichen Zulassung möglich sein. Die Anforderungen an die Mindestbetonüberdeckung zur Sicherstellung des Verbundes bleiben weiterhin unberührt. Bei der Festlegung der Mindestbetondeckung ist der jeweils größere Wert maßgebend, der sich aus den Verbund- bzw. Dauerhaftigkeitsanforderungen ergibt.
- In den Expositionsklassen XD und XS bietet eine Feuerverzinkung ebenfalls einen zusätzlichen Schutz. Eine Abminderung der Betondeckung für die Expositionsklassen XD und XS ist nicht möglich, da der Nutzungsdauerzugewinn nicht hinreichend quantifizierbar ist.
- Verzinkte Bewehrung darf geschweißt werden, wenn die Zinkschicht vorher mechanisch entfernt wurde und im Anschluss die Stelle wieder ausgebessert wird.
- Das Rückbiegen verzinkter Betonstähle ist unzulässig.

Tabelle 27. Kennzeichen der Herstellwerke für Deutschland – Stand 02.2018

Gegenstand und Herstellart	Herstellwerk bzw. Antragsteller	Kennzeichen	überwacht durch	Bescheid vom: Geltungsdauer bis: Zertifikat vom:
Betonstahlmatten in Ringen B500B mit Sonderrippung „TWR" warmgewalzt und kaltgereckt Nenn-Ø: 8, 10, 12, 14, 16 und 20 mm nach Z-1.2-260	BSW Badische Stahlwerke GmbH Reckstandort: Hattersheim Rheinstraße 31–39 65795 Hattersheim	1/21	S	B: 11.12.2013 G: 15.03.2018 Z: 21.05.2014
Betonstahlmatten in Ringen B500B mit Sonderrippung „TWR" warmgewalzt und kaltgereckt Nenn-Ø: 8, 10, 12, 14, und 16 mm nach Z-1.2-260	BSW Badische Stahlwerke GmbH Reckstandort: Dinkelscherben Siefenwangerstraße 35 86424 Dinkelscherben	1/21	S	B: 11.12.2013 G: 15.03.2018 Z: 27.02.2014

Tabelle 27. Kennzeichen der Herstellwerke für Deutschland – Stand 02.2018 (Fortsetzung)

Gegenstand und Herstellart	Herstellwerk bzw. Antragsteller	Kennzeichen	überwacht durch	Bescheid vom: Geltungsdauer bis: Zertifikat vom:
Betonstahlmatten in Ringen B500B mit Sonderrippung „TWR" warmgewalzt und kaltgereckt Nenn-Ø: 8, 10, 12, 14, und 16 mm nach Z-1.2-260	BSW Badische Stahlwerke GmbH Reckstandort: Glaubitz Industriestr. A4 01612 Glaubitz	1/21	S	B: 11.12.2013 G: 15.03.2018 Z: 27.02.2014
Betonstahlmatten in Ringen B500B mit Sonderrippung „TWR" warmgewalzt und kaltgereckt Nenn-Ø: 8, 10, 12, 14, 16 und 20 mm nach Z-1.2-260	BSW Badische Stahlwerke GmbH Reckstandort: Kehl/Rhein Weststraße 31 77694 Kehl/Rhein	1/21	S	B: 11.12.2013 G: 15.03.2018 Z: 20.12.2013
Betonstahl in Ringen B500B mit Sonderrippung „TWR" warmgewalzt und kaltgereckt Nenn-Ø: 8, 10, 12, 14, und 16 mm nach Z-1.2-260	BSW Badische Stahlwerke GmbH Reckstandort: Lübbecke Zur Rauhen Horst 7 32312 Lübbecke	1/21	S	B: 11.12.2013 G: 15.03.2018 Z: 27.02.2014
Betonstahl in Ringen B500B mit Sonderrippung „TWR" warmgewalzt und kaltgereckt Nenn-Ø: 8, 10, 12, 14, 16 und 20 mm nach Z-1.2-260	BSW Badische Stahlwerke GmbH Reckstandort: Mülheim/Ruhr Lippestraße 17–21 45478 Mülheim/Ruhr	1/21	S	B: 11.12.2013 G: 15.03.2018 Z: 27.02.2014

Tabelle 28. Kennzeichen der Feuerverzinkungsunternemen für Deutschland – Stand 02.2018

Gegenstand	Herstellerwerk bzw. Antragsteller	Bescheid vom: Geltungsdauer bis:
Feuerverzinkte Betonstähle Betonstähle nach DIN 488 Betonstabstahl Betonstahlmatten Betonstahl in Ringen Betonstähle nach allgemeiner bauaufsichtlicher Zulassung Nr. Z-1.4-165 Betonstabstahl Betonstahl in Ringen (gerichtet) Betonstahlmatten	Institut Feuerverzinken GmbH Graf-Recke-Straße 82 40239 Düsseldorf	B: 01.12.2014 G: 30.11.2019

Betonstahl 239

Tabelle 28. Kennzeichen der Feuerverzinkungsunternemen für Deutschland – Stand 02.2018 (Fortsetzung)

Gegenstand	Herstellerwerk bzw. Antragsteller	Kennzeichen	überwacht durch:	Zertifikat vom:
	ZinkPower Berlin GmbH & Co. KG Industriestraße 27–29 12099 Berlin	FV2	E	Z: 01.12.2014
	Coatinc Rhein-Main GmbH & Co. KG Industriestraße 7 68649 Groß-Rohrheim	FV11	E	Z: 01.12.2014
	Voigt & Schweitzer Henssler GmbH & Co. KG Forstbergweg 15 71717 Beilstein	FV12	E	Z: 15.04.2015
	ZINKPOWER Willi Kopf GmbH & Co. KG Siemensstraße 27 73278 Schlierbach	FV13	E	Z: 27.07.2015
	Wilhelm Helgert GmbH & Co. KG Feuerverzinkerei Heideweg 41 93149 Nittenau	FV16	E	Z: 01-12.2014
	Coatinc Siegen GmbH Hüttenstraße 45 57223 Kreuztal	FV17	E	Z: 01.12.2014
	ZinkPower Radebeul GmbH & Co. KG Fabrikstraße 23 01445 Radebeul	FV18	E	Z: 01.12.2014
	ZinkPower Radebeul GmbH & Co. KG Fabrikstraße 23 01445 Radebeul	FV18	E	Z: 01.1.22018
	Rendsburger Feuerverzinkerei GmbH Friedrichstädter Straße 65–67 24768 Rendsburg	FV21	E	Z: 09.11.2015
	ZinkPower Schönberg GmbH & Co. KG Sabower Höhe 8 23923 Schönberg	FV22	E	Z: 04.09.2015
	ZinkPower Neumünster GmbH & Co. KG Stoverweg 26-28 24536 Neumünster	FV23	E	Z: 07.09.2015
	Verzinkerei Rheine-Hauenhorst GmbH & Co. KG Zinkstraße 2–8 48432 Rheine	FV24	E	Z: 15.02.2016

- Verzinkte Bewehrung darf nur in Beton mit Zement nach DIN EN 197-1 als Bindemittel verwendet werden. Die Verwendung von Betonzusatzmittel ist gestattet. Allerdings muss bei der Verwendung mehrerer Betonzusatzmittel ein Nachweis zum ausreichenden Verbundverhalten geführt werden.
- Der Kontakt zwischen verzinkter und unverzinkter, nicht vorgespannter Bewehrung oder mit unverzinktem Baustahl nach DIN EN 10025-2 ist zulässig, wenn nur Punktberührung an Auflagerstellen und ausschließlich klimatisch bedingte Temperaturen vorliegen.
- Der Abstand zwischen Spanngliedern und verzinktem Betonstahl muss mindestens 2 cm betragen; metallische Verbindungen dürfen nicht bestehen.
- Der Kontakt mit nichtrostendem Stahl nach Z-30.3-6 oder Betonstahl B 500 NR ist zulässig.
- Falls bei der Ausführung zum Zwecke der Passivierung nachbehandelte feuerverzinkte Betonstähle vorgesehen sein sollten, so ist dieses zukünftig bereits bei der Bestellung der Feuerverzinkung mit anzugeben.

Fazit: In Deutschland wird das Verzinken von Betonstahl und dessen Anwendung in Zukunft weiterhin nur unter Berücksichtigung der Anwendungsregeln der „allgemeinen bauaufsichtlichen Zulassung / allgemeinen Bauartgenehmigung" möglich sein. Mit der neuen Zulassung / Bauartgenehmigung, welche im Frühjahr des Jahres 2019 veröffentlicht werden wird, wird neben der Ausnutzung der korrosionsschutztechnischen Vorteile auch die zukünftige baupraktische Anwendung erheblich erleichtert.

1.3.3.2 Nichtrostender Betonrippenstahl

Nichtrostender kaltverformter Betonrippenstahl vom Ring B 500 B NR, Nenndurchmesser 6, 8, 10, 12 und 14 mm ist aus den Werkstoffen Nr. 1.4003, 1.4362, 1.4482 (auch 16,0 und 20,0 mm) und 1.4571 nach DIN EN 10088-3 erhältlich (Hersteller s. Tabelle 30). Nichtrostender kaltverformter Betonrippenstahl vom Ring B 500 A NR, kann mit den Nenndurchmessern 6, 8, 10 und 12 mm aus dem Werkstoff Nr. 1.4362 nach DIN EN 10088-3 erworben werden. Wesentliche Eigenschaften der nichtrostenden Betonrippenstähle sind in Tabelle 29 aufgelistet. Für die Weiterverarbeitung des Ringmaterials (Richten) benötigen die Biegebetriebe eine gesonderte Zulassung.

Betonstähle B 500 B NR aus den Werkstoff Nr. 1.4571, 1.4482, 1.4362 sowie B 500 A NR aus der Nr. 1.4362 dürfen zur Bewehrung von Normalbeton verwendet werden, wenn mit Karbonatisierung und mäßiger Chloridbelastung (Korrosionswiderstandsklasse 3 nach Z-30.3-6) zu rechnen ist. Geschweißte nichtrostende Betonstähle dürfen nur bei ruhender bzw. vorwiegend ruhender Belastung eingesetzt werden. Betonstähle B 500 B NR aus dem Werkstoff Nr. 1.4003 dürfen nur entsprechend den Bedingungen für B 500 B nach DIN 488 zur Bewehrung von Normalbeton eingesetzt werden (Korrosionswiderstandsklasse I nach DIN EN 1993-1-4). Schweißen dieser Stahlsorte ist gemäß Zulassung ausgeschlossen.

Der nichtrostende Stahl wird beim Zulassungsinhaber in Ringen hergestellt und unterliegt einem Qualitätssicherungssystem mit Eigen- und Fremdüberwachung. Das Richten zu geraden Stäben bzw. Weiterverarbeiten vom Ring in Bügelbiegeautomaten darf außerhalb des Betriebes des Zulassungsinhabers nur in Betrieben erfolgen, die hierfür ihre Eignung nachgewiesen haben und einer bauaufsichtlichen Überwachung unterliegen.

Für die Anwendung des nichtrostenden Betonstahls gelten die Bestimmungen nach DIN EN 1992-1-1 (Bemessung und Konstruktion), DIN EN 13670 in Verbindung mit DIN EN 1045-3 (Bauausführung) sowie DIN EN ISO 17660 (Schweißen) mit einigen Ergänzungen, die den allgemeinen bauaufsichtlichen Zulassungen zu entnehmen sind. Bezüglich der Betondeckung nichtrostender Bewehrung gelten die Bestimmungen nach DIN EN 1992-1-1 sowie die Bestimmungen in der jeweiligen allgemeinen bauaufsichtlichen Zulassung.

1.3.4 Nichtmetallische Bewehrung

Seit 2006 gibt es in Deutschland auch die Möglichkeit, Betonbauteile mit einer Bewehrung aus glasfaserverstärktem Kunststoff (GFK) zu bemessen und herzustellen. Die Zulassung für die gerade GFK-Bewehrung (Combar) beinhaltet 5 unterschiedliche Durchmesser vom Nenndurchmesser 8 mm bis 25 mm (Z-1.6-238). Eine weitere Größe $d_f = 32$ mm sowie GFK-Bügel und Kopfbolzen komplettieren das Bewehrungssystem. Die Bemessung erfolgt in enger Anlehnung an die Stahlbetonbemessung und ist sehr überschaubar in den Bemessungstafeln oder der Bemessungssoftware vom Hersteller Schöck zusammengefasst.

Der Schöck Combar wird in einem sogenannten Pultrusionsverfahren (Strangziehverfahren) hergestellt. Dabei werden hochwertige, alkaliresistente Glasfasern über eine Bündelungsvorrichtung in ein Werkzeug gezogen und mit Vinylesterharz imprägniert. Die für Combar kennzeichnenden spiralförmigen Rippen sorgen für einen idealen Verbund zum Beton, dem Verbundwerten von Betonstahl ähnelt.

Die wesentlichen Materialeigenschaften von Combar sind:

Betonstahl

Dauerzugfestigkeit: $f_{fk0} \geq 1000$ N/mm²
charakteristischer Wert $f_{fk} = 580$ N/mm²
der Zugfestigkeit: (für 100 Jahre Einsatzdauer)
E-Modul: $E = 60\,000$ N/mm²
Dehnung im GZT: $\varepsilon_f = 7{,}42$ ‰
Wärmeleitfähigkeit: $\lambda = 0{,}5$ W/mK

Wichtige Bestimmungen für das Produkt:
- Die Herstellung des Combar erfordert eine Überwachung, bestehend aus Eigen- und Fremdüberwachung.
- Beim Transport und bei der Lagerung ist insbesondere darauf zu achten, dass keine mechanischen Beschädigungen und keine Verunreinigungen auftreten.
- Jeder Combar ist im Abstand von 2 m mit einer witterungsbeständigen Beschriftung bedruckt, auf der neben der Bezeichnung „Schöck Combar" das Herstellwerk, der Nenndurchmesser, das Produktionsdatum, die Zulassungsnummer sowie das Übereinstimmungszeichen aufgebracht sind.

Wichtige Bestimmungen für die Anwendung:
- Entwurf und Bemessung der mit Combar für Biegezug oder axialen Zug bewehrten Betonbauteile erfolgen nach Abschnitt 3 der allgemeinen bauaufsichtlichen Zulassung Z-1.6-238. Bemessungssoftware und -tafeln sind beim Hersteller erhältlich.
- Wegen ihres relativ geringen E-Moduls dürfen GFK-Bewehrungsstäbe nicht als Druckbewehrung angesetzt werden. Combar®-Stäbe dürfen jedoch in der Druckzone liegen (Stabverankerung, konstruktive Bewehrung, etc.).
- In der Zulassung sind nur Bauteile geregelt, die ohne eine rechnerische Querkraftbewehrung nachweisbar sind. Die Bemessung von Bauteilen mit erforderlicher Querkraftbewehrung erfolgt nach den Konstruktionsregeln für GFK-Bewehrung von Schöck.
- Für die Bemessung und Konstruktion sind auch Combar-Bügel in den Nenndurchmessern $d_f = 12$, 16 und 20 mm sowie Kopfbolzen für die Nenndurchmesser $d_f = 12$, 16, 20, 25 und 32 mm erhältlich.

Tabelle 29. Nutzbare Eigenschaften nichtrostender Betonrippenstähle nach allgemeiner bauaufsichtlicher Zulassung

Eigenschaften	Einheit	B500A NR 1.4362	B500B NR[a] 1.4571	B500B NR[a] 1.4003	B500B NR[a] 1.4482	B500B NR[a] 1.4362
Charakteristische Streckgrenze f_{yk}	MPa	500	500	500	500	500
Verhältnis R_m/R_e	–	1,05	1,08	1,08	1,08	1,08
Dehnung bei Höchstkraft A_{gt}	%	2,5	5,0	5,0	5,0	5,0
Kennwert der Ermüdungsfestigkeit von geraden freien Stäben bei $1 \cdot 10^6$ Lastzyklen	MPa	175	175	175	175	175
E-Modul	MPa	150 000	160 000	160 000	200 000	150 000
Temperaturdehnzahl	K^{-1}	$13 \cdot 10^{-6}$	$16 \cdot 10^{-6}$	$10{,}4 \cdot 10^{-6}$	$13 \cdot 10^{-6}$	$13 \cdot 10^{-6}$
Geeignete Schweißverfahren		21, 24, 135 [b]	21, 24, 111, 135 [b]	Schweißen nicht zugelassen	21, 24, 135 [b]	21, 24, 135 [b]
Korrosionswiderstandsklasse		III[d]	III[d]	I[c]	III[d]	III[d]

[a] Werte gelten für den gerichteten Zustand
[b] 21: Widerstandspunktschweißen; 24: Abbrennstumpfschweißen; 111: Lichtbogenhandschweißen; 135: Metall-Aktivgasschweißen
[c] nach DIN EN 1993-1-4
[d] nach allgemeiner bauaufsichtlicher Zulassung Nr. Z-30.3-6

Tabelle 30. Kennzeichen der Herstellwerke für Deutschland – Stand 02.2018

Gegenstand und Herstellart	Herstellwerk bzw. Antragsteller	Kennzeichen	überwacht durch	Bescheid vom: Geltungsdauer bis: Zertifikat vom:
Nichtrostender, kaltgerippter Betonstahl in Ringen B500B NR (1.4571) Nenn-Ø: 6,0 bis 14 mm nach Z-1.4-153	Hagener Feinstahl GmbH Herdecker Straße 4–10 58089 Hagen	1/1/1	I	B: 10.11.2017 G: 30.11.2022 Z: 27.11.2017
Nichtrostender, kaltverformter gerippter Betonstahl in Ringen B500B NR(1.4571) Nenn-Ø: 6,0 bis 14 mm nach Z-1.4-50	SCHEIBINOX Peter Scheibmayer Blankstahlbetrieb und Metallhandel Max-Planck-Straße 6 47475 Kamp-Lintfort	3	I	B: 24.07.2017 G: 31.07.2022 Z: 06.09.2017
Nichtrostender, kaltverformter gerippter Betonstahl in Ringen B500A NR (1.4362) Nenn-Ø: 6,0 bis 12 mm nach Z-1.4-228	SCHEIBINOX Peter Scheibmayer Blankstahlbetrieb und Metallhandel Max-Planck-Straße 6 47475 Kamp-Lintfort	3	I	B: 01.06.2017 G: 31.05.2022 Z: 06.09.2017
Nichtrostender, kaltverformter gerippter Betonstahl in Ringen B500B NR(1.4482) „Inoxripp 4486" Nenn-Ø: 6,0 bis 14 mm nach Z-1.4-261	Peter Scheibmayer Blankstahlbetrieb und Metallhandel Max-Planck-Straße 6 47475 Kamp-Lintfort	3	I	B: 03.09.2013 G: 03.09.2018 Z: 24.09.2013

– Die Zulassung regelt die Anwendung für Normalbeton in den Festigkeitsklassen C12/15 bis C50/60. Die Anwendung für höhere Betonfestigkeiten als C50/60 ist möglich, wenn für die Druckfestigkeit und die Verbundfestigkeit die Werte eines C50/60 angesetzt werden.
– Die Anwendung beschränkt sich auf vorwiegend ruhend belastete Bauteile.
– Der Combar ist korrosionsbeständig für alle Expositionsklassen XC, XD und XS. Er ist ferner nicht magnetisierbar und leitet nicht den elektrischen Strom.

Die GFK-Bewehrung Combar, mit allen erforderlichen Bemessungshilfsmitteln und der erforderlichen Beratung, ist erhältlich bei:

Schöck Bauteile GmbH
Vimbucher Straße 2
76534 Baden-Baden
http://www.schoeck.de
Telefon: 07223 967-449
E-Mail: combar@schoeck.de

2 Spannstähle

2.1 Stand der europäischen Normung bei Spannstählen

Das Mandat M115 umfasst die Lieferformen Spannstahl in Drähten, Litzen und Stäben, verzinkte Spanndrähte und -litzen sowie geschützte und umhüllte Litzen. In ähnlicher Weise wie beim Betonstahl ist auch bei den Normungsprojekten zu den Spannstahlprodukten die Auswirkung der Umstellung von Bauproduktenrichtlinie auf Bauproduktenverordnung erheblich. Das gesamte System des Konformitätsnachweises muss auf das System der Leistungserklärung angepasst werden.

Die Normenreihe prEN 10138 wird in 3 Teilen die Leistungsmerkmale, deren Prüfung und die Qualitätssicherungsmaßnahmen nach dem System 1+ (Erstprüfung, werkseigene Produktionskontrolle sowie Fremdüberwachung) für die Lieferformen Drähte, Litzen und Stäbe spezifizieren. Noch ist nicht festgelegt, ob die neuen Normen Leistungsklassen enthalten sollen, wie sie bereits im veralteten Entwurf definiert waren.

Der Fortschritt bei der prEN 10337 zu den verzinkten Spanndrähten und -litzen ist unmittelbar mit der Entwicklung der prEN 10138 als Vormaterial verknüpft und befindet sich im frühen Entwurfsstadium.

In ähnlicher Weise ist auch die Norm prEN 10369 zu geschützten und umhüllten Litzen bestehend aus 3 Teilen (Allgemeine Anforderungen, schiebbare Litze und haftende Litze) auf die prEN 10138-2, Litzen, angewiesen. Dennoch sind nach Abstimmung der Inhalte mit den entsprechenden Gremien der EOTA die Entwürfe soweit fertiggestellt, dass sie zur CEN-Umfrage freigegeben wurden.

2.2 Spannstähle mit allgemeinen bauaufsichtlichen Zulassungen; Stand: 11.2018

Derzeit benötigen Spannstähle in Deutschland grundsätzlich eine allgemeine bauaufsichtliche Zulassung. Dabei wird nach folgenden Produktgruppen unterschieden:

- Spannstahldraht – dabei handelt es sich um kaltgezogene, runde, glatte oder profilierte Drähte im Festigkeitsbereich zwischen St1375/1570 und St1570/1770 mit Nenndurchmessern von 4,0 mm bis 12,2 mm (s. Tabelle 31).

- Spannstahllitzen – hergestellt aus sieben kaltgezogenen Einzeldrähten im Festigkeitsbereich zwischen St1570/1770 und St1660/1860 mit Nenndurchmessern von 6,9 mm bis 15,7 mm, z. T. ausgerüstet mit Korrosionsschutzsystem für die Durchmesser von 12,5 mm bis 15,7 mm (s. Tabelle 32).

- Spannstahlstäbe – warmgewalzt, z. T. aus der Walzhitze wärmebehandelt, gereckt und vereinzelt angelassen mit den Festigkeiten St835/1030 mit Nenndurchmessern von 26,5 mm, 32,0 mm, 36 mm und 40,0 mm und St950/1050 mit Nenndurchmessern von 17,5 mm, 18,0 mm, 26,5 mm, 32,0 mm, 36 mm und 40,0 mm. Die Stäbe werden glatt oder mit Gewinderippen (nur St950/1050) geliefert. Korrosionsschutzsysteme existieren für St950/1050 in glatter Ausführung im Durchmesserbereich 32,0 mm und 36,0 mm sowie für Stäbe mit Gewinderippen für den Durchmesserbereich 26,5 mm, 32,0 mm, 36,0 mm und 40,0 mm.

- Schalungsanker – Stabstahl mit umlaufenden Gewinde oder Gewinderippen mit Festigkeiten von St750/875 bis St900/1100 für die Durchmesser 15,0 mm, 15,5 mm, 20,0 mm und 26,5 mm (nicht alle Durchmesser in jeder Festigkeitsklasse).

Die Hersteller der o. g. Produkte sind gemäß den allgemeinen Bestimmungen in den allgemeinen bauaufsichtlichen Zulassungen dazu angehalten, dem Verwender bzw. Anwender Kopien zur Verfügung zu stellen, die dann am Verwendungsort auch vorliegen müssen. Den allgemeinen bauaufsichtlichen Zulassungen sind die Regelungen zum Anwendungsbereich, zur Verpackung, Transport und Lagerung zu entnehmen. Die Kennzeichnung hat über ein Etikett am Produkt (z. B. Stabbündel oder Ring) unter Angabe der Zulassungsnummer, der Stahlsorte, Durchmesser, Schmelzennummer, Auftragsnummer und Datum der Lieferung zusammen mit dem Ü-Zeichen zu erfolgen. Ferner muss das Lieferzeugnis mit dem Ü-Zeichen versehen sein.

Insbesondere sind den allgemeinen bauaufsichtlichen Zulassungen die Abmessungen und Gewichte, die Festigkeits- und Verformungseigenschaften, die Spannungsverluste infolge Relaxation und die Ermüdungsfestigkeiten (Hinweis: Zulassungen mit modifizierten Wöhlerlinien) jeweils unter Angabe der Quantilwerte zu entnehmen. Die Bestimmungen zur Qualitätssicherung sind ebenso aufgeführt wie besondere Anforderungen an die Bemessung oder Bauausführung.

In den Tabellen 33-36 sind die für Deutschland wesentlichen Herstellerwerke für die o. g. Spannstähle aufgeführt. Ein vollständiges Verzeichnis aller zugelassenen Herstellerwerke kann beim Deutschen Institut für Bautechnik, Berlin, bezogen werden.

Tabelle 31. Übersicht über Lieferformen von Spannstahldrähten nach allgemeiner bauaufsichtlicher Zulassung

Spannstahldraht	Oberfläche	Nenndurchmesser [mm]
St1375/1570	glatt	8,0 – 8,5 – 9,0 – 9,4 – 10,0 – 12,2
	profiliert	9,5 –10,5 – 11,5
St1470/1670	glatt	6,0 – 6,5 – 6,9 – 7,0 – 7,5
	profiliert	5,5 – 6,0 – 6,5 – 7,0 – 7,5 – 8,0
St1570/1770	glatt	7,0
	profiliert	4,0 – 4,5 – 5,0 – 6,0 – 7,0

Tabelle 32. Übersicht über Lieferformen von Spannstahllitzen nach allgemeiner bauaufsichtlicher Zulassung

Spannstahllitzen	Oberfläche	Nenndurchmesser [mm]
St1570/1770 Sieben Einzeldrähte	glatt	6,9 –9,3 – 11,0 – 12,5 – 12,9 – 15,3 – 15,7
St1570/1770 Sieben Einzeldrähte Mit Korrosionsschutzsystem	glatt	12,5 – 12,9 – 15,3 – 15,7
St1600/1820 Sieben Einzeldrähte	glatt, kompaktiert	15,2
St1660/1860 Sieben Einzeldrähte	glatt	6,9 – 9,3 – 11,0 – 12,5 – 12,9 – 15,3 – 15,7
St1660/1860 Sieben Einzeldrähte Mit Korrosionsschutzsystem	glatt	12,5 – 12,9 – 15,3 – 15,7

Tabelle 33. Übersicht über Herstellwerke für Spannstahldraht mit allgemeiner bauaufsichtlicher Zulassung

Zulassungsgegenstand	Antragsteller	Zulassungsnummer	Bescheid vom: Geltungsdauer bis:
Kaltgezogener Spannstahldraht St1470/1670 rund, profiliert Nenn-Ø: 7,0 – 7,5 – 8,0 mm	NEDRI Spanstaal BV Groot Egtenrayseweg 13 5928 PA Venlo-Blerick Niederlande	Z-12.2-11	Z: 12.05.2016 G: 01.06.2021
Kaltgezogener Spannstahldraht St1570/1770 rund, profiliert Nenn-Ø: 4,0 – 4,5 – 5,0 mm	NEDRI Spanstaal BV Groot Egtenrayseweg 13 5928 PA Venlo-Blerick Niederlande	Z-12.2-12	Z: 17.05.2016 G: 01.06.2021
Kaltgezogener Spannstahldraht St1375/1570 rund, glatt Nenn-Ø: 9,4 mm	NEDRI Spanstaal BV Groot Egtenrayseweg 13 5928 PA Venlo-Blerick Niederlande	Z-12.2-13	Z: 17.05.2016 G: 01.06.2021
Kaltgezogener Spannstahldraht St1470/1670 rund, glatt Nenn-Ø: 6,9 – 7,0 mm	NEDRI Spanstaal BV Groot Egtenrayseweg 13 5928 PA Venlo-Blerick Niederlande	Z-12.2-14	Z: 17.05.2016 G: 01.06.2021
Kaltgezogener Spannstahldraht St1470/1670 rund, glatt Nenn-Ø: 6,0 – 6,5 – 7,0 – 7,5 mm	DWK Drahtwerk Köln GmbH Schanzenstraße 40 51063 Köln	Z-12.2-17	Z: 24.08.2016 G: 02.07.2021
Kaltgezogener Spannstahldraht St1470/1670 rund, profiliert Nenn-Ø: 5,5 – 6,0 – 6,5 – 7,0 – 7,5 – 8,0 mm	DWK Drahtwerk Köln GmbH Schanzenstraße 40 51063 Köln	Z-12.2-27	Z: 09.08.2013 G: 01.08.2018

Tabelle 33. Übersicht über Herstellwerke für Spannstahldraht mit allgemeiner bauaufsichtlicher Zulassung (Fortsetzung)

Zulassungsgegenstand	Antragsteller	Zulassungsnummer	Bescheid vom: Geltungsdauer bis:
Kaltgezogener Spannstahldraht St1570/1770 rund, profiliert Nenn-Ø: 4,0 – 4,5 – 5,0 – 6,0 – 7,0 mm	DWK Drahtwerk Köln GmbH Schanzenstraße 40 51063 Köln	Z-12.2-28	Z: 07.08.2013 G: 01.08.2018
Kaltgezogener Spannstahldraht St1375/1570 rund, mit Sonderprofilierung Nenn-Ø: 9,5 mm	NEDRI Spanstaal BV Groot Egtenrayseweg 13 5928 PA Venlo-Blerick Niederlande	Z-12.2-80	Z: 22.02.2018 G: 01.09.2022
Kaltgezogener Spannstahldraht St1470/1670 rund, mit Sonderprofilierung mit modifizierter Wöhlerlinie Nenn-Ø: 7,5 mm und 8,0 mm	NEDRI Spanstaal BV Groot Egtenrayseweg 13 5928 PA Venlo-Blerick Niederlande	Z-12.2-92	Z: 11.06.2015 G: 01.05.2020
Kaltgezogener Spannstahldraht St1375/1570 rund mit Sonderprofilierung Nenn-Ø: 9,5 mm	DWK Drahtwerk Köln GmbH Schanzenstraße 40 51063 Köln	Z-12.2-108	Z: 29.04.2016 G: 29.03.2021
Kaltgezogener Spannstahldraht St1570/1770 rund, glatt Nenn-Ø: 7,0 mm	DWK Drahtwerk Köln GmbH Schanzenstraße 40 51063 Köln	Z-12.2-117	Z: 01.03.2018 G: 01.08.2022
Kaltgezogener Spannstahldraht St1375/1570 rund, mit Sonderprofilierung Nenn-Ø: 10,5 mm	NEDRI Spanstaal BV Groot Egtenrayseweg 13 5928 PA Venlo-Blerick Niederlande	Z-12.2-120	Z: 22.02.2018 G: 01.09.2022
Kaltgezogener Spannstahldraht St1570/1770 rund, glatt Nenn-Ø: 7,0 mm	NEDRI Spanstaal BV Groot Egtenrayseweg 13 5928 PA Venlo-Blerick Niederlande	Z-12.2-124	Z: 07.08.2014 G: 10.08.2019
Kaltgezogener Spannstahldraht St1570/1770 rund mit Sonderprofilierung Nenn-Ø: 10,5 mm	DWK Drahtwerk Köln GmbH Schanzenstraße 40 51063 Köln	Z-12.2-131	Z: 29.04.2016 G: 29.03.2021

Tabelle 34. Übersicht über Herstellwerke für Spannstahllitzen mit allgemeiner bauaufsichtlicher Zulassung

Zulassungsgegenstand	Antragsteller	Zulassungsnummer	Bescheid vom: Geltungsdauer bis:
Spannstahllitzen St1570/1770 aus sieben kaltgezogenen, glatten Einzeldrähten Nenn-Ø: 6,9 – 9,3 – 11,0 – 12,5 – 12,9 – 15,3 und 15,7 mm sowie Korrosionsschutzsysteme für die Nenn-Ø 12,5-12,9 – 15,3 und 15,7 mm	NEDRI Spanstaal BV Groot Egtenrayseweg 13 5928 PA Venlo-Blerick Niederlande	Z-12.3-6	Z: 29.2.2016 G: 01.03.2021
Spannstahllitzen St1570/1770 aus sieben kaltgezogenen, glatten Einzeldrähten Nenn-Ø: 6,9 – 9,3 – 11,0 – 12,5 – 12,9 – 15,3 – 15,7 mm sowie Korrosionsschutzsysteme Acor2 und Acor3 für Nenn-Ø: 12,5 – 12,9 – 15,3 – 15,7 mm	DWK Drahtwerk Köln GmbH Schanzenstraße 40 51063 Köln	Z-12.3-29	Z: 19.06.2014 G: 01.07.2019
Spannstahllitzen St1570/1770 aus sieben kaltgezogenen, glatten Einzeldrähten Nenn-Ø: 6,9 – 9,3 – 11,0 – 12,5 – 12,9 – 15,3 und 15,7 mm und Korrosionsschutzsysteme für Nenn-Ø: 12,5 bis 15,7 mm	NEDRI Spanstaal BV Groot Egtenrayseweg 13 5928 PA Venlo-Blerick Niederlande	Z-12.3-36	Z: 19.12.2014 G: 01.01.2020
Spannstahllitzen St1660/1860 aus sieben kaltgezogenen, glatten Einzeldrähten Nenn-Ø: 6,9 – 9,3 – 11,0 – 12,5 – 12,9 – 15,3 und 15,7 mm sowie Korrosionsschutzsysteme für Nenn-Ø: 12,5 – 12,9 – 15,3 und 15,7 mm	NEDRI Spanstaal BV Groot Egtenrayseweg 13 5928 PA Venlo-Blerick Niederlande	Z-12.3-84	Z: 17.09.2018 G: 02.9.2023
Spannstahllitzen St1660/1860 aus sieben kaltgezogenen, glatten Einzeldrähten Nenn-Ø 9,3 – 11,0 – 12,5 – 12,9 – 15,3 und 15,7 mm sowie Korrosionsschutzsysteme – Acor2 und Acor3 – für Litzen mit Nenn-Ø: 12,5 – 12,9 – 15,3 und 15,7 mm	DWK Drahtwerk Köln GmbH Schanzenstraße 40 51063 Köln	Z-12.3-91	Z: 01.07.2015 G: 01.07.2020

Tabelle 35. Übersicht über Herstellwerke für Spannstabstahl mit allgemeiner bauaufsichtlicher Zulassung

Zulassungsgegenstand	Antragsteller	Zulassungsnummer	Bescheid vom: Geltungsdauer bis:
Warmgewalzter, aus der Walzhitze wärmebehandelter, gereckter und angelassener Spannstabstahl St950/1050 rund, glatt Durchmesser: 26,0 – 32,0 – 36,0 – 40,0 mm mit modifizierter Wöhlerlinie (Klasse 2)	Stahlwerk Annahütte Max Aicher GmbH & Co. KG 83404 Ainring	Z-12.4-26	Z: 05.09.2014 G: 02.09.2019
Warmgewalzter, aus der Walzhitze wärmebehandelter, gereckter und angelassener Spannstabstahl St950/1050 mit Gewinderippen Durchmesser 17,5 – 26,5 – 32,0 – 36,0 – 40,0 mm mit modifizierter Wöhlerlinie (Klasse 2)	Stahlwerk Annahütte Max Aicher GmbH & Co. KG 83404 Ainring	Z-12.4-71	Z: 28.10.2016 G: 02.07.2021

Tabelle 36. Übersicht über Herstellwerke für Schalungsanker mit allgemeiner bauaufsichtlicher Zulassung

Zulassungsgegenstand	Antragsteller	Zulassungsnummer	Bescheid vom: Geltungsdauer bis:
Ankerstabstahl St900/1100 mit Gewinderippen AWM 1100 Nenn-Ø: 15,0 und 20,0 mm	Stahlwerk Annahütte Max Aicher GmbH & Co. KG 83404 Ainring	Z-12.5-96	Z: 29.09.2015 G: 01.10.2020
Ankerstabstahl St750/875 Typ FS mit umlaufendem Gewinde Nenn-Ø: 15,0 und 20,0 mm	Stahlwerk Annahütte Max Aicher GmbH & Co. KG 83404 Ainring	Z-12.5-104	Z: 18.12.2013 G: 01.12.2018
Ankerstabstahl St900/1050 mit Gewinderippen SAS 900 FC Nenn-Ø: 15,0 und 20,0 mm	Stahlwerk Annahütte Max Aicher GmbH & Co. KG 83404 Ainring-Hammerau	Z-12.5-118	Z: 14.12.2017 G: 02.08.2022
Ankerstabstahl St900/1100 mit Gewinderippen AWM 1100 Nenn-Ø: 26,5 mm	Stahlwerk Annahütte Max Aicher GmbH & Co. KG 83404 Ainring	Z-12.5-132	Z: 22.09.2016 G: 01.10.2020

# III Spanngliedverankerung beim Rückbau von Brücken

David Sanio, Düsseldorf

Peter Mark, Bochum

GRASSL
BERATENDE
INGENIEURE
BAUWESEN

Ersatzneubau Hafenbrücken Nürnberg – Frankenschnellweg über den Main-Donau-Kanal und die Südwesttangente

Leistungsspektrum

- Objektplanung Verkehrsanlagen und Ingenieurbauwerke (Lph. 1-9)
- Tragwerksplanung (Lph. 2-6)
- Planung von Behelfsbrücken
- Baulogistik
- Stochastische Untersuchung zum Ankündigungsverhalten bei Spannstahlausfällen (Spannungsrisskorrosion)
- Rückbauplanung der Bestandsbrücke inkl. vertiefter Untersuchung zur Spanngliedverankerung im Bereich der Trennschnitte

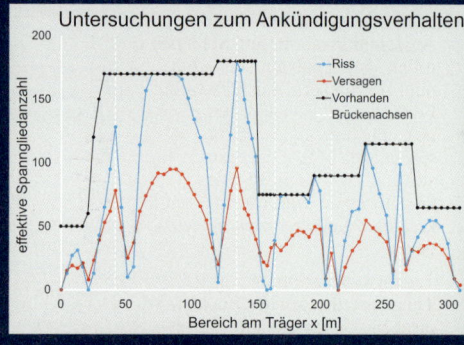

Berlin | Düsseldorf | Greifswald | Hamburg | Magdeburg | München | Stuttgart | www.grassl-ing.de

1 Einleitung

Viele Brücken erreichen aktuell das Ende ihrer planmäßigen Nutzung. Das betrifft besonders Spannbetonbrücken aus der Pionierzeit des Spannbetonbaus, gebaut also zwischen 1950 und 1980, die oft enorm gestiegenen (Straßen-)Verkehrslasten ausgesetzt sind [2, 6, 57, 59]. Sie werden in der Regel ausgetauscht, also rückgebaut und an gleicher Stelle durch einen Neubau ersetzt. Der überführte Verkehr ist mit möglichst geringer Einschränkung während der Bauzeit aufrechtzuhalten. Gleichzeitig gilt es die umliegende Bebauung und Infrastruktur wenig zu beeinträchtigen. Die Baumaßnahme sollte daher geringen Raum beanspruchen, in kurzer Zeit abgeschlossen sein und schonend mit Ressourcen und Emissionen umgehen.

Brücken sind für einen Rückbau in der Regel weder entworfen noch bemessen. Fertige Rückbaukonzepte existieren nicht. Rückbaukonzepte müssen für jedes Tragwerk individuell entwickelt werden, wobei sich in der Praxis eine Vielzahl von Varianten etabliert hat. Möglich sind konventionelle Abbruchverfahren mit Meißeln oder Zangen, Bauverfahren mit bodengestützten Gerüsten, Aushub per Kran, Ausschubverfahren mit Schienen oder Schwerlastrollen, Vorschubgerüste, Ablassen und Verfahren mit Litzenhebern, Ausschwimmen auf Pontons über Flüssen oder Kanälen, temporäre Verstärkungsträger und weitere [11, 36, 60, 84]. Dabei ist es generell günstig, die planmäßigen Bauzustände der Erstellung auch beim Rückbau zu nutzen. So kann auf eingerechnete Tragreserven und planmäßige Verankerungen und Verbindungen zurückgegriffen werden.

Tagungsveranstaltungen greifen mehr und mehr die Themenstellungen des Rückbaus mit ingenieurtechnischen Verfahren auf [58, 60, 84]. Gleichzeitig sind Sachstandsberichte der Verkehrsbehörden und von Industrieverbänden in Vorbereitung, um gewonnene Erkenntnisse zusammenzutragen und Vereinheitlichungen beim Rückbau voranzubringen.

Durch den fortschreitenden Stand der Technik und das sich kontinuierlich weiterentwickelnde Regelwerk liegt es auf der Hand, dass Rückbauzustände meist nur mit Sonderverfahren der Bemessung und Konstruktion zu lösen sind [79]. Die Bestandstragwerke sind nach den Konzepten und Regelungen ihrer Bauzeit konstruiert und nicht nach den heutigen. Für Spannbetonbrücken bedeutet das, dass in der Regel weitgehend interne Vorspannungen mit Einzel- und Bündelspanngliedern aus Stäben vorliegen, die Betonstahlmengen an den Oberflächen gering sind und oft auch glatte Oberflächen bei Spannstahl und Betonstahl vorkommen. Neben diesen grundsätzlichen Unterschieden aufgrund des technischen Regelungsstands sind beim Rückbau die statisch relevanten Einzelbaustufen, also die durch Trennschnitte oder Abbruchkanten temporär wirkenden Tragsysteme zu betrachten und auf ausreichende Tragfähigkeit zu untersuchen. Durch das monolithische Betontragwerk werden an solchen Schnitten oder Kanten die Spannglieder längs oder quer der Brückenachse durchtrennt. Ihre Vordehnung wird frei. Dies geschieht an Stellen, die dazu planmäßig nicht vorgesehen sind. Die Verankerung der Spannglieder ist daher individuell zu untersuchen und auf eine nötige Wirksamkeit für die Tragfähigkeit und ihren Einfluss auf eine mögliche (lokale) Überbeanspruchung und übermäßige Rissbildung abzuschätzen.

Erste Konzepte zur nachträglichen Verankerung wurden im Beitrag „Spannbetonbau" des Beton-Kalenders 2017 durch die Autoren *Geßner* et al. dargestellt [40]. Hier folgt eine Verallgemeinerung und Erweiterung der Inhalte.

Folgende grundsätzliche Aspekte sind für Straßenbrücken zu beachten:

– Der Verkehr wird während der Bauzeit oft eingeschnürt im Raum der Bestandsbrücke selbst geführt. Spurenteilungen von „2+0" bzw. „4+0", also zwei bzw. vier Fahrspuren ohne separaten Seitenstreifen, sind üblich. Bei nur einem Überbau für alle Fahrspuren wird in der Regel ein längs der Brückenachse orientierter Trennschnitt entlang der Mittellinie durchgeführt (Bild 1c). Die eine Brückenseite wird temporär erhalten und der verbleibende Teil abgebrochen und ersetzt. Querspannglieder werden durchtrennt und sind im erhaltenen Abschnitt für die Bauzeit zu verankern (Bild 1a). Bei zwei getrennten Überbauten, z. B. bei Autobahnen oder Landstraßen, kann je eine Seite ersetzt und die andere bauzeitlich für den Verkehr erhalten bleiben. In einem abschnittsweisen Rückbau längs der Brückenrichtung werden die Längsspannglieder getrennt und sind entsprechend zu verankern (Bild 1b).

– Die Zeit der temporären Verankerung kann sich über wenige Tage erstrecken bei rein schrittweisem Abbruch, über Monate bis hin zu wenigen Jahren andauern bei bauzeitlicher Verkehrsführung auf dem Bestand und ihren Bedarf bei Jahrzehnte ausweiten, z. B. bei Teilrückbau von Auffahrten und planmäßiger Weiternutzung des Resttragwerks. Entsprechend einfach bzw. dauerhaft kann bzw. muss die Konstruktion ausfal-

Beton-Kalender 2020: Wasserbau. Konstruktion und Bemessung.
Herausgegeben von Konrad Bergmeister, Frank Fingerloos und Johann-Dietrich Wörner
© 2020 Ernst & Sohn GmbH & Co. KG. Published 2020 by Ernst & Sohn GmbH & Co. KG.

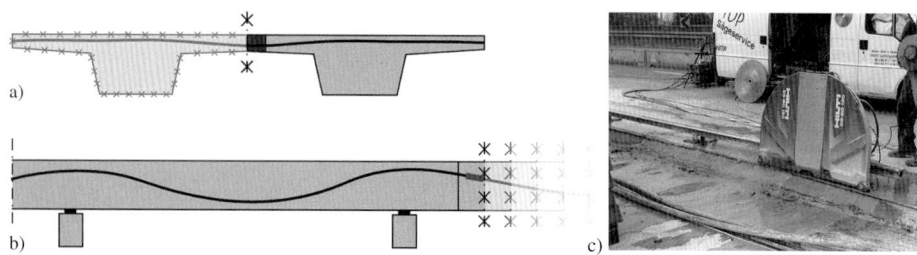

Bild 1. Trennschnitte und zu verankernde Spannglieder; a) Querspannglieder getrennt mit Schnitt in Brückenlängsrichtung, b) Längsspannglieder getrennt mit Schnitten in Brückenquerrichtung, c) Sägeschnitt einer Brücke längs der Mittelachse (Foto: Bickardt Bau AG)

len. Zudem sind bei kurzer Nutzung reduzierte Teilsicherheitsbeiwerte denkbar. Die Einwirkungen können quasi-statischer Natur und zusätzlich auch ermüdungsrelevanter Art mit zu ertragender Spannungsschwingbreite aus Verkehrsbeanspruchungen sein. Beim Trennen tritt ein mehr oder minder schlagartiges Aktivieren der Verankerung auf.

– Trennschnitte an statisch unbestimmten Tragwerken erzeugen statisch bestimmte Kragarme. Dies tritt sowohl am Längs- als auch am Quersystem auf. Die eingeprägte Rotation aus der Verträglichkeit (statisch unbestimmter Anteil) wird frei. Große, teils plötzliche Querschnittsrotationen entstehen, was bei der Abbruchplanung zu berücksichtigen ist. Die Spannglieder wirken anschließend am Kragarm ohne einen statisch unbestimmten Schnittgrößenanteil.

– Temporäre Spanngliedverankerungen werden in der Regel allein für eine ausreichende Tragfähigkeit ausgelegt. Sie ist global für das System und lokal für die Lasteinleitung zu zeigen. In der Gebrauchstauglichkeit können Defizite akzeptiert werden. Bei internen Spanngliedern mit Verbund sind daher meist nur prozentuale Anteile aller Spannglieder planmäßig zu sichern. Betonstahlbewehrungen sind anrechenbar.

– Wie im Spannbetonbau üblich, sind auch bei temporären Verankerungen obere wie untere Tragfähigkeitsabschätzungen notwendig (*majorante* und *minorante* Eingrenzung). Werden in einem Trennschnitt beispielsweise nur ein Anteil der Spannglieder planmäßig verankert und ein Rest ohne weitere Maßnahmen lediglich durchtrennt, so ist für die allein durchtrennten Spannglieder zu zeigen, dass sie – wenn sie sich doch im Verpressmörtel verankern – weder lokal den Querschnitt schädigen (z. B. fehlende Spaltzugabdeckung) noch bei Zusammenwirken aller Spannglieder den Querschnitt insgesamt überbeanspruchen. Ein alleiniges „Vernachlässigen" ihrer Wirkung oder ein Ansatz als nicht

vorgespannte Betonstahlbewehrung reicht nicht aus, da sie Vordehnungen besitzen.

– Nachträgliche Spanngliedverankerungen sind grundsätzlich denkbar über Verbund oder mechanische Ankerkörper. Der Verbund kann über den vorhandenen Verpressmörtel, neu eingebrachten Beton bzw. Mörtel oder Plomben aus Hochleistungsbeton erfolgen. Zu beachten ist, dass der Verpressmörtel – unabhängig davon, ob eine ausreichende Spaltzugbewehrung überhaupt vorhanden ist – für eine planmäßige Lasteintragung nicht zugelassen ist. Es liegen aber für Einzelstabspannglieder und auch solche aus mehreren Stäben gute Erfahrungen für eine temporäre Verbundverankerung vor. Bei übermäßigen Erschütterungen aus dem Abbruch oder nicht vollständigem Verpresszustand können Stäbe auch „durchrutschen" und einzelne Verankerungen misslingen.

Mechanische Ankerkörper bestehen in der Regel aus Stahl und fixieren den Spannstahl über Klemmung oder Adhäsion.

Der Beitrag ist wie folgt aufgebaut: Zunächst werden verschiedene Projekte mit den dort verwendeten Verankerungsarten kurz vorgestellt. Es folgen verallgemeinerte Darstellungen zur Verankerung über Verbund oder mechanische Ankerkörper mit geeigneten Materialien, erzielbaren Verbundlängen sowie erforderlichen Zusatzmaßnahmen. Anschließend werden die lokale Lasteinleitung mit interner Bewehrung oder externer Verstärkung, Einwirkungen und Teilsicherheitskonzepte, Aspekte der Ausführung mit abschnittsweisem Durchtrennen und Betonieren sowie die Qualitätssicherungen behandelt.

1.1 Projektübersicht

Die Verankerung von Spanngliedern in Bestandsbauwerken wurde in verschiedenen Ausführungsvarianten in mehreren Projekten und im Rahmen von Forschungsvorhaben ausgeführt und getestet. Ta-

Einleitung

belle 1 zeigt entsprechende Vorhaben bzw. Projekte. Ergänzend sind wesentliche Randbedingungen und Details zur Verankerung angegeben. Ausgewählte Projekte, auf die im Rahmen des Beitrags wiederholt Bezug genommen wird, sind im Folgenden kurz vorgestellt.

Lahntalbrücke, Limburg, A3

Projekt: Die 2017 rückgebaute Lahntalbrücke war eine 396,5 m lange Balkenbrücke der Bundesautobahn A3 bei Limburg. Sie überspannte die Lahn östlich von Limburg sowie eine Bahnstrecke in ma-

Tabelle 1. Übersicht über verschiedene Projekte mit nachträglicher Verankerung von Spanngliedern

Bauvorhaben	Vorspannrichtung	Spannstahltyp	Verankerungsart und -material	Geometrie / Verankerungslänge	Bild
Lahntalbrücke, A3, Limburg (Bauherr: DEGES, Ausf.: Adam Hörnig und Thyssen Krupp AG, Planung: Marx-Krohntal)	längs	Ø 26 mm, St 80/105	Verbund im bestehenden Verpressmörtel	< 100 cm*, vereinzelt keine Verankerung	
Emsumflutbrücke, A1, Greven (Bauherr: Straßen.NRW, Ausf.: Fa. Echterhoff & Fa. Moß, Planung: Hochtief Engineering)	längs	44 Ø 6 mm, glatte Drähte, St 150/170	Verbund im bestehenden Verpressmörtel	ca. 160 cm*	
Kreisel Amöneburg, A671, Wiesbaden (Bauherr: Hessen Mobil, Ausf.: Bickardt Bau, Planung: Krebs und Kiefer)	quer	12 Ø 6 mm, glatte Drähte, St 150/170	Ankerplatte, Baustahl mit Normalbeton	Betonöffnung ca. 100 × 200 [cm]	
B27, Fulda (Bauherr: Hessen Mobil, Ausf.: Bickardt Bau, Planung: EFG Ingenieure)	quer	12 Ø 6 mm, glatte Drähte, St 150/170	Ankerplatte, Baustahl mit Normalbeton	Betonöffnung ca. 100 × 150 [cm]	
Uellendahler Straße, A46, Wuppertal (Bauherr: Straßen.NRW, Planung: PSP-Ingenieure, IB Grassl)	quer	Ø 26 mm, Stabstahl St 80/105	Verbund mit hochfestem Vergussmörtel	150 cm	

Tabelle 1. Übersicht über verschiedene Projekte mit nachträglicher Verankerung von Spanngliedern (Fortsetzung)

Bauvorhaben	Vorspannrichtung	Spannstahltyp	Verankerungsart und -material	Geometrie / Verankerungslänge	Bild
Deelbögebrücke, Hamburg (Bauherr: LSBG Hamburg, Ausf.: Fa. Holst, Planung: IB Grassl)	quer	3 Ø 12,2 mm glatte Drähte, St 125/140	Klemmkonstruktion, Baustahl in hochfestem Beton	Betonöffnung: ca. 50 × 80 [cm] Ankerkörper: 30 × 15 × ca. 8,5 [cm]	
Tue et al. [83]	theoretische Untersuchung	16 × Sigma Oval 40, St 145/160	Verbund mit ultrahochfestem Beton (UHPC)	(35 cm)**	
Straßenbahnhaltestelle unter B14, Stuttgart [66]	längs	Ø 32 mm, Stabstahl, St 80/105	Verbund im Verpressmörtel	$< 100\ cm^*$	
Pariser Straße, Düsseldorf Ruhr-Universität Bochum [75]	längs	Ø 26 mm, Stabstahl, St 80/105	Verbund im Verpressmörtel	$(\leq 110\ cm)^*$	
BASt-Vorhaben Institut für Massivbau und Baustofftechnologie, KIT [47]	theoretische Untersuchung	Ø 26 mm, Stabstahl, St 95/105	geklebte Rippenhalbschalen mit Vergussmörtel	60 cm**	

* Verankerungslänge im Bestand (abgeleitet oder gemessen), ohne Sicherheitszuschläge
** als Laborversuche, ohne Sicherheitszuschläge
in Klammern: Verankerungslängen sind abgeleitete Größen; Verankerung wurde nicht tragfähigkeitsrelevant eingesetzt oder vorgesehen
(Fotos: IB Grassl, Hochtief Engineering, Bickardt Bau AG, Hessen Mobil, Ruhr-Universität Bochum KIB-KON, LSBG Hamburg, [83], D. Sanio)

ximal 57 m Höhe über dem Grund bei Spannweiten bis 68 m. Sie wurde durch einen Neubau in Parallellage ersetzt und ihr Überbau unter Zuhilfenahme einer Vorschubrüstung abschnittsweise zurückgebaut (Bild 2) [11].

Die Überbauten der Spannbetonbrücke bestanden aus zwei einzelligen Hohlkästen mit jeweils 15 m Gesamtbreite und 4 m Höhe. Sie waren in Längs- und in Querrichtung vorgespannt. Bereits in den Jahren 1981 und 2004/2005 wurden umfangreiche Instandsetzungsarbeiten durchgeführt, u. a. die Installation einer zusätzlichen externen Längsvorspannung im Hohlkasten (Bild 3) [79].

Bei den internen Spanngliedern des Bestands handelt es sich um Stabspannglieder Ø 26 mm, St 80/105, die gemäß Zulassung eine zulässige Vorspannung von 577,5 N/mm² aufwiesen. Abzüglich von Kriech- und Schwindverlusten lässt sich die verbliebene Vorspannung auf ca. $\sigma_{pmt} = 0{,}85 \cdot 577{,}5 = 491$ N/mm² abschätzen.

Bild 2. Lahntalbrücke im Rückbau, seitliche Kragarme entfernt, rechts Neubau (Foto: IB Grassl)

Bild 4. Seitenansicht der Brücke „Uellendahler Straße", Wuppertal, A46 (Foto: D. Sanio)

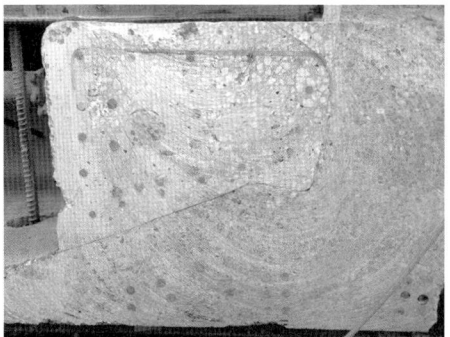

ca. 33,4 bis 38,9 m aus dem Jahre 1969. Die größte Stützweite beträgt im Mittelfeld ca. 88 m, die größte lichte Höhe ca. 21 m. Der einteilige Überbau setzt sich aus je zwei Hauptträgern pro Fahrtrichtung zusammen, die durch eine durchlaufende Fahrbahnplatte sowie ein Mittelfachwerk verbunden sind (Bild 5). Die Fahrbahnplatte ist sowohl längs als auch quer mit Spannstahl St 80/105, Ø 26 mm vorgespannt und variiert in ihrer Querschnittsdicke zwischen 20 und 45 cm. Das Bauwerk wurde nach DIN 1072 für die Brückenklasse 60 bemessen. Ein Rückbau wird infolge einer Nachrechnung erforderlich.

Es ist ein Trennschnitt in Längsrichtung im Bereich der Mittelkappe vorgesehen, um während des Teilabbruchs einer Überbauhälfte den Verkehr auf dem verbleibenden Tragwerk zu führen. Im Zuge des Teilabbruchs wird zunächst ein Stahlrahmen zur Verstärkung des Überbaus eingebaut, anschließend erfolgt der Trennschnitt gemäß Bild 5.

Bild 3. Geschnittener Querschnitt mit zahlreichen Spanngliedern, untere Hohlkastenecke mit Betonergänzung der nachträglichen externen Vorspannung (Foto: IB Grassl)

Verankerungsart: Das Rückbaukonzept sah vor, die abzubrechenden Felder jeweils nahe der Momentennullpunkte zu trennen, abschnittsweise in eine Vorschubrüstung abzulassen und dort zurückzubauen. Für die verbleibenden Überbauteile waren die Längsspannglieder an Koppelankern bzw. im Verbund mit dem bestehenden Verpressmörtel zu verankern.

Gemäß dem Bemessungskonzept für den Rückbau konnte ein teilweiser Ausfall der Verankerungen zugelassen werden bzw. die Verankerung an versetzt liegenden Koppelstellen war ausreichend. Die Verankerung im Verpressmörtel wurde zudem durch ein umfangreiches Versuchsprogramm begleitet. Dieses bestand u. a. aus 143 Einzeluntersuchungen zum Verpresszustand [79].

Uellendahler Straße, Wuppertal, A46

Projekt: Das Bauwerk „Uellendahler Straße" (Bild 4) ist eine dreifeldrige Stahlverbundbrücke mit 192,9 m Gesamtlänge und variabler Breite von

Verankerungsart: Da die volle Quervorspannung auch im Bauzustand erforderlich ist, sind die Spannglieder zu verankern. Dazu wurde ein verbundbasiertes Verankerungssystem mit Vergussmörtel in Zusammenarbeit mit der Ruhr-Universität Bochum entwickelt. Die Verankerung erfolgt über einen nachträglich erstellten, 150 cm langen Ankerblock. Als Vergussmaterial wird ein hochfester Vergussmörtel (C100/115) verwendet. Das temporäre Verankerungssystem wurde basierend auf Verkehrszählungen für einen Zeitraum von maximal fünf Jahren ausgelegt.

Zum Einbau werden die Spannglieder freigelegt und die Hüllrohre samt Verpressmörtel entfernt. Eine Spaltzugbewehrung sowie eine Oberflächenbewehrung ergänzen die Bestandsbewehrung, welche erhalten wird. Die Herstellung der Ankerblöcke erfolgt im Pilgerschritt, wobei mehrere Spannglieder gleichzeitig freigelegt werden. Die Breite eines einzelnen Ankerblocks ist dabei zur Reduzierung von Schwindrissen auf ca. 80 cm begrenzt.

256 | Spanngliedverankerung beim Rückbau von Brücken

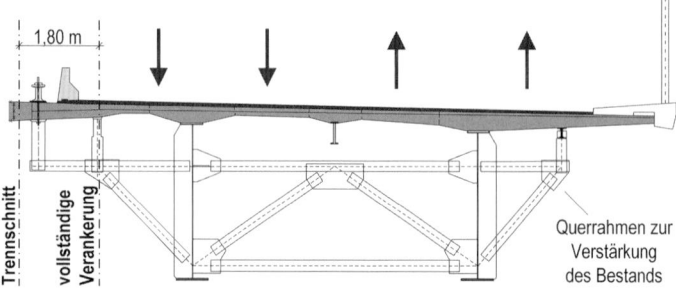

Bild 5. Halber Verbundquerschnitt des Bestandsbauwerks mit Verstärkungsrahmen und Stelle des Trennschnitts

Deelbögebrücke, Hamburg

Projekt: Die Deelbögebrücke war eine ca. 43 m lange Einfeldbrücke in Spannbetonbauweise, bestehend aus drei Hauptträgern mit Hohlkastenquerschnitt (Bild 6). Sie führte eine Stadtstraße in Hamburg über einen Alsterarm und wurde 2012 durch einen Neubau ersetzt. Da sie eine der Hauptverkehrsachsen im Hamburger Norden überführte, war der Verkehr mit einer 4+0-Führung während aller Bauphasen aufrechtzuerhalten. Daher wurde das Bauwerk nicht mit seiner gesamten Breite von 28 bis 36 m zurückgebaut, sondern in Teilabschnitten davon. Ein Hauptträger wurde zurückgebaut und ersetzt. Die übrigen beiden Hohlkästen und die zugehörige Fahrbahnplatte wurden zunächst erhalten, vgl. [37].

Bild 6. Ansicht der Deelbögebrücke in Hamburg [37]

Die durchlaufenden Querspannglieder waren im Rückbau temporär zu verankern. Die Quervorspannung stellten Einzeldrähte Ø 12,2 mm (St 125/140) her, die in Bündeln aus jeweils drei glatten Drähten in einem verpressten Hüllrohr (Ø 30 mm) geführt wurden.

Verankerungsart: Zur Verankerung wurde aufgrund der beengten Platzverhältnisse eine Klemmkonstruktion mit Stahlbauteilen eingesetzt – entwickelt an der Ruhr-Universität Bochum (Bild 7) – die die Vorspannkraft über Reibung zwischen Spannglied und Klemmelement überträgt. Von den Stirnseiten des Klemmelements wird die Vorspannung als Druckkraft in einen Vergusskörper aus hochfestem Beton und folgend auf den Bestandsbeton übertragen. Den Reibkoeffizienten zwischen freigelegtem und gesäubertem Spannglied zur Klemmnut verbessert eine Haftbrücke aus Korund bzw. Silikatsanden.

Zum Einbau wurden Betonöffnungen von jeweils ca. 35 bis 55 × 80 × 22 [cm] hergestellt. Die Klemmverankerungen mitsamt Spaltzugbewehrung wurden eingebaut (Bild 7) und die Öffnung mit hochfestem Beton verfüllt. Das Klemmelement setzt sich aus zwei Blechen und sechs planmäßig vorgespannten Schrauben M24 zusammen.

Bild 7. Klemmkonstruktion zur Spanngliedverankerung mit Zusatzbewehrung (Foto: LSBG Hamburg)

Emsumflutbrücke, Greven, A1

Projekt: Die Emsumflutbrücke bei Greven wurde 1966 errichtet und 2018 durch einen Neubau ersetzt. Sie führte die Bundesautobahn A1 mit zwei Fahrspuren je Fahrtrichtung auf zwei getrennten,

Einleitung

Bild 8. Überbau der Emsumflutbrücke mit schachbrettartigen Öffnungen nach den Leichterungsarbeiten (Foto: Hochtief Engineering)

baugleichen Spannbetonüberbauten. Jeder Überbau wies eine Gesamtlänge von ca. 168 m auf, bei sechs Feldern mit 30 m Spannweite in den Mittelfeldern und 24 m in den Randfeldern. Der Querschnitt war ein zweizelliger Hohlkasten mit Vorspannung in Längs- und Querrichtung. Die Längsvorspannung erfolgte intern durch Spannglieder aus St 150/170 mit 44 glatten Spanndrähten Ø 6 mm in nachträglichem Verbund. Je Überbau wurden 24 derartige Spannglieder in einem girlandenförmigen Verlauf geführt.

Der Rückbau der Emsumflutbrücke gliederte sich in zwei wesentliche Phasen: Zunächst wurde der Überbau u. a. mittels Hydraulikbaggern geleichtert (Bild 8) und in einem zweiten Schritt im Abstand von ca. 3 m zur Pfeilerachse quer getrennt. Einzelne Teilstücke – hier also die vor der planmäßigen Verankerung – konnten gewünscht auf ein vorbereitetes Kies- und Sandbett kippen. Dort folgte das Zerkleinern mittels Pickern und Baggern.

Die Leichterungsarbeiten bestanden darin, sämtliche Ausbauten (Kappen, Fahrbahnaufbau, Geländer) rückzubauen und dann die Fahrbahnplatte und die Bodenplatte im Schachbrettmuster zu entfernen (Bild 8). Zudem wurden die Kragarme über die gesamte Brückenlänge abgetrennt. Übrig blieben im Wesentlichen drei Stege je Überbau sowie querverbindende Streben der Ober- und Untergurte.

Verankerungsart: Um den verbleibenden Überbau standsicher und in seiner Lage zu halten, wurden die Spannglieder temporär im bestehenden Verpressmörtel verankert. Der Vorgang der Spanngliedtrennung (Bild 9) und Neuverankerung wurde dabei messtechnisch begleitet. Dies geschah im Rahmen einer Masterarbeit an der Ruhr-Universität Bochum in Zusammenarbeit mit Straßen.NRW, Coesfeld [42]. Dazu wurde zweimal an sieben Messstellen in einem Abstand von je 75 cm nach der Trennstelle der Rückgang der Vordehnung beobachtet. Das Spannglied wurde dazu freigelegt und Dehnungsmessstreifen (DMS) appliziert. Anhand der Dehnungsänderungen wurden das Verankerungsverhalten der Spannglieder im bestehenden Verpressmör-

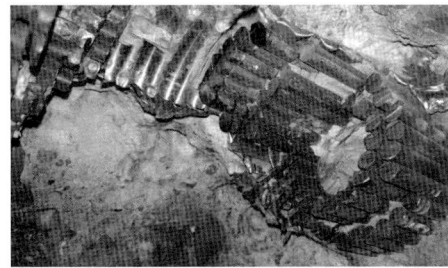

Bild 9. Durchtrenntes Spannglied aus 44 Drähten Ø 6 mm; größerer Schlupf an den unteren Spanndrähten (Foto: A. Hammes)

tel untersucht, Übertragungslängen abgeleitet und die Verkehrsauswirkungen als induzierte Schwingbreiten beobachtet.

Überführung B27, Fulda

Projekt: Das Überführungsbauwerk der Bundesstraße 27 über die Bundesautobahn 66 bei Fulda war ein siebenstegiger Plattenbalken mit Längs- und Quervorspannung aus dem Jahre 1966 (Bild 10). Das Bauwerk wurde als 29 m langer Zweigelenkrahmen mit Zugriegel in der Gründungsebene hergestellt. Die Querspannglieder der nachträglich ergänzten Fahrbahnplatte besaßen einen Abstand von ca. 25 cm. Sie bestanden als Bündeln von 12 glatten Einzeldrähten mit Ø 6 mm aus St 150/170.

Das Bauwerk war im Jahr 2014 kurzfristig durch einen Neubau zu ersetzen. Dazu wurde zunächst nur eine Brückenseite zurückgebaut und ein Ersatzneubau daneben hergestellt. Von der ursprünglichen Gesamtbreite des Bestands von 32,75 m waren etwa 19 m in einem ersten Bauabschnitt abzubrechen; der verbleibende Teilüberbau führte den Verkehr und wurde nach Verkehrsumlegung auf den Neubau rückgebaut.

Verankerungsart: Für den Rückbauzustand war jedes zweite Querspannglied zu verankern, um die Tragfähigkeit der dabei entstehenden Kragarme und

Bild 10. Überführungsbauwerk der B27 über die Bundesautobahn 66 bei Fulda (Foto: Hessen Mobil)

der Plattenquerrichtung sicherzustellen. Dazu wurde eine Plattenverankerung entwickelt. Für den Einbau wurden die Ankerbereiche schachbrettartig im Raster von ca. 1,5 m freigelegt, wobei 50% des Fahrbahnplattenquerschnitts bezogen auf die Längsrichtung erhalten blieben, um die Spannkraft in Querrichtung durchzuleiten (Bild 11). Die verbleibenden Bereiche wurden in einem zweiten Arbeitsschritt freigelegt und behandelt, sobald die neue Betonergänzung erhärtet war.

Die Ankerplatten mit ca. 150 × 150 × 16 [mm] wurden auf die kreisförmig gespleißten Einzelstäbe aufgefädelt und die Stäbe zur Kraftübertragung an den Enden aufgestaucht. Anschließend wurde um die neu verankerten Spannglieder eine Spaltzugbewehrung ergänzt. Die Blöcke wurden mit Normalbeton (C50/60) verfüllt. Nach Herstellung sämtlicher Verankerungen und dem Aushärten der Betonergänzungen folgte der Trennschnitt längs der Brückenmitte.

Kreisel Amöneburg, Wiesbaden, A671

Projekt: Die 1968 errichtete Spannbetonbrücke „Amöneburger Kreisel" führte die Bundesautobahn 671 bei Wiesbaden in sechs Feldern und mit einer Gesamtlänge von 158 m unter anderem über den namensgebenden Kreisverkehr (Bild 12). Die Fahrbahnplatte des zweistegigen Plattenbalkens war in Querrichtung (b = 28,50 m) mit Spanngliedbündeln 12 Ø 6 mm, St 150/170 vorgespannt.

Im Zuge des Ersatzneubaus wurde das Bestandsbauwerk in der Mitte getrennt, auf der einen Seite mit Hilfsstützen stabilisiert und die andere Hälfte zuerst abgerissen. In parallel versetzter Lage wurde der erste neue Teilüberbau einer Fahrtrichtung hergestellt. Nach der Verkehrsumlegung auf den Neubau wurde der verbleibende Teilüberbau rückgebaut und durch den zweiten Überbau der anderen Fahrtrichtung ersetzt [3].

Bild 11. Betonöffnungen mit Plattenverankerungen bzw. durchlaufenden Querspanngliedern im Wechsel (Foto: Hessen Mobil)

Bild 12. Brückenbauwerk „Amöneburger Kreisel", Wiesbaden, vor dem Rückbau (Foto: Krebs und Kiefer)

Bild 13. Bewehrungs- und Betonagearbeiten zur Plattenverankerung am Brückenbauwerk „Amöneburger Kreisel"
(Fotos: Bickardt Bau AG)

Verankerungsart: Die temporäre Verankerung der Querspannglieder erfolgte mittels Ankerplatten, analog dem zuvor geschilderten Vorgehen bei der Überführung der B27. Die Abschnittsgrößen der schachbrettartigen Betonöffnungen betrug ca. 2 m. Die Betonstahlbewehrung wurde erhalten und für die Ankerherstellung auf- und dann wieder zurückgebogen. Es wurde jedes zweite Spannglied neu verankert (Bild 13).

Im Zuge der statischen Untersuchungen wurden Grenzwertbetrachtungen zum vollständigen Verankern der durchlaufenden Spannglieder bzw. zu deren (rechnerischem) Ausfall durchgeführt. Beide Varianten schienen aufgrund einer potenziellen Verbundverankerung möglich.

2 Verankerungskonzepte

Zur (temporären) Neuverankerung von Spanngliedern in Bestandstragwerken stehen verschiedene Konzepte zur Wahl. Sie unterscheiden sich in der Art der Kraftübertragung. Die Spannkraft wird entweder über eine Verbundspannung zwischen Spannstahl und einem Vergussmaterial übertragen oder von einem eingebauten Ankerkörper über Druckspannungen auf den Beton. Mögliche Verankerungssysteme sind:

- Verbundverankerung:
  - im bestehenden Verpressmörtel *,°
  - mit neuen Beton- oder Mörtelplomben *
- Ankerkörper mit Einbauteilen:
  - Ankerkörper als Klemmkonstruktion *
  - nachträgliche Plattenverankerung *
  - aufgeklebte Rippenhalbschalen *

Hinsichtlich des aktuellen Regelungsstands sind dabei nachfolgende Besonderheiten zu beachten, die in der obigen Aufzählung mit entsprechenden Symbolen (*, °) gekennzeichnet sind.

* gesonderte Genehmigungen wie eine Zustimmung im Einzelfall erforderlich

° z. T. im Rahmen aktueller Regelwerke möglich

Die Auswahl des Verankerungssystems ist vorrangig von den Spanngliedern – konkret von der Anzahl an Einzeldrähten oder Litzen, deren Oberflächen und der Spannkraft – und den geometrischen Randbedingungen am Bauwerk abhängig. Bei engen Platzverhältnissen sind Ankerelemente oder hochfeste Verbundmaterialen erforderlich. Sofern größere Verankerungslängen akzeptiert werden können, sind auch Verbundmaterialien geringerer Festigkeit (etwa Normalbeton) möglich.

Das qualitative Diagramm in Bild 14 gibt eine Entscheidungshilfe zur Wahl des Verankerungssystems. Grundsätzlich gilt, dass für Spanngliedbündel mit mehreren Einzeldrähten eine Verbundverankerung zu bevorzugen ist. Klemmelemente können bis etwa fünf Einzeldrähte kraftschlüssig greifen. Plattenverankerungen sind besonders bei mehreren Einzeldrähten vorteilhaft. Für Stabspannglieder mit Einzelstäben sind dagegen alle vorgestellten Verankerungsarten grundsätzlich möglich.

Im Falle der Verbundverankerung bestimmen das Verbundmaterial und die Spannstahloberfläche die Übertragungslänge und somit den zu öffnenden und wieder zu verfüllenden Betonbereich. Allgemein gilt, dass die Übertragungslänge mit zunehmender Betondruckfestigkeit f_c abnimmt, wobei die aufnehmbare Verbundspannung den wesentlichen Parameter darstellt. Mit ultrahochfesten Betonen (UHPC) sind daher kurze Verankerungslängen möglich. Bei hochfesten Betonen (HPC) werden sie bereits deutlich länger, bei Normalbetonen nehmen sie noch einmal überproportional zum Festigkeits-

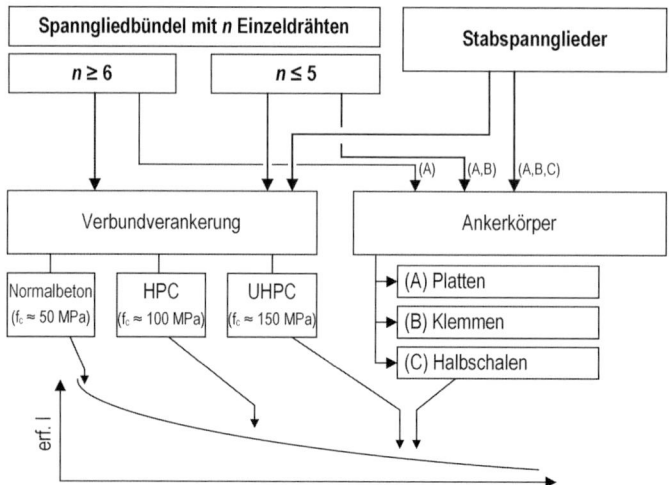

Bild 14. Qualitatives Auswahldiagramm zum Verankerungskonzept in Abhängigkeit des Spannstahltyps und erf. Länge l des Verankerungsbereichs

abfall zu. Die Verankerungslänge ist im Bild 14 als erf. l bezeichnet.

Die nachträgliche Verankerung ist in der Regel durch die aktuellen Regelwerke nicht bzw. teilweise nicht abgedeckt, was auch für den gesamten Rückbauablauf gilt [50]. Zum Vorgehen bestehen daher im Wesentlichen drei Varianten, die oft auch kombiniert eingesetzt werden:

a) eine einzelfallbezogene Sonderlösung in Abstimmung mit den jeweiligen Genehmigungsbehörden, Zustimmung im Einzelfall (ZiE);
b) statische Auslegungen im Rahmen der normativen Regelungen bzw. Zulassungen, was meist Neubeton als Normalbeton und Zusatzbauteile aus Stahl zur Verankerung bedeutet;
c) Sicherstellen redundanter Tragzustände, die z. B. durch Umlagerungen oder Zulassen eines unschädlichen Teilversagens stets sichere Teilbauzustände aufweisen.

Günstig ist es bei Rückbauzuständen bestehende (Koppel-)Anker zu nutzen. Wenn sie in Richtung der ehemaligen Bauzustände angesetzt werden, ist dann auch genug lokale Spaltzugbewehrung bzw. eine geeignete Konstruktion zur Lasteinleitung vorhanden. Die Verankerung im bestehenden Verpressmörtel kann oft durch entsprechende Redundanzen tragsicher erfolgen, da sie meist nur kurzzeitig im Zuge des Rückbaus und zur Sicherung von Bauzuständen eingesetzt wird. Hier kann oft ein teilweiser Ausfall der Verankerung akzeptiert werden oder ein (kontrollierter) Teilkollaps eines Bauabschnitts bedeutet keine Gefahr für Personen und andere Bauwerke. Sollen nachträgliche Verbundverankerungen

für längere Zeiten unter Verkehrslasten genutzt werden, sind meist gesonderte Untersuchungen nötig.

Hilfreich ist auch die Rückführung von Neuverankerungen auf planmäßige Zulassungen oder bestehende Regelwerke, also die Ausbildung als klassische Anker- oder Verbundkonstruktionen. Verankerungssysteme für die Vorspannung im nachträglichen Verbund sind im Allgemeinen mit bauaufsichtlichen Zulassungen geregelt. Ihre Tragfähigkeit ermittelt sich versuchsgestützt. Die Bewertung und die Rahmenbedingungen für eine europäische Zulassung regelt die ETAG 013 [34]. Die Verankerung bei Vorspannung mit sofortigem Verbund kann nach Eurocode 2-2:2010 (+NAD) [29, 30], Abs. 8.10.2 „Verankerung von Spanngliedern im sofortigen Verbund" bemessen werden. Sie bietet sich z. B. bei Spannlitzen an.

2.1 Verbundverankerung

Verbundverankerungen basieren auf dem Tragprinzip, die Spannkraft des Spannstahls in Form einer Verbundspannung auf den umgebenden Beton oder Mörtel zu übertragen. Das gilt unabhängig davon, ob es sich um neuen Beton oder bestehenden Verpressmörtel handelt. Üblich sind bei Bestandsbrücken Spannstähle mit glatten Oberflächen in Form von Stäben oder Bündeln mehrerer Einzeldrähte, auf die hier besonders eingegangen wird. Gerippte Spannstähle bilden die Ausnahme. Im Bestand liegen die Spannglieder in der Regel in Hüllrohren und stellen den Verbund über den Verpressmörtel im Hüllrohr her; die Verankerung sichern Spannanker an den Strangenden.

2.1.1 Grundlagen

Die Kraftübertragung zwischen Stahl und dem umgebenden Beton stellt der Verbund her. Dessen charakterisierende Größe ist die Verbundspannung τ_b. Sie entsteht durch eine Differenzdehnung an der gemeinsamen Kontaktfläche.

Eine gängige, jedoch vereinfachende Annahme für die Berechnung ist, dass die Verbundspannung an der gesamten Kontaktfläche über die Verankerungslänge konstant sei. Die Kontaktfläche entspricht dem Produkt aus Übertragungslänge l_e und dem Stabumfang u_s. Die in der Verbundfuge übertragene Kraft steht mit der Kraft im Stahl F_s im Gleichgewicht. A_s und σ_s bezeichnen Querschnittsfläche und Spannung des Stahls.

$$l_e \cdot u_s \cdot \tau_b = A_s \cdot \sigma_s = F_s \quad (1)$$

Durch Umstellen der Gleichung ergibt sich die Übertragungslänge l_e, die zur Kraftübertragung vom Stahl auf den Beton erforderlich ist. Für runde Stabstähle mit dem Durchmesser d_s gilt:

$$l_e = \frac{A_s \cdot \sigma_s}{u_s \cdot \tau_b} = \frac{d_s \cdot \sigma_s}{4 \cdot \tau_b} \quad (2)$$

Im rechnerischen Grenzzustand der Tragfähigkeit geht die Stahlspannung in den Bemessungswert der Fließspannung f_{yd} über und die Übertragungslänge kann durch die erforderliche Verankerungslänge l_{bd}, wie sie in den gängigen Regelwerken definiert ist, ersetzt werden. Dabei ist τ_{bd} der Bemessungswert der Verbundspannung.

$$l_{bd} = \frac{d_s \cdot f_{yd}}{4 \cdot \tau_{bd}} \quad (3)$$

Für Spannstahl wird der Index p eingeführt. Es gilt für Spannglieder mit dem Durchmesser d_p und dem Umfang u_p des Stabstahls zur Eintragung einer Bemessungskraft $F_{pd} = \sigma_{pd} \cdot A_p$ in den Beton:

$$l_{bd} = \frac{A_p \cdot \sigma_{pd}}{u_p \cdot \tau_{bd}} = \frac{d_p \cdot \sigma_{pd}}{4 \cdot \tau_{bd}} \quad (4)$$

Angemerkt sei, dass nun natürlich andere Werte für τ_{bd} und die Längen l_{bd} gelten. Die Bezeichnungen sind nur zum einfachen Verständnis aus Gl. (3) übernommen. Das Verbundverhalten wird durch verschiedene Faktoren beeinflusst, die über die Beschreibungen in Gl. (4) hinausgehen. Für die generellen Grundlagen und weitere Ausführungen sei auf die entsprechende Literatur verwiesen [13, 14, 71]. Wesentliche Einflussgrößen auf das Verbundverhalten sind in Tabelle 2 zusammengefasst und lassen sich in drei Kategorien einordnen, nämlich materialabhängige, konstruktionsabhängige und lastabhängige Faktoren [9, 54]. Einzelne Einflüsse sind in den allgemeinen Regelungen bzw. der Verbundgleichung in der Verbundspannung zusammengefasst oder durch konstruktive Randbedingungen abgedeckt. So sind beispielsweise die Betondeckung oder die Rissbildung in der Berechnung nach den vorgenannten Gleichungen nicht explizit berücksichtigt, sie sind jedoch in den Grundlagenversuchen (u. a. [14]) detailliert untersucht worden.

Wesentlichen Einfluss auf die Größe der mittleren Verbundspannung hat die Verbundlänge. Verschiedene Studien mit Auszugversuchen (*pull-out-tests*) zeigen, dass mit zunehmender Verankerungslänge die Verbundspannungen abnehmen und die Verankerungskraft unterproportional ansteigt. Einen ausführlichen Überblick über durchgeführte Versuchsreihen gibt [73]. Sehr frühe Untersuchungen stammen von *Abrams* [1] aus dem Jahr 1909, der an glatten und profilierten Stählen Auszugversuche durchführte und von 1500 verschiedenen Einzelversuchen berichtete. Ebenfalls an glatten Stählen führten *Bach* [4] und *Roš* [74] in der ersten Hälfte des letzten Jahrhunderts Untersuchungen durch. Sie zeigen ein Abfallen der Verbundspannung mit zunehmender Verankerungslänge. Aus diesen Versuchs-

Tabelle 2. Einflussgrößen auf das Verbundverhalten zwischen Stahl und Beton, nach [54]

Material	Konstruktion	Belastung
Beton/Vergussmaterial	Verbundlänge	Druck oder Zug
– Zusammensetzung	Betondeckung	Belastungsgeschwindigkeit
– Herstellung	Querbewehrung	Vorspannkraft / Dauerlast
– Festigkeit	Betonierrichtung	Querzug oder Querdruck
– Last-Verformungsverhalten		statische und/oder dynamische Belastung
Stahl		Rissbildung
– Stabdurchmesser		
– Rauheit / Rippen		
– Last-Verformungsverhalten		
– Streckgrenze und Zugfestigkeit		

ergebnissen leitet *Djabry* [33] einen Zusammenhang von Verbundspannung und Verankerungslänge ab, der durch eine Wurzelfunktion beschrieben werden kann.

$$\tau_{b,max} \cdot \sqrt{l_b} = \text{konst.} \qquad (5)$$

Darin bezeichnet $\tau_{b,max}$ die maximal über l_b aufnehmbare, gemittelte Verbundspannung. Es sei angemerkt, dass sich auch für gerippte Betonstähle ein abfallender Verlauf der Verbundspannung mit zunehmender Verankerungslänge zeigt. In den gültigen Regelwerken ist jedoch ein vereinfachtes Bemessungskonzept mit konstanter Verbundfestigkeit verankert.

Gleichung (5) kann auch nach der zugehörigen, maximalen Verbundkraft $F_{b,max}$ entwickelt werden, was sich für die Auslegung von Verankerungen besser eignet, da die absolute Kraft mit l_b immer ansteigt. Es ergibt sich:

$$\frac{F_{b,max}}{\sqrt{l_b}} = \text{konst.} \qquad (6)$$

Bild 15 zeigt die beiden Zusammenhänge der Gln. (5) und (6) als Grafiken über der Verbundlänge. Sie weisen die beschriebenen abfallenden bzw. unterproprtional ansteigenden Verläufe auf.

Aus Untersuchungen zur Verankerung von Spannstählen im sofortigen Verbund ist ein zusätzlicher Traganteil bekannt, der beim Absetzen der Vorspannkraft wirkt. Der sogenannte Hoyer-Effekt bezeichnet die Keilwirkung des sich verkürzenden und damit infolge der Querdehnung den Querschnitt vergrößernden Spannglieds [46]. Die Querzugspannungen im Beton bzw. Vergussmörtel sollten durch die Zugtragfähigkeit des Betons aufgenommen werden können oder sie sind durch Spaltzugbewehrung abzudecken. Wenn eine Längsrissbildung im Beton eintritt, baut sich die Keilwirkung ab und der beschriebene Effekt entfällt. Das Absetzen der Spannkraft kann dabei als Lastaufbringung analog zum Kappen der Spannglieder beim nachträglichen Verankern angesehen werden.

In üblichen Verbundversuchen (Ausziehversuch nach Abschnitt 2.1.3.2) wird der Hoyer-Effekt nicht erfasst, da die Stäbe im spannungslosen Zustand einbetoniert werden. Mit modifizierten Versuchsaufbauten und vorgespannten Probekörpern kann er berücksichtigt werden.

Der zuvor beschriebene Effekt des unterproportionalen Anstiegs der Verbundkraft bei steigender Verankerungslänge spiegelt wider, dass sich der wesentliche Anteil der Verbundkraftübertragung auf den Bereich nahe des Schnittes konzentriert [7]. Schlupf und die Querpressung (Hoyer-Effekt) lassen sich auf den Dehnungsgradienten zwischen Beton und Stahl zurückführen (Bild 16). Sie sind an der Stelle der vollständigen Lasteinleitung null (Gleichgewicht zwischen Beton und Stahl) und am Trennschnitt maximal. In der Literatur finden sich verschiedene Modelle, die das Verbundtragverhalten von Spanngliedern im sofortigen Verbund beschreiben. Verbreitet ist die Aufteilung in drei Traganteile der Verbundkraftübertragung bzw. vier Bereiche der Übertragungslänge (Bild 17). Die drei Traganteile sind [7, 44]:

- ein Grundwert der Verbundspannung infolge Reibung bzw. Adhäsion;
- ein spannungsabhängiger Anteil infolge des Hoyer-Effekts (Querdehnung), der sich am Trennschnitt konzentriert;
- ein schlupfabhängiger Anteil, der sich aus der Differenzverschiebung zwischen Beton und Stahl aufbaut.

Da diese drei Anteile über die Übertragungslänge nicht konstant sind, können unterschiedliche Verbundbereiche nach Bild 17 definiert werden [44]:

- *Am Trennschnitt mit hohen Querpressungen und größtem Schlupf (1 bis 2 mm [7])*: Hier baut sich der größte Anteil der Verbundkraftübertragung auf.

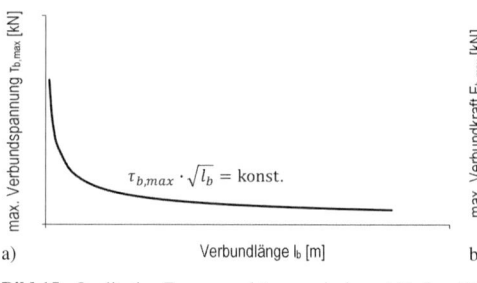
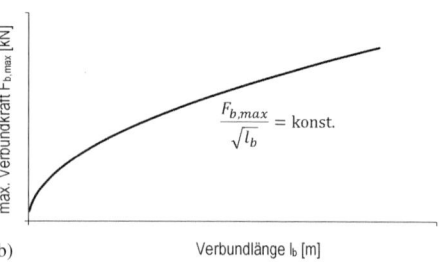

a) Verbundlänge l_b [m]
b) Verbundlänge l_b [m]

Bild 15. Qualitative Zusammenhänge zwischen a) Verbundlänge l_b und gemittelter, maximaler Verbundspannung $\tau_{b,max}$ bzw. b) Verbundlänge l_b und maximaler Verbundkraft $F_{b,max}$

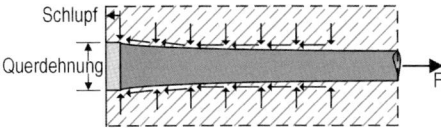

Bild 16. Wirkungsweise des Hoyer-Effekts aus behinderter Querdehnung am Spannstahlende

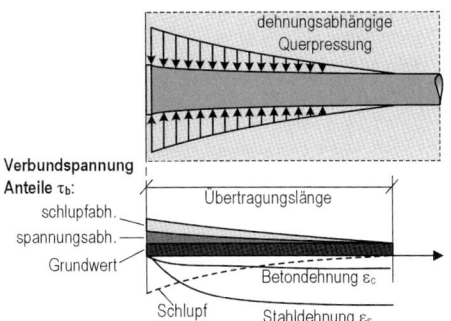

Bild 17. Bereiche der Übertragungslänge und Anteile des Verbunds, nach [44]

- *Mit zunehmendem Abstand zum Trennschnitt*: Die Anteile von Schlupf und Querpressung sind reduziert, ein wesentlicher Anteil der Verbundspannung ist bereits übertragen.
- *Am Ende der Übertragungslänge*: Es erfolgt nur noch eine sehr geringe Kraftübertragung, da sich nahezu ein Gleichgewicht zwischen Beton- und Stahldehnung eingestellt hat.
- *Außerhalb der Übertragungslänge*: Das Kräftegleichgewicht ist hergestellt, es erfolgt keine Verbundkraftübertragung mehr, sofern keine Zusatzbeanspruchungen und (Biege-)Risse auftreten.

Im langzeitigen Einsatz stellt sich unter hohen Belastungen eine signifikante Verformungszunahme ein – das sogenannte Verbundkriechen [35]. Dieser Effekt tritt auch unter zyklischen (Verkehrs-)Beanspruchungen auf, weshalb die zyklische Ermüdungsbelastung auch als Zeitraffer des zeitabhängigen Verbundkriechens aufgefasst wird [71].

2.1.2 Verbund zum bestehenden Verpressmörtel

Die Verbundverankerung im bestehenden Verpressmörtel ist eine Ausführungsvariante mit vergleichsweise geringem Aufwand und geringen Herstellkosten. Allerdings kann nicht in jedem Fall von einer funktionsfähigen Verankerung ausgegangen werden. Sie ist abhängig von verschiedenen Faktoren, nämlich:

- dem Verpresszustand der Hüllrohre, der (lokal) eingeschränkt sein kann;
- Zustand des Verpressmörtels, welcher als sprödes Material – z. B. durch Erschütterungen beim Abbruch – beeinträchtigt sein kann;
- Verbundspannung des Verpressmörtels (i. d. R. höher als diejenige des umgebenden Betons);
- die Sicherung der lokalen Lasteinleitung (Spaltzug, Randzug).

Bei dieser Verankerungsart wird das bestehende Spannglied durchtrennt und dann die Verbundspannung über den Verpressmörtel und das Hüllrohr auf den Beton übertragen. Zu beachten ist, dass das tatsächliche Verbundverhalten erst nachträglich, also nach dem Durchtrennen der Spannglieder, am Sägeschnitt beurteilt werden kann. Eine Einschätzung vorab ist nur bedingt möglich.

Das Tragprinzip entspricht dem der Vorspannung mit sofortigem Verbund mit dem Unterschied, dass das System aus Spannstahl, Verpressmörtel und Lasteinleitungsbereich nicht für die neue Beanspruchung ausgelegt, bemessen und konstruiert ist. Eine spezielle Spaltzugbewehrung im Bereich der Lasteinleitung ist nicht vorhanden. Hier kann die vorhandene (Bügel-)Bewehrung des Querschnitts sowie ggf. residuale Anteile der Zugfestigkeit des Betons zum Nachweis der Tragfähigkeit herangezogen werden. Zu beachten ist, dass die angesetzte Querbewehrung nicht bereits anderweitig vollständig ausgenutzt sein darf.

Aufgrund mangelnder Qualität der Verpressung und eines spröden Verpressmörtels ist ein sachgerechter Verbundbereich in manchen Fällen nicht sichergestellt. Eine Überprüfung ist mit vertretbarem Aufwand nur stichprobenartig, z. B. durch Öffnen des Hüllrohrs und Begutachtung, möglich. Es bietet sich vielmehr an, Unsicherheiten hinsichtlich der Lasteinleitung anderweitig zu kompensieren, etwa durch ein redundantes Tragsystem (vgl. Abschnitt 3).

2.1.2.1 Einsatz im Zuge des Rückbaus

Im Zuge des schrittweisen Rückbaus findet die Verbundverankerung im Bestand vermehrt Anwendung. Dann wird sie oft nicht als alleiniges Tragelement verwendet, sondern vielmehr als optionaler Zusatzanteil. Die Verankerung wird dann genutzt, wenn sie sich planmäßig einstellt (z. B. kleinere Rückbauabschnitte); auf ihre Wirkung kann aber auch verzichtet werden, sofern sie lokal ausfällt (andere Tragelemente bzw. unschädliches lokales Bauteilversagen). Die Tragfähigkeit ist dann etwa durch bestehende Koppelanker bzw. durch die Betonstahlbewehrung sicherzustellen. Im Fall des „Durchrutschens" einzelner Spannglieder am Schnitt sind die vorgenannten Traganteile bzw. -reserven zu aktivieren. Durch Kontrollen der Einzugslängen jedes stückweisen Bauabschnitts am Trennschnitt kann die Verankerung dort separat beurteilt werden [79].

Bei der temporären Verbundverankerung im Zuge des Rückbaus sollten die nachfolgenden Aspekte vorab bzw. begleitend während der Ausführung untersucht werden.

Vorab:

- Verpresszustand in den Hüllrohren (stichprobenartig),
- vorhandene Bewehrung oder Betonzugfestigkeit für die lokale Lasteinleitung (vgl. Abschnitt 4.2.1),
- Umlagerungsmöglichkeiten bzw. Tragreserven im Falle eines „Durchrutschens" der Spannglieder (vgl. Abschnitt 4.1).

Während der Ausführung:

- (stichprobenhafte) Kontrolle des Schlupfs am Trennschnitt (vgl. Abschnitt 6.2),
- ggf. Anpassung des Abbruchkonzeptes entsprechend der Verankerungswirkung.

Sofern die Rückbaumaßnahmen durch regelmäßige Kontrollen der Einzugslängen zeigen, dass von einer funktionstüchtigen Verbundverankerung ausgegangen werden kann, kann diese abzüglich statistischer Unsicherheiten und mit ausreichender Sicherheit für spätere Abschnitte extrapoliert werden. Wichtig ist, dass dazu vergleichbare Randbedingungen vorliegen müssen, was das Bauteil aber auch die Verpressbedingungen angeht. Dies folgt dem Gedanken der versuchsgestützten Bemessung gemäß Eurocode 0. Vorerkundungen an Bohrkernen des Verpressmörtels können die Annahmen unterstützen und Aufschluss über das mögliche Verankerungsverhalten geben [79].

Ein gängiges Kriterium zur Beurteilung der Verankerungswirkung ist es, den Spanngliedeinzug relativ zur Betonoberfläche am Trennschnitt (Endschlupf) zu messen. Ein Grenzwert zwischen ca. 1 und 2 mm kann als grobes Verankerungskriterium herangezogen werden. Dann kann – bei einer üblichen Vordehnung um 2 bis 3 ‰ bei älteren Spannbetonbrücken – von einer Übertragungslänge von etwa 1 bis 2 m ausgegangen werden.

2.1.2.2 Dauerhafter Einsatz

Ein dauerhafter Einsatz der Verbundverankerung stellt die Ausnahme dar. Es gibt nur wenige dokumentierte Erfahrungen zum Verbundtragverhalten von jahrzehntealtem Verpressmörtel im langzeitigen Einsatz und unter ermüdungsrelevanter Verkehrsbeanspruchung. Beispiele finden sich in der Literatur nur für Bauwerke mit geringer Verkehrsbeanspruchung [45, 66]. Anwendungen im Brückenbau mit glatten Spannstählen sind den Autoren nicht bekannt.

Ein deutliches Ankündigungsverhalten etwa durch sichtbare Risse oder eine engmaschige Überwachung sind dann erforderlich. Beim Ausfall der Verbundtragwirkung, also der Zunahme des Endschlupfs, muss rechtzeitig reagiert werden können. Dann sind Möglichkeiten zum Nachspannen oder Ankerkörper wie nach Abschnitt 2.2 zu ergänzen.

Grundsätzlich zu beachten sind bei dauerhafter Verbundverankerung:

- ausreichend vorhandene Bewehrung zur Lasteinleitung (vgl. Abschnitt 4.2.1),
- eine messtechnische Begleitung und regelmäßige Überwachungen (vgl. Abschnitt 6),
- Konzepte zur Kompensation bei Verankerungsausfall bzw. ausreichende Tragreserven im Falle des Versagens einzelner Verbundverankerungen (vgl. Abschnitt 4.1).

Anwendungsbeispiele

Novak et al. [66] führen Untersuchungen zur Spanngliedverankerung im bestehenden Verpressmörtel an Spannbetonbalken über einer U-Bahn-Station in Stuttgart durch. Diese sollen im Zuge eines Aufzugeinbaus gekürzt werden; die Spannglieder sind neu zu verankern. Alternativ wird eine Verankerung mit Stahlklemmen vorgehalten, die aufgrund der Versuchsergebnisse aber entbehrlich erscheint [66].

Das glatte Stabspannglied (Ø 32, St 150/170) wird teilweise freigelegt und mit acht Dehnungsmessstreifen (DMS) in einem feinen Längsraster von ca. 25 cm ausgestattet. Die Dehnungsänderungen werden während des Trennvorgangs und über ein Jahr danach wiederholt gemessen und zeigen sich stabil [66].

Ein langsames Durchtrennen und folglich eine quasi-statische Lastaufbringung werden vorausgesetzt. So lässt sich anhand der Messergebnisse an den einzelnen DMS eine Verankerungslänge < 1 m ableiten. Die wesentlichen Dehnungsänderungen – also die Lastübertragung – finden auf den ersten 38 cm statt [66].

Um langzeitige Einflüsse des Verbundkriechens zu erfassen, werden über ein Jahr wiederholte Messungen durchgeführt und keine nennenswerten Veränderungen festgestellt [66]. Allerdings liegt hier der Sonderfall vor, dass die Spannbetonbalken eine große Erdüberdeckung und keine nennenswerten Spannungsänderungen aus Verkehrslasten aufweisen.

Von einem weiteren Vorhaben berichtet *Herzog* [45]: An Kastenträgern eines Hochbaus wird Überstand von 1,60 m Länge abgetrennt. Neben einer Spannbettvorspannung sind Spannglieder aus Einzeldrähten 32 Ø 6 mm mittels Verbund zu verankern. Nach dem Trennschnitt wird der Endschlupf begutachtet und festgestellt, dass er an allen Spanngliedern < 1 mm beträgt. Die Schlupfentwicklung wird mittels vorgesehener Kontrollöffnungen regelmäßig überwacht.

2.1.2.3 Messtechnische Untersuchungen zur Verankerung im Bestand

Verschiedene Anwendungen belegen die oft gute Verbundverankerung glatter Stähle im Bestand. Übertragungslängen unter 2 m sind realistisch. Dies zeigt Bild 18 anhand verschiedener Beispiele. Dargestellt sind gemessene bzw. abgeleitete Übertragungslängen und der Endeinzug bei unterschiedlichen Spanngliedtypen, wobei nicht bei allen Projekten eine Schlupfmessung vorliegt. Die Ergebnisse zeigen auch, dass unter ungünstigen Randbedingungen quasi ein Ausfall der Verbundverankerung möglich ist.

Die Messkampagnen zum Verankerungsverhalten sind in diesem Abschnitt zusammengestellt.

An der Hochstraße Pariser Straße, erstellt 1959 in Düsseldorf, wurde im Rahmen des von der Deutschen Forschungsgemeinschaft (DFG) geförderten Forschungsprojekts „Genauigkeitsgrenzen von Lebensdauerprognosen" ein Stabspannglied Ø 26 mm bei zeitgleicher, permanenter Dehnungsmessung (Messrate 100 Hz) zu Testzwecken durchtrennt [6]. Dazu wurden an einem Spannglied im Abstand von ca. 1,1 m zwei Messstellen installiert (S2 und S3). Das Spannglied wurde dort freigelegt, das Hüllrohr geöffnet und der Verpressmörtel entfernt. Auf dem Spannglied wurden Dehnungsmessstreifen (DMS) appliziert und die Dehnungsänderungen bereits während des Durchtrennens des Spannglieds gemessen (Bild 19). Der Dehnungsrückgang am Schnitt (DMS S3) beträgt ca. 1,07‰, was einer Vorspannung von ca. 218 N/mm² entspricht (nur ca. 40 % der ursprünglich vorgesehenen Vorspannung [6]). An der zweiten Messstelle S2 wird nach dem Trennen nahezu keine Dehnungsänderung verzeichnet. Somit wurde die Vorspannung auf der Länge von ca. 1,1 m quasi vollständig übertragen. Die kleineren Dehnungsspitzen in Bild 19 sind auf Temperatureinflüsse während des Schneidens zurückzuführen.

Am selben Bauwerk wurden im Zuge des Rückbaus die Querspannglieder (Ø 26 mm) mittels Sägeschnitt am Kragarm durchtrennt. Dort konnte der Einzug im Nachgang begutachtet werden. Es zeigt sich bei allen Spanngliedern ein nur geringer Einzug von unter 2 mm, in der Regel unter 1 mm (Bild 20), was den Rückschluss auf ebenso sehr kurze Übertragungslänge bis etwa 1 m zulässt.

An der Emsumflutbrücke (A1) wurde die Verbundverankerung für glatte Drähte (44 Ø 6 mm) angewendet und messtechnisch vor und nach stark erschütterungswirksamen Leichterungsarbeiten am Überbau begleitet. Dazu wurden DMS verteilt über

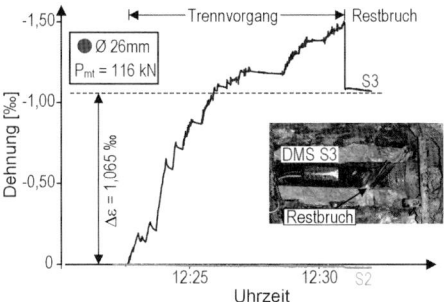

Bild 19. Gemessene Dehnungsänderungen an einem Spannglied Ø 26 mm während und nach einem Trennvorgang, Messung S3 am Trennschnitt, S2 ca. 1,1 m entfernt

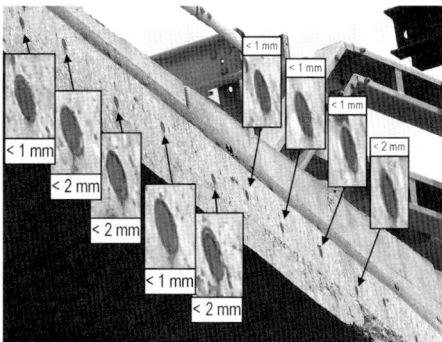

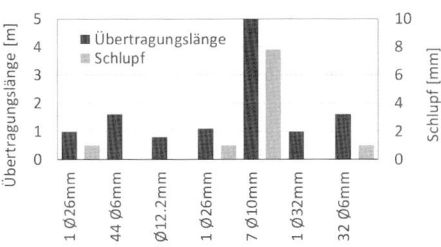

Bild 18. Gemessene oder abgeleitete Übertragungslängen (links) und Endschlupf an Spannstäben (rechts), zusammengestellt aus verschiedenen Projekten

Bild 20. Einzug durchtrennter Querspannglieder am abgetrennten Kragarm, Brücke Pariser Straße, Düsseldorf (Foto: D. Sanio)

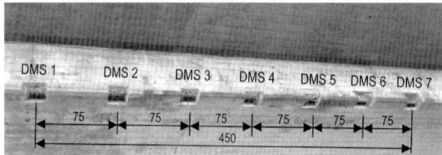

Bild 21. Dehnungsmessstellen zur Ermittlung der Übertragungslänge an der Emsumflutbrücke (A1), Trennen erfolgt am DMS 1 (Foto: A. Hammes)

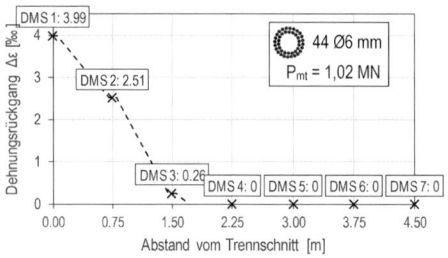

Bild 22. Gemessener Dehnungsrückgang entlang der Spanngliedlänge nach einem Trennschnitt (Emsumflutbrücke), nach [42]

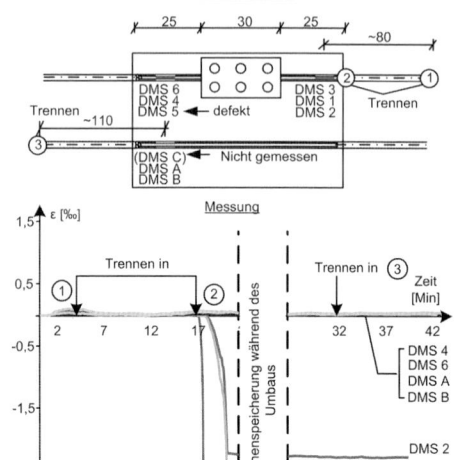

Bild 23. Unten: Dehnungsmessungen während des Durchtrennens der Spannglieder an der Deelbögebrücke, Hamburg, oben: Trennstellen 1 bis 3 und zugehörige Dehnungsmesspunkte, nach [37]

eine Länge von 4,5 m an freigelegten Stellen des Spannglieds appliziert (Bild 21) und zwei Trennschnitte direkt am ersten DMS unter fortlaufender Messung zu Testzwecken durchgeführt.

In einer ersten Messkampagne vor den Leichterungsarbeiten wurde ein Dehnungsrückgang am Trennschnitt von etwa $\Delta\varepsilon = 3{,}99\,‰$ gemessen, was einer Vorspannung von etwa 88 % des ursprünglich nominell aufgebrachten Wertes entspricht. Durch verteilte Dehnungsmessungen über die Länge des Spannglieds im Abstand von 75 cm konnte eine Übertragungslänge von ca. 1,7 m abgeleitet werden (Bild 22) [42].

In einer zweiten Messkampagne – durchgeführt nun nach stark erschütterungswirksamen Leichterungsarbeiten – wurde ein weiteres Spannglied analog durchtrennt. Die vorhandene Spannung war mit etwa 70 % des nominellen Wertes ($\Delta\varepsilon = 3{,}17\,‰$) merklich geringer. Trotzdem konnte eine ähnliche Übertragungslänge von etwa 1,6 m aus den Messdaten abgeleitet werden. Der schlechtere Verbund (ähnliche Übertragungslänge bei geringerer Spannkraft) ist vermutlich den starken Erschütterungen der Leichterung zuzuschreiben. Bei gewünschter Verbundverankerung im Verpressmörtel sollte daher weitgehend erschütterungsarm gearbeitet werden, da ansonsten eine Auflockerung des spröden Verpressmörtels möglich ist [42].

Die Größe der Betonöffnung zur Anbringung der DMS beeinflusst natürlich auch die Übertragungslänge, da hier kein bzw. nur auf der Drahtoberseite Verbund möglich ist. Der Einfluss wurde hier vereinfachend nicht berücksichtigt.

Auch bei den Projekten der B27-Überführung, Fulda und der Deelbögebrücke, Hamburg wurde das Verankerungsverhalten im Bestand beobachtet. Bei Ersterem wurde nur jedes zweite Spannglied mit einem Ankerkörper ausgestattet. Für die übrigen war rechnerisch keine Verankerung erforderlich. Sie zeigten einen Einzug von ca. 1 bis 3 mm.

An der Deelbögebrücke wurden erste Trennschnitte am Spannglied mittels Kernbohrungen im Abstand von 1,1 m vom Ankerkörper durchgeführt und die Dehnungsänderungen mittels DMS gemessen. Weitere Messungen erfolgten an einem Spannglied ohne Ankerkörper (Bild 23). Beim ersten Trennschnitt (Punkt 1 in Bild 23) ist die Spannkraft nach 80 cm bereits nahezu vollständig verankert; es werden keine nennenswerten Dehnungsänderungen festgestellt. Auch für das Spannglied ohne Ankerkörper wird im Abstand von 1,1 m zu Schnitt in Punkt 3 bereits eine vollständige Spannkraftübertragung bestätigt [37].

Von der Überwachung des Verankerungsverhaltens unter Verkehrsbeanspruchung berichten *Neumann* und *Hahn* [65]. Anlass ist das ungeplante Durchtrennen der Endverankerung von Querspanngliedern einer Straßenbrücke. Der Einzug der 7 Einzeldrähte Ø 10 mm am Schnittufer nimmt von anfänglich 4,5 mm auf 7,8 mm infolge von Baustellenverkehr zu. Daher wird eine Nachverankerung ausgeführt (vgl. Abschnitt 2.2.2).

2.1.3 Verbund mit neuem Beton

Weitgehend planmäßige Verbundbedingungen schaffen neue Beton- bzw. Mörtelbereiche als sogenannte „Plomben". Die vorhandenen Spannstäbe werden dazu vorab freigelegt und anschließend mit einem Trennschnitt im neuen Vergussmaterial verankert. Bei üblicherweise glatten Spannstäben im Bestand ist diese Art der Verankerung eine zustimmungspflichtige Sonderlösung.

Ein typischer Anwendungsfall sind quer vorgespannte Überbauten von Brücken mit durchgehender Fahrbahnplatte über die gesamte Brückenbreite. Im Rahmen eines Ersatzneubaus wird der Verkehr auf einem halben Überbauanteil temporär aufrechterhalten, wozu die Spannglieder für längere Zeit und für Verkehrsbelastungen zu verankern sind. Dies geht meist mit hohen Belastungen bis nahe dem Fahrbahnplattenrand einher.

Der Bauablauf zur Neuverankerung gliedert sich in der Regel in vier Phasen:

– Freilegen der Spannglieder (etwa mittels Hochdruckwasserstrahlen) in mehreren Abschnitten,
– Entfernen des Hüllrohrs und des Verpressmörtels, Reinigen der Oberflächen,
– Einbringen des Neubetons bzw. -mörtels mitsamt Zusatzbewehrung, Aushärten,
– Trennschnitt und Aufbringen der Spannkraft.

Die Verbundsysteme werden durch die Eigenschaften des Spannstahls (Einzelstab oder Drahtbündel, Durchmesser, Rauheit bzw. Oberflächenbeschaffenheit) und des Verbundmaterials (also Beton bzw. Mörtel) charakterisiert. Dadurch ist jedes Verbundsystem individuell einzustellen und seine Funktionstüchtigkeit zu überprüfen. Dies geschieht in der Regel durch separate Versuche und gutachterliche Bewertungen. Bewährt hat sich dabei folgendes Vorgehen:

– Auswahl eines Verbundmaterials (Normalbeton, hochfeste Betone oder Mörtel),
– Test des Verbunds (statisch, ermüdungsrelevant zyklisch) und Bewertung der Ergebnisse,
– Ableitung einer nötigen Verankerungslänge,
– konstruktive Durchbildung der „Plombe".

Dabei sind die besonderen Randbedingungen am Bauwerk zu berücksichtigen. Dies sind primär:

– die Geometrie (Querschnitt, Abstand der Spannglieder, Lage der Spannglieder im Querschnitt, Arbeitsraum, Verkehrsflächen),
– Beschaffenheit des Spannglieds (Bündel aus Einzeldrähten, Stabspannglieder, Oberfläche, Rauheit),
– Beanspruchungen des Spannglieds, also Spannkraft und evtl. Schwingbreiten um die Mittelspannung.

2.1.3.1 Verbundmaterialien

Das Verbundmaterial steuert bei glatten Spannstäben zentral die Länge der Verankerung. Wesentlich ist dabei die übertragbare Verbundspannung. Je nach zur Verfügung stehenden Platzverhältnissen und wirtschaftlichen Abwägungen kann daher ein höherwertiges Material bei kurzer Verbundlänge oder ein normalfestes Material mit größerer Verankerungslänge gewählt werden.

Denkbar sind verschiedene Betone, Vergussmörtel, Hochleistungsbetone oder -mörtel, auch in Kombination mit Fasern:

– Normalbetone, $f_{ck} = 40 \ldots 50\ \text{N/mm}^2$,
– Hochleistungsbetone oder -vergussmörtel (HPC), $f_{ck} = 80 \ldots 100\ \text{N/mm}^2$,
– Ultrahochfeste (Stahlfaser-)Betone (UHPC/UHPFC), $f_{ck} = 130 \ldots 200\ \text{N/mm}^2$.

Beim Einsatz von Normalbeton bieten sich Sorten höherer Festigkeiten an, etwa C40/50 bis C50/60, wie sie planmäßig bei Brücken zum Einsatz kommen. Allerdings führen die vergleichsweise geringen Verbundspannungen unter Berücksichtigung von Sicherheiten i. d. R. zu großen Verankerungslängen mehrerer Meter. Für Spanngliedbündel sind sie nicht geeignet.

Mit Hochleistungsbetonen bzw. -vergussmörteln mit charakteristischen Druckfestigkeiten von ca. 100 N/mm² verbessert sich dies deutlich. Verankerungslängen von 1 bis 2 m sind möglich. Dabei sind ihre besonderen Eigenschaften wie erhöhte Sprödigkeit, Wärmeentwicklung beim Aushärten u. Ä. zu beachten. Sie gelten bei Brücken als Sondermaterial.

Für ultrahochfeste Stahlfaserbetone (UHPFC) verwenden etwa *Tue* et al. [83] Quarzsande mit einem Größtkorn von 0,8 mm, um auch den Verguss zwischen den einzelnen Spanndrähten zu ermöglichen. Zudem mischen sie Mikrostahlfasern 0,15 × 6 [mm] bei einem Fasergehalt von 0,7 Vol.-% bei, um die Zugtragfähigkeit zu verbessern [83]. Es ergeben sich Verankerungslängen deutlich unter einem Meter.

Bild 24 bzw. Bild 25 zeigen die grundsätzlichen Zusammenhänge zwischen einer zu verankernden Kraft (Mittelwerte für einen Ø 26 mm) und der Verbundlänge bzw. der Verbundspannung und der Verbundlänge für die genannten Verbundmaterialien bei glatten Einzelspanngliedern. Dabei sind Streu-

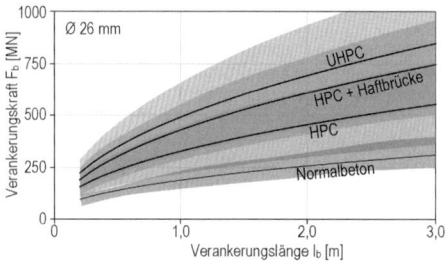

Bild 24. Zusammenhang von Verankerungslänge und mittlerer zu verankernder Spannkraft für einen glatten Spannstab Ø 26 mm bei unterschiedlichen Verbundmaterialien

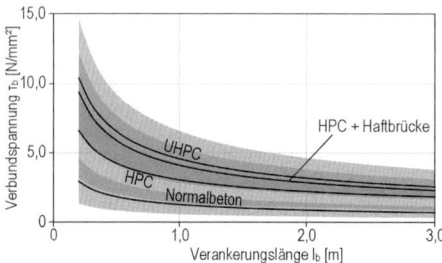

Bild 25. Zusammenhang von Verankerungslänge und Verbundspannung für unterschiedliche Verbundmaterialien

bereiche angegeben, da aus den Einflussgrößen nach Tabelle 2 und dem spezifischen Vergussmaterial größere Abweichungen auftreten. Die Verbundeigenschaften variieren gerade bei den hochfesten Materialien in Abhängigkeit des speziellen Produkts, bei Vergussbetonen z. B. trotz gleicher Druckfestigkeiten bis zu 50%. Die Angaben in den Bildern basieren auf den Auswertungen in [10, 66, 69, 83] und eigenen Versuchen mit verschiedenen Materialien.

2.1.3.2 Experimentelle Untersuchungen von Verankerungen

Als Grundlage für Versuche können verschiedene Regelwerke herangezogen werden, die einen Versuchsaufbau und Versuchsabläufe beschreiben. Sie werden in den folgenden Abschnitten kurz vorgestellt.

Für den Aufbau lassen sich drei generelle Arten unterscheiden:

– *Ausziehversuch (pull-out-test)*: Ein spannungsfrei einbetoniertes Spannglied wird aus einem Betonkörper gezogen. Am spannungsfreien Ende wird der Schlupf gemessen.

– *Ausziehversuch mit Vorspannung (tensioned pull-out-test)*: Dieser Versuch erfasst im Gegenzug zum regulären *Pull-out-Test* auch den Hoyer-Effekt, indem um eine gespannte Stahlprobe betoniert wird und nach dem Aushärten die Spannkraft abgelassen wird. Anschließend erfolgt der Ausziehversuch.

– *Ausziehversuch mit Ablassen der Vorspannung*: Um das gespannte Spannglied wird ein Betonwürfel betoniert und nach dem Aushärten die Einspannung an nur einem Ende langsam gelöst. Währenddessen ist der Probekörper am gegenüberliegenden Ende gehalten und drückt sich gegen den Versuchsstand.

Der alleinige Ausziehversuch, etwa gemäß RILEM-Richtlinie [72], ist mit dem geringsten Aufwand verbunden. Er wird im Allgemeinen mit einer freien Vorlänge im Probekörper ausgeführt. Vorgesehen ist ein solcher Versuch in deutschen Regelwerken in DIN EN 10080 für Betonstähle. Sein Nachteil bei Spannstählen ist die Vernachlässigung des Hoyer-Effekts.

Der Ausziehversuch mit Vorspannung wird mit einem Probekörper analog zum nicht vorgespannten Versuch ausgeführt, vgl. [39, 51]. Während der Betonage und des Aushärtens muss das Spannglied kontinuierlich gespannt sein. Durch das Ablassen der Vorspannung werden durch die Querdehnungen erste Querdruckspannungen im Beton über die gesamte Länge des Probekörpers hervorgerufen. Erst in einem nächsten Schritt folgt das eigentliche Ausziehen.

Der dritte Versuchsaufbau nach [61] bildet die realen Lastbedingungen für die nachträgliche Verankerung von Spanngliedern quasi identisch zur Situation am Bauwerk ab. Die Spannglieder werden im gespannten Zustand betoniert und härten aus. Die Spannkraft wird nach dem Aushärten an einem Ende abgelassen und der Probekörper stützt sich gegen einen Stahlrahmen. Dies entspricht der Lastaufbringung analog zu einem Trennschnitt. Der Vorgang wird messtechnisch begleitet, genau wie das anschließende Ausziehen.

Für weitere Versuchskonzepte, wie etwa Balkenversuche sei etwa auf [7, 39, 73] verwiesen.

DIN EN 10080: „Verbundeigenschaften von Betonstahl"

DIN EN 10080 [31] regelt die allgemeinen Anforderungen an Betonstahlbewehrung und dabei unter anderem die Verbundeigenschaften des Betonstahls. Letztere können auf Basis der Oberflächengeometrie oder mittels Verbundversuch ermittelt werden. Anhang D beschreibt Versuchsaufbau, Durchführung und Auswertung als Ausziehversuch.

Der Ausziehversuch sieht einen Probekörper aus einem Betonwürfel mit einbetoniertem Stabstahl des

Durchmessers d vor, wobei eine Verbundlänge von 5 d zu wählen ist sowie eine freie Vorlänge von ebenfalls 5 d bzw. 200 mm (niedrigerer Wert wird maßgebend) in einer Plastikmanschette. Daran anschließend folgt eine freie Länge von 300 mm sowie der Lasteinleitungsbereich in die Prüfmaschine. Am unbelasteten Ende steht der Betonstahl zur Schlupfmessung 50 mm aus dem Beton heraus (Bild 26).

Während der weggesteuerten Zugbeanspruchung erfolgt die Schlupfmessung am spannungsfreien Ende bis zum Verbundversagen oder dem Fließen der Bewehrung. Die gemessenen Zugkräfte werden über Gl. (7) in eine mittlere Verbundspannung τ_m umgerechnet. Dabei berücksichtigt das Verhältnis f_{cm}/f_c die tatsächliche Betondruckfestigkeit f_c aus dem Zylinderdruckversuch gegenüber einer nominellen, mittleren Festigkeit f_{cm} gemäß einer Betonfestigkeitsklasse. Die Ausziehkraft F_a und der Stabdurchmesser d gehen wie die im Versuchsaufbau festgelegte Verbundlänge von 5 d direkt ein.

$$\tau_m = \frac{1}{5\pi} \frac{F_a}{d^2} \frac{f_{cm}}{f_c} \quad (7)$$

ETAG 013 „Vorspannsystem im nachträglichen Verbund"

Der Leitfaden für die europäische technische Zulassung („*Guideline for European technical approval*", kurz ETAG) definiert mit der ETAG 013 [34] die technischen Voraussetzungen für die Zulassung von Vorspannsystemen mit nachträglichem Verbund. Dazu werden in der Regel Versuche durchgeführt. Diese sind in Anhang B beschrieben und teilen sich auf in:

– statische Versuche (*Static load test*, Annex B.1.1),
– Ermüdungsversuche (*Fatigue test*, Annex B.2.1),
– Versuch zur Lastübertragung auf das Bauwerk (*Load transfer test*, Annex B.3.1).

Die Abschnitte B.2.1 II und B.3.1 II definieren die speziellen Anforderungen für Verbundverankerungen. Dabei werden Betonkörper mit Spaltzugbewehrungen vorgegeben; zudem sind Randbedingungen bez. Betonage, Festigkeit und Oberflächenbewehrung einzuhalten.

Im statischen Zugversuch sind die Anker mit ihren tatsächlichen geometrischen Abmessungen zu verwenden bei einer freien Spanngliedlänge von mindestens 3 m, bei Stabspanngliedern mindestens 1 m. Die Last wird mit einer stufenweisen Vorbelastung auf 80 % der charakteristischen Traglast des Spannglieds (F_{pk}) aufgebracht. Nach Phasen der Lastkonstanz und der Entlastung folgt die weggesteuerte Wiederbelastung bis zum Versagen des Verankerungssystems. Der Versuch wird durch Last- und Wegmessungen am Spannglied begleitet.

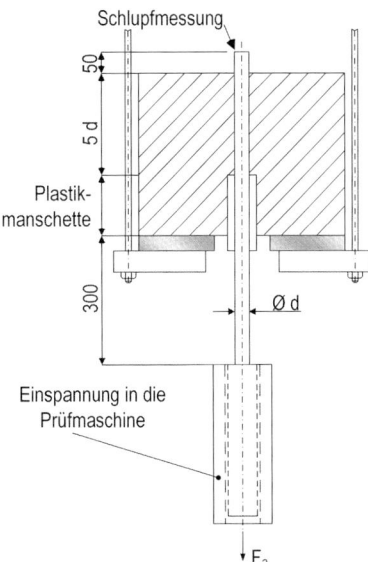

Bild 26. Versuchsaufbau des Ausziehversuchs nach [31], Maße in [mm]

Der Ermüdungsversuch erfolgt mit einer Oberlast von 65 % F_{pk} und einer Spannungsamplitude von 80 N/mm² über 2 Mio. Lastzyklen und einer maximalen Belastungsfrequenz von 10 Hz. Dabei werden die Relativverschiebungen zwischen Ankerkörper und Spannglied gemessen. Im Falle von Verbundverankerungssystemen ist auch der Schlupf zwischen Spannglied und unbelastetem Betonrand zu messen.

Beim Lastübertragungsversuch (*Load-transfer-test*) werden die Belastung sukzessive in Schritten von 20 % F_{pk} aufgebracht und jeweils zyklische Belastungen ausgeführt. Dabei werden Rissbreiten und Dehnungen am Betonkörper überwacht. Für weitere Angaben sei auf die ETAG verwiesen [34].

DIBt-Richtlinie zur Eignungsprüfung von Spannverfahren mit nachträglichem Verbund

Die Richtlinie [18] des Deutschen Instituts für Bautechnik (DIBt) regelte bis zur Einführung der ETAG 013 die versuchsgestützte Prüfung von Ankersystemen bei Vorspannung mit nachträglichem Verbund. Die Richtlinie stammt aus dem Jahr 1976 und wurde 1980 und 2003 an den aktuellen Stand der Regelwerke angepasst [19, 21]. Darin sind unter anderem Verfahren mit Ankerkörper aber auch Verankerungen im Verbund geregelt.

Etwa *Tue* et al. führen ihre Versuche in Anlehnung an die DIBt-Richtlinie durch und betrachten das

System analog zu einem Flächenanker [83]. Dementsprechend sind ein Vorversuch und drei Schwellversuche mit 20 Lastzyklen zwischen 0,1 und 0,7 F_{pk} durchzuführen. Dabei ist neben der Prüfmaschinenkraft und dem -weg auch die Rissöffnung sowie der Schlupf am unbelasteten Ende zu messen. Im Anschluss an den zwanzigsten Lastzyklus wird die Belastung bis zur plastischen Verformung des Spannstahls gesteigert und abschließend weiter bis zum Bruch einzelner Drähte [83]. Die Rissbreiten im Verankerungsbeton dürfen 0,1 mm nicht überschreiten.

DIBt-Richtlinie für die Prüfung von Spannstählen auf ihre Eignung zur Verankerung durch sofortigen Verbund

Heute ist die Verbundverankerung bei Litzenspannverfahren im sofortigen Verbund in Eurocode 2-1-1 [27, 28] bzw. Eurocode 2-2 [29, 30] in Form eines Bemessungskonzepts geregelt. Davor waren die Verankerungssysteme mittels Eignungsprüfungen für eine bauaufsichtliche Zulassung nachzuweisen. Die Versuchsrandbedingungen gab die Richtlinie des DIBt aus dem Jahr 1980 vor [19].

Zur Ermittlung der Übertragungslänge ist ein im Querschnitt quadratischer Prüfkörper mit mindestens einem Spannglied in jeder Ecke herzustellen. Seine Länge beträgt das Zweifache der angestrebten Übertragungslänge zzgl. 1 m. In der Regel wird keine Querbewehrung vorgesehen. Das Schwindverhalten wird an einem unbewehrten Betonkörper gleichen Querschnitts und 80 cm Länge zu Vergleichszwecken bestimmt.

Während des Ablassens der Spannkraft sowie nach 24 Stunden, 5 Tagen und mindestens 28 Tagen werden die Betondehnungen und der Spanngliedschlupf gemessen; das Rissbild am Einleitungsbereich wird überwacht. Die Übertragungslänge wird aus dem 1,35-Fachen der Länge ermittelt, bei der wenigstens 80 % der Spannkraft eingeleitet sind.

Zudem sind Ausziehversuche analog zum Versuchsaufbau nach DIN EN 10080 [31] vorgesehen, um etwa den Einfluss der Betonklasse und der Spanngliedoberfläche (Profilierung) zu bewerten.

2.1.3.3 Versuchskonzept für Verbundverankerungen von Spanngliedern

Abgeleitet aus den vorgenannten Grundlagen wird im Folgenden ein Versuchskonzept vorgestellt, das für die nachträgliche Verbundverankerung von glatten Spannstählen begrenzter Menge mit Beton bzw. Vergussmörtel geeignet ist. Aufgrund der erhöhten Testaufwands des vorgespannten Probekörpers, wird der Hoyer-Effekt auf der sicheren Seite vernachlässigt. Es werden allein Ausziehversuche (*Pull-Out-Tests*) nach [31] mit Versuchen unter zyklischer Ermüdungsbeanspruchung nach [34] kombiniert.

Versuchsprogramm für quasi-statische Beanspruchungen

Ausgangspunkt zur Auswahl eines Verbundmaterials sind quasi-statische Tastversuche an kleinformatigen Probekörpern in Form von Ausziehversuchen nach DIN EN 10080, Anhang D. Aufgrund der schlechteren Verbundeigenschaften glatter Stähle gegenüber gerippten und des stark nichtlinearen Einflusses der Verankerungslänge (Abschnitt 2.1.1) ist hier bereits eine Erhöhung der Verankerungslänge sinnvoll. Ein Wert von 10 d anstelle 5 d hat sich bei Stabspanngliedern mit Ø 26 mm bewährt. Den Versuchsaufbau dazu zeigt Bild 27 in zwei Bildern. Zu sehen ist die Einspannung des Probekörpers in eine Prüfmaschine mit Abstützung gegen eine obere Stahlplatte, Geometriegrößen sowie die Schlupfmessung am unteren Ende.

Aus einzelnen solcher Versuche lässt sich zunächst ein geeignetes Verbundmaterial eingrenzen. Dieses ausgewählte Material sollte dann mit einer Anzahl von mindestens 5 kleinformatigen Köpern getestet werden, um charakteristische Werte aus der ausreichend großen Stichprobe ableiten zu können. Mit der Wurzelfunktion (6) wird aus dem charakteristischen Wert bei kurzer Verbundlänge rechnerisch auf einen erwarteten charakteristischen Wert der Übertragungslänge geschlossen und mit Sicherheitszuschlägen (Abschnitt 3) auf einen Bemessungswert erhöht. Für diesen Bemessungswert der Verankerungslänge muss am Bauwerk der nötige Platz vorhanden sein, ansonsten ist das Konzept zu überarbeiten, z. B. durch Wahl eines Materials mit höherer Verbundtragfähigkeit.

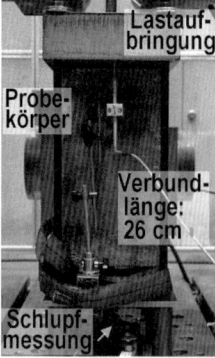

Bild 27. Verbundversuch in einer Prüfmaschine, Verbundlänge 10 d (Foto: KIB-KON, Ruhr-Universität Bochum)

Bild 28. Auszugversuch bei realer Verbundlänge l_b in der Prüfmaschine (Foto: KIB-KON, Ruhr-Universität Bochum)

Die tatsächlich erwartete Verankerungslänge l_b sollte nachfolgend im Realmaßstab auf ihre Tragfähigkeit getestet werden. Die Länge der Proben ist dazu auf l_b zu verlängern bei gleicher Kantenlänge von ca. 10 d. Durch die geringeren Streuungen des Großversuchs sind in der Regel 3 Probekörper für eine stochastische Bewertung ausreichend. Bild 28 zeigt einen solchen Versuch für eine Verbundlänge $l_b = 120$ cm in einer Prüfmaschine mit dem Auszug nach oben gerichtet.

Wichtiges Kriterium ist die Messung des Schlupfes am unbelasteten Ende bei paralleler Aufzeichnung der zugehörigen Maschinenkraft.

Versuchsprogramm für ermüdungsrelevante Einwirkungen

Bei ermüdungsrelevanter Verkehrsbelastung ist der Verbund auf seinen ausreichenden Widerstand gegen zyklische Einwirkungen zu testen. Dies erfolgt im Versuch geeigneter Weise mit konstanter Schwingbreite und für eine feste Anzahl an Lastwechseln. Der Versuchsaufbau entspricht dem nach Bild 28, also dem Auszugversuch mit voller Verbundlänge l_b und nun zyklischer Beanspruchung. Grundlage ist die rechnerisch ermittelte, ermüdungsrelevante Beanspruchung am Spannglied, die sich zusammensetzt aus:

– der Vorspannung zum Zeitpunkt der Neuverankerung (Mittelspannung),
– der Schwingbreite $\Delta\sigma$ im Spannstahl, aus der statischen Berechnung,
– der Lasthäufigkeit n_i aus Schwerverkehr, abgeleitet z. B. aus Verkehrszählungen und hochgerechnet für den Bemessungszeitraum der Verkehrsnutzung.

Die Spannungsschwingbreite im Versuch sollte wenigstens der rechnerischen Schwingbreite entsprechen, jedoch den Grundwert üblicher Dauerschwingversuche (etwa nach ETAG 013) von $\Delta\sigma = 80$ N/mm^2 nicht unterschreiten. Im Regelfall fallen die rechnerischen Schwingbreiten geringer aus, zudem können verschiedene Amplituden auftreten, sodass es sinnvoll ist, die Lastwechselzahl – z. B. auf Grundlage der Hypothese nach *Pålmgren* und *Miner* für eine äquivalente Schädigung [64] – auf eine äquivalente Anzahl bei konstantem $\Delta\sigma$ umzurechnen und damit zu testen.

Als Oberspannung kann nach ETAG 013 eine Spannstahlspannung von $0{,}65 f_{pk}$ angesetzt werden. Bei signifikanter Abweichung der daraus resultierenden Mittelspannung zur vorhandenen, mittleren Spannung im Spannglied sollte Letztere als Grundlage gewählt werden. Die Lastfrequenz im Versuch sollte 5 Hz nicht überschreiten [7]. Darunter sind in Untersuchungen von Spanngliedern im nachträglichen Verbund von *Will* [85] keine Beeinflussungen des Verbundtragverhaltens festgestellt worden.

Der Dauerschwingversuch wird in der Literatur auch als eine Art Zeitrafferversuch für das Verbundkriechen gesehen [7, 54]. Eine gesonderte Betrachtung zu diesem Kriechen ist daher nicht erforderlich. Verbundkriechen tritt ausgeprägt erst über dem Grundwert der Verbundfestigkeit auf bzw. bei signifikanter Rissbildung [7], was hier beides nicht zu erwarten bzw. zu vermeiden ist. Kennzeichnend ist dabei eine Verformungszunahme sowie eine gewisse Nivellierung der Verbundspannungen entlang der Übertragungslänge, also eine Abnahme der Spannungsspitzen und eine Zunahme am weniger beanspruchten Einleitungsbereich [12].

2.1.3.4 Versuchsauswertung

Die Auswertung sollte sämtliche Versuche, also die an klein- wie großformatigen Körpern zusammen nutzen und günstigerweise über die Verbundkraft erfolgen. Das bietet den Vorteil, dass auf eine Umrechnung auf die gemittelte Verbundspannung verzichtet werden kann. Die Kraft lässt sich als Wurzelfunktion der Verbundlänge bei konstantem Faktor a beschreiben. Es ergibt sich

$$\frac{F_{b,max}}{\sqrt{l_b}} = a \Leftrightarrow l_b = \left(\frac{F_{b,max}}{a}\right)^2 \qquad (8)$$

was im Folgenden als Verbundlängengleichung bezeichnet ist. Zunächst wird der konstante Faktor a für die einzelnen Versuche bei verschiedenen Verbundlängen ermittelt. Exemplarisch ist dies in Bild 29 für verschiedene Einzelversuche als Säulen dargestellt. Es zeigt sich eine augenscheinlich gleichmäßige Streuung, leicht geringer für die hellgrauen Balken mit größerer Verbundlänge. Aus den einzelnen Faktoren wird ein gemeinsamer Mit-

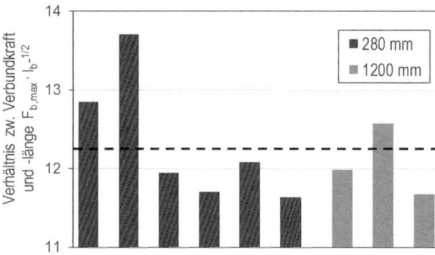

Bild 29. Faktor *a* des Verhältnisses von Verbundkraft zur Quadratwurzel der Verbundlänge für verschiedene Auszugversuche

telwert gebildet, im Beispiel mit a = 12,24 aus zwei Stichproben mit Verbundlängen l_b von 280 mm (6×) und 1200 mm (3×). Die Approximationsfunktion der Mittelwerte folgt zu $F_{b,max} = 12,24 \sqrt{l_b}$.

Statistische Auswertung der Versuchsdaten

Durch die Anpassungsfunktion nach Gl. (8) können – unabhängig von l_b – alle Versuchsergebnisse zusammen als Stichprobe ausgewertet, die Streuung der Verbundkraft also als konstant angenommen werden (vgl. [63]), auch wenn tatsächlich die Standardabweichung mit zunehmender Verbundlänge geringfügig abnimmt.

Anhand der Abweichung eines einzelnen Messwerts *i* zum Mittelwert der jeweiligen Verbundlänge (im Beispiel: $\bar{F}_{b,max,m,j}(l_b = 28 \text{ cm}) = 204,8$ kN, $\bar{F}_{b,max,m,j}(l_b = 120 \text{ cm}) = 424,0$ kN) berechnet sich die Standardabweichung *s* für eine Stichprobe zu:

$$s^2 = \frac{1}{\sum_j n - 1} \sum_{j=l_b}^{n} \sum_{i=1}^{n} \left[F_{b,max,i,j}(l_b) - \bar{F}_{b,max,m,j}(l_b) \right]$$

(9)

Darin bezeichnet j die Anzahl verschiedener Verbundlängen, n die Anzahl je Länge vorliegender Einzelergebnisse. Ein Überstrich kennzeichnet den Mittelwert zu einer Verbundlänge. Je Versuchsreihe j einer Verbundlänge l_b können unterschiedlich viele Versuchsergebnisse n vorliegen. In die Stichprobe und somit die gemeinsame Standardabweichung fließen dann alle Versuchsergebnisse $\sum_j$ n ein. Die Standardabweichung für das Beispiel beträgt s = ± 14 kN.

Als charakteristische Verbundkraft wird das untere 5%-Quantil (allgemein bezeichnet mit $x_{0,05}$) der Verbundlängengleichung verwendet. Dieses kann gemäß Gl. (10) mit einseitigen Abstandsmaßen k für Normalverteilungen nach Tabelle 3 ermittelt werden, die sich in Abhängigkeit des Stichprobenumfangs ergeben. Sie sind in der Literatur und auch in EC 0 [25] dokumentiert. Der Mindestumfang der

Tabelle 3. Abstandsmaße zur Ermittlung des 5%-Quantils aus einem begrenztem Stichprobenumfang, nach [25]

Stichprobenumfang n	Abstandsmaß k
3	3,37
4	2,63
5	2,33
6	2,18
8	2,00
10	1,92
20	1,76
30	1,73
∞	1,645

Stichprobe beträgt n = 3. In Gl. (10) ist x_m der Mittelwert der Stichprobe und im konkreten Fall die Funktion der mittleren Verbundlängenbeziehung.

$$x_{0,05} = x_m - k \cdot s \quad (10)$$

In Bild 30 sind die Versuchsdaten (Kreuze) für das Beispiel grafisch aufbereitet. Die gestrichelte Linie stellt die Approximation der Mittelwerte der Verbundkraft in Abhängigkeit der Verbundlänge nach Gl. (6) dar. Die daraus abgeleitete charakteristische Beziehung von Verbundkraft und -länge, also $F_{bk} = F_{b;0,05}(l_b)$, ist als durchgezogene Linie dargestellt.

2.1.3.5 Verankerungslänge

Aus der charakteristischen Formulierung der Verbundlänge leitet sich unter Berücksichtigung von Sicherheitselementen für Einwirkungen (γ_E) und Widerstände (γ_R) der Bemessungswert der Verankerungslänge l_b ab. Ausgehend vom charakteristischen Kraftwert $F_{bk}(l_b)$ ergibt sich nach Gl. (11) der Bemessungswert $F_{bd}(l_b)$ mit einem hier dem Verbundmaterial (Beton) zugewiesenen Teilsicherheitsabstand γ_c (vgl. Abschnitt. 3).

$$F_{bd}(l_b) = \frac{F_{bk}(l_b)}{\gamma_c} \quad (11)$$

Aus dem Bemessungswert der Spannkraft F_{pd} kann nun durch Gleichsetzen mit dem Bemessungswert der Verankerungskraft F_{bd} die nötige Verankerungslänge l_b ermittelt werden. Bild 31 zeigt das Vorgehen grafisch. Aufgrund der nichtlinearen Beziehung von Verbundlänge und -kraft nimmt der Bemessungswert der Verankerungslänge gegenüber dem charakteristischen Maß der Verankerungslänge signifikant zu, sodass die Sicherheitsabstände sorgsam abgewogen werden sollten.

Verankerungskonzepte 273

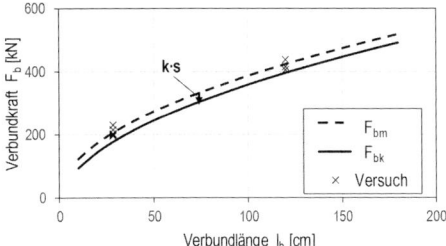

Bild 30. Verbundkraft F_b aufgetragen über die Verbundlänge aus Versuchsergebnissen abgeleitet, Mittelwert F_{bm} und 5%-Quantil F_{bk}

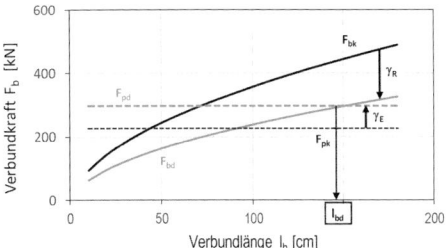

Bild 31. Ableitung des Bemessungswertes der Verankerungslänge (l_{bd}) aus charakteristischen Krafteinwirkungen (F_{pk}) und -widerständen (F_{bk})

2.1.3.6 Beschaffenheit der Oberflächen – Rauheit

Bei glatten Spannstäben spielt die Mikroprofilierung der Oberfläche eine nennenswerte Rolle für den Verbund. Anders als bei Betonstahl, wo Rippen den Verbund beeinflussen („Rippenfaktor"), ist bei glatten Spannstählen die Rauheit wesentlich [71]. Sie beschreibt eine Oberflächenprofilierung (nach DIN EN ISO 4287 [32] feinere Anteile unterhalb einer makroskopischen Welligkeit), welche durch die Rautiefe Rz [μm] definiert werden kann. Rz bzw. die größte Höhe des Rauheitsprofils ist durch den Abstand der höchsten Profilspitze zum tiefsten Profiltal entlang einer bestimmten Messstrecke definiert [32]. Der Mittelwert der größten Höhendifferenzen von wenigstens fünf Messstrecken wird als Kenngröße der Rauheit verwendet.

Spannstähle in Bestandsbauwerken weisen in der Regel Rauheiten jenseits derer von blanken, ungenutzten Stäben auf. Sie betrugen nach stichprobenhaften Untersuchungen im Mittel über 20 μm. Wie groß der Einfluss der Rauheit sein kann, zeigt Bild 32 an Auszugversuchen mit gleichem Stahlquerschnitt aber etwa 3-fach unterschiedlicher Mikrorauheit, konkret im Mittel 5,6 μm (neue Stäbe) bzw. 20 μm (aus einem Bestandstragwerk). Der Versuch erfolgt mit Normalbeton C50/60 und einer Verbundlänge von 260 mm. Während die glatten Stäbe (Bild 32a) nach linearem Lastanstieg einen starken Lastabfall aufweisen („Durchrutschen"), zeigen die rauen (Bild 32b) weit höhere Verbundkräfte und ein nahezu plastisches Halten der Ausziehkraft. Die mittleren Verbundspannungen betragen maximal $\tau_b = 2{,}0$ N/mm² (glatt) bzw. $\tau_b = 3{,}9$ N/mm² (rau).

Für Verbundversuche ist es daher wichtig, die Stahlproben vorab auf die (mindestens) vor Ort erzielbare Rauheit einzustellen und diesen Mindestwert bei der späteren Ausführung am realen Bauwerk durch Messungen zu verifizieren. Versuchsvorbereitend kann die Rauheit mittels Sandstrahlen eingestellt werden, wie Bild 33 für eine auf Rz = 20 μm aufgeraute Stahlprobe (unten) im Vergleich zum ursprünglich glatten Stab (oben) zeigt.

Variante: Verbesserung der Verbundeigenschaften durch Haftbrücken

Die Verbundeigenschaften können durch eine Oberflächenbeschichtung (Haftbrücke) des Spannstahls

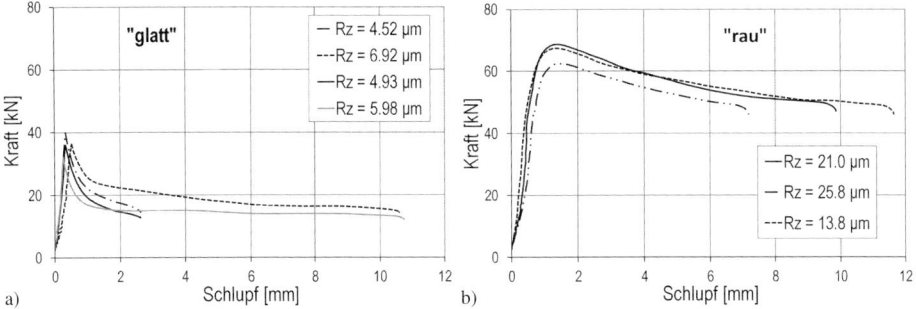

Bild 32. Kraft-Schlupf-Beziehungen a) „glatter" bzw. b) „rauer" Spannstähle Ø 26 im Auszugversuch

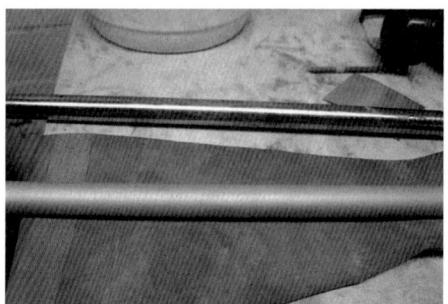

Bild 33. Glatter Spannstahl (oben) und mittels Sandstrahlen aufgerauter Stahl (unten), (Foto: KIB-KON, Ruhr-Universität Bochum)

verbessert werden. Das freigelegte und gereinigte Spannglied wird dazu mit einer speziellen – in Versuchen zu überprüfenden – Beschichtung versehen. Folgende, exemplarisch dargestellte Varianten wurden bereits getestet:

- Epoxidharz mit Quarzsand 0,3 bis 0,9 mm [47],
- Epoxidharz mit Korund.
- Epoxidharz-Zement-Beschichtung mit Quarzsand 0,4 bis 0,7 mm.

Die Systeme wurden an einzelnen Stabspanngliedern (Ø 26 mm) sowie an Drahtbündeln (9 Ø 7 mm) untersucht und konnten die Verbundtragwirkung deutlich erhöhen. Allerdings ist einem möglichen Verbundkriechen bei langzeitigem Einsatz und wechselnder Verkehrslast besondere Beachtung zu schenken. Die Verankerungssysteme sollten mit der entsprechenden Kombination aus Spannglied, Haftbrücke und Vergussbeton – auch im Dauerschwingversuch – umfassend getestet werden.

Hinsichtlich der Ausführung ist zu beachten, dass eine gleichbleibende Qualität entsprechend dem Laborversuch sicherzustellen ist; insbesondere für die schwer zugängliche Unterseite des freigelegten Spannglieds und den Zwischenraum bei mehrgliedrigen Drähten oder Litzen. Erschwernisse lassen sich auch rechnerisch berücksichtigen, indem z. B. nur 50 % der Haftbrücke als wirksam angesetzt werden [47].

2.2 Verankerung mit Ankerkörpern

Ein mechanischer Ankerkörper stellt die klassische Verankerungsform bei Vorspannung im nachträglichen Verbund dar. Dabei wird die Spannkraft vom Spannglied über den meist metallischen Ankerkörper als Druckspannung auf das Betonbauteil übertragen. Bei der Neuverankerung von Bestandsspanngliedern besteht die Besonderheit im (individuellen) Ankerkörper und seiner Verbindung mit dem (gespannten) Spannglied. Mögliche nachträgliche Ankerkörper sind:

- zweiteilige Klemmkonstruktion aus Profilstahl, die mit vorgespannten Schrauben das Spannglied im Reibschluss umschließen;
- Ankerplatten, die auf ein aufgespleißtes Spannglied gefädelt werden;
- Umnutzung vorhandener Anker, etwa Koppelanker;
- Rippenhalbschalen, die durch Kleben mit dem Spannglied verbunden werden und den Verbund zum Beton verbessern.

Bei beengten Platzverhältnissen und einem begrenzten Umfang an zu verankernden Spanngliedern kann die Verankerung durch Ankerkörper eine wirtschaftliche Lösung sein. Bei großen Spanngliedmengen ist der Material- und Herstellungsaufwand für die metallischen Ankerelemente allerdings sehr hoch. Die Aufwände für die Herstellung der Betonöffnungen, das Vergussmaterial sowie Bewehrungsergänzungen sind im Vergleich zur Verbundverankerung aufgrund kleinerer Öffnungsgrößen hingegen geringer.

2.2.1 Klemmkonstruktionen

Klemmkonstruktionen bestehen aus zweiteiligen Stahlelementen, die mittels vorgespannter Schrauben das Spannglied umschließen. Sie übertragen die Spannkraft über Reibung vom Spannglied auf den Ankerkörper (Bild 34), sodass der Reibkoeffizient (Reibpartner Stahl–Stahl) und eine definierte Vorspannkraft der Schrauben wesentlich sind. Über die Stirnseite des Ankerkörpers wird die Spannkraft als Kontaktpressung zwischen Stahl und Beton in Form einer Teilflächenpressung eingeleitet.

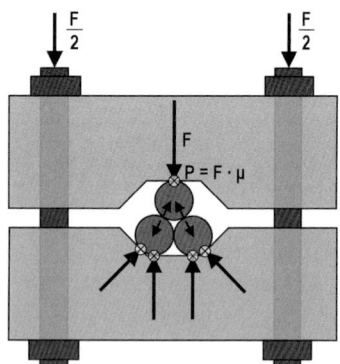

Bild 34. Prinzip einer Klemmkonstruktion aus zwei Stahlplatten, schematische Kraftübertragung einer Schraubenvorspannkraft F über die Spanndrähte und dadurch wirksame Reibkräfte P

Nach dem Entfernen des Betons, des Hüllrohrs und des Verpressmörtels werden die Ankerelemente direkt auf und unter das Spannglied gelegt und über planmäßig vorgespannte Schrauben fixiert. Dann wird die Betonöffnung wieder verfüllt. Nach dem Aushärten des Neubetons werden die Spannglieder hinter dem Ankerkörper durchtrennt und die Spannkraft lagert sich auf die neuen Ankerelemente und die Betonplombe um.

Bei Drahtbündeln können maximal etwa fünf Einzeldrähte („2 oben + 3 unten") schlupffrei in Nuten gefasst werden (vgl. Bild 34). Bei mehr Drähten ist eine direkte Verbindung aller Drähte mit dem Klemmelement nicht mehr sichergestellt und ein Durchrutschen „innerer" Drähte kann auftreten.

Da die Reibpartner von Stahl zu Stahl nur geringe Reibkoeffizienten aufweisen, sind in der Regel sehr hohe Druckkräfte aus der Schraubenvorspannung erforderlich, um die erforderliche Normalkraft zur Reibkraftübertragung aufzubauen. Die Normalkraft der Klemme beträgt dabei ein Vielfaches der Kraft im Spannglied, was mit großen Blechdicken und erhöhter Gefahr der Spannungsrisskorrosion am Spannstahl einhergeht. Die Kerbwirkung im Spannstahl kann reduziert werden, indem für das Klemmelement ein Stahl mit deutlich geringerer Festigkeit gewählt wird, der sich unter der Querpressung einebnet, also lokal plastisch verformt [37, 70]. Dies ist für die Kombination üblicher Spannstähle (z. B. St 80/105) mit Baustahl für das Klemmelement (S355) gegeben. Zudem empfiehlt sich die Ausrundung der Kanten [81].

Der Reibkoeffizient der Klemmverbindung kann in statischen und zyklischen Versuchen ermittelt werden. Dabei ist der Haftreibkoeffizient μ_H (erste Lastaufbringung während der Spannkraftlagerung) von zentraler Bedeutung. Er kann durch die Zugabe von etwa Korund oder Silikatsanden in der Kontaktfläche erhöht werden [37]. Realistisch ist als Grundwert ein Koeffizient um 0,3, der zur Abschätzung der erforderlichen Querpressung herangezogen werden kann [37]. Er ist durch entsprechende Sicherheiten zu reduzieren.

Bild 35 zeigt die Anwendung des Klemmprinzips beim Rückbau der Deelbögebrücke in Hamburg [37]. Dargestellt sind in Bild 35a die beiden Stahlelemente aus S355 von 30 × 15 × 4 [cm] je Klemmung mit trapezförmigen Nuten, die drei Spannstäbe Ø 12,2 mm fixieren. Sie sind durch sechs Schrauben M24 der Güte 10.9 vorgespannt. Eingebaut (Bild 35b) benötigen sie nur kleine Öffnungen von ca. 80 cm Länge mit entsprechender Zusatzbewehrung [37].

Die Spannkraftübertragung auf den Neubeton erfolgt wie in Bild 36 dargestellt über Kontaktpressung (σ_{c1}). Vom Neubeton überträgt sich die Kraft dann auf den Bestandsbeton (σ_{c2}) – bei vergleichsweise flacher Lastausbreitung.

Ein ähnliches System wird in [66] für einzelne Stabspannglieder mit Ø 32 mm entwickelt. Die Klemmelemente werden dort mit zehn vorgespannten Schrauben an das Spannglied gedrückt. Aufgrund der engen Abstände der Spannglieder zueinander werden die Ankerelemente versetzt zueinander angeordnet.

2.2.2 Ankerplatten

Nachträgliche Ankerplatten kommen für Spannstäbe und -litzen infrage. Sie bieten sich besonders bei Spanngliedern aus mehr als drei Spanndrähten oder -litzen an, wenn eine permanente Verbundverankerung nicht infrage kommt. Dazu werden die einzelnen Drähte bzw. Litzen mittels aufgestauchter Köpfe, Keilen oder Klemmen an einem Ankerelement fixiert. Ankerelemente können etwa Stahlplatten mit vorab gebohrten Aussparungen sein. Bild 37 zeigt ein Beispiel einer konventionellen Stahlplatte

a)

b)

Bild 35. Klemmelemente a) vor dem Einbau und b) im eingebauten bzw. vergossenen Zustand an der Deelbögebrücke, Hamburg (Fotos: LSBG Hamburg)

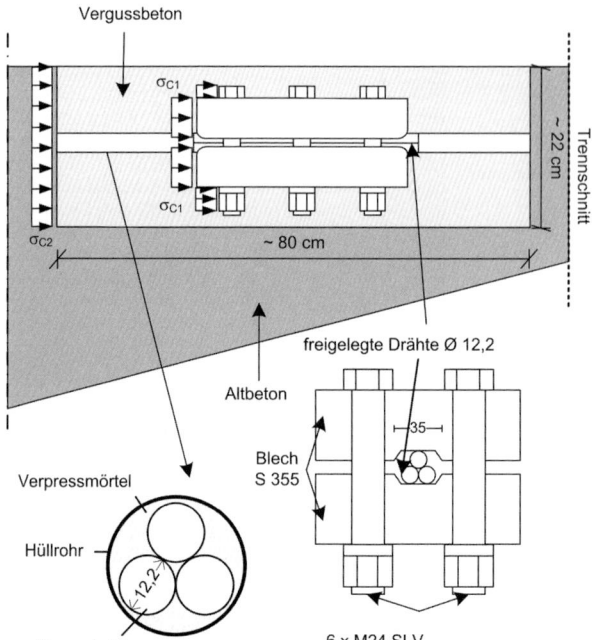

Bild 36. Prinzip der Klemmverankerung mit Kraftübertragung auf Neu- und Bestandsbeton [37]

Bild 37. Ankerplatte mit kreisförmig angeordneten und aufgestauchten Einzeldrähten (Foto: Hessen Mobil)

mit aufgefächerten Einzeldrähten. Die vordere, kleinere Platte dient lediglich der konstruktiven Halterung.

Die Auffächerung der Drähte und ihr Auffädeln auf die Ankerplatte gelingen nur nach Durchtrennen des Spannglieds. Die Spannkraft bleibt dabei nur dann erhalten, wenn sie sich kurzzeitig über den Verbund im Bestand verankert. Für die spätere Verkehrsbeanspruchung und die dauerhafte Tragfähigkeit wirkt die Platte.

Die Ankerplatten werden in Betonöffnungen eingebaut. Hüllrohre und Verpressmörtel sind entsprechend zu entfernen. Die Lastverteilung erfolgt vom Spannglied auf die Ankerplatte und von dort als Druckspannung auf den Neubeton. Im Regelfall ist dazu ein Normalbeton mit ähnlicher Festigkeit im Vergleich zum Bestand ausreichend und mit Zusatzbewehrung zur Lasteinleitung auszustatten. Die Lastweiterleitung erfolgt als Kontaktpressung an der Arbeitsfuge zwischen Neu- und Bestandsbeton.

Bild 38 zeigt das Beispiel einer typischen Betonöffnung (Überführungsbauwerk B27, Hessen) mit bereits eingebauten Ankerplatten nach dem Prinzip von Bild 37. Jedes zweite Querspannglied bleibt hier im Bauzustand zur temporären Sicherung erhalten. Der Verguss erfolgt mit einem Normalbeton C50/60. Im Endzustand werden die Spannglieder mit Plattenverankerungen – also auch nur jedes zweite Spannglied – rechnerisch angesetzt.

Von einer Variante zur Nachverankerung mit Möglichkeit des Nachspannens wird in [65] berichtet. Anwendungsfall sind Querspannglieder einer Straßenbrücke, deren Verankerung im Zuge von Bauarbeiten versehentlich abgetrennt worden war. Eine alleinige Verbundverankerung war statisch und aus Gründen der Dauerhaftigkeit nicht ausreichend. Daher wurden hinter dem alten Spannglied Einzel-

Bild 38. Betonöffnung (ca. 2 × 1 [m]) zur Herstellung von Plattenverankerungen an der Quervorspannung, jedes zweite Spannglied läuft durch (Foto: Hessen Mobil)

Bild 39. Ausgebauter Koppelanker eines Stabspannglieds Ø 26 mm, Bauwerk Pariser Straße (Foto: D. Sanio)

spannglieder mit Spannankern angeordnet und in einem Koppelelement beide Spanngliedtypen miteinander verbunden. Der bauzeitlich entstandene Schlupf kann so abschließend wieder nachgespannt werden [65].

2.2.3 Vorhandene (Koppel-)Anker

Bestehende Koppel-, Fest- oder Spannanker bieten verlässliche Ankerstellen. Das gilt besonders für die (abschnittsweisen) Bauzustände eines Rückbaus, die idealerweise die ebenso abschnittsweise hergestellten Bauzustände der Erstellung in nun umgekehrter Reihenfolge aufgreifen. Verankerung wie lokale Lasteinleitung sind dann gesichert. Koppelfugen mit hohem Koppelanteil – bei älteren Bauweisen bis in die 1970er-Jahre bis zu 100 % üblich – wirken sich zwar für die Dauerhaftigkeit des Bauwerks bekannt ungünstig aus („Koppelfugenproblematik" vgl. z. B. [43, 48, 49]), beim Rückbau aber durch die zahlreichen Ankerstellen durchaus vorteilhaft.

Nach heutigem Stand der Regelungen können maximal 70 % der Spannglieder in einer Fuge gekoppelt werden, 30 % müssen durchlaufen [30].

Einen Sonderfall stellt die Nutzung von Koppelankern entgegen ihrer eigentlichen Spannrichtung dar. Bild 39 zeigt solch einen Anker als Plattenanker, der für eine Verankerung nach links planmäßig geeignet, für eine Temporärverankerung in die entgegengesetzte Richtung hingegen völlig neu zu untersuchen ist. Hier ist im Einzelfall ein geeigneter Tragmechanismus vom Spannglied über die Platte in den umgebenden Beton nach mechanischen Prinzipien zu ermitteln, inkl. der lokalen Lasteinleitung aus Teilflächenpressung, vgl. [56]. Bei Glockenankern ist solch eine Umnutzung oft möglich. Lasteinleitungsbewehrung kann ggf. aus Reserven der vorhanden Bügel- und Querbewehrungen abgeleitet werden.

Im Einzelnen sind folgende Aspekte zu betrachten:
- Nachweis der lokalen Lasteinleitung (primärer Spaltzug, Abschnitt 4.2),
- Lastweiterleitung in den Überbau (sekundärer Spaltzug, Randzug),
- Tragfähigkeit des eigentlichen Ankerelements unter Berücksichtigung der Tragrichtung,
- statischer Systemwechsel im Überbau durch einen Trennschnitt (Abschnitt 4.1).

2.2.4 Aufgeklebte Rippenhalbschalen

In [47] wird ein Verankerungssystem für Einzelstabspannglieder vorgestellt, das vorsieht, zwei Rippenhalbschalen auf ein glattes Stabspannglied zu kleben und damit vergleichbar dem Betonstahl die Verbundspannung durch Rippen (Rippenfaktor 0,1) zu verbessern.

Die Halbschalen bestehen aus Rohrstücken mit einem Außendurchmesser von 45 mm und einer Stärke von 9 mm. Insgesamt wird dadurch eine Verbundlänge von 60 cm hergestellt. Als Kleber zwischen Halbschale und gereinigtem Stabspannglied wird ein Methacrylat (Zugscherfestigkeit auf Stahl ca. 25 N/mm^2) verwendet. Als Vergussmaterial wird ein spezieller, hochfester Vergussmörtel empfohlen, der im Gegensatz zu anderen Vergussmaterialien ein duktiles Versagen aufweist [47]. Die Versuche erfolgen durch Verguss von Rundrohren Ø 101,6 mm, die die Querdehnung des Vergussmaterials behindern – für den Einbau im realen Bauwerk wird eine Wendelbewehrung empfohlen.

Im Versuch wird mit dem System eine Maximallast von 460 kN für ein Stabspannglied Ø 26 mm erzielt.

In zyklischen Versuchen überschreitet der Schlupf nach 1 Mio. Lastwechseln und einer Oberlast von 0,65 · 460 kN = 300 kN nicht den Wert von 0,5 mm. Die zyklische Traglast wird dabei signifikant durch eine Aufteilung in 6 cm lange Einzelstücke gesteigert [47].

3 Zum Sicherheitskonzept

Für nachträgliche Verankerungen stehen bislang keine anerkannten Sicherheitsregeln zur Bemessung zur Verfügung. Allgemeine Grundlagen finden sich in der versuchsgestützten Bemessung nach EC 0, Abs. 5.2 unter Berücksichtigung statistischer Unsicherheiten [25]. Ergänzt wird diese mit Teilsicherheitsbeiwerten nach EC 2-2. Konkret spielen bei der Verankerung folgende Faktoren eine Rolle:

- Dauer eines Verankerungszustands, also für Tage, Monate, Jahre oder quasi dauerhaft;
- Unsicherheit in der Abschätzung von Einwirkungen;
- Unsicherheit in Bezug auf das vorhandene Tragwerk (z. B. tatsächlicher Verpresszustand, unklare Bauwerksdaten, materielle Streuungen …);
- Unsicherheiten auf der Widerstandsseite für das Verankerungselement (z. B. eine rechnerisch aufnehmbare Verbundspannung);
- Konsequenz aus einem (Teil-)Versagen der Verankerung bzw. umgekehrt Redundanzen im Verankerungskonzept, angelehnt dem Prinzip der Schadensfolge, vgl. [25].

Bild 40 zeigt exemplarisch die Auswirkungen von Sicherheitselementen auf der Einwirkungs- und Widerstandsseite am Beispiel einer Verbundverankerung. Dargestellt sind Beziehungen zwischen rechnerisch zu verankernder Kraft (Einwirkung, links) und der daraus erforderlichen Verankerungslänge (Widerstand, unten) über jeweilige Verbundbeziehungen. Teilsicherheiten auf der Einwirkungsseite (γ_E) erhöhen das rechnerisch aufzunehmende Lastniveau F, solche auf der Widerstandsseite (hier γ_c) verschieben die Verbundbeziehungen mehr und mehr nach unten. Entsprechend erhöht sich aus beiden Effekten die rechnerisch nötige Verbundlänge l_b.

Grundsätzlich sind Tragfähigkeit, Gebrauchstauglichkeit und Dauerhaftigkeit zu überprüfen. Bei Rückbauten beschränkt sich dies in der Regel auf die Sicherung der Tragfähigkeit. Einschränkungen in Gebrauchstauglichkeit und Dauerhaftigkeit sind für die kurzen Temporärzustände meist von untergeordneter Bedeutung.

Zu beachten sind Unsicherheiten, die nicht durch stochastische Abschätzungen abgedeckt werden können, z. B. unerkannte Fehler der Verpressung oder Ähnliches. Sie lassen sich nicht durch stochastisch basierte Teilsicherheiten behandeln, sondern müssen separat z. B. durch rechnerische Vernachlässigung einbezogen werden.

Im Zuge von Abbruchvorgängen mit sich wiederholenden Bauzuständen bietet sich ein kombiniertes Sicherheitskonzept zur Verankerung an. Zunächst wird die Verankerung abgesichert redundant getestet und stochastisch die Versagenswahrscheinlichkeit ausgewertet. Anschließend – bei vergleichbaren Bedingungen – sichert diese dann stochastisch nachgewiesene Verankerungsart die weitere Tragfähigkeit, basierend auf dem Grundprinzip der versuchsgestützten Bemessung. Beim Rückbau der Lahntalbrücke (A3, Limburg) konnte durch eine umfangreiche Begleituntersuchung ein solches Konzept eingesetzt werden [79].

3.1 Vorspannkraft

Die Verankerung ist für die zum Verankerungszeitpunkt t wirksame Spannkraft P und ihre Veränderlichkeit aus Verkehrslasten Q auszulegen. In der Regel sind zeitabhängige Verluste aus Kriechen und Schwinden (K + S) bereits abgeschlossen. Für die Tragfähigkeitsuntersuchungen reichen dann Mittelwerte (Index m) aus. Relevant sind dann:

- die Spannkraft abzüglich zeitabhängiger Spannkraftverluste $P_{mt} = P_{m0} - \Delta P_{K+S,t}$,
- Kraftänderungen aus Verkehrslasten ΔP_Q während der kommenden Verankerungszeit.

Messungen an bestehenden Spannbetonbrücken zeigen, dass die tatsächlichen Vorspannkräfte bei nachträglichem Verbund nach vielen Jahrzehnten z. T. stark von rechnerisch erwarteten Werten abweichen. Spannkraftverluste sind oft deutlich erhöht. Beispielsweise wurden in [6, 82] ca. 40 % zeitabhängige Spannkraftverluste festgestellt, in [42] hingegen etwa 13 %. Daher sollten – falls maßgebend – untere wie obere Werte (*minorante bzw. majorante Grenz-*

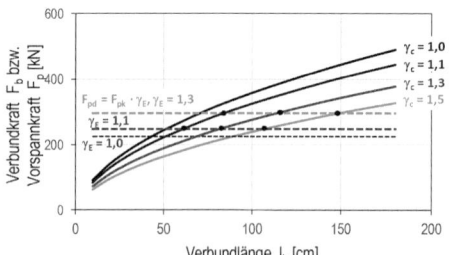

Bild 40. Einfluss von Teilsicherheitsbeiwerten auf der Einwirkungs- und Widerstandsseite auf die rechnerisch erforderliche Verbundlänge für ein Einzelspannglied Ø 26 mm

wertbetrachtung) für die erwarteten Spannkräfte berücksichtigt werden. Dabei kann sowohl ein „zu viel" als auch ein „zu wenig" an Spannkraft für das Tragsystem schädlich sein.

Für das Verankerungssystem selbst ist ein oberer Grenzwert der Vorspannkraft maßgebend. Wenn keine genaueren Erkenntnisse für ein Bauwerk vorliegen, wird empfohlen, mit den rechnerischen Werten für das Kriechen und Schwinden und dem üblichen Schwankungsbeiwert r_{sup} nach EC 2-2 [29, 30] zu arbeiten. Er beträgt für Vorspannung im nachträglichen Verbund $r_{sup} = 1,1$.

$$P_d = r_{sup} \cdot (P_{m0} - \Delta P_{K+S}) \quad (12)$$

Für die schlagartige Aufbringung der Last durch den Trennschnitt sollte eine dynamische Überhöhung (Index dyn) berücksichtigt werden. Dies kann in Anlehnung an EC 2-2:2010 (+NA), Abs. 8.10.2.2 erfolgen. Dort sind für die schlagartige Lastaufbringung eine Überhöhung von 1,25 vorgesehen, die bis zur quasi-statischen Einwirkung auf 1,0 reduziert werden kann. Es ergibt sich:

$$P_{dyn,d}(t) = \begin{cases} 1,25 \cdot P_d(t), \text{ plötzlich} \\ 1,0 \cdot P_d(t), \text{ quasi-statisch} \end{cases} \quad (13)$$

3.2 Nutzungsdauer

In Abhängigkeit der Nutzungsdauer können nachträgliche Verankerungen den folgenden Kategorien zugeordnet werden. Die Sicherheitsanforderungen nehmen dabei von oben nach unten ab:

- dauerhaft und statisch relevant (etwa für längere Einsätze mehrerer Jahre unter Verkehrslast im Zuge von Umbauten oder einer bauzeitlichen Verkehrsführung),
- kurzzeitig und statisch relevant (etwa Rückbauzustände, in denen die Verankerung allein die Tragfähigkeit sichert),
- kurzzeitig und redundant (ein (Teil-)Versagen eines Verankerungselements kann anderweitig kompensiert werden),
- kurzzeitig bei unschädlichem Versagen (beim Rückbau, wenn von einem Versagen keine Gefahr ausgeht und entsprechende Sicherungsmaßnahmen getroffen sind).

Bei kurzen Nutzungszeiträumen sind reduzierte Teilsicherheitsbeiwerte möglich, beispielsweise für die anzunehmenden Einwirkungen. Grundlagen dazu bieten z. B. EC 0 [25] für die Einwirkungen bzw. der EC 2-2 [29, 30] für die Tragwiderstände. Dabei können auch Messungen am Bauwerk bzw. Überwachungsmaßnahmen einfließen. Grundlagen dazu finden sich in der Nachrechnungsrichtlinie für Brücken [8], z. B. bei begleitenden Messungen am Bauwerk, um den Teilsicherheitsbeiwert für Eigenlasten von üblichen 1,35 auf 1,2 zu reduzieren [55]. Weitere Messkampagnen am Bauwerk mit dem Ziel der Reduktion von Teilsicherheitsbeiwerten finden sich in [8, 25, 76–78].

4 Statisch-konstruktive Aspekte

Durchtrennen und Neuverankern von Spanngliedern beim Rückbau verändert global die Schnittgrößenverteilung am Tragwerk (System) und lokal die Spannungszustände um den neuen Anker (Element). Beides ist statisch zu betrachten.

Für das Tragwerk (global) sind die folgenden Aspekte relevant:

- Systemwechsel und Schnittgrößenumlagerung,
- statische Zwischensysteme und geänderte Einwirkungen im Zuge des Rückbaus,
- Tragverhaltensweisen bei günstiger Wirkung einer Verankerung bzw. bei deren Ausfall (*minorante* bzw. *majorante* Grenzwertansätze).

Für das lokale Verankerungselement sind zu beachten:

- Spannkraftübertragung vom Spannglied auf den Beton (Ankerelement oder Verbund),
- Lasteinleitung in die Betonergänzung (Spaltzug, Randzug, Teilflächenpressungen),
- Lastweiterleitung vom Ankerkörper auf den Bestandsbeton (Fuge „neu zu alt"),
- konstruktive Durchbildung der Betonplombe.

Die einzelnen Aspekte werden in den folgenden Abschnitten erörtert.

4.1 Tragwerk – global

Trennschnitte erzeugen eine Änderung im System. Es entstehen Kragarme, wo vorher kontinuierliche Systeme gewirkt haben. Entsprechend werden Rotationen aus der Verträglichkeit frei. Bei unterschiedlich langen Kragarmen können zusätzlich merkliche Querversätze entstehen. Mit der frei werdenden Rotation entfallen statisch unbestimmte Schnittgrößenanteile, die Schnittgrößen lagern sich um.

Bild 41 zeigt diesen Effekt am Quersystem. Die (teil-)eingespannte Fahrbahnplatte verändert sich zu Kragarmen, die Eigengewichtsmomente reduzieren sich um den statisch unbestimmten Anteil. Gleiches gilt für die Vorspannung. Einzig der statisch bestimmte Anteil bleibt durch die Verankerung erhalten.

Die Systemumlagerung stellt sich sukzessive bereits während der Herstellung der Betonöffnungen ein. Durch das schrittweise Freilegen der Spannglieder im Pilgerschrittverfahren (Abschnitt 5) wird der Feldquerschnitt der Fahrbahnplatte geschwächt und das Trägheitsmoment sukzessive reduziert. Es entsteht mehr und mehr eine Art Gelenk.

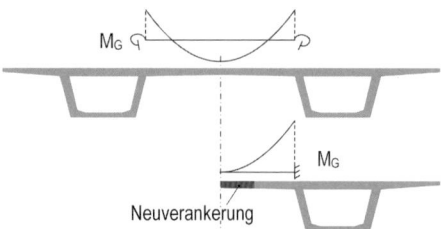

Bild 41. Systemwechsel der Fahrbahnplatte beim Trennschnitt und Umlagerung des Momentenverlaufs infolge Eigenlasten

Ähnliches ergibt sich auch für das Längssystem bei Trennschnitten quer der Brücke. Bild 42 zeigt dazu zwei typische Abbruchvarianten. In Bild 42a werden große Teilabschnitte nahe einer Feldlänge mit zwei Schnitten abgetrennt und anschließend mit Litzenhebern abgesenkt. Der Schnitt erzeugt eine Systemumlagerung und den Abbau des statisch unbestimmten Anteils der Vorspannung sowie von Zwangsschnittgrößen. Die Verankerung erfolgt sowohl an den Rändern des in Lage verbleibenden Überbaus (linker und rechter Überbauteil) sowie für die Ränder des herausgetrennten Zwischenstücks. Das ursprünglich kontinuierliche System eines Durchlaufträgers wird in Einzelsysteme zerlegt. Der herausgeschnittene Teil entspricht einem statisch bestimmten Einfeldträger mit Lagerung an den Anschlagpunkten. Die verbleibenden Überbauteile werden zu Ein- oder Mehrfeldträgern mit Kragarmen.

In Bild 42b erfolgt der Rückbau sukzessiv mit kurzen Trennabschnitten, die jeweils einzeln durch das darunterliegende Gerüst abgefangen werden. Diese Variante bietet sich bei frei vorgebauten Brücken an. Wenn die Rückbauabschnitte den Abschnitten des freien Vorbaus folgen, sind entsprechend ausreichend und günstig in Schwerpunktslage positionierte Anker an jedem Einzeltrennschnitt vorhanden.

Statisch relevant werden oft kurze Kragarme, wie sie Bild 43 zeigt. Der verankerten Vorspannung P steht kaum gegenwirkendes Moment aus Eigengewichten entgegen, sodass der Querschnitt an seiner Unterseite aufreißt. Zudem muss die lokale Lasteinleitung an der Querschnittsoberseite möglich sein.

Allgemein ergeben sich für die statischen Nachweise zwei Grenzfälle, nämlich eine (konservativ) von unten und eine (konservativ) von oben blickende Abschätzung der Beanspruchungen bzw. der Vorspannwirkung. Ungewollt gute Verankerungen sind geringen Beanspruchungen gegenüberzustellen und umgekehrt:

– volle Wirkung der Vorspannung P mit kurzer Verankerungslänge und geringen zeitabhängigen Verlusten ΔP bei geringen äußeren Beanspruchungen aus Eigen- und Verkehrslast G + Q → Zug am vormals gedrückten Rand,

– minimale Verankerungswirkung der Vorspannung P mit maximalen zeitabhängigen Verlusten ΔP und hohen ungünstigen äußeren Lasten G + Q → Zug in der vormals vorgedrückten Zugzone.

Neben dem statisch unbestimmten Anteil der Vorspannung bauen sich durch den Systemwechsel auch andere Zwangsschnittgrößen ab, etwa aus Temperatur- und Setzungsdifferenzen.

Oft zeigen statische Vorbetrachtungen, dass es aufgrund der reduzierten bauzeitlichen Beanspruchung nicht erforderlich ist, alle Spannglieder zu veran-

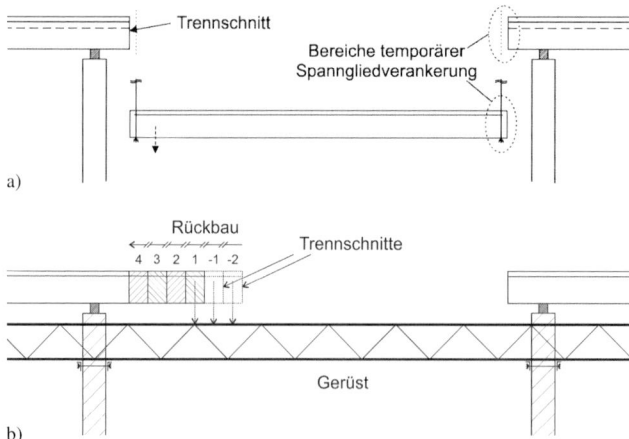

Bild 42. Rückbauzustände am Längssystem; a) Absenken eines großen Brückenteils mit Verankerungsbereichen, b) wiederholtes, abschnittsweises Trennen und Teilabbruch über einem Traggerüst

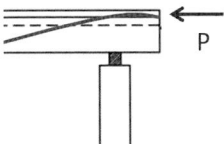

Bild 43. Lasteinleitung der Vorspannkraft P am kurzen Kragarm nach Trennschnitt

kern. Auf deren Neuverankerung kann verzichtet werden. Trotzdem sind Grenzwertbetrachtungen erforderlich, um eine unplanmäßige Verbundverankerung der Spannglieder zu untersuchen. Eine schädliche, also überlastende Verankerungswirkung ist auszuschließen. Sofern dies nicht gelingt, kann auch ein planmäßiger Spanngliedausfall durch kontinuierliches Durchtrennen erzeugt werden. Die Hüllrohre werden dazu angebohrt und damit die Spannglieder in gleichmäßigem, engmaschigem Raster durchtrennt. Abstände zwischen 25 und 50 cm haben sich bewährt, vgl. [67].

4.2 Verankerung – lokal

Durch die nachträgliche Verankerung entsteht ein neuer Lasteinleitungsbereich der Vorspannung. Die Lasteinleitung vom Spannglied bis in den Querschnitt ist durchgehend zu zeigen. Wesentlich sind:

– Spaltzug, also die Abdeckung von Querzugspannungen im Bereich der Lastaufbringung
– Randzug über den Querschnitt und am Querschnittsrand, bei exzentrischer Lage der Lasteinleitung
– lokale Teilflächenpressung am Übergang von Ankerkörpern auf den Beton.

Daraus leiten sich entsprechende Bewehrungen bzw. Verstärkungen ab. Bei der Verankerung von Querspanngliedern sind meist beengte Platzverhältnisse zu beachten. Bei Ankerkörpern ist die Größe der Betonöffnung ggf. auf die Lage zusätzlicher Bewehrung abzustimmen und der Lasteinleitungsbereich zu erneuern. Eine Rückhängebewehrung [80], wie sie etwa an Koppelstellen aus der Verformungskompatibilität angeordnet wird, entfällt hier, da hinter der Verankerung mittels Trennschnitt abgelöst wird [40].

4.2.1 Spalt- und Randzug

Querzugspannungen aus der Lasteinleitung sind i. d. R. durch eine Spaltzugbewehrung abzudecken. Bei Plattenquerschnitten ergibt sich aufgrund der geringen Querschnittshöhe und des engen Abstands der Spannglieder zueinander meist nur eine geringe Bewehrungsmenge über den Querschnitt, und zwar im neuen Beton der Plombe. Die Lastweiterleitung in den Bestand erfordert zumeist keine weitere Querbewehrung (Bild 44). Über die Plattenlängsrichtung gleichen sich die Spaltwirkungen zwischen den einzelnen Spanngliedern aus. Bei Verbundverankerung ist eine Rissbildung infolge Spaltzug unbedingt zu verhindern, da solche Risse den Verbund signifikant verschlechtern [73]. Die Querzugspannungen – nicht notwendigerweise die absoluten Kräfte – sind aufgrund der verteilten Lasteinleitungslänge geringer als bei Ankerkörpern mit Einbauten, welche die Spannkraft über ihre Stirnseite übertragen.

Randzug tritt auf, wenn die Lastaufbringung außerhalb der Kernweite des Querschnitts erfolgt, also für Rechteckquerschnitte bei $e/h > 1/6$. Dabei ist e die Exzentrizität der Lasteinleitung bez. der Querschnittsachse und h die Querschnittshöhe.

Die Bemessungsgrundlagen zur Ermittlung der Spalt- und Randzugbewehrung sind in EC 2-2 + NA und in EC 2-1-1 + NA für den Hochbau geregelt. Gemäß (deutscher) nationaler Ergänzung zum jeweiligen Abs. 2.4.2.2 (3) ist für die Vorspannung ein Teilsicherheitsbeiwert von $\gamma_P = 1{,}35$ bei der Ermittlung der Spaltzugbewehrung anzusetzen.

Die Lastausbreitung in den Beton kann nach bekannten Fachwerkmodellen entsprechend Bild 44 für Verbundverankerungen bzw. Bild 45 für Ankerelemente idealisiert werden. Für das Fachwerkmodell des Randzugs sei auf Grundlagenliteratur verwiesen, etwa [52]. Die Spalt- (T_{sd}) und Randzugkräfte (T_{rd}) ermitteln sich auf Bemessungsniveau nach Gl. (14) und (15).

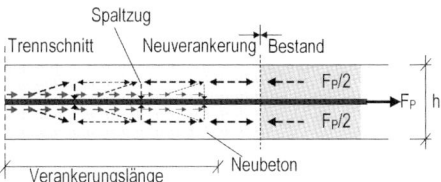

Bild 44. Fachwerkmodell zum Spaltzug bei Verbundverankerungen mit Übergang von Alt- zu Neubeton

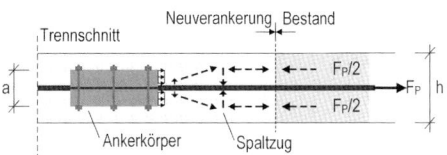

Bild 45. Fachwerkmodell zum Spaltzug bei Ankerelementen mit Übergang von Alt- zu Neubeton

$$T_{sd} = \frac{1}{4}F_{pd}\left(1 - \frac{a}{h}\right) \quad (14)$$

$$T_{rd} = F_{pd}\left(\frac{e}{h} - \frac{1}{6}\right) \quad (15)$$

Dabei bezeichnet F_{pd} den Bemessungswert der Vorspannkraft im Spannglied. h entspricht der Breite bzw. Höhe, auf die sich die Last ausbreitet, also in der Regel die Plattenhöhe als maßgebende Querschnittsgeometrie bei der Verankerung von Querspanngliedern. Die Breite der Lasteinleitung fließt als a ein. Bei Verbundverankerungen kann sie vernachlässigt werden (a = 0), bei Ankerkörpern entspricht sie der stirnseitigen Abmessung des Ankerelements.

Die nötige Spaltzugbewehrung $A_{s,s}$ ergibt sich mit dem Bemessungswert der Fließspannung f_{yd} zu:

$$\text{erf.}\, A_{s,s} = \frac{T_{sd}}{f_{yd}} \quad (16)$$

Die Randzugbewehrung $A_{s,r}$ folgt zu:

$$\text{erf.}\, A_{s,r} = \frac{T_{rd}}{f_{yd}} \quad (17)$$

Lasteinleitung ohne Zusatzbewehrung

Bei temporären Verankerungen im Verpressmörtel ist eine nachträgliche Bewehrung mit erheblichem Aufwand verbunden. Daher sollten Alternativen zur Abdeckung der Spaltzugkräfte gefunden werden. Wichtig ist es dabei, auch den geometrischen Verlauf der Lastaufbringung zu berücksichtigen, also entweder verteilt entlang einer Verbundlänge oder eher lokal bei Ankern. Mögliche Varianten sind:

– Anrechnen von Reserven aus der bestehenden, umschließenden Bewehrung,

– externe Klemmelemente oder Stabspannglieder zum Überdrücken des Querzugs,

– Aufnahme der Querzugspannungen durch reduzierte Anteile der Betonzugfestigkeit (max. bis etwa 2,5 N/mm² möglich [38]). Eine Freiheit von Rissen auch unter ungünstigen Beanspruchungen und real kurzer Verankerungslänge ist sicherzustellen [79].

Sofern vorhandene Querbewehrung als Lasteinleitungsbewehrung angerechnet werden soll, sollte sie sowohl horizontal auch vertikal umschließend sein. Zudem muss sie aus zugehörigen Lastfällen ausreichende Reserven aufweisen. Bild 46 zeigt exemplarisch solch eine Situation für eine untere Hohlkastenecke mit Anschlussbewehrung zur Bodenplatte, zum Steg und zu einer nachträglichen Eckergänzung. Spannglieder sind als gefüllte Einzelkreise in der Darstellung hervorgehoben.

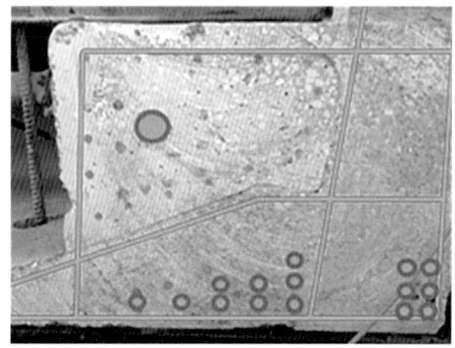

Bild 46. Als Spaltzugbewehrung genutzte, vorhandene Querbewehrung (schwarze Linien) der Spannglieder (Kreise), (Foto: IB Grassl)

Lokale, externe Verstärkungen wie Klemmkonstruktionen oder Quervorspannungen mit Stabspanngliedern können alternativ zur Abdeckung der Spaltkräfte genutzt werden. Sie überdrücken die spaltenden Zugspannungen. Eine Klemmkonstruktion mit lastverteilenden Stahlträgern (Bild 47) ist bei einer Vielzahl eng beieinander liegender Spannglieder oft wirtschaftlich. Dazu werden Stahlträger mittels Zugstangen, die durch Kernbohrungen geführt werden, mit lastverteilenden Weichschichten gegen den Beton gespannt (Bild 47a).

Bild 47b zeigt an einem Hohlkastenquerschnitt die Aussteifung der Fahrbahnplatte gegen die Bodenplatte auf Aufbringung des Querdrucks. Zudem wurden dort Drucksteifen zwischen den Querschnittsaußenseiten angeordnet und diese gegeneinander verspannt.

Bei Bemessung auf Basis der Betonzugfestigkeit ist zu beachten, dass hohe Zugfestigkeiten des Bestandsbetons nicht nur günstig für die Aufnahme der Spaltzugspannungen sind, sondern im Allgemeinen eine hohe Verbundfestigkeit bedingen und somit die Kraftübertragung auf eine kurze Übertragungslänge konzentrieren. Damit gehen nahe des Trennschnitts höhere Spaltzugspannungen aufgrund der reduzierten Lasteinleitungslänge einher. Daher empfehlen sich auch hier entsprechende Grenzwertbetrachtungen. Ergänzend können Spaltzugversuche an Bohrkernen die Genauigkeit der angenommenen Festigkeiten erhöhen.

4.2.2 Teilflächenpressung

Im Bereich der Lasteinleitung von Ankerelementen (Klemmblechen, Platten oder Ankern) auf den Neubeton entstehen lokal hohe Druckspannungen im Beton. Sie sind nach EC 2-1-1 bzw. EC 2-2, Abs. 6.7 (+NA) nachzuweisen. Dazu darf der räumliche

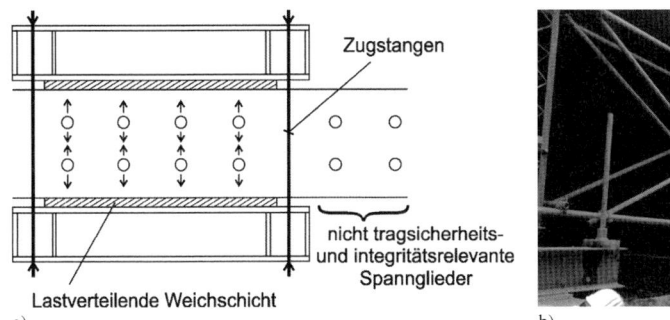

Bild 47. a) Klemmkonstruktion zur Überdrückung von Spaltzugkräften [40], b) Klemmung und Druckaussteifung eines Lasteinleitungsbreichs an einem Hohlkasten (Foto: IB Grassl)

Spannungszustand beim Nachweis einer Teilflächenpressung in Ansatz gebracht werden, sofern ausreichende Querbewehrung zur Aufnahme der Zugspannungen vorhanden ist.

Am Übergang zum Bestand ist ein Nachweis in der Regel entbehrlich, da davon ausgegangen werden kann, dass die vorhandene Normalkraft aus Vorspannung auch zuvor aufgenommen werden konnte. Die Lastausbreitung sollte dazu bereits vollständig im Neubeton erfolgen. Zu beachten ist, dass der Neubeton meist höhere Druckfestigkeiten als der Bestand aufweist, was im Vergleich einen höheren Ausnutzungsgrad des Bestands bedeutet.

Eine gegenüber der einachsigen Festigkeit f_{cd} (Bemessungswert) erhöhte Tragfähigkeit ist entsprechend den Randbedingungen für geometrische Ähnlichkeit nach EC 2-1-1 (+NA) bzw. EC 2-2 (+NA) zu ermitteln. Das Dreifache des Bemessungswerts der Betondruckspannung begrenzt die Tragfähigkeit.

$$F_{Rdu} = A_{c0} \cdot f_{cd} \cdot \sqrt{A_{c1}/A_{c0}} \leq 3 f_{cd} \cdot A_{c0}$$
(18)

Darin sind F_{Rdu} der Bemessungswert der aufnehmbaren Teilflächenlast, A_{c0} die Lasteinleitungsfläche am Ankerelement, A_{c1} die Lastverteilungsfläche, also eine Querschnittsfläche im Neubeton in die sich die Vorspannkraft geometrisch ähnlich zu A_{c0} ausbreitet. Das setzt Flächen mit Schwerpunkten in einer Wirkungslinie zur Kraftrichtung voraus. Die aus der Lastausbreitung entstehenden Querzugspannungen sind durch umschließende Bewehrungen abzudecken; auch der Einsatz von Stahlfaserbeton ist denkbar [17, 40], wenn auch nur im Zuge von Sondergenehmigungen, da die Verwendung von Stahlfasern bei Brücken aktuell nicht zugelassen ist. Sofern Querzugspannungen nicht durch Bewehrung abgedeckt sind, ist F_{Rdu} auf maximal $0.6 f_{cd} A_{c0}$ zu begrenzen.

4.3 Konstruktive Aspekte

Die konstruktive Durchbildung der Vergusskörper erfolgt als Neubauteile nach den üblichen Regelungen von EC 2-2 bzw. EC 2-1-1. Der additive Einsatz von Stahlfasern verbessert die Querzugtragfähigkeit und ist ergänzend zu EC 2-1-1 in der DAfStb-Richtlinie Stahlfaserbeton [17] geregelt.

Gegen den Spaltzug wird der Betonkörper mit Wendeln oder geschlossenen Bügeln bewehrt. Wendeln bedeuten erhöhten Herstellungsaufwand, sofern sie überhaupt einbaubar sind. Geeigneter sind Bügel oder Steckbügel bei ausreichend Übergreifung. Die Spaltzugbewehrung ist mit Schwerpunkt bei ca. 0,5 h zur Lasteinleitung im Bereich von etwa 0,9 h einzulegen (Bild 48). Dabei ist h die Querschnittsabmessung der Ausbreitung; in der Regel die Höhe der Fahrbahnplatte oder die Stegbreite.

Bei Verbundverankerungen ist die Bewehrung entlang der Lasteinleitung über die Verankerungslänge zu verteilen. Ein wesentlicher Anteil sollte nahe

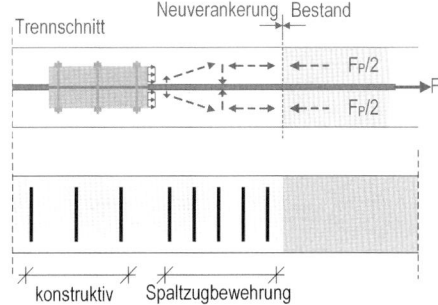

Bild 48. Prinzipielle Anordnung der Spaltzugbewehrung bei Ankerkörpern

dem Trennschnitt konzentriert werden, da dort ein Großteil der Kraftübertragung stattfindet. Hier ist lokal eine enger gestaffelte Querbewehrung wie nach Bild 49 sinnvoll. Meist ist insgesamt nur wenig Spaltzugbewehrung erforderlich, jedoch sollte sie regelmäßig über die Verankerungslänge (bzw. die Länge des Betonersatzes), auch zur Reduzierung von Schwindrissen, vorgesehen werden.

Die Randzugbewehrung ist in der Ebene der Lastaufbringung als Querbewehrung nötig und als Längsbewehrung auf der spanngliedabgewandten Querschnittsseite als Längsbewehrung fortzuführen. Da stirnseitig meist sehr beengte Platzverhältnisse herrschen, können Sonderlösungen erforderlich werden. Dies können z. B. auch vertikal gerichtete Gewindestangen mit Ankerplatten sein, vgl. Bild 50.

Im Zuge der Ausführung sollte die bestehende (Oberflächen-)Bewehrung möglichst erhalten bleiben. Gegebenenfalls kann sie zwischenzeitlich durchtrennt, dann auf- und nach dem Einbau der Ankerkörper sowie der Zusatzbewehrungen zurückgebogen werden.

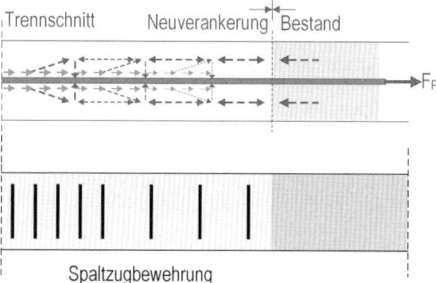

Bild 49. Qualitative Verteilung der Spaltzugbewehrung bei Verbundverankerungen

Der Einsatz von Stahlfaserbetonen kann insbesondere dann sinnvoll sein, wenn ein enges Bewehrungsnetz im Bestandsbauwerk erhalten wird und die Führung ergänzter Bewehrung nur schwer umsetzbar wäre. In Abhängigkeit des Fasertyps und -gehalts können Zugspannungen bis ca. 1 N/mm² rechnerisch durch Fasern aufgenommen werden. Einsatz und die Bemessung sind in der DAfStb-Richtlinie Stahlfaserbeton [17] geregelt; Erläuterungen dazu gibt [15].

Am Übergang von Neubeton auf den Bestand ist sicherzustellen, dass die Lastweiterleitung mit den unterschiedlichen Festigkeitsklassen der Betone verträglich ist. Üblicherweise erfolgt sie vom höherfesten Vergussmaterial auf den Bestandsbeton geringerer Festigkeit. Die Kontaktfuge zwischen „neu" und „alt" ist für die Lastweiterleitung (vorwiegend zentrische Druckkraft) und entsprechend den Anforderungen des Vergussmaterials auszubilden.

5 Aspekte der Bauausführung

5.1 Abbruchverfahren

Vorteilhaft sind grundsätzlich erschütterungsarme Verfahren. Dies gilt für alle Arbeiten wie Leichterungen an angrenzenden Bauteilen, deren Vibrationen automatisch auch auf die Verankerungsstellen übertragen werden. Das gilt genauso für den Trennschnitt, der möglichst örtlich definiert und ohne größere laterale Schädigungen ablaufen sollte.

Besonders empfindlich reagiert spröder Verpressmörtel auf Erschütterungen und Vibrationen. Seine Schädigung ist für eine Verbundverankerung zu vermeiden. Bild 51 zeigt dazu Verpressmörtel an einem mehrsträngigen Spannglied, der in einem Hüllrohr im Zuge eines Rückbaus vorgefunden wurde. Die weitgehende Auflösung der Verbundwir-

Bild 50. Beispiel für die Ausführung einer Randzugbewehrung mit Ankerplatten und Gewindestangen an Betonplomben (Foto: LSBG Hamburg)

Bild 51. Spröde aufgelöster Verpressmörtel, vermutlich infolge eines erschütterungsreichen Rückbaus (Foto: Hochtief Engineering)

kung wird vorangegangenen, stark erschütterungswirksamen Abbrucharbeiten zugeschrieben.

Neben dem Hämmern mit schwerem Gerät kommen bei Rückbauarbeiten oftmals auch Zangen zur Anwendung. Dabei wird der Beton mitsamt dem darin liegenden Stahl gegriffen und zerdrückt. Auch dieses Verfahren geht mit Erschütterungen bzw. plastischen Materialverformungen einher und ist daher insbesondere bei Verbundverankerungen wenig geeignet.

Sinnvoll ist ein sukzessives Trennen einzelner Bauteile durch Sägeschnitte (im Allgemeinen Diamantsägen). Dies erfolgt nahezu erschütterungsfrei. Zudem stellt sich ein langsamer Systemwechsel bzw. Lastübertrag ein, was die dynamische Überhöhung der Spannkrafteinleitung in die neue Verankerung reduziert. Alternativ können Spannglieder auch mit Kernbohrungen getrennt werden, vgl. [37].

5.2 Bauverfahren der Neuverankerung am Quersystem

Querspannglieder in Fahrbahnplatten liegen meist eng nebeneinander in Abständen von etwa 20 bis 60 cm. Daher sollten – auch für einen wirtschaftlichen Bauablauf – immer mehrere Spannglieder in einer neuen Betonplombe zusammengefasst werden. Zeitgleiche Arbeiten an allen Spanngliedern sind nicht möglich, da der verbleibende Betonquerschnitt die Durchleitung der Vorspannkraft sowie den Erhalt der Biege- und Schubtragfähigkeit im Bauzustand sichern muss.

Etabliert hat sich ein Vorgehen im Pilgerschritt. Dabei wird schachbrettartig immer ein Anteil des Querschnitts erhalten, an dem anderen Anteil gebaut. Bild 52 zeigt das Vorgehen: In einem ersten Schritt werden in einem gleichmäßigen Raster Betonöffnungen, Verankerungen und anschließend Verfüllungen hergestellt. Nach dem Aushärten wechseln die Abschnitte, was bedeutet, dass die Querspannkraft durch die neuen Abschnitte durchgeleitet wird, während die bislang unbehandelt verbliebenen Abschnitte mit Neuverankerungen ausgestattet werden. Durch die alternierende Anordnung gleichen sich die Abtriebskräfte der konzentrierten Kraftdurchleitungen weitgehend gegenseitig aus, dass sich ein Fachwerkprinzip der Lastumlenkung aus allein Druckkräften bilden lässt (Bild 52, unten). Die Lastumlenkung um die Öffnungen kommt daher in den Regelbereichen ohne Verstärkung des verbleibenden Querschnitts aus.

Die Anzahl der Pilgerschritte zur Neuverankerung – zwei Schritte bilden das Minimum – richtet sich nach der Tragfähigkeit des geschwächten Plattenquerschnitts und den erhöhten Betondruckspannungen infolge der durchzuleitenden Vorspannkraft. Gegebenenfalls ist während dieser Bauphasen eine Lastreduzierung durch temporäre Einschränkung der Verkehrslasten bzw. Verschiebung der Fahrspuren sinnvoll.

Die Größe einer Betonöffnung ergibt sich in Brückenquerrichtung aus der Verankerungslänge bzw. dem Platzanspruch des einzubauenden Ankerelements mit erforderlicher Zusatzbewehrung. In Brückenlängsrichtung hängen die Abmessungen neben den Einflüssen der beschriebenen Lastumleitung um die Öffnungsstellen auch vom Schwinden des Neubetons ab. Schwindempfindliche Materialien

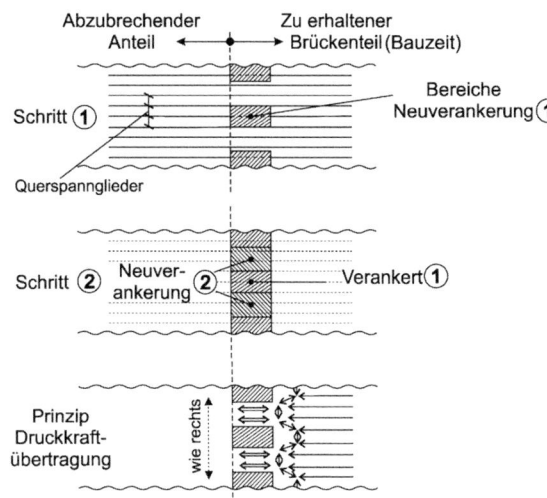

Bild 52. Schematisches Vorgehen zur Herstellung von Neuverankerungen bei Querspanngliedern im Pilgerschritt (oben und mitte), Fachwerkprinzip der Lastdurchleitung (unten) [40]

Bild 53. Rasterartige Betonöffnungen in einer Fahrbahnplatte zur nachträglichen Spanngliedverankerung (Foto: Hessen Mobil)

bzw. solche mit hoher Hydratationswärmeentwicklung (HPC, UHPC oder hochfeste Vergussmörtel) benötigen kleinere Öffnungen. Bei den Referenzprojekten wurden Betonöffnungen (in Brückenlängsrichtung) zwischen 0,7 und 2 m hergestellt (vgl. Bild 53). Bei Normalbeton bieten sich Werte zwischen 1,5 und 2 m an.

5.3 Bauablauf der Neuverankerung – am Spannglied

Am Spannglied selbst gliedert sich der Bauablauf bei Neuverankerung mit Plomben prinzipiell in die folgenden Schritte:

– Öffnen des Betonquerschnitts ohne Beschädigung des Spannglieds und Erhalt der Betonstahlbewehrung,
– Öffnen des Hüllrohres und Entfernen des Verpressmörtels,
– Reinigen der Spanngliedoberfläche,
– ggf. Einbau von mechanischen Ankerelementen oder Haftbrücken,
– Einbau von Spaltzug-, Randzug- und Oberflächenbewehrung,
– Verfüllen mit Neubeton bzw. Vergussmörtel und Aushärten.

Die Betonöffnungen werden meist durch Hochdruckwasserstrahlen erstellt. Dabei ist eine schützende Einfassung – z. B. Schaltafeln von der Plattenunterseite – vorzusehen, um das Spritzgut und gelöste Betonteile vor dem Herunterfallen zu sichern. Der Übergang zum Bestandsbeton ist entsprechend den Anforderungen an die Fuge rau auszubilden. Die vorhandene Bewehrung sollte während der Arbeiten erhalten werden. Sie kann geschnitten und aufgebogen werden, um die Arbeiten am Spannglied zu erleichtern. Vor dem Vergießen der Öffnung ist die Bewehrung zurückzubiegen und der Schnitt mit Zusatzbewehrung zu übergreifen.

Das Hüllrohr um das Spannglied wird wie der Verpressmörtel entfernt. Da Oberflächeneigenschaften insbesondere bei der Verbundverankerung von zentraler Bedeutung sind, ist eine sorgfältige Reinigung – gerade auch von Schmierstoffen wie Fetten und Ölen – wesentlich. Dann können Ankerelemente eingebaut oder Oberflächenbehandlungen ausgeführt werden. Anschließend folgt der Einbau der Zusatzbewehrung zur Lasteinleitung.

Beim Verfüllen mit Vergussmaterial sind die entsprechenden Produktanforderungen bzw. Regelwerke [16, 17, 22, 24] zu beachten. Wichtig ist eine sorgfältige Nachbehandlung, um übermäßige Rissbildungen, insbesondere entlang der Spannglieder, zu vermeiden.

5.4 Bauablauf bei Trennung am Quersystem – Verkehrsführung

Ältere Betonbrücken mit Quervorspannung besitzen oft einen über alle Fahrspuren reichenden Querschnitt. Ein Ersatzbau teilt in der Regel auf in zwei getrennte Überbauten, sodass der Verkehr während der Bauzeit im Bereich der bestehenden Brücke gehalten werden kann und jeweils auf eine Brückenhälfte zusammengeschoben geführt wird. Üblich sind Spurenteilungen von „2+0" bzw. „4+0", also eine bzw. zwei Fahrspuren je Richtung ohne Seitenstreifen. Die Fahrbahnplatte des Bestands ist nahe der Mitte längs zu trennen und dafür sind die einzelnen Querspannglieder zu verankern.

Der Bauablauf gliedert sich in sechs Bauphasen. Bild 54 zeigt sie schematisch.

– Verkehrsführung auf dem bestehenden Brückenbauwerk und Herstellen der Verankerungen zwischen den Fahrtrichtungen (1. BA),
– Verkehrsumlegung auf eine Hälfte des bestehenden Überbaus, Einbau von ggf. nötigen Stabilisierungen wie Hilfsstützen oder temporäre Festhaltungen,
– Sägeschnitt und Trennen der Quervorspannung vor dem neuen Ankerbereich, Abbruch der ersten Bestandshälfte (2. BA),
– Herstellung des ersten neuen Überbaus (3. BA),
– Verkehrsumlegung auf den neuen Überbau,
– Abbruch der zweiten Bestandshälfte (4. BA),
– Herstellung des zweiten neuen Überbaus (5. BA),
– Verkehrsumlegung und endgültige Verkehrsführung (6. BA, entspricht dem Endzustand).

Die Verankerung der Spannglieder muss während der zweiten und dritten Bauphase wirken. Dieser Zeitraum umfasst meist einige Monate bis zu wenigen Jahren. Zur Auslegung empfiehlt es sich daher einen großzügigen rechnerischen Zeitrahmen für

Aspekte der Überwachung

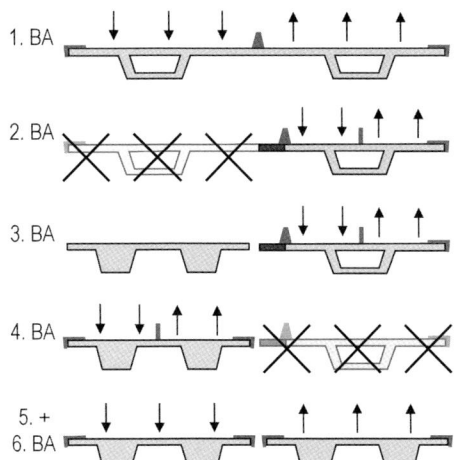

Bild 54. Schema eines typischen Bauablaufs zum Ersatzneubau quer vorgespannter Brücken mit durchgehender Fahrbahnplatte, sechs Bauabschnitte (BA)

die Verkehrslasten (Ermüdung) bzw. die Dauerhaftigkeit (Korrosionsschutz) von etwa drei bis fünf Jahren anzunehmen. Kürzere Zeiten bringen kaum Vereinfachungen für das Verankerungssystem.

6 Aspekte der Überwachung

Tragfähigkeitsrelevante Besonderheiten der Neuverankerungen sind mit zulässigen Grenzwerten zu formulieren und vor Ort bzw. bei der Herstellung zu kontrollieren. Bei Sonderlösungen sind in der Regel umfangreiche gutachterliche Begleitungen, Messungen und Überwachungen vor Ort nötig, bei rein regelbasierten Ausführungen reduzieren sich die Maßnahmen auf übliche Überwachungen in Eigen- und Fremdverantwortung.

6.1 Kriterien

Je nach Verankerungsart und verwendeten Materialien lassen sich die wesentlichen, spezifischen Kriterien aus folgenden Punkten zusammenstellen:

- Geometrie
  (Verankerungslängen, Abstände, Bewehrungspositionen, ...)
- Material
  (Festigkeitseigenschaften, Verbundeigenschaften, spezifische Herstellkriterien bei hochfesten Materialien, Ausführungskriterien, Nachbehandlung, ...)
- Oberflächen
  (Rautiefe des Spannstahls, Freiheit von Rückständen, Haftbrücken, ...)
- Verpresszustand
  (Endschlupf, sichtbare Hohlräume bzw. Fehlstellen, ...)
- Bewehrung
  (Lasteinleitungs- und Oberflächenbewehrung)
- Spannkraft
  (Vorspannkräfte von Schrauben bei Klemmelementen, vorh. Spannkräfte ggf. stichprobenhaft kontrolliert)
- Arbeitsabläufe
  (Reihenfolgen, Voraussetzungen, Verantwortlichkeiten, ...)

Es empfiehlt sich für die einzelnen Arbeitsabläufe individuelle Checklisten mit jeweils zu überprüfenden Einzelkriterien und Verantwortlichen anzufertigen. Sie sind dann bei der Ausführung Schritt für Schritt abzuarbeiten und zu dokumentieren.

6.2 Kontrolle des Schlupfs

Nach dem Durchtrennen der Spannglieder dient der Endschlupf (Einzugsweg am Stabende) als Kontrollgröße für die Wirksamkeit der Verankerung. Dies ist unabhängig von der Art des Verankerungssystems. Weisen die Spannglieder einen deutlichen Einzug relativ zu der geschnittenen Betonoberfläche auf, so ist von einem „Durchrutschen", also einem Versagen der Verankerung, auszugehen. Der maximale Einzugsweg ist dabei von der Spanngliedlänge (zum Anker) und der Vorspannung abhängig. Als Faustformel kann bei Wegen deutlich über 1 mm davon ausgegangen werden, dass eine wirksame Verankerung nicht gegeben ist. Exemplarisch zeigt Bild 55 sechs geschnittene Einzelspannglieder, bei denen sich drei nicht wie vorgesehen im Verpressmörtel verankert haben und durchgerutscht sind (dunkel). In Bild 55a ist eine Ansicht der Schnittfläche dargestellt, in Bild 55b eine Schrägperspektive mit Zollstock zur Demonstration der Tiefe des Einzugs.

Während bei Verankerungen im Verpressmörtel bei redundantem Konzept ein teilweises „Durchrutschen" akzeptabel sein kann, kennzeichnet es bei nachträglichen Verankerungssystemen ein grundsätzliches Versagen der Verankerung. Die Überwachung des Schlupfs bietet sich daher als scharfes Überwachungskriterium an. Nachteilig ist, dass der Schlupf als ein A-posteriori-Kriterium erst nach dem Trennschnitt und Entfernen des Betons gemessen werden kann. Dann ist eine Ankerwirkung bereits notwendig, wenn sie nicht durch Umlagerungen kompensiert wird. Eine stichprobenartige Überprüfung des Schlupfes vorab ist nur anhand von Kernbohrungen durch das Spannglied möglich. Dann wird die Einzugslänge am Schnittufer gemessen.

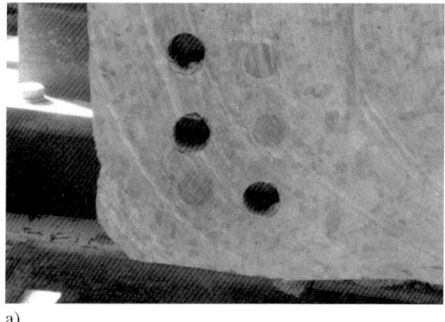

a) b)

Bild 55. „Durchrutschen" (dunkle Kreise) bzw. planmäßiges Verankern (helle Kreise) von je drei Spanngliedern; a) Ansicht der Schnittfläche, b) Blick von oben mit Zollstock (Foto: IB Grassl)

Abschätzung einer Verankerungslänge aus dem Schlupf

Abgeleitet aus Untersuchungen zum Endeinzug bei Vorspannung mit sofortigem Verbund, lässt sich die Übertragungslänge l_e bei glatten Spanngliedoberflächen und Einzelstäben aus dem Schlupf s grob abschätzen. Sie ergibt sich mit der Vorspannung σ_p und dem Elastizitätsmodul des Spannstahls E_p zu:

$$l_e \approx \alpha \cdot \frac{s \cdot E_p}{\sigma_p} \quad (19)$$

Die Beziehung geht auf Untersuchungen von *Guyon* [41] zurück und schätzt den Dehnungsverlauf mit $2 \leq \alpha \leq 3$ über l_e vereinfachend ab. $\alpha = 3$ beschreibt einen parabolischen Verlauf, was zu konservativen Abschätzungen führt. $\alpha = 2$ entspricht einem linearen Verlauf. In der Literatur finden sich für die Wahl von α unterschiedliche Empfehlungen [5, 41, 62, 68]. Bild 56 zeigt in einer Parameterstudie für $\alpha = 3$ den vereinfachend linearen Zusammenhang zwischen s und l_e für übliche Spannstahlspannungen älterer Brücken bei glatten Spannstäben.

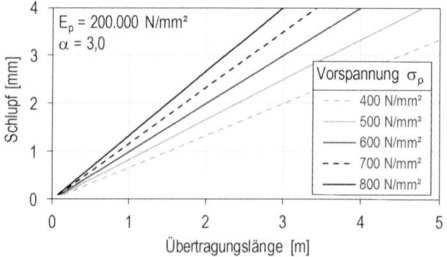

Bild 56. Vereinfachter Zusammenhang von Übertragungslänge und Schlupf für verschiedene Vorspannungen bei glatten Spannstäben

7 Schlussfolgerungen

Nachträgliche Verankerungen von Spanngliedern können beim Rückbau über Verbund oder mechanische Ankerkörper erfolgen. Sie können die Längsspannglieder oder die Quervorspannung der Fahrbahnplatte betreffen. Bewährt haben sich beide Methoden der Verankerung, je nachdem, wieviel Platz zur Verankerung zur Verfügung steht, wie lange sie (temporär) halten muss und ob nach gängigen Zulassungen und technischen Regelungen gearbeitet werden soll oder gesonderte Sonderverfahren wie Zustimmungen im Einzelfall erwirkt werden können. Aus den bisherigen Erfahrungen lassen sich folgende Schlussfolgerungen ableiten:

– Entscheidend für die Wahl eines Verankerungssystems ist die Anzahl der nötigen Verankerungen und der dafür zur Verfügung stehende Platz. Klemmverankerung sind mit hohem Aufwand verbunden und eignen sich für Einzelstäbe oder Bündel aus wenigen Stäben. Alternativen sind nachträgliche Plattenverankerungen, die die einzelnen Stäbe über aufgestauchte Köpfe an Ankerplatten sichern. Beide mechanischen Verankerungsarten kommen mit geringen Längen des Ankersystems von rund 1 m aus. Verbundverankerungen benötigen bei Verwendung von Normalbetonen weit größere Längen, sind allerdings deutlich einfacher zu erstellen. Allerdings ist der zuvor frei zu stemmende Betonbereich im Bestandstragwerk entsprechend größer. Günstig haben sich hochfeste Vergussmörtel als Verbundmaterial erwiesen, die eine hohe Adhäsionsfestigkeit zur glatten Spannstahloberfläche bieten und gleichzeitig ein nahezu plastisches Ausziehverhalten zeigen.

– Verankerungen über Verbund hängen unter anderem von der Oberflächenrauigkeit des Spannstahls und den Adhäsionseigenschaften des umgebenden Mörtels oder Betons ab. Die übertragbare Verbundspannung nimmt dabei bei glatten

Oberflächen überproportional mit der Verankerungslänge ab (Wurzelgesetz). Das bedeutet, dass ein Zuwachs an Ankerlänge ab einer gewissen Gesamtlänge nur noch sehr geringen Zuwachs an Kraftaufnahmefähigkeit erbringt. Es bietet sich dann an, anstelle von Normalbetonen hochfeste oder ultrahochfeste Betone mit weit besserem Verbundverhalten zu nutzen.

- Verankerungen interner Spannglieder über den vorhandenen Verpressmörtel zeigen sich oft als sehr leistungsfähig, also in der Lage über kurze Längen die Spannkraft einzuleiten. Dies gilt bei eher geringen Anzahlen von Stäben je Spannglied und auch bei glatten Stahloberflächen. Kritsch sind Erschütterungen, z. B. aus dem Abbruch, die den oft spröden Verpressmörtel schädigen, bzw. schlecht verpresste Teilabschnitte, was die Verankerung verhindern und die Spannglieder „durchrutschen" lassen kann. Bei sukzessivem Abbruch zeigt sich die Eignung „von Schnitt zu Schnitt", wobei ein entsprechend redundantes Verankerungskonzept – z. B. über vorhandene Koppelanker oder Sekundärtragelemente – sichergestellt sein muss.

- Bei nachträglichen Verankerungen empfiehlt sich eine fachgerechte messtechnische Begleitung im Sinne eines kontinuierlichen Monitorings. Sie beginnt bei Sonderverfahren bereits bei der Entwicklung der Verbundpartner im Labor. Vor Ort sollten stichprobenhaft die vorhandenen Spannkräfte per Dehnungsmessstreifen bestimmt werden, ebenso die kurzzeitige dynamische Überhöhung der Spannkraft aus der gewählten Art des Trennvorgangs. Zudem sollte der Endeinzug (Schlupf) der Spannglieder am Schnitt sowie die maßgebenden Parameter der Verankerung wie ein Rauigkeitsprofil der Stahloberfläche überprüft werden. Der Aufwand ist relativ zur Gesamtmaßnahme verschwindend gering. Umgekehrt ergeben sich aus dem Monitoring mit wissenschaftlicher Begleitung oft merkliche Vereinfachungen im Bauablauf.

- Neue Brückentragwerke sollten bereits beim Entwurf planmäßig für einen Rückbau durchdacht werden. Dies betrifft die einzelnen Rückbauzustände mit Sicherungsmaßnahmen, Zusatzgeräten oder Gerüsten, aber auch die Rezyklierung der Baustoffe und Materialien. Ziel ist es, zumindest die grundsätzliche Machbarkeit des Rückbaus und den damit verbundenen Aufwand aufzuzeigen. Solch ein planmäßiger Entwurf für Rückbau und Rezyklierung – im englischsprachigen Raum als „design for reassembly" bezeichnet – soll unter anderem im pränormativen Model Code 2020 bereits berücksichtigt werden.

8 Literatur

[1] Abrams, D. A. (1913) *Tests of bond between concrete and steel* (Bulletin No. 71). Engineering Experiment Station, University of Illinois.

[2] Ahrens, M. A., Strauss, A., Bergmeister, K., Mark, P., Stangenberg, F. (2013) Lebensdauerorientierter Entwurf, Konstruktion, Nachrechnung, in *Beton-Kalender 2013* (Hrsg. Bergmeister, K., Fingerloos, F., Wörner, J.-D.), Ernst & Sohn, Berlin, S. 17–222.

[3] BAB A671 (2016) *Ersatzneubau Unterführung B263, Kreisel Amöneburg.* http://www.kuk.de/content/pro/2010-0202/2010-0202-d.pdf (letzter Aufruf: 18.06.2016).

[4] Bach, C. (1911) Der Widerstand einbetonierten Eisens gegen Gleiten in seiner Abhängigkeit von der Länge der Eiseneinlagen, *Zeitschrift des Vereins Deutscher Ingenieure* **55** (21), 859–860.

[5] Balazs, G. (1993) Transfer Length of Prestressing Strand as a Function of Draw-In and Initial Prestress, *PCI Journal* **38** (2), 86–93.

[6] Bergmeister, K., Mark, P., Österreicher, M., Sanio, D., Heek, P., Krawtschuk, A., Strauss, A., Ahrens, M. A. (2015) Innovative Monitoringstrategien für Bestandsbauwerke, in Beton-Kalender 2015 (Hrsg. Bergmeister, K., Fingerloos, F., Wörner, J.-D., Ernst & Sohn, Berlin, S. 315–459.

[7] Bülte, S. (2008) *Zum Verbundverhalten von Spannstahl mit sofortigem Verbund unter Betriebsbeanspruchung*, Dissertation, RWTH Aachen.

[8] Bundesministerium für Verkehr, Bau und Stadtentwicklung (2011) *Richtlinie zur Nachrechnung von Straßenbrücken im Bestand (Nachrechnungsrichtlinie)* BMVBS, Berlin.

[9] Bruggeling, A. S. G. (2001) Übertragen der Vorspannung mittels Verbund, *Beton- und Stahlbetonbau* **96** (3), 109–123.

[10] Curbach, M., Eckfeldt, L. (1998) *Das Verbundverhalten von Hochleistungsbeton und Bewehrungsstahl unter Ermüdungsbeanspruchung*, Abschlussbericht, DAfStb-Forschungsvorhaben V377, TU Dresden.

[11] Däbritz, M., Mertinaschk, A. (2018) Rückbau von Spannbeton-Talbrücken mit Vorschubgerüst, *Bautechnik* **95** (1), 34–43.

[12] Deutscher Ausschuss für Stahlbeton (1976) *Einfluß der Belastungsdauer auf das Verbundverhalten von Stahl in Beton (Verbundkriechen)*, DAfStb-Heft **268**, Beuth Verlag, Berlin.

[13] Deutscher Ausschuss für Stahlbeton (1980) *Teilweise Vorspannung – Verbundfestigkeiten von Spanngliedern und ihre Bedeutung für Rißbildung und Rißbreitenbeschränkung*, DAfStb-Heft **310**, Beuth Verlag, Berlin.

[14] Deutscher Ausschuss für Stahlbeton (1981) *Verbundverhalten von Betonstählen – Untersuchungen auf Grundlage von Ausziehversuchen*, DAfStb-Heft **319**, Beuth Verlag, Berlin.

[15] Deutscher Ausschuss für Stahlbeton (2014) *Erläuterungen zur DAfStb-Richtlinie Stahlfaserbeton*, DAfStb-Heft **614**, Beuth Verlag, Berlin.

[16] Deutscher Ausschuss für Stahlbeton (2011) *DAfStb-Richtlinie – Herstellung und Verwendung von zementgebundenem Vergussbeton und Vergussmörtel*, Beuth Verlag, Berlin.

[17] Deutscher Ausschuss für Stahlbeton (2012) *DAfStb-Richtlinie – Stahlfaserbeton*, November 2012, Beuth Verlag, Berlin.

[18] Deutsches Institut für Bautechnik (1976) Richtlinien für die Eignungsprüfung von Spannverfahren mit nachträglichem Verbund, *Mitteilungen des Instituts für Bautechnik* (5), 146–149, DIBt, Berlin.

[19] Deutsches Institut für Bautechnik (1980) Änderung der Richtlinien für die Eignungsprüfung von Spannverfahren mit nachträglichem Verbund, *Mitteilungen des Instituts für Bautechnik* (4), 99–101, DIBt, Berlin.

[20] Deutsches Institut für Bautechnik (1980) Richtlinien für die Eignungsprüfung von Spannstählen auf ihre Eignung zur Verankerung durch sofortigen Verbund. *Mitteilungen des Instituts für Bautechnik* (6), S. 174–177, DIBt, Berlin.

[21] Deutsches Institut für Bautechnik (2003) Merkblatt für Zulassungsverfahren im Bereich Beton-, Stahlbeton und Spannbetonbau, *Mitteilungen des Instituts für Bautechnik* (3), DIBt, Berlin.

[22] DIN 1045-2:2008-08 (2008) *Tragwerke aus Beton, Stahlbeton und Spannbeton – Teil 2: Beton – Festlegung, Herstellung und Konformität*, Beuth Verlag, Berlin.

[23] DIN 1045-3:2012-03 (2012) *Tragwerke aus Beton, Stahlbeton und Spannbeton – Teil 3: Bauausführung*. Beuth Verlag, Berlin.

[24] DIN EN 206-1:2017-01 (2017) *Beton – Festlegung, Eigenschaften, Herstellung und Konformität*, Beuth Verlag, Berlin.

[25] DIN EN 1990:2010-12 (1990) *Eurocode: Grundlagen der Tragwerksplanung*, Beuth Verlag, Berlin.

[26] DIN EN 1990/NA/A1:2012-08 (2012) *Nationaler Anhang – National festgelegte Parameter – Eurocode: Grundlagen der Tragwerksplanung*, Änderung A1, Beuth Verlag, Berlin.

[27] DIN EN 1992-1-1:2011-01 (2011) *Eurocode 2: Bemessung und Konstruktion von Stahlbeton- und Spannbetontragwerken – Teil 1-1: Allgemeine Bemessungsregeln und Regeln für den Hochbau*, Beuth Verlag, Berlin.

[28] DIN EN 1992-1-1/NA:2011-01 (2011) *Nationaler Anhang – National festgelegte Parameter – Eurocode 2: Bemessung und Konstruktion von Stahlbeton- und Spannbetontragwerken – Teil 1-1: Allgemeine Bemessungsregeln und Regeln für den Hochbau*, Beuth Verlag, Berlin.

[29] DIN EN 1992-2:2010-12 (2010) *Eurocode 2: Bemessung und Konstruktion von Stahlbeton- und Spannbetontragwerken – Teil 2: Betonbrücken – Bemessungs- und Konstruktionsregeln*, Beuth Verlag, Berlin.

[30] DIN EN 1992-2/NA:2013-04 (2013) *Nationaler Anhang – National festgelegte Parameter – Eurocode 2: Bemessung und Konstruktion von Stahlbeton- und Spannbetontragwerken – Teil 2: Betonbrücken – Bemessungs- und Konstruktionsregeln*, Beuth Verlag, Berlin.

[31] DIN EN 10080:2005 (2005) *Stahl für die Bewehrung von Beton – Schweißgeeigneter Betonstahl – Allgemeines*, Beuth Verlag, Berlin.

[32] DIN EN ISO 4287:2010-07 (2010): *Geometrische Produktspezifikation (GPS) – Oberflächenbeschaffenheit: Tastschnittverfahren – Benennungen, Definitionen und Kenngrößen der Oberflächenbeschaffenheit*, Beuth Verlag, Berlin.

[33] Djabry, W. (1952) *Contribution à l'étude de l'adhérence des fers d'armature au béton*, Dissertation, ETH Zürich, Nr. 2127.

[34] ETAG 013 (2002) *Bausätze zur Vorspannung von Tragwerken*. Leitlinie für die europäische technische Zulassung, Ausgabe Juni 2002, EOTA, Brüssel.

[35] Franke, L. (1976) *Einfluss der Belastungsdauer auf das Verbundverhalten von Stahl in Beton (Verbundkriechen)*, Deutscher Ausschuss für Stahlbeton, DAfStb-Heft **268**, Beuth Verlag, Berlin

[36] Franz, S., Ansorge, F. (2018) *Der Rückbau der Lahntalbrücke Limburg*. Tagungsband 28, Brückenbausymposium, TU Dresden, Institut für Massivbau, S. 73–86.

[37] Fust, C., Wolff, M., Mark, P., Borowski, M. (2012) Nachträgliche Verankerung von Querspanngliedern, *Beton- und Stahlbetonbau* **107** (3), 136–145.

[38] Geißler, K. (2014) *Handbuch Brückenbau*, Ernst & Sohn, Berlin.

[39] Geßner, S. (2017) *Bond and anchorage of pre-tensioning tendons*, Dissertation, RWTH Aachen.

[40] Geßner, S., Niedermeier, R., Ahrens, A. M., Hegger, J., Fischer, O., Mark, P. (2017) Spannbetonbau – Entwicklung, Bemessung und Konstruktion, in *Beton-Kalender 2017*, (Hrsg. Bergmeister, K., Fingerloos, F., Wörner, J.-D.), Ernst & Sohn, Berlin, 3–100.

[41] Guyon, Y. (1953) *Pretensioned Concrete: Theoretical and Experimental Study*. John Wiley & Sons, New York.

[42] Hammes, A. (2018) *Zur Bestimmung der Rückverankerungslänge beim Kappen von Spanndrähten im Zuge des Rückbaus von Bestandsbrücken*, Master-Thesis, Ruhr-Universität Bochum (nicht veröffentlicht).

[43] Haveresch, K.-H. (2000) Verstärkung älterer Spannbetonbrücken mit Koppelfugenrissen, *Beton und Stahlbetonbau* **95** (8), 452–460.

[44] Hegger, J.; Bertram, G. (2010) Verbundverhalten von vorgespannten Litzen in UHPC: Teil 1: Versuche zur Verbundfestigkeit und zur Übertragungslänge. *Beton- und Stahlbetonbau* **105** (6), 379–389.

[45] Herzog, M. (1994) Abtrennen der Endverankerung von Spanngliedern in verpressten Hüllrohren. *Beton- und Stahlbetonbau* **89** (6), 157–158.

[46] Hoyer, E. (1939) *Der Stahlsaitenbeton*, Otto Elsner Verlagsgesellschaft, Berlin.

[47] Institut für Massivbau und Baustofftechnologie, Abteilung Massivbau (2015) *Nachträgliche Zwischenverankerung von Spanngliedern bei Bestandsbrücken*, Forschungsbericht im Auftrag der Bundesanstalt für Straßenwesen (BASt), Bericht Nr. 15.0516/2011/ HRB, Karlsruhe Institut für Technologie.

[48] Iványi, G., Buschmeyer, W. (2001) *Arbeitsfugen mit Spanngliedkopplungen älterer Spannbetonbrücken. Teil 1: Beurteilung des Erhaltungszustandes*, Forschungsbericht aus dem Fachbereich Bauwesen, Essen.

[49] Kordina, K. (1979) Schäden an Koppelfugen, *Beton- und Stahlbetonbau* **74** (4), 95–100.

[50] Krill, A. (2019) Erfahrungen bei der Rückbauplanung einer Autobahnbrücke mit nur einem gewickelten Baur-Leonhardt-Spannglied, *Der Prüfingenieur* **54**, 46–54.

[51] Kurz, W. (1997) *Ein mechanisches Modell zur Beschreibung des Verbundes zwischen Stahl und Beton*. Dissertation, TH Darmstadt.

[52] Leonhardt, F., Mönnig, E. (1986) *Vorlesungen über Massivbau, Teil 2: Sonderfälle der Bemessung im Stahlbetonbau*, 3. Auflage, Springer-Verlag, Berlin.

[53] Lindorf, A. (2010) Woher kommen die Bemessungswerte der Verbundspannung? *Beton- und Stahlbetonbau* **105** (1), 53–59.

[54] Lindorf, A. (2011) *Ermüdung des Verbundes von Stahlbeton unter Querzug*, Dissertation, TU Dresden.

[55] Löschmann, J., Ahrens, M. A., Dankmeyer, U., Ziem, E., Mark, P. (2017) Methoden zur Reduktion des Teilsicherheitsbeiwerts für Eigenlasten bei Bestandsbrücken, *Beton- und Stahlbetonbau* **112** (8), 506–516.

[56] Mallée, R., Fuchs, W., Eligehausen, R. (2012) Bemessung von Verankerungen in Beton nach CEN/TS 1992-4, in *Beton-Kalender 2012*, (Hrsg. Bergmeister, K., Fingerloos, F., Wörner, J.-D.), Ernst & Sohn, Berlin, S. 95–173.

[57] Mark, P., Neugebauer, P. (2015) Erhalt unserer Bausubstanz, in *Beton-Kalender 2015* (Hrsg. Bergmeister, K., Fingerloos, F., Wörner, J.-D.), Ernst & Sohn, Berlin, S. 1–24.

[58] Mark, P., Marzahn, G. (2016) *Brückenbau im Fokus*, Tagungsband, Ingenieurakademie West.

[59] Mark, P. (2019) Konsequenz der Lebensdauer. Editorial, *Beton- und Stahlbetonbau* **114** (6), 369.

[60] Marx, S. (2018) *Rückbau von Bestandsbrücken*, Tagungsveranstaltung Leibniz Universität Hannover.

[61] Martí-Vargas, J. R., Serna-Ros, P., Fernández-Prada, M. A., Miguel-Sosa, P. F., Arbeláez, C. A. (2006) Test Method for Determination of the Transmission and Anchorage Lengths in Prestressed Reinforcement, *Magazine of Concrete Research* **58** (1), 21–29.

[62] Martí-Vargas, J. R., Arbeláez, C. A., Serna-Ros, P., Castro-Bugallo, C. (2007) Reliability of Transfer Length-Estimation from Strand End Slip, *ACI Structural Journal* **104** (4), 487–494.

[63] Maurer, R., Block, K., Dreier, F. (2010) Ermüdungsfestigkeit von Betonstahl – Bestimmung mit dem Interaktiven Verfahren, *Bauingenieur* **85** (1), 17–28.

[64] Miner, M. A. (1945) Cumulative damage in fatigue, *Journal of Applied Mechanics* **12** (3), 159–164.

[65] Neumann, W., Hahn, G. (1996) Unbeabsichtigte Abtrennung der Endverankerung einer Quervorspannung, *Beton- und Stahlbetonbau* **91** (5), 108–109.

[66] Novák, B., Sasmal, S., Röhm, C., Schnabel, T., Becker, R. (2008) Zum nachträglichen Kürzen und Verankern von glatten Spanngliedern im Verbund, *Beton- und Stahlbetonbau* **103** (8), 522–529.

[67] Novák, B., Boros, V., Hauck, C.-D. et al. (2016) Aufzugnachrüstung Österreicher Platz – Ein Beispiel für die Herausforderungen beim Bauen im Bestand, *Bautechnik* **93** (7), 490–496.

[68] Oh, B. H., Kim, E. S. (2000) Realistic Evaluation of Transfer Lengths in Pretensioned, Prestressed Concrete Members, *ACI Structural Journal* **97** (6), 821–830.

[69] Oesterlee, C., Brühwiler, E., Denarié, E. (2009) Tragverhalten von Verbundbauteilen aus bewehrtem UHFB und Stahlbeton, *Beton- und Stahlbetonbau* **104** (8), 462–470.

[70] Popov, V. L. (2009) *Kontaktmechanik und Reibung*, Springer Verlag, Berlin.

[71] Rehm, G. (1961) *Über die Grundlagen des Verbundes zwischen Stahl und Beton*, Deutscher Ausschuss für Stahlbeton, DAfStb-Heft **138**, Beuth Verlag, Berlin.

[72] RILEM (1983) *RC 6 Bond test for reinforcement steel*, 2. Pull-out test.

[73] Ritter, L. (2013) *Der Einfluss von Querzug auf den Verbund zwischen Beton und Betonstahl*, Dissertation, TU Dresden.

[74] Roš, M. (1948) *Tor-Stahl. Technische Vorzüge des neuen schweizerischen Bewehrungsstahles*, Ergänzung zum EMPA-Bericht Nr. 141, EMPA Zürich.

[75] Sanio, D., Ahrens, M. A., Rode, S., Mark, P. (2014) Untersuchung einer 50 Jahre alten Spannbetonbrücke zur Genauigkeitssteigerung von Lebensdauerprognosen, *Beton- und Stahlbetonbau* **109** (2), 128–137.

[76] Sanio, D., Mark, P., Ahrens, M. A. (2017) Temperaturfeldberechnung von Brücken – Umsetzung mit Tabellenkalkulation, *Beton- und Stahlbetonbau* **112** (2), 85–95.

[77] Sanio, D., Löschmann, J., Mark, P., Ahrens, M. A. (2018) Bauwerksmessungen versus Rechenkonzepte zur Beurteilung von Spannstahlermüdung in Betonbrücken, *Bautechnik* **98** (2), 99–110.

[78] Sanio, D., Ahrens, M. A., Mark, P. (2018) Tackling uncertainty in structural lifetime evaluations, 16th International Probabilistic Workshop, *Beton- und Stahlbetonbau* **113** (S2), 48–54.

[79] Schacht, G., Müller, L., Kromminga, S., Krontal, L., Marx, S. (2018) Tragwerksplanung beim Rückbau von Spannbetonbrücken, *Bautechnik* **95** (1), 6–15.

[80] Schlaich, J., Schäfer, K. (1998) Konstruieren im Stahlbetonbau, in *Beton-Kalender 1998* (Hrsg. Eibl, J.), Ernst & Sohn, Berlin, S. 721–895.

[81] Schmidt, J. W., Bennitz, A., Täljsten, B., Goltermann, P., Pedersen, H. (2012) Mechanical anchorage of FRP tendons – a literature review, *Construction and Building Materials* **32**, 110–121.

[82] Schweighofer, A., Vill, M., Kollegger, J. (2012) Ermittlung der vorhandenen Spannkraft in 50 Jahre alten Brückenträgern und Vergleich der Verluste nach EC2, *Beton- und Stahlbetonbau* **107** (2), 96–105.

[83] Tue, N. V., Küchler, M., Ma, J., Zink, M., Nehrkorn, M. (2007) Verankerung von Spanngliedern beim Teilrückbau vorgespannter Bauwerke – eine Innovation aus UHFB, *Bautechnik* **84** (11), 762–768.

[84] Wagner, P. (2017) *Rückbau großer Talbrücken – Konzepte und Verfahren aus Sicht eines Generalunternehmers*, VSVI Hessen, Brücken für die Zukunft.

[85] Will, N. (1997) *Zum Verbundverhalten von Spanngliedern mit nachträglichem Verbund unter statischer und dynamischer Dauerbeanspruchung*, Dissertation, RWTH Aachen.

IV Bemessung von Verankerungen in Beton nach EN 1992-4

Rainer Mallée, Waldachtal

Werner Fuchs, Stuttgart

Rolf Eligehausen, Stuttgart

Beton-Kalender 2020: Wasserbau. Konstruktion und Bemessung.
Herausgegeben von Konrad Bergmeister, Frank Fingerloos und Johann-Dietrich Wörner
© 2020 Ernst & Sohn GmbH & Co. KG. Published 2020 by Ernst & Sohn GmbH & Co. KG.

1 Einleitung

1.1 Geschichtliche Entwicklung

Die 1989 erschienene und bis 2013 gültige europäische Bauproduktenrichtlinie [1] stellte die Grundlage für die Umsetzung der europäischen Harmonisierungsbestrebungen im Bauwesen dar. Die darin enthaltenen wesentlichen Anforderungen gaben den Rahmen für die nötigen technischen Details für die Leistungen von Bauprodukten und deren vorgesehene Verwendung vor. Dies erlaubte die Entwicklung von harmonisierten Europäischen Normen (hENs) und Europäischen Technischen Zulassungsleitlinien (ETAGs). Bauprodukte, die diesen Vorschriften genügten, erhielten ein CE-Zeichen, konnten europaweit vermarktet und für dauerhafte Anwendungen in Bauwerken oder Bauteilen verwendet werden. Dabei war der Weg der Erteilung eines CE-Zeichens über Zulassungsleitlinien (ETAGs) für innovative Bauprodukte wie z. B. Ankerschienen, Kopfbolzen und Dübel vorgesehen, bei denen zudem wesentlicher Wissenszuwachs im Hinblick auf mögliche Verwendungen zu erwarten war. Daher war die Gültigkeit der auf dieser Grundlage erstellten europäischen Zulassungsbescheide (ETZ bzw. ETA) auf höchstens fünf Jahre beschränkt. Eine Verlängerung der Geltungsdauer unter Berücksichtigung des dann aktuellen Wissensstands war möglich.

Mit der Veröffentlichung der Leitlinie für die europäische technische Zulassung für Metalldübel zur Verankerung in Beton [2, 3] konnten erstmals europäische technische Zulassungen für Dübel erteilt werden. Die Zulassungsbescheide enthielten neben den Angaben zur Verwendung der Dübel auch alle für die Bemessung relevanten Parameter. Die praktische Anwendung von Zulassungen erfordert allerdings auch detaillierte Bemessungsregeln. Zum damaligen Zeitpunkt existierte jedoch keine europäische Bemessungsvorschrift für Befestigungen. Die Erarbeitung europäisch anerkannter Bemessungsregeln durch ein CEN-Komitee war auch kurzfristig nicht zu erwarten. Das zuständige europäische Komitee CEN/TC 250/SC 2 war zu dieser Zeit mit der Erstellung der Eurocodes 2 mehr als beschäftigt. Daher musste die Bemessung ebenfalls innerhalb der Leitlinie für europäische technische Zulassungen behandelt werden. Das in der Leitlinie EOTA, ETAG 001, Anhang C veröffentlichte Bemessungsverfahren für Dübel basiert in wesentlichen Punkten auf einer Leitlinie des Deutschen Instituts für Bautechnik aus dem Jahr 1993 [4]. In den vergangenen Jahren wurde Anhang C mehrfach dem jeweiligen Kenntnisstand angepasst [5] und im Jahre 2007 mit dem Technical Report TR 029 [6] für die Bemessung von chemischen Dübeln ergänzt. Auch EOTA TR 029 wurde zwischenzeitlich verbessert. Die letzten Fassungen dieser Bemessungsrichtlinien datieren vom August 2010 [5] bzw. September 2010 [6] und können in diesen Fassungen auch verwendet werden, sofern die Europäischen Technischen Zulassungsbescheide (ETAs) der jeweiligen Befestigungsmittel darauf verweisen.

Die ersten Europäischen Technischen Zulassungen für Kopfbolzen wurden 2003 erteilt. Das Bemessungsverfahren für Kopfbolzen beruhte im Wesentlichen auf dem in EOTA, ETAG 001, Anhang C der o. g. Leitlinie beschriebenen Verfahren [5], wurde jedoch um kopfbolzenspezifische Anwendungen erweitert und war Bestandteil der Zulassungsbescheide. Diese Zulassungsbescheide wurden im Jahr 2011 durch neue Versionen abgelöst, die das Bemessungsverfahren der CEN/TS 1992-4 [7] vorschreiben.

Europäische Technische Zulassungen für Ankerschienen gibt es erst seit dem Jahr 2011. Sie beinhalten das Bemessungsverfahren der CEN/TS 1992-4 [7] mit geringfügigen Verbesserungen.

Die Verantwortlichen waren sich von Beginn an darüber im Klaren, dass die Behandlung der Bemessung im Rahmen einer Zulassungsleitlinie nur eine Übergangslösung darstellen könne, da die europäische Bauproduktenrichtlinie den Aufgabenbereich der EOTA darauf beschränkte, Zulassungsleitlinien für Bauprodukte zu erstellen. Die Veröffentlichung europäischer Regelungen zur Bemessung ist CEN vorbehalten. Daher war der Anhang C der Leitlinie ETAG 001 schnellstmöglich in eine europäische Bemessungsnorm zu überführen.

Bereits im Jahr 2000 wurde unter der Verantwortung des Technischen Komitees CEN/TC 250 „Eurocodes für den konstruktiven Ingenieurbau" mit der Arbeit an einer europäischen Bemessungsnorm für Verankerungen in Beton begonnen. Sie wurde im Jahr 2009 abgeschlossen und schließlich im Mai 2009 durch das Europäische Komitee für Normung (CEN) zur vorläufigen Verwendung als Vornorm CEN/TS 1992-4 [7] akzeptiert. Die deutsche Fassung wurde im August 2009 durch das Deutsche Institut für Normung als DIN SPEC 1021-4 veröffentlicht [8].

Bei dem veröffentlichten Regelwerk CEN/TS 1992-4 [7] handelt es sich um eine europäische Vornorm (TS = Technical Specification, früher prEN). Sie besteht aus den folgenden fünf Teilen:

Beton-Kalender 2020: Wasserbau. Konstruktion und Bemessung.
Herausgegeben von Konrad Bergmeister, Frank Fingerloos und Johann-Dietrich Wörner
© 2020 Ernst & Sohn GmbH & Co. KG. Published 2020 by Ernst & Sohn GmbH & Co. KG.

- CEN/TS 1992-4-1:2009: Allgemeines
- CEN/TS 1992-4-2:2009: Kopfbolzen
- CEN/TS 1992-4-3:2009: Ankerschienen
- CEN/TS 1992-4-4:2009: Dübel – Mechanische Systeme
- CEN/TS 1992-4-5:2009: Dübel – Chemische Systeme

Teil 4-1 gilt für alle Befestigungsmittel. Die Teile 4-2 bis 4-5 enthalten besondere Regelungen für die jeweiligen Befestigungsmittel. Diese Teile sind nur in Verbindung mit Teil 4-1 anzuwenden.

Obwohl es sich bei CEN/TS 1992-4 um eine Vornorm handelt, durfte und darf sie für die Bemessung von Befestigungen angewendet werden, sofern deren Eignung für die beabsichtige Anwendung durch eine Europäische Technische Produktspezifikation nachgewiesen wurde. Diese muss sich auf die CEN/TS 1992-4 beziehen und alle für die Bemessung nach dieser Vornorm erforderlichen Daten enthalten. Die Europäische Technische Produktspezifikation kann eine sogenannte Europäische Technische Bewertung Zulassung (ETA), eine harmonisierte Europäische Produktnorm (hEN) oder eine passende nationale Norm oder Vorschrift sein.

Die Verwendung der in der CEN/TS behandelten Dübel, Kopfbolzen und Ankerschienen wird nur über Europäische Technische Zulassungen (ETAs) geregelt. Andere Europäische Technische Produktspezifikationen sind nicht verfügbar und derzeit auch nicht in der Planung.

Die EU-Bauproduktenverordnung [9] hat am 1. Juli 2013 die Bauproduktenrichtlinie aus dem Jahr 1988 vollständig abgelöst. Sie hat einen höheren Stellenwert als die Bauproduktenrichtlinie und Gesetzescharakter. Dies bedeutete, dass eine strikte Trennung zwischen Bemessungs- und Produktnormen bzw. europäischen Zulassungsleitlinien vorgenommen werden musste. Auch mussten Produktnormen und Zulassungsleitlinien den Anforderungen der Bauproduktenverordnung angepasst werden. Daraus folgte, dass nach einer Übergangsphase von 5 Jahren, die auf Basis der Bauproduktenrichtlinie erteilten europäischen Zulassungsbescheide ETZ bzw. ETA am 30.06.2018 ungültig wurden.

Wesentlicher Unterschied gegenüber den Regelungen der Bauproduktenrichtlinie ist, dass qualifizierte Produkte jetzt sogenannte „European Technical Assessments" (ETAs) von unbegrenzter Lebensdauer erhalten. Sie werden wie bisher als ETAs bezeichnet und auf der Grundlage von „European Assessment Documents" (EADs) erteilt [10–15], die die ETAGs ablösen. Verantwortlich hierfür ist wiederum die EOTA, die jedoch in „European Organisation for Technical Assessments" (EOTA) umbenannt wurde, und nach der Bauproduktenverordnung ein ausschließlich auf die Bewertung von Produkteigenschaften beschränktes Arbeitsgebiet abdecken darf. EOTA hat daher nach Erscheinen der EN 1992-4:2018 [16] seine relevanten Bemessungsdokumente zurückgezogen. Die CEN/TS-1992-4-Reihe wird ebenfalls durch EN 1992-4 abgelöst. Dies bedeutet, dass ETAs oder mögliche Produktnormen künftig nur auf EN 1992-4 als Bemessungsverfahren verweisen werden.

Existierende Produkte mit zeitlich unbeschränkten ETAs, die auf die Bemessungsregelungen nach EOTA und CEN/TS 1992-4 verweisen, müssen nach wie vor nach diesen Regelungen bemessen werden. Die Bemessung entspricht dann allerdings nicht dem aktuellen Stand der Technik.

Befestigungsmittel, die hinsichtlich der Bemessung den aktuellen Stand der Technik darstellen, nehmen in ihren ETAs auf die EN 1992-4 als Bemessungsnorm Bezug.

Das Erscheinen der EN 1992-4 war ursprünglich mit dem Inkrafttreten der Bauproduktenverordnung zum 01.07.2013 geplant, um dann ein gültiges Bemessungsdokument für Verankerungen in Beton zu haben. Die technische Bearbeitung dauerte jedoch bis ins Jahr 2015 hinein, sodass die Veröffentlichung ursprünglich spätestens für das Jahr 2016 geplant war. Die CEN-Bürokratie verhinderte jedoch diesen Plan, sodass die EN 1992-4 erst jetzt vorliegt. Hintergründe dazu enthält [17].

Der Ersatz der „alten" Bemessungsregelungen durch EN 1992-4 ist mehr als wünschenswert, denn EN 1992-4 enthält gegenüber diesen Regelungen zahlreiche Neuerungen und Verbesserungen. Sie werden im folgenden Abschnitt beschrieben.

1.2 Neuerungen gegenüber der CEN/TS-1992-4-Reihe

Die wesentliche und sofort sichtbare Verbesserung von EN 1992-4:2018 gegenüber den fünf Teilen der CEN/TS 1992-4-1:2009 [7] besteht darin, dass die Bemessungsregeln auf Wunsch der Praxis in der überwiegenden Zahl der europäischen Länder in einem Dokument zusammengefasst sind. Dabei wurde darauf geachtet, die Inhalte der CEN/TS-1992-4-Reihe vollständig und kompakt wiederzugeben. Die ursprünglich aus Kostengründen vom Planern bevorzugte und in der CEN/TS 1992-4 umgesetzte Version mit produktspezifischen Teilen hatte sich nicht bewährt, da bei vielen Projekten unterschiedliche Befestigungsmittel zum Einsatz kommen und bemessen werden müssen. Dies bedeutete, dass dann doch alle Teile des Bemessungswerks erworben werden mussten.

Zudem wurden im Rahmen der Bearbeitung der EN 1992-4 ergänzende Bemessungsregelungen in Form von CEN Technical Reports (CEN/TRs) geschaffen. Sie stellen den aktuellen Stand der Technik dar,

Sicherheit ist berechenbar.
FIXPERIENCE.

www.fischer.de/fixperience

Die fischer Bemessungssoftware FIXPERIENCE unterstützt Sie als Planer, Statiker und Handwerker sicher und zuverlässig beim Bemessen Ihrer Projekte. FIXPERIENCE ist modular aufgebaut und für eine Vielzahl von Anwendungen einsetzbar. Der neue, modulare Aufbau des Programms umfasst eine Ingenieursoftware und spezielle Anwendungs-Module:

- C-FIX
- FACADE-FIX
- RAIL-FIX
- WOOD-FIX
- MORTAR-FIX
- INSTALL-FIX
- REBAR-FIX

Jetzt fischer FIXPERIENCE kostenlos downloaden:
www.fischer.de/fixperience

BiP Bauingenieur Praxis
Ingenieurbau Allgemein

Helmut Kramer
Angewandte Baudynamik
Grundlagen und Praxisbeispiele
2013 · 344 Seiten
€ 57,90*
ISBN 978-3-433-03028-8

Schwingungsprobleme treten in der Praxis zunehmend auf. In diesem Buch werden die wichtigsten Kenngrößen der Dynamik vermittelt. Darauf baut der anwendungsbezogene Teil mit den Problemen der Baudynamik anhand von Beispielen auf. Jetzt in 2., aktualisierter u. erweiterter Auflage.

Heinrich Kaase, Alexander Rosemann
Solarstrahlung und Tageslicht
2018 · 279 Seiten
€ 55,–*
ISBN 978-3-433-03188-9

Das Buch erläutert praxisnah die physikalischen, energetischen, meteorologischen und lichttechnischen Grundlagen der Solarstrahlung und des Tageslichts. Es ist Grundlage für die Bestimmung effektiver Wirkungen der Solarstrahlung in Gebäudetechnik und Gesundheit.

Klausjürgen Becker, Karl Rautenstrauch
Ingenieurholzbau nach Eurocode 5
Konstruktion, Berechnung, Ausführung
2012 · 332 Seiten
€ 59,–*
ISBN 978-3-433-03013-4

Die Normen EC0, EC1 und EC5 werden ausführlich erklärt, die Führung der Nachweise wird in zahlreichen Beispielen aufgezeigt. Zusätzlich werden wichtige Hinweise für Brandschutzbemessung, Qualitätssicherung, Ausführung und Überwachung gegeben. Mit 145 Bemessungstafeln auf CD-ROM.

Geralt Siebert, Iris Maniatis
Tragende Bauteile aus Glas
Grundlagen, Konstruktion, Bemessung, Beispiele
2012 · 344 Seiten
€ 57,90*
ISBN 978-3-433-02914-5

Das Buch fasst die grundlegenden Kenntnisse über den Baustoff Glas sowie die aktuellen Regelwerke und das zukünftige Nachweiskonzept nach DIN 18008 zusammen. Konstruktion, Bemessung und Nachweisformate sind praxisnah dargestellt. Mit Beispielen und Bemessungshilfsmitteln.

Online Bestellung:
www.ernst-und-sohn.de

Alle Bücher auch als  erhältlich.

Ernst & Sohn
Verlag für Architektur und technische Wissenschaften GmbH & Co. KG

Kundenservice: Wiley-VCH
Boschstraße 12
D-69469 Weinheim

Tel. +49 (0)6201 606-400
Fax +49 (0)6201 606-184
service@wiley-vch.de

* Der €-Preis gilt ausschließlich für Deutschland. Inkl. MwSt. Die Versandkosten für Deutschland, Österreich, Schweiz, Liechtenstein und Luxemburg entfallen. Für alle anderen Länder gilt der Preis zzgl. Versandkosten. Irrtum und Änderungen vorbehalten.

konnten jedoch aufgrund des lang andauernden CEN-Abstimmungsverfahrens nicht mehr in EN 1992-4 berücksichtigt werden. Sie decken folgende Bereiche ab:

– Redundante Befestigungen: CEN/TR 17079 (2018) [18].
– Ankerschienen mit einer in Schienenlängsrichtung wirkenden Querlast [19].
– Bemessung einer Zusatzbewehrung für Ankerschienen bei senkrecht zur Schiene angreifenden Querlasten: CEN/TR 17080 (2018) [19]. Dieses Modell stellt eine Verbesserung gegenüber dem Verfahren in EN 1992-4 (2018) dar.
– Bemessung von Kopfbolzen und Dübeln nach der Plastizitätstheorie: CEN/TR 17081 (2018) [20].

Weiterhin wurden folgende Neuerungen berücksichtigt:

– Alle relevanten Bemessungsgleichungen wurden – wie in den Eurocodes üblich – auf die Betonzylinderdruckfestigkeit umgestellt.
– Die Werte des Ermüdungswiderstands von Beton für eine Lastspielzahl von $2 \cdot 10^6$ Lastwechseln wurden reduziert.
– Die Ermittlung des Feuerwiderstands ist jetzt für alle Arten von Befestigungsmitteln möglich.
– Die Erdbebenbemessung wurde aktualisiert und komplett überarbeitet.

Zudem wurden folgende produktspezifische Verbesserungen durchgeführt:

Dübel und Kopfbolzen:
– Bei Befestigungen mit Dübeln und Kopfbolzen unter Biegebeanspruchung kann der günstige Einfluss der Druckzone unter der Ankerplatte auf den Widerstand gegen Betonversagen über den Beiwert $\psi_{M,N}$ berücksichtigt werden.
– Bei Dübeln sind Traglaststeigerungen infolge einer Zusatzbewehrung mit einer Bewehrungsführung wie bei Kopfbolzen möglich.

Chemische Dübel:
– Eine ganz entscheidende Verbesserung ist bei chemischen Dübeln die Bemessung für dauernd einwirkende Zuglasten über den Abminderungsfaktor ψ_{sus}. Eine analoge Vorgehensweise wird auch in anderen Bereichen des Bauwesens bei Einsatz chemischer Produkte wie z. B. im Holzleimbau verwendet.

Ankerschienen:
Die meisten produktspezifischen Verbesserungen wurden für Ankerschienen eingeführt. Dies sind:
– Beim Nachweis der Versagensart „Lokales Aufbiegen der Schienenlippe" infolge Zugbeanspruchung oder Querlast ohne Hebelarm wird der Einfluss von mit kleinem Achsabstand montierten Spezialschrauben auf den Widerstand berücksichtigt.
– Die Bemessungsmodelle zum Nachweis gegen Betonversagen wurden auf die Schienenabmessungen mit den Verhältniswerten $h_{ch}/h_{ef} \leq 0{,}4$ und $b_{ch}/h_{ef} \leq 0{,}7$ beschränkt. Für Ankerschienen mit den Größen $h_{ch}/h_{ef} > 0{,}4$ und/oder $b_{ch}/h_{ef} > 0{,}7$ sind zusätzliche Regelungen zu berücksichtigen.
– Beim Nachweis der Versagensart „Lokaler Betonausbruch (Blow-out)" darf künftig nicht mehr der Gruppenfaktor $\psi_{g,Nb}$ in Ansatz gebracht werden.
– Bei Ankerschienen unter reiner Querlast sind bei der Versagensart „Stahlbruch" zusätzlich das Versagen des Ankers und der Verbindung zwischen Anker und Schiene nachzuweisen.
– Bei randnah angeordneten Ankerschienen steigt der Widerstand mit zunehmendem Randabstand c_1 nicht mehr mit $c_1^{1,5}$, sondern $c_1^{4/3}$ an.
– Der Nachweis beim Einwirken von kombinierten Zug- und Querbeanspruchungen erfolgt getrennt für die verschiedenen Versagensarten bei Stahlbruch und die übrigen Versagensarten.

Nachfolgend werden die Regeln der EN 1992-4 erläutert. Detaillierte Grundlagen zu Tragverhalten und Bemessung von Befestigungen mit mechanischen und chemischen Dübeln, Kopfbolzen und Ankerschienen sind u. a. in [21, 22] zu finden.

2 Anwendungsbereich

EN 1992-4 behandelt die Bemessung von Befestigungen tragender und nichttragender Elemente an Betonbauteilen. Einlegeteile, die in Betonfertigteile eingebaut werden und nur vorübergehend während des Transports genutzt werden, sind in CEN/TR 15728 [23] geregelt.

Die Norm gilt für sicherheitsrelevante Befestigungen, deren Versagen zum Einsturz oder teilweisen Einsturz des Bauwerks führt, Risiken für menschliches Leben verursacht oder zu erheblichem wirtschaftlichen Schaden führt. Das befestigte Bauteil kann statisch bestimmt oder statisch unbestimmt gelagert sein und jedes Lager kann aus einem Befestigungsmittel oder einer Gruppe von Befestigungsmitteln bestehen.

Die Anwendungen müssen in den Anwendungsbereich der Normenreihe EN 1992 fallen. Für Befestigungen in Atomkraftwerken oder Zivilschutzbauten können Änderungen erforderlich sein. Die Bemessung des Anbauteils wird in EN 1992-4 nicht behandelt. Regeln dazu sind den jeweiligen Normen zu entnehmen.

Außerdem gilt EN 1992-4 für Befestigungen, deren Eignung für den jeweiligen Anwendungsfall nachgewiesen wurde und in einer entsprechenden Europäischen Technischen Produktspezifikation bestätigt wird. Eine Europäische Technische Produktspezifikation ist z. B. eine harmonisierte Europäische Norm (hEN), eine Europäische Technische Bewertung für Kopfbolzen, Dübel und Ankerschienen (European Technical Assessment ETA), die auf einem Europäischen Bewertungsdokument (EAD) basiert oder eine andere transparente und reproduzierbare Bewertung, die alle Anforderungen der entsprechenden EAD erfüllt. Eine nach 2018 veröffentlichte Produktspezifikation muss auf EN 1992-4 Bezug nehmen und alle Daten enthalten, die für eine Bemessung nach dieser Norm erforderlich sind. Eine Zusammenstellung dieser Daten enthält EN 1992-4, Anhang E.

EN 1992-4 regelt die Bemessung von Einlegeteilen und nachträglichen Befestigungsmitteln an Bauteilen aus Beton und gilt für folgende Befestigungstypen:

– Einlegeteile wie Kopfbolzen und Ankerschienen mit steifer Verbindung von Verankerungsmittel und Schiene.

– Nachträgliche mechanische und chemische Befestigungsmittel wie Spreizdübel, Hinterschnittdübel, Betonschrauben, Verbunddübel, Verbundspreizdübel.

Die Bilder 1 und 2 zeigen typische Kopfbolzen und Ankerschienen. In Bild 3 sind die in EN 1992-4 geregelten unterschiedlichen Dübeltypen schematisch dargestellt.

Kopfbolzen nach Bild 1a weisen am oberen Ende ein Gewinde zum Verschrauben mit dem Anbauteil auf. Kopfbolzen nach Bild 1b bestehen aus einer Stahlplatte mit stumpf angeschweißtem Bolzen. Als Schweißverfahren kommt heute in der Regel Bolzenschweißen mit Hubzündung zum Einsatz. Das zu befestigende Bauteil wird nach dem Ausschalen des Betons an die einbetonierte Stahlplatte angeschweißt oder an die Platte angeschraubt. Kopfbolzen nach Bild 1c weisen am oberen Ende eine In-

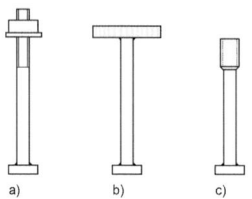

Bild 1. Typische Kopfbolzen

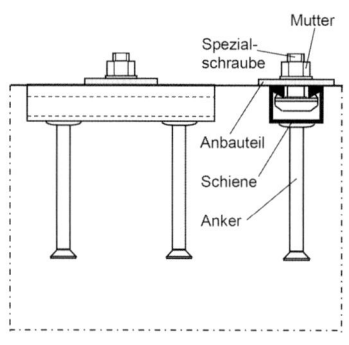

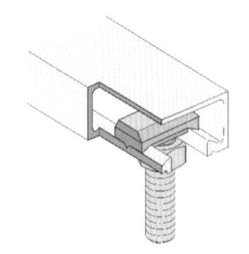

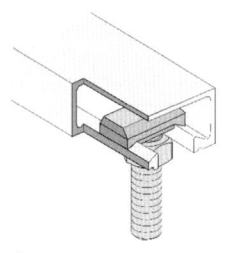

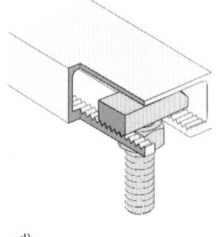

Bild 2. Typische Ankerschienen a) Ankerschiene, b) Ankerschiene mit Hammerkopfschraube [24], c) Ankerschiene mit Kerbzahnschraube [24], d) Ankerschiene (Zahnschiene) mit Zahnschraube [24]

nengewindehülse zur Aufnahme von Schrauben oder Gewindestangen auf. Kopfbolzen leiten Lasten über eine Verzahnung (Hinterschnitt) des Kopfes mit dem erhärteten Beton in den Ankergrund ein (Wirkprinzip Formschluss).

Ankerschienen (Bild 2) bestehen aus kaltverformten oder warmgewalzten U-förmigen oder V-förmigen Stahlprofilen mit speziellen Verankerungselementen. Die ausgeschäumten Schienen werden direkt an der Schalungsinnenseite befestigt und einbetoniert. Als Verankerungselemente der Schienen werden aufgeschweißte oder aufgestauchte T- bzw. I-förmige Anker oder eingepresste Bolzenanker verwendet. Auf dem Markt werden auch Ankerschienen angeboten, bei denen die Rückverankerung durch Schlaufen aus Flachstahl erfolgt, die durch den Schienenrücken gesteckt und aufgebogen werden. Diese Ankerschienen sind nicht durch EN 1992-4 abgedeckt, da die Anker nicht steif (formschlüssig) angeschlossen sind und deshalb erst nach einem gewissen Schlupf wirksam werden können. Nach dem Ausschalen und Entfernen der Schaumfüllung können die Anbauteile mithilfe von Spezialschrauben (Hammer- oder Hakenkopfschrauben) befestigt werden (Bild 2b).

Neben Schienen gemäß Bild 2a sind Zahnschienen auf dem Markt, deren Lippen Verzahnungen (Bild 2d) aufweisen. Zahnschienen bilden stets ein System mit entsprechenden Zahnschrauben. Kerbzahnschrauben (Bild 2c) werden mit konventionellen Ankerschienen (Bild 2a) kombiniert. Durch das Aufbringen des Montagedrehmoments werden die am Schraubenkopf angebrachten Zähne in die Schienenlippe eingedrückt. Diese Einkerbung wirkt als Formschluss. Im Gegensatz zu herkömmlichen Ankerschienen dürfen die in den Bildern 2c und 2d dargestellten Systeme auch durch Querkräfte in Schienenlängsrichtung beansprucht werden. Ihre Bemessung ist im Technischen Report CEN/TR 17080 [19] geregelt, der nur in Verbindung mit EN 1992-4 angewendet werden darf (vgl. Abschnitt 8).

Drehmomentkontrolliert spreizende Dübel werden in Hülsen- und Bolzentyp unterteilt. Dübel des Hülsentyps (Bild 3a$_1$) bestehen aus Schraube bzw. Gewindestange und Mutter, Unterlegscheibe, Distanz- und Spreizhülse, Drehsicherung sowie Spreizkonus. Dübel des Bolzentyps (Bild 3a$_2$) bestehen aus einem Bolzen, der an seiner Spitze zu einem Konus geformt ist und an anderen Ende ein Gewinde aufweist, Spreizsegmenten oder Spreizblechen, die im konischen Bereich des Bolzens angeordnet sind, sowie aus Mutter und Unterlegscheibe. Drehmomentkontrolliert spreizende Dübel werden durch Aufbringen eines vorgeschriebenen Drehmoments angespannt. Dadurch wird eine Zugkraft im Bolzen bzw. in der Schraube erzeugt, der Konus an der Spitze des Dübels in die Spreizhülse bzw. in die Spreizsegmente oder -bleche hineingezogen und

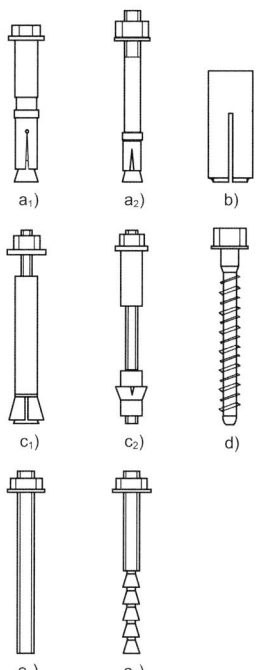

Bild 3. Dübeltypen; a$_1$) drehmomentkontrolliert spreizender Dübel (Hülsentyp), a$_2$) drehmomentkontrolliert spreizender Dübel (Bolzentyp), b) wegkontrolliert spreizender Dübel (Einschlagdübel), c$_1$) Hinterschnittdübel (Hinterschnitt zur Bohrlochtiefe hin erweitert), c$_2$) Hinterschnittdübel (Hinterschnitt zur Betonoberfläche hin erweitert), d) Betonschraube, e$_1$) Verbunddübel, e$_2$) Verbundspreizdübel

diese werden gegen die Bohrlochwand gepresst. Die dadurch hervorgerufenen Reibungskräfte halten die Dübel im Bohrloch, man spricht deshalb vom Wirkprinzip Reibschluss.

Wegkontrolliert spreizende Dübel (Bild 3b) bestehen aus Spreizhülse und konischem Spreizteil. Die Spreizhülse weist ein Innengewinde zur Aufnahme einer Schraube oder Gewindestange auf. Die Dübel werden durch Einschlagen des Spreizteils in die Hülse mithilfe eines Setzwerkzeugs verspreizt. Wegkontrolliert spreizende Dübel leiten wie drehmomentkontrolliert spreizende Dübel äußere Zuglasten überwiegend durch Reibung und im Bereich der flachen Verformungsmulde durch Formschluss in den Ankergrund ein (Wirkprinzip Reibschluss).

Hinterschnittdübel tragen durch mechanische Verzahnung des Dübels mit dem Ankergrund (Wirkprinzip Formschluss). Hierfür wird ein zylindrisches Bohrloch entweder durch ein spezielles Bohrverfahren an einer vorgegebenen Stelle um ein definiertes Maß aufgeweitet oder der Hinterschnitt wird beim Setzen durch den Dübel erzeugt (sogenannte selbst hinterschneidende Dübel). Die Bilder $3c_1$ und $3c_2$ zeigen zwei typische Hinterschnittdübel. Sie unterscheiden sich unter anderem durch die Richtung der Hinterschneidung, die sich entweder zur Bohrlochtiefe (Bild $3c_1$) oder zur Betonoberfläche (Bild $3c_2$) hin erweitert. Dübel nach Bild $3c_1$ bestehen aus einem Konusbolzen mit Außengewinde bzw. mit Sacklochbohrung und Innengewinde, Spreizhülse, Mutter und Unterlegscheibe. Die Dübel werden durch Schlagen der Spreizhülse über den Konusbolzen verankert. Dabei füllt die Hülse im Hinterschnittbereich entweder den mithilfe eines Spezialwerkzeugs hergestellten Hinterschnitt aus oder schneidet ihren Hinterschnitt schlagend oder schlagend/drehend selbsttätig in den Beton. Hinterschnittdübel nach Bild $3c_2$ bestehen aus Gewindebolzen mit Sechskantmutter und Unterlegscheibe, Rundmutter, drei Klemmsegmenten, einer Konus- und Distanzhülse, einer Schraubenfeder sowie einem Kunststoffring, der die Spreizsegmente vor dem Einbau des Dübels zusammenhält. Nach dem Erstellen des zylindrischen Bohrlochs wird der Hinterschnitt mithilfe eines Spezialwerkzeugs erzeugt. Danach wird der Dübel in das Bohrloch eingeführt, wobei die Spreizschalen an der Stelle des Hinterschnitts ausklappen und beim Anspannen des Bolzens mit einem vorgeschriebenen Drehmoment gegen die Stützflächen gepresst werden.

Betonschrauben nach (Bild 3d) werden mithilfe eines Tangentialschraubers, eines elektrischen Schraubers, eines Bohrhammers mit Adapter im Drehgang oder eines herkömmlichen Drehmomentschlüssels in vorgebohrte Löcher eingeschraubt. Sie weisen in der Regel ein gehärtetes Spezialgewinde auf, um das Einschneiden der Gewindegänge in den Beton zu ermöglichen. Die Schraubengeometrie ist so auf den Bohrlochdurchmesser abgestimmt, dass sich das Gewinde in den Beton einschneidet und eine äußere Last durch Formschluss in den Beton eingeleitet wird.

Verbunddübel nach Bild $3e_1$ bestehen aus einer Gewindestange, Mutter und Unterlegscheibe oder einer Innengewindehülse zur Aufnahme von Gewindeteilen sowie dem Mörtel als Bindemittel. Der Mörtel kann aus Kunstharz, Zement oder aus einer Mischung von beiden bestehen. Er wird in Glaspatronen oder Schlauchbeuteln geliefert und durch drehend/schlagendes Eintreiben der Gewindestange oder Innengewindehülse in das Bohrloch vermischt oder aber in Kartuschen vorkonfektioniert und in speziellen Mischwendeln beim Injizieren in das Bohrloch gemischt. Die Lasteinleitung in den Beton erfolgt über Verbund entlang der gesamten Verankerungstiefe. Man spricht vom Wirkprinzip Stoffschluss.

Verbundspreizdübel (Bild $3e_2$) bestehen aus einer Ankerstange mit mehreren Konen, Mutter und Unterlegscheibe sowie einem Mörtel als Bindemittel. Der Mörtel wird wiederum in Glaspatronen, Schlauchbeuteln oder Kartuschen geliefert. Die Ankerstange ist entweder beschichtet oder sie weist eine glatte und harte Oberfläche auf, um einen Verbund zwischen Ankerstange und Kunstharzmörtel zu verhindern. Nach dem Aushärten des Mörtels werden die Dübel durch Aufbringen eines vorgeschriebenen Montagedrehmoments angespannt. Dadurch wird der erhärtete Mörtel in einzelne Mörtelsegmente aufgebrochen, die im Prinzip wie Spreizschalen eines Metallspreizdübels wirken. Bei Einleitung einer Zugkraft in die Ankerstange werden die Konen in die Mörtel-Spreizschalen gezogen und es entstehen Spreizkräfte und damit Reibungskräfte zwischen Mörtelschale und Bohrlochwand (Wirkprinzip Reibung).

EN 1992-4 beschreibt den Nachweis der örtlichen Einleitung von Lasten in den Beton. Während bei Ankerschienen die Anzahl der Anker nicht begrenzt ist, regelt EN 1992-4 für Kopfbolzen und Dübel Anordnungen nach Bild 4. Demnach gilt die Norm für Einzel- und Gruppenbefestigungen, wobei innerhalb einer Gruppe nur Befestigungsmittel gleicher Art und Größe verwendet werden dürfen. Es wird zwischen Befestigungen mit oder ohne Lochspiel unterschieden. Bei Dübeln darf von Befestigungen ohne Lochspiel ausgegangen werden, wenn der nach der Montage unvermeidliche Ringspalt zwischen Dübel und Anbauteil mit Mörtel ausreichender Druckfestigkeit (≥ 40 N/mm^2) verfüllt oder durch andere geeignete Mittel geschlossen wird (z. B. durch Metallhülsen, die den Ringspalt kraftschlüssig ausfüllen). Kopfbolzen ohne Lochspiel müssen entweder am Anbauteil angeschweißt oder in das Anbauteil eingeschraubt sein.

Ist kein Lochspiel vorhanden, dann dürfen unabhängig vom Randabstand und der Lastrichtung (Zuglast, Querlast) Einzelbefestigungen sowie Gruppen mit zwei bis neun Befestigungsmitteln ausgeführt werden (Bild 4a). Bei Befestigungen mit Lochspiel und mehr als zwei Befestigungsmitteln in Reihe ist die Verteilung einer Querlast auf die einzelnen Dübel oder Kopfbolzen der Gruppe nicht mit Sicherheit vorhersagbar, da deren Positionen in den Löchern im Anbauteil zufallsbedingt sehr unterschiedlich sein können. Befestigungsmittel, die nicht zentrisch im Loch des Anbauteils sitzen, sondern in Richtung einer Querlast am Anbauteil anliegen, nehmen von Beginn an Querlasten auf. Demgegenüber beteiligen sich Befestigungsmittel, die nach dem Setzen aufgrund des Lochspiels keinen unmittelbaren Kontakt zum Anbauteil haben, erst dann an der Querlastaufnahme, wenn das Lochspiel durch Verschieben des Anbauteils nach einer entsprechenden Verformung der belasteten Dübel überwunden ist. Dies kann dazu führen, dass sich die einzelnen

Schutzbauten gegen alpine Naturgefahren

Konrad Bergmeister,
Jürgen Suda,
Johannes Hübl,
Florian Rudolf-Miklau
Schutzbauwerke gegen Wildbachgefahren
Grundlagen, Entwurf und Bemessung, Beispiele
2009. 211 S.
€ 49,90*
ISBN 978-3-433-02945-9
Auch als ebook erhältlich

Hrsg.
Florian Rudolf-Miklau,
Siegfried Sauermoser
Handbuch Technischer Lawinenschutz
2011. 466 S.
€ 69,–*
ISBN 978-3-433-02947-3
Auch als ebook erhältlich

Set-Angebot:
€ 89,–*
ISBN 978-3-433-03092-9

Online Bestellung: www.ernst-und-sohn.de

Ernst & Sohn
Verlag für Architektur und technische
Wissenschaften GmbH & Co. KG

Kundenservice:
Wiley-VCH   Tel. +49 (0)6201 606-400
Boschstraße 12   Fax +49 (0)6201 606-184
D-69469 Weinheim   service@wiley-vch.de

* Der €-Preis gilt ausschließlich für Deutschland. Inkl. MwSt. Die Versand
kosten für Deutschland, Österreich, Schweiz, Liechtenstein und Luxemburg
entfallen. Für alle anderen Länder gilt der Preis zzgl. Versandkosten. Irrtum
und Änderungen vorbehalten. 1032126_dp

MULTI-MONTI®-plus –
Das Original unter den selbstschneidenden Betonschrauben

Der sichere Schraubanker für eine kraftvolle und zeitsparende Befestigungslösung

- Optimiertes Betongewinde mit Vollgewindevarianten für höchste Beanspruchungen
- Zwei Setztiefen für mehr Flexibilität
- Maschinell setzbar und sofort belastbar

HECO-Schrauben GmbH & Co. KG
Dr.-Kurt-Steim-Straße 28
D-78713 Schramberg
Telefon: +49 (0)7422 / 989-0
E-Mail: info@heco-schrauben.de
Internet: www.heco-schrauben.de

KLASSIKER DES BAUINGENIEURWESENS

Mit der Reihe „E&S Zeitlos" macht der Verlag Ernst & Sohn vergriffene Standardwerke, die Meilensteine der Bauingenieurliteratur darstellen, als unveränderte Nachdrucke wieder verfügbar.

www.ernst-und-sohn.de/zeitlos

SPANNBETON FÜR DIE PRAXIS
Fritz Leonhardt

erstmals erschienen: 1955, diese (3.) Auflage ist erschienen: 1973

ISBN
978-3-433-03236-7
PREIS
59,00 €*

Mit diesem erstmals 1955 erschienenen Grundlagenwerk, das in zahlreiche Sprachen übersetzt wurde, prägte Leonhardt die moderne Bauingenieurkunst nachhaltig. Es ist auch heute noch selbst für den erfahrenen Spannbetoningenieur eine nützliche Wissensquelle für die Praxis.

RAHMENFORMELN
Adolf Kleinlogel / Werner Haselbach

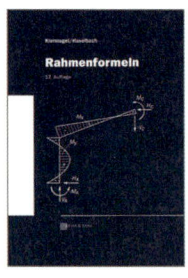

erstmals erschienen: 1914, diese (17.) Auflage ist erschienen: 1993

ISBN
978-3-433-03239-8
PREIS
59,00 €*

Auch wenn die Berechnungen von Rahmen mit dem Computer durchgeführt werden, so bietet das vorliegende Standardwerk eine zusätzliche und sichere Hilfe vor allem bei der Vordimensionierung und bei der Kontrolle von Ergebnissen.

WILHELM ERNST & SOHN
Verlag für Architektur und technische Wissenschaften GmbH & Co. KG

KUNDENSERVICE:
Wiley-VCH
Boschstraße 12
D-69469 Weinheim

TEL. +49 (0)6201 606-400
FAX +49 (0)6201 606-184
MAIL service@wiley-vch.de

Ernst & Sohn
A Wiley Brand

* Der Preis gilt ausschließlich für Deutschland. Inkl. MwSt. zzgl. Versandkosten. Irrtum und Änderungen vorbehalten. Stand: 10/2017 – 1157046_zoo

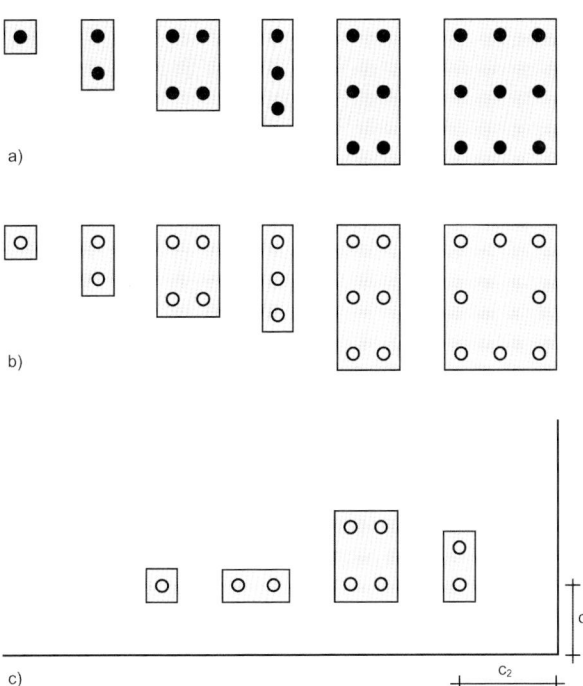

Bild 4. Anordnung von Befestigungen mit Kopfbolzen und Dübeln
a) Befestigungen ohne Lochspiel, alle Randabstände, Zug- und Querlast,
b) Befestigungen mit Lochspiel, Randabstände $c_1 \geq \max\{10 \cdot h_{ef}; 60 \cdot d_{nom}\}$, Zug- und Querlast oder $c_1 < \max\{10 \cdot h_{ef}; 60 \cdot d_{nom}\}$, nur Zuglast, c) Befestigungen mit Lochspiel, $c_1 < \max\{10 \cdot h_{ef}; 60 \cdot d_{nom}\}$, Zug- und Querlast

Befestigungsmittel einer Gruppe deutlich unterschiedlich an der Aufnahme von Querlasten beteiligen, was bei Anwendungen in der Nähe von Bauteilrändern wegen der spröden Versagensart Betonkantenbruch unter Querlast zu frühzeitigem Versagen führen kann. Deshalb gilt EN 1992-4 bei Lochspiel für Anordnungen nach Bild 4b nur, wenn der Randabstand unabhängig von der Lastrichtung $c_1 \geq \max\{10 \cdot h_{ef}; 60 \cdot d_{nom}\}$ ist. Dabei ist d_{nom} der Außendurchmesser des Befestigungsmittels und h_{ef} dessen effektive Verankerungstiefe. Kleinere Randabstände sind erlaubt, wenn nur Zuglasten und keine Querlasten einwirken. Wirken Querlasten, dann gilt EN 1992-4 bei Randabständen $c_1 < \max\{10 \cdot h_{ef}; 60 \cdot d_{nom}\}$ nur für Einzelbefestigungen sowie Gruppen mit zwei oder vier Dübeln oder Kopfbolzen (Bild 4c).

Der Grenzwert $c_1 = \max\{10 \cdot h_{ef}; 60 \cdot d_{nom}\}$, der den Übergang von sprödem Betonkantenbruch zu duktilem Stahlversagen kennzeichnen soll, sollte jedoch nur als Hinweis verstanden werden. Betonkantenbruch kann auch bei querbelasteten Befestigungen mit größeren Randabständen bei kleinen Achsabständen und/oder bei Anordnung in dünnen Bauteilen auftreten. Dies führt dann zu unkonservativen Lösungen, wenn die Befestigungsmöglichkeiten nach Bild 4b ausgeschöpft werden. Daher wird empfohlen, bei der Bemessung stets den Nachweis für Betonversagen zu führen. Wird randnaher Betonbruch als Versagensart maßgebend, sollten nur Befestigungen nach Bild 4c ausgeführt werden.

In Bild 5 sind die Achs- und Randabstände von Befestigungsmitteln definiert. Dabei ist zu beachten, dass die Indizes der Achs- und Randabstände vom Rand abhängen, für den der Nachweis für Betonkantenbruch geführt wird. Index 1 gilt für Abstände in Richtung des betrachteten Bauteilrands und Index 2 für Abstände senkrecht dazu.

EN 1992-4 gilt für Befestigungsmittel mit einem Mindestdurchmesser bzw. einer Mindestgewindegröße von 6 mm (M6) oder mit einer entsprechenden Querschnittsfläche. Bei redundanten Befestigungen nichttragender Bauteile (s. Abschnitt 7) sind kleinere Mindestdurchmesser von 5 mm (M5) geregelt. Der maximale Durchmesser des Befestigungsmittels ist für Zuglast nicht begrenzt, darf aber für Querlast 60 mm nicht überschreiten.

Die Verankerungstiefe der Befestigungsmittel muss $h_{ef} \geq 40$ mm betragen. Bei redundanten Befestigungen nichttragender Bauteile gilt $h_{ef} \geq 30$ mm. Dieser Wert darf in trockenen Innenräumen auf 25 mm

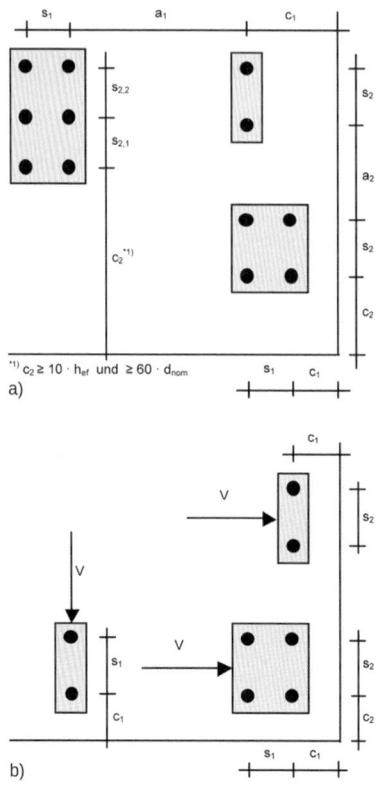

Bild 5. Definition der Achs- und Randabstände von Befestigungsmitteln; a) Zugbeanspruchung, b) Querbeanspruchung

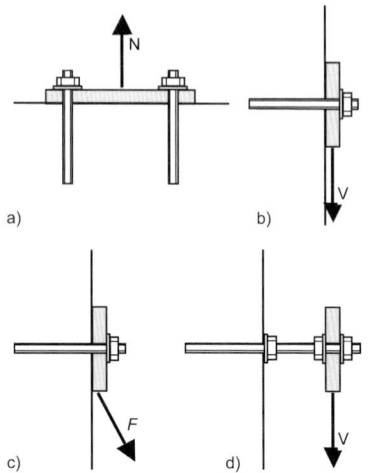

Bild 6. Beanspruchung von Befestigungen; a) Zuglast, b) Querlast, c) kombinierte Zug- und Querlast, d) Querlast mit Hebelarm (Abstandsmontage)

reduziert werden, da der Fortschritt und die Auswirkungen der Karbonatisierung auf die Betonfestigkeit im Vergleich zu Anwendungen in feuchter Umgebung als geringer eingestuft wird. Die maximale Verankerungstiefe chemischer Dübel ist auf $h_{ef} \leq 20 \cdot d$ begrenzt (d = Gewindedurchmesser), da nur bis zu dieser Verankerungstiefe von einer über die ganze Dübellänge konstanten Verbundspannung ausgegangen werden darf.

EN 1992-4 gilt für Kohlenstoffstähle, nichtrostende Stähle und Temperguss. Die Oberfläche der Befestigungsmittel kann beschichtet oder unbeschichtet sein und die Nennzugfestigkeit des Stahls muss $f_{uk} \leq 1000$ N/mm² betragen. Diese Begrenzung wurde eingeführt, weil Stähle mit größerer Festigkeit im Allgemeinen spröde sind, was sich negativ auf die Verteilung von Querlasten auf einzelne Befestigungsmittel einer Gruppe auswirken kann. Die Begrenzung gilt nicht für Betonschrauben, da diese fertigungs- und funktionsbedingt aus Sonderstählen hergestellt werden müssen.

Die Lasten können statisch, quasi-statisch, nichtruhend oder seismisch sein. Ob ein Befestigungselement zur Aufnahme nichtruhender oder seismischer Lasten geeignet ist, kann der jeweiligen Europäischen Technischen Produktspezifikation entnommen werden. Ankerschienen unter nichtruhender Last sind in EN 1992-4 nicht geregelt. Hier wird auf EOTA TR 050 [25] verwiesen. Für Ankerschienen unter Erdbebeneinwirkung gibt es weder in EN 1992-4 noch in EOTA-Richtlinien Bemessungsregeln.

An der Befestigung können Zuglasten, Querlasten oder kombinierte Zug- und Querlasten angreifen (Bilder 6a bis 6c). Weiterhin können Biegemomente in einer oder zwei Richtungen sowie Torsionsmomente einwirken. Diese Lasten und Momente führen in den Befestigungsmitteln zu Zugkräften und bei Abstandsmontagen auch zu Druckkräften. Greift eine Querlast mit einem Hebelarm an (Bild 6d), dann wird das Befestigungsmittel zusätzlich durch ein Biegemoment beansprucht.

Einwirkende Druckkräfte werden entweder durch das Anbauteil direkt auf die Betonoberfläche übertragen, ohne dass das Befestigungsmittel druckbeansprucht wird, oder bei Abstandsmontagen durch das Befestigungsmittel in den Beton eingeleitet. Das Befestigungsmittel muss dann in der Lage sein, Druckkräfte aufzunehmen. Dies ist bei Metallspreiz- und Hinterschnittdübeln oft nicht der Fall.

EN 1992-4 gilt für Bauteile aus Normalbeton ohne Fasern der Druckfestigkeitsklassen C12/15 bis C90/105 gemäß EN 206. Allerdings ist der in der Europäischen Technischen Produktspezifikation des jeweiligen Befestigungsmittels angegebene Festigkeitsbereich zu beachten, der sich bei Dübeln üblicherweise auf Beton der Festigkeitsklassen C20/25 bis C50/60 erstreckt.

In der Regel gelten die Europäischen Technischen Produktspezifikationen der Befestigungsmittel für Anwendungen in Bauteilen unter statischer Belastung. Wird das als Ankergrund dienende Bauteil durch nichtruhende oder seismische Einwirkungen beansprucht, dann muss das Befestigungsmittel für diese Anwendung geeignet sein und es ist eine entsprechende Technische Produktspezifikation erforderlich.

3 Grundlagen der Bemessung

3.1 Allgemeines

Grundsätzlich gelten für die Bemessung von Befestigungen dieselben Prinzipien wie in EN 1990 [26]. Das gilt auch für Kombinationen von Einwirkungen nach EN 1992-1-1 [27]. Befestigungen müssen allen während der Ausführung und Verwendung auftretenden Einwirkungen widerstehen (Grenzzustand der Tragfähigkeit), dürfen sich nicht unzulässig stark verformen (Grenzzustand der Gebrauchsfähigkeit) und sie müssen für ihre Verwendung während der gesamten Lebensdauer geeignet bleiben (Dauerhaftigkeit). Außerdem dürfen sie bei außergewöhnlichen Ereignissen nicht in unverhältnismäßig großem Ausmaß beschädigt werden. Die dem Entwurf und der Bemessung zugrunde liegende Nutzungsdauer eines Befestigungsmittels darf nicht geringer sein als die des befestigten Bauteils. Die angegebenen Sicherheitsbeiwerte für Widerstand und Dauerhaftigkeit basieren auf einer Nutzungsdauer des Befestigungsmittels (Kopfbolzen, Dübel, Ankerschienen) von 50 Jahren.

Für die Einwirkungen gelten die relevanten Teile von EN 1991 [28] und bei Erdbebeneinwirkungen von EN 1998 [29]. Ergänzungen zu EN 1998 enthält EN 1992-4, Anhang C (s. Abschnitt 10). Bei nichtruhenden Einwirkungen und bei Erdbebenbeanspruchung dürfen nur Befestigungsmittel verwendet werden, die laut der entsprechenden Europäischen Technischen Produktspezifikation für diese Anwendungen geeignet sind.

EN 1992-4 definiert Regeln zum Nachweis der örtlichen Krafteinleitung in den Ankergrund, die Weiterleitung dieser Lasten zu den Auflagern des Bauwerks muss gesondert nachgewiesen werden. In diesem Zusammenhang wird insbesondere auf die Anforderungen in Anhang A der Norm hingewiesen (Zusätzliche Regelungen zum Nachweis der Betonelemente für die von Befestigungsmitteln eingeleiteten Lasten). Anhang A enthält Regeln für den Nachweis des als Ankergrund dienenden Bauteils im Hinblick auf die Schubtragfähigkeit und die Aufnahme der Spaltkräfte der Befestigungsmittel. Diese Regeln sind zusätzlich zu den Anforderungen nach Eurocode 2 einzuhalten.

Hinsichtlich Bemessung und Montage der Befestigungsmittel gelten dieselben Qualitätsanforderungen wie für die Bemessung und Erstellung des Bauwerks und des zu befestigenden Anbauteils. Das bedeutet, dass die Bemessung und der Einbau der Befestigungsmittel durch hierfür qualifiziertes Personal erfolgen muss. Für die Ausführung gelten die in Anhang F der Norm angegebenen Bedingungen. Sie stellen eine Verbindung zwischen Bemessung und Ausführung von Befestigungen her. Die bei der Bemessung angenommenen charakteristischen Widerstände und Teilsicherheitsbeiwerte gelten nur, wenn diese Bedingungen eingehalten sind, der als Ankergrund dienende Beton im Bereich der Befestigung gut verdichtet ist und keine Hohlstellen aufweist.

Neben der für alle Befestigungsmittel geltenden Forderung, dass die Kontrolle der Montage durch entsprechend qualifiziertes Personal erfolgen muss, werden in Anhang F folgende Bedingungen für die Ausführung genannt:

Nachträgliche Befestigungen
- Der Beton ist im Bereich der Befestigung ordnungsgemäß verdichtet.
- Sofern in der Montageanleitung des Herstellers nichts anderes angegeben ist, werden die Löcher senkrecht zur Betonoberfläche gebohrt. Das Bohrverfahren entspricht den Angaben in der Montageanleitung des Herstellers.
- Die verwendeten Bohrer entsprechen ISO (z. B. ISO 5468) oder nationalen Normen.
- Die verwendeten Diamantbohrer haben den vorgeschriebenen Durchmesser.
- Die Bohrlochreinigung erfolgt nach der Montageanleitung des Herstellers, die in der Regel den Angaben in der Europäischen Technischen Produktspezifikation entspricht.
- Fehlbohrungen oder nicht verwendete Bohrlöcher werden mit einem schwindarmen Mörtel mit der Festigkeit des Ankergrunds, aber mindestens $\geq 40\ N/mm^2$ verfüllt.
- Beim Bohren wird keine Bewehrung beschädigt.
- Der Abstand einer Bohrung zur Spannbewehrung in Spannbetonbauteilen beträgt mindestens 50 mm.

Kopfbolzen
- Der Schweißvorgang erfolgt nach den Anforderungen der Europäischen Technischen Produktspezifikation.

– Die Kopfbolzen werden so fixiert, dass sie sich während des Einbaus der Bewehrung oder während des Betonierens und Verdichtens des Betons nicht bewegen.
– Die Anforderungen an eine ordnungsgemäße Verdichtug des Betons, insbesondere unter dem Kopf und unter der Ankerplatte, sowie die Anforderungen an Lüftungsöffnungen in der Ankerplatte sind erfüllt.
– Die Befestigungen dürfen unmittelbar nach dem Betonieren eingerüttelt (nicht eingedrückt) werden, wenn die Größe der Ankerplatte 200 mm × 200 mm oder kleiner ist und maximal vier Kopfbolzen angeschweißt sind, die Befestigung nach dem Rütteln nicht mehr bewegt wird und der Beton unter dem Kopf und der Ankerplatte ordnungsgemäß verdichtet ist.

Ankerschienen
– Die Ankerschiene wird so fixiert, dass sie sich während des Einbaus der Bewehrung oder während des Betonierens und Verdichtens des Betons nicht bewegt.
– Der Beton unter den Köpfen der Anker und unter der Schiene ist ordnungsgemäß verdichtet.
– Der Einbau der Schienen durch Eindrücken in den frischen Beton ist nicht erlaubt.
– Ankerschienen dürfen unmittelbar nach dem Betonieren eingerüttelt werden, wenn die Länge der Schiene bei Montage durch eine Person maximal 1 m beträgt (längere Schienen müssen von mindestens zwei Personen eingerüttelt werden), die Ankerschiene nach dem Rütteln nicht mehr bewegt wird und der Beton im Bereich der Anker und der Ankerschiene ordnungsgemäß verdichtet ist.

3.2 Erforderliche Nachweise

Im Grenzzustand der Tragfähigkeit der Befestigung ist für alle Lastrichtungen und Versagensarten nachzuweisen, dass die Befestigung allen Einwirkungen während der Ausführung und Verwendung mit angemessener Zuverlässigkeit dauerhaft widersteht. Im Grenzzustand der Gebrauchstauglichkeit ist nachzuweisen, dass die Verschiebungen der Befestigungsmittel die zulässigen Werte nicht überschreiten. Außerdem müssen Material und Korrosionsschutz den Anforderungen an der am Einsatzort des Befestigungsmittel herrschenden Umweltbedingungen entsprechen, wobei zu berücksichtigen ist, ob die Befestigungen während der Nutzungsdauer überwacht oder gewartet werden können oder ob sie auswechselbar sind. Gegebenenfalls ist der Widerstand gegen Brandbeanspruchung unter Berücksichtigung der Anforderungen und Bemessungsregeln nach EN 1992-4, Anhang D nachzuweisen (s. Abschnitt 11).

3.3 Nachweisverfahren

Für den Nachweis im Grenzzustand der Tragfähigkeit sowie der Ermüdung gilt:

$$E_d \leq R_d \qquad (1)$$

mit

E_d Bemessungswert der Einwirkungen
R_d Bemessungswert des Widerstands

Im Grenzzustand der Gebrauchstauglichkeit ist Gl. (2) einzuhalten:

$$E_d \leq C_d \qquad (2)$$

mit

E_d Bemessungswert der Verschiebung des Dübels

C_d Nennwert, z. B. Grenzwert der Verschiebung

Für den Bemessungswert der Einwirkungen E_d gilt EN 1990 [26] mit den entsprechenden Lastkombinationen. Lasten aus inneren Zwangsverformungen (z. B. Schwinden) und äußeren Zwangsverformungen (z. B. Auflagerverschiebungen oder Temperaturänderungen) sind zu berücksichtigen. Im Allgemeinen dürfen die an der Ankerplatte oder der Ankerschiene angreifenden Lasten unter Vernachlässigung der Verschiebungen der Befestigungsmittel berechnet werden. Wird jedoch ein steifes und statisch unbestimmtes Bauteil befestigt, kann es notwendig sein, den Einfluss dieser Verschiebungen zu berücksichtigen.

Der Bemessungswert des Widerstands beträgt im Grenzzustand der Tragfähigkeit:

$$R_d = R_k/\gamma_M \qquad (3)$$

mit

R_k charakteristischer Widerstand einer Einzelbefestigung, einer Gruppe von Befestigungsmitteln oder einer Ankerschiene

γ_M Teilsicherheitsbeiwert für den Widerstand

Der Bemessungswert der Verschiebung im Grenzzustand der Gebrauchstauglichkeit darf der Europäischen Technischen Produktspezifikation entnommen werden. Die zulässige Verschiebung C_d ist durch den bemessenden Ingenieur zu bestimmen. Dabei darf angenommen werden, dass die Verschiebung linear von der aufgebrachten Last abhängt. Im Fall einer kombinierten Zug- und Querlast können die Verschiebungen aus Zug- und Querlast vektoriell addiert werden.

3.4 Teilsicherheitsbeiwerte
3.4.1 Einwirkungen

Für die Teilsicherheitsbeiwerte der Einwirkungen gilt EN 1990 [26]. Die Beiwerte für den Nachweis indirekter Einwirkungen (γ_{ind}) und Einwirkungen aus Ermüdung (γ_{fat}) sind den Nationalen Anhängen der einzelnen Länder zu entnehmen. Die empfohlenen Werte betragen $\gamma_{ind} = 1{,}2$ für Betonversagen, $\gamma_{ind} = 1{,}0$ für andere Versagensarten und $\gamma_{F,fat} = 1{,}0$.

3.4.2 Widerstände

3.4.2.1 Grenzzustand der Tragfähigkeit (statische und quasi-statische Belastung, Erdbebenbelastung)

In Tabelle 1 sind die empfohlenen Teilsicherheitsbeiwerte zusammengestellt.

Tabelle 1. Empfohlene Teilsicherheitsbeiwerte

Versagensart	Teilsicherheitsbeiwerte	
	ständige und vorübergehende Einwirkungen	außergewöhnliche Einwirkungen
Stahlversagen: Kopfbolzen und mechanische oder chemische Dübel		
Zuglast	$\gamma_{Ms} = 1{,}2 \cdot f_{uk}/f_{yk} \geq 1{,}4$	$\gamma_{Ms} = 1{,}05 \cdot f_{uk}/f_{yk} \geq 1{,}25$
Querlast mit und ohne Hebelarm $f_{uk} \leq 800\ N/mm^2$ und $f_{yk}/f_{uk} \leq 0{,}8$ $f_{uk} > 800\ N/mm^2$ oder $f_{yk}/f_{uk} > 0{,}8$	$\gamma_{Ms} = 1{,}0 \cdot f_{uk}/f_{yk} \geq 1{,}25$ $\gamma_{Ms} = 1{,}5$	$\gamma_{Ms} = 1{,}0 \cdot f_{uk}/f_{yk} \geq 1{,}25$ $\gamma_{Ms} = 1{,}3$
Stahlversagen: Ankerschienen		
Zuglast: Anker und Spezialschrauben	$\gamma_{Ms} = 1{,}2 \cdot f_{uk}/f_{yk} \geq 1{,}4$	$\gamma_{Ms} = 1{,}05 \cdot f_{uk}/f_{yk} \geq 1{,}25$
Querlast: Spezialschrauben mit und ohne Hebelarm $f_{uk} \leq 800\ N/mm^2$ und $f_{yk}/f_{uk} \leq 0{,}8$ $f_{uk} > 800\ N/mm^2$ oder $f_{yk}/f_{uk} > 0{,}8$	$\gamma_{Ms} = 1{,}0 \cdot f_{uk}/f_{yk} \geq 1{,}25$ $\gamma_{Ms} = 1{,}5$	$\gamma_{Ms} = 1{,}0 \cdot f_{uk}/f_{yk} \geq 1{,}25$ $\gamma_{Ms} = 1{,}3$
Verbindung zwischen Anker und Schiene unter Zug- und Querlast	$\gamma_{Ms,ca} = 1{,}8$	$\gamma_{Ms,ca} = 1{,}6$
lokales Versagen der Schiene durch Aufbiegen der Lippen unter Zug- und Querlast	$\gamma_{Ms,l} = 1{,}8$	$\gamma_{Ms,l} = 1{,}6$
Durchbiegung der Schiene	$\gamma_{Ms,flex} = 1{,}15$	$\gamma_{Ms,flex} = 1{,}0$
Stahlversagen der Zusatzbewehrung		
Zuglast	$\gamma_{Ms,re} = 1{,}15$ [1]	$\gamma_{Ms,re} = 1{,}0$
Betonversagen		
kegelförmiger Betonausbruch, lokaler Betonausbruch, Betonkantenbruch, rückwärtiger Betonausbruch	$\gamma_{Mc} = \gamma_c \cdot \gamma_{inst}$ $\gamma_c = 1{,}5$ [1] [2]	$\gamma_{Mc} = \gamma_c \cdot \gamma_{inst}$ $\gamma_c = 1{,}5$ [1] [2]
	$\gamma_{inst} = 1{,}0$ Kopfbolzen und Ankerschienen unter Zug- und Querlast	
	$\gamma_{inst} \geq 1{,}0$ Dübel unter Zuglast laut Europäischer Technischer Produktspezifikation	
	$\gamma_{inst} = 1{,}0$ Dübel unter Querlast	
Spalten des Bauteils	$\gamma_{Msp} = \gamma_{Mc}$	
Herausziehen (mechanische Dübel) und kombiniertes Versagen durch Herausziehen und Betonbruch (chemische Dübel)	$\gamma_{Mp} = \gamma_{Mc}$	

[1] Werte nach EN 1992-1-1 [27]
[2] Bei Bauwerksertüchtigungen für Erdbeben und Verstärkung bestehender Bauwerke siehe EN 1998 [29]

Bei Erdbebenbelastung dürfen dieselben Teilsicherheitsbeiwerte angesetzt werden wie bei statischer bzw. quasi-statischer Belastung. Für außergewöhnliche Einwirkungen (z. B. infolge von Unfällen oder Explosionen) gelten die empfohlenen Teilsicherheitsbeiwerte nach Tabelle 1. Nationale Anhänge einzelner Länder können abweichende Teilsicherheitsbeiwerte für statische, quasi-statische, seismische und außergewöhnliche Belastungen enthalten, sofern diese nicht produktabhängig sind.

Die in Tabelle 1 angegebenen Teilsicherheitsbeiwerte für Stahlversagen berücksichtigen, dass die charakteristischen Widerstände auf der Nennzugfestigkeit f_{uk} und nicht auf der Streckgrenze f_{yk} des Stahls beruhen. Deshalb beinhalten die Gleichungen für die Teilsicherheitsbeiwerte bei Stahlversagen von Kopfbolzen, Dübeln und Ankerschienen den Quotienten aus Nennzugfestigkeit f_{uk} und Nennstreckgrenze f_{yk}. Je größer der Quotient f_{uk}/f_{yk} ist, desto größer ist auch der Teilsicherheitsbeiwert γ_{Ms}. Dadurch wird auch im Grenzzustand der Tragfähigkeit ein ausreichender Abstand zur Streckgrenze gewährleistet.

Der Teilsicherheitsbeiwert γ_{Mc} für Betonversagen gilt für die Versagensarten kegelförmiger Betonausbruch und lokaler Betonausbruch unter Zuglast sowie rückwärtiger Betonausbruch und Betonkantenbruch unter Querlast. Er setzt sich aus zwei Werten zusammen:

$$\gamma_{Mc} = \gamma_c \cdot \gamma_{inst} \qquad (4)$$

Der Wert γ_c entspricht dem Teilsicherheitsbeiwert für Beton unter Druckbeanspruchung. In Übereinstimmung mit EN 1992-1-1 [27] wird $\gamma_c = 1,5$ empfohlen. Dieser Teilsicherheitsbeiwert gilt auch für Ermüdungslasten und seismische Lasten. Im Falle von Bauwerksertüchtigungen zur Erhöhung der Sicherheit gegenüber Erdbebenlasten und bei Verstärkungen bestehender Bauteile gilt EN 1998 [29].

Der Montagesicherheitsbeiwert γ_{inst} berücksichtigt die Montagesicherheit des Befestigungsmittels und wird für nachträgliche Befestigungen (mechanische und chemische Dübel) auf Basis der Ergebnisse der Montagesicherheitsversuche nach der Zulassungsleitlinie ermittelt [2]. Er ist produktspezifisch und in der Europäischen Technischen Produktspezifikation des jeweiligen Produkts festgeschrieben und darf in Nationalen Anhängen nicht verändert werden.

Der Montagesicherheitsbeiwert für Dübel berücksichtigt, in welchem Umfang sie auf Montageungenauigkeiten reagieren, die auf der Baustelle nicht immer vermeidbar sind. Beispiele hierfür sind Abweichungen vom vorgeschriebenen Anzugsdrehmoment bei drehmomentkontrolliert spreizenden Dübeln, Abweichungen vom erforderlichen Eintreibweg des Spreizstiftes bei wegkontrolliert spreizenden Dübeln oder Toleranzen des Schneideneckmaßes des verwendeten Bohrers. Je robuster ein Dübel auf solche Abweichungen reagiert, desto kleiner ist der geforderte Montagesicherheitsbeiwert. Er beträgt bei Zugbeanspruchung:

$\gamma_{inst} = 1,0$

bei hoher Montagesicherheit (4a)

$\gamma_{inst} = 1,2$

bei normaler Montagesicherheit (4b)

$\gamma_{inst} = 1,4$

bei niedriger aber noch annehmbarer Montagesicherheit (4c)

Bei Querbeanspruchung gilt:

$\gamma_{inst} = 1,0$ (4d)

Kopfbolzen und Ankerschienen werden als Produkte mit hoher Montagesicherheit betrachtet. Daher sind keine speziellen Montageversuche erforderlich und der Montagesicherheitsbeiwert beträgt für alle Lastrichtungen

$\gamma_{inst} = 1,0$ (4e)

Für Spalten unter Zuglast ist der Teilsicherheitsbeiwert γ_{Msp} anzusetzen und für Herausziehen (mechanische Dübel) bzw. kombiniertes Versagen durch Herausziehen und Betonbruch (chemische Dübel) gilt der Beiwert γ_{Mp}. Für γ_{Msp} und γ_{Mp} wird der Wert γ_{Mc} empfohlen. Die für ein Befestigungsmittel anzusetzenden Teilsicherheitsbeiwerte γ_{Mc}, γ_{Msp} und γ_{Mp} sind in der Europäischen Technischen Produktspezifikation angegeben.

3.4.2.2 Grenzzustand der Tragfähigkeit (Ermüdung)

Die Teilsicherheitsbeiwerte $\gamma_{Ms,fat}$, $\gamma_{Mc,fat}$, $\gamma_{Msp,fat}$ und $\gamma_{Mp,fat}$ für Stahlversagen, Betonversagen, Spalten und Herausziehen sind in der Europäischen Technischen Produktspezifikation angegeben oder können den Nationalen Anhängen der Länder entnommen werden. Die empfohlenen Werte für Stahl- und Betonversagen betragen $\gamma_{Ms,fat} = 1,35$ und $\gamma_{Mc,fat} = \gamma_{Msp,fat} = \gamma_{Mp,fat} = 1,5 \cdot \gamma_{inst}$.

3.4.2.3 Grenzzustand der Gebrauchstauglichkeit

Der Teilsicherheitsbeiwert γ_M für den Grenzzustand der Gebrauchstauglichkeit kann den Nationalen Anhängen der Länder entnommen werden. Der empfohlene Wert beträgt $\gamma_M = 1,0$.

3.5 Projektbeschreibung

Die Projektbeschreibung muss Informationen zu Ankergrund und Umweltbeanspruchung sowie zum gewählten Befestigungselement enthalten. Die Bemessung einer Befestigung durch den verantwortlichen Ingenieur beruht auf grundlegenden Annahmen wie z. B. der Festlegung, ob der Beton gerissen oder ungerissen ist, der Betonfestigkeitsklasse, der Frage, ob es sich um trockenen oder nassen Beton handelt oder ob die Bohrlöcher sogar wassergefüllt sind, welche Korrosionsschutzmaßnahmen vorausgesetzt wurden sowie auf einem vorgegebenen Kopfbolzen- oder Ankerschienentyp bzw. einem Dübel mit festgelegtem Durchmesser, definierter Verankerungstiefe und vorgegebener Ausführung. Diese und weitere Parameter bestimmen die charakteristischen Widerstände und Teilsicherheitsbeiwerte. Bei Änderungen z. B. des Typs oder der Größe des Befestigungsmittels muss deshalb eine erneute Beurteilung durch den verantwortlichen Ingenieur und ggf. eine den veränderten Bedingungen angepasste Neubemessung erfolgen.

Die Konstruktionszeichnungen sollen alle auf der Baustelle benötigten Informationen enthalten. Dadurch wird sichergestellt, dass die bei der Bemessung angenommenen Parameter auf der Baustelle beachtet werden. Es werden Informationen zu Anzahl, Typ, Verankerungstiefe und Lage der Befestigungsmittel verlangt. Außerdem werden Angaben zu den Abmessungen und zur Lage des Anbauteils (Ankerplatte), zum Durchmesser der Löcher im Anbauteil (sofern vorhanden) sowie über die Dicke einer eventuell vorhandenen Ausgleichsschicht (z. B. Mörtelbett oder Isolierung) zwischen Befestigung und Betonoberfläche gefordert.

3.6 Montage

Tragfähigkeit und Zuverlässigkeit einer Befestigung werden durch die Art und Weise, wie die Befestigung montiert wird, stark beeinflusst. Deshalb gelten die Sicherheitsbeiwerte in Abschnitt 3.4 nur, wenn die Bedingungen gemäß EN 1992-4, Anhang F eingehalten sind (vgl. Abschnitt 3.1).

3.7 Bestimmung des Betonzustands

Der Beton kann gerissen oder ungerissen sein. Die Entscheidung über den Zustand des Verankerungsgrunds ist vom bemessenden Ingenieur zu treffen. Sofern das ausgewählte Befestigungsmittel für Anwendungen in Rissen geeignet ist, ist es konservativ, immer von gerissenem Beton auszugehen. Die Wahrscheinlichkeit, dass Befestigungsmittel in Rissen verankert sind, ist hoch, da Risse auch durch lastunabhängige Einwirkungen wie z. B. Schwindprozesse, Temperaturunterschiede im Bauteil und Gebäudesetzungen entstehen können.

Ungerissener Beton darf daher nur dann angenommen werden, wenn nachgewiesen wird, dass das Befestigungsmittel unter den charakteristischen Lastkombinationen im Gebrauchszustand mit seiner gesamten Verankerungstiefe im ungerissenen Beton befindet. Diese Bedingung ist erfüllt, wenn Gl. (5) eingehalten wird (Druckspannungen sind negativ einzusetzen):

$$\sigma_L + \sigma_R \leq \sigma_{adm} \qquad (5)$$

mit

σ_L Spannung im Beton aufgrund externer Lasten einschließlich der Lasten aus der Befestigung

σ_R Spannungen im Beton aufgrund innerer Zwangsverformungen (z. B. Schwinden des Betons) oder äußerer Zwangsverformungen (z. B. Auflagerverschiebungen oder Temperaturschwankungen); wird kein genauerer Nachweis geführt, dann sollte $\sigma_R = 3$ N/mm^2 angenommen werden

σ_{adm} zulässige Betonzugspannung für die Definition von ungerissenem Beton

Die Spannungen σ_L und σ_R werden unter der Annahme berechnet, dass der Beton ungerissen ist. Bei Bauteilen, in denen die Last in zwei Richtungen abgetragen wird (z. B. Platten, Wände und Schalen) muss Gl. (5) für beide Richtungen erfüllt werden. Den Wert für σ_{adm} darf jedes Land in seinem Nationalen Anhang angeben. Der empfohlene Wert ist $\sigma_{adm} = 0$.

Der Ansatz der Spannung σ_R in Gl. (5) soll gewährleisten, dass auch bei unbeabsichtigter Behinderung von Verformungen die Wahrscheinlichkeit für das Auftreten von Rissen im Beton sehr gering ist. Der Wert $\sigma_R = 3$ N/mm^2 wird auch in EN 1992-1-1 [27] bei der Bestimmung der Mindestbewehrung in Stahlbetonbauteilen zur Rissbreitenbeschränkung im Gebrauchszustand angesetzt.

Bei Bemessung von Befestigungsmitteln unter seismischer Beanspruchung muss als Verankerungsgrund immer gerissener Beton angenommen werden.

4 Dauerhaftigkeit

4.1 Allgemeines

Befestigungsmittel müssen in der Lage sein, die ihnen zugewiesenen Lasten über die gesamte vorgesehene Beanspruchungsdauer zuverlässig zu übertragen. Dies bedeutet, dass die Entwurfsnutzungsdauer des Befestigungsmittels nicht kürzer sein darf als diejenige des Anbauteils. EN 1992-4 geht von einer Nennnutzungsdauer der Befestigung von mindestens 50 Jahren aus. Während in der CEN/TS 1992-4 korrosionstechnische Aspekte noch in einem informativen Anhang geregelt wurden, wird die Dauerhaftigkeit in EN 1992-4 normativ unter Hinweis auf die Expositionsklassen in EN 1992-1-1 geregelt. Ergänzende Angaben dazu, wie die geforderte Dauerhaftigkeit erreicht werden kann, enthält der informative Anhang B der EN 1992-4.

Konstruktive Korrosionsschutzmaßnahmen wie z. B. der Einsatz korrosionsunempfindlicher Werk-

Tabelle 2. Abtragsraten für Zink für verschiedene Umgebungsbedingungen, nach [30] bzw. [31]

Abtragsrate r_{corr} [µm/Jahr]	Umgebungsbedingungen (Beispiele)	
	innen	im Freien
≤ 0,1 unbedeutend	beheizte Räume mit niedriger relativer Luftfeuchte und unbedeutender Luftverunreinigung, z. B. Büros, Hotels, Schulen, Museen	trockenes oder kaltes Klimagebiet, atmosphärische Umgebung mit sehr niedriger Luftverunreinigung und geringer Zeit mit Nässe, z. B. bestimmte Wüsten, zentrale arktische/antarktische Bereiche
0,1 < r_{corr} ≤ 0,7 gering	nicht beheizte Räume mit schwankender Temperatur und relativer Luftfeuchte; seltene Kondensatbildung und geringe Luftverunreinigung, z. B. Lagerräume, Sporthallen	gemäßigtes Klimagebiet, atmosphärische Umgebung mit geringer Luftverunreinigung (SO_2 < 5 µg/m³), z. B. ländliche Bereiche, Kleinstädte, trockenes oder kaltes Klimagebiet, atmosphärische Umgebung mit kurzzeitiger Nässe, z. B. Wüsten, subarktische Bereiche
0,7 < r_{corr} ≤ 2,1 mäßig	Räume mit gelegentlicher Kondensatbildung und mäßiger, durch den Produktionsprozess bedingter Luftverunreinigung, z. B. Lebensmittelverarbeitung, Wäschereien, Brauereien, Molkereien	gemäßigtes Klimagebiet, atmosphärische Umgebung mit mittlerer Verunreinigung (SO_2: 5 µg/m³ bis 30 µg/m³) oder leichte Chloridbelastung, z. B. städtische Bereiche, Küstenbereiche mit niedriger Chloridablagerung, subtropische und tropische Klimagebiete mit Atmosphären mit geringer Verunreinigung
2,1 < r_{corr} ≤ 4,2 stark	Räume mit häufiger Kondensatbildung und hoher, durch den Produktionsprozess bedingter Luftverunreinigung, z. B. Industrieanlagen, Schwimmbäder	gemäßigtes Klimagebiet, atmosphärische Umgebung mit hoher Verunreinigung (SO_2: 30 µg/m³ bis 90 µg/m³) oder beträchtliche Chloridbelastung, z. B. verunreinigte städtische Bereiche, industrielle Bereiche, Küstenbereiche ohne Versprühen von Salzwasser, starke Tausalzbelastung, subtropische und tropische Klimagebiete mit Atmosphäre mit mittlerer Verunreinigung
4,2 < r_{corr} ≤ 8,4 sehr stark	Räume mit sehr häufiger Kondensatbildung und/oder mit hoher, durch den Produktionsprozess bedingter Luftverunreinigung, z. B. Bergwerke, industriell genutzte Kavernen, unbelüftete Schuppen in Gebieten mit subtropischem und tropischem Klima	gemäßigte und subtropische Klimagebiete, atmosphärische Umgebung mit sehr hoher Verunreinigung (SO_2: 90 µg/m³ bis 250 µg/m³) und/oder wesentliche Chloridbelastung, z. B. industrielle Bereiche, Küstenbereiche, Schutzhütten an der Küste
8,4 < r_{corr} ≤ 25 extrem	Räume mit nahezu ständiger Kondensatbildung oder ausgedehnten Belastungszeiten mit starker Feuchtigkeitseinwirkung und/oder mit hoher, durch den Produktionsprozess bedingter Luftverunreinigung, z. B. unbelüftete Schuppen in feuchten, tropischen Klimagebieten mit eindringenden Verunreinigungen aus der Außenluft, einschließlich luftübertragener Chloride und Feststoffteilchen, die Korrosion fördern	subtropische und tropische Klimagebiete (sehr lange Nässeeinwirkungszeiten), atmosphärische Umgebung mit sehr hoher (SO_2) Verunreinigung (mehr als 250 µg/m³), inklusive begleitender und durch Produktion bedingter Faktoren und/oder starke Chloridbelastung, z. B. extreme industrielle Bereiche, Küsten- und Offshore-Bereiche mit gelegentlichem Sprühsalzkontakt

oder ungerissen ist, der Betonfestigkeitsklasse, der Frage, ob es sich um trockenen oder nassen Beton handelt oder ob die Bohrlöcher sogar wassergefüllt sind, welche Korrosionsschutzmaßnahmen vorausgesetzt wurden sowie auf einem vorgegebenen Kopfbolzen- oder Ankerschienentyp bzw. einem Dübel mit festgelegtem Durchmesser, definierter Verankerungstiefe und vorgegebener Ausführung. Diese und weitere Parameter bestimmen die charakteristischen Widerstände und Teilsicherheitsbeiwerte. Bei Änderungen z. B. des Typs oder der Größe des Befestigungsmittels muss deshalb eine erneute Beurteilung durch den verantwortlichen Ingenieur und ggf. eine den veränderten Bedingungen angepasste Neubemessung erfolgen.

Die Konstruktionszeichnungen sollen alle auf der Baustelle benötigten Informationen enthalten. Dadurch wird sichergestellt, dass die bei der Bemessung angenommenen Parameter auf der Baustelle beachtet werden. Es werden Informationen zu Anzahl, Typ, Verankerungstiefe und Lage der Befestigungsmittel verlangt. Außerdem werden Angaben zu den Abmessungen und zur Lage des Anbauteils (Ankerplatte), zum Durchmesser der Löcher im Anbauteil (sofern vorhanden) sowie über die Dicke einer eventuell vorhandenen Ausgleichsschicht (z. B. Mörtelbett oder Isolierung) zwischen Befestigung und Betonoberfläche gefordert.

3.6 Montage

Tragfähigkeit und Zuverlässigkeit einer Befestigung werden durch die Art und Weise, wie die Befestigung montiert wird, stark beeinflusst. Deshalb gelten die Sicherheitsbeiwerte in Abschnitt 3.4 nur, wenn die Bedingungen gemäß EN 1992-4, Anhang F eingehalten sind (vgl. Abschnitt 3.1).

3.7 Bestimmung des Betonzustands

Der Beton kann gerissen oder ungerissen sein. Die Entscheidung über den Zustand des Verankerungsgrunds ist vom bemessenden Ingenieur zu treffen. Sofern das ausgewählte Befestigungsmittel für Anwendungen in Rissen geeignet ist, ist es konservativ, immer von gerissenem Beton auszugehen. Die Wahrscheinlichkeit, dass Befestigungsmittel in Rissen verankert sind, ist hoch, da Risse auch durch lastunabhängige Einwirkungen wie z. B. Schwindprozesse, Temperaturunterschiede im Bauteil und Gebäudesetzungen entstehen können.

Ungerissener Beton darf daher nur dann angenommen werden, wenn nachgewiesen wird, dass sich das Befestigungsmittel unter den charakteristischen Lastkombinationen im Gebrauchszustand mit seiner gesamten Verankerungstiefe im ungerissenen Beton befindet. Diese Bedingung ist erfüllt, wenn Gl. (5) eingehalten wird (Druckspannungen sind negativ einzusetzen):

$$\sigma_L + \sigma_R \leq \sigma_{adm} \quad (5)$$

mit

σ_L Spannung im Beton aufgrund externer Lasten einschließlich der Lasten aus der Befestigung

σ_R Spannungen im Beton aufgrund innerer Zwangsverformungen (z. B. Schwinden des Betons) oder äußerer Zwangsverformungen (z. B. Auflagerverschiebungen oder Temperaturschwankungen); wird kein genauerer Nachweis geführt, dann sollte $\sigma_R = 3 \text{ N/mm}^2$ angenommen werden

σ_{adm} zulässige Betonzugspannung für die Definition von ungerissenem Beton

Die Spannungen σ_L und σ_R werden unter der Annahme berechnet, dass der Beton ungerissen ist. Bei Bauteilen, in denen die Last in zwei Richtungen abgetragen wird (z. B. Platten, Wände und Schalen) muss Gl. (5) für beide Richtungen erfüllt werden. Den Wert für σ_{adm} darf jedes Land in seinem Nationalen Anhang angeben. Der empfohlene Wert ist $\sigma_{adm} = 0$.

Der Ansatz der Spannung σ_R in Gl. (5) soll gewährleisten, dass auch bei unbeabsichtigter Behinderung von Verformungen die Wahrscheinlichkeit für das Auftreten von Rissen im Beton sehr gering ist. Der Wert $\sigma_R = 3 \text{ N/mm}^2$ wird auch in EN 1992-1-1 [27] bei der Bestimmung der Mindestbewehrung in Stahlbetonbauteilen zur Rissbreitenbeschränkung im Gebrauchszustand angesetzt.

Bei Bemessung von Befestigungsmitteln unter seismischer Beanspruchung muss als Verankerungsgrund immer gerissener Beton angenommen werden.

4 Dauerhaftigkeit

4.1 Allgemeines

Befestigungsmittel müssen in der Lage sein, die ihnen zugewiesenen Lasten über die gesamte vorgesehene Beanspruchungsdauer zuverlässig zu übertragen. Dies bedeutet, dass die Entwurfsnutzungsdauer des Befestigungsmittels nicht kürzer sein darf als diejenige des Anbauteils. EN 1992-4 geht von einer Nennnutzungsdauer der Befestigung von mindestens 50 Jahren aus. Während in der CEN/TS 1992-4 korrosionstechnische Aspekte noch in einem informativen Anhang geregelt wurden, wird die Dauerhaftigkeit in EN 1992-4 normativ unter Hinweis auf die Expositionsklassen in EN 1992-1-1 geregelt. Ergänzende Angaben dazu, wie die geforderte Dauerhaftigkeit erreicht werden kann, enthält der informative Anhang B der EN 1992-4.

Konstruktive Korrosionsschutzmaßnahmen wie z. B. der Einsatz korrosionsunempfindlicher Werk-

Tabelle 2. Abtragsraten für Zink für verschiedene Umgebungsbedingungen, nach [30] bzw. [31]

Abtragsrate r_{corr} [µm/Jahr]	Umgebungsbedingungen (Beispiele)	
	innen	im Freien
≤ 0,1 unbedeutend	beheizte Räume mit niedriger relativer Luftfeuchte und unbedeutender Luftverunreinigung, z. B. Büros, Hotels, Schulen, Museen	trockenes oder kaltes Klimagebiet, atmosphärische Umgebung mit sehr niedriger Luftverunreinigung und geringer Zeit mit Nässe, z. B. bestimmte Wüsten, zentrale arktische/antarktische Bereiche
0,1 < r_{corr} ≤ 0,7 gering	nicht beheizte Räume mit schwankender Temperatur und relativer Luftfeuchte; seltene Kondensatbildung und geringe Luftverunreinigung, z. B. Lagerräume, Sporthallen	gemäßigtes Klimagebiet, atmosphärische Umgebung mit geringer Luftverunreinigung (SO_2 < 5 µg/m^3), z. B. ländliche Bereiche, Kleinstädte, trockenes oder kaltes Klimagebiet, atmosphärische Umgebung mit kurzzeitiger Nässe, z. B. Wüsten, subarktische Bereiche
0,7 < r_{corr} ≤ 2,1 mäßig	Räume mit gelegentlicher Kondensatbildung und mäßiger, durch den Produktionsprozess bedingter Luftverunreinigung, z. B. Lebensmittelverarbeitung, Wäschereien, Brauereien, Molkereien	gemäßigtes Klimagebiet, atmosphärische Umgebung mit mittlerer Verunreinigung (SO_2: 5 µg/m^3 bis 30 µg/m^3) oder leichte Chloridbelastung, z. B. städtische Bereiche, Küstenbereiche mit niedriger Chloridablagerung, subtropische und tropische Klimagebiete mit Atmosphären mit geringer Verunreinigung
2,1 < r_{corr} ≤ 4,2 stark	Räume mit häufiger Kondensatbildung und hoher, durch den Produktionsprozess bedingter Luftverunreinigung, z. B. Industrieanlagen, Schwimmbäder	gemäßigtes Klimagebiet, atmosphärische Umgebung mit hoher Verunreinigung (SO_2: 30 µg/m^3 bis 90 µg/m^3) oder beträchtliche Chloridbelastung, z. B. verunreinigte städtische Bereiche, industrielle Bereiche, Küstenbereiche ohne Versprühen von Salzwasser, starke Tausalzbelastung, subtropische und tropische Klimagebiete mit Atmosphäre mit mittlerer Verunreinigung
4,2 < r_{corr} ≤ 8,4 sehr stark	Räume mit sehr häufiger Kondensatbildung und/oder mit hoher, durch den Produktionsprozess bedingter Luftverunreinigung, z. B. Bergwerke, industriell genutzte Kavernen, unbelüftete Schuppen in Gebieten mit subtropischem und tropischem Klima	gemäßigte und subtropische Klimagebiete, atmosphärische Umgebung mit sehr hoher Verunreinigung (SO_2: 90 µg/m^3 bis 250 µg/m^3) und/oder wesentliche Chloridbelastung, z. B. industrielle Bereiche, Küstenbereiche, Schutzhütten an der Küste
8,4 < r_{corr} ≤ 25 extrem	Räume mit nahezu ständiger Kondensatbildung oder ausgedehnten Belastungszeiten mit starker Feuchtigkeitseinwirkung und/oder mit hoher, durch den Produktionsprozess bedingter Luftverunreinigung, z. b. unbelüftete Schuppen in feuchten, tropischen Klimagebieten mit eindringenden Verunreinigungen aus der Außenluft, einschließlich luftübertragener Chloride und Feststoffteilchen, die Korrosion fördern	subtropische und tropische Klimagebiete (sehr lange Nässeeinwirkungszeiten), atmosphärische Umgebung mit sehr hoher (SO_2) Verunreinigung (mehr als 250 µg/m^3), inklusive begleitender und durch Produktion bedingte Faktoren und/oder starke Chloridbelastung, z. B. extreme industrielle Bereiche, Küsten- und Offshore-Bereiche mit gelegentlichem Sprühsalzkontakt

stoffe sowie geeigneter Werkstoffpaarungen, eine möglichst geringe Gliederung bei Anschlüssen, die Verhinderung von (Schadstoff-)Ablagerungen aus der Luft, die Ableitung von (Kondens-)Wasser und eine ausreichende Belüftung sind immer schon beim Entwurf der Befestigung zu berücksichtigen. Auf diese Weise können chemische Veränderungen des Stahls, die eine Minderung der Gebrauchstauglichkeit und der mechanischen Eigenschaften verursachen, vermieden und eine dauerhafte Befestigung verwirklicht werden.

Die beim Entwurf einer Befestigung anzusetzenden Umgebungsbedingungen sind in den Expositionsklassen nach EN 1992-1-1 [27] anwenderfreundlich zusammengefasst:

– trockene Innenraumbedingungen,
– äußere atmosphärische Beanspruchung oder ständig feuchte Innenräume,
– hohe Korrosionsbeanspruchung durch Chloride und Schwefel.

Die Befestigungstechnikindustrie stellt für diese Klimabedingungen Produkte mit entsprechenden Beschichtungen oder aus geeigneten Werkstoffen zur Verfügung. Bei der Werkstoffauswahl ist jedoch darauf zu achten, dass elektrolytische (Kontakt-)Korrosion zwischen Befestigungsmittel und Anbauteil, wenn diese aus verschiedenen Metallen bestehen, durch dauerhaft isolierende Zwischenschichten oder den Einsatz verträglicher Materialien verhindert wird.

Ergänzend ist festzustellen, dass sich die Umweltbelastung auch hinsichtlich der korrosiv wirksamen Verunreinigungen während der letzten 30 Jahre entscheidend verringert hat. Dies verdeutlicht Tabelle 2, in der aktuelle Beispiele für jährliche Zinkabtragsraten in Abhängigkeit von typischen atmosphärischen Umgebungsbedingungen angegeben sind.

4.2 Befestigungsmittel in trockenen Innenräumen

Die Bedingungen für trockene Innenräume entsprechen der Expositionsklasse XC1 nach EN 1992-1-1 [27].

Im Allgemeinen sind unter diesen Umgebungsbedingungen für die Befestigungsmittel keine besonderen Korrosionsschutzmaßnahmen zu treffen. Befestigungsmittel aus Kohlenstoffstahl werden üblicherweise mit einer 5 μm dicken Schicht galvanisch verzinkt. Diese Beschichtung, die dem Korrosionsschutz während des Transports und der Lagerung des Befestigungsmittels dient, wird als ausreichend betrachtet, um eine Verwendung im trockenen Bauwerksinnern über 50 Jahre zu gewährleisten. Bei allerdings praxisunüblichen Teilen aus Gusseisen ist dazu im Allgemeinen kein zusätzlicher Schutz erforderlich.

4.3 Befestigungen in ständig feuchten Innenräumen, im Freien und bei hoher Korrosionsbeanspruchung

Eine bei trockenen Innenräumen ausreichende galvanische Zinkbeschichtung als Korrosionsschutz reicht in ständig feuchten Innenräumen, im Freien und bei hoher Korrosionsbeanspruchung nicht aus, um selbst bei geringer korrosiver Beanspruchung die Tragwirkung und Gebrauchstauglichkeit eines Befestigungsmittels über die erforderliche Lebensdauer von 50 Jahren sicherzustellen (vgl. Tabelle 2). Dies gilt insbesondere für Befestigungen im Hochbau, die nicht zugänglich sind, und bei denen sich unter den folgenden besonders stark korrosiven Umgebungsbedingungen in der Verbindung Schadstoffe anreichern können:

– Küstengebiet mit hoher salzhaltiger Luftkonzentration,
– Spritzwasserzone von Meerwasser,
– Industriegebiet mit hohem Luftverschmutzungsgrad,
– Verkehrsbauwerk mit hohem Luftverschmutzungsgrad, z. B. Parkhäuser,
– Spritzwasserzone von mit Tausalz beaufschlagten Straßen,
– Bauwerk mit dauerhaft wirkenden Chlordämpfen, z. B. Schwimmbad,
– Räume mit dauerhaft hoher Luftfeuchtigkeit,
– stark mit Ammoniakdämpfen belastete Objekte wie Vieh-Stallungen,
– Bauwerk, in dem stark gerbstoffhaltiges Holz (Eiche) verbaut ist.

Eine ausreichende Korrosionsbeständigkeit liefern unter den o. g. Umwelteinflüssen Befestigungsmittel aus nichtrostenden Stählen. EN 1992-4 gibt im informativen Anhang B Hinweise zu den in diesen Fällen zu verwendenden Werkstoffen.

4.3.1 Befestigungen unter äußerer atmosphärischer Beanspruchung oder in ständig feuchten Innenräumen

Für diese Umgebungsbedingungen (z. B. Meeresklima, Industrieatmosphäre usw.) werden die Expositionsklassen XC2, XC3 und XC4 nach EN 1992-1-1 [27] angesetzt.

In diesen Fällen sollten Befestigungsmittel aus nichtrostendem Stahl einer geeigneten Werkstoffgüte verwendet werden. Dies sind austenitische Stähle mit mindestens 17 % bis 18 % Chrom und 12 % bis 13 % Nickel sowie einem zusätzlichen Molybdänanteil wie z. B. die üblicherweise als A4-Stahl bezeichneten Werkstoffe 1.4401 und 1.4571 sowie die

Stähle 1.4404, 1.4578 und 1.4439 nach EN 10088-2 [32] bzw. EN 10088-3 [33]. Entsprechende Stähle oder Werkstoffe, die die in nationalen Vorschriften enthaltenen Anforderungen erfüllen, können ebenfalls verwendet werden.

4.3.2 Befestigungsmittel unter hoher Korrosionsbeanspruchung durch Chloride und Schwefel

Hohe Korrosionsbeanspruchungen liegen z. B. bei ständig wechselndem Befeuchten mit Meerwasser, der Spritzwasserzone von Salzwasser, in der Chloratmosphäre von Hallenbädern oder einer Atmosphäre mit extremer Luftverschmutzung durch chemische Schadstoffe (z. B. in Entschwefelungsanlagen oder Straßentunneln, in denen Taumittel verwendet werden) vor. Sie werden den Expositionsklassen XD und XS nach EN 1992-1-1 [27] zugeordnet.

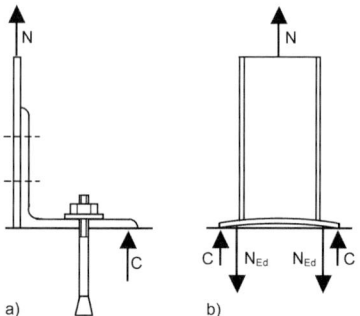

Bild 7. Anwendungsbeispiele, bei denen Stützkräfte C auftreten; a) Stützkräfte infolge der Exzentrizität, b) Stützkräfte infolge der Verformung der Ankerplatte

Die Stahlteile des Befestigungsmittels für diesen Anwendungsbereich sollten aus einem nichtrostenden Stahl mit ca. 20% Chrom, 20% Nickel und 6% Molybdän, z. B. sog. HCR-Stählen mit den Bezeichnungen 1.4565, 1.4529 und 1.4547 nach EN 10088-2 [32], EN 10088-3 [33] oder entsprechenden Werkstoffen hergestellt sein, die für diese hohe Korrosionsbeanspruchung geeignet sind und ggf. vorhandenen nationalen Vorschriften entsprechen.

5 Ableitung der Lasteinwirkungen bei statischer und quasi-statischer Belastung

5.1 Allgemeines

Die auf eine Ankerplatte oder ein Anbauteil einwirkenden Schnittkräfte (Normalkräfte, Biegemomente, Querkräfte und Torsionsmomente) müssen als statisch äquivalente Zug- und Querlasten auf die Befestigungsmittel verteilt werden. Dabei sind Stützkräfte C infolge Exzentrizität (Bild 7a) und übermäßiger Verformung der Ankerplatte (Bild 7b) zu berücksichtigen. Bei zu großen Verformungen empfiehlt es sich grundsätzlich, die Entstehung der Stützkräfte durch Wahl einer ausreichend steifen Ankerplatte oder durch aufgeschweißte zusätzliche Aussteifungen der Platte zu vermeiden.

Wirkt ein Biegemoment und/oder eine Druckkraft auf das Anbauteil, dann entstehen zwischen Bauteil und Beton Reibungskräfte, welche die von den Befestigungsmitteln aufzunehmenden Querlasten reduzieren. Die Summe der über die Befestigungsmittel und über Reibung in den Ankergrund eingeleiteten Querlast entspricht jedoch immer der einwirkenden Querkraft und ist somit konstant. Das bedeutet, dass die Reibung zwar die direkte Querbeanspruchung der Befestigungsmittel vermindert, der Widerstand des Betons (z. B. beim Nachweis des Betonkantenbruchs) sich jedoch nicht ändert. Ferner ist es schwierig, die Höhe der Reibungskräfte mit der erforderlichen Sicherheit anzugeben, da sie von Parametern wie z. B. der Oberflächenbeschaffenheit des Betons und des Anbauteils abhängen. Deshalb werden die Reibungskräfte in EN 1992-4 vernachlässigt.

Die Verteilung der Schnittkräfte auf die einzelnen Befestigungsmittel einer Gruppe erfolgt auf Basis der Elastizitätstheorie. Das gilt sowohl für den Grenzzustand der Tragfähigkeit als auch der Gebrauchstauglichkeit. Der Grenzzustand der Tragfähigkeit darf für Dübel und Kopfbolzen auch auf Grundlage der Plastizitätstheorie nachgewiesen werden (vgl. Abschnitt 12), sofern die Bedingungen gemäß CEN/TR 17081 [20] beachtet werden.

5.2 Dübel und Kopfbolzen

5.2.1 Zuglasten

Die Verteilung der Zuglasten auf die einzelnen Dübel oder Kopfbolzen einer Gruppe erfolgt nach der Elastizitätstheorie. Danach sind die Dehnungen unterhalb des Anbauteils linear verteilt und zwischen Spannungen und Dehnungen besteht ein linearer Zusammenhang (Bild 8).

Das setzt allerdings voraus, dass die Ankerplatte steif ist und sich nicht entscheidend verformt. Sie sollte sich unter den Bemessungslasten elastisch verhalten und ihre Verformungen sollten mit den Verschiebungen der Befestigungsmittel vereinbar sein. Die auf die einzelnen Befestigungselemente einwirkenden Lasten werden analog zur elastischen Bemessung von Stahlbetonbauteilen bestimmt (Bild 8). Dabei gelten folgende Annahmen:

– Die Befestigung ist ausreichend steif, sodass von einer linearen Dehnungsverteilung ausgegangen werden kann (Bernoulli-Hypothese).

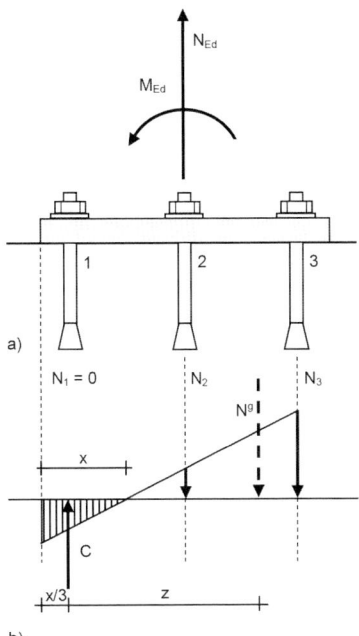

Bild 8. Verteilung der Kräfte in den Befestigungen und der Dehnungen unterhalb der Ankerplatte bei Belastung durch eine Zugkraft und ein Biegemoment

- Die axiale Steifigkeit aller Dübel ist gleich und entspricht dem Produkt aus E-Modul des Stahls E_s und Querschnitt A_s (bei Gewindeteilen ist A_s der Spannungsquerschnitt nach ISO 898 [34]). Werden in der Europäischen Technischen Produktspezifikation keine Angaben zum Elastizitätsmodul des Stahls gemacht, dann darf vereinfachend $E_s = 210000$ N/mm² angenommen werden.
- Der Elastizitätsmodul E_c des Betons kann EN 1992-1-1 [27] entnommen werden, wobei unabhängig von der Betondruckfestigkeit vereinfachend $E_c = 30000$ N/mm² angesetzt werden darf.
- Befestigungsmittel, die innerhalb der Druckfläche unter der Ankerplatte oder dem Anbauteil liegen, nehmen keine Kräfte auf.

Die erste der vier genannten Annahmen ist laut EN 1992-4 erfüllt, wenn die Spannungen in der Ankerplatte unter den Bemessungslasten im elastischen Bereich bleiben ($\sigma_{Ed} \leq \sigma_{Rd}$) und die Verformung im Vergleich zur axialen Verformung der Befestigungsmittel vernachlässigbar ist. Wenn diese Bedingungen nicht erfüllt sind, dann ist die elastische Verformung der Ankerplatte bei der Ermittlung der auf die einzelnen Befestigungselemente einwirkenden Zuglasten zu berücksichtigen.

Darüber hinaus enthält EN 1992-4 keine weiterführenden Angaben zum Nachweis einer ausreichenden Steifigkeit der Ankerplatte. Dieser Nachweis ist jedoch wichtig, weil bei zu weicher Ankerplatte und einwirkenden Biegemomenten der Hebelarm der inneren Kräfte kleiner ist und damit die realen Kräfte in den Befestigungsmitteln größer sind, als bei der Bemessung mit steifer Ankerplatte angenommen. Wirkt eine zentrische Zuglast und ist die Ankerplatte nicht ausreichend steif, dann nehmen die nahe zum Lastangriffspunkt angeordneten Kopfbolzen oder Dübel höhere Zuglasten auf als die weiter entfernt angeordneten Befestigungsmittel. In beiden Fällen kann die Tragfähigkeit der Befestigung deutlich geringer sein als der Rechenwert [35].

Nach [36] darf bei Befestigungen mit 2 oder 4 Dübeln und Plattenüberständen $ü_b \leq 2 \cdot d_f$ von einer steifen Ankerplatte ausgegangen werden, wenn die mithilfe einer linearen Finite-Elemente-Berechnung ermittelte Stahlspannung unter den Bemessungslasten den Bemessungswert der Streckgrenze nicht überschreitet (Spannungskriterium). Dabei ist $ü_b$ der Abstand der Achse der Bohrung zu den Rändern der Ankerplatte und d_f der Durchmesser der Bohrung in der Ankerplatte. Vereinfachend wird die Ankerplatte bei der FEM-Berechnung auf dem aufgeschweißten Profil gelagert und die Dübelkräfte sowie die Betondruckkräfte werden als äußere Lasten aufgebracht. An den Ecken des auf die Ankerplatte aufgeschweißten Profils treten Spannungsspitzen auf, die allerdings für die Bemessung der Ankerplatte nicht maßgebend sind, da in diesem relativ schmalen Bereich eine Plastifizierung hingenommen werden kann, ohne dass dies zu großen Plattenverformungen führt. Deshalb wird in [36] vorgeschlagen, die Stahlspannungen im Bereich der Profilecken über eine Länge $b_i = t + s$ zu mitteln. Dabei ist t die Ankerplattendicke und s die Wanddicke des aufgeschweißten Profils. Bei diesem Ansatz wird von einer Lastausbreitung unter 45° ausgegangen. Nach [37] darf die Stahlspannung über eine Breite von $b_i = 2 \cdot t + s$ gemittelt werden, was einer Lastausbreitung unter ca. 27° entspricht.

Zur Überprüfung dieses Vorschlags wurden Versuche an Gruppen mit vier Hinterschnittdübeln sowie einige Tastversuche mit Einschlagankern und Betonschrauben durchgeführt [37, 38]. Sie zeigen, dass die gemessenen Dübelkräfte gut mit den Rechenwerten übereinstimmen, die sich bei Annahme einer steifen Ankerplatte nach [36] ergeben. Aufgrund der Versuchsergebnisse lässt sich sagen, dass der Ansatz nach [36] für Gruppen mit 2, 3 oder 4 Dübeln und quadratische oder rechteckige Ankerplatten mit einem Seitenverhältnis $b_{Platte}/l_{Platte} \geq 0{,}5$, mit Profilabmessungen $l_{Profil}/l_{Platte} = b_{Profil}/$

$b_{Platte} \geq 0{,}4$, mit Exzentrizitäten des Profils $e_{Profil}/l_{Platte} \leq 0{,}15$ und mit Plattenüberständen $ü_b \leq 2 \cdot d_f$ bei einachsiger Biegung und Zug- bzw. Druckkraft wirklichkeitsnahe Ergebnisse liefert.

Natürlich hat die Steifigkeit der Befestigungsmittel einen signifikanten Einfluss auf die Verteilung der Zuglasten auf die einzelnen Befestigungsmittel einer Gruppe. Je geringer die Steifigkeit ist, desto größer wird die Verschiebung der Befestigungsmittel, was zu einer Verkleinerung der Druckzonenhöhe und damit zu einer Zunahme des Hebelarms der inneren Kräfte führt. Bedingt dadurch nehmen die rechnerischen Zugkräfte in den Befestigungsmitteln ab. Deshalb gilt der oben genannte Anwendungsbereich des Ansatzes nach [36] nur für Befestigungsmittel, deren Steifigkeiten gemessen gegenüber der Höchstlast in dem durch die Versuche [37, 38] abgedeckten Bereich von 12 kN/mm bis 60 kN/mm liegen. Nach [39] trifft das für drehmomentkontrolliert spreizende Dübel des Bolzen- und Hülsentyps sowie für Hinterschnittdübel, Betonschrauben und Kunststoffdübel zu. Die Steifigkeiten wegkontrolliert spreizender Dübel (Einschlagdübel) streuen stark [39] und liegen teilweise signifikant oberhalb des durch die genannten Versuche abgedeckten Steifigkeitsbereichs. Dasselbe gilt auch für Verbunddübel, deren Steifigkeit wesentlich vom verwendeten Harz abhängt, sowie aufgrund ihrer großen Kopffläche auch für Kopfbolzen.

Die oben erwähnten Versuche wurden mithilfe eines nichtlinearen FEM-Programms nachgerechnet [37]. Der Beton wurde mit 3-D-Volumenelementen und die Ankerplatte mit 3-D-Schalenelementen modelliert. Zwischen Ankerplatte und Beton wurden Kontaktelemente angeordnet, die nur Druckkräfte und keine Zugkräfte übertragen können. Die zugbeanspruchten Dübel wurden durch nichtlineare Federelemente idealisiert, deren Kennlinie der mittleren Last-Verschiebungskurve der geprüften Dübel entsprach. Das aufgeschweißte Profil wurde wiederum durch dreidimensionale Schalenelemente idealisiert. Die Nachrechnung der Versuche mithilfe dieses Modells führte zu einer ausreichend genauen Übereinstimmung der gemessenen und rechnerischen Dübelzugkräfte. Deshalb konnte das Programm auch für Parameterstudien verwendet werden, deren Ergebnisse den o. g. Geltungsbereich des Ansatzes nach [36] bestätigten.

In [35] werden umfangreiche Parameterstudien mithilfe nichtlinearer FEM-Modelle beschrieben und durch entsprechende Versuche verifiziert. Demnach darf das Spannungskriterium nach [36] für Gruppen mit vier Befestigungsmitteln und einem Verhältnis von Profilabmessungen zu Ankerplattenabmessungen von $l_{Profil}/l_{Platte} = b_{Profil}/b_{Platte} \geq 0{,}5$ bei einachsiger und überwiegender Biege-/Biegedruckbeanspruchung und zentrisch auf der Platte angeordnetem Profil für das gesamte Spektrum an Steifigkeiten angewendet werden. Dies bedeutet im Vergleich zu [37] eine leichte Einschränkung des Anwendungsbereichs in Bezug auf die Verhältniswerte von Profil- zu Ankerplattenabmessungen sowie auf die Profilexzentrizitäten, dafür gilt der Anwendungsbereich aber für beliebige Steifigkeiten der Befestigungselemente.

Für Gruppen mit mehr als vier Dübeln, für große Profilexzentrizitäten und Befestigungen unter zweiachsiger Biegung, für große Plattenüberstände sowie für steife Dübel kann der Ansatz nach [36] zu diesen Fällen unsicheren Seite führen [35]. In diesen Fällen empfehlen die Verfasser, eine ausreichend steife Ankerplatte durch zusätzliche Maßnahmen wie z. B. das Aufschweißen von Aussteifungen zu gewährleisten oder alternativ den in [35] vorgeschlagenen Doppelnachweis zu führen. Dieser verlangt zusätzlich zum Spannungskriterium nach [36] den Nachweis, dass auch die Verformungen der Ankerplatte und der Befestigungsmittel ein Ebenbleiben der Querschnitte ermöglichen (Verformungskriterium).

Alternativ besteht die Möglichkeit, wie in [35, 37] die Kräfte in den Befestigungsmitteln und die Verformungen der Ankerplatte mithilfe nichtlinearer Finite-Elemente-Berechnungen zu bestimmen. Dies erfordert wirklichkeitsnahe Annahmen zum Last-Verschiebungsverhalten (Steifigkeit) der Befestigungsmittel sowie zur elastisch-plastischen Bettung der Ankerplatte auf dem Beton. Der Schlupf des Befestigungsmittels hängt vom Typ der Befestigung sowie von dessen Größe und Verankerungstiefe, von der Betonfestigkeit und vom Zustand des Betons (gerissen oder ungerissen) ab. Für die Nachrechnung der Versuche in [37] konnten in jedem Einzelfall die gemessenen Last-Verschiebungskurven der Befestigungsmittel angesetzt werden. Demgegenüber sind für die Ermittlung der Zugkräfte in den Befestigungsmitteln aber allgemeingültige und anerkannte Ansätze erforderlich, die jedoch bislang nicht vorliegen. Sinnvollerweise sollten diese in Zukunft in den jeweiligen Europäischen Technischen Produktspezifikationen enthalten und somit für jeden Anwender frei zugänglich sein. Die derzeitigen Europäischen Technischen Produktspezifikationen zu Befestigungsmitteln enthalten zwar Verschiebungswerte unter Zug- und Querlast, es handelt sich dabei allerdings um Maximalwerte. Sie sollen dem Anwender ermöglichen abzuschätzen, welchen Einfluss Verschiebungen auf die angeordneten Lasten bei steifen und statisch unbestimmten Bauteilen haben. Setzt man diese aber für die Bestimmung der Zugkräfte in den Befestigungsmitteln an, dann ist das Ergebnis zu günstig, da größere Verschiebungen der Befestigungsmittel zu kleineren rechnerischen Kräften in den Befestigungsmitteln führen. Deshalb werden auf die Bemessung der Ankerplatte minimale Verschiebungen benötigt.

Bei wirklichkeitsnahen Annahmen für die Steifigkeiten der Befestigungsmittel und die elastisch-plastische Bettung der Ankerplatte auf dem Beton lassen sich die Zugkräfte in den Befestigungsmitteln einer Gruppe mit ausreichender Genauigkeit mithilfe nichtlinearer Finite-Elemente-Berechnungen ermitteln. Wird die Befestigung allerdings mit weicher Ankerplatte ausgeführt, dann sind die Kräfte in den Befestigungsmitteln und die Dehnungen unterhalb der Ankerplatte nicht mehr in jedem Fall linear verteilt. Damit verlieren die in Abschnitt 6 angegebenen Bemessungsgleichungen für Kopfbolzen und mechanische bzw. chemische Dübel ihre Gültigkeit, da sie nach EN 1992-4, Abschnitt 7.1(5) eine Berechnung der Kräfte in den Befestigungsmitteln nach Elastizitätstheorie und damit eine lineare Verteilung der Zugkräfte in den Befestigungsmitteln nach Bild 8 voraussetzen.

Die Aufgabe, an der Ankerplatte angreifende Normalkräfte und Biegemomente in Zuglasten der Befestigungsmittel umzusetzen, kann den bemessenden Ingenieur – sofern er kein Bemessungsprogramm zur Verfügung hat – vor große Probleme stellen. Bemessungsprogramme ermitteln die Zuglasten iterativ, d.h., bei einachsiger Biegung mit Normalkraft werden die Höhe der Druckzone unter der Ankerplatte und die Randdehnung so lange variiert, bis die Summen der Normalkräfte (ΣN) und der Biegemomente (ΣM_x) gleich null sind. Bei schiefer Biegung mit oder ohne Normalkraft muss zusätzlich der Winkel der Nulllinie variiert werden, bis sich auch für die Summe der Momente in der zweiten Richtung (ΣM_y) null ergibt. Es ist leicht einsehbar, dass solche Iterationen unmöglich von Hand durchgeführt werden können. Für den häufig auftretenden Anwendungsfall einer Gruppe mit zwei bzw. vier Dübeln unter Zugkraft und einachsiger Biegung und üblichem Plattenüberstand $ü_b \leq 2 \cdot d_f$ lassen sich die Kräfte in den Befestigungsmitteln bei Vorliegen einer ausreichend steifen Ankerplatte näherungsweise bestimmen, wenn für den Hebelarm der inneren Kräfte unterhalb der Ankerplatte der Achsabstand der Befestigungsmittel angesetzt wird. Dieser Ansatz führt in der Regel zu leicht konservativen Ergebnissen, weil er davon ausgeht, dass die Resultierende der Druckspannungen unterhalb der Ankerplatte in Höhe der Achse eines Befestigungsmittels oder eines Paars von Befestigungsmitteln liegt. In Wirklichkeit liegt die Resultierende aber zwischen Befestigungselement und Plattenrand, wodurch sich ein leicht größerer Hebelarm der inneren Kräfte ergibt.

5.2.2 Querlasten
5.2.2.1 Verteilung der Querlasten
a) Befestigungen mit Lochspiel

Grundsätzlich nehmen Dübel und Kopfbolzen nur Querlasten auf, wenn der Durchmesser des Lochs in der Ankerplatte bzw. im Anbauteil nicht größer ist als der Durchmesser d_f nach Tabelle 3. Zur Definition von d_f siehe Bild 9.

Ist der Lochdurchmesser d_f größer als in Tabelle 3 gefordert, dann geht EN 1992-4 davon aus, dass nicht alle Befestigungsmittel einer Gruppe Querlasten aufnehmen. Dies hat folgenden Grund: Bei „normalem" Lochspiel nimmt man an, dass sich die Dübel oder Kopfbolzen auch bei unterschiedlicher Positionierung innerhalb des jeweiligen Lochs (z. B. mit oder ohne Kontakt zum Anbauteil) im Bruchzustand so stark verformen, dass sie sich alle gleichmäßig an der Lastaufnahme beteiligen. Diese Verformungsmöglichkeit wird in EN 1992-4 indirekt gewährleistet, indem die Nennstahlzugfestigkeit für

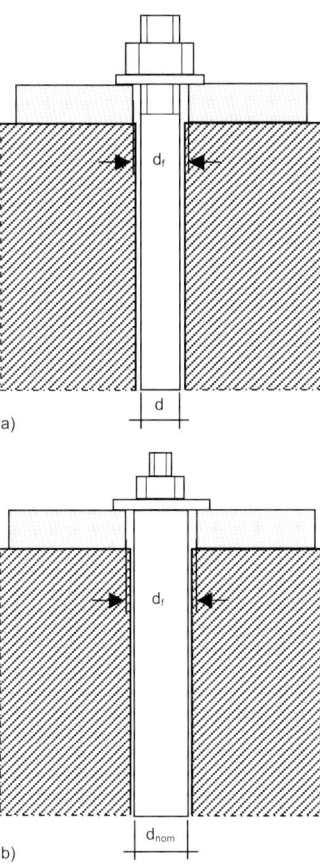

Bild 9. Definition des Durchgangslochs d_f bei Befestigungen mit Lochspiel; a) Bolzen stützt sich gegen das Anbauteil ab (Bolzenanker), b) Hülse stützt sich gegen das Anbauteil ab (Hülsenanker)

Tabelle 3. Durchmesser des Durchgangslochs d_f im Anbauteil [mm]

Außendurchmesser d [1] oder d_{nom} [2]	6	8	10	12	14	16	18	20	22	24	27	30	> 30
Durchmesser d_f des Lochs im Anbauteil	7	9	12	14	16	18	20	22	24	26	30	33	d + 3 oder d_{nom} + 3

[1] Bolzen stützt sich gegen das Anbauteil ab (Bild 9a)
[2] Hülse stützt sich gegen das Anbauteil ab (Bild 9b)

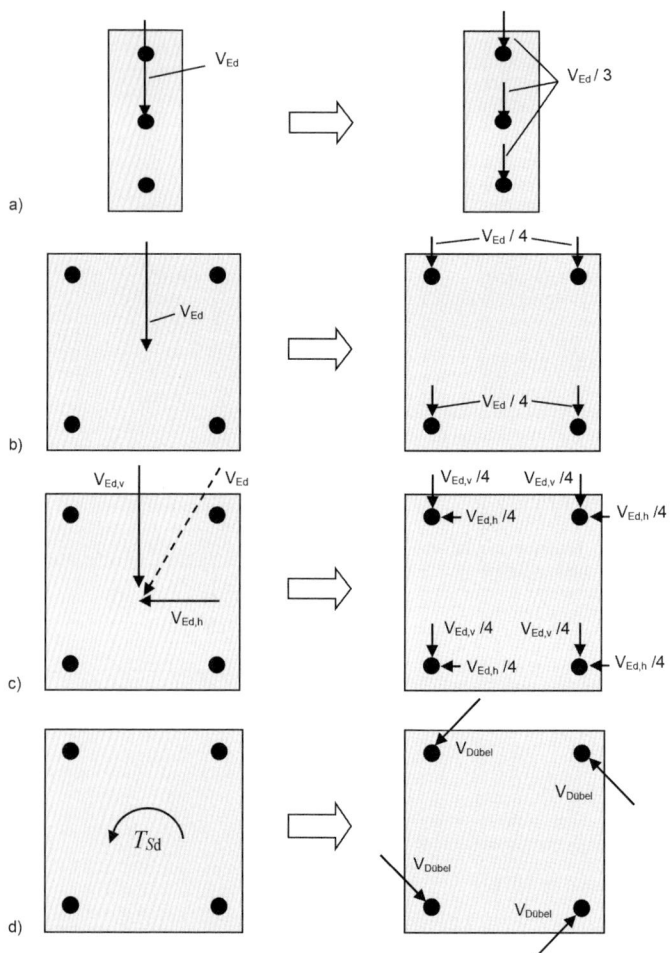

Bild 10. Verteilung der Querlast, wenn alle Befestigungsmittel einer Gruppe Querlasten aufnehmen (Versagensarten: Stahlversagen und rückwärtiger Betonausbruch); a) Gruppe mit drei Befestigungsmitteln, belastet durch eine Querkraft, b) Gruppe mit vier Befestigungsmitteln, belastet durch eine Querkraft, c) Gruppe mit vier Befestigungsmitteln, belastet durch eine geneigte Querkraft, d) Gruppe mit vier Befestigungsmitteln, belastet durch ein Torsionsmoment

Befestigungsmittel auf $f_{uk} \leq 1000 \text{ N/mm}^2$ begrenzt wird. Beispiele für eine Verteilung der Querkraft auf alle Dübel oder Kopfbolzen einer Gruppe zeigt Bild 10. Sind die Löcher im Anbauteil allerdings zu groß, dann reicht die Verformungsfähigkeit der Befestigungsmittel möglicherweise nicht aus, um das große Lochspiel zu überbrücken, bevor einzelne Dübel oder Kopfbolzen versagen. In diesem Fall nehmen nicht alle Befestigungsmittel im Bruchzustand Querlasten auf und es kann zu einem frühzeitigen Versagen einzelner Dübel oder Kopfbolzen kommen. Dieser Fall wird jedoch in EN 1992-4 nicht berücksichtigt.

Die Verteilung von einwirkenden Querlasten auf die einzelnen Befestigungsmittel einer Gruppe hängt vom Randabstand und von der Versagensart ab. Ist der Abstand einer Befestigung zum Bauteilrand sehr groß, dann tritt in ausreichend dicken Bauteilen bei Einzelbefestigungen und Gruppen mit großen Achsabständen in der Regel Stahlversagen auf und man kann davon ausgehen, dass alle Befestigungsmittel einer Gruppe Querlasten aufnehmen. Dasselbe gilt für den Nachweis von Stahlversagen und rückwärtigem Betonausbruch bzw. für Befestigungen, die durch eine randparallele Querkraft oder ein Torsionsmoment beansprucht werden. In diesen Fällen sind die Verformungen der Befestigungsmittel so groß, dass sich im Bruchzustand alle Dübel oder Kopfbolzen an der Querkraftaufnahme beteiligen.

Nehmen alle Befestigungsmittel einer Gruppe Querlasten auf und wirken keine Torsionsmomente, dann errechnen sich die auf die einzelnen Befestigungsmittel wirkenden Querlasten durch Division der einwirkenden Querkraft durch die Anzahl der Dübel der Gruppe (Bilder 10a bis 10c). Bei Torsion (Bild 10d) erhält man die Querlast aus dem Torsionsmoment, dem polaren Trägheitsmoment und dem Abstand des jeweiligen Befestigungselements zum Schwerpunkt aller Befestigungsmittel.

Bei Befestigungen am Bauteilrand mit einem Randabstand $c_1 < \max\{10 \cdot h_{ef}\,;\,60 \cdot d_{nom}\}$ und Belastung durch eine Querkraft senkrecht zum Rand kann Betonkantenbruch auftreten. Bei dieser Versagensart sind die Verschiebungen im Bruchzustand relativ gering (insbesondere bei kleinem Randabstand), da der Betonrand spröde versagt. Deshalb ist nicht sicher, ob die Verformungen der Befestigungsmittel ausreichend groß sind, um bei vorhandenem Lochspiel selbst bei Einhaltung des Durchmessers d_f nach Tabelle 3 eine Lastumlagerung auf alle Dübel zu gewährleisten, bevor Betonkantenbruch auftritt. Daher geht man davon aus, dass nur die randnahen Dübel Querlasten aufnehmen. Das entspricht dem ungünstigsten Fall, bei dem die randnahen Dübel nach dem Setzen Kontakt mit dem Anbauteil haben und die randfernen Dübel nicht. Bild 11 zeigt einen solchen Fall am Beispiel einer Gruppe mit zwei Dübeln. Beispiele für die Verteilung der Querlast beim Nachweis für Betonkantenbruch sind in Bild 12 dargestellt.

Wirkt die Querkraft parallel zum Bauteilrand, dann kann ebenfalls Betonkantenbruch auftreten. Der

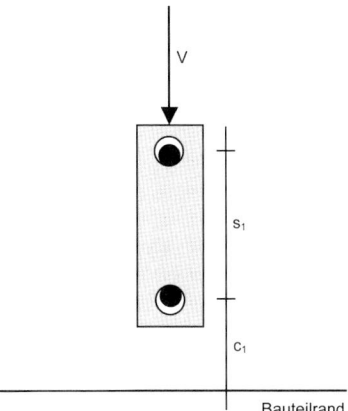

Bild 11. Ungünstige Positionierung der Befestigungselemente in den Löchern im Anbauteil bei Querkraft zum Bauteilrand

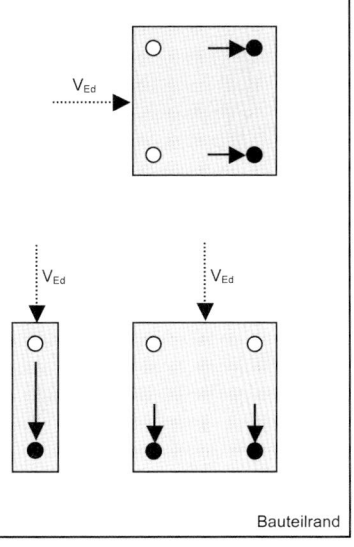

Bild 12. Verteilung der Querlasten, wenn nur die ungünstigen randnahen Dübel einer Gruppe Querlasten aufnehmen (Versagensart: Betonkantenbruch)

Widerstand gegen Betonkantenbruch ist aber um den Faktor 2 größer als bei Belastung senkrecht zum Bauteilrand. Entsprechend nehmen auch die Verschiebungen der Befestigungsmittel im Bruchzustand zu. Daher darf eine randparallele Querlast auch bei Befestigungen mit Lochspiel (d_f nach Tabelle 3) auf alle Dübel verteilt werden. Beispiele zeigt Bild 13. In Bild 13a ist eine Gruppe mit zwei Befestigungsmitteln dargestellt, die durch eine randparallele zentrische Querkraft belastet ist, die zu gleichen Teilen auf beide Befestigungsmittel aufgeteilt wird. In Bild 13b wird eine randnahe Vierergruppe durch eine gegenüber dem Bauteilrand geneigte Querkraft belastet. Der randparallele Anteil der Querkraft wird auf alle Befestigungsmittel der Gruppe verteilt, während der Anteil senkrecht zum Rand allein den randnahen Befestigungen zugewiesen wird.

Bei Befestigungen, die durch ein Torsionsmoment beansprucht werden, nehmen auch in randnahen Gruppen alle Befestigungselemente Querlasten auf. Bild 14a zeigt das am Beispiel einer durch ein Torsionsmoment beanspruchten Gruppe mit vier Dübeln oder Kopfbolzen. In Bild 14b wirkt zusätzlich noch eine Querkraft in Richtung des Bauteilrands.

Bei reiner Torsionsbeanspruchung (Bild 14a) errechnen sich die auf die einzelnen Befestigungsmittel der Gruppe einwirkenden horizontalen und vertikalen Komponenten der Querlasten aus dem Torsionsmoment, dem polaren Trägheitsmoment und dem Abstand des jeweiligen Befestigungselements zum Schwerpunkt aller Befestigungsmittel. Diese werden für alle Dübel oder Kopfbolzen der Gruppe angesetzt.

Wirkt zusätzlich zum Torsionsmoment eine Querkraft in Richtung des Bauteilrands (Bild 14b), dann sind für deren Verteilung die Bilder 12 und 13 zu beachten. Danach wird die Querkraft in Richtung des Bauteilrands allein von den beiden randnahen Befestigungsmitteln aufgenommen, während sich die Querlasten aus Torsion auf alle Dübel oder Kopfbolzen der Gruppe verteilen.

Querlasten, die vom Bauteilrand weg gerichtet sind, beeinflussen den Betonkantenbruch nicht und können deshalb für den Nachweis vernachlässigt werden. Dies wurde durch Versuche belegt [40]. Lediglich in Sonderfällen (kleines Verhältnis zwischen Achs- und Randabstand und hohes Verhältnis zwischen dem charakteristischen Widerstand für rückwärtigen Betonausbruch und Betonkantenbruch) kann der Widerstand gegen Betonkantenbruch auch durch eine vom Rand weg gerichtete Querlast ungünstig beeinflusst werden [41]. Diese Sonderfälle treten allerdings in der Praxis nicht häufig auf. Deshalb vernachlässigt EN 1992-4 beim Nachweis für Betonkantenbruch Querlastkomponenten, die vom Bauteilrand weg gerichtet sind (Bild 15). Die einwirkende Querlast V_{Ed} wird in ihre senkrecht ($V_{Ed,v}$) und parallel ($V_{Ed,h}$) zum Rand wirkenden Komponenten zerlegt. Die vertikale, vom Rand weg gerichtete Komponente bleibt unberücksichtigt und

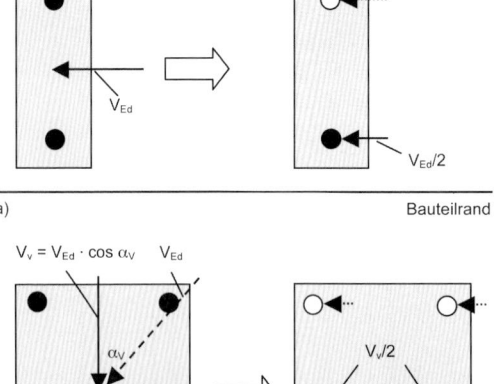

Bild 13. Verteilung der Querlast, wenn nur die ungünstigen Befestigungsmittel einer Gruppe Lasten aufnehmen (Versagensart: Betonkantenbruch); a) Gruppe mit zwei Befestigungsmitteln, belastet durch eine randparallele Querkraft, b) Gruppe mit vier Befestigungsmitteln, belastet durch eine gegenüber dem Bauteilrand geneigte Querkraft

Ableitung der Lasteinwirkungen bei statischer und quasi-statischer Belastung

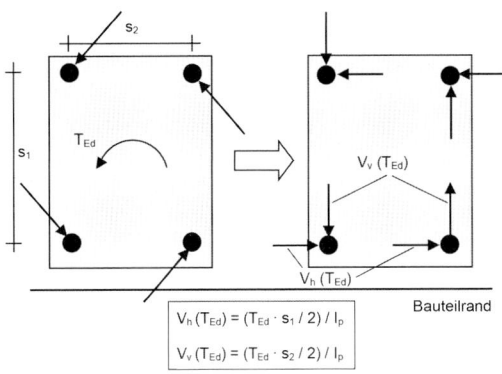

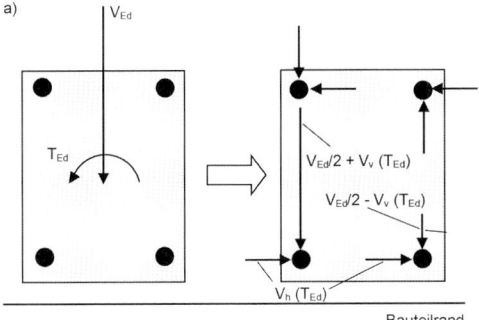

Bild 14. Gruppe mit vier Befestigungsmitteln am Bauteilrand; a) Belastung durch ein Torsionsmoment, b) Belastung durch ein Torsionsmoment und eine Querkraft in Richtung des Bauteilrands

der Nachweis für Betonkantenbruch wird allein für den horizontalen Anteil $V_{Ed,h}$ geführt.

b) Befestigungen ohne Lochspiel

Werden die Kopfbolzen entweder in das Anbauteil eingeschraubt oder an das Anbauteil angeschweißt oder wird der Ringspalt zwischen Befestigungsmittel und Anbauteil mit Mörtel ausreichender Festigkeit (≥ 40 N/mm^2) verfüllt oder durch andere geeignete Maßnahmen eliminiert, dann geht man von Anwendungen ohne Lochspiel aus.

Die Annahme, dass bei Befestigungen für den Nachweis des Betonkantenbruchs nur die ungünstigen randnahen Befestigungsmittel in Ansatz gebracht werden (Bild 12), kann konservativ sein. Ist z. B. bei einer Vierergruppe der Abstand zwischen den vorderen und hinteren Befestigungsmitteln groß ($s_1 > c_1$), dann wird zunächst ein von den randnahen Dübeln oder Kopfbolzen ausgehender Riss entstehen, der allerdings noch nicht zum Versagen der gesamten Gruppe führt [42]. Wertet man diesen Riss trotzdem als Bruchriss, dann unterschätzt man in der Regel den Widerstand für Betonkantenbruch,

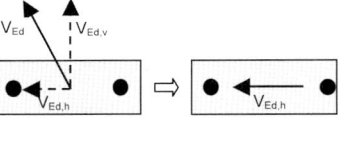

Bild 15. Verteilung der Querlast beim Nachweis für Betonkantenbruch bei einer vom Rand weg gerichteten geneigten Querkraft

erreicht aber den größtmöglichen Widerstand der Gruppe für Stahlversagen und rückwärtigen Betonausbruch. Erst wenn sich mit zunehmender Querkraft ein von den randfernen Dübeln ausgehender Riss bildet, versagt die Gruppe. Der Ansatz der randfernen Befestigungsmittel kann somit zu einer deutlichen Zunahme des Widerstands für Betonkantenbruch führen. Da aber die randnahen Befestigungsmittel aufgrund des Risses keinen wesentlichen Anteil der Querlast aufnehmen können, sollten für den Widerstand der Gruppe bei Stahlversagen und rückwärtigem Betonausbruch nicht alle Dübel der Gruppe, sondern nur die beiden randfernen Befestigungsmittel in Ansatz gebracht werden. Detaillierte Angaben hierzu enthält [42].

Wirkt gleichzeitig eine Zugkraft auf die Ankerplatte oder das Anbauteil, dann kann die Entstehung des Risses an den randnahen Dübeln bereits zum Versagen führen, sofern keine geeignete Randbewehrung vorhanden ist, die die Rissbreite klein hält oder wenn Befestigungsmittel verwendet werden, die nicht für Anwendungen in Rissen geeignet sind [42]. In beiden Fällen kann der randnahe Riss zum Zugversagen der randnahen Dübel führen. Die randfernen Dübel sind dann in der Regel nicht mehr in der Lage, die auf die Gruppe wirkende Zuglast aufzunehmen (Bild 16). Bislang gibt es keine Regeln für die erforderliche Randbewehrung zur Begrenzung der Breite des randnahen Risses. Insbesondere fehlen Angaben über Querschnitt, Richtung und Verankerung dieser Bewehrung. Bisher sind hierzu keine Versuchsergebnisse veröffentlicht. Es besteht weiterer Forschungsbedarf. Solange die offenen Fragen nicht beantwortet sind, sollte der Ansatz der randfernen Dübel beim Nachweis für Betonkantenbruch nur nach detaillierter ingenieurmäßiger Betrachtung empfohlen werden.

Weiterhin ist bei Ansatz der randfernen Dübel oder Kopfbolzen für den Nachweis des Betonkantenbruchs zu beachten, dass eine Verschiebung einer gleichzeitig wirkenden randparallelen Querkraft in die Achse dieser Befestigungsmittel zu einem Torsionsmoment führt [42]. Wird dieses Torsionsmoment nicht durch die Gesamtkonstruktion aufgenommen, dann erzeugt es ein Querkraftpaar in den randfernen Befestigungsmitteln, deren Größe vom

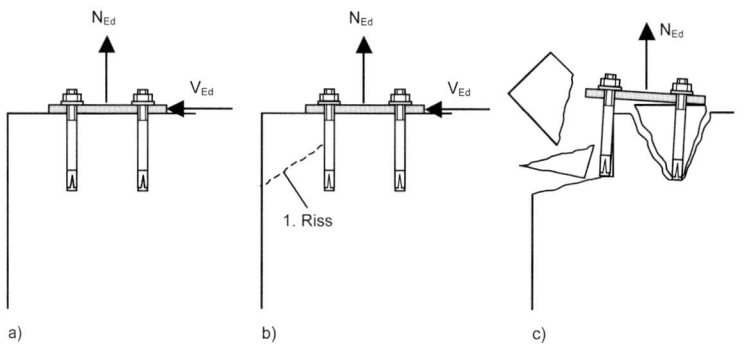

Bild 16. Beispiel für einen möglichen Versagensmechanismus einer randnahen Befestigungsgruppe unter Zug- und Querkraft, wenn beim Nachweis für Betonkantenbruch die hinteren Befestigungsmittel angesetzt werden [42] a) Gruppe mit zwei Befestigungsmitteln, belastet durch eine Zug- und Querkraft, b) Riss am randnahen Befestigungsmittel infolge der Querkraft, c) Zugversagen des randnahen Befestigungsmittels

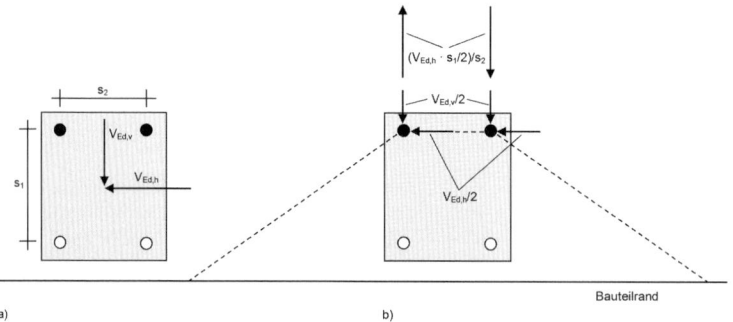

Bild 17. Vierergruppe am Bauteilrand, Einfluss einer randparallelen Querkraft auf die randfernen Befestigungsmittel beim Nachweis für Betonkantenbruch; a) Belastung, b) auf die randfernen Befestigungsmittel einwirkende Querlasten

Verhältnis der Achsabstände senkrecht und parallel zum Rand abhängt. Bild 17 verdeutlicht das am Beispiel einer randnahen Gruppe mit vier Befestigungsmitteln. Bei Gruppen mit zwei Befestigungsmitteln, die senkrecht zum Bauteilrand angeordnet sind, führt ein Bruch des randnahen Dübels automatisch zum Versagen der gesamten Gruppe, da das Torsionsmoment infolge der randparallelen Querkraft nicht abgetragen werden kann [42].

Die vorangegangenen Ausführungen zeigen, dass der Ansatz der randfernen Befestigungsmittel beim Nachweis für Betonkantenbruch problematisch werden kann. Weiterhin ist zu beachten, dass selbst wenn durch das Versagen der randnahen Befestigungsmittel die Tragfähigkeit der Gruppe nicht erreicht ist, der entstandene Riss die Gebrauchstauglichkeit beeinträchtigt. Dies gilt nicht nur für die Befestigung, sondern auch für das als Verankerungsgrund dienende Bauteil. Deshalb werden nach EN 1992-4 auch bei Befestigungen ohne Lochspiel nur die ungünstigen randnahen Befestigungsmittel angesetzt. Diese Vorgehensweise kann jedoch in einzelnen Fällen zu konservativen Befestigungslösungen führen.

5.2.2.2 Querlasten ohne und mit Hebelarm

Bei den bisherigen Überlegungen wurde davon ausgegangen, dass die Ankerplatte oder das Anbauteil direkt oder mit einer dünnen Mörtelausgleichsschicht auf der Betonoberfläche aufliegt. Befindet sich zwischen Beton und Ankerplatte eine dickere Mörtelausgleichsschicht (Bild 18) oder wird die Befestigung als Abstandsmontage ausgeführt (Bild 6d), dann wird das Befestigungsmittel zusätzlich auf Biegung beansprucht. Dies ist beim Stahlnachweis zu berücksichtigen. Gemäß EN 1992-4 darf auf diesen Biegenachweis nur verzichtet werden, wenn beide nachfolgenden Bedingungen erfüllt sind:

- Das Anbauteil berührt das Befestigungsmittel über eine Länge, die mindestens der halben Ankerplattendicke entspricht (Bild 19).
- Das Anbauteil besteht aus Metall und liegt unmittelbar oder mit einer Mörtelausgleichsschicht der Dicke $t_{Mörtel} \leq d/2$ und mit einer Druckfestigkeit ≥ 30 N/mm² vollflächig auf der rauen Betonoberfläche (d = Durchmesser des Befestigungsmittels oder des Gewindes, Rauigkeit nach EN 1992-1-1:2004, Abschnitt 6.2.5 [27]).

Die Dicke der Mörtelausgleichsschicht wird auf $t_{Mörtel} \leq d/2$ begrenzt, da eine dicke Mörtelschicht ähnliche Auswirkungen haben kann wie ein Bauteilrand. Die Querkraft führt im Bereich der Befestigungsmittel zu hohen Druckspannungen im Mörtel. Dadurch kann es zum Abspalten des gesamten Mörtelrands kommen (Bild 20).

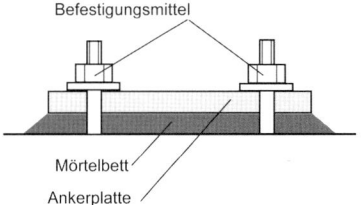

Bild 18. Ankerplatte mit Mörtelausgleichsschicht

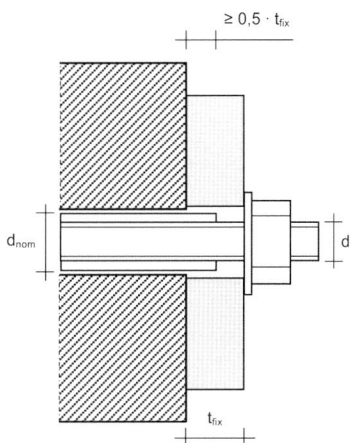

Bild 19. Erforderliche Auflagefläche des Befestigungsmittels bei Querbeanspruchung

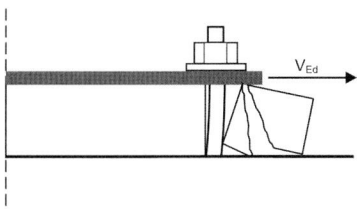

Bild 20. Abspalten des Randes einer dicken Mörtelausgleichsschicht unter Querlast

Für Dicken der Mörtelausgleichsschicht $d/2 \leq t_{Mörtel} \leq 40$ mm und $\leq 5 \cdot d$ liegen keine Untersuchungen mit Befestigungen im gerissenen Beton und damit auch gerissenem Mörtelbett vor. Daher darf nach EN 1992-4, 6.2.2.3(2) bei Gruppen mit mindestens zwei Befestigungsmitteln in Richtung der einwirkenden Querlast lediglich bei Anwendungen im ungerissenen Beton auf eine Biegebemessung der Befestigungsmittel verzichtet werden, wenn nur die o. g. Bedingung b) nicht erfüllt ist, die Dicke der Mörtelschicht ≤ 40 mm und $\leq 5 \cdot d$ (Befestigungsmittel ohne Hülse) bzw. $\leq 5 \cdot d_{nom}$ (Befestigungsmittel mit Hülse) ist und der charakteristische Widerstand $V_{Rk,s}$ nach Abschnitt 6.3.3.1, Gl. (24) abgemindert wird. Außerdem dürfen keine Biegemomente oder Zugkräfte einwirken und der Achsabstand in Richtung der Querkraft muss mindestens $s \geq 10 \cdot d$ betragen (bei Querkräften in zwei Richtungen muss die letztgenannte Bedingung für beide Richtungen erfüllt sein). Ferner muss die Druckfestigkeit des Mörtels ≥ 30 N/mm² betragen und der Mörtel unter der gesamten Fläche des Anbauteils bzw. der Ankerplatte vorhanden sein.

Sind die genannten Bedingungen für den Verzicht auf einen Biegenachweis nicht erfüllt, dann muss das Befestigungsmittel auf Biegung nachgewiesen werden. Der anzusetzende Hebelarm beträgt (Bild 21):

$$l_a = a_3 + e_1 \quad (6)$$

mit

$a_3 \quad = 0{,}5 \cdot d_{nom}$ (s. Bild 21a)

$\quad = 0$, wenn das Befestigungsmittel mit Mutter und Unterlegscheibe direkt gegen die Betonoberfläche verspannt ist (Bild 21b)

d_{nom} Durchmesser des Bolzens oder Gewindedurchmesser

e_1 Abstand zwischen Querlast und Betonoberfläche

Durch den Wert a_3 wird berücksichtigt, dass beim Erstellen des Bohrlochs auf der Betonoberfläche Abplatzungen entstehen, die den Hebelarm der Querlast vergrößern. Diese Abplatzungen sind ohne Bedeutung, wenn das Befestigungsmittel mit einer Mutter und Unterlegscheibe gegen die Betonoberfläche verspannt wird oder wenn sie durch Aufbringen einer Mörtelausgleichsschicht verfüllt werden. Wird bei einbetonierten Kopfbolzen nach Bild 1a oder 1c das Anbauteil in einem Abstand zur Betonoberfläche montiert, darf $a_3 = 0$ angenommen werden, weil die o. g. Abplatzungen nicht auftreten.

Das Bemessungsmoment beträgt:

$$M_{Ed} = V_{Ed} \cdot \frac{l_a}{\alpha_M} \quad (7)$$

mit

V_{Ed} einwirkende Querlast

l_a Hebelarm nach Bild 21

α_M Faktor zur Berücksichtigung des Einspanngrads des Befestigungsmittels im Anbauteil

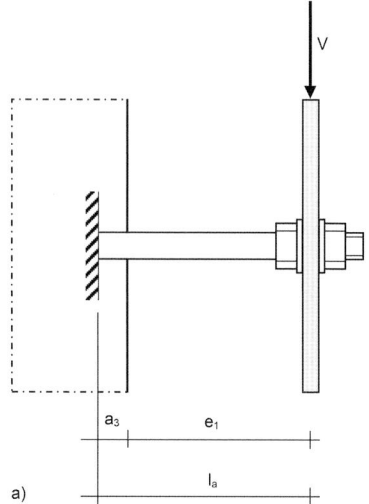

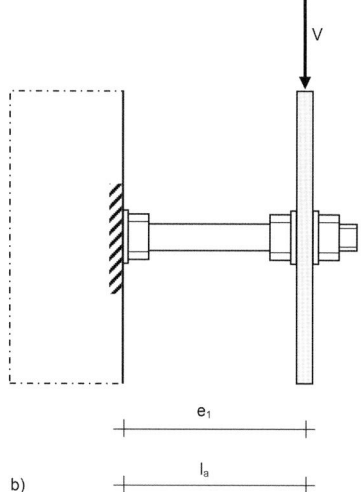

Bild 21. Definition des Hebelarms beim Biegenachweis des Befestigungsmittels; a) ohne Verspannung des Dübels auf der Betonoberfläche, b) mit Verspannung des Dübels auf der Betonoberfläche

Durch den Faktor α_M wird eine mögliche Einspannung des Befestigungsmittels im Anbauteil berücksichtigt (Bild 22). Die Höhe des Einspanngrads ist vom bemessenden Ingenieur zu beurteilen. Kann sich das Anbauteil frei drehen, dann beträgt $\alpha_M = 1{,}0$ (Bild 22b). Volle Einspannung ($\alpha_M = 2{,}0$) darf

Ableitung der Lasteinwirkungen bei statischer und quasi-statischer Belastung

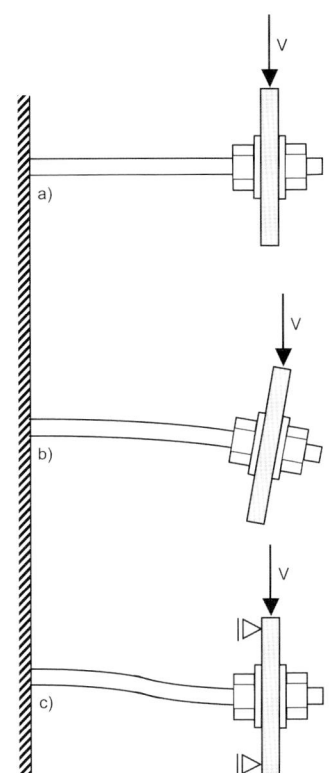

Bild 22. Befestigungsmittel ohne und mit Einspannung im Anbauteil (nach [35])

nur angenommen werden, wenn das Befestigungsmittel durch Mutter und Unterlegscheibe mit dem Anbauteil verspannt ist und sich nicht drehen kann (Bild 22c). Liegt die Unterlegscheibe flächig auf einer Ankerplatte auf, dann können sich Mutter und Unterlegscheibe ebenfalls nicht verdrehen und es darf $\alpha_M = 2{,}0$ angenommen werden. Grundsätzlich ist zu beachten, dass das Anbauteil auch in der Lage sein muss, das ihm zugewiesene Einspannmoment aufzunehmen. Im Zweifelsfall wird empfohlen, $\alpha_M = 1{,}0$ anzunehmen.

5.3 Ankerschienen

5.3.1 Zuglasten

Die Lasteinleitung bei Ankerschienen unterscheidet sich von der Einleitung bei Befestigungen mit Dübeln oder Kopfbolzen, da die Steifigkeit einer Schiene generell geringer ist als die eines steifen Anbauteils. Die Verteilung der auf die Schiene einwirkenden Zuglasten auf die Anker kann mithilfe eines Balkens mit elastischen Stützen und teilweiser Einspannung der über die Anker überstehenden Schienenenden berechnet werden. Die Steifigkeit der elastischen Stützen entspricht der Verschiebung des Ankers einschließlich der Verformung der Schienenlippen und des Betons. Die berechneten Ankerkräfte hängen wesentlich von der angesetzten Ankersteifigkeit und dem angenommenen Einspanngrad der Ankerschiene ab.

Das der EN 1992-4 zugrunde liegende Verfahren zur Ableitung der Ankerkräfte beruht im Wesentlichen auf der Auswertung von Versuchsergebnissen mit Ankerschienen von *Kraus* [44], die vor ca. 20 Jahren vermarktet wurden und relativ steife Schienenprofile und Verbindungen zwischen Ankerschiene und Anker aufweisen. Diese Produkte sind auch heute noch verfügbar. Die Innovation hat jedoch auch bei der Entwicklung von Ankerschienen nicht Halt gemacht. Daher werden inzwischen Ankerschienen mit Profilen vermarktet, bei denen Schienenprofil und Anschluss des Ankers an die Schiene vergleichsweise weniger steif sind. Dies wirkt sich insbesondere bei Schienenstücken mit lediglich zwei Ankern aus. Bei Ankerschienen mit mehr als zwei Ankern kann das in EN 1992-4 angegebene Verfahren für alle aktuellen Schienenprofile als ausreichend genau betrachtet werden. Bei Ankerschienen mit zwei Ankern sollten die auf die beiden Anker wirkenden Lasten vereinfachend und konservativ unter der Annahme eines Balkens auf zwei Stützen berechnet werden, wobei die Spannweite dem Achsabstand der beiden Anker entspricht.

Die Ermittlung der Ankerkräfte von Ankerschienen mit mehr als zwei Ankern beruht auf einem Vorschlag von *Kraus* [44]. Demnach kann die Verteilung der Ankerkräfte über ein Dreieck mit Spitze an der aufgebrachten Last und einer Einflusslänge l_i bestimmt werden. Die Einflusslänge ist abhängig vom Ankerabstand und dem Trägheitsmoment der Schiene und beträgt:

$$l_i = 13 \cdot I_y^{0,05} \cdot s^{0,5} \geq s \qquad (8)$$

mit

I_y Trägheitsmoment der Ankerschiene [mm⁴] (s. Europäische Technische Produktspezifikation)

s Achsabstand der Anker

Je größer das Trägheitsmoment der Ankerschiene ist, desto wirkungsvoller wird eine einwirkende Zuglast N_{Ed} auf benachbarte Anker verteilt.

Für eine beliebige Lage der Last N_{Ed} können die auf den Anker i einwirkenden Kräfte nach Gl. (9) berechnet werden (Bild 23 zeigt ein Beispiel):

$$N_{Ed,i}^a = k \cdot A_i' \cdot N_{Ed}^{cb} \qquad (9)$$

mit

A_i' Ordinate eines Dreiecks an der Stelle des betrachteten Ankers i mit der Einheitshöhe an der Stelle der Last N_{Ed} und der Grundlänge $2 \cdot l_i$

$$k = \frac{1}{\sum_1^n A_i'} \qquad (9a)$$

N_{Ed}^{cb} über eine Spezialschraube in die Ankerschiene eingeleitete einwirkende Zugkraft

n Anzahl der Anker innerhalb der Einflusslänge l_i beidseitig der einwirkenden Last N_{Ed}^{cb}

Wird eine Ankerschiene durch mehrere Zuglasten N_{Ed}^{cb} beansprucht, dann dürfen die Ankerkräfte nach Gl. (9) linear überlagert werden. Ist die genaue Lage der einwirkenden Zugkraft nicht bekannt, dann ist je nach Versagensart von der ungünstigsten Lage auszugehen. Bei Stahlbruch und Herausziehen ist die Zugkraft über dem Anker anzunehmen, und bei Biegeversagen der Schiene zwischen den Ankern. Lokales Versagen durch Aufbiegen der Schiene ist mit der unmittelbar am Einleitungspunkt einwirkenden Last nachzuweisen.

Der Bemessungswert des Biegemoments M_{Ed}^{ch} infolge der auf die Schiene einwirkenden Zuglasten N_{Ed}^{cb} darf unter Annahme eines Einfeldträgers mit einer Spannweite entsprechend dem Achsabstand der Anker berechnet werden. Dies stellt eine Vereinfachung dar, weil die teilweise Einspannung an den Schienenenden, die Durchlaufwirkung bei Ankerschienen mit mehr als 2 Ankern und die Seiltragwirkung nach dem Fließen der Schiene vernachlässigt werden. Die charakteristischen Werte für die Widerstände des Biegemomentes, die in der jeweiligen Europäischen Technischen Produktspezifikation angegeben sind, berücksichtigen diese Effekte. Die Werte können größer sein als die plastischen Momente, die sich für die Abmessungen der Schiene und den Nennwert der Fließgrenze des Stahls ergeben.

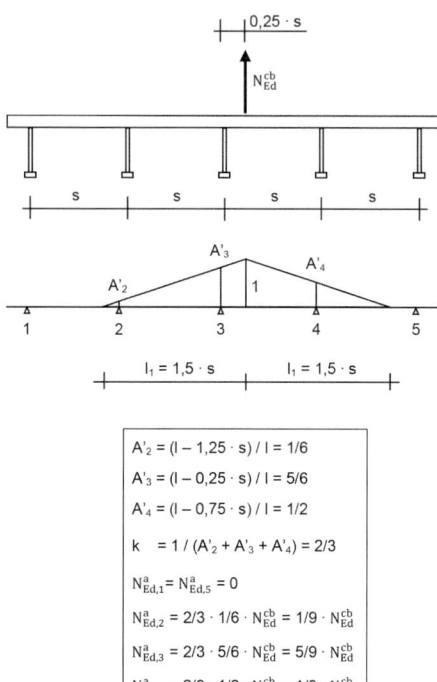

Bild 23. Beispiel für die Berechnung der Ankerkräfte für eine Ankerschiene mit 5 Ankern (die Einflusslänge wurde zu $l_i = 1,5 \cdot s$ und die Exzentrizität zu $e = 0,25 \cdot s$ angenommen) [44]

5.3.2 Querlasten

Nach EN 1992-4 dürfen Querlasten nur senkrecht zur Schienenlängsachse aufgebracht werden. Sie werden über den Schienenkörper und die Anker in den Ankergrund eingetragen (Bild 24a). Aus

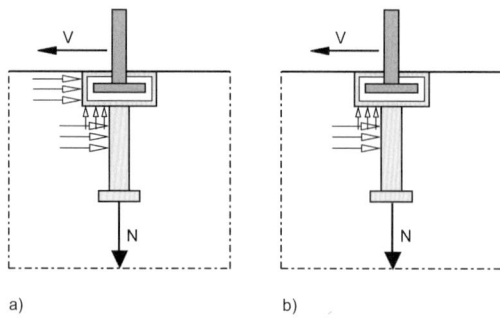

Bild 24. Weiterleitung von Querlasten bei Ankerschienen über Pressungen zwischen dem in Lastrichtung liegenden Schienenschenkel und dem Beton sowie über die Anker [46]; a) Querkräfte werden der Schiene und dem Anker zugewiesen, b) Querkräfte werden nur dem Anker zugewiesen

Gleichgewichtsgründen wirken in den Ankern zusätzliche Zugkräfte, die aus der Exzentrizität zwischen der angreifenden Querlast und der Resultierenden der Spannungen im Beton entstehen. Sie behindern dadurch das Ausbrechen der Schiene aus dem Beton. Diese Zugkraft wird bei der Bemessung vernachlässigt. Der Anteil der Querlast, der über die Schiene abgetragen wird, hängt von zahlreichen Parametern ab und kann in weiten Grenzen schwanken [45]. Aus Gründen der Vereinfachung – auch im Hinblick auf die Durchführung einer Interaktion zur Ermittlung des Widerstands bei kombinierten Zug- und Querkräften – werden die Querkräfte den einzelnen Ankern im Lasteinflussbereich zugewiesen (Bild 24b). Die Verteilung von Querkräften auf die einzelnen Anker einer Ankerschiene wird analog zu Abschnitt 5.3.1 ermittelt.

Spezielle Ankerschienen mit Verzahnungen oder Einkerbungen auf den Schienenlippen können auch Querkräfte in Richtung der Schienenachse aufnehmen. Sie sind im Technischen Report CEN/TR 17080 [19] geregelt (s. nachfolgenden Abschnitt 5.3.3).

5.3.3 Ergänzende Regelungen nach CEN/TR 17080

5.3.3.1 Allgemeines

Herkömmliche Ankerschienen gemäß Bild 2 dürfen nicht durch Querkräfte in Längsrichtung (x-Richtung, s. Bild 86) der Schiene belastet werden. Für diese Lastrichtung werden spezielle Ankerschienen angeboten, deren Lippen Verzahnungen oder Einkerbungen aufweisen. Ihre Bemessung ist im Technischen Report CEN/TR 17080 [19] geregelt, der nur in Verbindung mit EN 1992-4 angewendet werden darf. Voraussetzung ist auch für diese Ankerschienen eine Europäische Technische Produktspezifikation.

Die Regelungen nach CEN/TR 17080 [19] gelten für Ankerschienen mit 2 oder 3 Ankern. Einwirkende Zug- und Querlasten werden über Spezialschrauben in die Schiene und von dort über die Anker in den Beton eingeleitet. Die Lastverteilung auf die Anker der Ankerschiene hängt von der Lastrichtung und der Lage der Schiene ab. Bei Zuglasten und quer zur Schienenlängsrichtung einwirkenden Querlasten hängt die Lastverteilung unabhängig von der Lage der Ankerschiene in Bezug auf Bauteilränder von der Steifigkeit der Schiene ab (s. Abschnitt 5.3.2). Wirkt die Querlast aber in Richtung der Schienenlängsachse, dann ist Folgendes zu berücksichtigen:

– Bei randfernen Ankerschienen wird von einer gleichmäßigen Verteilung der Querlasten auf alle Anker ausgegangen.
– Bei randnahen und senkrecht zum Bauteilrand angeordneten Ankerschienen wird beim Nachweis für Betonkantenbruch nur der randnahe Anker angesetzt, während beim Nachweis für Stahlversagen und rückwärtigen Betonausbruch die Querlasten wie bei randfernen Ankerschienen verteilt werden.
– Bei randnahen und parallel zum Bauteilrand angeordneten Ankerschienen werden die Querlasten gleichmäßig auf alle Anker verteilt.

5.3.3.2 Zuglasten

EN 1992-4, Abschnitt 6.3 gilt unverändert (s. Abschnitt 5.3.1).

5.3.3.3 Querlasten

Bei randfernen Ankerschienen (c $\geq$ max{10 · h_{ef}; 60 · d_a} mit d_a = Durchmesser eines runden Ankers) wird eine gleichmäßige Verteilung einer in Schienenlängsrichtung wirkenden Querlast auf alle Anker angenommen (Gl. (10)).

$$V_{Ed,x}^a = \frac{1}{n_a} \cdot \sum V_{Ed,x}^{cb} \qquad (10)$$

mit

n_a Anzahl der Anker ≤ 3

$V_{Ed,x}^{cb}$ auf eine Spezialschraube in Schienenlängsrichtung einwirkende Bemessungsquerlast

Bei randnahen Ankerschienen (c < max{10 · h_{ef}; 60 · d_a}) wird unterschieden, ob die Schiene senkrecht oder parallel zum Bauteilrand angeordnet ist. Ist die Schiene senkrecht zum Bauteilrand montiert, dann wird eine in Längsrichtung der Schiene einwirkende Querlast für die Versagensarten Stahlversagen und rückwärtiger Betonausbruch nach Gl. (10) verteilt. Bei Betonkantenbruch wird nur der randnächste Anker als wirksam angenommen. Das bedeutet, dass alle über die Spezialschrauben in die Schiene eingeleiteten Querlasten auf den randnächsten Anker wirken (Bild 25b). Das gilt auch für Ankerschienen in schmalen Bauteilen (Bild 25c).

Ist eine Ankerschiene parallel zum Bauteilrand montiert, dann wird eine in Richtung der Längsachse der Schiene wirkende Querlast gleichmäßig auf alle Anker verteilt.

5.4 Kräfte in einer Zusatzbewehrung

5.4.1 Allgemeines

Eine Zusatzbewehrung zur Erhöhung der Traglast ist nur bei Befestigungen mit Kopfbolzen und Ankerschienen sinnvoll, da die Bewehrung gemeinsam mit den Befestigungsmitteln vor dem Betonieren eingelegt werden kann.

Die Bemessungszugkräfte in der Zusatzbewehrung sollen über ein geeignetes Fachwerkmodell abgeleitet werden. Beispiele hierzu enthalten Bild 26 für

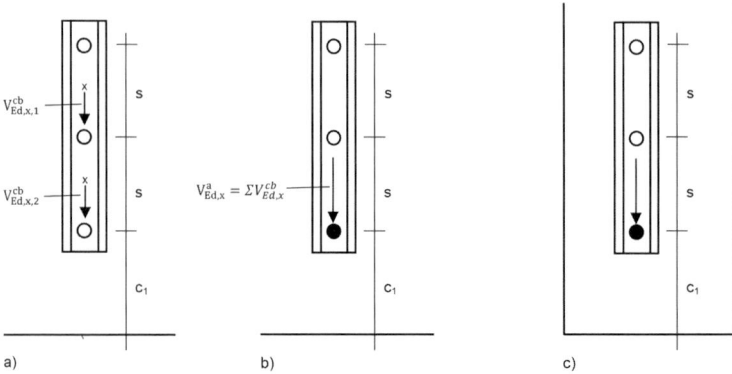

Bild 25. Bestimmung der Querlast für senkrecht zum Rand montierte und senkrecht zum Rand belastete Ankerschienen; a) einwirkende Querlasten, b) maßgebende Last für die Versagensart Betonkantenbruch, c) maßgebende Last für die Versagensart Betonkantenbruch bei Anordnung der Ankerschiene in einem schmalen Bauteil

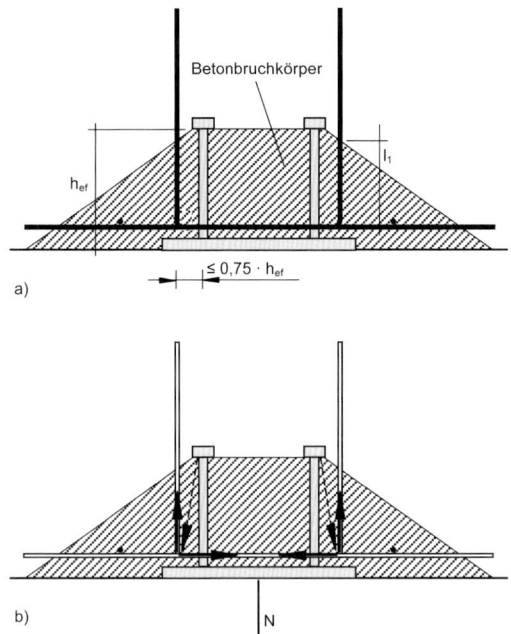

Bild 26. Beispiel für ein Fachwerkmodell bei einer zugbeanspruchten Gruppe mit Zusatzbewehrung; a) Kopfbolzenbefestigung mit Rückhängebewehrung, b) Fachwerkmodell

zugbeanspruchte Befestigungen und Bild 27 für querbelastete Befestigungen mit Kopfbolzen.

Bei querbelasteten Befestigungen bietet es sich an, die Zusatzbewehrung als Bügel oder Schlaufen auszubilden und so einzulegen, dass sie bei Einhaltung der erforderlichen Betonüberdeckung die Kopfbolzen oberflächennah möglichst unmittelbar unterhalb der Ankerplatte in direktem Kontakt umschließt (Bild 28). Hierdurch wird die Tragfähigkeit der Zusatzbewehrung optimal ausgenutzt. Bei Ankerschie-

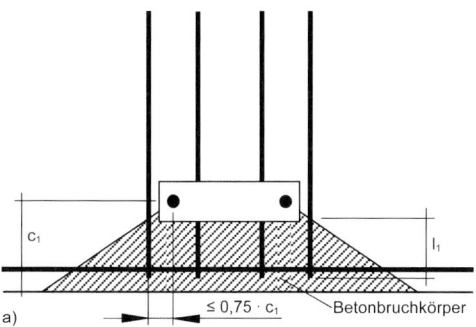

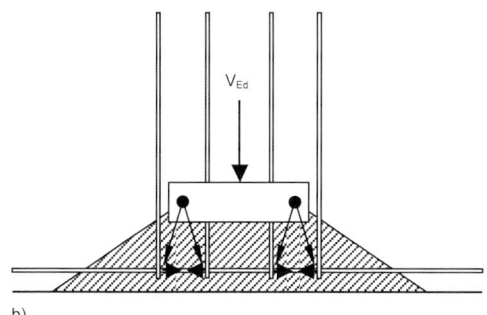

Bild 27. Beispiel für ein Fachwerkmodell bei einer querbeanspruchten Gruppe mit zusätzlicher Bewehrung; a) Kopfbolzenbefestigung mit Rückhängebewehrung, b) Fachwerkmodell

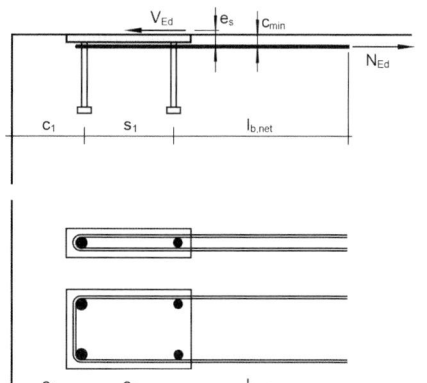

Bild 28. Beispiele für die Anordnung von schlaufenförmiger Zusatzbewehrung bei querbeanspruchten Kopfbolzenbefestigungen

nen ist diese Art der Zusatzbewehrung wenig wirksam, weil der überwiegende Teil der Querkraft direkt über das Schienenprofil in den Beton eingeleitet wird [45]. Daher ist eine Zusatzbewehrung in Form von Bügeln und Schlaufen, die die Anker direkt umschließen, in EN 1992-4 nicht geregelt.

5.4.2 Zugkräfte

Die Zusatzbewehrung wird bei Einzelbefestigungen für die Zugkraft N_{Ed} und bei Gruppen für N_{Ed}^h (Zugkraft im höchstbelasteten Befestigungsmittel der Gruppe) bemessen. Im letztgenannten Fall ist die Bewehrung für jedes Befestigungsmittel der Gruppe vorzusehen. Bei Ankerschienen wird die Zusatzbewehrung aller Anker für N_{Ed}^h bemessen.

5.4.3 Querkräfte

Wird die Zusatzbewehrung in Richtung der Querkraft eingelegt, dann errechnet sich der Bemessungswert $N_{Ed,re}$ der Zugkraft in der Bewehrung aufgrund einer senkrecht zum Rand wirkenden Querkraft V_{Ed} nach Gl. (11).

$$N_{Ed,re} = \left(\frac{e_s}{z} + 1\right) \cdot V_{Ed} \quad (11)$$

mit

e_s Abstand zwischen der Achse der Zusatzbewehrung und der einwirkenden Querkraft (Bild 29)

z innerer Hebelarm des Betonbauteils

$\approx 0{,}85 \cdot d$

d nach Bild 29

$\leq \min\{2 \cdot h_{ef}; 2 \cdot c_1\}$

Wirkt die Bemessungsquerkraft in einem Winkel zum Bauteilrand, dann darf die Zusatzbewehrung unter der Annahme bemessen werden, dass die gesamte Querkraft senkrecht zum Rand wirkt. Wirkt die Bemessungsquerkraft parallel zum Rand oder in einem Winkel vom Bauteilrand weg, dann darf die Zusatzbewehrung auf der sicheren Seite unter der Annahme bemessen werden, dass die parallel zum Bauteilrand wirkende Komponente der Querkraft senkrecht zum Bauteilrand wirkt.

Greifen Querlasten in unterschiedlicher Größe an den einzelnen Befestigungsmitteln einer Gruppe an, dann ist zur Ermittlung des Bemessungswerts der Zuglast der Bewehrung in Gl. (11) die Querlast des höchstbeanspruchten Befestigungsmittels einzusetzen. Diese Kraft wird dann für alle Befestigungsmittel der Gruppe angesetzt.

Verläuft die Zusatzbewehrung nicht in Richtung der Querkraft, dann ist diese Abweichung bei der Ermittlung der Zugkraft in der Bewehrung unter Ansatz der Gleichgewichtsbedingungen im Fachwerkmodell zu berücksichtigen.

6 Nachweis für Kopfbolzen und mechanische bzw. chemische Dübel im Grenzzustand der Tragfähigkeit

6.1 Allgemeines

Die im Folgenden beschriebenen Bemessungsregeln gelten für Kopfbolzen nach Bild 1 sowie Dübel nach Bild 3. Außerdem wird vorausgesetzt, dass die auf die Befestigungsmittel einwirkenden Kräfte auf Basis der Elastizitätstheorie ermittelt wurden. Ferner gelten die Bemessungsregeln für statische Belastung. Anforderungen für Ermüdungsbeanspruchungen und Erdbebenlasten enthalten die Abschnitte 9 und 10.

EN 1992-4 unterscheidet im Anhang G drei Bemessungsverfahren, die sich deutlich in ihrer Komplexität und in der Konservativität der Bemessungsergebnisse unterscheiden. Beim Verfahren A wird der Widerstand für alle Lastrichtungen und Versagensarten ermittelt. Dabei sind Achs- und Randabstände möglich, die kleiner als die charakteristischen Werte $s_{cr,N}$ und $c_{cr,N}$ sind. Als charakteristische Achs-

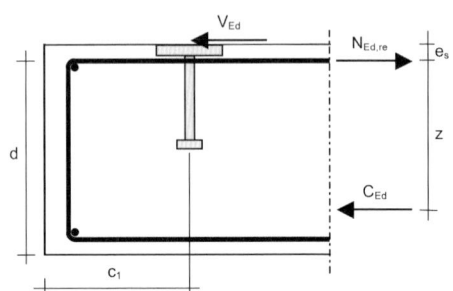

Bild 29. Ermittlung der Bemessungslast $N_{Ed,re}$ der Zusatzbewehrung zur Übertragung von Querlasten aus der Befestigung

und Randabstände werden diejenigen Abstände bezeichnet, bei deren Einhaltung die maximale charakteristische Widerstand einer Einzelbefestigung gewährleistet ist. Der Nachweis nach Gl. (1) ist beim Verfahren A für alle Lastrichtungen (Zuglast, Querlast und kombinierte Zug- und Querlast) sowie alle Versagensarten zu führen. Dieses Verfahren ist das aufwendigste, bietet aber nahezu beliebige Anwendungsmöglichkeiten und führt zu den besten Ergebnissen.

Beim Verfahren B wird nur ein Widerstand für alle Lastrichtungen und Versagensarten berechnet, aber es sind – wie bei der Methode A – Achs- und Randabstände möglich, die kleiner als die charakteristischen Werte sind. Dieses Verfahren ist deutlich weniger aufwendig als das Bemessungsverfahren A, die Bemessungsergebnisse sind dafür aber konservativer. Das einfachste und konservativste Bemessungsverfahren ist das Verfahren C. Es entspricht im Prinzip dem Verfahren B, jedoch ist eine Verminderung der Achs- und Randabstände unter die charakteristischen Werte nicht zulässig. Verfahren C wird praktisch nur zur Bemessung redundanter Systeme eingesetzt, die überwiegenden Zugbeanspruchungen ausgesetzt sind. Dies sind z. B. abgehängte Decken oder Rohrleitungen. Für andere Anwendungsfälle wird Verfahren C aufgrund der sich ergebenden unwirtschaftlichen Ergebnisse in der Praxis kaum angewendet. Verfahren B bietet zwar wirtschaftlichere Lösungen als Verfahren C, besitzt jedoch insbesondere bei Befestigungen, die durch Querlasten beansprucht sind, erhebliche Nachteile gegenüber Verfahren A. Deshalb kommt es ebenfalls nahezu ausschließlich bei der Bemessung redundanter Systeme zur Anwendung. Aus diesen Gründen wird im Folgenden nur das Bemessungsverfahren A behandelt.

Für die Anwendung des Bemessungsverfahrens A gelten folgende Bedingungen: Die Achs- und Randabstände sind grundsätzlich mit positiven Toleranzen anzugeben. Die Bemessungsgleichungen für die Betonbrucharten unter Zuglast (kegelförmiger Betonausbruch, Herausziehen, kombiniertes Versagen durch Herausziehen und Betonbruch und Spalten des Betons) sowie unter Querlast (rückwärtiger Betonausbruch) gelten nur, wenn der Abstand a zwischen Einzelbefestigungen, zwischen den äußeren Dübeln benachbarter Gruppen oder zwischen Einzelbefestigungen und den äußeren Dübeln von Gruppen a $\geq s_{cr,N}$ ist. Dies entspricht dem Mindestabstand, der eingehalten werden muss, damit sich Einzelbefestigungen oder benachbarte Gruppen von Befestigungsmitteln in ihrem Tragverhalten nicht gegenseitig beeinflussen. Wirken Querlasten, dann muss beim Nachweis für Betonkantenbruch der Abstand a $\geq 3 \cdot c_1$ sein. Dabei ist c_1 der Abstand der Befestigung zum betrachteten Rand.

EN 1992-4 gilt für Normalbeton der Druckfestigkeitsklassen C12/15 bis C90/105. Allerdings ist der Bereich der Festigkeitsklassen, in denen das jeweilige Befestigungsmittel verwendet werden darf, in der zugehörigen Europäischen Technischen Produktspezifikation angegeben.

Fehlbohrungen dürfen bei der Bemessung vernachlässigt werden, sofern sie mit einem nicht-schwindenden Mörtel verfüllt werden, dessen Festigkeit mindestens derjenigen des Ankergrunds entspricht, jedoch mindestens 40 N/mm² beträgt. Diese Regelung ist vertretbar, da sich unter diesen Bedingungen das verfüllte Bohrloch – z. B. bei einer Querlast in Richtung der Fehlbohrung – nicht anders verhält als der unversehrte umgebende Beton.

Nicht ausgenutzte im Bauwerk vorhandene Bewehrung darf bei der Bemessung einer Zusatzbewehrung angerechnet werden, sofern sie den Anforderungen von EN 1992-4 entspricht.

6.2 Widerstand bei Zugbeanspruchung

6.2.1 Erforderliche Nachweise

Kopfbolzen und mechanische sowie chemische Dübel versagen unter Zuglast auf unterschiedliche Arten (Bild 30). Beim Stahlversagen (Bild 30a) reißt das Befestigungselement im Schaft- oder Gewindebereich durch oder es versagt bei Dübeln nach Bild 3b die Dübelhülse. Stahlversagen führt zum größten möglichen Widerstand eines Befestigungsmittels.

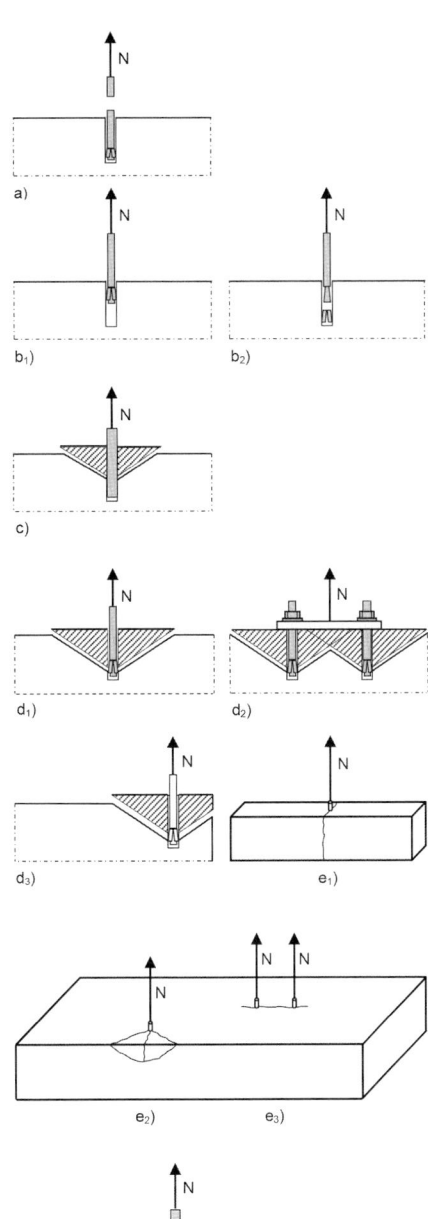

Bild 30. Versagensarten von mechanischen und chemischen Dübeln sowie von Kopfbolzen unter Zuglast
a) Stahlversagen, b) Herausziehen und Durchziehen (mechanische Dübel und Kopfbolzen), c) kombiniertes Versagen aus Herausziehen und Betonausbruch (chemische Dübel), d) kegelförmiger Betonausbruch, e) Spalten, f) lokaler Betonausbruch

Beim Herausziehen (Bild 30b$_1$) wird das gesamte Befestigungsmittel aus dem Bohrloch herausgezogen, wobei der oberflächennahe Beton geschädigt werden kann. Diese Betonschädigung ist sekundär und beeinflusst deshalb den Widerstand nicht. Herausziehen kann bei drehmomentkontrolliert spreizenden Dübeln auftreten, deren Spreizkraft zu gering ist, um den Dübel im Bohrloch zu fixieren oder die ein schlechtes Nachspreizverhalten aufweisen. Außerdem ist Herausziehen bei wegkontrolliert spreizenden Dübeln mit zu geringer Spreizkraft zu erwarten. Durchziehen (Bild 30b$_2$) tritt nur bei ordnungsgemäß funktionierenden drehmomentkontrolliert spreizenden Dübeln auf. Dabei wird der Spreizkonus durch die Spreizhülse bzw. die Spreizsegmente hindurchgezogen. Dieses Verhalten entspricht dem Wirkungsprinzip drehmomentkontrolliert spreizender Dübel. In EN 1992-4 werden aus Gründen der Vereinfachung die Versagensarten Herausziehen und Durchziehen unter dem gemeinsamen Begriff Herausziehen behandelt.

Während Herausziehen bei mechanischen Dübeln und bei Verbundspreizdübeln nach Bild 3e$_2$ auftritt, versagen chemische Dübel (Verbunddübel) nach Bild 3e$_1$ durch kombiniertes Versagen durch Herausziehen und Betonausbruch (Bild 30c). Bei dieser Versagensart beginnt der Ausbruchkegel nicht wie bei Spreiz- und Hinterschnittdübeln am Ende des Dübels, sondern produktabhängig bei der 0,3- bis 0,7-fachen Verbundlänge (Bild 31). Auf der verbleibenden Länge des Ankerstange wird der Verbund zwischen erhärtetem Mörtel und Beton oder zwischen Gewindestange und Mörtel zerstört. Oft tritt auch ein gemischter Verbundbruch auf (im oberen Teil der Verbundlänge zwischen Mörtel und Beton und im unteren Teil zwischen Gewindestange und Mörtel). Bild 32 zeigt die möglichen Verbundversagensarten.

Beim kegelförmigen Betonausbruch reißt der Dübel einen Bruchkegel aus dem Beton heraus (Bild 30d$_1$). Werden mehrere Befestigungselemente gemeinsam über eine Stahlplatte belastet und ist der gegenseitige Abstand kleiner als der Kegeldurchmesser, dann kommt es zu einem gemeinsamen Betonausbruch (Bild 30d$_2$). Wird ein Dübel in der Nähe eines Bauteilrands gesetzt, dann überschneidet sich der Ausbruchkegel mit dem Rand (Bild 30d$_3$).

Bei der Versagensart Spalten wird entweder das gesamte Betonbauteil gespalten (Bild 30e$_1$) oder es

Bild 31. Bruchbild eines Verbunddübels bei kombiniertem Versagen durch Herausziehen und Betonausbruch (nach [47])

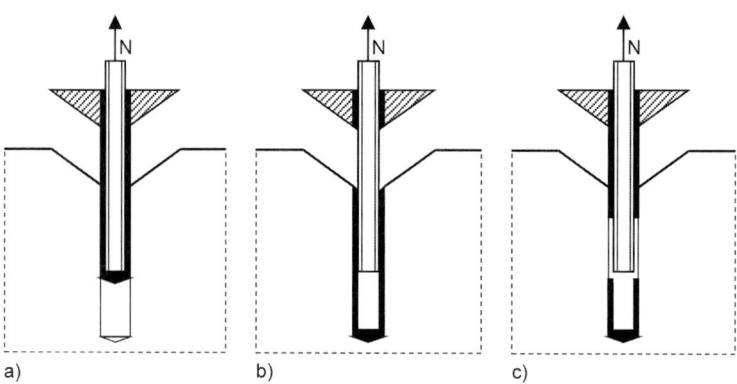

Bild 32. Verbundversagensarten von Verbunddübeln (nach [48]); a) Versagen zwischen Mörtel und Bohrlochwand, b) Versagen zwischen Mörtel und Gewindestange, c) Mischbruch

entstehen Spaltrisse zwischen der Befestigung und dem Bauteilrand (Bild 30e$_2$). Bei großem Randabstand können bei der Montage Spaltrisse zwischen benachbarten Dübeln auftreten (Bild 30e$_3$), wenn sie mit zu kleinen Achsabständen und/oder in dünnen Bauteilen gesetzt werden.

Kopfbolzen und Hinterschnittdübel, die wie Kopfbolzen wirken, können mit kleinen Randabständen verankert werden. Unter Zugbeanspruchung treten unter dem Kopf hohe Druckspannungen auf, welche Querpressungen hervorrufen. Diese Querpressungen können bei kleinen Randabständen im Bereich des Kopfes zu einem örtlichen (kegelförmigen) Ausbrechen des Betons in Richtung des freien Bauteilrands führen (Bild 30f). Diese Versagensart wird als lokaler Betonausbruch bezeichnet. EN 1992-4 geht davon aus, dass lokaler Betonausbruch nur auftritt, wenn der Randabstand $c_1 \leq 0{,}5 \cdot h_{ef}$ ist. Randabstände dieser Größenordnung sind nur bei Kopfbolzen und mechanischen Hinterschnittdübeln möglich.

Da nicht vorhergesagt werden kann, welche der genannten Brucharten für die Tragfähigkeit einer Befestigung maßgebend ist, müssen beim Bemessungsverfahren A alle Versagensarten nachgewiesen werden. Da der Widerstand bei Stahlversagen und Herausziehen bzw. Durchziehen weder durch benachbarte Befestigungsmittel noch durch Bauteilränder beeinflusst wird, wird der Nachweis für diese Versagensarten für das höchstbelastete Befestigungsmittel einer Gruppe geführt. Demgegenüber haben Achs- und Randabstände bei den Brucharten kegelförmiger Betonausbruch, kombiniertes Versagen durch Herausziehen und Betonbruch, Spalten und lokaler Betonausbruch einen deutlichen Einfluss auf den Widerstand der Befestigung. Deshalb ist der Nachweis bei diesen Versagensarten für die Gruppe zu führen.

In Tabelle 4 sind die erforderlichen Nachweise für Kopfbolzen und mechanische bzw. chemische Dübel unter Zugbeanspruchung zusammengestellt.

Tabelle 4. Erforderliche Nachweise für Kopfbolzen und mechanische bzw. chemische Dübel unter Zugbeanspruchung

Versagensart	Einzelbefestigung	Gruppe [1]
Stahlversagen des Befestigungsmittels	$N_{Ed} \leq N_{Rd,s} = \dfrac{N_{Rk,s}}{\gamma_{Ms}}$	$N_{Ed}^h \leq N_{Rd,s} = \dfrac{N_{Rk,s}}{\gamma_{Ms}}$
kegelförmiger Betonausbruch	$N_{Ed} \leq N_{Rd,c} = \dfrac{N_{Rk,c}}{\gamma_{Mc}}$	$N_{Ed}^g \leq N_{Rd,c} = \dfrac{N_{Rk,c}}{\gamma_{Mc}}$
Herausziehen [2]	$N_{Ed} \leq N_{Rd,p} = \dfrac{N_{Rk,p}}{\gamma_{Mp}}$	$N_{Ed}^h \leq N_{Rd,p} = \dfrac{N_{Rk,p}}{\gamma_{Mp}}$
kombiniertes Versagen durch Herausziehen und Betonbruch [3]	$N_{Ed} \leq N_{Rd,p} = \dfrac{N_{Rk,p}}{\gamma_{Mp}}$	$N_{Ed}^g \leq N_{Rd,p} = \dfrac{N_{Rk,p}}{\gamma_{Mp}}$
Spalten	$N_{Ed} \leq N_{Rd,sp} = \dfrac{N_{Rk,sp}}{\gamma_{Msp}}$	$N_{Ed}^g \leq N_{Rd,sp} = \dfrac{N_{Rk,sp}}{\gamma_{Msp}}$
lokaler Betonausbruch	$N_{Ed} \leq N_{Rd,cb} = \dfrac{N_{Rk,cb}}{\gamma_{Mc}}$	$N_{Ed}^g \leq N_{Rd,cb} = \dfrac{N_{Rk,cb}}{\gamma_{Mc}}$
Stahlversagen der Zusatzbewehrung	$N_{Ed,re} \leq N_{Rd,re} = \dfrac{N_{Rk,re}}{\gamma_{Ms,re}}$	$N_{Ed,re}^h \leq N_{Rd,re} = \dfrac{N_{Rk,re}}{\gamma_{Ms,re}}$
Versagen der Verankerung der Zusatzbewehrung	$N_{Ed,re} \leq N_{Rd,a}$	$N_{Ed,re}^h \leq N_{Rd,a}$

[1] N_{Ed}^h Zuglast des höchstbelasteten Befestigungsmittels einer Gruppe
  N_{Ed}^g resultierende Zuglast einer Gruppe
[2] nicht erforderlich für chemische Dübel nach Bild 3e$_1$
[3] nicht erforderlich für Kopfbolzen und mechanische Dübel

6.2.2 Zusatzbewehrung

Wird eine Zusatzbewehrung angeordnet, dann kann der Nachweis für kegelförmigen Betonausbruch nach Tabelle 4 bzw. Abschnitt 6.2.4 entfallen, jedoch muss die Bewehrung nach Abschnitt 6.2.9 für die Gesamtlast nachgewiesen werden. Folgende Voraussetzungen müssen erfüllt sein (vgl. Bild 26):

- Die Bewehrung besteht aus Rippenstahl ($f_{yk,re} \leq 600$ N/mm^2) mit einem Durchmesser ≤ 16 mm in Form von Bügeln oder Schlaufen mit einem Biegerollendurchmesser nach EN 1992-1-1.
- Die Zusatzbewehrung wird für die Zuglast des höchstbelasteten Befestigungsmittels einer Gruppe bemessen und diese Bewehrung wird bei allen Befestigungsmitteln der Gruppe eingelegt.
- Die Zusatzbewehrung wird symmetrisch und so nahe wie möglich zur Befestigung eingelegt. Sie soll vorzugsweise die Oberflächenbewehrung umschließen.
- Nur Bewehrungsstäbe in einem Abstand von maximal $0{,}75 \cdot h_{ef}$ vom Befestigungsmittel sind wirksam.
- Nur Bewehrungsstäbe, die im Betonausbruchkörper mit einer Länge von $l_1 \geq 4 \cdot \varnothing$ (Verankerungen durch Winkelhaken, Haken oder Schlaufen) oder $l_1 \geq 10 \cdot \varnothing$ (gerade Bewehrungsstäbe mit angeschweißten oder ohne angeschweißte Querstäbe) verankert sind, sind wirksam.

- Die Zusatzbewehrung wird außerhalb des Betonausbruchkörpers mit einer Verankerungslänge l_{bd} nach EN 1992-1-1 verankert oder über einen Übergreifungsstoß an die vorhandene Bewehrung im tragenden Bauteil angeschlossen. Die vorhandene Bewehrung muss dazu in der Lage sein, diese zusätzlichen Kräfte aufzunehmen.
- Die Oberflächenbewehrung des als Ankergrund dienenden Stahlbetonbauteils muss die Zugkräfte aufnehmen können, die aus dem Fachwerkmodell sowie den Spaltkräften der Befestigungsmittel nach Abschnitt 6.2.7 resultieren (Bild 26b).

6.2.3 Stahlversagen

Der charakteristische Widerstand eines Kopfbolzens oder Dübels bei Stahlversagen ist in der jeweiligen Europäischen Technischen Produktspezifikation des Befestigungsmittels angegeben. Er basiert auf der Nennzugfestigkeit f_{uk} des Stahls und berechnet sich nach Gl. (12):

$$N_{Rk,s} = A_s \cdot f_{uk} \qquad (12)$$

mit

A_s Querschnitt des Dübels, bei Gewindeteilen Spannungsquerschnitt

f_{uk} Zugfestigkeit des Stahls

Bei Bolzendübeln ist der Querschnitt über die Dübellänge nicht konstant. Im oberen Bereich weisen diese Dübel ein Gewinde und darunter einen glatten Schaft auf. Am Ende des Bolzens befindet sich ein konischer Abschnitt mit verringertem Querschnitt. Alle drei Bereiche können unterschiedliche Querschnitte und durch Kaltumformung hergestellten Dübeln auch unterschiedliche Zugfestigkeiten aufweisen. Dies wird in den Zulassungsversuchen überprüft und der in der Europäischen Technischen Produktspezifikation angegebene charakteristische Widerstand stellt den kleinsten Wert der drei Bereiche dar.

6.2.4 Kegelförmiger Betonausbruch

Beim kegelförmigen Betonausbruch reißt der Kopfbolzen oder Dübel einen Bruchkegel aus dem Beton heraus (Bild 30d$_1$). Die Ausbruchkörper unterschiedlicher Befestigungsmittel ähneln sich. Der Neigungswinkel der Mantelflächen der Kegel gegenüber der Horizontalen ist über die Verankerungstiefe und den Umfang nicht konstant und streut von Versuch zu Versuch. Er beträgt zwischen 30° und 40°, im Mittel etwa 35°. Als Tiefe der Bruchkegel kann vereinfachend die Verankerungstiefe h_{ef} angenommen werden. Damit beträgt der Durchmesser eines Bruchkegels etwa das 3-Fache der Verankerungstiefe h_{ef} des Dübels (Bild 33, oben).

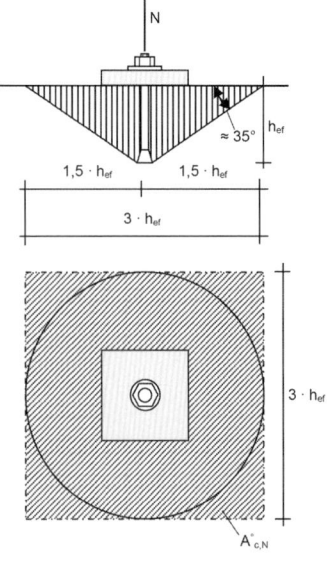

Bild 33. Betonausbruchkegel (schematisch) (nach [49])

Der charakteristische Widerstand einer Gruppe von Befestigungsmitteln bei kegelförmigem Betonausbruch wird durch zahlreiche Parameter beeinflusst. Hier sind zunächst die Betonfestigkeit und der Zustand des als Verankerungsgrund dienenden Bauteils (Beton gerissen oder ungerissen) sowie die Verankerungstiefe des Befestigungsmittels zu nennen. Außerdem sind die Achsabstände zu benachbarten Befestigungsmitteln sowie Abstände zu freien Bauteilrändern von Einfluss. Nicht zuletzt sind eine mögliche Exzentrizität der Belastung innerhalb einer Gruppe sowie eine ungünstige starke Oberflächenbewehrung zu berücksichtigen. Der charakteristische Widerstand einer Gruppe kann nach Gl. (13) berechnet werden:

$$N_{Rk,c} = N_{Rk,c}^0 \cdot \frac{A_{c,N}}{A_{c,N}^0} \cdot \psi_{s,N} \cdot \psi_{re,N}$$
$$\cdot \psi_{ec,N} \cdot \psi_{M,N} \quad [N] \qquad (13)$$

Die einzelnen Faktoren der Gl. (13) werden im Folgenden erklärt.

a) Charakteristischer Widerstand einer Einzelbefestigung

Bei Verwendung wirklichkeitsnaher Annahmen für den Beton ist es heute möglich, die Tragfähigkeit einer Einzelbefestigung für die Versagensart Betonausbruch ausreichend genau numerisch zu berechnen. Allerdings ist der Aufwand für diese numerischen Untersuchungen (z. B. FEM-Rechnungen) sehr hoch. Daher wird der Widerstand bei Betonausbruch üblicherweise auf Basis von Versuchsergebnissen empirisch bestimmt. Dem in EN 1992-4 verwendeten Ansatz für den charakteristischen Widerstand einer Einzelbefestigung bei kegelförmigem Betonausbruch (Gl. (13a)) liegen die Ergebnisse einer sehr großen Anzahl von Versuchsserien und Einzelversuchen zugrunde und sie berücksichtigen die Erkenntnisse der nichtlinearen Bruchmechanik [50]. Die Gleichungen gelten für Einzelbefestigungen ohne Beeinflussung durch benachbarte Befestigungsmittel oder Bauteilränder.

$$N_{Rk,c}^0 = k_1 \cdot \sqrt{f_{ck}} \cdot h_{ef}^{1,5} \quad [N] \qquad (13a)$$

mit

k_1 = $k_{cr,N}$ für gerissenen Beton

= $k_{ucr,N}$ für ungerissenen Beton

f_{ck} Betondruckfestigkeit [N/mm^2], gemessen an Zylindern mit einem Durchmesser von 150 mm und einer Höhe von 300 mm unter Berücksichtigung der in der Europäischen Technischen Produktspezifikation angegebenen Grenzen

h_{ef} Verankerungstiefe des Befestigungsmittels [mm]

Die produktspezifischen Faktoren $k_{cr,N}$ und $k_{ucr,N}$ sind in der jeweiligen Europäischen Technischen Produktspezifikation angegeben. Sie können sich für einzelne Befestigungsmittel und Größen unterscheiden, betragen aber in der Regel $k_{cr,N}$ = 7,7 und $k_{ucr,N}$ = 11 für Dübel und $k_{cr,N}$ = 8,9 und $k_{ucr,N}$ = 12,7 für Kopfbolzen.

Der charakteristische Widerstand gegen Betonbruch hängt nach Gl. (13a) nur von der Betonzugtragfähigkeit (charakterisiert durch die Wurzel der Zylinderdruckfestigkeit) und von der Verankerungstiefe ab. Dabei ist der Einfluss der Verankerungstiefe mit dem Exponenten 1,5 geringer, als aufgrund der Zunahme der Kegelmantelfläche zu erwarten wäre, die mit dem Quadrat der Verankerungstiefe anwächst. Dies ist darauf zurückzuführen, dass sich mit zunehmender Verankerungstiefe die Spannungsverteilung über die Bruchfläche ändert und die über die Bruchfläche gemittelte Zugspannung abnimmt [51].

Der charakteristische Widerstand im gerissenen Beton ist geringer als im ungerissenen. Grund hierfür ist im Wesentlichen die Störung des Spannungszustands im gerissenen Beton in der Umgebung des Befestigungsmittels. Bei Verankerungen im ungerissenen Ankergrund sind die durch die Zuglast her-

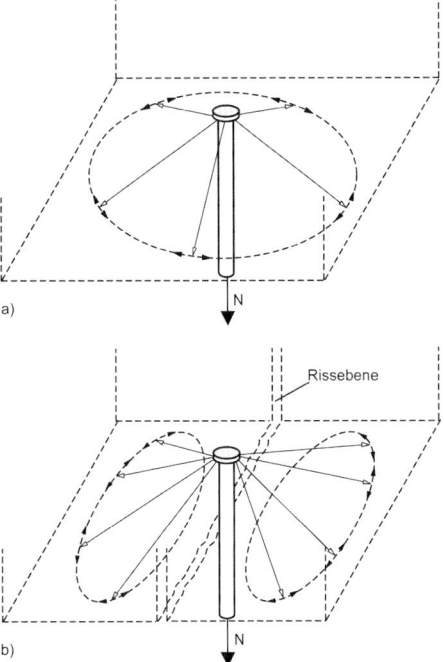

Bild 34. Einfluss eines Risses auf die Spannungsverteilung im Bereich eines auf Zug beanspruchten Kopfbolzens [52]; a) ungerissener Beton, b) gerissener Beton

vorgerufenen Spannungen rotationssymmetrisch zum Befestigungselement verteilt und das Gleichgewicht wird durch Ringzugkräfte im Beton gewährleistet (Bild 34a). Liegt das Befestigungselement in einem Riss, dann können keine Zugkräfte senkrecht zum Riss übertragen werden. Der Riss bewirkt daher eine Änderung der Spannungsverteilung im Beton (Bild 34b) und reduziert die zur Übertragung der Zugkräfte zur Verfügung stehende Fläche. Nach diesem Modell erhält man zwei unabhängige Betonausbruchkörper.

Neben der beschriebenen Störung des rotationssymmetrischen Spannungszustands im Beton ist bei Kopfbolzen, Hinterschnittdübeln und bei wegkontrolliert spreizenden Dübeln zusätzlich die Verminderung der Verzahnung zwischen Befestigungsmittel und Beton durch den Einfluss und bei drehmomentkontrolliert spreizenden Dübeln bewirkt die Öffnung des Risses eine Reduzierung der Spreizkraft. Bei Spreizdübeln, die für Anwendungen im gerissenen Beton geeignet sind, wird die Spreizkraftabnahme allerdings dadurch kompensiert, dass der Spreizkonus beim Öffnen des Risses weiter in die Spreizhülsen hineingezogen wird. Dieses Verhalten wird als Nachspreizen bezeichnet.

b) Einfluss von Achs- und Randabständen

b_1) Achsabstände

Der Term $A_{c,N} / A_{c,N}^0$ in Gl. (13) berücksichtigt den Einfluss von Achs- und Randabständen der Befestigungsmittel auf den charakteristischen Widerstand bei kegelförmigem Betonausbruch.

Werden Dübel innerhalb einer Gruppe mit einem Achsabstand gesetzt, der mindestens dem Durchmesser des Ausbruchkegels entspricht, dann überschneiden sich die Bruchkegel benachbarter Dübel nicht (Bild 35a) und der charakteristische Widerstand der Gruppe entspricht dem n-Fachen des Widerstands einer Einzelbefestigung (n = Anzahl der Befestigungsmittel der Gruppe). Der zugehörige Achsabstand wird mit $s_{cr,N}$ bezeichnet und beträgt $s_{cr,N} = 3 \cdot h_{ef}$. Wird der Achsabstand vermindert, dann kommt es zu einer Überschneidung der Ausbruchkegel (Bild 35b) und die zur Lasteinleitung in den Beton zur Verfügung stehende Bruchfläche wird kleiner als die Summe der Bruchflächen einer gleichen Anzahl von Einzelbefestigungen. Dadurch vermindert sich der charakteristische Widerstand.

Theoretisch könnte man den Einfluss eines Achsabstands innerhalb einer Gruppe auf den charakteristischen Widerstand durch Vergleich der Bruchfläche der Gruppe mit der Summe der Bruchflächen einer gleichen Anzahl von Einzeldübeln bestimmen. Dagegen spricht allerdings, dass die Berechnung sich überschneidender Kegelmantelflächen recht aufwendig ist. Der in EN 1992-4 beschriebene Ansatz geht deshalb vereinfachend von idealisierten Bruchkörpern aus und beruht auf einem Vorschlag für ein

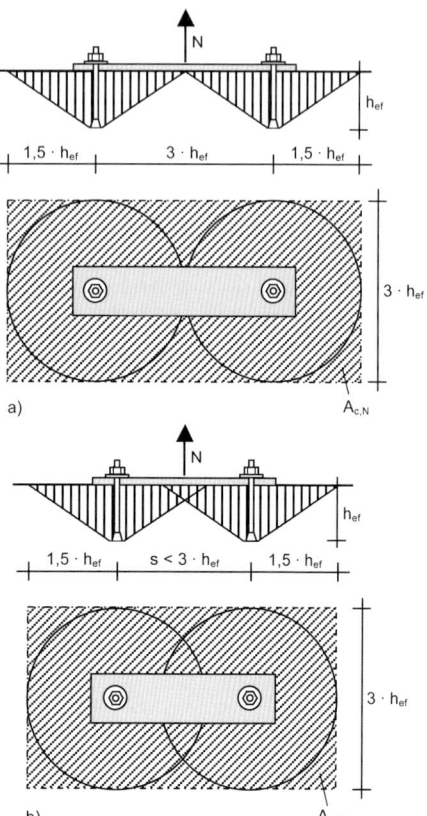

Bild 35. Einfluss des Achsabstands auf den Bruchkörper einer Gruppe mit zwei Befestigungsmitteln (nach [49]); a) Achsabstand $s = 3 \cdot h_{ef}$, b) Achsabstand $s < 3 \cdot h_{ef}$

anwenderfreundliches Ingenieurmodell von [49, 53, 54]. Das Verfahren wird als CC-Verfahren (Concrete Capacity Method) bezeichnet und ist in viele Bemessungsregeln übernommen worden. Es beruht auf dem κ-Verfahren, das in [52] beschrieben ist.

Beim CC-Verfahren wird der Bruchkegel durch eine Pyramide mit der Kantenlänge $s_{cr,N}$ und der Höhe h_{ef} ersetzt. Dadurch erhält man für diesen idealisierten Bruchkörper auf der Betonoberfläche eine quadratische Grundfläche (Bild 33, unten). Wenn einem Befestigungsmittel diese Fläche auf der Bauteiloberfläche zur Verfügung steht, wird der maximale Widerstand bei Betonausbruch nach Gl. (13a) erreicht. Der Einfluss von Achsabständen auf den charakteristischen Widerstand einer Gruppe wird durch den Vergleich der Grundfläche des idealisierten

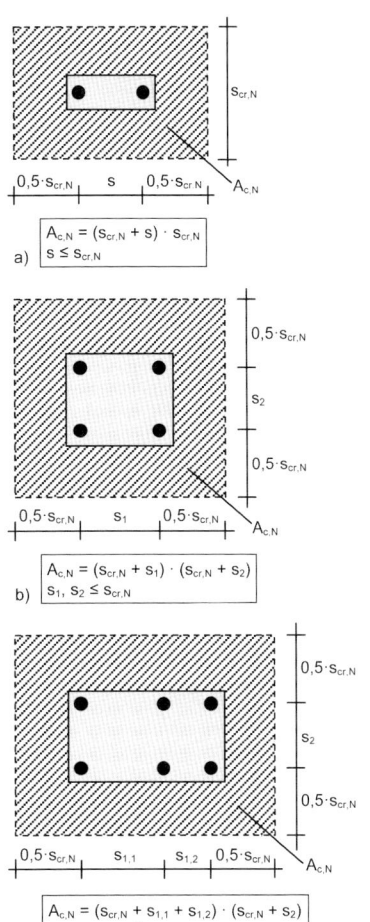

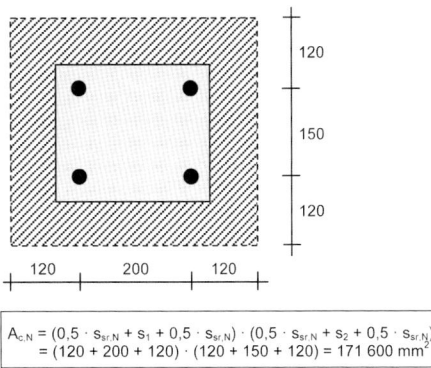

a)

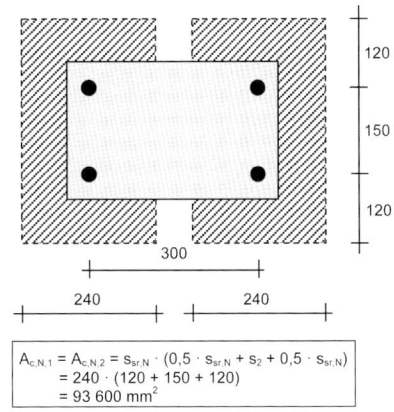

b)

Bild 37. Ermittlung der Grundfläche des idealisierten Bruchkörpers am Beispiel einer Gruppe mit vier Befestigungsmitteln (Verankerungstiefe $h_{ef} = 80$ mm)
a) Achsabstände s_1 und s_2 kleiner $s_{cr,N} = 240$ mm
b) Achsabstand $s_1 > s_{cr,N} = 240$ mm

Bild 36. Definition der Grundfläche des idealisierten Bruchkörpers unterschiedlicher Gruppen von Befestigungsmitteln bei kegelförmigem Betonausbruch
a) Zweiergruppe, b) Vierergruppe, c) Sechsergruppe mit unterschiedlichen Achsabständen $s_{1,1}$ und $s_{1,2}$

Bruchkörpers der Gruppe ($A_{c,N}$) mit dem Wert eines Einzeldübels ($A_{c,N}^0$) bestimmt. Bild 36 zeigt Beispiele für die Ermittlung der Grundflächen der idealisierten Bruchkörper für unterschiedliche Gruppen.

Im Folgenden wird das Verfahren anhand eines konkreten Beispiels (Bild 37a) erläutert. Die Verankerungstiefe der Befestigungsmittel beträgt $h_{ef} = 80$ mm. Daraus ergibt sich der charakteristische Achsabstand zu $s_{cr,N} = 3 \cdot h_{ef} = 240$ mm. Die Grundfläche des idealisierten Bruchkörpers der Gruppe ($A_{c,N}$) nach Bild 37a beträgt $A_{c,N} = 171600$ mm² und die eines Einzeldübels $A_{c,N}^0 = (s_{cr,N})^2 = 57600$ mm². Damit erhält man $A_{c,N}/A_{c,N}^0 = 2,98$, d. h., der charakteristische Widerstand der Gruppe beträgt das 2,98-Fache des Widerstands eines Einzeldübels. Der Einfluss der beiden Achsabstände vermindert somit in diesem Beispiel den Widerstand der Vierergruppe gegenüber der Summe der Widerstände von vier Einzelbefestigungen um ca. 25 %.

Dieser Ansatz gilt selbstverständlich nur, wenn die Achsabstände innerhalb einer Gruppe nicht größer als $s_{cr,N} = 3 \cdot h_{ef}$ sind. Ist das nicht der Fall, dann überschneiden sich die Ausbruchkegel benachbarter Dübel nicht und der Achsabstand hat keinen Einfluss. Ein Beispiel zeigt Bild 37b. Der horizontale Achsabstand ist mit $s_1 = 300$ mm größer als der charakteristische Wert $s_{cr,N} = 240$ mm. Somit wird die Ankerplatte durch zwei voneinander unabhängige Zweiergruppen verankert. Die Grundflächen jeder der beiden Zweiergruppen betragen $A_{c,N} = 93600$ mm² und $A^0_{c,N} = 240^2 = 57600$ mm². Das Verhältnis der Flächen errechnet sich zu $A_{c,N} / A^0_{c,N} = 1{,}63$, d. h., der charakteristische Widerstand der linken und rechten Zweiergruppe beträgt jeweils das 1,63-Fache des Widerstands eines Einzeldübels.

Dem CC-Verfahren liegt ein einfaches und leicht verständliches geometrisches Modell zugrunde, das sich theoretisch für beliebige, auch außerhalb des Geltungsbereichs von EN 1992-4 liegende Anordnungen der Befestigungsmittel anwenden lässt. Seine Gültigkeit wurde für Gruppen mit bis zu 36 Befestigungselementen nachgewiesen [55]. Es gilt auch für Gruppen mit variablen Achsabständen. Beispiele zeigt Bild 38. In Bild 38a sind alle Achsabstände der Gruppe kleiner als der charakteristische Wert $s_{cr,N}$, in Bild 38b ist der Achsabstand $s_{1,2}$ jedoch größer, d. h., die Ankerplatte wird durch zwei getrennte Gruppen von Befestigungsmitteln verankert.

b₂) Randabstände

Mithilfe des CC-Verfahrens lässt sich auch der geometrische Einfluss von Bauteilrändern auf den charakteristischen Widerstand bei kegelförmigem Betonausbruch beschreiben (Bild 39). Dabei wird der Radius des Bruchkegels als charakteristischer Randabstand $c_{cr,N} = s_{cr,N}/2 = 1{,}5 \cdot h_{ef}$ bezeichnet. Entspricht der Randabstand eines Befestigungsmittels dem Radius des Bruchkegels, dann tangiert der Kegel den Rand (Bild 39a) und die Tragfähigkeit entspricht derjenigen einer Einzelbefestigung. Wird der Randabstand vermindert (Bild 39b), dann überschneiden sich Bruchkegel und Rand und der charakteristische Widerstand nimmt ab. Der Einfluss kann – wie bei Achsabständen – wieder durch Vergleich der Grundfläche des idealisierten (abgeschnittenen) Bruchkörpers mit der Grundfläche einer Einzelbefestigung beschrieben werden, der

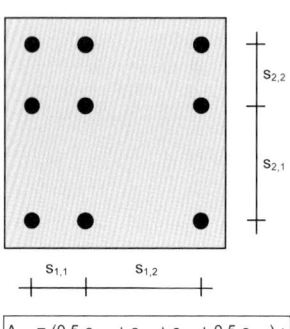

$A_{c,N} = (0{,}5 \cdot s_{cr,N} + s_{1,1} + s_{1,2} + 0{,}5 \cdot s_{cr,N}) \cdot$
$(0{,}5 \cdot s_{cr,N} + s_{2,1} + s_{2,2} + 0{,}5 \cdot s_{cr,N})$

a) $s_{1,1}, s_{1,2}, s_{2,1}, s_{2,2} \leq s_{cr,N}$

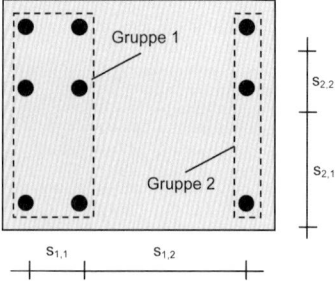

Gruppe 1:
$A_{c,N} = (0{,}5 \cdot s_{cr,N} + s_{1,1} + 0{,}5 \cdot s_{cr,N}) \cdot$
$(0{,}5 \cdot s_{cr,N} + s_{2,1} + s_{2,2} + 0{,}5 \cdot s_{cr,N})$
Gruppe 2:
$A_{c,N} = s_{cr,N} \cdot (0{,}5 \cdot s_{cr,N} + s_{2,1} + s_{2,2} + 0{,}5 \cdot s_{cr,N})$

b) $s_{1,1}, s_{2,1}, s_{2,2} \leq s_{cr,N}$; $s_{1,2} > s_{cr,N}$

Bild 38. Beispiele für Gruppen mit unterschiedlichen Achsabständen

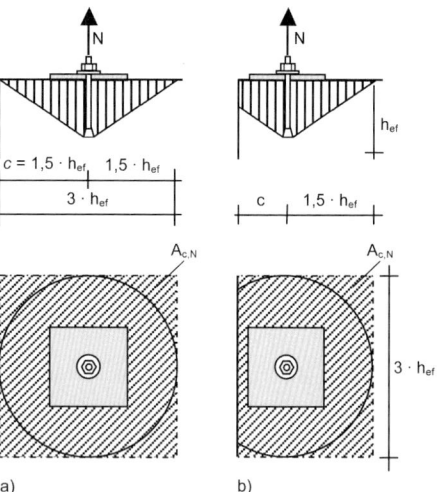

Bild 39. Einfluss eines Bauteilrands auf die Form des Betonausbruchkegels (nach [49]); a) Befestigung mit einem Randabstand $c = 1{,}5 \cdot h_{ef}$, b) Befestigung mit einem Randabstand $c < 1{,}5 \cdot h_{ef}$

nicht durch Achs- oder Randabstände beeinflusst wird. Bild 40 beschreibt den Ansatz am Beispiel einer Einzelbefestigung am Bauteilrand (Bild 40a) und einer Vierergruppe in der Bauteilecke (Bild 40b).

Bild 41 verdeutlicht die Vorgehensweise für eine Gruppe mit zwei Befestigungsmitteln mit einer Verankerungstiefe $h_{ef} = 80$ mm in einer Bauteilecke. In Bild 41a ist der Achsabstand $s < s_{cr,N}$ und in Bild 41b größer. Im ersten Fall überschneiden sich die Ausbruchkegel der beiden Dübel und im zweiten nicht.

Durch den Vergleich der Grundflächen wird der geometrische Einfluss der Überschneidung der Bruchkegel mit Bauteilrändern beschrieben. Zusätzlich ist zu beachten, dass der Spannungszustand im Bereich eines Dübels – ähnlich wie durch Risse – auch durch Randabstände gestört wird. Bild 42 zeigt diesen Einfluss schematisch. In Bild 42a ist ein zugbeanspruchter Kopfbolzen ohne Randeinfluss dargestellt. Die Spannungen sind rotationssymmetrisch verteilt. Ein Bauteilrand wirkt ähnlich wie ein Riss, der so breit ist, dass keine Zugspannungen über den Riss übertragen werden können. In Bild 42b ist dargestellt, wie sich dadurch die Spannungsverteilung ändert. Dieser Einfluss wird in Gl. (13) durch den Faktor $\psi_{s,N}$ berücksichtigt.

$$\psi_{s,N} = 0,7 + 0,3 \cdot \frac{c}{c_{cr,N}} \leq 1 \qquad (13b)$$

Sind mehrere Bauteilränder vorhanden, z. B. bei Anwendungen in der Bauteilecke oder in einem schmalen Bauteil, dann ist der kleinste der Randabstände in Gl. (13b) einzusetzen.

Mit dem beschriebenen CC-Verfahren lassen sich die Widerstände beliebiger Befestigungen ohne und mit Randeinfluss bestimmen. Das Verfahren beruht auf einem einfachen geometrischen Modell. Die Verfasser weisen aber darauf hin, dass es zu unerwarteten Ergebnissen kommen kann, wenn der

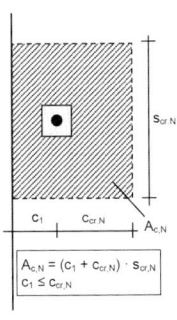

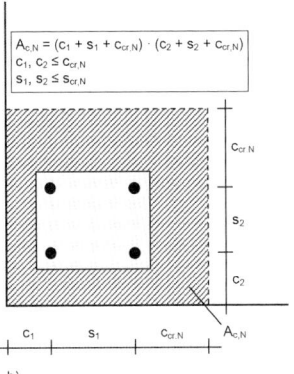

Bild 40. Definition der Grundfläche des idealisierten Bruchkörpers unterschiedlicher randnaher Befestigungen; a) Einzelbefestigung am Bauteilrand, b) Vierergruppe in der Bauteilecke

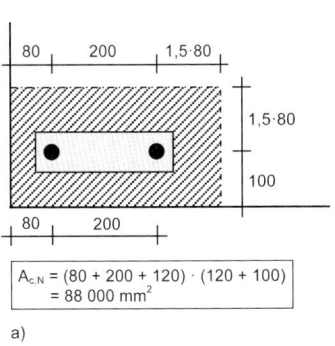

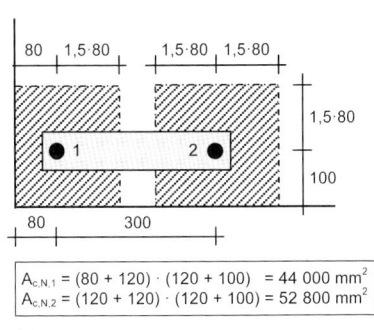

Bild 41. Ermittlung der Grundfläche des idealisierten Bruchkörpers am Beispiel einer Gruppe mit zwei Befestigungsmitteln ($h_{ef} = 80$ mm) in der Bauteilecke a) Achsabstand $s < s_{cr,N}$, b) Achsabstand $s > s_{cr,N}$

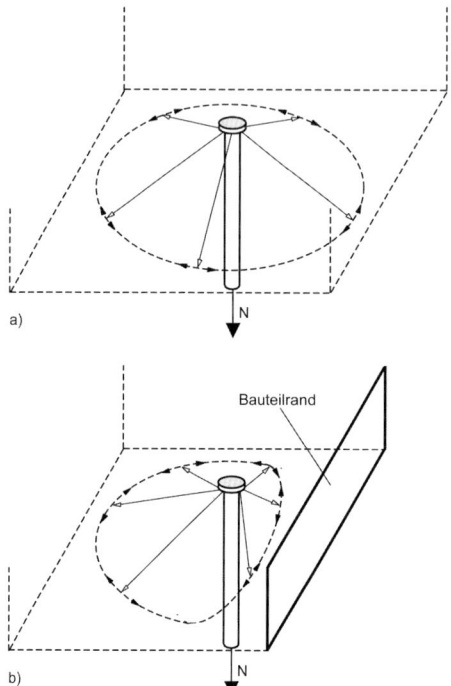

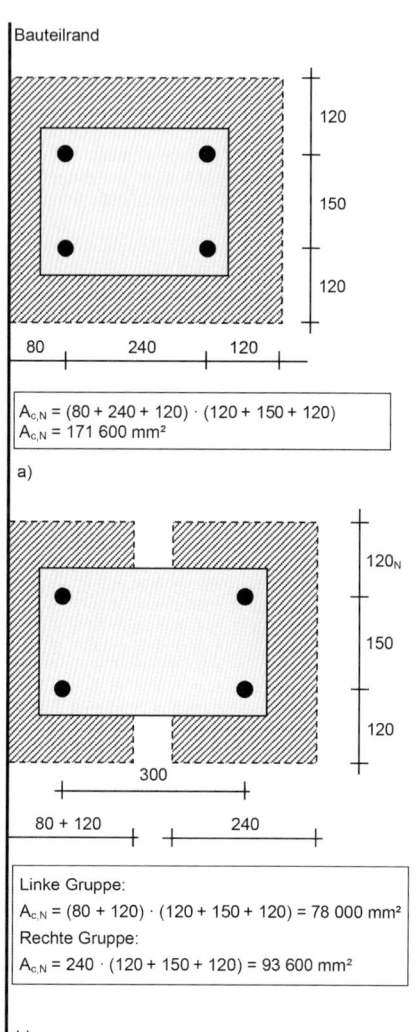

Bild 42. Einfluss eines Bauteilrands auf die Spannungsverteilung im Bereich eines auf Zug beanspruchten Kopfbolzens; a) Befestigung ohne Randeinfluss, b) Befestigung am Bauteilrand

Achsabstand innerhalb einer randnahen Gruppe von Befestigungsmitteln größer als der charakteristische Wert $s_{cr,N}$ wird [56]. Bild 43 verdeutlicht dies am Beispiel einer Gruppe mit vier Befestigungsmitteln (Verankerungstiefe $h_{ef} = 80$ mm) am Bauteilrand. Die Gruppe ist durch eine zentrische Zugkraft N_{Ed} beansprucht.

In Bild 43a beträgt der horizontale Achsabstand $s_1 = 240$ mm und entspricht damit dem charakteristischen Wert $s_{cr,N} = 3 \cdot h_{ef}$. Das bedeutet, dass alle vier Befestigungsmittel eine Gruppe bilden. Die Grundfläche des idealisierten Bruchkörpers beträgt $A_{c,N} = 171600$ mm². Vergrößert man den horizontalen Achsabstand auf $s_1 = 300$ mm (Bild 43b), dann beeinflussen sich die beiden linken und rechten Befestigungsmittel nicht mehr, d. h., die Ankerplatte wird durch zwei unabhängige Zweiergruppen verankert. Maßgebend für den Widerstand ist die linke randnahe Gruppe. Die Grundfläche des idealisierten Bruchkörpers dieser Gruppe beträgt $A_{c,N} = 78000$ mm² und ist damit kleiner als die Hälfte der Grundfläche der Vierergruppe nach Bild 43a. Da

Bild 43. Beispiel für die Ermittlung der Grundfläche des idealisierten Bruchkörpers eine Vierergruppe am Bauteilrand; a) horizontaler Achsabstand $s = s_{cr,N}$, b) horizontaler Achsabstand $s > s_{cr,N}$

die randnahe Gruppe aber unverändert durch eine Zugkraft $N_{Ed,linke\ Gruppe} = 0,5 \cdot N_{Ed}$ belastet wird, nimmt der Ausnutzungsgrad um den Faktor $(171600/2)/78000 = 1,1$ zu. Dies widerspricht eindeutig den Erwartungen der Ingenieure, die bei einer Vergrößerung des Achsabstands innerhalb einer Gruppe zumindest nicht mit einer Verminderung des Widerstands rechnen. Dieser Widerspruch beruht allerdings auf dem geometrischen Ansatz der Grundflächen der idealisierten Bruchkörper und ist damit unvermeidlich.

Theoretisch ließe sich der Widerspruch auflösen, wenn Befestigungen auch bei Achsabständen s > $s_{cr,N}$ als eine Gruppe betrachtet und bei der Ermittlung der Flächen $A_{c,N}$ der Achsabstand rechnerisch auf den charakteristischen Wert $s_{cr,N}$ begrenzt würde. Für die Grundfläche $A_{c,N}$ der Befestigung nach Bild 43b erhielte man dann die Summe aus den Flächen der linken und rechten Zweiergruppe $A_{c,N}$ = 78000 + 93600 = 171600 mm². Bei diesem Ansatz würde allerdings vorausgesetzt, dass die Dübel der Gruppe unabhängig vom Achsabstand immer zusammen versagen, einen gemeinsamen Ausbruchkörper bilden und dass die randfernen Befestigungsmittel einen positiven Einfluss auf die Tragfähigkeit der randnahen Befestigungsmittel haben. Das dürfte aber nur zutreffen, solange die Achsabstände nicht größer als das 3- bis 4-Fache der Verankerungstiefe sind. Bei größeren Achsabständen versagen zunächst die randnahen Befestigungen. Danach ist keine Laststeigerung mehr möglich, da die randfernen Befestigungsmittel nach dem Bruch der randnahen Befestigungen das auftretende Moment nicht aufnehmen können und ebenfalls versagen. Eine „Verschmierung" des Randeinflusses auf alle Befestigungsmittel der Gruppe ist deshalb nicht realistisch.

Der Vollständigkeit halber wird darauf hingewiesen, dass die beschriebenen und vom Ingenieur nicht erwarteten Bemessungsergebnisse bei allen Versagensarten auftreten können, die dasselbe Modell der Grundflächen der idealisierten Ausbruchkörper verwenden. Im Einzelnen trifft dies auf kombiniertes Versagen durch Herausziehen und Betonbruch (Abschnitt 6.2.6) und Spalten (Abschnitt 6.2.7) unter Zugbeanspruchung sowie Versagen durch rückwärtigen Betonausbruch (Abschnitt 6.3.4) unter Querlast zu.

Die Verfasser sind der Ansicht, dass sich das Bemessungsverfahren nach EN 1992-4 trotz der beschriebenen „Schwachstelle" sehr gut für die Bemessung von Befestigungen eignet und in der weitaus überwiegenden Anzahl der Anwendungsfälle wirklichkeitsnahe Ergebnisse liefert.

c) Einfluss einer starken Oberflächenbewehrung (Schalenabplatzen)

Bisher wurde davon ausgegangen, dass die Dübel im unbewehrten Beton angeordnet sind. In der Praxis sind die Bauteile jedoch meist bewehrt. Eine üblicherweise in flächenartigen Bauteilen vorhandene kreuzweise Oberflächenbewehrung beeinflusst die Tragfähigkeit der Befestigung bei kegelförmigem Betonausbruch in der Regel nicht wesentlich, weil sie senkrecht zur Kraftrichtung angeordnet ist. Sie bewirkt allerdings ein duktileres Nachbruchverhalten, wenn sich der Ausbruchkegel auf dem Bewehrungsnetz abstützen kann. Dies ist nur möglich, wenn der Abstand der Befestigungsmittel zur Bewehrung gering ist und sie durch Bügel in engen Abständen umfasst wird [57].

Eine starke Oberflächenbewehrung kann den Widerstand bei Betonausbruch jedoch auch ungünstig beeinflussen, wenn Befestigungsmittel in der Betondeckung oder in der Nähe der Bewehrung verankert sind. In diesem Fall überlagern sich die Zugspannungen aus der Verbundwirkung der Bewehrungsstäbe mit denen, die durch die Verankerung hervorgerufen werden. Außerdem kann die Bewehrung die zur Übertragung von Zugkräften zur Verfügung stehende Betonfläche vermindern („Perforierung" der Betonüberdeckung). Weiterhin können die Befestigungsmittel in einem Bereich verankert sein, in dem die Betonfestigkeit besonders bei dichter Bewehrung geringer ist als im Querschnittsinneren. Diese Einflüsse werden durch den sogenannten Schalenabplatzfaktor berücksichtigt [51]. Er beträgt:

$$\psi_{re,N} = 0{,}5 + \frac{h_{ef}}{200} \leq 1 \qquad (13c)$$

mit

h_{ef} Verankerungstiefe des Dübels [mm]

Der Faktor darf in folgenden Fällen zu $\psi_{re,N} = 1$ gesetzt werden:
- Der Achsabstand der Oberflächenbewehrung ist unabhängig von deren Stabdurchmesser ≥ 150 mm.
- Der Achsabstand einer Oberflächenbewehrung mit einem Stabdurchmesser von maximal 10 mm ist ≥ 100 mm.

Bei Bewehrung in zwei Richtungen müssen die genannten Bedingungen für beide Richtungen erfüllt sein.

d) Einfluss der Lastexzentrizität

Wird eine Gruppe durch Biegemomente belastet, dann werden die einzelnen Kopfbolzen oder Dübel der Gruppe durch unterschiedlich hohe Zuglasten beansprucht. Dieser Fall ist in den bisherigen Betrachtungen nicht berücksichtigt. Der Einfluss der Lastexzentrizität kann nach einem Vorschlag von *Riemann* durch den Faktor $\psi_{ec,N}$ erfasst werden [58]. Der Vorschlag wurde in Anlehnung an den Durchstanznachweis für Flachdecken nach *Moe* [59] abgeleitet. Ihm liegt folgende Analogie zugrunde:

Wird eine Flachdecke auf einer zentrisch beanspruchten Rundstützen gelagert, dann stanzt diese Stütze im Bruchzustand einen Kegel aus der Decke. Analog reißt eine zentrisch beanspruchte Befestigung im Bruchzustand einen Kegel aus dem Beton heraus. Wird die Rundstütze exzentrisch belastet, dann wird der Bruchkegel aufgrund des Kopfmoments exzentrisch aus der Decke gestanzt. Dem entsprechend reißt eine exzentrisch belastete Befestigung im Bruchzustand den Kegel exzentrisch aus dem Ankergrund heraus. Basierend auf dieser Analogie kann der Exzentrizitätsfaktor $\psi_{ec,N}$ wie folgt berechnet werden:

$$\psi_{ec,N} = \frac{1}{1 + 2 \cdot \left(\frac{e_N}{s_{cr,N}} \right)} \leq 1 \qquad (13d)$$

mit

e_N Exzentrizität der Resultierenden der zugbeanspruchten Dübel gegenüber dem Schwerpunkt dieser Dübel

Wirken Biegemomente in zwei Richtungen (schiefe Biegung), dann werden die Exzentrizitätsfaktoren für beide Richtungen getrennt ermittelt und als Produkt in Gl. (13) eingesetzt.

Beispiele für die Ermittlung der Exzentrizität der resultierenden Zuglast zeigt Bild 44. Im Anwendungsfall nach Bild 44a sind nur die rechten vier Dübel auf Zug beansprucht. Folglich wird die Exzentrizität e_N der resultierenden Zuglast dieser vier Dübel in Bezug auf deren Schwerpunkt bestimmt. Im Fall nach Bild 44b liegt schiefe Biegung vor. Der linke untere Dübel liegt in der Druckfläche unterhalb der Ankerplatte und ist nicht auf Zug beansprucht. Die Exzentrizitäten $e_{N,1}$ und $e_{N,2}$ werden für die verbleibenden fünf Dübel bestimmt. Vereinfachend können die zugbeanspruchten Dübel in diesem Fall auch zu einem Rechteck ergänzt werden. Dieses Vorgehen ist konservativ, da es zu größeren Exzentrizitäten führt.

e) Einfluss einer Druckkraft zwischen Anbauteil und Beton

Wird eine Befestigung durch ein Biegemoment mit oder ohne Normalkraft beansprucht, dann kann die Druckkraft unter dem Anbauteil den Betonausbruch behindern. Dies wird durch den Faktor $\psi_{M,N}$ berücksichtigt [35, 60].

$$\psi_{M,N} = 2 - \frac{z}{1{,}5 \cdot h_{ef}} \geq 1 \qquad (13e)$$

mit

z Hebelarm der inneren Kräfte berechnet auf Basis der Elastizitätstheorie (Bild 8)

In den folgenden Fällen beträgt $\psi_{M,N} = 1$:
– Befestigungen mit einem Randabstand $c < 1{,}5 \cdot h_{ef}$,
– Befestigungen mit einem Randabstand $c > 1{,}5 \cdot h_{ef}$, die durch ein Biegemoment und eine Zugkraft mit $C_{Ed}/N_{Ed} < 0{,}8$ beansprucht werden, wobei C_{Ed} die resultierende Druckkraft

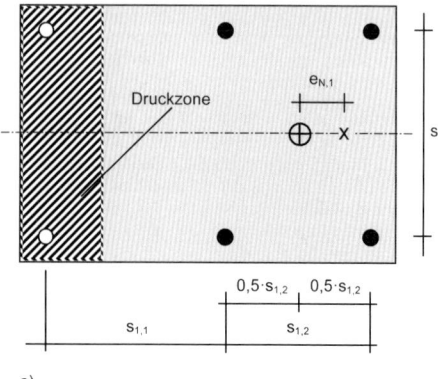

a)

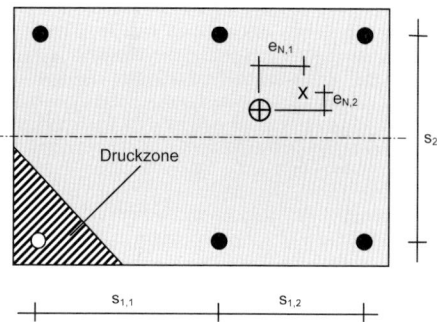

● Zugbeanspruchter Dübel
⊕ Schwerpunkt der zugbeanspruchten Dübel
× Resultierende Zuglast der zugbeanspruchten Dübel

b)

Bild 44. Beispiele für die Exzentrizität der resultierenden Zuglast (nach [54]) a) einachsige Biegung b) schiefe Biegung

zwischen dem Anbauteil und der Betonoberfläche und N_{Ed} die resultierende Zugkraft ist (C_{Ed} wird als Absolutwert eingesetzt),
– Befestigungen mit $z/h_{ef} \geq 1{,}5$.

Bei schiefer Biegung wird z für beide Momente und die Normalkraft bestimmt.

f) Sonderfall: drei oder vier Ränder mit $c_i < c_{cr,N}$

In Fällen mit drei oder vier Bauteilrändern und Randabständen $c_i < c_{cr,N}$ (Bild 45) führt Gl. (13) zu konservativen Ergebnissen. Dies wird im Folgenden an einem Beispiel belegt (Bild 46). Bild 46 zeigt

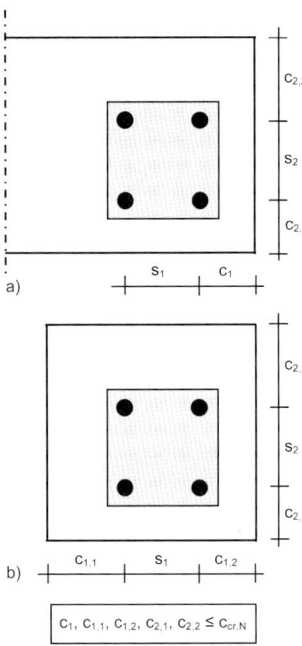

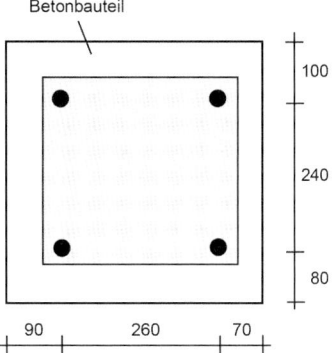

Bild 46. Beispiel einer Vierergruppe mit vier Bauteilrändern mit Randabständen $c_i < c_{cr,N}$

Bild 45. Beispiele für den Sonderfall, in denen die modifizierte Verankerungstiefe h'_{ef} angewendet werden darf; a) Vierergruppe mit drei Bauteilrändern, b) Vierergruppe mit vier Bauteilrändern

eine Vierergruppe in einem Betonprisma mit vier Randabständen $c_i < c_{cr,N}$. Der Beton der Festigkeitsklasse C20/25 ist ungerissen und normal bewehrt. Im ersten Fall beträgt die Verankerungstiefe des Kopfbolzens oder Dübels $h_{ef} = 100$ mm und im zweiten $h_{ef} = 200$ mm. Unter diesen Annahmen ergeben sich nach Gl. (13) folgende charakteristische Widerstände:

$h_{ef} = 100$ mm:

$$N_{Rk,c} = 11 \cdot \sqrt{20} \cdot 100^{1,5} \cdot \frac{176400}{90000}$$

$$\cdot \left(0,7 + 0,3 \cdot \frac{70}{150}\right) \cdot 1 \cdot 1 \cdot 1 = 80992 \ [N]$$

$h_{ef} = 200$ mm:

$$N_{Rk,c} = 11 \cdot \sqrt{20} \cdot 200^{1,5} \cdot \frac{176400}{360000}$$

$$\cdot \left(0,7 + 0,3 \cdot \frac{70}{300}\right) \cdot 1 \cdot 1 \cdot 1 = 52498 \ [N]$$

Der charakteristische Widerstand ist im zweiten Fall trotz doppelt so großer Verankerungstiefe kleiner als im ersten. Dies ist nicht logisch und widerspricht den Erwartungen der Ingenieure. In Wirklichkeit reißt das Betonprisma aber unabhängig von der Verankerungstiefe des Kopfbolzens oder Dübels immer in Höhe des Verankerungsbereichs durch.

Wirklichkeitsnahe Ergebnisse erhält man, wenn man in allen Anwendungsfällen mit drei oder mehr Bauteilrändern anstelle der realen Verankerungstiefe h_{ef} den größeren der beiden Werte nach Gl. (13f) einsetzt.

Einzelbefestigungen:

$$h'_{ef} = \frac{c_{max}}{c_{cr,N}} \cdot h_{ef} \qquad (13f_1)$$

Gruppen:

$$h'_{ef} = \max\left\{\frac{c_{max}}{c_{cr,N}} \cdot h_{ef}; \frac{s_{max}}{s_{cr,N}} \cdot h_{ef}\right\} \qquad (13f_2)$$

Dabei ist c_{max} der größte Randabstand ($\leq c_{cr,N}$) und s_{max} der größte Achsabstand innerhalb einer Gruppe ($\leq s_{cr,N}$). Gruppen mit drei Befestigungsmitteln in Reihe ohne Lochspiel dürfen auch am Bauteilrand positioniert werden. In diesem Fall ist s_{max} der Achsabstand der äußeren Befestigungsmittel der Gruppe $\leq 2 \cdot s_{cr,N}$.

Die charakteristischen Achs- und Randabstände betragen dann:

$$s'_{cr,N} = \frac{h'_{ef}}{h_{ef}} \cdot s_{cr,N} \qquad (13g_1)$$

$$c'_{cr,N} = \frac{h'_{ef}}{h_{ef}} \cdot c_{cr,N} \qquad (13g_2)$$

Damit erhält man in beiden Fällen für Bild 46:

$h_{ef} = 100$ mm:

$$h'_{ef} = \max\left\{\frac{100}{150} \cdot 100; \frac{260}{300} \cdot 100\right\} = 86{,}7 \text{ mm}$$

$$s'_{cr,N} = \frac{86{,}7}{100} \cdot 300 = 260 \text{ mm}$$

$$c'_{cr,N} = \frac{86{,}7}{100} \cdot 150 = 130 \text{ mm}$$

$h_{ef} = 200$ mm:

$$h'_{ef} = \max\left\{\frac{100}{300} \cdot 200; \frac{260}{600} \cdot 200\right\} = 86{,}7 \text{ mm}$$

$$s'_{cr,N} = \frac{86{,}7}{200} \cdot 600 = 260 \text{ mm}$$

$$c'_{cr,N} = \frac{86{,}7}{200} \cdot 300 = 130 \text{ mm}$$

Mit diesen modifizierten charakteristischen Abständen ergibt sich für beide Fälle nach Bild 46 derselbe charakteristische Widerstand:

$$N_{Rk,c} = 11 \cdot \sqrt{20} \cdot 86{,}7^{1{,}5} \cdot \frac{176400}{67600}$$

$$\cdot \left(0{,}7 + 0{,}3 \cdot \frac{70}{130}\right) \cdot 1 \cdot 1 \cdot 1 = 89230 \text{ [N]}$$

Der berechnete charakteristische Widerstand entspricht dem maximalen Wert für die angenommene Geometrie. Bei Reduzierung der Verankerungstiefe h_{ef} wird er kleiner und bei einer Erhöhung bleibt er konstant. Durch die Modifikation der rechnerischen Verankerungstiefe kann die beschriebene Schwachstelle des Bemessungsverfahrens beseitigt werden.

Der Wert h'_{ef} wird für die Bestimmung der Flächen $A_{c,N}$ und $A^0_{c,N}$ verwendet sowie in die Gln. (13a), (13b), (13d) eingesetzt.

6.2.5 Herausziehen

Der charakteristische Widerstand eines Kopfbolzens (Bild 1), mechanischen Dübels (Bilder 3a bis 3d) oder Verbundspreizdübels (Bild $3e_2$) für die Versagensart Herausziehen ist in der jeweiligen Europäischen Technischen Produktspezifikation angegeben. Dieser Wert lässt sich nicht rechnerisch, sondern nur durch Versuche bestimmen. Im Allgemeinen enthält die Produktspezifikation den Wert für Beton der Festigkeitsklasse C20/25. Steigt der Widerstand mit zunehmender Betonfestigkeit an, dann sind für jede Betonfestigkeitsklasse (in der Regel bis zur Klasse C50/60) Vergrößerungsfaktoren anzugeben.

Bei Kopfbolzen mit runden Köpfen ist der charakteristische Widerstand für Herausziehen durch die Betonpressung unter dem Kopf begrenzt.

$$N_{Rk,p} = k_2 \cdot A_h \cdot f_{ck} \quad (14)$$

mit

A_h Aufstandsfläche des runden Kopfes

$$= \frac{\pi}{4} \cdot \left(d_h^2 - d^2\right) \quad (14a)$$

d_h Kopfdurchmesser

$\leq 6 \cdot t_h + d$

t_h Dicke des Kopfes

d Schaftdurchmesser

$k_2 = 7{,}5$ (gerissener Beton)

$ = 10{,}5$ (ungerissener Beton)

f_{ck} Betondruckfestigkeit [N/mm²], gemessen an Zylindern mit einem Durchmesser von 150 mm und einer Höhe von 300 mm

Tritt bei einem Befestigungsmittel kein Herausziehen auf, dann ist das in der Europäischen Technischen Produktspezifikation vermerkt und der Nachweis darf entfallen.

6.2.6 Kombiniertes Versagen durch Herausziehen und Betonbruch

Kombiniertes Versagen durch Herausziehen und Betonbruch tritt nur bei chemischen Dübeln nach Bild $3e_1$ auf, die aus Gewindestange oder geripptem Bewehrungsstab bzw. Innengewindehülse und Mörtel bestehen.

Der charakteristische Widerstand einer Gruppe chemischer Dübel bei kombiniertem Versagen durch Herausziehen und Betonbruch wird durch zahlreiche Parameter beeinflusst, z. B. durch die Verbundfestigkeit, den Zustand des Betons (gerissen oder ungerissen), die Verankerungstiefe, durch Achsabstände zu benachbarten Dübeln einer Gruppe sowie Abstände zu freien Bauteilrändern, durch eine mögliche Exzentrizität der Belastung innerhalb einer Gruppe sowie durch eine ungünstig wirkende starke Oberflächenbewehrung. Der charakteristische Widerstand einer Gruppe kann unter Berücksichtigung dieser Einflussgrößen nach Gl. (15) berechnet werden. Sie beruhen auf Untersuchungen in [61–63].

$$N_{Rk,p} = N^0_{Rk,p} \cdot \frac{A_{p,N}}{A^0_{p,N}} \cdot \psi_{g,Np} \cdot \psi_{s,Np}$$

$$\cdot \psi_{re,Np} \cdot \psi_{ec,Np} \text{ [N]} \quad (15)$$

Die einzelnen Faktoren der Gl. (15) werden im Folgenden erklärt.

a) Charakteristischer Widerstand einer Einzelbefestigung

Der charakteristische Widerstand eines Einzeldübels wird unter der Annahme einer über die Verankerungstiefe konstanten Verbundspannung (linearer Verlauf der Stahlspannung) berechnet und ergibt sich somit aus dem Produkt der charakteristischen Verbundfestigkeit τ_{Rk} und der Mantelfläche sowie einem Faktor zur Berücksichtigung von dauernd einwirkenden Lasten zu:

$$N_{Rk,p}^0 = \psi_{sus} \cdot \tau_{Rk} \cdot \pi \cdot d \cdot h_{ef} \quad (15a)$$

mit

$\psi_{sus} = 1$ für $\alpha_{sus} \leq \psi_{sus}^0$ (15b)

$\psi_{sus} = \psi_{sus}^0 + 1 - \alpha_{sus}$ für $\alpha_{sus} > \psi_{sus}^0$ (15c)

ψ_{sus}^0 produktabhängiger Faktor zur Berücksichtigung des Einflusses von Dauerlasten auf die Verbundfestigkeit gemäß Europäischer Technischer Produktspezifikation

α_{sus} Verhältnis der Einwirkungen unter Dauerlast (ständig wirkende Einwirkungen einschließlich dauernd einwirkender Komponenten veränderlicher Einwirkungen) zur gesamten Einwirkung im Grenzzustand der Tragfähigkeit

τ_{Rk} charakteristischer Widerstand des Verbundes (Verbundfestigkeit)

$\quad = \tau_{Rk,cr}$ für gerissenen Beton

$\quad = \tau_{Rk,ucr}$ für ungerissenen Beton

Die Werte $\tau_{Rk,cr}$ und $\tau_{Rk,ucr}$ sind der jeweiligen Europäischen Technischen Produktspezifikation zu entnehmen.

Es ist naheliegend, dass die Annahme einer konstanten Verbundspannung nicht für beliebig große Verankerungstiefen gelten kann. Deshalb begrenzen die Europäischen Technischen Produktspezifikationen die Anwendung auf Verbunddübel mit $h_{ef} \leq 20 \cdot d$. Dieser Wert entspricht dem in [48] angegebenen Grenzwert der Verankerungstiefe für den Ansatz einer konstanten Verbundspannung. Nach [63] ist dieser Ansatz eher konservativ. Danach darf eine konstante Verbundspannung bis zu Verankerungstiefen $h_{ef} = 25 \cdot d$ angenommen werden.

Verbunddübel mit größeren Verankerungstiefen als $h_{ef} = 20 \cdot d$ sind derzeit nicht zugelassen.

Die charakteristische Verbundfestigkeit τ_{Rk} ist in der Europäischen Technischen Produktspezifikation angegeben. Je nach ETA wird dabei zwischen Anwendungen im gerissenen und ungerissenen Beton unterschieden. Außerdem kann die Zulassung bzw. Bewertung Werte für unterschiedliche Intensitäten der Bohrlochreinigung, trockenen oder feuchten Beton, wassergefüllte Bohrlöcher sowie den Einsatz bei verschiedenen Temperaturbereichen enthalten.

Die jeweiligen charakteristischen Verbundfestigkeiten wurden nach [3] und werden aktuell nach [15] aus den Ergebnissen umfangreicher Qualifizierungsversuche ermittelt.

Der Faktor ψ_{sus} berücksichtigt den Einfluss von Dauerlasten auf die Verbundfestigkeit des Mörtels. Er wird wesentlich durch die Materialeigenschaften des verwendeten Mörtels bestimmt und ist deshalb produktabhängig. Aufgrund der Materialvielfalt und der vielen Neuentwicklungen der letzten Jahre liegen zum Langzeitverhalten der Mörtel keine über einen langen Zeitraum abgesicherten Erkenntnisse vor [64]. Aus diesem Grund wurden die Forschungen zum Kriechverhalten chemischer Dübel in den letzten 10 Jahren sehr intensiviert.

Die Ergebnisse dieser Untersuchungen zeigen, dass die Verbundfestigkeit unter Dauerlast gegenüber dem Wert bei Kurzzeitbelastung abnimmt. Bild 47 zeigt beispielhaft die in Dauerstandversuchen gemessene Verbundfestigkeit eines bestimmten Produkts bezogen auf die mittlere Verbundfestigkeit im Kurzzeitversuch in Abhängigkeit von der Belastungsdauer. Die Versuchstemperatur betrug 43 °C. Bei einer Standzeit von 10 Minuten betrug die Verbundfestigkeit ca. 80 % des Kurzzeitwerts und nahm anschließend etwa linear mit dem Logarithmus der Belastungsdauer ab.

Nimmt man an, dass die erhöhte Temperatur während einer Lebensdauer von 50 Jahren etwa über 10 Jahre (88000 Stunden) auftritt, dann beträgt die Verbundfestigkeit des untersuchten Produkts nur noch etwa 50 % der Kurzzeitfestigkeit. Bei Raumtemperatur ist eine geringere Abnahme der Festigkeit zu erwarten.

Derzeit werden Verbunddübel mit Europäischer Technischer Produktspezifikation nach [15] geprüft. In Dauerstandversuchen wird eine Dauerlast entsprechend dem 1,1-fachen Bemessungswert der Herausziehlast aufgebracht. Die über eine Belastungszeit ≤ 3000 Stunden gemessenen Verschiebungen werden auf die Lebensdauer extrapoliert und mit einer Grenzverschiebung verglichen. Ist die extrapolierte Verschiebung größer als dieser Grenzwert, dann müssen die Versuche mit einer geringeren Belastung wiederholt werden, bis der Grenzwert eingehalten oder unterschritten wird. Die aus Kurzzeitversuchen ermittelte charakteristische Verbundfestigkeit wird entsprechend den Ergebnissen der Dauerstandversuche reduziert und in die Europäischen Technischen Produktspezifikationen übernommen.

Auswertungen zeigen, dass in den Versuchen nach [3] bzw. [15] nur ein Teil der Abnahme der Verbundfestigkeit erfasst wird [65]. Das bedeutet, dass chemische Dübel bei einem hohen Anteil quasiständiger Zuglast an der Gesamtlast nach [6] nicht in jedem Fall wirklichkeitsnah bemessen werden.

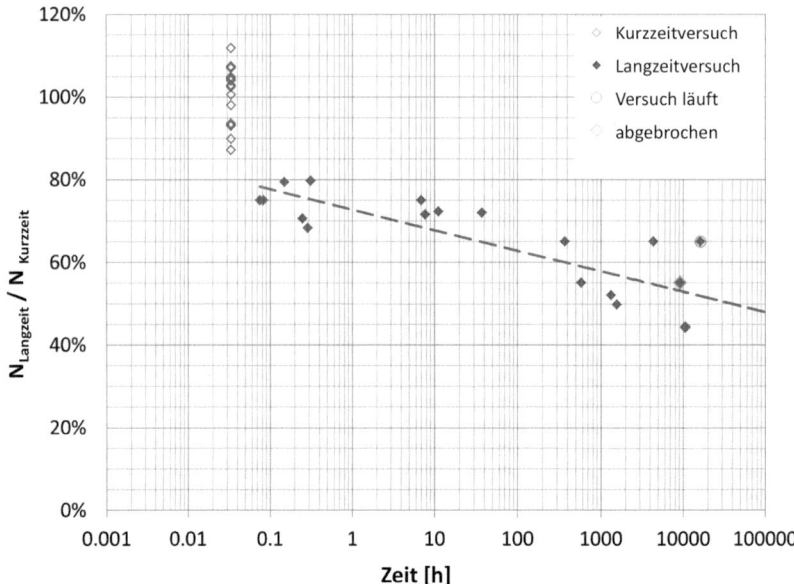

Bild 47. Verbundfestigkeit bezogen auf den Wert bei Kurzzeitbelastung in Abhängigkeit von der Belastungsdauer (Kurzzeitversuche in der Projektion vernachlässigt) [64]

Aus diesem Grund wurde in EN 1992-4 der produktabhängige Abminderungsfaktor ψ_{sus} eingeführt, der wesentlich vom Verhältnis α_{sus} der Einwirkungen unter Dauerlast (ständig wirkende Einwirkungen einschließlich dauernd einwirkender Komponenten veränderlicher Einwirkungen) zur gesamten Einwirkung im Grenzzustand der Tragfähigkeit abhängt. Der Verhältniswert α_{sus} sollte im Einzelfall vom bemessenden Ingenieur bestimmt werden.

Falls in der Europäischen Technischen Produktspezifikation für ψ_{sus}^0 kein Wert angegeben ist, dann empfiehlt EN 1992-4 den Wert $\psi_{sus}^0 = 0{,}6$ anzusetzen. Dieser gilt laut EN 1992-4 für eine während der Lebensdauer von 50 Jahren über einen Zeitraum von insgesamt 10 Jahren einwirkende erhöhte Temperatur im Bereich des Befestigungsmittels von 43 °C. Die Norm weist ausdrücklich darauf hin, dass der Faktor ψ_{sus}^0 bei Vorliegen abweichender Temperaturen durch geeignete Versuche bestimmt werden sollte. Liegt die Temperatur unter bzw. über 43 °C, dann sind höhere bzw. niedrigere Werte als 0,6 zu erwarten.

b) Einfluss von Achs- und Randabständen

Für die Bestimmung des Einflusses verminderter Achs- und Randabstände auf den charakteristischen Widerstand für kombiniertes Versagen durch Herausziehen und Betonbruch wird dasselbe geometrische Modell verwendet wie für kegelförmigen Betonausbruch (vgl. Abschnitt 6.2.4).

b_1) Achsabstände

Der Quotient $A_{p,N} / A_{p,N}^0$ in Gl. (15) berücksichtigt den geometrischen Einfluss von Achs- und Randabständen auf den charakteristischen Widerstand bei kombiniertem Herausziehen und Betonausbruch. Die Flächen $A_{p,N}$ und $A_{p,N}^0$ werden wie die Flächen $A_{c,N}$ und $A_{c,N}^0$ bei der Versagensart kegelförmiger Betonausbruch bestimmt, jedoch werden die charakteristischen Achs- und Randabstände $s_{cr,N}$ und $c_{cr,N}$ durch die Werte $s_{cr,Np}$ und $c_{cr,Np}$ ersetzt. Beispiele für die Flächenermittlung zeigen die Bilder 36 bis 38.

Während die charakteristischen Achs- und Randabstände für Kopfbolzen und mechanische bzw. chemische Dübel bei kegelförmigem Betonausbruch allein von der Verankerungstiefe abhängen, hat bei kombiniertem Versagen durch Herausziehen und Betonbruch die Verbundfestigkeit einen Einfluss. Die charakteristischen Achs- und Randabstände $s_{cr,Np}$ und $c_{cr,Np}$ errechnen sich nach Gl. (15d).

$$s_{cr,Np} = 7{,}3 \cdot d \cdot (\psi_{sus} \cdot \tau_{Rk})^{0{,}5}$$
$$\leq 3 \cdot h_{ef} \qquad (15d_1)$$

$$c_{cr,Np} = s_{cr,Np}/2 \qquad (15d_2)$$

mit

d   Gewindedurchmesser [mm]

ψ_{sus} nach Gln. (15b), (15c)

τ_{Rk} charakteristische Verbundfestigkeit $\tau_{Rk,ucr}$ [N/mm²] für ungerissenen Beton C20/25

Die Abstände $s_{cr,Np}$ und $c_{cr,Np}$ gelten sowohl für gerissenen als auch für ungerissenen Beton.

b₂) Randabstände

Wie bei der Versagensart kegelförmiger Betonausbruch lässt sich über den Quotienten $A_{p,N}/A_{p,N}^0$ auch der geometrische Einfluss von Bauteilrändern auf den charakteristischen Widerstand für kombiniertes Versagen durch Herausziehen und Betonbruch ermitteln. Wird eine Befestigung mit einem Randabstand $c < c_{cr,Np}$ angeordnet, dann überschneidet sich der Bruchkörper mit dem Bauteilrand und es kommt zu einer Verminderung der vorhandenen Bruchfläche. Beispiele zeigen die Bilder 40 und 41. Dabei sind wiederum die charakteristischen Achs- und Randabstände $s_{cr,N}$ und $c_{cr,N}$ durch die Werte $s_{cr,Np}$ und $c_{cr,Np}$ zu ersetzen.

Neben dem beschriebenen geometrischen Einfluss von Rändern ist auch bei kombiniertem Herausziehen und Betonbruch die Störung des rotationssymmetrischen Spannungszustands durch Bauteilränder zu beachten (vgl. Bild 42). Dieser Einfluss wird in Gl. (15) durch den Faktor $\psi_{s,Np}$ berücksichtigt.

$$\psi_{s,Np} = 0{,}7 + 0{,}3 \cdot \left(\frac{c}{c_{cr,Np}}\right) \leq 1 \quad (15e)$$

Sind mehrere Bauteilränder vorhanden, z. B. bei Anwendungen in der Bauteilecke oder in einem schmalen Bauteil, dann ist der kleinste der Randabstände in Gl. (15e) einzusetzen.

c) Einfluss kleiner Achsabstände

Gleichung (15) enthält den sogenannten Gruppenfaktor $\psi_{g,Np}$. Dieser Faktor berücksichtigt den Einfluss der Oberfläche der Verbunddübel bei Dübelgruppen (Bild 48).

Ordnet man zwei Verbunddübel mit einem Achsabstand $s = d$ an, dann ist die Verbundbruchfläche und damit der charakteristische Verbundwiderstand der zwei Verbunddübel um den Faktor $\sqrt{n}$ größer als bei einem Einzeldübel (vgl. Bilder 48a₁ und 48a₂). Dies wird durch den Gruppenfaktor $\psi_{g,Np}$ nach [66] berücksichtigt. Er beträgt:

$$\psi_{g,Np} = \psi_{g,Np}^0 - \left(\frac{s}{s_{cr,Np}}\right)^{0{,}5} \cdot \left(\psi_{g,Np}^0 - 1\right) \geq 1 \quad (15f)$$

mit

$$\psi_{g,Np}^0 = \sqrt{n} - (\sqrt{n} - 1) \cdot \left(\frac{\tau_{Rk}}{\tau_{Rk,c}}\right)^{1{,}5} \geq 1 \quad (15g)$$

n   Anzahl der Dübel in der Gruppe

τ_{Rk} charakteristischer Widerstand des Verbundes [N/mm²] nach Europäischer Technischer Produktspezifikation für gerissenen oder ungerissenen Beton ($\tau_{Rk,cr}$ oder $\tau_{Rk,ucr}$)

$\tau_{Rk,c}$ Verbundfestigkeit, bei der ein Einzeldübel durch Betonausbruch versagt

$$= \frac{k_3}{\pi \cdot d} \cdot \sqrt{h_{ef} \cdot f_{ck}} \quad (15h)$$

s   Achsabstand [mm], bei unterschiedlichen Abständen wird der Mittelwert eingesetzt

$s_{cr,Np}$ nach Gl. (15d₁)

k_3 = 7,7 für gerissenen Beton

   = 11 für ungerissenen Beton

Der Gruppenfaktor $\psi_{g,Np}$ nimmt von $\psi_{g,Np} = \psi_{g,Np}^0$ für $s = 0$ auf $\psi_{g,Np} = 1$ für $s = s_{cr,Np}$ ab.

Bei Betonausbruch entspricht der charakteristische Widerstand der Zweiergruppe nach Bild 48 in etwa dem Wert eines Einzeldübels, da der Betonausbruchkegel für die Gruppe nur geringfügig größer ist als derjenige des Einzeldübels (vgl. Bilder 48b₁ und 48b₂). Daher wird der Faktor $\psi_{g,Np}$ zur Berechnung des charakteristischen Widerstands bei dieser Versagensart nicht benötigt.

d) Einfluss einer starken Oberflächenbewehrung (Schalenabplatzen)

Eine starke Oberflächenbewehrung kann – wie bei der Versagensart kegelförmiger Betonausbruch bei Kopfbolzen und mechanischen Dübeln – auch die Tragfähigkeit bei kombiniertem Herausziehen und Betonbruch ungünstig beeinflussen, wenn chemische Dübel in der Betondeckung oder in der Nähe der Bewehrung verankert sind. Für die Berücksichtigung dieses negativen Einflusses gilt Abschnitt 6.2.4c unverändert.

e) Einfluss der Lastexzentrizität

Abschnitt 6.2.4d gilt analog, allerdings ist in Gl. (13d) anstelle des charakteristischen Achsabstands $s_{cr,N}$ der Wert $s_{cr,Np}$ einzusetzen.

f) Sonderfall: drei oder vier Ränder mit $c_i < c_{cr,Np}$

In Fällen, in denen der charakteristische Achsabstand $s_{cr,Np}$ nach Gl. (15d₁) auf das 3-Fache der Verankerungstiefe begrenzt ist, führt Gl. (15) bei Anwendungen mit drei oder vier Bauteilrändern mit $c_i < c_{cr,Np}$ zu konservativen Ergebnissen. Wirklichkeitsnähere Ergebnisse werden erzielt, wenn anstelle der realen Verankerungstiefe h_{ef} der fiktive

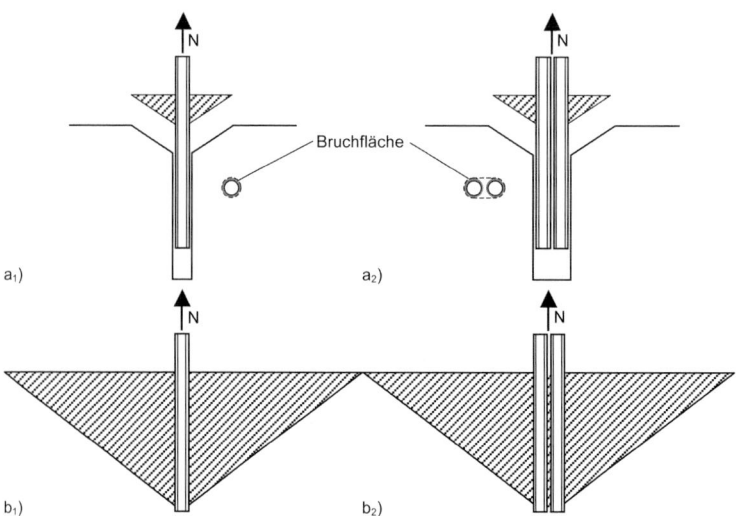

Bild 48. B Versagen einer Zweiergruppe mit Verbunddübeln in geringem Achsabstand (nach [66])
a) kombiniertes Versagen durch Herausziehen und Betonbruch, b) kegelförmiger Betonausbruch

Wert h'_{ef} nach Gln. (13f$_1$), (13f$_2$) angesetzt wird. Dabei sind die Werte $s_{cr,N}$ und $c_{cr,N}$ durch $s_{cr,Np}$ und $c_{cr,Np}$ zu ersetzen. Weitere Details hierzu können Abschnitt 6.2.4f entnommen werden.

Ist in Gl. (15d$_1$) die Begrenzung des charakteristischen Achsabstands $s_{cr,Np}$ auf die 3-fache Verankerungstiefe nicht wirksam, d. h. $s_{cr,Np}$ ist kleiner als $3 \cdot h_{ef}$, dann ist $s_{cr,Np}$ unabhängig von der Verankerungstiefe und bleibt konstant. Deshalb steigt der charakteristische Widerstand $N^0_{Rk,p}$ einer Einzelbefestigung und damit auch der Widerstand $N_{Rk,p}$ einer Gruppe nach Gl. (15) mit zunehmender Verankerungstiefe linear an. Versuchsergebnisse, die diesen Anstieg belegen, sind den Verfassern nicht bekannt. Da die lastabtragende Betonfläche bei vier Bauteilrändern jedoch konstant ist, ist davon auszugehen, dass der Widerstand nicht linear zunimmt. Deshalb empfiehlt EN 1992-4 unabhängig davon, ob die Begrenzung des charakteristischen Achsabstands auf die 3-fache Verankerungstiefe maßgebend ist oder nicht, in jedem Fall die Bemessung wie oben beschrieben mit dem fiktiven Wert der Verankerungstiefe durchzuführen.

6.2.7 Spalten

6.2.7.1 Spalten bei der Montage der Befestigungsmittel

Versagen durch Spalten bei der Montage der Befestigungsmittel (z. B. beim Aufbringen des Montagedrehmoments) kann ausgeschlossen werden, wenn die in der jeweiligen Europäischen Technischen Produktspezifikation geforderten Mindestwerte für den Randabstand (c_{min}), den Achsabstand (s_{min}) und die Bauteildicke (h_{min}) eingehalten werden.

6.2.7.2 Spalten unter Last

Spalten unter Last tritt nur auf, wenn Befestigungen in der Nähe von Bauteilrändern angeordnet werden und/oder wenn das als Verankerungsgrund dienende Bauteil dünn ist. In letztgenannten Anwendungsfällen kann ein Spaltriss zwischen benachbarten Befestigungsmitteln auftreten. Die charakteristischen Spaltabstände $s_{cr,sp} = 2 \cdot c_{cr,sp}$ sind in der jeweiligen Europäischen Technischen Produktspezifikation angegeben. Eine geeignete Bewehrung kann die Auswirkungen von Spaltrissen begrenzen. Nach EN 1992-4 muss deshalb kein Spaltnachweis geführt werden, wenn mindestens eine der folgenden Bedingungen erfüllt ist:

– Die Randabstände in allen Richtungen betragen bei Einzelbefestigungen $c \geq 1{,}0 \cdot c_{cr,sp}$ und bei Gruppen $c \geq 1{,}2 \cdot c_{cr,sp}$ und die Bauteildicke ist in beiden Fällen $h \geq h_{min}$. Dabei ist h_{min} der zum charakteristischen Randabstand $c_{cr,sp}$ gehörende Wert.

– Die Nachweise für kegelförmigen Betonausbruch und Herausziehen (Kopfbolzen und mechanische Dübel) oder kombiniertes Versagen durch Herausziehen und Betonbruch (chemische Dübel) werden für gerissenen Beton geführt und es ist eine Bewehrung im Bereich der Verankerung vorhanden, die die Spaltkräfte der

Befestigungsmittel aufnimmt und die Rissbreite auf $w_k \leq 0{,}3$ mm begrenzt.

Liegen keine genaueren Informationen vor, dann kann die zur Aufnahme der Spaltkräfte erforderliche Bewehrung nach Gl. (16) bestimmt werden.

$$\sum A_{s,re} = k_4 \cdot \frac{\sum N_{Ed}}{f_{yk,re} / \gamma_{Ms,re}} \quad (16)$$

mit

k_4 = 2,0 für wegkontrolliert spreizende Dübel

= 1,5 für drehmomentkontrolliert spreizende Dübel und Verbundspreizdübel

= 1,0 für Hinterschnittdübel und Betonschrauben

= 0,5 für chemische Dübel und Kopfbolzen

$\sum N_{Ed}$ Summe der Kräfte in den zugbeanspruchten Befestigungsmitteln unter dem Bemessungswert der Einwirkungen

$f_{yk,re}$ Nennwert der Streckgrenze der Bewehrung ≤ 600 N/mm²

$\gamma_{Ms,re}$ Teilsicherheitsbeiwert nach Tabelle 1

Diese Bewehrung soll symmetrisch und möglichst nahe zu jedem Befestigungsmittel einer Gruppe angeordnet werden.

Ist keine der beiden oben genannten Bedingungen erfüllt, dann muss ein Spaltnachweis geführt werden. In der Literatur existieren zum Thema Spalten mehrere Vorschläge, deren Geltungsbereich aber entweder auf bestimmte Befestigungstypen oder Anwendungen beschränkt ist oder die als Bemessungsansatz wenig geeignet sind. Deshalb wird in EN 1992-4 ein vereinfachtes Bemessungsverfahren vorgeschlagen, das in wesentlichen Punkten auf dem Ansatz für kegelförmigen Betonausbruch beruht. Dieser Analogieschluss ergibt einen Sinn, da der Widerstand eines Befestigungsmittels bei Spalten durch dieselben Parameter beeinflusst wird wie beim kegelförmigen Betonausbruch. So ist für den Widerstand eines Einzeldübels die Betonfestigkeit von Einfluss und die Größe der Spaltfläche wird sowohl durch die Verankerungstiefe als auch durch Achsabstände zu benachbarten Dübeln und zu Bauteilrändern beeinflusst. Auch die Lastexzentrizität wirkt sich auf den Widerstand bei Spalten aus. Andererseits ist der Widerstand bei Betonausbruch unabhängig von der Bauteildicke, beim Spalten hingegen ist ein Dickeneinfluss vorhanden. Je dicker das Bauteil ist, desto größer ist die zum Spalten des Bauteils erforderliche Kraft. Deshalb muss die Dicke des Betonbauteils beim Spaltnachweis berücksichtigt werden.

Unter diesen Annahmen kann der charakteristische Widerstand einer Gruppe von Befestigungsmitteln nach Gl. (17) bestimmt werden:

$$N_{Rk,sp} = N_{Rk,sp}^0 \cdot \frac{A_{c,N}}{A_{c,N}^0} \cdot \psi_{s,N} \cdot \psi_{re,N}$$
$$\cdot \psi_{ec,N} \cdot \psi_{h,sp} \quad [N] \quad (17)$$

mit

$N_{Rk,sp}^0$ gemäß Europäischer Technischer Produktspezifikation

$A_{c,N}$, $A_{c,N}^0$, $\psi_{s,N}$, $\psi_{re,N}$ und $\psi_{ec,N}$ nach Abschnitt 6.2.4, wobei die Abstände $s_{cr,N}$ und $c_{cr,N}$ durch $s_{cr,sp}$ und $c_{cr,sp}$ zu ersetzen sind

$\psi_{h,sp}$ nach Gl. (17a)

$$\psi_{h,sp} = \left(\frac{h}{h_{min}}\right)^{2/3}$$

$$\leq \max\left\{1; \left(\frac{h_{ef} + 1{,}5 \cdot c_1}{h_{min}}\right)^{2/3}\right\}$$

$$\leq 2 \quad (17a)$$

Ist in der Europäischen Technischen Produktspezifikation kein Wert für $N_{Rk,sp}^0$ angegeben, dann kann der Widerstand auf der sicheren Seite nach Gl. (17b) bestimmt werden.

$$N_{Rk,sp}^0 = \min\{N_{Rk,p}; N_{Rk,c}^0\} \quad (17b)$$

mit

$N_{Rk,p}$ nach Abschnitt 6.2.5 für Kopfbolzen und mechanische Dübel

$N_{Rk,p} = N_{Rk,p}^0$ nach Abschnitt 6.2.6, Gl. (15a) für chemische Dübel

$N_{Rk,c}^0$ nach Gl. (13a)

Die charakteristischen Achs- und Randabstände $s_{cr,sp}$ und $c_{cr,sp}$ sind in den jeweiligen Europäischen Technischen Produktspezifikationen angegeben. Bei Befestigungsmitteln mit konstanter Verankerungstiefe (z. B. bei mechanischen Dübeln) sind die Abstände Festwerte. Demgegenüber können chemische Dübel nach Bild 3e$_1$ mit variabler Verankerungstiefe $h_{ef} \geq 20 \cdot d$ gesetzt werden. In diesen Fällen hängen die charakteristischen Abstände in der Regel vom Verhältnis Bauteildicke zu Verankerungstiefe ab. Die Europäischen Technischen Produktspezifikationen enthalten unterschiedliche Rechenansätze für $c_{cr,sp}$. Gleichung (18) zeigt einen häufig verwendeten Ansatz.

$$1{,}0 \cdot h_{ef} \leq 2 \cdot h_{ef} \cdot \left(2{,}5 - \frac{h}{h_{ef}}\right)$$

$$\leq 2{,}4 \cdot h_{ef} \quad (18)$$

Diese Gleichung lässt sich auch wie folgt schreiben:

$h/h_{ef} \leq 1{,}3$:
$$c_{cr,sp} = 2{,}4 \cdot h_{ef} \quad (18a)$$

$1{,}3 < h/h_{ef} < 2{,}0$:
$$c_{cr,sp} = 2{,}0 \cdot h_{ef} \cdot (2{,}5 - h/h_{ef}) \quad (18b)$$

$h/h_{ef} \geq 2{,}0$:
$$c_{cr,sp} = 1{,}0 \cdot h_{ef} \quad (18c)$$

Dies kann bei Anwendungen mit konstanter Bauteildicke und gleichzeitig veränderlicher Verankerungstiefe zu unerwarteten Bemessungsergebnissen führen [56]. Bild 49 verdeutlicht das am Beispiel einer Gruppe mit vier chemischen Dübeln M12 in der Ecke eines 300 mm dicken Bauteils. Die Festigkeit des gerissenen Betons beträgt $f_{ck} = 20$ N/mm² und als Grundwert $N^0_{Rk,sp}$ des Spaltwiderstands nach Gl. (17b) wird $N^0_{Rk,c}$ nach Gl. (13a) angesetzt. Außerdem wird angenommen, dass zwar eine Bewehrung vorhanden ist, die jedoch zur Aufnahme der Spaltkräfte im Bereich der Verankerung nicht ausreicht und deshalb trotz gerissenen Betons ein Spaltnachweis geführt werden muss.

Trotz Vergrößerung der Verankerungstiefe von $h_{ef} = 150$ mm auf $h_{ef} = 240$ mm nimmt der charakteristische Widerstand für Spalten von $N_{Rk,sp} = 135$ kN auf $N_{Rk,sp} = 51$ kN ab. Dies ist auf die überproportionale Zunahme des charakteristischen Randabstands von $c_{cr,sp} = 150$ mm ($h/h_{ef} = 2{,}0$) auf $c_{cr,sp} = 576$ mm ($h/h_{ef} \leq 1{,}3$) zurückzuführen. Dadurch verringert sich das Verhältnis der Flächen

$A_{c,N}$ und $A^0_{c,N}$ von 1,69 auf 0,49. Gleichzeitig nehmen auch die Faktoren $\psi_{h,sp}$ zur Berücksichtigung der Bauteildicke und $\psi_{s,N}$ zur Berücksichtigung der Störung des rotationssymmetrischen Spannungszustands infolge der Bauteilränder deutlich ab. Die Summe dieser Abnahmen wird durch die Zunahme des Widerstands einer Einzelbefestigung von $N^0_{Rk,sp} = 63{,}2$ kN auf $N^0_{Rk,sp} = 128{,}0$ kN nicht kompensiert.

Dieses Verhalten widerspricht den Erwartungen der Anwender und führt in der Praxis zu Rückfragen. Die Arbeitsgruppe TG 2.9 des fib (International Federation of Structural Concrete) diskutiert zurzeit einen alternativen Vorschlag für den charakteristischen Spaltabstand $c_{cr,sp}$, bei dem das geschilderte Problem nicht mehr auftritt [67]. Die Verfasser sind der Ansicht, dass dieser Ansatz bei einer späteren Überarbeitung von EN 1992-4 berücksichtigt werden sollte.

6.2.8 Lokaler Betonausbruch

Kopfbolzen und Hinterschnittdübel, die wie Kopfbolzen wirken, können mit kleinen Randabständen verankert werden. Unter Zugbeanspruchung treten unter dem Kopf bzw. im Hinterschnittbereich hohe Druckspannungen auf, welche Querpressungen hervorrufen. Diese Querpressungen können bei kleinen Randabständen im Bereich des Kopfes zu einem örtlichen (kegelförmigen) Ausbrechen des Betons in Richtung des freien Bauteilrands führen (Bild 50a).

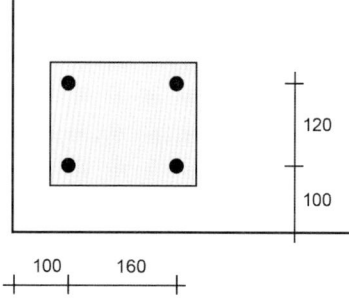

$h_{ef} = 150$ mm $\rightarrow$ $c_{cr,sp} = 150$ mm
$$N_{Rk,sp} = 7{,}7 \cdot \sqrt{20} \cdot 150^{1{,}5} \cdot \frac{151\,700}{90\,000} \cdot \left(0{,}7 + 0{,}3 \cdot \frac{100}{150}\right) \cdot 1 \cdot 1{,}406 = 134\,932 \text{ N}$$

$h_{ef} = 240$ mm $\rightarrow$ $c_{cr,sp} = 576$ mm
$$N_{Rk,sp} = 7{,}7 \cdot \sqrt{20} \cdot 240^{1{,}5} \cdot \frac{656\,456}{1\,327\,104} \cdot \left(0{,}7 + 0{,}3 \cdot \frac{100}{576}\right) \cdot 1 \cdot 1{,}073 = 51\,108 \text{ N}$$

Bild 49. Abhängigkeit des charakteristischen Spaltwiderstands vom Verhältnis h/h_{ef}

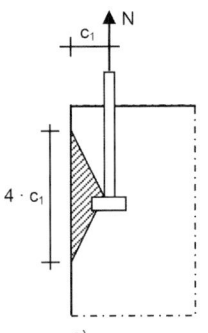
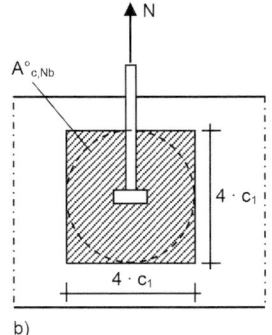

Bild 50. Lokaler Betonausbruch eines zugbeanspruchten Kopfbolzens mit kleinem Randabstand c_1; a) Schnitt, b) Ansicht

Der Neigungswinkel des Ausbruchkörpers gegenüber dem Bauteilrand beträgt zwischen 20° und 30°, im Mittel 25°, seine Tiefe wird vereinfachend zu c_1 angesetzt. Unter diesen Annahmen beträgt der Durchmesser des auf der Bauteilseitenfläche im Idealfall kreisförmigen Ausbruchkörpers etwa das 4-Fache des Randabstands c_1 (Bild 50b).

EN 1992-4 fordert einen Nachweis für lokalen Betonausbruch, wenn der Randabstand $c \le 0{,}5 \cdot h_{ef}$ ist. Bei größeren Randabständen wird angenommen, dass diese Versagensart nicht auftritt. Der Nachweis muss der Reihe nach für alle Bauteilränder geführt werden. Bei senkrecht zum Bauteilrand angeordneten Gruppen ist der Nachweis nur für die randnächsten Befestigungsmittel zu führen.

Der charakteristische Widerstand für lokalen Betonausbruch kann wie folgt berechnet werden [68]:

$$N_{Rk,cb} = N^0_{Rk,cb} \cdot \frac{A_{c,Nb}}{A^0_{c,Nb}} \cdot \psi_{s,Nb} \cdot \psi_{g,Nb} \cdot \psi_{ec,Nb} \quad [N] \quad (19)$$

Die einzelnen Faktoren der Gl. (19) werden nachfolgend erläutert.

a) Charakteristischer Widerstand einer Einzelbefestigung

Der charakteristische Widerstand eines einzelnen Befestigungsmittels für lokalen Betonausbruch ohne Beeinflussung durch benachbarte Befestigungen oder weitere Bauteilränder beträgt [68]:

$$N^0_{Rk,cb} = k_5 \cdot c_1 \cdot \sqrt{A_h} \cdot \sqrt{f_{ck}} \quad [N] \quad (19a)$$

mit
$k_5 = 8{,}7$ für gerissenen Beton
$ = 12{,}2$ für ungerissenen Beton
c_1 Randabstand nach Bild 50a [mm]
A_h Aufstandsfläche des Bolzenkopfes nach Gl. (14a) bzw. nach der jeweiligen Europäischen Technischen Produktspezifikation [mm²]

f_{ck} Betondruckfestigkeit [N/mm²], gemessen an Zylindern mit einem Durchmesser von 150 mm und einer Höhe von 300 mm

b) Einfluss von Achsabständen sowie weiteren Randabständen

Der Durchmesser des auf der Bauteiloberfläche im Idealfall kreisförmigen Ausbruchkörpers entspricht dem 4-Fachen des Randabstands c_1. Vereinfachend wird – wie bei der Versagensart kegelförmiger Betonausbruch – der Bruchkörper durch das umschriebene Quadrat idealisiert (Bild 50b). Immer, wenn einem Befestigungsmittel auf der Seitenfläche des Bauteils dieses Quadrat zur Verfügung steht, erreicht es seinen maximalen charakteristischen Widerstand nach Gl. (19a). Ist das nicht der Fall, dann überschneiden sich die Ausbruchkörper benachbarter Befestigungsmittel. Sind weitere Bauteilränder vorhanden (z. B. bei Befestigungen in einer Bauteilecke), dann kann es zu einer Überschneidung des Bruchkörpers mit dem weiteren Rand kommen. In beiden Fällen nimmt der charakteristische Widerstand ab.

Der geometrische Einfluss von Achsabständen und weiteren Bauteilrändern auf den charakteristischen Widerstand wird über den Quotienten $A_{c,Nb}/A^0_{c,Nb}$ bestimmt. Maßgebender Parameter ist hier allerdings nicht wie bei kegelförmigem Betonausbruch die Verankerungstiefe h_{ef}, sondern der Randabstand c_1.

$A^0_{c,Nb}$ Bezugswert der Grundfläche des Ausbruchkörpers

$$= (4 \cdot c_1)^2 \quad (19b)$$

$A_{c,Nb}$ vorhandene Grundfläche des Ausbruchkörpers, begrenzt durch die Überschneidung der Körper benachbarter Befestigungsmittel ($s \le 4 \cdot c_1$) sowie durch weitere Bauteilränder ($c_2 \le 2 \cdot c_1$)

Beispiele für die Berechnung von $A_{c,Nb}$ zeigt Bild 51.

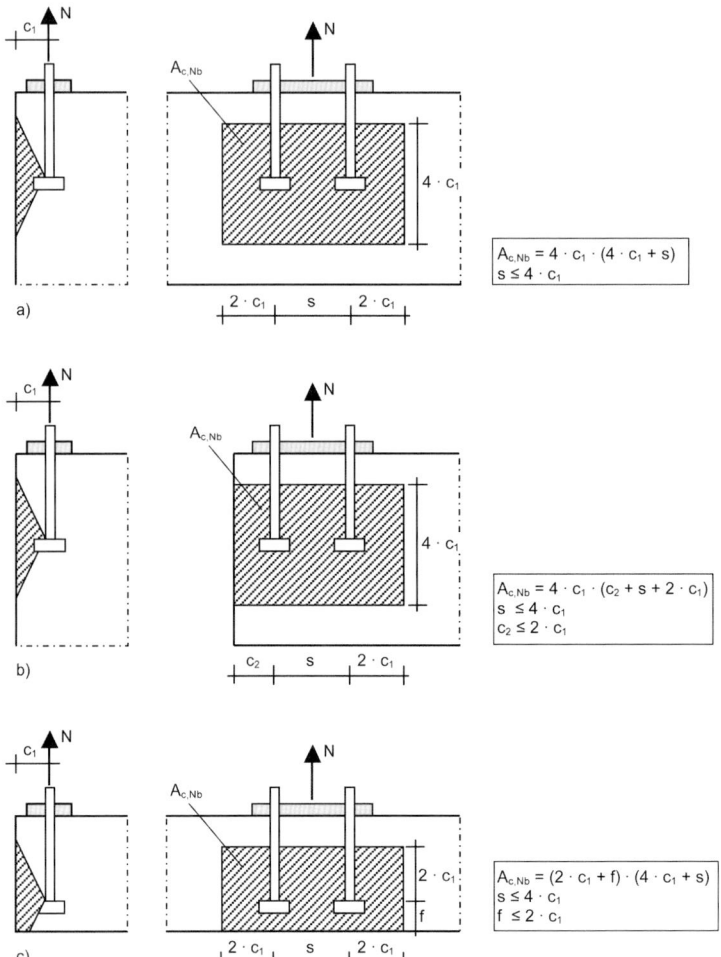

Bild 51. Beispiele für die Flächen $A_{c,Nb}$ der idealisierten Betonausbruchkörper bei der Versagensart lokaler Betonausbruch; a) Kopfbolzenpaar in einem dicken Bauteil, b) Kopfbolzenpaar in der Ecke eines dicken Bauteils, c) Kopfbolzenpaar in einem dünnen Bauteil

c) Einfluss weiterer Bauteilränder auf die Spannungsverteilung

Der Beiwert $\psi_{s,Nb}$ berücksichtigt analog zur Vorgehensweise bei der Versagensart kegelförmiger Betonausbruch die Störung des Spannungszustands im Beton durch weitere Bauteilränder (z. B. Verankerung in der Bauteilecke, Bild 51b). Bei Befestigungen in einem schmalen Bauteil ist der kleinste Randabstand c_2 in Gl. (19c) einzusetzen.

$$\psi_{s,Nb} = 0{,}7 + 0{,}3 \cdot \frac{c_2}{2 \cdot c_1} \leq 1 \qquad (19c)$$

d) Einfluss der Aufstandsfläche auf das Tragverhalten von Gruppenbefestigungen

Der Gruppenfaktor $\psi_{g,Nb}$ berücksichtigt den Einfluss kleiner Achsabstände der Kopfbolzen einer Gruppenbefestigung auf den charakteristischen Widerstand.

$$\psi_{g,Nb} = \sqrt{n} + (1 - \sqrt{n}) \cdot \frac{s_2}{4 \cdot c_1} \geq 1 \qquad (19d)$$

mit

n Anzahl der zugbeanspruchten Befestigungsmittel in einer parallel zum Bauteilrand angeordneten Reihe

s_2 siehe Bild 51

$\leq 4 \cdot c_1$

Der Faktor nimmt von $\psi_{g,Nb} = \sqrt{n}$ für $s = 0$ auf $\psi_{g,Nb} = 1$ für $s = 4 \cdot c_1$ ab. Er kann wie folgt erklärt werden:

Wird bei einer Kopfbolzenreihe am Rand mit n Ankern der Achsabstand der Anker auf $s = d_h \approx 0$ reduziert, beträgt die Aufstandsfläche des fiktiven Kopfbolzens $n \cdot A_h$. Der Widerstand ist proportional zur Wurzel der Aufstandsfläche (vgl. Gl. (19a)). Daher beträgt der Widerstand des fiktiven Kopfbolzens das $\sqrt{n}$-Fache eines Kopfbolzens mit der Aufstandsfläche A_h. Bei einem Achsabstand $s = 4 \cdot c_1$ beträgt der Widerstand der Gruppe das n-Fache des Widerstands eines Kopfbolzens. Zwischen diesen Grenzwerten wird linear interpoliert.

e) Einfluss der Lastexzentrizität

Der Einfluss unterschiedlicher Zugkräfte auf die einzelnen Kopfbolzen einer Gruppenbefestigung wird über den Beiwert $\psi_{ec,Nb}$ berücksichtigt.

$$\psi_{ec,Nb} = \frac{1}{1 + 2 \cdot e_N / (4 \cdot c_1)} \leq 1 \quad (19e)$$

mit

e_N Exzentrizität der resultierenden Zugkraft der zugbeanspruchten Dübel bezogen auf den Schwerpunkt der zugbeanspruchten Befestigungsmittel

6.2.9 Versagen der Zusatzbewehrung

6.2.9.1 Stahlversagen

Der charakteristische Widerstand der Zusatzbewehrung bei Erreichen der Streckgrenze beträgt:

$$N_{Rk,re} = \sum_{i=1}^{n_{re}} A_{s,re,i} \cdot f_{yk,re} \quad (20)$$

mit

n_{re} Anzahl der für ein Befestigungsmittel wirksamen Bewehrungsstäbe

$f_{yk,re} \leq 600 \text{ N/mm}^2$

6.2.9.2 Versagen der Verankerung

Der Bemessungswiderstand $N_{Rd,a}$ der Zusatzbewehrung pro Befestigungsmittel für Versagen der Verankerung im Betonausbruchkörper beträgt:

$$N_{Rd,a} = \sum_{i=1}^{n_{re}} N_{Rd,a,i}^0 \quad (21)$$

mit

$$N_{Rd,a}^0 = \frac{l_1 \cdot \pi \cdot \varnothing \cdot f_{bd}}{\alpha_1 \cdot \alpha_2} \leq A_{s,re} \cdot f_{yk,re} \cdot \frac{1}{\gamma_{Ms,re}} \quad (21a)$$

l_1 Verankerungslänge im Ausbruchkörper (s. Bild 26)

$\geq 4 \cdot \varnothing$ (Verankerungen durch Winkelhaken, Haken oder Schlaufen)

$\geq 10 \cdot \varnothing$ (gerade Bewehrungsstäbe mit angeschweißten Querstäben oder ohne angeschweißte Querstäbe)

f_{bd} Bemessungswert der Verbundfestigkeit nach EN 1992-1-1:2004, Abschnitt 8.4.2 [27]

α_1, α_2 Einflussfaktoren nach EN 1992-1-1:2004, Abschnitt 8.4.4 [27]

6.3 Widerstand bei Querbeanspruchung

6.3.1 Erforderliche Nachweise

Kopfbolzen und Dübel versagen unter Querlast mit und ohne Hebelarm durch Stahlbruch, rückwärtigen Betonausbruch und Betonkantenbruch (Bild 52). Beim Stahlversagen infolge Querlast ohne Hebelarm (Bild 52a) wird die Hülse, der Schaft oder das Gewinde abgeschert. Stahlversagen infolge Abscherens führt zum größten möglichen Widerstand eines Befestigungsmittels unter Querlast. Vor Erreichen der Höchstlast kann es zu einem muschelförmigen Abplatzen des Oberflächenbetons kommen. Diese Abplatzung beeinflusst die Verformung des Befestigungsmittels bis zum Bruch. Ihr Einfluss auf die Höchstlast ist in Gl. (22) berücksichtigt.

Bei kleinen Randabständen tritt Betonkantenbruch auf (Bild 52b$_1$). Bei Gruppen kann sich ein gemeinsamer Ausbruchkörper benachbarter Kopfbolzen oder Dübel bilden (Bild 52b$_2$) und bei Anordnung eines Befestigungsmittels in der Bauteilecke (Bild 52b$_3$) oder in einem schmalen Bauteil

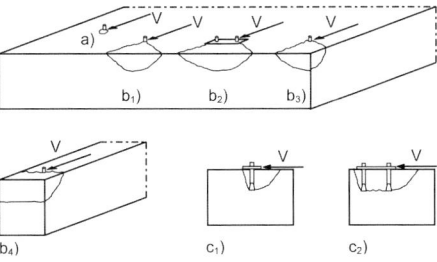

Bild 52. Versagensarten von Kopfbolzen oder Dübeln unter Querlast; a) Stahlversagen, b) Betonkantenbruch, c) rückwärtiger Betonausbruch

(Bild 52b$_4$) kann sich der Buchkörper nicht vollständig ausbilden.

Rückwärtiger Betonausbruch kann bei Kopfbolzen und Dübeln mit geringer Verankerungstiefe und großem Querschnitt auftreten. Dabei bricht der Beton auf der lastabgewandten Seite heraus (Bilder 52c$_1$ und c$_2$). Hierbei handelt es sich bei näherer Betrachtung um ein Zugversagen (Bild 53) [69]. Mit zunehmender Querbelastung wird der oberflächennahe Beton aufgrund der hohen Pressungen am Bohrlochmund geschädigt (muschelförmiges Abplatzen), wodurch die Resultierende V$_b$ der Betonpressung nach unten wandert. Gleichzeitig löst die Ankerplatte auf der Lastseite von der Betonoberfläche, was zusammen mit der beschriebenen Umlagerung der Betondruckresultierenden zu einer Vergrößerung der Exzentrizität zwischen Lastangriff und Betondruckkraft V$_b$ führt. Das daraus entstehende Moment erzeugt eine Druckkraft C unter der Ankerplatte und eine Zuglast N im Befestigungsmittel. Überschreitet diese Zuglast die Zugtragfähigkeit der maximal zu aktivierenden Betonfläche, dann bricht die Befestigung auf der lastabgewandten Seite heraus.

Wie bei Befestigungen unter Zuglast, kann auch unter Querlast nicht vorhergesagt werden, welche der genannten Brucharten für die Tragfähigkeit einer Befestigung maßgebend ist. Deshalb müssen beim

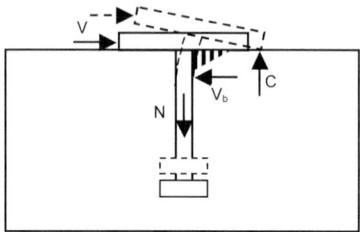

Bild 53. Versagensmechanismus eines Kopfbolzens beim rückwärtigen Betonausbruch [69]

Bemessungsverfahren A alle Versagensarten nachgewiesen werden. Da der Widerstand bei Stahlversagen weder durch benachbarte Befestigungsmittel noch durch Bauteilränder beeinflusst wird, wird der Nachweis für diese Bruchart bei Gruppen für das höchstbelasteten Kopfbolzen oder Dübel geführt. Demgegenüber haben Achs- und Randabstände beim rückwärtigen Betonausbruch sowie beim Betonkantenbruch einen deutlichen Einfluss auf die Tragfähigkeit. Deshalb ist der Nachweis bei diesen Versagensarten für die gesamte Gruppe zu führen.

In Tabelle 5 sind die erforderlichen Nachweise für Kopfbolzen und mechanische bzw. chemische Dübel unter Querbeanspruchung zusammengestellt.

Tabelle 5. Erforderliche Nachweise für Kopfbolzen und mechanische bzw. chemische Dübel unter Querbeanspruchung

Versagensart	Einzelbefestigung	Gruppe [1]
Stahlversagen ohne Hebelarm	$V_{Ed} \leq V_{Rd,s} = \dfrac{V_{Rk,s}}{\gamma_{Ms}}$	$V_{Ed}^h \leq V_{Rd,s} = \dfrac{V_{Rk,s}}{\gamma_{Ms}}$
Stahlversagen mit Hebelarm	$V_{Ed} \leq V_{Rd,s,M} = \dfrac{V_{Rk,s,M}}{\gamma_{Ms}}$	$V_{Ed}^h \leq V_{Rd,s,M} = \dfrac{V_{Rk,s,M}}{\gamma_{Ms}}$
Rückwärtiger Betonausbruch	$V_{Ed} \leq V_{Rd,cp} = \dfrac{V_{Rk,cp}}{\gamma_{Mc}}$	$V_{Ed}^g \leq V_{Rd,cp} = \dfrac{V_{Rk,cp}}{\gamma_{Mc}}$ [2]
Betonkantenbruch	$V_{Ed} \leq V_{Rd,c} = \dfrac{V_{Rk,c}}{\gamma_{Mc}}$	$V_{Ed}^g \leq V_{Rd,c} = \dfrac{V_{Rk,c}}{\gamma_{Mc}}$
Stahlversagen der Zusatzbewehrung [3]	$N_{Ed,re} \leq N_{Rd,re} = \dfrac{N_{Rk,re}}{\gamma_{Ms,re}}$	$N_{Ed,re}^h \leq N_{Rd,re} = \dfrac{N_{Rk,re}}{\gamma_{Ms,re}}$
Versagen der Verankerung der Zusatzbewehrung [3]	$N_{Ed,re} \leq N_{Rd,a}$	$N_{Ed,re}^h \leq N_{Rd,a}$

[1] V_{Ed}^h Querlast des höchstbelasteten Befestigungsmittels einer Gruppe
  V_{Ed}^g resultierende Querlast einer Gruppe
[2] Ausnahmen siehe Abschnitt 6.3.4.
[3] Die Zuglast in der Bewehrung wird für V_{Ed} nach Gl. (11) bestimmt.

6.3.2 Zusatzbewehrung

Wird eine Zusatzbewehrung angeordnet, dann kann der Nachweis für Betonkantenbruch nach Tabelle 5 bzw. Abschnitt 6.3.5 entfallen, jedoch muss die Bewehrung nach Abschnitt 6.3.6 für die Gesamtlast nachgewiesen werden. Zusatzbewehrung kann als Oberflächenbewehrung (Bild 27) oder in Form von Bügeln oder Schlaufen (Bild 28) ausgeführt werden.

Die Bewehrung soll außerhalb des angenommenen Bruchkörpers mit einer Verankerungslänge l_{bd} nach EN 1992-1-1 [27] verankert werden. Die Zugkraft in der Zusatzbewehrung ist durch eine geeignete Übergreifung mit der bestehenden Bewehrung in das Stahlbetonbauteil einzuleiten. Anderenfalls ist die Lasteinleitung von der Zusatzbewehrung in das Stahlbetonbauteil durch ein geeignetes Modell (z. B. ein Fachwerkmodell) zu gewährleisten.

Eine Zusatzbewehrung gemäß Bild 27a ist nur dann wirksam, wenn folgende Bedingungen erfüllt sind:

- Wird die Zusatzbewehrung für das höchstbelastete Befestigungsmittel einer Gruppe bemessen, dann ist diese Bewehrung für alle Befestigungsmittel der Gruppe vorzusehen, die für den Nachweis des Betonkantenbruchs wirksam sind.
- Die Bewehrung besteht aus Rippenstahl ($f_{yk,re} \leq 600$ N/mm²) mit einem Durchmesser ≤ 16 mm und mit einem Biegerollendurchmesser nach EN 1992-1-1.
- Nur Bewehrungsstäbe in einem Abstand $\leq 0{,}75 \cdot c_1$ vom Befestigungsmittel sind wirksam.
- Die Verankerungslänge l_1 im Betonausbruchkörper beträgt $l_1 \geq 10 \cdot \varnothing$ für gerade Bewehrungsstäbe mit angeschweißten oder ohne angeschweißte Querstäbe bzw. $l_1 \geq 4 \cdot \varnothing$ für Verankerungen mit Winkelhaken, Haken oder Schlaufen. Für die Bestimmung der Verankerungslänge ist dieselbe Form des Bruchkörpers anzunehmen wie bei Betonkantenbruch (Abschnitt 6.3.5).
- Ausnahme: Wird eine Zusatzbewehrung in Form von Bügeln oder Schlaufen eingelegt (Bild 28), umfasst die Bewehrung den Schaft des Befestigungsmittels in unmittelbarem Kontakt und ist so nahe wie möglich am Anbauteil angeordnet, dann wird eine direkte Kraftübertragung vom Befestigungsmittel in die Zusatzbewehrung gewährleistet und ein Nachweis der Verankerung im Ausbruchkörper kann entfallen.
- Es muss eine Randbewehrung vorhanden sein, die auf Basis eines geeigneten Fachwerkmodells bemessen wird; vereinfachend darf der Winkel der Druckstreben zu 45° angenommen werden.

6.3.3 Stahlversagen

6.3.3.1 Stahlversagen für Querlast ohne Hebelarm

Der charakteristische Widerstand $V^0_{Rk,s}$ einer Einzelbefestigung bei Stahlversagen unter Querlast ohne Hebelarm ist in der jeweiligen Europäischen Technischen Produktspezifikation angegeben. Er basiert auf der Nennzugfestigkeit f_{uk} des Stahls und errechnet sich für Befestigungsmittel aus Kohlenstoffstahl ohne Hülse im Bereich der Scherfläche und ohne signifikante Querschnittsreduktion auf der gesamten Länge nach Gl. (22).

$$V^0_{Rk,s} = k_6 \cdot A_s \cdot f_{uk} \tag{22}$$

mit

$k_6 = 0{,}6$ für $f_{uk} \leq 500$ N/mm² und
$f_{yk}/f_{uk} \leq 0{,}6$ (22a)

$k_6 = 0{,}5$ für $f_{uk} \leq 500$ N/mm² und
$0{,}6 < f_{yk}/f_{uk} \leq 0{,}8$ (22b)

$k_6 = 0{,}5$ für 500 N/mm² $< f_{uk} \leq 1000$ N/mm² (22c)

A_s Querschnitt des Dübels, bei Gewindeteilen Spannungsquerschnitt

f_{uk} charakteristische Zugfestigkeit des Stahls

Bei Bolzendübeln ist der Querschnitt über die Dübellänge nicht konstant. Deshalb wird in Versuchen überprüft, welcher der Versagensquerschnitte des Bolzens (Gewinde, Schaft oder Konusbereich) maßgebend für den Bruch ist. Der maßgebende charakteristische Widerstand ist in der jeweiligen Europäischen Technischen Produktspezifikation angegeben.

Bei Befestigungsmitteln mit einem Verhältnis $h_{ef}/d < 5$ und Anwendungen in Beton der Festigkeitsklasse $< C20/25$ ist der charakteristische Widerstand $V^0_{Rk,s}$ mit dem Faktor 0,8 abzumindern. Hierdurch soll unter Gebrauchslast muschelförmiges Abplatzen an der Betonoberfläche ausgeschlossen werden.

Die Verfasser weisen darauf hin, dass die Angaben zum Faktor k_6 in Abschnitt 7.2.2.3.1 (1), Gleichung (7.34) der EN 1992-4 fehlerhaft sind. Gleichung (22b) fehlt vollständig und Gl. (22a) enthält keine Bedingung für das Streckgrenzenverhältnis f_{yk}/f_{uk}.

Grundsätzlich geht man bei der Bemessung von Gruppen von Befestigungsmitteln davon aus, dass sich bei Stahlversagen im Bruchzustand alle Befestigungsmittel so stark verformen, dass sie sich trotz eventuell vorhandenen Lochspiels alle gleichmäßig an der Aufnahme der einwirkenden Querlasten beteiligen. Das setzt allerdings voraus, dass die Befestigungsmittel ausreichend duktil sind. Reicht die Verformungsfähigkeit nicht aus, um das Lochspiel zu überbrücken, dann können einzelne Befestigungsmittel einer Gruppe versagen, bevor alle Befestigungsmittel bis zur Höchstlast beansprucht sind. Deshalb wurde in EN 1992-4 der Duktilitätsfaktor k_7 eingeführt. Unter Berücksichtigung dieses Faktors errechnet sich der charakteristische Widerstand eines Befestigungsmittels zu:

$$V_{Rk,s} = k_7 \cdot V_{Rk,s}^0 \qquad (23)$$

mit

$k_7 = 1$ für Einzelbefestigungen

Für Gruppen ist k_7 in der jeweiligen Europäischen Technischen Produktspezifikation angegeben.

Gleichung (23) gilt auch für Anwendungen mit einer Mörtelausgleichsschicht zwischen Betonoberfläche und Anbauteil, sofern deren Dicke den Wert d/2 nicht überschreitet.

Wenn die Bedingung nach EN 1992-4, Abschnitt 6.2.2.3(2) erfüllt sind, darf der charakteristische Widerstand anstatt nach Abschnitt 6.3.3.2 nach Gl. (24) berechnet werden (s. Abschnitt 5.2.2.2):

$$V_{Rk,s} = \left(1 - 0,01 \cdot t_{Mörtel}\right) \cdot k_7 \cdot V_{Rk,s}^0 \qquad (24)$$

Ein Vergleich der charakteristischen Widerstände bei Stahlversagen unter Zug- und Querlast (Gln. (12), (22)) zeigt, dass der Wert bei Querbeanspruchung deutlich geringer ist als bei Zuglast. Dies ist darauf zurückzuführen, dass es unter Querlast im Bruchzustand aufgrund der großen Verformungen zu einer Überlagerung von Scher-, Biege- und Normalspannungen kommt.

6.3.3.2 Stahlversagen für Querlast mit Hebelarm

Werden Dübel oder Kopfbolzen in Abstandsmontage gesetzt (Bild 6d) oder befindet sich zwischen Anbauteil und Betonoberfläche eine Mörtelausgleichsschicht mit einer Dicke $> 0,5 \cdot d$ oder ist die Druckfestigkeit des Mörtels < 30 N/mm², dann wirkt eine Querlast mit Hebelarm (vgl. Abschnitt 5.2.2.2). In diesen Fällen beträgt der charakteristische Widerstand bei Stahlversagen:

$$V_{Rk,s,M} = \frac{\alpha_M \cdot M_{Rk,s}}{l_a} \qquad (25)$$

mit

α_M Faktor zu Berücksichtigung des Einspanngrads des Befestigungsmittels im Anbauteil (s. Abschnitt 5.2.2.2)

l_a Hebelarm (s. Abschnitt 5.2.2.2)

$M_{Rk,s}$ charakteristisches Biegemoment

$$= M_{Rk,s}^0 \cdot \left(1 - \frac{N_{Ed}}{N_{Rd,s}}\right) \qquad (25a)$$

$M_{Rk,s}^0$ charakteristisches Biegemoment eines Einzelbefestigungsmittels gemäß Europäischer Technischer Produktspezifikation

N_{Ed} auf das Befestigungsmittel einwirkende Zuglast

$$N_{Rd,s} = N_{Rk,s}/\gamma_{Ms} \qquad (25b)$$

Gleichung (25a) berücksichtigt, dass das betrachtete Befestigungsmittel neben der Querlast auch durch eine Zuglast beansprucht sein kann, die bereits einen Teil der aufnehmbaren Stahlspannung nutzt. Je größer der Spannungsanteil aus der Zugbeanspruchung ist, desto geringer ist das zusätzlich aufnehmbare Biegemoment. Nutzt die Zuglast bereits die maximale Spannung, dann ist der Quotient $N_{Ed}/N_{Rd,s} = 1$ und das zusätzlich aufnehmbare Biegemoment wird zu null. Gleichung (25a) gilt nur für Zugkräfte N_{Ed}. Wirkt N_{Ed} als Druckkraft, dann ist das Befestigungsmittel als Stahlelement nach EN 1993-1-8 [70] zu bemessen.

Die in EN 1992-4 angegebenen Bemessungsregeln für eine Querlast mit Hebelarm sind für Befestigungen mit einer Mörtelschicht unter der Ankerplatte konservativ. Ein realistischeres Bemessungsmodell ist in [35] beschrieben.

6.3.4 Rückwärtiger Betonausbruch

Beim rückwärtigen Betonausbruch versagen die Befestigungsmittel aufgrund der Zuglast, die infolge der Verformungen der querbelasteten Befestigung auftritt (Bild 53). Sie beträgt bei Höchstlast ca. 30 % bis 50 % der angreifenden Querlast [71]. Der Bruchkörper ist kleiner als derjenige bei kegelförmigem Betonausbruch, jedoch wird die Höchstlast durch dieselben Parameter beeinflusst. Deshalb kann der charakteristische Widerstand bei rückwärtigem Betonausbruch aus dem Wert für kegelförmigen Betonbruch bei zugbeanspruchten Befestigungen berechnet werden [69]. Für Kopfbolzen und mechanische Dübel ohne Zusatzbewehrung gilt:

$$V_{Rk,cp} = k_8 \cdot N_{Rk,c} \qquad (26a)$$

Ist eine Zusatzbewehrung vorhanden, dann gilt:

$$V_{Rk,cp} = 0,75 \cdot k_8 \cdot N_{Rk,c} \qquad (26b)$$

mit

k_8 gemäß Europäischer Technischer Produktspezifikation; in vielen Fällen ist $k_8 = 2,0$ für $h_{ef} \geq 60$ mm

$N_{Rk,c}$ nach Abschnitt 6.2.4, Gl. (13), berechnet für die Befestigungsmittel, die Querlast aufnehmen

Der charakteristische Widerstand von chemischen Dübeln ohne Zusatzbewehrung beträgt

$$V_{Rk,cp} = k_8 \cdot \min\{N_{Rk,c}; N_{Rk,p}\} \qquad (26c)$$

Bei chemischen Dübeln mit Zusatzbewehrung gilt

$$V_{Rk,cp} = 0,75 \cdot k_8 \cdot \min\{N_{Rk,c}; N_{Rk,p}\} \quad (26d)$$

mit

$N_{Rk,c}$ nach Abschnitt 6.2.4, Gl. (13), berechnet für die Befestigungsmittel, die Querlast aufnehmen

$N_{Rk,p}$ nach Abschnitt 6.2.6, Gl. (15), berechnet für die Befestigungsmittel, die Querlast aufnehmen

In EN 1992-4 wird nicht unterschieden zwischen einer Zusatzbewehrung zur Aufnahme von Zug- oder Querlasten. In den Versuchen von *Ramm/ Greiner* [72] wurde bei Anordnung einer Zusatzbewehrung zur Aufnahme der Querlasten eine Abnahme der Bruchlast bei Versagen durch rückwärtigen Betonausbruch um ca. 25 % gegenüber Versuchen ohne Zusatzbewehrung festgestellt. Versuche mit querbelasteten Befestigungen mit einer Rückhängebewehrung zur Aufnahme von Zuglasten liegen bisher nicht vor. Daher wird in EN 1992-4 ebenfalls die Berechnung des charakteristischen Widerstands für rückwärtigen Betonausbruch nach Gl. (26b) bzw. (26d) gefordert. Bei diesen Befestigungen ist jedoch kein Abfall der Höchstlast bei rückwärtigem Betonausbruch zu erwarten, da die Zusatzbewehrung den Bruchriss kreuzt. Daher ist die Regelung in EN 1992-4 konservativ.

Bei der Ermittlung der Widerstände $N_{Rk,c}$ und $N_{Rk,p}$ sind folgende Besonderheiten zu beachten:

Wird eine Gruppe von Befestigungsmitteln durch eine Normalkraft und ein Biegemoment beansprucht, können einzelne Befestigungsmittel im Bereich der Druckzone unterhalb der Ankerplatte liegen und nicht auf Zug belastet sein. Bei der Versagensart rückwärtiger Betonausbruch wird aber davon ausgegangen, dass alle Befestigungsmittel der Gruppe durch Querkräfte belastet werden, sofern keine Langlöcher vorhanden sind und der Durchmesser d_f der Löcher im Anbauteil nicht größer ist als der Wert nach Tabelle 3. Dies zeigt Bild 54a, in dem eine Vierergruppe dargestellt ist, die durch eine Normalkraft und ein Biegemoment beansprucht wird. Die beiden linken Befestigungsmittel befinden sich im Bereich der Druckzone unterhalb der Ankerplatte und werden deshalb nicht auf Zug beansprucht. Demgegenüber beteiligen sich alle vier Befestigungsmittel an der Aufnahme der Querkraft. Setzt man in Gl. (26) nur den für zentrische Zugbeanspruchung ermittelten Widerstand $N_{Rk,c}$ bzw. $N_{Rk,p}$ der beiden rechten Befestigungsmittel an, dann ist das Ergebnis konservativ, weil in Wirklichkeit alle vier Befestigungselemente Querlasten aufnehmen. Befinden sich einzelne Befestigungsmittel der Gruppe in Langlöchern, dann werden diese nicht durch Querkräfte belastet. Dies zeigt Bild 54b. Die Vierergruppe wird durch eine zentrisch wir-

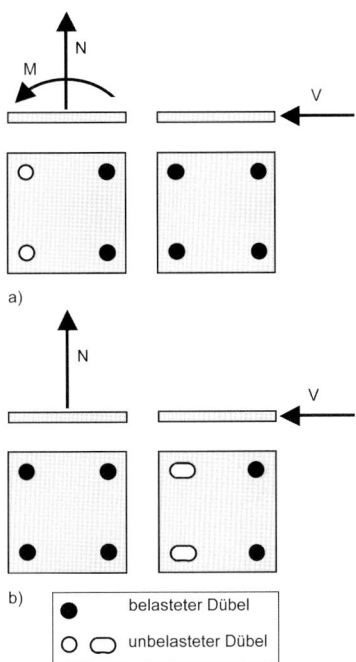

Bild 54. Anwendungen, in denen unterschiedliche Befestigungsmittel durch Zug- und Querlast beansprucht sind; a) Belastung durch Normalkraft, Biegemoment und Querkraft, Befestigungsmittel in Rundlöchern, b) Belastung der Gruppe durch Normal- und Querkraft, Befestigungsmittel teilweise in Langlöchern

kende Zugkraft beansprucht, wobei alle Befestigungsmittel Zuglasten aufnehmen, während aufgrund der Langlöcher nur die beiden rechten Befestigungsmittel querbeansprucht sind. Setzt man aber in diesem Fall wiederum den Widerstand $N_{Rk,c}$ bzw. $N_{Rk,p}$ der vier zugbeanspruchten Befestigungsmittel an, dann liegt das Ergebnis eindeutig auf der unsicheren Seite. Deshalb sollte in beiden Fällen in Gl. (26) nicht der beim Zugnachweis errechnete charakteristische Widerstand $N_{Rk,c}$ für kegelförmigen Betonausbruch bzw. $N_{Rk,p}$ für kombiniertes Versagen durch Herausziehen und Betonbruch angesetzt, sondern für die querbeanspruchten Befestigungsmittel neu berechnet werden.

Als weitere Besonderheit ist zu beachten, dass beim Nachweis für rückwärtigen Betonausbruch bei der Bestimmung der Widerstände $N_{Rk,c}$ bzw. $N_{Rk,p}$ für den Exzentrizitätsfaktor nach Gl. (13d) nicht die Exzentrizität e_N der zugbeanspruchten Befestigungsmittel anzusetzen ist, sondern die Exzentrizität der Resultierenden der Querlasten in Bezug auf den Schwerpunkt der querbelasteten Befestigungsmittel.

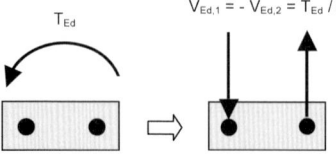

Bild 55. Durch ein Torsionsmoment belastete Zweiergruppe

Wird eine Gruppe durch ein Torsionsmoment beansprucht, dann ändert sich die Richtung der auf die einzelnen Befestigungsmittel wirkenden Querlasten. Ein Beispiel zeigt Bild 55. In diesem Fall ist die Summe der auf die Dübel einwirkenden Querlasten gleich null und Gl. (1) kann nicht angewendet werden. Deshalb verlangt EN 1992-4 in allen Fällen, in denen die auf die Befestigungsmittel einwirkenden Querlasten oder deren vertikale oder horizontale Komponenten $V_{Ed,v}$ oder $V_{Ed,h}$ ihre Richtung ändern, einen Nachweis des rückwärtigen Betonausbruchs für den ungünstigsten Dübel. Beispiele für die Berechnung der Grundfläche des idealisierten Ausbruchkörpers zeigt Bild 56.

EN 1992-4 sagt zwar, dass dieser Fall z. B. bei „überwiegender Torsionsbeanspruchung" auftritt, weist aber andererseits darauf hin, dass er auch dann vorliegt, wenn einzelne Komponenten der auf die Befestigungsmittel einwirkenden Querlasten ihre Richtung ändern. Letzteres kann aber auch geschehen, wenn die Torsionsbeanspruchung nicht überwiegt. Deshalb empfehlen die Verfasser unabhängig davon, ob Torsionsbeanspruchung überwiegt oder nicht, immer das ungünstigste Befestigungsmittel der Gruppe nachzuweisen, wenn mindestens eine Querkraftkomponente ihre Richtung ändert.

In [56] wird gezeigt, dass der charakteristische Widerstand für rückwärtigen Betonausbruch beim Übergang vom Nachweis der gesamten Gruppe auf den Nachweis des ungünstigsten Befestigungsmittels der Gruppe sprunghaft abfällt. Das ist darauf zurückzuführen, dass bei der Ermittlung der Grundfläche des idealisierten Ausbruchkörpers des ungünstigsten Befestigungsmittels zwischen benachbarten Befestigungselementen ein virtueller Rand mit einem Randabstand $c = 0,5 \cdot s$ angenommen wird (Bild 56). Diese Annahme ist konservativ, da sich die Ausbruchkörper wegen der unterschiedlichen Richtungen der Querlasten vermutlich nicht oder nur geringfügig gegenseitig beeinflussen

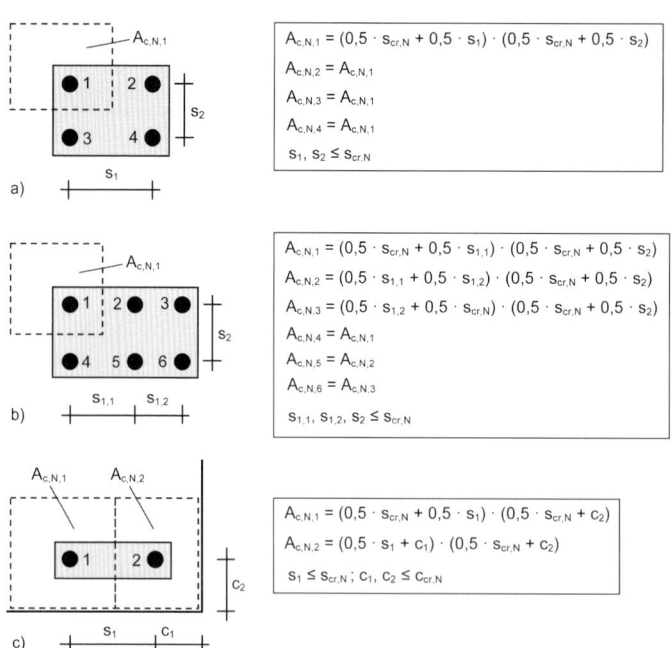

Bild 56. Beispiele für die Berechnung der Grundfläche $A_{c,N}$ bei rückwärtigem Betonausbruch und Nachweis des ungünstigsten Befestigungsmittels der Gruppe bei Belastung durch ein Torsionsmoment; a) Vierergruppe ohne Randeinfluss, b) Sechsergruppe ohne Randeinfluss, c) Zweiergruppe in der Bauteilecke

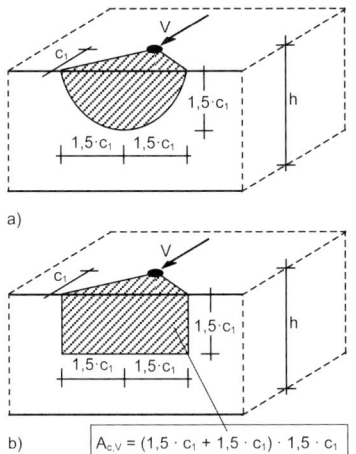

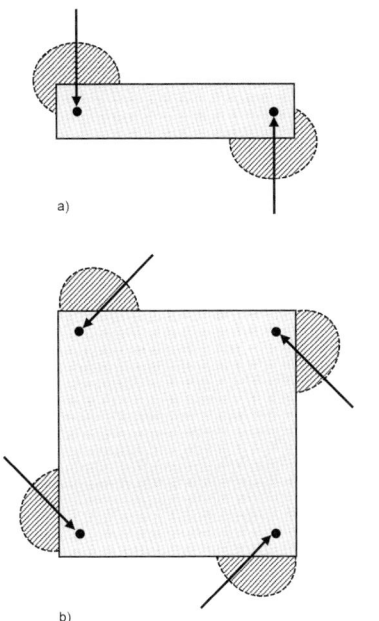

Bild 58. Bruchkörper einer Einzelbefestigung unter Querlast bei Betonkantenbruch (nach [49]); a) schematisch, b) Fläche $A_{c,V}$ des idealisierten Bruchkörpers

Bild 57. Rückwärtiger Betonausbruch bei Gruppen unter Torsionsbeanspruchung; a) Zweiergruppe, b) Vierergruppe

(Bild 57). Hier sind weitere Untersuchungen erforderlich.

6.3.5 Betonkantenbruch

Kopfbolzen und Dübel in Randnähe versagen unter Querlast durch Betonkantenbruch. Auf der Betonoberfläche kann der Neigungswinkel des Bruchrisses gegenüber dem Bauteilrand im Mittel zu etwa 35° angenommen werden. Damit beträgt die Länge des Bruchkörpers am Rand etwa das 3-Fache des Randabstands c_1 des Befestigungsmittels (Bild 58a). Die Höhe des Bruchkörpers auf der Seitenfläche wird ausreichend genau zu $1{,}5 \cdot c_1$ gesetzt.

Der Nachweis für Betonkantenbruch muss für jeden Bauteilrand separat geführt werden, sofern eine lastparallele oder in Richtung des untersuchten Randes wirkende Querkraftkomponente vorhanden ist. Wirkt demgegenüber auf einen Bauteilrand nur eine vom Rand weg gerichtete Querkraft, darf diese vernachlässigt werden und ein Nachweis für Betonkantenbruch ist für diesen Rand nicht erforderlich. Allerdings ist der Nachweis für rückwärtigen Betonausbruch zu führen.

Der in diesem Abschnitt beschriebene Nachweis gilt nur, wenn der minimale Achsabstand der Befestigungsmittel $s_{min} \geq 4 \cdot d_{nom}$ ist. Für einbetonierte Ankerplatten mit einem Randabstand in Richtung der einwirkenden Querkraft $c \leq \max\{10 \cdot h_{ef}\,;\,60 \cdot d\}$ gilt der Nachweis nur dann, wenn die Dicke t der Ankerplattendicke, die in Kontakt mit dem Beton ist, $t < 0{,}25 \cdot h_{ef}$ ist.

Bei einer Befestigung am Bauteilrand, die durch eine Querkraft mit Hebelarm belastet wird, ruft das Moment eine zusätzliche Kraft im Beton hervor, die die gleiche Richtung wie die Querkraft aufweist (Bild 59). Dadurch wird die Betonkantenbruchlast reduziert [73] (s. a. [22]). Da für diesen Anwendungsfall kein allgemein anerkanntes Bemessungsverfahren vorliegt, wird der Einfluss eines Moments auf die Betonkantenbruchlast in EN 1992-4 nicht berücksichtigt. Das Bemessungsverfahren der Norm (s. EN 1992-4, Abschnitt 7.2.2.5) gilt für diesen Fall nur, wenn der Randabstand $c > \max\{10 \cdot h_{ef}\,;\,60 \cdot d\}$ ist. Bei diesem Randabstand ist jedoch in der Regel Stahlversagen der Befestigungsmittel maßgebend. Liegt eine durch eine Querkraft mit Hebelarm belastete Befestigung nahe am Bauteilrand ($c \leq \max\{10 \cdot h_{ef}\,;\,60 \cdot d\}$), sollten die angreifenden Kräfte durch eine Zusatzbewehrung ins Bauteilinnere eingeleitet werden.

Der charakteristische Widerstand einer Gruppe von Befestigungsmitteln für Betonkantenbruch wird durch die Betonfestigkeit und den Zustand des Betons (gerissen oder ungerissen) sowie den Randabstand und die Steifigkeit der Befestigungsmittel beeinflusst. Außerdem sind Achsabstände zu benachbarten Befestigungen sowie Randabstände zu

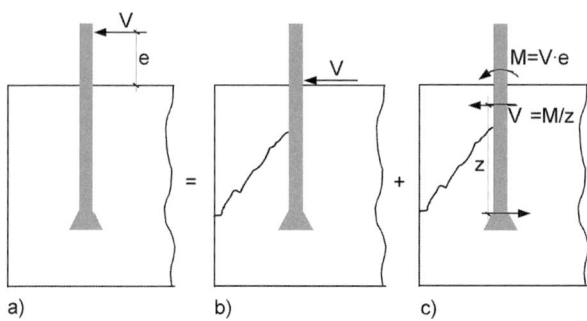

Bild 59. Randnahe Befestigung, beansprucht durch eine Querkraft mit Hebelarm

lastparallelen Bauteilrändern und die Bauteildicke von Einfluss. Ferner müssen die Exzentrizität der Belastung innerhalb einer Gruppe, die Lastrichtung gegenüber dem Bauteilrand sowie eine Randbewehrung berücksichtigt werden. Der charakteristische Widerstand einer Gruppe von Befestigungsmitteln kann nach Gl. (27) berechnet werden [49, 74, 75]:

$$V_{Rk,c} = V_{Rk,c}^0 \cdot \frac{A_{c,V}}{A_{c,V}^0} \cdot \psi_{s,V} \cdot \psi_{h,V}$$
$$\cdot \psi_{ec,V} \cdot \psi_{\alpha,V} \cdot \psi_{re,V} \quad (27)$$

Die einzelnen Faktoren der Gl. (27) werden im Folgenden erklärt.

a) Charakteristischer Widerstand einer Einzelbefestigung

Der charakteristische Widerstand einer Einzelbefestigung, die weder durch Nachbarbefestigungen noch durch weitere Bauteilränder (z. B. bei Anordnung in einer Bauteilecke) oder durch die Bauteildicke beeinflusst wird, beträgt nach [74]:

$$V_{Rk,c}^0 = k_9 \cdot d_{nom}^\alpha \cdot l_f^\beta \cdot \sqrt{f_{ck}} \cdot c_1^{1,5} \text{ [N]} \quad (27a)$$

mit

k_9 = 1,7 für gerissenen Beton

= 2,4 für ungerissenen Beton

d_{nom} Außendurchmesser des Befestigungsmittels gemäß Europäischer Technischer Produktspezifikation [mm]

l_f wirksame Länge des Befestigungsmittels gemäß Europäischer Technischer Produktspezifikation [mm]

= h_{ef} für Kopfbolzen und Dübel mit konstantem Durchmesser

≤ 12 · d_{nom} für Durchmesser d_{nom} ≤ 24 mm

≤ max{8 · d_{nom}; 300 mm} für Durchmesser d_{nom} > 24 mm

$$\alpha = 0,1 \cdot \left(\frac{l_f}{c_1}\right)^{0,5} \quad (27b)$$

$$\beta = 0,1 \cdot \left(\frac{d_{nom}}{c_1}\right)^{0,2} \quad (27c)$$

f_{ck} Betondruckfestigkeit [N/mm²], gemessen an Zylindern mit einem Durchmesser von 150 mm und einer Höhe von 300 mm

c_1 Abstand der Einzelbefestigung zum betrachteten Bauteilrand

Nach Gl. (27a) hängt der charakteristische Widerstand von der Steifigkeit des Befestigungsmittels (charakterisiert durch dessen wirksame Länge l_f und dessen Durchmesser d_{nom}), von der Betonzugfestigkeit (charakterisiert durch die Wurzel der Zylinderdruckfestigkeit) und vom Randabstand c_1 ab. Die Steifigkeit des Befestigungsmittels beeinflusst die Verteilung der Pressungen auf den Beton. Mit zunehmendem Randabstand vermindern sich die Exponenten α und β und der Einfluss der Steifigkeit des Befestigungsmittels nimmt ab.

Vergleicht man Gl. (27a) für Betonkantenbruch mit Gl. (13a) für kegelförmigen Betonausbruch, dann fällt eine Analogie auf. Der Widerstand gegen Betonkantenbruch wird wesentlich vom Randabstand c_1 beeinflusst, der wie die Verankerungstiefe h_{ef} bei kegelförmigem Betonausbruch unter Zuglast die Größe des Betonausbruchkörpers bestimmt (Bild 60). In beiden Fällen nimmt der Widerstand mit dem Exponenten 1,5 zu.

b) Einfluss von Achsabständen sowie Abständen zu weiteren Bauteilrändern

Der Term $A_{c,V} / A_{c,V}^0$ in Gl. (27) berücksichtigt den geometrischen Einfluss von Achsabständen zu benachbarten Befestigungsmitteln sowie von Abständen zu weiteren Bauteilrändern auf den charakteristischen Widerstand bei Betonkantenbruch.

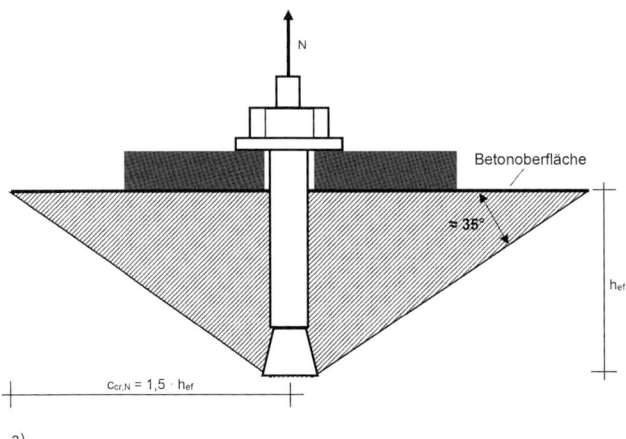

a)

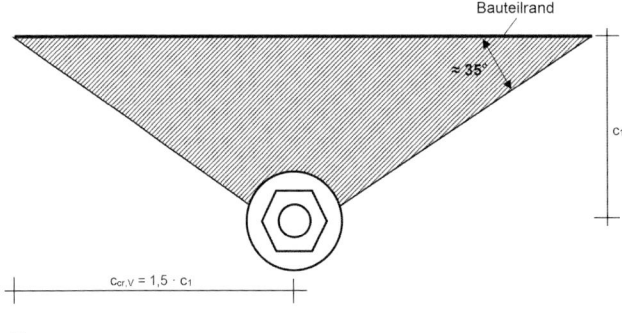

b)

Bild 60. Vergleich der Form der Betonausbruchkörper [75]
a) kegelförmiger Betonausbruch unter Zuglast (Schnitt)
b) Betonkantenbruch unter Querlast (Draufsicht)

Bild 58 zeigt, dass die Länge des Ausbruchkörpers einer Einzelbefestigung am Bauteilrand dem 3-Fachen des Randabstands c_1 entspricht. Werden Befestigungsmittel mit einem Achsabstand innerhalb einer Gruppe von mindestens $3 \cdot c_1$ gesetzt, überschneiden sich die Bruchkörper benachbarter Befestigungsmittel nicht und der charakteristische Widerstand der Gruppe entspricht bei zentrisch einwirkender Querkraft dem n-Fachen des Widerstands einer Einzelbefestigung (n = Anzahl der randnahen Befestigungsmittel der Gruppe). Wird der Achsabstand jedoch unter den Wert von $3 \cdot c_1$ vermindert, kommt es zu einer Überschneidung der Ausbruchkörper. Dann wird die zur Lasteinleitung in den Beton zur Verfügung stehende Bruchfläche kleiner als die Summe der Bruchflächen einer gleichen Anzahl von Einzelbefestigungen. Hierdurch vermindert sich der charakteristische Widerstand.

Analog zum Nachweis für kegelförmigen Betonausbruch unter Zuglast kann der Einfluss eines Achsabstands innerhalb einer Gruppe auf den charakteristischen Widerstand durch den Vergleich der Fläche des Ausbruchkörpers der Gruppe auf der Seitenfläche des Betonbauteils mit der Bruchfläche einer Einzelbefestigung bestimmt werden. Eine „exakte" Berechnung sich überschneidender Flächen ist allerdings wegen der gekrümmten Form (vgl. Bild 58a) recht aufwendig. Der in EN 1992-4 beschriebene Ansatz geht deshalb wiederum vereinfachend von idealisierten Bruchkörpern aus und beruht auf einem Vorschlag in [49].

Der Bruchkörper wird durch eine halbe Pyramide mit der Höhe c_1 und der Länge der Basisseiten von $3 \cdot c_1$ und $1,5 \cdot c_1$ idealisiert (Bild 58b). Der Einfluss von Achsabständen auf den charakteristischen Widerstand einer Gruppe wird durch den Vergleich der Fläche des idealisierten Bruchkörpers der Gruppe ($A_{c,V}$) mit dem Wert eines Einzeldübels ($A_{c,V}^0$) bestimmt. Bild 61 zeigt Beispiele für unterschiedliche Gruppen von Befestigungsmitteln.

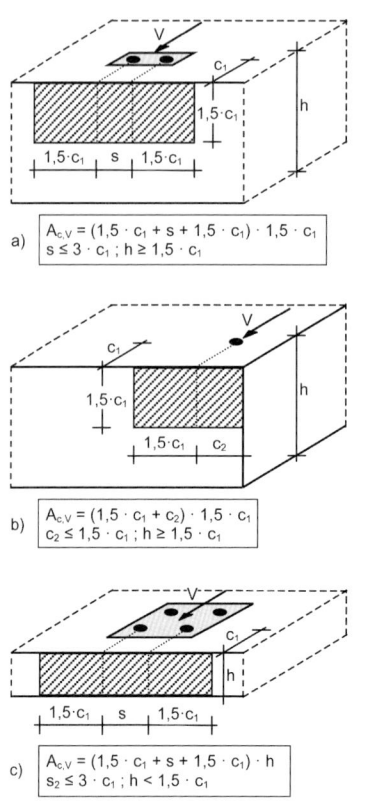

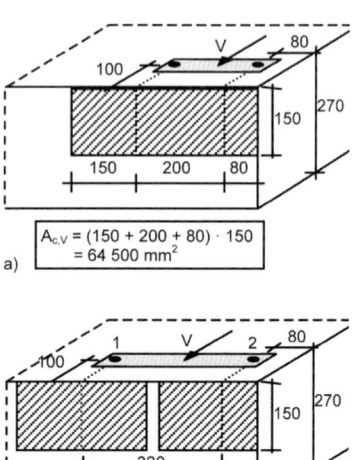

Bild 62. Ermittlung der Fläche des idealisierten Ausbruchkörpers am Beispiel einer Zweiergruppe in der Bauteilecke; a) Achsabstand $s = 200$ mm $< 3 \cdot c_1$, b) Achsabstand $s = 320$ mm $< 3 \cdot c_1$

Bild 61. Definition der Fläche des idealisierten Ausbruchkörpers unterschiedlicher Befestigungen bei Betonkantenbruch; a) Zweiergruppe am Rand eines dicken Bauteils, b) Einzelbefestigung in der Ecke eines dicken Bauteils, c) Vierergruppe am Rand eines dünnen Bauteils

In Bild 62 wird die Vorgehensweise anhand von Beispielen verdeutlicht. Bild 62a zeigt eine Zweiergruppe in der Bauteilecke mit Randabständen $c_1 = 100$ mm und $c_2 = 80$ mm. Der Achsabstand ist mit $s = 200$ mm kleiner als $3 \cdot c_1 = 300$ mm, sodass sich ein gemeinsamer Ausbruchkörper bildet. Der lastparallele Randabstand ist mit c_2 kleiner als der 1,5-fache Randabstand c_1. Daher kann sich der Ausbruchkörper zu dieser Seite nicht vollständig ausbilden. Bild 62b zeigt denselben Anwendungsfall, allerdings ist der Achsabstand mit $s = 320$ mm größer als $3 \cdot c_1$. Deshalb überschneiden sich die Ausbruchkörper der beiden Befestigungsmittel nicht, der Achsabstand hat keinen Einfluss und die Ankerplatte wird durch zwei voneinander unabhängige Einzelbefestigungen gehalten.

Ist die Dicke des Betonbauteils $h < 1,5 \cdot c_1$, dann wird der Bruchkörper durch den unteren Bauteilrand abgeschnitten und er kann sich nicht vollständig ausbilden. Dies führt ebenfalls zu einer Verminderung des charakteristischen Widerstands und wird bei der Berechnung der Fläche des idealisierten Ausbruchkörpers berücksichtigt (Bild 61c).

Nach Abschnitt 5.2.2.1 erzeugen Querlasten, die vom Bauteilrand weg gerichtet sind, keinen Betonkantenbruch und können deshalb für den Nachweis vernachlässigt werden (s. Bild 15). Wird eine randparallele Zweiergruppe durch ein Torsionsmoment beansprucht, das eines der beiden Befestigungsmittel in Richtung des Bauteilrands und das zweite vom Rand weg belastet, und wird die vom Rand weg gerichtete Komponente vernachlässigt, dann kann das in Einzelfällen zu auf der unsicheren Seite liegenden Ergebnissen führen [41]. Ist das Verhältnis des charakteristischen Widerstands für Betonkantenbruch des betrachteten Bauteilrands und des Betonwiderstands des zweiten Befestigungsmittels für rückwärtigen Betonausbruch oder Betonkantenbruch (falls senkrecht zum betrachteten Bauteilrand ein zweiter Rand vorhanden ist, z. B. in einer Bauteilecke) größer als 0,7 und ist $s_2 \leq s_{krit}$, dann sollte der charakteristische Widerstand nach Gl. (27) auf der sicheren Seite liegend mit dem Faktor 0,8 abgemindert werden. Einen verbesserten

Ansatz enthält [41]. Der Abstand s_{krit} ist wie folgt definiert:

Für das zweite Befestigungsmittel ist rückwärtiger Betonausbruch maßgebend:

$$s_{krit} = 1{,}5 \cdot h_{ef} + 1{,}5 \cdot c_1 \qquad (27d)$$

Für das zweite Befestigungsmittel ist Betonkantenbruch eines weiteren senkrecht zum betrachteten Rand verlaufenden Bauteilrands maßgebend:

$$s_{krit} = 1{,}5 \cdot c_1 \qquad (27e)$$

Die Berücksichtigung von Achs- und Randabständen durch Vergleich der idealisierten Ausbruchkörper $A_{c,V}$ und $A_{c,V}^0$ kann bei Befestigungen in der Bauteilecke zu unerwarteten Ergebnissen führen, wenn der Achsabstand der randparallelen Befestigungselemente den charakteristischen Wert $s_{cr,V}$ überschreitet [56]. Ähnliches wurde bereits über den Nachweis für kegelförmigen Betonausbruch berichtet (s. Abschnitt 6.2.4). Ist der Achsabstand innerhalb einer Zweigruppe (Bild 62a) ≤ $s_{cr,V}$, dann geht man von einem gemeinsamen Ausbruchkörper beider Befestigungsmittel aus. Das bedeutet, dass das linke Befestigungsmittel einen positiven Einfluss auf den Widerstand des rechten ecknahen Befestigungselements hat. Der Einfluss der Bauteilecke wird auf die gesamte Zweiergruppe „ver-

schmiert". Übersteigt der Achsabstand den charakteristischen Wert, dann besteht die Gruppe aus zwei voneinander unabhängigen Einzelbefestigungen, wobei bei zentrisch einwirkender Querlast das rechte in der Bauteilecke liegende Befestigungsmittel für die Bemessung maßgebend ist. Da die Bauteilecke nur auf dieses Befestigungsmittel einen Einfluss hat, sich die Belastung durch die zentrisch einwirkende Querkraft aber nicht verändert, vermindert sich der charakteristische Widerstand. Dieser Widerspruch beruht auf dem einfachen und leicht verständlichen geometrischen Ansatz der Grundflächen der idealisierten Bruchkörper und ist damit unvermeidlich.

c) Einfluss weiterer lastparalleler Ränder auf die Spannungsverteilung

Bei Anwendungen in der Bauteilecke mit einem Randabstand $c_2 \leq 1{,}5 \cdot c_1$ bzw. in einem schmalen Bauteil mit zwei Rändern, bei denen beide Randabstände $c_{2,1}$ und $c_{2,2} \leq 1{,}5 \cdot c_1$ betragen, ist zusätzlich zu berücksichtigen, dass lastparallele Ränder den Spannungsverlauf im Beton stören (Bild 63).

Bei Befestigungen am Bauteilrand (Bild 63a) wird die in Richtung des betrachteten Bauteilrands wirkende Querkraft durch gekrümmte Zugspannungslinien in das Bauteilinnere zurückgehängt. Bei Befes-

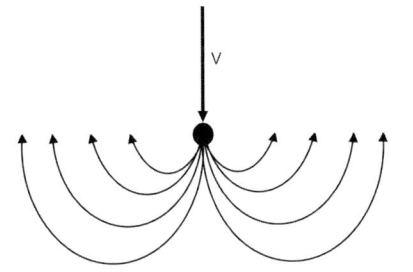

a)

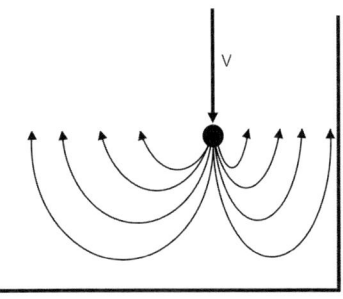

b)

Bild 63. Spannungszustand im Bereich querlastbeanspruchter Befestigungsmittel; a) Befestigung am Bauteilrand, b) Befestigung in einer Bauteilecke

tigungen in der Bauteilecke mit $c_2 < c_{cr,V}$ steht hierfür eine kleinere Betonfläche zur Verfügung (Bild 63b), die Spannungsverteilung wird gestört, und der charakteristische Widerstand für Betonkantenbruch nimmt im Vergleich zu einer Befestigung am Bauteilrand ab. Dies wird durch den Faktor $\psi_{s,V}$ nach Gl. (27f) berücksichtigt.

$$\psi_{s,V} = 0,7 + 0,3 \cdot \frac{c_2}{1,5 \cdot c_1} \leq 1 \quad (27f)$$

Bei zwei lastparallelen Rändern (schmales Bauteil) wird lediglich der kleinere der beiden Randabstände $c_{2,1}$ und $c_{2,2}$ in Gl. (27f) eingesetzt, denn die größere Störung wird für das Versagen maßgebend.

d) Einfluss der Bauteildicke

Ist ein Bauteil dicker als das 1,5-Fache des Randabstands c_1, dann kann sich der Betonausbruchkörper auf der Seitenfläche des Bauteils vollständig ausbilden (Bild 58a). Ist das nicht der Fall, wird der Ausbruchkörper durch den unteren Bauteilrand abgeschnitten und die zur Einleitung der Querlast zur Verfügung stehende Bruchfläche wird reduziert (Bild 61c). Dieser Einfluss wird bereits über die Fläche $A_{c,V}$ berücksichtigt. Danach geht die Bauteildicke bei Dicken $h < 1,5 \cdot c_1$ linear in den charakteristischen Widerstand für Betonkantenbruch ein. Versuche zeigen, dass diese Annahme konservativ ist, weil die Tragfähigkeit von Befestigungen in Wirklichkeit nicht proportional zur Bauteildicke h ist, sondern geringer abnimmt [76]. Dies wird durch den Faktor $\psi_{h,V}$ nach Gl. (27g) berücksichtigt.

$$\psi_{h,V} = \left(\frac{1,5 \cdot c_1}{h}\right)^{0,5} \geq 1 \quad (27g)$$

Es ist zu beachten, dass es sich bei diesem Wert um einen Vergrößerungsfaktor handelt. Er muss immer größer als 1 sein, weil durch ihn die bei der Ermittlung der Fläche $A_{c,V}$ angenommene konservative lineare Abhängigkeit des charakteristischen Widerstands von der Bauteildicke kompensiert werden soll. Ist der Faktor bei dicken Bauteilen ($h > 1,5 \cdot c_1$) rechnerisch kleiner als 1, dann darf er zu 1 gesetzt werden.

e) Einfluss der Lastexzentrizität

Greift eine Querkraft nicht im Schwerpunkt einer Gruppe von Befestigungsmitteln an und/oder wirkt zusätzlich ein Torsionsmoment T_{Ed}, dann werden die Dübel durch unterschiedlich große Querlasten beansprucht. Dies wird durch den Faktor $\psi_{ec,V}$ nach Gl. (27h) berücksichtigt.

$$\psi_{ec,V} = \frac{1}{1 + 2 \cdot e_V / (3 \cdot c_1)} \leq 1 \quad (27h)$$

Bei der Bestimmung der Exzentrizität e_V ist zu beachten, dass Querlastkomponenten, die vom Rand weg gerichtet sind, beim Nachweis für Betonkantenbruch vernachlässigt werden dürfen (vgl. Abschnitt 5.2.2.1 und Bild 15). Bild 64 verdeutlicht die Ermittlung von e_V.

Bild 64a zeigt eine Zweiergruppe, die durch eine exzentrische, senkrecht zum Bauteilrand wirkende Querkraft beansprucht ist. Die exzentrische Querkraft führt zu einer unterschiedlich hohen Belastung beider Befestigungsmittel. Die Exzentrizität e_V ergibt sich aus dem Abstand der Resultierenden vom Schwerpunkt der Befestigungsmittel.

Die Zweiergruppe in Bild 64b wird durch ein Torsionsmoment beansprucht. Das Torsionsmoment bewirkt, dass nur das linke Befestigungsmittel in Richtung des Randes belastet wird. Definitionsgemäß darf die vom Rand weg gerichtete Komponente beim Nachweis für Betonkantenbruch vernachlässigt werden. Daher muss nur das durch eine Querkraft zum Rand belastete Befestigungsmittel nachgewiesen werden. Dieses Ergebnis erhält man auch, wenn die Zweiergruppe für die Exzentrizität $e_v = s/2$ bemessen wird.

Die Zweiergruppe in Bild 64c wird durch eine geneigte Querkraft und ein Torsionsmoment belastet, wobei der Torsionsanteil überwiegt. Wie in Abschnitt 5.2.2.1 beschrieben, wird die geneigte Querkraft in ihre horizontale und vertikale Komponente zerlegt und die Lasten werden beiden Befestigungsmitteln zu gleichen Teilen zugewiesen. Die Torsionsanteile ergeben sich bei Zweiergruppen aus dem Torsionsmoment dividiert durch den Achsabstand s. Für das rechte Befestigungsmittel ist die Torsionskomponente größer als der vertikale Anteil aus der Querlast, die Summe beider Lasten ist somit vom Rand weg gerichtet und darf vernachlässigt werden. Daher wird die Gruppe durch eine gegenüber dem Rand geneigte Querlast beansprucht, deren Resultierende durch das linke Befestigungsmittel verläuft. Die Exzentrizität e_V ergibt sich aus der Länge des Lotes vom Schwerpunkt der Gruppe auf die Last.

Beim Beispiel nach Bild 64d ist der zum Rand gerichtete vertikale Lastanteil aus der Querkraft größer als der Torsionsanteil. Deshalb werden beide Befestigungsmittel in Richtung des Bauteilrands beansprucht. Zunächst wird die Resultierende der vertikalen Komponenten und deren Lage berechnet (sie liegt in dem Beispiel links vom Schwerpunkt der Befestigungsmittel) und anschließend werden durch Zusammenfassung mit den horizontalen Querlastkomponenten die Lage, die Größe und der Lastwinkel der Gesamtresultierenden bestimmt. Da sich die vertikalen Anteile der Querkraft aus dem Torsionsmoment aufheben, entspricht die Resultierende der einwirkenden Querkraft V_{Ed}. Die Exzentrizität e_V ergibt sich dann wiederum aus der Länge des Lotes vom Schwerpunkt der Gruppe auf diese Gesamtresultierende.

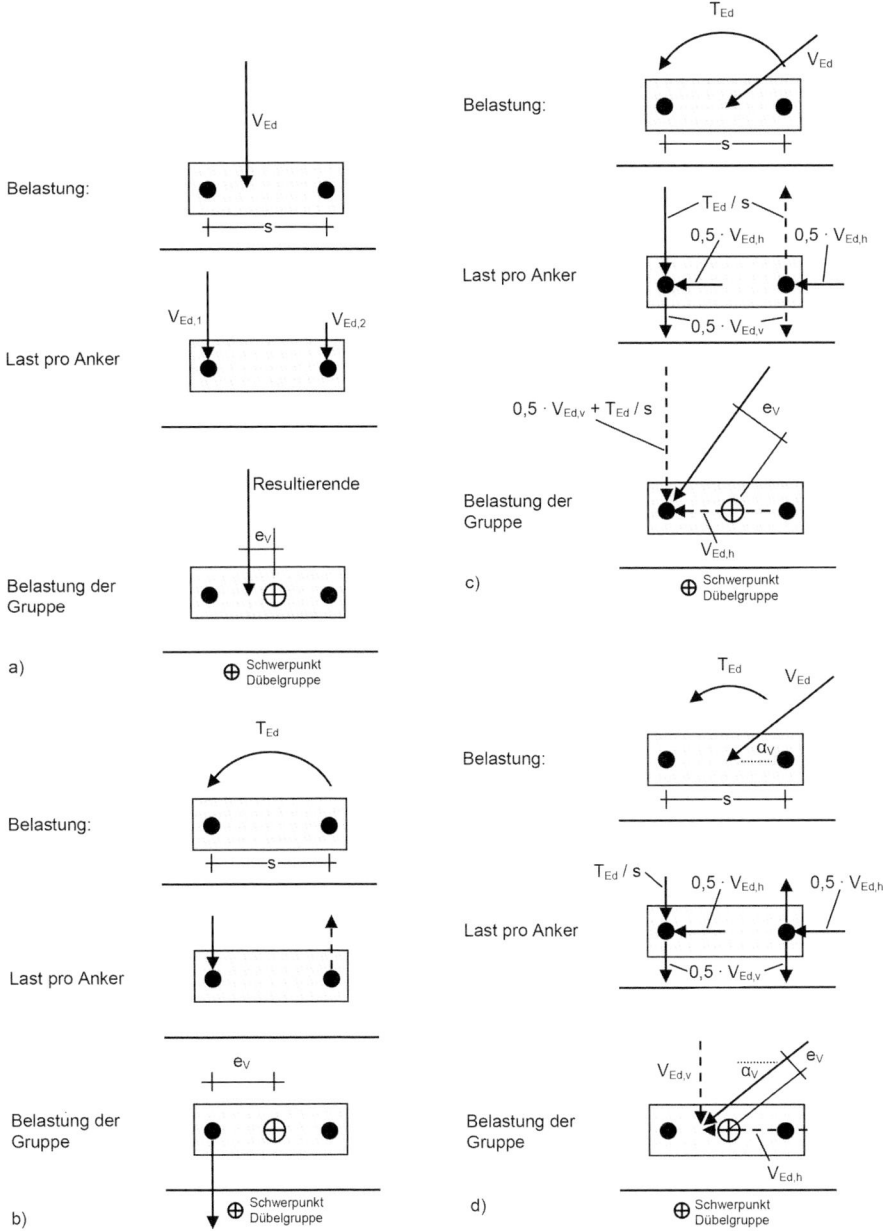

Bild 64. Beispiele für die Ermittlung der Exzentrizität e_V beim Nachweis für Betonkantenbruch; a) Zweiergruppe, beansprucht durch eine exzentrisch in Richtung des Bauteilrands einwirkende Querkraft, b) Zweiergruppe, beansprucht durch ein Torsionsmoment, c) Zweiergruppe, beansprucht durch eine im Winkel zum Bauteilrand wirkende Querkraft und ein Torsionsmoment (Einfluss der Torsion überwiegt), d) Zweiergruppe, beansprucht durch eine im Winkel zum Bauteilrand wirkende Querkraft und ein Torsionsmoment (Einfluss der Querkraft überwiegt)

f) Einfluss der Lastrichtung

Die Lastrichtung wird durch den Faktor $\psi_{\alpha,V}$ nach Gl. (27i) berücksichtigt.

$$\psi_{\alpha,V} = \sqrt{\frac{1}{(\cos\alpha_V)^2 + (0,5 \cdot \sin\alpha_V)^2}} \geq 1 \quad (27i)$$

Dabei ist α_V der Winkel zwischen der resultierenden Querlast der untersuchten (randnahen) Befestigungsmittel und der Senkrechten auf den Bauteilrand (Bild 65). Da vom Bauteilrand weg gerichtete Querlastkomponenten beim Nachweis für Betonkantenbruch vernachlässigt werden dürfen, gilt $0° \leq \alpha_V \leq 90°$. Der Winkel α_V ist nicht notwendigerweise identisch mit dem Winkel der einwirkenden äußeren Querkraft (Bild 66). Wird eine Gruppe mit vier Befestigungsmitteln durch eine gegenüber dem Bauteilrand geneigte Querkraft belastet, dann wird die senkrecht zum Rand wirkende Lastkomponente allein von den beiden randnahen Befestigungsmitteln aufgenommen, während die randparallele Komponente auf die randfernen und randnahen Befestigungsmittel verteilt wird. Damit ist der Winkel α_V der resultierenden, auf die randnahen Befestigungsmittel wirkenden Querlast kleiner als derjenige der einwirkenden äußeren Querkraft.

g) Einfluss einer Randbewehrung

Der Faktor $\psi_{re,V}$ in Gl. (27) berücksichtigt mögliche positive Einflüsse einer Randbewehrung auf den Widerstand bei Betonkantenbruch. Er beträgt:

$\psi_{re,V} = 1,0$ für Befestigungen im ungerissenen Beton sowie im gerissenen Beton ohne Randbewehrung

$\psi_{re,V} = 1,4$ für Befestigungen im gerissenen Beton mit einer Randbewehrung nach Bild 27 oder Bild 28 und mit Bügeln oder geschweißten Bewehrungsmatten in engem Abstand $a \leq 100$ mm und $a \leq 2 \cdot c_1$

$\psi_{re,V} = 1,4$ darf nur angesetzt werden, wenn die Verankerungstiefe h_{ef} der Befestigungsmittel mindestens dem 2,5-fachen Wert der Betonüberdeckung der Bewehrung entspricht. Ansonsten besteht die Gefahr, dass sich das Befestigungsmittel unter Last um den Bewehrungsstab dreht und sich das Versagen undefiniert ändert.

CEN/TS 1992-4 [7] enthielt noch den Faktor $\psi_{re,V} = 1,2$ für Befestigungen im gerissenen Beton bei Vorliegen einer geraden Randbewehrung $\geq$ ⌀12. Dieser Erhöhungsfaktor wurde nicht in EN 1992-4 übernommen, da er nur durch wenige Versuchsergebnisse gestützt ist und er bei großem Randabstand den Einfluss der Randbewehrung auf die Betonkantenbruchlast überschätzt.

Durch die Begrenzung der Abstände a der Bewehrungsstäbe wird gewährleistet, dass diese möglichst nahe an den Befestigungsmitteln liegen und damit als Rückhängebewehrung wirken können.

h) Sonderfall: schmales dünnes Bauteil

Wie bei kegelförmigem Betonausbruch (vgl. Abschnitt 6.2.4f) gibt es auch beim Nachweis für Betonkantenbruch Anwendungsfälle, für die Gl. (27) konservative Ergebnisse liefert. Dies ist bei Befestigungen in einem schmalen und dünnen Bauteil der Fall, bei dem die Randabstände $c_{2,1}$ und $c_{2,2}$ sowie

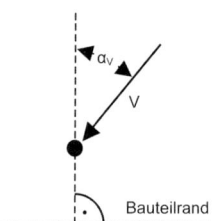

Bild 65. Definition des Lastangriffswinkels α_V beim Nachweis für Betonkantenbruch

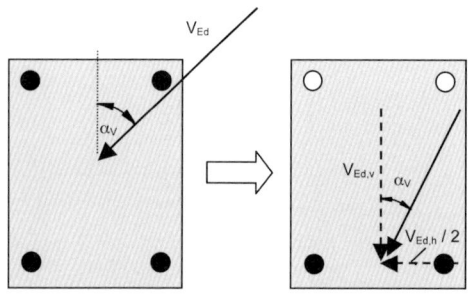

Bild 66. Vierergruppe am Bauteilrand, belastet durch eine geneigte Querkraft

die Bauteildicke h kleiner als das 1,5-Fache des Randabstands c_1 in Lastrichtung sind. Das bedeutet, dass sich der Betonausbruchkörper weder zu den seitlichen Rändern noch nach unten vollständig ausbilden kann. Bild 67 verdeutlicht den Sachverhalt anhand eines Beispiels.

Es zeigt eine Zweiergruppe mit einem Achsabstand s = 200 mm im Endbereich eines schmalen dünnen Bauteils (h = 150 mm). Es wird gerissener Beton C20/25 ohne Randbewehrung angenommen. Der Randabstand in Lastrichtung beträgt im ersten Fall c_1 = 120 mm und im zweiten c_1 = 240 mm. In beiden Fällen betragen die Randabstände zu den seitlichen Rändern $c_{2,1}$ = 130 mm und $c_{2,2}$ = 100 mm. Die Befestigung wird mit Dübeln M12 (d_{nom} = 12 mm) und einer Verankerungstiefe h_{ef} = 80 mm (l_f = 80 mm) ausgeführt. Nach Gl. (27) erhält man:

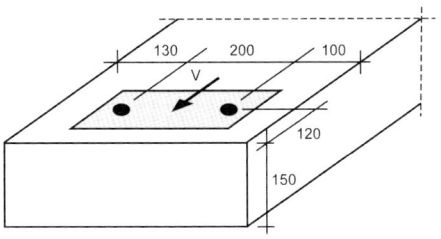

c_1 = 120 mm:

$V_{Rk,c} = 1{,}7 \cdot 12^{0{,}0816} \cdot 80^{0{,}0631} \cdot \sqrt{20} \cdot 120^{1{,}5}$

$\cdot \dfrac{64500}{64800} \cdot \left(0{,}7 + 0{,}3 \cdot \dfrac{100}{1{,}5 \cdot 120}\right)$

$\cdot \left(\dfrac{1{,}5 \cdot 120}{150}\right)^{0{,}5} \cdot 1 \cdot 1 \cdot 1$

$= 15253$ N

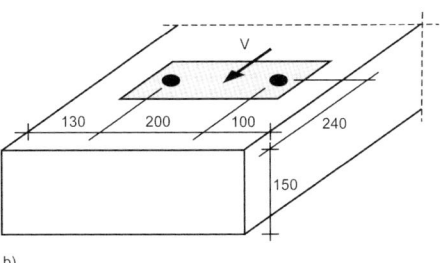

c_1 = 240 mm:

$V_{Rk,c} = 1{,}7 \cdot 12^{0{,}0577} \cdot 80^{0{,}0549} \cdot \sqrt{20} \cdot 240^{1{,}5}$

$\cdot \dfrac{64500}{259200} \cdot \left(0{,}7 + 0{,}3 \cdot \dfrac{100}{1{,}5 \cdot 240}\right)$

$\cdot \left(\dfrac{1{,}5 \cdot 240}{150}\right)^{0{,}5} \cdot 1 \cdot 1 \cdot 1$

$= 12534$ N

Bild 67. Befestigung in einem schmalen dünnen Bauteil; a) Randabstand c_1 = 120 mm, b) Randabstand c_1 = 240 mm

Der Widerstand ist im zweiten Fall trotz des größeren Randabstands c_1 kleiner als im ersten. In Wirklichkeit müsste sich in beiden Fällen derselbe Widerstand ergeben, da das schmale und dünne Bauteil unabhängig vom Randabstand immer an der Stelle der Befestigung durchreißen wird. Genauere Ergebnisse erhält man, wenn man anstelle des wirklichen Randabstands c_1 den modifizierten Abstand c'_1 ansetzt.

Einzelbefestigungen:

$$c'_1 = \max\left\{\dfrac{c_{2,max}}{1{,}5}; \dfrac{h}{1{,}5}\right\} \qquad (27j_1)$$

Gruppen:

$$c'_1 = \max\left\{\dfrac{c_{2,max}}{1{,}5}; \dfrac{h}{1{,}5}; \dfrac{s_{2,max}}{3}\right\} \qquad (27j_2)$$

Dabei ist $c_{2,max}$ der größere der beiden seitlichen Randabstände. Unter dieser Annahme erhält man für das Beispiel in Bild 67:

$c_{2,max}/1{,}5 = 130/1{,}5 = 86{,}7$ mm

$h/1{,}5 = 150/1{,}5 = 100$ mm

$s_{2,max}/3 = 200/3 = 66{,}67$ mm

Maßgebend ist der größte der drei oberen Werte. Damit ergibt sich c'_1 = 100 mm und man erhält für das Beispiel in Bild 67 unabhängig vom Randabstand den charakteristischen Widerstand:

$V_{Rk,c} = 1{,}7 \cdot 12^{0{,}0894} \cdot 80^{0{,}0654} \cdot \sqrt{20} \cdot 100^{1{,}5}$

$\cdot \dfrac{64500}{45000} \cdot \left(0{,}7 + 0{,}3 \cdot \dfrac{100}{1{,}5 \cdot 100}\right)$

$\cdot \left(\dfrac{1{,}5 \cdot 100}{150}\right)^{0{,}5} \cdot 1 \cdot 1 \cdot 1$

$= 16316$ N

Der berechnete charakteristische Widerstand entspricht dem maximalen Wert für die angenommene Geometrie. Bei Reduzierung des Randabstands c_1 wird er kleiner und bei einer Erhöhung bleibt er konstant.

i) Nachweis für Betonkantenbruch bei mehr als einem Bauteilrand

Wird eine Befestigung durch mehr als einen Bauteilrand beeinflusst (z. B. Anordnung in einer Bauteilecke oder in einem schmalen Bauteil), dann muss der Nachweis für Betonkantenbruch für alle Bauteilränder geführt werden. Bild 68 verdeutlicht

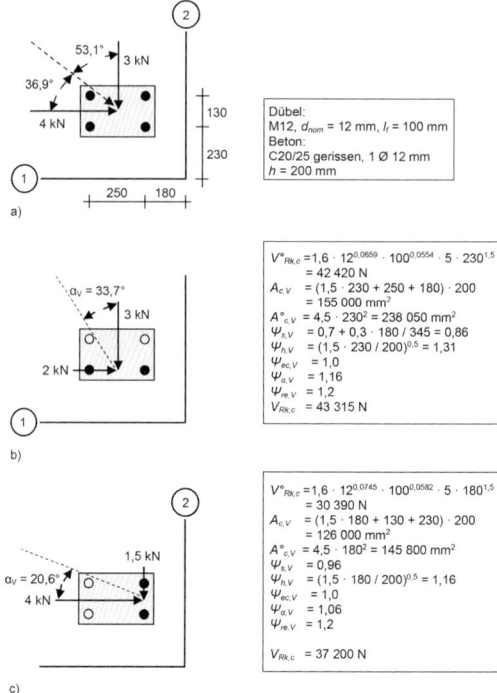

Bild 68. Erforderliche Nachweise für Betonkantenbruch bei einer Gruppe mit vier Befestigungsmitteln in einer Bauteilecke

diese Regelung anhand einer Befestigung in der Bauteilecke.

Bild 68a zeigt den Anwendungsfall mit den zugehörigen Abmessungen, Lasten und Kennwerten des Befestigungsmittels. In den Bildern 68b und 68c sind die Nachweise für Betonkantenbruch der Ränder 1 (horizontaler Rand) und 2 (vertikaler Rand) dargestellt. Die auf die maßgebenden randnahen Befestigungsmittel einwirkenden Querlasten errechnen sich gemäß Bild 13. Daraus ergeben sich die Winkel $\alpha_V = 33{,}7°$ und $\alpha_V = 20{,}6°$ (gemessen zwischen der resultierenden Querlast und der Senkrechten auf den betrachteten Rand). Die Berechnung zeigt, dass der vertikale Rand 2 maßgebend für Betonkantenbruch ist.

6.3.6 Versagen der Zusatzbewehrung

6.3.6.1 Allgemeines

Besteht die Zusatzbewehrung aus einer Kombination von Oberflächenbewehrung (Bild 27a) und Bügeln oder Schlaufen in direktem Kontakt mit dem Befestigungsmittel (Bild 28), dann dürfen deren Widerstände nicht addiert werden, weil die verschiedenen Bewehrungsformen unterschiedlich beansprucht werden, sich daher unterschiedlich dehnen und demzufolge in der Regel nicht gleichzeitig, sondern nacheinander versagen.

6.3.6.2 Stahlversagen

Der charakteristische Widerstand eines Befestigungsmittels bei Stahlversagen der Zusatzbewehrung beträgt:

$$N_{Rk,re} = k_{10} \cdot \sum_{i=1}^{n_{re}} A_{s,re,i} \cdot f_{yk,re} \qquad (28)$$

mit

n_{re} Anzahl der für ein Befestigungsmittel wirksamen Stäbe der Zusatzbewehrung

k_{10} Faktor für die Wirksamkeit der Zusatzbewehrung

= 1,0 für Oberflächenbewehrung nach Bild 27a

= 0,5 für Zusatzbewehrung aus Bügeln oder Schlaufen, die das Befestigungsmittel umfassen (Bild 28)

$f_{yk,re}$ Streckgrenze der Zusatzbewehrung

$\leq 600 \text{ N/mm}^2$

Die Wirksamkeit einer Zusatzbewehrung nach Bild 28 hängt wesentlich von ihrer Lage in Bezug auf die Betonoberfläche ab und sie nimmt ab, wenn die Zusatzbewehrung nicht direkt am Schaft des Befestigungsmittels anliegt. Da Montagetoleranzen kaum zu vermeiden sind, wird der Wirksamkeitsfaktor auf 0,5 begrenzt.

6.3.6.3 Versagen der Verankerung

Besteht die Zusatzbewehrung aus Bügeln oder Schlaufen in Kontakt mit den Befestigungsmitteln, dann ist kein Nachweis der Verankerung der Bewehrung im Ausbruchkörper erforderlich, da von einer direkten Lasteinleitung über Kontakt ausgegangen werden darf.

Ist die Zusatzbewehrung als Oberflächenbewehrung nach Bild 27a ausgebildet, dann errechnet sich der Bemessungswert des Widerstands $N_{Rd,a}$ eines Befestigungsmittels bei Verankerungsversagen nach Gl. (29).

$$N_{Rd,a} = \sum_{i=1}^{n_{re}} N_{Rd,a}^0 \qquad (29)$$

mit

$$N_{Rd,a}^0 = \frac{l_1 \cdot \pi \cdot \varnothing \cdot f_{bd}}{\alpha_1 \cdot \alpha_2} \leq A_{s,re} \cdot f_{yk,re} \cdot \frac{1}{\gamma_{Ms,re}}$$
(29a)

l_1 Verankerungslänge der Zusatzbewehrung im Ausbruchkörper (s. Bild 27)

$> 10 \cdot \varnothing$ für gerade Bewehrungsstäbe mit angeschweißten Querstäben oder ohne angeschweißte Querstäbe

$> 4 \cdot \varnothing$ für Haken, Winkelhaken oder Schlaufen

f_{bd} Bemessungswert der Verbundfestigkeit nach EN 1992-1-1:2004, Abschnitt 8.4.2 [27]

α_1, α_2 Einflussfaktoren nach EN 1992-1-1:2004, Abschnitt 8.4.4 [27]

6.4 Kombiniertes Versagen durch Zug- und Querlasten

6.4.1 Befestigungen ohne Zusatzbewehrung

Wirken auf eine Befestigung gleichzeitig Zug- und Querlasten, dann müssen neben den Nachweisen nach den Abschnitten 6.2 und 6.3 zusätzlich Nachweise für kombinierte Zug- und Querlast geführt werden. Dabei wird zwischen Stahlversagensarten und Betonversagensarten unterschieden. Beide Nachweise müssen erfüllt sein. Die erforderlichen Nachweise sind in Tabelle 6 zusammengefasst.

Wirkt die Querlast mit Hebelarm und ist ein Biegenachweis nach Gln. (25), (25a) erforderlich, dann kann der Nachweis für Stahlversagen nach Gl. (30) entfallen, da der Einfluss einer Zugbelastung in Gl. (25a) bereits berücksichtigt wird.

Tabelle 6. Nachweise für kombinierte Zug- und Querlast für Kopfbolzen und mechanische bzw. chemische Dübel ohne Zusatzbewehrung

Versagensart	Nachweis	
Stahlversagen des Befestigungsmittels [1]	$\left(\dfrac{N_{Ed}}{N_{Rd,s}}\right)^2 + \left(\dfrac{V_{Ed}}{V_{Rd,s}}\right)^2 \leq 1$	(30)
	Sind N_{Ed} und V_{Ed} für einzelne Befestigungsmittel einer Gruppe unterschiedlich groß, dann muss der Nachweis für alle Befestigungsmittel geführt werden.	
Betonversagensarten (andere Versagensarten als Stahlversagen)	$\left(\dfrac{N_{Ed}}{N_{Rd,i}}\right)^{1,5} + \left(\dfrac{V_{Ed}}{V_{Rd,i}}\right)^{1,5} \leq 1$	(31)
	oder	
	$\left(\dfrac{N_{Ed}}{N_{Rd,i}}\right) + \left(\dfrac{V_{Ed}}{V_{Rd,i}}\right) \leq 1,2$	(32)
	Es ist der größte Wert $N_{Ed}/N_{Rd,i}$ und $V_{Ed}/V_{Rd,i}$ für die einzelnen Versagensarten anzusetzen.	

[1] Nachweis nicht erforderlich bei Querlast mit Hebelarm

6.4.2 Befestigungen mit Zusatzbewehrung

Grundsätzlich gelten die Nachweise nach Abschnitt 6.4.1 auch für Befestigungen mit Zusatzbewehrung, allerdings sind in den Gln. (31), (32) die Quotienten $N_{Ed}/N_{Rd,i}$ für kegelförmigen Betonausbruch bzw. $V_{Ed}/V_{Rd,i}$ für Betonkantenbruch durch die entsprechenden Werte für Versagen der Zusatzbewehrung zu ersetzen.

Wird eine Zusatzbewehrung eingelegt, die entweder nur Zugkräfte oder nur Querkräfte aufnimmt, dann gilt Gl. (33) mit den jeweils größten Werten $N_{Ed}/N_{Rd,i}$ und $V_{Ed}/V_{Rd,i}$ für alle Betonversagensarten.

$$\left(\frac{N_{Ed}}{N_{Rd,i}}\right)^{k_{11}} + \left(\frac{V_{Ed}}{V_{Rd,i}}\right)^{k_{11}} \leq 1 \qquad (33)$$

mit

k_{11} gemäß Europäischer Technischer Produktspezifikation

$N_{Ed}/N_{Rd,i} \leq 1$ und $V_{Ed}/V_{Rd,i} \leq 1$

Wird eine Zusatzbewehrung eingelegt, die nur Zugkräfte aufnimmt, dann stehen $N_{Rd,i}$ bzw. $V_{Rd,i}$ für die Bemessungswerte der Widerstände $N_{Rd,p}$, $N_{Rd,sp}$, $N_{Rd,cb}$, $N_{Rd,re}$, $N_{Rd,a}$ bzw. $V_{Rd,c}$ und $V_{Rd,cp}$. Wird eine Zusatzbewehrung eingelegt, die nur Querkräfte aufnimmt, dann stehen $N_{Rd,i}$ bzw. $V_{Rd,i}$ für die Bemessungswerte der Widerstände $N_{Rd,p}$, $N_{Rd,c}$, $N_{Rd,sp}$, $N_{Rd,cb}$, bzw. $V_{Rd,cp}$, $V_{Rd,re}$ und $N_{Rd,a}$. Für die Bemessungswerte der Einwirkungen N_{Ed} und V_{Ed} sind die zu den einzelnen Versagensarten gehörenden Einwirkungen einzusetzen.

Enthält die Europäische Technische Produktspezifikation keine Angaben zum Faktor k_{11}, dann darf $k_{11} = 2/3$ angenommen werden. Dieser Wert beruht auf ingenieurmäßiger Betrachtung und ist konservativ.

7 Redundante Befestigungen

7.1 Allgemeines

Die Bemessung redundanter nichttragender Systeme war nicht Bestandteil von CEN/TS 1992-4 [7], sondern wurde in EN 1992-4, Abschnitt 7.3 neu aufgenommen. Er ist sehr kurz gehalten, da weitere Ausführungen eine Verzögerung des Erscheinens der gesamten Norm verursacht hätten. Die verantwortliche CEN-Arbeitsgruppe hielt diesen Anwendungsbereich jedoch für praxisrelevant und beschloss aus diesem Grund, Einzelheiten zur Bemessung in einem Technischen Report zu veröffentlichen [18]. Dieser hat zwar nicht denselben Stellenwert wie eine Norm, stellt jedoch den aktuellen Stand der Technik dar.

Der Regelfall in der Bemessung konstruktiver Befestigungen ist die Befestigung von Systemen, bei denen das Versagen eines Befestigungsmittels zum Versagen der kompletten befestigten Tragkonstruktion führt (Bild 69a). Diese Befestigungen werden auch als Einzelbefestigungen bezeichnet. Sie erfordern geeignete Befestigungsmittel wie Kopfbolzen, Ankerschienen, mechanische und chemische Dübel mit entsprechender Europäischer Technischer Produktspezifikation. So ist gewährleistet, dass die hohen Anforderungen an die Zuverlässigkeit erfüllen und eine ausreichend sichere Befestigung auch in dem Fall gewährleisten, dass nur ein Befestigungsmittel zur Lastabtragung herangezogen wird.

Redundante Befestigungen bestehen nach [18] aus mindestens drei Befestigungspunkten, wobei jeder Befestigungspunkt mit mindestens einem Befestigungsmittel im Beton verankert ist. Diese Befestigungen werden auch als Mehrfachbefestigungen bezeichnet. Dabei können ein Teil der Befestigungsmittel im gerissenen Beton und der Rest im ungerissenen Beton verankert sein. Dies führt zu unterschiedlichem Schlupf und damit zu einer unterschiedlichen Belastung der innerhalb der Befestigung liegenden Befestigungsmittel. Anwendungsbeispiele sind nichttragende Konstruktionssysteme wie z. B. abgehängte Decken, Rohrleitungen oder Fassaden.

Bei Versagen oder großem Schlupf eines Befestigungsmittels bzw. unterschiedlich großem Schlupf lagern redundante Systeme die Last infolge der Steifigkeit des Anbauteils auf die benachbarten Befestigungsmittel um (Bild 69b). In diesem Fall ist sicherzustellen, dass das Anbauteil steif genug ist, um die Last auf die benachbarten Befestigungsmittel zu übertragen und von diesen auch übernommen werden kann. Zudem dürfen Gebrauchstauglichkeit und Tragfähigkeit des Gesamtsystems durch den Ausfall eines Befestigungsmittels nicht wesentlich beeinträchtigt werden. Dies wird durch die Verwendung von Befestigungsmitteln gewährleistet, deren Eignung für die Anwendung in redundanten Systemen oder Mehrfachbefestigungen über eine Europäische Technische Produktspezifikation nachgewiesen ist.

Befestigungsmittel zur Anwendung in redundanten Systemen müssen nur ein relativ geringes Leistungsvermögen aufweisen, da sie sich bei großem Schlupf der Lastaufnahme entziehen und die Last auf benachbarte Befestigungspunkte umgelagert wird. Daher dürfen Befestigungsmittel für redundante Systeme in üblichen Stahl- und Spannbetonbauteilen mit kleiner Verankerungstiefe $h_{ef} \geq 25$ mm verwendet werden, während bei Gewährleistung eines entsprechenden Sicherheitsniveaus für Einzelbefestigungen $h_{ef} \geq 40$ mm gefordert wird. In Spannbetonhohlplatten entspricht die Mindestverankerungstiefe der Mindestspiegeldicke der Platte min $h_{ef} = 17$ mm.

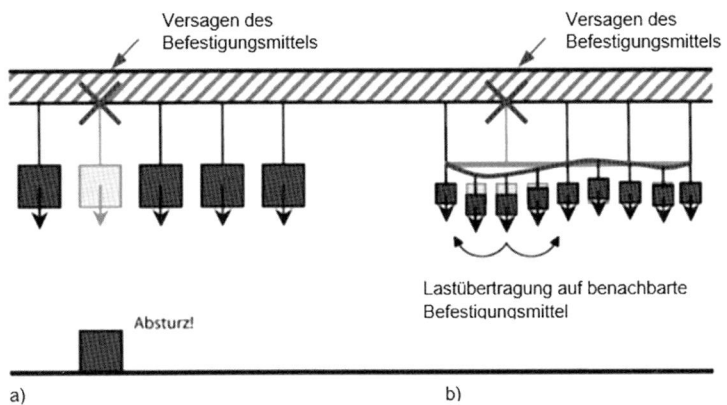

Bild 69. Versagen des Befestigungsmittels und seine Auswirkungen [77]; a) Befestigung mit einem Befestigungspunkt – Absturz des Anbauteils, b) Befestigung als redundantes System – kein Versagen der befestigten Konstruktion bei Versagen eines Befestigungspunkts

7.2 Bemessungskonzept

Das Bemessungskonzept für redundante Befestigungen beinhaltet nicht nur die Nachweise für die Grenzzustände der Tragfähigkeit und der Gebrauchstauglichkeit, sondern auch für die Höhe der Einwirkung je Befestigungspunkt. Folgende Nachweise sind zu führen:

– Der Bemessungswert der Einwirkung n_3 wird in Abhängigkeit von der Anzahl der Befestigungspunkte n_1 und der Anzahl n_2 der Befestigungsmittel je Befestigungspunkt begrenzt (Bild 70, Tabelle 7). Damit wird dem Anstieg der Biegebeanspruchung und der zusätzlichen Verformung des Anbauteils im Falle des Versagens eines Befestigungsmittels Rechnung getragen.
– Die Ermittlung des vorhandenen Widerstands je Befestigungspunkt wird üblicherweise nach den in EN 1992-4, Anhang G angegebenen Verfahren B und C durchgeführt (vgl. Abschnitt 6.1). Hinweise auf das zu verwendende Bemessungsverfahren gibt die jeweilige Europäische Technische Produktspezifikation.
– Der Nachweis der Gebrauchstauglichkeit erfolgt wie bei Einzelbefestigungen (s. Abschnitt 3.4.2.3).

Die beispielhaft in Tabelle 7 angegebenen Werte basieren auf Untersuchungen von *Rößle* und *Eligehausen* [77] an Systemen in Hochbauten, die vor ca. 20 Jahren für Decken- und Rohrabhängungen gebräuchlich waren, sowie an mittels Unterkonstruktion befestigten Fassaden. Daher können die veröffentlichten Werte in verschiedenen Ländern voneinander abweichen. Es wird empfohlen, bei Verwendung heutiger innovativer Systeme zu überprüfen, ob die Steifigkeiten heutiger Unterkonstruktionen mit den damals verwendeten vergleichbar sind, und welche Werte für n_3 in dem jeweiligen Land gelten. Zudem sollten diese Regelungen nur bei nichttragenden Systemen im Hochbau verwendet werden.

Laut CEN/TR 17079 [18] muss eine redundante Befestigung immer aus mindestens $n_1 = 3$ Befestigungspunkten bestehen. Hinsichtlich der Ausbildung der Befestigungspunkte geben sowohl EN 1992-4 als auch CEN/TR 17079 keine Hinweise.

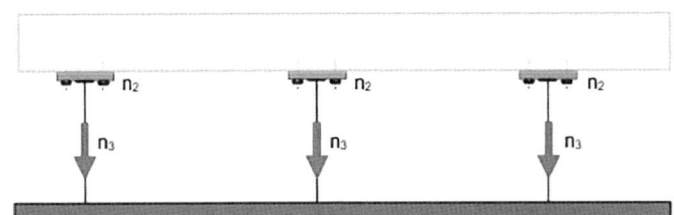

Bild 70. Beispiel für ein redundantes System mit $n_1 = 3$ Befestigungspunkten und $n_2 = 2$ Befestigungsmitteln je Befestigungspunkt sowie der höchsten Beanspruchbarkeit n_3 je Befestigungspunkt

Tabelle 7. Beispiele für die Begrenzung der Einwirkungen (n_3) je Befestigungspunkt bei einer vorgegebenen Anzahl von Befestigungspunkten (n_1) und von Befestigungsmitteln pro Befestigungspunkt (n_2) in redundanten Systemen für verschiedene Länder

Land	Höchstwert der Bemessungswerte der Einwirkung n_3 in Abhängigkeit von der Anzahl n_1 der Befestigungspunkte und der Anzahl n_2 der Befestigungsmittel je Befestigungspunkt
CEN/TR 17079 Dänemark Deutschland Großbritannien Portugal	$n_1 \geq 4$; $n_2 \geq 1$ und $n_3 \leq 3{,}0$ kN oder $n_1 \geq 3$; $n_2 \geq 1$ und $n_3 \leq 2{,}0$ kN
Frankreich	$n_1 \geq 3$; $n_2 \geq 1$ und $n_3 \leq 4{,}5$ kN

Besteht ein Befestigungspunkt jedoch aus 2 oder mehr Befestigungsmitteln, ist darauf zu achten, dass innerhalb eines Befestigungspunkts identische Befestigungsmittel verwendet werden und eine gleichmäßige Lastverteilung auf die vorhandenen Befestigungsmittel erfolgt. Weiterhin geben EN 1992-4 und CEN/TR 17079 keine Auskunft darüber, wie die Befestigungspunkte innerhalb eines redundanten Systems auszubilden sind. Auch hier wird empfohlen, die Befestigungspunkte möglichst identisch zu wählen. So können auf einfache Weise Montagefehler vermieden und Verwechselungsmöglichkeiten ausgeschlossen werden.

CEN/TR 17079 regelt zusätzlich zu den Anwendungen im üblichen Stahl- und Spannbetonbau auch die Bemessung in vorgespannten Hohlplattendecken mit einer Spiegeldicke von mindestens 17 mm. Der lichte Abstand der Befestigungsmittel zu den Spanngliedern muss mindestens 50 mm aufweisen. Die Eignung der Befestigungsmittel für diese Art der Verwendung muss durch eine Europäische Technische Produktspezifikation bestätigt werden.

Die auf ein redundantes System einwirkenden Lasten sind unter der Annahme zu ermitteln, dass sich alle Befestigungspunkte an der Lastabtragung beteiligen. Dabei dürfen die Bemessungswerte der auf den Befestigungspunkt wirkenden Lasten die Werte nach Tabelle 7 nicht überschreiten. Werden diese Werte überschritten, ist davon auszugehen, dass das befestigte Bauteil nicht ausreichend steif ist, um die Einwirkungen umzulagern. Die Bemessung ist dann unter der Annahme von Einzelbefestigungen mit geeigneten Befestigungsmitteln durchzuführen, da sonst das Versagen eines Befestigungspunkts zum Versagen der Gesamtkonstruktion führen kann. Hierbei ist zu beachten, dass die Mindestverankerungstiefe von Befestigungsmitteln für Einzelbefestigungen größer als die Werte für Befestigungsmittel zur Verwendung in redundanten Systemen sind.

Die Ermittlung des Widerstands eines Befestigungspunkts erfolgt nach Abschnitt 6 dieses Beitrags oder vereinfacht nach EN 1992-4, Anhang G. In der Europäischen Technischen Produktspezifikation des gewählten Befestigungsmittels wird auf das zu verwendende Bemessungsverfahren verwiesen.

8 Nachweis von Ankerschienen im Grenzzustand der Tragfähigkeit

8.1 Allgemeines

Das in den folgenden Abschnitten beschriebene Bemessungsverfahren gilt für Ankerschienen nach Bild 2a. Es beruht auf denselben mechanischen Modellen und derselben Systematik wie das CC-Verfahren für Dübel und Kopfbolzen, wurde jedoch für Ankerschienen modifiziert. Bei den Versagensarten kegelförmiger Betonbruch und lokaler Betonausbruch unter Zugbelastung sowie Betonkantenbruch und rückwärtiger Betonausbruch bei Querbeanspruchung wird nicht – wie bei Dübeln und Kopfbolzen – die Tragfähigkeit der Gruppe von Befestigungsmitteln, sondern die eines Ankers berechnet. Dies ist wie folgt begründet:

Bei Befestigungen mit Dübeln und Kopfbolzen wird eine steife Ankerplatte vorausgesetzt und die von den einzelnen Befestigungsmitteln einer Gruppe aufgenommenen Kräfte werden nach der Elastizitätstheorie berechnet (vgl. Abschnitt 5.2). Diese Annahme ergibt bei exzentrisch an der Ankerplatte angreifender Zugkraft eine lineare Verteilung der Ankerkräfte (siehe Bild 8). Die Verteilung der Ankerkräfte wird für Dübel und Kopfbolzen bei der Berechnung des charakteristischen Widerstands der Gruppe für Betonausbruch durch den Faktor $\psi_{ec,N}$ berücksichtigt.

Demgegenüber verhalten sich Ankerschienen wie Durchlaufträger, die an den Ankern elastisch gelagert sind und eine teilweise Einspannung aufweisen. Weiterhin können unterschiedlich hohe Zug- und Querlasten an beliebigen Stellen der Ankerschiene angreifen. Da die Verteilung der von den

8.2 Widerstand bei Zugbeanspruchung

8.2.1 Erforderliche Nachweise

Bei der Bemessung wird wie bei Kopfbolzen und Dübeln (Bemessungsverfahren A) nach Beanspruchungsrichtungen und Versagensarten unterschieden. Werden Ankerschienen durch Zuglasten beansprucht, kann zusätzlich zu den Versagensarten nach Bild 30 Versagen durch lokales Aufbiegen der Schiene, Versagen des Ankers bzw. der Verbindung zwischen Anker und Schienenrücken sowie Biegeversagen der Schiene auftreten (Bild 72).

Folgende Beanspruchungen sind durch EN 1992-4 nicht abgedeckt:

– Querbeanspruchung in Richtung der Schienenlängsachse (diese Lastrichtung ist im Technischen Report CEN/TR 17080:2018 [19] geregelt),
– Ermüdungsbeanspruchung (hier wird auf EOTA TR 050 [25] verwiesen),
– Erdbebenbeanspruchung.

In Tabelle 8 sind die erforderlichen Nachweise für Ankerschienen unter Zugbeanspruchung zusammengestellt.

8.2.2 Zusatzbewehrung

Wird eine Zusatzbewehrung angeordnet, dann kann der Nachweis für kegelförmigen Betonausbruch nach Tabelle 8 bzw. Abschnitt 8.2.5 entfallen, jedoch muss die Bewehrung für die Gesamtlast nachgewiesen werden. Die Bewehrung muss auf beiden Seiten der Bruchfläche ausreichend verankert sein (es gilt Abschnitt 6.2.2).

Wird eine Ankerschiene parallel zum Bauteilrand oder in einem schmalen Bauteil angeordnet, dann ist die Zusatzbewehrung senkrecht zur Achse der Ankerschiene anzuordnen (Bild 73). Dies ist wichtig, weil sich unter der Schiene während der Belastung

Bild 71. Beispiel für die Verteilung der Ankerlasten bei einer zugbeanspruchten Ankerschiene

einzelnen Ankern der Schiene aufgenommenen Lasten sehr unregelmäßig sein kann (Bild 71), gilt das CC-Verfahren für Dübel und Kopfbolzen nicht für Ankerschienen mit mehr als zwei Ankern. Die Berechnung der von den Ankern einer Ankerschiene aufgenommenen Kräfte erfolgt für Zuglasten nach Abschnitt 5.3.1 und für Querlasten nach Abschnitt 5.3.2.

Das im Folgenden beschriebene Bemessungsverfahren gilt ausschließlich für Ankerschienen mit einer Europäischen Technischen Produktspezifikation. Es beruht im Wesentlichen auf den Ergebnissen der Untersuchungen von *Wohlfahrt* [78], *Kraus* [44] und *Potthoff* [45] mit klassischen Profilen nach Bild 2a. Die Ergebnisse dieser Untersuchungen sind in [46] zusammengefasst. Dort werden das Tragverhalten und die Bemessung von Ankerschienen erläutert. Es wird davon ausgegangen, dass das Bemessungsverfahren auch für klassische Profilformen, die nach innovativen Verfahren hergestellt wurden und für neuartige Profilformen wie z. B. V-förmige Profile gilt.

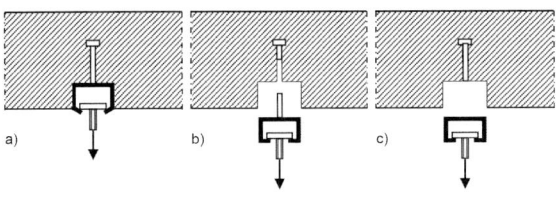

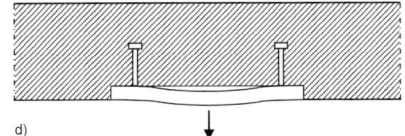

Bild 72. Zusätzliche Versagensarten bei zugbeanspruchten Ankerschienen (nach [78]); a) lokales Aufbiegen der Schiene, b) Versagen des Ankers, c) Versagen der Verbindung zwischen Anker und Schienenrücken, d) Biegeversagen der Ankerschiene

Tabelle 8. Erforderliche Nachweise für Ankerschienen unter Zugbeanspruchung

Versagensart		Ankerschiene	Ungünstigster Anker oder ungünstigste Spezialschraube
Stahlversagen	Anker		$N_{Ed}^a \leq N_{Rd,s,a} = \dfrac{N_{Rk,s,a}}{\gamma_{Ms}}$
	Verbindung zwischen Anker und Schienenrücken		$N_{Ed}^a \leq N_{Rd,s,c} = \dfrac{N_{Rk,s,c}}{\gamma_{Ms,ca}}$
	lokales Aufbiegen der Schiene [1]	$N_{Ed}^{cb} \leq N_{Rd,s,l} = \dfrac{N_{Rk,s,l}}{\gamma_{Ms,l}}$	
	Spezialschraube		$N_{Ed}^{cb} \leq N_{Rd,s} = \dfrac{N_{Rk,s}}{\gamma_{Ms}}$
	Biegung der Ankerschiene	$M_{Ed}^{ch} \leq M_{Rd,s,flex} = \dfrac{M_{Rk,s,flex}}{\gamma_{Ms,flex}}$	
Herausziehen			$N_{Ed}^a \leq N_{Rd,p} = \dfrac{N_{Rk,p}}{\gamma_{Mp}}$
kegelförmiger Betonausbruch [2]			$N_{Ed}^a \leq N_{Rd,c} = \dfrac{N_{Rk,c}}{\gamma_{Mc}}$
Spalten [2]			$N_{Ed}^a \leq N_{Rd,sp} = \dfrac{N_{Rk,sp}}{\gamma_{Msp}}$
lokaler Betonausbruch [2] [3]			$N_{Ed}^a \leq N_{Rd,cb} = \dfrac{N_{Rk,cb}}{\gamma_{Mc}}$
Stahlversagen der Zusatzbewehrung			$N_{Ed,re}^a \leq N_{Rd,re} = \dfrac{N_{Rk,re}}{\gamma_{Ms,re}}$
Versagen der Verankerung der Zusatzbewehrung			$N_{Ed,re}^a \leq N_{Rd,a}$

[1] höchstbelastete Spezialschraube
[2] Bei der Bestimmung des ungünstigsten Ankers muss die auf den Anker einwirkende Last gemeinsam mit den Einflüssen aus Rand- und Achsabständen berücksichtigt werden, denn der höchstbelastete ist nicht zwangsläufig der ungünstigste Anker.
[3] Nachweis nicht erforderlich für Anker mit einem Randabstand $c > 0{,}5 \cdot h_{ef}$

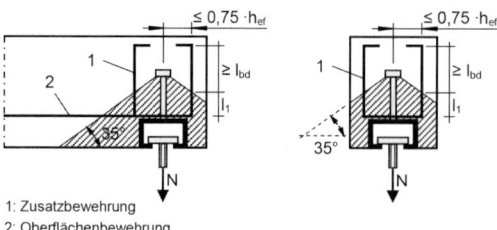

1: Zusatzbewehrung
2: Oberflächenbewehrung
a) b)

Bild 73. Anordnung einer Zusatzbewehrung bei Zugbeanspruchung; a) Anordnung der Ankerschiene am Bauteilrand, b) Anordnung der Ankerschiene in einem schmalen Bauteil

ein Riss in Schienenlängsrichtung bildet und daher eine parallel zur Schienenachse angeordnete Bewehrung nicht wirksam ist [44].

8.2.3 Stahlversagen

Die charakteristischen Werte des Widerstands $N_{Rk,s,a}$ (Versagen des Ankers), $N_{Rk,s,c}$ (Versagen der Verbindung zwischen Anker und Schienenrücken), $N_{Rk,s,l}^0$ (Grundwert für lokales Versagen durch Aufbiegen der Schiene), $N_{Rk,s}$ (Versagen der Spezialschraube) und $M_{Rk,s,flex}$ (Biegeversagen der Schiene) sind in der jeweiligen Europäischen Technischen Produktspezifikation angegeben.

Der charakteristische Widerstand für lokales Versagen durch Aufbiegen der Schiene beträgt:

$$N_{Rk,s,l} = N_{Rk,s,l}^0 \cdot \psi_{l,N} \quad (34)$$

mit

$$\psi_{l,N} = 0{,}5 \cdot \left(1 + \frac{s_{cbo}}{s_{l,N}}\right) \leq 1 \quad (34a)$$

s_{cbo} Abstand der Spezialschrauben

$s_{l,N}$ charakteristischer Abstand für lokales Aufbiegen der Schiene unter Zugbeanspruchung gemäß Europäischer Technischer Produktspezifikation

Als Anhaltswert für den charakteristischen Abstand kann $s_{l,N} = 2 \cdot b_{ch}$ angenommen werden (b_{ch} = Breite der Schiene). Der Faktor $\psi_{l,N}$ befindet sich nicht in den bisherigen Bemessungsrichtlinien für Ankerschienen und wurde neu in EN 1992-4 aufgenommen, um die gegenseitige Beeinflussung der durch benachbarte Spezialschrauben verursachten Aufbiegungen und deren ungünstige Auswirkung auf den Widerstand zu berücksichtigen.

Es wird darauf hingewiesen, dass nach EN 1992-4, Tabelle 7.4, Fußnote a Aufbiegen der Schienenschenkel für den höchstbelasten Anker oder die höchstbelastete Spezialschraube nachzuweisen ist. Das Aufbiegen der Schienenschenkel wird jedoch nicht durch die Ankerbelastung beeinflusst. Daher ist in Tabelle 8, Fußnote 1) nur die höchstbelastete Spezialschraube aufgeführt.

8.2.4 Herausziehen

Der charakteristische Widerstand $N_{Rk,p}$ für Herausziehen eines Ankers der Schiene ist in der jeweiligen Europäischen Technischen Produktspezifikation angegeben. Er sollte durch die Betonpressung unter dem Kopf des Ankers nach Gl. (14) begrenzt werden.

8.2.5 Kegelförmiger Betonausbruch

Kegelförmiger Betonausbruch kann bei kurzen Ankern sowie bei geringen Achs- und/oder Rand-

abständen auftreten und die Tragfähigkeit der Ankerschiene begrenzen. Bei dieser Versagensart entspricht das Tragverhalten im Prinzip demjenigen von Dübeln und Kopfbolzen. Allerdings kann die im Ausbruchkörper liegende Ankerschiene den Widerstand je nach Verhältnis von Profilhöhe zu Verankerungstiefe ungünstig beeinflussen [44]. Sie stört die Verteilung der Spannungen im Beton und ruft durch die Behinderung der Schwindverformung des oberflächennahen Betons durch die Anker Zugspannungen im Beton hervor. Dieser Einfluss wird durch einen Abminderungsbeiwert α_{ch} berücksichtigt. Weiterhin wird aus den in Abschnitt 8.1 genannten Gründen der charakteristische Widerstand nicht für die Gruppe, sondern für einen Anker berechnet. Der Anker mit dem höchsten Verhältnis $N_{Ed}^a / N_{Rd,c}$ ist maßgebend für die Bemessung. Da sowohl Belastung als auch Widerstand der einzelnen Anker einer Ankerschiene unterschiedlich sein können, sind ggf. alle Anker nachzuweisen.

Je nach Verhältnis von Schienenbreite und -höhe zur Verankerungstiefe wird mit unterschiedlichen effektiven Verankerungstiefen gerechnet. Für Ankerschienen mit $h_{ch}/h_{ef} \leq 0{,}4$ und $b_{ch}/h_{ef} \leq 0{,}7$ ergibt sich die effektive Verankerungstiefe nach Bild 74a. Sind $h_{ch}/h_{ef} > 0{,}4$ und/oder $b_{ch}/h_{ef} > 0{,}7$, dann bietet EN 1992-4 die beiden folgenden Optionen:

– Die Verankerungstiefe wird nach Bild 74b zu $h_{ef} = h_{ef}^*$ angenommen.

– Die effektive Verankerungstiefe wird nach Bild 74a angesetzt. Der Wert für den charakteristischen Achsabstand $s_{cr,N}$ wird der Europäischen Technischen Produktspezifikation entnommen und mit dem Wert nach Gl. (35c) für Ankerschienen mit $h_{ch}/h_{ef} \leq 0{,}4$ und $b_{ch}/h_{ef} \leq 0{,}7$ verglichen. Der größere der beiden Werte ist bei der Bemessung zu verwenden. Bisher sind jedoch in [12] die erforderlichen Versuche sowie die Auswertekriterien zur Bestimmung von $s_{cr,N}$ nicht angegeben.

Der charakteristische Widerstand eines Ankers einer Ankerschiene errechnet sich nach Gl. (35).

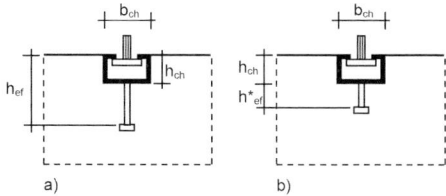

Bild 74. Bestimmung der effektiven Verankerungstiefe von Ankerschienen

$$N_{Rk,c} = N_{Rk,c}^0 \cdot \psi_{ch,s,N} \cdot \psi_{ch,e,N} \cdot \psi_{ch,c,N} \cdot \psi_{re,N}$$
(35)

Die verschiedenen Einflussgrößen in Gl. (35) werden nachfolgend erläutert.

a) Charakteristischer Widerstand eines einzelnen Ankers

Der charakteristische Widerstand eines einzelnen Ankers in gerissenem oder ungerissenem Beton ohne Beeinflussung durch benachbarte Anker, Bauteilränder oder Bauteilecken errechnet sich nach der für Kopfbolzen und Dübel gültigen Gl. (13a). Der oben erwähnte möglicherweise ungünstige Einfluss der im Ausbruchkörper liegenden Ankerschiene ist in den für die jeweilige Ankerschiene gültigen Faktoren $k_{cr,N}$ und $k_{ucr,N}$ enthalten. Beide Werte können der entsprechenden Europäischen Technischen Produktspezifikation entnommen werden und sind üblicherweise kleiner als die Werte für Kopfbolzen. Man erhält sie bisher durch Multiplikation der für Kopfbolzen geltenden Werte $k_{cr,N}$ und $k_{ucr,N}$ mit dem Abminderungsfaktor nach Gl. (35a).

$$\alpha_{ch.N} = (h_{ef}/180)^{0,15} \leq 1$$
(35a)

b) Einfluss benachbarter Anker

Der Einfluss benachbarter Anker auf den Widerstand bei der Versagensart kegelförmiger Betonausbruch wird über den Beiwert $\psi_{ch,s,N}$ nach Gl. (35b) berücksichtigt:

$$\psi_{ch,s,N} = \frac{1}{1 + \sum_{i=1}^{n_{ch,N}} \left[\left(1 - \frac{s_i}{s_{cr,N}}\right)^{1,5} \cdot \frac{N_1}{N_0} \right]}$$
(35b)

mit (s. Bild 75)

s_i Abstand zwischen dem betrachteten und dem benachbarten beeinflussenden Anker i

$\leq s_{cr,N}$

$$s_{cr,N} = 2 \cdot \left(2,8 - 1,3 \cdot \frac{h_{ef}}{180}\right) \cdot h_{ef} \geq 3 \cdot h_{ef}$$
(35c)

N_i Zuglast des beeinflussenden Ankers i

N_0 Zuglast des betrachteten Ankers

$n_{ch,N}$ Anzahl der beeinflussenden Anker innerhalb eines Abstands $s_{cr,N}$ zu beiden Seiten des betrachteten Ankers

Der Beiwert $\psi_{ch,s,N}$ nach Gl. (35b) ersetzt den in Gl. (13) zur Berechnung des charakteristischen Widerstands von Befestigungen mit Dübeln und Kopfbolzen bei der Versagensart Betonausbruch anzusetzenden Verhältniswert $A_{c,N}/A_{c,N}^0$ sowie den Faktor $\psi_{ec,N}$. Er wird anhand der in Bild 76 dargestellten Schiene mit zwei Ankern erläutert. Der Widerstand von Anker 1 in Bild 76a gegen Betonausbruch wird durch den Abstand zum Anker 2 und dessen Belastung beeinflusst. Ist der Abstand der Anker so groß, dass sich die Ausbruchkegel nicht überschneiden ($s \geq s_{cr,N}$), beeinflusst Anker 2 nicht den Widerstand von Anker 1 (Bild 76b). Dies gilt für $s < s_{cr,N}$ auch, wenn Anker 2 unbelastet ist (Bild 76c). Der Einfluss des Achsabstands und der Belastung des Nachbarankers wird durch Multiplikation des charakteristischen Widerstands $N_{Rk,c}^0$ mit dem Beiwert $\psi_{ch,s,N}$ erfasst. Für das Beispiel in Bild 75 ergibt sich:

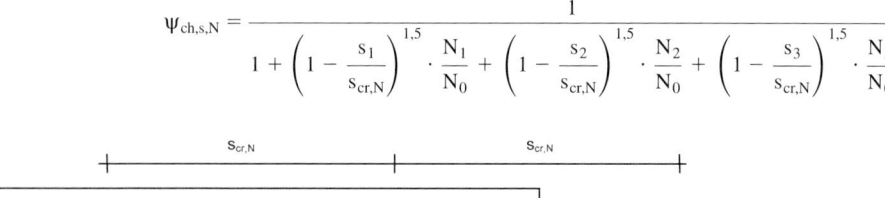

$$\psi_{ch,s,N} = \frac{1}{1 + \left(1 - \frac{s_1}{s_{cr,N}}\right)^{1,5} \cdot \frac{N_1}{N_0} + \left(1 - \frac{s_2}{s_{cr,N}}\right)^{1,5} \cdot \frac{N_2}{N_0} + \left(1 - \frac{s_3}{s_{cr,N}}\right)^{1,5} \cdot \frac{N_3}{N_0}}$$

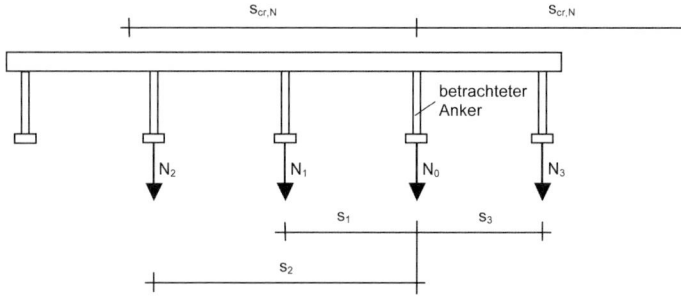

Bild 75. Beispiel einer Ankerschiene bei Belastung durch vier Zugkräfte [44]

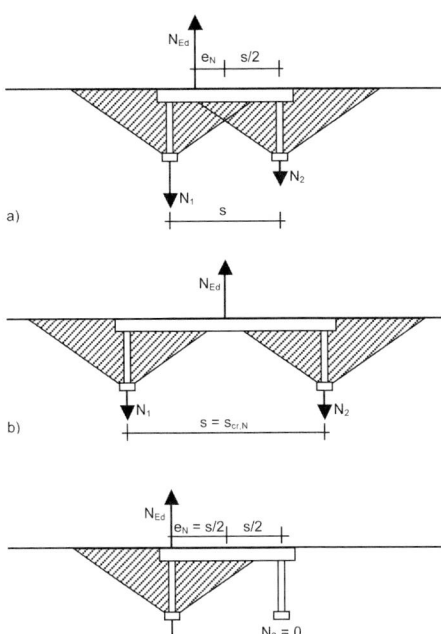

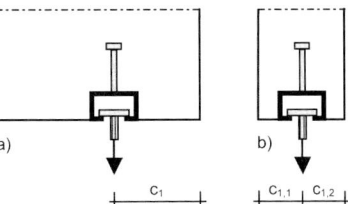

a)

b)

Bild 77. Ankerschiene a) am Bauteilrand b) in einem schmalen Bauteil

Bild 76. Einfluss des Achsabstands und der Belastung der Anker auf den charakteristischen Widerstand für kegelförmigen Betonausbruch [46]; a) Achsabstand $s < s_{cr,N}$, beide Anker belastet, b) Achsabstand $s = s_{cr,N}$, beide Anker belastet, c) Achsabstand $s < s_{cr,N}$, nur linker Anker belastet

Für Ankerschienen mit zwei Ankern ergeben $\psi_{ch,s,N}$ und das Produkt $A_{c,N}/A^0_{c,N} \cdot \psi_{ec,N}$ praktisch das gleiche Resultat, wenn für beide Befestigungen derselbe Wert für $s_{cr,N}$ vorausgesetzt wird.

Während bei Dübeln und Kopfbolzen angenommen wird, dass der charakteristische Achsabstand immer dem Wert $3 \cdot h_{ef}$ entspricht (vgl. Abschnitt 6.2.4), haben Untersuchungen von *Kraus* [44] ergeben, dass er bei Ankerschienen deutlich von der Verankerungstiefe abhängig ist. Er variiert zwischen $s_{cr,N} = 5 \cdot h_{ef}$ (für $h_{ef} = 40$ mm) und $s_{cr,N} = 3 \cdot h_{ef}$ (für $h_{ef} \geq 180$ mm).

c) Einfluss von Bauteilrändern

Der Einfluss eines Bauteilrands auf den charakteristischen Widerstand wird über den Beiwert $\psi_{ch,e,N}$ berücksichtigt:

$$\psi_{ch,e,N} = \left(\frac{c_1}{c_{cr,N}}\right)^{0,5} \leq 1 \qquad (35d)$$

mit

c_1 Randabstand der Ankerschiene (s. Bild 77a)

$c_{cr,N}$ charakteristischer Randabstand

$= 0{,}5 \cdot s_{cr,N}$ mit $s_{cr,N}$ nach Gl. (35c)

Bei Ankerschienen in schmalen Bauteilen mit unterschiedlichen Randabständen $c_{1,1}$ und $c_{1,2}$ (Bild 77b) ist der kleinere der beiden Randabstände in Gl. (35d) einzusetzen.

Werden Ankerschienen parallel zum Bauteilrand angeordnet (Bild 77a), bildet sich während der Belastung in Schienenlängsrichtung ein Riss unter der Schiene. Daher wird der Beton auf der randabgewandten Seite nur über eine Breite entsprechend dem Randabstand aktiviert. Demgegenüber wird im CC-Verfahren für Dübel und Kopfbolzen eine Aktivierung des Betons über eine Breite entsprechend dem charakteristischen Randabstand angenommen.

d) Einfluss einer Bauteilecke

Der Einfluss einer Bauteilecke auf den charakteristischen Widerstand wird über den Beiwert $\psi_{ch,c,N}$ nach Gl. (35e) berücksichtigt:

$$\psi_{ch,c,N} = \left(\frac{c_2}{c_{cr,N}}\right)^{0,5} \leq 1 \qquad (35e)$$

mit

c_2 Eckabstand des betrachteten Ankers (s. Bilder 78a, 78b und 78d)

Wird der Anker durch zwei Ecken beeinflusst (Beispiel s. Bild 78c), ist der Beiwert $\psi_{ch,c,N}$ für die Werte $c_{2,1}$ und $c_{2,2}$ zu berechnen und das Produkt der Beiwerte $\psi_{ch,c,N}$ in Gl. (35) einzusetzen.

Versuche mit Ankerschienen in einer Bauteilecke liegen nicht vor. Es wird jedoch davon ausgegangen, dass der Faktor $\psi_{ch,c,N}$ nach Gl. (35e) konservativ ist, weil er in Analogie zum Faktor $\psi_{ch,e,N}$ gewählt wurde.

Bei dem Beispiel in Bild 78d wird für die Berechnung des Faktors $\psi_{ch,c,N}$ der Eckabstand c_2 und des

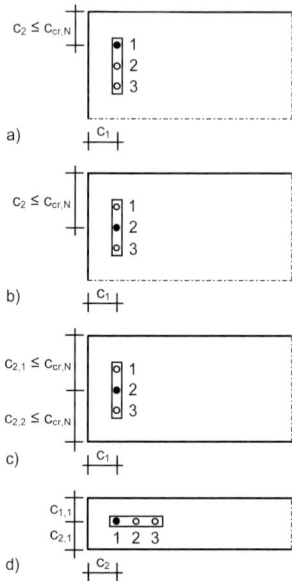

Bild 78. Definition des Eckabstands bei Anordnung einer zugbeanspruchten Ankerschiene in der Bauteilecke a) Berechnung des Widerstands von Anker 1, b) Berechnung des Widerstands von Anker 2, c) Berechnung des Widerstands von Anker 2, d) Berechnung des Widerstands von Anker 1

Faktors $\psi_{ch,e,N}$ der kleinere der Werte $c_{1,1}$ und $c_{1,2}$ verwendet.

e) Einfluss einer starken Oberflächenbewehrung (Schalenabplatzen)

Der Einfluss einer starken Oberflächenbewehrung wird durch den Faktor $\psi_{re,N}$ erfasst. Es gilt Gl. (13c) unverändert.

f) Einfluss eines schmalen Bauteils

Werden Ankerschienen mit einer Verankerungstiefe $h_{ef} > 180$ mm so angeordnet, dass benachbarte Anker, ein Bauteilrand sowie zwei Bauteilecken von Einfluss sind (Bild 78c) und sind der Randabstand und die Eckabstände vom betrachteten Anker kleiner als $c_{cr,N}$ und der Achsabstand kleiner als $s_{cr,N}$, dann führt Gl. (35) zu konservativen Ergebnissen. Genauere Ergebnisse werden erzielt, wenn der Wert h_{ef} durch den größeren Wert nach Gln. (35f$_1$), (35f$_2$) ersetzt wird.

$$h'_{ef} = \frac{c_{max}}{c_{cr,N}} \cdot h_{ef} \geq 180 \text{ mm} \qquad (35f_1)$$

$$h'_{ef} = \frac{s_{max}}{s_{cr,N}} \cdot h_{ef} \geq 180 \text{ mm} \qquad (35f_2)$$

mit

c_{max} größter Abstand von der Achse des Ankers zum Bauteilrand (im Beispiel nach Bild 78c ist c_{max} der größte Wert von c_1, $c_{2,1}$ und $c_{2,2}$)

$\leq c_{cr,N}$

s_{max} größter Achsabstand der Anker

$\leq s_{cr,N}$

Der Wert h'_{ef} wird in Gl. (13a) sowie in Gl. (35c) eingesetzt.

Diese Regelung ist in Abschnitt 6.2.4f begründet. Nachrechnungen zeigen, dass bei der Versagensart Betonausbruch der charakteristische Widerstand von Ankerschienen mit einer Verankerungstiefe $h_{ef} \leq 180$ mm auch in dem Anwendungsfall nach Bild 78c bei Ansatz von h_{ef} ausreichend genau berechnet wird, weil der charakteristische Achs- und Randabstand mit abnehmender Verankerungstiefe ansteigt.

8.2.6 Spalten des Betons

8.2.6.1 Spalten bei der Montage der Spezialschraube

Schließt die Ankerschiene bündig mit der ebenen Betonoberfläche ab, wird der Beton beim Anspannen der Spezialschraube nicht belastet, weil das Anbauteil direkt gegen die Schienenschenkel gespannt wird. Die Betonoberfläche ist jedoch in der Praxis oft uneben und es kann nicht ausgeschlossen werden, dass die Ankerschiene aufgrund von Montageungenauigkeiten unterhalb der Betonoberfläche liegt. In diesen Fällen werden beim Anziehen der Spezialschraube Spaltkräfte im Beton geweckt.

Versagen durch Spalten bei der Montage der Spezialschraube wird wie bei Dübeln durch Einhaltung der in der jeweiligen Europäischen Technischen Produktspezifikation angegebenen Mindestwerte der Achsabstände s_{min}, der Randabstände c_{min} und der Bauteildicke h_{min} sowie eventuelle Anforderungen an die Bewehrung verhindert.

8.2.6.2 Spalten unter Last

Der Nachweis für Spalten unter Last darf entfallen, wenn mindestens eine der beiden folgenden Bedingungen erfüllt ist:

– Der Randabstand beträgt in allen Richtungen $c \geq 1,2 \cdot c_{cr,sp}$ und die Bauteildicke ist $h \geq h_{min}$, wobei h_{min} der zum charakteristischen Randabstand $c_{cr,sp}$ gehörende Wert ist.

– Der charakteristische Widerstand für kegelförmigen Betonausbruch und Herausziehen wird unter Annahme gerissenen Betons berechnet und es ist eine Bewehrung zur Aufnahme der Spaltkräfte vorhanden, welche die Rissbreite auf $w_k \leq 0,3$ mm begrenzt.

Die charakteristischen Achs- und Randabstände $s_{cr,sp}$ und $c_{cr,sp}$ sind in der jeweiligen Europäischen Technischen Produktspezifikation angegeben. Fehlen Informationen, dann darf die Fläche der erforderlichen Bewehrung wie folgt bestimmt werden:

$$\sum A_{s,re} = 0{,}5 \cdot \frac{N^a_{Ed}}{f_{yk,re} / \gamma_{Ms,re}} \quad (36)$$

mit

N^a_{Ed} Bemessungswert der Zuglast im höchstbelasteten Anker

$f_{yk,re}$ Streckgrenze der Bewehrung $\leq 600\ N/mm^2$

Es wird empfohlen, diese Bewehrung symmetrisch und dicht an jedem Anker der Schiene anzuordnen.

Sind beide oben genannten Bedingungen nicht erfüllt, dann errechnet sich der charakteristische Widerstand einer Ankerschiene für den Nachweis von Spalten unter Last nach Gl. (37):

$$N_{Rk,sp} = N^0_{Rk} \cdot \psi_{ch,s,N} \cdot \psi_{ch,c,N} \cdot \psi_{ch,e,N}$$
$$\cdot \psi_{re,N} \cdot \psi_{h,sp} \quad (37)$$

mit

$$N^0_{Rk} = \min\{N_{Rk,p}; N^0_{Rk,c}\} \quad (37a)$$

$N_{Rk,p}$ nach Abschnitt 8.2.4

Die Werte $N^0_{Rk,c}$, $\psi_{ch,s,N}$, $\psi_{ch,c,N}$, $\psi_{ch,e,N}$ und $\psi_{re,N}$ werden nach Abschnitt 8.2.5 bestimmt, allerdings werden die charakteristischen Abstände $s_{cr,N}$ und $c_{cr,N}$ durch $s_{cr,sp}$ und $c_{cr,sp}$ ersetzt. Dabei sind $s_{cr,sp}$ und $c_{cr,sp}$ die zur Mindestbauteildicke h_{min} gehörenden Werte.

Der Faktor zur Berücksichtigung der Bauteildicke beträgt:

$$\psi_{h,sp} = \left(\frac{h}{h_{min}}\right)^{2/3}$$
$$\leq \max\left\{1;\ \left(\frac{h_{ef} + c_{cr,N}}{h_{min}}\right)^{2/3}\right\}$$
$$\leq 2 \quad (38)$$

Wird der charakteristische Randabstand $c_{cr,sp}$ in der Europäischen Technischen Produktspezifikation für mehr als eine minimale Bauteildicke angegeben, dann ist in Gl. (38) diejenige minimale Bauteildicke einzusetzen, die dem in Gl. (37) angenommenen charakteristischen Randabstand entspricht.

8.2.7 Versagen durch lokalen Betonausbruch

Die in EN 1992-4 angegebene Gleichung zur Berechnung des charakteristischen Widerstands bei Versagen durch lokalen Betonausbruch basiert auf dem für Kopfbolzen verwendeten Modell (vgl. Abschnitt 6.2.8), allerdings wurde der Nachweis aus den in Abschnitt 8.1 genannten Gründen modifiziert. Der Nachweis für lokalen Betonausbruch ist nur für Anker erforderlich, deren Randabstand $c < 0{,}5 \cdot h_{ef}$ ist.

Der charakteristische Widerstand beträgt:

$$N_{Rk,cb} = N^0_{Rk,cb} \cdot \psi_{ch,s,Nb} \cdot \psi_{ch,c,Nb} \cdot \psi_{ch,h,Nb} \quad (39)$$

Die einzelnen Faktoren in Gl. (39) werden im Folgenden beschrieben.

Bei Ankerschienen, die senkrecht zum Bauteilrand angeordnet sind, ist der Nachweis nur für den Anker mit dem kleinsten Randabstand erforderlich. Für den charakteristischen Widerstand $N^0_{Rk,cb}$ eines Einzelankers ohne Beeinflussung durch benachbarte Anker oder Bauteilränder gilt Gl. (19a). Der Einfluss benachbarter Anker wird durch den Faktor $\psi_{ch,s,Nb}$ berücksichtigt, berechnet nach Gl. (35b), jedoch ist $s_{cr,N}$ durch $s_{cr,Nb} = 4 \cdot c_1$ zu ersetzen.

Der Faktor $\psi_{ch,c,Nb}$ zur Berücksichtigung von Bauteilecken beträgt:

$$\psi_{ch,c,Nb} = \left(\frac{c_2}{c_{cr,Nb}}\right)^{0{,}5} \leq 1 \quad (39a)$$

mit

c_2 Abstand des betrachteten Ankers zur Ecke (s. Bild 78)

$c_{cr,Nb} = s_{cr,Nb}/2 = 2 \cdot c_1$

Wird ein Anker durch zwei Ecken beeinflusst (Bild 78c), dann ist der Faktor $\psi_{ch,c,Nb}$ für beide Abstände $c_{2,1}$ und $c_{2,2}$ zu berechnen und das Produkt in Gl. (39) einzusetzen.

Der Faktor $\psi_{ch,h,Nb}$ berücksichtigt die Dicke des Bauteils in Fällen, in denen der Abstand f von der lastabtragenden Seite des Ankerkopfes zum der Schiene gegenüberliegenden Rand des Bauteils $f \leq 2 \cdot c_1$ ist (s. Bild 79).

$$\psi_{ch,h,Nb} = \frac{h_{ef} + f}{4 \cdot c_1} \leq \frac{2 \cdot c_1 + f}{4 \cdot c_1} \leq 1 \quad (39b)$$

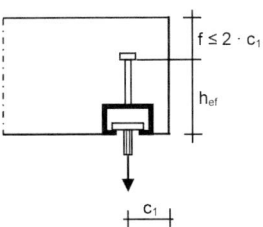

Bild 79. Randnahe Ankerschiene in einem dünnen Bauteil

8.2.8 Versagen der Zusatzbewehrung
8.2.8.1 Stahlversagen

Es gelten die Ausführungen in Abschnitt 6.2.9.1 unverändert. Es ist der charakteristische Widerstand für die Zusatzbewehrung eines Ankers zu berechnen und mit der an diesem Anker angreifenden Zuglast zu vergleichen.

8.2.8.2 Versagen der Verankerung

Es gelten die Ausführungen in Abschnitt 6.2.9.2 unverändert.

8.3 Widerstand bei Querbeanspruchung
8.3.1 Erforderliche Nachweise

In Tabelle 9 sind die erforderlichen Nachweise für Ankerschienen unter Querbeanspruchung zusammengestellt.

8.3.2 Zusatzbewehrung

Eine Zusatzbewehrung zur Aufnahme von Querkräften muss als Oberflächenbewehrung nach Bild 27 ausgebildet sein und die Bedingungen nach Abschnitt 6.3.2 erfüllen.

Tabelle 9. Erforderliche Nachweise für Ankerschienen unter Querbeanspruchung

Versagensart		Ankerschiene	Ungünstigster Anker oder ungünstigste Spezialschraube
Stahlversagen			
Querlast ohne Hebelarm	Spezialschraube [1]		$V_{Ed}^{cb} \leq V_{Rd,s} = \dfrac{V_{Rk,s}}{\gamma_{Ms}}$
	Anker		$V_{Ed}^{a} \leq V_{Rd,s,a} = \dfrac{V_{Rk,s,a}}{\gamma_{Ms}}$
	Verbindung zwischen Anker und Schienenrücken		$V_{Ed}^{a} \leq V_{Rd,s,c} = \dfrac{V_{Rk,s,c}}{\gamma_{Ms,ca}}$
	lokales Aufbiegen der Schiene [1]	$V_{Ed}^{cb} \leq V_{Rd,s,l} = \dfrac{V_{Rk,s,l}}{\gamma_{Ms,l}}$	
Querlast mit Hebelarm	Spezialschraube		$V_{Ed}^{cb} \leq V_{Rd,s,M} = \dfrac{V_{Rk,s,M}}{\gamma_{Ms}}$
Betonversagen			
rückwärtiger Betonausbruch [2]			$V_{Ed}^{a} \leq V_{Rd,cp} = \dfrac{V_{Rk,cp}}{\gamma_{Mc}}$
Betonkantenbruch [2]			$V_{Ed}^{a} \leq V_{Rd,c} = \dfrac{V_{Rk,c}}{\gamma_{Mc}}$
Versagen der Zusatzbewehrung			
Stahlversagen der Zusatzbewehrung [3]			$N_{Ed,re}^{a} \leq N_{Rd,re} = \dfrac{N_{Rk,re}}{\gamma_{Ms,re}}$
Versagen der Verankerung der Zusatzbewehrung [3]			$N_{Ed,re}^{a} \leq N_{Rd,a}$

[1] Nachweis für die höchstbelastete Spezialschraube
[2] Bei der Bestimmung des ungünstigsten Ankers muss die auf den Anker einwirkende Last gemeinsam mit den Einflüssen aus Rand- und Achsabständen berücksichtigt werden, denn der höchstbelastete ist nicht zwangsläufig der ungünstigste Anker.
[3] Die Zuglast in der Bewehrung ist für die Einwirkung V_{Ed} für den höchstbelasteten Anker nach Gl. (11) zu berechnen.

8.3.3 Stahlversagen

8.3.3.1 Querlast ohne Hebelarm

Die charakteristischen Widerstände $V_{Rk,s}$ (Versagen der Spezialschraube), $V_{Rk,s,a}$ (Versagen des Ankers), $V_{Rk,s,c}$ (Versagen der Verbindung zwischen Anker und Schienenrücken), $V_{Rk,s,l}^0$ (Grundwert für lokales Versagen durch Aufbiegen der Schienenlippen) sind in der jeweiligen Europäischen Technischen Produktspezifikation angegeben.

Der charakteristische Widerstand für lokales Aufbiegen der Schienenlippen beträgt:

$$V_{Rk,s,l} = V_{Rk,s,l}^0 \cdot \psi_{l,V} \quad (40)$$

mit

$$\psi_{l,V} = 0,5 \cdot \left(1 + \frac{s_{cbo}}{s_{l,V}}\right) \leq 1 \quad (40a)$$

s_{cbo} Abstand der Schrauben

$s_{l,V}$ charakteristischer Abstand nach Europäischer Technischer Produktspezifikation, als Anhaltswert darf $s_{l,V} = 2 \cdot b_{ch}$ angenommen werden

Der Faktor $\psi_{l,V}$ befindet sich nicht in den bisherigen Bemessungsrichtlinien für Ankerschienen und wurde neu in EN 1992-4 aufgenommen, um die gegenseitige Beeinflussung der durch benachbarte Spezialschrauben verursachten Aufbiegungen und deren ungünstige Auswirkung auf den Widerstand zu berücksichtigen.

8.3.3.2 Querlast mit Hebelarm

Für den charakteristischen Widerstand $V_{Rk,s,M}$ einer Spezialschraube gilt Gl. (41):

$$V_{Rk,s,M} = \frac{\alpha_M \cdot M_{Rk,s}}{l_a} \quad (41)$$

mit

α_M Faktor zur Berücksichtigung des Einspanngrads des Befestigungsmittels im Anbauteil nach Abschnitt 5.2.2.2 und Bild 22

$$M_{Rk,s} = M_{Rk,s}^0 \cdot \left(1 - \frac{N_{Ed}}{N_{Rd,s}}\right) \quad (41a)$$

$N_{Rd,s} = N_{Rk,s}/\gamma_{Ms}$

$M_{Rk,s}^0$ charakteristischer Biegewiderstand der Spezialschraube nach Europäischer Technischer Produktspezifikation

Der Einfluss einer Querlast mit Hebelarm auf das Versagen durch Aufbiegen der Schienenlippen wurde im Rahmen der mit den Ankerschienen durchgeführten Eignungsversuche überprüft.

8.3.4 Rückwärtiger Betonausbruch

Der charakteristische Widerstand des höchstbelasteten Ankers für rückwärtigen Betonausbruch errechnet sich nach Gl. (42). Für Befestigungen ohne Zusatzbewehrung gilt:

$$V_{Rk,cp} = k_8 \cdot N_{Rk,c} \quad (42a)$$

mit

k_8 nach Europäischer Technischer Produktspezifikation

$N_{Rk,c}$ nach Abschnitt 8.2.5 für die querbeanspruchten Anker

Für Befestigungen mit Zusatzbewehrung gilt:

$$V_{Rk,cp} = 0,75 \cdot k_8 \cdot N_{Rk,c} \quad (42b)$$

8.3.5 Betonkantenbruch

Das Modell zur Berechnung des charakteristischen Widerstands bei Betonkantenbruch wurde von *Potthoff* vorgeschlagen [45]. Es beruht auf den folgenden Überlegungen:

Auf die Ankerschiene einwirkende Querlasten werden von Schienenprofil und den Ankern in den Beton eingeleitet (vgl. Abschnitt 5.3.2). Der Widerstand gegen Betonkantenbruch wird daher vom Anker und dem Schienenprofil beeinflusst. Für ein bestimmtes Schienenprofil wird in der Regel nur ein Ankerdurchmesser verwendet. Daher ist es sinnvoll, den Einfluss von Schiene und Anker auf den Widerstand gegen Betonkantenbruch in einem Faktor zusammenzufassen.

Ankerschienen können beliebig viele Anker aufweisen und Querlasten können an beliebigen Stellen senkrecht zur Ankerschienenachse angreifen. Zur Berechnung des charakteristischen Widerstands gegen Betonkantenbruch wurde daher das für kegelförmigen Betonausbruch unter Zugbeanspruchung geltende Modell (Abschnitt 6.2.4) auf Querlasten übertragen.

Der charakteristische Widerstand eines Ankers unter Querbeanspruchung senkrecht zum Bauteilrand beträgt:

$$V_{Rk,c} = V_{Rk,c}^0 \cdot \psi_{ch,s,V} \cdot \psi_{ch,c,V} \cdot \psi_{ch,h,V}$$
$$\cdot \psi_{ch,90°,V} \cdot \psi_{re,V} \quad (43)$$

Die verschiedenen Einflussgrößen in Gl. (43) werden nachfolgend erläutert.

a) Charakteristischer Widerstand einer Ankerschiene mit einem Anker

Der charakteristische Widerstand einer Ankerschiene mit einem Anker, belastet durch eine senkrecht zum Bauteilrand wirkende Querkraft und unbeeinflusst von benachbarten Ankern, der Bauteildicke oder Eckabständen beträgt:

$$V_{Rk,c}^0 = k_{12} \cdot \sqrt{f_{ck}} \cdot c_1^{4/3} \quad [N] \qquad (43a)$$

mit

k_{12} = $k_{cr,V}$ für gerissenen Beton

= $k_{ucr,V}$ für ungerissenen Beton

f_{ck} Betondruckfestigkeit [N/mm²], gemessen an Zylindern mit einem Durchmesser von 150 mm und einer Höhe von 300 mm unter Berücksichtigung der in der ETA angegebenen Grenzen

Die Faktoren $k_{cr,V}$ und $k_{ucr,V}$ können der jeweiligen Europäischen Technischen Produktspezifikation entnommen werden. Als Anhaltswerte für Ankerschienen mit $h_{ch}/h_{ef} \leq 0{,}4$ und $b_{ch}/h_{ef} \leq 0{,}7$ kann $k_{cr,V} = 4{,}5$ und $k_{ucr,V} = 6{,}3$ angenommen werden.

In CEN/TS 1992-4 [7] stieg der charakteristische Widerstand bei der Versagensart Betonkantenbruch noch mit $c_1^{1,5}$ an. Untersuchungen haben jedoch gezeigt, dass damit die Betontragfähigkeit bei großen Randabständen überschätzt werden kann. Daher wurde der Einfluss des Randabstands durch Reduktion des Exponenten auf 4/3 abgemindert. Diese Reduktion hat in der Praxis keine signifikanten Auswirkungen, da bei großen Randabständen für die Bemessung Betonversagen in der Regel nicht maßgebend wird.

b) Einfluss benachbarter Anker

Der Einfluss benachbarter Anker auf den Widerstand bei Betonkantenbruch wird über den Beiwert $\psi_{ch,s,V}$ nach Gl. (43b) berücksichtigt:

$$\psi_{ch,s,V} = \cfrac{1}{1 + \sum_{i=1}^{n_{ch,V}} \left[\left(1 - \cfrac{s_i}{s_{cr,V}}\right)^{1,5} \cdot \cfrac{V_1}{V_0}\right]}$$

(43b)

mit (s. Bild 80)

s_i Abstand zwischen dem betrachteten und dem benachbarten beeinflussenden Anker i

$\leq s_{cr,V}$

V_i Querlast des beeinflussenden Ankers i

V_0 Querlast des betrachteten Ankers

$n_{ch,V}$ Anzahl der beeinflussenden Anker innerhalb eines Abstands $s_{cr,V}$ zu beiden Seiten des betrachteten Ankers

Der charakteristische Achsabstand $s_{cr,V}$ hängt von den Abmessungen der Ankerschiene ab. Für $h_{ch}/h_{ef} \leq 0{,}4$ und $b_{ch}/h_{ef} \leq 0{,}7$ gilt:

$$s_{cr,V} = 4 \cdot c_1 + 2 \cdot b_{ch} \qquad (43c)$$

Für $h_{ch}/h_{ef} > 0{,}4$ und/oder $b_{ch}/h_{ef} > 0{,}7$ kann $s_{cr,V}$ der jeweiligen Europäischen Technischen Produktspezifikation entnommen werden. Der für die Bemessung verwendete charakteristische Achsabstand soll dabei nicht kleiner als der Wert nach Gl. (43c) angesetzt werden. Allerdings sind bisher in [12] Versuchsbedingungen und Kriterien zur Bestimmung des charakteristischen Achsabstands nicht angegeben.

Der Faktor $\psi_{ch,s,V}$ ersetzt den Verhältniswert $A_{c,V}/A_{c,V}^0$ und den Faktor $\psi_{ec,V}$ in Gl. (27). Für Ankerschienen mit zwei Ankern ergibt der Faktor $\psi_{ch,s,V}$ bei Annahme desselben charakteristischen Achsabstands praktisch die gleichen Werte wie das Produkt $A_{c,V}/A_{c,V}^0 \cdot \psi_{ec,V}$.

Bei Ankerschienen hängt der charakteristische Achsabstand nicht nur vom Randabstand, sondern auch von der Schienenbreite ab. Er ist größer als bei Dübeln und Kopfbolzen. Die Schiene löst sich frühzeitig auf ihrer Rückseite vom Beton und stellt damit eine Störung im Betongefüge dar. Daher wird bei Ankerschienen der Beton zwischen den Ankern unterhalb der Schiene höher beansprucht als bei Dübeln oder Kopfbolzen mit gleichem Achsab-

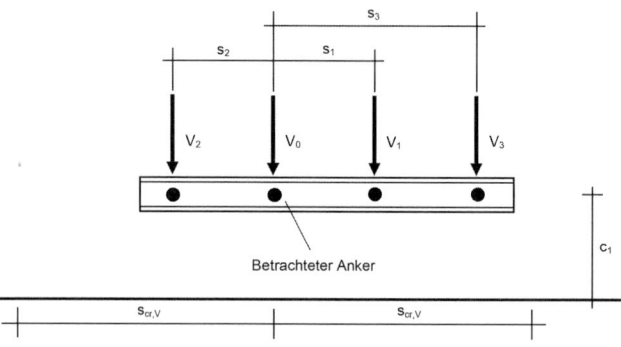

Bild 80. Beispiel einer Ankerschiene mit Querlasten senkrecht zur Schienenlängsachse

Bild 81. Bruchbild einer Ankerschiene mit zwei Ankern mit einem Achsabstand s = 5 · c_1, belastet durch eine Querkraft in Richtung des Bauteilrands [78]

stand. Deshalb ist der zur Erreichung der maximalen Betontragfähigkeit (= 2-fache Tragfähigkeit des Einzelankers bei Ankerschienen mit zwei Ankern) erforderliche Achsabstand $s_{cr,V}$ größer als bei Dübeln und Kopfbolzen [78]. Bild 81 zeigt das Bruchbild einer Ankerschiene mit einem Ankerabstand entsprechend dem 5-fachen Randabstand. Man erkennt den gemeinsamen Ausbruchkörper.

c) Einfluss einer Bauteilecke

Der Einfluss einer Ecke auf den charakteristischen Widerstand bei der Versagensart Betonkantenbruch wird durch den Beiwert $\psi_{ch,c,V}$ berücksichtigt:

$$\psi_{ch,c,V} = \left(\frac{c_2}{c_{cr,V}}\right)^{0,5} \leq 1 \quad (43d)$$

mit

$c_{cr,V} = 0{,}5 \cdot s_{cr,V}$

c_2 Eckabstand (s. Bild 82)

Wird ein Anker durch zwei Ecken beeinflusst (Bild 82b), ist der Beiwert $\psi_{ch,c,V}$ nach Gl. (43d) für jede Ecke zu berechnen und das Produkt in Gl. (43) einzusetzen.

d) Einfluss der Bauteildicke

Ist die Bauteildicke h < $h_{cr,V}$, dann beeinflusst sie den charakteristischen Widerstand für Betonkantenbruch. Dies wird durch den Beiwert $\psi_{ch,h,V}$ berücksichtigt:

$$\psi_{ch,h,V} = \left(\frac{h}{h_{cr,V}}\right)^{0,5} \leq 1 \quad (43e)$$

Die charakteristische Bauteildicke $h_{cr,V}$ hängt von den Abmessungen der Ankerschiene ab. Für $h_{ch}/h_{ef} \leq 0{,}4$ und $b_{ch}/h_{ef} \leq 0{,}7$ gilt (s. Bild 83):

$h_{cr,V} = 2 \cdot c_1 + 2 \cdot h_{ch} \quad (43f)$

Für $h_{ch}/h_{ef} > 0{,}4$ und/oder $b_{ch}/h_{ef} > 0{,}7$ kann $h_{cr,V}$ der jeweiligen Europäischen Technischen Produktspezifikation entnommen werden. Die für die Bemessung verwendete charakteristische Bauteildicke soll dabei nicht kleiner als der Wert nach Gl. (43f) angesetzt werden.

Die charakteristische Bauteildicke hängt bei Ankerschienen vom Randabstand und der Schienenhöhe ab. Sie ist größer als bei Dübeln und Kopfbolzen.

e) Einfluss einer Beanspruchung parallel zum Bauteilrand

Der Beiwert $\psi_{ch,90°,V}$ berücksichtigt den Einfluss von Querlasten, die senkrecht zur Längsachse der

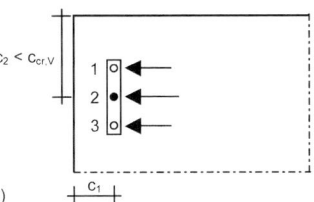

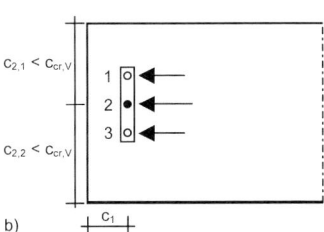

Bild 82. Beispiel einer Ankerschiene, belastet durch Querlasten senkrecht zur Schienenlängsachse (Anker 2 betrachtet); a) beeinflusst durch eine Bauteilecke, b) beeinflusst durch zwei Bauteilecken

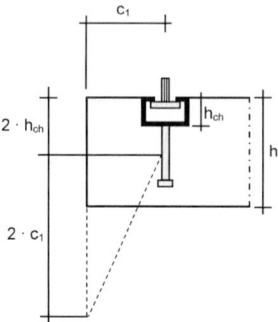

Bild 83. Ankerschiene, beeinflusst durch die Bauteildicke

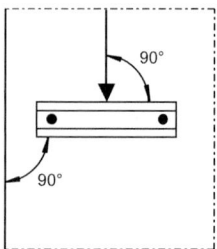

Bild 84. Ankerschiene senkrecht zum Bauteilrand, belastet durch eine Querkraft parallel zum Rand

Ankerschiene und parallel zum Bauteilrand wirken (s. Bild 84).

$$\psi_{ch,90°,V} = 2,5 \qquad (43g)$$

Der Faktor $\psi_{ch,90°,V} = 2,5$ ist aufgrund des unterschiedlichen Lastabtragungsmechanismus für $\alpha_V = 90°$ größer als der entsprechende Beiwert für Kopfbolzen und Dübel (Gl. (27i)). Dieser beträgt nur $\psi_{\alpha,V,(90°)} = 2,0$.

f) Einfluss von Bewehrung

Der Einfluss einer Randbewehrung wird durch den Faktor $\psi_{re,V}$ berücksichtigt. Es gilt Abschnitt 6.3.5g unverändert, allerdings darf der Faktor für Anwendungen im gerissenen Beton nur größer als 1 angesetzt werden, wenn die Höhe der Ankerschiene $h_{ch} \leq 40$ mm ist. Ansonsten ist davon auszugehen, dass die Randbewehrung auf Höhe des Schienenkörpers liegt und bei geringem Randabstand der Bruchriss die Randbewehrung nicht kreuzt. Die Randbewehrung ist dann nicht wirksam.

g) Einfluss eines schmalen dünnen Bauteils

Für Ankerschienen in einem schmalen dünnen Bauteil (Bild 85) mit $c_{2,max} \leq c_{cr,V}$ und $h \leq h_{cr,V}$ führt die Berechnung nach Gl. (43) zu konservativen Ergebnissen. Dabei ist $c_{2,max}$ der größere der beiden Randabstände parallel zur Lastrichtung. Genauere Ergebnisse werden erzielt, wenn der Randabstand c_1 durch den Wert c_1' nach Gl. (43h) ersetzt wird.

$$c_1' = \max\left\{\left(c_{2,max} - b_{ch}\right)/2 \; ; \; \left(h - 2 \cdot h_{ch}\right)/2\right\} \qquad (43h)$$

Der Wert c_1' wird in die Gln. (43a), (43c), (43f) eingesetzt.

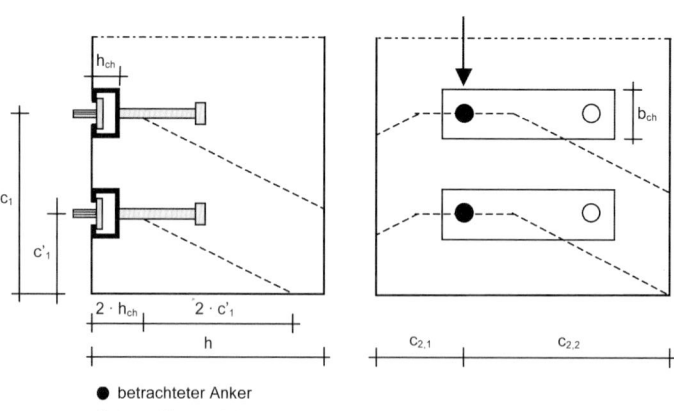

Bild 85. Ankerschiene, belastet durch eine Querkraft senkrecht zur Schienenlängsachse, beeinflusst durch zwei Bauteilecken und die Bauteildicke ($c_{2,2}$ zur Bestimmung von c_1' maßgebend)

8.3.6 Versagen der Zusatzbewehrung
8.3.6.1 Stahlversagen
Abschnitt 6.3.6.2 gilt unverändert.

8.3.6.2 Versagen der Verankerung
Abschnitt 6.3.6.3 gilt unverändert.

8.4 Kombiniertes Versagen durch Zug- und Querlasten
8.4.1 Befestigungen ohne Zusatzbewehrung

Wirken auf eine Ankerschiene gleichzeitig Zug- und Querkräfte, dann muss ein Interaktionsnachweis geführt werden. Der Interaktionsnachweis wird separat für alle Stahlversagensarten sowie alle übrigen Versagensarten geführt, wobei alle Nachweise erfüllt sein müssen. In Tabelle 10 sind die geforderten Nachweise zusammengestellt, siehe Gln. (44) bis (48), Seite 382.

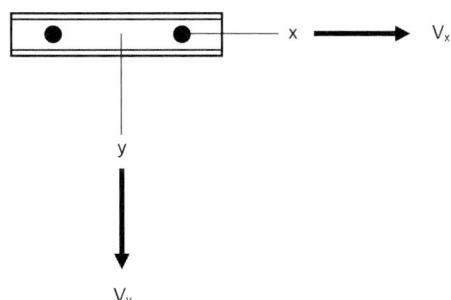

Bild 86. Definition der Achsen für Querkräfte

8.4.2 Befestigungen mit Zusatzbewehrung

Für Ankerschienen mit Zusatzbewehrung zur Aufnahme von Zug- und Querlasten gilt Abschnitt 8.4.1. Allerdings werden beim Nachweis für andere Versagensarten als Stahlversagen die Quotienten $N_{Ed}^a / N_{Rd,i}$ für kegelförmigen Betonausbruch unter Zuglast und $V_{Ed}^a / V_{Rd,i}$ für Betonkantenbruch unter Querlast durch die jeweiligen Werte für die Zusatzbewehrung ersetzt.

Für Ankerschienen mit Zusatzbewehrung zur Aufnahme von Zug- oder Querlasten gilt ebenfalls Abschnitt 8.4.1, jedoch ist Gl. (49) anstelle der Gln. (47), (48) anzuwenden.

$$\left(\frac{N_{Ed}^a}{N_{Rd,i}} \right) + \left(\frac{V_{Ed}^a}{V_{Rd,i}} \right) \leq 1 \quad (49)$$

Nimmt die Zusatzbewehrung nur Zuglasten auf, dann stehen $N_{Rd,i}$ bzw. $V_{Rd,i}$ für die Bemessungswerte der Widerstände $N_{Rd,p}$, $N_{Rd,c}$, $N_{Rd,sp}$, $N_{Rd,cb}$, $N_{Rd,re}$, $N_{Rd,a}$ bzw. $V_{Rd,c}$ und $V_{Rd,cp}$. Nimmt die Zusatzbewehrung nur Querlasten auf, dann stehen $N_{Rd,i}$ bzw. $V_{Rd,i}$ für die Bemessungswerte der Widerstände $N_{Rd,p}$, $N_{Rd,c}$, $N_{Rd,sp}$, $N_{Rd,cb}$ bzw. $V_{Rd,cp}$, $V_{Rd,re}$ und $N_{Rd,a}$.

8.5 Ergänzende Regelungen nach CEN/TR 17080
8.5.1 Allgemeines

Übliche Ankerschienen nach Bild 2a dürfen nur durch Querkräfte senkrecht zur Schienenlängsachse (y-Richtung, Bild 86), nicht aber durch Querkräfte in Richtung der Längsachse (x-Richtung, Bild 86) belastet werden. Auf dem Markt werden spezielle Ankerschienensysteme (Bilder 2c und 2d) angeboten, deren Schienenlippen Verzahnungen oder Einkerbungen aufweisen, welche über Formschluss auch die Einleitung von Querlasten in Längsrichtung der Schiene erlauben. Die Bemessung ist im Technischen Report CEN/TR 17080 [19] geregelt, der nur in Verbindung mit EN 1992-4 angewendet werden darf. Voraussetzung für die Anwendung des Bemessungsverfahrens ist auch für diese Ankerschienen eine Europäische Technische Produktspezifikation. Die Ableitung der Lasteinwirkungen ist in Abschnitt 5.3.3 erläutert, die Bemessung wird in den folgenden Abschnitten beschrieben.

8.5.2 Grundlagen der Bemessung

Herkömmliche Ankerschienen werden als Produkte mit hoher Montagesicherheit betrachtet. Daher beträgt ihr Montagesicherheitsbeiwert für alle Lastrichtungen $\gamma_{inst} = 1{,}0$. Demgegenüber sind Ankerschienen, die eine Übertragung von Querkräften in Schienenlängsrichtung erlauben, empfindlicher hinsichtlich der Montage, insbesondere wenn der Formschluss durch Kerbzahnschrauben erzeugt wurde. Deshalb enthält der Montagesicherheitsbeiwert $\gamma_{Ms,l}$ für die Versagensart örtliches Aufbiegen der Schienenlippen einen zusätzlichen produktabhängigen Faktor γ_{inst}.

$$\gamma_{Ms,l,x} = \gamma_{inst} \cdot \gamma_{Ms,l} \quad (50)$$

mit

$\gamma_{Ms,l}$ nach Tabelle 1

Der zusätzliche Beiwert γ_{inst} berücksichtigt die Empfindlichkeit der Ankerschiene hinsichtlich des Zusammenwirkens von Zahn- bzw. Kerbzahnschrauben und Ankerschiene und hängt bei Kerbzahnschrauben hauptsächlich von der Umsetzung des Drehmoments in die Zugkraft in der Spezialschraube sowie von Ungenauigkeiten beim Einbau der Schiene (z. B. als nicht bündig mit der Betonoberfläche vertieft abschließende Ankerschiene) ab. Der Faktor γ_{inst} wird im Zuge der Qualifikation des Ankerschienensystems bestimmt und muss in der jeweiligen Europäischen Technischen Produktspezifikation angegeben sein.

Tabelle 10. Nachweise für kombinierte Zug- und Querlast für Ankerschienen ohne Zusatzbewehrung

Versagensart		Nachweis	
Stahlversagen	Spezialschraube [1]	$\left(\dfrac{N_{Ed}^{cb}}{N_{Rd,s}}\right)^2 + \left(\dfrac{V_{Ed}^{cb}}{V_{Rd,s}}\right)^2 \leq 1$ Die Widerstände $N_{Rd,s}$, $V_{Rd,s}$ der Schraube ergeben sich aus den charakteristischen Werten der jeweiligen Europäischen Technischen Produktspezifikation.	(44)
	Aufbiegen der Schienenlippen, Biegeversagen der Schiene	$\max\left(\dfrac{N_{Ed}^{cb}}{N_{Rd,s,l}}; \dfrac{M_{Ed}^{ch}}{M_{Rd,s,flex}}\right)^{k_{13}} + \left(\dfrac{V_{Ed}^{cb}}{V_{Rd,s,l}}\right)^{k_{13}} \leq 1$ mit k_{13} = 2,0 falls $V_{Rd,s,l} \leq N_{Rd,s,l}$ k_{13} laut Europäischer Technischer Produktspezifikation, falls $V_{Rd,s,l} > N_{Rd,s,l}$ k_{13} = 1,0 als Vereinfachung Die Widerstände $N_{Rd,s,l}$, $M_{Rd,s,flex}$ and $V_{Rd,s,l}$ ergeben sich aus den charakteristischen Werten der jeweiligen Europäischen Technischen Produktspezifikation.	(45)
	Anker und Verbindung Anker und Schienenrücken	$\max\left(\dfrac{N_{Ed}^{a}}{N_{Rd,s,a}}; \dfrac{N_{Ed}^{a}}{N_{Rd,s,c}}\right)^{k_{14}} + \left(\dfrac{V_{Ed}^{a}}{V_{Rd,s,a}}\right)^{k_{14}} \leq 1$ mit k_{14} = 2,0 falls $V_{Rd,s,a} \leq \min\{N_{Rd,s,a}; N_{Rd,s,c}\}$ k_{14} laut Europäischer Technischer Produktspezifikation, falls $V_{Rd,s,a} > \min\{N_{Rd,s,a}; N_{Rd,s,c}\}$ k_{14} = 1,0 als Vereinfachung Die Widerstände $N_{Rd,s,a}$, $N_{Rd,s,c}$ and $V_{Rd,s,a}$ ergeben sich aus den charakteristischen Werten der jeweiligen Europäischen Technischen Produktspezifikation.	(46)
andere Versagensarten als Stahlversagen		$\left(\dfrac{N_{Ed}^{a}}{N_{Rd}}\right)^{1,5} + \left(\dfrac{V_{Ed}^{a}}{V_{Rd}}\right)^{1,5} \leq 1$	(47)
		oder $\left(\dfrac{N_{Ed}^{a}}{N_{Rd}}\right) + \left(\dfrac{V_{Ed}^{a}}{V_{Rd}}\right) \leq 1.2$ mit $N_{Ed}^{a}/N_{Rd} \leq 1$ und $V_{Ed}^{a}/V_{Rd} \leq 1$ Die größten Werte für $N_{Ed}^{a}/N_{Rd,i}$ and $V_{Ed}^{a}/V_{Rd,i}$ für die verschiedenen Versagensarten müssen für N_{Ed}^{a}/N_{Rd} bzw. V_{Ed}^{a}/V_{Rd} eingesetzt werden.	(48)

[1] Nachweis für Querkraft mit Hebelarm nicht erforderlich

8.5.3 Widerstand bei Zugbeanspruchung

Für die Ermittlung des charakteristischen Widerstands unter Zugbeanspruchung gilt Abschnitt 8.2 unverändert.

8.5.4 Widerstand bei Querbeanspruchung

8.5.4.1 Querlast senkrecht zur Schienenachse

Es gilt Abschnitt 8.3, wobei V_{Ed} durch $V_{Ed,y}$ und $V_{Rd,i}$ durch $V_{Rd,i,y}$ zu ersetzen ist. Der Index i steht für die verschiedenen Versagensarten. Für den charakteristischen Widerstand von Ankerschienen mit senkrecht zur Schienenlängsachse angeordneter Zusatzbewehrung wird in [19] ein weiterentwickeltes Modell beschrieben, das hier nicht weiter behandelt wird.

8.5.4.2 Querlast in Richtung der Schienenachse

Erforderliche Nachweise

Die erforderlichen Nachweise sind in Tabelle 11 zusammengestellt. Dabei gelten die Nachweise nach Zeilen 1 bis 7 für Ankerschienen ohne Zusatzbewehrung und nach Zeilen 1 bis 6 sowie 8 und 9 für Ankerschienen mit Zusatzbewehrung.

Querlast ohne Hebelarm: Stahlversagen der Spezialschraube

Es gilt Abschnitt 8.3.3.1 unverändert.

Stahlversagen des Ankers

Der charakteristische Widerstand $V_{Rk,s,a,x}$ eines Ankers bei Stahlversagen ist für den Nachweis nach

Tabelle 11. Erforderliche Nachweise für Ankerschienen, die durch eine Querlast in Längsrichtung der Schiene beansprucht werden

	Versagensart		Ankerschiene [1]	Ungünstigster Anker oder ungünstigste Spezialschraube [1]
	Stahlversagen			
1	Querlast ohne Hebelarm	Spezialschraube		$V_{Ed,x}^{cb} \leq V_{Rd,s} = \dfrac{V_{Rk,s}}{\gamma_{Ms}}$
2		Anker		$V_{Ed,x}^{a} \leq V_{Rd,s,a,x} = \dfrac{V_{Rk,s,a,x}}{\gamma_{Ms}}$
3		Verbindung zwischen Anker und Schienenrücken		$V_{Ed,x}^{a} \leq V_{Rd,s,c,x} = \dfrac{V_{Rk,s,c,x}}{\gamma_{Ms,ca}}$
4		Verbindung Spezialschraube und Profilumkantung [2]	$V_{Ed,x}^{cb} \leq V_{Rd,s,l,x} = \dfrac{V_{Rk,s,l,x}}{\gamma_{Ms,l,x}}$	
5	Querlast mit Hebelarm	Spezialschraube		$V_{Ed,x}^{cb} \leq V_{Rd,s,M} = \dfrac{V_{Rk,s,M}}{\gamma_{Ms}}$
	Betonversagen			
6	rückwärtiger Betonausbruch			$V_{Ed,x}^{a} \leq V_{Rd,cp,x} = \dfrac{V_{Rk,cp,x}}{\gamma_{Mc}}$
7	Betonkantenbruch			$V_{Ed,x}^{a} \leq V_{Rd,c,x} = \dfrac{V_{Rk,c,x}}{\gamma_{Mc}}$
8	Stahlversagen der Zusatzbewehrung [3]			$N_{Ed,re,x}^{h} \leq N_{Rd,re} = \dfrac{N_{Rk,re}}{\gamma_{Ms,re}}$
9	Verankerungsbruch der Zusatzbewehrung [3]			$N_{Ed,re,x}^{h} \leq N_{Rd,a}$

[1] Teilsicherheitsbeiwerte nach Tabelle 1
[2] Teilsicherheitsbeiwert nach Gl. (50)
[3] Nachweis für den höchstbeanspruchten Anker. Die Zugkraft in der Bewehrung ist nach Gl. (11) zu berechnen.

Tabelle 11, Zeile 2 der jeweiligen Europäischen Technischen Produktspezifikation zu entnehmen.

Verbindung zwischen Anker und Schienenrücken

Der charakteristische Widerstand $V_{Rk,s,c,x}$ der Verbindung zwischen Anker und Schienenrücken ist für den Nachweis nach Tabelle 11, Zeile 3 der jeweiligen Europäischen Technischen Produktspezifikation zu entnehmen.

Verbindung zwischen Spezialschraube und Schienenlippe

Der charakteristische Widerstand $V_{Rk,s,l,x}$ für den Kraftschluss zwischen Spezialschraube und Schienenlippe ist für den Nachweis nach Tabelle 11, Zeile 4 der jeweiligen Europäischen Technischen Produktspezifikation zu entnehmen. Der Teilsicherheitsbeiwert wird nach Gl. (50) berechnet.

Querlast mit Hebelarm: Stahlversagen der Spezialschraube

Der charakteristische Widerstand $V_{Rk,s,M}$ der Spezialschraube bei Stahlversagen ist für den Nachweis nach Tabelle 11, Zeile 5 nach den Regelungen in Abschnitt 8.3.3.2 zu bestimmen. Der Einfluss der Querlast mit Hebelarm bei Versagen der Schienenlippe ist durch die jeweilige Europäische Technische Produktspezifikation abgedeckt.

Rückwärtiger Betonausbruch

Für die Berechnung des charakteristischen Widerstands $V_{Rk,cp,x}$ für rückwärtigen Betonausbruch gilt Abschnitt 8.3.4.

Betonkantenbruch

a) Allgemeines

Vereinfachend wird angenommen, dass die in Richtung der Schienenlängsachse wirkende Querlast allein von den Ankern aufgenommen wird. Dabei wird der charakteristische Widerstand der Anker wie für Kopfbolzen unter der Annahme berechnet, dass das Schienenprofil den Widerstand nicht ungünstig beeinflusst.

b) Ankerschiene senkrecht zum Rand

Der charakteristische Widerstand für Betonkantenbruch beträgt:

$$V_{Rk,c,x} = V_{Rk,c}^0 \cdot \frac{A_{c,V}}{A_{c,V}^0} \cdot \psi_{s,V} \cdot \psi_{h,V} \cdot \psi_{re,V}$$

(51)

mit $V_{Rk,c}^0$, $A_{c,V}$, $A_{c,V}^0$, $\psi_{s,V}$, $\psi_{h,V}$, $\psi_{re,V}$ nach Abschnitt 6.3.5. Bei der Berechnung der Faktoren ist der Abstand c_1 zwischen dem vordersten Anker und dem Bauteilrand anzusetzen (Bild 87).

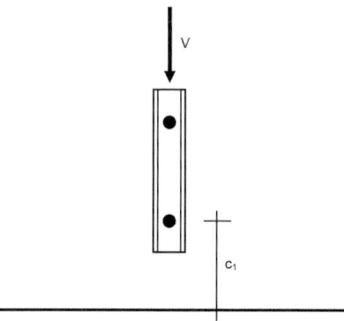

Bild 87. Maßgebender Randabstand einer senkrecht zum Bauteilrand angeordneten Ankerschiene für den Nachweis für Betonkantenbruch

c) Ankerschiene parallel zum Rand

Der charakteristische Widerstand $V_{Rk,c,x}$ des ungünstigsten Ankers für die Versagensart Betonkantenbruch errechnet sich nach Gl. (52).

$$V_{Rk,c,x} = 2 \cdot V_{Rk,c}^0 \cdot \frac{A_{c,V}}{A_{c,V}^0} \cdot \psi_{s,V} \cdot \psi_{h,V}$$
$$\cdot \psi_{re,V} / n_a \qquad (52)$$

mit

$V_{Rk,c}^0$, $A_{c,V}$, $A_{c,V}^0$, $\psi_{s,V}$, $\psi_{h,V}$, $\psi_{re,V}$ nach Abschnitt 6.3.5

Wirkt eine Querlast in Richtung der Schienenlängsachse, dann wird bei der Berechnung des charakteristischen Widerstands für Betonkantenbruch angenommen, dass die Anker ähnlich wie Kopfbolzen wirken. Bei einer Gruppe von Kopfbolzen wird der Widerstand der gesamten Gruppe berechnet. Demgegenüber wird bei Ankerschienen der höchstbelastete Anker nachgewiesen. Dieser Widerstand wird durch Division des Gruppenwiderstands durch die Anzahl n_a der Anker der querbelasteten Ankerschiene bestimmt, für die der Widerstand der Gruppe berechnet wird.

In Richtung der Schienenlängsachse querbeanspruchte Ankerschiene mit Zusatzbewehrung am Bauteilrand

a) Allgemeines

Es gelten folgende Bedingungen:

– Die Bewehrung entspricht den Anforderungen in Abschnitt 6.3.2.

– Die Bewehrung besteht aus Oberflächenbewehrung (Bügel und Randbewehrung) nach Bild 27 oder Bild 28.

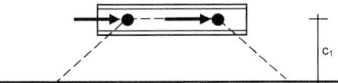

Bild 88. Beispiel für eine parallel zum Bauteilrand angeordnete Ankerschiene, belastet durch eine Querlast in Schienenlängsrichtung

b) Ankerschiene parallel zum Bauteilrand

Wirkt eine Querlast parallel (Bild 88) oder geneigt zum Rand, dann darf die Zusatzbewehrung konservativ unter der Annahme bemessen werden, dass die Querlast senkrecht zum Bauteilrand wirkt. Der charakteristische Widerstand für Stahlversagen und Verankerungsbruch der Zusatzbewehrung ist nach Abschnitt 6.3.6 zu berechnen.

c) Ankerschiene senkrecht zum Bauteilrand

Bei der Bemessung wird angenommen, dass die in Schienenlängsrichtung wirkende Querlast allein vom randnächsten Anker übernommen wird (Bild 89). Außerdem wird angenommen, dass nur Bügel in einem Abstand $\leq 0{,}75 \cdot c_1$ als Zusatzbewehrung wirksam sind. Der charakteristische Widerstand für Stahlversagen und Verankerungsbruch der Zusatzbewehrung ist nach Abschnitt 6.3.6 zu berechnen.

8.5.5 Kombiniertes Versagen durch Zug- und Querlasten

8.5.5.1 Ankerschienen ohne Zusatzbewehrung

Allgemeines

Die Interaktion ist einzeln für jede Stahlversagensart und zusätzlich für alle Versagensarten außer Stahlversagen durchzuführen. Alle Nachweise müssen für den ungünstigsten Anker erfüllt sein. Kann der ungünstigste Anker nicht bestimmt werden, dann müssen die Nachweise für alle Anker erfüllt sein.

Stahlversagen der Spezialschrauben

Es gilt:

$$\left(\frac{N_{Ed}^{cb}}{N_{Rd,s,cb}}\right)^2 + \left(\frac{V_{Ed}^{cb}}{V_{Rd,s,cb}}\right)^2 \leq 1 \qquad (53)$$

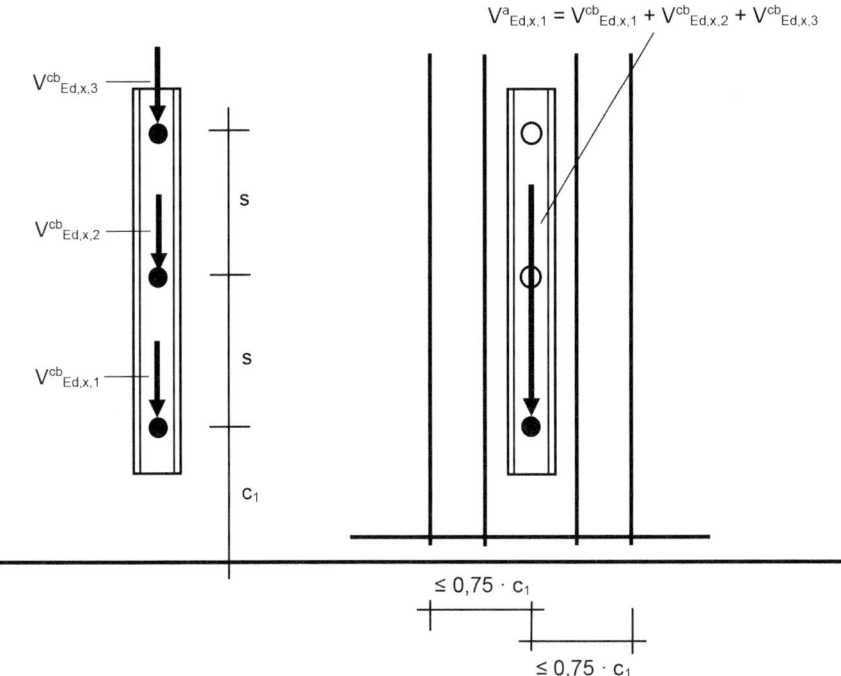

Bild 89. Beispiel für eine senkrecht zum Bauteilrand angeordnete Ankerschiene mit Rückhängebewehrung, belastet durch eine zum Rand gerichtete und in Schienenlängsrichtung wirkende Querlast

mit

$$V_{Ed}^{cb} = \left[\left(V_{Ed,x}^{cb}\right)^2 + \left(V_{Ed,y}^{cb}\right)^2\right]^{0,5} \quad (53a)$$

Die charakteristischen Widerstände $N_{Rk,s,cb}$ und $V_{Rk,s,cb}$ sind der jeweiligen Europäischen Technischen Produktspezifikation zu entnehmen. Gleichung (53a) gilt nur für Spezialschrauben, die in x- und y-Richtung dieselbe charakteristische Querkrafttragfähigkeit aufweisen.

Stahlversagen der Schienenlippe und Biegeversagen der Ankerschiene

Es gilt:

$$\max\left(\frac{N_{Ed}^{cb}}{N_{Rd,s,l}}; \frac{M_{Ed}^{ch}}{M_{Rd,s,flex}}\right)^{k_{71}} + \left(\frac{V_{Ed,y}^{cb}}{V_{Rd,s,l,y}}\right)^{k_{71}}$$

$$\leq \left(1 - \frac{V_{Ed,x}^{cb}}{V_{Rd,s,l,x}}\right)^{k_{71}} \quad (54)$$

mit

$k_{71} = 2{,}0$ für $V_{Rd,s,l,y} \leq N_{Rd,s,l}$

nach Europäischer Technischer Produktspezifikation für $V_{Rd,s,l,y} > N_{Rd,s,l}$

$= 1{,}0$ als konservativer Wert

Stahlversagen der Schiene und der Verbindung zwischen Anker und Schienenrücken

Es gilt:

$$\max\left(\frac{N_{Ed}^a}{N_{Rd,s,a}}; \frac{N_{Ed}^a}{N_{Rd,s,c}}\right)^{k_{72}}$$

$$+ \max\left(\frac{V_{Ed,y}^a}{V_{Rd,s,a,y}}; \frac{V_{Ed,y}^a}{V_{Rd,s,c,y}}\right)^{k_{72}}$$

$$\leq \left(1 - \max\left(\frac{V_{Ed,x}^a}{V_{Rd,s,a,x}}; \frac{V_{Ed,x}^a}{V_{Rd,s,c,x}}\right)\right)^{k_{72}} \quad (55)$$

mit

$k_{72} = 2{,}0$ für $\max(V_{Rd,s,a,y}; V_{Rd,s,c,y})$
$\leq \min(N_{Rd,s,a}; N_{Rd,s,c})$

nach Europäischer Technischer Produktspezifikation

für $\max(V_{Rd,s,a,y}; V_{Rd,s,c,y})$
$> \min(N_{Rd,s,a}; N_{Rd,s,c})$

$= 1{,}0$ als konservativer Wert

Betonversagensarten

Es muss folgende Interaktionsgleichung erfüllt sein:

$$\left(\frac{N_{Ed}^a}{N_{Rd}}\right)^{1,5} + \left(\frac{V_{Ed,x}^a}{V_{Rd,x}}\right)^{1,5} + \left(\frac{V_{Ed,y}^a}{V_{Rd,y}}\right)^{1,5} \leq 1 \quad (56)$$

In Gl. (56) ist für N_{Ed}^a / N_{Rd} der höchste Wert für die Versagensarten kegelförmiger Betonausbruch, Herausziehen, Spalten und lokaler Betonausbruch unter Zuglast und für $V_{Ed,y}^a / V_{Rd,x}$ bzw. $V_{Ed,y}^a / V_{Rd,y}$ der höchste Wert für die Versagensarten Betonkantenbruch und rückwärtiger Betonausbruch unter Querlast anzusetzen.

8.5.5.2 Ankerschienen mit Zusatzbewehrung

Stahlversagen

Für die Nachweise bei Stahlversagen der Spezialschraube und der Ankerschiene gelten die entsprechenden Abschnitte unter 8.5.5.1.

Betonversagen

a) Zusatzbewehrung zur Aufnahme von Zug- und Querlasten in x- und y-Richtung

Es gilt Gl. (56) mit folgenden Änderungen:

– Der Bemessungswert $N_{Rd,c}$ für kegelförmigen Betonausbruch wird durch den Bemessungswiderstand der Zusatzbewehrung zur Aufnahme von Zuglasten (Mindestwert für Fließen und Verankerungsbruch der Bewehrung) ersetzt.

– Der Bemessungswert $V_{Rd,c}$ für Betonkantenbruch in x- oder y-Richtung wird durch den Bemessungswiderstand der Zusatzbewehrung zur Aufnahme von Querlasten (Mindestwert für Fließen und Verankerungsbruch der Zusatzbewehrung) ersetzt.

b) Zusatzbewehrung zur Aufnahme von Zug- oder Querlasten in x- und/oder y-Richtung

Es gilt Gl. (57):

$$\left(\frac{N_{Ed}^a}{N_{Rd}}\right) + \left(\frac{V_{Ed,x}^a}{V_{Rd,x}}\right) + \left(\frac{V_{Ed,y}^a}{V_{Rd,y}}\right) \leq 1 \quad (57)$$

– Der Bemessungswert $N_{Rd,c}$ für kegelförmigen Betonausbruch wird gegebenenfalls durch den Bemessungswiderstand der Zusatzbewehrung zur Aufnahme von Zuglasten (Mindestwert für Fließen und Verankerungsbruch der Zusatzbewehrung) ersetzt.

– Der Bemessungswert $V_{Rd,c}$ für Betonkantenbruch in x- oder y-Richtung wird gegebenenfalls durch den Bemessungswiderstand der Zusatzbewehrung zur Aufnahme von Querlasten (Mindestwert für Fließen und Verankerungsbruch der Zusatzbewehrung) ersetzt.

9 Ermüdung

9.1 Allgemeines

EN 1992-4, Abschnitt 8 behandelt den Nachweis für den Grenzzustand der Tragfähigkeit bei Ermüdungsbeanspruchung durch pulsierende Zug- und Querlasten, wechselnde Querlasten sowie beliebige Kombinationen von Zug- und Querlasten, wobei die Querlasten ohne Hebelarm (vgl. EN 1992-4, Abschnitt 6.2.2.3 (1)) einwirken müssen. Die Regelungen gelten nur für Befestigungen mit Dübeln und Kopfbolzen, deren Eignung zur Aufnahme von Ermüdungslasten durch eine Europäische Technische Produktspezifikation (z. B. ETA) erbracht ist. Der Ermüdungsnachweis ist zusätzlich zur Bemessung für statische Beanspruchung zu führen, wenn das Befestigungselement dauernd wiederholten Lastspielen wie z. b. bei der Befestigung von Maschinen, Kränen und den Führungsschienen von Aufzügen ausgesetzt ist.

Hinsichtlich der Ausführung des Befestigungspunkts ist Folgendes zu beachten:

- Der Nachweis gilt nur für Querkraft ohne Hebelarm.
- Der Abschnitt gilt nicht für Befestigungsmittel, deren Eignung allein für redundante Systeme nachgewiesen ist.
- Das Befestigungsmittel muss über seine gesamte Nutzungsdauer hinweg eine Vorspannung aufweisen.
- Ein Losdrehen oder Lockern der Befestigungsmutter oder -schraube ist auszuschließen.
- Im Durchgangsloch zwischen Ankerplatte und Befestigungsmittel darf kein Ringspalt vorhanden sein.
- Ringspalte sind durch die in der Europäischen Technischen Produktspezifikation für das jeweilige Befestigungsmittel angegebenen Maßnahmen auszufüllen. Hierdurch werden schlackernde Anbauteile und schlagende Beanspruchungen auf querbeanspruchte Befestigungsmittel vermieden.

Befestigungen, die durch zyklische Querlasten mit Hebelarm beansprucht werden, dürfen nicht nach den Regelungen der EN 1992-4 bemessen werden. Prinzipiell gilt es, solche Befestigungen zu vermeiden, da sich eine wechselnde Biegebeanspruchung äußerst ungünstig auf den Ermüdungswiderstand auswirkt.

9.2 Einwirkungen

Die auf die Befestigungsmittel einwirkenden Kräfte sind wie bei statischer Beanspruchung zu ermitteln (s. Abschnitt 5.2).

Windlasten bei Fassadenbefestigungen erzeugen schwellende Zuglasten und wechselnde Querlasten. Sie werden im Regelfall als quasi-statische Einwirkungen und nicht als Ermüdungsbeanspruchung betrachtet. Nach [79] ist ein Nachweis gegen Ermüdung in den folgenden Fällen nicht erforderlich:

- Bei einer Beanspruchung durch weniger als 1000 Lastwechsel unter Zuglasten im Schwelllastbereich mit einer Amplitude $\Delta N_{Ek} = N_{Ek,max} - N_{Ek,min} \leq N_{Rd}/\gamma_Q$. Dabei ist N_{Rd} der Bemessungswert für Stahlversagen unter vorwiegend ruhender Beanspruchung und $\gamma_Q = 1,5$ der Teilsicherheitsbeiwert für die Belastung.

- Bei einer Beanspruchung durch weniger als 10 Lastwechsel unter Querlasten im Wechselbereich mit einer Amplitude $\Delta V_{Ek} = V_{Ek,max} - V_{Ek,min} \leq V_{Rd}/\gamma_Q$. Dabei ist V_{Rd} der Bemessungswert für Stahlversagen unter vorwiegend ruhender Beanspruchung und $\gamma_Q = 1,5$ der Teilsicherheitsbeiwert für die Belastung. Bei Wechsellastung ist der Wert $V_{Ek,min}$ mit negativem Vorzeichen einzusetzen.

- Bei einer Beanspruchung durch Lastwechsel, die durch wechselnde Temperaturen erzwungen werden (z. B. Befestigung von Fassadenelementen), wenn der durch die Zwangsbeanspruchung hervorgerufene Spannungsausschlag im Querschnitt des höchstbeanspruchten Befestigungsmittels $\Delta\sigma = \sigma_{max} - \sigma_{min}$ auf 100 N/mm² begrenzt wird (Biegespannungen im Befestigungsmittel z. B. bei Abstandsmontage) oder im Fall von Querlasten, wenn der Spannungsausschlag im Querschnitt des höchstbeanspruchten Befestigungsmittels $\Delta\tau = \tau_{max} - \tau_{min} \leq 60$ N/mm² (τ = Schubspannung im Befestigungsmittel) beträgt.

Bei Gruppen, die durch Momente beansprucht sind, ist sicherzustellen, dass Drucklasten direkt über die Ankerplatte in den Untergrund eingetragen werden. Auf die Befestigungsmittel dürfen keine Axialdruckkräfte einwirken.

Befestigungen, die durch zyklische Querlasten mit Hebelarm beansprucht werden, dürfen nicht nach den Regelungen der EN 1992-4 bemessen werden. Prinzipiell gilt es, solche Befestigungen zu vermeiden, da sich eine wechselnde Biegebeanspruchung äußerst ungünstig auf den Ermüdungswiderstand auswirkt.

9.3 Widerstand

Die erforderlichen Nachweise sind in den Tabellen 12 und 13 zusammengestellt.

Die in den Tabellen 12 und 13 für Zug- und Querbeanspruchung zusammengefassten erforderlichen Nachweise gelten für Widerstände mit $2 \cdot 10^6$ Lastspielen. Der tatsächlich von einem Befestigungsmittel bei einer bestimmten Anzahl von Lastspielen geleistete Widerstand ist von der werkstoff- und

Tabelle 12. Erforderliche Nachweise für Zugbeanspruchung

	Einzelbefestigung	Gruppe [1]
Stahlversagen	$\gamma_{F,fat} \cdot \Delta N_{Ek} \leq \dfrac{\Delta N_{Rk,s}}{\gamma_{Ms,N,fat}}$	$\gamma_{F,fat} \cdot \Delta N_{Ek}^h \leq \dfrac{\psi_{F,N} \cdot \Delta N_{Rk,s}}{\gamma_{Ms,N,fat}}$
kegelförmiger Betonausbruch	$\gamma_{F,fat} \cdot \Delta N_{Ek} \leq \dfrac{\Delta N_{Rk,c}}{\gamma_{Mc,fat}}$	$\gamma_{F,fat} \cdot \Delta N_{Ek}^g \leq \dfrac{\Delta N_{Rk,c}}{\gamma_{Mc,fat}}$
Herausziehen	$\gamma_{F,fat} \cdot \Delta N_{Ek} \leq \dfrac{\Delta N_{Rk,p}}{\gamma_{Mp,fat}}$	$\gamma_{F,fat} \cdot \Delta N_{Ek}^h \leq \dfrac{\psi_{F,N} \cdot \Delta N_{Rk,p}}{\gamma_{Mp,fat}}$
Spalten	$\gamma_{F,fat} \cdot \Delta N_{Ek} \leq \dfrac{\Delta N_{Rk,sp}}{\gamma_{Mc,fat}}$	$\gamma_{F,fat} \cdot \Delta N_{Ek}^g \leq \dfrac{\Delta N_{Rk,sp}}{\gamma_{Mc,fat}}$
lokaler Betonausbruch	$\gamma_{F,fat} \cdot \Delta N_{Ek} \leq \dfrac{\Delta N_{Rk,cb}}{\gamma_{Mc,fat}}$	$\gamma_{F,fat} \cdot \Delta N_{Ek}^g \leq \dfrac{\Delta N_{Rk,cb}}{\gamma_{Mc,fat}}$

[1] N_{Ek}^h	Zuglast des höchstbelasteten Befestigungsmittels einer Gruppe
N_{Ek}^g	resultierende Zuglast der zugbeanspruchten Befestigungsmittel einer Gruppe
$\gamma_{F,fat}$	nach Abschnitt 3.4.1
$\gamma_{Mc,fat}, \gamma_{Mp,fat}$	nach Abschnitt 3.4.2.2
$\gamma_{Ms,N,fat}$	= $\gamma_{Ms,fat}$ nach Abschnitt 3.4.2.2
$\psi_{F,N}$	Abminderungsfaktor zur Berücksichtigung ungleichmäßiger Verteilung der Zuglast auf die einzelnen Befestigungsmittel einer Gruppe; er ist in der jeweiligen Europäischen Technischen Produktspezifikation angegeben ≤ 1
ΔN_{Ek}	= $N_{Ek,max} - N_{Ek,min}$, Amplitude der Ermüdungszugbeanspruchung für $2 \cdot 10^6$ Lastwechsel
$\Delta N_{Rk,s}$	charakteristischer Widerstand für Stahlversagen unter Ermüdungszugbeanspruchung gemäß Europäischer Technischer Produktspezifikation
$\Delta N_{Rk,c}$	= $0{,}5 \cdot N_{Rk,c}$ mit $N_{Rk,c}$ nach Abschnitt 6.2.4 charakteristischer Widerstand für kegelförmigen Betonausbruch unter Ermüdungszugbeanspruchung für $2 \cdot 10^6$ Lastwechsel
$\Delta N_{Rk,p}$	charakteristischer Widerstand für Herausziehen unter Ermüdungszugbeanspruchung gemäß Europäischer Technischer Produktspezifikation
$\Delta N_{Rk,sp}$	= $0{,}5 \cdot N_{Rk,sp}$ mit $N_{Rk,sp}$ nach Abschnitt 6.2.7 charakteristischer Widerstand für Spalten unter Ermüdungszugbeanspruchung für $2 \cdot 10^6$ Lastwechsel
$\Delta N_{Rk,cb}$	= $0{,}5 \cdot N_{Rk,cb}$ mit $N_{Rk,cb}$ nach Abschnitt 6.2.8 charakteristischer Widerstand für lokalen Betonausbruch unter Ermüdungszugbeanspruchung

konstruktionsbedingten Kerbempfindlichkeit des Befestigungsmittels abhängig und daher produktspezifisch. Er ist in der entsprechenden Europäischen Technischen Spezifikation angegeben.

Einzelne Befestigungsmittel innerhalb einer Gruppe weisen einen unterschiedlichen Widerstand auf. Ursache können z. B. Unterschiede in der Steifigkeit der Befestigungsmittel oder eine ungleichmäßige Lastverteilung auf die einzelnen Befestigungsmittel der Gruppe sein. Da Ermüdungsbrüche spröde sind, sind Lastumlagerungen wie bei statischen Beanspruchungen kaum möglich. Um daraus folgende mögliche Überbeanspruchungen einzelner Befestigungsmittel innerhalb der Gruppe zu vermeiden, wird dieses Verhalten im Nachweis für Ermüdungsbeanspruchung wie folgt berücksichtigt:

Der Widerstand des höchstbeanspruchten Befestigungsmittels wird mit einem Abminderungsfaktor $\psi_{F,N}$ bei Zugbeanspruchung oder $\psi_{F,V}$ bei Querbeanspruchung multipliziert.

Ermüdung

Tabelle 13. Erforderliche Nachweise für Querbeanspruchung

	Einzelbefestigung	Gruppe [1]
Stahlversagen für Querkraft ohne Hebelarm	$\gamma_{F,fat} \cdot \Delta V_{Ek} \leq \dfrac{\Delta V_{Rk,s}}{\gamma_{Ms,V,fat}}$	$\gamma_{F,fat} \cdot V_{Ek}^h \leq \dfrac{\psi_{F,V} \cdot \Delta V_{Rk,s}}{\gamma_{Ms,V,fat}}$
rückwärtiger Betonausbruch	$\gamma_{F,fat} \cdot \Delta V_{Ek} \leq \dfrac{\Delta V_{Rk,cp}}{\gamma_{Mc,fat}}$	$\gamma_{F,fat} \cdot V_{Ek}^g \leq \dfrac{\Delta V_{Rk,cp}}{\gamma_{Mc,fat}}$
Betonkantenbruch	$\gamma_{F,fat} \cdot \Delta V_{Ek} \leq \dfrac{\Delta V_{Rk,c}}{\gamma_{Mc,fat}}$	$\gamma_{F,fat} \cdot V_{Ek}^g \leq \dfrac{\Delta V_{Rk,c}}{\gamma_{Mc,fat}}$

[1] V_{Ek}^h Querlast des höchstbelasteten Befestigungsmittels einer Gruppe
V_{Ek}^g resultierende Querlast der querbeanspruchten Befestigungsmittel einer Gruppe

$\gamma_{F,fat}$ nach Abschnitt 3.4.1
$\gamma_{Mc,fat}$ nach Abschnitt 3.4.2.2

$\psi_{F,V}$ Abminderungsfaktor zur Berücksichtigung ungleichmäßiger Verteilung der Querlast auf die einzelnen Befestigungsmittel einer Gruppe; er ist in der jeweiligen Europäischen Technischen Produktspezifikation angegeben
≤ 1
Bei Gruppen mit zwei Befestigungsmitteln und einer Querlast senkrecht zur Achse der Befestigungsmittel darf $\psi_{F,V} = 1$ gesetzt werden, sofern sich das Anbauteil in der Ebene drehen kann

$\gamma_{Ms,V,fat}$ $= \gamma_{Ms,fat}$ nach Abschnitt 3.4.2.2

ΔV_{Ek} $= V_{Ek,max} - V_{Ek,min}$, Amplitude der Ermüdungsquerlast für $2 \cdot 10^6$ Lastwechsel

$\Delta V_{Rk,s}$ charakteristischer Widerstand für Stahlversagen unter Ermüdungsquerbeanspruchung gemäß Europäischer Technischer Produktspezifikation

$\Delta V_{Rk,cp}$ $= 0{,}5 \cdot V_{Rk,cp}$ mit $V_{Rk,cp}$ nach Abschnitt 6.3.4
charakteristischer Widerstand für rückwärtigen Betonausbruch unter Ermüdungsquerbeanspruchung für $2 \cdot 10^6$ Lastwechsel

$\Delta V_{Rk,c}$ $= 0{,}5 \cdot V_{Rk,c}$ mit $V_{Rk,c}$ nach Abschnitt 6.3.5
charakteristischer Widerstand für Betonkantenbruch unter Ermüdungsquerbeanspruchung für $2 \cdot 10^6$ Lastwechsel

Die Faktoren $\psi_{F,N}$ und $\psi_{F,V}$ sind produktabhängig und in der jeweiligen Europäischen Technischen Spezifikation zu finden. Sie nehmen üblicherweise Werte zwischen 0,5 und 0,75 an. Für den Sonderfall einer Gruppenbefestigung mit 2 Befestigungsmitteln unter einer Querlast, die senkrecht zur Achse des Befestigungsmittels wirkt, kann $\psi_{F,V} = 1$ gesetzt werden, wenn sich das Anbauteil verdrehen und gleichmäßig an die Befestigungsmittel anlegen kann.

In CEN/TS 1992-4-1 [7] wird der Ermüdungswiderstand bei Betonversagen zu 60 % des Wertes unter statischer Beanspruchung angenommen. Neuere Erkenntnisse zeigen jedoch, dass dieser Ansatz zu liberal sein kann. Daher wurde in EN 1992-4 der Ermüdungswiderstand für alle Betonversagensarten gegenüber den Regelungen von CEN/TS 1992-4-1 abgemindert und auf 50 % des statischen Wertes gesetzt.

Der Werkstoff Stahl ist wesentlich empfindlicher gegenüber Ermüdungsbeanspruchungen als Beton. Daher kann in Fällen, in denen im statischen Lastfall Betonversagen als Versagensursache maßgebend ist, im Ermüdungslastfall sich durchaus Stahlbruch als entscheidender Nachweis ergeben.

Die Tabellen 12 und 13 enthalten keine Nachweise für das Versagen einer Zusatzbewehrung. Daher gelten die Regeln in EN 1992-4 nur für Befestigungen ohne Zusatzbewehrung.

9.4 Kombiniertes Versagen durch Zug- und Querlasten

Bei kombinierter Quer- und Zugbeanspruchung sind die Interaktionsnachweise wie bei statischer Beanspruchung getrennt nach Versagensart zu führen. Es gilt:

$$\left(\beta_{N,fat}\right)^\alpha + \left(\beta_{V,fat}\right)^\alpha \leq 1 \tag{58}$$

mit

$$\beta_{N,fat} = \frac{\gamma_{F,fat} \cdot \Delta N_{Ek}}{\psi_{F,N} \cdot \Delta N_{Rk}/\gamma_{M,fat}} \leq 1 \quad (58a)$$

$$\beta_{V,fat} = \frac{\gamma_{F,fat} \cdot \Delta V_{Ek}}{\psi_{F,V} \cdot \Delta V_{Rk}/\gamma_{M,fat}} \leq 1 \quad (58b)$$

$\psi_{F,N}, \psi_{F,V}, \Delta N_{Ek}, \Delta V_{Ek}, \Delta N_{Rk}, \Delta V_{Rk}$ nach Tabelle 12 und 13

$\alpha = \alpha_s$ für Stahlversagen und $\alpha = \alpha_c$ für andere Versagensarten außer Stahlversagen.

Die für die Interaktion anzusetzenden Exponenten α_s und α_c unterscheiden sich wesentlich. EN 1992-4 gibt hierfür keine Werte an. Diese sind produktspezifisch und der jeweiligen Europäischen Technischen Produktspezifikation zu entnehmen. Als Werte für eine Vorbemessung können $\alpha_s = 0{,}75$ für die Versagensart Stahlbruch und $\alpha_c = 1{,}5$ für alle anderen Versagensarten angesetzt werden.

In Gl. (58) sind die größten Werte für $\beta_{N,fat}$ und $\beta_{V,fat}$ für die einzelnen Versagensarten anzusetzen.

10 Erdbebenbelastung

10.1 Allgemeines

EN 1992-4 behandelt die Bemessung von Befestigungen unter Erdbebenbelastung, obwohl dies in den Aufgabenbereich der EN 1998 fällt. Daher sind in Abschnitt 9 die allgemeinen befestigungstechnischen Anforderungen zusammengefasst. Detaillierte Angaben zur Bemessung enthält Anhang C. Dies erlaubt, bei einer künftigen Revision von EN 1998 die in Anhang C aufgeführten Regelungen direkt in die Neufassung zu übernehmen.

Der normative Anhang C der EN 1992-4 enthält Angaben zur Berechnung der Beanspruchungen der Befestigungen. Dabei handelt es sich um notwendige Ergänzungen zu EN 1998 [29]. Dort werden zwar Anforderungen an die Bemessung von nichttragenden Bauteilen unter Erdbebenbelastung definiert, allerdings fehlen Regelungen für die Berücksichtigung vertikaler Beschleunigungen bei der Berechnung der Einwirkungen. Die Vernachlässigung vertikaler Beschleunigungen könnte bei Befestigungen zu unsicheren Konstruktionen führen. Wird z. B. eine Feuerlöschleitung in einer Stahlbetondecke befestigt, dann werden vertikale Beschleunigungen zu einer deutlichen Erhöhung der Einwirkungen auf die Befestigung führen. Liegt die Feuerlöschleitung auf einer an der Wand befestigten Konsole auf, dann führen vertikale Beschleunigungen nicht nur zu einer Zunahme der Querbelastung, sondern erhöhen durch das zusätzliche Moment auch die Einwirkungen auf das/die oberen Befestigungsmittel der Konsolenbefestigung.

EN 1992-4, Anhang C bietet einen pragmatischen Ansatz zur Abschätzung der dynamischen Eigenschaften der Bauteile, der auf Näherungen beruht, voraussichtlich aber in den meisten Fällen ausreicht. Durch den in Anhang C gegebenen Ansatz wird allerdings nicht notwendigerweise die Funktionsfähigkeit des befestigten nichttragenden Bauteils während eines Erdbebens gewährleistet. Hierzu sind anwendungsspezifische Nachweise zu führen.

Es wird ausdrücklich darauf hingewiesen, dass letztendlich der entwerfende Ingenieur verantwortlich für den Nachweis ist, dass die Anforderungen der EN 1998 erfüllt sind.

Die Bemessung für Erdbebenbelastung nach EN 1992-4 gilt für Kopfbolzen und mechanische bzw. chemische Dübel, die verwendet werden, um seismische Lasten über Zug- und Querkräfte oder eine Kombination beider Kräfte zwischen tragenden Bauteilen oder zwischen nichttragenden und tragenden Bauteilen zu übertragen.

Beträgt der Anteil seismischer Zuglast (Querlast), der auf eine Einzelbefestigung oder eine Gruppe einwirkt, im Bruchzustand nicht mehr als 20 % der für dieselbe Lastkombination einwirkenden gesamten Zuglast (Querlast), dann dürfen die Anforderungen nach Abschnitt 10.2 für die Zuglasten (Querlasten) beim Nachweis der Befestigung vernachlässigt werden.

Abstandsmontagen oder Anwendungen mit einer Mörtelausgleichschicht $\geq 0{,}5 \cdot d$ sowie Befestigungsmittel, deren Eignung allein für redundante Befestigungen nachgewiesen wurde, sind nicht geregelt.

10.2 Anforderungen

Befestigungsmittel für Erdbebenbelastung müssen grundsätzlich alle Anforderungen für nichtseismische Befestigungen erfüllen. Ferner dürfen nur Befestigungsmittel verwendet werden, deren Eignung für gerissenen Beton nachgewiesen wurde. Diese Einschränkung ist notwendig und sinnvoll, da bei Erdbeben immer mit Rissen im Beton gerechnet werden muss. Weiterhin müssen die Befestigungsmittel für seismische Beanspruchung qualifiziert sein. Dies wird durch eine entsprechende Europäische Technische Produktspezifikation nachgewiesen.

Die Regelungen gelten nicht für Befestigungen in kritischen Bauwerksbereichen, in denen unter Erdbebenbeanspruchung Abplatzen des Betons und/oder sehr breite Risse entstehen können, z. B. im Bereich von plastischen Gelenken (kritische Bereiche) von Stahlbetonbauwerken. In diesen Bereichen können die Rissbreiten wesentlich größer sein als die Rissbreiten, für die die Befestigungsmittel qualifiziert werden. Die Länge des kritischen Bereichs ist in EN 1998 (Eurocode 8) [29] definiert.

Bei der Bemessung muss eine der folgenden Optionen erfüllt sein:

Option a: Bemessung ohne Anforderungen an die Duktilität des Befestigungsmittels

Es wird angenommen, dass die Befestigungsmittel keine Energie dissipieren und sich nicht am duktilen Verhalten der Gesamtkonstruktion beteiligen. Es werden zwei Möglichkeiten unterschieden:

a_1) Kapazitätsbemessung

Die Bemessung erfolgt für die maximale Zug- oder Querlast, die auf die Befestigung übertragen werden kann. Maßgebend für die Last ist entweder ein Fließgelenk im angeschlossenen Bauteil oder in der Ankerplatte, wobei in beiden Fällen eventuelle Überfestigkeiten des Stahls zu berücksichtigen sind, oder die Tragfähigkeit des aufgeschweißten nichtfließenden Anbauteils.

a_2) Elastische Bemessung

Die Bemessung der Befestigung erfolgt für die maximale Belastung gemäß maßgebender Lastkombinationen einschließlich der Erdbebenlasten E_{Ed} nach EN 1998 unter der Annahme elastischen Verhaltens der Befestigung und der Konstruktion. Dabei sind eventuelle Modellunsicherheiten bei der Ermittlung der auf die Befestigung einwirkenden Erdbebenbelastung zu berücksichtigen.

Option b: Bemessung mit Anforderungen an die Duktilität des Befestigungsmittels

Diese Option ist nur für Zugkomponenten der Belastung anwendbar. Die Bemessung der Befestigung erfolgt für die maximale Belastung gemäß maßgebender Lastkombinationen einschließlich der Erdbebenlasten E_{Ed} nach EN 1998. Die Stahltragfähigkeit der Befestigung muss kleiner sein als die Betontragfähigkeit. Dadurch wird erreicht, dass duktiles Stahlversagen und nicht spröder Betonbruch für die Bemessung maßgebend wird. Außerdem wird eine ausreichende Dehnfähigkeit der Befestigungsmittel gefordert. Die Befestigungsmittel sollen nicht für die Energiedissipation in der Gesamtkonstruktion oder im nichttragenden Bauteil herangezogen werden. Die Beteiligung der Befestigung an der Energieabsorption der Konstruktion (s. EN 1998-1, Abschnitt 4.2.2) ist nicht Teil von EN 1992-4.

Option b sollte wegen möglicher irreparabler Verformungen der Befestigungsmittel nicht für Befestigungen primärer seismischer Bauteile (s. EN 1998-1) angewendet werden. Wenn einwirkende Querkräfte nicht durch andere Maßnahmen aufgenommen werden, sind sie durch zusätzliche Befestigungsmittel aufzunehmen, die auf Basis von Option a zu bemessen sind.

Bei der Bemessung der Konstruktion sind die Verschiebungen der Befestigungsmittel zu berücksichtigen. Ausnahme sind Befestigungen nichttragender Bauteile untergeordneter Bedeutung. Wird eine steife Konstruktion angenommen oder soll die Funktion des befestigten Bauteils während des Erdbebens oder danach gewährleistet sein, dann sind die Verschiebungen der Befestigungsmittel entsprechend zu begrenzen. In den Europäischen Technischen Produktspezifikationen sind für Befestigungsmittel mit seismischer Leistungskategorie C2 Verschiebungen sowohl für den Gebrauchszustand als auch für den Bruchzustand angegeben.

Befestigungen für Erdbebenbelastung sollen kein Lochspiel aufweisen. Nur bei unkritischen Befestigungen nichttragender Bauteile mit geringer Bedeutung ist ein Lochspiel erlaubt. Die Werte für das maximale Durchgangsloch d_f nach Tabelle 3 sind jedoch einzuhalten. Allerdings ist dann der Einfluss des Lochspiels auf das Verhalten der Befestigung zu berücksichtigen. Ferner ist das Losdrehen oder Lockern der Mutter oder Schraube durch geeignete Maßnahmen auszuschließen.

10.3 Ableitung der auf die Befestigungsmittel einwirkenden Kräfte

Die Bemessungswerte seismischer Einwirkungen E_{Ed} sind nach EN 1998-1 [29] zu ermitteln. Zusätzliche Hinweise enthält Abschnitt 10.5.4. Außerdem sind ggf. Nationale Anhänge zu beachten. Sofern die Ankerplatte unter Erdbebenlasten im elastischen Bereich bleibt, erfolgt die Verteilung der Einwirkungen auf einzelne Befestigungsmittel einer Gruppe nach Abschnitt 5.2.

10.4 Widerstände

Die charakteristischen Widerstände für Erdbebenbelastung werden unter Berücksichtigung der Faktoren α_{gap} und α_{eq} nach EN 1992-4, Anhang C berechnet. Die Grundwerte der Widerstände für Stahlversagen, Herausziehen, kombiniertes Versagen durch Herausziehen und Betonbruch unter Zuglast sowie für Stahlversagen unter Querlast sind in der jeweiligen Europäischen Technischen Produktspezifikation angegeben. Für alle übrigen Versagensarten wird der charakteristische Widerstand bei Erdbebenbelastung auf Basis von EN 1992-4, Anhang C ermittelt. Für die Teilsicherheitsbeiwerte $\gamma_{M,eq}$ gilt Abschnitt 3.4.

10.5 Bemessung

10.5.1 Allgemeines

Bei der Bemessung werden zwei Befestigungstypen unterschieden:

Typ A: Befestigungen zur Verbindung tragender Bauteile

Typ B: Befestigungen nichttragender Bauteile

10.5.2 Leistungskategorien

EN 1992-4 unterscheidet für Befestigungsmittel die beiden seismischen Leistungskategorien C1 und C2. Für die Leistungskategorie C1 sind in den Zulassungen charakteristische Widerstände nur für den Grenzzustand der Tragfähigkeit angegeben, während für die Leistungskategorie C2 sowohl charakteristische Widerstände für den Grenzzustand der Tragfähigkeit als auch Verschiebungen für die Grenzzustände der Tragfähigkeit und der Gebrauchstauglichkeit aufgeführt werden. Die Anforderungen für die Kategorie C2 sind höher als für Kategorie C1. Die Leistungskategorien des jeweiligen Befestigungsmittels sind in der Europäischen Technischen Produktspezifikation angegeben.

In Tabelle 14 sind empfohlene Leistungskategorien in Abhängigkeit vom Seismizitätsniveau, d. h. der Häufigkeit und Intensität von Erdbeben, und von der Bedeutungsklasse des Bauwerks zusammengestellt. Das Seismizitätsniveau ist als Produkt aus der Bemessungs-Bodenbeschleunigung a_g auf Untergrund vom Typ A und dem Beiwert S für den Boden gemäß EN 1998-1 definiert.

Die Werte für a_g und für das Produkt $a_g \cdot S$ zur Definition der Grenzwerte für das Seismizitätsniveau können von den einzelnen Mitgliedstaaten geändert werden. Sie sind dann dem jeweiligen Nationalen Anhang zu EN 1998-1 zu entnehmen und können deshalb von den Angaben in Tabelle 14 abweichen.

10.5.3 Bemessungskriterien

a) Kapazitätsbemessung nach Abschnitt 10.2, Option a_1

Bei der Kapazitätsbemessung nach Abschnitt 10.2, Option a_1 wird die Befestigung für Verbindungen vom Typ A und B für die maximale Last bemessen, die auf die Befestigung übertragen werden kann. Die Möglichkeiten hierfür sind schematisch in Bild 90 dargestellt.

Bei Annahme eines Fließgelenks im Anbauteil (Bild 90b) müssen eventuelle Lastumlagerungen innerhalb der einzelnen Befestigungsmittel einer Gruppe, mögliche Lastumlagerungen innerhalb der Konstruktion und das Ermüdungsverhalten der Befestigung bei kleiner Lastwechselzahl beachtet werden.

b) Kapazitätsbemessung nach Abschnitt 10.2, Option a_2

Bei der Kapazitätsbemessung nach Abschnitt 10.2, Option a_2 werden die Einwirkungen für Verbindungen vom Typ A nach EN 1998-1 unter Annahme eines Verhaltensbeiwerts q = 1,0 ermittelt. Für Verbindungen vom Typ B wird für das Anbauteil ein Wert q_a = 1,0 angenommen. Dabei ist q_a als Verhaltensbeiwert für nichttragende Bauteile definiert. Werden die Einwirkungen mit q_a = 1,0 nach Abschnitt 10.5.4.4 berechnet, dann sind sie mit einem Faktor 1,5 zu multiplizieren. Dieser Faktor kann entfallen, wenn die Einwirkungen auf Basis eines genaueren Modells ermittelt werden.

c) Bemessung nach Abschnitt 10.2, Option b

Bei einer Bemessung nach Abschnitt 10.2, Option b (Bemessung mit Anforderungen an die Duktilität des Befestigungsmittels) muss das Befestigungsmittel eine Europäische Technische Produktspezifikation für die Leistungskategorie C2 besitzen.

Um sicherzustellen, dass Stahlversagen maßgebend ist, sind folgende Bedingungen zu erfüllen:

c_1) Befestigungen mit einem zugbeanspruchten Befestigungsmittel:

Tabelle 14. Empfohlene seismische Leistungskategorien für Befestigungsmittel

Seismizitätsniveau [1]		Bedeutungsklasse des Bauwerks nach EN 1998-1:2004, 4.2.5			
Klasse	$a_g \cdot S$ [3]	I	II	III	IV
sehr niedrig [2]	$a_g \cdot S \leq 0{,}05 \cdot g$	keine zusätzlichen Anforderungen			
niedrig [2]	$0{,}05 \cdot g < a_g \cdot S \leq 0{,}10 \cdot g$	C1	C1 [4] oder C2 [5]		C2
> niedrig	$a_g \cdot S > 0{,}10 \cdot g$	C1	C2		

[1] Zur Definition des Seismizitätsniveaus siehe Nationaler Anhang zu EN 1998-1. Die in der Norm empfohlenen Werte sind hier aufgeführt.
[2] Definition nach EN 1998-1:2004, 3.2.1
[3] a_g Bemessungs-Bodenbeschleunigung auf Untergrund vom Typ A (EN 1998-1:2004, 3.2.1)
    S Beiwert für den Boden (EN 1998-1:2004, 3.2.2)
[4] C1 für Befestigungen nichttragender Bauteile (Typ B)
[5] C2 für Verbindungen zwischen tragenden Bauteilen (Typ A)

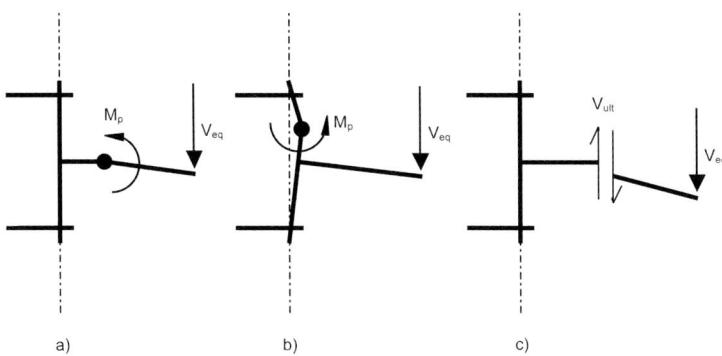

a)   b)   c)

Bild 90. Schutz der Befestigung bei Erdbebenbeanspruchung; a) durch Fließen im Anbauteil, b) durch Fließen in der Ankerplatte, c) durch Bemessung für die größte Kraft, die durch das nicht duktile Anbauteil oder das Bauwerk auf die Befestigung übertragen werden kann

$$R_{k,s,eq} \leq 0,7 \cdot \frac{R_{k,conc,eq}}{\gamma_{inst}} \qquad (59)$$

mit

$R_{k,s,eq}$ kleinster charakteristischer seismischer Widerstand für Stahlversagen nach Gl. (63a)

$R_{k,conc,eq}$ kleinster charakteristischer seismischer Widerstand für alle Betonversagensarten nach Gl. (63a)

γ_{inst} Teilsicherheitsbeiwert zur Berücksichtigung der Montagesicherheit gemäß jeweiliger Europäischer Technischer Produktspezifikation

Die Betonversagensarten in Gl. (59) sind kegelförmiger Betonausbruch, Herausziehen (Kopfbolzen und mechanische Dübel), kombiniertes Versagen durch Herausziehen und Betonbruch (chemische Dübel), lokaler Betonausbruch und Spalten.

c_2) Befestigungen mit zwei oder mehr zugbeanspruchten Befestigungsmitteln:

$$\frac{R_{k,s,eq}}{E_d^h} \leq 0,7 \cdot \frac{R_{k,conc,eq}}{E_d^g \cdot \gamma_{inst}} \qquad (60)$$

mit

$R_{k,conc,eq}$ kleinster charakteristischer seismischer Widerstand für kegelförmigen Betonausbruch, kombiniertes Versagen durch Herausziehen und Betonbruch (chemische Dübel), lokalen Betonausbruch und Spalten nach Gl. (63a)

E_d^h Bemessungswert der auf das höchstbelastete Befestigungsmittel einwirkenden Zuglast einschließlich der seismischen Einwirkungen

E_d^g Bemessungswert der auf die zugbeanspruchten Befestigungsmittel einer Gruppe einwirkenden Zuglasten einschließlich der seismischen Einwirkungen

Bei Gruppen mit zwei oder mehr zugbeanspruchten Kopfbolzen oder mechanischen Dübeln ist das höchstbelastete Befestigungsmittel für Herausziehen nach Gl. (59) nachzuweisen. Dabei ist $R_{k,conc,eq}$ der charakteristische seismische Widerstand für Herausziehen des Befestigungsmittels.

Bei Befestigungen mit Zusatzbewehrung ist der Nachweis für kegelförmigen Betonausbruch nach Gl. (59) oder Gl. (60) durch den Nachweis für die Zusatzbewehrung zu ersetzen. Die Gln. (59) und (60) beruhen auf Untersuchungen von *Hoehler* [80]. Die Anforderungen sollen eine ausreichend niedrige Wahrscheinlichkeit für das Auftreten von Betonversagen anstatt des angestrebten Stahlversagens gewährleisten.

Die Bemessung nach Abschnitt 10.2, Option b stellt Anforderungen an die Duktilität des Befestigungsmittels. Werden Zugkräfte übertragen, dann sollen die Befestigungselemente eine Dehnlänge von mindestens 8 · d aufweisen (Bild 91) und aus duktilem Stahl bestehen. Nach Erfahrungen in Erdbeben weisen Befestigungen dann ein duktiles Verhalten auf.

Außerdem müssen duktile Befestigungsmittel folgende Bedingungen erfüllen:

– Die Nennzugfestigkeit muss $f_{uk} \leq 800$ N/mm^2 sein und das Streckgrenzenverhältnis muss $f_{yk}/f_{uk} \leq 0,8$ betragen. Die Bruchdehnung (gemessen auf einer Länge 5 · d) muss $\geq 12\%$ sein.

– Weist ein Befestigungsmittel auf einer Länge < 8 · d_{red} einen reduzierten Durchmesser d_{red} auf (z. B. Gewinde oder drehmomentkontrolliert

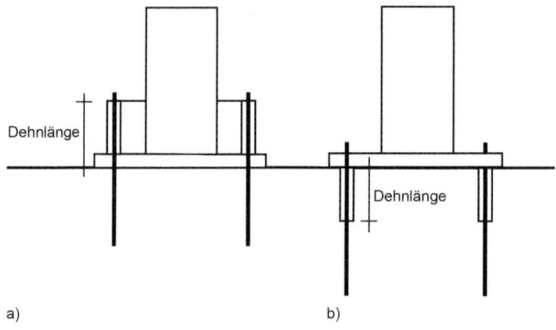

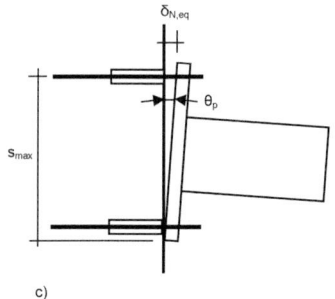

Bild 91. Definition der freien Dehnlänge
a) Verankerungsbock, b) Dehnlänge durch Hülse oder verbundfreie Länge, c) Verschiebungen der Befestigungselemente und Rotation des Anbauteils

spreizender Dübel des Bolzentyps nach Bild 3a$_2$), dann muss der charakteristische Stahlwiderstand N_{uk} größer sein als das 1,3-Fache des charakteristischen Streckgrenzenwiderstands N_{yk} des nichtreduzierten Querschnitts. Dadurch soll gewährleistet werden, dass der nichtreduzierte Querschnitt fließt und große Verformungen erzeugt.

10.5.4 Ableitung der Lasteinwirkungen

10.5.4.1 Allgemeines

In EN 1992-4, Anhang C werden Hinweise zur Ableitung der Lasteinwirkungen gemacht, welche die Ausführungen in Abschnitt 10.3 ergänzen. Die Bemessungswerte seismischer Einwirkungen E_{Ed} sind nach EN 1998-1 zu ermitteln. EN 1992-4, Anhang C enthält zusätzliche Angaben zu EN 1998-1 einschließlich Hinweisen zur Ableitung vertikaler seismischer Einwirkungen auf nichttragende Bauteile. Grundsätzlich ist davon auszugehen, dass die maximalen Zug- und Querkraftkomponenten gleichzeitig auf ein Befestigungsmittel einwirken. Von diesem Grundsatz darf nur abgewichen werden, wenn ein genaueres Modell zur Ermittlung der Einwirkungen verwendet wird.

10.5.4.2 Ergänzungen zu EN 1998-1, Abschnitt 4.3.3.5

Für Verbindungen vom Typ A ist die vertikale Komponente der Einwirkungen nach EN 1998-1, Abschnitt 4.3.3.5.2 (2) bis (4) zu berechnen.

10.5.4.3 Ergänzungen zu EN 1998-1, Abschnitt 4.3.5.1

Werden nichttragende Bauteile auf dem Boden befestigt, dann hat die Reibung zwischen Bauteil und Beton infolge der Schwerkraft theoretisch einen positiven Effekt. Diese Reibungskraft darf nach EN 1992-4 allerdings nicht in Ansatz gebracht werden, weil es infolge horizontaler Beschleunigungen während eines Erdbebens zu Kippbewegungen des Bauteils bis hin zum Abheben kommen kann. Die im statischen Fall wirkenden Reibungskräfte sind dann nicht mehr wirksam.

10.5.4.4 Ergänzungen und Änderungen zu EN 1998-1, Abschnitt 4.3.5.2

Bei Anwendungen nach EN 1998-1:2004, Abschnitt 4.3.5.1 (3) dürfen die horizontalen Auswirkungen eines Erdbebens auf nichttragende Bauteile nach EN 1998-1, Gl. (4) ermittelt werden, jedoch ist der

Verhaltensbeiwert q_a gemäß EN 1992-4, Anhang C, Tabelle C2 anzusetzen. Im Nationalen Anhang eines Landes kann eine abweichende Regelung angegeben sein.

Der horizontale Erdbebenbeiwert S_a für nicht tragende Bauteile beträgt:

$$S_a = \alpha \cdot S \cdot \left[\left(1 + \frac{z}{H}\right) \cdot A_a - 0{,}5\right] \geq \alpha \cdot S$$

(61)

mit

$$A_a = \frac{3}{1 + \left(1 - \frac{T_a}{T_1}\right)^2}$$

(61a)

α Verhältnis der Bemessungsbodenbeschleunigung a_g auf Untergrund vom Typ A zur Erdbeschleunigung g

S Beiwert für den Boden

z Höhe des nichttragenden Bauteils über dem Geschoss, in das die Erdbebenbeanspruchung eingeleitet wird

H Höhe des Bauwerks, gemessen vom Fundament oder der Decke eines steifen Untergeschosses

T_a Grundschwingungsdauer des nichttragenden Bauteils

T_1 Grundschwingungsdauer des Bauwerks in der maßgeblichen Richtung

Der Antwortverstärkungsbeiwert kann entweder nach Gl. (61a) berechnet oder – falls die Grundschwingungsdauer nicht bekannt ist oder nicht mit ausreichender Genauigkeit berechnet werden kann – EN 1992-4, Anhang C, Tabelle C2 entnommen werden.

Die vertikale Auswirkung der seismischen Einwirkung wird durch die vertikale Ersatzlast F_{va} berücksichtigt, die im Schwerpunkt des nichttragenden Bauteils angesetzt wird. Sie beträgt:

$$F_{va} = (S_{Va} \cdot W_a \cdot \gamma_a)/q_a$$ (62)

mit

$$S_{Va} = \alpha_V \cdot A_a$$ (62a)

α_V Verhältnis der vertikalen Bemessungsbodenbeschleunigung a_g auf Untergrund vom Typ A zur Erdbeschleunigung g

W_a Gewicht des zu befestigenden nichttragenden Bauteils

γ_a Wichtigkeitsfaktor des nichttragenden Bauteils

Auf den Ansatz von F_{va} darf bei nichttragenden Bauteilen verzichtet werden, wenn die vertikale

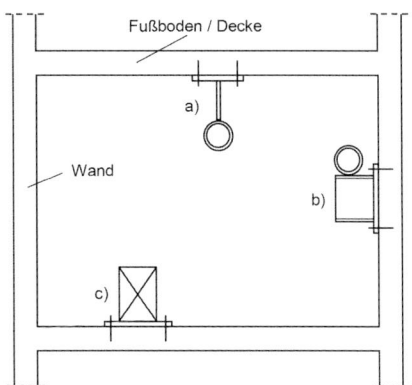

Bild 92. Berücksichtigung der vertikalen Ersatzlast F_{va}
a) Befestigung an der Decke, F_{va} berücksichtigen
b) Befestigung an der Wand, F_{va} berücksichtigen
c) Befestigung auf dem Boden, F_{va} vernachlässigen, wenn $a_{vg} \leq 2{,}5$ m/s² ist

Komponente der Bemessungsbodenbeschleunigung $a_{vg} < 2{,}5$ m/s² ist und das Gewicht des Bauteils durch direkte Auflagerung in das Bauwerk eingeleitet wird (z. B. Bild 92c).

Die Ermittlung der vertikalen seismischen Beanspruchung von nichttragenden Bauteilen in einem Land kann in einem Nationalen Anhang zu EN 1992-4 angegeben sein. Die empfohlene Regelung ist die Anwendung von Gl. (62).

10.5.5 Widerstände

Der Bemessungswert des Erdbebenwiderstands eines Befestigungsmittels beträgt:

$$R_{d,eq} = \frac{R_{k,eq}}{\gamma_{M,eq}}$$ (63)

mit

$\gamma_{M,eq}$ Teilsicherheitsbeiwert gemäß Abschnitt 3.4

Der charakteristische Widerstand errechnet sich nach Gl. (63a):

$$R_{k,eq} = \alpha_{gap} \cdot \alpha_{eq} \cdot R_{k,eq}^0$$ (63a)

mit

α_{gap} Faktor zur Berücksichtigung des Lochspiels bei Querbeanspruchung gemäß Europäischer Technischer Produktspezifikation; ist dieser Faktor nicht angegeben, dürfen die folgenden Werte verwendet werden, die auf den Ergebnissen einer geringen Zahl von Versuchen beruhen

α_{gap} = 1,0 Befestigungen ohne Lochspiel zwischen Befestigungsmittel und Ankerplatte

= 0,5 Befestigungen mit Lochspiel nach Tabelle 3

α_{eq} Faktor zur Berücksichtigung seismischer Einwirkungen und damit verbundener Risse im Verankerungsgrund auf den Widerstand für kegelförmigen Betonausbruch und die Verbundfestigkeit der Zusatzbewehrung sowie auf den Widerstand infolge ungleichmäßiger Lastverteilung auf die einzelnen Befestigungselemente (Tabelle 15)

$R_{k,eq}^0$ Grundwert des seismischen Widerstands

Der Grundwert $R_{k,eq}^0$ für Stahlversagen und Herausziehen unter Zuglast sowie Stahlversagen unter Querlast ist der jeweiligen Europäischen Technischen Produktspezifikation zu entnehmen. Der Widerstand für kombiniertes Versagen durch Herausziehen und Betonbruch (chemische Dübel) errechnet sich nach Abschnitt 6.2.6, allerdings ist die charakteristische Verbundfestigkeit $\tau_{Rk,eq}$ gemäß der jeweiligen Europäischen Technischen Produktspezifikation anzusetzen. Für alle übrigen Versagensarten ist der Grundwert $R_{k,eq}^0$ wie für statische Belastung zu ermitteln. Das betrifft die Werte $N_{Rk,c}$, $N_{Rk,sp}$, $N_{Rk,cp}$, $N_{Rk,re}$, $N_{Rk,a} = \gamma_c \cdot N_{Rd,a}$ für Zugbeanspruchung bzw. $V_{Rk,c}$, $V_{Rk,cp}$, $N_{Rk,re}$ und $N_{Rk,a} = \gamma_c \cdot N_{Rd,a}$ für Querbeanspruchung.

Ist ein Lochspiel vorhanden, dann vergrößert sich die Querbelastung infolge einer Hammerwirkung auf das Befestigungsmittel. Aus Gründen der Vereinfachung wird dieser Einfluss nur auf der Widerstandsseite berücksichtigt. Enthält die Europäische Technische Produktspezifikation keine Angaben zum Faktor α_{gap}, dann darf der Faktor bei Querbeanspruchung zu $\alpha_{gap} = 1,0$ (kein Lochspiel vorhanden) bzw. $\alpha_{gap} = 0,5$ (Lochspiel nach Tabelle 3 vorhanden) gesetzt werden.

Wirken gleichzeitig Zug- und Querlasten, dann ist ein Interaktionsnachweis nach Gl. (64) zu führen.

$$\left(\frac{N_{Ed}}{N_{Rd,i,eq}}\right)^{k_{15}} + \left(\frac{V_{Ed}}{V_{Rd,i,eq}}\right)^{k_{15}} \leq 1 \quad (64)$$

Tabelle 15. Reduktionsfaktor α_{eq}

Beanspruchung	Versagensart	Einzelbefestigung	Gruppe
Zuglast	Stahlbruch	1,0	1,0
	kegelförmiger Betonausbruch – Kopfbolzen – Hinterschnittdübel (k_1 (Gl. (13a)) wie bei Kopfbolzen) – alle anderen Befestigungsmittel	1,0 1,0 0,85	0,85 0,85 0,75
	Herausziehen	1,0	0,85
	kombiniertes Versagen durch Herausziehen und Betonbruch (Verbunddübel)	1,0	0,85
	Spalten	1,0	0,85
	lokaler Betonausbruch	1,0	0,85
	Stahlbruch der Bewehrung	1,0	1,0
	Verankerungsbruch der Bewehrung	0,85	0,75
Querlast	Stahlbruch	1,0	0,85
	rückwärtiger Betonausbruch – Kopfbolzen – Hinterschnittdübel (k_1 (Gl. (13a)) wie bei Kopfbolzen) – alle anderen Befestigungsmittel	1,0 1,0 0,85	0,85 0,85 0,75
	Betonkantenbruch	1,0	0,85
	Stahlbruch der Bewehrung	1,0	1,0
	Verankerungsbruch der Bewehrung	0,85	0,75

mit

N_{Ed}, V_{Ed} Bemessungswerte der Einwirkungen auf die Befestigung einschließlich der seismischen Einwirkungen

k_{15} = 1 für Stahlversagen

= 2/3 für Befestigungen mit Zusatzbewehrung zur Aufnahme von Zug- oder Querlasten

= 1 für alle übrigen Fälle

Genauere Werte für k_{15} können der jeweiligen Europäischen Technischen Produktspezifikation entnommen werden.

Der Interaktionsnachweis ist analog zu den Abschnitten 6.4.1 und 6.4.2 getrennt für Stahlversagen sowie andere Versagensarten als Stahlversagen zu führen.

10.5.6 Verschiebungen

Verschiebungen der Befestigungen unter Erdbebenbeanspruchung sollen nach ingenieurmäßigem Ermessen berücksichtigt werden. Dies gilt insbesondere, wenn z. B. tragende oder nichttragende Bauteile von großer Wichtigkeit oder besonders gefährlicher Natur befestigt werden oder wenn das Bauteil nach dem Erdbeben keine wesentlichen Verschiebungen aufweisen, d. h. gebrauchstauglich sein soll.

Um dies zu gewährleisten, sind die Verschiebungen der Befestigungsmittel unter Zug- bzw. Querlasten beim Nachweis des Grenzzustands der Schadensbegrenzung auf $\delta_{N,req(DLS)}$ und $\delta_{V,req(DLS)}$ zu beschränken. Diese Werte müssen in jedem Einzelfall vom entwerfenden Ingenieur abgeschätzt werden. Werden für die Bemessung der befestigten Konstruktion die Befestigungen als steife Auflager angenommen, dann muss der Ingenieur die Grenzwerte der Verschiebungen abschätzen, die mit dieser Annahme vereinbar sind. EN 1992-4 weist daraufhin, dass in einer Anzahl von Anwendungsfällen vertretbare Verschiebungen für die Annahme steifer Auflager in der Größenordnung von 3 mm liegen.

Sind Verformungen (Verschiebungen oder Verdrehungen) für die Bemessung der Befestigung maßgebend (z. B. bei Befestigungen sekundärer seismischer Bauteile oder von Fassadenelementen), dann muss der entwerfende Ingenieur nachweisen, dass diese Verformungen von den Befestigungselementen aufgenommen werden können.

Für die Verdrehung der Befestigung (siehe z. B. Bild 91c) gilt Gl. (65).

$$\theta_p = \delta_{N,eq} / s_{max} \qquad (65)$$

mit

$\delta_{N,eq}$ Verschiebung des Befestigungsmittels unter seismischer Belastung

s_{max} Abstand zwischen der äußersten Reihe von Befestigungsmitteln und dem gegenüberliegenden Rand der Ankerplatte (Bild 91c)

Die Verschiebungen des Befestigungsmittels $\delta_{N,eq(DLS)}$ (Zuglast) bzw. $\delta_{V,eq(DLS)}$ (Querlast) für Befestigungsmittel, die für die seismische Leistungskategorie C2 zugelassen sind, sind in der jeweiligen Europäischen Technischen Produktspezifikation angegeben. Sind diese größer als die Werte $\delta_{N,req(DLS)}$ und $\delta_{V,req(DLS)}$ im Grenzzustand der Schadensbegrenzung, dann ist der Bemessungswert des Widerstands nach Gl. (66) abzumindern.

$$N_{Rd,eq,red} = N_{Ed,eq} \cdot \frac{\delta_{N,req(DLS)}}{\delta_{N,eq(DLS)}} \qquad (66a)$$

$$V_{Rd,eq,red} = V_{Ed,eq} \cdot \frac{\delta_{V,req(DLS)}}{\delta_{V,eq(DLS)}} \qquad (66b)$$

Für Befestigungsmittel, die nur für die seismische Leistungskategorie C1 qualifiziert sind, sind die Verschiebungen $\delta_{N,eq(DLS)}$ und $\delta_{V,eq(DLS)}$ nicht in der Europäischen Technischen Produktspezifikation angegeben. In diesen Fällen sollte der Ingenieur die Verschiebungen $\delta_{N,eq(DLS)}$ und $\delta_{V,eq(DLS)}$ aus den in der jeweiligen Produktspezifikation angegebenen Verschiebungen ableiten.

11 Brandbeanspruchung

11.1 Allgemeines

Befestigungsmittel dienen nicht nur der Verbindung von tragenden, sondern auch der Befestigung von nichttragenden Bauteilen, wie z. B. von Klimaanlagen, Rohrsystemen, Elektroinstallationen und Decken. Einige dieser Anbauteile, wie z. B. Rohrleitungssysteme für Sprinkler oder Brandmeldeleitungen, entscheiden über die Güte des Brandschutzes. Durch das vorzeitige Herunterfallen bzw. den Ausfall der Funktion solcher abgehängten Komponenten können Menschen verletzt, Flucht- und Rettungswege versperrt, das Eintreffen der Feuerwehr verzögert bzw. Personenrettung erschwert und im Einzelfall sogar unmöglich werden. Hinzu kommt der wirtschaftliche Schaden.

Daher ist es zwingend erforderlich, dass die an ein Bauwerk hinsichtlich des Brandschutzes bestehenden Anforderungen auch von den Befestigungsmitteln eingehalten werden. EN 1992-4 enthält dazu entsprechende Regelungen. Sie ergänzen EN 1992-1-2. Die entsprechenden Regelungen und Empfehlungen der EN 1990 und EN 1992-1-2 z. B. hinsichtlich der Lastkombinationen und der zu verwendenden Teilsicherheitsbeiwerte sind zu befolgen. Generell wird empfohlen, die charakteristischen Widerstände eines Befestigungsmittels unter Brandeinwirkung der zugehörigen Europäischen Technischen Produktspezifikation (ETA) zu entnehmen.

Da diese Werte aus Brandprüfungen abgeleitet wurden, kann dann die Leistungsfähigkeit des jeweiligen Befestigungsmittels optimal genutzt werden. Liegen solche Werte nicht vor, kann EN 1992-4, Anhang D.4 zur Bemessung herangezogen werden. Diese Regelungen sind allerdings teilweise sehr konservativ, da sie untere Grenzwerte für in der Vergangenheit geprüfte Produkte darstellen. Dies bedeutet, dass die Produkte mit den ungünstigsten Ergebnissen die Bemessung bestimmen.

EN 1992-4 regelt die Bemessung von einbetonierten Ankerschienen und Kopfbolzen sowie chemischen und mechanischen Dübeln. Dabei sind bei der Bemessung für den Brandfall Nachweise gegen dieselben Versagensarten wie bei Normaltemperatur zu führen.

Das Bemessungsverfahren unterliegt folgenden Einschränkungen:

- Befestigungsmittel, die Brandeinwirkungen ausgesetzt werden, sollen risstauglich sein. Ihre Eignung für diesen Verwendungsfall ist durch eine Europäische Technische Produktspezifikation (ETA) nachzuweisen. Risstaugliche Befestigungsmittel werden gefordert, da davon ausgegangen werden muss, dass im Brandfall aufgrund starker Temperaturgradienten Risse auftreten.
- Die Klassifizierung des Feuerwiderstands erfolgt nach EN 13501-2 [81]. Dabei wird eine Befeuerung nach der Einheitstemperaturzeitkurve von ISO 834 [82] bzw. DIN 4102 [83] vorausgesetzt, die den Temperaturverlauf von brennendem Holz simuliert (Bild 93).
- Das Befestigungsmittel darf nur von einer Seite mit Feuer beaufschlagt werden, weil nur für diesen Fall Forschungsergebnisse vorliegen [85]. Bei Brandbeanspruchung von mehreren Seiten, z. B. in einer Bauteilecke, darf das Bemessungsverfahren nur verwendet werden, wenn die Bedingungen $c \geq 300$ mm und $c \geq 2 \cdot h_{ef}$ eingehalten sind. Dadurch wird gewährleistet, dass die Erwärmung des Betons im Bereich der Befestigung örtlich ist wie bei einseitiger Brandbeanspruchung [85].
- Abplatzen der Betondeckung während der Brandbeanspruchung muss durch geeignete Maßnahmen verhindert oder bei der Bemessung berücksichtigt werden.

Bei Bränden z. B. in der petrochemischen Industrie ist die „Einheitstemperaturzeitkurve" steiler, da der Treibstoff des Feuers (Kohlenwasserstoff an Stelle von Holz) schneller brennt. Deshalb werden dort zur Ermittlung des Brandwiderstands andere Kurven wie z. B. die UL 1709 Einheitstemperaturzeitkurve für Kohlenwasserstoff benutzt (s. Bild 93). Besondere Einheitstemperaturzeitkurven sind auch für den Brandverlauf in Tunneln entwickelt worden. Diese basieren auf den in Zusammenhang mit den Bränden im Mont Blanc- und Gotthard-Tunnel gewonnenen Erkenntnissen. Für die vorgenannten Anwendungsfälle ist daher das in der EN 1992-4 angegebene Bemessungsverfahren nicht verwendbar.

11.2 Grundlagen der Bemessung

Der Nachweis für den Grenzzustand der Tragfähigkeit bei Normaltemperatur kann unter der Annahme durchgeführt werden, dass entweder die Zusatzbewehrung oder der Befestigungspunkt die gesamte einwirkende Last aufnimmt. Diese Unterscheidung darf im Brandfall nicht gemacht werden, da sich die Zusatzbewehrung in der Regel oberflächennah befindet und dann erhöhten Temperaturen ausgesetzt ist. Dies führt zu einer Abnahme der Tragfähigkeit der Zusatzbewehrung, die nicht eindeutig definiert werden kann. Daher ist bei der Ermittlung des Feuerwiderstands davon auszugehen, dass die gesamten

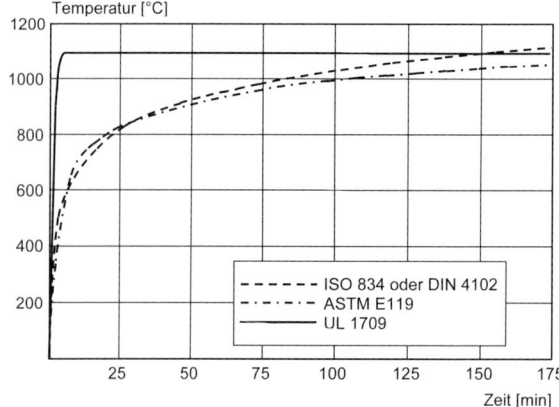

Bild 93. Einheitstemperaturzeitkurven nach unterschiedlichen Vorschriften

Einwirkungen vom Befestigungspunkt zu übertragen sind.

Befestigungsmittel unter Brandbeanspruchung zeigen dieselben Versagensarten wie unter normaler Temperatur und sind daher auch bei der Bemessung nachzuweisen:

- Stahlversagen:
Die ertragbare Stahlspannung vermindert sich mit ansteigender Temperatur deutlich. Das Versagen wird bei Dübeln, Kopfbolzen und bei Spezialschrauben der Ankerschiene durch den Bruch der Ankerstange oder Abstreifen des Gewindes charakterisiert. Die Höhe der Stahlspannung beim Versagen hängt von der Dauer des Feuers, der Art des Stahls und dem Durchmesser des Gewindes bzw. Schafts ab. Nichtrostende Stähle haben einen höheren Brandwiderstand als verzinkte Kohlenstoffstähle [84]. Bei gleicher Stahlspannung versagen Dübel mit kleineren Durchmessern früher als Dübel mit großen Durchmessern [84].

Der Feuerwiderstand von Ankerschienen infolge von Stahlversagen wird zusätzlich durch die Ausführung der Verbindung zwischen Anker und Schienenrücken, der Ausbildung der Schienenlippe sowie bei gezahnten Lippen und zugehörigen Zahnschrauben bzw. Kerbzahnschrauben durch die Ausbildung des Verzahnungsmechanismus bestimmt. Die möglichen Versagensmechanismen und die zugehörigen charakteristischen Widerstände sind daher produktabhängig und können nur durch Qualifikationsversuche ermittelt werden. Hier sind Angaben aus den betreffenden Europäischen Technischen Produktspezifikationen (ETA) und Informationen der Hersteller zu beachten.

- Betonversagen:
Die unterschiedlichen Temperaturausdehnungskoeffizienten der Betonbestandteile und der Gradient zwischen der dem Feuer ungeschützt ausgesetzten Oberfläche und den weiter im Bauteilinnern liegenden Schichten verursachen thermische Spannungen. Außerdem verdampft zuvor im Beton physikalisch gebundenes Wasser und erzeugt zusätzliche Druckbeanspruchungen, die häufig zu Oberflächenabplatzungen führen. Dieser Effekt kann vermindert werden, wenn der Beton mit Bestandteilen entsprechend EN 1992-1 entworfen wird. Der Beton sollte mit Quarzit-Zuschlägen hergestellt werden, und das Betonbauteil ist vor direkter Bewitterung zu schützen. Die Bemessungsannahmen für den Nachweis bei der Versagensart Betonausbruch bei Normaltemperatur gelten prinzipiell auch für Brandbeanspruchung.

- Herausziehen:
Bei Metallspreizdübeln wird das Versagen infolge Herausziehens von der Kombination der im Verankerungsbereich verwendeten Materialien bestimmt, z. B. der Beschichtung von Konus und Spreizhülse sowie der Geometrie. Die produktspezifischen Werte können der jeweiligen Europäischen Technischen Produktspezifikation (ETA) entnommen werden. Nur so ist sichergestellt, dass diese Dübel auch im Brandfall funktionieren, d. h. nachspreizen können und somit auch bei hohen Temperaturen risstauglich sind.

Bei chemischen Dübeln tritt die Versagensart Herausziehen zumeist als Kombination von Verbundversagen mit einem Betonbruch auf. Es darf dasselbe Nachweisverfahren wie bei der Kaltbemessung verwendet werden. Weiterhin gilt, dass chemische Dübel aufgrund der verwendeten unterschiedlichen Harze und Reaktionsarten wie bei Normaltemperatur auch bei hohen Temperaturen und hinsichtlich des Feuerwiderstands verschiedene Verbundfestigkeiten aufweisen. Daher sind die für den Nachweis gegen kombiniertes Versagen durch Herausziehen und Betonbruch anzusetzenden charakteristischen Verbundfestigkeiten auch bei Brandeinwirkung der betreffenden Europäischen Technischen Produktspezifikation (ETA) zu entnehmen.

Der Nachweis der Versagensart Spalten infolge Last ist bei Brandbeanspruchung nicht erforderlich, da davon ausgegangen wird, dass die Spaltkräfte durch die Bewehrung aufgenommen werden.

Für den Nachweis des Grenzzustands der Tragfähigkeit gilt das in Abschnitt 3.3 beschriebene Verfahren bei Beanspruchung unter Normaltemperatur sinngemäß:

$$E_{d,fi} \leq R_{d,fi} \qquad (67)$$

mit

$E_{d,fi}$ Bemessungswert der Einwirkung unter Brandbeanspruchung

$\qquad = E_{k,fi} \cdot \gamma_{F,fi} \qquad (67a)$

$E_{k,fi}$ charakteristischer Wert der Einwirkung unter Brandbeanspruchung; sie ist für die Lastkombination unter außergewöhnlichen Einwirkungen nach EN 1990 zu bestimmen

$\gamma_{F,fi}$ Teilsicherheitsbeiwert der Einwirkung unter Brandbeanspruchung

$R_{d,fi}$ Bemessungswert des Widerstands unter Brandbeanspruchung

$\qquad = R_{k,fi} / \gamma_{M,fi} \qquad (67b)$

$R_{k,fi}$ charakteristischer Wert des Widerstands unter Brandbeanspruchung

$\gamma_{M,fi}$ Teilsicherheitsbeiwert für Werkstoffe und Brandbeanspruchung

Die für die Bemessung anzusetzenden Teilsicherheitsbeiwerte für Einwirkungen $\gamma_{F,fi}$ und für Materialien $\gamma_{M,fi}$ werden üblicherweise zu $\gamma_{F,fi} = 1,0$ und $\gamma_{M,fi} = 1,0$ angenommen. Für nachträglich installierte mechanische und chemische Dübel ist jedoch zusätzlich der Teilsicherheitsbeiwert γ_{inst} für die Montage zu berücksichtigen. Das heißt, der Materialsicherheitsbeiwert für diese Befestigungsmittel beträgt $\gamma_{M,fi} = 1,0 \cdot \gamma_{inst}$. Diese Werte gelten auch in Deutschland. Ein Nationaler Anhang zur EN 1992-4 kann jedoch in anderen europäischen Ländern andere Teilsicherheitsbeiwerte aufweisen.

Die Nachweise sind für alle Beanspruchungsrichtungen und Versagensarten zu führen.

11.3 Bemessung

11.3.1 Allgemeines

Das Bemessungsverfahren der EN 1992-4, Anhang D kann zur Bemessung von Kopfbolzen und mechanischen Dübeln eingesetzt werden und gilt auch, wenn für diese Befestigungsmittel keine Ergebnisse aus Versuchen vorliegen, die z. B. in einer Europäischen Technischen Produktspezifikation aufgeführt sein können. Dieser Ansatz ist allerdings konservativ, da die charakteristischen Werte für den Brandwiderstand bei Stahlversagen auf der sicheren Seite liegend aus zahlreichen Versuchsergebnissen mit unterschiedlichen mechanischen Befestigungsmitteln unter Brandbeanspruchung abgeleitet wurden. Bessere Ergebnisse werden in der Regel erzielt, wenn nach EN 1992-4 mit den über Brandversuche ermittelten Werten aus einer Europäischen Technischen Produktspezifikation (ETA) bemessen wird.

Bei chemischen Dübeln und Ankerschienen kann die Brandbemessung analog der Bemessung bei Normaltemperatur nach EN 1992-4 aufgrund ihrer produktspezifischen Eigenschaften ausschließlich mit den Werten durchgeführt werden, die einer Europäischen Technischen Produktspezifikation festgelegt sind.

Bisher liegen keine Ergebnisse von numerischen oder experimentellen Untersuchungen in Beton der Festigkeitsklasse $> C20/25$ vor, bei denen unter Zug- und Querbeanspruchung Betonversagen auftrat. Daher gilt das Bemessungsverfahren zwar für Beton der Festigkeitsklassen C20/25 bis C50/60, jedoch sollten konservativ die charakteristischen Widerstände unter Zug- und Querlasten in gerissenem Beton C20/25 für alle Betonfestigkeitsklassen bis C50/60 angesetzt werden.

11.3.2 Stahlversagen unter Zug- und Querlast

Die charakteristischen Widerstände bei der Versagensart Stahlbruch (charakteristischer Wert der Zugspannung $\sigma_{Rk,s,fi}$) sind in Tabelle 16 für Kohlenstoffstahl und Tabelle 17 für nichtrostenden Stahl angegeben.

Diese Werte gelten für Zug- und Querbeanspruchung, denn Tastversuche haben gezeigt, dass das Verhältnis von aufnehmbarer Schubspannung zu Zugspannung unter Brandbeanspruchung über den Wert bei Normaltemperatur ansteigt. Dies ist eine Abweichung zum Verhalten unter Normaltemperaturbedingungen, bei dem das Verhältnis 0,6 ist. Damit wird der Bemessungswert des Widerstands für Stahlversagen unter Brandbeanspruchung zu:

$$R_{d,fi,s} = \sigma_{Rk,s,fi} \cdot A_s / \gamma_{M,s,fi} \qquad (68)$$

mit

$\sigma_{Rk,s,fi}$ nach Tabelle 16 oder 17

A_s Spannungsquerschnitt

11.3.3 Stahlversagen bei Querlast mit Hebelarm

Der charakteristische Biegewiderstand unter Brandbeanspruchung $M^0_{Rk,s,fi}$ wird wie folgt berechnet:

Tabelle 16. Charakteristische Zugfestigkeit eines Befestigungsmittels aus Kohlenstoffstahl (C-Stahl) unter Brandbeanspruchung

Befestigungsmittel Durchmesser Bolzen/Gewinde	Verankerungstiefe h_{ef} [mm]	Charakteristische Zugfestigkeit $\sigma_{Rk,s,fi}$ [N/mm²] eines ungeschützten Befestigungselements aus Kohlenstoffstahl nach EN 10025			
		30 min (R15–R30)	60 min (R45–R60)	90 min (R90)	120 min ($\leq$ R120)
Ø 6/M6	$\geq$ 30	10	9	7	5
Ø 8/M8	$\geq$ 30	10	9	7	5
Ø 10/M10	$\geq$ 40	15	13	10	8
$\geq$ Ø 12/M12	$\geq$ 50	20	15	13	10

Tabelle 17. Charakteristische Zugfestigkeit eines Befestigungsmittels aus nichtrostendem Stahl unter Brandbeanspruchung

Befestigungsmittel Durchmesser Bolzen/Gewinde	Verankerungstiefe h_{ef} [mm]	Charakteristische Zugfestigkeit $\sigma_{Rk,s,fi}$ [N/mm²] eines ungeschützten Befestigungselements aus nichtrostendem Stahl A4 nach EN ISO 3506			
		30 min (R15–R30)	60 min (R45–R60)	90 min (R90)	120 min (≤ R120)
Ø 6/M6	≥ 30	10	9	7	5
Ø 8/M8	≥ 30	20	16	12	10
Ø 10/M10	≥ 40	25	20	16	14
≥ Ø 12/M12	≥ 50	30	25	20	16

$$M^0_{Rk,s,fi} = 1{,}2 \cdot W_{el} \cdot \sigma_{Rk,s,fi} \qquad (69)$$

mit

W_{el} elastisches Widerstandsmoment, berechnet mit dem Spannungsquerschnitt A_s

$\sigma_{Rk,s,fi}$ nach Tabelle 16 oder 17

11.3.4 Herausziehen unter Zuglast

Der Widerstand bei der Versagensart Herausziehen unter Zugbeanspruchung wird aus den Werten bei Normaltemperatur bestimmt. Er beträgt zum Nachweis einer Brandwiderstandsdauer R90 25 % des Herausziehwiderstands bei Normaltemperatur nach der relevanten Europäischen Technischen Produktspezifikation für eine Anwendung in gerissenem Beton C20/25, bei einem Brandwiderstand R120 sind 20 % dieses Wertes anzusetzen:

R90:
$$N_{Rd,p,fi(90)} = 0{,}25 \cdot N_{Rk,p}/\gamma_{M,p,fi} \qquad (70a)$$

R120:
$$N_{Rd,p,fi(120)} = 0{,}20 \cdot N_{Rk,p}/\gamma_{M,p,fi} \qquad (70b)$$

mit

$N_{Rk,p}$ charakteristischer Widerstand bei Normaltemperatur in gerissenem Beton C20/25

11.3.5 Betonbruch unter Zug- und Querlast

Bei der Versagensart kegelförmiger Betonausbruch hängt der Widerstand bei Einwirkung von Feuer von der Verankerungstiefe ab [84, 85]. Bei einer Verankerungstiefe h_{ef} = 200 mm ist der Einfluss einer Brandbeanspruchung auf die Betonausbruchlast vernachlässigbar gering [85], weil die Erwärmung des Betons im Bereich der Lastübertragung sehr gering ist. Bei Verankerungstiefen h_{ef} ≤ 200 mm nimmt die charakteristische Betonausbruchlast im kalten Zustand mit dem Faktor $h_{ef}/200$ ab (siehe Gl. (71)). Hierdurch wird der ansteigenden Temperatur im Beton im Bereich der Zugkrafteinleitung sowie der Überlagerung von Spannungen aus dem Temperaturgradienten, aus der bei brandbeanspruchten Bauteilen üblicherweise vorhandenen Oberflächenbewehrung sowie der Befestigung Rechnung getragen. Der charakteristische Widerstand für Betonausbruch beträgt bei einer Verankerungstiefe h_{ef} = 50 mm bei R90 nur 25 % des Wertes bei normaler Umgebungstemperatur (Gl. (71a)). Bei R120 beträgt der Brandwiderstand das 0,8-Fache des Wertes für R90 (Gl. 71b)). Die charakteristischen Achs- und Randabstände betragen $s_{cr,N}$ = 2 · $c_{cr,N}$ = 4 · h_{ef} für Kopfbolzen und Dübel. Für Ankerschienen gilt Gl. (35c) mit einem Mindestwert $s_{cr,N}$ = 4 · h_{ef}.

Damit erhält man für Zugbeanspruchung:

R90:
$$N_{Rk,c,fi(90)} = \frac{h_{ef}}{200} \cdot N_{Rk,c} \leq N_{Rk,c} \qquad (71a)$$

R120:
$$N_{Rk,c,fi(120)} = 0{,}8 \cdot \frac{h_{ef}}{200} \cdot N_{Rk,c} \leq N_{Rk,c} \qquad (71b)$$

mit

$N_{Rk,c}$ charakteristischer Widerstand für gerissenen Beton C20/25 unter Normaltemperatur

Für rückwärtigen Betonausbruch unter Querlast gilt:

R90:
$$V_{Rk,cp,fi(90)} = k_8 \cdot N_{Rk,c,fi(90)} \qquad (72a)$$

R120:
$$V_{Rk,cp,fi(120)} = k_8 \cdot N_{Rk,c,fi(120)} \qquad (72b)$$

Der Beiwert k_8 ist der jeweiligen Europäischen Technischen Produktspezifikation für Normaltemperatur zu entnehmen.

Für Betonkantenbruch unter Querlast gilt:

R90:
$$V_{Rk,c,fi(90)} = 0,25 \cdot V_{Rk,c} \tag{73a}$$

R120:
$$V_{Rk,c,fi(120)} = 0,20 \cdot V_{Rk,c} \tag{73b}$$

mit

$V_{Rk,c}$ charakteristischer Widerstand für gerissenen Beton C20/25 unter Normaltemperatur

11.3.6 Interaktion

Für die Interaktion bei kombinierter Zug- und Querlast gelten die Interaktionsgleichungen aus den produktspezifischen Teilen der EN 1992-4 unter Normaltemperatur.

12 Plastizitätstheorie – CEN/TR 17081

12.1 Allgemeines

Die Bemessung von Befestigungen kann für Kopfbolzen und nachträglich montierte Befestigungselemente nach EN 1992-4, Abschnitt 6.1 auch auf Grundlage der Plastizitätstheorie erfolgen, wenn die Bedingungen nach CEN/TR 17081 [20] eingehalten werden. Aufgrund des spröden Werkstoffs der heute vermarkteten Betonschrauben ist deren plastische Bemessung nicht über die CEN/TR 17081 abgedeckt. Grundlage für den CEN/TR 17081 war die CEN/TS 1992-4-1 [7].

Im Zuge der Überführung der CEN/TS-1992-4-Reihe in EN 1992-4 wurde eine deutliche Reduzierung des Umfangs mit der Konzentration auf die am meisten durchgeführten Bemessungsfälle gefordert. Die Bemessung nach der Plastizitätstheorie insbesondere von nachträglichen Befestigungen wird wesentlich seltener durchgeführt als nach der Elastizitätstheorie. Konsequenterweise wurde vom zuständigen Normenausschuss beschlossen, die Regelungen zur plastischen Bemessung aus dem Hauptteil der Norm in den CEN/TR 17081 [20] zu verlagern. So konnte zudem dieses Bemessungskonzept noch praxisgerechter aufbereitet und der Umfang vergrößert werden. Von Nachteil ist allerdings, dass EN 1992-4 zwar europaweit eingeführt ist, vor der Anwendung von CEN/TR 17081 aber überprüft werden muss, ob dieser Technische Report in dem jeweiligen europäischen Mitgliedsland auch baurechtlich eingeführt ist.

Die an einer Befestigung angreifenden Lasten können – wie in Abschnitt 5 erwähnt – auf die einzelnen Befestigungsmittel einer Ankerplatte nach der Elastizitätstheorie oder nach der Plastizitätstheorie verteilt werden.

Nach der Elastizitätstheorie wird eine biegesteife Ankerplatte vorausgesetzt und die einzelnen Befestigungsmittel der Befestigungsgruppe werden bei Momentenbeanspruchung unterschiedlich hoch belastet. Bei der Bemessung nach der Plastizitätstheorie sind hingegen biegesteife und biegeweiche Ankerplatten möglich.

Der Nachweis auf Grundlage der Plastizitätstheorie erlaubt eine wesentliche Umlagerung der Kräfte auf die einzelnen Befestigungsmittel einer Gruppe, denn diese können nach Überschreiten der Elastizitätsgrenze Lasten an benachbarte Befestigungsmittel weitergeben. Dies bedeutet, dass die Bemessung auf Grundlage der Plastizitätstheorie plastische Verformungen der Befestigung zulässt. Hierdurch wird gegenüber der Bemessung nach Elastizitätstheorie eine bessere Ausnutzung der Tragfähigkeit der Befestigungsmittel ermöglicht, allerdings ist ein duktiles Tragverhalten zwingend erforderlich.

Grundvoraussetzung für die Bemessung nach Plastizitätstheorie ist, dass

– die Befestigungsmittel aus duktilem Stahl hergestellt werden sowie
– so konstruiert sind, dass sie eine ausreichende Dehnlänge aufweisen, und
– das Versagen der Befestigung nach einer ausreichend großen plastischen Verformung stets durch Stahlbruch erfolgt.

Diese Grundbedingungen sind mit den aktuell auf dem Markt erhältlichen Dübeln und üblichen Bauteilabmessungen in der Mehrzahl der praktischen Anwendungsfälle kaum einzuhalten. Bei den normalerweise relativ kleinen Verankerungstiefen und/oder geringen Achs- und Randabständen von Dübeln wird in der Regel Versagen infolge Betonausbruch bei Zuglasten bzw. Betonkantenbruch bei Querlasten maßgebend, sodass nur nach der Elastizitätstheorie bemessen werden kann.

Bei Befestigungen mit Kopfbolzen können die vorgenannten Grundbedingungen erfüllt werden. Allerdings sind dann relativ große Abmessungen des als Ankergrund dienenden Bauteils erforderlich (z. B. große Randabstände und dicke Bauteile), um die zur Gewährleistung von Stahlversagen der Befestigung erforderlichen großen Verankerungstiefen zu ermöglichen.

Die oben genannten Sachverhalte führen dazu, dass die Bemessung nach der Plastizitätstheorie in der Praxis sehr selten angewendet wird. Sie weist jedoch hohes Innovationspotenzial auf. Daher wurde sie in den CEN/TR 17081 aufgenommen. Sie wird nachfolgend beschrieben. Die Regelungen beruhen im Wesentlichen auf den Untersuchungen in [86].

12.2 Anwendungsbedingungen

Die Bemessung von Befestigungen nach der Plastizitätstheorie gemäß CEN/TR 17081 kann bei Einhaltung folgender Bedingungen angewendet werden:

a) Die Anwendung muss den Beispielen für zulässige Anordnungen der Befestigungsmittel von Gruppen nach Bild 94 entsprechen.

b) Die Befestigung wird durch Normal- und Querkräfte sowie ein in einer Richtung wirkendes Biegemoment beansprucht. Die Belastung muss vorwiegend ruhend sein. Ermüdungsbeanspruchungen und Stoßbeanspruchungen sowie seismische Beanspruchungen sind nicht abgedeckt.

c) Die Anzahl der Befestigungsmittel parallel zur Biegeachse darf größer sein als zwei. Senkrecht zur Richtung der Biegeachse müssen stets mindestens zwei Befestigungsmittel angeordnet sein.

d) Es dürfen höchstens insgesamt neun Befestigungsmittel je Ankerplatte verwendet werden.

e) Biegeweiche Ankerplatten dürfen verwendet werden, wenn die daraus folgende nichtlineare Lastverteilung und die zugehörigen Abstützkräfte bei der Ermittlung der auf die Befestigungsmittel wirkenden Zugkräfte berücksichtigt werden.

f) Das Anbauteil soll entweder in den Beton eingelegt oder ohne Ausgleichsschicht auf der Betonoberfläche befestigt werden. Befestigungen auf einer dünnen Mörtelschicht sind möglich, wenn die Dicke der Mörtelschicht den Wert d/2 nicht überschreitet und die Druckfestigkeit $\geq$ 30 N/mm² beträgt. Für andere Anwendungsfälle gelten Sonderregelungen (s. [20], Abschnitt 5.2), auf die hier nicht weiter eingegangen wird. Abstandsmontagen, d. h. biegebeanspruchte Befestigungsmittel sind nicht zulässig.

g) Für die Durchgangslöcher im Anbauteil gelten dieselben Obergrenzen wie für die Bemessung auf Basis der Elastizitätstheorie. Dadurch wird eine kontinuierliche Umlagerung der Querlasten auf die einzelnen Befestigungsmittel der Gruppe sichergestellt. Optimal hinsichtlich der Lastumlagerung ist eine Befestigung ohne Lochspiel. Dies kann bei Kopfbolzen durch Aufschweißen auf die Ankerplatte erreicht werden. Werden Befestigungsmittel durch die Ankerplatte gesteckt, ist aus praktischen Gründen eine Passverbindung kaum zu verwirklichen. Das Lochspiel kann dann durch konstruktive Maßnahmen wie Sprengringe oder Injizieren mit geeignetem Kunstharzmörtel in den Ringspalt vermieden werden.

h) Der charakteristische Wert des Widerstands für Betonversagen, dividiert durch den Montagesicherheitsbeiwert soll bei Zug- und Querbeanspruchung größer sein als der charakteristische Widerstand bei Stahlbruch. Die Versagensart Herausziehen wird ebenfalls als spröde betrachtet. Daher wird hier derselbe Ansatz wie bei Betonversagen gewählt. Auf diese Weise wird ein duktiles Verhalten der Befestigung gewährleistet.

i) Zur Sicherstellung eines duktilen Verhaltens darf die Nennstahlfestigkeit des für das Befestigungsmittel gewählten Stahls nicht größer sein als $f_{uk} = 800$ N/mm². Das Verhältnis der Streckgrenze zur Zugfestigkeit darf den Wert $f_{yk}/f_{uk} = 0{,}8$ nicht überschreiten. Die Bruchdehnung, gemessen über eine Mindestlänge von $5 \cdot d$, muss mindestens 12 % betragen.

j) Befestigungsmittel mit konstantem Querschnitt über die Verankerungslänge (z. B. Schaft eines Kopfbolzens oder Gewindestab) müssen wie bei seismischer Beanspruchung eine Dehnlänge von mindestens $8 \cdot d$ aufweisen (vgl. Bild 91).

k) Besondere Anforderungen werden an Befestigungsmittel gestellt, deren Querschnitt über die Länge des Befestigungsmittels veränderlich und damit geschwächt ist. Beispiele für eine Querschnittsschwächung sind Gewindebereiche oder bei Bolzenankern Einschnürungen oberhalb des Konus.

Bei Zugbeanspruchung gilt:

– Die Festigkeit des geschwächten Querschnitts muss mindestens das 1,3-Fache der Fließ- bzw. 0,2-Grenze des ungeschwächten Querschnitts betragen oder

– die beanspruchte Länge des geschwächten Querschnitts beträgt mindestens $8 \cdot d$ (d = Durchmesser des ungeschwächten Querschnitts).

Diese Anforderungen stimmen mit denjenigen bei seismischer Beanspruchung überein. Sie wurden gegenüber den Anforderungen der Vornorm CEN/TS 1992-4:2009 beträchtlich erhöht. Dort wurden der 1,1-fache Wert der Fließ- bzw. 0,2-Grenze und eine Länge des geschwächten Querschnitts von mindestens $5 \cdot d$ gefordert.

Bei Querlasten gilt:

– Der Anfang des geschwächten Querschnitts muss mindestens $5 \cdot d$ unterhalb der Betonoberfläche liegen, oder

– im Fall von Befestigungsmitteln mit Gewinde muss das Gewinde mindestens $2 \cdot d$ in den Beton hineinragen.

Durch diese Anforderungen soll auch bei Verwendung von Befestigungsmitteln mit einer örtlichen Querschnittsschwächung ein duktiles Versagen der Befestigung gewährleistet werden. Anforderungen hinsichtlich der Streckgrenze des Stahls sowie der Länge und der Lage des geschwächten Bereichs des Befestigungsmittels sollen ein sprödes Versagen in diesem Bereich verhindern.

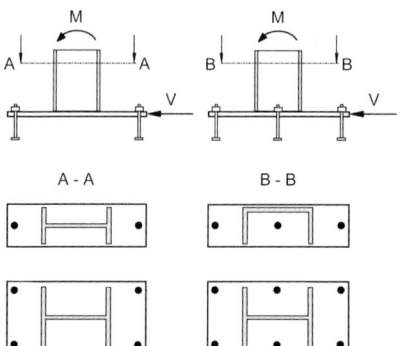

Bild 94. Beispiele für zulässige Anordnungen von Befestigungen, bei denen der Ansatz für plastische Bemessung verwendet werden darf [20]

1) Bei kombinierten Zug- und Querlasten sind die obigen Anforderungen für beide Lastrichtungen einzuhalten.

Die obigen Anwendungsbedingungen können mit Kopfbolzen ohne größeren Aufwand erfüllt werden und die Ankerplatten dürfen auf Grundlage des im Stahlbau üblichen plastischen Bemessungskonzepts nachgewiesen werden.

12.3 Verteilung der äußeren Lasten auf die Befestigungsmittel einer Gruppe

Die Aufteilung der äußeren Kräfte und Momente auf die einzelnen Befestigungsmittel einer Gruppe erfolgt nach [20] unter der Annahme, dass alle Befestigungsmittel einer Gruppe bei der Versagensart Stahlbruch bis zu ihrem Bemessungswiderstand beansprucht werden. Verträglichkeitsbedingungen sind nicht zu beachten.

Diese Vorgehensweise ist möglich, da nach der Plastizitätstheorie von einer ausreichenden plastischen Verformung jedes einzelnen duktilen Befestigungsmittels einer Befestigungsgruppe ausgegangen wird und eine Lastumlagerung von hoch belasteten auf benachbarte Befestigungsmittel stattfindet. Für den gedrückten Bereich unterhalb des Anbauteils wird ein rechteckiger Betondruckspannungsblock mit $\sigma_c \leq 3 \cdot f_{cd}$ angesetzt. Bei Vorhandensein eines Mörtelbetts sind die Regelungen der EN 1993-1-8 [70] zu beachten.

Die Lage der resultierenden Betondruckkraft in Abhängigkeit davon, ob das Anbauteil steif oder biegeweich ist, zeigen die Beispiele in Bild 95. Bild 95a gilt für eine steife, Bild 95b für eine biegeweiche Ankerplatte. Eine steife Ankerplatte liegt vor, wenn kein Fließen des Stahls am Rand des Anbauteils

auftritt. Diese Bedingung ist eingehalten, wenn Gl. (74) erfüllt ist:

$$M_{yd} > C_{Ed} \cdot a_4 \quad (74)$$

mit

M_{yd} Bemessungsmoment für Fließen der Ankerplatte, berechnet mit $f_{yd} = f_{yk}/\gamma_{Ms}$

$$= b_{eff} \cdot t_{fix} \cdot f_{yd} /6 \quad (74a)$$

γ_{Ms} Teilsicherheitsbeiwert; der empfohlene Wert beträgt $\gamma_{Ms} = 1,1$

b_{eff} effektive Breite nach EN 1993-1-8 [70]

t_{fix} Dicke der Ankerplatte

C_{Ed} resultierende Bemessungsdruckkraft

a_4 Abstand vom Rand des Anbauteils zur resultierenden Druckkraft (s. Bild 95a)

Bei einer steifen Ankerplatte greift die Betondruckkraft am Rand der Ankerplatte an (s. Bild 95a). Im Fall einer biegeweichen Ankerplatte kann der Abstand a_5 zwischen dem Rand des Anbauteils und der Resultierenden der Druckkraft im Beton nach Gl. (75) berechnet werden (s. Bild 95b).

$$a_5 = M_{yd}/C_{Ed} \quad (75)$$

Auf der sicheren Seite liegend darf angenommen werden, dass sich die Betondruckkraft entweder am Rand oder in der Mitte des gedrückten Bereichs des Anbauteils befindet.

Bei steifen Ankerplatten muss die Bildung eines Gelenks in der Ankerplatte auf der Zugseite der Befestigung verhindert werden. Dies wird durch Einhaltung von Gl. (76) gewährleistet, die für eine Reihe von Befestigungsmitteln außerhalb des Bereichs des Anbauteils gültig ist (s. Bild 95c).

$$M_{yd} = N_{Ed,1} \cdot a_6 \quad (76)$$

mit

$N_{Ed,1}$ Summe der Bemessungszugkräfte der äußersten Reihe der Befestigungsmittel

Es wird empfohlen, Gl. (76) auch bei biegeweicher Ankerplatte einzuhalten. Wird davon abgewichen, muss am Anschnitt zum Anbauteil ein plastisches Gelenk angenommen werden und es ist eine detaillierte Berechnung der Zugkräfte der Befestigungsmittel unter Berücksichtigung der Abstützkräfte notwendig. Die Modellierung darf nach EN 1993-1-8 erfolgen.

Es wird angenommen, dass alle zugbeanspruchten Befestigungsmittel die gleiche Last aufnehmen und voll ausgenutzt sind. Befestigungsmittel, die in der Nähe des Druckbereichs der Ankerplatte liegen, können nicht bis zur Höhe der Fließlast beansprucht werden. Daher dürfen zur Übertragung der Zugkraft nur die Befestigungsmittel angesetzt werden, die Gl. (77) erfüllen (s. Bild 95d).

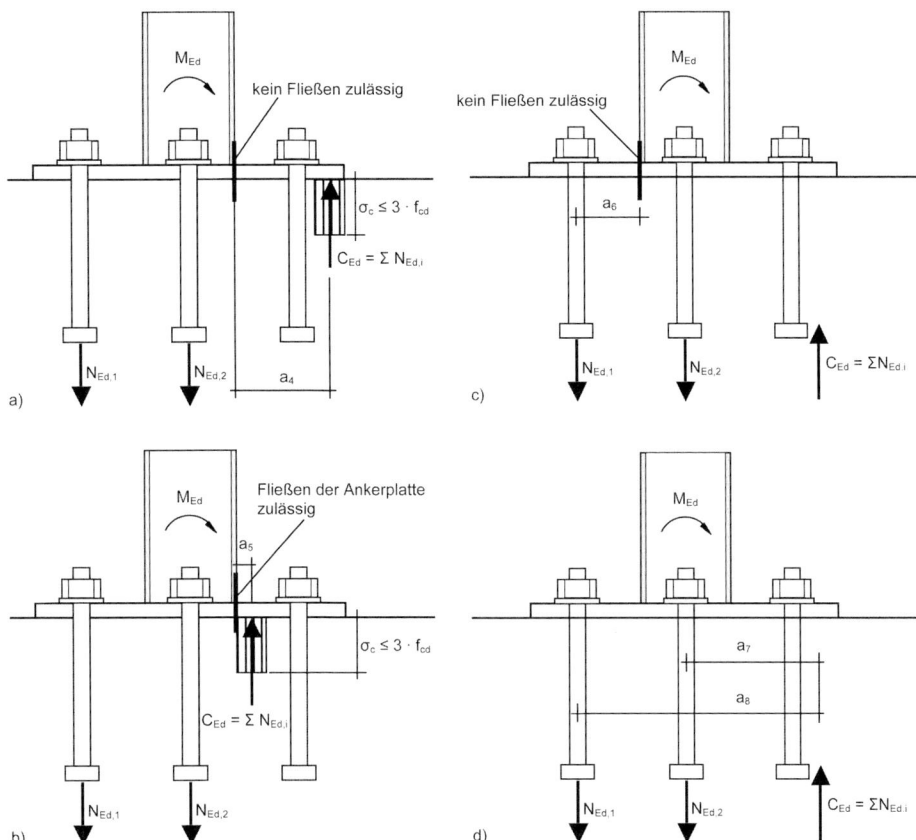

Bild 95. Beispiele für die Lage der resultierenden Betondruckkraft sowie Bedingungen auf der Zugseite; a) Lage der Biegedruckkraft bei steifer Ankerplatte, b) Lage der Biegedruckkraft bei biegeweicher Ankerplatte, c) Verhindern des Fließens des Anbauteils auf der Zugseite der Verbindung, d) Bedingung für Befestigungsmittel, die Zuglasten in Höhe der Fließlast übertragen

$$a_7 \geq 0{,}4 \cdot a_8 \quad (77)$$

mit

a_7 Abstand zwischen der resultierenden Druckkraft und dem nächsten zugbeanspruchten Befestigungsmittel

a_8 Abstand zwischen der resultierenden Druckkraft und dem äußersten zugbeanspruchten Befestigungsmittel

Querlasten können beliebig auf die Befestigungsmittel verteilt werden. Eine Zuordnung der Querlast zu den Befestigungsmitteln im Druckbereich ist für den Nachweis der Interaktion jedoch von Vorteil.

12.4 Bemessung

Voraussetzung für die Bemessung nach Plastizitätstheorie ist, dass die Anwendungsbedingungen nach Abschnitt 12.2 eingehalten sind und die Berechnung der auf die einzelnen Befestigungsmittel einwirkenden Kräfte nach Abschnitt 12.3 erfolgt.

Für die Nachweise gegen Betonversagen und Stahlversagen dürfen dieselben Teilsicherheitsbeiwerte für Einwirkungen und Widerstand angesetzt werden wie nach der Elastizitätstheorie. Allerdings darf jedes Mitgliedsland in seinem Nationalen Anhang davon abweichende Werte angeben.

Die plastische Bemessung nach CEN/TR 17081 fordert Nachweise für die Versagensarten Stahlbruch, Herausziehen, kegelförmigen Betonausbruch und Spalten unter Zuglast sowie Stahlversagen, rückwärtigen Betonausbruch und Betonkantenbruch unter Querlast. Bei kombinierter Zug- und Querlast ist zusätzlich ein Interaktionsnachweis zu führen. Weiterhin wird gefordert, dass der jeweilige charakteristische Widerstand für Betonversagen dem 1/0,7-Fachen des charakteristischen Widerstands bei Stahlversagen entspricht. Dies gilt unabhängig von der Beanspruchungsrichtung. Durch diesen Ansatz soll sprödes Versagen infolge Betonbruch oder Herausziehen ausgeschlossen und ausreichende Duktilität, d. h. plastisches Verhalten gewährleistet werden.

Die Regelungen des CEN/TR 17081 stimmen mit der Philosophie der Anforderungen an die Duktilität der Befestigungsmittel und dem Nachweiskonzept bei der Bemessung für seismische Beanspruchungen nach EN 1992-4 überein.

13 Literatur

[1] Bauproduktenrichtlinie 89/106/EWG vom 21. Dezember 1988, Amtsblatt der Europäischen Gemeinschaften Nr. L40/12 vom 11.02.1989.

[2] European Organisation for Technical Approvals (EOTA) (1997) *Leitlinie für die europäische technische Zulassung für Metalldübel zur Verankerung in Beton. Teil 1: Dübel – Allgemeines. Teil 2: Kraftkontrolliert spreizende Dübel. Teil 3: Hinterschnittdübel. Anhang A: Einzelheiten der Versuche. Anhang B: Versuche zur Ermittlung der zulässigen Anwendungsbedingungen. Anhang C: Bemessungsverfahren für Verankerungen.* Mitteilungen. Deutsches Institut für Bautechnik, 28. Jahrgang, Sonderheft Nr. 16, Berlin, Dezember 1997.

[3] European Organisation for Technical Approvals (EOTA) (2008) *Leitlinie für die europäische technische Zulassung für Metalldübel zur Verankerung in Beton. Teil 5: Verbunddübel.* 3. Ergänzung, April 2013.

[4] Deutsches Institut für Bautechnik (1993) *Bemessungsverfahren für Dübel zur Verankerung in Beton* (Anhang zum Zulassungsbescheid), Ausgabe Juni 1993, Berlin.

[5] European Organisation for Technical Approvals (EOTA) (2010) *Leitlinie für die europäische technische Zulassung für Metalldübel zur Verankerung in Beton. Anhang C: Bemessungsverfahren für Verankerungen*, 3. Ergänzung, August 2010.

[6] European Organisation for Technical Approvals (EOTA) (2010) *Technical Report TR 029: Design of Bonded Anchors.* September 2010.

[7] Europäisches Komitee für Normung (CEN) (2009) *CEN/TS 1992-4:2009: Bemessung der Verankerung von Befestigungen in Beton.*

[8] Deutsches Institut für Normung (DIN) (2009) *DIN SPEC 1021-4:2009: Bemessung der Verankerung von Befestigungen in Beton Teil 1: Allgemeines. Teil 2: Kopfbolzen, Teil 3: Ankerschienen. Teil 4: Dübel – Mechanische Systeme. Teil 5: Dübel – Chemische Systeme* (Deutsche Fassung CEN/TS 1992-4:2009). Beuth Verlag GmbH, Berlin, 2009.

[9] Bauproduktenverordnung (Verordnung (EU) Nr. 305/2011, EU-BauPVO) vom 9. März 2011, Amtsblatt der Europäischen Union Nr. L88/5 vom 04.04.2011.

[10] European Organisation for Technical Assessments (EOTA) (2016) *EAD 330232-00-0601: Mechanical Fasteners for Use in Concrete.*

[11] European Organisation for Technical Assessments (EOTA) (2015) *EAD 330011-00-0601: Adjustable Concrete Screws.*

[12] European Organisation for Technical Assessments (EOTA) (2016) *EAD 330008-02-0601: Anchor Channels.*

[13] European Organisation for Technical Assessments (EOTA) (2016) *EAD 330087-00-0601: Steel Plate with Cast-in Anchors.*

[14] European Organisation for Technical Assessments (EOTA) (2016) *EAD 330747-00-0601 Fasteners Used in Redundant Non-structural Systems,* in Vorbereitung.

[15] European Organisation for Technical Assessments (EOTA) (2017) *EAD 330499-00-0601: Bonded Fasteners for Use in Concrete.*

[16] EN 1992-4:2018 (2019) *Eurocode 2 – Bemessung und Konstruktion von Stahlbeton- und Spannbetontragwerken – Teil 4: Bemessung der Verankerung von Befestigungen in Beton,* Beuth Verlag, Berlin.

[17] Fuchs W., Eligehausen R., Hofmann J. (2017) *EN1992-4 – The long route to a European standard for fastening to concrete,* Proceedings of 3rd international Symposium on Connections between Steel and Concrete, Stuttgart, Germany, 2017.

[18] CEN/TR 17079:2018 (2019) *Bemessung der Verankerung von Befestigungen in Beton – Redundante nicht tragende Systeme,* Beuth Verlag, Berlin.

[19] CEN/TR 17080:2018 (2019) *Bemessung der Verankerung von Befestigungen in Beton – Ankerschienen – Ergänzende Regelungen,* Beuth Verlag, Berlin.

[20] CEN/TR 17081:2018 (2019) *Bemessung der Verankerung von Befestigungen in Beton – Berechnung und Bemessung von Befestigungen mit Kopfbolzen und Dübeln nach der Plastizitätstheorie,* Beuth Verlag, Berlin.

[21] Eligehausen, R., Mallée, R. (2000) *Befestigungstechnik im Beton- und Mauerwerksbau,* Ernst & Sohn, Berlin.

[22] Eligehausen, R., Mallée. R., Silva, J. F. (2006) *Anchorage in Concrete Construction,* Ernst & Sohn, Berlin.

[23] CEN /TR 15728:2017-10; DIN SPEC 18214:2017-10 (2017) *Bemessung und Anwendung von Transportankern für Betonfertigteile.* Deutsche Fassung CEN/TR 15728:2016. Beuth Verlag, Berlin.

[24] Halfen (2014) *Halfensicherheit.* Produktinformation Technik. Halfen GmbH, Langenfeld.

[25] European Organization for Technical Approvals (EOTA) (2015) *TR050 – Calculation methods for the*

Performance of anchor channels under fatigue loading, Brüssel.

[26] EN 1990:2002 (2002) *Eurocode 0, Grundlagen der Tragwerksplanung*, Beuth Verlag, Berlin.

[27] EN 1992-1-1:2004 (2004) *Eurocode 2, Bemessung und Konstruktion von Stahlbeton- und Spannbetontragwerken – Teil 1-1: Allgemeine Bemessungsregeln und Regeln für den Hochbau*, Beuth Verlag, Berlin.

[28] EN 1991:2010 (2010) *Eurocode 1, Einwirkungen auf Tragwerke*, Beuth Verlag, Berlin.

[29] EN 1998 *Eurocode 8, Auslegung von Bauwerken gegen Erdbeben* – alle Teile, Beuth Verlag, Berlin.

[30] DIN EN ISO 12944-2 (2017) *Beschichtungsstoffe - Korrosionsschutz von Stahlbauten durch Beschichtungssysteme – Teil 2: Einteilung der Umgebungsbedingungen*, Beuth Verlag, Berlin.

[31] DIN EN ISO 14713-1 (2017) *Zinküberzüge – Leitfäden und Empfehlungen zum Schutz von Eisen- und Stahlkonstruktionen vor Korrosion – Teil 1: Allgemeine Konstruktionsgrundsätze und Korrosionsbeständigkeit*, Beuth Verlag, Berlin.

[32] EN 10088-2 (2014) *Nichtrostende Stähle – Teil 2: Technische Lieferbedingungen für Blech und Band aus korrosionsbeständigen Stählen für allgemeine Verwendung*, Beuth Verlag, Berlin.

[33] EN 10088-3 (2014) *Nichtrostende Stähle – Teil 3: Technische Lieferbedingungen für Halbzeug, Stäbe, Walzdraht, gezogenen Draht, Profile und Blankstahlerzeugnisse aus korrosionsbeständigen Stählen für allgemeine Verwendung*, Beuth Verlag, Berlin.

[34] ISO 898-1 (2009) *Mechanische Eigenschaften von Verbindungselementen aus Kohlenstoffstahl und legiertem Stahl – Teil 1: Schrauben mit festgelegten Festigkeitsklassen*, Beuth Verlag, Berlin.

[35] Fichtner, S. (2011) *Untersuchungen zum Tragverhalten von Gruppenbefestigungen unter Berücksichtigung der Ankerplattendicke und einer Mörtelschicht*, Dissertation, Universität Stuttgart.

[36] Mallée, R., Riemann, H. (1990) Ankerplattenbefestigungen mit Hinterschnittdübeln. *Bauingenieur* **65**, 49–57.

[37] Mallée, R., Burkhardt, F. (1999) Befestigungen von Ankerplatten mit Dübeln – Ein Beitrag zur erforderlichen Ankerplattendicke, *Beton- und Stahlbetonbau* **94**, 502–511.

[38] Mallée, R. (2004) *Bericht über Versuche mit Ankerplatten mit exzentrisch aufgeschweißtem Profil unter exzentrischer Druckbeanspruchung*. fischerwerke, 2004 (nicht veröffentlicht).

[39] Eligehausen, R., Fichtner, S. (2007) Präsentation am Deutschen Institut für Bautechnik (DIBt) 2007 (nicht veröffentlicht).

[40] Mallée, R. (2002) Dübelgruppen am Bauteilrand unter Torsionsbeanspruchung, *Beton- und Stahlbetonbau* **97**, (2), 69–77.

[41] Grosser, P. (2012) *Load-bearing behavior and design of anchorages subjected to shear and torsion loading in uncracked concrete*, Dissertation, Universität Stuttgart.

[42] fib (2011) *Design of Anchorage in Concrete*. International Federation of Structural Concrete (fib), Lausanne.

[43] Comité Euro-International du Béton (CEB) (1995) *Design of Fastenings in Concrete*. CEB Bulletin 226, pp. 1–144, Lausanne, 1995. Veröffentlicht im Verlag Thomas Telford Services Ltd. 1997.

[44] Kraus, J. (2003) *Tragverhalten und Bemessung von Ankerschienen unter zentrischer Zugbelastung*, Dissertation, Universität Stuttgart.

[45] Potthoff, M. (2008) *Tragverhalten und Bemessung von Ankerschienen unter Querbelastung*, Dissertation, Universität Stuttgart.

[46] Eligehausen, R., Asmus, J., Lotze, D., Potthoff, M. (2007) Ankerschienen, in *Beton-Kalender 2007* (Hrsg. Bergmeister, K., Fingerloos, F., Wörner, J.-D.), Ernst & Sohn, Berlin.

[47] Eligehausen, R., Mallée, R., Rehm, G. (1984) Befestigungen mit Verbundankern. *Betonwerk + Fertigteil-Technik* (10), 686–692, (11), 781–785, (12), 825–829.

[48] Meszaros, J. (1999) *Tragverhalten von Verbunddübeln im ungerissenen und gerissenen Beton*, Dissertation, Universität Stuttgart.

[49] Fuchs, W., Eligehausen, R., Breen, J. E. (1995) Concrete Capacity Design (CCD) Approach for Fastening to Concrete, *ACI Structural Journal* **92** (1), 73–94.

[50] Rehm. G., Eligehausen, R., Mallée, R. (1992) Befestigungstechnik, in *Beton-Kalender 1992*, Teil II, Ernst & Sohn, Berlin, S. 597–715.

[51] Eligehausen, R., Fuchs, W., Lotze, D., Reuter, M. (1989) Befestigungen in der Betonzugzone, *Beton- und Stahlbetonbau* **84**, (2), 27–32, (3), 71–74.

[52] Rehm. G., Eligehausen, R., Mallée, R. (1988) Befestigungstechnik, in *Beton-Kalender 1988*, Teil II, Ernst & Sohn, Berlin, S. 569–663.

[53] Fuchs, W. (1991) *Ableitung eines Vorschlags zur Bemessung von Befestigungen für die Verbindung von Stahl- und Betonbauteilen*. Bericht 02/1991/1, Zeichen Fu 200/2-1, Deutsche Forschungsgemeinschaft, Bonn.

[54] Eligehausen, R., Mallée, R., Rehm, G. (1997) Befestigungstechnik, in *Beton-Kalender 1997*, Teil II, Ernst & Sohn, Berlin, S. 609–753.

[55] Eligehausen, R., Fuchs, W., Ick, U.,-Mallée, R., Reuter, M., Schimmelpfennig, K., Schmal, B. (1992) Tragverhalten von Kopfbolzenverankerungen bei zentrischer Zugbeanspruchung, *Bauingenieur* **67**, 183–196.

[56] Mallée, R. (2014) Anmerkungen zur Bemessung von Dübeln nach europäischen Regelungen, *Beton- und Stahlbetonbau* **109**, (10), 699–712.

[57] Rehm, G.; Pusill-Wachtsmuth, P. (1979): Einfluss der Bewehrung auf das Tragverhalten von Dübelverbindungen. Forschungsbericht, Lehrstuhl für Werkstoffe im Bauwesen, Universität Stuttgart, November 1979, nicht veröffentlicht.

[58] Riemann, H. (1985) Das „erweiterte κ-Verfahren" für Befestigungsmittel, Bemessung an Beispielen von Kopfbolzenverankerungen, *Betonwerk + Fertigteil-Technik*, (12), 808–815.

[59] Moe, J. (1961) *Shearing Strength of Reinforced Concrete Slabs and Footings under Concentrated Loads*. Bulletin D 47, Portland Cement Association, Research and Development Laboratories, Skokie, Illinois.

[60] Eligehausen, R., Fichtner, S. (2012) Influence of a bending moment on the concrete cone capacity, in *Advances in cementitious material and structure design*. Festschrift Professor P. Gambarova, Politechnico Milano.

[61] Eligehausen, R., Cook, R., Appl, J. (2006) Behavior and Design of Adhesive Bonded Anchors in Concrete, *ACI Structural Journal* **103** (1), November–December 2006.

[62] Appl, J. (2008) *Tragverhalten von Verbunddübeln unter Zugbelastung*, Dissertation, Universität Stuttgart.

[63] Cook, R.A., Kunz, J., Fuchs, W., Konz, R.C. (1998) Behaviour and Design of Single Adhesive Anchors under Tensile Load in Uncracked Concrete, *ACI Structural Journal*, V. **95** (1), 9–26.

[64] Davis, T.M., Cook R.A. (2017) Sustained Load Performance of Adhesive Anchor Systems in Concrete, *ACI Structural Journal* **114**, 951–957.

[65] Eligehausen, R. (2014) *Behaviour and Design of Bonded Fasteners under Sustained Tension Load*. Präsentation beim Deutschen Institut für Normung (DIN).

[66] Eligehausen, R., Appl, J.J., Lehr, B., Meszaros, J., Fuchs, W. (2005) Tragverhalten und Bemessung von Befestigungen mit Verbunddübeln unter Zugbeanspruchung, Teil 2: Dübelgruppen und Befestigungen am Bauteilrand, *Beton- und Stahlbetonbau* **100** (10), 856–864.

[67] Asmus, J. (2017) Determination of critical edge distances for splitting failure. Proceedings, 3rd International Symposium on Connections between Steel and Concrete, Stuttgart, 2017, S. 355–364 und Präsentation „Splitting of bonded anchors" auf der Sitzung der Arbeitsgruppe TG2.9 des fib (International Federation of Structural Concrete), Stuttgart 2018.

[68] Furche, J., Eligehausen, R. (1991) *Lateral Blowout Failure of Headed Studs Near the Free Edge*, in Senkiw, G. Lancelot, H.B. (Eds.), SP-130, Anchors in Concrete, Design and Behaviour. American Concrete Institute, Detroit, 1991, pp. 235–252.

[69] Zhao, G. (1993) *Tragverhalten von randfernen Kopfbolzenverankerungen bei Betonbruch*, Dissertation, Universität Stuttgart, 1993.

[70] EN 1993-1-8:2010-12 (2010) *Eurocode 3: Bemessung und Konstruktion von Stahlbauten – Teil 1-8: Bemessung von Anschlüssen*. Deutsche Fassung EN 1993-1-8:2005 + AC:2009, Beuth Verlag, Berlin.

[71] Fuchs, W. (1990) *Tragverhalten von Befestigungen unter Querlast im ungerissenen Beton*, Dissertation, Universität Stuttgart, 1990.

[72] Ramm, W., Greiner, U. (1991) *Verankerungen mit Kopfbolzen – Randnahe Verankerungen unter Querzugbeanspruchung und randferne Verankerungen unter zentrischer Zugbeanspruchung – Untersuchung des Einflusses von speziellen Rückhängebewehrungen*. Forschungsbericht, Universität Kaiserslautern, Fachgebiet Massivbau und Baukonstruktion.

[73] Paschen, H., Schönhoff, F. (1983) *Untersuchungen über in Beton eingelassene Scherbolzen aus Betonstahl*. Schriftenreihe des Deutschen Ausschuss für Stahlbeton, Nr. **346**, Ernst & Sohn, Berlin.

[74] Hofmann, J. (2004) *Tragverhalten und Bemessung von Befestigungen am Bauteilrand unter Querlasten mit beliebigem Winkel zur Bauteilkante*, Dissertation, Institut für Werkstoffe im Bauwesen, Universität Stuttgart.

[75] Fuchs, W., Eligehausen, R. (1995) Das CC-Verfahren für die Berechnung der Betonausbruchlast von Verankerungen, *Beton- und Stahlbetonbau* **90** (1), 6–9, (2), 38–44, (3), 73–76.

[76] Zhao, G., Fuchs, W., Eligehausen, R. (1989) *Einfluss der Bauteildicke auf das Tragverhalten von Dübelbefestigungen im ungerissenen Beton unter Querzugbeanspruchung*, Versuchsbericht Nr. 10/12A-89/5, Institut für Werkstoffe im Bauwesen, Universität Stuttgart, März 1989, nicht veröffentlicht.

[77] Rößle M., Eligehausen, R. (2002) *Multiple Fastenings to Concrete*, IWB, Universität Stuttgart, Report No. 02/17-3/16a, nicht veröffentlicht.

[78] Wohlfahrt, R. (1996) *Tragverhalten von Ankerschienen ohne Rückhängebewehrung*, Dissertation, Universität Stuttgart.

[79] International Federation for Structural Concrete (fib) (2011) *Design of anchorages in concrete*, fib Bulletin 58, Lausanne.

[80] Hoehler, M.S. (2006) *Behavior and Testing of Fastenings to Concrete for Use in Seismic Applications*, Dissertation Universität Stuttgart.

[81] EN 13501-2:2007 (2007) *Klassifizierung von Bauprodukten und Bauarten zu ihrem Brandverhalten – Teil 2: Klassifizierung mit den Ergebnissen aus den Feuerwiderstandsprüfungen, mit Ausnahme von Lüftungsanlagen*, Beuth Verlag, Berlin.

[82] ISO 834:1999 (1999) *Feuerwiderstandsprüfungen – Bauteile – Teil 1: Allgemeine Anforderungen*, Beuth Verlag, Berlin.

[83] DIN 4102 *Brandverhalten von Baustoffen und Bauteilen*, Beuth Verlag, Berlin.

[84] Reick, M. (2001) *Brandverhalten von Befestigungen mit großem Randabstand in Beton bei zentrischer Zugbeanspruchung*, Dissertation, Universität Stuttgart.

[85] Periskic, G. (2009) *Entwicklung eines 3D-thermo-hygro-mechanischen Models für Beton unter Brandbeanspruchung und Anwendung auf Befestigungen unter Zuglasten*, Dissertation Universität Stuttgart.

[86] Cook, R., Klingner, R.E. (1989), *Behavior and design of ductile multiple anchor steel to concrete connections*. Report No. CTR 1126-3, University of Texas at Austin.

V Verankerungs- und Bewehrungstechnik

Thomas M. Sippel, Düsseldorf

1 Einleitung

Das Thema „Verankerungs- und Bewehrungstechnik" wurde letztmalig im Beton-Kalender 2017 behandelt. Allerdings hat sich seit 2017 sowohl die Vielfalt der Produkte als auch die zugrunde liegende Anzahl der Produktnormen und nationalen bzw. europäischen Zulassungen mitsamt den zu berücksichtigenden Anwendungsregeln z. T. drastisch verändert, in der Regel erhöht. Die Verbindungsmittel sowie spezielle Bewehrungstechnik werden im vorliegenden Beitrag ausführlich behandelt.

Die Verwendung von Befestigungsmitteln zur Einleitung hoher und konzentrierter Lasten in Bauwerke aus Beton ist für Tragwerksplaner inzwischen tägliche Praxis. Verschiedenste Arten von Einlegeteilen sowie nachträglichen Befestigungen stehen zur Verfügung, um den weiten Bereich der erforderlichen Befestigungsaufgaben sicher und wirtschaftlich zu lösen. Der richtige Einsatz von Befestigungsmitteln führt zu Vorteilen im Bauablauf und steigert die Produktivität auf der Baustelle. Die durch bauaufsichtliche Verwendbarkeitsnachweise nachgewiesene Leistungsfähigkeit gewährleistet zudem bei ordnungsgemäßer Montage eine hohe Sicherheit der Verankerungen.

Die große Produktvielfalt und der stetig wachsende Anwendungsbereich erfordern immer mehr Spezialwissen aufseiten der Planer und Anwender, um solche Verankerungen optimal einsetzen zu können. Insbesondere die Bemessung und die Montage sind in den vergangenen Jahren deutlich komplexer geworden, sodass dieses Wissen in der derzeitigen Aus- und Weiterbildung der Ingenieure häufig nicht umfassend vermittelt wird.

Mit der verbindlichen Einführung von DIN EN 1992-1-1 sind die Zulassungen sukzessive auf das Nachweisformat von DIN EN 1992-1-1 umzustellen. Dies erforderte in der Mehrzahl der Fälle jedoch ausschließlich redaktionelle Änderungen in den Zulassungen. Mit Einführung der Normenreihe DIN 488 wurde u. a. die Bezeichnung für Betonstahl von BSt 500 A bzw. BSt 500 B zu B500A bzw. B500B geändert (siehe [5]).

Am 1. Juli 2013 hat die Bauproduktenverordnung (Construction Products Regulation: CPR) [16] die Bauproduktenrichtlinie (Construction Products Directive: CPD) [17] ersetzt. Die CPR gilt direkt in allen Mitgliedsländern, während die CPD über nationale Gesetze umgesetzt werden musste.

Die bis zum 30. Juni 2013 erteilten Europäischen Technischen **Zulassungen** (European Technical **Approval** – ETA) bleiben bis zum Ende ihrer Geltungsdauer weiterhin gültig und enthalten teilweise auch ergänzende Regelungen für die Bemessung. Diese „alten" ETAs werden bis zum Jahr 2018 von einem neuen Typ ETA, der Europäischen Technischen **Bewertung** (European Technical Assessment – ETA) abgelöst. Die neuen Europäischen Technischen Bewertungen enthalten nach der Bauproduktenverordnung – im Gegensatz zu den Europäischen Technischen Zulassungen – keine Gültigkeitsdauer mehr.

Die neuen ETAs werden auf der Basis von europäischen Bewertungsdokumenten (European Assessment Document: EAD) ausgestellt. Bestehende Leitlinien für die Europäische Technische Zulassung (Guideline for European Technical Approval – ETAG) können übergangsweise als EAD genutzt werden. Die Dokumente eines „Common Understanding of Assessment Procedure" (CUAP) müssen in ein EAD überführt werden, wenn zukünftig auf deren Basis eine Europäische Technische Bewertung ausgestellt werden soll.

Eine Europäische Technische Bewertung wird von einer Technischen Bewertungsstelle (Technical Assessment Body – TAB) ausgestellt. Für Deutschland ist das Deutsche Institut für Bautechnik (DIBt) als TAB benannt. Die europäischen TABs sind in der europäischen Organisation für technische Bewertung (European Organisation for Technical Assessment – EOTA) organisiert.

Auf der Basis einer ETA, einer Bescheinigung der Leistungsbeständigkeit und einer Leistungserklärung des Herstellers (Declaration of Performance – DoP) darf eine CE-Kennzeichnung an den Produkten angebracht werden.

In der derzeitigen Umbruchphase sind für verschiedene Produktgruppen nationale allgemeine bauaufsichtliche Zulassungen (abZ), Europäische Technische Zulassungen (ETA „alt") und Europäische Technische Bewertungen (ETA „neu") verfügbar. Zur Erhöhung der Lesbarkeit wird im Beitrag für alle drei genannten Begriffe einheitlich der Begriff *Technische Spezifikation* verwendet.

Die Bemessung von Befestigungen in Beton wird zukünftig im Teil 4 des Eurocodes 2 (DIN EN 1992-4) geregelt und beschrieben. Mit der Veröffentlichung von DIN EN 1992-4 im Frühjahr 2019 wird somit erstmals die Bemessung von Befestigungen in Beton in einer Norm geregelt und nicht wie bisher üblich in Richtlinien oder Technischen Spezifikationen.

Die neue Norm fasst die Bemessung verschiedenster Befestigungssysteme und verschiedener Einwir-

Beton-Kalender 2020: Wasserbau. Konstruktion und Bemessung.
Herausgegeben von Konrad Bergmeister, Frank Fingerloos und Johann-Dietrich Wörner
© 2020 Ernst & Sohn GmbH & Co. KG. Published 2020 by Ernst & Sohn GmbH & Co. KG.

kungen in einem zentralen Dokument zusammen. Dies ist ein entscheidender Vorteil, da die Bemessung von Befestigungsmitteln in Beton in der Vergangenheit über zahlreiche Einzeldokumente verteilt waren. So enthält DIN EN 1992-4 sowohl die Bemessung von Einlegeteilen (Ankerschienen und Kopfbolzen) als auch die Bemessung von nachträglichen Befestigungen (Metallspreizdübel, Hinterschnittdübel, Betonschrauben, Verbunddübel und Verbundspreizdübel). Dabei werden Bemessungsregeln für verschiedenste Einwirkungskategorien in einem gemeinsamen Dokument erfasst und die Bemessung für statische und quasi-statische Einwirkungen sowie für Ermüdungs- und Erdbebenbeanspruchungen geregelt. Die Bemessung unter Brandeinwirkung wird im neuen Teil 4 des Eurocodes 2 ebenfalls berücksichtigt. In DIN EN 1992-4 sind einige Öffnungsklauseln mit der Möglichkeit zu nationalen Regelungen enthalten. Im deutschen Nationalen Anhang zu EN 1992-4 wurden nur für den Fall der Erdbebenbeanspruchung abweichende nationale Regelungen definiert.

Die Befestigungen in Beton sind nunmehr in das Sicherheitskonzept für Betonkonstruktionen eingebunden. Der Deutsche Ausschuss für Stahlbeton wird noch ein DAfStb-Heft 615 zu DIN EN 1992-4 herausgeben, um der Praxis das Verständnis und den Gebrauch der Norm durch Erläuterungen und Darlegung der wissenschaftlichen Grundlagen zu erleichtern.

2 Spezielle Bewehrungselemente

2.1 Anwendungsbereich

Als Ersatz für die herkömmliche Querkraftbewehrung aus Bügeln finden besondere Bewehrungsformen Anwendung. Ausgangspunkt hierfür war die Entwicklung einer Durchstanzbewehrung, sogenannter Dübelleisten oder Doppelkopfanker, für den Stützenbereich hochbelasteter Flachdecken oder für Fundamente aus Stahlbeton bzw. Spannbeton. Ziel war es, eine einfache und schnelle Montage auf der Baustelle zu erreichen und einen Ersatz für Stützkopfverstärkungen zu schaffen, d. h. insgesamt einen wirtschaftlichen Vorteil gegenüber den konventionellen Lösungen nach DIN EN 1992-1-1 zu erzielen.

Gitterträger wurden ursprünglich als Verbund-, Transport- und Montagebewehrung bei Elementdecken entwickelt. Inzwischen werden Gitterträger je nach Ausführung als Verbund-, Querkraft-, Biege- und Durchstanzbewehrung in Fertigteilen oder Ortbeton eingesetzt. Für den Einsatz als Durchstanzbewehrung dürfen nur Gitterträger verwendet werden, die aus einer Vertikal-/Diagonalstab-Kombination bestehen. Die Gitterträger sind so anzuordnen, dass die Diagonalen zum Auflager hin ansteigen. Dadurch wird gewährleistet, dass der Winkel zwischen dem geneigten Durchstanzriss und dem Diagonalstab möglichst groß wird. Die Anwendung sowie die Bemessung von Gitterträgern sind in [24] ausführlich dargestellt. Daher wird auf eine detailliertere Behandlung an dieser Stelle verzichtet.

In Flachdecken müssen Bügel als Querkraftbewehrung nach DIN EN 1992-1-1 der äußeren, oberen und unteren Bewehrungslage der Platte umgreifen. Bei Verwendung von Doppelkopfankern müssen die Köpfe über bzw. unter die äußeren Bewehrungslagen reichen. Als weiterer Vorteil wurde ein möglicherweise verringerter Platzbedarf mit einem leichteren Einbringen und Verdichten des Betons angesehen.

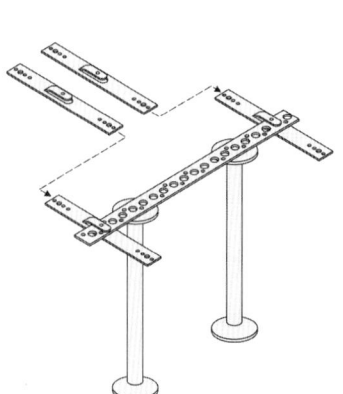

Bild 1. Doppelkopfanker, HALFEN Typ HDB-N

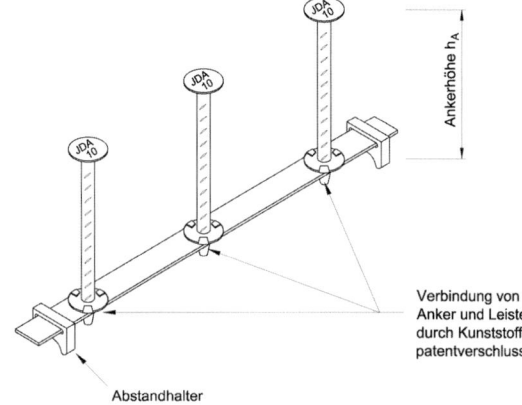

Bild 2. Doppelkopfanker, JORDAHL System JDA

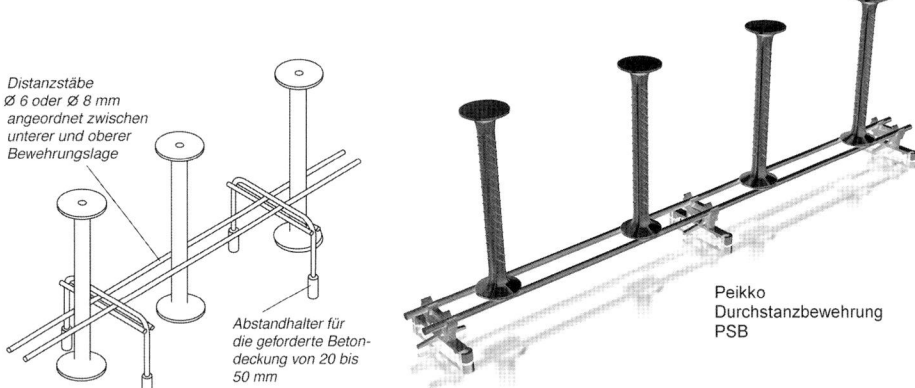

Bild 3. Doppelkopfanker, Schöck System Bole® **Bild 4.** Doppelkopfanker, Peikko System PSB

Weitergehende Untersuchungen führten zu einem erweiterten Anwendungsbereich auch bei Schubbeanspruchung infolge Querkraft in Platten und Balken. Für diese Anwendungen sind u. a. Doppelkopfanker verschiedener Hersteller zugelassen.

Das Prinzip der durch Ankerköpfe erhöhten Verankerungswirkung kann weiterhin in Bereichen vorteilhaft genutzt werden, in denen aufgrund der konstruktionsbedingten Gegebenheiten eine eingeschränkte Verankerungslänge zur Verfügung steht, wie z. B. bei Konsolen. Aufgrund der Ankerköpfe ist eine Vollausnutzung der Bewehrung bereits mit extrem geringen Verankerungslängen möglich. Die einzubauende Bewehrungsmenge kann dadurch maßgeblich reduziert und die Klarheit der Bewehrungsführung erhöht werden. Eine Verringerung der erforderlichen Bewehrungslagen wirkt sich zudem positiv auf die inneren Hebelverhältnisse aus und führt in vielen Fällen zu höheren Tragfähigkeiten. Weitere Erläuterungen hierzu sind im Abschnitt 6 zusammengestellt.

Im Hinblick auf die besondere, nicht genormte Art der Verankerung der Bewehrung sind Technische Spezifikationen erforderlich. Diese wurden für z. B. JORDAHL GmbH, HALFEN GmbH, Schöck Bauteile GmbH sowie Peikko Group Oy erteilt. Basis dieser Elemente sind zurzeit Doppelkopfanker oder spezielle Bleche. Weiterhin ist mittlerweile ein System zur nachträglichen Erhöhung des Durchstanzwiderstandes verfügbar.

2.2 Ausführung

Die Doppelkopfanker sind Bewehrungselemente, die aus gerippten oder glatten Betonstählen bestehen und die zur Lagesicherung auf verschiedene Arten verbunden werden (Bilder 1–4). Die erforderlichen Klemmbügel sichern die korrekte Lage, wenn die Leisten parallel zur oberen Bewehrungslage verlegt werden.

Der Durchmesser der beiderseits aufgestauchten Köpfe entspricht dem 3-Fachen des Schaftdurchmessers. Die aus mindestens zwei Ankern bestehenden Elemente werden entweder bei nachträglichem Einbau auf der Plattenoberseite oder der Plattenunterseite mit Abstandhaltern sternförmig zu den Stützen angeordnet. Die Doppelkopfanker greifen dabei durch die Maschen der Bewehrung hindurch (Bild 5). Die Mindest-Plattendicke beträgt nach Technischer Spezifikation 180 mm. Es dürfen auch Fertigplatten mit statisch mitwirkender Ortbetonschicht verwendet werden, die mit zugelassenen Gitterträgern bewehrt sind. Die Bewehrungselemente dürfen u. a. auch bei nicht vorwiegend ruhenden Verkehrslasten eingesetzt werden. Die Maße der Betondeckung nach DIN EN 1992-1-1 [1] für die Ankerköpfe sind einzuhalten. Unterschreitungen der Betondeckung im Bereich der Montageleisten sind unkritisch.

Um eine möglichst hohe Verlegegenauigkeit zu erreichen, werden die Doppelkopfanker in der Regel in Standardelementen aus mindestens zwei oder mehreren Ankern vorgefertigt und ausgeliefert (Bild 6). Der Einbau kann je nach Ausbildung der Montagehilfen nachträglich von oben oder vor dem Verlegen der unteren Biegebewehrung sowohl in Elementplatten als auch in Ortbetonplatten erfolgen. Die Länge der Doppelkopfanker ergibt sich aus dem Abstand zwischen den Außenkanten der oberen und unteren Bewehrung. Neben der erhöhten Durchstanztragfähigkeit der Doppelkopfanker, die bis zu 2,1-Fache einer Platte ohne Durchstanzbewehrung betragen kann, hat insbesondere der deutlich einfachere und schnellere Einbau der Elemente zu einer weiten Verbreitung geführt.

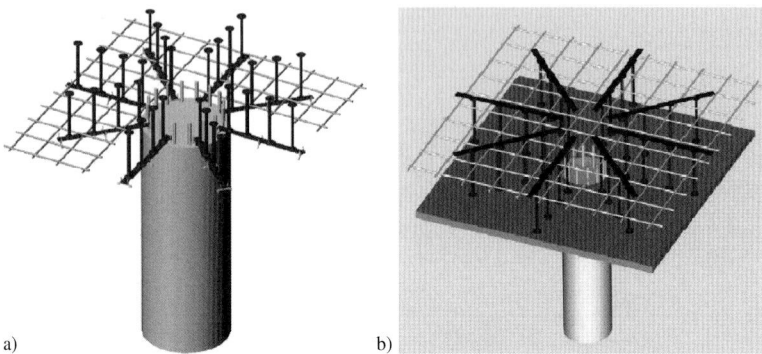

a) b)
Bild 5. Doppelkopfanker, Peikko, System PSB; a) Einbau von unten, b) Einbau von oben

Aufgrund der großen Anzahl an bestehenden Gebäuden nimmt die Zahl von Umbauten und Umnutzungen kontinuierlich zu. Dies führt ggf. zu völlig neuen Bemessungssituationen, auch hinsichtlich des Durchstanzversagens. Daher wurden mittlerweile Produkte zur *nachträglichen* Erhöhung des Durchstanzwiderstandes entwickelt. Die ancosan® Doppelkopfanker bestehen aus Ankerstangen mit Nenndurchmesser 14 mm, 16 mm und 20 mm, auf die beidseitig Ankerköpfe aufgeschraubt werden. Zur Erhöhung des Durchstanzwiderstandes werden im Durchstanzbereich Bohrlöcher erstellt, in die Ankerstangen gesetzt werden und durch Aufschrauben der Ankerköpfe verankert werden. Die Bohrlöcher werden im Bereich der Ankerköpfe aufgeweitet. Unter den Ankerköpfen wird ein Mörtel angebracht, um eine vollflächige Auflagerung der Ankerköpfe zu gewährleisten. Die verbleibenden Hohlräume zwischen Bohrlochwand und Ankerstange werden mit einem geeigneten Vergussmörtel verschlossen. Der maximale Durchstanzwiderstand beträgt bei diesem System $v_{Rd,max} = 1{,}4 \, v_{Rd}$.

Aufgrund des hohen Vorfertigungsgrades gewinnen Elementplatten auch in Flachdecken zunehmend an Bedeutung. Wegen der hohen Querkraft- und Momentenbeanspruchung im Bereich des Decke-Stütze-Knotens ist dessen konstruktive Durchbildung von sicherheitsrelevanter Bedeutung. In der Praxis wird der Abstand der Elementplatten zur Stütze unterschiedlich ausgeführt. In Anlehnung an die in einzelnen Technischen Spezifikationen geforderte Mindestbreite der Fuge zwischen den Elementplatten von 4 cm wird auch der Abstand zwischen Elementplatte und Stützenanschnitt teilweise so groß gewählt. Eine solche Bauausführung hat den Vorteil, dass Abmessungs- und Lagetoleranzen ausgeglichen werden können. Nachteilig ist jedoch die zusätzlich erforderliche Abschalung der Fuge nach unten (Bild 7). Daher wird in der Praxis ein Heranführen der Elementplatte bis direkt an die Stütze bevorzugt.

Anhand einer systematischen Versuchsserie mit speziellen Gitterträgern als Durchstanzbewehrung wurde zwischenzeitlich nachgewiesen, dass kleinere Abstände zwischen Elementplatte und Stütze die Durchstanztragfähigkeit nicht abmindern [18]. Zur Bestätigung dieses Zusammenhangs auch für andere Durchstanzbewehrungssysteme wurden Durchstanzversuche mit Doppelkopfankern und speziellen Gitterträgern als Durchstanzbewehrung durchgeführt [19, 20]. Die Elementplatten wurden direkt bis an die Stützenkante geführt. Um Montageungenauigkeiten zu berücksichtigen, wurden die vorgefertigten Stützen zusätzlich zu hoch betoniert. Der Vergleich der Versuchsergebnisse mit denen jeweiliger Referenzversuche erlaubt Empfehlungen zur konstruktiven Durchbildung des Decke-Stütze-Knotens bei der Verwendung von Elementplatten in Flachdecken.

Die durchgeführten Durchstanzversuche haben die Regelungen der verschiedenen Technischen Spezifikationen zur Fuge zwischen den Elementplatten bestätigt. Danach sind – sofern Stoßfugen zwischen Elementplatten im Durchstanzbereich nicht zu vermeiden sind – Fugen zwischen Elementplatten mindestens 4 cm breit auszuführen und sorgfältig zusammen mit dem Aufbeton zu verfüllen, um eine zuverlässige Übertragung der Druckkräfte im Durchstanzbereich zu gewährleisten.

Der Abstand der vorgefertigten Elementplatten vom Rand der Stütze bzw. von Wandenden und -ecken darf zwischen −1 cm bis +4 cm betragen, d. h., die Elementplatten können geringfügig auf die Stütze bzw. Wand aufgelegt werden. Diese Empfehlung gilt unabhängig vom verwendeten Durchstanzbewehrungssystem. Der Bereich oberhalb der Stütze und ggf. die Fugen zwischen Elementplatten sollen zusammen mit dem Aufbeton betoniert und sorgfäl-

Schwingungsprobleme – Kenngrößen und Beispiele

Obwohl Schwingungsprobleme in der Praxis zunehmend auftreten, werden sie von Tragwerksplanern gern umgangen. Statische Ersatzlasten, Stoßfaktoren oder Schwingbeiwerte werden angewendet, ohne sich der Anwendungsgrenzen bewusst zu sein.

Das Buch weckt das Grundverständnis für die den Theorien zugrunde liegenden Modellvorstellungen und die Begrifflichkeiten der Dynamik. Die wichtigsten Kenngrößen werden beschrieben und mit Beispielen verdeutlicht. Darauf baut der anwendungsbezogene Teil mit den Problemen der Baudynamik – Stoßvorgänge, freie und erzwungene Schwingungen etc. anhand von Beispielen auf.

Helmut Kramer
Angewandte Baudynamik
Grundlagen und Praxisbeispiele
2. Auflage –
April 2013. 344 Seiten
€ 57,90*
ISBN 978-3-433-03028-8
Auch als ebook erhältlich

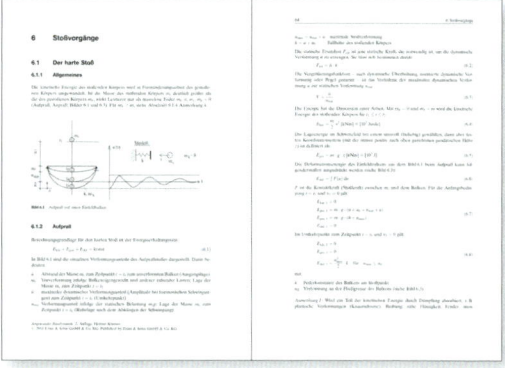

Das könnte sie auch interessieren:

- Baustatik
- Bautechnik
- Geotechnik – Bodenmechanik

Online Bestellung:
www.ernst-und-sohn.de/3028

Ernst & Sohn
Verlag für Architektur und technische Wissenschaften GmbH & Co. KG

Kundenservice: Wiley-VCH
Boschstraße 12
D-69469 Weinheim

Tel. +49 (0)6201 606-400
Fax +49 (0)6201 606-184
service@wiley-vch.de

* Der €-Preis gilt ausschließlich für Deutschland. Inkl. MwSt. Die Versand kosten für Deutschland, Österreich, Schweiz, Liechtenstein und Luxemburg entfallen. Für alle anderen Länder gilt der Preis zzgl. Versandkosten. Irrtum und Änderungen vorbehalten.

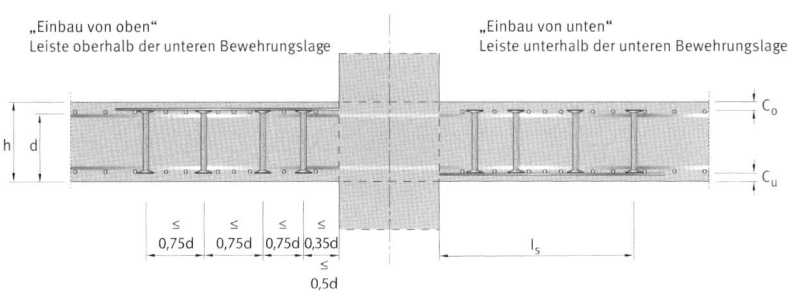

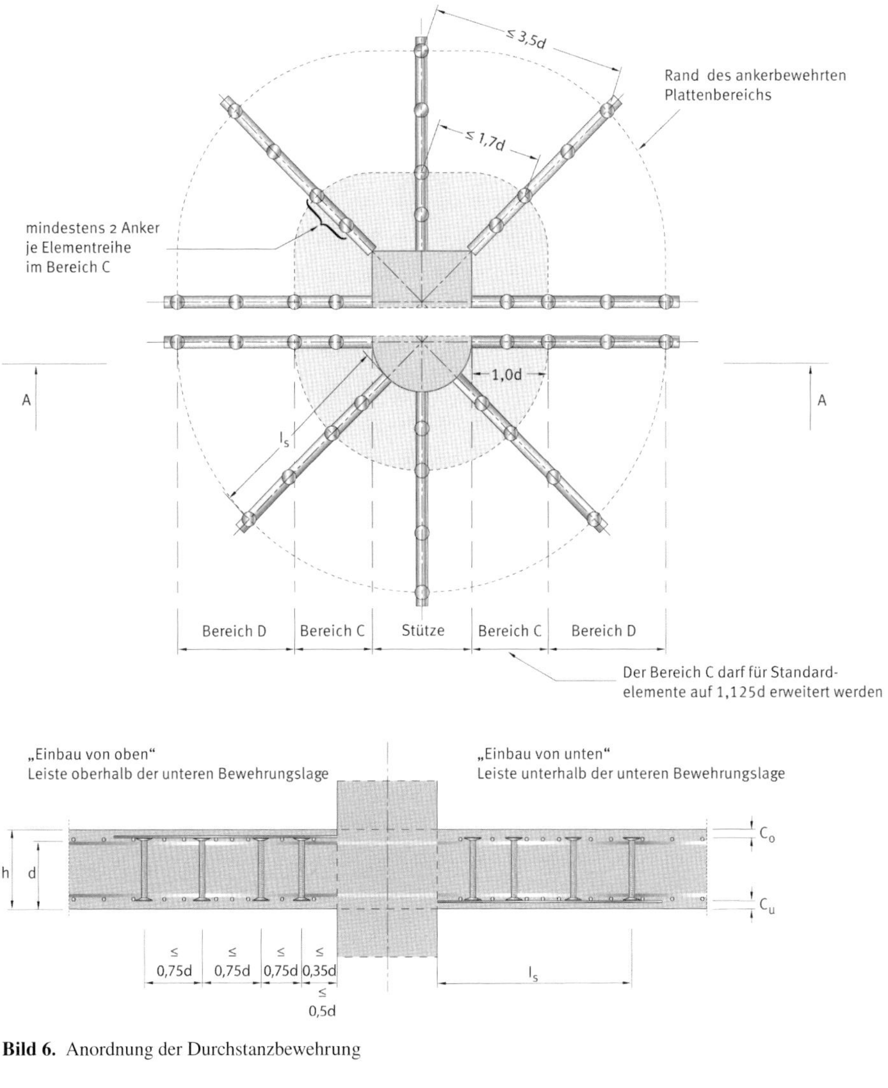

Bild 6. Anordnung der Durchstanzbewehrung

tig verdichtet werden. Gemäß Technischer Spezifikation sollte beim Auflegen der Elementplatte auf die Stütze die Fuge zwischen Elementplatte und Stütze vollflächig vermörtelt werden. Nach [21] wurde bei einer Auflagertiefe der Elementplatte von 1 cm auch ohne Vermörtelung der Fuge ein bedingungsgemäßer Durchstanzwiderstand ermittelt. Demnach scheint bei geringen Auflagertiefen der Verzicht auf eine Vermörtelung vertretbar. Der Durchstanznachweis der Platte ist mit der geringeren Betondruckfestigkeit von Aufbeton und Ele-

mentplatte zu führen. Die Abstände der Durchstanzbewehrungselemente untereinander und zur Stütze hin müssen systemabhängig den Regelungen der jeweiligen Technischen Spezifikation entsprechen.

In [21] wird empfohlen, dass unabhängig vom Abstand der Elementplatte zur Stütze stets die Oberkante der Arbeitsfuge in der Stütze unter der Unterkante der Elementplatte liegt. Für den Fall einer zu hoch betonierten Stütze wird in Anlehnung an Model Code 2010 bzw. SIA 262 in [21] empfohlen, den

Bild 7. Abgeschaltete Druckfugen einer Elementdecke [24]

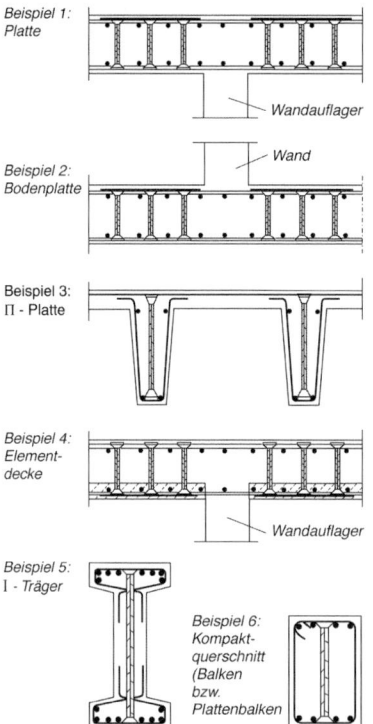

Bild 8. Beispiele für Doppelkopfanker als Querkraftbewehrung

Durchstanznachweis mit entsprechend verminderter statischer Nutzhöhe nachzuweisen. Dieses Vorgehen ist auch bei größerer Stützeneindringung, als in den Versuchen getestet wurde, zulässig.

Anwendungsbeispiele für den Einsatz von Doppelkopfankern als Querkraftbewehrung für Platten, Balken und Wände können Bild 8 entnommen werden. Die Anker zeichnen sich infolge der großen Köpfe (≥ 3 d) im Vergleich zu den herkömmlichen Bügeln durch geringen Verankerungsschlupf aus, sodass insgesamt ein höheres Traglastniveau erreicht wird. Dies ermöglicht z. B. bei Umplanungen den nachträglichen Einbau von oben. Die erforderliche Betondeckung nach DIN EN 1992-1-1/NA [2] für die Ankerköpfe wird durch geeignete Hilfsmittel sichergestellt.

2.3 Bemessung

2.3.1 Durchstanzbewehrung bei punktförmig gestützten Platten

Die Regelungen der DIN 1045-1 zum Durchstanzen bei Flachdecken und Fundamenten wurden mit der Einführung des Eurocodes 2 (DIN EN 1992-1-1) und des Nationalen Anhangs für Deutschland (NA) überarbeitet und an das Nachweisformat der DIN EN 1992-1-1 angepasst. Hierbei wurden neuere Forschungsergebnisse in den normativen Regelungen berücksichtigt.

Grundsätzlich ist nachzuweisen, dass die einwirkende Querkraft v_{Ed} den Widerstand v_{Rd} nicht überschreitet.

$$v_{Ed} \leq v_{Rd} \tag{1}$$

Der Nachweis der aufnehmbaren Querkraft erfolgt längs festgelegter Rundschnitte.

Der kritische Rundschnitt u_1 für runde oder rechteckige Lasteinleitungsflächen, die sich nicht in der Nähe von freien Rändern befinden, beschreibt den Umfang der Lasteinleitungsfläche u_0 in einem Abstand von 2 d, wobei d die statische Nutzhöhe ist. Der Umfang der Lasteinleitungsflächen für den anrechenbaren Durchstanzwiderstand ist auf

DIE NÄCHSTE GENERATION DER
DURCHSTANZBEWEHRUNG

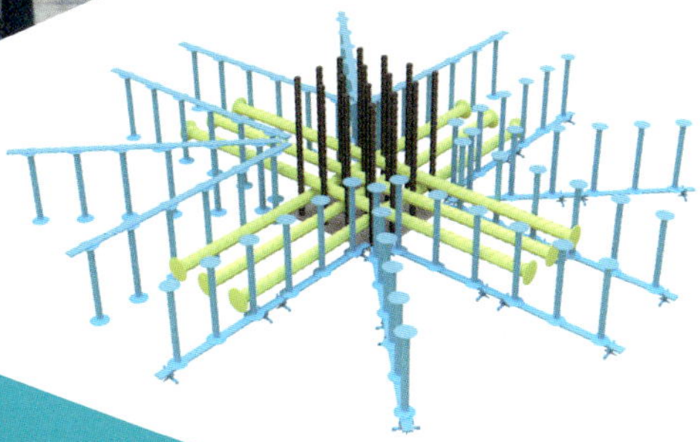

PSB PLUS®
Durchstanzbewehrungssysteme

Optimieren Sie die gesamte Tragkonstruktion und erreichen Sie einen höheren Widerstand gegen Durchstanzen. **Mit PSB PLUS® bemessen Sie Stahlbetondecken schlank, leicht und materialsparend.**

WU-Beton – ein aktueller Überblick

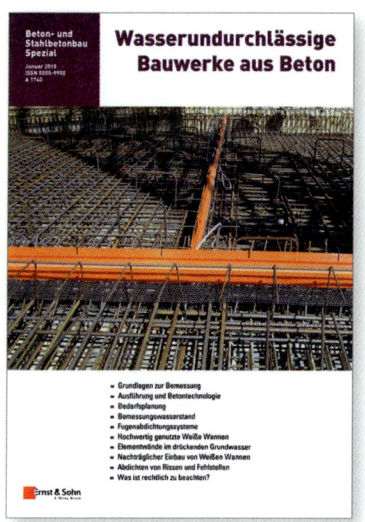

Wasserundurchlässige Bauwerke aus Beton haben sich in den letzten Jahrzehnten vielfach bewährt und finden sich in vielen Bereichen des Ingenieurbaus, des Hoch- und Industriebaus und des Wasser- und Tiefbaus. Der aktuelle Wissensstand der **WU-Bauweise** wird in diesem Sonderheft umfassend dargestellt. Die Fachbeiträge behandeln dabei alle wesentlichen Teilbereiche, beginnend bei den Grundlagen der Bemessung mit Erläuterungen zur neu überarbeiteten DAfStb-WU-Richtlinie, betontechnologischen und ausführungstechnischen Hinweisen sowie Fragen im Rahmen der Planung über Fugenabdichtungssysteme, Weiße Wannen und Elementwände bis hin zur Abdichtung von Rissen und Fehlstellen sowie rechtlichen Fragen.

Hrsg.: Ernst & Sohn
Wasserundurchlässige Bauwerke aus Beton 2018
Sonderheft von Beton- und Stahlbetonbau
2. überarb. u. erw. Auflage
2018. 100 Seiten.
€ 25,–*
Bestell-Nr. 5093 0118

Online Bestellung: www.ernst-und-sohn.de/sh-paketangebot

Ernst & Sohn
Verlag für Architektur und technische Wissenschaften GmbH & Co. KG

Kundenservice: Wiley-VCH
Boschstraße 12
D-69469 Weinheim

Tel. +49 (0)800 1800-536
Fax +49 (0)6201 606-184
cs-germany@wiley.com

* Der €-Preis gilt ausschließlich für Deutschland. Inkl. MwSt. und Versandkosten. Irrtum und Änderungen vorbehalten. 1097136_dp

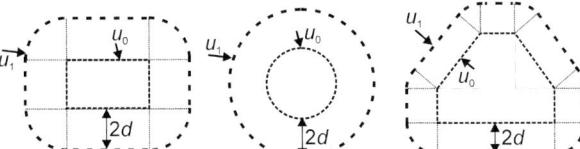
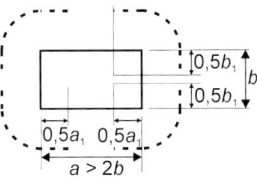

Bild 9. Typische kritische Rundschnitte u_1 um Lasteinleitungsflächen u_0

Bild 10. Kritischer Rundschnitt bei ausgedehnten Auflagerflächen

$u_0 \leq 12$ d mit einem Verhältnis Länge zu Breite ≤ 2 begrenzt (Bild 9). Bei größeren Lasteinleitungsflächen sind die Durchstanznachweise auf Teilrundschnitte zu beziehen (Bild 10).

Die Bestimmungsgleichung für die Durchstanztragfähigkeit nach Eurocode 2 entspricht formal derjenigen in DIN 1045-1. Unterschiede bestehen in den beiden Vorfaktoren $C_{Rd,c} = 0,18/\gamma_c$ und $k_1 = 0,10$, die in Eurocode 2 kleiner sind als in den früheren Regelungen. Durch die unterschiedlichen Rundschnittlängen (Eurocode 2 im Abstand 2 d) ergeben sich jedoch etwa gleich große Widerstände (Bild 11).

$$v_{Rd,c} = C_{Rd,c} \cdot \kappa \cdot (\rho_1 \cdot f_{ck})^{1/3} + k_1 \cdot \sigma_{cp}$$
$$\geq v_{min} + k_1 \cdot \sigma_{cp} \qquad (2)$$

Bei Fundamenten bilden sich wegen des hohen Sohldrucks und der teils deutlich geringeren Schlankheit steilere Risse aus. Da außerdem der Sohldruck innerhalb des kritischen Rundschnitts entlastend wirkt, ist für Fundamente die Lage des kritischen Rundschnitts iterativ zu ermitteln. Daher wird die Bemessungsgleichung bei Fundamenten zusätzlich mit dem Faktor (2 d/a) ergänzt (d: statische Nutzhöhe und a: Abstand des Stützenanschnitts zum maßgebenden Rundschnitt). Der maßgebende Abstand a_{crit} ergibt sich für die kleinste aufnehmbare Durchstanzlast. Beim Nachweis der Sicherheit von Fundamenten gegen Durchstanzen darf die Bodenreaktionskraft unterhalb des Durchstanzkegels (vom Rundschnitt im Abstand a_{crit} eingeschlossene Fläche) von der einwirkenden Querkraft abgezogen werden. Im Allgemeinen wird dabei eine gleichmäßige Verteilung der Sohlspannungen angenommen. Variiert man die Schubschlankheit eines Fundaments, ändert sich auch der Abstand des maßgebenden Nachweisschnitts. Mit zunehmender Schlankheit ergeben sich größere Werte für den maßgebenden Abstand des Nachweisschnitts von der Lasteinleitungsfläche. Dieser Effekt stimmt mit den Beobachtungen aus Versuchen überein.

Einwirkende Querkraft V_{Ed}

Die auf einen kritischen Rundschnitt bezogene Bemessungsquerkraft wird ermittelt aus

$$v_{Ed} = \beta \cdot V_{Ed}/(u_i \cdot d) \qquad (3)$$

V_{Ed} Bemessungswert der gesamten aufzunehmenden Querkraft

β Beiwert zur Berücksichtigung der Auswirkung von Momenten in der Lasteinleitungsfläche. Wenn Lastausmitten nicht möglich sind, gilt $\beta = 1,1$. Ohne genaueren Nachweis darf für unverschiebliche Systeme mit Stützweitenverhältnissen $0,8 \leq l_1/l_2 \leq 1,25$ näherungsweise angenommen werden:

$\beta = 1,10$ bei Innenstützen
$\beta = 1,40$ bei Randstützen
$\beta = 1,50$ bei Eckstützen
$\beta = 1,35$ bei Wandenden
$\beta = 1,20$ bei Wandecken

Bei Randstützen mit Ausmitten $e/c \geq 1,2$ sowie bei verschieblichen Systemen sind genauere Untersuchungen erforderlich. DIN EN 1992-1-1, 6.4.3 enthält genauere Verfahren zur Ermittlung des Lastbeiwerts β.

u_i Umfang des betrachteten Rundschnitts

d $= (d_y + d_z)/2$, mittlere Nutzhöhe der Platte

Eine Reduzierung der Querkraft infolge auflagernaher Einzellasten ist nicht zulässig. Bei Fundamenten und Bodenplatten darf V_{Ed} um die Bodenpressung innerhalb der kritischen Fläche reduziert werden.

Bemessungswert des Widerstands v_{Rd}

Der Bemessungswiderstand v_{Rd} wird durch einen der nachfolgenden Werte bestimmt:

$v_{Rd,c}$ Bemessungswert der Querkrafttragfähigkeit im kritischen Rundschnitt u_1 einer Platte ohne Durchstanzbewehrung

$v_{Rd,max}$ Bemessungswert der maximalen Querkrafttragfähigkeit im kritischen Rundschnitt u_1 einer Platte mit Durchstanzbewehrung

$v_{Rd,s}$ Bemessungswert der Stahltragfähigkeit der Durchstanzbewehrung im kritischen Rundschnitt u_1

$v_{Rd,c,out}$ Bemessungswert der Querkrafttragfähigkeit längs des äußeren Rundschnitts u_{out} außerhalb des durchstanzbewehrten Bereichs

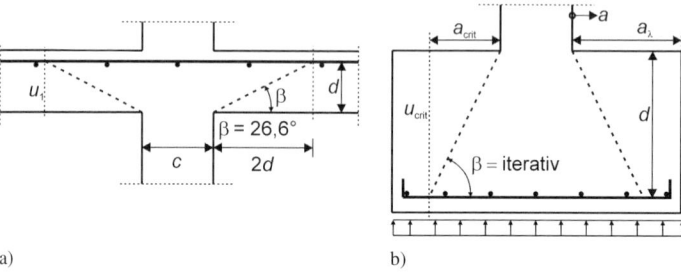

a)   b)

Bild 11. Kritischer Rundschnitt; a) Flachdecke, b) Fundament

Nachweis

Mit dem Ansatz nach DIN EN 1992-1-1/NA lässt sich die günstige Wirkung der verformungsärmeren Verankerung von Doppelkopfankern, gegenüber einer Durchstanzbewehrung aus Bügeln, *nicht erfassen*. Seit Ende 2012 sind die ersten Europäischen Technischen Zulassungen (ETAs) verfügbar. Diese Zulassungen basieren alle auf dem gleichen Bemessungskonzept, das für eine Anwendung in Verbindung mit EN 1992-1-1 entwickelt wurde. Grundsätzlich ist ein Durchstanzversagen von Platten ohne und mit Durchstanzbewehrung zu unterscheiden. In Deckenplatten und Fundamenten mit Durchstanzbewehrung kann ein Versagen inner- und außerhalb der durchstanzbewehrten Zone sowie bei Erreichen der Maximaltragfähigkeit auftreten. Die ETAs geben Gleichungen für jede dieser möglichen Versagensarten an. Zur Bestimmung der Maximaltragfähigkeit von Doppelkopfankern wurde ein Bemessungskonzept erarbeitet, in dem die Maximaltragfähigkeit als Vielfaches der Tragfähigkeit ohne Durchstanzbewehrung $v_{Rd,c}$ erfasst wird.

$$v_{Rd,max} = \alpha \cdot v_{Rd,c} \qquad (4)$$

mit

$v_{Rd,c}$ Tragfähigkeit ohne Durchstanzbewehrung

α produktabhängiger Steigerungsfaktor

Der Steigerungsfaktor wird aus der Versuchsauswertung ermittelt und in der Technischen Spezifikation angegeben. Er beträgt $1,4 \leq \alpha \leq 2,1$.

Mit der Überführung der Europäischen Technischen Zulassungen in Europäische Technische Bewertungen entfielen auch die darin enthaltenen Bemessungsregeln. Diese sind nunmehr im EOTA Technical Report TR 060 „Increase of punching shear resistance of flat slabs or footings and ground slabs – double headed studs – calculation methods" [27] zusammengestellt.

Seit 2013 wird an der neuen Generation von EN 1992 gearbeitet. Im Juni 2018 wurde der mittlerweile dritte Arbeitsentwurf von EN 1992-1-1 vorgestellt, in dem auch ein neues Durchstanzmodell enthalten ist. Ausgangspunkt für dieses neue Modell war das in fib Model Code 2010 enthaltene Verfahren, das auf der Critical Shear Crack Theory basiert. Da dieses Modell für die Anwendung in der Praxis als zu kompliziert angesehen wird, wurde es für die neue Generation des EC 2 vollständig überarbeitet. In der aktuell diskutierten Arbeitsfassung ist im Gegensatz zu DIN EN 1992-1-1/NA zukünftig die Schubschlankheit und das Größtkorn (als Maß für die Rauigkeit der Rissoberfläche) zu berücksichtigen. Um für Flachdecken und Fundamente die gleichen Ansätze verwenden zu können, wurde der Abstand des kritischen Rundschnitts vom Rand der Lasteinleitungsfläche zu 0,5 d (d = statische Nutzhöhe) festgelegt.

Doppelkopfanker als Querkraftbewehrung in Platten und Balken

Nach den Technischen Spezifikationen dürfen die Anker als Querkraftbewehrung für den gesamten Schubbereich in Platten und Balken eingesetzt werden (Bild 8). Für die Ermittlung der Schnittgrößen und der Biegebewehrung sowie für die konstruktive Durchbildung der Balken und Platten gilt DIN EN 1992-1-1/NA. Aufgrund des geringen Schlupfes im Vergleich zu Bügeln ist das aufwendige Umschließen der Bewehrung nicht erforderlich. Dies ermöglicht den einfachen, nachträglichen Einbau von oben (Bild 12). Die obere und untere Bewehrungslage

Bild 12. Nachträglicher Einbau der Doppelkopfanker

Wolfgang Rossner,
Carl-Alexander Graubner
Spannbetonbauwerke
Teil 4: Bemessungsbeispiele
nach Eurocode 2
2012. 626 Seiten.
€ 119,–*
ISBN 978-3-433-03001-1
Auch als ebook erhältlich

Arbeitsmittel zur Bemessung von Spannbetonbauwerken nach Eurocode

Das Buch beinhaltet ausgewählte Beispiele zur Bemessung von Straßen- und Eisenbahnbrücken sowie Hoch- und Industriebauten in Spannbetonbauweise. Grundlage ist DIN EN 1992 (Eurocode 2) mit den zugehörigen deutschen Nationalen Anhängen.

Die Beispiele sind für die jeweiligen Bauteile vollständig durchgerechnet im Sinne einer prüffähigen Statik. Umfangreiche Erläuterungen und präzise Verweise auf jeweils relevante Normenabschnitte machen den Ablauf der Bemessungsschritte leicht nachvollziehbar.

www.ernst-und-sohn.de/3001

Ernst & Sohn	Kundenservice: Wiley-VCH	Tel. +49 (0)6201 606-400
Verlag für Architektur und technische	Boschstraße 12	Fax +49 (0)6201 606-184
Wissenschaften GmbH & Co. KG	D-69469 Weinheim	service@wiley-vch.de

* Der €-Preis gilt ausschließlich für Deutschland. Inkl. MwSt. Die Versandkosten für Deutschland, Österreich, Schweiz, Liechtenstein und Luxemburg entfallen. Für alle anderen Länder gilt der Preis zzgl. Versandkosten. Irrtum und Änderungen vorbehalten. 1000116_dp

High performance reinforcement products

www.hrc-europe.com

- Zertifizierte Produkte
- Umwelt-Produktdeklaration (EPD)
- BIM Stütze (Komponente)

- Betonstahl mit mechanischer Endverankerung (headed bars)
- Betonstahlverbindungen
- Verankerungen

HRC Europe NL BV
Mortelstraat 7, NL-8211 AD Lely**stad**
+31 320 727030

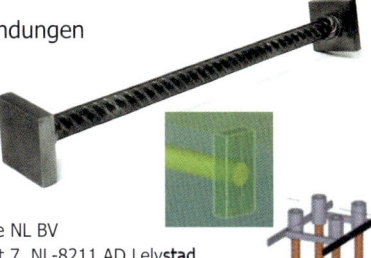

Editor-in-Chief: Prof. Dr. Konrad Bergmeister
Editorial Board: Prof. Dr. Peter Mark, Prof. Dr. Manfred Curbach, Prof. Dr. Oliver Fischer, Prof. Dr. Jan Akkermann, Dipl.-Ing. Torsten Schoch

Call for Papers Civil Engineering Design

- Online only, hybrid open-access journal
- English language, 6 issues per year
- Interdisciplinary and material-independent approach
- Focussed on scientific publications
- Short review and publication times
- Manuscript submission via ScholarOne
- Peer-reviewed

Civil Engineering Design is an international journal providing innovative theoretical, numerical and experimental methods for current and newly developed building materials like concrete, steel, aluminum, glass, timber, masonry, composite materials and for all aspects of conceptional, structural and performance-based design, experimental testing and numerical modelling including construction, maintenance and demolition for the entire life-cycle of structures. This is completed by the inclusion of geotechnical engineering and soil mechanics from the perspective of structural engineering.

SUBMISSIONS

You are invited to actively participate in the launch of this new journal, shape it and determine its direction.

mc.manuscriptcentral.com/**cend**

Dirk Jesse (Managing Editor)
+ 49 (0)30 470 31-275
dirk.jesse@wiley.com

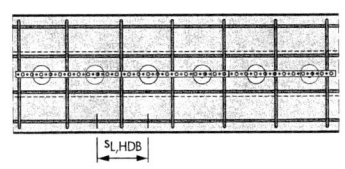

Bild 13. Anwendung von Doppelkopfankern in I-Trägern

kann ohne Behinderung durch Bügel verlegt werden, was zu einer erheblichen Reduzierung der Verlegezeiten führt. Auch der Einsatz bei schubbewehrten Wandelementen vereinfacht die Verlegung der Bewehrung.

Vorteile bietet die Querkraftbewehrung auch bei I-Trägern (Bild 13) mit schmalen Stegen. In diesem Fall können die Doppelkopfanker als einreihige Querkraftbewehrung bis zu einem Durchmesser von 25 mm eingesetzt werden. Auf eine zusätzliche Querkraftbewehrung darf hierbei verzichtet werden, wenn keine Torsionsbeanspruchungen vorliegen. Eine zusätzliche Querkraftbewehrung in Form von Bügeln ist nur im Bereich des Zug- bzw. Druckgurts erforderlich.

Bemessung

Der zulässige Ankerdurchmesser d_A in mm wird durch folgende Ungleichung begrenzt:

$$d_A \leq 4 \cdot \sqrt{h} \tag{5}$$

mit

h Bauteildicke in cm

Die maximalen Abstände der Anker untereinander werden in den Technischen Spezifikationen (Tabellen 1 und 2) angegeben, es gilt der jeweils kleinste Wert.

Quer zur Haupttragrichtung wird der Größtabstand der Doppelkopfanker durch die Bauteilhöhe sowie

Tabelle 1. Maximale Abstände S_L der Anker in Haupttragrichtung

Höhe der Querkraftbeanspruchung des Bauteils	Art des Bauteils	Abstand in Abhängigkeit von der Bauteildicke in mm oder in Abhängigkeit von der Betonfestigkeitsklasse	
		bis C45/55	$\geq$ C50/60
$V_{Ed} \leq 0,3\ V_{Rd,max}$	dünne Platten (h $\leq$ 400 mm)	0,8 h	
	dicke Platten (h > 400 mm) und Balken	0,7 h bzw. 300 mm	0,7 h bzw. 200 mm
$0,3\ V_{Rd,max} < V_{Ed} < 0,6\ V_{Rd,max}$	dünne Platten (h $\leq$ 400 mm)	0,6 h	
	dicke Platten (h > 400 mm) und Balken	0,5 h bzw. 300 mm	0,5 h bzw. 200 mm
$V_{Ed} \geq 0,6\ V_{Rd,max}$	dünne Platten (h $\leq$ 400 mm)	0,25 h	
	dicke Platten (h > 400 mm) und Balken	0,25 h bzw. 200 mm	

Tabelle 2. Maximale Abstände S_Q der Anker quer zur Haupttragrichtung in Abhängigkeit von der Bauteildicke und der vorhandenen Querbewehrung

	Vorhandene Querbewehrung in % der Hauptbewehrung	Abstand $S_{Q,JDA,max}$ in Abhängigkeit von der Betonfestigkeitsklasse sowie der Bauteildicke h oder in mm	
		bis C45/55	$\geq$ C50/60
Platten mit einer Bauteildicke $h \leq 400$ mm	50	1,5 h	1,5 h
Sonstige Platten und Balken Bauteildicke mit $V_{Ed} \leq 0,3\ V_{Rd,max}$	20	1,0 h oder 800 mm	1,0 h oder 600 mm
Sonstige Platten und Balken Bauteildicke mit $V_{Ed} \leq 0,3\ V_{Rd,max}$	20	1,0 h oder 600 mm	1,0 h oder 400 mm

Tabelle 3. Minimaler Randabstand a_Q [mm] der Anker an freien Rändern

Ankerdurchmesser d_A [mm]	Betonfestigkeitsklasse			
	C20/25	C30/37	C35/45	C45/55
10	120	110	90	80
12	150	130	110	100
14	170	150	130	120
16	200	170	150	130
20	250	210	190	170
25	310	260	230	210

die vorhandene Querbewehrung in Anteilen der Bewehrung in Haupttragrichtung festgelegt. Bei einer Querbewehrung von 20% darf der Ankerabstand die Bauteilhöhe nicht überschreiten. Er darf in Bauteilen bis zu 400 mm Bauteildicke bei Vorhandensein einer Querbewehrung von 50% das 1,5-Fache der Bauteilhöhe betragen. Zwischenwerte dürfen linear interpoliert werden.

Der minimale Randabstand a_Q wird in Abhängigkeit von Ankerdurchmesser und Betonfestigkeitsklasse nach Tabelle 3 bestimmt. Für Betonfestigkeitsklassen höher als C45/55 sind die Werte der Festigkeitsklasse C45/55 anzusetzen.

Bemessung von Balken

Die Bemessung erfolgt nach DIN EN 1992-1-1/NA. Eine Bewehrung mit Doppelkopfankern darf als Mindestbewehrung angesetzt werden. Bei der Bemessung von Balken wird zwischen Trägern mit profilförmigem Querschnitt (I- und T-Träger) und Rechteckbalken (Plattenbalken) unterschieden:

– Bei I- und T-Trägern darf die Querkraftbewehrung ausschließlich aus Doppelkopfankern bestehen. Bei Rechteckbalken wird die Doppelkopfanker-Bewehrung in Kombination mit einer Bügelbewehrung verwendet.

– Für Rechteckbalken ist für $V_{Ed} \leq 2/3\ V_{Rd,max}$ eine Mindestbügelbewehrung von 25% und für $V_{Ed} > 2/3\ V_{Rd,max}$ eine Mindestbügelbewehrung von 50% erforderlich.

Bemessung von Platten

Die Bemessung erfolgt ebenfalls nach DIN EN 1992-1-1/NA. In Platten mit einer statischen Nutzhöhe zwischen 200 mm und 400 mm darf der erforderliche Ankerquerschnitt unter Ansatz einer gegenüber DIN EN 1992-1-1/NA flacheren Druckstrebenneigung ermittelt werden. Für Bügel ist die Neigung der Druckstreben nach DIN EN 1992-1-1/NA wie folgt begrenzt:

$$1,0 \leq \cot\theta \leq 3,0\ ; \quad \text{also}\quad 18° \leq \theta \leq 45° \tag{6}$$

für Bewehrung mit Doppelkopfanker in dünnen Platten gilt:

$$1,2 \leq \cot\theta \leq 4,0\ ; \quad \text{also}\quad 14° \leq \theta \leq 35° \tag{7}$$

Spezielle Bewehrungselemente

wobei

$$\theta_{Doko} = \left(0,8 + 0,1 \cdot \frac{d}{d_0}\right) \cdot \theta - \left(2,3 - 1,15 \cdot \frac{d}{d_0}\right) \quad (8)$$

mit

d statische Nutzhöhe in mm
d_0 200 mm
θ zwischen 18,4° und 39°

Der erforderliche Ankerquerschnitt der Querkraftbewehrung darf mithilfe der Gl. (9) bestimmt werden:

$$V_{Rd,sy} = \left(a_{s,Doko} \cdot \cot\theta_{Doko} + a_{sw} \cdot \cot\theta\right) \cdot z \cdot f_{yd} \quad (9)$$

mit

$a_{s,Doko}$ Querschnitt der Doppelkopfanker
a_{sw} Querschnitt der Bügelbewehrung
z Hebelarm der inneren Kräfte
f_{yd} Bemessungswert der Streckgrenze ($= f_{yk}/1,15$)

Der Vorteil dieser Art Bewehrung liegt zum Beispiel darin, dass hochbewehrte Bereiche mit 4- oder 6-schnittigen Bügeln und kleinen Abständen durch den Einsatz von Ankern entschärft werden können. So kann zum Beispiel ein 2-schnittiger Bügel

Tabelle 4. Zusammenstellung der Technischen Spezifikationen für Doppelkopfanker als Durchstanz- bzw. Querkraftbewehrung

Produkt	Antragsteller	Nummer	Bescheid vom: Geltungsdauer bis:
HDB Dübelleiste	HALFEN GmbH Liebigstraße 14 40764 Langenfeld	ETA-12/0454	18.12.2017
Durchstanzbewehrung Schöck Bole®	Schöck Bauteile GmbH Vimbucher Straße 2 76534 Baden-Baden	ETA-13/0076	12.03.2018
JORDAHL®-Durchstanzbewehrung JDA	JORDAHL GmbH Nobelstraße 51 12057 Berlin	ETA-13/0136	27.03.2018
Peikko® PSB Durchstanzbewehrung	Peikko Group Oy Voimakatu 3 15101 Lahti Finnland	ETA-13/0151	12.03.2018
ancoPlus® Durchstanzbewehrung	ANCOTECH GmbH Spezialbewehrungen Robert-Perthel-Straße 72 50739 Köln	ETA-13/0196	08.05.2018
JORDAHL®-Durchstanzbewehrung JDA	JORDAHL GmbH Nobelstraße 51 12057 Berlin	Z-15.1-214	06.03.2015 01.04.2019
ancoPlus® Durchstanzbewehrung	ANCOTECH GmbH Spezialbewehrungen Robert-Perthel-Straße 72 50739 Köln	ETA-13/0196	08.05.2018
HALFEN Doppelkopfanker Typ HDB-S als Querkraftbewehrung nach DIN EN 1992-1-1	HALFEN GmbH Liebigstraße 14 40764 Langenfeld	Z-15.1-249	01.07.2016 30.06.2021
ancoPLUS® Schubbewehrung	ANCOTECH GmbH Spezialbewehrungen Robert-Perthel-Straße 72 50739 Köln	Z-15.1-258	01.12.2017 01.12.2022

Tabelle 4. Zusammenstellung der Technischen Spezifikationen für Doppelkopfanker als Durchstanz- bzw. Querkraftbewehrung (Fortsetzung)

Produkt	Antragsteller	Nummer	Bescheid vom: Geltungsdauer bis:
Schöck BOLE V als Schubbewehrung nach DIN EN 1992-1-1	Schöck Bauteile GmbH Vimbucher Straße 2 76534 Baden-Baden	Z-15.1-260	01.01.2018 01.01.2023
Peikko PSB-S Doppelkopfanker als Querkraftbewehrung	Peikko Group Oy Voimakatu 3 15101 Lahti Finnland	Z-15.1-267	30.11.2018 30.11.2023
JORDAHL®-Querkraftbewehrung JDA-S	JORDAHL GmbH Nobelstraße 51 12057 Berlin	Z-15.1-268	06.03.2015 01.12.2018
HALFEN Doppelkopfanker Typ HDB-G-S als Querkraftbewehrung nach DIN EN 1992-1-1	HALFEN GmbH Liebigstraße 14 40764 Langenfeld	Z-15.1-270	01.02.2014 01.02.2019

Tabelle 5. Zusammenstellung der Technischen Spezifikationen für Spezial-Bewehrungselemente als Durchstanz- bzw. Querkraftbewehrung

Produkt	Antragsteller	Nummer	Bescheid vom: Geltungsdauer bis:
FILIGRAN Durchstanzbewehrung FDB	Filigran Trägersysteme GmbH & Co. KG Zappenberg 6 31633 Leese	ETA-13/0521	14.06.2018
Stahlpilz System EUROPILZ als Durchstanzbewehrung in Platten	Spannverbund Bausysteme GmbH Feldstrasse 66 8180 Bülach Schweiz	Z-15.1-234	27.11.2017 02.01.2020
ALD-Gitterträger für Fertigplatten mit statisch mitwirkender Ortbetonschicht	Gebr. Lotter KG Waldäcker 15 71636 Ludwigsburg	Z-15.1-262	01.03.2018 01.03.2023
TransMIT Durchstanz-Bewehrungssystem mit Stahlblechen	TransMIT Ges. für Technologietransfer mbH Kerkrader Straße 3 35394 Gießen	Z-15.1-281	21.10.2014 21.10.2019
Kaiser-Omnia-Träger KTP als Verbund-, Querkraft- und Durchstanzgitterträger	Badische Drahtwerke GmbH Weststraße 31 77694 Kehl/Rhein	Z-15.1-289	01.08.2015 01.01.2020
Gitterträger Typ PG und Typ PGS für Fertigdecken nach Eurocode 2	Progress Maschinen & Automation AG Julius-Durst-Straße 100 39042 Brixen (BZ) Italien	Z-15.1-303	07.08.2018 07.08.2023
ancoSAN® Durchstanzsanierung	ANCOTECH GmbH Spezialbewehrungen Robert-Perthel-Straße 72 50739 Köln	Z-15.1-319	03.07.2015 03.07.2020

Ø 14 mm durch einen Doppelkopfanker mit Ø 20 mm ersetzt werden.

Übereinstimmungsnachweis

Die Bestätigung der Übereinstimmung der Bewehrungselemente mit den Bestimmungen der Technischen Spezifikation muss für jedes Herstellwerk mit einem Übereinstimmungszertifikat auf der Grundlage einer werkseigenen Produktionskontrolle und einer regelmäßigen Fremdüberwachung einschließlich einer Erstprüfung der Bewehrungselemente erfolgen.

Für die Erteilung des Übereinstimmungszertifikats und für die Fremdüberwachung einschließlich der dabei durchzuführenden Produktprüfung hat der Hersteller der Bewehrungselemente eine hierfür anerkannte Zertifizierungsstelle sowie eine hierfür anerkannte Überwachungsstelle einzuschalten.

Der Lieferschein der Bewehrungselemente muss vom Hersteller mit dem Übereinstimmungszeichen (Ü-Zeichen) nach den Übereinstimmungszeichen-Verordnungen der Länder gekennzeichnet werden und mindestens Ankerdurchmesser und Ankerlänge enthalten. Die Kennzeichnung darf nur erfolgen, wenn die o. g. Voraussetzungen erfüllt sind. Den Ankern ist auf jedem Kopf eine Kennzeichnung einzuprägen.

Aufgrund des EuGH-Urteils [26] sind beim o. g. Vorgehen zukünftig Änderungen zu erwarten.

3 Verbindungselemente

3.1 Allgemeines

Mechanische Verbindungen zur Herstellung axialer Stöße bestehen i. d. R. aus folgenden Arten von Betonstählen:

- mit gewindeförmig ausgebildeten Rippen,
- mit konischem Gewinde an den Stoßenden,
- mit zylindrischem Gewinde an den Stoßenden,
- mit aufgepresster oder überzogener Muffe.

Die Brauchbarkeit dieser Verbindungen muss durch Technische Spezifikationen erbracht werden. Für die Praxis von Bedeutung sind auch sog. Bewehrungsanschlüsse, die z. B. an Betonierabschnitten die Übertragung von Normalkräften gestatten, ohne dass hierzu die Schalung durchbohrt werden muss.

Fast alle der dargestellten Verbindungen bzw. Anschlüsse sind auch für nicht vorwiegend ruhende Beanspruchung und für den 100 % Vollstoß auf Zug oder Druck geeignet. Ihr Vorteil liegt in einer u. a. raschen Montage und führt somit zur Zeiteinsparung. Im Folgenden werden verschiedene Systeme beispielhaft vorgestellt.

3.2 Betonstahlverbindungen mit gewindeförmig ausgebildeten Rippen

GEWI®-Muffenstoß und Endverankerung

Der GEWI®-Muffenstoß ist eine Schraubmuffenverbindung für Betonstähle Ø 12, 16, 20, 25, 28, 32, 40 und 50 mm der Betonstahlgruppe BSt 500 S nach DIN 488, mit beidseitig aufgewalzten, in Längsrichtung durchlaufenden, linksgängigen Gewinderippen (GEWI®-Stahl), nach den Technischen Spezifikationen (Z-1.5-76 und Z-1.5-149). Für das Anwendungsgebiet GEWI®-Pfahl wurde die Technische Spezifikation auf Ø 63,5 mm St 555/700 erweitert (Z-1.5-2). Vorwiegend ruhend und nicht vorwiegend ruhend beanspruchte Bewehrungen aus GEWI®-Stahl können durch Gewindemuffen gestoßen und/oder durch Platten und Muttern verankert werden. Die Schraubenmuffenverbindung (gekontert) kann als Zugstoß, als Druckstoß oder als Zug/Druck-Stoß eingesetzt werden (Bilder 14–15). Halbseitig vorgefertigte Anschlusselemente (bestehend aus vorgekontertem Muffenstab, Nagelplatte und Anschlussstab) können zeitsparend bei Arbeitsfugen verwendet werden (Bild 16). Die Übergreifungslängen entsprechen der DIN EN 1992-1-1. Der Druckstoß kann auch als Kontaktstoß ohne Kontermuttern ausgebildet werden.

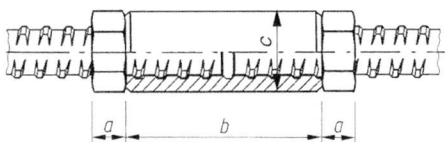

Bild 14. GEWI®-Muffenstoß „rund" als Zug- bzw. Druckstoß (gekontert)

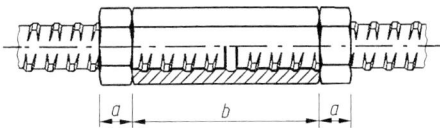

Bild 15. GEWI®-Muffenstoß „Sechskant" als Zug- bzw. Druckstoß (gekontert)

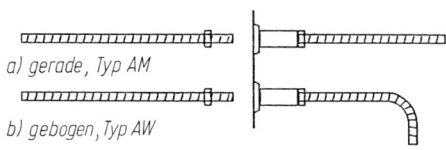

Bild 16. GEWI®-Anschlussbewehrung

Alle Betonstäbe dürfen als Vollstoß gestoßen werden. Die zulässige Beanspruchung für alle Muffenverbindungen beträgt 100% des ungestoßenen Stabs. Die zulässige Schwingbreite im Bereich der Muffenstöße und Endverankerungen bei Stabdurchmessern von 12 bis 32 mm beträgt für die kurze runde Muffe $2\sigma_A = 100$ N/mm², für die lange Sechskantmuffe $2\sigma_A = 140$ N/mm², für 40 mm bzw. 50 mm für die kurze runde Muffe $2\sigma_A = 60$ N/mm², für die lange Sechskantmuffe für 40 mm $2\sigma_A = 80$ N/mm², für 50 mm $2\sigma_A = 70$ N/mm² und für 63,5 mm beträgt für die runde Muffe $2\sigma_A = 60$ N/mm².

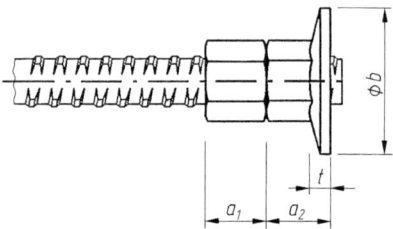

Bild 17. GEWI®-Endverankerung (gekontert) mit Ankerstück

Die Technische Spezifikation regelt auch eine Anschweißmuffe für den Anschluss von Stahlbauteilen an den Stahlbeton und eine Spannmuffe (Links-rechts-Gewinde) zum Verbinden zweier unverschieblicher Stäbe.

Die bei Endverankerungen (Bilder 17–19) einzuhaltenden Achs- und Randabstände und die erforderliche Zusatzbewehrung bei Betonfestigkeiten ≥ 25 N/mm² sind den Technischen Spezifikationen zu entnehmen. Für den Einbau unter beengten Platzverhältnissen ist eine Doppelplattenverankerung für Ø 63,5 mm lieferbar.

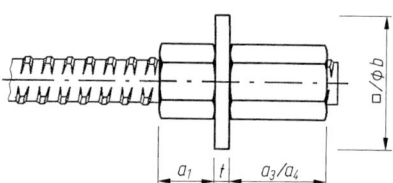

Bild 18. GEWI®-Endverankerung (gekontert) mit Ankerplatte und Ankermutter

Die geschraubten Muffenstöße und Verankerungen dürfen auch bei außergewöhnlichen Lastfällen verwendet werden (siehe Technische Spezifikationen).

3.3 Betonstahlverbindungen mit konischem Gewinde an den Stoßenden

Schraubanschluss LENTON

Die Firma ERICO hat das LENTON-System entwickelt. Das LENTON-System basiert auf einer Schraubverbindung, die mit einem Kegelgewinde zusammengefügt wird (Bild 20). Die Kegelgewinde ist selbstzentrierend und mit 4 bis 5 Umdrehungen wird ein handfester Sitz der Verbindung erreicht. Das weitere Anziehen erfolgt mittels Drehmomentschlüssel. Kontern ist bei allen Standardverbindungen nicht erforderlich.

Es können sämtliche Bewehrungsstäbe nach DIN 488 miteinander verbunden werden. Die zulässige Beanspruchung beträgt 100% der ungestoßenen Stäbe.

Sämtliche aufgeführten Schraubmuffen sind vom Deutschen Institut für Bautechnik für ruhende und nicht vorwiegend ruhende Belastungen für die Durchmesser 10 bis 40 mm zugelassen. Die zulässige Schwingbreite beträgt bei Stabdurchmesser ≤ 28 mm $2\sigma_A = 85$ N/mm² und für Ø 32 mm und 40 mm $2\sigma_A = 75$ N/mm².

Die Technische Spezifikation umfasst folgende Muffentypen:

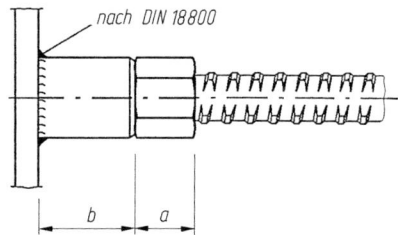

Bild 19. GEWI®-Anschweißmuffe (gekontert)

– Standardmuffen Typ A12: für Anschlussstäbe, die frei drehbar und axial verschieblich sind oder als Reduziermuffe, wenn im Stoßbereich der Stahlquerschnitt verringert wird;

– Positionsmuffe;

– Die Ausführungsformen Typ P13, P14 und P15 sind Positionsmuffen, die eingesetzt werden, wenn die Beweglichkeit des Anschlussstabes eingeschränkt ist (z. B. unverdrehbar, weil gebogen oder gekröpft und/oder unverschieblich);

– Typ P13: für Anschlussstäbe, die weder frei drehbar noch axial verschieblich sind, auch als Reduziermuffe verfügbar;

– Typ P14: für Anschlussstäbe, die nicht frei drehbar, aber axial verschieblich sind, auch als Reduziermuffe verfügbar;

Das ROBUSTA-Verankerungsset
Die perfekte Verbindung an der Schnittstelle zwischen Betonbau und Stahlbau – Einbautoleranz: bis 12 cm!

Praxisgerechter Einbau von Ankerstäben durch nachträglichen Verguss

Viele Vorteile für alle Beteiligten:

Für den Tragwerksplaner:
Bemessungs-Software und Zeichnungsbibliotheken kostenlos

Für die Betonbaufirma:
Komplettes Einbauset für einfachen Einbau in die Bewehrung und sicheres Betonieren

Für die Stahlbaufirma:
Ausnutzen der großen Einbautoleranzen beim Verguss der Anker auf die exakten Einbaumaße

nicht so...
– allseitige Toleranz
...sondern so!

Anwendung für seismische Beanspruchung in Vorbereitung!

ROBUSTA GAUKEL

Brunnenstraße 36 · D-71263 Weil der Stadt-Hausen
Telefon +49 7033 5371-0 · Fax +49 7033 5371-31
www.robusta-gaukel.de · info@robusta-gaukel.de

Ernst & Sohn
A Wiley Brand

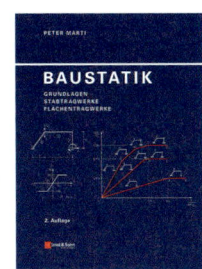

Das Grundlagenwerk für Bauingenieure

Peter Marti
Baustatik
Grundlagen – Stabtragwerke – Flächentragwerke
2. korrigierte Auflage
2014. 684 S.
€ 98,–*
ISBN 978-3-433-03093-6
Auch als **ebook** erhältlich

Das Buch liefert eine einheitliche Darstellung der Baustatik auf der Grundlage der Technischen Mechanik. Es behandelt Stab- und Flächentragwerke nach der Elastizitäts- und Plastizitätstheorie. Es betont den geschichtlichen Hintergrund und den Bezug zur praktischen Ingenieurtätigkeit und dokumentiert erstmals in umfassender Weise die spezielle Schule, die sich in den letzten 50 Jahren an der ETH in Zürich herausgebildet hat.

Online Bestellung:
www.ernst-und-sohn.de/3093

Ernst & Sohn
Verlag für Architektur und technische Wissenschaften GmbH & Co. KG

Kundenservice: Wiley-VCH
Boschstraße 12
D-69469 Weinheim

Tel. +49 (0)6201 606-400
Fax +49 (0)6201 606-184
service@wiley-vch.de

* Der €-Preis gilt ausschließlich für Deutschland. Inkl. MwSt. Die Versandkosten für Deutschland, Österreich, Schweiz, Liechtenstein und Luxemburg entfallen. Für alle anderen Länder gilt der Preis zzgl. Versandkosten. Irrtum und Änderungen vorbehalten. 1019106_dp

100 Jahre kompakt – Reprints technischer Regelwerke von 1904 bis 2004

Das Buch enthält die Reprints, die für die Bemessung und Ausführung der Beton-, Stahlbeton- und Spannbetonbauwerke im Hochbau gültig waren, sowie eine chronologische Übersicht und ein umfangreiches Stichwortverzeichnis. Zusammengestellt aus dem umfangreichen Fundus der in den Beton-Kalendern abgedruckten Bestimmungen, ergänzt um die Standards der ehemaligen DDR.

Der Band ermöglicht darüber hinaus auch einen interessanten Einblick in die Normengeschichte und damit in die Entwicklung der Betonbauweise in den vergangenen 100 Jahren.

Hrsg.: Frank Fingerloos
Historische technische Regelwerke für den Beton-, Stahlbeton- und Spannbetonbau
Bemessung und Ausführung
2009. 1316 Seiten
€ 49,90*
ISBN 978-3-433-02925-1

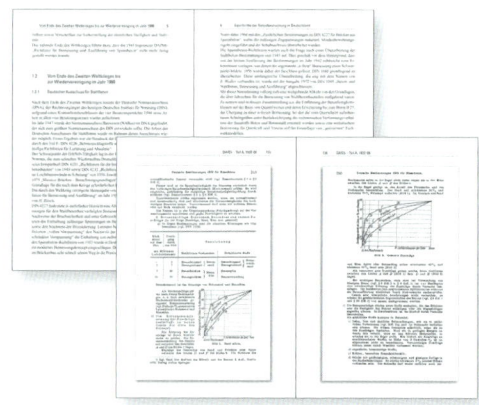

Online Bestellung:
www.ernst-und-sohn.de/2925

Ernst & Sohn
Verlag für Architektur und technische Wissenschaften GmbH & Co. KG

Kundenservice: Wiley-VCH
Boschstraße 12
D-69469 Weinheim

Tel. +49 (0)6201 606-400
Fax +49 (0)6201 606-184
service@wiley-vch.de

* Der €-Preis gilt ausschließlich für Deutschland. Inkl. MwSt. Die Versandkosten für Deutschland, Österreich, Schweiz, Liechtenstein und Luxemburg entfallen. Für alle anderen Länder gilt der Preis zzgl. Versandkosten. Irrtum und Änderungen vorbehalten. 1043126_dp

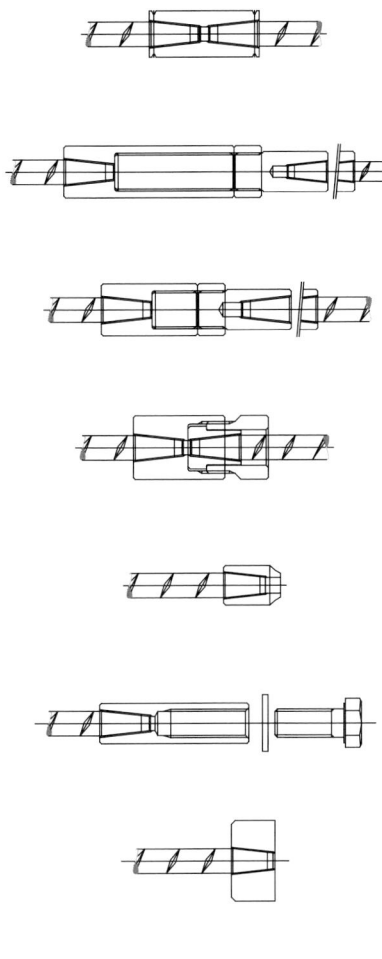

Bild 20. Verschiedene Ausführungen der Lenton-Schraubanschlüsse

- Typ P15: zur Distanzüberbrückung mit gebogenen, unverdrehbaren, aber längsverschieblichen Anschlussstäben;
- Kombinationsmuffe EL-S13: ermöglicht Herstellung von Verbindungen zwischen Betonstählen und Schrauben mit metrischem Gewinde
- Anschweißmuffe EL-C12: für kraftschlüssige Verbindungen von Betonstahl an Stahlverbund-Konstruktionen;

- Muffe „Form Saver": werksseitig vorgefertigte Anschlussbewehrung in Fixlängen für die spätere Anbindung von geraden Stäben (Ø 10 mm bis Ø 20 mm);
- Endverankerung: für die Rückverankerung von Stabkräften (Ersatz von Endhaken).

Die konusförmigen Stabgewinde müssen mit einem Spezialgerät, der Lenton-Maschine, geschnitten werden. Dadurch ist die Übereinstimmung von Stabachse und Gewindeachse gewährleistet.

Eine weitere Technische Spezifikation existiert für das „System LENTON World wide". Wesentlicher Unterschied zu der vorab beschriebenen Technischen Spezifikation ist der reduzierte Umfang der enthaltenen Muffen (nur Standardmuffe und Reduziermuffe) sowie der unterschiedlichen Ermüdungsfestigkeit bei nicht vorwiegend ruhender Belastung.

3.4 Betonstahlverbindungen mit zylindrischem Gewinde an den Stoßenden

HALFEN-HBS-Schraubanschluss

Der Bewehrungs-Schraubanschluss Typ HBS der Firma HALFEN GmbH ist verwendbar für Betonstabstahl B500B mit den Nenndurchmessern 10 bis 32 mm oder Betonstabstahl B500B NR der Werkstoffnummer 1.4571 mit den Nenndurchmessern 10 bis 14 mm oder nichtrostender Stabstahl der Mindestfestigkeitsklasse S 355 der Werkstoffnummer 1.4571 oder 1.4404 mit den Nenndurchmessern von 10 bis 20 mm. Die zugelassenen Stabmaterialien und die entsprechenden Nenndurchmesser der Stäbe für die einzelnen Verbindungstypen bzw. die Verankerung sind der Technischen Spezifikation zu entnehmen. Auf die Enden der Anschlussstäbe werden zylindrische, zum Stab hin konisch anlaufende Gewinde kalt aufgerollt. Die Gewinde an den Stabenden werden vollständig in die Schraubmuffe eingedreht. Beim Einschrauben des konischen Stabgewindeteils wird eine geometrisch definierte schlupfmindernde Verspannung zwischen Muffen- und Stabgewinde erzeugt.

Die nachfolgenden Bestimmungen für nicht vorwiegend ruhende Belastung gelten für die aufgeführten Muffentypen und die Verankerung, jedoch nicht für Verbindungen mit Betonstabstahl B500B NR und Verbindungen bzw. Verankerungen von Betonstabstahl B500B mit Nenndurchmesser 32 mm.

Als Kennwert der Ermüdungsfestigkeit ist für den Durchmesserbereich 10 bis 20 mm eine Spannungsschwingbreite von $\Delta\sigma_{Rsk} = 80$ N/mm² für $N = 2 \cdot 10^6$ Lastzyklen und für die Ø 25 und 28 mm eine Spannungsschwingbreite von $\Delta\sigma_{Rsk} = 70$ N/mm² für $N = 2 \cdot 10^6$ Lastzyklen anzunehmen. Die Spannungsexponenten der Wöhlerlinie sind mit $k_1 = 3,5$ bis $2 \cdot 10^6$ Lastzyklen,

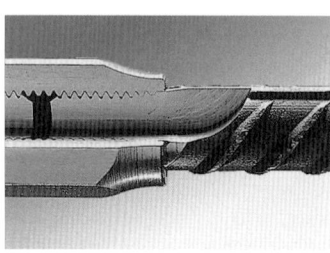
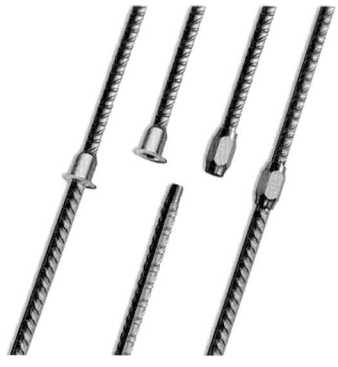

Bild 21. HALFEN Bewehrungsanschluss HBS

$k_1 = 3$ von $2 \cdot 10^6$ bis 10^7 Lastzyklen sowie $k_2 = 5$ (gemäß der Norm) anzusetzen.

Der HBS-Schraubanschluss (Bild 21) darf durch Druck- und Zugkräfte beansprucht werden. Alle Stäbe dürfen in einer Querschnittsebene gestoßen werden (Vollstoß), wobei die zulässige Beanspruchung des Bewehrungsstoßes zu 100% ausgenutzt werden kann.

PFEIFER-Bewehrungsanschluss PH

Der PFEIFER-Bewehrungsanschluss PH ist als Überlappstoß gemäß Bild 22 konzipiert. Er besteht aus einem Muffenstab mit Gewindemuffe und einem zugehörigen Anschlussstab mit Bolzengewinde oder aus zwei Muffenstäben mit Gewindekopplern (Bild 23). Weiterhin umfasst das Programm Reduziermuffen, Reduziermuffenstäbe, Positionieranschlüsse, Anschweißhülsen und Ankerkörper (Endverankerungen).

Alle o. g. Muffenausführungen mit Ausnahme der Anschweißhülse dürfen auch unter vorwiegend nicht ruhender Beanspruchung verwendet werden. Als Ermüdungsfestigkeit ist für den Durchmesserbereich 8 bis 32 mm eine Spannungsschwingbreite von $\Delta \sigma_{Rsk} = 70 \text{ N/mm}^2$ für $N = 2 \cdot 10^6$ Lastzyklen anzunehmen. Die Spannungsexponenten der Wöhlerlinie sind mit $k_1 = 3$ sowie $k_2 = 5$ für $N = 10^7$ Lastzyklen anzusetzen.

Im zuerst betonierten Bauteil werden die Muffenstäbe eingebaut. Die Stectteller aus Kunststoff werden an die Schalung angenagelt und der Muffenstab aufgesteckt. Nach dem Betonieren wird ausgeschalt und der nach Größe farbcodierte Steckteller kann entfernt werden. In die sauberen Muffengewinde wird der Anschlussstab eingeschraubt, die weiterführende Bewehrung eingebaut und betoniert.

Der Anschlussstab ist im Gewindebereich durch eine Kunststoffkappe in gleicher Farbe vor Beschädigungen geschützt. Gleichzeitig wird die richtige Größenzuordnung durch optische Übereinstimmung der Farben beim Muffenstab und beim Anschlussstab vereinfacht. Der Anschlussstab ist vorn aufgestaucht und das Gewinde aufgerollt, sodass eine Querschnittsschwächung besonders in den Gewinderillen nicht auftritt. Damit ist eine sichere Kraftübertragung der vollen Stabkraft ohne Abminderung möglich.

Der Vorteil des Überlappungskonzepts im jeweiligen Betonbauteil ist in der schnellen Lieferbarkeit der standardisierten Muffen- und Anschlussstäbe zu sehen. Auch sind keine Vorlaufzeiten für die Planung von Passlängen notwendig. Gegenüber auf Baustellen gefertigten Bewehrungsverbindungen liegt der Vorteil in der durch eine industrielle Fertigung sichergestellten gleichbleibenden Qualität. Alle Prüfungen und Kontrollen werden werkseitig vorweggenommen.

Die zweite Variante mit Gewindekoppelbolzen verbindet zwei Muffenstäbe miteinander. Ist einer der beiden Muffenstäbe in der Längsachse verschieblich und frei drehbar, so genügt die Verbindung mit zwei Rechtsgewindemuffen und einem Gewindekoppelteil. Nach Ansetzen des Gewindeteils kann der frei drehbare Muffenstab solange gedreht werden, bis die komplette Verbindung automatisch gefügt ist. Durch die Bauart bestimmt sind die Einschraubtiefen automatisch richtig.

Ist einer der Muffenstäbe zwar längs verschieblich, aber nicht frei drehbar, z. B. weil er abgewinkelt ist, so wird ein Rechts-links-Koppler gewählt. Dies bedingt, dass einer der beiden Muffenstäbe eine Muffe mit Linksgewinde trägt. Durch Ansetzen und Drehen des Rechts-links-Kopplers mithilfe der Sechskantausprägung werden die beiden Muffenstäbe aufeinander zugezogen und eingeschraubt. Ein Drehen des Muffenstabs ist hierbei nicht notwendig.

Über die Standardstäbe hinaus kann für besondere Anforderungen nahezu jeder Sonderstab gefertigt werden (Bild 23).

Ernst & Sohn
A Wiley Brand

Balthasar Novák, Ulrike Kuhlmann, Mathias Euler

Werkstoffübergreifendes Entwerfen und Konstruieren

Einwirkung, Widerstand, Tragwerk

- Zusammenhänge und Vergleiche zwischen den verschiedenen Bau- und Verbundbaustoffen

BESTELLEN
+49 (0)30 470 31-236
marketing@ernst-und-sohn.de
www.ernst-und-sohn.de/2917

2012 · 602 Seiten · 464 Abbildungen · 125 Tabellen
Softcover
ISBN 978-3-433-02917-6 € 59*

* Der €-Preis gilt ausschließlich für Deutschland. Inkl. MwSt.

DYWIDAG-SYSTEMS INTERNATIONAL **DSI**

NEU recostal®-coupler
Schraubanschluss für Betonstahl

- Gewährleistet einen sicheren Anschluss
- Hohe Ermüdungsfestigkeiten
- Einsatz auch in Brücken
- 100% Kraftübertragung
- Spart Zeit und Kosten
- Allgemeine bauaufsichtliche Zulassung

recostal®
Schalungssysteme

Local Presence – Global Competence

www.dywidag-systems.com
www.contec-bau.de

Sonderdrucke – Ihre Publikation als Werbemittel

Sonderdrucke sind für Unternehmen ein wertvolles Werbemedium. Mit der Veröffentlichung Ihres Fachbeitrages und einer zusätzlichen Verbreitung in Form von Sonderdrucken partizipieren Sie vom hohen Ansehen des Verlages Ernst & Sohn in der Zielgruppe. Nutzen Sie diese Möglichkeit als Imagetransfer für Ihr Unternehmen um die erarbeiteten Ergebnisse dem Markt und

- Ihren **Geschäftspartnern**
- Ihren **Kunden**
- Ihren **Mitarbeitern**

zugänglich zu machen.

Wir fertigen für Sie Sonderdrucke:
- von **Aufsätzen oder Berichten**
- in **Kombination** mit passenden Produktseiten,
- ergänzt mit eigenen Texten und Bildern,
- aus unterschiedlichen Zeitschriften,
- zusammengefasst nach Thematik oder Projekt,
- auch in ausschließlich **digitaler Version** als PDF
- ... **zu den verschiedensten Anlässen**:
    - Jubiläum, Firmenevent, Messe oder Kongress
    - als Festschrift im Buchformat

Gern kombinieren wir für Sie auch Beiträge aus unseren Büchern mit Zeitschriften.

Die digitale Version für die Internetseite Ihrer Firma ist immer inklusive.

KONTAKTIEREN SIE UNS
für individuelle Paketlösungen

Janette Seifert
reprints@ernst-und-sohn.de
+49 (0)30 47031-292

Weitere Informationen und Bestellvarianten unter
www.ernst-und-sohn.de/sonderdrucke

Verbindungselemente | 427

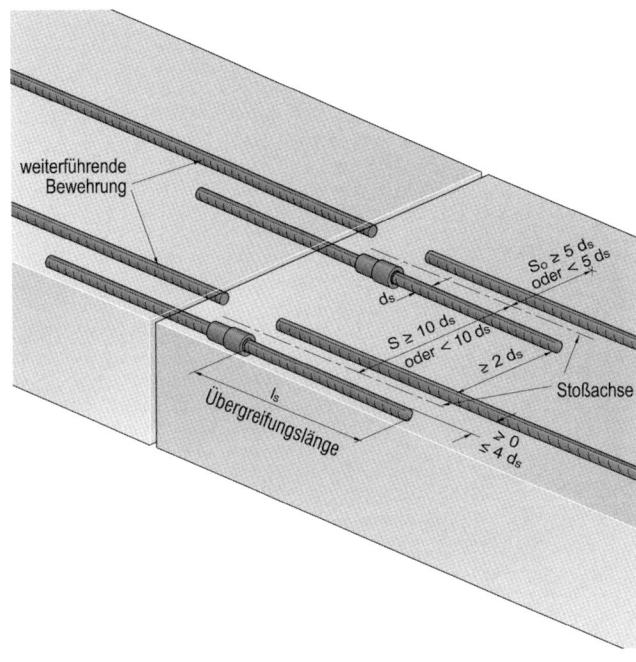

Bild 22. Bewehrungsanschluss als Zulage mit Überlappung im jeweiligen Bauteil, System PFEIFER PH

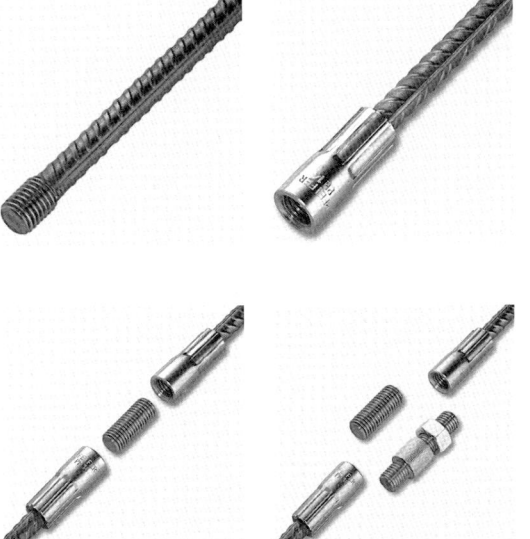

Bild 23. System PFEIFER PH; a) Anschlussstab und Muffenstab, b) Muffenstäbe mit Koppelbolzen und Muffenstäbe mit Rechts-links-Koppler

Max Frank Schraubanschluss „System Coupler"

Der Bewehrungs-Schraubanschluss „System Couplerbox" ist gemäß Technischer Spezifikation sowohl für die Verwendung in Betonbauteilen unter vorwiegend ruhender als auch unter vorwiegend nicht ruhender Belastung verwendbar. Die zu verbindenden Stabenden sind mit Gewinden versehen. Der Muffenstab besitzt an einem Stabende eine aufgeschraubte, durch einen Pressschlag gegen Verdrehen gesicherte Muffe. Stäbe ohne Muffen sind Anschlussstäbe mit kalt aufgerolltem, metrischem Gewinde.

Er ist einsetzbar für Druck- und Zugstöße. Die zulässige Beanspruchung des Bewehrungsstoßes beträgt 100 % der ungestoßenen Stäbe.

Als Ermüdungsfestigkeit ist eine Spannungsschwingbreite von $\Delta \sigma_{Rsk} = 75$ N/mm² für $N = 2 \cdot 10^6$ Lastzyklen anzusetzen. Die Spannungsexponenten der Wöhlerlinie sind mit $k_1 = k_2 = 5$ für $N = 10^7$ Lastzyklen anzusetzen.

Der Anschluss wird hergestellt aus B500 nach DIN 488 in den Stahldurchmessern 12 bis 28 mm. Der Schraubanschluss besteht aus einem Muffenstab CA mit montierter Muffe und einem Gewindestab CE mit aufgerolltem Gewinde (Bild 24). Die jeweilige Länge ergibt sich aus den Forderungen von DIN EN 1992-1-1 für Verankerungs- oder Übergreifungslängen.

Durch das beim Eindrehen des Gewindestabs aufzubringende Drehmoment verspannen sich die Stäbe gegeneinander. Zusätzlich wird eine Couplerbox als Montagehilfe angeboten (Bild 25). Die Couplerbox, die vor den allgemeinen Bewehrungsarbeiten an die Schalung genagelt werden kann, nimmt im Zuge der Bewehrungsarbeiten den Muffenstab auf.

3.5 Betonstahlverbindungen mit übergezogener oder aufgepresster Muffe

Ancon-MBT-Bewehrungsanschluss

Der Ancon-MBT-Bewehrungsanschluss ist eine Verbindung von Betonstählen B500B nach DIN 488 von 8 bis 28 mm Durchmesser. Ohne Vorbehandlung der Stäbe erfolgt die kraftschlüssige Zug- und Druckverbindung über eine selbstregulierende Klemmwirkung im Inneren der Muffe.

Das Verbindungselement besteht aus einem nahtlosen Rohr mit zwei innenliegenden Zahnleisten und einer vom Stabdurchmesser abhängigen Anzahl von Bolzen bzw. der damit zu übertragenden Kraft (Bild 26). Zur Montage wird die MBT-Muffe über die En-

a) b)

Bild 24. Max Frank Coupler-Schraubanschluss; a) Betonierabschnitte: CA- und CE-Stab, b) eingebauter Zustand

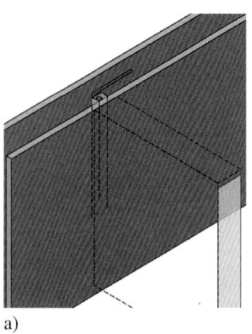
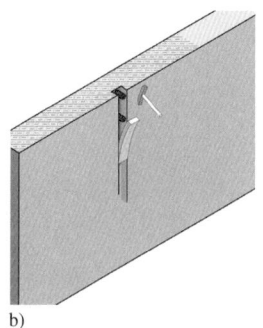
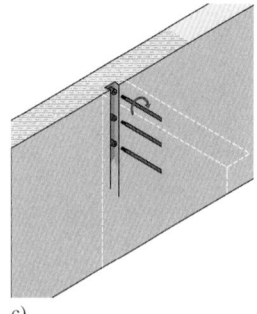

a) b) c)

Bild 25. Max Frank Couplerbox; a) Befestigung der Couplerbox an der Schalung: Einstecken des Muffenstabs in die Box und Befestigung durch Anrödeln an der bauseitigen Bewehrung, b) leichtes Auffinden der Muffe durch Öffnen des Deckels, c) Einschrauben des CE-Gewindestabs: mit dem Drehmomentschlüssel die erforderlichen Anzugsmomente aufbringen

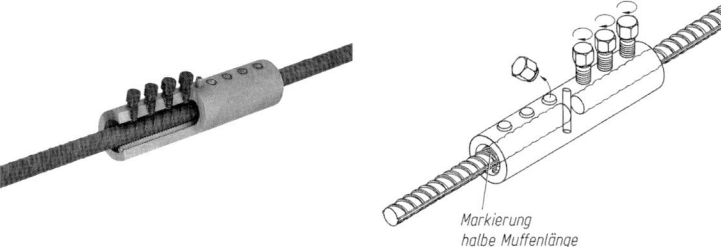

Bild 26. Ancon MBT-Bewehrungsanschluss

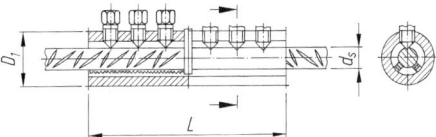

Bild 27. Längsschnitt des Ancon MBT-Anschlusses

den der zu verbindenden Stäbe geschoben. Ein in der Muffenmitte angeordneter Sicherungsstift dient als Anschlag. Beim Eindrehen der Bolzen dringen deren speziell gehärtete Spitzen in den Bewehrungsstab ein und drücken ihn auf die gegenüberliegende Zahnleiste. Dabei entsteht ein Formschluss sowohl zwischen Bolzenspitzen und Betonstahl, als auch zwischen der Zahnleiste, Betonstahl und Muffeninnenseite. Die Bolzen werden so lange eingedreht, bis sie an ihrer Sollbruchstelle außerhalb der Muffe abscheren (vgl. Bild 27). Hierdurch wird eine visuelle Kontrolle möglich.

Für Stäbe mit den Nenndurchmessern 8 und 10 mm sind 2 Bolzen, für Stabdurchmesser 12 bis 16 mm je 3 Bolzen, für Stabdurchmesser 20 mm und 25 mm 4 Bolzen und bei Stabdurchmesser 28 mm 5 Bolzen je Muffenhälfte erforderlich.

Die zulässige Beanspruchung des Bewehrungsanschlusses beträgt in allen Anwendungsfällen 100 % des ungestoßenen Bewehrungsstabs. Es dürfen alle Stäbe in einem Querschnitt gestoßen werden (Vollstoß). Die Muffenverbindungen dürfen in Bauteilen mit nicht vorwiegend ruhender Belastung verwendet werden. Die charakteristische Schwingbreite $\Delta\sigma_{Rsk}$ der Stahlspannung beträgt 95 N/mm² für $N = 2 \cdot 10^6$ Lastzyklen. Die Spannungskomponenten der Wöhlerlinie sind mit $k_1 = 3$ und $k_2 = 5$ für $N^* = 10^7$ Lastzyklen anzusetzen. Für die Betondeckung und die seitlichen Abstände der Muffenverbindung gelten dieselben Werte wie für ungestoßene Stäbe.

Sofern die Muffenverbindung in Bauteilen verwendet wird, die schärferen Umweltbedingungen unterliegen als Expositionsklassen X0 oder XCl (nicht ständig trocken), ist der Muffeninnenraum mit einem geeigneten Korrosionsschutzmittel (KSM) vollständig zu verfüllen. Die Verwendungspflicht eines KSM ist auf den Ausführungsplänen deutlich kenntlich zu machen. Eine Beschichtung durch Feuerverzinkung ist nicht zulässig.

LENTON Lock

Das System „LENTON Lock" ist eine mechanische Muffenverbindung (Bild 28). Bei Verwendung der Standardmuffe dürfen Stäbe mit Nenndurchmessern 10 bis 28 mm gleichen Durchmessers verbunden werden. Bei Verwendung der Reduziermuffe dürfen Stäbe mit Nenndurchmessern 10 bis 28 mm unterschiedlicher Durchmesser miteinander verbunden werden, wobei die Durchmesserunterschiede denen benachbarter Stäbe in der Durchmesserreihe nach DIN 488 [8] entsprechen. Die Stabkraft wird über auf Abscheren beanspruchte Scherbolzen und die gerippte Innenfläche der Muffe übertragen. Anzahl und Durchmesser der Scherbolzen hängen von der zu übertragenden Stabkraft ab. Bei Bestandskonstruktionen, in denen Betonstahl BSt 420 S einge-

Bild 28. Anwendung der „LENTON Lock" Muffenverbindung

baut wurde, dürfen Stöße mit Betonstahl B500B im Anschlussbereich Bestand/Neubau ausgeführt werden. Dabei ist jedoch die verringerte Beanspruchbarkeit des Bestandsstahls BSt 420 S zu berücksichtigen. Weiterhin sind solche Stöße nur für vorwiegend ruhende Lasten zugelassen.

Bei Stößen mit ausschließlicher Verwendung von Betonstahl B500B sind auch vorwiegend nicht ruhende Beanspruchungen mit $\Delta\sigma_{Rsk} = 145$ N/mm² für $N = 2 \cdot 10^6$ Lastzyklen erlaubt. Für höhere Lastwechselzahlen $N^* = 10^7$ müssen die Spannungsexponenten $k_1 = 4$ sowie $k_2 = 5$ angesetzt werden.

Peikko „Modix-Verbindung"

Die „Modix-Verbindung" der Firma Peikko ist die mechanische Schraubverbindung von Betonstabstahl B500B mit Nenndurchmessern 10, 12, 14, 16, 20, 25, 28 und 32 mm mittels hydraulisch aufgepresster Schraubmuffenteile. Die Verbindung besteht aus einem Muffenteil A mit Innengewinde und einem Muffenteil B mit Außengewinde. Sie wird im Folgenden als Modix-Verbindung bezeichnet (Bild 29).

Das Muffenteil B ist hinter der dem Muffenteil A zugewandten Stirnfläche mit einem Ringspalt versehen. Bei der Montage am Verwendungsort sind die beiden Muffenteile so weit zu verschrauben, bis sich der Ringspalt schließt. Die dabei erzeugte Gewinde-Verspannung dient der Schlupfminderung.

Mit der Standardverbindung (Bild 30) werden Stäbe gleichen Durchmessers gestoßen, mit der Reduzierverbindung (Bild 31) werden Stäbe mit unterschiedlichen, in der genormten Durchmesserreihe benachbarten Durchmessern, verbunden. Dazu werden die Muffenteile des dickeren der beiden zu verbindenden Stäbe verwendet, wobei das Muffenteil B auf den dünneren der beiden Stäbe aufgepresst wird.

Mit der Positionsverbindung werden Stäbe verbunden, deren Enden einen definierten Abstand haben. Die Stäbe dürfen unverdrehbar sein. Ein Stab muss längsverschieblich sein.

Als Ermüdungsfestigkeit gelten folgende Spannungsschwingbreiten:

Ø 10 bis 20 mm:
$\Delta\sigma_{Rsk} = 85$ N/mm² für $N = 2 \cdot 10^6$

Ø 25 bis 32 mm:
$\Delta\sigma_{Rsk} = 75$ N/mm² für $N = 2 \cdot 10^6$

Die Spannungsexponenten der Wöhlerlinie sind mit $k_1 = 3,5$ bzw. $k_2 = 5$ für $N^* = 10^7$ Lastzyklen anzusetzen.

FLIMU-Muffenstoß

Der Fließpress-Muffenstoß „FLIMU" ist für die Betonstahlsorte B500B und Nenndurchmesser 16, 20, 25, 28 und 32 mm verwendbar. Im Ausland wird

Bild 29. Peikko Modix-Verbindung

Bild 30. Standardverbindung (Peikko, System Modix)

Bild 31. Reduzierverbindung (Peikko, System Modix)

dieser FLIMU-Stoß bis Ø 57 mm angewendet. Zur Herstellung des Stoßes wird eine mittig über die gestoßenen Stabenden geschobene Muffe durch kontinuierliches Kaltreduzieren auf die Betonstäbe gepresst. Hierzu wird eine speziell entwickelte Fließpresse verwendet. Dabei werden die Stabrippen in das weichere Muffenmaterial formschlüssig eingedrückt. Die Verwendung dieser Verbindung ist für vorwiegend ruhende und nicht vorwiegend ruhende Belastung zugelassen. Die zulässige Schwingbreite im Bereich der Muffenstöße beträgt $2\sigma_A = 120$ N/mm², für Ø 32 mm $2\sigma_A = 80$ N/mm². Der Stoß darf als Zugstoß und/oder Druckstoß eingesetzt und als Vollstoß angeordnet werden. Die zulässige Beanspruchung beträgt 100% des ungestoßenen Stabs. Für die Betondeckung und die seitlichen Abstände der Verbindung sind dieselben Werte einzuhalten wie für die Stäbe auf der freien Strecke. Die Muffenabmessungen, kleinstmöglichen

Tabelle 6. Zusammenstellung der Technischen Spezifikationen für Verbindungen und Verankerungen

Produkt	Antragsteller	Nummer	Bescheid vom: Geltungsdauer bis:
DYWIDAG-Systems-Muffenverbindungen und -Verankerungen von Stabstahl mit Gewinderippen S 555/700 Nenndurchmesser: 63,5 mm	DYWIDAG-Systems International GmbH Siemensstraße 8 85716 Unterschleissheim	Z-1.5-2	03.07.2017 30.06.2022
Muffenverbindung von Betonstabstahl mittels Scherbolzen und Zahnleisten „Ancon MBT-Bewehrungsanschluss" Nenndurchmesser: 10 bis 28 mm	Ancon GmbH Bartholomäusstraße 26 90489 Nürnberg	Z-1.5-10	01.12.2015 30.11.2020
DYWIDAG-Systems-Muffenverbindungen und -Verankerungen von Betonstabstahl mit Gewinderippen B500B – GEWI® Nenndurchmesser: 12,0 bis 32,0 mm	DYWIDAG-Systems International GmbH Destouchesstraße 68 80796 München	Z-1.5-76	30.04.2017 30.04.2022
Mechanische Verbindung von Betonstabstahl B500B mittels Schraubmuffen Nenndurchmesser: 12 bis 32 mm Bewehrungsanschluss „System Couplerbox"	Max Frank GmbH & Co KG Mitterweg 1 94339 Leiblfing	Z-1.5-100	12.02.2015 31.03.2019
Mechanische Verbindung und Verankerung von Betonstabstahl B500B mittels aufgepresster Muffen und Gewindebolzen Nenndurchmesser: 12 bis 40 mm „System GRIPTEC"	DEXTRA MANUFACTURING Co., Ltd. Lumpini II Building 247 Sarasin Road Bangkok 10330 Thailand	Z-1.5-133	30.09.2014 30.09.2019
DYWIDAG-Systems-Muffenverbindungen und -Verankerungen von Betonstabstahl mit Gewinderippen B500B – GEWI® Nenndurchmesser: 40 und 50 mm	DYWIDAG-Systems International GmbH Siemensstraße 8 85716 Unterschleißheim	Z-1.5-149	01.10.2015 30.09.2020
Mechanische Verbindung und Verankerung von geripptem Betonstabstahl mittels Pressmuffen Nenndurchmesser: 16 bis 32 mm „FLIMU-Verfahren"	DYWIDAG-Systems International GmbH Siemensstraße 8 85716 Unterschleißheim	Z-1.5-150	30.09.2014 30.09.2019
Geschraubte Muffenverbindungen und Verankerungen von Betonstabstahl B500B mit Gewinderippen (SAS 500) Nenndurchmesser: 12,0 bis 50,0 mm	Stahlwerk Annahütte Max Aicher GmbH & Co. KG 83404 Hammerau	Z-1.5-174	11.04.2017 28.02.2021
Geschraubte Muffenverbindung und Verankerung von Stabstahl mit Gewinderippen SAS 555/700 (S 555/700) Nenndurchmesser: 57,5 und 63,5 mm	Stahlwerk Annahütte Max Aicher GmbH & Co. KG 83404 Hammerau	Z-1.5-175	22.01.2018 28.02.2019
Mechanische Schraubverbindung von Betonstabstahl B500B mittels aufgepresster Muffen und Koppelbolzen Nenndurchmesser: 10 bis 40 mm „MODIX-Verbindung"	Peikko Group Oy Voimakatu 3 15101 Lahti Finnland	Z-1.5-177	25.04.2017 31.10.2021

Tabelle 6. Zusammenstellung der Technischen Spezifikationen für Verbindungen und Verankerungen (Fortsetzung)

Produkt	Antragsteller	Nummer	Bescheid vom: Geltungsdauer bis:
Mechanische Verbindung und Verankerung von Betonstabstahl B500B mittels Schraubmuffen Nenndurchmesser: 12 bis 40 mm „System ANCON TAPER THREAD"	Ancon GmbH Bartholomäusstraße 26 90489 Nürnberg	Z-1.5-179	31.10.2017 31.10.2022
Mechanische Verbindung und Verankerung von Stabstahl „HALFEN-Bewehrungsschraubanschluss Typ HBS-05"	HALFEN GmbH Liebigstraße 14 40764 Langenfeld	Z-1.5-189	01.03.2017 28.02.2022
Mechanische Verbindung und Verankerung von Betonstabstahl B500B mittels Schraubmuffen Nenndurchmesser: 10 bis 40 mm „System LENTON World wide" und „System LENTON"	ERICO EUROPE B. V. Jules Verneweg 75 5015 BG Tilburg Niederlande	Z-1.5-200	25.08.2017 01.04.2019
Mechanische Betonstahlverbindung mittels Scherbolzen „TERWA-Alligator" Nenndurchmesser: 10 bis 28 mm	TERWA BV Kamerling Onneslaan 1–3 3401 MZ Ijsselstein Niederlande	Z-1.5-213	12.10.2018 30.09.2022
Mechanische Verbindung und Verankerung von Betonstabstahl B500B Nenndurchmesser: 8 bis 40 mm „PFEIFER-Bewehrungsschraubanschluss PH"	PFEIFER Seil- und Hebetechnik GmbH Dr.-Karl-Lenz-Straße 66 87700 Memmingen	Z-1.5-226	01.03.2017 28.02.2022
Mechanische Betonstahlverbindung mittels Scherbolzen „LENTON Lock" Nenndurchmesser: 10 bis 28 mm	ERICO EUROPE B. V. Jules Verneweg 75 5015 BG Tilburg Niederlande	Z-1.5-240	31.03.2014 31.03.2019
Mechanische Verbindung von Betonstabstahl B500B mittels Schraubmuffen Nenndurchmesser: 10 bis 40 mm „System LENTON World wide"	ERICO EUROPE B. V. Jules Verneweg 75 5015 BG Tilburg Niederlande	Z-1.5-245	31.10.2014 31.10.2019
Mechanische Schraubverbindung von Betonstabstahl B500B mittels Pressmuffen Nenndurchmesser: 12 bis 32 mm System „PSA/TSE"	TERWA BV Kamerling Onneslaan 1–3 3401 MZ Ijsselstein Niederlande	Z-1.5-254	17.07.2017 17.07.2022
Mechanische Verbindung von Betonstabstahl B500B mittels Schraubmuffen Nenndurchmesser: 10 bis 32 mm „System BARON®-C"	ANCOTECH GmbH Spezialbewehrungen Robert-Perthel-Straße 72 50739 Köln	Z-1.5-257	22.11.2017 22.11.2022
Mechanische Verbindung von Betonstabstahl B500B „System HT Coupler" Nenndurchmesser: 12 bis 40 mm	HY-TEN LIMITED Bridle Road Bootle Merseyside L30 4UG Großbritannien	Z-1.5-263	20.06.2016 10.09.2019
HALFEN Stud Connector HSC	HALFEN GmbH Liebigstraße 14 40764 Langenfeld	Z-21.8-1973	01.03.2018 30.11.2022

Stababstände, Stabüberstände, Platzbedarf der Fließpresse bei einlagiger Bewehrung und versetzten Stößen sind der Technischen Spezifikation zu entnehmen (Tabelle 6). Für Stöße mit unterschiedlichen Stabdurchmessern und für Endverankerungen sind Standardelemente zugelassen.

3.6 Ankleben von Stahllaschen

Spezifiziert sind schubfeste Klebeverbindungen zwischen Stahlplatten und bestehenden Stahlbeton- bzw. Spannbetonkonstruktionen (Platten, Balken) zur Erhöhung der Tragfähigkeit. Diese Stahllamellen werden als zusätzliche Zug- bzw. Querkraftbewehrung auf die Außenfläche der Betonbauteile geklebt und an den Enden durch Dübel, Anker o. Ä. zusätzlich konstruktiv befestigt. Detaillierte Anwendungsbedingungen, weitere Angaben zu den Baustoffen und zum statischen Nachweis, der in jedem Einzelfall zu erbringen ist, zur Montage und zur Überwachung sind den Technischen Spezifikationen zu entnehmen.

3.7 Nachträglich eingemörtelte Bewehrungsstäbe

Die Bewehrungsstäbe werden im bestehenden Bauteil verankert oder werden mit einer vorhandenen Bewehrung gestoßen. Dabei wird im vorhandenen Bauteil ein Bohrloch mit Hammer-, Pressluft- oder Diamantbohrverfahren erstellt, gereinigt und anschließend der Mörtel eingebracht. Danach wird der Bewehrungsstab in das ausreichend mit Mörtel gefüllte Bohrloch eingeschlagen oder eingedrückt.

Die zugelassenen Systeme unterscheiden sich

– in der Art des Mörtels und
– in der Art der Montage.

Das Bindemittel der Mörtel kann aus Zement, Kunstharz oder einer Mischung aus beidem bestehen. Prinzipiell werden ungesättigte Polyesterharze, Vinylesterharze und Epoxidharze verwendet.

Dieser Bewehrungsanschluss wird nachträglich mit geripptem Betonstahl und unterschiedlichen Verbundmörteln durch Verankerung oder Übergreifungsstoß in Normalbeton von mindestens C12/15 und C50/60 hergestellt. Der Anschluss von geraden Betonstählen darf für vorwiegend ruhende und nicht vorwiegend ruhende Belastung eingesetzt werden.

Voraussetzung für die Bemessung eingemörtelter Bewehrungsstäbe nach den Grundsätzen des Stahlbetonbaus ist eine Verbundtragwirkung, die derjenigen von einbetonierten Bewehrungsstäben entspricht. Die Bestimmung der Verbundtragwirkung erfolgte bisher nach EOTA TR 023, zukünftig nach der EAD. Bei Erreichung von bestimmten mittleren Verbundfestigkeiten in Abhängigkeit von der Betondruckfestigkeit sowie Berücksichtigung der Grenzwerte der Verbundspannung f_{bd} für gerippten Betonstahl (Verhinderung des Spaltens bei geringer Betondeckung) dürfen eingemörtelte Bewehrungsstäbe nach den Regeln des Stahlbetonbaus bemessen werden. Wird die jeweilige erforderliche Verbundfestigkeit für die betrachtete Betonfestigkeitsklasse nicht erreicht, muss in der Bemessung eine reduzierte Verbundfestigkeit verwendet werden. Dies ist gleichbedeutend mit einer Vergrößerung der Verankerungs- bzw. Übergreifungslänge.

Die Bemessung erfolgt wie üblich auf der Grundlage von DIN EN 1992-1-1. Der Nachweis der unmittelbaren Krafteinleitung in den Beton ist durch die Technischen Spezifikationen erbracht; die Weiterleitung der Lasten im Bauteil ist rechnerisch im Einzelfall nachzuweisen. Mindestsetztiefen und Mindestübergreifungslängen ergeben sich aus den Technischen Spezifikationen. Verschiedene Anwendungsbeispiele zeigt Bild 32.

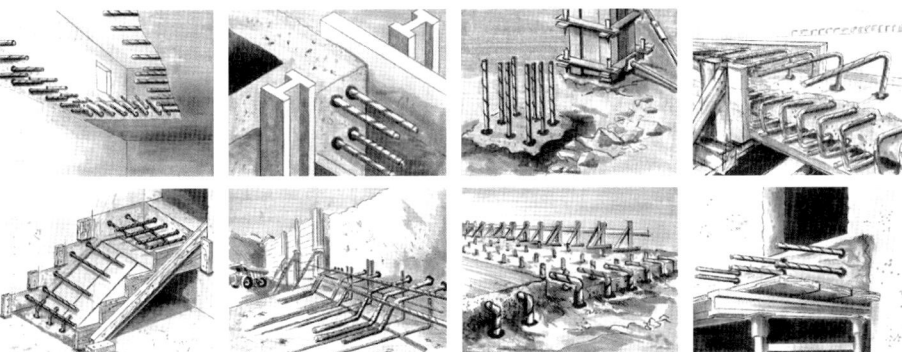

Bild 32. Typische Anwendungen für nachträglich eingemörtelte Bewehrungsstäbe

Für den Fall, dass brandschutztechnische Anforderungen bestehen, sind die hierfür geltenden Regeln der Technischen Spezifikationen zu beachten. Für die Bauausführung bestehen insbesondere Regelungen für die Bohrlochherstellung, die Bohrlochreinigung, die Injektion des Verbundmörtels, die Kontrolle der bedingungsgemäßen Handhabung sowie für die Anforderungen an das Personal.

Die Aushärtungszeit des Mörtels vom Beginn des Auspressens bis zur vollständigen Durchhärtung ist produktabhängig und wird zusätzlich von der Temperatur des Betons beeinflusst. Sie beträgt z. B. bei 5 °C 180 min und bei 25 °C 50 min. Das Verfüllen des Bohrlochs und das Einsetzen eines Bewehrungsstabs werden als Prinzip im Bild 33 gezeigt. Je nach Mörteltyp sind weitere Reinigungsschritte wie z. B. Ausspülen mit Wasser erforderlich.

Die in Tabelle 7 aufgeführten abZs stützen sich auf Europäische Technische Zulassungen (ETA alt) auf Grundlage des Technical Report TR023 der EOTA, wobei die abZs weitergehende Regelungen insbesondere zur Schulung des Personals enthalten. In den ETAs (alt) fehlen derzeit auch noch Angaben zum Verhalten unter Brandbeanspruchung. Die auf Grundlage der neu erstellten EAD veröffentlichten Technischen Spezifikation enthalten zukünftig auch Angaben bei Brandbeanspruchung.

Für das kraftschlüssige Verbinden von Alt- und Neubeton wurde ein leistungsfähiges System entwickelt. Der Hilti Schubverbinder HCC-K besteht aus einem Betonstabstahl mit aufgestauchtem Kopf. Er wird in mit Injektionsmörtel gefülltes Bohrloch im bestehenden Beton (Altbeton) gesteckt und durch Verbund zwischen dem Hilti Schubverbinder HCC-K, dem Injektionsmörtel und dem Beton verankert. Im Bereich des Neubetons (Aufbeton) erfolgt die Verankerung über den Kopf des Hilti Schubverbinders HCC-K durch Formschluss (Kopfbolzenverbindung). In Bild 34a ist der Hilti Schubverbinder HCC-K im eingebauten Zustand dargestellt. Eine typische Anwendung zeigt Bild 34b.

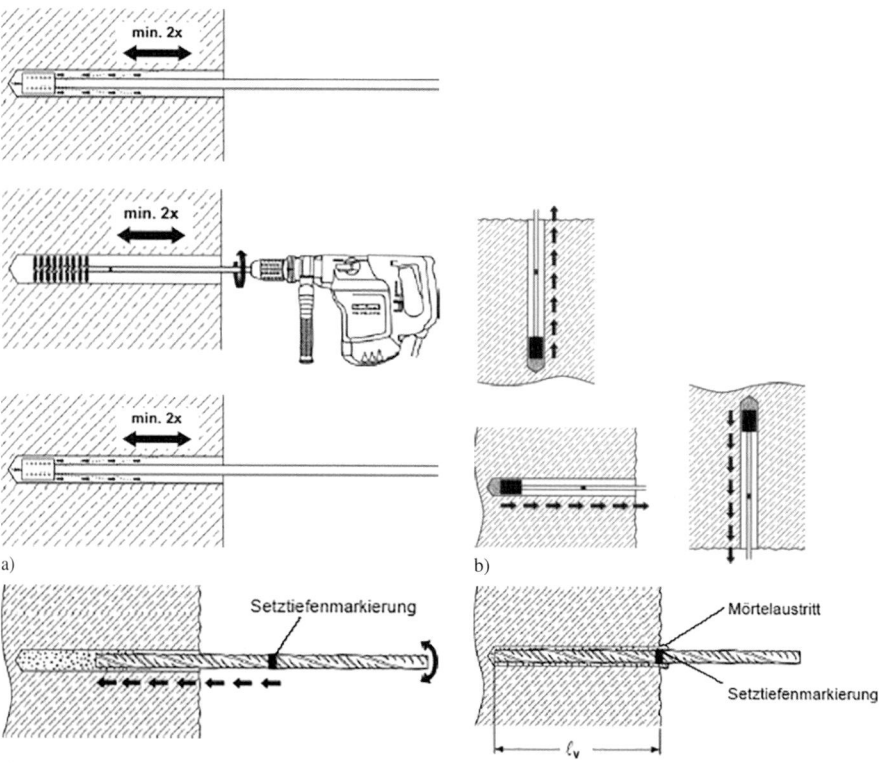

Bild 33. Prinzipielle Montage der eingemörtelten Bewehrungsstäbe, System Hilti HIT-HY; a) Reinigen des Bohrlochs, b) Verfüllen des Mörtels, c) Einsetzen des Bewehrungsstabs

a) 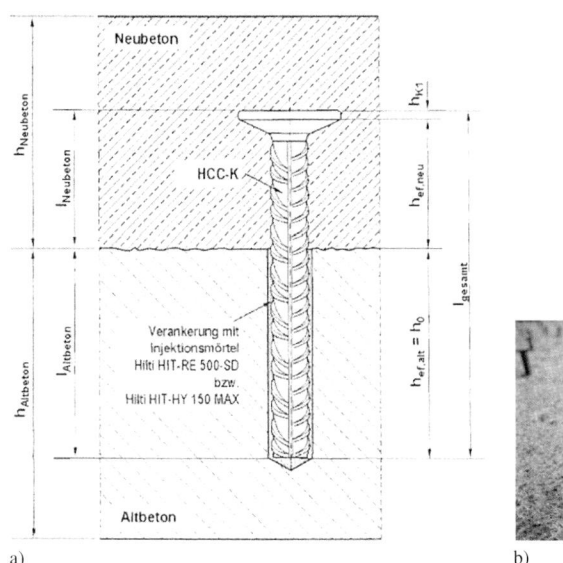　b)

Bild 34. Hilti Schubverbinder HCC-K im eingebauten Zustand; a) schematisch, b) Anwendung

Tabelle 7. Zusammenstellung der Technischen Spezifikationen für nachträglich eingemörtelte Bewehrungsstäbe

Produkt	Antragsteller	Nummer	Bescheid vom: Geltungsdauer bis:
Injektionssystem VME	MKT Metall-Kunststoff-Technik GmbH & Co. KG Auf dem Immel 2 67685 Weilerbach	ETA-07/0299	09.11.2017
Injektionssystem WIT-PE 500	Adolf Würth GmbH & Co. KG Reinhold-Würth-Straße 12–17 74653 Künzelsau	ETA-07/0313	27.02.2018
Injektionssystem Hilti HIT-RE 500 für Bewehrungsanschluss	Hilti AG Business Unit Anchors Feldkircherstraße 100 9494 Schaan Fürstentum Liechtenstein	ETA-08/0105	30.04.2014
SPIT EPOBAR/EPOMAX	Société SPIT Route de Lyon BP 104 26501 Bourg les Valence Cedex Frankreich	ETA-08/0201	23.02.2015
Bewehrungsanschluss mit fischer Injektionsmörtel FIS V	fischerwerke GmbH & Co. KG Otto-Hahn-Straße 15 79211 Denzlingen	ETA-08/0266	24.08.2015

Tabelle 7. Zusammenstellung der Technischen Spezifikationen für nachträglich eingemörtelte Bewehrungsstäbe (Fortsetzung)

Produkt	Antragsteller	Nummer	Bescheid vom: Geltungsdauer bis:
Bewehrungsanschluss mit fischer Injektionsmörtel FIS EM	fischerwerke GmbH & Co. KG Otto-Hahn-Straße 15 79211 Denzlingen	ETA-09/0089	09.12.2015
Chemofast Injektionssystem STVK für Bewehrungsanschlüsse	CHEMOFAST Anchoring GmbH Hanns-Martin-Schleyer-Straße 23 47877 Willich	ETA-09/0277	05.09.2017
Injektionssystem Hilti HIT-RE 500-SD für Bewehrungsanschluss	Hilti AG Business Unit Anchors 9494 Schaan Fürstentum Liechtenstein	ETA-09/0295	10.05.2018
Injektionssystem AC 100-PRO für Bewehrungsanschlüsse	Stanley Black & Decker Deutschland GmbH Richard-Klinger-Straße 1 65510 Idstein	ETA-13/0316	12.02.2018
G&B Fissaggi Injektionssystem GEBOFIX PRO VE-SF für Bewehrungsanschlüsse	G&B FISSAGGI Corso Savona, 22 10029 Villatellone (TO) Italien	ETA-09/0407	06.08.2015
VJ Technology Injektionssystem V420+ für Bewehrungsanschlüsse	VJ Technology Brunswick Road; Cobbs Wood Ind. Estate Ashord Kent TN23 1EN Großbritannien	ETA-10/0136	18.06.2015
TP Injektionssystem VSF für Bewehrungsanschlüsse	TEAM PRO GROUP HOLDING SAL Dimetry El Hayek Street Edwan Building, GF SIN EL FIL Libanon	ETA-10/0355	17.05.2018
Bewehrungsanschluss mit Upat UPM 44	fischerwerke GmbH & Co. KG Otto-Hahn-Straße 15 79211 Denzlingen	ETA-10/0388	02.02.2016
Bewehrungsanschluss mit BERNER Multiverbundsystem MCS Diamond	Berner Trading Holding GmbH Bernerstraße 6 74653 Künzelsau	ETA-11/0077	27.06.2018
Mungo Injektionssystem MIT-SE Plus für Bewehrungsanschlüsse	Mungo Befestigungstechnik AG Bornfeldstrasse 2 4603 Olten Schweiz	ETA-11/0168	13.12.2016
Bewehrungsanschluss mit BTI Injektionsmörtel UVT Top-Z	BTI Befestigungstechnik GmbH & Co. KG Salzstraße 51 74653 Ingelfingen	ETA-11/0273	27.06.2018
Bewehrungsanschluss mit Multiverbundsystem MCS Uni Plus	Berner Trading Holding GmbH Bernerstraße 6 74653 Künzelsau	ETA-11/0401	27.06.2018

Tabelle 7. Zusammenstellung der Technischen Spezifikationen für nachträglich eingemörtelte Bewehrungsstäbe (Fortsetzung)

Produkt	Antragsteller	Nummer	Bescheid vom: Geltungsdauer bis:
Bewehrungsanschluss mit Upat Injektionsmörtel UPM 55	Upat Vertriebs GmbH Bebelstraße 11 79108 Freiburg im Breisgau	ETA-11/0417	27.06.2018
Mapei Injektionssystem Mapefix VE SF für Bewehrungsanschlüsse	Mapei S. p. A. via Cafiero, 22 20158 Milano Italien	ETA-11/0448	04.12.2017
Injektionssystem Hilti HIT-HY 200-A für Bewehrungsanschlüsse	Hilti AG 9494 Schaan Fürstentum Liechtenstein	ETA-11/0492	26.06.2014
MKT Injektionssystem VMU plus für Bewehrungsanschlüsse	MKT Metall-Kunststoff-Technik GmbH & Co. KG Auf dem Immel 2 67685 Weilerbach	ETA-11/0514	17.05.2018
Injektionssystem Hilti HIT-HY 200-R für Bewehrungsanschlüsse	Hilti AG 9494 Schaan Fürstentum Liechtenstein	ETA-12/0083	26.06.2014
Würth Injektionssystem WIT-VM 250 für Bewehrungsanschlüsse	Adolf Würth GmbH & Co. KG Reinhold-Würth-Straße 12–17 74653 Künzelsau	ETA-12/0166	18.06.2015
SYMPAFIX Injektionssystem C 100-PLUS für nachträgliche Bewehrungsanschlüsse	SYMPAFIX BV Fluorietweg 25E 1812RR Alkmaar Niederlande	ETA-12/0170	16.04.2018
Chemofast Injektionssystem C-RE 385 für Bewehrungsanschlüsse	CHEMOFAST Anchoring GmbH Hanns-Martin-Schleyer-Straße 23 47877 Willich	ETA-12/0395	07.09.2017
Friulsider Injektionssystem KEM-UP 934 für Bewehrungsanschlüsse	Friulsider S. p. A. Via Trieste 1 330148 San. Giovanni AL Natisone Italien	ETA-12/0542	29.08.2016
Mungo Injektionssystem MIT600RE für Bewehrungsanschlüsse	Mungo Befestigungstechnik AG Bornfeldstrasse 2 4603 Olten Schweiz	ETA-12/0546	13.12.2016
Friulsider Injektionssystem KEM-UP + Vinylester für Bewehrungsanschlüsse	Friulsider S. p. A. Via Trieste 1 330148 San. Giovanni AL Natisone Italien	ETA-12/0553	16.04.2018
Soudal Injektionssystem VE-SF für nachträgliche Bewehrungsanschlüsse	SOUDAL N. V. Everdongenlaan 18–20 2300 Turnhout Belgien	ETA-12/0558	16.04.2018

Tabelle 7. Zusammenstellung der Technischen Spezifikationen für nachträglich eingemörtelte Bewehrungsstäbe (Fortsetzung)

Produkt	Antragsteller	Nummer	Bescheid vom: Geltungsdauer bis:
TP Injektionssystem E SD für Bewehrungsanschlüsse	TEAM PRO INTERNATIONAL FZCO Office n° LBO07002 Jebel Ali Dubai Vereinigte Arabische Emirate	ETA-13/0046	22.11.2016
Injektionssystem PURE 150-PRO für Bewehrungsanschlüsse	Stanley Black & Decker Deutschland GmbH Black-&-Decker-Straße 40 65510 Idstein	ETA-13/0049	22.03.2016
Apolo MEA Injektionssystem Resifix VY für Bewehrungsanschlüsse	Apolo MEA Befestigungssysteme GmbH Industriestraße 6 86551 Aichnach	ETA-13/0315	24.11.2017
Injektionssystem AC 100-PRO für Bewehrungsanschlüsse	Stanley Black & Decker Deutschland GmbH Richard-Klinger-Straße 11 65510 Idstein	ETA-13/0316	12.02.2018
Sympafix Injektionssystem X 150-PLUS für Bewehrungsanschlüsse	SYMPAFIX BV Fluorietweg 25E 1812RR Alkmaar Niederlande	ETA-13/0317	24.11.2017
VJT Injektionssystem HPE 385 für Bewehrungsanschlüsse	VJ Technology Brunswick Road; Cobbs Wood Ind. Estate Ashford Kent TN23 1EN Großbritannien	ETA-13/0319	07.09.2017
Mapei Injektionssystem Mapefix EP für Bewehrungsanschlüsse	Mapei S. p. A. Via Cafiero, 22 20158 Milano (MI) Italien	ETA-13/0472	07.06.2016
Sormat Injektionsmörtelsystem ITH-Ve für Bewehrungsanschlüsse	Sormat Oy Harjutie 5 21290 Rusko Finnland	ETA-13/0775	17.05.2018
Bewehrungsanschluss mit BTI Injektionsmörtel UVT Top	BTI Befestigungstechnik GmbH Salzstraße 51 74653 Ingelfingen	ETA-13/0847	27.06.2018
Hilti HIT-HY 100	Hilti AG Feldkircherstraße 100 9494 Schaan Fürstentum Liechtenstein	ETA-14/0001	12.02.2014
Bewehrungsanschluss mit UPAT-Verbundmörtel UPM 44	fischerwerke GmbH & Co. KG Klaus-Fischer-Straße 1 72178 Waldachtal	Z-21.8-1647	01.09.2015 14.04.2020

Tabelle 7. Zusammenstellung der Technischen Spezifikationen für nachträglich eingemörtelte Bewehrungsstäbe (Fortsetzung)

Produkt	Antragsteller	Nummer	Bescheid vom: Geltungsdauer bis:
Bewehrungsanschluss mit fischer Injektionsmörtel FIS V	fischerwerke GmbH & Co. KG Klaus-Fischer-Straße 1 72178 Waldachtal	Z-21.8-1783	01.02.2015 01.02.2020
Bewehrungsanschluss mit Injektionsmörtel Würth WIT-PE 500	Adolf Würth GmbH & Co. KG Reinhold-Würth-Straße 12–17 74653 Künzelsau	Z-21.8-1834	13.10.2016 14.04.2020
MKT Injektionssystem VME zur Verankerung nachträglich eingemörtelter Bewehrungsanschlüsse	MKT Metall-Kunststoff-Technik GmbH & Co. KG Auf dem Immel 2 67685 Weilerbach	Z-21.8-1872	13.10.2016 14.04.2020
Bewehrungsanschluss mit fischer Injektionsmörtel FIS EM	fischerwerke GmbH & Co. KG Klaus-Fischer-Straße 1 72178 Waldachtal	Z-21.8-1874	01.12.2014 01.12.2019
Bewehrungsanschluss mit Injektionsmörtel Hilti HIT-HY 150 MAX	Hilti Deutschland AG Hiltistraße 2 86916 Kaufering	Z-21.8-1882	01.12.2014 01.12.2019
Nachträglich eingemörtelter Bewehrungsanschluss mit dem Injektionssystem SPIT EPOBAR/EPOMAX	SPIT ANCHORS & PINS INDUSTRIAL UNIT 150 Route de Lyon 26501 Bourg-les-Valence Frankreich	Z-21.8-1885	01.09.2014 01.09.2019
Hilti Schubverbinder HCC	Hilti Deutschland AG Hiltistraße 2 86916 Kaufering	Z-21.8-1900	01.02.2015 01.02.2020
Nachträglich eingemörtelter Bewehrungsanschluss mit dem Mungo Injektionssystem MIT-SE Plus	Mungo Befestigungstechnik AG Bornfeldstrasse 2 4603 Olten Schweiz	Z-21.8-1937	28.04.2016 14.04.2020
Bewehrungsanschluss mit BTI Injektionsmörtel UVT Top-Z	BTI Befestigungstechnik GmbH & Co. KG Salzstraße 51 74653 Ingelfingen	Z-21.8-1943	16.07.2016 14.04.2020
Bewehrungsanschluss mit Berner Multiverbundsystem MCS Diamond	Berner AG Bernerstraße 6 74653 Künzelsau	Z-21.8-1944	16.07.2016 14.04.2020
Bewehrungsanschluss mit Injektionsmörtel Hilti HIT-HY 200-R	Hilti Deutschland AG Hiltistraße 2 86916 Kaufering	Z-21.8-1947	13.10.2016 14.04.2020
Bewehrungsanschluss mit Injektionsmörtel Hilti HIT-HY 200-A	Hilti Deutschland AG Hiltistraße 2 86916 Kaufering	Z-21.8-1948	13.10.2016 14.04.2020
Bewehrungsanschluss mit Upat Injektionsmörtel UPM 55	fischerwerke GmbH & Co. KG Otto-Hahn-Straße 15 79211 Denzlingen	Z-21.8-1950	23.09.2016 14.04.2020

Tabelle 7. Zusammenstellung der Technischen Spezifikationen für nachträglich eingemörtelte Bewehrungsstäbe (Fortsetzung)

Produkt	Antragsteller	Nummer	Bescheid vom: Geltungsdauer bis:
SYMPAFIX Injektionssystem C100-PLUS für nachträglichen Bewehrungsanschluss	Sympafix BV Fluorietweg 25E 1812RR Alkmaar Niederlande	ETA-12/0170	16.04.2018
Bewehrungsanschluss mit Multiverbundsystem MCS Uni Plus	Berner Trading Holding GmbH Bernerstraße 6 74653 Künzelsau	Z-21.8-1972	13.10.2016 14.04.2020
ancoFIX® Schubverbinder	ANCOTECH GmbH Spezialbewehrungen Robert-Perthel-Straße 72 50739 Köln	Z-21.8-1985	23.11.2017 23.11.2022
Chemofast Injektionssystem C-RE 385 für Bewehrungsanschlüsse	CHEMOFAST Anchoring GmbH Hanns-Martin-Schleyer-Straße 23 47877 Willich	ETA-12/0395	07.09.2017
Mungo Injektionssystem MIT600RE für Bewehrungsanschluss	Mungo Befestigungstechnik AG Bornfeldstrasse 2 4603 Olten Schweiz	ETA-12/0546	13.12.2016
Injektionssystem PURE 150-PRO für Bewehrungsanschlüsse	Stanley Black & Decker Deutschland GmbH Black-&-Decker-Straße 40 65510 Idstein	ETA-13/0049	22.03.2016
Bewehrungsanschluss mit BTI Injektionsmörtel UVT Top	BTI Befestigungstechnik GmbH & Co. KG Salzstraße 51 74653 Ingelfingen	ETA-13/0847	27.06.2018
Nachträglich eingemörtelter Bewehrungsanschluss mit dem Injektionsmörtel Würth WIT-VM 250	Adolf Würth GmbH & Co. KG Reinhold-Würth-Straße 12–17 74653 Künzelsau	Z-21.8-2003	14.07.2016 14.04.2020
Bewehrungsanschluss mit Injektionsmörtel Hilti HIT-CT 1	Hilti Deutschland AG Hiltistraße 2 86916 Kaufering	Z-21.8-2004	13.10.2016 14.04.2020
Nachträglich eingemörtelter Bewehrungsanschluss mit Chemfix CH+	CHEMFIX PRODUCTS LTD Mill Street East Dewsbury West Yorkshire WF12 9BQ Großbritannien	Z-21.8-2022	10.03.2014 10.03.2019
Nachträglich eingemörtelter Bewehrungsanschluss mit dem MKT Injektionssystem VMU plus	MKT Metall-Kunststoff-Technik GmbH & Co. KG Auf dem Immel 2 67685 Weilerbach	Z-21.8-2023	07.03.2014 07.03.2019
Bewehrungsanschluss mit Injektionsmörtel Hilti HIT-HY 100	Hilti Deutschland AG Hiltistraße 2 86916 Kaufering	Z-21.8-2024	19.03.2014 19.03.2019

Die Bemessung der Verankerung im **Altbeton** erfolgt wie für übliche Verbunddübel nach Dübeltheorie. Die Bemessung im **Neubeton** wird im Wesentlichen nach dem Anhang C der „Leitlinie für die europäische technische Zulassung für Metalldübel zur Verankerung im Beton, ETAG 001" unter Berücksichtigung besonderer Bemessungsgleichungen für Kopfbolzen durchgeführt. Zukünftig gilt DIN EN 1992-4 [25] für die Bemessung. Die Berechnung der erforderlichen Bewehrungsmenge (Anzahl der Schubverbinder) unter Berücksichtigung der Fugenrauigkeit erfolgt nach DIN EN1992-1-1/NA.

4 Vorgefertigte Bewehrungsanschlüsse

4.1 Ausführungen mit Betonstahl

Zur Beschleunigung des Arbeitsablaufs, insbesondere des Einschalens, wird die Anschlussbewehrung oftmals abgebogen in die Schalung eingebaut und nach dem Ausschalen in die endgültige Lage zurückgebogen. Je nach Bewehrungsdurchmesser wird kalt (bis ca. 14 mm) oder warm gebogen. Wie Erfahrungen zeigen, sind Schäden am Stahl und Beton grundsätzlich nicht auszuschließen. Da sich das unplanmäßige Rückbiegen nicht vermeiden lässt, wurden in der Vergangenheit verschiedene Forschungsarbeiten durchgeführt.

Die Ergebnisse zeigen, dass durch das Biegen und Rückbiegen im davon erfassten Verformungsbereich Änderungen der Werkstoffeigenschaften auftreten. Davon werden die Verformbarkeit sowie die statischen und dynamischen Festigkeiten beeinflusst. Die Änderung der Eigenschaften ist umso größer, je kleiner der Biegerollendurchmesser beim Hinbiegen ist. Die üblichen, normalduktilen Betonstähle B500A nach DIN 488-1 sind zum Rückbiegen nach DIN EN 1992-1-1 bzw. den Empfehlungen des DBV-Merkblatt „Rückbiegen von Betonstahl und Anforderungen an Verwahrkästen nach Eurocode 2" [6] geeignet. Für die hochduktilen Betonstähle B500B (Werkstoff-Nr. 1.0439) bestehen aufgrund der gegenüber normalduktilem Betonstahl erhöhten Verformungsfähigkeit keine zusätzlichen Regelungen bezüglich des Rückbiegens. Der Rückbiegebereich ist wegen der zweifachen Kaltverformung immer als normalduktil zu bewerten. Die Duktilitätsmerkmale der Betonstähle werden in der DIN-488-Reihe [8] bzw. in Technischen Spezifikationen für Betonstähle geregelt. Die wesentlichen Untersuchungen wurden an warmgewalztem Betonstabstahl durchgeführt.

Das DBV-Merkblatt enthält umfangreiche Empfehlungen zum Kaltrückbiegen und einige Hinweise zum Warmrückbiegen. Die dort verwendeten Begriffe können der Übersicht (Tabelle 8) entnommen werden.

Nach DIN EN 1992-1-1 darf die Bewehrung im Bereich von Rückbiegestellen und unter vorwiegend ruhenden Einwirkungen im Grenzzustand der Tragfähigkeit (GZT) nur mit 80% der sonst zulässigen

Tabelle 8. Definitionen nach DBV-Merkblatt [6]

	1	2		3
	Temperatur	Art des Biegens		
		„hin" [1]		„rück"
1		$\phi \leq 14$ mm, Biegewinkel $\alpha \leq 90°$ Biegerollendurchmesser: vorwiegend ruhende Einwirkung: $D \geq 6\,\phi$ nicht vorwiegend ruhende Einwirkung: $D \geq 15\,\phi$		$\phi \leq 14$ mm, Kröpfmaß $\leq \phi/3$
2	normal (bis $-5\,°C$)	Kaltbiegen Biegen [2]		Kaltrückbiegen Rückbiegen [2]
3	hoch ($+500\,°C$ bis etwa $+900\,°C$)	Warmbiegen		Warmrückbiegen

[1] wegen der Einhaltung von D nur im Biegebetrieb zulässig
[2] verwendet zur sprachlichen Vereinfachung statt „Kaltbiegen" und „Kaltrückbiegen"

Werte der rechnerischen Spannungs-Dehnungslinie des Betonstahls nach DIN EN 1992-1-1 ausgenutzt werden. Der Grundwert der Verankerungslänge $l_{b,rqd}$ für diese Bewehrung nach DIN EN 1992-1-1 darf mit der vorhandenen reduzierten Stahlspannung des Stabs im GZT $\sigma_{sd} \leq f_{yd,red} = 0,8 \cdot f_{yk}/\gamma_S$ ermittelt werden (Bild 35).

Außerdem ist der Bemessungswert der einwirkenden Querkraft in Bezug auf den oberen, durch die Tragfähigkeit der Betondruckstreben bestimmten Bemessungswert der aufnehmbaren Querkraft im Bereich der Rückbiegestelle (Längsbewehrung senkrecht zur Fuge) zu begrenzen:

$V_{Ed} \leq 0,30\ V_{Rd,max}$ bei Bauteilen mit Querkraftbewehrung senkrecht zur Bauteilachse bzw.
$V_{Ed} \leq 0,20\ V_{Rd,max}$ bei Bauteilen mit Querkraftbewehrung in einem Winkel $\alpha < 90°$ zur Bauteilachse (mit $V_{Rd,max}$ nach DIN EN 1992-1-1, $V_{Rd,max}$ darf vereinfachend mit $\theta < 40°$ ermittelt werden).

Bei nicht vorwiegend ruhender Einwirkung darf die Schwingbreite der Stahlspannung max. $\Delta\sigma_s$ unter der maßgebenden Einwirkungskombination 50 N/mm² nicht überschreiten (siehe DIN EN 1992-1-1).

Für das Rückbiegen gelten folgende Bedingungen:

- Stabdurchmesser: $\emptyset \leq 14$ mm
- Biegerollendurchmesser beim Hinbiegen:
  - bei vorwiegend ruhender Einwirkung
    $D \geq 6\ \emptyset$
  - bei nicht vorwiegend ruhender Einwirkung
    $D \geq 15\ \emptyset$
- Biegewinkel: $\alpha \leq 90°$
- mehrfaches Hin- und Zurückbiegen an derselben Stelle ist unzulässig.

Verwahrkästen für Bewehrungsanschlüsse sind so auszubilden, dass sie weder die Tragfähigkeit des Betonquerschnitts noch den Korrosionsschutz der Bewehrung beeinträchtigen (Bild 36).

Bereits teilweise einbetonierte dickere Stäbe mit $\emptyset \geq 16$ mm können in der Regel nur durch Warmbiegen bzw. Warmrückbiegen in eine andere Form gebracht werden, wobei auch hier der Mindestbiegerollendurchmesser D_{min} nach DIN EN 1992-1-1 einzuhalten ist. Zu diesem Zweck werden die Stäbe mit einem Schweißbrenner (jedoch nicht mit Schneidflamme) im Biegebereich langsam und gleichmäßig, d. h. ohne lokales Aufschmelzen bzw. Überhitzen, bis zur Rotglut (etwa 900 °C) erhitzt. Die Kontrolle der Temperatur, z. B. mit Thermokreide, ist zu empfehlen. Es ist dafür zu sorgen, dass die Stäbe langsam abkühlen. Sie dürfen nicht mit Wasser abgeschreckt werden und sind vor Wind zu schützen.

Bei allen Betonstählen fällt bei einer Erwärmung über 500 °C die Festigkeit bleibend ab. Alle Betonstähle dürfen daher nach dem Warmbiegen nur noch mit der charakteristischen Streckgrenze $f_{yk,red} = 250$ N/mm² (DIN EN 1992-1-1) in Rechnung gestellt werden. Der E-Modul des Betonstahls E_s wird dabei als temperaturunabhängige Materialeigenschaft angenommen.

Wegen der Verringerung der rechnerischen Ausnutzbarkeit um 50 % ist Warmbiegen bzw. Warmrückbiegen nur mit Zustimmung des Tragwerkplaners und ggf. des Prüfingenieurs zulässig.

Die Oberflächenbeschaffenheit (Profilierung) der Verwahrkästen ist durch Versuche nachzuweisen, wenn sie nicht der Verzahnung nach DIN EN 1992-1-1 entspricht. Die Prüfung von Verwahrkästen ist im Anhang A des DBV-Merkblatts [6] beschrieben.

Nach DBV-Merkblatt werden Verwahrkästen generell in die Kategorie „Glatt" eingeordnet. Mittlerweile sind jedoch auch Technische Spezifikationen für diese Produkte vorhanden, nach denen eine Rauigkeit entsprechend der Klasse „Rau" erfolgen kann.

Die Durchdringungsstellen der Bewehrungsstäbe in der Kastenwandung müssen so angeordnet sein, dass zwischen Stab und Kastenrand eine Betonumhüllung von mindestens 10 mm gewährleistet ist und übliche Rückbiegewerkzeuge behinderungsfrei angesetzt werden können. Die lichte Tiefe der Käs-

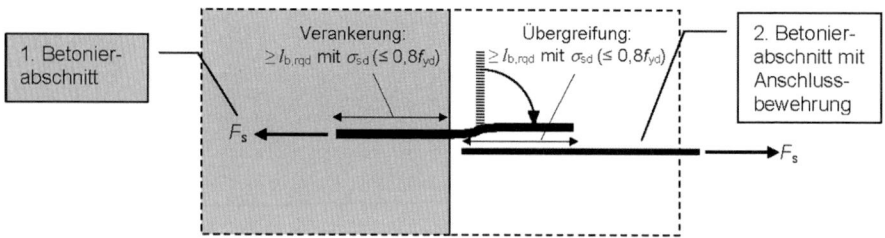

Bild 35. Grundmaß der Verankerungslänge für Verankerung und Übergreifung an der Rückbiegestelle [6]

ten muss so groß sein, dass die mit D ≥ 6 Ø gebogene Krümmung der Stäbe höchstens um das Maß a = Ø einbetoniert ist, also min t = 3 Ø. Hat der Kasten eine geringere durchgehende Tiefe mit trichterförmigen Vergrößerungen an den Bewehrungsstäben, muss der Trichter das Ansetzen des Rückbiegewerkzeugs im Trichtergrund und ein einwandfreies Betonieren ermöglichen. Der Trichter soll daher im Grund einen Durchmesser von mindestens 2 Ø haben.

Kästen aus Stahlblech werden derzeit gesickt, genoppt oder perforiert, z. T. auch verzinkt angeboten. Die Profilierung der Verwahrkästen ist durch Scherversuche gemäß Anhang A des Merkblatts nachzuweisen. Korrosionsschäden lassen sich vermeiden, wenn die Kanten der Verwahrkästen eine Betondeckung aufweisen (siehe Bilder 37 und 39). Kunststoffkästen müssen entfernt werden und eine saubere profilierte Oberfläche erzeugen. Eine Technische Spezifikation ist für diese vorgefertigten Anschlüsse nicht erforderlich.

Die vorgefertigten Bewehrungsanschlüsse besitzen bestimmte Vorzüge gegenüber herkömmlicher Bewehrung: geringe Montage- und Ausschalzeiten, Vorgabe der verwendeten Stahlsorte und Verringerung der Unfallgefahren durch möglichst spätes Herausbiegen der Bewehrungsstäbe. Die auf dem Markt befindlichen Anschlüsse werden variabel angeboten, je nach Platten- und Wanddicke, Elementlänge und -breite, Stabdurchmesser (i. Allg. 8, 10, 12 mm), Stababstand (i. Allg. 100, 150, 200 mm) und Bügelform. Die Übergreifungslänge wird nach DIN EN 1992-1-1 ermittelt.

Bewehrungsanschlüsse müssen in den Ausführungszeichnungen mit Angabe des Fabrikats und Typs eingetragen werden. Für eine Alternative mit gleichwertigen Bewehrungsanschlüssen muss mindestens

– die Verwahrkastenbreite,
– der Stabdurchmesser und -abstand,
– die Materialgüte,
– die Oberflächenbeschaffenheit

angegeben werden. Dies bedeutet, dass die oftmals gebräuchliche Angabe „Firma X, Typ Y oder gleichwertig" nicht ausreichend ist. Im Übrigen sind solche Änderungen nur mit Zustimmung des Tragwerkplaners zulässig.

Bild 36. Verwahrkasten mit Anschlussbewehrung und Rückbiegewerkzeug, System HALFEN

Bild 37. Verwahrkasten Stabox (Max Frank)

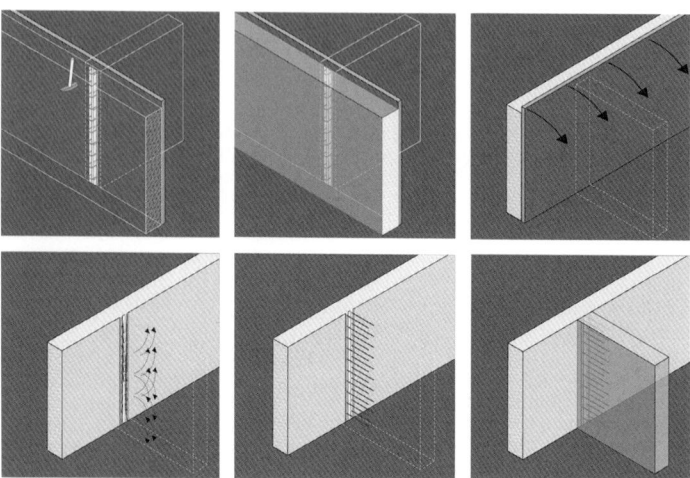

Bild 38. Typischer Montageablauf bei Verwendung von Verwahrkästen (Max Frank)

Bild 39. Verwahrkasten Ferbox im eingebauten Zustand (H-BAU)

4.2 Flexible Rückbiegeanschlüsse

Bei der Verbindung dünner Wandplatten, die mit Vergussnuten ausgestattet sind, schaffen starre Bügel oft Probleme bei dem Zusammenstellen der Wandelemente aufgrund ihrer Unbeweglichkeit. Insbesondere das Durchfädeln des Montagestabs bereitet Schwierigkeiten. Aus diesem Grunde gibt es verschiedene Systeme mit einem hochflexiblen Stahldrahtseil anstelle eines starren Bewehrungseisens (Bilder 40–42). Die Schlaufe ist in einer verzinkten Stahlblechbox verwahrt. Gegen das Eindringen von Beton ist sie mit geeigneten Folien o. Ä. verschlossen.

Die flexible Seilschlaufe passt sich bei der Montage der Form der Nut an und kann auch dem Querbewehrungs- oder Montagestab oder sich gegenüberstehenden Schlaufen ausweichen, sodass das Montieren und Bewehren einfach möglich ist (Bild 43). Ein weiterer Vorteil dieser flexiblen Bewehrungsanschlüsse ist, dass damit auch Betonfertigteilelemente auf Lücke eingebaut werden können (Bild 44).

Prinzipiell können in Fugen folgende Kräfte wirken:

– Zugkräfte senkrecht zur Fuge,
– Querkräfte parallel zur Fuge,
– Querkräfte senkrecht zur Fuge.

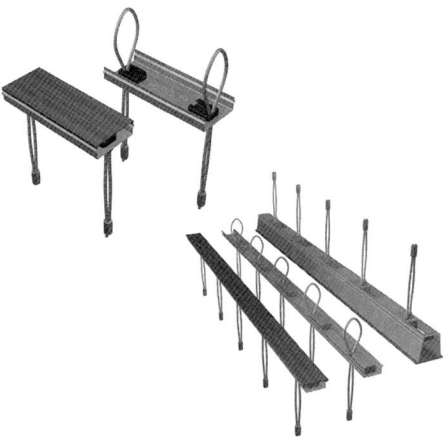

Bild 40. Power Box und Power Duo (PHILIPP)

Bei Zugkräften senkrecht zur Fuge (Bild 45) stellen sich als Folge der Seilschlaufen-Verformungen bei relativ geringen Seilkräften schon Rissbreiten von 0,4 mm in der Fuge ein. Aus diesem Grund sind nach früheren Technischen Spezifikationen Zugkräfte senkrecht zur Fuge nicht erlaubt. Auch für die aus den Querkräften senkrecht zur Fuge entstehenden inneren Zugkräfte mussten zusätzliche statische Maßnahmen (z. B. Ringanker) vorgesehen werden.

Nunmehr ist die Ableitung von Zugkräften senkrecht zur Fuge Bestandteil mehrerer Technischer Spezifikationen. Hier können nun planmäßige Zugeinwirkungen über das System abgeleitet werden. Auch auf Ringanker o. Ä. kann zudem verzichtet werden. Einzelheiten sind in den Technischen Spezifikationen dargestellt.

Querkräfte parallel zur Fuge können beispielsweise aus der Längsaussteifung eines Gebäudes gegen Windlasten resultieren. Ein Modell zur Übertragung dieser Querkräfte über die Fuge ist in Bild 46 dargestellt. Dabei wird die in der Fuge auftretende Querkraft in eine Zug- und eine Druckstrebe zerlegt. Die Größe der Druck- bzw. Zugkraft hängt vom Winkel α ab. Entsprechend der in Bild 46 gezeigten Modellvorstellung bildet sich zwischen den Verwahrkästen gegenüberliegender Fertigteile eine geneigte Druckstrebe aus. Die Zugkraft wird an die sich überlappenden Seilschlaufen übertragen.

In besonderen Fällen können auch Querkräfte senkrecht zur Fuge auftreten. Dies ist beispielsweise bei durch Erd- oder Winddruck beanspruchten Bauteilen möglich. Für die Übertragung von Querkräften senkrecht zur Fuge (Bild 47) ist die Fugengeometrie von besonderer Bedeutung. Es kann davon ausgegangen werden, dass sich zwischen den Betonflanken der gegenüberliegenden Betonfertigteile eine Druckstrebe entsprechend Bild 47 ausbildet. Die Zugkraft wird auf die sich überlappenden Seilschlaufen übertragen.

Bei gleichzeitiger Einwirkung von Querkräften parallel und senkrecht zur Fuge (Bild 48) sind systemabhängige Interaktionsdiagramme zu beachten.

Die Technische Spezifikation bezieht sich auf Bauteile unter vorwiegend ruhender Belastung. Kann eine Zwangsbeanspruchung der Stahlbetonfertigteil-Verbindung aus Temperaturänderung oder freier Bewitterung nicht ausgeschlossen werden, ist ein Nachweis über die Begrenzung der Rissbreite zu führen. Dabei ist nachzuweisen, dass die Rissbreite im Bereich der Stahlbetonfertigteil-Verbindung infolge dieser Beanspruchung auf $w_k \leq 0,3$ mm beschränkt bleibt. Infolge Querkraftbeanspruchung ergeben sich keine zusätzlichen Rissbreiten. Bei Querkraftbeanspruchung senkrecht zur Fuge ist zur Aufnahme der in der Fuge auftretenden Spreizkräfte eine Zugkomponente zu berücksichtigen. Diese ist produktabhängig und beträgt i. Allg. 25 % der senkrecht zur Fuge übertragenen Querkraft.

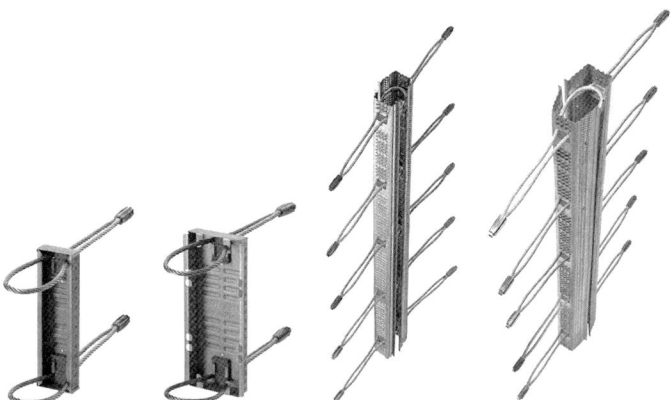

Bild 41. PFEIFER VS®-Systeme3D

Bild 42. HALFEN HLB Loop Box

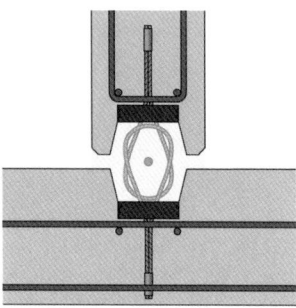

Bild 43. Typische Einbausituation (PFEIFER)

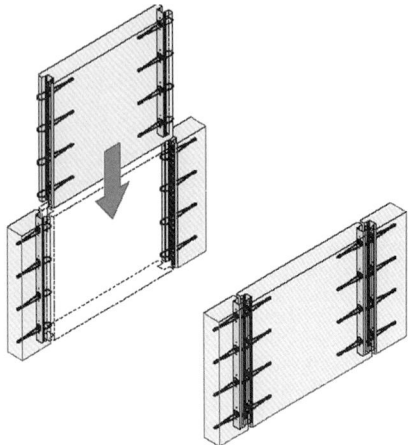

Bild 44. Montage auf Lücke (HALFEN)

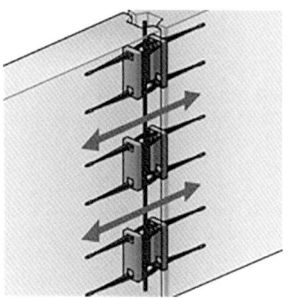

Bild 45. Zugkraft senkrecht zur Fuge (PFEIFER)

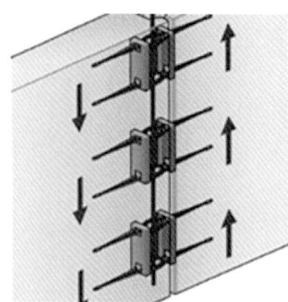
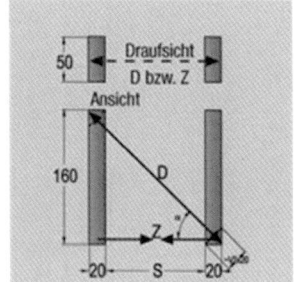

Bild 46. Querkraft parallel zur Fuge (PFEIFER)

Vorgefertigte Bewehrungsanschlüsse 447

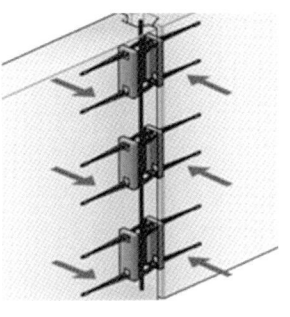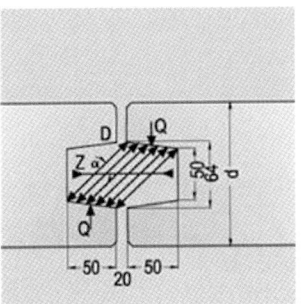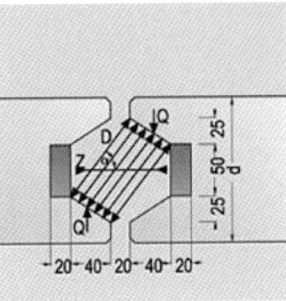

Bild 47. Querkraft senkrecht zur Fuge

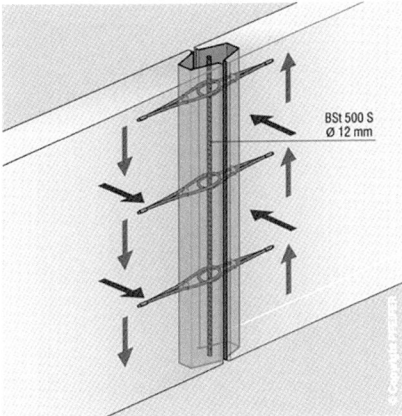

Bild 48. Querkraft senkrecht und parallel zur Fuge (PFEIFER)

Die VS®-Leiste dient insbesondere zur Verbindung von Wandbautafeln mit Stützenquerschnitten und ist deshalb so flach gehalten, dass sie außerhalb der Bewehrungsbügel angeordnet werden kann. Das heißt, die statische Nutzhöhe des Bauteils, z. B. der Stütze, wird nicht reduziert.

Die Bauart mit solch flexiblen Schlaufenbewehrungen eignet sich insbesondere für Plattenbauweise, wie sie im Wohnungsbau Verwendung findet. Für dort auch sehr häufig verwendete haufwerksporige Leichtbetone gibt es zusätzlich eine spezielle Version der VS®-Box, die durch eine entsprechende Ankerplatte in den relativ weichen haufwerksporigen Beton die Lasten sicher einleitet.

Die bei allen Varianten von flexiblen Rückbiegeanschlüssen auftretenden Fugen können entweder mit einem sehr wirtschaftlich zu verarbeitendem Mörtel auf thixotroper Basis oder einem flüssigen Vergussmörtel verfüllt werden. Nähere Einzelheiten können den Technischen Spezifikationen entnommen werden.

Tabelle 9. Zusammenstellung der Technischen Spezifikationen für feste und flexible Bewehrungsanschlüsse

Produkt	Antragsteller	Nummer	Bescheid vom: Geltungsdauer bis:
PFEIFER-VS®-BZ-System³ᴰ	PFEIFER Seil- und Hebetechnik GmbH Dr.-Karl-Lenz-Straße 66 87700 Memmingen	Z-21.8-1792	01.04.2015 01.04.2020
PFEIFER VS®-Plus-Box	PFEIFER Seil- und Hebetechnik GmbH Dr.-Karl-Lenz-Straße 66 87700 Memmingen	Z-21.8-1839	02.05.2017 02.05.2022
PHILIPP-Power Box System	PHILIPP GmbH Lilienthalstraße 7–9 63741 Aschaffenburg	Z-21.8-1840	02.05.2017 02.05.2022

Tabelle 9. Zusammenstellung der Technischen Spezifikationen für feste und flexible Bewehrungsanschlüsse (Fortsetzung)

Produkt	Antragsteller	Nummer	Bescheid vom: Geltungsdauer bis:
PHILIPP-Power Duo System mit Mörtelsystem PHILIPP P&T	PHILIPP GmbH Lilienthalstraße 7–9 63741 Aschaffenburg	Z-21.8-1867	02.07.2018 02.07.2023
HALFEN Loop Box HLB M 50-System	HALFEN GmbH Liebigstraße 14 40764 Langenfeld	Z-21.8-1869	02.08.2018 02.08.2023
HALFEN Loop Box HLB T 100/250-System	HALFEN GmbH Liebigstraße 14 40764 Langenfeld	Z-21.8-1871	08.08.2018 02.08.2023
PFEIFER VS®-Slim-Box	PFEIFER Seil- und Hebetechnik GmbH Dr.-Karl-Lenz-Straße 66 87700 Memmingen	Z-21.8-1875	28.05.2018 01.01.2019
PFEIFER VS®-ISI-System^{3D}	PFEIFER Seil- und Hebetechnik GmbH Dr.-Karl-Lenz-Straße 66 87700 Memmingen	Z-21.8-1929	15.01.2016 15.01.2021
PHILIPP-Power Duo System mit Mörtelsystem PHILIPP BETEC	PHILIPP GmbH Lilienthalstraße 7–9 63741 Aschaffenburg	Z-21.8-2028	05.11.2015 05.06.2019
HALFEN HBT Rückbiegeanschluss	HALFEN GmbH Liebigstraße 14 40764 Langenfeld	Z-21.8-2035	05.12.2014 05.12.2019

4.3 Elemente mit Wärmedämmung

Anwendungsbereich

Wärmebrücken können zu unangenehmen Folgeschäden führen, z. B. zu Energieverlusten durch auskragende Betonplatten, zu Tauwasser und Schimmelpilzbildung oder zu Rissbildung infolge unterschiedlichen Dehnverhaltens. Als Lösung bietet sich eine thermische Trennung der innen- und außenliegenden Bauteile an. Von der Industrie wurden entsprechende Bauelemente entwickelt, sodass auch hierdurch den erhöhten Anforderungen der neuen Wärmeschutzverordnung Rechnung getragen werden kann. Durch die gewählte Durchbildung können die Elemente gleichzeitig schalldämmend wirken. Da es sich um tragende Verbindungselemente handelt, an die bestimmte Forderungen zu stellen sind und für die z. T. keine DIN-Normen vorliegen, sind für diese Elemente Technische Spezifikationen erforderlich.

Konstruktive Durchbildung

Die Verbindungselemente bestehen aus einem statisch wirksamen Stabwerk und einer Dämmschicht z. B. aus Polystyrol-Hartschaum oder Mineralwolle. Die Ausbildung des Stabwerks ist produktabhängig und folgt im Allgemeinen einer der nachfolgend beschriebenen Variante:

a) Die Zug-, Querkraft- und Druckstäbe des Stabwerks bestehen im Bereich der Dämmfuge und im unmittelbar daran angrenzenden Bereich aus Stahl. Die Kräfte zwischen den angeschlossenen Platten werden durch Verbund bzw. Stoß an die angrenzenden Bauteile übertragen.

b) Das Stabwerk besteht aus entweder
 – Stahlstäben zur Aufnahme der Zug- und Querkräfte oder
 – Glasfaserverbundstäben zur Aufnahme der Zugkräfte und Stahlstäben zur Aufnahme der Querkräfte
 und einem System von Betondruckelementen, die als Drucklager wirken. Die Kräfte werden durch Verbund bzw. Stoß und Flächenpressung in die angrenzenden Bauteile übertragen.

c) Das Stabwerk besteht aus Stahlstäben zur Aufnahme der Zugkräfte und einem Druckschublager aus hochfestem, faserverstärktem Hochleistungsmörtel zur Aufnahme der Biegemomente und Querkräfte. Die Kräfte werden durch Verbund bzw. Flächenpressung in die angrenzenden Bauteile übertragen.

Glasfaser statt Stahl.
Der Schöck Isokorb® CXT.

Der Schöck Isokorb® CXT verbindet den innovativen Glasfaserverbundwerkstoff von Schöck mit dem bewährten tragenden Wärmdämmelement. Planen Sie ab sofort mit dem energetisch besten Produkt – jetzt preisgleich zu Schöck Isokorb® XT.

Schöck Bauteile GmbH | Vimbucher Straße 2 | 76534 Baden-Baden | Telefon: 07223 967-0 | www.schoeck.de/isokorb-cxt

---

Josef Rötzer

Design and Construction of LNG Storage Tanks

- international regulations are considered
- author with international expertise

ORDER
+49 (0)30 470 31-236
marketing@ernst-und-sohn.de
www.ernst-und-sohn.de/en/3277

Ernst & Sohn
A Wiley Brand

2019 · 136 pages · 83 figures · 17 tables

Softcover
ISBN 9783-433-03277-0   € 49,90*

eBundle (Print + PDF)
ISBN 978-3-433-30000-8   € 79*

* All book prices inclusive VAT.

Die Ernst & Sohn Kalender 2019

Hrsg.: Konrad Bergmeister, Frank Fingerloos, Johann-Dietrich Wörner
Beton-Kalender 2019
Parkbauten, Geotechnik und Eurocode 7
2018 · 1044 Seiten
€ 174,–*
Fortsetzungspreis: € 154,–*
ISBN 978-3-433-03242-8

Parkhäuser und Tiefgaragen erfordern Spezialwissen für Funktionalität und Dauerhaftigkeit – die aktuellen Regelwerke werden erläutert. Hintergrundwissen zum Eurocode 7 für Berechnung und Bemessung sowie Kurzfassung EC7 mit NA. Flachgründungen und Pfahlgründungen mit Beispielen.

Hrsg.: Ulrike Kuhlmann
Stahlbau-Kalender 2019
Verbindungen, Digitales Planen und Bauen
2019 · 792 Seiten
€ 149,–*
Fortsetzungspreis: € 129,–*
ISBN 978-3-433-03266-4

Verbindungen sind ein Innovationstreiber im Stahlbau – der Stahlbau-Kalender 2019 stellt anwendungsbereites Wissen mit Beispielen zur Verfügung. Was digitales Planen und Bauen konkret im Stahlbau und für die Werkstattfertigung bedeutet, wird hier praxisbezogen dargestellt.

Hrsg.: Nabil A. Fouad
Bauphysik-Kalender 2019
Energieeffizienz, Kommentar DIN V 18599
2019 · 640 Seiten
€ 149,–*
Fortsetzungspreis: € 129,–*
ISBN 978-3-433-03265-7

Es wird DIN V 18599 „Energetische Bewertung von Gebäuden" aus erster Hand für die Praxis kommentiert. Für alle Bilanzanteile werden die Hintergründe der Berechnungsverfahren, Nutzungsrandbedingungen, Kennwerte und erforderlichen Klimadaten erläutert. Mit zahlreichen Beispielen.

Hrsg.: Wolfram Jäger
Mauerwerk-Kalender 2019
Bemessung, Bauwerkserhaltung, Schallschutz
2019 · 802 Seiten
€ 149,–*
Fortsetzungspreis: € 129,–*
ISBN 978-3-433-03251-0

Mehrere Beiträge vermitteln anhand von Praxisbeispielen Methoden zur Bauwerksertüchtigung und energetischen Sanierung. Außerdem enthält das Buch Hintergrundwissen und Erläuterungen zur Berechnung von ausfachenden Wänden, Injektionsdübeln und zur Druckfestigkeit von Mauerwerk.

www.ernst-und-sohn.de/es-kalender

Alle Kalender auch als ebook erhältlich.

Ernst & Sohn
Verlag für Architektur und technische Wissenschaften GmbH & Co. KG

Kundenservice: Wiley-VCH
Boschstraße 12
D-69469 Weinheim

Tel. +49 (0)6201 606-400
Fax +49 (0)6201 606-184
service@wiley-vch.de

* Der €-Preis gilt ausschließlich für Deutschland. Inkl. MwSt. Die Versandkosten für Deutschland, Österreich, Schweiz, Liechtenstein und Luxemburg entfallen. Für alle anderen Länder gilt der Preis zzgl. Versandkosten. Bei Bestellung zum Fortsetzungspreis merken wir die Belieferung mit der nächsten Kalender Ausgabe vor, eine erneute Bestellung ist nicht nötig, die Vormerkung ist jederzeit kündbar. Irrtum und Änderungen vorbehalten. 1036666_dp

Vorgefertigte Bewehrungsanschlüsse 449

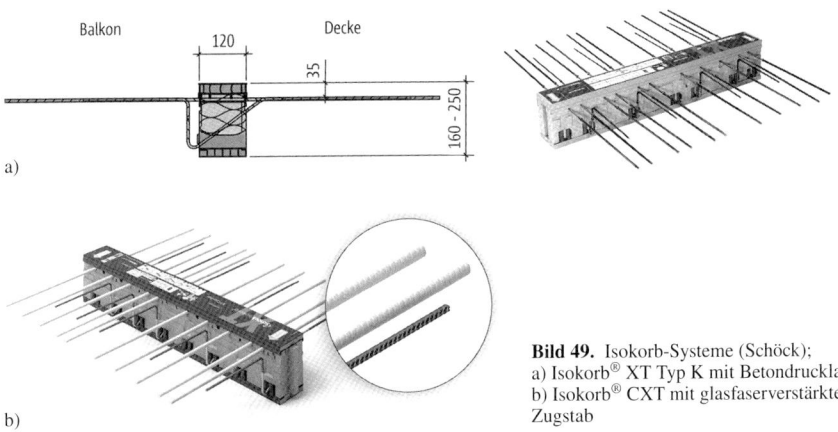

Bild 49. Isokorb-Systeme (Schöck);
a) Isokorb® XT Typ K mit Betondrucklager,
b) Isokorb® CXT mit glasfaserverstärktem Zugstab

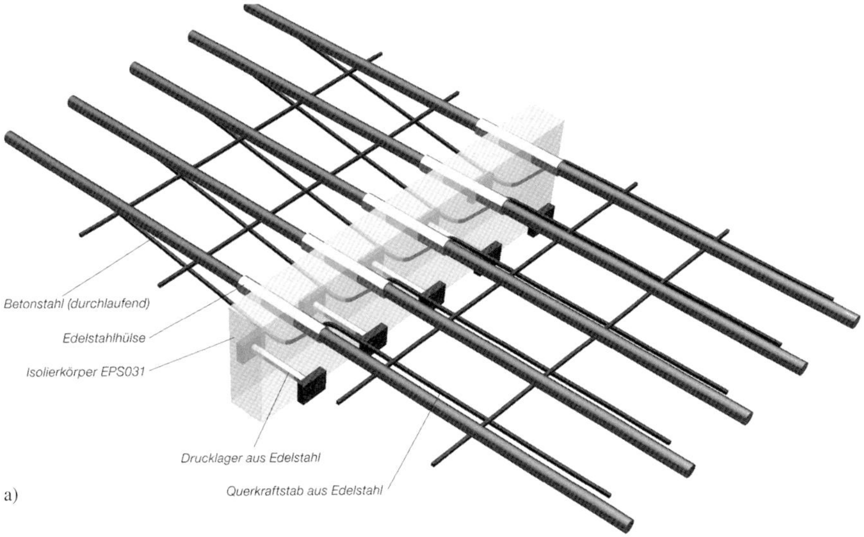

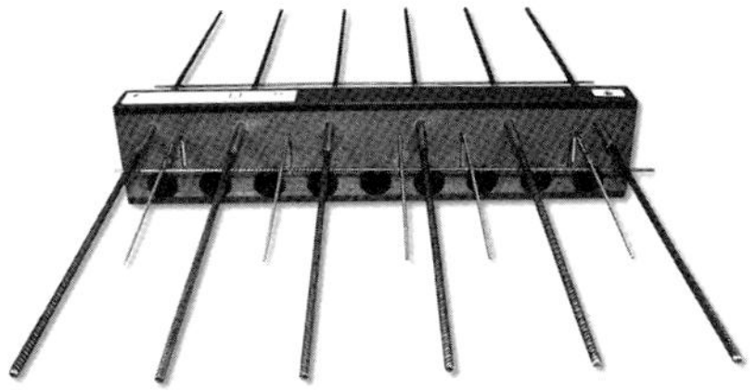

Bild 50. Kragplattenanschluss Egcobox® (Max Frank); a) mit Stahldrucklager, b) mit Gelenkdrucklager (GDL)

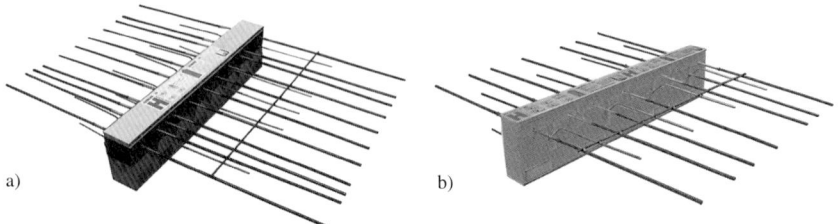

Bild 51. Kragplattenanschluss mit Betondrucklager (H-BAU); a) System Isomaxx, b) System Isopro

Bild 52. HALFEN HIT Iso-Element

Die Betondrucklager bestehen in der Regel aus hochfesten Betonen bzw. Mörteln mit und ohne Faserzusätze. Die Stähle im Bereich der Fuge und im unmittelbar daran angrenzenden Bereich der Betonbauteile besitzen einen erhöhten Korrosionswiderstand. Die Querkräfte bei den Systemen a) und b) werden durch vertikale, geneigte oder wellenförmig gebogene Stäbe je nach Wahl des zugrunde gelegten Fachwerkmodells übertragen. Demgegenüber wirken beim System c) die Lager als Druck-Schub-Feld.

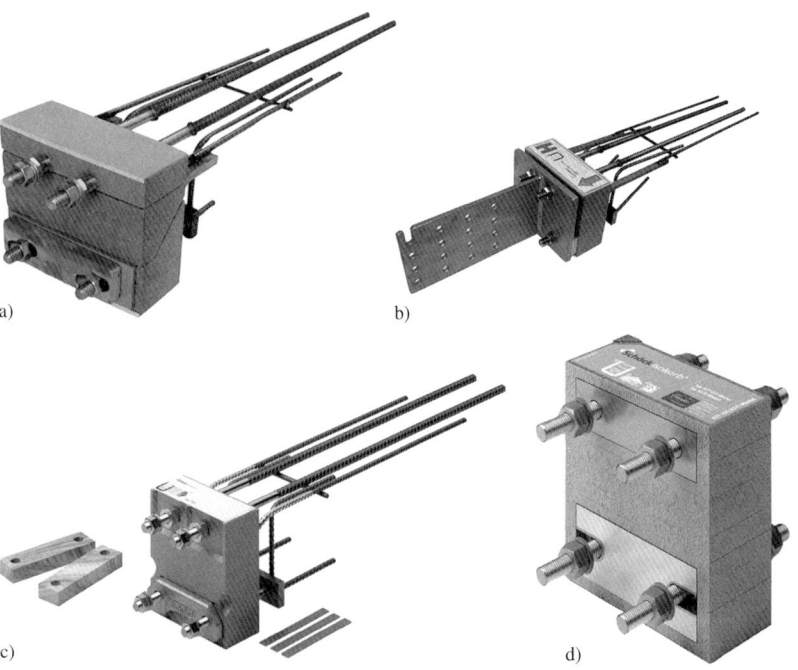

Bild 53. Anschlüsse für verschiedene Konstruktionsarten; a) Verbindung Stahl–Beton (H-BAU), b) Verbindung Holz–Beton (H-BAU), c) Verbindung Stahl–Beton (Schöck), d) Verbindung Stahl–Stahl (Schöck)

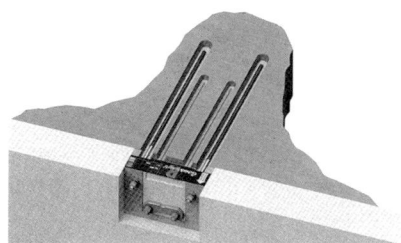

Bild 54. Nachträglicher Kragplattenanschluss (System Schöck)

Die Elemente sind für die gebräuchlichen Deckendicken 160 bis 250 mm ausgelegt. In den außenliegenden Betonbauteilen sind rechtwinklig zur Dämmschicht Dehnfugen anzuordnen, um horizontale Temperatur- und Schwindverformungen zu begrenzen, die andernfalls beträchtliche Zusatzspannungen in den Stahlstäben erzeugen können. Die in der Technischen Spezifikation angegebenen Fugenabstände sind demzufolge abhängig von Stabdurchmessern und Dämmfugendicke.

Mittlerweile sind weitere Systeme am Markt, mit denen Anschlüsse von Stahlkonstruktionen an Stahlbetonbauteile, Holzkonstruktionen an Stahlbetonbauteile sowie Stahlkonstruktionen an Stahlkonstruktionen möglich sind (Bild 53). Weiterhin wurden Systeme entwickelt, um nachträglich Kragplatten bzw. Balkone an **bestehenden** Stahlbetonbauwerken zu verankern (Bild 54). Dies erfolgt unter Verwendung der in Abschnitt 3.7 vorgestellten Mörtelsysteme.

Statischer Nachweis

Die Elemente sind für vorwiegend ruhende Belastung zugelassen. Der statische Nachweis ist in jedem Einzelfall zu erbringen, wobei auch typengeprüfte Bemessungstabellen verwendet werden können. Die Mindestfestigkeitsklasse des Betons beträgt C20/25, bei Außenbauteilen C25/30. Ein Nachweis der Ermüdung der Stäbe infolge Temperaturverformungen wurde im Rahmen des Qualifizierungsverfahrens erbracht und braucht im Einzelfall daher nicht mehr geführt zu werden. Die Abschätzung der vertikalen Verformung kann anhand des zugrunde gelegten Fachwerkmodells durchgeführt werden, wobei sich die vertikalen Verformungen im Verhältnis zu einer durchlaufenden Massivplatte erhöhen.

Dauerhaftigkeit und Korrosionsschutz

Der Anschnittbereich zwischen Balkonplatte und Wand kann besonders korrosionsfördernden Einflüssen wie Feuchtigkeitsansammlungen ausgesetzt sein. Im Rahmen des Qualifizierungsverfahrens wurden die Auswirkungen auf die Konstruktion untersucht.

Die Anforderungen an die Dauerhaftigkeit werden in DIN EN 1992-1-1/NA festgelegt. Die Mindestbetonfestigkeitsklassen sowie die Mindestbetondeckung in Abhängigkeit von den jeweiligen Umweltbedingungen sind entsprechend DIN EN 1992-1-1/NA einzuhalten. Der Korrosionsschutz wird durch Einhaltung der Betondeckung der bauseitigen Bewehrung nach DIN EN 1992-1-1/NA und Verwendung der Werkstoffe nach der jeweiligen Technischen Spezifikation gewährleistet.

Wärmeschutz

Für die Beurteilung des Wärmeschutzes sind folgende Nachweise entsprechend DIN 4108 zu führen:

– *Beurteilung der Tauwassergefahr*

Es ist der rechnerische Nachweis nach DIN 4108-2, Abschnitt 6.2 [9] zu führen. Der Temperaturfaktor ist an der ungünstigsten Stelle für die Mindestanforderung von $f_{Rsi} \geq 0,7$ und $\theta_{si} \geq 12,6$ entsprechend DIN EN ISO 10211 [15] nachzuweisen.

– *Berücksichtigung des erhöhten Transmissionswärmeverlustes nach DIN V 4108-6 [10]*

Der Plattenanschluss darf, wenn kein genauerer Nachweis geführt wird, als thermisch getrennte Konstruktion im Sinne von DIN 4108 Beiblatt 2 angesehen werden. Es darf daher mit einem pauschalen spezifischen Wärmebrückenzuschlag von $\Delta U_{WB} = 0,05 \text{ W/m}^2 \cdot \text{K}$ für die gesamte Umfassungsfläche gerechnet werden.

Der wärmetechnische Einfluss ist den jeweiligen technischen Unterlagen zu entnehmen.

Brandschutz

Bestehen Anforderungen hinsichtlich der Feuerwiderstandsdauer, ist das Brandverhalten der Gesamtkonstruktion nachzuweisen. Hierbei sind je nach Produkt und Dämmstoffstärke zusätzliche Maßnahmen (z. B. Anbringen von Brandschutzplatten) zu

Tabelle 10. Zusammenstellung der Technischen Spezifikationen für Plattenanschlüsse aus Stahlstäben mit Wärmedämmung

Produkt	Antragsteller	Nummer	Bescheid vom: Geltungsdauer bis:
Halfen-ISO-Element HIT-HP / HIT-SP	Halfen GmbH Liebigstraße 14 40764 Langenfeld	ETA-18/0189	21.06.2018
HALFEN-Iso-ElemenT	HALFEN GmbH Liebigstraße 14 40764 Langenfeld	Z-15.7-238	01.01.2016 31.12.2020
Schöck Isokorb® T und XT	Schöck Bauteile GmbH Vimbucher Straße 2 76534 Baden-Baden	Z-15.7-239	03.01.2018 31.12.2020
Schöck Isokorb® T und XT mit Betondrucklager	Schöck Bauteile GmbH Vimbucher Straße 2 76534 Baden-Baden	Z-15.7-240	17.07.2018 31.12.2020
Plattenanschluss ISOPRO IPT und ISOMAXX IMT	H-BAU Technik GmbH Am Güterbahnhof 20 79771 Klettgau	Z-15.7-243	18.12.2017 31.03.2021
Plattenanschluss ISOPRO IP und ISOMAXX IM	H-BAU Technik GmbH Am Güterbahnhof 20 79771 Klettgau	Z-15.7-244	02.02.2018 30.06.2021
„Egcobox" Plattenanschluss	Max Frank GmbH & Co. KG Mitterweg 1 94339 Leiblfing	Z-15.7-248	30.09.2016 31.05.2021
Egcobox GDL	Max Frank GmbH & Co. KG Mitterweg 1 94339 Leiblfing	Z-15.7-285	30.04.2015 30.04.2020
Schöck Isokorb® T Typ SK und SQ	Schöck Bauteile GmbH Vimbucher Straße 2 76534 Baden-Baden	Z-15.7-292	01.09.2015 31.08.2020
HALFEN-Iso-Element HIT-HP/SP-MV mit Druckschublager	HALFEN GmbH Liebigstraße 14 40764 Langenfeld	Z-15.7-293	04.11.2016 07.09.2020
Schöck Isokorb® RT zum nachträglichen Einbau Typ R-239 und R-240	Schöck Bauteile GmbH Vimbucher Straße 2 76534 Baden-Baden	Z-15.7-297	01.03.2018 07.06.2021
Schöck Isokorb® RT Typ SK und SQ zum nachträglichen Einbau	Schöck Bauteile GmbH Vimbucher Straße 2 76534 Baden-Baden	Z-15.7-298	01.03.2018 07.06.2021
HALFEN-Iso-Element HIT-HP/SP-ZV	HALFEN GmbH Liebigstraße 14 40764 Langenfeld	Z-15.7-312	27.01.2017 14.04.2020
Anschluss ISOPRO Typ SBM und SBQ	H-BAU Technik GmbH Am Güterbahnhof 20 79771 Klettgau	Z-15.7-313	21.05.2014 21.05.2019

Tabelle 10. Zusammenstellung der Technischen Spezifikationen für Plattenanschlüsse aus Stahlstäben mit Wärmedämmung (Fortsetzung)

Produkt	Antragsteller	Nummer	Bescheid vom: Geltungsdauer bis:
Schöck Isokorb® zum nachträglichen Einbau Typ ID-239 und ID-240	Schöck Bauteile GmbH Vimbucher Straße 2 76534 Baden-Baden	Z-15.7-317	15.01.2015 15.01.2020
Schöck Isokorb® CXT mit Betondrucklager und Combar®-Zugstab	Schöck Bauteile GmbH Vimbucher Straße 2 76534 Baden-Baden	Z-15.7-320	30.11.2016 20.04.2021

ergreifen. Einzelheiten zu den Abmessungen der Brandschutzplatten bzw. der Estrichschicht sind den jeweiligen Technischen Spezifikationen zu entnehmen (Tabelle 10). Voraussetzung hierbei ist, dass die angrenzenden Bauteile selbst den Anforderungen der jeweiligen Brandschutzklasse genügen.

4.4 Elemente mit Schalldämmung

Anwendungsbereich

Die Lebensqualität wird heute zunehmend durch Lärmbelästigungen beeinträchtigt. Der Schallschutz in Gebäuden hat große Bedeutung für das Wohlbefinden des Menschen, dies gilt insbesondere für den Wohnungsbau.

Die aktuell (noch) gültige Fassung der DIN 4109:1989-11 „Schallschutz im Hochbau – Anforderungen und Nachweise" und das zugehörige Beiblatt 1 „Schallschutz im Hochbau – Ausführungsbeispiele und Rechenverfahren" – sind seit 1990 bauaufsichtlich eingeführt. Nach über 25 Jahren Gültigkeit sind derzeit die Norm-Entwurf DIN 4109-1:2013-06 „Schallschutz im Hochbau – Teil 1: Anforderungen an die Schalldämmung" und der Norm-Entwurf DIN 4109-2:2013-11 „Schallschutz im Hochbau – Teil 2: „Rechnerische Nachweise der Erfüllung der Anforderungen" sowie weitere Teile dieser Normenreihe vor. Nach den Bauprüfverordnungen gehört der Nachweis des Schallschutzes, soweit erforderlich, zu den bautechnischen Nachweisen. Eine weitere Orientierungshilfe für Bauherren und Planer bietet die VDI-Richtlinie 4100:2012-10 „Schallschutz im Hochbau – Wohnungen – Beurteilung und Vorschläge für erhöhten Schallschutz" [13]. Die VDI 4100 definiert in Ergänzung zu den Mindestanforderungen an den Schallschutz sowohl nach der DIN 4109:1989-11 als auch dem derzeitigen Entwurf der DIN 4109-1 Schallschutzstufen für die Planung und Bewertung des erhöhten Schallschutzes. Zum Erreichen eines über das Mindestniveau „Wahrung des Gesundheitsschutzes" hinausgehenden Schutzziels (z. B. Komfort, Lebensqualität) ist daher erhöhter Schallschutz z. B. nach den in der VDI 4100 enthaltenen Schallschutzstufen (SSt) I–III zu vereinbaren und bereits bei der Planung zu berücksichtigen.

Privatrechtlich ist – unabhängig von den Anforderungen aus DIN 4109 – mindestens ein Schallschutzniveau „mittlerer Art und Güte" gefordert. Gemäß der aktuellen Rechtsprechung ist dabei nicht maßgebend, welche DIN-Norm zum Zeitpunkt der Abnahme gilt, sondern ob die Bauausführung zum Zeitpunkt der Abnahme den anerkannten Regeln der Technik entspricht. Deren Anforderungen können, wie in diesem Falle, auch deutlich über den Anforderungen der DIN 4109:1989-11 liegen.

Grundsätzlich wird zwischen Luft- und Trittschalldämmung unterschieden. DIN 4109 Beiblatt 2 stellt erhöhte Anforderungen z. B. an Treppenläufe und Treppenpodeste in Geschosshäusern mit Wohnungen und Arbeitsräumen (Tabelle 11). VDI 4100 enthält für Treppen in abgetrennten Treppenräumen empfohlene Schallschutzwerte für höheren Schallschutz innerhalb von Wohnungen und Einfamilienhäusern.

Am Markt werden entsprechende Bauelemente angeboten, die eine schalltechnische Entkopplung von Treppenlauf und Podest bzw. Podest und Treppenhauswand erzielen. Auf diese Weise wird die Einleitung des Trittschalls in die angrenzenden Hauswände erheblich reduziert.

Konstruktive Durchbildung

Die konstruktive Durchbildung der Trittschalldämmung muss während der Planungsphase festgelegt werden, nachträgliche Maßnahmen führen u. U. zu hohen Kosten. Angeboten werden verschiedene Ausführungen. Die vollständige Trennung zwischen Treppenlauf und Podest wird z. B. durch einzulegende Bauelemente (Bild 55) gewährleistet. Für Trennung von Podest und Treppenhauswand werden dann Aussparungskästen (Trittschalldämmelemente) verwendet, die im Mauerwerk wie Mauersteine ein-

Tabelle 11. Anforderungen an den Trittschallschutz von Treppen (erf $L'_{n,w}$). Die Werte sind in der Regel getrennt für Treppenläufe und Treppenpodeste einzuhalten

Geltungsbereich	DIN 4109:1989-11	DIN 4109:1989-11 Beiblatt 2	VDI 4100: 2007-08	E DIN 4109-1: 2013-11
	(Mindest-) Anforderungen	Erhöhter Trittschallschutz	Schallschutzstufe III	(Mindest-) Anforderungen
Einfamilien-Doppelhäuser und Einfamilien-Reihenhäuser	53 dB [1]	46 dB	39 dB	53 dB
Mehrfamilienhäuser	58 dB [1]		58 dB [2]	53 dB
Beherbergungsstätten			–	58 dB
Krankenanstalten/Sanatorien				

[1] Die Mindestanforderungen der DIN 4109 genügen im Allgemeinen nicht dem privatrechtlichen geschuldeten Trittschallschutz („Anerkannte Regeln der Technik")
[2] zukünftig angestrebt: 39 dB (24 dB)

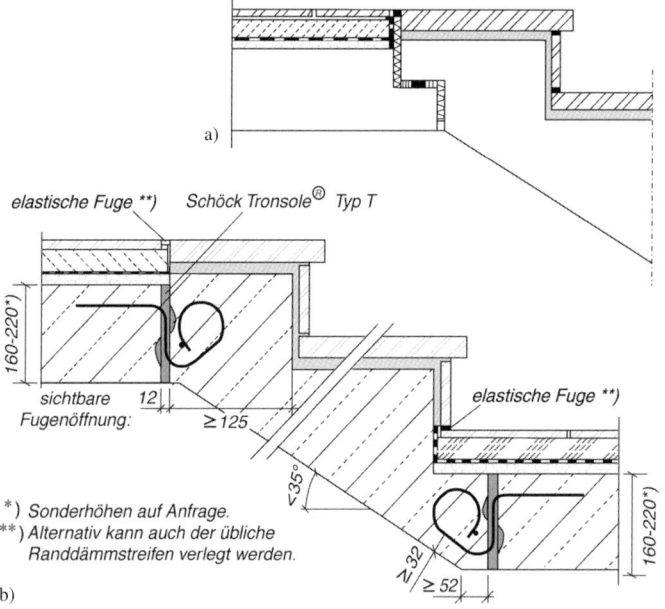

Bild 55. Trittschalldämmung von Treppenläufen; a) elastische Lagerung Fertigteillauf (Schöck, Tronsole Typ F), b) Pendellaufhängung Ortbetonlauf (Schöck, Tronsole Typ T)

gemauert oder bei Betonwänden an der Schalung innen angenagelt werden. Tragelemente aus vorgefertigten Betonquadern mit integrierter Anschlussbewehrung werden in die Aussparung eingeschoben (Bild 61), die Bewehrung des Podestes wird anschließend mit der notwendigen Übergreifungslänge entsprechend DIN EN 1992-1-1 verlegt.

Weiterhin wurden Schubdornsysteme mit integrierter Trittschalldämmung entwickelt. Diese Systeme sind sowohl für die Fertigteil- als auch für die Ortbetonbauweise erhältlich.

Treppenpodeste aus Betonfertigteilen werden mit Trittschalldämmelementen verlegt, bei denen die

Vorgefertigte Bewehrungsanschlüsse 455

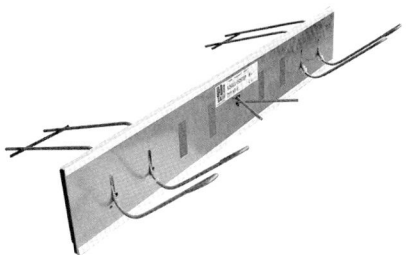

Bild 56. Element für Trittschallschutz, System HT-V1 (H-BAU)

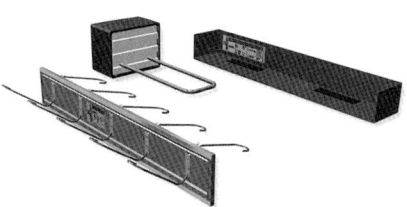

Bild 57. Element für Trittschallschutz, System ISI (HALFEN)

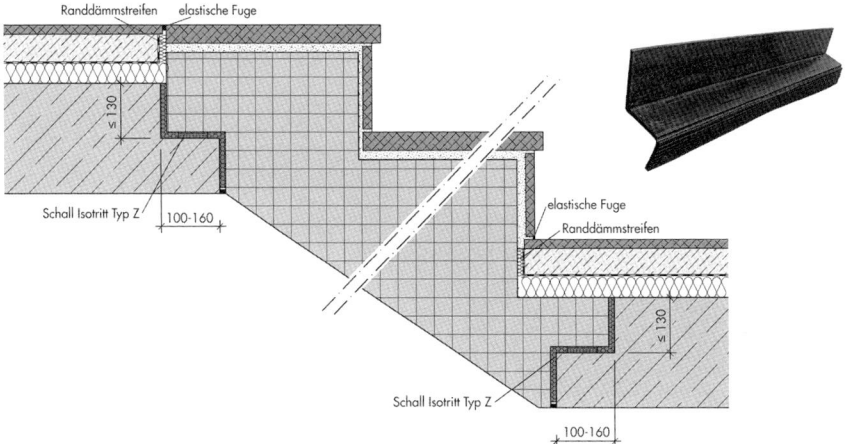

Bild 58. Element für Trittschallschutz, System Isotritt (H-BAU)

Dämmwirkung durch Polyurethan-Elastomerlager erzielt wird (Bilder 55 und 58). Letztere Elemente bestehen z. B. aus einer Kombination aus PU-Schaum bzw. PE-Schaum und lastaufnehmenden Kautschuk-Zonen. Die auf Rollen gelieferten Profile können mit einem Messer auf Treppenbreite abgelängt werden. In den Gelenkzonen befinden sich Einschnitte, die ein variables Knicken zur Z-Form auf Maß ermöglichen.

Statischer Nachweis

Für die an die Elemente anschließenden Bauteile ist ein statischer Nachweis im Einzelfall erforderlich, wobei eine freie Auflagerung zwischen Treppenlauf und Podestplatten anzunehmen ist. Biegemomente können nicht übertragen werden. Die obere und untere Bewehrung der anschließenden Bauteile ist möglichst dicht an die Fuge heranzuführen und ordnungsgemäß zu verankern. Die Aufnahme der Querkraft durch eine Aufhängebewehrung ist nachzuweisen. Die freien ungestützten Plattenränder sind mit einer konstruktiven Bewehrung einzufassen.

Korrosionsschutz

Die durch die Fuge verlaufende Aufhängebewehrung wird aus rostfreiem Stahl hergestellt. Eine Gefährdung durch das meist mit chemischen Reinigungsmitteln versehene Wasser kann nicht ausgeschlossen werden. Ein Eindringen des Wassers wird durch das Kunststoff-Fugenprofil weitgehend vermieden.

Für den Beton-Fertigteiltreppenbau wurde das unter Last verstellbare PFEIFER-Treppenauflagersystem VarioSonic SL weiterentwickelt. Zwei unterschiedliche Typen stehen zur Verfügung: Das Treppenendauflager VarioSonic SLE und das Treppenzwischenauflager VarioSonic SL (Bild 63). Bild 60

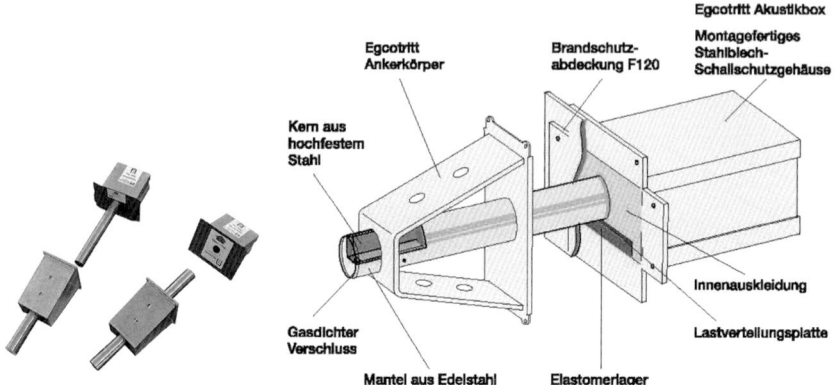

Bild 59. Querkraftdorn mit integrierter Schalldämmung, System Egcotritt (Max Frank)

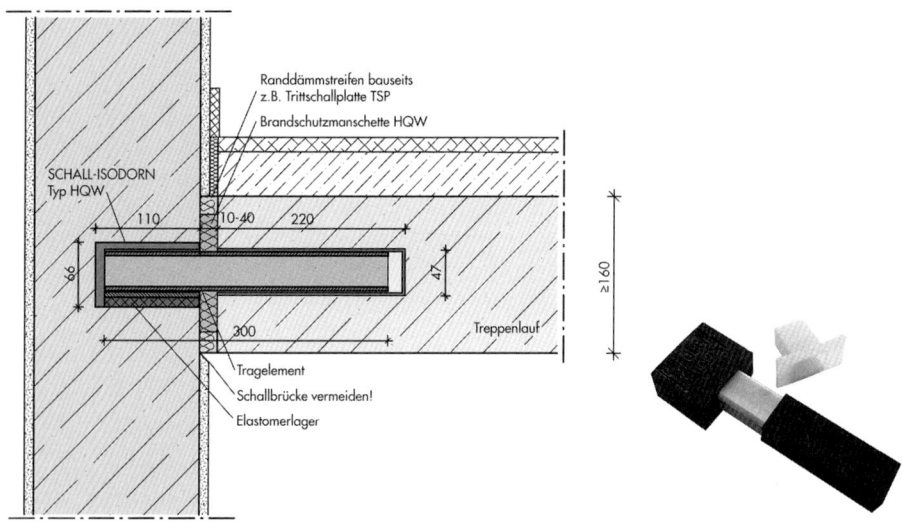

Bild 60. Querkraftdorn mit integrierter Schalldämmung, System HQW (H-BAU)

zeigt die Anwendung bei der Auflagerung von Fertigteiltreppen in Mauer- oder Betonwänden. Beiden Produkttypen gemeinsam ist die Höhenverstellbarkeit ohne Kranhilfe sowie die trittschalltechnische Entkoppelung zwischen Treppe und Treppenhauswand oder -decke. Der höhenverstellbare Stellfuß liegt jeweils auf einem trittschallentkoppelnden Elastomerlager auf und besitzt oben einen Sechskant. Der Stellfuß ist höhenverstellbar, sodass Unebenheiten in der Rohdecke oder Bautoleranzen bei der Aussparung in der Treppenhauswandung Rechnung getragen werden kann. Die Höhenverstellbarkeit ist auch bei nachträglicher Änderung eines Fußbodenaufbaus möglich, d. h., nach Entlastung der Treppe ist von der Nulllage eine Höhenverstellbarkeit um ± 20 mm möglich. Beim VarioSonic SL wird die Querkraft über den Querkraftbolzen und verankerte Wellenanker oder Ankerhülsen in die Fertigtreppe eingeleitet.

Beide Typen erfüllen Anforderungen an den Brandschutz. Bezüglich des Trittschallschutzes werden die erhöhten Anforderungen nach DIN 4109, Beiblatt 2 bzw. VDI 4100 erfüllt.

Bild 61. Element für Treppenpodestlagerung mit integrierter Schalldämmung, System Schall-Isobox (H-BAU)

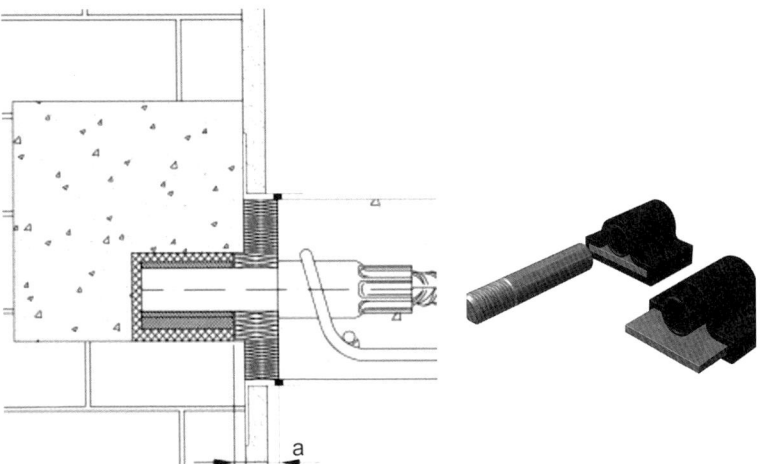

Bild 62. Trittschallschutzsystem PHILIPP TSS

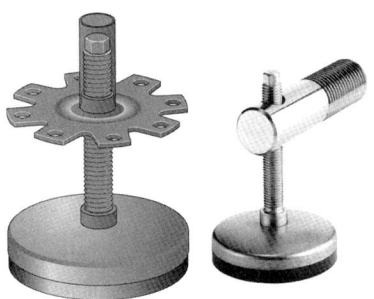

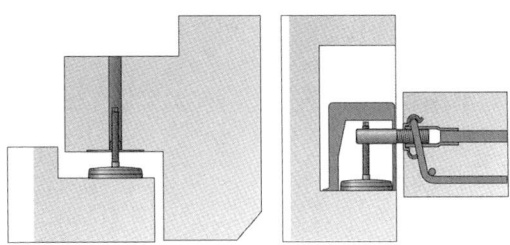

Bild 64. Anwendungen des verstellbaren Treppenauflagers (PFEIFER)

Bild 63. VarioSonic SLE/SL, unter Last höhenverstellbar (PFEIFER)

5 Elemente zur Querkraftübertragung

5.1 Stahlauflager für Π-Platten-Decken

Bei der Auflagerung von Π-Platten auf den Unterzügen wurden Dollen, Elastomerlager, Dollentassen in Konsolen und Ausklinkungen am Stegende und am Unterzug eingebaut. Bauseits musste wegen der großen Exzentrizität (Bild 65) auf den Konsolbändern der jeweilige Unterzug abgestützt werden.

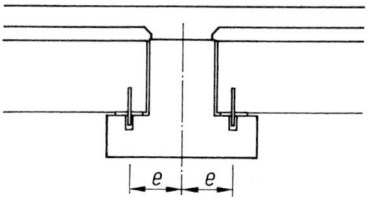

Bild 65. Traditionelle Π-Plattenlagerung

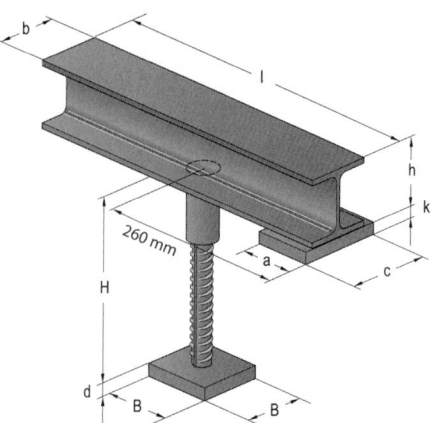

Bild 66. Stahlauflager für Π-Platten (PFEIFER)

Mit dem Stahlauflager für Π-Platten (Bild 66) wird die Π-Platten-Technik vereinfacht. Das Stahlauflager wird an jedem Ende der Π-Platte jeweils über den Steg einbetoniert, sodass an der Vorderseite das Stahlauflager eine gewisse Distanz herausragt (Bild 67). Der Ankerstab des Stahlauflagers ist im jeweiligen Steg verankert. Damit können sämtliche Montagelasten (Eigengewichtsanteil Π-Platte plus Aufbeton plus Mannlast beim Betonieren) sofort nach Auflegen der Π-Platte auf den Unterzug übertragen werden.

Der Anteil der veränderlichen Lasten wird im Zusammenspiel mit neben dem Stahlauflager eingelegten Bewehrungsstäben und der Aufbetonschicht nach der Erhärtung dieser Aufbetonschicht in den Unterzug eingetragen. Drei Größen der Stahlauflager decken den gesamten praktisch vorkommenden Π-Plattenbereich ab.

Zusätzliche Montagetätigkeiten auf der Baustelle sind nicht erforderlich. Die Zeitersparnis bei der Montage der Π-Platten beträgt bis zu 25%. Die Π-Platte mit den einbetonierten Stahlauflagern kann sofort trocken oben auf dem Unterzug abgelegt werden. Durch die Auflagerung auf dem Unterzug ist die Lastexzentrizität im Vergleich zu den früheren Konsolbändern an den Unterzügen wesentlich geringer.

5.2 Querkraftdornsysteme

Zur planmäßigen Übertragung von Querkräften zwischen Stahlbetonbauteilen wurden sog. Querkraft- bzw. Schubdornsysteme entwickelt. Sie bestehen aus jeweils einem Dornteil und einem dazugehörigen Hülsenteil, wobei Systeme mit einem oder zwei Dornen existieren. Die Last wird über speziell ausgebildete Ankerkörper (teilweise mit angeschweißten Bügeln) in das Bauteil eingeleitet. Zusätzlich sind in der Regel weitere Rückhängebügel erforderlich. Die unterschiedlichen Systeme lassen sich grundsätzlich in folgende Typen unterteilen:

Bild 67. Π-Plattenlagerung mit dem Stahlauflager (PFEIFER)

Bild 68. Querkraftdorn System HSD, HALFEN

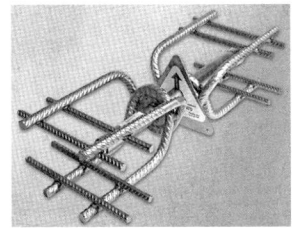

Bild 69. Querkraftdorne, Max Frank; a) Egcodorn DND, b) Egcodorn

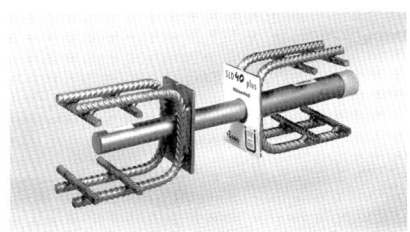

Bild 70. Querkraftdorn SLD, Schöck

Typ 1: Schubdorne mit einem Dorn und „geschlossenem" Ankerkörper zur Lastverteilung im Dorn- und Hülsenbereich (Bilder 68 und 69a)

Typ 2: Schubdorne mit einem Dorn, bei denen im Dorn- und Hülsenbereich eine Ankerplatte oder Rückhängebewehrung zur Lastverteilung vorhanden ist (Bilder 69b und 70)

Typ 3: Doppel-Schubdorne (Bild 71)

Durch diese Art der Konstruktion ist eine zwängungsfreie Verschieblichkeit senkrecht zur Fuge gegeben. Müssen horizontale Verschieblichkeiten quer zur Dornachse berücksichtigt werden, sind Systeme besonderer Konstruktionsart zu verwenden (vgl. Bild 71).

Für verschiedene Dornsysteme wurden für Anwendungen mit Brandschutzanforderungen spezielle Manschetten entwickelt, die als optionales Bauteil den Dorn vor direkter Beflammung und Hitzeeinwirkung schützen.

Die Verwendung beschränkt sich im Allgemeinen auf vorwiegend ruhende Lasten, mittlerweile wurden jedoch auch Technische Spezifikationen für Querkraftdorne unter nicht vorwiegend ruhenden Lasten erteilt. Die zulässigen Umgebungsbedingungen richten sich nach DIN EN 1992-1-1 sowie den Korrosionsschutzklassen der eingesetzten Stähle nach der Technischen Spezifikation (Z-30.3-6).

Statischer Nachweis

Bei der Bemessung der Dorne sind u. a. folgende Nachweise zu führen:

– Grenzzustand der Tragfähigkeit,
– Stahltragfähigkeit des Dorns,
– Durchstanznachweis, sofern konstruktionsbedingt erforderlich,
– Betonkantenbruch.

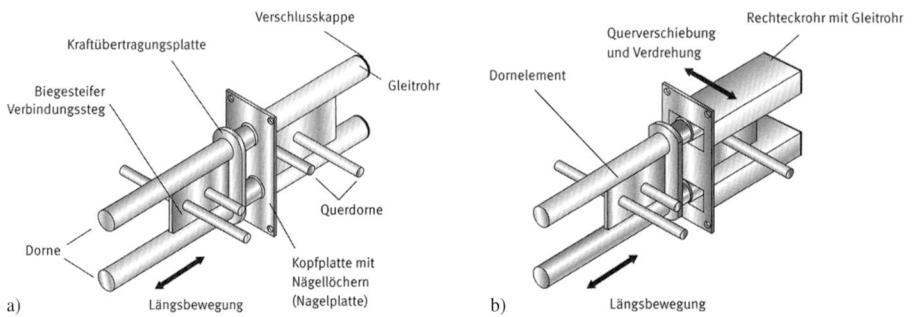

Bild 71. JORDAHL Doppelschubdorn JDSD; a) eindimensionale Verschieblichkeit, b) zweidimensionale Verschieblichkeit

Tabelle 12. Zusammenstellung der Technischen Spezifikationen für Querkraftdornsysteme

Produkt	Antragsteller	Nummer	Bescheid vom: Geltungsdauer bis:
Schöck LD	Schöck Bauteile GmbH Vimbucher Straße 2 76534 Baden-Baden	ETA-16/0545	30.09.2016
Schöck Schwerlastdorn SLD und SLD Q	Schöck Bauteile GmbH Vimbucher Straße 2 76534 Baden-Baden	Z-15.7-236	13.08.2015 13.08.2020
JORDAHL®-Doppelschubdorne JDSD und JDSDQ	JORDAHL GmbH Nobelstraße 51 12057 Berlin	Z-15.7-237	13.08.2015 13.08.2020
Schubdorn CRET nach DIN 1045-1 und DIN EN 1992-1-1	F. J. Aschwanden AG Grenzstrasse 24 3250 Lyss Schweiz	Z-15.7-253	14.03.2016 14.03.2021
„Egcodorn DND" für nicht vorwiegend ruhende Lasten	Max Frank GmbH & Co KG Mitterweg 1 94339 Leiblfing	Z-15.7-266	31.10.2018 31.10.2023
Querkraft Egcodorn Egcodorn N und Q – Querkraftdorn nach DIN 1045-1 und Eurocode 2	Max Frank GmbH & Co KG Mitterweg 1 94339 Leiblfing	Z-15.7-301	15.06.2018 15.08.2022
Egcotritt und Egcotritt HL-Trittschallschutzdorn nach DIN EN 1992-1-1	Max Frank GmbH & Co KG Mitterweg 1 94339 Leiblfing	Z-15.7-305	09.11.2017 09.11.2022
Schöck Tronsole® Typ T	Schöck Bauteile GmbH Vimbucher Straße 2 76534 Baden-Baden	Z-15.7-310	29.11.2013 01.12.2018
Schöck Tronsole® Typ Q	Schöck Bauteile GmbH Vimbucher Straße 2 76534 Baden-Baden	Z-15.7-311	23.01.2015 31.01.2019

Bei der Bemessung des Dornquerschnitts und der bauseitigen Bewehrung sind Reibungskräfte durch Abminderung der Bemessungswiderstände zu berücksichtigen. Weiterhin sind im Grenzzustand der Gebrauchstauglichkeit der Rissbreitennachweis des Plattenrandbalkens zu führen.

Bei Anwendung in Durchlaufträgern ist darauf zu achten, dass Biegemomente nicht übertragen werden können, sodass sich eine Verwendung im Momenten-Nullpunkt empfiehlt.

Konstruktive Durchbildung

Beim Einsatz der Elemente ist ein Durchbohren der Schalung nicht erforderlich. Das Hülsenteil wird vor dem Betonieren des ersten Abschnitts innen auf die Schalung genagelt. Nach dem Ausschalen wird eine Schutzfolie abgezogen, sodass der Dorn in die Hülse eingeschoben werden kann. Der Vorteil der Konstruktion liegt darin, dass z. B. doppelte Unterzüge oder Konsolen mit Gleitlagern nicht erforderlich sind.

5.3 Einfache Querkraftdorne

Derzeit sind einfache Scherbolzen oder Querkraftdorne nach den Bildern 72 und 73 für tragende Verbindungen nicht allgemein verwendbar. Die zulässigen Querkräfte lassen sich in Anlehnung an die Bemessungsvorschläge in Heft 346 [7] vom Deutschen Ausschuss für Stahlbeton ermitteln. Diese Scherbolzen lassen sich waagerecht oder senkrecht einbetonieren, wobei gleichzeitig eine Körperschalldämmung gegeben ist.

6 Fertigteilverbinder

6.1 Biegesteife Verbindungen

Zum biegesteifen Anschluss von Stützen an Fundamenten oder auch Balken an Stützen oder Wänden dienen sogenannte Stützenschuh- oder Wandschuh-Elemente. Beispiele sind in Bild 74 gezeigt.

Beispielsweise können Fertigteilstützen auf Fertigteilfundamenten oder auch auf Ortbeton biegesteif angeschlossen werden, indem an den Fußpunkten der Stütze in den Außenecken jeweils ein Stützenschuh angeordnet wird. Durch die Anordnung der Stützenschuhe in den Ecken der Stütze wird die statische Nutzhöhe des Stützenquerschnitts bezüglich Biegung vollständig erhalten. Die Zugkraftübertragung erfolgt über die Längsbewehrung in der Stütze durch Überlappungsstoß mit dem Stützenschuh-Betonstahl und wird über die Stahlblechkonstruktion in die Verbindungszugschraube eingeleitet, die ihrerseits entweder mit einem zweiten Stützenschuh verbunden ist oder mit einem Ankerpunkt im Beton (Bild 76).

In das Fertigteil- oder auch Ortbetonfundament wird die Kraft durch den Fundamentanker sicher

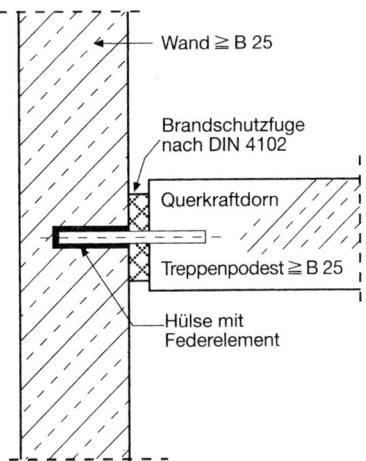

Bild 72. Querkraftdorn im Treppenpodest, waagerechte Anordnung

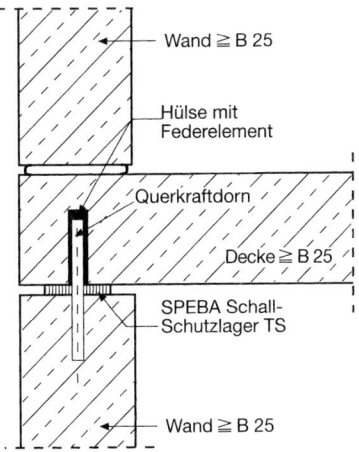

Bild 73. Querkraftdorn im Deckenauflager, senkrechte Anordnung

eingeleitet. Die Anwendungsbedingungen und die Bemessung richten sich nach DIN EN 1992-4. Da sich hochfeste Bolzen (vergütet) kaum sicher schweißen lassen, werden beispielsweise Gewindehülsen mit Baustahl verschweißt (Bild 74b). In das geschützte Gewinde des Fundamentankers, das im Bauzustand durch eine Kunststoffkappe geschützt ist, wird erst bei der Endmontage der hochfeste Verbindungsbolzen eingeschraubt. Verbogene Bolzen oder beschädigte Gewinde werden damit ausgeschlossen.

462　Verankerungs- und Bewehrungstechnik

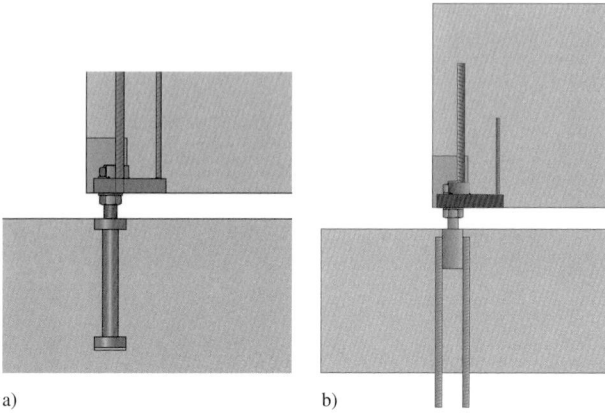

Bild 74. Verschiedene Ausführungen der Verankerung im Fertigteil- oder Ortbetonfundament; a) Verankerung durch Doppelkopf-Bolzen PFEIFER PDK, b) Verankerung durch Fundamentanker PFEIFER PGS

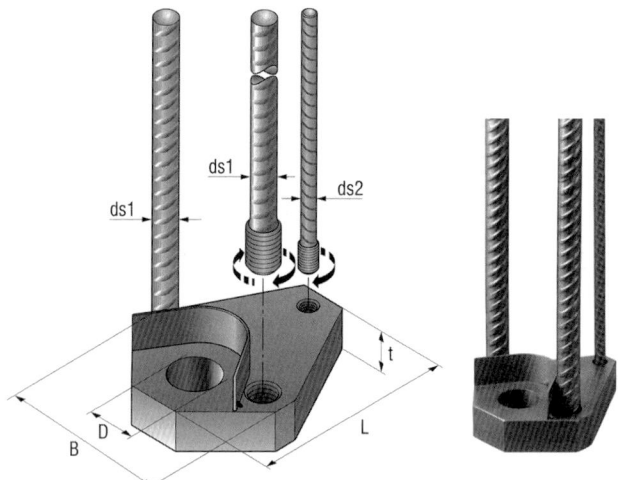

Bild 75. Stützenschuh (PFEIFER)

Besonders einfach ist der positionsgenaue Einbau der Fundamentanker mithilfe eines Schalbretts als Schablone. Komplizierte Rahmenhalterungen entfallen damit. Außerdem sind spezielle Verbindungen für Wandelemente verfügbar (Bild 77).

Biegesteife Verbindung zwischen Beton- und Stahlbauten

Zum Anschluss von Stahlbauteilen wie Konsolen oder Trägern an Betonelemente dienen speziell entwickelte Elemente wie der HALFEN Stahlbauanschluss HSC-B. Entsprechende Anwendungen sind in Bild 78 gezeigt. Mit diesen Elementen ist die Übertragung von Normal- und Querkräften sowie Momenten möglich. Die Verwendung ist bei vorwiegend ruhenden und nicht vorwiegend ruhenden Lasten erlaubt. Die verschiedenen Ausführungen sind in Bild 79 gezeigt.

Entwurf, bauliche Durchbildung, Ermittlung der Schnittgrößen und Bemessung erfolgen prinzipiell nach DIN EN 1992-1-1 und DIN 18800. Die Technische Spezifikation enthält noch zusätzliche Angaben zum Ansatz der Reibungskräfte zwischen Kopfplatte der Konsole bzw. Stirnplatte des Trägers und Betonoberfläche.

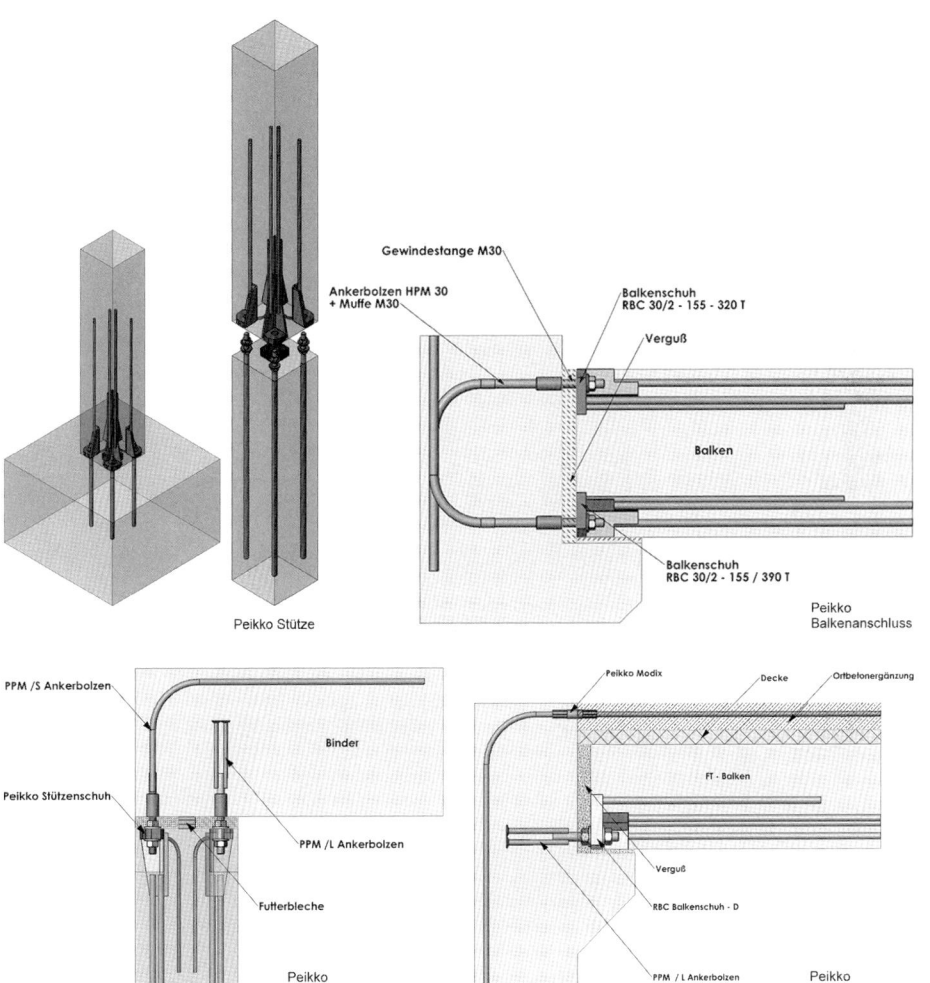

Bild 76. Verschiedene Anwendungen mit Peikko Stützenschuhen

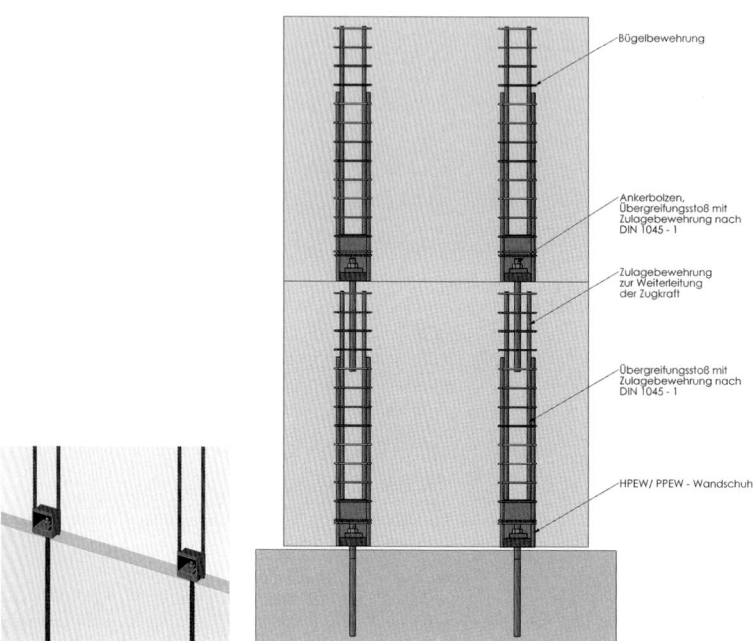

Bild 77. Wandverbinder PSK (Peikko)

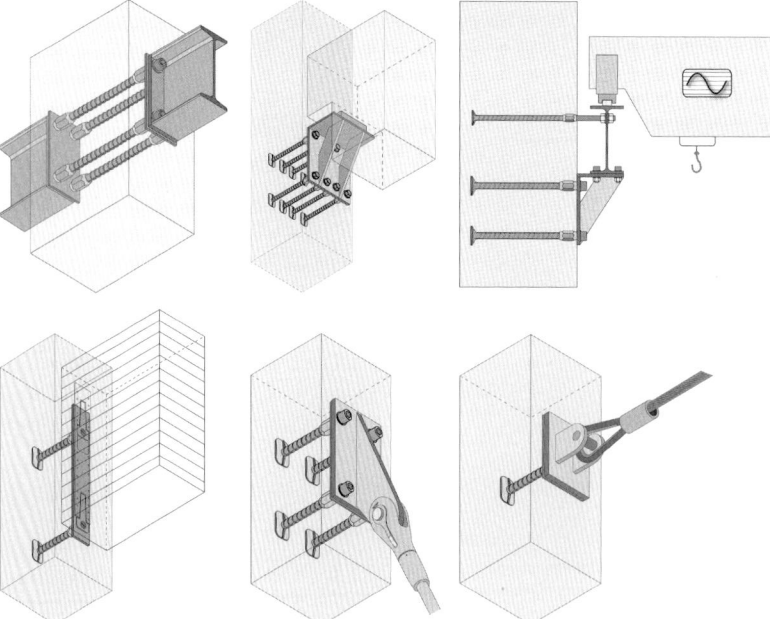

Bild 78. Anwendungsbeispiele für den HALFEN Stahlbauanschluss HSC-B

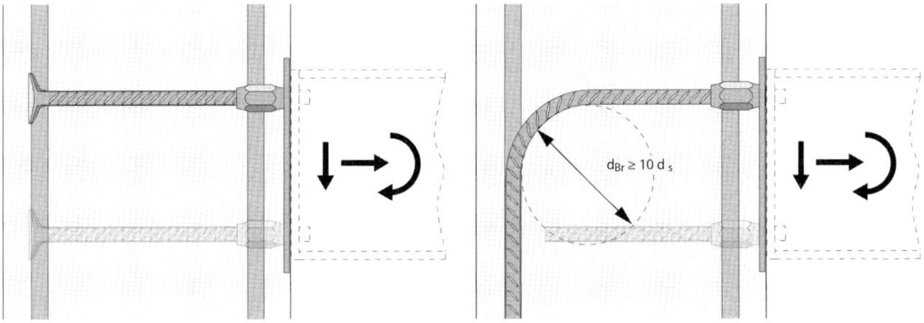

Bild 79. Verankerungsvarianten, HALFEN HSC-B; a) Muffenstab mit Ankerkopf, b) abgebogene Form nach DIN EN 1992-1-1

Tabelle 13. Zusammenstellung der Technischen Spezifikationen für Kopfbolzen, Stützenschuhsysteme und andere Verbindungen

Produkt	Antragsteller	Nummer	Bescheid vom: Geltungsdauer bis:
Peikko® HPM/L Ankerbolzen	Peikko Group Corporation Voimakatu 3 15101 Lahti Finnland	ETA-02/0006	13.11.2017
KÖCO-Kopfbolzen	Köster & Co. GmbH Spreeler Weg 32 58256 Ennepetal	ETA-03/0039	05.06.2018
Nelson-Kopfbolzen	Nelson Bolzenschweiß-Technik GmbH & Co. KG Flurstraße 7–19 58285 Gevelsberg	ETA-03/0041	14.05.2018
WELDA®	Peikko Group Corporation Voimakatu 3 15101 Lahti Finnland	ETA-16/0430	26.03.2018
SB (Schoeler + Bolte) Kopfbolzen aus Stahl	Bolte GmbH Flurstraße 25 58285 Gevelsberg	ETA-11/0120	06.07.2018
PFEIFER-DB-Anker-System	PFEIFER Seil- und Hebetechnik GmbH Dr.-Karl-Lenz-Straße 66 87700 Memmingen	ETA-11/0288	27.07.2017
DEMU Bolzenanker	HALFEN GmbH Liebigstraße 14 40764 Langenfeld	ETA-13/0401	04.12.2015
HPKM 16, HPKM 20, HPKM 24, HPKM 30, HPKM 39 Stützenschuhe	Peikko Group Oy PL 104 15101 Lahti Finnland	ETA-18/0037	15.11.2018

Tabelle 13. Zusammenstellung der Technischen Spezifikationen für Kopfbolzen, Stützenschuhsysteme und andere Verbindungen (Fortsetzung)

Produkt	Antragsteller	Nummer	Bescheid vom: Geltungsdauer bis:
PFEIFER-Stahlauflager PS-A	PFEIFER Seil- und Hebetechnik GmbH & Co. KG Dr.-Karl-Lenz-Straße 66 87700 Memmingen	Z-15.6-287	13.04.2015 30.04.2020
Peikko® Ankerbolzen PPM/L	Peikko Group Corporation Voimakatu 3 15101 Lahti Finnland	Z-21.5-1706	02.08.2017 01.10.2021
PFEIFER-Doppelkopfanker PDK	PFEIFER Seil- und Hebetechnik GmbH & Co. KG Dr.-Karl-Lenz-Straße 66 87700 Memmingen	Z-21.5-1877	28.01.2014 28.01.2019
HALFEN Stud Connector HSC	HALFEN GmbH Liebigstraße 14 40764 Langenfeld	Z-21.8-1973	01.03.2018 30.11.2022
HALFEN Stud Connector Typ B HSC-B	HALFEN GmbH Liebigstraße 14 40764 Langenfeld	Z-21.8-1974	31.01.2015 31.01.2020
Peikko® PPM Ankerbolzen und HPM Ankerbolzen	Peikko Group Oy Voimakatu 3 15101 Lahti Finnland	Z-30.6-39	09.11.2018 09.11.2023

6.2 Lösbare Wandverbinder

Herkömmliche Betonfertigteilverbindungen mit flexiblen Schlaufen oder rückgebogenem Betonstahl müssen in der Anschlussfuge mit einem Vergussmörtel vergossen werden und sind somit nicht unmittelbar nach der Montage voll tragfähig. Für den weiteren Bau- bzw. Montageablauf sind temporäre Abstützmaßnahmen notwendig, um die Standsicherheit der aufgestellten Fertigteile zu gewährleisten. In vielen Fällen müssen Wartezeiten für das Aushärten des Vergussmörtels bei der Baustellenplanung berücksichtigt werden. Trockene Betonfertigteilverbindungen verzichten auf das Vermörteln der Verbindungsfuge und erreichen damit eine erhebliche Reduzierung von Zeit- und Montageaufwand. Die wesentlichen Vorteile der Systeme liegen in der schnellen, effizienten und witterungsunabhängigen Montage von Betonfertigteilen. Die Verbindung kann unmittelbar nach der Montage voll beansprucht werden. Dadurch kann ein schneller Baufortschritt erzielt werden.

System Halfen

HEK Fertigteilverbinder sind geeignet für die dauerhafte Verbindung von Fertigteilkonstruktionen unter statischer oder quasistatischer Belastung in bewehrtem und unbewehrtem Normalbeton der Festigkeitsklassen C20/25 bis C50/60. Sie können in gerissenem und ungerissenem Beton zur Übertragung und Verankerung von Zugkräften, Querlasten oder einer Kombination aus beiden eingesetzt werden. Der Fertigteilverbinder wird in einem Betonfertigteil oberflächenbündig mit einer Montageaussparung einbetoniert (Bild 80). In die Aussparung werden Gegenplatte und Schraube eingesetzt, mit denen Verankerungselemente im zweiten Betonfertigteil, wie z. B. DEMU T-FIXX®, DEMU Bolzenanker oder DEMU Stabanker, kraftschlüssig angeschlossen werden können. In der Praxis ergeben sich häufig Anschlusssituationen, bei denen die Verbindungs- und Verankerungselemente gleichzeitig einer Zug- und Querbeanspruchung unterliegen. In der Nachweisführung ist die Interaktion für die kombinierte Beanspruchung zusätzlich zu den Einzelnachweisen zu berücksichtigen. Die Bemessung orientiert sich an dem in DIN SPEC 1021-4-2: 2009-08 bzw. EN 1992-4 enthaltenen Modell für Kopfbolzen.

Die Bilder 81a bis c zeigen beispielhaft die Ausführung eines Wandstoßes, eines Wandanschlusses und einer Eckausbildung.

Fertigteilverbinder 467

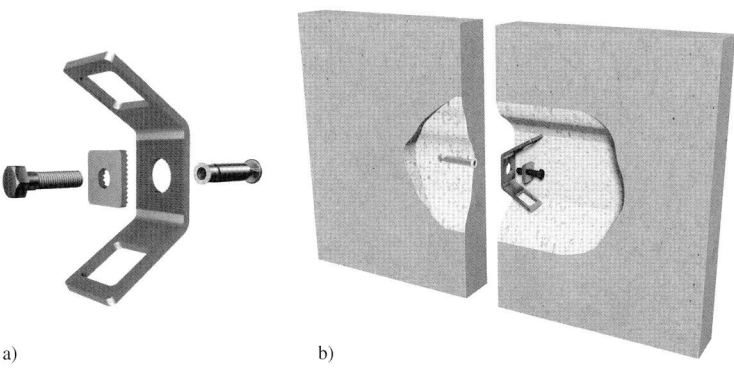

a) b)

Bild 80. HEK Fertigteilverbinder; a) Komponenten des Systems, b) Einbauzustand (HALFEN)

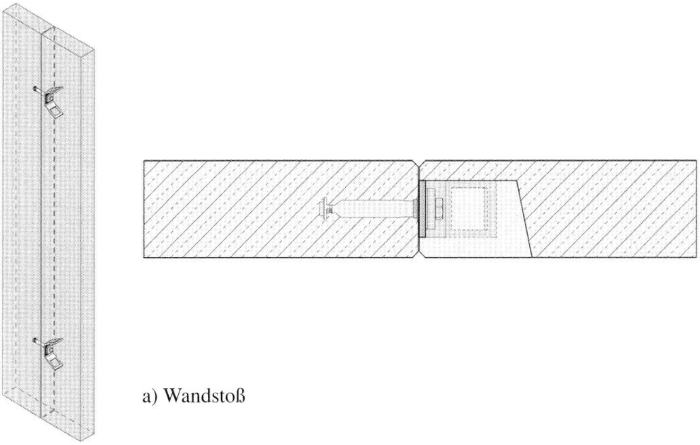

a) Wandstoß

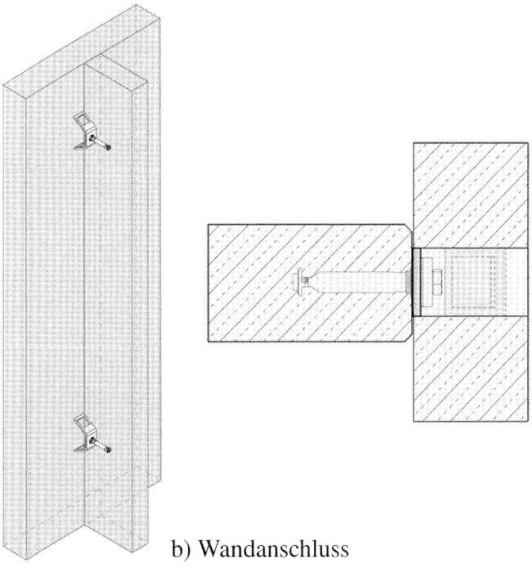

b) Wandanschluss 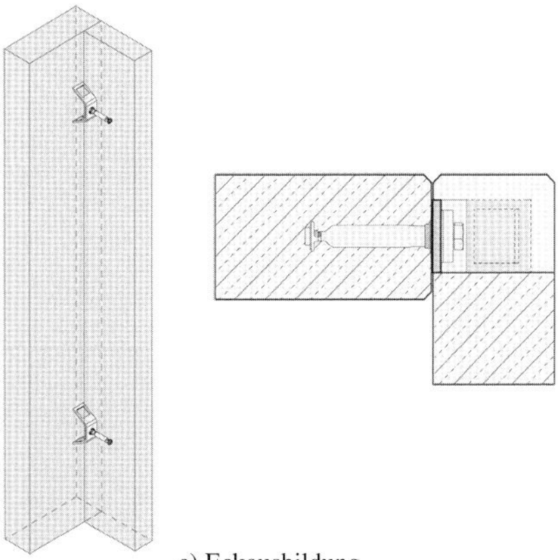 c) Eckausbildung

Bild 81. Beispielhafte Anwendung (HALFEN)

System Peikko

TENLOC® Elementverbinder dient der schnellen Herstellung von Anschlüssen zwischen Betonfertigteilen in vertikalen Fugen. Das System besteht aus einem Riegelsystem, welches mit einem Verankerungselement verbunden wird. Auf der Baustelle werden die Betonfertigteile in ihre Montageposition gebracht und im Handumdrehen über den Verriegelungsmechanismus verbunden. Vertikale Verbindungen von Fertigteilen werden durch den Verguss der Aussparungen fertiggestellt.

Der TENLOC® besteht aus zwei Aussparungskörpern, die in zwei zu verbindende Betonfertigteile einbetoniert werden. Einer der Aussparungskörper enthält einen schwenkbaren Riegel, der mit einem U-Bügel im Beton verankert wird (s. Bild 83). Der zweite Aussparungskörper enthält ebenfalls einen U-Bügel, in den der Riegel einrasten kann. Hierzu wird der Riegel mittels eines Sechskantschlüssels aus dem Aussparungskörper des TENLOC® herausgeschwenkt, bis er auf dem gegenüberliegenden U-Bügel aufliegt (s. Bild 82). Durch Weiterdrehen des Sechskantschlüssels wird der im Riegel eingebaute Exzenter gegen den Riegel verdreht, wodurch der Riegel gegen den gegenüberliegenden U-Bügel vorgespannt wird. Zum Erreichen der planmäßigen Tragfähigkeit wird der entstandene Hohlraum mit schwindarmem Mörtel vergossen.

Bild 83 zeigt verschiedene Anwendungssituationen. Der TENLOC® Elementverbinder kann abweichend davon auch zum Verbinden von Stützen mit Wandelementen verwendet werden (s. Bild 84).

Der TENLOC® Elementverbinder wird vormontiert im Aussparungskörper geliefert, um eine einfache Handhabung und Montage zu ermöglichen. Dies erleichtert sowohl den Einbau in die Schalung im Fertigteilwerk als auch die Montage auf der Baustelle. Nach dem Verriegeln und dem Anziehen des Mechanismus mittels eines Sechskantschlüssels findet der Vergussvorgang des geschlossenen Hohlraums im Elementverbinder statt.

Der TENLOC® Elementverbinder ist für die Verbindung von Wandelementen untereinander oder mit Stützen ausgelegt. Dabei können definierte Widerstände in drei Belastungsrichtungen angesetzt werden. Der TENLOC® Elementverbinder überträgt sowohl Zug- und Druckkräfte (N_{Rd}) als auch Querkräfte senkrecht ($V_{Rd,\perp}$) und parallel ($V_{Rd,\parallel}$) zur Fuge.

System H-Bau

Das patentierte UNICON® System ermöglicht es, bei der Montage gleichzeitig Bauteile und Medien durch einfaches Zusammenstecken zu verbinden. Für die unterschiedlichen Installationsmedien wie Strom, Trink- und Heizwasser, Lüftung, Abwasser wurden zusätzlich unterschiedliche Verbinder entwickelt. Das System kann nur zur reinen mechanischen Verbindung genutzt werden oder in Kombination mit zahlreichen Medienverbindern als Gesamtsystem. Das universelle UNICON® Verbindungssystem kann nicht nur im Betonbau, sondern auch im Holzfertigbau und Stahlbau eingesetzt werden und zusätzlich als Verbindung zwischen den unterschiedlichen Bauweisen.

Der POWERCON® Verbinder besteht aus verzinktem Stahlguss. Das Verbinderpaar setzt sich aus Male- und Female-Teil zusammen und bildet so eine lastübertragende Verbindung. Die Powercon Verbinder werden mit einer M20 Senkkopfschraube am Bauteil angeschraubt. Im Betonbau wird dazu ein Aussparungskörper, der UNIBLOC, einbetoniert. An den UNIBLOC Aussparungskörper werden die verschiedenen Verankerungsmöglichkeiten (z. B. Ankerhülse und Stabanker) befestigt und im Betonbauteil verankert.

Der Schnellverbinder aus verzinktem Stahlguss ist sowohl zur Übertragung von Zug- und Druckkräften (N_{Rd}) als auch Querkräften senkrecht ($V_{Rd,\perp}$) zur Fuge vom DIBt allgemein bauaufsichtlich zugelassen. Querkräfte parallel zur Fuge sind nicht abgedeckt.

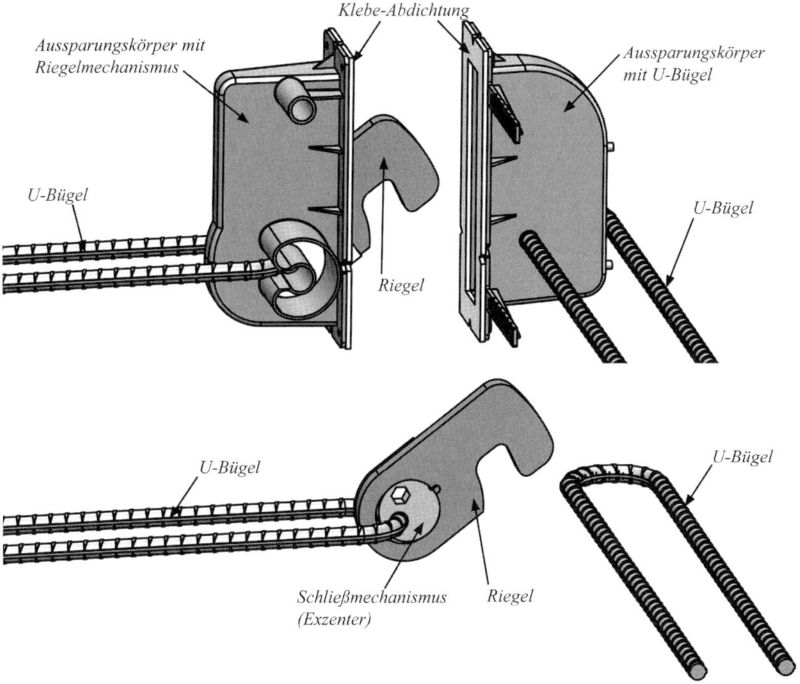

Fertigteilverbinder 469

Bild 82. TENLOC® Elementverbinder (Peikko)

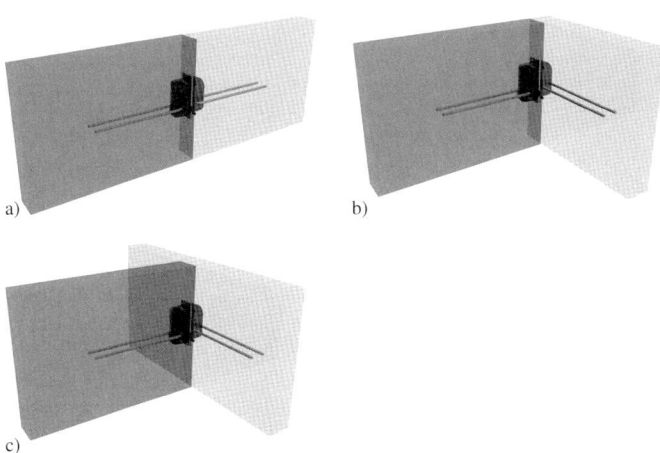

Bild 83. Verbindung von Wandelementen; a) Stoßverbindung, b) T-Verbindung, c) Eckverbindung (Peikko)

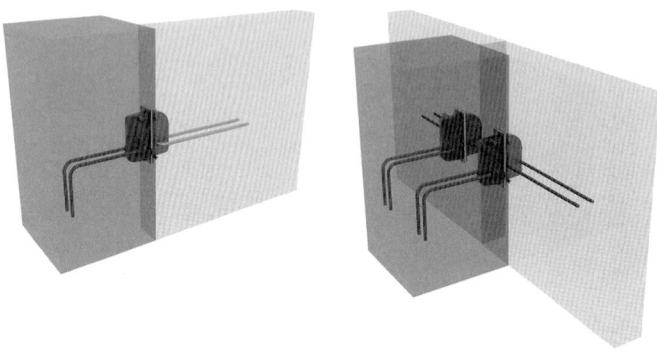

Bild 84. Stütze-Wand-Verbindungen (Peikko)

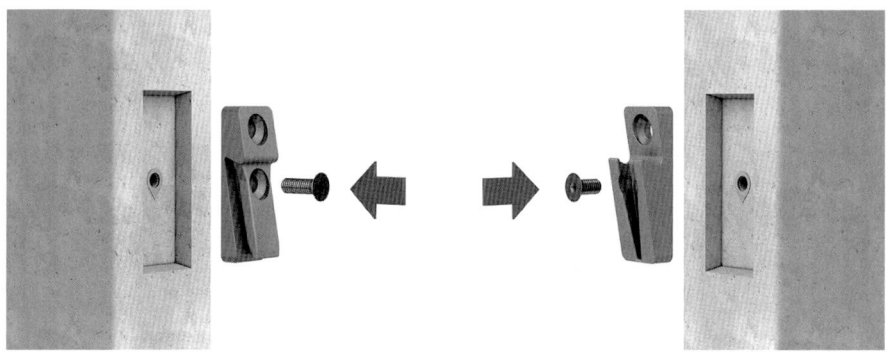

Bild 85. Nachträgliches Einschrauben der Verbinder (H-Bau)

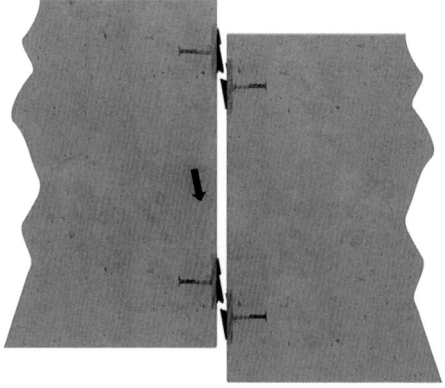

Bild 86. Selbstzentrierendes Versetzen der Fertigteile (H-Bau)

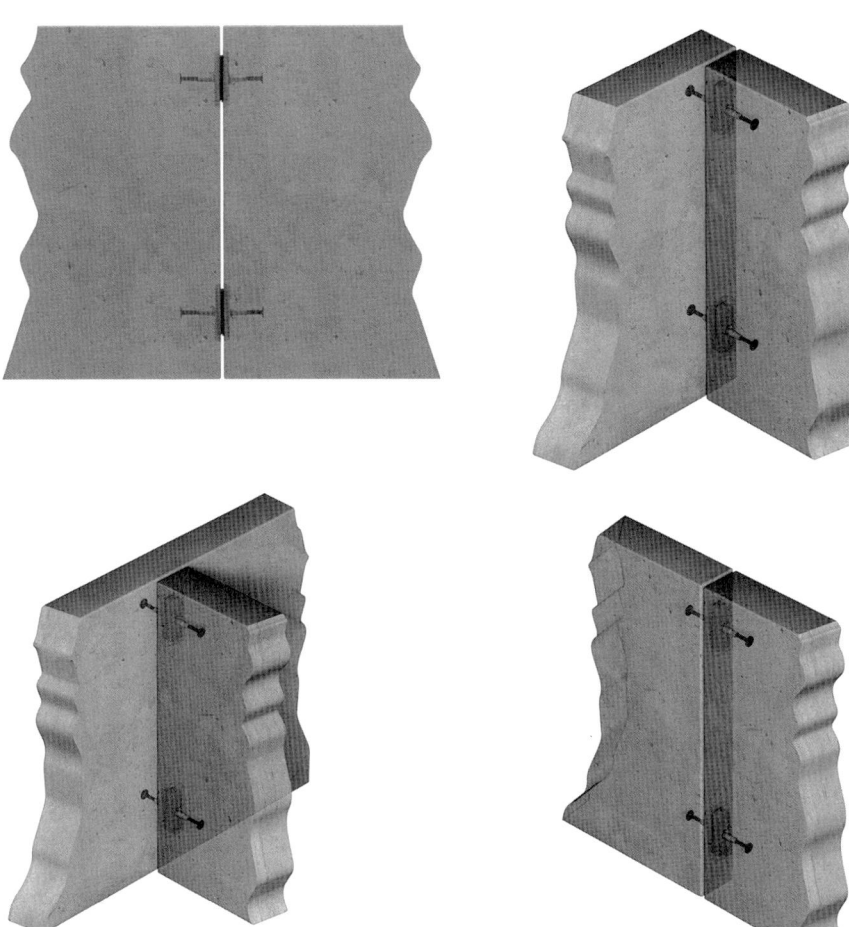

Bild 87. Anwendungsbeispiele POWERCON Verbinder (H-Bau)

Tabelle 14. Zusammenstellung der Technischen Spezifikationen für Kopfbolzen, Stützenschuhsysteme und andere Verbindungen

Produkt	Antragsteller	Nummer	Bescheid vom: Geltungsdauer bis:
HALFEN HEK Fertigteilverbinder	HALFEN GmbH Liebigstraße 14 40764 Langenfeld	Z-21.8-2086	30.01.2018 30.01.2023
Wandschloss Powercon	H-Bau Technik GmbH Am Güterbahnhof 20 79771 Klettgau	Z-14.4-709	09.11.2015 09.11.2020

7 Literatur

[1] DIN EN 1992-1-1:2011-01 (2011) *Bemessung und Konstruktion von Stahlbeton- und Spannbetontragwerken – Teil 1-1: Grundlagen und Anwendungsregeln für den Hochbau*, Beuth Verlag, Berlin.

[2] DIN EN 1992-1-1/NA:2011-01 (2011) *Nationaler Anhang zu DIN EN 1992-1-1 für Deutschland. Bemessung und Konstruktion von Stahlbeton- und Spannbetontragwerken – Teil 1-1: Grundlagen und Anwendungsregeln für den Hochbau*, Beuth Verlag, Berlin.

[3] DIN 1045-1:2008-08 (2008) *Tragwerke aus Beton, Stahlbeton und Spannbeton – Teil 1: Bemessung und Konstruktion*, Beuth Verlag, Berlin.

[4] Hegger, J., Walraven, J., Häusler, F. (2010) Zum Durchstanzen von Flachdecken nach Eurocode 2, *Beton- und Stahlbetonbau* **105** (4), 206–215.

[5] Moersch, J., Junge, S. (2016) Betonstahl und Spannstahl, in *Beton-Kalender 2016* (Hrsg. Bergmeister, K., Fingerloos, F., Wörner, J.-D.), Ernst & Sohn, Berlin, S. 177–228.

[6] Deutscher Beton- und Bautechnik Verein E. V. (2011) *Merkblatt: Rückbiegen von Betonstahl und Anforderungen an Verwahrkästen nach Eurocode 2*. Fassung Januar 2011.DBV, Berlin.

[7] Paschen, H., Schönhoff, T. (1983) *Untersuchungen über in Beton eingelassene Scherbolzen aus Betonstahl*, DAfStb Heft **346/3**, Beuth Verlag, Berlin.

[8] DIN 488:2009-08 (2009) *Betonstahl*, Teile 1 bis 6, Beuth Verlag, Berlin.

[9] DIN 4108-2:2013-02 (2013) *Wärmeschutz und Energie-Einsparung in Gebäuden – Teil 2: Mindestanforderung an den Wärmeschutz*, Beuth Verlag, Berlin.

[10] DIN V 4108-6:2003-06 (2003) *Wärmeschutz und Energie-Einsparung in Gebäuden – Teil 6: Berechnung des Jahresheizwärme- und des Jahresheizenergiebedarfs*, Berichtigung 2004-03, Beuth Verlag, Berlin.

[11] DIN 4108 Bbl. 2:2006-03 (2003) *Wärmeschutz und Energie-Einsparung in Gebäuden – Wärmebrücken – Planung- und Ausführungsbeispiele*. Beuth Verlag, Berlin.

[12] DIN 4109:2018-01 (2018) *Schallschutz im Hochbau – Teil 1: Mindestanforderungen; Teil 2: Rechnerische Nachweise der Erfüllung der Anforderungen; Teil 4: Bauakustische Prüfungen*, Beuth Verlag, Berlin.

[13] VDI 4100:20127-10 (2012) *Schallschutz im Hochbau – Wohnungen – Beurteilung und Kriterien für erhöhten Schallschutz*, Beuth Verlag, Berlin.

[14] DIN 18800 (2008) *Stahlbauten*, Beuth Verlag, Berlin.

[15] DIN EN ISO 10211:2018-03 (2018) *Wärmebrücken im Hochbau – Wärmeströme und Oberflächentemperaturen – Detaillierte Berechnungen (ISO 10211:2017)*; Deutsche Fassung EN ISO 10211:2017, Beuth Verlag, Berlin.

[16] Verordnung 305/2011/EWG:2011-3-9 zur Festlegung harmonisierter Bedingungen für die Vermarktung von Bauprodukten und zur Aufhebung der Richtlinie 89/106/EWG des Rates (CPR).

[17] Richtlinie 89/106/EWG:1988-12-21 zur Angleichung der Rechts- und Verwaltungsvorschriften der Mitgliedstaaten über Bauprodukte (CPD).

[18] Siburg, C., Hegger, J., Furche, J., Bauermeister, U. (2014) Durchstanzbewehrung für Elementdecken nach Eurocode 2, *Beton- und Stahlbetonbau* **109** (3), 170–181.

[19] Hegger, J., Kueres, D., Siburg, C. (2013) Versuchsbericht zu einem Durchstanzversuch (VBBF01) zur Untersuchung des Abstandes der Elementplatte von der Stütze. RWTH Aachen, Institut für Massivbau, Versuchsbericht 319/2013, unveröffentlicht.

[20] Hegger, J., Kueres, D., Siburg, C. (2013) Versuchsbericht zu einem Durchstanzversuch (BMG01) zur Untersuchung des Abstandes der Elementplatte von der Stütze. RWTH Aachen, Institut für Massivbau, Versuchsbericht 318/2013, unveröffentlicht.

[21] Kueres, D. Siburg, C., Hegger, J., Furche, J., Sippel, T. (2016) Zur konstruktiven Durchbildung des Decke-Stütze-Knotens in Flachdecken aus Elementplatten, *Bautechnik* **93** (6) 356–365.

[22] Fédération Internationale du Béton (fib) (2013) *fib Model Code for Concrete Structures 2010*, Ernst & Sohn, Berlin.

[23] SIA 262:2013 (2013) *Betonbau*. SIA Zürich.

[24] Furche, J., Bauermeister, U. (2016) Elementbauweise mit Gitterträgern nach Eurocode 2, Beton im Hochbau, Silos und Behältern, in *Beton-Kalender 2016* (Hrsg. Bergmeister, K., Fingerloos, F., Wörner, J.-D.) Ernst & Sohn, Berlin, S. 469–635.

[25] DIN EN 1992-4:2019 (2019) *Eurocode 2: Bemessung und Konstruktion von Stahlbeton- und Spannbetontragwerken – Teil 4: Bemessung der Verankerung von Befestigungen in Beton*, Beuth Verlag, Berlin

[26] EuGH-Urteil vom 16.10.2014, Kommission ./. Deutschland, Rs. C-100/13.

[27] EOTA Technical Report TR 060 (2017) *Increase of punching shear resistance of flat slabs or footings and ground slabs – double headed studs – calculation methods*. November 2017.

VI Massive (Verkehrs-) Wasserbauwerke – ein aktueller bautechnischer Überblick

Claus Kunz, Karlsruhe

Neue Perspektiven entdecken.

perspektiven.holcim.de/bau

Holcim Deutschland Gruppe

1 Einführung

Wasserbauwerke sind Teil von Gewässersystemen und regeln den Wasserabfluss oder dienen den verschiedenen Nutzungen des Wassers. Sie bestehen heutzutage überwiegend aus massiven Baustoffen, wie z. B. Beton, Stahlbeton oder Mauerwerk, wobei (Stahl-)Betonkonstruktionen den größten Anteil darstellen. Befinden sich die Wasserbauwerke in einer Wasserstraße, wozu in Deutschland fast alle Gewässer erster Ordnung – und damit die größeren Flüsse – sowie einige Kanäle gehören, spricht man von Verkehrswasserbauwerken. Wasserstraßen erfahren in ihrer Gesamtheit so ziemlich alle Nutzungen, die an Gewässern möglich sind.

Die Bundeswasserstraßen haben neben der verkehrswirtschaftlichen Nutzung beachtenswerte Funktionen zur Wasserversorgung, zur Erhaltung der Vorflut für den Abfluss der Niederschläge und für Entwässerungszwecke, zur Abwendung von Hochwasser- und Eisgefährdung sowie zur preiswerten und sauberen Wasserkraftnutzung in staugeregelten Abschnitten (ca. 750 MW installierte Leistung). Mit der Wasserkraft an Bundeswasserstraßen wird etwa genauso viel Energie produziert, wie alle Transporte auf dem Wasser verbrauchen – einzigartig für ein Verkehrsträgersystem. Wasserstraßen genügen vielfach der Sport-, Freizeit- und Erholungsfunktion [1].

Die Binnenschifffahrt zeichnet sich durch

- hohe Verkehrssicherheit,
- geringen Energieverbrauch und hohe Umweltfreundlichkeit,
- weitgehende Nutzung natürlicher Verkehrswege,
- günstiges Verhältnis von Nutzlast zu Eigenlast,
- geringen Personalbedarf,
- großräumiges Transportvolumen,
- vorhandene Kapazitätsreserven

aus. Das System Binnenschifffahrt/Wasserstraßen macht die Binnenschifffahrt aus ökologischen, ökonomischen und Sicherheitsgesichtspunkten zu einem bevorzugten Beförderungsmittel insbesondere für Massengüter, für übermäßig schwere und sperrige Güter sowie für gefährliche Güter. Darüber hinaus gewinnen Container- und Ro-Ro-Verkehre zunehmend an Bedeutung [1]. Die Wasserstraße verfügt noch über Transport-Reserven zur Bewältigung des Güterverkehrs in Deutschland.

Nach Artikel 89 des Grundgesetzes ist der Bund Eigentümer der Bundeswasserstraßen, die durch eine eigene Behörde, die Wasserstraßen- und Schifffahrtsverwaltung des Bundes (WSV), verwaltet werden. Grundlagen für das Handeln sind das Bundeswasserstraßen-, Binnenschifffahrtsaufgaben- sowie Seeschifffahrtsaufgabengesetz. Die Bundeswasserstraßen sind dem Bundesministerium für Verkehr und digitale Infrastruktur (BMVI) zugeordnet [1].

Die Wasserstraßen sind neben den Straßen, den Schienen und den Rohrleitungen Teil des bodengebundenen Verkehrswegenetzes der Bundesrepublik Deutschland. Obgleich sehr viel weitmaschiger als Schiene und Straße, ist das Wasserstraßennetz dennoch ein zusammenhängendes Netz, das die großen Seehäfen einerseits mit der Hohen See, andererseits mit dem Hinterland sowie die bedeutendsten Industriezentren miteinander verbindet. Neben den Seehäfen dienen die Binnenhäfen dem Umschlag von Gütern. Die Mehrzahl der Großstädte der Bundesrepublik besitzt einen direkten Wasserstraßenanschluss [1] (Bild 1).

Die Wasserstraßen- und Schifffahrtsverwaltung erfüllt die ihr übertragenen Aufgaben teils mit eigenem Personal und im Regiebetrieb, teils mit Unternehmerhilfe. Größere Neu- und Ausbaumaßnahmen werden ausschließlich von Unternehmen durchgeführt, wobei jedoch Bauplanung und Bauüberwachung durch WSV-Personal erfolgen. Die Unterhaltungsaufgaben werden je nach wirtschaftlichen Gegebenheiten von Unternehmen oder im Regiebetrieb erledigt. Für den Betrieb der Anlagen steht ausschließlich WSV-Personal zur Verfügung. Für Begutachtungen, Beratungen, Regelwerkserarbeitung und angewandte Forschung unterstützt die Bundesanstalt für Wasserbau (BAW) die Dienststellen der WSV sowie das BMVI.

Das Netz der Bundeswasserstraßen in Deutschland umfasst ca. 7300 km Binnenwasserstraßen, von denen ca. 75 % der Strecke auf freifließende und staugeregelte Flüsse und 25 % auf Kanäle entfallen. Zu den Bundeswasserstraßen zählen auch ca. 23000 km² Seewasserstraßen. Einen möglichst zuverlässigen Betrieb des Wasserstraßensystems sollen 315 Schleusenanlagen, 307 Wehre, 354 Düker/Durchlässe, 40 Kanalbrücken, 2 Schiffshebewerke, 2 Talsperren, 4 Sturmflutsperrwerke und ca. 1300 Brücken gewährleisten [2]. Das Anlagevermögen beträgt ca. 50 Mrd. € (Preisstand 2010).

Die Ausgaben für die Bundeswasserstraßen umfassen die Bereiche Investitionen, Betrieb und Unterhaltung und Verwaltung mit einem Gesamtvolumen von ca. 1850 Mio. € jährlich. Zur Erhaltung und Ersatz der verkehrlichen Infrastruktur wurden 2016 rund 600 Mio. € und für Aus- und Neubaumaßnahmen rund 110 Mio. € investiert [1].

Beton-Kalender 2020: Wasserbau. Konstruktion und Bemessung.
Herausgegeben von Konrad Bergmeister, Frank Fingerloos und Johann-Dietrich Wörner
© 2020 Ernst & Sohn GmbH & Co. KG. Published 2020 by Ernst & Sohn GmbH & Co. KG.

Bild 1. Karte mit den Bundeswasserstraßen in Deutschland, aus [1]

2 Regelwerke für massive Wasserbauwerke

Planung, Bemessung und Ausführung von massiven Wasserbauwerken erfolgen nach den allgemein anerkannten Regeln der Technik, die in allgemeinen Normen des Ingenieurbaus und der Geotechnik zu finden sind und seit Ende der 1990er-Jahre durch die Eurocodes beeinflusst werden. Für Wasserbauwerke sind in Deutschland spezielle DIN-Normen entwickelt worden. Regelwerke für den konstruktiven Wasserbau finden sich überwiegend in der DIN 19600er- und DIN 19700er-Normenreihe und werden durch den Fachbereich NAW 119-02 im DIN betreut, vgl. [3] und [4].

Die DIN 19702 [5] ist seit je her eine Grundnorm des konstruktiven Wasserbaus und regelt die wasserbaulichen Anforderungen, Sicherheitsnachweise und Besonderheiten für massive Wasserbauwerke. Als erste Norm im konstruktiven Wasserbau hatte sie das Sicherheitskonzept der Eurocodes in Deutschland aufgegriffen [6]. Diese Norm gilt für alle massiven Wasserbauwerke aus Beton, Stahlbeton und prinzipiell auch Mauerwerk, im Binnenland wie auch im Küstengebiet; also z. B. für Wehranlagen, Schleusen, Wasserkraftwerke, Schöpfwerke, Entnahmebauwerke, Sohlenbauwerke, Durchleitungsbauwerke, massive Bauteile von Kanalbrücken und massive Hochwasserschutzbauwerke. Bauwerke des Offshore-Bereichs sowie Baugrubenumschließungen werden damit nicht behandelt. Die Norm legt die grundlegenden Anforderungen an die Zuverlässigkeit (Tragfähigkeit, Dauerhaftigkeit und Gebrauchstauglichkeit) von massiven Wasserbauwerken fest und orientiert sich dabei an den Eurocodes und an dem neueren, europäisch und national verankerten Teilsicherheitskonzept des konstruktiven Ingenieurbaus. Sie beabsichtigt durch ihre Festlegungen für massive Wasserbauwerke eine Nutzungsdauer von 100 Jahren bei einem Zuverlässigkeitsniveau von $\beta = 3{,}8$, was die Realisierung von nachhaltigen Wasserbauwerken bezwecken soll. Wegen der Eigenart von massiven Wasserbauwerken, die in der Wechselwirkung mit dem Boden stehen, verbindet die Norm Regelungen von Geotechnik und konstruktivem Wasserbau [6]. DIN 19702 [5] kann als eine Art nationaler Anhang „Konstruktiver Wasserbau" zu den Eurocodes im konstruktiven Ingenieurbau angesehen werden (vgl. auch Bild 6).

DIN 19700-13 [7] ist Teil der 19700er-Normenreihe für Stauanlagen, gilt für Staustufen und legt Grundsätze für ihre hydraulische und auch konstruktive Gestaltung sowie für die Einhaltung ihrer baulichen und betrieblichen Sicherheit fest. Staustufen bestehen aus Wehr mit Stauhaltungsdämmen, Schiffsschleuse und gegebenenfalls einem Kraftwerk (vgl. Bild 2). Staustufen heben den Wasserstand eines Fließgewässers ständig oder zeitweise an. Sie sind meist Mehrzweckanlagen, z. B. zur Wasserkraftnutzung, für die Versorgung mit Trink- und/oder Brauchwasser, für die Bewässerung, zur Verbesserung der Schifffahrt, zum Schutz vor Sohlerosion sowie für die Zwecke der Landeskultur und Ökologie. Für einzelne Anlagenteile von Staustufen, z. B. Schiffsschleusen, Wasserkraftwerke, liegen, wie nachfolgend erwähnt, eigene Regelwerke vor.

DIN 19703 [8] legt für neu zu errichtende massive Schleusen der Binnenschifffahrtsstraßen Anforderungen an Abmessungen, Ausrüstungen, Konstruktion und Gesamtanordnung fest. Diese Norm ist sinngemäß anzuwenden bei einer Verbesserung der Funktionsfähigkeit bestehender Schleusen im Rahmen der Instandhaltung, bei Spundwandschleusen sowie hinsichtlich der Ausrüstung für Einfahrtleitwerke, Vorhäfen und Liegestellen mit senkrechten Ufereinfassungen. Über die Ausrüstung, wie z. B. Poller und Schwimmpoller, werden Kräfte in den Massivbau eingetragen. Für den Massivbau ist weiterhin von Bedeutung, dass die monolithische Bauweise zur Regelbauweise bei Schleusen erklärt wird.

Die DIN 19661-1 [9] gilt für Kreuzungsbauwerke, die als Durchleitungsbauwerke im Zusammenhang mit dem ordnungsgemäßen Abfluss in Gewässern stehen oder die als Mündungsbauwerke für wasserwirtschaftliche Maßnahmen erforderlich sind. Hierzu gehören Brücken, Überleitungen, Durchlässe, Verrohrungen, Düker, Aus- und Einlässe sowie Siele. Sie gilt auch für Bauwerke in und an Gewässern, die der Benutzung des Gewässers dienen. Die Bauwerke werden in dieser Norm nur im Bezug zum Gewässer behandelt, wobei hydrologische, hydraulische und ökologische Belange im Vordergrund stehen. Diese Norm findet Anwendung bei Bauwerken des Wasserbaus, insbesondere im landwirtschaftlichen Wasserbau sowie in der Landeskultur, bei Bauwerken des Verkehrswegebaus und im Siedlungswasserbau dann, wenn wasserbauliche Belange berührt werden.

DIN 19752 [10] gilt für Planung, Vorhabenrealisierung und Betrieb von Wasserkraftanlagen an kleinen und großen Gewässern. Grundsätzlich ist bei der Anwendung dieser Norm darauf zu achten, dass die Anforderungen in eine passende Relation zur Größe der Anlage und deren Art gesetzt werden und damit der Verhältnismäßigkeit gewahrt wird. Bei bestehenden Wasserkraftanlagen sind die an der jeweiligen Anlage bereits vorliegenden Erkenntnisse und Erfahrungen auf angemessene Weise zu berücksichtigen. Bei Speicher- und Pumpspeicherkraftwerken ist diese Norm u. a. aufgrund der Speicherfunktion, der Höhenunterschiede und betrieblichen Besonderheiten insbesondere hinsichtlich der Umweltwechselwirkungen nur mit Einschränkungen anwendbar.

Bild 2. Staustufe Neckarsteinach (Neckar), von li. n. re.: Wehr, Kraftwerk, Schleusen (Quelle: BAW)

Darüber hinaus gelten für massive Wasserbauwerke Merkblätter der Bundesanstalt für Wasserbau, die durch Normen oder ZTV-Ws in Bezug genommen werden oder auch eigens bauaufsichtlich eingeführt sind, vgl. [11].

3 Sicherheitskonzept für massive Wasserbauwerke

3.1 Wasserbauspezifische Bemessungssituationen

Das Sicherheitskonzept für massive Wasserbauwerke wird durch DIN 19702 [5] repräsentiert, die als nationaler Anhang zu den Grundnormen der Eurocodes verstanden werden kann. Die Bemessungssituationen gemäß [5] für massive Wasserbauwerke entsprechen denen des allgemeinen Ingenieurbaus/Brückenbaus, sodass im Ingenieurbereich eine einheitliche Vorgehensweise gegeben ist.

Die für massive Wasserbauwerke geltenden Bemessungssituationen sind Tabelle 1 zu entnehmen. Im Unterschied zum allgemeinen Ingenieurbau und Brückenbau, aber auf der Grundlage der DIN EN 1990 [12], werden ständige und vorübergehende Bemessungssituation unterschieden und mit zwei unterschiedlichen Teilsicherheitsbeiwerten versehen, um dem unterschiedlichen Sicherheitsbedürfnis für zeitlich begrenzte Situationen Rechnung tragen zu können.

Vorübergehende Bemessungssituationen sind Bau- und Revisionszustände oder bei Wasserbauwerken erhöhte Einwirkungen infolge Kolkerscheinungen, sofern hierzu eine regelmäßige Überwachung und

Tabelle 1. Bemessungssituationen für Tragfähigkeitsnachweise für massive Wasserbauwerke, mit Beispielen, aus [15]

Kombinationsregeln	Unabhängige ständige Einwirkungen	Unabhängige veränderliche Einwirkungen, vorherrschend	Unabhängige veränderliche Einwirkungen, andere	Außergewöhnliche Einwirkungen	Beispiele für Bemessungssituationen
Ständige Bemessungssituationen $E_{d,P} = E\ \{$	$\Sigma\ \gamma_{GP,i} \cdot G_{k,i}$	$\gamma_{QP,1} \cdot Q_{k,1}$	$\Sigma\ \gamma_{QP,i} \cdot \psi_{0,i} \cdot Q_{k,i}\ \}$		Schleuse auf OW/UW und seitlichen Verkehrslasten und saisonale Temperatur, Pollerzug, ...
Vorübergehende Bemessungssituationen $E_{d,T} = E\ \{$	$\Sigma\ \gamma_{GT,i} \cdot G_{k,i}$	$\gamma_{QT,1} \cdot Q_{k,1}$	$\Sigma\ \gamma_{QT,i} \cdot \psi_{0,i} \cdot Q_{k,i}\ \}$		Bau- und Revisionszustände,
Außergewöhnliche Bemessungssituationen $E_{d,A} = E\ \{$	$\Sigma\ \gamma_{GA,i} \cdot G_{k,i}$	$\psi_{1,1} \cdot Q_{k,1}$	$\Sigma\ \psi_{2,i} \cdot Q_{k,i}$	$A_d\ \}$	Schleuse/Wehr bei extremen Wasserständen, Bauwerke unter Schiffsanprall, für Erdbeben modifiziert
Beispiele für Einwirkungen	Eigengewicht, Wasserdruck, Erddruck, langzeitige Temperatur	Verkehrslasten, Eisdruck, Wind, kurzzeitige Temperatur, Revisionslast	wie in Spalte links nebenstehend	Anprallast, extreme Wasserstände, gesunkenes Schiff, Erdbeben	

kurzfristige Beseitigung erfolgen kann. Außergewöhnliche Bemessungssituationen liegen bei Anprall- und Havarie-Zuständen, extremen Wasserständen, aber auch bei einem Ausfall von baulichen Sicherungselementen (z. B. Dichtungen, Dräns), der Eisfreihalteeinrichtung oder Einwirkungen bei Kolkbildungen infolge Schadhaftwerdens von Sicherheitsmaßnahmen vor [5].

Für Nachweise bei der Interaktion zwischen Bauwerk und Baugrund sieht DIN 19702 [5] wegen der in DIN EN 1997-1 [13] in Verbindung mit DIN 1054 [14] verankerten Nachweise mit charakteristischen Werten die Übergabe charakteristischer Einwirkungen/Beanspruchungen vor, worauf bei linear-elastischen Berechnungen dann erst die Überlagerung mit Teilsicherheitsbeiwerten vorgenommen würde.

3.2 Wasserbauspezifische Einwirkungen

Die Einwirkungen werden gemäß DIN 19702 [5] nach ständigen, veränderlichen und außergewöhnlichen Einwirkungen unterschieden. Wegen der in der Regel geplanten Nutzungsdauer von 100 Jahren für massive Wasserbauwerke ist der charakteristische Wert veränderlicher Einwirkungen für massive Wasserbauwerke in der Regel mit einem Wiederkehrintervall von T = 100 a festzulegen. Einwirkungen und durch sie gleichzeitig hervorgerufene Reaktions-Beanspruchungen (z. B. Wasserdruck und hervorgerufene Bodenreaktion) werden für die Bemessung mit den gleichen Teilsicherheitsbeiwerten berücksichtigt. Die Einwirkungen lassen sich gemäß [12] wasserbauspezifisch folgendermaßen zuordnen:

Ständige Einwirkungen sind

– Eigengewicht,

– Erddruck aus Hinterfüllung,

– Auflasten,

– Wasserdruck, Grundwasserdruck, Sohlwasserdruck,

wobei der Wasserdruck nur dann als ständige Einwirkung angesetzt werden darf, wenn er gemäß [12] und [5] durch geometrische Verhältnisse (z. B. „Überlaufkante") begrenzt ist.

Charakteristische Werte für Eigengewichte sind in der Regel DIN EN 1991-1-1 [16] zu entnehmen. Für Erddruck als unabhängige äußere Einwirkung oder auch als Auswirkung ist der charakteristische Wert gemäß DIN 4085 [17] in Verbindung mit [13] und [14] zu bestimmen.

Die Einstufung des Wasserdrucks, auch des Grundwassers und Sohlwasserdrucks, der sich jeweils aus dem spezifischen Gewicht des Wassers in Verbindung mit dem i. d. R. hydrostatischen Wasserstand bestimmen lässt, als „quasi-ständige" Einwirkung erfolgte in Anlehnung an [12] und [5]. Wasserdruck gilt zwar prinzipiell als veränderliche Einwirkung, darf jedoch, wenn seine Größe (Anmerkung: eigentlich die des Wasserstands) durch geometrische Verhältnisse begrenzt ist, als „quasi-ständige" Einwirkung angesetzt werden. Dies ist bei Wasserständen in Kanal-Schleusen oder auch in künstlichen Kanälen über die Festlegung eines unteren bzw. oberen Betriebswasserstands naheliegend, sofern die geometrische Begrenzung gegeben ist (Bild 3). Bei Schleusen in staugeregelten Flüssen ist die Konstruktionsoberkante des Schleusenverschlusses diese eindeutig geometrische Begrenzung. Auch wenn Stauziele in staugeregelten Flüssen, u. a. auch bei Hochwasser-Situationen durch Wehrverschluss-Steuerungen gehalten werden, liegen eindeutige geometrische Verhältnisse vor.

Treten jedoch größere hydrologisch bedingte Schwankungen auf, z. B. an freifließenden bzw. staugeregelten Flüssen, so ist der „normale", z. B. hydrostatische Wasser- oder Grundwasserstand, über hydrologische Auswertungen zu ermitteln, wodurch dessen Natur als veränderliche Einwirkung dazu führt, dass dessen charakteristischer Wert in Anlehnung an [12] und gemäß [5] mit einer Wahrscheinlichkeit von 99 % entsprechend einer statistischen Wiederkehrperiode von $T_N = 100$ a (Hochwasseranalyse) bzw. sinngemäß mit einer Wahrscheinlichkeit von 1 % (Niedrigwasseranalyse) jeweils während einer Bezugsdauer von einem Jahr zu bestimmen ist. Die Einwirkungen werden dann als veränderliche Einwirkungen behandelt. Bei z. B.

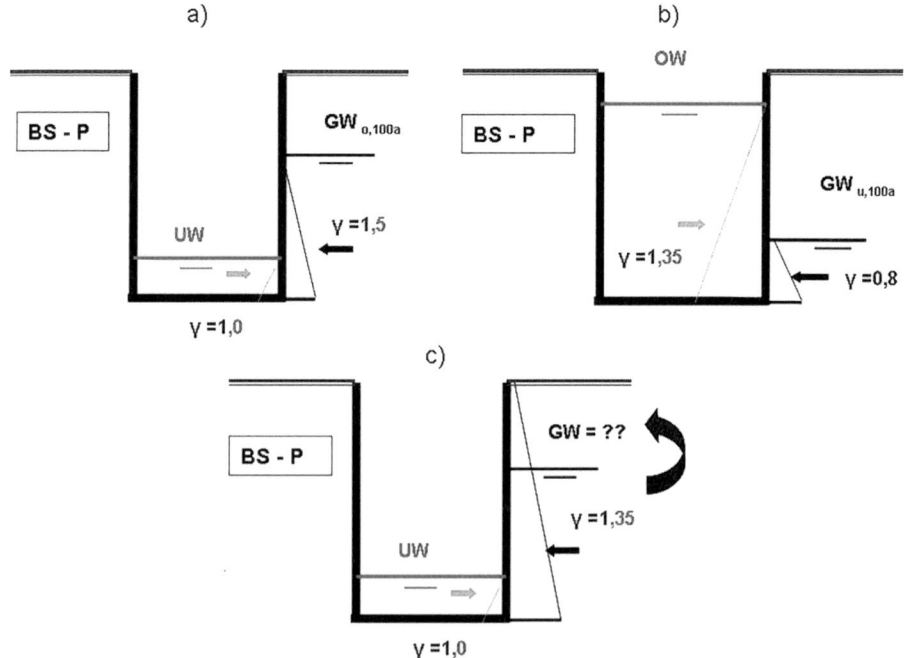

Bild 3. Ansatz von Wasserdrücken für die ständige Bemessungssituation BS-P, beispielhaft für eine Schleuse an einem staugeregelten Fluss; a) Schleuse auf Unterwasser, b) Schleuse auf Oberwasser (seitliches Wehr „hält" den Wasserstand), c) Schleuse auf Unterwasser mit nicht genau zu definierendem Grundwasserstand; aus [15]

Fluss-Schleusen mit stärkeren Wasserstands-Schwankungen liegen aber spätestens bei Erreichen eines Wasserstandes in Höhe der Oberkante der Schleusen-Plattform wiederum geometrisch begrenzte Verhältnisse vor, sodass hierfür, ggf. auch als konservativer Ansatz, dieser Wasserdruck als „quasi-ständig" betrachtet werden darf.

Anders als veränderliche Einwirkungen, wie z. B. Wind, sind (Grund-)Wasserdrücke, die auch auf einem Niedrigwasser-Niveau bestimmt werden, prinzipiell immer vorhanden. Deshalb wurde in [5] die „günstige" Wirkung der veränderlichen Wasserdruck-Wirkung mit einem Teilsicherheitsbeiwert „> 0" angesetzt.

Die geforderten Quantilwerte für den Wasserstand sind nach den anerkannten Verfahren der Hochwasser- bzw. Niedrigwasseranalyse zu ermitteln. Liegen nur kurze Beobachtungsdauern vor, so sind über geeignete Verfahren der Zeitreihenanalyse bzw. Regressionsanalyse statistisch abgesicherte Werte zu bestimmen. Eine Mindestbeobachtungsdauer von ca. 5 Jahren sollte vorhanden sein. Die Vorgehensweise dürfte auch für die Bestimmung von Grundwasserständen angeraten sein.

Wasserdruck findet bei massiven Wasserbauwerken gemäß [5] zudem einen besonderen Einsatz als Spalt-, Riss- und Porenwasserdruck. Spaltwasserdruck kann dabei in offenen Fugen oder auch Arbeitsfugen, Risswasserdruck in möglichen Rissen und Porenwasserdruck im Bauwerksinneren auftreten. In der klaffenden Fuge von unbewehrten Betonbauteilen sowie in der Zugzone von Stahlbetonbauteilen ist Risswasserdruck in Höhe des dort anstehenden Wasserdrucks w_l anzusetzen (vgl. Bild 4). Diese Beanspruchung durch inneren Wasserdruck führt zu einer Vergrößerung der klaffenden Fuge bei unbewehrten Bauteilen bzw. zu einer Vergrößerung der Zugzone bei Stahlbetonbauteilen. In der Druckzone wirkt Porenwasserdruck, der am geringer gedrückten Rand bzw. am Ende der klaffenden Fuge mit dem dort wirkenden Wasserdruck w_r angesetzt wird. Zum Druckrand darf er als linear abnehmend bis auf null bzw. bis zum am Druckrand anstehenden Wasserdruck angesetzt werden. Der Wasserdruck am Druckrand darf jedoch nur angesetzt werden, wenn er ständig vorhanden ist, da er die Druckspannung vermindert. Die Beanspruchungen aus dem inneren Wasserdruck sind zu denen aus den äußeren Einwirkungen zu addieren. Eine klaffende Fuge kann auch infolge des inneren Wasserdrucks auftreten, obwohl aus den äußeren Lasten zunächst nur Druckspannungen im Querschnitt entstehen. DIN 19702 [5] gibt für Riss- und Porenwasserdruck Bemessungshinweise jeweils für unbewehrten Beton und Stahlbeton.

Veränderliche Einwirkungen sind insbesondere:

- Wasserdruck, sofern nicht „quasi-ständig",
- Wellenlasten,
- Verkehrslasten,
- Schiffsanlegestoß,
- Pollerzug,
- Schnee- und Eislasten,
- Windlasten,
- Temperatur.

Charakteristische Werte für einen veränderlichen Wasserdruck sind, wie bereits beschrieben, nach [5] zu bestimmen. Einwirkungen aus Wellen sind insbesondere im Küstenbereich zu berücksichtigen und nach EAU [18] zu ermitteln. Verkehrslasten gehen, sofern nicht für das Projekt im Einzelfall bestimmt, aus [16] sowie bei Pollerzug aus [8], bei Schiffsanlegestoß aus [19] hervor. Eislasten können ggf. aus [18] entnommen werden. Temperatureinwirkungen werden bei massiven Wasserbauwerken nach [5] mit einer Temperaturverteilung angesetzt, sofern keine detailliertere Ermittlung erfolgt (vgl. Bild 5).

Für saisonale Temperatureinwirkungen werden Anhaltswerte gegeben; ausgehend von einer mittleren Aufstelltemperatur des Bauteils von 10 °C sind saisonale Temperaturänderungen ΔT als linear veränderlicher Temperaturanteil wie folgt anzusetzen:

- erdseitige Oberflächen dürfen mit einer Temperatur von +10 °C angenommen werden;

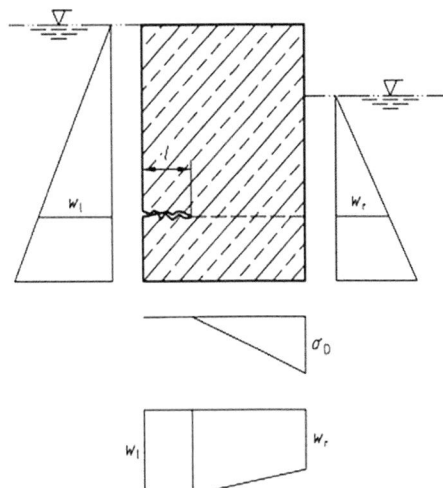

Bild 4. Wasserdruck im Inneren von Bauteilen, aus [5]
l   Risstiefe
w_l Wasserdruck links
w_r Wasserdruck rechts
σ_d Druckspannung

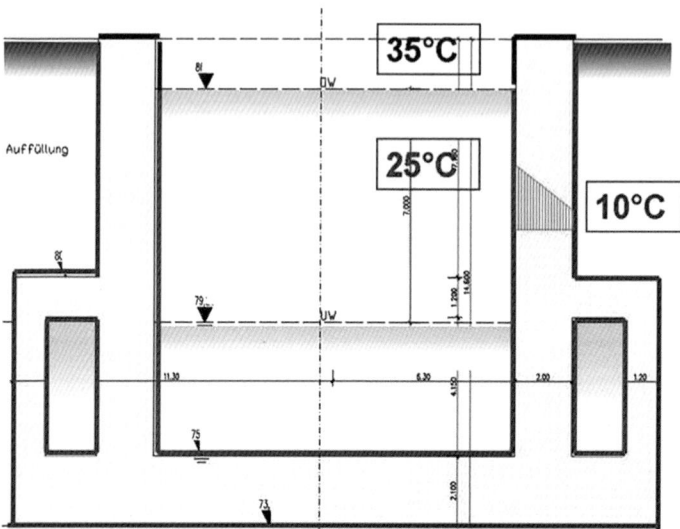

Bild 5. Schleusenquerschnitt mit anzusetzenden Temperaturen, aus [5]

- luftseitige Oberflächen von massiven Bauteilen erfahren einen Temperaturunterschied $\Delta T = \pm 25$ K;
- wasserseitige Oberflächen von massiven Bauteilen erfahren einen Temperaturunterschied $\Delta T = \pm 15$ K.

Dies bedeutet, dass z. B. bei einem Schleusen-Querschnitt die Oberflächen im Bereich des Freibords im Sommer mit T = +35 °C und im Winter mit T = –15 °C anzusetzen sind, im Bereich zwischen Oberwasser (OW) und Unterwasser (UW) sowie in nahezu ständig wasserbenetzten Bereichen im Sommer mit T = +25 °C und im Winter mit T = –5 °C anzusetzen sind. Objektspezifische Ermittlungen dürfen zu anderen Ansätzen führen.

Bei nachgewiesener Duktilität des Tragwerks oder seiner Tragwerksteile, d. h. ausreichendem elastischem Verformungsverhalten, ist nach [5] die Einwirkung Temperatur als veränderliche Einwirkung in der Regel nur bei Gebrauchstauglichkeitsnachweisen zu berücksichtigen.

Außergewöhnliche Einwirkungen sind:

- Anprallasten,
- extreme Wasserstände,
- Wracklasten (z. B. gesunkenes Schiff),
- Erdbeben.

Bemessungswerte für außergewöhnliche Einwirkungen sind entweder direkt oder auch nur hinsichtlich der Methodik ihrer Ermittlung aus DIN EN 1991-1-7 [20] für Anprall, DIN 19702 [5] für extreme Wasserstände und DIN EN 1998-1 und -5 [21] für Erdbeben zu entnehmen. Extreme Wasserstände sind in der Regel aus einem Abfluss mit einer Jährlichkeit von 10^{-3}/a nach [5] zu bestimmen. Diese Bestimmung kann nach anerkannten Methoden der Extremwertanalyse, z. B. [22] und/oder [23], erfolgen. Wracklasten bestimmen sich nach z. B. dem Typschiff für eine Wasserstraße.

3.3 Wasserbauspezifische Teilsicherheits- und Kombinationsbeiwerte

Die Teilsicherheitsbeiwerte für Einwirkungen für Nachweise der Tragfähigkeit nach [5] sind in Tabelle 2 angegeben; sie orientieren sich an den einschlägigen Werten des konstruktiven Ingenieurbaus, wurden teilweise auch über Vergleichsrechnungen verifiziert [24]. Für das Sicherheitsverständnis und die Teilsicherheitsbeiwerte bei der Einwirkung „Wasser" sind nicht etwa die relativ genau ermittelbare spezifische Wichte, sondern der Wasserstand und seine Variation und die daraus resultierenden „Hebelarme" im statischen System von Bedeutung. Für den Teilsicherheitsbeiwert für „Wasser" wurde die Biegebeanspruchung des häufig vorkommenden statischen Systems eines Kragarms beim Nachweisformat Biegung mit Längskraft herangezogen und der Einfachheit halber pauschaliert. Verifizierungen des Teilsicherheitsbeiwerts „Wasserdruck" in [5] wurden in [25] vorgenommen. Variationskoeffizien-

Tabelle 2. Teilsicherheitsbeiwerte für die Einwirkungen auf Tragwerke im Grenzzustand der Tragfähigkeit, nach [5]

	Bemessungssituation		
	ständig BS-P	vorübergehend BS-T	außergewöhnlich bzw. Erdbeben BS-A
ständige Einwirkung			
ungünstig	1,35	1,2	1,0
günstig	1,0	1,0	1,0
veränderliche Einwirkung			
ungünstig	1,5	1,3	1,0
Wasserdruck, günstig	0,8	0,9	1,0
sonstige, günstig	0	0	0
außergewöhnliche Einwirkung			
ungünstig	–	–	1,0

ten für Wasserstände als ständige Einwirkung ergaben sich zu ca. 13 %, als veränderliche Einwirkung zu ca. 31 % und bestätigten mit guter Näherung die üblichen Teilsicherheitsbeiwerte für ständige und veränderliche Einwirkungen. Gegenüber der o. a. pauschalierten Abhängigkeit von einem statischen System wären für davon abweichende Systeme bzw. Nachweisformate Modifikationen des jeweiligen Teilsicherheitsbeiwerts möglich, vgl. [25].

Die für Wasserbauwerke im Gegensatz zu allgemeinen Ingenieurbauten längere Nutzungsdauer von 100 Jahren gegenüber 50 Jahren ist im Teilsicherheitsbeiwert bereits berücksichtigt. Teilsicherheitsbeiwerte der Widerstandsseite entsprechen denen der bauartspezifischen Normen, wie z. B. DIN EN 1992-1-1 [26] und damit denen des Ingenieur- und Brückenbaus.

Die Teilsicherheitsbeiwerte für den Nachweis der Gebrauchstauglichkeit betragen gemäß [5] jeweils 1,0.

Die Diskussion von Einwirkungen und Auswirkungen sowie deren Abhängigkeit bzw. Unabhängigkeit führt dazu, dass voneinander abhängige Einwirkungen bzw. Auswirkungen mit der gleichen „günstig"/„ungünstig"-Regelung belegt werden (z. B. voneinander abhängige Wasserstände vor und hinter einer Wand, Bettungsreaktion infolge Auflast oder Temperatur, ...), wobei sich der eigentliche Teilsicherheitsbeiwert material- oder bauartspezifisch bei unterschiedlichen Arten der Einwirkung bzw. Auswirkung unterscheiden kann.

Gemäß [5] werden die Kombinationsbeiwerte in der Regel mit $\varphi = 1,0$ angesetzt. Dies rührt u. a. aus Überlegungen, dass im Rahmen einer typischen wasserbaulichen Bemessungssituation selten mehrere veränderliche Einwirkungen gleichzeitig auftreten und/oder daraus resultierende Beanspruchungen gegenüber ständigen Einwirkungen untergeordnet sind, sodass Differenzierungen eines Kombinationsbeiwerts aus Vereinfachungsgründen unterbleiben. Die prinzipielle Verfügbarkeit der Kombinationsbeiwerte wird jedoch methodisch für richtig erachtet, sie können, wenn zweckdienlich, nachprüfbar ermittelt werden.

Im Rahmen einer PIANC-Arbeitsgruppe (PIANC = **P**ermanent **I**nternational **A**ssociation of **N**avigation **C**ongresses, Brüssel), die sich mit semi-probabilistischen Konzepten im konstruktiven Wasserbau beschäftigte, wurde das o. a. wasserbau-spezifische Sicherheitskonzept gemäß [5] mit dem amerikanischen **L**oad-**R**esistance-**F**actor-**D**esign (LRFD) am Beispiel einer Schiffsschleuse aus Stahlbeton verglichen [27, 28]. Dabei ergaben sich – trotz vom Konzept her unterschiedlichen Vorgehensweisen – ähnliche Dimensionierungen und Bewehrungsgehalte. Eine Bewertung der Zuverlässigkeit des o. a. wasserbau-spezifischen Sicherheitskonzepts gemäß [5] anhand der Beispiel-Schleuse aus [27] bzw. [28] führte zu Zuverlässigkeitswerten Beta im Bereich von $\beta = 3,8$, was dem eingangs erwähnten Sicherheitskonzept entspricht, vgl. [29].

Für eine Nachrechnung von massiven Wasserbauwerken wurde mit dem BAW-Merkblatt „Tragfähigkeitsbewertung bestehender, massiver Wasserbauwerke" in den letzten Jahren Sicherheitskonzept und Nachweisformate entwickelt sowie eine abgestufte Vorgehensweise für die Nachrechnung konzipiert, die sich in [30] wiederfindet.

4 Beton- und Stahlbeton im Wasserbau

4.1 Technische Vertragsbedingungen

Im konstruktiven Wasserbau wird vorwiegend bewehrter Massenbeton verwendet, dessen Abmessungen so groß sind, dass die Hydratationswärme des Zementes und die durch sie hervorgerufenen Zwangsspannungen betontechnisch, statisch und konstruktiv berücksichtigt werden müssen [31]. Wegen massiger Querschnitte und mäßiger Beanspruchung während der üblichen Nutzung bedarf es in der Regel Betonen mit mäßiger Druckfestigkeit, die z. B. in den Zusätzlichen Technischen Vertragsbedingungen – Wasserbau (ZTV-W), Wasserbauwerke aus Beton und Stahlbeton, Leistungsbereich 215 [32] im Bereich von C20/25 angesiedelt sind. Dagegen sind Eigenschaften wie relativ hohe Zugfestigkeit, geringe Wärmeentwicklung, geringer Wassereindringwiderstand, hohe Frostbeständigkeit, für manche Bauteile bzw. Anwendungsbereiche hohe Abriebfestigkeit und – insbesondere bei Meerwasserbauten – hoher Chlorideindringwiderstand von Bedeutung. Zur Begrenzung der Hydratationswärmeentwicklung wird darüber hinaus ein möglichst niedriger Zementgehalt angestrebt. Längere, durch die großen Massen bestimmte Bauzeiten bei Wasserbauwerken und damit eine erst zum Teil nach wenigen Jahren eintretende planmäßige Belastung lassen langsam erhärtende Zemente zum Einsatz kommen, die wiederum günstig hinsichtlich ihrer Wärmeentwicklung sind. Festbetoneigenschaften können daher auch zu einem späteren Betonalter geprüft werden [32]. Hintergründe zu [32] sind auch in [33] und [34] zu finden.

Die Zusätzlichen Technischen Vertragsbedingungen – Wasserbau (ZTV-W) [32] sind für die Herstellung von massiven Wasserbauwerken aus Beton wie Schleusen, Wehre, Sperrwerke, Düker, Durchlässe, Hafenbauten und Uferwände, also im Wesentlichen für Bauwerke des Verkehrswasserbaus, gedacht. Vergleichbare andere Wasserbauwerke können sinngemäß behandelt werden. Die Zusätzlichen Technischen Vertragsbedingungen Wasserbau regeln technisch und vertraglich über Normen und sonstige Bestimmungen hinausgehende wasserbauspezifische Anforderungen für Tragfähigkeit, Gebrauchstauglichkeit und Dauerhaftigkeit von Wasserbauwerken sowie deren Herstellung. Unter „massiv" werden in [32] Bauteile mit Wandstärken von $\geq 0{,}8$ m verstanden.

Die aktuelle Fassung der ZTV-W LB 215 korrespondiert mit der Einführung der Eurocodes im Verkehrswasserbau durch den damaligen BMVBS, Ab-

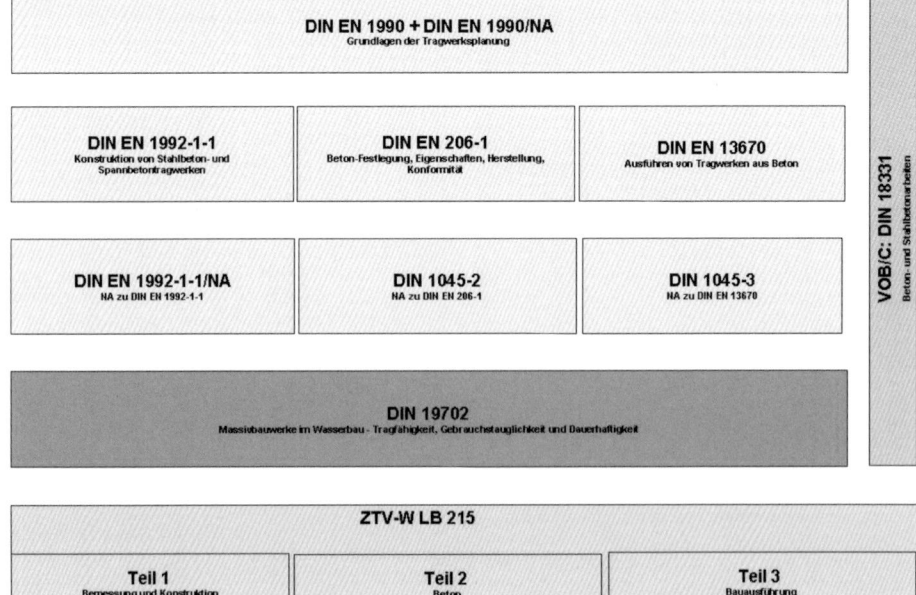

Bild 6. Überblick über die maßgebende Normungssituation für ZTV-W LB 215, aus [32]

teilung Wasserstraßen, Schifffahrt, zum 15. September 2012. Für die Ausschreibung von Bauleistungen steht ein entsprechender Standardleistungskatalog zur Verfügung [35]. Aktuell werden Regelungen zur Mischungsstabilität des Betons im Rahmen einer A1-Änderung zur ZTV-W LB 215 [32] erarbeitet.

Die ZTV-W LB 215 ist in die drei Teile Bemessung, Beton und Bauausführung untergliedert, wobei die Regelungen jeweils direkt auf die Abschnitte der jeweiligen Eurocodes Bezug nehmen. Sie baut auf die in Bild 6 dargestellte Normsituation auf. Fertigteile werden im eigentlichen Wasserbau derzeit selten eingesetzt, sodass auf DIN EN 1992-1-1 [26], Abschnitt 9, nicht reflektiert wurde. Grundsätzlich gilt, dass Fertigteile die Anforderungen an Ortbetonbauteile erfüllen müssen, ansonsten projektspezifisch Festlegungen getroffen werden müssten.

Wasserbauwerke des Verkehrswasserbaus sind für eine angestrebte Nutzungsdauer von 100 Jahren auszulegen. Ausnahmen bilden Bauteile mit den Expositionsklassen XS2 und XS3, für die bei Nutzungsdauern über 50 Jahre eine Dauerhaftigkeitsbemessung durchzuführen ist sowie im Entwurf weitere Überlegungen erforderlich sind, z. B. auch zur Rissbreitenbeschränkung.

4.2 Bemessung

Wesentliche Bemessungsvorgaben sind in DIN 19702 [5] geregelt. Die ZTV-W LB 215 [32] lässt nur hochduktilen Betonstahl B500B zu. Die Betondeckung wird – wie früher – als c_{min} mit mindestens 50 mm angesetzt, das Vorhaltemaß Δc_{dev} beträgt 10 mm. Die Mindestbetondeckung c_{min} von parallel zur Arbeitsfuge verlaufender Bewehrung beträgt 30 mm. Die Betondeckung am fertigen Bauteil darf das Nennmaß c_{nom} höchstens um 20 mm überschreiten.

Für die Übertragung von Schubkräften zwischen nacheinander betonierten Ortbetonabschnitten („Arbeitsfugen") kann bei geschalten Arbeitsfugen von einer Rauigkeit und Oberflächenbeschaffenheit der Fuge gemäß der Kategorie „rau" nach [26], bei nicht geschalten Arbeitsfugen gemäß der Kategorie „verzahnt" ausgegangen werden. Voraussetzung hierfür ist eine entsprechende Arbeitsfugenvorbereitung gemäß Teil 3 in [32].

Die für massive Wasserbauwerke wichtige Betrachtung der Herstellung massiger Betonquerschnitte und damit die Beanspruchungen aus frühem Zwang (abfließende Hydratationswärme) ist für massige Bauteile nach BAW-Merkblatt „Früher Zwang" [36], zu ermitteln, vgl. auch [37].

In diesem Zusammenhang sind Planiebereiche von Schleusenkammerwänden, -häuptern, Kajen und vergleichbaren Bauteilen von Interesse. Wird ein Planiebeton zusammen mit dem darunter liegenden Wandbeton in einer Schichtstärke von 0,3 m bis 0,5 m eingebracht (diese Ausführungsvariante wird als „frisch-in-frisch" bezeichnet) ist die ermittelte Bewehrung für die vertikalen Randflächen konstruktiv auch an der Planieoberseite einzubauen. Für die Bemessung ist die adiabatische Wärmeentwicklung des Betons zu berücksichtigen. Dabei darf vereinfachend die adiabatische Wärmeentwicklung für den Betonierabschnitt volumenmäßig dominierenden Betons angesetzt werden. Bei Einbau des Planiebetons auf den zuvor erhärteten Beton des darunterliegenden Betonierabschnitts (Ausführungsvariante „frisch-auf-fest") muss die Schichtdicke des Planiebetons mindestens 0,2 m betragen. Schichtdicken größer als 0,4 m sind im Hinblick auf die Beanspruchung aus Zwang zu vermeiden.

Im Rahmen der Bewehrungsregeln wird mit festzusetzenden Beiwerten für den Bemessungswert der Verankerungslänge α_2, α_3, α_4, α_5 jeweils zu 1,0 bei massiven Flächentragwerken eine Vereinfachung der zum Teil komplizierten Regelungen in [26] vorgenommen.

4.3 Herstellung von Beton für massive Wasserbauwerke

Die Festlegungen für die Herstellung von Beton für Wasserbauwerke orientieren sich an den Prinzipien:

– ergänzende Anforderungen an die Qualität der Betonausgangsstoffe,
– Optimierung des Zementgehalts zwischen Dauerhaftigkeitsanforderungen und Hydratationswärmebegrenzung zur Minimierung von Zwangsspannungen bei Betonen für massige Bauteile,
– Vorgaben zur Festlegung des Betons (im Regelfall: Beton nach Eigenschaften),
– spezifische Eignungsnachweise für die im Wasserbau üblichen großen Betonkubaturen (u. a. hinsichtlich Frostwiderstand, Wärmeentwicklung, besonderen Einbaubedingungen),
– höhere Transparenz bei der Betonherstellung sowie Beschränkung der Variationsmöglichkeiten seitens des Betonherstellers,
– Anforderungen an die Beschaffenheit der Betonoberfläche,
– spezifische Anforderungen an Nachbehandlung und Schutz des Betons,
– Festlegung der erforderlichen Informationen zum Betoneinbau (Gesamtkonzept Betoneinbau, Betonierplan).

DIN EN 1992-1-1 [26] unterscheidet in Abhängigkeit vom Verfasser der Festlegung drei Arten von Betonen: Beton nach Eigenschaften (Betonhersteller legt Zusammensetzung fest), Beton nach Zusammensetzung (Planer legt Zusammensetzung fest) und Standardbeton (DIN legt Zusammensetzung fest). Für Bauwerke gemäß [32] ist im Regelfall Beton nach Eigenschaften zu verwenden.

4.3.1 Expositionsklassen

Bereits in einer A1-Änderung zur Vorgänger-Version von [32] waren im Jahr 2004 die für die Beton-Eigenschaften wichtigen Expositionsklassen um vier Feuchtigkeitsklassen „W" hinsichtlich der Betonkorrosion infolge Alkali-Kieselsäurereaktion ergänzt worden. Neuerlich wurden lediglich die wasserbauspezifischen Beispiele für „XM", der Betonkorrosion durch Verschleißbeanspruchung, präzisiert (vgl. Tabelle 3).

Tabelle 3. Expositionsklassen für Beton und Stahlbeton nach [26] mit wasserbauspezifischen Beispielen für massive Wasserbauwerke, aus [32]

Klassen-bezeichnung	Beschreibung der Umgebung	Wasserbauspezifische Beispiele [1] für die Zuordnung von Expositionsklassen (informativ)
1 Kein Korrosions- oder Angriffsrisiko		
X0	Bauteile ohne Bewehrung oder eingebettetes Metall in nicht betonangreifender Umgebung	Unbewehrter Kernbeton bei zonierter Bauweise
2 Bewehrungskorrosion, ausgelöst durch Karbonatisierung		
XC1	trocken oder ständig nass	Sohlen von Schleusenkammern, Sparbecken oder Wehren, Schleusenkammerwände unterhalb UW, hydraulische Füll- und Entleersysteme
XC2	nass, selten trocken	Schleusenkammerwände im Bereich zwischen UW und OW (sinngemäß Sparbeckenwände)
XC3	mäßige Feuchte	Nicht frei bewitterte Flächen (Außenluft, vor Niederschlag geschützt)
XC4	wechselnd nass und trocken	Freibord von Schleusenkammer- oder Sparbeckenwänden, Wehrpfeiler oberhalb NW, freibewitterte Außenflächen, Kajen
3 Bewehrungskorrosion, verursacht durch Chloride, ausgenommen Meerwasser		
XD1	mäßige Feuchte	Wehrpfeiler im Sprühnebelbereich von Straßenbrücken
XD2	nass, selten trocken	
XD3	wechselnd nass und trocken	Plattformen von Schleusen, Verkehrsflächen (z. B. Hafenflächen), Treppen an Wehrpfeilern
4 Bewehrungskorrosion, verursacht durch Chloride aus Meerwasser		
XS1	salzhaltige Luft, aber kein unmittelbarer Kontakt mit Meerwasser	Außenbauteile in Küstennähe
XS2	unter Wasser	Sperrwerksohlen, Wände und Gründungspfähle unter NNTnW
XS3	Tidebereiche, Spritzwasser- und Sprühnebelbereiche	Gründungspfähle, Kajen, Molen und Wände oberhalb NNTnW

Lösungen für den Wassertransport

Lösungen für den Gefahrenschutz

Lösungen für die Mobilitätsinfrastruktur

Lösungen für den Umweltschutz

Think steel first!
ArcelorMittal Stahlspundwände

ArcelorMittal Commercial RPS S.à r.l.
Spundwand | T +352 5313 3105 (Zentrale Luxemburg)
spundwand@arcelormittal.com | spundwand.arcelormittal.com

 ArcelorMittal Sheet Piling (group)

Stahlspundwände

Z Profile

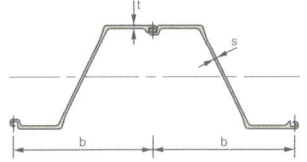

Gewicht (Wand)	von	94	bis	253	kg/m²
Wanddicke t	von	8,5	bis	24,0	mm
Wanddicke s	von	8,5	bis	17,0	mm
Breite b	von	580	bis	800	mm
W_{el}	von	1 205	bis	5 155	cm³/m

U Profile

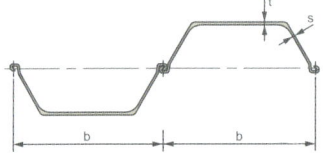

Gewicht (Wand)	von	70	bis	197	kg/m²
Wanddicke t	von	6,0	bis	20,5	mm
Wanddicke s	von	6,0	bis	11,4	mm
Breite b	von	400	bis	750	mm
W_{el}	von	625	bis	3 340	cm³/m

AS Profile

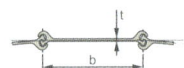

Gewicht (Wand)	von	128	bis	158	kg/m²
Wanddicke t	von	9,5	bis	13,0	mm
Breite b				500	mm
$R_{k,s}$	von	3 500	bis	6 000	kN/m

HZ®/ AZ® Spundwandsystem

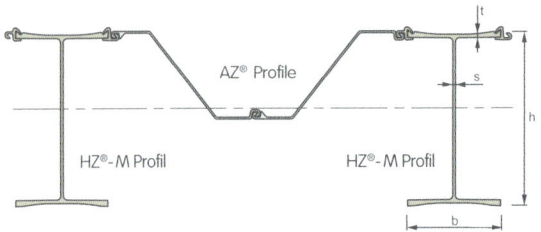

Gewicht (Profil)	von	261,8	bis	995,9	kg/m
Wanddicke t	von	18,9	bis	37,0	mm
Wanddicke s	von	13,0	bis	22,0	mm
Höhe h	von	631,4	bis	1 087,4	mm
Breite b	von	420	bis	460	mm
W_{el}	von	4 135	bis	46 280	cm³/m

spundwand.arcelormittal.com

Tabelle 3. Expositionsklassen für Beton und Stahlbeton nach [26] mit wasserbauspezifischen Beispielen für massive Wasserbauwerke, aus [32] (Fortsetzung)

Klassen-bezeichnung	Beschreibung der Umgebung	Wasserbauspezifische Beispiele [1]) für die Zuordnung von Expositionsklassen (informativ)
5 Frostangriff mit und ohne Taumittel/Meerwasser		
XF1	mäßige Wassersättigung mit Süßwasser ohne Taumittel	Freibord von Sparbeckenwänden, Wehrpfeiler oberhalb HW
XF2	mäßige Wassersättigung mit Meerwasser und/oder Taumittel	Vertikale Bauteile im Spritzwasserbereich und Bauteile im unmittelbaren Sprühnebelbereich von Meerwasser
XF3	hohe Wassersättigung mit Süßwasser ohne Taumittel	Schleusenkammerwände im Bereich zwischen UW $-1,0$ m und OW $+1,0$ m (Sparbeckenwände sinngemäß), Ein- und Auslaufbereiche von Dükern zwischen NW und HW, Wehrpfeiler zwischen NW und HW
XF4	hohe Wassersättigung mit Meerwasser und/oder Taumittel	Vertikale Flächen von Meerwasserbauteilen wie Gründungspfähle, Kajen und Molen im Wasserwechselbereich, meerwasserbeaufschlagte horizontale Flächen, Plattformen von Schleusen, Verkehrsflächen (z. B. Hafenflächen), Treppen an Wehrpfeilern
6 Betonkorrosion durch chemischen Angriff		
XA1	chemisch schwach angreifende Umgebung	
XA2	chemisch mäßig angreifende Umgebung und Meeresbauwerke	Betonbauteile, die mit Meerwasser in Berührung kommen (Unterwasser- und Wasserwechselbereich, Spritzwasserbereich)
XA3	chemisch stark angreifende Umgebung	
7 Betonkorrosion durch Verschleißbeanspruchung		
XM1	mäßige Verschleißbeanspruchung [2])	Flächen mit Beanspruchung durch Schiffsreibung (z. B. Schleusenkammerwände oberhalb UW $-1,0$ m), Bauteile für die Energieumwandlung mit Beanspruchung nur durch feinkörnige Geschiebefracht (z. B. aufgrund konstruktiver Maßnahmen wie Vorschaltung einer Geschiebefanggrube), Eisgang
XM2	starke Verschleißbeanspruchung	Wehrrücken und Bauteile für die Energieumwandlung (Tosbecken, Störkörper) mit Beanspruchung durch grobkörnige Geschiebefracht
XM3	sehr starke Verschleißbeanspruchung	Bauteile in Gebirgsbächen oder Geschiebeumleitestollen

Tabelle 3. Expositionsklassen für Beton und Stahlbeton nach [26] mit wasserbauspezifischen Beispielen für massive Wasserbauwerke, aus [32] (Fortsetzung)

Klassen-bezeichnung	Beschreibung der Umgebung	Wasserbauspezifische Beispiele [1] für die Zuordnung von Expositionsklassen (informativ)
8 Betonkorrosion infolge Alkali-Kieselsäurereaktion		
WO	Beton, der nach normaler Nachbehandlung nicht längere Zeit feucht und nach dem Austrocknen während der Nutzung weitgehend trocken bleibt.	Allgemein: Nur bei nicht massigen Bauteilen (kleinste Bauteilabmessung $\leq$ 0,80 m). Innenbauteile von Wasserbauwerken, die nicht ständig einer relativen Luftfeuchte von mehr als 80 % ausgesetzt werden (z. B. Innenräume von Steuerständen).
WF	Beton, der während der Nutzung häufig oder längere Zeit feucht ist.	Allgemein: Stets bei massigen Bauteilen (kleinste Bauteilabmessung > 0,80 m) unabhängig vom Feuchtezutritt. Betonbauteile von Wasserbauwerken mit freier Bewitterung oder mit temporärer bzw. dauernder Wasserbeaufschlagung im Binnenbereich (z. B. Schleusenkammerwände auf gesamter Höhe). Innenbauteile von Wasserbauwerken, bei denen die relative Luftfeuchte überwiegend höher als 80 % ist.
WA	Beton, der zusätzlich zu der Beanspruchung der Klasse WF häufiger oder langzeitiger Alkalizufuhr von außen ausgesetzt ist.	Betonbauteile von Wasserbauwerken, die mit Meerwasser in Berührung kommen (Unterwasser- und Wasserwechselbereich, Spritzwasserbereich). Betonbauteile von Wasserbauwerken mit Tausalzeinwirkung (z. B. Planiebereiche von Schleusenkammerwänden).
WS	Beton, der hoher dynamischer Beanspruchung und direktem Alkalieintrag ausgesetzt ist.	Wasserbaulich nicht relevant.

[1] Diese Beispiele gelten für die überwiegende Beanspruchung während der Nutzungsdauer. Abweichende Umgebungsbedingungen während der Bauzeit oder Nutzung (z. B. Trockenlegung) führen erfahrungsgemäß nicht zu Schäden.
[2] Schleusenkammersohlen und Füllsysteme ohne Beanspruchung durch Geschiebefracht unterliegen im Regelfall keiner Betonkorrosion infolge Hydroabrasion.

4.3.2 Anforderungen an den Beton

Nach wie vor gilt das Grundprinzip, aus der Vielfalt der heute verfügbaren Zemente sich auf solche Zemente zu beschränken, mit denen über lange Jahre hinweg im Wasserbau positive Erfahrungen gesammelt werden konnten (z. B. CEM I, CEM II/B-S („Eisenportlandzement"), CEM III) oder hinsichtlich deren Eignung umfassende Grundsatzuntersuchungen vorliegen (z. B. CEM II/A-LL). Der Einsatz anderer Zemente kommt nicht mehr infrage.

Bei Beton für massige Bauteile wird über betontechnologische Maßnahmen versucht, Zwangsspannungen infolge Hydratationswärme möglichst niedrig zu halten. Dies erfolgt über die Begrenzung der Frischbetontemperatur an der Übergabestelle auf maximal +30 °C für nichtmassige Bauteile (Abmessung < 0,8 m) und auf maximal +25 °C für massige Bauteile (Abmessung $\geq$ 0,8 m), aber auch für Planiebeton. Ergänzend sind bestimmte Grenzwerte hinsichtlich adiabatischer Temperaturerhöhung des Betons sowie hinsichtlich der Summe aus Frischbetontemperatur und adiabatischer Temperaturerhöhung einzuhalten.

Für häufig vorkommende Bauteile (massige Bauteile im Süßwasserbereich mit bzw. ohne Frostbeanspruchung) werden Grenzwerte vorgegeben (Tabelle 4). Abweichungen hiervon bzw. Grenzwerte für Bauteile mit anderen Randbedingungen sind in den Leistungsbeschreibung zu vereinbaren. Neu ist, dass bei Frischbetontemperaturen $\leq$ 15 °C höhere, quasi-adiabatische Temperaturerhöhungen („Klammerwerte") verwendet werden dürfen.

Die adiabatische Temperaturerhöhung ist nach wie vor im Rahmen der Eignungsprüfung bei größeren

Tabelle 4. Anforderungen an Beton für massige Bauteile (Abmessung $\geq$ 0,80 m), aus [32]

1	2	3	4	5
Beton mit Expositionsklassen	Beispiel (informativ)	$\Delta T_{qadiab,7d}$ [1]	max. Bauteiltemperatur	$f_{cm,cube,28d}$ [2]
–		K	°C	N/mm²
XC1 / XC2	Schleusensohle	$\leq$ 28 (33)	$\leq$ 53	$\leq$ 41
XC1 / XC2 + XA1	Schleusensohle in chemisch schwach angreifender Umgebung	$\leq$ 31 (36)	$\leq$ 56	$\leq$ 43
XC1 / XC2 + XA2 (+XS2)	Schleusensohle in chemisch mäßig angreifender Umgebung und Meerwasserbauwerke	$\leq$ 36 (41)	$\leq$ 61	$\leq$ 46
XC 1...4 + XF3 (+ XM1)	Schleusenkammerwand zwischen UW und OW	$\leq$ 36 (41)	$\leq$ 61	$\leq$ 46
XC 1...4 + XF4 + XS3 + XA2 (+ XM1)	Vertikale Flächen im Wasserwechselbereich von Meerwasser	$\leq$ 40 (45)	$\leq$ 65	$\leq$ 49

[1] Bei Frischbetontemperaturen $\leq$ 15 °C dürfen die in Klammern gesetzten Werte verwendet werden.
[2] Hinsichtlich der Zulässigkeit eines von 28d abweichenden Zeitpunktes für den Nachweis der Festigkeitsklasse siehe Abschnitt 5.5 der DIN EN 206-1. Allerdings ist auch für einen von 28 Tagen abweichenden Zeitpunkt des Nachweises der Festigkeitsklasse die Einhaltung von $f_{cm,cube,28d}$ nachzuweisen.

Bauvorhaben mithilfe von großformatigen Betonblöcken, Kantenlänge 2 m, oder projektspezifisch festgelegt, insbesondere für kleinere Bauvorhaben, über Kalorimeterversuche bzw. auch rechnerisch über die theoretische Gleichung zur Bestimmung der Wärmeentwicklung des Zements unter adiabatischen Verhältnissen, zu bestimmen.

Anforderungen hinsichtlich Dauerhaftigkeit einerseits und geringer Hydratationswärmeentwicklung andererseits werden insbesondere für Expositionen XF in Verbindung mit XC auch durch die Inbezugnahme der DAfStb-Richtlinie „Massige Bauteile aus Beton", [38], gelöst, wodurch für Massenbeton angepasste Zementgehalte möglich werden. Im Regelfall ist bei Betonen mit CEM-I- und CEM-II/A-Zementen der Nachweis aller Festbetoneigenschaften (u. a. Druckfestigkeitsklasse, Wassereindringtiefe, Frostwiderstand (bei XF3), Frost-Tausalz-Widerstand (bei XF4)) an Probekörpern mit einem Alter von 28 Tagen, bei Betonen mit allen übrigen Zementen an Probekörpern mit einem Alter von 56 Tagen zu führen. Längere Prüfzeiträume sind nur mit Zustimmung des Auftraggebers möglich. Die häufig bei massiven Wasserbauwerken verwendeten Betone mit der Exposition XF3 müssen einen Mindestluftgehalt aufweisen. Daneben werden schärfere Anforderungen für Betone der Expositionsklassen XD2, XD3 sowie XS2, XS3 hinsichtlich der Bindemittel formuliert. Alle Betone für Wasserbauwerke müssen wie bisher einen hohen Wassereindringwiderstand (Wassereindringtiefe $\leq$ 30 mm) aufweisen, die entsprechenden Normanforderungen an die Betonzusammensetzung sind einzuhalten.

Für Planiebereiche von Wasserbauwerken, denen aufgrund Taumitteleinsatzes zwecks Verkehrssicherung die Expositionen XC4, XD3 und XF zugeordnet werden, gelten erleichterte Bedingungen hinsichtlich XD3, im Hinblick auf ein Schwinden wurde der Wassergehalt jedoch begrenzt.

4.3.3 Festlegung und Lieferung des Betons

Über die Regelungen von [26] hinaus werden in [32] bauwerks- und baustellenspezifische Eignungsprüfungen gefordert, die vom Auftragnehmer vor der Bauausführung durchzuführen sind. Damit ist nachzuweisen, dass der Beton mit den in Aussicht genommenen, mit den für die Eignungsprüfung identischen Ausgangsstoffen und den vorgesehenen Frischbetoneigenschaften unter den Verhältnissen der betreffenden Baustelle zuverlässig verarbeitet werden kann, und dass er die geforderten Festbetoneigenschaften sicher erreicht. Dazu gehört auch, dass Änderungen der Frischbetonkonsistenz und des Luftgehalts im Frischbeton infolge des Fördervorgangs auf der Baustelle berücksichtigt werden. Die Eignungsprüfung darf nicht länger als 12 Monate vor dem Betoneinbau erfolgt sein. Bei Lieferung von Beton aus mehreren Lieferwerken hat die Eignungsprüfung mit Beton aus einem Lieferwerk zu erfolgen, für die anderen Lieferwerke darf jeweils mindestens eine Erstprüfung herangezogen werden.

Neben bestimmten Standardprüfungen, wie z. B. visuelle Bewertung der Frischbetoneigenschaften (Wasserabsondern, Zusammenhaltevermögen, Fließverhalten etc.), Frischbetontemperatur, Konsistenz des Frischbetons, Druckfestigkeit, Spaltzugfestigkeit und Wassereindringwiderstand bei w/z > 0,50 erfordert die Eignungsprüfung für bestimmte Betone und Expositionsklassen Sonderprüfungen, wie z. B. Ansteifverhalten bei verzögertem Beton, Luftgehalt im Frischbeton am Einbauort bei LP-Beton, Festigkeitsentwicklung und adiabatische Temperaturerhöhung bei massigen Bauteilen, Frostwiderstand bei Frostangriff XF3 und Frost-Tausalz-Widerstand bei Frost-Tausalz-Angriff XF4.

Da für die Durchführung der Prüfung des Frost- und Frost-Tausalz-Widerstands derzeit keine genormten Prüfverfahren vorliegen, gilt das BAW-Merkblatt „Frostprüfung von Beton" [39]. Für die Prüfung des Frostwiderstands ist das CIF-Prüfverfahren, für die Prüfung des Frost-Tausalz-Widerstands das CDF-Prüfverfahren anzuwenden, wobei die Konformitätskriterien (zulässige Abwitterungsmenge, zulässiger Abfall des dynamischen E-Moduls) anhand der in den letzten Jahren mit dem Prüfverfahren gesammelten Erfahrungen für im Verkehrswasserbau typische Betone angepasst sind.

Um einen Soll-Ist-Vergleich mit der in der Eignungsprüfung festgelegten Rezeptur zu ermöglichen, muss der Lieferschein für Transportbeton zusätzlich zu den Angaben gemäß [26] die gemäß Einwaageprotokoll enthaltenen Ist-Einwaagen, Soll-Einwaagen sowie die Differenzen Soll/Ist aller Betonausgangsstoffe enthalten. Diese Informationen sind auch für Baustellenbeton (Lieferschein) maßgebend.

4.4 Bauausführung für Betone im Wasserbau

4.4.1 Schalen und Bewehren

Beton für Wasserbauwerke ist mindestens in die Überwachungsklasse 2 gemäß [40], Tabelle NA.1, einzuordnen. Beim Nachweis der Schalung nach [5] darf die größte rechnerische Durchbiegung der Schalung und der stützenden Konstruktion unter Berücksichtigung von planmäßigen Überhöhungen insgesamt 5 mm nicht überschreiten. Trennmittel für wasserbenetzte und erdberührte Flächen müssen nach RAL-UZ 64 biologisch schnell abbaubar sein. Zur Vermeidung von Pilz- und Schimmelbildung sind biologisch schnell abbaubare Trennmittel aber für während der Nutzung trockene Innenräume nicht zugelassen. Sofern in der Leistungsbeschreibung nicht anders vereinbart, müssen die wasser- und luftberührten geschalten Flächen den Anforderungen der Sichtbetonklasse 2 gemäß DBV-Merkblatt „Sichtbeton" [41] entsprechen. Die Schalung muss saugend oder schwach saugend sein. Die Betonoberfläche ist geschlossen und porenarm herzustellen. Für die Porigkeitsanforderungen gilt, dass Poren oder Fehlstellen mit einem Durchmesser ≥ 30 mm und/oder einer Tiefe ≥ 10 mm nicht zulässig sind. Für Versatz bzw. Ebenheitsanforderungen gelten zum einen Werte ≤ 5 mm für Betongrate oder Versätze zwischen Erst- und Zweitbeton und zum anderen bauteilabhängige Werte gemäß [42].

Aus Erfahrung mit immer größeren Bewehrungsgehalten resultiert, dass bei horizontalen Bewehrungen mit dichter Bewehrungslage Einbauöffnungen für den Beton vorzusehen sind. Diese Öffnungen (mindestens 20 cm × 20 cm) sind zu planen und in den Ausführungsplänen und der Örtlichkeit zu kennzeichnen.

4.4.2 Fugen

Aus Erfahrung mit hergestellten massiven Wasserbauwerken wurden Regelungen zu Arbeitsfugen im Erst- und Zweitbeton zur Gewährleistung wasserundurchlässiger Baukörper sowie zur Sicherstellung der Dauerhaftigkeit der Betonrandzone formuliert. Die Anordnung der Arbeitsfugen (einschließlich aller Dichtelemente) ist in Plänen darzustellen und mit dem Auftraggeber bei der Vorlage der Ausführungszeichnungen abzustimmen (Bild 7). Die Ausbildung der Arbeitsfugen (Nachbehandlung, Vorbereitung, Art und Anzahl der Dichtelemente, Stoßausbildung von Dichtelementen, Reinigungsmöglichkeiten, Zugänglichkeit) ist im Betonierkonzept und in den Ausführungsplänen detailliert darzustellen. In Arbeitsfugen ist die Verwendung von Oberflächenverzögerern nicht zulässig. Arbeitsfugen sollen horizontal oder vertikal verlaufen. In Wasserwechselzonen (bei Schleusen im Bereich des Ober- und des Unterwasserstandes) sind sie zu vermeiden. Zur Erzielung eines ausreichenden Verbundes ist das Grobkorngerüst des Betons in den Anschlussflächen frei zu legen. Rauigkeit und Oberflächenbeschaffenheit

– von nicht geschalten Arbeitsfugen müssen im gesamten Arbeitsfugenbereich einschließlich der späteren Betonüberdeckung unmittelbar vor dem Betoneinbau den Anforderungen der Kategorie „verzahnt" gemäß [26], Abschnitt 6.2.5, genügen. Die Zuordnung zur Kategorie „verzahnt" bedingt eine mittlere Rautiefe nach dem Sandflächenverfahren von *Kaufmann* $R_t \geq 3{,}0$ mm bzw. eine maximale Profilkuppenhöhe $R_p \geq 2{,}2$ mm bzw. mindestens 6 mm Freilegen der Gesteinskörnung bei Verwendung einer Gesteinskörnung mit $d_g \geq 16$ mm.

– von geschalten Arbeitsfugen müssen im gesamten Arbeitsfugenbereich einschließlich der späteren Betonüberdeckung unmittelbar vor dem Betoneinbau den Anforderungen der Kategorie „rau" gemäß [26], Abschnitt 6.2.5, genügen. Die Zuordnung zur Kategorie „rau" bedingt eine mittlere Rautiefe nach dem Sandflächenverfahren von *Kaufmann* $R_t \geq 1{,}5$ mm bzw. eine maximale Profilkuppenhöhe $R_p \geq 1{,}1$ mm bzw. mindestens 3 mm Freilegen der Gesteinskörnungen.

Unmittelbar nach der Betonage ist die Oberfläche der Arbeitsfugen nachzubehandeln. Bei Verwendung von Streckmetall ist dieses vor dem Einbau des Betons des nächsten Betonierabschnitts komplett aus der Arbeitsfuge zu entfernen. Die Arbeitsfuge ist anschließend derart vorzubehandeln, dass sie den Anforderungen für nicht geschalte Arbeitsfugen genügt. Bei wand- oder pfeilerartigen Bauteilen (Dicke < 0,8 m) oder bei sehr stark bewehrten Bauteilen ist eine Anschlussmischung mit Größtkorn ≤ 16 mm vorzusehen. Die Anschlussmischung muss den gleichen Anforderungen wie der übrige Beton des zugehörigen Betonierabschnitts genügen.

Zur Sicherstellung der Wasserundurchlässigkeit von Arbeitsfugen im Erstbeton sind ergänzend zur Ausbildung Dichtelemente anzuordnen. Bei einer Bauweise mit Bewegungsfugen sind zwei innenliegende Dichtungsebenen vorzusehen; bei einer monolithischen Bauweise ist eine mittige Dichtungsebene vorzusehen. Bei horizontalen Arbeitsfugen sind Fugenbleche, bei vertikalen Arbeitsfugen Fugenbleche oder Elastomer-Fugenbänder mit Stahllaschen nach DIN 7865 [43] anzuordnen. Die Dichtelemente müssen beiderseits der Arbeitsfuge jeweils mit der halben Breite in den Beton einbinden. Arbeitsfugenbänder und -bleche sind an den Kreuzungspunkten untereinander und gegebenenfalls mit Dehnfugenbändern sowie an Stößen wasserdicht durch Schweißen zu verbinden. Stöße von Elastomer-Fugenbändern sind ausschließlich durch Vulkanisation zu verbinden. Überlappungen im Stoßbereich von Fugenblechen sind umlaufend wasserdicht zu verschließen. Fugenbleche müssen aus mindestens 2 mm dickem Blech bestehen. Die Breite der Fugenbleche muss mindestens 300 mm betragen. Arbeitsfugen ist als zusätzliche Sicherungsmaßnahme für die Betonrandzone bei frei bewitterten Betonoberflächen und bei Betonoberflächen im Bereich der Wasserwechselzone in einem Abstand von 10 bis 20 cm von der Betonoberfläche ein Injektionsschlauch einzulegen. Die Packer oder Verwahrdosen sind außerhalb der o. g. Flächen unterzubringen. Für das Füllgut und das Verpressen der Injektionsschläuche gilt die ZTV-ING [44]. Sofern in der Leistungsbeschreibung nicht anders geregelt, ist mit Zementsuspension zu verpressen. Acrylatgele sind als Füllstoffe nicht zulässig.

In Bauteilen, die an Innenräume mit besonderen Anforderungen an die Wasserundurchlässigkeit grenzen (z. B. Technikräume), sind ergänzend Injektionsschläuche als mögliche Sekundärdichtung in Arbeitsfugen für eine spätere Injektion einzule-

Bild 7. Arbeitsfuge mit Bewehrung (Quelle: BAW)

gen. Die Packer oder Verwahrdosen sind außerhalb der Arbeitsfugen an später zugänglichen Stellen unterzubringen. Für das Verpressen der Injektionsschläuche gilt [44].

Bei einer Bauweise mit Bewegungsfugen sind in einer Bewegungsfuge zwei Dichtungsebenen mit innenliegenden Dehnfugenbändern vorzusehen. Freie Enden von Dehnfugenbändern müssen bis unter die jeweilige Planie geführt werden. Muster von Dehnfugenbändern, ggf. auch der Werksverbindung, Prüfzeugnisse und Angaben über die Materialzusammensetzung, sind dem Auftraggeber für eine Kontrollprüfung vor dem Einbau vorzulegen mit ihm abzustimmen. Für die Verbindung von Fugenbändern, die Baustellendokumentation, Qualifikationsnachweise sowie Prüfprotokolle gilt DIN 18197 [45].

4.4.3 Nachbehandlung

Nachbehandlungsverfahren richten sich grundsätzlich nach DIN EN 13670 [40]. Die Ermittlung der Nachbehandlungsdauer erfolgt im Verkehrswasserbau jedoch unterschiedlich dazu. Hierzu enthält [32] eine zu [40] vergleichbare Tabelle (vgl. Tabelle 5), wobei jedoch auf eine Unterteilung in Abhängigkeit von der Oberflächentemperatur verzichtet wurde, die Dauer der Nachbehandlung an praxisrelevante Erfahrungen im Verkehrswasserbau angepasst ist und eine zusätzliche Zeile für die Dauer des Belassens in der Schalung eingeführt wurde.

Nachbehandlungsmittel sind mit dem Auftraggeber abzustimmen; in Innenräumen sind sie nicht zugelassen.

Eine Planieoberseite ist bei den Ausführungsvarianten „frisch-auf-fest" bzw. „frisch-auf-frisch" unmittelbar nach Abschluss des Betonierens vor Verdunstung zu schützen. Bei Planiebeton darf eine Wärmedämmung der Bauteiloberflächen, sofern die Gefahr des Durchfrierens des Betons ausgeschlossen werden kann, bei der Ausführungsvariante „frisch-auf-fest" nicht vorgenommen werden. Zur Verringerung der Aufwärmung infolge Sonneneinstrahlung ist die Planieoberfläche mit einer hellen bzw. reflektierenden Folie abzudecken.

5 Beispiele für die massige Betonbauweise

Der Beton der neuen Weserschleuse in Minden, die 2017 in Betrieb ging und mit Beton gemäß ZTV-W LB 215 [32] hergestellt wurde, genügte beispielsweise für die 5 m dicke Sohle einer Druckfestigkeitsklasse C20/25 in der Konsistenz F3 [46], mit CEM III/A 32,5 N-LH/NA mit 240 kg/m³ Zement und 80 kg/m³ Flugasche [47]. Der Beton im unteren, 4,5 m hohen Bereich der Kammerwände, die fast immer durch das Unterwasser benetzt sind, wies eine Druckfestigkeitsklasse C25/30 auf. In der Wasserwechselzone, also zwischen Unterwasser- und Oberwasserstand, wurde ebenfalls ein C25/30, allerdings als Luftporenbeton eingebaut. Zur Beherrschung der Wärmeentwicklung kam ein CEM III/A 32,5 N-LH/NA mit 310 kg/m³ Zement zum Einsatz [46]. Die Frischbetontemperatur konnte so immer unter 25 °C gemäß [32] gehalten werden. Betoniert wurden möglichst große Blöcke mit bis zu 900 m³ Beton, aber auch bis zu 3200 m³ Beton in mehr als 30 Stunden.

Tabelle 5. Mindestdauer der Nachbehandlung von Beton, aus [32]

Festigkeitsentwicklung des Betons [c]			
$r = f_{cm,2}/f_{cm,x}$ (x = 28, 56, 91) [d]			
$r \geq 0{,}50$ (schnell)	$r \geq 0{,}30$ (mittel)	$r \geq 0{,}15$ (langsam)	$r < 0{,}15$ (sehr langsam)
Mindestdauer der Gesamtnachbehandlung in Tagen [a], [b], [e]			
4	10	14	21
Davon Mindestdauer des Belassens in der Schalung bei geschalten Betonoberflächen [b]			
2	5	7	10

[a] Bei mehr als 5 h Verarbeitbarkeitszeit ist die Nachbehandlungsdauer angemessen zu verlängern.
[b] Bei Temperaturen unter 5 °C ist die Nachbehandlungsdauer um die Zeit zu verlängern, während derer die Temperatur unter 5 °C lag.
[c] Die Festigkeitsentwicklung des Betons wird durch das Verhältnis der Mittelwerte der Druckfestigkeiten $f_{cm,2}/f_{cm,x}$ (x = 28, 56, 91) beschrieben, das bei der Eignungsprüfung ermittelt wurde.
[d] Zwischenwerte für die Nachbehandlungsdauer dürfen eingeschaltet werden.
[e] Für Betonoberflächen, die einem Verschleiß entsprechend den Expositionsklassen XM2 und XM3 ausgesetzt sind, ist die Mindestdauer der Gesamtnachbehandlung zu verdoppeln. Der Maximalwert der Mindestdauer beträgt 30 Tage.

An einer anderen, jüngst hergestellten Schleuse, der zweiten Schleuse in Münster am Dortmund-Ems-Kanal, konnte ein LP-Beton für die Expositionsklasse XF3 auf der Basis eines BMVS-Erlasses von 2007 in der Druckfestigkeitsklasse für die Kammerwände auf C20/25 gesenkt werden. Rezepturen mit 270 kg/m³ Zement konnten eingesetzt werden, was die maximal zulässige Frischbetontemperatur einhalten ließ. Die Zulässigkeit der geringeren Betonfestigkeit konnte ergänzend über die Prüfung des Frostwiderstands im CIF-Test nach [39] abgesichert werden, vgl. [47].

Für massige Querschnitte von Schleusenbauwerken, wie z. B. für die Schleuse Uelzen 2, eine Sparbeckenschleuse mit in den Kammerwänden integrierten Sparbecken, die 2006 fertiggestellt wurde, wurde betontechnisch eine zonierte Bauweise vorgesehen, wie man sie von früher hergestellten massiven Talsperren her kannte, um Dauerhaftigkeitsanforderungen und die Begrenzung der Hydratationswärme einzuhalten [48]. Die tragende Bewehrung ist dabei von einem Beton nach Norm, dem Randbeton, umhüllt, während im inneren Betonbereich, im Kernbeton, ein größerer Anteil Zement durch Flugasche ersetzt wurde. Diese Bauweise könnte auch in Zukunft wieder einen verstärkten Einsatz bei massigen Bauteilen gewinnen.

6 Bauweisen von (Verkehrs-)Wasserbauwerke

Schleusen, Wehre und Düker/Durchlässe sind die gemäß Abschnitt 1 häufigsten (Verkehrs-)Wasserbauwerke, so dass deren aktuelle Bauweisen nachfolgend etwas näher beschrieben werden.

6.1 Schleusen

Eine Schiffsschleuse ist nach DIN 4054 [49] ein Bauwerk zum Überwinden einer Fallstufe, bei dem durch Füllen oder Leeren der Schleusenkammer Schiffe gehoben bzw. gesenkt werden. Eine Fallstufe ist die Unterbrechung des Wasserspiegels durch eine natürliche oder künstliche Stufe. Eine Schleuse fungiert daher als „hydraulischer Aufzug" zwischen zwei unterschiedlichen Wasserniveaus, dem Unterwasserstand und dem Oberwasserstand.

Die prinzipiellen Bauteile einer Kammerschleuse sind in Bild 8 dargestellt [50]. Das Bild ist eine Prinzip-Darstellung für eine Einkammerschleuse und zeigt die wesentlichen Bauteile mit ihrer Benennung. Planungen beginnen in der Regel mit dem hydraulischen System (Füll- und Entleerungseinrichtungen), dann den Verschlüssen (Tore und Schütze mit Antrieben) und anschließend dem kon-

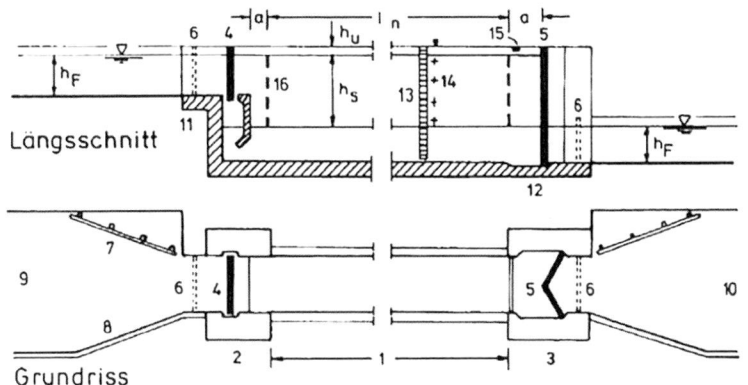

Bild 8. Prinzipielle Bauteile einer Kammerschleuse, aus [50]

struktiven Entwurf für das Bauwerk (Schleusen-Kammer, -Häupter und ggf. die -Vorhäfen). Füll- und Entleersysteme reichen von Füllung und Entleerung durch die Schleusentore bis hin zu kurzen Umläufen in den Schleusenhäuptern und weiter mit Längsläufen und Druckkammern im massiven Schleusenbauwerk. Aufwendigere Füll- und Entleersysteme bedingen daher Schächte, Um- und Längsläufe und Kavernen im Massivbau, was sich entsprechend auf Zwangseinwirkungen bei der Herstellung und Lastabtragung bzw. Kräfteverlauf auswirkt, vgl. Bild 9 mit zwei unterschiedlichen Füll- und Entleersystemen.

Die Abmessungen einer Schleuse an Binnenschifffahrtsstraßen richten sich nach [8]. Die nutzbare Breite der Kammer beträgt bei neuen deutschen Großschifffahrtsschleusen im Binnenbereich an Kanälen und an den meisten staugeregelten Flüssen 12,5 m; Flussschleusen an Rhein, Donau und Elbe haben größere Breiten von bis zu 24 m. Die Nutzlänge der Kammer, d. h. der lichte Abstand beider Tore abzüglich eines beidseitigen Sicherheitsabstandes von mindestens je 2 m, liegt in Deutschland für Großschifffahrtsschleusen im Binnenbereich bei mindestens 140 m für kurze Schleusen, in der Regel aber für lange Schleusen bei 190 m. Wirtschaftlichkeitsbetrachtungen bezüglich neuer Flottenstrukturen und -zusammensetzungen führen aber auch zu Nutzlängen von bis zu ca. 240 m. Die Wassertiefe über dem Drempel als der höchsten baulichen Erhebung in den Toren soll jeweils 4 m über dem jeweilig niedrigsten Schifffahrtswasserstand betragen (vgl. Bild 8). Die Oberkante der Schleusenplattform soll 1,5 m über dem oberen Stauziel oder mindestens 1 m über dem höchsten Schifffahrtswasserstand liegen [8]. Schleusenhäupter begrenzen die Schleusenkammer ober- und unterwasserseitig und nehmen die Tore und je nach Füll- und Entleersystem ggf. auch die Ein-/Ausläufe für das Füll-/Entleerwasser sowie deren Verschlüsse auf. Selbst bei einer Ausführung der Schleusenkammer in Spundwandbauweise sind die Schleusenhäupter immer Massivbauwerke.

Die bauliche Gestaltung von Schleusenbauwerken hängt in erster Linie vom hydraulischen System, von der Fallhöhe und ggf. von den Baugrundeigenschaften ab. Füll- und Entleersysteme in den Wänden und in der Sohle beeinflussen die Formgebung und die konstruktive Gestaltung des Schleusenkammer-Querschnitts, aber auch der Häupter (vgl. Bild 9). Standsicherheit und Tragfähigkeit werden von den Abmessungen, von (Grund-)Wasser- und Erddrücken, der Setzungsempfindlichkeit und der Erosionsbeständigkeit des Baugrunds bestimmt.

Die Vielfalt möglicher Schleusen-Querschnittsformen und -Bauweisen sind [51] oder auch aus massivbaulicher Sicht [52] zu entnehmen. Moderne Schleusen in Deutschland werden jedoch überwiegend in Massivbauweise als biegesteifer Stahlbeton-Halbrahmen hergestellt. Dieses System reagiert auch bei schlechterem Baugrund „ausgleichend" und führt in Stahlbeton-Bauweise zu wirtschaftlichen Querschnitten. Seit einigen Jahren werden Binnenschiffsschleusen in Deutschland monolithisch hergestellt, um eine Schadensanfälligkeit aufgrund von Raumfugen zu vermeiden und eine zusätzliche Robustheit zu erzielen [53].

Wegen ihrer in der Regel starken Einbindung in den Baugrund und den häufigen Lastwechseln spielen für die Nachweise einer Schleuse Bauwerk-Boden-Interaktionen und daraus resultierende Bau-

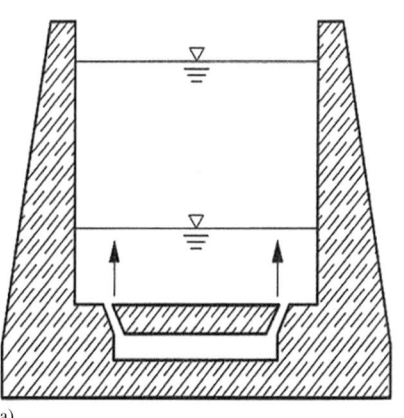
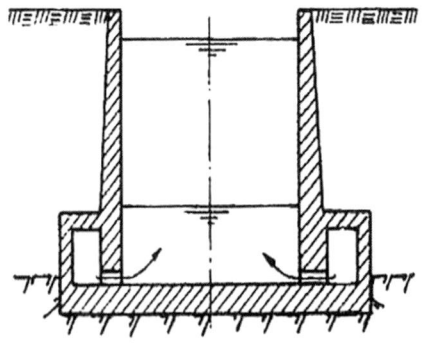

Bild 9. Querschnittsformen moderner Schleusenkammern im Binnenbereich, Füll- und Entleersystem
a) mit Grundlauf und b) mit Längsläufen, nach [50]

werks-Verformungen und -setzungen eine große Rolle. Häufige Lastwechsel, über die Nutzungsdauer durchaus bis zu 500000 Lastspiele, erfordern darüber hinaus Nachweise zur Ermüdung. Zu berücksichtigen sind die Betriebszustände auf Oberwasser- und Unterwasserstand sowie Revisionszustände bei geleerter Schleusenkammer. Bauzustände und ggf. ein späterer Bau einer parallelen, zweiten Schleuse können maßgeblich werden. Eigengewicht, Wasserdruck, Erddruck, Grundwasser- und Sohlwasserdruck, Verkehrslasten aus Schiffsbetrieb (Trossenzug, Anlege- bzw. Reibestoß) sowie Temperatur sind die maßgeblichen Einwirkungen. Hinzu kommen teilweise dynamische Wasserdrücke aus Sunk und Schwall, Windstau und als Druckstöße in Grundlauf und Längsläufen bei Fehlfunktionen von Verschlussorganen in der Schleuse.

Wegen der Vielzahl möglicher Systeme wurde für den Bereich der Bundeswasserstraßenverwaltung beschlossen, zukünftige Schleusen mit geringer Fallhöhe (< 10 m) bevorzugt entsprechend einer standardisierten Vorzugslösung zu bauen. Hierbei soll die Füllung durch ein Drucksegment-Obertor gesteuert werden. Diese Variante erreicht für kleine Fallhöhen (< 5 m) eine gute Leistungsfähigkeit und kann bei verminderter Leistungsfähigkeit bis zu einer Fallhöhe von etwa 10 m eingesetzt werden, vgl. [54, 55]. Der maßgebliche Vorteil dieser Lösung soll in den geringen Wartungsaufwänden bestehen, da nur ein Bauteil für die Funktionen „Füllung" und „Verschluss" verwendet wird. Konstruktiv führt diese Standardisierung zu einfachen und wenig durchdrungenen Beton-Querschnitten, was sich günstig auf die Herstellung, aber auch auf den Kräftefluss auswirken dürfte.

Seeschleusen verbinden für seegängige Schiffe Tidegewässer mit tidefreien Kanälen, Hafenbecken oder auch Flüssen. Sie weisen gegenüber Binnenschiffschleusen deutlich größere Abmessungen auf. Kammerlängen erreichen nach [51] bis zu 500 m (z. B. die im Bau befindliche 5. Schleuse Brunsbüttel: 330 m), Kammerbreiten bis zu 70 m (z. B. die Kaiserschleuse Bremerhaven: 55 m). Die Fallhöhen sind wegen der örtlich relativ geringen Tidehübe auch nur gering.

Sonderformen von Schleusen sind aktuell Doppelschleusen und Sparbeckenschleusen. Doppelschleusen werden erforderlich bei in der Regel hohem Verkehrsaufkommen; der Redundanz-Gedanke ist derzeit eher untergeordnet. Doppelschleusen können als Zwillingsschleuse ausgebaut sein bzw. werden, womit eine Schleusungswasser-Ersparnis von ca. 50 % möglich wird, was sich an Kanälen oder auch staugeregelten Flüssen mit geringen Abflüssen empfiehlt. Sparbeckenschleusen verfügen – auch als Einzelschleuse – über seitliche oder in die Kammerwand integrierte Sparbecken. Je nach Anzahl der Sparbecken – und damit auch dem baulichen Aufwand – ist eine Schleusungswasserersparnis bei gleichem Verhältnis von Sparbeckengrundfläche zur Kammergrundfläche von ca. 50 % bei zwei Sparbecken und ca. 60 % bei drei Sparbecken realistisch und sinnvoll [52].

Ein Schiffshebewerk nach [49] ist ebenfalls – wie eine Schleuse – ein Bauwerk zum Überwinden einer Fallstufe, jedoch mit einer Förderung der Schiffe in einem Trog. In Deutschland wurden bzw. werden nur Senkrechtschiffshebewerke verwirklicht. Der Ausgleich des Troggewichts erfolgt bei jüngeren und auch neueren Systemen überwiegend durch Gegengewichte (vgl. Bild 10), früher durch Schwimmer oder Druckkolben.

Der Trog verfügt an seinen Stirnseiten über Trogtore, die in den jeweiligen Endstellungen an die Stauhaltung und die Haltungstore anschließen und somit die Ein- und Ausfahrt für Schiffe freigeben (Bild 10). Der Schleusungswasserverlust ist bei Schiffshebewerken minimal.

In Deutschland wurde 2009 mit dem Bau eines neuen Schiffshebewerkes in Niederfinow (Havel-Oder-Kanal, Hubhöhe: 36 m) begonnen. Mit der Inbetriebnahme des neuen Hebewerks, voraussichtlich

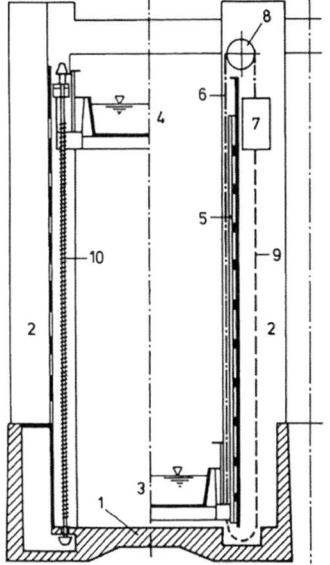

Bild 10. Schiffshebewerk Lüneburg (Elbe-Seitenkanal; Fertigstellung 1975); schematische Darstellung einer Einheit. 1 Trogwanne, 2 Turm, 3 Trog in tiefster Stellung, 4 Trog in höchster Stellung, 5 Führung und Antriebszahnstange, 6 Trogaufhängung, 7 Gegengewicht, 8 Seilscheibe, 9 Seilgewicht-Ausgleichskette; aus [50]

im Jahr 2020, soll es nach einer Übergangszeit die Nutzung des alten Schiffshebewerks aus dem Jahr 1934 beenden [56]. Es beseitigt mit einer nutzbaren Troglänge von 115 m einer nutzbaren Breite von 12,5 m und einer Trogwassertiefe von 4,0 m einen maßgeblichen Engpass auf der einzigen transeuropäischen Ost-West-Wasserstraßen-Verbindung zwischen Szczecin (Stettin) und Duisburg.

Schiffshebewerke für kleinere Schiffe wurden bislang bis zu einer Gesamt-Fallhöhe von 124 m gebaut, wobei Einzel-Hubhöhen bis 82 m erzielt wurden, z. B. Schiffshebewerk an der Geheyan-Talsperre am Xiangjiang-Fluss in China. Das für Großmotorgüterschiffe derzeit größte Schiffshebewerk der Welt ist mit einer Hubhöhe von max. 113 m das Schiffshebewerk im Zuge des Drei-Schluchten-Damms am Yangtse in China [57]. Die Tragkonstruktionen moderner Schiffshebewerke sind jeweils massiv.

Schiffshebewerke werden – wie ersichtlich – in der Regel bei größeren Fallhöhen vorgesehen, wobei die Entwicklungen im massiven Schleusenbau in Europa bereits den Bereich von Fall- bzw. Hubhöhen um ca. 40 m erreichen, die früher nur durch Schiffshebewerke bewältigt werden konnten. Neuerdings gilt diese Fallhöhen-Erweiterung auch für Sparbeckenschleusen [58], sodass in diesem Fallhöhenbereich künftig Schleusen anstatt Schiffshebewerke gebaut werden könnten.

6.2 Wehre

Ein Wehr ist nach DIN 4048-1 [59] ein Absperrbauwerk als Teil einer Staustufe, das der Hebung des Wasserstands und meist auch der Regelung des Abflusses dient. Wehre heben den Wasserstand eines Fließgewässers ständig oder zeitweise an [7]. Im Rahmen einer Staustufe sind Wehre häufig einer Schleusenanlage, einem Wasserkraftwerk und einer Fischaufstiegsanlage benachbart (Bild 11), das ggf. um eine Fischaufstiegsanlage zu ergänzen wäre. Wehre sind in der Regel Anlagen, die mehreren Zwecken entsprechend Abschnitt 1 genügen.

Wird die Stauhöhe ohne Wehr-Verschlüsse bewerkstelligt, liegt ein „festes" Wehr im Sinne des stauerzeugenden Bauteils vor; mit Verschlüssen handelt es sich um ein „bewegliches" Wehr, das als Bauart am verbreitetsten ist. Einige wenige Wehre erzeugen als „kombinierte" Wehre die Stauhöhe sowohl mit größeren festen als auch mit beweglichen Bauteilen (z. B. Wehr Iffezheim, Rhein). Die Bemessung eines Wehrs beginnt auch mit dem hydraulischen Entwurf bezüglich der Abflussleistung, die zu einer Staukörper-Geometrie, der Abflussbreite und der Tosbecken-Geometrie führen. Wahl der stählernen Verschlusskörper und Geometrie des Massivbaus schließen sich daran an (vgl. Bild 12).

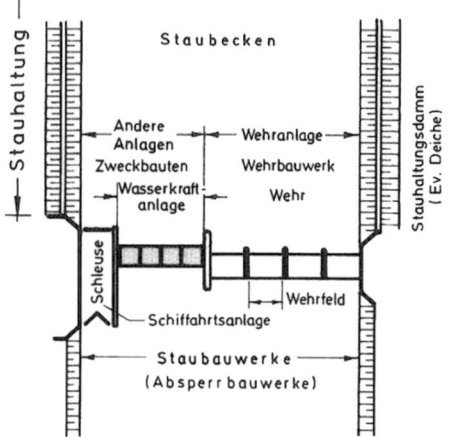

Bild 11. Schematische Darstellung einer Staustufe, aus [31]

Die Vielfalt möglicher Bauformen von massiven Wehren kann u. a. [31] entnommen werden. Massivbauteile eines Wehres sind so zu konstruieren, dass keine unzulässigen Verformungen, Rissbildungen und Setzungen auftreten [7]. Die Massivbau-Konstruktion ist insbesondere bei beweglichen Wehren auf die Art der Verschlüsse (Stahlwasserbau) und die Maschinentechnik abzustimmen. Sind Bauwerksfugen als Raumfugen vorgesehen, so sind diese sorgfältig zu planen und auszuführen. Bauwerk-Boden-Interaktionen sind zu berücksichtigen. Wie bei Schleusen finden sich jedoch bei modernen Wehranlagen zunehmend monolithische Konstruktionen. Während früher einzeln gegründete Wehrpfeiler in Schwergewichtsbauweise mit dazwischen mehr oder weniger unabhängig angeordneten Wehrsohlen der Regel waren, später dann die Wehrpfeiler auf einer verbreiterten Bodenplatte Teile der Wehrsohle aufnahmen, finden sich heutzutage ggf. über mehrere Wehrfelder durchgehende flach gegründete Rahmenkonstruktionen mit einer lastverteilenden durchlaufenden Wehrsohlenplatte, in die die Pfeiler biegesteif und fugenlos eingespannt sind. Diese führen zu einer gleichmäßigeren Verteilung der Bodenpressungen und auch sonst zu gleichmäßigeren Lastabtragungen.

Spezifische Nachweise zur Standsicherheit von Wehren sind die Gleitsicherheit, der Nachweis zulässiger Spannungen in der Sohlenfuge einschließlich der Setzungen, die Auftriebssicherheit – vor allem des leeren Tosbeckens – und der Nachweis der Sicherheit gegen hydraulischen Grundbruch. Tragfähigkeitsnachweise sind für sämtliche Bauteile wie Wehrpfeiler, Wehrsohle einschließlich Tos-

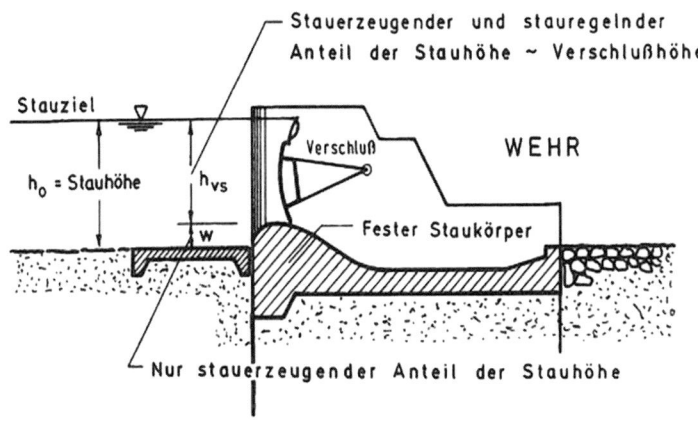

Bild 12. Schematische Darstellung eines „kombinierten" Wehrs mit Vorboden im Oberwasser, Wehrpfeiler und Wehrsohle mit Tosbecken (= fester Staukörper) sowie Kolksicherung im Unterwasser, aus [31]

becken und ggf. auch die seitlichen Wehrwangen zu führen. Eigengewicht, Wasserdrücke sowie Sohlwasserdrücke, Verschlusslasten und Eisdruck sind die vorwiegenden Einwirkungen, bei Landpfeilern zusätzlich Erddruck und Grundwasserdruck. Bei den Nachweisen für Wehrpfeiler von beweglichen Wehren wird der Wasserdruck nicht nur auf der Stirnseite, sondern je nach Verschlussorgan-Typ auch aus den benachbarten Wehröffnungen über die Längsseite eingetragen. Bei Revisions-Zuständen, d. h., wenn ein Wehrfeld geschlossen ist, treten hier auch unsymmetrische Beanspruchungen mit Torsion im Wehrpfeiler auf. Nischen in Wehrpfeilern, z. B. für Wehr- oder Revisionsverschlüsse, führen zu einer Schwächung des Pfeiler-Querschnitts, die statisch-konstruktiv durch entsprechende Bewehrung auszugleichen sind. Ebenfalls örtlich verstärkt in Nischen oder Konsolen müssen Beanspruchungen durch Wehrverschlüsse aufgenommen werden, die ihre Auflagerkraft konzentriert auf die Pfeiler übertragen, z. B. bei Segmentverschlüssen.

Das Ruhrwehr Raffelberg bei Ruhr-km 9,98 stellt seit seiner Fertigstellung im Jahr 2005 eine moderne Wehranlage der Wasserstraßen- und Schifffahrtsverwaltung dar (Bild 13).

Bild 13. Ruhrwehr Raffelberg mit Revisionsverschluss im Wehrfeld 2, aus [60]

6.3 Düker/Durchlässe

Ein Düker ist nach DIN 4054 [49] ein Kreuzungsbauwerk, in dem ein Gewässer unter einem anderen Gewässer, einem Geländeeinschnitt oder einem tiefliegenden Hindernis überwiegend unter Druck hindurchgeführt wird. Ein Durchlass ist ebenfalls ein Kreuzungsbauwerk zum Durchleiten eines Gewässers mit überwiegend freiem Wasserspiegel, z. B. durch einen Damm, aber auch zum Durchleiten von Wegverbindungen wie Straßen oder Eisenbahngleisen [9].

Düker und Durchlässe sollen den Wasserweg möglichst rechtwinklig kreuzen. Ein Düker besteht in seiner Regelausführung aus Ein- und Auslaufbauwerk (den Häuptern) und dem oder den Rohrsträngen. Ein Durchlass ist in der Regel ein Rahmenbauwerk. Im Bereich des wasserführenden Kanal- oder Gewässerquerschnitts ist eine Überdeckung von 1,5 m vorzusehen, ansonsten sind zusätzliche Sicherungen erforderlich. Düker werden nur teilweise aus Beton, Stahlbeton oder Spannbeton, und hier in der Regel aus Fertigteilen, hergestellt, während neuere Durchlässe oder auch die Ein- und Auslaufbauwerke bei Dükern in der Regel Stahlbeton-Konstruktionen sind (Bild 14).

Einwirkungen sind Eigengewichte, Erddrücke und Erdauflasten sowie ggf. Grundwasserdrücke, Wasser- bzw. Flüssigkeitsfüllung in Düker bzw. Durchlass und Verkehrslasten. Je nach Bauverfahren sind Bauzustände von großer Bedeutung. Standsicherheitsnachweise, vor allem Auftrieb, und Tragfähigkeitsnachweise werden geführt.

7 Aktuelle Fragestellungen und Forschungen für massive Wasserbauwerke

Für die Bemessung von massiven Bauteilen wird künftig auch der späte Zwang zu berücksichtigen sein, der derzeit in einer Überarbeitung von [35] berücksichtigt werden soll. Die Einwirkung Erdbeben, bislang in [5] nur rudimentär behandelt, ist Gegenstand eines BAW-Merkblatt-Entwurfs. Auf die Riss-Problematik im Stahlbetonbau bei gleichzeitig möglicher Wasserbeaufschlagung und -durchströmung ist Augenmerk zu richten, um Bewehrungsstahl-Korrosion zu vermeiden. Vor-Ort-Untersuchungen an geschädigten Bauwerken, aber auch konzeptionelle Überlegungen sind derzeit in Arbeit. Im Betonbau stehen Klärungen bezüglich der Verfügbarkeit von Ausgangsstoffen, wie z. B. von Flugaschen oder auch von bestimmten Zementen, sowie die Gewährleistung der Mischungsstabilität an. Zu Letzterem ist ein BAW-Merkblatt in Arbeit und eine A1-Änderung zu [32] im Entwurf. Auch der Spagat zwischen Dauerhaftigkeitsanforderungen und Begrenzung der Hydratationswärmeentwicklung bei massigen Bauteilen will angesichts sich verändernder Bauprodukte gelöst sein. Wie bei anderen Infrastruktur-Betreibern auch, kommt einem qualitäts-gesicherten, aber auch schnelleren (Ersatz-)Bauen große Bedeutung zu. Dies soll – neben anderen Maßnahmen – auch durch fortschreitende Standardisierungen und auch durch den möglichen Einsatz von Fertigteilen begünstigt werden. Viele dieser Fragestellungen werden in Projekt- und Forschungsarbeiten der Bundesanstalt für Wasserbau,

Bild 14. Stever-Durchlass bei Inbetriebnahme 2003 (Quelle: BAW)

häufig auch in Kooperation mit anderen Institutionen, untersucht und einer Lösung zugeführt. Informationen lassen sich unter www.baw.de abrufen.

8 Literatur

[1] BMVI (2017) *Verkehrsinvestitionsbericht für das Berichtsjahr 2016*. Bundesministerium für Verkehr und digitale Infrastruktur, Berlin.

[2] Generaldirektion Wasserstraßen und Schifffahrt. https://www.gdws.wsv.bund.de/DE/ wasserstrassen/ 02_bauwerke-anlagen/bauwerke-anlagen-node.html [zuletzt abgerufen 10.01.2019].

[3] Zeisler, G., Kunz, C. (2015) Normen für den konstruktiven Wasserbau, *Bautechnik* **92** (5), 575–579.

[4] Kunz, C. (2018) Konstruktiver Wasserbau in der Normung, *Bautechnik* **95** (5), 349–354.

[5] DIN 19702:2013-02 (2013) *Massive Wasserbauwerke – Tragfähigkeit, Gebrauchstauglichkeit und Dauerhaftigkeit*, Beuth, Berlin.

[6] Kunz, C. (2010) DIN 19702 – Die Norm für massive Wasserbauwerke *Bautechnik* **87** (12) 806–809.

[7] DIN 19700-13:2019-06 (2019) *Stauanlagen – Teil: 13, Staustufen*, Beuth, Berlin.

[8] DIN 19703:2014-06 (2014) *Schleusen der Binnenschifffahrtsstraßen – Grundsätze für Abmessungen und Ausrüstung*, Beuth, Berlin.

[9] DIN 19661-1:1998-07 (1998) *Wasserbauwerke – Teil 1: Kreuzungsbauwerke, Durchleitungs- und Mündungsbauwerke*, Beuth, Berlin.

[10] DIN 19752:2019-02 (2019) *Wasserkraftanlagen – Planung, Vorhabenrealisierung und Betrieb*, Beuth, Berlin.

[11] BAW (2019) https://www.baw.de/DE/service_ wissen/publikationen/merkblaetter_ empfehlungen_ richtlinien/merkblaetter_empfehlungen_richtlinien. html [zuletzt abgerufen: 15.01.2019].

[12] DIN EN 1990:2010-12 (2010) *Eurocode, Grundlagen der Tragwerksplanung*; einschließlich Nationalem Anhang, Beuth, Berlin.

[13] DIN EN 1997-1:2014-03 (2014) *Eurocode 7: Entwurf, Berechnung und Bemessung in der Geotechnik – Teil 1: Allgemeine Regeln*; einschließlich Nationalem Anhang, Beuth , Berlin.

[14] DIN 1054:2010-12 (2010) *Baugrund – Sicherheitsnachweise im Erd- und Grundbau – Ergänzende Regelungen zu DIN EN 1997-1*, Beuth, Berlin.

[15] Kunz, C. (2012) *Sicherheitskonzept und Einwirkungen für Verkehrswasserbauwerke*. In: BAW-Kolloquium „Eurocodes für den Verkehrswasserbau". Bundesanstalt für Wasserbau, Karlsruhe, 08./09. Oktober 2012.

[16] DIN EN 1991-1-1:2010-12 (2010) *Eurocode 1: Einwirkungen auf Tragwerke – Teil 1-1: Allgemeine Einwirkungen auf Tragwerke; Wichten, Eigengewicht und Nutzlasten im Hochbau*; einschließlich Nationalem Anhang, Beuth, Berlin.

[17] DIN 4085:2017-08 (2017) *Baugrund – Berechnung des Erddrucks*, Beuth, Berlin.

[18] EAU (2014) *Empfehlungen des Arbeitsausschusses Ufereinfassungen – Häfen und Wasserstraßen*, Ernst & Sohn, Berlin.

[19] DIN 19704-1:2014-11 (2014) *Stahlwasserbauten, Teil 1: Berechnungsgrundlagen*, Beuth, Berlin.

[20] DIN EN 1991-1-7:2010-12 (2010) *Eurocode 1: Einwirkungen auf Tragwerke – Teil 1-7: Allgemeine Einwirkungen – Außergewöhnliche Einwirkungen*; einschließlich Nationalem Anhang, Beuth, Berlin.

[21] DIN EN 1998:2010-12 (2010) *Eurocode 8: Auslegung von Bauwerken gegen Erdbeben – Teil 1: Grundlagen, Erdbebeneinwirkungen und Regeln für Hochbauten sowie Teil 5: Gründungen, Stützbauwerke und geotechnische Aspekte*; jeweils einschließlich Nationalem Anhang, Beuth, Berlin.

[22] DVWK 251 (1999) *Statistische Analyse von Hochwasserabflüssen*, DWA-Verlag, Bad Honnef.

[23] DVWK 209 (1989) *Wahl des Bemessungshochwassers; Entscheidungswege zur Festlegung des Schutz- und Sicherheitsgrades*, DWA-Verlag, Bad Honnef.

[24] BAW (2006) *Mitteilungsblatt Nr. 89 der Bundesanstalt für Wasserbau, „Massive Wasserbauwerke nach neuer Norm"*, Bundesanstalt für Wasserbau, Karlsruhe.

[25] Kunz, C. (2014) Ein Beitrag zum Teilsicherheitsbeiwert für Wasserdruck, *Bautechnik* **91** (5), 339–346..

[26] DIN EN 1992-1-1:2011-01 (2011) *Eurocode 2: Bemessung und Konstruktion von Stahlbeton- und Spannbetontragwerken – Teil 1-1: Allgemeine Bemessungsregeln und Regeln für den Hochbau*; einschließlich Nationalem Anhang, Beuth, Berlin.

[27] Kunz, C. (2014) *Semi-probabilistic design of hydraulic inland structures (PIANC WG 140)*, 33rd PIANC International Navigation Congress 2014, San Francisco, USA.

[28] PIANC (2015) *PIANC Report 140 – Semi-probabilistic design concept for inland hydraulic structures*. Inland Navigation Commission, PIANC, Brussels, Belgium.

[29] Tahir, A., Kunz, C. (2018) *Comparative Analysis of the Reliability Levels in Hydraulic Structures using Partial Safety Factors and Full Probabilistic Methods*. In: The 6th International Symposium on Life-Cycle Civil Engineering. 28–31 October 2018, Ghent, Belgium.

[30] BAW (2016) *BAW-Merkblatt „Tragfähigkeit bestehender massiver Wasserbauwerke (TbW)"*, Bundesanstalt für Wasserbau, Karlsruhe.

[31] Blind, H. (1987) *Wasserbauten aus Beton*, Ernst & Sohn, Berlin.

[32] BMVBS (2012) *Zusätzliche Technische Vertragsbedingungen – Wasserbauwerke aus Beton und Stahlbeton – Leistungsbereich 215 (ZTV-W LB 215)*, Bundesminister für Verkehr, Bau und Stadtentwicklung, Bonn.

[33] Westendarp, A. (2009) *Beton im Wasserbau – Gestern, heute, morgen.* In: BAW-Kolloquium „Baustoffe und Bauausführung im Verkehrswasserbau". Karlsruhe, 27./28. Oktober 2009.

[34] Westendarp, A., (2012) *Beton und Bauausführung für massive Wasserbauwerke.* In: BAW-Kolloquium „Eurocodes für den Verkehrswasserbau". Karlsruhe, 08./09. Oktober 2012.

[35] BMVBS (2012) *Standardleistungskatalog Wasserbau, Wasserbauwerke aus Beton und Stahlbeton – Leistungsbereich 215.* Bundesminister für Verkehr, Bau und Stadtentwicklung, Bonn.

[36] BAW (2011) *BAW-Merkblatt „Rissbreitenbeschränkung für frühen Zwang in massiven Wasserbauwerken (MFZ)",* Bundesanstalt für Wasserbau, Karlsruhe.

[37] BAW (2010) *Rissmechanik in dicken Stahlbetonbauteilen bei abfließender Hydratationswärme,* Mitteilungsblatt der Bundesanstalt für Wasserbau, Nr. 92, Bundesanstalt für Wasserbau, Karlsruhe.

[38] DAfStb (2010) *DAfStb-Richtlinie „Massige Bauteile aus Beton",* Deutscher Ausschuss für Stahlbeton, Berlin.

[39] BAW (2012) *BAW-Merkblatt „Frostprüfung von Beton (MFB)",* Bundesanstalt für Wasserbau, Karlsruhe.

[40] DIN EN 13670:2011-03 (2011) *Ausführung von Tragwerken aus Beton, einschließlich DIN 1045-3, Anwendungsregeln zu DIN EN 13670,* Beuth, Berlin.

[41] Deutscher Beton- und Bautechnikverein (2004) *DBV-Merkblatt „Sichtbeton",* DBV, Berlin.

[42] DIN 18202:2013-04 (2013) *Toleranzen im Hochbau – Bauwerke,* Beuth, Berlin.

[43] DIN 7865:2015-02 (2015) *Elastomer-Fugenbänder zur Abdichtung von Fugen in Beton, Teil 1: Formen und Maße; Teil 2: Werkstoffanforderung und Prüfung; Teil 3: Verwendungsbereich,* Beuth, Berlin.

[44] BASt (2018) *Zusätzliche Technische Vertragsbedingungen und Richtlinien für Ingenieurbauten (ZTV-ING).* https://www.bast.de/BASt_2017/DE/Ingenieurbau/Publikationen/Regelwerke/ Baudurchfuehrung/ZTV-ING.html [zuletzt abgerufen 10.01.2019].

[45] DIN 18197:2018-01 (2018) *Abdichten von Fugen in Beton mit Fugenbändern,* Beuth , Berlin.

[46] beton.org (2018) Beton für die Weserschleuse, *Beton- und Stahlbetonbau* **113** (11), A19.

[47] Spörel, F. (2018) *Betontechnologische Anforderungen für Wasserbauwerke am Beispiel der neuen Weser-*

schleuse Minden. In: BAW-Mitteilungen 104. Bundesanstalt für Wasserbau.

[48] Kunz, C. (2008) *Verkehrswasserbau – quo vadis.* In: BAW-Kolloquium „Neubau von Verkehrswasserbauwerken". Karlsruhe, 07./08. Oktober 2008.

[49] DIN 4054:1977-09 (1977) *Verkehrswasserbau: Begriffe.* Beuth, Berlin.

[50] Kuhn, R. et al. (2018) *Kapitel 13 – Binnenverkehrswasserbau.* In: Taschenbuch der Wasserwirtschaft (Hrsg. Lecher, K., Lühr, H.-P., Zanke, U. C. E.). Vieweg und Teubner, Wiesbaden.

[51] Partenscky, H.-W. (1986) *Binnenverkehrswasserbau. Band 2: Schleusenanlagen.* Springer, Berlin, Heidelberg, New York, Tokyo.

[52] Kuhn, R. (1985) *Binnenverkehrswasserbau,* Ernst & Sohn, Berlin.

[53] Heynert, W., Bödefeld, J., Ehmann, R., Kunz, C. (2007) *Schleuse Fankel – die erste vollmonolithische Schleuse.* In: Kongress der Hafentechnischen Gesellschaft, 12.–14. September 2007, Dresden.

[54] BAW (2011) *BAW-Kolloquium „Standardisierung im Verkehrswasserbau".* 25. Mai 2011 in Bonn. Bundesanstalt für Wasserbau, Karlsruhe (auch: www.baw.de).

[55] Wachholz, T. (2015) *Standardisierung von Wasserbauwerken in der WSV.* In: BAW-Kolloquium „Wasserbauwerke – Vom hydraulischen Entwurf bis zum Betrieb". Bundesanstalt für Wasserbau, Karlsruhe, 20./21. Mai 2015.

[56] Dietrich, R. (2019) *Schiffshebewerk Niederfinow – Ersatzneubau eines historischen Wahrzeichens.* In: Deutscher Bautechniktag 2019, Stuttgart, 07./08. März 2019. DBV.

[57] Kunz, C., Lindlar, H-G., Wagner, R., Wigand, R. (2005) Ein Schiffshebewerk über den Drei-Schluchten-Staudamm in China. *Wasserwirtschaft* **95** (1+2), 83–89.

[58] Koritko, F., Henze, R., Lutz, M., Belzner, F. (2019) *Schleusenneubau Lüneburg – technische Herausforderungen bei der Planung der höchsten Sparschleuse der Welt.* In: Dt. Bautechnik-Tag 2019, Stuttgart, 07./08. März 2019. DBV.

[59] DIN 4048-1:1987-01 (1987) *Wasserbau; Begriffe; Stauanlagen,* Beuth, Berlin.

[60] WNA Datteln (2012) http://www.wna-datteln.wsv.de/projekt_wna/ruhr/schleusen/Ruhrwehr_Raffelberg/index.html [zuletzt abgerufen: 10.01.2019].

VII Wildbachsperren

Jürgen Suda, Wien

Konrad Bergmeister, Wien

1 Einführung

Naturgefahren sind Ereignisse in der Natur, die zu einer Bedrohung des Menschen, der Umwelt, von Sachwerten und Einkünften führen können.[1] Sie können ihren Ursprung in der Atmosphäre (atmosphärische Naturgefahren) oder in der Erdkruste (geogene Naturgefahren) nehmen. Die Wirkungen von Naturgefahren werden u. a. an der Häufigkeit des Auftretens (Eintrittswahrscheinlichkeit), an der Intensität (Stärke) bzw. dem Zerstörungspotenzial (Schadenswirkung) bemessen. Naturgefahren führen nur sehr selten zu einer Katastrophe. Von einer Naturkatastrophe spricht man erst, wenn das Naturereignis so stark ist, dass Menschen und Sachwerte substanziell und großräumig geschädigt werden. Bei Eintritt einer Naturkatastrophe kann sich die Bevölkerung des betroffenen Gebietes in der Regel nicht mehr aus eigener Kraft helfen und benötigt Hilfe von außen. Eine wichtige Rolle im Zusammenhang mit Naturgefahren wird zukünftig der Klimawandel spielen, gleichzeitig führt die dynamische, wirtschaftliche und soziale Entwicklung der Gesellschaft zu einer Vervielfachung der Schadenspotenziale.

In Gebirgsregionen kommt aufgrund der naturräumlichen Gegebenheiten dem Schutz vor Naturgefahren eine besondere Bedeutung zu. *Alpine Naturgefahren* treten in Einzugsgebieten von Wildbächen und Lawinen ebenso wie in Georisikogebieten auf und werden durch energiereiche Prozesse ausgelöst, die mit hoher Geschwindigkeit ablaufen. Hochwasser, Muren, Steinschlag, Fließlawinen, Staublawinen, Felssturz, Rutschungen, Hangbewegungen und Erosion können katastrophale Ereignisse mit extremem Zerstörungspotenzial auslösen. Sie sind durch einen raschen Eintritt (fehlende Vorwarnzeit) und die Bewegung großer Massen von Feststoffen (Fels, Geröll, Schotter, Schlamm, Holz) oder Schnee gekennzeichnet. Dieser Beitrag bezieht sich auf die von Wildbächen ausgehenden Naturgefahren und die diesen Prozessen entgegenwirkenden Schutzbauwerke (Bild 1).

Ein *Wildbach* ist ein natürliches, dauernd oder zeitweise fließendes Gewässer mit streckenweise großem Gefälle sowie rasch und stark wechselnden Abflussverhältnissen. Schnell ansteigende und kurze Zeit dauernde Hochwasserereignisse erodieren große Mengen von Feststoffen aus dem Einzugsgebiet und dem Bachbett, transportieren und lagern diese innerhalb oder außerhalb des Bachbetts oder im Vorfluter ab. Das Einzugsgebiet eines Wildbachs umfasst das von diesem und seinen Zuflüssen entwässerte Niederschlagsgebiet (Sammelgebiet), außerdem schließt es auch den Ablagerungsbereich des Wildbachs (Schwemmkegel) ein. Zu den Wildbachprozessen zählen rasch anschwellende Hochwässer und der damit verbundene Abtrag (die Mobilisierung), der Transport und die Ablagerung von Feststoffen.

Wildbachprozesse können Risiken für Menschen, den Lebens- und Siedlungsraum sowie Verkehrswegen, Versorgungslinien, Infrastruktureinrichtungen und Kulturgütern erhöhen. Diese Risiken entsprechen im weiteren Sinne der Möglichkeit, dass aus den Vorgängen während eines Ereignisses ein Schaden entstehen kann bzw. im engeren Sinne dem Ausmaß (der Intensität) und Wahrscheinlichkeit des Auftretens eines möglichen Schadens. Zu berücksichtigen ist das Risiko, dem eine einzelne Person ausgesetzt ist (Individualrisiko), und das Risiko, dem die Gemeinschaft als Ganzes ausgesetzt ist (Kollektivrisiko). Der Schutz umfasst die Gesamtheit aller Maßnahmen, welche das bestehende Risiko vermindern. Mit der Durchführung von Schutzmaßnahmen kann die Sicherheit vor Wildbachgefahren erhöht werden. Das Ausmaß der Schutzmaßnahmen orientiert sich am Schutzbedarf (Schutzbedürfnis), das ist jenes Bedürfnis nach Sicherheit vor den drohenden Gefahren, welches von den Betroffenen objektiv oder subjektiv wahrgenommen wird. Der objektive Nachweis des Schutzbedarfs erfolgt durch die Darstellung der gefährdeten Gebiete in Gefahrenzonenplänen, Gefahrenhinweiskarten oder Risikokarten.

Die *Wildbachverbauung* umfasst die Gesamtheit aller Maßnahmen, die in oder an einem Wildbach oder in seinem Einzugsgebiet ausgeführt werden, um insbesondere das Bachbett und die angrenzenden Hänge zu sichern, Hochwasser und Feststoffe schadlos abzuführen und die Wirkung von Hochwasserereignissen auf ein zumutbares Ausmaß zu senken (Tabelle 2). Sie zählt zu den aktiven Schutzmaßnahmen jene Maßnahmen, die dem Naturereignis entgegenwirken, um die Gefahr zu verringern oder um den Ablauf eines Ereignisses zu beeinflussen oder dessen Eintretenswahrscheinlichkeit wesentlich zu verringern. Man unterscheidet Maßnahmen, die die Ereignisdisposition beeinflussen und solche, die direkt auf den Prozess einwirken. Ergänzung finden Verbaumaßnahmen durch passive Schutzmaßnahmen: das sind jene Maßnahmen, die zu einer Reduktion des Schadens führen sollen,

---

[1] Im Gegensatz dazu gibt es Gefahren, die von durch den Menschen errichteten Anlagen (Staudämme, Atomkraftwerke, Chemiewerke, Verkehrsanlagen) ausgehen.

Beton-Kalender 2020: Wasserbau. Konstruktion und Bemessung.
Herausgegeben von Konrad Bergmeister, Frank Fingerloos und Johann-Dietrich Wörner
© 2020 Ernst & Sohn GmbH & Co. KG. Published 2020 by Ernst & Sohn GmbH & Co. KG.

Tabelle 1. Ursachen von Naturgefahren und -arten (atmosphärische und geogene Naturgefahren) (nach [110])

Ursachen	Arten
tektonische Naturgefahren	Erdbeben, Vulkanausbrüche, andere vulkanische Gefahren
Massenbewegungen	Hangerosion, Hanganbrüche, Hangrutschungen, Großhangbewegungen, Steinschlag, Felsstürze, Bergstürze, Muren, Lahars (vulkanische Aschemuren)
klimatische/meteorologische Naturgefahren	tropische Zyklone, Tornados, Orkane, Hurrikans, Sandstürme, Blizzards (Winterstürme), Blitzschlag, Starkniederschläge (Starkregen, Hagel, Schneefall), Frost, Dürre
Hochwasser	Überschwemmungen, Sturzfluten, Feststofftransport (Geschiebe, Holz), Gletscherseeausbrüche
Sturmfluten	Sturmfluten, Tsunamis
Feuer	Waldbrand, Brände im Busch- und Grasland
Schneegefahren	Staublawinen, Fließlawinen, Eissturz, Gletschervorstöße

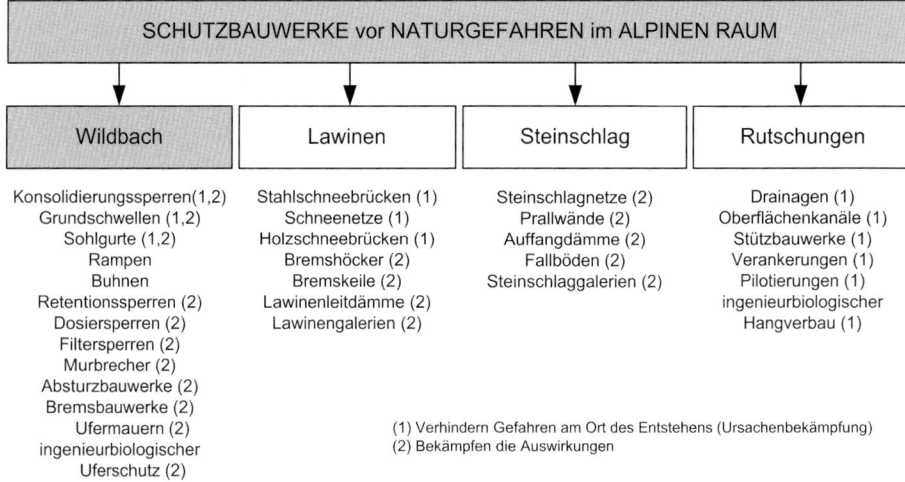

Bild 1. Übersicht über ausgewählte Schutzbauwerke gegen alpine Naturgefahren

ohne den Ablauf des Naturereignisses zu beeinflussen. Sie nehmen Einfluss auf die Schadensempfindlichkeit der Schutzgüter oder umfassen unmittelbare Gegenmaßnahmen (Notmaßnahmen) im Fall des Eintritts eines Schadensereignisses. Die Wirkung von Schutzmaßnahmen ist permanent, wenn sie zu jeder Zeit und auf Dauer besteht, und temporär, wenn sie nur vorübergehend oder zeitlich begrenzt besteht.

Die *Maßnahmen der Wildbachverbauung* umfassen die Unterbindung der Geschiebebildung und den Rückhalt von Verwitterungsprodukten, die Verbesserung des Wasserhaushalts und die unschädliche Ableitung des Wassers und des Geschiebes in Wildbacheinzugsgebieten, die Beruhigung und Begrünung von Bruch- und Rutschungsflächen (Sicherung des Böschungsfußes, Hangentwässerung, Aufforstungs- und Bodenbindungsmaßnahmen), Maßnahmen, die der drohenden Entstehung von Runsen und Rutschungen entgegenwirken sowie die Betreuung und Instandhaltung der Wildbacheinzugsgebiete und der Maßnahmen der Wildbachverbauung.

Tabelle 2. Systematik der Schutzmaßnahmen gegen Wildbachgefahren

Schutzmaßnahmen			Permanente Wirkung	Temporäre Wirkung
Aktive	vorbeugende Wirkung	Ereignisdisposition beeinflussend	Bewirtschaftung der Einzugsgebiete, forstlich-biologische Maßnahmen, technische Schutzmaßnahmen	
		direkt auf den Prozess einwirkend	technische Schutzmaßnahmen	
	Reaktion auf das Ereignis			Sofortmaßnahmen (im Ereignisfall)
Passive	vorbeugende Wirkung		Gefahrenzonenplan, gefahrenangepasste Raumplanung und Landnutzung, Gebäudeschutz (Objektschutz), Katastrophenschutzpläne	Information, Warnung, Alarmierung
	Reaktion auf das Ereignis			Sperre, Evakuierung, Katastrophenmanagement

Zudem umfassen sie Sofortmaßnahmen, die bei Hochwasser- und Erosionsereignissen der unmittelbaren Vermeidung von Schäden dienen oder deren Ausweitung entgegenwirken [163].

Eine systematische Verbauung von Wildbächen wird im Alpenraum seit ca. 1870 durchgeführt. In großem Umfang werden Schutzbauwerke (Anlagen) gegenwärtig in fast allen Alpenländern (Deutschland, Frankreich, Italien, Liechtenstein, Österreich, Schweiz, Slowenien) aber auch in anderen von Naturgefahren besonders betroffenen Staaten wie Brasilien, Chile, China, Japan, Kanada, Norwegen, Südkorea, Taiwan oder Venezuela errichtet. Besondere Bedeutung haben Wildbachschutzbauwerke in jenen Regionen, in denen aufgrund einer intensiven Raumnutzung durch den Menschen Siedlungen und Verkehrswege in erheblichem Umfang in gefährdeten Zonen liegen.

Die Konzeption und Bemessung dieser Bauwerke stellt aufgrund der von ihnen ausgehenden Schutzwirkung besondere Anforderungen an den Planer und erfordert umfassende Kenntnisse der in den Einzugs- und Risikogebieten ablaufenden Prozesse sowie der Einwirkungen auf die Bauwerke. Obwohl sich die Wildbachverbauung zu einer bedeutenden Ingenieurdisziplin entwickelt hat, sind Normen und Standards, die den Stand der Technik für die Planung und Ausführung der Bauwerke allgemeingültig abbilden, nur lückenhaft vorhanden. Für die Schweiz liegt zur Dimensionierung von Wildbachsperren in Beton und Stahlbeton eine Richtlinie des Eidgenössischen Amts für Straßen- und Flussbau [45] aus dem Jahr 1973 vor. Für Deutschland regelt die DIN 19663 [39] Begriffe, Planung und Bau der Wildbachverbauung. In Österreich wurde das System der Wildbachverbauung vor allem aus der Praxis des Forsttechnischen Dienstes heraus entwickelt, das System der Schutzbauwerke und ihrer Wirkungen geht vor allem auf die Arbeiten von *Leys* [97, 98, 100–102], *Aulitzky* [9], *Hampel* [61], *Kronfellner-Kraus* [91], *Üblagger* [160] und *Kettl* [84, 170] zurück, die Bemessung der Bauwerke erfolgte entsprechend den von *Czerny* [27, 33] entwickelten Standards. Für die nicht von diesen Planungsstandards abgedeckten Bereiche finden in der Praxis die einschlägigen Normen der Hydrologie, des Wasserbaus, des konstruktiven Betonbaus und der Geotechnik Anwendung.

Der offensichtliche Mangel an spezifischen technischen Normen für die Wildbachverbauung ist primär auf die bis heute bestehenden Unsicherheiten bei der Festlegung der Prozessabläufe und Einwirkungen auf die Bauwerke zurückzuführen. Beispielsweise konnte trotz intensiver Forschung und Entwicklung noch kein allgemeingültiger Standard für die Einwirkung von Muren auf Bauwerke entwickelt werden, ebenso waren die für die Standsicherheitsnachweise von Schutzbauwerken relevanten Lastfälle (Einwirkungskombinationen) bisher nur in Grundzügen bekannt. Die größte Unsicherheit besteht jedoch in der Festlegung des Bemessungsereignisses (BHQ) für Schutzbauwerke, bedingt durch die schwierige Abschätzbarkeit der Häufigkeit und Intensität von Niederschlag, Abfluss und Feststofftransport in Wildbacheinzugsgebieten. Die Unsicherheiten nehmen großen Einfluss auf die Ergebnisse der Bauwerksbemessung und relativieren die Qualität „exakter" Nachweisverfahren.

Zwischen 2006 und 2012 wurden intensive Bemühungen für eine umfassende Standardisierung (Normung) der Grundlagen für Planung, Errichtung und Betrieb von Schutzbauwerken (Anlagen) der Wildbachverbauung unternommen. Dabei wurden zwischen 2008 und 2013 die für Österreich geltenden ON-Regeln „Schutzbauwerke der Wildbachverbauung" ONR 24800 (Begriffsbestimmungen und Klassifizierung) [115], ONR 24801 (Statische und dynamische Einwirkungen) [116], ONR 24802 (Projektierung, Bemessung und konstruktive Durchbildung) [117] und ONR 24803 (Betrieb, Überwachung und Instandhaltung) [118] veröffentlicht. Diese ON-Regeln werden derzeit überarbeitet und voraussichtlich 2020 als ÖNORM B 4800 veröffentlicht.

In diesem Beitrag werden die wichtigsten Grundlagen und Regeln für die Planung, Konstruktion, Bemessung und Errichtung von Schutzbauwerken der Wildbachverbauung zusammengefasst. Er basiert auf einem bereits publizierten zum Beton-Kalender 2008 [16], der hierfür überarbeitet und aktualisiert wurde, mit verstärkter Herausarbeitung der Punkte massive Wildbachsperren und Betontechnologie.

Der Beitrag gibt einen Überblick über die grundlegenden Wildbachprozesse und die davon ausgehenden Einwirkungen, enthält eine funktionale und konstruktive Systematik der Schutzbauwerke, stellt die Grundlagen des Entwurfs und der Bemessung (hydrologisch, hydraulisch, statisch) dar, fasst die wichtigsten Bautypen der Wildbachverbauung, ihre Bauteile und Funktionsorgane zusammen und enthält ausgeführte Beispiele. Ein Schwerpunkt liegt dabei auf den Sperrenbauwerken (Querwerken) der Wildbachverbauung. Der letzte Abschnitt 10 behandelt auch die Erhaltung und Lebensdauer von Schutzbauwerken.

2 Wildbachgrundlagen

Die Grundlagen zur Charakterisierung der Wildbacheinzugsgebiete, der Wildbachtypen sowie eine Beschreibung der wichtigsten Wildbachprozesse finden sich im Beitrag „Schutzkonstruktionen vor Wildbachgefahren" [16] im Beton-Kalender 2008.

3 Schutzkonzepte mit Bauwerken

Ein *Wildbach* ist ein natürliches, dauernd oder zeitweise fließendes Gewässer mit streckenweise großem Gefälle sowie rasch und stark wechselnden Abflussverhältnissen. Schnell ansteigende und kurze Zeit dauernde Hochwasserereignisse erodieren große Mengen von Feststoffen aus dem Einzugsgebiet und dem Bachbett, transportieren und lagern diese innerhalb oder außerhalb des Bachbetts oder im Vorfluter ab.

Ein wichtiger Bestandteil von Schutzkonzepten in Wildbächen ist somit die Kontrolle des Feststofftransports. Entweder direkt über geschiebebindende und bewirtschaftende Maßnahmen oder indirekt über die Kontrolle der Hochwasserabflüsse. Die Kontrolle des Feststofftransports im Gerinnesystem kann nur über eine ganzheitliche Betrachtung aller Prozesse und umfangreiche Maßnahmen erreicht werden. Die daraus resultierenden Schutzmaßnahmen kann man zum besseren Verständnis in drei Gruppen aufteilen:

– Geschiebebewirtschaftung,

– Schutzbauwerke zur Kontrolle von murartigen Verlagerungsprozessen,

– Schutzbauwerke zur Kontrolle von Wildholz.

Neben diesen drei Gruppen gibt es auch noch die Kontrolle der Hochwasserabflüsse. Dies ist aber traditionell ein Bereich des konstruktiven Wasserbaues und wird in diesem Beitrag nicht explizit bearbeitet. Wobei die Kontrolle der Hochwasserabflüsse auch immer ein wichtiges Thema von Schutzkonzepten in Wildbächen ist.

Mit Verbauungen werden die folgenden Ziele verfolgt:

– Im Mittelpunkt der Geschiebebewirtschaftung steht die Kontrolle des kontinuierlich während des Abflusses (besonders während des Hochwasserabflusses) erodierte und transportierte Geschiebe.

– Murartige Verlagerungen finden schwallartig statt. Dabei wird in einem kurzen Zeitraum eine große Feststoffmenge verlagert. Dadurch entstehen kurzzeitig hohe Beanspruchungen am Bachbett und den Bauwerken, weshalb zur Kontrolle dieser Prozesse eigene Bautypen entwickelt wurden.

– Wildholz kann Verklausungen im Gerinne und an Bauwerken verursachen, deren Bruch zu schwallartigen Abflüssen und Murgängen führen kann (Verklausungsbruch).

In einem Schutzsystem sind in der Regel je nach Bedarf Bauwerke aus allen drei Gruppen kombiniert. Wildbachsperren sind häufig ein wesentlicher Bestandteil dieser Schutzkonzepte.

3.1 Geschiebebewirtschaftung

Durch den Abfluss in den Gerinnen, besonders im Hochwasserfall, wird Material abgetragen (Erosion) und an anderer Stelle wieder aufgelandet. Die Höhe der Erosion und der Anlandung ist abhängig von der Schleppkraft des Wassers (Fließgeschwindigkeit) dem Geschiebegehalt im Abfluss (Geschiebefracht) und dem Widerstand des erodierten Materials (Korngröße). Das Feststoffregime eines Wildbachs zeichnet sich in Abhängigkeit des Geschiebedargebots und der Wasserführung durch einen kurzzeitigen Wechsel von Phasen mit Massenüberschuss und Massendefizit aus. Aus diesem Grund treten kleinräumige und kurzzeitige Abfolgen von Abtrag (Erosion) und Auflandung ein, sodass die Morphologie des Bachbetts als sehr instabil anzusehen ist. Das Feststoffregime ist daher meist im Stadium des Ungleichgewichts.

Die Geschiebebewirtschaftung setzt sich somit aus Bauwerken zur Kontrolle der Entstehungsprozesse (Gerinneerosion) sowie der Verlagerungs- und Ablagerungsprozesse zusammen. Bei der Kontrolle der Entstehungsprozesse werden die Funktionstypen der Stabilisierung und Konsolidierung eingesetzt. Zur Kontrolle der Verlagerungsprozesse jene der Retention, Dosierung und Filterung (Bild 2).

Eine sinnvolle Geschiebebewirtschaftung ist besonders im Oberlauf von Flüssen bzw. in den Wildbächen wichtig. Das Verständnis des Feststofftransports ist ein Schlüssel zum Schutz vor Wildbachgefahren bei gleichzeitiger Berücksichtigung ökologischer Notwendigkeiten. In Bild 3 sind schematisch die wichtigsten Bauwerke zur Geschiebebewirtschaftung sowie deren Lage zueinander und in der Landschaft dargestellt. Die schwallartige Verlagerung von großen Feststoffmengen wird unten den Schutzbauwerken zur Kontrolle von Muren behandelt.

3.1.1 Beeinflussung der Entstehungsprozesse

Die Mobilisierung von Geschiebe findet im Gerinne durch die Gerinneerosion oder in den Hängen durch Rutschungen oder Hangerosion (Flächenspülung) statt. Die Erosionsleistung im Gerinne hängt bei gleicher Abflusstiefe, von der Fließgeschwindigkeit, dem Widerstand der Sohle und der Ufer und der bereits transportierten Geschiebfracht ab. Die Gerinneerosion lässt sich mit folgenden Strategien verringern:

– Verringerung der Fließgeschwindigkeit,
– Erhöhung des Widerstands der Sohle und der Ufer,
– Optimierung der Geschiebefracht.

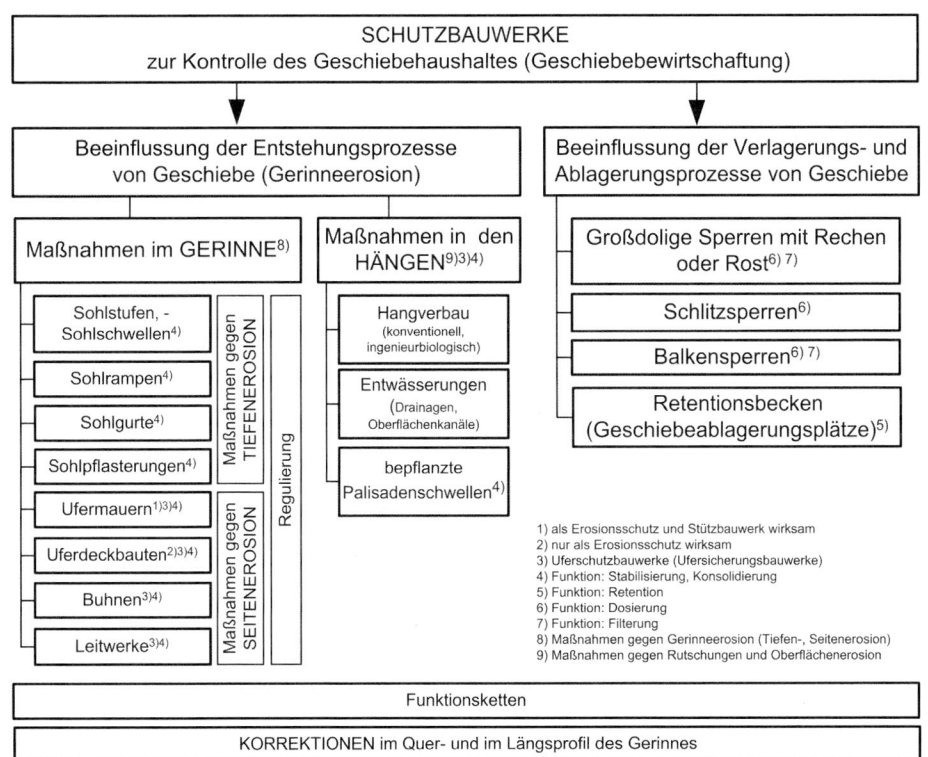

Bild 2. Maßnahmen und Schutzbauwerke zur Kontrolle des Geschiebehaushalts

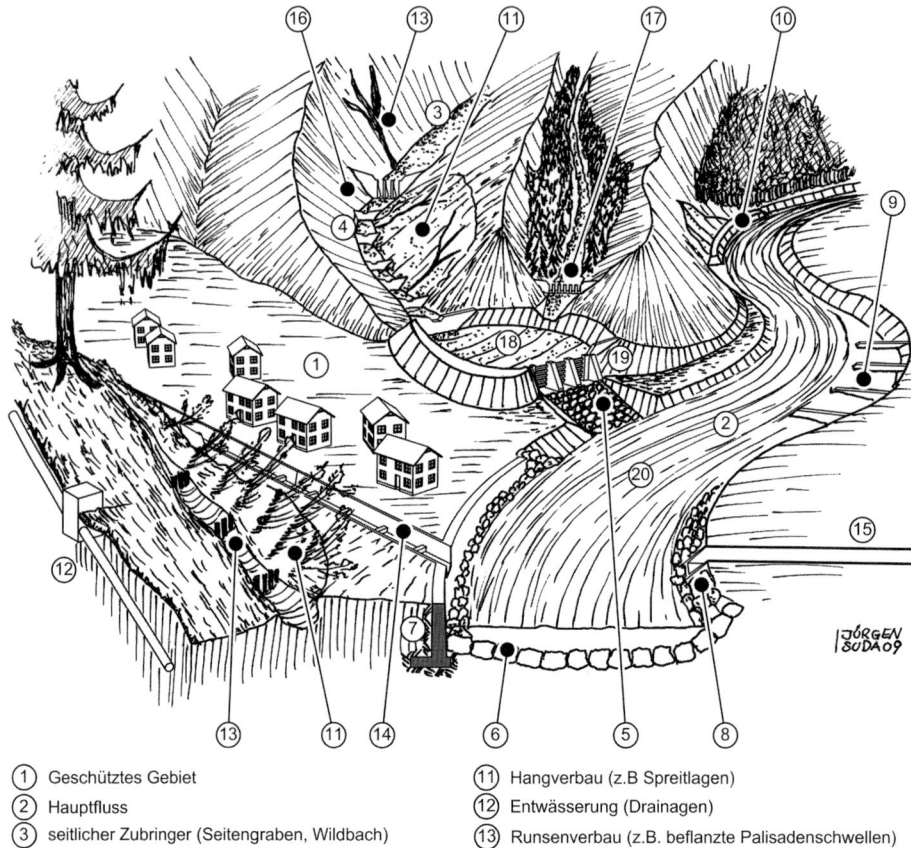

① Geschütztes Gebiet
② Hauptfluss
③ seitlicher Zubringer (Seitengraben, Wildbach)
④ Sohlstufen (Sperrenstaffel mit Konsolidierungssperren)
⑤ Sohlrampe
⑥ Sohlgurt
⑦ Ufermauer
⑧ Uferdeckbau (Steinschlichtung)
⑨ Buhnen
⑩ Leitwerk
⑪ Hangverbau (z.B Spreitlagen)
⑫ Entwässerung (Drainagen)
⑬ Runsenverbau (z.B. beflanzte Palisadenschwellen)
⑭ Regulierung
⑮ Künette
⑯ Murbrecher
⑰ Wildholzfiltersperre
⑱ Retentionsbecken (Geschiebeablagerungsbecken)
⑲ Dosiersperre (Balkensperre)
⑳ Korrektionen im Längs- und Querprofil

Bild 3. Schutzbauwerke zur Kontrolle des Geschiebehaushalts

Eine *Verringerung der Fließgeschwindigkeit* lässt sich mit hydraulisch wirksamen Querbauwerken (Sohlstufen) und der Ausbildung eines flacheren Sohlgefälles erreichen. In Flüssen mit Tieflandcharakter kann man dies mit einer Verlängerung des Flusslaufs durch Anlegen künstlicher Mäander erreichen. In übersteilten Wildbächen lässt sich das Sohlgefälle nur mit Konsolidierungssperren reduzieren (Bild 4). Neben der Verringerung des Sohlgefälles findet an hydraulisch wirksamen Bauwerken, wie Absturzbauwerken und Sohlrampen, zusätzlich im Bereich des Überfalls oder der Schussstrecke eine Umwandlung der Bewegungsenergie und somit eine Verringerung der Fließgeschwindigkeit statt.

Die *Erhöhung des Widerstands* der Sohle lässt sich generell durch den Einbau von Querbauwerken wie oben beschrieben erreichen. Bei geringem Gefälle sind Sohlgurte ausreichend (Bild 4B). Diese sind

Bild 4. Geschiebebewirtschaftung – Bauwerke zur Stabilisierung: (A) Regulierung – Künette; (B) Regulierung mit Grundschwellen und Ufermauer; (C) Buhnen (Sporne); (D) Staffel mit Konsolidierungssperren; (E) Sohlpflasterung und Steinschlichtung am Ufer; (F) Ufermauer (Quelle E, F: [38])

hydraulisch nicht wirksam und haben somit keinen Einfluss auf die Fließgeschwindigkeit. Sie wirken im Längsprofil als Fixpunkte und schützen den Wasserlauf vor der Tiefenerosion. Zudem kommen Sohlpflasterungen (Abpflasterungen) wie ein durchgehendes Pflaster oder die Fixierung der Sohle mit größeren Blöcken oder künstlichen Elementen (z. B. Betonprismen) zum Einsatz. Der *Widerstand der Ufer* erhöht sich durch die Anordnung von Längsbauwerken wie Leitwerke, Ufermauern und Uferdeckbauten oder die Anordnung von Buhnen.

Bei einer Regulierung werden Querbauwerke und Längsbauwerke miteinander kombiniert (Bild 4). Sie schützen somit gleichzeitig gegen Tiefen- und Seitenerosion. In kleineren Gerinnen, bei Platzmangel sind dies meist Sohlgurte oder Grundschwellen und Ufermauern. In breiteren Flüssen Sohlgurte und Steinschlichtungen an den Ufern. Im Unterlauf von Wildbächen wurden oft Künetten errichtet. Diese sind eine Kombination aus Pflasterungen der Sohle und der Uferböschungen oder die Kombination von Ufermauern und einer gepflasterten Sohle (Bild 4A).

Die *Optimierung der Geschiebefracht* lässt sich durch Retentions- und Dosiersperren sowie durch Korrekturmaßnahmen am Gewässerquer- und Längsprofil erreichen. Mit Korrekturmaßnahmen wird in der Regel der Beharrungszustand oder der geschiebetriebfreie Zustand des Flussbetts angestrebt. Werden allerdings im Oberlauf eines Gerinnes zu große Geschiebemengen zurückgehalten, verringert dies die natürliche Geschiebefracht und das natürliche Geschiebegleichgewicht im gesamten Gerinnesystem. Aus den Erfahrungen von bestehenden Verbauungen weiß man, dass ein Geschieberückhalt im Oberlauf zu Störungen des Geschiebehaushalts der Vorfluter führen kann, welche meist mit Eintiefungen einhergehen und Unterkolkungen der Einbauten sowie der Uferschutzbauten hervorrufen.

Mit Geschiebedosiersperren (großdolige Sperren, Schlitz- und Balkensperren) lässt sich durch temporären oder selektiven Rückhalt die Geschiebefracht steuern (Bild 5).

Durch eine Verbreiterung des Abflussprofils verringert sich die Höhe des Abflusses und somit die Erosionsleistung. Durch künstliche Geschiebezugabe (Zugabe von Kies in einer geschiebeähnlichen Mischung) kann das Geschiebegleichgewicht auf sehr aufwendige Weise aufrechterhalten werden.

3.1.2 Beeinflussung der Verlagerungsprozesse (Retention und Dosierung von Geschiebe)

Die Beeinflussung der Verlagerungsprozesse ist ein Teil der Optimierung der Geschiebefracht. Eingriffe in den Geschiebetransport führen zu einer raschen Veränderung des Feststoffregimes. Wird im Oberlauf beispielsweise durch die Errichtung einer Geschieberetentionssperre zu viel Geschiebe zurückgehalten, entsteht im Unterlauf ein Geschiebedefizit, welches neue Erosionstendenzen auslösen kann. Besonders für Wildbäche mit instabilem Feststoffregime sind daher Funktionstypen gefragt, die eine hohe Durchgängigkeit für Geschiebe bewirken und einen selektiven Rückhalt für grobe Feststoffkomponenten leisten. Zur Umsetzung dieses Konzepts werden offene Sperrentypen (Geschiebedosier- und Geschiebefiltersperren) eingesetzt. Diese Sperrentypen werden beispielsweise bei *Kettl* [84] beschrieben.

Die Vorteile dieser Filter und Dosierbauwerke im Vergleich zu Retentionsbauwerken liegen in der effizienten Nutzung der Fließenergie des Wassers, in der Erhaltung des Geschiebegleichgewichts im Unterlauf, in einer möglichst langen Freihaltung des Stauraums, in einer ökologischen Durchgängigkeit der Sperrenbauwerke sowie in einer Baukostenersparnis aufgrund geringerer (erforderlicher) Bauwerkshöhen.

Als Funktionstypen zur Dosierung von Geschiebe werden kronenoffene Sperren und kronengeschlossene (großdolige) Sperren eingesetzt. Am häufigsten sind Schlitzsperren (mit einfachem Schlitz oder mehrfachen Schlitzen, mit Balken (Bild 3 (17)), mit Netz), großdolige Sperren (mit Rechen bzw. Rost (Bild 7 (18)), mit Balken, mit Netz) und aufgelöste Sperren mit Balken (Bild 3 (19)) eingesetzt. Für die Filterung von Geschiebe (und Wildholz) werden hauptsächlich Schlitzsperren (mit einfachem Schlitz oder mehrfachen Schlitzen), aufgelöste Sperren, Gittersperren und Netzsperren eingesetzt.

Der grundlegende Unterschied zwischen Retention, Dosierung und Filterung liegt in der Menge des zurückgehaltenen Materials und ist bei offenen Sperrentypen von der Größe der funktionalen Öffnungen abhängig. Je kleiner die Öffnungen, desto mehr Feststoffe werden zurückgehalten. Nach [138] ist jedoch die Wirkung von großdoligen oder kronenoffenen Sperrenbauwerken mit hoher Durchgängigkeit für Wildbäche mit leicht mobilisierbarem, grusigem und kohäsionslosem Geschiebe, wie vor allem in Einzugsgebieten mit karbonatischem Grundgestein (Kalk, Dolomit) auftritt, kritisch zu bewerten. Für diese Wildbäche besteht das Risiko eines retentionsfreien Geschiebetransports durch die Sperrenöffnungen hindurch, ohne dass sie ihre Wirkung entfalten können.

3.1.3 Beeinflussung der Ablagerungsprozesse

An Stellen, an denen die Schleppspannung des Wassers sinkt, wird Geschiebe abgelagert. Durch Ablagerungsprozesse verringert sich das Durchflussprofil des Gerinnes und es erhöht sich die Gefahr der Ausuferung und Überschwemmung der umliegenden Gebiete. Landet der Fluss auf, so ist entweder sein Geschiebetransportvermögen in der fraglichen Strecke zu erhöhen oder die Geschiebezufuhr auf geeignete Art zu verringern. Der Gefahr des Ausuferns wird mit der Erhöhung des Gerinneabflussvermögens oder der Verringerung der Geschiebefracht durch Dosier- und Retentionssperren begegnet.

Der Auflandung wirkt eine Erhöhung der Schleppspannung und damit des Transportvermögens entgegen. Als konkrete Maßnahmen kommen infrage:

Bild 5. Geschiebebewirtschaftung – Bauwerke zur Retention, Dosierung und Filterung von Geschiebe:
(A) großdolige Dosiersperre; (B) großdolige Dosiersperre mit Rechen; (C) Balkensperre; (D) Retentionsbecken und Rechen einer großdoligen Dosiersperre; (E) Schlitzsperre mit Balken; (F) einfache Schlitzsperre;
(G) Retentionsbecken einer großdoligen Dosiersperre; (H) Retentionsbecken (Geschiebeablagerungsplatz) einer kleindoligen Dosiersperre (Quelle E, F: [38])

- Laufverkürzungen und Gefälleerhöhungen mittels Schlingendurchstichen,
- Verengung des Flussbetts bei gleichzeitiger Erhöhung der Abflusstiefe,
- Entnahme des gröberen Geschiebes der Deckschicht, wodurch die Sohle vom Zustand der latenten Erosion in den Erosionszustand übergeht,
- Entfernung der Auflandungen durch regelmäßige Baggerungen.

Zur Erhöhung des Abflussvermögens wird das Gerinne vertieft, verbreitert oder es werden Dämme errichtet (Korrektionsmaßnahmen). Ein derart erweitertes Abflussprofil weist zugleich einen größeren Rückhalteraum auf und wirkt sich auf die Abflussspitzen dämpfend aus. Die zur Verbauung von Wildbächen oft gewählte Lösung einer glatt gepflasterten Schale kommt bei Flüssen selten zur Ausführung, weil die hierdurch beschleunigten Hochwasserwellen anschwellen, wodurch die Überflutungsgefahr talwärts verlagert wird.

Bei unverändertem Abflussregime erhöht sich das Gleichgewichtsgefälle der Flusssohle mit zunehmendem Geschiebeanfall. Dieses stellt sich ein, wenn die Geschiebezufuhr mit der Geschiebeabgabe der Bachstrecke übereinstimmt und sich demzufolge die mittlere Sohlenlage nicht verändert. Je größer die Geschiebezufuhr wird, umso steiler muss die Sohle werden, bis sich ein neues Gleichgewichtsgefälle einstellt. Murgangführende Seitenbäche bewirken im Hauptfluss deshalb zwangsläufig Sohlen und Gefälleerhöhungen und eine oft schlagartige Verringerung des Abflussprofils.

„Die Wahl der Flussbreite und des Abflussprofils richtet sich nach dem Bemessungsabfluss. Als Erfahrungswert wird etwa der Bemessungsabfluss pro m Breite beigezogen. Er beträgt bei kleineren Bächen etwa 3 m^3/sm. Größere Gebirgsflüsse werden für Belastungen bis 15 m^3/sm ausgelegt. Höhere Abflusskonzentrationen erhöhen erfahrungsgemäß das Risiko von Ufererosionen stark und werden deshalb gemieden." ([162], S. 316 ff.)

3.2 Schutzbauwerke zur Kontrolle von murartigen Verlagerungsprozessen

Schutzbauwerke zur Kontrolle von murartigen Verlagerungsprozessen sind spezielle Bauwerke der Geschiebebewirtschaftung. Sie sind in der Regel für eine höhere Beanspruchung ausgelegt. Die Strategien sind dieselben wie bei der Geschiebebewirtschaftung. Mit Schutzbauwerken werden die Entstehungsprozesse sowie die Verlagerungs- und Ablagerungsprozesse von Muren beeinflusst (Bild 6). Der Unterschied von Muren zur kontinuierlichen Geschiebefracht ist die spontane Mobilisierung von großen Feststoffmassen. Die Mobilisierung kann im Gerinne selbst oder in den Hängen stattfinden. Die Maßnahmen zur Beeinflussung der Entstehungsprozesse sind vom mobilisierbaren Feststoffherd abhängig. Somit entsprechen die Maßnahmen im Gerinne zur Eindämmung der Tiefenerosion (Feilenanbruch, Keilanbruch) und der Seitenerosion (Uferanbruch) jenen zur Geschiebebewirtschaftung und sind in Abschnitt 3.1.1 beschrieben. Feststoffherde in den Hängen (z. B. Muschelanbruch) werden über Stabilisierungsmaßnahmen in den Hängen kontrolliert.

Kontrolle der Verlagerungs- und Ablagerungsprozesse

Das Ziel der Kontrolle der Verlagerungsprozesse ist es, den Prozess zu verlangsamen (Energieumwandlung) in eine andere Richtung zu lenken (Ablenkung) oder kanalisiert am gefährdeten Gebiet vorbeizuleiten (Ableitung). Am Ende jeder Maßnahme steht die kontrollierte Ablagerung (Retention) des Murmaterials (Bild 7 (16)).

Das Prinzip der *Energieumwandlung* wird mit Murbrechern und Murabsturzsperren umgesetzt. Ziel des Brechens oder Bremsens von Muren ist es, den Energiehorizont auf ein niedrigeres Niveau zu senken. Dadurch kann die Prozessgeschwindigkeit gebremst und die Einwirkung auf Objekte (dynamische Beanspruchung der Bauwerke) wesentlich verringert werden. Durch den Eingriff in den Prozess werden auch die Eigenschaften des Mediums verändert und der Fließvorgang transformiert. Die Energieumwandlung findet an Murbrechern (Bild 7 (6)) durch den hydraulischen Widerstand der Murteiler statt. An Murabsturzsperren (Bild 7 (7)) erfolgt sie analog den Sperrenstaffeln durch den Überfall.

Ist ausreichend Platz vorhanden kann ein Bremsen des Prozesses durch Bremskegel oder Bremskeile erreicht werden (Bild 7 (15)). Diese Bauwerke können auch in Kombination mit Retentionsbecken eingesetzt werden.

Eine *Ablenkung* des Prozesses kann mit Leitwerken (Ablenkmauern, Ablenkdämme – Bild 7 (8)) und mit Schutzgalerien erreicht werden. Die vom Prozess beanspruchte Seite muss dabei einen erhöhten Abrasionswiderstand aufweisen. Schutzgalerien (Bild 7 (20)) werden zum Schutz von linienförmigen Infrastrukturelementen eingesetzt. Da Schutzgalerien eine beschränkte Länge aufweisen, ist mittels Begleitmaßnahmen (Schussrinne, Leitwerke) sicherzustellen, dass der Prozess über das Schutzbauwerk geleitet wird.

Mit Spaltkeilen können einzeln stehende Objekte (Gebäude, Leitungsmasten, ...) vor dem direkten Anprall von Muren geschützt werden.

In regulierten Bachstrecken (Schussrinnen – Bild 7 (14)) soll sichergestellt werden, dass Muren möglichst rasch abgeleitet werden. Die Abflussquerschnitte solcher Regulierungen müssen ausrei-

Schutzkonzepte mit Bauwerken 513

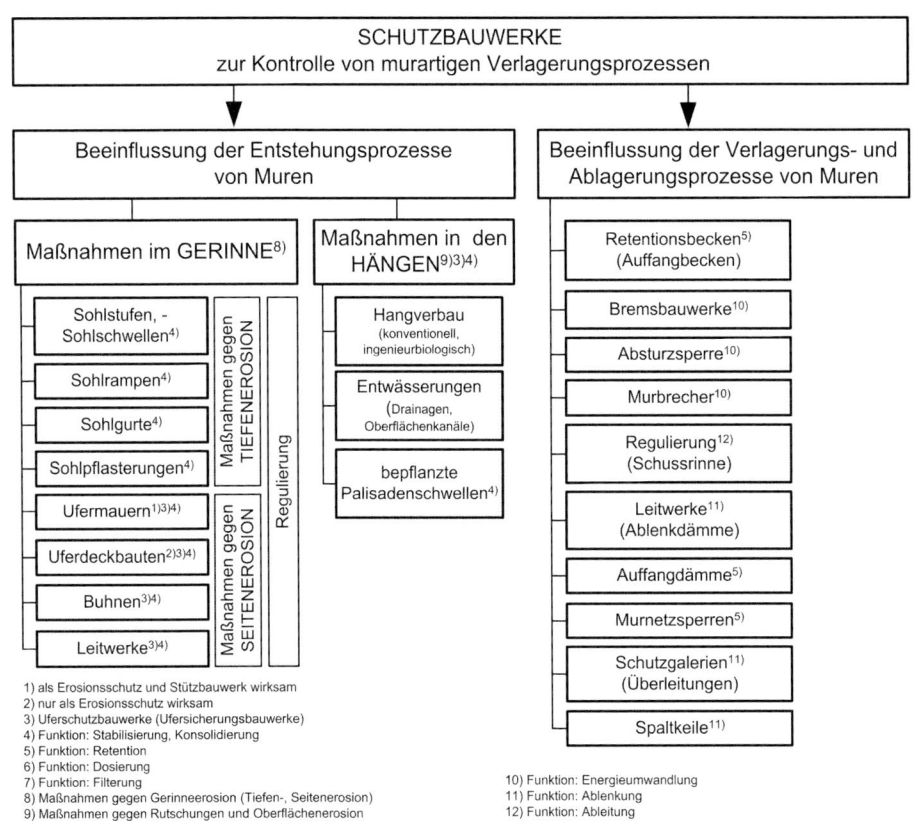

Bild 6. Maßnahmen und Schutzbauwerke zur Kontrolle von murartigen Verlagerungsprozessen

chend groß dimensioniert und frei von Hindernissen sein. Oft werden neben dem Gerinne noch begleitende Leitwerke (Leitmauern, Leitdämme) errichtet.

Die *Retention* (Ablagerung) geschieht im Idealfall in dafür konzipierten *Retentionsbecken* (Bild 7 (10)). Diese werden auch als Auffangbecken oder Ablagerungsbecken bezeichnet. Jedes Geschiebeablagerungsbecken ist dabei geeignet, solange das Speichervermögen ausreichend groß ist. Im Prinzip sind als Retentionsbecken ebene unbeschränkte Flächen ausreichend. Durch die geringere Neigung lagern sich Muren ab. Aufgrund des meist beschränkten Platzangebots werden allerdings seitlich begrenzte Retentionsbecken errichtet. Die eigentlichen Becken werden von einem Auffangdamm begrenzt. Im Auffangdamm kann ein Einlaufbauwerk und ein Auslaufbauwerk vorhanden sein. Als Auslaufbauwerk werden in der Regel Dosiersperren eingesetzt (Bild 7 (17, 18)).

Seit einiger Zeit werden auch *Netzsperren* und *Seilsperren* als Murbarrieren eingesetzt (Bild 8D). Die Vorteile sind primär das geringere Transportgewicht und das elastische Materialverhalten der Sperre bei einem Aufprall. Aufgrund der durchlässigen Konstruktion wird die eintreffende Mure entwässert, indem größeres Material zurückgehalten und feineres Material mit dem Wasser ausgeschwemmt wird. Durch die Entwässerung wird ein Teil der Mure aufgehalten. Diese Ablagerung (effektive Masse) stoppt anschließend den Rest des Murgangs. Konstruktionen mit Netzen haben eine geringere Maschenweite und sind somit weniger durchlässig als Seilsperren. Ein eventuell vorhandenes Netz überträgt die Last auf die Tragseile. Solche Sperren sind in Gerinnen nur bedingt einsetzbar, sie eignen sich allerdings als Schutz vor Hangmuren, die entlang von nicht wasserführenden Runsen abgehen (Bild 7 (16)).

514 Wildbachsperren

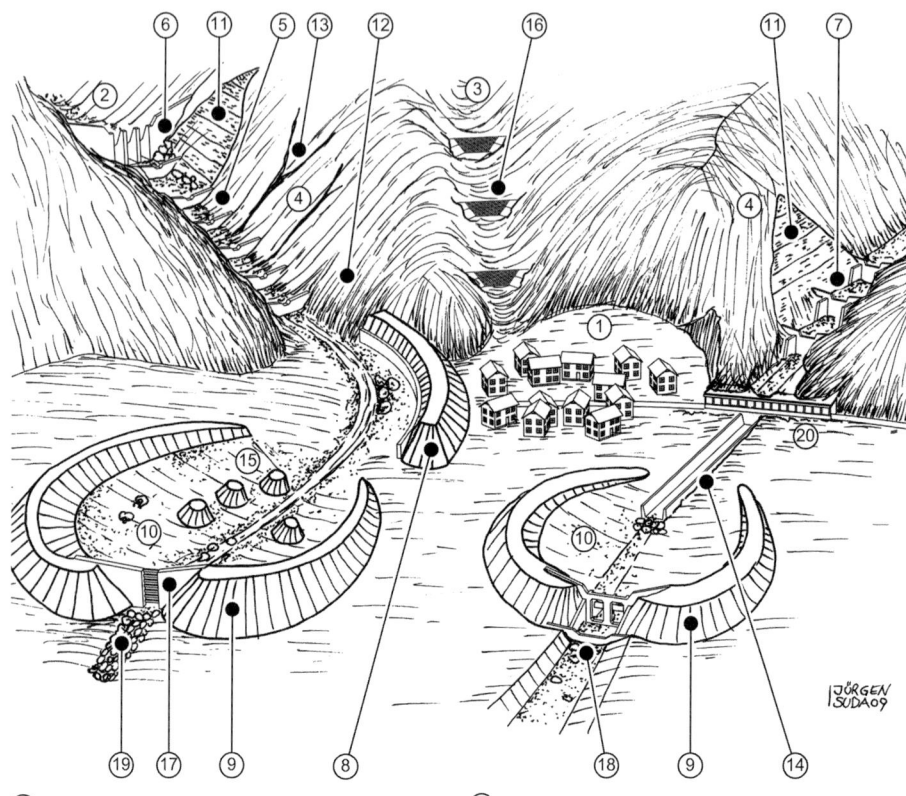

① Geschütztes Gebiet
② Murfähiger Wildbach
③ Runse
④ Instabile Hänge
⑤ Sohlstufen (Sperrenstaffel mit Konsolidierungssperren)
⑥ Murbrecher
⑦ Staffel mit Murabsturzsperren
⑧ Ablenkdamm mit Fußmauer
⑨ Auffangdamm mit Abschlussbauwerk
⑩ Retentionsbecken (Auffangbecken)
⑪ Hangverbau (z.B Spreitlagen)
⑫ Entwässerung (Drainagen)
⑬ Runsenverbau (z.B. beflanzte Palisadenschwellen)
⑭ Regulierung (Schussrinne)
⑮ Bremskegel
⑯ Murnetzsperren
⑰ Abschlussbauwerk (Dosiersperre, Schlitzsperre mit Balken)
⑱ Abschlussbauwerk (Dosiersperre, Großdolige Sperre mit Rechen und Vorsperre)
⑲ Sohlpflasterung
⑳ Schutzgalerie (Überleitung)

Bild 7. Schutzbauwerke zur Kontrolle von murartigen Verlagerungsprozessen

3.3 Schutzbauwerke zur Kontrolle von Wildholz

Die Kontrolle des Wildholztransports ist nur durch die Kombination von Pflegemaßnahmen und Schutzbauwerken durchführbar (Bild 9). Dabei kommt den Pflegemaßnahmen die größere Bedeutung zu. Die Entstehung von Wildholz kann nicht mit Schutzbauwerken verhindert werden. Sie ist nur durch konsequente forstliche Bewirtschaftung der Waldbestände in den Einhängen und der Uferbestockung an Wildbächen in Grenzen zu halten. Ferner ist eine regelmäßige Wartung und Räumung der Abflussprofile von Totholz im Zuge der laufenden Ge-

Schutzkonzepte mit Bauwerken 515

Bild 8. Beispiele von Bauwerken zur Kontrolle von murartigen Verlagerungsprozessen: (A) Murbrecher; (B) Murabsturzsperren; (C) Ablenkdamm mit Fußmauer; (D) Netzsperre (Quellen A, B, D: [38]; C: [76])

wässerpflege erforderlich (siehe dazu beispielsweise [122]).

Der Rückhalt von Wildholz kann an eigens dafür konzipierten Bauwerken (Wildholzfilter – Bild 10 (5)) oder an üblichen Dosiersperren mit Wildholzrechen (Bild 10 (6)) erfolgen. Diesen Bauwerken liegen die Funktionstypen Filterung, Dosierung und Retention zugrunde. Der Rückhalt von Wildholz erfolgt in der Regel gemeinsam mit dem Geschieberückhalt. Dies ist vor allem auf die Tatsache zurückzuführen, dass in Wildbächen eine gezielte Selektierung der Feststoffe in der Praxis kaum gelingt. Umso wichtiger sind Vorkehrungen an den Sperrenbauwerken (Rechen, Wildholzabweiser), die die Sperrenöffnungen möglichst lange frei halten und die Funktion des Bauwerks für den Geschiebetransport aufrechterhalten.

Prinzipiell findet eine Retention von Wildholz in jedem Rückhaltebecken statt. Auch an Dosiersperren mit Rechen oder Balken vor den Öffnungen findet eine Filterung von Wildholz statt. In diesem Fall dienen die Rechenkonstruktionen zur Sicherstellung der Funktionsfähigkeit der Öffnungen, um sie vor Verklausung mit Wildholz zu schützen. An Schlitzsperren kommt es ebenfalls zu einem Rückhalt von Wildholz. An diesem Sperrentyp ist dies allerdings problematisch, da dadurch die hydraulischen Eigenschaften des Schlitzes stark verändert werden und es zu einem Funktionsverlust des Schutzbauwerks kommen kann. Aus diesem Grund

und anderen besonderen Gefahren, die vom Wildholz ausgehen (Verklausung, Stoßwirkung auf Objekte), werden immer häufiger Schutzkonzepte ausgearbeitet, die eine separate Filterung (Rückhalt) von Wildholz vorsehen. Besonders wichtig ist eine Filterung des Wildholzes oberhalb von Hochwasserrückhaltebecken (spätestens an der Stauwurzel), um die Betriebssicherheit dieser Anlagen aufrechtzuerhalten (Bild 3 (17)). Dabei werden Bauwerke des Funktionstyps Filterung (Wildholzfiltersperren) eingesetzt.

Nach [59] haben sich als Bautypen von Wildholzfiltersperren V-förmige Wildholzfänge, Wildholzrechen und Wildholznetze in der Praxis bewährt. Zudem werden auch Seilsperren eingesetzt. Die älteste Konstruktionsart von Wildholzfiltersperren sind Grobrechen (Bild 11 A). Diese *Wildholzrechen* werden meist als breite Sperrenbauwerke mit schrägen Rechen ausgeführt. Die Rechenstäbe sind wasserseitig meist unter 45° geneigt und stehen in möglichst großem Abstand, um den Geschiebetransport lange aufrechtzuerhalten. Im obersten Bereich stehen die Stäbe senkrecht, um ein Überschieben des Holzes über die Abflusssektion zu verhindern.

Der Bautyp des *Wildholzfangs* besteht aus mehreren senkrechten Rundsäulen, die aus der Gerinnesohle ragen und im Grundriss quer zur Fließrichtung in V-förmig angeordnet sind (Bild 11 B). Die Spitze des V liegt dann in Gerinnemitte und weist in Fließrichtung. Die Anordnung der Säulen gewährleistet

516 Wildbachsperren

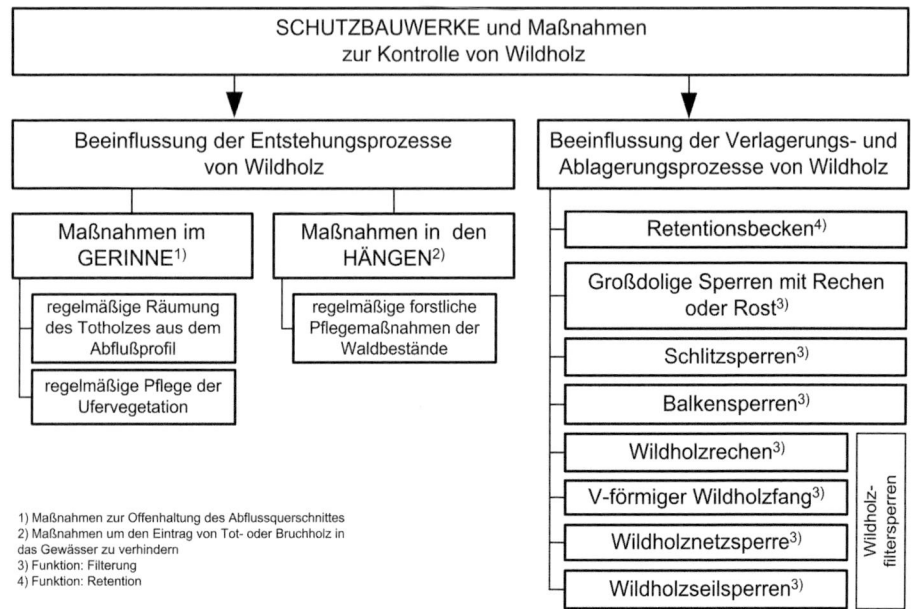

Bild 9. Maßnahmen und Schutzbauwerke zur Kontrolle von Wildholz im Gerinneabfluss

eine nicht zu dichte Verklausung entlang der vordersten Auffangfront. Dies ist eine verlängerte Linie, aus der das Wasser aus der Holzaggregation heraustreten kann. Der Wildholzfang soll die Entwicklung der Holzansammlung in Form eines langgezogenen Teppichs und nicht als ein sich auftürmender Haufen bewirken. Im Bereich des Wildholzfangs wird die Sohle glatt ausgeführt, um eine rasche Durchtrift des Geschiebes unter dem Holzteppich zu erleichtern. Beobachtungen in der Schweiz haben aber gezeigt, dass diese Funktion in der Natur kaum auftritt und auch im Wildholzfang eine Verlegung mit nachfolgendem Aufstau des Geschiebes eintritt [87]. Die Konstruktion weist aber eine hohe Sicherheit gegen Durchbrechen der Wildholzansammlung in das Unterwasser auf. Der Bautyp des Wildholzfangs ist auf Wildbachstrecken mit einem Sohlgefälle unter 5 % beschränkt und daher gut für flachere, wasserreiche Wildbäche im Voralpenbereich oder außeralpinen Gebiet geeignet.

Wildholznetze werden über die gesamte Bachbreite gespannt und seitlich in den Uferböschungen verankert. Sie reichen in der Regel nicht bis an die Gerinnesohle, sondern besitzen in einer bestimmten Höhe über der Sohle eine horizontale Unterkante. Durch diese Netze soll das Holz – ähnlich den Wildholzfängen – in einem schwimmenden Teppich aufgefangen werden, während der Geschiebetrieb unter dem Teppich aufrecht bleiben könnte. Voraussetzung für die Funktion dieses Bautyps ist, dass im Hochwasserfall der Wasserspiegel die Netzunterkante erreicht, während die Wasserschicht, in der der Geschiebetransport stattfindet, unter der Netzunterkante bleibt. Eine Verlegung der Öffnung unter dem Netz würde sehr rasch zu einem völligen Geschieberückhalt führen. Schließlich sollte bei ablaufender Hochwasserwelle der Wasserspiegel erst dann unter die Netzunterkante sinken, wenn der Geschiebetrieb zum Erliegen gekommen ist. In der Praxis hat jedoch, wie Beispiele aus Bayern [135, 136] zeigen, die gewünschte Filterung des Wildholzes nicht stattgefunden; hingegen wurde hinter dem Netz sowohl das anfallende Schwemmholz als auch das transportierte Geschiebe abgelagert.

Einschränkend ist festzustellen, dass es auch bei einer separaten Filterung von Wildholz kaum möglich sein wird, eine vollständig selektive Ablagerung von Holz bei gleichzeitig ungehinderter Durchgängigkeit für Geschiebe zu erwirken. Vollkommen ausgeschlossen ist die Filterung von Holz aus Murgängen, bedingt durch die starke Durchmischung der Murmasse mit Baumstämmen und Wurzelstöcken.

Schutzkonzepte mit Bauwerken 517

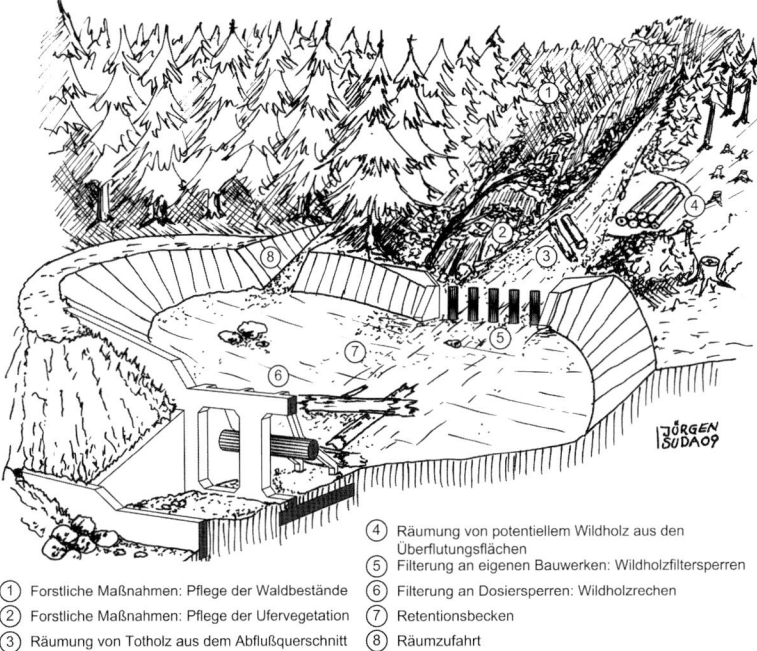

① Forstliche Maßnahmen: Pflege der Waldbestände
② Forstliche Maßnahmen: Pflege der Ufervegetation
③ Räumung von Totholz aus dem Abflußquerschnitt
④ Räumung von potentiellem Wildholz aus den Überflutungsflächen
⑤ Filterung an eigenen Bauwerken: Wildholzfiltersperren
⑥ Filterung an Dosiersperren: Wildholzrechen
⑦ Retentionsbecken
⑧ Räumzufahrt

Bild 10. Schutzbauwerke zur Kontrolle von Wildholz im Gerinneabfluss

Bild 11. Bauwerke für den Wildholzrückhalt: (A) Wildholzrechen; (B) V-förmiger Wildholzfang; (C) (D) Wildholznetz (Quellen A bis D: [38])

4 Systematik der Schutzbauwerke

4.1 Allgemeines

Als *Bauwerke* (Anlagen) gelten bauliche (technische) Schutzmaßnahmen (vgl. Tabelle 2), die den von Wildbächen hervorgerufenen Gefahren entgegenwirken und in Wildbacheinzugsgebieten errichtet werden. Die Bauwerke werden in den Untergrund eingebunden und stellen aus Baustoffen oder Bauteilen hergestellte Anlagen (einschließlich elektronischer und maschineller Bestandteile) dar. Zu den baulichen Anlagen zählen auch Aufschüttungen, Abgrabungen und Böschungssicherungen. Abschnitt 4 bezieht sich auf die technischen Wildbachschutzmaßnahmen. Darin sind alle Gewässer- und Hangverbauungen mittels unbelebter Baustoffe wie Holz, Beton, Naturstein oder Stahl enthalten.

Für die Wildbachverbauung hat sich im Laufe der Entwicklung eine eigene Terminologie etabliert, die sich von verwandten Fachgebieten (Geologie, Schutzwasserbau, Geotechnik, Ingenieurbiologie) unterscheidet. Die Begriffe zur Beschreibung der naturräumlichen Vorgänge in Wildbacheinzugsgebieten stellen hauptsächlich auf die Morphologie und das Prozessgeschehen ab. Die übliche Systematik von Begriffen der Wildbachverbauung basiert auf funktionalen und konstruktiven Kriterien.

Einschlägige Begriffsdefinitionen finden sich unter anderem in der DIN 19663 [39] und im Wörterbuch Hochwasserschutz [104], eine umfassende Darstellung aller Begriffsdefinitionen der Wildbachverbauung für Österreich ist in der ONR 24800 [115] enthalten.

4.2 Klassifizierungsgrundsätze

4.2.1 Wirkungen der Wildbachschutzbauwerke (Funktionstypen)

Schutzbauwerke wirken direkt auf den Prozess ein oder verringern seine Eintretenswahrscheinlichkeit. Für die Wahl eines Schutzkonzepts gilt der generelle Grundsatz, dass die Maßnahmen umso effizienter sind, je näher die Wirkung am Gefahrenherd ansetzt. Häufig setzen jedoch die topografischen Verhältnisse im Wildbacheinzugsgebiet den unmittelbar auf die Prozessentstehung einwirkenden Maßnahmen technische und wirtschaftliche Grenzen.

In Abhängigkeit von den relevanten Prozessen und Gefahren stehen meist alternative Schutzkonzepte zur Auswahl, aus denen das wirkungsvollste und zweckmäßigste ausgewählt wird. Grundlage für die Auswahl des Schutzkonzepts ist eine umfassende Untersuchung der Gefahrenherde und der im Einzugsgebiet ablaufenden Prozesse. Diese Grundlagenplanung umfasst die Stufen der Erfassung der relevanten naturräumlichen Daten, der Analyse und der Bewertung dieser Daten und schließlich die Entwicklung eines maßgeblichen Gefahrenszenarios (Bemessungsereignis). Ein weiterer Schritt ist die grundlegende Konzeption der Maßnahmen, wobei ein für das unterstellte Gefahrenszenario optimal angepasstes Schutzkonzept entwickelt wird.

Die von den jeweiligen Verhältnissen im Einzugsgebiet abhängigen Prozesswirkungen erfordern in der Regel sehr spezifische Schutzkonzepte. Der Entwurf der Schutzbauwerke erfolgt daher in jedem Einzelfall abgestimmt auf die erwartete Schutzwirkung (Funktion). Trotzdem ist eine generelle Einteilung der Funktionen (Wirkungen) von baulichen Wildbachschutzmaßnahmen möglich (*Funktionstypen*) [115].

Die *Ableitung* umfasst alle Maßnahmen, die dazu dienen, Fließprozesse (Hochwasser, Muren) auf dem kürzesten Weg am Gefährdungsbereich vorbeizuführen. Zu diesem Funktionstyp zählt die Regulierung von Wildbächen.

Die *Stabilisierung* umfasst alle Maßnahmen, die dazu dienen, die Sohle und die Ufer (samt den Einhängen) in der vorherrschenden Lage zu sichern und gegen Seiten- und Tiefenerosion zu schützen.

Die *Konsolidierung* umfasst Maßnahmen, die der Unterstützung der Hänge oberhalb des Bauwerks durch eine Hebung der Gerinnesohle dienen. Die mittelbare Wirkung der Konsolidierung besteht im Rückhalt von Feststoffen und der positiven Einflussnahme auf den Geschiebehaushalt. Konsolidierungsmaßnahmen bewirken eine maßgebliche Reduktion des Sohlgefälles, eine Verringerung der Fließgeschwindigkeit, die Ausbildung von freien Überfällen (Abstürzen) und eine Umwandlung der Energie des Fließprozesses. Damit verbunden ist eine Reduktion der Geschiebetransportkapazität, die entweder zu einer Verringerung der Erosionsleistung oder zur temporären Ablagerung (Sedimentation) transportierter Feststoffe führt. Aus hydrobiologischer Sicht bewirkt die Konsolidierung eine Unterbrechung des Fließkontinuums.

Die *Umgehung* umfasst die Fassung und Vorbeileitung des Abflusses an einem erosionsanfälligen Bachabschnitt oder einer labilen Einzugsgebietsfläche. Die Umgehung erfolgt in offenen Umgehungskanälen oder geschlossenen Umgehungsleitungen.

Die *Retention* umfasst den Rückhalt von Wasser oder Feststoffen infolge natürlicher Speicherwirkung oder durch künstliche Maßnahmen. Die Retention (der Rückhalt) *von Wasser* ist die Verringerung des Scheitelabflusses infolge natürlicher Speicherwirkung oder künstlicher Maßnahmen. Sie erfolgt durch Rückhaltebecken (stehende Retention) oder durch Aktivierung von Überflutungsflächen (-räumen) (fließende Retention). Die Retention *von Geschiebe* ist der Rückhalt durch künstliche Maßnahmen, beispielsweise im Stauraum einer Sperre oder in einem Ablagerungsbecken. Retentiertes Geschiebe bedarf einer künstlichen (maschinellen) Räumung oder einer künstlich eingeleiteten Spülung des Stauraums, um die ursprünglich vorhandene Rückhaltekapazität wieder herzustellen.

Die *Dosierung* umfasst den temporären Rückhalt von Wasser in einem Becken und die Reduktion der in den Unterlauf abgegebenen Menge auf ein unschädliches Ausmaß. Die Dosierung von Geschiebe beruht auf dem vorübergehenden (temporären) Rückhalt des Geschiebetriebs bei Hochwasser und der dosierten Abdrift des Geschiebes mit der ablaufenden Hochwasserwelle oder bei Mittelwasser (Spülung).

Die *Filterung*[2] umfasst den selektiven Rückhalt von groben Feststoffkomponenten (Wildholz, Blöcke) aus einem Fließprozess mit einer künstlichen Maßnahme. Es werden jene Feststoffkomponenten zurückgehalten, die im Unterlauf zur Verklausung oder Blockade des Abflussprofils führen können. Feine Komponenten können ungehindert durchdriften.

Eine *Energieumwandlung* umfasst die Reduktion der Energie eines Fließvorgangs durch die Bremswirkung eines Bauwerks oder durch Absturz. Durch diese Maßnahme wird die Fließgeschwindigkeit reduziert, die Eigenschaft des transportierten Mediums verändert und der Fließvorgang transformiert. Die Energieumwandlung wird vor allem zum Brechen und Bremsen von Muren eingesetzt.

Die *Ablenkung* umfasst die gezielte Richtungsänderung von Fließprozessen und leitet diese am Gefahrengebiet vorbei.

Charakteristisch für die Gefahrenszenarien in Wildbächen ist die Überlagerung verschiedener Prozesse und Prozesswirkungen. Daher erfordern umfassende Schutzkonzepte eine Kombination verschiedener Maßnahmen (Maßnahmenwirkungen). In diesem Sinne stellen die zuvor beschriebenen Wirkungen (Funktionstypen) Elemente der Schutzstrategie dar. Für die Maßnahmenplanung bedeutet dies, dass nach der Ableitung und Festlegung des Schutzziels auf der Grundlage der Gefahrenanalyse eine Auswahl der wirkungsvollsten Kombination von Wirkungen (Funktionstypen) erfolgt. Die Summe aller ausgewählten Funktionstypen soll zur vollständigen Erfüllung des Schutzziels führen [71].

4.2.2 Systematik der Wildbachschutzbauwerke

Schutzmaßnahmen können ihre Aufgabe als *Einzelbauwerk* oder im Zusammenhang eines *Bauwerksverbands (Funktionskette)* erfüllen. Ein Einzelbauwerk erfüllt seine Wirkung (Funktion) unabhängig von der Wirkung anderer Schutzmaßnahmen. In einem Maßnahmenverband wird der Schutzeffekt der Maßnahme durch das Zusammenwirken von Schutzbauwerken mit gleicher oder verschiedener Aufgabe erzielt. Daher ist die volle Wirkung eines Maßnahmenverbands nur durch die volle Wirkung aller (eines Teils der) Elemente (Einzelmaßnahmen) gewährleistet und verringert sich, auch wenn nur der Wirkungsgrad einzelner Maßnahmen (z. B. durch geringere Lebensdauer) sinkt. Das Verbauungssystem ist die Summe aller Maßnahmen in einem Einzugsgebiet, die zur Schutzwirkung beitragen.

---

[2] Teil dieser Systematik war ursprünglich auch der Funktionstyp der „Sortierung", also des selektiven Rückhalts grober Kornfraktionen des Geschiebespektrums über einem Schwellenwert, der von der Größe der Dolen, der Öffnungsweite des Rechens (des Balkenverschlusses) abhängig war. Aufgrund der instationären Transportvorgänge in Wildbächen hat sich diese Funktion jedoch als praktisch schwer steuerbar herausgestellt und wird in der Ingenieurpraxis heute nicht mehr verfolgt. Teile des Konzepts werden jedoch durch die „Filterung" umgesetzt. Eine natürliche Sortierung findet in der Gerinnesohle durch den Austausch zwischen Transportgeschiebe und Sohlgeschiebe statt. Vor allem bei Mittelwasser und bei kleinen Hochwasserereignissen herrscht korngrößenselektiver Transport. Eine wichtige Funktion für die Sortierung haben Schotterbänke.

Tabelle 3. Funktionstypen der Wildbachverbauung – Übersicht

Funktionstyp	Beeinflusste Prozesse	Anwendungsbereich	Wirkungsprinzip	Ausmaß der Wirkung
Ableitung	Reinwasserabfluss, fluviatiler Feststofftransport	Unterlauf (Schwemmkegel und Tallauf)	direkt auf den Prozess einwirkend	volle Wirkung für Bemessungshochwasser ohne Verklausung
Stabilisierung	Reinwasserabfluss, fluviatiler Feststofftransport	gesamter Wildbach	der Prozesswirkung vorbeugend	volle Wirkung für Bemessungshochwasser, teilweise Wirkung für Hangstabilität

Tabelle 3. Funktionstypen der Wildbachverbauung – Übersicht (Fortsetzung)

Funktionstyp	Beeinflusste Prozesse	Anwendungsbereich	Wirkungsprinzip	Ausmaß der Wirkung
Konsolidierung	Reinwasserabfluss, fluviatiler Feststofftransport, murartiger Feststofftransport, Murgang	Ober- und Mittellauf	der Prozesswirkung vorbeugend	volle Wirkung für Bemessungshochwasser ohne Beanspruchung durch vorangegangene Ereignisse und Hangprozesse
Umgehung	Reinwasserabfluss, fluviatiler Feststofftransport, (indirekt auch Murgang)	gesamter Wildbach	der Prozesswirkung vorbeugend	volle Wirkung für Bemessungshochwasser
Retention	Reinwasserabfluss, fluviatiler Feststofftransport, (fallweise auch Murgänge)	Mittel- und Unterlauf	direkt auf den Prozess einwirkend	volle Wirkung für Bemessungshochwasser ohne Beanspruchung durch vorangegangene Ereignisse
Dosierung	Reinwasserabfluss, fluviatiler Feststofftransport	Mittel- und Unterlauf	direkt auf den Prozess einwirkend	teilweise bis volle Wirkung für Bemessungshochwasser ohne Beanspruchung durch vorangegangene Ereignisse
Filterung	fluviatiler Feststofftransport, murartiger Feststofftransport, Murgang, Wildholz	Mittel- und Unterlauf	direkt auf den Prozess einwirkend	teilweise bis volle Wirkung für Bemessungshochwasser ohne Beanspruchung durch vorangegangene Ereignisse
Energieumwandlung	murartiger Feststofftransport, Murgang	Mittel- und Unterlauf	direkt auf den Prozess einwirkend	teilweise bis volle Wirkung für Bemessungshochwasser ohne Beanspruchung durch vorangegangene Ereignisse
Ablenkung	Murgang	Unterlauf	direkt auf den Prozess einwirkend	volle Wirkung für Bemessungshochwasser ohne Beanspruchung durch vorangegangene Ereignisse

Als wichtiges Kriterium zur Klassifikation der Schutzbauwerke hat sich deren Lage bezüglich der Hauptbewegungsrichtung (Fließrichtung) des Prozesses etabliert. In diesem Sinne unterscheidet man in der Wildbachverbauung Quer- und Längsbauwerke. In einer dritten Gruppe werden die baulichen Schutzmaßnahmen mit Flächenwirkung (Flächenelemente) zusammengefasst. Ein Maßnahmenverband stellt meist eine Kombination dieser drei Maßnahmengruppen dar (Bild 12).

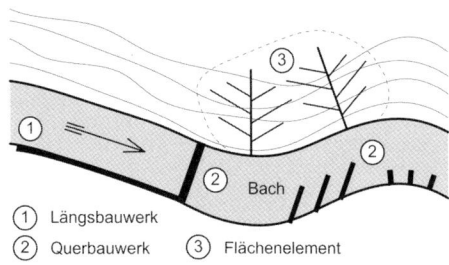

① Längsbauwerk
② Querbauwerk ③ Flächenelement

Bild 12. Maßnahmengruppen

Ein *Querbauwerk (Querwerk)* ist ein quer zur Fließrichtung (Prozessrichtung) angeordnetes Bauwerk. Die folgenden baulichen Maßnahmen der Wildbachverbauung werden zu den Querbauwerken gerechnet (Bild 13).

Sperren (Wildbachsperren) bewirken einen vertikalen Absturz im Gerinne und sind zwischen 4 und 15 m hoch (lotrechter Abstand von der Fundamentunterkante bis zur Höhe der Abflusssektion). Sperren können als Funktion die Konsolidierung der Bachsohle, die Stabilisierung der Einhänge, die Retention und Dosierung des Feststofftransports, die Retention von Wasser, die Filterung und Energieumwandlung haben.

Grundschwellen weisen eine Höhe bis zu 4 m auf (lotrechter Abstand von der Fundamentunterkante bis zur Höhe der Abflusssektion). Sie können zur Konsolidierung der Bachsohle, zur Stabilisierung der Einhänge und zur Retention von Geschiebe eingesetzt werden.

Sohlgurte (Sohlschwellen) sind im ursprünglichen Bauzustand mit der Gewässersohle bündig ausgerichtet und erzeugen daher zunächst keinen oder nur einen geringen Absturz. Abstürze stellen sich jedoch nach Kolkbildung und Strukturierung der Sohle ein. Ihre Funktion ist eine Stabilisierung der Sohle.

Sohlrampen erzeugen einen schrägen Absturz und weisen in der Regel eine hohe Oberflächenrauigkeit auf. Sie dienen der Stabilisierung der Sohle und der Energieumwandlung.

Buhnen (Sporne) sind längliche Bauwerke, die vom Ufer her in ein Fließgewässer hineinragen, jedoch nicht die gesamte Sohlbreite überspannen. Sporne sind kürzer als Buhnen, erfüllen aber dieselben Funktionen. Diese sind ein Abdrängen der Strömung gegen die Gewässermitte und der Schutz der Ufer gegen Erosion.

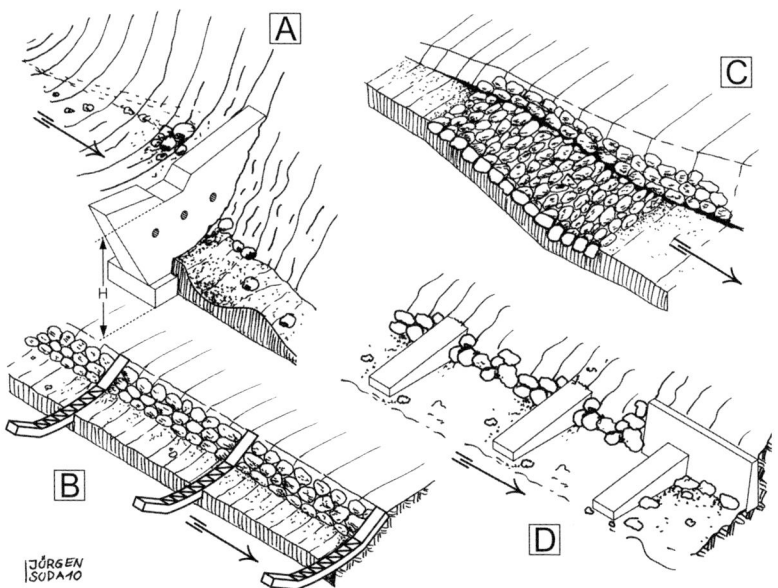

Bild 13. Querbauwerke der Wildbachverbauung: (A) Sperre; (B) Grundschwellen (1 massiv, 2 Rundholz, 3 Wasserbausteine); (D) Rampen (Wasserbausteine); (E) Buhnen (Sporne)

Ein *Längsbauwerk (Längswerk)* ist ein zum Fließgewässer längs angeordnetes Bauwerk (Bild 14). Die folgenden Bauwerke werden zu den Längsbauwerken gezählt.

Ufermauern werden in der Regel in Beton, Stahlbeton oder Naturstein ausgeführt. Die wasserseitige Mauerfläche ist senkrecht oder steil geneigt. Ihre Funktionen sind der Schutz des Ufers gegen Erosion und Unterschwemmung sowie die Abstützung des Erddrucks der Uferböschung.

Eine *Grobsteinschlichtung* ist eine aus unbearbeiteten Natursteinen hergestellte, schräg geneigte Ufersicherung, die trocken oder auf Unterbeton verlegt wird. Eine Grobsteinschlichtung dient der Sicherung der Uferböschung gegen Erosion. Hydraulisch wirkt die Oberfläche rau.

Ein *Leitdamm* dient dazu, einen Prozess (Hochwasser, Muren, gravitativer Prozesse) vom gefährdeten Gebiet abzulenken. Der Leitdamm soll in einem spitzen Winkel zur Prozessrichtung angelegt sein, um einen möglichst guten Umlenkeffekt zu erzielen. Seine Funktion ist die Ableitung oder Ablenkung von Prozessen.

Bauliche *Schutzmaßnahmen mit Flächenwirkung* kommen in den seitlichen Hängen von Wildbächen zum Einsatz und wirken entweder dem Abtrag (Erosion) oder der Bewegung des Hangs entgegen. Zu dieser Maßnahmengruppe zählen auch forstliche und ingenieurbiologische Maßnahmen. Bei den baulichen Maßnahmen unterscheidet man Dränagen, Geländeveränderungen und Hangbefestigung.

Dränagen (Dränagesysteme) entziehen durchfeuchteten Hängen das Wasser und tragen zu deren Stabilisierung bei. Durch die Entwässerung des Hangs wird der Aufbau von kritischen Porenwasserdrücken an potenziellen Gleitflächen verhindert. Die Ableitung des Wassers erfolgt in offenen oder unterirdischen Leitungen bis zu einer gesicherten Vorflut. Die Funktion ist die Entwässerung und Stabilisierung der Hänge.

Die künstliche *Geländeveränderung* auf labilen Hängen dient der Entlastung und Stabilisierung des Hangs und wirkt der flächigen Abspülung und Rinnenerosion entgegen. Die Funktionen sind somit Hangstabilisierung und Erosionsschutz.

Bauwerke zur *Hangsicherung* (Hangbefestigung) üben eine stabilisierende Wirkung durch eine Abstützung des Hangfußes durch eine Verankerung (Verpfählung) der labilen Hangschichten (über eine Scherfläche) in stabilen Untergrund oder durch die flächige Abstützung der Hangfläche aus. Auch Kombinationen von Stützbauwerken und Verankerungen kommen zum Einsatz. Weitere Formen sind Bauwerke mit deckender Wirkung oder die Terrassierung der Hänge. Technisch aufwendige Hangsicherungsbauwerke, wie sie bspw. im Straßenbau eingesetzt werden, gelangen in der Wildbachverbauung selten zur Anwendung. Die Funktionen sind Hangstabilisierung und Erosionsschutz.

Einzelbauwerke stehen durch die Gerinne in einer Wirkungsbeziehung zueinander und wirken somit in Systemen auf die Prozesse ein. Diese Bauwerksverbände stellen eine Kombination von Längs- und Querbauwerken sowie baulichen Schutzmaßnahmen mit Flächenwirkung dar. Man kann die Bauwerksverbände der Wildbachverbauung in Regulierungen, Staffelungen und Funktionsketten einteilen (Bild 15).

Eine *Regulierung* ist eine geschlossene Verbauung eines Bachlaufs, die aus einer Kombination von nicht unterbrochenen, beidseitigen Uferschutzbauwerken und Querwerken mit sohlstabilisierender Wirkung besteht. Ihre Funktion ist die Ableitung von Fließprozessen (Hochwasser, Muren), die Stabilisierung der Ufer und der Schutz der Ufer gegen Erosion.

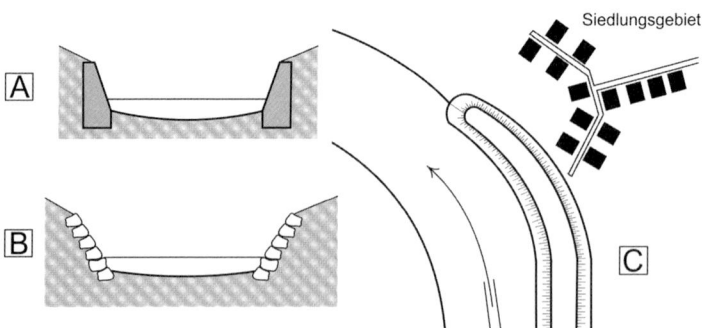

Bild 14. Längsbauwerke der Wildbachverbauung: (A) Ufermauer; (B) Grobsteinschlichtung; (C) Leitdamm

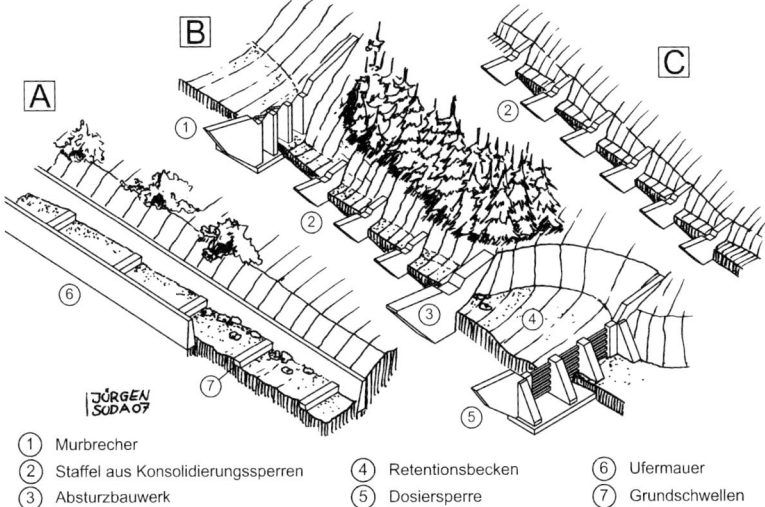

① Murbrecher
② Staffel aus Konsolidierungssperren
③ Absturzbauwerk
④ Retentionsbecken
⑤ Dosiersperre
⑥ Ufermauer
⑦ Grundschwellen

Bild 15. Beispiele für Bauwerksverbände der Wildbachverbauung: (A) Regulierung; (B) Funktionskette; (C) Staffelung

Eine *Staffelung* (Sperrenstaffel) ist eine Serie von mehreren aufeinanderfolgenden Sperren oder Grundschwellen ähnlicher Bauart und Funktion in einem Abstand, der dem geplanten Gefälle der Bachsohle (Verbauungsgefälle) entspricht. Die Funktionen sind Konsolidierung des Bachs, Geschieberückhalt und Energieumwandlung.

Eine *Funktionskette* ist eine Serie von mehreren aufeinanderfolgenden Schutzbauwerken unterschiedlicher Bauart und Funktion, deren Wirkung in Kombination Schutz vor einem oder mehreren Wildbachprozessen bietet (Beispiel: Funktionskette von Sperren mit den Funktionen Energieumwandlung, Filterung und Dosierung). Ein unmittelbarer räumlicher Zusammenhang ist nicht vorausgesetzt. Häufig üben Funktionsketten folgende Teilfunktionen aus: Dosierung von Geschiebe, Filterung, Energieumwandlung und Retention von Feststoffen und Wasser. Auch andere Funktionskombinationen sind denkbar.

4.2.3 Klassifizierung von Wildbachsperren

Sperren zählen zu den wichtigsten und universellsten Bautypen der Wildbachverbauung. Der Literatur sind zahlreiche Vorschläge für eine Klassifizierung von Wildbachsperren zu entnehmen [53, 74, 84]. Keine dieser mehr oder weniger systematischen Klassifikationen vermochte sich bisher in der Fachterminologie der Wildbachverbauung vollständig durchzusetzen.

Die wichtigsten Kriterien für die Klassifizierung von Sperren sind folgende:

– maßgebliche Wildbachprozesse,
– Wirkung der Sperre (Funktionstyp),
– Anordnung des Bauwerks,
– Absturzhöhe und Absturzneigung,
– hautsächlich verwendeten Baustoffe,
– Konstruktionsart der Sperre (Konstruktionstyp),
– statisches System.

Darüber hinaus finden folgende weitere Attribute Anwendung: Grundrissform, Schlitzform, unterbrochene/durchgehende Krone, Anzahl der Sperrenöffnungen, gesteuerte/ungesteuerte Verschlussorgane (Schütz, Stauklappen), wasserseitige Vorbauten mit Abweiswirkung, unveränderliche/veränderliche Abstände der Rechenstäbe, bewegliche (abgesetzte) Flügel, Form der Flügel, Wirkung im Bauwerksverband. In Tabelle 4 sind die Einteilungen nach den Hauptkategorien dargestellt.

In der Praxis ist für die Bezeichnung von Sperrenbauwerken die Klassifikation nach der Leitfunktion, der Konstruktionsart und dem statischen System der Sperre, auf Basis der ONR 24800 [115], anzuwenden. Eine Erweiterung dieser Klassifikation mit den Attributen Baumaterial und Verschluss (Abdeckung) der Sperrenöffnung ist im Bedarfsfall möglich. Die grundsätzlichen Funktionstypen (Stabilisierung, Konsolidierung, Retention, Dosierung, Filterung, Energieumwandlung) wurden bereits in Abschnitt 4.2.1 behandelt.

Für die Klassifikation nach der Konstruktionsart erfolgt zunächst eine Unterteilung nach der Öffnung der Sperrenwand: Es werden (öffnungsfreie) Vollwandsperren (geschlossene Sperren) und offene Sperren unterschieden. Die Einteilung der offenen Sperren erfolgt nach dem Kriterium des Vorhandenseins einer durchgehenden oder unterbrochenen Sperrenkrone: Es werden kronengeschlossene und kronenoffene Sperren unterschieden. In einer eigenen Gruppe werden Gittersperren, Netzsperren und Seilsperren zusammengefasst (Bild 16).

Ein wichtiges Klassifikationskriterium ist die Form und Größe der Sperrenöffnungen. Sind die Sperrenöffnungen nach oben begrenzt (geschlossene Krone), spricht man von *Dolen*, bei nach oben unbegrenzten Sperrenöffnungen handelt es sich um *Schlitze* (offene Krone). Sperren mit mehrfachen nach oben unbegrenzten Öffnungen werden als aufgelöste Sperren bezeichnet.

Tabelle 4. Grundlegende Klassifikation für Wildbachsperren nach ONR 24800 [115]

	Stabilisierung, Konsolidierung	Retention (Rückhalt)	Dosierung	Filterung	Energieumwandlung	
Leitfunktion	Konsolidierungssperre, Grundschwellen, Sohlgurte, Rampen	Retentionssperre	Dosiersperre	Filtersperre	Murbrecher, Absturzbauwerk, Bremsbauwerk	
		Wasser-, Geschiebe-, Murenretentionssperre	Wasser-, Geschiebedosiersperre	Grobgeschiebe-, Wildholzfiltersperre		
Konstruktionsart	Vollwandsperre (geschlossene Sperre)	einfache Vollwandsperre		mehrfache Vollwandsperre (Kaskadensperre)		
	offene Sperre	kronengeschlossene Sperre		kronenoffene Sperre		
		kleindolige Sperre großdolige Sperre		Schlitzsperre	aufgelöste Sperre	Gittersperre, Netzsperre, Seilsperre
Statisches System	Gewichtssperre	Gewölbesperre (Bogensperre)	Plattensperre		aufgelöste Tragwerke	
			einfache Plattensperre	Pfeilerplattensperre	Winkelstützmauer	massenaktive Tragwerke	vektoraktive Tragwerke
				Grobfilter, Murbrecher		Gittersperre (biegesteif)	Netzsperre (biegeweich)
Baustoff	... in Holz ... in Stein ... in Konstruktionsbeton (bewehrt, unbewehrt) ... in Stahl					
Verschlussöffnungen	... mit Balken (Holz, Stahl), ... mit Rechen (Schrägrechen), ... mit Rost, ... mit Schütz (Stauklappe)					

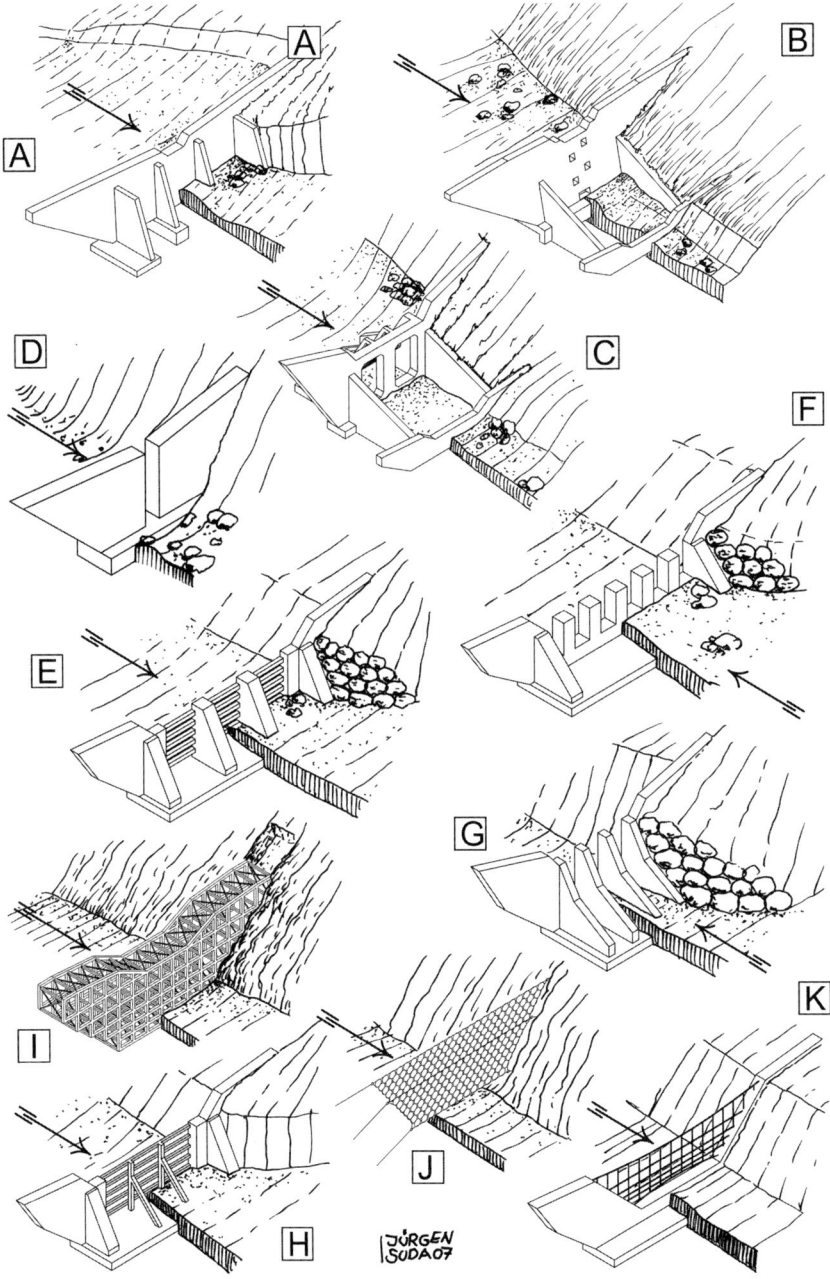

Bild 16. Beispiele für Typen von Wildbachsperren klassifiziert nach der Konstruktionsart: (A) Vollwandsperre; (B) kronengeschlossene kleindolige Sperre; (C) kronengeschlossene großdolige Sperre; (D) kronengeschlossene Sperre mit Schlitz; (E)–(G) Schlitzsperren; (H) aufgelöste Sperre; (I) Netzsperre; (J) Gittersperre; (K) Seilsperre

Weitere Kriterien der hier vorgeschlagenen Klassifikation von Wildbachsperren sind der Baustoff und die Form des Verschlusses der Sperrenöffnung. Beide Kriterien werden als Attribut der Hauptbezeichnung der Sperre nachgestellt.

Die Komplexität der Systematik von Wildbachsperren ergibt sich aus der Vielzahl der meist in der Ingenieurpraxis entwickelten Formen, die in den letzten Jahrzehnten zur Ausführung gelangten. Eine umfassende und vergleichende Überprüfung aller bekannten Bautypen hinsichtlich ihrer Wirkung und Effizienz bezogen auf alle relevanten Prozesse (Wirkungen) im Modellversuch oder als Wirkungsanalyse in der Natur wurde bisher nicht durchgeführt, diesbezügliche Studien bezogen sich nur auf einzelne Konstruktionstypen. Andererseits liegen umfangreiche Erfahrungen in der Praxis über den Anwendungsbereich der verschiedenen Sperrentypen vor. In diesem Zusammenhang kann insbesondere auf die Arbeiten von *Kettl* [84] und *Hübl* et al. [74] verwiesen werden.

Es bleibt dem Planer vorbehalten, für den spezifischen Anwendungsfall die am besten geeigneten Bautypen auszuwählen und den jeweiligen Prozesswirkungen im Einzugsgebiet anzupassen. Grundsätzliche Aussagen über die Eignung von bestimmten Bautypen sind jedoch bei einer Darstellung der Zusammenhänge zwischen Funktionstyp, Konstruktionstyp und statischem System der Sperrenbauwerke möglich. Als Entscheidungshilfe für den Planer bei der Wahl eines geeigneten Bautyps kann die Einordnung der Sperrentypen in die Funktions-Konstruktions-Matrix (Tabelle 5) unter Berücksichtigung der Eignung dienen. In einem zweiten Schritt kann die Eignung des statischen Systems (Tragwerkstyp) in der Konstruktions-Tragwerks-Matrix abgelesen werden (Tabelle 6). Zur weiteren Erläuterung der statischen Systeme siehe Abschnitt 9.3.

Die *Funktions-Konstruktions-Matrix* (Tabelle 5) zeigt, dass geschlossene Sperren (Vollwandsperren) und Sperren mit kleineren Öffnungen primär für die Funktionen der Konsolidierung und Retention eingesetzt werden. Darin kommt eines der wichtigsten Planungskriterien für Wildbachsperren zum Ausdruck, die Durchgängigkeit des Bauwerks für Feststoffe und Wasser: Je größer der Anteil der Öffnungen an der gesamten Sperrenfläche ist, desto größer die Durchgängigkeit und desto mehr verschiebt sich die Funktion vom Rückhalt in Richtung Dosierung und Filterung grober Feststoffkomponenten. Eine besondere Stellung nehmen Gitter-, Netz- und Seilsperren ein, die den höchsten Anteil an Öffnungen (im Verhältnis zur Sperrenfläche) aufweisen, durch ihre Konstruktion (siebartige Verteilung der Öffnungen) in der Durchgängigkeit jedoch selektiv auf den Feststofftransport einwirken. Bei Schlitzsperren tritt durch die rückschreitende Erosion bei ablaufendem Hochwasser eine zeitversetzte (Teil-)Entleerung des Verlandungsraums nach dem Hochwasser ein. Ungeachtet des Bautyps ist jedoch für jeden Sperrentyp ab einem bestimmten Stadium des Feststofftransports von einer Verklausung der Öffnungen und einer nachfolgenden, unselektiven Ablagerung auszugehen, wobei insbesondere Wildholz zur initialen Verstopfung der Sperrenöffnung führt.

Tabelle 5. Einordnung von Sperrentypen im Zusammenhang mit Funktionstyp und Konstruktionstyp (Funktions-Konstruktions-Matrix)

		Konstruktionstyp					
		Geschlossene Sperre (Vollwandsperre)	Offene Sperre				
			Dolensperre		Schlitzsperre	Aufgelöste Sperre	Gittersperre Netzsperre Seilsperre
			kleindolig	großdolig			
Funktionstyp	Konsolidierung	Konsolidierungssperre					
	Retention	Geschieberetentionssperre (Wasserretentionssperre)					
	Dosierung				Geschiebedosiersperre		
	Filterung					(Grob-)Geschiebefiltersperre Wildholzfiltersperre	
	Energieumwandlung	Absturzsperre			Murbrecher		

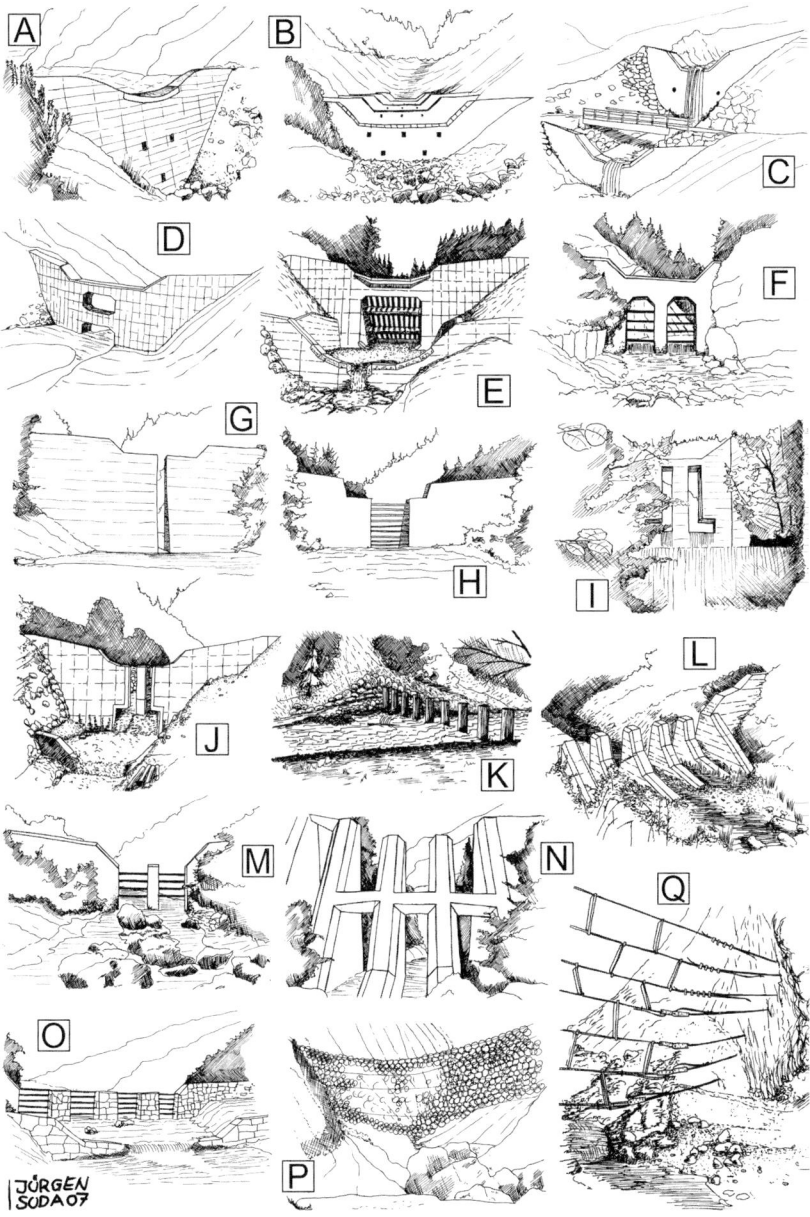

Bild 17. Beispiele für verschiedene Bautypen von Wildbachsperren: (A)–(C) Konsolidierungssperren (Vollwandsperren); (D)–(F) großdolige Sperren (kronengeschlossen); (G) Schlitzsperre; (H) Schlitzsperre mit Balkenverschluss; (I) L-förmige Schlitzdolen; (J) Doppelschlitzsperre mit Mittelscheibe (Tragwerkstyp Winkelstützmauer); (K) aufgelöste Sperre/Wildholzfilter (Tragwerk massenaktiv); (L), (N) Murbrecher (aufgelöste Sperre, massenaktives Tragwerk); (M), (O) aufgelöste Sperre mit Balkenverschluss; (P), (Q) Netzsperre/Wildholzfilter (Tragwerk vektoraktiv)

Tabelle 6. Einordnung von Sperrentypen im Zusammenhang mit dem statischem System und dem Konstruktionstyp (Konstruktions-Tragwerks-Matrix)

		Konstruktionstyp					
		Geschlossene Sperre (Vollwandsperre)	Offene Sperre		Schlitzsperre	Aufgelöste Sperre	Gittersperre Netzsperre Seilsperre
			Dolensperre				
			kleindolig	großdolig			
Statisches System	Gewichtssperre	Konsolidierungssperre Geschieberetentionssperre Absturzsperre		Geschiebedosiersperre	Geschiebefiltersperre Wildholzfiltersperre	Murbrecher	
	Gewölbesperren			Geschiebedosiersperre			
	Plattensperren						
	reine Plattensperren	Konsolidierungssperre Geschieberetentionssperre Absturzsperre		Geschiebedosiersperre	Geschiebefilter Wildholzfilter Murbrecher		
	Pfeilerplattensperren						
	Winkelstützmauer Hybridmauer						
	aufgelöste Tragwerke						
	massenaktive Tragwerke					Geschiebefilter Wildholzfilter Murbrecher	
	vektoraktive Tragwerke						Geschiebefilter Wildholzfilter

5 Entwurf und Konstruktion von Schutzbauwerken aus Beton und Stahlbeton

5.1 Allgemeine Konstruktionsregeln für Wildbachsperren

Die *Konstruktion* von Schutzbauwerken richtet sich grundsätzlich nach der Funktion, den einwirkenden Prozessen (Einwirkungen) und den Bedingungen für die Gründung. Maßgeblich ist das Bemessungsereignis (s. Abschnitt 8.2.1), allerdings ist auch – entsprechend den Sicherheitsanforderungen – ein Überlastfall (s. Abschnitt 8.2.2) zu berücksichtigen. Beachtung finden auch Einwirkungen, die nicht unmittelbar mit der eigentlichen Funktion des Bauwerks (der Anlage) zu tun haben. Dabei ist zu berücksichtigen, dass der Standort von Schutzbauwerken in der Regel eine Extremlage darstellt und aus diesem Grund nicht die gleichen Standards angewendet werden können, wie sie im Hoch- oder Tiefbau üblich sind. Es gelten andere Sicherheitsstandards, da die Bauwerke laufend extremen Belastungen und Umweltbedingungen ausgesetzt sind und ihre Funktion auch dann noch erfüllen, wenn teilweise erhebliche Mängel an der Bausubstanz bestehen. Dabei spielt die Robustheit des Sperrentragwerks eine entscheidende Rolle.

Die konstruktive Gestaltung von Schutzbauwerken ist hauptsächlich auf die Schutzwirkung ausgerichtet (Zweckbauwerke), architektonische oder ästhetische Überlegungen spielen in der Regel kaum eine Rolle. Zu beachten ist allerdings die Einbindung in das Landschaftsbild und die Anpassung an das Gewässer im Sinne der hydrobiologischen-hydromorphologischen Güteziele (laut der EU-Wasserrahmenrichtlinie [128]). Insbesondere im Unterlauf ist auf die Durchgängigkeit der Bauwerke für aquatische Lebewesen (Fische, Makrozoobenthos) zu achten.

Die Konstruktion ist im jeweiligen Einzelfall spezifisch für das geplante Schutzbauwerk zu entwickeln und zu optimieren. Für komplexe Wirkungen (Funktionen) wird die Durchführung von hydraulischen Modellversuchen empfohlen. In der Folge werden einige grundlegende Entwurfsregeln zusammengefasst, die überwiegend im Laufe der Zeit in der Ingenieurpraxis der Wildbachverbauung im Alpenraum entwickelt wurden. Diese Entwurfsregeln basieren auch auf den Ausführungen in der ONR 24802 (bzw. ÖNORM B 4800).

Querbauwerke der Wildbachverbauung sind so konzipiert, dass sich der Raum bachaufwärts (Verlandungsraum, Stauraum) sukzessive mit Geschiebe (Feststoffen) füllt. Das Wasser fließt über die auf eine maßgebliche Hochwassermenge bemessene Abflusssektion ab und stürzt auf der Luftseite in den Kolk, wo eine Energieumwandlung stattfindet (Bild 22).

Querbauwerke sind an jener Stelle im Gerinne zu platzieren, an der die vorgesehene Funktion am besten erfüllt wird. Die Bauwerke sind im rechten Winkel zur Fließrichtung anzuordnen. Im Bauwerksverband (Serie von regelmäßig angeordneten Querwerken) ist die Anordnung der Querwerke in Längsrichtung an den Abstand der Schwellen und Kolke einer vergleichbaren natürlichen Fließstrecke anzupassen.

Die Abflusssektion einer Wildbachsperre ist so zu entwerfen, dass der Bemessungsabfluss BHQ_{WF} (s. Abschnitt 8.2.1) unter Einhaltung des mindestens erforderlichen Freibordes f_{min} ohne Überströmen der Sperrenflügel über die Abflusssektion abgeführt wird. Dabei sind die Nachweise laut Abschnitt 8.3.2 zu erbringen.

Beim Überlastfall (Abschnitt 8.2.2) ist der Überfallstrahl möglichst in Bachmitte zu konzentrieren und von den Talflanken abzuhalten. Dies wird mit einem Anzug der Sperrenflügel von üblicherweise 10 bis 20 % erreicht. Der Flügelanzug muss jedoch über dem maximalen Verlandungsgefälle liegen. Richtwerte für typische Verlandungsgefälle sind spezifisch für die jeweiligen Verlagerungsprozesse in [16], Tabelle 5, angeführt. Die Sperrenflügel sind auf beiden Seiten in die Talflanken einzubinden, damit die Sperre nicht umflossen werden kann.

In murfähigen Wildbächen kann es im Verlandungsraum der Sperre nach Ablagerung eines Murkopfes leicht zur Verwerfung des Gerinnes kommen. Ähnliche Veränderungen treten bei Ablagerung von Wildholzaggregationen oder Geschiebebänken im Verlandungsraum oder durch eine kegelförmige Ablagerung bei Geschiebeüberlastung von Staffelungen auf. Deshalb wird in diesem Fall die Sperrenkrone steiler ausgeführt (bis etwa 35 %) [53].

Die Sohle des Wildbachs ist in der Regel instabil, sodass eine ausreichende Gründung der Sperre gegen Auskolkung erforderlich ist. Als Richtwert für die Gründung von Wildbachsperren kann eine Tiefe von 1,5 bis 2,0 m angegeben werden, die Festlegung hat jedoch im Einzelfall in Abhängigkeit von der Kolktiefe, der Hangstabilität und der Beschaffenheit des Baugrunds zu erfolgen.

Durch stationäre Strömungszustände des Wassers im Boden können zusätzliche Belastungen auf das Sperrenbauwerk auftreten. Ist die Wasserbewegung im Bereich des zum Erddruck gehörenden Bruchkörpers zur Mauer hin gerichtet, erhöhen die wirksamen Strömungskräfte den aktiven Erddruck. Solche zusätzlichen Belastungen müssen bei Vollwandsperren (geschlossenen Sperren) durch das Anbringen von Dränagen reduziert werden. Die Dränagen werden häufig durch die Anordnung von Entwässerungsöffnungen (Dolen) ausgeführt.

Der Querschnitt der Sperrenwand (Sperrenplatte) wird wasserseitig in der Regel senkrecht ausgeführt, während luftseitig ein Anzug ausgeführt wird. Dieser liegt üblicherweise – in Abhängigkeit des statischen Systems – zwischen 5:1 und 10:1. Stahlbetonplatten werden luft- und wasserseitig häufig senkrecht ausgeführt.

Die Breite des Fundaments richtet sich nach der Tragfähigkeit des Untergrunds, eine Verbreiterung ist bei schlechtem Baugrund erforderlich (s. Abschnitt 5.8.3).

Querwerke sind, sofern dies mit dem Schutzziel und den topografischen Verhältnissen vereinbar ist, konstruktiv so auszugestalten, dass das ökologische Kontinuum nicht unterbrochen wird und die Passierbarkeit für aquatische Lebewesen erhalten bleibt.

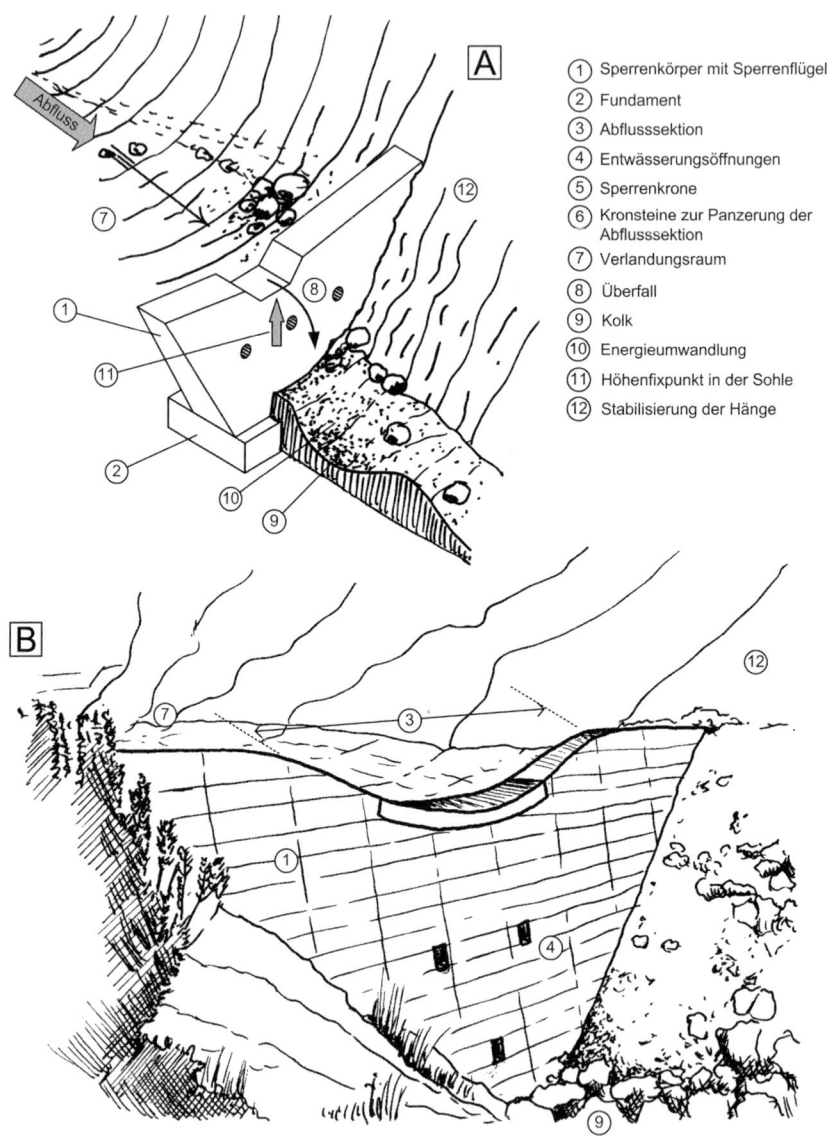

Bild 18. Bautyp Konsolidierungssperre: (A) Übersicht; (B) Detailansicht, Stahlbetonsperre mit ausgerundetem Murprofil

Bei hohen Beanspruchungen des Bauwerks durch den Abfluss, beginnend bei einem fluviatilen Feststofftransport, müssen zur Sicherstellung einer ausreichenden Dauerhaftigkeit die Abflusssektionen mit Kronsteinen oder Panzerblechen aus Stahl gegen Abrasion geschützt werden (s. Abschnitt 5.8.1).

5.2 Konsolidierungssperren

5.2.1 Wirkungsweise

Konsolidierungssperren (Bild 18) sind geschlossene Sperren, die der Stabilisierung und Konsolidierung von Wildbächen und deren Einhängen dienen. Sie bestehen aus einer öffnungsfreien Sperrenplatte (Ausnahme Entwässerungsöffnungen), je nach statischem System einem separaten Fundament und seitlichen Flügeln zur Einbindung in die Hänge. In Bachachse ist eine Abflusssektion angeordnet. Durch die Stützwirkung der Sperre entsteht bachaufwärts ein mit Geschiebe gefüllter Verlandungsraum. Konsolidierungssperren sind im Regelfall bis zur Unterkante der Abflusssektion mit Bachmaterial verfüllt.

Zur Stabilisierung bzw. Konsolidierung können Sohlgurte, Grundschwellen, Vollwandsperren und Rampen eingesetzt werden.

Die *Stabilisierung* im Zusammenhang mit Wildbächen umfasst alle Maßnahmen, die dazu dienen, die Sohle und die Ufer (samt den Einhängen) in der bestehenden Lage zu sichern und gegen Seiten- und Tiefenerosion zu schützen. Die Sicherung der Sohle erfolgt – über die Vorgabe eines Sohlgefälles über Höhenfixpunkte – durch die Bauwerke (Bild 19 A), durch eine Reduktion des Sohlgefälles und durch die Energieumwandlung und dadurch verbundene Verringerung der Fließgeschwindigkeit in den Kolken an den Sperrenbauwerken (Bild 19 B).

Die *Konsolidierung* umfasst Maßnahmen zur Unterstützung der Hänge oberhalb des Bauwerks durch eine Hebung der Gerinnesohle (Bild 19 B). Dadurch kommt es zu einer Erhöhung der Standsicherheit der Hänge. Konsolidierungsmaßnahmen bewirken eine maßgebliche Reduktion des Sohlgefälles, eine Verringerung der Fließgeschwindigkeit, die Ausbildung von freien Überfällen (Abstürzen) und eine Reduktion der Energie des Fließprozesses. Damit verbunden ist eine Reduktion der Geschiebetransportkapazität, die entweder zu einer Verringerung der Erosionsleistung oder zur temporären Ablagerung (Sedimentation) transportierter Feststoffe führt. Die Wirkungsweise von Sohlgurten und einer Konsolidierungsstaffel ist in Bild 19 dargestellt.

Zur optimalen Erfüllung ihrer Funktion und zur Wahrung der Standsicherheit sollten Konsolidierungssperren nur in Bauwerksverbänden (Staffelungen) angeordnet werden (Bild 19 B).

Beispiele gebräuchlicher Ausführungen von Konsolidierungssperren aus Beton und Stahlbeton zeigt Bild 20.

5.2.2 Konstruktion von Staffelungen

In der Regel werden für die Konsolidierung von labilen Bachabschnitten mehrere Sperren in einer Serie angeordnet. Dieser Bauwerksverband, der meist aus ähnlichen oder baugleichen Sperren besteht, wird als *Staffelung* bezeichnet. Die Anordnung erfolgt so, dass jede Sperre die jeweils oberhalb lie-

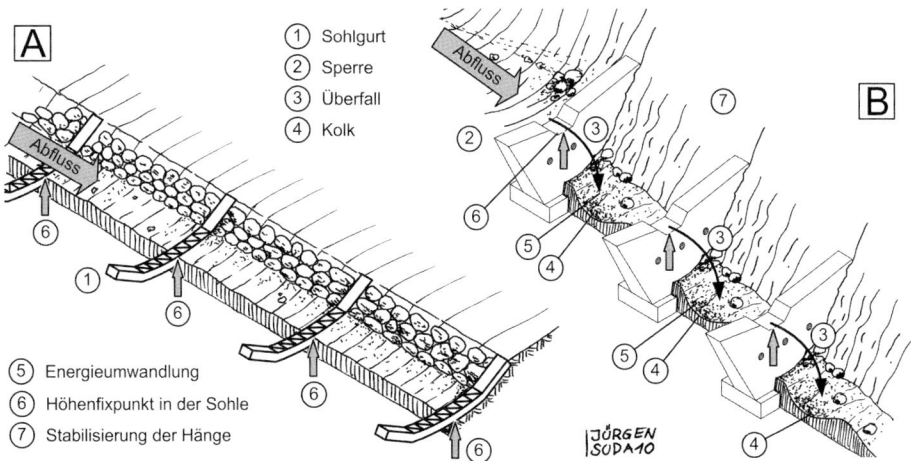

Bild 19. Prinzipdarstellung der Funktion Stabilisierung: (A) mittels Sohlgurten; (B) mittels Sperrenstaffelung

Bild 20. Beispiele für Stabilisierung bzw. Konsolidierung: (A) Konsolidierungssperrenstaffel aus Beton mit Kronen aus Wasserbausteinen; (B) Konsolidierungssperren aus Stahlbeton mit stahlgepanzerten Kronen in der Abflusssektion; (C) Konsolidierungssperre mit Konsole in der Abflusssektion; (D) Konsolidierungssperre mit Dosierschlitz

gende gegen Unterkolkung des Fundaments abdeckt.

Der Abfluss in den Verlandungsräumen von Konsolidierungssperren einer Staffelung findet auf der eigenen Alluvion statt, sodass der Feststofftransport mit der Sohle in Wechselwirkung steht. Die Staffelung trägt so zum Geschiebegleichgewicht bei, da es bei steigender Geschiebebelastung zur Ablagerung und zur Zunahme des Verlandungsgefälles, bei sinkender Geschiebebelastung jedoch zum Abtrag und zur Abnahme des Verlandungsgefälles kommt (Bild 23). Der Wirkungsgrad von Staffelungen für die Geschiebedosierung ist unter Umständen höher als bei einer einzelnen (großen) Dosiersperre, da die Zwischendeponie über Auf- und Abtrag erfolgt und Verklausungen weitgehend ausgeschlossen sind.

Zweifellos ist die Feststoffspeicherkapazität des Verlandungsraums von Konsolidierungssperren beschränkt; bei Überlastung des Wildbachs mit Geschiebe kann es auch innerhalb der Staffelung zur übersteilten, schwemmkegelartigen Ablagerung kommen und der Abfluss an den Hangfuß abgedrängt werden (Bild 21). Somit sind auch bei Konsolidierung von Erosionsstrecken lokale Hangrutschungen nach Unterschneidung nicht völlig auszuschließen, erreichen jedoch niemals das Ausmaß wie in ungesicherten Bachabschnitten. Für die Standsicherheit der Sperren ist dieses Risiko jedoch von erheblicher Bedeutung, da es bei mangelhafter Einbindung der Flügel in die Talflanken zu einer Freilegung der Fundamente und in weiterer Folge zu einer Umgehung des Bauwerks kommen kann.

Ein weiterer Risikofaktor für die Wirkung von Staffelungen ist das Auftreten von Verklausungen bachaufwärts der Staffelung und deren plötzlicher Durchbruch. Dieser kann zu schwallartigen Abflüssen und Murgängen führen, die weit über der Bemessungshochwassermenge liegen. In beiden Fällen wird die Staffelung Einwirkungen ausgesetzt, für die die Bauwerke in der Regel nicht bemessen sind (Katastrophenfall). Staffelungen, die in einem von schwallartigen Abflüssen oder Murgängen bedrohten Bachabschnitten liegen, sollten daher durch entsprechend konstruktive Vorkehrungen gegen diese Einwirkungen gesichert werden. Zu diesen Vorkehrungen zählen:

– ausreichendes Durchflussprofil der Abflusssektion (gegenüber dem Bemessungshochwasser überdimensioniert),

– muldenartige Ausformung der Abflusssektion (Murprofil) (s. Bild 42 B, C),

– steiler Anzug der Krone der Sperrenflügel (mindestens 15 %), im Außenbogen Überhöhung der

Entwurf und Konstruktion von Schutzbauwerken aus Beton und Stahlbeton

Bild 21. Überlastung von Sperrenstaffelungen durch Überschreitung der Feststoffaufnahmekapazität der Verlandungsräume [16]

- Abflusssektion (steilerer Anzug der Krone des Flügels im Außenbogen als im Innenbogen) (s. Bild 42 F),
- ausreichende Einbindung der Fundamente in den Talflanken, mindestens 2,0 m oder Verankerung im anstehenden Fels,
- ergänzende Sicherung der Talflanken im Bereich des Sperrenkolks (z. B. durch Vorfeldwangen),
- Anordnung eines Bauwerks zur Umwandlung der Energie von Muren („Murbrecher") bachaufwärts der Staffelung. Alternativ können die Sperren der Staffelung auf die Mureinwirkungen bemessen werden.

Konsolidierungssperren und Staffelungen haben keinen nennenswerten Einfluss auf den Hochwasserabfluss, sieht man von der Energieumwandlung im Sperrenkolk ab (Bild 22). Durch die Umsetzung der zuvor angeführten konstruktiven Vorkehrungen kann in Staffelungen eine wirkungsvolle Umwandlung der Energie von Murgängen (kaskadenartiger Absturz) erreicht werden.

Das Verlandungsgefälle in Staffelungen hängt von der Wasserführung, der Feststoffkonzentration und der Kornzusammensetzung des Sediments ab und ist laufenden Schwankungen unterworfen. Für die Anordnung der Konsolidierungssperren, insbesondere für die Wahl des Sperrenabstands L spielt das Verlandungsgefälle hinter den Sperren eine entscheidende Rolle (Bild 23). Maßgeblich ist das Minimalgefälle φ', das nach einem Hochwasserereignis eintritt. Im Wildbach ist das Minimalgefälle immer sehr viel kleiner als das Sohlgefälle φ des unverbauten Bachs. Zudem haben Länge und Tiefe des Sperrenkolks große Bedeutung für die Stabilität der Sperrenbauwerke. Falls das Gefälle zwischen zwei Sperren größer als φ' ist, tritt bei Hochwasser Sohlerosion auf. Die Standsicherheit der Sperre wird dadurch verringert (Bild 23).

In einer Staffelung hat das Versagen einer Sperre auch Auswirkungen auf die Standsicherheit der oberhalb liegenden Sperrenbauwerke. Aus diesem Grund kommt der Stabilität der untersten Sperre einer Sperrenstaffelung besondere Bedeutung zu (Schlüsselbauwerk, s. Abschnitt 10).

Bei einer Anordnung von Konsolidierungssperren ist – in Abhängigkeit von der Topografie, der Abflussverhältnisse und des Feststofftransports – ein optimaler Ausgleich zwischen der Anzahl der Querwerke und ihrer Konstruktionshöhe zu schaffen. Der Abstand zwischen den Bauwerken und die Konstruktionshöhe der Bauwerke einer Staffelung (gemäß Bild 22) ist von folgenden Punkten abhängig:

- Im Sperrenkolk nach dem Überfall muss eine optimale Energieumwandlung im Sperrenkolk stattfinden können, ohne dass die nachfolgende Sperre vom Überfallstrahl beaufschlagt wird. Dabei ist zumindest die Tosbeckenlänge laut Abschnitt 8.3.3 einzuhalten. In steilen Wildbächen ist diese Forderung meist nur mit großen Absturzhöhen zu erzielen. Für diesen Fall gibt *Böll* [22] den Sperrenabstand mit L > 10 m an.
- Die jeweils oberhalb liegende Sperre muss gegen Unterkolkung des Fundaments gedeckt sein (Maßgeblich ist der untere Grenzwert des Zwischengefälles J_N). Für Wildbäche mit besonders starker Auflandungs- und Erosionsneigung wird ein Sohlgefälle mit 0 % empfohlen („Nulldeckung") (s. Bild 22). In der Praxis wird das Sohlgefälle zwischen den Sperren einer Staffelung je nach Zusammensetzung des Sediments bis maximal 5 % festgelegt. Die Fundamentunterkante der nächst oberen Sperre liegt damit etwa 1 m tiefer als die Hinterkante der Abflusssektion der unterhalb liegenden Sperre.
- Bei einer extremen Auflandung der Bachsohle soll es zu keiner völligen Einschüttung der oberhalb liegenden Sperre kommen.

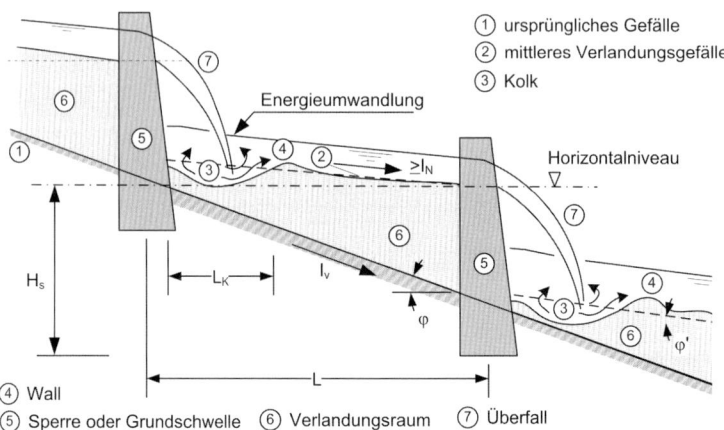

① ursprüngliches Gefälle
② mittleres Verlandungsgefälle
③ Kolk

④ Wall
⑤ Sperre oder Grundschwelle ⑥ Verlandungsraum ⑦ Überfall

Bild 22. Abfluss in einer Sperrenstaffelung

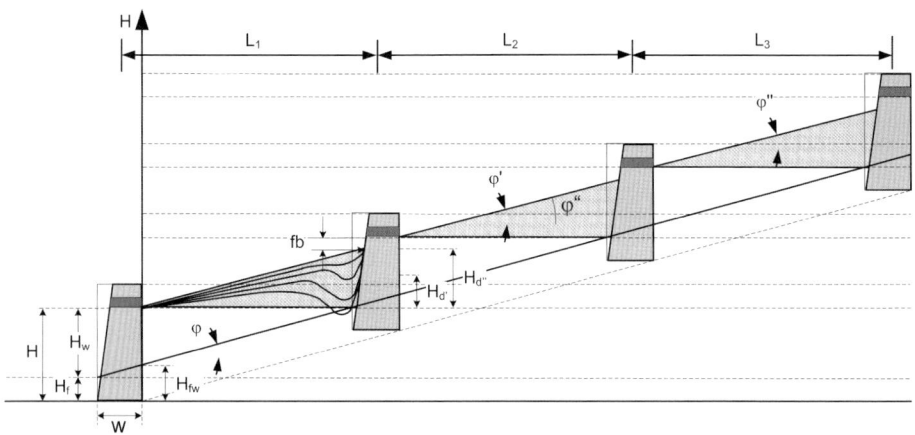

Bild 23. Staffelung von Konsolidierungssperren (Längsschnitt): Die Grafik zeigt das Bachgefälle vor Verbauung φ und das Prinzip des wechselnden Verlandungswinkels φ', φ'' sowie die Sohllinien bei unterschiedlicher Auskolkung. Aus diesen Angaben kann die Gründungstiefe H_f sowie das mindestens erforderliche Freibord fb bei Vollverlandung abgeleitet werden, in zweiter Linie ergeben sich daraus die Konstruktionshöhe und der Abstand der Sperren [16].

Die Verlandung von Wildbachsperren ist ein stark von der Wasserführung und der Feststoffführung abhängiger Prozess und zyklischen Entwicklungen unterlegen (Verlandungszyklus). Wenn Konsolidierungssperren nach der Fertigstellung nicht hinterfüllt werden, tritt die Verfüllung des Stauraums erst bei den folgenden Feststofftransportereignissen auf. Diese Verlandung ist in der Regel irreversibel und wird häufig ausgenutzt, um Kosten für eine maschinelle Hinterfüllung der Bauwerke zu sparen. Nachdem sich eine Verlandung bis zur Sperrenkrone eingestellt hat, bildet sich oberhalb der Sperre ein bestimmtes Verlandungsgefälle, welches dem aktuellen Geschiebegleichgewicht (Gleichgewicht zwischen Transportkapazität des Abflusses und dem Feststoffdargebot) entspricht.

Der Verlandungsraum von Konsolidierungssperren darf nur im Bauzustand nicht hinterfüllt sein. Wenn nach Fertigstellung die Verlandung der Konsolidierungssperre auf natürlichem Wege nicht rasch eintritt, ist sie durch maschinelle Hinterfüllung herzustellen. Sollte eine natürliche Verlandung über Jahre vorgesehen sein, ist die entsprechende Einwirkungskombination bei der statischen Dimensionierung zu berücksichtigen.

Konsolidierungssperren aus Beton können als Gewichts- oder Bogensperren ausgeführt werden. Stahlbetonsperren werden als Winkelstützmauer, Hybridmauer oder Plattensperre ausgeführt. Ausgeführte Beispiele von Konsolidierungssperren finden sich in Abschnitt 9.3.4.3.

5.3 Dosiersperren

5.3.1 Wirkungsweise

Bautypen, die zur Dosierung und Filterung eingesetzt werden, sind sehr ähnlich, da sich diese beiden Prozesse schwer voneinander trennen lassen. Bei diesen Bautypen sind in den Öffnungen zur Erfüllung der gewünschten Funktion oft Verschlusselemente wie Rechen, Roste oder Balken angeordnet. Zur Erfüllung der Funktion Dosierung muss immer ausreichend freies Speichervolumen im Retentionsbecken vorhanden sein.

Bei der *Dosierung* kommt es durch den hydraulischen Widerstand des Bauwerks zu einem Rückstaueffekt hinter dem Bauwerk (Bild 24). Dadurch wird Wasser zurückgehalten und durch die Verringerung der Fließgeschwindigkeit werden Feststoffe abgelagert. Das temporär zurückgehaltene Wasser wird zeitverzögert in den Unterlauf abgegeben; das abgelagerte Geschiebe wird mit der ablaufenden Hochwasserwelle oder bei Mittelwasser abtransportiert (Spülung). Bauwerke zur Dosierung weisen in der Regel einen höheren hydraulischen Widerstand als Filterbauwerke auf.

Als Dosiersperre in Massivbauweise können Schlitzsperren oder aufgelöste Sperren verwendet werden. Großdolige Sperren können nur zur Dosierung eingesetzt werden. Ist auch eine Filterwirkung erwünscht, z. B. die Filterung von Wildholz, wird einer Dolensperre ein Filterbauwerk (z. B. ein Schrägrechen) vorgesetzt (Bild 28 A, Bild 29 C und D). Die hydraulische Bemessung dieser Bauwerke erfordert praktische Erfahrung und wird häufig durch Modellversuche unterstützt, um die gewünschte Wirkung im Prozess zu erzielen.

5.3.2 Allgemeine Entwurfsregeln für Dosiersperren

Das Feststoffregime eines Wildbachs zeichnet sich in Abhängigkeit des Geschiebedargebots und der Wasserführung durch einen kurzzeitigen Wechsel von Phasen mit Massenüberschuss und Massendefizit aus. Aus diesem Grund treten kleinräumige und kurzzeitige Abfolgen von Abtrag (Erosion) und Auflandung ein, sodass die Morphologie des Bachbetts als sehr instabil anzusehen ist. Das Feststoffregime ist daher meist im Stadium des Ungleichgewichts.

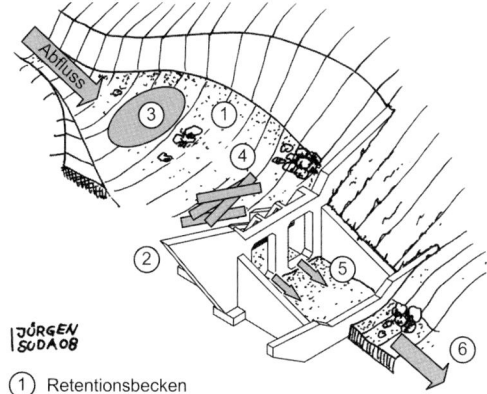

① Retentionsbecken
② Dosier- und Filtersperre (großdolige Sperre mit Filteraufsatz)
③ Retention von Geschiebe im Retentionsbecken
④ Retention von Wildholz am Filterbauwerk
⑤ reduzierte und zeitverzögerte Abgabe in den Vorfluter durch die Öffnungen
⑥ reduzierte Abflussmenge im Vorfluter mit reduzierter Festofffracht

Bild 24. Prinzipdarstellung der Funktion Dosierung und Filterung: (A) kombiniertes Dosier- und Filterbauwerk; (B) Filtersperre (Grobfilter, Wildholzfilter)

Eingriffe in den Geschiebetransport führen zu einer raschen Veränderung des Feststoffregimes. Beispielsweise bewirkt die Errichtung einer Geschieberetentionssperre im Unterlauf ein Geschiebedefizit und kann neue Erosionstendenzen auslösen. Für Wildbäche mit instabilem Feststoffregime sind daher Funktionstypen gefragt, die eine hohe Durchgängigkeit für Geschiebe bewirken und einen selektiven Rückhalt für grobe Feststoffkomponenten leisten. Dieses Konzept liegt den Funktionstypen der Geschiebedosierung und Geschiebefilterung durch kronenoffene Sperren zugrunde [84].

Folgende Kriterien sind für die Funktion kronenoffener Sperren maßgebend:

- selektiver Rückhalt von groben Feststoffkomponenten (Wildholz, Blöcke, Steine), deren Ablagerung zu Verklausungen, Bachaustritten, Bachverwerfungen und Ufererosion führen würden;
- weitgehende Durchgängigkeit für den Transport mittlerer und feiner Feststoffkomponenten vor allem bei kleineren Hochwasserereignissen;
- Retentionswirkung nur bei extremen Hochwasserereignissen;
- Möglichkeit einer (teilweisen) selbstständigen Entleerung;
- Bereitstellung eines ausreichenden Stauraums für die Feststofffracht des Bemessungsereignisses ohne laufenden Räumungsbedarf;
- gute Entwässerung des Verlandungskörpers;
- Durchgängigkeit der Sperre für Makrozoobenthos und falls erforderlich für Fische.

Die Vorteile dieses Konzepts liegen in der effizienten Nutzung der Fließenergie des Wassers, in der Erhaltung des Geschiebegleichgewichts im Unterlauf, in einer möglichst langen Freihaltung des Stauraums, in einer ökologischen Durchgängigkeit der Sperrenbauwerke sowie in einer Baukostenersparnis aufgrund geringerer (erforderlicher) Bauwerkshöhen.

Das Konzept der Dosierung wird in der Praxis in Form von kronenoffenen Sperren oder großdoligen Sperren umgesetzt. Folgende Bautypen sind am häufigsten vertreten:

- Schlitzsperren mit
  - einfachem Schlitz oder mehrfachen Schlitzen,
  - Balken,
  - Netz;
- großdolige Sperren mit
  - Rechen,
  - (schrägem) Rost,
  - Balken,
  - Netz.

Von grundlegender Bedeutung für die Dosier- und Filterwirkung von Wildbachsperren ist die Größe der Sperrenöffnung, also der Durchmesser der Dolen und die Breite der Schlitze oder die lichte Weite von, den Öffnungen vorgesetzten, Rechen, Netzen oder Balken. Das Planungskriterium ist dabei nicht nur der Durchmesser jener Feststoffkomponenten, die zurückgehalten werden sollen, sondern auch die Herstellung eines temporären Rückstaus im Verlandungsraum, der die Sedimentation des Geschiebes und das Aufschwimmen des Wildholzes bewirkt. In diesem Sinne hat die Durchgängigkeit der Sperrenöffnungen zwei divergenten Anforderungen zu genügen: Sie soll so gering sein, dass eine wirksame Sedimentation eintritt, und so groß sein, dass eine wirksame Spülung des Stauraums eintritt. Durch die Ausbildung eines Rückstaus setzt die Sedimentation bereits an der Stauwurzel ein (Ausbildung eines submersen Schwemmkegels) und baut sich langsam in Richtung Sperrenbauwerk auf. Dadurch werden die Sperrenöffnungen länger frei gehalten. Je nach Funktion der Sperre wird für Dosiersperren die Größe der Sperrenöffnungen (z. B. die Schlitzbreite) so bemessen, dass ein Rückstau schon bei Mittelwasser, bei Hochwasser oder erst bei Eintritt des Bemessungshochwassers eintritt. Hingegen werden die Öffnungen von Filterbauwerken so bemessen, dass die Durchgängigkeit weit über dem Bemessungshochwasser liegt und damit ein Verschluss der Öffnungen (Verklausung) mit nachfolgendem Rückstau nur im Katastrophenfall eintritt.

Kritisch ist die Wirkung von großdoligen oder kronenoffenen Sperrenbauwerken mit hoher Durchgängigkeit für Wildbäche mit leicht mobilisierbarem, grusigem oder kohäsionslosem Geschiebe zu bewerten, wie es vor allem in Einzugsgebieten mit karbonatischem Grundgestein (Kalk, Dolomit) auftritt. Für diese Wildbäche besteht das Risiko eines retentionsfreien Geschiebetransports durch die Sperrenöffnungen hindurch, ohne dass diese ihre Wirkung entfalten können [138].

5.3.3 Konstruktion von Schlitzsperren

Schlitzsperren werden entsprechend ihrer Wirkung auch als Entleerungssperren bezeichnet. Das Prinzip dieses Sperrentyps basiert darauf, während des Hochwasserereignisses einen Rückstau im Verlandungsraum zu erzeugen und eine Sedimentation von der Stauwurzel her einzuleiten. Ein Verschluss des Schlitzes (Verklausung) soll möglichst lange verhindert werden. Die Erfahrung zeigt allerdings, dass Schlitze auch ohne Wildholzführung bei Hochwasserereignissen rasch verlegt werden. Ein maßgebliches Ereignis für den Verschluss des Schlitzes dürfte der Zeitpunkt der Überströmung der Abflusssektion sein, welche den starken Durchfluss durch den Sperrenschlitz infolge des Überfalls beeinträchtigt.

Die Entleerung des Verlandungsraums erfolgt – sofern der Schlitz nicht verschlossen ist – mit Ablaufen der Hochwasserwelle. Durch das infolge der Auflandung größere Gefälle erhöhen sich der Durchfluss und die Schleppkraft im Schlitzbereich. Die Abspülung des Sediments im Stauraum setzt unmittelbar oberhalb des Schlitzes ein und pflanzt sich in Form einer Erosionsrinne rückschreitend in den Verlandungskörper fort. In der Regel kann durch natürliche Abspülung nur eine Teilentleerung des Verlandungsraums erreicht werden, weil die Entwicklung der Erosionsrinne gegen die Fließrichtung und seitlich beschränkt ist. Entscheidend für die Reichweite der Entleerung ist die Höhe des Schlitzes.

5.3.3.1 Schlitzsperren mit offenem Schlitz

Die Wirkung von Schlitzsperren hängt maßgeblich davon ab, ob bei Hochwasser eine möglichst lange Durchgängigkeit des Schlitzes erhalten bleibt bzw. die Verklausung des Schlitzes möglichst lange verhindert wird. Schlitzsperren sind daher so anzuordnen, dass die Verlandung des Retentionsraums von der Stauwurzel her stattfindet und die Anströmung des Schlitzes von der Oberwasserseite möglichst im rechten Winkel zur Sperre erfolgt.

Die Schlitzbreite wird entsprechend der Zusammensetzung der Feststoffe im Einzugsgebiet auf Basis von Erfahrungen oder aufgrund von Modellversuchen festgelegt. Als Richtwert für die minimale Schlitzbreite kann die 0,3- bis 0,5-fache Breite der Bachsohle angegeben werden. *Leys* [102] gibt als Richtwert für die minimale Schlitzbreite die Sohlbreite des Baches oberhalb der Sperre oder den dreifachen Durchmesser des Größtkorns an. Das Bemessungshochwasser muss durch den Schlitz dosiert werden, um den gewünschten Verlandungseffekt erzielen zu können. Die Festlegung der Schlitzbreite ist ein kritisches Planungskriterium, da eine falsche Festlegung eine zu rasche Verklausung oder eine zu hohe Durchgängigkeit nach sich ziehen kann. Die Schlitzbreite kann später praktisch nicht mehr verändert werden.

Schlitzsperren sind anfällig für rasche Verklausung, aber auch zuweilen für plötzlichen Durchbruch der Verklausung bei Vollstau, der zu einer Flutwelle im Unterwasserbereich und zu einer schlagartigen Entleerung führen kann. Diesen Risiken einer einfachen Schlitzsperre kann im Bedarfsfall durch zusätzliche konstruktive Vorkehrungen entgegengewirkt werden. Dazu zählen Strukturen, die dem Schlitz wasserseitig vorgesetzt werden (Scheiben, Abweiser), um ihn vor Verschluss durch Holz frei zu halten, oder die Anordnung von Mehrfachschlitzsperren oder aufgelösten Sperrentypen (Bild 25).

Ein ausgeführtes Beispiel einer Schlitzsperre mit offenem Schlitz findet sich in Abschnitt 9.3.4.3.

Bild 25. (A), (C) Einfache Schlitzsperre; (B) Schlitzsperre im teilverlandeten Zustand, (D) Schlitzsperre mit wasserseitigen Scheiben (Quellen A, B: [38])

5.3.3.2 Schlitzsperren mit Balken (Balkensperren)

Balkensperren weisen breitere Öffnungen oder Schlitze auf, die mit horizontalen Stäben teilweise abgedeckt sind (Bild 26). Der Wirkungsgrad von Balkensperren hängt von der Höhe der Sperre, der Durchgängigkeit (Balkenabstand) und der Balkenstärke ab. Durch die übliche Größe der Sperrenöffnung kommt es im Stauraum von Balkensperren selten zu Rückstauereignissen, sodass der Balkenabstand das maßgebliche Kriterium für die Durch-

Bild 26. (A), (B), (D), (F) Einfache Schlitzsperren mit Balkenverschluss; (C), (E) aufgelöste Sperre mit Balkenverschluss; (G) Balkensperre mit Vorfeldwangen (Quellen A, B, C: [38])

gängigkeit ist. Durch einen sukzessiven Verschluss der Balkenabstände durch Grobgeschiebe und Holz kommt es auch bei Balkensperren zu einer fortschreitenden Verklausung der Sperrenöffnung, die jedoch nicht so schlagartig eintritt wie bei Schlitzsperren. Zum Verschluss kommt es in der Regel durch die unselektierte Ablagerung von Feingeschiebe hinter dem ausgefilterten Holz und Grobgeschiebe.

Eine selbsttätige Entleerung des Verlandungsraums tritt bei Balkensperren nicht so leicht ein wie bei Schlitzsperren. Sind die Balken durch Holz verlegt, ist meistens eine künstliche Öffnung des Balkenverschlusses und eine Räumung der Verklausung unausweichlich. Ein wesentlicher Vorteil der Balkensperre liegt in der garantierten Rückhaltewirkung für Grobkomponenten, deren Durchmesser über dem Balkenabstand liegt.

Als Richtwert für den Mindestabstand zwischen den Balken gibt *Hampel* [61] den 1,5-fachen Durchmesser des Größtkorns oder die doppelte Balkenstärke an. Als vorteilhaft hat sich eine spätere Einstellbarkeit der Balkenabstände erwiesen.

Balkensperren sind meist ein oder mehrfache Schlitzsperren mit Balkenelementen in den Öffnungen. Die Wirkung von Balkensperren hängt maßgeblich davon ab, ob die groben Komponenten des Feststofftransports zurückgehalten werden bzw. die Durchgängigkeit für Feingeschiebe erhalten bleibt. Balkensperren sind daher so anzuordnen und zu bemessen, dass die Verlandung von der Sperre beginnend bachaufwärts stattfindet.

Balkensperren weisen hinsichtlich Funktion und Wartung bei starker Geschiebeführung Nachteile gegenüber anderen Sperrentypen auf. Aus diesem Grund ist bei der Wahl des Bautyps der Rechensperre der Vorzug einzuräumen.

Zur besseren Räumbarkeit im Falle einer Verklausung sollten die Balken entfernt werden können. Der Balkenabstand ist entsprechend der Zusammensetzung und Form der Feststoffe im Einzugsgebiet oder aufgrund von Modellversuchen festzulegen.

Ein ausgeführtes Beispiel einer Schlitzsperre mit Balken und mehrfachen Schlitzen findet sich in Abschnitt 9.3.7.5.

5.3.4 Konstruktion von großdoligen Dolensperren mit Rechen

Großdolige Dolensperren sind häufig mit einem Filterbauwerk (Rechen) kombiniert (Bild 28). Die Großdolen übernehmen die Funktion der Dosierung, der Rechen die Funktion der Filterung. Durch den Rechen sollen die Großdolen vor Verklausung durch Wildholz geschützt werden. Die Wirkung von Rechensperren hängt maßgeblich davon ab, ob die Durchgängigkeit für den Geschiebetrieb bei Hochwasser erhalten bleibt. Die Sperren werden mit einer, zwei oder drei Öffnungen ausgeführt (Bild 29). Die Anzahl der Öffnungen richtet sich vor allem nach der Bachbreite und dem erforderlichen Abflussquerschnitt. Die Öffnungen sollten hydraulisch so bemessen sein, dass es an ihnen zu keinem Rückstau kommt. Der Rückstau soll hauptsächlich durch den Rechen verursacht werden. Als Rechen sind einfache Schrägrechen oder ein- bis zweifach genickte Rechen gebräuchlich (s. Abschnitt 5.8.6).

Der Grundgedanke dieses Sperrentyps ist, Wildholz durch die Schräglage des Rostes (Rechens) zum Aufgleiten zu bringen und dadurch den Durchfluss und den Geschiebetrieb möglichst lange aufrechtzuerhalten. Vertikale Rechen werden daher in der Wildbachverbauung praktisch nicht errichtet. Rechenkonstruktionen wirken vor allem in stark wasserführenden Wildbächen mit großem Wildholzanteil und tragen dazu bei, dass das Geschieberegime des Bachs im Unterlauf im „Gleichgewicht" gehalten wird.

Durch die Querschnittsverengung tritt zwischen den Rechenstäben eine erhöhte Schleppkraft auf, die zur Erhöhung des Geschiebetriebs führt. Der Grundgedanke dieses Bautyps ist ein natürlicher Spülvorgang bei ablaufender Hochwasserwelle, um den Stauraum möglichst lange für grobe Feststoffkomponenten frei zu halten. Durch den Spülvorgang passiert ein beträchtlicher Teil der Geschiebefracht – vor allem der Feingeschiebeanteil – die Sperre und gelangt in den Unterlauf. Allerdings zeigt die Praxis, dass durch das Herabsinken des Holzes der Rost (Rechen) in manchen Fällen verschlossen wird und der Spülvorgang abbricht. Im Verlandungsraum tritt daraufhin ein Rückstau ein und führt zur unselektierten Ablagerung aller Feststoffe. Häufig ist es daher erforderlich, durch maschinelle Freihaltung des Rechens schon während der ablaufenden Hochwasserwelle den Spülvorgang einzuleiten. Eine gesicherte Zufahrt, nicht nur in den Verlandungsraum, sondern auch in den Bereich des Rechens, ist daher besonders wichtig.

Grundsätzlich reicht ein unter 45° geneigter Rechen aus (Bild 27 A), um die beschriebenen Funktionen zu erfüllen, die Wirkung kann allerdings durch zusätzliche konstruktive Vorkehrungen verbessert werden. Häufig wird der unterste Teil des Rostes horizontal oder leicht geneigt ausgeführt und wirkt so ähnlich einem Tiroler Wehr (Bild 27 B–E). Die höheren Teile des Rostes werden hingegen steiler geneigt. Im Bereich der Abflusssektion wird der Rost fallweise wieder horizontal ausgeführt. Der Rechen (Rost) ist großen Dolen vorgesetzt, deren Durchgängigkeit weit über dem Bemessungshochwasser liegt.

Bei Rückstau kann es fallweise zum Aufschwimmen des Holzes im Bereich der Abflusssektion

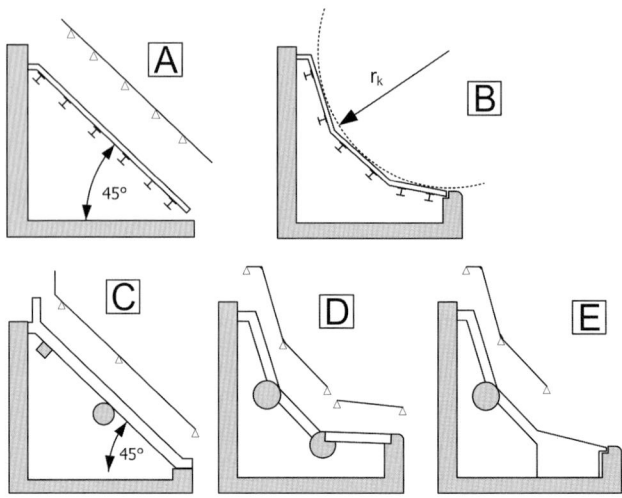

Bild 27. Rostformen und statisches System: (A) Schrägrechen auf I-Trägern; (B) gebrochener Rost auf I-Trägern; (C) Schrägrechen auf Verbundträger; (D) zweifach gebrochener Rost (Lagerung auf zwei Rundträgern); (D) zweifach gebrochener Rost (Lagerung auf Stützlamellen und Rundträger)

kommen. Um ein Überschieben des Holzes über die Abflusssektion zu verhindern, muss der Rechen so ausgeführt werden, dass das Holz im obersten Bereich hängen bleibt. Diese Wirkung wird z. B. auch durch vertikale Stäbe erzielt, die dem Rechen im obersten Teil aufgesetzt sind (Bild 60 A).

Ausgeführte Beispiele von großdoligen Dolensperren mit Rechen finden sich in Abschnitt 9.3.7.5.

5.4 Filtersperren

5.4.1 Wirkungsweise

Bautypen, die zur Dosierung und Filterung eingesetzt werden, sind sehr ähnlich, da sich diese beiden Prozesse schwer voneinander trennen lassen. Bei diesen Bautypen sind in den Öffnungen zur Erfüllung der gewünschten Funktion oft Verschlusselemente wie Rechen, Roste oder Balken angeordnet. Zur Erfüllung der Filterfunktion Dosierung muss immer ausreichend freies Speichervolumen im Retentionsbecken vorhanden sein.

Filterbauwerke besitzen große Öffnungen und erzeugen im Optimalfall wenig Rückstau (Bild 30). Die Filterung findet an den funktionalen Sperrenteilen in den Öffnungen, wie Rechen oder Balken, statt. Das Ziel einer Filterung ist der selektive Rückhalt von groben Feststoffkomponenten (z. B. Wildholz oder Blöcken) aus einem Fließprozess (Bild 30). Dadurch soll verhindert werden, dass diese Komponenten im Unterlauf zu Verklausungen oder zur Blockade des Abflussprofils führen. Beispiele für Filtersperren sind in Bild 29 E–G dargestellt. Neben den massiven Bautypen werden auch

Netz- oder Seilsperren (Bild 16 J, K) zur Filterung von Wildholz eingesetzt.

Als Filtersperren in Massivbauweise können Schlitzsperren oder aufgelöste Sperren verwendet werden. Großdolige Sperren können nur zur Dosierung eingesetzt werden. Die hydraulische Bemessung dieser Bauwerke erfordert praktische Erfahrung und wird häufig durch Modellversuche unterstützt, um die gewünschte Wirkung im Prozess zu erzielen.

5.4.2 Konstruktion von Filtersperren

Filtersperren sind entsprechend ihrer Funktion mit großen Öffnungen (Dolen, Schlitze, Rechen) in Form und Größe so auszuführen, dass ausschließlich jene Feststoffkomponenten zurückgehalten werden, die im Unterlauf zur Verklausung oder Blockade des Abflussprofils führen können. Je nach Größe der Öffnungen werden Grob- und Feinfiltersperren unterschieden. Die wichtigste Form sind die Wildholzfiltersperren. Grundsätzlich gelten die Ausführungen aus Abschnitt 5.1.

Das Konzept der Filterung (Grobgeschiebe, Wildholz) wird in der Praxis in Form von kronenoffenen Sperren umgesetzt. Folgende Bautypen sind am häufigsten vertreten:

- Schlitzsperren mit einfachem Schlitz oder mehrfachen Schlitzen,
- aufgelöste Sperren (Wildholzrechen, Wildholzfang, massive Wildholzsperre),
- Gittersperren,
- Netzsperren.

Entwurf und Konstruktion von Schutzbauwerken aus Beton und Stahlbeton

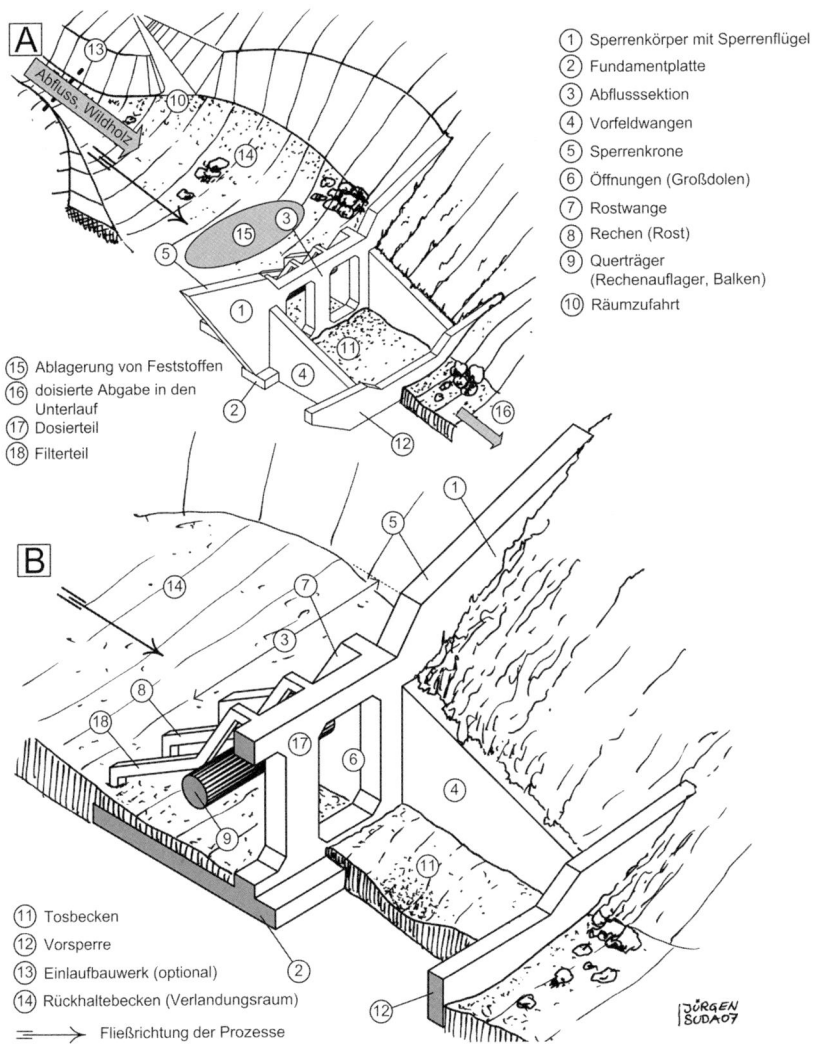

Bild 28. Geschiebedosiersperre: Bautyp großdolige Dolensperre mit Rechen (vorgesetztes Filterbauwerk)

Der Rückhalt von Wildholz erfolgt in der Regel gemeinsam mit dem Geschieberückhalt. Dies ist vor allem auf die Tatsache zurückzuführen, dass in Wildbächen eine gezielte Selektierung der Feststoffe („Sortierung") in der Praxis kaum gelingt. Umso wichtiger sind Vorkehrungen an den Sperrenbauwerken (Rechen, Wildholzabweiser), die die Sperrenöffnungen möglichst lange frei halten und die Funktion des Bauwerks für den Geschiebetransport aufrechterhalten.

Durch die besonderen Gefahren, die vom Wildholz ausgehen (Verklausung, Stoßwirkung auf Objekte, Funktionsverlust von Schutzbauwerken), werden immer häufiger Schutzkonzepte ausgearbeitet, die eine separate Filterung (Rückhalt) von Wildholz vorsehen. Besonders wichtig ist eine Filterung des Wildholzes oberhalb von Hochwasserrückhaltebecken (spätestens an der Stauwurzel), um die Betriebssicherheit dieser Anlagen aufrechtzuerhalten. Zu den Bauwerkskonstruktionen für den Wildholz-

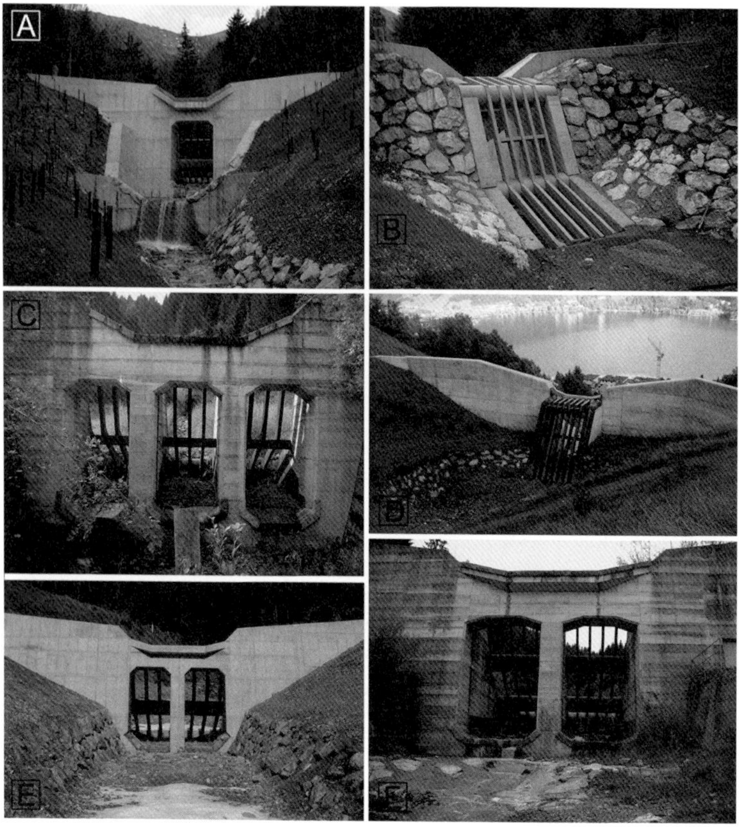
A
B
C
D
E
F

Bild 29. Beispiele für großdolige Dolensperren mit Rechen: (A) großdolige Dosiersperre mit einer Öffnung; (B) wasserseitiger Rechen; (C) Sperre mit drei Öffnungen und Rechen; (D) schräger Rechen einer großdoligen Dosiersperre; (E), (F) großdolige Dosiersperre mit zwei Öffnungen und Rechen

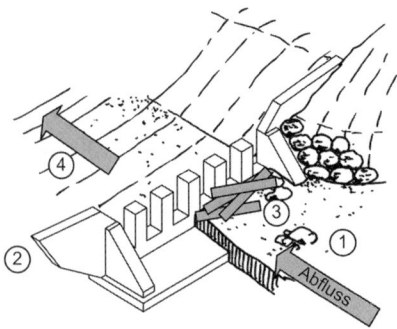

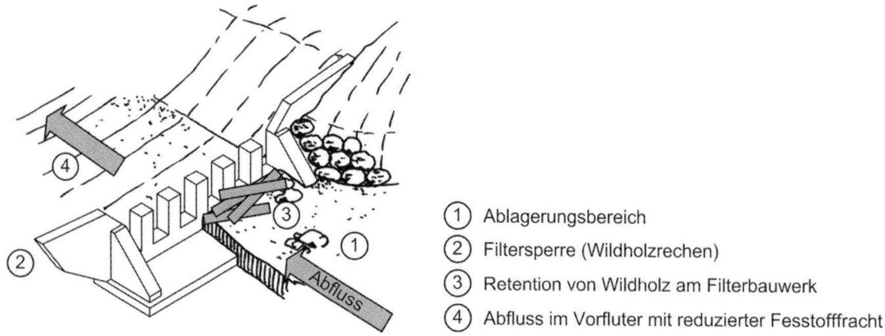
Abfluss
1
2
3
4
(1) Ablagerungsbereich
(2) Filtersperre (Wildholzrechen)
(3) Retention von Wildholz am Filterbauwerk
(4) Abfluss im Vorfluter mit reduzierter Fesstofffracht

Bild 30. Prinzipdarstellung der Funktion Dosierung und Filterung: (A) kombiniertes Dosier- und Filterbauwerk; (B) Filtersperre (Grobfilter, Wildholzfilter)

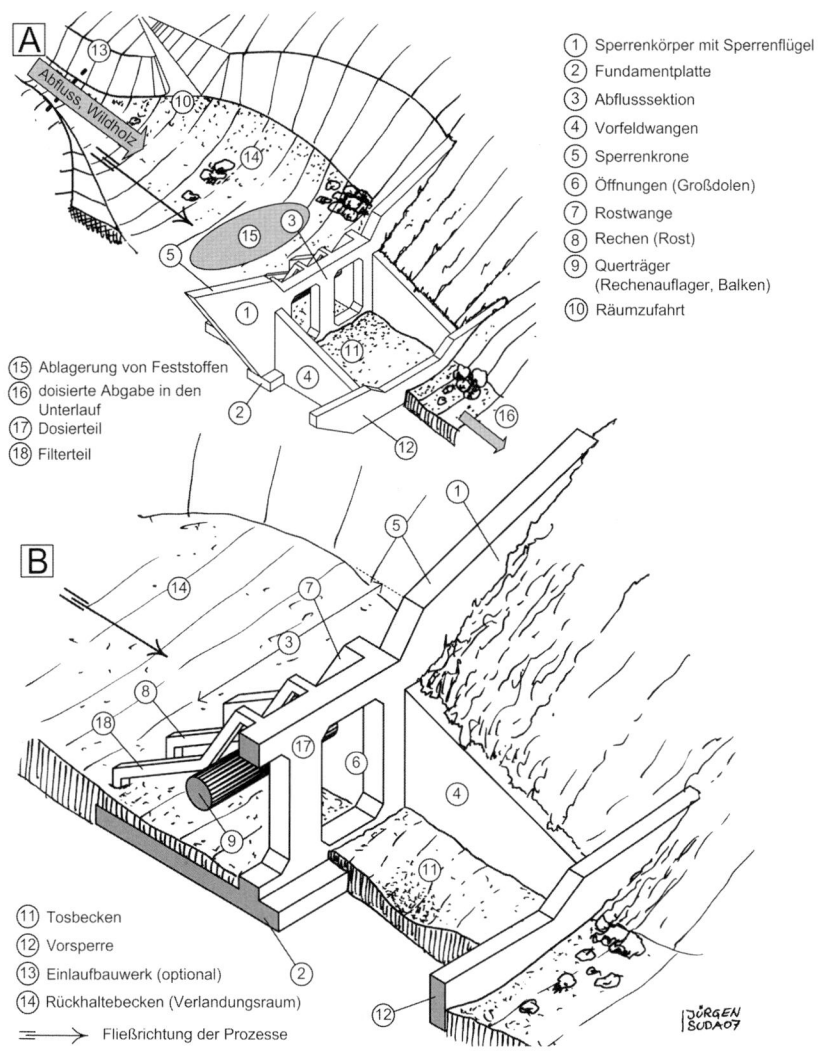

Bild 28. Geschiebedosiersperre: Bautyp großdolige Dolensperre mit Rechen (vorgesetztes Filterbauwerk)

Der Rückhalt von Wildholz erfolgt in der Regel gemeinsam mit dem Geschieberückhalt. Dies ist vor allem auf die Tatsache zurückzuführen, dass in Wildbächen eine gezielte Selektierung der Feststoffe („Sortierung") in der Praxis kaum gelingt. Umso wichtiger sind Vorkehrungen an den Sperrenbauwerken (Rechen, Wildholzabweiser), die die Sperrenöffnungen möglichst lange frei halten und die Funktion des Bauwerks für den Geschiebetransport aufrechterhalten.

Durch die besonderen Gefahren, die vom Wildholz ausgehen (Verklausung, Stoßwirkung auf Objekte, Funktionsverlust von Schutzbauwerken), werden immer häufiger Schutzkonzepte ausgearbeitet, die eine separate Filterung (Rückhalt) von Wildholz vorsehen. Besonders wichtig ist eine Filterung des Wildholzes oberhalb von Hochwasserrückhaltebecken (spätestens an der Stauwurzel), um die Betriebssicherheit dieser Anlagen aufrechtzuerhalten. Zu den Bauwerkskonstruktionen für den Wildholz-

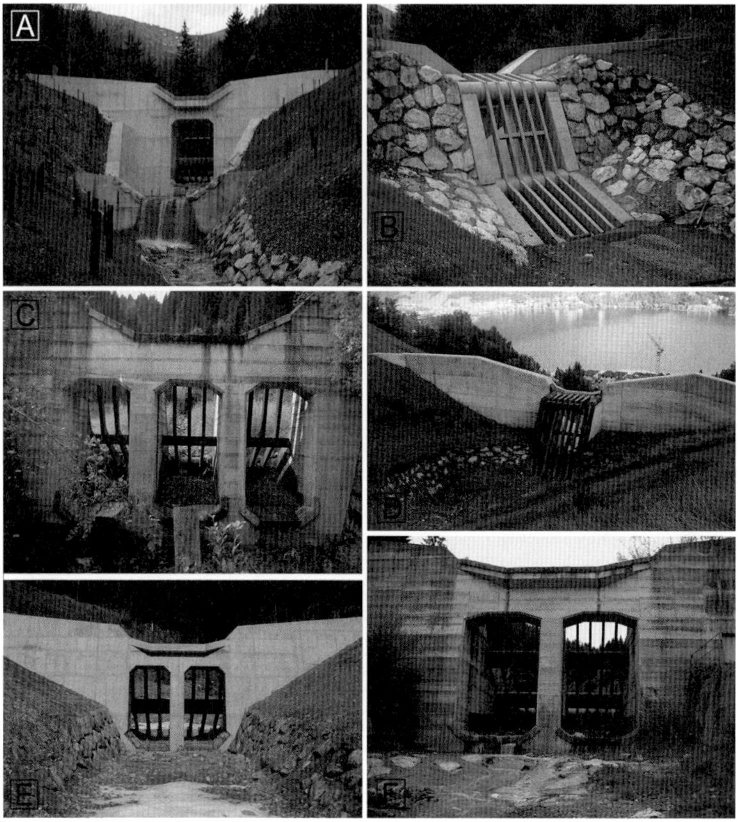
A
B
C
D
E
F

Bild 29. Beispiele für großdolige Dolensperren mit Rechen: (A) großdolige Dosiersperre mit einer Öffnung; (B) wasserseitiger Rechen; (C) Sperre mit drei Öffnungen und Rechen; (D) schräger Rechen einer großdoligen Dosiersperre; (E), (F) großdolige Dosiersperre mit zwei Öffnungen und Rechen

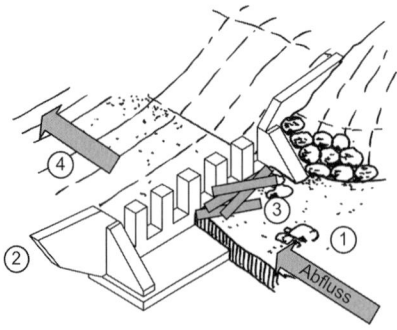

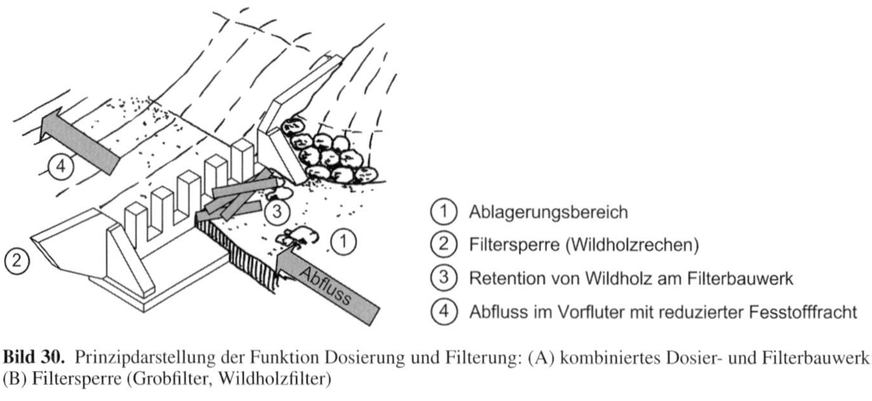
4
3
1
2
Abfluss
1 Ablagerungsbereich
2 Filtersperre (Wildholzrechen)
3 Retention von Wildholz am Filterbauwerk
4 Abfluss im Vorfluter mit reduzierter Fesstofffracht

Bild 30. Prinzipdarstellung der Funktion Dosierung und Filterung: (A) kombiniertes Dosier- und Filterbauwerk; (B) Filtersperre (Grobfilter, Wildholzfilter)

rückhalt, die sich in der Praxis bewährt haben, zählen V-förmige Wildholzfänge, Wildholzrechen und Wildholznetze [59]. Näheres zur Problematik des Wildholzes und entsprechenden Schutzkonzepten finden sich beispielsweise in [94] und [142].

Die ursprüngliche Konstruktionsart für die Filterung von Wildholz sind Grobrechen (*Wildholzrechen*). Diese werden meist als breite Sperrenbauwerke mit schrägen Rechen ausgeführt. Die Rechenstäbe sind wasserseitig meist unter 45° geneigt und stehen in möglichst großem Abstand, um den Geschiebetransport lange aufrechtzuerhalten. Im obersten Bereich stehen die Stäbe senkrecht, um ein Überschieben des Holzes über die Abflusssektion zu verhindern. In kleineren Bächen werden oft rustikale Wildholzrechen aus Holzstäben ausgeführt (Bild 31 C). Für die Filterung von Wildholz wird eine Rechenweite von 100 bis 200 cm vorgeschlagen.

Der Bautyp des *Wildholzfangs* besteht aus mehreren senkrechten Rundsäulen, die aus der Gerinnesohle ragen und im Grundriss quer zur Fließrichtung oder V-förmig angeordnet sind (Bild 32 B). Die Spitze des V liegt dann in Gerinnemitte und weist in Fließrichtung. Die Anordnung der Säulen gewährleistet eine nicht zu dichte Verklausung entlang der vordersten Auffangfront. Dies ist eine verlängerte Linie, aus der das Wasser aus der Holzaggregation heraustreten kann. Der Wildholzfang soll die Entwicklung der Holzansammlung in Form eines langgezogenen Teppichs und nicht als ein sich auftürmender Haufen bewirken (Modellversuch). Im Bereich des Wildholzfangs wird die Sohle glatt ausgeführt, um eine rasche Durchdrift des Geschiebes unter dem Holzteppich zu erleichtern. Beobachtungen in der Schweiz haben aber gezeigt, dass diese Funktion in der Natur kaum auftritt und auch im Wildholzfang eine Verlegung mit nachfolgendem Aufstau des Geschiebes eintritt. [87] Die Konstruktion weist aber eine hohe Sicherheit gegen Durchbrechen der Wildholzansammlung in das Unterwasser auf. Der Bautyp des Wildholzfangs ist auf Wildbachstrecken mit einem Sohlgefälle unter 5 % beschränkt und daher gut für flachere, wasserreiche Wildbäche im Voralpenbereich oder außeralpinen Gebiet geeignet. Ein Beispiel für eine massive Wildholzsperre ist in Abschnitt 9.3.7.5 dargestellt. Eine kombinierte Bauweise Sperre und Netz findet sich ebenfalls in Abschnitt 9.3.7.5.

Wildholznetze werden über die gesamte Bachbreite gespannt und seitlich in den Uferböschungen verankert. Sie reichen in der Regel nicht bis an die Gerinnesohle, sondern besitzen in einer bestimmten Höhe über der Sohle eine horizontale Unterkante. Durch diese Netze soll das Holz – ähnlich den Wildholzfängen – in einem schwimmenden Teppich aufgefangen werden, während der Geschiebetrieb unter dem Teppich aufrecht bleiben könnte (Modellversuch). Voraussetzung für die Funktion dieses Bautyps ist, dass im Hochwasserfall der Wasserspiegel die Netzunterkante erreicht, während die Wasserschicht, in der der Geschiebetransport stattfindet, unter der Netzunterkante bleibt. Eine Verle-

Bild 31. Wildholzrechen: (A), (B) Wildholzrechen aus Stahl; (C) rustikaler Wildholzrechen aus Holz; (D) Wildholzrechen vor dem Einlauf einer Straßenquerung (Quelle A: [38])

Bild 32. Wildholzfiltersperren: (A) Wildholzrechen aus Stahl; (B) V-förmiger Wildholzfang; (C) Netzsperre; (D) Seilsperre; (Quelle A: [38])

gung der Öffnung unter dem Netz würde sehr rasch zu einem völligen Geschieberückhalt führen. Schließlich sollte bei ablaufender Hochwasserwelle der Wasserspiegel erst dann unter die Netzunterkante sinken, wenn der Geschiebetrieb zum Erliegen gekommen ist. In der Praxis hat jedoch, wie Beispiele aus Bayern [135, 136] zeigen, die gewünschte Filterung des Wildholzes nicht stattgefunden; hingegen wurde hinter dem Netz sowohl das anfallende Schwemmholz als auch das transportierte Geschiebe abgelagert. Ein Beispiel eines ausgeführten Wildholznetzes findet sich in Abschnitt 9.3.7.5.

Einschränkend ist festzustellen, dass es auch bei einer separaten Filterung von Wildholz kaum möglich sein wird, eine vollständig selektive Ablagerung von Holz bei gleichzeitig ungehinderter Durchgängigkeit für Geschiebe zu erwirken. Vollkommen ausgeschlossen ist die Filterung von Holz aus Murgängen bedingt durch die starke Durchmischung der Murmasse mit Baumstämmen und Wurzelstöcken.

5.5 Bauwerke zur Energieumwandlung

5.5.1 Wirkungsweise

Die Funktion der Energieumwandlung umfasst die Reduktion der Energie eines Fließvorgangs durch die Bremswirkung eines Bauwerks (Murbrecher) oder durch den Absturz an einem Bauwerk (Absturzbauwerk). Diese Prinzipien sind in Bild 33 dargestellt. Durch diese Maßnahme wird die Fließgeschwindigkeit reduziert, die Eigenschaft des transportierten Mediums verändert und der Verlagerungsprozess transformiert. Die Energieumwandlung wird vor allem zum Brechen und Bremsen von Muren eingesetzt. Da es bei einer Reduktion des Energieniveaus des Prozesses zu einer Ablagerung von Material kommt, sind diese Bauwerke immer mit einem Retentionsbecken kombiniert.

Ziel des Brechens oder Bremsens von Muren ist es, den Energiehorizont auf ein niedrigeres Niveau zu senken (Energieumwandlung). Dadurch kann die Prozessgeschwindigkeit gebremst und die Einwirkung auf Objekte (dynamische Beanspruchung der Bauwerke) wesentlich verringert werden. Durch den Eingriff in den Prozess werden auch die Eigenschaften des Mediums verändert und der Fließvorgang transformiert. Die Murmasse soll an einer dafür geeigneten Stelle zur Ablagerung gebracht werden.

Als *Murbrecher* werden in der Regel aufgelöste Sperren eingesetzt (Bild 16 G). Die Energieumwandlung findet durch das geringere Gefälle im Retentionsbecken und beim Auftreffen der Mure auf das Bauwerk statt. Ein Teil des Murmaterials wird abgelagert und die Mure in mehrere Einzelströme zerteilt. Dadurch wird die Fließgeschwindigkeit des Prozesses verringert (Bild 33 A).

Murabsturzbauwerke sind ähnlich wie Konsolidierungsstaffeln gebaut, wobei das Bauwerk jedoch auf die Einwirkung von Muren ausgerichtet ist. Die Bereiche zwischen den Bauwerken sind als Retentionsbecken ausgebildet. Die Energieumwandlung findet an den künstlichen Überfällen statt (Bild 33 B).

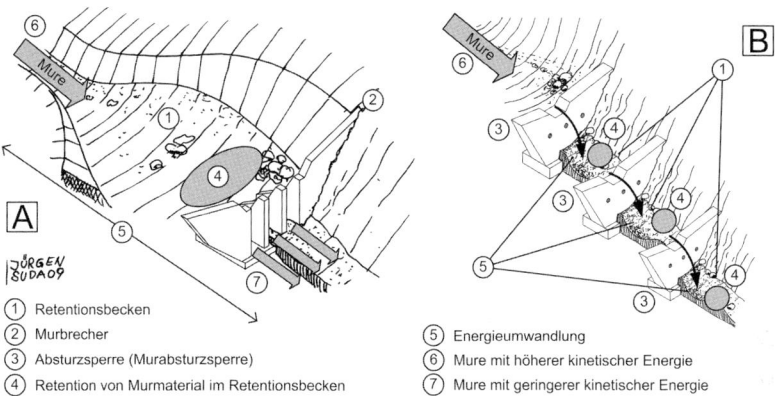

① Retentionsbecken
② Murbrecher
③ Absturzsperre (Murabsturzsperre)
④ Retention von Murmaterial im Retentionsbecken
⑤ Energieumwandlung
⑥ Mure mit höherer kinetischer Energie
⑦ Mure mit geringerer kinetischer Energie

Bild 33. Prinzipdarstellung der Funktion Energieumwandlung: (A) Murbrecher; (B) Murabsturzbauwerke

5.5.2 Konstruktion von Murbrechern

Für Sperren zur Energieumwandlung gelten sinngemäß auch die Konstruktionsregeln für einfache Querwerke (s. Abschnitt 5.1).

Die Funktion der Energieumwandlung (Brechen und Bremsen von Muren) wird in der Regel von eigenen Bauwerken ausgeübt, die auf die entsprechenden Einwirkungen bemessen wurden. Diese Trennung der Funktion von anderen Wirkungen (Retention, Dosierung, Konsolidierung) ist sinnvoll, da andernfalls alle Bauwerke auf die Beanspruchung durch Murgang bemessen werden müssten. Das Konzept der funktionalen Trennung ermöglicht die Umwandlung der Energie des Murgangs an einem vorgelagerten Bauwerk zum Schutz der (in Fließrichtung) nachfolgenden.

Murbrecher sind durch dynamische Lastwirkung, Stöße durch mitgeführte Blöcke und Baumstämme, Abrasion an den exponierten Flächen und Erosionswirkung in der Umgebung des Bauwerks beansprucht.

In manchen Fällen, wenn Murgänge als Prozess nur eine untergeordnete Rolle spielen, ist jedoch auch die Kombination des Murbrechers als Bauteil einer Sperre mit anderer Funktion möglich. Beispielsweise können Betonscheiben mit murenbrechender Wirkung (Murteiler) einer Schlitzsperre mit Dosierfunktion/Filterfunktion vorgesetzt werden oder die Betonscheiben werden über einem Sperrenteil mit konsolidierender Wirkung angeordnet. Als Sonderkonstruktionen sind aufgelöste Sperren mit massiven Betonscheiben und -balken („Stahlbetonrost" mit hoher Durchgängigkeit) oder Netzsperren (Murgangbarrieren) aufzufassen, die bisher nur in speziellen Fällen zum Einsatz gelangten.

Murbrecher (Bilder 34 und 35) werden oberhalb jener Bauwerke angeordnet, die sie vor Beaufschlagung durch Muren schützen sollen, bspw. oberhalb von Dosiersperren oder von Sperrenstaffeln mit Konsolidierungsfunktion (s. Bild 15 B). Die richtige Einschätzung der Disposition eines Einzugsgebiets für Murgänge ist von fundamentaler Bedeutung für den Erfolg eines Schutzsystems, da eine Fehleinschätzung zu schweren Schäden und Funktionsverlust der nicht auf Murbeanspruchung bemessenen Bauwerke führen kann. Insbesondere nicht massive Bauteile, wie Rechen-, Netz- und Balkenverschlüsse sind in hohem Maße anfällig für die Beschädigung durch Murgänge.

Die Wirkung eines Murbrechers hängt maßgeblich davon ab, ob die Bewegung von Muren gebremst (gebrochen) und der Abflussprozess in einen Geschiebe führenden Verlagerungsprozess transformiert wird.

Hinsichtlich des Standorts von Murbrechern sind laut [117] folgende Regeln zu beachten:

- Murbrecher werden üblicherweise als oberstes Bauwerk einer Funktionskette in der Transportstrecke angeordnet.
- Dadurch kann beim Nachweis der Grenzzustände der unterhalb liegenden Bauwerke die Einwirkung „Murgang" unberücksichtigt bleiben.
- Funktionale Trennung der Sperren zur Energieumwandlung von anderen Funktionen (Vermeidung von multifunktionalen Bauwerken).

Folgende konstruktive Vorkehrungen sind laut [117] erforderlich, um die Funktion des Murbrechers sicherzustellen:

546 Wildbachsperren

- massive Ausführung der direkt beaufschlagten Bauteile sowie Panzerung der exponierten Betonflächen mit Stahlblech (mindestens 8 mm) zur Erhöhung der Abrasionsfestigkeit (s. Abschnitt 5.8.1.6),
- Durchlässigkeit der Sperre für Geschiebetransport bei Hochwasser,
- Bemessung des Ablagerungsraums für das Volumen der erwarteten Anzahl von Murschüben eines Bemessungsereignisses.

Sofern die Funktionserfüllung durch ein einzelnes Bauwerk nicht erreicht werden kann, ist die Funktion auf mehrere Bauwerke aufzuteilen.

Konstruktiv werden Murbrecher in Form von mehreren, rechenartig nebeneinander angeordneten Stahlbetonscheiben ausgeführt (Bild 34). Die dazwischen liegenden Schlitze bieten eine ausreichende Durchgängigkeit für den fluviatilen Feststofftransport. Die Scheiben, die an der Wasserseite meist mit schrägem oder mehrfach gebrochenem Anzug aus-

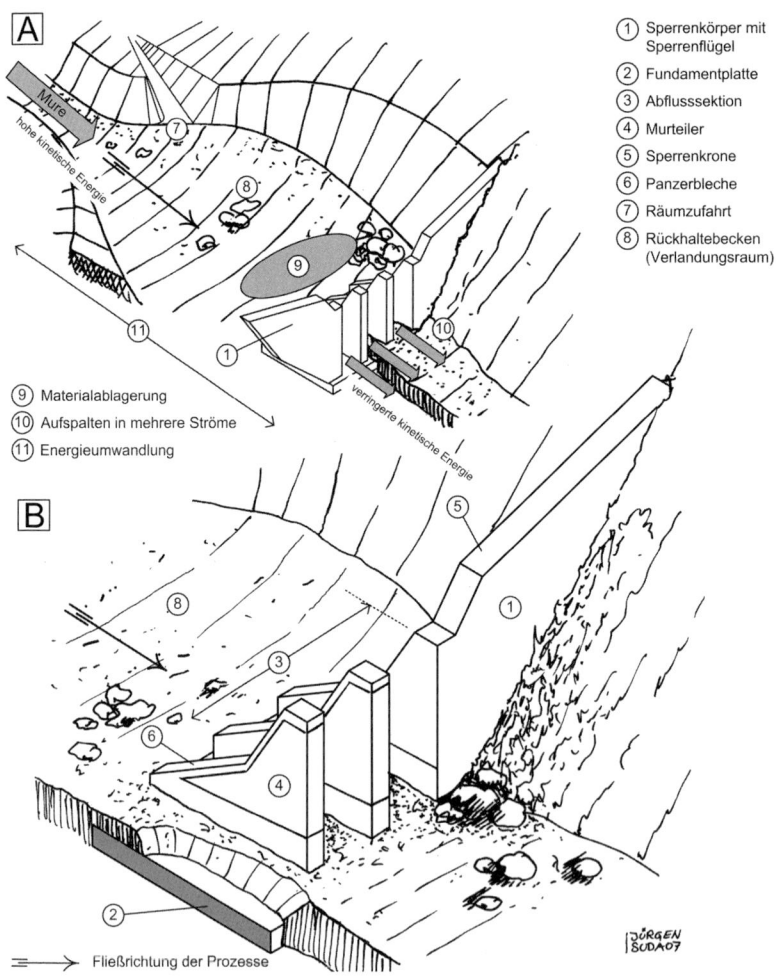

① Sperrenkörper mit Sperrenflügel
② Fundamentplatte
③ Abflusssektion
④ Murteiler
⑤ Sperrenkrone
⑥ Panzerbleche
⑦ Räumzufahrt
⑧ Rückhaltebecken (Verlandungsraum)
⑨ Materialablagerung
⑩ Aufspalten in mehrere Ströme
⑪ Energieumwandlung

⇒ Fließrichtung der Prozesse

Bild 34. Bautyp Murbrecher

Entwurf und Konstruktion von Schutzbauwerken aus Beton und Stahlbeton

Bild 35. Sperrenbauwerke zum Brechen und Bremsen von murartigem Feststofftransport und Murgängen: (A) gepanzerte Murteiler; (B), (C), (F), (H) aufgelöste Sperren mit gepanzerten Murteilern (Scheiben) – Ansicht von der Wasserseite; (D), (E), (F), (G) Ansicht von der Luftseite

geführt werden, sind in der Regel durch eine Panzerung mit Stahlblech gegen Abrasion gesichert.

„Die Scheiben (s. Abschnitt 5.8.5) eines Murbrechers werden zusammen mit dem zentralen Abschnitt des Hauptquerwerks in eine stark bewehrte Bodenplatte starr eingebunden. Eine Aussteifung durch mehrere Querriegel im oberen Mauerabschnitt ist in den meisten Fällen schon aus statischer Sicht erforderlich, wird bei uns aber wegen der schwer berechenbaren dynamischen Belastungen durch große am Murkopf konzentriert anzutreffende Felsblöcke in jedem Fall errichtet." ([53], S. 99) Dafür werden Stahlrohre mit einem Durchmesser von 1,20 m (Wandstärke mind. 8 mm) verwendet. Diese Rohre werden innen häufig mit einer kreisförmig angeordneten Längsbewehrung aus 30 mm Bewehrungsstäben und runden oder achteckigen Bügeln (⌀20) bewehrt, eine spiralförmige Bewehrung ist ebenfalls möglich. Das Stahlrohr wird der Länge nach durchgeschnitten. Zuerst wird die untere Hälfte eingebaut, dann der Bewehrungskorb eingehoben und danach die obere Hälfte. Das Rohr wird an der Naht der Länge nach wieder verschweißt und anschließend ausbetoniert.

Die Durchgängigkeit von Murbrechern ist grundsätzlich so zu gestalten, dass das Sperrenbauwerk von Hochwasserereignissen mit fluviatilem Feststofftransport ohne wesentlichen Rückstau oder Retentionswirkung durchflossen werden können. Dadurch soll der Stauraum von Murbrechern für die Ablagerung von Murgängen frei gehalten werden. Die Breite der Öffnungen von Murbrechern hat sich an der Art und Zusammensetzung der Muren zu orientieren: Je gröber die Komponenten und je reicher an Wildholz der Murgang ist, desto weiter sind die Abstände zu wählen. Als Untergrenze (Richtwert) kann eine lichte Weite von 1,5 bis 2,0 m angegeben werden.

Ein Beispiel für einen ausgeführten Murbrecher findet sich in Abschnitt 9.3.7.5.

5.5.3 Konstruktion von Murabsturzsperren

Ein alternatives Konzept zur Energieumwandlung von Murgängen ist das *Absturzbauwerk* mit nachgeschaltetem Auffangbecken [79] (Bild 36). Die Wirkung dieses Bauwerks beruht auf dem Absturz des Murgangs oder Schwalls über eine größere Fallhöhe und dem Aufprall auf der ebenen Fläche unterhalb. Durch Umwandlung der kinetischen Energie der Mure verändern sich auch die Eigenschaften des transportierten Mediums und der Abfluss geht unterhalb in fluviatilen Feststofftransport über. Ähnliche Effekte treten auch in Staffelungen auf. Die Ablagerung im Becken erfolgt in Form eines steilen Kegels, über den eine rasche Entmischung

Bild 36. Absturzbauwerke zur Energieumwandlung von Muren: (A) Einzelbauwerke; (B) Sperrenstaffel; (C) neu errichtete Murabsturzsperren mit Vorfeldwangen (Quelle: [79])

der groben und feinen Feststoffkomponenten stattfindet.

Absturzbauwerke werden in der Regel als schlanke Vollwandsperren (einfache Plattensperre, Winkelstützmauer, Hybridmauer, Pfeilerplattensperre) ausgeführt (nur Entwässerungsdolen). Die Abflusssektion wird als „Murenprofil" (s. Abschnitt 5.8.1) ausgestaltet, die Sperrenkrone liegt auf dem Niveau der natürlichen Bachsohle. Hingegen wird das nachgeschaltete Ablagerungsbecken gegen das Gelände eingesenkt.

Murabsturzbauwerke werden überwiegend auf steilen Schwemmkegeln eingesetzt, daher ist die Speicherkapazität des Ablagerungsbeckens (aus topografischen Gründen) meist mit 10.000 m³ begrenzt. Für Murgänge mit besonders hohem Volumen können auch mehrere Absturzbauwerke in Serie errichtet werden. Die Bauwerke werden laut [161] meist am Schwemmkegelhals angeordnet.

5.6 Konstruktion von Sperren gegen Hangdruck (Bergdruck)

Durch die Eintiefung der Wildbäche und die Übersteilung der Einhänge bilden sich häufig großflächige Hangbewegungen und Talzuschübe aus, die starke Druckkräfte auf die Sperren ausüben können. Da die Bauwerke in der Regel nicht auf diese Einwirkungen bemessen werden, können schwere Schäden im Flügelbereich und Sperrenkörper die Folge sein (Schubversagen, lokales Druckversagen, Umfließen des Sperrenflügels).

Eine konstruktive Lösung dieses Problems im Massivbau bietet der Bautyp einer dreiteiligen Konsolidierungssperre (*Bergdrucktyp*) nach *Ofner* [113], die aus zwei Flügelteilen in Schwergewichtsbauweise und einem zurückgesetzten Mittelteil, der als Winkelstützmauer ausgeführt wird, besteht (Bilder 37, 38). Die Rückseite der Flügel und die Vorderseite der Winkelstützmauer liegen in einer Ebene und

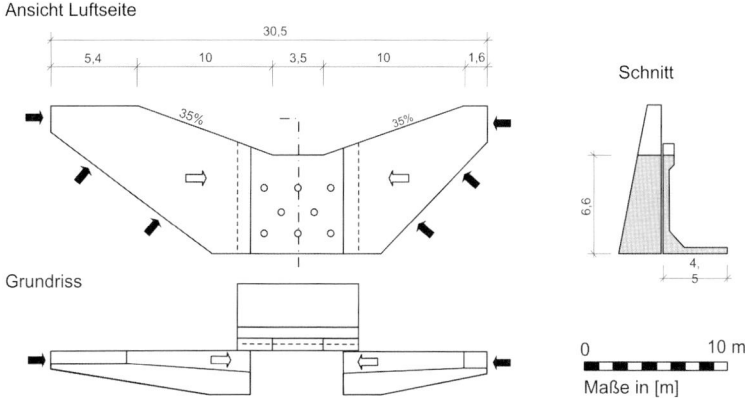

Bild 37. Bergdrucktyp mit luftseitigen verschiebbaren Flügeln (nach *Ofner* [113])

Bild 38. Bergdrucktyp mit luftseitigen verschiebbaren Flügeln: (A) Ansicht Luftseite; (B) Ansicht linker abgesetzter Flügel (Gewichtsmauer)

lassen sich gegeneinander verschieben. Auf diese Art kann der Bergdruck bis zu einem gewissen Grad durch die Verschiebung im Bauwerk aufgenommen werden, ohne dass dieses Schäden oder einen Funktionsverlust erleidet. In einer Weiterentwicklung dieses Bautyps [148] wurden die Flügel ebenfalls als Winkelstützmauern ausgeführt, zwischen Mittelteil und Hangflanke wurde jedoch ein abgesetzter Fundamentgleitkeil ausgebildet, um eine einseitige Druckbelastung auf das Fundament des Mittelteils zu vermeiden (Bilder 39, 40). Dieser lagert höher als die Fundamentplatte des Mittelteils und leitet die Hangbewegung in den Verlandungskörper ab. Die Flügel können luft- oder wasserseitig des Sperrenkörpers angeordnet sein.

Konstruktiv kann man diesen naturräumlichen Gegebenheiten auch mit Tragsystemen mit geringerer Steifigkeit als Massivbauwerken begegnen. Diese Bauwerke sind in der Lage, durch Verschiebungen und Verdrehungen der Einzelkomponenten eine gewisse Hangbewegung aufzunehmen. Beispielsweise können Holzkästen, Drahtschottersperren, Netz- oder Gittersperren, sofern diese Tragsysteme die gewünschte Funktion erfüllen, verwendet werden.

5.7 Stauraum von Retentions- und Dosiersperren

Die Wirkung von Sperren, die der Retention, Dosierung oder Filterung von Feststoffen dienen, hängt

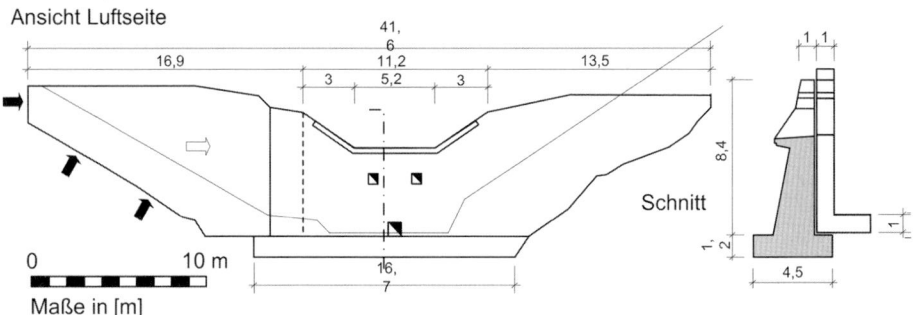

Bild 39. Bergdrucktyp mit bergseitig verschiebbaren Flügeln

Bild 40. Bergdrucktyp mit wasserseitig verschiebbaren Flügeln: (A) Ansicht von der Seite; (B) Ansicht Luftseite; (C) Ansicht Wasserseite

maßgeblich von der Größe des Stauraums ab. Diese wird entsprechend der dem Schutzkonzept zugrunde gelegten Ereignisfracht bestimmt und stellt eine der wichtigsten Kriterien für die Standortwahl dar. Die Relation zwischen den Baukosten und der Speicherkapazität ist dabei ein maßgebliches Planungskriterium.

Aulitzky [5] gibt als Richtwert an, dass 1 m³ Sperrenbaustoff zumindest den Rückhalt von 25 m³ Geschiebe ermöglichen sollte. Der praktische Einsatz dieses Richtwerts ist jedoch – sieht man von reinen Retentionssperren ab – zu relativieren, zumal die tatsächliche Relation zwischen der Rückhaltewirkung und der Durchgängigkeit der Sperre im Ereignisfall nur schwer eingeschätzt werden kann.

Für die Planung des Rückhaltevermögens von Wildbachsperren (Größe des Stauraums) ist die Funktionserfüllung und eine erforderliche Sicherheitsreserve entscheidend. Eine „exakte" Bemessung des Stauraums auf die maßgebliche Geschiebefracht des Bemessungshochwassers bietet in vielen Fällen keine ausreichende Schutzwirkung, da für die Sicherheitsplanung von einer Teilverlandung des Stauraums auszugehen ist. Diese Teilverlandung kann entweder auf eine Vorverfüllung durch ein in kurzem Zeitraum vorangegangenes Ereignis oder auf eine mangelhafte Räumung durch den Erhaltungsverpflichteten zurückzuführen sein. Auch wenn der zweite Fall im Grunde nicht einer ordnungsgemäßen Erhaltung des Schutzbauwerks entspricht, muss er aus Sicherheitsgründen in Betracht gezogen werden, da er auch durch eine temporäre Nichterreichbarkeit der Sperre bedingt sein kann (s. Abschnitt 8.4).

Von großer Bedeutung für die Bemessung des Stauraums für Schutzkonzepte, die auf Retention oder Dosierung basieren, ist aus ökonomischer Sicht die Verwertbarkeit des Geschiebes. Hochwertiger Schotter kann in der Regel leicht verwertet werden, während für minderwertiges Material, stark mit Holz durchsetztes Murmaterial oder feinkörniges Sediment eine kommerzielle Verwertung kaum möglich ist und hohe Räumungs- und Deponiekosten zu erwarten sind. Schutzkonzepte sollten daher im Idealfall bereits mögliche Deponieflächen mit einschließen.

Eine essenzielle Voraussetzung für die Funktion eines Stauraums ist eine gesicherte Räumungszufahrt, die unter Umständen bereits während des Ereignisses eine Räumung oder Freimachung der Öffnungen ermöglicht. Die Zufahrt soll sowohl hinsichtlich der rechtlich problemlosen Inanspruchnahme im Ereignisfall gesichert sein, als auch bei Hochwasser sicher genutzt werden können. Auch für die laufende Kontrolle der Anlagen ist eine gesicherte Zufahrt wesentlich.

Ein weiterer wichtiger Aspekt bei der Räumung und Entleerung von Stauräumen ist die Verunreinigung (Trübung) des Gewässers im Unterlauf der Sperre und deren Folgen für die Fischerei.

Aus ökologischer Sicht können Stauräume wertvolle Biotope darstellen. Ein Verwachsen der Stauräume mit Gehölzen erscheint daher durchaus zulässig. Aus Sicht der Funktionserfüllung der Sperren wird im Stauraum stockendes Holz jedoch kritisch zu bewerten sein, da eine Verklausung der Sperrenöffnungen begünstigt wird. Daher ist eine regelmäßige Bewirtschaftung der Bestockung von Stauräumen unerlässlich, sofern Bestockung überhaupt zugelassen werden kann. Die Funktionalität (Sicherheit) der Sperrenbauwerke ist in jedem Fall über die ökologischen Ziele zu stellen.

Ein Beispiel eines Stauraums einer Geschiebedosiersperre zeigt Bild 41.

Bild 41. Beispiel eines Stauraums einer Geschiebedosiersperre

5.8 Konstruktion der Bauteile von Sperren

5.8.1 Abflusssektion (Überfallsektion) und Sperrenkrone

5.8.1.1 Allgemeines

Die Abflusssektion dient dem gesicherten (schadlosen) Abfluss des Bemessungshochwassers (BHQ_{WF}) über das Sperrenbauwerk (Querwerk). Der Abfluss wird über eine zentral im Querwerk angeordnete Abflusssektion geleitet.

5.8.1.2 Form der Abflusssektion

Der Querschnitt der Abflusssektion ist hydraulisch so zu dimensionieren, dass der Bemessungsprozess aufgenommen werden kann (s. Abschnitt 8.3.2). Die Querschnittsform der Abflusssektion ist hydraulisch zu optimieren. Üblicherweise wird eine trapezförmige Querschnittsform gewählt (gemäß Bild 42 A). In Bachabschnitten, in denen Murgänge oder murartige Feststofftransporte auftreten können, wird häufig ein muldenförmiges Profil ausgeführt („Murprofil" gemäß Bild 42 C). Diese Bauweise reduziert Schäden durch Abrasion. Aus schalungstechnischen Gründen wird die Muldenform meist polygonal angenähert (Bild 42 B).

Im Außenbogen gekrümmter Bachstrecken ist die durch Fliehkraft bedingte Auslenkung des Wasserspiegels („Kurvenüberhöhung") zu berücksichtigen. In diesem Fall wird eine asymmetrische Querschnittsform empfohlen (gemäß Bild 42 F).

In Wildbächen mit hohem Wildholz- oder Geschiebepotenzial kann die Abflusssektion als Schutz gegen Verklausung in Form eines Doppeltrapezprofils (Bild 42 D) ausgeführt werden. Diese Konstruktion erfordert die Ausgestaltung eines möglichst breiten Abflussquerschnitts im Sperrenvorfeld und die Erosionssicherung der Uferböschungen.

Entsprechend den hydraulischen Abflussbedingungen ist bei der Bemessung der Abflusssektion für eine gesicherte Abfuhr des Bemessungsabflusses in das Vorfeld zu sorgen.

In Wildbächen, die eine hydrobiologische Durchgängigkeit erfordern, ist in der Abflusssektion von offenen Sperren eine Niederwasserrinne zur Konzentration des Wasserstrahls bei Niederwasser vorzusehen.

5.8.1.3 Konstruktiver Schutz gegen Abrieb (Hydroabrasion)

Zum Schutz der Abflusssektion gegen Hydroabrasion sind in Wildbächen mit fluviatilem oder murartigem Feststofftransport konstruktive Vorkehrungen zum Schutz gegen Abrieb vorzusehen.

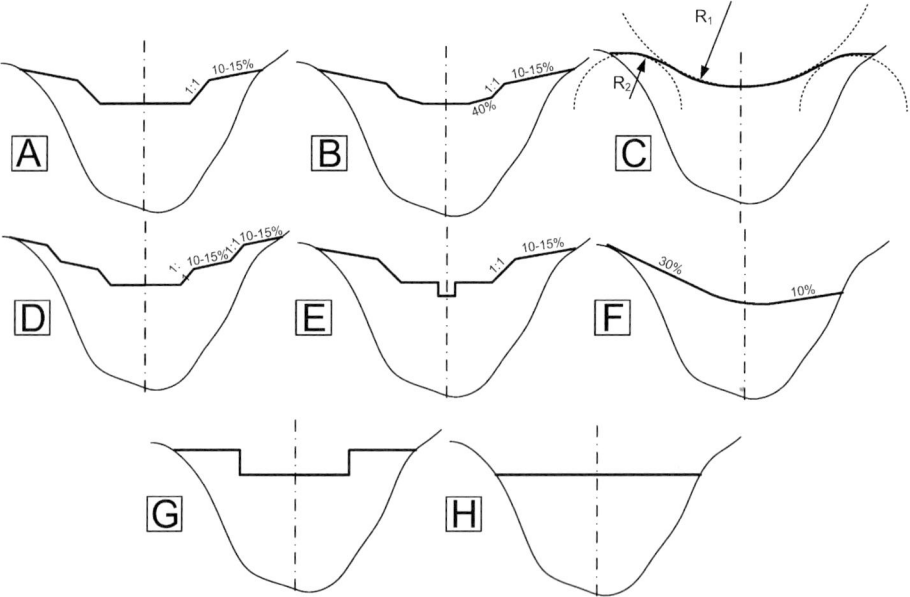

Bild 42. Formen von Abflusssektionen: (A) Trapezprofil (Regelausführung); (B) Murprofil (Regelausführung); (C) ausgerundetes Murprofil; (D) Doppeltrapezprofil; (E) Trapezprofil mit Niederwasserrinne; (F) asymmetrisches Murprofil; (G) Rechteckprofil (historisch, ungebräuchlich); (H) unprofiliert (historisch, ungebräuchlich)

Die Höhe der Abrasionswirkung ist neben der Festigkeitsklasse des Betons abhängig von der Fließgeschwindigkeit, der Geschiebemenge, Geschiebehärte, der Geschiebegröße und dem Aufprallwinkel. Die genauen Mechanismen sind in [158] zusammengefasst. Treten bei feinem Geschiebe und niedrigen Fließgeschwindigkeiten größere Abrasionsbelastungen auf, ist ein harter Abrasionsschutz vorteilhaft. Bei größerem Geschiebe, höheren Wassergeschwindigkeiten oder an Orten, an denen das Geschiebe aufprallt, hat die Beanspruchung auf das Bauteil stets auch eine schlagende Komponente (Prall- bzw. Stoßverschleiß). Bei harten Werkstoffen (z. B. unbewehrter Beton) können Sprödbrüche auftreten.

Die konstruktiven Regeln für den Schutz gegen Abrieb gelten sinngemäß auch für alle anderen Bauteile von Wildbachsperren, die überströmt (angeströmt) werden, insbesondere für Sperrenöffnungen sowie Balken-, Rechen- und Rostkonstruktionen.

Folgende konstruktive Vorkehrungen gegen Hydroabrasion sind möglich:

– Verwendung von hochwertigem Beton (z. B. Stahlfaserbetone, silikatstaubhaltige Betone, polymervergütete Betone). Durch den Einsatz von hochwertigen Betonen mit einer mittleren 28-Tage-Druckfestigkeit von 40 N/mm² bis 50 N/mm² kann bei überwiegender Reinwasserbeanspruchung die jährliche Verschleißrate auf 0,2 mm bis 2 mm gesenkt werden.
– Verwendung von hochwertigem Beton in Kombination mit einem Kantenschutz. Der Kantenschutz kann aus Stahlprofilen oder Naturstein (Abriebfestigkeit) hergestellt werden und ist an der luftseitigen Kante bzw. im Falle der Exposition auch an der wasserseitigen Kante vorzusehen.
– Aufbringen von zusätzlichen Verschleißschichten oder Erhöhung der Betondeckung.
– Panzerung der Abflusssektion mit Kronsteinen.
– Panzerung der Krone oder der stark beanspruchten Bereiche mit Stahlblech.

5.8.1.4 Kronsteine

Hier wird die Krone der Abflusssektion an der Überfallkante mit hochabriebfesten Kronensteinen gegen Abrasion gesichert (abriebfeste Kalksteine, Granit mit einem empfohlenen Los-Angeles-Wert < 25, Porphyr, Basalt). In Bild 43 sind gebräuchliche Varianten zur Anordnung der Kronsteine dargestellt. Meist wird eine Steinschar ausgeführt, dahinter (wasserseitig) wird die Krone in Beton (mit hoher Überdeckung, mindestens 55 mm) hergestellt und bei Konsolidierungssperren (Grundschwellen) fallweise mit 25 bis 30% gegen die Fließrichtung

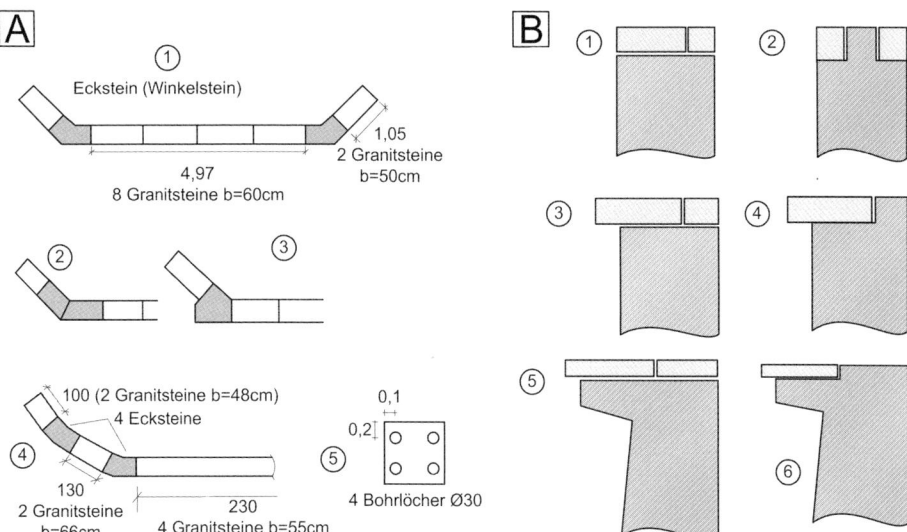

Bild 43. Panzerungen von Sperrenkronen mittels Kronsteinen: (A) Ansichten (1 Winkelstein, 2 Alternative mit Ecksteinen mit Gehrung, 3 Ecksteinausführung bei Trockenmauern aus Stein, 4 Murprofil; 5 Draufsicht eines Kronsteins mit Bohrungen); (B) Querschnitte (1 Kronsteine über gesamte Krone, 2 Kantensteine, 3 Kronsteine mit Auskragung, 4 Auskragung mit Teilpanzerung, 5 Kronsteine mit Konsole; 6 Konsole mit Teilpanzerung)

Bild 44. Ausbildung von Panzerungen an Sperrenkronen: (A) Kronsteine an einer Konsolidierungssperre mit Konsole; (B) Ansicht von der Luftseite; (C) Kronenpanzerung mit unbehauenen Steinen

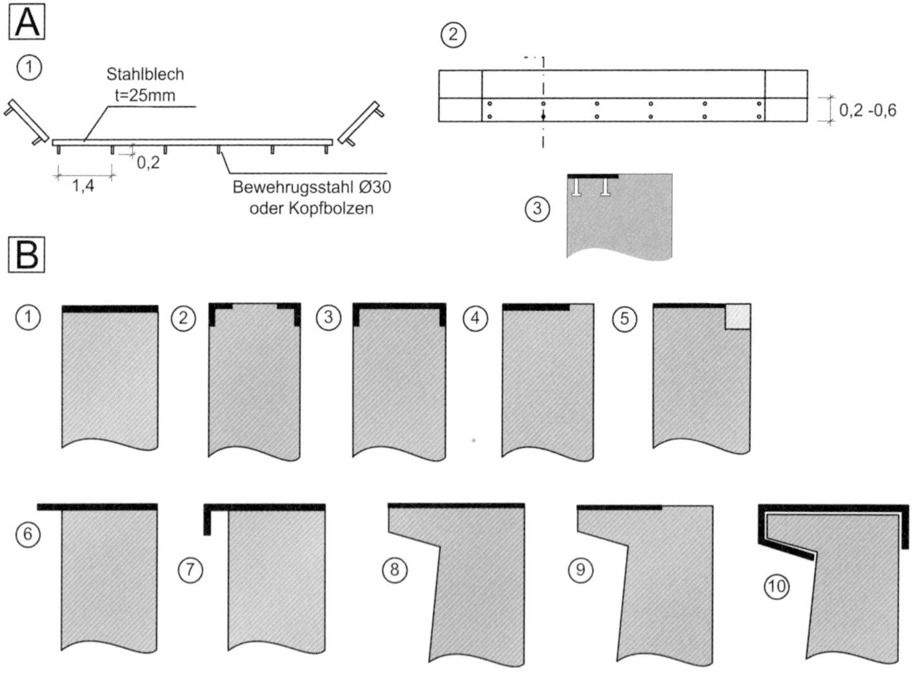

Bild 45. Panzerungen von Sperrenkronen mittels Stahlblechen: (A) Stahlbleche (1 Ansicht, 2 Grundriss, 3 Schnitt); (B) Querschnitte

geneigt, sodass bald eine Überdeckung mit schützendem Sohlsediment eintritt.

Die Größe der verwendeten Steine hängt im Wesentlichen von dem zu erwartenden Hochwasser und Geschiebe ab. Tendenziell sollte versucht werden, möglichst große Steine zu verwenden und eine Steinstärke von 30 bis 40 cm einzuhalten. Die Steine an der vorderen Kronenkante werden bei sehr hoher Geschiebebeanspruchung mit Bewehrungsstäben, Ø 20 mm, im Beton verankert. Hierzu wird im Stein ein Bohrloch Ø 30 mm gebohrt. Die Fugenbreite zwischen den einzelnen Steinen sollte bei 3 bis 5 cm liegen, zwischen Stein und Beton hingegen bei 5 bis 10 cm. Die Betonoberfläche sollte rau, sauber und genetzt sein.

Im Winter kann mit einem höherfesten Zement (CEM 37,5) und im Sommer mit einem niederfesten Zement (CEM 32,5) im Mörtel gearbeitet werden. In Sonderfällen werden Spezialzemente verwendet, beispielsweise bei Gipswasser HS-Zement. Bild 43 A zeigt die Ausbildung der Sperrenkrone mittels Granitsteinen. Dabei können zwei unterschiedliche Steinanordnungen gewählt werden, entweder mit einem Winkelstein oder mit zwei Winkelsteinen. In Bild 44 sind ausgeführte Beispiele dargestellt.

5.8.1.5 Stahlblechverkleidungen an der Abflusssektion

Hier wird der Abrasionsschutz mit Stahlprofilen oder Stahlblechen (s > 8 mm) ausgeführt. In Bild 45 sind gebräuchliche Varianten zur Anordnung von Stahlblechen an Sperrenkronen dargestellt. Schräge Stahlplatten werden mittels aufgeschweißter Laschen an die Schalung genagelt. Die Verankerung der horizontalen Stahlbleche mit dem Sperrenbauwerk erfolgt mittels angeschweißter 30 mm Bewehrungsstäbe oder Kopfbolzen. Die Abstände der angeschweißten Bewehrungsstäbe und der Bolzen zur Verankerung der Stahlplatte im Sperrenbauwerk können aus Bild 45 und 48 entnommen werden. Beispiele enthält Bild 46.

5.8.1.6 Panzerung von Ein- und Auslaufbereichen, Scheiben, Wangen und Querriegeln

In den Einlaufbereichen von Dosier- und Filtersperren sowie Murbrechern sollten die Bodenplatte und

Bild 46. Ausbildung von Panzerungen an Sperrenkronen: (A), (C) Vorderkanten eines Murbrechers; (B) Kantenschutz aus Stahlprofilen mit Pratzen; (D) gepanzerte Konsolen (Quelle A: [38])

die seitlichen Scheiben bzw. Wangen mit Stahlblechen geschützt werden (Bild 47). Bei den Panzerungen an den Kronen ist es wichtig, dass das obere Blech ca. 1 cm über die talseitige Kante der Abflusssektion hinausragt. Scheiben von Murbrechern (Seiten- und Mittelscheibe) werden an ihrer bergseitigen Front zur Gänze mit gekanteten Stahlblechaufsätzen abgedeckt, an den in Fließrichtung liegenden Seitenwänden nur etwa bis in Höhe des 30-jährigen Hochwasserstands.

„Große Bedeutung für die Dauerhaftigkeit und Stabilität von Verkleidungen durch Grobbleche besitzt das beidseitige Schweißen der Stöße; das mühsame Schweißen an der Innenseite verhindert spätere Schäden, die bei Räumungsarbeiten durch den Angriff von Baggerschaufeln entstehen können. Wir verwenden in der Regel 8 mm starke Stahlblechtafeln mit Abmessungen von maximal 2,00 × 1,00 m; größere Dimensionen bringen zwar eine deutliche Arbeitsersparnis, wegen des hohen Gewichtes von 64 kg/m^2 ist die Manipulation auf der Baustelle dann jedoch nur mehr mit Kränen möglich. Um das Aufwellen oder Verziehen der Grobbleche während der Schweißarbeiten zu verhindern, ist es erforderlich, die Tafeln zuerst an den Ecken und in der Mitte durch punktförmige Schweißstellen zu fixieren, bevor mit dem durchgehenden Zusammenschweißen der Stöße begonnen wird (bei Spalten würden Zement und Wasser ausrinnen)." ([53], S. 95) Bei den Schweißnähten sollten V-Nähte und keine vorstehenden Stumpfnähte ausgeführt werden.

Die Verankerung der Bleche im Betonkörper kann auf folgende Arten erfolgen:

Bild 47. Panzerungen aus Stahlblech in Abflussbereichen: (A) Murteiler; (B) Abflussbereich eines Murbrechers, (C) seitliche Panzerungen in einem Grundablass eines Retentionsbeckens, (D) Panzerung der Rostwangen einer Dosiersperre

- angeschweißte Bewehrungsstäbe,
- angeschweißte Kopfbolzen,
- angeschweißte aufgebogene Flachstahlstreifen („Pratzen").

„An der Betonseite des Stahlbleches werden 20 × 5 cm große, an der Innenseite eingeschnitten und nach links und rechts aufgebogene Flachstahl-Streifen angeschweißt. Dabei ist wieder speziell darauf zu achten, dass sich die Stahlbleche nicht aufwölben. Diese sogenannten „Pratzen" dienen zum einen der Wahrung des Mindestabstands zwischen Bewehrung und Stahlblech, zum anderen der Verankerung im ausgehärteten Beton. Bei größeren Flächen kann auf eine zusätzliche Holzschalung zur Lagefixierung der Bleche (Befestigung an den Schaltafeln mittels Schrauben) nicht verzichtet werden." ([53], S. 95)

Neben Pratzen ist die Verankerung der Bleche mittels aufgeschweißten Kopfbolzen und Bewehrungsstäben üblich (Bilder 48, 49). Kopfbolzen und Bewehrungsstäbe müssen deutlich über die Oberflächenbewehrung des Betonbauteils ins Innere vorstehen. Bei Kopfbolzen und Bewehrungsstäben werden Längen von 20 bis 30 cm verwendet.

„Eine starke Bewehrung der Scheiben, die großzügige Abschrägung aller 90°-Ecken (um 20 bis 25 cm), sowie eine solide Stahlblechverkleidung ist unbedingte Voraussetzung, um zukünftig aufwendige Reparaturarbeiten an den Scheiben zu vermeiden. Und noch etwas ist vor allem während der Bauausführung von Vorteil (gilt auch für den Bau von Dosiersperren): Die Scheiben sollen nicht bis an die Vorderkante der unteren Abflusssektion reichen. Dadurch bleibt die Begehbarkeit der Baustelle während der Bauarbeiten gewährleistet." ([53], S. 99)

5.8.2 Auskragungen von Abflusssektionen

Abflusssektionen werden häufig mit einer *Auskragung* (Konsole) ausgeführt, um das Zurückschlagen des Überfallstrahls an die luftseitige Sperrenwand zu vermeiden (Bild 50). Die Auskragung muss so weit ausgeführt werden, dass sie zumindest über den Fußpunkt der vertikalen Sperrenplatte hinausragt. Als Mindestwert wird in der Praxis 30 cm angegeben [53]. Die Betondeckung an der Oberseite einer teilgepanzerten Krone sollte nicht weniger als 5,5 cm betragen. Beispiele von ausgeführten Auskragungen finden sich in Bild 44 (A) und (B).

5.8.3 Fundament

Die Gründung von Sperrenbauwerken in der Sohle und den Talflanken muss so tief ausgeführt werden, dass keine Auskolkung oder Freilegung der Fundamentsohle durch Abrutschen bzw. Verwitterung der Einhänge auftreten kann. Werden in der Bemessung

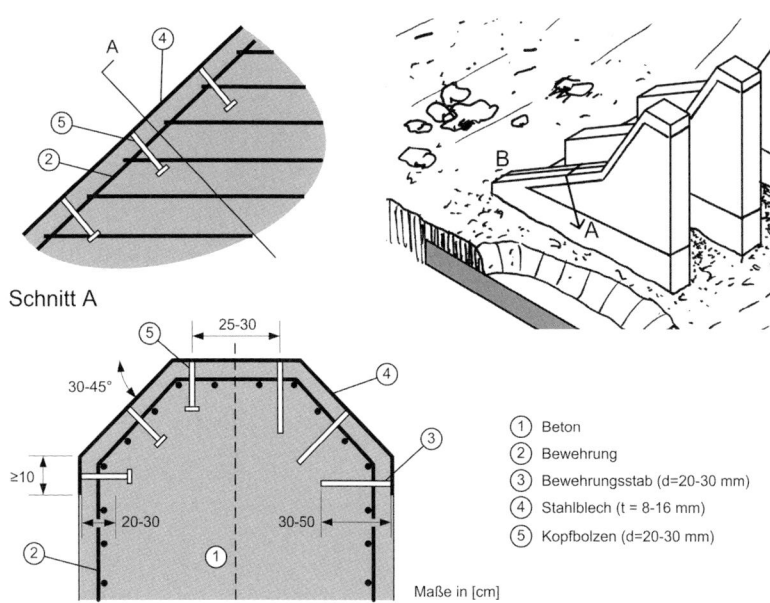

Bild 48. Verankerung von Stahlblechen mittels angeschweißter Kopfbolzen und Bewehrungsstäben

558 | Wildbachsperren

Bild 49. Eingebaute Panzerungen aus Stahlblech vor dem Betoniervorgang: (A) Kopfbereich eines Murteilers; (B) gepanzerter Querträger (Quelle A, B: [38])

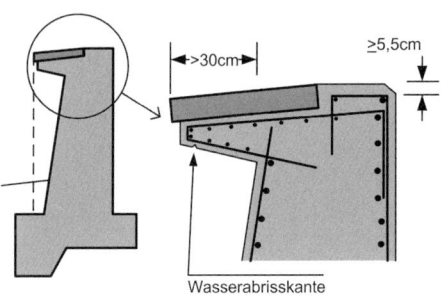

Bild 50. Konsole mit Kronsteinen und Bewehrungsführung

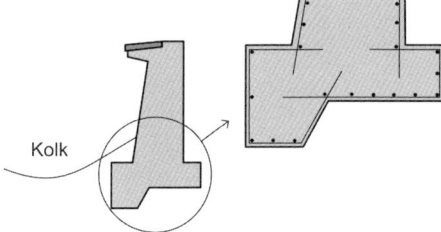

Bild 51. Flachgründung mit Kolkschutzriegel aus ONR 24802 [117]

Sohl- und Talflankenwiderstände berücksichtigt, sind die dafür erforderlichen Einbindetiefen konstruktiv sicherzustellen.

In der Regel haben Sperrenbauwerke eine Flachgründung. Sonderformen auf Pfählen und mit Dichtschirmen sind möglich. In der Praxis wird für Flachgründungen eine Gründungstiefe von 1,5 bis 2,0 m gewählt, bei kohäsionslosem Sediment und im Bereich des Sperrenkolks (Kolkschutzriegel) auch tiefer (Bild 51). Die Art der Gründung richtet sich in erster Linie nach den Untergrundverhältnissen. Sperren werden häufig auf einer durchgehenden Fundamentplatte errichtet.

Von besonderer Bedeutung für die ausreichende und korrekte Gründung von Sperren ist die Kenntnis der wesentlichen Prozesse, die zum Versagen der Bauwerke in der Einbindung führen können. Folgende Mechanismen sind dabei zu berücksichtigen (Näheres dazu findet sich in [158]):

– Gleiten der Sperre nach Freilegung der Fundamente,

– Unterspülung der Sperre nach Unterkolkung (Bild 52),

– Unterspülung der Sperre als Folge einer starken Unterströmung („Piping"),

– Abrutschen der Talflanken nach Unterschneidung der Uferböschung (Ufererosion im Vorfeld) (Bild 53 – Mechanismus 1),

– Abrutschen der Talflanken nach Überborden des Sperrenflügels (Bild 53 – Mechanismus 2),

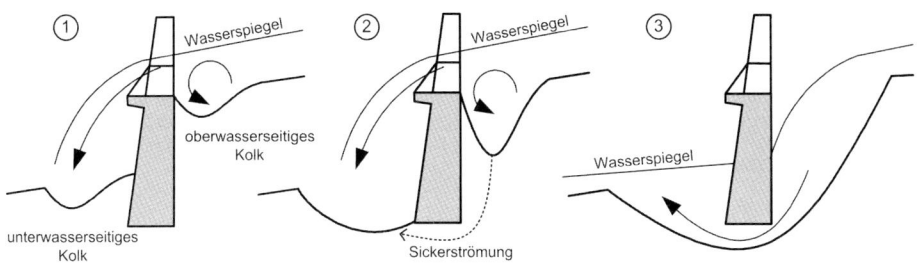

Bild 52. Ausbildung einer Unterströmung [152]

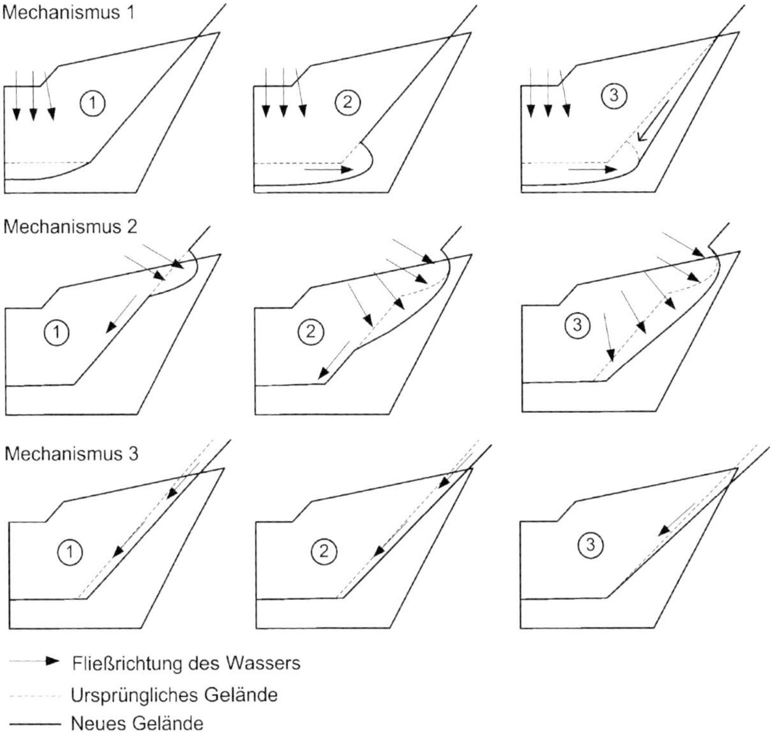

Bild 53. Mechanismen, die im Lockergestein zum Verlust des seitlichen Flankenwiderstands führen können: Typ 1: Abrutschen der Böschung nach Erosion des Hangfußes; Typ 2: Abrutschen der Böschung nach Überströmung des Sperrenflügels; Typ 3: Erosion der Böschung durch Oberflächenabfluss [158]

- Erosion der Talflanken durch abfließendes Wasser (Oberflächenabfluss, Quellaustritte, Zubringer) (Bild 53 – Mechanismus 3),
- Abrutschen der Talflanken durch Labilisierung der Hänge (ansteigender Grundwasserspiegel, Rutschungen).

Bei besonders ungünstigen Gründungsverhältnissen wird fallweise ein Bodenaustausch durchgeführt oder die gering tragfähigen Bereiche werden durch Betonverfüllungen ersetzt. Eine Ertüchtigung des Untergrunds kann auch mit Holzpiloten (wurde in der Vergangenheit häufig bei feinkörnigen Sedimenten durchgeführt), Injektionen oder Mikropfählen erfolgen.

Wenn die Talflanken besonders labil oder anfällig für das Abgleiten nach Unterschneidung sind, kann eine seitliche Sicherung des Sperrenvorfelds mittels Vorfeldmauern oder Uferschutz mit Grobsteinschlichtung durchgeführt werden (s. Abschnitt 5.8.4). Diese bauliche Vorkehrung stellt den wirkungsvollsten Schutz gegen den Verlust des Flankenwiderstands dar.

Weitere Angaben zur Gründung von Wildbachsperren finden sich in Abschnitt 9.

5.8.4 Vorfeldwangen

Vorfeldwangen dienen der besseren Einbindung der Sperre in die Talflanken, in dem sie diese gegen Unterschwemmung und Abrutschen sichern. Sie begrenzen den Sperrenkolk seitlich und schränken somit auch die Ausbildung von Randwalzen ein (Bilder 64, 65).

Vorfeldmauern können statisch als eigene Baukörper ausgeführt werden und sind dann nicht fest mit der Sperre verbunden. Die Anbindung an die Hauptsperre erfolgt in der Regel mit einer verschiebbaren Trennfuge. Um den einwirkenden Hangdruck aufnehmen zu können, werden Vorfeldmauern meist als Gewichtsmauer oder Winkelstützmauer ausgeführt. Eine statische Stützwirkung für die Hauptsperre üben solche Vorfeldmauern grundsätzlich nicht aus und sind daher für den Standsicherheitsnachweis nicht in Rechnung zu stellen. Bei geringer Hangdruckwirkung kann die Funktion von Vorfeldmauern auch von einer Grobsteinschlichtung (auf Beton verlegt) übernommen werden (Bild 54 B).

Bei Stahlbetonsperren können Vorfeldwangen auch biegesteif mit der Sperrenplatte und einer etwaigen Fundamentplatte im Sperrenvorfeld verbunden werden. Dadurch entstehen sehr robuste Tragwerke. Ferner können die so verbundenen Bauteile für die Standsicherheitsnachweise der Hauptsperre verwendet werden.

Die Krone der Vorfeldmauern muss seitlich so weit von der Abflusssektion abgerückt werden, dass es unter Berücksichtigung der Dilatation nicht zu einem Auftreffen des Überfallstrahls auf die Mauerkrone oder die luftseitige Wand kommt. Vorfeldmauern üben einen gewissen Sichtschutz aus und ermöglichen eine luftseitige Einschüttung der Sperre, um große Sichtbetonflächen zu vermeiden.

5.8.5 Scheiben und Pfeiler

Pfeiler sind monolithisch mit der Sperrenwand verbundene Bauteile, die luft- oder wasserseitig angeordnet werden können und eine statische Stützwirkung für die Sperre übernehmen (Scheibenwirkung). Die Wirkung der Pfeiler wird beim Standsicherheitsnachweis daher in Rechnung gestellt (z. B. Pfeilerplattensperre). Als Zusatzfunktion können Pfeiler auch eine abstützende Wirkung für die Einhänge ausüben. (Näheres zur statischen Funktion von Pfeilern s. Abschnitt 9.3.6.)

Unterschiedliche Ausführungen bei den Scheiben und Pfeilern sind gebräuchlich. Pfeiler können aus Stahlbeton, aus Stahlprofilen oder ausbetonierten Hohlprofilen aus Stahl (Verbundquerschnitte) bestehen (Bild 55 A). Pfeiler aus Stahlbeton weisen in der Regel einen rechteckigen oder quadratischen Querschnitt auf. Falls notwendig ist die angeströmte Seite hydraulisch günstiger ausgeführt, um den hydraulischen Widerstand zu verringern oder bei Murteilern die Angriffsfläche der Muren zu minimieren (Bild 55 C3). Pfeiler werden in der Regel an Murbrechern, Filtersperren und Wildholzrechen verwendet.

Scheiben können grundsätzlich luft- oder wasserseitig angeordnet werden. Die beiden äußersten Scheiben unterscheiden sich in der Form meist von den Murteilern (Bild 34). Dies ist in unterschiedlichen Funktionen begründet. Die beiden äußersten Schei-

Bild 54. (A) Dosiersperre mit Vorfeldmauern in Stahlbeton; (B) Dosiersperre mit Grobsteinschlichtung als Vorfeldsicherung (Quelle A, B: [38])

Entwurf und Konstruktion von Schutzbauwerken aus Beton und Stahlbeton

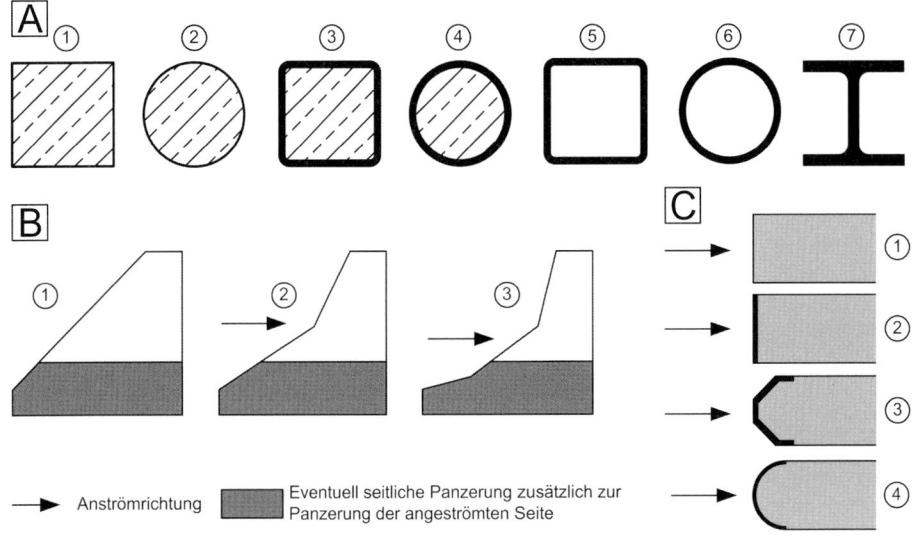

Bild 55. Ausbildung von Pfeilern und Scheiben: (A) Pfeilerformen (1, 2 Stahlbeton, 3, 4 Stahl-Stahlbeton Verbundquerschnitt; 5, 6, 7 Stahlprofile); (B) Scheibenformen (1 mit Anzug, 2 einfach geknickt, 3 zweifach geknickt); (C) Ausbildung der angeströmten Seite von Pfeilern und Scheiben (1 ungepanzert, 2 gepanzert gerades Stahlblech; 3 gepanzert gebogenes Stahlblech; 4 Panzerung mit halbiertem Formrohr)

ben (Rostwangen, Vorfeldwangen) begrenzen den Durchflussbereich in der Seite und stützen die seitlichen Flanken ab. Die Scheiben im Bachbett sind komplexer geformt, um einerseits auftreffende Muren zu bremsen oder dem Wildholz das Aufschwimmen auf der Bauwerksrückseite zu erleichtern, um die Gefahr der Verklausung zu verringern. Scheiben werden in Bauwerkstypen ähnlich Bild 196 A und D verwendet. Auf wasserseitig angeordneten Scheiben kann zusätzlich ein Rost oder Balken als Filtereinrichtung angeordnet werden (Bild 196 B).

5.8.6 Balken- und Rechenkonstruktionen

5.8.6.1 Allgemeines

Wildholz ist das vom Wildbach mitgeführte Holz und umfasst Baumstämme, Bloche, Wurzelstöcke, Äste und Zweige. Das Wildholz verlegt die Dolen und Öffnungen von Sperrenbauwerken. Dadurch geht die Wirkungsweise der Sperren hinsichtlich der Entleerung für Wasser, Schlamm, Fein- und Grobgeschiebe (je nach Funktion des Bauwerks) verloren. Eine Spülung der Auflandung ist durch die Verspreizung des Holzes und die Abdichtung mit Feinteilen auch bei starker Wasserführung kaum möglich. Aus diesem Grund ist die Anordnung von Balken und Rechen vor den Öffnungen der offenen Sperrenbauwerke von großer Bedeutung für die Funktionalität [97, 98, 101].

Rechen wirken Verklausungen der Dolen oder des Einlaufbereichs eines Grundablasses durch Schwemmholz und Geschiebe entgegen. Bei Wildbächen aus bewaldeten Einzugsgebieten sind sie besonders wichtig. Die Gestaltung der Rechenanlage wird in Abhängigkeit der Charakteristika des Einzugsgebiets und der Beanspruchungen durch die Prozesse vorgenommen.

Der *Rechenabstand* ist entsprechend der Zusammensetzung und Form der Feststoffe im Einzugsgebiet sowie dem Transportvermögen des Unterlaufs und Vorfluters festzulegen. Die Wahl des Balken- und Rechenabstands für offene Sperrenbauwerke hängt von der Funktion der Sperre und der Zusammensetzung des Geschiebes ab. In der Praxis wird die Wahl des Abstands aber aufgrund von Erfahrungswerten durchgeführt. Der lichte Stababstand muss besonders auf den lichten Durchgang der Auslässe abgestimmt werden.

Die Wahl des Balken- und Rechenabstands für offene Sperrenbauwerke hängt von der Funktion der Sperre und der Zusammensetzung des Geschiebes ab. *Leys* [101] schlägt für die Bemessung der Rechen- oder Balkenabstände die Ermittlung eines „Normalsteins" vor den größten Kornfraktionen vor. In der Praxis wird die Wahl des Abstands aber nur aufgrund von Erfahrungswerten durchgeführt, da eine rechnerische Ermittlung kaum zielführend

Tabelle 7. Empfehlungen für lichte Weiten von Rechenstäben

Funktion des Rechens		Lichte Weite zwischen den Rechenstäben [cm]
Wildholzfilter	grobe Komponenten (Baumstämme)	100–200
	feinere Komponenten (Äste)	30–80
Filter an Retentionssperren	große Grundablässe, große Drosselquerschnitte	20–50
	kleine Grundablässe, kleine Drosselquerschnitte	10–15

erscheint. Aufgrund der Unsicherheiten bei der Wahl der Rechenabstände ist die Möglichkeit einer nachträglichen Anpassung erwünscht. In Tabelle 7 sind gängige lichte Weiten von Rechen zusammengestellt.

Aufgrund der Unsicherheiten bei der Wahl der Rechenabstände ist die Möglichkeit einer nachträglichen Anpassung erwünscht. In [90] wird zur nachträglichen Verschieblichkeit der Träger eine Lagerung auf zwei Rundträgern vorgeschlagen (Bild 60 C). Diese Bauweise erlaubt unterschiedliche Trägeröffnungen in allen drei Rechenfeldern. Ein weiterer entscheidender Vorteil dieser Bauweise ist, dass neue Erkenntnisse betreffend die Dimensionierung auf Murgänge und Hochwässer, durch die flexiblen Rechenabstände, sofort umgesetzt werden können. Bei dieser Konstruktion werden die Träger auf einer durchgehenden Auflagerbank aufgelagert und die Trägerzwischenräume mit Lärchenholz ausgefüllt.

In der Praxis werden die Rechenstäbe mittels Schweißnähten an den Querträgern befestigt. Sollten die Rechenabstände einmal verändert werden oder müssen Rechenstäbe ausgetauscht werden, können diese Nähte leicht weggeschliffen werden. Konstruktionen mit Klemmen oder Schrauben haben sich nicht bewährt, da diese korrodieren und nach längerer Zeit nicht mehr zu öffnen sind.

In ständig Wasser führenden Wildbächen ist bei der Konstruktion des Rechens auf die Aufrechterhaltung des Gewässerkontinuums zu achten (möglichst durchgehendes Sohlniveau, ohne Abstürze).

Rechen sollten im Sohlenbereich nach unten offen sein und einen ausreichenden Abstand zur Gewässersohle aufweisen, damit Feingeschiebe und kleinere Feststoffe durch den Durchlass geführt werden. Zudem verbessert dieser Spalt die Mobilität von Wasserlebewesen. Der Bodenspalt soll zwischen 20 und 40 cm hoch ausgeführt werden (Bild 56 B).

Die Gesamtfläche der Rechenkonstruktion sollte möglichst groß dimensioniert werden.

Um die Zugänglichkeit von Grundablässen zu gewährleisten, müssen Teile des Rechens abnehmbar gestaltet werden. Die einzelnen Rechenteile sollten ein Gewicht von 2 t nicht überschreiten, da sie noch einfach mit einem Bagger oder üblichen LKW-Auslegern abhebbar sind.

Folgende Rechenformen werden unterschieden:

– vertikaler Rechen,
– gleichmäßig geneigter Rechen,
– gebrochener Rechen.

Bild 56. Ausbildung des unteren Endes von Rechen: (A) ohne Bodenspalt; (B) mit Bodenspalt

5.8.6.2 Vertikale Rechen

Sollen Rechen Wildholz aus gestauten Wasserkörpern filtern, haben sich vertikale Rechen bewährt (Bilder 57, 58). Solche Rechen werden daher hauptsächlich bei Wasserretentionssperren oder Geschieberetentionssperren mit größeren Stauhöhen angeordnet. Durch einen unteren horizontalen Rechenteil wird die Wirksamkeit der Konstruktion verbessert. In Wildbächen ist die Ausführung eines vertikalen Rechens zu vermeiden. Ausgenommen davon sind Sperren mit ausschließlicher Retentions- oder Dosierfunktion für Wasser.

5.8.6.3 Gleichmäßig geneigte Rechen

Durch die Neigung des Rechens wird das Wildholz zum Aufgleiten gebracht, was den unteren Bereich des Rechens vom Wildholz frei hält und den Geschiebetrieb weitgehend ungestört lässt. In der ONR 24802 wird eine Neigung solcher Rechen von 45° empfohlen (Bild 59). Es wird weiter empfohlen auch bei einfach geneigten Rechen an Wildbachsperren am oberen Ende eine mindestens 2 m breite horizontale Fläche anzuordnen.

Der Nachteil eines einfach geneigten Rechens ist, dass das Wildholz nach dem Abklingen des Ereignisses absinkt und den unteren Bereich des Rechens verlegt und die Nieder- und Mittelwasserabflüsse einschränkt. Dadurch kommt es zu unerwünschten Geschiebeablagerungen. Um diesem Phänomen zu begegnen, wurden die mehrfach gebrochenen Rechen entwickelt.

Einfache Rechen sind einfach konstruiert. Auf horizontalen I-Profilen liegen gerade vertikale Rechenstäbe auf. Die horizontalen I-Träger sind seitlich in den Rostwangen verankert (Bild 63 C, E).

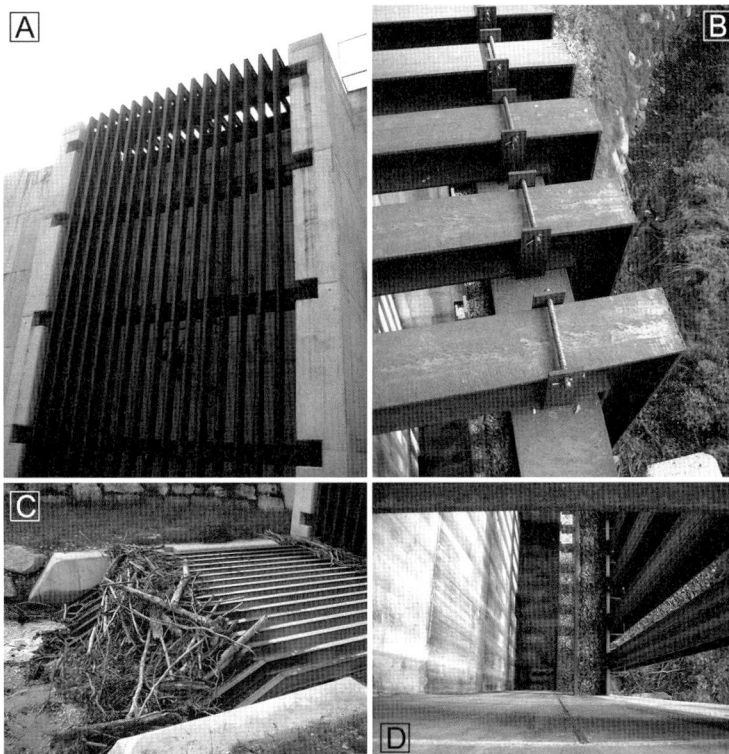

Bild 57. Vertikale Rechen: (A) vertikaler Rechen vor einem Grundablass; (B) Detail Rechenbefestigung oben; (C) zweifach gebrochener Rechen mit vertikalem Rechenteil und Lagerung auf I-Trägern; (D) vertikaler Rechen ohne unteren horizontalen Bereich

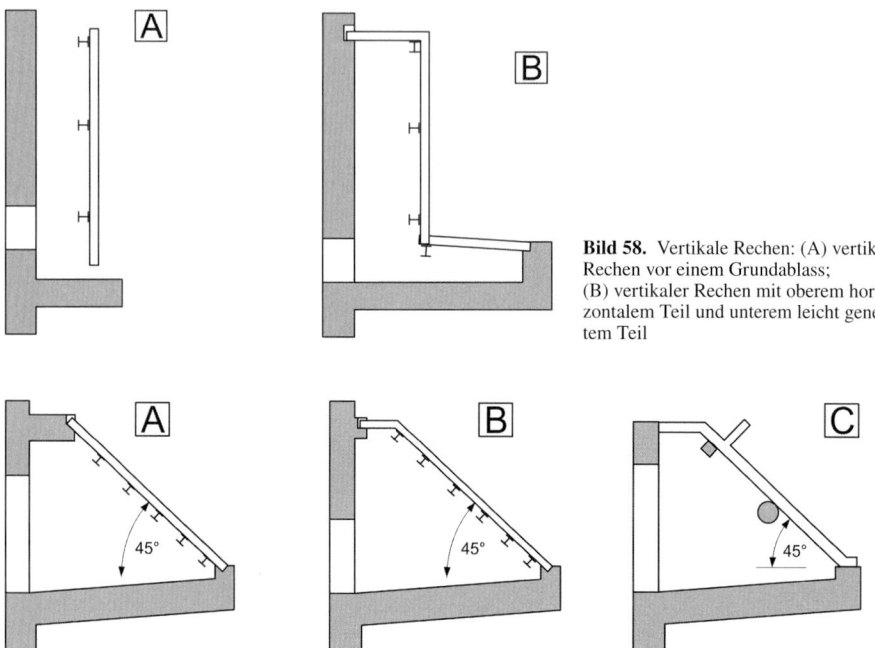

Bild 58. Vertikale Rechen: (A) vertikaler Rechen vor einem Grundablass; (B) vertikaler Rechen mit oberem horizontalem Teil und unterem leicht geneigtem Teil

Bild 59. Gleichmäßig geneigte Rechen: (A) 45°-Schrägrechen auf I-Trägern, (B) 45°-Schrägrechen auf I-Trägern mit horizontalem oberem Bereich; (C) Schrägrechen auf Verbundträger mit Wildholzabweiser

5.8.6.4 Gebrochene Rechen

Bei mehrfach gebrochenen Rechen wird das oberste Rechensegment (auf dem Niveau der Abflusssektion) horizontal und das unterste Rechensegment (auf Niveau der Sohle des Verlandungsraums) leicht geneigt ausgeführt (Bilder 60, 61).

„Wildholz wird durch die Schräglage des Rechens zum Aufgleiten gebracht und dadurch werden der Durchfluss und der Geschiebetrieb möglichst lange aufrechterhalten. Allerdings zeigt die Praxis, dass durch das Herabsinken des Holzes der Rechen in manchen Fällen verschlossen wird und der Spülvorgang abbricht. Um dem entgegenzuwirken hat sich ein gebrochener Rechentyp mit langem horizontalem Abschnitt bewährt." ([19], S. 30)

„Die erste, sehr flach geneigte Rechenfläche (< 1:3) ermöglicht ein Aufgleiten des Schwemmholzes (Wildholzspülstoß) der ersten Hochwasserwelle. Beim Absinken des Wasserspiegels wird das Schwemmmaterial auf der horizontalen Rechenfläche abgelegt. Der Sohlbereich wird freigehalten Verhinderung von Verklausung und Feingeschiebe kann passieren. Auch nach kleineren Ereignissen kann durch Aufgleiten des Wildholzes auf den Horizontalrechen der Sohlbereich freigehalten werden. Dies bringt Vorteile in Bezug auf Geschiebedurchgang und damit geringerem Wartungsaufwand, sowie günstige Bedingungen für die Fischpassierbarkeit (Verhindern von abdichtenden Wildholzakkumulationen an der Gewässersohle)." ([19], S. 30)

Der obere horizontale Rechenteil soll durch den Entzug des Transportmediums Wasser das Wildholz vor der Abflusssektion zur Ablagerung bringen. Dazu ist die Rechenfläche in Abhängigkeit vom BHQ, der Wildholzfracht und der Länge des Verlandungsraums auszubilden.

5.8.6.5 Rechenstäbe und Auflager

Rechen an Wildbachsperren werden aus Stahlprofilen ausgeführt. Die Roste werden je nach Belastung aus I-Trägern (IPE, IPB), Hohlprofilen oder mit Beton gefüllten Hohlprofilen hergestellt (Bild 62).

Die Auflager von mehrfach gebrochenen Sperrenrosten wurden zunächst aus querliegenden Stahlträgern hergestellt, mit denen die Rechenstäbe verschweißt werden (Bild 61). In den letzten Jahren werden runde stahlblechverkleidete Stahlbetonträger als horizontale Auflager der vertikalen Lamel-

Bild 60. Rechensperren: (A) einfache Rechensperre mit aufgesetzten Stäben, die die Überschiebung des Wildholzes über die Abflusssektion verhindern; (B) Rostsperre mit mehrfach gebrochenem Rost; (C) (D) zweifach gebrochener Rost (Lagerung auf zwei Rundträgern) (D) zweifach gebrochener Rost (Lagerung auf Stützlamellen und Verbundträger) (Quelle A, B: [38])

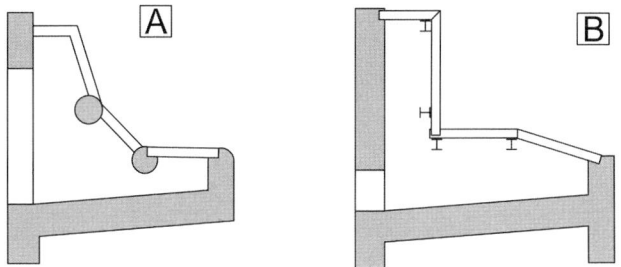

Bild 61. Gebrochene Rechen: (A) zweifach gebrochener Rost (Lagerung auf zwei Rundträgern); (B) zweifach gebrochener Rechen mit vertikalem Rechenteil und Lagerung auf I-Trägern

len verwendet (Bild 61 A). Durch die hohe Tragfähigkeit dieser Verbundquerschnitte lassen sich die horizontalen Träger auf ein Minimum reduzieren (Bild 60 C). Für Querträger oder stark beanspruchte Rechenlamellen werden betonummantelte I-Träger oder betongefüllte Formrohre verwendet. Bei den I-Trägern werden beidseitig an die Flansche Stahlbleche (t ≥ 8 mm) geschweißt. Anschließend werden diese geschweißten Kastenquerschnitte mit Beton gefüllt (Bild 62 A), um eine möglichst hohe Tragfähigkeit für die dynamische Beanspruchung durch Strömung, Geschiebe und Holz zu erreichen.

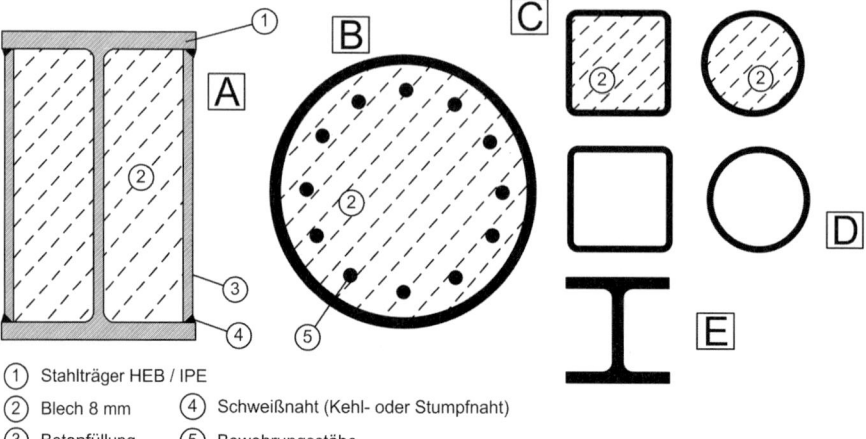

① Stahlträger HEB / IPE
② Blech 8 mm
③ Betonfüllung
④ Schweißnaht (Kehl- oder Stumpfnaht)
⑤ Bewehrungsstäbe

Bild 62. Querschnitte von Balken oder Rechenkonstruktionen: (A) geschweißter Kastenquerschnitt; (B) runder Verbundquerschnitt; (C) gefüllte Hohlprofile; (D) ungefüllte Hohlprofile; (E) I-Träger

5.8.7 Sicherung des Sperrenvorfelds (Tosbecken, Kolksicherung)

Wenn erforderlich, sind im Vorfeld der Sperre konstruktive Vorkehrungen zur Begrenzung der Kolkbildung zu treffen. Das Vorfeld kann mittels einer Grobsteinschlichtung (BGSS oder GSS auf Filtervlies) oder eines Tosbeckens gesichert werden.

Die Sicherung des Vorfelds dient der Herstellung der erforderlichen Widerstände in der Sohle und den Talflanken gegen Erosion infolge Energieumwandlung und Kolkbildung durch den Überfallstrahl. Das Tosbecken wird im Optimalfall durch beidseitige Vorfeldwangen und eine Vorsperre begrenzt (Bild 64).

Die Gestaltung des Tosbeckens vor Sperrenbauwerken soll so erfolgen, dass das Ziel der Energieumwandlung durch die Ausbildung von wirksam verteilten Wasserwalzen erfüllt wird, ohne dadurch jedoch die Standsicherheit der Sperre oder des Uferschutzes zu beeinträchtigen. Die Fluktuation des Kolks in Abhängigkeit des Zuflusses bei freier Kolkausbildung ist für die Wirkung und Sicherheit einer Sperre von nachteiliger Wirkung, daher wird in der Regel das Tosbecken und damit der Kolk durch eine Vorsperre (Tosbeckenschwelle) begrenzt. Die Breite des Vorfelds wird größer als jene der Abflusssektion gewählt, um der Dilatation des Überfallstrahls gerecht zu werden und außerdem die Ausbildung von Randwalzen zu ermöglichen. Als Richtwert kann die Breite des Tosbeckens mindestens mit der 1,5-fachen Breite der Abflusssektion

festgelegt werden. (Näheres zur hydraulischen Dimensionierung des Sperrenvorfelds (Kolks) s. Abschnitt 8.3.)

Eine der wichtigsten Maßnahmen der Kolksicherung im Vorfeld von Sperren ist eine ausreichende Gründung der Sperre und des seitlichen Uferschutzes (Vorfeldmauern, Grobsteinschlichtung) auf Kolktiefe (Abschnitt 5.8.3). Die tiefere Gründung kann unterbleiben, wenn das Sperrenvorfeld gepflastert oder befestigt wird (künstliche Kolkwanne). In diesem Fall wäre unter Umständen auch eine Vorsperre verzichtbar. Aus ökologischer Sicht ist eine Auspflasterung des Kolks jedoch sehr problematisch und wirkt der Durchgängigkeit der Sperre entgegen, sodass in der Praxis heute meist darauf verzichtet wird. Eine Alternative ist die Herstellung eines künstlichen Kolks (befestigte Tosbeckenwanne) mit einer gesicherten Mindestwassertiefe, die einen Fischaufstieg ermöglicht (Bild 65 A).

Die Vorfeldwangen sind je nach hydraulischer und geotechnischer Beanspruchung als massives, scheiben- oder plattenartiges Bauteil auszuführen. Bei geringen Abflussmengen oder niedrigerer Absturzhöhe ist eine Sicherung der Talflanken durch Grobsteinschlichtung auf bewehrter Betonbettung ausreichend.

5.8.8 Sperrenöffnungen

Öffnungen im Sperrenkörper werden zur Herstellung einer bestimmten Durchlässigkeit des Sperrenkörpers für Wasser und Geschiebe angeordnet. Zu den Sperrenöffnungen zählen Dolen und Schlitze.

Entwurf und Konstruktion von Schutzbauwerken aus Beton und Stahlbeton | 567

Bild 63. Auflager von Rechen: (A) Auflagerung des Querträgers auf den Rostwangen; (B) Auflagerung der Rechenstäbe in der Sperrenplatte; (C) Auflagerung eines Querträgers eines vertikalen Rechens; (D) Ausnehmungen in den Rostwangen und der Mittelscheibe als Auflager der Rechenquerträger; (E) Detail Auflager

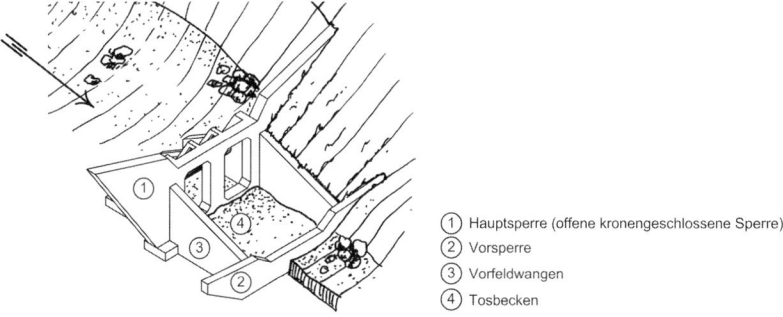

① Hauptsperre (offene kronengeschlossene Sperre)
② Vorsperre
③ Vorfeldwangen
④ Tosbecken

Bild 64. Sicherung des luftseitigen Sperrenvorfelds an einer großdoligen Dosiersperre (Beispiel); aus ONR 24802

Bild 65. Ausbildung eines gesicherten Sperrenvorfelds: (A) Sohlpflasterung mittels BGSS mit Niederwasserrinne; (B), (C) Ausbildung eines Tosbeckens mit Vorfeldwangen und Vorsperre

Schlitze sind nach oben unbegrenzte Sperrenöffnungen, deren Breite deutlich kleiner als deren Höhe ist. Details zu ihrer konstruktiven Gestaltung siehe Abschnitt 5.3.3.

Dolen sind nach oben begrenzte Sperrenöffnungen unterschiedlicher Form und Größe. Von der Funktion her kann man Entwässerungsdolen (Kleindolen), Großdolen, Wasserhaltungsdolen und Entleerungsdolen unterscheiden. In Bild 66 sind die wichtigsten Öffnungsformen dargestellt.

Von einer *kleinen* Sperrenöffnung (Dole) spricht man, wenn die Durchflusskapazität nur für die Niederwasserführung ausreicht und die Öffnung rasch verlandet. Zu dieser Gruppe gehören die Entwässerungsdolen. *Große* Sperrenöffnungen (Dolen) sind solche, die eine ausreichende Durchflusskapazität für Mittel- oder Hochwasser aufweisen und in diesem Fall keinen Rückstau erzeugen. Diese Sperrenöffnungen verlanden in der Regel spät. Die Durchflusskapazität *übergroßer* Sperrenöffnungen liegt deutlich über dem Hochwasserabfluss.

Um die Wasserdrücke auf die Sperrenplatte aus dem Verlandungskörper zu reduzieren, sind Vollsperren mit einer ausreichenden Zahl von Entwässerungsdolen zu versehen. Entwässerungsöffnungen können rund oder rechteckig ausgeführt werden. Dadurch soll eine drucklose Ableitung der Sickerwässer durch den Sperrenkörper ermöglicht werden. Der Durchmesser von runden Entwässerungsdolen liegt zwischen 10 und 60 cm. Rechteckige Öffnungen haben Seitenlängen von 20 bis 100 cm (gängige Abmessungen sind beispielsweise: 20/30 40/50 50/70 60/100 cm).

Großdolen werden nach rein hydraulischen Erfordernissen dimensioniert (s. Abschnitt 8.3.4). Um Kerbspannungen in den Ecken zu verringern, sollen diese abgeschrägt ausgeführt werden (Bild 66 C). Die in Bild 66 dargestellten Sonderformen dienen unterschiedlichen hydraulischen Zwecken. In Bild 67 werden einige ausgeführte Beispiele dargestellt.

Wasserhaltungsdolen werden in stark wasserführenden Wildbächen für die Bauphase unter dem Sperrenbauwerk eingerichtet, wenn eine gefahrlose Ausleitung des Baches aus dem Bereich der Baugrube nicht möglich ist. Nach Abschluss der Baumaßnahmen bzw. nach Fertigstellung der Sperre werden Wasserhaltungsdolen künstlich verschlossen. Die Größe von Wasserhaltungsdolen richtet sich nach den Abflussmengen je nach Dauer der Baumaßnahmen bei Nieder-, Mittel- oder Hochwasser. Als Richtwert kann ein ein- bis fünfjährliches Hochwasser angesetzt werden, um das Risiko einer Überflutung der Baugrube angemessen gering zu halten.

Vom statischen Standpunkt aus gesehen sind runde Öffnungen günstiger, da die Spannungsspitzen (Kerbspannungen) in den Ecken im Vergleich zu rechteckigen Öffnungen wesentlich reduziert werden. Da die Formulierung der Randbedingungen in

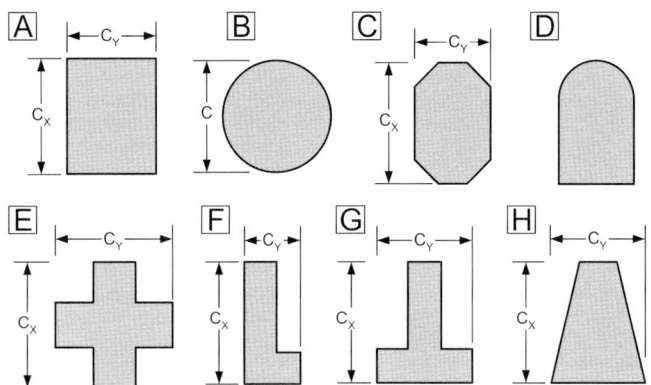

Bild 66. Formen von Öffnungen in Sperrenbauwerken. Regelformen: (A) rechteckig; (B) rund (C) mit abgeschrägten Ecken; (D) mit Gewölbe (Steinsperren); Sonderformen: (E) kreuzförmig, (F) L-förmig, (G) T-förmig, (H) A-förmig

Bild 67. Öffnungen in Stahlbetonsperren: (A) Konsolidierungssperre: Öffnungen 60 cm × 80 cm; (B) Konsolidierungssperre: runde Öffnungen d = 20 cm, rechteckige Öffnungen 60 cm × 80 cm, (C) Geschiebedosierwerk: Öffnungen 260 cm × 520 cm; Konsolidierungssperre (Durchmesser 60 cm)

Ecken von Öffnungen problematisch ist, lassen sich die Schnittgrößen von Platten mit Öffnungen auf analytischem Wege schwer berechnen. Nach der Elastizitätstheorie treten in den Ecken der Öffnungen unendlich große Spannungen auf. Stahlbeton verhält sich allerdings elastoplastisch, dies führt zu einer Verminderung der Spannungen in der Druckzone und einem Reißen der Zugzone. In der Regel verlaufen diese Risse senkrecht zu den Hauptzugspannungen (in der Winkelhalbierenden der Ecke der Öffnung). Kleine Öffnungen können bei der Bemessung der eigentlichen Platte (oder Gewichtssperre, oder Bogenmauer) vernachlässigt werden. Große Öffnungen sind zu berücksichtigen. Laut *Avak* [7] kann bei Erfüllung des Kriteriums nach Gl. (1) von einer kleinen Öffnung ausgegangen werden.

$$\frac{c_i}{l_i} \leq 0{,}2 \qquad (1)$$

mit

c_i Öffnungsgröße in Koordinatenrichtung x bzw. y, laut Bild 66

l_i Stützweite der Platte in Koordinatenrichtung x bzw. y

5.8.8.1 Kleine Öffnungen in Stahlbetonplatten

Entwässerungsdolen oder Kleindolen können zu den kleinen Öffnungen gezählt werden. Als Entwässerungsöffnungen werden oft PVC-Rohre oder vorgefertigte Elemente aus glasfaserverstärktem Kunststoff in die Schalung eingelegt. Passen diese Elemente durch die Zwischenräume der meist orthogonalen Plattenbewehrung bzw. sind die Abmessungen kleiner als 30 cm, sind keine zusätzlichen konstruktiven Maßnahmen erforderlich.

Bei Öffnungen > 30 cm, die nach Gl. (1) jedoch immer noch als klein gelten, muss für die Abschätzung des Einflusses der Öffnungen keine besondere Schnittgrößenermittlung für die restliche Platte durchgeführt werden. Die Schnittgrößen der Platte mit Öffnungen können für eine Platte ohne Öffnungen bestimmt werden. Zur Abdeckung der zusätzlichen Spannungsspitzen im Öffnungsbereich ist an den Rändern und den Ecken der Öffnung eine Zusatzbewehrung einzulegen. Die Zusatzbewehrung besteht aus der infolge der Öffnung unterbrochenen Hauptbewehrung. Sie wird jeweils zur Hälfte an den beiden parallelen Rändern eingelegt und sollte mit $l_{b,net}$ nach Gl. (2) verankert werden. Ist eine Seite der Öffnung größer als die Plattenstärke, sollten zusätzlich konstruktive Querzulagen (1/8 der Hauptbewehrung) entweder als Schrägstäbe überck oder randparallel eingelegt werden. Bei einachsig gespannten Platten sollte in diesem Fall ebenfalls 1/8 der Hauptbewehrung zusätzlich in Querrichtung eingelegt werden (Auswechslung) (Bild 68).

$$l_{b,net} = 0{,}5 \cdot c_i + l_b \qquad (2)$$

mit

l_b Grundmaß der Verankerungslänge nach EN 1992-1-1

Die Öffnungsränder sollten zusätzlich durch Steckbügel ($d_{min} = 10$ mm) eingefasst werden. Die Steckbügel sind mindestens um das Maß l_w über den Öffnungsbereich hinaus anzuordnen. Sie dienen zur Verringerung der Rissbreite und als zusätzliche Schubbewehrung (Bild 68 A).

$$l_w \geq 2 \cdot t \qquad (3)$$

mit

t Plattenstärke (Querschnittshöhe)

5.8.8.2 Große Öffnungen in Stahlbetonplatten

Große Öffnungen sind in den statischen Modellen zu berücksichtigen. In der Regel werden diese Tragwerke mit FEM-Programmen bemessen. Öffnungen sind in der Bemessung immer als verklaust (verlegt) anzunehmen und die dadurch entstehenden Kräfte als Linienlasten auf die Ränder der Öffnungen aufzuteilen. Die prinzipielle Bewehrungsführung sollte nach Bild 68 erfolgen.

5.8.8.3 Öffnungen in Gewichtsmauern

Nach [27] hat bei Gewichtsmauern die Lage der Öffnung und die Öffnung selbst nur einen geringen Einfluss auf die Spannungsverteilung im Querschnitt, da bei diesem Tragwerkstyp die Druckfestigkeiten des Baustoffs selten ausgenutzt sind. Kann der Baustoff keine Zugkräfte aufnehmen (Zementmörtelmauerwerk) oder sollen Zugkräfte im Bereich der Öffnungen von Betonmauern vermieden werden, muss die Resultierende aus der Gesamtlast in der ersten Kernweite liegen. Bei unbewehrten Betonmauern besteht die Möglichkeit, in Bereichen mit Zugspannungen diese mit lokaler Bewehrung abzudecken. Treten in den Ecken von Öffnungen Zugspannungen auf, sind diese analog Abschnitt 5.8.8.1 zu bewehren.

In unbewehrten Betongewichtsmauern müssen Öffnungen rund oder mit abgeschrägten Ecken ausgeführt werden (Bild 66 B, C). Werden Sonderformen ausgeführt, muss oft auf lokale Bewehrung zurückgegriffen werden.

5.8.8.4 Öffnungen in Bogenmauern (Gewölbemauern)

Bogenmauern haben nach [27] infolge Wasserdruck und Temperatureinwirkung die größte Beanspruchung im Kämpferquerschnitt. Die Spannungen im Scheitelbereich betragen nur einen Bruchteil der Kämpferspannungen. Öffnungen in Bogenmauern sollten daher grundsätzlich nur im Scheitelbereich angeordnet werden. Bei dünnen Bogenmauern überwiegen die Druckkräfte (Normalkräfte) gegenüber den Biegemomenten, somit kommt den Kerbspannungen in den Ecken nicht jene Bedeutung als bei reiner Biegebeanspruchung zu. Die Bemessungsdruckfestigkeiten sollten nach [27] nicht voll ausgenutzt werden.

Ein Verfahren zur Berücksichtigung von Öffnungen in Bogensperren bei der Bemessung der Sperre nach dem Verfahren mit Bogenlamellen (Abschnitt 9.3.2.3) ist in [99] beschrieben. Da der Sperrenkörper rechnerisch in einzelne Lamellen zerlegt wird, stellen einzelne Dolen eine Lamellenunterbrechung dar. Bei der Berücksichtigung der Öffnungen wird davon ausgegangen, dass die resultierenden Kräfte aus den unterbrochenen Lamellen von den restlichen horizontal durchlaufenden Lamellen aufzu-

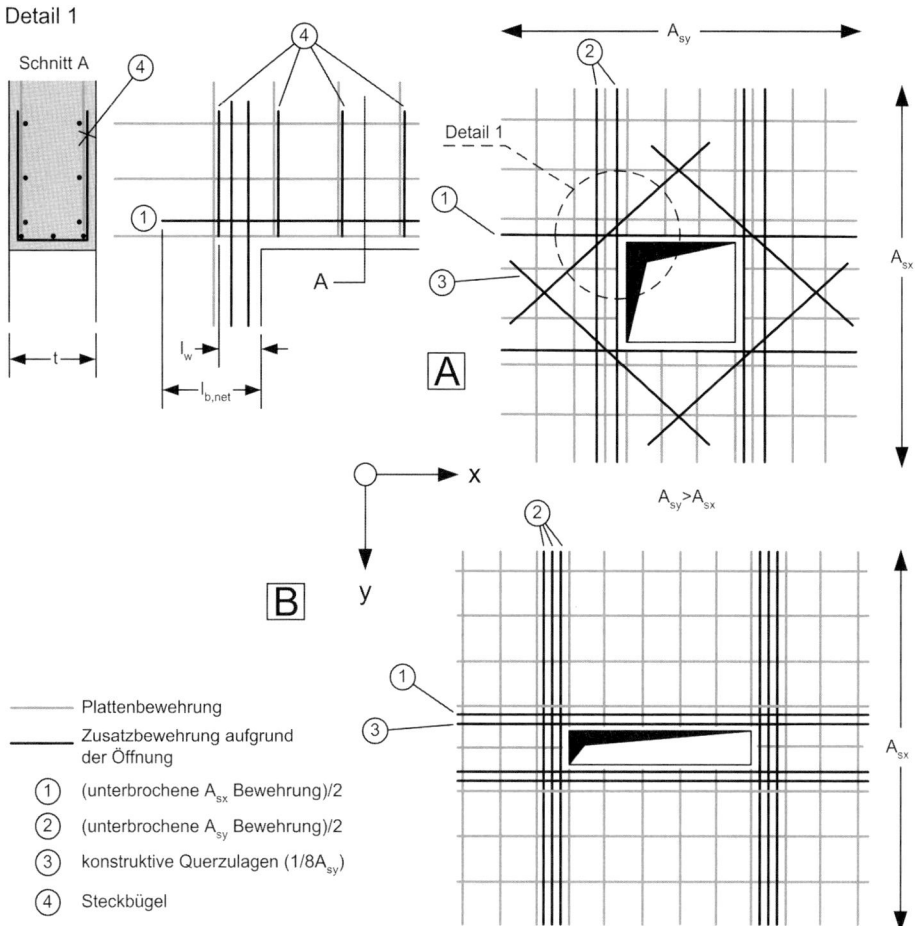

Bild 68. Öffnungen in Stahlbetonplatten, Anordnung der Zusatzbewehrung: (A) schräge Zulagen; (B) randparallele Zulagen

nehmen sind. Daher sollte die Anordnung der Öffnungen so erfolgen, dass durchgehende Lastrippen verbleiben, in denen eine ungestörte Lastübertragung zu den Kämpfern gewährleistet ist (Bild 69). Bei Runddolen, welche ein Doppelgewölbe darstellen, umfließen die Normalspannungen die Öffnungen und werden dann wieder in die Lamelle eingeleitet. Dieser Ansatz gilt bei großen Sperren mit Dolen bis zu einem Meter Durchmesser und bei weitem Dolenabstand. Sind in einer Sperre Dolen mit großem Durchmesser bzw. viele Dolen angeordnet, übernimmt die anschließende Lamelle einen großen Teil der Normalkräfte und überträgt sie in die Widerlager.

Die Beanspruchungserhöhung in den durchlaufenden, ungeschwächten Bogenlamellen (Lastrippen) kann mithilfe der Flächenproportion berücksichtigt werden. Die Spannung in der durchlaufenden Lamelle kann nach dem Verhältnis der Dolenquerschnittsfläche zur vollen Lamellenquerschnittsfläche angesetzt werden [99]. Bei konstantem Querschnitt der Mauer entspricht dieses Verhältnis den zugehörigen Höhen. Der Lasterhöhungsfaktor (k) errechnet sich basierend auf den Geometrien nach Bild 69 nach Gl. (4). Die erhöhte Druckspannung ($\sigma_{c,y}$) in der Lastrippe errechnet sich nach Gl. (5).

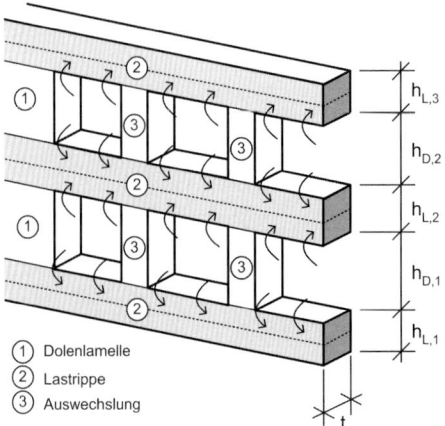

① Dolenlamelle
② Lastrippe
③ Auswechslung

Bild 69. Prinzip der Lastaufteilung bei Öffnungen in Bogensperren

$$k = 1 + \frac{(h_{L,i}/2) + (h_{L,i-1}/2)}{h_{D,i}} \quad (4)$$

mit

- $h_{D,i}$ Durchmesser der Dole bzw. Dolenhöhe
- $h_{L,i}$ Höhe der ungeschwächten Lamelle (Lastrippe) über der Öffnung
- $h_{L,i-1}$ Höhe der ungeschwächten Lamelle (Lastrippe) unter der Öffnung

$$\sigma_{c,y} = \frac{p_x \cdot r_m}{t} \cdot k \quad (5)$$

mit

- p_x Last auf die Bogenlamelle (radial)
- r_m mittlerer Durchmesser der Bogenlamelle
- t_i Querschnittsdicke der betrachteten Lamelle

An den horizontalen Schnittflächen zwischen den durchlaufenden Bogenlamellen und den vertikalen Auswechslungen zwischen den durch Dolen geschwächten Bereichen ist nach [27] ein Schubnachweis zu führen.

5.8.9 Bauwerksfugen

5.8.9.1 Allgemeines

Um Temperaturrisse und Setzungsrisse zu vermeiden, sind Bauwerke mit senkrechten Fugen zu unterteilen (Blockfugen, Bild 75 B). Zwischen den einzelnen Betonierabschnitten entstehen horizontale Arbeitsfugen (Bild 75 A).

Bauwerksfugen können in verzahnte und unverzahnte Fugen eingeteilt werden. Verzahnte Fugen können horizontal oder vertikal verzahnt sein. Je nachdem, ob sie in der Richtung normal zur Fuge eine Bewegung aufnehmen können oder nicht, unterscheidet man Raum- und Pressfugen. Bewegungsfugen lassen eine vorbestimmte Bewegung zu und besitzen keine durchgehende Bewehrung, in Arbeitsfugen läuft die Bewehrung unvermindert durch. Scheinfugen dienen zur optischen Gliederung eines Baukörpers. Sollrissfugen sind Fugen die der gezielten Risssteuerung durch eine geplante Schwächung des Querschnitts dienen (Bild 70). Damit wird eine Sollbruchstelle vorgegeben. Soll eine Scheinfuge gleichzeitig als Sollrissfuge funktionieren, sollte nach [69] die Schwächung des Querschnitts mindestens 1/3 der Bauteildicke betragen.

Nach [69] sollten Fugen prinzipiell geradlinig, übersichtlich und ohne Versprünge hergestellt werden. Alle Bauwerksfugen und Durchdringungen müssen wasserundurchlässig geplant und ausgeführt werden. Die Abdichtung muss ein geschlossenes System ergeben und die Enden der Abdichtungsbänder müssen nach [69] mindestens 30 cm über den Bemessungswasserstand geführt werden.

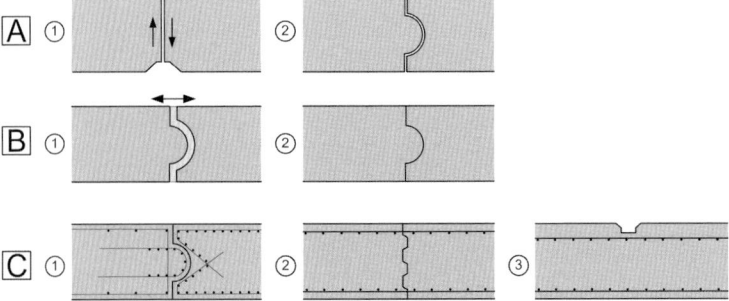

Bild 70. Fugenarten: (A) 1 unverzahnt, 2 verzahnt; (B) 1 Raumfuge, 2 Pressfuge; (C) 1 Bewegungsfuge, 2 Arbeitsfuge, 3 Scheinfuge

5.8.9.2 Arbeitsfugen

Arbeitsfugen dienen zur arbeitstechnischen Unterteilung der Einzelelemente. Sie treten beim konstruktionsbedingten Anschluss einer Betonwand an die Gründungsplatte auf. Ausführungsbedingt unterteilen sie größere Bauteile in kleinere Abschnitte, aufgrund der Betonierleistung und der Größe der Schalungselemente. Massige Betonbauteile müssen aufgrund der Hydratationswärmeentwicklung in Betonierabschnitte unterteilt werden.

Die Betonierabschnitte sind vom Planer in Zusammenarbeit mit der Bauausführung zu bestimmen und im Ausführungsplan festzuhalten. Die Bewehrungsführung muss auf die Betonierabschnitte abgestimmt sein. Nach *Schlaich/Schäfer* [144] ist aufgrund der hohen Leistungsfähigkeit der Betoniermaschinen nicht mehr die Betonierleistung, sondern es sind die Kosten für die Schalungselemente zur Einteilung der Betonierabschnitte ausschlaggebend. Man versucht daher kleinere Betonierabschnitte mit einer hohen Einsatzzahl der Schalelemente auszuführen. Dafür ist es nach [144] bereits bei der Planung der Arbeitsfugen wichtig, das verwendete Schalungssystem zu kennen. An Wasserbauwerken und Bauwerken der Wildbachverbauung kommen in den meisten Fällen Systemschalungen mit Schalungshöhen von 2,5 und 2,7 m zum Einsatz. Oft verwendete Höhen von Betonierabschnitten sind 5 bzw. 5,4 m.

Bei der Konstruktion werden verzahnte und unverzahnte Arbeitsfugen unterschieden. Verzahnte horizontale Arbeitsfugen sind auf der Baustelle jedoch schwer herstellbar. Bei Arbeitsfugen von Stahlbetonbauwerken läuft die Bewehrung unvermindert durch (Bild 75 A). Um die Störung der Homogenität eines Bauteils möglichst gering zu halten, muss vor dem Anbetonieren des nächsten Abschnitts an den Altbetonflächen das Korngerüst freiliegen. Das Korngerüst kann mittels Hochdruckwasserstrahl noch in der Erstarrungsphase (ca. 10 bis 12 Stunden nach dem Einfüllen) freigelegt werden. Mit dem Aufsprühen einer flüssigen Waschbetonhilfe eine Stunde nach dem Betonieren und späterem Auswaschen ist der gleiche Effekt erzielbar. Trotzdem stellen Arbeitsfugen immer Schwachstellen im System dar. Aus diesem Grund versucht man sie in Bereiche mit geringer Zugbeanspruchung zu legen.

In den meisten Fällen kommen zur Abdichtung mittig angeordnete Arbeitsfugenbänder aus Elastomer, PP oder PVC zum Einsatz (Bild 78). Diese mittig verlegten Fugenbänder sind vom statischen Gesichtspunkt nicht optimal, da die geneigte Betondruckstrebe nicht durch das weiche Kunststofffugenband durchlaufen kann. Diese Anordnung führt nach [144] zu einer ungünstigen Belastungssituation in der Fuge und kann nur funktionieren, wenn die Betonzugfestigkeit ausgenutzt bzw. wenn der Fugenbereich bewehrt wird. Aus diesem Grund ist es besser, das Kunststofffugenband am Fugenrand einzulegen. Außenliegende Fugenbänder (Bild 71 B) werden bei Schutzbauwerken aufgrund der hohen mechanischen Beanspruchung der Oberflächen nicht verwendet. Häufig wird das Fugenband auf der angeströmten Seite in die Betondeckung eingelegt (Bild 71 C).

Laut *Schlaich/Schäfer* [144] genügt im Fall von nicht drückendem Wasser die Anordnung eines mittigen Fugenblechs (Bild 71 D). Dabei eignen sich raue und profilierte Bleche besser, da die parallel zum Blech gerichtete Kraftkomponente der Betondruckstrebe durch Reibung und Haftung zwischen Blech und Beton übertragen werden muss. Arbeitsfugen können auch über einen Verpressschlauch, sofern nachträgliche Undichtigkeiten auftreten, ver-

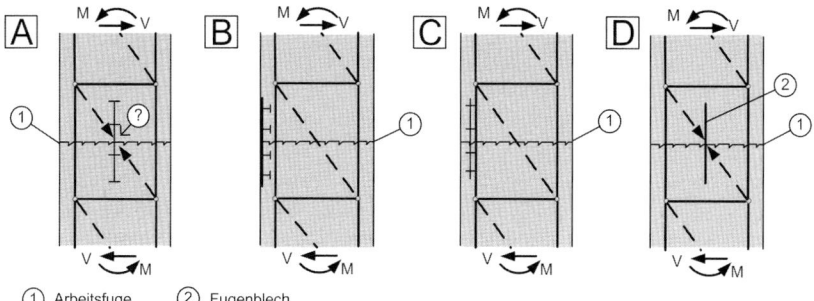

① Arbeitsfuge ② Fugenblech

Bild 71. Anordnung von Fugenbändern bei Arbeitsfugen: (A) mittiges Kunststofffugenband (ungünstig wegen unklarer Querkraftübertragung); (B) außenliegendes Kunststofffugenband; (C) Kunststofffugenband in der Betondeckung; (D) Querkraftübertragung über Fugenblech [144]

Bild 72. Aussinterungen aus Arbeitsfugen ohne Fugenband und drückendem Wasser

Bild 73. Beispiel für ein eingebautes Fugenband in einem Fugenbandkorb

presst werden. Eine Verpressung ist nach [144] auch mehrmals möglich, wenn der Verpressschlauch nach dem Verpressen gereinigt wird. Im Wasserbau nicht empfohlen werden quellfähige Dichtungsbänder.

Nicht oder ungenügend abgedichtete Arbeitsfugen führen zu Durchsickerungen des Betonkörpers. Die Folge sind Aussinterungen an der Luftseite, Bewehrungskorrosion und eine Verringerung der Dauerhaftigkeit des Bauwerks (Bild 72).

Bild 73 zeigt ein Beispiel für ein eingebautes Fugenband in einer Sperrenplatte.

5.8.9.3 Bewegungsfugen

Um schädliche Auswirkungen von unterschiedlichen Setzungen unterschiedlich schwerer oder gegründeter Bauteile für das Bauwerk zu vermeiden, werden *Setzungsfugen* angeordnet. Bei Setzungsunterschieden werden die Fugen häufig horizontal verzahnte Pressfugen ausgeführt (Bild 75 B). Um die Reibung in der Fuge herabzusetzen, werden Dichtungsanstriche aufgebracht oder Dichtungsbahnen dazwischen gelegt. Setzungsfugen werden in der Regel lotrecht angeordnet und sie müssen von der Unterkante des Fundaments bis zur Oberkante des Bauwerks durchgehen, da sich sonst Risse bilden würden. In Bild 76 sind einige gebräuchliche Ausbildungen von Bewegungsfugen dargestellt.

Setzungsfugen werden bei Bedarf im Übergangsbereich zwischen Sperrenkörper und Flügel und bei sehr langen Flügeln in regelmäßigen Abständen angeordnet. Besonders lange Flügel finden bei Auslaufbauwerken von Retentionsbecken Anwendung. In Bild 74 ist ein Beispiel dargestellt.

Ausgedehnte Bauteile erfahren durch Temperaturschwankungen sowie durch Schwinden, Quellen und Kriechen merkbare Längenänderungen. Zur Vermeidung von unkontrollierten Rissen (Schwindrisse, Temperaturrisse) müssen die Bauwerksteile durch *Dehnungsfugen* unterteilt werden. Dies ist zweckmäßig bei verkürzungsbehinderten Platten und Wandscheiben, wie bspw. bei Scheiben, die auf den fertigen Fundamentbalken betoniert werden, sowie bei Stützmauern und Bodenplatten, die sich im Kontakt mit dem Untergrund befinden (Reibungsbehinderung).

Die Größe des Schwindmaßes ist im Wesentlichen von den klimatischen Verhältnissen und der Temperatur und Feuchtigkeit der Umgebungsluft abhängig. Neben diesen Umweltfaktoren haben der W/Z-Wert, die Gesteinsart, die Sieblinie und Kornform des Zuschlags, der Verdichtungsgrad und die Querschnittsabmessungen Einfluss auf die Größe des Schwindmaßes. Besonderen Einfluss auf das Endschwindmaß (Gesamtschwindmaß) und die Rissbildung hat der zeitliche Schwindverlauf. Je schneller das Schwinden vonstattengeht, je weniger Zeit der Beton hat zu kriechen und je früher die Behinderung des Schwindens einsetzt, umso größer die Rissgefahr. Die zu erwartenden Schwindmaße liegen bei ca. 0,1 bis 0,6 mm/m.

Als Quellen wird die Volumenvergrößerung des erhärteten Betons durch Wasseraufnahme verstanden. Für Fugenabstand und Fugendimensionierung ist das Quellen ohne große Bedeutung, da das Quellmaß absolut kleiner als das Schwindmaß ist (0,1 bis 0,2 mm/m bei Wasserlagerung) und bei Behinderung in der Regel unkritische Druckspannungen im Beton entstehen. Der Vorgang der Temperaturänderung wird zeitlich wesentlich rascher vollzogen als das Schwinden und Quellen.

Dehnungsfugen müssen Raumfugen sein (Bild 70 B 1). Die Fugenbreite ergibt sich aus der Längenänderung des Bauwerksteils zwischen den Fugen. Diese Längenänderung errechnet sich aus

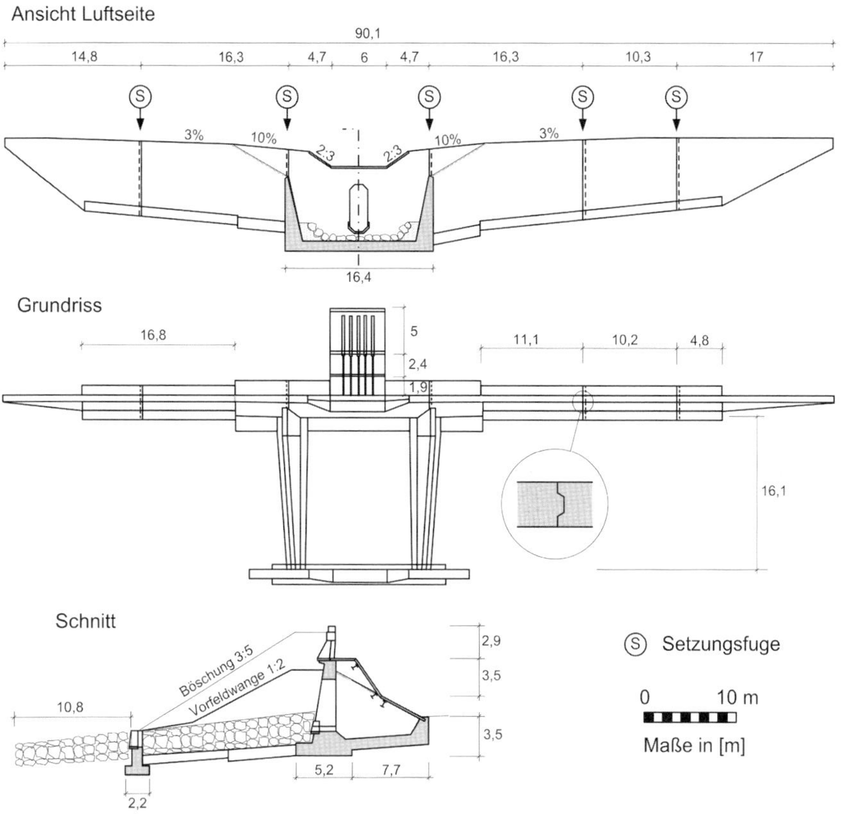

Entwurf und Konstruktion von Schutzbauwerken aus Beton und Stahlbeton

Bild 74. Anordnung von Setzungsfugen in einer Dosiersperre

Bild 75. Fugen: (A) verzahnte Arbeitsfuge; (B) abgeschalte vertikal verzahnte Bewegungsfuge (Setzungsfuge) an der Staumauer einer Wasserretentionssperre

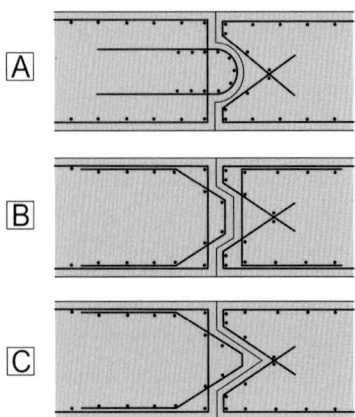

Bild 76. Ausbildungen von verzahnten Bewegungsfugen: (A) Halbkreis; (B) Trapez; (C) Dreieck

der Temperaturdehnzahl des Baustoffs und aus der jeweils maßgebenden Temperaturdifferenz ΔT. Temperaturen sind täglichen und jährlichen Schwankungen unterworfen. In alpinen Regionen kann von einer jährlichen Temperaturdifferenz ΔT von 50 °C, in hochalpinen Klimaten von 70 °C ausgegangen werden. Für Beton und Bewehrungsstahl beträgt die Temperaturdehnzahl $\alpha = 10^{-5}$ je °C. Für einen Fugenabstand von $l = 10$ m und einem Temperaturunterschied $\Delta T = 70$ °C ergibt dies eine erforderliche ungehinderte Fugenbewegung (Δl) über Gl. (6) von 7 mm. *Pregl* [123] gibt den Abstand von Dehnungsfugen mit 8 bis 12 m an. Die erforderliche Fugenbreite ergibt sich nach Gl. (7), indem man Δl durch den Bemessungswert der Dehnung des Fugenmaterials ε_d dividiert. Für Fugenkitte und Fugenvergussmassen liegt ε_d zwischen 0,05 und 0,6.

$$\Delta l = \alpha \cdot \Delta T \cdot l \tag{6}$$

$$d = \frac{\Delta l}{\varepsilon_d} \tag{7}$$

Bewegungsfugen sind in der Lage, Bauwerksbewegungen in einem vordefinierten Maß aufzunehmen. Man unterscheidet Setzungs- und Dehnungsfugen.

Raumfugen werden mit einer elastischen Fugeneinlage ausgeführt. Hier kommen häufig XPS-Platten zum Einsatz. Meistens werden 2 cm starke Einlagen verwendet. Bei eingeschütteten Raumfugen sollten an der Außenseite zusätzlich außenliegende Fugenbänder angeordnet werden. Diese dienen dazu, Verschmutzungen der Fuge zu vermeiden und sie möglichst lange elastisch zu halten. Anstelle dieser außenliegenden Fugenbänder haben sich auch einseitig befestigte Bleche (Edelstahl, Kupfer) oder einseitig angeklebte gewebeverstärkte Bitumenbahnen bewährt.

Bei der Wahl eines geeigneten Bewegungsfugenbands sind die im Folgenden angeführten Punkte zu beachten. Die *Betonüberdeckung* eines innenliegenden Bewegungsfugenbands muss mindestens der Einbindetiefe des Bands entsprechen. Die Gesamtbreite des Bewegungsfugenbands darf die Bauteilstärke nicht überschreiten (Bild 77). Außenliegende Fugenbänder und Fugenabschlussbänder können unabhängig von der Bauteildicke gewählt werden.

Die *Verankerungstiefe* (Betondeckung) der Ankerrippen oder Sperranker muss mindestens 30 mm betragen.

Die *Nennfugenweite* für Dehnfugenbänder beträgt für

– innenliegende Dehnfugenbänder (ohne Mittelschlauchummantelung) $w_{nom} = 20$ oder 30 mm,
– außenliegende Dehnfugenbänder $w_{nom} = 20$ mm,
– Fugenabschlussbänder $w_{nom} =$ entsprechend dem Lichtraum des Profils (10, 20, 30, 40 mm).

Bei größerer Nennfugenweite oder bei Pressfugen mit Scherverformungen werden innenliegende

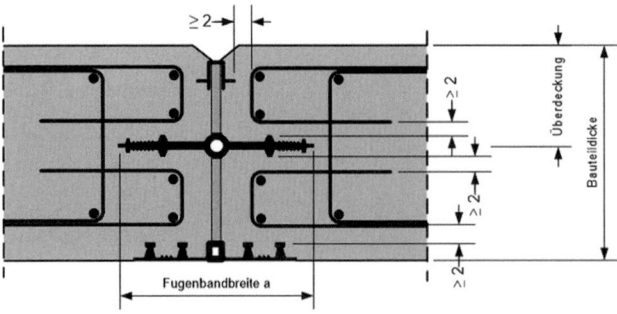

Bild 77. Überdeckung von Fugenbändern und Abstand zur Bewehrung (Maße in cm); nach [147]

Dehnfugenbänder mit Mittelschlauchummantelung eingesetzt.

Der *Abstand zur Bewehrung* beträgt generell 20 mm (Bild 77).

Fugenbänder

Sind Bauwerke und Betonquerschnitte wasserundurchlässig auszuführen, müssen sämtliche Fugen abgedichtet werden. Hier kommen in der Regel Fugenbänder aus PVC oder Elastomeren zum Einsatz. Bei höheren Wasserdrücken können nur mehr Elastomerbänder verwendet werden. Die Fugenbänder zur Abdichtung von Fugen in Bauwerken aus wasserundurchlässigem Beton sollten der DIN 7865-1 und 2 entsprechen. Es gibt innen- und außenliegende Fugenbänder (Bild 78). Es gibt eigene Fugenbänder für Arbeitsfugen, Bewegungsfugen und für Pressfugen (Fugenbänder mit Mittelschlauchummantelung).

Arbeitsfugenbänder sind gerade geformt (Bild 78 B). Bewegungsfugenbänder haben in der Mitte einen kreisförmigen oder polygonal geformten Dehnkörper (Mittelschlauch), welcher in der Fuge angeordnet wird (Bild 78 A). Dieser Dehnkörper kann sich in den vom Hersteller angegeben Grenzen verformen. In Pressfugen müssen Fugenbänder mit Mittelschlauchummantelung verwendet werden. Hier ist um den inneren Dehnkörper noch ein zweiter Ring (Schlauch) angeordnet. Dies erhöht die Dehnfähigkeit. Beispiele von handelsüblichen Fugenbändern und deren Eigenschaften sind in den Tabellen 8 und 9 dargestellt.

Fugenbänder werden aufgrund des maßgeblichen Wasserdrucks und der resultierenden Verformung ausgewählt. Dabei sind Scherverformungen in y-Richtung (quer zum Fugenband) auf das Maß der Nennfugenweite w_{nom} begrenzt. Bei größeren Scherverformungen werden besondere Maßnahmen erforderlich.

Die *Gebrauchstemperatur* (Fugenbandtemperatur) liegt bei:

- drückendem Wasser: $-20\,°C$ bis $+40\,°C$,
- nichtdrückendem Wasser: $-20\,°C$ bis $+60\,°C$.

Verbindungen und Eckverbindungen

Bei den Elastomer-Fugenbändern sind auf der Baustelle ausschließlich stumpfe Verbindungen möglich, Formteile müssen werkseitig hergestellt werden. Durch die Herstellung von Fugenband-Syste-

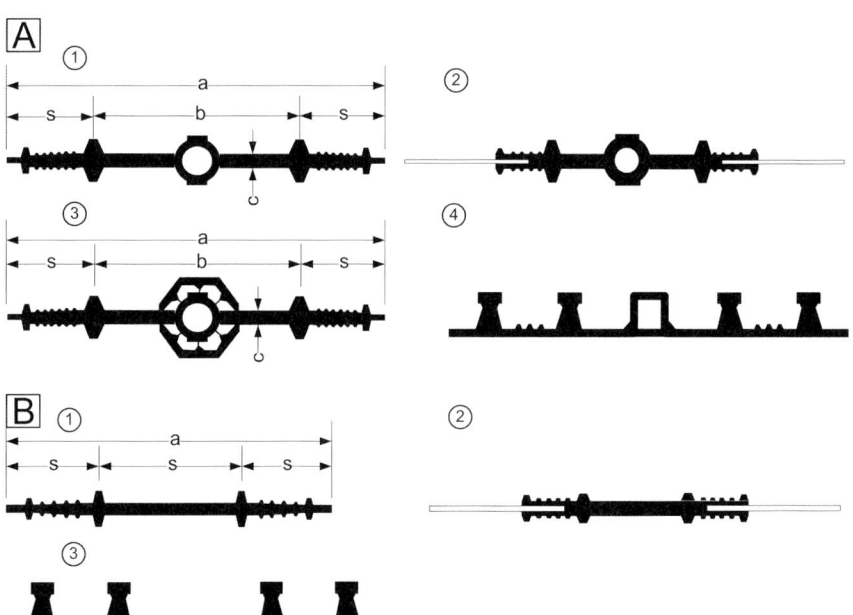

Bild 78. Beispiele von Kunststofffugenbändern: (A) für Bewegungsfugen (1 innenliegend für Raumfugen, 2 wie 1 mit Fugenblechen, 3 innenliegend für Pressfugen – Mittelschlauchummantelung, 4 außenliegend für Raum- und Pressfugen); (B) für Arbeitsfugen (1 innenliegend für Arbeitsfugen, 2 innenliegend für Arbeits- und Schwindfugen, 3 außenliegend für Arbeits- und Schwindfugen)

Tabelle 8. Beispiele für innenliegende Bewegungsfugenbänder; nach [147]

Form [1]	Gesamtbreite	Breite des Dehnteils	Dicke des Dehnteils	Breite des Dichtteils	Wasserdruck	Verformung
	a	b	c	s	p	w
	[mm]	[mm]	[mm]	[mm]	[bar]	[mm]
FM 200 [2]	200	110	9	45	0	25
FM 250 [2]	259	125	9	62,5	0 0,3 0,5	25 20 10
FM 300 [2]	300	175	10	62.5	0 0,5 1,2	35 30 20
FM 350 [2] FM 350 HS [3]	350	180	12	85	0 1,5 2,0	45 30 20
FM 400 [2]	400	230	12	85	0 1,5 2,0	45 30 20
FM 500	500	300	13	100	0 1,5 2,5	50 30 20

[1] Produktbezeichnung laut [147]
[2] Typ laut Bild 78 A 1
[3] Typ mit Mittelschlauchummantelung laut Bild 78 A 3

Tabelle 9. Beispiele für innenliegende Arbeitsfugenbänder; nach [147]

Form [1]	Gesamtbreite	Breite des Dehnteils	Dicke des Dehnteils	Breite des Dichtteils	Wasserdruck	Verformung
	a	b	c	s	p	w
	[mm]	[mm]	[mm]	[mm]	[bar]	[mm]
F 200 [2]	200	75	7	62,5	1,2	3
F 250 [2]	250	80	8	85	2,0	3
F 300 [2]	300	100	8	100	2,5	3
				s1+s2		
FS 270 [3]	270	60	7	35+70	1,2	3
FS 310 [3]	310	80	8	45+70	2,0	3

[1] Produktbezeichnung laut [147]
[2] Typ laut Bild 78 B 1
[3] Typ laut Bild 78 B 2

men werden die auf der Baustelle notwendigen Verbindungen auf ein Minimum reduziert. Die Herstellung von Eckteilen erfolgt laut [147] vorzugsweise für 90° bzw. in bauüblichen stumpfen oder spitzen Winkeln zwischen 60° und 175°. Ein Beispiel für die Verbindung eines senkrechten Bewegungsfugenbands und eines horizontalen Arbeitsfugenbands zeigt Bild 79.

Bild 79. Eckverbindung von Fugenbändern: Anschluss des horizontalen Arbeitsfugenbands an das vertikale Bewegungsfugenband

5.8.10 Bewehrungsführung, Konstruktive Durchbildung von Sperren aus Stahlbeton

5.8.10.1 Generell

Bei der konstruktiven Durchbildung von Sperrenbauwerken aus Stahlbeton sind generell die Regeln der EN 1992-1-1 [47], Abschnitt 9 + NAD unter Berücksichtigung der ONR 24802 einzuhalten. Je nach Art des Querschnitts ist die Mindestbewehrung (laut EN 1992-1-1, Abschnitt 9.2.1.1 + NAD) oder eine reduzierte Mindestbewehrung (laut ONR 24802, Abschnitt 20.5.3.2) einzulegen. Alle Oberflächen von Stahlbetontragwerken sind mit einem Bewehrungsnetz, welches zumindest der konstruktiven Mindestbewehrung laut ONR 24802, Abschnitt 21.2.2.7 entspricht, zu versehen. Alle freien Ränder sind mittels Bügeln einzufassen.

5.8.10.2 Bewehrung von Platten und Scheiben

In platten- und scheibenförmigen Bauteilen wird üblicherweise an beiden Oberflächen eine orthogonale Bewehrung eingelegt (Bilder 81 und 83). Als zweckmäßig hat sich eine orthogonale Grundbewehrung, die wo erforderlich durch Zulagenbewehrung verstärkt wird, herausgestellt. Als Grundbewehrung werden häufig $\varnothing 16$–20, $\varnothing 20$–20, $\varnothing 20$–25 verwendet. In Bild 80 ist ein Beispiel einer bewehrten Hybridmauer, in Bild 84 das einer Winkelstützmauer dargestellt. Die Länge der Einzelstäbe ist auch auf die Lage der Arbeitsfugen abzustimmen.

Die beiden Bewehrungslagen einer Platte/Scheibe sind an allen freien Rändern mittels Bügeln (analog den Regeln für Platten) miteinander zu verbinden. Laut EN 1992-1-1 [47] sollen die Schenkel dieser Bügel die zweifache Höhe der Platte lang sein. Sperrenplatten zwischen 80 cm und 140 cm kom-

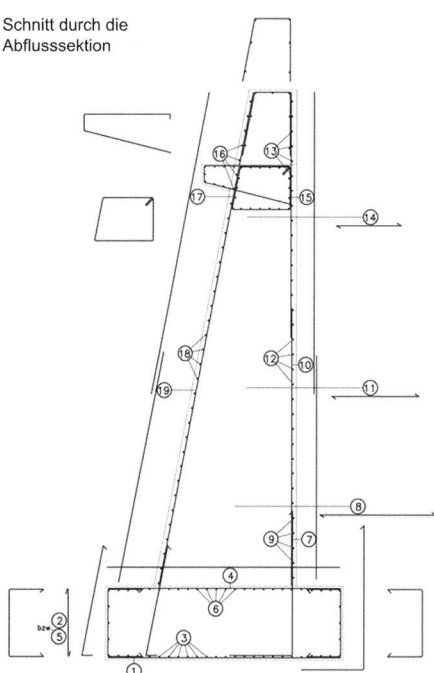

Bild 80. Grundsätzliche Bewehrungsführung an Sperren: Schnitt durch eine Sperre (Hybridquerschnitt)

Bild 81. Orthogonale Bewehrung einer Wildbachsperre (Rostwange)

men häufig vor. Fundamentplatten können bald Dicken von 200 cm erreichen. Bei dicken Platten und gering beanspruchten Rändern ist die einfache Verankerungslänge (mind. 70 cm) für die Bügelschenkel ausreichend. Bewehrungsstöße und Verankerungen sind gemäß EN 1992-1-1 + NAD zu bemessen und auszuführen.

Wenn keine rechnerische Schubbewehrung erforderlich ist, muss in Platten und Scheiben keine Schubmindestbewehrung eingelegt werden. Bei stehenden Platten und Scheiben sind jedoch konstruktiv 4 Bügel/m² anzuordnen, um die beiden Bewehrungslagen miteinander zu verbinden. Dadurch und durch die Abstandhalter zur Schalung sind die Bewehrungslagen beim Betonieren ausreichend in der Lage fixiert. Bei liegenden Platten (Fundamentplatten) müssen ausreichend tragfähige Abstandhalter oder Bügel angeordnet werden, um die obere Bewehrungslage zu fixieren (Bilder 82, 83).

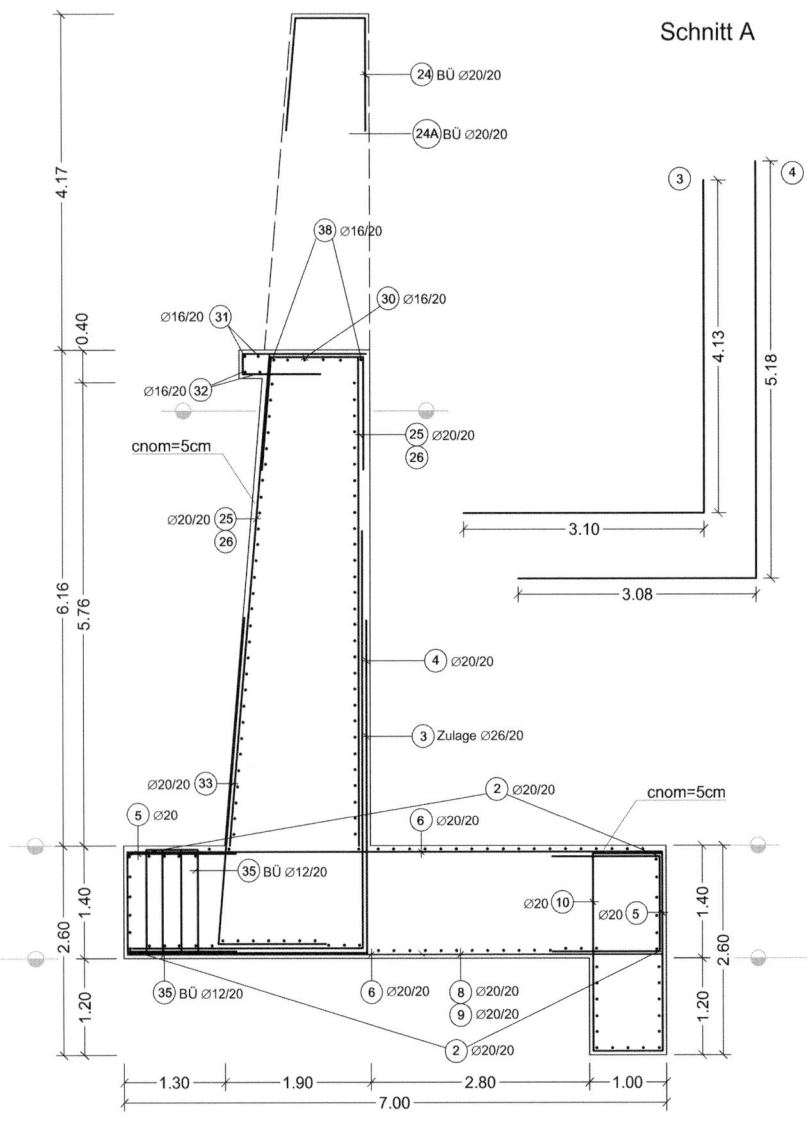

Bild 82. Bewehrungsführung in Wildbachsperren aus Stahlbeton, Beispiel einer Sperre mit Querschnitt Winkelstützmauer (Konsolidierungssperre), Darstellung Schnitt durch die Sperre

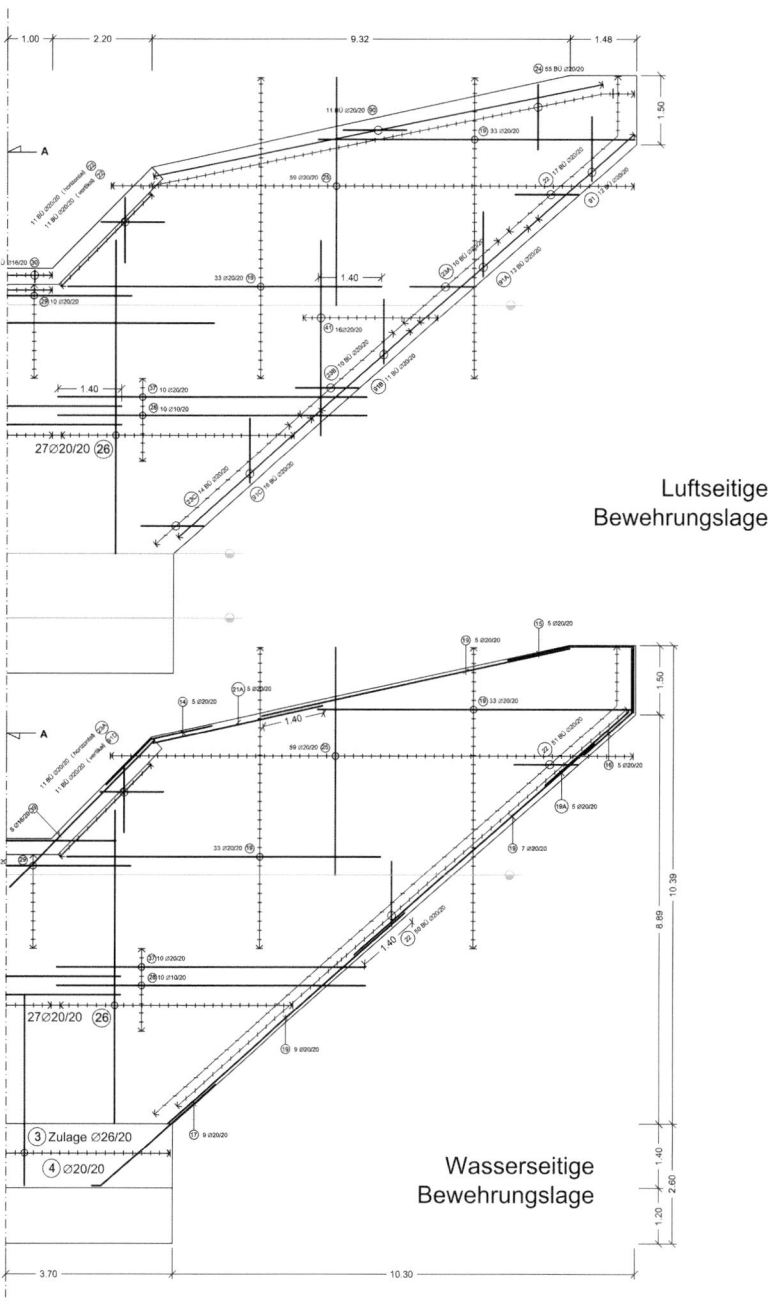

Bild 83. Bewehrungsführung in Wildbachsperren aus Stahlbeton, Beispiel einer Sperre mit Querschnitt Winkelstützmauer (Konsolidierungssperre), Darstellung wasserseitige Ansicht der halben Sperrenplatte

Ist eine rechnerisch erforderliche Schubbewehrung anzuordnen, sind die Vorgaben der EN 1992-1-1 + NAD einzuhalten.

5.8.10.3 Anschluss von Vorfeld- oder Rostwangen

Vorfeld- oder Rostwangen müssen in den meisten Fällen an die Sperrenplatte und die Fundamentplatte angeschlossen werden. Diese Anschlüsse erfolgen in der Regel biegesteif. Da an diesen Stellen meist Arbeitsfugen angeordnet werden, ist die Bewehrungsführung so zu gestalten, dass sie an die aus dem erhärteten Beton herausragenden Bewehrungsstäbe angeschlossen werden kann.

5.8.10.4 Winkelstützmauern

Bewehrte Winkelstützmauern sind nach EN 1992-1-1 [47] durchzubilden. Der luftseitige Vorsprung kann in Anlehnung der Konsolenbewehrung nach Bild 84 ausgeführt werden.

Für Konsolen mit $a_c > 0{,}5\,h_c$ sind die Bügel vertikal anzuordnen und der Querschnitt sollte für 70 % der Vertikallast F_{Ed} ausgelegt sein, falls $V_{Ed} \geq V_{Rd,ct}$ ist. Für Konsolen mit $a_c \leq 0{,}5\,h_c$ sind die Bügel horizontal oder geneigt anzuordnen und der Gesamtquerschnitt soll 50 % der Gurtbewehrung erhalten.

5.9 Werkstoffe

Die am häufigsten verwendeten Werkstoffe an massiven Wildbachsperren sind Beton, Stahlbeton, Naturstein und Stahl. Bei der Auswahl der Baustoffe ist entsprechend dem Feststofftransport auf die Widerstandsfähigkeit zu achten (z. B. Abriebfestigkeit) und Lebensdauer des Materials zu achten. Ein weiterer Faktor ist eine hohe Widerstandsfähigkeit gegen Umwelteinflüsse, insbesondere den häufigen Wechsel von Feuchtigkeit und Trockenheit in Bächen mit schwankender oder nur zeitweiliger Wasserführung.

Bei Stahlbetonbauwerken wird als Bewehrungsstahl üblicherweise ein B 500 oder B 550 verwendet.

5.9.1 Konstruktionsbeton

Der eingesetzte Beton muss den Vorschriften der EN 206 entsprechen. Da Schutzbauwerke der Wildbachverbauung in der Regel aus direkt wasserbeaufschlagten Bauteilen bestehen, wird in der Regel eine Mindestbetongüte von C25/30 eingehalten. Für massige Bauteile ab einer Bauteildicke von 1,5 m darf maximal ein Beton der Güte C30/37 verwendet werden. Die Werkstoffkennwerte für die Bemessung für „Standardbetone" ergeben sich aus der EN 1991-1-1, Tabelle 3.1. Die wichtigsten sind in Tabelle 10 zusammengestellt.

Tabelle 10. Materialkennwerte für Beton aus EN 1992-1-1, Tabelle 3.1 [47] (Auswahl)

Festigkeitsklassen		Normalfeste Betone		
		C20/25	C25/30	C30/37
Druckfestigkeit [N/mm²]	$f_{ck} = f_{ck,zyl}$	20	25	30
	$f_{ck,cube}$	25	30	37
	f_{cm}	28	33	38
Zugfestigkeit [N/mm²]	$f_{ctk;\,0,05}$	1,5	1,8	2,0
	$f_{ctk;\,0,95}$	2,9	3,3	3,8
	f_{ctm} [2)	2,2	2,6	2,9
E-Modul als Sekantenmodul [N/mm²]	E_{cm}	30000	31000	33000
rechnerische Dehnungen für Rechteckquerschnitte	ε_{c1} [‰]	−2,0	−2,1	−2,2
	ε_{cu1} [‰]	−3,5		
	ε_{c2} [‰]	−2,0		
	ε_{cu2} [‰]	−3,5		
	n	2,0		
	ε_{c3} [‰]	−1,75		
	ε_{cu3} [‰]	−3,5		

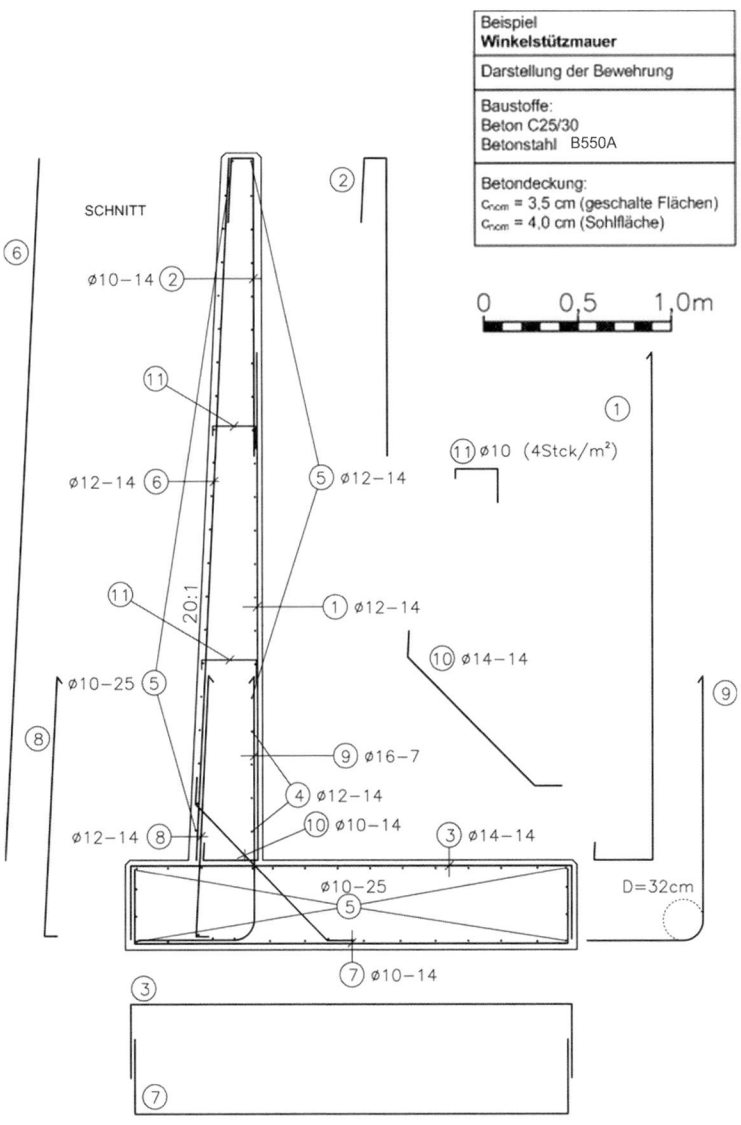

Bild 84. Prinzipielle Bewehrungsführung an einer Winkelstützwand [153]

In Tabelle 11 sind in der Praxis gebräuchliche Betonsorten und deren Einsatz auf Baustellen der österreichischen Wildbach- und Lawinenverbauung (WLV) enthalten. Die mit den Kurzbezeichnungen angegebenen Betone decken jeweils die in der Anmerkung angeführten Expositionsklassen ab.

5.9.1.1 Expositionsklassen

Für Schutzbauwerke sind in der Regel die Expositionsklassen XC, XF und XM nach EN 1992-1-1 [47] relevant. Wird ein Schutzbauwerk im direkten Einzugsbereich einer Straße errichtet, sind zusätzlich die XD-Klassen zu untersuchen. In den häufigsten

Tabelle 11. Eingesetzte Betonsorten auf Baustellen der WLV und Anwendungsbeispiele, Bezeichnungen nach ÖNORM B 4710-1 [114]

Betonsorte	Einsatzbeispiele
C16/20 XC1	für Grobsteinschlichtungen in Beton
C20/25 XC2	für Grobsteinschlichtungen in Beton bei Verwendung eines Rüttlers
C20/25 B1	für Grobsteinschlichtungen in bewehrtem Beton
C25/30 B2	Ufermauern
C25/30 B3	Sperren allgemein, Ufermauern
C25/30 B4	Wasserretentionssperren (Stauhöhe > 10 m)
C25/30 B3	Brückentragwerke und Durchlässe mit abgedichteter Fahrbahn
C30/37 B5	Brückentragwerke und Durchlässe mit erhöhter Anforderung für Tausalzangriff
C35/45 B7	Brückenrandbalken

B1 = XC3
B2 = XC4/XD2/XF1/XA1L
B3 = XC4/XD2/XF3/XA1L
B4 = XC4/XD2/XF1/XA1L
B5 = XC4/XD2/XF2/XF3/XA1L
B7 = XC4/XD3/XF4/XA1L

Fällen sind für den Sperrenkörper die Klassen XC3 und XF1 und als Mindestanforderung für die Abflusssektion die Klasse XM3 relevant. Zur Verschleißbeanspruchung (Hydroabrasion) der Oberflächen sind die Anmerkungen in Abschnitt 5.9.1.3 zu berücksichtigen.

5.9.1.2 Chemischer Angriff

Bei der Zusammensetzung des Betons ist zu beachten, dass Sperrenbauwerke generell im Kontakt mit natürlichen Wässern stehen. Gebirgs- und Quellwasser ist oft chemisch rein, kann jedoch kalkaggressive Kohlensäure enthalten. Moorwasser enthält oft kalkaggressive Kohlensäure, Schwefelwasserstoff und Sulfate sowie organische Säuren (z. B. Huminsäuren). Sulfathaltige Oberflächenabflüsse treten in Gebieten mit gipsführenden geologischen Schichten auf. Huminsäuren sind in Gewässern aus bewaldeten Gebieten mit einem hohen Grundumsatz an Biomasse (Verrottung) enthalten. Die chemischen Angriffe auf Sperrenbauwerke werden durch die Fließgeschwindigkeit des Wassers und Verschleißbeanspruchung durch mitgeführte Feststoffe verstärkt.

Für chemische Angriffe durch natürliche Böden und Grundwasser wurden eigene Tabellen entwickelt (Tabelle 12). Diese Klasseneinteilung der chemisch angreifenden Umgebung gilt allerdings nur für natürliche Böden mit einer Wasser-Boden-Temperatur zwischen 5 und 25 °C und einer Fließgeschwindigkeit des Wassers, die klein genug ist, um näherungsweise hydrostatische Bedingungen anzunehmen.

5.9.1.3 Verschleiß – Abrasion

In den einschlägigen Normen finden sich keine Hinweise und Festlegungen bezüglich des Verschleißes durch Wasser mit mitgeführten Feststoffen (*Hydroabrasivverschleiß*). Die Abtragsrate eines Betons ist abhängig von der Geschiebefracht, der Intensität der Geschiebeführung, der Kornzusammensetzung und der Form des Bauwerks. Besteht die Möglichkeit einer Abrasionsbeanspruchung, wird die überströmte Bauwerkskrone konstruktiv geschützt (Abschnitt 5.8.1). Möglichkeiten zur Erhöhung der Festigkeit abrasionsbeanspruchter Betonoberflächen bei wasserbaulichen Anlagen finden sich bei *Helbig* [66]. *Jakobs* [77] hat sich intensiv mit der Abrasionsbeanspruchung von Wasserbauwerken beschäftigt. Nach [77] lässt sich durch den Einsatz von hochwertigen Betonen im Kronenbereich mit einer mittleren 28-Tage-Druckfestigkeit von 40 bis 50 N/mm² eine jährliche Verschleißrate von 0,2 bis 2 mm einhalten. Wichtig für die Herstellung von Betonen mit hohem Abrasionswiderstand ist die Verwendung von harten Zuschlägen mit einem Los-Angeles-Wert < 25. Je nach Stärke der Abrasion sind folgende konstruktive Schutzmaßnahmen zu überlegen:

– Verwendung von hochwertigen Betonen der Festigkeitsklasse > C40/50 im Bereich der Krone,
– Verwendung von hochwertigen Betonen (Stahlfaserbetone, silikatstaubhaltige Betone, polymervergütete Betone) mit Kantenschutz [77] (Stahlprofile, Naturstein),

Tabelle 12. Grundwerte für die Expositionsklassen bei chemischem Angriff durch natürliche Böden und Grundwasser nach ÖNORM B 4710-1 [114]

Angriffsart	Chemisches Merkmal	Referenzprüfverfahren	XA1	XA2	XA3
Grundwasser					
Treibend (T)	SO_4^{-2} [mg/l]	ÖNORM EN 196-2: 1995	≥ 200 ≤ 600	> 600 ≤ 3000	> 3000 ≤ 6000
Lösend (L)	pH-Wert	ISO 4316:1977	$\leq 6,5$ $\geq 5,5$	$< 5,5$ $\geq 4,5$	$< 4,5$ $\geq 4,0$
Lösend (L)	CO_2 [mg/l] angreifend	prEN 13577:1999	≥ 15 ≤ 40	> 40 ≤ 100	> 100 bis zur Sättigung
Lösend (L)	NH_4^+ [mg/l]	ÖNORM ISO 7150-1:1987 oder ISO 7150-2:1986	≥ 15 ≤ 30	> 30 ≤ 60	> 60 ≤ 100
Lösend (L)	Mg^{2+} [mg/l]	ISO 7980:1986	≥ 300 ≤ 1000	> 1000 ≤ 3000	> 3000 bis zur Sättigung
Boden					
Treibend (T)	SO_4^{-2} [mg/kg] insgesamt [1]	ÖNORM EN 196-2: 1995 [2]	≥ 2000 ≤ 3000 [3]	> 3000 [3] ≤ 12000	> 12000 ≤ 24000
Lösend (L)	Säuregrad	DIN 4030-2:1999	> 200 Baumann-Gully	in der Praxis nicht anzutreffen	

[1] Tonböden mit einer Durchlässigkeit von weniger als 10^{-5} m/s dürfen in eine niedrigere Klasse eingestuft werden.
[2] Das Prüfverfahren beschreibt die Auslaugung von SO_4^{-2} durch Salzsäure; Wasserauslaugung darf stattdessen angewandt werden, wenn am Ort der Verwendung des Betons Erfahrung hierfür vorhanden ist.
[3] Falls die Gefahr der Anhäufung von Sulfationen im Beton – zurückzuführen auf wechselndes Trocknen und Durchfeuchten oder kapillares Saugen – besteht, ist der Grenzwert von 3000 mg/kg auf 2000 mg/kg zu vermindern.

- Aufbringen von zusätzlichen Verschleißschichten (Erhöhung der Betondeckung, textilbewehrte Feinbetonschichten in Verbindung mit Kurzfaserbewehrungen [77]),
- Panzerung der gesamten überströmten Oberfläche (Natursteinpanzer, Stahlpanzer).

5.9.1.4 Betondeckung

Die Betondeckung ist in Abhängigkeit der Expositionsklassen festzulegen, sollte aber in keinem Querschnitt weniger als 35 mm betragen. Für Wildbachsperren wurde das Vorhaltemaß laut ONR 24802 mit $\Delta d_{dev} = 10$ mm festgelegt. Ferner ist von einer Lebensdauer der Sperre von 100 Jahren auszugehen. In Tabelle 13 sind häufig verwendete Betondeckungen an Wildbachsperren zusammengestellt.

Tabelle 13. Betondeckungen an Wildbachsperren

Bauteil	Betondeckung	Beispiele
generell	5 cm	Luftseite von Sperrenplatten, erdberührte Flächen, Ufermauern
angeströmte Bauteile	7 cm	Wasserseite von Sperrenplatten und Wangen
exponierte Kanten [1]	10 cm	direkt angeströmte Schmalseite von Rostwangen

[1] Wenn kein konstruktiver Abrasionsschutz angeordnet wird.

5.9.2 Betonkonzepte für Wildbachsperren

5.9.2.1 Einleitung

Schutzbauwerke und insbesondere Wildbachsperren sind im alpinen Raum den äußeren harten atmosphärischen Einwirkungen exponiert. Zusätzlich befinden sich die Baustellen häufig entfernt von Verkehrsinfrastrukturen oder industriellen Betonwerken. Daher ist man bei der Umsetzung von solchen Projekten auf vereinfachte Verfahren und Rezepturen angewiesen, um eine ausreichende Qualität zu erzielen.

In der Konzeptionierung sind neben diesen infrastrukturellen Bedingungen auch die klimatischen und bauteilspezifischen Parameter ausschlaggebend. Deshalb sollten in einem Konzept für die Betonherstellung und -verarbeitung im alpinen Raum die folgenden Punkte berücksichtigt werden:

5.9.2.2 Exposition / Klimatische Bedingungen

– Festigkeit – Nachweisalter
– Frost-Tauangriff, hohe Wassersättigung, Wechselfeuchte
– Temperaturbedingungen
– eventuell chemischer Angriff – z. B. Sulfat (treibend) oder CO_2 (lösend)
– eventuell mechanische Beanspruchung bei Überläufen oder Tosbecken-Verschleiß

5.9.2.3 Bauteilspezifische Bedingungen

Festigkeit

Ausschalfestigkeit

Statisch erforderliche Festigkeit

Bauteilabmessung

Massig / schlank

Bewehrungsgrad

Geometrie Rissanfälligkeit, Fugen

5.9.2.4 Herstellungsprozessspezifische Bedingungen

Gesteinskörnung

Herstellung vereinfacht

Lieferform (Kornfraktionen) in reduzierter Anzahl

Bindemittel (Zement und ggf. hydraulisch wirkender Zusatzstoff)

Niedrige Temperaturentwicklung beim Hydratisieren

Langsame Festigkeitsentwicklung mit hohem Potential an Nacherhärtung

Zusatzmittel

Verflüssiger und Luftporenbildner

Eventuell verzögernde Zusatzmittel

Wasserversorgung

Trinkwasser

5.9.2.5 Exposition / Klimatische Bedingungen

Bei der Festlegung der Festigkeitsklassen bzw. der Anforderungen hinsichtlich der Expositionsklassen sollte sich bewusst gemacht werden, dass hohe Anforderungen auch hohe Bindemittelgehalte und verringerte Wassergehalte durch Zugabe von anspruchsvoller Zusatzmittelchemie bedeuten. Dies wiederum bedingt in weiterer Folge eine aufwendige Betonproduktion, eine erhöhte Temperaturentwicklung des Betons beim Abbindeprozess und dadurch eine verstärkte Rissanfälligkeit beim anschließenden Abkühlen des Bauteils.

Deshalb sind bauteilbezogen die in Tabelle 14 aufgeführten Festigkeitsklassen empfohlen.

Während die Betonnorm EN 206 (z. B. ÖNORM B 4710-1) einen Nachweis der Expositionsklasse über den Mindestbindemittelgehalt und den maximalen W/B-Wert vorsieht, werden bei bauteilspezifischen Richtlinien für einen bauteilgerechten Beton häufig die Nachweise auch am Festbeton geführt (z. B. Richtlinie Weiße Wannen der ÖBV – Österreichische Bautechnik Vereinigung mit dem Nachweis der Wasserundurchlässigkeit XW1 oder XW2 mittels Wasserdruckversuch).

Das ermöglicht im Rahmen eines Bindemittelkonzepts eine Optimierung der Bindemittelzusammensetzung aus Zement und hydraulisch wirksamem Zusatzstoff. Hydraulisch wirksame Zusatzstoffe weisen z. B. für massige Bauteile ein günstigeres Abbindeverhalten auf als reiner Portlandzement, da infolge einer langsameren Festigkeitsentwicklung eine geringere Wärmeentwicklung stattfindet. Bei einem qualitativ hochwertigen Zusatzstoff bleibt die Endfestigkeit bei einem ausreichend späten Nachweisalter weitgehend unbeeinflusst und hängt bei sonst gleichen Ausgangsstoffen vor allem vom Bindemittelgehalt und W/B-Wert ab.

5.9.2.6 Ausgangsstoffe

Rohmaterial und Aufbereitung

Allgemeines
Für den Einsatz von Gesteinskörnungen sind die mechanischen, physikalischen Eigenschaften sowie deren petrografische Herkunft entscheidend. Im alpinen Raum an entlegenen Einbauorten ist nach Möglichkeit eine Aufbereitung von Gesteinskörnung vor Ort eine wirtschaftlich und ökonomisch attraktive Variante. Grundsätzlich gilt, je höherwertig die Anforderung an Kornform, Kornrundung

Tabelle 14. Empfehlungen zu Festigkeitsklassen und Expositionen

Bauteiltyp	Empf. Festigkeitsklasse	Expositionsklassen abgedeckt (und mögliche zusätzliche ExPos)	Festigkeitsentwicklung	Nachweisalter mindestens nach () Tagen
massige Bauteile	C20/25	XW1, XF1, XC2 (XF3, XAT-A)	langsam	90d
konstruktive Betone (Standard)	C25/30	XW1, XF1, XC3, XC4 (XF3, XAT-A)	(langsam) mittel (schnell)	56d
konstruktive Betone (höherwertige Bauteile)	C30/37	XW2, XC4, XF1 (XF3, XAT-A, XAT-B)	mittel (schnell)	56d

und Kornverteilung sind, umso aufwendiger ist die Maschinentechnik.

Für die Aufbereitung vor Ort sollte die Möglichkeit bestehen, blockiges Aufgabegut mittels Backenbrecher vorzubrechen. Eine nachgeschaltete Vorabsiebung verringert den unkontrollierten Feinteilgehalt und erhöht das Qualität der herzustellenden Gesteinskörnung. Als zweite Brechstufe kommt häufig eine Prallmühle zum Einsatz, die bei einem schnell verstellbaren (hydraulischen) Spaltverstellungssystem eine schnelle und gute Regulierbarkeit des Größtkorns erlaubt. Bei der Aufbereitung vor Ort muss immer auch die Staub- und Lärmsituation mit berücksichtigt werden. Zudem ist im Falle einer Nassaufbereitung der Wasserbedarf zu ermitteln und eine Wasseraufbereitung mit vorzusehen. Bei geeigneter Petrographie (z. B. Kalkstein, Dolomit, Granit, Diorit, bei geeigneter Brechung und einaxialer Druckfestigkeit > 50 MPa auch Schiefer …) und nicht zu hohen Anforderungen an die Gesteinskörnung können aber durchaus mit simplen Anlagen in Trockenaufbereitung dafür gut geeignete Gesteinskörnungen für Beton hergestellt werden. Hierbei ist es wichtig, dass das Rohmaterial vor einer Vorabsiebung nicht durchnässt ist, da ansonsten die Feinteile anhaften und speziell die engmaschigen Siebdecks zur Verklebung neigen.

Einfache Parameter zur Beurteilung der Qualität des Ausgangsmaterials
Ein erfahrener Geologe kann auf visueller Basis grobe Abschätzungen zu einer grundsätzlichen Eignung von Ausgangsmaterialien treffen. Dies erfolgt z. B. über die Gesteinsansprache und die Abschätzung des Anteils an petrografisch nicht geeigneten Komponenten, die Beurteilung von Schichtung, Anteil an Schichtsilikaten (z. B. Glimmer) etc.

In Verbindung mit einfachen Versuchen kann eine schnelle, aber auch oberflächliche Beurteilung von Eigenschaften von Ausgangsmaterial im Falle einer Aufbereitung vor Ort durchgeführt werden, bzw. in der Umsetzung eine Qualitätskontrolle installiert werden.

Zusätzlich zu den in Tabelle 15 angeführten Versuchen liefert die Ermittlung der Wasseraufnahme wertvolle Hinweise auf eine mögliche Frostempfindlichkeit des Ausgangs- bzw. aufbereiteten Materials.

Die Prüfungen sind jedoch nicht ausreichend, um die Grundsatzfrage einer Eignung zu klären. Die oben und in weiterer Folge angeführten Prüfungen sind Hinweise für eine schnelle und einfache Qualitätskontrolle bei einer grundsätzlichen Eignung (Petrografie, Chemismus).

Gesteinskörnung

Allgemeines
Für einfache Sperrenbauwerke, die aufgrund ihrer Dimensionierung eine ausreichende Sicherheit aufweisen, bzw. die nur geringen Umweltbelastungen (Expositionsklasse) ausgesetzt sind, kann der Beton mit einer Kornverteilung aus einem Korngemisch hergestellt werden; das stellt jedoch den Ausnahmefall dar. In der Regel ist für eine gezielte Qualitätssteuerung in jedem Fall eine getrennte Sandfraktion und eine getrennte Kiesfraktion erforderlich (Tabelle 16).

Kornverteilung
Bei einer vereinfachten Aufbereitung ist eine Aufteilung in eine Sandfraktion 0 bis 4 mm sowie eine Kiesfraktion 8 bis 16 mm, bzw. 8 bis 22 mm günstig. Bei massigen Bauteilen sollte noch die Fraktion 16 bis 32 mm vorgesehen werden. Bei aufbereitetem, gebrochenem Korn, das für einen pumpfähigen Beton eingesetzt wird, kann mitunter auf die Fraktion 4/8 verzichtet werden, da diese zum Blockieren neigt. Im Allgemeinen werden aus Gründen der Verarbeitbarkeit und der Bewehrungsgehalts bei Sperrenbauwerken mit üblichen Bewehrungsgehalten (60 bis 100 kg/m^3) Gesteinskörnungen mit Größtkorn 22 mm eingesetzt. Die Sieblinienbereiche werden in Bezug auf Gefügeaufbau, Verarbeit-

Tabelle 15. Richtwerte für anfallendes Rohmaterial und aufbereitete Gesteinskörnung aus Tunnelausbruchmaterial (nach [185], verändert)

Prüfverfahren		Rohmaterial		Aggregate	
		Anforderungen	Grenzbereich	Anforderungen	Grenzbereich
Gehalt an Schichtsilikaten im Gesteinsverband (Stück-%)		≤ 20	–	≤ 20	–
Gehalt an freien Schichtsilikaten im Sand (Stück-%)		≤ 8	–	≤ 8	–
Gehalt an petrografisch ungeeigneten Komponenten > 4 mm (M.%)		≤ 5	5–10	≤ 5	–
Brechbarkeitsindex ()		≤ 75	73–78	≤ 70	70–73
Los-Angeles-Index ()		≤ 43	42–45	≤ 40	40–42
Point-Load-Index I_{50} (N/mm²)	parallel sf*	≥ 2,5	–	–	–
	isotrop	≥ 3,5	–	–	–
Plattigkeitszahl (M.%)		–	–	≤ 35	–

*sf Schieferungsfläche

Tabelle 16. Anforderung an Kornverteilung, Kornzusammensetzung für unterschiedliche Betonsorten und Expositionen

Betonsorten, Expositionsklassen	Mindestanzahl an Korngruppen	Sieblinienbereich	Bauteile (Beispiel)
≤ C12/15 und X0 und Rezeptbeton	Korngemisch	günstiger, brauchbarer und erweiterter Sieblinienbereich	für untergeordnete Bauteile, Anwendungen für Hinterfüllbeton, Massenbeton ohne Bewehrung und ohne Frostangriff
≤ C25/30 und X0, XC1, XC2	Korngemisch	günstiger und brauchbarer Sieblinienbereich	für bewehrte u. unbewehrte Bauteile ohne Frostangriff und keine drückenden Wässer, z. B. Massenbeton, Hinterfüllbeton
Sämtliche Betone ≤ C50/60 und nicht XF4, XA2, XA3	2 Korngruppen, davon 1 Korngruppe bis 4 mm (Sandfraktion)	Sieblinie Sandfraktion obere Hälfte des günstigen Bereichs, darüber stetige Sieblinie	für alle üblichen Plattentragwerke und konstruktiven Anwendungsbereiche geeignet

barkeit und Wasseranspruch in einen brauchbaren und günstigen Bereich unterteilt, wobei die idealen Sieblinien im günstigen Bereich nahe der Grenzsieblinie B liegen; Grenzsieblinien und Sieblinienbereiche siehe Bild 85.
Gerade für massige und größere Platten der Sperrenbauwerke kann ein größerer Durchmesser des Größtkorns verwendet werden.

Sperrenbeton mit GK32:

- mit stetiger Kornverteilung (Bild 86)
  Sand 0/4   43 %
  Kies 4/8   10 %
  Kies 8/16   25 %
  Kies 16/32   22 %

- mit Ausfallkörnung (Bild 87)
  Sand 0/4   50 %
  Kies 4/8   0 %
  Kies 8/16   25 %
  Kies 16/32   25 %

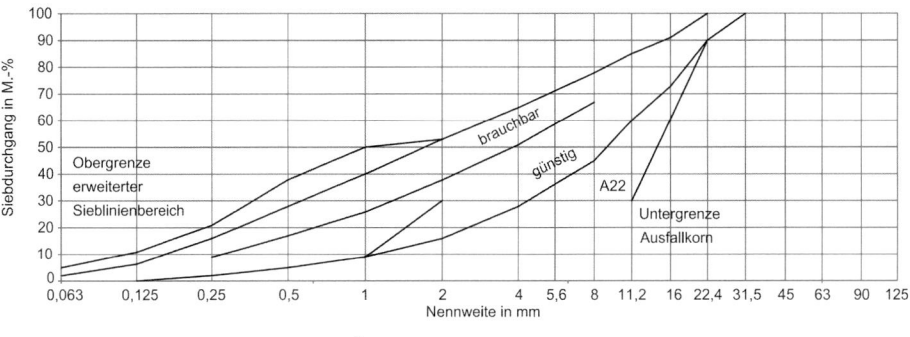

Bild 85. Grenzsieblinien Größtkorn 22 nach ÖNORM B 4710-1 [114]

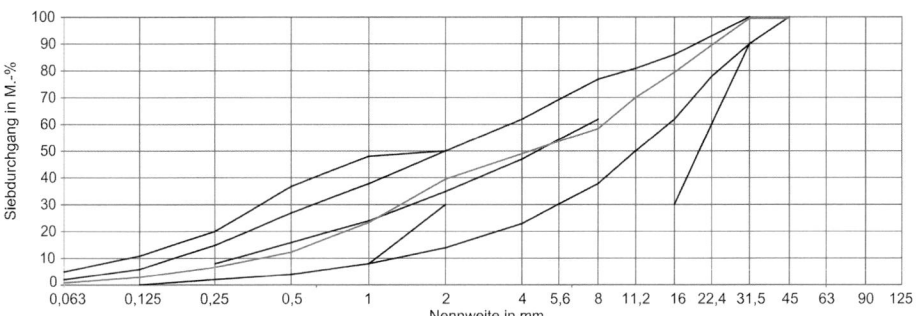

Bild 86. Beispiel Sieblinie Sperrenbeton GK32 mit stetiger Kornverteilung

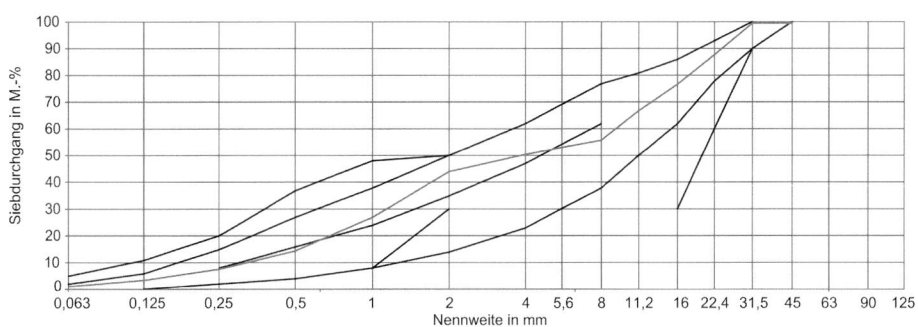

Bild 87. Beispiel Sieblinie Sperrenbeton GK32 mit Ausfallkörnung

Kornform
Die Kornformkennzahl SI gibt massenmäßig in % den Anteil an ungünstig geformten Körnern an. Als ungünstig geformte Körner gelten Körner, die mehr als die dreifache Länge im Vergleich zur dicksten Breite aufweisen. Die Kornform wird einerseits durch die Schieferung des Rohmaterials, andererseits durch den Brechvorgang bestimmt.

Pumpbeton   angestrebt SI20

Kübel- oder Rutschenbeton SI40

Frost-Tau-Widerstand
Der Widerstand gegen Frost-Tau-Wechsel wird bei Gesteinskörnungen gemäß EN 1367-1 („Dosenfrostverfahren") geprüft. Im Frostbereich und im Wasserbau sind frostbeständige Gesteinskörnungen mit dem Kürzel F1, d.h. im Versuch maximal 1 M.-% Abwitterung infolge der Frost-Tau-Wechsel zulässig.

Bindemittel
Um die Hydratationswärmeentwicklung im Abbindeprozess der Betone gering zu halten, werden vorzugsweise Bindemittel und Bindemittelkombinationen mit einem erhöhten hydraulisch wirksamen Zusatzstoffanteil von ca. 35 bis 40% eingesetzt. Zusatzstoffe können entweder im Herstellprozess des Zements als Zumahlstoff oder als eigenes Produkt im Betonherstellprozess zugegeben werden. Hydraulisch aktive Zusatzstoffe sind Hüttensandmehl, Flugasche, aufbereitete hydraulisch wirksame Zusatzstoffe oder Silikastaub.

Speziell bei der getrennten Zugabe von hydraulisch wirksamen Zusatzstoffen spielt die Gleichmäßigkeit und Qualität in Form der hydraulischen Aktivität des eingesetzten Zusatzstoffs eine entscheidende Rolle. Diese ist normativ mengenmäßig beschränkt und darf nach Normenlage nicht zu 100% dem Bindemittel angerechnet werden (k-Wert-Ansatz). Praxiserfahrungen zeigen jedoch auch, dass sich bei guter Qualität und Gleichmäßigkeit auch höhere Anteile an hydraulisch wirksamen Zusatzstoffen im Bindemittel zur Steuerung der Bindemittelcharakteristik grundsätzlich eignen.

In Tabelle 17 sind die gebräuchlichsten Zementarten angeführt, wobei länderspezifisch der Anteil der unterschiedlichen Zemente nach Tradition und Rohstoffangebot variiert.

In Tabelle 18 sind zu typischen Bauteilen zugehörig bevorzugte Zementarten, Bindemittelzusammensetzungen und Gesamtbindemittelgehalte angeführt. Bei dieser tabellarischen Zusammenstellung kommen als Zusatzstoffe nur aufbereitete hydraulisch wirksame Zusatzstoffe (AHWZ) mit einem höheren Aktivitätsindex als reine Flugasche oder reines Hüttensandmehl vor.

Tabelle 17. Ausgewählte Bindemittelvarianten gemäß Normvorgabe

Zement	Klinkeranteil	Zusatzstoffanteil (= Zumahlstoff)	Mögliche Zugabe an zusätzlichem Zusatzstoff bei der Betonherstellung
	[%]	[%]	[%]
Portlandzement CEM I	95–100	0	25–30
Portlandkompositzement CEM II A	80–94	6–20	15–20
Portlandkompositzement CEM II B	65–79	21–35	10
Hochofenzement CEM III A	35–64	36–65	0
Hochofenzement CEM III B	20–34	66–80	0

Tabelle 18. Bevorzugte Bindemittelkombinationen für verschiedene Bauteiltypen, Richtwerte für Bindemittelzusammensetzungen und Gesamtbindemittelgehalte

Bauteil	Bevorzugte Zementart	Richtwert Zementmenge	Richtwert AHWZ	Gesamtbindemittel
		[kg/m^3]	[kg/m^3]	[kg/m^3]
Wände, Platten schlank, hohe Festigkeitsanforderungen	CEM I CEM II A 42,5	250 bis 280 280 bis 320	100 bis 120 70 bis 80	350 bis 400
konstruktive Betone	CEM II A 42,5 CEM III A	245 bis 280 285 bis 335	55 bis 70 0	300 bis 350 285 bis 335
massige Bauteile	CEM II B 42,5 CEM III A (CEM III B)	235 bis 270 250 bis 285 (260 bis 320)	25 bis 30 0 (0)	260 bis 300 250 bis 285 (260 bis 320)

Die in Tabelle 18 angegebenen Richtwerte sind Empfehlungen, die keine ganzheitliche Betrachtung ersetzen, bzw. im Zuge einer ganzheitlichen Betrachtung überprüft werden müssen. So ist zum Beispiel die Thematik von möglichem Sulfatangriff nicht angeführt, die einen Einsatz von C3A-armen oder C3A-freien Zementen erforderlich macht.

Für den Einsatz bei hohen oder tiefen Temperaturen ist ebenfalls je nach Situation der Baustellenlogistik eine Adaption wahrscheinlich erforderlich. Bei tiefen Temperaturen steht die Möglichkeit des Austauschs von bis zu 10 kg/m^3 Zusatzstoff gegen bis zu 15 kg/m^3 Zement bzw. auch die Möglichkeit der Erhöhung der Festigkeitsklasse des Zements zur Verfügung. Bei hohen Temperaturen gilt grundsätzlich das Gleiche mit umgekehrten Vorzeichen, d. h. Ersatz von Zement durch Zusatzstoff, wobei wiederum die maximalen Anrechenbarkeiten von Zusatzstoffen im Sinne der Norm zu berücksichtigen sind. Gleichzeitig ist verstärkt die Nachbehandlung zu beachten.

Grundsätzlich gilt auch, dass je langsamer erhärtend das Bindemittel ist, umso länger und sorgsamer muss die Nachbehandlung vor Ort gegen ein zu frühes oder zu rasches Auskühlen und Austrocknen des jungen Betons vorgesehen werden. Dabei sind vor allem ein rasches Auftragen von Verdunstungsschutz innerhalb längstens 1 h nach Herstellung der freien Oberfläche, sowie gleich nach dem Erreichen der Begehbarkeit ein Abhängen von freien Oberflächen mit Folien oder ein Abdecken mit Thermomatten (im alpinen Hochgebirge auch mit Folien und Holzschalung) zu empfehlen.

Zusatzmittel
Zusatzmittel sind in der gegenwertigen Betontechnologie selbst bei einfachen Anwendungen und strukturarmen Verhältnissen nicht mehr wegzudenken. Als Zusatzmittel kommen in jedem Fall Fließmittel zum Einsatz, die eine Reduktion der für die Verarbeitung des Betons erforderlichen Zugabewassermenge ermöglichen (Tabelle 19).

Bei Frost-Tau-Beanspruchung und zur Verbesserung der Verarbeitbarkeit und Stabilität der Mischung wird die Zugabe eines Mikroluftporenbildners erforderlich. Bei langen Anfahrtswegen oder bei komplexen Einbaubedingungen sollte auch die Notwendigkeit einer Verlängerung der Verarbeitungszeit des Betons durch verzögernde Zusatzmittel überprüft werden.

Bei infrastrukturell schwachen Verhältnissen, z. B. im Hochgebirge, ist es eventuell von Vorteil, Kombinationsprodukte nach einer vorherigen Abstimmung der geforderten Eigenschaften vorzusehen, die mehrere Eigenschaften in einem Produkt vereinen. Dafür ist eine Zusammenarbeit mit Zusatzmittel- und Bindemittelhersteller unter Einbeziehung der verwendeten Gesteinskörnung notwendig. Der Nachteil eines Verlusts an Flexibilität bei Verwendung von Kombiprodukten bei unterschiedlichen Einbauteilen (z. B. Ausschalzeiten, Konsistenzanforderungen) oder unterschiedlichen Witterungsverhältnissen (Hochsommer/Winter, Regentage mit nasser Gesteinskörnung als Ausgangsstoff) sollte bei der Konzeptionierung berücksichtig werden.

Wasser
Als Zugabewasser beim Mischprozess oder für eine Vorbefeuchtung von groben Gesteinskörnungen ist Trinkwasser in jedem Fall geeignet. Oberflächenwässer oder Bodenwässer sind hinsichtlich Chemismus und auf organische Anteile zu untersuchen (EN 1008).

Tabelle 19. Übersicht Zusatzmittel (Beschränkung auf häufig eingesetzte Zusatzmittel)

Zusatzmittel	Wirkung	Häufigkeit / Einsatz
Fließmittel (FM)	verbesserte Misch- und Verarbeitbarkeit des Betons, verbesserte Betonqualität (Festigkeit, Gefügedichte)	Standard, immer
Luftporenbildner (LP)	Erhöhung des Frostwiderstands von Beton Verbesserung der Verarbeitbarkeit, Reduktion der Klebrigkeit von Beton	Standard, immer empfohlen
verzögerndes Zusatzmittel (VZ)	Verhindert das Starten der Zementhydratation bei Verarbeitungszeiten über (90+15) Minuten	erforderlich, jedoch häufig nicht umgesetzt
Kombiprodukt FM + LP	Kombination aus o. a. Eigenschaften	Sonderlösungen bei infrastrukturschwachen Projekten
Kombiprodukt FM + VZ		
Kombiprodukt FM + LP + VZ		

5.9.3 Stahl

Stahl findet in den funktionalen Teilen der Sperren (Rechen, Balken, Roste), als Abrasionsschutz (Panzerung von Sperrenkronen und abriebexponierten Bauteilen) oder in eigenständigen Bauwerken (Netz-, Gittersperren) Verwendung. In der Regel wird gewöhnlicher Baustahl (S235JR) verwendet. Für Panzerungen sollte in Sonderfällen auch der Einsatz von nichtrostenden Stählen überlegt werden (Tabellen 20 und 21).

Tabelle 20. Charakteristische Materialkennwerte für warmgewalzte Flach- und Langerzeugnisse (Auszug aus DIN EN 10025-2)

Stahlsorte [1]			S235JR	S235JRG	S235 JRG2	S235JO	S355JO
Werkstoffnummer [2]			1.0037	1.0036	1.0038	1.0114	1.0553
Bezeichnung [3]			St 37-2	USt 37-2	RSt 37-2	St 37-3 U	St 52-3 U
Bezeichnung [4]			–	USt 360 B	RSt 360 B	St 360 C	St 510 C
Desoxidationsart			freigestellt	FU	FN	FN	FN
Stahlart			BS	BS	BS	QS	QS
Streckgrenze [N/mm^2] f_{yk} für Nenndicke [mm]	$t \leq 16$		235	235	235	235	355
	$16 < t \leq 40$	225	225	225		225	345
	$40 < t \leq 63$		–	–	215	215	335
	$63 < t \leq 80$	–	–	215		215	325
	$80 < t \leq 100$		–	–	215	215	315
Zugfestigkeit f_{uk} [N/mm^2]			–	340–470			490–630
Bruchdehnung [%] für Nenndicke [mm]	$3 \leq t \leq 40$		26 (24)				22 (20)
	$40 < t \leq 63$		25 (23)				21 (19)
	$63 < t \leq 100$		24 (22)				20 (18)

[1] nach DIN EN 10027-1
[2] nach DIN EN 10027-2
[3] nach DIN 18800
[4] nach ÖNORM M 3116

FU unberuhigter Stahl
FN unberuhigt nicht zulässig
BS Grundstahl
QS Qualitätsstahl

Tabelle 21. Charakteristische Materialkennwerte für Walzstahl nach DIN 18800

Stahlklassen		Baustahl					
		S 235		S 275		S 355	
Erzeugnisdicke [mm]	t	$t \leq 40$	$40 < t \leq 80$	$t \leq 40$	$40 < t \leq 80$	$t \leq 40$	$40 < t \leq 80$
Streckgrenze [N/mm^2]	f_{yk}	240	215	275	255	360	335
Zugfestigkeit [N/mm^2]	f_{uk}	360		410		490	
Elastizitätsmodul [N/mm^2]	E	210000					
Schubmodul [N/mm^2]	G	81000					
Temperaturdehnzahl [K^{-1}]	α_T	$12 \cdot 10^{-6}$					

6 Bemessungs- und Berechnungsgrundlagen

6.1 Hydrologische Grundlagen

Schutzmaßnahmen in Wildbächen sollten so dimensioniert werden, dass dem Schutzbedürfnis der von den Gefahren betroffenen Bevölkerung entsprochen wird. Die zu planenden Schutzmaßnahmen sollen die Auswirkungen eines Ereignisses auf ein akzeptables (zumutbares) Ausmaß herabsetzen, wobei die Festlegung der Schutzziele in Abhängigkeit von Objektkategorien oder den zu schützenden Objekten (Schutzobjekte) erfolgt.

Im Hochwasserschutz hat sich ein Gefährdungsausmaß eines Ereignisses, dessen Überschreitungswahrscheinlichkeit mit 1-mal pro 100 Jahre angesetzt wird, als Obergrenze einer nicht akzeptierten Gefährdung durchgesetzt (hundertjähriges Ereignis). Dieses Gefährdungsausmaß, ausgedrückt durch die Art, Intensität und Größe des Prozesses, wird durch das sogenannte Bemessungsereignis repräsentiert. Deshalb ist es unabdingbar, dass zur Dimensionierung von Schutzmaßnahmen (insbesondere für retendierende Maßnahmen) Szenarien berechnet werden, die aus unterschiedlichen Kombinationen von Art, Größe und Intensität resultieren (Bild 88). Aus den möglichen Szenarien leiten sich die relevanten Einwirkungskombinationen für die Bemessung der Schutzbauwerke ab.

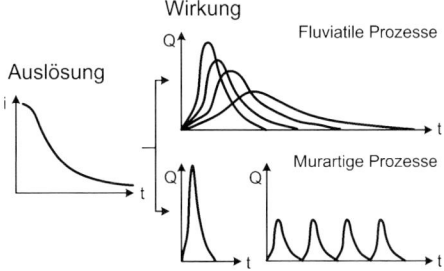

Bild 88. Szenarienbildung für Bemessungsereignisse

6.1.1 Methoden

Die Dimensionierung von Bauwerken in Wildbächen basiert auf der Abschätzung des bemessungsrelevanten Prozesses, des Abflusses und der korrespondierenden Feststofffrachten. Die Festlegung des *Bemessungsereignisses* entzieht sich einer exakten Berechnung, vielmehr stellt sie eine auf zahlreichen Faktoren beruhende Entscheidung über das wahrscheinlichste Gefährdungsszenario dar. Das Bemessungsereignis der Wildbachverbauung beruht u. a. auf folgenden Faktoren:

- Bemessungsereignisse treten sehr selten auf.
- Ereignisse sind zeitlich und räumlich nicht übertragbar, da in jedem Einzugsgebiet eine unterschiedliche Disposition [65] vorliegt.
- Datengrundlagen sind nur äußerst spärlich vorhanden, da kaum hydrologische Messdaten aus Wildbacheinzugsgebieten vorliegen.
- Die Frequenz eines Ereignisses wird durch die Frequenz des auslösenden Niederschlags ausgedrückt, in der Regel keine Vergleichswerte aus den Abflüssen vorliegen.

Als Indikatoren zur Festlegung werden geomorphologische Kleinformen (Prozesse) und physikalische Parameter (z. B. Druck, Geschwindigkeit, Abflusstiefe, Abfluss, Fracht) herangezogen und müssen

einer Eintrittswahrscheinlichkeit, Intensität und Größe zugewiesen werden. Die Bestimmung dieser Indikatoren kann mit verschiedenen methodischen Ansätzen erfolgen, wobei deren Kombination am zielführendsten erscheint. Grundsätzlich unterscheidet man rückwärts- und vorwärtsgerichtete Indikation [65].

Da sich die Wirkung früherer Ereignisse zumeist an Spuren im Gelände („stumme Zeugen") erkennen lässt (z. B. Spuren an der Vegetation, Ablagerungen von historischen Ereignissen), wird bei der *rückwärtsgerichteten Indikation* in Analogie geschlossen, dass sich solche Ereignisse wiederholen können. Da aber die den Ereignissen zugrunde liegende Disposition üblicherweise nicht mehr eruiert werden kann, ist mit einer Interpretation solcher „stummer Zeugen" sehr sorgfältig umzugehen. Die *vorwärtsgerichtete Indikation* hingegen versucht, basierend auf der Analyse von Ursachenfaktoren, kritische Dispositionen zu bestimmen und mögliche Wirkungen abzuschätzen.

Die genannten Indikationen können auf verschiedene methodische Ansätze [72] zurückgreifen.

6.1.1.1 Rückwärtsgerichtete Indikation

Historische Methode: Der historisch-statistische Ansatz stützt sich auf die Auswertung von Berichten, Zeugenaussagen und Chroniken. Als Ergebnis dieser Methode lassen sich zumindest Rückschlüsse auf die Frequenz ziehen. Es ist jedoch zu berücksichtigen, dass Aufzeichnungen über Ereignisse in der Regel nicht alle stattgefundenen Ereignisse, sondern zumeist nur größere (mit Schaden verbundene) Ereignisse, beinhalten. Bestenfalls finden sich auch Hinweise auf die Auslösungsursache, den Verlauf, die Intensität, die Ausbreitung und den Schaden.

Morphologische Methode: Die Morphologie bzw. „stummen Zeugen" geben Aufschluss über den Prozesstyp und die räumliche Prozessabgrenzung. Zu den Indikatoren zählen die Interpretation von morphologischen Formen historischer Ereignisse, Spuren an der Vegetation, dendrochronologische Datierung und sedimentologische Methoden. Für die Ableitung eines quantitativen Zusammenhangs von Intensität und Häufigkeit sind jedoch weiterführende Studien erforderlich.

Empirisch-statistische Methode: Diese Methode basiert auf Daten, die direkt aus Messungen, aber auch indirekt durch Auswertung von „stummen Zeugen" erfolgen können. Werden gemessene Daten für statistische Auswertungen verwendet, ist auf ein dementsprechend großes Kollektiv zu achten, wobei Trends in den Daten ausgeschlossen werden sollten. Durch die Anwendung dieser Methode erhält man Hinweise zur Intensität des Prozesses, bestenfalls sogar einen Bezug zur Eintretenswahrscheinlichkeit.

6.1.1.2 Vorwärtsgerichtete Indikation

Numerisch-mathematische Methode: Der Prozess wird auf Basis eines numerischen Modells abgebildet. Diese Verfahren sind in der Regel aufwendig, da bei dieser Methode zumeist eine große Anzahl an Parametern, die die Rahmenbedingungen des Modells darstellen, quantifiziert werden müssen. Ohne Verifizierung eines numerischen Modells mit realen Daten ist von der Anwendung solcher Methoden eher abzuraten.

Physikalische Methode: Eine ebenfalls sehr aufwendige Methode stellen hydraulische Modellversuche dar. Sie sind aufgrund der Modellgesetze nur für spezielle Gerinneabschnitte oder zur Bestimmung des Verhaltens von Schutzbauwerken (Überlastfall, Dammbruch) einsetzbar.

6.1.2 Bestimmung der Verlagerungsprozesse

Der Abfluss in einem Wildbacheinzugsgebiet ist kein linearer Prozess, sondern weist ein äußerst komplexes Verhalten auf. Die Verlagerungsprozesse können sich bei einem Ereignis entlang des Gerinnelaufs je nach den auftretenden Randbedingungen ändern. Um den an einem Betrachtungspunkt auftretenden Verlagerungsprozess festzulegen ist es notwendig, die Prozesse, beginnend im oberen Einzugsgebiet, entlang dem Gerinneverlauf zu bestimmen. Dies kann durch eine Kartierung der durch „stumme Zeugen" belegten Prozesse erfolgen (Prozesskartierung). Mögliche Transformationen zwischen den auftretenden Verlagerungsprozessen sind in Bild 89 dargestellt. Die Darstellung der Abfolge der Prozesse kann als Prozess-Routing bezeichnet werden.

Dieses *Prozess-Routing* in Wildbacheinzugsgebieten ermöglicht die Darstellung prozessändernder Faktoren im Überblick und die daraus resultierenden Transportvorgänge für verschiedene Szenarien [72].

Für ein Einzugsgebiet erfolgt die Darstellung mittels eines abstrahierten Gerinnesystems (AGS). Dies stellt die Basis für die Bewertung und Analyse der auftretenden Prozesse dar. Das natürliche Gerinnesystem in einem Einzugsgebiet wird dazu vorerst in quasi-homogene Gerinneabschnitte (GSE), die ähnliches Verhalten im Hinblick auf den hydraulisch ausschlaggebenden Transport und/oder Ablagerungsprozess aufweisen, untergliedert (Bild 90).

Die Gerinnesystemelemente (GSE) können folgendermaßen charakterisiert werden:

– Nullstrecke (keine Veränderung des Transportprozesses),

– Zufluss (ein seitlicher Zubringer dotiert den betrachteten Abschnitt entweder mit Reinwasserabfluss, einem fluviatilen oder murartigen Feststofftransport oder einem Murgang),

– Feststoffeintrag (punktuell durch Seiten- oder Sohlenerosion),

– Verklausung (temporäres oder permanentes Hindernis im Abflussquerschnitt),

– Gerinneerosion (Gerinnestrecke mit vorwiegender Sohlen- und/oder Seitenerosion),

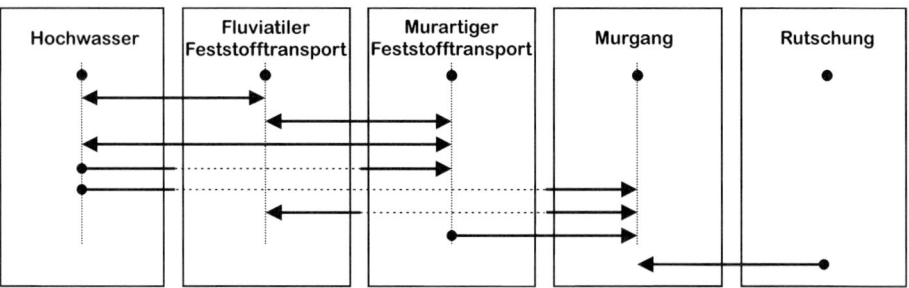

Bild 89. Prozess-Routing, mögliche Prozesstransformationen in einem Wildbachgerinne [75]

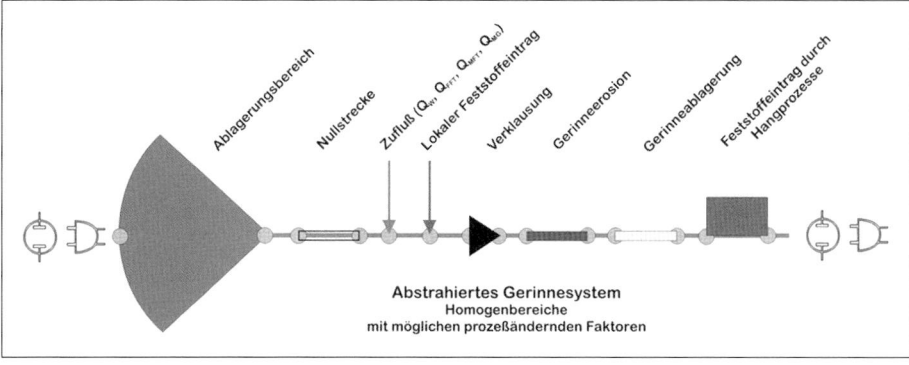

Bild 90. Homogenbereiche in einem Wildbacheinzugsgebiet [72]

- Gerinneablagerung (Gerinnestrecke mit vorwiegender Geschiebeablagerung),
- Feststoffeintrag durch Hangprozesse (Geschiebeherde, die mit dem Gerinnesystem nicht direkt in Verbindung stehen),
- flächiger Ablagerungsbereich (Ablagerungskegel oder Rückhaltebereich).

Beginnend vom obersten Knoten wird sodann unter Berücksichtigung der prozessändernden Faktoren im GSE dem untenliegenden Knoten ein Prozesstyp zugewiesen. Die möglichen Transformationen sind Bild 89 zu entnehmen.

6.1.3 Abschätzung des Abflusses

6.1.3.1 Niederschlag

Mit den in der Fachnomenklatur dargelegten Begriffen „Niederschlag", „Niederschlagsgebiet" und „Niederschlagsdauer" lässt sich ein Niederschlagsereignis als ein nach Menge, Raum und Zeit begrenzter Niederschlag definieren. In Wildbächen gelten kurzzeitige Starkniederschläge, Regenperioden mit gewittrigen Regenschauern, Landregen und Schneeschmelze als Auslöser von Verlagerungsprozessen (Bild 91).

Da konvektive Schauerzellen mit sehr hohen Intensitäten in höheren Lagen eine geringe räumliche Ausbreitung besitzen und zumeist das obere Einzugsgebiet betreffen, werden sie in den seltensten Fällen von Messgeräten erfasst. Durch die hohe zeitliche und räumliche Variabilität, besonders bei schauerartigen Niederschlägen oder Gewittern, ist die Repräsentativität von punktuell, zumeist in Tallagen, gewonnenen Messwerten für Wildbacheinzugsgebiete häufig unklar. Außerdem weisen die Messdaten beträchtliche Fehler auf, in der Regel wird zu wenig Niederschlag gemessen [52].

Zur Abschätzung der Höhe eines punktuellen Niederschlags einer bestimmten Frequenz eignen sich *Extremwertanalysen* [26] (Bild 92). Verwendung findet vor allem die sogenannte Gumbel-Verteilung (Extremal-Typ I).

Für die Berechnung des *Gebietsniederschlags* aus Punktschätzungen stehen verschiedene Verfahren, (wie z. B. arithmetisches Mittel, Thiessen-Polygone, Isohyeten-Methode, Kriging) zur Verfügung.

Die Abschätzung von *Bemessungsniederschlägen* in der warmen Jahreszeit mit vorwiegend konvektivem Charakter kann durch ein orografisch-konvektives Modell erfolgen [105]. Das zeitabhängige Modell berechnet den lokalen orografisch-thermischen Antrieb konvektiver Wolken- und Niederschlagsbildung über komplexem Gelände. Der ermittelte Maximalniederschlag gibt für jeden Rasterpunkt jene Niederschlagsmenge an, die erwartet werden kann, wenn eine Gewitterzelle mit ihrem Kern genau über diesen Punkt zieht. Da die Größe von Wildbacheinzugsgebieten zumeist geringer als die dem Rechenmodell unterstellte Maschenweite ist, ist die Anwendung von Reduktionsverfahren zur Berücksichtigung der Flächenausdehnung der Niederschläge nicht erforderlich [52]. Die Anpassung der Maximalwerte an das gewählte Wiederkehrintervall erfolgt durch eine extremwertstatistische Auswertung langjähriger Messreihen.

6.1.3.2 Abfluss

Die Abflussentstehung in Wildbächen wird durch ein komplexes Zusammenspiel im System Atmosphäre-Pflanze-Gesteinsuntergrund gesteuert. Die mathematische Beschreibung dieser Vorgänge ist daher nur näherungsweise möglich [86]. Vereinfacht kann die Transformation von Niederschlag in Abfluss als Abfolge von Speichern (Vegetation, Bodenoberfläche, Boden, Grundgestein) dargestellt

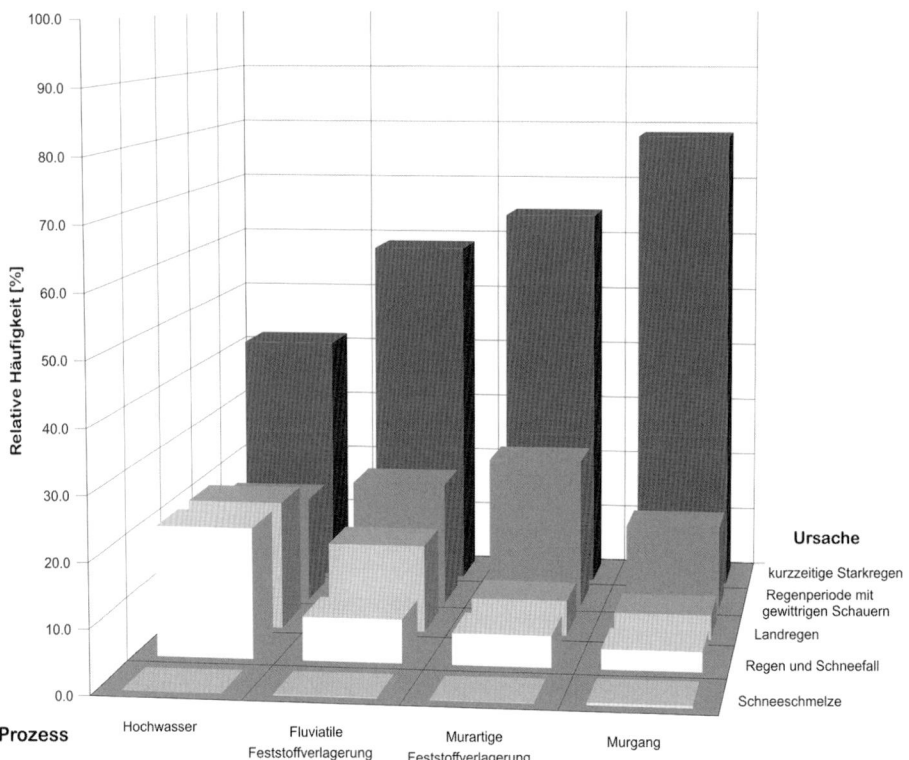

Bild 91. Niederschlagsereignis und Folgeprozess in österreichischen Wildbächen im Zeitraum von 1972 bis 2000 (Daten: Bundesamt für Wald, Naturgefahren und Landschaft – BFW, Wien) [16]

werden (Bild 93). Die Festlegung der zum Zeitpunkt eines Bemessungsereignisses vorhandenen Kennwerte, die zur Berechnung der Speicher und der Schnittstellen zwischen den Speichern erforderlich sind, ist nur sehr eingeschränkt möglich, da durch die Heterogenität eines Einzugsgebiets die Kennwerte räumlich und zeitlich stark variieren.

Deshalb werden in der Praxis sehr häufig empirische Ansätze zur Abflussberechnung angewendet, die für einfache Anwendungen – z. B. Dimensionierung einer Abflusssektion – in den meisten Fällen auch als ausreichend bezeichnet werden können. Die empirischen Ansätze berücksichtigen nur wenige, aber dafür leicht zu erhebende Parameter, wie z. B. die Fläche des Einzugsgebiets. Die Reduktion der Niederschlag- auf die Abflussfracht erfolgt zumeist vereinfacht mittels eines Abflussbeiwerts. *Markart* et al. [106] stellen dafür ein einfaches Verfahren vor, das auf der Beurteilung des Boden-Vegetationskomplexes beruht. Eine Zusammenstellung bisher in der Praxis gebräuchlicher Verfahren (empirische Abflussgleichungen) findet sich in [58].

Die Entscheidung, welches Modell zur Abflussberechnung herangezogen wird, hängt primär von der erforderlichen Genauigkeit, der geforderten räumlichen und zeitlichen Auflösung, den vorhandenen Daten und der verfügbaren Software ab.

6.1.3.3 Hydrologische Modelle

Hydrologische Modelle zur Abflussberechnung vereinfachen die natürlichen Zusammenhänge mehr oder weniger stark. Somit beschreibt ein mathematisches Modell prinzipiell einen Prozess, den es in der Natur nicht gibt. Daher ist es grundsätzlich unmöglich, mithilfe eines Modells gesicherte Aussagen über das Verhalten der Natur zu erlangen. Aus Simulationen mit einem Modell gewonnene Erkenntnisse über Naturvorgänge sind nur dann glaubwürdig, wenn sie durch adäquate Naturmessungen

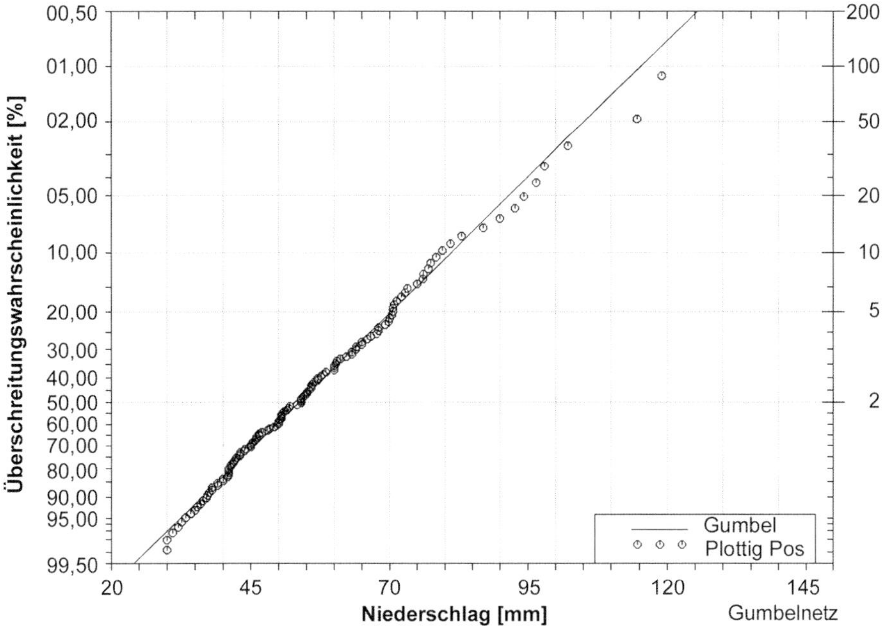

Bild 92. Ermittlung von Bemessungsniederschlägen durch extremwertstatistische Verfahren [16]

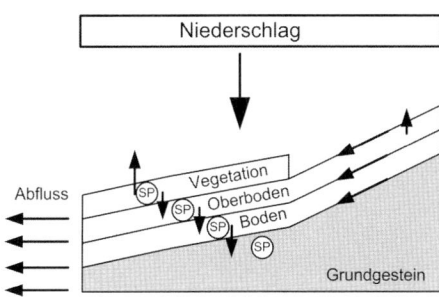

Bild 93. Schema zur Abflussentstehung

abgesichert sind. Je komplexer ein Modell ist, desto schwieriger ist es, die zur Kalibrierung des Modells und zur anschließenden, an unabhängigen Datensätzen durchzuführenden Validierung, adäquaten Daten zu erhalten. Tendenziell nimmt die Vertrauenswürdigkeit von Simulationsergebnissen für Ereignisse, die bisher nicht beobachtet wurden, z. B. Bemessungs- bzw. Extremereignisse oder Ereignisse bei geänderten Umweltbedingungen (Nutzungsänderungen, Klimaänderungen) zu, je prozessnäher das Modell ist und je mehr Information über das zu beschreibende Einzugsgebiet im Modell verwertet werden kann [86].

In der Literatur findet sich eine sehr große Anzahl unterschiedlichster hydrologischer Modelle. Eine Gruppierung dieser Modelle kann aufgrund des Detailliertheitsgrads der Unterteilung des Einzugsgebiets bzw. des Detailliertheitsgrads der Beschreibung der Prozesse durchgeführt werden [86].

Detailliertheit der Unterteilung des Einzugsgebiets:

– Blockmodelle (lumped models): Das Einzugsgebiet wird als Einheit betrachtet, eine Untergliederung ist nicht vorgesehen.

– Isochronenmodelle: Das Einzugsgebiet wird in Streifen mit gleicher Laufzeit bis zum Gebietsauslass (Isochronenstreifen) unterteilt. Für die Isochronenstreifen können unterschiedliche Abflussbildungsmodelle (nach Typ oder nach Parametern) angesetzt werden.

– Hydrotopmodelle (semidistributed models): Das Einzugsgebiet wird in Flächen gleicher bzw. sehr ähnlicher hydrologischer Reaktion (Hydrotope) unterteilt. Für die unterschiedlichen Hydrotope des Einzugsgebiets werden jeweils unterschiedliche Modelle (gleicher Modelltyp mit unterschiedlichen Parametersätzen oder unterschiedliche Modelltypen) angesetzt. Die Abflüsse von den einzelnen Hydrotopen müssen ggf. zum Gebietsauslass transferiert werden (flood routing), wenn der Berechnungszeitschritt kleiner ist als die Fließzeit vom entferntesten Punkt des Einzugsgebiets bis zum Gebietsauslass.

- Flächendetaillierte Modelle: Das Einzugsgebiet wird in kleine Teilflächen nach unterschiedlichen Gesichtspunkten unterteilt – z. B. Rechteck- oder Dreiecknetz, Trajektoriennetz nach Schichten- und Fallinien). Die Berechnung von Abflussbildung und Abflusskonzentration erfolgt zumeist auf Basis physikalischer Gesetzmäßigkeiten (s. u. physikalische (physikalisch basierte) Modelle) unter Verwendung von unterschiedlich weit gehenden Vereinfachungen. Bodenwassergehalt wird flächen- und tiefenbezogen bilanziert und steuert die Abflussbildung.

Detailliertheit der Beschreibung der Prozesse:

- Stochastische Modelle verzichten auf jegliche physikalische Interpretierbarkeit und bauen auf der statistischen Beschreibung beobachteter Zeitreihen auf.
- Systemmodelle sind rein empirisch und haben keinen Bezug zum physikalischen Vorgang.
- Die mathematische Formulierung in Konzeptmodellen beschreibt jenen Prozess, dessen Gültigkeit für den Niederschlag-Abfluss-Prozess gefordert wird (z. B. linearer Speicher, Kaskade von linearen Speichern, Parallelschaltung von Speichern oder Speicherkaskaden, nichtlineare Speicher).
- Die mathematische Formulierung physikalischer (physikalisch basierter) Modelle beschreibt jenen Prozess, dessen Gültigkeit für den Niederschlag-Abfluss-Prozess gefordert wird (z. B. Green Ampt für Infiltration, Richardsgleichung für Wasserbewegung in der ungesättigten Bodenzone, Darcy'sches Gesetz für Grundwasserbewegung, St.-Venant-Gleichungen und ihre Vereinfachungen – kinematische Welle, Diffusionsanalogie, ... – für den Oberflächenabfluss).

Neben der handelsüblichen Software existieren zahlreiche Programme, die auf Universitäten, in Ingenieurbüros und Verwaltungsstellen entwickelt wurden (s. Tabelle 36). Es empfiehlt sich vor der Anwendung solcher Programme einige Beispiele mit tatsächlich gemessenen Daten zu berechnen, um die Sensitivität der Eingangsparameter zu bestimmen. Eine detaillierte Beschreibung der Verfahren findet sich z. B. in [26, 171–174].

6.1.4 Abschätzung der Geschiebefracht

Das Phänomen der Feststoffverlagerung in Wildbacheinzugsgebieten ist seit Jahrzehnten ein Forschungsgebiet unterschiedlicher Disziplinen. Wildbachverbauer, Bauingenieure und Hydrauliker versuchen durch die Einarbeitung von Erfahrungswerten und durch numerisch-mathematische Simulation die Ver- und Ablagerungsprozesse qualitativ zu beschreiben und zu quantifizieren [183]. Vor allem in den letzten Jahrzehnten wurden Formeln und Lösungsalgorithmen zur möglichst realitätsnahen Berechnung der Feststoffverlagerungsprozesse (Erosion, Transport und Ablagerung) entwickelt. Neben der richtigen Ansprache des Prozesses und der Wahl des Simulationsmodells ist die Bestimmung der für die Berechnung erforderlichen Eingangsparameter wesentlich. Die Qualität dieser Werte bestimmt die Zuverlässigkeit der Ergebnisse. Zu berücksichtigen ist dabei, dass mit zunehmendem Detaillierungsgrad der Zeitaufwand für die Berechnungen enorm wächst. Übersteigt dieser einen der Aufgabenstellung angemessenen Rahmen, so ist es gerechtfertigt, auf einfacher Ansätze aus Erfahrung und Empirie zurückzugreifen. Die Ergebnisse der Berechnungen sind jedenfalls durch ergänzende Ansätze (Auswertung von Chroniken, Stumme Zeugen etc.) auf ihre Plausibilität hin zu überprüfen.

Empfehlungen zur *Abschätzung von Geschiebefrachten* finden sich in [3] und [126]. Beiden Anleitungen ist gemein, dass neben Vorarbeiten im Büro entsprechende Feldaufnahmen, womöglich unter Zuziehung von Geologen, zu tätigen sind und die erhobenen Daten entsprechend den möglichen Verlagerungsprozessen interpretiert werden müssen.

Im Rahmen der Geschiebefrachtermittlung werden über die gesamte Länge des Gerinnes die potenziellen Kubaturen der mobilisierbaren Feststoffe (Feststoffpotenzial aus Gerinne, Böschung, Einhang), aber auch die Kubaturen der sedimentierbaren Feststoffe erhoben. Jeder Geschiebeherd wird anschließend einer von fünf möglichen Dispositionsklassen zugeordnet, die die Massenbewegung und ihre Mobilisierungswahrscheinlichkeit charakterisieren [126].

Disposition 1A:
aktiver seichtgründiger Nachböschungsprozess, leicht mobilisierbar;

Disposition 1B:
aktiver tiefgründiger Nachböschungsprozess, nur bei bestimmten Szenarien mobilisierbar (z. B. hohe Vorbefeuchtung);

Disposition 2:
alte, seichte und inaktive Massenbewegung, mäßig leicht mobilisierbar;

Disposition 3:
alte, tiefgründige und inaktive Massenbewegung, bedingt mobilisierbar (eventuell nur Stirnbereich);

Disposition 4:
Lockermaterialbedeckung des Grabeneinhangs (Verwitterungsmaterial, Hangschutt, glaziale, fluviatile oder glaziofluviatile Ablagerungen) ohne erkennbare Prädisposition zu Nachböschungsprozessen, nur unter extremen Bedingungen mobilisierbar.

Alle erhobenen Daten können für die nachfolgende Interpretation und Bewertung vorab in das sogenannte Geschiebepotenzialband [126] übernommen werden, das alle geschieberelevanten Daten entlang dem Längsprofil des Gerinnes beinhaltet.

Das *Geschiebepotenzial* muss anschließend unter Berücksichtigung der Transportkapazität des unterstellten Verlagerungsprozesses auf die tatsächlich bei diesem Ereignis transportier- und sedimentierbaren Volumina umgelegt werden. Diese Kubatur wird als Geschiebefracht bezeichnet. Aus der Gegenüberstellung von erodierbarem und sedimentierbarem Geschiebevolumen kann daraus für ein Ereignis eine Geschiebebilanz aufgestellt und damit die im jeweiligen Abschnitt transportierte Geschiebefracht eines Ereignisses bestimmt werden. Trägt man die Geschiebefracht über die Lauflänge des Baches auf, erhält man ein sogenanntes Geschiebefrachtdiagramm (GFD). In einem solchen Diagramm zeigt eine ansteigende Kurve Bereiche mit überwiegender Erosion, eine abfallende solche mit Geschiebeablagerung an. Verläuft die Kurve waagerecht, handelt es sich um Transportstrecken oder Strecken latenter Erosion. Ein Geschiebefrachtdiagramm liefert somit einen guten Überblick über die Entwicklung der Feststofffracht entlang des Gerinnes. Mithilfe des GFD kann die Wirkung von geschiebebindenden Maßnahmen abgeschätzt und geeignete Standorte für feststoffbindende Maßnahmen ausgewählt werden [72].

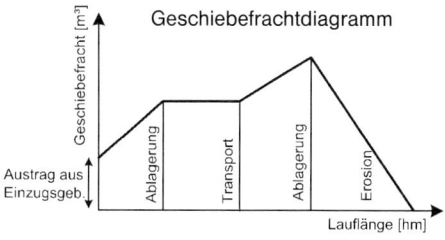

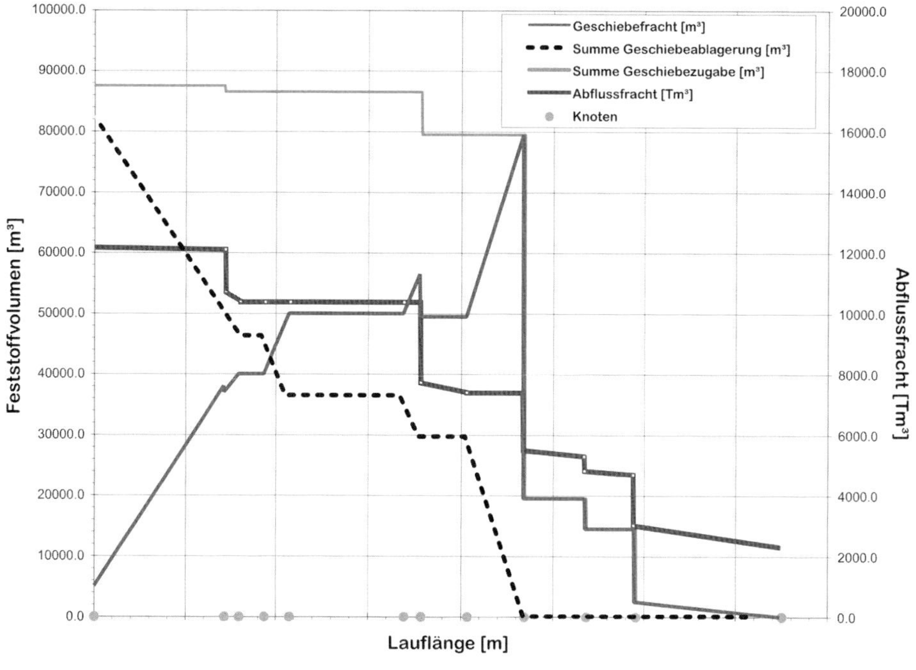

Bild 94. Prinzipskizze zum Geschiebefrachtdiagramm (nach [72])

Bild 95. Beispiel für ein Geschiebefrachtdiagramm (nach [75])

Eine weitere Möglichkeit der Abschätzung der Geschiebefrachten wird von *Hampel* [63] vorgeschlagen. Da der Ablagerungskegel sozusagen die Geschichte des Wildbachs (Prozesse und Frachten) speichert, kann aus dem Kegelgefälle und dem mittleren Korndurchmesser auf die Frachten von Ereignissen geschlossen werden.

6.1.5 Abschätzung von Murfrachten

Die Murenfracht umfasst das Volumen des bei einem Ereignis transportierten Wasser-Feststoff-Gemisches. Empirische Ansätze zur Abschätzung der Murenfracht enthalten in der Regel einfach zu bestimmende Parameter des Einzugsgebiets. Sie erlauben die Abschätzung entweder eines oberen „Grenz"-Wertes oder eines mittleren Wertes der möglichen Muren- oder Feststofffracht (Tabelle 22). Die Streuung der tatsächlich beobachteten Frachten kann durch diese Schätzformeln aber nicht abgebildet werden.

6.2 Geotechnische Grundlagen

In diesem Abschnitt werden wesentliche Grundlagen wiedergegeben und ansonsten auf die weiterführende Literatur verwiesen. Detailliertere Darstellungen über Lockergestein (Boden) finden sich z. B. bei *Adam* et al. [1], *Groß* [55] oder *Pregl* [124]. Für Grundlagen des Felsbaus kann beispielsweise auf das Grundbau-Taschenbuch [150] verwiesen werden.

Im Boden wirken je nach Bodenart Reibungskräfte, Kohäsionskräfte oder eine Kombination von beiden. Somit setzen sich der aktive Erddruck („Erddruck") E_a und der passive Erddruck („Erdwiderstand") E_p aus Anteilen aus Reibung infolge Eigenlast des Bodens (Anteil aus Bodeneigenlast, E_{ag} bzw. E_{pg}) und/oder Anteilen aus Kohäsion (E_{ac} bzw. E_{pc}) zusammen.

Bei einer durch eine Flächenlast p und/oder örtlichen Belastung (örtliche Vertikallast V bzw. Horizontallast H) zusätzlich belasteten Geländeoberfläche beinhaltet der Erddruck E weitere Anteile aus der jeweiligen Belastung (E_p und/oder E_V bzw. E_H). Wirken alle Anteile, so ergeben sich die Erddrucklast E bzw. die Erddruckspannungen (Erddruckkoordinaten) e wie folgt (beachte: „$-$" für E_a bzw. e_a und „$+$" für E_p bzw. e_p).

$$E = E_g \mp E_c + E_q + E_V + E_H \qquad (8)$$
$$e = e_g \mp e_c + e_q + e_V + e_H \qquad (9)$$

6.2.1 Grenz- und Zwischenwerte des Erddrucks

Nach der möglichen Bewegungsrichtung der Wand sind folgende drei Grenzfälle zu unterscheiden:

1. Fall: Die Stützwand bewegt sich vom Erdreich weg, ein Erdkeil rutscht nach und belastet die Mauer (Bruchzustand). Das Erdreich wirkt „aktiv" auf die Mauer, weshalb man vom „aktiven Erddruck E_a" spricht (kleinster Erddruck) (Bild 96 A).

Tabelle 22. Einfache empirische Gleichungen zur groben Abschätzung der Ereignisfracht eines Murgangs oder murartigen Feststofftransports in einem Wildbach (zusammengestellt in *Rickenmann* [132])

Formel	Quelle
$M = K \cdot A_c \cdot 100 \cdot J_c$	*Kronfellner-Kraus* [92]
$M = 27000 \cdot A_c^{0,78}$	*Zeller* [166], *Rickenmann* [130]
$M_a = 150 \cdot A_c \cdot (100 \cdot J_f - 3)^{2,3}$	*Hampel* [62]
$M = L_c \cdot (110 - 250 \cdot J_f - 3)$	*Rickenmann/Zimmermann* [134]
$M_a = 13600 \cdot A_c^{0,61}$	*Takei* [159]
$M_a = 29100 \cdot A_c^{0,67}$	*D'Agostino et al.* [35]
$M_a = 70 \cdot A_c \cdot J_c^{1,28} \cdot J_G$	*D'Agostino/Marchi* [34]
M maximale Ereignisfracht [m³] M_a mittlere Ereignisfracht [m³] A_c Einzugsgebiets-Fläche [km²] J_c mittleres Gerinnegefälle	J_f mittleres Kegelgefälle L_c Länge des aktiven Gerinnes [m] K Torrentialitäts-Faktor J_G geologischer Index

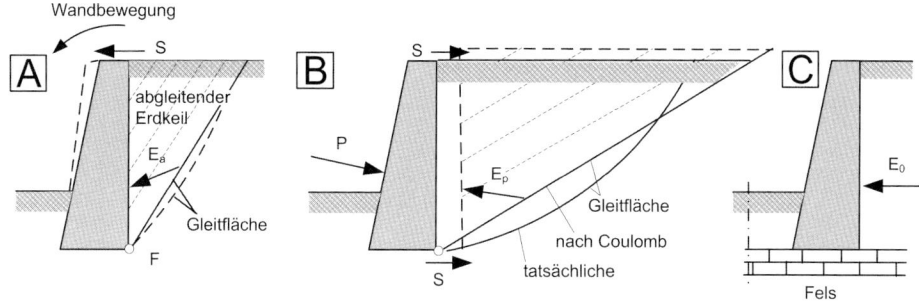

Bild 96. Grenzfälle des Erddrucks: (A) aktiver Erddruck; (B) passiver Erddruck; (C) Erdruhedruck

2. Fall: Die Mauer bewegt sich zum Erdreich hin, schiebt hinter der Mauer einen Erdkeil ab und belastet das Erdreich (Bruchzustand). Das Erdreich wirkt „passiv", weshalb man vom „passiven Erddruck bzw. Erdwiderstand E_p" spricht (größter Erddruck) (Bild 96 B).

3. Fall: Wenn sich die Mauer nicht bewegt und damit keine Verformung auftritt, spricht man vom „Erdruhedruck E_0" (Bild 96 C).

Zur Erreichung dieser Grenzwerte ist eine ausreichende Bewegung erforderlich, die von der Bodenart sowie der Art der Bewegung abhängt. In Tabelle 23 sind die erforderlichen Verschiebungswege (für E_a bzw. E_p) in ‰ der Stützwandhöhe h (Verschiebungsfaktoren κ_a bzw. κ_p) für eine lockere und dichte Lagerung für die maßgebenden Wandbewegungen von massiven Mauern angegeben. In Bild 97 sind die Funktionen dieser Faktoren dargestellt. Die Verschiebungsfaktoren κ_p können bei Fußpunktverdrehung und Parallelverschiebung mit etwa dem 50-fachen Betrag bzw. bei Kopfpunktverdrehung mit etwa dem 10-fachen Betrag der Bewegungswerte beim aktiven Erddruck angesetzt werden. Es ist deutlich zu erkennen, dass die Aktivierung des vollen passiven Erddrucks viel größere Bewegungen erfordert als die Mobilisierung des aktiven Erddrucks. Eine Verschiebung s = s_a, die ausreicht, um den aktiven Erddruck hervorzurufen, würde auf der passiven Seite nur rund den halben Erdwiderstand mobilisieren.

Wenn die zu erwartenden Wandbewegungen kleiner sind als jene Bewegungen, die zur Erreichung von E_a bzw. E_p erforderlich wären, treten Zwischenwerte des Erddrucks auf. In Abhängigkeit von der Größe der zu erwartenden Wandbewegung sind folgende Zwischenwerte möglich:

- „Erdruhedruck E_0" wenn $\kappa = 0$: Die Wand bewegt sich nicht, d. h., sie bleibt in „Ruhe". Nach [44] ist für $\kappa \leq 0,05\,‰$ der Erdruhedruck anzusetzen.
- „erhöhter Erddruck E_a'" wenn $\kappa < \kappa_a$
- „verminderter passiver Erddruck E_p'" wenn $\kappa < \kappa_p$
- „Verdichtungserddruck E_v" bei Verspannung der Hinterfüllung infolge starker Verdichtung.

Die Verteilung des Erddrucks infolge Bodeneigenlast ist abhängig von der Wandbewegung. Eine dreieckförmige Verteilung nach *Rankine* stellt sich beim aktiven Erddruck nur bei Fußpunktdrehung bzw. beim passiven Erddruck nur bei Parallelverschiebung ein. Alle übrigen Bewegungen ergeben eine abweichende Spannungsverteilung.

In Tabelle 23 sind die Erddruckverteilungen für verschiedene Arten der Wandbewegung dargestellt, wobei die verwendeten Größen e_{agh} bzw. e_{pgh} den Maximalwerten der horizontalen Erddruckkomponenten bei dreieckförmiger Verteilung entsprechen.

6.2.2 Grundwerte für die Berechnung des Erddrucks

Grundwerte für die Berechnung des Erddrucks bzw. Erdwiderstands sind die Bodenkennwerte und der Wandreibungswinkel.

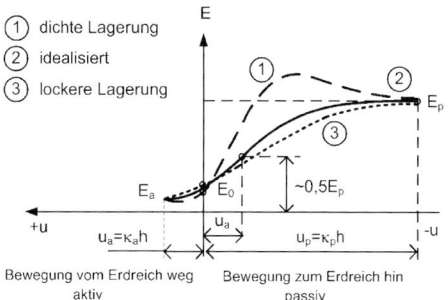

Bild 97. Aktiver und passiver Fall

Tabelle 23. Erddruck und Wandbewegung. Erforderliche Verschiebungsfaktoren z. B. laut ÖNORM B 4434 [186]

Art der Wandbewegung	Fußpunktdrehung		Parallelverschiebung		Kopfpunktdrehung	
bezogene Wandbewegung	κ_a [‰]	κ_p [‰]	κ_a [‰]	κ_p [‰]	κ_a [‰]	κ_p [‰]
lockere Lagerung	4–5	300	2	100	8–10	150
dichte Lagerung	1–2	100	0,5–1	50	2–5	50
vereinfachte Erddruckverteilung						1,5 e_{pgh} für $\varphi = 0$ 1,05 e_{pgh} für $\varphi = 40°$

6.2.2.1 Bodenkennwerte

Die den Erddruck beeinflussenden Bodenkennwerte sind:
- die Wichte des Bodens γ bzw. γ' (Boden im Grundwasser unter Auftrieb),
- der Reibungswinkel φ,
- die Kohäsion c.

In einfachen Fällen können diese Werte aus Tabellen der Fachliteratur angenommen werden. Genauere Werte, die häufig günstigere Ergebnisse liefern, erfordern die Ermittlung der Bodenkennwerte anhand von repräsentativen Bodenproben.

Die Kohäsion darf nur dann berücksichtigt werden, wenn der Boden in seiner Lage ungestört ist, oder bei Hinterfüllungen mit bindigem Material, wenn diese hohlraumfrei eingebaut worden sind, und gewährleistet ist, dass der Boden seine Zustandsform nicht ändern kann, d.h., er muss dauerhaft gegen Austrocknen und Frost geschützt sein. Ferner darf er beim Durchkneten nicht breiig werden [83].

Bei der Festlegung der Werte ist zu beachten: Erhöht man die Wichte, so wird der aktive und auch der passive Erddruck größer; erhöht man den Winkel der inneren Reibung oder die Kohäsion, so wird der aktive Erddruck kleiner bzw. der passive Erddruck größer. Die Werte sind grundsätzlich so zu wählen, dass alle ungünstig wirkenden Einflüsse erfasst werden.

6.2.2.2 Wandreibungswinkel

Durch den Wandreibungswinkel δ wird die Reibung zwischen der Mauerrückwand und dem Erdreich erfasst. Er ist abhängig von der Scherfestigkeit des Bodens, von der Oberflächenrauigkeit der Wand und von der Relativbewegung zwischen Wand und Boden.

Die Erddruckkräfte wirken in der Regel nicht senkrecht auf die betrachtete Stützfläche, sondern bilden mit der Flächennormalen einen Wandreibungswinkel, der bei optimaler Verzahnung mit der Wand maximal dem Reibungswinkel φ des Bodenmaterials entspricht.

Der Wandreibungswinkel ist in Abhängigkeit der Wandbeschaffenheit und der angenommenen Gleitfläche gemäß Tabelle 24 anzusetzen.

Im Regelfall ist beim aktiven Erddruck $\delta = \delta_a \geq 0$ und beim passiven Erddruck $\delta = \delta_p \leq 0$.

Bei der Festlegung des Wandreibungswinkels ist zu beachten, dass bei Vergrößerung von δ der aktive Erddruck kleiner bzw. der passive Erddruck größer wird.

In Sonderfällen kann ein negativer Wandreibungswinkel auch beim aktiven Erddruck auftreten, z. B. wenn sich die Stützwand stark setzt oder im Fall einer Brunnengründung abgesenkt wird. Neben den o. g. Grundwerten ist δ auch vom Neigungswinkel der Mauerrückwand α und von der Geländeneigung β abhängig (Bild 98).

Tabelle 24. Wandreibungswinkel δ_a gemäß DIN 4085 [44] (ebene Gleitflächen bei $\varphi < 35°$) ergänzt mit Beispielen (aus *Pregl* [124])

Wandbeschaffen-heit	Wandreibungswinkel δ		Beispiel
	ebene Gleitfläche	gekrümmte Gleitfläche	
verzahnt	$\delta = \frac{2}{3}\varphi$	$\delta \leq \phi$	Wandrückseite gegen das Erdreich betoniert; Pfahlwände aus Ortbeton; Spundwände
rau	$\delta = \frac{2}{3}\varphi$	$27{,}5° \geq \delta \leq \varphi - 2{,}5°$	unbehandelte Oberflächen von Stahl, Holz; normal geschalte Wandrückseite bei Beton
weniger rau	$\delta = \frac{1}{3}\varphi$	$\delta = \frac{1}{2}\varphi$	Abdeckungen aus verwitterungsfesten, plastisch nicht verformbaren Kunststoffplatten; glatt geschalte Wandrückseite aus sehr dichtem Beton (gehobelte und geölte Holzschaltafeln, glatte Stahltafeln, glatte Kunststoffplatten)
glatt	$\delta = 0$	$\delta = 0$	stark schmierige Hinterfüllung; plastische Dichtungsschicht auf der Wandrückseite, die keine Schubkräfte übertragen kann (bituminöse Dichtungsbahn)

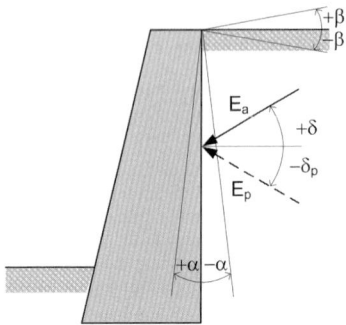

Bild 98. Richtungssinn des Wandneigungswinkels α, des Wandreibungswinkels δ und der Geländeneigung β

Tabelle 25. Literatur für Erddruckbeiwerte für verschiedene Gleitflächen (nach [1], modifiziert)

Gleitfläche	Verfasser
eben	Krey [89], Ohde [112], Blum [18], Kèzdi [83], Jumikis [81], Graßhoff [54]
Kreis	Krey [89], Hettler [56]
Spirale	Ohde [112], Mayer-Vorfelder [107]
Kurve	Brinch-Hansen [24], Caquot/Kérisel/ Absi [25], Pregl/Kristöfl [125]
gebrochen	Hettler/Triantafyllidis/ Weißenbach [184], Hettler [56]

6.2.3 Erddruckberechnung

In der Regel erfolgt die Erddruckberechnung mithilfe von Erddruckbeiwerten. Die notwendigen Gleichungen können in der Literatur nachgesehen werden (z. B. [1]). Für die vom Grundfall abweichenden Fälle liefert die Coulomb'sche Erddrucktheorie unsichere Ergebnisse, weshalb gekrümmte oder gebrochene Gleitflächen anzunehmen sind. In Tabelle 25 sind für verschiedene Gleitflächen Autoren zusammengefasst, die in ihren Werken zum Teil tabellierte Erddruckbeiwerte angeben.

Weitere Einflüsse auf die Erddruckverteilung ergeben sich aus Auflast, Bodenschichtung, Mauerform, Nachgiebigkeit, Kohäsion, Gleitflächenform und Erdbebeneinwirkung.

Der Einfluss von Wichte, Reibungswinkel und Kohäsion auf die Erddruckverteilung in einem zweischichtigen Untergrund ist in Bild 99 ersichtlich. Eine Änderung der Bodenwichte bewirkt einen Knick in der Verteilung, eine Änderung der Kohäsion einen Sprung, eine Änderung des Reibungswinkels einen Sprung und Knick.

Bei bindigen Böden ist der Ansatz eines etwaigen Mindesterddrucks zu prüfen. Dabei ist zu untersuchen, ob die bei gleicher Geometrie und Erddruckneigung mit K^*_{ah} (Erddruckbeiwert für $\varphi = 40°$ und

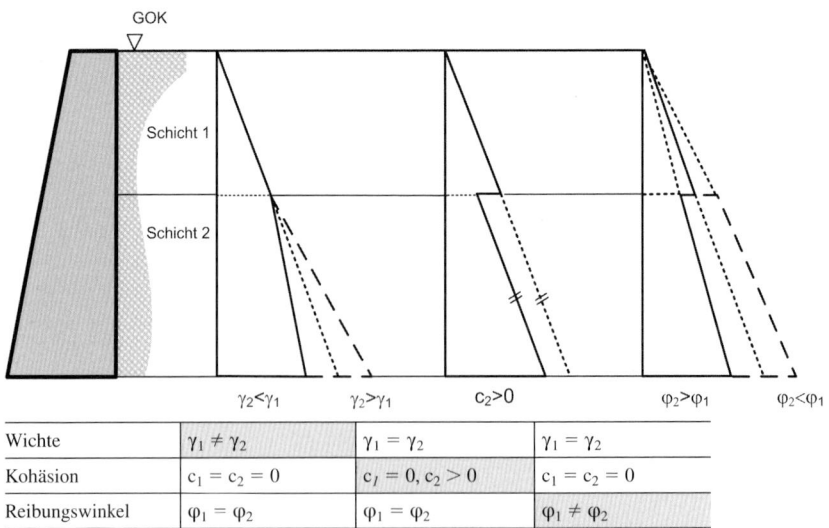

	$\gamma_2 < \gamma_1$	$\gamma_2 > \gamma_1$	$c_2 > 0$	$\varphi_2 > \varphi_1$	$\varphi_2 < \varphi_1$
Wichte	$\gamma_1 \neq \gamma_2$	$\gamma_1 = \gamma_2$	$\gamma_1 = \gamma_2$		
Kohäsion	$c_1 = c_2 = 0$	$c_1 = 0, c_2 > 0$	$c_1 = c_2 = 0$		
Reibungswinkel	$\varphi_1 = \varphi_2$	$\varphi_1 = \varphi_2$	$\varphi_1 = \varphi_2$	$\varphi_1 \neq \varphi_2$	

Bild 99. Erddruckverteilung bei geschichtetem Untergrund α = β = δ = 0

c = 0) berechneten Erddruckkoordinaten größer sind als die mit K_{ah} (Erddruckbeiwert aus Eigengewicht und Auflast unter Berücksichtigung der Kohäsion) ermittelten [44]. Früher wurde der Mindesterddruckbeiwert K^*_{ah} unabhängig von der Wand- und Geländeneigung mit 0,2 angenommen.

6.2.4 Sonderformen des Erddrucks

Neben aktivem und passivem Erddruck treten häufig Sonderformen des Erddrucks auf. Die wichtigsten für Sperrenbauwerke sind:

– Erdruhedruck,
– erhöhter aktiver Erddruck,
– verminderter passiver Erddruck,
– Kriechdruck.

6.2.4.1 Erdruhedruck

Der Erdruhedruck ist jene In-situ-Spannung, die auch auf der Rückseite eines starren und unbeweglichen Stützbauwerks wirkt. Die Wirkungsrichtung der resultierenden Kraft ist parallel zur Geländeoberfläche anzusetzen, vorausgesetzt, der für den aktiven Erddruck anzunehmende Wandreibungswinkel δ_a gemäß Tabelle 24 wird nicht überschritten, ansonsten ist δ_a maßgebend.

6.2.4.2 Erhöhter aktiver Erddruck

Der erhöhte aktive Erddruck liegt zwischen dem aktiven und dem Erdruhedruck und tritt bei unvollständigen Entspannungsbewegungen auf (s. Tabelle 23).

Erhöhter Erddruck ist anzusetzen, wenn die Bewegung von Baugrubenwänden durch vorgespannte Anker verhindert bzw. eingeschränkt wird.

6.2.4.3 Siloerddruck

Begrenzt eine starre Wand (z. B. Bauwerk oder Felsanschnitt) den Hinterfüllungsraum eines Stützbauwerks, dessen Breite so klein ist, dass sich der Coulomb'sche Rutschkeil nicht voll ausbilden kann, dann wird die vertikale Spannung und somit auch der Erddruck durch die an beiden Seiten des Erdkörpers wirkende Wandreibung reduziert. Formeln zur Berechnung von Boden- und Seitendruck in einem Silo nach der vereinfachten Theorie von *Janssen* und *Koenen* werden in [83] angegeben. Für den Füllprozess wurde die einfache Theorie durch Siloversuche bestätigt.

Der Siloerddruck wird z. B. zur Bemessung der inneren Standsicherheit von Kastensperren benötigt, da das Verfüllmaterial in Holzkastensperren, ähnlich dem Füllmaterial im Silo, einen Innendruck auf die umhüllende Konstruktion ausübt. Der Wert dieses Drucks hängt laut [22] im Wesentlichen vom Winkel der inneren Reibung φ ab.

6.2.4.4 Verminderter passiver Erddruck (mobilisierter Erdwiderstand)

Der verminderte passive Erddruck liegt zwischen dem Erdruhedruck und dem Erdwiderstand. Er tritt auf, wenn die Wandverformung nicht ausreicht, um den vollen passiven Erddruck zu mobilisieren (s. Tabelle 23).

6.2.4.5 Kriechdruck

Soll das Stützbauwerk unverschieblich einer kriechenden Masse Widerstand leisten, so wirkt auf sie ein über den aktiven Erddruck hinausgehender Erddruck, der Kriechdruck. Befindet sich ein Hang annähernd im Grenzgleichgewicht, kann sich nach [23] an der Mauerrückseite ein erhöhter Stau- oder Kriechdruck aufbauen, der den Erdruhedruck deutlich übersteigt. Ist die Böschungsneigung β gleich dem Reibungswinkel φ kann die auf das Stützbauwerk wirkende Seitendruckkraft E_{Kr} nach Gl. (10) berechnet werden.

$$E_{Kr} = m(\varphi) \cdot \gamma \cdot \frac{h^2}{2} \cdot \cos\varphi \qquad (10)$$

mit

h Mauerhöhe [m]
γ Wichte [kN/m³]
φ Reibungswinkel

Der Vervielfältigungsfaktor m(φ) kann aus Bild 100 entnommen werden. In Bild 100 sind semi-empirische Zusammenhänge in Abhängigkeit der Bauwerkssteifigkeit abgebildet. Der schraffierte Bereich bildet zahlreiche Bauwerksmessungen seit 1973 ab. Das Diagramm gilt für den Bereich des Grenzgleichgewichts φ = β. Die gestrichelten Kurven repräsentieren theoretische Extremwerte. Man er-

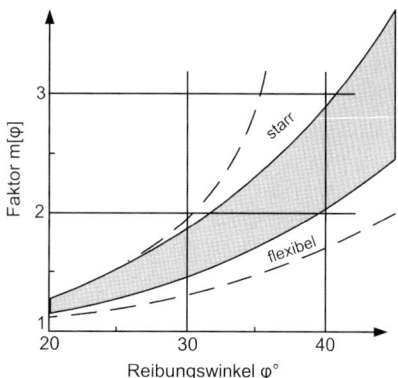

Bild 100. Vervielfältigungsfaktor m(φ) = m(β) (nach *Brandl* [23])

kennt, dass der Kriechdruck mit zunehmender Hangneigung stark über den aktiven Grenzwert ansteigt und stark von der Verformbarkeit des Bauwerks abhängt. Der in der Abbildung schraffierte Bereich hat sich in der Bemessungspraxis bewährt.

Die Gl. (10) ist nach [23] eine aus dem zweiten Rankine'schen Sonderfall für kohäsionsloses Boden abgeleitete Beziehung. Baustellenmessungen haben jedoch gezeigt, dass man diese Formel mit ausreichender Genauigkeit auch in der Praxis verwenden kann, vor allem wenn sich die Böschung im Grenzgleichgewicht des Kriechens befindet. Dabei wird nach [23] von der Näherung ausgegangen, dass der Böschungswinkel β gleich dem fiktiven Scherwinkel φ' ist. Dieser berücksichtigt Kohäsionsanteile und sogar Wirkungen des Strömungsdrucks.

Je nach Untergrundverhältnissen, Geländeneigungen usw. stellt sich nach [23] in einem Zeitraum von zehn bis 20 Jahren ein stationärer Zustand ein. Dieser Zustand liegt unterhalb des Grenzwerts für den passiven Erddruck.

7 Einwirkungen

Schutzbauwerke der Wildbachverbauung sind statischen Belastungen durch Eigengewicht, Wasser- und Erddruck ausgesetzt. Zusätzlich sind dynamische Belastungen durch Muren oder anprallende Festkörper (Holz, große Blöcke) zu berücksichtigen. Einen Sonderfall stellt der seitliche Hangdruck dar, da dieser im Unterschied zu den anderen Lasten vorwiegend quer zur Fließrichtung wirkt.

7.1 Grundlagen der statischen und dynamischen Einwirkungen

7.1.1 Klassifizierungen der Einwirkungen

Die Einwirkungen auf diese Schutzbauwerke sind gemäß ÖNORM EN 1990 nach zeitlicher Veränderung, Ursprung, räumlicher Verteilung und deren Wirkung zu unterteilen. In Tabelle 26 sind die wesentlichen Einwirkungen zusammengefasst.

Bei den Einwirkungen auf Wildbachsperren werden ständige, veränderliche und außergewöhnliche un-

Tabelle 26. Zuordnung der Einwirkungen nach deren zeitlicher Veränderung, deren Ursprung, der räumlichen Verteilung und deren Wirkung

Einwirkungsart	Zeitliche Veränderung			Ursprung		Räumliche Verteilung		Natur		Relevante Bemessungssituationen [1]
	ständig	veränderlich	außergewöhnlich	direkt	indirekt	ortsfest	frei	statisch	dynamisch	
Eigengewicht	×			×		×		×		BS1 bis BS3
Erddruck	×	×		×		×		×		BS1 bis BS3
Wasserdruck (Bemessungswasserstände, Poren-Spaltwasserdruck, Bodenwasser, Grundwasser, Sohlwasserdrücke)	×	(×)		×		×		×		BS1 bis BS3
prozessbedingter Wasser- oder Murendruck bis zum Bemessungsereignis ($\leq BHQ_{WF,max}$)	(×)	×		×		×		×		BS1 oder BS2
prozessbedingter Wasser- oder Murendruck beim Überlastfall ($HQ_{\ddot{U}LF}$)		×	×		×		×		×	BS3
Einwirkungen von Einzelkomponenten		×	×		×		×		×	BS1 bis BS3

[1] BS: Bemessungssituation gemäß Abschnitt 9.1.5

terschieden. Die Höhe der Teilsicherheitsbeiwerte hängt von der zeitlichen Veränderung der Einwirkungen ab. Es gibt allerdings auch Einwirkungen, die je nach der Länge der Wirkungsdauer im Einzelfall als ständig, veränderlich oder außergewöhnlich angesetzt werden müssen.

Wasser- und Erddrücke werden in der Regel als ständige Einwirkungen betrachtet.

Einwirkungen aus charakteristischen Verlagerungsprozessen in Wildbächen (gemäß Abschnitt 7.1.3) können jedoch je nach Prozesstyp und Intensität auch als veränderliche oder außergewöhnliche Einwirkungen auftreten.

Als außergewöhnlich sind Einwirkungen im Sinne der ONR 24802 zu verstehen, wenn sie einem oder mehreren der folgenden Kriterien entsprechen:

– Einwirkung infolge eines Ereignisses, das größer als das Bemessungsereignis (gemäß Abschnitt 8.2.1) ist (Überlastfall),
– Einwirkung, die nicht dem vorgesehenen Funktionstyp (gemäß Abschnitt 4.2.1) entspricht.
– murstoßfähige Wildbäche,

In Sonderfällen sind Einwirkungen gemäß Tabelle 27 zu berücksichtigen (Sondereinwirkungen).

7.1.2 Prozess- und Einwirkungsmodelle für die Dimensionierung der Schutzbauwerke

Aus der Beschreibung der maßgeblichen Wildbachprozesse (Prozessmodell) werden die jeweiligen Einwirkungsmodelle für die Wildbachschutzbauwerke abgeleitet (gemäß Bild 101). Aus den in die-

Tabelle 27. Zuordnung der Sondereinwirkungen nach deren zeitlicher Veränderung, deren Ursprung, der räumlichen Verteilung und deren Wirkung

Einwirkungsart	Zeitliche Veränderung			Ursprung		Räumliche Verteilung		Natur		Relevante Bemessungs- situationen[1]
	ständig	veränderlich	außergewöhnlich	direkt	indirekt	ortsfest	frei	statisch	dynamisch	
Lawinen		× [2]	×		×		×		×	BS3, (BS1 bis BS2) [1]
seitlicher Hangdruck (Talzuschub)	×			×		×		×		BS1 bis BS3
Steinschlag, Felssturz		× [3]	×	×			×		×	BS3, (BS1 bis BS2)
Rutschung			×							BS3
Erdbeben [4]			×		×		×		×	BS3
Verkehrslasten		×		×			×	×	(×)	BS1 bis BS3
Eingeprägte Verformungen (Zwänge)	×	×			×		×	×		
Temperatur		×			×		×	×		
zeitabhängiges Materialverhalten (Kriechen, Schwinden)	×				×		×	×		

[1] BS: Bemessungssituation gemäß Abschnitt 9.1.5.
[2] Für Bauwerke, die eine Schutzwirkung gegen Wildbach- und Lawinenprozesse haben.
[3] Für Bauwerke, die eine Schutzwirkung gegen Wildbach-, Steinschlag- und Felssturzprozesse haben.
[4] Nur unter den in ONR 24802 angegebenen Bedingungen zu untersuchen.

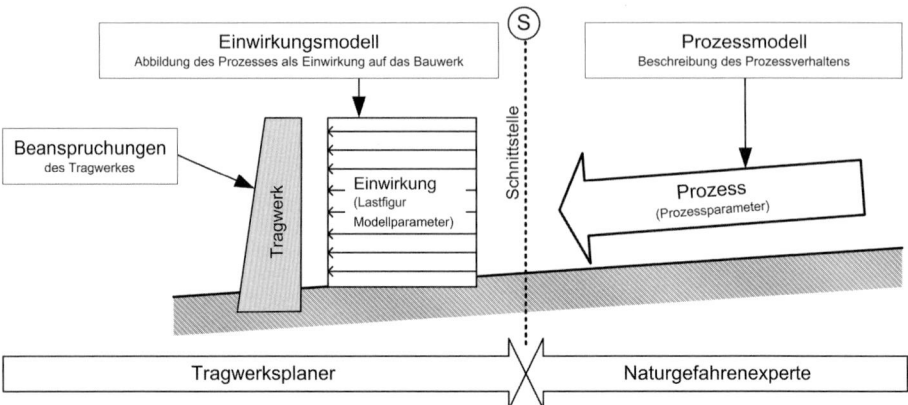

Bild 101. Schematische Darstellung der Ermittlung der Einwirkungen

sem Abschnitt angegebenen Modellen resultieren charakteristische Einwirkungen. Werden alternative Einwirkungsmodelle angewendet, müssen diese auf physikalisch korrekten Ansätzen basieren und es müssen mit diesen entsprechend gesicherte Erfahrungen vorliegen.

Die Parameter für das jeweilige Einwirkungsmodell werden in der Schnittstelle aus dem Prozessmodell heraus bestimmt und an das Einwirkungsmodell übergeben. Mit dem Einwirkungsmodell werden die Beanspruchungen für das Bauwerk ermittelt. Die jeweils erforderlichen Eingangsparameter für das Einwirkungsmodell sind in Abschnitt 7.4 und Abschnitt 7.5 angegeben.

7.1.3 Prozessparameter

Die wichtigsten Einwirkungen aus Wildbächen resultieren aus den Verlagerungsprozessen. Diese werden in Hochwasserabflüsse, fluviatilen und murartigen Feststofftransport und Murgänge eingeteilt. Die wichtigsten Prozessparameter zur Berechnung der statischen und dynamischen Drücke aus fluviatilen und murartigen Verlagerungsprozessen sind in Tabelle 28 zusammengestellt.

In Tabelle 29 sind charakteristische mittlere Fließgeschwindigkeiten angegeben.

7.2 Eigengewicht

Das *Eigengewicht* ist die Gewichtskraft des Sperrenkörpers aufgrund des Bauwerkvolumens und der Wichte des Baustoffs. Die Eigengewichte der Werkstoffe sind nach ÖNORM EN 1991-1-1 anzusetzen. Eine Auswahl von relevanten Baustoffen findet sich in Tabelle 30.

Prinzipiell erfolgt die Bestimmung der charakteristischen Werte des Eigengewichts, der Abmessungen und Wichten nach EN 1990, 4.1.2. Die Nennwerte der Abmessungen sollten den Zeichnungen entnom-

Tabelle 28. Prozessparameter der Verlagerungsprozesse

Prozessparameter	Verlagerungsprozess [a]				
	Hochwasser	Feststofftransport		Murgang	
		fluviatil	murartig	granular	schlammartig
Dichte, in kg/m³ [b]	1000	1000 bis 1300	1300 bis 1700	1700 bis 2000	2000 bis 2300
prozessabhängige mittlere Geschwindigkeit v, in m/s	Festlegung gemäß hydraulischem Modell unter Berücksichtigung von Tabelle 29	3 bis 5 [c]	3 bis 6 [d]	5 bis 10 [d]	

[a] Die angegebenen Parameter stellen die mögliche Bandbreite dar. Der gewählte Wert im Einzelfall festzulegen.
[b] Die angegebenen Dichten sind über die Fließhöhe verteilte Mittelwerte.
[c] mittlere Fließgeschwindigkeit
[d] mittlere Frontgeschwindigkeit

Tabelle 29. Charakteristische mittlere Fließgeschwindigkeiten bei Hochwasser und fluviatilem Feststofftransport in Wildbächen

Charakteristik der Bachstrecke	Sohlgefälle J	Mittlere Fließgeschwindigkeit v
	%	m/s
flache Bachstrecken	unter 2	bis 2
mäßig geneigte Bachstrecken	2 bis 5	2 bis 3
steile Bachstrecken, natürliche Sohle	5 bis 20	3 bis 5
steile Bachstrecken, künstlich gepflastert Sohle		bis 7

Tabelle 30. Charakteristische Wichten von Werkstoffen, die für den Bau von Schutzbauwerken relevant sind (Auszug aus ÖNORM EN 1991-1-1)

Werkstoffgruppe	Werkstoff		Wichte [kN/m^3]
Beton EN 206	Leichtbeton		9,0–20,0
	Normalbeton unbewehrt/bewehrt		24,0/25,0
	Schwerbeton unbewehrt /bewehrt		> 24,0/ > 25,0
Mörtel	Zementmörtel		19,0–23,0
Natursteine EN 771-6	Granit, Syenit, Porphyr		27,0–30,0
	Basalt, Diorit, Gabbro		27,0–31,0
	Kalkstein		20,0
	dichter Kalkstein		20,0–29,0
Holz EN 338	Nadelholz	Festigkeitsklasse C14 [1]	3,5
		Festigkeitsklasse C24 [1] — S 10/MS 10 [2]; „gutes Bauholz" [3]	4,2
		Festigkeitsklasse C40 [1] — MS 17[2]	5,0
	Laubholz	Festigkeitsklasse D30 [1]	6,4
		Festigkeitsklasse D70 [1]	10,8
Metalle	Stahl		77,0–78,5
Schüttungen	Sand trocken, Schotter, Kies		15,0–16,0
	Bruchstein		20,5–21,5
	Kalkstein		13,0

[1] Sortierklasse nach EN 338
[2] Sortierklasse nach DIN 4047-1
[3] „alte" Bezeichnung nach ÖNORM B 4100-2
[4] Für Frischbeton sind die Wichten um 1 kN/m^3 zu erhöhen.

men werden. Für Stoffe, die sich während der Benutzung verdichten können, die gesättigt werden oder sonst ihre Eigenschaften ändern, ist ein oberer oder ein unterer charakteristischer Wert für die Wichte zu berücksichtigen. Wirkt das Eigengewicht günstig, ist der untere Wert in der Berechnung zu verwenden, wirkt das Eigengewicht ungünstig, der obere Wert.

7.3 Erddruck

Der anzusetzende Erddruck (aktiver, erhöhter aktiver Erddruck, Erdruhedruck, Sonderformen) ist abhängig von der Bewegung des Bauwerks und der Möglichkeit zur Ausbildung von potenziellen Gleitflächen. Zur Ermittlung des maßgebenden Erddrucks siehe Abschnitt 6.2.

Der Erddruck kann je nach Art der Mobilisierung eine Einwirkung oder einen Widerstand darstellen. Ein Erddruckwiderstand, z. B. passiver Erddruck, Widerstand der Talflanken, darf nur angesetzt werden, wenn

– dieser Widerstand dauerhaft vorhanden ist (z. B. keine Unterkolkung, kein Versagen der Talflanken),
– durch konstruktive Sicherungsmaßnahmen (Kolkschutz, Erosionsschutz in den seitlichen Flanken) sichergestellt wird, dass der Widerstand dauerhaft vorhanden ist,
– das Bauwerk eine ausreichende Bewegung durchführt, um den Widerstand auch zu aktivieren.

7.4 Hydrostatischer Wasserdruck

Auf ein Sperrenbauwerk können ein *Wasserdruck* aus dem Oberwasser, dem Unterwasser und ein Sohlwasserdruck einwirken. Wird ein Sperrenbauwerk überströmt, wirkt ein senkrechter Wasserdruck (Wasserauflast) auf die Sperre ein.

Für die Berechnung der Standsicherheit ist der nach Erfahrung höchste mögliche Wasserdruck (i. d. R. Bemessungsereignis) aus dem Stauraum (Oberwasser) sowie auch vom Unterwasser her als jeweils getrennter Lastfall maßgebend und es ist in der Regel die Überströmungshöhe bei der Ermittlung der Wasserauflast im Bereich der Abflusssektion zu berücksichtigen.

Der Wasserdruck ist mindestens bis zur Hälfte der Einbindetiefe T/2 anzusetzen, wobei die Wasserspiegellage entsprechend dem Bemessungsereignis aus der hydrologischen und hydraulischen Bemessung zu wählen ist. Bei durchlässigem Material und Anbindung an Fels ist der Wasserdruck bis zur vollen Einbindetiefe T anzusetzen.

Hydrostatischer Wasserdruck entsteht aus dem Oberwasser des unverlandeten Stauraums. Er wirkt bis zur Höhe des Wasserspiegels auf die Sperre ein. Der Wasserdruck ist abhängig vom spezifischen Gewicht des Wasser-Geschiebegemisches und der Druckhöhe.

Der volle hydrostatische Druck tritt bei einer dichten Sohlfuge unter der Sperre auf, d. h., eine Durchströmung kann nicht stattfinden. Dies ist bei Gründungen auf Fels und einer kolmatierten Bachsohle der Fall (Bild 105 A). Aufgrund der unsicheren Witterungsbedingungen ist in der Praxis die Bemessung auf den vollen statischen Wasserdruck, abgesehen von Murbelastungen, auszulegen. Die Druckverteilung wird in der Regel als dreieckige Lastfigur angenommen.

7.4.1 Einwirkungsmodell

Der hydrostatische Wasserdruck resultiert aus ruhenden Wasserkörpern. Er kann aus einem freien Einstau und/oder aus Grundwasser (Sickerwasser, Bodenwasser) resultieren. Ist der Wasserdruck durch fluviatile Verlagerungsprozesse mit einem dynamischen Lastanteil aus der Fließgeschwindigkeit bedingt, so ist diese Einwirkung gemäß den Festlegungen in 7.5.2.2 zu berücksichtigen.

An der Schnittstelle sind folgende Parameter für den fluviatilen Verlagerungsprozess zu übergeben:

– maßgeblicher Bemessungsprozess (Hochwasser oder fluviatiler Feststofftransport),
– Dichte des Mediums (ρ_w),
– Wasserdruckhöhen (h_{St}).

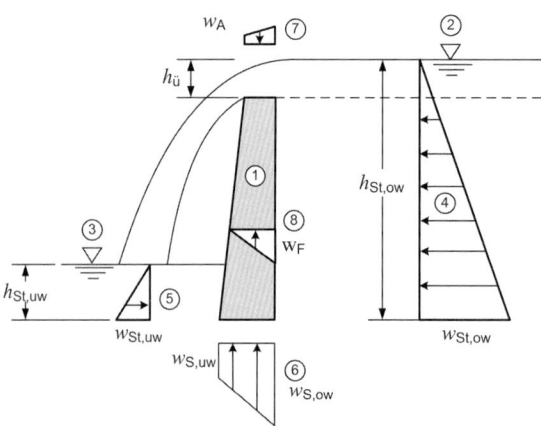

Es bedeuten:
1 Bauwerk (Sperre)
2 Wasserspiegel Oberwasser
3 Wasserspiegel Unterwasser
4 statischer Wasserdruck Oberwasser
5 statischer Wasserdruck Unterwasser
6 Sohlwasserdruck
7 Wasserauflast
8 Fugenwasserdruck

Bild 102. Komponenten des Einwirkungsmodells für statischen Wasserdruck

Das Einwirkungsmodell setzt sich aus folgenden Komponenten zusammen (gemäß Bild 102):

- statischer Wasserdruck aus dem Oberwasser ($w_{St,ow}$),
- statischer Wasserdruck aus dem Unterwasser ($w_{St,uw}$),
- Wasserauflast (w_A),
- Sohlwasserdruck (w_S),
- Fugenwasserdruck in den Arbeitsfugen (w_F).

7.4.2 Statische Wasserdrücke aus dem Ober- und Unterwasser

Der hydrostatische Wasserdruck verhält sich proportional zur Dichte des Mediums (ρ_W). Er berechnet sich nach Gl. (11).

$$w_{St} = (\rho_W \cdot g \cdot h_{St}) \cdot 10^{-3} \qquad (11)$$

mit

g Erdbeschleunigung ($= 9{,}81$ m/s^2)
h_{St} Höhe des statischen Wasserdrucks, in m
w_{St} statischer Anteil des Wasserdrucks, in kN/m^2, kN/m oder kN
ρ_W Dichte des Mediums bei einem fluviatilen Verlagerungsprozess, in kg/m^3 gemäß Tabelle 28

Der Wasserdruck ist bis zur vollen Einbindetiefe des Bauwerks anzusetzen. Für die Ermittlung der Einwirkung ist der höchst mögliche Wasserdruck aus dem Stauraum (Oberwasser) maßgebend.

Der statische *Wasserdruck vom Unterwasser* tritt dann auf, wenn im Vorfeld eine nennenswerte Fließhöhe gegeben ist. Er ist als getrennter Lastfall nachzuweisen. In der Regel erreicht dieser Druck allerdings nur ein geringes Ausmaß und wird dann in der Berechnung vernachlässigt.

7.4.3 Wasserauflasten

Wasserauflasten w_A resultieren aus Wasserkörpern über Bauwerksteilen (Bild 103). Sie treten beispielsweise im Bereich der Krone bei einer Überströmung und/oder auf überstauten Flachgründungen auf und berechnen sich über die Überstauhöhe $h_ü$ wie folgt:

$$w_A = (\rho_W \cdot g \cdot h_W) \cdot 10^{-3} \qquad (12)$$

mit

g Erdbeschleunigung ($= 9{,}81$ m/s^2)
h_W Überstauhöhe im Bereich der Sperrenkrone, in m
w_A Wasserauflast, in kN/m^2
ρ_W Dichte des Mediums bei einem fluviatilen Verlagerungsprozess, in kg/m^3 gemäß Tabelle 28

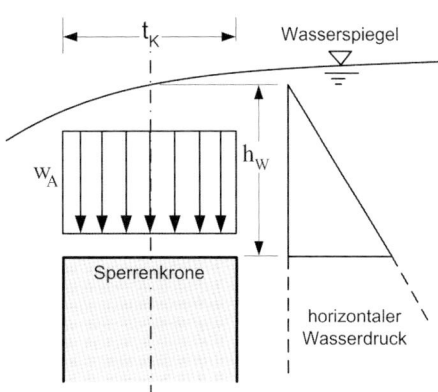

Bild 103. Wasserauflast auf Sperren bei Überströmung

Bei einer Überströmung der Sperre ergibt sich aus der Geometrie des Überfalls eine Wasserauflast w_A, welche je nach dem betrachteten Standsicherheitsnachweis eine günstige oder ungünstige Wirkung hat. Die Wasserauflast ist abhängig von der Überstauhöhe h_W, der Breite der Abflusssektion und dem spezifischen Gewicht des Wassers. Dieser Wasserdruck wirkt vertikal und beansprucht das Bauwerk als Scheibe. Als Überstauhöhe wird die Abflusshöhe der betrachteten Einwirkungskombination angesetzt. Bemessungsereignisse dürfen Sperrenbauwerke nur im Bereich der Abflusssektion überströmen. In Sonderfällen wird bei unplanmäßigen Extremereignissen ein Überströmen der Flügelbereiche zugelassen.

7.4.4 Sohlwasserdruck (Auftrieb)

Bei gleichmäßigem und stark durchlässigem oder klüftigem Untergrund wirkt in der Gründungssohle der Sohlwasserdruck auf das Bauwerk, welcher für die nach oben wirkende *Auftriebskraft* verantwortlich ist. Diese zusätzliche Beanspruchung, verursacht eine Vergrößerung des Kippmomentes bzw. der luftseitigen Bodenpressung.

Das Modell zur Quantifizierung des *Sohlwasserdrucks* über eine Strömungsröhre ist weiter unten dargestellt. An der Wasserseite, bei nicht hinterfüllten Sperren entspricht der Sohlwasserdruck dem reduzierten Wasserdruck bzw. dem erhöhten Wasserdruck auf der Luftseite.

Da der Sohlwasserdruck stets örtlichen Einflüssen unterliegt, ist seine Größe und Verteilung über die Gründungssohle uneinheitlich. In den meisten Fällen ergibt sich eine starke Abminderung des Sohlwasserdrucks von der Wasser- zur Luftseite hin. Seine Verteilung ist daher von der Abdichtung bzw. den Entwässerungsmaßnahmen stark abhängig und kann durch eine wirksame Dränage zur Luftseite hin stark reduziert werden.

Laut [45] kann der Auftrieb in der Regel vernachlässigt werden, wenn die Standfläche der Sperren gering ist, der Auftrieb im Vergleich zum Eigengewicht der Sperre klein ist und die Auftriebskräfte in den Sperrenflanken nach oben rasch abnehmen. Bei Sperren mit geringem Eigengewicht (z. B. Holzkästen mit Schwerboden) oder großen Basisbreiten (z. B. Winkelstützmauern) ist der Einfluss des Auftriebs zu untersuchen.

Die Höhe der Sohlwasserdrücke hängt von folgenden Faktoren ab:

- Höhe des statischen Wasserdrucks aus dem Oberwasser ($w_{St,ow}$),
- Höhe des statischen Wasserdrucks aus dem Unterwasser ($w_{St,uw}$),
- Durchlässigkeit (Klüftigkeit) des Untergrunds (Lockergestein oder Fels) sowie des Verlandungskörpers,
- vorhandene Dichtschirme und Dränagemaßnahmen,
- auf Fels: von der Länge der „klaffenden Fuge".

Durch die Potentialdifferenz bei unterschiedlichen Wasserständen im Ober- und Unterwasser entsteht bei durchlässigem Untergrund eine Sickerströmung. Dadurch reduzieren sich die oberwasserseitigen und erhöhen sich die unterwasserseitigen Wasserdrücke. Durch die Sickerströmung im Baugrund verändern sich auch die Erddrücke. Ein Beispiel für durch Sickerströmung beeinflusste Wasserdruckverteilungen ist in Bild 104 dargestellt.

Die ungünstigste Annahme für den Sohlwasserdruck ist die, wenn ober- und unterwasserseitig der volle statische Wasserdruck durch den Einstau angesetzt wird.

Bei der Wahl des Modells für die Sohlwasserdruckverteilung ist das Vorhandensein einer Sohldränage oder eines Dichtschirms zu berücksichtigen.

Strömender Wasserdruck durch den Boden

Bei durchströmtem Untergrund werden die Bodenteilchen mit dem Strömungsdruck belastet. Die spezifische Strömungskraft f_s (Kraft pro Volumeneinheit Boden) ist vom Gefälle des Grundwasserspiegels i abhängig. Ihre Wirkungsrichtung ist durch die Tangente an die Stromlinie vorgegeben.

$$f_s = i \cdot \gamma_w \qquad (13)$$

Wenn ein Bauwerk auf Lockergestein gegründet ist, kann man bei nicht kolmatierten Teilhinterfüllungen auf der angeströmten Seite von einem reduzierten Wasserdruck ausgehen. Da man beim Ansatz eines reduzierten Wasserdrucks von einer Sickerströmung unter dem Sperrenkörper ausgeht, ist gleichzeitig der Sohlwasserdruck anzusetzen (Bild 105 B).

Eine Wasserströmung um eine Sperre infolge unterschiedlicher Wasserstände vor und hinter der Wand hat eine horizontale und vertikale Wirkung. Die horizontale Wirkung wird vereinfacht durch Ansatz des hydrostatischen Wasserüberdrucks oder genauer durch Bestimmung des Strömungsdrucks aus einem Stromliniennetz erfasst, die senkrechte Wirkung durch Ansetzen der effektiven Wichte γ^*, welche die volumenbezogene Strömungskraft f_s berücksichtigt:

- Wichte für die Erddruckberechnung infolge der abwärts gerichteten Strömung auf der aktiven Seite:

$$\gamma^*_a = \gamma' + f_s = \gamma' + i \cdot \gamma_w = \gamma' + \Delta\gamma' \qquad (14)$$

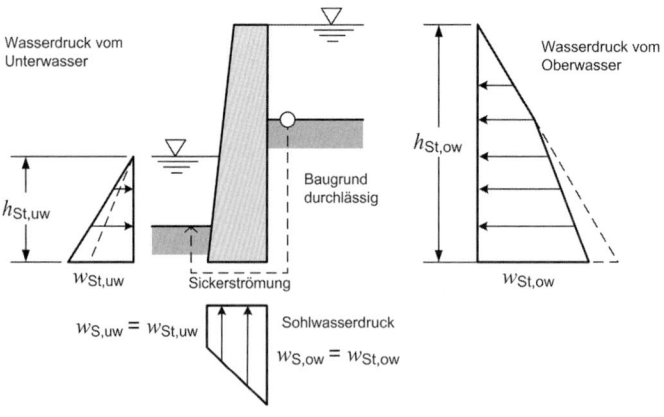

Bild 104. Beispiele für hydrostatische Wasserdruckverteilungen bei Sickerströmung

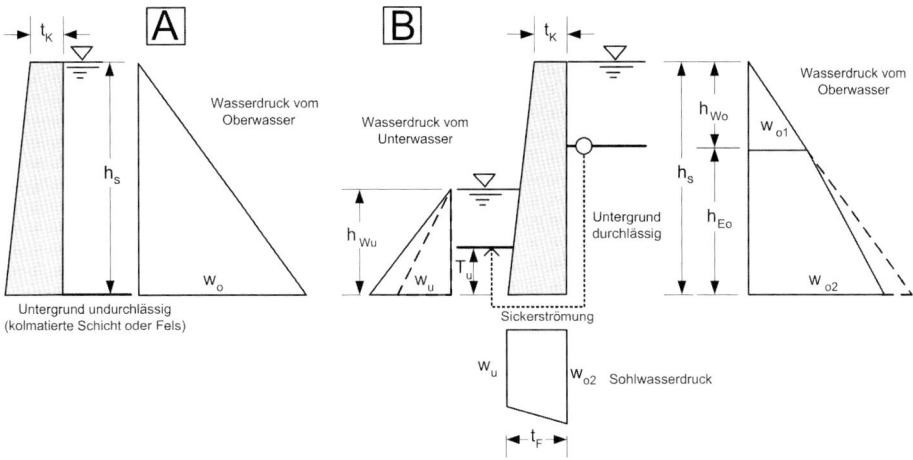

Bild 105. Wasserdruck: (A) hydrostatisch; (B) reduzierter Wasserdruck

– Wichte für die Erdwiderstandsberechnung infolge der aufwärts gerichteten Strömung auf der passiven Seite:

$$\gamma^*_p = \gamma' - f_s = \gamma' - i \cdot \gamma_w = \gamma' - \Delta\gamma' \quad (15)$$

Bei der Umströmung eines Bauwerks ist das hydraulische Gefälle i jedoch nicht konstant, weshalb mit Näherungen gerechnet werden muss. Anstelle der genaueren Berechnungsmethode mithilfe des Strömungsnetzes kann für Spundwandberechnungen bei ausschließlich vertikaler Umströmung und homogenem Baugrund die Näherungsformel von *Brinch Hansen* für das mittlere Gefälle i verwendet werden [46].

Durch die Annahme eines konstanten hydraulischen Gradienten nimmt der Wasserdruck auf der aktiven Seite stärker ab, als der Erddruck zunimmt, während die Verhältnisse auf der passiven Seite genau umgekehrt sind. Ein linear angenommener Druckabbau entlang der Spundwand führt folglich zu einer unsicheren Bemessung [168].

Nach [45] kann der reduzierte Wasserdruck auf der angeströmten Seite näherungsweise mit 70% des hydrostatischen Wasserdrucks angenommen werden, unabhängig vom Durchlässigkeitskoeffizienten des Bodens. Voraussetzung für diese Annahme ist ein homogenes, isotropes Bodenmaterial vor, unter und hinter der Sperre und die Anordnung von Sickerlöchern im Sperrenkörper.

7.4.5 Fugenwasserdruck

In Arbeitsfugen von Beton- und Stahlbetontragwerken bauen sich bei Wasserdruckbeanspruchung Fugenwasserdrücke auf.

Bei der Ermittlung des Bemessungswerts der einwirkenden Normalkraft N_{Ed} und damit auch des axialen Widerstands N_{Rd} ist ein gegebenenfalls vorhandener Fugen- bzw. Porenwasserdruck an der Zugseite auf eine Tiefe von 2 h/3 im betrachteten Querschnitt in voller Höhe und von dort linear abnehmend auf den Wasserdruck $w_{F,uw}$ an der Luftseite bei der Berechnung von e = M_{Ed}/N_{Ed} und dem Querkraftnachweis zu berücksichtigen. Laut ONR 24802 sind genauere Verfahren zur Ermittlung des Fugen- bzw. Porenwasserdrucks zulässig, sofern diese entsprechend gesichert sind. Im Allgemeinen kann bei Wildbachsperren von $w_{F,uw} = 0$ ausgegangen werden.

7.5 Einwirkungen mit dynamischen Komponenten

7.5.1 Allgemeines

Die dynamischen Einwirkungen resultieren aus den Verlagerungsprozessen im Wildbach. Die fluviatilen Verlagerungsarten werden im Einwirkungsmodell wie ein dynamischer Wasserdruck gemäß Abschnitt 7.5.2.2 abgebildet. Für murartige Verlagerungsarten sind die Einwirkungsmodelle nach Abschnitt 7.5.3 zu verwenden.

7.5.2 Wasserdruck

7.5.2.1 Einwirkungsmodell

Der prozessbedingte dynamische Wasserdruck resultiert aus fluviatilen Verlagerungsarten. Dabei wirkt neben dem hydrostatischen zusätzlich der hydrodynamische Wasserdruck.

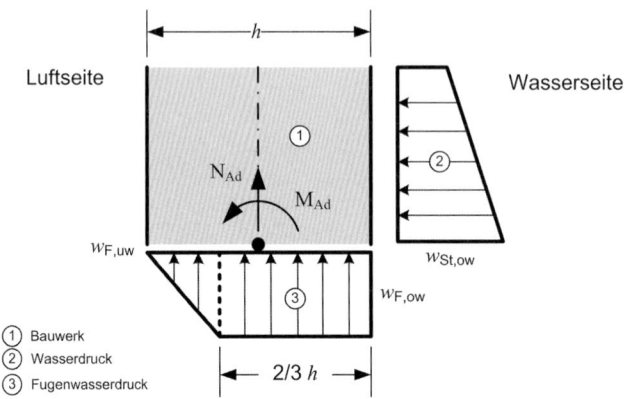

Bild 106. Komponenten des Einwirkungsmodells für statischen Wasserdruck

An der Schnittstelle sind folgende Parameter zu übergeben:

- maßgeblicher Bemessungsprozess (Hochwasser oder fluviatiler Feststofftransport),
- Abflussfläche des fluviatilen Verlagerungsprozesses im charakteristischen Gerinnequerschnitt (A_{QW}),
- über den Abflussquerschnitt gemittelte Geschwindigkeit des Verlagerungsprozesses (v),
- Dichte des Mediums bei einem fluviatilen Verlagerungsprozess (ρ_w) gemäß Tabelle 28,
- Höhe der durch einen dynamischen Druck aus fluviatilen Verlagerungsprozessen belasteten Fläche h_D, zur Ermittlung der dynamischen Belastungsbreite b_D.

Diese Parameter sind vom Sachverständigen für Wildbachverbauung festzulegen.

Das Einwirkungsmodell setzt sich zusätzlich zu den Komponenten aus Abschnitt 7.4.1 aus folgenden Komponenten zusammen (gemäß Bild 107):

- dynamischer Wasserdruck (w_D) und
- statische Ersatzkraft zur Berücksichtigung des Anpralls einer Einzelkomponente (F_E), z. B. Baumstamm, gemäß Abschnitt 7.6.

Die Einwirkungen aus Einzelkomponenten werden nur für die Nachweise in der inneren Standsicherheit (STR) und nicht für die äußere Standsicherheit (EQU, GEO) verwendet. Alle Einbauten, z. B. Rechen, unterhalb der Unterkante der Abflusssektion

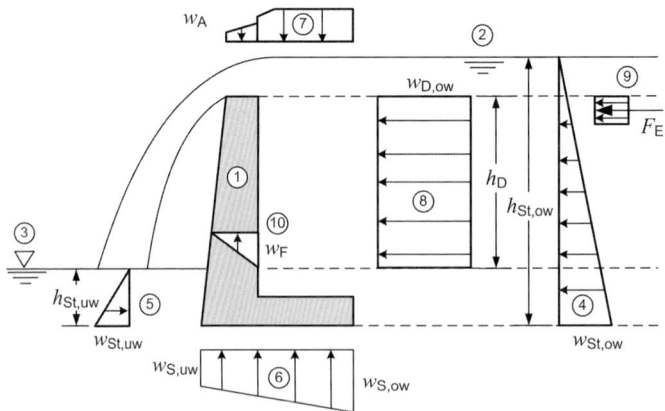

Es bedeuten:
1 Bauwerk (Sperre)
2 Wasserspiegel Oberwasser
3 Wasserspiegel Unterwasser
4 statischer Wasserdruck Oberwasser
5 statischer Wasserdruck Unterwasser
6 Sohlwasserdruck
7 Wasserauflast
8 dynamischer Wasserdruck
9 Anprall von Einzelkomponenten
10 Fugenwasserdruck

Bild 107. Komponenten des Einwirkungsmodells für statische und dynamische Wasserdrücke

sind zumindest auf den Anprall einer Einzelkomponente gemäß Abschnitt 7.6 zu bemessen.

Eine Verklausung ist als gesonderter Lastfall unter Ansatz des abgelagerten Materials zu berücksichtigen.

7.5.2.2 Dynamischer Wasserdruck

Nicht umströmbare Bauwerke

Zur Berechnung des dynamischen Wasserdrucks wird der Impulssatz verwendet. Dabei wird zuerst die statische Ersatzkraft P_W, die auf die Angriffsfläche der dynamischen Komponente (A_{QD}) wirkt, berechnet.

$$P_W = (\rho_W \cdot A_{QD} \cdot v^2) \cdot 10^{-3} \qquad (16)$$

mit

A_{QD} Belastungsfläche am Bauwerk, auf die P_W wirkt, in m², gemäß Abschnitt 7.5.3.2

P_W statische Ersatzkraft, die aus dem Anprall eines fluviatilen Verlagerungsprozesses auf das Bauwerk resultiert, in kN

v über den Abflussquerschnitt gemittelte Fließgeschwindigkeit des fluviatilen Verlagerungsprozesses, (Richtwerte sind in Tabelle 29 angegeben), in m/s

ρ_W Dichte des Mediums bei einem fluviatilen Verlagerungsprozess, in kg/m³, gemäß Tabelle 28

Eine berechnete Fließgeschwindigkeit wird über die gesamte Angriffsfläche als gleichverteilt angenommen.

Über die Fläche A_{QD} lässt sich anschließend der dynamische Anteil des Wasserdrucks berechnen. Diese Flächenlast ist in der Bemessung als Gleichlast auf die gesamte Fläche A_{QD} anzusetzen.

$$w_{dyn} = \frac{P_W}{A_{QD}} \qquad (17)$$

mit

P_W statische Ersatzkraft, die aus dem Anprall eines fluviatilen Verlagerungsprozesses auf das Bauwerk resultiert, in kN

A_{QD} Belastungsfläche am Bauwerk auf die P_W wirkt, in m², gemäß 7.5.3.2

w_D dynamischer Anteil des Wasserdrucks, in kN/m²

Umströmbare Bauteile

Für die Bemessung von umströmbaren Bauteilen eines Schutzbauwerks (z. B. Pfeiler, Scheiben, …) erfolgt eine Anpassung des dynamischen Anteils des Wasserdrucks mittels eines Widerstandsbeiwerts c nach Tabelle 31. Die dort angegebenen Widerstandsbeiwerte berücksichtigen den Druck-, Sog- und Reibungswiderstand (Gesamtwiderstand) und beziehen sich auf die resultierende Kraft aus einem Umströmungsprozess.

Der hydrodynamische Anteil des Wasserdrucks bei umströmbaren Hindernissen wird wie folgt bestimmt:

$$P_{W*} = \left(c \cdot \frac{\rho_W \cdot v^2}{2} \cdot A_{QD} \right) \cdot 10^{-3} \qquad (18)$$

mit

P_{W*} statische Ersatzkraft, die aus der Umströmung eines Bauwerks resultiert, in kN

c Widerstandsbeiwert für umströmbare Schutzbauwerke, gemäß Tabelle 31

ρ_W Dichte des Mediums bei einem fluviatilen Verlagerungsprozess, in kg/m³

v über den Abflussquerschnitt gemittelte Fließgeschwindigkeit des Verlagerungsprozesses, in m/s

A_{QD} Belastungsfläche am Bauwerk auf die P_{W*} wirkt, in m², gemäß Abschnitt 7.5.3.2

Ermittlung der Belastungsfläche des dynamischen Wasserdrucks

Werden keine genaueren hydraulischen Berechnungen angestellt, ergibt sich die Belastungsfläche A_{QD} gemäß Abschnitt 7.5.3.2. Die Höhe h_D ist mit 0,5 bis 2 m anzunehmen. Bei umströmbaren Bauteilen gemäß Abschnitt 7.5.3.2 ergibt sich A_{QD} als die projizierende Fläche des Bauteils normal auf die Fließrichtung des fluviatilen Verlagerungsprozesses.

Vereinfachter Ansatz des dynamischen Wasserdrucks aus Gerinneabfluss

Vereinfacht kann man nach [33] den *strömenden Wasserdruck* (Wasserdruck aus Gerinneabfluss) als

Tabelle 31. Widerstandsbeiwerte für umströmbare Schutzbauwerke [43]

Verlagerungsprozess	Form des umströmten Hindernisses	Widerstandsbeiwert [c), b)]
Hochwasser und fluviatiler Feststofftransport	○	1
	△	1,5 [a)]
	□	2

[a)] Dieser Wert gilt für Anströmen von der Spitze des Dreiecks.
[b)] Werte gelten für größere Bauteile (z. B. Murteiler) und ganze Bauwerke

den 1,5- bis 2,0-fachen hydrostatischen Wasserdruck annehmen.

Analytisch lässt sich die Erhöhung durch eine Strömung über die Impulsgleichung nach Gl. (19) berechnen. Nach [27] kann man aufgrund der Ablenkung der Wasserfäden und der Zerstäubung des Wassers zusätzlich einen Korrekturfaktor von 0,9 (nach *Weisbach*) berücksichtigen.

$$p = 0{,}9 \cdot \frac{\gamma_W \cdot Q \cdot v}{g} \quad (19)$$

mit

γ_W Wichte des Wassers in [kN/m³]

Q Abflussmenge pro Sekunde und m² Querschnittsfläche [m³/(s·m²)]

v mittlere Fließgeschwindigkeit [m/s]

g Gravitationskonstante [m/s²]

p auf die angeströmte Fläche wirkende Kraft pro m² [kN/m²]

7.5.3 Murdruck

Murgänge setzten sich aus unterschiedlichen Anteilen an Wasser, Fein- und Grobsediment zusammen. Jener Teil des Murenmaterials, welcher eine Mischung aus Wasser und Feinsediment (Korndurchmesser < 1 mm) darstellt und als interstitielles Fluid im Murkörper wirkt, wird als Murenmatrix bezeichnet. Zur festen Phase zählt das Grobsediment, welches in der Murenmatrix transportiert wird. Matrix und feste Phase bilden gemeinsam das Murenmaterial, das insbesondere der Konzentration der Komponenten unterschiedliches rheologisches Verhalten aufweist. Visuell kann man eine reine Murenmatrix mit flüssiger Schokolade, die Mischung mit Grobsedimenten mit Fließbeton vergleichen. Fehlen die Grobsedimente weitestgehend trotz hoher Feststoffkonzentration der Murenmatrix, spricht man von viskosen Murgängen (schlammartiger Murgang), bei einem überwiegenden Anteil von Grobsediment in der Feststoffkonzentration hingegen von granularen (steinigen) Murgängen (Bild 108).

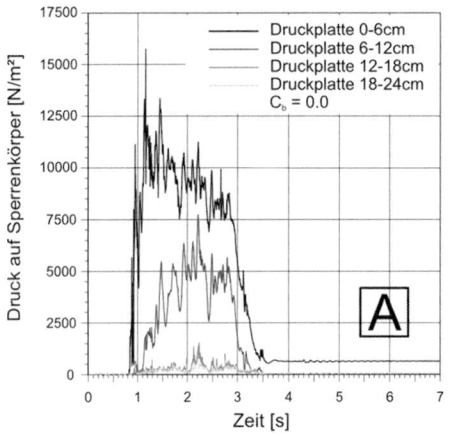

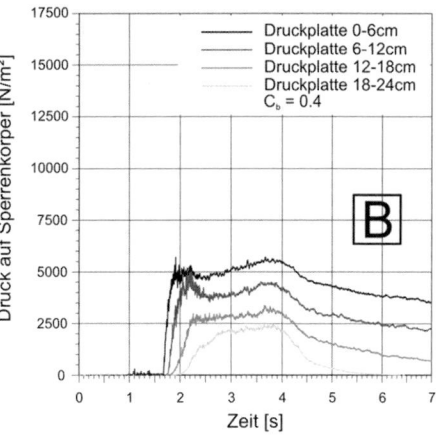

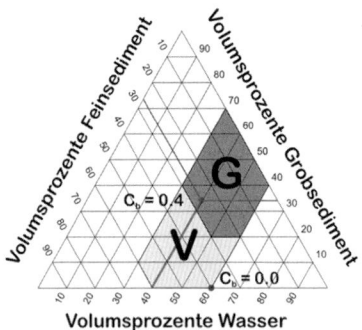

Bild 108. Druckverläufe in 4 Höhenstufen an einem Sperrenobjekt: (A) nur mit Matrix ($C_b = 0$; mudflow), (B) mit 40 Gew.-% Grobkorn ($C_b = 0{,}4$, granular flow) [73]

sind zumindest auf den Anprall einer Einzelkomponente gemäß Abschnitt 7.6 zu bemessen.

Eine Verklausung ist als gesonderter Lastfall unter Ansatz des abgelagerten Materials zu berücksichtigen.

7.5.2.2 Dynamischer Wasserdruck

Nicht umströmbare Bauwerke

Zur Berechnung des dynamischen Wasserdrucks wird der Impulssatz verwendet. Dabei wird zuerst die statische Ersatzkraft P_W, die auf die Angriffsfläche der dynamischen Komponente (A_{QD}) wirkt, berechnet.

$$P_W = (\rho_W \cdot A_{QD} \cdot v^2) \cdot 10^{-3} \quad (16)$$

mit

A_{QD} Belastungsfläche am Bauwerk, auf die P_W wirkt, in m², gemäß Abschnitt 7.5.3.2

P_W statische Ersatzkraft, die aus dem Anprall eines fluviatilen Verlagerungsprozesses auf das Bauwerk resultiert, in kN

v über den Abflussquerschnitt gemittelte Fließgeschwindigkeit des fluviatilen Verlagerungsprozesses, (Richtwerte sind in Tabelle 29 angegeben), in m/s

ρ_W Dichte des Mediums bei einem fluviatilen Verlagerungsprozess, in kg/m³, gemäß Tabelle 28

Eine berechnete Fließgeschwindigkeit wird über die gesamte Angriffsfläche als gleichverteilt angenommen.

Über die Fläche A_{QD} lässt sich anschließend der dynamische Anteil des Wasserdrucks berechnen. Diese Flächenlast ist in der Bemessung als Gleichlast auf die gesamte Fläche A_{QD} anzusetzen.

$$w_{dyn} = \frac{P_W}{A_{QD}} \quad (17)$$

mit

P_W statische Ersatzkraft, die aus dem Anprall eines fluviatilen Verlagerungsprozesses auf das Bauwerk resultiert, in kN

A_{QD} Belastungsfläche am Bauwerk auf die P_W wirkt, in m², gemäß 7.5.3.2

w_D dynamischer Anteil des Wasserdrucks, in kN/m²

Umströmbare Bauteile

Für die Bemessung von umströmbaren Bauteilen eines Schutzbauwerks (z. B. Pfeiler, Scheiben, ...) erfolgt eine Anpassung des dynamischen Anteils des Wasserdrucks mittels eines Widerstandsbeiwerts c nach Tabelle 31. Die dort angegebenen Widerstandsbeiwerte berücksichtigen den Druck-, Sog- und Reibungswiderstand (Gesamtwiderstand) und beziehen sich auf die resultierende Kraft aus einem Umströmungsprozess.

Der hydrodynamische Anteil des Wasserdrucks bei umströmbaren Hindernissen wird wie folgt bestimmt:

$$P_{W*} = \left(c \cdot \frac{\rho_W \cdot v^2}{2} \cdot A_{QD} \right) \cdot 10^{-3} \quad (18)$$

mit

P_{W*} statische Ersatzkraft, die aus der Umströmung eines Bauwerks resultiert, in kN

c Widerstandsbeiwert für umströmbare Schutzbauwerke, gemäß Tabelle 31

ρ_W Dichte des Mediums bei einem fluviatilen Verlagerungsprozess, in kg/m³

v über den Abflussquerschnitt gemittelte Fließgeschwindigkeit des Verlagerungsprozesses, in m/s

A_{QD} Belastungsfläche am Bauwerk auf die P_{W*} wirkt, in m², gemäß Abschnitt 7.5.3.2

Ermittlung der Belastungsfläche des dynamischen Wasserdrucks

Werden keine genaueren hydraulischen Berechnungen angestellt, ergibt sich die Belastungsfläche A_{QD} gemäß Abschnitt 7.5.3.2. Die Höhe h_D ist mit 0,5 bis 2 m anzunehmen. Bei umströmbaren Bauteilen gemäß Abschnitt 7.5.3.2 ergibt sich A_{QD} als die projizierende Fläche des Bauteils normal auf die Fließrichtung des fluviatilen Verlagerungsprozesses.

Vereinfachter Ansatz des dynamischen Wasserdrucks aus Gerinneabfluss

Vereinfacht kann man nach [33] den *strömenden Wasserdruck* (Wasserdruck aus Gerinneabfluss) als

Tabelle 31. Widerstandsbeiwerte für umströmbare Schutzbauwerke [43]

Verlagerungs-prozess	Form des umströmten Hindernisses	Widerstands-beiwert [c), b)]
Hochwasser und fluviatiler Feststofftransport	○	1
	△	1,5 [a)]
	□	2

[a)] Dieser Wert gilt für Anströmen von der Spitze des Dreiecks.
[b)] Werte gelten für größere Bauteile (z. B. Murteiler) und ganze Bauwerke

den 1,5- bis 2,0-fachen hydrostatischen Wasserdruck annehmen.

Analytisch lässt sich die Erhöhung durch eine Strömung über die Impulsgleichung nach Gl. (19) berechnen. Nach [27] kann man aufgrund der Ablenkung der Wasserfäden und der Zerstäubung des Wassers zusätzlich einen Korrekturfaktor von 0,9 (nach *Weisbach*) berücksichtigen.

$$p = 0,9 \cdot \frac{\gamma_W \cdot Q \cdot v}{g} \tag{19}$$

mit

γ_W Wichte des Wassers in [kN/m^3]

Q Abflussmenge pro Sekunde und m^2 Querschnittsfläche [m^3/(s·m^2)]

v mittlere Fließgeschwindigkeit [m/s]

g Gravitationskonstante [m/s^2]

p auf die angeströmte Fläche wirkende Kraft pro m^2 [kN/m^2]

7.5.3 Murdruck

Murgänge setzten sich aus unterschiedlichen Anteilen an Wasser, Fein- und Grobsediment zusammen. Jener Teil des Murenmaterials, welcher eine Mischung aus Wasser und Feinsediment (Korndurchmesser < 1 mm) darstellt und als interstitielles Fluid im Murkörper wirkt, wird als Murenmatrix bezeichnet. Zur festen Phase zählt das Grobsediment, welches in der Murenmatrix transportiert wird. Matrix und feste Phase bilden gemeinsam das Murenmaterial, das entsprechend der Konzentration der Komponenten unterschiedliches rheologisches Verhalten aufweist. Visuell kann man eine reine Murenmatrix mit flüssiger Schokolade, die Mischung mit Grobsedimenten mit Fließbeton vergleichen. Fehlen die Grobsedimente weitestgehend trotz hoher Feststoffkonzentration der Murenmatrix, spricht man von viskosen Murgängen (schlammartiger Murgang), bei einem überwiegenden Anteil von Grobsediment in der Feststoffkonzentration hingegen von granularen (steinigen) Murgängen (Bild 108).

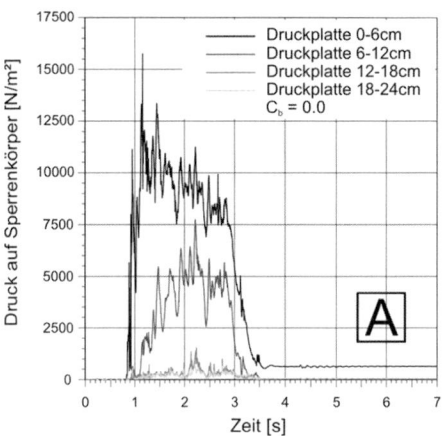
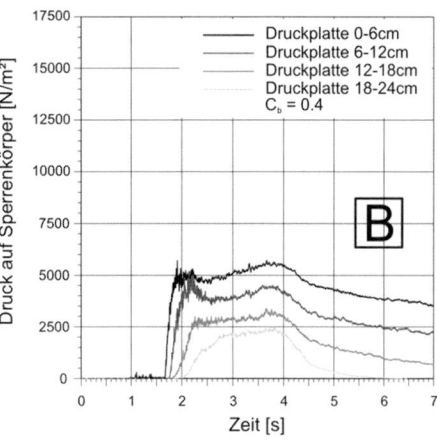
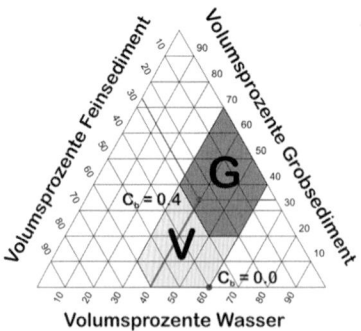

Bild 108. Druckverläufe in 4 Höhenstufen an einem Sperrenobjekt: (A) nur mit Matrix (C$_b$ = 0; mudflow), (B) mit 40 Gew.-% Grobkorn (C$_b$ = 0,4, granular flow) [73]

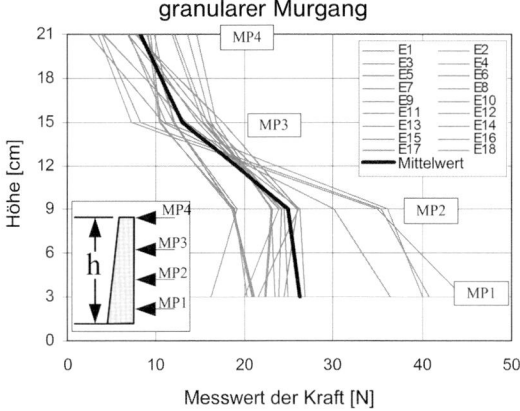

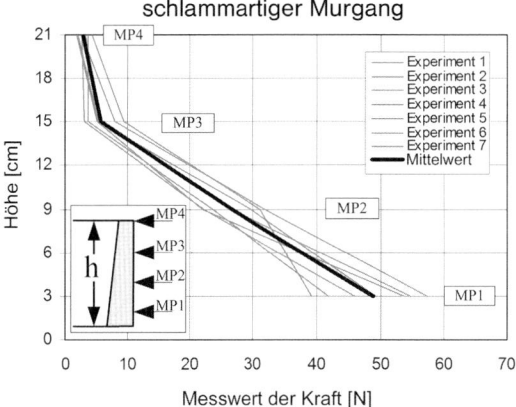

Bild 109. Ausgewertete Druckverteilung an der Sperrenrückwand [155]

Beim Auftreffen der Murgänge auf ein Schutzbauwerk zeigen die beiden Murenarten ein unterschiedliches Verhalten. Schlammartige Muren weisen die höchsten Drücke an der Gerinnebasis auf und lassen basisferne Bauteile durch Umlenkung der Mure („vertical jet-like bulge" [4]) weitestgehend unbelastet. Bei granularen Muren stellt sich hingegen ein viel gleichmäßigerer Druckverlauf ein, da die Ablagerung der Mure über eine größere Tiefe am Bauwerk erfolgt (Bild 109).

7.5.3.1 Einwirkungsmodell

Der Murendruck resultiert aus murartigen Verlagerungsprozessen mit unterschiedlichen Anteilen von Wasser, Fein- und Grobgeschiebe. Die Mure fließt im Gerinne ab und interagiert beim Anprall mit dem Bauwerk (gemäß Bild 110). Es wird davon ausgegangen, dass beim Initialstoß die höchsten Kräfte auf das Bauwerk wirken. Möglicherweise vorhandene Ablagerungen bachaufwärts der Sperre wirken dämpfend und reduzieren die auftretenden Drücke aus einem Murgang.

An der Schnittstelle sind folgende Parameter zu übergeben:

– maßgeblicher Bemessungsprozess (murartiger Feststofftransport oder Murgang),
– Abflussfläche eines murartigen Verlagerungsprozesses im charakteristischen Gerinnequerschnitt (A_{QM}),
– über den Abflussquerschnitt gemittelte Geschwindigkeit einer Mure (v),
– Dichte des Mediums eines murartigen Verlagerungsprozesses (ρ_M),
– Höhe der durch einen dynamischen Druck aus murartigen Verlagerungsprozessen belasteten Fläche h_D, zur Ermittlung der dynamischen Belastungsbreite b_D.

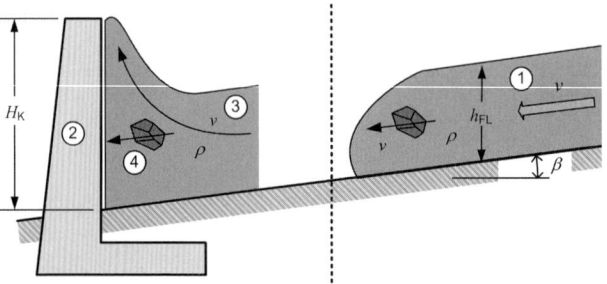

① Mure im Gerinne
② Bauwerk (Sperre)
③ Mure trifft auf Bauwerk und staut sich auf
④ Anprall von Einzelkomponenten

Bild 110. Mure im Gerinne und am Bauwerk

Das Einwirkungsmodell setzt sich aus folgenden Komponenten zusammen (gemäß Bild 111):

- dynamischer Murdruck (p_D),
- statischer Murdruck (p_{St}),
- Murauflast (p_A),
- Ersatzkraft zur Berücksichtigung des Anpralls einer Einzelkomponente, z. B. Baumstamm, großer Block (F_E),
- statischer Wasserdruck aus dem Unterwasser ($w_{St,uw}$),
- Sohlwasserdruck (w_S),
- Fugenwasserdruck in den Arbeitsfugen (w_F).

Die Komponenten dieses Einwirkungsmodells sind der Bemessung in den GEO- und STR-Grenzzuständen zugrunde zu legen. Die Ersatzkraft zur Berücksichtigung des Anpralls einer Einzelkomponente ist nur für die Bemessung in den STR-Grenzzuständen zu verwenden und ist beim Nachweis der Äußeren Standsicherheit nicht zu berücksichtigen. Die aus dem Modell erhaltenen Einwirkungen sind für die Bemessung als charakteristische Einwirkungen aufzufassen.

Das in Bild 111 dargestellte Einwirkungsmodell ist aus Erfahrungen der Praxis der Wildbach- und Lawinenverbauung abgeleitet. Dabei werden einige Vereinfachungen getroffen. So wird der Murdruck

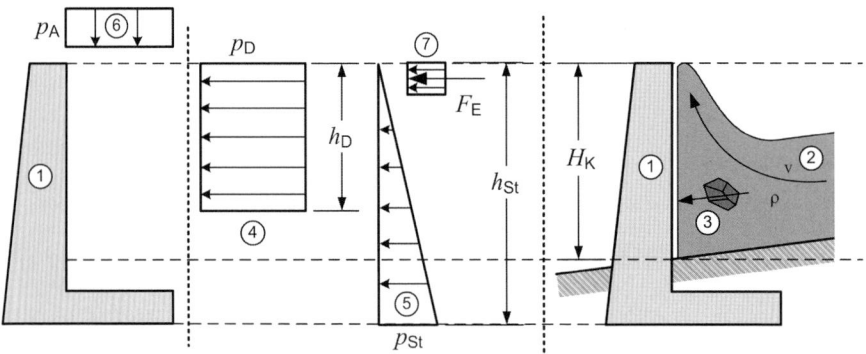

① Bauwerk (Sperre)
② Mure trifft auf Bauwerk und staut sich auf
③ Einschlag von Einzelkomponenten
④ Dynamischer Murdruck
⑤ Statischer Murdruck
⑥ Murauflast
⑦ Ersatzkraft für Einschlag

Bild 111. Komponenten des Einwirkungsmodells für Muren

in der Regel rechtwinklig auf das angeströmte Bauteil wirkend angesetzt. Eine Abweichung davon ist in begründeten Fällen (z. B. abgewinkelte Bauteile) zulässig.

Eine nach oben oder unten gerichtete Kraftkomponente beim Anprall der Mure wird nicht berücksichtigt. Kräfte aus dem Anprall von Einzelkomponenten werden ebenfalls immer normal auf das Bauteil wirkend angesetzt, auch wenn sie schräg anprallen.

7.5.3.2 Dynamischer Murdruck

Ermittlung der Belastungsfläche des dynamischen Murdrucks

Die Belastungsfläche des dynamischen Murdrucks wird aus der Abflussfläche (A_{QM}) der Mure ermittelt. Diese ist mittels der Abflusstiefe h_f an einem charakteristischen Gerinnequerschnitt in einer Fließstrecke unmittelbar bachaufwärts des Verlandungsraums zu ermitteln (Bild 112).

Liegen keine genaueren Erkenntnisse vor, z. B. detaillierte numerische Prozessmodelle oder Stumme-Zeugen-Kartierungen, ist die Abflusstiefe h_f im charakteristischen Gerinnequerschnitt im alpinen Raum mit 2 bis 4 m anzunehmen.

Die Belastungsfläche am Bauwerk wird als Rechteck mit den Abmessungen h_D und b_D angenommen (Bild 112). Die Belastungsfläche des dynamischen Murdrucks A_{QD} ergibt sich bei diesen Annahmen zu:

$$A_{QD} = h_D \cdot b_D \qquad (20)$$

mit folgenden Bedingungen:

$$2 \text{ m} \leq h_D \leq 4 \text{ m} \qquad (21)$$

$$A_{QD} = A_{QM} \qquad (22)$$

Ermittlung der Höhe h_D der dynamischen Belastungsfläche A_{QD}

Die Höhe der Belastungsfläche h_D ist, je nach Prozesscharakteristik zwischen 2 m und 4 m anzunehmen. Die Prozesscharakteristik hängt von der jeweiligen Dichte und Fließcharakteristik ab und wird vom Sachverständigen für Wildbachverbauung festgelegt. Die projizierte Belastungsfläche (A_{QD}) ist flächengleich mit A_{QM} anzusetzen. Aufgrund der Geometrie des Gerinnes (Ablagerungsraums) bachaufwärts des Bauwerks kann sich das Höhen Breiten-Verhältnis ändern.

Schlammartige Muren breiten sich eher seitlich aus und werden eher ein geringeres h_D (in der Nähe der Untergrenze von $h_D = 2$ m) für das Bauwerk bedingen.

Die Höhe h_D ist in EK C und H (s. Abschnitt 9.2) immer von der Unterkante der Abflusssektion nach unten anzunehmen, in EK D und G nach oben.

Ist die Bauwerkshöhe H_k kleiner oder gleich der dynamischen Höhe h_D, so ist h_D mit der Bauwerkshöhe anzunehmen. In der Regel entspricht die Bauwerkshöhe bei Murbrechern zumindest der Fließhöhe der Mure.

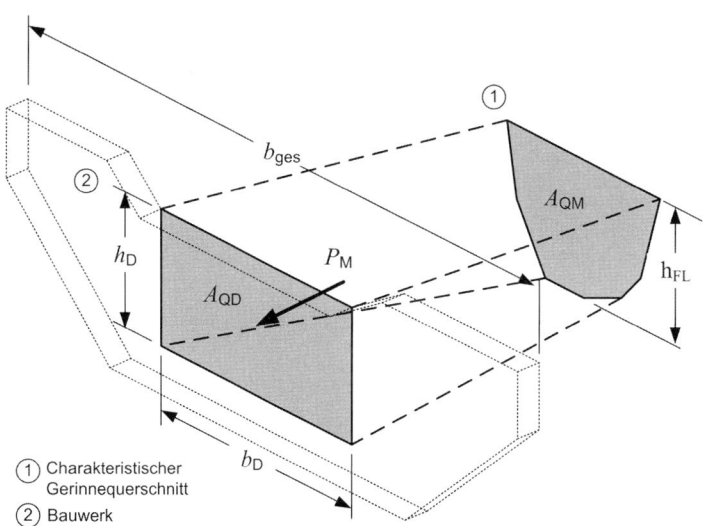

① Charakteristischer Gerinnequerschnitt
② Bauwerk

Bild 112. Abflussfläche der Mure im charakteristischen Gerinnequerschnitt und Belastungsfläche am Bauwerk

Ermittlung der Breite b_D der dynamischen Belastungsfläche

Die Breite b_D errechnet sich aus der projizierten Belastungsfläche A_{QD} über Gl. (20) (h_D wird angenommen).

Ist die Bauwerksbreite b_{ges} kleiner oder gleich groß als die errechnete dynamische Breite b_D, so wird mit der Bauwerksbreite weiter gerechnet.

Wenn $b_{ges} \leq b_D$, dann gilt $b_D = b_{ges}$

Anordnung der dynamischen Belastungsfläche am Bauwerk

Die Belastungsfläche A_{QD} ist im Allgemeinen in Hauptstoßrichtung des Prozesses bzw. der Gerinneachse anzunehmen.

Ist die Bauwerksbreite b_{ges} größer als die dreifache dynamische Breite b_D gilt Abschnitt 9.2.1.2.

Berechnung des dynamischen Murdrucks

Zur Berechnung des dynamischen Murdrucks wird der Impulssatz verwendet. Zuerst wird die statische Ersatzkraft P_M, welche auf die Angriffsfläche des dynamischen Drucks (A_{QD}) wirkt, ermittelt. Über die Fläche A_{QD} lässt sich anschließend der dynamische Anteil des Murdrucks p_M berechnen. Diese Flächenlast ist in der Bemessung als Gleichlast auf die gesamte Fläche A_{QD} anzusetzen.

$$P_M = \left(\rho_M \cdot A_{QD} \cdot v^2\right) \cdot 10^{-3} \quad (23)$$

$$p_D = \frac{P_M}{A_{QD}} \quad (24)$$

mit

A_{QD} Belastungsfläche am Bauwerk auf die P_M wirkt, in m², s. o.

P_M statische Ersatzkraft, die aus dem Anprall eines murartigen Verlagerungsprozesses auf das Bauwerk resultiert, in kN; charakteristische Parameter für murartige Verlagerungsprozesse sind in Tabelle 28 angeführt

p_D dynamischer Anteil des Murdrucks, in kN/m²

v über den Abflussquerschnitt gemittelte Fließgeschwindigkeit des Verlagerungsprozesses, in m/s, gemäß den Tabellen 28 und 29

Die Murgeschwindigkeiten am potenziellen Sperrenstandort sind über entsprechende Modellierungen zu ermitteln. Bei Sonderbautypen in Schussrinnen (z. B. kombinierter Mur- und Lawinenbrecher) können auch höhere Fließgeschwindigkeiten als die in Tabelle 29 angeführten auftreten.

Vereinfachter Ansatz des dynamischen Murdrucks

In der Praxis wird die dynamische Murbelastung eines Bauwerks auch durch den um einen dynamischen Beiwert k erhöhten statischen Wasserdruck γ_w ermittelt. *Lichtenhahn* [103] schlägt dafür einen Wert von 7 bis 10 vor.

$$p = k \cdot \gamma_w \cdot h_w \quad (25)$$

mit

k Lasterhöhungsfaktor, dynamischer Beiwert [–]

$k = 7{-}10$ nach [103]

$k = 3{-}11$ in der Praxis üblich

γ_w Wichte des Wassers [kN/m³]

h_w Stauhöhe [m]

7.5.3.3 Statischer Murdruck

Ermittlung der Belastungsfläche des statischen Murdrucks

Die Belastungsfläche des statischen Murdrucks wird wie folgt ermittelt:

– Ermittlung der Höhe der statischen Belastungsfläche h_{St}

– Der statische Murdruck ist bei EK C am Bauwerk von der Unterkante der Abflusssektion bis zur Gerinnesohle anzusetzen. Bei EK D, G und H wird der statische Murdruck von UK Abflusssektion über die gesamte Höhe h_D angesetzt.

– Für den Lastfall eines Murgangs bei einem teilverfüllten Verlandungsraum ist zusätzlich zum statischen und dynamischen Murdruck auch die Einwirkung aus der Teilverlandung (gemäß Abschnitt 7.3) zu bestimmen. Als Höhe der Teilverlandung darf maximal $H_k - h_D$ (H_k gemäß Bild 111) angesetzt werden.

– Ermittlung der Breite der statischen Belastungsfläche

– Bei Bauwerken mit Rostwangen und wasserseitigen Anschüttungen wird der statische Murdruck mit der Breite b_D berücksichtigt. Im Bereich der Anschüttungen ist anstelle des statischen Murdrucks ein Erddruck (gemäß Abschnitt 7.3), der gleichzeitig mit dem Murdrücken in Bauwerksmitte wirkt, anzusetzen.

Berechnung des statischen Murdrucks

Der statische Murdruck wird mit dreieckförmiger Lastfigur angesetzt. Er berücksichtigt den statischen Anteil des Murgangs sowie die Einwirkung aus einer bereits vorhandenen Ablagerung.

$$p_{St} = \left(\rho_M \cdot g \cdot h_{St}\right) \cdot 10^{-3} \quad (26)$$

mit

p_{St} statischer Anteil des Murdrucks, in kN/m², kN/m oder kN

ρ_M Dichte des Mediums eines murartigen Verlagerungsprozesses, in kg/m³, gemäß Tabelle 28

g Erdbeschleunigung, in m/s²

h_{St} Höhe des statischen Murdrucks am Bauwerk, in m

7.6 Einwirkungen von Einzelkomponenten

Für die Nachweise in den konstruktiven Grenzzuständen (STR, innere Standsicherheit) ist zur Berücksichtigung von lokal höheren Drücken durch den Anprall von Einzelkomponenten eine statische Ersatzkraft in Abhängigkeit des Bemessungsprozesses (fluviatiler oder murartiger Verlagerungsprozess) an den statisch ungünstigsten Stellen im Einwirkungsbereich der dynamischen Drücke anzusetzen. Punktuell höhere Drücke können am Bauwerk dann auftreten, wenn Grobgeschiebe direkt auf das Bauwerk auftrifft. Dieser Fall tritt aber nur dann ein, wenn das Grobgeschiebe bis zum Bauwerk transportiert wird, ohne sich vorher abzulagern. Besonders betroffen sind dabei die Ränder von größeren Bauwerksöffnungen oder frei stehende Flügel. Die mitgeführten Komponenten bewegen sich immer mit der Geschwindigkeit des Verlagerungsprozesses. Die Ersatzkräfte sind in Abhängigkeit vom Verlagerungsprozess nach Tabelle 32 anzunehmen.

Für fluviatile Verlagerungsprozesse (mitgeführter Baumstamm) sind die statischen Ersatzkräfte F_E auf eine quadratische Anprallfläche von 0,5 m × 0,5 m anzusetzen.

Für murartige Verlagerungsprozesse (Blockanprall) sind die statischen Ersatzkräfte FE auf eine quadratische Anprallfläche von 0,7 m × 0,7 m anzusetzen.

Wird durch eine detaillierte Kartierung des Einzugsgebiets das Vorkommen von mitgeführten Einzelkomponenten ausgeschlossen, darf dieser Ansatz entfallen. Werden detaillierte Berechnungen auf Basis von physikalischen Modellen durchgeführt, können diese Einwirkungen angesetzt werden.

7.7 Sondereinwirkungen

7.7.1 Lawinen

Einwirkungen von Lawinen auf Wildbachsperren sind als veränderlich und/oder außergewöhnlich zu klassifizieren. In der Praxis erfolgt die Abschätzung von Lawinendrücken über Modellsimulationen. Weltweit ist eine große Zahl an Programmen verfügbar. In Österreich werden in der Regel die Programme ELBa+ und SAMOS verwendet. Beide Programme zählen zur Gruppe der dynamischen Lawinenmodelle, die als Ergebnis Informationen über Geschwindigkeit, Druck, Fließhöhe etc. liefern. Diese Informationen werden zweidimensional ausgegeben und sind daher auch gut grafisch darstellbar. Neben diesen Programmen wird vor allem das in der Schweiz entwickelte Modell AVAL 1D auf Basis eines dynamischen 1-D-Modells eingesetzt. Ergebnisse aus Modellsimulationen sind jedoch immer mit Vorbehalt zu verwenden und soweit möglich mit erhobenen Fakten (Chroniken, stumme Zeugen, ...) aus dem betroffenen Gebiet zu belegen.

Detaillierte Modelle zum Ansatz der Lawinendrücke finden sich in *Rudolf-Miklau, Sauermoser* [141]. Sperrenbauwerke können dabei analog den Lawinenauffangdämmen behandelt werden.

7.7.2 Seitlicher Hangdruck (Talzuschub)

Einwirkungen aus Talzuschub sind schwer quantifizierbar. Eine Beschreibung der prinzipiellen Zusammenhänge findet sich in [16], eine nähere Beschreibung des Kriechdrucks in Abschnitt 6.2.4.5. In der Regel werden eigene Tragwerkstypen für diese Bereiche eingesetzt (Abschnitt 5.6). Im Zweifelsfall ist ein Geologe hinzuzuziehen, da es bei Fehleinschätzungen dieser Kräfte zu erheblichen Bauwerksschäden kommen kann. Seitlicher Hangdruck (Talzuschub) ist als ständige Einwirkung zu klassifizieren.

7.7.3 Steinschlag, Felssturz

Ein Steinschlag ist als veränderliche oder außergewöhnliche Einwirkung anzusetzen. Er muss nicht mit anderen veränderlichen Einwirkungen kombiniert werden. Die Grundlagen zur Ermittlung der

Tabelle 32. Charakteristische Parameter für murartige und fluviatile Verlagerungsprozesse

Verlagerungsprozess	Geschwindigkeit v	Statische Ersatzkraft F_E	Anprallfläche
	m/s	kN	m × m
murartige Verlagerungsprozesse (Blockeinschlag)	alle	1000	0,7 × 0,7
fluviatile Verlagerungsprozesse (mitgeführter Baumstamm)	4	350	0,5 × 0,5
	6	500	0,5 × 0,5

Beanspruchung aus Steinschlag sind nach ONR 24810 zu erheben. Ersatzkräfte aus Steinschlägen sind im Einzelfall gutachterlich festzulegen. Eine Einwirkung infolge Felssturz kann nur durch die Wahl des Sperrenstandorts ausgeschlossen werden.

7.7.4 Rutschung

Rutschungen sind gleich wie Felsstürze Massenbewegungen. Als Letztere werden Prozesse bezeichnet, bei welchen sich Fels- oder Lockergestein im Wesentlichen durch die Schwerkraft und praktisch ohne Mithilfe eines Transportmediums (Schnee, Wasser, Wind usw.) talwärts bewegt. Einwirkungen aus einer Rutschung sind als außergewöhnlich zu klassifizieren.

7.7.5 Erdbeben

Erdbeben sind laut EN 1998-1 zu behandeln. In der ONR 24802 ist ein EC-konformes, vereinfachtes Bemessungsverfahren für Wildbachsperren enthalten. Ein Erdbeben ist als außergewöhnliche Einwirkung zu klassifizieren.

7.7.6 Verkehrslasten

Wirken Lasten aus Verkehrswegen auf das Bauwerk, sind im Allgemeinen die Lastmodelle gemäß EN 1991-2 zu berücksichtigen. Bei verfüllten Bauwerken können Verkehrslasten aus Baggern, besonders im Bereich der Räumwege und von Rost und Vorfeldwangen auftreten.

7.7.7 Einwirkungen aus Zwangsbeanspruchung

Zwangsbeanspruchungen können aus eingeprägten Verformungen (z. B. ungleichmäßige Setzungen), aus blockierten Temperaturverformungen (bei statisch unbestimmten Tragwerken) und aus dem zeitabhängigen Materialverhalten (z. B. Kriechen und Schwinden bei Stahlbetontragwerken) resultieren.

7.7.7.1 Eingeprägte Verformung

Diese Zwänge können aus von außen aufgezwungenen Verformungen resultieren. Sie sind im Einzelfall festzulegen. Ein typisches Beispiel sind Zwänge infolge von ungleichmäßigen Setzungen unter Fundamenten.

7.7.7.2 Temperatur

Zwänge aus Temperatur resultieren aus blockierten Verformungen infolge eines Temperaturan- oder -abstiegs in einem Bauteil. Temperaturänderungen sind im Einzelfall festzulegen. Im Brückenbau übliche Temperatureinwirkungen führen bei Wasserbauwerken zu unwirtschaftlichen Bewehrungsgehalten. Die üblicherweise angesetzten Temperaturdifferenzen sind deutlich geringer. Temperatureinwirkungen sind hauptsächlich bei Bogensperren, z. B. Erwärmung der Luftseite, für die Bemessung relevant.

7.7.7.3 Zeitabhängiges Materialverhalten (Kriechen, Schwinden)

Modelle zur Berücksichtigung von Einwirkungen aus Kriechen und Schwinden finden sich in der EN 1992-1-1 [47]. Die Grundgleichungen sind in der EN 1992-1-1, Anhang B zusammengestellt.

8 Hydraulische Bemessung

Die hydraulische Bemessung von Schutzbauwerken umfasst die Dimensionierung der Bachprofile vor und nach dem Bauwerk, der Abflusssektion und der Öffnungen an der Sperre sowie des Tobeckens (bzw. Sperrenvorfeld) für die erforderliche Durchflusskapazität der pro Zeiteinheit hindurch bewegten Wasser- und Feststoffmenge, zudem der Stauräume hinsichtlich der Aufnahmekapazität. Die Durchfluss- bzw. Aufnahmekapazität der Stauräume wird der Abflussmenge, Feststofftransportmenge und Feststofffracht des Bemessungsereignisses gegenübergestellt.

8.1 Bemessung des Abflusses im Gerinne

8.1.1 Hydraulische Bemessung des Reinwasserabflusses

8.1.1.1 Abfluss und Wasserbewegung im Wildbach

Der Abfluss in Wildbächen erfolgt als Fließvorgang mit freier Oberfläche. Die Bemessung des Abflusses ist sowohl für den unverbauten als auch für den verbauten Wildbach von Interesse. Der Abfluss setzt sich aus dem Wasser und den mitgeführten Feststoffen (Geschiebe, Wildholz) zusammen. Maßgeblich für die Bemessung von Schutzmaßnahmen der Wildbachverbauung ist die Hochwasserführung mit Geschiebeanteil, daher ist der Abfluss von reinem Wasser als Bemessungsabfluss in der Praxis nicht relevant. Als Sonderfall ist der Abfluss von murartigem Feststofftransport oder Murgängen zu berücksichtigen.

Für die hydraulische Bemessung von Abflüssen in Wildbachgerinnen wird eine stationäre Strömung[3] angenommen. Als weitere Annahme gilt, dass die Flüssigkeit (Wasser) inkompressibel ist (Newton'sche Eigenschaften). Aufgrund dieser Annahme wird durch jeden Querschnitt in der gleichen Zeit das gleiche Volumen an Wasser durchfließen. Es gilt die Kontinuitätsgleichung:

---

[3] Fließgeschwindigkeit und Wasserdruck hängen nur vom Ort, nicht jedoch von der Zeit ab.

$Q = A \cdot v = \text{const.}$ (27)

mit

Q Abflussmenge, die je Zeiteinheit durch den Querschnitt fließt in [m³/s]

A durchflossene Querschnittsfläche in [m²]

v Fließgeschwindigkeit in [m/s]

Bei stationärer Fließbewegung ist die gesamte Strömungsenergie, also die Summe aus potenzieller Energie, Druckenergie und kinetischer Energie zeitlich unveränderlich und hat auch längs der Strömungslinie einen unveränderlichen Wert. Allerdings treten infolge der kinematischen Viskosität des Wassers innere Reibungskräfte auf, die Verluste verursachen. Die Verluste sind außerdem auf Reibung, Krümmung und Querschnittsveränderung zurückzuführen. Entsprechend der Gleichung nach Bernoulli für die stationäre Bewegung mit Verlust (Energiesatz) fällt die Drucklinie mit dem freien Wasserspiegel zusammen und liegt die Energielinie um die Geschwindigkeitshöhe über der Drucklinie (Bild 113). Die Energiehöhe h_E ist der lotrechte Abstand zwischen dem Bezugshorizont und der Energielinie [145].

$$h_E = z + \frac{p}{\gamma} + \frac{v^2}{2 \cdot g} \quad (28)$$

mit

z Höhe des Strömungsfadens über dem Bezugshorizont in [m]

p partieller Strömungsdruck in [kN/m²]

γ Wichte der Flüssigkeit in [kN{m³}]

g Gravitationskonstante in [m/s²]

Das Gefälle zwischen zwei Punkten (1, 2) ergibt sich aus dem Quotienten des Vertikalabstands zum Horizontalabstand L [m] zweier betrachteter Querprofile (s. Bilder 22, 113). Für die Bemessung des Wasserabflusses zwischen zwei betrachteten Profilen kann die Bestimmung des Sohlgefälles I_{So}, Wasserspiegelgefälles I_{sp} und Energieliniengefälles I_E nach folgenden Gleichungen erfolgen:

$$I_{So} = \frac{z_2 - z_1}{L} \quad (29)$$

$$I_{sp} = \frac{z_2 - z_1}{L} + \frac{p_2 - p_1}{\chi \cdot L} \quad (30)$$

$$I_E = \frac{z_2 - z_1}{L} + \frac{p_2 - p_1}{\chi \cdot L} + \frac{v_2^2 - v_1^2}{2 \cdot g \cdot L} \quad (31)$$

Der Energiesatz gelangt zur Anwendung, wenn die Energieverluste vernachlässigbar klein sind, bspw. für den Ausfluss aus einer Sperrenöffnung.

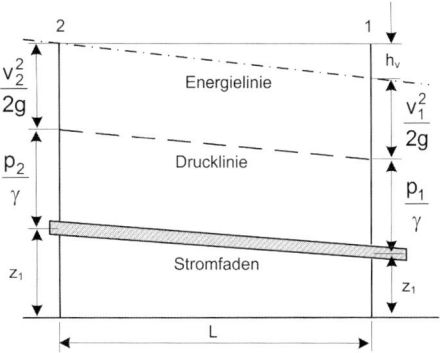

Bild 113. Gleichung von *Bernoulli* für reale Flüssigkeiten (nach [137])

Grundsätzlich können nach DIN 4044 die in Tabelle 33 dargestellten Arten von Wasserbewegung unterschieden werden [137].

In Wildbächen verläuft der Abfluss turbulent und stationär-ungleichförmig, da über den Strömungsquerschnitt verteilt im Naturgerinne ein ständiger lokaler Wechsel von Beschleunigung und Verzögerung, beeinflusst durch die Rauigkeitselemente der Sohle, stattfindet. Nur in künstlichen Gerinnestrecken (Regulierungen) tritt über längere Abschnitte eine stationär-gleichförmige Wasserbewegung auf. Für den Überfall und den Ausfluss aus Sperrenöffnungen bei Rückstau ist die instationäre Wasserbewegung relevant.

Für die hydraulische Bemessung von Abflussprofilen geht man trotzdem vereinfachend von der Annahme einer stationär-gleichförmigen Wasserbewegung aus. Das bedeutet, dass sich die Abflussmenge Q je Zeiteinheit nicht verändert, die Fließgeschwindigkeit längs des Gerinnes konstant ist. Aus diesen Annahmen ergibt sich Gl. (32)

$$I_{so} = I_{sp} = I_E = \text{konst.} \quad (32)$$

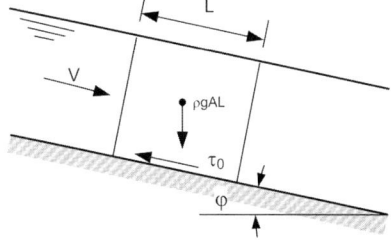

Bild 114. Grundprinzip der stationär-gleichförmigen Fließbewegung

Tabelle 33. Arten von Wasserbewegung gemäß DIN 4044 (nach [137], modifiziert)

1. Stürzen, Springen	
Wasserbewegung im gasgefüllten Raum, wobei das Wasser den wirkenden Kräften nach allen Seiten folgen kann, z. B. Wasserfall	
2. Fließen	
Wasserbewegung auf einer festen Sohle und innerhalb fester Wandungen, unterteilt in:	
a)	laminares Fließen
	Die Stromlinien verlaufen parallel.
b)	turbulentes Fließen
	Die Stromlinien verlaufen nicht parallel, sie durchsetzen sich gegenseitig: übliche Wasserbewegung in natürlichen Gerinnen.
	unterteilt in Strömen und Schießen
	Der Übergang zwischen Strömen und Schießen ist in offenen Gerinnen dort, wo die mittlere Fließgeschwindigkeit gleich der Wellengeschwindigkeit ist.
3. Stationäre Bewegung	
Die Geschwindigkeit in den einzelnen Punkten ist unabhängig von der Zeit, d. h., im gleichen Querschnitt herrscht immer die gleiche Geschwindigkeit und der Abfluss Q ist konstant. Unterteilt in:	
a)	stationär-gleichförmige Bewegung
	Die Geschwindigkeit in den einzelnen Punkten ist unabhängig von Zeit und Ort: z. B. Abfluss in einem künstlichen Gerinne mit konstantem Querschnitt, wenn im Längsschnitt Wasserspiegellinie und Sohle parallel verlaufen.
	$v_1 = v_2 \quad I_{so} = I_{sp} = I_E \quad Q_1 = Q_2$
b)	stationär-ungleichförmige Bewegung
	Die Geschwindigkeit in verschiedenen Punkten des Strömungsgebiets ist verschieden: z. B. Abfluss in einem natürlichen Gerinne bei konstantem Q.
	verzögerte Bewegung:
	$v_1 < v_2 \quad I_{so} > I_{sp} < I_E \quad Q_1 = Q_2$
	beschleunigte Bewegung:
	$v_1 > v_2 \quad I_{so} < I_{sp} > I_E \quad Q_1 = Q_2$
4. Instationäre Bewegung	
Die Geschwindigkeit in den einzelnen Punkten des Strömungsgebiets ist zeitlich veränderlich: z. B. Abfluss aus einem Speicher (Rückhaltebecken, Stauraum einer Sperre) bei steigendem oder fallendem Wasserspiegel. $Q_Z < > Q_A$	

Auf dieser Annahme beruhen die üblichen Formeln der Fließbewegung, die für die Dimensionierung von Abflussprofilen eingesetzt werden. Die stationär-gleichförmige Fließbewegung basiert auf dem Grundsatz der gleichförmigen Bewegung der Mechanik: Da weder Beschleunigung noch Verzögerung eintritt, werden die gravitativen Kräfte durch die Reibungskräfte ausgeglichen.

8.1.1.2 Fließgleichungen für Wildbachgerinne

Aus dieser Grundbeziehung kann die Fließgleichung von *de Chezy* für stationär-gleichförmige Fließbewegungen abgeleitet werden [137]:

$$v = c \cdot \sqrt{R \cdot I} \qquad (33)$$

mit

c Rauigkeitsbeiwert in [–]
R hydraulischer Radius in [m]
I Gefälle in [%]

Die Gleichung nach *de Chezy* findet zwar in der Praxis heute keine Anwendung mehr, enthält aber alle maßgebenden Bemessungsgrößen für die Dimensionierung von Abflussquerschnitten. Auf ihr bauen alle heute üblichen Fließgleichungen auf.

Sämtliche auf der Gleichung von *de Chezy* aufbauenden Fließgleichungen gelten nur für den Reinwasserabfluss.

Folgende Bemessungsgrößen sind für die hydraulische Dimensionierung von Abflussquerschnitten zu ermitteln (für Profile mit trapezförmigem Querschnitt) [137], (Bild 115).

Böschungslänge:
$$a = h \cdot (1 + n^2)^{1/2} \text{ in [m]} \quad (34)$$

Benetzter Umfang:
$$U = 2 \cdot a + b_{so} \text{ in [m]} \quad (35)$$

Querschnittsfläche:
$$A = (b_{so} + n \cdot h) \cdot h \text{ in [m]} \quad (36)$$

Hydraulischer Radius:
$$R = A/U \text{ in [m]} \quad (37)$$

In der Praxis hat sich heute weitgehend die Fließgleichung nach *Strickler* [137] durchgesetzt, die in der Regel zur Bemessung von regulierten Abflussquerschnitten Verwendung findet. Mit Einschränkungen kann die Gleichung auch für unverbaute (natürliche) Abflussprofile angewandt werden. Sie lautet:

$$v = k_{st} \cdot R^{2/3} \cdot I^{1/2} \quad (38)$$

Der Geschwindigkeitsbeiwert k_{st} ist variabel und nimmt bei konstanter Querschnittsfläche A mit abnehmendem benetztem Umfang U zu, d.h., die Abnahme der Rauigkeit drückt sich nicht nur im hydraulischen Radius R, sondern auch im Geschwindigkeitsbeiwert aus. Der hydraulische Radius kann für breite Gerinne (ab $t > 10\, b_{so}$) durch die Abflussstiefe t ersetzt werden. b_{so} ist dabei die Sohlbreite.

Zur Wahl von k_{st} für die praktische Anwendung stehen zahlreiche Angaben in der Literatur zur Verfügung (Tabelle 34). *Jarrett* [78] gibt den Anwendungsbereich der Stricklergleichung mit einem Gefälle von 0,2 bis 4% an. Aus diesem Grund sind der Anwendung der Gleichung für steile Wildbäche Grenzen gesetzt. In der Gleichung nach *Strickler* sind der hydraulische Radius R bzw. die Abflusstiefe t die wichtigsten Eingangsgrößen. Diese Parameter lassen sich durch die unregelmäßigen Querschnitte für Naturgerinne aber schwer bestimmen. Ferner nimmt nach *Zeller* [167] mit zunehmendem Sohlgefälle der Rauigkeitsbeiwert k_{st} ab, sodass ab

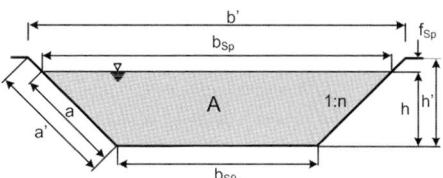

Bild 115. Durchflussprofil

einem Gefälle von 3% eine Anpassung vorzunehmen ist.

In Tabelle 34 sind die wichtigsten Angaben aus der Literatur zur Festlegung des Geschwindigkeitsbeiwerts k_{st} zusammengefasst, wobei häufig eine Beziehung zu einem repräsentativen Korndurchmesser (d) hergestellt wird.

In der Praxis wird die Stricklergleichung auch für steilere Gefälle (über 4%) angewandt, wobei die überproportional hohen Fließgeschwindigkeiten, die die Gleichung für Steilgerinne ergibt, durch die Wahl eines niedrigeren Abflussbeiwerts ausgeglichen werden. Weiterhin wird in der Bemessungspraxis bei dem Reinwasserabfluss die maximale Fließgeschwindigkeit in Wildbächen für regulierte Gerinnequerschnitte mit 4,5 bis 5 m/s angenommen, um überhöhte Rechenwerte auf diese Werte zu reduzieren. Beide Vorgehensweisen sind jedoch methodisch nicht einwandfrei und daher zu vermeiden.

Für steile Wildbachgerinne außerhalb des zulässigen Anwendungsbereichs der *Stricklergleichung* bietet sich die empirische Geschwindigkeits-Gleichung nach *Rickenmann* [131] an:

$$v = \frac{0{,}37 \cdot I^{0{,}2} \cdot Q^{0{,}34} \cdot g^{0{,}33}}{d_{90}^{0{,}35}}$$
(gültig für $0{,}8 < I < 63\%$) (39)

$$v = \frac{0{,}96 \cdot I^{0{,}35} \cdot Q^{0{,}29} \cdot g^{0{,}36}}{d_{90}^{0{,}23}}$$
(gültig für $0{,}09 < I < 0{,}8\%$) (40)

$$k_{st} = \frac{0{,}56 \cdot g^{0{,}44} \cdot Q^{0{,}11}}{I^{0{,}33} \cdot d_{90}^{0{,}45}} \quad (41)$$

Die Gleichung ist für den Gefällebereich von 0,8 bis 63% gültig.

Eine ähnliche Gleichung schlägt *Meunier*, zitiert nach *Rickenmann* [129], vor:

$$v = \frac{3{,}9}{d_{84}^{0{,}56}} \cdot I^{0{,}289} \cdot t \quad (42)$$

Tabelle 34. Vorschläge für die Festlegung des Geschwindigkeitsbeiwerts nach *Strickler* (zusammengestellt nach *Rudolf-Miklau* [138])

Autoren	Gleichung	Kornparameter	Anwendungsbereich
Zeller und *Trümpler* [169]	k_{st} nach empirischen Tabellenwerten		Gebirgsbäche: Sohle: Kies und Steine, einige Blöcke 20 – 33 Sohle: Steine und grobe Blöcke 14 – 25 Blocksohle, sehr unregelmäßig, aus dem Wasser ragend, kleine Schnellen 10 – 15 Wildbäche bei Hochwasser: Grobkiessohle mit Steinen, gerade 20 – 25 dito, stark gewunden und Ufer sehr unregelmäßig 15 – 20 Steinsohle mit einzelnen Blöcken, sehr unregelmäßig 12 – 17 Blocksohle, sehr unregelmäßig, viele Schnellen und Kolke 8 – 15 stark verwachsen, viel verklemmtes Altholz (Wildholzschwellen) 5 – 12
Rössert [137]	k_{st} nach empirischen Tabellenwerten		Natürliche Wasserläufe: Wildbach mit grobem Geröll, ruhendes Geschiebe 25 – 28 Wildbach mit grobem Geröll, Geschiebe in Bewegung 19 – 22 Künstliche Gerinne: Bruchsteinwand, Sohle Sand, Kies 45 – 50 Grober Beton 55
Länger [96]	k_{st} Tabellenwerte		flussartige Gerinne bei Mittelwasser 20 – 25 bei Hochwasser bis 35
Strickler (mod. in *Zeller* [167])	$k_{st} = \dfrac{21,2}{\sqrt[6]{d_m}}$	d_m	nur für Flachlandflüsse mit $k_{st} = 28$ bis 37
Zeller [167]	$k_{st} = \dfrac{21}{\sqrt[6]{d_{50}}} + \Delta k_{st}$ $\Delta k_{st} = C_1 \cdot \left[\dfrac{d_{50}^{0,0063} \cdot v^{0,1025}}{I^{0,0292} \cdot R^{0,0398}} \right] - C_2$	d_{50}	Korrekturfaktor Δk_{st} zur besseren Anpassung des Rauigkeitsbeiwerts: für Flach- und Hügelland: $C_1 = 239$ $C_2 = 297{,}2$ für Bergland und Hochgebirge: $C_1 = 170{,}9$ $C_2 = 210{,}8$
Garbrecht (zitiert nach [138])	$k_{st} = \dfrac{26}{d_{90}^{1,6}}$	d_{90}	

8.1.1.3 Beschreibung des Abflussverhaltens

Für eine gegebene Energiehöhe h_E und Abflussmenge Q kann der Abfluss in zwei Wassertiefen erfolgen: Wenn das Wasser mit großer Tiefe und geringer Geschwindigkeit abfließt, herrscht strömender Abfluss, wenn es jedoch mit großer Geschwindigkeit und geringer Tiefe abfließt, herrscht schießender Abfluss.

Der *schießende Abfluss* weist die größere kinetische Energie auf und ist deshalb in offenen Gerinnen meist unerwünscht. Sein Auftreten ist jedoch vor allem in steilen und sehr glatten Gerinnen oft nicht zu vermeiden, sodass ggf. Einbauten zur Energieumwandlung erforderlich sind. Bei strömendem Abfluss macht sich die Wirkung von Maßnahmen (Querschnittsänderung, Einbauten) entgegen der Fließrichtung bemerkbar, daher sind in diesem Fall die Berechnungen entgegen der Fließrichtung durchzuführen. Bei schießendem Abfluss wirken sich Maßnahmen in Fließrichtung aus, die Berechnungen erfolgen daher ebenfalls in diese Richtung. Der Übergang vom strömenden zum schießenden Abfluss erfolgt kontinuierlich, dagegen verläuft der Übergang vom Schießen zum Strömen diskontinuierlich in Form eines *Wechselsprungs* (z. B. unterhalb von Wehren im Tosbecken) [22].

Zur Beschreibung des Abflussverhaltens wird die *Froude-Zahl Fr* verwendet [145]:

$$Fr = \frac{v}{\sqrt{g \cdot h_o}} \qquad (43)$$

Die hydraulische Tiefe h_o (in [m]) ergibt sich aus dem Quotienten der Querschnittsfläche des Profils A und der Wasserspiegelbreite B_{sp}:

$$h_o = \frac{A}{B_{sp}} \qquad (44)$$

Die Froude-Zahl entspricht dem Verhältnis zwischen der Abflussgeschwindigkeit und der Wellenfortpflanzungsgeschwindigkeit einer Störung an der Wasseroberfläche.

- Der Abflussvorgang ist strömend, wenn Fr < 1 ist.
- Der Abflussvorgang ist schießend, wenn Fr > 1 ist.
- Der Abfluss findet bei kritischer Tiefe statt, wenn Fr = 1 ist.

Bei der Bewertung des Abflussverhaltens in Wildbächen wird zwischen einem Abfluss über einer hydraulisch glatten und einer hydraulisch rauen Sohle unterschieden. Eine hydraulisch glatte Sohle tritt praktisch nur in befestigten Regulierungsstrecken auf, während in Naturgerinnen die Rauigkeitswirkung der groben Sohlelemente (Formrauigkeit) maßgeblich ist.

Die *relative Überdeckung* ist das Verhältnis zwischen der Abflusstiefe und der Höhe der Rauigkeitselemente. Sie liegt in Wildbächen in der Regel zwischen 1 und 10 [17]. Je nach relativer Überdeckung stellt sich ein unterschiedliches Fließverhalten ein. Bei geringer relativer Überdeckung können folgende Typen von Abflusszuständen unterschieden werden [12]:

- Durchgehend strömender Abfluss: Fr < 1
- Durchgehend schießender Abfluss: Fr > 1
- Kaskadenförmiger Abfluss: strömender und schießender Abfluss wechseln kleinräumig.

Aus dieser Bewertung des Abflussverhaltens ergeben sich für die Bemessung des Abflusses folgende Schlussfolgerungen:

1) Für die Ermittlung des Abflusses spielt das Sohlgefälle und die relative Überdeckung eine wichtige Rolle. Beide Parameter wären daher bei Abflussgleichungen zu berücksichtigen.
2) Durch die hohe Variabilität der relativen Überdeckung ist die Bestimmung des hydraulischen Radius bzw. der mittleren Fließtiefe oft problematisch.

8.1.1.4 Bemessung von Veränderungen im Abflussprofil

In künstlichen Gerinnen (Regulierungsstrecken) treten häufig Veränderungen im Abflussprofil (*Querschnittserweiterungen, Querschnittsverengungen*) auf, die jeweils zu Verlusten in der Strömungsenergie führen [145]. Ziel ist es daher, Profilübergänge möglichst verlustfrei zu gestalten und die Ausbildung von Walzen oder Wechselsprüngen zu verhindern. Für die Planung der Übergänge kann die Ermittlung der Verlusthöhen (h_v) von Bedeutung sein. Für die Querschnittsverengung gilt Gl. (45), basierend auf Bild 113.

$$h_v = c \cdot \left(\frac{v_2^2}{2} - \frac{v_1^2}{2} \right) \qquad (45)$$

mit

v_1 Fließgeschwindigkeit oberhalb der Querschnittsverengung in [m/s]

v_2 Fließgeschwindigkeit unterhalb der Querschnittsverengung in [m/s]

c Verlustbeiwert (0,5 für scharfkantigen Übergang; 0,05 für trompetenförmigen Übergang)

Bei einer Querschnittserweiterung ist die Ausbildung von verlustbildenden Walzen nicht so leicht zu vermeiden wie bei Querschnittsverengungen. Bei stetiger Erweiterung ist der Verlust nur so lange gering, wie die Erweiterung unter einem Winkel von

6 bis 10° stattfindet. Bei stärkeren Erweiterungen sind die Verluste ebenso beträchtlich wie bei unstetigen Erweiterungen.

Für die überschlägige Ermittlung kann man im Falle eines strömenden Abflusses annehmen, dass der Erweiterungsverlust gerade den Wasserspiegelanstieg infolge der Verringerung der Geschwindigkeit aufhebt. Man liegt auf der sicheren Seite, wenn man die Wasserspiegellinie des Unterwassers bis zur engsten Stelle verlängert und von hier aus die Berechnung der Wasserspiegellage zum Oberwasser hin fortsetzt.

Zur Abschätzung kann man beim Übergang von einem Rechteckquerschnitt auf einen Trapezquerschnitt bei konstanter Sohlbreite folgende Gleichung anwenden:

$$h_v = c \cdot \left(\frac{v_1^2}{2} - \frac{v_2^2}{2}\right) \quad (46)$$

mit

v_1 Fließgeschwindigkeit oberhalb der Querschnittserweiterung in [m/s]

v_2 Fließgeschwindigkeit unterhalb der Querschnittserweiterung in [m/s]

c Verlustbeiwert (1,0 bei unstetiger Erweiterung; 0,1 bei stetiger Erweiterung)

8.1.1.5 Bemessung von Krümmungen

In Regulierungsstrecken von Wildbächen (Kunstgerinnen) spielt in engen Krümmungen die Wasserspiegellage eine wichtige Rolle. So kann es aufgrund der Zentrifugalkräfte im Außenbogen zu einer Auslenkung des Wasserspiegels und zum Überborden kommen. Daher ist bei der Bemessung enger Krümmungen in Regulierungsstrecken ein ausreichendes Freibord oder eine Kurvenüberhöhung zu berücksichtigen [137].

Die Erhöhung des Wasserspiegels Δh im Außenbogen kann für strömenden Abfluss nach Gl. (47) ermittelt werden:

$$\Delta h = \frac{v^2}{g} \cdot \ln\left(\frac{r_2}{r_1}\right) \quad (47)$$

mit

r_1 Krümmungsradius im Außenbogen [m]

r_2 Krümmungsradius im Innenbogen [m]

v Fließgeschwindigkeit oberhalb der Krümmung [m/s]

8.1.2 Bemessung des Geschiebetransports im Gerinne

8.1.2.1 Fluviatiler Feststofftransport

In Wildbächen tritt bei Hochwasserereignissen selten Reinwasserabfluss auf. Der Transport von Geschiebe und anderen Feststoffen (Wildholz, Schwebstoffe, Schwemmstoffe) ist ein fester Bestandteil der hydraulischen Bemessung von Gerinnequerschnitten. Der Feststofftransport in Wildbächen ist zwar zum Abfluss korreliert, verläuft aber im Übrigen sehr variabel: Zu berücksichtigen sind die Feststoffmobilisierung, die Wechselwirkung mit der Sohle (Deckschicht) sowie der Übergang zum murartigen Transportprozess.

Bei fluviatilem Feststofftransport werden die Feststoffkomponenten durch das Wasser rollend, gleitend und springend über die Sohle fortbewegt. Durch selektive Ausschwemmung der Sohle und Einregelung der groben Komponenten entsteht eine Deckschicht, die stabiler gegen die Schleppkraft ist. Dabei entstehen Sohlstrukturen (Schwellen, Stufen, Kolke), die ein Charakteristikum der natürlichen Sohle eines Wildbachs darstellen [149].

Findet der Feststofftransport mit hoher Konzentration statt, verändert sich die Fließgeschwindigkeit in Relation zum Reinwasserabfluss [131].

Der *fluviatile Feststofftransport* erfolgt nicht kontinuierlich, sondern unterliegt starken Fluktuationen („pulsierende" Transportspitzen mit dazwischen liegenden Ruhephasen). Die Korrelation zwischen Abflussmenge und Feststofftransport ist nicht in jeder Phase der Abflussganglinie gleich stark. Das „Pulsieren" der Transportrate während eines Hochwasserereignisses ist in Wildbächen auch auf hydraulische Instabilitäten und auf diskontinuierliche Mobilisierungsmechanismen (z. B. spontanes Abgleiten einer Uferböschung, Aufreißen der Deckschicht mit nachfolgender Erosion der Grundschicht) zurückzuführen.

In Wildbächen können folgende Typen für Transportvorgänge unterschieden werden:

a) Transport über eine intakte Deckschicht (Abpflasterung der Sohle),

b) Transport über eine Deckschicht mit Sedimentaustausch (aktive Deckschicht),

c) Transport nach Aufbrechen der Deckschicht (bei permanentem Austausch zwischen Transportgeschiebe und Sohlsediment, Erosion der Sohle).

Geschiebetransport findet erst ab einer gewissen Grenzschleppkraft statt (Transportbeginn). Zunächst erfolgt der Transport nach Typ a noch mit selektiver, korngrößenabhängiger Mobilität der Geschiebefraktionen, wechselt bei Typ c zu einem unselektiven (korngrößenunabhängigen) Massentransport (Sohlerosion). In Gebirgsbächen ist der Geschiebetransport in der Regel feststofflimitiert und hängt von der im Einzugsgebiet bereitgestellten Feststoffmenge ab.

Ein weiterer wichtiger Faktor für die Bemessung des Abflusses mit fluviatilem Geschiebetransport in Wildbächen ist die kontinuierliche Veränderung des Fließwiderstands während eines Hochwasserereignisses. Während am Anfang eines Hochwasserabflusses noch über einer grobblockigen Sohle die groben Rauigkeitselemente den Fließwiderstand bestimmen, verringert sich mit zunehmendem Geschiebetransport die Rauigkeit sukzessive, weil die Zwischenräume der Grobkomponenten in der Sohle mit feinem Sediment aufgefüllt werden. Dadurch glättet der Wildbach die Sohle und erhöht weiter die Transportkapazität. Erst mit abnehmendem Geschiebetrieb wird die Sohle wieder zunehmend von Feinteilen erodiert und die Sohlrauigkeit steigt wieder.

Der *Geschiebetransportbeginn* (Mobilisierungsbeginn) ist jener Zeitpunkt, bei dem durch steigende Schleppspannung die ersten Körner aus dem Sohlverband gelöst und abtransportiert werden. Für die Modellierung des Geschiebetransports ist dieser Faktor von großer Bedeutung und durch den dimensionslosen *Shields-Faktor* θ_c ausgedrückt (auch: dimensionslose Sohlschubspannung). Dieser Faktor hängt von der Schleppspannung τ, dem Korndurchmesser d, der Gerinneneigung I und der Dichte des Sediments ρ_s bzw. des Wassers ρ_w ab. Die meisten Geschiebetransportgleichungen basieren auf diesem Konzept [120].

Die Schleppspannung ergibt sich aus Gl. (48):

$$\tau = \rho \cdot g \cdot h \cdot I_E \qquad (48)$$

Shields [146] gibt für eine hydraulisch raue Sohle einen konstanten Wert für θ_c mit 0,05 an. Nach *Bezzola* [17] ist aufgrund des Einflusses der Kornform mit einem Schwankungsbereich von 0,02 bis 0,65 zu rechnen. Für steile Gerinne über 20% mit Sohlsediment (Gebirgsbäche) schlagen *Bathurst* et al. [14] folgende Gleichung für den Shields-Faktor vor, der den durch das Gefälle geringeren Strömungsangriff auf die Sohle berücksichtigt:

$$\theta_c = \frac{\tau}{g \cdot d \cdot (\rho_g - \rho_w)} = \frac{h \cdot I_E}{d \cdot \left(\frac{\rho_g}{\rho_w} - 1\right)} \qquad (49)$$

mit
τ Schleppspannung in $[N/m^2]$
g Gravitationskonstante in $[m/s^2]$
d Korndurchmesser in [m]
ρ_s Dichte des Feststoffs (Geschiebe) in $[kg/m^3]$
ρ_w Dichte des Wassers in $[kg/m^3]$
I_E Energieliniengefälle = Wasserspiegel bei stationären Verhältnissen [–]

Weitere Gleichungen zur Festlegung des Geschiebetransportbeginns mit dem Shields-Faktor (dimensionslos) oder alternativ dem kritischen Abfluss q_c können der Arbeit von *Rickenmann* [183] entnommen werden.

Bei der Wahl der geeigneten Gleichung ist vor allem die Ausbildung der Deckschicht von Bedeutung. Als obere Grenzbedingung für den Transportbeginn kann Gl (50) nach *Whittaker/Jäggi* [164], und als untere Grenze des Transportbeginns Gl. (51) von *Bathurst* et al. [13] verwendet werden.

$$q_c = 0,257 \cdot \sqrt{\frac{\rho_g - \rho_w}{\rho_w}} \cdot \sqrt{g \cdot d_{65}^3} \cdot I^{-7/6}$$

$(0,02 < I < 0,09)$ \hfill (50)

$$q_c = 0,15 \cdot I^{-1,12} \cdot \sqrt{g \cdot d_{50}^3}$$

$(0,05 < I < 0,25)$ \hfill (51)

mit

q_c kritische Abflussmenge (für 1 m Gerinnebreite) in $[m^3/s \cdot m]$

I_{so} Sohlgefälle in [–]

Für die weitere Anwendung der Geschiebetransport-Modelle im Rahmen dieses Abschnitts ist die Gleichung nach *Rickenmann* [129] maßgebend:

$$q_c = 0,065 \cdot (\rho_g/\rho_w - 1)^{1,67} \cdot g^{0,5} \cdot d_{50}^{1,5} \cdot I_{so}^{-1,12} \qquad (52)$$

mit

q_c kritische Abflussmenge (für 1 m Gerinnebreite) in $[m^3/s \cdot m]$

I_{so} Sohlgefälle in [–]

Die größte Problematik der Anwendung dieser Gleichung für den Wildbach besteht in der Schwierigkeit der Erfassung der für den Geschiebetransportbeginn relevanten Kornverteilung (Deckschicht) und des repräsentativen Korndurchmessers, weil sowohl die Methodik der Sedimentanalyse noch die Wahl des Probenorts zufriedenstellende Ergebnisse bringt. Besonders schwierig und aufwendig gestaltet sich die Erhebung der repräsentativen Korndurchmesser d_m, d_{90}, d_{50}, d_{30} (s. [138]).

Weitere Faktoren, die die Anwendbarkeit von im Labor entwickelten Geschiebetransportgleichungen in Wildbächen stark einschränken sind:

– wechselnde Transportbedingungen und Transportprozesse (fluviatil, murartig),
– stark wechselnde Bedingungen in der Sohle: Deckschichtbildung, Rauigkeitsverhältnisse,
– ungleichmäßiger Geschiebetransportbeginn,

- pulsierender Feststofftransport, Unsicherheit bei der Feststellung der relevanten Geschiebekonzentration,
- große Unterschiede zwischen der Zusammensetzung des Transportgeschiebes und Sohlgeschiebes.

In der Literatur sind zahlreiche Geschiebetransportgleichungen beschrieben: [35, 63, 92, 183]. Einen guten Überblick bietet [175]. Die Transportgleichungen unterschiedlicher Form (Schreibweise) können einheitlich durch den Shields-Faktor und den Einstein-Faktor dargestellt werden. Der *Einstein-Faktor* Φ, das ist die dimensionslose spezifische Geschiebetransportrate, ergibt sich nach folgender Gleichung:

$$\Phi = \frac{q_s}{\sqrt{\left(\frac{\rho_s - \rho}{\rho}\right) \cdot g \cdot d^3}} \quad (53)$$

mit

q_s Geschiebetransportrate in [m³/s·m]

Durch Umformung erhält man daraus die spezifische Transportrate q_s:

$$q_s = \Phi \cdot \sqrt{\left(\frac{\rho_s - \rho}{\rho}\right) \cdot g \cdot d^3} \quad (54)$$

Am ehesten gelangen heute jene Geschiebetransportgleichungen zum Einsatz, die speziell für Steilgerinne entwickelt wurden und die maximale Transportkapazität ergeben.

Für steile Wildbäche kann die Gleichung nach *Rickenmann* [129] angewandt werden:

$$q_g = \frac{12{,}6}{\left(\rho_g/\rho_w - 1\right)^{1{,}6}} \cdot \left(\frac{d_{90}}{d_{30}}\right)^{0{,}2} \cdot (q - q_c) \cdot I^2 \quad (55)$$

mit

q_s Geschiebetransportrate in [m³/s·m]

d_{90} Korndurchmesser: 90 % der Sieblinie in [m]

d_{30} Korndurchmesser: 30 % der Sieblinie in [m]

q spezifischer Reinwasserabfluss für 1 m Gerinnebreite in [m³/s·m]

Die Gleichung gilt in Wildbächen für einen Gefällebereich von 5 % < I < 20 %.

Basierend auf dem Ansatz der kritischen Schubspannung kann der Geschiebetransport für steile Gerinne nach der Gleichung von *Smart/Jäggi* [149] berechnet werden:

$$q_g = \frac{4}{\rho_g/\rho_w - 1} \cdot \left(\frac{d_{90}}{d_{30}}\right)^{0{,}2} \cdot q \cdot I^{1{,}6}$$

$$\cdot \left(1 - \frac{\theta_c \cdot (\rho_s/\rho_w - 1) \cdot d_m}{h_{g+w} \cdot I}\right) \quad (56)$$

mit

h_{g+w} Fließtiefe bei Geschiebetransport in [m]

d_m geometrisches Mittel der Sieblinie ($\sim d_{64}$) in [m]

Die Gleichung gilt für einen Gefällebereich von 0,2 < I < 20 %, wobei θ_c konstant mit 0,05 und d_{90}/d_{30} (Ungleichförmigkeitsgrad) < 10 angenommen werden kann. Aus diesen Annahmen ergibt sich eine vereinfachte Form der Gleichung:

$$q_g = 2{,}5 \cdot q \cdot I^{0{,}6} \cdot \left(1 - \frac{d_m}{12{,}1 \cdot h_{g+w}}\right) \quad (57)$$

Die Gleichungen nach *Smart* und *Jäggi* bzw. *Rickenmann* basieren auf einem Satz von Labordaten, die in einer Reihe von Modellversuchen am VAW (ETH-Zürich) entwickelt wurden. *Palt* [120] erweiterte diesen Datensatz um Naturdaten aus dem Karakorum-Gebirge und ermittelte zwei Geschiebetransportgleichungen, in die ein Formverlustfaktor $(k_{st}/k_s)^2$ eingeht. In diesen Gleichungen kommt bei Intensivierung der Transportrate ein verringerter Einfluss der Formrauigkeit der Sohle bzw. ein vergrößerter Schubspannungsangriff zum Ausdruck. *Palt* führt als Gründe dafür das Aufbrechen der Deckschicht und die Zerstörung der Sohlformen an.

$$\Phi = 10041 \cdot \left(\left(\frac{k_{st}}{k_r}\right)^2 \cdot \theta\right)^{5{,}25}$$

$$\text{mit } \left(\left(\frac{k_{st}}{k_r}\right)^2 \theta\right) < 0{,}22$$

für $0{,}2 < I_{so} < 12{,}4\,\%$:

$$\left(\frac{k_{st}}{k_r}\right) = 0{,}1 \cdot I_{so}^{-0{,}36} \quad (58)$$

$$\Phi = 29{,}57 \cdot \left(\left(\frac{k_{st}}{k_r} \right)^2 \cdot \theta \right)^{1,42}$$

mit $\left(\left(\dfrac{k_{st}}{k_r} \right)^2 \theta \right) > 0{,}22$

für $5 < I_{so} < 20\,\%$:

$$\left(\frac{k_{st}}{k_r} \right) = 0{,}13 \cdot I_{so}^{-0{,}28} \cdot \left(\frac{h}{d_{90}} \right)^{0,21} \quad (59)$$

mit

k_r Rauigkeitsbeiwert nach *Palt*

8.1.2.2 Murartiger Feststofftransport

Bei murartigem Geschiebetransport kommt es zu einer maßgeblichen Veränderung der Eigenschaften des Transportprozesses. In den Vordergrund treten dabei folgende Faktoren:

- Viskosität und Turbulenz des transportierten Mediums,
- dispersive Kräfte durch die Kollision der Grobkomponenten,
- Scherkräfte der Matrix (Feinkomponenten und Wasser).

Je nach Dominanz dieser rheologischen Prozesseigenschaften werden Schlammströme (ohne grobe Komponenten) und granulare Murgänge (grobe Komponenten in feinkörniger Murmatrix) unterschieden. Während bei den Schlammströmen die Viskosität und Turbulenz von Bedeutung ist, dominiert in den granularen Murgängen der Einfluss der dispersiven Kräfte der Grobkomponenten und die Viskosität der Matrix. Der murartige Feststofftransport kann durch intensive Feststoffeinstöße ins Gerinne, die Verflüssigung großer Sohlkompartimente oder nach dem Durchbruch von Verklausungen (Dammbruch) entstehen.

Die unterschiedlichen Verlagerungsprozesse führen zur Ausbildung typischer Formen der Abflussganglinien (Bild 116) [140]. Zeigen fluviatiler und murartiger Feststofftransport eine hochwasserähnliche Ausprägung, weist ein Murgang angenähert eine dreieckförmige Ganglinienform mit äußerst steilem Anstieg auf. Der Spitzenabfluss wird innerhalb kürzester Zeit erreicht (Murfront) und nimmt dann kontinuierlich wieder ab (Murkörper, Murschwanz). Außerdem ist bei einem Murgang zu beachten, dass sich die Feststoffverlagerung auch auf mehrere Murschübe aufteilen kann, wodurch sich der Spitzenabfluss verringert, die Ereignisdauer aber verlängert. Ein Murgang verläuft somit weitgehend unabhängig von der für ein Ereignis berechneten Hochwasserganglinie.

Dieses Verhalten der Abflüsse in Wildbacheinzugsgebieten zeigte sich auch deutlich anlässlich der Ereignisse im August 2005 in Tirol (Bild 117). Trotz etwa gleich hohem Gebietsniederschlag, ähnlicher Geologie und Waldausstattung weisen murartige Verlagerungsvorgänge und Muren weit höhere Abflussspenden auf als Einzugsgebiete mit fluviatilen Prozessen.

Nur wenige geschiebehydraulische Modelle sind für eine Geschiebetransportberechnung in steilen Gerinnen ($> 10\,\%$) und murartigem Feststofftransport geeignet (Tabelle 36). Deshalb kann näherungsweise mit Zuschlägen zum Reinwasserabfluss Q_w gerechnet werden, wie es auch in der DIN 19663 [39] vorgesehen ist. Unter Berücksichtigung des Geschiebefrachtdiagramms lässt sich die volumetrische Konzentration c_v des Abflusses eines Ereignisses an verschiedenen Gerinnestandorten abschätzen. Für die volumetrische Feststoffkonzentration (mit V_W = Wasserfracht, V_G = Geschiebefracht) gilt:

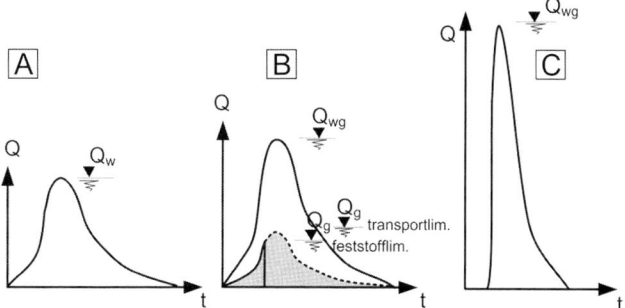

Bild 116. Typen der Abflussganglinien von Wasser-Feststoffgemischen; (A) Hochwasser; (B) Feststofftransport; (C) Murgang (nach [75])

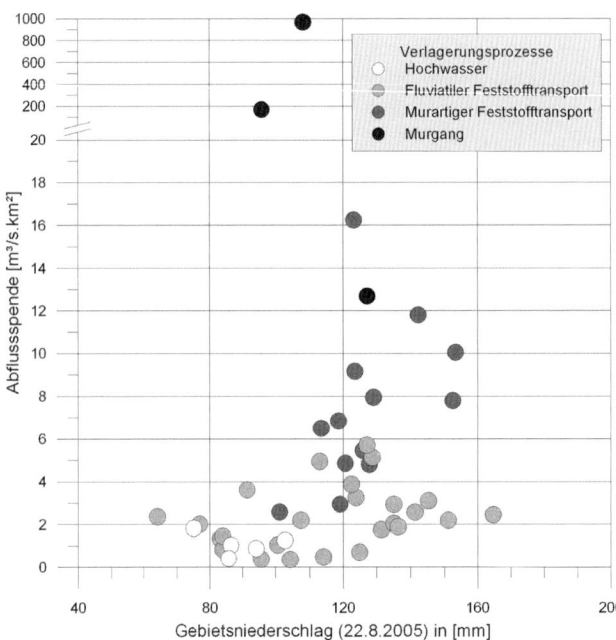

Bild 117. Abflussspenden von Wildbächen anlässlich des Ereignisses vom 22./23.8.2005 in Tirol, klassifiziert nach Verlagerungsprozessen (nach [70])

Tabelle 35. Prozessspezifische Zuschläge zum Reinwasserabfluss bei der Ermittlung des Spitzenabflusses von Wasser-Feststoff Gemischen (nach [75])

Prozess	c_v [–]	t_{wg}/t_w [–]	IF [–]
Hochwasser	0,00–0,05	1,00	1,00–1,05
fluviatiler Feststofftransport	0,05–0,20	0,90–1,00	1,05–1,40
murartiger Feststofftransport	0,20–0,40	0,50–0,90	1,40–3,50
Murgang	0,50–0,80	0,05–0,50	3,50–100,00

$$c_v = \frac{V_G}{V_W + V_G} \tag{60}$$

Daraus lässt sich ein Faktor (Mengenfaktor BF) ableiten, der die Erhöhung des Reinwasserabflusses durch Geschiebetransport repräsentiert.

$$BF = 1 + \frac{c_v}{(1 - c_v)} \tag{61}$$

Der Bemessungsabfluss des Gemisches errechnet sich somit zu:

$$Q_{wg} = Q_w \cdot BF \tag{62}$$

Da ein Murgang nur eine sehr kurze Ereignisdauer t_{wg} bei weit höherer Fracht als ein Hochwasser t_w aufweist, muss zur Abschätzung des Spitzenabflusses diese kurze Ereignisdauer speziell berücksichtigt werden. Dadurch erhöht sich der Spitzenabfluss gegenüber dem theoretischen Reinwasserabfluss bis zum Faktor 100. Die große Bandbreite der möglichen Spitzenabflüsse Q_{wg} aus Wasser-Feststoff-Gemischen vereinfacht die Entscheidung des Planers nicht, sie spiegelt aber die Variabilität der Reaktion von Wildbacheinzugsgebieten wider. Bei Vorliegen von Analysen stattgefundener Ereignisse lässt sich die Bandbreite der in Tabelle 35 aufgelisteten Zuschläge (Intensitätsfaktor IF) einschränken.

$$Q_{wg} = Q_w \cdot IF \tag{63}$$

In einem Wildbach muss ab einer mittleren Sohlneigung von 18 % und bei Fehlen stabilisierender Sohlstrukturen mit murartigen Transportvorgängen gerechnet werden. Mit den Transportgleichungen nach *Smart/Jäggi* [149] sowie *Rickenmann* [129] können für steile Gerinne und hohe Abflussintensitäten

Feststoffkonzentrationen ermittelt werden, wie sie für murartige Transportprozesse typisch sind. Für Wildbachstrecken mit hoher Sohlrauigkeit (stark strukturierte Sohle) und Abflüsse nahe dem Mobilisierungsbeginn überschätzen die Gleichungen allerdings die Transportrate für murartige Prozesse stark.

Der Einsatz von hydraulisch-sedimentologischen, numerischen Simulationsmodellen für den Bereich der Schotterflüsse ist in der Ingenieurpraxis bereits weit fortgeschritten. Die Anwendung dieser Modelle auf Wildbäche ist hingegen unter Verweis auf das zuvor ausgeführte Anwendungsproblem kritisch zu betrachten. Einen Überblick über die in der Praxis üblichen Simulationsmodelle, deren Anwendung in Wildbächen mit gewissen Vorbehalten möglich ist, gibt Tabelle 36 [133]. Die am häufigsten bisher für Wildbäche eingesetzten Simulationsmodelle sind MORMO, FLUMEN, HEC-RAS und FLO-2D.

8.2 Für die Bemessung relevante Abflüsse

8.2.1 Bemessungsereignis

Die Grundlagen zur Ermittlung des Bemessungsereignisses laut ONR 24802, 12.2 sind in Abschnitt 8.1.2 zusammengestellt. Dabei wird der aus einer Simulationen ermittelte Bemessungswert des Hochwasserabflusses BHQ_w (maximaler Wert aus der Abflussganglinie) in [m³/s] mit einem Intensitätsfaktor IF [–] in den Bemessungsabfluss inklusive Feststofftransport BHQ_{wg} [m³/s] umgerechnet. BHQ_w wird auf Basis eines hydrologischen Modells ermittelt und betrachtet nur Reinwasserverhältnisse.

$$BHQ_{WF} = BHQ_w \cdot IF \quad (64)$$

Der Intensitätsfaktor ergibt sich aus Tabelle 35. Er berücksichtigt die Einflüsse des volumetrischen Anteils der Feststoffe im Wasser-Feststoff-Gemisch (Mengenfaktor) und die in Abhängigkeit des Verla-

Tabelle 36. Überblick über die hydraulisch-sedimentologischen Simulationsmodelle mit bedingter Eignung für den Einsatz in Wildbächen (nach *Rickenmann/Brauner* [133])

Name des Simulationsmodells	Hydraulische Berechnung nur 1D oder auch 2D	Berechnung Geschiebetransport	Transportformeln	Berechnung Murgänge
KINEROS	1D (kinematische Welle)	ja	andere	
SETRAC-HYDRAC	1D (kinematische Welle)	ja	SJ, RI	
BOSS DAMBRK	1D			
FLDWAV	1D			ja
HEC-RAS	1D		MPM	
MORMO	1D	ja	MPM, SJ	
FLUX.DDS	1D	ja	MPM, SJ	
SEC-HY 11	1D	ja	MPM, SJ	
SEDICOUP	1D	ja	MPM	
QUASED/ HEC2SR	1D (2D)	ja	MPM	
FLUVIAL-12	1D (2D)	ja	MPM	
GSTARS 2.1	1D (2D)	ja	MPM, Parker	
CCHE	1D (2D)	ja	andere	
FLUMEN [2]	2D	ja	MPM, SJ	
MIKE-FLOOD [2]	2D	ja	MPM, SJ	
FLO-2D	2D	ja	MPM [1]	ja
SSIIM	3D	ja	andere	

[1] Näherungsformel (siehe FLO-2D Manual [50])
[2] hohe Stabilität, Hydraulik
Abkürzungen: MPM = *Meyer-Peter/Müller* [176], SJ = *Smart/Jäggi* [149], RI = *Rickenmann* [129]

gerungsprozesses im Vergleich zu Hochwässern häufig deutlich kürzeren Ereignisdauern. Die Festlegung von IF erfolgt durch eine Begehung des Einzugsgebiets sowie nach Möglichkeit durch die Analyse vergangener Ereignisse (z. B. aus einer Ereignischronik). Der Intensitätsfaktor kann über den zeitlichen Verlauf des Bemessungsereignisses variieren. Es ist somit möglich, dass die maximale Prozessintensität nicht zum selben Zeitpunkt wie der Scheitelwert der zugrunde liegenden Reinwasserganglinie auftritt.

8.2.2 Überlastfall

Der Überlastfall definiert ein extremes Abflussereignis, welches die Größe des Bemessungsereignisses nach Abschnitt 8.2.1 deutlich überschreitet. Dieser „Lastfall" bildet ein mögliches hydrologisches Überlastungsszenario der Abflusssektion bzw. der Sperrenöffnungen oder/und des Tosbeckens (Sperrenvorfeld) ab. Der Abflusswert des Wasser-Feststoff-Gemisches beim Überlastfall $HQ_{WF,ÜLF}$ errechnet sich aus dem Bemessungsabfluss inklusive Feststofftransport BHQ_{wg} [m³/s] mal einem Erhöhungsfaktor von 1,3. Der Überlastfall gilt für Standard- und Schlüsselbauwerke.

$$BHQ_{WF,ÜLF} = 1,3 \cdot BHQ_{WF} \qquad (65)$$

8.3 Hydraulische Bemessung von Querbauwerken

8.3.1 Allgemeines

Bei einer hydraulischen Bemessung von Sperrenbauwerken der Wildbachverbauung sind folgende Bemessungen vorzunehmen:

- Bemessung der Abflusssektion im Bereich der Sperrenkrone und des Tosbeckens im Bereich des Sperrenvorfelds für das Bemessungsereignis laut Abschnitt 8.2.1 (s. Abschnitte 8.3.2 und 8.3.3),
- Bemessung der Sperrenöffnungen laut Abschnitt 8.3.4,
- Bemessung der Abflusssektion und des Tosbeckens auf den Überlastfall laut Abschnitt 8.2.2 (s. Abschnitt 8.3.3)

8.3.2 Bemessung der Abflusssektion

Der Abfluss über ein Querwerk kann als vollkommener oder unvollkommener Überfall erfolgen. Der *vollkommene Überfall* liegt vor, wenn eine Beeinflussung des Oberwasserstands und damit der überfallenden Wassermenge durch das Unterwasser nicht gegeben ist. Ein *unvollkommener Überfall* liegt vor, wenn das Oberwasserstand und damit die über das Querwerk abfließende Wassermenge vom Unterwasserstand beeinflusst sind [145].

Der Abfluss über ein Sperrenbauwerk erfolgt meist als vollkommener Überfall (Bild 118). Der Zufluss im Oberwasserbereich erfolgt gleichförmig, bis es zur Absenkung des Wasserspiegels (kritische Abflusstiefe h_k) und zum kontinuierlichen Übergang vom strömenden zum schießenden Abfluss kommt. Der Überfallstrahl stürzt über die Abflusssektion in das Tosbecken, wird dort verzögert und vollzieht wiederum den Übergang vom schießenden zum strömenden Abfluss. Dieser Übergang erfolgt diskontinuierlich in Form eines Wechselsprungs; dabei wird meist eine Deckwalze ausgebildet. Unterhalb des Wechselsprungs erfolgt der Abfluss wieder gleichförmig (Tabelle 37).

In der Wildbachverbauung treten für Querbauwerke in Abhängigkeit der Höhe des Absturzes ΔH und des Fließverhaltens des Zuflusses (strömend oder schießend) verschiedene Überfalltypen in Erscheinung.

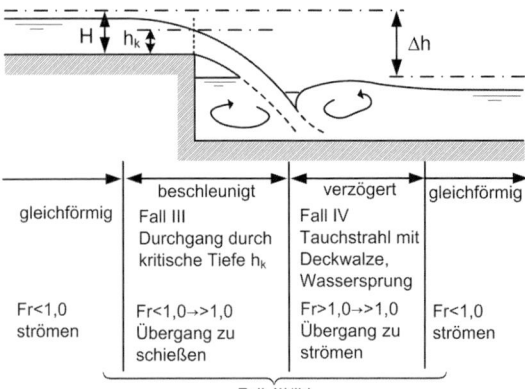

Bild 118. Vollkommener Überfall über ein Querbauwerk (nach [165])

Das Abflussvermögen bei vollkommenem Überfall wird nach der Gleichung von *Weisbach* (z. B. in [177, 178]) ermittelt, wenn eine Anströmgeschwindigkeit zu berücksichtigen ist:

$$Q = \frac{2}{3} \cdot \mu \cdot b_m \cdot \sqrt{2 \cdot g}$$
$$\left[\left(h_{\ddot{u}} + \frac{v^2}{2 \cdot g} \right)^{\frac{3}{2}} - \left(\frac{v^2}{2 \cdot g} \right)^{\frac{3}{2}} \right] \quad (66)$$

Kann die Anströmgeschwindigkeit vernachlässigt werden, kann die Gleichung von *Poleni* (z. B. in [177, 178]) zur Anwendung gelangen:

$$Q = \frac{2}{3} \cdot \mu \cdot \sqrt{2 \cdot g} \cdot b_m \cdot h_{\ddot{u}}^{\frac{3}{2}} \quad (67)$$

mit

$h_{\ddot{u}}$ Höhe der Profils der Abflusssektion (wird der Energiehöhe h_E gleichgesetzt) in [m]

v Anströmgeschwindigkeit in [m/s]

μ Überfallbeiwert: für breite, scharfkantige Wehrkrone = 0,55 [22] [-]

b_m mittlere Breite der Überfallsektion in Höhe $1/3 \cdot H_A$ in [m]

g Gravitationskonstante in [m/s²]

Bild 120 zeigt das Schema eines Sperrenüberfalls.

Für die Wahl der Breite der Abflusssektion ist zu beachten, dass durch die Hebung der Gerinnesohle die Sohlbreite des Gerinnes im Oberwasser wesentlich breiter wird als im unverbauten Zustand bzw. die Sohlbreite im Unterwasserbereich der Sperre. Die Kontraktion des strömenden Zuflusses soll in der Abflusssektion möglichst gering gehalten werden. Andererseits tritt eine Dilatation des Wasserstrahls im Überfall ein, sodass dieser in größerer Breite als b_A auf die Sohle im Sperrenvorfeld auftrifft. Bei zu geringer Breite im Sperrenvorfeld können daher die Talflanken vom Überfallstrahl beaufschlagt werden und sind unbedingt gegen Erosion zu sichern. Als Richtwert zur Berücksichtigung dieses Faktors für die Gestaltung der Breiten der Abflusssektion und der Sohle im Vorfeld gilt nach [22] (Mindestwert):

$$b_A = (0,8 \div 0,9) \cdot b_s \quad (68)$$

mit

b_A Breite der Abflusssektion an der Überfallkante

b_s Breite der Sohle im Sperrenvorfeld

Die Bemessung des Abflussvermögens bei unvollkommenem Überfall erfolgt nach Gl. (69):

$$Q = c \cdot \frac{2}{3} \cdot \mu \cdot \sqrt{2 \cdot g} \cdot b \cdot h_{\ddot{u}}^{\frac{3}{2}} \quad (69)$$

Der Überfall ist unvollkommen für c < 1,0. Der Beiwert c kann aus dem Nomogramm (Bild 121) abgeleitet werden und hängt von der Wehrform so-

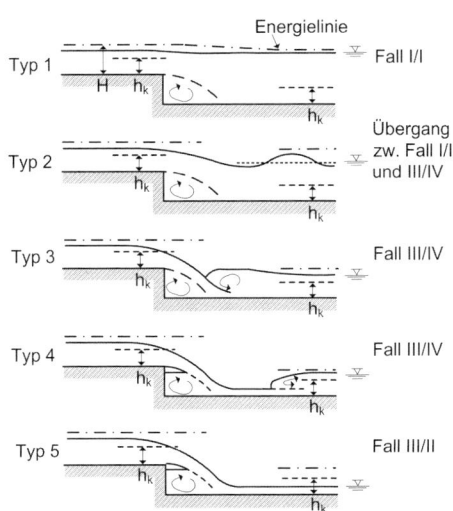
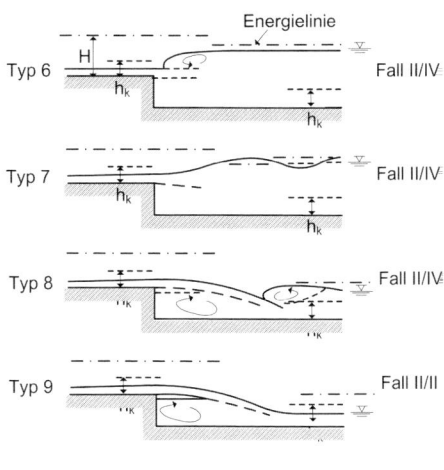

Bild 119. Überfalltypen über Querbauwerken der Wildbachverbauung (nach [165])

Tabelle 37. Überfalltypen zu Bild 119 (nach [165])

Typ	Beschreibung		
Typ 1	unvollkommener Überfall	$\Delta h < 1/3\,H$	Der Zufluss zum Überfall wird vom Unterwasser stark beeinflusst: „rückgestauter" Überfall.
Typ 2	gewellter Überfall	$1/3 < \Delta h < H$	Der Zufluss zum Überfall wird vom Unterwasser beeinflusst.
Typ 3	vollkommener Überfall mit bedecktem Tauchstrahl	$\Delta h > 2\,H$	Der Zufluss wird im Bereich $h < \Delta h < 2\,h$ immer noch leicht beeinflusst. Bei größeren Werten von Δh ist keine Beeinflussung mehr feststellbar.
Typ 4	vollkommener Überfall mit unbedecktem Tauchstrahl	Sonderform von Typ 3	
Typ 5–7	Sonderformen		Übergang einer Schussrinne in einen Vorfluter.
Typ 8–9	vollkommener Überfall mit schießendem Zufluss	analog Typ 3	Überleitung einer Schussrinne in einen Vorfluter.

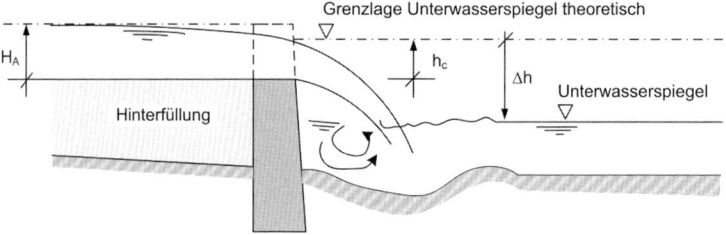

Bild 120. Schema des Sperrenüberfalls – vollkommener Überfall (nach [22])

wie vom Verhältnis der Abflusstiefe im Oberwasser $h_{ü}$ und der Abflusstiefe im Unterwasser h_u ab [137].

Durch den Überfall bilden sich nicht nur vertikale Wirbel (Walzen) aus (Deckwalze, Grundwalze), sofern eine ausreichende Sohlbreite im Vorfeld der Sperre gegeben ist, treten auch Randwalzen in Erscheinung, die durch Rückströmung im Bereich der Ufer gebildet werden (Bild 122).

In der Natur treten in der Regel keine konstanten Abflüsse auf, sodass beim Ablauf einer Hochwasserwelle mit einem mehrfachen Wechsel des Überfalltyps zu rechnen ist. Diese Variabilität ist bei der Dimensionierung des Überfalls und Tosbeckens (Vorfelds, Kolks) unbedingt zu beachten.

Je nach Art des Querbauwerks bildet sich ein voll aufliegender oder ein frei fallender Überfallstrahl aus [165]. Ein aufliegender Überfallstrahl kann durch Sogwirkung und Kavitation Schäden am Bauwerk verursachen. Daher ist es von großer Bedeutung, dass die Unterseite des Überfallstrahls gut belüftet ist. Andernfalls wird der Überfallstrahl instabil und pendelt bei gleichem Zufluss hin und her.

Die Energieumwandlung des Überfallstahls ist umso vollkommener, je mehr die Abflussverhältnisse dem Überfalltyp 3 (vollkommener Überfall mit bedecktem Tauchstrahl) gleichkommen. Deshalb ist aus hydraulischer Sicht die Ausbildung eines freien, tiefen Sperrenkolks von Vorteil (Bild 123). Da die freie Kolkbildung aus Sicht der Standsicherheit des Querbauwerks selten vertretbar ist, wird im Vorfeld von Sperren häufig ein Tosbecken mit künstlicher Vertiefung (eingesenkte, befestigte Sohle) angeordnet oder die Kolkbildung wird durch die Anordnung einer Tosbeckenschwelle (Vorsperre) begrenzt.

Die meisten Gleichungen für den Überfall gehen von der Voraussetzung aus, dass die Zuflussgeschwindigkeit sehr klein ist und die Sohle im Oberwasserbereich gegenüber der Überfallkante tief liegt. Dieser Fall tritt in der Wildbachverbauung allerdings nur im unverlandeten Zustand des Quer-

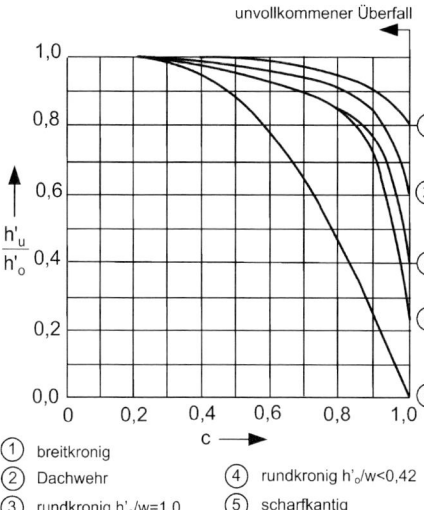

① breitkronig
② Dachwehr
③ rundkronig $h'_o/w=1,0$
④ rundkronig $h'_o/w<0,42$
⑤ scharfkantig

Bild 121. Unvollkommener Überfall: Bestimmung des Beiwerts c (nach [137])

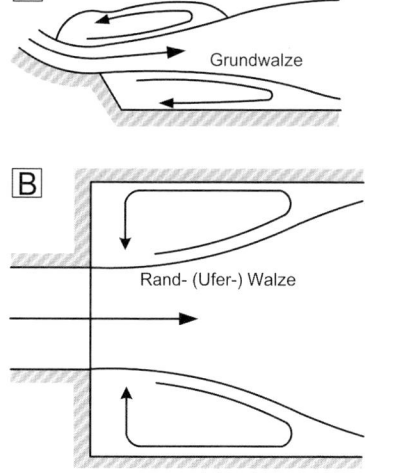

Bild 122. Ausbildung der Deckwalze, Grundwalze und Randwalze im Sperrenvorfeld (nach [87])

bauwerks auf. Die Zuflussgeschwindigkeit beeinflusst maßgeblich die Sprungweite und somit die Lage des Kolks. In der Wildbachverbauung ist der häufigste Fall jener eines hinterfüllten Querbauwerks (oberhalb ebene, geneigte Sohle), wobei der Abfluss im Bereich der Überfallkante in Schießen

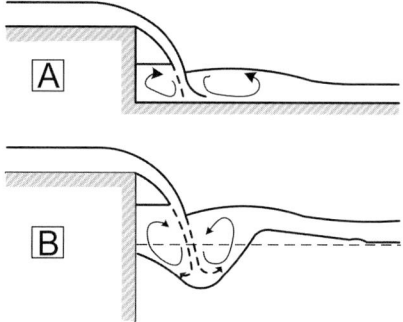

Bild 123. Vollkommener Überfall: (A) bei fester und (B) bei beweglicher Sohle im Unterwasserbereich (nach [165])

übergeht (vollkommener Überfall) oder vom Unterwasser rückgestaut wird (gewellter oder unvollkommener Überfall) [165].

Das Querbauwerk wirkt querschnittsverengend, aber auch durch die Breite der Krone (Mauerstärke) auf den Abflussvorgang ein. Für die Bemessung des Überfalls über Querbauwerke der Wildbachverbauung bleibt dieses Kriterium jedoch unberücksichtigt.

Um den üblichen Gepflogenheiten im Wasserbau gerecht zu werden wurde in der Entwurfsfassung der ÖNORM B 4800 [119] auch ein Freibord für Abflusssektionen von Sperren definiert. Das mindestens erforderliche Freibord f_{min} [m] in der Abflusssektion ist in Abhängigkeit von Prozesstyp, Bauwerkskategorie und Bauwerksdimension aus der Tabelle 38 zu entnehmen. Die dort angegebenen Freibordmaße sind als die lotrecht auf den Wasserspiegel angenommenen Abstände zur Oberkante der Abflusssektion anzusehen. h_{AS} [m] ist die Anströmhöhe in der Abflusssektion beim Bemessungsereignis.

8.3.3 Bemessung des Tosbeckens bzw. des Sperrenvorfelds (Kolk)

Der Kolk ist eine Folgeerscheinung des Fließwechsels, der beim Überfall des Abflusses über die Sperre (Grundschwelle) auftritt. Im Kolk tritt ein diskontinuierlicher Fließwechsel vom schießenden zum strömenden Abfluss (Wechselsprung) auf. Durch die in Abschnitt 8.1.1.3 beschriebene Variabilität des Abflusses kann es während des Hochwasserereignisses bei freier Kolkbildung zu starken Veränderungen der Morphologie des Kolks kommen (unterschiedliche Orte des Auftreffens des Überfallstrahls, verschiedene Kolkformen).

Für die freie Ausbildung von Kolken ist die Erodierbarkeit der Sohle von zentraler Bedeutung. In der

Tabelle 38. Erforderliches Freibord f_{min} beim Bemessungsereignis BHQ_{WF} in Abhängigkeit von Prozesstyp, Bauwerkskategorie und Anströmhöhe h [119]

Prozesstyp	Standardbauwerk	Schlüsselbauwerk
Hochwasser, fluviatiler Feststofftransport	$f_{min} = \dfrac{h_{AS}}{5} \leq 0,5$ m $f_{min} \geq 0,25$ m	$f_{min} = \dfrac{h_{AS}}{4} \leq 1,0$ m $f_{min} \geq 0,50$ m
murartiger Feststofftransport, Murgang	$f_{min} = \dfrac{h_{AS}}{4} \leq 1,0$ m $f_{min} \geq 0,50$ m	$f_{min} = \dfrac{h_{AS}}{3} \leq 1,5$ m $f_{min} \geq 0,75$ m

Sohle von Wildbächen trifft man häufig ein breites Kornspektrum des Sediments an, welches von großen Blöcken (teilweise kolluvial aus dem Hang eingetragen) bis zu feinem Sand reicht. Dabei ist entscheidend, ob es sich um kohäsionsloses oder bindiges Material handelt. Fallweise tritt auch Fels in Erscheinung, wobei bei verschiedenen Gesteinsarten die Erodierbarkeit unterschiedlich zu bewerten ist. (Näheres dazu siehe *Zeller* [165])

In der Vergangenheit wurden zahlreichen Versuche zur empirischen Modellierung von Kolken unterhalb von Wildbachsperren, überwiegend mit kohäsionslosem Sediment, durchgeführt (Ermittlung der *Kolktiefe*). Die dabei entwickelten Modelle – z. B. *Koutoulas* [88] oder VAW (*Böll* [22]) – hängen maßgeblich von der Zusammensetzung des Sohlsediments ab. In der Praxis der Wildbachverbauung ist die Ermittlung von allgemeingültigen Kornverteilungskurven mit vertretbarem Aufwand kaum möglich, weil neben der Zusammensetzung der Deckschicht auch die Kornverteilung der Grundschicht bis zur maximalen Kolktiefe maßgebend ist. Daher wird die Kolktiefe in der Praxis nicht berechnet, sondern nur nach Erfahrungswerten geschätzt.

Vielmehr wird dem Kolkproblem durch konstruktive Vorkehrung Rechnung getragen. Für die Planung dieser Vorkehrungen (Tosbecken, Vorsperren) ist die Kenntnis der maximalen Längsausdehnung der Kolkwirkung erforderlich. Ebenso wichtig ist die Breite des Tosbeckens im Zusammenhang mit der Entwicklung von Randwalzen.

Für die Bemessung der Tosbeckenbreite im Bereich der Vorsperre wird für die Praxis die 1,5-fache Sohlbreite im Bereich der Abflusssektion vorgeschlagen [10]. Für die Bemessung der Tosbeckenlänge L_T werden in der Praxis verschiedene empirisch entwickelte Gleichungen verwendet. Die Gleichung nach *Angerholzer* [2] berücksichtigt die Zuflussgeschwindigkeit und ist daher auch für verlandete Sperrenbauwerke mit geneigter Sohle anwendbar:

$$L_T = (v + \sqrt{2 \cdot g \cdot h}) \cdot \sqrt{\dfrac{2 \cdot \Delta H}{g}} + h \quad (70)$$

mit

ΔH Absturzhöhe: Höhe von der Unterkante der Abflusssektion am luftseitigen Rand über der Sohle am Auftreffpunkt des Wurfstrahls im Unterwasser in [m]

h   Durchflusshöhe in der Abflusssektion in [m]

v   Zuflussgeschwindigkeit in [m/s]

Die Gleichung nach *Angerholzer* berechnet den Abstand zum Sperrenbauwerk bei dem der Überfallstrahl die Bachsohle trifft und wird als Mindestwert für die Tosbeckenlänge verwendet.

8.3.4 Bemessung der Sperrenöffnungen

Die Bemessung des *Abflusses aus Sperrenöffnungen* ist eine weitere wichtige Fragestellung der hydraulischen Bemessung von Querbauwerken der Wildbachverbauung. Die hydraulische Bemessung der Öffnungen erfolgt mit der Einschränkung, dass die Öffnung frei ist. Sobald eine Verringerung des Querschnitts durch Verlegung mit Feststoffen (Ver-

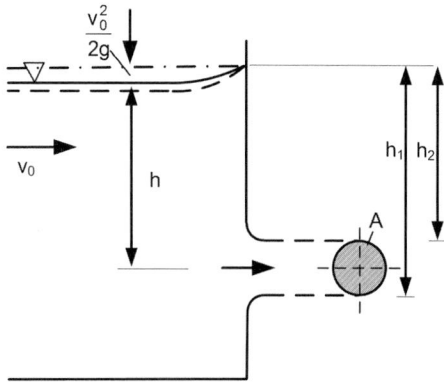

Bild 124. Abfluss aus einer beliebigen Öffnung (nach [137])

klausung) oder ein völliger Verschluss der Öffnung eintritt, verliert die Berechnung ihre Relevanz. Tendenziell wird daher die hydraulische Bemessung von Sperrenöffnungen als Mindestwert aufzufassen sein.

Der Abfluss aus Öffnungen beruht auf dem Gesetz des freien Falls. Für diesen Fall ist der konstante Abfluss Q nach folgender Gleichung zu ermitteln, wenn die Zuflussgeschwindigkeit v_0 klein ist [137]:

$$Q = \alpha \cdot A \cdot \sqrt{2 \cdot g \cdot h_o} \qquad (71)$$

mit

α Abflusszahl zur Berücksichtigung der Strahleinschnürung, Reibung und Höhe der Ausflussöffnung

Aus dieser Grundgleichung ergibt sich der freie Ausfluss aus einer beliebigen Öffnung mit Querschnitt A (Bild 124):

$$Q = \alpha \cdot A \cdot \sqrt{2 \cdot g \cdot \left(h + \frac{v_0^2}{2 \cdot g}\right)} \qquad (72)$$

mit

h Überstauhöhe vom Schwerpunkt der Öffnung gemessen [m] $= (h_1 + h_2)/2$

v_0 Zuflussgeschwindigkeit [m/s]

Für die hydraulische Bemessung von nach oben geschlossenen Sperrenöffnungen (Dolen) schlägt *Leys* [100] bei Rückstau (Zuflussgeschwindigkeit v = 0) folgende Gleichungen vor:

Für Dolen mit rechteckigem Querschnitt:

$$Q = \frac{2}{3} \cdot \mu \cdot b \cdot \sqrt{2 \cdot g} \cdot (h_1^{3/2} - h_2^{3/2}) \qquad (73)$$

Für Dolen mit kreisrundem Querschnitt:

$$Q = \mu \cdot b^2 \sqrt{2 \cdot g} \cdot \sqrt{\frac{(h_1 + h_2)}{2}} \qquad (74)$$

mit

b Breite (Durchmesser) der Dole

μ Durchflussbeiwert (0,65–0,7)

h_1 Überstauhöhe über der Unterkante der Dole

h_2 Überstauhöhe über der Oberkante der Dole

8.4 Bemessung des Stauraums (Speicherkapazität) für die Feststofffracht

Die *Speicherkapazität des Stauraums* (Verlandungsraums) einer Wildbachsperre entspricht jener Feststoffmenge, die während eines Ereignisses zurückgehalten werden kann. Für mehrere hintereinander geschaltete Stauräume erfolgt die Ermittlung des Rückhaltevermögens durch Summation. Weiterhin ist für die Bemessung des Stauraums entscheidend, welche Feststoffmenge unretentiert durch die Sperre(n) durchdriften kann. Dies hängt maßgeblich von der Durchgängigkeit der Sperre(n) ab.

Die Ermittlung des Volumens des Stauraums erfolgt in der Regel auf der Basis eines (digitalen) Geländemodells, in welches die Sperre als vordere Begrenzungsfläche eingefügt wird. Für eine Vorbemessung – z. B. im Rahmen eines Variantenstudiums zur Auswahl eines geeigneten Sperrenstandorts – kann jedoch die Volumenermittlung auch aus geodätischen Querprofilen erfolgen, in welche die Verlandungslinie, die zuvor aus dem Längsschnitt abgenommen wurde, eingetragen wird.

Ansatzpunkt der Verlandungslinie ist die wasserseitige Kante der Abflusssektion im Längsprofil. Die Verlandungslinie wird im Längsprofil mit dem Verlandungswinkel aufgetragen und mit der Linie der ursprünglichen Bachsohle zum Schnitt gebracht. Konstruktiv erhält man so die Stauwurzel.

Die Neigung der Verlandungslinie (*Verlandungswinkel*) für Rückhalteräume bei Vollstau hängt maßgeblich von der Art des Transportprozesses und der Zusammensetzung der Feststoffe inklusive des Wasseranteils ab. Für die Festlegung des Verlandungswinkels werden die Richtwerte aus Tabelle 39 empfohlen.

Bei der Festlegung des maßgeblichen Verlandungsgefälles (Verlandungswinkels) ist zu beachten, dass der Transportprozess und die Zusammensetzung des Sediments oft nur mit Unsicherheiten identifiziert werden können. Im Zweifelsfall ist daher immer der niedrigere Wert aus Tabelle 39 anzunehmen.

Der verfügbare Stauraum (in [m^3]) wird für die Bemessung der Feststofffracht des Ereignisses gegenübergestellt. Jene Feststoffmenge, die durch die Sperre ungestaut durchdriften und im Unterlauf schadlos abtransportiert werden kann, kann vom erforderlichen Rückhaltevolumen in Abzug gebracht werden. Allerdings darf diese Reduktion nur dann vorgenommen werden, wenn eine Verklausung der Sperrenöffnung ausgeschlossen werden kann. Kann dies nicht mit ausreichender Sicherheit angenommen werden, ist die volle Ereignisfracht für die Bemessung des Stauraums anzusetzen.

Ein weiterer Faktor ist die Freihaltung des Stauraums für das Bemessungsereignis durch regelmäßige Räumung durch den Erhaltungsverpflichteten oder durch Selbstentleerung. Da angenommen werden muss, dass die Erhaltungsverpflichtung nicht in vollem Umfang erfüllt wird oder der Stauraum durch vorangegangene Ereignisse vorverfüllt ist, ist aus Sicherheitsgründen für die Bemessung des Stauraums die maßgebliche Ereignisfracht um 30 % zu erhöhen (*Vorverfüllungs-Faktor*).

Tabelle 39. Empfohlener Verlandungswinkel der Ablagerung von Feststoffen für die Bemessung von Stauräumen von Wildbachsperren (in Richtung der Bachachse gemessen)

Maßgeblicher Transportprozess	Zusammensetzung des Sediments	Verlandungswinkel
Hochwasser	Schwebstoff und feinkörniges Geschiebe	0%
fluviatiler Feststofftransport	feinkörniges Geschiebe (kiesig-sandig)	0–5%
	grobkörniges Geschiebe (Steine und Blöcke)	10–15%
murartiger Feststofftransport	grobes bis sehr feines Geschiebe	5–15%
Schlammströme (feinkörnige Muren)	Schlamm und feines Geschiebe	0–5%
granulare Muren mit Matrix	Grobgeschiebe mit feinkörniger Matrix	10–15%
granulare Muren ohne Matrix (Geröllmuren)	nur grobe Komponenten (Steine und Blöcke) ohne Feinteil	15–25%

Die Bemessung von Speichern für den Hochwasserrückhalt (Hochwasserdosierung) hängt vom Verhältnis der zulaufenden und ablaufenden Abflussganglinie ab und kann z. B. nach dem Seeretentionsverfahren durchgeführt werden. Näheres dazu findet sich bspw. bei *Rössert* [137].

9 Statische Berechnung und Bemessung

9.1 Bemessungsgrundlagen

9.1.1 Normative Grundlagen

Grundsätzlich erfolgt die Bemessung von Sperrenbauwerken nach den üblichen gültigen Bautechniknormen. In Österreich wurden speziell für die Bemessung von Wildbachsperren eigene Normenwerke ONR 24801, 24802 und 24803 entwickelt. Alle diese Normenwerke basieren auf den Eurocode-Basisidokumenten. Die Nachweise sind für einen Großteil der Sperrentypen gleich, daher wird in diesem Abschnitt die innere und äußere Standsicherheit global abgehandelt. Auf Besonderheiten der einzelnen Bautypen wird in Abschnitt 9.3 eingegangen.

9.1.1.1 Äußere Standsicherheit

Unter dem Begriff „äußere Standsicherheit" werden die Grenzzustände EQU, GEO und HYD (s. Tabelle 40) zusammengefasst. Als europäische Rahmenverordnung für den Entwurf, die Berechnung und Bemessung in der Geotechnik gilt der Eurocode 7 (EN 1997-1 [49]) mit dem jeweiligen nationalen Anwendungsdokument (NAD).

9.1.1.2 Innere Standsicherheit

Unter dem Begriff „innere Standsicherheit" werden die Grenzzustände STR (s. Tabelle 40) zusammengefasst. Bei massiven Sperrenbauwerken werden Beton-, Stahlbeton- und Stahlquerschnitte eingesetzt. Grundsätzlich erfolgt die Bemessung und konstruktive Durchbildung von *Beton- und Stahlbetontragwerken* nach EN 1992-1-1 + NAD. In der ONR 24802 wurden bezüglich des Umgangs mit Mindestbewehrungskonzepten auf Wildbachsperren zugeschnittene Konzepte eingearbeitet. *Stahlteile* sind nach EN 1993-1-1 [48] + NAD zu bemessen.

9.1.2 Charakteristische Werte

Als *charakteristischer Wert* wird der Wert einer Einwirkung oder eines Widerstands bezeichnet, von dem angenommen wird, dass er mit vorgegebener Wahrscheinlichkeit im Bezugszeitraum unter Berücksichtigung der Nutzungsdauer des Bauwerks und der Bemessungssituation nicht überschritten oder unterschritten wird. Charakteristische Größen werden durch den Index „k" gekennzeichnet. Bei Verwendung des Eurocode-Konzepts bei der Bemessung müssen charakteristische und repräsentative Werte von Einwirkungen entsprechend EN 1990 und den verschiedenen Teilen der EN 1991 abgeleitet werden.

9.1.2.1 Baustoffe

Charakteristische *Festigkeitswerte für Baustoffe* sind in den einschlägigen Normen oder in Produktzulassungen festgelegt. Sie werden statistisch aus Versuchen abgeleitet und als 5%-Fraktile der Verteilung als Widerstand (z. B. Festigkeiten) und als 95%-Fraktile als Einwirkung (z. B. Eigengewicht) festgelegt.

9.1.2.2 Geotechnische Kennwerte

Charakteristische Werte für geotechnische Kennwerte werden je nach erforderlicher Genauigkeit von Labor- und Feldversuchen abgeleitet, aus Erfahrungen angenommen oder aus Tabellenwerken entnommen. Bei letzteren beiden Punkten ist der charakteristische Wert als eine deutlich vorsichtigere Schätzung desjenigen Wertes festzulegen, der im Grenzzustand wirkt. Ferner ist die größere Streuung von c' im Vergleich zu tan φ' bei der Festlegung ihrer charakteristischen Werte zu berücksichtigen. Werden an einer Gründungsfläche mehrere Stichproben entnommen, kann der charakteristische Wert als vorsichtiger Schätzwert des Mittelwerts der Stichproben angesetzt werden. Die Robustheit des Bauwerks bezüglich Schwankungen der Bodenkennwerte ist dabei unbedingt zu berücksichtigen. Falls statistische Verfahren benutzt werden, sollte der charakteristische Wert so abgeleitet werden, dass für den betrachteten Grenzzustand die rechnerische Wahrscheinlichkeit für einen ungünstigeren Wert nicht größer als 5 % ist.

9.1.2.3 Ständige Einwirkungen und geometrische Parameter

Geometrische Parameter (Längen, Höhen, Volumina, …) werden für die Berechnung von Eigengewichten (ständige Einwirkungen G_k), Spannungen und Einwirkungen (z. B. Wasserdrücke, Erddrücke) benötigt. Sie sind je nach Auswirkung auf diese Berechnungsergebnisse auf der sicheren Seite liegend anzusetzen. Charakteristische Werte von Geländekoten, Spiegelhöhen von Wasserdrücken sind so genau wie möglich anzunehmen (Messwerte, Nennwerte als geschätzte obere und untere Höhenangaben). Fließtiefen aus den Bächen werden in der Regel als Extremwert (BHQ_{WF}; s. Abschnitt 8.2.1) je nach Schutzziel angesetzt.

9.1.2.4 Veränderliche Einwirkungen

Der charakteristische Wert (Q_k) einer veränderlichen Einwirkung ist so festzulegen, dass er entweder für einen bestimmten Bezugszeitraum als oberer Wert eine vorgegebene Wahrscheinlichkeit nicht überschreitet oder als unterer Wert eine vorgegebene Wahrscheinlichkeit erreicht. Wenn eine statistische Verteilung unbekannt ist, wird er als Nennwert angegeben. In der Regel beruhen die charakteristischen Werte der klimatischen Einwirkungen aus der EN-1991-Reihe auf der 98 %-Überschreitungsfraktile der Extremwertverteilung der wesentlichen zeitveränderlichen Basisvariablen für einen Bezugszeitraum von 1 Jahr. Dies einspricht einer mittleren Wiederkehrperiode dieser Basisvariablen von 50 Jahren. Fließtiefen aus den Bächen werden in der Regel als Extremwert (BHQ_{WF}, s. Abschnitt 8.2.1) je nach Schutzziel angesetzt.

9.1.2.5 Außergewöhnliche Einwirkungen

Außergewöhnliche Einwirkungen werden direkt durch ihre Bemessungswerte A_d für jedes Projekt festgelegt. Die Regeln zur Festlegung von veränderlichen oder außergewöhnlichen Einwirkungen für Schutzbauwerke der Wildbachverbauung sind in Abschnitt 7.1 und 9.2.3 festgelegt. Eine außergewöhnliche Einwirkung auf Wildbachsperren resultiert aus dem Überlastfall (ÜLF, s. Abschnitt 8.2.2).

9.1.3 Maßgebliche Versagensarten von Wildbachsperren

Die maßgeblichen Versagensarten von Wildbachsperren sind ähnlich jenen von Stützmauern. Besonders bei länger eingestauten Sperrenbauwerken sind die hydraulischen Versagensmechanismen (hydraulischer Grundbruch, Aufschwimmen) maßgeblich. Die wichtigsten Versagensarten sind in Bild 125 dargestellt. Aus ihnen leiten sich die zu betrachtenden Grenzzustände ab.

An Querbauwerken in Bächen und Flüssen werden somit die folgenden Versagensarten der Tragfähigkeit unterschieden:

- Gleiten,
- Kippen,
- Verlust der äußeren Lagesicherheit (nur auf Fels),
- Grundbruch,
- Geländebruch (Gesamtstandsicherheit),
- Auftriebsbruch (besonders bei Leichtbauweisen und großflächigen Fundamentplatten),
- hydraulischer Grundbruch/Piping,
- Versagen von Bauteilen (Biegeversagen, Schubversagen, Stabilitätsversagen, Verlust der inneren Lagesicherheit bei Trockenmauern und Gabionen, kontinuierlicher Abtrag des Sperrenkörpers durch den Gerinneabfluss).

Die Versagensarten der Gebrauchstauglichkeit von Querbauwerken sind maßgeblich vom Funktionstyp (→ Abschnitt 4.2.1) abhängig. Dabei können nach [156–158] die folgenden Versagensarten unterschieden werden. In Klammern ist der jeweilige Funktionstyp angegeben, für den diese Versagensart maßgebend ist. Versagensarten ohne Klammer gelten für alle Funktionstypen.

- unplanmäßiges Überborden des Hochwasserabflusses (zu gering dimensionierte Abflusssektion, zu geringe wirksame Bauwerkshöhe bei Retentionssperren),
- Verklausung (Stabilisierung, Konsolidierung, Dosierung),
- Unterströmung (Piping),
- seitliche Umgehung des Bauwerks,
- unplanmäß fehlende Verfüllung des Verlandungsraums (Stabilisierung, Konsolidierung),
- fehlendes Speichervolumen im Retentionsbecken (Dosierung, Filterung, Rückhalt),
- übermäßige Verformungen im Untergrund,
- übermäßige Verformungen im Tragwerk,

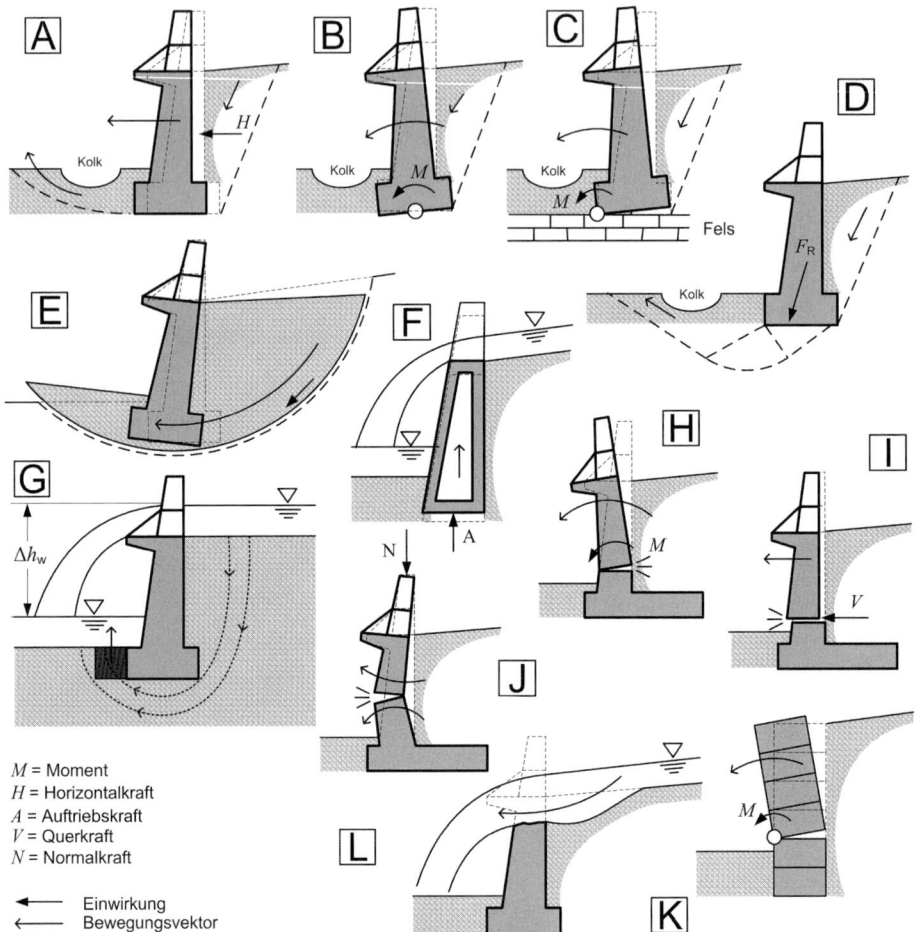

M = Moment
H = Horizontalkraft
A = Auftriebskraft
V = Querkraft
N = Normalkraft

← Einwirkung
⇐ Bewegungsvektor

Bild 125. Versagen der Tragfähigkeit von Querbauwerken des Schutzwasserbaues (dargestellt ist ein Schnitt durch das Querbauwerk in Gerinneachse): (A) gleiten; (B) kippen; (C) Verlust der äußeren Lagesicherheit; (D) mechanischer Grundbruch; (E) Geländebruch (Gesamtstandsicherheit); (F) Auftriebsbruch; (G) hydraulischer Grundbruch; (H) Biegeversagen eines Bauteils; (I) Schubversagen eines Bauteils; (J) Stabilitätsversagen eines Bauteils; (K) Verlust der inneren Lagesicherheit; (L) kontinuierlicher Abtrag des Sperrenkörpers; aus [158]

– unzureichende Wasserundurchlässigkeit des Tragwerks und/oder des Untergrunds (besonders Hochwasserrückhalt).

9.1.4 Grenzzustände

Die Basis jeder Bemessung ist die Festlegung des Grenzzustands. Je nachdem, welche Eigenschaft eines Bauwerks nachzuweisen ist, muss ein passender Grenzzustand überlegt werden, welcher nicht überschritten werden darf. Ein Grenzzustand ist erreicht, wenn ein Bauwerk inklusive des umgebenden Untergrunds oder ein Teil davon die gewünschten Entwurfsanforderungen nicht mehr erfüllt. Die maßgeblichen Grenzzustände in Abhängigkeit des Bauwerktyps leiten sich aus den Versagensarten laut Abschnitt 9.1.3 ab.

Im Eurocode-Konzept wird die Gruppe der Grenzzustände der Tragfähigkeit (GZT) und der Gebrauchstauglichkeit (GZG) unterschieden (Tabelle 40).

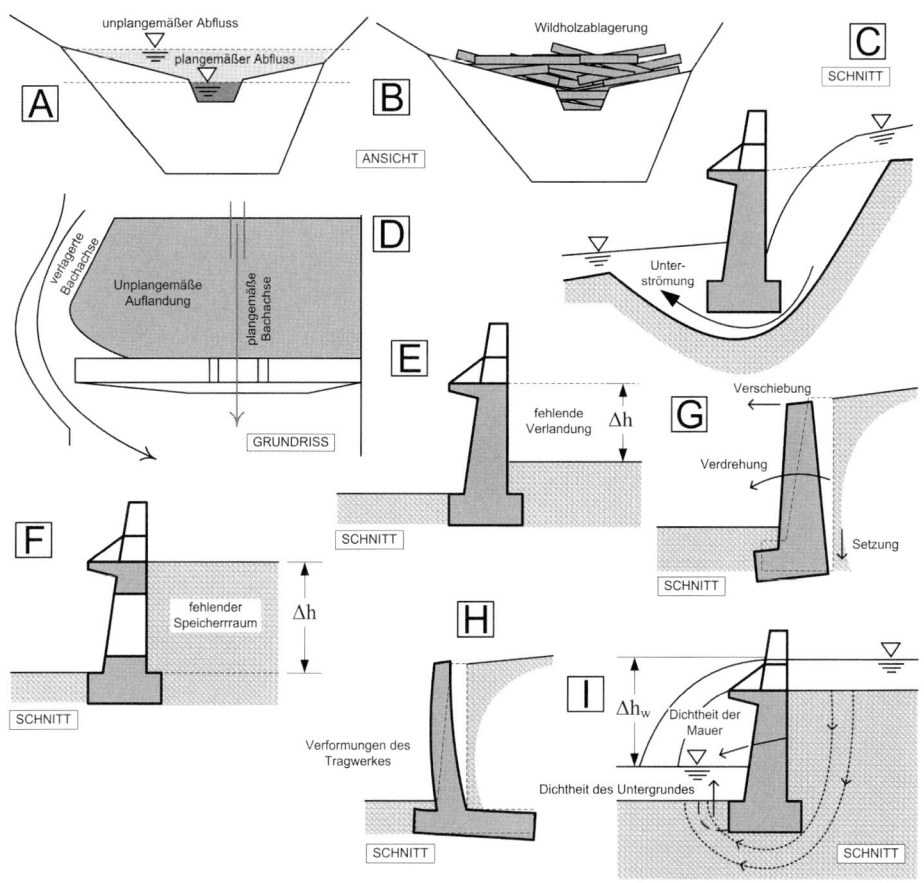

Bild 126. Versagen der Gebrauchstauglichkeit von Querbauwerken des Schutzwasserbaus: (A) Überborden; (B) Verklausung; (C) Unterströmung; (E) fehlende Verlandung; (F) fehlendes Speichervolumen; (G) Verdrehungen, Verschiebungen und Setzungen im Untergrund; (H) Bauwerksverformungen; (I) Wasserundurchlässigkeit; aus [158]

Grenzzustände, welche die Sicherheit von Personen und/oder die Sicherheit des Tragwerks betreffen, sind als *Grenzzustände der Tragfähigkeit (GZT)* einzustufen. Im GZT gilt es nachzuweisen, dass der Bruch eines Tragwerks oder der Bruch im Untergrund ausgeschlossen ist. Somit ist eine ausreichende Sicherheit gegen einen Grenzzustand der Tragfähigkeit gegeben, wenn der Bemessungswert der Einwirkung E_d kleiner als der Bemessungswert des Widerstands R_d ist. Dabei gilt ein GZT als ausreichend ausgeschlossen, wenn das Bemessungskriterium nach Gl. (75) erfüllt ist. Dieses Kriterium lässt sich auch über den Ausnutzungsgrad μ formulieren (Gl. (76)).

$$E_d \leq R_d \quad \text{bzw.} \quad \mu = \frac{E_d}{R_d} \leq 1{,}0 \quad (75)\,(76)$$

Im Konzept mit Teilsicherheitsbeiwerten ist die Gesamtsicherheit auf einen Teilsicherheitsbeiwert für den Widerstand γ_R und einen für die Einwirkung γ_E aufgeteilt. Generell erfolgt die Berechnung der Bemessungswerte nach EN 1990 und EN 1997-1 [49]. Die Höhe der Teilsicherheitsbeiwerte für Wildbachsperren ist von der Bauwerkskategorie, vom betrachteten Grenzzustand und der Bemessungssituation (BS) abhängig.

Tabelle 40. Im Konzept der Eurocodes festgelegte Grenzzustände, basierend auf EN 1990

Gruppe	Bez.	Beschreibung
Grenzzustände der Tragfähigkeit (GZT) ULS (Ultimate Limit State)	EQU [1)2)]	Verlust der Lagesicherheit (Gleichgewichtsverlust)
	STR [2)]	Konstruktive Grenzzustände (Versagen oder übermäßige Verformung des Tragwerks oder eines seiner Teile)
	GEO [1)]	Geotechnische Grenzzustände (Versagen oder übermäßige Verformung des Baugrunds)
	FAT [1)]	Ermüdungsversagen des Tragwerks oder seiner Teile
	UPL [1)]	Gleichgewichtsverlust des Bauwerks infolge Auftrieb durch Wasserdruck
	HYD [1)]	Hydraulischer Grundbruch, innere Erosion oder Piping
Grenzzustände der Gebrauchstauglichkeit (GZG) SLS (Serviceability Limit State)	GZG 1 [3)]	Grenzzustand der Gebrauchstauglichkeit im Untergrund (Verformungen im Untergrund, Setzungen)
	GZG 2 [3)]	Grenzzustand der Gebrauchstauglichkeit im Tragwerk (Verformungen, Spannungen, Rissbreiten)
	GZG 3 [3)]	Grenzzustand der Gebrauchstauglichkeit im Prozessablauf (Erfüllung des Schutzziels)

[1)] beinhalten Nachweise der „äußeren Standsicherheit" von Bauwerken
[2)] beinhalten Nachweise der „inneren Standsicherheit" von Bauwerken
[3)] Aufteilung in drei Gruppen laut ONR 24802

Grenzzustände, die die Funktion des Tragwerks oder eines seiner Teile unter normalen Gebrauchsbedingungen oder das Wohlbefinden der Nutzer oder das Erscheinungsbild des Bauwerks betreffen, werden als *Grenzzustände der Gebrauchstauglichkeit (GZG)* eingestuft. Diese Grenzzustände sind nachzuweisen, wenn durch die Auswirkungen der Gebrauchslast und der Umgebungseinflüsse die Nutzung während der geplanten Lebensdauer des Bauwerks nicht mehr gegeben sein kann. Dabei ist laut EN 1990, 6.5.1 zu zeigen, dass das Kriterium in Gl. (77) erfüllt ist, wobei der Bemessungswert der Auswirkung der Einwirkung in der Dimension des Gebrauchstauglichkeitskriteriums aufgrund der maßgebenden Einwirkungskombination (E_d) geringer als der Bemessungswert der Grenze für das maßgebende Gebrauchstauglichkeitskriterium (C_d) sein muss.

$$E_d \leq C_d \quad (77)$$

Die Teilsicherheitsbeiwerte für Gebrauchstauglichkeitsnachweise sind generell mit 1,0 angesetzt. In der ONR 24802 wurde der GZG in drei Gruppen GZG 1 bis 3 weiter unterteilt. Bei Sperrenbauwerken aus Beton- oder Stahlbeton sind in der Regel für den GZG 1 die Verformungen des Untergrunds (Setzungen, Verdrehungen) und den GZG 2 die Verformungen des Tragwerks sowie die Rissbreiten (Stahlbeton) zu begrenzen. Im GZG 3 sind die für die Wirkung auf den Prozess relevanten Eigenschaften nachzuweisen. In diese Gruppe fallen alle in Bild 126 dargestellten Versagensarten. Deren Auftretenswahrscheinlichkeit werden teilweise durch Bemessungsverfahren (beispielsweise hydraulische Bemessung) und durch konstruktive Regeln reduziert.

9.1.5 Bemessungssituationen

Ein Tragwerk durchläuft in Laufe seines Lebens unterschiedliche Situationen. Dabei können sich einerseits das Tragwerk selbst (Bauzustände, Beschädigung) und andererseits die Art und Höhe der Einwirkungen ändern. In Bild 127 ist schematisch der Zusammenhang zwischen den Einwirkungen und den Bemessungssituationen dargestellt. Für eine Bemessung ist es erforderlich, alle voraussichtlich maßgebenden Situationen zu betrachten, die bei der Errichtung und bei der Nutzung auftreten werden.

In der Bemessung wird das Tragwerk über ein Widerstandsmodell und die Einwirkungen über ein Einwirkungsmodell abgebildet. Eine Bemessungssituation (BS) besteht aus einem Einwirkungs- und einem Widerstandsmodell und beschreibt für eine bestimmte Zeitperiode das Tragwerk und die auftretenden Einwirkungskombinationen. Das Widerstandsmodell (Tragwerksmodell) wird für die zugehörige Zeitperiode als unveränderlich betrachtet.

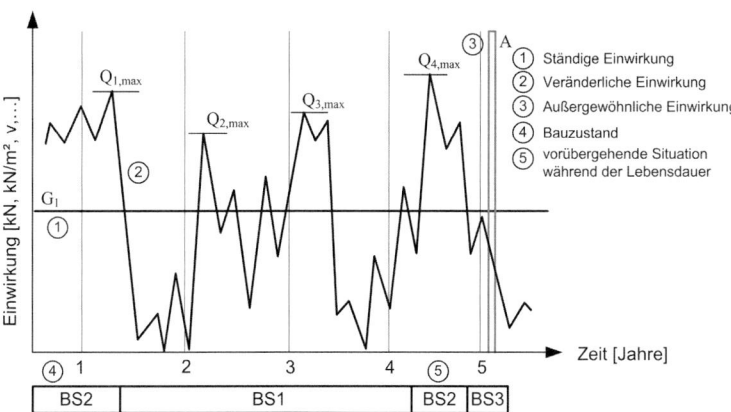

Bild 127. Darstellung von ständigen, veränderlichen und außergewöhnlichen Einwirkungen und der Bemessungssituationen

Nach EN 1990, 3.2 werden vier Gruppen von Bemessungssituationen unterschieden. In der ONR 24802 werden drei davon verwendet und für Schutzbauwerke der Wildbachverbauung wie folgt präzisiert.

9.1.5.1 Ständige Bemessungssituationen

Eine ständige Bemessungssituation (BS1) beschreibt eine Situation, die innerhalb eines Zeitraums von gleicher Größenordnung wie die geplante Nutzungsdauer des Tragwerks maßgebend ist. Einwirkungen bis zur Höhe des Bemessungsereignisses (BHQ_{WF}, s. Abschnitt 8.2.1) sind der ständigen Bemessungssituation zuzuordnen. Die ständigen Bemessungssituationen sind jene, die dem Zweck des Bauwerks entsprechen. Sie beinhalten alle im normalen Betrieb zu erwartenden Einwirkungen und Einwirkungskombinationen, wie ständige Einwirkungen, Einwirkungen aus dem Gerinne bis zur Höhe des Bemessungsereignisses, Grundwasser sowie allenfalls auftretende Verkehrslasten.

9.1.5.2 Vorübergehende Bemessungssituationen

Eine vorübergehende Bemessungssituation (BS2) beschreibt eine Situation, die während eines wesentlich kürzeren Zeitraums als der geplanten Nutzungsdauer des Tragwerks maßgebend ist und die eine hohe Auftretenswahrscheinlichkeit hat. Die vorübergehenden Bemessungssituationen sind Situationen, die sich auf zeitlich begrenzte Zustände des Tragwerks beziehen. Dies sind z. B. Bauzustände, Zustände bei einer Instandsetzung und -haltung sowie bei Räumungen.

9.1.5.3 Außergewöhnliche Bemessungssituationen

Eine außergewöhnliche Bemessungssituation (BS3) beschreibt eine Situation, die außergewöhnliche Bedingungen für das Tragwerk einbezieht. Dazu gehören unter anderen Erdbeben und Einwirkungen aus dem Gerinne über der Höhe des Bemessungsereignisses (Überlastfall laut Abschnitt 8.2.2).

9.1.6 Bemessungswerte

Der *Bemessungswert* ist der Wert einer Einwirkung, einer Beanspruchung oder eines Widerstands, der dem Nachweis eines Grenzzustands zugrunde gelegt wird. Die Bemessungswerte (Index „d") werden aus den charakteristischen Größen bestimmt, indem die Einwirkungen F bzw. Beanspruchungen E mit den Teilsicherheitsbeiwerten γ_F bzw. $\gamma_E \geq 1{,}0$ multipliziert und die Widerstände R durch den Teilsicherheitsbeiwert $\gamma_R \geq 1{,}0$ dividiert werden (Gl. 78).

$$\frac{R_k}{\gamma_R} \geq E_k \cdot \gamma_S \qquad (78)$$

Die Teilsicherheitsbeiwerte der Einwirkungs- bzw. Widerstandsseite (s. Abschnitt 9.1.10) sind abhängig von der Art des betrachteten Grenzzustands und dem jeweiligen Lastfall. Dabei sind bei der Festlegung der Bemessungssituation und der Grenzzustände der Tragfähigkeit und Gebrauchstauglichkeit folgende Punkte zu beachten:

– Baugrundverhältnisse allgemein und speziell hinsichtlich Geländebruchsicherheit und Bewegungen im Untergrund,

- Art und Größe des Bauwerks sowie die an ein Bauwerk gestellten Anforderungen, z. B. Nutzungsdauer des Bauwerks und seiner Teile,
- aus der Umgebung herrührende Umstände (z. B. Nachbarbebauung, Verkehr, Versorgungsleitungen),
- Grundwasserverhältnisse,
- regionale Erdbebentätigkeit,
- Umwelteinflüsse (Hydrologie, Gewässer, Senkungen, jahreszeitliche Schwankungen von Temperatur und Feuchtigkeit).

Damit ist zunächst die geotechnische Kategorie festzulegen.

9.1.7 Geotechnische Kategorien (GK)

Die drei Geotechnischen Kategorien GK 1, GK 2 und GK 3 (Tabelle 41) legen die Mindestanforderungen an Umfang und Qualität geotechnischer Untersuchungen, Berechnungen und Überwachungsmaßnahmen fest.

In der ONR 24802 wurde ein Konzept zur Einteilung von Wildbachsperren in eine Geotechnische Kategorie ausgearbeitet. Laut diesem erfolgt die Einteilung gemäß Tabelle 42 und Tabelle 43 in Abhängigkeit von der Bauwerkskategorie (gemäß Abschnitt 10). Die Festlegung der Bauwerkshöhe H ist in Bild 128 dargestellt. Dieses Höhenkriterium dient ausschließlich zur Festlegung der Geotechnischen Kategorie.

9.1.8 Einwirkungen

Bei der inneren Standsicherheit unterscheidet man die direkten Einwirkungen aus Lasten und die indirekten Einwirkungen, welche aus einer aufgezwungenen oder behinderten Verformung des Bauteils (Zwang) resultieren. Dieser kann durch Temperatureinwirkung, Bewegungen im Untergrund oder Schwinden und Kriechen des Werkstoffs induziert sein. Diesen indirekten Einwirkungen ist besonders bei massigen Betonteilen große Aufmerksamkeit zu schenken.

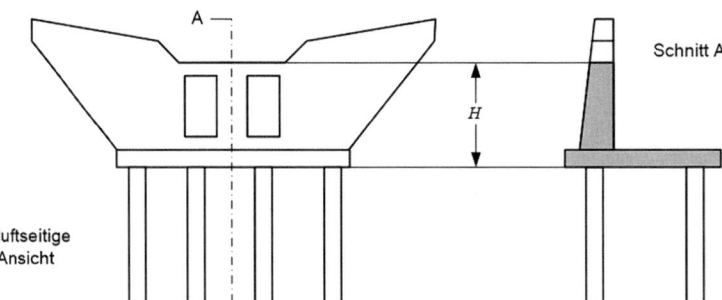

Bild 128. Festlegung der Bauwerkshöhe (die Bauwerkshöhe H ist als Kriterium für die Festlegung der Geotechnischen Kategorie nach Tabelle 43 anzuwenden; aus ONR 24802 [117])

Tabelle 41. Geotechnische Kategorien

GK	Schwierigkeitsgrad der Baumaßnahme	Berechnung	Nachweise	Grundlagen	Umfang
1	gering	nein	(Beurteilung aufgrund von Erfahrung)	Erfahrung	–
2	mittel	ja	Standsicherheit und Gebrauchstauglichkeit	geotechnische Kenntnisse und Erfahrung	geotechnischer Untersuchungs- und Entwurfsbericht
3	hoch	ja	Tragfähigkeit und Gebrauchstauglichkeit	zusätzliche Untersuchungen sowie vertiefte Kenntnisse und Erfahrungen	geotechnischer Untersuchungs- und Entwurfsbericht

Tabelle 42. Kombination Baugrundverhältnisse – Bauwerkshöhe, aus ONR 24802 [117]

Baugrundverhältnisse	Bauwerkshöhe ab der Fundamentsohle bis zur Unterkante der Abflusssektion [b]		
	0 m bis 4 m	über 4 m bis 10 m	über 10 m
1) nicht setzungsanfällig	A	A[a]/B	C
2) ausreichende Scherfestigkeit gegenüber Grund- und Böschungsbruch			
3) sicher gegenüber innerer Erosion			
4) Böschungen und Gelände nicht rutschgefährdet			
5) örtliche Erfahrungen vorhanden			
Trifft ein Punkt von 1 bis 5 nicht zu	A[a]/B	C	C

[a] Lastumlagerungen sind durch konstruktive Maßnahmen möglich und einfache Sicherungsmaßnahmen gegenüber 1 bis 4 durchführbar.
[b] Maßgebend ist das Bauteil mit der höchsten Belastung.

Tabelle 43. Einteilung von Wildbachsperren in eine Geotechnische Kategorie, aus ONR 24802 [117]

Kombination aus Baugrundverhältnissen und Bauwerk [1]	Bauwerkskategorie	
	Standardbauwerk	Schlüsselbauwerk
A	GK1	GK1
B	GK1	GK2
C	GK2	GK3

[1] gemäß Tabelle 42

Die direkten Einwirkungen werden für die Standsicherheitsnachweise wie folgt eingeteilt:

- ständige Einwirkungen (G),
- veränderliche Einwirkungen (Q),
- außergewöhnliche Einwirkungen (A).

Den Einwirkungsarten sind unterschiedliche Teilsicherheitsbeiwerte zugeordnet. Geotechnische Einwirkungen werden charakteristisch ermittelt und anschließend mit den jeweiligen Teilsicherheitsbeiwerten versehen. Aus dem Bauwerk und seinen Einwirkungen resultierende Spannungsverteilungen im Boden werden für die innere Standsicherheit als Einwirkung angesetzt.

Die Einwirkungen und Einwirkungsmodelle auf Schutzbauwerke sind in Abschnitt 7 zusammengestellt.

9.1.9 Widerstände

Die Widerstände von Böden und Fels, welche auf das Fundament, den Gründungskörper oder auf das Stützbauwerk wirken, erzeugen Schnittkräfte bzw. Spannungen, die entweder im Bauwerk oder im Baugrund auftreten. Die Größe dieser Schnittgrößen oder Spannungen hängt wesentlich von den Steifigkeitsverhältnissen des Bodens zum Stützbauwerk bzw. der Interaktion Baugrund – Bauwerk ab. Die Widerstände können folgendermaßen auftreten:

- Erdwiderstände,
- Eindring- und Herausziehwiderstände von Pfählen, Zuggliedern, Ankern etc.,
- Seitenwiderstände bzw. Reibwiderstände von Pfählen,
- Sohlwiderstände,
- Steifigkeiten,
- Scherfestigkeiten.

Problematisch ist in der Geotechnik, dass sich Widerstände und Einwirkungen nicht immer sauber voneinander trennen lassen. Hinzu kommt die gegenseitige Abhängigkeit von Einwirkungen und Widerständen: Einerseits ist der passive Erdwiderstand (Widerstandsgröße) von der Wandbewegung (aufgrund der Einwirkung) abhängig und andererseits der aktive Erddruck (Einwirkungsgröße) vom Reibungswinkel (Widerstandsgröße).

9.1.10 Teilsicherheitsbeiwerte

9.1.10.1 Teilsicherheitsbeiwerte für Einwirkungen (Beanspruchungen)

Die Höhe des Teilsicherheitsbeiwerts einer Einwirkung hängt vom betrachteten Grenzzustand, dem Bauwerkstyp, der Dauer der Einwirkung und der Bemessungssituation ab. Dabei werden generell günstig wirkende ständige Einwirkungen mit Teilsicherheitsbeiwerten $\gamma_E \leq 1{,}0$ angesetzt. Günstig wirkende veränderliche Einwirkungen werden in der Regel nicht angesetzt ($\gamma_E = 0$). Die wichtigsten Teilsicherheitsbeiwerte für Einwirkungen auf Wildbachsperren sind in Tabelle 44 zusammengestellt.

Diese gelten grundsätzlich für Schlüsselbauwerke. Werte für Standardbauwerke sind in Klammern angegeben.

9.1.10.2 Teilsicherheitsbeiwerte für Bodenkennwerte und Widerstände

Die Höhe der Teilsicherheitsbeiwerte der Werkstoffe (Beton, Stahl, Holz, ...) hängt von der Größe der Streuungen der jeweiligen Werkstoffeigenschaften, vom betrachteten Grenzzustand und der Bemessungssituation ab. Sie sind den einschlägigen Normenwerken zu entnehmen und in Tabelle 45 zusammengestellt.

Tabelle 44. Teilsicherheitsbeiwerte für Schlüsselbauwerke für Einwirkungen oder Beanspruchungen (γ_E), in Klammern reduzierte Teilsicherheitsbeiwerte für Standardbauwerke; laut ONR 24802 [117]

Grenzzustand	Dauer der Einwirkung			Grenzzustände der Tragfähigkeit			Grenzzustände der Gebrauchstauglichkeit
				BS1	BS2	BS3	
EQU allgemein	ständig	ungünstig [1]	$\gamma_{G,dst}$	1,10	1,10	1,10	–
		günstig [2]	$\gamma_{G,stb}$	0,90	0,90	0,90	–
	veränderlich	ungünstig [1]	$\gamma_{Q,dst}$	1,50	1,50	1,50	–
		günstig [2]	$\gamma_{Q,stb}$	0	0	0	–
STR GEO Stützbauwerke Flachgründungen Pfahlgründungen	ständig	ungünstig	$\gamma_{G,sup}$	1,35 (1,20)	1,20 (1,10)	1,00	1,00
		günstig	$\gamma_{G,inf}$	1,00	1,00	1,00	1,00
	veränderlich	ungünstig	$\gamma_{Q,sup}$	1,50 (1,30)	1,30 (1,20)	1,00	1,00
		günstig	$\gamma_{Q,inf}$	0	0	0	0
	Einw. aus Betonschwinden		γ_{SH}	1,00	1,00	1,00	1,00
GEO Geländebruch, Gesamtstandsicherheit	ständig	ungünstig	$\gamma_{G,sup}$	1,00	1,00	1,00	
		günstig	$\gamma_{G,inf}$	1,00	1,00	1,00	
	veränderlich	ungünstig	$\gamma_{Q,sup}$	1,10	1,10	1,10	
		günstig	$\gamma_{Q,inf}$	0	0	0	
HYD allgemein	ständig	ungünstig [1]	$\gamma_{G,dst}$	1,35	1,35	1,35	–
		günstig [2]	$\gamma_{G,stb}$	0,90	0,90	0,90	–
	veränderlich	ungünstig [1]	$\gamma_{Q,dst}$	1,50	1,50	1,50	–
		günstig [2]		–	–	–	–
UPL allgemein	ständig	ungünstig [1]	$\gamma_{G,dst}$	1,00	1,00	1,00	–
		günstig [2]	$\gamma_{G,stb}$	0,90	0,90	0,90	–
	veränderlich	ungünstig [1]	$\gamma_{Q,dst}$	1,50	1,50	1,50	–
		günstig [2]	$\gamma_{Q,stb}$	0	0	0	–

[1] destabilisierend
[2] stabilisierend

Tabelle 45. Teilsicherheitsbeiwerte für Werkstoffwiderstände (γ_R) für STR-Nachweise für Standard- und Schlüsselbauwerke

Werkstoffe			Grenzzustände der Tragfähigkeit			Grenzzustände der Gebrauchstauglichkeit
			BS1	BS2	BS3	
Konstruktionsbeton [1]	Normalbeton	γ_C	1,50	1,50	1,20 (1,30) [3]	1,00
	Bewehrungsstahl oder Spannstahl	γ_S	1,15	1,15	1,00	1,00
Stahl [2]	Beanspruchbarkeit von Querschnitten	γ_{M0}	1,00	1,00	1,00	1,00
	Beanspruchbarkeit von Bauteilen bei Stabilitätsversagen	γ_{M1}	1,00	1,00	1,00	1,00
	Beanspruchbarkeit von Querschnitten bei Bruchversagen infolge Zug	γ_{M2}	1,25	1,25		

[1] laut EN 1992-1-1 [47]
[2] laut EN 1993-1-1 [48]
[3] Teilsicherheitsbeiwert bei Erdbeben, für Bauteile mit niedriger Duktilität, laut EN 1998-1

9.1.11 Nachweise

Die Standsicherheit eines Sperrenbauwerks ist dann gegeben, wenn die Bemessungskriterien für Grundbruch, Gleiten, Kippen sowie Gelände- und Böschungsbruch und innere Standsicherheit erfüllt sind. Da ein Großteil der Wildbachsperren und Ufermauern die Kräfte über eine annähernd horizontale Sohlfläche in den Untergrund überträgen, können die Nachweise der äußeren Standsicherheit für Flachgründungen geführt werden.

Erweist sich ein gewählter Querschnitt als nicht standsicher, kann man z. B. durch folgende Änderungen Verbesserungen erzielen:

- Verbreiterung der Sohle (zur Erhöhung der Sicherheit gegen Kippen, Gleiten, Grundbruch),
- Spornverlängerung (Winkelstützmauer) (zur Erhöhung der Sicherheit gegen Gleiten und hydraulischem Grundbruch),
- Tieferlegen der Sohle,
- Erhöhung des Eigengewichts durch einen gedrungenen Querschnitt (zur Erhöhung der Sicherheit gegen Kippen und Gleiten),
- Neigen der Sohle (zur Erhöhung der Sicherheit gegen Gleiten),
- Verstärkung des Tragwerks mit flussparallelen Scheiben (Vergrößerung der Aufstandsfläche),
- Verbesserung des Baugrunds unterhalb der Sperre (z. B. Bodenaustausch, Injektionen).

9.1.11.1 Kippen (GEO)

Dies ist der Nachweis der Lage der Resultierenden aller angreifenden Kräfte in der Sohle (Bild 129). An einer Fundamentsohle können nur Druckspannungen übertragen werden. Greifen auch Momente an, wird die Spannungsverteilung asymmetrisch. Vereinfacht geht man von einer linearen Spannungsverteilung, z. B. von einem Spannungstrapez, aus. Eine klaffende Fuge tritt bei jener Exzentrizität e_{vorh} auf, bei der sich nicht mehr an der gesamten Sohle Druckspannungen einstellen (Bild 130). Der Kippnachweis wird mit charakteristischen Werten der Einwirkungen geführt.

$$e_{vorh} = \frac{M}{N} \quad (79)$$

Die Kippsicherheit ist gegeben, wenn folgende zwei Bedingungen eingehalten werden:

Die Sohldruckresultierende N aus *ständigen Lasten* sollte innerhalb der Kernfläche (1. Kernweite) liegen, d. h., es darf bei dieser Lastkombination keine klaffende Fuge auftreten. Dies ist bei Einzel- und Streifenfundamenten der Fall wenn die Bedingungen nach Gl. (80) eingehalten sind.

$$\frac{e_x}{b_x} \leq \frac{1}{6} \text{ oder } \frac{e_y}{b_y} \leq \frac{1}{6} \quad (80)$$

Die Sohldruckresultierende (N) aus der *Gesamtlast* darf in begrenztem Umfang ein Klaffen der Sohlfläche verursachen und zwar höchstens bis zum Schwerpunkt der Sohlfläche (2. Kernweite). Für Gründungen mit Rechteckquerschnitt ist dies der Fall, wenn:

Tabelle 46. Teilsicherheitsbeiwerte für Schlüsselbauwerke für Bodenkenngrößen γ_M und Widerstände für Stützbauwerke und Flachgründungen für NV 2, in Klammern reduzierte Teilsicherheitsbeiwerte für Standardbauwerke; laut ONR 24801 [116]

Grenzzustand		Widerstand		GZT			GZG
				BS1	BS2	BS3	
EQU Allgemein		effektiver Reibungswinkel [1)]	$\gamma_{\varphi'}$	1,25	1,25	1,25	–
		effektive Kohäsion	$\gamma_{c'}$	1,25	1,25	1,25	–
		undränierte Scherfestigkeit	γ_{cu}	1,40	1,40	1,40	–
		einaxiale Druckfestigkeit	γ_{qu}	1,40	1,40	1,40	–
		Wichte	γ_{γ}	1,00	1,00	1,00	–
GEO	Stützbauwerke Flachgründungen	Grundbruch	$\gamma_{R;v}$	1,40 (1,30)	1,30 (1,20)	1,20 (1,10)	1,00
		Gleiten	$\gamma_{R;h}$	1,10	1,10	1,10	1,00
	Stützbauwerke	Erdwiderstand	$\gamma_{R;e}$	1,40	1,30	1,20	1,00
	Stützbauwerke Flachgründungen Pfahlgründungen	effektiver Reibungswinkel [1)]	$\gamma_{\varphi'}$	1,00	1,00	1,00	1,00
		effektive Kohäsion	$\gamma_{c'}$	1,00	1,00	1,00	1,00
		undränierte Scherfestigkeit	γ_{cu}	1,00	1,00	1,00	1,00
		einaxiale Druckfestigkeit	γ_{qu}	1,00	1,00	1,00	1,00
		Wichte	γ_{γ}	1,00	1,00	1,00	1,00
	Pfahlgründungen	Spitzendruck	γ_b	1,10	1,10	1,10	
		Mantelreibung	γ_s	1,10	1,10	1,10	
		Gesamtwiderstand	γ_t	1,10	1,10	1,10	
		Mantelreibung bei Zug	$\gamma_{s;t}$	1,15	1,15	1,15	
	Geländebruch	Erdwiderstand	$\gamma_{R;e}$	1,00	1,00	1,00	
		Ankerwiderstand und andere Stabilisierungselemente	γ_a	1,00	1,00	1,00	
UPL Allgemein		effektiver Reibungswinkel [1)]	$\gamma_{\varphi'}$	1,25	1,25	1,25	–
		effektive Kohäsion	$\gamma_{c'}$	1,25	1,25	1,25	–
		undränierte Scherfestigkeit	γ_{cu}	1,40	1,40	1,40	–
		Pfahlzugwiderstand	$\gamma_{s;t}$	1,40	1,40	1,40	–
		Verankerungswiderstand	γ_a	1,40	1,00	1,00	–

[1)] dieser Beiwert wird auf tan φ' angewendet

$$\frac{e_x}{b_x} \le \frac{1}{3} \quad \text{oder} \quad \frac{e_y}{b_y} \le \frac{1}{3}$$

bei zweiachsiger Belastung gilt:

$$\left(\frac{e_x}{b_x}\right)^2 + \left(\frac{e_y}{b_y}\right)^2 \le \frac{1}{9} \qquad (81)$$

Hierbei sind e_x und e_y die Ausmittigkeiten der resultierenden Vertikalkraft N in Richtung der Gründungsseiten b_x und b_y. Sie errechnen sich nach den Gln. (82), (83).

$$e_x = \frac{M_x}{|N|} \quad \text{und} \quad e_y = \frac{M_y}{|N|} \qquad (82)\ (83)$$

Die Sohlspannungen bei einachsiger Ausmitte lassen sich, abhängig von der Lage der Resultierenden N, mit den Gln. (84) und (85) berechnen.

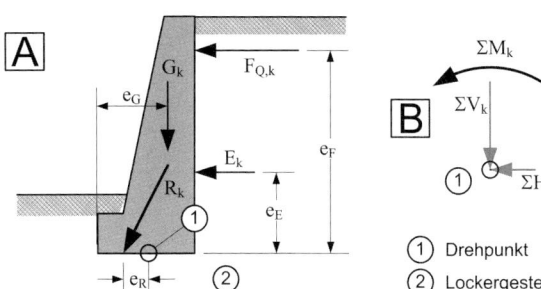

Bild 129. Kippnachweis bei einem Stützbauwerk auf Lockergestein (Kippen um den Schwerpunkt der Sohlfläche): (A) Einwirkungen; (B) Nachweis über die Horizontal- und Vertikalkräfte sowie das Moment

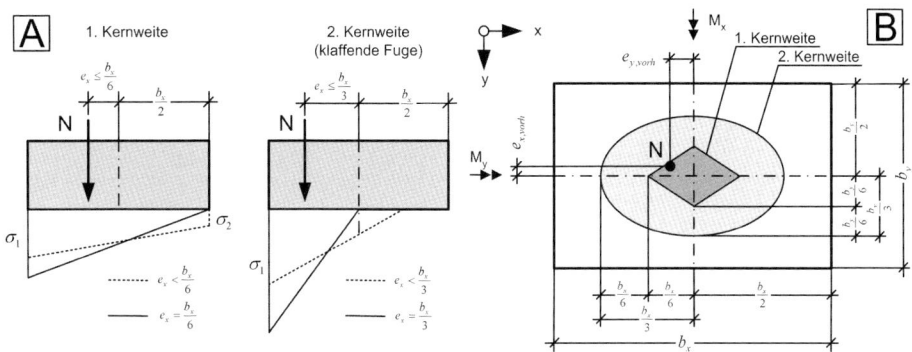

Bild 130. (A) Sohlspannungsverteilung und einachsige Ausmitten abhängig von der Lastexzentrizität; (B) Kernweiten und zweiachsige Ausmitten einer Flächengründung

$$\sigma_{l,r} = \frac{N}{b_x \cdot b_y} \cdot \left(1 \pm \frac{6 \cdot e_x}{b_x}\right)$$

→ Resultierende in der 1. Kernweite (84)

$$\sigma_{max} = \frac{2 \cdot N}{3 \cdot \left(\frac{b_x}{2} - e_x\right) \cdot b_y}$$

→ Resultierende in der 2. Kernweite (85)

9.1.11.2 Gleiten (GEO)

Die Gleitgefahr entsteht aufgrund der Summe der horizontalen (bzw. tangentialen) Kräfte Q_t, die in der Sohlfläche wirken (Bild 131 (A)). Dabei kann das Bauwerk entlang der Sohlfläche, bei horizontaler Sohlfläche oder einer darunter befindlichen Schnittfläche im Baugrund bei Mauern mit in Gleitrichtung ansteigender Sohlfläche, Mauern mit Sporn oder bei Anstehen einer Schicht mit geringer Scherfestigkeit in mäßiger Tiefe gleiten (Bild 131). Das Gleitkriterium (Gl. 86) gilt es zu erfüllen, wenn der Bemessungswert der parallel zur maßgebenden Gleitfläche angreifenden Kraft $Q_{t,d}$ kleiner als der Bemessungswert der widerstehenden Kräfte ist. Die Widerstände setzen sich aus einem Gleitwiderstand $R_{t,d}$ und dem Erdwiderstand (z. B. passiver Erddruck) $E_{p,d}$ an der Stirnfläche des Fundaments sowie im Bereich der seitlichen Einbindungen (Flankenwiderstände) zusammen.

$$Q_{t,d} \leq R_{t,d} + E_{p,d} \quad (86)$$

Der Bemessungswert des Gleitwiderstands errechnet sich über den Teilsicherheitsbeiwert für Gleiten γ_{Gl} nach Tabelle 46.

Der Bemessungswert des Widerstands entlang der Sohlfläche $R_{t,d}$ resultiert hier aus der Reibungskraft. Eine Kohäsion wird üblicherweise nicht angesetzt. Die Reibungskraft berechnet sich über die charakteristische Komponente der Einwirkungen $Q_{n,k}$, welche normal zur Sohlfläche steht und des Sohlreibungswinkels δ_{Rk} aus Gl. (87). Bei horizontaler Sohlfläche ist $Q_{n,k} = V_{Ek}$.

$$R_d = \frac{Q_{n,k} \cdot \tan\delta_{Rk}}{\gamma_{R;h}} \quad (87)$$

mit $\delta_{Rk} = \varphi_k$ für Ortbetongründungen

und $\delta_{Rk} = \frac{2}{3}\varphi_k$ für vorgefertigte glatte Fundamente

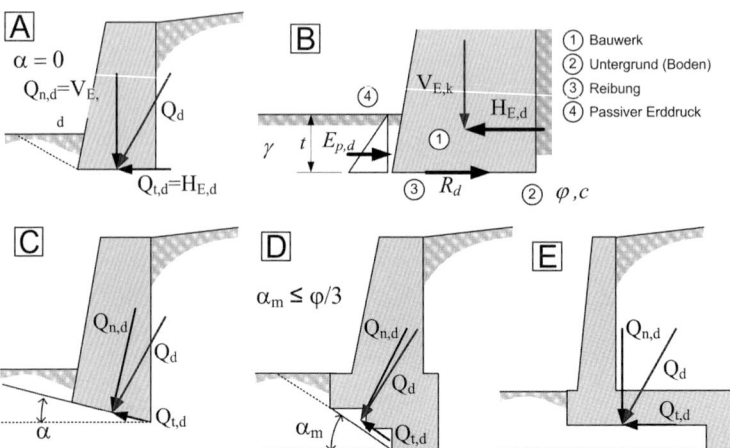

Bild 131. Gleiten: (A) mögliche Gleitfugen bei horizontaler Sohlfläche; (B) Bemessungsmodell für den Gleitnachweis; (C) zu untersuchende Gleitfuge bei geneigter Sohle; (D) mittlerer Sohlneigungswinkel bei abgetreppten Fundamenten; (E) Sporn: Gleiten im Boden

Ob der passive Erddruck an der Stirnfläche der Mauer angesetzt wird, ist abhängig von der Verschiebung und vom Bauzustand. Er sollte nur angesetzt werden, wenn konstruktiv sichergestellt wird, dass diese Bereiche nicht durch das vorbeifließende Wasser erodiert werden. In der Praxis wird in diesen Fällen der Winkel δ_p mit 0° angenommen. Bei Ufermauern ohne Sohlsicherung und Konsolidierungssperren ohne Vorfeldsicherung sollte diese Komponente nicht angesetzt werden. Eine Vernachlässigung des Erdwiderstands E_p liegt stets auf der sicheren Seite.

9.1.11.3 Grundbruch (GEO)

Bei einem mechanischen Grundbruch ist die Standsicherheit einer Gründung infolge der Ausbildung von Gleitflächen nicht gegeben (Bild 132). Der Untergrund verformt sich durch die von der Last des Bauwerks hervorgerufenen Spannungen entsprechend seiner Zusammendrückbarkeit und Scherfestigkeit. Lotrechte Lasten verursachen zunächst vor allem lotrechte Verschiebungen (Setzungen). Mit zunehmender Last bilden sich progressiv fortschreitende Gleitflächen aus, der Boden wird dabei seitlich verdrängt und das Fundament sinkt ein. Bei Bauwerken an einer Böschung oder einem Geländesprung kann anstelle des Grundbruchnachweises der Gelände- oder Böschungsbruchnachweis maßgebend sein.

Ein weit verbreitetes Verfahren zur Ermittlung des Grundbruchwiderstands ist jenes mittels Tragfähigkeitsbeiwerten. Der Bemessungswert des Grundbruchwiderstands $Q_{R,d}$ errechnet sich dabei nach Gl. (88). Die Gleichung besteht aus drei Anteilen infolge Fundamentbreite, Fundamenttiefe und Kohäsion. Der Grundbruchwiderstand wird zuerst mit charakteristischen Werten (Bodenkennwerten) ermittelt und danach mit dem Teilsicherheitsbeiwert $\gamma_{R,v}$ nach Abschnitt 9.1.10.2 abgemindert.

$$Q_{R,d} = \frac{Q_{R,k}}{\gamma_{R;v}}$$
$$= \frac{1}{\gamma_{R;v}} \cdot l' \cdot b' \cdot$$
$$\left(\gamma'_u \cdot b' \cdot N_\gamma + \gamma'_o \cdot t \cdot N_q + c \cdot N_c \right)$$
(88)

Der Widerstand ist abhängig von Gründungslänge l' und -breite b' (Ersatzlängen), von der Gründungstiefe (t), von der Wichte des Bodens oberhalb (γ_o) bzw. unterhalb der Gründungssohle (γ_u) und der Kohäsion (c). Ferner sind Neigung und Exzentrizität der Sohldruckresultierenden sowie Form, Tragfähigkeit und Neigung des Geländes und der Sohle mit den Tragfähigkeitsbeiwerten N_γ, N_q und N_c zu berücksichtigen.

Bei ausmittig belasteten Gründungen können je nach Größe der Ausmitte klaffende Sohlfugen entstehen. Dadurch reduziert sich die Fläche an die Druckspannungen auf den Untergrund übertragen werden können. Daher erfolgt der Grundbruch-Nachweis in diesem Fall an einer rechnerisch, mittig belasteten Ersatzgründung mit den Seitenlängen b' und l'. Unabhängig von Seitenverhältnis l/b gilt dafür $l' \geq b'$.

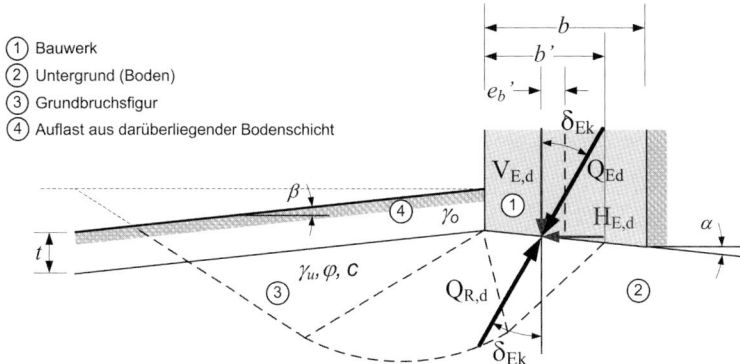

Bild 132. Bemessungsmodell für mechanischen Grundbruch, Darstellung mit ausgebildeten Gleitflächen

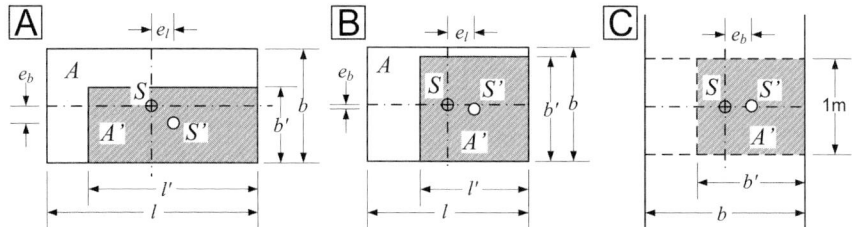

Bild 133. Berücksichtigung der Ausmittigkeit einer Sohldruckkraft, Resultierende greift im Schwerpunkt S' der rechnerischen Ersatzgründung an: (A) rechteckige Gründung – Fall A; (B) rechteckige Gründung – Fall B; (C) Streifenfundament

Bei Streifenfundamenten erfolgt die Bemessung üblicherweise an einem 1 m breiten Streifen. Daher wird für diese nur die Ersatzbreite b' benötigt (Bild 133 C).

Zur Berechnung der Grundbruchlast sind zuerst die Tragfähigkeitsbeiwerte zu ermitteln. Es gibt zwei Tragfähigkeitsbeiwerte (Gl. (89) und (90)). Diese gelten für die Endtragfähigkeit ($\varphi > 0$). Dabei ist der Formelapparat so angeschrieben, dass die Beiwerte ($N_{\gamma,0}$, $N_{q,0}$) für den Grundfall ($\alpha = \beta = \delta_{Ek} = 0$) mit den Beiwerten (i, g, t, s) für den allgemeinen Fall erweitert werden.

$$N_\gamma = N_{\gamma,0} \cdot i_\gamma \cdot g_\gamma \cdot t_\gamma \cdot s_\gamma \quad (89)$$

$$N_q = N_{q,0} \cdot i_q \cdot g_q \cdot t_q \cdot s_q \quad (90)$$

mit

$$N_{\gamma,0} = (N_{q,0} - 1) \cdot \tan\varphi_k \quad (91)$$

$$N_{q,0} = \frac{1 + \sin\varphi_k}{1 - \sin\varphi_k} \cdot e^{\pi \cdot \tan\varphi_k} \quad (92)$$

Zum Nachweis einer ausreichenden Sicherheit gegen Grundbruch muss der Bemessungswert des Grundbruchwiderstands $Q_{R,d}$ größer als jener der

Tabelle 47. Abmessungen (a' und l') der rechnerischen, mittig belasteten Gründung

Fall	Fundamentabmessungen	Ersatzlänge	Ersatzbreite
Fall 1 (Bild 133 A)	$l - 2 \cdot e_L \geq b - 2 \cdot e_B$	$l' = l - 2 \cdot e_L$	$b' = b - 2 \cdot e_B$
Fall 2 (Bild 133 B)	$l - 2 \cdot e_L < b - 2 \cdot e_B$	$l' = b - 2 \cdot e_B$	$b' = l - 2 \cdot e_L$
Fall 3 (mittig belastet)		$l' = l$	$b' = b$

Tabelle 48. Beiwerte zur Berücksichtigung der Lastneigung (δ), Geländeneigung (β), Sohlneigung (α) und Fundamentform, Winkeln im Bogenmaß

	Bedingungen	γ	q	c
i [1)]	$\delta_{Ek} > 0$	$i_\gamma = (1 + \delta_{Ek})^{3,70-m}$	$i_q = (1 + \delta_{Ek})^{2,00-m}$	$i_c = i_q$
	$\delta_{Ek} \leq 0,$ $k = 0$	$i_\gamma = (1 - 2,27 \cdot \delta_{Ek})^{0,64+1,63 \cdot \varphi}$	$i_q = (1 - 1,40 \cdot \delta_{Ek})^{0,03+2,30 \cdot \varphi}$	$i_c = i_q$
g [2)]	$\beta > 0$	$g_\gamma = (1 - \beta)^{2,6}$	$g_q = (1 - \beta)^2$	$g_c = e^{-2 \cdot \beta \cdot \tan\varphi}$
t [3)]	$\alpha > 0$	$t_\gamma = (1 + 0,25 \cdot \alpha)^{1,50-7,90 \cdot \varphi}$	$t_q = \dfrac{e^{-2 \cdot \alpha \cdot \tan\varphi}}{\cos\alpha}$	$t_c = t_q$
s [4)]	$\dfrac{l'}{b'} < 5$	$s_\gamma = 1 - 0,3 \cdot \dfrac{b'}{l'}$	$s_q = 1 + \dfrac{b'}{l'} \cdot \sin\varphi$	$s_c = \dfrac{N_{q,0} \cdot s_q - 1}{N_{q,0} - 1}$
	$\dfrac{l'}{b'} \geq 5$	$s_\gamma = 1,00$	$s_q = 1,00$	$i_c = 1,00$

[1)] Lastneigungsbeiwert
[2)] Geländeneigungsbeiwert
[3)] Sohlneigungsbeiwert
[4)] Formbeiwert (Fundamentform)

$$m = 0,5 \cdot \frac{b'}{l'} + \left(1 - \frac{b'}{l'}\right) \cdot \frac{k}{0,5 \cdot \pi_q} \quad \text{Streifengründung: } m = 0$$

wirksamen Sohldruckkraft $Q_{E,d}$ sein. Dabei muss das Kriterium nach Gl. (93) erfüllt sein.

$$\frac{Q_{E,d}}{Q_{R,d}} \leq 1,0 \qquad (93)$$

9.1.11.4 Geländebruchsicherheit (GEO)

Der Nachweis der Gesamtstandsicherheit ist bei Sperren oder Ufermauern insbesondere dann zu erbringen, wenn die Rückseite der Wand stark zum Erdreich hin geneigt ist, das Gelände hinter der Wand ansteigt bzw. vor ihr abfällt, unterhalb des Wandfußes Boden mit geringer Tragfähigkeit ansteht oder im steilen Bereich der möglichen Gleitflächen besonders hohe Lasten wirken. Bild 134 zeigt mögliche Versagensfälle durch Geländebruch bei Stützmauern.

9.1.11.5 Spannungsnachweise im Bauteil (STR)

Generell ist bei allen Arten von Bauteilen nachzuweisen, dass die Spannungen aus den Bemessungswerten der Einwirkungen kleiner als die Bemessungswerte der Festigkeiten sind. Die spezielle Form der Nachweise ist werkstoffabhängig. Im Beton- und Stahlbetonbau werden Druck- und Zugfestigkeiten nachgewiesen, Momentenbeanspruchungen entsprechend umgerechnet. Im Stahlbau wird die gleiche Strategie angewendet mit dem Unterschied, dass der Bemessungswert der Druck- und

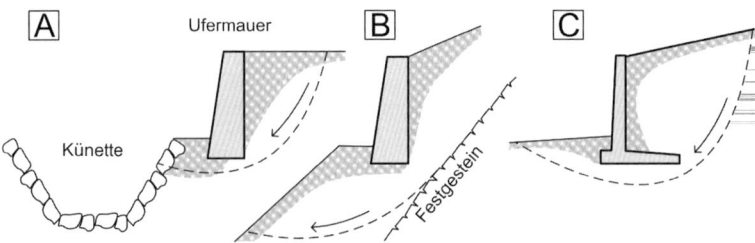

Bild 134. Mögliche Versagensfälle bei Geländebruch

Zugfestigkeit gleich groß ist. Werkstoffklassen und zugeordnete Werkstoffkennwerte finden sich im Abschnitt 5.9.

9.1.11.6 Stabilitätsnachweise im Bauteil (STR)

Wenn als Folge der Verformung zusätzliche Schnittkräfte (Verformungsmomente) entstehen (Theorie II. Ordnung), können diese zu einem Gleichgewichtsverlust führen (Instabilitätsprobleme). Bei stabförmigen Bauteilen wie Balken und Stützen ist im allgemeinen Fall Biegedrillknicken nachzuweisen. Je nach Werkstoff und maßgeblicher Belastung (Biegung oder/und Normalkraft) gibt es vereinfachte Nachweisverfahren. Beulen kann bei plattenartigen Bauteilen, welche auf Druck beansprucht werden, auftreten (Scheibenwirkung). Solche Beanspruchungen resultieren an Sperrenbauwerken aus seitlichem Hangdruck (s. Abschnitt 5.6).

9.2 Einwirkungskombinationen für Wildbachsperren

Wildbachsperren unterliegen mehreren, oft gleichzeitig wirkenden Einwirkungen. Die Einwirkungen sind in Abschnitt 7 beschrieben. Eine systematische Angabe der Einwirkungskombinationen ist in der *ONR 24802 Schutzbauwerke der Wildbachverbauung – Projektierung, Bemessung und Konstruktive Durchbildung* [117] enthalten. Diese Vorgaben wurden im Zuge der Umarbeitung in die *ÖNORM B 4800* [119] überarbeitet und sind im Folgenden dargestellt.

Die folgenden Einwirkungskombinationen gelten für starre und flexible Bauwerke. Grundsätzlich handelt es sich bei den Darstellungen um Prinzipzeichnungen. Bei der Bemessung einer Sperre an einem konkreten Standort sind durch den Projektanten unter Einbeziehung eines Sachverständigen für Wildbachverbauung die naturräumlichen Verhältnisse im Einzugsgebiet einzuschätzen und die daraus resultierenden maßgeblichen Einwirkungskombinationen festzulegen.

Ein gleichzeitiges Auftreten von Sturzprozessen und Erdbeben in außergewöhnlichen Bemessungssituationen muss aus Gründen der geringen Wahrscheinlichkeit dieser Kombination nicht berücksichtigt werden. Die Höhe der Teilsicherheitsbeiwerte hängt von der Bemessungssituation (BS1 bis BS3), unter der die Einwirkungskombination betrachtet wird, ab. Die Teilsicherheitsbeiwerte sind gemäß Abschnitt 9.1.10 anzusetzen.

Die Dichte des Abflusses im Gerinne ist entsprechend dem Bemessungsprozess festzulegen (Verlagerungsprozess nach Tabelle 28).

Ob ein Auftrieb bzw. eine Sickerströmung anzusetzen ist, hängt von der Zeitdauer des Einstaus, den Baugrundverhältnissen und den Eigenschaften des Verlandungskörpers ab und ist im Einzelfall zu entscheiden. Beim Wasserdruck aus dem Ober- bzw. Unterwasser infolge von Bodenwasser ist $\rho_w = 1000 \text{ kg/m}^3$ anzusetzen. Sickerströmungen haben Einfluss auf die Wasser- und Erddruckverteilung. Die in den Bildern 135 bis 144 dargestellten Sohlwasserdruckverteilungen (Auftrieb) sind lediglich symbolisch aufzufassen, da es unterschiedliche Modelle zur Berücksichtigung des Sohlwasserdrucks gibt.

Eine dynamische Einwirkungskomponente des Wasserdrucks $w_{D,ow}$ ist nur bei Beanspruchung durch einen Wasserdruck aus Gerinneabfluss anzusetzen. Zur Festlegung der charakteristischen mittleren Fließgeschwindigkeiten gemäß dem zu erwartenden Verlagerungsprozess siehe Abschnitt 7.1.3.

Kommt es infolge des Verlagerungsprozesses zur Beanspruchung durch mitgeführte Einzelkomponenten (Steinblöcke, Baumstämme), ist die Ersatzkraft F_E an der für die innere Standsicherheit (STR Grenzzustände) des Tragwerks ungünstigsten Stelle (bzw. den ungünstigsten Stellen) anzusetzen.

9.2.1 Einwirkungskombinationen für Funktionstypen Retention, Dosierung, Filterung und Energieumwandlung (Murbrecher)

9.2.1.1 Einwirkungskombinationen mit fluviatilen Verlagerungsprozessen

Die **Einwirkungskombination EK A** (gemäß Bild 135) berücksichtigt Einwirkungen auf ein Bauwerk (Sperre) mit leerem Retentionsraum.

Der hydrostatische Wasserdruck aus dem Oberwasser ($w_{St,ow}$) berechnet sich nach Abschnitt 7.4. Er ist vom maßgeblichen Wasserspiegel bis zur Unterkante des Fundamentes über die gesamte Fläche bis zur vollen Einbindetiefe anzusetzen. Unterhalb der Oberkante der Stauraumverlandung ist zusätzlich ein Erddruck unter Auftrieb (e_{ow}) zu berücksichtigen.

Der dynamische Wasserdruck aus dem Oberwasser ($w_{D,ow}$) berechnet sich nach Abschnitt 7.5.2.2. Die Belastungsfläche wird laut drittfolgendem Absatz darunter bestimmt. Die sich daraus ergebende Belastungsbreite darf auf alle Fälle nicht kleiner sein als der freie, nicht hinterfüllte Bauwerksmittelteil unmittelbar unterhalb der Oberkante der Abflusssektion (üblicherweise ist dies die Breite der Abflusssektion inklusive Rostwangen).

Die **Einwirkungskombination EK B** (gemäß Bild 136) berücksichtigt Einwirkungen auf ein Bauwerk (Sperre) mit vollständig mit Geschiebe verfülltem Retentionsraum. Der hydrodynamische Anteil aus einem Gerinneabfluss und die Ersatzkraft F_E wirken dabei nur auf die über der Verlandungssohle

EK A

Fluviatiler Verlagerungsprozess
Retentionsraum nicht
mit Geschiebe verfüllt

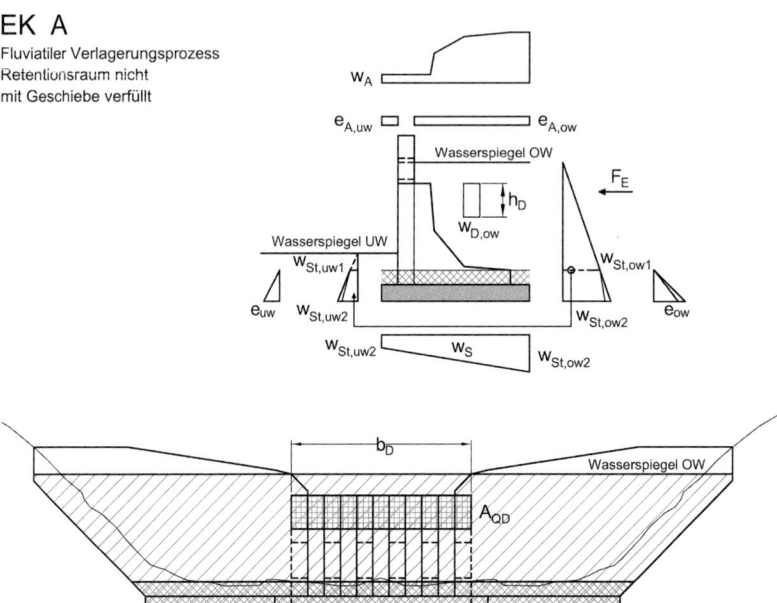

Bild 135. Einwirkungskombination A auf ein Bauwerk (Sperre) mit leerem Retentionsraum

EK B

Fluviatiler Verlagerungsprozess
Retentionsraum vollständig
mit Geschiebe verfüllt

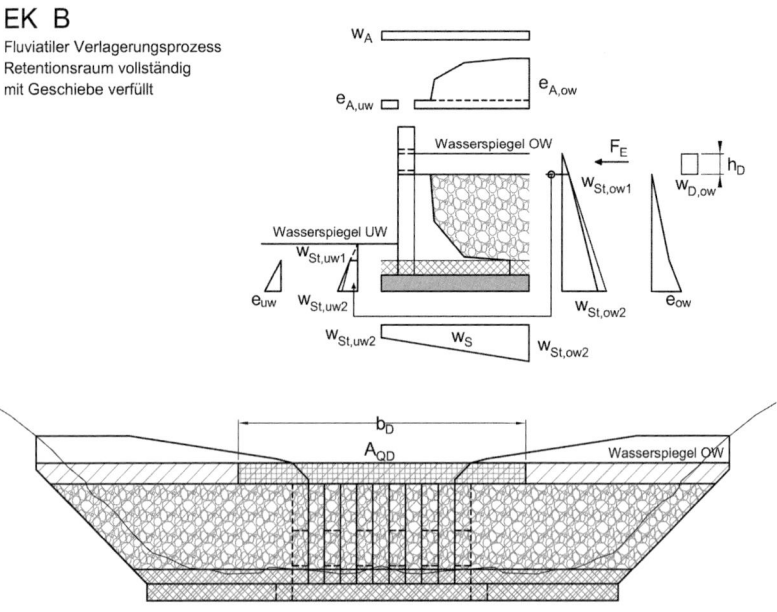

Bild 136. Einwirkungskombination B auf ein Bauwerk (Sperre) mit vollständig mit Geschiebe verfülltem Retentionsraum

Zugfestigkeit gleich groß ist. Werkstoffklassen und zugeordnete Werkstoffkennwerte finden sich im Abschnitt 5.9.

9.1.11.6 Stabilitätsnachweise im Bauteil (STR)

Wenn als Folge der Verformung zusätzliche Schnittkräfte (Verformungsmomente) entstehen (Theorie II. Ordnung), können diese zu einem Gleichgewichtsverlust führen (Instabilitätsprobleme). Bei stabförmigen Bauteilen wie Balken und Stützen ist im allgemeinen Fall Biegedrillknicken nachzuweisen. Je nach Werkstoff und maßgeblicher Belastung (Biegung oder/und Normalkraft) gibt es vereinfachte Nachweisverfahren. Beulen kann bei plattenartigen Bauteilen, welche auf Druck beansprucht werden, auftreten (Scheibenwirkung). Solche Beanspruchungen resultieren an Sperrenbauwerken aus seitlichem Hangdruck (s. Abschnitt 5.6).

9.2 Einwirkungskombinationen für Wildbachsperren

Wildbachsperren unterliegen mehreren, oft gleichzeitig wirkenden Einwirkungen. Die Einwirkungen sind in Abschnitt 7 beschrieben. Eine systematische Angabe der Einwirkungskombinationen ist in der *ONR 24802 Schutzbauwerke der Wildbachverbauung – Projektierung, Bemessung und Konstruktive Durchbildung* [117] enthalten. Diese Vorgaben wurden im Zuge der Umarbeitung in die *ÖNORM B 4800* [119] überarbeitet und sind im Folgenden dargestellt.

Die folgenden Einwirkungskombinationen gelten für starre und flexible Bauwerke. Grundsätzlich handelt es sich bei den Darstellungen um Prinzipzeichnungen. Bei der Bemessung einer Sperre an einem konkreten Standort sind durch den Projektanten unter Einbeziehung eines Sachverständigen für Wildbachverbauung die naturräumlichen Verhältnisse im Einzugsgebiet einzuschätzen und die daraus resultierenden maßgeblichen Einwirkungskombinationen festzulegen.

Ein gleichzeitiges Auftreten von Sturzprozessen und Erdbeben in außergewöhnlichen Bemessungssituationen muss aus Gründen der geringen Wahrscheinlichkeit dieser Kombination nicht berücksichtigt werden. Die Höhe der Teilsicherheitsbeiwerte hängt von der Bemessungssituation (BS1 bis BS3), unter der die Einwirkungskombination betrachtet wird, ab. Die Teilsicherheitsbeiwerte sind gemäß Abschnitt 9.1.10 anzusetzen.

Die Dichte des Abflusses im Gerinne ist entsprechend dem Bemessungsprozess festzulegen (Verlagerungsprozess nach Tabelle 28).

Ob ein Auftrieb bzw. eine Sickerströmung anzusetzen ist, hängt von der Zeitdauer des Einstaus, den Baugrundverhältnissen und den Eigenschaften des Verlandungskörpers ab und ist im Einzelfall zu entscheiden. Beim Wasserdruck aus dem Ober- bzw. Unterwasser infolge von Bodenwasser ist ρ_w = 1000 kg/m³ anzusetzen. Sickerströmungen haben Einfluss auf die Wasser- und Erddruckverteilung. Die in den Bildern 135 bis 144 dargestellten Sohlwasserdruckverteilungen (Auftrieb) sind lediglich symbolisch aufzufassen, da es unterschiedliche Modelle zur Berücksichtigung des Sohlwasserdrucks gibt.

Eine dynamische Einwirkungskomponente des Wasserdrucks $w_{D,ow}$ ist nur bei Beanspruchung durch einen Wasserdruck aus Gerinneabfluss anzusetzen. Zur Festlegung der charakteristischen mittleren Fließgeschwindigkeiten gemäß dem zu erwartenden Verlagerungsprozess siehe Abschnitt 7.1.3.

Kommt es infolge des Verlagerungsprozesses zur Beanspruchung durch mitgeführte Einzelkomponenten (Steinblöcke, Baumstämme), ist die Ersatzkraft F_E an der für die innere Standsicherheit (STR Grenzzustände) des Tragwerks ungünstigsten Stelle (bzw. den ungünstigsten Stellen) anzusetzen.

9.2.1 Einwirkungskombinationen für Funktionstypen Retention, Dosierung, Filterung und Energieumwandlung (Murbrecher)

9.2.1.1 Einwirkungskombinationen mit fluviatilen Verlagerungsprozessen

Die **Einwirkungskombination EK A** (gemäß Bild 135) berücksichtigt Einwirkungen auf ein Bauwerk (Sperre) mit leerem Retentionsraum.

Der hydrostatische Wasserdruck aus dem Oberwasser ($w_{St,ow}$) berechnet sich nach Abschnitt 7.4. Er ist vom maßgeblichen Wasserspiegel bis zur Unterkante des Fundaments über die gesamte Fläche bis zur vollen Einbindetiefe anzusetzen. Unterhalb der Oberkante der Stauraumverlandung ist zusätzlich ein Erddruck unter Auftrieb (e_{ow}) zu berücksichtigen.

Der dynamische Wasserdruck aus dem Oberwasser ($w_{D,ow}$) berechnet sich nach Abschnitt 7.5.2.2. Die Belastungsfläche wird laut drittfolgendem Absatz darunter bestimmt. Die sich daraus ergebende Belastungsbreite darf aber auf alle Fälle nicht kleiner sein als die freie, nicht hinterfüllte Bauwerksmittelteil unmittelbar unterhalb der Oberkante der Abflusssektion (üblicherweise ist dies die Breite der Abflusssektion inklusive Rostwangen).

Die **Einwirkungskombination EK B** (gemäß Bild 136) berücksichtigt Einwirkungen auf ein Bauwerk (Sperre) mit vollständig mit Geschiebe verfülltem Retentionsraum. Der hydrodynamische Anteil aus einem Gerinneabfluss und die Ersatzkraft F_E wirken dabei nur auf die über der Verlandungssohle

EK A

Fluviatiler Verlagerungsprozess
Retentionsraum nicht
mit Geschiebe verfüllt

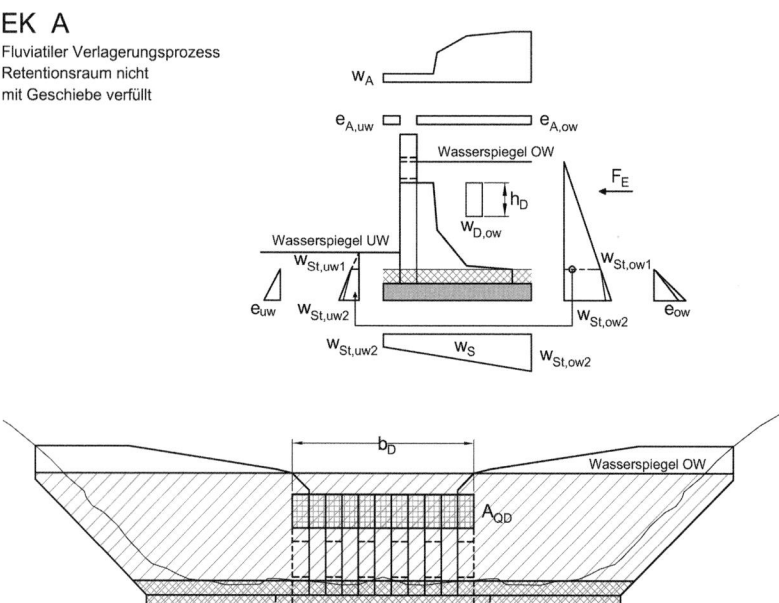

Bild 135. Einwirkungskombination A auf ein Bauwerk (Sperre) mit leerem Retentionsraum

EK B

Fluviatiler Verlagerungsprozess
Retentionsraum vollständig
mit Geschiebe verfüllt

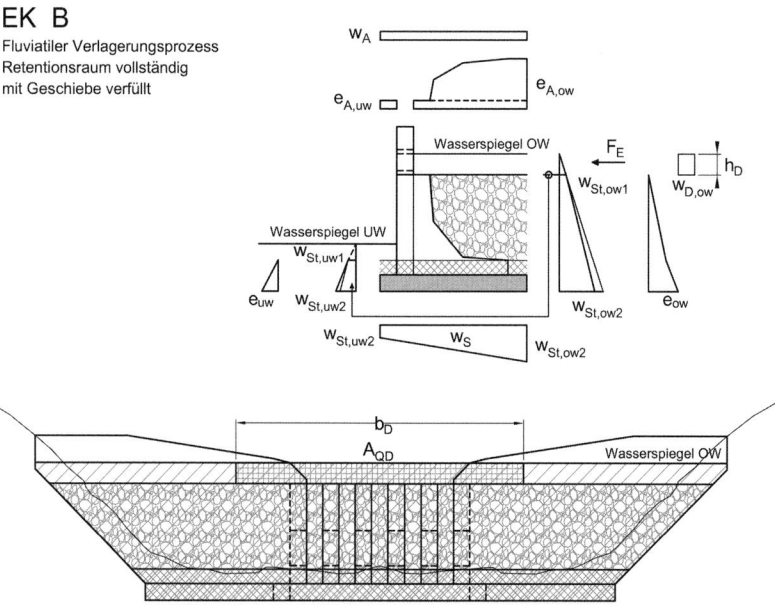

Bild 136. Einwirkungskombination B auf ein Bauwerk (Sperre) mit vollständig mit Geschiebe verfülltem Retentionsraum

liegenden Bauwerksteile (besonders auf die Sperrenflügel).

Der hydrostatische Wasserdruck aus dem Oberwasser ($w_{St,ow}$) berechnet sich nach Abschnitt 7.4. Er ist vom maßgeblichen Wasserspiegel bis zur Unterkante des Fundaments über die gesamte Fläche bis zur vollen Einbindetiefe anzusetzen. Ab der Oberkante der Verlandung ist zusätzlich ein Erddruck unter Auftrieb (e_{ow}) wirksam.

Der dynamische Wasserdruck aus dem Oberwasser ($w_{D,ow}$) berechnet sich nach Abschnitt 7.5.2.2. Die Belastungsfläche wird laut drittfolgendem Absatz darunter bestimmt. Die sich daraus ergebende Belastungsbreite darf aber auf alle Fälle nicht kleiner sein als der freie, nicht hinterfüllte Bauwerksmittelteil unmittelbar unterhalb der Oberkante der Abflusssektion (üblicherweise ist dies die Breite der Abflusssektion inklusive Rostwangen).

9.2.1.2 Einwirkungskombinationen mit murartigen Verlagerungsprozessen

Nicht verlandete Bauwerke (Sperren)

Die **Einwirkungskombination EK C** (gemäß Bild 137) berücksichtigt die Einwirkung auf ein Bauwerk (Sperre) mit nicht oder nur teilweise mit Geschiebe verfülltem Verlandungsraum. Das Eigengewicht des Feststoffanteils der Mure ist bei der Ermittlung des Erddrucks als Auflast zu berücksichtigen.

Der statische Murdruck (p_{St}) berechnet sich laut Abschnitt 7.5.3.3. Dieser wird generell über die Breite der nicht durch wasserseitige Anschüttungen geschützten Bauteile bzw. außerhalb der seitlichen Einbindungen, angesetzt. Er ist zumindest in der Breite des dynamischen Murdrucks zu unterstellen. Die Belastung reicht von der Höhe der Unterkante der Abflusssektion bis zur Oberfläche der Verlandung. Sind die Bereiche neben der Abflusssektion (Flügel) wasserseitig nicht bis UK Abflusssektion eingeschüttet, ist hier auch der statische Murdruck anzusetzen. Bei eingeschütteten Flügeln ist in diesen Bereichen ein Wasser- und Erddruck bzw. Erddruck unter Auftrieb zu unterstellen.

Der dynamische Murdruck (p_D) berechnet sich laut Abschnitt 7.5.3.2. Die Belastungsfläche ergibt sich ebenfalls dort. Für die Verteilung der Drücke gilt das daran Anschließende.

Der Anprall von Einzelkomponenten ist nach Abschnitt 7.6 zu berücksichtigen und ist für den Nachweis der konstruktiven Grenzzustände (STR) an der ungünstigsten Stelle an einer der funktionalen Scheiben anzusetzen.

Bei Plattengründungen dürfen günstig wirkende Auflasten aus dem Murgang auf wasserseitige Konstruktionsteile berücksichtigt werden.

Der EK C liegt die Annahme zugrunde, dass die Mure innerhalb des Gerinnes abfließt und auf ein Bauwerk (Sperre) einwirkt. Da Murgängen häufig fluviatile Verlagerungsarten (z. B. Hochwasserabflüsse) vorangehen, ist der Untergrund als vollständig wassergesättigt anzunehmen.

Wenn eine Mure ohne vorangehende Hochwasserabflüsse auf das Bauwerk einwirkt, darf in begründeten Ausnahmefällen auf den Ansatz eines Sohlwasserdrucks verzichtet werden.

Voll verlandete Bauwerke (Sperren)

Die **Einwirkungskombination EK D** (gemäß Bild 138) berücksichtigt einen Murgang auf die seitlichen Sperrenflügel, wie dies bei voll verlandeten Bauwerken (Sperren) auftreten kann. Hier sind die Flügelbereiche oberhalb der Verlandung (UK Abflusssektion) durch statische und dynamische Murdrücke zu belasten. Das Eigengewicht des Feststoffanteils der Mure ist als Auflast auf den Erddruck zu berücksichtigen.

Der statische Murdruck berechnet sich laut Abschnitt 7.5.3.3. Er ist im Bereich des dynamischen Murdrucks anzusetzen. Ist dieser Bereich kleiner als die frei stehende wasserseitige Fläche der Flügel, ist auf die restliche Fläche ebenfalls der statische Murdruck anzusetzen.

Der dynamische Murdruck berechnet sich laut Abschnitt 7.5.3.2. Die Belastungsfläche ergibt sich ebenfalls dort. Ihre Höhe h_D wird von der Unterkante der Abflusssektion nach oben festgelegt. Der Ansatz der dynamischen Murdrücke soll nach Möglichkeit einseitig erfolgen (für jeden Flügel separat). Ist die frei stehende Fläche des Flügels kleiner als A_{QD}, sind beide Seiten zu belasten. Für die Verteilung der Drücke gilt das daran Anschließende.

Bei Plattengründungen dürfen günstig wirkende Auflasten aus dem Murgang auf wasserseitige Konstruktionsteile berücksichtigt werden.

Der EK D liegt die Annahme zugrunde, dass die Mure innerhalb des Gerinnes abfließt und auf ein Bauwerk (Sperre) einwirkt. Da Murgängen häufig fluviatile Verlagerungsarten (z. B. Hochwasserabflüsse) vorangehen, ist der Untergrund als vollständig wassergesättigt anzunehmen.

Wenn eine Mure ohne vorangehende Hochwasserabflüsse auf das Bauwerk einwirkt, darf in begründeten Ausnahmefällen auf den Ansatz eines Sohlwasserdrucks verzichtet werden.

Ansatz der Murdrücke auf Scheiben und Murteiler

Diese Regelungen gelten für kronenoffene Bauwerke, in deren Abflusssektion Scheiben (Murteiler) angeordnet sind, und generell für solitär stehende Bauteile.

EK C

Murartiger Verlagerungsprozess
Retentionsraum nicht oder nur teilweise
mit Geschiebe verfüllt

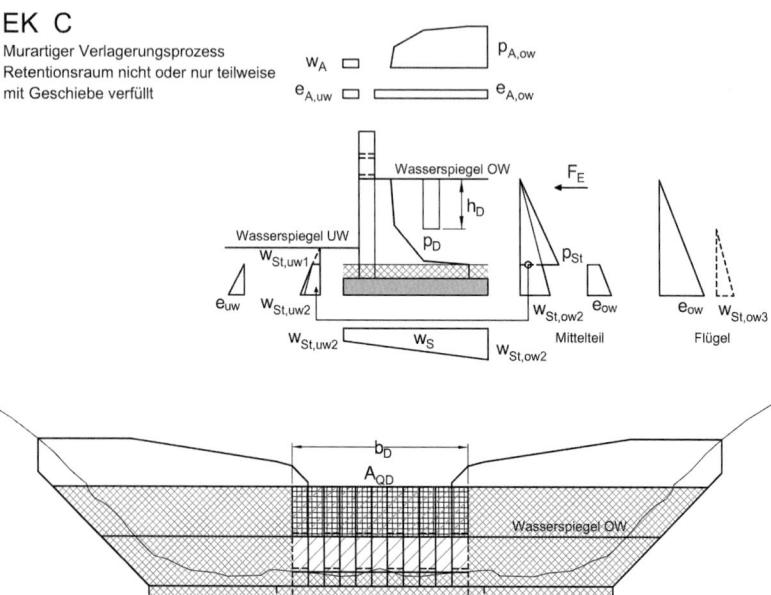

Bild 137. Einwirkungskombination C auf ein Bauwerk (Sperre) mit nicht mit Geschiebe verfülltem Retentionsraum

EK D

Murartiger Verlagerungsprozess
Retentionsraum vollständig
mit Geschiebe verfüllt

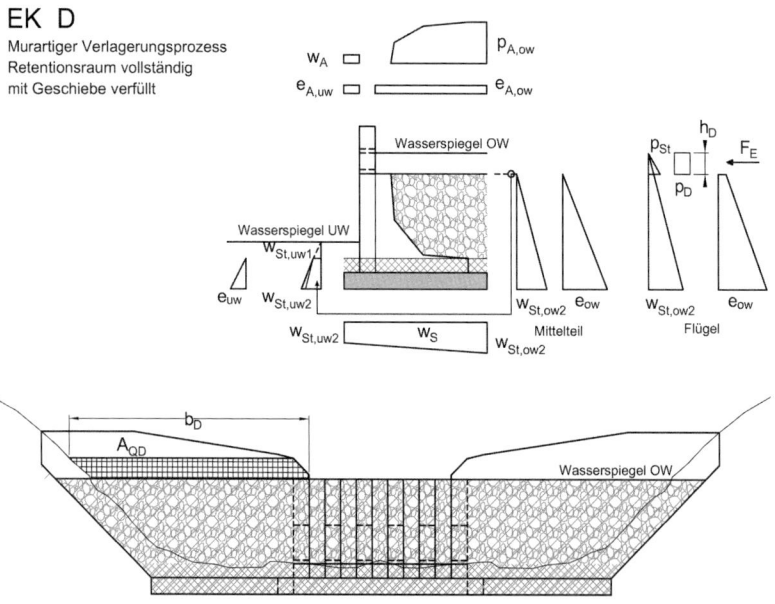

Bild 138. Einwirkungskombination D auf ein Bauwerk (Sperre) mit vollständig mit Geschiebe verfülltem Retentionsraum

Hier ist zusätzlich zur projizierenden Fläche der Scheiben eine Lasteinflussbreite neben den Pfeilern zu berücksichtigen. Diese ergibt sich für einen Murteiler aus der Breite der projizierenden Fläche von diesem (b_p) auf eine Ebene normal zur Fließrichtung der Mure zuzüglich einer mitwirkenden Breite (b_e) an beiden Seiten dieser Fläche (gemäß Bild 139).

Die mitwirkende Breite b_e wird je nach lichter Weite b_L zwischen den Murteilern wie folgt ermittelt:

- Bei Scheiben (Murteilern), die mit einer lichten Weite $b_L \leq 2$ m angeordnet sind, ergibt sie sich aus der Hälfte der lichten Weite.
- Bei Scheiben (Murteilern), die mit einer lichten Weite $b_L > 2$ m angeordnet sind, ist an beiden Seiten eine mitwirkende Breite b_e von 1 m zu berücksichtigen. Dies gilt auch für solitär stehende Objekte.

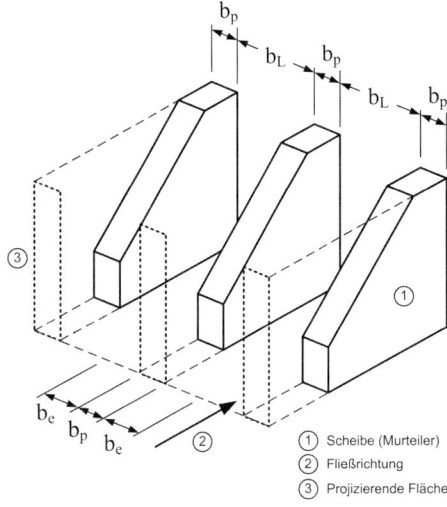

Bild 139. Murteiler: Breite der projizierenden Fläche, mitwirkende Breite und lichte Weite zwischen den Scheiben

Die resultierende Kraft des Murdrucks für eine Scheibe ist über diese Fläche zu ermitteln und anschießend auf die Schmalseite des Pfeilers anzusetzen (jeweils mit der entsprechenden Höhe h_D und h_{St}). Sowohl der dynamische als auch der statische Murdruck sind auf diese Weise zu ermitteln.

Alle Scheiben sind zusätzlich und gleichzeitig wirkend auf eine seitliche Einwirkung, in der Höhe des 0,3-fachen dynamischen Murdrucks zu bemessen. Diese seitliche Flächenlast ist einseitig normal auf die jeweilige Scheibenebene wirkend anzusetzen.

Dieses Einwirkungsmodell ist für murartige Verlagerungsprozesse anstelle eines Formbeiwerts laut Tabelle 31 anzuwenden.

Ansatz der Murdrücke auf breite Bauwerke

Bei breiten Bauwerken (Sperren) ist die Bauwerksbreite b_{ges} größer als die dreifache dynamische Breite b_D (gemäß Bild 140).

An solchen Bauwerken (Sperren) sind Lastfälle, in denen zusätzliche Belastungsflächen berücksichtigt werden, anzusetzen. Die Lage der zusätzlichen Belastungsflächen ist so zu wählen, dass damit alle ungünstigen Einwirkungsszenarien abgedeckt werden.

In jedem Lastfall ist nur eine Belastungsfläche zu berücksichtigen. Solche Lastfälle aus Mureinwirkungen müssen nicht miteinander kombiniert werden. Ein Beispiel ist in Bild 140 dargestellt.

9.2.2 Einwirkungskombinationen für die Funktionstypen Stabilisierung / Konsolidierung, Energieumwandlung (Absturzbauwerke)

9.2.2.1 Einwirkungskombinationen mit fluviatilen Verlagerungsprozessen

Die **Einwirkungskombination EK E** (gemäß Bild 141) berücksichtigt Einwirkungen auf ein Bauwerk (Sperre) mit vollständig mit Geschiebe verfülltem Verlandungsraum. Der hydrodynamische Anteil aus dem Gerinneabfluss und die Ersatzkraft F_E wirken dabei nur auf die über dem Verlandungsniveau liegenden Bauwerksteile (besonders auf die Sperrenflügel).

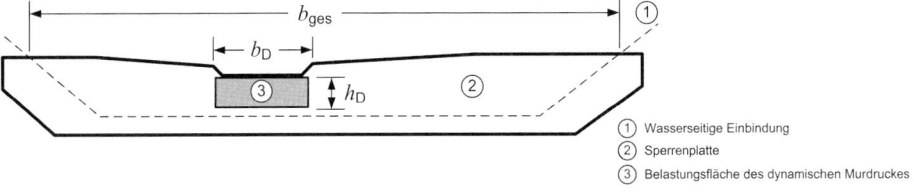

Bild 140. Beispiel eines breiten Bauwerks (luftseitige Ansicht)

EK E

Fluviatiler Verlagerungsprozess
Verlandungsraum vollständig
mit Geschiebe verfüllt

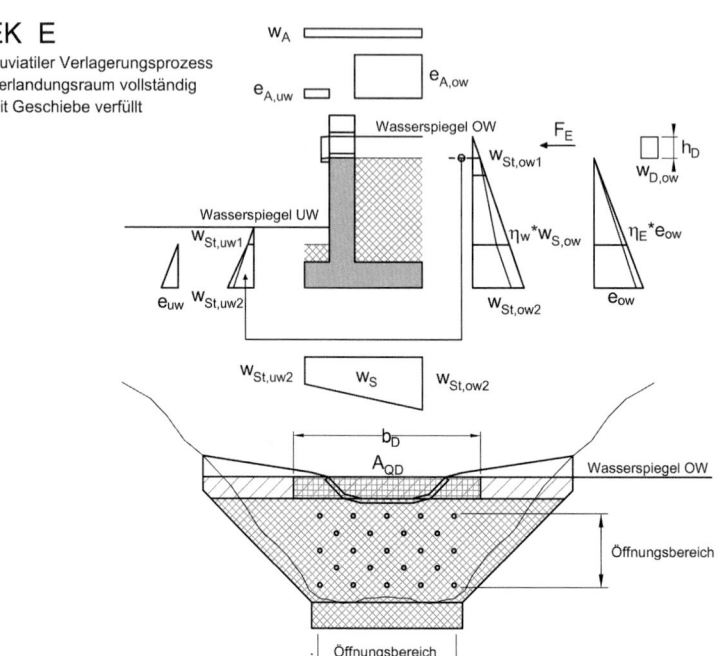

Bild 141. Einwirkungskombination E auf ein Bauwerk (Sperre) mit vollständig mit Geschiebe verfülltem Verlandungsraum

EK F

Fluviatiler Verlagerungsprozess
Verlandungsraum nicht oder teilweise
mit Geschiebe verfüllt

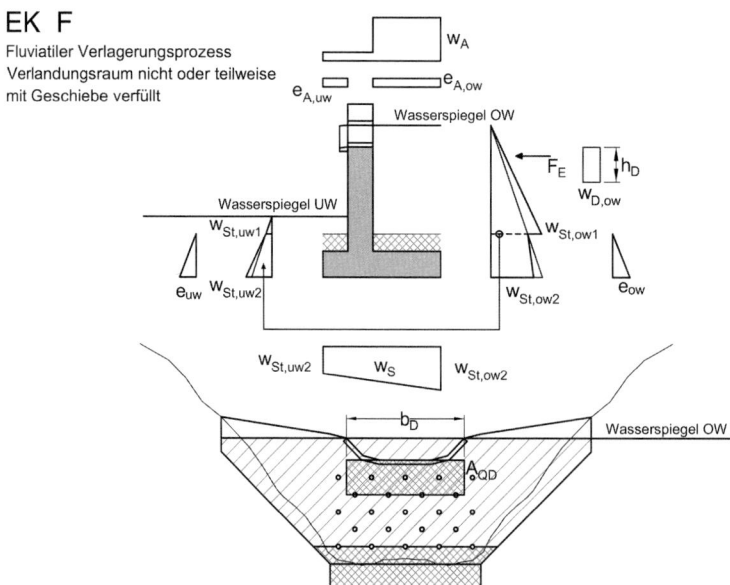

Bild 142. Einwirkungskombination F auf ein Bauwerk (Sperre) mit nicht oder teilweise gefülltem Verlandungsraum

Die **Einwirkungskombination EK F** (gemäß Bild 142) berücksichtigt Einwirkungen auf ein Bauwerk (Sperre) mit nicht mit Geschiebe verfülltem bzw. mit teilverfülltem Verlandungsraum. Die jeweils maßgebliche Verlandungshöhe ist anhand der jeweiligen Situation vor Ort festzulegen.

9.2.2.2 Einwirkungskombinationen mit murartigen Verlagerungsprozessen

Die **Einwirkungskombination EK G** (gemäß Bild 143) berücksichtigt einen Murgang auf die seitlichen Sperrenflügel, wie dies bei voll verlandeten Bauwerken (Sperren) auftreten kann. Hier sind die Flügelbereiche oberhalb der Verlandung (UK Abflusssektion) durch statische und dynamische Murdrücke zu belasten. Das Eigengewicht des Feststoffanteils der Mure ist als Auflast auf den Erddruck zu berücksichtigen.

Der statische Murdruck berechnet sich laut Abschnitt 7.5.3.3. Er ist im Bereich des dynamischen Murdrucks anzusetzen.

Der dynamische Murdruck berechnet sich laut Abschnitt 7.5.3.2. Die Belastungsfläche ergibt sich ebenfalls dort. Ihre Höhe h_D wird von der Unterkante der Abflusssektion nach oben festgelegt (maximal bis zur Oberkante des Flügels). Der Ansatz der dynamischen Murdrücke soll nach Möglichkeit einseitig erfolgen (für jeden Flügel separat). Ist die frei stehende Fläche des Flügels kleiner als A_{QD} sind beide Seiten zu belasten.

Bei Plattengründungen dürfen günstig wirkende Auflasten aus dem Murgang auf wasserseitige Konstruktionsteile berücksichtigt werden.

Der EK G liegt die Annahme zugrunde, dass die Mure innerhalb des Gerinnes abfließt und auf ein Bauwerk (Sperre) einwirkt. Da Murgängen häufig fluviatile Verlagerungsarten (z. B. Hochwasserabflüsse) vorangehen, ist der Untergrund als vollständig wassergesättigt anzunehmen.

Wenn eine Mure ohne vorangehende Hochwasserabflüsse auf das Bauwerk einwirkt, darf in begründeten Ausnahmefällen auf den Ansatz eines Sohlwasserdrucks verzichtet werden.

Anmerkung: Werden die Sperrenflügel durch geeignete bauliche Maßnahmen vor einer direkten Beanspruchung durch eine Mure geschützt, ist eine Abminderung des dynamischen Anteils zulässig.

Die **Einwirkungskombination EK H** (gemäß Bild 144) berücksichtigt die Einwirkung auf ein Bauwerk (Sperre) mit nicht oder nur teilweise mit Geschiebe verfülltem Verlandungsraum. Das Eigengewicht des Feststoffanteils der Mure ist bei der Ermittlung des Erddrucks als Auflast zu berücksichtigen.

Der statische Murdruck berechnet sich laut Abschnitt 7.5.3.3. Dieser wird in der Breite des dynamischen Murdrucks angesetzt. Die Belastung reicht von der Höhe der Unterkante der Abflusssektion bis zur Oberfläche der Hinterfüllung.

Der dynamische Murdruck berechnet sich laut Abschnitt 7.5.3.2. Die Belastungsfläche ergibt sich ebenfalls dort. Für die Verteilung der Drücke gilt das daran Anschließende

Der Anprall von Einzelkomponenten ist nach Abschnitt 7.6 zu berücksichtigen und ist für den Nachweis der konstruktiven Grenzzustände (STR) an den ungünstigsten Stellen im Bereich der dynamischen Belastungsfläche anzusetzen.

Bei Plattengründungen dürfen günstig wirkende Auflasten aus dem Murgang auf wasserseitige Konstruktionsteile berücksichtigt werden.

Der EK H liegt die Annahme zugrunde, dass die Mure innerhalb des Gerinnes abfließt und auf ein Bauwerk (Sperre) einwirkt. Da Murgängen häufig fluviatile Verlagerungsarten (z. B. Hochwasserabflüsse) vorangehen, ist der Untergrund als vollständig wassergesättigt anzunehmen.

Wenn eine Mure ohne vorangehende Hochwasserabflüsse auf das Bauwerk einwirkt, darf in begründeten Ausnahmefällen auf den Ansatz eines Sohlwasserdrucks verzichtet werden.

Anmerkung: Beim obersten Bauwerk einer Staffelstrecke kann es infolge einer fehlenden/geringeren Einschüttung (unterhalb des Niveaus der UK der Abflusssektion) erforderlich sein, zusätzlich eine weitere EK zu untersuchen.

9.2.3 Zuordnung der Einwirkungskombinationen

Die Einwirkungskombinationen müssen jeweils einer Bemessungssituation gemäß Abschnitt 9.1.5 zugeordnet werden, um die Höhe der Teilsicherheitsbeiwerte festzulegen.

Die Wahl der maßgebenden Einwirkungskombination hängt von folgenden Faktoren ab:

- maßgeblicher Bemessungsprozess laut Abschnitt 7.1.3,
- festgelegte Bauwerksfunktion laut Abschnitt 4.2.1,
- Höhe der Verlandung im Bau- und/oder Betriebszustand (plangemäß nicht verlandet, teilverlandet, verlandet).

Die maßgeblichen Einwirkungskombinationen sind für jedes Bauwerk (Sperre) gesondert festzulegen. In 0 sind Einwirkungskombinationen (EK) in Abhängigkeit vom maßgeblichen Bemessungsprozess, dem Funktionstyp und von der Bemessungssituation (BS) angegeben. Dabei ist zwischen Bächen mit

EK G

Murartiger Verlagerungsprozess
Verlandungsraum vollständig
mit Geschiebe verfüllt

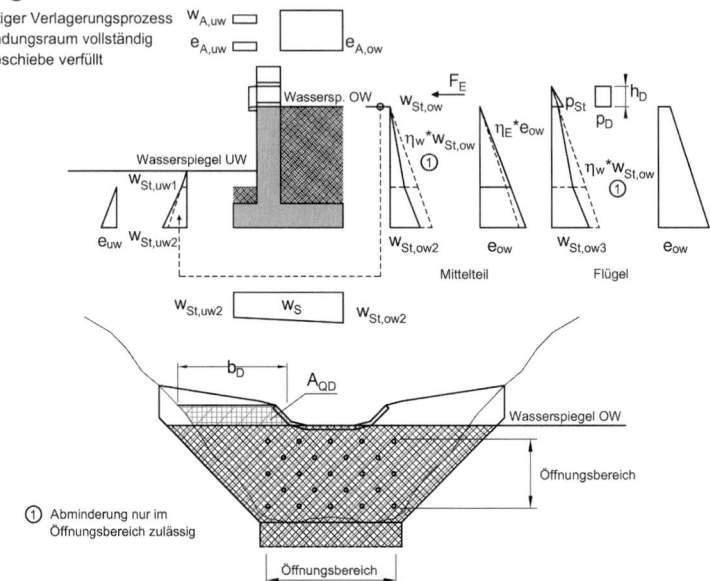

Bild 143. Einwirkungskombination G auf ein Bauwerk (Sperre) mit Geschiebe vollständig verfülltem Verlandungsraum

EK H

murartiger Verlagerungsprozess
Verlandungsraum nicht oder teilweise
mit Geschiebe verfüllt

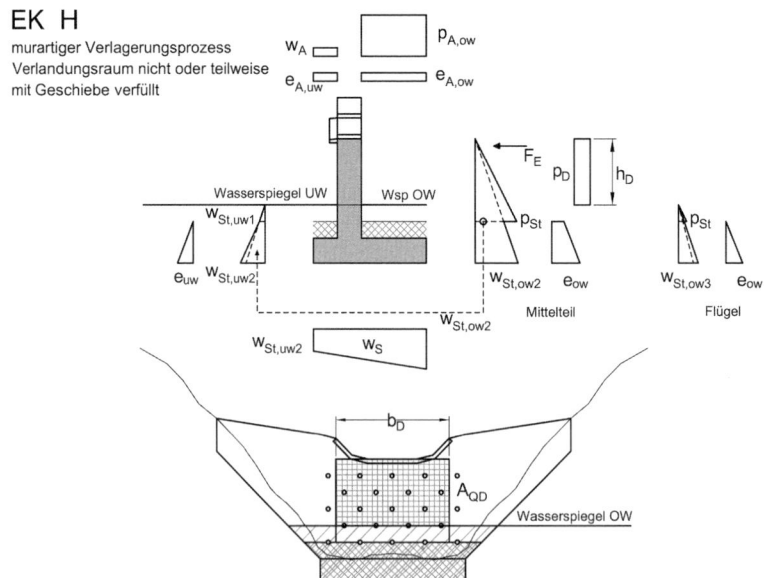

Bild 144. Einwirkungskombination H auf ein Bauwerk (Sperre) mit nicht mit Geschiebe verfülltem oder teilverfüllten Verlandungsraum

Tabelle 49. Einwirkungskombinationen (EK) aus Wildbachprozessen, in Abhängigkeit des Funktionstyps und des maßgeblichen Bemessungsprozesses

Funktionstyp	Maßgeblicher Bemessungsprozess					
	fluviatile Verlagerungsprozesse			murartige Verlagerungsprozesse		
	BS1	BS2	BS3	BS1	BS2	BS3
Konsolidierung/Stabilisierung	E	F [2]	Überlastfall und [4]	E	G [3], H [2]	Überlastfall und [4]
Retention	A	B [1]	Überlastfall und [4]	A	C [3], D [1]	Überlastfall und [4]
Dosierung						
Filterung						
Energieumwandlung (Absturzbauwerke)				G	H [2]	Überlastfall und [4]
Energieumwandlung (Murbrecher)				C	D [1]	Überlastfall und [4]

[1] Vorübergehende Verklausung der Sperrenöffnungen und damit einhergehende Hinterfüllung
[2] Bauzustand bzw. bei natürlicher Verlandung
[3] Vorübergehender Betriebszustand
[4] Als BS3 sind im Bedarfsfall neben den angegebenen Kombinationen zusätzliche außergewöhnliche Einwirkungen (Erdbeben, Lawinen, Sturzprozesse, …) zu berücksichtigen.

Prozesstyp „Hochwasser" (fluviatile Verlagerungsarten) und Prozesstyp „Mure" (murartige Verlagerungsarten) zu unterscheiden.

Dabei sind getrennt für jede Bemessungssituation die maßgeblichen Einwirkungskombinationen und Bauwerkszustände festzulegen. Ist bereits im Vorfeld die maßgebliche Einwirkungskombination klar erkennbar, müssen die anderen nicht weiter verfolgt werden. Im Zweifelsfall sind sämtliche Einwirkungskombinationen zu untersuchen.

9.3 Statische Systeme von Wildbachsperren

Ein wesentlicher Parameter für die Wahl eines geeigneten statischen Systems ist die Mobilisierung von geotechnischen Widerständen. Horizontalen Einwirkungen, wie Erd- und Wasserdrücken, sowie Murstößen können als Widerstände neben dem Eigengewicht und der Form des Bauwerks geotechnische Widerstände in der Sohle und den Flanken gegenüberstehen. Ein Sperrenbauwerk kann die Einwirkungen primär über die Bauwerkssohle (Typ A), die seitlichen Flanken (Typ C) oder aufgeteilt auf beide Widerstände (Typ B) abtragen (Bild 145). Bei Gründungen in Festgestein (Fels) kann von einer Aktivierung der seitlichen Widerstände ausgegangen werden. Im Lockergestein ist bei der Mobilisierung von seitlichen Widerständen zu beachten, dass das Bauwerk eine bestimmte Bewegung durchzuführen hat, um den seitlichen Erddruck zu mobilisieren (s. Abschnitt 6.2.1).

Die Einteilung der statischen Systeme laut ONR 24800 [115] orientiert sich neben dem Konzept der äußeren Standsicherheit am Kraftfluss innerhalb des Bauwerks (vgl. Abschnitt 4.2.3). Bei der Betrachtung der äußeren Standsicherheit ist es maßgebend, ob die Flanken in der Lage sind, Lasten abzutragen oder nicht. Der Kraftfluss innerhalb des Bauwerks wird neben den Steifigkeiten der Bettungen im Untergrund, maßgeblich von der Form der Bauteile (Stab-, Flächenelemente) und deren Steifigkeiten (biegeweich, biegesteif) beeinflusst (Tabelle 50).

Die Art der angenommenen Lagerung des Bauwerks im Untergrund hat entscheidenden Einfluss auf den inneren Kraftfluss. In Bauwerken vom Typ A und C wird bei der Bemessung von einem einachsigen Spannungszustand ausgegangen. In diese Kategorie fallen z. B. Gewichtsmauern, Winkelstützmauern und Netzsperren. Geht man bei der Bemessung von einem aktivierbaren Widerstand in der Sohle und den Flanken aus (Typ B), bildet sich im Bauwerk ein mehrachsiger Spannungszustand aus. Reine Plattensperren sind in diesem Fall als dreiseitig gelagerte (eingespannte) zweiachsige Platten zu bemessen. Gewölbesperren tragen aufgrund der Grundrissform Horizontallasten primär über die seitlichen Flankenwiderstände ab.

Vom Kraftfluss innerhalb des Bauwerks unterscheidet man Systeme, die die Schnittkräfte einerseits primär über Biegung und Eigengewicht (Masse) und andererseits primär über Normalkräfte abtragen. Zu den ersten Systemen gehören die Gewichtssperren sowie alle Plattensperren und die massenaktiven aufgelösten Tragsysteme. Einen Grenzfall stellen die Gewölbesperren dar, welche Horizontallasten pri-

Wildbachsperren

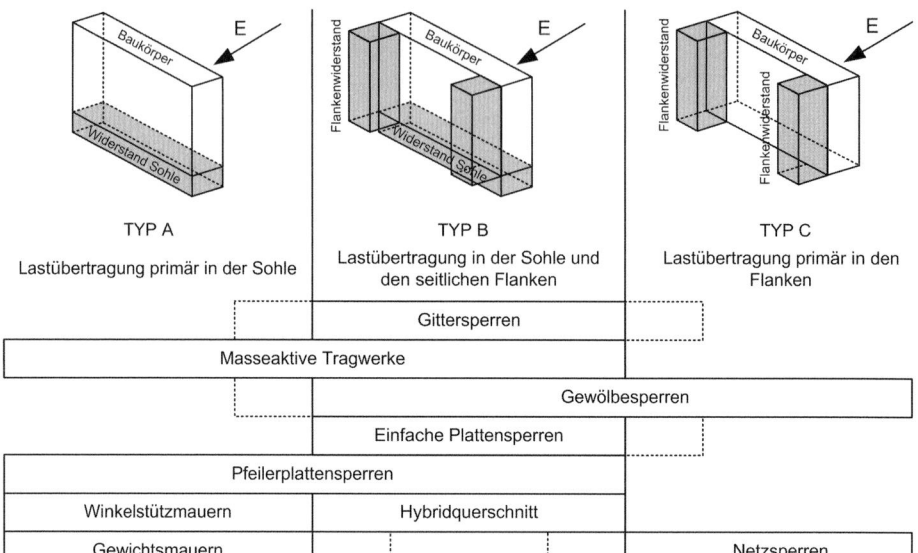

Bild 145. Einteilung der statischen Systeme nach der Art der Lastabtragung in den Untergrund

mär über Druckkräfte abtragen. Allerdings sind Stahlbetonquerschnitte in der Lage, auch Biegemomente aufzunehmen. Je geringer der Stich einer Bogensperre wird, desto mehr nähert sich das Tragverhalten dem einer Platte an. Normalkräfte können in einfachen oder räumlichen Fachwerks- und Vierendeelsystemen (Rahmensystem) als Druck- und Zugkräfte auftreten. In diesem Zusammenhang spricht man von aufgelösten vektoraktiven biegesteifen Systemen. Dazu zählen die Gittersperren. In biegeweichen aufgelösten Systemen können die Einwirkungen nur Zugkräfte erzeugen, wie das bei Netzsperren der Fall ist. Im Unterschied zu allen anderen Systemen erzeugen diese in den Widerlagern Zugkräfte, müssen also verankert werden.

Bei weitgehend ebenen plattenartigen Wildbachsperren kann man drei grundlegend unterschiedliche Tragmechanismen unterscheiden: Gewichtsmauer, Platte und Winkelstützmauer. Der Unterschied besteht neben den unterschiedlichen Wirkungsweisen in der inneren Statik, im Wesentlichen in der Art der angenommenen geotechnischen Widerstände. Die prinzipiellen Ausprägungen von massiven, ebenen Sperrenquerschnitten, abhängig von der Wahl des Tragmodells, sind in Bild 146 dargestellt.

Beim Modell A *Gewichtsmauer* wird die äußere Standsicherheit der Mauer hauptsächlich durch ein entsprechend hohes Eigengewicht sichergestellt. Sehr dicke, massige Baukörper sind die Folge. Die Reaktionskräfte aus den Einwirkungen werden über die Sohlfuge in den Untergrund übertragen (Typ A).

Tabelle 50. Einteilung der statischen Systeme von Schutzbauwerken nach ONR 24800 [115]

Gewichts-sperren	Gewölbe-sperren	Plattensperren			Aufgelöste Tragwerke		
		einfache Plattensperre	Pfeilerplattensperre	Winkelstützmauer	massenaktive Tragwerke	vektoraktive Tragwerke	
						biegesteif (Gittersperren)	biegeweich (Netzsperren)

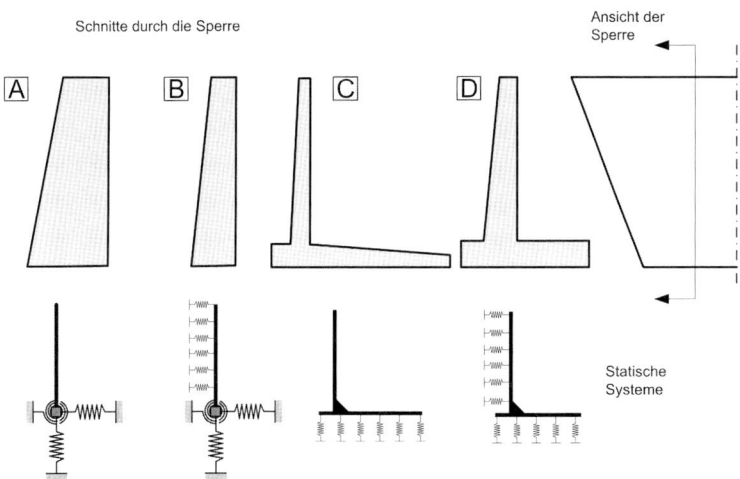

Bild 146. Ausprägung der Sperrenquerschnitte, abhängig von der Wahl des Tragmodells: (A) Gewichtsmauer, (B) reines Plattentragwerk, (C) Winkelstützmauer; (D) Hybridmauer

Das Modell B *Platte* folgt der Betrachtung als dreiseitig gelagerte oder eingespannte Platte. Diese Platte besitzt keine verbreiterten Fundamentbereiche. Die zumeist horizontal wirkenden Kräfte werden über eine seitliche und eine untere Bettung in die Talflanken und den Untergrund übertragen (Typ B). Dieses Modell setzt mobilisierbare geotechnische Widerstände an den gelagerten Plattenrändern voraus. Von der statischen Wirkungsweise der Platte kann man drehbar gelagerte Ränder und eingespannte Ränder unterscheiden. Eine Lagerung in der Nähe der Einspannung wird sich bei Gründungen in Fels einstellen. Bei Lagerungen auf Lockergestein und Böden geht man eher von einer gelenkigen Auflagerung der Plattenränder aus. Sind die Lagerungsverhältnisse, welche sich tatsächlich einstellen, schwer abschätzbar, sollte man zur Sicherstellung der inneren Standsicherheit die Querschnittsabmessungen und Bewehrungsflächen jeweils auf das Schnittkraftmaximum aus beiden Lagerungsextremen (gelenkig, eingespannt) auslegen.

Das Modell C *Winkelstützmauer* geht von der Betrachtung als L-förmige Winkelstützmauer aus. Hier werden die einwirkenden horizontalen Lasten auf den vertikalen Schenkel in eine Sohlpressung unter dem horizontalen Schenkel umgewandelt (Typ A). Durch diese Bauweise kann bei einem geringen Materialeinsatz ein hohes Widerstandsmoment in der Sohlfläche erzielt werden. Der Vorteil dieses Modells ist, dass die gesamten einwirkenden Lasten über die untere Sohlfuge übertragen werden können und Widerstände in den Flanken, welche meist schwer abschätzbar sind, nicht angesetzt werden müssen.

Aufgrund der schwer abschätzbaren geotechnischen Randbedingungen wird in der Praxis meist eine Mischung aus den Modellen A bis C verwendet (Modell D *Hybridmauer*). Je nach Eigengewicht der Mauer und Länge des waagerechten Schenkels, lässt sich jede gewünschte Aufteilung der Reaktionskräfte auf die Flankenbereiche und die Sohlfuge erreichen (Typ B). Streng genommen handelt es sich um eine Winkelstützmauer mit kurzem Schenkel.

Eine Modellübersicht ist aus Tabelle 51 ersichtlich.

Durch gekrümmte Grundrisse (*Gewölbesperren*) kann eine Bogentragwirkung erreicht werden. Dadurch treten anstelle von Biegemomenten Druckspannungen auf, was diese Systeme besonders für Steinmauern und unbewehrte Betonmauern interessant macht. Bei einer Ausführung in Stahlbeton lässt sich durch Aktivierung einer Bogentragwirkung Betonmasse einsparen.

Durch aufgelöste Systeme lassen sich hohe Widerstandsmomente in der Sohlfläche durch geringen Materialeinsatz erreichen. Das Tragwerkssystem wird eingesetzt, wenn eine maximale Durchgängigkeit oder eine hohe Flexibilität des Systems gegen dynamischen Lastangriff erforderlich ist.

Die Konstruktions-Tragwerks-Matrix (Tabelle 6) stellt wichtige Zusammenhänge zwischen dem Einsatzbereich der statischen Systeme und der funktionsabhängigen Konstruktion des Sperrenbauwerks dar.

Tabelle 51. Modellübersicht

Modell		Widerstände (Auflager)	Widerstände gegen Kippen	Idealisierter innerer Spannungszustand
A	Gewichtsmauer	Sohlfuge	Eigengewicht	einachsig
B	Platte	Sohlfuge Flanken	Eigengewicht Widerstand der Talflanken	zweiachsig
C	Winkelstützmauer	Sohlfuge	EG Mauer EG Boden auf waagerechtem Schenkel	einachsig
D	Hybridmauer	Sohlfuge Flanken	EG Mauer EG Boden auf waagerechtem Schenkel (Widerstand der Talflanken)	ein- oder zweiachsig

9.3.1 Gewichtssperren

9.3.1.1 Allgemeines

Die Stützwirkung dieser Bauten erfolgt ausschließlich durch die Schwerkraft. Das in der Sohlfuge wirkende Moment infolge horizontaler Erddrucklasten wird über das rückdrehende Moment aus vertikalen Eigengewichtslasten aufgenommen. Dadurch entstehen massige Bauwerke (Bild 147). Bei der Bemessung wird von einem einachsigen Spannungszustand ausgegangen. Eine seitliche Einbindung in die Böschung wird statisch als nicht wirksam angenommen.

Gewichtsmauern haben in der Regel einen trapezförmigen Querschnitt. Der Anzug muss an der Luftseite, bedingt durch eine Verdrehung der Wand um den Fußpunkt infolge des aktiven Erddrucks, ausgeführt werden. Im Allgemeinen beträgt die Neigung 4:1 bis 10:1. Die Wasserseite kann nicht nur vertikal, sondern auch geneigt oder abgetreppt ausgeführt werden (Bild 148). Gewichtsmauern werden im Grundriss meist als gerade Querwerke gestaltet, ihr Einsatzgebiet ist vor allem bei instabilen Talflanken (z. B. weniger tiefe Täler mit schwach geneigten Talflanken).

Wird die Mauer im unteren Teil unterschnitten (Bild 148 B3), verringert dies den Erddruck und damit die erforderliche Querschnittsfläche beträchtlich. Es muss jedoch die Standsicherheit der nicht verlandeten Mauer oder Sperre gewährleistet werden.

Gewichtsmauern als Sperrenbauwerke sind im Allgemeinen kronengeschlossene Bauwerke (Bild 147 A). Sie können allerdings auch als Flankenbauwerke von kronenoffenen Sperren (z. B. Schlitzsperren) zum Einsatz kommen. Sie können als Bauwerke aus unbewehrtem oder bewehrtem Beton (Stahlbeton), als Steinsperren aus Trocken- oder Zementmauerwerk, Holzkastensperren oder Drahtschottersperren ausgeführt werden.

9.3.1.2 Gewichtssperren in Konstruktionsbeton

In den meisten Fällen werden Gewichtsmauern aus unbewehrtem Beton hergestellt und erhalten ggf. wasserseitig eine rissreduzierende Oberflächenbewehrung, um die Rissbildung zu hemmen. Diese Bauwerke haben zwar hohen Materialverbrauch, können dafür aber mit einem vergleichsweise geringen Aushubvolumen errichtet werden. Gewichtssperren aus Stahlbeton werden nicht ausgeführt, da das Eigengewicht von auf die innere Tragfähigkeit optimierten Querschnitten zu gering für die Erfüllung der äußeren Standsicherheit ist. In diesem Fall werden eine Hybridmauer, Plattensperre oder eine Winkelstützmauer konstruiert. In der Praxis hat sich eine Mindestdicke der Sperrenkrone von 70 cm bewährt.

9.3.1.3 Vorgespannte Betongewichtssperre

Eine vorgespannte Gewichtsmauer ist eine spezielle Bauart der Wildbachverbauung, die jedoch nur sehr selten zum Einsatz kommt. Die Ankerkräfte der Spannanker verursachen in den horizontalen Fugen der Gewichtsmauer Druckspannungen, die den, bei Vollbelastung der Sperre auftretenden Zugspannungen entgegenwirken. Die Zugspannungen aus der Belastung werden somit zum Teil oder ganz aufgehoben. Die Vorspannung dient somit zur Verringerung des notwendigen Eigengewichts der Gewichtsmauer und führt zu einer weitestgehenden Rissefreiheit.

Bei der Planung sollten die bei leerem Becken luftseitig auftretenden Zugspannungen nicht übersehen werden. Diese Situation kann laut *Czerny* [33] vermieden werden, indem die Vorspannung in der Sperre erst nach einem Teilstau vorgenommen wird. Weiterhin sollte, aus Gründen des Korrosionsschutzes, auf eine ausreichende Verpressung des Spannkanals geachtet werden.

Einstabanker, Litzenanker und Bodennägel sollten mit einfachem oder doppeltem werkmäßigen Korro-

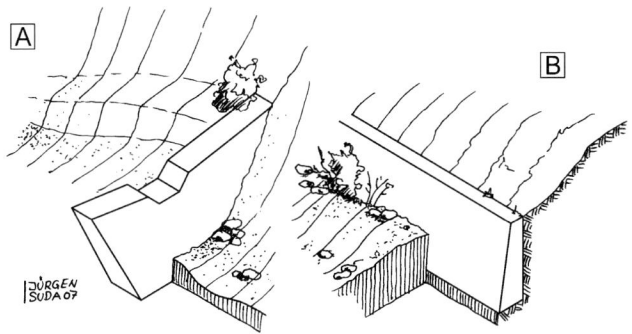

Bild 147. Gewichtsmauern: (A) als Querbauwerk (verlandete Konsolidierungssperre); (B) als Ufermauer

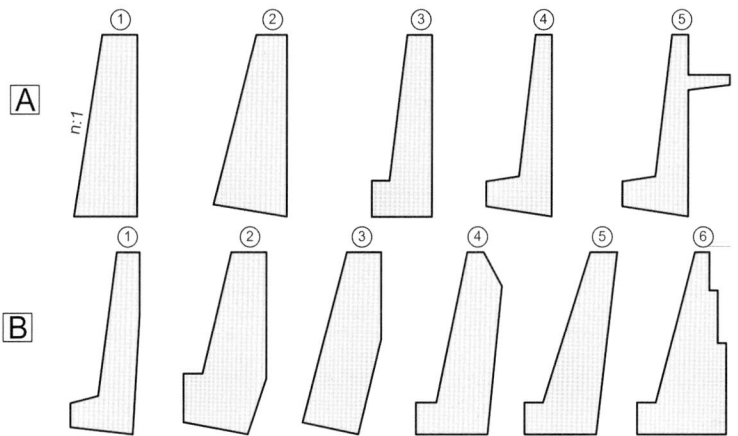

Bild 148. Querschnitte von Gewichtsmauern aus Beton: (A) mit gerader Rückwand; (B) mit hinterschnittener oder abgestufter Rückwand (materialsparend)

sionsschutz versehen werden. Bei einer Vorspannung mit nachträglichem Verbund sollten die Spannglieder mit einer Korrosionsschutzmasse umhüllt und in ein PE-Hüllrohr eingebracht werden, wodurch sich diese als Daueranker eignen.

Nach [33] liegt die wirtschaftliche und technische Grenze bei der Verwendung der Vorspannung bei einer Sperrenhöhe von 15 bis 60 m und damit über den maximalen Höhen der Wildbachverbauung. Bild 149 zeigt die Spannungsberechnung einer vorgespannten Sperre.

9.3.1.4 Berechnung und Bemessung

Sperrenbauwerke sind je nach funktionalem Typ auf die maßgeblichen Einwirkungskombinationen nach Abschnitt 9.2 zu bemessen. Ufermauern werden in der Regel nur durch Erddruck (mit und ohne Hangwasser) belastet.

Äußere Standsicherheit

Es müssen die Nachweise der Tragfähigkeit (Kippen, Gleiten, Grundbruch, Geländebruch, Hydraulischer Grundbruch) und der Gebrauchstauglichkeit erfüllt sein (Abschnitt 9.1.11).

In der Regel wird bei Gewichtssperren der aktive Erddruck angesetzt. Für verformungsarme Konstruktionen ist der erhöhte aktive Erddruck (in Ausnahmefällen der Erdruhedruck) und bei hinterfüllten Stützbauwerken der Verdichtungserddruck maßgebend. Gründungen auf Festgestein bei ebenen

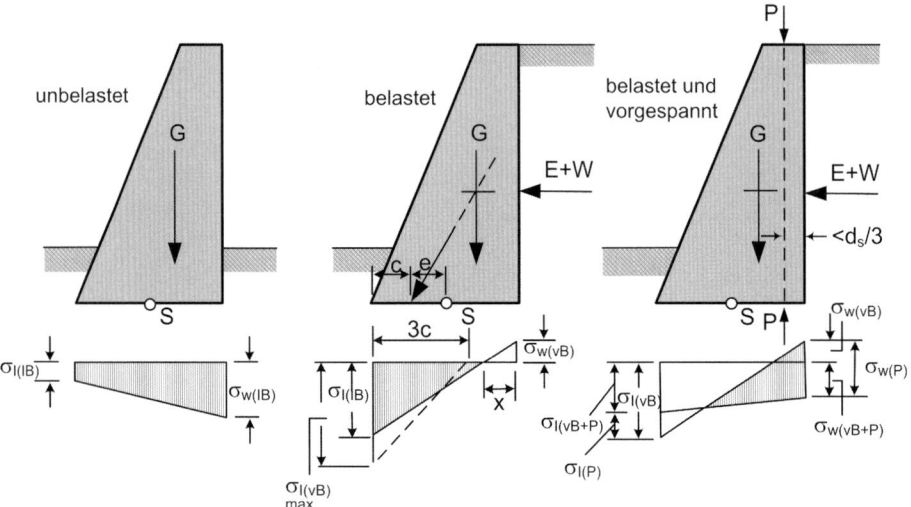

Bild 149. Spannungsberechnung einer vorgespannten Sperre (nach [33])

Systemen sind als unnachgiebig einzustufen und daher auf den erhöhten aktiven Erddruck, in Ausnahmefällen auf den Erdruhedruck, zu bemessen. Für die Berechnung des aktiven Erddrucks ist der Parameter Reibungswinkel φ von großer Bedeutung, da der Winkel der inneren Reibung φ auch den Wandreibungswinkel festsetzt. Nach [51] nimmt nicht nur die Größe der Erddruckkraft mit kleinerem Reibungswinkel zu, sondern auch das aktive Moment wird durch die flachere Erddruckresultierende größer.

Die Abmessungen von Gewichtsmauern müssen so gewählt werden, dass die Sohlspannungsresultierende aus Eigengewicht und Erddruck (eventuell auch Wasserdruck), die Sohlfläche innerhalb der ersten Kernweite schneidet (Sicherheit gegen Kippen).

Durch eine schräge Sohlfläche kann zwar die Gleitsicherheit nicht erheblich verbessert, jedoch der Materialverbrauch verringert werden.

Innere Standsicherheit

Der Nachweis der inneren Standsicherheit für Gewichtssperren erfolgt, abhängig vom verwendeten Werkstoff, durch Untersuchungen der inneren Kräfte und Spannungen. Dabei werden die Nachweise an einem 1 m breiten Streifen in der Nähe der Abflusssektion erbracht (Bild 150). Eine Beschreibung der Werkstoffeigenschaften ist in Abschnitt 5.9 zu finden, eine Zusammenstellung der relevanten Normenwerke in Abschnitt 9.1.1.2

Die Konstruktion und alle Bauteile müssen die Einwirkungen dauerhaft schadensfrei und ohne Verlust der Standsicherheit und Gebrauchstauglichkeit aufnehmen können. Die unbewehrten Betonbauteile können nach EN 1992-1-1, Abschnitt 12 bemessen werden. Bei den Nachweisen sind die Zug-, Druck- und die Schubspannungen zu untersuchen. Die Modelle der EN 1992-1-1 gehen von einer maßgeblichen Normalkraft im Querschnitt aus. Bei Sperrenbauwerken überwiegt jedoch die horizontale Komponente der Einwirkung. Normalkräfte bauen sich in Sperrenmauern hauptsächlich durch das Eigengewicht auf. Solche Querschnitte sollten daher nach einschlägigen Richtlinien des Talsperrenbaus (z. B. [111]) bemessen werden. Weitere Ausführungen zur Bemessung von unbewehrten Betonquerschnitten finden sich z. B bei *Hegger* et al. [64].

Bei der Bemessung als unbewehrter oder gering bewehrter Betonquerschnitt sind jedenfalls die Druck- und evtl. Zugfestigkeiten für unbewehrten Beton anzusetzen. Ist eine Bewehrung notwendig, sind die Anforderungen aus EN 1992-1-1 [47] zu berücksichtigen. Dabei sind bei einachsigen Spannungszuständen zumindest 20 % der Hauptbewehrung als Querbewehrung anzuordnen. Übergangsbereiche zwischen bewehrten und unbewehrten Querschnitten sind kontinuierlich zu gestalten (Anstufen der Bewehrung).

Neben den ungestörten Betonquerschnitten sind auch alle maßgeblichen Arbeitsfugen zu bemessen, dies sind meist die maßgebenden Nachweise bei unbewehrten Gewichtssperren. Bei gering bewehrten

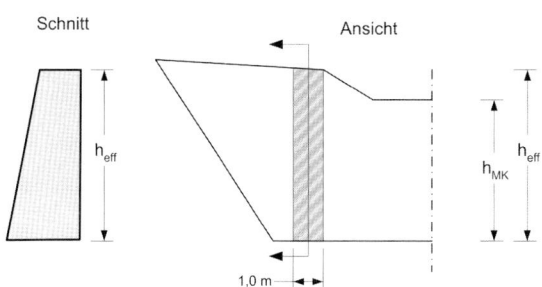

Bild 150. Lage des maßgeblichen Bemessungsschnitts bei einer Gewichtssperre

Querschnitten kann die Verdübelungswirkung der Bewehrung in der Fuge berücksichtigt werden. Gleiches gilt für eine allenfalls vorhandene konstruktive Bewehrung.

Zur konstruktiven Durchbildung von gering bewehrten Sperren siehe Abschnitt 5.8.10.

9.3.2 Gewölbesperren (Bogensperren)

9.3.2.1 Allgemeines

Gewölbesperren (Bogensperren) weisen einen bogenförmigen Grundriss mit einem bachaufwärts gerichteten Scheitel auf (Bild 151). In der Wildbachverbauung werden Bogensperren zum größten Teil wasserseitig senkrecht und luftseitig mit einem Maueranzug ausgeführt. Zwischen der ebenen Gewichtsmauer und der Bogenmauer gibt es eine Übergangskonstruktion, die gekrümmte Gewichtsmauer (Bogengewichtsmauer). Allerdings erfolgt bei gekrümmten Gewichtsmauern die Lastübertragung in den Untergrund primär über die Sohlfläche. Der Widerstand gegen Kippen wird ausschließlich über die Geometrie und das Eigengewicht des Sperrenkörpers erreicht. Bei einer echten Gewölbesperre hingegen wird ein Teil der horizontalen Belastung (Wasser-, Erddruck) auf die seitlichen Talflanken abgeleitet (Bogenwirkung), während der Rest auf die Sohle übertragen wird (Kragträgerwirkung). Nach *Leys* [99] entspricht die Bogensperre somit statisch einem liegenden Gewölbe mit gekrümmter Mauerachse, welches an den Kämpfern gelenkig im Gelände eingebunden ist. Bevorzugte Standorte sind daher Schluchtstrecken oder enge Felsprofile. Die prinzipiellen Unterschiede sind in Bild 152 dargestellt.

Nach der Form von Gewölbemauern (Bogenstaumauern) werden diese in Zylindermauern, Gleichwinkelmauern und in freie Mauerformen unterteilt. Letztere finden im Bereich der Wildbachverbauung keine Anwendung. Kennzeichnend für *Zylindermauern* ist ein ungefähr gleicher Krümmungsradius auf allen Mauerhöhen. Der Öffnungswinkel wird zur Basis hin kleiner. Nach *Drobir* [42] kann in einem sehr engen Tal mit fast senkrechten Talflanken mit guter Näherung angenommen werden, dass der Wasserdruck über die Bogenwirkung horizontal zu den Talflanken abgetragen wird. Die *Gleichwinkelmauer* ist unter dem Gesichtspunkt konstruiert, dass der Schnittwinkel der Kämpfertangente mit den Höhenlinien des Tals in allen Schichten annähernd gleich bleibt. Die typische Gleichwinkelmauer als Talsperre ist im Mittelquerschnitt annähernd senk-

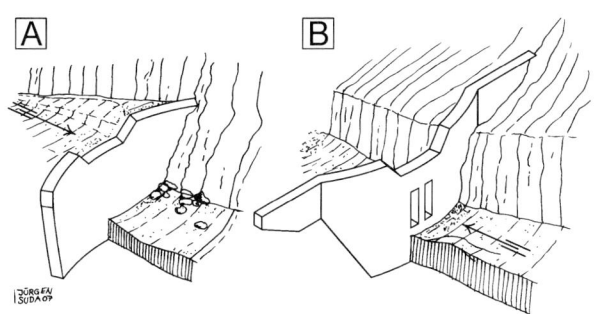

Bild 151. Gewölbesperren: (A) einfache Gewölbesperre (Konsolidierungssperre); (B) Gewölbesperre mit Flügeln und Dolen (Dosiersperre)

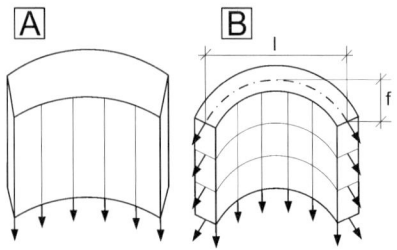

Bild 152. Unterscheidung in der Lastabtragung: (A) gekrümmte Gewichtsmauer (Bogengewichtsmauer); (B) Gewölbesperre (Bogenmauer)

recht (Bild 153 B). Wird der Krümmungsradius zur Basis hin kleiner, entsteht im Bogenscheitel ein trapezförmiger Querschnitt, ähnlich wie in Bild 153 A dargestellt.

Leys [99] gibt Vor- und Nachteile von Bogensperren an. Ein wesentlicher Vorteil ist, dass die Mauer aufgrund der primären Druckbelastung großteils aus unbewehrtem Beton ausgeführt werden kann. Eine Bogenmauer ist gegenüber einer Überbelastung wesentlich robuster als Plattentragwerke. Durch dünnere Mauerquerschnitte bei normalkraftbeanspruchten Bauteilen kommt es im Vergleich zu biegebeanspruchten Bauteilen zu einer Materialeinsparung. Bei tragfähigem Fels in den Flanken ist die Gewölbemauer eine günstige Bauform. Es ist auch möglich, unsymmetrische Sperren zu konzipieren, wenn die Abflusssektion außerhalb der Sperrenmitte liegen soll. *Pasche* [121] nennt als weiteren Vorteil das elastische und monolithische Verhalten der Struktur, welches durch die geringe Eigenmasse und die statische Verbundwirkung hervorgerufen wird. Dieser Umstand führt dazu, dass sich Gewölbemauern auch für erdbebengefährdete Gebiete eignen.

Als Nachteile gibt *Leys* [99] primär die schwierigere und kostenintensive Bauausführung im Vergleich zu geraden Baukörpern an. Sind die Flanken nicht tragfähig, wie dies bei Rutschhängen, nassen Hängen und generell bei minderwertigem Lockergestein der Fall ist, kann der Kämpferdruck nicht aufgenommen werden. Die bei geringer tragfähigem Boden angeordnete Kämpferverbreiterung erfordert viel Beton. Eine Einsparung in der Betonmenge wird jedoch durch dünnere Querschnitte wieder kompensiert.

Für die Berechnung von Bogensperren ist das Steifigkeitsverhältnis Boden (Fels) / Bauwerk sehr wichtig. Besitzen die Widerlager eine geringe Steifigkeit, nähert sich das Tragverhalten des Bogens jenem der Platte. Bei den Spannweiten-/Stich-Verhältnissen (Bild 154) laut Gln. (94) und (95) kann man von einer Bogentragwirkung ausgehen. Nach [99] liegt das günstigste Spannweiten-/Stich-Verhältnis hinsichtlich des Horizontalschubs zwischen 3,5 und 4.

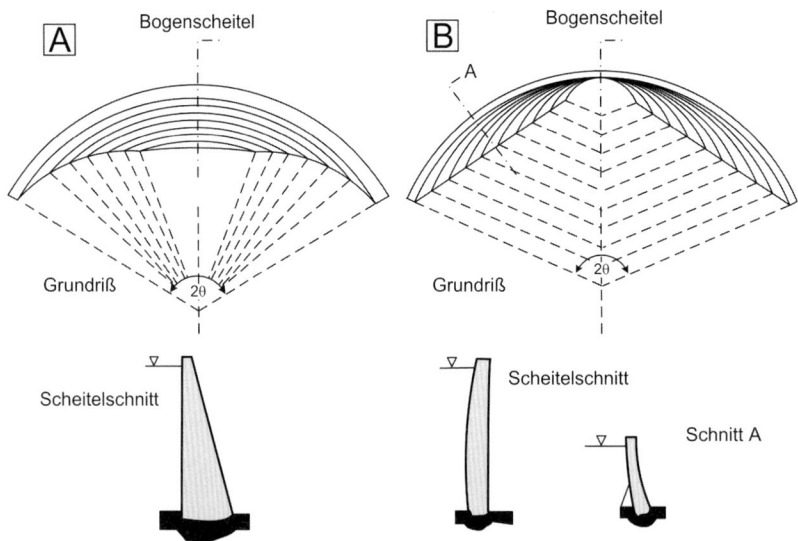

Bild 153. Prinzipielle Formen von Gewölbesperren: (A) Zylindermauer; (B) Gleichwinkelmauer

$l/f \leq 3$ für unbewehrte Mauern (94)

$l/f \leq 7 \div 10$ für Stahlbetonmauern (95)

Laut [99] sollte der technische und wirtschaftliche Grundsatz im Bogensperrenbau die Suche nach der günstigsten Gewölbewirkung bei geringstem Baustoffverbrauch sein. Um eine günstige Gewölbewirkung zu erzielen und damit geringe Querschnittsabmessungen zu erhalten sowie die Druckfestigkeiten des Werkstoffs (Stein, Beton) optimal auszunutzen, muss bei Bogensperren der Krümmungsradius klein und der Öffnungswinkel (Zentriwinkel) groß sein. Höhere Mauerstärken verringern die Elastizität des Sperrenkörpers und induzieren größere Biegemomente. Optimal sind daher Bogensperren mit möglichst geringer Mauerstärke. Dadurch kommt es zu einem vorwiegend bogenartigen Lastabtrag über Normalkräfte. Beim Entwurf einer Bogensperre sollte man bei entsprechendem Verhältnis einen möglichst gleichbleibenden Öffnungswinkel und einen kleinen Krümmungsradius anstreben. Wenn aber bedingt durch die Talquerschnittsform die Radien zur Sohle hin kleiner werden, verlagern sich bei Gleichwinkelmauern die Betonmassen auf die Luftseite. Dadurch können wasserseitig Zugspannungen auftreten. Durch ein Verschieben der Mittelpunkte der Bogenlamellen im unteren Teil der Staumauer gegen die Wasserseite kann dieser Nachteil vermieden werden. Dadurch entsteht eine Doppelkrümmung der Sperrenmauer.

In der Regel haben Bogensperren einen kreisförmigen Grundriss (Segmentbogen). In der Praxis kommen Öffnungswinkel φ zwischen 60° und 135° vor. *Hampel* [60] und *Jörgensen* [80] geben den wirtschaftlichsten Zentriwinkel von Gleichwinkelmauern mit φ ~ 133 an. Bei diesem Winkel ergibt sich die größte Materialeinsparung. Wenn dieser Zentriwinkel der einzelnen Bogenlamellen angestrebt wird, muss auch beachtet werden, dass die Kämpfertangente die Höhenlinien der Felshänge in Kronennähe nicht unter einem spitzeren Winkel als β = 40° und im übrigen Sperrenkörper nicht unter β = 30° schneiden sollte (Bild 154). Gestattet die Form des Tals die Einhaltung des Winkels β nicht, müssen die Widerlager am Fels entsprechend ausgearbeitet werden. Durch große Zentriwinkel entsteht der Bogenschub mehr in Tallängsrichtung, wodurch die Querverformung der Hänge vermieden wird. Je kleiner der Halbmesser, je größer die Krümmung und je größer der Zentriwinkel φ, umso geringer der Anteil der Kragträgerwirkung und umso größer die Bogenwirkung.

Kämpferverbreiterungen

Überschreiten die Druckspannungen aus der resultierenden Kämpferkraft F den Bemessungswert der aufnehmbaren Bodenspannung, ist es möglich, durch eine Kämpferverbreiterung die Spannungen aus dem Kämpfer zu reduzieren. Die Verbreiterung

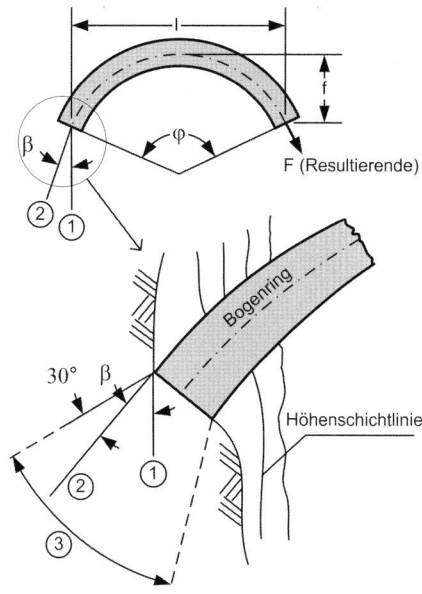

① Mittlere Richtung der Höhenschichtlinien im Kämpferbereich
② Kämpfertangente
③ Druckausbreitung im Fels (Ausbreitungswinkel 60°)

Bild 154. Kämpferbereich: Winkel zwischen umgebenden Felsen und Kämpfertangente

kann kontinuierlich erfolgen oder konsolenartig unmittelbar im Kämpferbereich (Bild 155). Die Verbreiterung der Kämpfer t_K kann nach [99] über Gl. (96) bestimmt werden.

$$t_k = \frac{f_{cd}}{q_{f,d}} \cdot t_M \qquad (96)$$

mit

f_{cd} Bemessungswert der Druckfestigkeit der Mauer [N/mm²]

f_{bd} Bemessungswert der Bodenpressung [N/mm²]

t_k Mauerstärke im Kämpferbereich [m]

t_M Mauerstärke außerhalb der Kämpferverbreitung [m]

Leys [99] schlägt vor, die Kämpfermitte in den Drittelspunkt des Mauerquerschnitts zu legen. Von diesem Punkt wird die Verbreiterung aufgetragen. Dies ergibt eine Verbreiterung zur Luftseite hin. Zur Einsparung von Betonmasse kann der Lastausbrei-

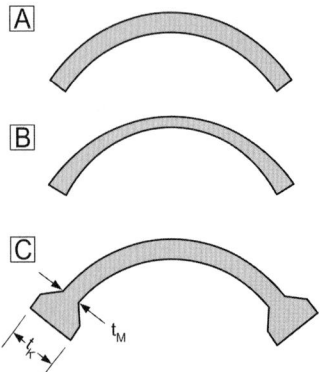

Bild 155. Grundrissformen von Gewölbemauern: (A) konstanter Querschnitt; (B) kontinuierliche Kämpferverbreiterung; (C) konsolenartige Kämpferverbreiterung (betrachtet wird eine Bogenlamelle)

tungswinkel bis 45° angenommen werden, besser sind 60°. Um einen ausreichenden Schubwiderstand zu erreichen, werden die Ankerköpfe ca. 0,5 bis 1 m parallel zur Sperre gezogen. Danach laufen die Konsolen unter einem Winkel von 15 bis 45° in den Mauerkörper aus. Laut [99] liegen die Winkel in der Praxis an der Wasserseite zwischen 15 und 45° und an der Luftseite zwischen 30 und 45° (Bild 156). Die Einleitung in das Gelände soll annähernd orthogonal erfolgen. Dadurch ergibt sich eine Abstufung in der Sperre entsprechend den angenommenen Bogenlamellen. Ein Beispiel einer Sperre mit konsolenartiger Kämpferverbreiterung ist in Bild 168 dargestellt.

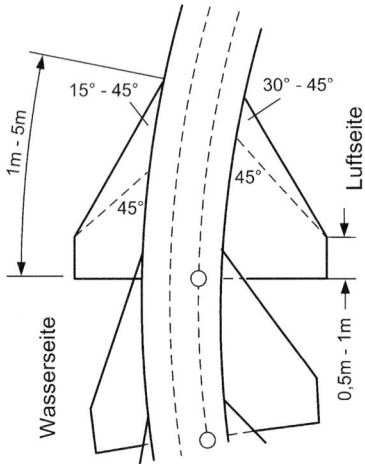

Bild 156. Ausbildung einer konsolenartigen Kämpferverbreiterung: Kämpferköpfe parallel zur Sperrenachse; nach [99]

Kämpferverbreitungen nach Bild 155 C sind je nach Abmessungen als liegende Konsole oder Kragarm zu bemessen. Geeignete Stabwerkmodelle zum Nachweis von Konsolen finden sich in Abschnitt 9.3.5.3.

Gewölbesperren sind sehr empfindlich gegen Nachgeben eines Widerlagers. Weicht eine Auflagerseite nach außen aus, entsteht in der Regel in Bogenmitte ein Riss auf der Luftseite im Bereich der größten Zugspannungen (Bild 157). Der erste Riss entsteht

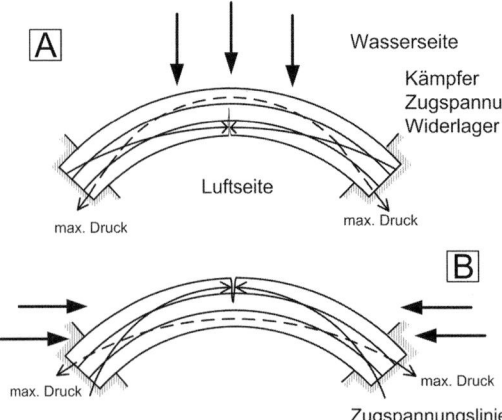

Bild 157. Rissbildung in Bogenmitte: (A) luftseitig bei Ausweichen der Widerlager bei steiler Drucklinie (minimale Stützlinie) durch starke wasserseitige Belastung; (B) wasserseitig bei starken seitlichen Drücken bei flacher Drucklinie (maximale Stützlinie); nach [99]

an der Stelle des geringsten Querschnitts und führt bei Öffnungen von Dole zu Dole. Ein ähnliches Rissbild entsteht bei Überlastung des Sperrenkörpers, z. B. durch einen Murgang. Wasserseitige Risse entstehen, wenn die Widerlager nach innen (zur Bachachse) geschoben werden. Dies ist bei seitlichem Hangdruck der Fall.

Sperrenflügel

Die Sperrenflügel stehen auf dem Sperrenkörper und bilden keine durchgehende Lamelle, da sie durch die Abflusssektion unterbrochen sind. Der Bereich der Sperrenflügel über der obersten Bogenlamelle ist gesondert zu bemessen. Dabei sind die maßgebenden Einwirkungskombinationen entsprechend dem funktionalen Sperrentyp anzusetzen. Bestehen Sperrenflügel aus unbewehrtem Beton oder Mauerwerk, sind sie wie Gewichtsmauern zu bemessen. Flügel aus Stahlbeton sind nach EN 1992-1-1 + NAD zu bemessen und über die Bewehrung entsprechend mit dem restlichen Sperrenkörper zu verbinden.

9.3.2.2 Vorbemessung

Die erste Abschätzung der Bauteilabmessung kann nach *Pasche* [121] über die Ringformel erfolgen.

Mittlere Gewölbedicke: $t \geq 2{,}0$ m (97)

Krümmungsradius außen: $r_a = \dfrac{L}{2 \cdot \sin \alpha}$

(mit $\alpha = 66°47'$ entspricht optimalen Öffnungswinkel) (98)

Fußdicke: $t_{MB} = \dfrac{H \cdot \gamma_w \cdot r_a}{\sigma - H \cdot \dfrac{\gamma_w}{2}}$

(mit Ringspannung:

$\sigma = \dfrac{3}{4} \cdot \max \sigma \text{ zul} \approx 4 \div 8 \text{ N/mm}^2$) (99)

Schalendicke am Mauerkopf:

$t_{MK} \geq 1$ m und $\leq 0{,}4 \cdot h$ (100)

9.3.2.3 Berechnung und Bemessung

Die Bemessungsverfahren für eine Bogensperre können in das Verfahren mit Bogenlamellen, das Verfahren mit Trägerrost und das Verfahren auf Basis der Finite-Elemente-Methode (FE-Modellierung) eingeteilt werden (Bild 158). Beim *Verfahren mit Bogenlamellen* werden die Lasten nur über die seitlichen Flanken in den Untergrund übertragen. Beim *Verfahren mit Trägerrost* wird zusätzlich eine Übertragung in die Sohle ermöglicht. Dabei werden die Lasten proportional auf die Bogenlamellen und Kragträger aufgeteilt. Das *FE-Modell* unterstellt eine kontinuierliche Bettung, welche entsprechend den Steifigkeitskennwerten des Bodens eingegeben wird. Die FE-Methode ist weitgehend der Trägerrostmethode ähnlich. Nach [42] haben sich in der Praxis das Trägerrostverfahren und die Methode der finiten Elemente durchgesetzt.

Lastfälle und Berechnungsansätze

Gewölbemauern sind je nach funktionalem Typ auf die maßgeblichen Einwirkungskombinationen nach Abschnitt 9.2 zu bemessen. Dabei sollten zusätzlich die im Folgenden genannten Fakten berücksichtigt werden. Neben den direkten Einwirkungen sind gerade bei Gewölbemauern die indirekten, wie Temperatur, Schwinden, Quellen und Zwang zu berücksichtigen.

Die Wirkung des Eigengewichts ist laut *Baldia* [11] abhängig von der Art der Bauausführung, dabei insbesondere von der Reihenfolge des Auspressens der Arbeitsfuge zwischen den einzelnen Blöcken. Für eine Vorbemessung genügt allerdings die Annahme, dass das Eigengewicht auf die lotrechten Kragträger wirkt.

Die Temperatureinflüsse spielen in einem Gewölbebauwerk eine bedeutende Rolle, weil diese Zug-

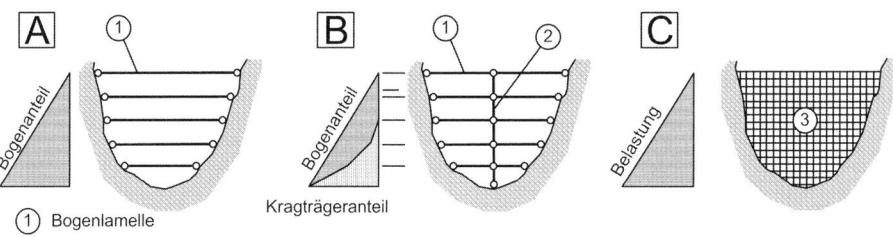

① Bogenlamelle
② Kragträger
③ FE-Netz

Bild 158. Verfahren zur Berechnung von Gewölbesperren: (A) Verfahren mit Bogenlamellen; (B) Verfahren mit Trägerrost; (C) Verfahren mit FE-Modellierung

spannungen verursachen können, die nur von einer Bewehrung aufgenommen werden können. Die Betrachtung einer veränderlichen Temperaturverteilung wird herangezogen, wenn diese die übrigen Spannungen negativ beeinflusst. Dies ist der Fall, wenn die Talseite im Winter erwärmt wird und somit an der Wasserseite Zugspannungen entstehen, und im Sommer verursacht die wasserseitige Erwärmung einen ungünstigen Einfluss. Der Fall mit der auftretenden Zugspannung an der Wasserseite (Bild 157 B) ist jedoch der ungünstigere, da bei einer eventuellen Rissbildung die eingelegte Bewehrung korrodiert und bei Frost eine Sprengwirkung auftreten kann.

Um Schwindspannungen abzubauen, empfiehlt es sich auch bei kleinen Bogenmauern, in der Wildbachverbauung offene Blockfugen, welche nachträglich verpresst werden, zu errichten.

Da laut *Baldia* [11] Staumauern wie jede andere elastische Konstruktion zu Schwingungen neigen, ist es notwendig, dass sich die Eigenfrequenz der Sperre von der Frequenz des Untergrunds unterscheidet, damit Resonanzerscheinungen vermieden werden können. Nach *Hohberg* et al. [68] tritt bei Bogenstaumauern ein nichtlineares Verhalten unter Erdbebenwirkung in erster Linie in den vertikalen Blockfugen auf. Durch das Schwingen der Mauer werden die horizontalen Bogendruckkräfte abgebaut und dadurch können sich die Fugen öffnen.

Bemessungsverfahren mit Bogenlamellen

Bei diesem Verfahren wird die Sperrenmauer durch zur Gewölbeachse parallele Ebenen in einzelne Bogenlamellen mit einer Breite von 1 m unterteilt (Bild 159). Die so entstandenen Bogenlamellen können jede für sich als 1 m breiter Bogenträger oder vereinfacht mit der Ringformel von *Navier* (Kesselformel) bemessen werden. Bei diesem Verfahren kann nur eine Lastabtragung in den Flanken und nicht in der Sohle berücksichtigt werden.

Ringformel

Die Ringformel gibt die Spannungen in durch Gleichlast belasteten rotationssymmetrischen Körpern mit konstantem Radius an. Sie beruht als Membranspannung auf einem reinen Kräftegleichgewicht. Es sind zur Berechnung der Spannungen keine Verformungsannahmen und Steifigkeitskennwerte erforderlich. Die Ringformel gilt für dünnwandige, gekrümmte Membranen. Von einer dünnwandigen Membran kann man ab einem Verhältnis von Außen- zu Innendurchmesser $< 1{,}2$ ausgehen (Bild 160). Die resultierende Tangentialspannung $\sigma_{c,y}$ ergibt sich nach Gl. (101), die Längsspannung $\sigma_{c,z}$ nach Gl. (102).

$$\sigma_{c,y} = \frac{p_x \cdot R_m}{t} \tag{101}$$

$$\sigma_{c,z} = \frac{p_x \cdot R_m}{2 \cdot t} \tag{102}$$

Für die Berechnung von Bogenlamellen kann die Ringformel nur als grobe Näherung verwendet werden, da der Grundriss der Bogensperren nicht immer einem Kreis folgt und die Lamellen keinen geschlossenen Ring bilden und in der Regel nicht dünnwandig sind. Zudem geht die Ringformel von einer gleichmäßig verteilten und zum Mittelpunkt des Kreises wirkenden Belastung aus, wie sie bei ruhendem Wasserdruck vorkommt. Belastungen durch Einzelstöße oder asymmetrische Belastungen können nicht berücksichtigt werden. Es ist auch nicht möglich über die Ringformel die Einspannmomente zu erfassen. Wenn trotzdem in der Wildbachverbauung die Ringformel für die Berechnung von Gewölbesperren Verwendung findet [60, 99], ist es laut *Czerny* [33] notwendig, den Bemessungswert der Druckfestigkeit des Betons f_{cd} auf 4 bis 8 N/mm² zu begrenzen. „Die Ringformel vernachlässigt das Eigengewicht, die durch das Eigengewicht herrührenden Randspannungen, die Einwirkung auf die Bachsohle, Temperatureinwirkungen und Schwingungen durch Hochwasserüberfall" [99, S. 245]

Bogenträger
Die Bogenlamellen werden je nach Steifigkeit der Auflager vereinfacht als gelenkig oder eingespannt gelagerter Bogenträger idealisiert. *Czerny* [33]

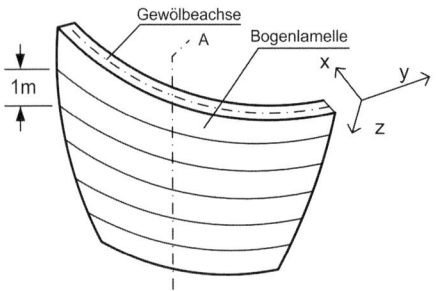

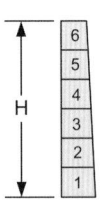

Bild 159. Verfahren mit Bogenlamellen: Aufteilung des Sperrenkörpers in einzelne Bogenlamellen mit der Höhe 1 m

empfiehlt, um eine bessere Übereinstimmung der Berechnungsannahmen mit den Gegebenheiten zu erreichen, die einzelnen Bogenlamellen als symmetrischen Kreisbogen mit konstanter Bogendicke und beidseitig elastischer Einspannung anzunehmen. Da Bogensperren vorteilhaft in Fels gegründet werden, kann unter Umständen auch eine Einspannung erfolgen. Im Zweifelsfall ist es zielführend, ähnlich den Plattensperren, beide Extreme der Lagerungsbedingungen zu untersuchen und den Querschnitt auf die Maximalwerte aus beiden zu bemessen. In Bild 161 sind beispielhaft einige wichtige Belastungssituationen (Gleichlast, Einzellast, Temperaturverformung) angegeben. Die Gleichlast kann näherungsweise für die Bemessung von Wasser- und Erddruck verwendet werden. Über Einzellasten können Murstöße berücksichtigt werden. Aus der aus der Auflagerreaktion A, B und dem Horizontalschub H_A ermittelten Normalkraft N und dem Biegemoment M_B lassen sich die Randspannungen ermitteln (Tabelle 52).

Bemessungsverfahren mit Trägerrost

Beim Verfahren mit Bogenlamellen können keine Spannungen quer zur Bogenebene und kein Lastabtrag in die Sohle berücksichtigt werden. Beim Verfahren mit Trägerrost werden die waagerechten Bogenlamellen durch senkrechte Kragträger zu einem

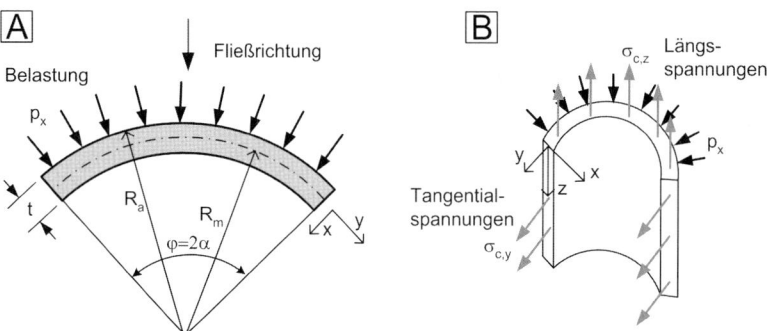

Bild 160. Bogenlamelle: (A) geometrische Größen der Ringformel; (B) Längs- und Tangentialspannungen

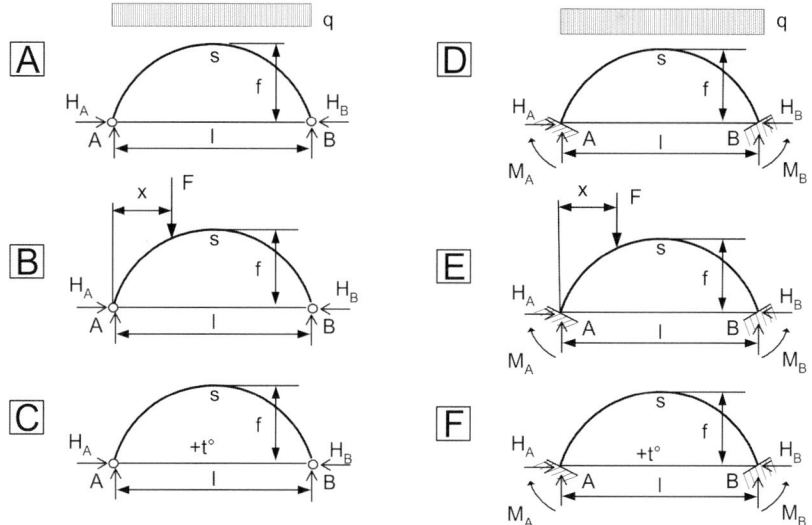

Bild 161. Bogenträger: (A) bis (C) gelenkig gelagert; (D) bis (F) eingespannt

Wildbachsperren

Tabelle 52. Auflagerreaktionen der in Bild 161 dargestellten Systeme

	Auflagerreaktionen		Auflagerreaktionen
A	$H_A = H_B = \dfrac{q \cdot l^2}{8f} \cdot \dfrac{1}{1+k}$ mit $k = \dfrac{15}{8f^2} \cdot \dfrac{J_s}{A_s}$	D	$A = B = \dfrac{q \cdot l^2}{2} \qquad k = \dfrac{45}{4f^2} \cdot \dfrac{J_s}{A_s}$ $H_A = H_B = \dfrac{q \cdot l^2}{8 \cdot f} \cdot \dfrac{1}{1+k} \qquad M_A = M_B = \dfrac{q \cdot l^2}{12} \cdot \dfrac{k}{1+k}$
B	$H_A = H_B = \dfrac{5 \cdot F}{8} \cdot \dfrac{1}{f} \cdot \dfrac{1}{1+k} \cdot \left[\dfrac{x}{l} - 2\left(\dfrac{x}{l}\right)^3 + \left(\dfrac{x}{l}\right)^4 \right]$ $k = \dfrac{15}{8f^2} \cdot \dfrac{J_s}{A_s}$	E	$A = F\left[1 - 3\left(\dfrac{x}{l}\right)^2 - 2\left(\dfrac{x}{l}\right)^3\right] \qquad B = F\left[3\left(\dfrac{x}{l}\right)^2 + 2\left(\dfrac{x}{l}\right)^3\right]$ $H_A = H_B = \dfrac{15 \, F \cdot l}{4 \, f} \cdot \left[\left(\dfrac{x}{l}\right)^2 - \left(\dfrac{x}{l}\right)^2\right]^2 \dfrac{1}{1+k}$ $M_A = \dfrac{2}{3} H_A \cdot f - F \cdot l \left[\dfrac{x}{l} - 2\left(\dfrac{x}{l}\right)^2 + \left(\dfrac{x}{l}\right)^3\right]$ $M_B = \dfrac{2}{3} H_B \cdot f - F \cdot l \left[\left(\dfrac{x}{l}\right)^2 + \left(\dfrac{x}{l}\right)^3\right]$
C	$H_A = H_B = \dfrac{15 \cdot E \cdot J_s \cdot \alpha_t \cdot t}{8 \cdot f^2 \cdot (1+k)}$ mit $k = \dfrac{15}{8f^2} \cdot \dfrac{J_s}{A_s}$	F	$A = B = 0 \qquad k = \dfrac{45}{4f^2} \cdot \dfrac{J_s}{A_s}$ $H_A = H_B = \dfrac{45 \cdot E \cdot J_s \cdot \alpha_t \cdot t}{4 \cdot f^2 \cdot (1+k)} \qquad M_A = M_B = \dfrac{15 \cdot E \cdot J_s \cdot \alpha_t \cdot t}{2 \cdot f \cdot (1+k)}$

Die Bogenform ist als Parabel angenommen und der Querschnitt folgt der Bedingung: $J \cdot \cos \alpha = J_s$

mit
α Neigungswinkel der Bogenachse gegen die Horizontale
J_s Trägheitsmoment im Bogenscheitel S
A_s Querschnittsfläche im Bogenscheitel S

Trägerrost verbunden. Der Trägerrost liegt in den seitlichen Flanken und der Bachsohle auf. Bild 162 A zeigt eine schematische Darstellung eines Trägerrostsystems. In den einzelnen Knoten müssen die Verträglichkeitsbedingungen erfüllt sein. Somit sind die Verformungen der einzelnen Lamellen von den Nachbarlamellen abhängig.

Die Aufteilung der Einwirkungen auf die Bogen- und Kragträgerlamelle erfolgt derart, dass die Verformungen in den Knotenpunkten des Trägerrostes für die Bogen- und Kragträgerlamelle gleich groß sind (Verträglichkeitsbedingung). Die Lastaufteilung kann nach dem Versuchslastverfahren und dem Lastaufteilungsverfahren erfolgen. Beide Methoden gehen auf *Ritter* zurück. Allen Verfahren gemeinsam ist, dass sie nach *Müller* [109] die folgenden vier statischen Voraussetzungen erfüllen müssen:

- Die Formänderungseigenschaften des Mauerkörpers müssen sich durch Elastizitätsmoduln und Poissonzahlen ausdrücken lassen (nur möglich, solange der Beton z. B. nicht kriecht).
- Der Sperrenkörper muss in kleine Elemente zerlegt gedacht werden, welche in geometrischer Verträglichkeit und mechanischem Gleichgewicht zueinander stehen.
- Alle Elemente müssen sich so deformieren, dass die Verträglichkeitsbedingungen erfüllt sind.
- Die Spannungen und Verschiebungen müssen auch an den Systemgrenzen die Randbedingungen erfüllen.

In den Kreuzungspunkten von Kragträger und Bogenlamelle kann man die Radial-, Tangential- und Vertikalverformung gleichsetzen. Dadurch ergeben sich sechs Freiheitsgrade. Da bei einer genauen Bemessung eine möglichst große Anzahl an Einzelträgern untersucht werden soll, ergibt sich ein hochgradig statisch unbestimmtes System und eine Vielzahl an linearen Gleichungssystemen. Aus diesem Grund gab man sich nach [42] anfänglich mit dem Ausgleich der Radialverschiebung δ_r, der Tangentialverschiebung δ_t und der Verdrehung um die horizontale tangentiale Achse φ_t zufrieden (Bild 162 B).

Nach *Kettner* [85] beeinflussen sich die einzelnen Ausgleiche selbst. Jeder Ausgleich ruft eine Radial- und Tangentialverschiebung und Verformung hervor. Dies bedeutet, dass die Ausgleiche mehrmals durchzuführen sind, bis die gewünschte Koinzidenz erreicht ist. Laut [85] wird dies in den meisten Fällen, aufgrund der starken Konvergenz, bereits im zweiten Berechnungsschritt erreicht. Nachdem die Übertragungskräfte auf die beiden Tragsysteme aufgeteilt wurden, können getrennt für Bogen- bzw. Kraglamelle die Spannungen ermittelt werden.

Bei der Berechnung der Kragträger werden diese laut *Baldia* [11] wegen ihrer nur gering von der Vertikalen abweichenden Form als gerade Stäbe ange-

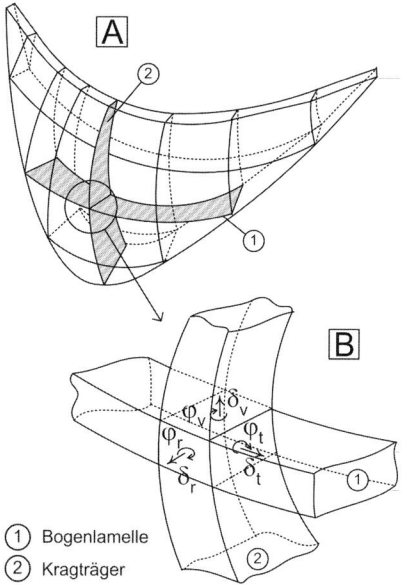

Bild 162. Verfahren mit Trägerrost: (A) Schematische eines Trägerrostes; (B) Knoten mit den Verformungen (Verschiebung: δ, Verdrehung φ)

nommen. Die Nachgiebigkeit des Felsens an der Aufstandsfläche wird durch eine elastisch nachgiebige Einspannung nachempfunden. Die Schnittgrößen und die Verrückungen werden nach [11] rekursiv berechnet.

Bei den Bogenlamellen handelt es sich um dreifach statisch unbestimmte Systeme. Für die Berechnung werden sie nach [11] an den beiden Kämpfern als elastisch nachgiebig eingespannte, gekrümmte Träger angesehen. Zudem können die Achsen der Bogenlamellen verschiedene Formen haben.

Trägerrostformen

Je nach Talbreite wird der ein- oder mehrschnittige Trägerrost verwendet (Bild 163).

Beim *einschnittigen Trägerrost* findet nur ein Kragträger Verwendung. Dieses Verfahren wird auch als einschnittiges Lastaufteilungsverfahren bezeichnet. Dabei handelt es sich laut [33] um eine scheibentheoretische Berechnungsmethode nach *Ritter*. Hier wird die Sperre in ein System von Bogenlamellen und einem Mittelscheitel-Kragträger zerlegt. Aus den gemeinsamen Durchbiegungen der einzelnen Elemente können die Belastungen (Wasserdruck, Erddruck, ...) auf die Bogenlamellen bzw. auf den Kragträger aufgeteilt werden. Ein Kragträger spannt sich von Bogenlamelle zu Bogenlamelle und ist auf

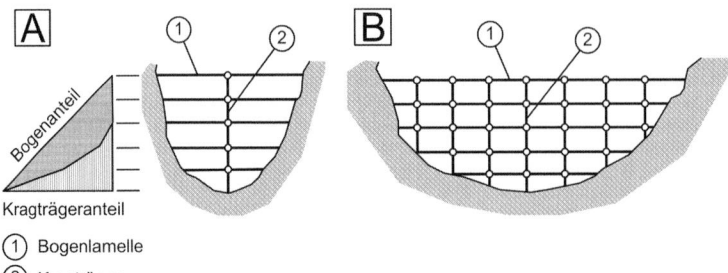

① Bogenlamelle
② Kragträger

Bild 163. Trägerrostformen: (A) einschnittiger Trägerrost; (B) mehrschnittiger Trägerrost

diesen elastisch gelagert. Die Kragträger und die Bogenlamellen sind dabei im Gelände elastisch eingespannt (Bild 163 A). Nachdem den einzelnen Elementen die zugehörige Lastabtragung zugewiesen wurde, können die Querkraft und die Biegemomente ermittelt werden. Dieses einschnittige Lastaufteilungsverfahren gibt bei kleinen Sperren, wie dies Wildbachsperren sind, einen guten Überblick über die horizontalen und auch vertikalen Spannungsverteilungen. Die Lasten können nach dem Versuchslast- oder Lastaufteilungsverfahren den Systemteilen zugewiesen werden.

Ein *mehrschnittiger Trägerrost* wird bei großen Sperren in einem Tal mit unsymmetrischer Form verwendet. Bei einem komplexen Bauwerk dieser Art sind nach *Czerny* [33] eingehendere Untersuchungen erforderlich. Hierzu eignet sich das mehrschnittige Lastaufteilungsverfahren (Bild 163 B). Betrachtet man außer dem Scheitelkragträger weitere Kragträger, welche eine unterschiedliche Biegesteifigkeit aufweisen, ergibt sich laut [33], aufgrund der die Kragträger verbindenden Bogenlamellen, eine sehr viel genauere Aufteilung der Belastungen. Durch diese genauere Aufteilung der Lasten kann ein genaueres Spannungsbild über das gesamte Bauwerk gegeben werden. Die Anwendung dieses Verfahrens ist nach [33] aber nur bei großen Bogenstaumauern im Kraftwasserbau nötig und üblich.

Verfahren zur Lastaufteilung
Das *Versuchslastverfahren* beruht nach *Kettner* [85] darauf, dass zu Beginn eine Last angenommen wird, anhand derer die Verformungen in beiden Tragsystemen in den jeweiligen Kreuzungspunkten berechnet und miteinander verglichen werden. In einem weiteren Schritt werden die Übertragungskräfte durch Probieren soweit korrigiert, bis eine ausreichende Koinzidenz in allen Kreuzungspunkten eintritt. Dies gilt nach [85] für den Radial-, den Tangential- und den Torsionsausgleich.

Bei dem *Lastaufteilungsverfahren* besteht nach [85] die Möglichkeit, die Übertragungskräfte aus einem linearen Gleichungssystem (Elastizitätsgleichung) direkt zu ermitteln. Diese Elastizitätsgleichungen können aus der Forderung erstellt werden, dass die Verschiebungen und Verdrehungen in den Kreuzungspunkten der Bogen- und Kragträgerlamellen gleich groß sein müssen. Aus dieser Forderung kann man nach [85] ableiten, dass für jeden Ausgleich (Radial-, Tangential- und Torsionsausgleich) so viele Gleichungen mit derselben Anzahl an Unbekannten vorhanden sind wie Kreuzungspunkte. Die Lösungswerte dieser Gleichungen entsprechen den gesuchten Übertragungskräften.

Näherungsweise kann die Lastaufteilung der Wasserkraft auf die Bogenlamellen und die Kragträger nach *Ritter* durchgeführt werden (Bild 164). Dabei ist nach *Czerny* [33] zu erkennen, dass im oberen Bereich der Sperre die Lasten zum Großteil von den Bogenlamellen aufgenommen werden. Im unteren Teil werden die Lasten dann immer mehr von den Kragträgern übernommen. Diese Aufteilung beruht auf der Tatsache, dass der Kragträger im oberen Bereich zu weich ist, um Lasten aufnehmen zu können. Mit dem Einspannmoment und der Normalkraft aus

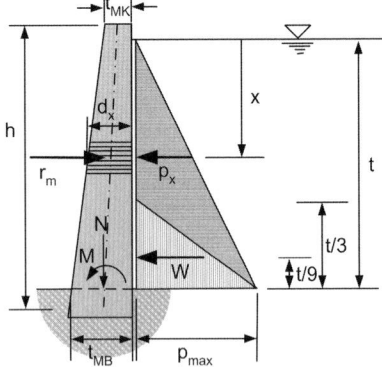

Bild 164. Lastaufteilungsverfahren (nach *Ritter* aus [33])

dem Eigengewicht kann man das Biegemoment an der Einspannstelle berechnen. Dabei können wasserseitig Biegezugspannungen auftreten.

Die resultierende Wasserlast W des Kragträgers berechnet sich nach Gl. (103). Die maximale horizontale Wasserlast p_{max} errechnet sich nach Gl. (104), das untere Einspannmoment aus der Wasserlast des Kragträgers nach Gl. (105).

$$W = \frac{\gamma_W \cdot t^2}{6} \quad (103)$$

$$p_{max} = \gamma_W \cdot t \quad (104)$$

$$M = \frac{\gamma_W \cdot t^3}{54} \quad (105)$$

Verfahren mit FE-Methode

Der bedeutendste Vorteil der Methode der finiten Elemente ist die Möglichkeit einer weitgehend realitätsnahen Simulation der tatsächlich vorliegenden Gegebenheiten im Hinblick auf die Geometrie und die Stoffgesetze. Eine weitere nicht zu vernachlässigende Stärke ist die fast unbegrenzte Möglichkeit die Parameter zu variieren, wobei sowohl das Material- als auch das Geometrieverhalten nichtlinear angesetzt werden kann.

Zusätzlich besteht die Möglichkeit, mit der Methode der finiten Elemente einen ausreichend großen Teil des umgebenden Felsens zu erfassen. Somit ist der gesamte Komplex – Felsen und Sperre – in einem einheitlichen Rechenmodell erfasst. Die Mauer wird in eine Vielzahl von Einzelelementen geteilt, welche über Verträglichkeitsbedingungen miteinander gekoppelt sind und in den Knoten Kräfte und Momente übertragen können. Nach *Drobir* [42] verwendet man zur Modellierung einer dünnen Mauer Schalenelemente. Dicke Mauern werden durch räumliche Elemente erfasst.

Die Traglastberechnung wird nach *Promper* [127] in Form einer elastoplastischen Finite-Elemente-Modellierung durchgeführt. *Pomper* spricht von einem elastoplastischen Verhalten, da der anfänglich elastische Zustand von plastischen Verformungen ab der Überschreitung einer gewissen Spannungskonzentration überlagert wird. Dieses Spannungsniveau ist abhängig von bereits vorhandenen plastischen Verformungszuständen. Das plastische Verhalten ist damit durch irreversible Dehnungszustände gekennzeichnet.

Laut [127] beginnt die Tragwerksanalyse mit der Elementierung der Sperre. Die unterschiedlichen Elementtypen und deren Eigenschaften haben Auswirkungen auf die Geometrie und die Rechenergebnisse und damit legen die Elementtypen auch die Eigenschaften für spätere Anforderungen fest. Zu den wichtigsten Eigenschaften zählen:

– Volumenformen, welche durch einen möglichst vollständigen Polynomansatz gekennzeichnet sind;
– Hexaeder, Pentaeder und Tetraederformen müssen möglich sein;
– eine möglichst genaue Darstellung der Sperrenoberfläche, sei es an den Elementrändern, wie auch an der Sperrenoberfläche;
– Abstimmung der Integrationsordnung auf die Ansatzfunktionen, damit „Wackeleffekte" verhindert werden.

Die Projektierung einer Talsperre gliedert sich laut [127] in den tatsächlichen Sperrenentwurf – das ist die Festlegung der Parameter der geometrischen Form – und in die Umsetzung in das Berechnungsnetz. Von vielen Autoren wird die Mittelfläche der Sperre als Bezug vorgeschlagen.

9.3.2.4 Konstruktive Durchbildung

Die Durchbildung von Beton- und Stahlbetontragwerken hat nach EN 1992-1-1 + NA zu erfolgen. Bei der Anordnung von Arbeits- oder Bewegungsfugen sind die Angaben aus Abschnitt 5.8.9 zu beachten.

Blockfugen

In Hinsicht auf die Bauausführung ist nach *Pasche* [121] anzumerken, dass obwohl im Vergleich zu Gewichtsmauern sehr schlanke Bauwerke entstehen, beim Betoniervorgang noch so viel Abbindewärme entwickelt wird, dass eine gestaffelte Bauweise in Betonblöcken erforderlich ist (Bild 165). Zur Herstellung des Verbundes werden die Betonblöcke trapezförmig verzahnt und mit einem Fugenband abgedichtet. Die Arbeitsfugen werden nicht bis zur Luftseite durchgeführt. Bei großen Sperren sollten nach [42] die Blöcke eine maximale Größe von 18 bis 20 m nicht überschreiten. Handelt es sich um eine sehr hohe Sperre, ist die Blockfuge über die Höhe in ca. 15 m hohe Abschnitte zu unterteilen.

9.3.2.5 Ausgeführte Beispiele

Gewölbesperre

Die in den Bildern 166 und 167 dargestellte Dolensperre aus Stahlbeton wurde 1979/80 errichtet. Sie übt im Teil unter den Dolen eine Geschieberetentionsfunktion aus. Im Bereich darüber wirkt sie als Geschiebe- und Wasserdosiersperre. Sie ist als Bogensperre mit gleichbleibendem Krümmungsradius konzipiert (Zylindermauer). Der Krümmungsradius beträgt 18 m, die Höhe 15,8 m und die Spannweite 24 m. An der Basis ist die Mauer 2,6 m stark, an der Krone 1 m. Der Sperrenanzug auf der Luftseite beträgt im unteren Teil 20 %, im oberen Teil 7 %. Die Dolen haben Abmessungen von 5 m × 1 m. Die Sperre ist in Fels gegründet (Hauptdolo-

680 Wildbachsperren

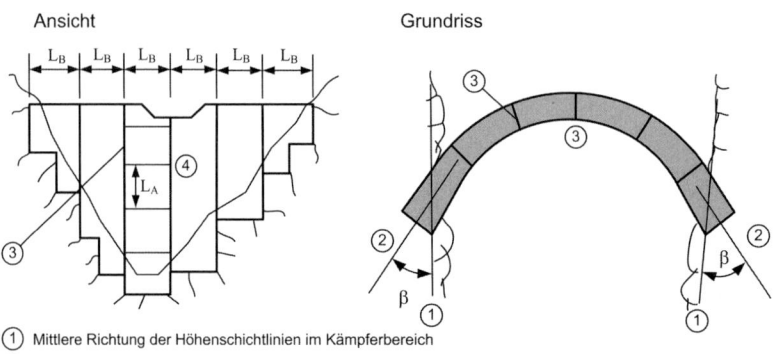

① Mittlere Richtung der Höhenschichtlinien im Kämpferbereich
② Kämpfertangente
③ vertikale Blockfuge
④ horizontale Arbeitsfuge

Bild 165. Anordnung von Blockfugen

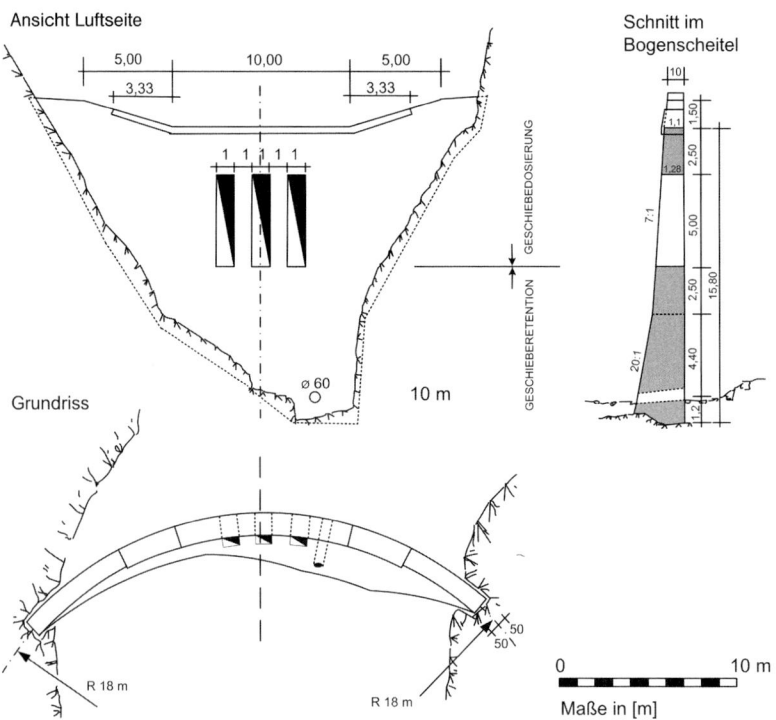

Bild 166. Gewölbesperre: Ansicht, Grundriss, Schnitt

Bild 167. Gewölbesperre: (A) Ansicht von oben; (B) Ansicht von der Luftseite; (C) Ansicht aus dem Retentionsraum

mit). Der Verlandungsraum besitzt ein Volumen von 124.000 m^3 und ein Verlandungsgefälle von 1,2 %.

Gewölbesperre mit Kämpferverbreiterung

Die in den Bildern 168 und 169 dargestellte Dolensperre aus Stahlbeton wurde 1982 errichtet. Sie ist als Bogensperre mit gleichbleibendem Krümmungsradius konzipiert (Zylindermauer). Der Krümmungsradius beträgt 40 m, die Höhe 8 m und die Spannweite 60 m. An der Basis ist die Mauer 1,9 m stark, an der Krone 1,4 m. Der Sperrenanzug an der Luftseite beträgt im unteren Teil 7 %. Die Dolen haben Abmessungen von 3,5 m × 1 m. Die Sperre ist in Lockermaterial gegründet (kolluvialer Schutt), daher wurden die Widerlager mit Kämpferverbreiterung ausgeführt. Der Verlandungsraum besitzt ein Volumen von 40.000 m^3 und ein Verlandungsgefälle von 2,4 %.

9.3.3 Einfache Plattensperre

9.3.3.1 Allgemeines

Einfache Plattentragwerke finden nur als Querbauwerke Verwendung. Da Wildbachsperren in vielen Fällen in schwer zugänglicher Lage errichtet werden müssen, ist es unabdingbar, eine materialsparende Bauweise anzuwenden. Plattensperren werden als Stahlbetontragwerke konzipiert. Es handelt sich um ebene Flächentragwerke. Sie haben in Bezug auf Längen- und Höhenabmessung der Sperre eine verhältnismäßig geringe Querschnittsdicke (Bild 170). Der Lastabtrag findet bei Platten überwiegend über Biegung zu den Talflanken statt. Ihr Einsatzgebiet ist daher vor allem auf Bereiche mit stabilen Talflanken begrenzt. Als reine Plattensperren kommen nur Vollwandsperren infrage. Im Unterschied zu den Pfeilerplattensperren und den Winkelstützmauern haben sie keinerlei Verstärkungsrippen (Scheiben) und kein verbreitertes Fundament. Die Mauerquerschnitte können konstant oder nach unten hin breiter ausgebildet werden (Bild 171).

Die senkrecht zur Mittelebene wirkenden Lasten (Erddruck, Wasserdruck, Geschiebedruck) lösen eine Plattenwirkung aus, während die in der Mittelebene wirkenden Lasten (Eigengewicht, Auflast auf die Sperrenkrone) eine Scheibenwirkung hervorrufen. Für baupraktische Zwecke ist es nach *Czerny* [28] zulässig, die durch die Scheibenwirkung auftretenden, relativ geringen Spannungen σ_z zu vernachlässigen und das Tragwerk infolge der durch die Plattenwirkung auftretenden Spannungen σ_x und σ_y zu bemessen. Die Scheibenwirkung ist dann zu berücksichtigen, wenn eine Sperre im Mittelteil unterkolkt wird und daher eine ausschließliche Abstützung der Sperre auf die Talflanken angenommen werden muss oder wenn die Sperre einem starken Gebirgsdruck ausgesetzt ist.

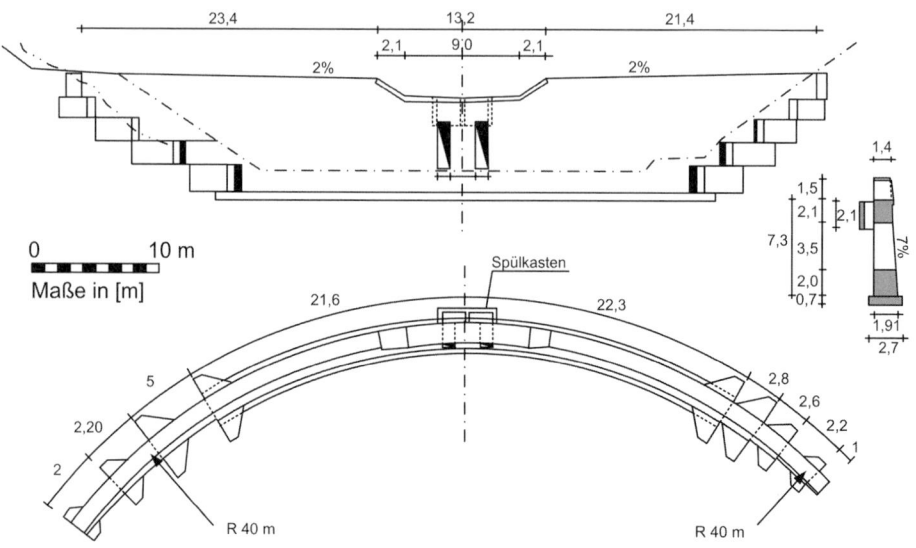

Bild 168. Gewölbesperre mit Kämpferverbreiterung: Ansicht, Grundriss, Schnitt

Bild 169. Gewölbesperre mit Kämpferverbreiterung: (A) Ansicht von oben; (B) Ansicht von der Luftseite; (C) Ansicht aus dem Retentionsraum

Bild 170. Einfache Plattensperre mit Konsolidierungsfunktion (Vollwandsperre)

9.3.3.2 Berechnung und Bemessung

Flächentragwerke werden mittels FE-Methode berechnet. Für Kontrollrechnungen oder einfache Tragwerke (z. B. kleine Konsolidierungssperren) kann auf ältere Methoden wie die Streifenmethode [15] oder Plattentafeln zurückgegriffen werden.

Plattentafeln

Plattentafeln haben immer nur für eine bestimmte Geometrie Gültigkeit. Aus diesem Grund wird im heutigen Sprachgebrauch noch zwischen Trapez-, Rechteck-, Dreieck-, Halbkreis- oder Halbkreisringplatten unterschieden. Die Wahl der geeigneten Platte hängt dabei in erster Linie von der Talform ab. Bei einem breiten Talquerschnitt kann in guter Näherung eine Trapezplatte oder Halbkreisplatte verwendet werden; bei einem engen Talquerschnitt wird die Sperre als Dreieck- oder Parabelplatte betrachtet. Am häufigsten werden trapezförmige Querschnitte ausgeführt. Rechteckplatten finden nur in Verbindung mit Pfeilerplattensperren, Winkelstützmauern mit Querrippen oder in aufgelösten Tragwerken Verwendung. Bild 172 zeigt die verschiedenen geometrischen Möglichkeiten für Plattensperren. Dabei wurde bei der Berechnung je nach Art des Geländes idealisiert die am ehesten passende Plattenform verwendet.

Die Lagerungsbedingungen des Plattentragwerks an den Einbindelinien zum Baugrund werden je nach Steifigkeit der Einbindung elastisch bis starr eingespannt angenommen. Die Kronenlinie wird als freier, ungestützter Rand betrachtet. Gründungen in Festgestein (Fels) können eingespannt angenommen werden. Sind die Lagerungsbedingungen schwer abschätzbar oder unsicher, wird die Bemessung für beide Extremfälle (gelenkig, eingespannt) durchgeführt und die jeweils erforderliche höhere Bewehrung aus beiden Bemessungen in den Querschnitt eingelegt.

Die Plattentafeln wurden für dreieckige Belastungen (Wasserdruck, Erddruck, Geschiebedruck) und für gleichmäßige Belastungen, zur Superpositionie-

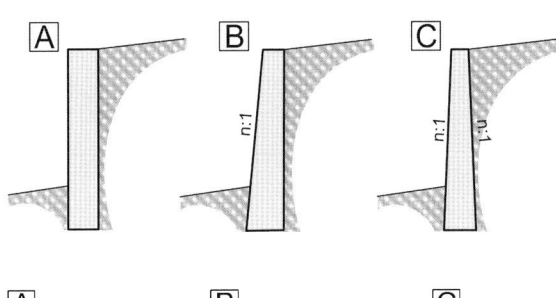

Bild 171. Mögliche Querschnitte von Plattensperren: (A) mit konstanter Dicke, (B) mit einseitigem Anzug; (C) mit beidseitigem Anzug

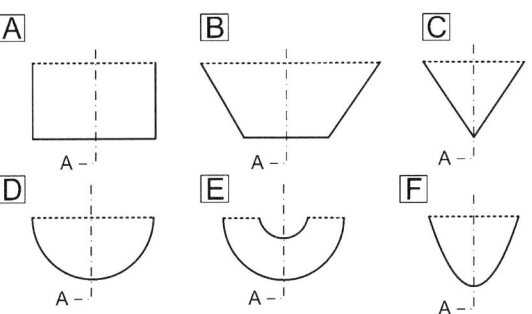

Bild 172. Mögliche Geometrien von Plattensperren: (A) Rechteckplatte, (B) Trapezplatte (Regelform), (C) Dreieckplatte, (D) Halbkreisplatte, (E) Halbkreisringplatte, (F) Parabelplatte

rung, entwickelt. Für alle vorstehenden Geometrien gibt es Lösungen für dreiseitig frei drehbar und dreiseitig eingespannt gelagerte Platten, die vierte Seite ist immer frei. Weiterhin gibt es Tafeln für konstant starke Querschnitte und Querschnitte mit veränderlicher Plattenstärke (Bild 171 A, C).

Plattentafeln für dreiseitig gelagerte Rechteckplatten mit Dreieckbelastung bzw. mit gleichmäßiger Vollbelastung wurden unter anderem von *Czerny* entwickelt [28, 29, 31]. Diese Plattentafeln beruhen auf der Kirchhoff'schen Plattentheorie unter der Voraussetzung einer gleichmäßigen Plattendicke. Außerdem wurde ein isotropes Materialverhalten mit und ohne Berücksichtigung der Querdehnungszahl angenommen. Mithilfe eines Näherungsverfahrens, welches auf der dreiseitig gelagerten Rechteckplatte beruht, entwickelte *Czerny* [30] Plattentafeln für beliebig ausgebildete Platten. Dabei entstanden Tafeln für Dreiecksplatten, Halbkreisringplatten [30] und Parabelplatten [32]. Mithilfe des Differenzenverfahrens mit dreieckförmigem Maschengitter entwickelte *Böck* [20, 21] Tafeln und Diagramme für Trapezplatten für hydrostatische und gleichförmige Belastung. Mit derselben Grundlage wurden von *Molin* [108] Bemessungstafeln für Halbkreisringplatten erstellt.

Vor der Entwicklung von Plattentafeln für veränderliche Plattendicken war es üblich, Sperren mit den Bemessungstafeln für konstante Dicken zu dimensionieren. Bei nach unten dicker werdenden Sperrentypen wurde die zulässige Betondruckspannung im Bereich der eingespannten Plattenränder nicht voll ausgeschöpft bzw. wurde die erforderliche Bewehrung nicht zu knapp bemessen. Diese Vorgehensweise geht auf eine analoge Betrachtung bei Stabtragwerken – für den Fall der Rechteck- und Trapezplatte – mit eingespannten Rändern zurück. In diesem Fall hat die Vergrößerung der Plattendicke zum Rand hin eine Vergrößerung der am eingespannten Rand wirkenden Einspannmomente auf Kosten der Verkleinerung der Feldmomente zur Folge. Diese Momentenumlagerung ist nach *Guldan* [57] je nach dem Verhältnis von Plattendicke am freien Rand (Kronenlinie) zu Plattendicke am eingespannten

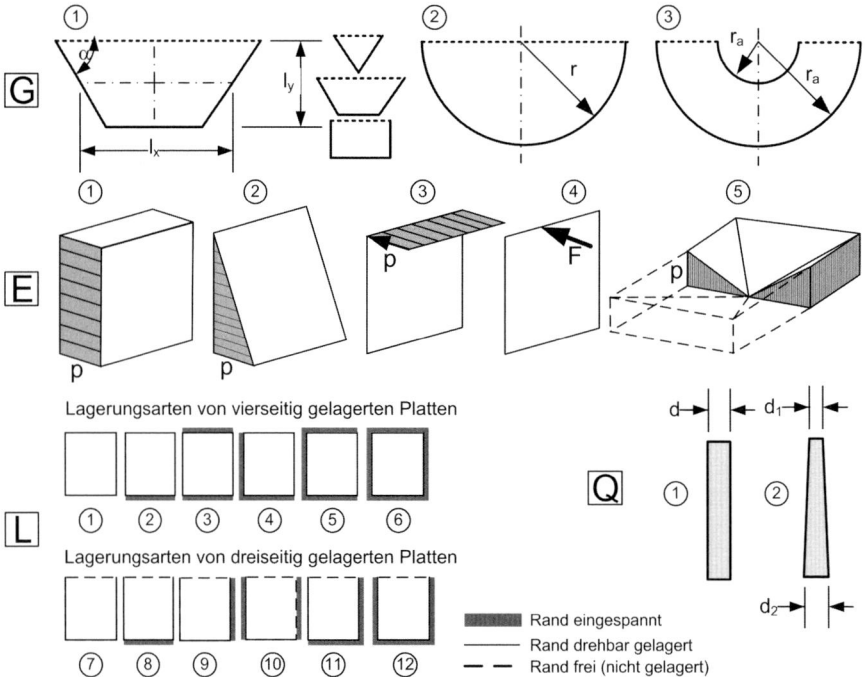

Bild 173. Übersicht Plattentafeln: (G) Geometrien (1 Trapezplatten inklusive Rechteck- und Dreiecksplatten; 2 Halbkreisplatten, 3 = Halbkreisringplatten); (E) Einwirkungsarten (1 Gleichlast, 2 Dreieckslast, 3 Linienlast am freien Rand, 4 Einzellast am freien Rand, 5 Kraterlast); (L) Lagerungsarten für drei- und vierseitig gelagerte Platten; (Q) Querschnittsarten (1 konstanter Querschnitt, 2 veränderlicher Querschnitt)

Tabelle 53. Plattentafeln: Übersicht über verfügbare Geometrien, Einwirkungsarten usw.

Geometrie G	Lagerungsarten L												Einwirkungsarten E					Querschnitt Q		μ	Winkel	Seitenverhältnisse	Literatur
	1	2	3	4	5	6	7	8	9	10	11	12	1	2	3	4	5	1	2				
1	×	×	×	×	×	×	×	×	×	×	×	×	×	×					×	0	90°	1,0-2,0	[31]
						×									×	×	×		×	0	90	1,0-2,0	[31]
	×					×										×	×		×	0	90	1,0-2,0	[31]
	×	×	×	×	×	×	×	×	×	×	×	×	×	×						0,2	30, 45, 60, 75, 90	0,2-1,5	[15]
	×	×	×	×	×	×										×			×		90	1,0-2,0	[29]
														×	×	×	×			0	60		[20, 21]
2						×							×	×	×			×		0			[30]
3						×							×	×	×			×		0			[108]

Rand mehr oder weniger ausgeprägt. Die jüngsten Plattentafeln wurden von *Bergmeister/Kaufmann* [15] veröffentlicht (Bild 173, Tabelle 53).

9.3.3.3 Konstruktive Durchbildung

Zur konstruktiven Durchbildung siehe Abschnitt 5.8.10.

9.3.3.4 Ausgeführte Beispiele

Einfache Plattensperre

Die in den Bildern 174 und 175 dargestellte Konsolidierungssperre aus Stahlbeton wurde 1982/83 errichtet. Die Sperrenplatte aus C25/30 besitzt eine konstante Plattenstärke von 1,8 m. Die Höhe der Platte beträgt 11,7 m und die Spannweite 38,8 m. Die größeren Entwässerungsdolen haben Abmessungen von 0,6 m × 0,8 m, die runden Entwässerungsöffnungen haben einen Durchmesser von 20 cm. Die Sperre ist in Fels gegründet. In der Abflusssektion ist eine Niederwasserrinne angeordnet.

9.3.4 Hybridmauern

9.3.4.1 Allgemeines

Diese Form des Mauerquerschnitts wird in der Literatur auch als „semi gravity wall" bezeichnet. Im Konzept zur Abtragung der Lasten in den Untergrund stellt sie eine Übergangsform zwischen den reinen Gewichtsmauern, den Winkelstützmauern und den einfachen Plattensperren dar. Somit reichen die Ausprägungen des Querschnitts von massigen Querschnitten mit kleinen Fundamentvorsprüngen bis zu schlankeren Querschnitten mit längeren vertikalen Schenkeln (Bild 176). Zu den Gewichtsmauern, den Winkelstützmauern und den Plattentragwerken können sie nur durch methodische Überlegungen abgegrenzt werden. Bei den Gewichtsmauern und den Winkelstützmauern erfolgt die Übertragung der Lasten in den Untergrund ausschließlich über die Sohlfläche, ohne oder mit vertikalem Schenkel. Plattensperren übertragen einen Großteil der horizontalen Einwirkungen in die Flanken. Hybridmauern werden in der Regel in Stahlbeton hergestellt.

Die Form der Hybridmauer hängt im Wesentlichen davon ab, wie hoch die günstig wirkenden Einwirkungen (Widerstand der Talflanken (R_T) und Eigengewicht der Hinterfüllung (G_E)) auf dem horizontalen Schenkel) konzipiert werden (Bild 177). In [45] finden sich empirisch ermittelte Kurven zur Bestimmung des Widerstands der Talflanken (R_T). Dieser Widerstand ist abhängig von der Einbindetiefe und der mittleren Höhe der senkrechten Sperrenplatte.

9.3.4.2 Berechnung und Bemessung

Die Bemessung von Hybridmauern mit sehr kurzem vertikalem Schenkel erfolgt analog den Gewichtsmauern, die Bemessung von Hybridmauern mit län-

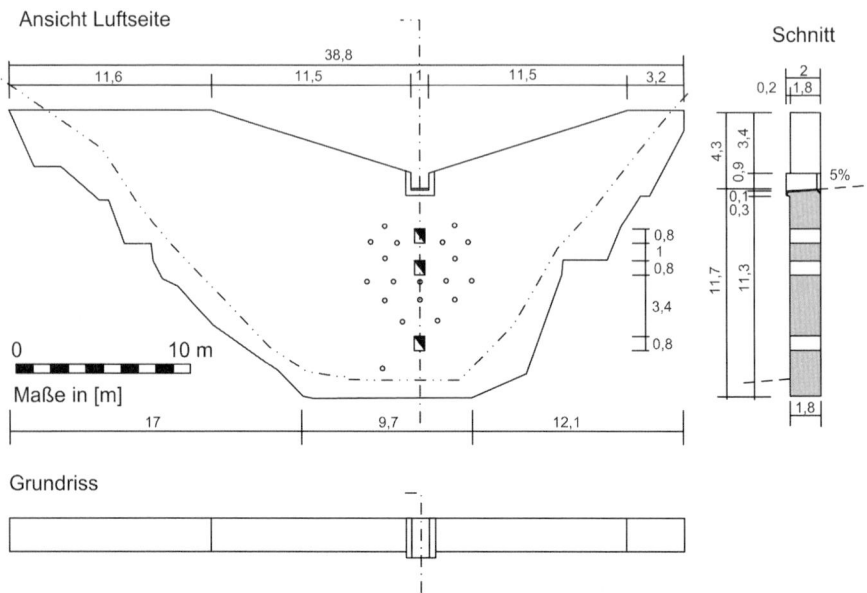

Bild 174. Einfache Plattensperre: Ansicht, Grundriss, Schnitt

Bild 175. Einfache Plattensperre als Konsolidierungssperre: (A) Ansicht der Sperrenkrone; (B) Ansicht von der Luftseite; (C) Ansicht aus dem Retentionsraum

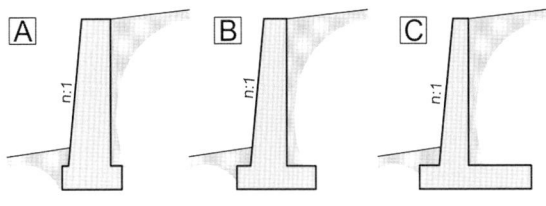

Bild 176. Typische Querschnitte von Hybridmauern: (A) mit sehr kurzem vertikalem Schenkel, (C) mit langem vertikalem Schenkel

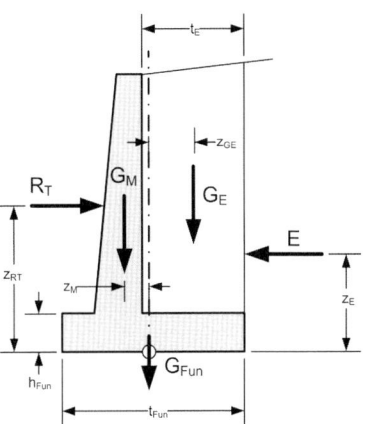

Bild 177. Parameter, die den Entwurf der Querschnittsform beeinflussen

wandplatte ist somit als zweiachsig gespannte Platte zu bemessen und zu bewehren.

Zur konstruktiven Durchbildung siehe Abschnitt 5.8.10.

9.3.4.3 Ausgeführte Beispiele

Schlitzsperre mit Hybridquerschnitt

Die den Bildern 178 und 179 dargestellte Schlitzsperre aus Stahlbeton wurde 2001/02 errichtet. Die ebene Stahlbetonplatte ist an der Basis 1,8 m und an der Krone 1 m stark. Der Sperrenanzug an der Luftseite beträgt 10:1. Der Schlitz hat eine Breite von 30 cm, die Niederwasseröffnung misst 50 cm × 50 cm. Das Sperrenvorfeld ist mit einer Grobsteinschlichtung gesichert.

Konsolidierungssperre mit Hybridquerschnitt

Die in den Bildern 180 und 181 dargestellte Konsolidierungssperre aus Stahlbeton wurde 2004 errichtet. Die ebene Stahlbetonplatte ist an der Basis 3 m und an der Krone 0,8 m stark. Der Sperrenanzug an der Luftseite beträgt 5:1. Die Entwässerungsöffnungen haben Abmessungen von 70 cm × 80 cm. Die Öffnung zur Wasserhaltung im Bauzustand misst 1 m × 1 m. Die rechte Flanke ist mit einer Vorfeldwange gesichert.

gerem vertikalem Schenkel analog den Winkelstützmauern. Bei den Nachweisen zur inneren Standsicherheit gilt es zu beachten, dass die Lasten durch den Ansatz der Widerstände in den Sperrenflanken zweiachsig abgetragen werden. Die Stau-

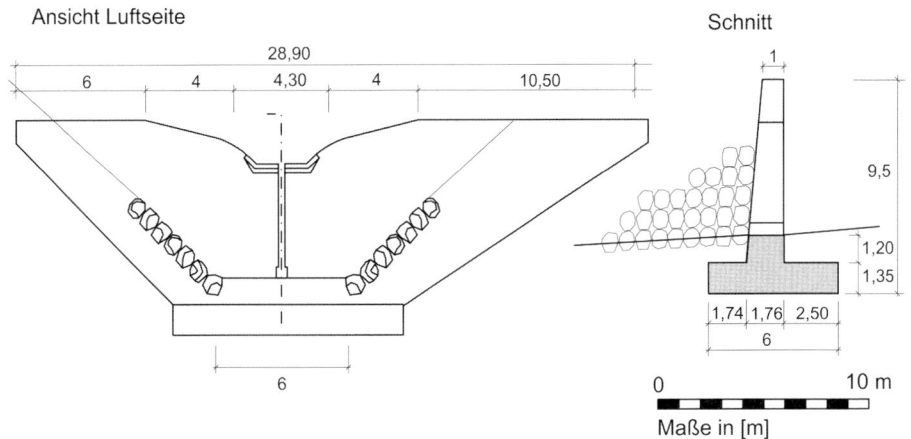

Bild 178. Hybridmauer als Schlitzsperre: Ansicht, Schnitt

Bild 179. Hybridmauer als Schlitzsperre: (A) (B) Ansicht von der Luftseite; (C) Ansicht von der Wasserseite; (D) Niederwasserrinne an der Schlitzbasis

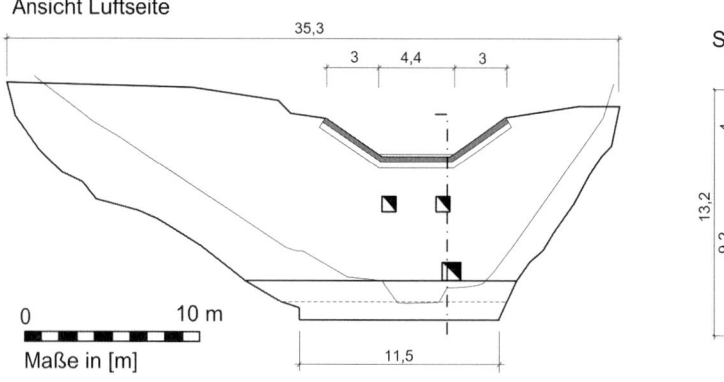

Bild 180. Hybridmauer als Konsolidierungssperre: Ansicht, Schnitt

Wasserretentionssperre mit Hybridquerschnitt

Die in den Bildern 182 und 183 dargestellte Wasserretentionssperre aus Stahlbeton wurde 2004 errichtet. Das Bauwerk ist in der Sohle auf Fels gegründet. Das Rückhaltevolumen des Retentionsraums beträgt 45.500 m³. Die ebene Stahlbetonplatte ist an der Basis 3,80 m und an der Krone 1,2 m stark. In Höhe der Abflusssektion misst sie 1,6 m. Der Sperrenanzug an der Luftseite beträgt 5:1. Die Grunddole hat Abmessungen von 70 cm × 60 cm. Um sie vor Verklausungen frei zu halten, ist wasserseitig ein senkrechter Wildholzrechen angeordnet.

9.3.5 Winkelstützmauer

9.3.5.1 Allgemeines

Winkelstützmauern können einerseits als Sperrenbauwerke (Querbauwerk) und andererseits als Ufermauern (Längsbauwerk) eingesetzt werden (Bild 184). Auch Teile von Sperren können als Winkelstützmauer ausgeführt werden (s. beispielsweise Abschnitt 9.3.7.5). Die Winkelstützmauer ist ein aus Platten und Scheiben zusammengesetztes Tragwerk. Sie können schlanker als Gewichtsmauern ausgeführt werden und sind an einem verbreiterten

Bild 181. Hybridmauer als Konsolidierungssperre: (A) Ansicht von der Seite, Krone mit Kalkstein; (B) Ansicht von der Luftseite; (C) Ansicht von der Wasserseite

Fuß eingespannt. Bei Betrachtung der inneren Stabilität werden sie primär auf Biegung beansprucht und daher bewehrt, um die auftretenden Zugspannungen aufzunehmen. Der Querschnitt besteht aus einem stehenden und einem liegenden Schenkel (L-Profil).

Der senkrechte Schenkel wird durch den horizontalen Wasser- und Erddruck belastet, während der liegende Schenkel die Auflast aus Hinterfüllung bzw. Wasser trägt. Aufgrund der meist großen Aufstandsfläche eignen sie sich besonders auf wenig tragfähigem Baugrund. Die Eigenlast dieser Stahlbetonkonstruktion ist im Vergleich zur Schwergewichtsmauer gering, sie wird jedoch durch die Eigenlast der Hinterfüllung vergrößert. Charakteristisch für Winkelstützmauern ist, dass die Resultierende der Normalspannungen aus den Einwirkungen auch außerhalb der Kernweite des jeweiligen Mauerquerschnitts liegen kann. Nach *Czerny* [33] sollte man bei Wildbachsperren die Größe der Bodenplatte so wählen, dass auch die Resultierende der Gesamtlast in die 1. Kernweite fällt.

Der Vorteil dieses Modells ist, dass die gesamten einwirkenden Lasten über die untere Sohlfuge übertragen werden können und Widerstände in den Flanken, welche meist schwer abschätzbar sind, nicht angesetzt werden müssen. Ein baupraktischer Nachteil der Winkelstützmauern ist die große Menge an anfallendem Aushub durch den waagrechten Schenkel, welcher in den meist engen Wildbachtobeln kaum deponiert werden kann.

Querschnitte von Winkelstützmauern als Schutzbauwerke sind in Bild 185 dargestellt. Winkelstützmauern können mit und ohne Querrippen ausgeführt werden. Bei *Winkelstützmauern ohne Querrippen* (Bild 185 A–D) wirkt die vertikale Sperrenplatte als Kragarm (Kragplatte). Der Abtrag der Einwirkungen ist entsprechend einem Kragsystem sicherzustellen. Bei Ufermauern oder bei Sperrenbauwerken, in deren Vorfeld hohe Kolktiefen zu erwarten sind, können die Querschnitte mit einem Kolkschutz ausgeführt werden (Bild 185 B). Die Winkelstützmauern mit Sporn (Bild 185 C) weist eine höhere Sicherheit gegen Gleiten auf. Der Sporn verlängert zudem den Sickerweg und erhöht die Sicherheit gegen hydraulischen Grundbruch und Unterströmung. Eine Winkelstützmauer mit luftseitigem Schenkel (Bild 185 D) eignet sich für Sperrensanierungen, wenn ein selbsttragender Sperrenkörper vor einen bestehenden gesetzt wird.

Eine *Winkelstützmauer mit Querrippen* verursacht sowohl in der vertikalen Sperrenplatte als auch in der horizontalen Bodenplatte aufgrund der Lagerung auf den Querrippen ein Durchlaufplattensystem mit abwechselnden Zug- und Druckzonen in den Platten. Die wechselnden Beanspruchungsarten (Zug- und Druckzonen) in den Platten und auch in den Querrippen sind bei der Dimensionierung zu berücksichtigen.

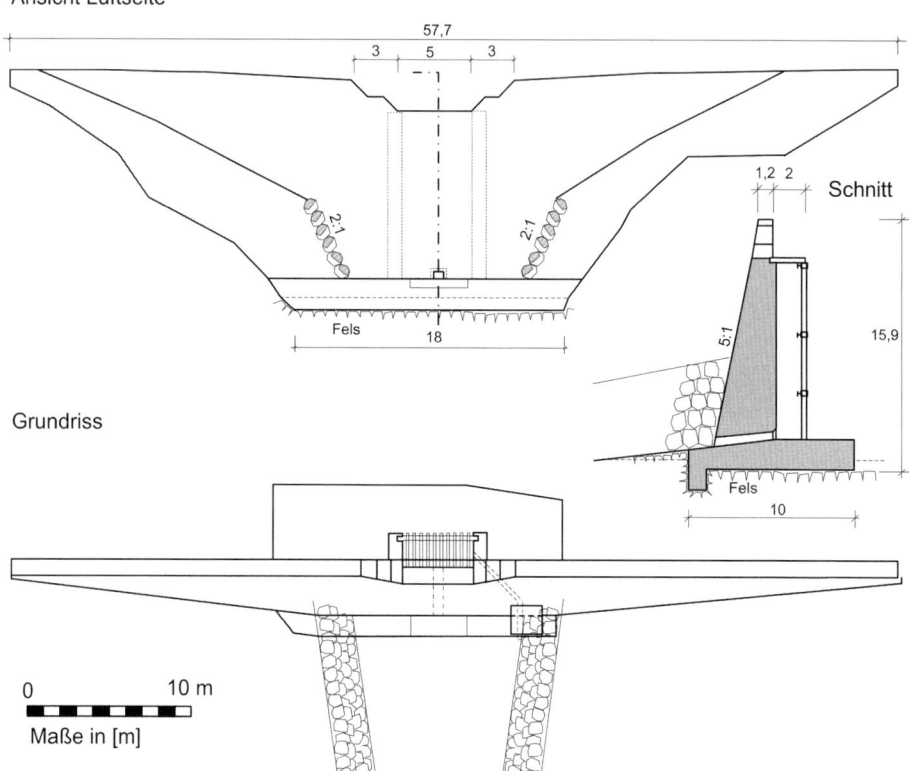

Bild 182. Hybridmauer als Wasserdosierwerk: Ansicht, Grundriss, Schnitt

9.3.5.2 Vorbemessung

Der Anzug der Wand (stehender Schenkel) wird in der Regel im Bereich von 6:1 bis 12:1 festgelegt. Bei Sperren und Uferwänden werden auch senkrechte Luftseiten ausgeführt.

Die Ausführung als Winkelstützmauer ohne Querrippen ist laut *Czerny* [33] bis zu einer Höhe von 5 m sinnvoll. Das Biegemoment in der Kragplatte nimmt mit dem Quadrat der Kraglänge zu. Bei größeren Höhen empfiehlt [33] eine Variante mit und ohne Querrippe zu untersuchen und die Materialersparnis den Kosten des erhöhten Schalungsaufwands bei Querrippen gegenüberzustellen.

Nach [33] kann als einfacher Näherungswert für die Länge des liegenden Schenkels bei Querbauwerken $t_{FUN} = 0{,}6 \, h$ bis $0{,}7 \, h$ angenommen werden.

9.3.5.3 Berechnung und Bemessung
Äußere Standsicherheit

Bei den Lastansätzen zum Nachweis der äußeren Standsicherheit gilt es nach der Art des Bauwerks zu unterscheiden. Sperrenbauwerke sind je nach funktionalem Typ auf die maßgeblichen Einwirkungskombinationen nach Abschnitt 9.2 zu bemessen. Ufermauern werden in der Regel nur durch Erddruck (mit und ohne Hangwasser) belastet.

Bei der äußeren Standsicherheit geht man allgemein von einer Winkelstützmauer mit langem Horizontalschenkel aus, die dem Erddruck durch eine kleine Horizontalverschiebung nachgibt. Es bildet sich ein Gleitkeil, der nicht an der Mauerrückseite, sondern im Erdreich gleitet und mit der Theorie von *Rankine* betrachtet wird, aus. Dabei unterscheidet man den Fall mit langem und kurzem liegenden Schenkel (Bild 186).

Bild 183. Hybridmauer als Wasserretentionssperre: (A), (B) Ansicht der Luftseite; (C) Ansicht von der Wasserseite mit Wildholzrechen

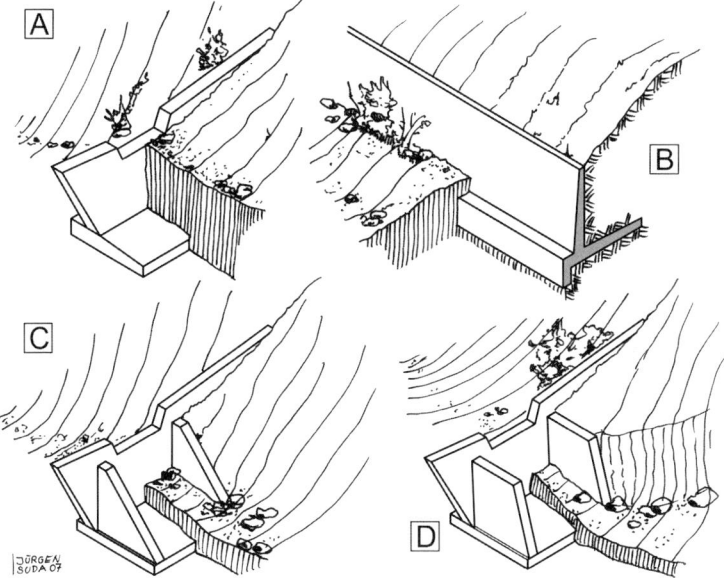

Bild 184. Winkelstützmauern: (A) ohne Querrippen (verlandete Konsolidierungssperre); (B) mit Kolkschutz als Ufermauer; (C) mit wasserseitigen Querrippen (teilverlandete Konsolidierungssperre); (D) mit luftseitigen Querrippen (Querrippen bilden als Vorfeldwangen eine Vorfeldsicherung)

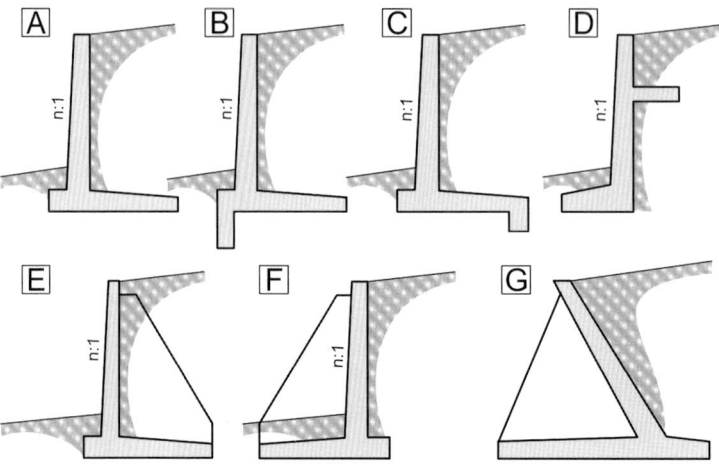

Bild 185. Formen von Winkelstützmauern: (A) ohne Querrippen; (B) mit Kolkschutz; (C) mit Sporn (erhöhte Sicherheit gegen Gleiten); (D) mit Konsole; (E) mit wasserseitigen Querrippen; (F) mit luftseitigen Querrippen; (G) Sonderform mit luftseitigen Querrippen

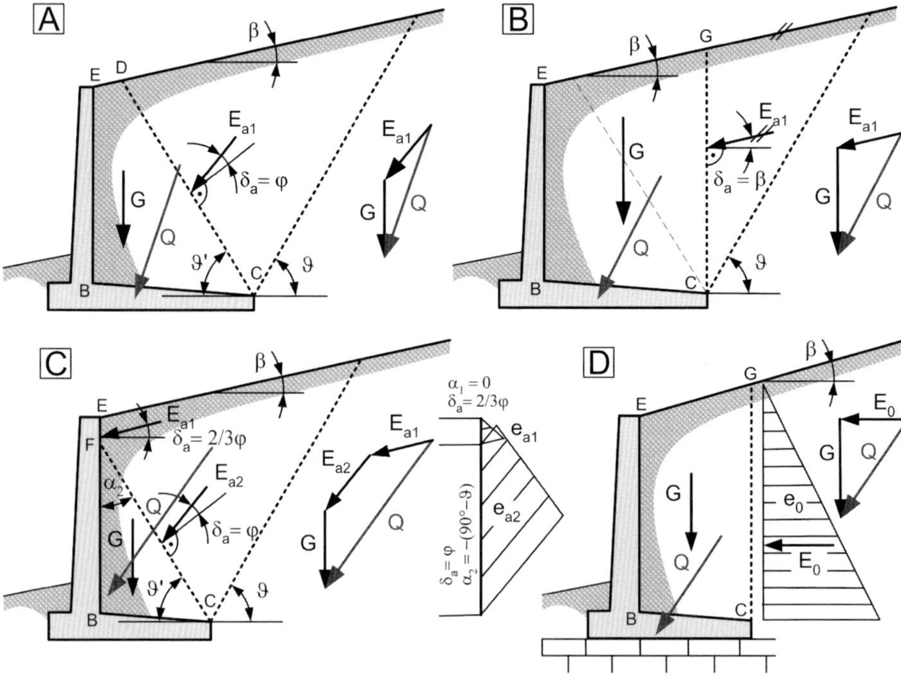

Bild 186. Erddruckansätze für den Nachweis der äußeren Standsicherheit von Winkelstützmauern: (A) Ansatz der tatsächlichen Gleitflächenverläufe an Mauern mit langem Schenkel; (B) vereinfachter Ansatz von (A) an einer senkrechten Ersatzebene; (C) Ansatz der Gleitflächenverläufe an Stützmauern mit kurzem Schenkel; (D) Erdruhedruck

Die Lage der vorderen und rückwärtigen Gleitfläche ergibt sich durch die Winkel ϑ und ϑ'. Diese errechnen sich aus dem Geländeneigungswinkel (β) und dem Bodenreibungswinkel (φ) nach den Gln. (106) und (107).

$$\vartheta = \frac{1}{2} \cdot \left(\arccos \frac{\sin\beta}{\sin\varphi} + \varphi + \beta \right) \quad (106)$$

$$\vartheta' = 90 - \vartheta + \varphi \quad (107)$$

Schneidet die vordere Gleitfläche (DC) nicht die Mauerrückseite, ist das Modell mit langem liegenden Schenkel zu verwenden (Bild 186 A). In diesem Fall wird die Erddruckkraft (E_{a1}) des Erdkeils an der vorderen Gleitfläche (DC) angesetzt. Vereinfacht kann die vordere Gleitfläche durch eine lotrechte Wandfläche (GC) ersetzt werden, an der eine Ersatzerddruckkraft $E_{ag,E}$ parallel zur Geländeneigung $\delta_a = \beta$ angreift (Bild 186 B). Diese Vereinfachung ist nur bei einem homogenen Boden, keine begrenzten Flächenlasten und keinem gebrochenen Geländeverlauf zulässig. Bei verlandeten Konsolidierungssperren ist dies oft der Fall.

Für den Fall, dass die vordere Gleitfläche die Wandrückseite schneidet, sind die Erddrücke laut Modell mit kurzem liegendem Schenkel anzusetzen (Bild 186 C). Für kurze Horizontalschenkel gilt der vereinfachte Ansatz aus Bild 186 B nur näherungsweise.

Wenn keine Bauwerksbewegungen möglich sind, wie dies bei der Gründung auf Fels der Fall ist, ist in beiden Fällen der Erdruhedruck (E_0) anzusetzen (Bild 186 D).

Untersuchungen zu den Einwirkungen auf Winkelstützwänden aus Bodeneigenlast und Oberflächenlasten finden sich bei *Arnold* [6].

Innere Standsicherheit

Grundsätzlich erfolgt die Bemessung und konstruktive Durchbildung von Beton und Stahlbetontragwerken nach EN 1992-1-1 + NAD. Die Anforderungen an die Dauerhaftigkeit ergeben sich nach EN 1992-1-1 bzw. EN 206-1.

Zur Ermittlung der Schnittkräfte für den Nachweis der inneren Standsicherheit von Winkelstützmauern ohne Querrippen ist an der Rückseite der Wand der erhöhte aktive Erddruck (E_a') oder der Erdruhedruck anzusetzen, da es sich um eine annähernd unnachgiebige Konstruktion handelt (Bild 187). Für die zugehörigen Neigungswinkel gilt $\delta_a \neq \delta_0$. Beim Fall mit kurzem liegenden Schenkel kann über Punkt F ein aktiver Erddruck (E_a) mit $\delta_a = 2\varphi/3$ angesetzt werden. Bei Winkelstützmauern mit Querrippen kann von einem unnachgiebigen senkrechten Mauerschenkel ausgegangen werden. In diesem Fall sollte jedenfalls der Erdruhedruck (E_0) angesetzt werden.

Winkelstützmauer ohne Querrippen

Der stehende Winkelschenkel ist als Kragarm (Kragplatte) für die einwirkende Belastung zu berechnen. Nach *Czerny* [33] erfolgt diese Berechnung am besten für den Anschnitt (vertikaler Winkelschenkel – Bodenplatte) und für die Drittelspunkte der Höhe. Der Wandquerschnitt wird dann entweder über die gesamte Höhe unverändert beibehalten oder trapezförmig angenommen und in den Drittelspunkten überprüft. Bei einer abgestuften Bewehrung sind die erforderlichen Stoß- und Verankerungslängen nach EN 1991-1-1 zu beachten. Die statisch erforderliche Bewehrung liegt jeweils in der Zugzone (Erdseite). An der Außenseite wird eine konstruktive risseverteilende Bewehrung angeordnet.

Der wasserseitige Teil der Bodenplatte wird durch die Auflast der Hinterfüllung und den Sohldruck beansprucht. Dieser Druckunterschied kann im Bereich der Bodenplatte sowohl nach oben als auch nach unten gerichtet sein. Aus diesem Grund sind bei Bedarf mehrere Lastfälle zu untersuchen, um die ungünstigste Belastung in jeder Richtung festzustellen. In diesem Fall muss die Bodenplatte eine untere und obere Hauptbewehrung erhalten. Als

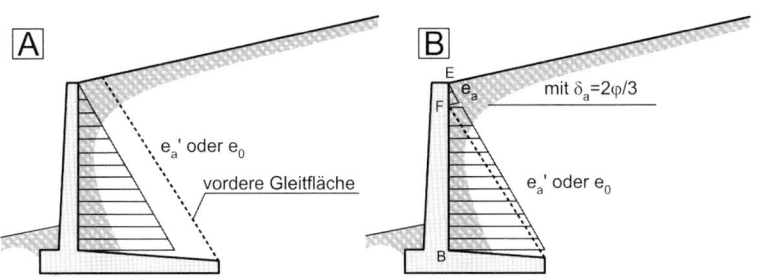

Bild 187. Erddruckansätze auf den stehenden Schenkel für den Nachweis der inneren Standsicherheit von Winkelstützmauern: (A) Ansatz bei langem liegenden Schenkel; (B) Ansatz bei kurzem liegenden Schenkel

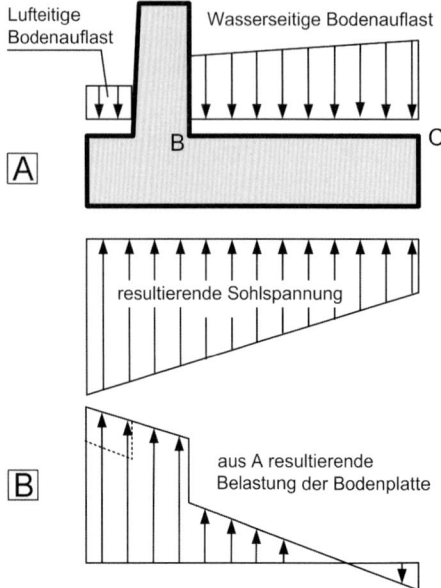

Bild 188. Erddruckansätze auf den liegenden Schenkel für den Nachweis der inneren Standsicherheit von Winkelstützmauern: (A) Erddruckansatz; (B) luftseitiger Vorsprung (Konsole–Kragarm)

Querbewehrung sind entsprechend den Vorschriften für einachsig gespannte Platten mindestens 20% der Querschnittsfläche der Hauptbewehrung anzuordnen. Die Querbewehrung in den Flügelbereichen ist gesondert zu untersuchen.

Der luftseitige Vorsprung der Bodenplatte wird durch den Sohldruck und eine Bodenauflast beansprucht (Bild 188). Die Bodenauflast sollte nur angesetzt werden, wenn sichergestellt wird (Kolkschutzmaßnahmen), dass sie dauerhaft vorhanden ist. Im Zweifelsfall ist sie zu vernachlässigen. In Abhängigkeit der Länge und Höhe des Vorsprungs ist er als Konsole oder Kragträger zu berechnen und zu bewehren (Gln. (108), (109)). Die ungünstigste Einwirkungskombination diesbezüglich ist dann gegeben, wenn zusätzlich auf der Hinterfüllung die Wasser- bzw. Geschiebeauflast bei Überströmung in Rechnung gestellt wird. F_{Ed} ist die Resultierende der Sohldruckverteilung unter der Konsole.

$a \leq h_{Fun}$
→ Bemessung als Konsole (Bild 189)   (108)

$a > h_{Fun}$
→ Bemessung als Kragträger   (109)

Die innere Standsicherheit kann vereinfacht am Meterstreifen nachgewiesen werden. In diesem Fall sind die Einwirkungen auf die Flügelbereiche in die Belastung pro Meter einzurechnen.

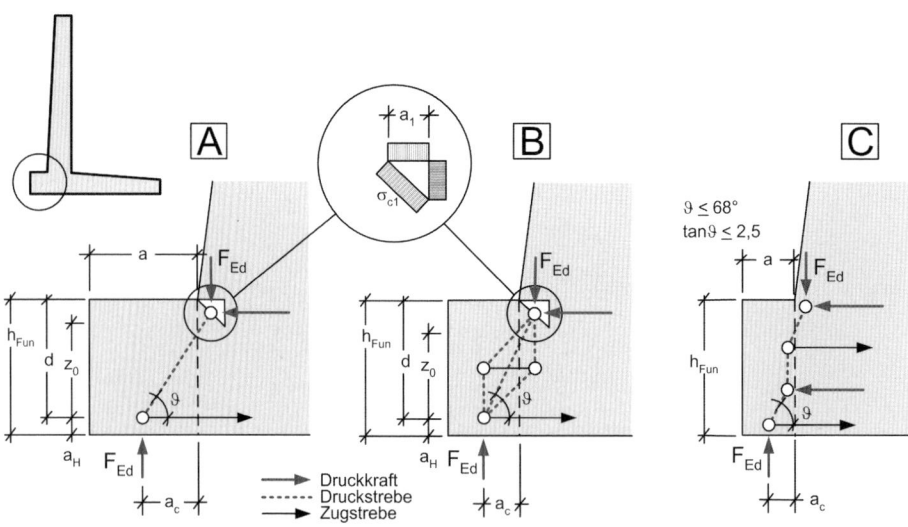

Bild 189. Fachwerkmodelle zur Konsolenbemessung: (A) Konsole ($0,4 \cdot h_{Fun} \leq a_c \leq h_{Fun}$) nach [36, 37]; (B) kurze Konsole ($a_c \leq 0,5 \cdot h_{Fun}$) nach [36, 37]; (C) sehr kurze Konsole ($a_c \leq 0,2 \cdot h_{Fun}$); nach [144]

Winkelstützmauer mit Querrippen
Bei den Winkelstützmauern mit Querrippen (Versteifungsrippen) werden die Schenkel des Winkels nicht mehr als frei aus dem Winkeleck auskragende Balkenstreifen (Kragarme) berechnet. Die Vorderwand (der vertikale Winkelschenkel) und die Bodenplatte (der horizontale Winkelschenkel) bilden eine Durchlaufplatte, welche auf den Scheiben auflagert. Sind die Rippen wasserseitig angeordnet, werden sie vorwiegend auf Zug beansprucht, und zwar durch den Auflagerzug der senkrechten Wand (infolge der horizontalen Einwirkungen auf die Vorderwand) und durch den Zug der Bodenplatte (infolge der vertikalen Einwirkungen auf die Bodenplatte). Die Bemessung der Scheiben kann vereinfacht mit einem geeigneten Stabwerksmodell erfolgen.

Die Felder des stehenden und liegenden Winkelschenkels können vereinfacht als dreiseitig gelagerte Rechteckplatten (drei Ränder starr eingespannt und der vierte Rand frei) mittels Plattentafeln berechnet werden. Bei hohen Einspannmomenten im Winkeleck ist es zu empfehlen, die Winkelecke mit einer Schräge auszuführen und durch Zusatzbewehrung (diagonal übereck) zu sichern.

Aus statischen und konstruktive Gründen ist es empfehlenswert, vor allem die Vorderwand entsprechend dem Belastungsverlauf und der Verteilung des Biegemoments mit veränderlicher Konstruktionsdicke auszuführen (Bild 185 E, F). Zur vereinfachten Bemessung oder Vorbemessung stehen auch hier Plattentafeln zur Verfügung [40, 41].

Je nach der Länge der Mauerabschnitte bei mehr als zwei Querrippen ist die Vorderwand bzw. die Bodenplatte als durchlaufendes System (die Kontinuitätsränder liegen in der Achse der Querrippen) zu berechnen. Wobei auch Teilbelastungen infolge der Hinterfüllung einzelner Rippenfelder berücksichtigt werden können.

Die Querrippen mit einer Querschnittshöhe h ≤ 0,25 l kann man als Plattenbalkenquerschnitt berechnen, wobei die Vorderwand den Druckgurt bildet. Die mitwirkende Plattenbreite (b_{eff}) ist laut EN 1991-1-1 + NAD zu ermitteln. Die erforderliche Zugbewehrung wird an der rückwärtigen Begrenzung der Rippe (im Steg des Plattenbalkens) untergebracht. Zur Aufnahme der Schubkräfte ist eine ausreichende Bügelbewehrung vorzusehen.

9.3.5.4 Konstruktive Durchbildung

Zur konstruktiven Durchbildung siehe Abschnitt 5.8.10.

9.3.5.5 Ausgeführte Beispiele

Eine Sperre mit seitlichen Flügeln als Winkelstützmauer ist in Abschnitt 9.3.7.5 dargestellt.

9.3.6 Pfeilerplattensperre

9.3.6.1 Allgemeines

Pfeilerplattensperren finden als Vollwandsperren oder offene Sperren Verwendung. Es handelt sich um ebene Flächentragwerke, welche durch parallel zur Fließrichtung liegende Scheiben (Pfeiler) gestützt werden (Bild 190). Die Pfeiler können als Vollpfeiler, Hohlpfeiler oder Spreizpfeiler ausgeführt und luft- oder wasserseitig angeordnet sein. Zwischen den einzelnen Pfeilern werden Stahlbetonplatten oder gegen Schwinden und Temperatur weniger empfindliche Bögen angeordnet. Eine Stauwandplatte kann, entsprechend der Abnahme des Wasserdrucks, mit nach oben geringer werdender Querschnittstärke ausgeführt werden oder mit kon-

Bild 190. Pfeilerplattensperren: (A) mit luftseitigen Stützpfeilern (Konsolidierungssperre); (B) mit wasserseitigen Stützpfeilern, die zugleich als Rostwangen dienen (Dosierwerk)

stantem Querschnitt schräg bachaufwärts geneigt sein (Bild 191).

Im Unterschied zu den Winkelstützmauern mit Querrippen muss hier nicht zwingend eine durchgehende Fundamentplatte errichtet werden. Sperrenplatte und Pfeiler können auch auf Streifenfundamenten gegründet werden. Angreifende Horizontallasten werden über die Pfeiler in deren Sohlfuge in den Untergrund übertragen. Dabei wirkt sich das um ein Vielfaches vergrößerte Widerstandsmoment der Sohlfläche im Vergleich zu einer einfachen Plattensperre günstig auf den Kipp- und Grundbruchnachweis aus.

Diese Bauweise kann bei größeren Talbreiten zur Anwendung kommen, da dadurch der eigentliche Sperrenkörper schlanker ausgeführt werden kann. Eine Anwendung ist auch denkbar, wenn unter Umständen bei schlechtem Baugrund nur einzelne Pfeiler sorgfältig gegründet werden können. Durch die Anordnung von Pfeilern eignen sich diese Tragwerke ähnlich den Winkelstützmauern für Standorte mit gering tragfähigen Flanken. Der Vorteil gegenüber Winkelstützmauern kann in der geringeren Sohlfläche (bei Streifengründungen) und somit am geringeren Auftrieb liegen.

Diese Konstruktionsform bildet den Übergang zu den aufgelösten Bauweisen, bei denen die Öffnungen zwischen den Pfeilern gar nicht oder nur durch Rechen (Balken) abgedeckt werden und lediglich die Flügel durch Platten gebildet werden.

9.3.6.2 Sperre mit wasserseitigen Stützpfeilern

Diese Ausführung wird gewählt, wenn die Pfeiler neben der Abflusssektion gleichzeitig als Befestigung für einen schrägen Rechen, Balken oder Rost verwendet werden. Diese Ausführung wird häufig bei Retentions- und -dosiersperren mit einer vorgelagerten Filtereinrichtung angewendet (Bild 190 B). Ein Beispiel einer mit Rostwangen verstärkten Stauwandplatte ist in Abschnitt 9.3.7.5 (Sperrenmittelteil) dargestellt.

Bei der Anordnung von wasserseitigen Pfeilern ist es möglich, die Pfeiler gegen den Baugrund vorzuspannen um die Sicherheit gegen Kippen und Gleiten zu erhöhen. Ein ausgeführtes Beispiel dazu ist in Abschnitt 9.3.6.6 dargestellt. Bei solchen Konstruktionen ist der Dauerhaftigkeit der Anker und deren Prüfbarkeit besondere Aufmerksamkeit zu schenken.

9.3.6.3 Sperre mit luftseitigen Stützpfeilern

Die bei diesem Typ ausgeführten Vorfeldwangen können sehr zur Standsicherheit des Sperrenkörpers beitragen. Ist beispielsweise der seitliche Anzug der Flügel zu flach ausgeführt (Optimum 10 bis 20%), kann es bei einer Überströmung zu einem Auskolken der seitlichen luftseitigen Talflanken kommen, was zu einer Verringerung des Sperrenwiderstands führt. Durch die Anordnung von Vorfeldwangen kann ein Auskolken verhindert werden (Bild 190 A).

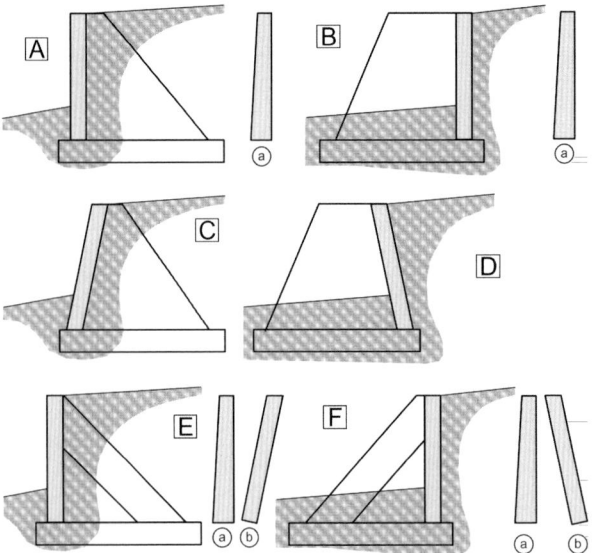

Bild 191. Formen von Pfeilerplattensperren: (A), (C), (E) mit wasserseitigem Pfeiler; (B), (D), (F) mit luftseitigem Pfeiler; (a) und (b) sind jeweils mögliche alternative Formen der Stauwandplatte

9.3.6.4 Berechnung und Bemessung

Äußere Standsicherheit

Bei den Lastansätzen zum Nachweis der äußeren Standsicherheit gilt es nach der Art des Bauwerks zu unterscheiden. Sperrenbauwerke sind je nach funktionalem Typ auf die maßgeblichen Einwirkungskombinationen nach Abschnitt 9.2 zu bemessen. Ufermauern werden in der Regel nur durch Erddruck (mit und ohne Hangwasser) belastet.

Die Erd- und Wasserdrücke sind auf die Rückseite der Stauwandplatte und die projizierende Fläche der Pfeiler anzusetzen. Bei sehr schmalen Pfeilern kann diese Lastfläche auch vernachlässigt werden. Dienen Pfeiler gleichzeitig als seitliche Wangen, ist zumindest der aktive Erddruck auf die Scheibenfläche anzusetzen (Plattentragwirkung). Besteht aufgrund der Bauwerksgeometrie und der hydrologischen Verhältnisse die Möglichkeit eines einseitigen Erd- oder Wasserdrucks auf die Seitenflächen der Pfeiler, sind diese Bemessungssituationen zusätzlich nachzuweisen.

Aufgrund der Pfeiler kann von einer annähernd unnachgiebigen Konstruktion ausgegangen werden, somit sollte der erhöhte aktive Erddruck (E_a') angesetzt werden. Wenn keine Bauwerksbewegungen möglich sind, wie dies bei der Gründung auf Fels der Fall ist, ist der Erdruhedruck (E_0) anzusetzen.

Nach [27] kann aufgrund der geringen Gründungsfläche der Pfeiler bei Streifenfundamenten und der bei Wildbachsperren nur kurzzeitig vorhandenen Vollbelastung die Berücksichtigung des Sohlwasserdrucks vernachlässigt werden.

Innere Standsicherheit

Die Regelungen der werkstoffeinschlägigen Normen laut Abschnitt 9.1.1.2 sind zu berücksichtigen. Die Bemessung erfolgt in der Regel mittels FE-Programmen. Für händische Nachrechnungen ist es zweckmäßig, das Tragwerk in einzelne Platten und Scheiben zu zerlegen. Die Horizontallasten werden dabei auf die Platten angesetzt. Die Auflagerreaktionen der Platten bilden die Einwirkung auf die Scheiben. Die Bemessung der Scheiben kann mittels geeigneter Stabwerksmodelle erfolgen (z. B. [8, 144]). Luftseitige Spreizpfeiler werden als Stütze auf Druck belastet. Sie sind auch auf Stabilitätsversagen zu bemessen. Wasserseitige Spreizpfeiler wirken als Zugstab. Die Gebrauchstauglichkeit (Rissbreite etc.) ist nach den jeweiligen Bemessungsnormen nachzuweisen.

Die meist rechteckigen Stauwandplatten können nach *Czerny* [27] an drei Rändern frei drehbar gelagert und am vierten (oberen horizontalen) Rand stützungsfrei modelliert werden. Sie wird auf Biegung beansprucht und es muss ferner den infolge Schwinden und Temperatur auftretenden Längenänderungen durch Fugen auf Pfeilern und ausreichende Bewehrung Rechnung getragen werden. Wenn die dreiseitige Lagerung der Stauwandplatte nicht gewährleistet ist, kann die Berechnung zweckmäßig als beidseitig gestützter Plattenstreifen (mit Hauptbewehrung in der Stützrichtung) erfolgen. Diese Bemessungssituation kann eintreten, wenn die Einbindung an der Sohle durch einen Kolk oder eine Unterspülung unwirksam ist.

Die Fundamente unter Scheiben sind als Platten oder Streifenfundamente zu berechnen, Fundamente unter Strebepfeilern als Einfeldbalken mit der aus den maßgeblichen Gesamtlasten resultierenden Sohlspannung als Einwirkung.

Neben diesem statischen System kann auch eine monolithische Ausführung mit in den Pfeilern eingespannten Platten gewählt werden. Die Zwänge aufgrund Kriechen, Schwinden und Temperatur müssen dann über die Bewehrung aufgenommen werden.

9.3.6.5 Konstruktive Durchbildung

Zur konstruktiven Durchbildung siehe Abschnitt 5.8.10.

Die Pfeiler werden wasserseitig zweckentsprechend steiler als luftseitig ausgeführt. Aus baupraktischen Gründen wird vielfach eine vertikale Stauwand vorgezogen. Damit ist ein wasserseitiger Pfeiler lotrecht, während ein luftseitiger Pfeiler eine Neigung von 70 bis 80° aufweisen soll.

9.3.6.6 Ausgeführte Beispiele

Pfeilerplattensperre mit wasserseitigen Scheiben

Die in den Bildern 192 und 193 dargestellte Dolensperre aus Stahlbeton wurde 1971 errichtet. Sie ist als Geschiebedosiersperre konzipiert. Die Sperrenplatte wird an der Wasserseite durch zwei Pfeiler und an der Luftseite durch einen Pfeiler verstärkt. Die wasserseitigen Pfeiler sind gegen den Fels mit Ankern vorgespannt. Auf diesen Rostwangen liegt ein Rost aus I-Trägern als Filtereinrichtung. Die Höhe der Platte beträgt 14,5 m und die Spannweite 34,5 m. An der Basis ist die Mauer 2,5 m stark, an der Krone 0,7 m. Die Sperrenanzug an der Luftseite beträgt 10:1. Die oberen drei Dolen haben Abmessungen von 3 m × 1,4 m, die untere Dole 5 m × 1,4 m. Die Sperre ist in Fels gegründet.

Pfeilerplattensperre mit luftseitigen Scheiben

Die in den Bildern 194 und 195 dargestellte Vollwandsperre mit Grundablass aus Stahlbeton wurde 2016/18 errichtet. Sie wurde als Hochwasserretentionssperre konzipiert. Das HQ 100 im Bereich des Retentionsbeckens beträgt 64 m³/s (Einzugsgebietsgröße 25 km²). Die Hochwasserentlastung ist auf ein 115 m³/s ausgelegt. Das Rückhaltevolumen im Becken beträgt 221.000 m³, die maximale Einstauhöhe am Bauwerk 11,5 m.

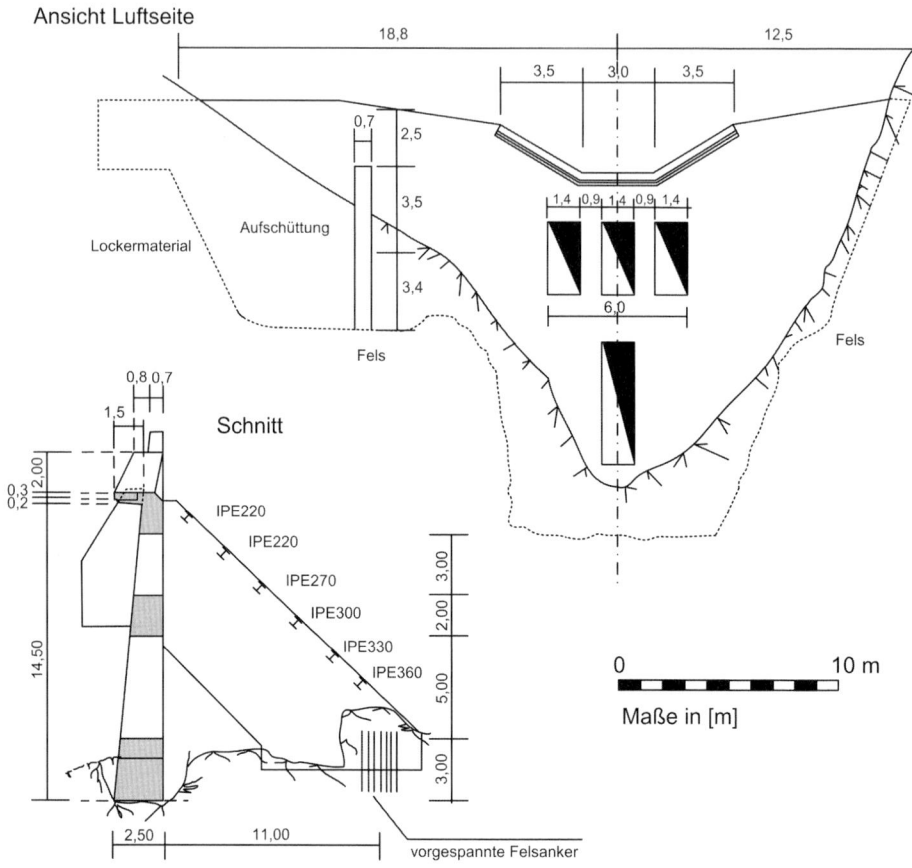

Bild 192. Pfeilerplattensperre mit wasserseitigen Scheiben: Ansicht, Schnitt

Der Sperrenkörper besteht aus einer 1,2 m starken Sperrenplatte aus Stahlbeton. Die Platte ist ohne Anzug ausgeführt. Luftseitig wird sie durch 8 Stahlbetonscheiben gestützt. Die Sperrenplatte wird in der Mitte der Scheiben durch eine vertikale verzahnte Fuge baulich getrennt, um Setzungsdifferenzen aufnehmen zu können. Die Sperrenplatte und die luftseitigen Scheiben sind auf einer 1,5 m starken Stahlbetonplatte gegründet. An der Unterseite der Platte ist wasser- und luftseitig ein Sporn ausgebildet. Unterhalb der Bodenplatte wurde der Baugrund mittels HDBV-Säulen verbessert. Aus diesen wurde auch der zentrale Dichtschirm unter der Gründung errichtet.

Um den Grundablass vor Verklausung zu schützen, wird wasserseitig ein zweifach gebrochener Rechen vorgesehen. Der Rechen besteht aus Querträgern (IPB 300), welche auf den Rostwangen und der Mittelscheibe gelagert sind, sowie aus Längsträgern (IPB 160), die auf die Querträger geschweißt werden. Die senkrechten Rechenstäbe haben eine lichte Weite von 0,40 m.

9.3.7 Aufgelöste Tragsysteme

In diese Ordnung können Bauwerke eingereiht werden, deren Tragsystem sich aus mehreren unterschiedlichen Tragwerksteilen mit unterschiedlichen Tragmechanismen zusammengesetzt. Der Großteil der aufgelösten Sperrentypen kann in diese statische Ordnung eingeteilt werden. Allen gemeinsam ist, dass es sich um offene Sperren handelt. Je nachdem, ob die einwirkenden Lasten im Tragsystem hauptsächlich Biegung oder Normalkräfte erzeugen, können massenaktive und vektoraktive aufgelöste Tragwerke unterschieden werden.

Bild 193. Pfeilerplattensperre mit wasserseitigen Scheiben: (A) Ansicht der Abflusssektion und des Rostes von der Seite; (B) Ansicht von der Luftseite; (C) Ansicht aus dem Retentionsraum

9.3.7.1 Massenaktive aufgelöste Tragwerke

Zu den massenaktiven Systemen gehören Tragwerke, die die Kräfte hauptsächlich über Biegebeanspruchung ihrer Bauteile in den Untergrund ableiten. Die Tragwerke sind je nach Anforderung aus Platten, Scheiben, Balken und schlanken Pfeilern zusammengesetzt. Sie besitzen eine hohe Variabilität, die von der Funktion des Bauwerks abhängt. Einige typische Beispiele sind in Bild 196 dargestellt. Diese Bauwerke können auch mit vektoraktiven aufgelösten Tragsystemen kombiniert werden.

Zum Schutz der seitlichen Einbindungen sind in der Regel, zusätzlich zu den seitlichen Flügeln, Rostwangen und/oder Vorfeldwangen angeordnet. Der Bereich zwischen den Flügeln, in dem das Abflussgeschehen stattfindet, wird durch parallel zur Fließrichtung angeordnete Scheiben oder schlanke Pfeiler unterbrochen. Die Verwendung von Scheiben und schlanken Pfeilern hängt von der Funktion des Bauwerks und der einwirkenden Last ab. Wildholzfilter werden in der Regel mit schlanken Pfeilern ausgeführt (Bild 196 C). Bei Bauwerken, die auf eine Beanspruchung durch Muren bemessen werden (z. B. Murbrecher), werden wasserseitig parallel zur Fließrichtung liegende Scheiben oder abgestützte Pfeiler angeordnet (Bild 196 D). Solche Scheiben werden auch als Murteiler bezeichnet. Dadurch erhöht sich einerseits der Bauteilwiderstand und anderseits verlagert sich der Schwerpunkt des Bauwerks zur Wasserseite, was die Sicherheit gegen Kippen vergrößert. Die einzelnen Scheiben können einzeln oder auf einer gemeinsa-

men Platte gegründet sein. Letzteres erhöht die Robustheit des Bauwerks wesentlich.

Der Vorteil dieser Bauwerksordnung ist, dass die Tragsysteme entsprechend der Funktion und der Belastung optimiert werden können. Dies kann zu materialsparenden und robusten Konstruktionen führen. *Czerny* [27] gibt weitere Vorteile aufgelöster Tragsysteme an. Im Vergleich zu Gewichtsmauern kann es durch eine Systemoptimierung zu einer erheblichen Baustoffeinsparung kommen. Damit verbunden kann eine eventuelle Bauzeitverkürzung erreicht werden. Es muss jedoch beachtet werden, dass die komplizierte Form der Scheiben oder der schlanken Pfeiler (4 Schalungsseiten) höhere Kosten verursacht, welche durch die Materialeinsparung wettgemacht werden müssen. Besitzt das Bauwerk keine durchgehende Bodenplatte, kann durch die begrenzte Gründungsfläche der Scheiben für die bei Wildbachsperren nur kurzzeitig vorhandene Vollbelastung die Berücksichtigung des Sohlwasserdrucks vernachlässigt werden. Die Scheiben können gegen den Baugrund vorgespannt werden, was die Sicherheit gegen Kippen und Gleiten wesentlich erhöht. Die Bauausführung kann in einzelne Ausführungsabschnitte (insbesondere bezüglich der Pfeiler und Platten) getrennt werden, sodass die Schalungselemente mehrfach verwendet werden können. In hydraulischer Hinsicht ist es ein Vorteil, dass im Vergleich zu Vollwandsperren während der Bauausführung die Wasser- und Geschiebeabfuhr zwischen den Scheiben leichter vorgenommen werden kann (Wasserhaltung).

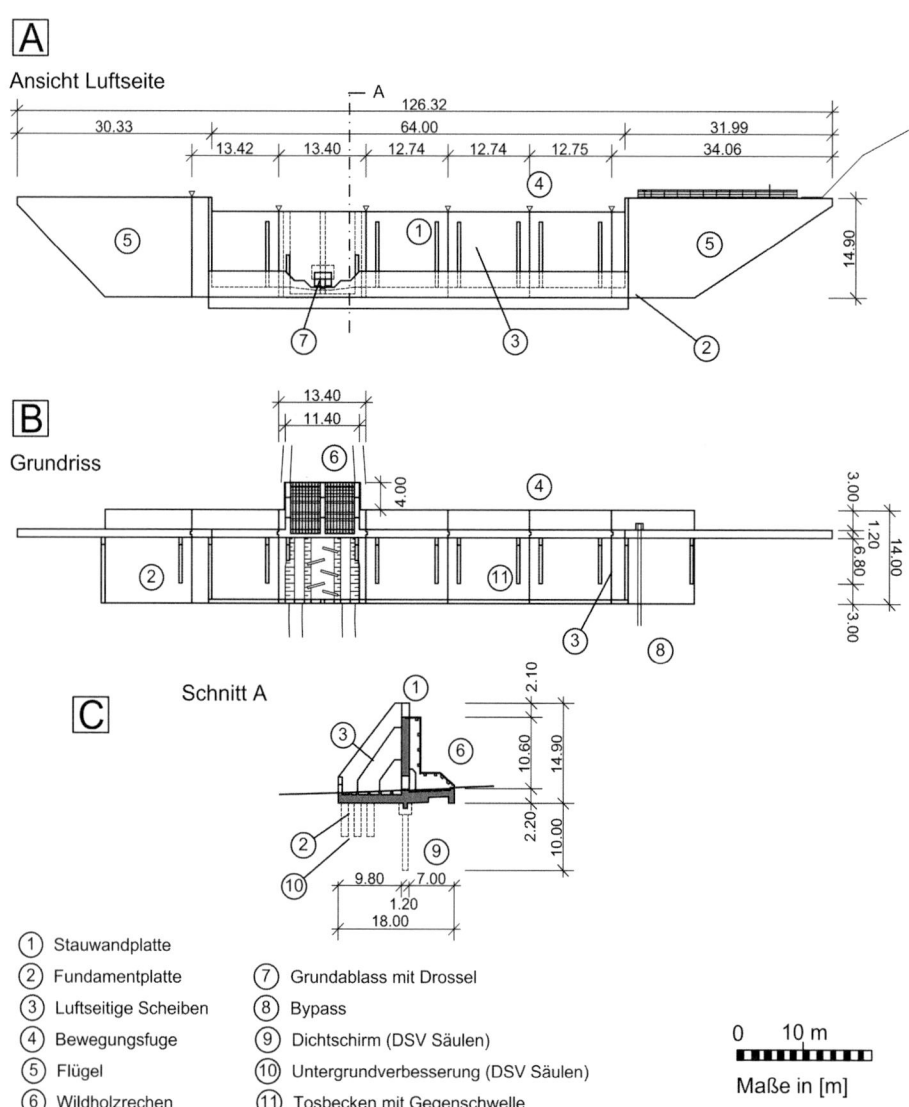

① Stauwandplatte
② Fundamentplatte
③ Luftseitige Scheiben
④ Bewegungsfuge
⑤ Flügel
⑥ Wildholzrechen
⑦ Grundablass mit Drossel
⑧ Bypass
⑨ Dichtschirm (DSV Säulen)
⑩ Untergrundverbesserung (DSV Säulen)
⑪ Tosbecken mit Gegenschwelle

Maße in [m]

Bild 194. Pfeilerplattensperre mit luftseitigen Scheiben: (A) Ansicht von der Luftseite; (B) Grundriss; (C) Schnitte

Bild 195. Pfeilerplattensperre mit luftseitigen Scheiben: (A) Ansicht von der Luftseite; (B) Ansicht von der Wasserseite; (C) Ansicht der Sperrenkrone

9.3.7.2 Vektoraktive aufgelöste Tragwerke

Zu den vektoraktiven Systemen gehören Tragwerke, die aus relativ schlanken Bauteilen zusammengesetzt sind und in denen die Einwirkungen hauptsächlich Zug- und Druckkräfte erzeugen (Bild 197). In Abhängigkeit der Biegesteifigkeit der Bauteile können sie weiter in die biegesteifen Systeme (Gittersperren) und die biegeweichen Systeme (Netzsperren) unterteilt werden.

Gittersperren

Gittersperren bestehen aus biegesteifen Bauteilen. Prinzipiell unterscheidet man zwischen ebenen und räumlichen Gittersperren. Ebene Gittersperren tragen noch einen Teil der Einwirkung über Biegung ab. Den Übergang zu räumlichen Systemen stellen abgestützte ebene Systeme dar (Bild 197 C). Räumliche Tragsysteme können aus Fachwerken oder Vierendeelsystemen (Rahmentragwerken) gebildet werden.

Ebene Systeme können in Festgestein über Punktfundamente und Anker direkt gegründet werden (Bild 197 A). In Lockergestein werden sie in massiven Flügeln verankert, die ihrerseits die Lasten in den Untergrund ableiten. Ein Beispiel einer abgestützten ebenen Gittersperre ist in Bild 197 C dargestellt.

Für die Stäbe werden in den meisten Fällen Profilträger aus Stahl bzw. selten Holzträger verwendet [91].

Ebene abgestützte Systeme werden eingesetzt, wenn ein Tal eine größere Breite aufweist (Bild 198 B). Das ebene Gittertragwerk muss dann entweder mit massiven Zwischenpfeilern oder Streben unterstützt werden. Die stützende Strebe kann ober- oder unterwasserseitig angebracht werden. Der vertikale Pylon kann auch in Form eines dreieckigen Rahmenträgers ausgebildet werden (Bild 198 B3). In diesem Fall muss die Druckstrebe über ein zusätzliches Fundament die Kräfte in das Bachbett übertragen.

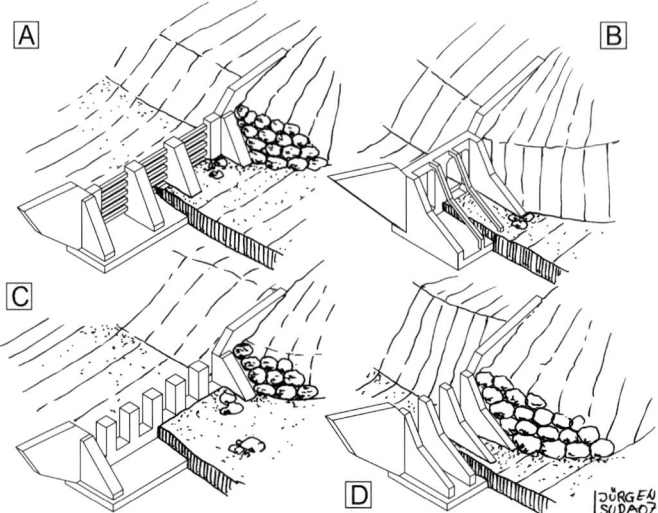

Bild 196. Massenaktive Tragwerke: (A) aufgelöste Sperre mit Balken (Dosierwerk, bestehend aus Scheiben, Platten und Balken); (B) Großdolensperre (Dosierwerk, bestehend aus Scheiben, Platten und Balken); (C) leichte Ausführung einer aufgelösten Sperre (Wildholzfilter, bestehend aus Scheiben, Platten, Balken, schlanken Pfeilern), (D) verstärkte Ausführung einer aufgelösten Sperre (Murbrecher, bestehend aus Platten und Scheiben)

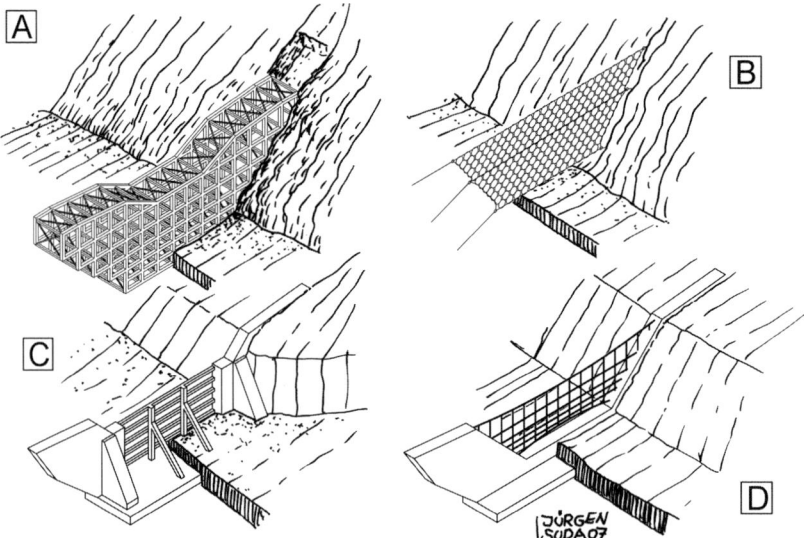

Bild 197. Vektoraktive Tragwerke: (A) räumliche Gittersperre (biegesteif); (B) Netzsperre (biegeweich); (C) abgestützte ebene Gittersperre kombiniert mit massiven Flügeln; (D) Seilsperre kombiniert mit massiven Flügeln

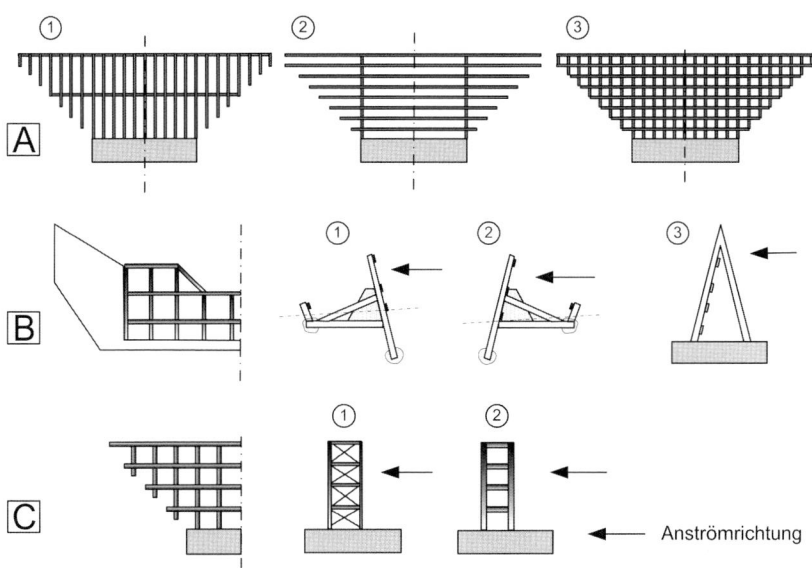

Bild 198. Gittersperren: (A) ebene Systeme (1 Rechen-, 2 Balken-, 3 Rostsperre); (B) abgestützte ebene Systeme (1 luftseitig gestützt, 2, 3 wasserseitig gestützt); (C) räumliche Systeme (1 Fachwerk, 2 Vierendeelsystem)

Die auf den vertikalen Pfeilern aufliegenden Balken können abnehmbar gestaltet werden, um ggf. die Sperre mit schwerem Gerät zu räumen.

Die *räumliche Gitterrostsperre* besteht aus einem räumlichen Fachwerk- oder Vierendeelsystem, das in den Untergrund und die seitlichen Flanken verankert ist (Bild 198 C). Bei Fachwerken erfolgt die Aussteifung nur in den flussparallelen vertikalen und den horizontalen Fachwerksverbänden. Die Öffnungen quer zur Bachachse bleiben somit frei von Diagonalstäben, damit wird der Durchfluss nicht behindert. In den meisten Fällen bestehen die einzelnen Elemente aus Stahlprofilen in der Länge der freien Felder. Dadurch ist die Sperre in kleine Teile zerlegbar und beliebig verlängerbar. Mit zunehmender freier Sperrenlänge vergrößert sich die Höhe der liegenden und stehenden Fachwerkverbände. In den Knotenpunkten werden die einzelnen Elemente mit Schrauben und Knotenblechen verbunden. Die Abstände der horizontalen Fachwerksverbände werden nach *Kronfellner-Kraus* [91] von unten nach oben hin immer größer und zwar umgekehrt proportional zu der einwirkenden Belastung, die von oben nach unten zunimmt. Mit dieser Konstruktionsart erreicht man, dass der untere Bereich mit dem ersten Geschiebeanfall verlandet und dadurch die Stabilität der Sperre erhöht. Der obere Bereich bleibt länger für Wildholz und Grobgeschiebe frei. Die vertikalen Stäbe haben über die gesamte Profilbreite denselben Abstand. Durch den Umstand hat man in allen Höhenlagen dieselbe Fachwerkausbildung, was zu einer möglichst kleinen Anzahl an verschiedenen Elementen im Baukastensystem führt.

Nach [91] sollte, obwohl die Sperre im gesamten Querschnitt durchlässig ist, im Lockergestein nicht auf die Ausbildung einer Abflusssektion verzichtet werden, um eine Konzentrierung des Abflusses auf einen bestimmten Bereich des Bachbetts zu erreichen (Bild 197 A). Im felsigen Untergrund kann auf die Ausbildung von Flügeln und Abflusssektionen verzichtet werden.

Die Art der Verankerung des räumlichen Fachwerks ist von der Art und Tragfähigkeit des Untergrunds abhängig. In Festgestein können Punktfundamente oder Felsanker verwendet werden. Ist die Tragfähigkeit zu gering werden, massive Flügel ausgebildet.

Netzsperre

Zum Unterschied von den Gittersperren sind die Tragelemente der Netzsperre biegeweich. Sie sind somit nur in der Lage Zugkräfte aufzunehmen. *Hübl* et al. [74] definieren Netzsperren als Sperren, welche entweder über die gesamte Länge oder zumindest im Mittelteil aus flexiblen, wabenartigen Elementen bestehen. Früher wurden Netzsperren nur für temporäre Zwecke eingesetzt, seit einigen Jahren werden sie in Wildbächen mit zunehmendem Erfolg als Wildholzfilter und als flexible Murbarrieren eingesetzt.

Nach *Kronfellner-Kraus* [91] sollte die Vorderseite von Netzsperren vertikal ausgebildet sein, damit nach Verlandung der Wasser- und Geschiebeaufschlag auf die Vorderseite vermieden werden kann. Da dieser Sperrentyp völlig durchlässig ist, ist nach [91] die Vorfeldsicherung besonders wichtig. Diese Vorfeldsicherung wird ebenfalls mit Netzkonstruktionen durchgeführt. Die Konstruktion der Netzsperren kann entweder in Form von „Vorhängen" (hängend montierte Netze) oder in Form von „Klapptaschen" (durch Gestelle und Ankerseile gehaltene kastenförmige Netze) hergestellt werden (Bild 199). Das Geschiebe, welches auf dem Unterlagsnetz zu liegen kommt, unterstützt nach [91] automatisch die Stabilisierung des Werks.

Nach [93] haben diese Sperren den Nachteil, dass die Instandhaltung der Netzwerke, das Kolk- und Überfallproblem und die Ausbildung der Sperrenkrone zum Teil sehr schwierig sind. Die in Talrichtung konvexe Seilspannung kann sich, bei Verlandung der Sperre, als nachteilig für die Ufer auswirken. Zudem ist bei der Planung einer Netzsperre zu bedenken, dass immer die Gefahr des Durchrostens der Seile besteht. Sondernetzformen wie Ringnetze oder Omeganetze besitzen gegenüber den Seilnetzen eine höhere Leistungsfähigkeit.

9.3.7.3 Berechnung und Bemessung

Für das Bauwerk ist die Grundbruchsicherheit, die Gleitsicherheit, die Geländebruchsicherheit und die Sicherheit gegen hydraulischen Grundbruch sowie gegen Aufschwimmen, wenn die Voraussetzungen gegeben sind, nachzuweisen.

Massenaktive aufgelöste Tragwerke

Bei den Lastansätzen zum Nachweis der äußeren Standsicherheit gilt es nach der Art des Bauwerks zu unterscheiden. Sperrenbauwerke sind je nach funktionalem Typ auf die maßgeblichen Einwirkungskombinationen nach Abschnitt 9.2 zu bemessen.

Grundsätzlich sind alle Öffnungen als verklaust anzunehmen. Die Erd- und Wasserdrücke sind auf die Rückseite der projizierenden Fläche der Abflusssektion anzusetzen. Dienen Scheiben gleichzeitig als seitliche Wangen, ist zumindest der aktive Erddruck auf die Scheibenfläche anzusetzen (Plattentragwirkung). Besteht aufgrund der Bauwerksgeometrie und der hydrologischen Verhältnisse die Möglichkeit eines einseitigen Erd- oder Wasserdrucks auf

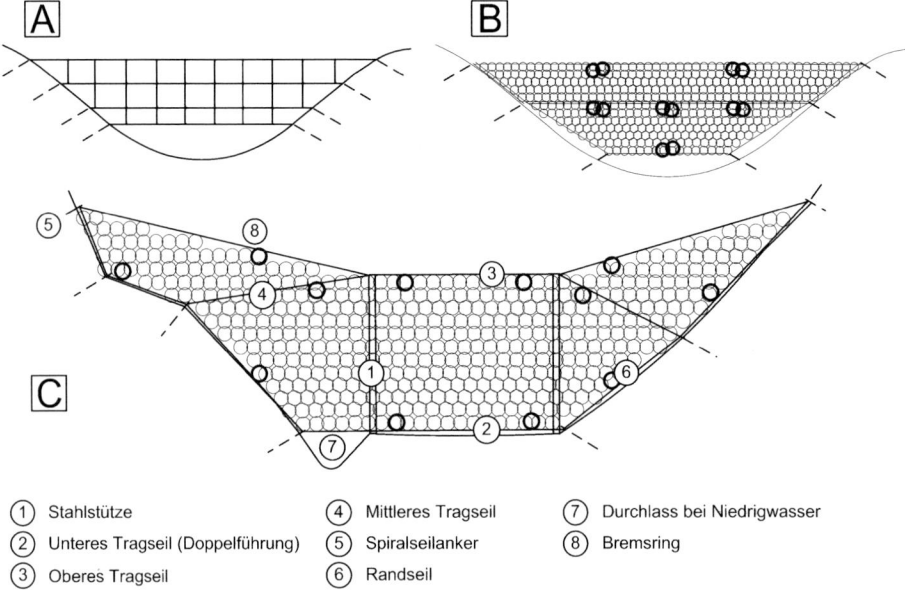

① Stahlstütze
② Unteres Tragseil (Doppelführung)
③ Oberes Tragseil
④ Mittleres Tragseil
⑤ Spiralseilanker
⑥ Randseil
⑦ Durchlass bei Niedrigwasser
⑧ Bremsring

Bild 199. Netzsperren: (A) Seilsperre; (B) Netzsperre; (C) Netzsperre (Murgangbarriere) für größere Talbreiten (> 15 m)

die Seitenflächen der Pfeiler, sind diese Bemessungssituationen getrennt nachzuweisen.

Sind Erddrücke in Bachachse anzusetzen, kann bei Tragwerken mit Scheiben bzw. winkelstützmauerähnlichen Querschnitten von einer annähernd unnachgiebigen Konstruktion ausgegangen werden, somit sollte der erhöhte aktive Erddruck (E_a') angesetzt werden. Wenn keine Bauwerksbewegungen möglich sind, wie dies bei der Gründung auf Fels der Fall ist, ist der Erdruhedruck (E_0) anzusetzen (Bild 186 D).

Bauwerke dieser Art lassen sich wirtschaftlich am besten mittels FE-Modellen bemessen und optimieren. Für händische Vorbemessungen oder Überprüfungen von Ergebnissen aus FE-Modellen müssen die Tragwerke in ihre Einzelteile zerlegt betrachtet werden. Die Auflagerkräfte eines Bauteils werden jeweils als Einwirkung auf den darunter liegenden angesetzt. Platten können mittels Plattentafeln oder FE-Modellen, Scheiben mittels geeigneten Stabwerkmodellen oder nichtlinearen FE-Modellen bemessen werden.

Schlanke Pfeiler sind statisch betrachtet Kragträger. Das untere Ende ist in den Fundamentbalken eingespannt, das obere Ende ist frei.

Gittersperre

Räumliche Fachwerke werden im statischen System mit gelenkigen Knoten, Rahmensysteme mit biegesteifen Knoten modelliert. Der Sinn von Gittersperren liegt nach [91] in der Entleerung und Neuanfüllung der Sperre und ist dadurch dynamischen Kräften ausgesetzt. Somit wird empfohlen, Gittersperren auf EK A und EK B, nach Abschnitt 9.2, mit dynamischem Wasserdruck zu bemessen; bei der Gefahr eines Murgangs im hinterfüllten Zustand zusätzlich EK D als außergewöhnliche Kombination. Wirkt die Gittersperre als Murbrecher, so ist sie auf den Murgang zu bemessen (EK C).

Netzsperre

Im Unterschied zu Gittersperren wird bei der Berechnung von Netzsperren die Seildehnung berücksichtigt. Der Aufprall durch Murgänge erfolgt nicht in einem Schub, sondern in zwei bis sieben Schüben [82]. Aus diesem Grund handelt es sich beim ersten Schub um einen dynamischen Lastangriff, bei allen weiteren Schüben um eine Mischung aus dynamischen und statischen Lastangriff. Nach *Kästli* et al. [82] kann in Bezug auf das *Geröllvolumen* gesagt werden, dass der erste Schub immer der größte ist und die nachfolgenden immer kleiner werden; das Volumen von Schub zu Schub wird laut Definition halbiert. Nach [82] ist die Auslenkung der Netzsperre von der Anzahl der Schübe unabhängig und wird entsprechend dem Volumen der einzelnen Schübe aufgeteilt. Durch die von Schub zu Schub ansteigende Steifigkeit werden die Kräfte auf die Sperre von Schub zu Schub größer. Grund dafür ist die nach [82] abnehmende Deformierbarkeit.

Kästli et al. [82] empfehlen für die Berechnung die Verwendung der Maximalkraft für einen Schub, mit einem Sicherheitsfaktor von 1,5, um die Auswirkung von mehr Schüben zu berücksichtigen. Nach [82] wirkt die höchste Energie auf die Sperre, wenn die Murgang nur aus einem Schub besteht. Deshalb wird empfohlen, mit dieser höchsten Energie die Netzsperre zu bemessen.

Zusammenfassend kann gesagt werden, dass bei der Bemessung von Netzsperren, laut [82], das geschätzte Volumen des Murgangs, die Art des Murgangs, die Dichte, Art und Größe der erwarteten Murgangmaterials und die Geometrie des Sperrenprofils berücksichtigt werden sollen.

Bei einem Murgang wird die Belastung nach [82] als flächenmäßig angenommen, anders als beim Steinschlag, wo sie punktuell angenommen wird. Für die Bemessung wird die Energie in eine quasistatische Kraft umgewandelt. Dieser Ansatz wurde laut [82] durch Messungen und Rückrechnungen gerechtfertigt.

Für Bemessung der Netze über Computersimulationen kann beispielsweise das an der ETH Zürich entwickelte Programm FARO (Falling Rocks) verwendet werden. Dieses Programm wurde primär für die Bemessung von Einschlägen von Blöcken in Steinschlagnetze entwickelt, eignet sich jedoch auch für die Bemessung auf Murgänge. Das Programm wurde mit den Ergebnissen aus statischen Zugversuchen der einzelnen Tragwerksteile und Feldversuchen geeicht.

9.3.7.4 Konstruktive Durchbildung

Die generelle Durchbildung der Stahlbetonteile erfolgt nach EN 1992-1-1 + NAD, jene der Stahlteile nach EN 1993-1. Bei Netzsperren gibt es mittlerweile auch Bauprodukte. In diesem Fall sind die Herstellervorgaben bei der Konstruktion und Errichtung zu beachten.

Zur konstruktiven Durchbildung siehe Abschnitt 5.8.10.

Pfeiler und Scheiben aus Stahlbeton werden je nach Höhe der Beanspruchung und der Härte des auftreffenden Geschiebes ungepanzert oder gepanzert ausgeführt. Je nach Abflusshöhe des maßgeblichen Ereignisses sind diese Elemente nur im unteren Bereich oder über die gesamte Höhe gepanzert. Da das Geschiebe die Scheiben und Pfeiler auch an den parallel zur Fließrichtung liegenden Seiten abrasiert, werden diese in der Regel gepanzert. Als Panzer werden Grobbleche mit einer Stärke zwischen 8 und 20 mm verwendet. Sie sind mittels aufgeschweißter Kopfbolzen mit dem Konstruktionsbeton verbunden.

Die Netze von Wildholzfiltern haben in der Regel einen lichten Abstand zur Gewässersohle, um den Abfluss nicht zu behindern. Wildholz schwimmt in der Regel auf der Hochwasserwelle und wird zurückgehalten.

9.3.7.5 Ausgeführte Beispiele

Massenaktives aufgelöstes Tragsystem mit Scheiben

Die in den Bildern 200 und 201 dargestellte offene Sperre aus Stahlbeton wurde 1998 errichtet. Sie ist als Dosiersperre konzipiert. Die plattenförmige Gründung ist im luft- und wasserseitigen Bereich durch einen Balken verstärkt. Die monolithisch mit der Platte verbundenen flussparallelen Scheiben haben an der Basis Abmessungen von 800 cm × 75 cm. Die Öffnungen sind mit Stahlbalken verschlossen. Die Gesamthöhe der Sperre im Bereich der Abflusssektion beträgt 8,5 m, die Breite 47,7 m. Das Sperrenvorfeld ist mit Vorfeldwangen und einer seitlichen Grobsteinschlichtung gesichert.

Massenaktives aufgelöstes Tragsystem mit Scheiben

Die in den Bildern 202 und 203 dargestellte offene Sperre aus Stahlbeton wurde 1995 errichtet. Sie ist als Murbrecher (Energieumwandlung) konzipiert. Die plattenförmige Gründung ist im vorderen Bereich durch einen Balken verstärkt. Er dient gleichzeitig als Kolkschutzriegel. Die monolithisch mit der Platte verbundenen flussparallelen Scheiben (Murteiler) haben an der Basis Abmessungen von 900 cm × 120 cm und sind im unteren Bereich und

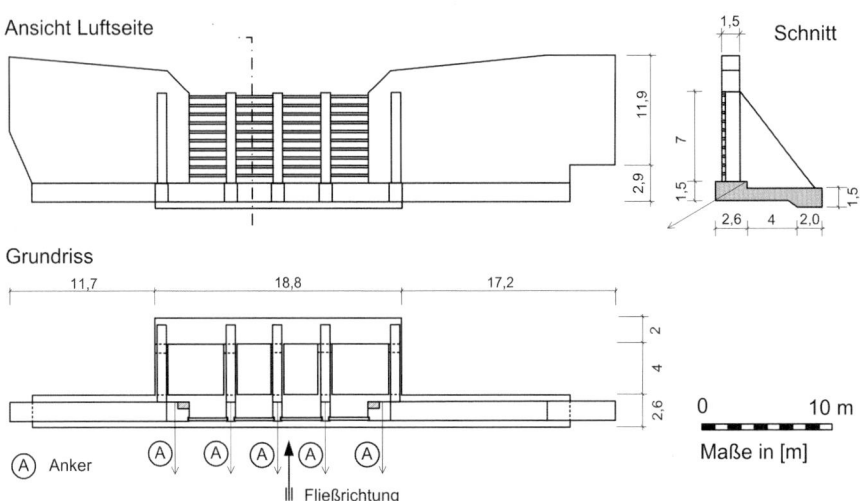

Bild 200. Massenaktives aufgelöstes Tragsystem mit Scheiben (Dosiersperre): Ansicht, Grundriss, Schnitt

Bild 201. Massenaktives aufgelöstes Tragsystem mit Scheiben (Balkensperre); (A) Ansicht Luftseite; (B) Ansicht Wasserseite [38]

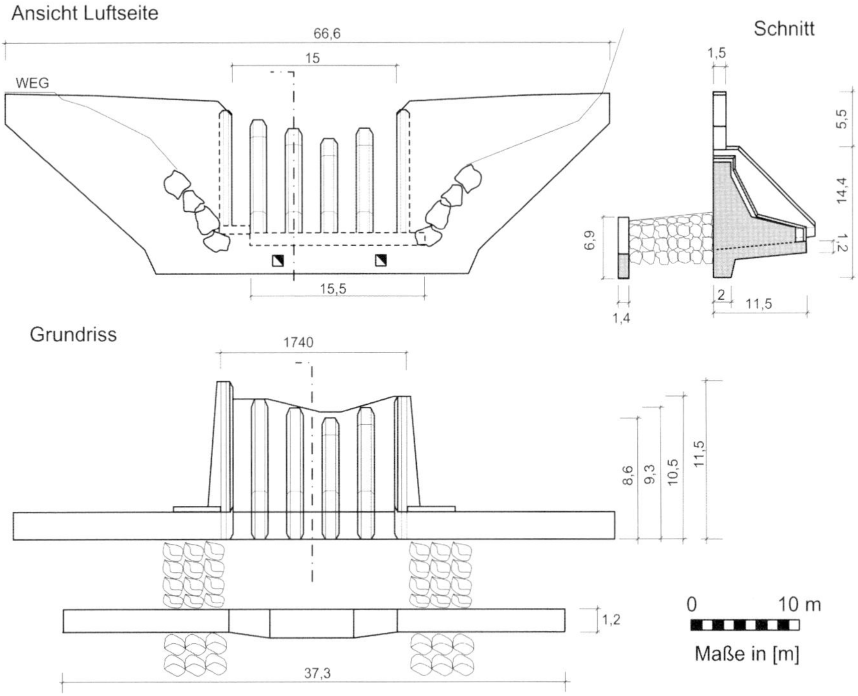

Bild 202. Beispiel für einen Murbrecher, massenaktives aufgelöstes Tragsystem mit Scheiben: Ansicht, Grundriss, Schnitt

Bild 203. Massenaktives aufgelöstes Tragsystem mit Scheiben (Murbrecher): (A) Ansicht der gepanzerten Murteiler und Rostwangen von der Seite; (B) Ansicht Wasserseite; (C) Ansicht der Abflusssektion

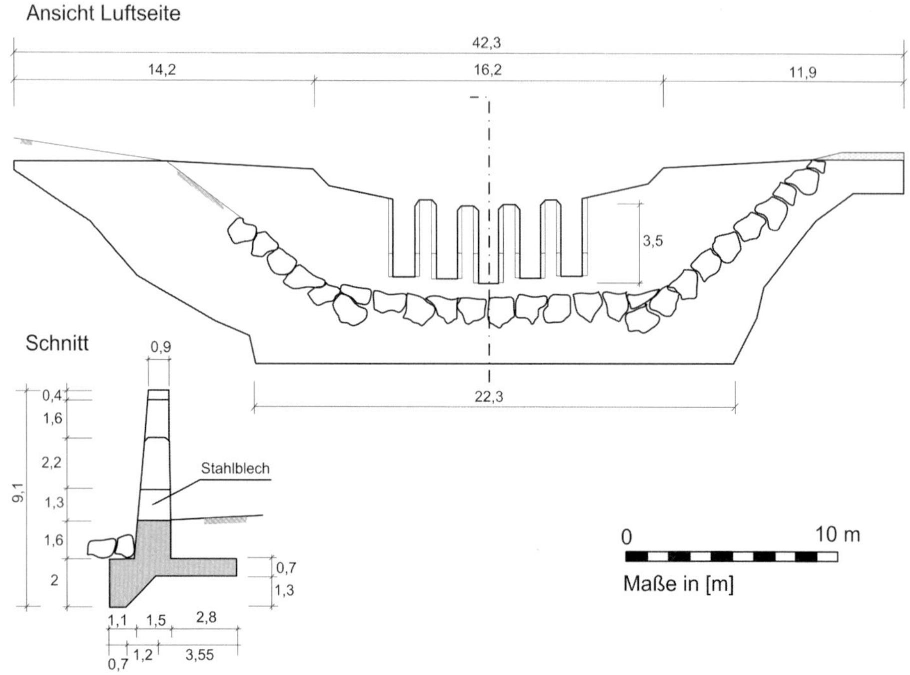

Bild 204. Massenaktives aufgelöstes Tragsystem (Filtersperre): Ansicht, Grundriss, Schnitt

Bild 205. Massenaktives aufgelöstes Tragsystem mit Pfeilern (Filtersperre): (A) Ansicht Luftseite; (B) Pfeiler sind im unteren Teil gepanzert; (C) Ansicht von der Seite

an der angeströmten Seite mit Stahlblechen gepanzert. Die Gesamthöhe der Sperre im Bereich der Abflusssektion beträgt 14,5 m, die Breite 11,5 m. Das Sperrenvorfeld ist mit einer seitlichen Grobsteinschlichtung und einer Vorsperre gesichert.

Massenaktives aufgelöstes Tragsystem mit schlanken Pfeilern

Die in den Bildern 204 und 205 dargestellte offene Sperre aus Stahlbeton wurde 1991 errichtet. Sie ist als Filtersperre (Grobfilter) konzipiert. Die plattenförmige Gründung ist im vorderen Bereich durch einen Balken verstärkt. Die monolithisch mit dem Balken verbundenen Kragarme haben an der Basis Abmessungen von 90 cm × 109 cm und sind im unteren Bereich mit Stahlblechen gepanzert. Die Gesamthöhe der Sperre im Bereich der Abflusssektion beträgt 7,5 m, die Breite 22 m. Der Sperrenanzug an der Luftseite beträgt 10:1.

Massenaktives aufgelöstes Tragsystem mit Scheiben und Winkelstützmauer

Die in den Bildern 206 und 207 dargestellte großdolige Dolensperre aus Stahlbeton wurde 2013/14 errichtet. Die Sperre wurde auf zwei Bemessungsprozesse ausgelegt. Für den fluviatilen Feststofftransport üben die Dolen in Verbindung mit dem Filterbauwerk (Rechen) eine Dosierung des Geschiebes aus. Für einen Murgang wirkt die Mittelscheibe in Verbindung mit den Großdolen als Murbrecher. Der Rechen kann in diesem Fall versagen. Das Bauwerk besitzt ein aufgelöstes massenaktives Tragwerk.

Das ca. 64 m breite Bauwerk ist in vier Blöcke geteilt. Der zentrale Block besteht aus der Bodenplatte der Sperrenplatte mit den Öffnungen, den Rost- und Vorfeldwangen sowie dem Murteiler. Das Tosbecken wird luftseitig durch eine Vorsperre mit zahnförmigen hydraulischen Bremselementen in der Abflusssektion begrenzt. Alle Teile sind biegesteif miteinander verbunden. Links und rechts neben dem Block sind Bewegungsfugen angeordnet. Orografisch links bindet der Flügel mittels einer Spundwand in den Hang ein. Die Sperre weist bis zur Abflusssektionsunterkante eine Höhe von 9,2 m über Sohle auf. Die Abflusssektion ist als Trapezprofil ausgeführt und auf das Bemessungsereignis des fluviatilen Feststofftransports (BHQ$_{wg}$ = 22,6 m^3/s) dimensioniert. Der Rückhalteraum wurde auf ein Rückhaltevolumen von 11.000 m^3 ausgeformt.

Kombiniertes massen- und vektoraktives System

Die in den Bildern 208 und 209 dargestellte offene Sperre (Ringnetz) wurde 2004 errichtet. Sie besteht primär aus einem massenaktiven aufgelösten Tragsystem, sekundär ist ein biegeweiches vektoraktives System befestigt. Diese Sperre ist als Wildholzfilter (Grob- und feinfiltersperre) konzipiert. Der starre zahnförmige Teil wirkt als Grobfilter, der Ringnetzteil als Feinfilter. Die Tragseile sind mittels Spiralseilanker in den Stahlbetonflügeln verankert. Die Kragträger in der Abflusssektion sind als Stahl-Beton-Verbundquerschnitte ausgeführt und mittels Blockfundamenten mit der Gründung verbunden. Die lichte Weite zwischen den Pfeilern beträgt 1 m. Die Gesamthöhe der Sperre beträgt 4,9 m, die Breite 20 m. Die freie Durchflusshöhe unter dem Ringnetz beträgt ca. 1 m. Das Vorfeld ist mittels Grobsteinschlichtung gegen Auskolken gesichert.

Biegeweiches vektoraktives aufgelöstes Tragsystem

Die in den Bildern 210 und 211 dargestellte offene Sperre (Ringnetz) wurde 2002 errichtet. Sie ist den biegeweichen vektoraktiven aufgelösten Tragwerken zuzuordnen. Sie ist als Wildholzfilter konzipiert. Die Tragseile sind mittels Spiralseilanker im Felsen befestigt. Ein Spiralseilanker besitzt eine Nutzlast von 470 kN und hat eine Länge von 2,5 m. Die Gesamthöhe der Sperre beträgt 6,3 m, die Breite 5,25 m. Die freie Durchflusshöhe unter der Sperre beträgt ca. 1 m.

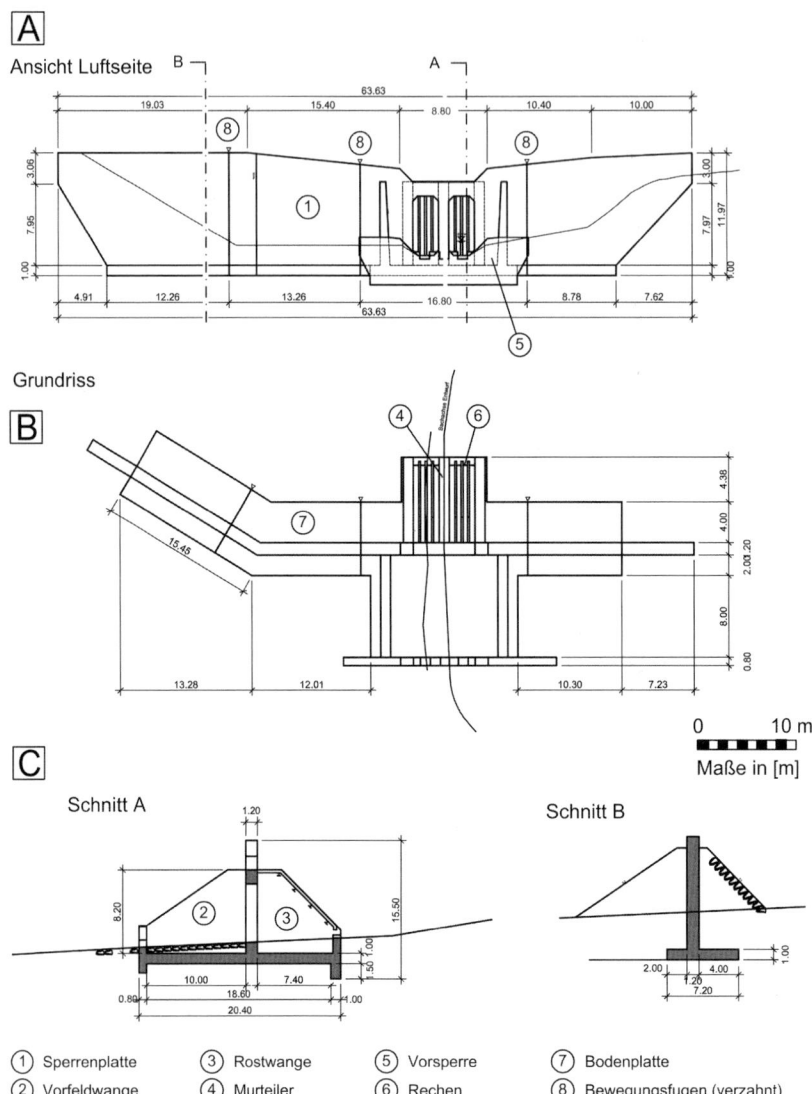

Bild 206. Massenaktives aufgelöstes Tragwerk mit Scheiben (großdolige Dolensperre mit Rechen): (A) Ansicht von der Luftseite; (B) Grundriss; (C) Schnitte

Bild 207. Massenaktives aufgelöstes Tragwerk im Bauzustand; (A) Ansicht von der Seite mit Rechen und Murscheibe; (B) Ansicht von der Wasserseite, (C) Ansicht von der Luftseite (Quelle: [38])

Wildbachsperren

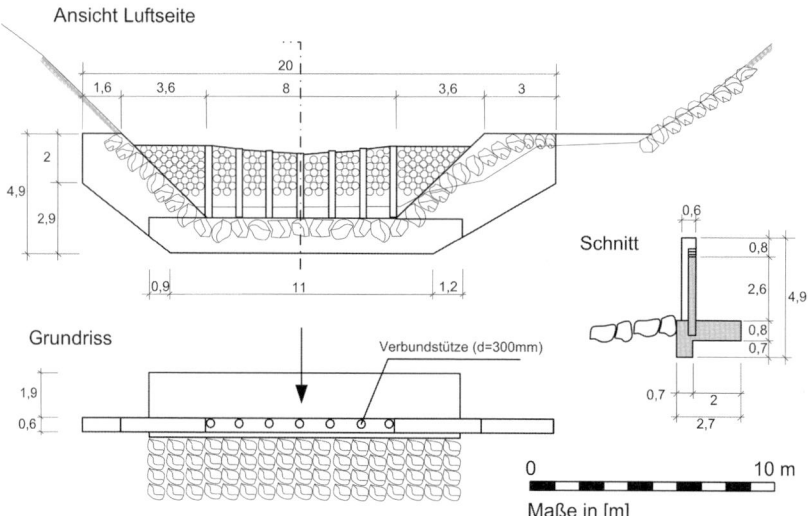

Bild 208. Kombiniertes massenaktives und biegeweiches vektoraktives aufgelöstes Tragsystem (Filtersperre): Ansicht, Grundriss, Schnitt

Bild 209. Kombiniertes massen- und vektoraktives aufgelöstes Tragsystem (Wildholzfilter mit Feinholzfilter): (A) Ansicht der Pfeiler mit Verbundquerschnitt von der Seite; (B) Ansicht von der Luftseite; (C) Filter während des Ereignisses; (Quelle: [38])

Statische Berechnung und Bemessung | 713

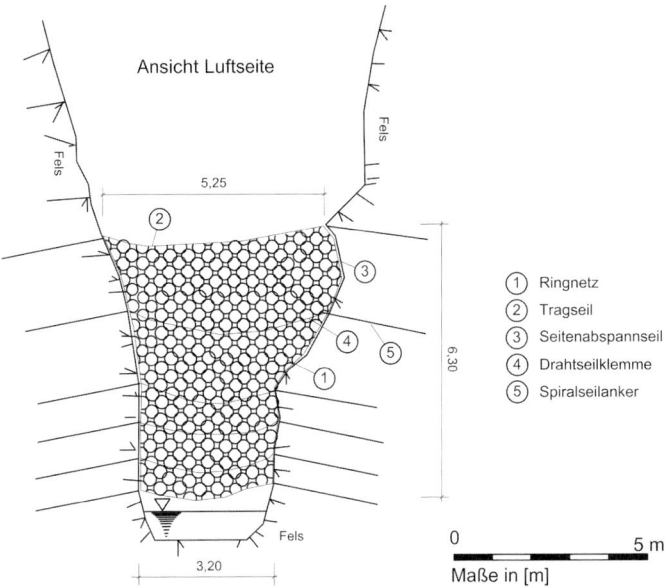

Bild 210. Biegeweiches vektoraktives aufgelöstes Tragsystem (Filtersperre): Ansicht

Bild 211. Biegeweiches vektoraktives aufgelöstes Tragsystem (Netzsperre als Wildholzfilter): (A), (B) Ansicht von der Wasserseite; (C) Filter nach einem Ereignis (Quelle: [38])

10 Erhaltung und Lebensdauer von Schutzbauwerken

Nach *Länger* [95] richtet sich die Lebensdauer von technischen Verbauungsbauwerken nach der Eigenart des Baustoffs und dessen Verarbeitung, der Bauausführung und Instandhaltung sowie nach der inneren und äußeren Beanspruchung des Bauwerks nach der Errichtung. Aufgrund dieser Kriterien können für die Bestandsdauer der Bauwerke nur allgemeine Durchschnittswerte angegeben werden.

So gibt *Länger* in [95] für Verbauungswerke aus Rundholz mit heimischen Nadelholzarten eine durchschnittliche Lebensdauer von 15 bis 20 Jahren an. Dieser Wert kann minimal mit zehn bis 15 Jahren angenommen werden. Bauwerke, die aus imprägniertem Holz hergestellt wurden, haben mindestens die doppelte Lebenserwartung, sollten aber aus Gründen des Umweltschutzes dem natürlichen Holz nicht vorgezogen werden. *Böll* [22] gibt auf Basis von Untersuchungen die Lebensdauer von Holz in der Wildbachverbauung mit 30 bis 50 Jahren an, bei günstigen Bedingungen sogar 80 Jahre. Unter günstigen Bedingungen versteht man Beschattung, ständig gleichmäßige hohe Feuchte und konstruktiv einwandfreie Ausführung. Wird das Verbauungswerk aus Schnittholz hergestellt, kann laut [95] mit einer Lebensdauer von durchschnittlich zehn Jahren gerechnet werden.

Die Lebensdauer von Drahtschotterkörben wird sehr stark von einer eventuellen mechanischen Beschädigung des Drahtgeflechts durch Geschiebe oder Unholz beeinflusst. Aus diesem Grund empfiehlt es sich, die Abflusssektion zu bedienen. In Oberreich gibt es Drahtschottersperren schon seit über 70 Jahren, in Norditalien seit über 100 Jahren.

Wurden die Verbauungswerke aus Trockenmauerwerk hergestellt, dann war bislang die geringe Gründungstiefe des Bauwerks die Schwachstelle. Aus diesem Grund wurden nach [95] die Bauwerke durch eine Vorfeldpflasterung abgesichert, die aber früher oder später zerstört wurde. Nach der Zerstörung dieser Vorfeldpflasterung fielen die meisten Trockenmauerwerke einer Unterkolkung zum Opfer. Dies kann durch eine Wasserpolsterung, hervorgerufen durch eine Vorsperre, verhindert werden. Ist dies der Fall, können Trockenmauersperren nach [95] eine fast unbegrenzte Bestandsdauer haben, wie Sperren in Kärnten und Oberösterreich, Baujahr ca. 1890, beweisen.

Nach [95] ist die Schwachstelle bei Sperrenbauwerken aus Zementmörtelmauerwerk und Beton die Mörtelfuge zwischen den Kronensteinen der Abflusssektion. Fließt ständig Wasser, ist der Angriff des Wassers und der Feststoffe problematisch, bei Trockenfallen führt die mechanische und biologische Verwitterung zu Problemen. An den Mauerkörpern selbst ist bei Zementmörtelmauerwerk die Mörtelfuge zwischen den Bruchsteinen und bei einer Betonmauer die luftseitige Außenwandung die Schwachstelle. Werden die zuvor beschriebenen Schwachstellen regelmäßig instand gesetzt, kann die Lebensdauer der Bauwerke deutlich verlängert werden.

Allgemein kann man sagen, dass die Bauwerke der WLV, welche ab dem Ende der 50er-Jahre des letzten Jahrhunderts errichtet wurden, in einem ausreichend guten Zustand sind. Aus diesem Grund wird bei diesen Bauwerken von einer geschätzten Lebenserwartung bis zu 100 Jahren ausgegangen, wobei die Lebensdauer neben einer korrekten Ausführung wesentlich von den einwirkenden Prozessen und der Instandhaltung der Bauwerke beeinflusst wird.

Um die Bestandsdauer der Sperrenbauwerke durch regelmäßige Instandhaltung optimal verlängern zu können, ist eine kontinuierliche Zustandsüberwachung der Bauwerke erforderlich. Da im Alpenraum bereits eine unüberschaubar große Zahl von Wildbachschutzbauwerken errichtet wurde (ca. eine Mil-

Tabelle 54. Werkstoffspezifische Lebensdauer von Schutzbauwerken laut Literatur; aus [139]

Bauwerkstyp/Baustoff	Literaturangabe	Lebensdauer
Holzsperren (Steinkastensperren)	*Zeller, Röthlisberger* [181] *Länger* [95] *Böll* et al. [182] *Nötzli* et al. [179]	20 bis 50 Jahre max. 60 Jahre
Steinsperren Gemauerte Sperren	*Länger* [95] *Romang* et al. [180]	60 bis 80 Jahre max. 100 Jahre
Sperren in Beton und Stahlbeton	*Zeller, Röthlisberger* [181] *Romang* et al. [180]	ca. 100 Jahre (bis 150 Jahre) alte Bauwerke: 50 bis 80 Jahre

lion Bauwerke), ist es notwendig, die Überwachungskapazitäten auf die relevanten Bauwerke zu konzentrieren. In der ONR 24803 erfolgt daher die Einteilung der Schutzbauwerke in Standardbauwerke und Schlüsselbauwerke. In diese Kategorisierung ist auch die Wirkung von Maßnahmenverbänden einzubeziehen. Dabei sind folgende Wirkungsbeziehungen von Bedeutung:

- räumlich in Beziehung stehende Bauwerksverbände/Maßnahmenverbände, die gemeinsam eine Schutzwirkung ausüben (z. B. Sperrenstaffelung in einer Erosionsstrecke),
- funktional in Beziehung stehende Bauwerksverbände/Maßnahmenverbände, die gemeinsam eine Schutzwirkung ausüben und dahingehend bemessen sind (z. B. Hochwasserrückhalt in Kombination mit der auf die Restwassermenge dimensionierten Regulierungsstrecke).

Die Festlegung der Bauwerkskategorie erfolgt entweder bei der Planung (Neubau), im Rahmen der Gefahrenzonenplanung oder im Zuge der Zustandserfassung bei der Erstaufnahme.

Standardbauwerke sind Bauwerke, deren Versagen nur mittlere oder geringe (lokale) Auswirkungen auf das Verbauungssystem und geringe Auswirkungen auf die geschützten Bereiche haben.

Schlüsselbauwerke sind Bauwerke, deren Versagen entscheidende Auswirkungen auf die geschützten Bereiche oder das Verbauungssystem haben. Beispielsweise sind Murbrecher, Geschiebe-(Wasser-)dosiersperren und Bauwerkssysteme (Staffelungen), in denen das Versagen eines Bauwerks zu einem Serienversagen führen kann, in diese Kategorie einzuordnen.

Als grober Leitfaden zur Einteilung wurde Tabelle 55 entworfen, welche auf den Schadensfolgeklassen nach EN 1990 beruht. Die Einteilung in Schlüssel- und Standardbauwerke hat Auswirkungen auf das Inspektionsintervall (Tabelle 57) und die Zeitdauer, in der Schäden behoben werden sollten.

Bei der Beurteilung der Sicherheit eines Einzelbauwerks ist es zwingend erforderlich, das gesamte Verbauungssystem zu betrachten, da beispielsweise das Versagen eines Einzelbauwerks durch die Wirkungsbeziehungen Auswirkungen auf die restliche Verbauung und die geschützten Bereiche hat. Der Begriff *Versagen* umfasst dabei neben dem Versagen der Tragfähigkeit auch das Versagen der Gebrauchstauglichkeit (Funktionalität) eines Einzelbauwerks oder des Gesamtsystems. Ein Versagen der Gebrauchstauglichkeit liegt vor, wenn das Einzelbauwerk oder das Gesamtsystem nicht in der Lage war, Geschiebe, Hochwasser, Muren, Lawinen ausreichend zurückzuhalten, um die maximalen Bemessungsmengen im Siedlungsbereich nicht zu überschreiten.

Somit ist die Sicherheit eines solchen Ingenieurbauwerks neben der Standsicherheit wesentlich von dessen Gebrauchstauglichkeit (Funktionserfüllung) abhängig. Bild 212 zeigt die wesentlichen externen und internen Randbedingungen, denen ein Schutzbauwerk unterliegt.

Die Relevanz der aus den Randbedingungen resultierenden Schäden ist auch vom funktionalen und konstruktiven Sperrentyp abhängig. In Tabelle 56 ist die Empfindlichkeit einiger Bautypen auf verschiedene Risikofaktoren aus den Randbedingungen dargestellt.

Für Österreich wird basierend auf der ONR 24803 ein dreistufiges Inspektionsverfahren vorgeschlagen. Die wichtigsten Eckdaten sind in Tabelle 57 zusammengestellt. Durch die Einteilung der Bauwerke in Bauwerkskategorien wurden Instrumente geschaffen, die es nachvollziehbar ermöglichen, die Überwachungstätigkeiten auf die sicherheitstechnisch relevanten Bereiche zu konzentrieren. Die dreistufige Einteilung der Inspektion in die laufende Überwachung (LÜ), die Kontrolle (K) und die Prüfung (P) ermöglicht einen ökonomischen Einsatz der personellen und finanziellen Ressourcen. Die regelmäßig und flächendeckend durchzuführenden laufenden Überwachungen können von geschultem forsttechnischem Personal im Zuge der jährlichen Begehungen der Wildbäche durchgeführt werden. Die Kontrolle ist periodisch nur an Schlüsselbauwerken, allerdings von Experten, durchzuführen.

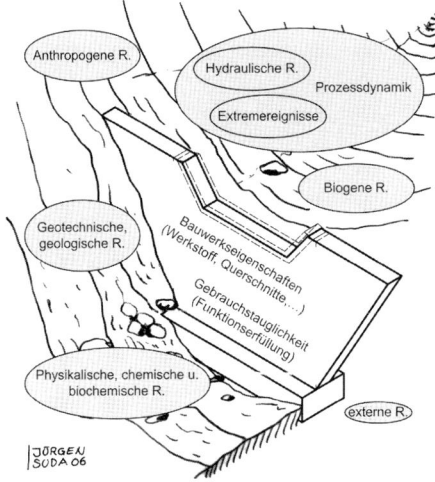

Bild 212. Externe und interne Randbedingungen der Sicherheit eines Ingenieurbauwerks in der Natur am Beispiel einer Wildbachsperre [151]

Tabelle 55. Zusammenhang zwischen den Auswirkungen auf das Verbauungssystem und die geschützten Bereiche bei Versagen eines Bauwerks und den Schadensfolgeklassen nach ÖNORM EN 1990. grau: Bauwerke sind Schlüsselbauwerke; nach ONR 24803 modifiziert zur Einarbeitung in die ÖNORM B 4800

Auswirkungen eines Versagens auf das Verbauungssystem	Auswirkungen eines Versagens auf die geschützten Bereiche		
	hoch (CC3) [a]	mittel (CC2) [b]	gering (CC1) [c]
	dicht besiedelte Gebiete, Siedlungskerne, wichtige Infrastruktureinrichtungen, überregionale Verkehrswege; hohes Personenrisiko	locker besiedelte Gebiete, Einzelgebäude, regionale Verkehrswege; mittleres Personenrisiko	Nebengebäude, untergeordnete Infrastruktur, Nebenverkehrswege; geringes Personenrisiko
hoch (Auswirkungen auf die gesamte Verbauung – Serienversagen)	Schlüsselbauwerk	Schlüsselbauwerk	Standardbauwerk
gering (nur lokale Auswirkungen, keine Auswirkung auf das Versagen weiterer Bauwerke)	Schlüsselbauwerk	Standardbauwerk	Standardbauwerk

Anmerkung 1: Die Schadensfolgeklassen CC (en. consequence classes) sind nach ÖNORM EN 1990 wie folgt definiert:
[a] hoch (CC3): schwerwiegende Folgen für Menschenleben oder beträchtliche wirtschaftliche, soziale oder umweltbeeinträchtigende Folgen. Betroffene Schutzgüter: dicht besiedelte Gebiete, wichtige Infrastruktureinrichtungen, regionale und überregionale Verkehrswege mit DTV > 50.000 KFZ (durchschnittliche tägliche Verkehrsstärke, kurz DTV) etc.
[b] mittel (CC2): mittlere Folgen für Menschenleben und beträchtliche wirtschaftliche, soziale oder umweltbeeinträchtigende Folgen. Betroffene Schutzgüter: locker besiedelte Gebiete, Einzelgebäude, regionale und überregionale Verkehrswege mit DTV ≤ 50.000 KFZ (durchschnittliche tägliche Verkehrsstärke, kurz DTV) etc.
[c] gering (CC1): geringe Folgen für Menschenleben und keine oder vernachlässigbare wirtschaftliche, soziale oder umweltbeeinträchtigende Folgen. Betroffene Schutzgüter: Nebengebäude, untergeordnete Infrastruktur, Nebenverkehrswege.

Halten diese es für notwendig, kann eine detaillierte Überprüfung veranlasst werden.

In der ONR 24803 wird eine 7-stufige Skala zur Einteilung der Schutzkonstruktionen in Zustandsstufen vorgeschlagen (Tabelle 58). Je niedriger die Zustandsstufe, desto besser der Erhaltungszustand des Bauwerks.

Aus diesen Zustandsstufen werden in Folge die Sanierungsmaßnahmen und deren Dringlichkeit abgeleitet. Da die Dringlichkeit der Maßnahmen von der schutzfunktionalen Wertigkeit des Bauwerks abhängt, gibt es eigene Klassen für Standardbauwerke und Schlüsselbauwerke.

Wird ein Schlüsselbauwerk beurteilt, ist der Zahl der Zustandsstufe ein „S" voranzustellen (z. B. S1).

Bauwerke, die nicht mehr instand zu halten sind, sind in die Zustandsstufe 0 einzuordnen. Als mögliche Maßnahme kommen in diesem Fall der Abtrag oder der kontrollierte Verfall des Bauwerks infrage, sofern nicht ohnehin schon eine Zerstörung (Totalschaden) vorliegt.

Die Zustandsbeurteilung umfasst auch eine Prognose über die Entwicklung der Standsicherheit und Funktionserfüllung in Abhängigkeit von der Lebensdauer und den einwirkenden Ereignissen. Die Einteilung erfolgt danach, ob für das Bauwerk nach dem nächsten Ereignis (HQ 30), dem nächsten Bemessungsereignis oder längerfristig die Funktionserfüllung und Standsicherheit gegeben ist (s. Tabelle 59).

Umfangreiche Schadenstypenkataloge und Beurteilungstabellen zur Einteilung von Schutzbauwerken in Zustandsstufen finden sich in *Suda* [158] und *Rudolf-Miklau* et al. [143].

Tabelle 56. Bewertung der Empfindlichkeit für schadensrelevante Risikofaktoren betreffend die Tragfähigkeit und Gebrauchstauglichkeit von Schutzbauwerken [139]

Schutzbauwerke \ Risikofaktoren	Materialschäden, Bauwerksschäden	Statisch unterdimensioniert	Bewehrung zu schwach	Funktionale Schwachstellen	Sohlauskolkung, Tiefenerosion	Hangdruck, Hangbewegung	Setzungen, Grundbruch	Murstoß Sturzprozesse	Wildholz, Verklausung	Mangelhafte Wartung, Kontrolle	Überlastfall
Hochwasser-Rückhaltebecken	hoch	hoch	hoch	hoch	gering	gering	hoch	gering	hoch	hoch	hoch
Steinschlichtung als Uferschutz	mittel	gering	–	gering	hoch	hoch	hoch	–	mittel	gering	hoch
Ufermauern und Regulierungen	mittel	mittel	mittel	gering	hoch	hoch	hoch	gering	hoch	gering	mittel
Konsolidierungssperren in Holz	hoch	hoch	–	gering	hoch	hoch	mittel	hoch	mittel	gering	gering
Konsolidierungssperren in Beton	mittel	hoch	hoch	gering	mittel	hoch	hoch	hoch	mittel	gering	mittel
Geschiebe-Dosiersperren	mittel	hoch	hoch	hoch	gering	mittel	mittel	hoch	hoch	mittel	mittel
Murbrecher Bremsbauwerke	mittel	hoch	hoch	mittel	mittel	mittel	mittel	gering	gering	gering	mittel

Tabelle 57. Übersicht über die im Zuge der Inspektion durchzuführenden Inspektionsarten [154]

Inspektionsart	Zeitraum	Zuständigkeit	Durchführung	Ergebnis
Laufende Überwachung (LÜ)	Schlüsselbauwerke: jährlich alle übrigen Bauwerke: mindestens alle 5 Jahre	Rechtsinhaber (Erhaltungsverpflichteten) oder Interessenten an geförderten Schutzbauten	geschultes Personal oder forsttechnisches Personal	LÜ-Protokoll (bei Beschädigung)
Kontrolle (K)	Schlüsselbauwerke alle 5 Jahre oder Sonderkontrolle	Rechtsinhaber (Erhaltungsverpflichteten) oder Interessenten an geförderten Schutzbauten im Einvernehmen mit der zuständigen Dienststelle des FTD für WLV	fachkundige Experten, geschultes Fachpersonal	K-Protokoll
Prüfung (P)	bei Bedarf	Auftrag durch Rechtsinhaber (Erhaltungsverpflichteten), zuständige Behörde oder Dienststelle des FTD für WLV	fachkundige Experten (interdisziplinäre Expertenteams)	P-Protokoll

Tabelle 58. Zustandsstufen von Schutzbauwerken laut ONR 24803 [118]

Zustandsstufen			
für Standardbauwerke		für Schlüsselbauwerke	
0	Bauwerk ist entbehrlich	–	–
1	sehr guter Erhaltungszustand	S1	sehr guter Erhaltungszustand
2	guter Erhaltungszustand	S2	guter Erhaltungszustand
3	ausreichender Erhaltungszustand	S3	ausreichender Erhaltungszustand
4	mangelhafter Erhaltungszustand	S4	mangelhafter Erhaltungszustand
5	schlechter Erhaltungszustand	S5	schlechter Erhaltungszustand
6	Zerstörung (Totalschaden)	S6	Zerstörung (Totalschaden)

Tabelle 59. Zuordnung der Zustandsstufen über die wahrscheinliche Entwicklung der Gebrauchstauglichkeit und Standsicherheit

Stufe	Gebrauchstauglichkeit und Standsicherheit			
	Aufnahmezeitpunkt	nächstes Ereignis (HQ 30)	nächstes Bemessungsereignis	längerfristig
0	–	–	–	–
1	gegeben	gegeben	gegeben	gegeben
2	gegeben	gegeben	gegeben	gegeben
3	gegeben	gegeben	gegeben	nicht gegeben
4	gegeben	gegeben	nicht gegeben	–
5	gegeben	nicht gegeben	–	–
6	nicht gegeben	–	–	–

11 Literatur

[1] Adam, D., Bergmeister, K., Florineth, F. (2007) *Stützbauwerke*, in Beton-Kalender 2007 (Hrsg. Bergmeister, K.; Wörner, J-D.), Ernst & Sohn, Berlin, S. 265–352.

[2] Angerholzer, F. (1913) Über die Länge des Vorfeldes bei Querwerken in Wildbächen. *Centralblatt für das gesamte Forstwesen* **39**, 504–509.

[3] Arbeitsgruppe für operationelle Hydrologie (1996) *Empfehlungen zur Abschätzung von Feststofffrachten in Wildbächen*, Teil I und II, Mitteilung Nr. 4. Wien.

[4] Armanini, A. (1997) On the Dynamic Impact of Debris Flows. Recent Developments on Debris Flows, *Lecture Notes in Earth Sciences* **64**, Springer Verlag.

[5] Armanini, A., Dellagiacoma, F., Ferrari, L. (1991) From the Check Dam to the Development of Functional Check Dams. In: Armanini A., Di Silvio (ed.): Fluvial Hydraulics of Mountain Regions; *Lecture Notes in Earth Sciences* **37**.

[6] Arnold, M. (2004) *Zur Berechnung des Erd- und Auflastdrucks auf Winkelstützwände im Gebrauchszustand*, Mitteilungen, Heft **13**, Institut für Geotechnik, Technische Universität Dresden.

[7] Avak, R. (1992) *Stahlbetonbau in Beispielen – Teil 2 – Konstruktion, Platten, Treppen, Fundamente*, 1. Auflage, Werner Verlag, Düsseldorf.

[8] Avak, R, Goris, A. (Hrsg.) (2002) *Stahlbetonbau aktuell – Praxishandbuch 2002*, Bauwerk Verlag, Berlin.

[9] Aulitzky, H. (1986) *Die Wildbäche und ihre Verbauung*, Manuskript (unveröffentlicht).

[10] Aulitzky, H. (1989) *Studienblätter zur Vorlesung Grundlagen der Wildbach- und Lawinenverbauung*, Eigenverlag des Institutes für Alpine Naturgefahren, Universität für Bodenkultur, Wien.

[11] Baldia, H. (1976) *Zur Theorie der statischen Berechnung von Gewölbestaumauern*, Dissertation, Technische Universität Wien.

[12] Bathurst, J. C. (1985) Flow resistance estimation in mountain rivers, *Journal of Hydraulic Engineering, ASCE* **111** (4).

[13] Bathurst, J. C. (1987) Critical conditions for bed material movement in steep, boulder-bed streams. Proceedings of the Corvallis Symposium on Erosion and Sedimentation in the Pacific Rim; IAHS Publ. no. 165, pp. 309–318.

[14] Bathurst, J. C., Graf, W. H., Cao, H. H. (1982) *Initiation of Sediment Transport in Steep Channels with Coarse Bed Material*, in: EUROMECH 156 (ed.): Mechanics of Sediment Transport. 207–213.

[15] Bergmeister, K., Kaufmann, W. (2007) Tragverhalten und Modellierung von Platten, in *Beton-Kalender 2007* (Hrsg. Bergmeister, K.; Wörner, J.-D.), Ernst & Sohn, Berlin.

[16] Bergmeister, K., Suda, J., Hübl, J., Rudolf-Miklau, F. (2008) Schutzbauwerke gegen Wildbachgefahren, in *Beton-Kalender 2008*, (Hrsg. Bergmeister, K., Wörner, J.-D.), Ernst & Sohn, Berlin, Bd. 1, S. 89–289.

[17] Bezzola, G. R. (2002) *Fließwiderstand und Sohlenstabilität natürlicher Gerinne unter besonderer Berücksichtigung des Einflusses der relativen Überdeckung*. Mitteilungen der Versuchsanstalt für Wasserbau, Hydrologie und Glaziologie der Eidgenössischen Technischen Hochschule Zürich, Nr. **173**. Zürich: Eigenverlag.

[18] Blum, H. (1951) *Beitrag zur Berechnung von Bohlwerken unter Berücksichtigung der Wandverformungen, insbesondere bei mit der Tiefe linear zunehmender Widerstandsziffer*. Ernst & Sohn, Berlin.

[19] BMLFUW, NÖ Bundeswasserbauverwaltung (2019) *Hochwasserrückhaltebecken – Arbeitsbehelf Grundablässe, Gestaltung und Bemessung von Grundablassbauteilen*, https://www.bmnt.gv.at/dam/jcr:7b995b2f-1caf-4cfd-878d-ccc345d9044f/(21)%20Hochwasserr%C3%BCckhaltebecken%20-%20Arbeitsbehelf%20Grundabl%C3%A4sse.pdf (letzter Zugriff: 13.7.2019)

[20] Böck, H. (1976) Beitrag zur Berechnung von Trapezplatten als Wildbachsperren, in *Österreichische Wasserwirtschaft (ÖWW)*, 223–229.

[21] Böck, H. (1980) *Die dreiseitig gelagerte Trapezplatte*, Habilitationsschrift am Institut für Konstruktiven Ingenieurbau, Universität für Bodenkultur Wien.

[22] Böll, A. (1997) *Wildbach- und Hangverbau*, Berichte der Eidgenössischen Forschungsanstalt für Wald, Schnee und Landschaft, Nr. **343**. Birmersdorf.

[23] Brandl, H. (2018) *Stützbauwerke und Konstruktive Hangsicherung*, in Grundbau-Taschenbuch, Teil 3 Gründungen (Hrsg. K.J. Witt). Ernst & Sohn, Berlin, S. 1019–1185.

[24] Brinch-Hansen, J. (1953) *Earth pressure calculation: application of a new theory of rupture to the calculation and design of retaining walls, anchor slabs, free sheet walls, anchored sheet walls, fixed sheet walls, braced walls, double sheet walls and cellular cofferdams*. Danish Technical Press, Copenhagen.

[25] Caquot, A., Kérisel, J. (1948) *Tables for the Calculation of Passive Pressure, Active Pressure and Bearing Capacity of Foundations*, Verlag Gauthier-Villars.

[26] Chow, V. T., Maidment, D. R., Mays, L. W. (1988) *Applied hydrology*, McGraw-Hill, New York.

[27] Czerny, F. (1971) *Wildbachsperren aus Beton und Stahlbeton – eine Studie über deren Belastung, Konstruktion, Berechnung und Bemessung*, VÖZ, Wien.

[28] Czerny, F. (1965) Die dreiseitig gelagerte Rechteckplatte, in *Stahlbau und Baustatik*, Springer Verlag, Wien-New York, S. 220–241.

[29] Czerny, F. (1959) Tafeln für hydrostatisch belastete Rechteckplatten, *Bautechnik* **36** (14).

[30] Czerny, F. (1986) Die Halbkreisplatte mit linear veränderlicher Dicke, *Beton- und Stahlbetonbau* **81** (8) 215–217.

[31] Czerny, F. (1996) Tafeln für Rechteckplatten, in *Beton-Kalender 1996*, Ernst & Sohn, Berlin, S. 277–339.

[32] Czerny, F. (2000) Wildbachsperren – Konstruktionsformen, Belastung, Berechnung, *Beton- und Stahlbetonbau* **95** (12), 743–749.

[33] Czerny, F. (1998) Wildbachsperren aus Beton und Stahlbeton, *Sonderheft Zement Beton*, VÖZ, Wien.

[34] D'Agostino, V., Marchi, L. (2001) Debris flow magnitude in the Eastern Italian Alps: data collection and analysis, *Phys. Chem. Earth (C)* **26** (9), 657–663.

[35] D'Agostino, V., Cerato, M., Coali, R. (1996) *Il trasporto solido di eventi estremi nei torrenti del Trentino Orientale*. [Sediment transport of extreme events in torrents of eastern Trentino], Proceedings Int. Symposium Interpraevent, Garmisch-Partenkirchen, Bd. 1, 377–386 (in Italian).

[36] Deutscher Ausschuss für Stahlbeton (1992) *Bemessungshilfen zum EC 2*. DAfStb-Heft **425**. Beuth Verlag, Berlin/Köln.

[37] Deutscher Ausschuss für Stahlbeton (2003) *Erläuterungen zur DIN 1045*, DAfStb-Heft **525**, Beuth Verlag, Berlin/Köln.

[38] die.wildbach und lawinenverbauung: Archiv (Forsttechnischer Dienst für Wildbach- und Lawinenverbauung Österreich).

[39] DIN 19663:1985-06 (1985) *Wildbachverbauung, Begriffe – Planung und Bau*, Beuth Verlag, Berlin.

[40] Drennig, R. (1975) Dreiseitig gelagerte isotrope Rechteckplatten mit linear veränderlicher Dicke unter hydrostatischer Belastung, *Der Bauingenieur* **50**, 317–321.

[41] Drennig, R. *Beitrag zur Berechnung rechteckiger Platten veränderlicher Steifigkeit*, Veröffentlichung des Institutes für Konstruktiven Ingenieurbau, Universität für Bodenkultur Wien, Heft **6**, Wien 1973.

[42] Drobir, H. (2002) *Skript Talsperren*, Technische Universität Wien, WS 2002-03.

[43] Egli, T. (1999) *Richtlinie Objektschutz gegen Naturgefahren*, Gebäudeversicherungsanstalt des Kantons St. Gallens.

[44] DIN 4085 (2017-08) *Baugrund – Berechnung des Erddrucks*, Beuth Verlag, Berlin.

[45] Eidgenössisches Amt für Straßen- und Flussbau (1973) *Dimensionierung von Wildbachsperren aus Beton und Stahlbeton*, Eigenverlag, Bern.

[46] Empfehlungen des Arbeitsausschusses „Ufereinfassungen" Häfen und Wasserstraßen (EAU 2012), 10. Auflage; Ernst & Sohn, Berlin 2012.

[47] EN 1992-1-1:2011 (2015) *Eurocode 2: Bemessung und Konstruktion von Stahlbeton- und Spannbetontragwerken – Teil 1-1: Allgemeine Bemessungsregeln und Regeln für den Hochbau* (konsolidierte Fassung), Änderung A1:2015, Beuth, Berlin

[48] EN 1993-1-1:2010 (2014) *Eurocode 3: Bemessung und Konstruktion von Stahlbauten – Teil 1-1: Allgemeine Bemessungsregeln und Regeln für den Hochbau* (konsolidierte Fassung), Änderung A1 2014, Beuth, Berlin.

[49] EN 1997-1:2009 (2013) *Eurocode 7 – Entwurf, Berechnung und Bemessung in der Geotechnik – Teil 1: Allgemeine Regeln*; Deutsche Fassung EN 1997-1:2004 + AC:2009 + A1:2013, Beuth, Berlin.

[50] FLO-2D Software Inc. (Hrsg.) (2018) *FLO-2D two dimensional Flood Routing Model – User manual*; link: https://www.flo-2d.com/wp-content/uploads/2018/09/FLO-2D-Plugin-Users-Manual.pdf (letzter Zugriff 26.6.2019)

[51] Fuchs, P. (2007) *Dimensionierung und Sicherheitsnachweise*, in: Beton Zement, Expertenforum 2007, Wien.

[52] Gattermayr, W. (2003) *Übersicht vorhandener wissenschaftlicher Grundlagen und Modelle betreffend den Niederschlag*, Kompendium zu ETAlp-Erosion, Transport in alpinen Systemen, Hrsg. Projektteam ETAlp (BMLFUW).

[53] Gotthalmseder, P. (1998) Bautypen der Geschiebebewirtschaftung, *Wildbach- und Lawinenverbau* **62** (136), 81–102.

[54] Graßhoff, H., Siedek, P., Floß, R. (1979) *Handbuch Erd- und Grundbau, Teil 2 Erdbau und Erddruck*, Werner Verlag, Düsseldorf.

[55] Groß, H. (1981) Korrekte Berechnung des aktiven und passiven Erddrucks mit ebener Gleitfläche bei Böden mit Reibung, Kohäsion und Auflast, *Geotechnik* (4).

[56] Hettler, A. (2017) *Erddruck*, in: Grundbau-Taschenbuch, Teil 1, 8. Auflage, Ernst & Sohn, Berlin, S. 317–455.

[57] Guldan, R. (1959) *Rahmentragwerke und Durchlaufträger*, 6. Auflage. Springer Verlag, Wien.

[58] Hagen, K., Ganahl, E., Hübl, J. (2007) *Analyse und Evaluierung von gebräuchlichen empirischen Ansätzen zur Hochwasserabschätzung in Wildbächen*; BFW Berichte, 137.

[59] Hartlieb, A., Bezzola, G. R. (2000) Ein Überblick zur Schwemmholzproblematik, *Wasser Energie Luft* **92** (1/2), Baden (Schweiz).

[60] Hampel, R. (1960) Bruchversuch an einer Bogensperre der Wildbachverbauung, *Österreichische Wasserwirtschaft* **12** (8/9), 187.

[61] Hampel, R. (1974) Die Wirkung von Wildbachsperren, *Wildbach- und Lawinenverbau* **38**, (1), 1–79.

[62] Hampel, R. (1980) *Grundlagen für Gefahrenzonen in Wildbächen*. Proceedings Int. Symposium Interpraevent, Bad Ischl, Bd. 3, 83–91.

[63] Hampel, R. (1990) Formelsammlung und Rechenschema für Wasser und Geschiebe in Wildbächen, *Wildbach- und Lawinenverbau* **54** (114), 167–175.

[64] Hegger, J., Dressen, T., Will, N. (2007) Zur Tragfähigkeit unbewehrter Wände, *Beton- und Stahlbetonbau* **102** (5), Ernst & Sohn, Berlin.

[65] Heinimann, H., Hollenstein, K., Kienholz, H. et al. (1998) *Methoden zur Analyse und Bewertung von Naturgefahren*, Bern, BUWAL Umwelt-Materialien 85.

[66] Helbig, U., Horlacher, H., Schnutterer, C., Engler, T. (2005) Möglichkeiten zur Erhöhung der Festigkeit abrasionsbeanspruchter Betonoberflächen bei Wasserbaulichen Anlagen, *Die Bautechnik* **82** (12), 869–877.

[67] Hilleborg, A. (1975) *Design of reinforced cocrete slabs according to the strip method*, Cement and Concrete Association, London.

[68] Hohberg, J. M., Weber, B., Bachmann, H. (1992) *Erdbebeneinwirkung bei Stauseen*, Bericht Nr. **191**, Institut für Baustatik und Konstruktion ETH Zürich, Mai 1992.

[69] Hohmann, R. (2005) Fugenabdichtung bei wasserundurchlässigen Bauwerken aus Beton. in *Beton-Kalender 2005* (Hrsg. Bergmeister, K., Wörner J.-D.), Teil I, Ernst & Sohn, Berlin, S. 385–418.

[70] Hübl, J., Ganahl, E., Bacher, M., et al. (2005) *Dokumentation der Wildbachereignisse vom 22./23. August 2005 in Tirol, Band 1: Generelle Aufnahme (5W-Standard)*; IAN Report 109 Band 1, Institut für Alpine Naturgefahren, Universität für Bodenkultur Wien, im Auftrag des Lebensministeriums, Abteilung IV/5, (unveröffentlicht).

[71] Hübl, H., Fiebiger, G. (2005) *Debris-flow mitigation measures*, Jakob, Hungr (Eds.): Debris flow Hazards and Related Phenomena, Springer – Praxis Books in Geophysical Sciences, pp. 445–487.

[72] Hübl, J., Fuchs, S., Agner, P. (2007) *Optimierung der Gefahrenzonenplanung: Weiterentwicklung der Methoden der Gefahrenzonenplanung*; IAN Report 90; Institut für Alpine Naturgefahren, Universität für Bodenkultur Wien (unveröffentlicht).

[73] Hübl, J., Holzinger, G. (2003) *Kleinmaßstäbliche Modellversuche zur Wirkung von Murbrechern*, WLS Report 50, Band 3, Universität für Bodenkultur Wien (unveröffentlicht).

[74] Hübl, J., Holzinger, G., Wehrmann, H. (2003) *Entwicklung von Grundlagen zur Dimensionierung kronenoffener Bauwerke für die Geschiebebewirtschaftung in Wildbächen: Klassifikation von Wildbachsperren*, WLS Report 50 Band 2. Im Auftrag des BMLFUW VC 7a (unveröffentlicht). Institut für Alpine Naturgefahren, Universität für Bodenkultur Wien.

[75] Hübl, J. (2006) *Studienunterlagen Wildbachverbauung*, Institut für Alpine Naturgefahren, Universität für Bodenkultur Wien (unveröffentlicht).

[76] Institut für Alpine Naturgefahren (IAN) – Archiv; Universität für Bodenkultur, Wien.

[77] Jacobs, F., Winkler, K., Hunkeler, F.; Volkhart, P. (2001) *Betonabrasion im Wasserbau – Grundlagen, Feldversuche, Empfehlungen*. Mitteilungen der Versuchsanstalt für Wasserbau Hydrologie und Glaziologie der Eidgenössischen Technischen Hochschule Zürich, Eigenverlag.

[78] Jarrett, R. D. (1984) Hydraulics of high-gradient streams. Proceedings of the American Society of Civil Engineers, *Journal of the Hydraulics Division* **110** (11), 1519–1539.

[79] Jenni, M., Reiterer, A. (2002) Bewirtschaftung von Murbächen durch Absturzbauwerke (VBG.), *Wildbach- und Lawinenverbau* **66** (148), 1–19.

[80] Jörgensen (1938) Betrachtungen über den Entwurf von Gewölbestaumauern mit veränderlichem Mittelpunkt, *Deutsche Wasserwirtschaft* (2).

[81] Jumikis, A. R. (1962) *Active and passive earth pressure coefficient tables*, New Brunswick, NJ: Engineering Research Publication.

[82] Kästli, A., Roth, A., Wartmann, S. (2004) *Schutz gegen Murgang mit flexiblen Ringnetz-Barrieren*, Geobrugg Schutzsysteme, Romanshorn.

[83] Kézdi, A. (1962) *Erddrucktheorien*, Springer, Berlin. Göttingen, Heidelberg.

[84] Kettl, W. (1984) Vom Verbauungsziel zur Bautypenentwicklung – Wildbachverbauung im Umbruch, *Wildbach- und Lawinenverbau* **48** Sonderheft, 61–98.

[85] Kettner, R. (1959) *Zur Formgebung und Berechnung der Bogenlamellen von Gewölbemauern*, Selbstverlag des österreichischen Wasserwirtschaftsverbandes, Wien 1959.

[86] Kirnbauer, R. (2003) *Mathematische Modelle zur Berechnung des Niederschlag-Abfluss-Prozesses (NA-Modelle)*, Kompendium zu ETAlp-Erosion, Transport in alpinen Systemen. Hrsg. Projektteam ETAlp (BMLFUW).

[87] Knauss, J. (1995) *Treibholzfänge am Lainbach in Benediktbeuern und am Arzbach (ein neues Element im Wildbachausbau)*, Berichte der Versuchsanstalt Obernach und des Lehrstuhls für Wasserbau und Wasserwirtschaft der TU München, Nr. **76**, S. 23–66.

[88] Koutoulas, D. (1971) *Bemerkungen zur Hydraulik des Sperrenkolks*, Mitteilung der forstlichen Bundesversuchsanstalt Wien, **102**, S. 173–196.

[89] Krey, H. D. (1932) *Erddruck, Erdwiderstand*, 4. Auflage, Ernst & Sohn, Berlin.

[90] Krimpelstätter, L. (1998) Ausgestaltung von Rostauflagen bei Sortierwerken, *Wildbach- und Lawinenverbau* **62**, (136), 107–111.

[91] Kronfellner-Kraus, G. (1970) *Über offene Wildbachsperren*, Mitteilungen der Forstlichen Bundesversuchsanstalt Heft **88**, S. 7–76, Wien.

[92] Kronfellner-Kraus, G. (1984) *Extreme Feststofffrachten und Grabenbildungen von Wildbächen*. Proceedings Int. Symposium Interpraevent, Villach, Bd. 2, 109–118.

[93] Kronfellner-Kraus, G. (1998) *Deformierbare Wildbachsperren aus Stahl*, In: Festschrift Friedrich Czerny. Veröffentlichungen des Institutes für Konstruktiven Ingenieurbau, BOKU Wien, Heft **37**, Eigenverlag.

[94] Lange, D., Bezzola, G. R. (2006) *Schwemmholz – Probleme und Lösungsansätze*, VAW Mitteilungen Nr. **115**, Eigenverlag der Versuchsanstalt für Wasserbau, Hydrologie und Glaziologie, ETH-Zentrum.

[95] Länger, E. (1999) Die Entwicklung der Wildbachverbauungstätigkeit der WLV in Österreich mit besonderer Berücksichtigung der Erhaltungsarbeiten und der Lebensdauer der Verbauungen, *Wildbach- und Lawinenverbau* **63** (139).

[96] Länger, E. (1989) *Hydraulik offener Gerinne*, Bericht über das Symposium an der TU-Wien, Wildbach und Lawinenverbau, S. 251–262.

[97] Leys, E. (1965) Beispiele für Wildholzfänge bei Sperrendolen und bei Abflusssektionen. *Wildbach- und Lawinenverbau* **41** (23), 45–48.

[98] Leys, E. (1967) Rechen- und Balkenbauten in der Wildbachverbauung zur Regulierung des Geschiebetriebs, *Wildbach- und Lawinenverbau* **43** (3), 44–51.

[99] Leys, E. (1968) Zum Bau der Gewölbesperren in der Wildbachverbauung *Österreichische Wasserwirtschaft* (11/12), 243.

[100] Leys, E. (1971) *Die Bedeutung der großdoligen und der kronenoffenen Bauweise in der Wildbachverbauung zur Vorbeugung von Hochwasser- und Murschäden*. INTERPRAEVENT 1971, Vol. 3, S. 441–449; Internationale Forschungsgesellschaft Interpraevent, Klagenfurt.

[101] Leys, E. (1973) *Das Geschiebe und das Wildholz als Bemessungswert für die Öffnungsweite bei den Entleerungsbauwerken in der Wildbachverbauung*. Mitteilung der forstlichen Bundesversuchsanstalt Wien, Heft **102**, S. 317–333.

[102] Leys, E. (1976) *Die technischen und wirtschaftlichen Grundlagen in der Wildbachverbauung der großdoligen und der kronenoffenen Bauweise*, Dissertation an der Universität für Bodenkultur, Wien.

[103] Lichtenhahn, C. (1973) *Die Berechnung von Sperren in Beton und Eisenbeton, Kolloquium über Wildbachsperren*, Mitteilungen der Forstlichen Bundesversuchsanstalt Wien, Heft **102**, S. 91–127.

[104] Loat, Meier (2003) *Wörterbuch Hochwasserschutz*; Bundesamt für Wasser und Geologie (Hrsg.), Haupt, Bern.

[105] Lorenz, P., Skoda, G. (2000) *Bemessungsniederschläge kurzer Dauerstufen (D ≤ 12 Stunden) mit inadäquaten Daten*, Mitteilungsblatt des Hydrographischen Dienstes in Österreich, **80**, 1–24.

[106] Markart, G., Kohl, B. Sotier, B. et al. (2004) *Provisorische Geländeanleitung zur Abschätzung des Oberflächenabflussbeiwertes auf alpinen Boden-/Vegetationseinheiten bei konvektiven Starkregen (Version 1.0)*. BFW-Dokumentation 3/2004, Bundesministerium für Land- und Forstwirtschaft, Umwelt und Wasserwirtschaft.

[107] Mayer-Vorfelder, H. J. (1970) *Ein Beitrag zur Berechnung des Erdwiderstands unter Ansatz der logarithmischen Spirale als Gleitflächenfunktion*, Mitteilungen Institut für Wasserwirtschaft, Grundbau und Wasserbau, Universität Stuttgart, Heft **14**, Eigenverlag.

[108] Molin, G. (1988) Die Halbkreisringplatte, *Beton- und Stahlbetonbau* **83**, 85–88.

[109] Müller, L. (1995) *Der Felsbau, 2 Bd. Felsbau unter Tage, Teil 2: Wasserkraftanlagen*, Stuttgart.

[110] Münchner Rück (2000) *Welt der Naturgefahren*, CD-ROM, Münchner Rückversicherungs-Gesellschaft.

[111] Österreichische Staubeckenkommission (Hrsg.) (2016) *Richtlinie zum Nachweis der Tragsicherheit von Betonsperren*. Download: https://www.bmnt.gv.at/wasser/nutzung-wasser/Richtlinien.html, letzter Zugriff: 27.6.2019.

[112] Ohde, J. (1956) *Grundbaumechanik, Hütte – des Ingenieurs Taschenbuch*, Band III, 28. Auflage. Ernst & Sohn, Berlin.

[113] Ofner, G. (1977) Schadensursache: Talzuschub, *Wildbach- und Lawinenverbau* **41**, (1), 39–42.

[114] ÖNORM B 4710-1 (2018) *Festlegung, Herstellung, Verwendung und Konformitätsnachweis*, Ausgabe 2018-01-01, Österreichisches Normungsinstitut.

[115] ONR 24800 (2009) *Schutzbauwerke der Wildbachverbauung – Begriffsdefinitionen und Klassifizierung*, Ausgabe 2009-02-15, Österreichisches Normungsinstitut.

[116] ONR 24801 (2013) *Schutzbauwerke der Wildbachverbauung – Statische und dynamische Einwirkungen*, Ausgabe 2013-08-15, Österreichisches Normungsinstitut.

[117] ONR 24802 (2011) *Schutzbauwerke der Wildbachverbauung – Projektierung, Bemessung und konstruktive Durchbildung*, Ausgabe 2011-01-01, Österreichisches Normungsinstitut.

[118] ONR 24803 (2008) *Schutzbauwerke der Wildbachverbauung – Betrieb, Überwachung, und Instandhaltung*, Ausgabe 2008-02-01, Österreichisches Normungsinstitut.

[119] ÖNORM B 4800 (2020) *Schutzbauwerke der Wildbachverbauung*. Voraussichtlicher Erscheinungstermin: Ende 2020, Österreichisches Normungsinstitut

[120] Palt, S. M. (2001) *Sedimenttransporte im Himalaya-Karakorum und ihre Bedeutung für Wasserkraftanlagen*, Mitteilungen des Institutes für Wasserwirtschaft und Kulturtechnik der Universität Karlsruhe, Heft **209**.

[121] Pasche, E. (2007) *Skript Wasserbau* – WS 2006/07, TU Hamburg-Hamburg: Eigenverlag.

[122] Pichler, A. (2007) Ein Konzept zur Überwachung und Betreuung der Wildbacheinzugsgebiete in Tirol, *Wildbach und Lawinenverbau* **71** (155) 238–245.

[123] Pregl, O. (1988) *Handbuch der Geotechnik – Band 15 – Konstruktive Ausbildung von Stützbauwerken*, Eigenverlag des Inst. für Geotechnik, Univ. für Bodenkultur Wien (unveröffentlicht).

[124] Pregl, O. (1999) *Handbuch der Geotechnik – Erd- und Grundbau I*, Auszug für die Lehrveranstaltung, Institut für Geotechnik, Universität für Bodenkultur Wien.

[125] Pregl, O., Kristöfl, R. (1983) *Tragfähigkeitsbeiwerte*, Mitteilungen des Institutes für Geotechnik und Verkehrswesen, Universität für Bodenkultur Wien, Reihe Geotechnik Band 9. Wien: Eigenverlag.

[126] Projektteam ETAlp (2003) *Erosion, Transport in alpinen Systemen, Gesamtheitliche Erfassung und Bewertung von Erosions- und Transportvorgängen in Wildbacheinzugsgebieten*, Projektbericht, Hrsg. BML-FUW (unveröffentlicht), Wien.

[127] Promper, R. (1992) *Der Entwurf von Gewölbestaumauern an Hand eines Parametermodells mit Hilfe der Finiten-Elemente-Methode*, Dissertation an der TU Wien.

[128] Richtlinie 2000/60/EG des Europäischen Parlaments und des Rates vom 23. Oktober 2000 zur Schaffung eines Ordnungsrahmens für Maßnahmen der Gemeinschaft im Bereich der Wasserpolitik, Amtsblatt Nr. L 327 vom 22/12/2000.

[129] Rickenmann, D. (1990) *Bedload transport capacity of slurry flows at steep slopes*, Mitteilungen der Versuchsanstalt für Wasserbau, Hydrologie und Glaziologie der ETH Zürich, Bd. 103.

[130] Rickenmann, D. (1995) Beurteilung von Murgängen, *Schweizer Ingenieur und Architekt* **113** (48) 1104–1108.

[131] Rickenmann, D. (1996) Fließgeschwindigkeit in Wildbächen und Gebirgsflüssen, *Wasser, Energie, Luft* **88** (11/12), 298–304.

[132] Rickenmann, D. (2003) *Methode zur Beurteilung von Murgängen*, ETAlp – MURGÄNGE V2.2; Universität für Bodenkultur Wien.

[133] Rickenmann, D., Brauner, M. (2003) *Ansätze zur Abschätzung des Geschiebetransportes in Wildbächen und Gebirgsflüssen*, Kompendium zum Projekt ETALP, BMLFUW, Wien.

[134] Rickenmann, D., Zimmermann, M. (1993) The 1987 debris flows in Switzerland: documentation and analysis, *Geomorphology* (8), 175–189.

[135] Rimböck, A. (2002) Naturversuch Seilnetzsperren zum Schwemmholzrückhalt in Wildbächen – Planung, Aufbau, Versuchsdurchführung und Ergebnisse, *Wasserbau und Wasserwirtschaft* (93), S. 31–90, München 2002.

[136] Rimböck, A. (2003*) Schwemmholzrückhalt in Wildbächen. Grundlagen zu Planung und Berechnung von Seilnetzsperren*, Berichte des Lehrstuhls und der Versuchsanstalt für Wasserbau und Wasserwirtschaft, Nr. **94**, Technische Universität München.

[137] Rössert, R. (1984) *Hydraulik im Wasserbau*, 6. Auflage, Verlag Oldenbourg.

[138] Rudolf-Miklau, F. (2001) *Untersuchungen an kohäsionslosen Sedimenten in kalkalpinen Wildbächen der Steiermark (Österreich)*, Dissertation, Universität für Bodenkultur, Wien.

[139] Rudolf-Miklau, F. (2005) *Zustandsanalyse und Instandhaltung von Bauwerken der Wildbachverbauung*, 3rd Probabilistic Workshop, November 2005, Universität für Bodenkultur, Wien.

[140] Rudolf-Miklau, F., Ellmer, A., Gruber, H. et al. (2006) *Hochwasser 2005 – Ereignisdokumentation: Teilbericht der Wildbach- und Lawinenverbauung*, Bundesministerium für Land- und Forstwirtschaft, Umwelt und Wasserwirtschaft, Wien.

[141] Rudolf-Miklau, F., Sauermoser, S. (Hrsg.) (2011) *Technischer Lawinenschutz*, Ernst & Sohn, Berlin.

[142] Rudolf-Miklau, F. et al. (2011) *Wildholz – Praxisleitfaden. Schriftenreihe 1 Interprävent, Handbuch 2*. Download: http://www.interpraevent.at, Letzter Zugriff: 1.5.2014.

[143] Rudolf-Miklau, F., Suda, J., Sicher, P. (2007) Erhaltungsmanagement der Wildbachverbauung – Maintenance strategies for torrent control measures, *Bautechnik* **84**, (12), 838–848

[144] Schlaich, J., Schäfer (1998) Konstruieren im Stahlbeton, in *Beton-Kalender 1998*, Ernst & Sohn, Berlin, S. 721–891.

[145] Schmidt, M. (1982) *Hydraulik*, in Taschenbuch der Wasserwirtschaft (Hrsg. Bretschneider, H., Lecher, K., Schmidt, M.), Verlag Paul Parey, Hamburg, Berlin, S. 185–235.

[146] Shields, A. (1936) *Anwendung der Ähnlichkeitsmechanik und der Turbulenzforschung auf die Geschiebebewegung*, Mitteilungen der Preußischen Versuchsanstalt für Wasserbau und Schiffsbau, Berlin, Heft **26**.

[147] Sika (Hrsg.) (2010) Produktdatenblatt Tricosal® Fugenbänder nach DIN 7865-1-2 zur Abdichtung von Fugen in Bauwerken aus wasserundurchlässigem Beton, Ausgabe 01/2010-1.

[148] Skolaut, H. (1998) Verbauungen in Talzuschubsstrecken am Beispiel der Wagrainer Ache, *Wildbach- und Lawinenverbau* **62** (136), 61–63.

[149] Smart, G., Jäggi, M. (1983) *Sedimenttransport in steilen Gerinnen*, Mitteilungen der Versuchsanstalt für Wasserbau, Hydrologie und Glaziologie der Eidgenössischen Technischen Hochschule Zürich, Nr. **103**.

[150] Witt, K.-J. (Hrsg.) (2017/18) *Grundbau-Taschenbuch, Teil 1: Geotechnische Grundlagen, Teil 2: Geotechnische Verfahren, Teil 3: Gründungen und geotechnische Bauwerke*, 8. Auflage, Ernst & Sohn, Berlin.

[151] Strauss, A., Suda, J. (2007) *Bewertung und Sicherheit von Ingenieurbauwerken in der Natur*, in: Beiträge zum 1. Departmentkongress Bautechnik und Naturgefahren, 98–103. Ernst & Sohn, Berlin.

[152] Suda, J., Hübl, J. (2007) Schäden und Schadensmechanismen an Schutzbauwerken der Wildbachverbauung. *Wildbach- und Lawinenverbau* **71** (155), 56–83.

[153] Suda, J., Hofmann, R., Strauss, A., Wendner, R. (2009) Design of concrete retaining structures basing on Eurocode standards – Part 1: persistent design situation, *Bautechnik* **86** (12), 782–793.

[154] Suda, J., Strauss, A., Rudolf-Miklau, F., Jenni, M., Perz, T. (2007) Betrieb, Überwachung, Instandhaltung und Sanierung von Schutzbauwerken: Normierung in der ONR 24803, *Wildbach- und Lawinenverbau* **71** (155), 120–136.

[155] Suda, J., Strauss, A., Rudolf-Miklau, F., Hübl, J. (2007), Safety Assessment of Barrier Structures; Structure and Infrastructure Engineering, *Journal of Materials in Engineering*, ISSN 0899-1561.

[156] Suda, J., Sicher, P., Lamprecht, D., Bergmeister, K. (2007) *Zustandserfassung und -bewertung von Schutzbauwerken der Wildbachverbauung – Teil 1 – Schädigungsmechanismen, Bauwerkserhaltung* Schriftenreihe des Departments für Bautechnik und Naturgefahren Nr. **14**, Eigenverlag, Wien

[157] Suda, J., Sicher, P., Lamprecht, D., Bergmeister, K. (2007) *Zustandserfassung und -bewertung von*

Schutzbauwerken der Wildbachverbauung – Teil 2 – Schadensdokumentation, Schadenstypenkatalog, Schriftenreihe des Departments für Bautechnik und Naturgefahren Nr. **15**, Eigenverlag, Wien.

[158] Suda, J. (2012) *Instandhaltung von Schutzbauwerken gegen alpine Naturgefahren*, Verlag Guthmann-Peterson, Wien und Mühlheim a. d. Ruhr, ISBN 978-3-900782-71-9.

[159] Takei, A. (1980) *Interdependence of sediment budget between individual torrents and a river-system*. Proc. Int. Symp. Interpraevent, Villach, Austria, Bd. 2, 35–48.

[160] Üblagger, G. (1973) *Retendieren, Dosieren und Sortieren*, Mitteilungen der Forstlichen Bundesversuchsanstalt, Heft **102**, S. 335–372, Wien 1973.

[161] VanDine, D. F. (1996) *Debris flow control structures for forest engineering*, Res. Br., B. C. Min. For., Victoria, B. C., Work. Pap. 08/1996.

[162] Vischer, D., Huber, A. (1993) *Wasserbau: Hydrologische Grundlagen, Elemente des Wasserbaues, Nutz und Schutzbauten an Binnengewässern*, 5. Auflage, Springer Verlag Berlin.

[163] Wasserbautenförderungsgesetz 1985, BGBl. 148/1985, Fassung vom 11.07.2019, Republik Österreich.

[164] Whittaker, J. G., Jäggi, N. (1986) *Blockschwellen*, Mitteilungen der Versuchsanstalt für Wasserbau, Hydrologie und Glaziologie, ETH Zürich Nr. **68**.

[165] Zeller, J. (1971) *Bemerkungen zur Hydraulik des Sperrenkolks* Mitteilung der forstlichen Bundesversuchsanstalt Wien, **102**, S. 197–218.

[166] Zeller, J. (1985) Feststoffmessung in kleinen Gebirgseinzugsgebieten, *Wasser, Energie, Luft* **77** (7/8), 246–251.

[167] Zeller, J. (1996) *Der k_{st}-Koeffizient in der Geschwindigkeitsgleichungen von Strickler und dessen Problematik*, Internationales Symposium INTERPRÄVENT, Garmisch-Partenkirchen, Bd. 4, S. 63–74.

[168] Ziegler, M. (2006) *Geotechnische Nachweise nach DIN 1054 – Einführung mit Beispielen*, 2. Auflage, Ernst & Sohn, Berlin.

[169] Zeller, J., Trümpler, J. (1984) *Rutschungsentwässerungen – Hinweise zur Bemessung steiler Entwässerungsgräben*, Eidgenössische Anstalt für das forstliche Versuchswesen, Birmensdorf.

[170] Kettl, W. (1973) Sortierwerke im Pongau: Theorie, Erfahrungen *Wildbach- und Lawinenverbau* **37**, (2).

[171] DVWK (1982) *Arbeitsanleitung zur Anwendung von Niederschlag-Abfluss-Modellen in kleinen Einzugsgebieten, Teil I: Analyse*, DVWK Regeln zur Wasserwirtschaft 112, Paul Parey.

[172] DVWK (1984) *Arbeitsanleitung zur Anwendung von Niederschlag-Abfluss-Modellen in kleinen Einzugsgebieten, Teil II: Synthese*, DVWK Regeln zur Wasserwirtschaft 113, Paul Party.

[173] DVWK (1991) *Beitrag des Bestimmung des effektiven Niederschlages für Bemessungshochwasser aus Gebietskenngrößen*, DVWK Materialien 2/1991, Deutscher Verband für Wasserwirtschaft und Kulturbau e. V.

[174] Ludwig, K. (1979) *Hydrologische Verfahren und Beispiele für die wasserwirtschaftliche Bemessung von Hochwasserrückhaltebecken*, Schriftenreihe des Deutschen Verbandes für Wasserwirtschaft und Kulturbau, DVWK, H. 44.

[175] Gems, B. (2012) *Entwicklung eines integrativen Konzeptes zur Modellierung hochwasserrelevanter Prozesse und Bewertung der Wirkung vom Hochwasserschutzmaßnahmen in alpinen Talschaften*; Forum Umwelttechnik und Wasserbau – Band 13, https://www.uibk.ac.at/wasserbau/bibliothek.../band13_dissertation_gems_2011.pdf, letzter Zugriff 12.7.2019.

[176] Meyer-Peter, E., Müller, R. (1949) Eine Formel zur Berechnung des Geschiebetriebs, *Schweizerische Bauzeitung* (67), 29–32.

[177] Bollrich, G. (2007) *Technische Hydromechanik 1, Grundlagen*, 6., durchgesehene und korrigierte Auflage, Huss Medien GmbH Berlin.

[178] Schneider, A. A. (2016) *Bautabellen für Ingenieure. Mit Berechnungshinweisen und Beispielen*, 22. Auflage 2016, Bundesanzeiger Verlag.

[179] Nötzli, K. P., Frei, M., Böll, A. (2002) Tragsicherheit von Holzkonstruktionen im Wildbachverbau – ein Fallbeispiel 60-jähriger Wildbachsperren, *Schweizer Zeitschrift für das Forstwesen* **153** (10), 377–384.

[180] Romang, H. (2004) *Wirksamkeit und Kosten von Wildbach-Schutzmaßnahmen*, Geographica Benensia, Reihe G (Grundlagenforschung) Bd. **73**. Geographisches Institut der Universität Bern.

[181] Zeller, J., Röthlisberger, G. (1987) *Lebensdauer von Holzsperren am Beispiel der Gamser Wildbäche*, Berichte der Eidgenössischen Anstalt für das forstliche Versuchswesen, Nr. **291**, Birmensdorf.

[182] Böll, A., Gerber, W., Graf, F., Rickli, C. (1999) *Holzkonstruktionen im Wildbach-, Hang- und Runsenverbau*, Berichte der Eidgenössische Forschungsanstalt für Wald, Schnee und Landschaft, Birmensdorf.

[183] Rickenmann, D. (2014) *Methoden zur quantitativen Beurteilung von Gerinneprozessen in Wildbächen*, WSL Ber. **9**, 105 S., http://www.interpraevent.at/templates/downloads.php?kat=453&file=182 (letzter Zugriff: 13.7.2019).

[184] Hettler, A., Triantafyllidis, T., Weißenbach, A. (2018) *Baugruben*, 3. Auflage, Ernst & Sohn, Berlin.

[185] Thalmann, C. (1996) Beurteilung und Möglichkeiten der Wiederverwertung von Ausbruchmaterial aus dem maschinellen Tunnelvortrieb zu Betonschlagstoffen, Dissertation, ETH Zürich.

[186] ÖNORM B 4434 (1993) *Erd- und Grundbau – Erddruckberechnung*, Ausgabe 1993-01-01, Österreichisches Normungsinstitut.

Stichwortverzeichnis

A
Abbrechverfahren zur Festigkeitsbestimmung I/53
Abdichtung, Technische Baubestimmungen XI/1227–1229
Ablenkdamm VII/514
abschlämmbare Stoffe I/24
Abschlussbauwerk VII/514
Abstandsfaktor I/96
Absturzsicherung
– Nutzlast, horizontale XI/950 f.
Alkaliempfindlichkeitsklassen von Beton I/26 f.
Alkaligehalt von Zement I/14
Alkali-Kieselsäure-Reaktion I/25, I/85 f., VI/486, VI/488
Alkali-Richtlinie I/25 f.
allgemeine bauaufsichtliche Zulassung (abZ) X/901–903
allgemeines bauaufsichtliches Prüfzeugnis (abP)
– Bauarten X/906 f., X/909
– Bauprodukte X/903, X/909
Altbeton V/441
Altlast
– Definition VIII/732
– Sanierung VIII/734
Anker
– Doppelkopfanker *siehe dort*
– Fundamentanker V/462 f.
– Stützenanker, Konstruktionsregeln XI/1078
– Transportanker X/1079
– Zuganker *siehe dort*
Ankerplatte III/258 f.
– (mit) Mörtelausgleichsschicht IV/319
– Steifigkeit IV/311–313
Ankerschiene
– Ausführung IV/298
– Bemessung V/412
– Betonspalten IV/374 f.
– ergänzende Regelungen nach CEN/TR 17080 IV/323, IV/381–386
– (mit) Hammerkopfschraube IV/298
– (mit) Kerbzahnschraube IV/298
– Querbeanspruchung IV/376
– Querlasten IV/322 f.
– Stahlversagen IV/371, IV/376 f., IV/381
– Tragfähigkeitsgrenzzustand IV/368–386
– Versagen
– – Arten IV/369
– – Aufbiegen, lokales IV/369
– – Betonausbruch
– – – kegelförmiger IV/371–374
– – – lokaler IV/375
– – – rückwärtiger IV/377

– – Betonkantenbruch IV/377–380
– – Biegeversagen IV/369
– – Herausziehen IV/371
– – kombiniertes durch Zug- und Querlasten IV/381
– – Verankerungsversagen IV/376, IV/381
– (mit) Zahnschraube IV/298
– Zuglasten IV/321 f.
– Zusatzbewehrung IV/369–371
– – Versagen IV/376, IV/381
Anschluss
– Bewehrungsanschluss *siehe dort*
– Kragplattenanschluss *siehe dort*
Anschlussbewehrung V/423, V/441
Anschweißmuffe V/424
Ansteifen
– Beton I/44
– Zement I/12
Anzeigetafel
– Abmessungen XI/993
– Kraftbeiwerte XI/991
Aramidfasern I/135
Arbeitsfuge, Konstruktionsregeln XI/1201
Arbeitsplanum VIII/739
Arbeitsplattform VIII/740 f.
AR-Glasfasern I/135
Arrhenius-Gleichung I/62
Auffangdamm VII/514
aufgelöstes Tragwerk VII/698–713
– (im) Bauzustand VII/711
– kombiniertes massen- und vektoraktives VII/709, VII/712
– konstruktive Durchbildung VII/705 f.
– massenaktives VII/699, VII/702, VII/704 f.
– – Bemessung VII/704 f.
– – Berechnung VII/704 f.
– – (mit) Pfeilern VII/708–710
– – (mit) Scheiben VII/706 f.
– – (mit) Scheiben und Winkelstützmauer VII/709
– vektoraktives VII/701–703
– – biegeweiches VII/709, VII/712 f.
Auflager, ausgeklinktes XI/1192
Aufreißinjektionsverfahren VIII/798 f.
– Anwendungsgebiete VIII/798 f.
– Anwendungsgrenzen VIII/798 f.
– Bemessung VIII/800
– Injektionsvolumenbestimmung VIII/800
– (als) Kompensationsinjektion VIII/798 f.
– Manschettenrohranordnung VIII/800

– (als) Manschettenrohrinjektion VIII/799
– Nachteile VIII/799 f.
– Planung VIII/800
– Qualitätssicherung VIII/800 f.
– Risiken VIII/799 f.
– Überwachung VIII/800 f.
– Verfahrensbeschreibung VIII/797
– Verfahrensschritte VIII/798
– Vorteile VIII/799 f.
– Wirkungsweise VIII/797 f.
Aufsatzrüttler *siehe auch* Verdichten mit Aufsatzrüttlern VIII/748, VIII/754–756
Ausbreitfließversuch für Mörtel I/102
Ausfallkörnung I/30
Ausgleichstemperatur IX/848
Außenbauteile, Korrosionsrisiko I/84
außergewöhnliche Einwirkungen XI/1004–1007
– Gabelstaplerabprall XI/1005 f.
– Innenraumexplosion XI/1006 f.
– Kraftfahrzeuganprall XI/1004 f.
Aussparung, Zwang IX/857–860
– zentrischer X/858
Ausziehverfahren zur Festigkeitsbestimmung I/53

B
Balken
– Definition XI/1089
– indirekte Auflager XI/1074
– Konstruktionsregeln XI/1071–1074
– Längsbewehrung XI/1071–1073
– – höchste XI/1071
– – mindeste XI/1173
– – Staffelung XI/1173
– – untere, Verankerung
– – – (an) Endauflagern XI/1073, XI/1172 f.
– – – (an) Zwischenauflagern XI/1073, XI/1173 f.
– – Zugkraftdeckung XI/1072 f.
– Oberflächenbewehrung XI/1176
– Querkraftbewehrung XI/1073 f.
– – (mit) Doppelkopfankern V/418–423
– – mindeste XI/1073
– Torsionsbewehrung XI/1074, XI/1176
Balkensperre VII/508 f., VII/514, VII/538 f., VII/706
Balkon, Nutzlast XI/942 f.
Basalt I/23
Bauarten
– abP X/906 f., X/909

- Anwendbarkeitsnachweis X/894, X/905 f.
Bauartgenehmigung (aBg)
- allgemeine X/905 f.
- vorhabenbezogene X/905 f.
Bauausführung
- Einwirkungen XI/1003
- Technische Baubestimmungen XI/1215–1217
Baugrund *siehe auch* Baugrundverbesserung
- Dekontamination VIII/733 f.
- Durchlässigkeitsbeeinflussung VIII/732
- Erkundung VIII/735
- Festigkeitsbeeinflussung VIII/731
- Lasteinleitung VIII/736
- Sanierung VIII/733
- Schadstoffabbau VIII/732 f.
- Schadstoffbindung VIII/732 f.
- Steifigkeitsbeeinflussung VIII/729–731
- Verflüssigungspotenzialreduktion VIII/732
Baugrundverbesserung *siehe auch* Baugrund VIII/725–829
- Arbeitsplattform *siehe dort*
- Ausführung VIII/734–742
- Baustellensicherheit VIII/739–741
- Bedeutung VIII/727
- Bemessung für Bauwerke nach Verbesserung VIII/736–739
- Definition VIII/727 f.
- diskrete Elemente VIII/738 f.
- Einsatzbereiche VIII/730
- Grundverfahren VIII/742–808
- - dynamische Intensivverdichtung *siehe* Fallplattenverdichtung
- - Fallplattenverdichtung *siehe auch dort* VIII/756–760
- - Impulsverdichtung *siehe auch dort* VIII/746, VIII/756–760
- - Rütteldruckverdichtung *siehe auch dort* VIII/742–748, VIII/817 f.
- - Rüttelstopfverdichtung *siehe auch dort* VIII/750–754, VIII/817–820
- - Verdichten mit Aufsatzrüttlern *siehe auch dort* VIII/754–756
- Lastübertragung VIII/738
- Methoden VIII/728
- Modellierung VIII/739
- Nachhaltigkeit VIII/741 f.
- Planung VIII/734–742
- Qualitätskontrolle VIII/735
- Robustheit VIII/741 f.
- Schadensfälle VIII/740
- Sicherheit VIII/739–741
- Sicherungsmaßnahmen VIII/733

- Umwelt VIII/741 f.
- - Auswirkungen VIII/741
- - ökologischer Fußabdruck VIII/741, VIII/824
- Wirkung, Beurteilung VIII/736
Bauprodukte
- abZ X/901–903
- abP X/903, X/909
- Anforderungen, nationale X/894, X/899
- geregelte X/893
- harmonisierte X/900
- nicht geregelte X/893 f.
- nicht harmonisierte X/900 f.
- ohne Verwendbarkeitsnachweis X/908
- Prioritätenliste X/910 f.
- Technische Baubestimmungen X/907 f.
- Verwendbarkeitsnachweis X/899–905
- - Erforderlichkeit X/899–901
- Verwendung X/893
- Zustimmung im Einzelfall X/903–905
Bauproduktenrecht, nationales
- Anpassung nach EuGH-Urteil *siehe auch* EuGH-Urteil X/889–912
Bauproduktenrichtlinie (BPR) V/411
- Ziel X/891
Bauproduktenverordnung (BauPVO) V/411, X/891–894
Bauregelliste
- Bauregelliste A X/895
- Bauregelliste B X/895
- Liste C X/895
- Regelungssystem X/893–895
- Struktur X/894 f.
Baustoffe, Technische Baubestimmungen XI/1209–1215
Bauteile mit rechnerisch erforderlicher Querkraftbewehrung XI/1035 f., XI/1127–1229
- auflagernahe Lasten XI/1128
- Fachwerkmodell XI/1128
Bauteile ohne rechnerisch erforderliche Querkraftbewehrung XI/1033–1035, XI/1126 f.
Bauteile unter Normalkraft
- Berechnung nach Theorie II. Ordnung XI/1030–1032
BAW-Merkblatt „Früher Zwang" VI/485
Befestigungen, redundante IV/366–368
- Bemessung IV/367 f.
Befestigungsmittel *siehe auch* Dübel *und* Kopfbolzen *und* Verankerungen
- Achsabstand IV/302
- Beanspruchungsrichtung IV/302

- CEN/TS 1992-4 IV/296 f.
- Einspannung im Anbauteil IV/321
- Erdbebenbelastung IV/390–397
- Ermüdungsgrenzzustand IV/387–390
- Europäische Technische Spezifikationen IV/296
- Europäische Technische Zulassungen IV/296
- (im) Freien IV/309 f.
- Grenzzustand der Gebrauchstauglichkeit IV/304, IV/306
- Grenzzustand der Tragfähigkeit IV/304–306
- Hebelarm beim Biegenachweis IV/320
- (bei) Korrosionsbeanspruchung IV/310
- Randabstand IV/302
- (in) ständig feuchten Innenräumen IV/309 f.
- (in) trockenen Innenräumen IV/309
- Verankerungstiefe, mindeste IV/301
Befestigungssysteme, Bemessungsnorm V/411
Behinderungsgrad IX/844
Bemessung, Technische Baubestimmungen XI/1209–1215
Bemessungsregeln
- Auflager, ausgeklinktes XI/1192
- Biegemoment-Übertragungsverbindungen XI/1192
- Deckensysteme XI/1080
- Druckkraft-Übertragungsverbindungen XI/1191 f.
- Fertigteillager XI/1191–1193
- Fertigteilverbindungen XI/1191–1193
- Köcherfundament XI/1196
- Längsbewehrungsverankerung an Auflagern XI/1192 f.
- Platten, Einspannmomente XI/1188
- Querkraft-Übertragungsverbindungen XI/1192
- Sandwichtafeln XI/1080
- (zur) Schadensbegrenzung bei außergewöhnlichen Ereignissen XI/1196 f.
- Wand-Decken-Verbindungen XI/1080
- Zugkraft-Übertragungsverbindungen XI/1192
Bergdrucksperre VII/549 f.
Beschleuniger I/31–33
Beton
- Abstandsfaktor I/96
- Alkaliempfindlichkeitsklassen I/26 f.

- Altbeton V/441
- Ansteifen I/44
- Arten I/4 f.
- Ausgangsstoffe I/8–40, I/59 f.
- – granulare, Packungsdichte I/146–150
- – – Ökobilanzkennwerte I/145
- – Ausgleichstemperatur IX/848
- – Belastungsgeschwindigkeit I/77
- – Betonfamilie I/7 f.
- – Biegebemessung XI/1018
- – Biegezugfestigkeit IX/835
- – Bindemittelintensität I/152
- – Bindemittelzusammensetzung
- – – Leistungsfähigkeit, Bewertung I/150 f.
- – Blockierring-Versuch I/104
- – Bohrpfahlbeton I/37
- – Bruchenergie I/66
- – Bruchverhalten I/58 f., I/66
- – Carbonbeton I/156–158
- – chemischer Angriff I/82, I/84 f., I/98 f.
- – Chlorideindringen I/93–95
- – Chloridgehalt I/93–95
- – – kritischer I/94
- – Dauerhaftigkeit I/81–99
- – Dauerschwingfestigkeit I/78
- – Dauerstandbeanspruchung I/72
- – Definition I/3 f.
- – Dehngeschwindigkeit I/77
- – druckbeanspruchter, Wöhlerlinie I/78
- – Druckbeanspruchung, mehraxiale XI/1099
- – – Spannungs-Dehnungs-Linie XI/1099
- – Druckfestigkeit I/58–65, I/68, IX/834
- – – Bemessungswert XI/1018
- – – (unter) Laborbedingungen XI/1014
- – – Verhältniswerte I/68
- – Durchgangssumme I/29 f.
- – dynamisch beanspruchter I/77 f.
- – E-Modul I/70 f., I/834 f.
- – – (unter) Laborbedingungen XI/1014
- – – zeitliche Entwicklung I/71 f.
- – Enddehnzahl XI/1095
- – Erhärtungsbedingungen I/60–64
- – Ermüdung I/78–81
- – Expositionsklassen I/49, I/82–88
- – Faserbeton siehe dort
- – Feinheitsziffer I/29
- – Festigkeit XI/1013–1015
- – Festigkeitsentwicklung I/61
- – Festigkeitskennwerte XI/1094
- – Festigkeitsklassen I/5 f., I/65
- – – indikative XI/1206
- – Feuchtigkeitsklassen I/27, I/100
- – – (nach) Alkali-Richtlinie I/99

- Fließbeton I/44
- Fließen I/74
- Formänderungskennwerte XI/1094
- Frischbeton siehe dort
- Frostangriff I/84
- Frostwiderstand I/36, I/95–98
- Gasbeton I/124
- gerissener I/128–134, IV/307
- Gesteinskörnung I/22–30
- – Absorptionsverhalten I/115
- – Art I/23 f.
- – Auswahl I/115
- – Eigenschaften I/23 f.
- – geschlossenporige I/114 f.
- – grobe, Absinken I/46
- – Größtkorn I/28–30
- – Kernfeuchte I/116
- – Kornfestigkeit I/115
- – Kornform I/28
- – Kornzusammensetzung I/28–30
- – leichte I/114–116
- – Oberfläche I/28
- – offenporige I/115
- – schädliche Bestandteile I/24–27
- – Sinterhaut I/115
- – Sinterhautporen, Kapillarwirkung I/115
- – Struktur I/114
- – Verhalten I/114
- – Vorbehandlung I/115 f.
- – Vornässen I/115
- – Wasseraufnahme I/115
- Gruppen
- – nach Eigenschaften (nE) I/6
- – nach Zusammensetzung (nZ) I/6
- – Standardbeton siehe dort
- hochfester I/156
- Hydratationsgrad I/90
- Hydratationswärme I/35, IX/836
- junger Beton siehe dort
- Klassen I/5–7
- Klassifizierung I/5–8
- Körnungsziffer I/29 f.
- Kornverteilungskurven I/146 f.
- Korrosion durch Alkali-Kieselsäure-Reaktion I/85 f.
- Korrosionsrisiko I/83 f.
- Kriechen siehe dort
- Leichtbeton siehe dort
- L-Kasten-Versuch I/103 f.
- Luftporenbeton I/95 f.
- massige Bauteile I/38
- mechanische Kenngrößen IX/834–836
- Mehlkorngehalt I/34, I/41
- mehrachsig beanspruchter, Festigkeit I/69
- Mikroluftporengehalt I/96

- Mikroriss I/58
- – Bildung I/71, I/90
- Mischungsentwicklung I/146–150
- Nachbehandlung I/36, I/47–50, I/61, I/67, I/92
- – Arten I/47 f.
- – Dauer I/48 f.
- – Schutzmaßnahmen, zusätzliche I/49 f.
- – thermische IX/849
- nachhaltiger siehe dort
- Nachhaltigkeitspotenzial I/144
- Neubeton V/441
- Normalbeton siehe dort
- normative Entwicklung I/158
- Ökobeton siehe nachhaltiger Beton
- Ökobilanz I/144–146
- ökologische Kriterien I/143
- Porenbeton I/113, I/124
- Pumpfähigkeit I/45
- Quellen I/54, I/56, I/72
- Querdehnungsverhalten IX/836
- Querdehnzahl I/70 f.
- Querschnittsbemessung, Spannungs-Dehnungs-Linie XI/1018
- Reife I/60–64
- – gewichtete I/62
- Reifeeinfluss IX/849
- Reifegrad nach Saul-Nurse I/62
- Relaxation I/73, I/75
- Relaxation unter Zugbeanspruchung IX/850
- Rissfreiheit I/38
- Sättigungsgrad I/98
- Schädigungsmechanismen I/82–89
- Schaumbeton I/113, I/124
- Schlitzwandbeton I/38
- Schnittgrößenermittlung, Spannungs-Dehnungs-Linie XI/1097
- Schwerbeton siehe dort
- Schwinddehnung XI/1095
- Schwinden siehe dort
- Sedimentationsversuch I/104 f.
- selbstverdichtender (SVB) siehe dort
- Setzfließversuch I/103
- Sichtbeton siehe dort
- Sieblinien I/28–30
- Sorten I/7
- Spaltzugfestigkeit IX/835
- Spannungs-Dehnungs-Beziehungen I/69–71
- Spritzbeton, Festigkeitsbestimmung I/53
- Taumittelwiderstand I/95–98
- Technische Baubestimmungen XI/1209–1215
- Temperatur I/48

Stichwortverzeichnis

- Temperaturdehnung I/53 f.
- Temperaturdehnzahl I/53 f.
- – Richtwerte I/54
- Textilbeton siehe auch Carbonbeton I/126
- Trichterauslaufversuch I/104
- ultrahochfester (UHFB) siehe dort
- Umgebungsbedingungen XI/1020
- unbeschichteter siehe Sichtbeton
- ungerissener I/127 f., IV/307
- unbewehrter, Wöhlerlinie I/81
- Verformungen IX/836–839
- – (durch) Hydratationswärme IX/836
- – (durch) klimatische Randbedingungen IX/837–839
- – (durch) Kriechen IX/836 f.
- – lastunabhängige I/53–58
- – (durch) Schwinden IX/836 f.
- – zeitabhängige I/72–77
- Verformungsberechnung, Spannungs-Dehnungs-Linie XI/1097
- Verformungseigenschaften, elastische XI/1015 f.
- Verschleißbeanspruchung I/85
- Verschleißwiderstand I/99
- Wärmeausdehnungskoeffizient IX/835 f.
- Waschbeton I/106
- (im) Wasserbau VI/484–492
- – Alkali-Kieselsäure-Reaktion VI/486, VI/488
- – Anforderungen VI/488 f.
- – Bauausführung VI/490–492
- – Bewehrung VI/490
- – Bewehrungskorrosion VI/486
- – chemischer Angriff VI/487
- – Chlorideindringwiderstand VI/484
- – Dauerhaftigkeit VI/489
- – Expositionsklassen VI/486–488
- – Festlegung VI/489 f.
- – Frostangriff VI/487
- – Frostbeständigkeit VI/484
- – Frost-Tausalz-Widerstand VI/489
- – – CDF-Prüfverfahren VI/490
- – Frostwiderstand, CIF-Prüfverfahren VI/490
- – Fugen VI/490–492
- – – Arbeitsfuge VI/484, VI/490 f.
- – – Bewegungsfuge VI/492
- – – Wasserundurchlässigkeit VI/491
- – Herstellung VI/485–490
- – – Hydratationswärme VI/488
- – Lieferung VI/489 f.
- – – massige Betonbauweise VI/492 f.
- – – Mischungsstabilität VI/484
- – – Nachbehandlung VI/492
- – – Schalen VI/490
- – – Temperaturerhöhung, adiabatische VI/488
- – – Verschleiß VI/487
- – – Wärmeentwicklung VI/484
- – – Wassereindringtiefe VI/489
- – – Wassereindringwiderstand VI/484
- – zonierte Bauweise VI/493
- – Wasserzementwert I/83
- – Wichte XI/932
- – Zeitfestigkeit I/78
- – Zementgehalt, mindester I/89, I/95
- – zugbeanspruchter, Relaxation IX/850
- – Zugfestigkeit I/65–68, IX/834
- – – Bemessungswert XI/1018
- – – Biegezugfestigkeit I/67
- – – effektive IX/872
- – – Einflüsse I/66 f.
- – – (unter) Laborbedingungen XI/1014
- – – Spaltzugfestigkeit I/67 f.
- – – Verhältniswerte I/68
- – – zeitliche Entwicklung I/71 f.
- – – zentrische I/67
- – Zusammensetzung I/59 f.
- – Zusatzmittel I/31–34
- – – Anforderungen I/33 f.
- – – Anwendungsgebiete I/32 f.
- – – Arten I/31 f.
- – – Definition I/31
- – – Wirkungsgruppen I/31
- – Zusatzstoffe I/34–40
- – – Definition I/34
- – Zuschlag siehe Beton, Gesteinskörnung
- – Zustandsbestimmung IV/307
Betonausbruch
- kegelförmiger IV/330–340, IV/371–374
- lokaler IV/346–349, IV/375
- rückwärtiger IV/352–355, IV/377
Betonbau
- Ausführungsgespräche I/161
- Kommunikationsbedarf I/160
- Normen, Defizitanalyse I/159
- Planungsgespräche I/161
- Qualität I/158–161
- – Klassen I/160
- – Richtlinie I/159–161
- Startgespräche I/161
- Technische Baubestimmungen XI/1207–1230
- Widerstandsklassen I/161 f.
Betonbauteile, Verformungseinwirkungen IX/834–839
Betondeckung
- Definition XI/1089
- Dichtheit XI/1083
- Dicke XI/1083
- Grenzabmaße XI/1026
- mindeste XI/1024
- Vorhaltemaß XI/1026 f.
- Widerstandsfähigkeit XI/1083
Betondruckelemente V/448
Betondrucklager V/448, V/450
Betonfertigteile, Technische Baubestimmungen XI/1219–1223
Betonkantenbruch IV/355–364, IV/377–380
Betonrandzone, Widerstand XI/1025
Betonrippenstahl, nichtrostender II/240–242
- Eigenschaften II/241
- Herstellwerke II/242
Betonschraube IV/299 f.
- Bemessung V/412
Betonstabstahl
- Arbeitshilfen II/187–194
- (nach) DIN 488-2 II/186 f.
- – Lieferprogramme II/187
- – Nennquerschnittsflächen II/187
- Flächenbewehrungen II/188
- (mit) Gewinderippen II/235
- Herstellverfahren II/185
- Nenndurchmesser II/183
- Nennmassen II/183
- Nennquerschnittsflächen II/183
- (mit) Sonderrippung II/235
- Übergreifungslängen II/189–194
Betonstahl II/175–242
- Biegen V/441
- – Bewehrungsregeln XI/1062 f.
- (nach) DIN 488 II/180–234
- – Eigenschaften II/180–185
- – Herstellverfahren II/185
- – Stahlsorten II/180–185
- (nach) DIN 488-1
- – Kennzeichnung II/180–185
- – Qualitätssicherung II/180
- – Weiterverarbeitung II/180
- Duktilität XI/1100
- Eigenschaften XI/1019
- (mit) erhöhtem Korrosionswiderstand II/236–240
- (nach) europäischer Norm II/177–180
- Festigkeit XI/1100
- feuerverzinkter II/236–240
- Feuerverzinkungsunternehmen II/238
- Herstellwerke II/237 f.
- Grenzdurchmesser XI/1153
- Kaltbiegen V/441
- (nach) prEN 10080 II/177–179
- CE-Kennzeichen II/177
- Eigenschaften II/177

– – gerichteter Betonstahl vom Ring II/179
– – Herstellerkennzeichnung II/177
– – Leistungserklärung II/178
– – Leistungsmerkmale II/177 f.
– – Stahlsorten II/179
– (nach) prEN 10348, verzinkter Betonstahl II/179
– (in) Ringen
– – mit Sonderprofilierung II/236
– – Nenndurchmesser II/183
– – Nennmassen II/183
– – Nennquerschnittsflächen II/183
– (in) Ringen nach DIN 488-3 II/194–196
– – Biegeformen II/194
– – Biegerollendurchmesser, mindester II/195
– – Bügel II/194
– – Herstellwerke II/196–198
– – Stäbe II/194
– – Verarbeiterkennzeichen II/198–209
– – Vorhaltewerte II/196
– – Weiterverarbeitung II/194
– – Werkkennzeichnung II/196–198
– Querschnittsbemessung, Spannungs-Dehnungs-Linie XI/1019
– rostfreier II/179 f.
– Rückbiegen V/441
– Schweißen XI/1100
– Schweißverfahren XI/1101
– Spannungs-Dehnungs-Linie XI/1101 f.
– – (zur) Querschnittsbemessung XI/1102
– Stababstand, Bewehrungsregeln XI/1160
– Streckgrenze XI/1100
– Technische Baubestimmungen XI/1209–1215
– Überwachungsstellen II/185 f.
– Warmbiegen V/441
– Warmrückbiegen V/441
– Zugfestigkeit XI/1100
Betonstahlmatten
– 2D-Elemente II/212 f.
– 3D-Elemente II/213
– Arbeitshilfen II/217–224
– (nach) DIN 488-4 II/210–217
– – Herstellwerke II/210 f., II/213–217
– – Lieferprogramme II/210–217
– – Werkkennzeichen II/210 f.
– HS-Matten II/212, II/224
– Lagermattenprogramm II/221
– Listenmatten II/212
– Nenndurchmesser II/183

– Nennmassen II/183
– Nennquerschnitte II/219 f.
– – Doppelstäbe II/220
– – Einzelstäbe II/219
– Nennquerschnittsflächen II/183
– N-Matten II/212, II/224
– Q-Matten
– – Maschenregel II/223
– – Übergreifungslängen II/222
– – (aus) Rippenstahl, Stoß XI/1070 f.
– R-Matten
– – Maschenregel II/223
– – Übergreifungslängen II/222
– Sondermatten II/212
– Stababstände
– – Doppelstäbe II/220
– – Einzelstäbe II/219
– Stahlsorten II/183
– Unterstützungskörbe II/213
– Verschweißbarkeit II/218
– Vorratsmatten II/212
Betonstahlverbindungen
– (mit) aufgepresster Muffe V/428–432
– (mit) gewindeförmig ausgebildeten Rippen V/423 f.
– (mit) konischem Gewinde V/424 f.
– (mit) überzogener Muffe V/428–432
– (mit) zylindrischem Gewinde V/425–428
Bettungsmodulverfahren VIII/811–817
Bewehrung
– Anschlussbewehrung V/423, V/441
– Biegebewehrung siehe dort
– Durchstanzbewehrung siehe dort
– Eckbewehrung von Vollplatten XI/1177 f.
– Korrosionsschutz I/91–95
– Längsbewehrung siehe dort
– Oberflächenbewehrung siehe dort
– Querkraftbewehrung siehe dort
– Randbewehrung von Vollplatten XI/1178
– Torsionsbewehrung siehe dort
– Verbundbewehrung XI/1132
Bewehrungsanschluss V/426–429
– Biegerollendurchmesser V/442
– fester, technische Spezifikationen V/447 f.
– flexibler, technische Spezifikationen V/447 f.
– Rückbiegeanschluss siehe dort
– Übergreifung V/442
– Verankerung V/442
– Verankerungslänge V/442
– Verwahrkasten siehe dort
– vorgefertigter V/441–457

Bewehrungsdraht
– (nach) DIN 488-3 II/226
– – Herstellwerke II/324
– – Werkkennzeichen II/234
– Nenndurchmesser II/183
– Nennmassen II/183
– Nennquerschnittsflächen II/183
– Werkkennzeichen II/185
Bewehrungselemente V/412–423
– Anwendungsbereich V/412 f.
– Ausführung V/413–416
– technische Spezifikationen V/422
Bewehrungsregeln, allgemeine XI/1062–1071
Bewehrungsstab
– Durchdringungsstellen V/442
– nachträglich eingemörtelter V/433–440
– – Anwendungen V/433
– – Montage V/434
– – technische Spezifikationen V/435–440
Bewehrungsstahl, hochfester mit Gewinderippen II/235
Bewehrungsstoß V/428
Bewehrungstechnik V/409–472
Biegebewehrung V/413
– Vollplatten XI/1177
Biegemoment-Übertragungsverbindungen XI/1192
Biegeriss IX/852
Biegerollendurchmesser
– mindester XI/1160
– vergrößerter XI/1063
Biegeschlankheit XI/1157
biegesteife Verbindungen V/461–466
– (zwischen) Beton- und Stahlbauteilen V/462–464
– (mit) Fundamentanker V/462
– Stützenschuh-Elemente V/461–463
– – technische Spezifikationen V/465 f.
– Wandschuh-Elemente V/461
Biegung XI/1032 f.
Bindemittel, Anwendungsgrenzen VIII/788
Bitumenbahn, Flächenlast XI/938
Blähglas I/114
Blähmittel I/12
Blähschiefer I/114, I/124
Blähton I/114, I/124
Blockierring-Versuch für Beton I/104
Boden
– bindiger, Wichte XI/940
– Grenzwerte I/86
– Hebungseffizienzfaktoren VIII/800
– nichtbindiger, Wichte XI/939
– Verdichtbarkeit VIII/746

Bodenaustausch VIII/729
Bodenbelag, Flächenlast XI/936
Bodenfestigkeit, Erhöhung VIII/731
Bodenmischverfahren VIII/772–784
– Einteilung VIII/773
– – Bodenstabilisierung, tiefreichende VIII/773
– – Hybridmischverfahren siehe auch dort VIII/773, VIII/782–784
– – Nassmischverfahren siehe auch dort VIII/777–784, VIII/820 f.
– – Trockenmischverfahren siehe auch dort VIII/773–777
Bodenplatte VIII/736
– Biegemomente VIII/813
– mit Durchstanzbewehrung XI/1045–1049
– – Längsbewehrungsgrad, Ermittlung XI/1047
– – Längsbewehrungsverankerung, Ermittlung XI/1047
– ohne Durchstanzbewehrung
– – Längsbewehrungsgrad, Ermittlung XI/1044
– – Längsbewehrungsverankerung, Ermittlung XI/1044
– Zwang IX/851–854
– – Biegeriss IX/852
– – Biegezwang IX/853
– – Eigengewichtsaktivierung IX/851
– – Eigenspannung IX/852
– – Primärrissabstand IX/853
– – Rissgefahr IX/852
– – Trennriss IX/852
– Zwischenschicht zum Fundamentkörper VIII/738
Bodenstabilisierung, tiefreichende VIII/773
Boden-Struktur-Interaktion IX/839
– Baugrundnachgiebigkeit IX/839
– Bauwerkssetzung IX/839
– Biegezwang IX/839
Bodenverbesserung
– Beispiele VIII/811–824
– Grundverfahren
– – Bodenmischverfahren siehe auch dort VIII/772–784
– – Bodenvereisung siehe auch dort VIII/801–805
– – Düsenstrahlverfahren siehe auch dort VIII/764–772, VIII/821–824
– – Fallplattenverdichtung siehe auch dort VIII/746, VIII/760
– – Hochdruckbodenvermörtelung siehe Düsenstrahlverfahren

– – Hochdruckinjektionsverfahren siehe Düsenstrahlverfahren
– – Impulsverdichtung siehe auch dort VIII/746, VIII/756–760
– – Injektionsverfahren siehe auch dort VIII/789–801
– – Jet Grouting siehe Düsenstrahlverfahren
– – Kalkstabilisierung siehe auch dort VIII/784–789
– – Stabilisierungssäulen siehe auch dort VIII/805–808
– – Vertikaldrän mit Lastschüttung siehe auch dort VIII/760–764
– – Vibrationsverdichtung siehe auch dort VIII/748–750
– – Wet-Deep-Soil-Mixing siehe Nassmischverfahren
– – Zementstabilisierung siehe auch dort VIII/784–789
– kombinierte Verfahren VIII/808–811
– – Zweck VIII/808 f.
– starre Verbesserungselemente, Lastabtragungsmechanismus VIII/806
Bodenvereisung, künstliche VIII/801–805
– Anwendungsgebiete VIII/803 f.
– Anwendungsgrenzen VIII/803 f.
– Bemessung VIII/805
– Nachteile VIII/804 f.
– Planung VIII/805
– Qualitätssicherung VIII/805
– Risiken VIII/804 f.
– Stickstoffvereisung VIII/802, VIII/804
– Überwachung VIII/805
– Verfahrensbeschreibung VIII/801 f.
– Vorteile VIII/804 f.
– Wirkungsweise VIII/802 f.
Bodenverfestigung, Bindemittelmengen VIII/787
Bodenverflüssigung VIII/754
Bohrer, Diamantbohrer IV/303
Bohrlochreinigung IV/303
Bohrpfahlbeton I/37
Bolzen, Kopfbolzen siehe dort
Böschungswinkel
– Lagergüter XI/935
– Normtabellen XI/931 f.
Brandschutz, Technische Baubestimmung XI/1217–1219
Brandverhalten von Toren X/896
Bremskegel VII/514
Bruchkörper
– Achsabstandseinfluss IV/332
– idealisierter IV/355
– (unter) Querlast bei Betonkantenbruch IV/355
Brückenklassen nach DIN 1072 XI/947 f.

Brückenrückbau
– Konzepte III/251
– Spanngliedverankerung III/249–292
– Vorschubrüstung III/255
– Zustände III/251
Brüstung, freistehende
– aerodynamische Beiwerte XI/989
Bügel
– Schließen XI/1166
– Verankerung, Bemessungsregeln XI/1066 f.
Bundesanstalt für Wasserbau VI/498
Bundeswasserstraßen VI/475–477

C
Calciumaluminatferrit I/19
Calciumsilicathydrat I/19
Calciumsulfat I/8 f., I/19
Carbonatisierung I/90–93, I/106, I/122
Carbonatisierungsschwinden I/55
Carbonbeton I/156–158
CE-Kennzeichnung V/411
CEM I I/9 f.
– Anwendungsbereiche I/16
CEM II I/9–11
– Anwendungsbereiche I/16–18
CEM III I/9, I/11
– Anwendungsbereiche I/16
CEM IV I/9, I/11
– Anwendungsbereiche I/16, I/18
CEM V I/9, I/11
– Anwendungsbereiche I/16, I/18
CEN/TS 1992-4 IV/296 f.
Chalcedon I/25
Chloriddiffusion I/93–95, I/106
Chloride I/90
Chromatreduzierer I/31, I/33
Compaction grouting siehe Verdichtungsinjektionsverfahren
Coplan-Stabilisierungs-Verfahren (CSV) siehe auch Nassmischverfahren VIII/778
CSM-Verfahren siehe Cutter-Soil-Mixing-Verfahren
CSV siehe Coplan-Stabilisierungs-Verfahren
Cutter-Soil-Mixing(CSM)-Verfahren siehe auch Nassmischverfahren VIII/779 f.

D
Dach
– Flachdach siehe dort
– freistehendes mit offenen Wänden, aerodynamische Beiwerte XI/991
– mehrschaliges, aerodynamische Beiwerte XI/989

Stichwortverzeichnis

– nicht begehbares, Nutzlast XI/946–949
– Pultdach *siehe dort*
– Satteldach *siehe dort*
– Schneelast
– – Formbeiwerte XI/957–962
– – (an) Höhenvorsprung XI/962–965
– Sheddach, aerodynamische Beiwerte XI/985
– Trogdach *siehe dort*
– Vordach *siehe dort*
– Walmdach *siehe dort*
Dachaufbauten, Schneelast XI/965
Dachdeckung, Flächenlast XI/937
Dachtraufe, Schneeüberhang XI/965
DAfStb *siehe* Deutscher Ausschuss für Stahlbeton e. V.
Dämmstoffe, Glimmen X/896
Darrversuch I/119
Datenbank Ökobau.dat I/144
DBV *siehe* Deutscher Beton- und Bautechnik-Verein
Decken
– befahrbare, Nutzlast XI/946
– Flachdecke *siehe dort*
– Hochbaudecke, Zwang IX/856
– Nutzlast XI/942 f.
– П-Platten-Decke, Stahlauflager V/458
– Ziegeldecke, Eigenlast XI/939
Deckenplatte, Auflagerung auf Fertigteilwand XI/1189
Deckensysteme
– Bemessungsregeln XI/1080
– Konstruktionsregeln XI/1080
– Querrippenabstand, größter XI/1190
Deckenverbindung zur Querkraftübertragung XI/1189
Declaration of Performance (DoP) V/411
Dehnungsverteilungsgrenzen XI/1125
Depassivierung I/95
Deutscher Ausschuss für Stahlbeton e. V. (DAfStb), Richtlinie I/159–161, XI/1231 f.
Deutscher Beton- und Bautechnik-Verein (DBV)
– Merkblätter XI/1232–1234
– – „Parkhäuser und Tiefgaragen" XI/1021
– Sachstandsberichte XI/1232–1234
Diamantbohrer IV/303
Dicalciumsilicat I/19
Dichtgewölbe VIII/771
Dichtsohle VIII/771
Dichtungsmittel I/31 f.
Diffusion, Definition I/89

Diffusionskoeffizient I/90
DIN 19702 VI/477
DIN EN 1990 XI/915–929
DIN EN 1991-1-1 XI/929–951
DIN EN 1991-1-2 XI/951–953
DIN EN 1991-1-3 XI/953–969
DIN EN 1991-1-4 XI/970–1000
DIN EN 1991-1-5 XI/1000–1002
DIN EN 1991-1-6 XI/1003
DIN EN 1991-1-7 XI/1004–1007
DIN EN 1991-3 XI/1007
DIN EN 1992-1-1
– Annahmen XI/1088
– Anwendungsbereich XI/1086 f.
– Anwendungsregeln XI/1088
– bauaufsichtliche Einführung in Deutschland XI/1008–1010
– Begriffe XI/1088–1090
– Erläuterungen XI/1010–1086
– Kurzfassung XI/1085–1206
– Nationaler Anhang XI/1086–1206
– normative Verweisungen XI/1087 f.
– Prinzipien XI/1088
DIN EN 1992-4 V/412
Diorit I/23
Dole VII/524, VII/568
– Großdole VII/568
– Wasserhaltungsdole VII/568
Dolensperre VII/679, VII/697, VII/709
– großdolige mit Rechen VII/514, VII/539, VII/541 f., VII/710
Doppelkopfanker V/412–414
– (in) I-Trägern V/419
– Bewehrung, mindeste V/420
– Einbau, nachträglicher V/418
– (als) Querbewehrung V/416, V/419
– – (in) Balken V/418–423
– – (in) Platten V/418–423
– technische Spezifikationen V/421 f.
Doppelschleuse VI/495
Doppel-Schubdorn V/459
Dosiersperre VII/508 f., VII/514, VII/535–540, VII/697, VII/706
– Balkensperre VII/508 f., VII/514, VII/538 f., VII/706
– Dolensperre *siehe dort*
– Dosierungsfunktion VII/535
– Entwurfsregeln VII/535 f.
– Filterfunktion VII/535
– großdolige VII/509 f.
– kronengeschlossene VII/510
– kronenoffene VII/510, VII/536
– Öffnungsgröße VII/536
– Räumungszufahrt VII/551
– Schlitzsperre *siehe dort*
– Stauraum VII/550 f.
– (mit) Vorfeldmauer VII/560
– Wirkungsweise VII/535

Druckfestigkeit
– Beton I/58–65, I/68
– – Bemessungswert XI/1018
– – (unter) Laborbedingungen XI/1014
– – Verhältniswerte I/68
– Faserbeton I/138 f.
– Konstruktionsleichtbeton I/119 f.
Druckfuge, abgeschalte V/416
Druckglied, Definition XI/1089
Druckknoten XI/1147
Druckkraft-Übertragungsverbindung XI/1191 f.
Druckkriechen IX/849, IX/856
Drucklager V/448
Druckschublager V/448
Drucksondierung VIII/746
Druckstab zur Querkraftbewehrung XI/1168
Druckstoß V/428
Druckstrebe, Bemessung mit Stabwerkmodell XI/1049
Druckstrebenwinkel, minimal zulässiger XI/1035
Druck-Zug-Knoten XI/1147
Dübel *siehe auch* Befestigungsmittel *und* Verankerungen
– Abstandsmontage IV/302, IV/319
– Anordnung IV/301
– Brandbeanspruchung IV/397–402
– – Bemessung IV/398–402
– – Betonbruch IV/401 f.
– – Betonkantenbruch IV/402
– – Herausziehen IV/401
– – Stahlversagen IV/400 f.
– Dauerlasteinfluss IV/341
– drehmomentkontrolliert spreizender V/299
– Durchmesser, mindester IV/301
– Einschlagdübel IV/299
– Gewindegröße, mindeste IV/301
– Hinterschnittdübel *siehe dort*
– Grenzzustand der Tragfähigkeit IV/326–366
– Lastexzentrizitätseinfluss
– – (bei) Querlast IV/360 f.
– – (bei) Zuglast IV/337 f.
– Metallspreizdübel, Bemessung V/412
– Nachspreizen IV/332
– Plastizitätstheorie IV/402–406
– – Anwendungsbedingungen IV/403 f.
– – Bemessung IV/405 f.
– – Verteilung der äußeren Lasten IV/404 f.
– Querlasten IV/313–321

- Stahlversagen IV/349, IV/364 f.
- – (unter) Querlast
- – – mit Hebelarm IV/352
- – – ohne Hebelarm IV/351 f.
- – (unter) Zuglast IV/330
- – Typen IV/299
- – Verankerungsversagen IV/349, IV/365
- – Verbunddübel siehe dort
- – Verbundspreizdübel siehe dort
- – Versagen
- – – Arten IV/329
- – – Betonausbruch
- – – – kegelförmiger IV/330–340
- – – – lokaler IV/346–349
- – – – rückwärtiger IV/352–355
- – – Betonkantenbruch IV/355–364
- – – Betonspalten IV/344–346
- – – – (unter) Last IV/344–346
- – – – (bei der) Montage IV/344
- – – Durchziehen IV/327
- – – Herausziehen IV/340
- – – kombiniertes
- – – – (durch) Herausziehen und Betonbruch IV/340–344
- – – – (durch) Zug- und Querlasten IV/365 f.
- – (unter) Querlast IV/349–351
- – (unter) Zuglast IV/327
- – wegkontrolliert spreizender IV/299
- – Zuglasten IV/310–313
- – Zusatzbewehrung IV/323–326
- – – Versagen IV/349, IV/364 f.
- Dübelleiste V/412
- DUCON I/138
- Düker VI/498
- Durchgangsloch
- – Definition IV/313
- – Durchmesser im Anbauteil IV/314
- Durchlass VI/498
- Durchstanzbewehrung V/412
- – Anordnung V/415
- – Bodenplatte XI/1045–1049
- – Flachdecke XI/1044 f., XI/1075 f.
- – Fundament XI/1044–1049
- – Platte V/416–423, XI/1044–1049
- – – punktförmig gestützte V/416–423
- – Systeme V/414
- Durchstanzen
- – Lasteinleitung XI/1040 f.
- – – Mindestmomente XI/1049
- – – Nachweisschnitte XI/1040 f.
- – – Nachweisverfahren XI/1041 f.
- – Widerstände XI/1042–1044
- Durchstanztragfähigkeit V/414
- Durchstanzwiderstand, maximaler V/414

Düsenstrahlverfahren VIII/764–772, VIII/821–824
- Anwendungsmöglichkeiten VIII/768
- Bemessung VIII/769–771
- Bodenmischkörper VIII/769
- Festigkeit VIII/767
- – Ermittlung VIII/770
- – Injektionskörper VIII/769
- Monitor VIII/765
- Nachteile VIII/768 f.
- Planung VIII/769–771
- Qualitätssicherung VIII/771 f.
- Risiken VIII/768 f.
- Rückfluss VIII/865
- Rücklauf VIII/769
- Steifigkeit VIII/767
- Stopfer VIII/769
- Überwachung VIII/771
- Verfahrensbeschreibung VIII/765
- Verfahrensschritte VIII/766
- Vorteile VIII/768 f.
- Wirkungsweise VIII/766 f.

E
Eckbewehrung von Vollplatten XI/1177 f.
Eigengewichtsaktivierung IX/870
- Wand IX/854
Eigenlast von Ziegeldecken XI/939
Eigenspannung
- Bodenplatte IX/852
- Wand IX/854 f.
Eindringinjektionsverfahren VIII/791–794
- Anwendungsgebiete VIII/793
- Anwendungsgrenzen VIII/793
- Bemessung VIII/794
- Injektionsschleier VIII/793
- Kluftinjektion VIII/792
- Nachteile VIII/793
- Planung VIII/794
- Poreninjektion VIII/792
- Qualitätssicherung VIII/794
- Risiken VIII/793
- Überwachung VIII/794
- Verfahrensbeschreibung VIII/791
- Vorteile VIII/793
- Wirkungsweise VIII/792
Eindringverfahren zur Festigkeitsbestimmung I/53
Einheitstemperaturzeitkurve IV/398
Einmischverfahren VIII/732
Einpresshilfen I/31, I/33
Einschlagdübel IV/299
Einwirkungen
- außergewöhnliche siehe dort
- nicht vorwiegend ruhende, Definition XI/1089

- Technische Baubestimmungen XI/1207–1209
- vorwiegend ruhende, Definition XI/1089
Einzeldruckglied, Schlankheitsgrenzwert XI/1030
Einzelfundament
- Konstruktionsregeln XI/1201 f.
- unbewehrtes XI/1081
Einzelriss IX/842 f.
Eisfahne XI/969
Eislast XI/953–969
Eiszonen XI/967
- Karte XI/968
Elastomerbahn, Flächenlast XI/938
Elementplatte V/414
E-Modul
- Basalt I/23
- Beton I/70–72, IX/834 f., XI/1014
- Diorit I/23
- Gabbro I/23
- Granit I/23
- Grauwacke I/23
- Hochofenschlacke I/23
- Kalkstein I/23
- Konstruktionsleichtbeton I/120
- Quarzit I/23
- Quarzporphyr I/23
- Sandstein I/23
- Sekantenwert IX/835
- Tangentenwert IX/835
EN 1992-4 IV/293–408
Endkriechzahl I/76, XI/1095
Endschwindmaß I/58
Endverankerung V/423 f.
Environmental Product Declaration (EPD) I/144
EOTA V/411
Ermüdungsgrenzzustand von Befestigungsmitteln IV/387–390
Erosion, Gerinneerosion VII/507
ETA/ETAG siehe Europäische Technische Zulassung
Ettringit I/19, I/117
EuGH-Urteil vom 16.10.2014 X/895–897
- Inhalt X/896
- Konsequenzen X/896 f.
- Umsetzung X/898
Eurocode 0 XI/915–929
Eurocode 1 XI/929–1007
Eurocode 2
- Anwendungsbereich XI/1086 f.
- Kurzfassung XI/1085–1206
Europäische Bewertungsdokumente X/893
Europäische Technische Bewertung V/411, X/893
Europäische Technische Spezifikation IV/296

Stichwortverzeichnis

Europäische Technische
Zulassung (ETA/ETAG)
III/269, V/411
– Befestigungsmittel IV/296
European Organisation for
Technical Assessment (EOTA)
V/411
Eutrophierungspotenzial I/144

F

Fachwerkmodell IV/323–325,
IV/351
Fahrbahnbelag, durchlässiger
XI/1021
Fallplattenverdichtung VIII/746,
VIII/760
– Anwendungsgebiete VIII/759
– Anwendungsgrenzen VIII/759
– Bemessung VIII/759
– Bodenpressung, typische
VIII/759
– Nachteile VIII/759
– Planung VIII/759
– Qualitätssicherung VIII/759 f.
– Risiken VIII/759
– Schema VIII/756
– Überwachung VIII/759 f.
– Verfahrensbeschreibung
VIII/756
– Vorteile VIII/759
– Wirkungsweise VIII/758 f.
Faserbeton I/126–142
– Ausziehwiderstand I/130
– composite concept I/127
– Dauerhaftigkeit I/140
– Druckfestigkeit I/138 f.
– DUCON I/138
– Eigenschaften I/138–142
– Endverankerung I/130
– Fasergehalt I/130
– Frostwiderstand I/141
– gerissener I/128–134
– Haftlänge I/128
– Hochleitungsfaserbeton
(HPFRCC) I/126, I/134
– Kriechen I/140
– Rissbremse I/127
– Rissverteilung I/126
– Scherfestigkeit I/140
– Schwinden I/140
– SIFCON I/131, I/138, I/140
– SIMCON I/131, I/138
– spacing concept I/127
– Spannungs-Dehnungs-Linie
I/130
– Stahlfaserbeton *siehe dort*
– Taumittelwiderstand I/141
– Tragverhalten I/126
– Übereinstimmungsnachweis
I/142
– Verbundspannungen I/128
– Verbundverhalten I/130
– Verformungsverhalten I/133

– Verschleißwiderstand I/142
– Wasserzementwert I/138
– Zusammensetzung I/138
Fasercocktail I/133
Fasern I/134–137
– adhäsive Haftung I/131
– Aramidfasern I/137
– Ausziehwiderstand I/130
– Effektivität I/127
– feinfibrillierte I/136
– fibrillierte I/136
– Glasfasern *siehe dort*
– Kohlenstofffasern I/137
– Kunststofffasern I/136 f.
– Kurzfasern I/126, I/135
– Langfasern I/126
– monofilamente I/136 f.
– organische I/136
– – Temperaturverhalten I/141
– Polyacrylnitrilfasern I/137
– Polyesterfasern I/137
– Polyolefinfasern I/137
– Polypropylenfasern I/137
– Polyvinylalkoholfasern I/137
– risshemmende Wirkung
I/126
– Roving I/135
– Schlankheit I/128
– Stahlfasern *siehe dort*
– Verankerung I/129
– Versagensmöglichkeiten I/129
– Zellulosefasern I/137
Fehlbohrung IV/303, IV/327
Feinheitsziffer I/29
Ferrocement I/126
Fertigteile
– Betonfertigteile, Technische
Baubestimmungen
XI/1219–1223
– Betondeckung XI/1079 f.
– Dauerhaftigkeit XI/1079 f.
– Definition XI/1088
– Konstruktionsregeln XI/1196
– Verbindungen, Bemessungs-
und Konstruktionsregeln
XI/1191–1193
– zusätzliche Regeln
XI/1078–1080, XI/1185–1197
Fertigtreppe V/455
Fertigteilverbinder V/461–471
Festbeton *siehe* Beton
Festigkeitsklassen
– Beton I/5 f., I/65, XI/1206
– Leichtbeton I/5
– Normalbeton I/5
– Schwerbeton I/5
– Zement I/12, I/61, I/76
Feuchtigkeitsklassen von Beton
I/27
Filtersperre VII/540–544,
VII/708
– Konstruktion VII/540–544
– Wirkungsweise VII/540

Flachdach
– aerodynamische Beiwerte
XI/979
– ausgedehntes, Schneelast XI/957
– Flächeneinteilung XI/980
– (mit) Photovoltaikanlage,
Schneelast XI/962
– (mit) Solarthermieanlage,
Schneelast XI/962
Flachdecke
– Durchstanzbewehrung, Ermittlung
XI/1075 f.
– (nahe bei) Innenstützen
XI/1178
– Konstruktionsregeln XI/1075 f.
– mit Durchstanzbewehrung
– – Durchstanztragfähigkeit
XI/1044 f.
– – Längsbewehrungsgrad,
Ermittlung XI/1045
– – Längsbewehrungsverankerung,
Ermittlung XI/1045
– ohne Durchstanzbewehrung
– – Längsbewehrungsgrad,
Ermittlung XI/1043
– – Längsbewehrungsverankerung,
Ermittlung XI/1043
– Querbewehrung V/412
– (nahe bei) Randstützen
XI/1179
– Rundschnitt, kritischer V/418
Flächenlast
– Bitumenabdichtungen XI/938
– Bodenbeläge XI/936
– Dachdeckungen XI/937
– Elastomerbahnen XI/938
– Gipswandplatten XI/935 f.
– Kunststoffabdichtungen XI/938
– Normtabellen XI/931 f.
– Putz XI/935 f.
– Wandbeläge XI/936
Flachgründung VIII/730
Fließbeton I/44
Fließmittel I/31 f.
Flinte I/25
Flugasche I/8 f., I/35–39
– anrechenbare Mengen I/36 f.
– Anrechenbarkeitswert I/36
– Höchstmenge I/36
– Mindestmenge I/38
Formschluss IV/299
Frischbeton I/40–50
– Ausbreitmaßklassen I/42
– Bluten I/46
– Einbau I/44–46
– Entmischen I/45–47
– Fördern I/44
– Konsistenz I/42–44
– – Regelkonsistenz I/44
– Luftgehalt I/41
– Pumpfähigkeit I/45
– Rohdichte I/41
– Temperatur I/48

– Transport I/44–46
– Verarbeitbarkeit I/42–44
– Verdichtungsarten I/46
– Verdichtungsmaßklassen I/42
Frostkörper VIII/803
– Festigkeit VIII/805
Frostwiderstand von Beton I/36
Fugen
– Arbeitsfuge, Konstruktionsregeln XI/1201
– Druckfuge, abgeschalte V/416
– Schubkraftübertragung XI/1036–1039
– Verbundfuge siehe dort
– Verbundtragfähigkeit, Bemessungsmodell XI/1036
Fundament
– Einzelfundament siehe dort
– Köcherfundament siehe dort
– mit Durchstanzbewehrung
– – Bewehrungsanordnung XI/1048
– – Durchstanztragfähigkeit XI/1044–1049
– – Längsbewehrungsgrad, Ermittlung XI/1045–1046
– – Längsbewehrungsverankerung, Ermittlung XI/1046
– ohne Durchstanzbewehrung
– – Durchstanzwiderstand XI/1042–1044
– – Längsbewehrungsgrad, Ermittlung XI/1043
– – Längsbewehrungsverankerung, Ermittlung XI/1043
– Rundschnitt, kritischer V/417
– Streifenfundament siehe dort
– Zwischenschicht zur Bodenplatte VIII/738
Fundamentanker V/462 f.
Fundamentplatte, Bemessung VIII/736 f.
– Bettungsmodulverfahren VIII/737
– Biegemomente VIII/737
– Schnittkräfte VIII/737

G
Gabbro I/23
Gabelstapleranprall XI/1005 f.
Gasbeton I/124
Geländekategorien XI/970–972
Gelenkdrucklager V/449
Gelporen I/20
Geotechnik, Technische Bestimmungen XI/1224–1226
gering bewehrte Bauteile, Definition XI/1088
Gerinneerosion VII/507
Geschiebeablagerung siehe Retention
Geschiebeablagerungsbecken siehe Retentionsbecken

Geschiebebewirtschaftung VII/506–512
– Ablagerungsprozesse, Beeinflussung VII/509–512
– Entstehungsprozesse, Beeinflussung VII/507–509
– Retentionsbauwerke VII/511
– Schutzbauwerke VII/507
– Stabilisierungsbauwerke VII/509
– Verlagerungsprozesse, Beeinflussung VII/509
Geschiebedosiersperre siehe Dosiersperre
Geschiebedosierung VII/509, VII/536
Geschiebefilterung VII/536
Geschiebehaushaltskontrolle VII/506
– Schutzbauwerke VII/508
Geschieberetention siehe Retention
Gesteinskörnung siehe unter Beton
Gesteinsmehl, getempertes I/39
Gewichtsmauer VII/664, VII/666
– Querschnitt VII/667
Gewichtssperre VII/666–669
– Bemessung VII/667–669
– – Standsicherheit VII/667–669
– Berechnung VII/667–669
– Betongewichtssperre, vorgespannte VII/667–668
– (in) Konstruktionsbeton VII/666
Gewölbesperre VII/665, VII/669–681
– Bemessung VII/673–679
– – (mit) Bogenlamellen VII/674 f.
– – Finite-Elemente-Methode VII/679
– – Lastaufteilungsverfahren VII/678 f.
– – Ringformel VII/674
– – (mit) Trägerrost VII/675, VII/677 f.
– – Versuchslastverfahren VII/678
– Berechnung VII/673–679
– Verfahren VII/673
– Formen VII/670
– Fugen, Blockfuge VII/649 f.
– Grundrissformen VII/672
– Kämpferverbreiterung VII/671–673, VII/681 f.
– konstruktive Durchbildung VII/679
– Lastabtragung VII/670
– Lastfälle VII/673 f.
– Rissbildung VII/672
– Sperrenflügel VII/673
– Vorbemessung VII/673
Gipswandplatten, Flächenlast XI/935 f.
Gittersperre VII/701–703
– Bemessung VII/705

– Berechnung VII/705
– ebenes System VII/701–703
– – abgestütztes VII/701–703
– räumliche VII/703
Gitterträger V/412
– Bezeichnungen II/233
– (nach) DIN 488-5 II/224–233
– – Abweichungen, zulässige II/225
– – Arbeitshilfen II/226
– – Aufbau II/224
– – Gestaltung II/225
– – Listengewichte II/228
– – Werkkennzeichen II/225 f.
– (nach) DIN EN 1992-1-1, Listengewichte II/229
– Herstellwerke II/230–233
– Montagegitterträger II/233
– MQ-Gitterträger II/227
– Nenndurchmesser II/183
– Nennmassen II/183
– Nennquerschnittsflächen II/183
– Schubgitterträger II/233
– S-Gitterträger II/227
– Typen II/233
– Werkkennzeichen II/230–233
Glasfasern I/135 f.
– AR-Glasfasern I/135
– Dauerhaftigkeit I/141
Granit I/23
Grauwacke I/23
Grenzzustand
– Ermüdung, Befestigungsmittel IV/387–390
– Gebrauchstauglichkeit, Befestigungsmittel IV/304, IV/306
– Tragfähigkeit
– – Ankerschiene IV/368–386
– – Befestigungsmittel IV/304–306
– – Dübel IV/326–366
– – Kopfbolzen IV/326–366
Großdole VII/568
Größtkorn V/418
Grundkriechen I/74 f., IX/837
Grundschwinden I/55–57
– Endmaße XI/1018
Gründungen
– (mit) diskreten Elementen siehe Rigid inclusion
– Hybridgründung VIII/808–811
– Kombinationsgründung VIII/808 f.
– ökologischer Fußabdruck VIII/824
– Pfahlgründung VIII/730
– Pfahlplattengründung, kombinierte (KPP) siehe dort
– Rigid inclusion VIII/730, VIII/805–808, VIII/812
– Tiefgründung, Einsatzbereiche VIII/730
Grundwasser, Grenzwerte I/86

L

Lager, Bemessungs- und Konstruktionsregeln XI/1191–1195
Lagerfläche mit Gabelstapler, Nutzlast XI/941
Lagergüter
– Böschungswinkel XI/935
– Wichte XI/935
Lagerung, Definition XI/1089
Landesbauordnung (LBO)
– Regelungssystem X/893–895
– Struktur X/893 f.
Langfasern I/126
Längsbewehrung
– Balken siehe dort
– mindeste XI/1144
– Querkraftbewehrung XI/1181 f.
– Stützen XI/1181
– Verankerung
– – (an) Auflagern
– – – Bemessungsregeln XI/1192 f.
– – – Konstruktionsregeln XI/1192 f.
– – Bemessungsregeln XI/1063–1066
– – Verankerungslänge
– – – Grundwert XI/1064 f., XI/1163
– – – Bemessungswert XI/1065 f., XI/1163–1165
– – – mindeste XI/1066
– – Verbundfestigkeit, Bemessungswert XI/1064
Lasteintrag XI/1050
Lastschüttung siehe auch Vertikaldrain VIII/760–764
latent hydraulische Stoffe I/39 f.
Leichtbeton siehe auch Konstruktionsleichtbeton I/4, I/113–126
– Festigkeitsklassen I/5
– Gesteinskörnung I/113
– haufwerksporiger I/113, I/124–126
– – Einbau I/125
– – Festigkeit I/125
– – Herstellung I/125
– – Korrosionsschutz I/125
– – Zusammensetzung I/125
– Rohdichteklassen I/6
– selbstverdichtender, Pumpförderung I/119
– Umrechnungsfaktoren I/6
Leitwerk VII/508
LH-Zement I/52
L-Kasten-Versuch für Beton I/103 f.
Luftgehalt von Frischbeton I/41
Luftporenbeton I/95 f.
Luftporenbildner I/31 f.
Luftporensysteme I/96
Lugeon-Wert VIII/790

M

Manschettenrohrinjektion VIII/799
Maschinen XI/1007
Mauerwerk, Wichte XI/933
MBO, Novellierung X/898
mechanische Verbindungen siehe auch Betonstahlverbindungen V/423
Mehlkorngehalt I/34, I/41
Mehlkorntyp (SVB) I/101
Merkblätter
– BAW-Merkblatt „Früher Zwang" VI/485
– (des) DBV XI/1021, XI/1232–1234
– (des) ÖBV 1235 f.
Metallspreizdübel, Bemessung V/412
Mikrohohlkugel I/96
Mikrorissbildung I/71, I/90
MIP-Verfahren siehe Mixed-in-Place-Verfahren
Mixed-in-Place(MIP)-Verfahren siehe auch Nassmischverfahren VIII/778 f.
Monosulfat I/19
Montagegitterträger II/233
Mörtel
– Ausbreitfließversuch I/102
– Hydratationswärme I/35
– Injektionsmörtel V/434
– Trichterauslaufversuch I/102 f.
– Wichte XI/932
Muffen, Anschweißmuffe V/424
Muffenstoß V/423 f.
Murabsturzbauwerk VII/514, VII/544 f., VII/548 f.
– Aufbau VII/544
– Konstruktion VII/548 f.
Murabsturzsperre siehe Murabsturzbauwerk
Murbrecher VII/508, VII/514, VII/544–548, VII/706 f.
– Konstruktion VII/545–548
– Scheiben VII/548
Musterbauordnung (MBO), Novellierung X/898
Muster-Verwaltungsvorschrift Technische Baubestimmungen (MVV TB), Ausarbeitung X/898

N

nachhaltiger Beton I/143–156
– Eigenschaften I/152–156
– Zusammensetzung I/152–156
Nachweisschnitt V/417
Nassmischverfahren VIII/777–784, VIII/820 f.
– Anwendungsgebiete VIII/781
– Anwendungsgrenzen VIII/781
– Bemessung VIII/782
– Blade Rotation Number VIII/780
– Coplan-Stabilisierungs-Verfahren (CSV) VIII/778
– Cutter-Soil-Mixing(CSM)-Verfahren VIII/779 f.
– Druckfestigkeit, axiale VIII/782
– Durchlässigkeit VIII/782
– Flügelumdrehungsindex VIII/780
– Mischvorgang VIII/777
– Mixed-in-Place(MIP)-Verfahren VIII/778 f.
– Nachteile VIII/781 f.
– Planung VIII/782
– Qualitätssicherung VIII/782
– Risiken VIII/781 f.
– Überwachung VIII/782
– Verfahrensbeschreibung VIII/777–780
– Vorteile VIII/781 f.
– Wirkungsweise VIII/780 f.
Naturbims I/114, I/124
Naturgefahren
– alpine VII/503 f.
– Definition VII/503
– Schutzbauwerke siehe Wildbachschutzbauwerke
– Ursachen VII/504
Naturstein, Wichte XI/933
Netzsperre VII/513 f., VII/703 f.
– Bemessung VII/705
– Berechnung VII/705
Neubeton V/441
nichtmetallische Bewehrung II/240–242
Normalbeton I/4
– Definition XI/1089
– Festigkeitsklassen I/5
– Spannungs-Dehnungs-Diagramm I/120
Normen XI/913–1243
– harmonisierte X/892 f.
Nutzlast
– Abminderungsbeiwerte XI/949
– Absturzsicherung, Horizontallast XI/950 f.
– Balkon XI/942 f.
– Dach, nicht begehbares XI/946
– Decke XI/942 f.
– Deckenflächen, befahrbare XI/946
– Lagerfläche mit Gabelstapler XI/941
– Parkhaus XI/944–946
– Trennwandzuschlag XI/942
– Treppe XI/942 f.
– Zwischenwand, Horizontallast XI/950 f.

O

Oberflächenbewehrung IV/337, IX/871
- Balken XI/1176
- (bei) großen Stabdurchmessern XI/1083

Oberflächenriss IX/871
Oberflächenverdichtung VIII/729
oberirdisch aufgehende Bauteile XI/1021
Ökobeton *siehe* nachhaltiger Beton
Ölschiefer I/39
ON-Regeln „Schutzbauwerke der Wildbachverbauung" VII/506
Opal I/25
organische Stoffe I/40
Ortbetonplatte V/413
Österreichische Bautechnik Vereinigung (ÖBV)
- Merkblätter XI/1235 f.
- Richtlinien XI/1234 f.
- Sachstandsbericht XI/1236

Ozonabbaupotenzial I/144
Ozonbildungspotenzial, bodennahes I/144

P

Palmgren-Miner-Regel I/80
Parkbauten XI/1023
Parkflächen, Ausführungsvarianten XI/1022
Parkhaus, Nutzlast XI/944–946
Passivierung I/91
Permeabilitätskoeffizient I/90
Permeation, Definition I/89
Pfahlgründung VIII/730
Pfahlplattengründung, kombinierte (KPP) VIII/730
Pfeilerplattensperre VII/695–698
- Bemessung VII/697
- Berechnung VII/697
- Formen VII/696
- konstruktive Durchbildung VII/697
- (mit) luftseitigen Scheiben VII/697 f., VII/700 f.
- (mit) luftseitigen Stützpfeilern VII/695 f.
- Standsicherheit VII/697
- (mit) wasserseitigen Scheiben VII/697–699
- (mit) wasserseitigen Stützpfeilern VII/695 f.

Phonolith I/39
Photovoltaikanlage auf Flachdach XI/962
- Schneelast XI/962

pH-Wert der Porenlösung I/95
Π-Platten-Decke, Stahlauflager V/458
Pigmente I/34
Plastizitätstheorie IV/310, IV/402–406

Platten
- Definition XI/1089
- Einspannmomente
- - Bemessungsregeln XI/1188
- - Konstruktionsregeln XI/1188
- Elementplatte V/414
- mit Durchstanzbewehrung, Durchstanztragfähigkeit XI/1044–1049
- ohne Durchstanzbewehrung, Durchstanzwiderstand XI/1042–1044
- punktförmig gestützte, Durchstanzbewehrung V/416–423
- Querbewehrung mit Doppelkopfankern V/418–423
- (mit) Stützenkopfverstärkung XI/1138
- Vollplatte *siehe dort*

Plattenbalken, Definition XI/1089
Plattenbreite, mitwirkende XI/1028
Plattensperre, einfache VII/681–686
- Bemessung VII/683–685
- Berechnung VII/683–685
- Geometrie VII/683–685
- Konsolidierungsfunktion VII/683
- konstruktive Durchbildung VII/685
- Plattentafeln VII/683–685
- Querschnitt VII/683

Poisson'sche Zahl I/69
Polyacrylnitrilfasern I/137
Polyesterfasern I/137
Polyolefinfasern I/137
Polypropylen I/135
Polypropylenfasern I/137
Polyvinylalkoholfasern I/137
Porenbeton I/113, I/124
Portlandzement I/143
Portlandzementklinker I/8
Primärenergiebedarf I/144
Primärriss IX/841, IX/846
- Abstand IX/853, IX/855

Pultdach
- aerodynamische Beiwerte XI/982
- Flächeneinteilung XI/981

Putz, Flächenlast XI/935 f.
Puzzolane I/8, I/34–39
- natürliche I/8

Q

Quarzporphyr I/23
Querdehnungsverhalten von Beton IX/836
Querdehnzahl von Beton I/70 f.
Querkraft
- Nachweisverfahren XI/1033
- parallel zur Fuge V/445
- senkrecht zur Fuge V/445

Querkraftbewehrung
- Balken XI/1174 f.
- (mit) Doppelkopfankern V/416, V/419
- - (in) Balken V/418–423
- - (in) Platten V/418–423
- Druckstab XI/1168
- Flachdecke V/412
- Übergreifungsstoß XI/1069 f.
- Verankerung, Bemessungsregeln XI/1066 f.
- Vollplatte XI/1074 f.
- Wand XI/1077 f.
- Zugstab XI/1069 f.

Querkraftdorn
- Doppel-Schubdorn IV/459
- einfacher V/461
- (mit) integrierter Schalldämmung V/456
- Systeme V/458–461
- - konstruktive Durchbildung V/461
- - statischer Nachweis V/459, V/461
- - technische Spezifikationen V/460

Querkraftübertragung bei Deckenverbindungen XI/1189
Querkraft-Übertragungsverbindungen XI/1192

R

Randbewehrung von Vollplatten XI/1178
Recyclinghilfen für Waschwasser I/31, I/33
Reduzierverbindung V/430
Regelwerke XI/913–1243
Reibschluss IV/299
Reibungskraft zwischen Ankerteil und Beton IV/310, IV/394
Reihenhaus, Windlast XI/944
Retention VII/509, VII/513
Retentionsbecken VII/508, VII/513 f.
Retentionssperre
- Räumungszufahrt VII/551
- Stauraum VII/550 f.

Rheologie I/42
Richtlinien
- Alkali-Richtlinie I/25 f., I/99
- Bauproduktenrichtlinie (BPR) *siehe dort*
- Betonbauqualität I/159–161
- (des) DAfStb I/159–161, XI/1231 f.
- (des) ÖBV XI/1234 f.
- selbstverdichtender Beton (SVB) I/105
- Stahlfaserbeton I/142 f.
- Technische Baubestimmungen XI/1229 f.

Rigid inclusion VIII/730, VIII/805–808, VIII/812
Ringanker, Konstruktionsregeln XI/1184
Riss
– Biegeriss IX/852
– Einzelriss *siehe dort*
– Oberflächenriss IX/871
– Primärriss *siehe dort*
– Sekundärriss IX/841, IX/845 f., IX/873
– Trennriss IX/852
Rissarretierung I/132
Rissbildung
– abgeschlossene IX/842 f.
– sukzessive IX/841
Rissbreite IX/841 f.
– (bei) abgeschlossener Rissbildung IX/843
– Begrenzung IX/866–871
– – Betonzugfestigkeit
– – – Anhaltswerte XI/1055
– – – wirksame XI/1053–1057
– – Bewehrung, mindeste XI/1052–1057
– – Entwurfsgrundsatz XI/1051
– – Grenzdurchmesser XI/1057 f.
– – ohne direkte Berechnung XI/1057 f.
– – Stababstand, Höchstwerte XI/1153
– – Zwang
– – – früher XI/1054
– – – später XI/1053
– Berechnung XI/1058 f.
– – Modell, Vorhersagegenauigkeit XI/1053
– Beschränkung *siehe* Rissbreite, Begrenzung
– Bewehrung, mindeste XI/1150–1152
– (bei) Einzelriss IX/842
– Ermittlung IX/860
– maximale IX/843
– ohne direkte Berechnung XI/1152–1154
– Stahlbetonbauteile IX/831–887
Rissfreiheit I/38
Rissmechanik
– dicke Bauteile IX/871, IX/873–875
– dünne Bauteile IX/871–873
Rissoberfläche, Rauigkeit V/418
Rissschnittgröße IX/862
Rissvermeidung IX/865, IX/871
Risszustand IX/842 f.
Rohdichte
– Basalt I/23
– Diorit I/23
– Frischbeton I/41
– Gabbro I/23
– Granit I/23
– Grauwacke I/23

– Hochofenschlacke I/23
– Kalkstein I/23
– Konstruktionsleichtbeton I/116
– Quarzit I/23
– Quarzporphyr I/23
– Sandstein I/23
Rohdichteklassen von Leichtbeton I/6
Rückbiegeanschluss, flexibler V/444–447
– Fugen V/444
– Querkräfte V/445, V/447
– Seilschlaufe V/444
– technische Spezifikationen V/447 f.
– Wandplattenverbindungen V/444
Rundschnitt V/416
– äußerer V/417
– kritischer V/417 f.
– – (bei) ausgedehnten Auflagerflächen V/417
– – (bei) Flachdecken V/418
– – (bei) Fundamenten V/417
– – (um) Lasteinleitungsflächen V/417
– – (in) Öffnungsnähe XI/1137
Runse VII/514
Runsenverbau VII/508, VII/514
Rüstung, Technische Baubestimmungen XI/1223 f.
Rüttelbohle VIII/748
Rütteldruckverdichtung VIII/742–748, VIII/817 f.
– Ablauf VIII/744
– Anwendungsgebiete VIII/744–746
– Anwendungsgrenzen VIII/744–746
– Bemessung VIII/747
– Bodeneignung VIII/745
– Nachteile VIII/746 f.
– Planung VIII/747
– Qualitätssicherung VIII/747 f.
– Risiken VIII/746 f.
– Überwachung VIII/747 f.
– Verfahrensbeschreibung VIII/742 f.
– Vorteile VIII/746 f.
– Wirkungsweise VIII/743 f.
Rüttelstopfsäule VIII/754 f.
Rüttelstopfverdichtung VIII/750–754, VIII/817–820
– Anwendungsgebiete VIII/752
– Anwendungsgrenzen VIII/752
– Bemessung VIII/753 f.
– Dränagewirkung VIII/751
– Nachteile VIII/752 f.
– Planung VIII/73 f.
– Qualitätssicherung VIII/754
– Risiken VIII/752 f.
– Trockenverfahren VIII/751
– Überwachung VIII/754

– Verfahrensbeschreibung VIII/750 f.
– Vorbohren VIII/752
– Vorteile VIII/752 f.
– Wirkungsweise VIII/751 f.
Rüttler
– Aufsatzrüttler VIII/748, VIII/754–756
– Schleusenrüttler VIII/750 f.
– Tiefenrüttler VIII/743, VIII/750

S
Sachstandsberichte
– (des) DBV XI/1232–1234
– (des) ÖBV XI/1236
Sand, gesättigter
– physikalische Eigenschaften VIII/747
Sandstein I/23
Sandwichtafel XI/1997
Satteldach
– aerodynamische Beiwerte XI/979
– Flächeneinteilung XI/983
Saul-Nurse-Reifegrad I/62
Schalung I/108 f.
– nichtsaugende I/108
– Oberflächeneigenschaften I/108
– saugende I/108
– Technische Baubestimmungen XI/1223 f.
– Trennmittel I/109
Schalungsanker II/243
– Herstellwerke II/247
Schaumbeton I/113, I/124
Schaumbildner I/31, I/33
Schaumlava I/114, I/124
Scheibe, Definition XI/1089
Schiefer, gebrannter I/8 f.
Schiffshebewerk VI/495 f.
Schlankheit V/417
Schlauchwaage VIII/801
Schlaufe, Ersatzverankerungslänge XI/1162
Schleuse VI/477, VI/493–496
– Abmessungen VI/494
– Bauwerk-Boden-Interaktion VI/494
– (mit) biegesteifem Stahlbeton-Halbrahmen VI/494
– Doppelschleuse VI/459
– Ermüdung VI/495
– Kammerschleuse, Bauteile VI/493
– monolithische VI/494
– Querschnitt VI/482
– Schiffshebewerk VI/495 f.
– Sonderformen VI/495
– Sparbeckenschleuse VI/495
– Standardisierung VI/495
– Temperatur VI/482
Schleusenrüttler VIII/750 f.
Schlichte I/135 f.

Schlitzsperre VII/509
– (mit) Balken VII/508 f.,
  VII/514, VII/538 f., VII/706
– (mit) Hybridquerschnitt
  VII/687 f.
– Konstruktion VII/536–539
– (mit) offenem Schlitz VII/537
Schlitzwandbeton I/38
Schneckenpfahl-Bohrgerät,
  umgestürztes VIII/739
Schneefanggitter, Schneelast
  XI/965
Schneelast
– außergewöhnliche in
  Norddeutschland XI/956 f.
– (auf dem) Boden XI/954
– Dachaufbauten XI/965
– Dachtraufe, Schneeüberhang
  XI/965
– Flachdach
– – ausgedehntes XI/957
– – (mit) Photovoltaikanlage
  XI/962
– – (mit) Solarthermieanlage
  XI/962
– Formbeiwerte XI/957–962
– – (mit) Höhenvorsprung
  XI/962–965
– Schneefanggitter XI/965
Schneelastzonenkarte XI/955
Schnellzement I/12
Schnittgrößenermittlung
– allgemeines Verfahren XI/1121
– Balken im Hochbau, effektive
  Stützweite XI/1113 f.
– Bauteile unter Normalkraft
– – Berechnung nach Theorie II.
  Ordnung XI/1030–1032,
  XI/1117–1124
– – Knicklängen von Einzeldruck-
  gliedern XI/1118 f.
– – Schlankheit von Einzeldruck-
  gliedern XI/1118 f.
– – – Grenzwert XI/1118
– Bauteilverformungen, Auswir-
  kungen nach Theorie II. Ordnung
  XI/1110
– Berechnung
– – linear-elastische XI/1028 f.
– – – (mit) begrenzter Umlagerung
  XI/1115
– – nichtlineare XI/1116 f.
– Druckglieder mit zweiachsiger
  Lastausmitte XI/1122–1124
– Einwirkungskombinationen
  XI/1110
– Gesamttragwerk, Nachweis nach
  Theorie II. Ordnung XI/1119 f.
– Idealisierungen XI/1028
– Imperfektionen XI/1110–1112
– Kriechen XI/1120
– Krümmung XI/1032
– Lastfälle XI/1110

– (mit) Nennkrümmung
  XI/1121 f.
– nichtlineare XI/1030
– (nach) Plastizitätstheorie
  XI/1115 f.
– – Stabwerkmodelle XI/1115 f.
– Plattenbreite, mitwirkende
  XI/1113
– Platten im Hochbau, effektive
  Stützweite XI/1113 f.
– Stabwerkmodell XI/1029
– Träger, schlanker
– – seitliches Ausweichen
  XI/1124
– Tragwerksmodelle für statische
  Berechnungen XI/1112 f.
– Vereinfachungen XI/1028
Schottersäule VIII/755
Schrauben
– Betonschraube siehe dort
– Hammerkopfschraube IV/298
– Kerbzahnschraube IV/298
– Zahnschraube IV/298
Schraubenmuffenverbindung
  V/423
Schubdornsystem mit Trittschall-
  dämmung V/454
Schubgitterträger II/233
Schubkräfte zwischen Balkensteg
  und Gurten XI/1036, XI/1129 f.
Schubschlankheit V/418
Schubverbinder V/434 f.
Schutz, Technische Baubestim-
  mungen XI/1226 f.
Schutzbauwerke siehe Wildbach-
  schutzbauwerke
Schutzgalerie VII/514
Schwerbeton I/4
– Definition XI/1089
– Festigkeitsklassen I/5
Schwinden I/54–58, I/72,
  IX/836 f., XI/1095–1097
– autogenes I/55, IX/836
– Carbonatisierungsschwinden
  I/55
– chemisches I/54
– Endschwindmaß I/58
– Grundschwinden siehe dort
– plastisches I/55
– Trocknungsschwinden siehe dort
Sedimentationsreduzierer I/31
Sedimentationsversuch für Beton
  I/104 f.
Seilsperre VII/513
Sekantenmodul für Druckbeanspru-
  chung I/70
Sekundärettringitbildung I/117
Sekundärriss IX/841, IX/845 f.,
  IX/873
Sekundärsetzung VIII/764
selbstverdichtender Beton (SVB)
  I/100–106
– Eigenschaften I/106

– Mischungsentwurf I/101 f.
– Prüfung I/102–105
– Richtlinie I/105
– Typen I/101
Setzfließversuch für Beton I/103
Sheddach, aerodynamische
  Beiwerte XI/985
Sichtbeton I/106–112
– Ausblühungen I/110
– Ausführung I/109
– Ausschreibung I/107
– Beurteilung I/109 f.
– Calciumcarbonatanteil I/110
– Calciumhydroxydanteil I/110
– Definition I/106
– Einbau I/108 f.
– Erprobungsflächen I/106 f.
– farbiger I/112
– Farbunterschiede I/110
– Herstellung I/107 f.
– Kalkaussinterungen I/110
– Konsistenz I/109, I/107
– Leichtbeton I/112 f.
– Mängel I/110–112
– – Beseitigung I/111 f.
– Marmorierungen I/110
– Mischreihenfolge I/108
– Nachbehandlung I/109
– Planung I/107
– Referenzflächen I/107
– Schalhaut I/107 f.
– Schlieren I/108, I/110
– Schüttlagenhöhe I/109
– Trennmittel I/109
– Trocknung I/109
– Verdichtung I/109 f.
– Verfärbungen I/110
– weißer I/112
– Wolkenbildungen I/108, I/110
– Zusammensetzung I/107 f.
Sieblinien I/28–30
SIFCON I/131, I/138, I/140
Silikastaub I/8 f., I/36, I/39 f.,
  I/137
SIMCON I/131, I/138
Sinterbims I/114, I/124
Sohlpflasterung VII/514
Sohlstufe VII/508
Solarthermieanlage auf Flachdach,
  Schneelast XI/962
Solevereisung VIII/801
Sonderzement I/14
Spannbetontragwerk, Bemessung
  und Konstruktion
  XI/1008–1086
Spanngliedverankerung
– (mit) Ankerkörpern III/259,
  III/274–278
– – Ankerplatten III/275–277
– – Klemmkonstruktionen
  III/274–276
– – Kontaktpressung III/275
– – Koppelanker III/277

Stichwortverzeichnis XXXVII

– – Reibung III/274
– – Rippenhalbschalen III/277 f.
– Bauausführung III/284–287
– – Abbruchverfahren III/284 f.
– – Bauablauf III/286 f.
– – Erschütterungen III/284
– – Pilgerschritt III/285
– (beim) Brückenrückbau
    III/249–292
– Klemmkonstruktion III/256
– Konzepte III/259–278
– nachträgliche III/253 f.
– Plattenverankerung III/258
– Redundanzen III/260
– Regelwerke III/260
– Sicherheitskonzept III/278 f.
– – Lastaufbringung III/279
– – Nutzungsdauer III/279
– – Spannkraftverluste III/278
– – Teilsicherheitsbeiwerte III/278
– statisch-konstruktive Aspekte
    III/279–284
– – Lasteinleitung III/282
– – Momentenumlagerung III/280
– – Randzug III/281 f.
– – Bewehrung III/284
– – Schnittgrößenumlagerung
    III/279
– – Spaltzug III/281 f.
– – – Bewehrung III/283
– – Spanngliedausfall, planmäßiger
    III/281
– – Systemumlagerung III/279
– – Teilflächenpressung III/282 f.
– – Trennschnitt III/280
– – Zwangsschnittgrößen III/280
– Trennschnitte III/252
– Überwachung III/287 f.
– – Durchrutschen III/288
– – Endschlupf III/287
– – Kriterien III/287
– – Schlupfkontrolle III/287 f.
– – Verankerungslänge,
    Abschätzung III/288
– Verankerungslänge III/259
– Verbundverankerung
    III/259–274
– – Dehnmessungen III/266
– – Endschlupf III/264 f.
– – (mit) Epoxidharz III/274
– – erschütterungsarme III/266
– – Haftbrücken III/273 f.
– – (mit) Hochleistungsbeton
    III/267
– – nachträglicher Verbund
    III/269 f.
– – Neuverankerung III/267
– – Oberflächenrauheit III/273 f.
– – sofortiger Verbund III/270
– – Übertragungslänge III/261 f.,
    III/265 f.
– – (mit) ultrahochfestem Beton
    III/267

– – Verankerungslänge III/261 f.,
    III/272 f.
– – Verbundkraft III/262, III/271
– – Verbundkriechen III/263
– – Verbundlänge III/261, III/271
– – Verbundmaterial III/267 f.,
    III/270
– – Verbundspannung III/261 f.
– – (im) Verpressmörtel II/263 f.
– – Versuche III/268
– – – Ausziehversuch III/268 f.,
    III/271
– – – Dauerschwingversuch
    III/271
– – – (für) ermüdungsrelevante
    Einwirkungen III/271
– – – Ermüdungsversuch III/269
– – Versuchsauswertung III/271 f.
– – – statische III/272
– – Versuchskonzept III/270 f.
– – Zulassungen III/260
Spannstahl II/242–247
– Normungsstand II/242 f.
– Schalungsanker *siehe dort*
– Spannstahldraht *siehe dort*
– Spannstahllitzen *siehe dort*
– Spannstahlstab *siehe dort*
Spannstahldraht II/243
– Lieferformen II/243
– Herstellwerke II/244 f.
Spannstahllitzen II/243
– Herstellwerke II/246
– Lieferformen II/244
Spannstahlstab II/243
– Herstellwerke II/247
Spannungsbegrenzung XI/1050
Spannungsgeschichte eines Stahl-
    betonbauteil IX/847–851
Spanplatten, Wichte XI/934
Sparbeckenschleuse VI/495
spezielle Bauteile, Technische
    Baubestimmungen
    XI/1219–1223
Sprengverdichtung VIII/729
Spritzbeschleuniger I/31
Spritzbeton, Festigkeitsbestimmung
    I/53
Stababstandtabelle IX/860–862
Stabbündel XI/1071, XI/1171
Stabdurchmessertabelle
    IX/860 f.
Stabilisierer I/31, I/33
Stabilisierertyp (SVB) I/101
Stabilisierungssäulen
    VIII/805–808
– Anwendungsgebiete VIII/806
– Anwendungsgrenzen VIII/806
– Bemessung VIII/807
– Nachteile VIII/806 f.
– Planung VIII/807
– Qualitätssicherung VIII/807 f.
– Risiken VIII/806 f.
– Überwachung VIII/807 f.

– Verfahrensbeschreibung
    VIII/805 f.
– Vorteile VIII/806
– Wirkungsweise VIII/806
Stabwerkmodell
– Biegemomente, mindeste
    XI/1145
– Druckstrebenbemessung
    XI/1049
– Knotenbemessung XI/1146 f.
– Zugstrebenbemessung XI/1049
Stahl, hochkorrosionsbeständiger
    (HCR-Stahl) IV/310
Stahlauflager für Π-Platten-Decke
    V/458
Stahlbauanschluss V/464
Stahlbetonbau, Technische Baube-
    stimmungen XI/1207–1230
Stahlbetonbauteile
– Rissbreitenbeschränkung
    IX/831–887
– Spannungsgeschichte
    IX/847–851
– ungeschützte tragende XI/1021
– Verformungskompatibilität
    IX/831–887
– Zwangsbeanspruchung
    IX/831–887
Stahlbeton im Wasserbau *siehe auch*
    Beton, (im) Wasserbau
    VI/484–492
Stahlbetonplatte
– Querkrafttragfähigkeit, mindeste
    XI/1034
Stahlbetontragwerk, Bemessung
    und Konstruktion XI/1008–1086
Stahlbetonwand, tragende
– Wanddicke, mindeste XI/1182
Stahlbetonzugstab, dünner
    IX/840
– lastbeanspruchter IX/839–843
– dicke Bauteile IX/839 f.
– – dünne Bauteile IX/839 f.
– – globales Verhalten
    IX/840–842
– – Rissbreite IX/842 f.
– – Risszustand IX/842 f.
– Steifigkeit, lastabhängige
    IX/841
Stahldrucklager V/449
Stahlfaserbeton I/138
– Arbeitslinien I/139
– Richtlinie I/142 f.
– Wöhlerlinie I/81
Stahlfasern I/131, I/134 f., I/140,
    III/283
– Dauerhaftigkeit I/140
– Korrosion I/141
– Temperaturverhalten I/141
Stahllasche, Ankleben V/433
Stahlsorten
– B500A II/183
– – Kennzeichnung II/184

Stichwortverzeichnis

- B500B II/183
- – Kennzeichnung II/184
- Werkkennzeichnung II/184
Standardbeton I/6 f.
- Zementgehalt, mindester I/7
Staustufe VI/496
Steinschlichtung VII/508
Stickstoffvereisung VIII/802
Stoffschluss IV/300
Stokes'sches Gesetz I/46
Stoß
- Bemessungsregeln XI/1068–1071
- benachbarter XI/1068
- (von) Betonstahlmatten aus Rippenstahl XI/1070 f.
- Übergreifungslänge XI/1069
- Übergreifungsstoß, Querkraftbewehrung XI/1069 f.
- versetzter XI/1068
Streifenfundament
- Konstruktionsregeln XI/1201 f.
- unbewehrtes XI/1081
Stützen
- Definition XI/1089
- Konstruktionsregeln XI/1076 f.
- Längsbewehrung XI/1076
- Querkraftbewehrung XI/1076 f.
Stützenanker, Konstruktionsregeln XI/1078
Stützenschuh V/463
Sulfathüttenzement I/9
SVB siehe selbstverdichtender Beton

T

Tangentenmodul für Druck- und Zugbeanspruchung I/70
Technische Baubestimmungen X/906–909
- Abdichtungen XI/1227–1229
- Bauarten X/908
- Bauausführung XI/1215–1217
- Bauprodukte X/907
- Baustoffe XI/1209–1215
- Bemessung XI/1215–1217
- Beton XI/1209–1215
- Betonbau XI/1207–1230
- Betonfertigteile XI/1219–1223
- Betonstahl XI/1209–1215
- Brandschutz XI/1217–1219
- Einwirkungen XI/1207–1209
- Geotechnik XI/1224–1226
- Grundlagen XI/1207–1209
- Instandsetzung XI/1226 f.
- Regelung in der MBO X/906
- Richtlinien XI/1229 f.
- Rüstung XI/1223 f.
- Schalung XI/1223 f.
- Schutz XI/1226 f.
- spezielle Bauteile XI/1219–1223

- Stahlbetonbau XI/1207–1230
- Verordnungen XI/1229 f.
technische Spezifikation X/892 f.
Teilflächenbelastung XI/1049 f.
Teilsicherheitsbeiwerte
- Baustoffe, Modifikation XI/1081 f., XI/1202 f.
Tempcore-Verfahren II/186
Temperaturdehnzahl I/23
Temperatureinwirkungen XI/1000–1002
Temperaturkoeffizienten XI/1001 f.
Temperaturprofile XI/1001
Temperaturverteilung XI/1000 f.
Tension-Stiffening IX/841
Terrazzo I/106
Textilbeton siehe Carbonbeton
Thermex-Verfahren II/186
thermische Trennung V/448
Tiefenrüttler VIII/743, VIII/750
Tiefgründung, Einsatzbereiche VIII/730
Tonerdeschmelzzement I/9
Tonerdezement I/9
Tor, Brandverhalten X/896
Torsion
- Nachweisverfahren XI/1039 f.
- Wölbkrafttorsion XI/1135
Torsionsbewehrung
- Balken XI/1074, XI/1176
- Bügelbewehrung XI/1134
- Längsbewehrung XI/1134
Träger
- Betonelementanschluss V/462
- I-Träger mit Doppelkopfankern V/419
- scheibenartiger, Definition XI/1089
- schlanker, seitliches Ausweichen XI/1032
- wandartiger
- – Definition XI/1089
- – Konstruktionsregeln XI/1078
Tragfähigkeitsgrenzzustand XI/1032–1050
- Ankerschiene IV/368–386
- Befestigungsmittel IV/304–306
- Dübel IV/326–366
- Kopfbolzen IV/326–366
Tragraupe mit Tiefenrüttler VIII/750
Tragwerk
- aufgelöstes siehe dort
- Betondeckung XI/1002–1109
- Brandeinwirkungen XI/951–953
- – mechanische XI/952 f.
- Dauerhaftigkeit, Anforderungen XI/1103
- (aus) Fertigteilen, zusätzliche Regeln XI/1185–1197
- (aus) gering bewehrtem Beton XI/1080

- Planung siehe Tragwerksplanung
- Spannbetontragwerk siehe dort
- Stahlbetontragwerk siehe dort
- Umgebungsbedingungen XI/1103
- (aus) unbewehrtem Beton XI/1080
Tragwerksplanung
- Anforderungen XI/1010 f.
- Basisvariablen XI/1011
- Baubeschreibung XI/1093
- bautechnische Unterlagen XI/1013
- Befestigungsmittel im Beton XI/1013
- Bemessung, versuchsgestützte XI/1013
- Berechnungen, statische XI/1092
- Bewegungsunterschiede XI/1090
- Dauerhaftigkeit XI/1011
- Einwirkungen, Kombinationsregeln XI/1012 f.
- Fugenabstand XI/1091
- Grundlagen
- – Anforderungen, grundlegende XI/917
- – Annahmen XI/916 f.
- – Berechnung, statische XI/921 f.
- – – Dauerhaftigkeit XI/919 f.
- – – Einwirkungen
- – – Kombinationsbeiwerte XI/925–927
- – – Kombinationsregeln XI/925–927
- – Teilsicherheitsbeiwerte XI/923–925
- – – Kombinationen
- – – Grenzzustände XI/919 f.
- – – Kombinationen
- – – (in) Grenzzuständen der Gebrauchstauglichkeit XI/928
- – – (in) Grenzzuständen der Tragfähigkeit XI/927 f.
- – – (im) üblichen Hochbau XI/929
- – – Nutzungsdauer, geplante XI/918 f.
- – – Teilsicherheitsbeiwerte XI/922–925
- – – Voraussetzungen XI/916 f.
- Lagesicherheitsnachweis XI/1092
- Nutzungsdauer XI/1011
- Qualitätssicherung XI/1011
- Setzungsunterschiede XI/1090
- Teilsicherheitsbeiwerte XI/1012
- Temperaturauswirkungen XI/1090
- Zeichnungen XI/1092

Transportanker XI/1079
Transportkoeffizient I/90
Treibhauspotenzial I/144
Trennriss IX/852
Treppe
– Fertigteiltreppe V/455
– Nutzlast XI/942 f.
– Trittschallschutz V/454 f.
Treppenpodest
– (aus) Betonfertigteilen V/454
– Lagerung V/457
Tricalciumaluminat I/19
Tricalciumsilicat I/19
Trichterauslaufversuch
– Beton I/104
– Mörtel I/102 f.
Trittschalldämmung, konstruktive Durchbildung V/453 f.
Trittschallschutz für Treppen V/454 f.
trittschalltechnische Entkopplung V/456
Trockenmischverfahren VIII/773–777
– Anwendungsgebiete VIII/774 f.
– Anwendungsgrenzen VIII/774 f.
– Bemessung VIII/775 f.
– Bindemittel VIII/774
– – Gehalt, variabler VIII/775
– Blade Rotation Number VIII/774
– Mischgeräte VIII/774
– Nachteile VIII/775
– Planung VIII/775 f.
– Qualitätssicherung VIII/776 f.
– Risiken VIII/775
– Säulenanordnung VIII/776
– Sondierungsverfahren VIII/776
– Überwachung VIII/776 f.
– Verfahrensbeschreibung VIII/773 f.
– Vorteile VIII/775
– Wirkungsweise VIII/774
Trocknungskriechen IX/837, I/74
Trocknungsschwinddehnung, Ermittlung XI/1204
Trocknungsschwinden I/54–56, IX/836, IX/856
– Zeitverlaufsfunktionen XI/1017
Trogdran
– aerodynamische Beiwerte XI/979
– Flächeneinteilung XI/983

U
Übereinstimmungsbestätigung X/910
Übereinstimmungsnachweis X/910
Übergreifungsstoß, Querkraftbewehrung XI/1069 f.
Überlastschüttung VIII/731

Uferdeckbau VII/508
UHFB siehe ultrahochfester Beton
ultrahochfester Beton (UHFB) I/143
– Eigenschaften I/156
– Ökobilanz I/155
– Zusammensetzung I/156
unbewehrte Bauteile, Definition XI/1088

V
Vakuum-Vertikaldränage VIII/729
Verankerungen siehe auch Befestigungsmittel und Dübel und Kopfbolzen
– (mittels) angeschweißter Stäbe, Bemessungsregeln XI/1067 f.
– Anordnung IV/301
– Anwendungsbereich IV/297–303
– Bemessung
– – (nach) EN 1992-4 IV/293–408
– – Grundlagen IV/303–307
– Dauerhaftigkeit IV/307–310
– Endverankerung V/423 f.
– geschichtliche Entwicklung IV/295 f.
– Neuerungen gegenüber der CEN/TS-1992-4-Reihe IV/296 f.
– technische Spezifikationen V/431 f.
Verankerungstechnik V/409–472
Verbindungen
– Betonstahlverbindung siehe dort
– biegesteife siehe dort
– Klebeverbindung V/433
– mechanische siehe auch Betonstahlverbindungen V/423
– – Bemessungsregeln XI/1068–1071
– – Übergreifungslänge XI/1069
– Reduzierverbindung V/430
– Schraubenmuffenverbindung V/431 f.
– Wandplatten V/444
Verbindungselemente V/423–440
– (zur) Querkraftübertragung V/458–461
– – Querkraftdornsysteme siehe auch V/458–461
– – Stahlauflager für Π-Platten-Decke V/458
– – (mit) Schalldämmung V/453–457
– – – Anwendungsbereich V/453
– – – konstruktive Durchbildung V/453–455
– – – Korrosionsschutz V/455–457
– – – statischer Nachweis V/455

– – (mit) Wärmedämmung V/448–452
– – – Anwendungsbereich V/453
– – – Brandschutz V/451, V/453
– – – Dauerhaftigkeit V/451
– – – konstruktive Durchbildung V/448, V/450 f.
– – – Korrosionsschutz V/451
– – – statischer Nachweis V/451
– – – Tauwassergefahr V/451
– – – technische Spezifikationen V/452
– – – Transmissionswärmeverlust V/451
– – – Wärmeschutz V/451
Verbund
– Anreicherung von sandreicheren Schichten I/47
– Gesteinskörnung, grobe
– – Absinken I/47
Verbundbauteil, Definition XI/1089
Verbundbedingungen XI/1162
Verbundbewehrung XI/1132
Verbunddübel IV/299 f.
– Bemessung V/412
– Versagen IV/328
Verbundfuge
– glatte XI/1038
– Kategorien XI/1039
– raue XI/1038
– Rauigkeitskategorien XI/1037
– Schubtragfähigkeit XI/1038
– verzahnte XI/1038
Verbundspreizdübel IV/299 f.
– Bemessung V/412
Verbundsteifigkeit IX/860
Verbundverhalten zwischen Stahl und Beton, Einflussgrößen III/261
Verdichten mit Aufsatzrüttlern VIII/754–756
– Anwendungsgebiete VIII/755
– Anwendungsgrenzen VIII/755
– Bemessung VIII/755
– Nachteile VIII/755
– Planung VIII/755
– Qualitätssicherung VIII/755 f.
– Risiken VIII/755
– Überwachung VIII/755 f.
– Verfahrensbeschreibung VIII/754 f.
– Vorteile VIII/755
– Wirkungsweise VIII/755
Verdichtungsinjektionsverfahren VIII/794–797
– Anwendungsgebiete VIII/795–797
– Anwendungsgrenzen VIII/795–797
– Bemessung VIII/797
– Dichtevergleich VIII/797

– Nachteile VIII/797
– Planung VIII/797
– Prozessschritte VIII/795
– Qualitätssicherung VIII/797
– Risiken VIII/797
– Überwachung VIII/797
– Verfahrensbeschreibung VIII/794 f.
– Vorteile VIII/797
– Wirkungsweise VIII/795
vereister Baukörper, Windlast XI/999 f.
Vereisungsklassen XI/966 f.
Verflüssiger I/31
Verformungen
– aufzunehmende IX/867
– Begrenzung XI/1059–1062
– – Biegeschlankheitsgrenzwerte XI/1061
– – Nachweis mit direkter Berechnung XI/1062, XI/1158 f.
– – Nachweis ohne direkte Berechnung XI/1060–1062, XI/1157 f.
Verformungseinwirkungen auf Betonbauteile IX/834–839
Verformungskompatibilität IX/831–887
– Bemessungskonzept IX/865–875
– Rechenbeispiele IX/875–885
– – Trogbauwerk aus dicken Bauteilen IX/880–885
– – Untergeschoss aus dünnen Bauteilen IX/875–880
Verkehrswasserbauwerke *siehe* Wasserbauwerke
Verordnungen, Technische Baubestimmungen XI/1229 f.
Versagensfolgeklassen XI/1006
Versauerungspotenzial I/144
Vertikaldrän mit Lastschüttung VIII/760–764
– Anwendungsgebiete VIII/762
– Anwendungsgrenzen VIII/762
– Arbeitsplattform VIII/760
– Bemessung VIII/763 f.
– Einbau VIII/761 f.
– Herstellung VIII/761
– Installationsvorgang VIII/760
– (zur) Konsolidierung VIII/760
– Konsolidierungsgrad VIII/763
– Nachteile VIII/762 f.
– Planung VIII/763 f.
– Qualitätssicherung VIII/764
– Risiken VIII/762 f.
– Testfeld VIII/763
– Überwachung VIII/764
– Verfahrensbeschreibung VIII/760 f.
– Vorteile VIII/762 f.
– Wirkungsweise VIII/761 f.

Vertikaldränage VIII/729, VIII/731
Verwahrkasten für Bewehrungsanschluss V/442–444
– Oberflächenbeschaffenheit V/442
– Profilierung V/443
Verzögerer I/31 f.
Vibrationsverdichtung VIII/748–750
– Anwendungsgebiete VIII/749 f.
– Anwendungsgrenzen VIII/749 f.
– Bemessung VIII/750
– Nachteile VIII/750
– Planung VIII/750
– Prinzip VIII/749
– Qualitätssicherung VIII/750
– Resonanzfrequenz VIII/748
– Risiken VIII/750
– Überwachung VIII/750
– Verfahrensbeschreibung VIII/748
– Vibro-rod-Methode VIII/748
– Vorteile VIII/750
– Wirkungsweise VIII/748 f.
Vibro-rod-Methode VIII/748
VLH-Zement I/19, I/52
Vollplatten
– Bewehrung in Auflagernähe XI/1177
– Biegebewehrung XI/1074
– Eckbewehrung XI/1177 f.
– Konstruktionsregeln XI/1074 f.
– Querkraftbewehrung XI/1178
– Randbewehrung XI/1178
Vollstoß V/423
Vollverdrängerschnecke VIII/806
Vollwandsperre VII/524
Vordach
– Abmessungen XI/992
– aerodynamische Beiwerte XI/991 f.
– Flächeneinteilung XI/992
Vorlastschüttung VIII/731
Vorsperre VII/514, VII/566
vorwiegend auf Biegung beanspruchtes Bauteil, Definition XI/1089

W
Walmdach
– aerodynamische Beiwerte XI/985 f.
– Flächeneinteilung XI/987
Wand
– Bewehrung
– – horizontale XI/1077
– – Querkraftbewehrung XI/1077 f.
– – vertikale XI/1182
– Definition XI/1089

– freistehende, aerodynamische Beiwerte XI/989–991
– (von) Gebäuden mit rechteckigem Grundriss
– – aerodynamische Beiwerte XI/976–978
– – Flächeneinteilung XI/978
– Konstruktionsregeln XI/1077 f.
– mehrschalige, aerodynamische Beiwerte XI/989
– Stahlbetonwand *siehe dort*
– Zwang IX/854–856
– – Eigengewichtsaktivierung IX/854
– – Eigenspannung IX/854 f.
– – Primärrissabstand IX/855
– – zentrischer IX/854
– Zwischenwand *siehe dort*
Wandbelag, Flächenlast XI/936
Wand-Decken-Verbindung
– Bemessungsregeln XI/1080
– Konstruktionsregeln XI/1080
Wandplatten, Verbindungen V/444
Wandverbinder, lösbarer V/466–471
– Eckausbildung V/467
– Eckverbindung V/469
– Stoßverbindung V/469
– Stütze-Wand-Verbindung V/470
– T-Verbindung V/469
– Wandanschluss V/467
– Wandstoß V/467
Wandzuganker, Konstruktionsregeln XI/1078
Wärmeausdehnungskoeffizient von Beton IX/835 f.
Wärmebrücke V/448
Waschbeton I/106
Waschwasser, Recyclinghilfen I/31, I/33
Wasseraufnahmekoeffizient von Beton IV/90
Wasserbau
– (mit) Beton VI/484–492
– Bundesanstalt VI/498
– (mit) Stahlbeton VI/484–492
Wasserbauwerke, massive VI/473–500
– Ausführung VI/477
– Bauwerk-Baugrund-Interaktion VI/479
– Bemessung VI/477–479
– Düker VI/498
– Durchlass VI/498
– Einwirkungen
– – außergewöhnliche VI/482
– – Erdbeben VI/498
– – Grundwasserdruck VI/479
– – Porenwasserdruck VI/481
– – Risswasserdruck VI/481
– – Spaltwasserdruck VI/481
– – ständige VI/479 f.

Stichwortverzeichnis

– – veränderliche VI/480 f.
– – Wasserdruck VI/479 f.
– Forschungen VI/498 f.
– Kombinationsbeiwerte VI/783
– massige Bauteile VI/488
– Nachrechnung VI/483
– Nutzungsdauer VI/483
– – geplante VI/479
– Planung VI/477
– Regelwerke VI/477 f.
– Schleuse *siehe dort*
– Sicherheitskonzept VI/478–483
– – wasserbauspezifisches VI/483
– Teilsicherheitsbeiwerte, wasserbauspezifische VI/482 f.
– Wasserkraftwerk VI/477
– Wehr *siehe dort*
– Wehranlage VI/477
– Zwang, später VI/498
Wasserhaltungsdole VII/568
Wasserkraftwerk VI/477
Wasserretentionssperre VII/697
– (mit) Hybridquerschnitt VII/688
Wasserzementwert I/21 f., I/60, I/89
– Beton I/83
– Faserbeton I/138
– Konstruktionsleichtbeton I/117
Wehr VI/496 f.
– Bauwerk-Boden-Interaktion VI/496
– Eisdruck VI/497
– Grundwasserdruck VI/497
– kombiniertes VI/496 f.
– monolithisches VI/496
– Revisionsverschluss VI/497
– Staustufe VI/496
– Wasserdruck VI/497
– Wehrpfeiler VI/497
Wehranlage VI/477
Weibull-Theorie I/64
Wichte
– Beton XI/932
– Boden
– – bindiger XI/940
– – nichtbindiger XI/939
– Holz XI/934
– Holzfaserplatten XI/934
– Lagergüter XI/935
– Mauerwerk XI/933
– Mörtel XI/932
– Naturstein XI/933
– – Normtabellen XI/931 f.
– Spanplatten XI/934
Wildbach VII/508
– Definition VII/503, VII/506
– murfähiger VII/514
Wildbachgerinne, Fließgleichungen VII/624–626
Wildbachgrundlagen VII/506
Wildbachprozesse, Definition VII/503

Wildbachschutzbauwerke *siehe auch* Wildbachsperren *und* Wildbachverbauung
– Abflusssektion VII/529
– Ablenkdamm VII/514
– (zur) Ablenkung VII/512
– Abschlussbauwerk VII/514
– Auffangdamm VII/514
– aufgelöstes Tragwerk *siehe dort*
– Bauwerksverbände VII/522 f.
– Bemessung, hydraulische VII/622–640
– – Abflussbemessung VII/622–628
– – Abflussprofilveränderungen VII/627 f.
– – Abflussverhalten VII/627
– – – Wechselsprung VII/627
– – Bemessungsabfluss des Gemisches VII/632
– – Energielinengefällebestimmung VII/623
– – Feststofftransport
– – – fluviatiler VII/628–631
– – – murartiger VII/631–633
– – Geschiebetransportbeginn, Festlegung VII/629
– – Geschiebetransportbemessung VII/628–633
– – Geschwindigkeitsbeiwert VII/625 f.
– – Krümmungen VII/628
– – (von) Querbauwerken *siehe* Wildbachschutzbauwerke, Querbauwerk
– – Schleppspannung VII/629
– – Sohlgefällebestimmung VII/623
– – Stauraumbemessung VII/639 f.
– – Überlastfall VII/634
– – Wasserspiegelgefällebestimmung VII/623
– Bremskegel VII/514
– Buhne VII/508, VII/521
– Dränagen VII/514, VII/521 f.
– (zur) Energieumwandlung VII/512, VII/544–549
– Entwurf VII/528–592
– Erhaltung VII/714–718
– flächenwirkende VII/522
– Funktionskette VII/523
– Funktionstypen VII/518–520
– – Ableitung VII/518
– – Ablenkung VII/519
– – Dosierung VII/519
– – Energieumwandlung VII/519
– – Filterung VII/519
– – Konsolidierung VII/518
– – Retention VII/518 f.
– – Stabilisierung VII/518
– – Umgebung VII/518

– Geschiebeablagerungsbecken *siehe* Retentionsbecken
– Gewichtsmauer *siehe dort*
– Grobsteinschlichtung VII/522
– Grundschwelle VII/521
– (zur) Hangsicherung VII/522
– Hangverbau VII/508, VII/514
– Hybridmauer *siehe dort*
– Inspektion VII/715, VII/718
– Klassifizierung VII/518–528
– Kolk VII/529
– – Bemessung VII/637 f.
– – Konstruktion VII/528–592
– (zur) Kontrolle der Ablagerungsprozesse VII/512 f.
– (zur) Kontrolle der Verlagerungsprozesse VII/512 f.
– – murartige Prozesse VII/506, VII/512–515
– (zur) Kontrolle von Wildholz VII/506, VII/514–517
– konstruktive Gestaltung VII/529
– Künette VII/508
– (mit) künstlicher Geländeveränderung VII/522
– Längsbauwerk VII/509, VII/522
– Lebensdauer VII/714–718
– – werkstoffspezifische VII/714
– Leitdamm VII/522
– Leitwerk VII/508
– Murabsturzbauwerk *siehe dort*
– Murbrecher *siehe dort*
– Platte VII/665 f.
– Querbauwerk VII/509, VII/521, VII/529
– – Abflusssektionsbemessung VII/634–637
– – Bemessung, hydraulische VII/634–639
– – Freibord für Abflusssektionen VII/637
– – Kolkbemessung VII/637 f.
– – Öffnungsbemessung VII/638 f.
– – Tosbeckenbemessung VII/637 f.
– – Überfall VII/634–637
– – Vorfeldbemessung VII/637 f.
– – Regulierung VII/514, VII/522 f.
– Retentionsbecken VII/508, VII/513 f.
– Risikofaktoren VII/717
– Runsenverbau VII/508, VII/514
– Schussrinne VII/522
– Schutzgalerie VII/514
– Sohlgurt VII/508, VII/521
– Sohlpflasterung VII/514
– Sohlrampe VII/508, VII/514
– Sohlschwelle VII/521
– Sperre *siehe* Wildbachsperren
– Sperrenstaffel VII/508, VII/514, VII/523
– Sporn VII/521

- Staffelung VII/523
- Steinschlichtung VII/508
- Systematik VII/518–528
- – Begriffsdefinitionen VII/518
- Übersicht VII/504
- Uferdeckbau VII/508
- Ufermauer VII/508, VII/522
- Verlandungslinie VII/639
- Verlandungswinkel VII/639 f.
- (zum) Wildholzrückhalt VII/517
- Winkelstützmauer *siehe dort*
- Wirkung VII/518 f., VII/544 f.
- Zustandsstufen VII/715, VII/718
- Zylindermauer VII/669
Wildbachsperren *siehe auch* Wildbachschutzbauwerke *und* Wildbachverbauung VII/501–724
- Abflusssektion VII/552–557
- – Auskragungen VII/557
- – Bemessung VII/634–637
- – Form VII/552
- – Freibord VII/637
- – Stahlblechverkleidungen VII/555–557
- Abriebschutz VII/552 f.
- aufgelöste VII/524
- Balkenkonstruktion VII/561–566
- Balkensperre VII/508, VII/514, VII/538 f., VII/706
- Bauteile, Konstruktion VII/552–582
- Bauwerkshöhe, Festlegung VII/645
- Bemessung VII/640–713
- – Baustoffe VII/640
- – charakteristische Werte VII/640 f.
- – geotechnische Kategorien VII/645, VII/647
- – geotechnische Kennwerte VII/640 f.
- – Grundlagen VII/593–606, VII/640–655
- – – normative VII/640
- – – Standsicherheit VII/640
- – – Situation VII/644 f., VII/655
- – – außergewöhnliche VII/645
- – – ständige VII/645
- – – vorübergehende VII/645
- Bemessungsereignis, Festlegung VII/593
- Berechnung, statische VII/640–713
- Berechnungsgrundlagen VII/593–606
- – Abflussabschätzung VII/595
- – Abflussentstehung VII/595
- – Bemessungsniederschlagabschätzung VII/595
- – Bodenkennwerte VII/603

- – Erddruck VII/601 f., VII/605
- – Erddruckberechnung VII/601, VII/604 f.
- – Erddrucksonderformen VII/605
- – Erddruckverteilung VII/601, VII/604
- – Erdruhedruck VII/601, VII/605
- – geotechnische Grundlagen VII/600–606
- – Geschiebefrachtabschätzung VII/598–600
- – Geschiebefrachtermittlung VII/598
- – Geschiebepotenzial VII/599
- – hydrologische Grundlagen VII/593–600
- – hydrologische Modelle VII/596–598
- – Indikation
- – – rückwärtsgerichtete VII/593 f.
- – – vorwärtsgerichtete VII/594
- – Kriechdruck VII/605 f.
- – Murfrachtabschätzung VII/600
- – Siloerddruck VII/605
- – Verlagerungsprozesse, Bestimmung VII/594 f.
- – Wandreibungswinkel VII/603 f.
- Bergdrucksperre VII/549 f.
- Bewehrungsführung VII/579–582
- – Plattenbewehrung VII/579–582
- – Rostwangenanschluss VII/582
- – Scheibenbewehrung VII/579–582
- – Vorfeldwangenanschluss VII/582
- – Winkelstützmauern VII/582 f.
- Bogensperre *siehe* Gewölbesperre
- Dole *siehe dort*
- Dolensperre *siehe dort*
- Dosiersperre *siehe dort*
- Einwirkungen VII/606–622, VII/646 f.
- – außergewöhnliche VII/641, VII/647
- – (aus) dynamischen Komponenten VII/606–608, VII/613–621
- – – Einwirkungsmodell VII/617–619
- – – Murdruck VII/616–621, VII/657–659
- – – Murgang VII/617
- – – Verlagerungsprozesse VII/613
- – – Wasserdruck VII/613–616
- – – Eigengewicht VII/608 f.

- – (aus) Einzelkomponenten VII/621
- – Erdbeben VII/622
- – Erddruck VII/609 f.
- – Ermittlung VII/608
- – Felssturz VII/621 f.
- – Hangdruck, seitlicher VII/621
- – Klassifizierung VII/606 f.
- – Kombinationen VII/655–663
- – – (mit) fluviatilen Verlagerungsprozessen VII/655 f., VII/659–661
- – – (mit) murartigen Verlagerungsprozessen VII/657–659, VII/661
- – – Zuordnung VII/661–663
- – Lawine VII/621
- – Prozessmodelle VII/607
- – Prozessparameter VII/608
- – Rutschung VII/622
- – Sondereinwirkungen VII/607, VII/621 f.
- – ständige VII/641, VII/647
- – statische VII/606–608
- – Steinschlag VII/621 f.
- – Talzuschub VII/621
- – Teilsicherheitsbeiwerte VII/607
- – veränderliche VII/641, VII/647
- – Verkehrslasten VII/622
- – (aus) Verlagerungsprozessen VII/608
- – Wasserdruck, hydrostatischer VII/610–613
- – – Auftrieb VII/611–613
- – – Fugenwasserdruck VII/613
- – – Sohlwasserdruck VII/611–613
- – – Strömungsdruck VII/612
- – – Wasseraufllast VII/611
- – (aus) Zwangbeanspruchung VII/622
- – Filtersperre *siehe dort*
- – Flügelsperre VII/529
- – Fugen VII/572–579
- – – Arbeitsfuge VII/573–575
- – – Arten VII/572
- – – Bewegungsfuge VII/574–579
- – – Dehnungsfuge VII/574
- – – Setzungsfuge VII/574
- – Fugenbänder VII/574
- – – Arbeitsfugenband VII/573, VII/577 f.
- – – Bewegungsfugenband VII/576–578
- – – Eckverbindung VII/577–579
- – Fundament VII/557–560
- – geometrische Parameter VII/641
- – Geschiebedosiersperre *siehe* Dosiersperre
- – Gewichtssperre *siehe dort*

Stichwortverzeichnis XLIII

- Gewölbesperre *siehe dort*
- Gittersperre *siehe dort*
- Grenzzustände VII/642–644
- Hangdrucksperre VII/549 f.
- Klassifizierung VII/523–528
- Kolk
- – Auspflasterung VII/566
- – – Bemessung VII/637 f.
- – – Sicherung VII/566
- Konsolidierungssperre *siehe dort*
- kronengeschlossene VII/524
- kronenoffene VII/524
- Kronsteine VII/553–555
- Murabsturzsperre *siehe* Murabsturzbauwerk
- Netzsperre *siehe dort*
- offene VII/724
- Öffnungen VII/566–572
- – – Bemessung VII/638 f.
- – – (in) Bogenmauern VII/570–572
- – – (in) Stahlbetonplatten VII/570 f.
- Pfeiler VII/560 f.
- Pfeilerplattensperre *siehe dort*
- Plattensperre *siehe dort*
- Querbauwerk, Versagensarten VII/643 f.
- Rechenkonstruktion VII/561–566
- – – Auflager VII/564–567
- – – gebrochene VII/565 f.
- – – gleichmäßig geneigte Rechen VII/563 f.
- – – Rechenabstand VII/561 f.
- – – Rechenstäbe VII/564–566
- – – vertikale Rechen VII/563
- Retentionssperre *siehe dort*
- Rostwange VII/561
- Scheiben VII/560 f.
- Schlitz VII/524, VII/568
- Schlitzsperre *siehe dort*
- Seilsperre VII/513
- Sohldruckkraft, Ausmittigkeit VII/653
- Sohlfläche, horizontale
- – – Gleitfugen VII/652
- – Sohlspannungsverteilung VII/651
- Sperrenkrone VII/552–557
- Standsicherheitsnachweis VII/649–655
- – – Geländebruchsicherheit VII/654
- – – Gleiten VII/651 f.
- – – Grundbruch VII/652–654
- – – Kippen VII/649–651
- – – Spannungsnachweis VII/654 f.
- – – Stabilitätsnachweis VII/655
- – – statische Systeme VII/663–713
- – – Einteilung VII/664
- – – Teilsicherheitsbeiwerte VII/648–650, VII/655

- Tosbecken VII/566
- – – Bemessung VII/637 f.
- Typen VII/525, VII/527 f.
- Überfallsektion VII/552–557
- Versagensarten VII/641 f.
- – – Gebrauchstauglichkeit VII/641–643
- – – Tragfähigkeit VII/641 f.
- Vollwandsperre VII/524
- Vorfeldbemessung VII/637 f.
- Vorfeldsicherung VII/566–568
- Vorfeldwange VII/560 f.
- Vorsperre VII/514, VII/566
- Wasserretentionssperre *siehe dort*
- Werkstoffe VII/582–592
- – – Betonkonzepte VII/586–591
- – – – Ausgangsstoffe VII/586 f.
- – – – Bindemittel VII/590 f.
- – – – Exposition VII/586
- – – – Festigkeitsklassen VII/587
- – – – Frost-Tau-Widerstand VII/590
- – – – Gesteinskörnung VII/587–591
- – – – Kornform VII/589
- – – – Sieblinie VII/589
- – – – Wasser VII/591
- – – – Zusatzmittel VII/591
- – – Konstruktionsbeton VII/582–585
- – – – Abrasion VII/584 f.
- – – – Betondeckung VII/585
- – – – Betongüte, mindeste VII/582
- – – – chemischer Angriff VII/584
- – – – Expositionsklassen VII/583–585
- – – – Verschleiß VII/584 f.
- – – – Werkstoffkennwerte VII/582
- – – Stahl VII/592
- – Werte VII/645 f.
- – Widerstände VII/647
- Wildholzfiltersperre VII/508, VII/544
- Wildbachverbauung *siehe auch* Wildbachschutzbauwerke *und* Wildbachsperren VII/503–506
- – Definition VII/503
- – Funktions-Konstruktions-Matrix VII/526
- – Konstruktions-Tragwerks-Matrix VII/526
- – Längsbauwerke VII/522
- – ON-Regeln „Schutzbauwerke der Wildbachverbauung" VII/506
- – Querbauwerke VII/521
- – Schutzbauwerke *siehe* Wildbachschutzbauwerke
- – Schutzkonzepte VII/506–518
- – Schutzmaßnahmen VII/505
- – – aktive VII/503
- – – Geschiebebewirtschaftung *siehe dort*
- – – passive VII/503

- Sofortmaßnahmen VII/805
- Sperren *siehe* Wildbachsperren
- Terminologie VII/518
- Wildholzfang VII/515, VII/543
- Wildholzfiltersperre VII/508, VII/544
- Wildholznetz VII/516, VII/543
- Wildholzrechen VII/515, VII/543
- Wildholzrückhalt VII/515, VII/517
- Winddruck XI/973–975
- Windeinwirkungen XI/973–976
- Windkräfte XI/975 f.
- Windlast
- – aerodynamische Beiwerte
- – – Brüstung, freistehende XI/989
- – – Dach, freistehendes mit offenen Wänden XI/991
- – – Dach, mehrschaliges XI/989
- – – Flachdach XI/978 f.
- – – Innendruck XI/985
- – – Pultdach XI/979
- – – Satteldach XI/984
- – – Sheddach XI/985
- – – Trogdach XI/984
- – – Vordach XI/991 f.
- – – Walmdach XI/985
- – – Wand
- – – – freistehende XI/989–991
- – – – (von) Gebäuden mit rechteckigem Grundriss XI/976–978
- – – mehrschalige XI/989
- – Geschwindigkeitsdruck
- – – Abminderungen XI/997–999
- – – Bauwerke bis 25 m Höhe XI/972 f.
- – – Bauwerke bis 300 m Höhe XI/972
- – Kraftbeiwerte *siehe dort*
- – Reihenhaus XI/999
- – vereiste Baukörper XI/999 f.
- – Windzonen XI/970–972
- – Karte XI/971
- – Winkelstützmauer VII/665 f., VII/688–695, VII/709
- – – Bemessung VII/690–695
- – – Konsolenbemessung, Fachwerkmodell VII/694
- – – Standsicherheit VII/690, VII/692–695
- – – Berechnung VII/690–695
- – – Erddruckansätze VII/693 f.
- – – konstruktive Durchbildung VII/695
- – – mit Querrippen VII/689, VII/691, VII/695
- – – ohne Querrippen VII/689, VII/691–694
- – – Vorbemessung VII/690
- Wöhlerlinie
- – Beton unter Druckbeanspruchung I/78

- Stahlfaserbeton I/81
- unbewehrter Beton I/81
Wölbkrafttorsion XI/1135

Z

Zahnschraube IV/298
Zellulosefasern I/137
Zement I/8–22
- Alkaligehalt, niedrig wirksamer I/14
- Ansteifen I/12
- Anwendungsbereiche I/15–19
- Anwendungszulassung I/9
- Arten *siehe auch* CEM I/8 f., I/12
- bautechnische Eigenschaften I/12–14
- (mit) besonderen Eigenschaften I/9
- Bezeichnung I/14 f.
- Dehnungsmaß I/12
- Erhärtungsvermögen I/13
- Erstarrungsbeginn I/12
- Expositionsklassen I/15–19
- Festigkeitsklassen I/12, I/61, I/76
- Hauptbestandteile I/8 f., I/13
- Hochofenzement I/14, I/94 f.
- Hydratation I/19
- Hydratationsgrad I/21 f.
- Hydratationswärme I/13, I/19, I/116
- Kennfarben I/15
- Kompositzement I/143
- Konformitätsnachweis I/13
- Lagerung I/14 f.
- LH-Zement I/52
- Lieferung I/14 f.
- Mahlfeinheit I/14
- Nebenbestandteile I/9
- Portlandzement I/143
- Raumbeständigkeit I/14
- Schnellzement I/12
- Sonderzement I/14
- Sulfathüttenzement I/9
- Sulfatwiderstand, hoher I/14
- Tonerdeschmelzzement I/9
- Tonerdezement I/9
- VLH-Zement I/19, I/52
- Zusätze I/8 f.
Zementgel I/20 f.
Zementstabilisierung VIII/784–789
- Anwendungsgebiete VIII/787 f.
- Anwendungsgrenzen VIII/787 f.
- Bemessung VIII/788 f.
- Nachteile VIII/788
- Ortmischverfahren VIII/784
- Planung VIII/788 f.
- Qualitätssicherung VIII/789
- Risiken VIII/788
- Überwachung VIII/789
- Verfahrensbeschreibung VIII/784 f.
- Vorteile VIII/788
- Wirkungsweise VIII/785 f.
- Zentralmischverfahren VIII/784 f.
Zementstein I/20–22
- Durchlässigkeit I/21
- Kontaktzone zum Zuschlag I/22
Ziegeldecke, Eigenlast XI/939
Ziegelsplitt I/114, I/124
Zink, Abtragsraten IV/308
ZTV-W VI/484
Zugabewasser I/40
- Brauchwasser I/40
- Restwasser I/40
Zuganker
- Durchlaufwirkung XI/1185
- innen liegender XI/1184 f.
- Konstruktionsregeln XI/1078
- Verankerung XI/1185
- vertikaler XI/1185
- Wandzuganker, Konstruktionsregeln XI/1078
Zugfläche, effektive IX/839, IX/865
Zugkraft-Übertragungsverbindungen
- Bemessungsregeln XI/1192
- Konstruktionsregeln XI/1192
Zugkriechen IX/849, IX/856
Zugstab
- Querkraftbewehrung XI/1069 f.
- Stahlbetonzugstab *siehe dort*
- voll ausgelasteter, Ersatzverankerungslänge XI/1067
Zugstoß V/428
Zugstrebe, Bemessung mit Stabwerkmodell XI/1049
Zusatzbewehrung IV/330
- Fachwerkmodell IV/351
- Kräfte IV/323–326
- Versagen IV/349, IV/364 f., IV/376, IV/381
Zusätzliche Technische Vertragsbedingungen – Wasserbau (ZTV-W) VI/484
Zustimmung im Einzelfall für Bauprodukte X/903–905
Zwang
- Aussparung *siehe dort*
- Bodenplatte *siehe dort*
- Boden-Struktur-Interaktion IX/839
- früher IX/835
- Hochbaudecke IX/856
- später IX/835
- Wand *siehe dort*
- Wasserbauwerke, massive VI/498
- zentrischer IX/854, IX/858
Zwangbeanspruchung
- Bewehrung, mindeste IX/862–865
- – Beiwert k_c IX/862–864
- – Eigenspannung IX/861
- – Rissschnittgröße IX/865
- – Zugfläche, effektive IX/865
- – Zwangkraftabbau IX/845, IX/864
- Rissbildungsrisiko I/52
- Stahlbetonbauteile IX/831–887
- Zugspannung I/52
Zwangkraft IX/843–851
- Abbau IX/845, IX/864
Zwangnormalkraft IX/870
Zwangschnittgrößen IX/867
Zwischenwand
- Nutzlast, horizontale XI/950 f.

Notizen

Notizen

Notizen

Notizen

Notizen

Notizen

Notizen

Notizen

Notizen

Notizen

Ernst & Sohn
A Wiley Brand

Eurocode 2 für Deutschland. Kommentierte Fassung.

Die mit dieser „Kommentierten Fassung" vorgelegte Aufbereitung des Eurocodes 2 soll den in der Praxis tätigen Tragwerksplanern vor allem die Einarbeitung in das neue europäische Regelwerk und die tägliche Arbeit damit erleichtern.

Hierzu wurden in einem Normenteil der Text von DIN EN 1992-1-1 und die dazugehörigen Festlegungen im Nationalen Anhang für Deutschland zusammengeführt und zu einer konsolidierten Fassung verwoben und redaktionell überarbeitet. Alle nationalen Regeln wurden nicht nur in den Text eingearbeitet, sondern auch in Bildern, Gleichungen und Tabellen, und durch eine Unterlegung kenntlich gemacht. Überflüssige Textteile von EN 1992-1-1, wie Anmerkungen, die durch nationale Regeln ersetzt wurden, oder Absätze und Anhänge, die in Deutschland nicht gelten, wurden entfernt. So kann sich der Leser auf den maßgebenden Normentext konzentrieren.

Frank Fingerloos, Josef Hegger, Konrad Zilch
Der Eurocode 2 für Deutschland.
Kommentierte Fassung.
DIN EN 1992-1-1 Bemessung und Konstruktion von Stahlbeton- und Spannbetontragwerken – Teil 1-1
Allgemeine Regeln für den Hochbau mit Nationalem Anhang
GEMEINSAM HERAUSGEGEBEN VON:
BVPI, DBV, ISB, VBI
2., überarb. Auflage 2016. 408 Seiten.
€ 118,-*
ISBN: 978-3-433-03109-4

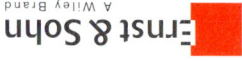

BUNDLE ebook + Print!
€ 153,40* ISBN: 978-3-433-03177-3

Online Bestellung:
www.ernst-und-sohn.de/3177

Ernst & Sohn
Verlag für Architektur und technische Wissenschaften GmbH & Co. KG
D-69469 Weinheim
Boschstraße 12
Kundenservice: Wiley-VCH
Tel. +49 (0)6201 606-400
Fax +49 (0)6201 606-184
service@wiley-vch.de

* Der €-Preis gilt ausschließlich für Deutschland. Inkl. MwSt. Die Versandkosten für Deutschland, Österreich, Schweiz, Liechtenstein und Luxemburg entfallen. Für alle anderen Länder gilt der Preis zzgl. Versandkosten. Irrtum und Änderungen vorbehalten. 1125126_dp

Schwingungstilger für Brücken, Gebäudedecken und Verbundträger

Federlager zur Maschinenabfederung

KTI
Schwingungstechnik

Ihr Spezialist für

Schwingungsisolierung
Schwingungsdämpfung
Federlager / Rohrleitungsdämpfer
Schwingungstilger
Messungen / Engineering

KTI Schwingungstechnik GmbH
Tel.: 02104-8025 75
Fax: 02104-8025 77
info@kti-trautmann.com
www.kti-trautmann.com

ERKA PFAHL GMBH
SPEZIALTIEFBAU

Wir gehen Gebäuden auf den Grund – von Grund auf sicher.

- Verformungsarme Unterfangungen
- Nachgründungen/Gründungssanierungen
- Lösungen beim Heben oder Senken von Bauwerken
- Horizontieren von großen und kleinen Bauwerken sowie Bauwerks-verschiebungen

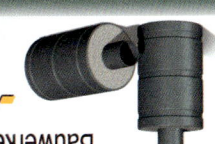

ERKA Pfahl GmbH • Hermann-Hollerith-Str. 7 • 52499 Baesweiler
Tel.: 02401 9180-0 • info@erkapfahl.de • www.erkapfahl.de

Precast Concrete Structures

Building with precast concrete elements is one of the most innovative forms of construction. This is where new types of concrete and reinforcement and new methods are tried out for the first time, as a precasting plant offers excellent conditions for industrial production.

This book provides an introduction to this form of construction and supplies all the information necessary for conceptual and detailed design. The history of this construction method and the status of European standards are also included. Crucial to the economic and correct use of precast concrete elements is a design that suits the production and erection of such elements. Typical precast concrete designs are presented as well as the boundary conditions that must be considered. Connections between precast concrete elements require special attention, especially for horizontal loads. Therefore, the stability of precast concrete structures is explored in full. Special aspects of design, e.g. bearings, corbels, column butt joints, are shown in detail. One increasingly important application for precast concrete elements is façades, and so this topic has its own chapter. The book concludes with information on production itself so that readers gain a full understanding of precast concrete.

All material was completely revised by a new group of authors for this edition. It serves as an introduction to this subject and as a practical resource with examples for both structural engineers and architects.

Ernst & Sohn
Verlag für Architektur und technische Wissenschaften GmbH & Co. KG
D-69469 Weinheim
Boschstraße 12
Customer Service: Wiley-VCH
Tel. +49 (0)6201 606-400
Fax +49 (0)6201 606-184
service@wiley-vch.de

* € Prices are valid in Germany, exclusively, and subject to alterations. Prices incl. VAT, excl. shipping.

Order online:
www.ernst-und-sohn.de/3225

Alfred Steinle, Hubert Bachmann, Mathias Tillmann
Precast Concrete Structures
2nd Edition
February 2019 · approx. 382 pages
approx. € 79.–*
ISBN 978-3-433-03225-1
Also available as ebook.

BUNDLE ebook + Print
€ 99.–*
ISBN 978-3-433-03273-2

2020 BetonKalender

Wasserbau
Konstruktion und Bemessung

Herausgegeben von

Prof. Dipl.-Ing. DDr. Dr.-Ing. E.h. Konrad Bergmeister
Wien

Prof. Dr.-Ing. Frank Fingerloos
Berlin

Prof. Dr.-Ing. Dr. h.c. mult. Johann-Dietrich Wörner
Darmstadt

109. Jahrgang

Hinweis des Verlages
Die Recherche zum Beton-Kalender ab Jahrgang 1980 steht
im Internet zur Verfügung unter www.ernst-und-sohn.de

Titelbild: Neue Weserschleuse in Minden (Fertigstellung 2017)
Foto: Bundesanstalt für Wasserbau, Karlsruhe

Bibliografische Information der Deutschen Nationalbibliothek
Die Deutsche Nationalbibliothek verzeichnet diese Publikation in der Deutschen Nationalbibliografie;
detaillierte bibliografische Daten sind im Internet über http://dnb.d-nb.de abrufbar.

© 2020 Wilhelm Ernst & Sohn, Verlag für Architektur und technische Wissenschaften GmbH & Co. KG,
Rotherstr. 21, 10245 Berlin, Germany

Alle Rechte, insbesondere die der Übersetzung in andere Sprachen, vorbehalten. Kein Teil dieses Buches
darf ohne schriftliche Genehmigung des Verlages in irgendeiner Form – durch Fotokopie, Mikrofilm
oder irgendein anderes Verfahren – reproduziert oder in eine von Maschinen, insbesondere von Datenverarbeitungsmaschinen, verwendbare Sprache übertragen oder übersetzt werden.

All rights reserved (including those of translation into other languages). No part of this book may be
reproduced in any form – by photoprint, microfilm, or any other means – nor transmitted or translated
into a machine language without written permission from the publisher.

Die Wiedergabe von Warenbezeichnungen, Handelsnamen oder sonstigen Kennzeichen in diesem Buch
berechtigt nicht zu der Annahme, dass diese von jedermann frei benutzt werden dürfen. Vielmehr kann
es sich auch dann um eingetragene Warenzeichen oder sonstige gesetzlich geschützte Kennzeichen handeln,
wenn sie als solche nicht eigens markiert sind.

Umschlaggestaltung: Hans Baltzer, Berlin
Herstellung: HillerMedien, Berlin
Satz: Alexa Glanzner GmbH, Viernheim
Druck und Bindung: CPI Ebner & Spiegel, Ulm

Printed in the Federal Republic of Germany.
Gedruckt auf säurefreiem Papier.

Print ISBN: 978-3-433-03268-8
ePDF ISBN: 978-3-433-60992-7
ePub ISBN: 978-3-433-60991-0
oBook ISBN: 978-3-433-60990-3

ISSN 0170-4958

Inhaltsübersicht

2

	Inhaltsverzeichnis V
	Anschriften XV
VIII	**Baugrundverbesserung** . . . . 725 Robert Thurner, Clemens Kummerer, Roman Marte
IX	**Zwangbeanspruchung und Rissbreitenbeschränkung in Stahlbetonbauteilen auf Grundlage der Verformungskompatibilität** . . . . 831 Nguyen Viet Tue, Dirk Schlicke
X	**Die Anpassung des nationalen Bauproduktenrechts nach dem Urteil des EuGH vom 16. Oktober 2014**. . . . . 889 Tina Gerschler
XI	**Normen und Regelwerke** . . . . 913 Frank Fingerloos
	Stichwortverzeichnis 1245

Inhaltsübersicht

1

Inhaltsverzeichnis VII

Anschriften XVII

I **Beton** 1
Frank Dehn, Harald S. Müller, Udo Wiens

II **Betonstahl und Spannstahl** 175
Jörg Moersch, Sven Junge

III **Spanngliedverankerung beim Rückbau von Brücken** 249
David Sanio, Peter Mark

IV **Bemessung von Verankerungen in Beton nach EN 1992-4** 293
Rainer Mallée, Werner Fuchs, Rolf Eligehausen

V **Verankerungs- und Bewehrungstechnik** 409
Thomas M. Sippel

VI **Massive (Verkehrs-)Wasserbauwerke –
ein aktueller bautechnischer Überblick** 473
Claus Kunz

VII **Wildbachsperren** 501
Jürgen Suda, Konrad Bergmeister

Stichwortverzeichnis XXI

Inhaltsverzeichnis

2

VIII Baugrundverbesserung 725
Robert Thurner, Clemens Kummerer, Roman Marte

1	Einleitung. 727	4	Grundverfahren. 742
1.1	Bedeutung von Baugrund-	4.1	Rütteldruckverdichtung 742
	verbesserungsmaßnahmen 727	4.1.1	Technische Verfahrens-
1.2	Definition des Begriffs Baugrund-		beschreibung 742
	verbesserung 727	4.1.2	Wirkungsweise (bodenmechanische
1.3	Inhalt und Struktur des Beitrags 728		Betrachtung). 743
		4.1.3	Anwendungsgebiete/
2	Ziel von Baugrund-		Anwendungsgrenzen 744
	verbesserungsmaßnahmen. 729	4.1.4	Vor-/Nachteile (Risiken) des
2.1	Allgemeines 729		Verfahrens 746
2.2	Beeinflussung der Steifigkeit des	4.1.5	Hinweise für die Planung und
	Baugrunds 729		Bemessung. 747
2.3	Beeinflussung der Festigkeit des	4.1.6	Überwachung und Qualitätssicherung
	Baugrunds 731		in der Ausführung 747
2.4	Beeinflussung der Durchlässigkeit	4.2	Vibrationsverdichtung mittels
	des Untergrunds. 732		Rüttelbohlen. 748
2.5	Reduktion des Verflüssigungs-	4.2.1	Technische Verfahrens-
	potenzials 732		beschreibung 748
2.6	Binden oder Abbau von Schadstoffen	4.2.2	Wirkungsweise (bodenmechanische
	im Untergrund 732		Betrachtung). 748
2.6.1	Sicherungsmaßnahmen 733	4.2.3	Anwendungsgebiete/
2.6.2	Dekontaminationsmaßnahmen. 734		Anwendungsgrenzen 749
		4.2.4	Vor-/Nachteile (Risiken) des
3	Grundlagen für die Planung und		Verfahrens 750
	Ausführung von Baugrund-	4.2.5	Hinweise für die Planung und
	verbesserungsmaßnahmen. 734		Bemessung. 750
3.1	Voraussetzungen für die Planung	4.2.6	Überwachung und Qualitätssicherung
	von Baugrundverbesserungs-		in der Ausführung 750
	maßnahmen 735	4.3	Rüttelstopfverdichtung. 750
3.1.1	Baugrunderkundung und Kenntnis	4.3.1	Technische Verfahrens-
	der Baugrundeigenschaften 735		beschreibung 750
3.1.2	Tragwerkseigenschaften, Lasten und	4.3.2	Wirkungsweise (bodenmechanische
	Anforderungen an das Bauwerk 736		Betrachtung). 751
3.2	Bemessungsgrundlagen für auf	4.3.3	Anwendungsgebiete
	Baugrundverbesserungen errichteten		Anwendungsgrenzen 752
	Bauwerken 736	4.3.4	Vor-/Nachteile (Risiken) des
3.2.1	Grundlagen zur Bemessung von		Verfahrens 752
	Fundamentplatten. 736	4.3.5	Hinweise für die Planung und
3.2.2	Lastübertragung Überbau zu		Bemessung. 753
	Baugrundverbesserung 738	4.3.6	Überwachung und Qualitätssicherung
3.3	Grundlagen zur Modellierung		in der Ausführung 754
	von Baugrundverbesserungs-	4.4	Verdichten mit Aufsatzrüttlern 754
	maßnahmen 739	4.4.1	Technische Verfahrens-
3.4	Sicherheit und Umwelt. 739		beschreibung 754
3.4.1	Baustellensicherheit. 739	4.4.2	Wirkungsweise (bodenmechanische
3.4.2	Umwelt – Nachhaltigkeit 741		Betrachtung). 755
3.4.3	System Robustheit 741	4.4.3	Anwendungsgebiete/
			Anwendungsgrenzen 755

4.4.4	Vor-/Nachteile (Risiken) des Verfahrens ... 755		4.8.1.5	Hinweise für die Planung und Bemessung ... 775
4.4.5	Hinweise für die Planung und Bemessung ... 755		4.8.1.6	Überwachung und Qualitätssicherung in der Ausführung ... 776
4.4.6	Überwachung und Qualitätssicherung in der Ausführung ... 755		4.8.2	Nassmischverfahren ... 777
			4.8.2.1	Technische Verfahrensbeschreibung ... 777
4.5	Dynamische Intensivverdichtung und Impulsverdichtung ... 756		4.8.2.2	Wirkungsweise (bodenmechanische Betrachtung) ... 780
4.5.1	Technische Verfahrensbeschreibung ... 756		4.8.2.3	Anwendungsgebiete/ Anwendungsgrenzen ... 781
4.5.1.1	Dynamische Intensivverdichtung – Fallplattenverdichtung ... 756		4.8.2.4	Vor-/Nachteile (Risiken) des Verfahrens ... 781
4.5.1.2	Impulsverdichtung ... 756		4.8.2.5	Hinweise für die Planung und Bemessung ... 782
4.5.2	Wirkungsweise (bodenmechanische Betrachtung) ... 758		4.8.2.6	Überwachung und Qualitätssicherung in der Ausführung ... 782
4.5.3	Anwendungsgebiete/ Anwendungsgrenzen ... 759		4.8.3	Hybridmischverfahren ... 782
4.5.4	Vor-/Nachteile (Risiken) des Verfahrens ... 759		4.8.3.1	Massenstabilisierung ... 782
4.5.5	Hinweise für die Planung und Bemessung ... 759		4.8.3.2	Fräs-Misch-Injektionsverfahren ... 783
4.5.6	Überwachung und Qualitätssicherung in der Ausführung ... 760		4.9	Zement-/Kalkstabilisierung ... 784
4.6	Vertikaldräns mit Vor- bzw. Überlastschüttungen ... 760		4.9.1	Technische Verfahrensbeschreibung ... 784
4.6.1	Technische Verfahrensbeschreibung ... 760		4.9.2	Wirkungsweise (bodenmechanische Betrachtung) ... 785
4.6.2	Wirkungsweise (bodenmechanische Betrachtung) ... 761		4.9.3	Anwendungsgebiete/ Anwendungsgrenzen ... 787
4.6.3	Anwendungsgebiete/ Anwendungsgrenzen ... 762		4.9.4	Vor-/Nachteile (Risiken) des Verfahrens ... 788
4.6.4	Vor-/Nachteile (Risiken) des Verfahrens ... 762		4.9.5	Hinweise für die Planung und Bemessung ... 788
4.6.5	Hinweise für die Planung und Bemessung ... 763		4.9.6	Überwachung und Qualitätssicherung in der Ausführung ... 789
4.6.6	Überwachung und Qualitätssicherung ... 764		4.10	Injektionen ... 789
4.7	Düsenstrahlverfahren ... 764		4.10.1	Eindringinjektionen ... 791
4.7.1	Technische Verfahrensbeschreibung ... 765		4.10.1.1	Technische Verfahrensbeschreibung ... 791
4.7.2	Wirkungsweise (bodenmechanische Betrachtung) ... 766		4.10.1.2	Wirkungsweise (bodenmechanische Betrachtung) ... 792
4.7.3	Anwendungsmöglichkeiten ... 768		4.10.1.3	Anwendungsgebiete/ Anwendungsgrenzen ... 793
4.7.4	Vor-/Nachteile (Risiken) des Verfahrens ... 768		4.10.1.4	Vor-/Nachteile (Risiken) des Verfahrens ... 793
4.7.5	Hinweise für die Planung und Bemessung ... 769		4.10.1.5	Hinweise für die Planung und Bemessung ... 794
4.7.6	Überwachung und Qualitätssicherung in der Ausführung ... 771		4.10.1.6	Überwachung und Qualitätssicherung ... 794
4.8	Bodenmischverfahren ... 772		4.10.2	Verdichtungsinjektionen ... 794
4.8.1	Trockenmischverfahren ... 773		4.10.2.1	Technische Verfahrensbeschreibung ... 794
4.8.1.1	Technische Verfahrensbeschreibung ... 773		4.10.2.2	Wirkungsweise (bodenmechanische Betrachtung) ... 795
4.8.1.2	Wirkungsweise (bodenmechanische Betrachtung) ... 774		4.10.2.3	Anwendungsgebiete/ Anwendungsgrenzen ... 795
4.8.1.3	Anwendungsgebiete/ Anwendungsgrenzen ... 774		4.10.2.4	Vor-/Nachteile (Risiken) des Verfahrens ... 797
4.8.1.4	Vor-/Nachteile (Risiken) des Verfahrens ... 775		4.10.2.5	Hinweise für die Planung und Bemessung ... 797

4.10.2.6	Überwachung und Qualitätssicherung 797	4.12.4	Vor-/Nachteile (Risiken) des Verfahrens 806
4.10.3	Aufreißinjektionen 797	4.12.5	Hinweise für die Planung und
4.10.3.1	Technische Verfahrensbeschreibung 797		Bemessung 807
4.10.3.2	Wirkungsweise (bodenmechanische Betrachtung) 797	4.12.6	Überwachung und Qualitätssicherung in der Ausführung 807
4.10.3.3	Anwendungsgebiete/ Anwendungsgrenzen 798	**5**	**Kombinierte Verfahren** 808
4.10.3.4	Vor-/Nachteile (Risiken) des Verfahrens 799	5.1	Allgemeines und Zweck von Verfahrenskombination 808
4.10.3.5	Hinweise für die Planung und Bemessung 800	5.2	Beispiele für Hybridgründungen 809
4.10.3.6	Überwachung und Qualitätssicherung in der Ausführung 800	**6**	**Beispiele** 811
4.11	Künstliche Bodenvereisung 801	6.1	Beispiel 1: zur Erläuterung des Bettungsmodulverfahrens sowie
4.11.1	Technische Verfahrensbeschreibung 801		zur Darstellung des Einflusses unterschiedlicher Steifigkeiten der
4.11.2	Wirkungsweise (bodenmechanische Betrachtung) 802	6.1.1	Gründungssysteme . . . . 811 Auswirkung des Gründungssystems
4.11.3	Anwendungsgebiete/ Anwendungsgrenzen 803	6.1.2	auf Setzungen und Schnittkräfte . . . . 812 Diskussion des Einflusses des
4.11.4	Vor-/Nachteile (Risiken) des Verfahrens 804		Bettungsmoduls auf die Biegemomente 814
4.11.5	Hinweise für die Planung und Bemessung 805	6.2	Beispiel 2: Anwendung der Rütteldruckverdichtung 817
4.11.6	Überwachung und Qualitätssicherung in der Ausführung 805	6.3	Beispiel 3: Anwendung von Rüttelstopfverdichtung 817
4.12	Stabilisierungssäulen (diskrete starre/pfahlähnliche Elemente bzw.	6.4	Beispiel 4: Anwendung von Nassmischverfahren 820
4.12.1	„Rigid Inclusions") . . . . 805 Technische Verfahrens-	6.5	Beispiel 5: Anwendung des Düsenstrahlverfahrens 821
4.12.2	beschreibung . . . . 805 Wirkungsweise (bodenmechanische	6.6	Ökologischer Fußabdruck verschiedener Gründungsvarianten . . 824
	Betrachtung) 806	**7**	**Ausblick** 824
4.12.3	Anwendungsgebiete/ Anwendungsgrenzen 806	**8**	**Literatur** 825

IX Zwangbeanspruchung und Rissbreitenbeschränkung in Stahlbetonbauteilen auf Grundlage der Verformungskompatibilität 831
Nguyen Viet Tue, Dirk Schlicke

1	**Einleitung** 833	**3**	**Verhalten eines Stahlbetonzugstabs unter Lastbeanspruchung** 839
2	**Verformungseinwirkungen bei Betonbauteilen** 834	3.1 3.2	Dicke und dünne Bauteile . . . . 839 Globales Verhalten 840
2.1	Allgemeines 834	3.3	Risszustand und Rissbreite 842
2.2	Mechanische Kenngrößen des Betons 834	3.3.1 3.3.2	Rissbreite bei Einzelriss . . . . 842 Rissbreite bei abgeschlossener
2.3	Verformungen infolge der Hydratationswärme 836		Rissbildung 843
2.4	Verformungen infolge des Schwindens und Kriechens 836	**4**	**Verformungseinwirkung und Zwangkraft** 843
2.5	Verformung infolge klimatischer Randbedingungen 837	4.1	Wechselwirkung zwischen aufgebrachter Verformung und
2.6	Boden-Struktur-Interaktion 839		Zwangkraft 843

4.2	Spannungsgeschichte bei einem Stahlbetonbauteil unter Verformungseinwirkung 847	7.2	Bestimmung der Zwangbeanspruchung und der aufzunehmenden Verformung 866
5	Zwang bei typischen Bauteilen 851	7.3	Vermeiden von Rissen 871
5.1	Bodenplatten 851	7.4	Rissbreitenbeschränkung 871
5.2	Wände 854	7.4.1	Effektive Zugfestigkeit............ 872
5.3	Hochbaudecken 856	7.4.2	Dünne Bauteile 872
5.4	Aussparungen................... 857	7.4.3	Dicke Bauteile 873
6	Erläuterung zum Konzept in EC2 860	8	Rechenbeispiele 875
6.1	Allgemeines 860	8.1	Untergeschoss aus „dünnen" Bauteilen 875
6.2	Zusammenführen der beiden Risszustände................... 860	8.1.1	Geometrie und adiabatische Temperaturentwicklung des verwendeten Betons.............. 875
6.3	Stabdurchmessertabelle 861	8.1.2	Bemessung der Bodenplatte....... 875
6.4	Stababstandtabelle 861	8.1.3	Bemessung Wand auf Fundament ... 877
6.5	Mindestbewehrung bei Zwangbeanspruchung 862	8.2	Trogbauwerk aus „dicken" Bauteilen 880
6.5.1	Beiwert k_c 862	8.2.1	Geometrie und adiabatische Temperaturentwicklung des verwendeten Betons.............. 880
6.5.2	Allgemeine Herleitung............ 862	8.2.2	Bemessung der Bodenplatte....... 881
6.5.3	Erläuterungen zum Beiwert k 864	8.2.3	Bemessung Wand auf Fundament ... 883
7	Bemessungskonzept auf Grundlage der Verformungskompatibilität..... 865	9	Literatur 885
7.1	Allgemeines 865		

X Die Anpassung des nationalen Bauproduktenrechts nach dem Urteil des EuGH vom 16. Oktober 2014 889

Tina Gerschler

1	Vorbemerkungen 891	3	Urteil des EuGH vom 16. Oktober 2014 895
2	Bisheriges Zusammenspiel zwischen nationalem und europäischem Bauproduktenrecht 891	3.1	Inhalt 896
		3.2	Konsequenzen 896
2.1	Europäische Vorgaben mittels der Bauproduktenverordnung.......... 891	4	Notwendige Anpassungen des nationalen Bauproduktenrechts aufgrund des EuGH-Urteils........ 897
2.1.1	Regelungsziele/Abgrenzung zur Bauproduktenrichtlinie 891	4.1	Nicht harmonisierte Bauprodukte ... 897
2.1.2	Bewertung anhand Technischer Spezifikationen.................. 892	4.2	Lückenhaft harmonisierte Bauprodukte.................... 897
2.1.2.1	Harmonisierte Normen 892	4.3	Bauarten..................... 897
2.1.2.2	Europäische Bewertungsdokumente/Europäische Technische Bewertungen 893	5	Ablauf und Maßnahmen des Anpassungsprozesses 897
2.2	Bisheriges Regelungssystem der Landesbauordnungen und der Bauregellisten 893	6	Das neue System des nationalen Bauproduktenrechts 899
2.2.1	Struktur der Landesbauordnungen... 893	6.1	Verwendbarkeitsnachweise für Bauprodukte.................... 899
2.2.1.1	Bauprodukte.................... 893	6.1.1	Erforderlichkeit 899
2.2.1.2	Bauarten 894	6.1.1.1	Harmonisierte Bauprodukte nach der BauPVO 900
2.2.2	Struktur der Bauregellisten 894	6.1.1.2	Nicht nach der BauPVO harmonisierte Bauprodukte 900
2.3	Lückenhaft harmonisierte Bauprodukte und nationale Zusatzanforderungen 895		

Inhaltsverzeichnis IX

6.1.2	Allgemeine bauaufsichtliche Zulassung	901
6.1.3	Allgemeines bauaufsichtliches Prüfzeugnis	903
6.1.4	Zustimmung im Einzelfall	903
6.2	Anwendbarkeitsnachweise für Bauarten	905
6.2.1	Allgemeine und vorhabenbezogene Bauartgenehmigung	905
6.2.2	Allgemeines bauaufsichtliches Prüfzeugnis für Bauarten	906
6.3	Technische Baubestimmungen	906
6.3.1	Regelung in der MBO	906
6.3.2	Die neue Musterverwaltungsvorschrift Technische Baubestimmungen	907
6.3.2.1	Nach der BauPVO harmonisierte Bauprodukte	907
6.3.2.2	Nicht harmonisierte Bauprodukte	907
6.3.2.3	Nicht nach der BauPVO harmonisierte Bauprodukte	908
6.3.2.4	Bauprodukte, für die kein Verwendbarkeitsnachweis erforderlich ist	908
6.3.2.5	Bauarten, für die es Technische Baubestimmungen gibt	908
6.3.2.6	Bauprodukte und Bauarten mit Anforderungen nach anderen Rechtsvorschriften	908
6.3.2.7	Allgemeines Prüfzeugnis für Bauprodukte und Bauarten	909
6.3.2.8	Technische Baubestimmungen nach alter und neuer Rechtslage	909
6.4	Freiwillige Herstellererklärungen	909
6.5	Prioritätenliste	910
6.6	Übereinstimmungsnachweis/-bestätigung	910
7	**Ausblick**	910
8	**Literatur**	911

XI	**Normen und Regelwerke**	913
	Frank Fingerloos	

1	**Einleitung**	915
2	**Eurocode 0 – DIN EN 1990: Grundlagen der Tragwerksplanung**	915
2.1	Einführung	915
2.2	Annahmen und Voraussetzungen	916
2.3	Grundlegende Anforderungen	917
2.4	Geplante Nutzungsdauer	918
2.5	Dauerhaftigkeit	919
2.6	Grenzzustände	919
2.7	Einteilung der Einwirkungen	920
2.8	Statische Berechnung	921
2.9	Nachweisverfahren mit Teilsicherheitsbeiwerten	922
2.10	Teilsicherheitsbeiwerte für Einwirkungen	923
2.11	Kombinationsbeiwerte für Einwirkungen	925
2.12	Kombinationsregeln für Einwirkungen	925
2.12.1	Allgemeines	925
2.12.2	Kombinationen in den Grenzzuständen der Tragfähigkeit	927
2.12.3	Kombinationen in den Grenzzuständen der Gebrauchstauglichkeit	928
2.12.4	Vereinfachte Kombinationen im üblichen Hochbau	929
3	**Eurocode 1 – DIN EN 1991-1-1: Wichten, Eigengewicht und Nutzlasten**	929
3.1	Einführung	929
3.2	Einteilung der Einwirkungen	929
3.3	Bemessungssituationen	930
3.4	Eigengewicht	930
3.5	Nutzlasten	941
3.5.1	Grundlagen	941
3.5.2	Charakteristische Werte	941
3.5.3	Trennwandzuschlag	941
3.5.4	Lagerflächen mit Gabelstaplern	941
3.5.5	Parkhäuser	944
3.5.6	Fahrzeugverkehr auf Hofkellerdecken und auf planmäßig befahrbaren Deckenflächen	946
3.5.7	Nicht begehbare Dächer	946
3.5.8	Abminderungsbeiwerte α_A (Einzugsfläche) und α_n (Anzahl der Geschosse)	949
3.5.9	Horizontallasten auf Zwischenwände und Absturzsicherungen	950
4	**Eurocode 1 – DIN EN 1991-1-2: Brandeinwirkungen auf Tragwerke**	951
4.1	Einführung	951
4.2	Allgemeines	952
4.3	Mechanische Einwirkungen im Brandfall	952

5	**Eurocode 1 – DIN EN 1991-1-3: Schnee- und Eislasten** 953		6.8.3	Beiwerte für Bauteile mit kantigem Querschnitt 994
5.1	Einführung 953		6.8.4	Beiwerte für Bauteile mit regelmäßigem polygonalem Querschnitt 996
5.2	Anwendungsbereich 953			
5.3	Charakteristische Schneelast auf dem Boden 954		6.8.5	Abminderungsbeiwert ψ_r zur Berücksichtigung der Schlankheit ... 996
5.4	Außergewöhnliche Schneelast in Norddeutschland 956		6.9	Abminderung des Geschwindigkeitsdrucks bei vorübergehenden Zuständen 997
5.5	Schneelast auf Dächern 957			
5.6	Übersicht Formbeiwerte für Dächer 957			
5.7	Ausgedehnte Flachdächer 957		6.10	Sonderfall Reihenhäuser 999
5.8	Solarthermie- und Photovoltaikanlagen auf Flachdächern 962		6.11	Windlasten auf vereiste Baukörper .. 999
			7	**Eurocode 1 – DIN EN 1991-1-5: Temperatureinwirkungen** 1000
5.9	Höhenversprünge an Dächern 962			
5.10	Schneeüberhang an Dachtraufen 965		7.1	Einführung 1000
5.11	Schneelasten an Schneefanggittern und Dachaufbauten 965		7.2	Temperatureinwirkungen und -verteilung 1000
5.12	Eislasten 965		7.3	Temperaturprofile 1001
			7.4	Temperaturkoeffizienten 1001
6	**Eurocode 1 – DIN EN 1991-1-4: Windlasten** 970		**8**	**Eurocode 1 – DIN EN 1991-1-6: Einwirkungen während der Bauausführung** 1003
6.1	Einführung 970			
6.2	Anwendungsbereich und Annahmen 970		8.1	Einführung 1003
			8.2	Bauausführungslasten beim Betonieren 1003
6.3	Windzonen und Geländekategorien 970			
6.4	Vereinfachte Geschwindigkeitsdrücke für Bauwerke bis zu einer Höhe von 25 m 972		**9**	**Eurocode 1 – DIN EN 1991-1-7: Außergewöhnliche Einwirkungen** .. 1004
			9.1	Einführung 1004
			9.2	Anprall durch Kraftfahrzeuge 1004
6.5	Höhenabhängige Geschwindigkeitsdrücke für Bauwerke bis 300 m Höhe 972		9.3	Anprall durch Gabelstapler 1005
			9.4	Innenraumexplosionen 1006
6.6	Windeinwirkungen 973		**10**	**Eurocode 1 – DIN EN 1991-3: Krane und Maschinen** 1007
6.6.1	Winddruck 973			
6.6.2	Windkräfte 975			
6.7	Aerodynamische Beiwerte 976		**11**	**Eurocode 2 – DIN EN 1992-1-1: Bemessung und Konstruktion von Stahlbeton- und Spannbetontragwerken – Teil 1-1: Allgemeine Bemessungsregeln und Regeln für den Hochbau** 1008
6.7.1	Beiwerte für vertikale Wände von Gebäuden mit rechteckigem Grundriss 976			
6.7.2	Beiwerte für Flachdächer 978			
6.7.3	Beiwerte für Pultdächer 979			
6.7.4	Beiwerte für Sattel- und Trogdächer 979		11.1	Bauaufsichtliche Einführung in Deutschland 1008
			11.2	Einleitung 1008
6.7.5	Beiwerte für Walmdächer 985		11.3	Abschnittsweise Erläuterungen zu DIN EN 1992-1-1 mit Nationalem Anhang 1010
6.7.6	Beiwerte für Sheddächer 985			
6.7.7	Beiwerte für Innendruck 985			
6.7.8	Beiwert für mehrschalige Wandund Dachflächen 989		11.3.1	Zu 1 Allgemeines 1010
			11.3.2	Zu 2 Grundlagen der Tragwerksplanung 1010
6.7.9	Beiwerte für freistehende Wände und Brüstungen 989			
6.7.10	Beiwerte für Vordächer 991		11.3.3	Zu 3 Baustoffe 1013
6.7.11	Beiwerte für freistehende Dächer mit offenen Wänden 991		11.3.4	Zu 4 Dauerhaftigkeit und Betondeckung 1020
6.8	Kraftbeiwerte 991		11.3.5	Zu 5 Ermittlung der Schnittgrößen 1027
6.8.1	Beiwerte für Anzeigetafeln 991			
6.8.2	Beiwerte für Bauteile mit rechteckigem Querschnitt 994			

11.3.6	Zu 6 Grenzzustände der Tragfähigkeit (GZT)	1032
11.3.7	Zu 7 Grenzzustände der Gebrauchstauglichkeit (GZG)	1050
11.3.8	Zu 8 Allgemeine Bewehrungsregeln	1062
11.3.9	Zu 9 Konstruktionsregeln	1071
11.3.10	Zu 10 Zusätzliche Regeln für Fertigteile	1078
11.3.11	Zu 12 Tragwerke aus unbewehrtem oder gering bewehrtem Beton	1080
11.3.12	Zu den Anhängen	1081
11.4	Normentext Kurzfassung	1085

DIN EN 1992-1-1: Eurocode 2: Bemessung und Konstruktion von Stahlbeton- und Spannbetontragwerken – Teil 1-1: Allgemeine Bemessungsregeln und Regeln für den Hochbau mit NA 1085

Inhalt		1085
Vorwort		1086
Nationaler Anhang zu EN 1992-1-1		1086
1	Allgemeines	1086
1.1	Anwendungsbereich	1086
1.1.1	Anwendungsbereich des Eurocode 2	1086
1.1.2	Anwendungsbereich des Eurocode 2 Teil 1-1	1087
1.2	Normative Verweisungen	1087
1.2.1	Allgemeine normative Verweisungen	1087
1.2.2	Weitere normative Verweisungen	1087
1.3	Annahmen	1088
1.4	Unterscheidung zwischen Prinzipien und Anwendungsregeln	1088
1.5	Begriffe	1088
1.5.1	Allgemeines	1088
1.5.2	Besondere Begriffe und Definitionen in dieser Norm	1088
1.5.2.1	Fertigteile	1088
1.5.2.2	Unbewehrte oder gering bewehrte Bauteile	1088
2	Grundlagen der Tragwerksplanung	1090
2.1	Anforderungen	1090
2.1.1	Grundlegende Anforderungen	1090
2.1.3	Nutzungsdauer, Dauerhaftigkeit und Qualitätssicherung	1090
2.2	Grundsätzliches zur Bemessung mit Grenzzuständen	1090
2.3	Basisvariablen	1090
2.3.1	Einwirkungen und Umgebungseinflüsse	1090
2.3.1.1	Allgemeines	1090
2.3.1.2	Temperaturauswirkungen	1090
2.3.1.3	Setzungs-/Bewegungsunterschiede	1090
2.3.2	Eigenschaften von Baustoffen, Bauprodukten und Bauteilen	1091
2.3.2.1	Allgemeines	1091
2.3.2.2	Kriechen und Schwinden	1091
2.3.3	Verformungseigenschaften des Betons	1091
2.4	Nachweisverfahren mit Teilsicherheitsbeiwerten	1091
2.4.1	Allgemeines	1091
2.4.2	Bemessungswerte	1091
2.4.2.1	Teilsicherheitsbeiwerte für Einwirkungen aus Schwinden	1091
2.4.2.4	Teilsicherheitsbeiwerte für Baustoffe	1091
2.4.3	Kombinationsregeln für Einwirkungen	1092
2.4.4	Nachweis der Lagesicherheit	1092
NA.2.8	Bautechnische Unterlagen	1092
NA.2.8.1	Umfang der bautechnischen Unterlagen	1092
NA.2.8.2	Zeichnungen	1092
NA.2.8.3	Statische Berechnungen	1092
NA.2.8.4	Baubeschreibung	1093
3	Baustoffe	1093
3.1	Beton	1093
3.1.1	Allgemeines	1093
3.1.2	Festigkeiten	1093
3.1.3	Elastische Verformungseigenschaften	1094
3.1.4	Kriechen und Schwinden	1095
3.1.5	Spannungs-Dehnungs-Linie für nichtlineare Verfahren der Schnittgrößenermittlung und für Verformungsberechnungen	1097
3.1.6	Bemessungswert der Betondruck- und Betonzugfestigkeit	1097
3.1.7	Spannungs-Dehnungs-Linie für die Querschnittsbemessung	1098
3.1.8	Biegezugfestigkeit	1098
3.1.9	Beton unter mehraxialer Druckbeanspruchung	1099
3.2	Betonstahl	1099
3.2.1	Allgemeines	1099
3.2.2	Eigenschaften	1099
3.2.3	Festigkeiten	1100
3.2.4	Duktilitätsmerkmale	1100
3.2.5	Schweißen	1100
3.2.7	Spannungs-Dehnungs-Linie für die Querschnittsbemessung	1102
4	Dauerhaftigkeit und Betondeckung	1102
4.1	Allgemeines	1102
4.2	Umgebungsbedingungen	1103
4.3	Anforderungen an die Dauerhaftigkeit	1103
4.4	Nachweisverfahren	1103
4.4.1	Betondeckung	1103
4.4.1.1	Allgemeines	1103
4.4.1.2	Mindestbetondeckung c_{min}	1107
4.4.1.3	Vorhaltemaß	1108
5	Ermittlung der Schnittgrößen	1109
5.1	Allgemeines	1109
5.1.1	Grundlagen	1109
5.1.3	Lastfälle und Einwirkungskombinationen	1110
5.1.4	Auswirkungen von Bauteilverformungen (Theorie II. Ordnung)	1110

5.2	Imperfektionen ... 1110		6.4	Durchstanzen ... 1135	
5.3	Idealisierungen und Vereinfachungen ... 1112		6.4.1	Allgemeines ... 1135	
5.3.1	Tragwerksmodelle für statische Berechnungen ... 1112		6.4.2	Lasteinleitung und Nachweisschnitte ... 1135	
5.3.2	Geometrische Angaben ... 1113		6.4.3	Nachweisverfahren ... 1139	
5.3.2.1	Mitwirkende Plattenbreite (alle Grenzzustände) ... 1113		6.4.4	Durchstanzwiderstand für Platten oder Fundamente ohne Durchstanzbewehrung ... 1141	
5.3.2.2	Effektive Stützweite von Balken und Platten im Hochbau ... 1113		6.4.5	Durchstanztragfähigkeit für Platten oder Fundamente mit Durchstanzbewehrung ... 1143	
5.4	Linear-elastische Berechnung ... 1114				
5.5	Linear-elastische Berechnung mit begrenzter Umlagerung ... 1115		6.5	Stabwerkmodelle ... 1144	
			6.5.1	Allgemeines ... 1144	
5.6	Verfahren nach der Plastizitätstheorie ... 1115		6.5.2	Bemessung der Druckstreben ... 1145	
5.6.4	Stabwerkmodelle ... 1115		6.5.3	Bemessung der Zugstreben ... 1145	
5.7	Nichtlineare Verfahren ... 1116		6.5.4	Bemessung der Knoten ... 1146	
5.8	Berechnung von Bauteilen unter Normalkraft nach Theorie II. Ordnung ... 1117		6.6	Verankerung der Längsbewehrung und Stöße ... 1148	
			6.7	Teilflächenbelastung ... 1148	
5.8.1	Begriffe ... 1117		7	Nachweise in den Grenzzuständen der Gebrauchstauglichkeit (GZG) ... 1149	
5.8.2	Allgemeines ... 1117				
5.8.3	Vereinfachte Nachweise für Bauteile unter Normalkraft nach Theorie II. Ordnung ... 1118		7.1	Allgemeines ... 1149	
			7.2	Begrenzung der Spannungen ... 1149	
			7.3	Begrenzung der Rissbreiten ... 1149	
5.8.3.1	Grenzwert der Schlankheit für Einzeldruckglieder ... 1118		7.3.1	Allgemeines ... 1149	
			7.3.2	Mindestbewehrung für die Begrenzung der Rissbreite ... 1150	
5.8.3.2	Schlankheit und Knicklänge von Einzeldruckgliedern ... 1118				
5.8.3.3	Nachweise am Gesamttragwerk nach Theorie II. Ordnung im Hochbau ... 1119		7.3.3	Begrenzung der Rissbreite ohne direkte Berechnung ... 1152	
			7.3.4	Berechnung der Rissbreite ... 1154	
5.8.4	Kriechen ... 1120		7.4	Begrenzung der Verformungen ... 1156	
5.8.5	Berechnungsverfahren ... 1121		7.4.1	Allgemeines ... 1156	
5.8.6	Allgemeines Verfahren ... 1121		7.4.2	Nachweis der Begrenzung der Verformungen ohne direkte Berechnung ... 1157	
5.8.8	Verfahren mit Nennkrümmung ... 1121				
5.8.8.1	Allgemeines ... 1121				
5.8.8.2	Biegemomente ... 1121		7.4.3	Nachweis der Begrenzung der Verformungen mit direkter Berechnung ... 1158	
5.8.8.3	Krümmung ... 1122				
5.8.9	Druckglieder mit zweiachsiger Lastausmitte ... 1122		8	Allgemeine Bewehrungsregeln ... 1159	
			8.1	Allgemeines ... 1159	
5.9	Seitliches Ausweichen schlanker Träger ... 1124		8.2	Stababstände von Betonstählen ... 1160	
			8.3	Biegen von Betonstählen ... 1160	
6	Nachweise in den Grenzzuständen der Tragfähigkeit (GZT) ... 1124		8.4	Verankerung der Längsbewehrung ... 1161	
6.1	Biegung mit oder ohne Normalkraft und Normalkraft allein ... 1124		8.4.1	Allgemeines ... 1161	
			8.4.2	Bemessungswert der Verbundfestigkeit ... 1161	
6.2	Querkraft ... 1125				
6.2.1	Nachweisverfahren ... 1125		8.4.3	Grundwert der Verankerungslänge ... 1163	
6.2.2	Bauteile ohne rechnerisch erforderliche Querkraftbewehrung ... 1126				
			8.4.4	Bemessungswert der Verankerungslänge ... 1163	
6.2.3	Bauteile mit rechnerisch erforderlicher Querkraftbewehrung ... 1127		8.5	Verankerung von Bügeln und Querkraftbewehrung ... 1165	
6.2.4	Schubkräfte zwischen Balkensteg und Gurten ... 1129		8.7	Stöße und mechanische Verbindungen ... 1165	
6.2.5	Schubkraftübertragung in Fugen ... 1131		8.7.1	Allgemeines ... 1165	
6.3	Torsion ... 1133		8.7.2	Stöße ... 1165	
6.3.1	Allgemeines ... 1133		8.7.3	Übergreifungslänge ... 1167	
6.3.2	Nachweisverfahren ... 1133		8.7.4	Querbewehrung im Bereich der Übergreifungsstöße ... 1167	
6.3.3	Wölbkrafttorsion ... 1135				

Inhaltsverzeichnis

8.7.4.1	Querbewehrung für Zugstäbe	1167
8.7.4.2	Querbewehrung für Druckstäbe	1168
8.7.5	Stöße von Betonstahlmatten aus Rippenstahl	1168
8.7.5.1	Stöße der Hauptbewehrung	1168
8.7.5.2	Stöße der Querbewehrung	1169
8.9	Stabbündel	1170
8.9.1	Allgemeines	1170
8.9.2	Verankerung von Stabbündeln	1170
8.9.3	Gestoßene Stabbündel	1171
9	Konstruktionsregeln	1171
9.1	Allgemeines	1171
9.2	Balken	1171
9.2.1	Längsbewehrung	1171
9.2.1.1	Mindestbewehrung und Höchstbewehrung	1171
9.2.1.2	Weitere Konstruktionsregeln	1172
9.2.1.3	Zugkraftdeckung	1172
9.2.1.4	Verankerung der unteren Bewehrung an Endauflagern	1172
9.2.1.5	Verankerung der unteren Bewehrung an Zwischenauflagern	1173
9.2.2	Querkraftbewehrung	1174
9.2.3	Torsionsbewehrung	1176
9.2.4	Oberflächenbewehrung	1176
9.2.5	Indirekte Auflager	1176
9.3	Vollplatten	1177
9.3.1	Biegebewehrung	1177
9.3.1.1	Allgemeines	1177
9.3.1.2	Bewehrung von Platten in Auflagernähe	1177
9.3.1.3	Eckbewehrung	1177
9.3.1.4	Randbewehrung an freien Rändern von Platten	1178
9.3.2	Querkraftbewehrung	1178
9.4	Flachdecken	1178
9.4.1	Flachdecken im Bereich von Innenstützen	1178
9.4.2	Flachdecken im Bereich von Randstützen	1179
9.4.3	Durchstanzbewehrung	1179
9.5	Stützen	1181
9.5.1	Allgemeines	1181
9.5.2	Längsbewehrung	1181
9.5.3	Querbewehrung	1181
9.6	Wände	1182
9.6.1	Allgemeines	1182
9.6.2	Vertikale Bewehrung	1182
9.6.3	Horizontale Bewehrung	1183
9.6.4	Querbewehrung	1183
9.7	Wandartige Träger	1183
9.10	Schadensbegrenzung bei außergewöhnlichen Ereignissen	1183
9.10.1	Allgemeines	1183
9.10.2	Ausbildung von Zugankern	1184
9.10.2.1	Allgemeines	1184
9.10.2.2	Ringanker	1184
9.10.2.3	Innen liegende Zuganker	1184
9.10.2.4	Horizontale Stützen- und Wandzuganker	1185
9.10.2.5	Vertikale Zuganker	1185
9.10.3	Durchlaufwirkung und Verankerung von Zugankern	1185
10	Zusätzliche Regeln für Bauteile und Tragwerke aus Fertigteilen	1185
10.1	Allgemeines	1185
10.1.1	Besondere Begriffe dieses Kapitels	1186
10.2	Grundlagen für die Tragwerksplanung, grundlegende Anforderungen	1186
10.3	Baustoffe	1187
10.3.1	Beton	1187
10.3.1.1	Festigkeiten	1187
10.3.1.2	Kriechen und Schwinden	1187
10.5	Ermittlung der Schnittgrößen	1187
10.5.1	Allgemeines	1187
10.9	Bemessungs- und Konstruktionsregeln	1188
10.9.1	Einspannmomente in Platten	1188
10.9.2	Wand-Decken-Verbindungen	1188
10.9.3	Deckensysteme	1188
10.9.4	Verbindungen und Lager für Fertigteile	1191
10.9.4.1	Baustoffe	1191
10.9.4.2	Konstruktions- und Bemessungsregeln für Verbindungen	1191
10.9.4.3	Verbindungen zur Druckkraft-Übertragung	1191
10.9.4.4	Verbindungen zur Querkraft-Übertragung	1192
10.9.4.5	Verbindungen zur Übertragung von Biegemomenten oder Zugkräften	1192
10.9.4.6	Ausgeklinkte Auflager	1192
10.9.4.7	Verankerung der Längsbewehrung an Auflagern	1192
10.9.5	Lager	1193
10.9.5.1	Allgemeines	1193
10.9.5.2	Lager für verbundene Bauteile (Nicht-Einzelbauteile)	1193
10.9.5.3	Lager für Einzelbauteile	1194
10.9.6	Köcherfundamente	1196
10.9.6.1	Allgemeines	1196
10.9.6.2	Köcherfundamente mit profilierter Oberfläche	1196
10.9.6.3	Köcherfundamente mit glatter Oberfläche	1196
10.9.7	Schadensbegrenzung bei außergewöhnlichen Ereignissen	1196
NA.10.9.8	Zusätzliche Konstruktionsregeln für Fertigteile	1196
NA.10.9.9	Sandwichtafeln	1197
12	Tragwerke aus unbewehrtem oder gering bewehrtem Beton	1197
12.1	Allgemeines	1197
12.3	Baustoffe	1197
12.3.1	Beton	1197
12.5	Ermittlung der Schnittgrößen	1197
12.6	Nachweise in den Grenzzuständen der Tragfähigkeit (GZT)	1198

12.6.1	Biegung mit oder ohne Normalkraft und Normalkraft allein	1198
12.6.2	Örtliches Versagen	1198
12.6.3	Querkraft	1198
12.6.4	Torsion	1199
12.6.5	Auswirkungen von Verformungen von Bauteilen unter Normalkraft nach Theorie II. Ordnung	1199
12.6.5.1	Schlankheit von Einzeldruckgliedern und Wänden	1199
12.6.5.2	Vereinfachtes Verfahren für Einzeldruckglieder und Wände	1200
12.7	Nachweise in den Grenzzuständen der Gebrauchstauglichkeit (GZG)	1201
12.9	Konstruktionsregeln	1201
12.9.1	Tragende Bauteile	1201
12.9.2	Arbeitsfugen	1201
12.9.3	Streifen- und Einzelfundamente	1201
Anhang A (normativ): Modifikation von Teilsicherheitsbeiwerten für Baustoffe		1202
A.1	Allgemeines	1202
A.2	Tragwerke aus Ortbeton	1202
A.2.3	Reduktion auf Grundlage der Bestimmung der Betonfestigkeit im fertigen Tragwerk	1202
Anhang B (normativ): Kriechen und Schwinden		1203
B.1	Grundgleichungen zur Ermittlung der Kriechzahl	1203
B.2	Grundgleichungen zur Ermittlung der Trocknungsschwinddehnung	1204
Anhang C (informativ): Eigenschaften des Betonstahls		1205
C.1	Allgemeines	1205
Anhang E (normativ): Indikative Mindestfestigkeitsklassen zur Sicherstellung der Dauerhaftigkeit		1206
E.1	Allgemeines	1206
12	**Listen und Verzeichnisse**	1207
12.1	Technische Baubestimmungen für den Beton- und Stahlbetonbau	1207
12.2	Verzeichnis der Richtlinien des Deutschen Ausschusses für Stahlbeton e. V.	1231
12.3	Deutscher Beton- und Bautechnik-Verein E. V. (DBV): Merkblätter und Sachstandberichte	1232
12.4	Österreichische Bautechnik Vereinigung (ÖBV): Richtlinien, Merkblätter und Sachstandberichte	1234
13	**Literatur**	1236

Stichwortverzeichnis 1245

Anschriften

Autoren

Bergmeister, Konrad, Prof. Dipl.-Ing. DDr.
Dr.-Ing. E. h.
Universität für Bodenkultur Wien
Institut für Konstruktiven Ingenieurbau
Peter-Jordan-Straße 82, A-1190 Wien

Dehn, Frank, Univ.-Prof. Dr.-Ing.
Karlsruher Institut für Technologie
Institut für Massivbau und Baustofftechnologie,
Baustoffe und Betonbau
Gotthard-Franz-Straße 3, 76131 Karlsruhe

Eligehausen, Rolf, Prof. Dr.-Ing.
Universität Stuttgart
Institut für Werkstoffe im Bauwesen
Pfaffenwaldring 4, 70569 Stuttgart

Fingerloos, Frank, Prof. Dr.-Ing.
Deutscher Beton- und Bautechnik Verein E. V.
Kurfürstenstraße 129, 10785 Berlin

Fuchs, Werner, Prof. Dr.-Ing.
Universität Stuttgart
Institut für Werkstoffe im Bauwesen
Pfaffenwaldring 4, 70569 Stuttgart

Gerschler, Tina, LL.M. (London)
Deutsches Institut für Bautechnik
Nationales, Europäisches und Internationales Recht
Kolonnenstraße 30B, 10829 Berlin

Junge, Sven, Dipl.-Ing.
Institut für Stahlbetonbewehrung e. V.
Kaiserswerther Straße 137, 40474 Düsseldorf

Kummerer, Clemens, Dipl.-Ing. Dr. techn.
Keller Grundbau Ges. mbH
Guglgasse 15, A-1110 Wien

Kunz, Claus, LBDir Dipl.-Ing.
Bundesanstalt für Wasserbau
Abteilung Bautechnik
Kußmaulstraße 17, 76187 Karlsruhe

Mallée, Rainer, Dr.-Ing.
72178 Waldachtal

Mark, Peter, Univ.-Prof. Dr.-Ing. habil.
Ruhr-Universität Bochum
Lehrstuhl Für Massivbau
Universitätsstraße 150, 44801 Bochum

Marte, Roman, Univ.-Prof. Dipl.-Ing. Dr. techn.
Technische Universität Graz
Institut für Bodenmechanik, Grundbau und
Numerische Geotechnik
Rechbauerstraße 12, A-8010 Graz

Moersch, Jörg, Dr.-Ing.
Max Aicher Engineering GmbH
Teisenbergstraße 7, 83395 Freilassing

Müller, Harald S., Prof. Dr.-Ing.
SMP Ingenieure im Bauwesen GmbH
Stephanienstraße 102, 76133 Karlsruhe

Sanio, David, Dr.-Ing.
Ingenieurbüro Grassl GmbH
Adlerstraße 34–40, 40211 Düsseldorf

Schlicke, Dirk, Ass.-Prof. Dr.
Technische Universität Graz
Institut für Betonbau
Lessingstraße 25, A-8010 Graz

Sippel, Thomas Mathias, Dr.-Ing.
Geschäftsführer
ECS European Engineered Construction Systems
Association e. V.
Kaiserswerther Straße 137, 40474 Düsseldorf

Suda, Jürgen, Priv.-Doz. DDipl.-Ing. Dr. rer. nat.
Universität für Bodenkultur Wien
Institut für Konstruktiven Ingenieurbau
Department für Bautechnik und Naturgefahren
Peter-Jordan-Straße 82, A-1190 Wien
und
alpinfra
consulting + engineering GmbH
Lützowgasse 14, A-1140 Wien

Thurner, Robert
Keller Grundbau Ges. mbH
Packerstraße 167, A-8561 Söding

Tue, Nguyen Viet, Univ.-Prof. Dr.-Ing. habil.
Technische Universität Graz
Institut für Betonbau
Lessingstraße 25, A-8010 Graz

Wiens, Udo, Dr.-Ing.
Deutscher Ausschuss für Stahlbeton
Budapester Straße 31, 10787 Berlin

Schriftleitung

Prof. Dipl.-Ing. DDr. Dr.-Ing. E.h.
Konrad **Bergmeister**
Universität für Bodenkultur Wien
Institut für Konstruktiven Ingenieurbau
Peter-Jordan-Straße 82, 1190 Wien

Prof. Dr.-Ing. Frank **Fingerloos**
Deutscher Beton- und Bautechnik-Verein E.V.
Kurfürstenstraße 129, 10785 Berlin

Prof. Dr.-Ing. Dr. h.c. mult.
Johann-Dietrich **Wörner**
Technische Universität Darmstadt
Karolinenplatz 5, 64289 Darmstadt

Verlag

Ernst & Sohn
Verlag für Architektur und technische
Wissenschaften GmbH & Co. KG
Rotherstraße 21, 10245 Berlin
www.ernst-und-sohn.de

2

Baugrundverbesserung
Robert Thurner, Clemens Kummerer, Roman Marte

VIII

Zwangbeanspruchung und Rissbreitenbeschränkung in Stahlbetonbauteilen auf Grundlage der Verformungskompatibilität
Nguyen Viet Tue, Dirk Schlicke

IX

Die Anpassung des nationalen Bauproduktenrechts nach dem Urteil des EuGH vom 16. Oktober 2014
Tina Gerschler

X

Normen und Regelwerke
Frank Fingerloos

XI

VIII Baugrundverbesserung

Robert Thurner, Graz

Clemens Kummerer, Villach

Roman Marte, Graz

Beton-Kalender 2020: Wasserbau. Konstruktion und Bemessung.
Herausgegeben von Konrad Bergmeister, Frank Fingerloos und Johann-Dietrich Wörner
© 2020 Ernst & Sohn GmbH & Co. KG. Published 2020 by Ernst & Sohn GmbH & Co. KG.

KELLER

Global strength and local focus

Unser Leistungsspektrum:

- Gründungen
- Baugruben
- Grundwasserabdichtung
- Baugrundverbesserung
- Unterirdisches Bauen
- Bestandssicherung

Keller ist der weltweit größte, unabhängige Geotechnik-Spezialist mit 10.000 Mitarbeitern und Betriebsstätten in mehr als 40 Ländern. Wir bei Keller wollen zur Schaffung einer Infrastruktur beitragen, die das Leben von Menschen weltweit verbessert. Jeden Tag leben, arbeiten und spielen Menschen überall in der Welt auf Boden, der von Keller, dem weltweit führenden Spezialisten für geotechnische Lösungen, vorbereitet wurde.

Einzeln oder in Kombination lösen unsere Technologien ein breites Spektrum anspruchsvoller geotechnischer Aufgaben in allen Bereichen des Bauwesens – von industriellen, gewerblichen und Wohnungsbauvorhaben bis hin zu Infrastrukturbauten wie Staudämmen, Tunneln, Verkehrswegen, Wasseraufbereitungsanlagen oder Umweltprojekten.

Keller Holding GmbH • Kaiserleistrasse 8 • 63067 Offenbach • info.emea@keller.com

www.keller.com

1 Einleitung

1.1 Bedeutung von Baugrundverbesserungsmaßnahmen

Für Bauwerke stellt EN 1997-1 [1] Anforderungen an die Grenzzustände der Tragfähigkeit sowie der Gebrauchstauglichkeit. Um diese erfüllen zu können, kommt dem Baugrund sowohl im Bau- wie auch im Endzustand eine besondere Bedeutung zu.

Für den Endzustand muss der Baugrund eine standsichere und ausreichend verformungsarme Gründung des Bauwerks für sämtliche zu erwartenden statischen und dynamischen Lasten ermöglichen. Im Bauzustand muss u. a. eine ausreichende Befahrbarkeit mit Baugerät sichergestellt werden und die aus Erd- und Wasserdruck anfallenden Lasten müssen durch entsprechende Stützkonstruktionen aufgenommen werden können. Soll ein Bauwerk im Grundwasser errichtet werden, sind außerdem abdichtende Maßnahmen vorzusehen und/oder entsprechende Wasserhaltungsmaßnahmen auszuführen.

Erlauben die vorherrschenden Baugrundeigenschaften den Nachweis der relevanten Grenzzustände der Tragfähigkeit bzw. der Gebrauchstauglichkeit nicht, sind geeignete bauliche Maßnahmen zu setzen. Allgemein können derartige Maßnahmen darauf abzielen, dass nicht ausreichend geeignete Bodenschichten ausgetauscht (z. B. Bodentausch), überbrückt (z. B. Pfähle), abgedichtet (z. B. Spundwände, Injektionen), verdichtet (z. B. Rütteldruckverdichtung), verfestigt (z. B. Düsenstrahlverfahren) etc. werden.

Beruht das zur Anwendung gelangende Verfahren auf der Verbesserung einer oder mehrerer Eigenschaften des Baugrunds, wie z. B. Verdichtung, Verfestigung, Reduktion oder Erhöhung der Durchlässigkeit, so spricht man von einer Baugrundverbesserung. Das Prinzip der Baugrundverbesserung sieht somit die Nutzung des vorhandenen, verbesserten Untergrunds vor, um die für die sichere Errichtung des Bauwerks erforderlichen Untergrundeigenschaften sicherzustellen.

Durch das Nutzen und Aufbauen auf der vorhandenen Tragfähigkeit und Gebrauchstauglichkeit des (verbesserten) Baugrunds erlauben Baugrundverbesserungsmaßnahmen im Vergleich zu anderen Lösungsansätzen oftmals (sehr) wirtschaftliche und die technischen Anforderungen dennoch erfüllende Lösungen. Darin liegt auch die große Bedeutung von Baugrundverbesserungsmaßnahmen. Bei vergleichbarer Effektivität bzw. bei vergleichbarem Zielerreichungsgrad kann in vielen Fällen kostengünstiger und oftmals in kürzerer Zeit gebaut werden. Ein weiterer Vorteil von Baugrundverbesserungsmaßnahmen ist das oftmals optimierte Genehmigungsverfahren sowie ein günstiger „Ökologischer Fußabdruck".

Dieser Beitrag ist an Fachleute des Ingenieurwesens gerichtet, die ein grundsätzliches Verständnis über die Wirkungsweise von Baugrundverbesserungsmaßnahmen, einen Überblick über die wichtigsten Verfahren zur Baugrundverbesserung und deren häufigste Anwendung sowie den wesentlichen Vor- und Nachteilen (Risiken) der einzelnen Verfahren erhalten wollen. Für ein vertieftes Studium einzelner Verfahren der Baugrundverbesserung wird in den jeweiligen Abschnitten auf weiterführende Literatur verwiesen.

1.2 Definition des Begriffs Baugrundverbesserung

Eine allgemeine und umfassende Definition des Begriffs „Baugrundverbesserung", die eine eindeutige Abgrenzung zu anderen Methoden und Verfahren des (Spezial-)Tiefbaus erlaubt, ist nur bedingt möglich. Im Allgemeinen wird darunter eine günstige Veränderung des Baugrunds bzw. seiner bautechnischen Eigenschaften im Hinblick auf die zu lösende Bauaufgabe verstanden. Dies kann im Einzelnen Folgendes sein:

– eine das ganze Bodenvolumen umfassende Veränderung seiner Eigenschaften wie z. B. Steifigkeit, Festigkeit, Durchlässigkeit etc. durch eine Vielzahl verschiedener Technologien,

– die Herstellung von diskreten Elementen im Untergrund, die in ihrer Trag- und Wirkungsweise wie eine Bewehrung des Untergrunds wirken,

– eine volumenartige Verfestigung oder Verkittung des Untergrunds zur Erzeugung von Bauteilen im Boden,

– Geräte- bzw. Verfahrenstechnologie erlauben nicht immer eine eindeutige Abgrenzung. Mit gleicher Maschinentechnologie ist es möglich, eine unterschiedliche Wirkung im Sinne einer Baugrundverbesserung zu erzielen oder auch konventionelle geotechnische Elemente, wie z. B. Pfähle oder pfahlähnliche Elemente, herzustellen.

Beton-Kalender 2020: Wasserbau. Konstruktion und Bemessung.
Herausgegeben von Konrad Bergmeister, Frank Fingerloos und Johann-Dietrich Wörner
© 2020 Ernst & Sohn GmbH & Co. KG. Published 2020 by Ernst & Sohn GmbH & Co. KG.

In diesem Beitrag wird Baugrundverbesserung deshalb sehr allgemein wie folgt definiert:

> Unter Baugrundverbesserung werden Methoden, Verfahren und Bauweisen verstanden, die eine gezielte und im Hinblick auf die Bauaufgabe günstige Veränderung bestimmter Eigenschaften des Untergrunds ermöglichen.

Dabei kann grundsätzlich eine gewünschte Veränderung einer bestimmten Eigenschaft, z. B. Erhöhung der Steifigkeit oder Festigkeit, Verringerung der Durchlässigkeit und/oder, wie in vielen Fällen erforderlich, eine Homogenisierung bestimmter Baugrundeigenschaften verstanden werden.

In Tabelle 1 ist eine mögliche Systematik der Methoden der Baugrundverbesserung dargestellt. Eine andere mögliche Systematik nach Sondermann und Kirsch findet sich in [2].

1.3 Inhalt und Struktur des Beitrags

Neben der einleitend erwähnten Beschreibung verschiedener Verfahren der Baugrundverbesserung ist das Aufzeigen ihrer Wesensmerkmale und Besonderheiten in den Baugrunderkundungs-, Planungs- und Ausführungsphasen ein wesentliches Ziel dieses Beitrags. Hierbei geht es vor allem darum, ein besseres Verständnis zur Wirkungsweise von Baugrundverbesserungsmaßnahmen im Gegensatz zu und im Vergleich mit konventionellen Verfahren und Methoden zur Lösung geotechnischer Problemstellungen zu schaffen. In Abschnitt 2 dieses Beitrags wird deshalb vertieft auf die Ziele, den Zweck, aber auch die Grenzen und Risiken von Baugrund-

Tabelle 1. Methoden der Baugrundverbesserung

Methoden ohne diskrete Einschlüsse bzw. Elemente					
Verdichtung	Konsolidierung	Thermisch	Injektion	Austausch	

Oberflächen-verdichtung
 	
Rütteldruck-verdichtung
 	
Verdichten mittels Rüttelbohlen
 	
Dynamische Verdichtung (DC)
 	
Impulsverdichtung (RIC)
 	
Sprengverdichtung
	Vorbelastung
	– ohne Konsoli-
	  dationshilfe
	– mit Vertikal-
	  dränagen
	
	Vakuum-
	konsolidation
	
	Grundwasser-
	beeinflussung
		Bodenvereisung	Eindringinjektion
			
			Verdichtungs-injektion ohne Berücksichtigung Mörtelelement
			
			Aufreißinjektion
				Bodenaustausch
				– mit oder ohne
				  Bewehrung
				  (Kunststoffe/
				  Stahl)	

Methoden mit diskreten Elementen und Massenbehandlung				
mit bindemittelfreien Elementen	mit Elementen aus Beton/Mörtel/Stahl	Bodenmischen	Düsenstrahl-verfahren	
Tiefenverdichtung – Tiefenrüttler – Aufsatzrüttler Dynamic Replace-ment (DR)	Betonstopf- und Betonrüttelsäulen (oder vermörtelt) Stabilisierungssäulen (RI)	Trockenmischen Nassmischen Massen-stabilisierung andere Hybrid-verfahren Kalk-Zement-Stabilisierung	Düsenstrahl-verfahren	

verbesserungsmaßnahmen eingegangen. In Abschnitt 3 werden dann die erforderlichen Grundlagen für die Planung und Ausführung von Baugrundverbesserungsmaßnahmen näher diskutiert.

In Abschnitt 4 werden verschiedene Verfahren der Baugrubenverbesserung eingehender erläutert und deren wesentliche Anwendungsfelder wie auch deren Vor- und Nachteile (Risiken) vorgestellt. Im Weiteren werden dem Leser Literaturverweise für ein vertieftes Studium der einzelnen Verfahren genannt. In Abschnitt 5 wird auf das Wesen von kombinierten Verfahren wie Kombinationsgründungen und Hybridgründungen eingegangen. Für das bessere Verständnis der in den Abschnitten 2 bis 5 durchgeführten Erläuterungen zur Baugrundverbesserung werden in Abschnitt 6 einige praxisnahe Beispiele kurz vorgestellt und diskutiert.

Nicht (näher) eingegangen wird in diesem Beitrag auf Bauverfahren wie z. B. Bodenaustauschmaßnahmen, Oberflächenverdichtung mittels Walzen, Vakuum-Vertikaldränagen sowie Sprengverdichtung, die je nach Betrachtungsweise ebenfalls der Baugrundverbesserung zugeordnet werden können. Hinsichtlich der Auswirkung auf die Umwelt wird beispielhaft auf den ökologischen Fußabdruck einzelner Verfahren im Vergleich zu klassischen Gründungsmethoden eingegangen.

Die in diesem Beitrag beschriebenen Anwendungsmöglichkeiten und -grenzen, sowie in diesem Zusammenhang angeführte Richtwerte für Material- und Ausführungsparameter stellen praktisch erprobte Erfahrungswerte dar. In Sonderfällen sind auch Abweichungen davon möglich.

2 Ziel von Baugrundverbesserungsmaßnahmen

2.1 Allgemeines

Baugrundverbesserungsmaßnahmen können wie oben angeführt dadurch charakterisiert werden, dass der zu verbessernde Boden durch diese Maßnahmen derart verändert bzw. ertüchtigt wird, dass er wesentlich zur Lösung der jeweiligen geotechnischen Problemstellungen beiträgt. Eigenschaften wie z. B. Festigkeit, Steifigkeit und/oder Durchlässigkeit des Untergrunds werden durch die Verbesserungsmaßnahmen so verändert, dass ein für die Bauwerksgründung bzw. Bauwerkserrichtung besser bzw. ausreichend geeigneter Baugrund entsteht bzw. eine sicherheitserhöhende Wirkung, z. B. im Zusammenhang mit Hanginstabilitäten, Verflüssigungsgefährdungen im Untergrund etc., erzielt werden kann. In vielen Fällen bedeutet dies, dass auf weitere Maßnahmen wie z. B. Pfähle, ergänzende Abdichtungsmaßnahmen etc. verzichtet werden kann. Dabei kann dem anstehenden Boden die Aufgabe eines Baustoffs, z. B. als Zuschlagstoff bei zementgebundenen Einmischungen oder eine funktionale Aufgabe, wie die Verringerung der Durchlässigkeit eines nichtbindigen Bodens durch eine Rütteldruckverdichtung zukommen. Da somit bei der Baugrundverbesserung der Boden selbst zum Baustoff wird oder diesem eine wesentliche Funktion im Gewerk zukommt, ist für die erfolgreiche Planung und Umsetzung von Baugrundverbesserungsmaßnahmen die genaue Kenntnis der Baugrundeigenschaften oftmals noch wichtiger als bei anderen Methoden des Spezialtiefbaus.

Allgemein ist sowohl in der Planung wie auch in der Ausführung eine hohe Fachkompetenz der handelnden bzw. verantwortlichen Personen Voraussetzung für eine erfolgreiche Umsetzung von Baugrundverbesserungsmaßnahmen. Zudem kommt der Qualitätssicherung wie auch der nachträglichen Überprüfung der erzielten Baugrundeigenschaften eine sehr große Bedeutung zu.

Obwohl Baugrundverbesserungsverfahren in vielen Fällen ein vertieftes Verständnis der Bodenmechanik und des Grundbaus – sowohl in der Planungswie auch der Ausführungsphase – erfordern, erlauben sie oftmals die Herstellung sehr robuster (Gründungs-)Systeme. Auf diesen Aspekt wird in Abschnitt 3.4.3 eingegangen. Wie bei allen Bauverfahren und Lösungsansätzen geotechnischer Problemstellungen, ist bei mangelhafter Fachkenntnis in Planung und Ausführung auch bei der Verwirklichung von Baugrundverbesserungsverfahren ein entsprechendes Schadensrisiko gegeben. Grundsätzlich ist auch anzumerken, dass durch das frühzeitige Involvieren von Experten sich aus der Baugrundverbesserung ergebende Chancen maximiert und Risiken minimiert werden können.

2.2 Beeinflussung der Steifigkeit des Baugrunds

Sind die zu erwartenden Setzungen bzw. differenziellen Setzungen (bzw. allgemein Verformungen) für ein geplantes Bauvorhaben infolge der vorherrschenden Untergrundverhältnisse zu groß, kann eine den Anforderungen entsprechende Gründung durch klassische Tiefgründungsmethoden (z. B. Pfahlgründung) erfolgen. Alternativ kann jedoch in vielen Fällen durch verschiedene Verfahren der Baugrundverbesserung eine Erhöhung und Homogenisierung der Bodensteifigkeit in einem Ausmaß erreicht werden, dass eine entsprechend setzungsarme Gründung des Bauwerks sichergestellt werden kann. In Bild 1 sind die Einsatzbereiche für klassische Tiefgründungen mittels z. B. Pfählen, Baugrundverbesserungsverfahren mittels steifen, diskreten Elementen und klassischen Baugrundverbesserungsverfahren wie z. B. Rütteldruck- oder Rüttelstopfverdichtung nach [3] dargestellt.

Klassische Baugrundverbesserungsmaßnahmen finden für eher geringere bis mittelgroße Lasten An-

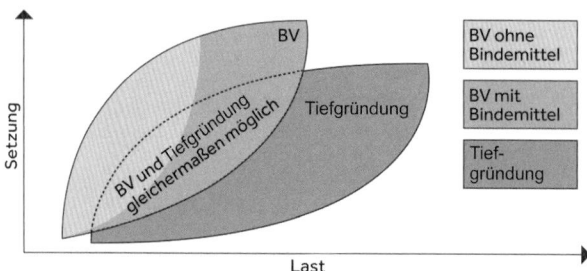

Bild 1. Mögliche Einsatzbereiche von Tiefgründungen und Baugrundverbesserungen (BV) [3]

wendung und bedingen oftmals größere zulässige Verformungen. Klassische Tiefgründungsmaßnahmen kommen zumeist bei hohen und konzentrierten Lasten, bei gleichzeitig strengeren Setzungskriterien zur Anwendung. Es gibt einen großen Überschneidungsbereich, in welchem beide Systeme Anwendung finden bzw. Arten von Baugrundverbesserungsmaßnahmen ihren Platz finden, die in ihrer Wirkung Pfählen ähnlich sind. In Bild 2 ist eine Flächengründung, eine klassischen Pfahlgründung, eine kombinierte Pfahl-Plattengründung, bei der ein Teil der Lasten über die Pfähle und ein Teil über die Bodenplatte in den Untergrund abgetragen wird, und die Gründung mittels diskreter Elemente – also pfahlähnliche Baugrundverbesserungsmaßnahmen – dargestellt.

In nichtbindigen Böden erfolgt eine Baugrundverbesserung zumeist durch eine Eigenverdichtung des anstehenden Bodens durch dynamische Anregung [4]. Durch die dynamische Anregung wird die Korn-zu-Korn-Spannung des Bodens so stark verringert, dass unter Wirkung des Bodeneigengewichts eine Kornumlagerung und damit verbunden eine signifikante Verdichtung des Bodens stattfindet. Im Behandlungsbereich kann ein (sehr) locker gelagerter Boden in eine mitteldichte bis dichte Lagerung überführt werden. Zu den hierfür geeigneten Verfahren zählen z. B. Rütteldruckverdichtung (RDV), Vibrationsverdichtung, dynamische Intensivverdichtung, Rapid Impact Compaction etc. Reicht die mittels Bodenverdichtung erreichbare Erhöhung der Bodensteifigkeit nicht aus, können auch einzelne der im Folgenden für bindige Böden beschriebenen Ansätze (allenfalls mit gewissen Adaptionen für nichtbindige Böden) zur Anwendung gelangen.

In bindigen Böden ist eine (Eigen-)Verdichtung des Bodens durch dynamische Anregung i. Allg. nicht möglich. Eine Verringerung des Porenraums und eine damit einhergehende Erhöhung der Konsistenz und Steifigkeit kann allenfalls durch statische Auflasten erreicht werden. Insbesondere bei einer annähernd vollen Sättigung des Bodens ist hierfür jedoch ohne zusätzliche Maßnahmen (wie z. B. Vertikaldränagen) eine lange Belastungszeit aufgrund der geringen Bodendurchlässigkeit und damit zusammenhängenden geringen Konsolidierungsgeschwindigkeit erforderlich. Baugrundverbesserungsmaßnahmen für bindige Böden bauen daher im Allgemeinen auf drei unterschiedlichen Prinzipien auf.

Erstens können Auflastschüttungen (Vorlast- bzw. Überlastschüttungen) aufgebracht werden, die eine Zusammendrückung und damit einhergehende Er-

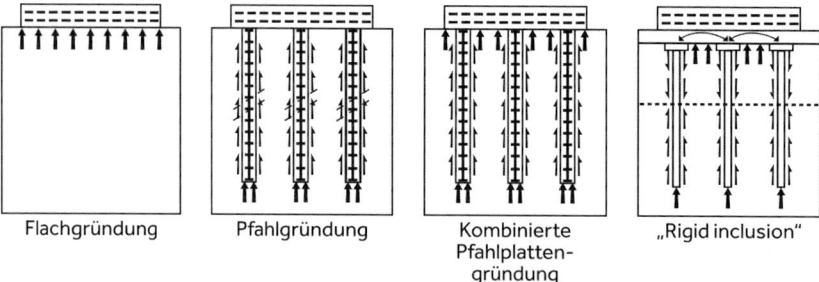

Bild 2. Flachgründung, Pfahlgründung, Kombinierte Pfahlplattengründung (KPP) und Gründung mit diskreten Elementen („rigid inclusions") nach [101]

höhung der Bodensteifigkeit bewirken. Im Falle von Vorlast- oder Überlastschüttungen werden die Anschüttungen nach ausreichend abgeklungenen Setzungen wieder ganz oder teilweise abgetragen und das eigentliche Bauwerk kann errichtet werden. Das Prinzip der Vor- bzw. Überlastschüttung besteht nicht nur in der generellen Erhöhung und Homogenisierung der Bodensteifigkeit, sondern auch darin, dass bei ausreichend großer Vorlast („Überlast") das Bauwerk im Ent- und Wiederbelastungsast der Last-Setzungskurve, somit also bei einer ca. 3- bis 5-fachen Bodensteifigkeit im Vergleich zum Erstbelastungsast, errichtet wird. Zur Beschleunigung des Setzungsvorgangs während der Phase der Vorlast-/Überlastschüttung wird diese Methode i. Allg. mit dem Einbau von Vertikaldränagen (z. B. vorgefertigte Kunststoffdräns) kombiniert.

Als zweites gängiges Prinzip zur Erhöhung der Steifigkeit bindiger Bodenschichten können säulen-, scheiben- oder andersartig geformte Elemente vergleichsweise hoher Steifigkeit in den Boden eingebracht oder durch Bodenvermischung mit z. B. hydraulischen Bindemitteln hergestellt werden. Als klassische Beispiele hierfür sind zu nennen: Rüttelstopfverdichtung (RSV), Betonstopfsäulen oder vermörtelte Kiessäulen, Trockenmischverfahren, wie z. B. Lime Cement Mixing oder CSV, Nassmischverfahren, wie z. B. Mixed in Place und Deep Soil Mixing-Verfahren. Das Prinzip der Baugrundverbesserung besteht dabei darin, die geringe Steifigkeit des anstehenden Bodens durch den Einbau steiferer und besser tragfähiger Elemente als Bewehrung zu ergänzen und somit eine im Mittel höhere Steifigkeit zu erzielen. Durch die Steifigkeits- und Festigkeitseigenschaften der eingebauten Elemente (von ungebundenen Schottersäulen bis zu Tragelementen aus Beton) wie auch die geometrischen Kennzahlen (wie z. B. Durchmesser und Raster der Tragelemente) ist der Verbesserungs- bzw. Ertüchtigungsgrad gezielt steuerbar.

Das dritte Prinzip der Baugrundverbesserung für bindige Böden besteht darin, dass großräumig ein Bindemittel in den zu verbessernden Bodenkörper eingemischt bzw. eingefräst wird. Als bekannteste Beispiele sind hierfür die Kalkstabilisierung bzw. die Stabilisierung mittels Kalk-Zementbindemittel-Gemischen zu nennen. Hierbei wird der gesamte zu behandelnde Boden verbessert.

In selteneren Fällen kann auch die gezielte Verringerung (bzw. das Geringhalten) der Steifigkeit einzelner Bodenvolumina erforderlich sein. Ein Beispiel hierfür ist die Gründung eines Bauwerks im Bereich einer (steil) abtauchenden Felsoberfläche. Ein Teil des Bauwerks gründet im Bereich des anstehenden Felsens, ein anderer Teil ist schwimmend zu gründen, da der steil abtauchende Fels eine Einbindung der Pfähle bis in den Felsen aus wirtschaftlichen Gründen nicht erlaubt. In diesem Fall kann

der Einbau einer „definiert weicheren" Bodenschicht im Bereich des unmittelbar unter der Gründungssohle anstehenden Felsens zweckmäßig sein, um differenzielle Setzungen gering halten zu können. Hier kommen i. Allg. Bodentauschmaßnahmen zur Anwendung. Der Fels wird über eine bestimmte Dicke abgetragen und durch eine Bodenschicht (mit definierten Eigenschaften) ersetzt.

2.3 Beeinflussung der Festigkeit des Baugrunds

Eine Erhöhung der Bodenfestigkeit kann beispielsweise erforderlich werden, wenn

– die Stabilität eines Hangs oder einer Böschung nicht ausreichend gegeben ist [5],
– die Bodenfestigkeit unter dem Fuß eines zu errichtenden Dammkörpers nicht ausreicht,
– die Grundbruchsicherheit für eine Gründung zu erhöhen ist,
– der Erddruck auf eine Konstruktion durch die Erhöhung der Festigkeitseigenschaften der Hinterfüllung reduziert werden soll oder
– ein Bodenkörper durch Festigkeitserhöhung eine Stütz- oder Tragfunktion übernehmen soll [6].

Oftmals geht das Erfordernis einer Erhöhung der Festigkeit auch mit dem Erfordernis einer Steifigkeitserhöhung des anstehenden Bodens einher. Als Baugrundverbesserungsverfahren für die Festigkeitserhöhung können prinzipiell auch die Verfahren zur Erhöhung der Bodensteifigkeit, wie sie im Abschnitt 2.2 diskutiert wurden, angewandt werden. Die detaillierte Auslegung der Elemente (Geometrie, Mischrezepturen etc.) kann jedoch je nach Anforderung variieren. Auch kommen für Anforderungen der Festigkeitserhöhung Verfahren zur Anwendung (z. B. geogitterbewehrte Erdkörper, Bodenvernagelungen etc.), die einerseits klassische Verfahren der Baugrundverbesserung darstellen und andererseits nicht gleichzeitig eine ausreichend steifigkeitserhöhende Wirkung haben müssen.

Die für die Erhöhung der Bodensteifigkeit im vorigen Abschnitt 2.2 genannten grundlegenden Prinzipien gelten auch hier. Das heißt, die Festigkeitserhöhung kann durch Verdichtung (bzw. allgemein Verringerung des Porenraums), durch Einbringen oder Herstellen von z. B. säulen- oder scheibenförmigen Elementen höherer Festigkeit oder aber durch Verfestigen großer Bodenkubaturen, z. B. durch mechanisches und hydraulisches Einmischen, erfolgen.

Anzumerken ist, dass Baugrundverbesserungsmaßnahmen zur Erhöhung der Steifigkeit und/oder Festigkeit auch oftmals für die nachträgliche Ertüchtigung von Bestandsgebäuden bzw. deren Gründung Anwendung finden.

2.4 Beeinflussung der Durchlässigkeit des Untergrunds

Es gibt viele Anwendungsbeispiele für eine erforderliche Veränderung der Durchlässigkeit eines Bodenkörpers bzw. einer Bodenschicht. Beispielhaft wird angeführt:

- Verringerung der Durchlässigkeit des Untergrunds für die Errichtung einer Baugrube im Grundwasser,
- Verringerung der Durchlässigkeit eines Erdbaustoffs für die Errichtung eines Damms (z. B. Hochwasserschutzdamm),
- Erhöhung der Durchlässigkeit im Sohlbereich einer Baugrube im Grundwasser zur Vermeidung unplanmäßiger Porenwasserüberdrücke,
- Erhöhung der Durchlässigkeit in einer bindigen Bodenschicht zur Konsolidierungsbeschleunigung unter einer Auflast (Vertikaldränagen) [7],
- Erhöhung der Durchlässigkeit einer Bodenschicht zur Erhöhung der Sickerfähigkeit.

Die gewünschte Erhöhung der Durchlässigkeit einer Bodenschicht oder eines Bodenkörpers mittels Verfahren der Baugrundverbesserung wird i. Allg. durch den Einbau von vertikalen Elementen mit relativ zum anstehenden Untergrund vielfach höherer Durchlässigkeit wie Schottersäulen, Sandsäulen, Kunststoffdräns o. Ä. erreicht. Eine Erhöhung der horizontalen Durchlässigkeit kann durch den Einbau von Dränagen (im Press- oder Bohrverfahren) oder bei der lagenweisen Herstellung von Erdkörpern durch den Einbau von flächigen oder linienförmigen Dränagen (Textildränagen, mineralischen Dränagen) erreicht werden. Diese Verfahren werden jedoch eher der Wasserhaltung als der Baugrundverbesserung zugerechnet, weshalb im Weiteren nicht näher auf diese eingegangen wird.

Eine Verringerung der Durchlässigkeit des anstehenden Bodens wird durch eine Verringerung des Porenraums bzw. der zusammenhängenden Poren in einem geometrisch definierten Bodenkörper erreicht. Dies kann einerseits durch Verfüllen des Porenraums z. B. durch Injektionen, durch Einmischen von Fremdmaterial (z. B. Einmischdichtungen aus anstehendem Boden und beigemischtem, zumeist feinkörnigerem, Bodenmaterial) und unter gewissen Umständen durch reine Verdichtungsprozesse stattfinden. Letzteres kann z. B. in einem gut abgestuften Sand-Kies-Gemisch mit geringen Anteilen an Feinkorn und Steinen durch eine Rütteldruckverdichtung erreicht werden, wobei im günstigen Fall eine Reduktion der Durchlässigkeit um einen Faktor von ca. 10 bis 20 erzielbar ist (vgl. [8, 9]).

2.5 Reduktion des Verflüssigungspotenzials

Die erforderliche Reduktion des Verflüssigungspotenzials eines Bodens ist in erster Linie in Zusammenhang mit einer möglichen Erdbebenbelastung (oder sonstigen dynamischen Anregungen) und untergeordnet mit Verflüssigungserscheinungen in Zusammenhang mit hohen hydraulischen Gradienten im Untergrund von Bedeutung.

Als besonders verflüssigungsgefährdete Böden gelten dabei Korngrößenspektren von Mittelschluff bis in den Sandbereich mit einer (sehr) lockeren Lagerungsdichte, die einerseits keine nennenswerten kohäsiven Eigenschaften aufweisen und deren Durchlässigkeit andererseits gering genug ist, dass sich im Zuge dynamischer Anregungen und Verdichtung signifikante Porenwasserdrücke aufbauen können [10].

Baugrundverbesserungsmaßnahmen zur Reduktion des Verflüssigungspotenzials zielen dementsprechend auf eine Verdichtung des anstehenden Bodens, auf eine Erhöhung seiner Durchlässigkeit oder aber auf eine Verfestigung als Ganzes oder in Form diskreter Elemente (z. B. durch den Einbau von säulenartig verfestigten Körpern) ab. Eine Verdichtung des Bodenkörpers kann durch die bereits im Abschnitt 2.2 beispielhaft genannten Rütteltechniken erzielt werden. Eine Erhöhung der Durchlässigkeit kann z. B. durch den Einbau von Schottersäulen mittels Rüttelstopfverdichtung erreicht werden. Für den Einbau sogenannter diskreter Elemente stehen viele verschiedene Verfahren, wie sie beispielhaft in Abschnitt 4 angeführt werden, zur Verfügung.

2.6 Binden oder Abbau von Schadstoffen im Untergrund

Einen besonderen Aspekt der Baugrundverbesserung im weiteren Sinne stellt die Behandlung von kontaminiertem Boden dar, denn in Zeiten steigenden Flächenbedarfs und Umweltbewusstseins gewinnt das Altlastenmanagement und Flächenrecycling immer mehr an Bedeutung. Unter Altlasten werden in diesem Zusammenhang vom Gesetzgeber sinngemäß Altstandorte und Altablagerungen verstanden, von denen eine erhebliche Gefahr für Mensch und Umwelt ausgeht (siehe dazu zum Beispiel das deutsche Bundesbodenschutzgesetz oder das österreichische Altlastensanierungsgesetz, in den jeweils gültigen Fassungen). Die europäische Kommission schätzt die Anzahl solcher Altlasten auf 5,66 je 10.000 Einwohner im europäischen Durchschnitt [11].

Die Bilder 3 und 4 zeigen die grundsätzlichen Möglichkeiten zur Sanierung, wobei zuerst zwischen Sicherungsmaßnahmen, die den Schadstoff unverändert im Boden belassen, und Sanierungsmethoden, die das Ziel einer Entfernung oder Neutralisation der Kontaminanten verfolgen, zu unterscheiden ist [12, 13].

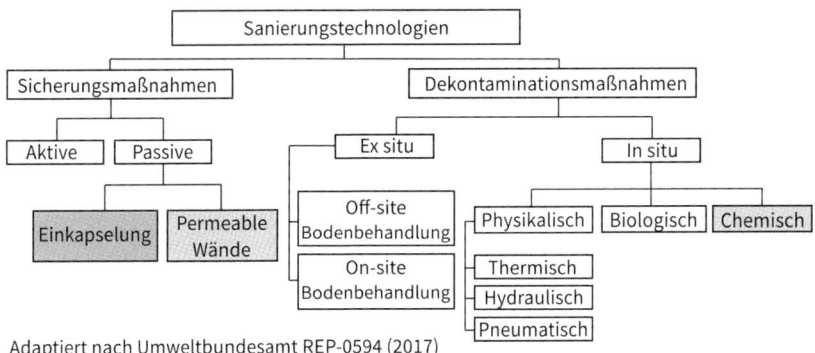

Adaptiert nach Umweltbundesamt REP-0594 (2017)

Bild 3. Überblick über die Sanierungsmethoden. Graue Felder sind ein Hinweis auf massive Bautätigkeit und den Einsatz von (latent) hydraulischen Bindemitteln [14]

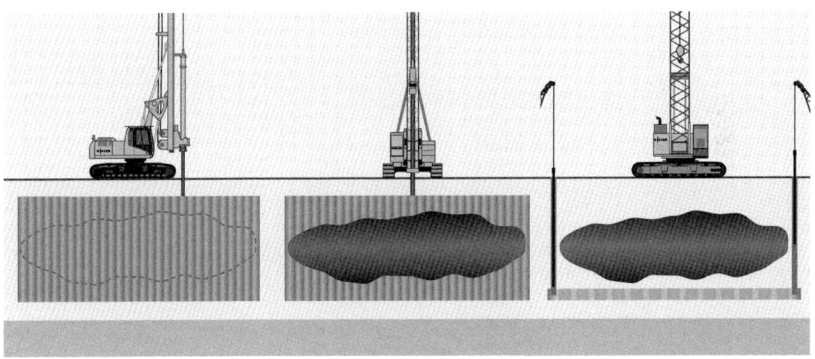

Bild 4. Schematische Darstellung von Dekontaminationsmaßnahmen (linke zwei Bilder) und Sicherungsmaßnahmen (rechtes Bild)

Eine große Anzahl an Technologien steht der Vielzahl an Verunreinigung mit unterschiedlichsten physikalischen und chemischen Eigenschaften gegenüber. So ist zum Beispiel die Mobilität bzw. Lösbarkeit von Schwermetallen abhängig vom vorherrschenden pH-Wert, Mineralöle schwimmen als Leichtphasen auf Grundwasserkörpern, wohingegen organische Lösungsmittel als Schwerphasen in den Grundwasserkörper eindringen und sich am Grundwasserstauer absetzen können. Einen Überblick gibt zum Beispiel [15].

In der Praxis verschwimmen die klaren Grenzen zwischen den einzelnen Verfahren bedingt durch Mischkontaminationen oder den Einsatz von Treatment Trains, also dem mehrstufigen Einsatz von Sanierungstechniken.

2.6.1 Sicherungsmaßnahmen

Bei den aktiven Methoden werden hydraulische Methoden (Schluck- und Sperrbrunnen) und bei leichtflüchtigen Stoffen in der ungesättigten Bodenzone auch pneumatische Methoden eingesetzt. Da in jedem Fall eine Behandlung der entnommenen Stoffe erforderlich ist, ist eine Abgrenzung zu den chemischen In-situ-Methoden schwierig.

Die passiven Methoden umfassen neben klassischen Umschließungen mit z. B. Spund-, Schmal- oder Schlitzwänden auch sogenannte „permeable Reinigungswände". Diese setzen sich meist aus einer klassischen Dichtwand („funnel") und einem quer zur Grundwasserströmung angeordneten durchlässigen Bereich („gate") zusammen. Dort erfolgt die Reinigung des Grundwassers durch Fällung, Adsorption oder Entnahme. Stand der Technik sind Gate-Bauwerke, in denen das reaktive Medium regeneriert oder getauscht werden kann.

Einkapselungen und Umschließungen können auf unterschiedlichste Weise durchgeführt werden. Zu nennen sind hier Injektionen und das Düsenstrahlverfahren.

2.6.2 Dekontaminationsmaßnahmen

Bei den Ex-situ-Verfahren wird die Verunreinigung meist konventionell ausgehoben. In Sonderfällen können jedoch verrohrte Großlochbohrungen notwendig sein, um tiefliegende Kontaminationen zu erreichen.

Biologische In-situ-Verfahren zielen in der Regel darauf ab, für ubiquitäre Mikroorganismen – das sind standortungebundene Lebewesen – Lebensbedingungen zu schaffen, die ihnen den Abbau der Schadstoffstoffe als Energie- bzw. Nahrungsquelle ermöglichen.

Thermische Verfahren bewirken, dass der Schadstoff verdampft und über Bodenluftabsaugung aus dem Boden entfernt wird. Angepasst an die Grundwassersituation können dabei feste Wärmequellen eingesetzt oder Dampf-Luft-Injektionen ausgeführt werden.

Leichtflüchtige Verunreinigungen können mittels pneumatischer Verfahren saniert werden. Neben der klassischen Bodenluftabsaugung in der ungesättigten Bodenzone sind dabei Airsparging-Methoden zu nennen, bei denen die Kontamination durch Einblasen von Luft aus dem Grundwasser ausgetrieben wird. Aber auch einfache Dränagegräben können zur Anwendung kommen.

Zu den hydraulischen Verfahren zählen Spülungen mit Stoffen, wie zum Beispiel Alkoholen und Tensiden. Rechtlich ist diese Vorgehensweise nicht unbedenklich, da zumindest kurzzeitig potentiell umweltschädigende Stoffe in den Boden gelangen können.

Bei Zirkulationsbrunnen wird durch den Einsatz von Pumpen eine vertikale Strömung im Boden induziert, die zu einer erhöhten Austragung des Schadstoffs im Vergleich zu rein horizontaler Durchströmung des Bodenkörpers führt.

Bei den chemischen Verfahren werden, abhängig vom Bodenmilieu, Oxidations- oder Reduktionsmittel in den Untergrund eingebracht, um den Schadstoff chemisch abzubauen bzw. zu neutralisieren. Die Schwierigkeit bei diesen Verfahren besteht darin, Reaktanz und Verunreinigung in Kontakt zu bringen. Einen möglichen Lösungsansatz stellt hier die Anwendung von Bodenmisch- oder Düsenstrahlverfahren dar.

Am Beispiel des Letzteren lässt sich auch die Wichtigkeit der Planung und Erkundung in diesem Zusammenhang herausstreichen, denn nur so können Synergien, zum Beispiel zwischen Baugrubensicherung, Gründung und Sanierung, ausgenutzt werden [16].

Das zur Sanierung eingesetzte HaloCrete®-Verfahren basiert auf der Düsenstrahlmethode. Zum Einsatz kommen speziell mit dem Bindemittel einge-

Bild 5. Lokalisierter Schadensherd und Dekontamination mittels HaloCrete® für eine Altlastensanierung bei Schwechat, Österreich

brachte reaktive Stoffe, die über Oxidation oder Reduktionsvorgänge zum Abbau der Schadstoffkontamination führen. Bei dem in Bild 5 dargestellten Schadensherd handelte es sich um eine Kontamination mit Tetrachlorethen, die aus einem Putzerei-Betrieb in den Boden gelangt war. Vorteil des Verfahrens ist, dass es neben der Dekontamination auch eine Verfestigung des Baugrunds bewirkt.

3 Grundlagen für die Planung und Ausführung von Baugrundverbesserungsmaßnahmen

Während es für eine Vielzahl von geotechnischen Verfahren und Bausystemen wie z. B. Vorspannanker, Bodennägel und zahlreiche Pfahltypen bemessungs- und herstellungsrelevante Normen und Regelwerke gibt (vgl. [17–19]), gibt es für eine Mehrzahl von Verfahren zur Baugrundverbesserung keine Bemessungsnormen und für bestimmte Verfahren auch keine Ausführungsnormen. Für die Planung und Bemessung wird in solchen Fällen auf allgemeine Regelwerke zur Nachweisführung (vgl. [1, 20]) und auf spezifische Fachliteratur zurückgegriffen. Des Weiteren kommt der baupraktischen Erfahrung und der besonderen Sachkunde in der Planung und Ausführung von Baugrundverbesserungsmaßnahmen eine besondere Rolle zu.

Die Tatsache, dass es für Baugrundverbesserungsmaßnahmen nur bedingt Regelwerke für die Bemessung gibt, schafft einerseits einen gewissen Freiraum im Entwurf und in der Wahl der Bemessungsgrundlagen, ist andererseits jedoch mit einer entsprechend großen Verantwortung bei der Festlegung ausreichender Sicherheitsgrößen verbunden. Dies und die Tatsache, dass bei Baugrundverbesserungsmaßnahmen der anstehende Baugrund bei vielen Verfahren zum Werkstoff bzw. Konstruktionskörper wird und Boden in seiner Zusammensetzung und seinen maßgebenden Kennwerten grundsätzlich mit größeren Streuungen behaftet sein kann, führt dazu, dass der Qualitätskontrolle während und nach der Ausführung eine übergeordnete Rolle zukommt.

Für eine technisch und wirtschaftlich angemessene Festlegung geeigneter Baugrundverbesserungsmaßnahmen zur Lösung einer geotechnischen Problemstellung sind i. Allg. die folgenden Punkte von vorrangiger Bedeutung:

- die vorherrschenden Gelände-, Untergrund- und Grundwasserverhältnisse sowie unter Umständen auch die geochemischen Randbedingungen,
- die statischen Spezifikationen sowie Gebrauchstauglichkeitsanforderungen für das zu errichtende Bauwerk und die relevanten Einwirkungen auf/durch das Bauwerk,
- zeitliche Randbedingungen,
- umweltrechtliche Randbedingungen,
- nachbarrechtliche Randbedingungen,
- Verfügbarkeit von Gerät, Personal und bestimmten (Material-)Ressourcen.

3.1 Voraussetzungen für die Planung von Baugrundverbesserungsmaßnahmen

3.1.1 Baugrunderkundung und Kenntnis der Baugrundeigenschaften

Wie bereits mehrfach betont, kommt der Baugrunderkundung bei der Festlegung und Bemessung geeigneter Baugrundverbesserungsverfahren eine besondere Bedeutung zu. In einem ersten Schritt dient die Baugrunderkundung zur allgemeinen Charakterisierung der Untergrund- und Grundwasserverhältnisse vor allem der Beurteilung, inwieweit Maßnahmen für die Gründung oder Herstellung eines Bauwerks erforderlich sind. Werden derartige Maßnahmen als geboten erachtet, kann in einem nächsten Schritt die Anwendung von Baugrundverbesserungsmaßnahmen überlegt und geprüft werden.

Da die Anwendbarkeit der meisten Baugrundverbesserungsverfahren jedoch stark von der Korngrößenzusammensetzung und den spezifischen Eigenschaften des Bodens abhängen, muss aus den Ergebnissen der Baugrunderkundung die Eignung bzw. Nichteignung der einzelnen Verfahren feststellbar sein. D. h. der Baugrunderkundung kommt in einem zweiten Schritt die Aufgabe zu, eine Beurteilung der grundsätzlichen Eignung einzelner Verfahren zur Baugrundverbesserung zu ermöglichen und die verbessernde Wirkung (für eine oder mehrere geotechnische Problemstellungen unter Berücksichtigung gegebener Randbedingungen) auch quantitativ abschätzen zu können.

Im Zuge dieser ersten Eignungsprüfung können beispielsweise folgende Kriterien abgefragt werden:

- Ist das Baufeld mit dem erforderlichen Baugerät erreichbar und der anstehende Untergrund befahrbar? Falls ja, unter welchen Voraussetzungen und möglichen Erschwernissen?
- Kann das für ein spezifisches Verfahren erforderliche Gerät (Rüttler, Rüttelbohle, Endlosschnecke, Rührwerkzeug etc.) bis auf die Solltiefe in den Untergrund abgeteuft werden?
- Ist der anstehende Boden mit dem angedachten Verfahren ausreichend verdichtbar, mischbar bzw. verdrängbar?
- Führen die vorliegenden Schicht- bzw. Grundwasserverhältnisse zu Erschwernissen (z. B. Austrag von Frischsuspension durch hohe Grundwassergeschwindigkeiten)? Kann es durch das angedachte Verfahren zu einer unzulässigen Beeinflussung bestehender Grundwassergegebenheiten kommen (z. B. Kurzschluss unterschiedlicher Grundwasserstockwerke durch z. B. Schottersäulen)?
- Wird das Abbindeverhalten von Frischsuspensionen durch den Chemismus des Untergrunds bzw. des Grundwassers (negativ) beeinflusst?
- Ist durch das angedachte Verfahren und die vorherrschenden Untergrundverhältnisse eine unzulässige Beeinflussung von Nachbarobjekten bzw. Fremdrechten zu erwarten?
- Welche besonderen Unsicherheiten und Risiken, technischer und wirtschaftlicher Natur, sind infolge der gegebenen Untergrundverhältnisse für ein bestimmtes Verfahren zu erwarten?
- Welche zusätzlichen Erkundungs- und Untersuchungsmaßnahmen sind für noch ungeklärte Fragen zur Entscheidungsfindung und Vorbemessung relevant?

Bereits im Zuge einer derartigen Vorprüfung wird eine erste Unterscheidung in grundsätzlich anwendbare und nicht in Frage kommende Verfahren erfolgen können und müssen. Ferner wird auch eine Spezifizierung der projektbezogenen Problem- und Fragestellungen stattfinden müssen und es können noch offene Punkte erkannt werden, die durch ergänzende In-situ- und Laboruntersuchungen zu klären sind.

Besteht zum Zeitpunkt der Baugrunderkundung bereits ein gewisses Vorwissen über die Untergrundverhältnisse und gibt es auch schon Präferenzen für ein bestimmtes Baugrundverbesserungsverfahren, das zur Anwendung kommen kann oder soll, so kann die Baugrunduntersuchung schon spezifisch auf das angedachte Verfahren ausgelegt werden. Es werden dann vor allem In-situ- und Laboruntersuchungen vorgenommen, die für die detaillierte Planung einschließlich der erforderlichen Qualitätssicherungsmaßnahmen während der Ausführung für das angedachte Verfahren herangezogen werden können. Zum Beispiel können für eine geplante Rütteldruckverdichtung verstärkt CPT-Tests und/oder DPH-Tests vorgenommen werden, die einerseits als Grundlage für die Dimensionierung der Verbesserungsmaßnahme, andererseits aber auch als Basis für die spätere Beurteilung der Verbesserungswirkung durch Wiederholung von Vergleichs-Tests nach Durchführung der Verbesserungsmaßnahmen herangezogen werden können. Oder für den Fall einer geplanten Einmischung von Bindemitteln z. B. nach dem Verfahren des Deep Soil Mixing (DSM) oder mittels Mixed in Place (MIP) werden insbesondere bei feinkörnigen Böden vorab Korngrößenverteilungen und evtl. auch erste Laboruntersuchungen an Probemischungen zu ermitteln sein. Bei Mischverfahren ist der Feinkornanteil – insbesondere der Tonanteil – von wesentlicher Bedeutung dafür, ob eine homogene Vermischung zwischen Boden und Einmischgut überhaupt möglich ist.

Zusammenfassend ist die Bedeutung einer ausreichenden Baugrunderkundung nicht nur in der Feststellung der allgemeinen baugrundspezifischen Problemstellungen für ein Bauvorhaben zu sehen, sondern insbesondere auch in einer Überprüfung der Anwendbarkeit von speziellen Baugrundverbesserungsverfahren für die gegebenen Baugrundverhältnisse und zur Ermittlung der (geo-)technischen Projektrandbedingungen.

3.1.2 Tragwerkseigenschaften, Lasten und Anforderungen an das Bauwerk

Die Größe und Verteilung der von einem Bauwerk in den Untergrund abzuleitenden Lasten werden von den Dimensionen, den Werkstoffen, dem Tragsystem, dem Standort und von der Nutzung eines Bauwerks wesentlich bestimmt. Die genannten Punkte bestimmen einerseits die Größe der abzutragenden Lasten, aber auch, ob diese konzentriert in Form von Einzellasten oder vorwiegend linienförmig oder flächig verteilt abzuleiten sind. Wie bereits ausgeführt und im Abschnitt 3.2 noch eingehender diskutiert werden soll, eignen sich Baugrundverbesserungsmaßnahmen in nicht ausreichend tragfähigen Böden besonders für die Ableitung verteilter Lasten sowie kleiner und mittlerer Einzellasten. Für die Abtragung sehr hoher Einzellasten sind Pfähle bzw. in ihrer Wirkungsweise Pfählen ähnliche Systeme i. Allg. klassischen Baugrundverbesserungsmaßnahmen vorzuziehen (Bild 1). Dies insbesondere deshalb, da ausreichend dimensionierte Pfähle sehr hohe Lasten auf kleiner Fundamentfläche ableiten können, sodass keine großflächige Verteilung der Einzel- bzw. Stützenlasten über ein entsprechend zu dimensionierendes Fundament erforderlich wird.

Bei der Wahl und Entscheidung der Gründungsmaßnahmen spielt jedoch nicht nur die zuvor genannte Größe und Art der Lastabtragung eine Rolle, sondern auch die aus Gebrauchstauglichkeits- und Dauerhaftigkeitsaspekten zulässigen absoluten und differenziellen Setzungen einer Tragkonstruktion sind von entscheidender Bedeutung. Je nach statischem System des Tragwerks, nach Art und Duktilität der Konstruktion und der Werkstoffe, aber auch abhängig von den aus Gründen der Nutzung oder Optik zulässigen Verformungen (Gebrauchstauglichkeit) ergibt sich, inwieweit Baugrundverbesserungsmaßnahmen anwendbar sind. In vielen Fällen erlauben (entsprechend dimensionierte) Pfahlgründungen eine setzungsärmere Bauweise im Vergleich zu klassischen Baugrundverbesserungsmaßnahmen, wobei derart ausgelegte Pfahlgründungen dann i. Allg. auch mit deutlich höheren Kosten und Herstellungszeiten verbunden sind.

Bei der Entscheidung für eine bestimmte Gründungs- bzw. Baugrundverbesserungsmaßnahme sind neben den Kosten insbesondere die zuvor genannten Randbedingungen nicht nur zu überprüfen, sondern gemeinsam mit dem Bauwerksplaner und dem Bauherrn zu besprechen und zu bewerten. Insbesondere was die Vorgaben für die Gebrauchstauglichkeit eines Bauwerks anbelangt, hat letztlich der Bauherr evtl. gemeinsam mit seinem Tragwerksplaner die Anforderungen vorzugeben. Das Miteinander zwischen Bauherrn, Planern und in weiterer Folge der ausführenden Firma, indem das Soll und das mögliche Ist dargestellt, bewertet und dann gemeinsam getragen wird, ist von entscheidender Bedeutung.

3.2 Bemessungsgrundlagen für auf Baugrundverbesserungen errichteten Bauwerken

3.2.1 Grundlagen zur Bemessung von Fundamentplatten

Pfahlgründungen erlauben eine konzentrierte Anordnung der Pfähle unter lasttragenden Wänden und Stützen, wodurch in solchen Fällen neben einer setzungsarmen Gründung in gewissen Fällen auch Einsparungen in der Auslegung der Bodenplatten bzw. allgemein der Fundamente möglich werden. Da Baugrundverbesserungen für Gründungszwecke auf eine Ertüchtigung des anstehenden Bodens abzielen, ist eine vergleichsweise konzentrierte Ableitung der Lasten nur eingeschränkt möglich. Dem Fundamentkörper, oftmals in Form einer Bodenplatte, kommt somit eine wesentliche Funktion als lastverteilendes Konstruktionselement zu. Stützenlasten werden über oder Wandscheiben abgetragene Lasten werden über die ausreichend biegesteife Bodenplatte auf eine derart große Fläche verteilt, dass der durch Baugrundverbesserungsmaßnahmen ertüchtigte Baugrund diese Bodenpressungen mit tolerierbar geringen Setzungen abtragen kann. Speziell bei gleichmäßig(er) verteilten Lasten (im Gegensatz zu konzentrierten, großen Einzellasten) ergibt sich mittels Baugrundverbesserungsmaßnahmen i. Allg. eine kostengünstigere Ausbildung der Bodenplatte mit z. B. deutlich reduzierter Dicke oder geringerem Bewehrungsgehalt.

Die konstruktive Bemessung der Bodenplatte bzw. der Fundamente erfolgt aufgrund der Einfachheit oftmals nach dem Bettungsmodulverfahren [21]. Aufgrund der häufigen Anwendung dieses Verfahrens in der Ingenieurpraxis und der zuvor beschriebenen Wirkungsweise von Baugrundverbesserungsmaßnahmen, die in vielen Fällen ein lastverteilendes Fundament bzw. eine lastverteilende Fundamentplatte erfordern, wird im Folgenden kurz auf dieses Verfahren, insbesondere auch auf die zugehörige Kennzahl, den Bettungsmodul, eingegangen. Bezüglich der theoretischen Beschreibung des Bettungsmodulverfahrens wird beispielhaft auf [21] verwiesen.

Das Bettungsmodulverfahren sieht die Modellierung des Untergrunds durch die Anordnung einer diskreten Anzahl von voneinander entkoppelten, linear elastisch angenommenen Federn vor. Aus der Modellierung des Tragwerks, der Modellierung des Untergrunds durch die zuvor beschriebenen Federn und das Aufbringen der Lasten, können die Schnittkräfte wie z. B. die Biegemomente in der Gründungsplatte ermittelt werden. Mittels des sogenannten Bettungsmoduls k_s (vgl. [21, 22]), der durch das Verhältnis der vorherrschenden Sohlspannungen zu den auftretenden Setzungen definiert ist, werden dabei die zuvor genannten Federsteifigkeiten ermittelt. Der Bettungsmodul ist beim Bettungsmodulverfahren die wesentliche Kenngröße, die das „Verhalten" des Untergrunds in diesem Modell bestimmt und wird vom Geotechniker und/oder konstruktiven Ingenieur ermittelt bzw. festgelegt.

Grundsätzlich ist das beschriebene Bettungsmodulverfahren, mit der Annahme einer Anzahl von entkoppelten, linearen elastischen Federn nicht in der Lage, das Spannungs-Verformungs-Verhalten des Untergrunds richtig zu beschreiben. Dies deshalb, da sich der Boden weder linear noch elastisch verhält und auch das Modell von voneinander entkoppelten Federn die tatsächliche Lastausbreitung im Untergrund nicht abzubilden im Stande ist. Festzuhalten ist insbesondere auch, dass der Bettungsmodul k_s kein Bodenkennwert ist, sondern neben den Steifigkeitseigenschaften des Untergrunds wesentlich von der Geometrie und den Steifigkeitseigenschaften des Tragwerks bzw. der Fundamentplatte selbst bestimmt wird. Bereits daraus ergibt sich, dass eine Festlegung des Bettungsmoduls in Abstimmung zwischen Geotechniker und konstruktivem Ingenieur erfolgen soll.

Die in der gängigen Ingenieurpraxis häufige Anwendung des Bettungsmodulverfahrens als Bemessungsgrundlage für die Dimensionierung der Fundamentkörper ergibt sich aus der Einfachheit dieses Verfahrens und der Tatsache, dass in vielen Berechnungsmodellen und -programmen für Tragwerke im Hochbau eine zutreffende Abbildung des Bodenverhaltens nicht (einfach) möglich ist. Aus theoretischer Sicht wie auch aus berechnungspraktischer Erfahrung zeigt sich auch, dass die ermittelten Schnittkräfte (Biegemomente und Querkräfte) keine allzu große Sensitivität in Bezug auf die angenommene Größe und Verteilung des Bettungsmoduls zeigen. Dies ist darauf zurückzuführen, dass der Bettungsmodul k_s unter der vierten Wurzel in die Ermittlung der Biegemomente eingeht. Dies ist der Grund dafür, dass trotz der oben angesprochenen Nachteile die Anwendung des Verfahrens für die Ermittlung der Schnittkräfte für Gründungselemente in der Baupraxis in vielen Fällen trotzdem ausreichend gut möglich ist [21].

Bei der Anwendung des Bettungsmodulverfahrens ist jedoch darauf zu achten, dass dieses für die Ermittlung der Schnittkräfte in der Gründungsplatte bzw. des Tragwerks Anwendung finden kann, jedoch i. Allg. nicht zur Ermittlung der Setzungen bzw. Differenzsetzungen des Bauwerks heranzuziehen ist. Im Falle einer Anwendung des Bettungsmodulverfahrens für komplexe Tragwerke und bei schwierigen Untergrundverhältnissen (die beispielsweise die Anwendung von Baugrundverbesserungsmaßnahmen erforderlich werden lassen), ist eine enge Abstimmung zwischen Bodenmechaniker und konstruktivem Ingenieur von besonderer Bedeutung. Hierbei kann es hilfreich sein, dass nach einer ersten Abschätzung des Bettungsmoduls und der daraus ermittelten Schnittkräfte und Biegelinie in der Gründungsplatte sowie der aus der Zusammendrückung der Bettungsfedern errechneten Sohlspannungsverteilung eine Berechnung der Setzungsmulde mittels geeigneter bodenmechanischer Berechnungsprogramme erfolgt. Ergibt sich keine ausreichende Übereinstimmung zwischen der (Form der) Biegelinie der Fundamentplatte und der Setzungsmulde des Untergrunds, ist eine iterative Adaption des Bettungsmoduls bzw. dessen Verteilung vorzunehmen und die Berechnung ist zu wiederholen. Allgemein ist anzumerken, dass das Kriterium für eine zutreffende Wahl des Bettungsmoduls und dessen Verteilung in einer guten Übereinstimmung im Verlauf der differenziellen Setzungen und nicht in der absoluten Setzungsgröße liegt. Dies begründet sich damit, dass die Biegemomente in der Bodenplatte durch deren Krümmung (Verkrümmung) und nicht durch eine Starrkörperverschiebung bestimmt werden.

In Abschnitt 6.1 wird anhand eines stark abstrahierten Beispiels für unterschiedliche Böden und für unterschiedliche Gründungssysteme zum einen der

Einfluss der unterschiedlichen Gründungssysteme auf die Biegemomente in der Bodenplatte (Abschnitt 6.1.1) und zum anderen der Einfluss des angesetzten Bettungsmoduls auf die Schnittkräfte in der Bodenplatte (Abschnitt 6.1.2) näher untersucht.

Die aus theoretischer Sicht ideale Vorgehensweise für die Bemessung von Gründungskörpern wäre eine gekoppelte Abbildung des Tragwerks und des Untergrunds. Durch geeignete Stoffgesetze sowohl für den konstruktiven Überbau als auch den Untergrund, in dem das last- bzw. spannungsabhängige Steifigkeitsverhalten von Tragwerk und Boden realistisch abgebildet wird, ergibt sich als Ergebnis die Übereinstimmung der Biegelinie des Fundamentkörpers (z. B. Bodenplatte) mit der realitätsnah ermittelten Setzungsmulde des Untergrunds.

3.2.2 Lastübertragung Überbau zu Baugrundverbesserung

Bei Pfahlgründungen mit i. Allg. hohen punktförmigen Lasten erfolgt eine konstruktive Einbindung der Pfähle mittels Bewehrungsanschluss, Kopfplatten oder sonstige konstruktive Maßnahmen in die Bodenplatte. Es ist der konstruktive Nachweis zu erbringen, dass die zum Teil großen Einzellasten sowohl von der Bodenplatte selbst (z. B. Nachweis gegen Durchstanzen) als auch vom Pfahl aufgenommen werden können.

Im Gegensatz dazu findet bei den meisten Baugrundverbesserungsmaßnahmen eine auf eine größere Fläche verteilte Einleitung der Lasten über die als lastverteilendes Element wirkenden Fundamente bzw. Bodenplatte in den Untergrund statt. Dies bedeutet einerseits, dass die Bodenplatte nicht durch (große) punktförmige Einzelkräfte, sondern eher durch verteilte Lasten (bzw. mehrere dem Betrag nach geringere Einzelasten) aus der Gründung beansprucht wird und andererseits, dass auch die Kräfte bzw. Spannungen auf die konstruktiven Elemente der Baugrundverbesserung bzw. den verbesserten Bodenkörper selbst deutlich geringer sind wie bei klassischen Pfählen.

Bei Baugrundverbesserungsmaßnahmen kann nun danach unterschieden werden, ob der verbesserte Boden als homogener Körper wirkt, sodass von einer gleichmäßigen Steifigkeitsverteilung im (verbesserten) Untergrund auszugehen ist, oder ob der Boden durch die Herstellung einer Anzahl von diskreten Elementen, wie z. B. Säulen oder Scheiben, ertüchtigt wurde. Der verbesserte Untergrund ist dabei durch eine inhomogene Verteilung der Steifigkeiten charakterisiert. Die eingebrachten diskreten Elemente (Schottersäulen bei einer Rüttelstopfverdichtung, Betonsäulen, MIP-Elemente etc.) weisen eine (deutlich) höhere Steifigkeit als der zwischen diesen Elementen verbleibende Bodenkörper auf.

Im ersten Fall, der homogenen Verbesserung des Untergrunds z. B. durch eine Rütteldruckverdichtung, erfolgt der Nachweis für den verbesserten Boden anhand der Größe der über die Fundamente (Bodenplatte) verteilten Bodenpressungen (z. B. Grundbruchnachweis) sowie der zu erwartenden (differenziellen) Setzungen (Nachweis der Gebrauchstauglichkeit).

Im zweiten Fall, der Verbesserung mittels (Struktur-)Elementen höherer Steifigkeit, hat zusätzlich zu den zuvor angeführten Nachweisen eine Betrachtung und ein Nachweis für diese Einzelelemente zu erfolgen. Hierfür ist in einem ersten Schritt die Größe der Lasten in diesen diskreten Elementen zu ermitteln bzw. abzuschätzen. Die Größe der Lasten ist einerseits durch das Flächen- und Steifigkeitsverhältnis zwischen diskretem Element und zuordenbarem Bodenelement bestimmt und andererseits noch dadurch beeinflusst, ob das Strukturelement unmittelbar an die Bodenplatte bzw. den Fundamentkörper angrenzt oder eine lastverteilende Zwischenschicht zwischen Fundamentkörper und diskreten Elementen hergestellt wird.

Mit den für die Strukturelemente zu erwartenden (Vertikal-)Lasten ist dann der Tragfähigkeitsnachweis für die Elemente zu erbringen. Im Falle ungebundener Elemente, wie z. B. Schottersäulen, ist insbesondere nachzuweisen, dass die seitliche Stützung der Säulen ausreichend groß ist, um Scherbrüche und damit ein zu starkes Ausbauchen oder ein Abscheren der Säulen zu verhindern. Bei zementgebundenen (oder mit sonstigen Bindemitteln gebundenen) diskreten Elementen ist zusätzlich die innere Tragfähigkeit durch eine ausreichend große Sicherheitsmarge zwischen auftretenden Spannungen und Bruchspannungen in den Säulen bzw. Scheiben nachzuweisen. Hierbei sind insbesondere mögliche geometrische Abweichungen (z. B. Querschnittseinschnürungen), aber auch mögliche verfahrens- und untergrundbedingte Streuungen in den Festigkeitseigenschaften der Strukturelemente zu berücksichtigen.

Eine Zwischenschicht zwischen Fundamentkörper bzw. Bodenplatte und den diskreten Elementen mit einer Steifigkeit deutlich kleiner als die der diskreten Elemente wird z. B. dann vorgesehen, wenn die Kräfte im Fundamentkörper bzw. in der Bodenplatte oder aber im Kopf des Säulenelements bei einem direkten Anschluss an die Bodenplatte zu hoch würden. Durch die „lastverteilende Zwischenschicht" findet eine Erhöhung der auf den Boden übertragenen Spannungen und somit eine Reduzierung der direkt in den Kopf der diskreten Elemente eingetragenen Kräfte statt. Durch die Erhöhung der (vertikalen) Bodenpressungen zwischen den diskreten Elementen findet auch eine geringfügige Erhöhung der Horizontalspannungen im Boden statt, was infolge des dreidimensionalen Spannungszustands zu einer Tragfähigkeitserhöhung im Kopfbereich der Säule führt. Naturgemäß führt dies zu (etwas) größeren Setzungen im Vergleich mit direkt angeschlossenen diskreten Elementen. Gleichzeitig kommt es zu einer deutlichen Reduzierung von Spannungsspitzen in den diskreten Elementen im Erdbebenlastfall.

3.3 Grundlagen zur Modellierung von Baugrundverbesserungsmaßnahmen

Die Modellierung bzw. der erforderliche Modellierungsaufwand für Baugrundverbesserungsmaßnahmen richtet sich insbesondere nach ihrer im Abschnitt 3.2 beschriebenen Wirkungsweise. Bei einer den Untergrund betreffend homogenen Wirkung der Verbesserungsmaßnahme (z. B. Rütteldruckverdichtung) ist eine verschmierte Betrachtung der verbesserten Maßnahmen angemessen und zutreffend. Das heißt, im Bodenmodell werden dem verbesserten Bodenvolumen, dem Verfahren und den Untergrundbedingungen entsprechend, veränderte Bodenkennwerte, wie z. B. Steifigkeit, Festigkeit oder Durchlässigkeit, zugewiesen.

Bei einer wie im Abschnitt 3.2 beschriebenen inhomogenen Verbesserung des Untergrunds durch die Einbringung von diskreten Elementen ist für den Modellierungsprozess zu unterscheiden, ob es um die Abbildung des Verhaltens des gesamten (verbesserten) Bodenkörpers geht oder um die Betrachtung der einzelnen diskreten Elemente selbst. Für die Untersuchung der Wirkung des gesamten verbesserten Bodenkörpers reicht in vielen Fällen ebenfalls eine verschmierte Betrachtung wie für homogen verbesserte Bodenkörper aus. So reicht es z. B. bei einer Rüttelstopfverdichtung aus, die Steifigkeitserhöhung des durch die Schottersäulen verbesserten Untergrunds durch eine verschmierte Betrachtung abzubilden. Genauso kann die Erhöhung der Durchlässigkeit durch den Einbau von Sandsäulen oder Vertikaldränagen aus Geotextilien in einer bindigen Bodenschicht durch eine verschmierte Betrachtung in ein Modell für Zeit-Setzungsberechnungen Eingang finden. In derartigen Fällen sind jedoch Modelle erforderlich, die eine möglichst wirklichkeitsnahe Transformation der heterogenen und zumeist anisotropen Eigenschaften des Untergrunds in Kennwerte für ein homogenes Bodenmodell erlauben. Siehe hierzu auch die detaillierteren Ausführungen zu den einzelnen Verfahren in Abschnitt 4.

Eine verschmierte Betrachtung und Modellierung ist dann nicht mehr möglich, wenn es z. B. um die detaillierte Ermittlung der Größe und des Verlaufs von Spannungen und Verformungen in den zuvor genannten diskreten Elementen selbst geht, die beispielsweise für die Nachweisführung der inneren Tragfähigkeit derartiger Elemente erforderlich ist. Auch für die detailliertere Abbildung und Erfassung der kombinierten Tragwirkung einer Bodenplatte, steifer diskreter Elemente und dem dazwischenliegenden Boden (d. h. dem Wesen einer kombinierten Pfahl-Plattengründung entsprechend) kann nicht mehr mit verschmierten Kennwerten gearbeitet werden. In diesem Fall sind Modelle erforderlich, die die geometrischen Verhältnisse, die Steifigkeitseigenschaften des Untergrunds und der maßgebenden (konstruktiven) Tragelemente berücksichtigen können. Für komplexere Fragestellungen kommen hierbei dreidimensionale, numerische Modelle infrage. Für vereinfachte Fragestellungen bzw. Abschätzungen kann oftmals auch mit analytischen (Näherungs-)Ansätzen gerechnet werden. In der Ingenieurpraxis wird in vielen Fällen mit vereinfachten Modellen und Ansätzen gearbeitet, wobei für eine große Anzahl von Fragestellungen die Berücksichtigung von – mit zutreffenden Modellen ermittelten – verschmierten Kennwerten ausreicht. Allgemein hängt das Maß bzw. die Größe der durch Baugrundverbesserungsmaßnahmen veränderten Kennwerte von den vorliegenden Bodeneigenschaften selbst und sodann von verfahrens- und ausführungsspezifischen Größen ab. Im Detail kann auf entsprechende Literatur (s. a. Abschnitt 4), insbesondere aber auch auf entsprechende Erfahrung des Planers bzw. insbesondere der ausführenden Firmen zurückgegriffen werden.

3.4 Sicherheit und Umwelt

3.4.1 Baustellensicherheit

Dem Thema Arbeitsplanum kommt bei der Bauausführung besondere Bedeutung zu, da Stabilitätsprobleme oder große Verformungen das Umstürzen von Bohrgeräten (Bild 6) oder anderen Anlagentei-

Bild 6. Umgestürztes Schneckenpfahl-Bohrgerät

len zur Folge haben können. Dies gilt im Speziellen für Baugrundverbesserungsarbeiten auf nicht ausreichend tragfähigem oder weichem Baugrund. Aber auch durch die Baugrundverbesserungsmaßnahmen selbst kann die Funktionstüchtigkeit und Tragfähigkeit der Arbeitsplattform stark beeinflusst werden, z. B. durch ungewollte Auflockerung im Zuge der Penetration, Durchstanzen durch Geotextilien u. Ä.

Aufgrund der tatsächlichen oder zumindest potenziell fatalen Konsequenzen von solchen Unfällen beschäftigt sich die Bauindustrie intensiv mit Maßnahmen zur Vermeidung solcher Schadensfälle. Der bislang am weitesten entwickelte Standard diesbezüglich ist im Vereinigten Königreich anzutreffen. Hier wird für jedes Arbeitsplanum ein Zertifikat, das sogenannte „Working Platform Certificate" durch den „Principal Contractor" ausgestellt (s. [23]), welches formal die Eignung einer Arbeitsplattform für den Einsatz von bezeichneten Geräten bestätigt. Ähnliche Maßnahmen im Zusammenhang mit dem Arbeitsplanum gibt es auch für Kontinentaleuropa.

Die Grundlagen der maschinentechnischen Berechnung sind in EN 16228:2014-10 – Geräte für Bohr- und Gründungsarbeiten – Sicherheit [24] geregelt. Als Ergebnis erhält man Kettenpressungen für die maßgeblichen Betriebszustände. Für die Berechnung von Trägheitsmassen und -momenten ist die spezifische Ausrüstung des Geräts ausschlaggebend, wobei die ungünstigste Kombination aus den Massen und ihrer Position zu wählen ist. Neben diesen statischen Lasten sind ggf. zusätzliche Windlasten sowie dynamische Lasten und Zentrifugalkräfte zu berücksichtigen.

Es werden zudem verschiedene Betriebsbedingungen unterschieden. Unter Zustand „in Betrieb – während des Arbeitsvorgangs" werden die eigentlichen Bohrvorgänge sowie der Ausbau des Bohrwerkzeugs subsummiert. Die Ausrichtung des Bohrgeräts in diesem Zustand kann in jedem beliebigen Winkel zwischen parallel und rechtwinklig zur Längsachse des Unterwagens erfolgen. Bei Stabilitätsproblemen kann der Gerätebediener durch ein entsprechendes Reduzieren der Last auf ein mögliches Umstürzen reagieren.

Andere Betriebszustände umfassen z. B. das Umsetzen des Geräts oder ein positioniertes Gerät, das nicht den eigentlichen Bohrvorgang ausführt. In diesem Betriebsfall ist es unwahrscheinlich, dass der Gerätefahrer auf ein plötzliches Versagen der AP reagieren kann.

Im Anhang F von EN 16228 [24] wird auf die Berechnung der gleichmäßigen, dreieck- oder trapezförmigen Bodenpressung verwiesen.

In der eigentlichen Berechnung wird das Durchstanzen der AP unter Vertikallast sowie der mögliche Grundbruch entsprechend untersucht. Eine entsprechende Berechnungsmethode wurde von [25] vorgestellt (Bild 7).

Alternativ kann der Nachweis der Stabilität des Arbeitsplanums nach EN 1997-1:2014 bzw. DIN 4017:2006 EC7 [1] über den Grundbruchnachweis erfolgen. So fordert etwa die gerade veröffentlichte überarbeitete EN 12716 [26] für das Düsenstrahlverfahren in ihrem Abschnitt 8.3.2 ausdrücklich, dass die Standsicherheit der Arbeitsplattform mit den Pressungen nach EN 16228-1:2014 [24], Anhang F nach EN 1997-1 [1] nachzuweisen ist.

Der Lebenszyklus einer Arbeitsplattform umfasst die Dimensionierung, die Herstellung inklusive Prüfung (und ggf. Abnahme) sowie die Erhaltung während der Bauausführung. Bei Bedarf ist die Arbeitsplattform wieder in Stand zu setzen, um einen sicheren Betrieb zu gewährleisten.

Bezüglich der konstruktiven Ausbildung ist sicherzustellen, dass

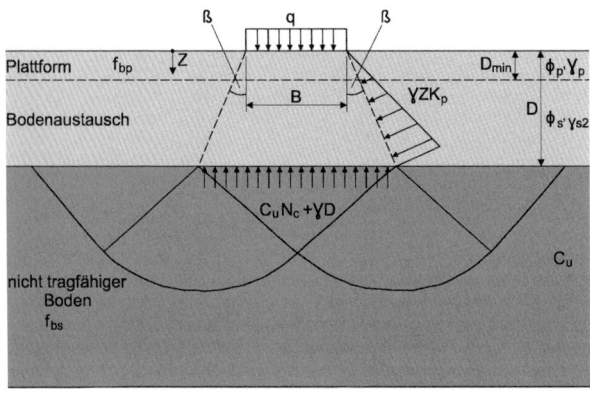

Bild 7. Durchstanz-Grundbruchmechanismus für undränierten kohäsiven Boden [25]

- die Arbeitsplattform im Grundriss soweit über die Ansatzpunkte hinausreicht, um eine standsichere Aufstellung der Geräte zu ermöglichen,
- die Standsicherheit auch für die Zufahrtsbereiche und Rampen gewährleistet wird,
- durch Abpumpen oder Ausbildung eines freien Gefälles die Bildung von Wasser- oder Schlammansammlungen vermieden wird,
- die Dränage der Arbeitsplattform jederzeit erfolgen kann,
- das Eindringen und Anreichern von Feinteilen verhindert wird,
- die sicheren Arbeitsbereiche entsprechend markiert sind.

In vielen Fällen wird das Arbeitsplanum als Lastverteilungsschicht für die Baugrundverbesserungsmaßnahmen in das Bauwerk auf Dauer integriert.

Kampfmittel stellen ein besonderes Problem bei Baumaßnahmen dar. Aufgrund von historischen Aufzeichnungen wird z. B. in Deutschland von ca. 1,4 Mio. t Bomben und 1.000 betroffenen Städten ausgegangen. Obwohl es kein spezifisches Problem in Zusammenhang mit Baugrundverbesserungsmaßnahmen ist, ist der Aufwand in der Regel höher als bei Pfahlgründungen, da die Anzahl der Bohrpunkte im Allgemeinen größer ist. Entsprechend den staatlichen Vorgaben muss die Kampfmittelfreiheit *vor* Beginn der Ausführung festgestellt und dokumentiert werden.

3.4.2 Umwelt – Nachhaltigkeit

Wie in der Einleitung erwähnt, wird als ein mögliches Maß zur Abschätzung der Umweltauswirkung von Baugrundverbesserungen der ökologische Fußabdruck herangezogen. Als ein weiterer Aspekt in der Auswahl des optimalen geotechnischen Verfahrens kann der mit der Maßnahme verbundene CO_2-Fußabdruck herangezogen werden. Dabei ist grundsätzlich eine klare Nomenklatur und Bezeichnung der einzelnen Faktoren für die diesbezüglichen Umweltauswirkungen zu beachten und einzuhalten, damit ein neutraler und nützlicher Vergleich von Verfahren erstellt werden kann. Von *Wintzingerode* [27] wird baupraktisch die grundsätzliche Herangehensweise für die Berechnung der Treibhausgasemissionen bei geotechnischen Bauprozessen erläutert. Dabei wird vor allem erläutert, wie Einflüsse, z. B. Transporte, Materialien und Herstellprozesse, in welcher Form berücksichtigt werden und welche Einflüsse (z. B. Herstellung der Bohrgeräte) nicht im Modell erfasst werden. Klar ist, dass in diesem Zusammenhang alle Verfahren mit Einsatz von Stahl, Zement und/oder Beton einen Nachteil gegenüber Verfahren ohne Bindemittel haben. Weitere Vergleiche werden in Abschnitt 6.4 für zwei Gründungsbeispiele angeführt.

3.4.3 System Robustheit

Der Begriff **Robustheit** (lat. *robustus*, von *robur* Hart-, Eichenholz) bezeichnet die Fähigkeit eines Systems, Veränderungen ohne Anpassung seiner anfänglich stabilen Struktur standzuhalten (vgl. [28]).

In der Geotechnik kann unter Robustheit die Eigenschaft der Nicht-Anfälligkeit eines Verfahrens oder eines Lösungsansatzes (Gründungssystem, Baugrubensicherungskonzept etc.) gegen ungeplante oder unvorhergesehene Veränderungen verstanden werden. Eine geringe Anfälligkeit gegen derartige Veränderungen bedeutet dabei eine hohe Robustheit. Für praktische Anwendungsfälle ist i. Allg. eine genauere Spezifizierung erforderlich, wogegen ein System robust ist oder sein soll.

Ungeplante und/oder unvorhergesehene Veränderungen können z. B. Folgende sein:

- im Entwurf oder in der Bemessung nicht (ausreichend) berücksichtigte Einwirkungen (wie z. B. Lasteinwirkungen, Umwelteinflüsse, zeitliche Veränderungen, Einflüsse aus dem Baubetrieb etc.),
- nicht berücksichtigte Baugrundeinschlüsse bzw. allgemein veränderte Baugrundeigenschaften,
- Abweichungen in Geometrie, Festigkeit, Steifigkeit etc. von Strukturelementen (wie z. B. Pfähle, Säulen etc.),
- Einflüsse auf den Untergrund, auf Bestandsobjekte, auf neu errichtete Strukturelemente aus der Ausführung selbst,
- Bauablauf.

Es wurde bereits darauf hingewiesen, dass für die Planung und Ausführung von Baugrundverbesserungsmaßnahmen i. Allg. ein hoher (geo-)technischer Wissens- und Erfahrungsstand in der Planung und Ausführung erforderlich ist. Dies gilt insbesondere für schwierige Baugrundverhältnisse und für komplexere Lösungsansätze wie z. B. Kombinations- oder Hybridgründungen (s. Abschnitt 5). Ebenfalls wurde bereits ausgeführt, dass für bestimmte Baugrundverbesserungsverfahren die genaue Kenntnis der Baugrundbeschaffenheit und -eigenschaften von besonderer Bedeutung ist. Daraus lässt sich ableiten, dass zumindest für gewisse Baugrundverbesserungsverfahren eine „große Anfälligkeit" (geringe Robustheit) gegen mangelnde Kenntnis und Erfahrung (sowohl in der Planung wie auch Ausführung) sowie allgemein einer nichtzutreffenden Beurteilung der Untergrundeigenschaften gegeben ist.

Die einzelnen Verfahren zur Baugrundverbesserung selbst weisen ein breites Spektrum an Robustheit auf. Auf diesen Aspekt wird in Abschnitt 4 bei der Beschreibung der einzelnen Verfahren in Zusammenhang mit der Auflistung der besonderen Vor- und Nachteile verfahrensspezifisch eingegangen.

Allgemein ist anzumerken, dass einzelne Verfahren wie z. B. jene der Vibrationsverdichtung (Rütteldruckverdichtung, Verdichtung mit Vibrationsbohlen etc.), zwar ebenfalls einen hohen Grad an Kenntnis und Erfahrung für eine zielgerichtete Planung und Ausführung erfordern, aber ansonsten als sehr robust bezeichnet werden können. Beispielsweise ist eine nachträgliche Zerstörung oder Beschädigung des einmal verdichteten Bodens nicht leicht möglich bzw. zu befürchten. Auch der Einbau des Werkstoffs ungebundener Kies birgt bei sachgerechtem Verdichtungsprozess (und richtiger Materialwahl) kein großes Risiko für das herzustellende Gewerk. Des Weiteren ist mit diesem System eine gute Homogenisierung möglicher (natürlicher) Ungleichförmigkeiten im Untergrund möglich. Obwohl Qualitätskriterien (wie z. B. Mindestschlagzahlen einer Rammsonde oder Mindestwerte des Spitzendrucks CPTU) oftmals sehr streng bewertet und gefordert werden, erlaubt das System in Wirklichkeit eine gewisse Streuung in den Verdichtungsergebnissen (und in manchen Fällen durchaus auch eine lokal begrenzte Unterschreitung von vorgegebenen Qualitätskriterien – wobei dies natürlich im Einzelfall zu bewerten und entscheiden ist), ohne dass die Funktionstauglichkeit gefährdet ist. Eine gewisse „Anfälligkeit" bei diesen Verfahren besteht z. B. in der Einbringbarkeit des Rüttlers bzw. der Rüttelbohlen (z. B. durch Härtlinge) in den Untergrund.

Dahingegen weisen andere Systeme zur Baugrundverbesserung Eigenschaften auf, die zumindest unter gewissen Randbedingungen zu einer geringen Systemrobustheit führen. Beispielhaft zu nennen sind schlanke, gebundene und unbewehrte, säulenartige Gründungselemente in (sehr) weichen Böden, die mittels verschiedener Verfahren (z. B. Vollverdrängungssystem, Endlosschnecken) herstellbar sind. Diese Produkte sind gegen Beschädigung (Bruch der Säule) z. B. im Zuge nachträglicher Aushubarbeiten oder dem Überfahren durch Baustellenfahrzeuge für die Errichtung von Fundamentkörpern als beschädigungsempfindlich zu bezeichnen. Auch gegen ungeplante Biegebeanspruchung sind diese Produkte in den genannten Untergrundverhältnissen als wenig robust zu bezeichnen.

Grundsätzlich bieten Baugrundverbesserungsverfahren aber eine breite Auswahl sehr robuster Systeme. Im konkreten Anwendungsfall gilt es zu prüfen und zu definieren, wogegen Robustheit im Besonderen erforderlich ist. Eine generelle Robustheit ist gegen nicht im Detail spezifizierbare Einflüsse und Gefährdungsbilder gefragt. Einflussgrößen, die qualitativ bekannt und quantitativ beschreibbar sind, können durch die geeignete Systemwahl und entsprechend dimensionierte Konstruktionselemente beherrscht werden. Das heißt, für bekanntermaßen weniger robuste Baugrundverbesserungsverfahren ist die genaue Kenntnis der zu erwartenden Einflüsse während der Ausführung und während der späteren Nutzung von besonderer Bedeutung.

Abschließend sei auf einen ökologischen Aspekt hingewiesen, der zurzeit noch sehr selten bei der Bewertung von Gründungskonzepten in Betracht gezogen wird. Während der verbesserte Baugrund nach Ablauf der Nutzungsdauer eines Bauwerks, das in weiterer Folge abgebrochen wird, oftmals in idealer Weise für eine flexible Nachnutzung zur Verfügung steht, sind im Baugrund verbleibende Tiefgründungselemente oft störend und müssen zumindest zum Teil entfernt werden oder es sind Einschränkungen bei der zukünftigen Bebauung in Kauf zu nehmen [30].

4 Grundverfahren

4.1 Rütteldruckverdichtung

Als Tiefenrüttelverfahren gelten Verfahren, welche im Sinne der Norm den Boden durch horizontale Schwingbewegungen verbessern, die durch einen in den zu verbessernden Boden eingefahrenen Tiefenrüttler erzeugt werden (Bild 8). Tiefenrüttelverfahren sind in der EU über Euronorm EN 14731 [29] geregelt. Grundsätzlich werden 2 Verfahrenstypen unterschieden – die Rütteldruckverdichtung (RDV), auf welche hier eingegangen wird, und die Rüttelstopfverdichtung (RSV), die im Abschnitt 4.3 näher behandelt wird. Des Weiteren besitzen viele Unternehmen allgemeine bauaufsichtliche Zulassungen für spezifische Verfahren (z. B. DIBt Nr. Z-34.2-3 [30]), wobei hier nur die verbreitetsten Varianten kurz erwähnt werden.

4.1.1 Technische Verfahrensbeschreibung

Die Rütteldruckverdichtung hat zum Ziel, den Boden durch Eigenverdichtung zu verbessern. Der Hohlraum, der durch den in den Boden eingeführten Rüttler entsteht, wird durch während des Verdichtungsvorgangs zugeführtes Material aufgefüllt, wobei i. Allg. anstehendes Bodenmaterial oder Material des Arbeitsplanums verwendet werden kann. Ein Teil des „Auffüllungsmaterials" stammt auch von nachbrechendem Material aus den oberen Bodenschichten.

Für den Verdichtungsprozess wird der Rüttler in den Boden eingefahren und verweilt dann im Boden, um diesen durch die vom Rüttler übertragenen Schwingungen in eine dichtere Packung umzulagern. Zur Unterstützung des Prozesses kommt in der Regel eine Wasser- oder Luftspülung zum Einsatz. Mittels Radlader o. Ä. wird erforderlichenfalls das Zugabematerial von der Arbeitsebene aus zugeführt.

Über Schlagkraft und Leistung des Rüttlers, das Verdichtungsraster und die Verweildauer des Rütt-

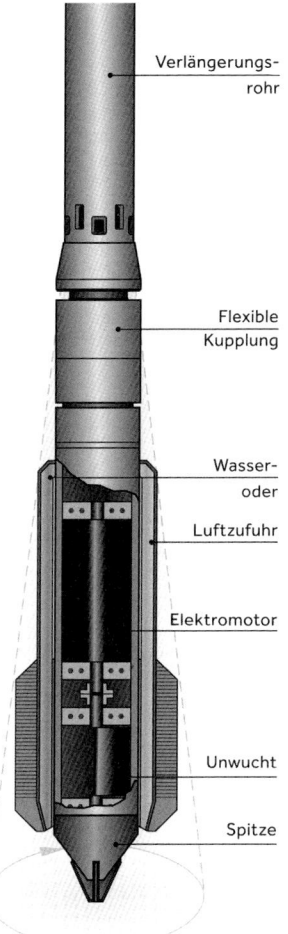

Bild 8. Schnitt durch einen Tiefenrüttler [31]

lers pro Tiefenmeter ist der eingebrachte Verdichtungsaufwand definiert. Zur gleichmäßigen Verdichtung des zu behandelnden Baufelds wird i. Allg. über ein Dreiecksraster der Rüttelansatzpunkte gearbeitet. Der Abstand der einzelnen Rüttelpunkte hängt u. a. von der Bodenbeschaffenheit, dem zum Einsatz gelangenden Rüttlertyp und der erforderlichen Verdichtung des Untergrunds ab.

Das Verfahren läuft in mehreren Schritten ab:

1) Einfahren,
2) Spülen,
3) Verdichten.

Im Einfahrvorgang wird der Rüttler auf die geforderte Tiefe abgeteuft und einen Hohlraum (Ringraum um den Rüttler) für die Materialzufuhr zur Rüttlerspitze geschaffen. Wie bereits angeführt, wird in der der Regel Wasser als Spülmedium zur Einbringung des Rüttlers verwendet (Bild 9).

Die zweite Spülphase ist optional. Sie wird genutzt, um den Hohlraum bzw. Trichter, der beim ersten Einfahren erzeugt wurde, aufzuweiten und dadurch die Verdichtungsphase zu optimieren.

Der Verdichtungsprozess verläuft i. Allg. in Schritten von der maximalen Versenktiefe nach oben mit festgelegter maximaler Verweildauer oder bis zum Erreichen eines festgelegten Verdichtungskriteriums pro Verdichtungsschritt. Geräteabhängig werden neben einem Zeitkriterium weitere Parameter festgelegt, die als Kriterien für den Übergang zum nächsten Schritt genutzt werden; in der Regel, um das Gerät vor Überlastung zu schützen. In gut verdichtbaren Böden steigt der Widerstand, der dem Rüttler vom Boden entgegengebracht wird, über die Dauer der einzelnen Verdichtungsschritte an. Eine direkte Aussage über den erreichten Verdichtungsgrad aus der elektrischen oder hydraulischen Leistungsaufnahme des Rüttlers ist derzeit jedoch noch nicht möglich. Während des Verdichtungsvorgangs wird in der Regel weiter mit Wasser gearbeitet, um (Fein-)Material zu fördern und um den Rüttler erforderlichenfalls zu kühlen.

4.1.2 Wirkungsweise (bodenmechanische Betrachtung)

In der (bodenmechanischen) Wirkungsweise für die Baugrundverbesserung ist zwischen der für nichtbindige Böden zur Anwendung gelangenden RDV (Rütteldruckverdichtung) und der für bindige Böden zur Anwendung gelangenden RSV (Rüttelstopfverdichtung) – s. Abschnitt 4.3) klar zu unterscheiden. Während bei der RDV die Eigenverdichtungsfähigkeit zur Verbesserung der Bodeneigenschaften genutzt wird (Bild 10), wird bei der RSV davon ausgegangen, dass der zwischen den Säulen liegende, natürliche Boden, unverändert bleibt. In Abhängigkeit des Feinkorngehalts, des Sättigungsgrads und der angewandten Technik kann es naturgemäß jedoch auch zu einer kombinierten Wirkungsweise kommen.

Das Rütteldruckverdichtungsverfahren beruht allein auf dem Vorgang der Eigenverdichtung des Untergrunds und ist in dieser Hinsicht anderen Verdichtungsverfahren wie der Verdichtung mittels Rüttelbohlen, der Fallplattenverdichtung und der Impulsverdichtung ähnlich. Die durch den Tiefenrüttler in den Untergrund eingetragenen (vorwiegend) horizontalen Schwingungen führen zu einer dichteren Lagerung des Bodens. Die Verdichtung ist hierbei nur möglich, wenn der Kontakt zwischen den Bodenpartikeln aufgebrochen, d. h. die Reibung zwi-

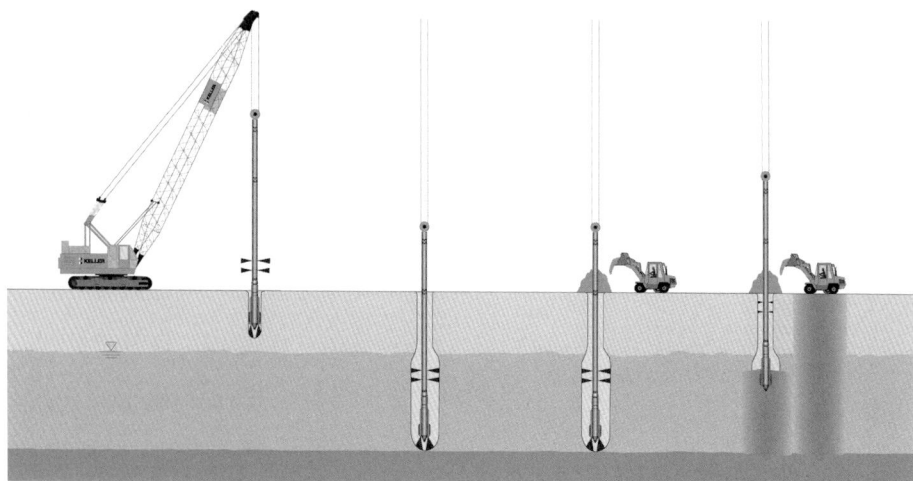

Bild 9. Schematischer Ablauf des Rütteldruckverdichtungsverfahrens mit und ohne Materialzugabe

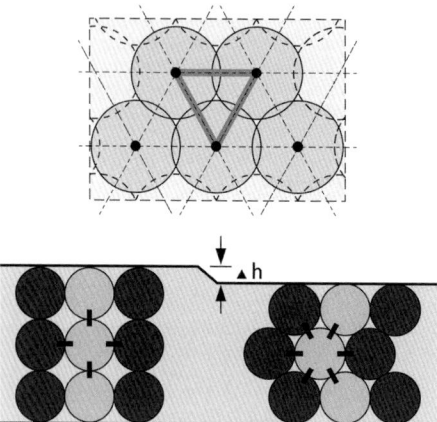

Bild 10. Das Prinzip der Eigenverdichtung (unten) und typisches Dreiecksraster der Verdichtungspunkte bei RDV (oben)

schen den Partikeln überwunden wird. Um dies zu erreichen, muss eine Beschleunigung von ca. 0,5 g überschritten werden. Die Verdichtungsreichweite hängt im Wesentlichen davon ab, wie weit derartige Beschleunigungen durch den Rüttler im Boden erzeugt werden können. Die Effektivität der Verdichtung erreicht ihr theoretisches Maximum in einer Zone, in der die Bodenverflüssigung in eine Scherung ohne Verflüssigung übergeht. Dann fällt sie graduell mit steigender Entfernung vom Rüttler ab, ebenso wie dies in unmittelbarer Umgebung des Rüttlers (Bild 11) der Fall ist.

Als Resultat der Eigenverdichtung sind in der Regel die folgenden bodenmechanischen Effekte zu erwarten:

1) erhöhte Lagerungsdichte,
2) Zunahme der Scherfestigkeit,
3) erhöhte Steifigkeit,
4) verminderte Durchlässigkeit.

4.1.3 Anwendungsgebiete/ Anwendungsgrenzen

Die hauptsächliche Anwendung der Rütteldruckverdichtung liegt in der Verdichtung von natürlichen Böden (Bild 12) und künstlichen Aufschüttungen, welche ausreichend eigenverdichtbar sind. Wichtigste Ziele sind hierbei normalerweise die Verbesserung der Tragfähigkeit und des Setzungsverhaltens für flach gegründete Bauwerke aller Art sowie die Vermeidung von Bodenverflüssigung im Erdbebenfall. Neben der Anwendung als alleiniges Verbesserungsverfahren zur Gründung wird es auch in Kombination z. B. mit Pfahl- und Schlitzwandgründungen eingesetzt, u. a., um eine günstigere Bemessung für Erdbebenlastfälle zu erreichen oder die Stabilität des Bohrlochs bzw. des Schlitzes im Bauzustand zu verbessern. Im Allgemeinen können Sohlpressungen von 50 bis 300 kPa mithilfe von RDV-verbesserten Böden verformungskompatibel abgetragen werden. Je nach Belastungsfläche, Bodenaufbau und Verformungskriterien sind auch Fundamentpressungen bis zu 500 kPa möglich.

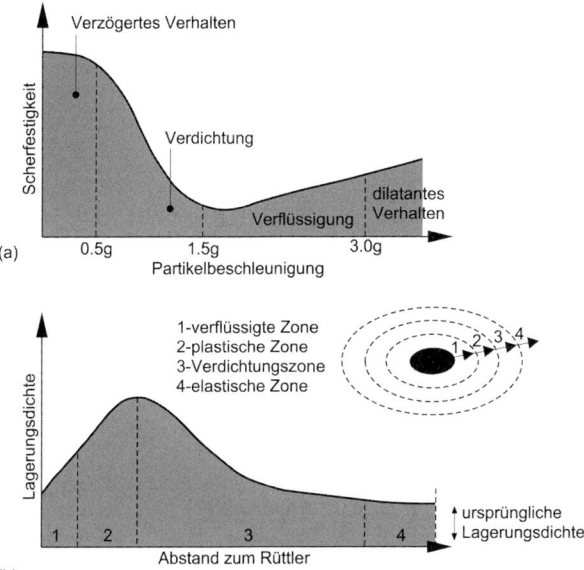

Bild 11. Idealisierte Bodenreaktion von nichtbindigen Böden auf Schwingungseintrag [32]

Anwendungsgrenzen für Tiefenrüttelverfahren

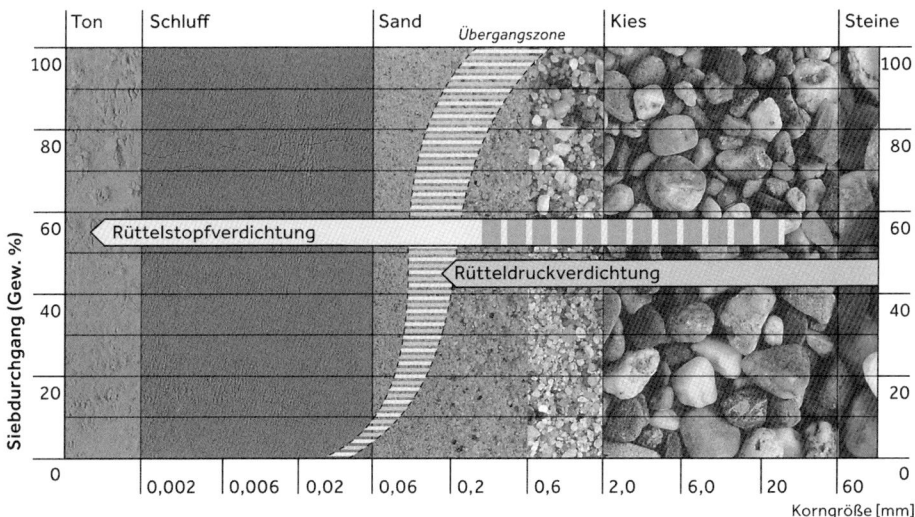

Bild 12. Eignung von Böden für die Rütteldruckverdichtung abhängig von ihrer Körnungslinie

Das Verfahren ist nicht anwendbar, wenn die Eigenverdichtbarkeit des Bodens nicht oder nicht ausreichend gegeben ist. Maßgeblich hierfür ist die Durchlässigkeit des Bodens, welche die Dränage des Porenwassers, aus dem sich verengenden Porenraum während des Verdichtungsvorgangs erlauben muss. Diese hängt wesentlich vom Feinkorngehalt ab. Für eine gute Verdichtbarkeit darf der Feinkornanteil (= Siebdurchgang durch das 0,063 mm Sieb) in der Regel bei maximal 10% liegen, wobei der Tongehalt nicht mehr als 2% betragen soll. Bis ca. 15% Feinkorngehalt kann in gut abgestuften und relativ grobkörnigen Böden noch eine marginale Verdichtung erreicht werden. Ein höherer Feinkorngehalt verhindert eine effektive Eigenverdichtung durch Rütteln. In gleichkörnigen Böden (Ungleichförmigkeit < 3) ist die Verdichtbarkeit durch die Kornverteilung limitiert. In extremen Fällen ist für derartige Böden praktisch keine Eigenverdichtung möglich.

Die Verdichtbarkeit von Böden wird, da die Probenentnahme und Sieblinienbestimmung zeitaufwendig ist und hohe Kosten mit sich zieht, häufig durch Drucksondierungen bewertet, welche auch in der weiteren Qualitätskontrolle zum Einsatz kommen. Bild 13 beschreibt gut und marginal verdichtbare Böden auf Basis der Ergebnisse solcher Drucksondierungen.

Bezüglich der mittels RDV erreichbaren Tiefe sind die Grenzen hauptsächlich über die Wirtschaftlichkeit definiert. Für geringe Tiefen können alternative Verfahren (z. B. Fallplattenverdichtung, Impulsverdichtung, Hochenergetische Dynamische Schlagverdichtung) günstiger sein. Die gegenwärtig am Markt verfügbare Verfahrenstechnik erlaubt eine Verdichtung bis in ca. 50 m Tiefe, wobei mit Standartgerätschaften Tiefen bis ca. 20 m gängig sind. Als grober Richtwert der mittels dieses Verfahrens zu erwartenden Oberflächensetzungen kann für locker gelagerte nichtbindige Böden bis zu ca. 5 bis 10% der verdichteten Schichtstärke angenommen werden.

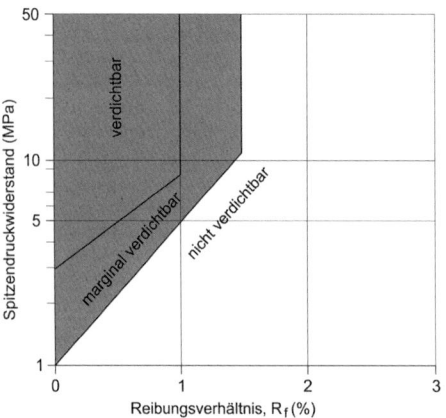

Bild 13. Verdichtbare Böden als Funktion von CPT-Spitzendruck und Reibungsverhältnis nach [33]

Unabhängig von der Körnungslinie des Bodens ist die Rütteldruckverdichtung oberflächennah (je nach Rüttler und Verfahrensweise zwischen 50 cm und 2 m Tiefe) weniger effektiv. Eine nachfolgende Verdichtung mit Rüttelwalze o. Ä. zur Gewährleistung einer ausreichenden Verdichtung nahe der Oberfläche kann notwendig sein.

4.1.4 Vor-/Nachteile (Risiken) des Verfahrens

Die Rütteldruckverdichtung zeichnet sich dadurch aus, dass auch tiefe Schichten bis zu 50 m Tiefe und mehr besonders effektiv behandelt werden können, da die Verdichtungsenergie direkt in den zu verdichtenden Schichten eingebracht wird. Einen Abfall der zu erreichenden Verdichtung mit der Tiefe, wie bei Verfahren, die die Verdichtungsenergie an der Oberfläche einbringen, gibt es dadurch nicht.

Das Verfahren ist, wenn anwendbar, in der Regel sehr kostengünstig, da aufgrund der genutzten Eigenverdichtung des Bodens wenig oder kein zusätzliches (Fremd-)Material benötigt wird.

Als Nachteil gegenüber anderen Verdichtungsverfahren ist anzusehen, dass für die RDV nur gut verdichtbare Böden geeignet sind und die Anforderungen hierfür strenger sind als bei der Fallplattenverdichtung oder der Impulsverdichtung. Schichten mit nicht verdichtbarem Material können nicht verbessert werden.

Die Interpretation des Verdichtungserfolgs braucht besondere Fachkenntnis. Die Interpretation muss ggf. auf spezifische Böden angepasst werden, insbesondere wenn Kornbruch bei der Sondierung und Verdichtung zu erwarten ist, wie es z. B. in Böden mit Karbonatgehalt > 30% häufig der Fall ist (vgl. [34, 35]).

Bei künstlichen Auffüllungen muss die Qualität des Füllmaterials gut überwacht werden, sodass die ausreichende Verdichtbarkeit sichergestellt ist. Nachträglich festgestellte Materialabweichungen, die keine effektive Verdichtung erlauben, können teure Sanierungsmaßnahmen nach sich ziehen.

Während der Ausführung der Verdichtungsarbeiten kann außerdem ein schädlicher Einfluss auf benachbarte Bauwerke eintreten, insbesondere, wenn diese auf unverdichtetem Boden flachgegründet sind. Die Ursache möglicher Schäden sind Vibrationen, welche vom Rüttler in den Boden und auf das Bestandsbauwerk übertragen werden. Dadurch kann es zu unmittelbaren Rissschäden infolge Schwingungen aber auch zu Setzungsschäden an benachbarten Bauwerken kommen. Um Schäden an Bestandsbauwerken auszuschließen, ist es sinnvoll, einen an die Bodenverhältnisse und den verwendeten Rüttlertyp angepassten Abstand einzuhalten. Durch Feldversuch vor Beginn der eigentlichen Verdichtungsarbeiten kann dieser Sicherheitsabstand festgestellt bzw. verifiziert werden. Insgesamt ist die Rütteldruckverdichtung in dieser Hinsicht jedoch weniger kritisch als die Fallplattenverdichtung oder Impulsverdichtung.

4.1.5 Hinweise für die Planung und Bemessung

Für die Bemessung der Verdichtungsarbeiten ist aus geotechnischer Sicht relevant, welche mechanischen Eigenschaften das Material nach der Verdichtung aufzuweisen hat. Die erforderlichen Eigenschaften ergeben sich dabei aus der geotechnischen Bemessung für die spezifische Bauaufgabe. Die Anforderungen an die Baugrundverbesserungsmaßnahme müssen klar definiert werden, um die spezifischen Verfahrensparameter und in weiterer Folge die erforderlichen Kontrollmaßnahmen zum Nachweis des erreichten Verbesserungsgrads festzulegen.

Häufig wird hierfür die bezogene Lagerungsdichte als Kriterium herangezogen, welche die spezifischen Anforderungen (z. B. Steifemodul, Reibungswinkel, Widerstand gegen das Verflüssigen im Erdbebenfall) widerspiegelt. In der praktischen Anwendung wird häufig eine relative Dichte zwischen 60 % und 80 % gefordert. Über Korrelationen werden dann Zielwerte für verschiedene Sondierungsverfahren festgelegt. Am häufigsten verwendet wird die Drucksondierung (CPT), aber auch andere Verfahren werden regelmäßig genutzt (z. B. SPT, DPH, DPSH, Dilatometer u. a.). In der Entwurfsphase wird häufig auf die in der Literatur publizierte Korrelationen zwischen Dichte und Sondierungsergebnissen zurückgegriffen [36–38], die ggf. noch für die projektspezifischen Bodenverhältnisse korrigiert werden (Tabelle 2). Diese Vorgehensweise kann problematisch werden, wenn die Bodenverhältnisse deutlich von den publizierten Beispielen abweichen.

Vor allem für größere Bauaufgaben ist es deshalb sinnvoll, eine baustellenspezifische Korrelation z. B. auf Basis von Laborversuchen und numerischen Verfahren zu erarbeiten. Neben der klassischen Kalibrierung im Calibration Chamber [39, 40] bietet sich hier auch die „Karlsruhe Interpretation Method" [41–44] an.

4.1.6 Überwachung und Qualitätssicherung in der Ausführung

Grundsätzlich sind bei Tiefenrüttelverfahren die in der EN 14731 [29] empfohlenen Qualitätssicherungsmaßnahmen anzuwenden, welche sich in zwei Typen gliedern:

a) Qualitätssicherung des Ausführungsprozesses

Dies geschieht durch detaillierte Protokollierung der Arbeitsparameter, mindestens gefordert sind hier:

– Punktnummer und Lage,
– Datum und Zeit der Ausführung für jede Säule,
– Witterung,
– Art des Verfahrens, verwendetes Personal und Gerät,
– Einfahrtiefe für jeden Punkt,
– Zeitablauf für den kompletten Punkt,
– Energieverbrauch des Rüttlers während des Einfahrens und des Verdichtens,
– Hindernisse und Verzögerungen,
– unvorhergesehene Vorkommnisse,
– Setzung oder Hebungen während der Ausführung,
– Vorkommnisse bei denen der Rüttler während des Verdichtungsvorgangs komplett aus dem Boden ausgefahren wurde.

Tabelle 2. Richtwerte für physikalische Eigenschaften von gesättigten Sanden nach [31]

	sehr locker	locker	mitteldicht	dicht	sehr dicht
bezogene Lagerungsdichte I_d (%)	< 15	15–35	35–65	65–85	85–100
N_{SPT} (Schläge/30 cm)	< 4	4–10	10–30	30–50	> 50
CPT q_c (MPa)	< 5	5–8	8–15	15–20	> 20
N_{DPH} (schwere Rammsonde) (Schläge/10 cm)	< 5	5–10	10–15	15–20	> 20
Saturierte Wichte (ober GW) (MN/m^3)	< 14	14–16	16–18	18–20	> 20
Steifemodul E_{oed} (MPa)	15–30	30–50	50–80	80–100	> 100
Reibungswinkel φ (°)	< 30	30–32,5	32,5–35	35–37,5	> 37,5
Scherwellengeschwindigkeit V_s (m/s)	< 150	220	320	350	450

b) Nachweis der Erfüllung der geotechnischen Anforderungen

Bei der Rütteldruckverdichtung soll, wenn keine spezifische Erfahrung mit dem Baufeld besteht, vor Beginn der eigentlichen Arbeiten ein Testfeld durchgeführt werden, um die Verdichtbarkeit und den benötigten Verdichtungsaufwand zu bestimmen. Der Nachweis erfolgt dann über die für das Projekt festlegten Sondierungen (z. B. schwere Rammsondierungen oder CPT-Versuche), welche die geforderten Anforderungen erreichen müssen.

4.2 Vibrationsverdichtung mittels Rüttelbohlen

4.2.1 Technische Verfahrensbeschreibung

Vibrationsverdichtung mittels Rüttelbohlen ist ein spezielles Verfahren zur Verdichtung nichtbindiger Böden. Dabei wird eine Verdichtungssonde, bestehend aus einem Stahlrohr, einem Spundwandprofil oder speziell geformten Stahlprofilen oder -rohren (evtl. mit angebrachten Flügeln – sogenannte „VibroWing"-Methode) mithilfe eines schweren, vertikal oszillierenden Aufsatzrüttlers, der am oberen Ende der Verdichtungsbohle angebracht wird (Bild 14), in den Boden eingetrieben, wobei durch die in den Boden übertragenen Scher- und Kompressionswellen eine Verdichtung des Bodens erzeugt wird (vgl. [45, 46]).

Bild 14. MRC-Gerätetechnik (Trägergerät, Vibrator, Rüttelbohle)

Die Dauer des Verdichtungsvorgangs wie auch die Ziehgeschwindigkeit der Rüttelbohlen hängen dabei von der Durchlässigkeit des Bodens, der Mächtigkeit der zu verdichtenden Bodenschicht und dem Abstand der Rüttelpunkte ab.

Aus obiger Methode hat sich die sogenannte „Resonance Compaction Method" (MRC) entwickelt [43]. Bei dieser Methode wird der Verstärkungseffekt genutzt, der auftritt, wenn der Rüttler, die Rüttelbohle und der umgebende Boden in Resonanz zu schwingen beginnen. In diesem Zustand werden die Schwingungsamplituden des Bodens wesentlich verstärkt und die Effizienz der Bodenverdichtung steigt an. Die Rüttelbohle wird zur Verringerung der Mantelreibung und des Spitzendrucks auf die Bohle bei einer höheren Frequenz von ca. 30 bis 35 Hz in den Boden eingeführt. Nach Erreichen der Endtiefe wird durch abwechselndes, teilweise Aus- und wieder Einfahren der Rüttelbohle der Verdichtungsprozess im Boden durchgeführt. Die Frequenz wird dabei beim Ausfahren des Rüttlers hoch, und beim wieder Einfahren auf die niedrigere Resonanzfrequenz des Rüttler-Boden-Systems angepasst. Durch das Einfahren bei der Resonanzfrequenz werden die Bodenschwingungen deutlich verstärkt (vgl. [45, 46]).

Die speziell geformte (Doppel-Y-Profil) und durch Löcher in ihrer Steifigkeit reduzierte Rüttelbohle (Bild 14) oszilliert dabei, durch den Rüttler angeregt, vertikal. Die Schwingungsübertragung in den Untergrund findet dadurch entlang der gesamten Rüttelbohle statt. Im Resonanzzustand wird die Schwingungsenergie des Vibrators sehr energieeffizient über die Rüttelbohle in den Boden übertragen, da die Relativbewegungen zwischen Bohle und Boden in diesem Zustand sehr gering sind (vgl. [45, 47]). Die Resonanzfrequenz hängt im Detail von der statischen und dynamischen Kraft des Vibrators, der Masse und der dynamischen Eigenschaften der Rüttelbohle und den Bodeneigenschaften selbst ab und liegt i. Allg. zwischen ca. 10 (15) und 20 Hz (vgl. [45, 46]).

Die Messung der Resonanzfrequenz und somit Steuerung der Frequenz des Rüttlers findet durch an der Oberfläche des umgebenden Bodens installierte Geophone zur Feststellung der Schwinggeschwindigkeiten statt. Bei Erreichen der Resonanzfrequenz des Vibrator-Rüttelbohlen-Bodensystems ist ein deutlicher Anstieg der Bodenschwinggeschwindigkeiten festzustellen (Bild 15).

4.2.2 Wirkungsweise (bodenmechanische Betrachtung)

Aus bodenmechanischer Sicht ist folgender Unterschied zwischen der Rütteldruckverdichtung in Abschnitt 4.1 und der hier beschriebenen Technik mit Aufsatzrüttlern (Vibro-rod bzw. Resonance Compaction Methode) zu beachten. Bei der Vibro-rod

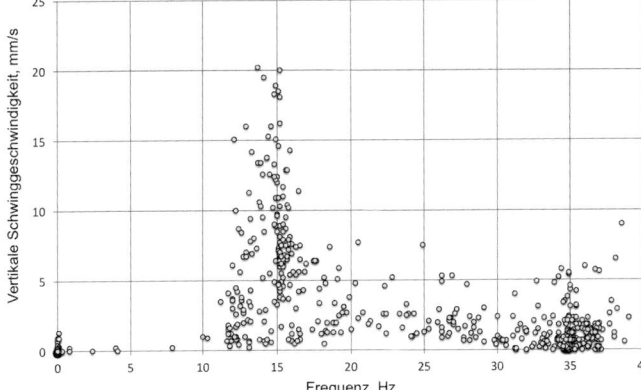

Bild 15. Prinzip der Resonanzverdichtung (MRC) aus [47]

und der Resonance-Compaction-Methode wird die Verdichtung des Untergrunds durch vertikal in den Boden eingetragene Scherwellen, die sich in einer zylindrischen Wellenfront ausbreiten, erzeugt. Zusätzlich werden dabei auch noch horizontale Kompressionswellen in den Boden abgegeben. Im Gegensatz dazu findet bei der Rütteldruckverdichtung die Verdichtung des Untergrunds durch eine horizontale Schwingbewegung des Rüttlers statt, der sowohl Kompressionswellen wie auch Scherwellen im Untergrund erzeugt.

In [45] wird mit Verweis auf In-situ-Messungen von *Krogh* und *Lindgren* [48] ausgeführt, dass bei der Resonance Compaction Methode trotz des vertikal schwingenden Vibrators auch signifikante horizontale Schwingungen im Boden erzeugt werden, die zu einer signifikanten (und permanenten) Erhöhung der Horizontalspannungen im Boden durch den Verdichtungsprozess führen. Die gemessene Mantelreibung von CPT-Tests vor und nach dem Verdichtungsprozess mittels der Resonance-Compaction-Methode zeigten die Erhöhung der Horizontalspannung und dadurch des Überkonsolidierungsbeiwerts OCR deutlich auf (vgl. [45, 47]).

In zuvor genannter Literatur wird ausgeführt, dass der horizontale Erddruckbeiwert $k_{0,1}$ (nach Verdichtung) gegenüber dem Erddruckbeiwert vor Verdichtung $k_{0,0}$ um einen durchschnittlichen Faktor von ca. 1,6 zunimmt, was einem OCR-Wert von ca. 2,5 bis 4,0 entspricht. Neben einer signifikanten Erhöhung der Steifigkeit und einer deutlichen Erhöhung des effektiven Reibungswinkels infolge der erhöhten Lagerungsdichte durch Vibrationsverdichtungsverfahren (Rütteldruckverdichtung wie auch Vibrorod-Methoden), wird auch eine deutliche Erhöhung der Horizontalspannungen (und somit des OCR-Werts) erwirkt, was aus bodenmechanischer Sicht einen wesentlichen zu berücksichtigenden Effekt darstellt.

4.2.3 Anwendungsgebiete/Anwendungsgrenzen

Grundsätzlich ist die Methode wiederum auf nichtbindige Böden mit einem Feinkornanteil von ca. < 10 % anwendbar [49], wie dies auf für die klassische Rütteldruckverdichtung (s. Abschnitt 4.1) der Fall ist. Im Zuge der Baugrunderkundung ist durch entsprechende direkte und/oder indirekte Bodenaufschlüsse die Korngrößenverteilung und der

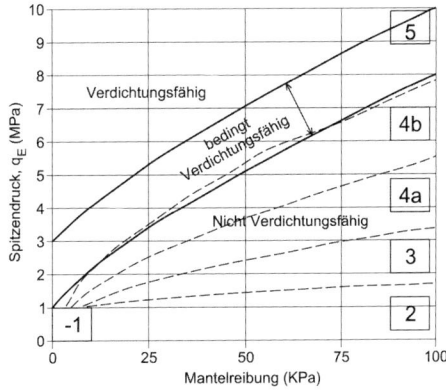

Legende:
1 sensitive Böden und (sehr) weiche Tone
2 Ton und/oder Schluff
3 tonige Schluffe und/oder schluffige Tone
4b sandige Schluffe und Schluff
4a Feinsande und/oder schluffige Sande
5 Sand bis sandiger Kies

Bild 16. Boden-Klassifizierungsdiagramm und Anwendbarkeit der Vibro-Compaction-Methoden nach [50] und [51]

Ist-Zustand der Lagerungsdichte festzustellen. Neben Kernbohrungen (mit SPT-Tests) sowie ergänzenden Rammsondierungen bieten sich dabei vor allem Drucksondierungen CPT- bzw. CPTu-Tests an. Aus diesen lässt sich die Anwendbarkeit von „Vibro-Compaction-Methoden" (somit auch die hier diskutierten Verfahren) nach [50, 51] (s. Bild 16) ableiten.

4.2.4 Vor-/Nachteile (Risiken) des Verfahrens

Hinsichtlich der Vor- und Nachteile des Verfahrens wird auf die allgemeinen Ausführungen der Rütteldruckverdichtung in den vorigen Abschnitten verwiesen. Im Unterschied zum Abschnitt 4.1 handelt es sich hierbei jedoch um ein Aufsatzrüttlerverfahren.

4.2.5 Hinweise für die Planung und Bemessung

Normalerweise wird ein dreieckförmiges Raster für die Verdichtungspunkte gewählt. Kommt eine Doppel-Y-förmige Rüttelbohle zum Einsatz, die einen näherungsweise rechteckförmigen Verdichtungsbereich im Boden erzeugt, kann auch ein rechteckförmiges Raster gewählt werden. Der Abstand der Verdichtungspunkte hängt von verschiedenen Aspekten, wie den Baugrundeigenschaften vor Verdichtung, dem zu erreichenden Verdichtungsgrad, der Größe der Verdichtungssonde (diese bestimmt die Einflussfläche) und der Leistung des Vibrators ab. Im Allgemeinen ist es vorteilhafter, einen kleineren Abstand der Rüttelpunkte in Kombination mit zeitlich kürzeren Verdichtungsphasen im Vergleich zu größeren Punktabständen und längeren Verdichtungsphasen zu wählen. Dadurch lässt sich eine homogenere Verdichtung des Untergrunds erreichen. Die üblichen Abstände zwischen den Verdichtungspunkten reichen von 1,5 bis ca. 5 m [46].

4.2.6 Überwachung und Qualitätssicherung in der Ausführung

Die Aufzeichnung und Dokumentation der Verdichtungsdaten für jeden Verdichtungspunkt (Lage des Verdichtungspunkts, Einfahrts-Zeit-Diagramme, Energiedaten des Rüttlers über die Zeit bzw. Einfahrtstiefe etc.) ist eine erste Grundlage für die Qualitätskontrolle. Da das eigentliche Ziel des Verdichtungsprozesses jedoch im Erreichen eines bestimmten Verdichtungsgrads des Untergrunds liegt, zielt das Wesen der Qualitätskontrolle auf die Überprüfung des erreichten Verdichtungsgrads mittels z. B. Drucksondierungen (CPT) ab. Dabei werden die vorgegebenen Verdichtungskriterien oft als Mindestwert des zu erreichenden Spitzendrucks q_t der Drucksonde angegeben. Bei der Bewertung des gemessenen Spitzendrucks ist dabei zu berücksichtigen, dass bei homogenen Reibungsböden der Spitzendruck (aufgrund seiner Spannungsabhängigkeit) kontinuierlich mit der Tiefe ansteigt [52]. Detaillierte Ausführungen hierzu finden sich beispielsweise in [47, 53]. Ferner wird auf die allgemeinen Ausführungen in Abschnitt 4.1 verwiesen.

4.3 Rüttelstopfverdichtung

4.3.1 Technische Verfahrensbeschreibung

Die Rüttelstopfverdichtung (RSV) hat zum Ziel den Boden durch Zugabe von granularem Material zu bewehren und auf diesem Wege ein Komposit zu erschaffen, welches die geotechnischen Anforderungen erfüllt (Bild 17).

Für das Rüttelstopfverfahren werden sogenannte Schleusenrüttler (Bild 18) – das sind Rüttler ähnlicher Bauart wie für das Rütteldruckverfahren – ver-

Bild 17. Tragraupe mit Tiefenrüttler

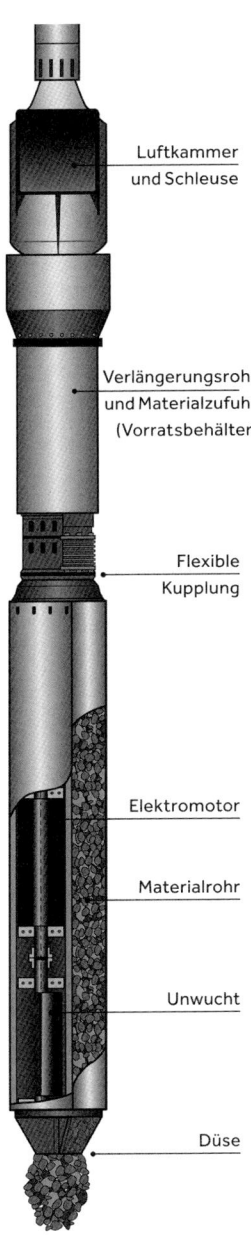

Bild 18. Schematischer Schnitt durch einen Schleusenrüttler (© Keller Grundbau)

wendet, die eine auf den Prozess und die Geometrie der RSV-Säulen erfolgte Optimierung erfahren haben.

In der EU ist am häufigsten das Trockenverfahren anzutreffen, welches mit Materialförderung durch ein am Rüttler und an der Verlängerungsstrecke angebrachtes Rohr arbeitet (Bild 18). Das Verfahren ist sehr flexibel, da es an viele Bodenbedingungen, Belastungen und geotechnische Anforderungen angepasst werden kann. So sind z. B. Abwandlungen wie Vermörtelung und Geogitterummantelung der Säulen möglich. Es ist eine Reihe verschiedener Systeme für verschiedene Herstelltiefen, Ausführung an Land und im Wasser sowie Tauchsysteme, die unter Wasser arbeiten können, auf dem Markt.

Alternativ kann das Verfahren auch mit Wasserspülung und Materialzugabe durch den Ringraum um die Rüttlerstrecke ausgeführt werden, was auf die ursprüngliche Entwicklung in den 50er-Jahren des letzten Jahrhunderts zurückgeht. Dieses Verfahren ist für gewisse Böden noch immer sehr gut geeignet, jedoch muss ausgewaschener Schlamm in recht großem Volumen entsorgt werden, was ggf. hohe Kosten verursachen kann.

4.3.2 Wirkungsweise (bodenmechanische Betrachtung)

Beim Rüttelstopfverfahren basiert das Wirkungsprinzip auf einer Bewehrung des zu verbessernden Bodens mit granularen Säulen, welche auf den umgebenden Boden bezogen eine hohe Steifigkeit und Scherfestigkeit aufweisen. Die Lastabtragung erfolgt gemeinsam über Kiessäulen und Boden, wobei der Boden noch zusätzlich die seitliche Stützung der Säule bewirkt. Unter Belastung verformen sich Rüttelstopfsäulen durch horizontales Ausbauchen, bis ein entsprechendes Gleichgewicht durch den mobilisierten horizontalen Stützdruck hergestellt ist. Hierbei macht es einen Unterschied, ob Säulen einzeln betrachtet werden müssen oder eine Gruppenwirkung angesetzt werden kann, da durch die Säulengruppe eine gegenseitige Stützung stattfindet, welche sich im Gegensatz zu Pfählen positiv auf das Lastabtragungsverhalten auswirkt.

Die Lastkonzentration in der Säule ist ein wichtiger Aspekt, der in der Bemessung bzw. im Nachweis der Tragfähigkeit der Säulen zu berücksichtigen ist (z. B. Priebeverfahren [54, 55]). Zudem ist die Lastkonzentration in der Säule bei der Lastübertragung sowohl am Säulenkopf wie am Säulenfuß zu berücksichtigen.

Die Kiessäulen wirken außerdem als Dränageelemente mit großem Durchmesser, sofern der Porenraum nicht durch Vermörtelung planmäßig verfüllt ist. Die Dränagewirkung ist von besonderer Bedeutung, wenn Setzungsverhalten und Porenwasserüberdruckabbau in undurchlässigen Böden (Schluffe und Tone) oder im Erdbebenfall zu bewerten sind.

Des Weiteren kann durch den Herstellungsvorgang und die damit einhergehende laterale Bodenverdrängung in entsprechend verdichtbaren Böden eine Eigenverdichtung erreicht werden, welche zusätzlich zur Verbesserung des Bodens beiträgt.

Zur bodenmechanischen Bemessung sind daher die folgenden Parameter zu bestimmen bzw. festzulegen:

1) geotechnische Parameter des anstehenden Bodens (φ Reibungswinkel, μ Querdehnzahl, Steifemodul, Wichten, ggf. Durchlässigkeitsbeiwerte),

2) geotechnische Parameter des Säulenmaterials (φ, μ, Steifemodul, Wichten, ggf. Durchlässigkeitsbeiwerte),

3) Lastannahmen,

4) Geometrie der Baugrundverbesserung (Anzahl und Abmessung der Säulen, Flächenverhältnis
– Säulenquerschnitt/Einflussbereich pro Säule
– und Wirkung als Einzelsäule oder Säulengruppe).

Als Ergebnis der Rüttelstopfverdichtung sind in der Regel die folgenden bodenmechanischen Effekte zu erwarten:

1) erhöhte Steifigkeit der verbesserten Bodenschicht,

2) erhöhte Scherfestigkeit,

3) beschleunigte Dränage (erhöhte vertikale Durchlässigkeit).

Die oben erwähnte mögliche Eigenverdichtung bleibt in der Regel beim Design unberücksichtigt.

4.3.3 Anwendungsgebiete Anwendungsgrenzen

Für das Rüttelstopfverfahren herrscht in Abhängigkeit der vorherrschenden Bodenverhältnisse und der Anforderung an die Baugrundverbesserung eine große Bandbreite von Anwendungen vor. Das Verfahren ist für Flachgründungen aller Art wie auch für Erdbauwerke geeignet. Bodenpressungen bis zu ca. 200 kPa sind typisch, höhere Werte sind vor allem dann möglich, wenn die einzuhaltenden Setzungsgrenzen nicht zu eng gefasst sind. In Einzelfällen wurden Bauten mit Bodenpressungen bis zu 800 kPa erfolgreich auf Rüttelstopfsäulen gegründet. Vergleicht man den verbesserten Boden mit dem unverbesserten Zustand sind in der Regel Setzungsreduktionen zwischen 30 % und 80 % erreichbar. Als Bemessungsverfahren für die Verbesserung von Tragfähigkeit und Steifigkeit ist die Bemessung nach *Priebe* etabliert [54].

In kohäsiven Böden werden Rüttelstopfsäulen zusätzlich zu den vorgenannten Effekten auch manchmal zur Beschleunigung von Konsolidierungsvorgängen genutzt und entsprechend bemessen [56].

International hat der Einsatz von Rüttelstopfsäulen außerdem zur Vermeidung von Bodenverflüssigung im Erdbebenfall große Bedeutung. Bei der Bemessung wird hierbei die Erhöhung der Scherfestigkeit, der Verdichtungseffekt in verdichtbaren Böden sowie die erhöhte Durchlässigkeit (verbesserte Dränagewirkung) berücksichtigt [57, 58].

Grenzen sind dem Verfahren hauptsächlich bei möglichen Behinderungen beim Einfahren des Rüttlers, bei keiner ausreichenden seitlichen Stützung der Schottersäulen (z. B. in breiigen bzw. weichen Böden sowie organischen Böden) oder wenn strenge technische Anforderungen nicht erreicht werden können, gesetzt. Bei Behinderungen beim Einfahren des Rüttlers kann in vielen Fällen mittels Vorbohrens mit Endlosschnecke Abhilfe geschaffen werden.

Kritisch für die Wirkungsweise sind Böden mit nur sehr geringer oder über die Zeit nachlassender lateraler Stützung der Säulen, wie zum Beispiel extrem weiche Schluffe und Tone mit undränierter Kohäsion $c_u < 5$ kPa, Böden mit organischem Anteil von 5 % oder mehr [59], unterkonsolidierte Schluffe und Tone und Böden mit hoher Neigung zu großen Sekundärsetzungen (Kriechen). Varianten, in denen die Säulen durch Vermörtelung oder Geogitterummantelung stabilisiert werden können, bieten für solche Fälle eine Lösungsoption.

Böden mit Schwellpotenzial und solche, in denen das Korngerüst unter Wasserzugabe kollabieren kann, sollten auch vermieden werden, da die Kiessäulen das Einsickern von Wasser in den Boden erleichtern, was die genannten Effekte auslösen oder verstärken kann.

Seitens der Verfahrenstechnik sind mit Standardgeräten im Trockenverfahren Tiefen bis 21 m typisch. Es sind aber Lösungen auf dem Markt, welche im Trockenverfahren Tiefen bis über 40 m ermöglichen. Das Nassverfahren ist bis 20 m Tiefe als Standard und bis über 35 m Tiefe in Sonderanwendungen ausführbar. Dicht gelagerte Kies- und Sandschichten, zumindest halbfeste kohäsive Böden sowie Findlinge oder felsartig verfestigte Zwischenschichten stellen ein Hindernis dar, welches unter Umständen durch Vorbohren und anschließendem Durchfahren mit dem Rüttler erfolgreich begegnet werden kann.

4.3.4 Vor-/Nachteile (Risiken) des Verfahrens

Neben den bereits im vorigen Abschnitt ausgeführten Vorteilen und Eingrenzungen, ist das Verfahren durch die folgenden Charakteristiken geprägt. Das

Rüttelstopfverfahren zeichnet sich dadurch aus, dass es sehr flexibel an Böden, Lasten und Anforderungen angepasst werden kann und auch große planmäßige Verformungen toleriert.

Rüttelstopfsäulen sind robuste Verbesserungselemente, die in den meisten Fällen einer Überlastung durch weitere Verformungen reagieren, ohne ihre Funktion völlig zu verlieren. Ausgenommen sind hier nur Situationen, die zum Abscheren im großen Maßstab führen können (Grundbruch, Böschungsbruch o. Ä.).

Ein weiterer Vorteil von Rüttelstopfsäulen klassischer Bauart ohne Vermörtelung sind die vergleichsweise einfachen Folgearbeiten, da die Lastverteilung auf die Säulen mit wenig Aufwand bewerkstelligt werden kann und die Säulen unempfindlich gegen Überfahren oder sonstigen Beschädigungen im Zuge der weiteren Bauarbeiten sind.

Neben Kies können insbesondere im Trockenverfahren auch andere Materialien wie z. B. Sande und Sand-Kies-Gemische oder Recyclingmaterial eingebaut werden. Die mechanischen Eigenschaften des gewählten Materials sind hierbei im Entwurf zu beachten [60].

In organischen Böden sind klassische Kiessäulen in der Regel nicht anwendbar, da die zeitabhängigen Verformungen so groß sind, dass die Säule nicht stabil bleibt. Ausnahmen sind sehr dünne Schichten mit Dicken bis maximal dem Säulendurchmesser, welche überbrückt werden können. Generell ist bei Boden mit zu erwartenden großen Kriechsetzungen zu prüfen, ob vermörtelte oder geotextilummantelte Säulen technisch und ökonomisch vorzuziehen sind.

Es ist außerdem sicherzustellen, dass die Annahmen der Statik tatsächlich umgesetzt werden, insbesondere die Bedingungen zur Lastverteilung zwischen Säulen und Boden. Falls die Dränagewirkung der Säulen wichtig für das Gründungskonzept ist, muss sichergestellt werden, dass ausreichend Dränagewege für das Ableiten des Porenwassers existieren.

4.3.5 Hinweise für die Planung und Bemessung

Das verbreitetste Bemessungsverfahren für Rüttelstopfverdichtungsmaßnahmen ist die Berechnung nach *Priebe* [54] (Bild 19), mit welchem der Verbesserungsfaktor n_2 berechnet wird. Der Verbesserungsfaktor beschreibt das Verhältnis der Steifigkeit des verbesserten Bodens zur Steifigkeit des unverbesserten Bodens. Davon abgeleitet kann auch die verbesserte Tragfähigkeit des Bodens bestimmt werden. Das Verfahren erlaubt Korrekturen für die Berechnung von Einzelsäulen und kleinen Säulengruppen und berücksichtigt auch Effekte wie ein mögliches Einstanzen der Säule am Säulenkopf und Fuß. Neben den Materialparametern von Kiessäule und Boden ist als wichtigster Faktor für den Verbesserungsgrad das Flächenverhältnis zwischen Säule und umgebenden Boden zu bestimmen.

Zur Betrachtung von zeitabhängigen Effekten hat sich bei der primären Konsolidierung das Verfahren von *Balaam* und *Booker* [56] bewährt, bei Kriechverformungen der Ansatz nach *Madhav* [61].

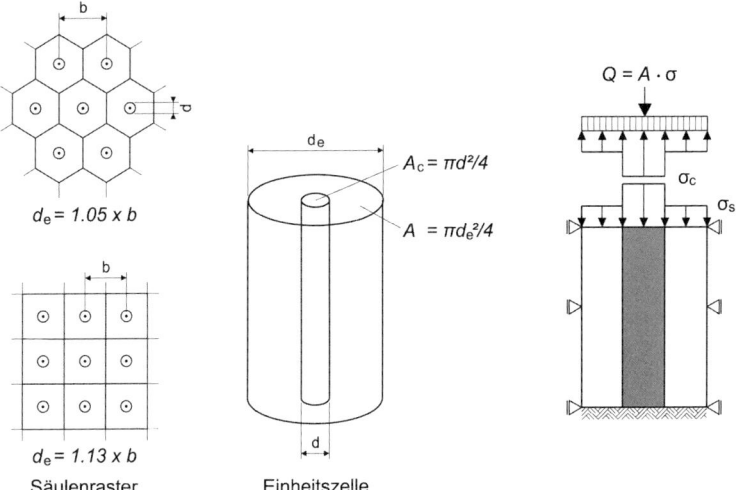

Bild 19. Säulenraster und das Konzept der Einheitszelle aus dem Verfahren nach *Priebe* [54]

Die Berücksichtigung des stabilisierenden Effekts der Kiessäulen bei der Bemessung gegen Bodenverflüssigung ist vergleichsweise komplex, da hierfür mehrere Faktoren gemeinsam betrachtet werden müssen. Der Beitrag der Säulen an der Tragfähigkeit wird als Reduktion des zyklischen Spannungsverhältnisses (Cyclic Stress Ratio CSR) nach *Priebe* berechnet, der Verdichtungseffekt nach *Baez* [57] und zuletzt der Einfluss der Dränagewirkung basierend auf einem Ansatz von *Pestana* [62].

Numerische Verfahren werden für komplexe Bemessungsaufgaben ebenfalls eingesetzt. Hierbei ist aber bei der Modellbildung und der Stoffmodellauswahl zu beachten, dass insbesondere bei 2-D-Modellen die geometrischen Einflüsse der Verbesserung nur näherungsweise berücksichtigt werden können. Es ist daher nicht unüblich, in einfachen FEM-Kalkulationen anstatt der Säulen und des umgebenden Bodens den verbesserten Boden als Komposit nach *Priebe* zu modellieren.

4.3.6 Überwachung und Qualitätssicherung in der Ausführung

Für die allgemeine Dokumentation sind die bei der Rütteldruckverdichtung erwähnten Punkte anzuwenden. Bei der Rüttelstopfverdichtung eignen sich Sondierungen oder Kernbohrungen in der Regel nicht zum Qualitätsnachweis, da die Verbesserung des Bodens zwischen den Säulen nur selten signifikant ist und auch nicht in der Bemessung berücksichtigt wird. Daher ist mittels Sondierungen keine Aussage über die Säulenqualität bzw. den Verbesserungsgrad möglich. Deshalb ist auf die Qualität der Säulenherstellung besonderer Wert zu legen (Bild 20). Bezüglich des verwendeten Kieses sind Rundkorn und Kantkorn im Wesentlichen als gleichwertig anzusehen.

Grundsätzlich sind Belastungsversuche als bevorzugtes Verfahren für den Nachweis der Baugrundverbesserung und die Bewertung des Setzungsverhaltens nach der durchgeführten Verbesserung zu sehen. Dies vor allem, wenn keine ausreichende lokale Erfahrung im Design und der Ausführung zur Verfügung steht.

4.4 Verdichten mit Aufsatzrüttlern

4.4.1 Technische Verfahrensbeschreibung

Für die Herstellung von Rüttelstopfsäulen (RSS) mittels Aufsatzrüttler wird ein Stahlrohr mit einem Durchmesser von ca. 30 bis 60 cm mit einer Verschlussklappe oder ähnlichem Verschlussmechanismus durch einen hydraulisch angetriebenen Aufsatzrüttler, angebracht an einem Mäklergerät, im Vollverdrängungsverfahren in den Boden eingebracht. Das Zugabematerial (Sand, Kies, Steine bis max. 100 mm Korngröße bei ausreichend großem Rammrohr) wird über einen fix montierten obenliegenden Kübel zugegeben, und fällt durch das Rohr (teilweise unter Druckluftunterstützung), bis es an

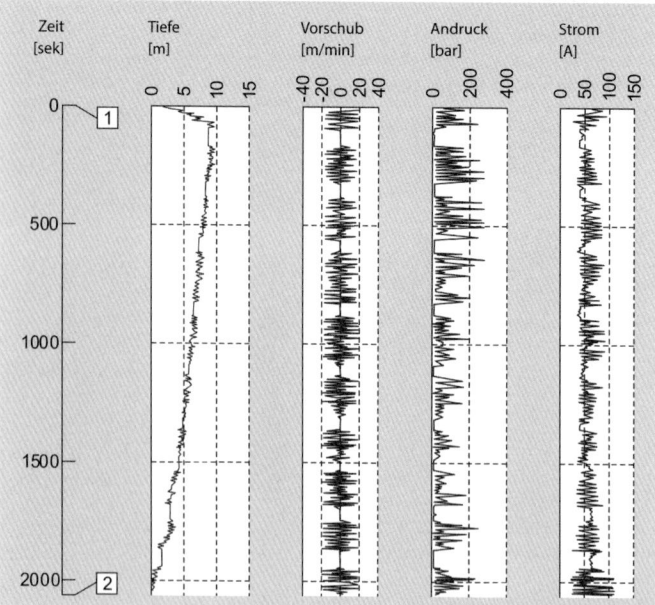

Bild 20. Typisches Herstellungsprotokoll für RSV-Säulen (© Keller)

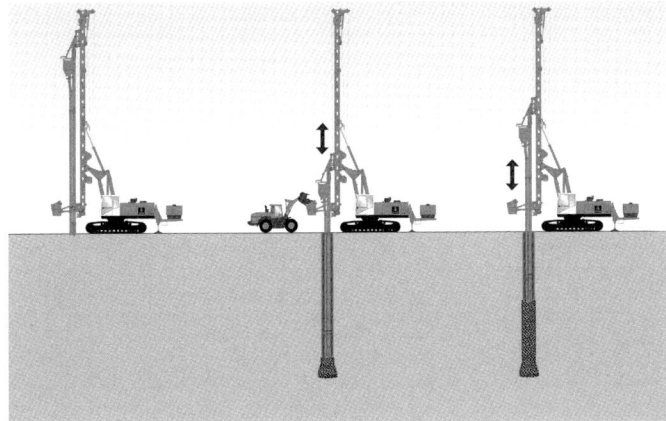

Bild 21. Herstellungsprinzip von RSS-Säulen nach dem Prinzip der Fa. Bauer

der Spitze austritt. Beim Ziehen und Absenken des Stahlrohrs um einige Dezimeter wird das Füllmaterial infolge der Schwingungsenergie verdichtet, wobei keine Vermischung zwischen anstehendem Boden mit dem Stopfmaterial der Säule stattfindet (Bild 21).

4.4.2 Wirkungsweise (bodenmechanische Betrachtung)

Die Anwendung des Verfahrens in bindigen Böden mit einer undränierten Scherfestigkeit zwischen ca. 20 und 100 kPa beruht auf der Verdrängung des Bodens während der Einbringung des Stahlrohrs. Eine Verdichtung des bindigen Bodens ist mittels Rütteltechnik i. Allg. nicht möglich, d. h., die Tragwirkung beruht auf der hergestellten und verdichteten Schottersäule, welche durch den umgebenden bindigen Boden gestützt wird. In gemischtkörnigen Böden, besonders aber in locker (bis mitteldicht) gelagerten Sanden und Kiesen, wird durch die eingebrachte Rüttelenergie eine gewisse Verdichtung des umgebenden Bodens bewirkt. Die Tragfähigkeitserhöhung wird somit aus einer gewissen Eigenverdichtung des Bodens und der Tragwirkung der eigebauten Schottersäulen erzeugt.

4.4.3 Anwendungsgebiete/ Anwendungsgrenzen

Das RSS-Verfahren wird vorwiegend in bindigen und gemischtkörnigen Böden in Kombination mit Flach- bzw. Flächengründungen angewandt.

4.4.4 Vor-/Nachteile (Risiken) des Verfahrens

Die erreichten Durchmesser sind bodenabhängig meist nur geringfügig größer als das eingerammte Rohr. Bei größeren Säulendurchmessern ist ggf. ein Vorbohren sinnvoll und für größere Rohrdurchmesser sind entsprechend starke Aufsatzrüttler erforderlich.

Hinsichtlich der erreichbaren Eigenverdichtung von gemischtkörnigen oder nichtbindigen Böden wird im Wesentlichen auf Abschnitt 4.2 verwiesen. Darin wird die Wirkungsweise der Verdichtung mittels auf Rüttelbohlen oder -rohren aufgebrachten Außenrüttlern beschrieben.

Die erreichbaren Tiefen sind neben den gegebenen Untergrundeigenschaften vom Durchmesser des Rammrohrs und der Energie des Aufsatzrüttlers abhängig.

Ein möglicher wirtschaftlicher Vorteil ist die Verwendung von Sand-Kies-(Stein)Material von 0 bis 56 mm (max. 100 mm bei größerem Durchmesser des Rammrohrs).

4.4.5 Hinweise für die Planung und Bemessung

Die Bemessung der Baugrundverbesserung wird meist mithilfe des Bettungsmodulverfahrens durchgeführt. Nach diesem Ansatz ergeben sich teilweise stark abweichende Ergebnisse gegenüber der Berechnung nach „*Priebe*". Speziell bei einer vorhandenen Weichschicht im Bereich der Sand- Kiessäulen weichen die Ergebnisse der beiden Berechnungsverfahren deutlich voneinander ab.

4.4.6 Überwachung und Qualitätssicherung in der Ausführung

Standard sind die digitale Aufzeichnung der Tiefe, des Anpressdrucks und Hydraulikdrucks des Aufsatzrüttlers. Weiter ist die (manuelle) Aufzeichnung der Einbaumenge an Sand-Kies-Material und erforderlichenfalls ein Qualitätsnachweis der Materialeigenschaften des Zugabematerials.

Hinsichtlich der allgemeinen Wirkungsweise von in bindigen Böden eingebauten Kiessäulen wird auch auf Abschnitt 4.3 verwiesen.

4.5 Dynamische Intensivverdichtung und Impulsverdichtung

Aufgrund der Ähnlichkeit der beiden Verfahren hinsichtlich Wirkungsweise, Anwendungsgebiete und Qualitätssicherung werden diese in einer gemeinsamen Betrachtung zusammengefasst.

4.5.1 Technische Verfahrensbeschreibung

4.5.1.1 Dynamische Intensivverdichtung – Fallplattenverdichtung

Im Gegensatz zur Impulsverdichtung wird bei der dynamischen Intensivverdichtung ein Fallgewicht, welches an einem speziell dafür vorgesehenen Raupenkran hängt, von großer Höhe auf den zu verdichteten Boden fallen gelassen. Dabei entstehen tiefere Schlagtrichter als bei der Impulsverdichtung, die wieder verfüllt werden. Müssen die Trichter aufgrund ihrer Tiefe innerhalb einer Phase verfüllt werden, muss diese Phase in mehrere Übergänge aufgeteilt werden. Die Übergänge der gleichen Phase verdichten wiederholt Punkte eines Rasters, wogegen zwei Phasen örtlich unterschiedliche Verdichtungspunkte beinhalten.

Heute werden üblicherweise Gewichte von 6 t bis 25 t mit Fallhöhen bis zu 20 m und mehr verwendet. Die Form und Abmessungen des Fallgewichts hängen von der Anwendung ab und werden meist aus Stahlplatten zusammengebaut oder bestehen aus einem mit Stahlbeton gefüllten Stahlrahmen. Der typischerweise verwendete 120-t-Raupenkran muss eine sog. Freifalleinrichtung besitzen.

Je nach erforderlichem Energieeintrag bzw. gewünschter Verdichtung wird die Anzahl der Schläge pro Verdichtungspunkt abgeschätzt. Bei zunehmendem Feinkornanteil und zunehmenden bindigen Eigenschaften des Bodens nehmen seine Verdichtungsfähigkeit und damit die Effizienz der dynamischen Intensivverdichtung ab. In diesem Fall werden die entstandenen Schlagtrichter mit nichtbindigem Bodenmaterial oder Schottersteinen verfüllt. Bei Bedarf kann die so entstandene Sand- oder Schottersäule nach einem erneuten Übergang mit dem Fallgewicht tiefer gerammt werden (Bild 22) und der Verbesserungsmechanismus in der weichen, nicht verdichtungsfähigen Bodenschicht ist ähnlich wie bei der Rüttelstopfverdichtung.

Das Verdichtungsraster ist typischerweise quadratisch mit zwei oder drei Phasen, wobei mit dem größten Raster der ersten Phase angefangen wird und bei der nächsten Phase neue Verdichtungspunkte im Mittelpunkt des vorherigen Rasters verdichtet werden (Bild 23).

4.5.1.2 Impulsverdichtung

Bei der Impulsverdichtung wird ein Fallgewicht auf einen Stahlfuß fallen gelassen. Dabei sind sowohl das Fallgewicht wie auch der Stahlfuß an einem Mast montiert und ein Bagger dient als Trägergerät. Der Stahlfuß verbleibt während des Verdichtungsvorgangs in ständigem Kontakt mit dem Boden und dringt nach jedem Schlag tiefer in den Boden ein, bis eine maximale Tiefe erreicht ist. Falls die erfor-

Bild 22. Schema einer dynamischen Intensivverdichtung mit und ohne Zugabematerial (© Keller)

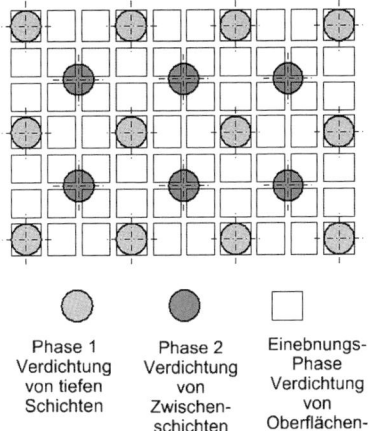

Phase 1
Verdichtung von tiefen Schichten

Phase 2
Verdichtung von Zwischenschichten

Einebnungs-Phase
Verdichtung von Oberflächenschichten

Bild 23. Verdichtungsraster mit Erklärung der Wirkungsweise [63]

derliche Verdichtung nach der ersten Phase nicht erreicht ist, wird der so entstandene Schlagtrichter mit Material aus der Arbeitsplattform oder neuem Zugabematerial aufgefüllt und eine neue Verdichtungsphase kann folgen.

Die Verdichtungspunkte einer Impulsverdichtung können in einem quadratischen Raster oder einem sogenannten „sweep & track" Raster angeordnet werden (Bild 24).

Abhängig vom Fallgewicht, welches typischerweise 5 t bis 16 t beträgt, wird ein Bagger mit einer Kapazität zwischen 30 t und 90 t als Trägergerät verwendet (Bild 25). Die Fallhöhe kann angepasst werden und reicht bis zu 1,2 m. Die Schlagfrequenz liegt zwischen 35 und 60 Schlägen pro Minute und der Durchmesser des Stahlfußes beträgt zwischen 1,0 m und 1,6 m.

SWEEP & TRACK

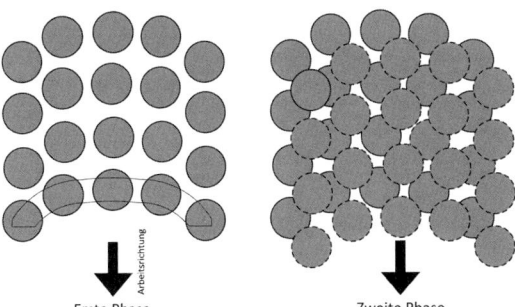

Erste Phase

Zweite Phase

QUADRATISCHES RASTER

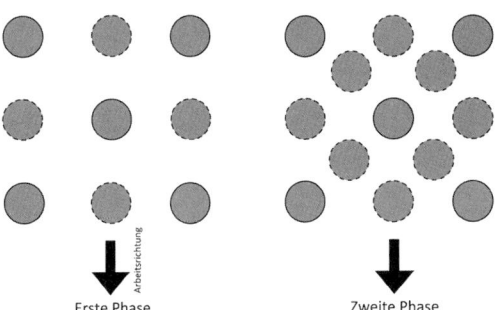

Erste Phase

Zweite Phase

Bild 24. Typische Raster für Impulsverdichtung (© Keller)

a)

b)

Bild 25. Impulsverdichtungsarbeiten; a) Verdichtungsgerät, b) Verdichtungsfeld (© Keller)

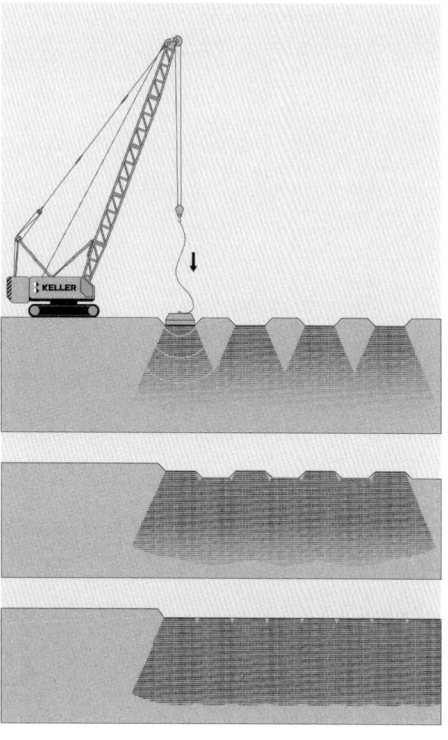

Bild 26. Verdichtungsmechanismus bei der dynamischen Intensivverdichtung ohne Materialzugabe (© Keller)

4.5.2 Wirkungsweise (bodenmechanische Betrachtung)

Die kinetische Energie der Masse bewirkt bei allen drei (dynamische Intensivverdichtung mit/ohne Zugabematerial sowie Impulsverdichtung) Verdichtungsverfahren im Falle nichtbindiger Bodenschichten eine Umlagerung der Bodenkörner in einen dichteren Lagerungszustand, welcher höhere Festigkeiten und Steifigkeiten der verbesserten Böden zur Folge hat. Der Verdichtungsmechanismus aller drei Verfahren unterscheidet sich jedoch grundsätzlich. Bei der Impulsverdichtung wird zunächst an der Oberfläche ein „Zapfen" verdichteten Bodens gebildet, der mit jedem Schlag in die Tiefe getrieben wird. Die Verdichtung findet daher von oben nach unten statt.

Die dynamische Intensivverdichtung wirkt sich zunächst durch das Primärraster auf tiefere (nichtbindige) Schichten aus. Das Sekundärraster verbessert mittlere Bodenschichten und das „Bügeln" verdichtet oberflächennahe Schichten (Bild 26). Die Verdichtung schreitet hier von unten nach oben voran. In den verschiedenen Phasen können auch unterschiedliche Parameter (Fallhöhe, Anzahl an Schlägen/Punkt, Gewicht und Form des Fallgewichts) zur Optimierung der Wirkungsweise zur Anwendung kommen.

Mit steigendem Feinanteil wirkt sich die Verdichtungsenergie verstärkt auf den Porenwasserdruck des Bodens aus. Dabei steigt dieser stärker während der Impulsverdichtung, welche eine geringere Energie pro Schlag, jedoch eine höhere Schlagfrequenz und in der Regel ein dichteres Raster auszeichnet. Der Anstieg des Porenwasserdrucks verringert die Verdichtungsfähigkeit des Bodens. Wird der Boden nicht mehr verdichtet, sondern verdrängt, wird eine

Ruhephase eingelegt, in der sich der Porenwasserdruck entspannt und danach wieder verdichtet werden kann.

Bei der dynamischen Intensivverdichtung mit Zugabe von Material wird der nicht verdichtbare Boden vom verdichtbaren Zugabematerial verdrängt, indem Sand- bzw. Schottersäulen in den Boden gerammt werden. Analoges gilt auch bei Anwendung der Impulsverdichtung in nicht verdichtbaren Böden.

4.5.3 Anwendungsgebiete/ Anwendungsgrenzen

Die Impulsverdichtung und die dynamische Intensivverdichtung ohne Zugabematerial werden in verdichtbaren Böden angewendet, wobei sie ein breiteres Anwendungsgebiet als beispielsweise die Rütteldruckverdichtung in Böden mit einem höheren Feinanteil haben. Ein Grenzwert für den Feinanteil von ungefähr 20 % lässt sich nur als Orientierungshilfe angeben, weil die Effizienz der Verfahren von vielen Faktoren, wie z. B. dem Wassergehalt des Bodens und auch der Korngrößenverteilung, abhängt. Diese Verfahren werden häufig bei Infrastrukturprojekten, Tankgründungen oder leichten Industriebauwerken eingesetzt.

Die erreichte Verdichtungstiefe hängt bei allen genannten Techniken im Bereich der üblichen Anwendung in erster Linie vom Boden ab. In feinkörnigen Böden kann bei der Dynamischen Intensivverdichtung mit Zugabe von Material die erzielte Tiefe der Säulen mit der Verwendung von Kies statt Sand um einen weiteren Meter auf ca. 5,5 m gesteigert werden (Tabelle 3).

4.5.4 Vor-/Nachteile (Risiken) des Verfahrens

Aufgrund der Intensität der auftretenden Vibrationen sowie Schallemission ist die Anwendung aller drei Verfahren auf offenen Flächen empfohlen, da in der Nähe von bebauten Gebieten Risiken auftreten können. Die Schallemission, die bei der Impulsverdichtung entsteht, kann aufgrund der höheren Frequenz und der damit als andauernd empfundenen Lärmbelästigung als störender betrachtet werden, als während der dynamischen Intensivverdichtung.

Wegen erhöhten Vibrationen ist Vorsicht in der Nähe von sensiblen sowie älteren Bauwerken geboten. In der Nähe von neuen, stabilen Bauwerken beträgt der Sicherheitsabstand zu bestehenden Bauten, bei welchem Schäden vermieden werden sollen, bei der Impulsverdichtung ungefähr 10 bis 15 m und bei der dynamischen Intensivverdichtung 35 bis 50 m. Die am Gebäude spürbaren Vibrationen können gegebenenfalls mithilfe eines Grabens gemildert werden.

Durch die Bodenverdichtung ist bei allen drei Verfahren eine Setzung in der Größenordnung zwischen 5 und 10 % der Verdichtungstiefe zu erwarten. Die dynamische Intensivverdichtung mit Zugabe von Material führt jedoch in der Regel zu Hebungen.

4.5.5 Hinweise für die Planung und Bemessung

Die Einflusstiefe kann für die dynamische Intensivverdichtung nach Gl. (1) abgeschätzt werden.

$$D = \eta \sqrt{W \cdot H} \qquad (1)$$

η   empirischer Koeffizient (zwischen 0,3 und 0,8 in Abhängigkeit des Bodens) [–]

D   Einflusstiefe [m]

W   Masse des Fallgewichts [t]

H   Fallhöhe [m]

Obige Gl. (1) hat keine Gültigkeit für die Impulsverdichtung.

Die erforderliche Energie hängt von den Eigenschaften des Bodens ab und kann mithilfe von [64] abgeschätzt werden bzw. können Erfahrungswerte herangezogen werden. Es gibt zurzeit keine Normen oder internationale Standards bezüglich der Impulsverdichtung und dynamischen Intensivverdichtung. Es gibt umfangreiche Literatur zu den Techniken (z. B. [65]). Die Erfahrung bei der Planung, Ausführung und Überwachung sind jedoch bei diesem Verfahren von besonderer Bedeutung.

Tabelle 3. Typische Bodenpressung, Setzungen und erzielte Verdichtungstiefen in Abhängigkeit der Verbesserungstechnik

	Bodenpressung [kN/m²]	Setzungen [mm]	Verdichtungstiefe [m]
Impulsverdichtung	100–250 und mehr	25–200	5
Dynamische Intensivverdichtung			8–12 ohne Materialzugabe 4,5–5,5 feinkörnige Böden

4.5.6 Überwachung und Qualitätssicherung in der Ausführung

Vor der Ausführung der Hauptarbeiten ist es sinnvoll, die Bemessungsannahmen wie Verdichtungstiefe und eingeleitete Energie durch ein Versuchsfeld zu überprüfen. Hierbei werden die optimalen Parameter für die Ausführung, wie maximale Anzahl der Schläge eines Übergangs festgestellt und die Reaktion des Bodens auf die Verdichtung beobachtet. Hierzu wird ein sog. Hebungs-Eindringungs-Test durchgeführt, bei welchem das Volumen der Schlagtrichter und das Volumen des durch Bodenverdrängung gehobenen Bodens festgestellt werden.

Als Qualitätssicherung für die Hauptarbeiten werden verschiedene Sondierungen über die Tiefe vor und nach den Verdichtungsarbeiten miteinander verglichen und es können Aussagen getroffen werden, ob und bis zur welcher Tiefe und horizontalen Ausdehnung die Verdichtung stattgefunden hat und ob die Anforderungen erfüllt wurden.

Üblicherweise werden die folgenden Sondierungen durchgeführt:

– Pressiometertests,
– Drucksondierungen,
– diverse Rammsondierungen.

4.6 Vertikaldräns mit Vor- bzw. Überlastschüttungen

4.6.1 Technische Verfahrensbeschreibung

Vertikaldräns werden installiert, um die Konsolidierung von kompressiblen Böden zu beschleunigen. Durch den Einbau der Vertikaldräns in den Untergrund wird die mittlere Durchlässigkeit eines bindigen Bodens in vertikaler Richtung wesentlich erhöht und die Dränagewege des Porenwassers in horizontaler Fließrichtung wesentlich verkürzt. Die Vertikaldräns können entweder vorgefertigt werden (PVD) oder aus Sand bestehen. Sanddräns werden durch Stitcher oder Rüttler (ähnlich der Herstellung der Rüttelstopfsäulen) hergestellt und weisen in der Regel einen Durchmesser von 30 bis 50 cm auf. Vorgefertigte Dräns bestehen im Großteil aller Anwendungsfälle aus mit Geotextilfilter umwickelten robusten Kunststoffen mit extrudierten Kanälen, die es ermöglichen, dass Wasser aus dem bindigen Boden abfließen kann, wenn der Boden unter einer aufgebrachten Auflast konsolidiert (Bild 27). Der Geotextilfilter verhindert, dass feine Bodenpartikel in das Filtervlies und in die Kanäle gelangen und diese verstopfen.

Die Zeit, die für einen erforderlichen Konsolidierungsgrad benötigt wird, hängt nach Einbau der Vertikaldräns von der horizontalen Durchlässigkeit der feinkörnigen Bodenschichten, dem evtl. Vor-

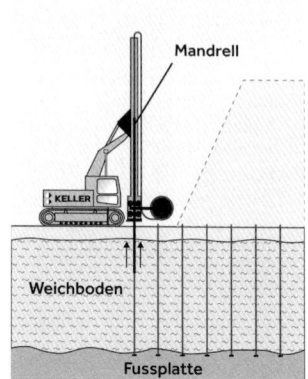

Bild 27. Installationsvorgang für vorgefertigte Vertikaldräns

handensein von Sandzwischenschichten im feinkörnigen Boden, der Auflast und dem Abstand der Vertikaldräns ab.

Vorgefertigte Vertikaldräns wurden Mitte der 1930er-Jahre von *Walter Kjellman* am Schwedischen Geotechnischen Institut entwickelt. Die ersten Vertikaldräns bestanden aus zwei zusammengeklebten Pappbögen mit inneren Kanälen. Moderne Vertikaldräns aus geotextilummantelten Filterkunststoff mit extrudierten Kanälen wurden 1971 ebenfalls am Schwedischen Geotechnischen Institut entwickelt. Kunststoff-Vertikaldräns ermöglichen eine schnellere Installation und höhere Volumenströme während der Konsolidierung, im Vergleich zu den früheren Karton-Vertikaldräns. Für eine ausführliche Betrachtung von Vertikaldräns sei auf [66] verwiesen.

Bevor die Installation der Vertikaldräns beginnen kann, muss die Arbeitsfläche vorbereitet werden, um eine stabile Arbeitsplattform zu gewährleisten. Da der Untergrund von Vertikaldrän-Baustellen typischerweise sehr weich ist, ist als Arbeitsplanum in der Regel eine Sand- oder Kiesschicht auf geotextilen Trennvlies erforderlich, um ein sicheres Befahren mit den Trägergeräten bei allen Witterungsverhältnissen zu ermöglichen. Die Arbeitsplattform dient auch als Dränageschicht, um sowohl das Oberflächenwasser als auch das Wasser, welches durch die Vertikaldräns im Zuge des Konsolidierungsprozesses nach oben kommt, von den Arbeitsflächen wegzuleiten.

Je nach Einbautiefe wird ein Spezialmast mit aufgerolltem Dränmaterial und einer Mandrell (Mandrell ist ein rechteckiges Stahlprofil, in das der Vertikaldrän geführt und mit dem dieses in den Boden gedrückt wird) auf einem Kettenbagger oder Kran

Bild 28. Einbau der Vertikaldräns

montiert (Bild 28). Standardeinbautiefen gehen bis ca. 25 m, Vertikaldräns bis zu 40 m Tiefe werden mittels Kettenbagger installiert. Vertikaldräns mit Tiefen von > 40 m erfordern in der Regel, dass der Mast zur Stabilisierung an einem Kran montiert wird (Bild 29).

Im Zuge der Installation wird der Vertikaldrän durch die Mandrell gezogen, welche einerseits den Hohlraum für die Installation herstellt und den Vertikaldrän andererseits während der Einbringung vor Beschädigung schützt. Die Installationskraft wird typischerweise durch Vibrationshämmer, statische Kraftverfahren (mittels Seilwinden oder Getriebesystem) oder eine Kombination dieser Verfahren bereitgestellt. Die Auswahl des Verfahrens erfolgt in Abhängigkeit der vorliegenden Bodenverhältnisse und den erforderlichen Einbautiefen. Eine Wasserfüllung der Mandrell kann bei kritischen und extrem weichen Bodenverhältnissen unterstützend eingesetzt werden.

Eine verlorene Ankerplatte, die vor dem Einbau des Vertikaldräns mit diesem verbunden und an der Spitze der Mandrell angebracht wird, hält das untere Ende der Vertikaldrän nach dem Erreichen der Endtiefe an Ort und Stelle, während die Mandrell wieder gezogen wird. Der Vertikaldrän wird nach dem Ausfahren der Mandrell einige Dezimeter über dem Boden abgeschnitten und eine neue Ankerplatte wird für den nächsten Installationspunkt mit dem Dränmaterial verbunden.

4.6.2 Wirkungsweise (bodenmechanische Betrachtung)

Wenn eine gesättigte, feinkörnige Bodenschicht einem Druck (z. B. aus Auflast) ausgesetzt wird, wird die Belastung anfangs durch das Wasser in den Poren übernommen, was zu einem Porenwasserüberdruck führt. Der Grund hierfür ist, dass die lastbedingte Zusammendrückung des Bodens nur in dem Maße möglich ist, in welchem Wasser aus dem Porenraum des Bodens entweichen kann. Aufgrund der sehr geringen Kompressibilität des Wassers und der (sehr) geringen Wasserdurchlässigkeit feinkörniger Böden führt dies zu einer anfänglichen Erhöhung des Porenwasserdrucks. Erst über die Zeit kann das Wasser in Richtung des größten Druckgradienten zu einer Schicht mit höherer Durchlässigkeit oder zur freien Geländeoberfläche hin entweichen. Dies führt zum Abbau des Porenwasserüberdrucks, wodurch die Spannung infolge der Belastung allmählich auf das Bodenskelett übertragen wird [67].

Vertikaldräns werden typischerweise in weichen, gesättigten, feinkörnigen Böden wie Schluffen, Tonen, organischen Schluffen, organischen Tonen, Torf, Schlämmen und Minenrückständen verwendet.

Weiche Böden werden bei Belastung mit einer Auflast den folgenden Prozessen unterzogen:

– anfängliche elastische Setzungen,
– primäre Konsolidierung,
– sekundäre Komprimierung (Kriechsetzungen).

Bild 29. Herstellung der Vertikaldräns im Dreieckraster – 25 m Einbautiefe

Je nach den Eigenschaften der Böden sind die einzelnen Setzungsanteile unterschiedlich groß. In der Bemessungsphase, vor allem aber während der messtechnischen Überwachung (z. B. mittels Setzungspegel) unter Auflast sind die genannten Setzungsprozesse gesondert zu betrachten.

Die allgemeine Idee der Wirkungsweise der vorgefertigten Vertikaldräns liegt darin, den Abflussweg des durch eine Auflast unter Druck stehenden Wassers (Porenwasserüberdruck) in wenig durchlässigen bindigen Schichten zu verkürzen. Dies wird durch die Installation von Vertikaldräns erreicht, wodurch das unter Überdruck stehende Porenwasser horizontal zum nächsten Drän anstatt vertikal einen längeren Weg zu einer entwässerungsfähigen Schicht fließt [68]. Nach Erreichen eines bestimmten Konsolidierungsgrads, d. h. nach dem ein gewisser Anteil der Setzungen abgeklungen ist, erfolgt im Allgemeinen die Freigabe für die weiter zu errichtenden Objekte. Durch den Prozess der Vorbelastung in Kombination mit Vertikaldräns werden somit Setzungen für die später errichteten Bauwerke vorweggenommen (Bild 30).

4.6.3 Anwendungsgebiete/ Anwendungsgrenzen

Die Anwendung von Vertikaldräns hat das Ziel, den Konsolidierungsvorgang zu beschleunigen. Praktisch alle Anwendungen erfolgen in Kombination mit einer Auflast- oder Überlastschüttung. Überlastschüttung bedeutet dabei, dass die für den Zeitraum der Vorbelastung aufgebrachte Spannung höher ist als die dauerhaft wirkende Spannung. Die Aufbringung der Auf- oder Überlast kann je nach den lokalen Verhältnissen in einem Schritt oder stufenweise erfolgen. Die Aufbringungsgeschwindigkeit ist unter anderem durch die Gefahr des Böschungsgrundbruchs limitiert, vor allem wenn über den sehr weichen feinkörnigen Bodenschichten nur geringmächtige Deckschichten vorhanden sind.

Typische Anwendungsfälle für eine Baugrundverbesserung mittels Vertikaldräns sind:

– Dammschüttungen im Straßen- und Eisenbahnbau,
– Flughäfen und Seehäfen,
– Brückenwiderlager und Überführungen,
– Tanklager,
– Dämme und Deiche,
– Geschäfts- und Wohngebäude,
– Bergbauabfälle und -rückstände,
– Vorbehandlung von großen Entwicklungsgebieten zur Herstellung der Bebaubarkeit für die Infrastruktur und leichte Bebauung. Setzungsempfindliche und/oder höher belastete Bauwerke werden i. Allg. tief gegründet.

Anwendungsgrenzen für Vertikaldränagen können aus technischer Sicht vor allem durch die Nicht-Einbringbarkeit der Vertikaldräns, z. B. infolge härterer oder dichterer Zwischenschichten, gegeben sein. Systembedingte Anwendungsgrenzen ergeben sich mitunter aus zeitlichen Limitierungen, wenn beispielsweise keine ausreichende Zeit für Vorbelastungsprozesse gegeben ist. Eine andere systembedingte Begrenzung kann durch strenge Setzungskriterien gegeben sein, die mit dem System der Vorbelastung in Kombination mit Vertikaldränagen nicht erfüllbar ist.

4.6.4 Vor-/Nachteile (Risiken) des Verfahrens

Neben der zumeist aus praktischen Aspekten begrenzten Tiefe kann, wie oben bereits erwähnt, auch durch eine schwer zu durchdringende Deckschicht

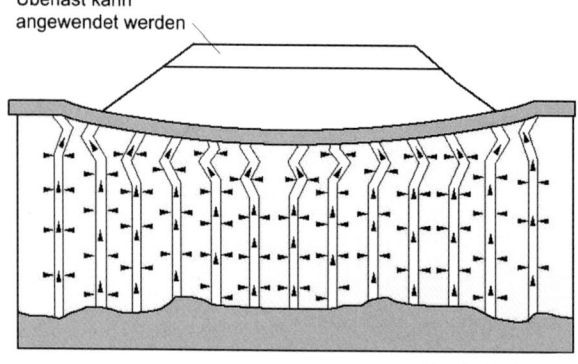

Bild 30. Konzept für den Einbau der Vertikaldräns unter Auflastschüttung

ein Einbau von Vertikaldräns in darunterliegende weiche Schichten verhindert werden. Vielfach kann dieses Problem durch Vorbohren mit Endlosschnecken kleinen Durchmessers gelöst werden.

Die Installation von Vertikaldräns kann eine wirtschaftlich effektive Technik zur Begrenzung von Setzungen bei sehr weichen Untergrundverhältnissen sein. Im Falle von empfindlichen Bauwerken oder Gebäuden mit hohen Bodenpressungen und strengen Setzungsanforderungen kann zur Einhaltung der Verformungsbeschränkungen eine andere Baugrundverbesserungstechnik oder können klassische Gründungssysteme erforderlich werden.

Bei Böden mit signifikanten organischen Anteilen ist die Setzungsreduktion für das Langzeitverhalten infolge von Kriechprozessen nicht ausreichend gegeben und daher die Anwendung von PVD kritisch zu hinterfragen. Ähnlich ist dies bei Böden mit einem hohen Tonanteil und mit starker Kriechneigung, da in diesen Fällen durch eine entsprechende Überlastschüttung und ausreichende Konsolidierung zwar eine gewisse Verbesserung durch die Reduktion der Kriechrate erzielt werden kann, jedoch weiterhin ein signifikantes Kriechen des Bodens möglich ist.

Das größte Risiko besteht aufgrund der niedrigen Tragfähigkeit des unbehandelten Bodens während der Ausführung und der damit verbundenen Umsturzgefahr für die Großgeräte. Eine ausreichend tragfähige Arbeitsplattform ist daher unabdingbar und entsprechend zu bemessen. Diese ist entsprechend dem Design qualitätskontrolliert herzustellen und während der gesamten Bauzeit zu warten.

Wasser, das durch Vertikaldräns aus dem Boden austritt, sollte gesammelt und behandelt werden, falls der behandelte Boden mit Schadstoffen belastet ist. Bei kontaminierten Standorten sollte bzw. darf die Bemessungsdränagelänge nicht bis zu einem darunterliegenden Grundwasserleiter reichen.

4.6.5 Hinweise für die Planung und Bemessung

Im Abschnitt 4.6.2 wurde der Prozess der Konsolidierung von feinkörnigen, wassergesättigten Böden unter Auflast beschrieben. Danach ist eine lastbedingte Zusammendrückung des feinkörnigen, wassergesättigten Bodens nur in dem Maße möglich, in dem Wasser aus dem Porenraum des Bodens entweichen kann. Der sich mit Lastbeginn einstellende Porenwasserüberdruck wird über die Zeit abgebaut, wobei die Form und Geschwindigkeit des Druckabbaus von der Durchlässigkeit des Bodens, der Schichtdicke und den Rändern, an denen eine Dränage möglich ist, abhängt. In Bild 31 ist der Porenwasser(über)druck zum Zeitpunkt $t = 0$ und den zunehmenden Zeiten t_1, t_2, t_3 bis t_∞, bei dem

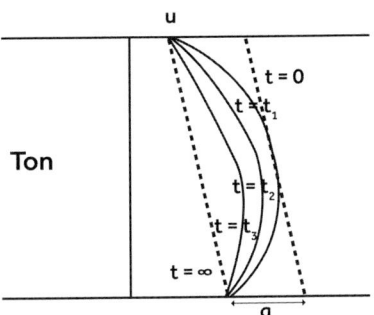

Bild 31. Veränderungen des Porendrucks in einer Tonschicht infolge der Auflast q

PW-Überdruck bis auf den hydrostatischen Druck vollständig abgebaut wurde, skizzenhaft dargestellt.

Der oben genannte Prozess kann als primäre Konsolidierung definiert werden.

Die Vertikaldräns ermöglichen eine horizontale Konsolidierung des feinkörnigen Bodens mit einem Entwässerungsweg, der dem halben Abstand zwischen den Vertikaldräns entspricht. Demnach ist der Hauptfaktor, der unter diesen Randbedingungen die Konsolidierungsgeschwindigkeit beeinflusst, der horizontale Konsolidierungskoeffizient (c_h), der aus den Dissipationstests während der Drucksondierungen (CPTu) ausgewertet werden kann [69]. Im Wesentlichen hängt der Konsolidierungskoeffizient von der Durchlässigkeit des Bodens und der Bodensteifigkeit ab.

Durch die in dem gesamten Bemessungskonzept und den zugrunde gelegten Parametern enthaltenen Unschärfen ist es jedenfalls zu empfehlen, die Bemessungsannahmen durch ein der Baumaßnahme vorlaufendes Testfeld zu verifizieren. Dieses Testfeld ist je nach Aufgabenstellung auszulegen und zu instrumentieren. Vor allem bei tieferen weichen Schichten ist darauf zu achten, dass mit dem – entsprechend großflächig auszulegenden – Testfeld ein vergleichbarer Spannungszustand erzielt wird wie mit der späteren Bauaufgabe.

Wesentliche Punkte bei der Bemessung der Dräns sind neben den Bodenkennwerten und Schichtverhältnissen die Wassertransportfähigkeit des Dräns sowie der zu erzielende Konsolidierungsgrad zum Erreichen des Bemessungsziels. Zudem haben auch die Herstellmethode und die damit einhergehende lokale Störung des Bodens einen Einfluss auf die Leistungsfähigkeit der Dräns und somit den herzustellenden Dränageabstand. Dieser beträgt in der Regel 0,8 bis 2,5 m und wird im Dreiecksraster ausgelegt. Als Bemessungsziel ist im Allgemeinen eine maximal zulässige Setzung des oder der Bauwerke(s) im Endzustand definiert. Durch die Größe der Vor- bzw. Überlast sowie die Liegezeit ist sicherzustellen, dass die in der Vorbelastungsphase erreichten Setzungen ausreichend groß sind, dass die Restsetzungen für das im Anschluss zu errichtende Bauwerk die vorgegebenen Grenzwerte (Bemessungsziel) nicht überschreiten. Zu berücksichtigen ist, dass praktisch bei allen feinkörnigen Böden nach dem eigentlichen Konsolidierungsprozess (Primärsetzungen) noch gewisse Sekundärsetzungen (Kriechen) auftreten, die durch einen entsprechend ausgelegten Vorbelastungsprozess zwar reduziert, aber praktisch nicht gänzlich vorweggenommen werden können. In vielen baupraktischen Fällen wird dieser Anteil der Sekundärsetzungen unterschätzt.

Neben den zuvor bereits erwähnten In-situ-Erkundungsmethoden zur Ermittlung der Konsolidierungsbeiwerte sowie anderer relevanter Bodenkennwerte sollten die dem Bemessungsprozess zugrunde gelegten geotechnischen Untersuchungen kontinuierliche Probennahmen umfassen, um einerseits eventuelle Sandschichten zu identifizieren, die durch ihre Dränagewirkung zu einer schnelleren Konsolidierung und somit optimiertem Design beitragen könnten. Andererseits ist ein entsprechendes Laborprogramm zur Ermittlung der wesentlichen Boden- und Bemessungskennwerte (Korngrößenverteilung, Durchlässigkeit, Ödometerversuche zur Ermittlung der Steifigkeit sowie der Konsolidierungskennwerte etc.) durchzuführen.

4.6.6 Überwachung und Qualitätssicherung

Hinsichtlich der Qualitätsanforderung an das eingebaute Material wird auf die einschlägigen Vorschriften und deren projektgerechte Anwendung hingewiesen. Werden Sanddräns hergestellt, ist besonders auf die dem Design entsprechende Körnungsverteilung des Sandes zu achten.

Durch die hohe Produktionsleistung von modernen Geräten und die Einfachheit der Herstellung beim PVD-Einbau ist die laufende Qualitätskontrolle der Produktion entsprechend zu gestalten. Im Wesentlichen sind die Sicherstellung der Einbautiefe und die Ausführung aller Dränagepunkte erforderlich, während eine detaillierte Aufzeichnung jedes einzelnen Dräns nicht erforderlich ist.

Vorlaufend zum Aufbau der Auflast sind Setzungspegel zu installieren und regelmäßig zu vermessen. Vor allem am Beginn sind mehrfache Setzungsmessungen pro Woche zur Darstellung des Setzungs- und Konsolidierungsverlaufs erforderlich. Ziel einer derartigen messtechnischen Überwachung ist die Ermittlung von Zeit-Setzungslinien, die bei entsprechender Genauigkeit (Voraussetzung hierfür ist neben der entsprechend hohen Messgenauigkeit auch eine ausreichende Anzahl an Kontrollmessungen) und nach ausreichend langer Beobachtung eine Extrapolation in die Zukunft erlauben. Aufbauend auf diesen Messergebnissen und Messprognosen kann einerseits beurteilt werden, ob die Größe der abgeschätzten Setzungen mit der Wirklichkeit übereinstimmt, ob die zeitlichen Prognosen zutreffend sind und letztlich wann durch die Vor- bzw. Überlastschüttung der geforderte Konsolidierungsgrad erreicht wird.

Bei Testfeldern sind auf ein redundantes Messkonzept und eine robuste Ausgestaltung der Messtechnik Wert zu legen. In der Regel werden neben Setzungsmessungen auch der Porenwasserdruck und die Belastung (Größe und zeitlicher Verlauf der Lastaufbringung) überwacht bzw. dokumentiert. Ergänzend zu klassischen Setzungspegeln können die Verformungen im Boden auch noch durch Inklinometer und Extensometer überwacht werden.

4.7 Düsenstrahlverfahren

Das Düsenstrahlverfahren, auch Hochdruckinjektion, Hochdruckbodenvermörtelung oder Jet Grouting, ist ein Verfahren, bei dem ein energiereicher Flüssigkeitsstrahl zum Zerlegen von Boden oder gering festem Gestein mit dem Ziel eingesetzt wird, das gelöste Gefüge mit bindemittelhaltiger Suspension zu durchmischen bzw. teilweise zu ersetzen (Bild 32). Die Ursprünge des Verfahrens gehen auf die 1950er-Jahre zurück, in Europa ist das Verfahren seit den 1970er-Jahren im Einsatz. Es gilt allgemein als das Verfahren mit der größten Einsatzbreite in der Geotechnik, weshalb im Weiteren auch ausführlich auf das Verfahren eingegangen wird. *Croce* et al. [70] geben einen umfassenden Überblick über das Verfahren.

Bild 32. Düsenstrahl bei beidseitigem Monitoraustritt

Für die Bemessung von Düsenstrahlelementen sind mehrere Regelwerke heranzuziehen. Neben EN 997-1 [1] und EN 1997-2 [71] in Verbindung mit DIN 4020 [72] sind auch noch DIN 4093 [73] sowie die einschlägigen Zulassungen des Deutschen Instituts für Bautechnik DIBt der jeweiligen Unternehmer, in der auch Ausführungsaspekte geregelt sind, zu beachten. Ausschließlich mit der Ausführung befasst sich EN 12716 [74] bzw. die nun vorliegende überarbeitet Fassung, die im September 2018 im Rahmen des CEN formell durch Abstimmung angenommen wurde und 2019 auch in der deutschen Übersetzung verfügbar sein sollte. Hinsichtlich der zusätzlichen technischen Vertragsbedingungen wird auf DIN 18321 [75] verwiesen, zu der auch entsprechende juristische Kommentare vorliegen.

4.7.1 Technische Verfahrensbeschreibung

Generell werden drei Verfahren unterschieden. Beim 1-Phasensystem (Bild 33 unten) erfolgt das Lösen und Verfestigen des Bodengefüges nur mittels eines energiereichen Flüssigkeitsstrahls aus Bindemittelsuspension. Beim 2-Phasensystem (Bild 33 mittig) wird der Schneidstrahl zusätzlich mit Druckluft ummantelt. Beim 3-Phasensystem (Bild 33 oben) wird der Wasserstrahl mit oder ohne Luftummantelung zum Lösen (= Schneidstrahl) mit dem separat und unter geringerem Druck eingebrachten Suspensionsstrahl kombiniert. Dazu werden am Düsenträger, auch Monitor genannt, entsprechende Düsen montiert.

Die Arbeitsschritte beim Düsenstrahlverfahren sind Folgende (Bild 34):

– Abteufen der in der Regel unverrohrten Bohrung bis zur Unterkante des Düsenstrahlelementes,
– Ziehen des Bohrgestänges mit dem Monitor (= Werkzeug, das die Düsen enthält) bei gleichzeitigem Drehen,
– gleichzeitig Pumpen des Schneidmediums und bzw. oder der Bindemittelsuspension.

Beim Abteufen der Bohrung ist darauf zu achten, dass durch den Einsatz von Erweiterungsbohrkronen oder Räumern ein ausreichend großer Ringraum für den Rückfluss ausgebildet wird und die Bohrtoleranzen eingehalten werden. Diese entsprechen entweder Abschnitt 7.2.2 der überarbeiteten EN 12716 [74] oder werden projektspezifisch festgelegt. Der Monitor wird mit Schneiddüsen mit Durchmessern von bis ca. 7 mm bestückt.

Die Bodenerosion und -vermörtelung erfolgen in der Regel von der Endteufe aufsteigend. Durch das Einstellen der Parameter der Hochdruckpumpe – Pumpdruck und Durchfluss – und der Festlegung von konstanten Zieh- und Drehgeschwindigkeiten wird die Reichweite des Düsenstrahls eingestellt.

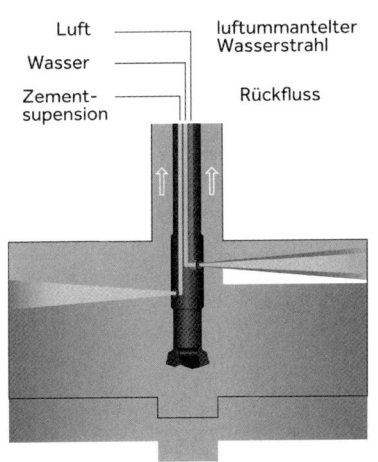

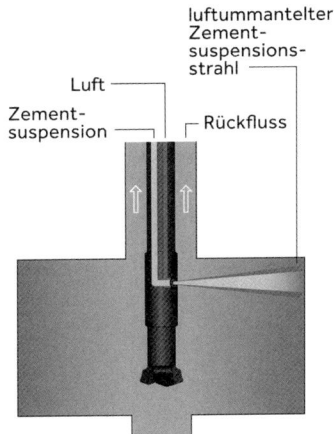

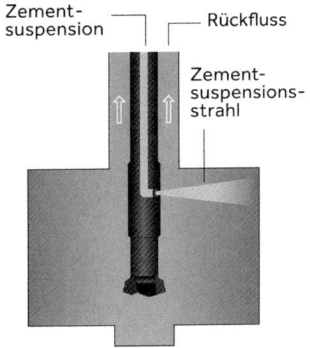

Bild 33. 1-Phasensystem (S-Verfahren unten), 2-Phasensystem (D-Verfahren Mitte), 3-Phasensystem (T-Verfahren oben)

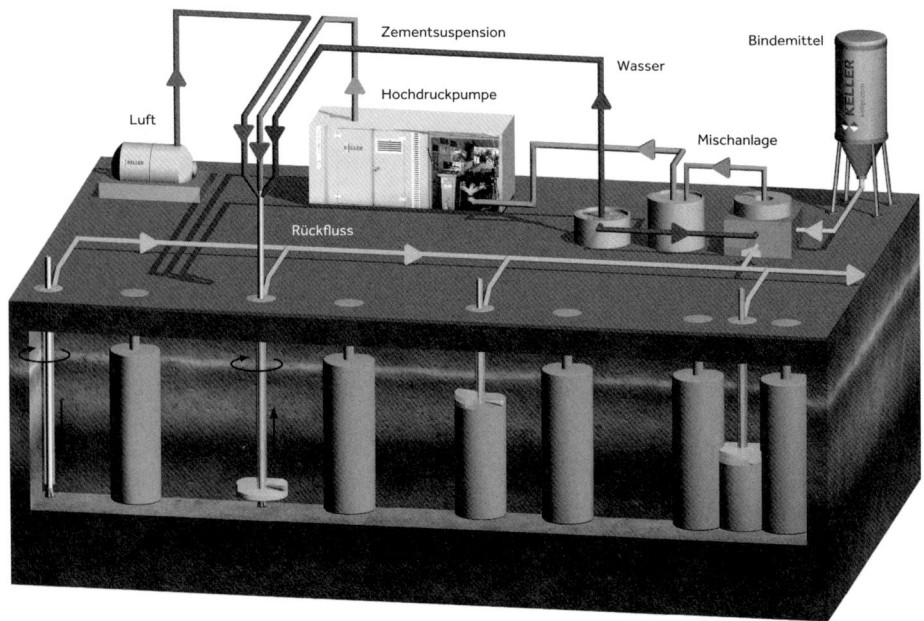

Bild 34. Verfahrensschritte des Düsenstrahlverfahrens (© Keller)

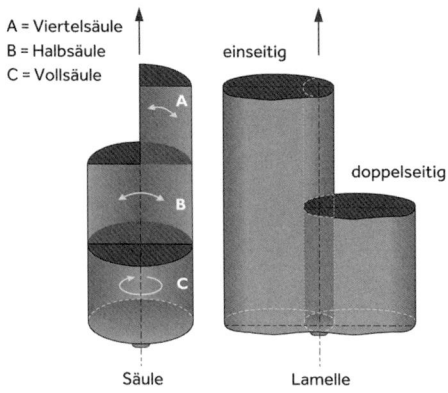

A = Viertelsäule
B = Halbsäule
C = Vollsäule

einseitig

doppelseitig

Säule   Lamelle

Bild 35. Zylindrische und flächenhafte DSV-Elemente

Die Herstellungsparameter können in Abhängigkeit von Bodenart und Zustandsparametern (Konsistenz oder Lagerungsdichte) innerhalb weiter Grenzen variiert werden. Für das heute am häufigsten angewandte 2-Phasensystem liegen die Pumpdrücke der Zementsuspension bei 300 bis 500 bar, die Durchflussraten bei bis zu 800 l/min. Die entsprechenden Werte für die Druckluft liegen bei bis zu max. 20 bar bzw. max. 20 m^3/min.

Durch das Steuern der Drehbewegung lassen sich Voll- und Halbsäulen, Zylindersegmente sowie Lamellen herstellen (vgl. Bild 35). Festzuhalten ist, dass innerhalb eines Homogenbereichs bei gleichbleibenden Bodenverhältnissen die Geometrie bzw. die mechanischen Eigenschaften des DSV-Elements gleichbleiben, wenn die gleichen Düsparameter verwendet werden.

Während des Düsvorgangs ist darauf zu achten, dass der Rückfluss des Überschussmaterials kontinuierlich am Bohrlochmund austreten kann. Bei diesem Verfahren werden deutlich größere Mengen an Suspensionsgut (bzw. Wasser) in den Boden eingetragen, als für die Erstellung/Verfestigung der fertigen Jet-Körper erforderlich sind. Der Rücklauf ist somit wesentlicher Verfahrensbestandteil. Die Rücklaufmengen, die zwischen dem einfachen und mehrfachen Volumen der im Endzustand verfestigten Körper betragen können, sind zu entsorgen oder können gegebenenfalls für (untergeordnete) Bodenverfestigungen auf der Baustelle verwendet werden.

4.7.2 Wirkungsweise (bodenmechanische Betrachtung)

Durch die eingebrachte Energie kommt es zu einem Lösen des Bodens. Aufgrund der Vielzahl der Einflussfaktoren bezüglich Boden und Pumpvorgang ist es bis heute nicht gelungen, die erzielbare Reichweite mittels analytischer oder numerischer Berechnungsverfahren für praktische Anwendungsfälle mit ausreichender Genauigkeit vorauszuberechnen. Für die Planung der DSV-Elementabmessungen wird daher nach wie vor auf die Erfahrungswerte von spezialisierten Unternehmen zurückgegriffen. Basierend auf der Auswertung von Baustellen können dann Prognosen erstellt werden. Ein Verfahren dazu wurde etwa von *Flora* et al. [76] vorgestellt.

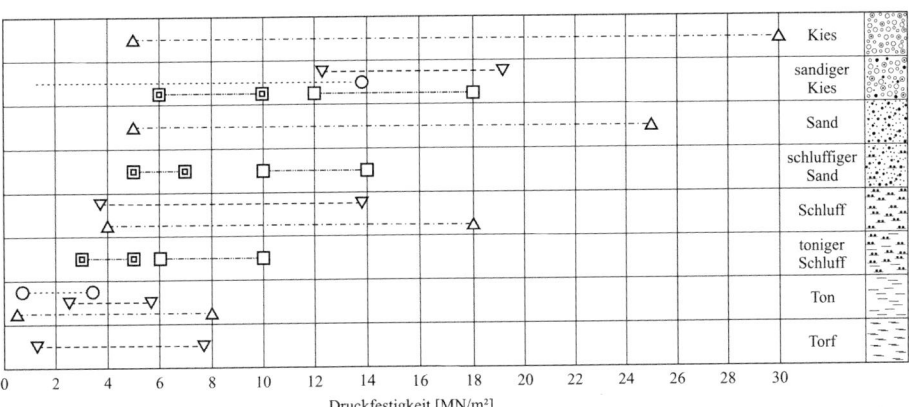

Bild 36. Festigkeit von DSV-Körpern nach [77]

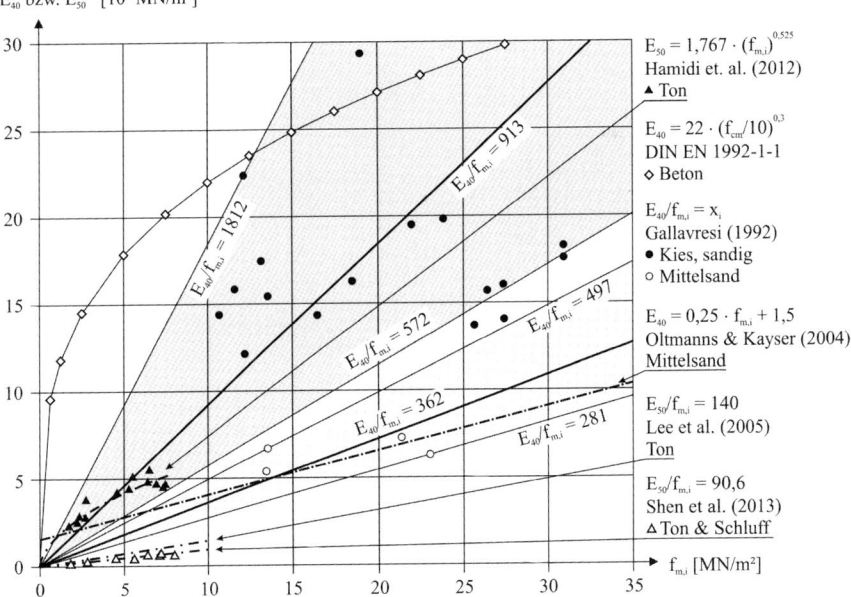

Bild 37. Steifigkeiten von DSV-Körpern nach [77]

$$D_{mean} = 1,128 \sqrt{p \cdot V_g \cdot \lambda_E} \qquad (2)$$

In Gl. (2) bezeichnet D_{mean} den mittleren Durchmesser, p den Pumpendruck in MPa, V_g die Pumprate (l/min) und λ_E die Energieeffizienz. In die Energieeffizienz fließen dabei auch werkzeugspezifische Kennwerte ein, sodass gleiche Pumpendrücke und Pumpraten allein noch nicht gleiche Durchmesser bedeuten.

Neben der Geometrie (d. h. den Elementabmessungen) sind die Festigkeit und die Durchlässigkeit der Elemente von Bedeutung.

Die Festigkeit und Steifigkeit wird maßgeblich durch zwei Faktoren bestimmt, zum einen die Eigenschaften des anstehenden Bodens (Bodenart) und zum anderen den resultierenden Zementgehalt im hergestellten Element. Es ist dabei zu berücksichtigen, dass durch den systemimmanenten Rücklauf nur ein Teil der eingebrachten Bindemittelmenge im Boden verbleibt und damit zur Festigkeitsentwicklung beiträgt.

Anhaltswerte für die Festigkeit und Steifigkeit in Abhängigkeit der Bodengruppen können z. B. bei *Klein* und *Moormann* [77] gefunden werden (Bilder 36 und 37).

Die Durchlässigkeit eines DSV-Körpers wird nicht ausschließlich durch die Durchlässigkeit des Bodenmaterials bestimmt, sondern vor allem auch durch die Homogenität der Gesamtkubatur. So ist bei Abdichtungsmaßnahmen die Vermeidung von (größeren) Fehlstellen entscheidend und erfordert ausreichend große und massige Abmessungen der hergestellten Körper. Typische Durchlässigkeitsbeiwerte von Düsenstrahlkörpern liegen in der Größenordnung von Tonböden, also in der Größenordnung von ca. $k_f = 1 E - 9$ m/s.

4.7.3 Anwendungsmöglichkeiten

Der Einsatzbereich von Düsenstrahlkörpern ist wie bereits einleitend angemerkt sehr vielfältig (Bild 38). Düsenstrahlblöcke können z. B. zur Unterfangung von Bauwerken verwendet werden. Der Vorteil gegenüber Vor-der-Wand-Lösungen ist, dass dadurch kraftschlüssige Unterfangungskörper als Verbausystem ohne Verlust an Bauraum geschaffen werden. Die Möglichkeit des direkten unmittelbaren Kraftschlusses wird vor allem auch bei Nachgründungen von Bauwerken genutzt.

In vielen Anwendungen wird die statische Wirkung mit der abdichtenden Wirkung kombiniert. Das erlaubt z. B. die Ausbildung von Schächten, Gewölbesohlen und auch von Ausfachungen zwischen Pfählen und Trägern, wo die Ringtragwirkung bzw. Gewölbewirkung sowohl Erddruck als auch Wasserdruck aufnimmt.

Oft wird aber auch lediglich die dichtende Wirkung genutzt, z. B. bei der Ausbildung von Dichtwänden

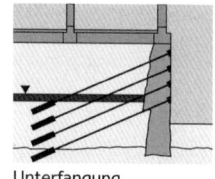
Unterfangung

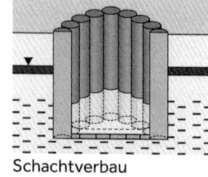
Schachtverbau

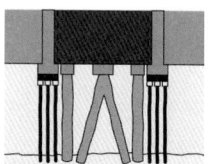
Tiefgründungen

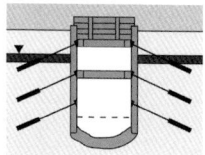
Gewölbesohlen

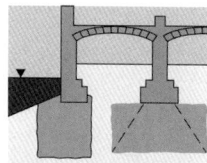
Gründungsverbesserung und -erweiterung

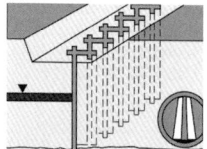
Dicht- und Lamellenwände

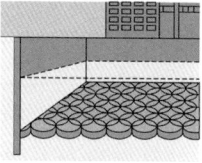
Dichtsohlen

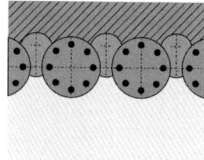
Ausfachung von Bohrpfahlwänden

Bild 38. Überblick über einige DSV-Anwendungsgebiete

als vertikale Schmalwände aus DSV-Lamellen oder bei tiefliegenden horizontalen Dichtsohlen.

4.7.4 Vor-/Nachteile (Risiken) des Verfahrens

Wie eingangs erwähnt, ist die zuverlässige Prognose des Durchmessers in Ermangelung von praxistauglichen analytischen und numerischen Berechnungsansätzen ein wesentlicher Punkt, der nur mit entsprechender Erfahrung und durch Versuchsprogramme mit dem Einsatz geeigneter Messtechnik gelöst werden kann, insbesondere wenn die Tiefenlage eine direkte Freilegung und Prüfung der DSV-Elemente nicht zulässt.

Ferner wird verfahrensbedingt bindemittelhaltiger Rückfluss in erheblichem Umfang produziert. Diees bis heute nicht gelungen, die erzielbare Reichweite mittels analytischer oder numerischer Berechnungsverfahren für praktische Anwendungsfälle mit ausreichender Genauigkeit vorauszuberechnen. Für die Planung der DSV-Elementabmessungen wird daher nach wie vor auf die Erfahrungswerte von spezialisierten Unternehmen zurückgegriffen. Basierend auf der Auswertung von Baustellen können dann Prognosen erstellt werden. Ein Verfahren dazu wurde etwa von *Flora* et al. [76] vorgestellt.

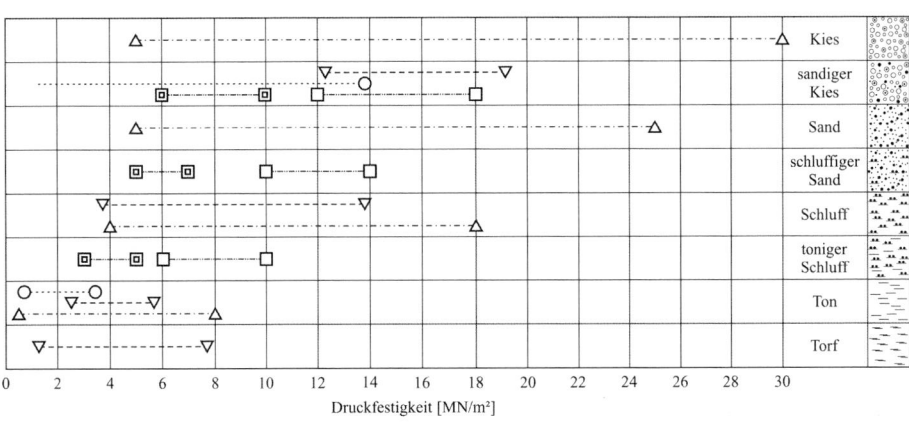

Bild 36. Festigkeit von DSV-Körpern nach [77]

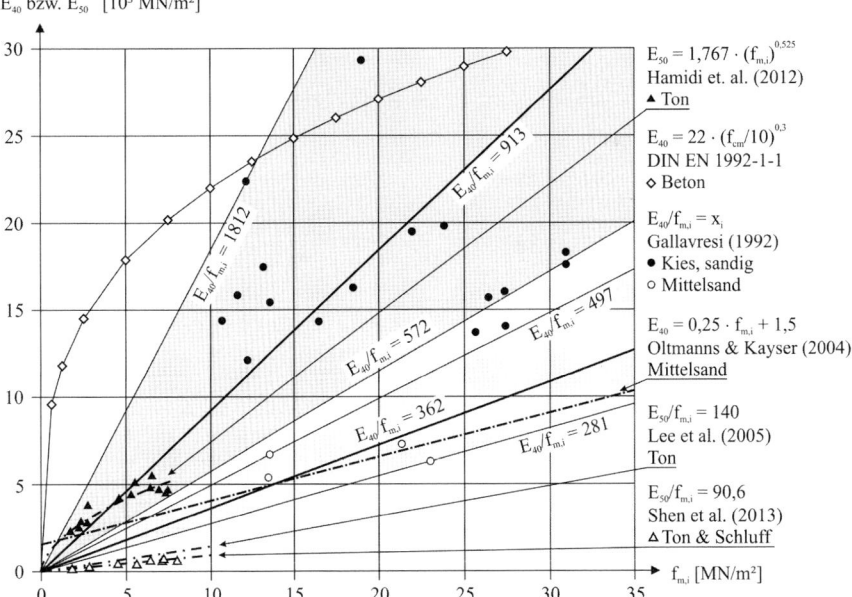

Bild 37. Steifigkeiten von DSV-Körpern nach [77]

$$D_{mean} = 1{,}128\sqrt{p \cdot V_g \cdot \lambda_E} \qquad (2)$$

In Gl. (2) bezeichnet D_{mean} den mittleren Durchmesser, p den Pumpendruck in MPa, V_g die Pumprate (l/min) und λ_E die Energieeffizienz. In die Energieeffizienz fließen dabei auch werkzeugspezifische Kennwerte ein, sodass gleiche Pumpendrücke und Pumpraten allein noch nicht gleiche Durchmesser bedeuten.

Neben der Geometrie (d. h. den Elementabmessungen) sind die Festigkeit und die Durchlässigkeit der Elemente von Bedeutung.

Die Festigkeit und Steifigkeit wird maßgeblich durch zwei Faktoren bestimmt, zum einen die Eigenschaften des anstehenden Bodens (Bodenart) und zum anderen den resultierenden Zementgehalt im hergestellten Element. Es ist dabei zu berücksichtigen, dass durch den systemimmanenten Rücklauf nur ein Teil der eingebrachten Bindemittelmenge im Boden verbleibt und damit zur Festigkeitsentwicklung beiträgt.

Anhaltswerte für die Festigkeit und Steifigkeit in Abhängigkeit der Bodengruppen können z. B. bei *Klein* und *Moormann* [77] gefunden werden (Bilder 36 und 37).

Die Durchlässigkeit eines DSV-Körpers wird nicht ausschließlich durch die Durchlässigkeit des Bodenmaterials bestimmt, sondern vor allem auch durch die Homogenität der Gesamtkubatur. So ist bei Abdichtungsmaßnahmen die Vermeidung von (größeren) Fehlstellen entscheidend und erfordert ausreichend große und massige Abmessungen der hergestellten Körper. Typische Durchlässigkeitsbeiwerte von Düsenstrahlkörpern liegen in der Größenordnung von Tonböden, also in der Größenordnung von ca. $k_f = 1\,E - 9$ m/s.

4.7.3 Anwendungsmöglichkeiten

Der Einsatzbereich von Düsenstrahlkörpern ist wie bereits einleitend angemerkt sehr vielfältig (Bild 38). Düsenstrahlblöcke können z. B. zur Unterfangung von Bauwerken verwendet werden. Der Vorteil gegenüber Vor-der-Wand-Lösungen ist, dass dadurch kraftschlüssige Unterfangungskörper als Verbausystem ohne Verlust an Bauraum geschaffen werden. Die Möglichkeit des direkten unmittelbaren Kraftschlusses wird vor allem auch bei Nachgründungen von Bauwerken genutzt.

In vielen Anwendungen wird die statische Wirkung mit der abdichtenden Wirkung kombiniert. Das erlaubt z. B. die Ausbildung von Schächten, Gewölbesohlen und auch von Ausfachungen zwischen Pfählen und Trägern, wo die Ringtragwirkung bzw. Gewölbewirkung sowohl Erddruck als auch Wasserdruck aufnimmt.

Oft wird aber auch lediglich die dichtende Wirkung genutzt, z. B. bei der Ausbildung von Dichtwänden

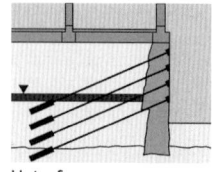

Unterfangung

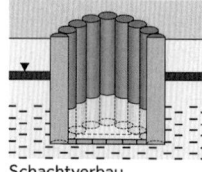

Schachtverbau

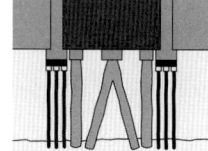

Tiefgründungen

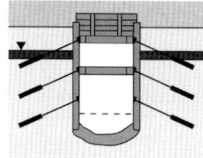

Gewölbesohlen

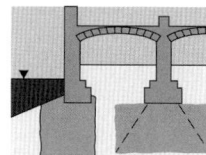

Gründungsverbesserung und -erweiterung

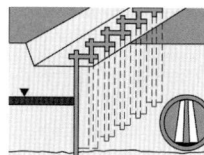

Dicht- und Lamellenwände

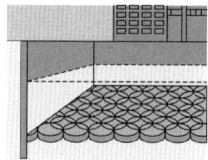

Dichtsohlen

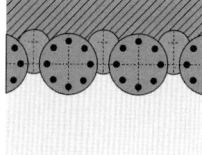

Ausfachung von Bohrpfahlwänden

Bild 38. Überblick über einige DSV-Anwendungsgebiete

als vertikale Schmalwände aus DSV-Lamellen oder bei tiefliegenden horizontalen Dichtsohlen.

4.7.4 Vor-/Nachteile (Risiken) des Verfahrens

Wie eingangs erwähnt, ist die zuverlässige Prognose des Durchmessers in Ermangelung von praxistauglichen analytischen und numerischen Berechnungsansätzen ein wesentlicher Punkt, der nur mit entsprechender Erfahrung und durch Versuchsprogramme mit dem Einsatz geeigneter Messtechnik gelöst werden kann, insbesondere wenn die Tiefenlage eine direkte Freilegung und Prüfung der DSV-Elemente nicht zulässt.

Ferner wird verfahrensbedingt bindemittelhaltiger Rückfluss in erheblichem Umfang produziert. Die-

Bild 39. Kammerfilterpresse zur Behandlung von Rücklauf

ser ist entsprechend der aktuell geltenden Gesetzgebung (z. B. LAGA/Deponieverordnung) Abfall zu entsorgen. Um die Wirtschaftlichkeit zu verbessern, kann entweder eine direkte Wiederverwertung z. B. der im Rücklauf enthaltenen Zementsuspension oder aber zumindest zur Reduktion der zu deponierenden Volumina eine Entwässerung erfolgen. Dazu sind technische Anlagen wie Kammerfilterpressen oder Zentrifugen erforderlich, deren Anwendbarkeit und Effizienz stark von den zu bearbeitenden Bodenarten abhängen (Bild 39).

Der ständige Rücklauf während des Düsprozesses hat auch die Funktion, eine unkontrollierbare Drucksteigerung durch den energiereichen Schneidstrahl im Untergrund zu vermeiden. Speziell bei bindigen Böden besteht ein gewisses (Rest-)Risiko, dass der Ringraum um das Bohrgestänge während des Düsvorgangs verlegt wird. Man spricht in diesem Fall von einem sogenannten „Stopfer". Tritt ein solcher Stopfer auf, baut sich im Untergrund innerhalb kürzester Zeit ein hoher Druck auf, der speziell im Fall von Unterfangungen von Gebäudefundamenten zu unkontrollierten Hebungen und somit Schäden am Bestand führen kann. In der Praxis hat sich gezeigt, dass die Gefahr derartiger „Stopfer" und ein damit verbundenes Schadensrisiko für Bestandsobjekte, insbesondere bei bindigen Böden (mit dünnen Sandzwischenschichten) in Kombination mit luftummantelten Schneidstrahlen gegeben ist.

4.7.5 Hinweise für die Planung und Bemessung

Im Zuge der Bemessung sind entsprechende Untersuchungen des Bodens und der baulichen Bestandsanlagen im Einflussbereich der Maßnahme zu untersuchen.

Die Bemessung der Verfestigungskörper erfolgt grundsätzlich nach EN 1997-1 [1], wobei alle relevanten Nachweise der Tragfähigkeit und Gebrauchstauglichkeit zu führen sind. Ergänzend dazu enthält DIN 4093 [73] besondere Regelungen für Verfestigungskörper (Bild 40). Diese wird ausführlicher beschrieben, da sie auch auf Bodenmisch- und Injektionskörper anwendbar ist. Darüber hinaus ist in Deutschland nach wie vor eine allgemeine bauaufsichtliche Zulassung des DIBt erforderlich, die einige zusätzliche Regelungen und Einschränkungen enthält. Inwieweit das Erfordernis von bauaufsichtlichen Zulassungen auch in Zukunft bestehen wird, bleibt abzuwarten. In diesen Regelwerken finden sich Angaben zu den allgemeinen Anforderungen, der Zuordnung zu den geotechnischen Kategorien und im Speziellen zur Ermittlung der inneren Tragfähigkeit. Dabei werden zwei unterschiedliche Verfahren zur Ermittlung der charakteristischen Festigkeit $f_{m,k}$ beschrieben.

Der vereinfachte Nachweis erfolgt bezogen auf Mindest- und Mittelwert, der bei Vorliegen von mindestens 4 Einzelproben angewendet werden kann. Die Festigkeit ergibt sich bei Erfüllung beider Kriterien zu:

– bezogen auf den Mindestwert:

$$f_{m,min} \geq f_{m,k} \qquad (3)$$

– bezogen auf den Mittelwert:

$$\alpha \cdot f_{m,mittel} \geq f_{m,k}$$

$\alpha = 0{,}6 \quad$ bei $f_{m,mittel} \leq 4\,\text{N/mm}^2$

$\alpha = 0{,}75 \quad$ bei $f_{m,mittel} \geq 12\,\text{N/mm}^2 \qquad (4)$

Zwischenwerte sind linear zu interpolieren.

Auf statistischer Grundlage können die Festigkeit bei Vorliegen von mindestens 10 Einzelproben ermittelt werden, wobei die logarithmische Normalverteilung verwendet wird, um das Auftreten von mechanisch unsinnigen negativen Festigkeitsquantilen auszuschließen:

$$e^{(\mu - k \cdot \sigma)} \geq f_{m,k} \qquad (5)$$

mit

μ Mittelwert der Zahlenwerte des natürlichen Logarithmus der Einzelfestigkeiten

σ Standardabweichung der Zahlenwerte des natürlichen Logarithmus der Einzelfestigkeiten

k   Annahmefaktor, k = 1,28 (10%-Quantil)

Beim DSV-Verfahren dürfen nur Festigkeiten mit $f_{m,k} <= 10$ N/mm² angesetzt werden. In bindigen Böden mit $f_{m,k} \leq 4$ N/mm² sind zusätzlich Kriechversuche durchzuführen.

Der Bemessungswert der Festigkeit ergibt sich aus der charakteristischen Festigkeit zu:

$$f_{m,d} = 0{,}85 \cdot f_{m,k} / \gamma_m \qquad (6)$$

mit

$f_{m,d}$ charakteristische Zylinderdruckfestigkeit

γ_m Teilsicherheitsbeiwert für die Zylinderdruckfestigkeit des Verfestigungskörpers

$\gamma_m = 1{,}5$ für Bemessungssituation BS-P und Bemessungssituation BS-T nach DIN 1054:2010-12

$\gamma_m = 1{,}3$ für Bemessungssituation BS-A nach DIN 1054:2010-12

Vereinfacht kann der Nachweis für Druck- und Schubspannungen getrennt geführt werden, wenn die Normalspannungen kleiner als $0{,}7 \cdot f_{m,d}$ und die Schubspannungen kleiner als $0{,}2 \cdot f_{m,d}$ zugelassen werden. Soll die Festigkeit des Körpers höher ausgenutzt werden, sind räumliche Spannungsnachweise mit Hauptspannungen nach dem in Bild 40 definierten zulässigen Spannungsbereich zu führen. Die schraffierte Fläche zeigt den zulässigen Bereich des vereinfachten Spannungsnachweises.

Bezüglich der Normalspannungsermittlung darf bei außermittiger Beanspruchung die Rissöffnung nur bis maximal zum Schwerpunkt des Querschnitts reichen.

Aus DIN 4093 [73] ergeben sich noch folgende spezielle Anforderungen:

– Bei durch Wasserdruck beanspruchten DSV-Körpern ist eine zweite Abdichtungsebene anzuordnen, wenn ein Standsicherheitsrisiko beim Eintreten von lokalen Undichtigkeiten besteht.

– Das Austragen von eingebrachten Stoffen (Bindemittel) durch Grundwasserströmung (Erosion), insbesondere vor dem Erhärten, ist durch geeignete Maßnahmen zu unterbinden.

– Es bestehen Anforderungen bezüglich der Mindestabmessungen der Körper, insbesondere von Einzelelementen.

– Bei Frostbeanspruchung sind freigelegte ungeschützte DSV-Körper zu schützen.

– Bei chemischem Angriff ist ein entsprechender Nachweis zu führen.

– Bei Verfestigungsgewölbe sind Krafteinleitung und Verformung des Kämpferbereichs zu untersuchen.

– Wird kein Stabilitätsnachweis geführt, ist die Schlankheit auf $\lambda \leq 15$ zu begrenzen.

Für die Bemessung und die Ausführungsplanung ist die Festlegung zutreffender Homogenbereiche besonders wichtig. Homogenbereiche fassen Schichtenfolgen im Baugrund zusammen, die mit einem bestimmten Verfahren einheitlich bearbeitet werden

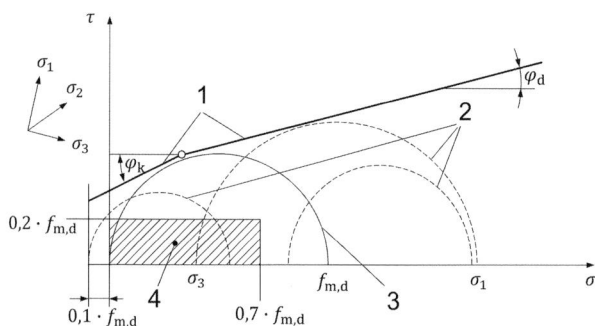

Legende
ϕ_d (verfestigter Boden) = ϕ'_d (unverfestigter Boden)
$\tan \phi_d = \tan \phi_d / \gamma_\phi$
γ_ϕ nach DIN 1054:2010-12, Tabelle A.2.2
1 Einhüllende für zulässige Spannungszustände
2 Beispiel für Spannungszustände σ_1, σ_3, die als Bemessungswerte der Beanspruchung auftreten dürfen
3 Spannungszustand im einaxialen Druckversuch $\sigma_3 = 0$, $\sigma_1 = f_{m,d}$
4 zulässiger Bereich bei getrennten Nachweisen für Normal- und Schubspannungen

Bild 40. Festigkeitsermittlung nach DIN 4093 [73]

können. Ohne die Kenntnis des Verfahrens ist dies nicht möglich und daher hat die Festlegung ggf. iterativ und mit Einbindung von verfahrenstechnischer Expertise zu erfolgen. Für das Düsenstrahlverfahren ist ein Homogenbereich nach der neuen Fassung der EN 12716, Abschnitt 3.23 [74] eine „sich deutlich von den angrenzenden Bereichen unterscheidende Gruppe von Bodenschichten, auf die ein Satz von einheitlichen Düsenstrahlparametern angewendet werden kann". Nach Abschnitt 9.1.4 „darf davon ausgegangen werden, dass in einem geotechnischen Homogenbereich der Einsatz von gleichen Düsenstrahlparametern, Elemente mit gleichen Maßen, Eigenschaften und gleichem Rückfluss, erzeugt."

Eine wichtige Anwendung des Düsenstrahlverfahrens sind Baugrubensohlen zur horizontalen Abdichtung gegen Grundwasserüberdruck. Dabei werden drei verschiedene Typen entsprechend ihrer Tiefenlage unterschieden.

Tiefliegende Dichtsohlen sind so tief installiert, dass das Eigengewicht des darüber liegenden Bodenkörpers die Auftriebskräfte übersteigt. Daher sind zur Gewährleistung der Auftriebssicherheit keine Rückverankerungen erforderlich. Beim Auftreten von kleineren Imperfektionen bietet der Bodenkörper darüber hinaus einen mächtigen Filterkörper, sodass es i. Allg. zu keiner Erosion mit Bodeneintrag kommt. Nachteilig ist die größere Bohrlänge und die damit verbundene Anforderung an die Bohrgenauigkeit sowie der tiefliegende dichte Anschluss an die umschließende Dichtwand.

Hochliegende Dichtsohlen erfordern eine Verankerung, um durch Aktivierung eines ausreichend großen Bodenkörpers auftriebssicher zu werden. Die Verankerung ist aufwendig, gemäß DIN 4093 [73] ist der Haftverbund über Eignungsversuche an mindestens 3 % (oder 2 Mikropfählen) nachzuweisen. Die Einbindung in die Dichtsohle hat min. 1 m bei einer maximalen Nutzungsdauer von 1 Jahr zu betragen. Undichtigkeiten führen bei hochliegenden Sohlen oftmals zu einem hydraulischen Grundbruch mit Materialeintrag durch Erosion. Hochliegende Sohlen können sich jedoch vorteilhaft auf die Bemessung und Gesamtfläche der Umschließungswände auswirken.

Dichtsohlen in mittlerer Tiefenlage kombinieren die Vorteile (und Nachteile) der oben beschriebenen Sohlen, sind also ein Kompromiss aus beiden.

Als Sonderfall dürfen Dichtgewölbe gelten. Diese kommen regelmäßig für Schächte, seltener für schmale Baugruben zum Einsatz. Sie setzen eine ausreichende Dicke zur Ausbildung des Gewölbes voraus, können aber durch den Entfall von Verankerungselementen eine sehr wirtschaftliche Lösung darstellen (Bild 41).

4.7.6 Überwachung und Qualitätssicherung in der Ausführung

Detaillierte Hinweise zu Bauüberwachung, Prüfungen und Kontrollen finden sich in Abschnitt 9 der überarbeiteten EN 12716 [74]. Hier findet sich auch die Forderung, bei Fehlen von Erfahrungswerten unter vergleichbaren Baugrundbedingungen Probeelemente herzustellen, wobei diese auch Teil der auftragsgemäß herzustellenden Kubatur sein können.

Zur Beurteilung der Geometrie und zur Entnahme geeigneter Materialproben können Kernbohrungen durchgeführt werden, jedoch nur, wenn sie geeignet sind, repräsentative Proben zu gewinnen. Wenn dies

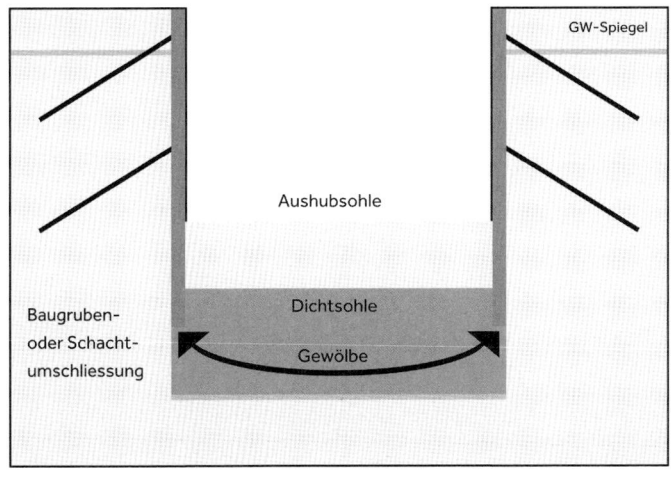

Bild 41. DSV-Dichtgewölbe

nicht der Fall ist, dann müssen andere Prüf- und Entnahmeverfahren wie z. B. Linerproben (Proben aus Polokalrohren, welche in frischen Zustand in die Säule eingebaut werden) in Betracht gezogen werden.

Bevor die Proben untersucht und z. b. zur Festigkeitsermittlung herangezogen werden, sind sie vorab auf ihre Eignung dafür zu beurteilen. Anhang B der überarbeiteten EN 12716 [74] sowie [78] schlägt dazu ein System aus 4 Güteklassen A bis D vor. Güteklasse A umfasst Proben mit glatter Oberfläche, offensichtlich homogen und ohne sichtbare Unregelmäßigkeiten in der Struktur (z. B. Risse). Die Güteklassen C und D umfassen Proben mit großen Bodeneinschlüssen und Einzelkörnern, Rissen und großen Unregelmäßigkeiten. Sie sollten bzw. dürfen zur Festigkeitsermittlung nicht herangezogen werden.

Als erste Ausführungsnorm überhaupt fordert die überarbeitete EN 12716 [74] explizit die digitale und kontinuierliche Aufzeichnung von Herstellparametern in Echtzeit. Dies gilt insbesondere für die Drücke und Durchflussraten aller Flüssigkeiten und der Druckluft, die Tiefe sowie die Zieh- und Drehgeschwindigkeit des Düsengestänges.

Im normativen Anhang C der überarbeiteten EN 12716 [74] werden in Tabelle C.1 ausführlich alle durchzuführenden Prüfungen mit ihren Mindestprüfhäufigkeiten ausgeführt. Neben der Frequenz der Probennahme ist dabei auch die Einhaltung der Toleranzen zur Messung der Bohrabweichungen geregelt und dass für jede Säule die exakte Bohrlochposition sowie die Mastneigung zu messen ist. Bei Anwendungen, wo dies relevant ist, z. B. bei Abdichtungsmaßnahmen, ist auch der Bohrlochverlauf zu messen, und zwar gestaffelt nach den Bohrtiefen.

Die für die Qualitätssicherung zu erstellenden Unterlagen umfassen mindestens

- zusammenfassende Tages- oder Schichtberichte der Düsenstrahlarbeiten,
- Datum und Dauer der Ausführung,
- Parameter für das Düsenstrahlverfahren,
- Beobachtungen und Bemerkungen hinsichtlich des Rückflusses,
- Beschreibung der Probenahme und Prüfung sowie Ergebnisse,
- unerwartete Ereignisse und Beobachtungen,
- Ergebnisse aller durchgeführten Messungen.

Wie bereits erwähnt, ist die Bestimmung des erreichbaren Durchmessers der DSV-Säulen die größte Herausforderung, die beim DSV-Verfahren zu lösen ist. Dazu kommen neben dem nur oberflächennah möglichen Freilegen und Abmessen der Säule mehrere Verfahren in Betracht; etwa Kern-

Bild 42. 3-D-Darstellung der Lage der DSV-Elemente in einem Tunnelabschnitt

und Tastbohrungen, Messung und Auswertung des Temperaturverlaufs in der Säule während des Abbindevorgangs, einfache Pegelstangenversuche, Pegelstangenversuche mit Körperschallmessung sowie Messschirme [79]. Die jeweiligen Verfahren haben unterschiedliche Limitierungen und Genauigkeitsbereiche, vor allem hinsichtlich der möglichen Tiefenlage des untersuchten Durchmessers.

Auch bei sorgfältiger Planung und Ausführung verbleibt immer ein Restrisiko von Leckagen in der Düsenstrahlkubatur, die ggf. Nacharbeiten erforderlich machen. Dabei ist es von großem Vorteil, die Lage und ggf. Größe dieser Leckagen Orten zu können. Dafür hat sich das Verfahren der thermischen Leckortung als geeignet erwiesen. Durch den Einbau von Temperaturfühlern in einem Raster und kontinuierliche Aufzeichnung der Temperatur lassen sich Leckagen in ihrer Lage meist gut eingrenzen. In der Zusammenschau mit den lückenlos aufgezeichneten Herstellparametern und ggf. Vermessung von Bohrlochabweichungen lässt sich dann meist die genaue Lage und in einigen Fällen auch die Ursache der Leckage ermitteln (Bild 42).

4.8 Bodenmischverfahren

Bei den Bodenmischverfahren wird der in situ behandelte Boden durch rotierende mechanische Mischwerkzeuge zerlegt und mit Bindemittel und Füllstoffen behandelt. Dies führt zu einer Verbesserung von nichtbindigen und bindigen Böden primär durch Bindung der Bodenbestandteile, ggf. auch durch Ionenaustausch oder Hohlraumfüllung. Dadurch entstehen Verbesserungskörper von Einzelelementen bis hin zu vollständig durchmischten

Tabelle 4. Einteilung der Bodenmischverfahren in Anlehnung an EN 14679 [80]

Bodenmischverfahren			
Tiefreichende Bodenstabilisierung nach EN 14679		Hybridverfahren nicht normiert, beispielhaft	
Trockenmischverfahren	Nassmischverfahren	Trockenmischverfahren	Nassmischverfahren
Mischwerkzeuge mit Mischwellen/-flügeln	mit Mischwellen/-flügeln	Massenstabilisierung	Fräs-Misch-Injektionsmethode
	Mehrfachschnecken mit/ ohne Überschnitt	Pflüge	Mischen mit Hochdruckstrahl

Tabelle 5. Anwendungsempfehlungen Bodenmischen nach dem Verfahren trocken oder nass

Anforderung	Empfehlung
Natürlicher Wassergehalt	Bindige Böden mit w = 60 bis 200 % eignen sich für das Trockenverfahren; unter 20 % keine vollständige Hydratation.
Homogenität	Mit Nassmischverfahren kann eine homogenere Durchmischung erzielt werden.
Festigkeit	Mit Nassmischverfahren sind in der Regel höhere Festigkeiten erzielbar; Ausnahme: Böden mit sehr hohem Wassergehalt.
Penetrierbarkeit fester Schichten	Durch „Schmierung" über Suspension bessere Penetrierbarkeit mit Nassmischverfahren.
Wechsellagerungen	Homogene Durchmischung durch Partikelbewegung.
Überschussmaterial/Rücklauf	Trockenmischverfahren ist weitgehend frei von Überschussmaterial.
Bindemittelkombinationen	Häufig beim Trockenmischverfahren.
Bewehrung	Möglich beim Nassmischverfahren.

Bodenkörpern. Die EN 14679 [80] unterscheidet zwischen der tiefreichenden Bodenstabilisierung und den Hybridmischverfahren (Tabelle 4).

Die Verfahren der tiefreichenden Bodenstabilisierung machen den überwiegenden Teil der Bodenmischverfahren aus. Sie werden generell in Trocken- und Nassmischverfahren entsprechend der Bindemittelzugabe in Pulverform oder mittels Suspension unterteilt und in den folgenden Abschnitten erörtert. Die Hybridmischverfahren beinhalten Sonderverfahren, von denen lediglich die Massenstabilisierung und das Fräs-Misch-Injektionsverfahren kurz beschrieben werden. Die Verfahren sind nicht normativ geregelt.

Die Anwendungsbereiche des Trocken- und Nassmischverfahrens sind nicht explizit abgegrenzt. Generell werden Trockenmischverfahren in weichen, bindigen und auch organischen Böden mit hohem Wassergehalt, Nassmischverfahren vorwiegend in nichtbindigen und Mischböden verwendet. In Tabelle 5 sind Empfehlungen von *Topolnicki* [85] für die Verfahrenswahl angeführt.

4.8.1 Trockenmischverfahren

In Skandinavien wurde die Trockenmischmethode ab 1967 angewendet, die Lime-Column-Methode im Jahre 1975 in Schweden etabliert.

4.8.1.1 Technische Verfahrensbeschreibung

Bei sehr weichen Böden ist die Vermischung von stark wasserhaltigen Böden mit Binder in Pulverform (oder als Granulat) eine Möglichkeit zur Baugrundverbesserung. Ziel kann entweder die leichtere Bearbeitbarkeit im Zuge von Aushubarbeiten oder die Erhöhung der Scherfestigkeit oder Steifigkeit sein.

Bei der Herstellung von Kalkzementsäulen mittels Trockeneinmischtechnik (TET oder auch Dry-Deep-Soil-Mixing, DDSM) besteht die Basisgerätekonfiguration aus einem ca. 30-Tonnen-Bagger, der mit einem bis zu 27 m langen Mast ausgerüstet wird, welcher das Mischwerkzeug inklusive Gestänge trägt. Das Mischwerkzeug besteht aus drei oder vier an einem Zentralrohr angeschweißten Flügeln (Bild 43). Die Anzahl der Flügel hängt von der erforderlichen spezifischen Flügelumdrehungszahl (auch „Blade Rotation Number" oder BRN genannt) ab, die beim Mischen des Bodens in Mischenergie umgesetzt wird. Allgemein führt eine größere Anzahl von Flügeln zu einer höheren möglichen Ziehgeschwindigkeit unter Beibehaltung der Mischenergie. Der Mast kann außerdem mit GPS zur Positionierung und einem Inklinometer zur Messung des Achsverlaufs ausgerüstet werden, um eine etwaig geforderte hohe Herstellungspräzision zu gewährleisten.

Das Bindemittel wird von einem am Bagger angeschlossenen Shuttle (Bindemittelsilo mit Kettenfahrwerk) zugeführt. Das Shuttle hat eine Gesamtkapazität von ca. 7 bis 25 t Bindemittel und wird auf der Baustelle von einem Silowagen regelmäßig nachgefüllt. Die Bindemittelzugabe erfolgt gewichtskontrolliert und unter hohem Druck durch Schläuche und das Gestänge bis zum Mischwerkzeug, wo es in den Boden eingeblasen und vermischt wird. Vor Beginn der Mischarbeiten muss eine sichere Arbeitsplattform hergestellt werden, welche aber für das Mischwerkzeug durchdringbar sein muss. Die Mächtigkeit und der Aufbau der Arbeitsplattform ist von den Bodenbedingungen und der geplanten Gerätschaft abhängig, wobei in den meisten Fällen ein geotextiles Trennvlies und eine 0,5 m dicke Kiesschicht 0–63 mm ausreichend ist.

Um eine Säule herzustellen, wird mit dem Mischwerkzeug zunächst bis zur gewünschten Tiefe gebohrt. Ab Erreichen der Endtiefe wird Bindemittel kontinuierlich durch das Gestänge zugeführt, während das Mischwerkzeug rotiert und beim Hochziehen den Boden mit dem Bindemittel mischt. Das Bindemittel wird dabei mit dem In-situ-Boden vermengt und reagiert mit dem natürlichen Wassergehalt, wodurch die Säule gebildet wird. Um eine (zu starke) Staubbildung durch das Bindemittel zu vermeiden, wird ab ungefähr 0,5 m unterhalb der Oberfläche kein Bindemittel zugeführt. Gewöhnlich liegt die Abbohr- bzw. Ziehrate bei 15 bis 40 mm pro Rotation. Die BRN-Zahlen liegen im Bereich von 250 bis 500 rot/m. Die genaue Definition der Blade Rotation Number findet sich in Abschnitt 4.8.2.2.

Die Software des Gerätecomputers speichert automatisch Mischungsdaten wie Startzeit, Ausführungsdauer, gebohrte Tiefe, Bindemittel pro Laufmeter der Säule, BRN-Zahl sowie Ziehgeschwindigkeit. Durch dieses System werden ausreichend Daten für eine Qualitätskontrolle des gelieferten Produkts zur Verfügung gestellt.

4.8.1.2 Wirkungsweise (bodenmechanische Betrachtung)

Die Trockeneinmischtechnik ist eine einfache Variante zur Verbesserung eines bindigen Bodens. Das mit dem Boden vermischte Bindemittel reagiert mit dem natürlichen Wasseranteil und härtet in situ aus (Bild 44). Dadurch entsteht ein durch das Bindemittel gebundener Bodenkörper, mit einer (im Mittel) erhöhten Scherfestigkeit und Steifigkeit (Bild 45). Wie bei Beton gibt es eine zeitliche Entwicklung der Festigkeit, welche jedoch durch die geringeren Bindemittelgehalte und das nicht so hochwertige Zuschlagsmaterial (Boden) länger andauert.

4.8.1.3 Anwendungsgebiete / Anwendungsgrenzen

Für die Trockeneinmischtechnik gibt es drei wesentliche Anwendungsgebiete:

– Reduzieren von Setzungen durch Erhöhung der mittleren Steifigkeit des verbesserten Bodens (ähnlich wie bei der Rüttelstopfverdichtung),

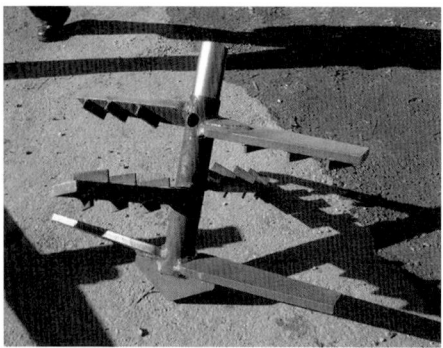

Bild 43. Mischgeräte mit Shuttle und Mischwerkzeug

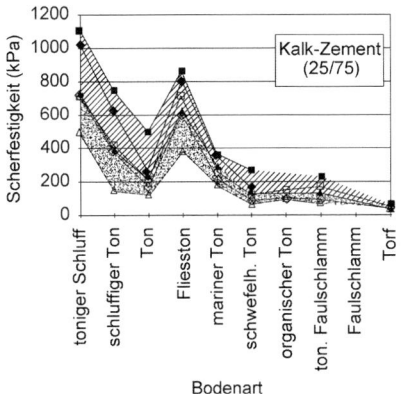
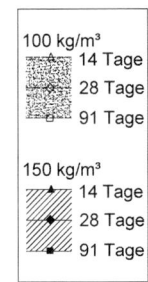

Bild 44. Beispielhafte Festigkeitsentwicklung bei variablem Bindemittelgehalt (nach [81])

Bild 45. Freigelegte Probesäulen (© Keller)

- Erhöhung der Stabilität von Hängen und Böschungen,
- Erhöhung der Scherfestigkeit und Steifigkeit bei Baugruben (z. B. Stabilisierung der Baugrubenböschungen, verbesserte Bearbeitbarkeit des Aushubmaterials, Verbesserung der Baugrubensohle).

Dabei kann es zu einer Mehrfachverwendung der Baugrundverbesserung kommen. Neben der Ermöglichung eines effizienten Aushubs kann die Erhöhung der Steifigkeit und Scherfestigkeit auch bei der Dimensionierung der Baugrube miteinbezogen werden. Abhängig von den nationalen Regelungen kann das Verfahren zudem für die Erhöhung des Erdwiderstands zur Stützung von Spundwänden (bzw. allgemein bei Baugrubenwänden) auf der passiven Seite angewendet werden.

Das Trockenmischverfahren kann bis in Tiefen von maximal 25 m und in bindigen Böden mit Hauptanteilen aus Ton und Gyttja angewendet werden. Bei tonigen Böden mit Sand oder Schluffanteilen ist das Verfahren nur möglich, wenn der natürliche Wassergehalt im Bereich der Ausrollgrenze oder darüber liegt. Außerdem darf die undränierte Scherfestigkeit c_u des noch nicht verbesserten Bodens maximal 35 bis 45 kPa betragen, damit das Mischwerkzeug ausreichend schnell rotieren kann. Die zu verbessernde bindige Bodenschicht muss in geringer Tiefe anstehen, da die oberste Bodenschicht zum Erreichen des darunterliegenden, zu verbessernden weichen Bodens durchdrungen werden muss.

4.8.1.4 Vor-/Nachteile (Risiken) des Verfahrens

Einer der vielen Vorteile der Trockenmischverfahren ist die Flexibilität in Bezug auf Bemessung und Ausführung (vgl. [81]). Säulen können in jeder Länge zwischen 2 m und 25 m und in jedem Raster hergestellt werden. Eine Wabenstruktur zur Aufnahme von Scherkräften, rippenförmig angeordnete Säulengruppen für Hangstabilisierungen oder einzelne Säulen zur Reduzierung der Setzungen können alle Teile eines einzigen Bemessungskonzepts sein (Bild 46). Zudem kann die Bindemittelmenge nach dem Prüfen einer Säule und nach Rücksprache mit dem zuständigen Tragwerksplaner reduziert oder erhöht werden. Zusammen mit der hohen Herstellungsgeschwindigkeit der Säulen wird die Methode dadurch sehr wirtschaftlich.

Nachteil der Methode ist die Empfindlichkeit gegenüber Findlingen und dichtgelagerten Sandschichten, die nur schwer durchdrungen werden können. Das schließt auch Auffüllungen oder sehr harte und trockene Krusten mit ein.

4.8.1.5 Hinweise für die Planung und Bemessung

Bei der Bemessung wird für eine Säule nach diesem Verfahren eine charakteristische Scherfestigkeit von 100 kPa angesetzt, wobei in weichem Ton die

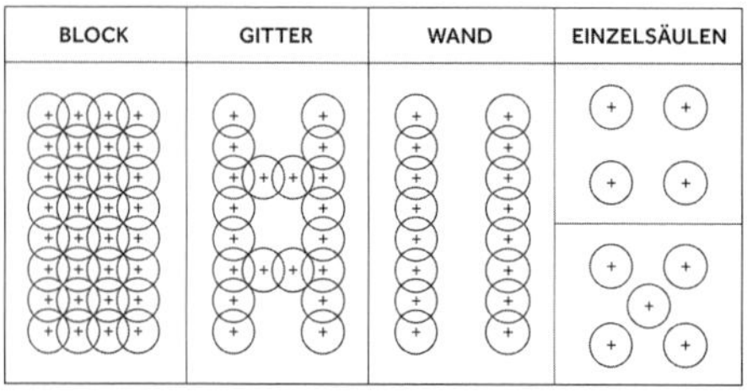

Bild 46. Typische Säulenanordnungen für das Trockenmischverfahren

Scherfestigkeit auch bis zu 200 kPa betragen kann. Abhängig von nationalen Regelungen ist nach einer Prüfung entsprechend auch das Ansetzen einer höheren Festigkeit möglich. Siehe dazu auch [81] und [83].

Einzelne Säulen werden ausschließlich zur Reduzierung von Setzungen verwendet. Der Abstand zwischen den Säulen ergibt sich aus zwei Kriterien: Die mechanische Spannung in den Säulenköpfen darf nicht überschritten werden und der Abstand muss in Abhängigkeit vom Säulendurchmesser klein genug sein, damit es zu keinen Differenzsetzungen im nicht verbesserten Boden zwischen den Säulen kommen kann. Wenn die zulässige Spannung in den Säulen überschritten wird, entstehen Risse in den Säulen, sodass sich Setzungen durch Langzeitkriechen ergeben.

Bei einer Bemessung zur Hangstabilisierung werden überschnittene Säulen rippenförmig angeordnet, wobei eine Überlappung der Säulen in der Regel von mind. 15 cm vorzusehen ist. Der Abstand der Rippen wird so festgelegt, dass zwischen den Rippen kein Teilversagen des Hangs auftreten kann.

Die Anzahl, Länge und Tiefen der Rippen richtet sich zudem nach dem erforderlichen Gesamtwiderstand für die Stabilisierung des Hangs.

Bei Wabenstrukturen zur Aufnahme von dynamischen Lasten wird die Überlappung der Säulen ähnlich wie bei einer Bemessung zur Hangstabilisierung gewählt. Wenn die Wabenstruktur auch zur Reduzierung von Setzungen angesetzt werden soll, werden noch zusätzliche Einzelsäulen innerhalb der Waben angeordnet.

Grundsätzlich sollte am Beginn jedes Projektes ein Testfeld zur Verifizierung der geplanten Produktionskenngrößen (insbesondere Bindemittelmenge, Herstellparameter wie Zieh- und Drehgeschwindigkeit etc.) erstellt werden.

Zur Unterstützung bzw. besseren Bearbeitbarkeit des Bodens für Aushubtätigkeiten zwischen Spundwänden sollten die Säulen in Rippen oder Blöcken so nah wie möglich an den Spundwänden vorgesehen werden. Hierfür werden die Säulen i. Allg. zuerst hergestellt und dabei eine Lücke für den nachträglichen Einbau der Spundwand belassen.

4.8.1.6 Überwachung und Qualitätssicherung in der Ausführung

Mit dem Trockenmischverfahren hergestellte Säulen werden normalerweise von oben nach unten oder von unten nach oben geprüft, wobei am häufigsten eine Prüfung von oben nach unten stattfindet. Bevor eine zu prüfende Säule ausgewählt wird, sollten die Herstellungsprotokolle evaluiert werden, da diese kontinuierliche Daten über den Herstellungsprozess wie Bohrtiefe, Bohrgeschwindigkeit, Rotationszahl (BRN), Bindemittelmenge und das Ziehen beinhalten. Das Protokoll ist Teil der Dokumentation zur Qualitätssicherung, um eine ordnungsgemäße Herstellung der Säulen zu gewährleisten.

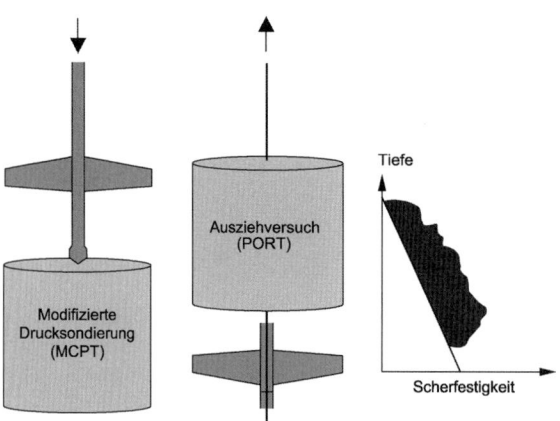

Bild 47. Typische Sondierungsverfahren beim Trockenmischverfahren

Eine Prüfung mit dem „Modified Cone Penetration Test MCPT" (vgl. auch [81]) von oben nach unten, wird mit einem geführten Flügel mit 20 bis 50 cm Breite vorgenommen, der mit einer Drucksonde zur Messung der Vertikalität ausgerüstet ist. Die Säule wird zunächst auf der vollen Länge mit einem Durchmesser von ca. 5 cm vorgebohrt. Anschließend wird der Flügel auf die Drucksonde aufgesetzt und in das vorgebohrte Loch der Säule gedrückt. Durch die Vorbohrung wird die Führung des Flügels in der Säule erleichtert. Die für das Drücken erforderliche Kraft wird aufgezeichnet und die Scherfestigkeit kann für die bekannte Größe des Flügels aus der für das Eindrücken notwendigen Kraft abgeleitet werden. Es kann vorkommen, dass die Säule zu hart ist, um einen Flügel mit 50 cm Länge hindurchzudrücken. In diesem Fall wird die Prüfung mit einem kürzeren Flügel mit 20 cm Länge durchgeführt.

Bei einer Prüfung von unten nach oben als „Pull Out Resistance Test PORT" wird der Flügel an einem Seil vor der Herstellung der frischen Säule am Säulenfuß eingebaut und verbleibt während der Herstellung der Säule auch am Säulenfuß. Nach der Aushärtung (z. B. nach 3 oder 14 Tagen) wird der Flügel durch die Säule nach oben gezogen, die notwendige Kraft aufgezeichnet und die Scherfestigkeit abgeleitet (Bild 47).

Die Prüfungsmethode von oben nach unten wird aufgrund der höheren Geschwindigkeit und den geringeren Kosten am häufigsten durchgeführt. Allerdings sollte die Prüfungsmethode von unten nach oben bei langen Säulen oder wenn die Festigkeit im unteren Teil der Säule unstetig oder von großer Bedeutung ist, angewendet werden.

4.8.2 Nassmischverfahren

Das Nassmischverfahren, auch bekannt als Wet-Deep-Soil-Mixing, WDSM wurde in den 1950er-Jahren als Pfahltechnologie entwickelt (Wet mixed in place). In den 1960er- und 1970er-Jahren wurde das Verfahren in Japan weiterentwickelt, bekannt als Cement Deep Mixing CDM. In den späten 1980er-Jahren kam das Verfahren vermehrt in Europa zum Einsatz, vornehmlich als Ersatz für das Düsenstrahlverfahren. Vor allem in Polen wurden zahlreiche Projekte mittels dieses Verfahrens abgewickelt.

4.8.2.1 Technische Verfahrensbeschreibung

Beim Nassmischverfahren (auch Soil Mixing SM) werden Paddel mit einem Durchmesser von üblicherweise 0,6 bis 2,4 m bei gleichzeitigem Pumpen von bindemittelhaltiger Suspension in den Untergrund eingedreht. Die verwendeten Flügel bestehen in der Regel aus zwei oder mehr angeschweißten Trägern, die den Boden durchschneiden. Am Paddel sind weitere Düsen angeordnet, mittels derer die Suspension in den Boden eingepresst wird. Der Durchmesser der SM-Säule ergibt sich aus dem Durchmesser des Werkzeugs. In Sonderfällen sind an den Enden der Flügel Düsen angeordnet, die zu einer hydraulischen Aufweitung des Querschnitts führen.

Das Durchmischen des Bodens wird in der Regel mit der ersten Penetration begonnen, denn auch während des Ziehens wird der Boden verbessert (Bild 48). Durch wiederholtes Ein- und Ausfahren lässt sich eine bessere Durchmischung des Bodens und damit höhere Verbesserungswerte erzielen.

Eine SM-Bohreinheit ist in Bild 49 abgebildet. Aufgrund der höheren erforderlichen Mischenergie zum Zerlegen des Bodens ergibt sich auch eine höhere Anforderung an die Trägergeräte. Diese können ein Betriebsgewicht von über 100 t erreichen.

Hinsichtlich der Wirkung und der Anordnung der Bohrwerkzeuge für Bodenmischverfahren gibt es eine große Vielfalt. Das im Bild 49 dargestellte Gerät repräsentiert das wohl am häufigsten ange-

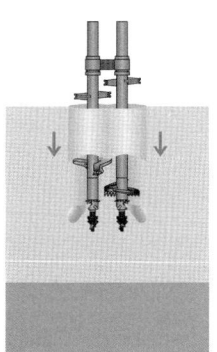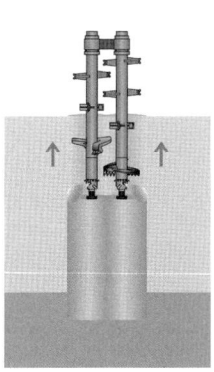

Bild 48. Mischvorgang

Bild 49. Typisches SM-Gerät mit Mehrfachpaddel

wandte Nassmischverfahren in Mitteleuropa zur Herstellung von säulenartigen Elementen mittels Mehrfachpaddel, welche in vielfältiger Art kombiniert werden können. Daher beziehen sich die nachfolgenden Abschnitte hinsichtlich Bemessung usw. vor allem auf diesen Typ des Nassmischverfahrens.

Entsprechend der Vielfalt der entwickelten Naschmischverfahren wird hier bei der Verfahrensbeschreibung auch beispielhaft auf das CSV-Verfahren, das MIP-Verfahren und das Cutter-Soil-Mixing Verfahren näher eingegangen.

Beim „Coplan-Stabilisierungs-Verfahren CSV" (benannt nach der Firma Coplan Grundbau GmbH, dem Erfinder dieses Verfahrens) werden Stabilisierungssäulen aus einem Gemisch aus Sand und hydraulischem Bindemittel (Kalk und/oder Zement) im Vollverdrängungsverfahren in bindige Böden mit und ohne Sandanteile sowie organische Böden ungenügender Tragfähigkeit eingebracht. Bei der Herstellung durchfährt eine lafettengeführte Endlosschnecke einen am Bohrloch aufsitzenden Vorratsbehälter. Beim Durchfahren des Vorratsbehälters läuft die Schnecke linksdrehend, dabei wird während des Einfahrens in den Boden bereits Trockenmörtel eingebracht und über den Verpresskopf verpresst. Die Fördermengen über die Schnecke können bei gleicher Fördergeschwindigkeit bei unterschiedlichen Böden variieren, sodass aus diesem Grund beim Wechsel der Bodenschichtung eine Neueinstellung der Geräte erfolgen muss. Nach Erreichen der Endtiefe wird die Rechtsschnecke linksdrehend gezogen. Dabei wird wiederum Mörtelmaterial in das Bohrloch gefördert. Im Boden ist nach dem Ziehen der Schnecke eine Säule aus verpresstem Trockenmörtel entstanden. Unter Inanspruchnahme der Erdfeuchte bzw. des anstehenden Grundwassers bindet der Trockenmörtel ab und es entsteht eine verfestigte Säule. Das für den Lastabtrag angenommene Baugrundmodell unterscheidet 2 Säulentypen:

– Säulen vom Typ A bestehen aus Stoffen, die den Boden chemisch oder physikalisch beeinflussen, ohne dass Säulen mit einer nennenswerten Eigenfestigkeit entstehen.
– Säulen vom Typ B enthalten hydraulische Bindemittel, die ihnen eine bestimmte Festigkeit verleihen und die Säulen selbst mit zur Abtragung von Lasten befähigen.

Die Rasterung wird auf die zu erwartende Belastung und den anstehenden Boden abgestimmt, womit eine technisch optimale und wirtschaftliche Gründung hergestellt wird.

Anwendung findet das Verfahren bei Gründungen im tragfähigen Baugrund, bei denen die CSV-Schnecke mit ihrem speziellen Verpresskopf mit immer gleicher Reaktionskraft in den Boden eingedrückt wird. So entstehen bei unterschiedlichen Baugrundverhältnissen gleiche Auflagerbedingungen. Hierbei kommen überwiegend CSV-Säulen des Typs B zur Anwendung. Zur Verbesserung von Schichtpaketen als schwimmende Gründung kann die Einfahrtiefe der CSV-Schnecke gerätetechnisch gesteuert auf ein festes Maß begrenzt werden (begrenzter Anpressdruck und/oder festgelegte Stabilisierungstiefe). Je nach Erfordernis werden Säulen des Typs A und B eingesetzt.

Folgende Vorteile liefert das Coplan-Stabilisierungs-Verfahren (CSV):

– Sehr gut anpassbarer Verbesserungsgrad des Bodens an Lastsprünge, da relativ geringe Lastaufnahme der Einzelsäule.
– Das Verfahren arbeitet nahezu erschütterungsfrei.
– Es wird kein Bodenmaterial gefördert.
– In Kombination mit einer Bodenplatte kann auf Lastverteilungskonstruktionen wie Pfahlroste verzichtet werden.

Folgende Nachteile hat das Verfahren:

– Es können nur Säulen mit kleinen Durchmessern hergestellt werden.
– Es kann keine Bewehrung in die Säulen eingebaut werden.
– Die Säulen können keine Biegemomente aufnehmen.

Beim MIP®-Verfahren (Mixed-in-Place-Verfahren) findet die Durchmischung und Vermörtelung des anstehenden Bodens mit der eingebrachten Suspension über eine Dreifachschnecke statt, wie in Bild 50 dargestellt. Während des Abbohrens und Ziehens der Schnecke wird der anstehende Boden aufgemischt und durch das Seelenrohr der Schnecke die Bindemittelsuspension eingebaut. Um eine homogene Durchmischung des Bodens zu erzielen, kann die Drehrichtung der Schnecken einzeln variiert werden. Zur Ausführung einer durchgehenden, fugenlosen Wand werden die Einzellamellen nach dem sogenannten doppelten Pilgerschrittverfahren angeordnet. Diese Herstellabfolge ist gekennzeichnet durch eine zusätzliche Bearbeitung der Überschnittbereiche aus Primär- und Sekundärlamelle.

Während eines Homogenisierungsvorgangs werden die Schnecken wie folgt im Schlitz gedreht:

– Nr. 1 „linksdrehend" – entsprechend der Drehrichtung der Schnecke,
– Nr. 2 „linksdrehend" – gegen die Drehrichtung der Schnecke,
– Nr. 3 „rechtsdrehend" – entsprechend der Drehrichtung der Schnecke.

Die Schnecken 1 und 3 fördern Material, d. h., das Boden-Bindemittel-Gemisch wird vertikal nach oben bewegt. Schnecke 2 drückt Material vertikal nach unten. Es entsteht ein Materialkreislauf im Schlitz, bei dem alle angeschnittenen Bodenschichten gleichmäßig mit der Bindemittelsuspension homogenisiert werden. Durch die Verwendung von Bohrschnecken mit durchgehender Wendel ist es möglich, in wechselnden Bodenschichten eine konstante Materialgüte über die gesamte Schlitzhöhe zu gewährleisten. Die im MIP®-Verfahren hergestellten Wandelemente finden unterschiedliche Verwendung:

– Dichtwände, ohne statische Funktion in Dämmen/Deichen, zur Baugrubenumschließung,
– Verbauwände, statisch wirksam, zur Baugrubenumschließung,
– Gründungselemente,
– In-situ-Immobilisierung von Schadstoffen,
– Baugrundverbesserung.

Der Vorteil des MIP®-Verfahrens ist die breite funktionale Anwendbarkeit für eine große Bandbreite von verschiedenen Bodenarten. Dabei finden z. B. Anwendungen als Dichtwände (ggf. mit eingestellter Spundwand), als Verbauwände mit eingestellten Stahlträgern, als reine Baugrundverbesserungsmaßnahme oder aber als Gründungslamellen (pfahlähnliche Tiefgründungselemente) statt. Grenzen sind dem Verfahren im Wesentlichen durch die geforderten Eigenschaften des fertigen Produkts (z. B. festigkeitsmindernde Wirkung bindiger Böden) sowie die Möglichkeiten der gerätetechnischen Bearbeitung im Hinblick auf die Bohr- und Mischbarkeit des Bodens gesetzt. Ungeeignet sind Fels, große Steine und Blöcke. Die Anwendung des Verfahrens in kontaminierten Böden wird durch Eignungsversuche nachgewiesen.

Gemäß DIBt-Zulassung Z-34.26-200 sind die der statischen Berechnung zugrunde liegenden Festigkeiten des MIP®-Materials vor Ausführungsbeginn durch Eignungsprüfungen nachzuweisen. Während

Bild 50. Mixed-in-Place (MIP®)-Verfahren mit Dreifachschnecke

der Ausführung sind die Werte an den erhärteten Schöpfproben zu bestätigen.

Beim Cutter-Soil-Mixing-Verfahren (CSM-Verfahren) wird durch das Lösen des anstehenden Bodens mittels zweier Fräsräder bei gleichzeitigem Einbringen eines hydraulischen Bindemittels der anstehende Boden durchmischt und anschließend verfestigt (Bild 51). Um den Rückfluss aus Suspension und Boden aufnehmen zu können, wird vorlaufend vor dem Einsatz der CSM-Fräsen ein Führungsgraben ausgehoben. Eine spezielle Leitwandkonstruktion ist nur in besonderen Fällen bei hohen Genauigkeitsanforderungen notwendig.

Die beiden Fräsräder werden mit einer bestimmten Drehzahl in den Schlitz geführt. Dabei wird über die Kelly-Stange permanent Suspension über spezielle Düsen zwischen den Fräsrädern gepumpt. Die Drehrichtung der Räder kann zu jeder Zeit variiert werden. Die Eindringgeschwindigkeit wird zusammen mit dem Verpressrate der Suspension an die Bodenformation angepasst. Die typische Eindringrate liegt zwischen 5 und 50 cm/min. Die CSM-Elemente können im Einphasen- oder im Zweiphasenverfahren hergestellt werden.

CSM wird hauptsächlich zum Stabilisieren von lockeren, nichtbindigen und weichen bindigen Böden

Bild 51. Cutter-Soil-Mixing-Verfahren

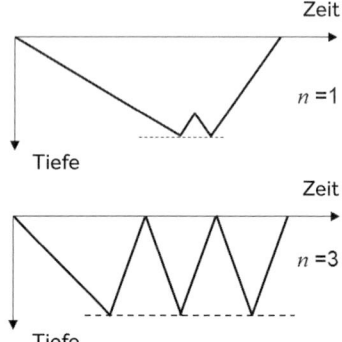

Bild 52. Verschiedene Mischmethoden

verwendet. Da die Mischeinheit aus den BAUER-Schlitzwandfräsen entwickelt wurde, kann das Verfahren jedoch auch in härteren oder dichter gelagerten Böden eingesetzt werden.

CSM-Wände können verwendet werden für
- Dichtwände, ohne statische Funktion in Dämmen/Deichen, zur Baugrubenumschließung,
- Verbauwände, statisch wirksam, zur Baugrubenumschließung,
- Gründungselemente,
- Baugrundverbesserungen,
- In-situ-Immobilisierung von Schadstoffen.

Stark geschichtete Bodenformationen erschweren eine Homogenisierung. In Fels oder Schichten mit Blöcken ist das Verfahren nicht einsetzbar.

Hinsichtlich der die Ergebnisse der Bodenmischsysteme beeinflussenden Größen sowie der erforderlichen Qualitätssicherungsmaßnahmen wird auf die allgemeinen Ausführungen in den vorigen Abschnitten verwiesen.

4.8.2.2 Wirkungsweise (bodenmechanische Betrachtung)

Anders als bei der Trockeneinmischtechnik wird beim Nassmischverfahren eine Suspension aus Bindemittel mit oder ohne Füller und Zusatzstoffe zur Vermischung des Bodens in-situ verwendet. Der Mischvorgang kann in einem oder mehreren Zyklen erfolgen (Bild 52), wobei hierfür vor allem die Anordnung der Düsen in Bezug zum Mischwerkzeug zu beachten ist.

Die sogenannte Blade Rotation Number BRN beschreibt die Anzahl der erzielten Mischvorgänge und liefert einen Anhalt über die erzielte Baugrundverbesserung. Sie bezieht sich auf den Laufmeter Säule und ist wie folgt definiert:

$$\text{BRN} = M \cdot \sum_{i=1}^{n}\left(\frac{R_{pi}}{V_{pi}} + \frac{R_{wi}}{V_{wi}}\right) \quad [\text{rot.}/\text{m}] \quad (7)$$

Dabei bezeichnen:

BRN Flügelumdrehungsindex
(Blade Rotation Number)

M Anzahl der Flügel
(für einen Flügel M = 2) [–]

R_p, R_w Rotationsgeschwindigkeit während dem Ein-, Ausfahrvorgang [rpm]

V_p, V_w Vorschub-, Ziehgeschwindigkeit [m/min]

n Anzahl der komplettierten Zyklen

Auf Basis einer Vielzahl von Projekten sind in Tabelle 6 empfohlene Mindestwerte für den Flügelumdrehungsindex (BRN) für unterschiedliche Böden angeführt [84].

Die erzielbaren Eigenschaften der fertiggestellten Säulen sind von den anstehenden Bodenverhältnissen und den Herstellungsparametern abhängig. Hinsichtlich der Festigkeitsentwicklung ist das in den Boden eingebrachte Bindemittel entscheidend. In der Praxis sind zwei verschiedene Definitionen für die Beschreibung des Bindemittelgehalts gebräuch-

Tabelle 6. Empfohlene Mindestwerte für den Flügelumdrehungsindex

Bodenart	Flügelumdrehungsindex BRN_{min}
Schlamm, Schlacke	500–600
Torf, Schlick	500–600
weiche Tone	450–500
steife Tone	450–500
Schluff	400–450
Fein- bis Mittelsand	350–400
Grobsand, Kies	300–350

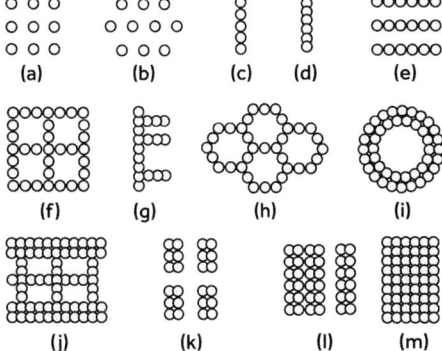

Bild 53. Behandlungsraster mit Einzelsäulen (a) bis (b), Wänden und Scheiben (c) bis (e), Gittern (f) bis (j), Blöcken (k) bis (m) nach [85]

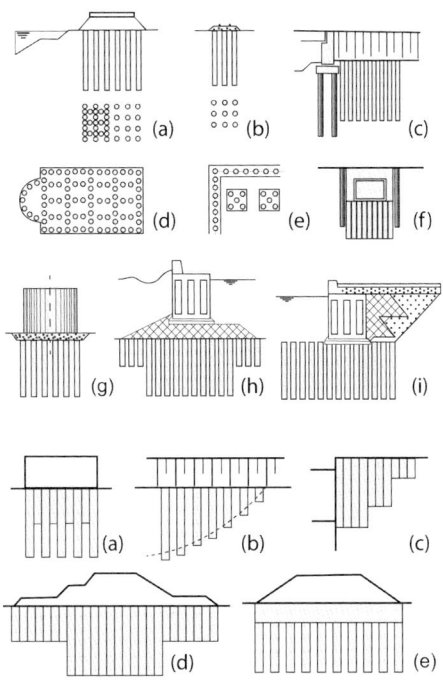

Bild 54. Anwendungen für das Bodenmischen; oben a–i typische Beispiele für Gründungen; unten a–e typischen Beispiele für Erhöhung der Böschungsbruchstabilität

lich. Nach der ersten Definition ist der Bindemittelgehalt als Verhältnis von eingebrachtem Bindemittel (trocken) zum Einheitsbodenvolumen beschrieben. Nach der zweiten Definition wird der sogenannte Bindemittelfaktor als Trockengewichtverhältnis von Bindemittel zu Boden festgelegt.

Die Nassmisch-Elemente können nach Bild 53 als Einzelsäulen im Raster, als Wände oder Scheiben, als Gitter oder Blöcke angeordnet werden. Üblicherweise liegen die Baugrundverbesserungsgrade bei 10 bis 50%. Bei einzelnen Anwendungen kann der Verbesserungsgrad auch 100% betragen. Dies kann zum Beispiel bei strategisch wichtiger Infrastruktur und/oder bei hoher Erdbebeneinwirkung der Fall sein.

4.8.2.3 Anwendungsgebiete / Anwendungsgrenzen

Das Nassmischverfahren kann für temporäre und permanente Anwendungen eingesetzt werden (vgl. Bild 54). Die Arbeiten können an Land, aber auch unter Wasser durchgeführt werden. Der Einsatz erfolgt vorwiegend in nichtbindigen Böden. Typische Anwendungsgebiete sind

- Setzungsreduktion,
- Erhöhung der Scherfestigkeit und Steifigkeit,
- Stabilitätserhöhung,
- Verringerung des Bodenverflüssigungspotenzials.

4.8.2.4 Vor-/Nachteile (Risiken) des Verfahrens

Vorteile:

- hohe Leistungen möglich,
- geeignet für viele Arten von hindernisfreien Böden,
- sehr flexibel hinsichtlich Geometrie,
- spezifische Anpassung der Herstellparameter an geforderte Eigenschaften möglich,
- vibrationsfreie Herstellung,

- geringe Mengen an Überschussmaterial an der Oberfläche während der Herstellung,
- Einsatz On-/Offshore möglich.

Nachteile:

- tiefenbegrenzt,
- Einschränkung bez. geneigter Elemente,
- Installation neben/unter bestehenden Bauwerken nicht möglich,
- hohes Gerätegewicht bei größeren Installationstiefen,
- Behandlung von tiefen Zwischenschichten nicht möglich.

4.8.2.5 Hinweise für die Planung und Bemessung

Die Bemessung von Körpern, die im Bodenmischverfahren (Deep Mixing) hergestellt wurden, erfolgt nach DIN 4093 [73]. Dazu wird auf das Düsenstrahlverfahren in Abschnitt 4.7 verwiesen, in dem die Grundlagen der Bemessung erläutert werden. Für Deep-Mixing-Körper dürfen charakteristische Zylinderdruckfestigkeiten $f_{m,k} \leq 12$ N/mm² verwendet werden.

Die in der Praxis erzielbaren Druckfestigkeiten $q_{u,f}$ und Durchlässigkeiten k_f wurden von *Topolnicki* [85] gemäß Tabelle 7 für verschieden Böden und Bindemittelgehalte zusammengefasst.

Sollten keine Vergleichswerte aus anderen Projekten vorliegen, empfiehlt es sich, vor Projektbeginn Laborversuche durchzuführen. Bei diesen wird der zu behandelnde Boden im Labor mit Bindemittel vermischt und aus den Probekörpern werden die relevanten Parameter bestimmt. Bei der Extrapolation der Laborergebnisse auf die in situ zu erwartenden Ergebnisse ist zu beachten, dass die Laborresultate i. Allg. einen oberen Grenzwert beschreiben, da sie unter definierten Randbedingungen durchgeführt wurden.

4.8.2.6 Überwachung und Qualitätssicherung in der Ausführung

Zur Überwachung der Nassmischverfahren werden die wichtigsten Herstellungsparameter wie Suspensionsdruck, Bohr- und Ziehrate, Umdrehungsgeschwindigkeit und die Menge pro Meter verpumpter Suspension aufgezeichnet. Ferner sind auch die Lage der Ansatzpunkte und die Vertikalität des Führungsmastes für das Mischwerkzeug zu vermessen.

Zur Qualitätssicherung werden aus der frisch hergestellten Säule Proben entnommen. Dazu werden spezielle Probeentnahmevorrichtungen oder sogenannte Liner verwendet. Auf eine entsprechende Lagerung der Proben ist zu achten.

4.8.3 Hybridmischverfahren

Es gibt eine Vielzahl von Hybridverfahren, bei der Mischtechniken in Kombination mit anderen Techniken verwendet werden. Diese Verfahren tragen häufig unternehmensspezifische Namen. Aus dieser Gruppe sollen kurz das Massenstabilisierungsverfahren und die Fräs-Misch-Injektionstechnik erörtert werden.

4.8.3.1 Massenstabilisierung

Unter Massenstabilisierung bezeichnet man ein einfaches Verfahren zur Behandlung von sehr weichen Böden (Torf, Mudde, sehr weicher Ton usw.). Die Behandlungstiefe beträgt dabei in der Regel 2 bis 3 m. Die maximal erreichbare Tiefe liegt bei 5 m (vgl. Bild 55). Dabei wird ein an einem Bagger montierter rotierender Mischkopf in den zu behandelnden Boden abgeteuft. Durch das Einbringen von Bindemittel am Mischkopf und das Mischen mit dem anstehenden Boden wird dieser verbessert (Bild 56).

Tabelle 7. Richtwerte für einaxiale Druckfestigkeit (nach 28 Tagen) und Durchlässigkeit für das Nassverfahren

Bodenart	Bindemittelgehalt [kg/m³]	Einaxiale Druckfestigkeit q_{uf} [MPa]	Durchlässigkeit k_f [m/s]
Schlamm	250–400	0,1–0,4	$1 \cdot 10^{-8}$
Torf, organischer Schluff/Ton	150–300	0,2–1,2	$5 \cdot 10^{-9}$
weicher Ton	150–300	0,5–1,7	$5 \cdot 10^{-9}$
steifer/halbfester Ton	120–300	0,7–2,5	$5 \cdot 10^{-9}$
Schluff, schluffige Sande	120–300	1,0–3,0	$1 \cdot 10^{-8}$
Fein-Mittelsand	120–300	1,5–5,0	$5 \cdot 10^{-8}$
Grobsand, Kies	120–250	3,0–7,0	$1 \cdot 10^{-7}$

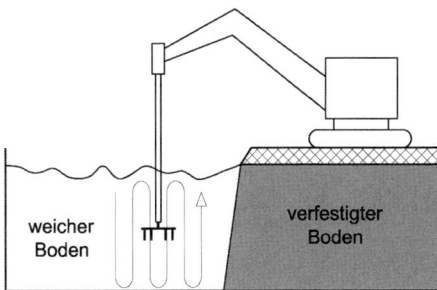
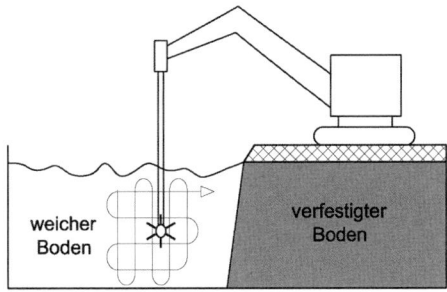

Bild 55. Verfahren der Massenstabilisierung

Bild 56. Anlage zur Massenstabilisierung

Das Verfahren der Massenstabilisierung kommt vielfach zur Herstellung von Arbeitsplattformen zum Einsatz.

4.8.3.2 Fräs-Misch-Injektionsverfahren

Beim Fräs-Misch-Injektionsverfahren wird anstelle des rotierenden Mischwerkzeugs eine an einem Frässchwert montierte Kette zum Lösen und Mischen des anstehenden Untergrunds verwendet (Bild 57). An der Schwertspitze wird gleichzeitig Suspension dazugegeben, die sich mit der Bodenmasse vermischt. Dadurch kann ein kontinuierlicher Mischkörper ohne Fugen hegestellt werden. Die Behandlungstiefen richten sich nach der Schwertlänge und können bis max. 11 m reichen.

Anwendung findet das Verfahren bei der Errichtung von Dichtwänden zur Abdichtung und Ertüchtigung neuer oder bestehender Dämme und Deiche, weiter für die Herstellung von Dichtwänden im Deponiebau bzw. der Altlastensicherung, zur Ertüchtigung und Verfestigung von Erdbauwerken im Bahn- und Verkehrswegebau sowie für die Errichtung von schlitzförmigen Gründungselementen im Hoch- und Industriebau. Vorteile des Verfahrens liegen u. a. in der hohen Leistungsfähigkeit, der weitestgehenden Erschütterungsfreiheit, des geringen Platzbedarfs und der geringen Gerätehöhe (kaum eine Höhenbeschränkung und keine Kippgefahr und damit auch geringere Anforderungen an das Arbeitsplanum).

Bild 57. Fräs-Misch-Injektionsverfahren (Foto Fa. Züblin)

4.9 Zement-/Kalkstabilisierung

4.9.1 Technische Verfahrensbeschreibung

Die Bodenbehandlung mit Kalk und/oder hydraulischen Bindemitteln ist in der EN 16907-4 [86] geregelt. Mit „Behandlung eines Materials" (z. B. Boden) wird dabei der Arbeitsvorgang beschrieben, bei dem durch eine in einer vereinbarten Spezifikation durchzuführenden Vermischung des Materials mit einem Bindemittel wie Kalk oder mit einem hydraulischen Bindemittel oder mit beidem und möglicherweise unter der Zugabe von Wasser erfolgt. Die Zielsetzung besteht in einer Verbesserung der Eigenschaften von (Boden-)Materialien mit ungeeigneten Eigenschaften für die Verwendung in Erdbauwerken. So können die Materialeigenschaften entsprechend verbessert werden, damit eine Verwendung des (Boden-)Materials in spezifischen Anwendungen (wie Deckschichten, Auffüllungen von Stützpfeilern, Fundamente usw.) möglich wird [86]. Als zu verbessernde Materialien kommen dabei z. B. Böden, brüchiger Fels, wiederaufbereitete Materialien und künstliche Materialien infrage. Als Bindemittel werden beispielsweise Kalk (Branntkalk, Kalkhydrat), Zement, Flugasche, hydraulische Tragschichtbinder verwendet. Eine detaillierte Beschreibung der am häufigsten verwendeten Bindemittel sowie sämtliche diesbezüglich zu berücksichtigenden Regelwerke finden sich in [86].

Herstellungstechnisch wird nach Ortsmischverfahren (Mixed in place) und Zentralmischverfahren (Mixed in plant) unterschieden.

Bei Ortsmischverfahren wird auf einen zu behandelnden Boden ein Bindemittel mit Dosierwagen gleichmäßig aufgetragen, im Weiteren mit einer Mischwalze oder Fräse in den Boden eingearbeitet (wobei in Abhängigkeit vom natürlichen Wassergehalt des Bodens evtl. noch Wasser beizumengen ist) und anschließend mittels Walzen verdichtet. Der beschriebene Arbeitsprozess erfolgt lagenweise, wobei sich die Schichtdicken einerseits nach dem verwendeten Mischwerkzeug und andererseits nach dem zur Anwendung gelangenden Verdichtungsgerät richten. Die verdichtete Schichttiefe sollte höchstens 35 cm betragen, außer es kann in Feldversuchen nachgewiesen werden, dass innerhalb der Schicht eine angemessene homogene Verdichtung erreicht wird [86].

Im Bauablauf wird danach unterschieden, ob die Stabilisierung während des Aushubs, während der Auffüllung oder aber zur Verbesserung der Sohle bei einem Einschnitt erfolgt.

Bei der Stabilisierung während des Aushubs wird das Bindemittel auf der Oberfläche verteilt und mithilfe einer Bodenfräse mit horizontalen Fräswalzen vor einem Aushub durch konventionelle Erdbaumaschinen eingearbeitet. Anschließend wird das Material zum Auffüllbereich transportiert, um innerhalb der Verarbeitbarkeitsdauer eingebaut und verdichtet zu werden [86].

Bei der Stabilisierung im Auffüllbereich werden die zu behandelnden Böden durch konventionelle Erdbaumaschinen ausgebreitet und das Bindemittel wird aufgestreut. Anschließend wird das Bindemittel mit einem Mischer in einer zur Sicherstellung der Erreichung des festgelegten Gemisches ausreichenden Anzahl von Arbeitsgängen in den Boden eingearbeitet. Sobald die behandelte Schicht verdichtet wurde, kann die nächste Füllmaterialschicht eingebaut und behandelt werden [86].

Eine Stabilisierung in der Einschnittsohle tritt auf, wenn der Boden einer Aushubsohle beispielsweise als Deckschicht stabilisiert werden muss. In diesem Fall wird das behandelte Material nicht entfernt. Die zu behandelnden Böden werden mit Erdbauge-

Bild 58. Dosierwagen und Fräse

räten abgezogen und das Bindemittel wird auf dem Boden verteilt. Anschließend wird das Bindemittel mit einem Mischer in einer zur Sicherstellung der Erreichung des festgelegten Gemisches ausreichenden Anzahl von Arbeitsgängen in den Boden eingearbeitet. Nach dem Mischen wird die Schicht innerhalb der Verarbeitbarkeitsdauer verdichtet [86] (Bild 58).

Beim Zentralmischverfahren (Mixed in plant) wird der abgetragene Boden und das Bindemittel bei kontrolliertem Wassergehalt in einer mobilen oder stationären Mischanlage aufbereitet. Anschließend erfolgt der Transport auf die Baustelle und der lagenweise verdichtete Einbau des Mischguts. Dieses Verfahren kann für nichtbindige Böden angewendet werden, bei denen durch die Zwangsmischer eine verbesserte Durchmischung des Materials erreicht wird. Für bindige Böden ist das Verfahren nicht geeignet [87]). In Abhängigkeit der verwendeten Bindemittel ist die Reaktionszeit für den Transport, Einbau- und Verdichtungsprozess zu berücksichtigen.

Das behandelte Material muss innerhalb der Verarbeitbarkeitsdauer verdichtet werden, um die festgelegten Anforderungen zu erfüllen. Zur Verdichtung können dynamische Walzen mit Glattmantelbandagen (vorwiegend für nichtbindige und gemischtkörnige Böden) bzw. Schaffußbandagen (vorwiegend für bindige Böden) eingesetzt werden [87]. Die Kriterien für die Maschinenauswahl sind von der Schichtdicke und den festgelegten Anforderungen abhängig. Da die Stabilisierung der Materialien durch die Bildung „zementierter" Bindungen erfolgt, ist es wichtig, dass die behandelten Schichten während der Nachbehandlungsdauer nicht durch die Erdbaumaschine, die die nächste Lage verteilt, befahren wird. Das Material sollte über Kopf geschüttet und durch eine Planierraupe vorgeschoben werden, wobei die Erdbaumaschine auf der vor der Behandlung eingebauten Schicht verbleibt. Die Dicke der im Einbau befindlichen Schicht sollte so gewählt werden, dass die darunterliegende Schicht durch das Überfahren durch die Maschine nicht beeinträchtigt wird [86].

4.9.2 Wirkungsweise (bodenmechanische Betrachtung)

Durch die Einmischung von Bindemitteln in Materialien können einerseits die Verarbeitbarkeit (Befahrbarkeit, Einbau, Verdichtbarkeit etc.) und andererseits die (mechanischen) Eigenschaften der Erdstoffe (bzw. allgemein Materialien) im eingebauten Zustand gezielt verbessert werden. Die Verbesserung kann dabei auf eine leichtere Einbaubarkeit, auf die Erhöhung der Festigkeit, der Steifigkeit, die Veränderung der Durchlässigkeit, das Binden von Stoffen etc. abzielen. Der wesentliche Vorteil dieses Verfahrens ist, dass ungeeignetes und oftmals zu entsorgendes Material durch Einmischen von Bindemitteln zu einem geeigneten Baumaterial umfunktioniert werden kann.

Bei der Baugrundverbesserung mit Bindemitteln wird die Einbaufähigkeit und Verdichtbarkeit sowie die Witterungsbeständigkeit des Bodens kurzfristig verbessert, um eine Erleichterung der Bauarbeiten durch die Zugabe von Bindemitteln zu erzielen. Bei der qualifizierten Baugrundverbesserung werden projektspezifisch erhöhte Anforderungen, wie z. B. die Herabsetzung der Frostempfindlichkeit, an die

Eigenschaften des Baustoffs Boden-Bindemittel-Gemisch gestellt. Eine Bodenverfestigung mittels Bindemittel zielt darauf ab, den Boden dauerhaft tragfähig und frostsicher zu machen [87].

Kalkstabilisierung [87]:

Zur Bodenstabilisierung von feinkörnigen Böden wird primär Branntkalk (ungelöschter Kalk), Kalkhydrat (gelöschter Kalk) oder hydraulischer Kalk verwendet. Bei der Baugrundverbesserung durch Zugabe von Kalk wird eine Umwandlung der Bodenstruktur (Krümelbildung) durch eine Verringerung des Wassergehalts im Boden bewirkt. Die Reduktion des Wassers im Boden passiert einerseits durch die chemische Reaktion selbst und andererseits durch die begleitende Wärmeentwicklung und dadurch erhöhte Verdunstung. Für Böden mit einem sehr hohen Wassergehalt ist Branntkalk (CaO) zu bevorzugen, da im Vergleich zu gelöschtem Kalk ($Ca(OH)_2$) eine stärkere Reduktion des Wassergehalts erreichbar ist. Bezüglich der detaillierten Beschreibung der chemischen und bodenmechanischen Prozesse während der Reaktion der verschiedenen Kalk-Bindemittel mit Boden und dem darin enthaltenen Porenwasser wird auf [87] verwiesen. Bodenmechanisch bewirkt eine Beimischung von Kalk eine Abnahme der Plastizitätszahl I_P und in der Regel eine Erhöhung der Ausrollgrenze w_P. Die Proctorkurve verschiebt sich durch die Beimengung von Kalk zur nassen Seite hin, d. h. die optimale Dichte wird kleiner und der optimale Wassergehalt größer. Zudem wird schon bei wenigen Prozent Bindemittelzugabe eine Verflachung der Proctorkurve erzielt [87].

Bei ausreichendem Feinkorngehalt (und Tonanteil) sowie ausreichendem Wassergehalt im Boden findet eine Reaktion des Kalkhydrats mit den Tonmineralien des Bodens statt und es kommt zu einer Zementierung/Verkittung des Boden-Bindemittel-Gemischs, wobei über mehrere Jahre eine zunehmende Erhöhung der Festigkeit und Steifigkeit beobachtet werden kann.

Während durch die Krümelbildung bei Kalkzugabe eine anfängliche Erhöhung der Durchlässigkeit des Boden-Bindemittel-Gemischs zu beobachten ist, nimmt diese durch chemisch-physikalische Reaktionen im Boden über die Zeit wieder deutlich ab. Die Scherfestigkeit des Bodens nimmt durch die Kalkzugabe signifikant zu. In der Anfangsphase ist vor allem eine Erhöhung des Reibungswinkels zu beobachten, während über die Zeit eine Erhöhung der Kohäsion infolge der oben beschriebenen Verkittungsprozesse erfolgt [87]. Eine deutliche Verbesserung der Frostempfindlichkeit kalkstabilisierter Böden ist nach *Brandl* [88] erst nach mehreren Monaten zu erwarten. In den ersten Wochen nach dem Einbauprozess beschreibt *Brandl* gar eine Erhöhung der Frostempfindlichkeit von kalkstabilisierten Böden.

Zementstabilisierung [87]:

Zement, als hydraulisches Bindemittel in den Boden eingemischt, führt zu einer Erhärtung des Boden-Bindemittel-Wasser-Gemischs. Aufgrund der chemischen Reaktionen der Klinkerphasen des Zements mit Wasser kommt es u. a. zur Entstehung von Kalziumsilikaten und Kalziumaluminaten, die zu einer Zementierung und dadurch Verfestigung der Bodenpartikel mit/durch den Zementstein führen. Die Festigkeit des stabilisierten Bodens ist dabei vom Zementgehalt, dem Wassergehalt und der Korngrößenverteilung sowie dem Mineralbestand des Bodens abhängig. Ferner beeinflusst natürlich auch die Intensität der Durchmischung und die anschließende Verdichtung die bautechnischen Eigenschaften des Boden-Bindemittel-Wasser-Gemischs.

Der Grad der Festigkeitserhöhung steigt näherungsweise proportional zum Zementgehalt, wobei eine gewisse (bodenabhängige) Mindestmenge an Bindemittel benötigt wird, um diesen festigkeitserhöhenden Prozess zu starten. Mit der Festigkeitserhöhung steigt die Steifigkeit wie auch die Frost-Tau-Beständigkeit, wogegen die Durchlässigkeit mit zunehmendem Zementgehalt, d. h. zunehmender Verfestigung, abnimmt.

Zementstabilisierungen können für eine große Bandbreite von Böden zur Anwendung gelangen. Besonders gut geeignet sind sie für Sand-Schluff-Gemische bzw. generell gut abgestufte Böden mit einem geringen Tonanteil. Für derartige Böden sind erfahrungsgemäß mit einem Bindemittelanteil von ca. 3 bis 6 % sehr gute Ergebnisse erzielbar. Mit zunehmendem Tonanteil erhöht sich die Schwierigkeit einer ausreichenden Durchmischung und der erforderliche Zementanteil steigt an. Für derartige Böden sind Stabilisierungen mit Kalk-Zement-Gemischen (im Verhältnis 30:70 bis 70:30 [87]) zielführender als reine Zementeinmischungen.

Bei der Zementstabilisierung ist darauf zu achten, dass das Einmischen und Verdichten vor dem Beginn der Hydrationsprozesse stattfindet, da ansonsten keine ausreichend homogene Durchmischung mehr möglich ist bzw. die Festigkeitsentwicklung gestört wird. Zudem ist darauf zu achten, dass während des Abbindens ausreichend Wasser zur Verfügung steht und insbesondere die Oberfläche vor einer Austrocknung und dem Entstehen größerer Schwindrisse bewahrt wird.

Bezüglich Kalk-Zement-Stabilisierungen wird auf [87] verwiesen.

Erfahrungswerte für Bindemittelmengen für unterschiedliche Bodengruppen werden in Tabelle 8 angeführt.

Tabelle 8. Erfahrungswerte für Bindemittelmengen für Bodenverfestigungen nach TP BF-StB – B11.1 [89] (Tabelle 35 aus [87])

Bodengruppe	Bindemittel				
	Ungelöschter Kalk nach EN 459-1 [90]	Kalkhydrat nach EN 459-1	Zement nach EN 197-1 [91]	Hydr. Tragschichtbinder nach DIN 18506 [92]	Mischbindemittel
Gemischtkörnige Böden (GU,GT, SU, ST, GU*, GT*, ST, SU)	–	–	4–10	4–10	4–10
Gemischtkörnige Böden (GT*, GU*, ST*, SU*)	4–6	4–8	6–12	6–12	6–12
Feinkörnige Böden (UL, UM, TL, TM, UA, TA)	4–6	4–8	7–16	7–16	7–16

4.9.3 Anwendungsgebiete/ Anwendungsgrenzen

Die Anwendbarkeit unterschiedlicher Böden und Bindemittel wurde bereits im Abschnitt 4.9.2 diskutiert. Bei einer geeigneten Behandlung kann Bodenmaterial in Dämmen, für Deckschichten, im Straßenbau oder anderen Teilen des Bauwerks verwendet werden, vorausgesetzt, es erfüllt die Anforderungen des Bauvorhabens. In der EN 16907-4 [86] sind die häufigsten Behandlungsprodukte (Bindemittel) beschrieben und auch die für Bodenbehandlungen anwendbaren Materialien (Boden, verwitterter Fels etc.) näher spezifiziert.

Die typischen Einsatzbereiche der Bindemittel sind in der EN 16907-4 [86] wie folgt angeführt:

– Kalk wird in der Regel zur Trocknung feuchter Materialien und/oder zur Verbesserung des Gebrauchsverhaltens von bindigen Materialien verwendet.
– Hydraulische Bindemittel werden in erster Linie für eine schnelle und wesentliche Verbesserung des mechanischen Gebrauchsverhaltens von nichtbindigen Materialien eingesetzt.
– Bei Vorhandensein von bindigen Materialien und in Abhängigkeit von der Anwendung dürfen Kalk und hydraulische Bindemittel zusammen verwendet werden, in einem zweistufigen Verfahren vor Ort oder in Form einer Vormischung, beispielsweise hydraulischem Tragschichtbinder.

Das Material bzw. der Boden selbst ist grundsätzlich so lange verwendbar, solange es gelingt, mit dem zur Verfügung stehenden Mischwerkzeug eine den Anforderungen entsprechend homogene Vermischung zwischen Material und Bindemittel zu erreichen und die gewünschten Eigenschaften mit dem geplanten Boden-Bindemittel-Gemisch hergestellt werden können.

Hinsichtlich der Mischbarkeit wird das Größtkorn i. Allg. mit ca. 150 mm angegeben, wobei dies kein absoluter Grenzwert ist, sondern wesentlich vom Mischwerkzeug abhängt. In [87] wird ausgeführt, dass sehr grobkörnige Böden mit einem Korndurchmesser > 70 mm für die Bodenstabilisierung mittels Bindemittel eher ungeeignet sind, wobei für derartige Korngemische i. Allg. keine Baugrundverbesserung erforderlich ist. Eine weitere Grenze der Einmischbarkeit ist durch den Anteil an Feinkorn gegeben. Bei zu hohem Feinkornanteil (insbesondere hohem Tonanteil) wird die homogene Vermischung von Material und Bindemittel zunehmend schwieriger. Oftmals kann durch mehrere Mischüberfahrten oder auch die Variation der Drehgeschwindigkeit des Mischwerkzeugs auf einen höheren Feinkornanteil reagiert werden. Ein weiterer limitierender Faktor für die Anwendbarkeit einer Bodenbehandlung ist durch den natürlichen Wassergehalt der anstehenden Materialien gegeben. Während ein zu geringer Wassergehalt durch Beigabe von Wasser im Mischprozess leichter kompensierbar ist, ist ein zu hoher Wassergehalt oftmals ein Ausscheidungsgrund für das Verfahren, da einerseits die Bearbeitbarkeit wie auch die zu erreichenden Zielgrößen (z. B. Mindestfestigkeit) mit wirtschaftlichen Mengen an Bindemittel nicht mehr zu bewerkstelligen sind.

In [87] werden die Anwendungsgrenzen von Bindemitteln zur Bodenstabilisierung in Abhängigkeit der Korngrößenverteilung entsprechend dem Diagramm in Bild 59 angegeben.

Weitere Einschränkungen der Anwendbarkeit der Bodenbehandlung mittels Bindemittel können bei organischen Böden oder sulfat- (Gips) oder sulfid-

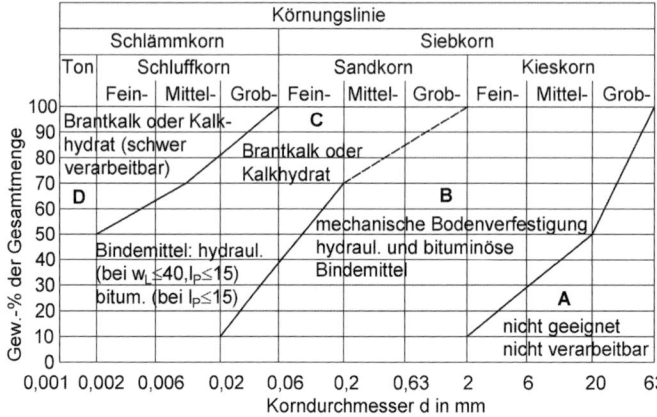

Bild 59. Anwendungsgrenzen von Bindemitteln nach [87]

haltigen (Pyrit) Böden gegeben sein [87]. Bei organischen Böden kann es zu behinderten Zementreaktionen durch Huminsäuren kommen. Bei sulfat- oder sulfidhaltigen Böden kommt es zur Volumenzunahme während der Ettringitbildung, die zu einer Verminderung der Festigkeitsentwicklung der Boden-Bindemittel-Gemische führen kann oder bei einer Ettringitbildung zu einem späteren Zeitpunkt massive Quelldrücke zur Folge haben kann [87]. Aus den genannten Gründen hat die Baugrunderkundung bzw. haben die im Zuge der Planung durchzuführenden Eignungsprüfungen die Beurteilung der Sulfat- und Sulfidgefährdung zu beinhalten.

4.9.4 Vor-/Nachteile (Risiken) des Verfahrens

Die Vorteile des Verfahrens liegen, wie bereits erwähnt, darin, dass ungeeignetes und oftmals ansonsten zu entsorgendes Material durch Einmischen von Bindemitteln zu einem geeigneten Baumaterial umfunktioniert werden kann.

Dadurch findet keine Verschwendung von wertvollen Ressourcen statt, LKW-Transporte für das Entsorgen und evtl. die Zufuhr von Material können verringert werden, Deponievolumen und Deponieabgaben eingespart und in weiterer Folge Bauzeit und Baukosten optimiert werden.

Die Nachteile des Verfahrens liegen in erster Linie darin, dass der gesamte zu behandelnde Boden (mit Ausnahme der Stabilisierung in der Einschnittssohle) ausgehoben, behandelt und wieder eingebaut werden muss. Das heißt, das Verfahren wird dann unwirtschaftlich, wenn größere bzw. tiefere Aushübe (und der Wiedereinbau des verbesserten Bodens) nur zum Zwecke der Verbesserung einer Bodenschicht erforderlich werden. In solchen Fällen ist

alternativen Verfahren, wie Rütteltechniken, Einmischtechniken zur Erstellung von säulenartigen Elementen o. Ä., der Vorzug zu geben. Hinsichtlich der Anwendungsgrenzen des Verfahrens, die ebenfalls als Nachteil gesehen werden können, wird auf die vorigen Abschnitte verwiesen.

4.9.5 Hinweise für die Planung und Bemessung

Grundlage für die Planung und Bemessung ist einerseits das vorliegende bzw. zur Verfügung stehende Bodenmaterial mit seinen spezifischen Eigenschaften, wie z. B. dem natürlichen Wassergehalt, und andererseits die Anforderungen an den Einbau und den fertigen Erdbaukörper.

Die wesentlichen Zielgrößen der Planung sind die Festlegung des geeigneten Bindemittels und die Ermittlung der erforderlichen Bindemittelmengen, angegeben als prozentueller Anteil von Bindemittel zu Material (in M.-%). Weiterhin ist im Zuge der Planung die Geräteausstattung (Mischgerät, Verdichtungsgerät) zu bestimmen, darauf aufbauend die Schüttdicken, die Anzahl der Verdichtungsfahrten etc. festzulegen und in weiterer Folge die detaillierte Qualitätskontrolle zu planen [86].

Für die Planung von Bodenbehandlungen mit Kalk und/oder hydraulischen Bindemitteln sind im Vorfeld Laborversuche (und mit Baubeginn Probefelder vor Ort) durchzuführen, um die Eignung von Bindemitteln zu erproben und vor allem auch die erforderlichen Bindemittelmengen festzulegen. Bei den vorab durchgeführten Laborversuchen werden im Zuge einer Eignungsprüfung an mehreren Boden-Bindemittel-Mischungen mit unterschiedlichen Bindemitteldosierungen Proctorversuche durchgeführt, um die Auswirkung der Bindemittelzugabe auf die Verdichtungsfähigkeit und den optimalen Wassergehalt zu untersuchen [87]. An den hergestellten Probekörpern werden sodann Druckprüfungen, i. Allg. einaxiale Druckversuche zur Beurteilung der zeitabhängigen Festigkeitsentwicklung, sowie allenfalls erforderliche zusätzliche Prüfungen (z. B. zur Beurteilung der Frostsicherheit) durchgeführt. Hinsichtlich der detaillierten Vorgaben über Art und Umfang der erforderlichen (Vor-)Untersuchungen wird auf die umfassende EN 16907-4 [86] verwiesen. Ziel der Voruntersuchungen ist u. a. auch die Untersuchung des erforderlichen Bindemittelgehalts in Abhängigkeit des Wassergehalts. Da der Wassergehalt während der Bauausführung räumlichen und zeitlichen Schwankungen unterworfen ist bzw. sein kann, muss vorab festgelegt werden, welcher Bindemittelgehalt im Mischprozess einzustellen ist, um auf unterschiedliche Wassergehalte während der Ausführung reagieren zu können.

Mit Beginn der Bauarbeiten ist die Ausführung eines Probefelds vor Ort technischer Standard, im Rahmen dessen der Herstellungsprozess (Bindemittelrezeptur und Mischprozess) unter Baustellenbedingungen getestet und der Verdichtungsprozess festgelegt und optimiert wird. Über Feldversuche (z. B. dynamische und statische Lastplatte) und anhand von Laborversuchen von nach dem Einbau entnommenen Bodenproben erfolgt die Qualitätsbeurteilung des verbesserten Bodenkörpers.

In der Planungsphase sind auch mögliche umweltrelevante Aspekte des Verfahrens zu berücksichtigen. Im Boden-Bindemittel-Gemisch kommt es je nach Dosierung zu einer Erhöhung des pH-Werts, einer Erhöhung der elektrischen Leitfähigkeit und einer Reduzierung der Durchlässigkeit (Beeinflussung des Auslaugungsverhaltens) [87].

4.9.6 Überwachung und Qualitätssicherung in der Ausführung [86]

Die Überwachungs- und Qualitätssicherungsmaßnahmen während der Ausführung entsprechen grundsätzlich jenen von klassischen Erdbaumaßnahmen.

Ein Fokus richtet sich auf die Überprüfung des Verdichtungserfolgs des Boden-Bindemittel-Gemischs. Hierfür kommen klassische Verfahren, wie z. B. die „Flächendeckende Dynamische Verdichtungskontrolle (FDVK)" sowie punktweise Verdichtungskontrollen mit statischen und/oder dynamischen Lastplatten zum Einsatz. Durch zeitlich gestaffelte Prüfungen (statische und/oder dynamische Lastplattenversuche) kann die Zunahme der Steifigkeit über die Zeit erfasst werden.

Werden Vorgaben über die zu erreichende Festigkeit des Mischguts (nach einer bestimmten Zeit) gemacht, können diese durch entnommene Proben im Labor (z. B. einaxialer Druckversuch) überprüft werden.

Während der Ausführung ist der Wassergehalt des zu mischenden Bodens zu prüfen und bei deutlichen Schwankungen hat gegebenenfalls eine Anpassung der Bindemittelmengen zu erfolgen.

Zur Sicherstellung der geforderten Qualität des stabilisierten Erdkörpers ist auch darauf zu achten, dass die stabilisierten Schichten vor Beschädigungen durch Wasser (Oberflächenwässer oder Grundwässer) geschützt werden. Hierfür sind einerseits eine Profilierung der Oberfläche wie auch ausreichende Dränagegräben oder sonstige Entwässerungsmaßnahmen vorzusehen. Umgekehrt ist aber auch darauf zu achten, dass keine schädliche Verdunstung während des Nachbehandlungsprozesses stattfindet, was z. B. durch Aufsprühen von Wasser erzielt werden kann EN 16907-4 [86].

4.10 Injektionen

Die Injektion ist ein geotechnisches Verfahren zum Einbringen von pumpbarem Material in den Baugrund. Die Fließeigenschaften des Injektionsguts werden der Aufgabenstellung entsprechend angepasst und der Einpressvorgang zumindest über die Parameter Druck, Volumen und Durchflussrate gesteuert. Injektionsanwendungen reichen über 200 Jahre zurück, die erste dokumentierte Anwendung stammt aus dem Jahr 1802. Dieser Abschnitt soll einen Überblick über gängige Injektionsanwendungen geben, ist aber nicht als Injektionshandbuch zu verstehen. Für eine sehr ausführliche Beschreibung der Injektionstechnik wird z. B. auf [93] und [94] verwiesen. Sonderinjektionen und -anwendungen wie z. B. zur Rissbehandlung in Beton oder Druckstolleninjektion werden nicht beschrieben.

Die Einteilung der Injektionen erfolgt hier in Anlehnung an EN 12715:2000-10 [95] in Injektionen mit/ohne Baugrundverdrängung (Bild 60).

Ziel der Injektionsverfahren ohne Baugrundverdrängung ist es, die vorhandenen Poren im Boden bzw. Klüfte oder Hohlräume im Festgestein aufzufüllen, um die mechanischen und hydraulischen Eigenschaften zu verbessern.

Injektionsverfahren mit Baugrundverdrängung zielen auf das Verdichten des die Injektion umgebenden Baugrunds bzw. das Herbeiführen von (i. d. R. vertikalen) Verschiebungen von Bauwerken ab.

Die Grundlagen der Poreninjektion im Lockergestein und der Kluft- bzw. Kontaktinjektion im Festgestein, subsummiert unter dem Begriff Eindringinjektion, werden in Abschnitt 4.10.1 beschrieben.

Abschnitt 4.10.2 gibt einen Überblick über Verdichtungsinjektionen und Hohlraumverfüllung, bezüglich der Aufreißinjektionen (Injektionen mittels hydraulischer Rissbildung) wird auf Abschnitt 4.10.3 verwiesen.

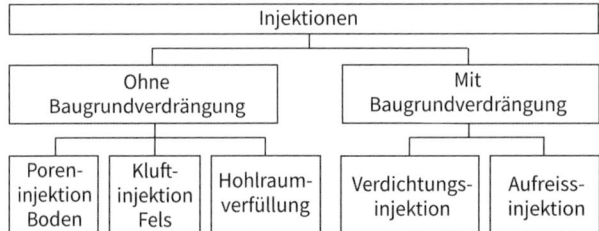

Bild 60. Einteilung der Injektion nach Wirkung in Anlehnung an EN 12715 [95]

Es kommt eine große Bandbreite an Injektionsmaterialien zum Einsatz. Diese reichen von sehr steifen Mörteln für Verdichtungsinjektionen bis hin zu chemischen Lösungen zum Imprägnieren von engsten Porenräumen.

Mögliche Bestandteile eines Injektionsguts sind:
- Sande, Kiese und Füllstoffe,
- Tone,
- hydraulische Bindemittel und Zemente,
- Wasser,
- chemische Produkte und andere Stoffe.

Diese werden zu Mörtel, partikulären oder kolloidalen Suspensionen bzw. echten oder kolloidalen Lösungen verarbeitet (Bild 61).

Bei der Wahl des Injektionsguts ist neben den eigentlichen Eigenschaften auch auf die Verarbeitbarkeit und die Reaktionszeit im Baugrund zu achten. Weiterführende Informationen zu diesem Thema sind in [96] zu finden. Rheologisch werden Newton'sche und Bingham'sche Fluide unterschieden. Newton'sche Flüssigkeiten wie Wasser zeichnen sich durch ein proportionales Schubspannungs-Schergeschwindigkeitsverhältnis aus. Bingham'sche Flüssigkeiten, zu denen die meisten partikulären Injektionsmischungen und Suspension gehören, besitzen hingegen eine Kohäsion, die überwunden werden muss, damit das Injektionsmittel fließt.

Eine Übersicht über Injektionen ist in [93] oder [97] zu finden. Die daraus entnommene Tabelle 9 unterteilt in Injektionen in Locker- und Festgestein. Im Lockergestein wird zwischen fein- und grobkörnigen Böden unterschieden. Zur Orientierung sind auch Durchlässigkeitsbeiwerte für den Boden vor Injektionstätigkeit angegeben. Für die Durchführung der Injektionen können für alle Bodenarten Manschettenrohre, für sehr grobkörnige Böden auch Injektionen über Bohrgestänge oder Lanzen und für sehr feinkörnige Böden Injektionsrohre mit offenem Ende verwendet werden. Eindringinjektionen sind vorwiegend in grobkörnigem Material und eingeschränkt in feinkörnigem Material möglich. Zur Steuerung der Injektionsmaßnahmen werden für einfache Anwendungen wie Verdichtungsinjektionen z. B. Injektionsdruck, -menge und Durchfluss verwendet. Ist das Aufreißen des Bodens zu verhindern, ist zusätzlich der Aufreißdruck zu ermitteln und die Injektion unterhalb dieses Drucks durchzuführen. Für Verdrängungsinjektionen werden darüber hinaus noch zusätzlich Kriterien wie Verformung am Bauwerk miteinbezogen.

Im Festgestein wird zwischen Anwendungen für diskrete und diffuse Klüfte und Trennflächen unterschieden. Injektionstechnisch wird i. d. R. auf Felsinjektionsrohre („Multiple Packer Sleeve Pipes") zurückgegriffen, der Verpressvorgang erfolgt über Einfach- oder Mehrfachpacker. Die Injektionsstrategien unterscheiden prinzipiell Einfach- und Mehrfachinjektionen sowie Injektionsreihenfolgen beginnend vom Bohrlochmund oder tiefsten Punkt. Die Wahl erfolgt u. a. in Abhängigkeit der Stabilität des Gebirges.

Die Beurteilung der Durchlässigkeit vor bzw. nach der Maßnahme erfolgt über den sogenannten Lugeon-Versuch. Der Lugeon-Wert misst die verpresste Wassermenge pro Meter in einer Minute bei 10 bar Druck. Die Injektionssteuerung erfolgt über Energie bzw. Sättigungskriterien, wobei eine Druckbegrenzung erforderlich sein kann, wenn das weitere Aufreißen von Klüften vermieden werden soll.

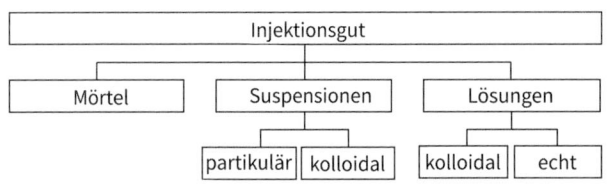

Bild 61. Einteilung des Injektionsguts nach EN 12715 [95]

Tabelle 9. Übersicht über gebräuchliche Injektionsverfahren nach [93]

Typ	Boden					
	feinkörnig			grobkörnig		
Injektions-einbringung					Bohrgestänge und Lanzen	
			perforierte Rohre			
	Manschettenrohre					
	Offenes Injektionsrohr					
System	Verdrängung			Penetration		
Injektions-mischungen	Silicat/Acryl					
		Feinstbindemittel				
			Bentonit/Zement			
						Mörtel
k_f-Wert (unbehandelt)	10.E-6	10.E-5	10.E-4	10.E-3	10.E-2	10.E-1
Injektions-parameter	Energie- und Verformungskriterien					Mengen- und Druck-begrenzung

Typ	Fels			
	diffuse Risse, Kakirit		diskrete Klüfte	
	gebräch/instabil	stabiler Fels		instabil
Öffnungen	Felsinjektionsrohre			
	Einfach-/Doppelpacker			
System	Mehrphaseninjektion	aufsteigend	Mehrphaseninjektion	
	Aufreißinjektion		Penetrationsinjektion	
Injektions-mischungen	Acryl/Epoxy			
		Feinstbindemittel		
		Portlandzement		
				Mörtel
Lugeon-Wert (unbehandelt)	1 — 5 — 10	25	50	>>100
Injektions-parameter	Energie- und Sättigungskriterium		Druckbegrenzungen/ Energiekriterium	
	„Split spacing"-Method, „inside-outwards" oder „outside-inwards"			

4.10.1 Eindringinjektionen

4.10.1.1 Technische Verfahrensbeschreibung

Eindringinjektionen haben das Ziel, Poren in Böden bzw. Klüfte etc. in Fels mit Injektionsgut zu imprägnieren. Zu den Injektionsverfahren wird auf Tabelle 9 verwiesen.

Für den Einsatz im Lockergestein werden regelmäßig Rammlanzen und Manschettenrohre verwendet, letztere vor allem bei Mehrstufeninjektionen.

4.10.1.2 Wirkungsweise (bodenmechanische Betrachtung)

Poreninjektionen werden vorwiegend zur Durchlässigkeitsverringerung und Festigkeitserhöhung herangezogen. Mit dem kontrollierten Einpressvorgang soll das Injektionsgut die zugänglichen Poren füllen, ohne die Matrix zu zerstören (Bild 62). Zur Beschreibung des Fließverhaltens wird das Darcy Gesetz verwendet. Es beschreibt eine zum hydraulischen Gradienten ($I = \Delta h/l$) proportionale Fließgeschwindigkeit v_f.

Bei der Kluftinjektion sollen offene Klüfte, Risse und Spalten aufgefüllt werden (Bild 63). Auch hier ist injektionstechnisch sicherzustellen, dass durch den Verpressvorgang keine neuen Wegigkeiten geschaffen werden. Die Kluftwasserbewegung unterscheidet sich wesentlich von der Strömung im Boden. Sie ist von der Geometrie und Beschaffenheit wie Füllung, Oberflächenrauigkeit etc. der zusammenhängenden Trennflächen bestimmt.

Entsprechend ist die Durchlässigkeit einer idealisierten Trennfläche wie folgt beschrieben:

$$v_f = \frac{Q}{A} = \frac{g(\alpha_i)^2}{12\nu} \cdot \frac{2\alpha_i}{d} \cdot l = k_t \cdot \frac{2\alpha_i}{d} \cdot l$$
$$= k_T \cdot l \qquad (8)$$

Dabei ist

g	Erdbeschleunigung [m/s^2]
ν	kinematische Viskosität [m^2/s]
$2\alpha_i$	Öffnungsweite der Kluft [m]
L	durchströmte Länge [m]
Q	Fließrate [m^3/s]
k_t	Durchlässigkeitsbeiwert [m/s]
d	mittlerer Kluftabstand [m]

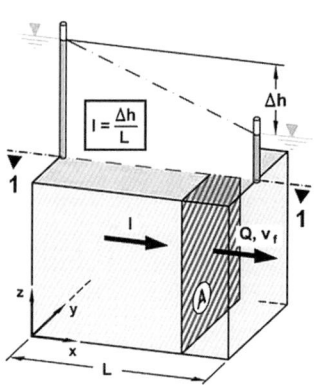
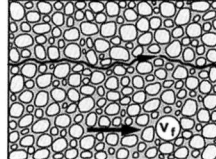

Bild 62. Bodenhydraulisches Modell für Poreninjektion nach [98, 99] (aus [100])

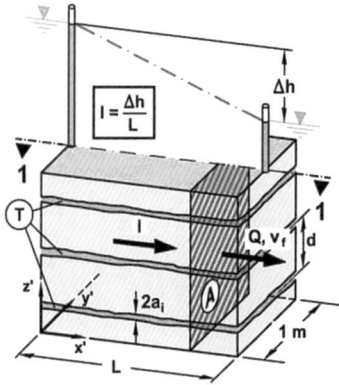
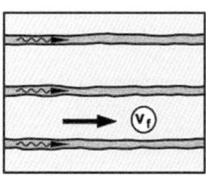

Bild 63. Felshydraulisches Modell für Kluftinjektion nach [98, 99] (aus [97])

4.10.1.3 Anwendungsgebiete / Anwendungsgrenzen

Eindringinjektionen werden z. B. zur Abdichtung von Baugruben oder zur Herstellung von Dichtwänden für Dämme eingesetzt. Sonderanwendungen gibt es z. B. im Bereich der Ringraumverpressung für Druckrohrleitungen.

Ein Anwendungsbeispiel für ein Dichtschirmprojekt ist in [100] beschrieben. Für ein Hochwasserrückhaltebecken mit einem Fassungsvermögen von 191000 m³ am Lankowitzbach in Österreich wurde unter einer 6 m mächtigen Überlagerungsschicht stark zerklüfteter Fels aufgeschlossen. Aufgrund der hohen Durchlässigkeit mit bis zu 250 Lugeon war ein hohes Erosions- und hydraulisches Grundbruchrisiko gegeben. Zur Reduktion der Durchströmung unterhalb der Aufstandsfläche wurde ein 15 bis 25 m tiefer Dichtschirm angeordnet. Die Injektionsrohre wurden dreireihig im Abstand von 1,5 m installiert, der Abstand zwischen den einzelnen Rohren betrug ebenfalls 1,5 m. Als Ergebnis der Injektion wurde der Lugeon-Wert auf Lu < 5 reduziert (Bild 64).

4.10.1.4 Vor-/Nachteile (Risiken) des Verfahrens

Zahlreiche Untersuchungen haben gezeigt, dass der Einsatz von Suspension auf körnige Böden begrenzt ist (Bild 65). Dies begründet sich hauptsächlich durch das limitierte Eindringverhalten der Bindemittelpartikel in die Poren. Zur Beurteilung der Injizierbarkeit wird u. a. in [100] das Verhältnis $D_{15,\,Boden}$ (Siebdurchgang von 15% der Bodenpartikel) zu $d_{85,suspension}$ (Siebdurchgang von 85% der Suspensionskörnung) herangezogen.

Bei einem Verhältnis von $N = D_{15,\,Boden}/d_{85,suspension} > 24$ gilt der Boden als penetrierbar (N-Kriterium). Folglich ist die Verwendung von Normalzementen auf schwach sandige Kiese und die von Feinstbindemitteln auf Grobsande eingeschränkt. Selbst bei einem geringen Feinkornanteil kann der Injektionserfolg stark reduziert sein.

Kluft-/Rissweiten im Fels von größer als 50 µm können mit entsprechenden Bindemittel verpresst werden.

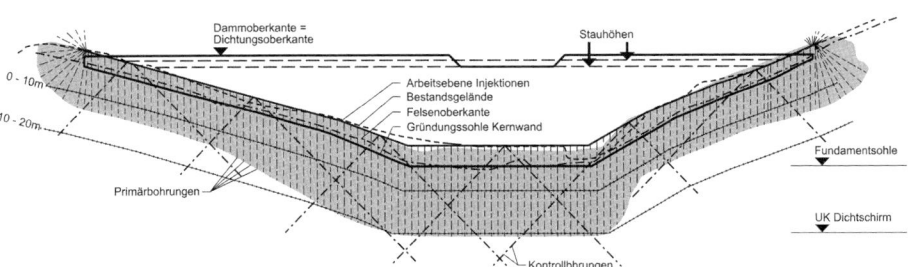

Bild 64. Injektionsschleier für Hochwasserrückhaltebecken

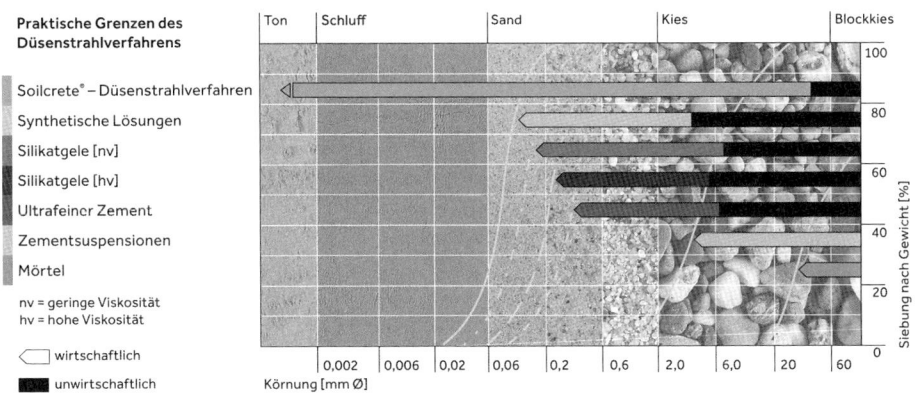

Bild 65. Anwendungsbereiche verschiedener Injektionsverfahren

4.10.1.5 Hinweise für die Planung und Bemessung

Die EN 12715 [95] gibt Hinweise zum Einsatz verschiedener Injektionsmittel für körnigen Boden sowie klüftiges Gebirge und künstliche oder natürliche Hohlräume.

Im Zuge der Aufschlusskampagne ist es erforderlich, die physikalischen und chemischen Eigenschaften des Baugrunds zu kennen, da die Wahl des geeigneten Injektionsguts und -verfahrens maßgeblich von den gegebenen Bedingungen abhängt. Sollten die Projektrandbedingungen nicht durch Erfahrungen aus anderen Projekten abgedeckt sein, ist es dringend anzuraten, das Injektionsprogramm vorab über Injektionsversuche – idealerweise im Feldversuch – zu untersuchen und festzulegen. Ist dies nicht möglich, empfiehlt es sich, entsprechende Versuche zu Beginn der Bauausführung nachzuholen. Dringend empfohlen wird das Hinzuziehen von injektionserfahrenen Experten. Grundsätzlich sollte bei Injektionsprojekten die Möglichkeit bestehen, technisch und vertraglich auf regelmäßig auftretende Änderungen flexibel reagieren zu können.

Vor dem Einsatz von Injektionsmitteln, insbesondere von chemischen Komponenten, sind umwelttechnische Untersuchungen zu veranlassen.

4.10.1.6 Überwachung und Qualitätssicherung

Die Überwachung der Injektionsarbeiten erfolgt hinsichtlich des Injektionsguts und des Verpressvorgangs.

Die Qualitätssicherung des Injektionsguts erfolgt regelmäßig anhand folgender Parameter:

– Viskosität über Marsh-Trichter oder Viskosimeter/Rheometer,
– Dichte,
– Bluten, Sedimentation,
– Abbinde-, Aushärtungsverhalten,
– Festigkeit und Spannungs-Dehnungsverhalten.

Darüber hinaus werden weitere Parameter zu Kohäsion, Fließgrenze, Erosionsverhalten, Synärese u. a. bestimmt. Eine Übersicht ist in [95] enthalten.

Beim Verpressvorgang selbst werden der Injektionsdruck, die Durchflussmenge und das verpresste Volumen pro Injektionspunkt und Pumpe aufgezeichnet. Die Druckaufzeichnung erfolgt i. d. R. an den Injektionspumpen oder in der Nähe des Bohrlochmundes. Die Bestimmung der Injektionsmenge kann mittels Durchflussmengenzähler oder in Ausnahmefällen über die Anzahl der Kolbenhübe geschehen.

Neben den oben genannten Parametern, die in jedem Fall zur Injektionssteuerung verwendet und auch aufgezeichnet werden müssen, gibt es eine Vielzahl von Kriterien, die projektspezifisch einzuhalten sind. Da ihre Diskussion nicht im Rahmen dieses Beitrags erfolgen kann, wird auf Literaturstellen verwiesen [101].

4.10.2 Verdichtungsinjektionen

4.10.2.1 Technische Verfahrensbeschreibung

Verdichtungsinjektionen (Kompaktionsinjektionen, engl. „Compaction grouting") nach EN 12715 [95] bezeichnen Injektionen mittels Mörtel mit hoher innerer Reibung, die den Zweck verfolgen, den Baugrund zu verdrängen und in der Folge zu verdichten, ohne ihn aufzureißen. Die Ursprünge dieses Verfahrens gehen auf die 1950er-Jahre in den USA zurück. Hochviskose Mörtel wurden anfänglich zur Auffüllung von Hohlräumen verwendet, bald darauf wurde die Verdrängungswirkung von *Graf* [102] beschrieben. In weiterer Folge wurde das Verfahren zum Heben von Bauwerken eingesetzt. In den USA ist der Oberbegriff „Low Mobility Grout(ing) LMG" üblich. Dieser beschreibt die wesentliche Eigenschaft des Injektionsmörtels und umfasst die Bereiche Hohlraumverfüllung und Verdichtungsinjektion. Entsprechend dem ASCE Consensus guide [103] wird der Begriff „Compaction grouting" ausschließlich dann verwendet, wenn die Verdichtung des Bodens beabsichtigt wird.

Wesentliche Voraussetzung für die Verdichtungsinjektion ist das korrekte Design des Mörtels. Ein typischer Mörtel ist in Bild 66 dargestellt. Das Material muss den Anforderungen hinsichtlich der Pumpbarkeit sowie der Verdrängbarkeit des Baugrunds genügen. Der Mörtel setzt sich üblicherweise aus Zement, Gesteinskörnung (vorwiegend schwach schluffiger Sand) und Wasser zusammen. Die Gewichtsanteile liegen typischerweise bei 60

Bild 66. LMG-Mörtel für Verdichtungsinjektion

bis 70% Sand, 20 bis 25% Feinanteil und 10 bis 15% Wasser. Die Verwendung von Zusätzen wie Bentonit ist prinzipiell möglich, der Anteil soll jedoch gering sein, damit die innere Reibung des Mörtels nicht zu stark herabgesetzt wird. Wird das Ziel der reinen Hohlraumverfüllung verfolgt, können oben genannte Richtwerte abgeändert werden.

Die Arbeitsschritte bei Verdichtungsinjektionen sind (Bild 67):

- Positionieren des Bohrgeräts,
- Abteufen der Bohrung bis zur Endteufe,
- Verpressen des Mörtels,
- stufenweises Ziehen des Bohrgestänges.

Zum Abteufen der Bohrung können Bohrgeräte, aber auch einfache Rammen verwendet werden. In der Regel werden Verdichtungsinjektionen von der Endteufe beginnend nach oben fortschreitend durchgeführt (Bild 67). Es ist darauf zu achten, dass sich kein signifikanter Ringraum zwischen dem Rohr und dem umgebenden Boden ausbildet, um Umläufigkeiten des Mörtels zu vermeiden.

Das Verpressen des Mörtels erfolgt mit speziellen Pumpen mit maximalen Drücken von 80 bar. Pumpraten betragen bis 150 l/min. Nach dem Verpressen wird das Gestänge mittels Bohrgerät oder Ziehvorrichtung angehoben. Typische Schritte sind 0,3 bis 1,0 m.

Verdichtungsinjektionen werden in Primär- und Sekundärraster (ggf. Tertiärraster) durchgeführt, um das geforderte Verdichtungsergebnis zu erzielen. Typische Punktabstände liegen bei 1 bis 3 m, sind aber von Bodeneigenschaften, Tiefe und Verdichtungsziel abhängig.

4.10.2.2 Wirkungsweise (bodenmechanische Betrachtung)

Die Wirkungsweise der Verdichtungsinjektion beruht darauf, dass der verpresste Mörtel mit geringem Absetzmaß (steife bis plastische Konsistenz) in den Boden eingepresst wird und aufgrund seiner Eigenschaften ausreichende Stabilität aufweist, um den anstehenden Baugrund zu verdrängen. Bei korrekter Anwendung kommt es zu keinem Aufreißen des Bodengefüges.

4.10.2.3 Anwendungsgebiete / Anwendungsgrenzen

Die Anwendung von Verdichtungsinjektion kann in einem breiten Bodenspektrum erfolgen. Besonders eignet sich das Verfahren in rolligen, weitgestuften

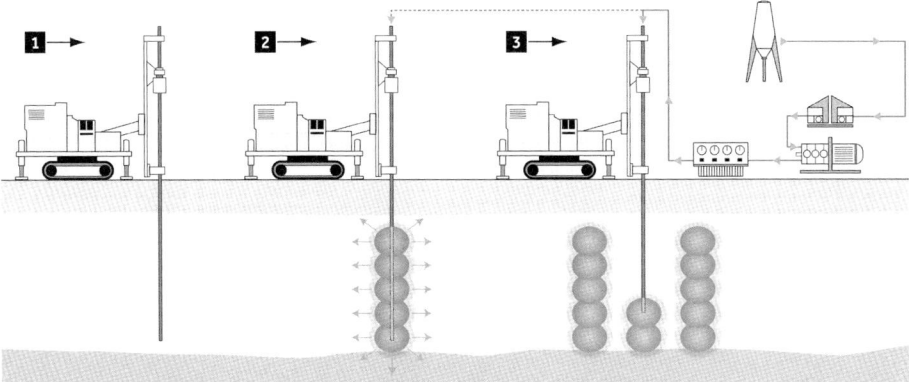

1 Einbau des Injektionsrohrs
Das Injektionsrohr wird je nach Baugrund und Bauaufgabe mit einem Bohrgerät oder einer Ramme abgeteuft.

2 Verdichtungsinjektion
Der in der Mischanlage aufbereitete Injektionsmörtel wird über eine spezielle Injektionspumpe mit Druck in den Boden eingepresst. Beim schrittweisen Ziehen oder Abteufen des Gestänges wird eine Reihe von einzelnen, übereinanderliegenden Injektionskörpern hergestellt, die zusammen säulenartige Elemente ergeben.

3 Schrittweise Verdichtung
Um eine gleichmäßige Verdichtung des Baugrunds zu erzielen, werden die Injektionen zunächst in einem groben Primärraster ausgeführt, welches nachfolgend durch ein Sekundärraster weiter verdichtet werden kann.

Bild 67. Prozessschritte Verdichtungsinjektionen

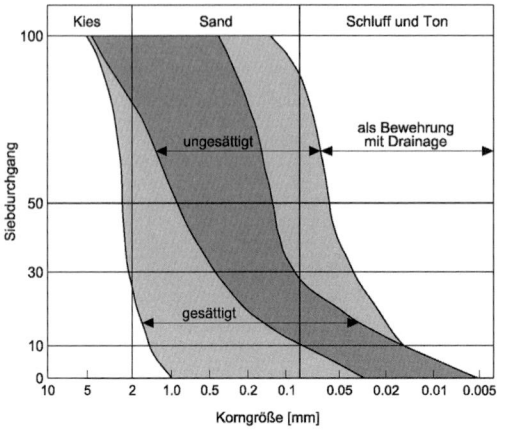

Bild 68. Anwendungsspektrum Verdichtungsinjektionen nach [104]

Böden und Böden mit geringem Wassergehalt [104] (Bild 68).

Weniger oder gar nicht eignet es sich in wassergesättigten Fein- und Mittelsanden sowie in bindigen Böden mit hohem Wassergehalt. Hier besteht das Risiko von Porenwasserüberdrücken, die zu einer Destabilisierung des Korngefüges führen.

Verdichtungsinjektionen werden für Hohlraumverfüllungen, (Nach-)Gründungen und das Anheben von Bauwerksteilen verwendet (Bild 69). Darüber hinaus gibt es ein großes Einsatzgebiet im Zusammenhang mit Maßnahmen gegen Bodenverflüssigung. Hier kommt dem Verfahren besondere Bedeutung zu. Bild 70 zeigt das Ergebnis der Drucksondierung vor und nach Ausführung der Verdichtungsinjektionen sowie die „Cyclic Stress/ Resistance Ratio CSR und CRR". Durch die Verdichtung kommt es zu einer deutlichen Erhöhung der Sicherheit gegen Bodenverflüssigung und damit

Bild 69. Anwendungsgebiete Verdichtungsinjektionen

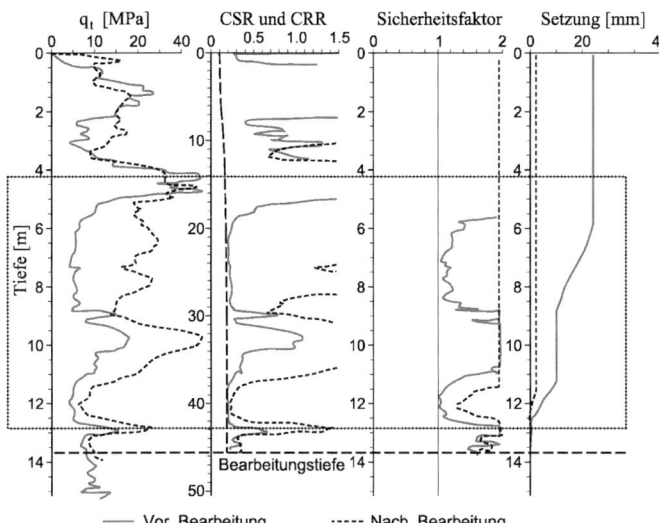

Bild 70. Vergleich der Dichte vor/nach Durchführung der Injektionen mittels CPT-Versuch und Reduktion der Verflüssigungs- und Setzungsrisikos

einhergehend der Reduktion der erwarteten Setzung im Erdbebenfall.

4.10.2.4 Vor-/Nachteile (Risiken) des Verfahrens

Verdichtungsinjektionen sind sehr robuste Baugrundverbesserungsverfahren. In den passenden Böden eingesetzt lassen sich sehr wirtschaftliche Lösungen ausführen. Sie sind auch unter sehr beengten Platzverhältnissen durchführbar.

Die Planung der Maßnahmen erfolgt vielfach basierend auf Erfahrungswerten unter ähnlichen Verhältnissen.

4.10.2.5 Hinweise für die Planung und Bemessung

In einem vereinfachten Ansatz kann die Dichteänderung, die durch das Einbringen der geforderten Injektionsmengen erzielt wird, betrachtet werden. Das Zugabematerial beträgt typischerweise 5 bis 15% des behandelten Bodenvolumens. Das Mörtelelement wird in der Bemessung nicht notwendigerweise berücksichtigt.

Zur Bemessung von komplexen Anwendungen kann die FE-Methode herangezogen werden [105]. Dies ermöglicht es, sowohl den Verdichtungseffekt im Boden als auch den Einfluss des steifen Elements zu modellieren. Dabei ist darauf zu achten, dass die großen Verformungen im numerischen Modell korrekt abgebildet werden.

4.10.2.6 Überwachung und Qualitätssicherung

Bei Verdichtungsinjektionen werden die Injektionsparameter sowie die Eigenschaften des Mörtels überwacht. Durch die Überwachung der Injektionsdrücke kann die konforme Ausführung dokumentiert werden. Beim Auftreten von Druckanomalien sind die Ursachen zu ergründen. Darüber hinaus sind die Verformungen an der Oberfläche bzw. an Bauwerken im Einflussbereich zu überwachen.

4.10.3 Aufreißinjektionen

4.10.3.1 Technische Verfahrensbeschreibung

Die Arbeitsschritte bei Aufreißinjektionen sind in (Bild 71) dargestellt:

- Abteufen der Bohrung bis zur Endteufe,
- Installation des Injektionsrohrs mit Mantelmischung,
- Mehrfachinjektionen unter Erzeugung von Rissen im Boden mit Reinigung des Injektionsrohrs zwischen den einzelnen Injektionsgängen.

Zur Ausführung der Injektionen werden i. d. R. Manschettenrohre, sogenannte „Tube a Manchettes (TAMs)", verwendet.

4.10.3.2 Wirkungsweise (bodenmechanische Betrachtung)

Bei der Aufreißinjektion ist das Ziel, auf kontrollierte Weise Risse begrenzter Ausdehnung („fracs") mittels Suspensionen mit relativ niedriger Viskosi-

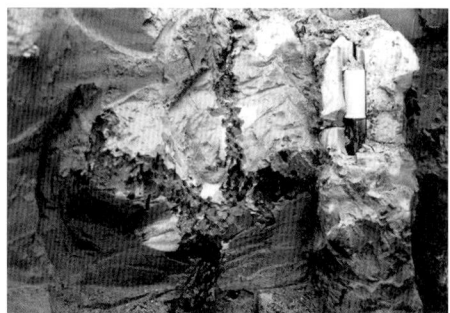

Bild 72. Injektionstechnisch erzeugte „Fracs" im Boden

tät zu erzeugen. Der Injektionsdruck muss ausreichend hoch gewählt werden, um die Festigkeit, d. h. Kohäsion/Kontaktdruck zwischen Partikeln des Bodens zu überwinden. Sobald der Boden aufgebrochen ist, wird der Riss mit der Suspension gefüllt (Bild 72).

Bei geschichtetem Untergrund herrschen Risse entlang der Schichtungsebene vor. Wenn der Boden homogen ist, entwickelt sich der Bruch mehr oder weniger entlang der Ebene der kleinsten Hauptspannung, die die geringste Festigkeit im Boden darstellt. Dieses Modell wurde im Wesentlichen aus dem Verhalten abgeleitet, das in homogenen Böden beobachtet wurde. Daher dominieren horizontale Risse unter überkonsolidierten Bodenbedingungen. Für normal konsolidierte Böden entwickeln sich anfänglich vorwiegend vertikale Risse, die eine seitliche Verschiebung des angrenzenden Bodens und damit eine Erhöhung der horizontalen Spannung bewirken. Wenn die Injektionen nach dem Abbinden und Aushärten der Suspension in mehreren, aufeinander folgenden Phasen fortgesetzt werden, verstärken weitere Injektionen den Anstieg der seitlichen Spannung, bis die horizontale Spannung der vertikalen Spannung entspricht (Bild 73). Die Orientierung der Risse wird dann vorwiegend horizontal.

4.10.3.3 Anwendungsgebiete / Anwendungsgrenzen

Aufreißinjektionen können als Kompensationsinjektionen zur Korrektur von Setzungen verwendet werden [106]. Dabei können die Setzungen durch das Auffahren von Hohlräumen oder im Zuge von Bodenaushub entstehen (Bilder 74 und 75). Diese können aber auch durch nicht ausreichend dimensionierte Gründungen verursacht werden. Anwendungsbeispiele werden in [107] und [108] beschrieben. Kompensationsinjektionen können alternativ durch Verdichtungsinjektionen (s. Abschnitt 4.10.2) erzielt werden, dieser Ansatz wird vorwiegend in den USA verwendet.

Bild 71. Verfahrensschritte – Aufreißinjektionen nach dem Soilfrac-Verfahren

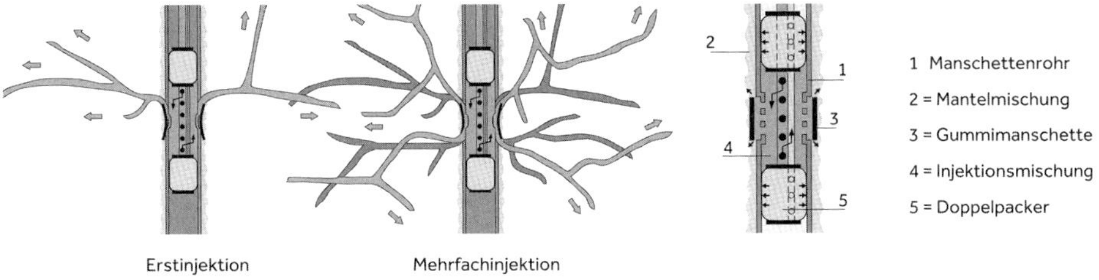

Bild 73. Manschettenrohrinjektion

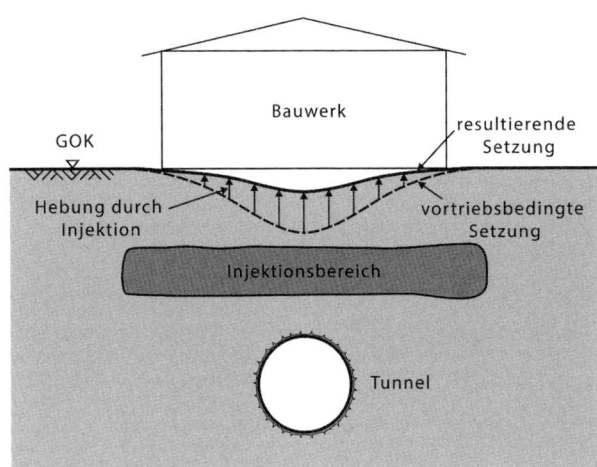

Bild 74. Kompensationsinjektionen für Tunnelbau

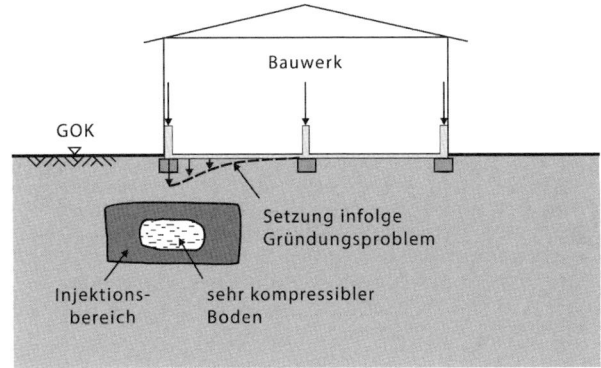

Bild 75. Kompensationsinjektionen für Gründungskorrekturen

4.10.3.4 Vor-/Nachteile (Risiken) des Verfahrens

Kompensationsinjektionen können praktisch in allen Arten von Böden (auch bei hohen organischen Anteilen) durchgeführt werden. Die dabei erzielte Genauigkeit hängt von verschiedensten Einflussfaktoren wie Überbauung, Zugänglichkeit für Bohrgeräte, geforderte Setzungslimitierung, verfügbares Budget usw. ab. Durch die teilweise aufwendige Bohr- und Injektionssteuerungstechnik ist es in der

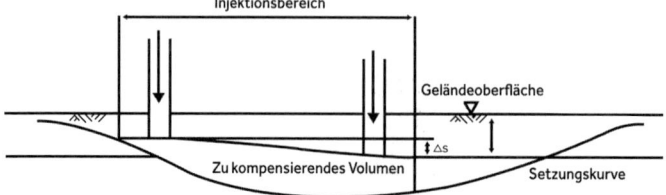

Bild 76. Bestimmung des Injektionsvolumens aus Setzung(sprognose) und Hebungsziel

Regel eine aufwandsintensive Lösung vor allem in bebauten Gebieten.

4.10.3.5 Hinweise für die Planung und Bemessung

Als erster Schritt der Planung von Kompensationsinjektionen ist eine Beurteilung des Deformationsbilds erforderlich. Im Zuge von Tunnelbaumaßnahmen werden dazu Setzungsberechnungen für verschiedene Szenarien vorgenommen. Als wichtiger Eingangsparameter wird der sogenannte „Volume Loss", das durch den Tunnelvortrieb entstehende Deformationsvolumen, angesetzt. Daraus ergibt sich eine räumliche und, über die Vortriebsgeschwindigkeit, auch zeitliche Verteilung der Setzungen.

Auf Basis der ermittelten Deformation ist die Beanspruchung der Bausubstanz im Einflussbereich zu beurteilen. Aus der maximal zulässigen Beanspruchung ergeben sich die zulässigen Verformungen, die entsprechend einer gewissen Schadenklasse als kompatibel angesehen werden können.

Mit Festlegen der tolerierbaren Deformationen ermittelt sich der Injektionsbedarf basierend auf der Setzungsprognose (Bild 76). Dieses theoretische Injektionsvolumen ist durch einen Hebungseffizienzfaktor GEF zu korrigieren. Aus dem Setzungsbild leitet sich auch die Verteilung der Manschettenrohre ab (Bild 77).

Dieser Faktor ist das Verhältnis zwischen dem an der Oberfläche messbaren Hubvolumen (V_h) und

Tabelle 10. Richtwerte für Hebungseffizienzfaktoren für Bodengruppen

Boden	Richtwerte GEF [%]
Sande und Kiese	5–15
Schluffe	15–25
weiche Tone	< 10
steife Tone	10–20
halbfeste Tone	15–25

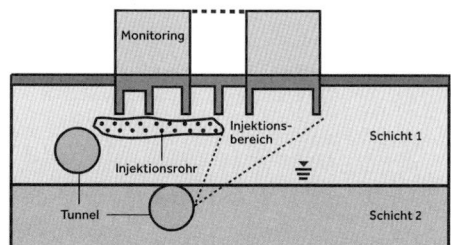

Bild 77. Beispiel einer Anordnung der Manschettenrohre unter einem Bauwerk

dem Volumen (V_{inj}), das in einen bestimmten behandelten Boden injiziert wird. Der Wert hängt von den Bauwerkslasten, den Bodeneigenschaften und den Injektionsparametern sowie von der Auswahl der Fläche ab.

$$\text{GEF} = \frac{V_h}{V_{inj}} \qquad (9)$$

Der Effizienzfaktor beinhaltet nicht die Vorbehandlungsvolumina zur Porenauffüllung etc. Richtwerte dafür werden in Tabelle 10 angeführt.

Aus obigen Überlegungen leitet sich die Verteilung der Injektionsrohre im Bild 77 beispielhaft ab. Aufgrund der genauen Kenntnisse der Bodenverhältnisse wurde im Zuge der Planung die Ausbildung der Manschettenrohrfächer auf einen Teilbereich des Bauwerks beschränkt. Es sei darauf hingewiesen, dass dies der Ausnahmefall ist, da eine Setzungskompensation nur im Bereich der Injektionsrohre möglich ist. Im Falle einer nicht korrekten Beurteilung des Setzungsbilds würde dies zu Schäden führen.

4.10.3.6 Überwachung und Qualitätssicherung in der Ausführung

Zusätzlich zur Überwachung der Injektionsparameter ist die Beobachtung der Verformungen an den Bauwerken zwingend erforderlich. Dies erfolgt in Abhängigkeit der Anforderungen. Regelmäßig kommt dabei ein Schlauchwaagensystem, das nach dem Prinzip von kommunizierenden Gefäßen funktioniert, zum Einsatz (s. Bild 78).

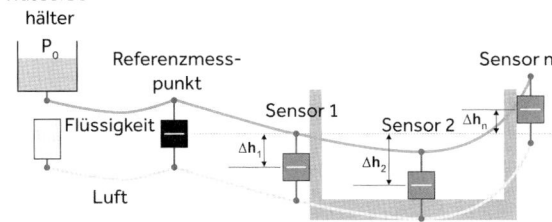

Bild 78. Messprinzip von Schlauchwaagen

4.11 Künstliche Bodenvereisung

Die künstliche Vereisung von wassergesättigten Böden ermöglicht es, über die Vereisungsdauer mechanisch feste und wasserdichte Körper herzustellen. Die Patentierung [109] und erste Anwendungen gehen auf das Ende des 19. Jahrhunderts zurück.

4.11.1 Technische Verfahrensbeschreibung

Die Wirkungsweise der Bodenvereisung beruht auf dem Gefrieren des Porenwassers durch Wärmeentzug mittels Einbringen eines kalten Fluids. Als Kältemedium kommen entweder Sole (Lauge) oder flüssiger Stickstoff zum Einsatz. Zum Einbringen werden koaxiale Gefrierrohre verwendet, die aus einer inneren Speiseleitung und einer äußeren Rückleitung bestehen.

Bei der Solevereisung wird die nicht gefrierende Flüssigkeit in einer Kältemaschine abgekühlt und über das innere Speiserohr in den Boden gepumpt. Die Vorlauftemperaturen betragen dabei -25 bis $-40\,°C$. Im geschlossenen Kreislauf wird die Sole über die äußere Leitung wieder der Kältemaschine zugeführt, wo sie abgekühlt wird. Als Kühlwasser werden in der Regel wässrige Chlor/Kalzium- oder Chlor/Magnesium-Lösungen verwendet. Mittels Solevereisung lassen sich Frostkörpertemperaturen von $T = -10$ bis $-20\,°C$ realisieren.

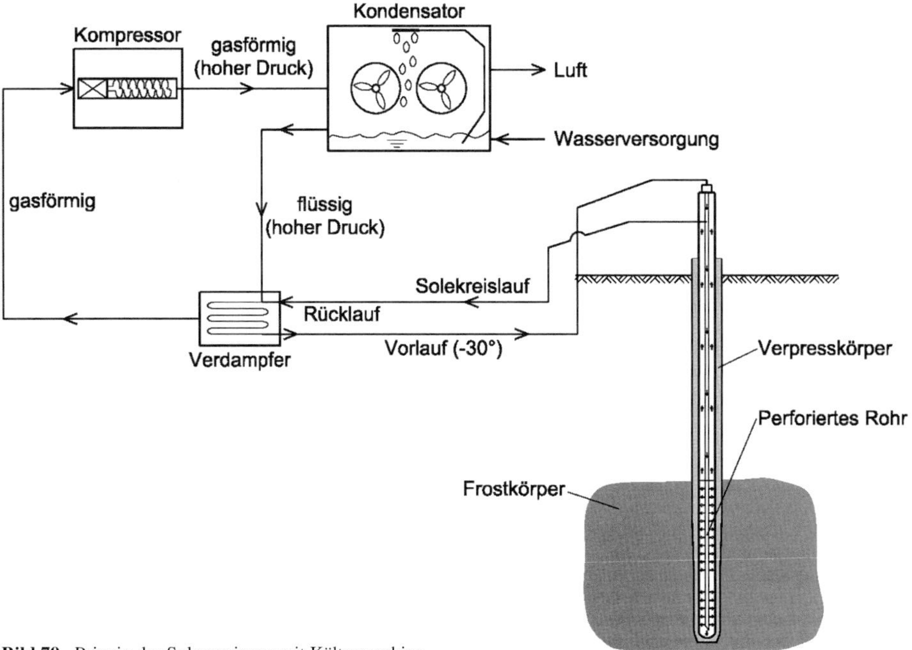

Bild 79. Prinzip der Solevereisung mit Kältemaschine

Bild 80. Kältemaschinen mit Vereisungsleitungen

Bild 82. Ausströmen des gasförmigen Stickstoffs

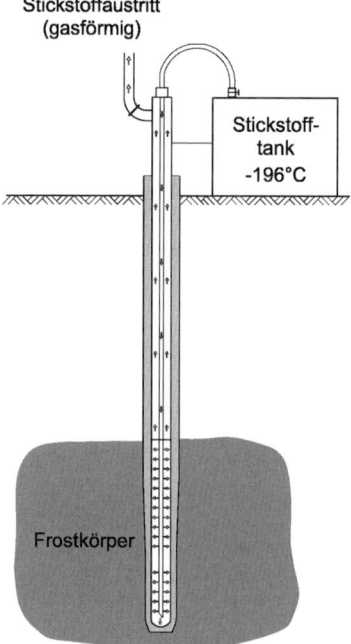

Bild 81. Prinzip der Stickstoffvereisung

In der Kältemaschine zirkuliert in einem getrennten Verdampfer-Kompressor-Kreislauf ein Kältemittel, in der Regel auf Ammonium- oder Kohlendioxidbasis. Der gesamte Kreislauf ist in Bild 79 dargestellt.

Der Aufwand für das Installieren und Betreiben der Kältemaschine ist erheblich. Die Rohrverbindungen müssen 100%ige Dichtigkeit aufweisen, um ein Ausströmen des Kältemediums in den Untergrund zu verhindern. Bild 80 zeigt mobile Kältemaschinen sowie die Rohrleitungsverbindungen mit den Gefrierrohren im laufenden Betrieb.

Bei der Stickstoffvereisung wird flüssiger Stickstoff mit Temperaturen um $-196\,°C$ zum Wärmeentzug herangezogen. Dieser wird mit speziellen Tankwagen angeliefert und in Behältern auf der Baustelle gespeichert. Alternativ kann die Einspeisung des Flüssigstickstoffs direkt über das Tankfahrzeug erfolgen. Durch das Einströmen des Stickstoffs in die Gefrierrohre kommt es zum Wärmeentzug im Boden, der Stickstoff verdampft unter ca. 700-facher Volumenvergrößerung und entweicht gasförmig über die oben offenen Gefrierrohre (Bilder 81 und 82). Im Flüssigstickstoffverfahren werden Frostkörpertemperaturen von ca. $T = -20$ bis $-30\,°C$ erzeugt.

Aufgrund der sehr niedrigen Temperaturen des Flüssigstickstoff ergeben sich deutlich geringere Zeiten für das Auffrieren von Bodenkörpern als bei der Solevereisung. Da die Stickstoffvereisung weitaus teurer als die Solevereisung ist, wird sie in der Regel für Vorhaben kurzer Dauer oder in Kombination mit der Solevereisung (während der Haltephase) verwendet.

4.11.2 Wirkungsweise (bodenmechanische Betrachtung)

In wassergesättigten Böden kommt es beim Unterschreiten des Gefrierpunkts des Porenwassers zur Eisbildung. Ausgehend von der künstlich reduzierten Temperatur an der Außenwand des Gefrierrohrs und dem durch den Temperaturgradienten bedingten Transport von Wasser in Richtung der gefrorenen Bereiche breitet sich im Fall von stationären Grundwasserverhältnissen eine radiale Gefrierfront aus. Durch entsprechende Anordnung der Gefrierrohre im Raster entsteht bei ausreichender Kältemittelzufuhr in weiterer Folge eine Überlappung der einzelnen Frostkörper, sodass sich ein geschlossener Frostkörper ausbildet. Zur Erhaltung des vereisten Bodenkörpers ist eine konstante oder intermittierende Kältezufuhr über die Vereisungsdauer erforderlich. Eine detaillierte Beschreibung des Mechanismus ist bei [110] zu finden.

Die Änderung des Aggregatzustands ist mit einer Volumenvergrößerung von ca. 9 % verbunden. Kann das gefrorene Porenwasser das ungefrorene Wasser nicht verdrängen, entstehen Eislinsen mit entsprechender Volumenzunahme. Diese führt in frostempfindlichen Böden zu Hebungserscheinungen. Neben den Bodeneigenschaften ist der Effekt auch durch Faktoren wie Auflast und Gefriergeschwindigkeit bestimmt. Generell gelten grobkörnige Böden als weniger frostempfindlich als feinkörnige.

Es sei darauf hingewiesen, dass bei baupraktisch erzielten Temperaturen keine vollständige Umwandlung von Porenwasser in Eis erzielt wird. Ein geringer Anteil an ungefrorenem Wasser ist in Vereisungskörpern stets vorhanden. Dies trifft speziell für bindige Böden zu. Zur Abschätzung des ungefrorenen Wassergehalts sei auf [111] verwiesen.

Künstlich gefrorene Böden weisen höhere Festigkeiten und Steifigkeiten bei geringerer Durchlässigkeit auf. Ihr Verhalten ist durch ausgeprägtes Kriechen und Relaxation gekennzeichnet. Folgende Faktoren beeinflussen wesentlich das Verhalten [114]:

– Temperatur,
– Wassergehalt und Sättigungsgrad,
– Bodenart,
– Salinität,
– Beanspruchungsdauer- und Geschwindigkeit.

Mit abnehmender Temperatur nimmt die Eisbildung zu, der Anteil an ungefrorenem Porenwasser ab. Die Festigkeitszunahme resultiert aus der geänderten Struktur und der aufnehmbaren Zugfestigkeit. Für praktische Anwendungen wird i. d. R. eine Frostkörpertemperatur von $T = -10$ bis $-20\,°C$ gewählt. Zunehmender Wassergehalt führt ebenfalls zu höherem Eisgehalt und damit zu mehr Festigkeit. Ist der kritische Wassergehalt erreicht, nimmt die Festigkeit wieder ab. Vor allem oberhalb des Grundwasserspiegels ist dies entsprechend zu berücksichtigen. In Hinblick auf den Einfluss der Bodenart ist vor allem der Feinkornanteil aufgrund der Kornstruktur entscheidend.

Als Umkehrung des Prozesses kommt es beim Auftauen zur Bildung von Porenwasser mit der damit einhergehenden Volumenverkleinerung. Ist ein Volumenausgleich durch Wasserzustrom möglich, ergeben sich keine Verformungen. Insbesondere in feinkörnigen Böden können jedoch bleibende Verformungen entstehen.

Wenn es im Zuge der Eisbildung zu Änderungen des Bodengefüges kommt, kann die Durchlässigkeit höher als im unbehandelten Boden sein.

4.11.3 Anwendungsgebiete/ Anwendungsgrenzen

Künstliche Vereisungen finden im Schacht- und Tunnelbau, seltener zur Baugrubensicherung oder zur Immobilisierung von kontaminierten Böden Anwendung.

Eine Übersicht zu Schacht- und Tunnelbauanwendungen ist bei [112] zu finden. Im Tunnelbau werden Vereisungen für dichtende und/oder tragende bzw. stabilisierende Körper eingesetzt. Die Dicken der Körper sind regelmäßig 2,5 m. Durch die Sensitivität der weniger massiven Frostkörper auf störende Einflüsse ergibt sich ein deutlich höherer Kontrollbedarf. Auch bohrtechnisch stellen die Gefrierbohrungen aufgrund der geometrischen Randbedingungen große Herausforderungen dar.

Ein Beispiel einer Vereisung für einen Tunnelvortrieb wird in [113] beschrieben. Im Zuge der Verbindung zweier Schächte des Pumpwerks in Bottrop an der Emscher wurden Baugrundverbesserungs-

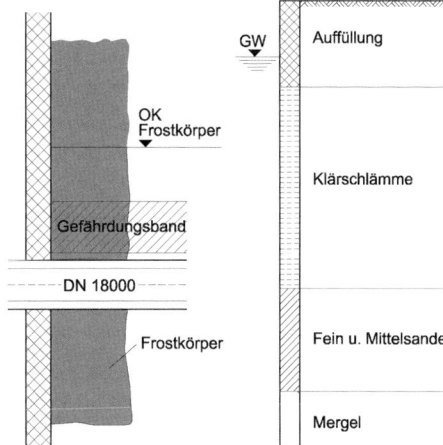

Bild 83. Schnitt durch den Schacht mit Frostkörper zur Vortriebssicherung

Bild 84. Baustelleneinrichtung für Stickstoffvereisung und Schachtbauwerk

maßnahmen für den Vortrieb des Tunnels mit einem Durchmesser von 2.400 mm erforderlich. Zur Sicherung des Vortriebs war ursprünglich ein dichtend wirkender Düsenstrahlkörper von etwa 2.600 m³ in dem aus kontaminiertem Klärschlamm, Sanden und teilweise aus Emschermergel bestehenden Baugrund vorgesehen (Bild 83). Bei der Kampfmittelerkundung konnte ein Gefährdungsband von ca. 3 m Höhe nicht freigemessen werden. Als Konsequenz wurde von der Hochdruckinjektion abgegangen und die Vortriebssicherung mittels Vereisung durchgeführt. Dazu wurden 55 Gefrierlanzen mit eine max. Länge von 25 m unter besonderen Arbeitsschutzmaßnahmen installiert. Im Vortriebsbereich wurden Kunststoff- und rückbaubare Kupferlanzen, im restlichen Bereich Standard-Kupferlanzen verwendet. Die Vereisung erfolgte im Stickstoffverfahren über eine Dauer von ca. 4 Monaten (Bild 84). Der Frostkörper erfüllte neben der dichtenden auch eine statische Anforderung. Das Auffrieren erfolgte mit Temperaturen um die $-120\,°C$, während für den Vortrieb eine Frostkörpertemperatur von ca. $-20\,°C$ gewählt wurde. In

Bild 85. Freigelegter Vereisungskörper

Bild 85 ist der Frostkörper unter vollem Wasserdruck nach dem Aufbruch der Schlitzwand mit einer Öffnung von ca. $5\,m \times 5\,m$ zu sehen. Durch das schnelle Auffrieren konnte der Eisdruck auf die Schlitzwand beschränkt werden. Die Temperaturkontrolle erfolgte über drei Messketten im Frostkörper sowie zwei in der Schlitzwand installierte Temperaturgeber.

4.11.4 Vor-/Nachteile (Risiken) des Verfahrens

Ein besonderer Vorteil der Bodenvereisung ist, dass sich alle ausreichend wassergesättigten Böden vereisen lassen. Daraus ergibt sich ein sehr breites Einsatzspektrum. Die hergestellten Frostkörper besitzen neben den Festigkeitseigenschaften auch dichtende Wirkung und können an andere Bauteile angebunden werden. Beim Vorliegen von hohen Fließgeschwindigkeiten im Grundwasser (ca. 2 bis 4 m pro Tag, je nach Gefrierverfahren) oder bei frostbildungshemmenden Inhaltsstoffen im Grundwasser kann das wirtschaftliche Auffrieren u. U. gänzlich unmöglich oder nur mit zusätzlichen Hilfsmaßnahmen möglich sein.

Vereisungen sind i. d. R mit sehr hohen Kosten verbunden, daher werden sie zumeist nur verwendet, wenn andere Baugrundverbesserungsmaßnahmen nicht zielführend sind. Aufgrund des stark ausgeprägten visko-plastischen Verhaltens unterscheidet sich das Verhalten grundsätzlich von anderen Materialen im Grundbau. Durch die Eisbildung werden Gefrierdrücke auf die anliegenden Bauteile ausgeübt. Beim Auftauen kann es zu Volumenverkleinerungen und damit zu Setzungen kommen, welche durch Zusatzmaßnahmen u. U. kompensiert werden müssen.

Diese Aspekte sind in der Planung und Ausführung zu berücksichtigen.

4.11.5 Hinweise für die Planung und Bemessung

Der erste Schritt ist die thermische Bemessung, in der die Frostausbreitung während des Auffrierens des Bodens und des Erhalts des Frostkörpers berechnet wird. Dazu sind die thermischen Eigenschaften des Bodens – Wärmekapazität und Wärmeleitfähigkeit – zu bestimmen. Dies kann über Laborversuche, in denen zumeist ungestörte Bodenproben im Labor künstlich gefroren werden, oder über Literaturwerte erfolgen.

Aus diesem Bemessungsschritt ergibt sich die Anlagenkapazität und die Anordnung der Gefrierrohre sowie der Energie- und Zeitaufwand für die Gefrierphasen. Die statische Bemessung des Frostkörpers erfolgt mittels Stabwerkprogrammen oder der Finite-Elemente-Methode anhand der erzielten Festigkeits- und Verformungseigenschaften. Wie eingangs erwähnt, sind die Eigenschaften u. a. wesentlich durch Temperatur-, Kriech- und Relaxationseinflüsse bestimmt. Daher empfiehlt es sich, die Einflüsse hinsichtlich der Projektanforderungen zu untersuchen.

Anhaltswerte für eine erste Vordimensionierung nach [113] können Tabelle 11 entnommen werden. Sie gelten bei einer mittleren Temperatur von $-10\,°C$ für wassergesättigte Böden, wobei zwischen Kurzzeitverhalten von ca. 1 Woche und Langzeitverhalten von ca. 3 bis 12 Monaten unterschieden wird. Die Anwendungsgrenzen sind oben genannter Quelle zu entnehmen. Darüber hinaus empfiehlt es sich die Frostempfindlichkeit zu untersuchen.

4.11.6 Überwachung und Qualitätssicherung in der Ausführung

Die Überwachung von Bodenvereisungsmaßnahmen erfolgt über die Kontrolle der Geometrie des Frostkörpers und der Temperatur. Dazu werden Temperaturgeber, meist in Form von Messgeberketten, im Frostkörper installiert. Ausgehend von den Einzelmessungen kann unter Zugrundelegung von thermischen Modellen auf das gesamte Temperaturfeld geschlossen werden. Vielfach werden auch Temperaturmessungen in den Bauteilen durchgeführt, an die der Forstkörper kraft- oder formschlüssig angeschlossen wird. Neben der Temperaturmessung im Boden oder im Bauteil wird auch der Wärmefluss in den Gefrierrohren über Temperaturmessungen bzw. Durchflussmessungen erfasst.

4.12 Stabilisierungssäulen (diskrete starre/pfahlähnliche Elemente bzw. „Rigid Inclusions")

Dieser Abschnitt beschreibt steife/pfahlähnliche Baugrundverbesserungselemente zur Abtragung von Lasten. Die Elemente werden auch als „Stabilisierungssäulen" in der Definition des Arbeitskreises AK 2.8 der Deutschen Gesellschaft für Geotechnik, international als „rigid inclusions" bezeichnet. Im Unterschied zu Pfahlgründungen zeichnen sich diese Baugrundverbesserungselemente dadurch aus, dass eine Lastverteilungsschicht (oft auch Arbeitsplanum) bei der Lastabtragung miteinbezogen wird. Das Tragsystem stellt einen Übergang von Baugrundverbesserung zur Tiefgründung mit Pfählen bzw. zur kombinierten Pfahl-Plattengründung dar.

Die Elemente sind i. d. R unbewehrt, können aber bei Biegebeanspruchung oder zum Schutz des Kopfbereichs gegen Abscheren bewehrt werden.

4.12.1 Technische Verfahrensbeschreibung

Zur Herstellung von steifen Baugrundverbesserungselementen kommen im Wesentlichen alle Verfahren zum Einsatz, bei denen durch Rammen, Vibration oder Bohren steife oder pfahlartige Elemente erzeugt bzw. in den Boden eingebracht werden. Zum Abteufen der Bohrung steht eine Vielzahl von Techniken zur Verfügung. Dazu können als Beispiel Tiefenrüttler, Aufsatzrüttler oder Verdrängerschnecken zum Einsatz kommen. Letztere können zu einer Verbesserung des die Säule umgebenden Bodens führen. Diese Elemente bestehen aus Beton

Tabelle 11. Festigkeitseigenschaften von Frostkörpern aus [113]

Bodenart	Zustand	Kurzzeiteigenschaften				Langzeiteigenschaften			
		σ_D	φ	c	E-Modul	σ_D	φ	c	E-Modul
		MN/m^2	°	MN/m^2	MN/m^2	MN/m^2	°	MN/m^2	MN/m^2
nichtbindig	dicht	7	38	2	600–900	4	22	1,4	260–400
	mitteldicht	5	30	1,5	500	3,5	15	1,2	250
bindig	halbfest	3	20	1	400–500	2	10	0,8	200–260
	steif	2,5	15	0,8	300	1,5	7,5	0,6	120

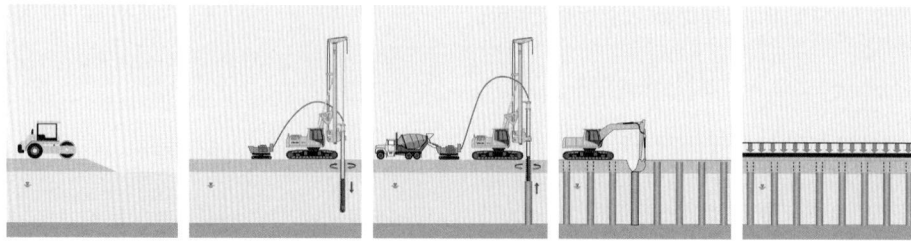

Bild 86. Herstellung eines steifen Baugrundverbesserungselements mittels Vollverdrängerschnecke

oder Mörtel, in Ausnahmefällen auch aus Holz oder Stahl. Typische Elementdurchmesser betragen 25 bis 50 cm, aber es gibt auch Anwendungsbeispiele mit kleineren oder größeren Durchmessern. Die Anordnung der Elemente erfolgt üblicherweise im regelmäßigen Raster. In Bild 86 ist eine mögliche Art der Herstellung schematisch dargestellt.

Die Arbeitsschritte sind Folgende:
- Abteufen der Bohrung vom Arbeitsplanum aus,
- Ziehen der Schnecke bei gleichzeitigem Pumpen von Beton,
- Abziehen des frischen Betons auf geplanter Oberkante.

4.12.2 Wirkungsweise (bodenmechanische Betrachtung)

Durch das Aufbringen einer Last werden Kräfte sowohl in die starren Elemente als auch in den anstehenden Untergrund zwischen den diskreten Elementen eingeleitet. Dies führt sowohl zu einer Mobilisierung von positiver Mantelreibung und Spitzendruck am unteren Ende der Säule als auch zur Entwicklung von negativer Mantelreibung im oberen Schaftbereich. Es stellt sich ein Kräftegleichgewicht zwischen treibenden und rückhaltenden Kräften ein. Im neutralen Punkt findet keine Relativverschiebung des Bodens zum Schaft des Elements statt. Dem Mechanismus entsprechend befindet sich in diesem Querschnitt die maximale Beanspruchung der Säule (Bild 87).

Über die Lastverteilungsschicht wird ein überwiegender Anteil der Belastung in die starren Elemente eingeleitet. Dadurch ergeben sich auch u. a. geringere Setzungen als bei Systemen mit nichtstarren Elementen. Die Berechnung und Bemessung solcher Systeme muss die Lastverteilung zwischen Boden und Säule über die Tiefe abbilden, um insbesondere realistische Setzungen und Säulenkräfte zu ermitteln. Geeignete Berechnungsmethoden hierfür sind insbesondere die Finite-Elemente-Methode oder die Lasttransfermethode (mehr dazu Abschnitt 4.12.5).

4.12.3 Anwendungsgebiete / Anwendungsgrenzen

Der Einsatzbereich von Stabilisierungssäulen ist vielfältig, zum Beispiel:
- Industriebauwerke, Lagerhallen,
- Tanks,
- Aufschüttungen (Straßen, Bahn).

4.12.4 Vor-/Nachteile (Risiken) des Verfahrens

Vorteile:
- geringere Setzungen als bei Systemen mit nicht-starren Säulen möglich,
- deutlich geringerer Einfluss von Weichschichten,

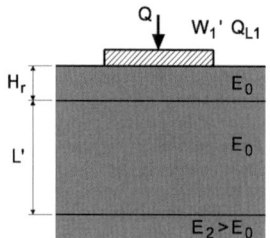 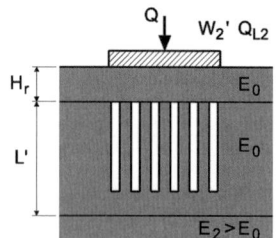 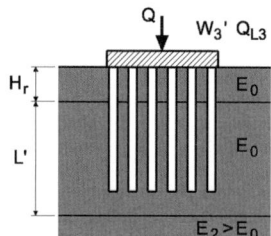

Bild 87. Lastabtragungsmechanismus für starre Verbesserungselemente

- geringere Beanspruchung (Bewehrung) von Fundamentplatten im Vergleich zu Pfahlsystemen,
- optimierter Materialverbrauch im Vergleich zu Pfahllösungen.

Nachteile/Risiken:

- hohe Anforderungen an Lasttransferplattform (Durchstanzen der Säulen),
- mögliches Abscheren der Säulenköpfe durch ungeplante Horizontalbeanspruchung (insbesondere vom Baustellenverkehr),
- kein Dränageeffekt,
- hohe Empfindlichkeit bei Imperfektionen (insbesondere Durchmesser, Vertikalität),
- Anwendbarkeit in organischen Böden begrenzt.

4.12.5 Hinweise für die Planung und Bemessung

Zur Bemessung der Baugrundverbesserung mit starren Elementen hat sich im deutschsprachigen Raum noch kein einheitliches Bemessungskonzept etabliert. Auch im Eurocode 7 ist die Methode noch nicht inkludiert. Zurzeit beschäftigt sich der DGGT-Arbeitskreis 2.8 mit der Erarbeitung von Empfehlungen (vgl. [115–117]).

Daher wird vielfach auf die Design-Ansätze von Frankreich, die im Zuge des Projekts ASIRI [118] erarbeitet wurden, verwiesen. Hierin werden zwei unterschiedliche Bemessungsbereiche unterschieden. Ausgangspunkt ist der Nachweis der Tragfähigkeit ohne Säulen. Ist der Nachweis der Tragfähigkeit der Gründung für den unbehandelten Baugrund erfüllt, werden die Säulen nur als „Verformungsbremse" gesehen und es braucht keinen Nachweis der äußeren Tragfähigkeit der Einzelsäulen geführt zu werden (Standsicherheit auch ohne Säulen erfüllt). Ist dies nicht der Fall, muss ein Nachweis der äußeren Tragfähigkeit der Säulen mit der Säulenlast in der neutralen Ebene geführt werden, mit den gleichen Sicherheitsfaktoren wie für Pfähle. Somit ist das Sicherheitskonzept ähnlich zu kombinierten Pfahl-Plattengründungen, wo die Standsicherheit ebenfalls im Gesamtsystem betrachtet wird [116, 119].

Zur Durchführung der Berechnungen werden wie oben bereits angeführt aktuell entweder die Finite-Elemente-Methode oder die Lasttransfermethode LTM verwendet (Bild 88).

Bei beiden Verfahren sind die Bestimmung der Bodenparameter und die entsprechenden Annahmen entscheidend, um alle Interaktionen zwischen Säulen und Boden realistisch abzubilden. Der Vorteil der Finite-Elemente-Methode ist vor allem die große Flexibilität bei der Geometrie- und Lastmodellierung (z. B. komplexe Fundamentformen, Hori-

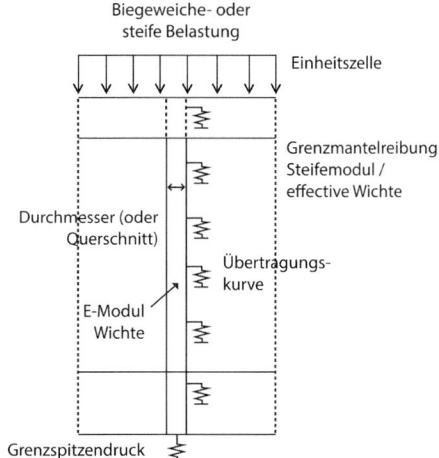

Bild 88. Prinzip der Lasttransfermethode für die Einheitszelle

zontallasten) wie auch die Möglichkeit der Anwendung höherwertiger Stoffgesetze, die eine realitätsnähere Abbildung der Interaktion zwischen Untergrund, den diskreten Elementen und dem Gründungskörper erlauben.

Bei der LTM-Methode werden Mobilisierungsfunktionen (Lasttransferfunktionen) zur Modellierung der Interaktionen herangezogen (vgl. [116, 120]). Die Werte für Grenzmantelreibung und Grenzspitzendruck sind für die gewählte Herstellungstechnik und die gegebenen Bodenbeschaffenheiten festzulegen, was eine direkte Kontrolle über diese Parameter ermöglicht (z. B. Nutzung der Erfahrungswerte laut Empfehlungen des Arbeitskreises Pfähle). Diese Methode eignet sich zur Berechnung von einfachen Geometrien wie ausgedehnte Lastfläche oder Einzelfundamente unter Vertikallasten. Es wird eine Annahme mit fiktiven Säulen (bestehend aus Boden) für die Interaktionen in der Lastverteilungsschicht getroffen. In [120] wird die Methode detailliert erläutert.

4.12.6 Überwachung und Qualitätssicherung in der Ausführung

Die Bauüberwachung erfolgt entsprechend den für das jeweilige Produkt verwendeten Richtlinien (z. B. Zulassung für Betonrüttelsäulen). Neben der Lagegenauigkeit kann es projektspezifisch erforderlich sein, die Vertikalität zu überwachen, um das unbeabsichtigte Einleiten von exzentrischen Kräften zu vermeiden. Bei Verwendung von unbewehrten Elementen kommt der Überwachung der Kopfausbildung besondere Bedeutung zu. Die Scherbeanspruchung z. B. durch Baugeräte ist zu vermeiden. Daher ist es erforderlich, eine entsprechend dimensionierte Verteilschicht herzustellen. Beim Herstellen der Säulen ist auf die Reihenfolge zu achten, damit angrenzende Elemente nicht durch seitliche Verdrängung oder Hebung beschädigt werden.

5 Kombinierte Verfahren

5.1 Allgemeines und Zweck von Verfahrenskombination

Der aus dem griechischen stammende Begriffe Hybrid (Substantiv) bezieht sich auf etwas Gebündeltes, Gekreuztes oder Vermischtes. Und diese Wortbedeutung haben auch die in der Gründungstechnik sogenannten „Kombinationsgründungen" und „Hybridgründungen", bei denen für die Gründung eines Bauwerks eine Kombination unterschiedlicher Gründungs- und/oder Baugrundverbesserungsverfahren zur Anwendung gelangen.

Aus technischer und wirtschaftlicher Sicht gibt es eine Vielzahl von Gründen und eine noch größere Zahl von Möglichkeiten, verschiedene Gründungs- und/oder Baugrundverbesserungsverfahren zu kombinieren, was in der einen oder anderen Form auch schon viele Jahre bzw. Jahrzehnte praktiziert wird. Aus diesem Umstand ergibt sich ein breites, aber oftmals nicht ganz klares Verständnis, wann von „hybriden oder kombinierten Gründungen" gesprochen werden kann und soll. Eine mögliche Definition findet sich beispielsweise in [121] auf der in gegenständlichem Beitrag aufgebaut wird. Unterschieden werden sollte z. B. danach, ob sich die hybride Eigenschaft auf die System- oder die Elementebene bezieht.

Demgemäß werden in [121] unter „Kombinationsgründungen" Gründungssysteme verstanden, in denen für ein Bauwerk unterschiedliche Gründungselemente wie z. B. Pfähle und Baugrundverbesserungsverfahren oder eine Kombination unterschiedlicher Baugrundverbesserungsverfahren Anwendung finden, wobei i. Allg. unter den einzelnen Fundamentkörpern keine Vermischung der Systeme stattfindet. Werden beispielsweise die hochbelasteten Stützenfundamente einer Industriehalle auf klassischen Bohrpfählen (tief) und die gering und weitestgehend gleichmäßig belastete Bodenplatte auf einer Baugrundverbesserung mittels z. B. Rüttelstopfsäulen oder Betonstopfsäulen gegründet, so entspricht dies einer Kombinationsgründung. Eine Kombinationsgründung ist auch dann gegeben, wenn bei unterschiedlichen Gründungsniveaus im Bereich des tieferen Niveaus eine Bodenplatte im tragfähigen Untergrund ausgeführt wird, während der nichtunterkellerte Bereich auf Pfählen zur Überbrückung der weniger tragfähigen bzw. setzungsempfindlichen oberflächennahen Schichten gegründet wird [121]. Die Gründe für eine Kombination verschiedener Gründungssysteme im Sinne einer Kombinationsgründung liegen neben technischen zumeist in wirtschaftlichen Überlegungen und finden in dieser Form bereits über Jahrzehnte Anwendung. Die möglichen und zweckmäßigen Kombinationsformen für ein spezifisches Projekt ergeben sich aus den vorherrschenden Untergrundverhältnissen, den Anforderungen und Randbedingungen für das zu errichtende Bauwerk und aus den spezifischen Eigenschaften der jeweiligen Gründungs- bzw. Baugrundverbesserungsverfahren. Das zumeist maßgebende Kriterium für die Kombinationsmöglichkeit verschiedener Systeme liegt in deren Verformungsverträglichkeit der mittels unterschiedlichen Verfahren gegründeten Bauwerksteile. Im gegenständlichen Beitrag wird mit Verweis auf die in den vorigen Abschnitten detaillierter beschriebenen Verfahren, deren spezifische Anwendungsbereiche sowie Vor- und Nachteile nicht vertieft auf derartige Kombinationsformen eingegangen.

Hinsichtlich der Hybridgründung finden sich in der baupraktischen Anwendung unterschiedliche Definitionsansätze. In [121] werden unter „Hybridgründungen" Baugrundverbesserungsverfahren verstanden, die gleichzeitig zwei Effekte hinsichtlich der Gründungsmethode erfüllen (Definition 1). Beispielsweise die gleichzeitige Bodenverdichtung und das Einbringen eines tragfähigen Boden-Bindemittel-Gemischs, mit dem in weiterer Folge ein tragfähiges Tiefgründungselement geschaffen wird. Hybridgründung bezieht sich bei dieser Definition auf den zweifachen Effekt hinsichtlich Gründungsmethode, wobei dieser Zweck ggf. auch mit einem einzelnen Verfahren (wie z. B. einer Betonstopfsäule) erreicht werden kann.

In einem zweiten Definitionsansatz werden unter Hybridgründung aus verschiedenen Verfahrensarten kombinierte (einzelne) Gründungselemente verstanden (Definition 2). Beispielsweise, wenn der obere Teil einer Gründungssäule aus (ungebundenen) Schottersäulen (z. B. Rüttelstopfsäule) und der tiefere Teil der Säule aus Beton (z. B. Betonrüttelsäule oder Betonstopfsäule) hergestellt wird. In diesem zweiten Definitionsansatz wird also davon ausgegangen, dass für eine Hybridgründung eine Kombination von zumindest zwei klassischen Baugrundverbesserungsverfahren erforderlich ist, damit einzelne Gründungselemente hergestellt werden können.

In manchen praktischen Anwendungsfällen kommt in Bezug zu obigen Definitionen für ein Bauvorhaben zugleich eine Kombinations- wie auch ein Hybridgründung zum Einsatz [122].

Im Folgenden wird unter Berücksichtigung beider oben genannten Definitionen näher auf Hybridgründungen, insbesondere auf deren Vor-/Nachteile eingegangen.

ten Temperatur an der Außenwand des Gefrierrohrs und dem durch den Temperaturgradienten bedingten Transport von Wasser in Richtung der gefrorenen Bereiche breitet sich im Fall von stationären Grundwasserverhältnissen eine radiale Gefrierfront aus. Durch entsprechende Anordnung der Gefrierrohre im Raster entsteht bei ausreichender Kältemittelzufuhr in weiterer Folge eine Überlappung der einzelnen Frostkörper, sodass sich ein geschlossener Frostkörper ausbildet. Zur Erhaltung des vereisten Bodenkörpers ist eine konstante oder intermittierende Kältezufuhr über die Vereisungsdauer erforderlich. Eine detaillierte Beschreibung des Mechanismus ist bei [110] zu finden.

Die Änderung des Aggregatzustands ist mit einer Volumenvergrößerung von ca. 9 % verbunden. Kann das gefrorene Porenwasser das ungefrorene Wasser nicht verdrängen, entstehen Eislinsen mit entsprechender Volumenzunahme. Diese führt in frostempfindlichen Böden zu Hebungserscheinungen. Neben den Bodeneigenschaften ist der Effekt auch durch Faktoren wie Auflast und Gefriergeschwindigkeit bestimmt. Generell gelten grobkörnige Böden als weniger frostempfindlich als feinkörnige.

Es sei darauf hingewiesen, dass bei baupraktisch erzielten Temperaturen keine vollständige Umwandlung von Porenwasser in Eis erzielt wird. Ein geringer Anteil an ungefrorenem Wasser ist in Vereisungskörpern stets vorhanden. Dies trifft speziell für bindige Böden zu. Zur Abschätzung des ungefrorenen Wassergehalts sei auf [111] verwiesen.

Künstlich gefrorene Böden weisen höhere Festigkeiten und Steifigkeiten bei geringerer Durchlässigkeit auf. Ihr Verhalten ist durch ausgeprägtes Kriechen und Relaxation gekennzeichnet. Folgende Faktoren beeinflussen wesentlich das Verhalten [114]:

– Temperatur,
– Wassergehalt und Sättigungsgrad,
– Bodenart,
– Salinität,
– Beanspruchungsdauer- und Geschwindigkeit.

Mit abnehmender Temperatur nimmt die Eisbildung zu, der Anteil an ungefrorenem Porenwasser ab. Die Festigkeitszunahme resultiert aus der geänderten Struktur und der aufnehmbaren Zugfestigkeit. Für praktische Anwendungen wird i. d. R. eine Frostkörpertemperatur von $T = -10$ bis $-20\,°C$ gewählt. Zunehmender Wassergehalt führt ebenfalls zu höherem Eisgehalt und damit zu mehr Festigkeit. Ist der kritische Wassergehalt erreicht, nimmt die Festigkeit wieder ab. Vor allem oberhalb des Grundwasserspiegels ist dies entsprechend zu berücksichtigen. In Hinblick auf den Einfluss der Bodenart ist vor allem der Feinkornanteil aufgrund der Kornstruktur entscheidend.

Als Umkehrung des Prozesses kommt es beim Auftauen zur Bildung von Porenwasser mit der damit einhergehenden Volumenverkleinerung. Ist ein Volumenausgleich durch Wasserzustrom möglich, ergeben sich keine Verformungen. Insbesondere in feinkörnigen Böden können jedoch bleibende Verformungen entstehen.

Wenn es im Zuge der Eisbildung zu Änderungen des Bodengefüges kommt, kann die Durchlässigkeit höher als im unbehandelten Boden sein.

4.11.3 Anwendungsgebiete/ Anwendungsgrenzen

Künstliche Vereisungen finden im Schacht- und Tunnelbau, seltener zur Baugrubensicherung oder zur Immobilisierung von kontaminierten Böden Anwendung.

Eine Übersicht zu Schacht- und Tunnelbauanwendungen ist bei [112] zu finden. Im Tunnelbau werden Vereisungen für dichtende und/oder tragende bzw. stabilisierende Körper eingesetzt. Die Dicken der Körper sind regelmäßig 2,5 m. Durch die Sensitivität der weniger massiven Frostkörper auf störende Einflüsse ergibt sich ein deutlich höherer Kontrollbedarf. Auch bohrtechnisch stellen die Gefrierbohrungen aufgrund der geometrischen Randbedingungen große Herausforderungen dar.

Ein Beispiel einer Vereisung für einen Tunnelvortrieb wird in [113] beschrieben. Im Zuge der Verbindung zweier Schächte des Pumpwerks in Bottrop an der Emscher wurden Baugrundverbesserungs-

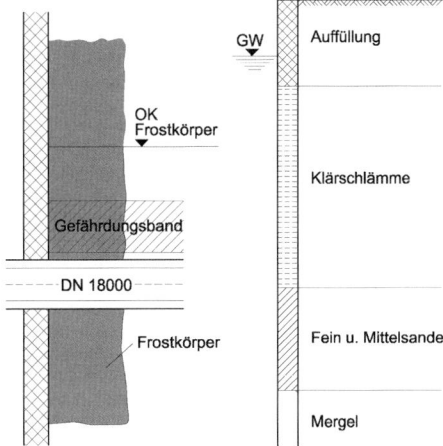

Bild 83. Schnitt durch den Schacht mit Frostkörper zur Vortriebssicherung

Bild 84. Baustelleneinrichtung für Stickstoffvereisung und Schachtbauwerk

maßnahmen für den Vortrieb des Tunnels mit einem Durchmesser von 2.400 mm erforderlich. Zur Sicherung des Vortriebs war ursprünglich ein dichtend wirkender Düsenstrahlkörper von etwa 2.600 m³ in dem aus kontaminiertem Klärschlamm, Sanden und teilweise aus Emschermergel bestehenden Baugrund vorgesehen (Bild 83). Bei der Kampfmittelerkundung konnte ein Gefährdungsband von ca. 3 m Höhe nicht freigemessen werden. Als Konsequenz wurde von der Hochdruckinjektion abgegangen und die Vortriebssicherung mittels Vereisung durchgeführt. Dazu wurden 55 Gefrierlanzen mit eine max. Länge von 25 m unter besonderen Arbeitsschutzmaßnahmen installiert. Im Vortriebsbereich wurden Kunststoff- und rückbaubare Kupferlanzen, im restlichen Bereich Standard-Kupferlanzen verwendet. Die Vereisung erfolgte im Stickstoffverfahren über eine Dauer von ca. 4 Monaten (Bild 84). Der Frostkörper erfüllte neben der dichtenden auch eine statische Anforderung. Das Auffrieren erfolgte mit Temperaturen um die $-120\,°C$, während für den Vortrieb eine Frostkörpertemperatur von ca. $-20\,°C$ gewählt wurde. In

Bild 85 ist der Frostkörper unter vollem Wasserdruck nach dem Aufbruch der Schlitzwand mit einer Öffnung von ca. 5 m × 5 m zu sehen. Durch das schnelle Auffrieren konnte der Eisdruck auf die Schlitzwand beschränkt werden. Die Temperaturkontrolle erfolgte über drei Messketten im Frostkörper sowie zwei in der Schlitzwand installierte Temperaturgeber.

4.11.4 Vor-/Nachteile (Risiken) des Verfahrens

Ein besonderer Vorteil der Bodenvereisung ist, dass sich alle ausreichend wassergesättigten Böden vereisen lassen. Daraus ergibt sich ein sehr breites Einsatzspektrum. Die hergestellten Frostkörper besitzen neben den Festigkeitseigenschaften auch dichtende Wirkung und können an andere Bauteile angebunden werden. Beim Vorliegen von hohen Fließgeschwindigkeiten im Grundwasser (ca. 2 bis 4 m pro Tag, je nach Gefrierverfahren) oder bei frostbildungshemmenden Inhaltsstoffen im Grundwasser kann das wirtschaftliche Auffrieren u. U. gänzlich unmöglich oder nur mit zusätzlichen Hilfsmaßnahmen möglich sein.

Vereisungen sind i. d. R mit sehr hohen Kosten verbunden, daher werden sie zumeist nur verwendet, wenn andere Baugrundverbesserungsmaßnahmen nicht zielführend sind. Aufgrund des stark ausgeprägten visko-plastischen Verhaltens unterscheidet sich das Verhalten grundsätzlich von anderen Materialen im Grundbau. Durch die Eisbildung werden Gefrierdrücke auf die anliegenden Bauteile ausgeübt. Beim Auftauen kann es zu Volumenverkleinerungen und damit zu Setzungen kommen, welche durch Zusatzmaßnahmen u. U. kompensiert werden müssen.

Bild 85. Freigelegter Vereisungskörper

Die Gründe für einen kombinierten Aufbau eines Gründungselements mittels zweier Verfahren ergeben sich aus den spezifischen Eigenschaften der Verfahren unter Berücksichtigung der anstehenden Untergrundverhältnisse sowie den Eigenschaften und den Anforderungen an das Bauwerk. Beispielhaft können folgende Überlegungen zu einer derartigen Hybridlösung führen:

– Der durch ungebundene Schottersäulen „weniger steife" (Kopf-)Anschluss an die Bodenplatte führt zu keinen Durchstanzproblemen in der Bodenplatte (einfachere Bewehrung der Bodenplatte).
– Durch die weniger steife, ungebundene Schottersäule im Kopfbereich ergibt sich eine etwas höhere Belastung und Zusammendrückung der obersten Bodenschicht, was wiederum zu einer gleichmäßigeren Belastung und geringen Bewehrung für die Bodenplatte führen kann.
– Ferner führt die ungebundene Schottersäule im Kopfbereich auch zu geringeren Lasteinleitungen in die Säule selbst und somit zu keiner den Säulenkopf beschädigenden Lastkonzentrationen.
– Die ungebundene Schottersäule im oberen Säulenbereich birgt kaum Gefahren einer Beschädigung der Säule durch weiterführende Arbeiten wie z. B. Baggerarbeiten für die nachträgliche Errichtung von Fundamenten etc., wie dies bei schlanken, unbewehrten Betonsäulen oftmals der Fall ist.
– Die im tieferen Teil der Säule ausgeführten vermörtelten bzw. aus Beton hergestellten Säulen verhalten sich steifer als ungebundene Schottersäulen, sodass speziell in sehr weichen Böden eine setzungsärmere Gründung möglich wird.
– Aus Beton hergestellte Säulen sind vorzuziehen, wenn besonders weiche oder organische Zwischenschichten anstehen, die keine ausreichende seitliche Stützung der ungebundenen Schottersäulen zulassen. Bei organischen Böden ist aber das Abbindeverhalten der Betonsäulen zu prüfen und zu beachten. Ein weiterer Vorteil liegt bei derartigen Böden auch im konstanten Materialverbrauch mittels bestimmter Verfahren hergestellter, gebundener Säulen.
– Besonders bei geschichtetem Baugrund mit mehreren Grundwasserstockwerken ist ein hydraulisches Verbinden dieser GW-Stockwerke oftmals aus wasserrechtlichen Gründen nicht zulässig, sodass keine durchlässigen Gründungselemente (wie z. B. ungebundene Schottersäulen) bis in tiefere Schichten hergestellt werden dürfen.

Bei Hybridlösungen sind jedoch auch einige typische Nachteile bei der Entscheidungsfindung zu berücksichtigen. Solche Nachteile sind z. B.:

– Bei einer Hybridlösung nach Definition 2 (s. o.) sind i. Allg. zwei Geräte erforderlich, die Baustelle muss also eine entsprechende Größe aufweisen.
– Bei Lieferbetonprodukten sind die Arbeitszeiten des Betonwerks ein möglicher limitierender Faktor.
– Die Dränagewirkung geht bei klassischen Betonsäulen verloren.
– Lösungen mittels Hybridgründungen und in vielen Fällen auch mittels Kombinationsgründungen stellen oftmals komplexe Lösungsansätze dar, die ein i. Allg. tieferes bodenmechanisches, verfahrenstechnisches und auch ausführungstechnisches Verständnis sowohl von der Planungs-, Ausführungs- und Überwachungsseite erfordern.
– Sowohl bei Kombinationsgründungen wie auch bei Hybridgründungen im Sinne der Definition 2 (s. o.), sind verschiedene Verfahrensmethoden und oftmals unterschiedliche Gerätschaften parallel einzusetzen, was einerseits einen organisatorisch/koordinativen Mehraufwand bedeutet und zumindest bei Kombinationsgründungen unter Umständen auch unterschiedliche Auftragnehmer bedingen kann.
– Speziell Hybridverfahren im Sinne der Definition 2 (s. o.), bei denen verschiedene Baugrundverbesserungsverfahren für die Herstellung einzelner Gründungselemente erforderlich werden, sind oftmals an firmenspezifische Verfahren gebunden, die nicht immer eine offen gehaltene Ausschreibung möglich machen.

Wie bei vielen technisch und wirtschaftlich „optimierten Lösungsansätzen" ist deshalb auch bei Kombinations- und Hybridgründungen das respekt- und vertrauensvolle Miteinander von Bauherrn, Planer und ausführendem Unternehmen von besonderer Bedeutung.

5.2 Beispiele für Hybridgründungen

Im Folgenden werden in Kurzform einige mögliche Anwendungsbeispiele für Hybridgründungen angeführt.

In [123] wird folgendes Beispiel für eine Hybridgründung im Sinne der Definition 1 (s. o.) ausgeführt (Zitat aus genannter Literatur):

Häufig werden Untergrundverhältnisse und bauliche Randbedingungen angetroffen, die weder für die eine noch für die andere Baugrundverbesserungsmethode ideal geeignet sind. Als Beispiel sei ein sackungsgefährdeter Lössboden bis in größere Tiefe angenommen, der in einen vergleichsweisen weichen, jedoch konsolidierten Boden übergeht. Durch eine tiefe dynamische Baugrundverbesserung, beispielsweise mittels Rüttelstopfverdichtung, kann das Sacken des Lösses vorweggenommen werden und gleichzeitig tragfähige Kiessäulen im Boden hergestellt werden. Bei Lastkonzentrationen, ungünstigen Grundrissformen bzw. hohen Anforderungen an die Setzungsvorgaben des Bauwerks stellt jedoch die Baugrundverbesserung oft keine ausreichende Maßnahme dar. Bei Anwendung einer Tiefgründung, beispielsweise mittels Pfählen, wird hingegen das Sacken des Lösses nicht vorweggenommen, sodass im Löss eine negative Mantelreibung angesetzt werden muss, die zusätzlich belastend wirkt. Die rechnerischen Lasten nehmen folglich im Pfahl nach unten hin zu und müssen in die weiche Bodenschicht abgetragen werden, woraus häufig unwirtschaftlich lange Pfähle resultieren, deren innere Tragfähigkeit nicht ausgenützt werden kann. Bei Anwendung einer Kombination aus beiden Verfahren, beispielsweise durch die Herstellung von vermörtelten Stopfsäulen anstelle von Kiessäulen, wird das Sacken des Lösses durch das Einrütteln des Schleusenrüttlers in den Boden vorweggenommen, sodass der Boden während der Herstellung im ersten Schritt verbessert wird. Durch das Einbringen von Mörtel, bestehend aus einem Boden-Zement-Gemisch anstelle von Kies, entsteht nach dem Erhärten ein säulenartiges Tragelement, das mit dem Tragverhalten eines Tiefgründungselementes vergleichbar ist. Lediglich die erzielbare Steifigkeit und Festigkeit der fertigen Säule sind im Allgemeinen niedriger als bei Beton- bzw. Stahlbetonpfählen. Eine technisch optimierte Lösung bei gleichzeitiger Verringerung der Bauzeit und der Kosten lässt sich somit durch entsprechende Hybridgründungskonzepte erreichen.

In [124, 125] wird für die zuvor für einen Lössuntergrund beschriebene Problemstellung und den oben beschriebenen Lösungsansatz für die Errichtung des Kraftwerks Malženice in der Slowakei eine detaillierte Falldarstellung präsentiert. Bei diesem Fallbeispiel wurde noch ein weiteres innovatives Gründungsdetail ausgeführt, welches ebenfalls in die Gruppe der Hybridgründungen – dieses Mal nach Definition 2 (s. o.) – eingeordnet werden kann. Und zwar wurden die Gründungssäulen aus vermörtelten Stopfsäulen (Rigid Inclusions) sowie in anderen Gründungsbereichen aus klassischen (nicht gebundenen) Stopfsäulen nicht bis an die Unterkante der Bodenplatte geführt, sondern es wurde zwischen Bodenplatte-UK und -OK der Säulen eine zwischen 1 und 3 m mächtige, lagenweise eingebaute Bodenstabilisierung mit einem Kalk-Zement-Bindemittel hergestellt. Durch dieses Gründungskonzept ergibt sich eine sehr Lastverteilung unter tragenden Wänden, Stützen und Maschinenfundamenten und für die Bodenplatte eine sehr gleichmäßige (und hohe) Bettung, die eine wirtschaftliche Auslegung der Bodenplatte erlaubt.

Ein weiteres Beispiel für eine Hybridgründung im Sinne der Definition 2 (s. o.) ist der eingangs erwähnte Fall, bei dem der obere Teil einer Gründungssäule aus (ungebundenen) Schottersäulen (z. B. Rüttelstopfsäule) und der tiefere Teil der Säule aus Beton (z. B. Betonrüttelsäule oder Betonstopfsäule) hergestellt wird.

Ein Hybridgründungskonzept wurde auch für die Errichtung einer Industrieanlage auf sehr schwierigen Untergrundverhältnissen im Norden Österreichs eingesetzt. Der durch alluviale Ablagerungen (im Schluff- bis Kies-(Stein-)Spektrum) geprägte Untergrund zeichnete sich einerseits durch Auslösungserscheinungen und andererseits durch lokale Verkittungen (Konglomerate) in den Alluvionen aus. Als Ergebnis dieser geologischen Prozesse entstand eine völlig zufällige Verteilung von Hohlräumen (mit Durchmessern im Dezimeter- bis mehrere Meter-Bereich) und Konglomeratbänken mit Dicken von wenigen Dezimetern bis zu wenigen Metern, wobei es bis zur Erkundungsendtiefe von ca. 30 m kein geordnetes Oben und Unten dieser Erscheinungen gab. Die im Zuge der Baugrunderkundung durchgeführten Rammsondierungen (DPH) zeigten einerseits Aufsitzer in unterschiedlichen Tiefen, andererseits jedoch auch Sondierergebnisse, die bis in eine Tiefe von teilweise 15 bis 20 m kaum einen Schlag zeigten. Bereits im Zuge der Baufreimachung traten zumeist in Zusammenhang mit Niederschlägen an der Oberfläche tagbruch- bzw. dolinenartige Verbrüche auf. Aufgrund der Geometrie, der Lasten und der teilweise hohen Setzungsanforderungen an einzelne Objekte der Industrieanlage, war ein gesicherter Nachweis tragfähiger Bodenschichten bis in eine Tiefe von ca. 20 m erforderlich. Das Gründungskonzept sah im Sinne einer Hybridgründung eine Kombination aus Rütteltechnik (Rüttelstopfverdichtung) und Bodenverfestigungen mit dem Düsenstrahlverfahren vor. Mittels der Rütteldruckverdichtung sollte die Vielzahl von Hohlräumen verbrochen, verfüllt und der Untergrund allgemein bis auf ein gefordertes Maß verdichtet werden. Dünnere Konglomeratbänke wurden durch Vorbohren mit Bohrschnecke durchörtert und anschließend mit dem Rüttler durchfahren. Mächtigere, nicht durchörterbare Konglomeratbänke definierten das untere Ende der mittels Rütteltechnik verbesserbaren Bodenbereiche. Da diese Hindernisse teilweise jedoch oberflächennah anstanden und auch darunter Hohlräume nachgewiesen wurden, wurde in derartigen Fällen in einem weiteren Arbeitsprozess eine Verfüllung von Hohlräumen und eine Verfestigung des Untergrunds bis in eine definierte Tiefe mit dem Düsenstrahlverfahren durchgeführt.

In [58] wird eine Kombinationsgründung aus Bohrpfählen und Rüttelstopfsäulen zur erdbebensicheren Gründung eines Gaskraftwerks im Osten der Türkei beschrieben. Für dieses Beispiel lassen sich die Untergrundverhältnisse unter einer 2 bis 4 m mächtigen lagenweise verdichteten Kiesauffüllung vereinfacht als locker-mitteldichtes Sand-Schluff-Gemisch (0 bis 20 m), weicher bis sehr weicher Ton (20 bis 30 m) und darunter anstehender Basalt beschreiben. Die Schichten aus dem Sand-Schluff-Gemisch wiesen dabei ein hohes Verflüssigungspotenzial im – in der Osttürkei maßgeblichen – Erdbebenfall auf. Das Grundwasser stand im Wesentlichen am ursprünglichen Geländeniveau an. Je nach Lastsituation wurden die einzelnen Bauteile des Kraftwerks flach oder tief auf verrohrt hergestellten Bohrpfählen gegründet. Um die Bohrpfähle nicht auf Seitendruck durch verflüssigten Boden bzw. für die geänderte Bemessungssituation durch Verlust der horizontalen Stützung bemessen zu müssen, waren auch im Bereich der Bohrpfähle Rüttelstopfsäulen zur Verhinderung der Verflüssigung erforderlich (vgl. Bild 89). Wesentliche Argumente für die Ausführung von RSV-Säulen waren einerseits die nur in diesem Falle möglichen rechnerischen Bemessungsnachweise für wirtschaftliche Bohrpfahldimensionen und andererseits deutliche Vorteile während der Ausführung infolge des engen Zeitplans und der äußerst sensiblen umwelttechnischen Anforderungen. Im Falle von flach gegründeten Bauwerken wurden Rüttelstopfsäulen zur Stabilisierung und Verformungsbegrenzung im Erdbebenfalle eingesetzt.

Die Bemessung der Baugrundverbesserung zur Verhinderung der Bodenverflüssigung erfolgte durch rechnerische Nachweise der Steifigkeitserhöhung in Verbindung mit der Verkürzung der Dränagewege. Insbesondere die Anforderung an das Säulenmaterial und die Säulengeometrie hinsichtlich Dränagekapazität machten für diese Bohrpfahl-Rüttelstopfsäulen-Kombination eine enge Verzahnung von Planung und Ausführung erforderlich. Detaillierte Hinweise hinsichtlich der Bemessung und den bewältigten Herausforderungen im Zuge der Ausführung können [58] entnommen werden.

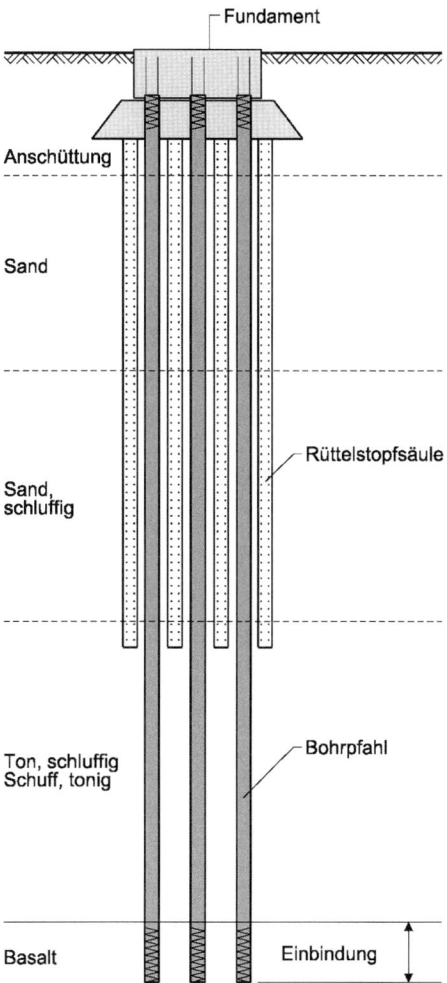

Bild 89. Symbolschnitt RSV-Säulen und Bohrpfähle als Kombinationsgründung

6 Beispiele

6.1 Beispiel 1: zur Erläuterung des Bettungsmodulverfahrens sowie zur Darstellung des Einflusses unterschiedlicher Steifigkeiten der Gründungssysteme

Anhand eines abstrahierten Beispiels sollen nach ingenieurpraktischen Gesichtspunkten als Ober- und Untergrenzen zu bezeichnende Werte des Bettungsmoduls die Bandbreite der daraus ergebenden Biegemomente in einer Bodenplatte diskutiert werden. Des Weiteren werden anhand dieses Beispiels Gründungs- bzw. Baugrundverbesserungsarten mit unterschiedlichen Steifigkeiten bzw. Steifigkeitsverteilungen mit einem 2-D-FE-Modell abgebildet und wiederum die Auswirkung dieser unterschiedlichen Gründungsbedingungen auf die Biegemomente in der Bodenplatte betrachtet.

Ein aus Gründen der Einfachheit linienartig angenommenes Rahmentragwerk aus Stahlbeton mit 10 m Breite, zwei Außenwänden und einer Innenwand, wird wie in Bild 90 dargestellt mit 150 kN/m gleichmäßig belastet. Die Geometrie des Bauwerks im Querschnitt ist in Bild 90 abgebildet und die Querschnittssteifigkeiten EI und EA ermitteln sich aus den vorgegebenen Geometrien und dem E-Modul für den Werkstoff Beton und sind in Tabelle 12 eingetragen. Eine Steifigkeitsabnahme im Stahlbeton-

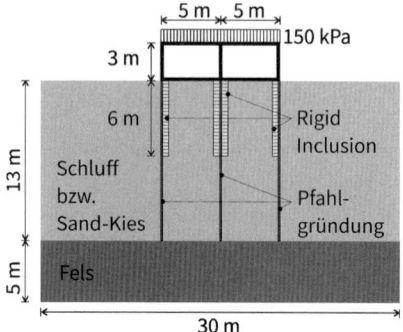

Bild 90. Geometrie des Rahmentragwerks

querschnitt im Übergang von Zustand I in den Zustand II wurde nicht berücksichtigt.

Untersucht werden zwei verschiedene Böden und drei unterschiedliche Gründungssysteme. Zum Ersten ein (steifer) bindiger Schluff-Boden mit einer vergleichsweise geringeren Bodensteifigkeit E_s, zum Zweiten ein dicht gelagertes Sand-Kies-Gemisch mit deutlich höheren Steifigkeitswerten. Für das Sand-Kies-Gemisch wird eine Flachgründung in den Berechnungen untersucht. Für den Schluff-Untergrund werden drei verschiedene Gründungssysteme betrachtet. Zum Ersten eine Flächengründung, zum Zweiten eine Gründung mittels Pfählen bis in den unterlagernden, tragfähigen Felsuntergrund (ab einer Tiefe von 13 m unter GOK) und zum Dritten eine Gründung mittels diskreter Elemente mit einer Länge von 6 m. Die dem Berechnungsmodell zugrunde gelegten Bodenschichten sind in Bild 90 dargestellt. Für das Untergrundmodell wurde im Liegenden unter der Schluff- bzw. Sand-Kies-Schicht ein Felsuntergrund sehr großer Steifigkeit und Festigkeit ab einer Tiefe von 13 m unter Geländeoberkante angenommen. Zudem sind in Bild 90 schematisch die Pfahlgründung sowie die diskreten Elemente (z. B. Betonstopfsäulen, Betonrüttelsäulen, CSV-Säulen oder mit anderen Verfahren hergestellte rigid inclusions) dargestellt.

6.1.1 Auswirkung des Gründungssystems auf Setzungen und Schnittkräfte

Bevor mit dem eigentlichen Bettungsmodulverfahren die Momentenlinie in der Bodenplatte ermittelt wird, wird als Referenzberechnung eine 2-D-FE-Analyse mit einem elastoplastischen Stoffgesetz (Hardening Soil aus Berechnungssoftware Plaxis [126, 127]) mit dem Ziel der realistischen Abschätzung der Setzungen und Differenzsetzungen des Bauwerks durchgeführt. Die der Berechnung zugrunde gelegten Bodenkennwerte für Boden 1 (Schluff) und Boden 2 (Sand-Kies) sind ebenfalls in Tabelle 12 angeführt.

Die aus der FE-Analyse ermittelten Setzungen und Differenzsetzungen dienen im gegenständlichen Fall als Grundlage für die weitere Ermittlung des Bettungsmoduls. Neben der Modellierung und Gegenüberstellung der Ergebnisse für die Schluff- und die Sand-Kiesschicht, erfolgte im FE-Modell für die Schluffschicht – wie oben bereits ausgeführt – auch noch eine Modellierung zweier weiterer Gründungsarten. Zum einen eine Pfahlgründung (EA) unmittelbar unter den Wandscheiben des Rahmentragwerks, wobei die Pfähle bis in den unterlagernden Felsen einbinden. Zum anderen eine Gründung mittels steifer Elemente, ebenfalls unterhalb der

Tabelle 12. Berechnungskennwerte für das FE-Modell

Parameter	Schluff	Sand-Kies	Fels
Stoffgesetz	Hardening Soil	Hardening Soil	Mohr Coulomb
γ_{feucht} [kN/m^3]	16	17	23
γ_{sat} [kN/m^3]	20	20	24
$E_{oed}^{ref}, E_{50}^{ref}$ [kN/m^2]	20000	100000	–
E_{ur}^{ref}, E^* [kN/m^2]	60000	300000	700000*
m [–]	1	0,5	–
V_{ur}, ν^* [–]	0,2	0,2	0,3*
φ' [–]	30	36	40
ψ' [°]	0	0	0
c' [kN/m^2]	5	1	50

* Der Felsuntergrund wurde mittels Mohr-Coulomb modelliert.

Wandscheiben, die jedoch mit einer Länge von 6 m nicht in den Fels einbinden. Die letztgenannte Gründungsform entspricht beispielsweise einer Gründung mittels diskreten Elementen im Bereich unterhalb der lastabtragenden Wandscheiben. In einem ersten Schritt werden als Ergebnisse der FE-Berechnung die Bodenpressungen, die Setzungsverläufe und die Biegemomente in der Bodenplatte für diese vier Modelle dargestellt (Bilder 91 bis 93) und kurz diskutiert. Angemerkt wird, dass in den Bildern 91 bis 93, jeweils nur der Bildausschnitt der Bodenplatte mit der Länge von 10 m dargestellt wird. Das heißt, die Position 0 m in den Bildern 91 bis 93 entspricht der linken unteren Rahmenecke des Tragwerks in Bild 90.

Es wird noch einmal auf das vereinfachte und stark abstrahierte 2-D-Modell hingewiesen, welches jedoch die Diskussion einiger grundlegender Unterschiede für die angenommenen Gründungssysteme erlaubt.

Die Darstellung der Setzungsverläufe in Bild 91 zeigt Setzungen von ca. 2 cm für eine Flächengründung im Sand-Kies-Boden. Für die verschiedenen Gründungssysteme im Schluff-Boden ergeben sich Setzungen von max. 9,5 cm für die Flächengründung des Rahmentragwerks, etwas über 4 cm für die Gründung mittels diskreten Elementen und ca. 0,5 bis 0,7 cm für die Pfahlgründung bis in den Felsuntergrund. Für die Pfahlgründung bzw. Gründung mittels diskreten Elementen ist eine um 2 bis 3 mm größere Setzung in Tragwerkmitte im Vergleich zu den Tragwerkrändern zu erkennen. (Baupraktisch haben diese Differenzsetzungen von 2 bis 3 mm keine Bedeutung, im gegenständlichen Fall wird jedoch darauf hingewiesen, da sie für die weitere Dis-

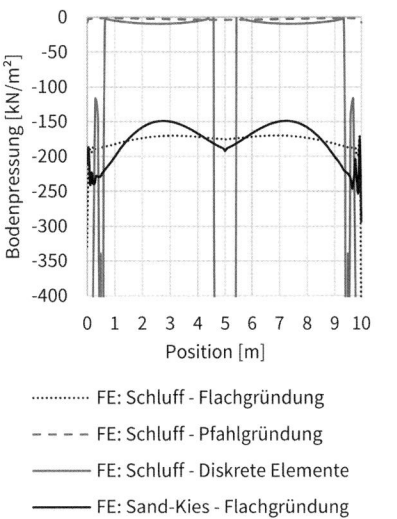

Bild 92. Bodenpressung für den Sand-Kies- sowie den Schluffuntergrund mit/ohne Pfähle bzw. diskrete Elemente

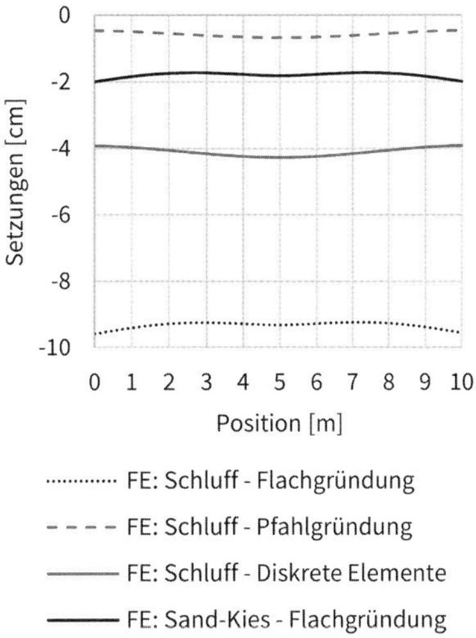

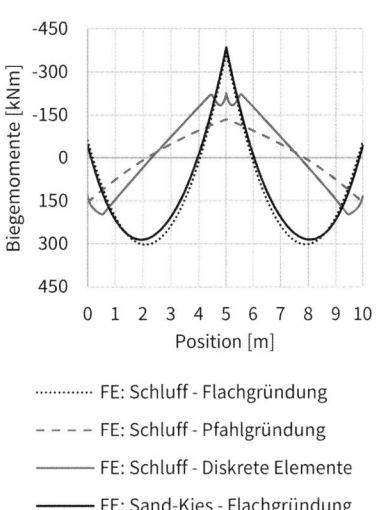

Bild 91. Setzungen für den Sand-Kies- sowie den Schluffuntergrund mit/ohne Pfähle bzw. diskrete Elemente

Bild 93. Biegemomente in der Bodenplatte für den Sand-Kies- sowie den Schluffuntergrund mit/ohne Pfähle bzw. diskrete Elemente

kussion des Verlaufs der Biegemomente von Bedeutung sind.)

Die mittleren Bodenpressungen (Bild 92) für die Flächengründung im Sand-Kies- bzw. im Schluff-Boden liegen bei ca. 180 kN/m², was sich aus dem Eigengewicht der Konstruktion und der Auflast von 150 kN/m² ergibt. Die Verteilung der Bodenpressungen zeigt für den steiferen Sand-Kies-Boden eine gewisse Konzentration der Bodenpressungen unterhalb der lastabtragenden Wände. Für die Gründung des Bauwerks mittels Pfählen bzw. diskreten Elementen ergeben sich große Kontaktspannungen zwischen Bodenplatte und Pfählen bzw. diskreten Elementen (welche aus numerischen Gründen nicht ganz richtig abgebildet werden) und nur sehr geringen Bodenpressungen von < 10 kN/m² im Bereich zwischen den steifen Gründungselementen. Für das Gründungsmodell mittels diskreten Elementen ist die Bodenpressung im Feldbereich der Bodenplatte trotz Setzungen von ca. 4 cm sehr klein. Dies lässt sich nur dadurch erklären, dass der Boden zwischen den steifen Gründungselementen (im Berechnungsmodell) „mitgenommen" wird und deshalb nicht in der Lage ist, wesentliche Lasten aufzunehmen. Geometrisch ergibt sich dieser Effekt durch den lichten Abstand zwischen den steifen Gründungselementen von ca. 4 m und der Tiefe der diskreten Elemente von ca. 6 m. Durch die 2-D-Modellierung (Gründungsscheiben anstatt Gründungssäulen) und den Verzicht auf Interfaces im Übergang Gründungselement zu Boden im gegenständlichen, vereinfachten Modell, dürfte dieser Effekt in Wirklichkeit aber etwas weniger stark ausgeprägt sein, als er sich aus diesem Berechnungsmodell ergibt.

In Bild 93 sind die Verläufe der Biegemomente in der Bodenplatte abgebildet. Für die Flächengründungen im Sand-Kies- bzw. dem Schluff-Boden zeigen sich aufgrund der ähnlichen Verteilungen der Bodenpressungen auch ähnliche Verläufe der Biegemomente, wobei im Detail die Biegemomente für die Gründung im steiferen Sand-Kies-Boden etwas geringer als jene im Schluff-Boden sind. Dies ergibt sich auch aus der höheren Bodensteifigkeit des Sand-Kies-Gemischs und damit geringfügig höheren Konzentration der Sohlpressungen unterhalb der lastabtragenden Wände (siehe Bodenpressungen in Bild 92). Der Verlauf der Biegemomente in der Bodenplatte für die Modelle Flächengründungen im Sand-Kies- bzw. Schluff-Boden sind charakteristisch für gleichmäßige „Bettungsbedingungen" wie sie sich für einen mehr oder weniger homogenen Untergrund ergeben. Eine klassische Baugrundverbesserung mittels z. B. einer vollflächig ausgeführten Rütteldruckverdichtung in einem nichtbindigen Boden oder einer Rüttelstopfverdichtung in einem bindigen Boden würde zu derartigen Momentenverläufen in der Bodenplatte führen. Die Kräfte aus den lastabtragenden Wänden werden über die Bodenplatte verteilt in den Untergrund abgetragen. Würde man für den modellierten Schluff-Boden beispielsweise eine vollflächige Baugrundverbesserung mit einem (sehr hohen) Verbesserungsfaktor von 4 bis 5 nach *Priebe* (s. Abschnitt 4.3) ausführen, ergäbe sich ein Verlauf der Biegemomente, der jenem Ergebnis für den Sand-Kies-Boden entspräche. Das heißt, die Setzungen würden um einen Faktor 4 bis 5 reduziert werden können (s. Bild 91), der Verlauf der Biegemomente in der Bodenplatte würde sich jedoch nur geringfügig ändern.

Dahingegen zeigen die Modelle für sehr steife Gründungselemente unterhalb der lastabtragenden Wände (mittels in den Felsuntergrund einbindenden Pfählen bzw. den angenommenen diskreten Elementen) gänzlich andere Charakteristika der Verläufe der Biegemomente. Auch wenn sie für das gegenständliche, stark vereinfachte Modell dem absoluten Betrag der Biegemomente nach nur um einen Faktor von ca. 2 geringer sind, ist aus dem linearen Verlauf der Biegemomentenlinie zwischen den lastabtragenden Wänden erkennbar, dass für die gegebenen Randbedingungen praktisch gesehen nur sehr geringe Lasten über den Feldbereich der Bodenplatte in den Untergrund abgetragen werden. Der satteldachförmige Verlauf der Biegemomente ergibt sich aus der Tatsache, dass die Setzungen im Bereich der Mittelwand um 2 bis 3 mm größer sind als im Bereich der Außenwände. Im gegenständlichen Fall werden die Wandlasten direkt in die steifen Gründungselemente (Pfähle bzw. diskrete Elemente) eingeleitet und über diese in den Boden abgetragen.

Aus der Gegenüberstellung der Berechnungsergebnisse (Setzungsverläufe, Bodenpressungen sowie Biegemomente) für die Flächengründung (Sand-Kies-Boden, Schluff-Boden) mit jenen der steiferen Gründungselemente unterhalb der lastabtragenden Wände (Pfähle, diskreten Elemente) sind die wesentlichen Unterschiede verschiedener Gründungsmethoden wie Pfahlgründungen und Baugrundverbesserungsverfahren, wie auch die Möglichkeiten der Auslegung von Baugrundverbesserungsverfahren im Hinblick auf die Optimierung von Setzungen, differenziellen Setzungen sowie der Beanspruchungen in der Bodenplatte erkenn- und ableitbar.

6.1.2 Diskussion des Einflusses des Bettungsmoduls auf die Biegemomente

Im Weiteren wird nun für die beiden Varianten der Flächengründungen (Sand-Kies-Boden und Schluff-Boden), die in ihrer Steifigkeitsrelation zueinander auch als verbesserter und unverbesserter Untergrund betrachtet werden können, eine Diskussion hinsichtlich der Ermittlung sowie Variation des Bettungsmoduls und den daraus ermittelten Biegemomente geführt. Die Ermittlung des Bettungsmoduls erfolgt ingenieurpraktisch entweder anhand von Li-

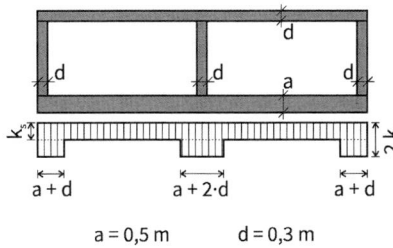

Bild 94. Bettungsmodulverteilung unter dem Tragwerk

$a = 0.5$ m $d = 0.3$ m

Tabelle 13. Werte für die Gesamtsetzung und differenziellen Setzungen sowie der daraus abgeleiteten Bettungsmoduln für den Sand-Kies- bzw. Schluff-Boden

	Sand-Kies	Schluff
s_{mittl}	0,018 m	0,093 m
ks_s	~ 10000 kN/m²/m	~ 2000 kN/m²/m
Δs_{max}	0,0027 m	0,0034 m
$ks_{\Delta s}$	~ 65000 kN/m²/m	~ 50000 kN/m²/m

teraturwerten oder anhand einer Abschätzung der Gesamt- bzw. differenziellen Setzungen eines Bauwerks. Im Allgemeinen finden dabei beide Werte (abgeschätzte Gesamtsetzung und Differenzsetzung) für die Bestimmung des Bettungsmoduls aus $k_s = p/s$ [kN/m³] Berücksichtigung, wobei für die Setzung s entweder die Gesamtsetzung aber häufig auch ein Wert zwischen der abgeschätzten Gesamtsetzung s_φ und der abgeschätzten max. Differenzsetzung Δs_{max} herangezogen wird. Für p wird im Allgemeinen die näherungsweise ermittelte, mittlere Bodenpressung herangezogen. Im gegenständlichen Beispiel werden als Grenzwertbetrachtung die aus der FE-Analyse für die beiden Bodenarten Sand-Kies und Schluff ermittelten Werte s_φ und Δs_{max} für die Ermittlung von k_s herangezogen und für beide Bettungsmoduln in weiterer Folge die Momentenlinie in der Bodenplatte ermittelt. (Angemerkt wird, dass die Ermittlung des Bettungsmoduls aus dem Wert für die Differenzsetzung Δs_{max} alleinig in der Praxis nicht üblich ist und im gegenständlichen Beispiel lediglich als Extremwertbetrachtung dient.) Dargestellt werden auch die Biegemomentenverteilungen für eine in der Praxis häufig berücksichtigte Erhöhung des Bettungsmoduls unmittelbar unterhalb der lastabtragenden Wände (Bild 94), wobei im gegenständlichen Fall ein gängiger Erhöhungsfaktor von zwei angesetzt wurde.

In Tabelle 13 sind die aus der FE-Analyse ermittelten s_{mittl}- und Δs_{max}-Werte für den Sand-Kies-Boden und den Schluff-Boden und die daraus ermittelten Bettungsmoduln für eine verschmierte mittlere Bodenpressung von ca. 175 kPa, ermittelt aus der Auflast von 150 kPa und einem verschmiert angenommenen Eigengewicht des Rahmentragwerks von ca. 25 kPa angeführt.

In den Bildern 95 bis 97 werden für den Schluff-Boden die Setzungslinien, die Bodenpressungen sowie die Biegemomentenlinien jeweils für die aus s_φ sowie aus Δs_{max} ermittelten Bettungsmoduln dargestellt, wobei für beide Fälle jeweils noch die Variante einer Erhöhung des Bettungsmoduls unmittelbar unterhalb der lastabtragenden Wände berücksichtigt wird. Als Referenzwert wird in allen Bildern das Ergebnis der 2-D-FE-Berechnung mit eingetragen. Die Bezeichnung Analytik in den folgenden Bildern weist auf die mit dem Bettungsmodulverfahren ermittelten Berechnungsergebnisse hin.

Die aus Δs_{max} ermittelten Bettungsmoduln (mit und ohne Erhöhung des Bettungsmoduls unterhalb der lastabtragenden Wände) führen infolge der unrealistisch hohen Bettungszahlen zu einer deutlich von der 2-D-FE-Berechnung abweichenden Verteilung der Sohlpressungen. Die beste Übereinstimmung mit den 2-D-FE-Berechnungen zeigt in diesem Fall der aus der mittleren Setzung s_φ ermittelte Bettungsmodul ohne Berücksichtigung einer Erhöhung unter den Wandscheiben. Interessant ist die Bandbreite der sich ergebenden Biegemomente. Trotz eines Unterschieds der Bettungszahlen von ca.

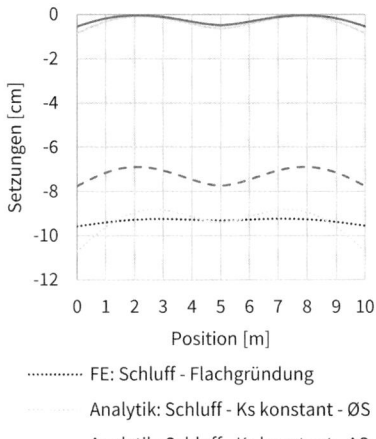

Bild 95. Setzungen für den Schluffuntergrund für verschiedene Bettungsmoduln

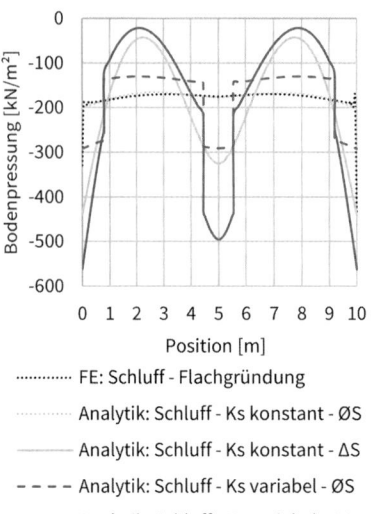

Bild 96. Bodenpressung für den Schluffuntergrund für verschiedene Bettungsmoduln

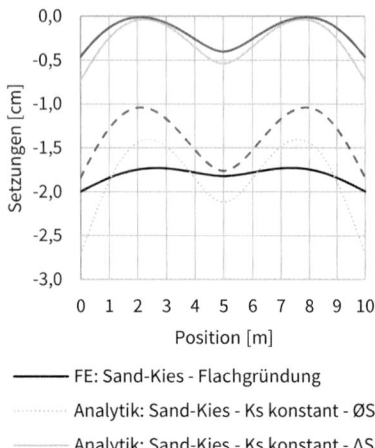

Bild 98. Setzungen für den Sand-Kies-Boden für verschiedene Bettungsmoduln

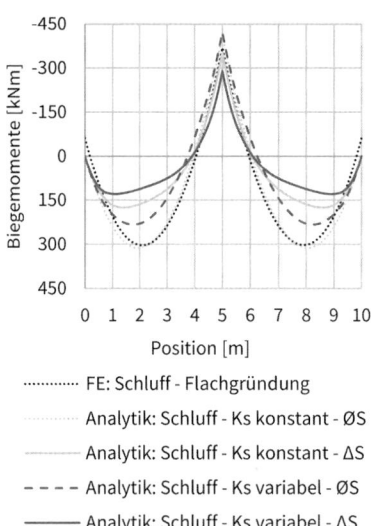

Bild 97. Biegemomente in der Bodenplatte für den Schluffuntergrund für verschiedene Bettungsmoduln

50000 kN/m²/m zu ca. 2000 kN/m²/m (Faktor 25) ergibt sich bei der Bandbreite der Biegemomente lediglich ein Faktor in der Größenordnung von ca. 2. Dies ist ein bereits in Abschnitt 3 erwähntes Charakteristikum im Bettungsmodulverfahren, dass

die Zielgröße, nämlich die zu ermittelnden Schnittkräfte, verhältnismäßig wenig sensitiv auf die Größe des Bettungsmoduls reagieren.

In den Bildern 98 bis 100 sind die entsprechenden Ergebnisse für den Sand-Kies-Boden dargestellt. Der größte Wert für den Bettungsmodul, ermittelt aus Δs_{max}, liegt bei ca. 65000 kN/m²/m und somit noch etwas höher als der max. Wert für den Schluff-Boden. Dadurch ergeben sich im Feldbereich der Bodenplatte noch etwas geringere Bodenpressungen. Auch für den Sand-Kies-Boden mit signifikant höheren Bodensteifigkeiten und in der Folge signifikant geringeren Setzungen wie für den Schluff-Boden, zeigt die Referenzkurve aus der 2-D-FE-Berechnung eine deutlich von diesen Werten abweichende Bodenpressung. Wiederum ergibt sich die beste Übereinstimmung mit dem aus s_φ ermittelten Bettungsmodul (ohne Erhöhung der Bettungszahlen unterhalb der lastabtragenden Wände). Der Unterschied in den Bettungszahlen infolge Δs_{max} und s_φ von ca. 65000 kN/m²/m zu ca. 10000 kN/m²/m (Faktor 6,5) führt in diesem Fall zu einer Bandbreite der Biegemomente mit einem Faktor von ca. 1,7. Die in den Bildern 95 bzw. 98 dargestellten „vertikalen Verschiebungskurven" der Bodenplatten zeigen je nach angesetztem Bettungsmodul sehr große Streuungen. Verständlicherweise zeigen die aus s_φ ermittelten Bettungsmodul die beste Übereinstimmung mit der jeweiligen Referenzkurve aus der 2-D-FE-Berechnung. Allgemein wird jedoch davor gewarnt die aus derartigen Bettungsansätzen ermittelten Verschiebungskurven

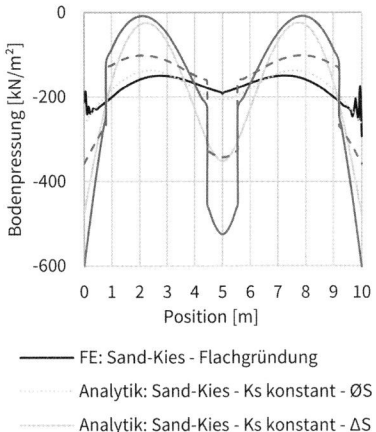

Bild 99. Bodenpressung für den Sand-Kies-Boden für verschiedene Bettungsmoduln

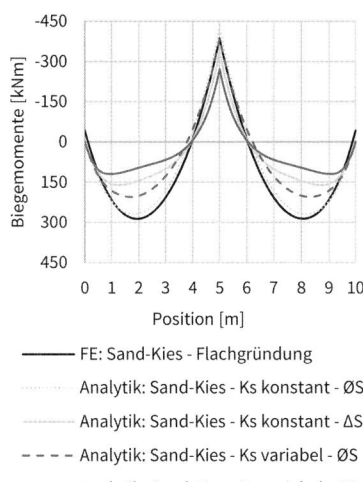

Bild 100. Biegemomente in der Bodenplatte für den Sand-Kies-Boden für verschiedene Bettungsmoduln

kritiklos zur Beurteilung von zu erwartenden Setzungen heranzuziehen.

6.2 Beispiel 2: Anwendung der Rütteldruckverdichtung

Eine der effektivsten Methoden zur Verbesserung von locker gelagerten kohäsionslosen Böden ist die Rütteldruckverdichtung (RDV). In Bild 101 ist die Anwendung einer Rütteldruckverdichtung zur teilweisen Gründung eines Hochhauses dargestellt [3], welches hinter einer Schwergewichtsmauer zur Uferbefestigung errichtet wurde. Das Baufeld wurde mit ausgebaggerten Meeressedimenten in einer mittleren bis dichten Lagerung hinterfüllt, sodass der Baugrund aus feinen bis groben Sanden mit schluffigen Einlagerungen in größeren Tiefen bestand. Während die Hauptlasten der beiden Türme hauptsächlich über Schlitzwandelemente in den Boden abgetragen wurden, sollte die Dicke der Bodenplatte durch entsprechende Maßnahmen, die eine Erhöhung der Bettung der Bodenplatte bewirkt, minimiert werden. Um die Steifigkeit des Bodens unterhalb der Bodenplatte entsprechend zu erhöhen, wurden Rütteldruckverdichtungen bis zu einer Tiefe von fünf bis acht Metern unterhalb des Arbeitsplanums in Rastern von 2 m × 2 m und 3 m × 3 m (Achsabstand) durchgeführt. Dadurch wurde eine deutliche Verbesserung des Bodens erreicht, sodass anschließend ein Steifemodul E_s von durchschnittlich 160 MPa angesetzt werden konnte (Bild 101). Die Bemessung der Baugrundverbesserung wurde mit einem 3-D-FEM-Modell unter Berücksichtigung der Boden-Bauwerk-Interaktion durchgeführt. Der angesetzte Bettungsmodul des Untergrunds zur Bemessung der Bodenplatte ist in Bild 102 – rechts oben – dargestellt. Die beobachteten Setzungen zeigten eine gute Übereinstimmung mit den prognostizierten Setzungen (Bild 102). Die Rütteldruckverdichtungen waren somit eine gute Lösung gegenüber der ursprünglichen Planung von 1312 Stabilisierungssäulen mit 0,8 m Durchmesser und einer Länge von durchschnittlich 3,5 m. Dadurch konnten die Bauzeit verkürzt und zwei Drittel der Kosten eingespart werden. Die Gründung für dieses Fallbeispiel entspricht einer Kombinationsgründung im Sinne von Abschnitt 5.1.

6.3 Beispiel 3: Anwendung von Rüttelstopfverdichtung

Ein mehrstöckiges Hochhaus mit Glasfassade wurde in einem Bereich mit unterhalb des geplanten Gründungsniveaus wechselnden Bodenverhältnissen errichtet [3]. Fast auf der Hälfte der Fläche der geplanten Bodenplatte stand weicher Ton an, während im Rest entweder steifer sandiger Ton oder verdichteter Sand vorherrschend waren (vgl. Bild 103). Aufgrund der Setzungsempfindlichkeit des Gebäudes wurden die zulässigen Setzungen des Bauwerks auf max. 25 mm begrenzt. Berechnungen zufolge waren für eine Flachgründung jedoch ca. 29 bis 56 mm Setzung mit Schiefstellungen beim anstehenden Baugrund zu erwarten. Aus diesem

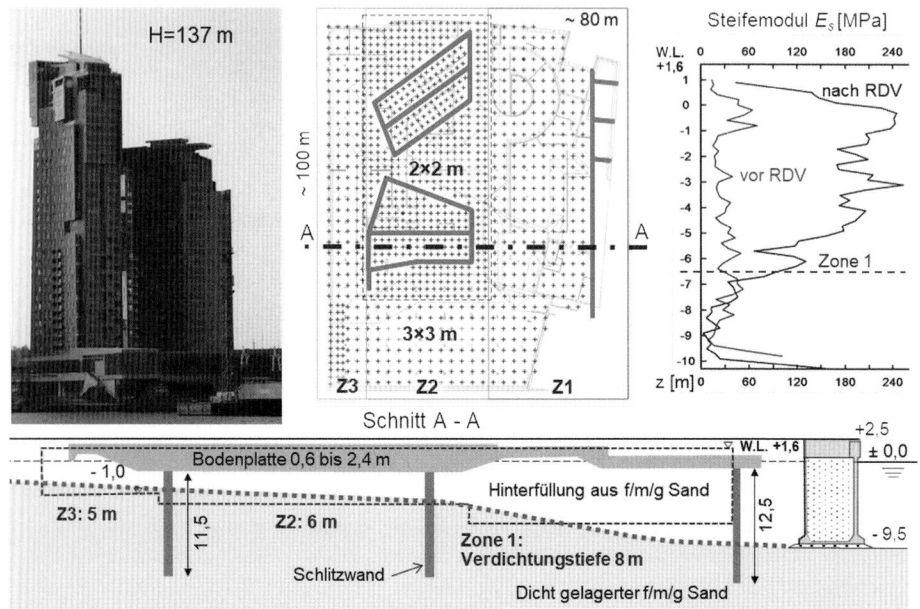

Bild 101. Verdichtung von ausgebaggertem Material über Rütteldruckverdichtungen (RDV) zur besseren Ausnutzung der Bauwerk-Boden-Interaktion

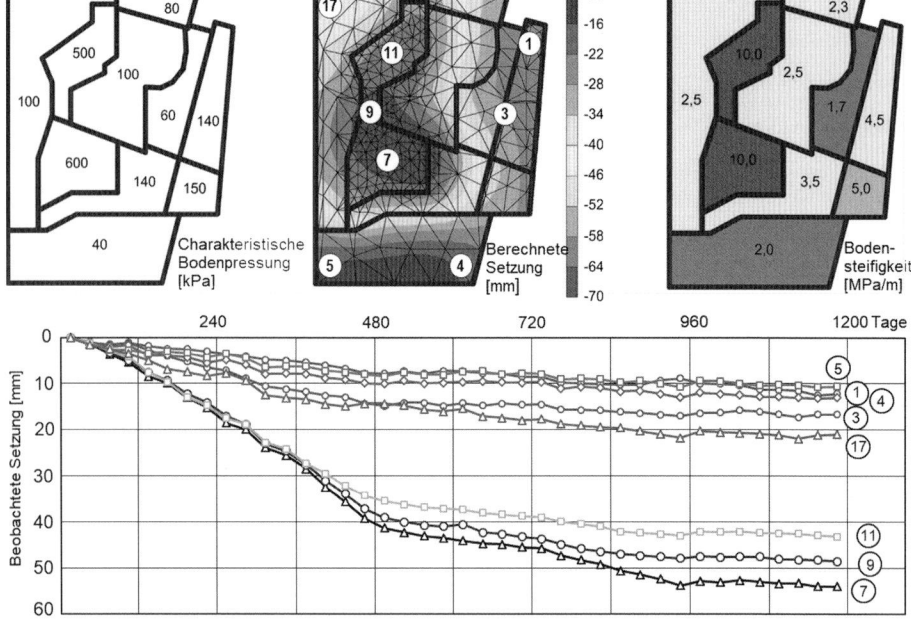

Bild 102. Berechnete und beobachtete Setzungen der Bodenplatte der Türme

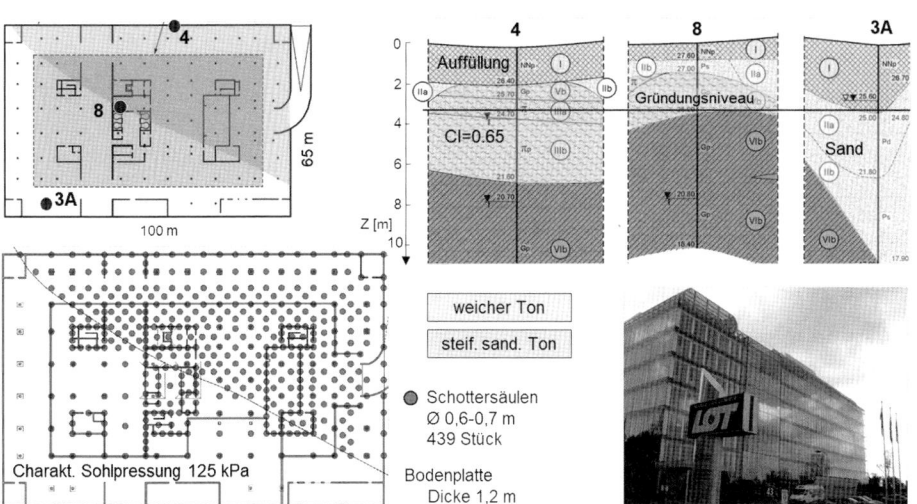

Bild 103. Anwendung von Rüttelstopfverdichtung zur Einhaltung der Vorgaben von Differenz- und Gesamtsetzungen

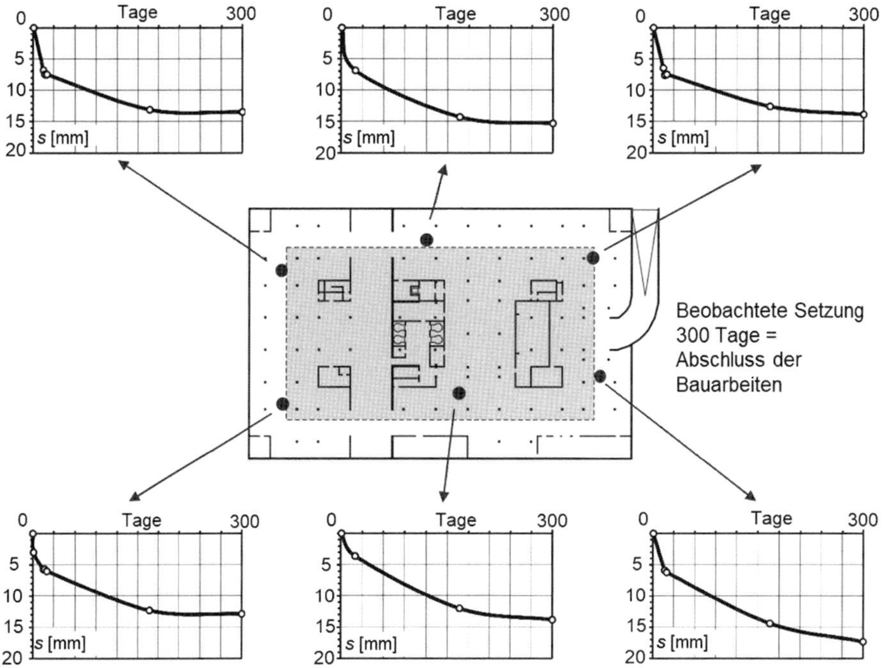

Bild 104. Gemessene Setzungen des Gebäudes bis zum Abschluss der Bauarbeiten

Grund sollte das Gebäude großflächig tiefgegründet werden, wofür 720 Bohrpfähle mit einem Durchmesser von 0,5 m und einer Gesamtlänge von 7920 m notwendig geworden wären. Unter Berücksichtigung der für eine Flachgründung ausreichenden Tragfähigkeit eines großen Teils des Bodens wurde als Alternative zur Tiefgründung eine Baugrundverbesserung vorgeschlagen. Die Bemessung hierfür umfasste Schottersäulen mit einer Gesamtlänge von 3590 m unter Einsparung von 6/7 der Kosten bei einer deutlich kürzeren Bauzeit. Für die Bemessung wurde ein gleichmäßiger Bettungsmodul von 6,25 MPa/m angesetzt. Mit der auf Grundlage der baubegleitenden Überwachung beobachteten gleichmäßigen Setzungen des Gebäudes von weniger als 20 mm konnte die Einhaltung der vorgegebenen Setzungskriterien nachgewiesen werden (vgl. Bild 104).

6.4 Beispiel 4: Anwendung von Nassmischverfahren

Der Einsatz des Nassmischverfahrens (Deep-Soil-Mixing DSM) für ein auf Einzelfundamenten gegründetes großes Einkaufszentrum ist in Bild 105 dargestellt. Die charakteristische Sohlpressung der Fundamente lag zwischen 330 und 550 kPa, welche sich aus Fundamentlasten von bis zu max. 14,5 MN ergab. Der Boden besteht aus einer lockeren Auffüllung mit einer Mächtigkeit von ca. 2 m, gefolgt von darunterliegendem weichen schluffigen Ton. Ab 6,5 m Tiefe stehen tragfähige Sande mit steifen Tonablagerungen an. Die Unterkante der meisten Fundamente lag zwischen ca. 2 und 2,3 m. Aufgrund einer weichen Tonschicht unterhalb der Fundamente wurde ursprünglich eine konventionelle Tiefgründung vorgesehen, womit eine ausreichende Tragfähigkeit und die Einhaltung einer Differenzsetzung von maximal 1:550 ermöglicht worden wären. Bei einem Raster von 8,6 m × 8,6 m hätte dadurch der Setzungsunterschied zwischen zwei benachbarten Einzelfundamenten maximal 15 mm betragen dürfen. Die Details der ursprünglichen Bemessungsergebnisse mit Bohrpfählen mit einem Durchmesser von 0,8 m sind in Tabelle 14 angeführt.

Die alternative Gründung mit einer Baugrundverbesserung mittels DSM aus Säulen mit einem Durchmesser von 0,9 m, welche in Gruppen von drei bis 36 Säulen für neun verschiedene Fundamenttypen angeordnet wurden, ist in Bild 105 dargestellt. In Bezug auf die angesetzten charakteristischen inneren Tragfähigkeit des stabilisierten Bodens von f_{ck} = 2,2 MPa ergibt sich – vereinfacht dargestellt – für die höchstbelasteten Bereiche ein globaler Sicherheitsbeiwert für das DSM-Material von 2,88. Die

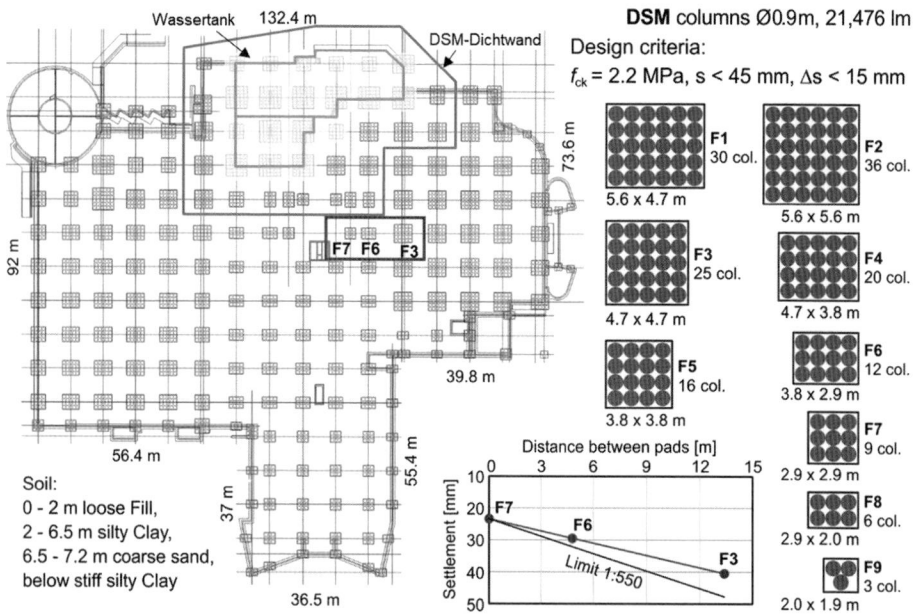

Bild 105. Einkaufszentrum, gegründet auf 205 Einzelfundamenten mit darunterliegenden DSM-Säulen

Tabelle 14. Vergleich der Anwendung einer Tiefgründung und einer Gründung mit DSM-Säulen

Gründungsvariante	Anzahl	Durchschnittl. Länge [m]	Gesamtlänge [m]	Gründungsvolumen [m^3]	Bewehrung [kg]
Bohrpfähle ⌀ 0,8 m	1154	12,0 [2]	13848	4535	227000
DSM-Säulen ⌀ 0,9 m − 45 %	3304 [1]	5,5 [2]	18172 + 31 %	3292 − 27 %	132000 − 42 %

[1] vor Optimierung bezogen auf den Wassertank
[2] gemessen vom Arbeitsplanum

Setzungsberechnung ergab unter Berücksichtigung verschiedener Kombinationen von benachbarten Einzelfundamenten und Bodenbedingungen, welche auf Basis des nächstgelegenen bekannten Bodenprofils ermittelt wurden, dass Gesamt- und Differenzsetzungen innerhalb der vorgeschriebenen Grenzen lagen. Ein Beispielergebnis ist in Bild 105 für drei ausgewählte Einzelfundamente der Typen F7, F6 und F3 mit deutlich unterschiedlichen Geometrien, Lasten und Rastern der Säulen dargestellt.

Verglichen mit der ursprünglichen Lösung einer konventionellen Tiefgründung hat der alternative Vorschlag zu einer Kosteneinsparung von 45 % geführt (vgl. Tabelle 14). Die Kosteneinsparung ergibt sich (trotz der gegenüber der konventionellen Lösung erhöhten Gesamtlänge) aus einem geringeren Einheitspreis der DSM-Säulen, aus der Reduzierung des Gesamtvolumens der Einzelfundamente und der Reduzierung der Bewehrung aufgrund einer einheitlicheren Lastverteilung unterhalb der Einzelfundamente. Während der Bauausführung wurde die Bemessung der Einzelfundamente weiter optimiert. In einer Tiefe von 6 m wurde außerdem eine Dichtwand um eine Löschwassertank aus sich überlappenden DSM-Säulen mit einem Durchmesser von 0,8 m und einem Achsabstand von 0,6 m erstellt. Durch die Dichtwand konnte der Boden in einer trockenen Baugrube ausgehoben, in diesem Bereich der noch verbliebene weiche Ton unterhalb der planmäßigen Fundamente ausgetauscht und der Tank hergestellt werden. Der Tank wurde anschließend zum Abtrag der Lasten einige Bauwerksstützen genutzt, die ursprünglich auf Einzelfundamenten mit über DSM-Säulen verbesserten Boden gegründet werden sollten. Das zeigt die Flexibilität der DSM-Technologie, die für verschiedene Anwendungsfälle eingesetzt werden kann.

6.5 Beispiel 5: Anwendung des Düsenstrahlverfahrens

Das 156 m hohe Gebäude Olivia Star in Danzig wurde mit einem nahezu rechteckigen Grundriss auf Geländeoberkante zwischen bestehenden Gebäuden errichtet [3]. Die Platzverhältnisse für die Baugrube waren entsprechend begrenzt (vgl. Bild 106). Unter Berücksichtigung der Baugrundbedingungen aus dichtgelagerten feinen Sanden mit einer bezogenen Lagerungsdichte I_d von 0,5 bis 0,7 wurde anstatt der Anwendung einer konventionellen Tiefgründung eine optimierte Gründung mithilfe einer Baugrundverbesserung vorgeschlagen. Die Bemessung hierfür umfasste 124 DSV-Säulen mit einem Durchmesser von 1,8 m, die lastorientiert unterhalb der Bodenplatte geplant wurden. Hoch belastete Stützen und lastabtragende Wände wurden somit effektiv unterstützt und die Interaktion von Bodenplatte und Untergrund berücksichtigt. Die Säulen hatten planmäßige Längen von 5 m, 11 m und 13 m ab der bei 14 m unterhalb der Geländeoberkante liegenden Gründungsebene. Ausgeführt wurden die DSV-Säulen von einem Arbeitsplanum aus, das 1,4 m unterhalb der Geländeoberkante lag (vgl. Bild 107). Die DSV-Lösung wurde favorisiert, da gegenüber der konventionellen Lösung mit Bohrpfählen ein kleineres Bohrgerät in der Baugrube eingesetzt werden konnte, welches außerdem für erforderliche Unterfangungsarbeiten an einem angrenzenden Gebäude, genutzt werden konnte. Darüber hinaus wurden überlappende DSV-Säulen mit Durchmessern von 1,8 m und 2,5 m produziert, um einen kreisförmigen Schacht mit Dichtsohle in der Gebäudemitte herzustellen (Bild 107), womit eine trockene Baugrube möglich wurde. Zehn Säulen entlang der Schachtwand wurden zur Erhöhung der Biegetragfähigkeit mit IPE-500-Profilen bewehrt.

Zur Ermittlung der zu erwartenden Setzungen wurden umfangreiche statische Berechnungen durchgeführt, wobei eine Setzung von maximal 50 mm zulässig war. In Bild 108 sind einige Ergebnisse hierzu beispielhaft dargestellt. Der Bettungsmodul wurde aus FEM-Analysen mit PLAXIS abgeleitet und danach in eine vereinfachte Steifigkeitskarte (Verteilung des Bettungsmoduls) überführt um die Bodenplatte zu bemessen. Die Berechnungen ergaben, dass die Lasten zwischen DSV-Säulen und Boden in einem Verhältnis von etwa 60 % zu 40 % aufgeteilt wurden (der Boden unterhalb der Bodenplatte

822 Baugrundverbesserung

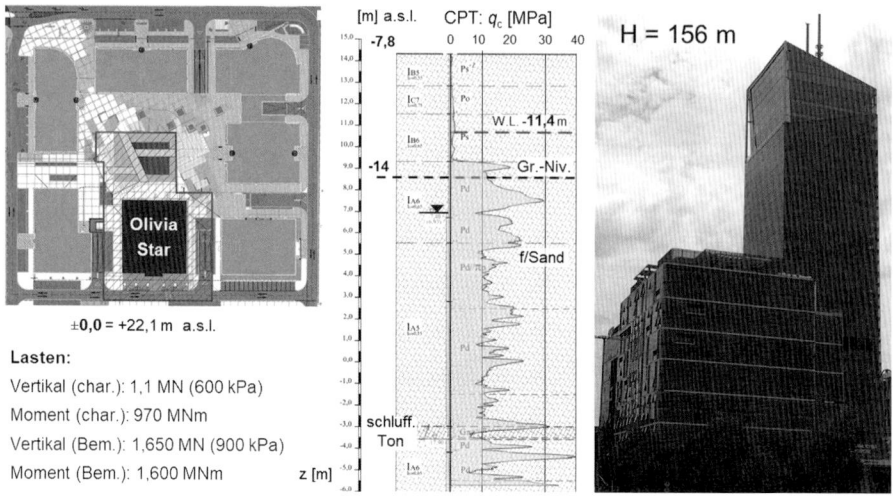

Lasten:
Vertikal (char.): 1,1 MN (600 kPa)
Moment (char.): 970 MNm
Vertikal (Bem.): 1,650 MN (900 kPa)
Moment (Bem.): 1,600 MNm

Bild 106. Gründung des Gebäudes Olivia Star in Danzig unter Berücksichtigung der Bauwerk-Boden-Interaktion mit DSV-Säulen

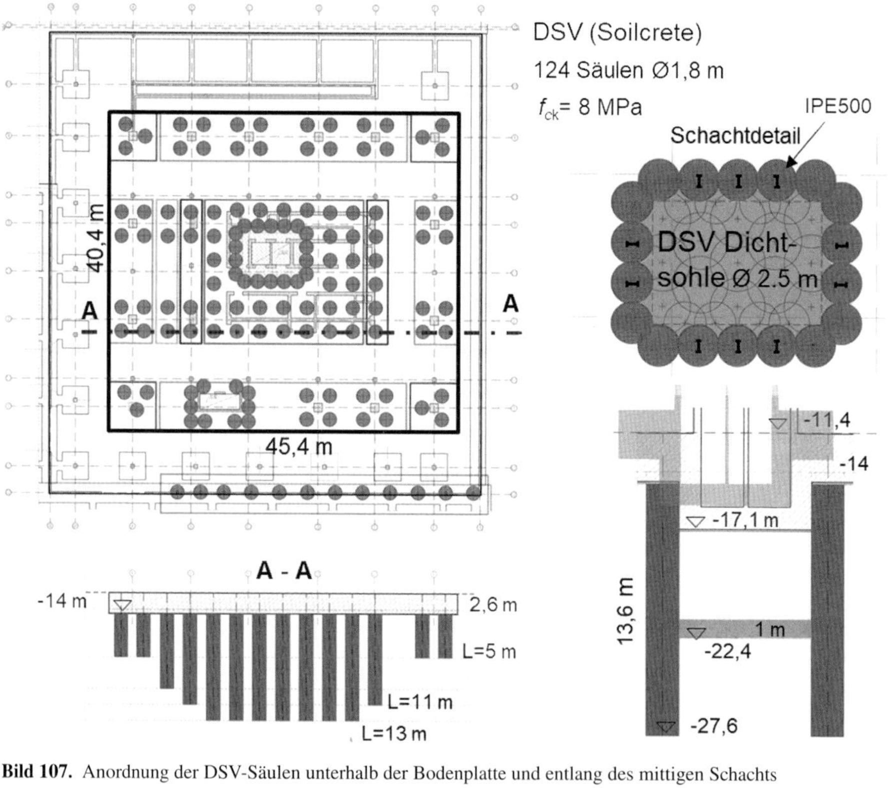

Bild 107. Anordnung der DSV-Säulen unterhalb der Bodenplatte und entlang des mittigen Schachts

wurde vor dem Aufbringen des Magerbetons mittels Vibrationswalzen verdichtet). Die maximale charakteristische Last auf eine einzelne DSV-Säule betrug 6800 kN.

Um die der Bemessung zugrunde gelegte Steifigkeit und Qualität der DSV-Säulen zu validieren, wurde eine Probebelastung auf der Baustelle mit einer Last von bis zu 150 % der maximal zu erwartenden Last durchgeführt (vgl. Bild 109). Die beobachtete Setzung bei Maximallast betrug nur 5 mm und das Verhalten übertraf damit die Erwartungen. Das DSV-Material konnte damit eine Druckspannung von 3,9 MPa bei Maximallast ohne nennenswerte Kriechverformung aufnehmen.

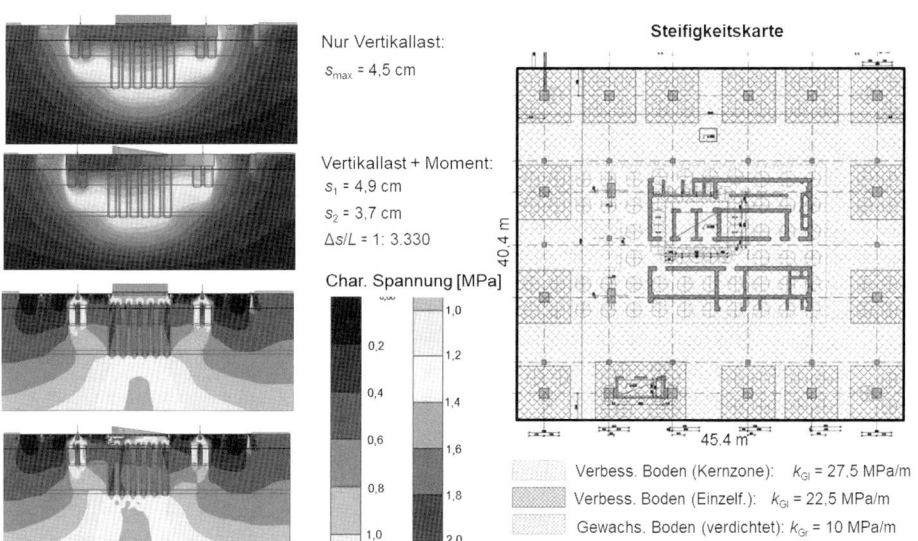

Bild 108. Ergebnisse der FE-Berechnungen für das Bauwerk-Boden-Interaktionsmodell mit DSV-Säulen

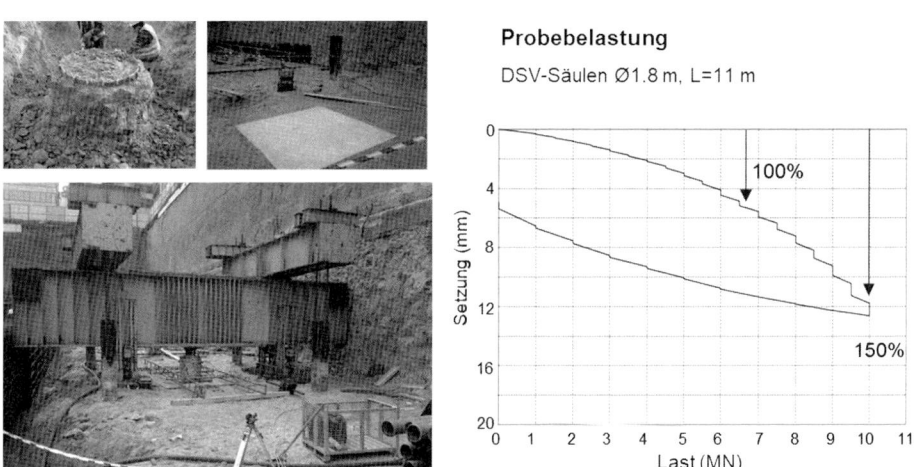

Bild 109. Statische Probebelastung einer DSV-Säule mit bis zu 10 MN

6.6 Ökologischer Fußabdruck verschiedener Gründungsvarianten

Die Projektbeispiele von Abschnitt 6.3 (Rüttelstopfverdichtung) und 6.4 (Nassmischverfahren DSM) können für einen Vergleich der CO_2-Emissionen in Verbindung mit verschiedenen Gründungslösungen herangezogen werden. Die Berechnung der CO_2-Emissionen wurden mit einem standardisierten Excel Tool (Carbon Calculator v.3 [128]) durchgeführt, das zusammen von EFFC (European Federation of Foundation Contractors) und DFI (Deep Foundations Institute) entwickelt wurde. Die auf Material- und Energieverbrauch sowie Fracht- und Personentransport bezogene Emission wurde mit projektspezifischen Daten berücksichtigt, während für das Einrichten und Räumen der Baustelle, die hergestellte Gründung und den produzierten Abfall die Standardeinstellungen verwendet wurden. Alle Berechnungen wurden auf Basis eines Hochofenzements des Typs CEM III/A mit einem standardmäßigen Hüttensandanteil von 51 % zur Pfahlherstellung inkl. der Pfahlköpfe und für DSM Körper durchgeführt. Für den Anteil an recyceltem Stahl wurde eine Standardeinstellung von 41 % verwendet. Die Ergebnisse sind in Bild 110 dargestellt.

Im Falle des Beispiels von Abschnitt 6.3 ist ein deutlicher Unterschied der CO_2-Emissionen zugunsten der Baugrundverbesserung aufgrund einer Kombination von umweltfreundlicher Technologie (Rüttelstopfverdichtung) mit optimierter Bemessung feststellbar, wobei die Baugrundverbesserung nur unter einem Teil der Bodenplatte durchgeführt werden musste. Für das Beispiel in Abschnitt 6.4 ist der Vergleich komplexer. Hierfür müssen nicht nur die unterschiedlichen Ansätze für die Gründung (Bohrpfähle und DSM-Säulen) berücksichtigt werden, sondern auch die damit verbundenen Änderungen des Gesamtvolumens und die Menge der Bewehrung der Gründungselemente, was ebenfalls einen großen Einfluss auf die kombinierte CO_2-Emission hat. Auch in diesem Fall führt die Baugrundverbesserung gegenüber der Tiefgründung zu einer erheblichen Reduzierung der CO_2-Emissionen von 16 %.

7 Ausblick

In einem abschließenden kurzen Ausblick soll auf zukünftig zu erwartende Tendenzen und Entwicklungen eingegangen werden, die im Zusammenhang mit Baugrundverbesserungsmaßnahmen bedeutsam sind.

Es ist davon auszugehen, dass die Bedeutung von Baugrundverbesserungsmaßnahmen zukünftig noch deutlich zunehmen wird. Gründe hierfür sind u. a.:

– Weltweit nimmt die Zahl und die Bedeutung von Landgewinnungsprojekten zu, die fast immer mit Baugrundverbesserungsmaßnahmen verbunden sind.

– Auch die Bebauung aus gründungstechnischer Sicht schwieriger oder zu dekontaminierender Flächen und Gebiete wird noch zunehmen, was wiederum spezielle Gründungs- und Baugrundverbesserungsmaßnahmen erfordert.

– Der in diesem Beitrag im letzten Abschnitt noch einmal aufgegriffene Aspekt des ökologischen Fußabdrucks wird auch im Bereich des Tiefbaus zunehmend an Bedeutung gewinnen. Und wie die Beispiele in diesem Beitrag zeigen, weisen Baugrundverbesserungsmethoden hierbei günstige Eigenschaften auf.

– Im Zusammenhang mit vorigem Punkt kommt der Ressourcenschonung zukünftig eine zunehmende Bedeutung zu. Baugrundverbesserungsverfahren beruhen auf dem Prinzip, dass für bestimmte Anforderungen nicht geeignetes Bodenmaterial in einen geeigneten Stoff umgewandelt wird, was dem Prinzip der Ressourcenschonung sehr nahekommt.

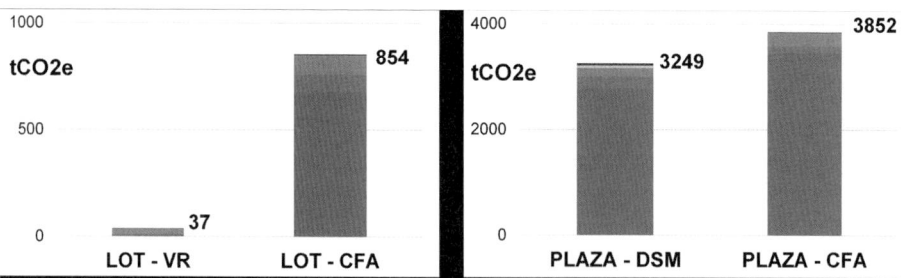

Bild 110. CO_2-Emissionen bei zwei ausgewählten Projekten bezogen auf einen Entwurf mit einer Tiefgründung sowie einen Entwurf mit einer Baugrundverbesserung

Aus der zunehmenden Bedeutung und dem zu erwartenden verstärkten Einsatz von Baugrundverbesserungsmaßnahmen sind auch entsprechende Neu- und vor allem Weiterentwicklungen im Bereich der Verfahrens-, der Steuerungs- und der Gerätetechnik, im Falle von Baugrundverbesserungsmaßnahmen auch im Bereich der Nachweisführung und Qualitätskontrolle und -sicherung zu erwarten. Im Bereich der Verfahrens-, Geräte- und Steuerungstechnik wird das Thema „big data" eine zunehmend größere Rolle spielen. Bereits jetzt findet im Zuge der Bauausführung die Aufzeichnung großer Datenmengen aus dem Gerätebetrieb statt, die zukünftig neben qualitätssichernder und dokumentierender Funktion verstärkt in die Verfahrenssteuerung Eingang finden werden (Stichwort „Machine Learning").

Als Basis für das Design und die Qualitätssicherung wird ein noch stärkerer Fokus auf das tiefere (theoretische) Verständnis der (boden-)mechanischen Prozesse bei einzelnen Baugrundverbesserungsverfahren stattfinden. Ein Beispiel hierfür ist der nach wie vor in unzureichender Tiefe verstandene Erosionsprozess im Zusammenhang mit dem Düsenstrahlverfahren. Ein anderer Aspekt wird die vertiefte mechanische Abbildung der Herstellungsprozesse selbst sein. Immer wieder ist festzustellen, dass die in Hinblick auf mögliche Verformungen oder Schäden an Bestandsobjekten kritischste Zeitspanne während der Bauausführung die Herstellungsphase von Pfählen, Säulen, DSV- oder DSM-Elementen, Rüttelarbeiten etc. selbst ist. Zur Vermeidung dieser unerwünschten Nebeneffekte während der Herstellungsphase selbst ist das vertiefte Verständnis der Interaktion zwischen Produktionsprozess und Boden neben der erforderlichen Kompetenz und Erfahrung der ausführenden Firmen entscheidend.

Eine weitere Herausforderung für die Zukunft ist die Einbindung des BIM-Prozesses in den Spezialtiefbau oder vielleicht auch treffender ausgedrückt des Tiefbaus ins BIM. Während BIM im Hochbau und in der Tragwerksplanung schon etabliert ist, hat dieser Prozess im Spezialtiefbau vor wenigen Jahren erst begonnen. Mit BIM sind sowohl Chancen wie auch große Herausforderungen verbunden.

Abschließend kann aus Sicht der Autoren angemerkt werden, dass die Vielfalt an Baugrundverbesserungsverfahren, die damit verbundenen, gegenwärtigen wie zukünftigen Herausforderungen und Chancen aber auch der Umgang mit den damit verbundenen Risiken, Ausdruck des lebendigen und äußerst interessanten Tätigkeitsfelds der Geotechnik ist.

8 Literatur

[1] EN 1997-1:2014-11 (2014) *Eurocode 7 – Entwurf, Berechnung und Bemessung in der Geotechnik – Teil 1: Allgemeine Regeln* (konsolidierte Fassung).

[2] Sondermann, W., Kirsch F. (2017) *Baugrundverbesserung und Injektionen*, Grundbau-Taschenbuch, Teil 2: Geotechnische Verfahren (Hrsg. Witt K. J.), Ernst & Sohn, 8. Auflage, S. 167–262.

[3] Topolnicki, M. (2018) *Ground Improvement instead of piling – effective design solutions for heavily loaded structures*; EFFC Conference 2018, Rom, pp. 1128–1137.

[4] Massarsch, K. R., Fellenius, B. H. (2015) *Deep vibratory compaction of granular soils. Chapter 4 in Ground Improvement Case Histories Compaction Grouting and Geosynthetics*, Elsevier Ltd., pp. 111–135.

[5] Marte, R., Schuller, H. (2003) Nachweis einer durch Schottersäulen sanierten Rutschung mittels FE-Methode, *Geotechnik* (11).

[6] Lüftenegger, R., Schweiger H. F., Marte, R. (2003) *Innovative solutions for supporting excavations in slopes*. Proceedings of the 18th International Conference on Soil Mechanics and Geotechnical Engineering, Paris, 2013, pp. 2047–2050.

[7] Marte, R., Garber, E., Ausserer, G., Sommeregger, K. (2004) *Tiefgründung eines Logistik-Centers in weichen organischen Seeablagerungen im Vorarlberger Rheintal*. 19. Christian Veder Kolloquium, Graz, 2004, S. 231–248.

[8] Berger, M., Leibniz, O., Marte, R. (2018) *Rütteldruckverdichtung zur Verringerung der Wasserdurchlässigkeit sowie zur Erhöhung der Suffosionsstabilität*. Proceedings of the 16th Danube-European Conference on Geotechnical Engineering, 2018, Ernst & Sohn, S. 975–980.

[9] Berger, M. (2017) *Rütteldruckverdichtung zur Verringerung der Wasserdurchlässigkeit sowie zur Erhöhung der Suffosionsstabilität*, Masterarbeit am Institut für Bodenmechanik und Grundbau, Technische Universität Graz.

[10] Ground Improvement Committee of the Deep Foundation Institute: Commentary on the selection, design and specification of ground improvement for mitigation of earthquake-induced liquefaction. *DFI Journal* 7 (1), August 2013, pp. 3–12.

[11] Liedekerke, M. v., Prokop, G., Rabl-Berger, S., Kibblewhite, M., Louwagie, G. (2014) JRC Reference report: *Progress in the management Contaminated Sites in Europe*, IES.

[12] Weisgram, M., Brandner, P., Foditsch, S., Dörrie, T., Müller, D. (2012) Technische Arbeitshilfe CKW-kontaminierte Standorte – Erkundung, Beurteilung und Sanierung, Österreichischer Verein für Altlastenmanagement (ÖVA), Wien.

[13] Dörrie, T., Längert-Mühlegger, H. (2010) *In-Situ-Sanierungstechnologien, Technologiequickscan*, Österreichischer Verein für Altlastenmanagement (ÖVA), Wien.

[14] Bundesumweltamt GmbH (2017) *MKW-kontaminierte Standorte – Erkundung, Beurteilung und Sanierung.* Technische Arbeitshilfe. Bundesumweltamt, Wien.

[15] Held, T. (2014) In-situ-Verfahren zur Boden- und Grundwassersanierung – Verfahren, Planung und Sanierungskontrolle. Wiley-VHC, Weinheim.

[16] Freitag, P., Mesic, M., Reichenauer, T. G. (2019) *HaloCrete® – Erste Erfahrungen im Einsatz.* Beitrag zur 12. Österreichischen Geotechniktagung, 31.1.–1.2.2019, Wien, 2018, Österreichischer Ingenieur und Architektenverein; S. 301–310.

[17] EN 1537:2015-10 (2015) *Ausführung von Arbeiten im Spezialtiefbau – Verpressanker*, Beuth, Berlin.

[18] EN 14490:2010-07 (2010) *Ausführung von Arbeiten im Spezialtiefbau – Bodenvernagelung*, Beuth, Berlin.

[19] EN 1536:2015-12 (2015) *Ausführung von Arbeiten im Spezialtiefbau – Bohrpfähle*, Beuth, Berlin.

[20] EN 1998-1:2010-12 (2010) *Eurocode 8: Auslegung von Bauwerken gegen Erdbeben – Teil 5: Gründungen, Stützbauwerke und geotechnische Aspekte*, Beuth, Berlin.

[21] Lang, H. J., Huder J., Amann, P., Puzrin, A. M. (2007) *Bodenmechanik und Grundbau. Das Verhalten von Böden und Fels und die wichtigsten grundbaulichen Konzepte*, 8. Auflage, Springer.

[22] Kurrer, K. E. (2016) *Der elastisch gebettete Balken.* In: Geschichte der Baustatik. Auf der Suche nach dem Gleichgewicht. 2. Auflage, Ernst & Sohn, Berlin.

[23] www.fps.org.uk; Federation of Piling Specialists, Vereinigtes Königreich UK.

[24] EN 16228-1:2014-11 (2014) *Geräte für Bohr- und Gründungsarbeiten – Sicherheit – Teil 1: Gemeinsame Anforderungen*, Beuth, Berlin.

[25] Okamura, M., Takemura, J., Kimura, T. (1998) Bearing capacity predictions of sand overlying clay based on limit equilibrium methods, *Soils and foundation* **38** (1), 181–194.

[26] EN 12716:2017-05 (2017) *Ausführung von Arbeiten im Spezialtiefbau – Düsenstrahlverfahren*, Beuth, Berlin.

[27] Wintzingerode, v. Wilko, Zöhrer, A., Bell, A., Gisselmann, Q. (2011) Calculations on Greenhouse Gas, Emissions from Geotechnical Construction Processes, *Geotechnik* **34** (3).

[28] Wieland, A., Wallenburg, C. M. (2012) Dealing with supply chain risks: Linking risk management practices and strategies to performance, *International Journal of Physical Distribution & Logistics Management* **42** (10).

[29] EN 14731:2006-10 (2006) *Ausführung von besonderen geotechnischen Arbeiten (Spezialtiefbau) – Baugrundverbesserung durch Tiefenrüttelverfahren*, Beuth, Berlin.

[30] Allgemeine bauaufsichtliche Zulassung Z-34.2-3 (2016) *Vermörtelte Stopfsäulen (VSS), Fertigmörtel-Stopfsäulen (FSS) und Beton-Stopfsäulen (BSS)*, Zulassungsstelle für Bauprodukte und Bauarten, Bautechnisches Prüfamt, 30.11.2016.

[31] Kirsch, K., Kirsch, F. (2018) *Ground Improvement by Deep Vibratory Methods.* 2nd Edition, CRC Press.

[32] Rodgers, A. A. (1979) *Vibrocompaction of cohesionless soils.* Cementation Research Limited. International report.

[33] Massarsch, K. R. (1994) *Design aspects of Deep Vibratory Compaction.* Proc. Seminar on Ground Improvement Methods. Hong Kong Inst. Civ. Eng.

[34] Wehr, W. (2005) *Influence of the carbonate content of sand on vibro compaction*, 6th International Conference on Ground Improvement Techniques; Coimbra, Portugal.

[35] Wehr, W. (2007) *Rütteldruckverdichtung von karbonathaltigen Sanden*, Geotechnik-Kolloquium Freiberg, S. 129–137.

[36] Baldi., G., Bellotti, N., Ghionna., M., Jamiolkowski., E. (1986) *Interpretation of CPTs and CPTUs, 2nd Part: drained penetration of sands.* 4th International Geo-Technical Seminar, Field-Instrumentation and In-Situ Measurements, Singapore.

[37] Jamiolkowski, M., Lo Presti, D. C. F., Manassero, M. (2003) *Evaluation of relative density and shear strength of sands from CPT and DMT*, Symposium on Soil Behavior and Soft Ground, American Society of Civil Engineers.

[38] Schmertmann, J. (1976) *An Updated Correlation between Relative Density Dr and Fugro-Type Electric Cone Bearing qc.* Contract Report DACW 39-76 M 6646 WES, Wicksburg, Mississippi.

[39] Salgado, R., Mitchell, K., Jamiolkowski, M. (1998) Calibration chamber size effects on penetration resistance in sand, *Journal of Geotechnical and Geoenvironmental Engineering* **124** (9).

[40] Sweeney, B., Clough, G. (1990) Design of a Large Calibration Chamber, *Geotechnical Testing Journal* **13** (1), S. 36–44.

[41] Cudmani, R. (2000) *Statische, alternierende und dynamische Penetration in nichtbindigen Böden*, PhD-Thesis, Universität Fredericiana in Karlsruhe.

[42] Cudmani, R., Osinov, A. (2001) The cavity expansion solution for the interpretation of cone penetration and pressuremeter tests, *Canadian Geotechnical Journal* **38** (3), 622–638.

[43] Meier, T. (2007) *Application of Hypoplastic and Viscohypoplastic Constitutive Models for Geotechnical Problems*, PhD-Thesis, Universität Fredericiana in Karlsruhe.

[44] Osinov, A., Cudmani, R. (2001) Theoretical investigation of the cavity expansion problem based on a hypoplasticity model, *International Journal for Numerical and Analytical Methods in Geomechanics* **25** (5), 473–495.

[45] Massarsch, K. R. (2002) *Effects of Vibratory Compaction*, TransVib 2002 International Conference on Vibratory Pile Driving and Deep Soil Compaction, Louvai-la-Neuve.

[46] Massarsch, K. R., Fellenius, B. H. (2015) *Deep vibratory compaction of granular soils*. Ground Improvement Case Histories, Compaction, Grouting, and Geosynthetics, Edited by Buddhima Indraratna, Jian Chu, and Cholachat Rujikiatkamjorn, Elsevier Ltd.

[47] Massarsch, K. R. (2016) *Grundlagen der Rütteltelverdichtung*, 31. Christian Veder Kolloquium, S. 241–261.

[48] Krogh, P., Lindgren, A. (1997) *Dynamic field measurements during deep compaction at Changi Airport, Singapore*, Examensarbeit 97/9, Royal Institute of Technology (KTH) Stockholm, Sweden.

[49] Mitchell, J. K. (1982) *Soil improvement – State-of-the-Art*. Proceedings, 10th International Conference on Soil Mechanics and Foundation Engineering, ICSMFE, Stockholm, pp. 509–565.

[50] Eslami, A., Fellenius, B. H. (1997) Pile Capacity by direct CPT and CPTu methods applied to 102 case histories, *Canadian Geotechnical Journal* **34** (6) 886–904.

[51] Fellenius, B. H, Eslami, A. (2000) *Pile Soil Profile interpreted from CPTU data*. Proceedings of the International Conference „Year 2000 Geotechnics", Bangkok, Nov. 27, 2000.

[52] Baldi, G., Bellotti, R., Ghionna, V., Jamilokowski, M., Pasqualini, E. (1986) *Interpretations of CPTs and CPTUs*, 2nd part: Drained penetration of sands, 4th International Conference NTU, Singapore.

[53] Massarsch, K. R., Fellenius, B. H. (2014) *Use of CPT for design, monitoring and performance verification of compaction projects*. Proceedings Edited by Robertson, P. K., Cabal, K. L., May 13–14, 2014, Las Vegas, Omnipress, pp. 1187–1200.

[54] Priebe, H. J. (1995) Die Bemessung von Rütteltelstopfverdichtungen, *Bautechnik* **72** (3), 183–191.

[55] Priebe, H. J. (2003) Zur Bemessung von Rütteltelstopfverdichtungen – Anwendung des Verfahrens bei extrem weichen Böden, bei die „schwimmenden" Gründungen und beim Nachweis der Sicherheit gegen Gelände- oder Böschungsbruch, *Bautechnik* **80** (6), 380–384.

[56] Balaam, N. P., Booker, J. R. (1981) Analysis of rigid rafts supported by granular piles, *International Journal for Numerical and Analytical Methods on Geomechanics* (5), 379–403.

[57] Baez, J. I. (1995) *A design model for the reduction of soil liquefaction by vibro stone columns*, University of California.

[58] Thurner, R., Kirsch, F., Akdora, B. (2013) *Bohrpfahl-Rüttelstopfsäulen-Kombination für die erdbebensichere Gründung eines Gaskraftwerks in der Türkei*, 28. Christian Veder Kolloquium, S. 17–32.

[59] Schuller, H., Marte, R. (2005) Verbesserung sehr weicher Seesedimente und Torfe durch Schottersäulen – zwei Fallbeispiele *Bauingenieur* **80** (9) 430–440.

[60] Herle, I., Wehr, J., Arnold, M.: *Soil improvement with vibrated stone columns – influence of pressure level and relative density on friction angle*. Geotechnics of Soft Soil – Focus on Ground Improvement

– Kartunen & Leoni, Taylor & Francis Group, London, 2009, pp. 235–240.

[61] Madhav, M., Suresh, K., Nirmal Peter, E. C. (2009) *Creep Effect on Response of Granular Pile Reinforced Ground*, International Symposium on Ground Improvement Technologies and Case Histories, pp. 275–284.

[62] Petsana, J. M., Hunt, C. E., Goughnour, R. R. (2017) *FEQDrain: a finite element computer program for the analysis of the earthquake generation and dissipation of pore water pressure in layered sand deposits with vertical drains*. University of California, College of Engineering, Berkley.

[63] Watts, K. (2003) *Specifying Dynamic Compaction*, BRE REP 458.

[64] Ground Modification Methods Reference Manual – Volume 1. U. S. Department of Transportation, Federal Highway Administration, Publication No. FHWA-NHI-16-027, April 2017.

[65] Slocombe, B. C. (2012) *Chapter 3 – Dynamic compaction in Ground Improvement* (Eds. Kirsch, K., Bell, A.), 3rd Edition, CRC Press.

[66] Chu, J., Raju, V. (2012) *Chapter 4 – Prefabricated vertical drains in Ground Improvement* (Eds. Kirsch, K., Bell, A.), 3rd Edition, CRC Press.

[67] Mesri, G. (2001) Primary compression and secondary compression, in Soil *behavior and soft ground construction*, Proceedings of the Symposium, October 5–6, 2001, Cambridge, Massachusetts, Sponsored by The Geo-Institute of the American Society of Civil Engineers, S. 122–166.

[68] Buddhima Indraratna, C., Rujikiatkamjorn, Jian Chu (2007) *Critical Review of Analyses in Soft Clay Stabilisation with Geosynthetic Vertical Dräns beneath Road and Railway Embankments*, Advances in Measurement and Modeling of Soil Behavior, GSP 173 ASCE 2007, Denver, Colorado, February 18–21.

[69] Robertson, P. K. (2010) *Estimating in-situ state parameter and friction angle in sandy soils from CPT*. 2nd International symposium on cone penetration testing, Huntington Beach, CA, USA.

[70] Croce, P., Flora, A., Modoni, G. (2014) *Jet Grouting – Technology, Design and Control*. CRC Press-Taylor & Francis Group.

[71] EN 1997-2:2017-01 (2017) *Eurocode 7 – Entwurf, Berechnung und Bemessung in der Geotechnik – Teil 2: Erkundung und Untersuchung des Baugrunds*, Beuth, Berlin.

[72] DIN 4020:2010-12 (2010) *Geotechnische Untersuchungen für bautechnische Zwecke – Ergänzende Regeln zu DIN EN 1997-2*, Beuth, Berlin.

[73] DIN 4093:2015-11 (2015) *Bemessung von verfestigten Bodenkörpern – Hergestellt mit Düsenstrahl-, Deep-Mixing- oder Injektions-Verfahren*, Beuth, Berlin.

[74] EN 12716:2017-04 – Entwurf (2017) *Ausführung von Arbeiten im Spezialtiefbau – Düsenstrahlverfahren*, Beuth, Berlin.

[75] DIN 18321:2016-09 (2016) *VOB Vergabe- und Vertragsordnung für Bauleistungen – Teil C: Allgemeine Technische Vertragsbedingungen für Bauleistungen (ATV) – Düsenstrahlverfahren*, Beuth, Berlin.

[76] Flora, A., Modoni, G., Lirer, S., Croce, P. (2013) The diameter of single, double and triple fluid jet grouting columns prediction method and filed trial results, *Geotechnique* 63 (11), 934–945.

[77] Klein, L., Moormann, C. (2014) *Neue Bemessungsansätze für Düsenstrahlkörper unter Berücksichtigung der Variabilität der Materialeigenschaften*. Beiträge zum 21. Darmstädter Geotechnik Kolloquium, S. 101–128.

[78] Österreichische Bautechnik Vereinigung (2012) *Merkblatt „Qualitätssicherung für Bodenvermörtelung"*. Ausgabe September 2012.

[79] Flora, A., Modoni, G., Croce, P., Siepi, M., Kummerer, C. (2017) *What future for Jet grouting? A European perspective*. Proceedings of conference Grouting 2017 – Jet grouting, diaphragm walls, and Deep Mixing, ASCE, pp. 358–382.

[80] EN 14679:2005-07 (2005) *Ausführung von besonderen geotechnischen Arbeiten (Spezialtiefbau) – Tiefreichende Bodenstabilisierung*, Beuth, Berlin.

[81] Wehr, J., Freitag, G., Thurner, R. (2003) *Baugrundverbesserung in Weichböden durch Anwendung der Trockenpulver-Einmisch-Technik (TET)*, Beitrag zur ÖGT 2003, Wien, S. 453–464.

[82] Holm, G. (1999) *Application of dry mix methods for deep soil stabilization*. Proc. Dry mixing methods for deep soil stabilization, Stockholm, 1999, pp. 3–13.

[83] Swedish Geotechnical Society (1997) *Lime and lime cement columns*. SGF Report 4:95E, Linköping.

[84] Topolnicki, M. (2013) *In-situ soil mixing. Ground Improvement*. (Eds. Kirsch, K. Bell, A.) 3rd Edition, CRC Press.

[85] Topolnicki, M. (2016) *General overview and advances in Deep Soil Mixing*. Proceedings XXIV Geotechnical Conference "Design, Construction and Controls of Soil Improvement Systems". Torino.

[86] EN 16907-4:2015-12 (2015) *Erdarbeiten – Teil 4: Bodenbehandlung mit Kalk und/oder hydraulischen Bindemitteln*, Beuth, Berlin.

[87] Adam, D. (2017) Kapitel Erdbau, in Grundbau-Taschenbuch, Teil 2: Geotechnische Verfahren, 8. Auflage, Ernst & Sohn.

[88] Brandl, H. (1967) *Der Einfluss des Frostes auf kalk- und zementstabilisierte feinkörnige Böden*. Mitteilungen des Institutes für Grundbau und Bodenmechanik, Technische Hochschule Wien.

[89] TP BF-StB – B11.1 (2012) *Technische Prüfvorschriften für Boden und Fels im Straßenbau – Teil B 11.1: Eignungsprüfungen bei Bodenverfestigungen mit Bindemitteln*. Forschungsgesellschaft für Straßen- und Verkehrswesen (FGSV), Arbeitsgruppe „Erd- und Grundbau".

[90] EN 459-1:2015-06 (2015) *Baukalk – Teil 1: Begriffe, Anforderungen und Konformitätskriterien*, Beuth, Berlin.

[91] EN 197-1:2011-10 (2011) *Zement – Teil 1: Zusammensetzung, Anforderungen und Konformitätskriterien von Normalzement*, Beuth, Berlin.

[92] DIN 18506:2002-02 (2002) *Hydraulische Bodenund Tragschichtbinder – Zusammensetzung, Anforderungen und Konformitätskriterien*, Beuth, Berlin.

[93] Kutzner, C (1991) *Injektionen im Baugrund*. Spektrum Akademischer Verlag.

[94] Cambefort, H. (1969) *Bodeninjektionstechnik*. Bauverlag.

[95] EN 12715:2000-10 (2010) *Ausführung von besonderen geotechnischen Arbeiten (Spezialtiefbau)-Injektionen*, Beuth, Berlin.

[96] Hornich, W., Stadler, G. (2009) *Injektionen*, in Grundbau-Taschenbuch, Teil 2, 7. Auflage, Ernst & Sohn, Berlin, S. 159–198.

[97] Stadler, G., Krenn, H. (2013) *Permeation grouting*. In: Ground Improvement 2nd edition, Taylor & Francis, pp. 169–206.

[98] Sommer, R. (2012) *Standsicherheit von Felsböschungen beim Lastfall schnelle Absenkung*. 20. Symposium Felsmechanik und Tunnelbau 2012, Stuttgart.

[99] Sommer, R. (2012) Standsicherheit von Felsböschungen beim Lastfall schnelle Absenkung, *Mining + Geo* 1 (4), 656–661.

[100] Kulmer, R. (2014) *Hochwasserschutz Lankowitzbach*. Baustellenbericht, unveröffentlicht.

[101] Department of the Army, US Army Corps of Engineers: Engineering and Design Grouting Technology, 2017.

[102] Graf, E. D. (1969) Compaction grouting technique, *Journal of Soil Mechanics and Foundation Division*, ASCE, **95** (SM5), 1151–1158.

[103] American Society of Civil Engineers ASCE (2010) *Compaction grouting consensus guide ASCE/G-I 53-10*.

[104] Hussein, J. (2012) *Compaction grouting*. In: Ground Improvement, 3nd edition, Taylor & Francis, pp. 299–328.

[105] Iagolnitzer, Y. (2000) *A comparative field experiment on compaction grouting*. Mitteilungen des Instituts und der Versuchsanstalt für Geotechnik der TU Darmstadt, S. 75–85.

[106] Mair, R. (1994) *Report on Session 4: Displacement grouting* (Ed. Bell, A.), Proc. Int. Conf. Grouting in the Ground, London, UK, 1992, London: Th. Telford, pp. 375–384.

[107] Kummerer, C., Sciotti, A. (2013) *Compensation Grouting with shallow and deep foundations – a case study from the Metro B1 in Rome*. Proceedings 18th ICSMGE, Paris, 2013, pp. 1743–1746.

[108] Falk, E., Kummerer, C. (2012) *Soilfracture grouting*, in: Ground Improvement 3nd edition, Taylor & Francis, pp. 259–298.

[109] Poetsch, H. (1883) *Verfahren zur Abteufung von Schächten in schwimmenden Gebirge*. Patentschrift Nr. 25015. Patentiert im Deutschen Reiche vom 27. Februar 1883.

[110] Orth, W. (2009) *Bodenvereisung*, in: Grundbau-Taschenbuch, Teil 2, 7. Auflage, 2009, Ernst & Sohn, S. 233–302.

[111] Makowski, E. (1986) *Modellierung der künstlichen Bodenvereisung im grundwasserdurchströmten Untergrund mit der Methode der finiten Elemente.* Schriftenreihe des Instituts für Grundbau, Ruhr-Universität Bochum, Heft 10.

[112] Jordan, P. (1992) *Gefrierverfahren im Tunnelbau.* Schriftenreihe des Instituts für Grundbau, Ruhr-Universität Bochum, Heft 20, S. 203–226.

[113] Schäfers, P., Kühnle, M., Lenfort, K., Otterbein, R. (2017) *Abwasserkanal Emscher: Besonderheiten bei der Herstellung des Dichtblocks im Vereisungsverfahren und der Ausfahrt des Rohrvortriebs DN 1800 aus der Bestandbaugrube.* Beitrag zur STUVA Tagung, Stuttgart.

[114] Jessberger, H.-L., Jagow-Klaff, R. (2001) *Bodenvereisung*, in: Grundbau-Taschenbuch, Teil 2, 6. Auflage, Verlag Ernst & Sohn, 2001, S. 121–166.

[115] Neidhart, T. (2016) *Stabilisierungssäulen – Abgrenzung, Wirkungsweise und Bemessung.* Beitrag zur Deutschen Baugrundtagung, Bielefeld 2016, S. 129–136.

[116] Bohn, C. (2015) *Serviceability and safety in the design of rigid inclusions and combined pile-raft foundations.* Dissertation, Technische Universität Darmstadt (zusammen mit Université Paris-Est), Mitteilungsheft Nr. 96, https://pastel.archives-ouvertes.fr/tel-01259962.

[117] Moormann, C., Buhmann, P. (2016) *Baugrundverbesserung mit steifen und pfahlähnlichen Traggliedern – Anforderung, Bemessung und Anwendungsgrenzen von 'Rigid inclusions'.* Beitrag zum 31. Christian Veder Kolloquium, S. 59–76.

[118] IREX (Institut pour la Recherche et l'Expérimentation en Génie civil) (2012) *Empfehlungen des französischen Nationalprojekts ASIRI. Operation of the civil and urban engineering network*, France.

[119] Katzenbach, R., Bohn, C., Wehr, J. (2012) *Vergleich der Sicherheitskonzepte bei Baugrundverbesserungsmethoden mit Betonsäulen.* Beiträge zum Darmstädter Geotechnik-Kolloquium, S. 193–203.

[120] Bohn, C., Vogt, N. (2018) *Lasttransfermethode zur Berechnung von Gründungen und Baugrundverbesserungen mit starren Säulen, Bautechnik* **95** (9), S. 597–606.

[121] Adam, D. (2016) *Grundbau und Bodenmechanik*, Studienunterlagen zur Vorlesung, Institut für Geotechnik, Technische Universität Wien.

[122] Marte, R., Lüftenegger, R., Paulus-Grill, M. (2012) *TAUERN SPA Kaprun, Wasserhaltungs- und Abdichtungsmaßnahmen im Zuge der Bauausführung.* Beitrag zum 27. Christian Veder Kolloquium, Graz, S. 1–16.

[123] Adam, D. (2010) *Bodenverbesserung – Hybridgründung – Tiefgründung.* Leitartikel VÖBU-Forum, Mai 2010, Wien.

[124] Adam, D., Turček, P., Paulmichl, I. (2009) *Innovative hybrid ground improvement and deep foundation concept for the CCPP Malženice (Slovakia)*, [Inovatívne hybridné zlepšovanie podložia a koncepcia híbkového zakladania pre CCPP Malženice (Slovensko)], Proc. of the 9th International Geotechnical Conference, Slovak University of Technology Bratislava, Faculty of Civil Engineering, Department of Geotechnics, pp. 59–68.

[125] Paulmichl, I., Adam, D. (2011) *Hybridgründung – Bodenverbesserung und Tiefgründung, Fallbeispiel Malženice in der Slowakei*, Tagungsband der 8. Österreichische Geotechniktagung des Österreichischen Nationalkomitees der International Society for Soil Mechanics and Geotechnical Engineering (ISSMGE) und des ÖIAV, Wien, S. 211–230.

[126] Brinkgreve, R. B. J., Kumarswamy, S., Swolfs, W. M. (2017) *PLAXIS 2017. Finite element code for soil and rock analyses*, User Manual. Plaxis bv., Delft.

[127] Schanz, T., Vermeer, P. A., Bonnier, P. (1999) *The Hardening-Soil model: Formulation and verification.* Beyond 2000 in Computational Geotechnics (Ed. R. J. B. Brinkgreve), Balkema, Rotterdam, pp. 281–290.

[128] Carbon Calculator Tool v3.0, EFFC and DFI, http://www.geotechnicalcarboncalculator.com/de.

IX Zwangbeanspruchung und Rissbreitenbeschränkung in Stahlbetonbauteilen auf Grundlage der Verformungskompatibilität

Nguyen Viet Tue, Graz

Dirk Schlicke, Graz

Beton-Kalender 2020: Wasserbau. Konstruktion und Bemessung.
Herausgegeben von Konrad Bergmeister, Frank Fingerloos und Johann-Dietrich Wörner
© 2020 Ernst & Sohn GmbH & Co. KG. Published 2020 by Ernst & Sohn GmbH & Co. KG.

1 Einleitung

Beton ist ein wunderbarer Baustoff. Er kann weltweit an jedem Ort mit sehr bescheidenen Ausrüstungen hergestellt werden. Seine Eigenschaften lassen sich in einer großen Bandbreite einstellen, sodass viele Aufgaben zielorientiert gelöst werden können. Er ist schon so alt, ermöglicht dennoch solche Innovationen, dass sich immer neue Aufgabenbereiche erschließen lassen. Die Entwicklung und Anwendung von ultrahochfestem Beton (UHPC) im Bereich Maschinenbau [1] demonstriert eindrucksvoll die Vielseitigkeit dieses vortrefflichen Werkstoffs.

Für eine erfolgreiche Anwendung des Betons als Konstruktionswerkstoff müssen jedoch seine Besonderheiten ausreichend berücksichtigt werden. Hierbei ist vor allem der sehr geringen und erst mit der Hydratation entstehenden Zugfestigkeit große Aufmerksamkeit zu schenken. Während der Hydratation treten zudem Verformungseinwirkungen infolge der Wärmefreisetzung und des autogenen Schwindens auf. Da die Betonbauteile im Allgemeinen monolithisch miteinander verbunden sind und somit sich gegenseitig behindern, ist die Gefahr der Rissbildung im jungen Beton nicht zu vernachlässigen.

Während der Nutzung muss mit weiteren Verformungseinwirkungen infolge der Witterungseinflüsse und des Trocknungsschwindens gerechnet werden. Insgesamt spielen somit die Rissbildung und Zwangbeanspruchung im Betonbau eine große Rolle. Bei dicken Bauteilen, wie bspw. Bodenplatten von Hochhäusern, Unterbauten von Brücken oder Wasserbauwerken sind die Zwangkräfte oftmals sogar maßgebend für die Dimensionierung der Bewehrung. Die Ermittlung der Zwangkräfte ist jedoch keine einfache Aufgabe, da hierzu vertiefte Kenntnisse zu verschiedenen Themen erforderlich sind. Von besonderer Bedeutung sind dabei die folgenden Aspekte:

- Geschichte der Verformungseinwirkung,
- Art und Ausmaß der Verformungsbehinderung,
- zeitabhängige Eigenschaften des Betons einschließlich der viskoelastischen Eigenschaften.

Während der Betonerhärtung sind alle Einflussparameter zeitabhängige Größen. Für eine realistische Ermittlung der Zwangkräfte ist deshalb eine zeitdiskrete Berechnung erforderlich. Darüber hinaus erschwert das viskoelastische Verhalten des Betons das Verständnis und die Erfassung der Zwangkräfte zusätzlich, da sich diese Eigenschaft nicht nur zu einem Betrachtungszeitpunkt ändert, sondern sich deren Auswirkungen auch erst im weiteren Zeitverlauf einstellen.

Aus Versuchsergebnissen an dünnen Stahlbetonbauteilen kann geschlussfolgert werden, dass eine auf Basis der Rissschnittgröße des Querschnitts ermittelte Bewehrung zu einer sukzessiven Rissbildung im betrachteten Betonbauteil führt, welche gewöhnliche Verformungseinwirkungen aufgenommen werden können. Das Konzept in EC2 [4], welches in Abschnitt 6 näher betrachtet wird, basiert im Wesentlichen auf dieser Erkenntnis. Bei dicken Bauteilen würde eine Abdeckung der Rissschnittgröße jedoch zu einer großen Bewehrungsmenge führen, welche den Beobachtungen in Versuchen, z. B. [5] oder [6], und den guten Erfahrungen in der Praxis widerspricht. Aus diesem Grund wurden für dicke Bauteile Reduzierungsfaktoren eingeführt, um die erforderliche Bewehrung angemessen klein zu halten. Bei genauer Betrachtung erscheinen manche Reduzierungsfaktoren jedoch nicht sinnvoll und sind aus betontechnologischer oder mechanischer Sicht kaum zu erklären, z. B. die Annahme, dass die Verwendung eines Zements mit niedriger Wärmeentwicklung (LH-Zement) oder eine gute Nachbehandlung zu einer Reduzierung der Zugfestigkeit zum Risszeitpunkt führen würde.

In verschiedenen Beiträgen [7–9], um einige zu nennen, wurde festgestellt, dass die rechnerische Ermittlung der Mindestbewehrung auf Grundlage der Rissschnittgrößen nur eine pragmatische Vorgehensweise darstellt. Den komplexen Zusammenhängen der Zwangbeanspruchung wird diese Vorgehensweise aber nicht gerecht. Viel zielführender ist die Behandlung der Zwangbeanspruchung auf Grundlage der Verformungskompatibilität.

Beginnend mit der Dissertation von *Bödefeld* [10] an der Universität Leipzig wurden inzwischen durch die Arbeiten von *Schlicke* [11], *Turner* [12] und *Heinrich* [13] an der TU Graz weitere Grundlagen geschaffen und Detaillösungen erarbeitet, sodass erstmalig Modelle zur Ermittlung der Zwangkraft auf Grundlage der Verformungskompatibilität vorliegen. Diese Modelle wurden zudem praxisgerecht aufbereitet und stehen bereits heute für verschiedene Anwendungsbereiche zur Verfügung. Im Detail findet sich ein analytisches Nachweismodell für die Beurteilung der Rissgefahr von Weißen Wannen im ÖBV-Merkblatt [14] und ein Nachweismodell für die Ermittlung der Mindestbewehrung zur Begrenzung der Rissbreiten von fugenlosen Wasserbauwerken infolge des frühen Zwangs ist in MFZ2010 [15] gegeben. Im neuen BAW-Merkblatt

Beton-Kalender 2020: Wasserbau. Konstruktion und Bemessung.
Herausgegeben von Konrad Bergmeister, Frank Fingerloos und Johann-Dietrich Wörner
© 2020 Ernst & Sohn GmbH & Co. KG. Published 2020 by Ernst & Sohn GmbH & Co. KG.

Zwang [16] wurde zudem die Auswirkung der Verformungseinwirkungen im ganzen Bauwerksleben erstmalig gesamtheitlich behandelt. Hinweise für die Überlagerung zwischen Last und Zwang werden dort ebenfalls angegeben.

In diesem Beitrag werden die Hintergründe des derzeitigen Konzepts in EC2 [4], nachfolgend als Konzept der Rissschnittgröße bezeichnet, und des Konzepts der Verformungskompatibilität zusammenfassend dargestellt und erläutert, um den Tragwerksplanern die Vorteile des Konzepts der Verformungskompatibilität näher zu bringen und ihnen auch eine Hilfestellung zur Lösung von Nichtstandardproblemen zu geben.

prägte Nacherhärtung auf. Ansätze zur Ermittlung der Festigkeitsentwicklung können z. B. [17] oder [18] entnommen werden. Für die Ermittlung der Normdruckfestigkeit f_{ck} werden Zylinder mit den

2 Verformungseinwirkungen bei Betonbauteilen

2.1 Allgemeines

Bei der Bemessung von Betonbauteilen sind in der Regel verschiedene Verformungseinwirkungen zu berücksichtigen. Dies ist vor allem auf die zeitliche Zustandsänderung und das viskoelastische Verhalten des Betons zurückzuführen. In diesem Zusammenhang sind Verformungen infolge der Hydratationswärme, des Schwindens und des Kriechens zu nennen. Neben diesen im Beton selbst entstehenden Verformungseinwirkungen gibt es noch weitere Verformungseinwirkungen infolge äußerer Einflussgrößen, wie z. B. Temperaturänderungen durch klimatische Randbedingungen oder aufgezwungene Verformungen durch die Boden-Bauwerk-Interaktion. Die Auswirkungen der Verformungseinwirkungen sind außerdem von der zeitlichen Entwicklungen der mechanischen Kenngrößen des Betons abhängig. Nachfolgend werden die einzelnen Parameter hinsichtlich ihrer Bedeutung für die Zwangbeanspruchung beschrieben und deren Kopplungen zueinander dargelegt.

2.2 Mechanische Kenngrößen des Betons

Nach dem Mischen weist der Beton einen mehr oder weniger fließfähigen Zustand auf. Nach einer aus technischer Sicht als Ruhephase bezeichneten Zeitspanne entstehen Hydratationsprodukte durch die chemische Reaktion des Zements mit Wasser. Diese Reaktion ist exotherm, benötigt Zeit und kann durch die Bauteiltemperatur gezielt gesteuert werden. Mit den Hydratationsprodukten werden Festigkeit und Steifigkeit gebildet, wie beispielhaft in Bild 1 für einen Beton der Festigkeitsklasse C35/45 gezeigt. Die Zugfestigkeit des Betons beträgt im Allgemeinen nur ca. 5 bis 10 % der Druckfestigkeit. Normgemäß dient die erreichte Zylinderdruckfestigkeit nach 28 Tagen unter Wasserlagerung bei 20 °C als Grundlage für die Festlegung der Betongüte. Alle Betone weisen aber eine mehr oder weniger ausge-

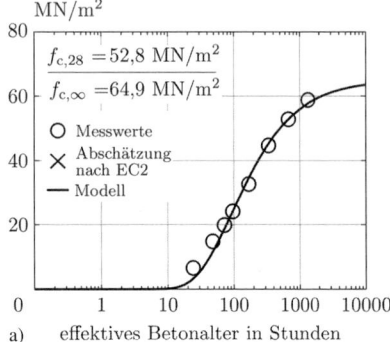

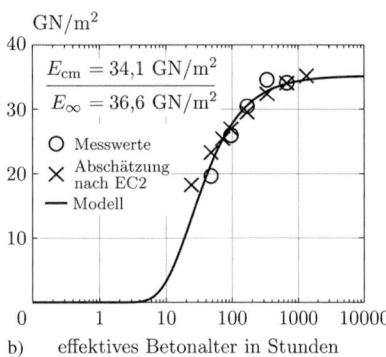

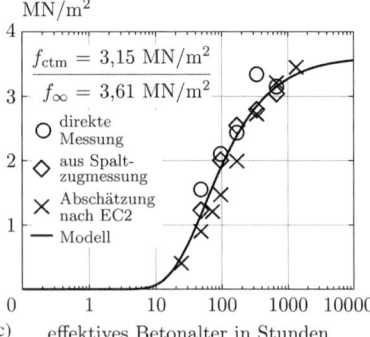

Bild 1. Entwicklung der Festigkeit und Steifigkeit des Betons am Beispiel eines Referenzbetons C35/45; a) Druckfestigkeit, b) Elastizitätsmodul, c) Zugfestigkeit

Abmessungen d/h = 150/300 mm festgelegt. Weitere Einzelheiten können [19] entnommen werden.

Die Zugfestigkeit f_{ct} kann mittels zentrischer Zugversuche ermittelt werden. Diese Versuchsart ist aufwendig und in der Regel auch empfindlich hinsichtlich des Versuchsaufbaus. Darüber hinaus ist diese Versuchsart nicht genormt. Aus diesen Gründen werden oft Spaltzugversuche als Ersatz verwendet. Die Einzelheiten zur normgemäßen Ermittlung der Spaltzugfestigkeit $f_{ct,sp}$ können [20] entnommen werden. Bisher gilt im Allgemeinen, dass die zentrische Zugfestigkeit 90 % der Spaltzugfestigkeit entspricht. In [17] wird angegeben, dass der Umrechnungsfaktor 1,0 betragen darf. Für die Abschätzung der Zwangkraft wird empfohlen, den Vorschlag von [17] zugrunde zu legen.

$$f_{ct} = 1{,}0 \cdot f_{ct,sp} \tag{1}$$

Eine andere Art zur Beschreibung des Zugtragverhaltens ist die Verwendung der Biegezugfestigkeit $f_{ct,fl}$. Diese hängt aber aufgrund des sogenannten Softening-Effekts stark von der Höhe des Probekörpers ab. Dieser Effekt beschreibt die Zugtragfähigkeit des Betons nach der Rissbildung in Abhängigkeit der Rissbreite. Nach [17] besteht zwischen zentrischer Zugfestigkeit f_{ct} und Biegezugfestigkeit $f_{ct,fl}$ folgender Zusammenhang:

$$f_{ct} = \frac{0{,}06 \cdot h^{0{,}7}}{1 + 0{,}06 \cdot h^{0{,}7}} \cdot f_{ct,fl} \tag{2}$$

Für den Transportbeton, welcher derzeit in den meisten Fällen zum Einsatz kommt, wird die Zugfestigkeit in der Regel nicht direkt mit Versuchen, sondern aus der Druckfestigkeit ermittelt. In EC2 [4] wird für normalfesten Beton (bis C50/60) folgender Zusammenhang angegeben:

$$f_{ctm} = 0{,}3 \cdot f_{ck}^{0{,}67} \tag{3}$$

Die Zugfestigkeit streut in einer großen Bandbreite. In EC2 [4] wird die 5%-Fraktile der Zugfestigkeit ($f_{ctk,0.05}$) mit 0,7-facher und die 95%-Fraktile ($f_{ctk,0.95}$) mit 1,3-facher mittlerer Zugfestigkeit angegeben. Zur Beurteilung der Rissgefahr wird deshalb in der Regel die 5%-Fraktile der Zugfestigkeit zugrunde gelegt. Gemäß [21] gilt, dass eine Rissbildung nicht ausgeschlossen werden kann, wenn die Betonzugspannung im Bauteil 85 % von $f_{ctk,0.05}$ überschreitet. Hierbei wird mit dem Faktor 0,85 der Einfluss der Dauerlast berücksichtigt. Unter Berücksichtigung der aufzunehmenden Verformungen in realen Bauteilen ist die Verwendung der mittleren Zugfestigkeit für die Ermittlung der Mindestbewehrung im Allgemeinen ausreichend.

Da beim Erhärtungsprozess ein Wärmeaustausch mit der Umgebung stattfindet und somit eine Temperaturänderung im Bauteil auftritt, kommt es in vielen Fällen aufgrund der monolithischen Verbindung mit den angrenzenden Bauteilen zu nennenswerten Zugbeanspruchungen in der Abkühlungsphase, sodass eine Rissbildung in Betonbauteilen während der Betonerhärtung im Allgemeinen nicht ausgeschlossen werden kann. Man spricht in diesem Zusammenhang von frühem Zwang. Wenn die Rissbildung erst durch Zwangbeanspruchungen nach der Betonerhärtung hervorgerufen wird, so spricht man von spätem Zwang. Die Abgrenzung zwischen frühem und spätem Zwang ist jedoch nicht immer eindeutig. Insbesondere bei dickeren Bauteilen mit einer ausgeprägten Temperaturgeschichte infolge der Hydratationswärme wird der Zeitpunkt zum Erreichen der Zielfestigkeit, z. B. nach 28 bzw. 56 Tagen, oftmals deutlich vor dem Zeitpunkt des Temperaturausgleichs mit der Umgebung vereinbart, sodass die Beanspruchung infolge des frühen Zwangs auch von den Eigenschaften eines erhärteten Betons mitbestimmt wird. Ingenieurmäßig kann aber für dicke Bauteile so vorgegangen werden, dass die Zwangbeanspruchungen nach vereinbartem Zeitpunkt zum Nachweis der Zielfestigkeit als später Zwang angenommen werden.

Die Steifigkeit des Betons wird mittels des Elastizitätsmoduls E_c beschrieben. Die Verformung des Betons setzt sich im Allgemeinen aus einem elastischen und einem plastischen Anteil zusammen, wobei der plastische Anteil mit zunehmender Beanspruchung zunimmt. Um den Einfluss der plastischen Verformung zu berücksichtigen, unterscheidet man für den Elastizitätsmodul zwischen Tangentenwert (E_{c0}) und Sekantenwert (E_{cm}). Der Tangentenwert entspricht der Steigung der Spannungs-Dehnungslinie im Ursprung ($\sigma_c = 0$) während der Sekantenwert durch die Linearisierung im Bereich zwischen $\sigma_c = 0$ und $0{,}4 \cdot f_{cm}$ ermittelt wird. Im Allgemeinen ist der Tangentenwert ca. 10 % größer als der Sekantenwert. Für den Zugbereich ist der Sekantenwert bis ca. 80 % der Zugfestigkeit gültig. Danach nimmt die Dehnung infolge der verstärkten Bildung von Mikrorissen deutlich zu. Zur Vereinfachung wird bei der Ermittlung der Zwangbeanspruchung in der Regel der Sekantenwert für den gesamten Beanspruchungsbereich verwendet; man liegt hiermit auf der sicheren Seite.

Der E-Modul hängt wesentlich von der Art und Zusammensetzung der Gesteinskörnung ab. Die Angaben zum E-Modul in [4], welche in der Regel in der Bemessung verwendet werden, können von den Realwerten bis zu ± 30 % abweichen. Bei Bauwerken, bei denen der E-Modul eine große Rolle spielt, bspw. bei vorgespannten schlanken Bauteilen, kann es deshalb sinnvoll sein, den tatsächlichen E-Modul des verwendeten Betons für die Bemessung zu ermitteln. Die Vorgehensweise zur experimentellen Ermittlung des E-Moduls kann [22] entnommen werden.

Außerdem wird die Größe der Zwangbeanspruchungen in erhärtendem Beton von dem Wärmeausdehnungskoeffizient α_T und dem Querdehnungsverhalten μ bestimmt. Auf Strukturebene können beide Werte näherungsweise im Zeitverlauf konstant und mit den für erhärteten Beton gültigen Werten angenommen werden, bspw. $\alpha_T = 10^{-5}$ und $\mu = 0,2$. Zwar können diese Größen im sehr frühen Betonalter deutlich von denen im erhärteten Beton abweichen, doch werden diese Veränderungen bis zum Beginn der Festigkeitsentwicklung weitgehend abgebaut. Lediglich die große Abhängigkeit des Wärmeausdehnungskoeffizienten von der verwendeten Gesteinskörnung sollte bei genaueren Betrachtungen berücksichtigt werden. Nähere Informationen finden sich hierzu in [23] und [24].

2.3 Verformungen infolge der Hydratationswärme

Die Wärmefreisetzung des Betons während der Erhärtung hängt vor allem von dem Zementgehalt und der Zementart in der verwendeten Betonrezeptur ab. Ansätze für die Bestimmung des Wärmepotenzials von Betonrezepturen (ΔT_{adiab}) finden sich bspw. in [24] und [25]. Bezüglich der Zwangbeanspruchung und Rissgefahr im jungen Beton sollte die Zementmenge im Beton unter Berücksichtigung der Dauerhaftigkeit so gering wie möglich gehalten werden. Weiterhin ist ein Zement mit geringem Wärmepotenzial (LH-Zemente) und langsamer Wärmefreisetzung (S-Zemente) zu bevorzugen. Je größer die Abmessungen der Bauteile sind, desto größer ist die Bedeutung der verwendeten Betonrezeptur. Für große Bauvorhaben ist es deshalb sehr ratsam, eine optimierte Rezeptur unter Berücksichtigung der konkreten Randbedingungen zu entwickeln. Weiterhin ist eine Unterscheidung zwischen Sommer- und Winterrezeptur sehr sinnvoll. Diesem Gedanken folgend wird z. B. in [26] die adiabatische Temperaturentwicklung der verwendeten Betone in Abhängigkeit der Bauteildicke begrenzt. Weitere Faktoren für die Größe der Verformungen infolge der Hydratation sind:

- Frischbetontemperatur: Eine niedrige Frischbetontemperatur beeinflusst die Verformung zweierlei positiv. Zum einen wird hierdurch die maximale Bauteiltemperatur geringer. Zum anderen verzögert eine niedrige Frischbetontemperatur den Erhärtungsprozess. Insgesamt wird die Temperaturdifferenz zwischen Bauteil und Umgebung dadurch geringer. Besonders bei dicken Bauteilen kann eine niedrige Frischbetontemperatur sehr hilfreich sein.
- Umgebungsklima: Mäßiges Umgebungsklima beeinflusst die Frischbetontemperatur und den Erhärtungsprozess positiv. Im Allgemeinen ist die Herstellung von dicken Bauteilen unter winterlichen Bedingungen günstiger als im Sommer. In [15] wird angegeben, dass winterliche Randbedingungen vorliegen, wenn die Frischbetontemperatur nicht größer als 15 °C und die mittlere Umgebungstemperatur während der gesamten Hydratationsphase nicht höher als 10 °C ist. Außerdem wirken sich Temperaturstürze von warm zu kalt im Erhärtungszeitraum sehr ungünstig aus, insbesondere wenn diese erst bei Erreichen der maximalen Bauteiltemperatur auftreten. Je nach Bauteildicke kann dies bereits in der ersten Nacht oder erst mehrere Tage nach der Betonage sein.
- Nachbehandlung: Durch eine richtige Nachbehandlung wird vor allem die Betonqualität der Randzone beeinflusst und diese ist ausschlaggebend für die Dauerhaftigkeit von Stahlbetonbauteilen, siehe u. a. [25] oder [27]. Aus diesem Grund ist eine Nachbehandlung für Betonbauteile unbedingt erforderlich, insbesondere für dicke Bauteile. Durch die Nachbehandlung werden vor allem die Oberflächenrisse infolge der Eigenspannungen vermieden. Die Untersuchungen in [28] zeigen allerdings, dass die Größe der Zwangkraft kaum durch die Nachbehandlung beeinflusst wird. Entgegen der bisherigen Annahme eines maßgeblichen Einflusses der Spannungsrelaxation bei längerer Auskühlungsdauer, erreicht die langsam aufgebaute Zwangkraft eine ähnliche Größenordnung wie bei rascher Abkühlung. Eine detaillierte Beschreibung dieser Beobachtung findet sich in Abschnitt 4.2.

2.4 Verformungen infolge des Schwindens und Kriechens

Generell handelt es sich bei Schwinden und Kriechen um zeitliche Volumenänderungen des Betons, wobei das Schwinden eine lastunabhängige Volumenreduktion beschreibt, während das Kriechen eine lastabhängige Dehnungszunahme unter Dauerbeanspruchung darstellen.

Generell ist Schwinden stets als eine zwangerzeugende Einwirkung zu verstehen, da eine behinderte Volumenreduktion immer zu einer Vergrößerung der Zugbeanspruchung führt. Allerdings sind die tatsächlichen Auswirkungen des Schwindens differenziert im Zeitverlauf zu betrachten. Schwinden wird im Allgemeinen zwischen autogenem Schwinden und Trocknungsschwinden unterschieden. Das autogene Schwinden beschreibt hierbei die aus der Trocknung der Kapillarporen und der Verdichtung des Zements während der Betonerhärtung resultierende Volumenreduktion. Insbesondere bei hochfestem und ultrahochfestem Beton kann das autogene Schwinden eine nennenswerte Größenordnung erreichen. Demgegenüber wird das Trocknungsschwinden durch Ausdiffundieren von chemisch nicht gebundenem Wasser hervorgerufen. Die tatsächlich durch Trocknungsschwinden entstehende Zwangkraft ist allerdings sehr stark von der Bauteildicke abhängig. Bei dünnen Bauteilen in trockener

Umgebung stellt das Trocknungsschwinden eine relevante Einwirkung für die Zwangkraft dar. Bei dickeren Bauteilen, die zudem während der Nutzung der Witterung ausgesetzt sind, ist eine Austrocknung des Bauteilinneren jedoch sehr wenig wahrscheinlich, sodass Trocknungsschwinden bei dicken Bauteilen nur als ein Oberflächenproblem betrachtet werden kann. Weiterführende Informationen zur gezielten Berücksichtigung des Schwindens bei der Bestimmung von Spannungsgeschichten sind in Abschnitt 7.2 gegeben.

Bei der Erfassung des Kriechens werden im Allgemeinen ebenfalls zwei grundsätzliche Mechanismen betrachtet. Das Grundkriechen, oder auch „reines Kriechen" genannt, ist die zeitliche Verformungszunahme unter konstanter Beanspruchung eines Betonkörpers, der mit seiner Umgebung im Feuchtegleichgewicht steht. Die darüber hinaus entstehende Verformungszunahme, wenn der Probekörper zeitgleich mit der Belastung austrocknet, wird Trocknungskriechen genannt. Es gibt bereits viele Theorien für das Grundkriechen. Jedoch kann keine der vorhandenen Theorien alle Phänomene zufriedenstellend erklären. Weitere Informationen hierzu können z. B. [29–34] entnommen werden.

Im Gegensatz zum Schwinden wirkt das Kriechen stets entgegen der aktuellen Zwangbeanspruchung und hat deshalb oftmals zwangreduzierende Auswirkungen. Bei komplexeren Spannungsgeschichten mit Vorzeichenwechsel, zum Beispiel während des Erhärtungsprozesses des Betons, kann sich diese Wirkung jedoch im Zeitverlauf zu großen Teilen aufheben, sodass die Größe des günstigen Einflusses des Kriechens im Einzelfall kritisch hinterfragt werden sollte, vor allem wenn es sich um die Frage nach der Rissgefahr handelt. Weiterführende Informationen zur Berücksichtigung des Kriechens bei der Bestimmung von Spannungsgeschichten liefert Abschnitt 4.2.

Die Vorhersagemodelle für Kriechen und Schwinden (K+S) sind sowohl hinsichtlich absoluter Endwerte und des zeitlichen Verlaufs als auch hinsichtlich der Berücksichtigung verschiedener Randbedingungen wie Alterung, Diffusionsverhalten oder auch Belastungsgeschichte noch heute Gegenstand umfangreicher Forschungsaktivitäten. Als wesentliche Einflussgrößen von (K+S) werden heute einerseits reine Materialparameter wie Bindemittelart und -gehalt, Wasser-Bindemittel-Wert, Porosität und Steifigkeit der Zuschlagstoffe angesehen. Andererseits herrscht Einigkeit darüber, dass (K+S) außerdem noch durch äußere Einflussgrößen wie Temperatur, Umgebungsluftfeuchte, Massigkeit des Querschnitts und Belastungsalter entscheidend geprägt werden. Bezüglich der Belastung wird allgemein unterstellt, dass die Kriechverformung linear mit der Spannung zunimmt. Erst ab einem Spannungsniveau von mehr als 45 % der Festigkeit wächst die Kriechverformung überproportional zur Spannung (nichtlineares Kriechen). Größere Ausnutzungen der Festigkeit sind im Falle von Zwangbeanspruchung allerdings hauptsächlich auf der Zugseite zu erwarten, wobei für Zugbeanspruchung in der Literatur kontroverse Angaben zum nichtlinearen Kriechen zu finden sind, vgl. z. B. [11].

Für die praktische Anwendung werden in [4] und in [17] empirische Produktansätze für die Vorhersage von (K+S) zur Verfügung gestellt, welche aus Versuchsdatenbanken und Parameterstudien abgeleitet wurden. Zwecks einer leichten Anwendung wird (K+S) in diesen Ansätzen der Betonfestigkeitsklasse unter Berücksichtigung des Zementtyps zugeordnet. Und die äußeren Einflussgrößen gehen über Modifikationen in diese Modelle ein. In Bezug auf eine präzise Vorhersage der tatsächlichen (K+S) eines ganz bestimmten Betons muss diese Vorgehensweise aber als Einschränkung gesehen werden. Mit Blick auf eine mögliche Unsicherheit in der Vorhersage wird deshalb für Bauteile mit besonderen Anforderungen eine Grenzwertbetrachtung empfohlen, wie bspw. in [17].

Modelle auf Grundlage der tatsächlichen Betonzusammensetzung, insbesondere [30], [31] oder [32], ermöglichen eine gezieltere Prognose der tatsächlichen (K+S) eines ganz bestimmten Betons unter expliziter Berücksichtigung der genannten Materialparameter bis hin zur physikalischen Modellierung von Alterung und Transportprozessen. Allerdings erfordern solche Modelle eine Kalibrierung an genau diesen Beton. Vor allem für die Nachrechnung von bestehenden Bauwerken ist die hierzu erforderliche Datenbasis aber in der Regel unvollständig, sodass diese genaue Ermittlung nicht möglich ist und letztlich auch nur mittels Grenzwertbetrachtungen mit vorgegebenen Parametersets bewerkstelligt werden kann.

Neben der präzisen Vorhersage der reinen Materialeigenschaft kommt auch der Art der rechnerischen Berücksichtigung eine entscheidende Bedeutung zu. Die zutreffende Bestimmung der Zwangbeanspruchung in Betonbauteilen erfordert sowohl eine zeit- als auch ortsdiskrete Betrachtung der Spannungsgeschichte. Letzteres setzt allerdings nicht den Einsatz von spezifischen Vorhersagemodellen voraus, sondern lässt sich auch für die Produktansätze von [4] bzw. [17] umsetzen, wie bspw. in [33], [34] oder [13] beschrieben.

2.5 Verformung infolge klimatischer Randbedingungen

Verformungen infolge klimatischer Randbedingungen können einen entscheidenden Einfluss auf die Zwangbeanspruchung und Rissbildung von Betonbauteilen haben. Ganz grundsätzlich kann hier zwischen dem Einfluss der klimatischen Randbedingungen im Erhärtungszeitraum und während der Nutzung unterschieden werden. Im Erhärtungszeitraum handelt es sich vor allem um folgende klimatische Randbedingungen und zugehörige Effekte:

- mittlere Tagestemperatur: Die mittlere Tagestemperatur beeinflusst die aufzunehmende Verformung im Erhärtungszeitraum auf zwei unterschiedliche Arten. Zum einen besteht ein gewisser Zusammenhang zwischen mittlerer Tagestemperatur und Frischbetontemperatur. Werden keine weiteren Maßnahmen zur Reduktion der Frischbetontemperatur ergriffen, so steigt die Frischbetontemperatur proportional mit der mittleren Tagestemperatur an, was in weiterer Folge zu einer beschleunigten Hydratation mit Vergrößerung der aufzunehmenden Verformung führt. Zum anderen bestimmt die mittlere Tagestemperatur das Niveau, bei dem der Temperaturausgleich stattfindet. Ein Absinken der mittleren Tagestemperatur im Erhärtungszeitraum kann somit zu einer Vergrößerung der aufzunehmenden Verformung führen. Ganz konkret entstehen solche Situationen, wenn bspw. bei einer Bodenplatte der Temperaturunterschied zwischen Ober- und Unterseite durch einen Abfall der mittleren Tagestemperatur zusätzlich vergrößert wird. Ein anderes Beispiel sind vergleichsweise dünne Wände auf dicken Fundamenten. Kommt es hier während des Abfließens der Hydratationswärme zu einem zusätzlichen Abfall der mittleren Tagestemperatur, so wird die Wand davon schneller erfasst als das Fundament und die aufzunehmende Verformung im jungen Beton wird entsprechend erhöht. Diese Einflüsse sind insbesondere in der Planungsphase kaum zu erfassen, weshalb sie bei verformungsbasierten Nachweiskonzepten mit Vorhaltemaßen berücksichtigt werden sollten, wie bspw. in [11], [14] oder [16].

- Schwankung der Tagestemperatur: Der Einfluss der Tagestemperaturschwankung ist stark an die Bauteildicke gekoppelt. Bei Bauteilen mit einer Dicke von mehr als 80 cm beeinflusst die Tagestemperaturschwankung hauptsächlich nur den Temperaturgradienten in der Randzone des erhärtenden Bauteils und vergrößert damit vorrangig die Eigenspannungen, die in weiterer Folge zu Oberflächenproblemen führen könnten. Demgegenüber besitzt die Tagestemperaturschwankung bei dünnen Bauteilen ohne thermisch wirksame Nachbehandlungsmaßnahmen einen zunehmenden Einfluss auf die mittlere Bauteiltemperatur bzw. den Temperaturgradienten über den Querschnitt. Dies vergrößert den Biegezwang von dünnen Bodenplatten bzw. die aufzunehmende Verformung von dünnen Wänden auf vergleichsweise dicken Fundamenten. Der Einfluss der Tagestemperaturschwankung sollte daher bei verformungsbasierten Nach-

weiskonzepten in Abhängigkeit der Bauteildicke berücksichtigt werden, vgl. bspw. [11], [14] oder [16].

- Sonneneinstrahlung bzw. (atmosphärische) Ausstrahlung: Zusätzlicher Wärmeeintrag bzw. -verlust durch Strahlung betrifft im Erhärtungszeitraum vor allem Bauteile mit großen exponierten Oberseiten, wie bspw. Bodenplatten, Deckenplatten oder blockförmige Bauabschnitte bei der Errichtung von Staumauern. Demgegenüber werden Bauteile mit vorwiegend vertikalen Flächen, wie bspw. Wände, im Erhärtungszeitraum von Strahlung weniger beeinflusst, da sie durch die Schalung geschützt sind. Analog zu der Schwankung der Tagestemperatur besitzt die Strahlung bei dünneren Bauteilen einen größeren Einfluss auf die mittlere Bauteiltemperatur bzw. den Temperaturgradienten über den Querschnitt, während bei dickeren Bauteilen vorwiegend Eigenspannungen aufgebaut werden. Bei gewöhnlichen Bauteilen wird der Einfluss der Strahlung in der Tragwerksplanung oft durch eine Erhöhung der Temperatureinwirkung bei gleichzeitiger Reduktion des Wärmeübergangs am Bauteilrand abgebildet. Bei der Errichtung von Staumauern und anderen größeren Bauwerken wird der Einfluss der Sonneneinstrahlung bzw. der atmosphärischen Ausstrahlung im Herstellungszeitraum deutlich genauer erfasst, wie bspw. in [36] oder [37] ausgeführt.

- Wind und erzwungene Konvektion: Durch Wind und die einhergehende erzwungene Konvektion wird der Wärmeabfluss am Bauteilrand deutlich erhöht. Bei dünnen Bauteilen führt dies zu einer nennenswerten Beschleunigung des Temperaturausgleichs, da die Temperatur in Bauteilmitte unmittelbar vom erhöhten Wärmeabfluss betroffen ist. Demgegenüber beeinflusst dies bei dickeren Bauteilen vor allem wieder nur den Temperaturgradienten in der Randzone und damit einhergehende Eigenspannungen. Neben den thermischen Aspekten führt der Wind außerdem zu einer starken Beschleunigung der Austrocknung an der Oberfläche, siehe z. B. [38]. Nachbehandlungsmaßnahmen sollten daher stets auch ausreichend gegen Durchlüftung gesichert werden.

- saisonale Temperaturänderungen: Bei sehr großen Bauwerken wie Massenbeton, die mit mehreren Bauabschnitten über einen längeren Zeitraum hergestellt werden, wie bspw. im Kraftwerksbau, bei Schleusen oder großen Staumauern, wird die Temperaturgeschichte und gegenseitige Behinderung der einzelnen Bauabschnitte im Erhärtungszeitraum außerdem vom Jahresgang der Umgebungstemperatur beeinflusst. In diesen Fällen sind gezielte Untersuchungen zu der Temperaturgeschichte unter

Berücksichtigung des Jahresgangs der Umgebungstemperatur empfehlenswert. Nähere Informationen finden sich in [36] oder [37].

Im Nutzungszeitraum muss der Einfluss der klimatischen Randbedingungen vor allem mit Blick auf die Exponiertheit und die mögliche Behinderung des Bauwerks beurteilt werden. Für die klimatischen Temperaturbeanspruchungen stehen normative Ansätze zur Verfügung, bspw. allgemein in [39] oder auch spezifisch für Massivbauwerke in [40]. In [12] wurde allerdings an verschiedenen Beispielen gezeigt, dass der Einfluss der Querschnittdicke und der Umgebungsbedingungen (Erdberührung, Wasserkontakt, Verschattung etc.) in den Regelwerken nur unzureichend erfasst wird. Mit einer umfangreichen Parameterstudie mittels numerischer Temperaturfeldsimulationen und unter Berücksichtigung historischer Wetterdaten konnte für die spezifischen Randbedingungen von Stützmauern und Brückenwiderlagern sowie Wasserbehältern, Schleusen und Sparbecken mit jeweils schwankenden Wasserständen gezeigt werden, dass die normativen Ansätze zum Teil sehr konservativ sind. Insbesondere für die verformungsbasierte Bemessung von fugenlosen Bauwerken sei deshalb auf realistischere Werte in [12] und [16] verwiesen.

2.6 Boden-Struktur-Interaktion

Die auftretende Zwangbeanspruchung in einem Bauteil oder Bauwerk wird durch die Boden-Struktur-Interaktion auf zwei Arten geprägt. Einerseits beeinflusst die Nachgiebigkeit des Baugrunds die Behinderungssituation eines Bauteils. Hinsichtlich des zentrischen Zwangs gilt, je höher die Baugrundsteifigkeit, desto größer die Zwangkraft bei Verkürzung bzw. Verlängerung des Bauteils. Bei gewöhnlichen Baugrundverhältnissen kann die horizontale Verformungsbehinderung aufgrund der verhältnismäßig sehr geringen horizontalen Steifigkeit des Baugrunds im Vergleich zum Bauwerk aber vernachlässigt werden, siehe u. a. [11, 41]. Aber auch die Größe des Biegezwangs wird durch die Baugrundsteifigkeit beeinflusst. Typische Beispiele sind Temperaturgradienten über die Höhe von Bodenplatten oder exzentrische Behinderungen von Wänden auf Fundamenten am Wandfuß. Bei nachgiebigem Baugrund geht diese Eigengewichtsaktivierung mit Umlagerungen in der Lagerebene und einer Reduzierung der Zwangbeanspruchung einher. Eine detaillierte Berücksichtigung dieses Effekts ist allerdings nicht trivial, jedoch auch nicht zwingend erforderlich. Sensitivitätsanalysen in [11] haben nämlich gezeigt, dass hierdurch zwar die Zwangbeanspruchung als solche sinkt, allerdings nimmt dadurch aber gleichzeitig auch der geometrisch vorgegebene Rissabstand zu. Im Vergleich zu Systemen mit starrer Bettung bleibt die aufzunehmende Verformung in einem geometrisch vorgegebenen Prissmärriss damit eher unverändert. Insgesamt kann der Einfluss der Nachgiebigkeit des Baugrunds auf die Verformungsbehinderung eines Bauteils mittels einer starren Bettung mit Zugausfall sinnvoll vereinfacht werden, wie bspw. in [42] gezeigt.

Andererseits kann aus der Nachgiebigkeit des Baugrunds durch die Bauwerkssetzung eine Verformungseinwirkung resultieren. Insbesondere bei fugenlosen Bauwerken muss dies in Abhängigkeit des Bauwerktyps individuell für jedes Bauwerk ermittelt und zusätzlich mit den anderen Verformungseinwirkungen zusammen betrachtet werden, wobei Biegebeanspruchungen im Falle von Sattel- oder Muldenlagerungen bemessungsrelevante Größen annehmen könnten, vgl. hierzu bspw. [43]. In diesem Zusammenhang sollte darüber hinaus erwähnt werden, dass die Biegebeanspruchungen infolge der Setzungsmulde bei monolithischen Bauwerken mit mehreren Bauabschnitten über die Höhe mit Berechnungen am Eingusssystem deutlich unterschätzt werden könnten. Im Gegensatz zum Eingusssystem wird der innere Hebelarm hier erst mit Voranschreiten des Baufortschritts aufgebaut, wobei sich die Querschnittshöhe des neuen Bauabschnitts jeweils nicht am Abtrag seines Eigengewichts beteiligt. Bei Baugrund mit schneller Setzungsbildung wird dadurch der innere Hebelarm zum Abtrag des Eigengewichts kleiner als im Eingusssystem und damit steigt die Biegebeanspruchung an der Bauwerksunterseite.

3 Verhalten eines Stahlbetonzugstabs unter Lastbeanspruchung

3.1 Dicke und dünne Bauteile

Unabhängig von den Bauteilabmessungen soll die Bewehrung bei Stahlbetonbauteilen aus technischen und wirtschaftlichen Gründen immer in den Randbereichen unter Berücksichtigung der erforderlichen Betondeckung zur Sicherstellung der Dauerhaftigkeit [4] angeordnet werden. Dies führt dazu, dass sich bei dünnen Bauteilen die gesamte Zugzone am Rissprozess beteiligt, während bei dicken Bauteilen nur ein Teil in unmittelbarer Umgebung der Bewehrung aktiv ist. Man spricht in diesem Zusammenhang von der Wirkungszone der Bewehrung oder der effektiven Zugfläche $A_{c,eff}$. Für die Ermittlung des Rissabstands bei dicken Bauteilen ist diese Kenntnis besonders wichtig, da die Größe der effektiven Zugfläche einen wesentlichen Einfluss auf die Größe der über den Verbund einzuleitenden Zugkraft zur Bildung eines weiteren Risses hat.

In verschiedenen Beiträgen, z. B. [10] oder [44], wurde angegeben, dass die Höhe der effektiven Zugfläche für eine Bewehrungslage mit $2,5 \cdot (h - d)$ genügend genau abgebildet werden kann (Bild 2).

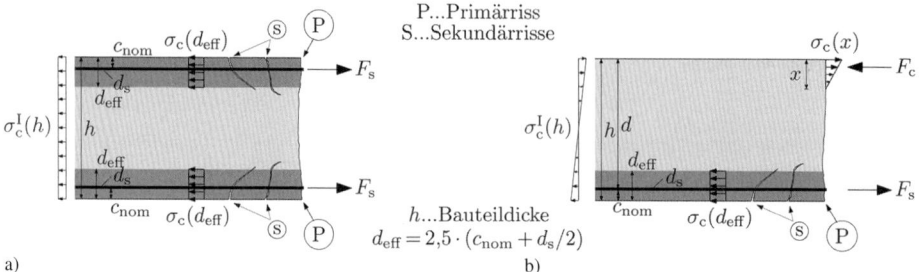

Bild 2. Dicke der effektiven Zugfläche (d_eff) für Bauteile unter Zug- bzw. Biegebeanspruchung; a) zentrischer Zug, b) Biegung

Zur Definition der effektiven Zugfläche wird unabhängig von der tatsächlichen Spannungsverteilung in der Zugzone vor der Rissbildung eine konstante Spannungsverteilung angenommen. Mit anderen Worten bedeutet dies, dass die effektive Zugfläche als Fläche eines Zugstabs idealisiert wird (Bild 2).

Somit gilt ein Zugstab im Zusammenhang mit dem Prozess der Rissbildung als dick, wenn die Bauteildicke mehr als 5 · (h − d) ist. Entsprechend gilt ein Biegebauteil im Sinne des Rissbildungsprozesses als dick, wenn die Höhe der Zugzone unmittelbar vor der Rissbildung die genannte Größe aufweist. In diesem Fall ist die Risskraft der effektiven Zugfläche gleich der Risskraft der Zugzone unmittelbar vor der Rissbildung.

3.2 Globales Verhalten

Wird ein dünner Stahlbetonstab einer zentrischen Zugbeanspruchung ausgesetzt, so kann das globale Verhalten mit Bild 3 beschrieben werden. Zuerst ist die Dehnung von Beton und Bewehrung über die gesamte Bauteillänge gleich. Die Beziehung zwischen Kraft und Dehnung ist annähernd linear. Das Bauteil ist ungerissen und man spricht in diesem Zusammenhang vom Zustand I. Die Kraftverteilung zwischen Bewehrung und Beton kann anhand der Gleichgewichts- und Kompatibilitätsgleichung ermittelt werden.

$$F = F_s^I + F_c^I \text{ und } \varepsilon_s^I = \varepsilon_c^I \qquad (4)$$

$$F_s^I = \frac{\alpha_E \cdot \rho_s}{1 + \alpha_E \cdot \rho_s} \cdot F \qquad (5)$$

In der obigen Gl. (5) ist ρ_s der Bewehrungsgrad bezogen auf den gesamten Betonquerschnitt und α_E das Verhältnis der E-Moduln von Stahl und Beton. Die Gl. (5) verdeutlicht, dass der Kraftanteil der Bewehrung bei gewöhnlichen Bewehrungsgraden vernachlässigbar klein ist. Aus diesem Grund ist die Verwendung von Bruttoquerschnittswerten für die Beschreibung von Betonbauteilen im ungerissenen Zustand ausreichend, z. B. für die Ermittlung der Schnittgrößen.

Bei Erreichen einer Dehnung von ca. 0,1 ‰ kommt es zur Bildung des ersten Risses. Man spricht dann

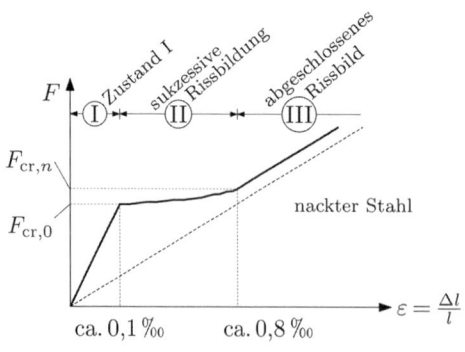
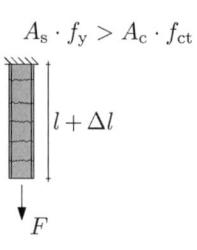

Bild 3. Verhalten eines dünnen Stahlbetonzugstabs

vom Zustand II. Falls die Bewehrung bereits unter der Risslast fließt, können keine weiteren Risse erzeugt werden. Diese Kenntnis ist die Grundlage für die Festlegung der Mindestbewehrung von Stahlbetonbauteilen. Bei einer Bewehrung größer als die Mindestbewehrung treten weitere Risse bei Lastzunahme auf. Man spricht in diesem Zusammenhang von einer sukzessiven Rissbildung. Zu Beginn führt bereits eine geringe Lastzunahme zur Bildung eines weiteren Risses. Mit zunehmender Rissanzahl wird der Prozess der Rissbildung verlangsamt und ab einem bestimmten Lastlevel ändert sich das Rissbild kaum noch. Der Prozess der sukzessiven Rissbildung wird vor allem von der Streuung der Zugfestigkeit innerhalb des Bauteils, dem Verbund zwischen Bewehrung und Beton sowie dem Bewehrungsgrad beeinflusst. Die Längenänderung Δl des Stabs nach der Rissbildung kann vereinfachend in Bezug auf die Ermittlung der Rissbreite mit Gl. (6) angegeben werden. Sie ist maßgeblich von der Anzahl der Risse abhängig. Es ist deutlich zu erkennen, dass die Bildung eines Risses kaum einen Einfluss auf das globale Verhalten eines langen Stabs hat, obwohl die Breite des lokalen Risses nennenswert sein kann. Die Steifigkeit nimmt erst mit fortschreitender Rissbildung ab. Man spricht in diesem Zusammenhang von lastabhängiger Steifigkeit.

$$\Delta l = \frac{F}{A_c \cdot E_c} \cdot (1 - 0{,}8 \cdot \sum l_{es}) + \sum w \qquad (6)$$

In der obigen Gl. (6) ist l_{es} die Einleitungslänge der Verbundkraft und w die Rissbreite. Direkt am Riss wird die Betondehnung zu null abgebaut, während die Stahldehnung einen Sprung erfährt. Die Größe des Dehnungssprungs ist von der Betonzugfestigkeit und dem Bewehrungsgrad abhängig. Hinter dem Rissufer nimmt die Betondehnung dank des Verbunds zwischen Beton und Bewehrung wieder zu und die Stahldehnung ab, sodass die mittlere Dehnung der Bewehrung immer kleiner als die Dehnung im nackten Zustand ist. Man spricht in diesem Zusammenhang von der Mitwirkung des Betons zwischen den Rissen oder auch vom Tension-Stiffening. Die Größe des Tension-Stiffenings $\Delta \varepsilon_s$ wird von der über den Verbund von Bewehrung zu Beton eingeleiteten Kraft bestimmt und kann allgemein mit Gl. (7) ermittelt werden.

$$\Delta \varepsilon_s = \beta \cdot \frac{A_{c,eff} \cdot f_{ct}}{A_s \cdot E_s} \qquad (7)$$

In der obigen Gl. (7) ist $A_{c,eff}$ der am Rissbildungsprozess beteiligte Betonquerschnitt. Bei dünnen Bauteilen ist $A_{c,eff}$ die gesamte Querschnittsfläche. Bei dicken Bauteilen umfasst $A_{c,eff}$ nur einen Teil des Querschnitts, wie im Abschnitt 3.1 bereits erläutert. Der Faktor β dient der Berücksichtigung der Verteilung der Betonspannung zwischen den Rissen und der Belastungsdauer.

In dicken Bauteilen mit Bewehrungskonzentration in der Randzone $(A_{c,eff} < A_c)$ ist die Risskraft der effektiven Zugfläche kleiner als die Risskraft des gesamten Querschnitts. Aus diesem Grund werden bei dicken Bauteilen unter Lastbeanspruchung gleichzeitig mit der Bildung eines Trennrisses über die gesamte Querschnittsfläche, nachfolgend als Primärriss bezeichnet, immer Sekundärrisse auftreten, die nur die effektive Zugfläche erfassen. Und somit gibt es bei dicken Bauteilen unter Lastbeanspruchung nicht den Zustand des Einzelrisses. Weiterhin kann die Bildung des nächsten Primärrisses unter Lastbeanspruchung nur erzielt werden, wenn die Bewehrung nicht mit der Bildung des ersten Primärrisses bereits zum Fließen kommt. Dies ist ein wesentlicher Unterschied zum Bauteilverhalten unter Verformungseinwirkung. Bild 4 zeigt qualitativ das Rissbild in einem dicken Bauteil.

Ein ungerissener Zustand ist bei Stahlbetonbauteilen kaum möglich, da allein die zu erwartenden Verformungseinwirkungen aus Schwinden und/oder Temperaturänderung weitaus größer sind, als die Rissdehnung des Betons. Darüber hinaus ist bei Biegebauteilen die Beanspruchung infolge des Eigengewichts bereits oftmals größer als die Zugfestigkeit des Betons. Aus diesen Gründen geht man bei der Bemessung von Stahlbetonbauteilen im Allgemeinen von einem gerissenen Zustand aus. Eine wichtige Aufgabe der Tragwerksplaner ist es, dabei auftretende Verformung auf mehrere Risse zu verteilen, damit die Gebrauchstauglichkeit und die

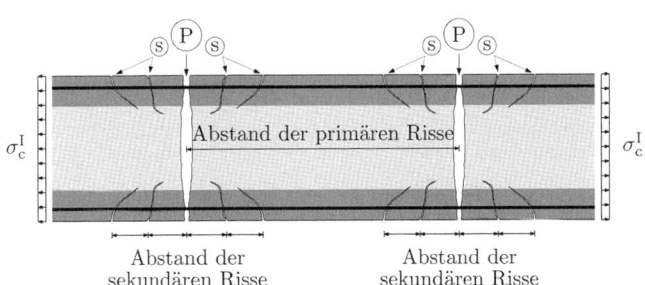

Bild 4. Primär- und Sekundärrisse bei dicken Bauteilen

Dauerhaftigkeit von Bauwerken trotz der Risse sichergestellt werden kann.

3.3 Risszustand und Rissbreite

Im Bereich II von Bild 3 ändert sich die Anzahl der Risse sehr schnell, während die Rissanzahl im Bereich III annähernd unverändert bleibt. Der Zustand im Bereich III wird daher auch als abgeschlossenes Rissbild bezeichnet. Unabhängig von der Anzahl der Risse kann die Beziehung zwischen Beton- und Stahldehnung im gerissenen Zustand II wie folgt angegeben werden:

$$\int_0^l \varepsilon_s(x)dx = \int_0^l \varepsilon_c(x)dx + \sum_{i=1}^n w_i \quad (8)$$

Die Summe aller Rissbreiten stellt die Dehnungsdifferenz zwischen Bewehrung ε_s und Beton ε_c über die gesamte Bauteillänge l dar. Es gilt:

$$\sum_{i=1}^n w_i = (\varepsilon_{sm} - \varepsilon_{cm}) \cdot l \quad (9)$$

Bezogen auf den Rissabstand s_r eines Risses kann dessen Breite angegeben werden zu:

$$w = (\varepsilon_{sm} - \varepsilon_{cm}) \cdot s_r \quad (10)$$

Die Rissbreite stellt somit die mittlere Dehnungsdifferenz zwischen Bewehrung ε_{sm} und Beton ε_{cm} innerhalb des Rissabstands s_r dar. Für die Ermittlung der Rissbreite ist es nicht notwendig, den gesamten Rissprozess zu beschreiben. Es genügt folgende zwei Grenzfälle zu betrachten:

- Am Ende der Einleitungslänge l_{es} ist die Stahldehnung ε_s wieder gleich der Betondehnung ε_c. Man spricht in diesem Fall vom Zustand des Einzelrisses und meint, dass sich die Risse innerhalb eines Bauteils nicht gegenseitig beeinflussen. Mit anderen Worten bedeutet dies, dass zwischen benachbarten Rissen noch Bereiche mit Zustand I vorhanden sind.

- Über die gesamte Bauteillänge ist die Stahldehnung größer als die Betondehnung. Man spricht dann von abgeschlossener Rissbildung, aber nicht vom abgeschlossenen Rissbild. Die Entstehung eines neuen Risses beeinflusst in der Regel die Breite der bereits vorhandenen Risse, da dadurch der Rissabstand kleiner wird. Charakteristisch für diesen Risszustand ist, dass der Rissabstand und somit auch die Rissbreite nur mithilfe einer Annahme zur Betonspannung zwischen zwei Rissen ermittelt werden können.

3.3.1 Rissbreite bei Einzelriss

Charakteristisch für diesen Risszustand ist, dass am Ende der Einleitungslänge l_{es} die Beton- und Stahldehnung wieder gleich groß sind. Bei einem guten Verbund sind die Einleitungslänge und somit auch die Rissbreite kleiner als bei mäßigem Verbund. Weiterhin wird der Verbund unter langandauernder bzw. wiederholter Belastung weicher. Aus diesem Grund muss bei der Rissbreitenbeschränkung unterschieden werden, ob die maßgebende Belastung eine kurzzeitige Last oder eine Dauerlast ist. Bei der Ermittlung der Rissbreite infolge der Hydratationswärme genügt es in der Regel die Beanspruchung als kurzzeitige Beanspruchung zu betrachten. Dagegen sollte der Zwang infolge des Schwindens als Dauerlast angenommen werden.

Mit der Annahme, dass Stahl- und Betondehnung innerhalb der Einleitungslänge einen parabolischen Verlauf aufweisen, kann für die Ermittlung der Rissbreite im Zustand des Einzelrisses das Bild 5 zugrunde gelegt werden.

Da am Ende der Einleitungslänge die Stahldehnung wieder gleich der Betondehnung ist, muss die Verbundkraft der Kraftzunahme in der Bewehrung nach der Rissbildung entsprechen. Die Einleitungslänge l_{es} ergibt sich zu:

$$l_{es} = \frac{F - F_s^I}{f_{bm} \cdot u_s} = \frac{F}{f_{bm} \cdot u_s} \cdot \frac{1}{1 + \alpha_E \cdot \rho_l}$$

$$= \frac{\sigma_s \cdot d_s}{4 \cdot f_{bm}} \cdot \frac{1}{1 + \alpha_E \cdot \rho_s} \quad (11)$$

In obiger Gl. (11) ist f_{bm} die mittlere Verbundspannung innerhalb der Einleitungslänge. Die Differenz zwischen mittlerer Stahl- (ε_{sm}) und mittlerer Betondehnung (ε_{cm}) innerhalb der Einleitungslänge lässt sich wie folgt angeben:

$$\varepsilon_{sm} - \varepsilon_{cm} = 0,4 \cdot (\varepsilon_{sr} - \varepsilon_{cr}) + \varepsilon_{cr} - 0,6 \cdot \varepsilon_{cr}$$
$$= 0,4 \cdot \varepsilon_{sr} \quad (12)$$

Hierbei ist ε_{sr} die Stahldehnung am Riss und ε_{cr} die Betondehnung am Ende der Einleitungslänge. Die Rissbreite eines Einzelrisses kann somit angegeben werden mit:

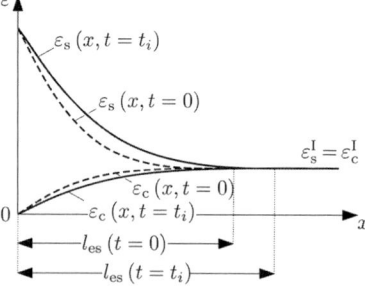

Bild 5. Dehnungsverlauf für die Ermittlung der Breite eines Einzelrisses

$$w = 2 \cdot l_{es} \cdot (\varepsilon_{sm} - \varepsilon_{cm})$$
$$= \frac{\sigma_{sr}^2 \cdot d_s}{5 \cdot f_{bm} \cdot E_s} \cdot \frac{1}{1 + \alpha_E \cdot \rho_s} \quad (13)$$

Mit der Vereinfachung, dass der zweite Term der obigen Gl. (13) zu 1,0 gesetzt wird, kann die Rissbreite beim Einzelriss angegeben werden mit:

$$w = \frac{\sigma_{sr}^2 \cdot d_s}{5 \cdot f_{bm} \cdot E_s} \quad (14)$$

3.3.2 Rissbreite bei abgeschlossener Rissbildung

Bei abgeschlossener Rissbildung ist die Größe der einzuleitenden Verbundkraft nicht mehr eindeutig bestimmbar, so wie beim Einzelriss. Aus den mechanischen Zusammenhängen kann aber festgestellt werden, dass der Rissabstand in der Regel zwischen 1,0- und 2,0-facher Einleitungslänge l_{es} liegt. Da die Rissbreite annähernd proportional zum Rissabstand [45] ist und in einem Bauteil die Risse mit größeren Rissbreiten von größerem Interesse sind, liegt man auf der sicheren Seite, wenn die rechnerische Rissbreite mit der 2,0-fachen Einleitungslänge ermittelt wird. Zur Ermittlung der Einleitungslänge wird angenommen, dass die Betondehnung zwischen zwei Rissen gerade die Rissdehnung erreicht. Diese Annahme liegt im Allgemeinen auf der sicheren Seite, da eine größere Betondehnung zwischen zwei Rissen nicht möglich ist. Für die Ermittlung der Rissbreite bei abgeschlossener Rissbildung kann deshalb der Dehnungsverlauf in Bild 6 zugrunde gelegt werden.

Mit den Annahmen kann die Einleitungslänge l_{es} gemäß Gl. (15) ermittelt werden, wobei $\rho_{s,eff}$ der auf die effektive Zugfläche $A_{c,eff}$ bezogene Bewehrungsgrad ist.

$$l_{es} = \frac{A_{c,eff} \cdot f_{ct}}{f_{bm} \cdot u_s} = \frac{d_s \cdot f_{ct}}{4 \cdot f_{bm} \cdot \rho_{s,eff}} \quad (15)$$

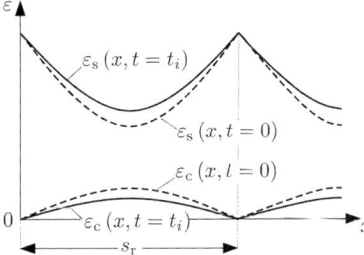

Bild 6. Dehnungsverlauf für die Ermittlung der Rissbreite bei abgeschlossener Rissbildung

Die Differenz der Stahl- und Betondehnung kann gemäß Bild 6 ermittelt werden zu:

$$\varepsilon_{sm} - \varepsilon_{cm} = \frac{\sigma_s}{E_s} - 0{,}6 \cdot \frac{A_{c,eff} \cdot f_{ct}}{A_s \cdot E_s} - 0{,}6 \cdot \frac{f_{ct}}{E_c}$$

$$= \frac{\sigma_s}{E_s} - 0{,}6 \cdot \frac{f_{ct}}{E_s \cdot \rho_{s,eff}} \cdot \left(1 + \alpha_E \cdot \rho_{s,eff}\right)$$
(16)

Die rechnerische Rissbreite bei abgeschlossener Rissbildung lässt sich angeben zu:

$$w = 2 \cdot l_{es} \cdot (\varepsilon_{sm} - \varepsilon_{cm})$$
$$= \frac{d_s \cdot f_{ct}}{2 \cdot f_{bm} \cdot \rho_{s,eff}}$$
$$\cdot \left[\frac{\sigma_s}{E_s} - 0{,}6 \cdot \frac{f_{ct}}{E_s \cdot \rho_{s,eff}} \cdot \left(1 + \alpha_E \cdot \rho_{s,eff}\right)\right]$$
(17)

Vereinfachend kann der letzte Term in Gl. (17) zu 1,0 gesetzt werden. Die rechnerische Rissbreite bei abgeschlossener Rissbildung beträgt somit:

$$w = \frac{d_s \cdot f_{ct}}{2 \cdot f_{bm} \cdot \rho_{s,eff}} \cdot \left(\frac{\sigma_s}{E_s} - 0{,}6 \cdot \frac{f_{ct}}{E_s \cdot \rho_{s,eff}}\right) \quad (18)$$

An dieser Stelle sollte nicht unerwähnt bleiben, dass die rechnerische Rissbreite auch bei Annahme eines Rissabstands von zweifacher Einleitungslänge l_{es} nicht die maximale Rissbreite in einem Bauteil ist, wie oft fälschlicherweise angenommen wird. In der Berechnung wird in der Regel die mittlere Zugfestigkeit zugrunde gelegt. Diese ist nicht die größte Zugfestigkeit im Bauteil. Darüber hinaus streut der Verbund zwischen Beton und Stahl innerhalb eines Bauteils sehr stark. Diese Streuung beeinflusst sowohl den rechnerischen Rissabstand als auch die rechnerischen mittleren Dehnungen. Details über die Streuung der rechnerischen Rissbreite können z. B. [21] und [45] entnommen werden.

4 Verformungseinwirkung und Zwangkraft

4.1 Wechselwirkung zwischen aufgebrachter Verformung und Zwangkraft

Erfährt ein Bauteil eine Verformungseinwirkung, so entsteht eine Zwangschnittgröße, wenn sich die Verformung nicht frei einstellen kann. Man spricht in diesem Zusammenhang auch von Verformungskompatibilität und meint damit, dass die Zwangschnittgrößen die gleiche Verformung, aber in entgegengesetzter Richtung erzeugen, um die behinderte Verformung auszugleichen. Wenn die aufgebrachte Verformung vollständig durch die induzierte Spannung kompatibel gemacht werden muss, liegt eine vollständige Behinderung vor (Behinderungsgrad a = 1), andernfalls liegt nur eine teilweise Behinderung vor (Behinderungsgrad a < 1).

Zwang in monolithischer Betonbauweise wird oftmals durch gegenseitige Behinderung zwischen den Bauteilen hervorgerufen, z. B. die Verkürzung der Wand wird durch das Fundament behindert. Somit handelt es sich in den meisten Fällen um eine teilweise Behinderung, da die behindernden Bauteile selbst nicht starr sind. Nur bei deutlichen Querschnittschwächungen durch Aussparungen oder Öffnungen könnte in einzelnen Fällen eine volle Behinderung vorliegen. Dies muss im Einzelfall genau betrachtet werden (s. Abschnitt 5.4).

Bei teilweiser Behinderung wird die aufgebrachte Verformung in zwei Anteile aufgeteilt: einen freien und einen behinderten Verformungsanteil. Nur der behinderte Verformungsanteil ruft Zwangschnittgrößen hervor. Die beiden Anteile tragen aber zum Erreichen der Verformungskompatibilität bei. Die Auswirkung einer aufgebrachten Verformung bei teilweise behinderten Bauteilen kann mit dem in Bild 7 dargestellten Stab mit Temperatureinwirkung am einfachsten verdeutlicht werden.

Die teilweise Behinderung wird über die Federsteifigkeit k_F beschrieben. Die aufgebrachte Verformung $(\alpha_T \cdot \Delta T \cdot l)$ teilt sich in einen freien Anteil (F_{Zw}/k_F) und einen behinderten Anteil $((F_{Zw} \cdot 1)/(A_c \cdot E_c))$ auf. Die Gleichung zur Beschreibung der Verformungskompatibilität lautet:

$$\alpha_T \cdot \Delta T \cdot l + \frac{F_{Zw}}{A_c \cdot E_c} \cdot l + \frac{F_{Zw}}{k_F} = 0 \quad (19)$$

Mit der erzwungenen Dehnung ($\Delta \varepsilon_0 = \alpha_T \cdot \Delta T$) kann die Zwangkraft vor der Rissbildung wie folgt ermittelt werden:

$$F_{Zw} = -\Delta \varepsilon_0 \cdot A_c \cdot E_c \cdot \frac{1}{1 + \frac{A_c \cdot E_c}{k_F \cdot l}}$$

$$= -\Delta \varepsilon_0 \cdot A_c \cdot E_c \cdot a \quad (20)$$

In der obigen Gl. (20) ist (a) der Behinderungsgrad des ungerissenen Systems. Er stellt das Verhältnis zwischen behindertem Verformungsanteil und der aufgebrachten Verformung dar. Aus Gl. (20) ist zu

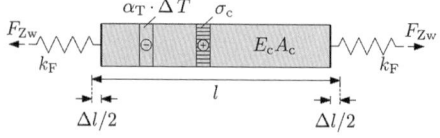

Bild 7. Zugstab mit teilweiser Behinderung unter Verformungseinwirkung

erkennen, dass die Größe der Zwangkraft nur im Falle einer vollen Behinderung $(k_F = \infty)$ von der Bauteillänge (l) unabhängig ist. Bei teilweiser Behinderung hat sowohl die Federsteifigkeit (k_F) als auch die Bauteillänge (l) eine große Bedeutung. Das ist verständlich, da die Auswirkung der Federverformung auf die Zwangkraft bei kleineren Bauteillängen wesentlich größer ist als bei großen Bauteillängen. Weiterhin kann festgestellt werden, dass der Behinderungsgrad bei realen Bauteilen deutlich vom Steifigkeitsverhältnis zwischen behindertem Bauteil ($A_c \cdot E_c /l$) und dem behindernden Bauteil (k_F) bestimmt wird. Geht man in diesem Zusammenhang davon aus, dass sich die Steifigkeit des behindernden Bauteils (k_F) während des Rissbildungsprozesses im behinderten Bauteil nicht ändert und die Rissbildung zu einer Reduzierung der Steifigkeit des behinderten Bauteils führt, so nimmt der Behinderungsgrad mit der Rissbildung im behinderten Bauteil zu. Auch das Kriechen im behindernden Bauteil beeinflusst den Behinderungsgrad. Streng genommen ändert sich der Behinderungsgrad für ein betrachtetes Bauteil während des Rissbildungsprozesses fortlaufend.

Erreicht die behinderte Dehnung im Beton ca. den Wert 0,1‰, so kommt es zur Bildung des ersten Risses. Die Kompatibilitätsgleichung für den gerissenen Zustand kann mit Gl. (21) beschrieben werden:

$$w + \frac{F_{Zw}^{II}}{A_c \cdot E_c} \cdot (1 - 0.8 \cdot l_{es}) + \frac{F_{Zw}^{II}}{k_F} + \Delta \varepsilon_0 \cdot l = 0$$
$$(21)$$

Die Zwangkraft im Zustand II baut entsprechend der Änderung der Steifigkeit des Stabs ab, und kann wie folgt ermittelt werden:

$$F_{Zw}^{II} = -\Delta \varepsilon_0 \cdot A_c \cdot E_c$$

$$\cdot \frac{1}{1 + \frac{A_c \cdot E_c}{k_F \cdot l} + \frac{l_{es}}{l} \cdot \left(\frac{0,8}{\alpha_E \cdot \rho_s} - 1\right)}$$
$$(22)$$

Es ist deutlich zu erkennen, dass der Bewehrungsgrad und das Verhältnis zwischen Einleitungslänge und Bauteillänge eine große Bedeutung bei der Ermittlung der Zwangkraft nach der Rissbildung haben. Ohne die Berücksichtigung dieser beiden Parameter kann die Zwangkraft nach der Rissbildung nicht realistisch abgeschätzt werden. Da die Einleitungslänge l_{es} in der Regel nur in einer kleinen Bandbreite variiert, wird die Frage nach der zu berücksichtigenden Bauteillänge im Zusammenhang mit der Ermittlung der Zwangkraft auf Grundlage der Verformungskompatibilität von großer Bedeutung sein. Zur Verdeutlichung ist in Bild 8a das Verhältnis zwischen der Zwangkraft nach und vor der Rissbildung für verschiedene Bewehrungsgrade als

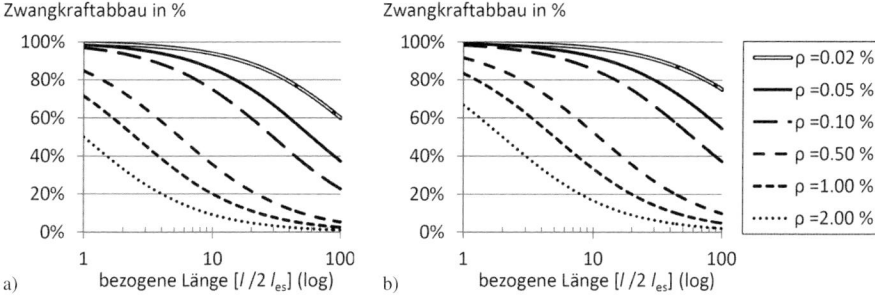

Bild 8. Zwangkraftabbau infolge der Rissbildung, berechnet mit $1 - F_{Zw}^{II}/F_{Zw}$; a) bei 50%iger Behinderung, b) bei voller Behinderung

Funktion der bezogenen Bauteillänge $(l/(2 \cdot l_{es}))$ für eine 50%ige Behinderung $(k_F = A_c \cdot E_c/l)$ dargestellt. Zum Vergleich zeigt Bild 8b die Ergebnisse für die gleichen Eingangsparameter bei einer vollen Behinderung. Es ist deutlich zu erkennen, dass der Zwangkraftabbau infolge Rissbildung bei teilweiser Behinderung kleiner ausfällt als bei voller Behinderung. Grund hierfür ist, dass die Änderung der Steifigkeit bei Bauteilen mit teilweiser Behinderung durch die Rissbildung weniger ausgeprägt ist als bei Bauteilen mit voller Behinderung.

Um weitere Risse zu erzeugen, muss die Verformung gesteigert werden. Gleichzeitig muss die Bewehrung aber so groß sein, dass die Zwangkraft vor der Rissbildung gemäß Gl. (20) in Abhängigkeit der aufzunehmenden Verformung ohne Fließen der Bewehrung aufgenommen werden kann. Je größer die aufzunehmende Verformung, desto mehr Risse sind erforderlich und entsprechend größer muss die aufzunehmende Zwangkraft sein, damit ein späterer Riss an der Stelle mit höherer Zugfestigkeit auftritt. Bei ausreichender Bewehrung tritt eine sukzessive Rissbildung auf und die Rissbreite kann begrenzt werden. Die allgemeine Gleichung zur Beschreibung des Zustands mit beliebiger Anzahl von Rissen lautet:

$$\sum_{i=1}^{n} w_i + \frac{F_{Zw}^{II}}{A_c \cdot E_c} \cdot \left(1 - 0{,}8 \cdot \sum_{i=1}^{n} l_{es}\right) + \frac{F_{Zw}^{II}}{k_F} + \Delta\varepsilon_0 \cdot l = 0 \qquad (23)$$

Mit der obigen Gl. (23) kann festgestellt werden, dass im Zusammenhang mit der Ermittlung der Zwangbeanspruchung nicht nur der teilweisen Behinderung, sondern auch der aufzunehmenden Verformung $(\Delta\varepsilon_0 \cdot l)$ und der Bauteillänge (l) große Aufmerksamkeit geschenkt werden müssen. Ein Riss mit einer bestimmten Rissbreite hat bei einem kürzeren Bauteil somit eine ganz andere Bedeutung auf den Abbau der Zwangkraft als bei einem längeren Bauteil.

Bei einer behinderten Dehnung von ca. 0,8‰ ändert sich das Rissbild kaum noch, da der Rissabstand bei dieser Verformung bereits so gering ist, dass über den Verbund die Risskraft des Betonquerschnitts nicht mehr eingeleitet werden kann. Bild 9 zeigt das allgemeine Verhalten von einem Zugstab mit und ohne ausreichende Bewehrung unter Verformungseinwirkung. Insgesamt kann hiermit geschlussfolgert werden, dass die Obergrenze der Zwangkraft bei gewöhnlichen Verformungseinwirkungen die Risskraft des Querschnitts ist, während die mit der Steifigkeit des Zustands II unter Berücksichtigung des Tension-Stiffening ermittelte Zwangkraft die Untergrenze darstellt. Da der Rissprozess in der Regel bereits mit der Untergrenze der Zugfestigkeit beginnt, kann weiterhin festgestellt werden, dass bei gewöhnlichen Aufgaben die Berechnung der Zwangkraft auf Grundlage der mittleren Zugfestigkeit (f_{ctm}) auf der sicheren Seite liegt. Sinngemäß kann die Erläuterung in diesem Abschnitt auf Bauteile unter Biegezwang ohne Einschränkung übertragen werden.

Bei einem dicken Bauteil ist der Rissprozess infolge Verformungseinwirkung etwas komplizierter als bei dünnen Bauteilen. Dies ist auf den kleinen Bewehrungsgrad ρ_s und die konzentrierte Anordnung der Bewehrung in den Randbereichen bei diesen Bauteiltypen zurückzuführen. Zuerst nimmt die Zwangkraft ebenfalls linear mit der Dehnung zu, ähnlich wie bei dünnen Bauteilen. Nach der Bildung des ersten Risses nimmt die Zwangkraft aufgrund des geringen Bewehrungsgrads jedoch sehr deutlich ab. Die konzentrierte Bewehrungsanordnung im Randbereich sorgt weiterhin für die Bildung der sogenannten Sekundärrisse in der Umgebung der Primärrisse (Bild 10). Da die Sekundärrisse nur die effektive Zugfläche $A_{c,eff}$ erfassen, muss für die Fortsetzung des Rissprozesses bei dicken Bauteilen

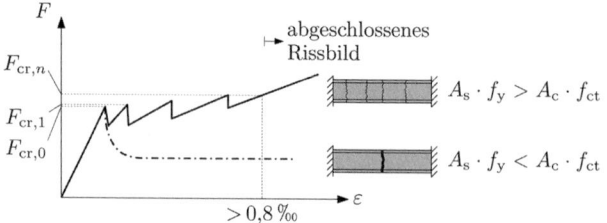

Bild 9. Allgemeines Verhalten bei einem dünnen Zugstab infolge einer Verformungseinwirkung

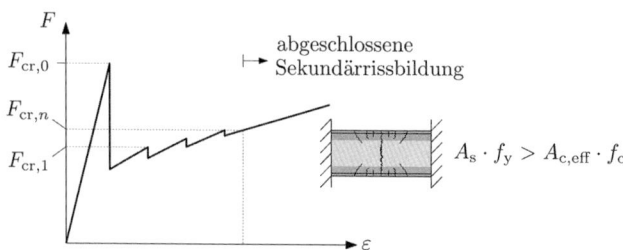

Bild 10. Qualitative Darstellung der Entwicklung der Zwangkraft in einem dicken Bauteil

nicht die Risskraft des gesamten Betonquerschnitts vorhanden sein. Untersuchungen in [10] und [12] haben darüber hinaus gezeigt, dass die am Primärriss vorhandene Zwangkraft nicht vollständig für die Bildung von Sekundärrissen zur Verfügung steht, da durch das Zusammenwirken zwischen der effektiven Zugfläche und der Restfläche immer ein Teil der Zugkraft im Restbereich außerhalb der effektiven Zugfläche verbleibt. Hierdurch nimmt die Kraft in der Bewehrung am Primärriss bei Zwangbeanspruchung in dicken Bauteilen mit der Anzahl der Sekundärrisse zu. In Bild 10 ist die qualitative Entwicklung der Zwangkraft in einem dicken Bauteil ohne Berücksichtigung der Bildung des nächsten Primärrisses dargestellt.

Entsprechend wurde in [10] das Bild 11 zur Beschreibung des Verlaufs der Zwangkraft in der Bewehrung in Abhängigkeit der Anzahl der Sekundärrisse vorgeschlagen. Diese Überlegung wurde durch experimentelle Untersuchungen in [9] voll bestätigt. Die Zunahme der Zwangkraft bei Bildung weiterer Sekundärrisse bedeutet auch, dass bei langen Bauteilen weitere Primärrisse zu erwarten sind. Falls die Bildung von mehreren Primärrissen durch die Bewehrung gesteuert werden muss, muss somit die Zwangkraft wieder das Niveau der Risskraft des gesamten Querschnitts erreichen. Der Unterschied zu einem dünnen Bauteil besteht nur darin, dass bei einem dicken Bauteil dank der Bildung von Sekundärrissen mit einem Primärriss deutlich mehr Verformung aufgenommen werden kann.

Die Bauteillänge hat somit bei dicken Bauteilen eine noch größere Bedeutung als bei dünnen Bauteilen. Für den Fall, dass die Bildung von Primärrissen durch andere Parameter gesteuert wird, kann die von der Bewehrung aufzunehmende Kraft deutlich

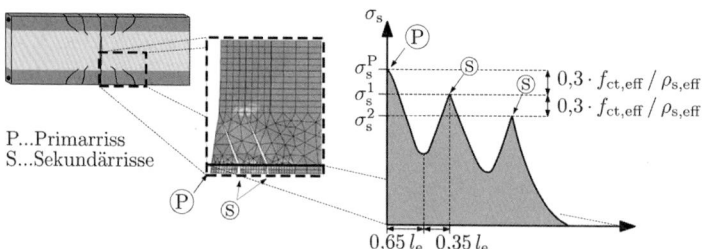

Bild 11. Spannung in der Bewehrung in der Umgebung eines Primärrisses mit Sekundärrissen

kleiner als die Risskraft des gesamten Querschnitts sein. In Bezug auf die Ermittlung der erforderlichen Mindestbewehrung ist dies der wesentlichste Unterschied zwischen dicken und dünnen Bauteilen. Dies wird genutzt, um die Mindestbewehrung in dicken Bauteilen realistisch abschätzen zu können.

4.2 Spannungsgeschichte bei einem Stahlbetonbauteil unter Verformungseinwirkung

Die Spannungsgeschichte eines Betonbauteils im jungen Alter wird mit zunehmender Bauteildicke entscheidend von der Temperaturentwicklung und dem Wärmeaustausch mit der Umgebung bestimmt. Zu Beginn ist die Wärmefreisetzung im Allgemeinen größer als die Wärmeabgabe an die Umgebung; das Bauteil erwärmt sich. Kann sich die einhergehende Ausdehnung nicht frei einstellen, so entstehen Druckspannungen entsprechend dem Behinderungsgrad und dem vorhandenen E-Modul. Mit zunehmender Zeit und in Abhängigkeit der Bauteildicke und des verwendeten Zements überwiegt der Wärmeverlust ab einem bestimmten Zeitpunkt die Wärmefreisetzung; das Bauteil kühlt sich wieder ab. Die aufgebaute Druckspannung wird durch die nun mit einem größeren E-Modul entstehende Zugspannung abgebaut, sodass bei Erreichen der Ausgleichstemperatur letztendlich Zugspannungen verbleiben. Diese Spannungsgeschichte wird aber nicht nur durch die Entwicklung der Steifigkeit, sondern auch durch das zeitliche viskoelastische Verhalten (Kriechen) des jungen Betons signifikant beeinflusst.

Die Beaufschlagung einer Verformungseinwirkung in der Nutzungsphase geht ebenfalls mit einer Zwangkraft einher. Aufgrund des nun vorangeschrittenen Betonalters ist der Einfluss des Kriechens jedoch deutlich geringer als im jungen Betonalter. Bisher wurde darüber hinaus angenommen, dass die aufgebaute Spannung im jungen Betonalter durch das Kriechen weitestgehend abgebaut wird, sodass eine Überlagerung von frühem Zwang mit dem späten Zwang in der Regel nicht erforderlich ist. In Bild 12 ist der qualitative Verlauf der Spannungsgeschichte gemäß dem Stand der Technik dargestellt, vgl. [46] oder [47].

Die gesamte Spannungsgeschichte infolge der Verformungseinwirkung in Stahlbetonbauteilen wurde mittels zwei großer Zwangrahmen an der TU Graz in Zusammenarbeit mit dem Referat Massivbau der Bundesanstalt für Wasserbau in Karlsruhe eingehend untersucht. Die Wirkung einer thermischen Nachbehandlung und die Überlagerung zwischen frühem und spätem Zwang sind weitere Schwerpunkte der Untersuchung. Die Ergebnisse dienten als Grundlage für die Erstellung des neuen Merkblatts Zwang der Deutschen Bundesanstalt für Wasserbau, welches die Festlegung der Bewehrung für die Rissbreitenbeschränkung infolge Zwangbeanspruchungen bei fugenlosen Wasserbauwerken zum Inhalt hat [16]. In Bild 13 ist der Versuchsaufbau dargestellt.

Mit diesem Versuchsaufbau wurden bisher fünf Vergleichsstudien durchgeführt, in denen zeitgleich jeweils zwei 3,7 m lange Stahlbetonstäbe mit einer Querschnittfläche von jeweils 0,25 m × 0,25 m erhärteten. Mit einer 0,3 m dicken umlaufenden XPS-Wärmedämmung wurde zunächst eine identische Erwärmungsphase in beiden Versuchskörpern eingestellt, die der Erwärmung eines Bauteils mit ca. 1,0 bis 1,5 m Bauteildicke entspricht. Bild 14 zeigt exemplarisch das Ergebnis zur erhärtungsbedingten Zwangbeanspruchung eines ausgewählten Versuchs inklusive der Verformungseinwirkungen (Temperaturgeschichte und Schwinden), der Entwicklung der mechanischen Eigenschaften und des Behinderungsgrads sowie der Entwicklung der Zwangkraft.

Durch einen Vergleich der gemessenen (und durch das Kriechen beeinflussten) Betonspannung mit der

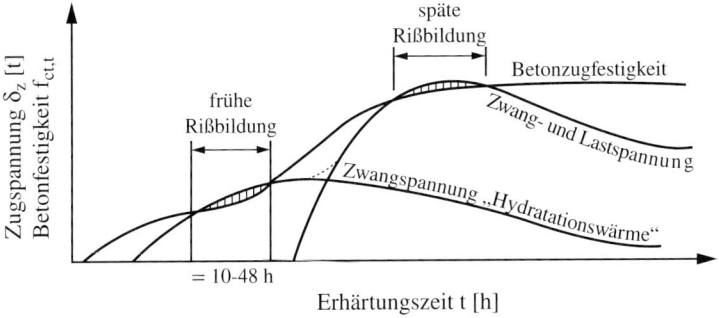

Bild 12. Qualitativer Verlauf der Spannungsgeschichte gemäß dem Stand der Technik [46]

a) b) c) d) e)

Bild 13. Zwangrahmen an der TU Graz zur Studie der gesamten Spannungsgeschichte; a) Schalung und Bewehrung vor Betonage, b) Versuchskörperherstellung direkt im Rahmen, c) Wärmedämmung und Einwickeln mit Folie, d) Versuchskörper direkt nach dem Ausschalen sowie nach anschließendem Einwickeln mit selbstklebender Aluminiumfolie, e) Versuchsaufbau mit Hydraulikzylindern

nach E-Theorie berechneten Entwicklung der Betonspannung in Bild 14 wird der zuvor erwähnte Einfluss des Kriechens auf die Zwangkraft deutlich. Im Detail werden die anfänglichen (und günstigen) Druckspannungen durch das ausgeprägte Kriechvermögen im sehr jungen Beton merklich reduziert, sodass ungünstige Zugspannungen bereits früher entstehen, als eine elastische Betrachtung vermuten lässt. Da die Zugspannungsentwicklung jedoch auch durch das Kriechen reduziert wird, sind die letztendlich bei Temperaturausgleich entstehenden Zugspannungen wieder kleiner als bei elastischer Betrachtung.

Nach Erreichen der Ausgleichstemperatur wurden die Versuche fortgeführt und die Entwicklung der eingetragenen Zwangkraft im weiteren Zeitverlauf beobachtet. Zudem wurden den Versuchskörpern nach dem Erreichen der Ausgleichstemperatur weitere Verformungseinwirkungen aufgezwungen, um die Überlagerung der erhärtungsbedingten Zwangbeanspruchung mit zusätzlichen Zwangbeanspruchungen während der Nutzung zu untersuchen. Bild 15 gibt einen Überblick über die gemessenen Temperatur- und Spannungsgeschichten in den fünf Serien. Insgesamt wurden folgende Erkenntnisse in Bezug auf die Größe der Zwangbeanspruchung gewonnen:

– Einfluss der Viskoelastizität im Erhärtungszeitraum: Wie in Bild 14 ersichtlich, weicht der zeitliche Verlauf der gemessenen Spannungen deutlich von denen mit E-Theorie ermittelten Spannungen ab. Betrachtet man allerdings das letztendlich resultierende Spannungsniveau bei Ausgleichtemperatur, so fällt der Einfluss der Viskoelastizität im Vergleich zu einer elastischen Lösung eher gering aus. Hintergrund ist, dass durch die Viskoelastizität auch die günstigen Druckspannungen stark abgebaut werden und somit die Spannungsumkehr früher und auch schneller abläuft. Die hier gewonnenen Ergebnisse lassen jedoch nicht die Schlussfolgerung zu, dass eine lineare Berechnung im Allgemeinen ausreichend ist. Zum einen wird mit einer linearen Berechnung der zeitliche Verlauf der Spannungen und somit die Rissgefahr während der Erhärtung des Betons nicht realistisch abgeschätzt. Und zum anderen ist die Abweichung zwischen elastischer und viskoelastischer Lösung zwar geringer als erwartet, aber trotz-

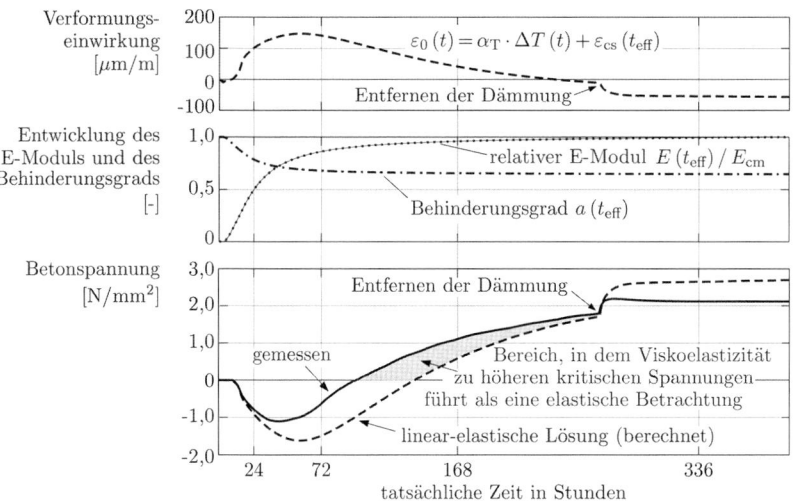

Bild 14. Erhärtungsbedingte Zwangbeanspruchung bei einem Versuch im Zwangrahmen der TU Graz

dem nennenswert in Bezug auf die Zwangschnittgröße und sollte mit Blick auf eine wirtschaftliche Bemessung berücksichtigt werden. In diesem Zusammenhang ist aber anzumerken, dass die Reduktion der Zwangkraft durch das Kriechen mittels pauschaler Abminderung der elastisch ermittelten Zwangkraft mit der Kriechzahl, wie bisher in der Praxis üblich, deutlich überschätzt wird.

– Einfluss der thermischen Nachbehandlung (Dauer des Zwangkraftabbaus durch Kriechen): Der Einfluss der thermischen Nachbehandlung wurde mit zwei identischen Vergleichsserien (Serien 1 und 2) untersucht. Hierbei wurde zunächst jeweils einer der beiden Versuchskörper einer Serie bis kurz vor dem Erreichen der Ausgleichstemperatur in der Schalung und Wärmedämmung belassen, während der andere Versuchskörper schon unmittelbar nach Erreichen der Maximaltemperatur schlagartig ausgeschalt wurde. Die Ergebnisse zeigen, dass die thermische Nachbehandlung zwar einen deutlichen Einfluss auf den Risszeitpunkt hat, jedoch keinen nennenswerten Einfluss auf die Gefahr der Rissbildung erkennen lässt (s. Bild 15a). Unabhängig von der Dauer der thermischen Nachbehandlung blieben beide Versuchskörper der Serie 1 zunächst ungerissen, während die Versuchskörper der zweiten Serie jeweils einen Riss vor Erreichen der Ausgleichstemperatur aufwiesen. Entgegen der bisherigen Annahme, dass ein zeitlich verzögerter Aufbau der Zwangkraft zu einer kleineren Zwangkraft führt, da hierdurch ein größerer Kriecheffekt zu erwarten ist, liegen die Spannungen beim Temperaturausgleich bei allen Versuchskörpern in einer ähnlichen Größenordnung. Die Ursachen für dieses Verhalten sind noch nicht gänzlich geklärt. Da die Änderung des E-Moduls zu diesem Zeitpunkt bereits von untergeordneter Bedeutung ist, liegt die Ursache vermutlich darin, dass das Zugkriechen im Unterschied zum Druckkriechen eine deutlich geringere zeitliche Abhängigkeit aufweist. Diese Einschätzung wurde bisher durch verschiedene Untersuchungen zum Zugkriechen bestätigt [11, 48–51].

– Einfluss der Reife auf die Risskraft im sehr jungen Betonalter: Durch die starke Dämmung weisen die Versuchskörper eine für dicke Bauteile typische Temperaturgeschichte mit ausgeprägter Erwärmung auf. Neben dem unerwarteten Verhalten zum Einfluss der thermischen Nachbehandlung ist diesbezüglich außerdem zu erkennen, dass sich die Risskraft zum frühen Risszeitpunkt bei ca. 3,5 Tagen kaum vom späteren Risszeitpunkt bei ca. 14 Tagen unterscheidet. Im Vergleich zu einer theoretisch isothermen Betontemperatur von 20 °C, welche als Normerhärtungsbedingung im Labor vorgeschrieben wird, führt die deutlich höhere Erhärtungstemperatur im Bauteil zu einer beschleunigten zeitlichen Entwicklung der mechanischen Eigenschaften (Reifeeinfluss). Dadurch ist die Betonzugfestigkeit bei Erreichen der Maximaltemperatur im Bauteil bereits zu ca. 90 % entwickelt und die später aufgebaute Zugspannung trifft auf keine signifikant höhere Zugfestigkeit.

- Entwicklung der Zwangbeanspruchung nach Erreichen der Ausgleichstemperatur: Bisher wurde in der Bemessung angenommen, dass die aufgebaute Spannung im jungen Betonalter durch das Kriechen weitestgehend abgebaut wird, vgl. u. a. [46]. In allen Versuchsserien konnte jedoch in einem Zeitraum von bis zu sechs Monaten nach Erreichen der Ausgleichstemperatur kein nennenswerter Abbau der Zwangbeanspruchung festgestellt werden (s. Bild 15c und d). Als Ursachen hierfür werden ein deutlich reduziertes Kriechvermögen unter allmählich aufgebauter Zugbeanspruchung sowie ein deutlich geringeres Relaxationsverhalten unter Zugbeanspruchung bei teilweiser Entlastung gesehen, wie in [48] und [49] näher ausgeführt. Insgesamt muss daher geschlussfolgert werden, dass die zeitliche Entwicklung der

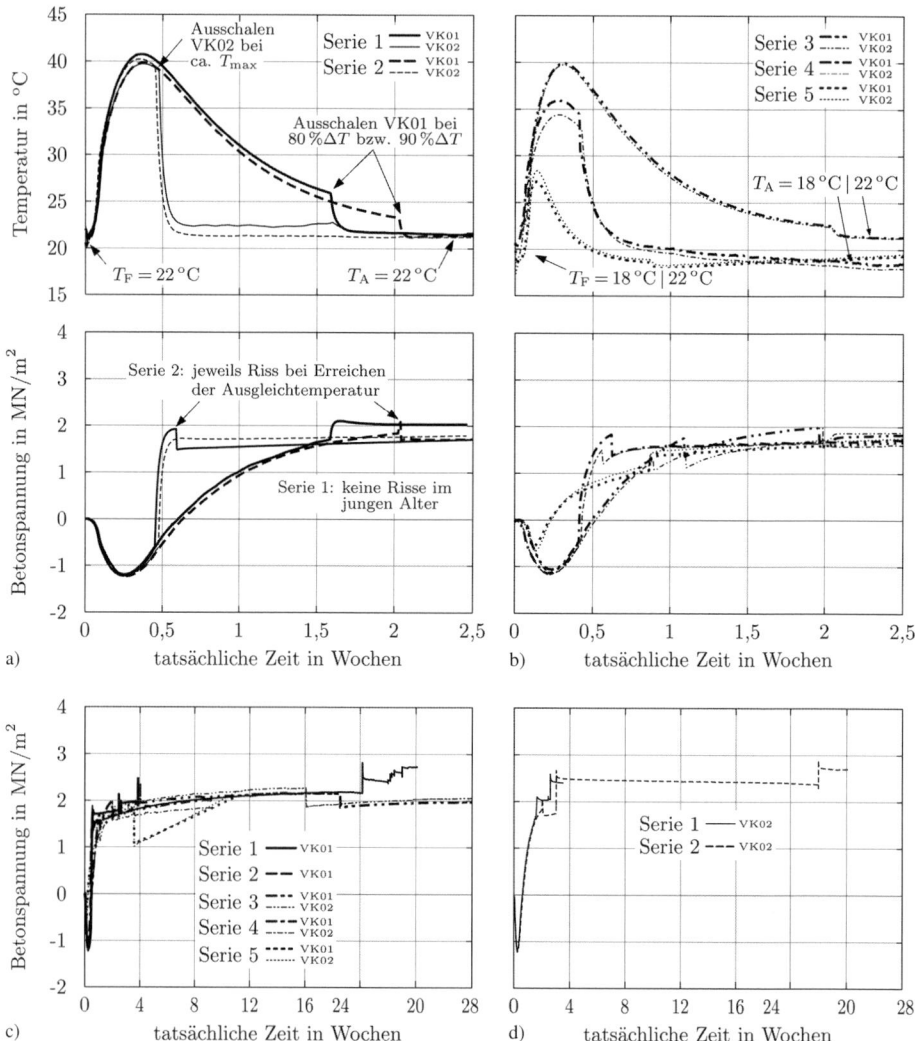

Bild 15. Ergebnisse der Vergleichsstudien mit den Zwangrahmen an der TU Graz; a) Vergleichsstudie zum Einfluss der thermischen Nachbehandlung, b) Versuchsserien mit unterschiedlichen Startbedingungen für Langzeitverhalten, c) Langzeitverhalten mit Einzelrissen, d) Langzeitverhalten bei abgeschlossenem Rissbild

Zwangbeanspruchung gemäß dem Stand der Technik, wie in Bild 12 dargestellt, nicht dem realen Bauteilverhalten entspricht und die Zwangbeanspruchung infolge der Betonerhärtung mit späten Zwangbeanspruchungen im Nutzungszeitraum explizit überlagert werden muss. Diese Kenntnis ist für die Beurteilung der Rissgefahr von Außenbauteilen besonders wichtig, vor allem wenn die Rissbildung im jungen Beton durch betontechnologische Maßnahmen gezielt vermieden werden soll.

Insgesamt kann festgestellt werden, dass die Ermittlung der Zwangbeanspruchung und somit der Mindestbewehrung eine sehr komplexe Aufgabe ist. Man gelangt nur dann zu einer akzeptablen Lösung, wenn die aufzunehmende Verformung (Betontechnologie, Witterungsbedingung), die Rissmechanik im betrachteten Bauteil (dünne oder dicke Bauteile, Bewehrungsanordnung) und Systemeigenschaften (Behinderungsart, Länge, etc.) ausreichend berücksichtigt werden. Im Betonbau hat die Zusammenarbeit zwischen Betontechnologen und Tragwerksplanern deshalb nirgends eine größere Bedeutung als bei diesem Thema.

5 Zwang bei typischen Bauteilen

5.1 Bodenplatten

Bodenplatten sind flächig gebettete Bauteile mit großer Ausdehnung. Der Austausch mit der Umgebung hinsichtlich Wärmefluss und Feuchtetransport findet maßgeblich über die Dickenrichtung der Platte statt, wobei üblicherweise sowohl im Erhärtungszeitraum als auch während der Nutzung an der Ober- und Unterseite unterschiedliche Randbedingungen herrschen. Aus thermischer Sicht führt die dämmende Wirkung des Baugrunds dazu, dass die Unterseite im Erhärtungszeitraum zunächst eine Erwärmung erfährt, während die Oberseite relativ schnell die Umgebungstemperatur annimmt. Zur Verdeutlichung zeigt Bild 16 eine thermomechanische Simulation der erhärtungsbedingten Temperaturzunahme an der Ober- und Unterseite für unterschiedliche Plattendicken bei Verwendung eines Betons mit einer adiabatischen Temperaturzunahme von 33 °C. Die mittlere Umgebungstemperatur beträgt 18 °C und die Frischbetontemperatur 23 °C. Hiermit wird ein moderater Sommerfall näherungsweise abgebildet. Die Tagestemperaturschwankungen und Sonneneinstrahlung bleiben hierbei jedoch unberücksichtigt. Die zugehörigen Temperaturanteile zur Ermittlung der Zwangschnittgrößen und der Eigenspannungen sind in Bild 17 angegeben. Hiernach weisen alle Temperaturanteile zuerst eine Zunahme und anschließend eine Abnahme auf.

Unter Berücksichtigung der gleichzeitigen Entwicklung des E-Moduls und des viskoelastischen Verhaltens bedeutet dies, dass alle drei Spannungsanteile im Querschnitt einen Vorzeichenwechsel erfahren. Zum Beispiel kann für den Temperaturunterschied zwischen Ober- und Unterseite gesagt werden, dass die Bodenplatte zuerst eine negative Verkrümmung und entsprechend an der Oberseite eine positive Spannung infolge der Aktivierung des Eigengewichts erfährt. Nach Erreichen des Maximums nimmt der Temperaturunterschied zwischen Ober- und Unterseite wieder ab. Die Bodenplatte tendiert wieder ebenflächig zu sein. Da nun der E-Modul des Betons höher als während der Erwärmungsphase ist, erfährt die Unterseite der Bodenplatte letztendlich bei dem Temperaturausgleich

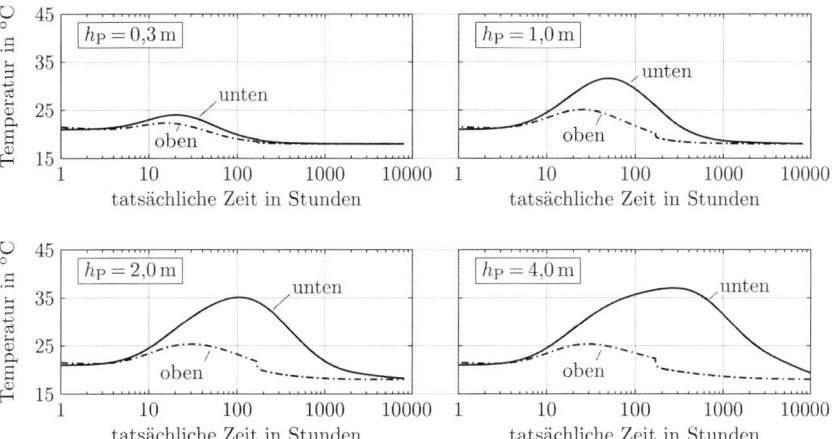

Bild 16. Zeitlicher Temperaturverlauf an Unter- und Oberseite für verschiedene Bodenplattendicken

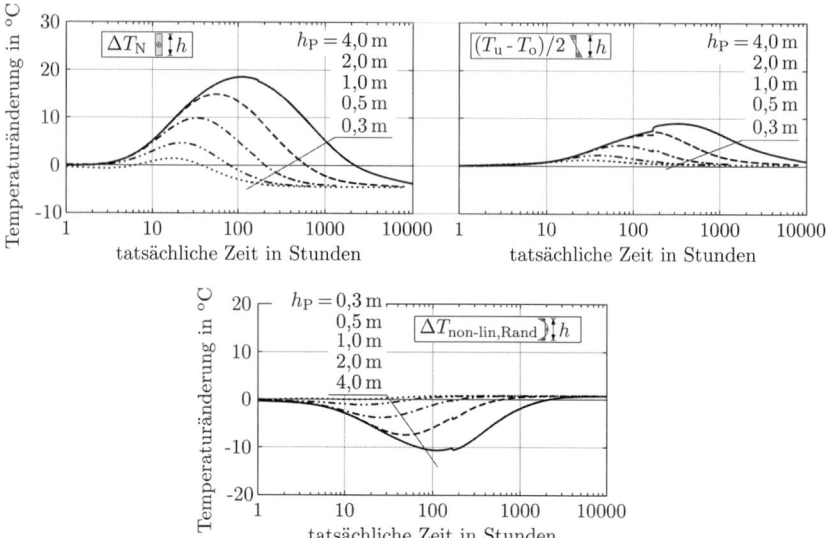

Bild 17. Zeitlicher Verlauf der Temperaturanteile für verschiedene Bodenplattendicken

eine Zugbeanspruchung. Zur Verdeutlichung zeigt Bild 18 am Beispiel einer 50 cm dicken Bodenplatte sowohl die zeitlichen Verläufe der Gesamtspannungen an Ober- und Unterseite sowie in der Mitte als auch eine Aufteilung dieser Gesamtspannungen in die darin enthaltenen Eigenspannungen und Biegespannungen.

Zusätzlich zu der Temperaturgeschichte muss der Einfluss des Schwindens berücksichtigt werden. Insbesondere kann bei dünnen Bodenplatten in trockener Umgebung das Schwinden maßgebend für die Rissbildung im späten Betonalter sein. Geht man in diesem Zusammenhang davon aus, dass der Baugrund im Allgemeinen immer ausreichende Feuchtigkeit aufweist, so kann vereinfachend angenommen werden, dass das Schwinden an der Oberseite sehr ausgeprägt ist, während es an der Unterseite vernachlässigbar klein bleibt. Die Überlagerung zwischen Temperatur und Schwinden führt dazu, dass eine Rissbildung an der Oberseite der Bodenplatte viel wahrscheinlicher ist als eine Bildung von Trennrissen, sofern die Bodenplatte nicht durch andere Bauteile, z. B. Frostschürze oder Stützen, zusätzlich behindert wird.

In [11] wurde eine umfangreiche Parameterstudie zur Ermittlung der Rissgefahr und des Rissbilds von Bodenplatten während der Betonerhärtung durchgeführt. Wesentliche Ergebnisse können wie folgt zusammengefasst werden:

– Im Einklang mit den Überlegungen in [41] ist die Gefahr von Trennrissen bei gewöhnlicher Baugrundsteifigkeit gering und diese nimmt darüber hinaus mit zunehmender Bauteildicke ab. Ab einer Bauteildicke von ca. 1 m kann die Bildung von Trennrissen bei gewöhnlicher Baugrundsteifigkeit ausgeschlossen werden.

– Die Bildung von Biegerissen an der Oberseite der Bodenplatte ist viel wahrscheinlicher als an der Unterseite. Jedoch ist eine solche Rissbildung an der Oberseite auch erst ab Bodenplattendicken von mehr als 2 m als sehr wahrscheinlich zu erwarten. In diesem Zusammenhang spielen die Eigenspannungen eine wesentliche Rolle. Demgegenüber ist eine Rissbildung an der Unterseite nur dann zu erwarten, wenn der zentrische Zwang bei großer Baugrundsteifigkeit, wie bspw. Fels, und gutem Verbund nennenswert ist.

– Die maximale Zugspannung an der Oberseite tritt in der Regel zum Zeitpunkt der maximalen Erwärmung an der Unterseite auf. Für die Beurteilung der Rissbildung an der Oberseite liegt man auf der sicheren Seite, wenn der zentrische Zwang zu diesem Zeitpunkt nicht berücksichtigt wird.

– Die Nachbehandlung ist entscheidend für die Rissbildung an der Oberseite einer Bodenplatte. Dies gilt sowohl für dünne als auch für dicke Bauteile. Während bei dünnen Bauteilen das Vermeiden des Feuchtigkeitsverlusts bereits unmittelbar nach dem Einbringen des Betons von größter Bedeutung ist, insbesondere bei starkem

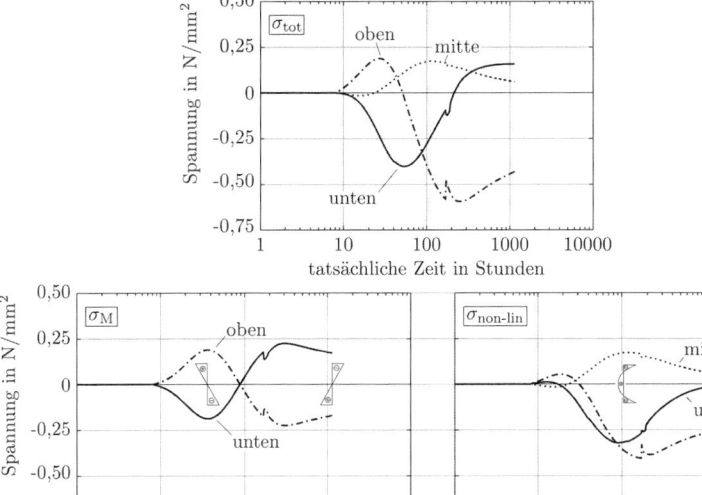

Bild 18. Zeitlicher Verlauf der Spannungen (σ_{tot}) für eine 50 cm dicke Bodenplatte ohne zentrischen Zwang sowie Aufteilung in Biegespannungen (σ_M) und Eigenspannungen $(\sigma_{non\text{-}lin})$

Wind und Sonnenstrahlung, ist zusätzlich bei dicken Bauteilen der Reduzierung der Eigenspannungen große Aufmerksamkeit zu schenken. Bei starkem Unterschied zwischen Tag- und Nachttemperaturen könnte es sinnvoll sein, geeignete Maßnahmen zu ergreifen, um den Temperaturunterschied zwischen Ober- und Unterseite gering zu halten.

Für die Praxis bedeuten die Ergebnisse insgesamt, dass eine Rissbildung infolge der Hydratationswärme bei Bodenplatten, die nicht durch zusätzliche bauliche Maßnahmen behindert werden, prinzipiell durch eine Nachbehandlung vermieden werden kann. Schwerpunkt der Nachbehandlung für dünne Bauteile ist die Vermeidung des Feuchtigkeitsverlusts, während bei dicken Bauteilen zusätzlich der Temperaturunterschied zwischen Rand- und Kernzone von Bedeutung ist. Es ist darüber hinaus zu betonen, dass die gute Nachbehandlung zentrale Bedeutung für die Sicherstellung der Dauerhaftigkeit von Betonbauteilen hat. Aus diesem Grund sollte die Nachbehandlung unbedingt als eine der wichtigsten Maßnahmen der Betontechnologie verstanden werden.

Da der Biegezwang überwiegt, wird sich durch die Aktivierung des Eigengewichts auch ohne Bewehrung ein Rissbild mit begrenztem Rissabstand einstellen. Entsprechend den Untersuchungen in [11]

kann der Abstand der Primärrisse infolge Biegezwangs auf der sicheren Seite liegend wie folgt ermittelt werden:

$$l_{cr} = \sqrt{\frac{f_{ct,eff} \cdot h}{3 \cdot \gamma_c}} \quad (24)$$

Grundlage von Gl. (24) ist genau jener Zustand, bei dem das Moment infolge der Aktivierung des Eigengewichts das Rissmoment erreicht. Durch diesen „geometrisch" vorgegebenen Abstand der primären Biegerisse wird das Bauteil selbst ohne das Vorhandensein von Bewehrung in Abschnitte unterteilt, für welche die Verformungskompatibilität getrennt voneinander formuliert werden kann. Die aufzunehmende Verformung eines jeden Primärrisses kann im Allgemeinen wie folgt angegeben werden:

$$w_{beh} = \frac{\sigma_c^I}{E_c} \cdot l_{cr} \cdot \frac{a^{II}}{a} \quad (25)$$

Gl. (25) berücksichtigt das behinderte Verformungspotenzial gemäß der Zwangspannung im ungerissenen Zustand, den Rissabstand sowie die Änderung des Behinderungsgrads durch die Rissbildung. Im Falle von Biegezwang bei Bodenplatten kann hier als Zwangspannung die Biegespannung ohne Berücksichtigung der Eigenspannungen zugrunde gelegt werden. Außerdem liegt bei Bodenplatten im Regelfall eine vollständige Verkrümmungsbehinderung vor, sodass die Änderung des Behinderungsgrads für den Biegezwang nicht weiter berücksichtigt werden muss.

Übersteigt die aufzunehmende Verformung die zulässige Rissbreite, so muss die Rissbildung mit Bewehrung gesteuert werden. Hierbei ist es wesentlich, zwischen Bauteilen mit und ohne Möglichkeit zur Bildung von Sekundärrissen zu unterscheiden.

Für die Berücksichtigung unterschiedlicher Risswahrscheinlichkeiten an der Ober- und Unterseite der Bodenplatte infolge des Trocknungsschwindens kann in der Praxisbemessung so vorgegangen werden, dass für die Oberseite die Spannung in der Bewehrung entsprechend der zulässigen Rissbreite w_k begrenzt wird, während für die Unterseite die Vermeidung des Fließens der Bewehrung ausreichend ist (s. Abschnitt 7.3). Im Bereich, wo die Verformung der Bodenplatte durch die angrenzenden Bauteile behindert wird, muss entsprechend den vorliegenden Randbedingungen jeder Einzelfall gesondert betrachtet werden.

5.2 Wände

Wände sind längliche Bauteile, deren Dicke und Höhe im Allgemeinen deutlich kleiner als deren Länge sind. Sie werden in der Regel auf einem Fundament oder einem bereits vorhandenen Wandabschnitt hergestellt. Durch die Wechselwirkung zwischen „Alt" und „Neu" kommt es zur gegenseitigen Verformungsbehinderung und somit zu Zwangbeanspruchungen. Die resultierende Beanspruchung kann hierbei auf zwei grundsätzliche Mechanismen zurückgeführt werden. Einerseits entstehen innere Zwangschnittgrößen aufgrund der Querschnittskompatibilität zwischen Wand und Fundament und andererseits führen diese inneren Zwangschnittgrößen zu einer Verkrümmung des gesamten Wand-Fundament-Systems, welche eine Biegebeanspruchung im gesamten Querschnitt (Alt + Neu) durch die Aktivierung des gesamten Eigengewichts verursacht (äußeres Moment).

Bild 19 verdeutlicht die Wechselwirkung zwischen Wand und Fundament bei einer konstanten Verkrümmung der Wand. Während die inneren Zwangschnittgrößen allein von den Querschnittseigenschaften der Wand und des Fundaments bestimmt werden, ist die Größe des äußeren Moments sehr stark von der Länge und der geometrischen Ausbildung der Wände (z. B. Überstand der Bodenplatte, Querwand etc.) abhängig. Der Fall, dass die Zwangspannung in der Wand unter bestimmten Randbedingungen annähernd konstant über die Wandhöhe verteilt ist, hängt somit maßgeblich von der Größe des äußeren Moments ab.

In Bezug auf die Verformungseinwirkung infolge der Hydratationswärme kann bei Wänden der zentrische Zwang als maßgebende Beanspruchung angesehen werden, da der Wärmeaustausch mit der Umgebung und das Schwinden hauptsächlich in der Dickenrichtung der Wände stattfindet, auch wenn in Höhenrichtung ein gewisses Dehnungsprofil vorhanden ist. Im späten Betonalter überwiegt in der Regel jedoch der Unterschied zwischen Wandkopf und -fuß bzw. zwischen Innen- und Außenseite der Wände, da die thermischen Randbedingungen an den Wandseiten während der Nutzung in der Regel unterschiedlich sind.

Zur Verdeutlichung der Verhältnisse in einer Wand während der Hydratation sind in Bild 20 die Ergebnisse einer thermomechanischen Simulation zum zeitlichen Verlauf der Rand- und Kerntemperaturen von drei Wänden mit unterschiedlichen Dicken dargestellt, wobei der gleiche Beton aus Abschnitt 5.1. angenommen wurde. Als Schalung wird hierbei eine 2 cm starke Holzschalung angenommen, die je nach Wanddicke später entfernt wird (d_W = 20 cm: 3 Tage, d_W = 50 cm: 5 Tage, $d_W \geq$ 100 cm: 10 Tage). Im Anschluss werden die Wandoberflächen noch weitere 7 Tage mit Folie abgedeckt, um übermäßigen Wasserverlust in der Randzone zu vermeiden.

Die zugehörigen Temperaturanteile zur Ermittlung der Zwangschnittgrößen und der Eigenspannungen sind in Bild 21 dargestellt. Aufgrund der symmetrischen thermischen Randbedingungen ist der lineare Anteil nicht vorhanden. Es ist deutlich zu erkennen, dass sowohl der zentrische Anteil als auch die Ei-

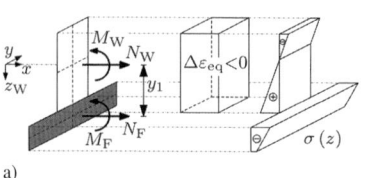
a)
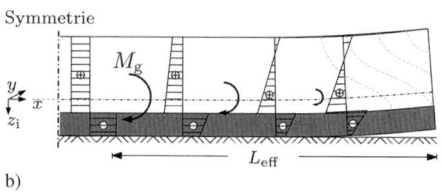
b)

Bild 19. Prinzipielle Darstellung der Zwangbeanspruchung bei einer Wand auf einem Fundament; a) innere Zwangschnittgrößen infolge Querschnittskompatibilität, b) Überlagerung mit äußerem Moment infolge Eigengewichtsaktivierung

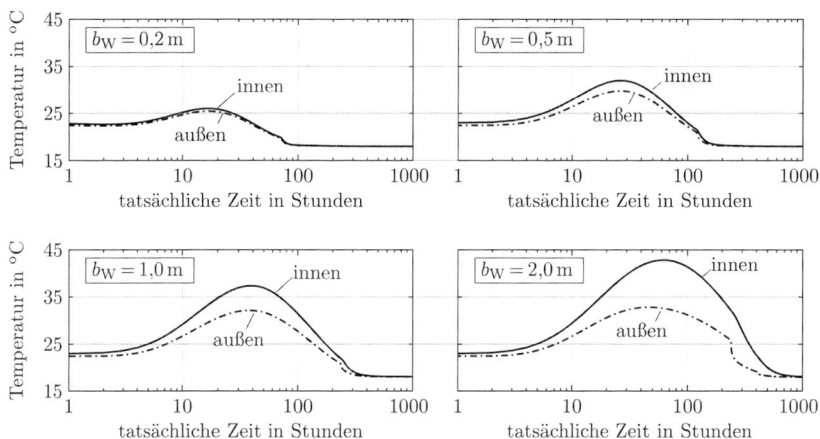

Bild 20. Zeitlicher Verlauf der Kern- und Randtemperatur bei Wänden unterschiedlicher Dicken

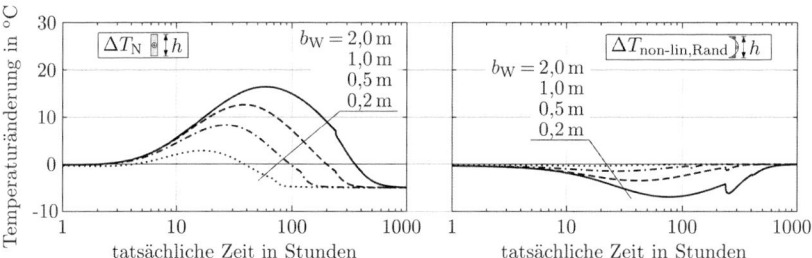

Bild 21. Zeitlicher Verlauf der Temperaturanteile für verschiedene Wanddicken

genspannungen erwartungsgemäß mit der Bauteildicke zunehmen.

Bei der Bewertung des Einflusses des konstanten Temperaturanteils sollte hierbei berücksichtigt werden, dass der axiale Behinderungsgrad bei Wänden in der Regel deutlich größer ist als bei Bodenplatten auf gewöhnlichem Baugrund. Unter Berücksichtigung des parallel auftretenden Schwindens wurde in [11] deshalb festgestellt, dass die Bildung von Trennrissen bei Wänden unter gewöhnlichen Randbedingungen im Allgemeinen zu erwarten ist. Anders als in [45] bzw. in [52] dargestellt, hängt die Spannungsverteilung über die Wandhöhe aber nicht nur von einem, sondern von vielen Faktoren ab, siehe u. a. [53]. Im Wesentlichen sind das:

- Verhältnis Länge zu Höhe l/h,
- Dehn- und Biegesteifigkeitsverhältnis zwischen Wand und Fundament,
- Schwerpunkt des gesamten Querschnitts und
- aufzunehmende Verformung.

Aus diesem Grund kann die genaue Art der Rissbildung in Wänden nur durch Untersuchungen im konkreten Fall ermittelt werden. In Abhängigkeit von der Spannungsverteilung über die Wandhöhe können dann entweder Durchrisse über die gesamte Wandhöhe oder auch nur Anrisse im unteren Wandbereich zu erwarten sein, da im Allgemeinen am Wandfuß immer die größte Zugspannung infolge der Zwangschnittgrößen vorherrscht. Weitere Einzelheiten hierzu können [11] entnommen werden. Für die praktische Anwendung liegt man auf der sicheren Seite, wenn man im Falle der Wand auf Fundament von folgendem Abstand zwischen den primären Trennrissen ausgeht:

$$l_{cr} = 1,2 \cdot h_W \qquad (26)$$

Der Abstand gemäß Gl. (26) kann ebenfalls als geometrisch vorgegebener Abstand zwischen den Trennrissen verstanden werden, der die Wand selbst ohne Bewehrung in eigenständige Abschnitte teilt. Somit lässt sich die aufzunehmende Verformung in jedem Primärriss wieder auf Grundlage der Verformungskompatibilität mit Gl. (25) angeben. Im Falle von zentrischem Zwang bei Wänden kann hier als Zwangspannung die Normalspannung ohne Berücksichtigung der Eigenspannungen zugrunde gelegt werden. Im Gegensatz zu Bodenplatten ist die Änderung des Behinderungsgrads bei Wänden jedoch von Bedeutung. Die genaue Bestimmung dieser Änderung erfordert allerdings aufwendige Iterationen, weshalb in [12] eine praxisgerechte Vereinfachung gegeben wird. Hiernach kann die aufzunehmende Verformung in Trennrissen von Wänden ermittelt werden zu:

$$w_{beh} = \frac{\sigma_c^I}{E_c} \cdot l_{cr} \cdot \frac{1}{a^{0,6}} \qquad (27)$$

Der Behinderungsgrad a in obiger Gl. (27) hängt nicht nur vom Verhältnis der Dehnsteifigkeiten zwischen behinderndem (Fundament) und behindertem Bauteil (Wand) ab und muss im Einzelfall durch die Betrachtung des gesamten Systems ermittelt werden (s. Abschnitt 7.2). Auch im Falle der Wand gilt, erst wenn diese aufzunehmende Verformung die zulässige Rissbreite übersteigt, ist eine aktive Begrenzung der Rissbreite mit Bewehrung erforderlich. Hierbei ist es wesentlich, zwischen Bauteilen mit und ohne Möglichkeit zur Bildung von Sekundärrissen zu unterscheiden.

5.3 Hochbaudecken

Decken von Hochbauten werden in der Regel durch vertikale Bauteile des Aussteifungssystems in ihrer Verformung teilweise behindert. Hierdurch werden Zwangskräfte hervorgerufen, die bei der Bemessung der Decken und der aussteifenden Vertikalbauteile zu berücksichtigen sind. Aufgrund der mäßigen Dicke der Decken und des ausgeprägten Kriechverhaltens des jungen Betons spielt die Verkürzung infolge des Schwindens in diesem Zusammenhang eine deutlich größere Rolle als die Temperaturänderung infolge der Hydratationswärme. Bild 22 verdeutlicht die Wechselwirkung zwischen Decken und aussteifenden Vertikalbauteilen bei einem einfachen System infolge des Schwindens. Es ist zu erkennen, dass sich das Trocknungsschwinden in den oberen Decken von höheren Gebäuden annähernd frei einstellen kann. Die Verformungsbehinderung der Decken in den unteren Geschossen kann aber sehr nennenswert sein. Dies hängt nicht nur von den Biegesteifigkeiten der vertikalen Bauteile, sondern auch von der Verformungsfähigkeit und somit der Dehnsteifigkeit der Bodenplatte bzw. des Untergeschosses ab. Insbesondere bei Nutzung der Tiefgeschosse als Garage sollte die Wechselwirkung zwischen Aussteifungssystem und Decken berücksichtigt werden, um die Rissgefahr in den Decken der Tiefgeschosse realistisch abschätzen zu können.

Da Schwinden ein zeitlicher Vorgang ist, sollte der Einfluss des Kriechens bei der Ermittlung der Zwangkraft berücksichtigt werden, um eine Überschätzung der Zwangsbeanspruchung zu vermeiden. Entsprechend den neuen Untersuchungsergebnissen in [11, 48–51] sollte in diesem Zusammenhang auf der sicheren Seite liegend angenommen werden, dass das Zugkriechen nur 40% des Druckkriechens beträgt. Somit kann die spannungswirksame Schwinddehnung $\varepsilon_{cds,w}$ aus dem Trocknungsschwinden ε_{cds} wie folgt ermittelt werden:

$$\varepsilon_{cds,w} = \frac{\varepsilon_{cds}}{1 + 0,4 \cdot \varphi} \qquad (28)$$

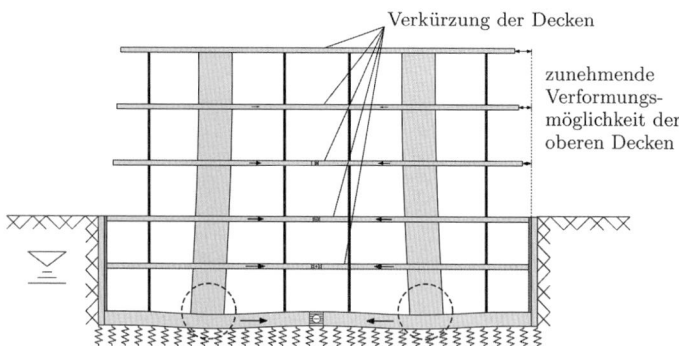

Bild 22. Schematische Darstellung der Verformungsbehinderung von Hochbaudecken

Weiterhin ist zu berücksichtigen, dass das Schwinden auf eine Decke trifft, die bereits eine Belastung während der Bauphase erfahren hat bzw. unter Belastung infolge der Nutzung steht, die insgesamt zur bereichsweisen Rissbildung in der Decke führt. Zur Abschätzung der Größe des Rissbereichs kann unter Berücksichtigung des Einflusses der Bauphase die häufige Einwirkungskombination zugrunde gelegt werden. Die durch den Zwang entstehende Normalzugkraft geht nun zum einen mit der Vergrößerung des Rissbereichs in der Decke und zum anderen mit der Dehnungszunahme in der Schwerlinie des Querschnitts im bereits gerissenen Bereich einher. Die beiden Parameter können wesentlich zum Abbau der Zwangkraft beitragen. Zur Verdeutlichung zeigt Bild 23 die Dehnungszunahme in der Mittellinie des Querschnitts bei zunehmender Normalzugkraft in einer 25 cm dicken Decke für zwei unterschiedliche Bewehrungsgrade und Beanspruchungsniveaus. Diese einfache Darstellung zeigt, dass die Zwangkraft in einer gleichzeitig biegebeanspruchten Decke nie die Größe der zentrischen Risskraft erreichen kann.

Für eine grobe Abschätzung kann die Zwangkraft in der Decke so ermittelt werden:

- Es wird ein repräsentatives Deckenfeld als Einfeldträger mit oder ohne Endeinspannung entsprechend den Randbedingungen des Deckenfelds betrachtet.
- Die Beanspruchung des Einfeldträgers wird für die häufige Einwirkungskombination ermittelt. Hieraus kann der gerissene Bereich entlang des Trägers festgestellt werden.
- Das Gleichgewicht und die zugehörige Dehnungsebene für die repräsentativen Querschnitte unter vorhandenem Biegemoment werden ermittelt.
- Es wird die Dehnungszunahme im bereits gerissenen Bereich und die Vergrößerung des gerissenen Bereichs infolge einer angenommenen Zugnormalkraft, z. B. $\frac{N}{A_c \cdot f_{ct}} = 0{,}2$ berechnet.
- Die Summe der Dehnungszunahme in der Schwerlinie des Querschnitts im bereits gerissenen Bereich und des neu gerissenen Bereichs muss gleich der spannungswirksamen Schwinddehnung unter Berücksichtigung des Behinderungsgrads sein. Falls die Berechnung mit einer bestimmten Normalkraft nicht zum Ergebnis führt, dann kann durch die Linearisierung zwischen zwei bereits berechneten Punkten (N = 0) und $\frac{N}{A_c \cdot f_{ct}} = 0{,}2$ die neue Kraft ermittelt werden, da zwischen der Dehnungszunahme und der Normalkraft ein annähernd linearer Zusammenhang besteht (s. Bild 23).

In Bild 24 ist die Dehnungszunahme und Vergrößerung des gerissenen Bereichs für einen Träger ohne Einspannung qualitativ dargestellt, um die oben beschriebene Vorgehensweise zu veranschaulichen. Bei komplizierter Bauwerksgeometrie und/oder dem Erfordernis einer genauen Untersuchung kann basierend auf der beschriebenen Idee eine 3-D-Modellierung des gesamten Bauwerks durchgeführt werden.

5.4 Aussparungen

Aussparungen führen zu Spannungskonzentrationen. Unter Berücksichtigung der Streuung der Zugfestigkeit kann deshalb ab einer Querschnittsschwächung von mehr als 30 % davon ausgegangen werden, dass sich die Rissbildung in diesem lokalen Bereich einstellt, sobald die behinderte Verformung

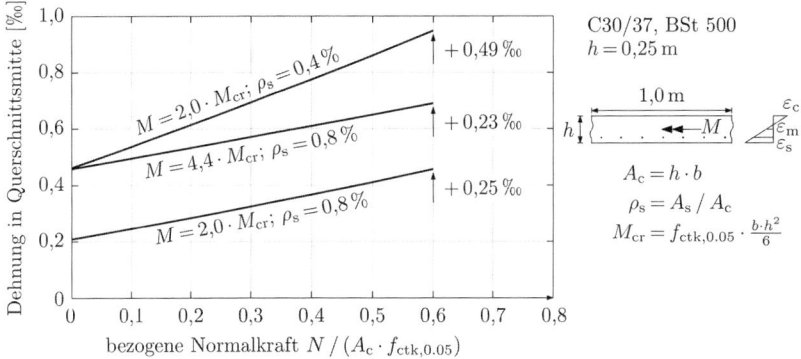

Bild 23. Dehnungsänderung infolge einer Normalzugkraft in einer Decke mit unterschiedlichen Bewehrungsgraden

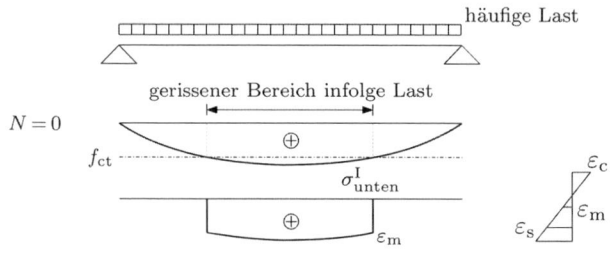

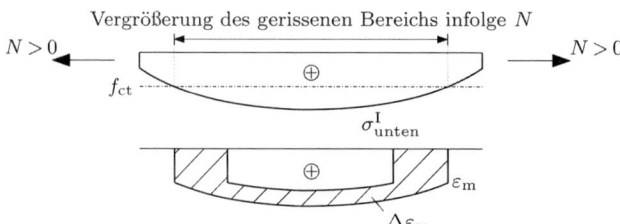

Bild 24. Änderung der Dehnung im Querschnittsschwerpunkt infolge Normalzugkraft

im Bauteil größer als die Rissdehnung des Betons ist. Für die Ermittlung der Mindestbewehrung im geschwächten Bereich wird in solchen Fällen üblicherweise der zentrische Zwang zugrunde gelegt. Die Größe der aufzunehmenden Zwangkraft hängt aber entscheidend davon ab, ob eine Rissbildung infolge der Risskraft des geschwächten Querschnitts im Bereich der Aussparung ausreichend ist, um die erforderliche Verformungskompatibilität des gesamten Bauteils zu erreichen.

Um dies zu verdeutlichen, sollen nachfolgend die in Bild 25 dargestellten Deckenplatten mit einer Dicke von 25 cm betrachtet werden. Beide sind zwischen sehr steifen Kernen eingespannt und weisen über die Plattenbreite identische Querschnittsschwächungen auf, die jedoch in Richtung der Verformungsbehinderung eine unterschiedliche Länge mit 8,0 m und 3,0 m besitzen. Die Schwindverkürzung in den beiden Decken beträgt 0,2‰. Als Beton wird ein C30/37 mit einer mittleren Zugfestigkeit von 2,9 MN/m² und einem E-Modul von 33.000 MN/m² zugrunde gelegt.

Für den Fall 1 lässt nachfolgend zeigen, dass die Verformungskompatibilität mit Einzelrissen im Bereich der Aussparung erreicht werden kann. Für die Bemessung darf deshalb davon ausgegangen werden, dass die Risse allesamt stets an der Schwachstelle entlang der Aussparung auftreten und somit kann die Risskraft des geschwächten Querschnitts mit der unteren Zugfestigkeit ermittelt werden. Diese beträgt im Fall 1:

$$F_{cr,1} = f_{ctk,0.05} \cdot A_c = 0{,}7 \cdot 2{,}9 \cdot 2{,}5 \cdot 0{,}25$$
$$= 1{,}27 \text{ MN} \qquad (29)$$

Die mittlere Spannung im ungeschwächten Bereich beträgt somit im Fall 1:

$$\sigma_{c,1} = \frac{0{,}7 \cdot 2{,}9 \cdot 2{,}5}{12{,}5} = 0{,}41 \text{ N/mm}^2 \qquad (30)$$

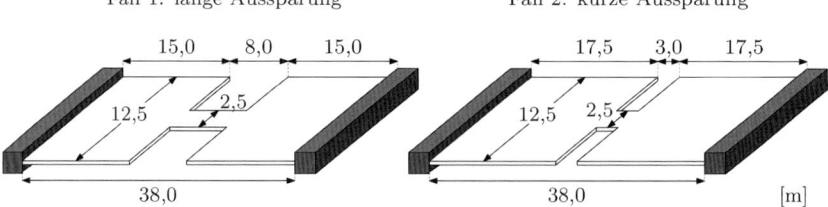

Bild 25. Gleiche Querschnittsschwächung mit unterschiedlicher Länge

Damit resultiert im Falle der langen Aussparung eine Betonverformung im ungeschwächten Bereich unter Berücksichtigung des Zugkriechens in Anlehnung an Gl. (28) mit $0,4 \cdot \varphi = 0,4 \cdot 2,5$ von:

$$\Delta l_{1,1} = \frac{0,41}{33.000} \cdot (1 + 0,4 \cdot 2,5) \cdot 30 \cdot 10^3$$
$$= 0,74 \text{ mm} \quad (31)$$

Analog beträgt die mittlere Betonverformung im gerissenen geschwächten Bereich der langen Aussparung:

$$\Delta l_{1,2} = 0,6 \cdot \frac{0,7 \cdot 2,9}{33.000} \cdot (1 + 0,4 \cdot 2,5) \cdot 8 \cdot 10^3$$
$$= 0,59 \text{ mm} \quad (32)$$

Die von allen Rissen im geschwächten Bereich aufzunehmende Verformung kann somit wie folgt ermittelt werden:

$$\sum w_{erf} = 0,2 \cdot 10^{-3} \cdot 38 \cdot 10^3 - (0,74 + 0,59)$$
$$= 6,27 \text{ mm} \quad (33)$$

Diese Verformung kann mit 21 Rissen je 0,3 mm aufgenommen werden. Dies bedeutet einen Rissabstand von ca. 38 cm, wodurch die Annahme des Zustands von Einzelrissen bestätigt werden kann, da Einzelrisse immer an den Stellen mit geringer Zugfestigkeit entstehen. Die Abdeckung der Risskraft des geschwächten Querschnitts ist somit ausreichend, um die Verformungskompatibilität im System zu erreichen.

Bei gleichem Rissabstand von 38 cm wären im Fall 2 nur ca. 8 Risse innerhalb des geschwächten Bereichs von 3 m möglich. Da der Querschnitt des geschwächten Bereichs mehrfach kleiner als der ungeschwächte Querschnitt ist, kann von einer abgeschlossenen Rissbildung im geschwächten Bereich ausgegangen werden. Für die Ermittlung der Betondehnungen im gerissenen Bereich muss daher die mittlere Zugfestigkeit angesetzt werden. Wird nun angenommen, dass keine Rissbildung im ungeschwächten Bereich auftritt, so kann die erforderliche Zwangkraft zum Erreichen der Verformungskompatibilität im System über eine Annahme zur Anzahl und Rissbreite im geschwächten Bereich bestimmt werden. Bei Annahme von 15 Rissen mit je 0,3 mm folgt:

$$\frac{F}{A_{c1} \cdot E_c} \cdot 35 \cdot 10^3 \cdot (1 + 0,4 \cdot 2,5)$$
$$= 0,2 \cdot 38 - 15 \cdot 0,3 - 0,6 \cdot \frac{2,9}{33.000}$$
$$\cdot (1 + 0,4 \cdot 2,5) \cdot 3 \cdot 10^3 \quad (34)$$

Die aufzunehmende Zwangkraft ergibt sich mit den oben erwähnten Annahmen zu:

$$F = \frac{2,784}{35 \cdot 10^3 \cdot (1 + 0,4 \cdot 2,5)}$$
$$\cdot 12,5 \cdot 0,25 \cdot 33.000 = 4,10 \text{ MN}$$
$$\leq 12,5 \cdot 0,25 \cdot 2,9 = 9,1 \text{ MN}$$
$$> 2,5 \cdot 0,25 \cdot 2,9 = 1,91 \text{ MN} \quad (35)$$

Der gefundene Zustand für den Fall 2 erfüllt die Verformungskompatibilität im Zustand des abgeschlossenen Rissbilds. In Abhängigkeit der vorhandenen Bewehrung muss nun noch geprüft werden, ob die Summe der Rissbreite im geschwächten Bereich der Annahme entspricht.

Insgesamt zeigt dieser Vergleich sehr deutlich, dass eine sichere und sinnvolle Bemessung im Aussparungsbereich nur über die Verformungskompatibilität möglich ist. Ein Ergebnis solcher Betrachtungen kann auch sein, dass der Bewehrungsgrad im geschwächten Bereich sehr groß wird und die Herstellung des geschwächten Bereichs nur mit großer Schwierigkeit zu bewältigen wäre. In solchen Fällen ist dann die Anordnung einer Bewegungsfuge die sinnvollere Lösung.

Für den Betrieb von Schleusen bzw. Häfen sind in vielen Fällen vertikale Aussparungen für Einbauteile oder Poller in den Wänden erforderlich. Falls die Aussparung nicht mehr als 30% der Wanddicke beträgt, ist eine konstruktive Lösung für den Aussparungsbereich mit gleichem Bewehrungsgehalt wie im normalen Bereich möglich. Entsprechend EC2 [4] sollte eine Querbewehrung zur Aufnahme der Querzugkraft im Bereich des Bewehrungsstoßes angeordnet werden (Bild 26).

Bei größeren Aussparungen sollte die Bewehrung für die schwächere Seite so bestimmt werden, dass die Anzahl der Sekundärrisse zum Erreichen der Verformungskompatibilität das 2-Fache des normalen Bereichs beträgt, wie in Bild 27 skizziert. In diesem Zusammenhang ist anzumerken, dass es

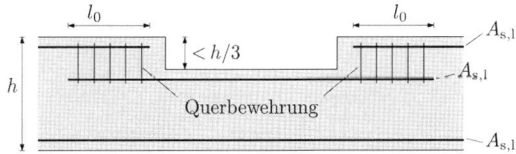

Bild 26. Kleine Aussparung und mögliche Bewehrungslösung

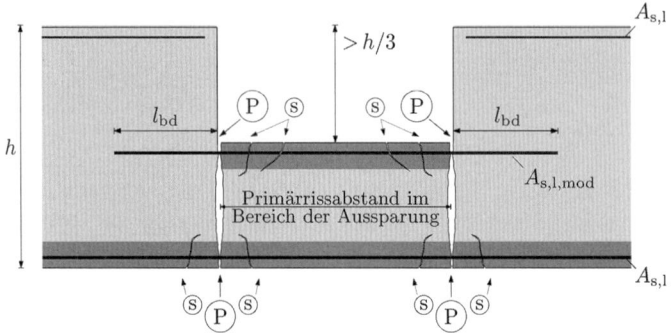

Bild 27. Große Aussparung und zugrunde gelegtes Rissbild zur Ermittlung der Bewehrung

sinnvoll ist, die Schwächung der Wände so zu begrenzen, dass der geschwächte Bereich immer noch als dickes Bauteil betrachtet werden kann. Hiermit kann eine Konzentration der Trennrisse in diesem Bereich reduziert werden.

Im Licht dieser Überlegungen kann die derzeit geltende Regelung zu Scheinfugen gemäß [54] in den Widerlagerwänden von Brücken als wenig sinnvoll betrachtet werden. Es erschwert lediglich die Bewehrungsarbeit.

6 Erläuterung zum Konzept in EC2

6.1 Allgemeines

Für die Rissbreitenbeschränkung werden in EC2 [4] zwei Möglichkeiten geboten, eine direkte Berechnung und die Verwendung von Stabdurchmesser- bzw. Stababstandstabelle. Bei der direkten Berechnung werden beide Risszustände (Einzelriss bzw. abgeschlossene Rissbildung) über die Grenzbetrachtung zusammengeführt. Demgegenüber wird bei der Stabdurchmessertabelle der Einzelriss und bei der Stababstandstabelle die abgeschlossene Rissbildung zugrunde gelegt. Weiterhin wird auf der sicheren Seite liegend eine langandauernde Beanspruchung angenommen. Für Lastbeanspruchungen entspricht dies der quasi-ständigen Einwirkungskombination. Für Bauteile mit überwiegender Zwangbeanspruchung liegt diese Annahme im Allgemeinen auf der sicheren Seite, da der Abbau der Zwangkraft infolge der Rissbildung hierdurch nicht berücksichtigt wird.

6.2 Zusammenführen der beiden Risszustände

Unabhängig vom Risszustand kann die Rissbreite mit Gl. (36) ermittelt werden:

$$w = s_r \cdot (\varepsilon_{sm} - \varepsilon_{cm}) \qquad (36)$$

Wird berücksichtigt, dass beim Einzelriss die Kraftzunahme in der Bewehrung am Riss über die Einleitungslänge l_{es} wieder vollständig in den Beton eingeleitet werden muss, während bei abgeschlossener Rissbildung nur die Risskraft der effektiven Zugfläche einzuleiten ist, kann geschrieben werden:

$$l_{es} = \frac{A_{c,eff} \cdot f_{ctm}}{f_{bm} \cdot u_s} \leq \frac{A_s \cdot \sigma_s}{f_{bm} \cdot u_s} \qquad (37)$$

Mit $f_{bm} = 1{,}8 \cdot f_{ctm}$ erhält man folgende Beziehung für die Ermittlung des Rissabstands:

$$s_r = \frac{d_s}{3{,}6 \cdot \rho_{s,eff}} \leq \frac{d_s \cdot \sigma_s}{3{,}6 \cdot f_{ctm}} \qquad (38)$$

Bei abgeschlossener Rissbildung ist die Stahldehnung über die gesamte Bauteillänge größer als die Betondehnung. Aus diesem Grund muss die mittlere Stahldehnung bei abgeschlossener Rissbildung größer sein als jene beim Einzelriss, während die mittlere Betondehnung gemäß der Annahme gleich ist. Dies lässt sich für die Dehnungsdifferenz zwischen Bewehrung und Beton angeben zu:

$$\varepsilon_{sm} - \varepsilon_{cm} = \frac{\sigma_s}{E_s} - 0{,}4 \cdot \frac{f_{ctm}}{E_s \cdot \rho_{s,eff}}$$
$$\cdot (1 + \alpha_E \cdot \rho_{s,eff}) \geq 0{,}6 \cdot \frac{\sigma_s}{E_s} \qquad (39)$$

In der obigen Gl. (39) wird berücksichtigt, dass die Verbundsteifigkeit infolge langandauernder Beanspruchung auf 70 % der Verbundsteifigkeit bei kurzzeitiger Beanspruchung abnimmt $(0{,}4/0{,}7) \approx 0{,}6$. Aus diesem Grund reduziert sich die mittlere Betondehnung zwischen den Rissen und die mittlere Stahldehnung nimmt dagegen zu. Beim Einzelriss bleibt genau genommen die mittlere Dehnung infolge einer Verschlechterung des Verbunds konstant und die Einleitungslänge nimmt zu. Der Einfluss auf die Rissbreite ist aber gleich. Aus diesem Grund wird einheitlich die mittlere Dehnungsdifferenz für beide Risszustände modifiziert.

6.3 Stabdurchmessertabelle

Wird der Einzelriss und eine langandauernde Beanspruchung zugrunde gelegt, so kann aus Gl. (36) durch Einsetzen von Gl. (38) und Gl. (39) folgende Gl. (40) zur Beschreibung des Zusammenhangs zwischen Rissbreite und Stabdurchmesser gewonnen werden:

$$\sigma_s = \sqrt{6 \cdot w_k \cdot E_s \cdot \frac{f_{ct,eff}}{d_s}} \qquad (40)$$

Für einen Beton C30/37 mit der mittleren Zugfestigkeit von $f_{ct,eff} = f_{ctm} = 2,9 \text{ MN/m}^2$ und einem E-Modul für die Bewehrung von 200.000 MN/m² kann Tabelle 1 zur Ermittlung der Stahlspannung in Abhängigkeit der verwendeten Stabdurchmesser erstellt werden.

Für eine nicht in der Tabelle enthaltene Rissbreite kann die zulässige Spannung mit folgender Gl. (41) modifiziert werden:

$$\sigma_s = \sigma_{s,tab} \cdot \sqrt{\frac{w_k}{w_{k,tab}}} \qquad (41)$$

Um die Stabdurchmessertabelle auch für abgeschlossene Rissbildung anwenden zu können, wird eine weitere Vereinfachung eingeführt. Hiernach kann der zu verwendende Durchmesser wie folgt ermittelt werden:

$$d_s = d_{s,tab} \cdot \frac{\sigma_s \cdot A_s}{4 \cdot (h-d) \cdot f_{ct,eff}} \geq d_{s,tab} \cdot \frac{f_{ct,eff}}{2,9} \qquad (42)$$

Die Anwendung der obigen Gl. (42) ist im Übergangsbereich zwischen Einzelriss und abgeschlossener Rissbildung auf der sicheren Seite, da in der Herleitung ein großer Unterschied zwischen der Kraft in der Bewehrung (F_s) und der Risskraft (F_{cr}) zugrunde gelegt wird ($F_s - 0,4 \cdot F_{cr} = F_s$).

6.4 Stababstandtabelle

Analog zu der Stabdurchmessertabelle wurde die Stababstandtabelle im NAD für die abgeschlossene Rissbildung angegeben. Man spricht in diesem Zusammenhang auch von der Tabelle für Lastbeanspruchung. Bei der Herleitung wurde jedoch zugrunde gelegt, dass pro Bauteilrand nur eine Bewehrungslage vorhanden ist und die Höhe der effektiven Zugzone $2,5 \cdot (h-d)$ beträgt.

Damit kann Gl. (18) umgeschrieben werden zu:

$$w_k = \frac{10 \cdot (h-d) \cdot s}{3,6 \cdot \pi \cdot d_s}$$
$$\cdot \left(\frac{\sigma_s}{E_s} - 0,4 \cdot \frac{f_{ct,eff}}{E_s} \cdot \frac{10 \cdot (h-d) \cdot s}{\pi \cdot d_s^2} \right) \qquad (43)$$

Der Stababstand kann anschließend angegeben werden zu:

$$s = \frac{3,6 \cdot \pi \cdot f_{ct,eff} \cdot w_k^2 \cdot E_s}{(h-d) \cdot \sigma_s^3} \qquad (44)$$

Für einen Beton C30/37 mit einer Zugfestigkeit $f_{ct,eff} = f_{ctm} = 2,9 \text{ MN/m}^2$ und einem Randabstand der Bewehrung mit $(h-d) = 40$ mm ergibt die Auswertung der Gl. (44) die Tabelle 2 für den maximal zulässigen Stababstand, wobei als Obergrenze für die Wirkung eines Stabs auf die Rissbreitenbeschränkung ein Abstand von 300 mm angenommen wird und ein Stababstand von weniger als 50 mm nicht zu empfehlen ist.

Während die Anwendung der Stabdurchmessertabelle im Allgemeinen auf der sicheren Seite liegt, ist die Anwendung der Stababstandtabelle sowohl bei mehrlagiger Bewehrung als auch bei großer Betondeckung, also bei $(h-d) > 40$ mm, auf der unsicheren Seite. Es wird deshalb empfohlen, die Stabab-

Tabelle 1. Grenzdurchmesser für die Begrenzung der Rissbreite

Zulässige Spannung $\sigma_{s,tab}$ [N/mm²]	Grenzdurchmesser $d_{s,tab}$		
	0,4 mm	0,3 mm	0,2 mm
160	54	41	27
200	35	26	17
240	24	18	12
280	18	13	9
320	14	10	7
360	11	8	5
400	9	7	4
450	7	5	3

Tabelle 2. Höchstwert des Stababstands für die Begrenzung der Rissbreite

Zulässige Spannung $\sigma_{s,tab}$ [N/mm²]	Maximaler Stababstand s_{tab}		
	0,4 mm	0,3 mm	0,2 mm
160	300	300	200
200	300	250	150
240	250	200	100
280	200	150	50
320	150	100	–
360	100	50	–

standtabelle bei Bauteilen mit hohen Anforderungen an die Gebrauchstauglichkeit nicht zu verwenden.

6.5 Mindestbewehrung bei Zwangbeanspruchung

Entsprechend EC2 wird die Mindestbewehrung mit Gl. (45) ermittelt. Diese Gleichung basiert auf der Idee, dass die Rissschnittgröße des Querschnitts von der Bewehrung unter Berücksichtigung der für eine bestimmte Rissbreite w_k zulässigen Stahlspannung aufgenommen werden muss.

$$A_{s,min} = \frac{k \cdot k_c \cdot f_{ct,eff} \cdot A_{ct}}{\sigma_s} \quad (45)$$

In der obigen Gl. (45) wird die Spannungsverteilung im Bauteil kurz vor der Rissbildung und die Änderung des inneren Hebelarms beim Wechsel vom Zustand I auf Zustand II mit dem Faktor k_c berücksichtigt. Mit dem Faktor k sollen die risskraftreduzierenden Einflussfaktoren erfasst werden, u. a. der Einfluss der Eigenspannungen. Da eine Gleichung für alle möglichen Spannungsverteilungen im Querschnitt, also vom zentrischen Zug bis zur Biegung mit und ohne Normalkraft, verwendet werden soll, wird Gl. (45) zur Vereinfachung nur für eine Bewehrungsseite in einem Rechteckquerschnitt formuliert. Man geht hierbei von Regelfällen aus. Bei überwiegender Biegung wird die Bewehrung am gezogenen Querschnittsrand und bei überwiegender zentrischer Zugbeanspruchung an beiden Querschnittsrändern angeordnet. Folglich ist die Einflussfläche A_{ct} einer Bewehrungslage nicht größer als 50% der Gesamtquerschnittsfläche. Weiterhin wird für die Querschnitte mit überwiegender Zugbeanspruchung die Herleitung für die stärker gezogene Seite durchgeführt.

6.5.1 Beiwert k_c

6.5.2 Allgemeine Herleitung

Zur Herleitung von k_c wird ein Rechteckquerschnitt zugrunde gelegt. Bei gegliederten Querschnitten wie Plattenbalken oder Hohlkasten müssen einzelne Querschnittsteile (Steg und Flansch) getrennt betrachtet werden. Hierzu muss zuerst die Spannungsverteilung in den Querschnittsteilen infolge der Rissschnittgröße am Gesamtquerschnitt ermittelt werden. Für die weitere Betrachtung der einzelnen Querschnittsteile wird die Normalspannung σ_c in deren jeweiliger Schwerlinie verwendet. Handelt es sich um eine Zugspannung, muss definitionsgemäß $\sigma_c \leq f_{ct,eff}$ gelten, da bei Zwang die Zugfestigkeit die Obergrenze der Beanspruchung darstellt, und somit keine Querschnittsfaser eine Zugspannung größer als die Zugfestigkeit aufweisen kann.

Der Beiwert k_c kann für reine Biegung $(\sigma_c/f_{ct,eff} = 0)$ oder zentrischen Zug $(\sigma_c/f_{ct,eff} = 1)$ exakt aus der Spannungsverteilung innerhalb des Teilquerschnitts ermittelt werden. Bei zentrischem Zug ist die Spannung im Teilquerschnitt konstant. Nach der Rissbildung bleibt die resultierende Zugkraft weiterhin zentrisch. Es folgt somit für reinen Zug:

$$k_c = 1,0 \quad (46)$$

An dieser Stelle soll nochmals betont werden, dass die Fläche A_{ct} nur die Hälfte des Teilquerschnitts ist, da die Bewehrung gemäß Gl. (44) nur für eine Bewehrungslage bestimmt wird.

Bei reiner Biegung weist die Zugzone vor der Rissbildung eine dreieckförmige Spannungsverteilung auf. Wird zusätzlich die Änderung des inneren Hebelarms beim Übergang vom Zustand I ($0,67 \cdot h$) in den Zustand II ($\sim 0,8 \cdot h$) berücksichtigt, so kann unter Wahrung des Gleichgewichts vor und nach der Rissbildung wie folgt geschrieben werden:

$$k_c \cdot A_{ct} \cdot f_{ct} = 0,5 \cdot A_{ct} \cdot f_{ct} \cdot \frac{0,67 \cdot h}{0,8 \cdot h} \quad (47)$$

Es folgt:

$$k_c = 0,5 \cdot \frac{z_I}{z_{II}} = 0,5 \cdot 0,8 = 0,4 \quad (48)$$

Für Biegung mit Normaldruckkraft wurden in [55] umfangreiche FE-Untersuchungen durchgeführt. Die Ergebnisse haben ergeben, dass die Breite der Risse im Einzelrisszustand, welcher typisch für vorgespannte Bauteile mit Dekompression unter quasiständiger Einwirkungskombination ist, auch ohne eine rissbreitenbeschränkende Bewehrung infolge des Scheibenspannungszustands nicht mehr als 0,2 mm beträgt, wenn hierbei die Risse nicht tiefer als h/3 (bei Bauteilhöhen bis zu 1 m) oder 30 cm (bei größeren Bauteilhöhen) in das Bauteilinnere eindringen. Basierend auf dieser Erkenntnis wird das in Bild 28 dargestellte Rechenmodell gemäß [34] für die Ermittlung jener Drucknormalkraft vorgeschlagen, für die $F_s = 0$ gilt und damit keine Bewehrung zur Begrenzung der Rissbreite erforderlich ist. In der Umgebung eines Einzelrisses herrscht weiterhin der Zustand I, dargestellt auf der linken Seite in Bild 28. Am Riss (rechte Seite) verschiebt sich die Druckresultierende zum Druckrand. Das Gleichgewicht wird allein durch die Vorspannkraft P_∞ sichergestellt.

Für $h \leq 1$ m kann entsprechend Bild 28 die Exzentrizität der Vorspannkraft nach der Rissbildung wie folgt angegeben werden:

$$a = \frac{h}{2} - \frac{1}{3} \cdot \frac{2}{3}h = \frac{5}{18}h \quad (49)$$

Das Momentengleichgewicht um die Schwerachse des Querschnitts ist:

$$P_\infty \cdot \frac{h}{6} + f_{ct,eff} \cdot \frac{b \cdot h^2}{6} = P_\infty \cdot a \quad (50)$$

$$f_{ct,eff} \cdot \frac{b \cdot h^2}{6} = P_\infty \left(a - \frac{h}{6} \right) \quad (51)$$

$$f_{ct,eff} \cdot \frac{b \cdot h^2}{6} = b \cdot h \cdot \sigma_c \left(\frac{5}{18}h - \frac{h}{6} \right) \quad (52)$$

Es folgt:

$$\frac{\sigma_c}{f_{ct,eff}} = 1,5 \quad (53)$$

Mit diesem Ergebnis wurde geschlussfolgert, dass bei einem Teilquerschnitt mit Drucknormalkraft auf eine Mindestbewehrung verzichtet werden kann, wenn die Druckspannung σ_c in der Schwerlinie des betrachteten Teilquerschnitts die wirksame Zugfestigkeit des Betons betragsmäßig um den Faktor 1,5 überschreitet. In Bild 29 ist der Verlauf von k_c als Funktion der bezogenen Normalspannung in der Schwerlinie des Teilquerschnitts (Rechteck) für alle Spannungsverhältnisse dargestellt. Dem Wunsch nach einer allgemeinen Gleichung für alle Spannungsverhältnisse im Teilquerschnitt wird mit Gl. (54) gefolgt. Die Einführung von h^* ist der Begrenzung der gerissenen Zone auf h/3 bzw. 0,3 m geschuldet.

$$k_c = 0,4 \cdot \left[1 - \frac{\sigma_c}{k_1 (h/h^*) \cdot f_{ct,eff}} \right] \quad (54)$$

mit

σ_c Normalspannung in der Höhe der Schwerlinie des betrachteten Teilquerschnitts im ungerissenen Zustand unter der Rissschnittgröße des Gesamtquerschnitts. Eine Druckspannung ist dabei positiv bezeichnet.

k_1 Beiwert zur Berücksichtigung der Auswirkungen der Längsnormalkraft auf die Spannungsverteilung im Teilquerschnitt. Es gilt:

$k_1 = 1,5$ für $\sigma_c > 0$ (Druck)

$k_1 = \frac{2}{3} \cdot \left(\frac{h^*}{h} \right)$ für $\sigma_c < 0$ (Zug)

h Höhe des betrachteten Querschnitts

h^* $h^* = h$ für $h < 1,0$ m

$h^* = 1,0$ für $h \geq 1,0$ m

Es wird darauf hingewiesen, dass der Beiwert k_c nur für die Bewehrung am stärker gezogenen Rand gilt. Bei Zuggurten mit unterschiedlichen Randspannungen soll deshalb zuerst die Bewehrung für den stärker gezogenen Rand mit $A_{ct} = 0,5 \cdot A_c$ ermittelt

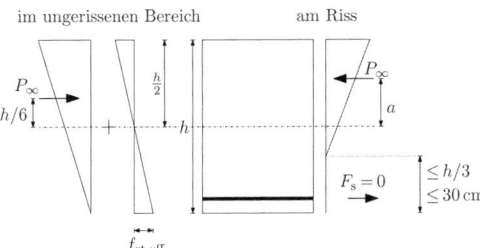

Bild 28. Rechenmodell zur Bestimmung der bezogenen Normalspannung für $k_c = 0$

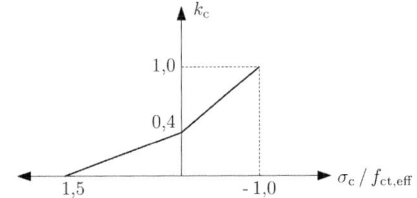

Bild 29. Verlauf von k_c als Funktion der bezogenen Normalspannung in der Schwerlinie des Teilquerschnitts. Eine bezogene Druckspannung ist dabei positiv bezeichnet.

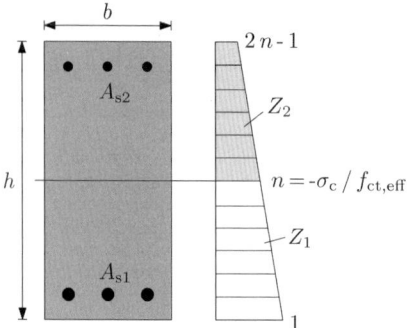

Bild 30. Ermittlung der Mindestbewehrung am schwächer gezogenen Rand

werden. Über das Flächenverhältnis der Spannungsverteilung kann anschließend die Bewehrung für den schwächer gezogenen Rand ermittelt werden, wie in Bild 30 dargestellt.

Die bezogene Zugkeilkraft für die beiden Bewehrungslagen kann entsprechend ermittelt werden:

$$Z_1 = \frac{n+1}{2} \cdot \frac{h}{2} \tag{55}$$

$$Z_2 = \begin{cases} \dfrac{3n-1}{2} \cdot \dfrac{h}{2}, & n \geq 0{,}5 \\ \dfrac{n^2}{2(1-n)} \cdot \dfrac{h}{2}, & n < 0{,}5 \end{cases} \tag{56}$$

Das Verhältnis der Zugkeilkraft für die beiden Bewehrungslagen ergibt sich mit der folgenden Gleichung:

$$\frac{Z_2}{Z_1} = \begin{cases} \dfrac{3n-1}{n+1}, & n \geq 0{,}5 \\ \dfrac{n^2}{1-n^2}, & n < 0{,}5 \end{cases} \tag{57}$$

Die Bewehrungslage am schwächer gezogenen Rand kann dann bestimmt werden mit:

$$A_{s2,min} = A_{s1,min} \cdot \frac{Z_2}{Z_1} \tag{58}$$

Die Mindestbewehrung nach Gl. (58) soll auch für leicht gedrückte Ränder von Teilquerschnitten ermittelt werden, da ein Durchreißen des Querschnitts nach der Rissbildung am stärker gezogenen Rand nicht ausgeschlossen werden kann. Basierend auf der Festlegung in [56] kann ein Querschnittsrand als leicht gedrückt betrachtet werden, wenn die Randdruckspannung betragsmäßig kleiner als 1 MN/m² ist. Bei größeren Randdruckspannungen ist eine Oberflächenbewehrung gemäß Abschnitt 7.2 ausreichend.

6.5.3 Erläuterungen zum Beiwert k

Der Faktor k zur Berücksichtigung von risskraftreduzierenden Einflüssen wird in Abhängigkeit der Querschnittsdicke h festgelegt. Es gilt:

$$\begin{array}{ll} k = 1{,}0 & \text{für } h \leq 300 \text{ mm} \\ k = 0{,}65 & \text{für } h \geq 800 \text{ mm} \end{array} \tag{59}$$

Für den Zwischenbereich kann der Beiwert k über Interpolation ermittelt werden. Die Reduzierung der Rissschnittgröße bei der Ermittlung der Mindestbewehrung wird in der aktuellen Norm und auch in vielen Literaturquellen, bspw. [3] oder [57], mit dem Einfluss der nichtlinearen Eigenspannungen begründet. Tatsächlich werden mit diesem Faktor aber mehrere Einflüsse erfasst. Unter anderem sind dies:

- Eigenspannungen,
- Abbau der Zwangskraft bei der Rissbildung, insbesondere bei dicken Bauteilen mit konzentrierter Bewehrungsanordnung und
- Unterschied zwischen Labor- und Bauteilfestigkeit.

Eigenspannungen treten bei Zwang aus Hydratation, Schwinden oder Temperaturbeanspruchung immer auf. Dies führt zu einer Reduzierung der Zwangkraft, unabhängig davon, ob am Rand Zug- oder Druckeigenspannungen vorherrschen. Bei gewöhnlichen Randbedingungen ist der Einfluss auf die Rissschnittgröße aber nicht sehr nennenswert, wie die eingehende Untersuchung in [58] zeigt. Hiernach ist ein Reduzierungsfaktor kleiner als 0,8 auch bei dicken Bauteilen nicht begründbar. In einigen Fällen, z. B. [3], wurde außerdem erläutert, dass Eigenspannungen aus frühem Zwang zur Rissbildung im Randbereich und somit zur Reduzierung der effektiven Dicken des Bauteils führen. Im Interesse der Dauerhaftigkeit sollte eine Rissbildung infolge Eigenspannungen am Randbereich jedoch mit guter Nachbehandlung möglichst vermieden werden.

Durch die Rissbildung baut sich die Zwangkraft ab. Dieser Abbau hängt maßgeblich vom Bewehrungsgrad ρ_s und dem Verhältnis zwischen der Einleitungslänge l_{es} und der Bauteillänge l ab, wie in Bild 8 gezeigt. Da im Konzept von EC2 [4] nur der Querschnitt und nicht die Bauteillänge betrachtet wird, kann ein Abbau der Zwangkraft jedoch nicht explizit berücksichtigt werden.

Nach Untersuchungen von [59] und [60] ist die Streuung der Bauteilfestigkeit deutlich größer als jene der Laborfestigkeit. Da die Rissbildung im Allgemeinen in den Schwachstellen auftritt, kann prinzipiell für die Bestimmung der Mindestbewehrung eine geringere Zugfestigkeit als die in Normen angegebene mittlere Zugfestigkeit angesetzt werden.

Insgesamt stellt somit der Beiwert k in [4] eine pragmatische Vorgehensweise dar.

Da der Beiwert k ab einer Bauteildicke von 800 mm konstant bleibt, wird die Mindestbewehrung gemäß Gl. (45) bei größeren Bauteildicken entsprechend den Beobachtungen in der Praxis deutlich überschätzt. Aus diesem Grund wurde im deutschen [61] und österreichischen [62] Nationalen Anhang von EC2 [4] auf eine Empfehlung in [45] zurückgegriffen und Gl. (60) eingeführt.

$$A_s = \frac{f_{ct,eff} \cdot A_{c,eff}}{\sigma_s} \geq \frac{k \cdot f_{ct,eff} \cdot A_{ct}}{f_{yk}} \quad (60)$$

Hiernach wird die Mindestbewehrung zunächst über die Begrenzung der Rissbreite in der effektiven Zugfläche, die mit zunehmender Bauteildicke anfänglich zunimmt und ab einer Größe von $5 \cdot (h - d)$ konstant bleibt, bestimmt. Diese Mindestbewehrung muss allerdings stets so groß sein, dass die Risskraft des gesamten Querschnitts mit der Fließgrenze der Bewehrung aufgenommen werden kann, um die Bildung von weiteren Primärrissen sicherzustellen. Bild 31 zeigt die Auswertung der Gl. (60) für einen Fall mit typischen Randbedingungen für den Wasserbau (C30/37, BSt 500, $c_{nom} = 6$ cm, $w_k = 0,25$ mm und $d_s = 20$ mm). Ab einer bestimmten Bauteildicke wird die Forderung nach der Abdeckung der Risskraft des gesamten Querschnitts maßgebend für die Ermittlung der Mindestbewehrung, was im vorliegenden Fall bei einer Dicke von 4,0 m eintritt.

Die Erläuterungen in diesem Abschnitt zeigen, dass das Konzept in EC2 [4] inklusive [61] und [62] für die Ermittlung der Mindestbewehrung aus mechanischer Sicht nicht widerspruchsfrei ist. Vor allem bleiben die Rissmechanik in dicken Bauteilen und die Reduzierung der Zwangkraft infolge der Rissbildung weitestgehend unberücksichtigt. Der Einfluss der Betontechnologie kann im Rechenmodell nicht erfasst werden. Die Reduzierung der Rissschnittgröße über den Faktor k stellt lediglich eine pragmatische Lösung für die Praxis dar. Insgesamt berücksichtigt das Verfahren mit der Rissschnittgröße das Wesen der Zwangbeanspruchung nicht annähernd, da es auf einer Grenzbetrachtung und nicht auf der Verformungskompatibilität beruht.

In der Praxis ist die Bauteillänge einerseits nicht unbegrenzt und andererseits tritt bei längeren Bauteilen eine Unterteilung durch Rissbildung infolge Aktivierung des Eigengewichts (Bodenplatte) bzw. gegenseitiger Behinderung (Wand auf Fundament) auch ohne Bewehrung auf, wie in Abschnitt 4 erläutert. Eine aus mechanischer Sicht saubere Lösung kann somit nur über die Betrachtung der Verformungskompatibilität erreicht werden. Eine solche Betrachtung bietet vor allem den großen Vorteil, dass alle die Mindestbewehrung beeinflussenden Faktoren entsprechend ihrer Bedeutung quantitativ gewürdigt werden können. In den folgenden Abschnitten wird ein solches Konzept vorgestellt.

7 Bemessungskonzept auf Grundlage der Verformungskompatibilität

7.1 Allgemeines

Grundidee des nachfolgend vorgestellten Konzepts ist, dass die behinderte Verformung innerhalb des zu berücksichtigenden Bauwerkbereichs, in der Regel zwischen zwei Primärrissen, durch entsprechende Maßnahmen kompatibel gemacht wird. Zum einen kann dies so erfolgen, dass die Rissbildung infolge Zwangbeanspruchung durch eine geeignete Kombination aus konstruktiver Ausbildung (in der Regel Anordnung von Bewegungsfugen und somit Reduzierung des Behinderungsgrads), Betontechnologie, Betonrezeptur und Nachbehandlung mit ausreichender Sicherheit ausgeschlossen werden kann. Diese Vorgehensweise wird im Folgenden als Variante „Rissvermeidung" bezeichnet. Diese Vorgehensweise ist insbesondere in Japan und im skandinavischen Raum weit verbreitet, sie wird aber

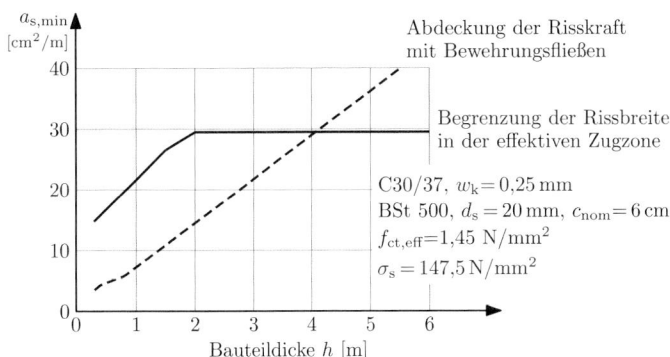

Bild 31. Mindestbewehrung entsprechend der Gl. (60) für einen bestimmten Fall

auch bei Weißen Wannen nach ÖBV-Richtlinie [63] angestrebt. Da eine Rissbildung im Oberflächenbereich infolge Eigenspannungen während der Nutzung, insbesondere bei dicken Bauteilen im Außenbereich, nicht ausgeschlossen werden kann, sollte jedoch bei dicken Stahlbetonbauteilen immer eine Oberflächenbewehrung für die Dauerhaftigkeit angeordnet werden.

Erfahrungsgemäß ist die konstruktive Ausbildung der Bewegungsfugen kostspielig und für den Bauablauf in vielen Fällen auch konfliktbehaftet. Weiterhin haben bisherige Erfahrungen bei Bauwerken mit hohen Beanspruchungen und gleichzeitig hohen Anforderungen an die Dichtheit, bspw. Schleusenbauwerke, gezeigt, dass Bewegungsfugen in der Regel eine schwache Stelle darstellen und deren Unterhaltung bzw. Ersatz sehr aufwendig ist [64, 65]. Aus diesem Grund sollte prinzipiell eine bewegungsfugenbehaftete Konstruktion nur dann zur Anwendung kommen, wenn große und konzentrierte Verformungen an einzelnen Bauwerksstellen zu erwarten sind. Andernfalls ist einer fugenlosen Konstruktion der Vorzug zu geben. Die Rissbildung und die Betondehnung sorgen in diesem Fall für das Erreichen der Verformungskompatibilität. Um die Gebrauchstauglichkeit und Dauerhaftigkeit sicherzustellen, muss die Rissbreite jedoch entsprechend begrenzt werden. Diese Vorgehensweise wird im Folgenden als Variante „Rissbreitenbegrenzung" bezeichnet. In Bild 32 ist das allgemeine Bemessungskonzept für die Bemessung der Zwangbeanspruchung auf Grundlage der Verformungskompatibilität dargestellt.

7.2 Bestimmung der Zwangbeanspruchung und der aufzunehmenden Verformung

Die Zwangbeanspruchung, und damit auch die aufzunehmende Verformung, resultiert aus dem Zusammenspiel der Verformungseinwirkung und der Behinderungssituation unter Berücksichtigung der Steifigkeitsentwicklung. Eine allgemeine Lösung zur Bestimmung der Zwangbeanspruchung bieten thermomechanische Simulationen mit volumetrischen Berechnungsmodellen, mit denen das zeitlich veränderliche Materialverhalten diskret einschließlich der Randbedingungen und somit des Behinderungsgrads abgebildet wird. Ein umfassender Überblick über die Möglichkeiten solcher Simulationen ist in [34] oder [53] gegeben. Der Einsatz von thermomechanischen Berechnungsmodellen erfordert allerdings ein hohes Maß an Fachwissen und der damit verbundene Aufwand ist in gewöhnlichen Fällen verhältnismäßig groß und eignet sich deshalb wenig für die praktische Anwendung.

Im Vergleich dazu können die Zwangschnittgrößen für typische Bauteile, wie Bodenplatten und Wände auf Fundamenten, auch analytisch bestimmt werden. Der Einfluss des zeitlichen Materialverhaltens einschließlich des Kriechens vom jungen Beton

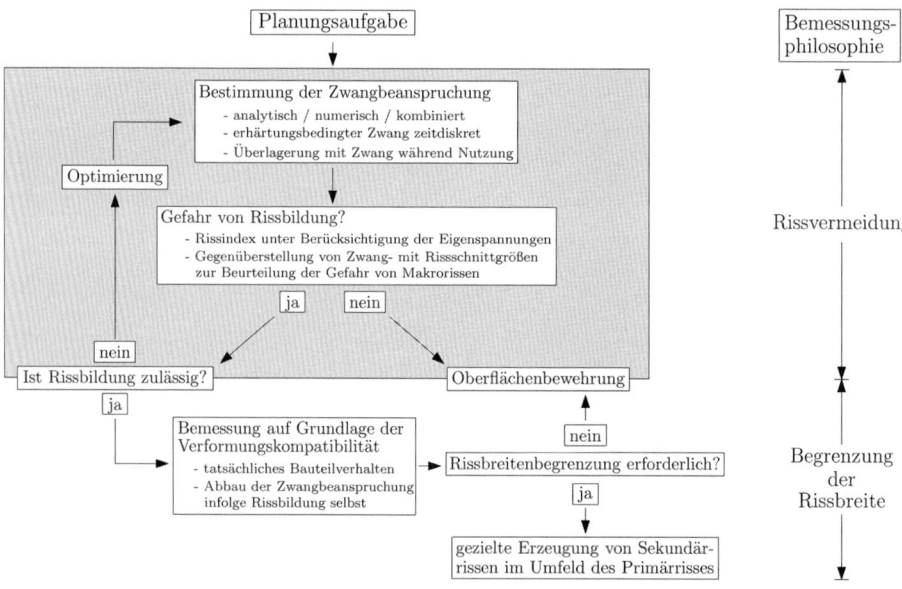

Bild 32. Allgemeines Bemessungskonzept auf Grundlage der Verformungskompatibilität

wird hierbei über eine äquivalente Temperatureinwirkung erfasst, welche das Zusammenspiel der Temperaturgeschichte im Bauteil inklusive etwaigen Schwindeinwirkungen und der Entwicklung der Steifigkeit widerspiegelt. In Bild 33 wird die Vorgehensweise bei der Bestimmung der äquivalenten Temperatureinwirkung am Beispiel des Zwangrahmenversuchs aus Bild 14 veranschaulicht. Zunächst wird der Bemessungszeitpunkt für die Zwangschnittgröße definiert, was im vorliegenden Fall der Zeitpunkt der maximalen Zugspannung bzw. des Temperaturausgleichs ist. Und anschließend wird aus dieser maximalen Zugspannung eine äquivalente Temperatureinwirkung ermittelt, die ohne Berücksichtigung der zeitlichen Prozesse im Versuchskörper hätte wirken müssen, damit sich die gleiche Zugspannung einstellt. Im vorliegenden Fall der teilweisen Behinderung im Zwangrahmen muss deshalb der vorhandene Behinderungsgrad berücksichtigt werden, sodass im betrachteten Fall letztendlich eine äquivalente Temperatureinwirkung von $\Delta T_{eq} = -9{,}93\ °C$ resultiert.

In der Praxis wird die aufzunehmende Verformung oftmals vereinfacht aus dem Temperaturunterschied zwischen maximaler Bauteiltemperatur und Ausgleichtemperatur abgeschätzt. Dies liegt allerdings weit auf der sicheren Seite und ist hinsichtlich einer wirtschaftlichen Bemessung nicht zweckmäßig, wie der Vergleich im vorliegenden Fall zeigt. Hier ist dieser Temperaturunterschied mit $\Delta T_{tot} \approx -20\ °C$ nämlich doppelt so groß wie die äquivalente Temperatureinwirkung. Für die praktische Anwendung sollte deshalb die äquivalente Temperatureinwirkung zugrunde gelegt werden. Mit der äquivalenten Temperatureinwirkung können anschließend die Zwangschnittgrößen am statischen System berechnet werden, wobei nun die tatsächliche Behinderungssituation des betrachteten Gesamtsystems berücksichtigt wird.

Zu beachten ist, dass die äquivalente Temperatureinwirkung keine „reine" Materialkenngröße darstellt, da sie aufgrund der spezifischen Temperaturgeschichte im Bauteil sowohl von der Bauteildicke als auch vom Bauteiltyp abhängt. Zudem beeinflussen die Umgebungsbedingungen, wie Tagestemperaturschwankungen und das autogene Schwinden, die aufzunehmende Verformung im Erhärtungszeitraum. Um Grundlagen für eine breitere Anwendung im Bereich von Wasserbauwerken und Weißen Wannen zu schaffen, wurden im Zuge von [11, 14–16] umfangreiche Parameterstudien zur Bestimmung der äquivalenten Temperatureinwirkung für Bodenplatten und Wände durchgeführt. Aus diesen Arbeiten werden nachfolgend allgemeine Ansatzfunktionen zur Bestimmung der äquivalenten Temperatureinwirkung für die maßgebenden Beanspruchungen von Bodenplatten und Wänden gemäß den Ausführungen in Abschnitt 5 abgeleitet. Im Detail handelt es sich hierbei für Bodenplatten um einen äquivalenten Temperaturgradienten mit maximalem Biegezwang an der Plattenoberseite und für Wände um eine gleichmäßig im Querschnitt verteilte Temperatureinwirkung. Bild 34 veranschaulicht diese Überlegungen.

Für Bodenplatten kann das maßgebende Temperaturäquivalent infolge der Betonerhärtung angegeben werden zu:

$$\Delta T_{M,eq,F,0} = 0{,}6 \cdot \left(k_0 \cdot k_{FK} \cdot k_{JZ} \cdot \Delta T_{adi,7d} + \Delta T_{nom} + \frac{\Delta T_{a,var}/2}{(0{,}8 + h_{Pl})^4} \right) \tag{61}$$

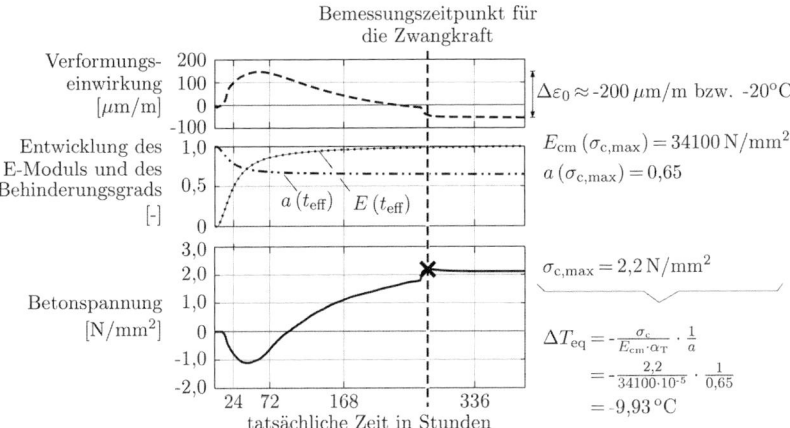

Bild 33. Bestimmung der äquivalenten Temperatureinwirkung am Beispiel des Zwangrahmenversuchs

maximaler Biegezwang an der Plattenoberseite bei
maximaler Temperatur an der Plattenunterseite:

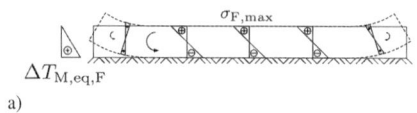

$\Delta T_{M,eq,F}$

a)

maximale Zwangbeanspruchung am
Wandfuß bei Temperaturausgleich:

$\Delta T_{N,eq,W}$ Symmetrie

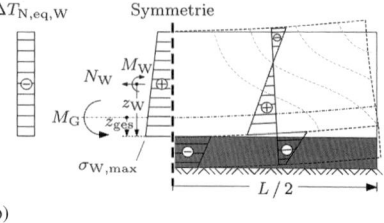

b)

Bild 34. Maßgebende Temperaturäquivalente für die Bestimmung der Zwangschnittgrößen unter Berücksichtigung des Bauteiltyps; a) Bodenplatten, b) Wände auf Fundamenten

Die Faktoren werden wie folgt ermittelt:

k_0 Basisfaktor zur Ermittlung der äquivalenten Temperaturdifferenz

$$k_0 = 0,8 - 0,9/(1,0 + h_{Pl})$$

mit h_{Pl} Plattendicke in m

k_{FK} Faktor zur Berücksichtigung der Betonfestigkeitsklasse

$k_{FK} = 0,9$ für C20/25

$k_{FK} = 0,95$ für C25/30

$k_{FK} = 1,0$ für C30/37

k_{JZ} Faktor zur Berücksichtigung des Betonagezeitpunkts

$k_{JZ} = 1,0$ bei Betonage außerhalb des Winters

$k_{JZ} = 0,6$ bei Betonage im Winter

$\Delta T_{adiab,7d}$ adiabatische Temperaturerhöhung nach 7 Tagen, s. Abschnitt 2.3

ΔT_{nom} Vorhaltemaß zur Berücksichtigung des Unterschieds zwischen Frischbetontemperatur und mittlerem Temperaturniveau der Umgebung; $\Delta T_{nom} = 5\ °C$

$\Delta T_{a,var}$ Amplitude der Tagestemperaturschwankung

$\Delta T_{a,var} = 10\ °C$

Die Überlagerung mit weiteren Zwangbeanspruchungen im Nutzungszeitraum infolge des Trocknungsschwindens gemäß Abschnitt 5.1 kann für Bodenplatten mit einem zusätzlichen Temperaturäquivalent berücksichtigt werden. Auf Grundlage der Werte zum Trocknungsschwinden und gleichzeitigem Kriechen in [4] wird nachfolgende Bestimmungsgleichung in Abhängigkeit der Plattendicke vorgeschlagen:

$$\Delta T_{M,eq,F,1} = -\frac{\varepsilon_{cds}/2}{\alpha_T \cdot \max\{1\,;\,(0,7 + h_{Pl})^4\}} \cdot \frac{1}{1 + 0,4 \cdot \varphi} \quad (62)$$

Da für Bodenplatten im Allgemeinen ein voller Biegezwang angenommen werden kann, lässt sich die maßgebende Zwangbeanspruchung wie folgt ermitteln:

$$\sigma_{c,F}^I = \frac{\alpha_T \cdot (\Delta T_{M,eq,F,o} + \Delta T_{M,eq,F,1}) \cdot E_F}{2} \quad (63)$$

Mit der Spannung aus Gl. (63) kann nun die aufzunehmende Verformung für die Bodenplatte gemäß Gl. (25) bestimmt werden. Im Falle der Bodenplatte mit vollem Biegezwang kann die aufzunehmende Verformung allerdings auch direkt aus den Temperaturäquivalenten bestimmt werden:

$$w_{beh,F} = \frac{\sigma_{c,F}^I}{E_F} \cdot l_{cr}$$

$$= \frac{\alpha_T \cdot (\Delta T_{M,eq,F,o} + \Delta T_{M,eq,F,1})}{2} \cdot l_{cr} \quad (64)$$

Für Wände kann das maßgebende Temperaturäquivalent infolge der Betonerhärtung angegeben werden zu:

$$\Delta T_{N,eq,W,0} = -0,7$$

$$\cdot \left(k_0 \cdot k_{FK} \cdot k_{JZ} \cdot \Delta T_{adi,7d} + \Delta T_{nom} \right.$$

$$\left. + \frac{\Delta T_{a,var} \cdot \left(1 - \frac{b_W}{4 \cdot h_{Pl}}\right)}{(0,8 + b_W)^4} \right) \quad (65)$$

Die Faktoren werden wie folgt ermittelt:

k_0 Basisfaktor zur Ermittlung der äquivalenten Temperaturdifferenz

$$k_0 = 0,9 - 0,8/(1,0 + b_W)$$

mit b_W Wanddicke in m

k_{FK} Faktor zur Berücksichtigung der Betonfestigkeitsklasse

$k_{FK} = 0,9$ für C20/25
$k_{FK} = 0,95$ für C25/30
$k_{FK} = 1,0$ für C30/37

k_{JZ} Faktor zur Berücksichtigung des Betonagezeitpunkts

$k_{JZ} = 1,0$ bei Betonage außerhalb des Winters

$k_{JZ} = 0,7 + 0,1 \cdot b_W \leq 1,0$ bei Betonage im Winter

$\Delta T_{adiab,7d}$ adiabatische Temperaturerhöhung nach 7 Tagen, s. Abschnitt 2.3

ΔT_{nom} Vorhaltemaß zur Berücksichtigung des Unterschieds zwischen Frischbetontemperatur und mittlerer Temperatur des behindernden Bauteils

$\Delta T_{nom} = 5\ °C$

$\Delta T_{a,var}$ Amplitude der Tagestemperaturschwankung

$\Delta T_{a,var} = 10\ °C$

Für die Überlagerung mit weiteren Zwangbeanspruchungen im Nutzungszeitraum gemäß Abschnitt 5.2 kann es für Wand-Fundament-Systeme erforderlich werden, zusätzliche Temperaturäquivalente zu berücksichtigen. In [12] wurde hierzu eine umfangreiche Parameterstudie zur Berücksichtigung unterschiedlicher Randbedingungen durchgeführt. Nachfolgend wird beispielhaft der typische Fall einer exponierten Stützmauer wiedergegeben.

Die maximale Zwangspannung am Wandfuß infolge der Betonerhärtung hängt nicht nur von der äquivalenten Temperatureinwirkung, sondern auch wesentlich vom Steifigkeitsverhältnis zwischen Wand und Fundament ab. Demgegenüber bestehen die Temperaturäquivalente im Nutzungszeitraum aus Temperaturgradienten, welche auf das Gesamtsystem wirken und über vollen Biegezwang aufgenommen werden müssen. Im Allgemeinen kann die maximale Zwangspannung ermittelt werden zu:

$$\sigma_{c,W}^I = \sigma_{c,W,0}^I + \sigma_{c,W,1}^I$$

mit: $\sigma_{c,W,0}^I = \dfrac{N_W}{A_W} + \dfrac{M_W}{I_W} \cdot z_W - \dfrac{M_G}{I_{ges}} \cdot z_{ges}$

$$\sigma_{c,W,1}^I = -\dfrac{\alpha_T \cdot \Delta T_{Mz,G} \cdot E_W}{h_{ges}} \cdot z_{ges}$$

$$\pm \dfrac{\alpha_T \cdot \Delta T_{My} \cdot E_W}{2} \quad (66)$$

mit

z_W Abstand vom Wandschwerpunkt zum Wandfuß

I_{ges} Trägheitsmoment des Gesamtquerschnitts

z_{ges} Abstand vom Gesamtschwerpunkt zum Wandfuß

h_{ges} Höhe des Gesamtquerschnitts

Die inneren Zwangschnittgrößen lassen sich auf Grundlage der Querschnittskompatibilität herleiten, wie in [11] und [14] gezeigt. Für eine konstant im Querschnitt verteilte Einwirkung gilt hierbei:

$N_W = -\alpha_T \cdot \Delta T_{N,eq,W,0}$

$$\cdot \left(\dfrac{1}{E_F A_F} + \dfrac{1}{E_W A_W} + \dfrac{y_1^2}{E_F I_F + E_W I_W} \right)^{-1} \quad (67)$$

$$M_W = N_W \cdot y_1 \cdot \dfrac{1}{1 + \dfrac{E_F I_F}{E_W I_W}} \quad (68)$$

mit

$E_F A_F$ Dehnsteifigkeit des Fundaments (bezogen auf max. aktivierbare Breite)

$E_F I_F$ Biegesteifigkeit des Fundaments (bezogen auf max. aktivierbare Breite)

$E_W A_W$ Dehnsteifigkeit der Wand

$E_W I_W$ Biegesteifigkeit der Wand

y_1 innerer Hebelarm, i. d. R. $(h_W + h_F)/2$

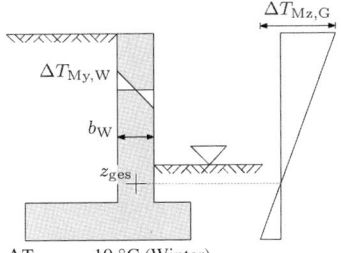

$\Delta T_{Mz,G} = 10\ °C$ (Winter)
$\Delta T_{Mz,G} = -12\ °C$ (Sommer)
$\Delta T_{My,Wand} = \pm \min\{1,5 \cdot b_W[m] + 3; 10\}\ °C$

Bild 35. Saisonale Temperaturäquivalente für Stützmauern mit $0,8 \leq b_W \leq 10$ nach [12]

In Gl. (67) und Gl. (68) wird zunächst eine mittig auf dem Fundament angeordnete Wand unterstellt. Untersuchungen in [9] und [14] haben gezeigt, dass die Zwangnormalkraft mit zunehmend außermittiger Lage im Vergleich zu einer symmetrischen Anordnung auf einem gleich breiten Fundament abnimmt. Das zusätzliche Moment über die Querschnittsbreite der Wand ist ebenfalls gering. Eine Berücksichtigung der exzentrischen Anordnung der Wand kann somit auf der sicheren Seite vernachlässigt werden.

Des Weiteren wird die mitwirkende Breite der Bodenplatte in Querrichtung durch den Spannungsausbreitungswinkel in der Bodenplatte begrenzt. Da im vorliegenden Fall zunächst ungerissene Systeme betrachtet werden, kann hierfür ein Spannungsausbreitungswinkel von 45° zugrunde gelegt werden. Ist Rissbildung in der Bodenplatte zulässig, so kann der maximal aktivierbare seitliche Überstand der Bodenplatte zusätzlich auf den Rissabstand in der Bodenplatte gemäß Gl. (24) begrenzt werden. Insgesamt gilt damit für die maximal aktivierbare Breite der Fundamentplatte:

$$b_{F,eff,max} = b_W + \sum b_{F,max,i} \quad \text{mit}$$

$$b_{F,max,i} = x \leq b_{F,i} (\leq l_{cr,Platte}) \quad (69)$$

mit

b_W Breite der Wand

$b_{F,max,i}$ maximal aktivierbarer seitlicher Überstand der Bodenplatte

x Abstand des freien Rands der Wand zum gedachten Verformungsruhepunkt

$b_{F,i}$ tatsächlicher seitlicher Überstand der Bodenplatte

$l_{cr,Platte}$ geometrisch vorgegebener Rissabstand in der Bodenplatte gemäß Gl. (24)

Das innere Gleichgewicht gemäß Gl. (67) und (68) geht mit einer Verkrümmung des Gesamtquerschnitts einher, welche mit zunehmender Bauteillänge das Eigengewicht aktiviert, wie in Bild 19 skizziert. Das resultierende äußere Moment M_G wird unter Berücksichtigung der maximal aktivierbaren Bauteillänge ermittelt. Der Einfluss der elastischen Bettung entlang der Bauteilachse kann für die vorliegende Fragestellung hinreichend genau über die Grenzwertbetrachtung, dass die Krümmung infolge der inneren Zwangschnittgrößen durch das aktivierte Eigengewicht vollständig kompensiert wird, erfasst werden. Hintergründe zu dieser Annahme werden in [11] gegeben. Bei der Ermittlung dieses äußeren Moments ist außerdem zu berücksichtigen, dass das Vorhandensein einer Wandecke oder etwaiger Überstände der Bodenplatte in Längsrichtung das bei Aufschüsseln aktivierte Eigengewicht erhöhen, wie in Bild 36 gezeigt.

Letztendlich kann das äußere Moment infolge Eigengewichtsaktivierung bestimmt werden zu:

$$M_G = \gamma_c \cdot \left[\frac{A_{ges} \cdot L_{eff}^2}{2} + A_{zus} \cdot \Delta L \cdot \left(L_{eff} + \frac{\Delta L}{2} \right) \right] \leq M_W \cdot \frac{I_{ges}}{I_W}$$

$$\text{mit } L_{eff,max} = \sqrt{ \frac{2 \cdot M_W}{\gamma_c \cdot A_{ges}} \cdot \frac{I_{ges}}{I_W} + \frac{A_{zus}}{A_{ges}} \cdot \Delta L^2 \cdot \left(\frac{A_{zus}}{A_{ges}} - 1 \right) } - \frac{A_{zus}}{A_{ges}} \cdot \Delta L \leq x \quad (70)$$

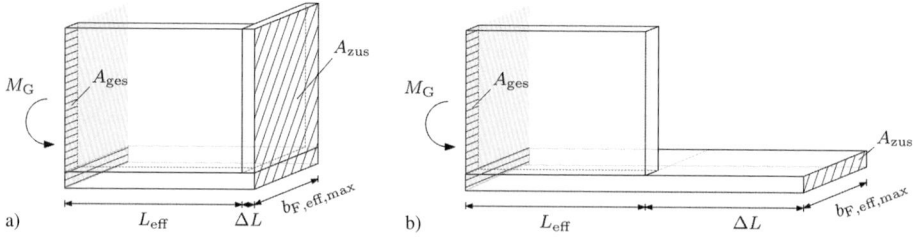

Bild 36. Einfluss des zusätzlichen Eigengewichts am freien Rand der Wand; a) Wandecke, b) Überstand der Bodenplatte in Längsrichtung

mit

γ_c — Wichte des Betons

A_{ges} — Fläche des Gesamtquerschnitts (bezogen auf max. aktivierbare Breite)

L_{eff} — maximal aktivierbare Bauteillänge

A_{zus} — Fläche des zusätzlich am freien Rand der Wand aktivierten Eigengewichts (bezogen auf maximal aktivierbare Breite $b_{F,eff,max}$)

ΔL — Überstand des zusätzlich am freien Rand der Wand aktivierten Eigengewichts in Längsrichtung

Mit der Spannung nach Gl. (66) kann nun die aufzunehmende Verformung für die Wand gemäß Gl. (27) bestimmt werden. Der Einfluss aus der Änderung des Behinderungsgrads infolge der Rissbildung bezieht sich hierbei nur auf die Zwangbeanspruchung infolge der Betonerhärtung, wobei der Behinderungsgrad aus einem Vergleich der ermittelten Spannung infolge Betonerhärtung und der theoretischen Spannung bei vollem Zwang abgeschätzt werden kann. Es gilt:

$$w_{beh,W} = \left(\frac{\sigma^I_{c,W,0}}{a^{0,6}} + \sigma^I_{c,W,1} \right) \cdot \frac{l_{cr}}{E_W}$$

mit

$$a = -\frac{\sigma^I_{c,W,0}}{\alpha_T \cdot \Delta T_{N,eq,W,0} \cdot E_W} \quad (71)$$

7.3 Vermeiden von Rissen

Für den Fall, dass die Variante „Rissvermeidung" zur Anwendung kommen sollte, muss durch die Abstimmung zwischen konstruktiver Ausbildung und optimierter Betontechnologie sichergestellt werden, dass die Betonspannung infolge ungünstigster Lastkombination entlang des betrachteten Bauteils zu jedem Zeitpunkt unterhalb der folgenden Grenze bleibt:

$$\sigma_c(t) \leq 0,80 \cdot f_{ctk,0,05}(t) \quad (72)$$

Bei dieser geringen Betonspannung kann mit ausreichender Sicherheit davon ausgegangen werden, dass eine Rissbildung sehr wenig wahrscheinlich ist. In solchen Fällen genügt eine Bewehrung, mit der die Rissbreiten der Oberflächenrisse infolge der Eigenspannungen effektiv begrenzt werden.

Zur Sicherstellung der Dauerhaftigkeit ist die Anordnung einer Oberflächenbewehrung sehr zu empfehlen, insbesondere bei dicken Bauteilen. In [66] und [67] wurde die Rissbildung durch Eigenspannungen während der Betonerhärtung (Hydratationswärme) und der Nutzung (Schwinden und Witterung) eingehend untersucht. Hiernach kann eine Rissbildung infolge der Eigenspannung bei dicken Bauteilen nicht ausgeschlossen werden. Die erforderliche Bewehrung zur Begrenzung der Rissbreite der Oberflächenrisse kann jedoch wie folgt ermittelt werden:

$$a_{s,req} = 0,07 \cdot A_c \cdot \frac{f_{ctm}}{f_{yk}} \leq 25 \text{ cm}^2/\text{m} \quad (73)$$

Die in Gl. (73) ermittelte Oberflächenbewehrung stellt die absolute Untergrenze für eine Bauteilseite dar. Für die letztendlich gewählte Oberflächenbewehrung sollten u. a. auch konstruktive Gesichtspunkte berücksichtigt werden. Zum Beispiel soll der Stababstand nicht größer als 30 cm sein und der Stabdurchmesser in Abhängigkeit der Bauteildicke gewählt werden.

7.4 Rissbreitenbeschränkung

Die Variante „Rissbreitenbeschränkung" ist der Regelfall des Stahlbetonbaus. Hierbei sorgen die Summe der Rissbreiten aller Risse und die Betondehnung im ungerissenen Bereich für die Kompatibilität mit der behinderten Verformung. Die allgemeine Kompatibilitätsgleichung kann entsprechend den Erläuterungen in Abschnitt 4 wie folgt angegeben werden:

$$\sum_{i=1}^{n} w_i + \frac{F^{II}_{Zw}}{A_c \cdot E_c} \cdot \left(1 - 0,8 \cdot \sum_{i=1}^{n} l_{es} \right)$$
$$+ \frac{F^{II}_{Zw}}{k_F} + \frac{\sigma^I_c}{E_c} \cdot l = 0 \quad (74)$$

Die Einflusslänge l spielt bei der Betrachtung der Verformungskompatibilität eine sehr große Rolle, da sowohl der Zwangkraftabbau als auch die erforderliche Anzahl der Risse zum Erreichen der Verformungskompatibilität entscheidend von l abhängig sind. Weiterhin unterscheidet sich die Rissmechanik in dicken und dünnen Bauteilen deutlich voneinander. Für eine gezielte Bemessung müssen deshalb sowohl die Einflusslänge als auch der Querschnittstyp berücksichtigt werden. Bezüglich des Querschnittstyps gilt ein Bauteil im Allgemeinen als dünn, wenn die Bildung von Sekundärrissen ausgeschlossen werden muss. Mit anderen Worten bedeutet das, dass die Rissprozesse bei dünnen Bauteilen immer fast die gesamte Zugzone im Zustand I erfasst. Wird entsprechend [10] und [44] eine effektive Zugzonenhöhe von $h_{eff} = 2,5 \cdot (h - d)$ zugrunde gelegt, so gilt ein Bauteil unter zentrischem Zug als dick, wenn seine Dicke mehr als $5 \cdot (h - d)$ übersteigt. Analog ist ein Bauteil unter Biegung mit und ohne Normalkraft als dick zu bezeichnen, wenn es das gleiche Maß für die Zugzonenhöhe vor der Rissbildung aufweist. Wird für (h – d) eine Größe von 50 mm und ein gewisser Übergangsbereich zwischen dünnen und dicken Bauteilen zugrunde gelegt, so können Bodenplatten mit einer Dicke bis ca. 50 cm und Wände mit einer Dicke von bis zu 30 cm als dünne Bauteile betrachtet werden.

7.4.1 Effektive Zugfestigkeit

Neben der Verformungskompatibilität als solches wird die erforderliche Bewehrungsmenge zur Begrenzung der Rissbreite auch von der vorhandenen Zugfestigkeit beeinflusst. Insbesondere bei Bauteilen, bei denen mehr als 80 % der gesamten Zwangbeanspruchung bereits im Zeitraum der Betonerhärtung hervorgerufen wird, sollte deshalb die vorhandene Zugfestigkeit bei Erreichen der maximalen Zwangschnittgröße infolge der Betonerhärtung berücksichtigt werden. Hierzu wurden in [11] Ansatzfunktionen auf Basis von numerischen Parameterstudien abgeleitet. Für die praktische Ermittlung der Bewehrung zur Begrenzung der Rissbreite können bei vorwiegender Zwangbeanspruchung infolge der Betonerhärtung daher folgende Zugfestigkeiten verwendet werden:

für die Oberseite von Bodenplatten:

$$f_{ct,eff} = f_{ctm} \cdot \left[0,5 + 0,25 \cdot \left(1 - \frac{1}{(0,8 + h_{Pl})^2}\right)\right] \quad (75)$$

für Wände auf Fundamenten:

$$f_{ct,eff} = f_{ctm} \cdot \left[0,65 + 0,4 \cdot \left(1 - \frac{1}{(0,8 + b_W)^2}\right)\right] \quad (76)$$

7.4.2 Dünne Bauteile

Charakteristisch für dünne Bauteile ist, dass die Verformungskompatibilität durch die Primärrisse und die Betondehnung im ungerissenen Bereich erreicht werden muss. Da einerseits nur Primärrisse vorhanden sind und andererseits die behinderte Verformung im Allgemeinen nicht ausreichend vorhanden ist, um eine abgeschlossene Rissbildung zu verursachen, kann bei überwiegender Zwangbeanspruchung vom Zustand mit Einzelrissen ausgegangen werden. Mit anderen Worten bedeutet dies, dass die Risse an den Stellen mit geringer Zugfestigkeit auftreten. Für die Ermittlung der Mindestbewehrung kann daher die 5%-Fraktile der Zugfestigkeit $f_{ctk,0,05}$ für die Ermittlung der Obergrenze der Zwangkraft zugrunde gelegt werden. Basierend auf dieser Überlegung kann das Schema für die Ermittlung der Mindestbewehrung bei dünnen Bauteilen wie folgt dargestellt werden:

- Man bestimmt die Einflusslänge l_{cr} in Abhängigkeit des Bauteiltyps; für Bodenplatten mittels Gl. (24) bzw. für Wände mittels Gl. (26).
- Die aufzunehmende Verformung w_{beh} wird entsprechend Abschnitt 7.2 ermittelt.
- Für die zulässige Rissbreite w_k wird eine zulässige Spannung $\sigma_{s,zul}$ entsprechend der Tabelle 1 durch die Wahl des Stabdurchmessers d_s ermittelt.
- Mit dem Stabdurchmesser d_s und der zulässigen Spannung $\sigma_{s,zul}$ kann die Einleitungslänge l_{es} ermittelt werden zu:

$$l_{es} = \frac{\sigma_{s,zul} \cdot d_s}{7,2 \cdot f_{ct,eff}} \quad (77)$$

- Anschließend kann die Zwangspannung nach der Rissbildung berechnet werden. Diese hängt allerdings auch von der vorhandenen Bewehrung ab, sodass eine iterative Lösung erforderlich wäre. Zur Vereinfachung kann an dieser Stelle auf der sicheren Seite liegend ein Bewehrungsgrad von $\rho_s = 0,8 \%$ angenommen werden.

$$\sigma_c^{II} = \frac{\sigma_c^I}{0,8 \cdot \frac{l_{es}}{l_{cr}} \cdot \left(\frac{1}{\rho_s \cdot \alpha_E} - 1\right) + \frac{1}{a}} \quad (78)$$

- Falls die ermittelte Betonspannung nach der Rissbildung (σ_c^{II}) kleiner als die Untergrenze der Zugfestigkeit $(f_{ctk,0,05})$ ist, kann die erforderliche Bewehrung wie folgt bestimmt werden:

für Wände:

$$a_s = \frac{A_{ct} \cdot \sigma_c^{II}}{\sigma_{s,zul}} \quad (79)$$

für die Oberseite der Bodenplatten:

$$a_s = \frac{0,4 \cdot A_{ct} \cdot \sigma_c^{II}}{\sigma_{s,zul}} \quad \text{und} \quad (80)$$

für die Unterseite der Bodenplatten:

$$a_s = \frac{0,4 \cdot A_{ct} \cdot \sigma_c^{II}}{f_{yk}} \quad (81)$$

- Falls die ermittelte Betonspannung nach der Rissbildung (σ_c^{II}) größer als die Untergrenze der Zugfestigkeit $(f_{ctk,0,05}$ bzw. $0,7 \cdot f_{ct,eff})$ ist, sollte zwischen Bauteilen mit hoher Anforderung (z. B. Bauteile mit Dichtheitsanforderung) und Bauteilen mit normaler Anforderung unterschieden werden.
- Für Bauteile mit hohen Anforderungen sollte die rechnerische Rissbreite nie größer als die zulässige Rissbreite sein. Aus diesem Grund wird auf der sicheren Seite liegend die Risskraft abgedeckt. Die erforderliche Mindestbewehrung ergibt sich wie folgt:

für Wände:

$$a_s = \frac{A_{ct} \cdot 0,7 \cdot f_{ct,eff}}{\sigma_{s,zul}} \quad (82)$$

für die Oberseite der Bodenplatten:

$$a_s = \frac{0,4 \cdot A_{ct} \cdot 0,7 \cdot f_{ct,eff}}{\sigma_{s,zul}} \quad \text{und} \quad (83)$$

für die Unterseite der Bodenplatten:
$$a_s = \frac{0{,}4 \cdot A_{ct} \cdot 0{,}7 \cdot f_{ct,eff}}{f_{yk}} \quad (84)$$

- Für Bauteile ohne hohe Anforderungen wird die Länge l_{cr} in Gl. (78) solange halbiert, bis die Betonspannung nach der Rissbildung σ_c^{II} kleiner als die Untergrenze der Zugfestigkeit ist. Diese Vorgehensweise bedeutet, dass vorübergehend eine breitere Rissbreite als die zulässige Rissbreite akzeptiert wird. Die erforderliche Mindestbewehrung kann anschließend mit den Gln. (79) bis (81) bestimmt werden.

In Abschnitt 8 ist ein Beispiel für die Verdeutlichung der Vorgehensweise dargestellt.

7.4.3 Dicke Bauteile

In der Umgebung eines Primärrisses in dicken Bauteilen sind immer Sekundärrisse zu erwarten. Die Kombination aus Primär- und Sekundärrissen sorgt gemeinsam mit der Betondehnung im ungerissenen Bereich für die Verformungskompatibilität. Da die Breite der Risse bei Vorliegen von Sekundärrissbildung aufgrund des Abbaus der Stahlspannung vom Primärriss zum 1. Sekundärriss bzw. vom 1. zum 2. Sekundärriss usw. unterschiedlich ist, kann die Verformungskompatibilität gemäß Gl. (85) unter Vernachlässigung der Mitwirkung des Betons zwischen den Sekundärrissen wie folgt angegeben werden:

$$w^P + \sum_{i=1}^{n} w_i + \frac{F_{Zw}^{II}}{A_c \cdot E_c} \cdot \left(l_{cr} - \sum_{i=1}^{n} l_{es}\right)$$
$$+ \frac{\sigma_c^I}{E_c} \cdot l_{cr} = 0 \quad (85)$$

In [10] wurde auf der sicheren Seite liegend vorgeschlagen, bei der Betrachtung der Verformungskompatibilität nur die Rissbreite heranzuziehen und auf die Betondehnung im ungerissenen Bereich zu verzichten. Unter Berücksichtigung der unterschiedlichen Breiten der Risse in einem Rissbündel um den Primärriss kann mit der Anzahl der Sekundärrisse (n) die obige Gl. (85) umgeschrieben werden zu:

$$w^P \cdot (1 + 0{,}9 \cdot n) = \frac{\sigma_c^I}{E_c} \cdot l_{cr} \quad (86)$$

Die erforderliche Anzahl der Sekundärrisse (n) zum Erzielen der Verformungskompatibilität kann durch Gleichsetzen der zulässigen Rissbreite (w_k) mit der Breite des Primärrisses (w^P) angegeben werden:

$$n \geq 1{,}1 \cdot \left(\frac{\sigma_c^I}{E_c} \cdot l_{cr} \cdot \frac{1}{w_k} - 1\right) \quad (87)$$

Unter Berücksichtigung der Erläuterung zu Bild 11, dass nach der Bildung eines jeden Sekundärrisses stets 30 % der Verbundkraft im Betonquerschnitt verbleiben, die sich nicht weiter am Prozess der Sekundärrissbildung beteiligen, kann die Breite des Primärrisses wie folgt angegeben werden:

$$w^P = \left(\frac{\sigma_s}{E_s} - 0{,}39 \cdot \frac{f_{ct,eff}}{E_s \cdot \rho_{s,eff}}\right) \cdot 0{,}18 \cdot \frac{d_s}{\rho_{s,eff}} \quad (88)$$

Wird nun die Breite des Primärrisses gleich der zulässigen Rissbreite w_k gesetzt, so kann die zulässige Spannung in der Bewehrung am Primärriss wie folgt angegeben werden:

$$\sigma_{s,zul} = \frac{w^P \cdot E_s \cdot \rho_{s,eff}}{0{,}18 \cdot d_s} + 0{,}39 \cdot \frac{f_{ct,eff}}{\rho_{s,eff}} \quad (89)$$

Mit den Annahmen gemäß Bild 11, dass jeweils 30 % der Verbundkraft nach der Rissbildung im ungerissenen Beton verbleiben und für den weiteren Rissbildungsprozess nicht zur Verfügung stehen, und, dass am Ende der Einleitungslänge des letzten Sekundärrisses die Betonspannung in der effektiven Zugfläche gerade die Zugfestigkeit $f_{ct,eff}$ wieder erreicht, kann die Spannung in der Bewehrung am Primärriss in Abhängigkeit der Anzahl der Sekundärrisse (n) angegeben werden mit:

$$\sigma_s^P = (1 + 0{,}3 \cdot n) \cdot \frac{f_{ct,eff}}{\rho_{s,eff}} \quad (90)$$

Wird nun für die effektive Zugfläche mit:

$$A_{c,eff} = 2{,}5 \cdot (h - d) \cdot b = 2{,}5 \cdot d_1 \cdot b \quad (91)$$

angenommen und die Stahlspannung σ_s^P gemäß Gl. (90) gleich der zulässigen Spannung $\sigma_{s,zul}$ gemäß Gl. (89) gesetzt, so kann die erforderliche Bewehrung zur Begrenzung der Rissbreite des Primärrisses angegeben werden mit:

$$a_s = \sqrt{\frac{b^2 \cdot d_1^2 \cdot d_s \cdot f_{ct,eff}}{w_k \cdot E_s} \cdot (0{,}69 + 0{,}34 \cdot n)} \quad (92)$$

Mit einer umfangreichen experimentellen und numerischen Studie wurde in [12] festgestellt, dass die Annahmen in [10] vor allem bei dicken Bauteilen weit auf der sicheren Seite liegen, da hierbei die stärkere Abnahme der Zwangkraft bei zunehmenden Bauteildicken in Verbindung mit einem abnehmenden Bewehrungsgrad ρ_s und abnehmender Einflusslänge l_{cr} noch nicht ausreichend berücksichtigt wurden. Basierend auf den Untersuchungsergebnissen wurde daher Gl. (93) zur Beschreibung des Verhältnisses zwischen der Zwangspannung gemäß E-Theorie und der Zwangspannung nach Bildung von n Sekundärrissen zum Erreichen der Verformungskompatibilität vorgeschlagen. Hiermit können nun alle wesentlichen Parameter der Zwangkraft nach der Rissbildung erfasst werden.

$$\frac{\sigma_c^{II,n}}{\sigma_c^I} = \left(\frac{0{,}2 \cdot (1 + k_n)}{l_{cr}[m]} \cdot \frac{k_n \cdot k_d}{\alpha_E \cdot \rho_s} \cdot a + 1\right)^{-1}$$

mit

$$\cdot\, 0{,}92 \cdot d^{-0{,}32}\ [m] \qquad (93)$$

$$k_d = \left(\frac{\rho_s[\%] \cdot d[m]}{0{,}3}\right)^{-0{,}7} \geq 0{,}5 \qquad (94)$$

und

n	k_n
0	0
1	1,1
2	1,6
3	2,0
4	2,2

Mit k_n wird zum einen die Vergrößerung der effektiven Betonfläche mit zunehmender erforderlicher Rissanzahl abgebildet. Zum anderen wird hiermit die Spannungsausbreitung im Querschnitt mit zunehmender Entfernung vom Primärriss berücksichtigt. Die Bauteildicke hat nur untergeordnete Bedeutung beim Prozess der Sekundärrissbildung und wird mit dem Faktor k_d berücksichtigt.

Unter Verwendung von Gl. (93) kann die erforderliche Mindestbewehrung zur Begrenzung der Breite des Primärrisses nun auf iterative Weise ermittelt werden. Die Vorgehensweise lässt sich zusammenfassend wie folgt beschreiben:

– Die Zwangspannung im Zustand I (σ_c^I) wird entsprechend Abschnitt 7.2 ermittelt.

– Eine Bewehrung a_s wird samt Durchmesser d_s angenommen und der Bewehrungsgrad bezogen auf den Gesamtquerschnitt $(\rho_s = 2 \cdot a_s/d)$ sowie der Bewehrungsgrad bezogen auf die effektive Betonfläche $(\rho_{s,eff} = a_s/h_{c,eff})$ werden ermittelt. Hierbei ist a_s die Bewehrung für eine Bauteilseite auf einer Breite von 1 m.

– Die zulässige Spannung zur Sicherstellung der rechnerischen Rissbreite w_k am Primärriss kann durch die Umstellung der Gl. (88) ermittelt werden. Auf der sicheren Seite wird hierbei die Abnahme der Verbundsteifigkeit infolge langandauernder Beanspruchung berücksichtigt:

$$\sigma_{s,zul} = \frac{w_k \cdot \rho_{s,eff} \cdot E_s}{0{,}18 \cdot d_s} + \frac{0{,}26 \cdot f_{ct,eff}}{\rho_{s,eff}} \qquad (95)$$

– Mit der zulässigen Spannung kann die erforderliche Anzahl der Sekundärrisse n ermittelt werden:

$$n = \left(\sigma_{s,zul}\frac{\rho_{s,eff}}{f_{ct,eff}} - 0{,}7\right) \cdot \frac{1}{0{,}3} \qquad (96)$$

– Mit der Anzahl der Sekundärrisse kann nun die Spannung σ_c^{II} entsprechend Gl. (93) ermittelt werden.

– Und mit der Spannung σ_c^{II} kann die Spannung in der Bewehrung unter Berücksichtigung des Gleichgewichts im System, dass die Zwangskraft im ungerissenen Bereich zwischen den primären Rissen im Gleichgewicht mit der Kraft in der Bewehrung im Primärriss ist, so wie in Bild 2a skizziert, ermittelt werden zu:

$$\sigma_s = \frac{\sigma_c^{II}}{\rho_s} \qquad (97)$$

– Falls die ermittelte Spannung σ_s gleich der zulässigen Spannung $\sigma_{s,zul}$ ist, so stellt die angenommene Bewehrung die erforderliche Bewehrung zur Begrenzung der Rissbreite dar. Sonst muss eine neue Annahme getroffen und der Rechengang erneut gestartet werden.

Die oben beschriebene Vorgehensweise kommt dem Wesen der Zwangbeanspruchung sehr nah, hat aber den Nachteil, dass eine iterative Berechnung durchgeführt werden muss. Das ist weniger praxisgerecht. Um das einfache Konzept aus [10] weiter verwenden zu können, ohne dabei auf die wesentlichen neuen Erkenntnisse verzichten zu müssen, wurde in [12] eine umfangreiche Vergleichsuntersuchung durchgeführt. Die Ergebnisse zeigen, dass dies über eine Modifikation der Anzahl der Sekundärrisse (n) gemäß der Gl. (98) gelingt.

$$n = 1{,}1 \cdot \left(\frac{\sigma_c^I \cdot l_{cr}}{E_c \cdot w_k} \cdot \frac{k_{mod}}{a^{0{,}6}} - 1\right) \qquad (98)$$

Wird der Einfluss eines geänderten Behinderungsgrads infolge der Rissbildung auf die aufzunehmende Verformung bereits in deren Ermittlung gemäß Gl. (64) bzw. Gl. (71) erfasst, so kann Gl. (99) vereinfacht werden zu:

$$n = 1{,}1 \cdot \left(\frac{w_{beh}}{w_k} \cdot k_{mod} - 1\right) \qquad (99)$$

Weiterhin wurde analog [45] angeregt, für k_{mod} in der oberen Gleichung zwischen Bauteilen mit hoher und Bauteilen mit mäßiger Anforderung zu unterscheiden. Insgesamt kann geschrieben werden:

$$k_{mod} = \begin{cases} 0{,}85 & \text{für}\quad \sigma_c^I > 2 \cdot f_{ct,eff} \\ 0{,}75 & \text{für}\quad \sigma_c^I \leq 2 \cdot f_{ct,eff} \end{cases}$$

für Bauteile mit hohen Anforderungen
und (100)

$$k_{mod} = \begin{cases} 0{,}65 & \text{für}\quad \sigma_c^I > 2 \cdot f_{ct,eff} \\ 0{,}60 & \text{für}\quad \sigma_c^I \leq 2 \cdot f_{ct,eff} \end{cases}$$

für Bauteile ohne hohe Anforderungen

Zudem zeigten die Ergebnisse, dass die Annahme, dass am Ende der Einleitungslänge des letzten Sekundärrisses die Betonspannung die Zugfestigkeit erreicht, zu sehr auf der sicheren Seite liegt. Dies sollte mit der Reduzierung der erforderlichen Sekundärrisse um einen Riss berücksichtigt werden. Mit den beiden Modifikationen kann Gl. (92) zur direkten Bestimmung der Mindestbewehrung wie folgt umgeschrieben werden:

$$a_{s,min} = \sqrt{\frac{d_s \cdot d_1^2 \cdot b^2 \cdot f_{ct,eff}}{w_k \cdot E_s}} \cdot (0,5 + 0,34 \cdot n)$$

(101)

Schließlich zeigt die Vergleichsrechnung in [12], dass die Ergebnisse mit Gl. (98) bzw. (99) und (101) nur sehr geringfügig von der iterativen Lösung abweichen.

8 Rechenbeispiele

Nachfolgend werden zur Veranschaulichung des verformungsbasierten Verfahrens zur Begrenzung der Rissbreite infolge Zwangbeanspruchung zwei Anschauungsbeispiele betrachtet. Im Detail handelt es sich um ein Untergeschoss, dessen Bodenplatte und Außenwände gemäß Abschnitt 7.4 als dünne Bauteile zu behandeln sind, und ein Trogbauwerk, das aus dicken Bauteilen besteht. Beide Beispiele sollen in der Festigkeitsklasse C30/37 ausgeführt werden, wobei die Festbetoneigenschaften gemäß EC2 [4] zugrunde gelegt werden. Zudem wird in beiden Beispielen eine Herstellung auf gewöhnlichem Baugrund angenommen und jeweils als Herstellzeitpunkt der ungünstige Sommerfall betrachtet. Sofern erforderlich, wird in der Bemessung eine Betondeckung von $c_{nom} = 4$ cm berücksichtigt.

8.1 Untergeschoss aus „dünnen" Bauteilen

8.1.1 Geometrie und adiabatische Temperaturentwicklung des verwendeten Betons

Bild 37 zeigt das Anwendungsbeispiel für dünne Bauteile, wobei die Bauteildicke von Bodenplatte und Wand jeweils 30 cm beträgt. Die Bodenplatte wird in einem Guss hergestellt, sodass mit Blick auf das sehr große L/H-Verhältnis von vollem Biegezwang ausgegangen werden kann. Die Wände werden anschließend nacheinander auf der vollständig erhärteten Bodenplatte jeweils über die gesamte Länge von 30 m (L/H = 8,5) errichtet, wobei in der Bemessung nur der letzte Wandabschnitt mit maximaler Verkrümmungsbehinderung betrachtet wird.

Für die Bestimmung der Temperatureinwirkungen infolge der Betonerhärtung wird eine adiabatische Temperaturerhöhung nach 7 Tagen von $\Delta T_{adi,7d} = 50\ °C$ unterstellt, was in etwa der Verwendung von 300 bis 320 kg CEM I 32,5 N entspricht.

8.1.2 Bemessung der Bodenplatte

Die äquivalente Temperatureinwirkung infolge der Betonerhärtung beträgt für die Bodenplatte gemäß Gl. (61):

$$\Delta T_{M,eq,F,0} = 0,6 \cdot \left(k_0 \cdot k_{FK} \cdot k_{JZ} \cdot \Delta T_{adi,7d} + \Delta T_{nom} + \frac{\frac{\Delta T_{a,var}}{2}}{(0,8 + h_{Pl})^4} \right)$$

$$= 0,6 \cdot \left(0,108 \cdot 1,0 \cdot 1,0 \cdot 50 + 5 + \frac{10/2}{(0,8 + 0,3)^4} \right) = 8,28\ °C$$

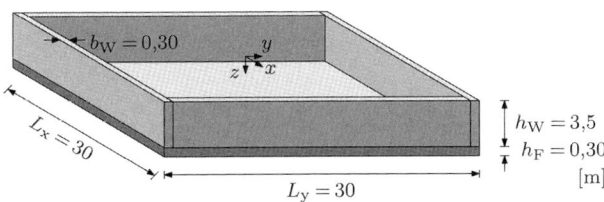

Bild 37. Anwendungsbeispiel „dünnes" Bauteil

mit

$k_0 = 0,8 - 0,9/(1,0 + h_{Pl}) = 0,8 - 0,9/(1,0 + 0,3) = 0,108$

$k_{FK} = 1,0$ für C30/37

$k_{JZ} = 1,0$ bei Betonage außerhalb des Winters

$\Delta T_{adi,7d} = 50\,°C$

$\Delta T_{nom} = 5\,°C$

$\Delta T_{a,var} = 10\,°C$

Die maximale Spannung auf der Oberseite der Bodenplatte infolge Betonerhärtung kann in Anlehnung an Gl. (63) bestimmt werden zu:

$$\sigma_{c,F,0}^I = \frac{\alpha_T \cdot \Delta T_{M,eq,F,o} \cdot E_F}{2} = \frac{10^{-5} \cdot 8,28 \cdot 33000}{2} = 1,37\,MN/m^2$$

Die zusätzliche Biegebeanspruchung im Nutzungszeitraum infolge des Trocknungsschwindens über die Oberseite der Bodenplatte wird gemäß Gl. (62) über ein Temperaturäquivalent ausgedrückt. Das Schwindmaß und die Kriechzahl wurden hierbei gemäß [4] für die Festigkeitsklasse C30/37 eine Umgebungsluftfeuchte von RH = 50 % und einen Trocknungsbeginn von $t_0 = 28$ Tage ermittelt.

$$\Delta T_{M,eq,F,1} = -\frac{\varepsilon_{cds}/2}{\alpha_T \cdot \max\{1\,;(0,7 + h_{Pl})^4\}} \cdot \frac{1}{1 + 0,4 \cdot \varphi}$$

$$= -\frac{0,336/2 \cdot 10^{-3}}{10^{-5} \cdot \max\{1\,;(0,7 + 0,3)^4\}} \cdot \frac{1}{1 + 0,4 \cdot 1,7} = 10\,°C$$

Die Zunahme der Spannung an der Oberseite der Bodenplatte infolge des Trocknungsschwindens erreicht damit gemäß Gl. (63) eine Größe von:

$$\sigma_{c,F,1}^I = \frac{\alpha_T \cdot \Delta T_{M,eq,F,1} \cdot E_F}{2} = \frac{10^{-5} \cdot 10 \cdot 33000}{2} = 1,65\,MN/m^2$$

Im vorliegenden Fall wird die Zwangbeanspruchung damit zu großen Teilen erst im Nutzungszeitraum hervorgerufen. Gemäß den Überlegungen in Abschnitt 7.4.1 wird deshalb die Zugfestigkeit für die Bewehrungsermittlung in der Bodenplatte mit $f_{ct,eff} = f_{ctm}$ festgelegt.

Der Rissabstand kann auf der sicheren Seite mit Gl. (24) abgeschätzt werden:

$$l_{cr} = \sqrt{\frac{f_{ct,eff} \cdot h}{3 \cdot \gamma_c}} = \sqrt{\frac{2,9 \cdot 0,3}{3 \cdot 0,025}} = 3,41\,m$$

Die insgesamt aufzunehmende Verformung beträgt damit gemäß Gl. (64):

$$w_{beh,F} = \frac{\alpha_T \cdot (\Delta T_{M,eq,F,o} + \Delta T_{M,eq,F,1})}{2} \cdot l_{cr} = \frac{10^{-5} \cdot (8,28 + 10)}{2} \cdot 3,41 \cdot 1000 = 0,31\,mm$$

Mit einer Dicke von $h_{Pl} = 30$ cm wird die vorliegende Bodenplatte noch als dünnes Bauteil behandelt. Die zulässige Stahlspannung beträgt damit gemäß Gl. (40) für einen angenommenen Stabdurchmesser von $d_s = 10$ mm und die zulässige Rissbreite von $w_k = 0,25$ mm:

$$\sigma_{s,zul} = \sqrt{6 \cdot w_k \cdot E_s \cdot \frac{f_{ct,eff}}{d_s}} = \sqrt{6 \cdot 0,25 \cdot 200000 \cdot \frac{2,9}{10}} = 295,0\,MN/m^2$$

Mit dem Stabdurchmesser d_s und der zulässigen Spannung $\sigma_{s,zul}$ kann nun die Einleitungslänge l_{es} nach Gl. (70) ermittelt werden zu:

$$l_{es} = \frac{\sigma_{s,zul} \cdot d_s}{7,2 \cdot f_{ct,eff}} = \frac{295,0 \cdot 10}{7,2 \cdot 2,9} = 141,3\,mm$$

Anschließend kann mit Gl. (78) die Zwangspannung nach der Rissbildung unter der konservativen Annahme eines Bewehrungsgrads von $\rho_s = 0{,}8\%$ berechnet werden:

$$\sigma_c^{II} = \frac{\sigma_c^{I}}{0{,}8 \cdot \frac{l_{es}}{l_{cr}} \cdot \left(\frac{1}{\rho_s \cdot \alpha_E} - 1\right) + \frac{1}{a}} = \frac{1{,}37 + 1{,}65}{0{,}8 \cdot \frac{141{,}3}{3410} \cdot \left(\frac{1}{0{,}008 \cdot \frac{200000}{33000}} - 1\right) + \frac{1}{1}} = 1{,}83 \text{ MN/m}^2$$

mit: $a = 1$ für vollen Biegezwang

Diese Spannung liegt unter der Untergrenze der Zugfestigkeit $f_{ctk,0.05} = 0{,}7 \cdot f_{ctm} = 2{,}03 \text{ MN/m}^2$. Für dünne Bodenplatten kann damit die Bewehrung an der Oberseite mittels Gl. (80) ermittelt werden zu:

$$a_{s,min,oben} = \frac{0{,}4 \cdot A_{ct} \cdot \sigma_c^{II}}{\sigma_{s,zul}} = \frac{0{,}4 \cdot 0{,}5 \cdot 0{,}3 \cdot 1{,}83}{295{,}0} \cdot 10^4 = 3{,}72 \text{ cm}^2/\text{m}$$

Mit dem angenommenen Stabdurchmesser von $d_s = 10$ mm könnte eine ausreichende Bewehrungsmenge mit einem Stababstand von $s = 20$ cm gewährleistet werden. Für die Unterseite wird demgegenüber die Bewehrung gemäß Gl. (81) ohne weitere Beschränkung der Rissbreite ermittelt:

$$a_{s,min,unten} = \frac{0{,}4 \cdot A_{ct} \cdot \sigma_c^{II}}{f_{yk}} = \frac{0{,}4 \cdot 0{,}5 \cdot 0{,}3 \cdot 1{,}83}{500} \cdot 10^4 = 2{,}19 \text{ cm}^2/\text{m}$$

Diese Bewehrung könnte bspw. mit einem Stabdurchmesser von $d_s = 8$ mm und einem Stababstand von $s = 20$ cm realisiert werden.

8.1.3 Bemessung Wand auf Fundament

Die äquivalente Temperatureinwirkung infolge der Betonerhärtung beträgt für die Wand gemäß Gl. (65):

$$\Delta T_{N,eq,W,0} = -0{,}7 \cdot \left(k_0 \cdot k_{FK} \cdot k_{JZ} \cdot \Delta T_{adi,7d} + \Delta T_{nom} + \frac{\Delta T_{a,var} \cdot \left(1 - \frac{b_W}{4 \cdot h_{Pl}}\right)}{(0{,}8 + b_W)^4} \right)$$

$$= -0{,}7 \cdot \left(0{,}285 \cdot 1{,}0 \cdot 1{,}0 \cdot 50 + 5 + \frac{10 \cdot \left(1 - \frac{0{,}3}{4 \cdot 0{,}3}\right)}{(0{,}8 + 0{,}3)^4} \right) = -17{,}05\,°\text{C}$$

mit

$k_0 = 0{,}9 - 0{,}8/(1{,}0 + b_W) = 0{,}9 - 0{,}8/(1{,}0 + 0{,}3) = 0{,}285$

$k_{FK} = 1{,}0$ für C30/37

$k_{JZ} = 1{,}0$ bei Betonage außerhalb des Winters

$\Delta T_{adi,7d} = 50\,°\text{C}$

$\Delta T_{nom} = 5\,°\text{C}$

$\Delta T_{a,var} = 10\,°\text{C}$

Die maximale Spannung infolge Betonerhärtung am Wandfuß kann mit den Gln. (66) bis (70) wie folgt ermittelt werden:

$$\sigma_{c,W,0}^{I} = \frac{N_W}{A_W} + \frac{M_W}{I_W} \cdot z_W - \frac{M_G}{I_{ges}} \cdot z_{ges} = \frac{1{,}27}{0{,}3 \cdot 3{,}5} + \frac{2{,}336}{\frac{3{,}5^3 \cdot 0{,}3}{12}} \cdot 1{,}75 - \frac{9{,}13}{4{,}191} \cdot 0{,}20 = 4{,}58 \text{ MN/m}^2$$

mit

$$N_W = -\alpha_T \cdot \Delta T_{N,eq,W,0} \cdot \left(\frac{1}{E_F A_F} + \frac{1}{E_W A_W} + \frac{y_1^2}{E_F I_F + E_W I_W}\right)^{-1}$$

$$= -10^{-5} \cdot -17,05 \cdot \left[\frac{1}{33000} \cdot \left(\frac{1}{0,3 \cdot 15,3} + \frac{1}{0,3 \cdot 3,5} + \frac{\left(\frac{3,5+0,3}{2}\right)^2}{\frac{0,3^3 \cdot 15,3}{12} + \frac{3,5^3 \cdot 0,3}{12}}\right)\right]^{-1} = 1,27 \text{ MN}$$

mit:

$b_{F,eff,max} = b_W + \sum b_{F,max,i} = 0,3 + \min\{15; 30\} = 15,3 \text{ m}$

$$M_W = N_W \cdot y_1 \cdot \frac{1}{1 + \frac{E_F I_F}{E_W I_W}} = 1,27 \cdot \frac{0,3+3,5}{2} \cdot \frac{1}{1 + \frac{33000 \cdot \frac{0,3^3 \cdot 15,3}{12}}{33000 \cdot \frac{3,5^3 \cdot 0,3}{12}}} = 2,336 \text{ MNm}$$

$$M_G = \gamma_c \cdot \left[\frac{A_{ges} \cdot L_{eff}^2}{2} + A_{zus} \cdot \Delta L \cdot \left(L_{eff} + \frac{\Delta L}{2}\right)\right] \leq M_W \cdot \frac{I_{ges}}{I_W}$$

$$M_G = 0,025 \cdot \left[\frac{5,64 \cdot 8,0^2}{2} + 58,14 \cdot 0,3 \cdot \left(8,0 + \frac{0,3}{2}\right)\right] = 9,13 \text{ MNm} \leq 2,336 \cdot \frac{4,191}{\frac{3,5^3 \cdot 0,3}{12}}$$

$= 9,13 \text{ MNm}$

mit

$A_{ges} = b_{F,eff,max} \cdot h_{Pl} + h_W \cdot b_W = 15,3 \cdot 0,3 + 3,5 \cdot 0,3 = 5,64 \text{ m}^2$

$A_{zus} = b_{F,eff,max} \cdot (h_{Pl} + h_W) = 15,3 \cdot (0,3 + 3,5) = 58,14 \text{ m}^2$

$$L_{eff} = \sqrt{\frac{2 \cdot M_W}{\gamma_c \cdot A_{ges}} \cdot \frac{I_{ges}}{I_W} + \frac{A_{zus}}{A_{ges}} \cdot \Delta L^2 \cdot \left(\frac{A_{zus}}{A_{ges}} - 1\right)} - \frac{A_{zus}}{A_{ges}} \cdot \Delta L \leq x$$

$$= \sqrt{\frac{2 \cdot 2,336}{0,025 \cdot 5,64} \cdot \frac{4,191}{\frac{3,5^3 \cdot 0,3}{12}} + \frac{58,14}{5,64} \cdot 0,3^2 \cdot \left(\frac{58,14}{5,64} - 1\right)} - \frac{58,14}{5,64} \cdot 0,3$$

$= 8,0 \text{ m} \leq 15 \text{ m} \to 8,0 \text{ m}$

$$z_{ges} = \frac{A_F \cdot z_F + A_W \cdot z_W}{A_W + A_F} = \frac{15,3 \cdot 0,3 \cdot (-0,15) + 0,3 \cdot 3,5 \cdot 1,75}{0,3 \cdot 15,3 + 0,3 \cdot 3,5} = 0,20 \text{ m}$$

$$I_{ges} = I_F + A_F \cdot (z_F + z_{ges})^2 + I_W + A_W \cdot (z_W + z_{ges})^2$$

$$= \frac{15,3 \cdot 0,3^3}{12} + 15,3 \cdot 0,3 \cdot (-0,15 - 0,2)^2 + \frac{0,3 \cdot 3,5^3}{12} + 0,3 \cdot 3,5 \cdot (1,75 - 0,2)^2$$

$= 4,191 \text{ m}^4$

Rechenbeispiele

Und als zusätzliche Beanspruchungen aus Temperaturgradienten im Nutzungszeitraum können gemäß Bild 35 folgende Werte berücksichtigt werden:

$$\sigma_{c,W,1}^I = -\frac{\alpha_T \cdot \Delta T_{Mz,G} \cdot E_W}{h_{ges}} \cdot z_{ges} \pm \frac{\alpha_T \cdot \Delta T_{My} \cdot E_W}{2} = 10^{-5} \cdot 33000 \cdot \left(\frac{12}{0,3+3,5} \cdot 0,2 + \frac{3,45}{2}\right)$$

$$= 0,78 \text{ MN}/\text{m}^2$$

mit

$\Delta T_{Mz,G} = -12\,°C$

$\Delta T_{My} = \min\{1,5 \cdot b_W + 3; 10\} = \min\{1,5 \cdot 0,3 + 3; 10\} = 3,45\,°C$

Der Rissabstand kann auf der sicheren Seite mit Gl. (26) abgeschätzt werden:

$l_{cr} = 1,2 \cdot h_W = 1,2 \cdot 3,5 = 4,2$ m

Die insgesamt aufzunehmende Verformung beträgt damit gemäß Gl. (71):

$$w_{beh,W} = \left(\frac{\sigma_{c,W,0}^I}{a^{0,6}} + \sigma_{c,W,1}^I\right) \cdot \frac{l_{cr}}{E_W} = \left(\frac{4,58}{0,81^{0,6}} + 0,78\right) \cdot \frac{4,2}{33000} \cdot 1000 = 0,76 \text{ mm}$$

mit

$$a = -\frac{\sigma_{c,W,0}^I}{\alpha_T \cdot \Delta T_{N,eq,W,0} \cdot E_W} = -\frac{4,58}{10^{-5} \cdot (-17,05) \cdot 33000} = 0,81$$

Im vorliegenden Fall wird die Zwangbeanspruchung maßgeblich infolge der Betonerhärtung hervorgerufen. Gemäß den Überlegungen in Abschnitt 7.4.1 wird deshalb die Zugfestigkeit für die Bewehrungsermittlung in der Wand gemäß Gl. (76) modifiziert:

$$f_{ct,eff} = f_{ctm} \cdot \left[0,65 + 0,4 \cdot \left(1 - \frac{1}{(0,8+b_W)^2}\right)\right] = 2,9 \cdot \left[0,65 + 0,4 \cdot \left(1 - \frac{1}{(0,8+0,3)^2}\right)\right]$$

$$= 2,09 \text{ MN}/\text{m}^2$$

Mit einer Wanddicke $b_W = 30$ cm wird die vorliegende Wand noch als dünnes Bauteil behandelt. Die zulässige Stahlspannung beträgt damit gemäß Gl. (40) für einen angenommenen Stabdurchmesser von $d_s = 12$ mm und eine zulässige Rissbreite von $w_k = 0,25$ mm:

$$\sigma_{s,zul} = \sqrt{6 \cdot w_k \cdot E_s \cdot \frac{f_{ct,eff}}{d_s}} = \sqrt{6 \cdot 0,25 \cdot 200000 \cdot \frac{2,09}{12}} = 228,6 \text{ MN}/\text{m}^2$$

Mit dem Stabdurchmesser d_s und der zulässigen Spannung $\sigma_{s,zul}$ kann nun die Einleitungslänge l_{es} nach Gl. (70) ermittelt werden zu:

$$l_{es} = \frac{\sigma_{s,zul} \cdot d_s}{7,2 \cdot f_{ct,eff}} = \frac{228,6 \cdot 12}{7,2 \cdot 2,09} = 182,3 \text{ mm}$$

Anschließend kann mit Gl. (78) die Zwangspannung nach der Rissbildung unter der konservativen Annahme eines Bewehrungsgrads von $\rho_s = 0,8\%$ berechnet werden:

$$\sigma_c^{II} = \frac{\sigma_c^I}{0,8 \cdot \frac{l_{es}}{l_{cr}} \cdot \left(\frac{1}{\rho_s \cdot \alpha_E} - 1\right) + \frac{1}{a}} = \frac{4,58 + 0,78}{0,8 \cdot \frac{182,3}{4200} \cdot \left(\frac{1}{0,008 \cdot \frac{200000}{33000}} - 1\right) + \frac{1}{0,81}} = 2,81 \text{ MN}/\text{m}^2$$

Diese Spannung übersteigt die Untergrenze der Zugfestigkeit $f_{ctk,0.05} = 0,7 \cdot f_{ct,eff} = 1,46 \text{ MN/m}^2$. Für dünne Wände mit hohen Anforderungen kann die Bewehrung mittels Gl. (82) ermittelt werden:

$$a_{s,min} = \frac{A_{ct} \cdot 0,7 \cdot f_{ct,eff}}{\sigma_{s,zul}} = \frac{0,5 \cdot 0,3 \cdot 0,7 \cdot 2,09}{228,6} \cdot 10^4 = 9,6 \text{ cm}^2/\text{m je Seite}$$

Mit dem angenommenen Stabdurchmesser von $d_s = 12$ mm könnte eine ausreichende Bewehrungsmenge mit einem Stababstand von $s = 10$ cm gewährleistet werden.

Für dünne Wände ohne hohe Anforderungen darf der Rissabstand in Gl. (78) solange halbiert werden, bis die Spannung unterhalb der Untergrenze der Zugfestigkeit fällt. Im vorliegenden Fall gelingt dies bei zweifacher Halbierung mit:

$$\sigma_{c,mod}^{II} = \frac{\sigma_c^I}{0,8 \cdot \frac{l_{es}}{l_{cr}/4} \cdot \left(\frac{1}{\rho_s \cdot \alpha_E} - 1\right) + \frac{1}{a}} = \frac{4,04 + 0,78}{0,8 \cdot \frac{182,3}{4200/4} \cdot \left(\frac{1}{0,008 \cdot \frac{200000}{33000}} - 1\right) + \frac{1}{0,81}}$$

$$= 1,35 \frac{\text{MN}}{\text{m}^2} \leq 1,46 \text{ MN/m}^2$$

Und die erforderliche Bewehrung gemäß Gl. (79) hat dann eine Größe von:

$$a_{s,min} = \frac{A_{ct} \cdot \sigma_c^{II}}{\sigma_{s,zul}} = \frac{0,5 \cdot 0,3 \cdot 1,35}{228,6} \cdot 10^4 = 8,90 \text{ cm}^2/\text{m je Seite}$$

Mit dem angenommenen Stabdurchmesser von $d_s = 12$ mm könnte in diesem Fall der Stababstand mindestens auf $s = 12,5$ cm vergrößert werden.

8.2 Trogbauwerk aus „dicken" Bauteilen

8.2.1 Geometrie und adiabatische Temperaturentwicklung des verwendeten Betons

Bild 38 zeigt das Anwendungsbeispiel für dicke Bauteile, wobei die Bauteildicke von Bodenplatte und Wand jeweils 150 cm beträgt. Die Bodenplatte wird in einem Guss hergestellt, sodass mit Blick auf das sehr große L/H-Verhältnis von vollem Biegezwang ausgegangen werden kann. Die Wände werden anschließend nacheinander auf der vollständig erhärteten Bodenplatte jeweils über die gesamte Länge von 30 m (L/H = 6,0) errichtet.

Für die Bestimmung der Temperatureinwirkungen infolge der Betonerhärtung wird mit Blick auf die dicken Bauteile unterstellt, dass eine Betonrezeptur mit niedrigerer Wärmeentwicklung zum Einsatz kommt und eine adiabatische Temperaturerhöhung nach 7 Tagen von $\Delta T_{adi,7d} = 40\ °C$ unterstellt. Das entspricht in etwa der Verwendung von 300 kg CEM III/A 32,5 N.

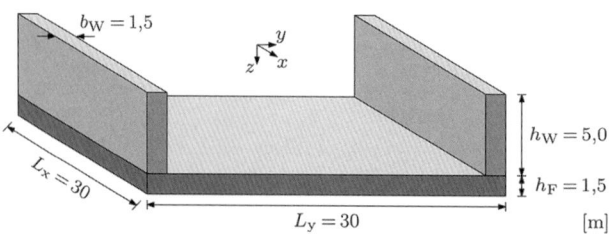

Bild 38. Anwendungsbeispiel „dickes" Bauteil

8.2.2 Bemessung der Bodenplatte

Die äquivalente Temperatureinwirkung infolge der Betonerhärtung beträgt für die Bodenplatte gemäß Gl. (61):

$$\Delta T_{M,eq,F,0} = 0{,}6 \cdot \left(k_0 \cdot k_{FK} \cdot k_{JZ} \cdot \Delta T_{adi,7d} + \Delta T_{nom} + \frac{\dfrac{\Delta T_{a,var}}{2}}{(0{,}8 + h_{Pl})^4} \right)$$

$$= 0{,}6 \cdot \left(0{,}44 \cdot 1{,}0 \cdot 1{,}0 \cdot 40 + 5 + \frac{10/2}{(0{,}8 + 1{,}5)^4} \right) = 13{,}67\ °C$$

mit

$k_0 = 0{,}8 - 0{,}9/(1{,}0 + h_{Pl}) = 0{,}8 - 0{,}9/(1{,}0 + 1{,}5) = 0{,}44$

$k_{FK} = 1{,}0 \qquad$ für C30/37

$k_{JZ} = 1{,}0\ $ bei Betonage außerhalb des Winters

$\Delta T_{adi,7d} = 40\ °C$

$\Delta T_{nom} = 5\ °C$

$\Delta T_{a,var} = 10\ °C$

Die maximale Spannung auf der Oberseite der Bodenplatte infolge Betonerhärtung kann mit Gl. (63) bestimmt werden zu:

$$\sigma^I_{c,F,0} = \frac{\alpha_T \cdot \Delta T_{M,eq,F,o} \cdot E_F}{2} = \frac{10^{-5} \cdot 13{,}67 \cdot 33000}{2} = 2{,}26\ MN/m^2$$

Die zusätzliche Biegebeanspruchung im Nutzungszeitraum infolge des Trocknungsschwindens über die Oberseite der Bodenplatte wird gemäß Gl. (62) über ein Temperaturäquivalent ausgedrückt. Das Schwindmaß und die Kriechzahl wurden hierbei gemäß EC2 [4] für die Festigkeitsklasse C30/37, eine Umgebungsluftfeuchte von RH = 50% und einen Trocknungsbeginn von $t_0 = 28$ Tage ermittelt.

$$\Delta T_{M,eq,F,1} = -\frac{\varepsilon_{cds}/2}{\alpha_T \cdot \max\{1; (0{,}7 + h_{Pl})^4\}} \cdot \frac{1}{1 + 0{,}4 \cdot \varphi}$$

$$= -\frac{0{,}336/2 \cdot 10^{-3}}{10^{-5} \cdot \max\{1; (0{,}7 + 1{,}5)^4\}} \cdot \frac{1}{1 + 0{,}4 \cdot 1{,}7} = 0{,}43\ °C$$

Die Zunahme der Biegespannungen an der Oberseite der Bodenplatte infolge des Trocknungsschwindens erreicht damit gemäß Gl. (63) eine Größe von:

$$\sigma^I_{c,F,1} = \frac{\alpha_T \cdot \Delta T_{M,eq,F,1} \cdot E_F}{2} = \frac{10^{-5} \cdot 0{,}43 \cdot 33000}{2} = 0{,}07\ MN/m^2$$

Im vorliegenden Fall wird die Zwangbeanspruchung damit zu großen Teilen infolge der Betonerhärtung hervorgerufen. Gemäß den Überlegungen in Abschnitt 7.4.1 wird deshalb die Zugfestigkeit für die Bewehrungsermittlung in der Wand gemäß Gl. (75) modifiziert:

$$f_{ct,eff} = f_{ctm} \cdot \left[0{,}5 + 0{,}25 \cdot \left(1 - \frac{1}{(0{,}8 + h_{Pl})^2} \right) \right] = 2{,}9 \cdot \left[0{,}5 + 0{,}25 \cdot \left(1 - \frac{1}{(0{,}8 + 1{,}5)^2} \right) \right]$$

$$= 2{,}04\ MN/m^2$$

Der Rissabstand kann auf der sicheren Seite mit Gl. (24) abgeschätzt werden:

$$l_{cr} = \sqrt{\frac{f_{ct,eff} \cdot h}{3 \cdot \gamma_c}} = \sqrt{\frac{2{,}04 \cdot 1{,}5}{3 \cdot 0{,}025}} = 6{,}39\ m$$

Die insgesamt aufzunehmende Verformung beträgt damit gemäß Gl. (64):

$$w_{beh,F} = \frac{\alpha_T \cdot (\Delta T_{M,eq,F,o} + \Delta T_{M,eq,F,1})}{2} \cdot l_{cr} = \frac{10^{-5} \cdot (13,67 + 0,43)}{2} \cdot 6,39 \cdot 1000 = 0,45 \text{ mm}$$

Mit einer Dicke von $h_{Pl} = 150$ cm wird die vorliegende Bodenplatte als dickes Bauteil behandelt. Die Bewehrungsermittlung an der Oberseite erfolgt damit über die Ermittlung einer erforderlichen Anzahl an Sekundärrisspaaren gemäß Gl. (99), um die Verformungskompatibilität zu erreichen. Gemäß Gl. (100) kann diese Ermittlung ohne aufwendige Iterationen, jedoch in Abhängigkeit der Betonspannung im Zustand I und mit Unterscheidung zwischen Bauteilen mit und ohne hohe Anforderungen erfolgen. Für eine zulässige Rissbreite von $w_k = 0,25$ mm und die vorliegende Betonspannung $\sigma_c^I = 2,26 + 0,07 = 2,33$ MN/m² $\le 2 \cdot f_{ct,eff} = 4,08$ MN/m² folgt:

$$n = 1,1 \cdot \left(\frac{w_{beh}}{w_k} \cdot k_{mod} - 1 \right)$$

hohe Anforderungen:

$$k_{mod} = 0,75: \quad n = 1,1 \cdot \left(\frac{0,45}{0,25} \cdot 0,75 - 1 \right) = 0,39 \to 1,0$$

keine hohen Anforderungen:

$$k_{mod} = 0,60: \quad n = 1,1 \cdot \left(\frac{0,45}{0,25} \cdot 0,60 - 1 \right) = 0,09 \to 1,0$$

In beiden Fällen genügt die Erzeugung eines einzigen Sekundärrisspaares und die erforderliche Bewehrung beträgt hierfür gemäß Gl. (101) und unter Annahme eines Bewehrungsdurchmessers von $d_s = 16$ mm:

$$a_{s,min,oben} = \sqrt{\frac{d_s \cdot d_1^2 \cdot b^2 \cdot f_{ct,eff}}{w_k \cdot E_s}} \cdot (0,5 + 0,34 \cdot n) = \sqrt{\frac{20 \cdot 5,0^2 \cdot 100^2 \cdot 2,04}{0,25 \cdot 200000}} \cdot (0,5 + 0,34 \cdot 1)$$

$$= 13,1 \text{ cm}^2/\text{m}$$

Mit dem angenommenen Stabdurchmesser von $d_s = 20$ mm könnte eine ausreichende Bewehrungsmenge mit einem Stababstand von $s = 20$ cm gewährleistet werden.

Für die Unterseite wird demgegenüber eine Rissbreitenbeschränkung nicht erforderlich. Die Stahlspannung kann bis zur Fließgrenze genutzt werden. Die Ermittlung der erforderlichen Bewehrung erfolgt dann über den Vergleich der Stahlspannungen. Mit der Gl. (95) kann die zulässige Spannung für die Unterseite ermittelt werden:

$$\sigma_{s,zul} = \frac{w_k \cdot \rho_{s,eff} \cdot E_s}{0,18 \cdot d_s} + \frac{0,26 \cdot f_{ct,eff}}{\rho_{s,eff}} = \frac{0,25 \cdot 0,011 \cdot 200.000}{0,18 \cdot 20} + \frac{0,26 \cdot 2,04}{0,011} = 201 \text{MN/m}^2$$

Die Bewehrung für die Unterseite gemäß den Überlegungen in Abschnitt 7.4 lässt sich angegeben zu:

$$a_{s,min,unten} = \frac{201}{500} \cdot 13,1 = 5,27 \text{ cm}^2/\text{m}$$

Die konstruktive Oberflächenbewehrung gemäß Gl. (73) ist:

$$a_{s,min,unten} = 0,07 \cdot A_c \cdot \frac{f_{ctm}}{f_{yk}} = 0,07 \cdot 150 \cdot 100 \cdot \frac{2,9}{500} = 6,1 \text{ cm}^2/\text{m} \le 25 \text{ cm}^2/\text{m}$$

Somit ist für die Unterseite die Oberflächenbewehrung maßgebend. Diese Bewehrung könnte bspw. mit einem Stabdurchmesser von $d_s = 14$ mm und einem Stababstand von $s = 20$ cm realisiert werden.

8.2.3 Bemessung Wand auf Fundament

Die äquivalente Temperatureinwirkung infolge der Betonerhärtung beträgt für die Wand gemäß Gl. (65):

$$\Delta T_{N,eq,W,0} = -0,7 \cdot \left(k_0 \cdot k_{FK} \cdot k_{JZ} \cdot \Delta T_{adiab,7d} + \Delta T_{nom} + \frac{\Delta T_{a,var} \cdot \left(1 - \frac{b_W}{4 \cdot h_{Pl}}\right)}{(0,8 + b_W)^4} \right)$$

$$= -0,7 \cdot \left(0,58 \cdot 1,0 \cdot 1,0 \cdot 40 + 5 + \frac{10 \cdot \left(1 - \frac{1,5}{4 \cdot 1,5}\right)}{(0,8 + 1,5)^4} \right) = -19,93 \ °C$$

mit

$k_0 = 0,9 - 0,8/(1,0 + b_W) = 0,9 - 0,8/(1,0 + 1,5) = 0,58$
$k_{FK} = 1,0$ für C30/37
$k_{JZ} = 1,0$ bei Betonage außerhalb des Winters
$\Delta T_{adiab,7d} = 40 \ °C$
$\Delta T_{nom} = 5 \ °C$
$\Delta T_{a,var} = 10 \ °C$

Die maximale Spannung infolge Betonerhärtung am Wandfuß kann mit den Gln. (66) bis (70) wie folgt ermittelt werden:

$$\sigma^I_{c,W,0} = \frac{N_W}{A_W} + \frac{M_W}{I_W} \cdot z_W - \frac{M_G}{I_{ges}} \cdot z_{ges} = \frac{9,46}{1,5 \cdot 5,0} + \frac{23,70}{\frac{5,0^3 \cdot 1,5}{12}} \cdot 2,5 - \frac{90,7}{81,06} \cdot 0,01 = 5,04 \ MN/m^2$$

mit

$$N_W = -\alpha_T \cdot \Delta T_{N,eq,W,0} \cdot \left(\frac{1}{E_F A_F} + \frac{1}{E_W A_W} + \frac{y_1^2}{E_F I_F + E_W I_W} \right)^{-1}$$

$$= -10^{-5} - 19,93 \cdot \left[\frac{1}{33000} \cdot \left(\frac{1}{1,5 \cdot 16,5} + \frac{1}{1,5 \cdot 5,0} + \frac{\left(\frac{1,5 + 5,0}{2}\right)^2}{\frac{1,5^3 \cdot 16,5}{12} + \frac{5,0^3 \cdot 1,5}{12}} \right) \right]^{-1} = 9,46 \ MN$$

mit

$b_{F,eff,max} = b_W + \sum b_{F,max,i} = 1,5 + \min\{15; 30\} = 16,5 \ m$

$$M_W = N_W \cdot y_1 \cdot \frac{1}{1 + \frac{E_F I_F}{E_W I_W}} = 9,46 \cdot \frac{1,5 + 5,0}{2} \cdot \frac{1}{1 + \frac{33000 \cdot \frac{1,5^3 \cdot 16,5}{12}}{33000 \cdot \frac{5,0^3 \cdot 1,5}{12}}} = 23,70 \ MNm$$

$$M_G = \gamma_c \cdot \left[\frac{A_{ges} \cdot L_{eff}^2}{2} + A_{zus} \cdot \Delta L \cdot \left(L_{eff} + \frac{\Delta L}{2} \right) \right] \leq M_W \cdot \frac{I_{ges}}{I_W}$$

$$M_G = 0,025 \cdot \frac{32,25 \cdot 15,0^2}{2} = 90,7 \ MNm \leq 23,70 \cdot \frac{81,06}{\frac{5,0^3 \cdot 1,5}{12}} = 123,0 \ MNm$$

mit

$A_{ges} = b_{F,eff,max} \cdot h_{Pl} + h_W \cdot b_W = 16,5 \cdot 1,5 + 5,0 \cdot 1,5 = 32,25 \, m^2$

$A_{zus} = 0$

$L_{eff} = \sqrt{\dfrac{2 \cdot M_W}{\gamma_c \cdot A_{ges}} \cdot \dfrac{I_{ges}}{I_W} + \dfrac{A_{zus}}{A_{ges}} \cdot \Delta L^2 \cdot \left(\dfrac{A_{zus}}{A_{ges}} - 1\right)} - \dfrac{A_{zus}}{A_{ges}} \cdot \Delta L \leq x$

$= \sqrt{\dfrac{2 \cdot 23,70}{0,025 \cdot 32,25} \cdot \dfrac{81,06}{\dfrac{5,0^3 \cdot 1,5}{12}}} = 17,46 \, m \leq 15 \, m \to 15,0 \, m$

$z_{ges} = \dfrac{A_F \cdot z_F + A_W \cdot z_W}{A_W + A_F} = \dfrac{16,5 \cdot 1,5 \cdot (-0,75) + 1,5 \cdot 5,0 \cdot 2,5}{16,5 \cdot 1,5 + 1,5 \cdot 5,0} = 0,01 \, m$

$I_{ges} = I_F + A_F \cdot (z_F + z_{ges})^2 + I_W + A_W \cdot (z_W + z_{ges})^2$

$= \dfrac{16,5 \cdot 1,5^3}{12} + 16,5 \cdot 1,5 \cdot (-0,75 - 0,01)^2 + \dfrac{1,5 \cdot 5,0^3}{12} + 1,5 \cdot 5,0 \cdot (2,50 - 0,01)^2$

$= 81,06 \, m^4$

Und als zusätzliche Beanspruchungen aus Temperaturgradienten im Nutzungszeitraum könnten gemäß Bild 35 folgende Werte berücksichtigt werden:

$\sigma^I_{c,W,1} = -\dfrac{\alpha_T \cdot \Delta T_{Mz,G} \cdot E_W}{h_{ges}} \cdot z_{ges} \pm \dfrac{\alpha_T \cdot \Delta T_{My} \cdot E_W}{2} = 10^{-5} \cdot 33000 \cdot \left(\dfrac{12}{1,5 + 5,0} \cdot 0,01 + \dfrac{5,25}{2}\right)$

$= 0,87 \, MN/m^2$

mit

$\Delta T_{Mz,G} = -12 \, °C$

$\Delta T_{My} = \min\{1,5 \cdot b_W + 3; 10\} = \min\{1,5 \cdot 1,5 + 3; 10\} = 5,25 \, °C$

Der Rissabstand kann auf der sicheren Seite mit Gl. (26) abgeschätzt werden:

$l_{cr} = 1,2 \cdot h_W = 1,2 \cdot 5,0 = 6,0 \, m$

Die insgesamt aufzunehmende Verformung beträgt damit gemäß Gl. (71):

$w_{beh,W} = \left(\dfrac{\sigma^I_{c,W,0}}{a^{0,6}} + \sigma^I_{c,W,1}\right) \cdot \dfrac{l_{cr}}{E_W} = \left(\dfrac{5,04}{0,77^{0,6}} + 0,87\right) \cdot \dfrac{6,0}{33000} \cdot 1000 = 1,23 \, mm$

mit

$a = -\dfrac{\sigma^I_{c,W,0}}{\alpha_T \cdot \Delta T_{N,eq,W,0} \cdot E_W} = -\dfrac{5,04}{10^{-5} \cdot (-19,93) \cdot 33000} = 0,77$

Im vorliegenden Fall wird die Zwangbeanspruchung maßgeblich infolge der Betonerhärtung hervorgerufen. Gemäß den Überlegungen in Abschnitt 7.4.1 wird deshalb die Zugfestigkeit für die Bewehrungsermittlung in der Wand gemäß Gl. (76) modifiziert:

$f_{ct,eff} = f_{ctm} \cdot \left[0,65 + 0,4 \cdot \left(1 - \dfrac{1}{(0,8 + b_W)^2}\right)\right] = 2,9 \cdot \left[0,65 + 0,4 \cdot \left(1 - \dfrac{1}{(0,8 + 1,5)^2}\right)\right]$

$= 2,83 \, MN/m^2$

Mit einer Wanddicke $b_W = 150$ cm wird die vorliegende Wand als dickes Bauteil behandelt. Die Bewehrungsermittlung erfolgt damit über die Ermittlung einer erforderlichen Anzahl an Sekundärrisspaaren gemäß Gl. (99), um die Verformungskompatibilität zu erreichen. Gemäß Gl. (100) kann diese Ermittlung ohne aufwendige Iterationen, jedoch in Abhängigkeit der Betonspannung im Zustand I und mit Unterscheidung zwischen Bauteilen mit und ohne hohe Anforderungen erfolgen. Für eine zulässige Rissbreite von $w_k = 0,25$ mm und die vorliegende Betonspannung im Zustand I von $\sigma_c^I = 5,04 + 0,87 = 5,91$ MN/m² $> 2 \cdot f_{ct,eff} = 5,66$ MN/m² folgt:

$$n = 1,1 \cdot \left(\frac{w_{beh}}{w_k} \cdot k_{mod} - 1\right)$$

hohe Anforderungen:

$$k_{mod} = 0,85: \quad n = 1,1 \cdot \left(\frac{1,23}{0,25} \cdot 0,85 - 1\right) = 3,5 \rightarrow 4,0$$

keine hohen Anforderungen:

$$k_{mod} = 0,65: \quad n = 1,1 \cdot \left(\frac{1,23}{0,25} \cdot 0,65 - 1\right) = 2,42 \rightarrow 3,0$$

Im Falle mit hohen Anforderungen müssen vier Sekundärrisspaare erzeugt werden. Die erforderliche Bewehrung beträgt hierfür gemäß Gl. (101) und unter Annahme eines Bewehrungsdurchmessers von $d_s = 20$ mm:

$$a_{s,min} = \sqrt{\frac{d_s \cdot d_1^2 \cdot b^2 \cdot f_{ct,eff}}{w_k \cdot E_s}} \cdot (0,5 + 0,34 \cdot n) = \sqrt{\frac{20 \cdot 5,0^2 \cdot 100^2 \cdot 2,83}{0,25 \cdot 200000}} \cdot (0,5 + 0,34 \cdot 4)$$

$$= 22,93 \, cm^2/m$$

Mit dem angenommenen Stabdurchmesser von $d_s = 20$ mm könnte eine ausreichende Bewehrungsmenge mit einem Stababstand von $s = 12,5$ cm gewährleistet werden.

Im Falle ohne hohe Anforderungen genügen drei Sekundärrisspaare und die erforderliche Bewehrung reduziert sich damit auf:

$$a_{s,min} = \sqrt{\frac{d_s \cdot d_1^2 \cdot b^2 \cdot f_{ct,eff}}{w_k \cdot E_s}} \cdot (0,5 + 0,34 \cdot n) = \sqrt{\frac{20 \cdot 5,0^2 \cdot 100^2 \cdot 2,83}{0,25 \cdot 200000}} \cdot (0,5 + 0,34 \cdot 3)$$

$$= 20,72 \, cm^2/m$$

Mit dem angenommenen Stabdurchmesser von $d_s = 20$ mm könnte nun eine ausreichende Bewehrungsmenge mit einem Stababstand von $s = 15$ cm gewährleistet werden.

9 Literatur

[1] Sagmeister, B. (2017) *Maschinenteile aus zementgebundenem Beton*. Beuth Verlag, Berlin.

[2] Falkner, H. (1969) *Zur Frage der Rissbildung durch Eigen- und Zwangspannungen infolge Temperatur in Stahlbetonbauteilen*, DAfStb-Heft **208**, Beuth Verlag, Berlin.

[3] Puche, M. (1988) *Rissbreitenbeschränkung und Mindestbewehrung bei Eigenspannungen und Zwang*, DAfStb Heft **396**, Beuth Verlag, Berlin.

[4] DIN EN 1992-1-1 (2010) *Eurocode 2: Bemessung und Konstruktion von Stahlbeton- und Spannbetontragwerken –Teil 1-1: Allgemeine Bemessungsregeln und Regeln für den Hochbau*; Deutsche Fassung EN 1992-1-1:2004+ AC:2010, Beuth Verlag, Berlin.

[5] Helmus, M. (1990) *Mindestbewehrung zwangbeanspruchter dicker Stahlbetonbauteile*, DAfStb-Heft **412**, Beuth Verlag, Berlin.

[6] Bergner, H. (1997) *Rissbreitenbeschränkung zwangsbeanspruchter Bauteile aus hochfestem Beton*, DAfStb-Heft **482**, Beuth Verlag, Berlin.

[7] Bödefeld, J., Ehmann, R., Schlicke, D., Tue N. V. (2012) Mindestbewehrung zur Begrenzung der Rissbreite, Teil 1: Risskraftbasierter Nachweis nach DIN EN-1992, *Beton- und Stahlbetonbau* **107**, 32–37.

[8] Schlicke, D., Tue, N. V. (2016) Mindestbewehrung zur Begrenzung der Rissbreite unter Berücksichtigung des tatsächlichen Bauteilverhaltens, Teil 1: Verformungsbasiertes Bemessungsmodell und Anwendung für Bodenplatten, *Beton- und Stahlbetonbau* **111**, 120–131.

[9] Schlicke, D., Tue, N. V. (2016) Mindestbewehrung zur Begrenzung der Rissbreite unter Berücksichtigung des tatsächlichen Bauteilverhaltens, Teil 2: Anwendung für Wände auf Fundamenten und Abgrenzung zum Risskraftnachweis nach EC2, *Beton- und Stahlbetonbau* **111**, 210–220.

[10] Bödefeld, J. (2010) *Rissmechanik in dicken Stahlbetonbauteilen bei abfließender Hydratationswärme*, Dissertation, Institut für Massivbau und Baustofftechnologie, Universität Leipzig.

[11] Schlicke, D. (2014) *Mindestbewehrung für zwangbeanspruchten Beton*, Dissertation, TU Graz, 2. überarb. Aufl., Verlag der Technischen Universität Graz, ISBN: 978-3-85125-473-0.

[12] Turner, K. (2018) *Ganzheitliche Betrachtung zur Ermittlung der Mindestbewehrung für fugenlose Wasserbauwerke*, Dissertation, TU Graz, Verlag der Technischen Universität Graz.

[13] Heinrich, P. J. (2018) *Effiziente Berechnung viskoelastischer Spannungen in gezwängten Bauteilen*, Dissertation, TU Graz, Verlag der Technischen Universität Graz.

[14] ÖBV Merkblatt (2018) *Analytisches Bemessungsverfahren für die Weiße Wanne optimiert*, Österr. Bautechnik-Verein, Wien.

[15] BAW Merkblatt (2011) *Rissbreitenbegrenzung für frühen Zwang in massiven Wasserbauwerken (MFZ)* Bundesanstalt für Wasserbau, Referat Massivbau, Karlsruhe.

[16] BAW Merkblatt (2019) (Gelbdruck) *Rissbreitenbegrenzung für Zwang in massiven Wasserbauwerken (MRZ)* Bundesanstalt für Wasserbau, Referat Massivbau, Karlsruhe.

[17] fib Model Code 2010 (2013) *fib Model Code for Concrete Structures 2010*.

[18] Wesche, K. (1993) *Baustoffe für tragende Bauteile, Band 2: Beton und Mauerwerk*. Vieweg + Teubner Verlag.

[19] EN 12390-3:2009-07 (2009) *Prüfung von Festbeton – Teil 3: Druckfestigkeit von Probekörpern*, Ber 1:2011-11, Beuth Verlag, Berlin.

[20] EN 12390-6:2010-9 (2010) *Prüfung von Festbeton – Teil 6: Spaltzugfestigkeit von Probekörpern*, Beuth Verlag, Berlin.

[21] Deutscher Ausschuss für Stahlbeton (1989) *Erläuterungen zu DIN 4227 Spannbeton*, Teil 1 bis Teil 6. DAfStb Heft **320**, Beuth Verlag, Berlin.

[22] EN 12390-13:2014-06 (2014) Prüfung von Festbeton – Teil 13: Bestimmung des Elastizitätsmoduls unter Druckbelastung (Sekantenmodul), Beuth Verlag, Berlin.

[23] Verein Deutscher Zementwerke (2008) *Zement-Taschenbuch 2008*, 51. Ausg., Düsseldorf.

[24] Röhling, S. (2009) *Zwangsspannungen infolge Hydratationswärme*, Verlag Bau + Technik, Düsseldorf. 2., erw. u. überarb. Aufl.

[25] Müller, H., Reinhardt, H. W. (2010) Beton, *Beton-Kalender 2010*, Brücken – Betonbau im Wasser, Kapitel V, Ernst & Sohn, Berlin.

[26] ZTVW-LB215-2004 (2012) *Zusätzliche Technische Vertragsbedingungen Wasserbau, Wasserbauwerke aus Beton und Stahlbetonbau – Leistungsbereich 215*. BMVBS, Bonn.

[27] Spörel, F. (2013) *Frostbeanspruchung und Feuchtehaushalt in Betonbauwerken*. DAfStb-Heft **604**. Beuth Verlag, Berlin.

[28] Turner, K., Schlicke, D., Tue, N. V. (2016) Zwangbeanspruchung von Stahlbetonbauteilen. *Beton- und Stahlbetonbau* **111**, 301–309.

[29] Müller, H. S., Breiner, R., Kvitsel, V., Haist, M. (2015) *Creep and Shrinkage of Concrete – from Theoretical Background and Experimental Characteristics to Practical Prediction Models*. Concrete 2015 in conjunction with the 69th RILEM Week, Melbourne, Australia, pp. 38–49.

[30] Bažant, Z. P., Bajewa, S. (1995) *Creep and shrinkage prediction model for analysis and design of concrete structures – Model B3*. RILEM Materials & Structures 28, pp. 357–365.

[31] Bažant, Z. P., Hubler, M. H., Wendner, R. (2015) *Model B4 for creep, drying shrinkage and autogenous shrinkage of normal and high-strength concretes with multi-decade applicability*. RILEM Materials and Structures 48, pp. 753–770.

[32] Delsaute, B. (2016) *New approach for Monitoring and Modelling of the Creep and Shrinkage behaviour of Cement Pastes, Mortars and Concretes since Setting Time*. PhD-thesis, ULB, Belgium and Ifsttar, France, 362 pp.

[33] Yu, Q., Bažant, Z. P. (2012) *Improved Algorithm for Efficient and Realistic Creep Analysis of Large Creep-Sensitive Concrete Structures*, ACI 109, pp. 665–675.

[34] Fairbairn, E. M. R., Azenha, M. (2018) *Thermal Cracking of Massive Concrete Structures*. State of the Art Report of the RILEM TC 254-CMS, Springer, DOI: 10.1007/978-3-319-76617-1.

[35] Schlicke, D., Tue, N. V. (2013) Consideration of Viscoelasticity in Time Step FEM-Based Restraint Analyses of Hardening Concrete. *Journal of Modern Physics*.

[36] Qin, M. (2005) *Wirklichkeitsnahe und recheneffiziente Ermittlung von Temperatur und Spannungen bei großen RCC-Staumauern*, Dissertation, Mitteilungen des Instituts für Wasserbau der Universität Stuttgart, Heft 138.

[37] Bofang, Z. (2014) *Thermal stresses and temperature control of mass concrete*, El-sevier/Butterworth-Heinemann, Oxford, UK.

[38] ACI 305.1-06 (2007) *Specification for Hot Weather Concreting*, American Concrete Institute, ACI Committee 305.

[39] EN 1991-1-5:2012 (2012) *Eurocode 1: Einwirkungen auf Tragwerke – Teil 1-5: Allgemeine Einwirkungen – Temperatureinwirkungen*, Österreichisches Normungsinstitut, Wien.

[40] DIN 19702:2013 (2013) *Massivbauwerke im Wasserbau - Tragfähigkeit, Gebrauchstauglichkeit und*

Dauerhaftigkeit, Deutsches Institut für Normung, Berlin.

[41] Simons, H.-J. (1999) Betonierabschnitte von Stahlbetonbodenplatten ohne Mindestbewehrung, *Beton- und Stahlbetonbau* **94**, 254–258.

[42] Schlicke, D., Tue, N. V., Klausen, A., Kanstad, T., Bjøntegaard Ø. (2014) *Structural analysis and crack assessment of restrained concrete walls – 3D FEM-simulation and crack assessment.* Proceedings of the 1st Concrete Innovation Conference, Oslo, Norway, 2014.

[43] Ehmann, R., Bödefeld J. (2003) *Machbarkeitsstudie zur monolithischen Ausbildung der 2. Schleuse Wusterwitz*, Bundesanstalt für Wasserbau, Referat Massivbau, Karlsruhe.

[44] Fischer, A. (1993) *Modelluntersuchungen zur Ermittlung des Rissabstandes dicker Bauteile aus Stahlbeton*, Fortschrittsberichte VDI, Reihe 4: Bauingenieurwesen, Nr. 118., VDI-Verlag, Düsseldorf.

[45] König, G., Tue, N. V. (1996) *Grundlagen und Bemessungshilfen für die Rissbreitenbeschränkung im Stahlbeton und Spannbeton*, DAfStb-Heft **466**, Beuth Verlag, Berlin.

[46] Grube, H. (1991) Ursachen des Schwindens von Beton und Auswirkungen auf Betonbauteile, Schriftenreihe der Zementindustrie, Heft **52**/1991, Verlag Bau+Technik, Düsseldorf.

[47] Zement-Merkblatt (2014) *Risse in Beton*, Nr. B18, Verein Deutscher Zementwerke e. V., Düsseldorf.

[48] Schlicke, D., Turner, K., Tue N. V. (2015) *Decrease of tensile creep response under realistic restraint conditions in structures. Mechanics and Physics of Creep, Shrinkage and Durability of Concrete and Concrete Structures.* CONCREEP-10, Wien.

[49] Schlicke, D., Dorfmann, E. (2017) *Influence of gradual imposition of tensile stresses on associated viscoelastic behaviour.* RILEM/COST Conf. EAC-02, Brüssel.

[50] Dorfmann, E. (2017) *Zugkriechen von Beton in Abhängigkeit der Spannungsgeschichte*, Masterarbeit, Inst. f. Betonbau, Technische Universität Graz.

[51] Ernst, A. (2019) *Besonderheiten des Zugkriechens unter Berücksichtigung der Be- und Entlastungsgeschichte*, Masterarbeit, Inst. f. Betonbau, Technische Universität Graz.

[52] Rostásy, F. S., Henning, W. (1990) *Zwang und Rissbildung in Wänden auf Fundamenten*, DAfStb-Heft **407**, Beuth Verlag, Berlin.

[53] Schlicke, D., Matiašková, L. (2019) *Advanced computational methods versus analytical and empirical solutions for determining restraint stresses in bottom-restrained walls*, Journal of Advanced Concrete Technology.

[54] ZTV-ING – Teil 3 (2012) *Massivbau – Abschnitt 3 Bauwerksfugen*, Zus. Technische Vertragsbedingungen und Richtlinien für Ingenieurbauten, Bundesanstalt für Straßenwesen, Bergisch Gladbach.

[55] König, G., Fehling, E. (1989) Zur Rißbreitenbeschränkung bei voll oder beschränkt vorgespannten Betonbrücken, *Beton- und Stahlbetonbau* **84**, 161–166.

[56] DIN 4227-1:1988-07 (1988) *Spannbeton – Bauteile aus Normalbeton mit beschränkter oder voller Vorspannung*, NABau im DIN, Beuth Verlag, Berlin.

[57] Krauß, M. (2001) *Frühe Risse in massigen Betonbauteilen-Ingenieurmodelle für die Planung von Gegenmaßnahmen*, Dissertation.

[58] Tue, N. V., Bödefeld, J., Dietz, J. (2007) Einfluss der Eigenspannung auf die Rissbildung bei dicken Bauteilen im jungen Betonalter, *Beton- und Stahlbetonbau* **102**, 215–222.

[59] König, G., Soukhov, D., Jungwirth, F. (1998) *Sichere Betonproduktion für Stahlbetontragwerke*, Schlußbericht, Fraunhofer IRB Verlag.

[60] Tue, N. V., Schenck, G., Schwarz, J. (2005) *Absicherung der statistisch erhobenen Festbetonkennwerte für die neue Normengeneration.* Bauforschung. Band T 3094, IMB Univ. Leipzig, 174 S., Fraunhofer IRB Verlag.

[61] DIN EN 1992-1-1/NA:2013-04 (2013) *Nationaler Anhang – National festgelegte Parameter – Eurocode 2: Bemessung und Konstruktion von Stahlbeton- und Spannbetontragwerken – Teil 1-1 Allgemeine Bemessungsregeln und Regeln für den Hochbau*, Beuth Verlag, Berlin.

[62] ÖNORM B 1992-1-1:2018-01-01 (2018) *Nationale Festlegungen zu ÖNORM EN 1992-1-1, nationale Erläuterungen und nationale Ergänzungen.*

[63] ÖBV Richtlinie *Wasserundurchlässige Betonbauwerke – Weiße Wannen* (2018) Österr. Bautechnik-Verein, Wien, Ausgabe 2018.

[64] Bödefeld, J., Ehmann, R. (2006) *Mit oder ohne Fugen – Vorteile, Erfahrungen und Machbarkeit für eine neue Schleuse.* 31st PIANC World Congress, Estoril, Portugal, 2006.

[65] Pfefferkorn, W., Steinhilber, H. (1990) *Ausgedehnte fugenlose Stahlbetonbauten*, Beton-Verlag, Düsseldorf.

[66] Schlicke, D., Tue, N. V. (2017) *Konstruktive Oberflächenbewehrung - Mindestbewehrung für Bauteile ohne Gefahr von Makrorissen infolge Zwangbeanspruchung*, Forschungsbericht an die OeBB INFRA und ASFiNAG, Graz.

[67] Tue, N. V., Schlicke, D., Turner, K. (2017) *Untersuchung zur Oberflächenbewehrung bei Betonbauteilen im Wasserbau*, Forschungsbericht für die Bundesanstalt für Wasserbau in Karlsruhe, Graz.

X Die Anpassung des nationalen Bauproduktenrechts nach dem Urteil des EuGH vom 16. Oktober 2014

Tina Gerschler, Berlin

1 Vorbemerkungen

Der Europäische Gerichtshof hat in seinem Urteil vom 16. Oktober 2014 in der Rechtssache C-100/13 anhand von drei verschiedenen Bauprodukten festgestellt, dass die in den deutschen Bauregellisten verankerten Zusatzanforderungen an nach der Bauproduktenverordnung harmonisierte Bauprodukte gegen die zum maßgeblichen Zeitpunkt noch geltende Bauproduktenrichtlinie verstießen.

Es folgte eine Umsetzungsphase, in der zunächst die Mustervorschriften so angepasst werden mussten, dass der bisherige nationale Sicherheitsstandard trotz Abschaffung nationaler Zusatzanforderungen an nach der Bauproduktenverordnung harmonisierte Bauprodukte weiterhin gewährleistet werden konnte. Dies erforderte eine grundlegende Umstrukturierung der bisherigen bauproduktbezogenen landesrechtlichen Bestimmungen. Während zum einen Verwendbarkeits- und Übereinstimmungsnachweise für harmonisierte Bauprodukte nicht mehr gefordert werden konnten, mussten die bauaufsichtlichen Anforderungen zur Gewährleistung eines ausreichenden Sicherheitsstandards nunmehr insbesondere bauwerksbezogen formuliert werden.

Die ersten wesentlichen Schritte wurden mit der Anpassung der Musterbauordnung durch die Bauministerkonferenz mit Beschluss vom 13. Mai 2016 sowie der Veröffentlichung der Muster-Verwaltungsvorschrift Technische Baubestimmungen vom 31. August 2017 umgesetzt. Die nunmehr von der Bauministerkonferenz beschlossene Musterbauordnung wird von den Ländern als Grundlage zur Umsetzung in die jeweiligen Landesbauordnungen herangezogen. Die Muster-Verwaltungsvorschrift Technische Baubestimmungen soll den Ländern als Grundlage zur Konkretisierung der Anforderungen der Landesbauordnungen dienen und insoweit die bisher geltenden Bauregellisten und die Liste Technischer Baubestimmungen durch eine Implementierung in das jeweilige Landesrecht ablösen.

Der folgende Beitrag befasst sich mit den auf dem Urteil des Europäischen Gerichtshofs beruhenden Änderungen und Anpassungen der den landesrechtlichen Regelungen zugrunde liegenden Musterbauordnung sowie der neu erstellten Muster-Verwaltungsvorschrift Technische Baubestimmungen. Hierbei wird zunächst das bisherige System des Bauproduktenrechts auf nationaler und europäischer Ebene dargestellt. Anschließend wird erläutert, warum und in welchem Ausmaß es aufgrund der gerichtlichen Entscheidung des Europäischen Gerichtshofes erforderlich wurde, das bisher vorhandene nationale System europarechtskonform umzugestalten. In Anschluss hieran wird der Ablauf des Anpassungsprozesses dargestellt und die einzelnen Neuerungen der Musterbauordnung sowie die neu erstellte Muster-Verwaltungsvorschrift Technische Baubestimmungen näher erläutert.

2 Bisheriges Zusammenspiel zwischen nationalem und europäischem Bauproduktenrecht

2.1 Europäische Vorgaben mittels der Bauproduktenverordnung

Die Verordnung zur Festlegung harmonisierter Bedingungen für die Vermarktung von Bauprodukten und zur Aufhebung der Richtlinie 89/106/EWG (Bauproduktenverordnung, BauPVO) wurde im Jahr 2011 erlassen und ist nach einer Übergangszeit zum 1. Juli 2013 vollständig in Kraft getreten. Die bis dato geltende Richtlinie 89/106/EWG des Rates vom 21. Dezember 1988 zur Angleichung der Rechts- und Verwaltungsvorschriften der Mitgliedstaaten über Bauprodukte (Bauproduktenrichtlinie, BPR) wurde damit vollständig ersetzt.

Während die BPR zunächst von den Mitgliedstaaten in nationales Recht umgesetzt werden musste, ist eine Umsetzung der BauPVO in nationales Recht nicht erforderlich, sie gilt gemäß Artikel 288 Unterabs. 3 und Art. 288 Unterabs. 2 AEUV [1] vielmehr unmittelbar in allen Mitgliedstaaten. Europäische Richtlinien sind zwar hinsichtlich deren Zielsetzung für die Regierungen der Mitgliedstaaten verbindlich, jedoch steht diesen bei der Wahl der Form und Mittel der Umsetzung ein gewisser Gestaltungsspielraum zu. Auch die insoweit entstandenen Unterschiede bei der Umsetzung der BPR in den einzelnen Mitgliedstaaten gaben Anlass dazu, diese durch eine einheitlich geltende BauPVO zu ersetzen. Mit der BauPVO soll in allen Mitgliedstaaten ein einheitlicher Standard hinsichtlich einer gemeinsamen Fachsprache zur Ermittlung von Produktleistungen geschaffen und damit der freie Warenverkehr im Binnenmarkt weiter erleichtert werden [2].

2.1.1 Regelungsziele/Abgrenzung zur Bauproduktenrichtlinie

Das übergeordnete Ziel der BauPVO bleibt gegenüber der BPR unverändert und besteht darin, technische Handelshemmnisse im Bauproduktensektor zu beseitigen und den freien Verkehr von Bauprodukten im Binnenmarkt zu verbessern. Zur Erreichung

Beton-Kalender 2020: Wasserbau. Konstruktion und Bemessung.
Herausgegeben von Konrad Bergmeister, Frank Fingerloos und Johann-Dietrich Wörner
© 2020 Ernst & Sohn GmbH & Co. KG. Published 2020 by Ernst & Sohn GmbH & Co. KG.

dieses gemeinsamen Ziels verfolgen die BauPVO und die BPR jedoch unterschiedliche Ansätze:

Die BauPVO setzt im Rahmen der Harmonisierung auf eine gemeinsame Fachsprache aller Mitgliedstaaten und nicht auf eine Harmonisierung der technischen Anforderungen an Bauprodukte, [2] S. 6.

Nach Artikel 1 BauPVO [3] legt die BauPVO die Bedingungen für das Inverkehrbringen von Bauprodukten oder ihrer Bereitstellung auf dem Markt durch die Aufstellung harmonisierter Regeln über die Angabe von Leistungen von Bauprodukten in Bezug auf ihre Wesentlichen Merkmale sowie über die Verwendung der CE-Kennzeichnung fest. Das auf der BauPVO basierende System harmonisiert die Bedingungen für die Vermarktung von Bauprodukten dabei insbesondere durch die Einführung einheitlicher technischer Begriffe, mit denen die Wesentlichen Merkmale in Bezug auf ihre Leistung in harmonisierten technischen Spezifikationen festgelegt werden, [2] S. 3. Anders als harmonisierte Normen, die vollständig auf einem neuen Rechtsrahmen basieren, sollen die auf der BauPVO beruhenden harmonisierten Normen im Sinne einer gemeinsamen Fachsprache also nur die Verfahren und Kriterien für die Bewertung der Leistung von Bauprodukten in Bezug auf ihre Wesentlichen Merkmale festlegen, [2] S. 6. Aus den auf Grundlage der BauPVO erlassenen Normen ergeben sich daher auch nicht die Sicherheitsanforderungen an Bauprodukte.

Im Gegensatz hierzu bediente sich die BPR normeneinheitlicher technischer Standards, legte damit technische Anforderungen an Bauprodukte fest und stellte gemäß Artikel 4 Abs. 2 BPR [4] eine Brauchbarkeitsvermutung für die Produkte in ihrem Anwendungsbereich auf.

Mit der BauPVO ändert sich insoweit die Bedeutung der CE-Kennzeichnung. Nach der BPR erbrachte der Hersteller mit der CE-Kennzeichnung den Nachweis der Übereinstimmung des Bauprodukts mit harmonisierten technischen Spezifikationen. Nach der BauPVO erklärt der Hersteller hingegen lediglich, dass das Bauprodukt mit der in der Leistungserklärung angegebenen Leistung übereinstimmt. Die CE-Kennzeichnung steht folglich nur für die durch den Hersteller erklärten Leistungen des Produkts, jedoch nicht für die Einhaltung der Anforderungen der bauwerksbezogenen Leistungen in den Mitgliedstaaten. Die Konformität im engeren Sinne, also die Einhaltung von wesentlichen Anforderungen, wird nach der BauPVO mit der CE-Kennzeichnung folglich gerade nicht bestätigt.

2.1.2 Bewertung anhand Technischer Spezifikationen

Zur Verwirklichung der zuvor beschriebenen Zielsetzung der BauPVO werden harmonisierte technische Spezifikationen in Form von harmonisierten Normen und Europäischen Bewertungsdokumenten ausgearbeitet. Ist ein Bauprodukt von einer harmonisierten Norm erfasst oder entspricht es einer für dieses ausgestellten Europäischen Technischen Bewertung (ETA), so ist der Hersteller gemäß Artikel 4 Absatz 1 BauPVO zur Erstellung einer Leistungserklärung und nach Artikel 8 Abs. 2 Unterabs. 1 BauPVO zur CE-Kennzeichnung verpflichtet, wenn er das Bauprodukt in Verkehr bringen will (Bild 1). Aus Artikel 4 Abs. 3 und Artikel 8 Abs. 2 Unterabs. 3 BauPVO folgt, dass der Hersteller damit die Verantwortung für die Konformität des Bauprodukts mit der erklärten Leistung übernimmt. Ausnahmen von der Pflicht zur Erstellung einer Leistungserklärung sind in Art. 5 BauPVO aufgeführt.

2.1.2.1 Harmonisierte Normen

Harmonisierte Normen enthalten gemäß Artikel 17 Abs. 3 BauPVO die Verfahren und Kriterien für die Bewertung der Leistung von Bauprodukten in Bezug auf ihre Wesentlichen Merkmale. Dabei bezieht sich die harmonisierte Norm gegebenenfalls auf einen bestimmten Verwendungszweck. Nach Artikel 17 Abs. 4 BauPVO wird ein System zur Bewertung und Überprüfung der Leistungsbeständigkeit festgelegt. Die harmonisierte Norm enthält die für die Anwendung des Systems erforderlichen technischen Angaben. Ein Verzeichnis der Fundstellen wird von der Europäischen Kommission im Amtsblatt der Europäischen Union veröffentlicht. Hierin werden unter anderem der Beginn und das Ende der Koexistenzperiode angegeben. Ab dem Tag des Beginns der Koexistenzperiode kann eine harmonisierte Norm gemäß Artikel 17 Abs. 5 Unterabs. 8

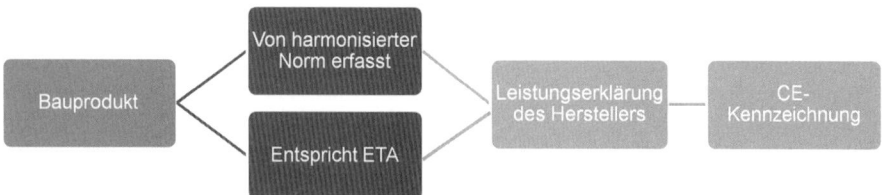

Bild 1. Anforderungen an harmonisierte Bauprodukte

BauPVO verwendet werden, um eine Leistungserklärung für ein von dieser Norm erfasstes Bauprodukt zu erstellen.

2.1.2.2 Europäische Bewertungsdokumente / Europäische Technische Bewertungen

Gemäß Artikel 26 Abs. 1 Unterabs. 1 BauPVO wird eine ETA auf Antrag eines Herstellers von einer Technischen Bewertungsstelle auf Grundlage eines Europäischen Bewertungsdokuments erstellt, wenn das Bauprodukt nicht oder nicht vollständig von einer harmonisierten Norm erfasst ist und dessen Leistung in Bezug auf seine Wesentlichen Merkmale nicht vollständig anhand einer bestehenden harmonisierten Norm bewertet werden kann. Dies kann gemäß § 19 Abs. 1 lit. a) bis c) BauPVO insbesondere erforderlich sein, wenn das Bauprodukt nicht in den Anwendungsbereich einer bestehenden harmonisierten Norm fällt, das in der harmonisierten Norm vorgesehene Bewertungsverfahren für mindestens ein Wesentliches Merkmal des Bauprodukts nicht geeignet ist oder die harmonisierte Norm für mindestens ein Wesentliches Merkmal kein Bewertungsverfahren vorsieht.

Gibt es noch kein Europäisches Bewertungsdokument für das betreffende Bauprodukt, so wird dieses nach Antragsstellung zunächst erarbeitet. Die Technische Bewertungsstelle veranlasst in diesem Fall die Erstellung des Europäischen Bewertungsdokuments durch die Organisation Technischer Bewertungsstellen und erstellt anschließend die ETA für den Antragsteller (Bild 2).

Der Inhalt einer ETA wird in Artikel 26 Abs. 2 BauPVO dargestellt. Diese enthält die zu erklärenden Leistungen nach Stufen und Klassen oder in einer Beschreibung in Bezug auf die wesentlichen Merkmale, auf die sich der Hersteller und die Technische Bewertungsstelle für den erklärten Verwendungszweck geeinigt haben sowie die für die Anwendung des Systems zur Bewertung und Überprüfung der Leistungsbeständigkeit erforderlichen technischen Angaben.

2.2 Bisheriges Regelungssystem der Landesbauordnungen und der Bauregellisten

2.2.1 Struktur der Landesbauordnungen

Das bisherige System der Landesbauordnungen hat zwischen

- geregelten, nicht geregelten und sonstigen Bauprodukten sowie
- geregelten und nicht geregelten Bauarten

unterschieden.

2.2.1.1 Bauprodukte

Wann Bauprodukte verwendet werden durften, war umfassend in § 17 MBO alt [5] geregelt (Bild 3).

Nach § 17 Absatz 1 Nr. 1 MBO alt durften sogenannte „geregelte" Bauprodukte verwendet werden, wenn sie aufgrund des Übereinstimmungsnachweises nach § 22 MBO alt das Ü-Zeichen trugen. Um geregelte Bauprodukte handelte es sich, wenn das Bauprodukt in Bauregelliste A [6] aufgeführt war und von den dort bekannt gemachten technischen Regeln nicht oder nicht wesentlich abwich.

Die sogenannten „nicht geregelten" Bauprodukte durften gemäß § 17 Absatz 1 Nr. 1 in Verbindung mit Abs. 3 MBO alt verwendet werden, wenn für diese eine allgemeine bauaufsichtliche Zulassung gemäß § 18 MBO alt, ein allgemeines bauaufsichtlichen Prüfzeugnis nach § 19 MBO alt oder eine Zustimmung im Einzelfall nach § 20 MBO alt erteilt wurde und sie aufgrund des Übereinstimmungsnachweises nach § 22 MBO alt das Ü-Zeichen trugen. Um ein nicht geregeltes Bauprodukt handelte es sich zum einen, wenn das Bauprodukt von der Bauregelliste A [6] umfasst war, jedoch von

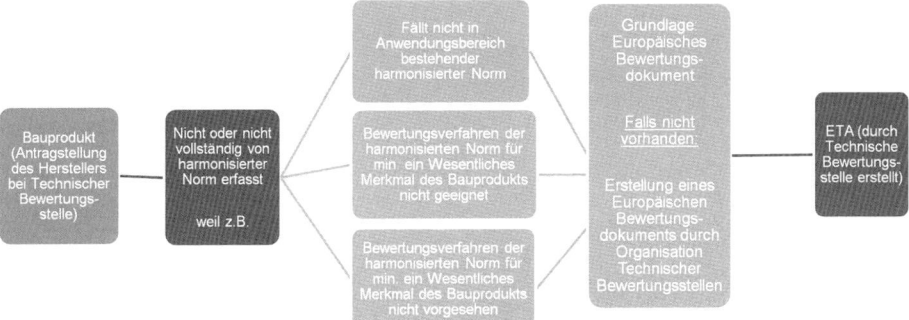

Bild 2. Voraussetzungen zur Ausstellung einer ETA

den dort aufgeführten technischen Regeln wesentlich abwich oder zum anderen, wenn es für das Bauprodukt keine Technischen Baubestimmungen oder allgemein anerkannte Regeln der Technik gab.

„Sonstige" Bauprodukte waren gemäß § 17 Abs. 1 Satz 2 MBO alt solche, die von allgemein anerkannten Regeln der Technik erfasst sind. Diese durften auch verwendet werden, wenn diese Regeln nicht in der Bauregelliste A bekannt gemacht waren. Zudem bedurften sonstige Bauprodukte auch dann keines Verwendbarkeitsnachweises, wenn sie von den anerkannten Regeln der Technik abwichen.

Daneben wurde noch eine weitere Gruppe von Bauprodukten nach § 17 Absatz 1 Ziffer 2 in Verbindung mit Abs. 7 MBO alt unterschieden. Hiernach durften Bauprodukte verwendet werden, die nach der BauPVO, nach anderen unmittelbar geltenden Vorschriften oder nach Richtlinien der Europäischen Union, soweit diese die Grundanforderungen an Bauwerke nach Anhang I der BauPVO berücksichtigten, in den Verkehr gebracht und gehandelt werden durften, insbesondere die CE-Kennzeichnung trugen und dieses Zeichen die in Bauregelliste B Teil 2 [6] festgelegten Leistungsstufen oder -klassen oder die Leistung des Bauprodukts auswies.

In einer explizit in § 17 Abs. 2 Satz 2 MBO alt benannten Liste C [6] wurden solche Bauprodukte aufgeführt, für die definitiv kein Verwendbarkeitsnachweis erforderlich war.

2.2.1.2 Bauarten

Ein Anwendbarkeitsnachweis für Bauarten war gemäß § 21 MBO alt dann erforderlich, wenn die Bauart von den in der Liste der Technischen Baubestimmungen [7] enthaltenen technischen Regeln wesentlich abwich oder es keine allgemein anerkannten Regeln der Technik gab (sogenannte „nicht geregelte" Bauarten). Die vorgesehenen Anwendbarkeitsnachweise entsprachen denen für Bauprodukte. Im Umkehrschluss bedeutet dies, dass Bauarten, die vorhandenen Technischen Baubestimmungen entsprachen oder nur unwesentlich von diesen abwichen bzw. solche, für die es allgemein anerkannte Regeln der Technik gab, ohne Weiteres angewandt werden konnten.

2.2.2 Struktur der Bauregellisten

Wie in Tabelle 1 dargestellt, wurden geregelte Bauprodukte in Bauregelliste A Teil 1 [6] aufgeführt.

Bauregelliste A Teile 2 und 3 [6] enthielten nicht geregelte Bauprodukte und Bauarten, die lediglich eines bauaufsichtlichen Prüfzeugnisses bedurften, da deren Verwendung nicht die Erfüllung erheblicher Anforderungen an die Sicherheit baulicher Anlagen diente oder fehlende Anforderungen nach allgemein anerkannten Prüfverfahren beurteilt werden konnten.

Bauprodukte im Geltungsbereich harmonisierter Normen und europäischer technischer Zulassungen nach der Bauproduktenverordnung konnten in Bauregelliste B Teil 1 [6] aufgenommen werden. Hier wurden gemäß § 17 Abs. 7 MBO alt Leistungsstufen und -klassen nach Art. 27 BauPVO oder den Vorschriften zur Umsetzung der Richtlinien der Europäischen Union festgelegt.

In Bauregelliste B Teil 2 wurden die Anforderungen an solche Bauprodukte festgelegt, die aufgrund der Vorschriften zur Umsetzung anderer Richtlinien der Europäischen Gemeinschaften in den Verkehr gebracht und gehandelt wurden, wenn die Richtlinien Grundanforderungen nach Art. 3 Abs. 1 der

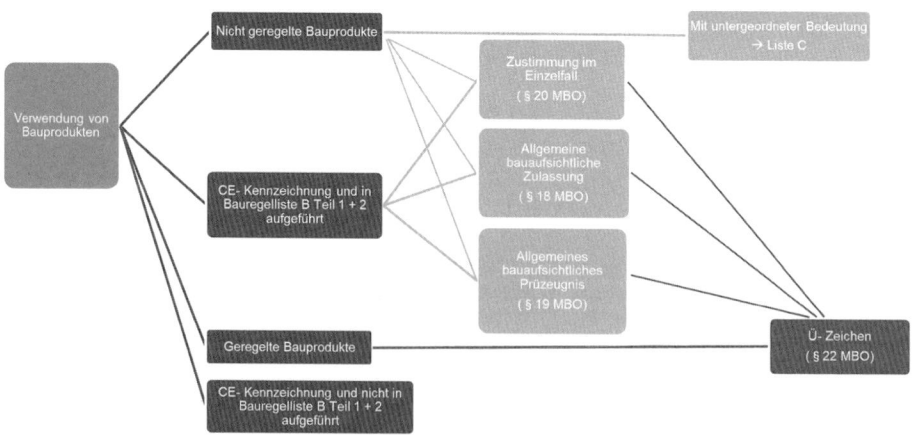

Bild 3. Bisherige nationale Anforderungen an Bauprodukte nach den Landesbauordnungen

Tabelle 1. Struktur der Bauregellisten und der Liste C

Bauregellisten A und B				Liste C
Teil A		Teil B		
A 1	A 2 und 3	B 1	B 2	
Geregelte Bauprodukte	Nicht geregelte Bauprodukte und Bauarten mit Prüfzeugnis	Bauprodukte im Geltungsbereich harmonisierter Normen nach BauPVO	Bauprodukte nach europäischen Richtlinien, die nicht die Grundanforderungen nach Anhang I der BauPVO berücksichtigen	Bauprodukte mit untergeordneter Bedeutung zur Erfüllung bauordnungsrechtlicher Anforderungen

BauPVO nicht berücksichtigten. Um solche EG-Richtlinien handelt es sich beispielsweise in den folgenden Fällen:

- Richtlinie 89/686/EWG des Rates vom 21. Dezember 1989 zur Angleichung der Rechtsvorschriften der Mitgliedstaaten für persönliche Schutzausrüstungen. In Deutschland umgesetzt durch das Produktsicherheitsgesetz (ProdSG) und die 8. Verordnung zum Produktsicherheitsgesetz (Verordnung über die Bereitstellung von persönlichen Schutzausrüstungen auf dem Markt – 8. ProdSV).
- Richtlinie 2009/142/EG vom 30. November 2009 über Gasverbrauchseinrichtungen (EU-Gasgeräte-Richtlinie). In Deutschland umgesetzt durch das Produktsicherheitsgesetz (ProdSG) und die 7. Verordnung zum Produktsicherheitsgesetz (Gasverbrauchseinrichtungsverordnung – 7. ProdSV).
- Richtlinie 92/42/EWG über die Wirkungsgrade von mit flüssigen oder gasförmigen Brennstoffen beschickten neuen Warmwasserheizkesseln (Heizkesselwirkungsgradrichtlinie). In Deutschland umgesetzt durch das Bauproduktengesetz (BauPG) und die Verordnung über das Inverkehrbringen von Heizkesseln und Geräten nach dem BauPG (BauPG HeizkesselV), Energieeinspargesetz (EnEG) und die Verordnung über energiesparenden Wärmeschutz und energiesparende Anlagentechnik bei Gebäuden (Energieeinsparverordnung – EnEV).

Bauprodukte, die für die Erfüllung bauordnungsrechtlicher Anforderungen nur eine untergeordnete Bedeutung hatten, wurden in Liste C aufgeführt. Bei diesen Produkten entfielen Verwendbarkeits- und Übereinstimmungsnachweise.

2.3 Lückenhaft harmonisierte Bauprodukte und nationale Zusatzanforderungen

Auf europäischer Normungsebene waren – und sind nach wie vor – einige wichtige Bauprodukte nicht umfassend hinsichtlich aller erforderlichen Wesentlichen Merkmale im Hinblick auf die in Anhang I der BauPVO aufgeführten Grundanforderungen an Bauwerke geregelt. Harmonisierten europäischen Produktnormen fehlen zuweilen wichtige harmonisierte Verfahren und Kriterien für die Bewertung der Leistungen der Bauprodukte in Bezug auf ihre Wesentlichen Merkmale, obwohl die betroffenen Wesentlichen Merkmale eindeutig im jeweiligen Anhang ZA der Norm ausgewiesen sind. Teilweise fehlen Wesentliche Merkmale, obwohl sie vom Normungsauftrag erfasst und für die Erfüllung der Grundanforderungen an Bauwerke in mehreren Mitgliedstaaten relevant sind.

Hierdurch kann es zu erheblichen Regelungslücken für die Planung und Bemessung baulicher Anlagen, insbesondere im Bereich des Umwelt- und Gesundheitsschutzes, kommen. Um diese Regelungslücken zu kompensieren und einen ausreichenden Schutz zu gewährleisten, wurden an diese „lückenhaft" harmonisierten Bauprodukte in der Bauregelliste B Teil 1 zusätzliche nationale Anforderungen gestellt. So forderte Bauregelliste B Teil 1 für einige Produkte neben der auf europäischer Ebene erforderlichen Leistungserklärung und CE-Kennzeichnung einen nationalen Verwendbarkeitsnachweis und zusätzlich die Ü-Kennzeichnung. Das bekannteste Beispiel ist das Glimmverhalten mineralischer Dämmstoffe. Die am Bau Beteiligten konnten sich durch das Ü-Zeichen darauf verlassen, dass der nationale Sicherheitsstandard gewahrt wird.

Diese Zusatzanforderungen an harmonisierte Bauprodukte waren letztlich Gegenstand und Anlass der Entscheidung des Europäischen Gerichtshofs aus dem Jahr 2014.

3 Urteil des EuGH vom 16. Oktober 2014

Der Europäische Gerichtshof (EuGH) hat nach einem vorausgehenden jahrelangen Vertragsverletzungsverfahren der Europäischen Kommission in seinem Urteil vom 16. Oktober 2014 in der Rechtssache C-100/13 [8] einen Verstoß der Bundesrepublik Deutschland gegen die BPR darin gesehen, dass die Bauregellisten zusätzliche Anforderungen für den wirksamen Marktzugang und die Verwendung in Deutschland stellen, obwohl die betroffenen Bauprodukte von harmonisierten Normen erfasst und mit der CE-Kennzeichnung versehen waren.

3.1 Inhalt

Das EuGH-Urteil bezieht sich auf Zusatzregelungen zu drei in der Bauregelliste B Teil 1 namentlich genannten Produkten. Dabei handelt es sich um Anforderungen an die Dauerhaftigkeit der Dichtwirkung von Rohrleitungsdichtungen aus thermoplastischen Elastomeren, um die Eigenschaft des Glimmens von Dämmstoffen aus Mineralwolle und um das Brandverhalten von Toren ohne Feuer- und Rauchschutzeigenschaften. Die Europäische Kommission kritisierte insbesondere, dass Deutschland zusätzlich zu der CE-Kennzeichnung eine allgemeine bauaufsichtliche Zulassung und ein Ü-Zeichen verlangte.

Die Bundesregierung rechtfertigte das vorhandene System des „Lückenschlusses" gegenüber dem EuGH mit den ersten Erwägungsgrund der BPR abgeleiteten Pflicht der Mitgliedstaaten, sicherzustellen, „dass auf ihrem Gebiet die Bauwerke des Hoch- und Tiefbaus derart entworfen und ausgeführt werden, dass die Sicherheit der Menschen, der Haustiere und Güter nicht gefährdet und andere wesentliche Anforderungen im Interesse des Allgemeinwohls beachtet werden", [8] Rn. 50. Deutschland trug hierzu vor, dass die BPR nur die wesentlichen Anforderungen an Bauwerke und nicht an Bauprodukte enthalte, [8] Rn. 45. Den wesentlichen Anforderungen an Bauwerke gemäß Anhang I der BPR könne nur durch eine umfassende und vollständige Harmonisierung der Bauprodukte hinreichend Rechnung getragen werden. Lückenhafte harmonisierte Normen dem gänzlichen Fehlen einer harmonisierten Norm gleichzusetzen, da hier weder das Behinderungsverbot nach Art. 6 Abs. 1 BPR noch die Brauchbarkeitsvermutungswirkung des Art. 4 Abs. 2 BPR zum Tragen kommen könne, [8] Rn. 46, 47. Von der Brauchbarkeit eines Bauprodukts entsprechend Art. 4 Abs. 2 BPR könne nur dann ausgegangen werden, wenn dieses auch umfassend hinsichtlich aller erforderlichen Produktmerkmale geregelt sei. Bis zur Bekanntmachung einer vollständig harmonisierten Norm dürften die Mitgliedstaaten daher vorübergehend ergänzende nationale Anforderungen stellen und Bewertungs- und Prüfverfahren zur Schließung von Lücken in den harmonisierten Normen festlegen, [8] Rn. 46.

Dieser Ansicht folgte der EuGH jedoch nicht. Art. 4 Abs. 2 der BPR besage, dass mit der CE-Kennzeichnung von der Brauchbarkeit eines Bauprodukts auszugehen sei, wenn es mit einer harmonisierten Norm übereinstimme, [8] Rn. 53. Dies gelte ganz unabhängig vom Regelungsumfang der harmonisierten Norm. Vielmehr seien die Mitgliedstaaten bei einem Regelungsbedürfnis harmonisierter Normen auf die in Art. 5 und 21 BPR vorgesehenen Verfahren verwiesen. Die BPR treffe daher eine abschließende Regelung hinsichtlich der CE-Kennzeichnung und der Brauchbarkeitsvermutung des Bauprodukts.

3.2 Konsequenzen

Das EuGH-Urteil ist ein Feststellungsurteil, das die nach Auffassung des EuGH gegen Gemeinschaftsrecht verstoßenden nationalen Regelungen nicht aufhebt, sondern den Mitgliedstaat von sich aus und nach seiner Entscheidung verpflichtet, die sich aus dem Urteil ergebenden Maßnahmen zu ergreifen.

Der EuGH legte bei der Beurteilung des Sachverhalts die BPR zugrunde, da diese im Zeitpunkt der behaupteten Rechtsverletzung bezüglich der drei betroffenen Bauprodukte noch gültig war und die BauPVO noch keine Anwendung fand, [8] Rn. 15. In den zuständigen Gremien der Bauministerkonferenz wurde daher intensiv beraten, inwieweit die auf Grundlage der BPR getroffenen Feststellungen des Urteils auf die BauPVO übertragen lassen und welche Konsequenzen im Hinblick auf das deutsche Bauproduktenrecht zu ziehen sind. Fraglich war insbesondere, ob aufgrund der unterschiedlichen Ausrichtung der BauPVO im Verhältnis zur BPR überhaupt eine Anpassung der Musterbauordnung erforderlich werde. Da aber die Europäische Kommission den abschließenden Charakter der Ü-Kennzeichnung und Leistungserklärung nach der neuen BauPVO nicht abweichend zur BPR herausstellte[1] und ein weiteres Vertragsverletzungsverfahren vermieden werden sollte, entschieden sich die Länder für eine umfassende Anpassung der nationalen Regelungen, um eventuellen Sanktionen durch die Europäische Union vorzubeugen. Ziel war nunmehr die uneingeschränkte Erfüllung der europarechtlichen Vorgaben bei gleichzeitiger Wahrung des Grundrechte der Bürger durch Erfüllung der im Anhang I der BauPVO aufgeführten Grundanforderungen an Bauwerke. Die Länder mussten daher das aktuelle nationale System des Bauproduktenrechts

---

1) Für die Übertragbarkeit der Konsequenzen aus dem EuGH-Urteil von der BauPRL auf die BauPVO siehe beispielsweise die Auffassung der Kommission in ihrem Bericht an das Europäische Parlament und den Rat über die Durchführung der Verordnung (EU) Nr. 305/2011 des Europäischen Parlaments und des Rates vom 9. März 2011 zur Festlegung harmonisierter Bedingungen für die Vermarktung von Bauprodukten und zur Aufhebung der Richtlinie 89/106/EWG des Rates, S. 5

entsprechend an das EuGH-Urteil anpassen. Zusatzanforderungen an sogenannte lückenhaft harmonisierte Bauprodukte sollten weder in den Landesbauordnungen noch den Bauregellisten gestellt werden.

4 Notwendige Anpassungen des nationalen Bauproduktenrechts aufgrund des EuGH-Urteils

Nunmehr werden Produktleistungen eines nach der BauPVO CE-gekennzeichneten Produkts ausschließlich durch die Leistungserklärung ausgewiesen. Zusätzliche nationale Verwendbarkeitsnachweise gibt es nicht mehr.

Um aber den bisherigen nationalen Sicherheitsstandard dennoch aufrechtzuerhalten, werden die erforderlichen bauaufsichtlichen Anforderungen nunmehr bauwerksbezogen formuliert. Denn, die Regelungen der BauPVO sind nur hinsichtlich ihres Regelungsumfangs abschließend. Dieser betrifft eine gemeinsame Fachsprache: Harmonisierte Normen und ETAs enthalten Verfahren und Kriterien für die Bewertung der Leistung von Bauprodukten in Bezug auf ihre Wesentlichen Merkmale. Hiervon ist die Bauwerkssicherheit nicht umfasst. Die bauaufsichtliche Regelungskompetenz hinsichtlich der Bauwerksanforderungen liegt folglich nach wie vor allein in der Kompetenz der Mitgliedsstaaten. Aus den Bauwerksanforderungen muss sich ableiten lassen, welche Leistungen ein Bauprodukt erbringen muss, um im konkreten Verwendungszusammenhang die Bauwerksanforderungen zu erfüllen. Es handelt sich mithin nicht um produktunmittelbare Anforderungen, sondern verwendungsspezifische Bauwerksanforderungen. Die nationalen materiellen Anforderungen an Bauwerke bleiben daher gleichwohl bestehen und werden allein durch die Mitgliedstaaten bestimmt. Der Bauherr, der Entwurfsverfasser und der Unternehmer werden trotz des EuGH-Urteils und der geänderten MBO gegenüber der Bauaufsicht nicht von der nachzuweisenden Verpflichtung zur Einhaltung der öffentlich-rechtlich normierten Anforderungen an Anlagen entbunden.

4.1 Nicht harmonisierte Bauprodukte

Verwendbarkeits- und Übereinstimmungsnachweise für Bauprodukte, die nicht in den Geltungsbereich harmonisierter Spezifikationen fallen, sind von dem EuGH-Urteil nicht betroffen. Es können daher weiterhin produktunmittelbare Anforderungen an nicht harmonisierte Bauprodukte gestellt werden – inhaltliche Änderungen sieht die MBO hier nicht vor. Der bisherige Begriff des Übereinstimmungsnachweises nach § 22 MBO alt wurde lediglich durch den Begriff der Übereinstimmungsbestätigung in § 21 MBO neu [11] ersetzt.

4.2 Lückenhaft harmonisierte Bauprodukte

Das vorhandene System in den Bauordnungen der Länder musste so angepasst werden, dass weder ein Nachweisverfahren noch eine zusätzliche Ü-Kennzeichnung bei bereits nach der BauPVO harmonisierten Bauprodukten gefordert wird. Zugleich war aber auch sicherzustellen, dass die Grundanforderungen an Bauwerke wie Bauwerkssicherheit, Gesundheit, Umweltschutz gewahrt bleiben. Dieses Ziel soll zukünftig durch einen ausgeprägten bauwerksbezogenen Ansatz für die Festlegung bauaufsichtlicher Anforderungen erreicht werden.

4.3 Bauarten

Die BauPVO bezieht sich ausschließlich auf Bauprodukte. Regelungen zur Planung, Bemessung und Ausführung baulicher Anlagen (Bauarten) bleiben dem nationalen Zuständigkeitsbereich vorbehalten.

5 Ablauf und Maßnahmen des Anpassungsprozesses

Bei der Europäischen Kommission wurde eine zweijährige Frist zur vollständigen Umsetzung des EuGH-Urteils angemeldet, um eine Abänderung der bisherigen Verwaltungspraxis in einem geordneten Verfahren sicherzustellen. Die aus dem Urteil folgenden erforderlichen Anpassungen der nationalen Regelungen mussten daher bis zum 16. Oktober 2016 umgesetzt werden.

Im Rahmen des Umsetzungsprozesses (Bild 4) wurden zunächst die vom EuGH-Urteil direkt in Bezug genommenen Regelungen in den Anlagen 1/12.3 und 1/12.4 zur lfd. Nr. 1.12.10, Anlage 1/5.2 zur lfd. Nr. 1.5.1 und Anlage 1/6.1 zur lfd. Nr. 1.6.7 der Bauregelliste B Teil 1 außer Vollzug gesetzt. In diesen konkreten Fällen wurden allgemeine bauaufsichtliche Zulassungen ab dem 13. April 2015 nicht mehr erteilt. Kurzfristig erfolgte überdies eine Überarbeitung der Bauregellisten durch die Gremien der Bauministerkonferenz hinsichtlich sofort verzichtbar gewordener Zusatzanforderungen. Diese Änderungen wurden zunächst durch das Deutsche Institut für Bautechnik (DIBt) angekündigt und in den Änderungsmitteilungen „Änderungen der Bauregelliste B Teil 1 – Ausgabe 2015/1" vom 31. Juli 2015 [12] sowie „Änderungen der Bauregelliste A und B – Ausgabe 2016/1" vom 10. Januar 2016 [13] umgesetzt. Für die übrigen Bauprodukte im Geltungsbereich harmonisierter Spezifikationen nach der BauPVO galten die Bauregellisten und die Listen der Technischen Baubestimmungen zunächst fort und wurden unter vorläufig fortgeltendem Vollzogen. Zulassungsanträge wurden noch bis zum 31. Januar 2016 entgegengenommen. Die Geltungsdauer der betroffenen Zulassungen orientiert sich dabei an den bei Zulassungserteilung bereits geltenden Zulassungs

der betroffenen Sparte (Zulassungsgebiet). Auf diese Weise wurde die Geltungsdauer beschränkt und zugleich die Wettbewerbsgleichheit zwischen den Herstellern gewährleistet.

Daneben waren die Novellierung der MBO sowie die Ausarbeitung der MVV TB die wesentlichen Eckpfeiler zur Umsetzung des Urteils. Die überarbeitete und an das Urteil des EuGH angepasste Fassung der MBO liegt seit dem 13. Mai 2016 vor, die MVV TB wurde am 31. August 2017 veröffentlicht [9]. Die Länder mussten anschließend die neuen Regelungen der MBO sowie die neue MVV TB in Landesrecht umsetzen. Bisher haben alle Länder außer Mecklenburg-Vorpommern, Rheinland-Pfalz, Saarland und Schleswig-Holstein die MBO und die MVV TB in Landesrecht umgesetzt (Stand Juni 2019). Auch wenn die landesrechtlichen Vorschriften noch nicht durch alle Länder angepasst wurden, haben sämtliche Länder darauf hingewiesen, dass die neuen Regelungen der MBO und MVV TB bis zur Umsetzung in Landesrecht bereits jetzt bauaufsichtlich beachtet werden sollen. Das ist dann möglich, wenn es lediglich um technische Standards, nicht aber um neue rechtliche Festlegungen zur Konkretisierung der MBO bzw. Landesbauordnungen geht.

Da die Erarbeitung der MVV TB sowie deren Umsetzung in den jeweiligen Landesbauordnungen zum Ablauf der zweijährigen Umsetzungsfrist noch andauerte, erließen die Länder bauaufsichtliche Vollzugshinweise für harmonisierte Bauprodukte zur Umsetzung des EuGH-Urteils mit Wirkung zum 16. Oktober 2016 [10]. Zur Gewährleistung eines unionskonformen bauaufsichtlichen Vollzugs auch schon vor Inkrafttreten der notwendigen Änderungen der Landesbauordnungen werden für Bauprodukte, die die CE-Kennzeichnung nach der BauPVO tragen, die Bestimmungen der Landesbauordnungen über die Verwendbarkeitsnachweise für Produktleistungen sowie die das „Ü-Zeichen" betreffenden Kennzeichnungspflichten seit dem 16. Oktober 2016 nicht mehr vollzogen.

Soweit die vorhandenen Leistungserklärungen keine Leistungsangaben bezüglich bauaufsichtlicher Anforderungen ausweisen, können die erforderlichen Produktleistungen auch durch freiwillige Herstellerangaben in Form einer prüffähigen technischen Dokumentation dargelegt und gegenüber der Bauaufsicht zur Nachweiserbringung herangezogen werden. Diese technischen Dokumentationen werden in der Regel anerkannt, wenn es eine allgemein anerkannte, bekannt gemachte bzw. durch Technische Baubestimmung eingeführte technische Regel gibt, in welcher das Prüfverfahren vollständig beschrieben ist und diese Prüfungen von einer anerkannten Prüfstelle nach Art. 43 BauPVO oder einer vergleichbar qualifizierten Stelle durchgeführt wurden oder soweit es keine allgemein anerkannte, bekannt gemachte bzw. durch technische Baubestimmung eingeführte technische Regel gibt, die Drittprüfung von einer Stelle, die den Anforderungen an eine europäische Technische Bewertungsstelle nach Art. 30 BauPVO genügt oder eine vergleichbare Qualifikation aufweist, durchgeführt wurde und eine prüffähige Bescheinigung über die Einhaltung der Bauwerksanforderungen in Bezug auf die jeweilige Leistungsangabe enthält. Zudem trafen die

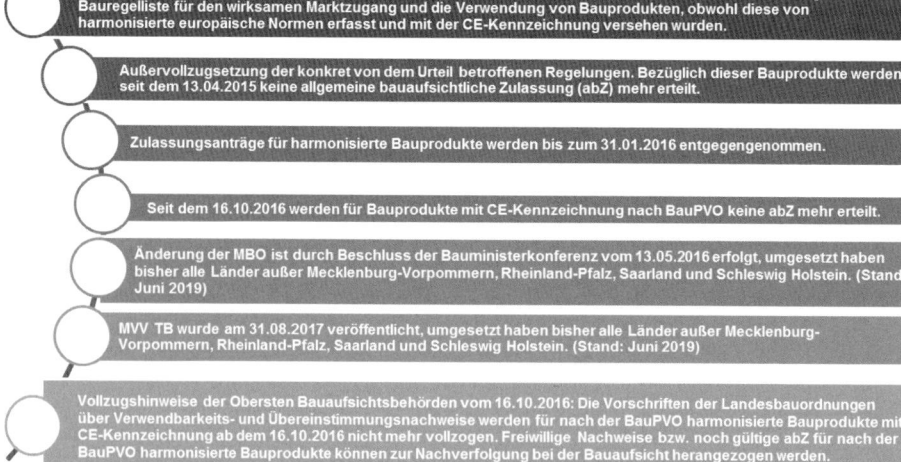

Bild 4. Umsetzung der aus dem Urteil des EuGH folgenden Konsequenzen

Vollzugshinweise der Länder Regelungen zum Umgang mit noch gültigen Verwendbarkeitsnachweisen für harmonisierte Bauprodukte. Hiernach können trotz Außervollzugsetzung der entsprechenden Regelungen allgemeine bauaufsichtliche Zulassungen oder allgemeine bauaufsichtliche Prüfzeugnisse während ihrer ausgewiesenen Geltungsdauer zur Darlegung des bauaufsichtlichen Anforderungsniveaus weiterhin herangezogen werden. Von dem Nachweis der erforderlichen Leistung ist nach den Vollzugshinweisen der Länder regelmäßig auszugehen, wenn fest steht, dass die in der allgemeinen bauaufsichtlichen Zulassung oder dem allgemeinen bauaufsichtlichen Prüfzeugnis enthaltenen Bestimmungen weiterhin erfüllt sind.

6 Das neue System des nationalen Bauproduktenrechts

Eine für die Umsetzung der Forderungen aus dem EuGH-Urteil wichtige Anpassung wurde mit § 16c MBO neu aufgenommen. Hiernach gelten die §§ 17 bis 25 Abs. 1 MBO neu nicht für Bauprodukte, die die CE-Kennzeichnung aufgrund der BauPVO tragen. Dementsprechend sind die Regelungen über Verwendbarkeits- und Übereinstimmungsnachweise für nach der BauPVO harmonisierte Bauprodukte nicht anwendbar. Eine Ü-Kennzeichnung ist folglich nicht mehr zulässig (Bild 5).

Zudem wird das bisherige System der Bauregellisten, der Liste C und der Liste der Technischen Baubestimmungen durch das umfassende Regelwerk der MVV TB ersetzt. Die jeweiligen Inhalte gehen unter Beachtung des EuGH-Urteils in der MVV TB auf. Dabei wurde insbesondere berücksichtigt, dass keine zusätzlichen Nachregelungen bereits harmonisierter Bauprodukte möglich und bauaufsichtliche Anforderungen bauwerksbezogen zu formulieren sind.

Wie bereits nach der alten MBO [5] und den Bauregellisten [6] wird auch nach dem neuen Konzept [9, 11] zwischen Bauprodukten und Bauarten unterschieden. Es wurden aber Anpassungen in der neuen MBO vorgenommen, die eine Abgrenzung und Unterscheidung zwischen den beiden Instrumenten noch deutlicher machen sollen: Für Bauprodukte sind weiterhin die allgemeine bauaufsichtliche Zulassung, das allgemeine bauaufsichtliche Prüfzeugnis und die Zustimmung im Einzelfall als Verwendbarkeitsnachweise vorgesehen. Für die Anwendbarkeitsnachweise von Bauarten wurden hingegen neue Begriffe, die sogenannte allgemeine Bauartgenehmigung, das allgemeine bauaufsichtliche Prüfzeugnis für Bauarten und die vorhabenbezogene Bauartgenehmigung eingeführt (Bild 6). Der Begriff „Genehmigung" verdeutlicht den Sachzusammenhang mit der Bauausführung für bauliche Anlagen entsprechend der Baugenehmigung und damit, dass es sich bei Bauarten und Bauprodukten um unterschiedliche Regelungskomplexe handelt. Zudem wurde die Bauart aus dem Abschnitt der Bauprodukte herausgelöst und ist nunmehr separat in § 16a MBO neu unter dem Abschnitt „Allgemeine Anforderungen an die Bauausführung" geregelt. Auch dies dient in erster Linie der deutlichen Abgrenzung zu Bauprodukten.

6.1 Verwendbarkeitsnachweise für Bauprodukte

Nach wie vor sind die allgemeine bauaufsichtliche Zulassung (§ 18 MBO neu), das allgemeine bauaufsichtliche Prüfzeugnis (§ 19 MBO neu) und die Zustimmung im Einzelfall (§ 20 MBO neu) die vorgesehenen Verwendbarkeitsnachweise der MBO für Bauprodukte.

6.1.1 Erforderlichkeit

Bevor die konkreten Anforderungen an die Erteilung der Verwendbarkeitsnachweis nach § 18 bis

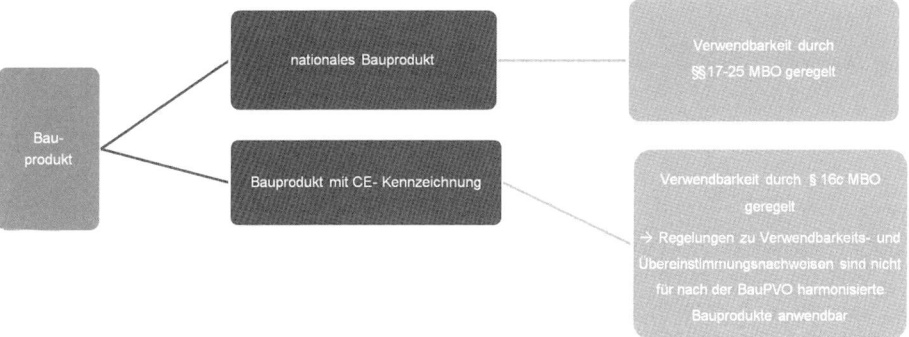

Bild 5. Nationale Anforderungen an Bauprodukte nach der neuen MBO

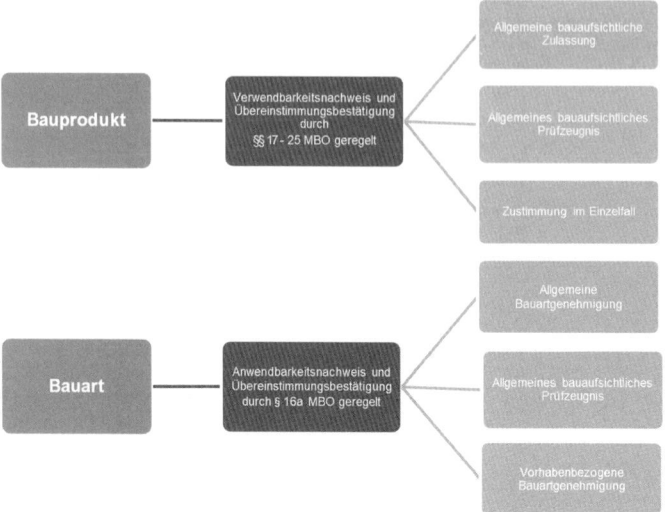

Bild 6. Bauaufsichtliche Nachweise für Bauprodukte und Bauarten

§ 20 MBO geprüft werden, muss zunächst festgestellt werden, ob überhaupt ein Verwendbarkeitsnachweis erforderlich ist. Hier ist nach wie vor der Blick in § 17 MBO alt und neu erforderlich. Ein Vergleich zeigt, dass § 17 MBO alt und neu grundlegend unterschiedlich aufgebaut und strukturiert sind. Während § 17 MBO alt im Detail darstellte, wann ein Bauprodukt verwendet werden darf, zeigt § 17 MBO neu nunmehr in einer kurzen Darstellung lediglich auf, in welchen Fällen ein Verwendbarkeitsnachweis erforderlich ist. Die allgemeinen Anforderungen an die Verwendung sind komprimiert in den vorgelagerten § 16b bis § 16c MBO neu geregelt. Im Ergebnis sind aber die inhaltlichen Anforderungen, wann ein Verwendbarkeitsnachweis nach § 17 MBO neu erforderlich ist, gleich geblieben. Von besonderer Bedeutung ist jedoch der Ausnahmetatbestand des § 16c Satz 2 MBO neu für nach der BauPVO harmonisierte Bauprodukte, welcher immer bei der Frage des Erfordernisses eines Verwendbarkeitsnachweises als erster Schritt geprüft werden sollte.

6.1.1.1 Harmonisierte Bauprodukte nach der BauPVO

Bei der grundlegenden Frage, ob überhaupt ein Verwendbarkeitsnachweis für ein Bauprodukt erforderlich ist, sollte zunächst geprüft werden, ob es sich um ein bereits harmonisiertes Bauprodukt handelt. Denn, gemäß § 16c Satz 2 MBO neu bedürfen der BauPVO harmonisierte Bauprodukte keines nationalen Verwendbarkeits- oder Übereinstimmungsnachweises.

6.1.1.2 Nicht nach der BauPVO harmonisierte Bauprodukte

In § 17 MBO neu wird begrifflich nicht mehr zwischen geregelten und nicht geregelten Bauprodukten unterschieden, auch werden keine konkreten Bauregellisten in Bezug genommen. Mithin wird nicht mehr detailliert festgelegt, unter welchen Voraussetzungen ein Bauprodukt verwendet werden kann, sondern kurz aufgezeigt, in welchen Fällen ein Verwendbarkeitsnachweis erforderlich ist. Im Ergebnis sind die Voraussetzungen für das Erfordernis eines Verwendbarkeitsnachweises nach der MBO jedoch grundlegend gleich geblieben (vgl. Tabelle 2 und 3):

Nach § 17 MBO neu ist ganz allgemein festgelegt, wann für ein Bauprodukt ein Verwendbarkeitsnachweis erforderlich ist. Ein solcher ist nach wie vor immer dann erforderlich, wenn

– es keine Technischen Baubestimmungen und keine allgemein anerkannten Regeln der Technik gibt,
– das Bauprodukt von vorhandenen Technischen Baubestimmungen wesentlich abweicht oder
– dies eine Verordnung gemäß § 85 Abs. 4a MBO neu mit Anforderungen nach anderen Rechtsvorschriften vorsieht.

Nicht erforderlich ist ein Verwendbarkeitsnachweis hingegen, wenn das Bauprodukt

– die CE-Kennzeichnung aufgrund der Bauproduktenverordnung trägt (§ 16c Satz 2 MBO neu),

Tabelle 2. Alte Regelungen der MBO zum Erfordernis eines Verwendbarkeitsnachweises

§ 17 MBO alt			
Abs. 1 Ziffer 1, Abs. 2 Geregeltes Bauprodukt	Abs. 1 Ziffer 2, Abs. 7 Harmonisierte Bauprodukte	Abs. 3 Nicht geregeltes Bauprodukt	Abs. 4 Forderung aufgrund einer Rechtsverordnung
Ein Verwendbarkeitsnachweis ist bei einer wesentlichen Abweichung von den Technischen Regeln der Bauregelliste Teil A erforderlich.	Ein Verwendbarkeitsnachweis ist erforderlich, soweit in der Bauregelliste B Teil 1 oder Teil 2 gefordert.	Ein Verwendbarkeitsnachweis ist erforderlich, soweit – es keine Technische Baubestimmung, – keine allgemein anerkannten Regeln der Technik gibt oder eine – wesentliche Abweichung von der Bauregelliste Teil A gegeben ist. *Ausnahme:* Bauprodukte mit untergeordneter Bedeutung nach Liste C	Ein Verwendbarkeitsnachweis ist erforderlich, wenn dies eine Rechtsverordnung der obersten Bauaufsichtsbehörde für Bauprodukte mit Anforderungen nach anderen Rechtsvorschriften vorschreibt.

Tabelle 3. Neue Regelungen der MBO zum Erfordernis eines Verwendbarkeitsnachweises

§ 17 MBO neu	
Abs. 1 Verwendbarkeitsnachweis erforderlich	Abs. 2 und 3 Verwendbarkeitsnachweis nicht erforderlich
– keine Technische Baubestimmung – keine allgemein anerkannten Regeln der Technik – wesentliche Abweichung von vorhandenen Technischen Baubestimmungen – Forderung gemäß einer Rechtsverordnung nach § 85 Abs. 4 a MBO mit Anforderungen nach anderen Rechtsvorschriften	– Bauprodukte, die die CE-Kennzeichnung aufgrund der Bauproduktenverordnung tragen (§ 16c Satz 2 MBO) – keine oder unwesentliche Abweichung von den Technischen Baubestimmungen der MVV TB – Bauprodukt weicht von allgemein anerkannter Regel der Technik ab – Bauprodukt mit untergeordneter Bedeutung – Bauprodukt nach Kapitel D 2 der MVV TB

– von einer allgemein anerkannten Regel der Technik abweicht,
– von untergeordneter Bedeutung ist,
– nicht oder unwesentlich von den Technischen Baubestimmungen der MVV TB abweicht,
– in Kapitel D 2 der MVV TB aufgeführt ist.

6.1.2 Allgemeine bauaufsichtliche Zulassung

Die bisherigen und neuen Regelungen zur allgemeinen bauaufsichtlichen Zulassung in § 18 MBO alt und neu sind inhaltlich identisch (Tabelle 4). Gleiches gilt für die Anforderungen in § 17 MBO alt und neu, wann eine allgemeine bauaufsichtliche Zulassung erforderlich bzw. entbehrlich ist (Tabelle 5).

Jeweils in § 18 Absatz 1 MBO neu und alt wurde geregelt, wann eine allgemeine bauaufsichtliche Zulassung erteilt wird. Ist der Verwendbarkeitsnachweis nach § 17 Abs. 1 MBO neu erforderlich, erteilt das DIBt eine allgemeine bauaufsichtliche Zulassung, wenn die Verwendbarkeit im Sinne des § 16b Abs. 1 MBO neu bzw. nach der alten Fassung der MBO nach § 3 Absatz 2 MBO alt nachgewiesen werden kann. Die bisher in § 3 Abs. 2 MBO alt geregelten allgemeinen Anforderungen an Bauprodukte sind nunmehr gleichlautend in § 16b Abs. 1 MBO neu übernommen – mithin ergeben

Tabelle 4. Vergleich der neuen und alten Anforderungen an die Erteilung einer allgemeinen bauaufsichtlichen Zulassung

Alte Regelungen (§ 18 MBO alt)	Neue Regelungen (§ 18 MBO neu)
Eine allgemeine bauaufsichtliche Zulassung wird für nicht geregelte Bauprodukte erteilt, wenn deren Verwendbarkeit im Sinne des § 3 Abs. 2 nachgewiesen ist.	Eine allgemeine bauaufsichtliche Zulassung wird erteilt, wenn deren Verwendbarkeit im Sinne des §16b Abs. 1 nachgewiesen ist.
Nach § 3 Abs. 2 MBO dürfen Bauprodukte nur verwendet werden, wenn bei ihrer Verwendung die baulichen Anlagen bei ordnungsgemäßer Instandhaltung während einer dem Zweck entsprechenden angemessenen Zeitdauer die Anforderungen der MBO oder aufgrund der MBO erfüllen und gebrauchstauglich sind.	Nach § 16b Abs. 1 MBO dürfen Bauprodukte nur verwendet werden, wenn bei ihrer Verwendung die baulichen Anlagen bei ordnungsgemäßer Instandhaltung während einer dem Zweck entsprechenden angemessenen Zeitdauer die Anforderungen der MBO oder aufgrund der MBO erfüllen und gebrauchstauglich sind.

Tabelle 5. Vergleich der Regelungen, wann eine allgemeine bauaufsichtliche Zulassung erforderlich ist

Alte Regelungen (§ 17 Abs. 1 bis 4 MBO alt)	Neue Regelungen (§ 17, 16 c Satz 2 MBO neu)
Allgemeine bauaufsichtliche Zulassungen für Bauprodukte waren erforderlich, wenn es sich um ein ungeregeltes Bauprodukt handelte. Dies war der Fall, wenn – es keine Technischen Baubestimmungen und keine allgemein anerkannten Regeln der Technik gab oder – das Bauprodukt von den Technischen Baubestimmungen in Bauregelliste A wesentlich abwich, – eine Rechtsverordnung dies für bestimmte Bauprodukte vorsah, auch soweit sie Anforderungen nach anderen Rechtsvorschriften unterlagen (§ 17 Abs. 4 MBO alt).	Allgemeine bauaufsichtliche Zulassungen für Bauprodukte sind erforderlich, wenn – es keine Technischen Baubestimmungen und keine allgemein anerkannten Regeln der Technik gibt oder – das Bauprodukt von einer Technischen Baubestimmung wesentlich abweicht oder – eine Rechtsverordnung nach § 85 Abs. 4a MBO neu dies für bestimmte Bauprodukte vorsieht, auch soweit sie Anforderungen nach anderen Rechtsvorschriften unterliegen (Kapitel B 4 MVV TB).
Ausgenommen waren Bauprodukte, – die lediglich von allgemein anerkannten Regeln der Technik abwichen (§ 17 Absatz 1 Satz 3 MBO alt), – die in Liste C aufgeführt waren (§ 17 Absatz 3 Satz 2 MBO alt) oder – für die in BRL A Teil 2 festgelegt war, dass sie anstelle einer allgemeinen bauaufsichtlichen Zulassung nur eines allgemeinen bauaufsichtlichen Prüfzeugnisses bedürfen.	Ausgenommen sind Bauprodukte, – die die CE-Kennzeichnung aufgrund der Bauproduktenverordnung tragen (§16c Satz 2 MBO neu), – die lediglich von allgemein anerkannten Regeln der Technik abweichen (§ 17 Absatz 2 Nr. 1 MBO neu), – mit untergeordneter Bedeutung (§ 17 Absatz 2 Nr. 2 MBO), – die in Kapitel D 2 MVV TB enthalten sind (§ 17 Absatz 3 MBO neu) oder – für die in Kapitel C 3 MVV TB festgelegt ist, dass sie anstelle einer allgemeinen bauaufsichtlichen Zulassung nur eines allgemeinen bauaufsichtlichen Prüfzeugnisses bedürfen.

sich keine inhaltlichen Änderungen hinsichtlich der allgemeinen Anforderungen. Die Verschiebung folgt an eine systematisch passendere Stelle in der MBO, da die Allgemeinen Anforderungen an Bauprodukte thematisch nicht in die Allgemeinen Anforderungen für die gesamte MBO passen, sondern bei dem konkret für Bauprodukte vorgesehen Abschnitt stehen sollten – was auch zur besseren Nachvollziehbarkeit beiträgt.

Nach § 16b Absatz 1 MBO neu dürfen Bauprodukte nur verwendet werden, wenn „bei ihrer Verwendung die baulichen Anlagen bei ordnungsgemäßer Instandhaltung während einer dem Zweck entsprechenden angemessenen Zeitdauer die Anforderungen dieses Gesetzes oder aufgrund dieses Gesetzes erfüllen und gebrauchstauglich sind".

6.1.3 Allgemeines bauaufsichtliches Prüfzeugnis

Nach § 19 MBO neu wird, wie bisher, anstelle einer allgemeinen bauaufsichtlichen Zulassung ein allgemeines bauaufsichtliches Prüfzeugnis erteilt, wenn das Bauprodukt nach einem allgemein anerkannten Prüfverfahren beurteilt werden kann (Tabelle 6, 7). Für welche Bauprodukte dies der Fall ist, wird ausdrücklich in Kapitel C 3 MVV TB geregelt (§ 19 Absatz 1 Satz 2 MBO neu). Auch bisher wurden diese Bauprodukte explizit in die Bauregelliste A Teil 2 aufgenommen.

Der bisherige Anwendungsfall, dass die Verwendung nicht der Erfüllung erheblicher Anforderungen an die Sicherheit baulicher Anlagen dient, ist entfallen. Denn, eine Regelung hierzu war und ist bereits nach § 17 Absatz 3 Satz 2 MBO alt und § 17 Absatz 2 Nr. 2 MBO neu für Bauprodukte mit untergeordneter Bedeutung enthalten. Die zusätzliche Erwähnung ist nicht erforderlich. Der bisherige Abschnitt 1 der Bauregelliste A Teil 2 entfällt daher zukünftig. Nunmehr wird in Kapitel C 3 MVV TB [9] festgelegt, für welche Bauprodukte ein allgemeines bauaufsichtliches Prüfzeugnis genügt (Tabelle 6). Hierin finden sich die bisherigen Regelungen aus der Bauregelliste A Teil 2 Abschnitt 2 wieder.

6.1.4 Zustimmung im Einzelfall

Gemäß § 20 MBO alt konnten Bauprodukte, die nach Vorschriften zur Umsetzung von Richtlinien oder auf Grundlage von unmittelbar geltendem Recht der Europäischen Union in Verkehr gebracht

Tabelle 6. Vergleich der neuen und alten Regelungen der MBO zum allgemeinen bauaufsichtlichen Prüfzeugnis

Alte Regelungen (§ 19 MBO alt)	Neue Regelungen (§ 19 MBO neu)
Allg. bauaufsichtliches Prüfzeugnis genügt, wenn – das Bauprodukt nach allgemein anerkannten Prüfverfahren beurteilt werden kann oder – die Verwendung nicht der Erfüllung erheblicher Anforderungen an die bauliche Sicherheit dient.	Allg. bauaufsichtliches Prüfzeugnis genügt, wenn das Bauprodukt nach allgemein anerkannten Prüfverfahren beurteilt werden kann.
in Bauregelliste A Teil 2 Abschnitt 1 und 2 bekannt gemacht	in Kapitel C 3 MVV TB bekannt gemacht

Tabelle 7. Allgemeines bauaufsichtliches Prüfzeugnisses nach der neuen MBO

Allgemeines bauaufsichtliches Prüfzeugnis ist erforderlich, wenn	Ausgenommen sind Bauprodukte
1. § 17 Absatz 1 MBO neu: – es keine Technischen Baubestimmungen und keine allgemein anerkannten Regeln der Technik gibt, – das Bauprodukt von einer Technischen Baubestimmung wesentlich abweicht oder – eine Rechtsverordnung nach § 85 Abs. 4a MBO neu dies für bestimmte Bauprodukte vorsieht, auch soweit sie Anforderungen nach anderen Rechtsvorschriften unterliegen (Kapitel B 4 MVV TB) und *2. § 19 MBO neu:* – in Kapitel C 3 MVV TB festgelegt ist, dass anstelle einer allgemeinen bauaufsichtlichen Zulassung nur ein allgemein bauaufsichtliches Prüfzeugnis erforderlich ist.	– die die CE-Kennzeichnung aufgrund der Bauproduktenverordnung tragen (§ 16 c Satz 2 MBO neu), – die lediglich von allgemein anerkannten Regeln der Technik abweichen (§ 17 Absatz 2 Nr. 1 MBO neu), – mit untergeordneter Bedeutung (§17 Absatz 2 Nr. 2 MBO neu) oder – die in Kapitel D 2 MVV TB enthalten sind (§17 Absatz 3 MBO neu).

und gehandelt werden durften, hinsichtlich der nach § 17 Abs. 7 Nr. 2 MBO alt bekannt gemachten nicht berücksichtigten Grundanforderungen an Bauwerke sowie nicht geregelte Bauprodukte im Einzelfall und mit Zustimmung der obersten Bauaufsichtsbehörde verwendet werden, wenn die Verwendbarkeit im Sinne des § 3 Abs. 2 MBO alt nachgewiesen war (Tabelle 8).

Nunmehr kann ein Bauprodukt im Einzelfall und mit Zustimmung der obersten Bauaufsichtsbehörde verwendet werden, wenn ein Verwendbarkeitsnachweis nach § 17 Abs. 1 MBO neu erforderlich ist und die Verwendbarkeit allgemein im Sinne des § 16b MBO neu nachgewiesen ist (Tabelle 8).

Trotz des abweichenden Wortlauts ändert sich im Ergebnis nichts im Vergleich zu den bisherigen Bestimmungen. Die Forderung nach einem Verwendbarkeitsnachweis für vormals nicht geregelte Bauprodukte ist mit der nunmehr in § 17 Abs. 1 MBO neu geregelten Forderung inhaltlich gleich (Tabelle 9).

Zwar werden die nach § 17 Abs. 7 Nr. 2 MBO alt bekannt gemachten nicht berücksichtigten Grundanforderungen harmonisierter Bauprodukte nicht mehr ausdrücklich erwähnt, jedoch kommt nach wie vor für Bauprodukte, die nicht nach der BauPVO harmonisiert wurden, das gleiche System zur Anwendung: Kapitel B 3 MVV TB [9] enthält Technische Baubestimmungen zu bestimmten harmonisierten Bauprodukten. Das heißt, dass die in Kapitel B 3 MVV TB aufgeführten harmonisierten Bauprodukte die festgelegten Technischen Baubestimmungen einhalten müssen. Weichen die Bauprodukte

Tabelle 8. Vergleich der neuen und alten Regelungen der MBO zur Zustimmung im Einzelfall

Alte Regelung (§ 20 MBO alt)	Neue Regelung (§ 20 MBO neu)
Mit Zustimmung der obersten Bauaufsichtsbehörde können – Bauprodukte, die nach Vorschriften zur Umsetzung von Richtlinien oder auf Grundlage von unmittelbar geltendem Recht der EU in Verkehr gebracht und gehandelt werden, hinsichtlich der nicht berücksichtigten Grundanforderungen an Bauwerke nach *Bauregelliste B* sowie – *nicht geregelte Bauprodukte* *im Einzelfall* verwendet werden, wenn die Verwendbarkeit nach § 3 Abs. 2 MBO alt nachgewiesen wurde.	Bauprodukte können mit Zustimmung der obersten Bauaufsichtsbehörde *im Einzelfall* verwendet werden, wenn – ein *Verwendbarkeitsnachweis nach § 17 Abs. 1 MBO neu erforderlich* ist und – die Verwendbarkeit nach § 16b MBO neu nachgewiesen wurde.
Ausnahme: Gemäß § 20 S. 2 MBO alt und neu können die obersten Bauaufsichtsbehörden erklären, dass ihre Zustimmungen nicht erforderlich sind, wenn Gefahren für öffentliche Sicherheit, Ordnung, Leben, Gesundheit und natürlichen Lebensgrundlagen nicht zu erwarten sind.	

Tabelle 9. Zustimmung im Einzelfall nach der neuen MBO

Eine Zustimmung im Einzelfall genügt, wenn	Ausgenommen sind Bauprodukte
1. § 17 Absatz 1 MBO neu: – es keine Technischen Baubestimmungen und keine allgemein anerkannten Regeln der Technik gibt oder – das Bauprodukt von einer Technischen Baubestimmung wesentlich abweicht oder – eine Rechtsverordnung nach § 85 Abs. 4a MBO alt dies für bestimmte Bauprodukte vorsieht, auch soweit sie Anforderungen nach anderen Rechtsvorschriften unterliegen (Kapitel B 4 MVV TB) und *2. § 20 MBO neu:* – das Bauprodukt für einen konkreten Einzelfall verwendet werden soll.	– die die CE-Kennzeichnung aufgrund der Bauproduktenverordnung tragen (§16 c Satz 2 MBO neu), – die lediglich von allgemein anerkannten Regeln der Technik abweichen (§ 17 Absatz 2 Nr. 1 MBO neu), – mit untergeordneter Bedeutung (§17 Absatz 2 Nr. 2 MBO) oder – die in Kapitel D 2 MVV TB enthalten sind (§17 Absatz 3 MBO neu).

von diesen wesentlich ab, so bedürfen sie gemäß § 17 MBO neu eines Verwendbarkeitsnachweises. Aus § 19 MBO neu ergibt sich, dass anstelle einer allgemeinen bauaufsichtlichen Zulassung ein allgemeines bauaufsichtliches Prüfzeugnis ausreichend ist. Werden in der MVV TB keine Anforderungen an nicht nach der BauPVO harmonisierte Bauprodukte gestellt, so können diese Bauprodukte entsprechend § 16c Satz 1 MBO neu ohne zusätzliche Verwendbarkeitsnachweise und Übereinstimmungsbestätigungen verwendet werden. Ein entsprechendes System war bisher in Bauregelliste B Teil 2 enthalten. Neu und abweichend zu den bisherigen Regelungen ist hingegen der in § 16 Satz 2 MBO neu enthaltene und bereits erwähnte Ausschluss von Zusatzanforderungen an nach der BauPVO harmonisiert Bauprodukte.

Nach wie vor kann die oberste Bauaufsichtsbehörde gemäß § 20 Satz 2 MBO neu auch erklären, dass ihre Zustimmung nicht erforderlich ist, wenn Gefahren für die öffentliche Sicherheit und Ordnung, insbesondere Leben und Gesundheit sowie die natürlichen Lebensgrundlagen nicht zu erwarten sind.

6.2 Anwendbarkeitsnachweise für Bauarten

Für Bauarten werden Nachweise nicht länger entsprechend den Regelungen zu Bauprodukten erteilt. Hierfür sieht § 16a Abs. 2 und 3 MBO neu nunmehr als Äquivalent eine allgemeine Bauartgenehmigung, eine vorhabenbezogene Bauartgenehmigung und ein allgemeines Prüfzeugnis für Bauarten vor.

6.2.1 Allgemeine und vorhabenbezogene Bauartgenehmigung

Bisher galt gemäß § 21 MBO alt, dass Bauarten, welche von Technischen Baubestimmungen wesentlich abweichen oder für die es allgemein anerkannte Regeln der Technik nicht gibt, nur dann angewendet werden durften, wenn eine allgemeine bauaufsichtliche Zulassung oder eine Zustimmung im Einzelfall erteilt worden ist. Die Vorschriften der § 18 MBO alt zur allgemeinen bauaufsichtlichen Zulassung und § 20 MBO alt zur Zustimmung im Einzelfall waren entsprechend anwendbar (Tabelle 10, 11).

Unter den gleichen Voraussetzungen sind nunmehr gemäß § 16a Abs. 2 MBO neu entweder eine allgemeine Bauartgenehmigung oder eine vorhabenbezogene Bauartgenehmigung erforderlich. Die allgemeine Bauartgenehmigung ersetzt die frühere allgemeine bauaufsichtliche Zustimmung für Bauarten und die vorhabenbezogene Bauartgenehmigung ersetzt die bisherige Zustimmung im Einzelfall für Bauarten (Tabelle 10, 11).

Bezüglich der durch das DIBt zu erteilenden allgemeinen Bauartgenehmigung und durch die jeweilige oberste Bauaufsichtsbehörde bzw. für Berlin durch das Deutsche Institut für Bautechnik zu erteilenden vorhabenbezogenen Bauartgenehmigung wird entsprechend auf die formellen Regelungen zur allgemeinen bauaufsichtlichen Zulassung gemäß § 18 Abs. 2 bis 7 MBO neu verwiesen.

Tabelle 10. Allgemeine Bauartgenehmigung – Vergleich

Alte Regelungen (§ 21 Abs. 1 Nr. 1 MBO alt) Verweis auf abZ nach § 18 MBO alt	Neue Regelungen (§ 16a Abs. 2 MBO neu) aBG
Allgemeine bauaufsichtliche Zulassungen für Bauarten waren erforderlich, wenn – die Bauart von den Technischen Baubestimmungen wesentlich abweicht oder – es keine allgemein anerkannte Regel der Technik gibt. *Ausnahmen:* – Es genügte ein allgemeines bauaufsichtliches Prüfzeugnis nach Bauregelliste A Teil 3. – Gemäß § 21 Absatz 1 S. 5 MBO alt konnten die obersten Bauaufsichtsbehörden *im Einzelfall oder für genau begrenzte Fälle allgemein festlegen*, dass eine allgemeine bauaufsichtliches Zulassung, ein allgemeines bauaufsichtliches Prüfzeugnis oder eine Zustimmung im Einzelfall nicht erforderlich ist, wenn Gefahren im Sinne des 3 Abs. 1 MBO (für die öffentliche Sicherheit, Ordnung, Leben, Gesundheit und natürlichen Lebensgrundlagen) nicht zu erwarten waren.	Allgemeine Bauartgenehmigungen für Bauarten sind erforderlich, wenn – die Bauart von den Technischen Baubestimmungen wesentlich abweicht oder – es keine allgemein anerkannte Regel der Technik gibt. *Ausnahmen:* – Es genügt ein allgemeines bauaufsichtliches Prüfzeugnis nach Kapitel C 4 MVV TB. – Gemäß § 16a Abs. 4 MBO neu können die obersten Bauaufsichtsbehörden *im Einzelfall oder für genau begrenzte Fälle allgemein festlegen*, dass die Bauartgenehmigung nicht erforderlich ist, soweit Gefahren im Sinne des § 3 S. 1 MBO neu (für die öffentliche Sicherheit, Ordnung, Leben, Gesundheit und natürlichen Lebensgrundlagen) nicht zu erwarten sind.

Tabelle 11. Vorhabenbezogene Bauartgenehmigung – Vergleich

Alte Regelungen (§ 21 Abs. 1 Nr. 2 MBO alt) Verweis auf ZiE nach § 20 MBO	Neue Regelungen (§ 16a Abs. 2 Nr. 2 MBO neu) vBG
Mit Zustimmung der obersten Bauaufsichtsbehörde durften Bauarten, die – nach Vorschriften zur Umsetzung von Richtlinien oder auf Grundlage von unmittelbar geltendem Recht der EU in Verkehr gebracht und gehandelt wurden, hinsichtlich der nicht berücksichtigten Grundanforderungen an Bauwerke nach Bauregelliste B sowie – nicht geregelte Bauarten *im Einzelfall* angewandt werden, wenn die Anwendbarkeit nach § 3 Abs. 2 MBO alt nachgewiesen wurde.	Die oberste Bauaufsichtsbehörde kann eine vorhabenbezogene Bauartgenehmigungen *im Einzelfall* erteilen, wenn – es keine Technischen Baubestimmungen und keine allgemein anerkannte Regel der Technik gibt – die Bauart von vorhandenen Technischen Baubestimmungen wesentlich abweicht und – sich die Bauart auf ein konkretes Vorhaben bezieht.
Ausnahmen: Gemäß § 20 S. 2 MBO alt können die obersten Bauaufsichtsbehörden erklären, dass ihre *Zustimmungen nicht erforderlich* sind, wenn Gefahren im Sinne des 3 Abs. 1 MBO alt (für die öffentliche Sicherheit, Ordnung, Leben, Gesundheit und natürlichen Lebensgrundlagen) nicht zu erwarten sind.	*Ausnahmen:* Gemäß § 16a Abs. 4 MBO neu können die obersten Bauaufsichtsbehörden *im Einzelfall oder für genau begrenzte Fälle allgemein festlegen*, dass eine Bauartgenehmigung nicht erforderlich ist, soweit Gefahren im Sinne des § 3 S. 1 MBO (für die öffentliche Sicherheit, Ordnung, Leben, Gesundheit und natürlichen Lebensgrundlagen) nicht zu erwarten sind.

Für eine vorhabenbezogene Bauartgenehmigung ist erforderlich, dass zum einen ein Anwendbarkeitsnachweis erforderlich ist und sich die Bauartgenehmigung zum anderen auf ein bestimmtes Vorhaben bezieht. Eine Zustimmung im Einzelfall war auch bisher nur für nicht geregelte Bauarten möglich, es ändert sich daher grundlegend nichts im Vergleich zu den bisherigen Anforderungen.

Die Bauarten, für die es Technische Baubestimmungen gibt, sind in Teil A MVV TB und Kapitel B 2 MVV TB geregelt. Bisher waren diese in der Liste der Technischen Baubestimmungen aufgeführt.

6.2.2 Allgemeines bauaufsichtliches Prüfzeugnis für Bauarten

Entsprechend den Regelungen zu allgemeinen bauaufsichtlichen Prüfzeugnissen für Bauprodukte ist der Anwendungsfall, dass die Bauart nicht der Erfüllung erheblicher Anforderungen an die Sicherheit baulicher Anlagen dient, entfallen. Ein allgemeines bauaufsichtliches Prüfzeugnis für Bauarten wird anstelle einer allgemeinen Bauartgenehmigung ebenfalls nur noch dann erteilt, wenn die Bauart nach allgemein anerkannten Prüfverfahren beurteilt werden kann (Tabelle 12).

In Bezug auf die Regelungen der MVV TB zu allgemeinen Prüfzeugnissen gilt daher Folgendes: Die Bauregelliste A Teil 3 Abschnitt 1 für Bauarten, deren Verwendung nicht der Erfüllung erheblicher Anforderungen an die Sicherheit baulicher Anlagen dient, entfällt ersatzlos. Die bisherigen Regelungen in der Bauregelliste A Teil 3 Abschnitt 2 für Bauarten, die nach allgemein anerkannten Prüfverfahren beurteilt werden können, gehen nunmehr in Kapitel C 4 der MVV TB „Bauarten, die nur eines allgemeinen bauaufsichtlichen Prüfzeugnisses nach § 16a Abs. 3 MBO bedürfen" auf.

6.3 Technische Baubestimmungen

6.3.1 Regelung in der MBO

Bisher wurde in § 17 MBO alt hinsichtlich der Technischen Baubestimmungen immer ganz konkret auf die jeweiligen Bauregellisten, die Liste der Technischen Baubestimmungen oder Liste C verwiesen. Nunmehr wird in der MBO neu nur noch ganz allgemein auf Technische Baubestimmungen Bezug genommen und mit § 85a MBO neu eine gesonderte Rechtsgrundlage für Technische Baubestimmungen zu Bauprodukten und Bauarten geschaffen. Systematisch passend findet sich die Vorschrift in dem gesonderten Abschnitt der Ermächtigung zum Erlass von Rechtsvorschriften wieder. In § 85a MBO neu wird geregelt, wie die allgemeinen Anforderungen an bauliche Anlagen durch Technische Baubestimmungen konkretisiert werden können. Die konkreten Inhalte und die Gliederung der Technischen Baubestimmungen werden im Gegensatz zu § 17 MBO alt in der MBO neu nicht mehr

Tabelle 12. Allgemeines bauaufsichtliches Prüfzeugnis für Bauarten – Vergleich

Alte Regelungen § 21 Abs. 1 Satz 2 MBO alt	Neue Regelungen (§ 16a Abs. 3 MBO neu) abP für Bauarten
Allg. bauaufsichtliches Prüfzeugnis genügte, wenn die Bauart – nicht der Erfüllung erheblicher Anforderungen an die Sicherheit baulicher Anlagen dient oder – nach allgemein anerkannten Prüfverfahren beurteilt werden kann. In BRL A Teil 3 waren explizit die Bauarten aufgeführt, für die nur ein allgemeines bauaufsichtlichen Prüfzeugnisses erforderlich ist. *Ausnahme:* Gemäß § 21 Absatz 1 S. 5 MBO alt konnten die obersten Bauaufsichtsbehörden *im Einzelfall oder für genau begrenzte Fälle allgemein festlegen,* dass eine abZ, ein abP oder eine ZiE nicht erforderlich ist, wenn Gefahren im Sinne des 3 Abs. 1 MBO alt (für die öffentliche Sicherheit, Ordnung, Leben, Gesundheit und natürlichen Lebensgrundlagen) nicht zu erwarten waren.	Allgemeine bauaufsichtliche Prüfzeugnisse für Bauarten genügen, wenn diese nach anerkannten Prüfverfahren beurteilt werden können. In Kapitel C 4 MVV TB sind explizit die Bauarten aufgeführt, für die nur ein allgemeines bauaufsichtlichen Prüfzeugnisses erforderlich ist. *Ausnahme:* Gemäß § 16a Abs. 4 MBO neu können die obersten Bauaufsichtsbehörden *im Einzelfall oder für genau begrenzte Fälle allgemein festlegen,* dass eine Bauartgenehmigung nicht erforderlich ist, soweit Gefahren im Sinne des § 3 S. 1 MBO neu (für die öffentliche Sicherheit, Ordnung, Leben, Gesundheit und natürlichen Lebensgrundlagen) nicht zu erwarten sind.

vorgegeben. Es gibt nur noch zwei Aufbauvorgaben, wonach die Technischen Baubestimmungen

1) nach den Grundanforderungen an Bauwerke nach Anhang I der BauPVO gegliedert sein sollen (§ 85a Absatz 3 MBO neu) und
2) die Technischen Baubestimmungen eine Liste mit Bauprodukten enthalten müssen, die keines Verwendbarkeitsnachweises bedürfen.

Umgesetzt wurde die Konkretisierung der allgemeinen Anforderungen der neuen MBO nunmehr mit einem einheitlichen Regelwerk, der MVV TB, als normenkonkretisierender Verwaltungsvorschrift.

6.3.2 Die neue Musterverwaltungsvorschrift Technische Baubestimmungen

6.3.2.1 Nach der BauPVO harmonisierte Bauprodukte

Die bisher in Bauregelliste B Teil 1 vorgesehenen Zusatzanforderungen und Nachweise in bzw. für harmonisierte Bauprodukte finden sich in der neuen MVV TB nicht wieder und wurden komplett gestrichen.

Am Beispiel der Betonfertigteile bedeutet dies: Die im alten System bestehenden zusätzlichen Anforderungen an Betonfertigteile gemäß Bauregelliste B Teil 1 sind komplett entfallen. In der MVV TB bestehen nur noch Anforderungen hinsichtlich Planung, Bemessung und Ausführung von Stahlbeton- und Spannbetontragwerken, die auch für Stahlbeton- und Spannbetontragwerke aus Betonfertigteilen zu beachten sind. Diese Bestimmungen finden sich in Teil A, lfd. Nr. A 1.2.3.1 der MVV TB wieder.

6.3.2.2 Nicht harmonisierte Bauprodukte

Nicht harmonisierte Bauprodukte für die es Technische Baubestimmungen gibt, waren bisher in der Bauregelliste A Teil 1 aufgeführt. Entsprechende Vorschriften gehen nunmehr in Kapitel C 2 der MVV TB auf. Es werden das Bauprodukt, die Technischen Regeln und die Anforderungen an die erforderliche Übereinstimmungserklärung des Herstellers aufgezeigt. Zu beachten ist, dass die Spalte „Verwendbarkeitsnachweis bei wesentlichen Abweichungen von den technischen Regeln" nicht in die MVV TB übernommen wurde. Ob eine allgemeine bauaufsichtliche Zulassung erforderlich ist, muss nunmehr wie folgt geprüft werden: Grundlegend gilt, dass bei wesentlichen Abweichungen von den in Kapitel C 2 MVV TB aufgeführten Technischen Regeln eine allgemeine bauaufsichtliche Zulassung erforderlich ist. Dies gilt ausnahmsweise dann nicht, wenn das Bauprodukt in Kapitel C 3 MVV TB „Bauprodukte, die nur eines allgemeinen bauaufsichtlichen Prüfzeugnisses nach § 19 Abs. 1 Satz 2 MBO bedürfen" oder Kapitel D 2 MVV TB „Bauprodukte, die keines Verwendbarkeitsnachweises bedürfen" aufgeführt ist [9], S. 103.

Maßgebend ist die öffentlich-rechtlich geforderte Art des Nachweises, auch wenn unter Umständen in der technischen Regel etwas anderes vorgesehen sein kann. Eine in einer technischen Regel vorgesehene Fremdüberwachung ist daher öffentlich-rechtlich nicht zu beachten, wenn in der Spalte 4 kein Übereinstimmungszertifikat vorgeschrieben ist [9], S. 103.

Sind in den technischen Regeln nach Kapitel C 2 und C 3 Prüfungen von Bauprodukten, insbesondere Eignungsprüfungen, Erstprüfungen oder Prüfungen zur Erlangung von Prüfzeugnissen oder Werksbescheinigungen vorgesehen, so sind diese Prüfungen im Rahmen der vorgeschriebenen Übereinstimmungsbestätigung durchzuführen [9], S. 103.

Die werkseigene Produktionskontrolle ist die vom Hersteller vorzunehmende kontinuierliche Überwachung der Produktion, die sicherstellen soll, dass die von ihm hergestellten Bauprodukte den maßgebenden technischen Regeln entsprechen. Sie erfolgt nach DIN 18200:2000-05, Abschnitt 3. Im Übrigen sind für die werkseigene Produktionskontrolle die in den technischen Regeln enthaltenen Bestimmungen maßgebend. Dabei gelten Bestimmungen für die Eigenüberwachung als Bestimmungen für die werkseigene Produktionskontrolle [9], S. 104.

Werden Bauprodukte nicht in Serie von Betrieben hergestellt, deren Betreiber in die Handwerksrolle eingetragen sind, gelten die Anforderungen an die werkseigene Produktionskontrolle im Sinne von DIN 18200:2000-05, Abschnitt 3, bei Einhaltung der handwerklichen Regeln als erfüllt [9], S. 104.

Die Fremdüberwachung erfolgt nach DIN 18200: 2000-05, Abschnitte 4.1 und 4.3. Im Übrigen sind die für die Fremdüberwachung in den technischen Regeln enthaltenen Bestimmungen maßgebend [9], S. 104.

6.3.2.3 Nicht nach der BauPVO harmonisierte Bauprodukte

Kapitel B 3 MVV TB [9] umfasst technische Anforderungen an Bauprodukte, welche die CE-Kennzeichnung nicht nach der BauPVO tragen. Es geht um Bauprodukte, die zwar nach anderen Rechtsvorschriften harmonisiert sind, jedoch hinsichtlich ihres Verwendungszwecks bestimmte Grundanforderungen an bauliche Anlagen und ihre Teile nicht erfüllen. Die vorhandenen Bauprodukte in Kapitel B 3 MVV TB beziehen sich auf Technische Gebäudeausrüstungen und Teile von Anlagen zum Lagern, Abfüllen und Umschlagen von wassergefährdenden Stoffen (LAU-Anlagen) sowie Zubehörteile für den Brandschutz. Bisher waren diese mit in Bauregelliste B Teil 2 geregelt. Nunmehr werden in Kapitel B 3 MVV TB das Bauprodukt, die Harmonisierungsvorschrift sowie der konkrete Verwendungszweck, das fehlende Wesentliche Merkmal und ggf. das erforderliche Verfahren zum Nachweis des fehlenden Wesentlichen Merkmals aufgeführt. Hier gilt, dass grundsätzlich ein Verwendbarkeitsnachweis hinsichtlich des fehlenden Wesentlichen Merkmals erforderlich ist. Gegebenenfalls ist jedoch die vorhandene Sonderregelung in Spalte 4 unter dem Buchstaben d) zu beachten. Gibt es dort eine Sonderregelung, so genügt eine Übereinstimmungserklärung zu den fehlenden Wesentlichen Merkmalen nach vorheriger Prüfung durch eine hierfür bauaufsichtlich anerkannte Prüfstelle – ein Verwendbarkeitsnachweis ist dann nicht erforderlich.

6.3.2.4 Bauprodukte, für die kein Verwendbarkeitsnachweis erforderlich ist

Bisher in Liste C, sind die Bauprodukte, die keines Verwendbarkeitsnachweises bedürfen, nunmehr in Kapitel D 2 der MVVTB aufgeführt. Hierunter fallen Bauprodukte, für welche es allgemein anerkannte Regeln der Technik gibt und zudem bauordnungsrechtliche Anforderungen gestellt werden, jedoch auf einen Verwendbarkeitsnachweis verzichtet wird. Dies sind die nach der alten MBO sogenannten „sonstigen Bauprodukte". Hierunter fallen insbesondere Bauprodukte, die durch andere Zertifizierungs- und Zulassungssysteme abgedeckt werden. Daneben werden auch Bauprodukte aufgenommen, für die es weder allgemein anerkannte Regeln der Technik noch Technische Baubestimmungen gibt, die jedoch für die Erfüllung der bauordnungsrechtlichen Anforderungen nicht von Bedeutung sind.

6.3.2.5 Bauarten, für die es Technische Baubestimmungen gibt

Bauarten und somit die Planung, Bemessung und Ausführung von baulichen Anlagen waren bisher in der Liste der Technischen Baubestimmungen geregelt. Nunmehr finden sich die Anforderungen an Bauarten in Teil A und Kapitel B 2 der MVV TB wieder. In Kapitel B 2 der MVV TB sind Technische Regeln für Sonderkonstruktionen enthalten. Dabei werden die Technischen Baubestimmungen zu jeder Sonderkonstruktion bzw. jedem Bauteil gebündelt dargestellt, da sie der Konkretisierung mehrerer Grundanforderungen dienen.

6.3.2.6 Bauprodukte und Bauarten mit Anforderungen nach anderen Rechtsvorschriften

Kapitel B 4 MVV TB [9] beinhaltet Technische Anforderungen für Bauprodukte und Bauarten, die Anforderungen nach anderen Rechtsvorschriften unterliegen und für welche eine Rechtsverordnung entsprechend § 85 Abs. 4 a MBO neu erlassen wurde. Gegenstand dieser Bestimmungen sind technische Anforderungen an ortsfest verwendete Anlagen und Anlagenteile in LAU-Anlagen zum Umgang mit wassergefährdenden Stoffen sowie an Einbau, Betrieb und Wartung von Anlagen mit Bauprodukten zur Abwasserbehandlung. Hier gilt das allgemeine

Prinzip des § 17 MBO neu: wird von den dortigen Anforderungen wesentlich abgewichen, so ist ein Verwendbarkeitsnachweis erforderlich.

6.3.2.7 Allgemeines Prüfzeugnis für Bauprodukte und Bauarten

Bauprodukte, für die ein Verwendbarkeitsnachweis gemäß § 17 Absatz 1 MBO neu erforderlich ist, für die jedoch statt einer allgemeinen bauaufsichtlichen Zulassung ein allgemeines bauaufsichtliches Prüfzeugnis genügt, sind in Kapitel C 3 MVV TB geregelt. Aufgeführt werden das Bauprodukt, das anerkannte Prüfverfahren sowie die Anforderungen an die erforderliche Übereinstimmungserklärung des Herstellers. Daran anschließend finden sich die entsprechenden Regelungen zu allgemeinen Prüfzeugnissen für Bauarten in Kapitel C 4 MVV TB. Hier sind die Bauart und das anerkannte Prüfverfahren aufgeführt.

Die Ausführungen zu den Übereinstimmungsbestätigungen unter Ziffer 6.1.1.2 zu den nicht harmonisierten Bauprodukten gelten hier entsprechend (s. a. [9], S. 103, 104).

6.3.2.8 Technische Baubestimmungen nach alter und neuer Rechtslage

Der Vergleich ist in Tabelle 13 dargestellt.

6.4 Freiwillige Herstellererklärungen

Nach der neuen MBO sind weder Verwendbarkeits- noch Übereinstimmungsnachweise für nach der BauPVO harmonisierte Bauprodukte vorgesehen. Die erforderlichen bauaufsichtlichen Anforderungen werden nunmehr möglichst bauwerksbezogen formuliert. Zur Beurteilung der bauwerksbezogenen Anforderungen kann es erforderlich sein, dass die zu verwendenden Bauprodukte bestimmte Leistungswerte einhalten. Ohne nationale Zusatzanforderungen an harmonisierte Bauprodukte ist es daher möglich, dass in den Leistungserklärungen harmonisierter Bauprodukte erforderliche Leistungsangaben zur Beurteilung der Einhaltung nationaler Bauwerksanforderungen fehlen. Aus diesem Grund wurde Kapitel D 3 in die MVV TB [9] aufgenommen. Hierin wird darauf hingewiesen, dass bezüglich der Wesentlichen Merkmale eines Bauprodukts, die von der CE-Kennzeichnung zugrunde liegenden harmonisierten technischen Spezifikation nicht erfasst sind, der Hersteller weitere freiwillige Angaben zu dem Produkt machen kann. Als ergänzender Hinweis wird dem Hersteller zudem an die Hand gegeben, wie eine solche technische Dokumentation gestaltet sein muss, damit diese hinreichend zur Darlegung der Bauwerksanforderungen herangezogen werden kann. Je nach Produkt, Einbausituation und Verwendungszweck kann es demnach erforderlich sein, in der Technischen Dokumentation anzugeben, welche technische Regel der Prüfung zugrunde gelegt wurde sowie ob und welche Stellen eingeschaltet wurden. Zum Beispiel kann es insbesondere sinnvoll sein, eine entsprechend Art. 30 BauPVO qualifizierte Stelle einzuschalten, sofern es keine anwendbare, anerkannte technische Regel gibt oder eine entsprechend Art. 43 BauPVO qualifizierte Stelle, sofern ledig-

Tabelle 13. Übersicht der Technischen Baubestimmungen nach alter und neuer Rechtslage

	Alte Regelung	Neue Regelung
Harmonisierte Bauprodukte nach der BauPVO	Bauregelliste B Teil 1	entfällt ersatzlos
Nicht nach der BauPVO harmonisierte Bauprodukte	Bauregelliste B Teil 2	MVV TB Kapitel B 3
Nicht harmonisierte Bauprodukte, für die es Technische Baubestimmungen gibt	Bauregelliste A Teil 1	MVV TB Kapitel C 2
Nicht harmonisierte Bauprodukte, die nur eines allgemeinen Prüfzeugnisses bedürfen	Bauregelliste A Teil 2	MVV TB Kapitel C 3
Bauprodukte, für die kein Verwendbarkeitsnachweis erforderlich ist	Liste C	MVV TB Kapitel D 2
Bauarten, für die es Technische Baubestimmungen gibt	Liste der Technischen Baubestimmungen	MVV TB Teil A und B 2
Bauarten, die nur eines allgemeinen Prüfzeugnisses bedürfen	Bauregelliste A Teil 3	MVV TB Kapitel C 4
Technische Anforderungen an Bauprodukte und Bauarten nach anderen Rechtsvorschriften	Bauregellisten A Teil 1 und B	MVV TB Kapitel B 4

lich eine unabhängige Drittprüfung anhand einer anwendbaren technischen Regel durchgeführt werden soll.

6.5 Prioritätenliste

Das DIBt hat in Abstimmung mit den Ländern eine sogenannte Prioritätenliste veröffentlicht [14]. Hierin wird für ausgewählte Bauprodukte auf verwendungsspezifische Leistungsanforderungen zur Erfüllung der Bauwerksanforderungen hingewiesen, die den nach der BauPVO zu erstellenden Leistungserklärungen allein nicht entnommen werden können.

6.6 Übereinstimmungsnachweis/ -bestätigung

Die Anpassungen zum bisher in § 22 MBO alt geregelten Übereinstimmungsnachweis stehen in keinem direkten Zusammenhang mit den erforderlichen Anpassungen der MBO hinsichtlich des Urteils des EuGHs zu den nach der BauPVO harmonisierten Bauprodukten. Dennoch sollen die Änderungen kurz zusammengefasst werden, da der Übereinstimmungsnachweis bzw. die Übereinstimmungsbestätigung ein essenzieller Bestandteil des Bauproduktenrechts ist.

Der bisher in § 22 MBO alt geregelte Übereinstimmungsnachweis ist nunmehr in § 21 MBO neu geregelt und wird aus Gründen der Einheitlichkeit nunmehr Übereinstimmungsbestätigung genannt. Inhaltlich neu ist, dass die Übereinstimmungsbestätigung mit den Technischen Baubestimmungen bzw. den Verwendbarkeitsnachweisen nunmehr ausschließlich mittels einer Übereinstimmungserklärung nach § 22 MBO neu abgegeben wird (§ 21 Absatz 2 MBO neu). Zuvor wurde in der alten MBO zwischen der Übereinstimmungserklärung für die Fälle der Übereinstimmungserklärung durch den Hersteller (ÜH, § 23 Absatz 1 MBO alt, § 22 Absatz 1 MBO neu) und der Übereinstimmungserklärung durch den Hersteller und Prüfung durch eine Prüfstelle (ÜHP, § 23 Absatz 2 MBO alt, § 22 Absatz 2 MBO neu) sowie gesondert dem Übereinstimmungszertifikat (ÜZ, § 24 MBO alt, § 22 Absatz 3 MBO neu) unterschieden. Früher hat der Hersteller daher für die Fälle ÜH und ÜHP eine Übereinstimmungserklärung oder aber für den Fall ÜZ lediglich eine Erklärung abgegeben, dass ein Übereinstimmungszertifikat erteilt worden ist (§ 22 Absatz 4 MBO alt). Der Hersteller musste bei einem Übereinstimmungsnachweis mittels Übereinstimmungszertifikat also nicht erklären, dass er die Anforderungen aus den Technischen Baubestimmungen bzw. dem Verwendbarkeitsnachweis, an die werkseigene Produktionskontrolle und die Fremdüberwachung einhält. Gab es beispielsweise die Fremdüberwachungsstelle später nicht mehr, so musste er auch vor Anbringung des Ü-Zeichens die Einhal-

tung dieser Anforderung nicht sicherstellen. Nunmehr gibt der Hersteller wie auch bei ÜH und ÜHP als Übereinstimmungsbestätigung eine Übereinstimmungserklärung mit den Verwendbarkeitsnachweisen oder Technischen Baubestimmungen ab. Er darf diese Erklärung nur abgeben, wenn ihm wie bei den anderen Anwendungsfällen ÜH und ÜHP zuvor ein Übereinstimmungszertifikat erteilt wurde.

Für Bauarten gibt es keine inhaltlichen Änderungen zur bisherigen Fassung der MBO. Gemäß § 22 Absatz 3 MBO alt bzw. nunmehr § 16a in Verbindung mit § 21 Absatz 2 MBO neu bedarf es auch für Bauarten einer Übereinstimmungsbestätigung, jedoch keiner Ü-Kennzeichnung. In diesem Sinne muss die bauausführende Firma zur Bestätigung der Übereinstimmung der Bauart mit den Technischen Baubestimmungen bzw. den Anwendbarkeitsnachweisen eine Übereinstimmungserklärung abgeben.

7 Ausblick

Bei der Neufassung der MBO und der Erstellung der MVV TB wurde versucht, die erforderlichen Änderungen möglichst gering zu halten. Die Anforderungen an Verwendbarkeitsnachweise und Übereinstimmungsbestätigungen für nicht nach der BauPVO harmonisierte Bauprodukte haben sich daher inhaltlich nicht geändert. Die neue kürzere und übersichtlichere Darstellung mit § 17 MBO neu ermöglicht die schnelle Einordnung, wann ein Verwendbarkeitsnachweis für ein Bauprodukt erforderlich ist. Auch die Zusammenfassung aller Technischen Baubestimmungen in einem Regelwerk dient einer einfacheren Handhabung und der Übersichtlichkeit. Die inhaltlichen Anforderungen an Bauarten sind ebenfalls grundlegend gleich geblieben, es haben sich lediglich begriffliche und strukturelle Neuerungen ergeben. Mit der neuen Stellung in dem Abschnitt „Allgemeinen Anforderungen an die Bauausführung" und eigenen Begriffen für erforderliche Anwendbarkeitsnachweise wird die Unterscheidung zu Bauprodukten deutlicher herausgestellt.

Die letztlich entscheidenden und doch erheblichen Änderungen beziehen sich auf nach der BauPVO harmonisierte Bauprodukte. Schwierigkeiten können sich insbesondere daraus ergeben, dass an diese keine Zusatzanforderungen gestellt und keine Verwendbarkeitsnachweise gefordert werden können. Zugleich müssen die nationalen bauwerksbezogenen Anforderungen nach wie vor eingehalten werden, was auch dazu führt, dass die für die Bauart zu verwendenden Bauprodukte bestimmte Grenzwerte nicht überschreiten dürfen. Um das nationale Sicherheitsstandard in gleicher Qualität beizubehalten, werden daher alle für die Bauwerkssicherheit erforderlichen Anforderungen bauwerksbezogen formuliert. Ohne Verwendbarkeitsnachweise müssen die nicht in der Leistungserklärung ausgewiesen, aber zur Beurteilung der Bauwerksanforderungen erforderlichen, Leistungen daher auf andere Weise dargelegt werden können. Diese fehlenden Leistungsangaben können nunmehr anhand einer Technischen Dokumentation nachgewiesen werden.

Für eine umfassende Harmonisierung ist es wichtig, die mangelhaften harmonisierten Normen zu ergänzen und neue harmonisierte Normen im Hinblick auf sämtliche Wesentlichen Merkmale vollständig auszugestalten. Insoweit weist Deutschland die Europäische Kommission seit Jahren auf Unzulänglichkeiten in bestehenden harmonisierten Normen hin. Da es Deutschland mit dem EuGH-Urteil untersagt wurde, die fehlenden Anforderungen in harmonisierten Normen national zu regeln, leitete Deutschland 2015 Einwandsverfahren nach Art. 18 der Verordnung (EU) Nr. 305/2011 gegen zunächst sechs unvollständig harmonisierte Normen ein. Die ersten zwei auf Holzfußböden und Parkett (EN 14342:2013) sowie Sportböden (EN 14904:2006) bezogenen Einwände wurden von der Europäischen Kommission zurückgewiesen. Deutschland machte geltend, dass die beiden harmonisierten Normen gegen die BauPVO und das Normungsmandat der Kommission verstoßen, da sie keine harmonisierten Verfahren zur Ermittlung der Abgabe anderer gefährlicher Stoffe enthielten. Mithin gelte daher der streitige Normabschnitt als nicht harmonisiert, weshalb den Mitgliedstaaten nationale Bestimmungen erlaubt seien, um die Grundanforderungen an Bauwerke gewährleisten zu können. Die Kommission hingegen hält zusätzliche Produktanforderungen in europäischen Normen für rechtswidrig und hat bisher noch vorhandene Hinweise auf nationale ergänzende Regelungen aus den Normen gestrichen. Deutschland erhob daraufhin Klage vor dem Gericht der Europäischen Union (EuG) mit dem Ziel, die Entscheidungen der Kommission bezüglich der von Deutschland vorgetragenen Einwände durch ein Urteil des EuG aufzuheben und nationale Ergänzungsregelungen rechtsverbindlich möglich zu machen. Zwischenzeitlich ist am 10.04.2019 die Entscheidung des EuG in der Sache ergangen. Dem Urteil ist zu entnehmen, dass der EuG nicht der Auffassung Deutschlands, sondern der Auffassung der Kommission folgt und auch bei „lückenhaft" harmonisierten Normen von einer abschließenden Harmonisierung ausgeht und diesen daher ein Vollständigkeitsanspruch zugesteht. Gegen die Entscheidung des EuG soll nunmehr Rechtsmittel eingelegt und die Sache insoweit dem EuGH zur erneuten Entscheidung vorgelegt werden.

Um den Normungsprozess weiter voranzutreiben, bat zudem der Vorsitzende der Fachkommission Bautechnik der Bauministerkonferenz das Deutsche Institut für Normung (DIN) um Unterstützung bei der Überarbeitung defizitärer harmonisierter Normen, die harmonisierte Verfahren und Kriterien für die Bewertung der Leistungen dieser Bauprodukte in Bezug auf ihre „Wesentlichen Merkmale" vermissen lassen. Als Grundlage für die Zusammenarbeit übersandte der Vorsitzende der Fachkommission Bautechnik der Geschäftsleiterin des Bereichs Normung die in den Gremien abgestimmte Prioritätenliste. Eine intensivierte Zusammenarbeit mit dem DIN soll dazu beitragen, harmonisierte Normen schnellstmöglich so zu vervollständigen, dass all die Leistungen auf Basis der harmonisierten Normen erklärt werden können, die für die Erfüllung der deutschen Bauwerksanforderungen von Bedeutung sind. Die „Prioritätenliste – Ausgewählte verwendungsspezifische Leistungsanforderungen zur Erfüllung der Bauwerksanforderungen" ist hierfür ein wichtiger Orientierungspunkt.

8 Literatur

[1] AEUV (2008) Vertrag über die Arbeitsweise der Europäischen Union, Fassung aufgrund des am 1.12.2009 in Kraft getretenen Vertrages von Lissabon, bekanntgemacht im Amtsblatt EG Nr. C 115 vom 9.5.2008, S. 47.

[2] Bericht der Kommission an das Europäische Parlament und den Rat über die Durchführung der Verordnung (EU) Nr. 305/2011 des Europäischen Parlaments und des Rates vom 9. März 2011 zur Festlegung harmonisierter Bedingungen für die Vermarktung von Bauprodukten und zur Aufhebung der Richtlinie 89/106/EWG des Rates.

[3] BauPVO (2011) Verordnung zur Festlegung harmonisierter Bedingungen für die Vermarktung von Bauprodukten und zur Aufhebung der Richtlinie 89/106/EWG, veröffentlicht im Amtsblatt 2011 L88/5.

[4] BPR (1989) Richtlinie 89/106/EWG des Rates vom 21. Dezember 1988 zur Angleichung der Rechts- und Verwaltungsvorschriften der Mitgliedstaaten über Bauprodukte, veröffentlicht im Amtsblatt 1989 L40/12.

[5] MBO alt (2012) Musterbauordnung in der Fassung vom 1. November 2002, zuletzt geändert durch den Beschluss vom 21. September 2012, Stand bis zum 13. Mai 2016.

[6] Bauregelliste A, Bauregelliste B und Liste C, Ausgabe 2014/1 vom 07. März 2014.

[7] Muster-Liste der Technischen Baubestimmungen, Fassung vom Juni 2015.

[8] Urteil des EuGH vom 16.10.2014 in der Rechtssache C-100/13.

[9] MVV TB (2017) Muster-Verwaltungsvorschrift Technische Baubestimmungen, Ausgabe 2017/1 vom 31.08.2017, mit Druckfehlerberichtigung vom 11. Dezember 2017.

[10] www.dibt.de (2016) Rubrik „Aktuelles zur Novellierung des Bauordnungsrechts", Beitrag vom 20. Oktober 2016.

[11] MBO neu (2016) Musterbauordnung in der Fassung vom 1. November 2002, zuletzt geändert durch den Beschluss vom 13. Mai 2016.

[12] Änderungsmitteilungen des Deutschen Instituts für Bautechnik (2015) Änderungen der Bauregelliste B Teil 1, Ausgabe 2015/1 vom 31. Juli 2015, https://www.dibt.de/de/Geschaeftsfelder/Data/BRL_%20B_%20Teil_1_31072015.pdf (Zugriff am 25. Juni 2018).

[13] Änderungsmitteilungen des Deutschen Instituts für Bautechnik (2016) Änderungen der Bauregelliste A und B, Ausgabe 2016/1 vom 10. Januar 2016, http://www.dibt.de/de/geschaeftsfelder/data/BRL_2016_1_Aenderungsmitteilung.pdf [Zugriff am 25. Juni 2018].

[14] ww.dibt.de (2018) Rubrik „Aktuelles zur Novellierung des Bauproduktenrechts", Beitrag vom 22. Mai 2018.

XI Normen und Regelwerke

Frank Fingerloos, Berlin

1 Einleitung

Der Schwerpunkt des Beton-Kalenders 2020 „Konstruktion und Bemessung" wird auch im Kapitel „Normen und Regelwerke" aufgegriffen. Im Vordergrund stehen dabei die Eurocodes für die Einwirkungen und den Betonbau für Deutschland.

Zuerst werden der Eurocode DIN EN 1990 „Grundlagen der Tragwerksplanung" [1, 2] im Abschnitt 2 und die Teile von Eurocode 1 DIN EN 1991 „Einwirkungen auf Tragwerke" mit ihren Nationalen Anhängen für Deutschland [3–16] in den Abschnitten 3 bis 10 für die hauptsächlichen Anwendungen im Hochbau (DIN EN 1991-1 „Allgemeine Einwirkungen auf Tragwerke") in aufbereiteter Form dargestellt. Ebenso wird kurz auf den Teil DIN EN 1991-3 „Einwirkungen infolge von Kranen und Maschinen" [17, 18] eingegangen.

Die Einwirkungen auf Brücken nach DIN EN 1991-2 „Verkehrslasten auf Brücken" [19, 20] wurden im Beton-Kalender 2015 im Beitrag von *Novák* und *Lippert* ausführlich erläutert [23] Auf die Silobelastungen nach DIN EN 1991-4 „Einwirkungen auf Silos und Flüssigkeitsbehälter" [21, 22] wurde im Beton-Kalender 2016 von *Morgen, Ehmann* und *Ruckenbrod* [24] eingegangen. Eine Übersicht über alle Eurocode-1-Teile mit ihren Ausgabedaten und ihre bauaufsichtliche Auflistung liefert die Normenliste im Abschnitt 12.1 dieses Beitrags „Normen und Regelwerke".

Der Hauptteil DIN EN 1992-1-1: Eurocode 2: „Bemessung und Konstruktion von Stahlbeton- und Spannbetontragwerken – Teil 1-1: Allgemeine Bemessungsregeln und Regeln für den Hochbau" [25] zusammen mit dem deutschen Nationalen Anhang DIN EN 1992-1-1/NA [26] ist seit 2012 in Deutschland bauaufsichtlich eingeführt. Der große Normenumfang (340 Seiten) in zwei Normteilen beeinträchtigt wesentlich die praktische Handhabbarkeit. Im Beton-Kalender 2020 wird daher im Abschnitt 11.4 wieder eine konsolidierte Kurzfassung des Eurocode 2 (DIN EN 1992-1-1 mit NA) abgedruckt. Sie enthält die aktuellen Regelungen aus den A1-Änderungen der DIN EN 1992-1-1/A1 selbst als auch des Nationalen Anhangs DIN EN 1992-1-1/NA/ A1 aus dem Jahr 2015. Diese Kurzfassung soll die Akzeptanz des Eurocode 2 erhöhen und die tägliche Anwendung deutlich erleichtern. Enthalten sind die Regelungen, die für Bauteile und Bauwerke im üblichen Beton- und Stahlbetonhochbau erforderlich sind. Dem Normentext werden ausführlichere Erläuterungen und aktuelle Auslegungen vorangestellt.

Die Verzeichnisse der wichtigsten für den Beton-, Stahlbeton- und Spannbetonbau relevanten Baunormen und technischen Baubestimmungen, der aktuellen Richtlinien des Deutschen Ausschusses für Stahlbeton e. V. (DAfStb), der Merkblätter des Deutschen Beton- und Bautechnik-Vereins E. V. (DBV) und der Richtlinien und Merkblätter der Österreichischen Bautechnik Vereinigung (ÖBV) sind im Abschnitt 12 zusammengestellt.

Das Literaturverzeichnis komplettiert den Beitrag „Normen und Regelwerke" als Abschnitt 13.

2 Eurocode 0 – DIN EN 1990: Grundlagen der Tragwerksplanung

2.1 Einführung

DIN EN 1990 „Grundlagen der Tragwerksplanung" [1] mit Nationalem Anhang DIN EN 1990/NA [2] sind bauaufsichtlich eingeführt (vgl. MVV TB [27] A 1.2.1.1, [28]). Die 2012 veröffentlichte A1-Änderung zum Nationalen Anhang [2] ergänzt diesen um Festlegungen zu Straßen-, Fußgänger- und Eisenbahnbrücken.

Im Eurocode DIN EN 1990 [1, 2] werden bauartübergreifend die Grundlagen und Anforderungen für die Zuverlässigkeit, die Tragfähigkeit, die Dauerhaftigkeit und die Gebrauchstauglichkeit von Tragwerken festgelegt. Definiert werden alle für die Tragwerksplanung relevanten Bemessungssituationen, wobei der normative Anhang A die zu berücksichtigenden Grenzzustände, die anzusetzenden Teilsicherheitsbeiwerte sowie die maßgebenden Kombinationsbeiwerte für den Hochbau enthält.

Die DIN EN 1990 ist für die Tragwerksplanung in der Regel nur in Verbindung mit der Normenreihe Eurocode 1 DIN EN 1991 „Einwirkungen auf Tragwerke" und mit den bauartspezifischen Eurocodes 2 (DIN EN 1992) bis 9 (DIN EN 1999) und sonstigen Regelungen, die den Grundlagen des Sicherheitskonzepts entsprechen, anwendbar.

In den informativen Anhängen B und C werden zuverlässigkeitstheoretische Grundlagen angegeben. Diese sind eine Fortentwicklung der bereits in den 1970er-Jahren in Deutschland in der GruSiBau [29] festgelegten Grundlagen. Auch das angestrebte Zu-

---

Beton-Kalender 2020: Wasserbau. Konstruktion und Bemessung.
Herausgegeben von Konrad Bergmeister, Frank Fingerloos und Johann-Dietrich Wörner
© 2020 Ernst & Sohn GmbH & Co. KG. Published 2020 by Ernst & Sohn GmbH & Co. KG.

verlässigkeitsniveau ist für Standardfälle vergleichbar. Die informativen Anhänge B und C sind jedoch von der bauaufsichtlichen Einführung in Deutschland ausdrücklich ausgenommen (siehe MVV TB [27], Anlage A 1.2.1/1). Ausnahmsweise können sie aber, nach vorheriger Absprache mit der zuständigen Bauaufsichtsbehörde in den Fällen angewendet werden, wo keine Übereinstimmung mit eingeführten Normenkonzepten besteht oder wenn andere nicht durch Eurocode 1 geregelte Einwirkungen oder Einwirkungskombinationen zu berücksichtigen sind [30].

Anhang D enthält Hinweise für eine versuchsgestützte Bemessung. Sie stellen die Grundlagen für Bemessungskonzepte in den harmonisierten Spezifikationen (harmonisierte Normen und europäische Zulassungen) dar. Auch der informative Anhang D ist von der bauaufsichtlichen Einführung in Deutschland ausgenommen (siehe MVV TB [27], Anlage A 1.2.1/1). Soll Anhang D im Einzelfall und projektbezogen angewendet werden, so ist hierfür die Zustimmung des Bauherrn [2] und eine Zustimmung im Einzelfall durch die zuständige Oberste Bauaufsichtsbehörde erforderlich [30].

Lasten wirken im Allgemeinen gleichzeitig oder zumindest zeitlich unabhängig. Um den Umfang erforderlicher Untersuchungen zu begrenzen, ist man daher – gestützt auf bisherige Erfahrungen – übereingekommen, die gesamten Einwirkungen auf Tragwerke als lineare Kombination von Einwirkungen aus konkreten Ursachen zu beschreiben [30].

Die Nachweise in den Grenzzuständen der Tragfähigkeit (GZT) werden in Bezug auf die Lagesicherheit eines Bauteils (EQU – Equilibrium), das Versagen infolge Überschreitens der Materialfestigkeit oder übermäßige Verformungen (STR – Structure), den Verlust der Tragfähigkeit infolge des Baugrundverhaltens (GEO – Geotechnical actions) sowie das Versagen infolge Materialermüdung (FAT – Fatigue) unterschieden.

DIN EN 1990 [1] enthält mehrere unterschiedliche Möglichkeiten zur Berücksichtigung von Einwirkungskombinationen. Zur Vereinfachung und zur Verbesserung der Praxistauglichkeit wurden im Nationalen Anhang [2] die Wahlmöglichkeiten der Einwirkungskombinationen nach den Gleichungen (6.10a) und (6.10b) für Deutschland ausdrücklich ausgeschlossen [30] (und daher hier auch nicht abgedruckt). Die besonderen Kombinationsregeln für klimatische Einwirkungen sind in den Nationalen Anhang [2] aufgenommen worden.

Mit den Festlegungen zum semi-probabilistischen Sicherheitskonzept soll ein durchgängiges und einheitliches bauart- und nutzungsunabhängiges Zuverlässigkeitsniveau im Bauwesen erreicht werden. Die zugrunde gelegte planmäßige Nutzungsdauer im üblichen Hochbau beträgt 50 Jahre.

Basis des Sicherheitskonzeptes ist der Zuverlässigkeitsindex β als Maß für die Überlebenswahrscheinlichkeit (bzw. die Wahrscheinlichkeit, dass ein Tragwerk nicht versagt). Der implementierte Zuverlässigkeitsindex β und die dazugehörige Versagenswahrscheinlichkeit P_f sind lediglich operative Werte, die nicht die wirklichen Versagensraten ausdrücken, sondern die nur zur Kalibrierung von Normen und für Vergleiche der Zuverlässigkeitsniveaus unterschiedlicher Bauweisen verwendet werden. Die wirkliche Versagenswahrscheinlichkeit steht im Wesentlichen im Zusammenhang mit menschlichem Versagen, das rechnerisch nicht erfasst werden kann. Durch entsprechend hoch angesetzte β_{Ziel}-Werte wird jedoch eine ausreichend hohe Bauteilsicherheit erreicht, die den bauaufsichtlichen Anforderungen genügt. Die genormten Teilsicherheits- und Kombinationsbeiwerte basieren im Wesentlichen nicht auf probabilistischen, sondern vielmehr überwiegend auf empirischen Grundlagen (siehe [1], Anhang C, C.4 (4)).

2.2 Annahmen und Voraussetzungen

Es wird vorausgesetzt, dass Entwurf und Berechnung nach dem anerkannten Stand der Technik mit der für das Projekt erforderlichen Befähigung und Sorgfalt durchgeführt werden ([1], 2.1 (7)). Zu den weiteren allgemeinen Annahmen und Voraussetzungen für die Anwendung von DIN EN 1990 gehören ([1], 1.3):

- Wahl des Tragsystems und Tragwerksplanung von dafür entsprechend qualifizierten und erfahrenen Personen;
- unabhängige Prüfung der Tragwerksplanung (siehe [2] zu 1.3 und Tabelle NA.B.1: Überwachungsmaßnahmen bei der Planung);
- Bauausführung durch geschultes und erfahrenes Personal;
- sachgerechte Projekt- und Güteüberwachung während der Bemessung und der Bauausführung;
- Verwendung von Bauprodukten entsprechend den Angaben in den Eurocodes oder den maßgebenden Ausführungs-, Werkstoff- oder Bauproduktnormen (bzw. Zulassungen oder Bewertungsdokumenten);
- sachgemäße und planmäßige Instandhaltung während der geplanten Nutzungsdauer;
- plangemäße Nutzung des Tragwerks.

Um ein Tragwerk zu erstellen, das den Anforderungen an die Annahmen der Tragwerksplanung entspricht, sollten geeignete Maßnahmen für die Qualitätssicherung ergriffen werden. Diese Maßnahmen umfassen die Festlegung der Zuverlässigkeitsanforderungen, organisatorische Maßnahmen und Überwachungen in der Planungsphase, bei der Ausführung, während der Nutzung und bei der Instandhaltung ([1], 2.5).

Zu den wichtigsten *Begriffen* in der Norm gehören ([1], 1.5):

- *Bauart:* abhängig vom hauptsächlich verwendeten tragenden Baustoff, z. B. Stahlbetonbau, Stahlbau, Holzbau, Mauerwerksbau, Verbundbau;
- *Bauteil:* physisch unterscheidbarer Teil des Tragwerks, z. B. Stütze, Träger, Platte, Pfahl;
- *Bauverfahren:* Art und Weise der Bauausführung, z. B. Ortbetonbau, Fertigteilbau, Freivorbau;
- *Bemessungssituationen:*
  - *außergewöhnliche Bemessungssituation:* Bemessungssituation unter außergewöhnlichen Bedingungen für das Tragwerk; z. B. Brand, Explosion, Anprall,
  - *ständige Bemessungssituation:* Bemessungssituation, die innerhalb eines Zeitraums in der Größenordnung der geplanten Nutzungsdauer des Tragwerks maßgebend ist, i. d. R. die üblichen Nutzungsbedingungen,
  - *vorübergehende Bemessungssituation:* Bemessungssituation, die während eines wesentlich kürzeren Zeitraums als der geplanten Nutzungsdauer des Tragwerks maßgebend ist und die eine hohe Auftretenswahrscheinlichkeit hat, z. B. während der Bauzeit oder während Instandsetzungsmaßnahmen;
- *Einwirkungen F:*
  - *direkte Einwirkungen:* Kräfte (Lasten), die auf ein Tragwerk wirken, z. B. Eigen- und Nutzlasten,
  - *indirekte Einwirkungen:* aufgezwungene Verformungen oder Beschleunigungen, die z. B. durch Temperaturänderungen, Feuchtigkeitsänderung, ungleiche Setzungen oder Erdbeben hervorgerufen werden,
  - *Auswirkungen von Einwirkungen E:* Beanspruchungen von Bauteilen (z. B. Schnittgrößen, Spannungen, Dehnungen) oder Reaktionen des Gesamttragwerks (z. B. Durchbiegungen, Verdrehungen) die durch Einwirkungen hervorgerufen werden,
  - *repräsentativer Wert einer Einwirkung* F_{rep}: Wert, der für den Nachweis eines Grenzzustandes verwendet wird (charakteristischer Wert F_k oder ein Begleitwert ψF_k),
  - *Bemessungswert einer Einwirkung* F_d: Wert einer Einwirkung nach Multiplikation des repräsentativen Wertes mit dem Teilsicherheitsbeiwert γ_F,
  - *Kombination von Einwirkungen:* Gesamtheit der Bemessungswerte für den Nachweis der Tragwerkszuverlässigkeit für einen Grenzzustand unter Berücksichtigung der Gleichzeitigkeit ihres Auftretens;

- *Lastfall:* untereinander verträgliche Lastanordnungen, Verformungen und Imperfektionen mit vorgegebenen veränderlichen und ständigen Einwirkungen, die für einen bestimmten Nachweis gleichzeitig zu berücksichtigen sind;
- *Grenzzustände:* Zustände, bei deren Überschreitung das Tragwerk die Entwurfsanforderungen nicht mehr erfüllt;
  - *Grenzzustände der Tragfähigkeit:* Zustände, die im Zusammenhang mit Einsturz oder anderen Formen des Tragwerksversagens stehen (i. Allg. Erreichen des Tragwiderstands, des Tragwerks oder des Bauteils),
  - *Grenzzustände der Gebrauchstauglichkeit:* Zustände, bei deren Überschreitung die festgelegten Bedingungen für die Gebrauchstauglichkeit eines Tragwerks oder eines Bauteils nicht mehr erfüllt sind (z. B. Verformungen, Rissbildung);
- *Gebrauchstauglichkeitskriterium:* Entwurfskriterium für den Grenzzustand der Gebrauchstauglichkeit (z. B. zulässige Grenzwerte);
- *Tragfähigkeit:* mechanische Eigenschaft eines Bauteils eines Bauteilquerschnitts im Hinblick auf Versagensformen, z. B. Biegewiderstand, Querkraftwiderstand, Widerstand gegen Stabilitätsversagen, Zugwiderstand;
- *Instandhaltung:* alle Maßnahmen, die während der geplanten Nutzungsdauer des Tragwerks durchgeführt werden, um dessen Funktionsfähigkeit zu erhalten (Inspektion, Wartung, Instandsetzung, jedoch ohne Wiederinstandsetzung nach außergewöhnlichen Einwirkungen oder Erdbeben);
- *Instandsetzung:* alle Maßnahmen zur Erhaltung oder Wiederherstellung der Funktionsfähigkeit des Tragwerks, die über die Maßnahmen der Bauwerksunterhaltung hinausgehen.

2.3 Grundlegende Anforderungen

Tragwerke sind so zu planen und auszuführen, dass sie während der Errichtung und der geplanten Nutzungsdauer mit angemessener Zuverlässigkeit und Wirtschaftlichkeit den möglichen Einwirkungen und Einflüssen dauerhaft standhalten und die Anforderungen an die Gebrauchstauglichkeit eines Bauwerks oder eines Bauteils erfüllen. Bei der Planung und der Berechnung des Tragwerks sind ausreichende Tragfähigkeit, Gebrauchstauglichkeit und Dauerhaftigkeit nachzuweisen. Im Brandfall muss für die (i. d. R. bauaufsichtlich) geforderte Feuerwiderstandsdauer eine ausreichende Standsicherheit vorhanden sein, um die Rettung von Menschen und Tieren sowie wirksame Löscharbeiten zu ermöglichen.

Durch außergewöhnliche Ereignisse wie Explosionen, Anprall oder menschliches Versagen dürfen keine Schadensfolgen entstehen, die in keinem angemessenen Verhältnis zur Schadensursache stehen (z. B. durch Konstruktion „robuster" Tragwerke). Die mögliche Schädigung durch außergewöhnliche Ereignisse ist durch die folgenden Maßnahmen zu begrenzen oder zu vermeiden:

- Verhinderung, Ausschaltung oder Minderung der möglichen Gefährdungen;
- Wahl eines Tragsystems mit geringer Anfälligkeit gegen die möglichen Gefährdungen;
- Wahl eines Tragsystems und seiner baulichen Durchbildung derart, dass mit dem schädigungsbedingten lokalen Ausfall eines einzelnen Bauteils oder eines begrenzten Teils des Tragwerks kein Totalversagen des Gesamttragwerks auftritt;
- Vermeidung von Tragsystemen, die ohne Vorankündigung total versagen können;
- Kopplung von Tragelementen.

Die zu berücksichtigenden außergewöhnlichen Ereignisse sind mit dem Bauherrn und der zuständigen Behörde festzulegen (u. a. in DIN EN 1991-1-7 [15, 16]).

Die grundlegenden Anforderungen sind durch die Wahl geeigneter Baustoffe, durch zweckmäßigen Entwurf und Bemessung und geeignete bauliche Durchbildung sowie durch die Festlegung von Überwachungsverfahren für den Entwurf, die Herstellung, Ausführung und Nutzung entsprechend den Projektbesonderheiten zu erfüllen.

2.4 Geplante Nutzungsdauer

Im Zusammenhang mit der Bemessung von Tragwerken in Bezug auf die Dauerhaftigkeit ist der Begriff der „geplanten Nutzungsdauer" eines Bauwerks (oder Bauteils) von Bedeutung. Das Prinzip ist in DIN EN 1990 [1] wie folgt beschrieben:

„*2.4 Dauerhaftigkeit: (1)P Das Tragwerk ist so zu bemessen, dass zeitabhängige Veränderungen der Eigenschaften das Verhalten des Tragwerks während der **geplanten Nutzungsdauer** nicht unvorhergesehen verändern. Dabei sind die Umweltbedingungen und die **geplanten Instandhaltungsmaßnahmen** zu berücksichtigen."*

Die „geplante Nutzungsdauer" ist klar vom Begriff „Lebensdauer" zu unterscheiden. Die Definition ist in DIN EN 1990 [1] enthalten:

„*1.5.2.8 geplante Nutzungsdauer: angenommene Zeitdauer, innerhalb derer ein Tragwerk unter Berücksichtigung vorgesehener Instandhaltungsmaßnahmen für seinen vorgesehenen Zweck genutzt werden soll, ohne dass jedoch eine **wesentliche Instandsetzung** erforderlich ist."*

Das heißt, übliche („unwesentliche") Instandsetzungen innerhalb der Nutzungsdauer sind Inhalt der geplanten Instandhaltungsmaßnahmen und daher normativ zugestanden. Quantitativ unbestimmt bleibt, was eine „*wesentliche Instandsetzung*" bedeutet und wann diese wirklich erforderlich wird. Das ist projekt- und bauteilbezogen abhängig von den Auswirkungen einer in geringem Umfang zulässigen Beton- oder Bewehrungskorrosion differenziert zu beurteilen.

In Abhängigkeit von der Verwendung eines Tragwerks werden in Tabelle 1 Anhaltswerte hinsichtlich der geplanten Nutzungsdauer von Tragwerken angegeben. Für den üblichen Hochbau (Klasse 4) beträgt die Planungsgröße der Nutzungsdauer 50 Jahre und für Brücken und Ingenieurbauwerke 100 Jahre, sofern sie nicht abweichend projektbezogen festgelegt wird. Die in den bauartspezifischen Eurocodes enthaltenen Regelungen zur Gewährleistung der Dauerhaftigkeit sichern bei angemessenem Instandhaltungsaufwand ohne wesentliche Instandset-

Tabelle 1. Klassifizierung der geplanten Nutzungsdauer ([1] Tab. 2.1)

1	2	3
Nutzungsdauer		Beispiele
Klasse	Planungsgröße	
1	10 Jahre	Tragwerke mit befristeter Standzeit [a]
2	10–25 Jahre	Austauschbare Tragwerksteile, z. B. Kranbahnträger, Lager
3	15–30 Jahre	Landwirtschaftlich genutzte und ähnliche Tragwerke
4	50 Jahre	Gebäude und andere gewöhnliche Tragwerke
5	100 Jahre	Monumentale Gebäude, Brücken und andere Ingenieurbauwerke

[a] Tragwerke oder Tragwerksteile, die zur Wiederverwendung demontiert werden können, sollten nicht als Tragwerke mit befristeter Standzeit betrachtet werden.

zungsmaßnahmen in der Regel während der vorgesehenen Nutzungsdauer die geforderte Tragfähigkeit und Gebrauchstauglichkeit ohne relevante Beeinträchtigung der Nutzungseigenschaften.

Die unvermeidlichen zeitabhängigen Veränderungen der Eigenschaften der Baustoffe und des Tragwerks während der geplanten Nutzungsdauer werden durch einen sogenannten „Abnutzungsvorrat" abgedeckt, der während der Nutzungsdauer bis zu einem kritischen Zustand aufgebraucht werden kann.

2.5 Dauerhaftigkeit

Tragwerke sind so zu planen und zu bemessen, dass zeitabhängige Veränderungen der Eigenschaften das Verhalten des Tragwerks während der geplanten Nutzungsdauer nicht unvorhergesehen verändern. Für ein angemessen dauerhaftes Tragwerk sind die folgenden Aspekte zu berücksichtigen ([1], 2.4):

- die vorgesehene oder vorhersehbare zukünftige Nutzung des Tragwerks;
- die geforderten Entwurfskriterien;
- die erwarteten Umweltbedingungen;
- die Zusammensetzung, die Eigenschaften und das Verhalten der Baustoffe und Bauprodukte;
- die Eigenschaften des Baugrundes;
- die Wahl des Tragsystems;
- die Gestaltung der Bauteile und Anschlüsse;
- die Qualität der Bauausführung und der Überwachungsaufwand;
- besondere Schutzmaßnahmen;
- die geplante Instandhaltung während der geplanten Nutzungsdauer.

Eine Instandhaltungsplanung, die die wesentlichen Wartungsintervalle und Wartungsmaßnahmen insbesondere von Baustoffen und Bauteilen mit kürzerer Lebensdauer umfasst (z. B. Oberflächenschutzsysteme), gehört demnach mit zum Umfang der Planung, insbesondere wenn die Dauerhaftigkeit der tragenden Bauteile davon betroffen ist.

In den bauartspezifischen Eurocodes DIN EN 1992 bis DIN EN 1999 werden in ihrem Anwendungsbereich geeignete Maßnahmen zur Sicherstellung der Dauerhaftigkeit festgelegt. Die Umweltbedingungen sind während der Planungsphase zu erfassen und entsprechende Maßnahmen für den Schutz von Baustoffen und Bauprodukten festzulegen. Umgebungseinflüsse mit Wirkung auf die Dauerhaftigkeit sind durch geeignete Baustoffwahl, das Tragwerkskonzept und dessen bauliche Durchbildung zu berücksichtigen. Die Auswirkungen von Umgebungseinflüssen sind, soweit möglich, auch quantitativ zu berücksichtigen ([1], 4.1.7).

So wird beispielsweise im Eurocode 2 für den Stahlbeton- und Spannbetonbau die Dauerhaftigkeit durch ein deskriptives Konzept nachgewiesen. Dabei werden den Bauteiloberflächen planerisch Expositionsklassen (Einwirkungen aus Umgebungsbedingungen) und diesen entsprechende Mindestanforderungen an die Betonzusammensetzung, die Betondeckung und die Rissbreiten zugeordnet (Widerstand aus Dichte und Dicke der Betondeckung sowie Begrenzung der Rissbreiten). Die Grundlage der Zuordnung von Expositionsklassen ist weiterhin DIN EN 206-1 [31] zusammen mit DIN 1045-2 [32]. Im Eurocode 2 DIN EN 1992-1-1/NA [26] wurde mit Tabelle 4.1 die Expositionsklassen-Tabelle aus DIN 1045-2 [32] übernommen (ergänzt mit DIN EN 1992-1-1/NA/A1-Änderung), im Anhang E die Mindestfestigkeitsklassen aus [32] zugeordnet und in den Tabellen 4.3DE bis 4.5DE die korrelierten Mindestbetondeckungen angegeben. Die Festlegung der zugehörigen rechnerischen maximalen Rissbreiten abhängig von der Expositionsklasse erfolgt in Tabelle 7.1DE [26].

2.6 Grenzzustände

Unterschieden wird zwischen den Grenzzuständen der *Tragfähigkeit* und der *Gebrauchstauglichkeit*. Der Nachweis für einen Grenzzustand darf entfallen, wenn er durch den Nachweis eines anderen Grenzzustands abgedeckt wird. Die Grenzzustände sind je nach Anforderung für ständige, vorübergehende und außergewöhnliche Bemessungssituationen nachzuweisen. Nutzungszeitabhängige Nachweise für Grenzzustände (z. B. bei Ermüdung) sollten auf die geplante Nutzungsdauer des Tragwerks bezogen werden ([1], 3.1).

Die gewählten Bemessungssituationen müssen alle Bedingungen, die während der Ausführung und Nutzung des Tragwerks vernünftigerweise erwartet werden können, hinreichend genau erfassen. Sie werden wie folgt eingeteilt ([1], 3.2):

- **ständige** Bemessungssituationen, die den üblichen Nutzungsbedingungen des Tragwerks entsprechen;
- **vorübergehende** Bemessungssituationen, die sich auf zeitlich begrenzte Zustände des Tragwerks beziehen, z. B. im Bauzustand oder bei der Instandsetzung;
- **außergewöhnliche** Bemessungssituationen, die sich auf außergewöhnliche Bedingungen für das Tragwerk beziehen, z. B. auf Brand, Explosionen, Anprall oder Folgen lokalen Versagens;
- Bemessungssituationen bei **Erdbeben**, die Bedingungen bei Erdbebeneinwirkungen auf das Tragwerk umfassen.

Die *Grenzzustände der Tragfähigkeit* betreffen in der Regel die Sicherheit von Personen und/oder des Tragwerks ([1], 3.3). Auch Zustände vor Eintritt des

Bauteilversagens dürfen zur Vereinfachung als Grenzzustände der Tragfähigkeit behandelt werden. Im Bedarfsfall sind weitere Grenzzustände nachzuweisen, wie:

- der Verlust der Lagesicherheit des Tragwerks oder eines seiner Teile;
- das Versagen durch übermäßige Verformungen;
- Übergang des Bauwerks oder seiner Teile in einen kinematischen Zustand, einen Bruchzustand oder eine instabile Lage;
- das Versagen des Tragwerks oder eines seiner Teile durch Materialermüdung oder andere zeitabhängige Auswirkungen.

Die Grenzzustände, die die Funktion des Tragwerks oder eines seiner Teile unter normalen Gebrauchsbedingungen, das Wohlbefinden der Nutzer oder das Erscheinungsbild des Bauwerks betreffen, sind als *Grenzzustände der Gebrauchstauglichkeit* einzustufen ([1], 3.4). Die Gebrauchstauglichkeitsnachweise sollten demnach auf folgende Kriterien eingehen:

- Verformungen und Verschiebungen, die das Erscheinungsbild, das Wohlbefinden der Nutzer oder die Funktionen des Tragwerks (einschließlich der Funktionsfähigkeit von Maschinen und Installationen) beeinflussen oder die Schäden an Belägen, Beschichtungen oder an nichttragenden Bauteilen hervorrufen;
- Schwingungen, die bei Personen körperliches Unbehagen hervorrufen oder die Funktionsfähigkeit des Tragwerks einschränken;
- Schäden, die voraussichtlich das Erscheinungsbild, die Dauerhaftigkeit oder die Funktionsfähigkeit des Tragwerks nachteilig beeinflussen.

In Verbindung mit dem Erscheinungsbild wird in den Eurocodes in der Regel nur auf die Begrenzung von Verformungen und ggf. der Rissbildung Bezug genommen. Die Gebrauchstauglichkeitsanforderungen sollten für jedes Projekt besonders vereinbart werden. Dies gilt insbesondere auch für andere Gebrauchstauglichkeitsanforderungen außerhalb der Empfehlungen in den bauartspezifischen Eurocodes, wie z. B. im Betonbau bei Sichtbetonanforderungen oder Anforderungen an die Wasserundurchlässigkeit von Betonkonstruktionen.

Es werden umkehrbare und nicht umkehrbare Grenzzustände der Gebrauchstauglichkeit unterschieden. Umkehrbare Grenzzustände der Gebrauchstauglichkeit bleiben nicht überschritten, wenn die für die Überschreitung maßgeblichen Einwirkungen zurückgenommen werden. Nicht umkehrbare Grenzzustände der Gebrauchstauglichkeit bleiben jedoch dauernd überschritten, auch nachdem die für die Überschreitung maßgeblichen Einwirkungen entfernt werden.

Die Bemessung ist mit für die jeweiligen Grenzzustände geeigneten Modellen für das Tragsystem und für die Belastung durchzuführen ([1], 3.5). Dabei sollte das Bemessungsverfahren mit Teilsicherheitsbeiwerten angewendet werden. Es ist für alle maßgebenden Bemessungssituationen und Lastfälle nachzuweisen, dass kein Grenzzustand überschritten wird, indem die zutreffenden Bemessungswerte für die Einwirkungen, die Baustoffeigenschaften oder die Produkt- oder Bauteileigenschaften und die geometrischen Maße verwendet werden.

Für die jeweiligen Bemessungssituationen sind die kritischen Lastfälle zu bestimmen. Die Lastfälle müssen die für den jeweiligen Nachweis maßgebenden Belastungsanordnungen sowie die Imperfektionen und Verformungen enthalten, die gleichzeitig mit den ständigen Lasten und ortsfesten veränderlichen Lasten anzusetzen sind. Bei den Lastannahmen sind mögliche Richtungsabweichungen oder Lageabweichungen des Lastangriffs zu berücksichtigen.

Eine Voraussetzung für die dauerhafte Einhaltung eines Grenzzustands der Tragfähigkeit kann auch die bleibende Einhaltung von Grenzzuständen der Gebrauchstauglichkeit sein, bei deren Überschreitung mit Schäden zu rechnen ist (z. B. Rissbreitenbegrenzung im Stahlbeton- und Spannbetonbau). Derartige Grenzzustände der Gebrauchstauglichkeit bedürfen daher besonderer Beachtung und werden in den bauartspezifischen Bemessungsnormen angegeben ([2] zu A.1.4.2 (2)).

2.7 Einteilung der Einwirkungen

Die Einwirkungen werden nach ihrer zeitlichen Veränderung wie folgt unterteilt ([1], 4.1.1):

- *ständige Einwirkungen G:* wirken während der gesamten Nutzungsdauer, wobei deren zeitliche Größenänderung gegenüber dem Mittelwert vernachlässigbar ist oder bei denen die Änderung bis zum Erreichen eines Grenzwertes gleichmäßig in der gleichen Richtung stattfindet (z. B. Eigengewicht von Tragwerken, eingebauten Ausrüstungen oder Belägen oder indirekte Einwirkungen aus Schwinden oder ungleichmäßigen Setzungen);
- *veränderliche Einwirkungen Q:* Einwirkungen, deren zeitliche Größenänderung nicht vernachlässigbar ist oder für die die Änderung nicht immer in der gleichen Richtung stattfindet (z. B. Nutz- und Verkehrslasten, Wind- und Schneelasten);
- *außergewöhnliche Einwirkungen A:* Einwirkungen von kurzer Dauer mit bedeutender Größe, die mit einer geringen Wahrscheinlichkeit während der geplanten Nutzungsdauer auftreten können (z. B. Explosionen oder Fahrzeuganprall);

- *Erdbebeneinwirkungen* A_E: Einwirkungen infolge von Bewegungen des Baugrundes während eines Erdbebens.

Die Einteilung der Einwirkungen nach ihrer Natur oder der Bauwerksreaktion erfolgt in

- *statische Einwirkungen:* Einwirkungen, die keine bemerkenswerte Beschleunigung des Tragwerks oder der Bauteile erzeugen;
- *dynamische Einwirkungen:* Einwirkungen, die bemerkenswerte Beschleunigungen des Tragwerks oder der Bauteile erzeugen (z. B. Stoß, Anprall);
- *quasi-statische Einwirkungen:* äquivalente statische Ersatzeinwirkungen für dynamische Einwirkungen;
- *geotechnische Einwirkungen:* Einwirkungen, die vom Boden, durch Bodenverfüllung oder vom Grundwasser auf das Bauwerk übertragen werden.

Die in Deutschland übliche Einteilung in Bezug auf die Ermüdungswirksamkeit wurde hilfsweise im Nationalen Anhang des Eurocode 2 [26] wieder eingeführt (gilt für alle Bauarten):

- *vorwiegend ruhende Einwirkung:* statische Einwirkung oder nicht ruhende Einwirkung, die jedoch für die Tragwerksplanung als ruhende Einwirkung betrachtet werden darf;
- *nicht vorwiegend ruhende Einwirkung:* stoßende Einwirkung oder sich häufig wiederholende Einwirkung, die eine vielfache Beanspruchungsänderung während der Nutzungsdauer des Tragwerks oder des Bauteils hervorruft und die für die Tragwerksplanung nicht als ruhende Einwirkung angesehen werden darf (z. B. Kran-, Kranbahn-, Gabelstaplerlasten, Verkehrslasten auf Brücken).

Einwirkungen werden auch nach ihrem Ursprung (direkte oder indirekte) und nach der Veränderung ihrer räumlichen Verteilung (ortsfeste oder freie) unterschieden.

Indirekte Einwirkungen aus eingeprägten Verformungen (bei Verformungsbehinderung: Zwang) können ständige oder veränderliche Einwirkung sein. Einige Einwirkungen, z. B. Erdbebeneinwirkungen oder Schneelasten, dürfen je nach Bauwerksstandort als außergewöhnliche oder veränderliche Einwirkung angesehen werden (siehe Eurocode 1). Wasserlasten dürfen je nach ihrer Zeitveränderlichkeit als ständige oder veränderliche Einwirkung eingestuft werden.

Das Eigengewicht G_k eines Tragwerks darf durch einen einzigen charakteristischen Wert ausgedrückt und auf der Grundlage der Nennabmessungen und der Durchschnittswichten bestimmt werden (siehe DIN EN 1991-1-1 [3, 4]). Bei veränderlichen Einwirkungen ist der charakteristische Wert Q_k so festzulegen, dass er entweder für einen bestimmten Bezugszeitraum als oberer Wert eine vorgegebene Wahrscheinlichkeit nicht überschreitet oder als unterer Wert eine vorgegebene Wahrscheinlichkeit erreicht oder als Nennwert angegeben wird, wenn eine statistische Verteilung unbekannt ist. Außergewöhnliche Bemessungswerte A_d sollten sich durch ihre Bemessungswerte A_d für jedes Projekt festgelegt werden (siehe DIN EN 1991-1-7 [15, 16]). Bei Erdbebeneinwirkungen sollte der Bemessungswert A_{Ed} für den Einzelfall aus dem charakteristischen Wert A_{Ek} bestimmt werden ([1], 4.1.2).

Als weitere repräsentative Werte veränderlicher Einwirkungen sind anzusetzen ([1], 4.1.3):

- der *Kombinationswert* $\psi_0 \cdot Q_k$ für Tragfähigkeitsnachweise mit für Gebrauchstauglichkeitsnachweise bei Grenzzuständen mit nicht umkehrbaren Auswirkungen;
- der *häufige Wert* $\psi_1 \cdot Q_k$ für Gebrauchstauglichkeitsnachweise bei Grenzzuständen mit umkehrbaren Auswirkungen;
- der *quasi-ständige Wert* $\psi_2 \cdot Q_k$ für Tragfähigkeitsnachweise mit außergewöhnlichen Einwirkungen und für Gebrauchstauglichkeitsnachweise bei Grenzzuständen mit umkehrbaren Auswirkungen. Quasi-ständige Werte werden auch für die Berechnung von Langzeitwirkungen verwendet.

2.8 Statische Berechnung

Den statischen Berechnungen sind geeignete Tragwerksmodelle mit den maßgebenden Einflussgrößen zugrunde zu legen. Die Tragwerksmodelle sollten die betrachteten Grenzzustände mit ausreichender Genauigkeit erfassen. Die statischen Modelle müssen den anerkannten Regeln der Technik entsprechen. Falls erforderlich müssen diese Modelle durch Versuche bestätigt werden ([1], 5.1).

Den Modellen der statischen Einwirkungen sind geeignete Annahmen für das Last-Verformungs-Verhalten der Bauteile und ihrer Verbindungen sowie des Baugrunds zugrunde zu legen. Die Randbedingungen sind so zu wählen, dass sie den geplanten konstruktiven Ausbildungen entsprechen. Theorie II. Ordnung ist bei Tragfähigkeitsnachweisen zu berücksichtigen, wenn die Knotenverschiebungen oder Stabverformungen erheblichen Einfluss auf die Schnittgrößen haben. Regelungen hierzu finden sich in den bauartspezifischen Eurocodes DIN EN 1992 bis DIN EN 1999. Im Eurocode 2 wird beispielsweise ein erheblicher Einfluss dann attestiert, wenn die Auswirkungen nach Theorie II. Ordnung mehr als 10 % der entsprechenden Auswirkungen nach Theorie I. Ordnung aufweisen ([25], 5.8.2 (6)).

Indirekte Einwirkungen (Zwang) sind bei linearelastischer Berechnung direkt oder als gleichwirkende Ersatzbelastung (unter Verwendung geeigneter Steifigkeitsannahmen und Einspanngrade) und bei nichtlinearer Berechnung direkt als eingeprägte Verformung zu verfolgen.

Bei dynamischen Einwirkungen muss das Berechnungsmodell für die Berechnung der Schnittgrößen die maßgebenden tragenden Bauteile mit ihren Massen, Tragfähigkeiten, Steifigkeiten und Dämpfungseigenschaften sowie alle maßgebenden nicht tragenden Bauteile mit ihren Eigenschaften berücksichtigen. Wenn dynamische Einwirkungen als quasi-statisch wirkende Einwirkungen angesetzt werden dürfen, ist darauf zu achten, dass die dynamischen Anteile entweder in den quasi-statischen Einwirkungen enthalten sind oder durch zusätzliche Schwingbeiwerte bei den statischen Einwirkungen berücksichtigt werden.

In bestimmten Fällen (wie bei winderregten Schwingungen oder Erdbebeneinwirkungen) dürfen dynamische Nachweise anhand einer Modalanalyse mit linear elastischem Bauteilverhalten nach Theorie I. Ordnung geführt werden. Für Bauwerke ohne ungewöhnliche Geometrie, Steifigkeits- und Massenverteilung darf mit der Grundschwingung anstelle der Modalen oder mit auf dieser Grundlage ermittelten quasi-statischen Ersatzkräften gerechnet werden.

Wenn dynamische Einwirkungen Schwingungen erzeugen, die aufgrund ihrer Amplitude und Frequenzen Gebrauchstauglichkeitsgrenzen überschreiten könnten, sollten Gebrauchstauglichkeitsnachweise durchgeführt werden.

Bei wesentlicher Interaktion von Boden- und Bauwerksverformungen darf der Baugrund durch geeignete Federn und Dämpfer modelliert werden.

Die Tragwerksanalyse für den Brandfall ist mit den für diese Bemessungssituationen geregelten Modellen für die thermischen und mechanischen Einwirkungen (siehe DIN EN 1991-1-2 [5, 6]) und mit den Baustoffeigenschaften bei erhöhten Temperaturen durchzuführen. Die Erfüllung der Anforderungen für den baulichen Brandschutz an ein Tragwerk kann anhand einer Analyse des Gesamttragwerks, von Tragwerksabschnitten oder von einzelnen Bauteilen mithilfe tabellierter Daten oder Versuchsdaten durchgeführt werden. Das Verhalten des Tragwerks im Brandfall wird in der Regel unter Berücksichtigung von Normbrandverläufen (i. d. R. der ETK – Einheitstemperaturzeitkurve) zusammen mit den Begleiteinwirkungen nachgewiesen.

2.9 Nachweisverfahren mit Teilsicherheitsbeiwerten

Bei Nachweisverfahren mit Teilsicherheitsbeiwerten ist zu zeigen, dass in allen maßgebenden Bemessungssituationen bei Ansatz der Bemessungswerte für Einwirkungen oder deren Auswirkungen und für Tragwiderstände keiner der maßgebenden Grenzzustände überschritten wird. In den gewählten Bemessungssituationen und den maßgebenden Grenzzuständen sollten die einzelnen Einwirkungen nach den folgenden Regelungen (siehe Abschnitt 2.12) kombiniert werden, um zu den kritischen Lastfällen zu gelangen. Einwirkungen, die z. B. aus physikalischen Gründen nicht gleichzeitig auftreten können, brauchen in der Kombination nicht berücksichtigt zu werden ([1], 6.1).

Die Bemessungswerte sollten aus den charakteristischen Werten oder anderen repräsentativen Werten und den Teilsicherheitsbeiwerten und gegebenenfalls weiteren Faktoren, die in DIN EN 1990 und in DIN EN 1991 bis DIN EN 1999 angegeben sind, ermittelt werden.

Die Anwendungsregeln in DIN EN 1990 sind auf Tragfähigkeits- und Gebrauchstauglichkeitsnachweise für Tragwerke mit statischer Belastung beschränkt. Dies schließt quasi-statische Ersatzlasten und statische Lasten mit Schwingbeiwerten für dynamische Lasten, z. B. für Wind- oder Verkehrslasten, ein. Für nichtlineare Berechnungen sowie für Ermüdungsnachweise gelten die Regeln in DIN EN 1991 bis DIN EN 1999 ([1], 6.2).

Für die Tragwerksplanung sind folgende Grenzzustände der Tragfähigkeit definiert ([1] 6.4):

a) **EQU**: Verlust der Lagesicherheit des Tragwerks oder eines seiner Teile betrachtet als starrer Körper, bei dem kleine Abweichungen der Größe oder der räumlichen Verteilung der ständigen Einwirkungen gleichen Ursprungs und die Festigkeit von Baustoffen und Bauprodukten oder des Baugrunds im Allgemeinen keinen Einfluss haben;

b) **STR**: Versagen oder übermäßige Verformungen des Tragwerks oder seiner Teile einschließlich der Gründungsbauteile, wobei die Tragfähigkeit von Baustoffen und Bauteilen entscheidend ist;

c) **GEO**: Versagen oder übermäßige Verformungen des Baugrundes, bei der die Festigkeit von Boden oder Fels wesentlich an der Tragsicherheit beteiligt sind;

d) **FAT**: Ermüdungsversagen des Tragwerks oder seiner Teile (siehe bauartspezifische Eurocodes);

e) **UPL**: Verlust der Lagesicherheit des Tragwerks oder des Baugrundes aufgrund von Hebungen (uplift) durch Wasserdruck (Auftriebskraft) oder sonstigen vertikalen Einwirkungen (siehe DIN EN 1997-1 Eurocode 7 [33, 34]);

f) **HYD**: hydraulisches Heben und Senken, interne Erosion und Piping (Wasserströmung) im Baugrund aufgrund von hydraulischen Gradienten.

Eurocode 0 – DIN EN 1990: Grundlagen der Tragwerksplanung

Bei Nachweisen für **Grenzzustände der Tragfähigkeit** eines Querschnitts, Bauteils oder einer Verbindung (STR oder GEO) ist zu zeigen, dass

$$E_d \leq R_d \qquad [1]\,(6.8)$$

Dabei ist

E_d Bemessungswert der Auswirkung der Einwirkungen;

R_d Bemessungswert der zugehörigen Tragfähigkeit.

Beim Nachweis der Lagesicherheit des Tragwerks (EQU) ist zu zeigen, dass

$$E_{d,dst} \leq E_{d,stb} \qquad [1]\,(6.7)$$

Dabei ist

$E_{d,dst}$ Bemessungswert der Auswirkung der destabilisierenden Einwirkungen (z. B. Auftrieb);

$E_{d,stb}$ Bemessungswert der Auswirkung der stabilisierenden Einwirkungen (z. B. Eigenlast).

Ist bei einem Nachweis der Lagesicherheit in der ständigen und/oder vorübergehenden Bemessungssituation der Ansatz eines Bauteilwiderstands (z. B. für eine Zugverankerung Bemessungswert $R_{d,anch}$) erforderlich, so ergibt sich beim Nachweis des Grenzzustands EQU ([2] zu A.1.3.1):

$$E_{d,anch} = E_{d,dst} - E_{d,stb} \qquad [2]\,(A.1)$$

Dabei ist

$E_{d,anch}$ Bemessungswert der Verankerungskraft;

$E_{d,dst}$ Bemessungswert der Beanspruchung infolge der destabilisierenden Einwirkungen, ermittelt mit Teilsicherheitsbeiwerten $\gamma_{G,dst}{}^*$ bzw. γ_Q;

$E_{d,stb}$ Bemessungswert der Beanspruchung infolge der stabilisierenden Einwirkungen (ohne Bauteilwiderstand $R_{d,anch}$), ermittelt mit Teilsicherheitsbeiwerten $\gamma_{G,stb}{}^*$.

Bei linear-elastischer Berechnung des Tragwerks (Gültigkeit des Superpositionsprinzips) folgt daraus

$$E_{d,anch} = E_{Gk,dst} \cdot \gamma_{G,dst}{}^*$$
$$+ E_{Qk} \cdot \gamma_Q - E_{Gk,stb} \cdot \gamma_{G,stb}{}^* \qquad [2]\,(A.2)$$

Die Teilsicherheitsbeiwerte $\gamma_{G,dst}{}^*$ und γ_Q für die destabilisierenden ständigen und veränderlichen Einwirkungen sowie $\gamma_{G,stb}{}^*$ für die stabilisierenden ständigen Einwirkungen sind Tabelle 3 zu entnehmen.

Außerdem ist der Bemessungswert der Verankerungskraft bei günstiger Auswirkung aller ständigen Einwirkungen mit $\gamma_{G,inf}$ aus Tabelle 2 zu bestimmen:

$$E_{d,anch} = (E_{Gk,dst} - E_{Gk,stb}) \cdot \gamma_{G,inf}$$
$$+ E_{Qk} \cdot \gamma_Q \qquad [2]\,(A.3)$$

Der größere Bemessungswert der Verankerungskraft aus den Gleichungen (A.1) bzw. (A.2) und (A.3) [2] ist maßgebend. Der Grenzzustand der Bruchsicherheit des Verankerungsbauteils ist analog [1], Gleichung (6.8) nachzuweisen:

$$E_{d,anch} \leq R_{d,anch} \qquad [2]\,(A.4)$$

Bei den Nachweisen für **Grenzzustände der Gebrauchstauglichkeit** ist zu zeigen, dass:

$$E_d \leq C_d \qquad [1]\,(6.13)$$

Dabei ist

E_d Bemessungswert der Auswirkung der Einwirkungen (z. B. rechnerische Rissbreite) aufgrund der maßgebenden Einwirkungskombination (siehe Abschnitt 2.12);

C_d Bemessungsgrenzwert für das maßgebende Gebrauchstauglichkeitskriterium (z. B. zulässige Rissbreite).

2.10 Teilsicherheitsbeiwerte für Einwirkungen

In Deutschland gelten für den Hochbau die Teilsicherheitsbeiwerte nach Tabellen 2 und 3. Die Zahlenwerte für die Teilsicherheitsbeiwerte sind für Bauwerke festgelegt, deren Versagen mit mittleren Folgen für Menschenleben bzw. mit beträchtlichen wirtschaftlichen, sozialen oder umweltbeeinträchtigenden Folgen verbunden wäre, wie z. B. übliche Wohn- und Bürogebäude ([1], Anhang B, Schadensfolgeklasse CC2 und Zuverlässigkeitsklasse RC2).

Für die geotechnischen Grenzzustände und Bemessungssituationen werden angepasste Teilsicherheitsbeiwerte für Einwirkungen und Beanspruchungen in DIN EN 1997-1/NA [34] und DIN 1054 [35] angegeben.

Einwirkungen infolge von Zwang werden grundsätzlich als veränderliche Einwirkungen $Q_{k,i}$ eingestuft ([2] zu Anhang A). Eine Verminderung der Steifigkeit, z. B. infolge von Rissbildung oder Relaxation, darf ersatzweise durch Abminderung des Teilsicherheitsbeiwertes $\gamma_{Q,i}$ für Zwang berücksichtigt werden. Einzelheiten werden in den bauartspezifischen Bemessungsnormen geregelt (z. B. im Eurocode 2 [25, 26] 2.3).

Im Allgemeinen ist der Flüssigkeitsdruck als eine veränderliche Einwirkung anzusetzen. Flüssigkeitsdruck, dessen Größe durch geometrische Verhältnisse begrenzt ist, darf als eine ständige Einwirkung behandelt werden. In der Geotechnik werden auch alle veränderlichen Wasserdrücke mit dem Teilsicherheitsbeiwert für ständige Einwirkungen beaufschlagt.

Schwerindustriebauten unterscheiden sich hinsichtlich ihrer Nutzlasten von Hochbauten. Lasten aus schwerer Industrieausrüstung werden üblicherweise

Tabelle 2. Teilsicherheitsbeiwerte für Einwirkungen (STR/GEO) ([2], Tab. NA.A.1.2 (B))

1		2	3	4
Einwirkung		**Symbol**	**Situationen**	
			P/T	A/E
	Unabhängige ständige Einwirkungen			
1	– ungünstig [a) b)]	$\gamma_{G,sup}$	1,35	1,00
2	– günstig [a) b)]	$\gamma_{G,inf}$	1,00	1,00
	Unabhängige veränderliche Einwirkungen			
3	– ungünstig [b)]	γ_Q	1,50	1,00
4	– günstig	γ_Q	0	0
5	Außergewöhnliche Einwirkungen	γ_A	–	1,00

P/T ständige oder vorübergehende Bemessungssituationen (Persistent and Transient situations)
A/E außergewöhnliche oder Erdbeben-Bemessungssituationen (Accidental and Earthquake situations)
[a)] Beim Nachweis des Grenzzustands für das Versagen des Tragwerks werden alle charakteristischen Werte einer unabhängigen ständigen Einwirkung (d. h. die charakteristischen Werte aller ständigen Einwirkungen aus dem gleichen Ursprung) mit dem Faktor $\gamma_{G,sup}$ multipliziert, wenn die insgesamt resultierende Auswirkung auf die betrachtete Beanspruchung ungünstig ist, jedoch mit dem Faktor $\gamma_{G,inf}$, wenn die insgesamt resultierende Auswirkung günstig ist.
[b)] Zur Wahl der Teilsicherheitsbeiwerte beim Nachweis von geotechnischen Grenzzuständen siehe DIN EN 1997-1/NA [34] und DIN 1054 [35], Tabelle A 2.1.

als veränderliche Lasten mit $\gamma_Q = 1,5$ in der statischen Berechnung berücksichtigt. Unter Berücksichtigung der speziellen Randbedingungen, wie z. B. geringe Variation der Nutzlasten, vernachlässigbar geringe räumliche Streuung (z. B. Lasten auf eigenen Fundamenten oder Sockeln), betriebsbedingte Höchstlasten usw. hat *Glowienka* in [38] einen reduzierten Teilsicherheitsbeiwert $\gamma_Q = 1,25$ für schwere Industrieausrüstung vorgeschlagen, ohne das normativ definierte Zuverlässigkeitsniveau zu unterschreiten. Dies ist z. B. bei der Bemessung von Gründungen unter wirtschaftlichen Aspekten von Interesse. Darüber hinaus kann bei Nachrechnungen von bestehenden Gebäuden diese Sicherheitsreserve genutzt werden, um ggf. aufwendige Sanierungen infolge einer Umnutzung oder Modernisierung etc. zu vermeiden. Eine Abstimmung der Reduktion des Teilsicherheitsbeiwerts mit der zuständigen Bauaufsichtsbehörde und mit dem Bauherrn (z. B. zu Umbaurestriktionen und Verbindlichkeit der betriebsbedingten Lastangaben) ist erforderlich.

Für im Grenzzustand der Tragfähigkeit betrachtete Baugrundsetzungen sollte der Teilsicherheitsbeiwert $\gamma_{G,sup} = 1,35$ für ständige Einwirkungen mit ungünstiger Auswirkung verwendet werden.

Bei Versagen des Tragwerks infolge von Materialermüdung werden die Teilsicherheitsbeiwerte auf der Seite der Einwirkungen in der Regel gleich 1,0 gesetzt (γ_G, $\gamma_Q = 1,0$).

Bei Tragfähigkeitsnachweisen (STR) für Gründungsbauteile wie Fundamente, Pfähle, Wände des Fundamentkörpers, die auch geotechnische Einwirkungen und Bodenwiderstände (GEO) beinhalten, sind die charakteristischen Werte sowohl der geotechnischen Einwirkungen (in Verbindung mit DIN EN 1997-1/NA [34]) als auch der übrigen Einwirkungen aus dem oder auf das Tragwerk ausschließlich mit den Teilsicherheitsbeiwerten aus Tabelle 2 zu multiplizieren ([2] zu A.1.3.1(5), Verfahren 2). Die Gleitsicherheit einer Gründung wird dem Grenzzustand des Baugrundversagens (GEO) zugeordnet und ist ebenfalls mit den Teilsicherheitsbeiwerten aus Tabelle 2 nachzuweisen. Das Verfahren 2 nach DIN EN 1997-1 lässt jedoch abweichend die Anwendung der Teilsicherheitsbeiwerte sowohl für die Einwirkungen als auch für die Beanspruchungen zu. Die Anwendung des Verfahrens 2 bei Tragsicherheitsnachweisen STR für konstruktive Böschungssicherungen, Schlitzwände und Ufereinfassungen ist abweichend in DIN EN 1997-1 [33], DIN EN 1997-1/NA [34] und DIN 1054 [35] (Nachweisverfahren 2) geregelt (vgl. [36]).

Beim Nachweis der Lagesicherheit werden die charakteristischen Werte aller destabilisierend wirkenden Anteile der ständigen Einwirkungen ($E_{d,dst}$) mit dem Faktor $\gamma_{G,dst}$ und die charakteristischen Werte aller stabilisierenden Anteile ($E_{d,stb}$) mit dem Faktor $\gamma_{G,stb}$ multipliziert ([2] zu A.1.3.1(3)).

Tabelle 3. Teilsicherheitsbeiwerte für Einwirkungen (EQU) ([2], Tab. NA.A.1.2 (A))

	1	2	3	4
	Einwirkung	**Symbol**	**Situationen**	
			P/T	**A/E**
	Ständige Einwirkungen: Eigenlast des Tragwerks und von nicht tragenden Bauteilen, ständige Einwirkungen, die vom Baugrund herrühren, Grundwasser und frei anstehendes Wasser			
1	– destabilisierend	$\gamma_{G,dst}$	1,10	1,00
2	– stabilisierend	$\gamma_{G,stb}$	0,90	0,95
	Bei kleinen Schwankungen der ständigen Einwirkungen, wenn durch Kontrolle die Unter- bzw. Überschreitung von ständigen Lasten mit hinreichender Zuverlässigkeit ausgeschlossen wird			
3	– destabilisierend	$\gamma_{G,dst}$	1,05	1,00
4	– stabilisierend	$\gamma_{G,stb}$	0,95	0,95
	Ständige Einwirkungen für den kombinierten Nachweis der Lagesicherheit, der den Widerstand der Bauteile (z. B. Zugverankerungen) einschließt			
5	– destabilisierend	$\gamma_{G,dst}^*$	1,35	1,00
6	– stabilisierend	$\gamma_{G,stb}^*$	1,15	0,95
7	Destabilisierende veränderliche Einwirkungen	γ_Q	1,50	1,00
8	Außergewöhnliche Einwirkungen	γ_A	–	1,00

2.11 Kombinationsbeiwerte für Einwirkungen

In Deutschland gelten für den Hochbau die Kombinationsbeiwerte nach Tabelle 4.

Die in DIN EN 1991-1-1/NA [4] definierten Kategorien T, Z, K (Treppen, Zugänge, Dächer mit besonderer Nutzung) und die Horizontallasten auf Zwischenwände und Absturzsicherungen sind hinsichtlich der Einwirkungskombinationen den in Tabelle 4 angegebenen zugehörigen Kategorien für Nutzlasten im Hochbau zuzuordnen.

Mehrkomponentige Einwirkungen (z. B. Nutzlasten in mehrgeschossigen Gebäuden) dürfen bei der Kombination mit anderen veränderlichen Einwirkungen wie folgt berücksichtigt werden ([2] zu A.1.2.2):

– Die charakteristischen Werte der einzelnen Komponenten (Kategorien) bzw. ihre vorherrschenden Bemessungswerte dürfen vereinfachend in voller Höhe addiert werden.

– Die Auswirkung der aufsummierten Nutzlasten darf bei der Lastweiterleitung in mehrgeschossigen Hochbauten abgemindert werden (siehe DIN EN 1991-1-1/NA [4]).

– Die weiteren repräsentativen Werte bzw. ihre begleitenden Bemessungswerte werden mit den jeweiligen Kombinationsbeiwerten berechnet.

Bei einem hohen Eigenlastanteil (z. B. im Massivbau) weichen die Schnittgrößen nicht wesentlich ab, wenn die Anzahl der Einwirkungskombinationen durch eine, auf der sicheren Seite liegende, Vereinfachung bei den Kombinationsbeiwerten gegenüber der vollständigen Kombinationswertetabelle aus DIN EN 1990/NA gemäß Tabelle 5 reduziert wird. Dies führt nicht zu unwirtschaftlichen, sondern zu robusten und nachhaltigen Konstruktionen sowie zu verbesserter Übersichtlichkeit und Prüfbarkeit der statischen Berechnung.

2.12 Kombinationsregeln für Einwirkungen

2.12.1 Allgemeines

Für jeden kritischen Lastfall sind die Bemessungswerte E_d der Auswirkungen der Einwirkungskombination zu bestimmen, deren Einwirkungen entsprechend den nachfolgenden Regeln als gleichzeitig auftretend angenommen werden. Jede Einwirkungskombination sollte eine dominierende Einwirkung (Leiteinwirkung) oder eine außergewöhnliche Einwirkung ausweisen ([1], 6.4.3.1).

Wenn der Nachweis sehr empfindlich auf die räumliche Verteilung einer ständigen Einwirkung reagiert, sind die ungünstig wirkenden und die günstig wirkenden Teile dieser Einwirkung getrennt zu erfassen. Dies trifft vor allem beim Nachweis der Lagesicherheit und ähnlich gelagerten Grenzzuständen zu.

Tabelle 4. Kombinationsbeiwerte im Hochbau ([2], Tab. NA.A.1.1)

	1 Einwirkung	2 charakteristisch ψ_0	3 häufig ψ_1	4 quasiständig ψ_2
	Nutzlasten im Hochbau (Kategorien siehe DIN EN 1991-1-1) [a]			
1	– Kategorie A: Wohn- und Aufenthaltsräume	0,7	0,5	0,3
2	– Kategorie B: Büros	0,7	0,5	0,3
3	– Kategorie C: Versammlungsräume	0,7	0,7	0,6
4	– Kategorie D: Verkaufsräume	0,7	0,7	0,6
5	– Kategorie E: Lagerräume	1,0	0,9	0,8
6	– Kategorie F: Verkehrsflächen, Fahrzeuglast ≤ 30 kN	0,7	0,7	0,6
7	– Kategorie G: Verkehrsflächen, 30 kN $<$ Fahrzeuglast ≤ 160 kN	0,7	0,5	0,3
8	– Kategorie H: Dächer	0	0	0
9	Schneelasten (DIN EN 1991-1-3) Orte bis zu NN + 1000 m	0,5	0,2	0
10	Schneelasten (DIN EN 1991-1-3) Orte über NN + 1000 m	0,7	0,5	0,2
11	Windlasten (DIN EN 1991-1-4)	0,6	0,2	0
12	Temperatureinwirkungen (DIN EN 1991-1-5, nicht Brand)	0,6	0,5	0
13	Baugrundsetzungen, siehe DIN EN 1997	1,0	1,0	1,0
14	Sonstige Einwirkungen [b) c)]	0,8	0,7	0,5
15	Einzelkran oder Lastgruppe aus Kranen DIN EN 1991-3 [d]	1,0	0,9	– [d]

[a] Abminderungsbeiwerte für Nutzlasten in mehrgeschossigen Hochbauten siehe DIN EN 1991-1-1/NA [4].
[b] Flüssigkeitsdruck ist i. Allg. als eine veränderliche Einwirkung zu behandeln, für die die ψ-Beiwerte standortbedingt festzulegen sind. Flüssigkeitsdruck, dessen Größe durch geometrische Verhältnisse oder aufgrund hydrologischer Randbedingungen begrenzt ist, darf als eine ständige Einwirkung behandelt werden, wobei alle ψ-Beiwerte gleich 1,0 zu setzen sind.
[c] ψ-Beiwerte für Maschinenlasten sind betriebsbedingt festzulegen.
[d] ψ-Beiwerte aus DIN EN 1991-3/NA [18], ψ_2-Verhältnis zwischen den ständig vorhandenen und den gesamten Kraneinwirkungen.

Für den Betonbau wird hierzu beispielsweise im Eurocode 2 festgelegt ([25] 2.4.3 (2)): Für jede ständige Einwirkung darf durchgängig entweder der untere oder der obere Bemessungswert innerhalb eines Tragwerks verwendet werden, je nachdem, welcher Wert ungünstiger wirkt (z. B. Eigenlast eines Tragwerks, siehe auch [26] 5.1 (NA.2)). Und in [26] 5.1.3 (NA.4): Bei nicht vorgespannten durchlaufenden Bauteilen des üblichen Hochbaus brauchen, mit Ausnahme des Nachweises der Lagesicherheit nach DIN EN 1990, Bemessungssituationen mit günstig wirkenden ständigen Einwirkungen bei linear-elastischer Berechnung nicht berücksichtigt zu werden, wenn die Konstruktionsregeln für die Mindestbewehrung eingehalten werden.

Wenn mehrere Auswirkungen aus einer Einwirkung (z. B. Biegemoment und Normalkraft infolge Eigengewicht) nicht voll korreliert sind, sollte der Teilsicherheitsbeiwert der günstig wirkenden Auswirkung abgemindert werden.

Eingeprägte Verformungen (Zwang) brauchen nur berücksichtigt zu werden, wenn sie wesentliche Auswirkungen haben (siehe auch z. B. DIN EN 1992).

Tabelle 5. Vereinfachte Kombinationsbeiwerte für den Hochbau (in Anlehnung an [37], Tab. H2.1)

1		2	3	4
	Einwirkung	charakteristisch	häufig	quasiständig
		ψ_0	ψ_1	ψ_2
1	– Kategorien A-D: Wohn-, Aufenthalts-, Büro-, Versammlungs-, Verkaufsräume [a] – Kategorien F/G: Verkehrsflächen [a] – Schneelasten, Windlasten – Temperatureinwirkungen	0,7		0,6
2	– Kategorie E: Lagerräume [a] – Baugrundsetzungen – Kranlasten	1,0		

[a] Nutzlasten im Hochbau (Kategorien siehe Tabelle 4)

Einwirkungen, die aus physikalischen oder betrieblichen Gründen nicht gleichzeitig auftreten können, brauchen in der Einwirkungskombination nicht gemeinsam berücksichtigt zu werden. Treten Schnee und Wind als Begleiteinwirkungen neben einer nichtklimatischen Leiteinwirkung auf, braucht bei Orten bis NN + 1000 m nur eine der beiden klimatischen Einwirkungen als Begleiteinwirkung in den Kombinationsregeln für Einwirkungen angesetzt zu werden. Tritt jedoch eine der klimatischen Einwirkungen (Wind oder Schnee) als Leiteinwirkung auf, ist die andere als Begleiteinwirkung zu berücksichtigen ([2] zu A.1.2.1).

In den Windzonen 3 und 4 (siehe Abschnitt 6.3) darf bei der Kombination Wind/Schnee mit Wind als Leiteinwirkung auf die Kombination mit Schnee als Begleiteinwirkung verzichtet werden. Hingegen ist bei der Kombination Wind/Schnee mit Normalschnee als Leiteinwirkung der Wind als Begleitwirkung immer zu berücksichtigen.

Die folgenden Kombinationsregeln gelten nicht für Ermüdungsnachweise (siehe hierfür die bauartspezifischen Eurocodes).

2.12.2 Kombinationen in den Grenzzuständen der Tragfähigkeit

Die Kombinationen sollten aus dem Bemessungswert der dominierenden veränderlichen Einwirkung (Leiteinwirkung) und den Bemessungswerten der Kombinationswerte der begleitenden veränderlichen Einwirkungen (Begleiteinwirkungen) ermittelt werden. Wenn in einem Lastfall die maßgebende veränderliche Leiteinwirkung nicht offensichtlich ist, sollte jede unabhängige veränderliche Einwirkung der Reihe nach als maßgebend untersucht werden.

Bei linear-elastischer Berechnung des Tragwerks darf sich die Kombination entweder auf Einwirkungen oder auf Auswirkungen beziehen, d. h. auf Schnittgrößen oder auch auf innere Kräfte bzw. Spannungen in einem Querschnitt, die von mehreren Schnittgrößen (z. B. Interaktion von Längskraft und Biegemoment) abhängen. In diesem Fall dürfen die Bemessungswerte der Beanspruchungen wie folgt berechnet werden ([2] zu 6.4.3.2 (3)):

Einwirkungen bei ständigen oder vorübergehenden Bemessungssituationen (Grundkombinationen)

$$E_d = \sum_{j \geq 1} \gamma_{G,j} \cdot E_{Gk,j} + \gamma_P \cdot E_{Pk} + \gamma_{Q,1} \cdot E_{Qk,1}$$
$$+ \sum_{i > 1} \gamma_{Q,i} \cdot \psi_{0,i} \cdot E_{Qk,i} \quad [2]\ (6.10c)$$

Einwirkungen bei außergewöhnlichen Bemessungssituationen

$$E_{dA} = \sum_{j \geq 1} \gamma_{GA,j} \cdot E_{Gk,j} + E_{Pk} + E_{Ad} + \gamma_{QA,1}$$
$$\cdot \psi_{1,1} \cdot E_{Qk,1} + \sum_{i > 1} \gamma_{QA,i} \cdot \psi_{2,i} \cdot E_{Qk,i}$$
$$[2]\ (6.11c)$$

Einwirkungen für Bemessungssituationen bei Erdbeben

$$E_{dE} = \sum_{j \geq 1} E_{Gk,j} + E_{Pk} + E_{AEd}$$
$$+ \sum_{i \geq 1} \psi_{2,i} \cdot E_{Qk,i} \quad [2]\ (6.12c)$$

Dabei sind

E_d Bemessungswert einer Auswirkung;

E_F Auswirkung der Einwirkung F;

$G_{k,j}$ charakteristischer Wert einer ständigen Einwirkung j;

P_k charakteristischer Wert einer Vorspannkraft;

$Q_{k,1}$ charakteristischer Wert einer maßgebenden veränderlichen Einwirkung 1 (Leiteinwirkung);

$Q_{k,i}$ charakteristischer Wert einer nicht maßgebenden veränderlichen Einwirkung i (Begleiteinwirkung);

A_d Bemessungswert einer außergewöhnlichen Einwirkung;

A_{Ed} Bemessungswert einer Einwirkung infolge von Erdbeben; $A_{Ed} = \gamma_I \cdot A_{Ek}$;

γ_I Wichtungsfaktor (siehe DIN EN 1998 – Auslegung von Bauwerken gegen Erdbeben);

$\gamma_{G,j}$ Teilsicherheitsbeiwert für die ständige Einwirkung G_j (siehe Spalte P/T in Tabelle 2 bzw. 3);

$\gamma_{GA,j}$ Teilsicherheitsbeiwert für die ständige Einwirkung G_j für außergewöhnliche Bemessungssituationen (siehe Spalte A/E in Tabelle 2 bzw. 3);

γ_P Teilsicherheitsbeiwert für Einwirkungen aus Vorspannen;

$\gamma_{Q,i}$ Teilsicherheitsbeiwert für die veränderliche Einwirkung Q_i (siehe Spalte P/T in Tabelle 2 bzw. 3);

$\gamma_{QA,j}$ Teilsicherheitsbeiwert für die veränderliche Einwirkung Q_i für außergewöhnliche Bemessungssituationen (siehe Spalte A/E in Tabelle 2 bzw. 3, jedoch tw. Ausnahmen in der Geotechnik für BS-A [35]);

ψ_0 Kombinationswerte der veränderlichen Einwirkungen;

ψ_1 Beiwert für häufige Werte der veränderlichen Einwirkungen;

ψ_2 Beiwert für quasi-ständige Werte der veränderlichen Einwirkungen.

Die Bemessungswerte der veränderlichen Einwirkungen in außergewöhnlichen Bemessungssituationen und bei Erdbeben werden als Begleiteinwirkungen angesetzt. Bei dem Kombinationsfall mit Schnee als außergewöhnlicher Einwirkung s_{Ad} im Norddeutschen Tiefland (siehe Abschnitt 5.4 und MVV TB [27] Anlage A 1.2.1/4) ist die Kombination nach [2] Gleichung (6.11c) maßgebend, wobei der Wind unberücksichtigt bleiben darf. Davon unbenommen sind die Auswirkungen möglicher Schneeverwehungen auf den Dächern auch für diesen Kombinationsfall zu prüfen ([2] zu A.1.2.1 (1)).

Für Fahrzeuganprall oder Explosion oder Erdbeben darf $\psi_{2,1}$ anstelle von $\psi_{1,1}$ angesetzt werden ([2] zu A.1.3.2). In diesen Fällen vereinfacht sich Gleichung (6.11c) zu

$$E_{dA} = \sum_{j \geq 1} \gamma_{GA,j} \cdot E_{Gk,j} + E_{Pk} + E_{Ad}$$
$$+ \sum_{i \geq 1} \gamma_{QA,i} \cdot \psi_{2,i} \cdot E_{Qk,i} \quad [2]\ (6.11e)$$

2.12.3 Kombinationen in den Grenzzuständen der Gebrauchstauglichkeit

Bei linear-elastischer Berechnung des Tragwerks dürfen sich die Kombinationen entweder auf Einwirkungen oder auf Auswirkungen beziehen, d. h. auf Schnittgrößen oder auch auf innere Kräfte bzw. Spannungen in einem Querschnitt, die von mehreren Schnittgrößen (z. B. Interaktion von Längskraft und Biegemoment) abhängen. Die Bemessungswerte der Beanspruchungen dürfen wie folgt berechnet werden (für die Symbole siehe auch Abschnitt 2.12.2):

a) charakteristische Kombination

Die charakteristische Kombination wird i. d. R. für nicht umkehrbare Auswirkungen am Tragwerk verwendet.

$$E_{d,char} = \sum_{j \geq 1} E_{Gk,j} + E_{Pk} + E_{Qk,1}$$
$$+ \sum_{i > 1} \psi_{0,i} \cdot E_{Qk,i} \quad [2]\ (6.14c)$$

b) häufige Kombination

Die häufige Kombination wird i. d. R. für umkehrbare Auswirkungen am Tragwerk verwendet.

$$E_{d,frequ} = \sum_{j \geq 1} E_{Gk,j} + E_{Pk} + \psi_{1,1} \cdot E_{Qk,1}$$
$$+ \sum_{i > 1} \psi_{2,i} \cdot E_{Qk,i} \quad [2]\ (6.15c)$$

c) quasi-ständige Kombination

Die quasi-ständige Kombination wird i. d. R. für Langzeitauswirkungen, z. B. für das Erscheinungsbild des Bauwerks, verwendet.

$$E_{d,perm} = \sum_{j \geq 1} E_{Gk,j} + E_{Pk}$$
$$+ \sum_{i \geq 1} \psi_{2,i} \cdot E_{Qk,i} \quad [2]\ (6.16c)$$

Dabei sind

ψ_0 Kombinationswert der veränderlichen Einwirkungen;

ψ_1 Beiwert für häufige Werte der veränderlichen Einwirkungen;

ψ_2 Beiwert für quasi-ständige Werte der veränderlichen Einwirkungen.

2.12.4 Vereinfachte Kombinationen im üblichen Hochbau

Bei Ansatz der vereinfachten Kombinationsbeiwerte für den üblichen Hochbau nach Tabelle 5 vereinfachen sich die Kombinationen deutlich, ohne bauaufsichtlichen Anforderungen zu widersprechen. Für allgemeine Fälle (außer Lagerräume, Baugrundsetzungen und Kranlasten) ergeben sich z. B. auf der sicheren Seite bei ungünstigen Auswirkungen der ständigen und veränderlichen Einwirkungen [37]:

– GZT: ständige und vorübergehende Kombination

$$E_d = \sum_{j \geq 1} 1,35 \cdot E_{Gk,j} + 1,5 \cdot E_{Qk,1} + 1,05 \sum_{i>1} E_{Qk,i} \quad (1)$$

– GZG: häufige Kombination (z. B. für Spannungsnachweise im Betonbau)

$$E_{d,frequ} = \sum_{j \geq 1} E_{Gk,j} + 0,7 \sum_{i \geq 1} E_{Qk,i} \quad (2)$$

– GZG: quasi-ständige Kombination (z. B. für Rissbreiten, Verformungen im Betonbau)

$$E_{d,perm} = \sum_{j \geq 1} E_{Gk,j} + 0,6 \sum_{i \geq 1} E_{Qk,i} \quad (3)$$

Im Rahmen der ingenieurmäßigen Grundlagenermittlung bzw. Entwurfsplanung, einer Vorstatik oder von Plausibilitätskontrollen spricht auch nichts dagegen, noch weiter vereinfachend auf die differenzierten Kombinationsbeiwerte ganz zu verzichten (alle $\psi = 1,0$), und so die Einwirkungskombinationen auf wenige Grundfälle zu minimieren. Die damit verbundenen Bemessungsreserven können dem Bauwerk während der Ausführungsplanung, der Bauausführung und auch während der geplanten Nutzungsdauer (Abnutzungsvorrat, Flexibilität bei Umbau und Umnutzung) sehr zugute kommen.

3 Eurocode 1 – DIN EN 1991-1-1: Wichten, Eigengewicht und Nutzlasten

3.1 Einführung

DIN EN 1991-1-1 „Einwirkungen auf Tragwerke – Teil 1-1: Allgemeine Einwirkungen – Wichten, Eigengewicht und Nutzlasten im Hochbau" [3] mit Nationalem Anhang DIN EN 1991-1-1/NA [4] und DIN EN 1991-1-/NA/A1-Änderung sind bauaufsichtlich eingeführt (vgl. MVV TB [27] A 1.2.1.2, [28]).

Die Wichten sowie die Flächenlasten der Baustoffe sind über die Lebensdauer eines Tragwerks in der Regel keinen (Tragwerk) bzw. nur geringen Schwankungen (z. B. Ausbau) unterworfen. Nutz- und Verkehrslasten sind veränderlich, die bei der bestimmungsgemäßen Nutzung des Gebäudes auftreten. Die anzusetzenden Werte in DIN EN 1991-1-1 [3, 4] entsprechen dem aus der früheren DIN-1055er-Reihe Bekannten und stützen sich auf tradierte Angaben, wobei Einflüsse wie Feuchtigkeit, Verdichtung und Temperatur an mittleren Situationen kalibriert wurden. Eine genaue statistische Überprüfung der Überschreitenswahrscheinlichkeit dieser Werte hat bisher nicht stattgefunden, dennoch geht man davon aus, dass es sich um charakteristische Werte im Sinne von DIN EN 1990 handelt. Stichproben zeigen jedoch, dass die Normangaben im oberen Drittel der statistischen Verteilung liegen. Bei günstiger Wirkung in Lagesicherheitsnachweisen gegen Auftrieb oder Abheben sollte dies berücksichtigt werden. Für die ungünstig wirkenden Eigenlasten hat sich die Ermittlung der aus diesen Lastannahmen folgenden Schnittgrößen als hinreichend genau erwiesen [30].

Mehr als alle anderen Lastannahmen sind die Nutz- und Verkehrslasten von der Nutzungsart abhängig und damit der Entscheidung des Bauherrn unterworfen. Spätere mögliche Umnutzungen sollten dabei ggf. beachtet werden. Gleichzeitig sollen die Lastannahmen zu möglichst einfachen statischen Nachweisen führen, sodass zu den Nutzungsarten adäquate Flächenlasten angegeben werden. Der Nachweis der lokalen Tragfähigkeit erfolgt durch die Festlegung nutzungsbezogener Einzellasten. Für den Nachweis von Decken in einigen Nutzungskategorien konnten so die Flächenlasten reduziert und eine wirtschaftlichere Bemessung ermöglicht werden [30].

3.2 Einteilung der Einwirkungen

Das Eigengewicht eines Bauwerks gilt als ständige ortsfeste Einwirkung. Wenn das Eigengewicht mit der Zeit veränderlich ist, sollte es mit dem oberen und unteren charakteristischen Wert berücksichtigt werden. Wenn jedoch das Eigengewicht eine freie Einwirkung ist (z. B. bei versetzbaren Trennwänden, ist dieses als zusätzliche Nutzlast zu behandeln ([3] 2.1).

Lasten aus Stoffen, die als Ballast wirken, sind als ständige Einwirkungen anzunehmen. Umverteilungen des Ballastes sind bei der Bemessung zu berücksichtigen. Lasten aus Bodenaufschüttungen auf Dächern oder Terrassen sind i. d. R. als ständige Lasten zu betrachten. Dabei sollte die Bemessung die Schwankungen des Feuchtigkeitsgehalts oder der Schütthöhe, die durch unkontrollierte Aufhäufungen während der Nutzungszeit des Tragwerks auftreten können, berücksichtigen. Bei der Bemessung von Bauteilen des Hochbaus sind die Eigenlasten von z. B. losen Kies- und Bodenschüttungen auf Dächern oder Decken jedoch als veränderliche Einwirkungen anzusetzen. Dies gilt insbesondere dann, wenn diese Einwirkungen z. B. infolge von Reparaturarbeiten vorübergehend entfernt werden können, und wenn sie sich auf die Standsicherheit des Bauwerks oder einzelner Teile des Tragwerks auswirken können ([4] zu 2.1 (5)).

In der Regel sind Nutzlasten als veränderliche freie Einwirkungen und als quasi-statische (vorwiegend ruhende) Lasten anzusehen. Die Lastmodelle können dynamische Einflüsse einschließen, wenn keine Gefahr durch Resonanz besteht oder keine größeren dynamischen Auswirkungen am Tragwerk auftreten (z. B. bei Parkhauslasten). Wenn Resonanz infolge synchronisierter rhythmischer Bewegungen von Personen oder infolge Tanzen oder Springen zu erwarten ist, sollte für die spezielle dynamische Berechnung ein geeignetes Lastmodell bestimmt werden. Tragwerke, die durch Menschen zu Schwingungen angeregt werden können, sind entsprechend zu bemessen ([4] zu 2.2 (3)).

Einwirkungen, die wesentliche Beschleunigungen des Tragwerks oder seiner Teile hervorrufen, sind als dynamische Einwirkungen zu betrachten. Sie sind im Rahmen einer dynamischen Berechnung zu berücksichtigen ([3] 2.2 (5)P).

Bei Gabelstaplerbetrieb oder Hubschrauberlasten sind Zusatzbelastungen, die durch Massen- und Trägheitswirkungen aus zeitveränderlichen Abläufen entstehen, zu berücksichtigen. Diese Wirkungen werden durch einen dynamischen Vergrößerungsfaktor φ (Schwingbeiwert), mit dem die statischen Lastwerte zu multiplizieren sind, berücksichtigt ([3] 2.2 (4)P, siehe Abschnitt 3.5.4).

Anpralllasten von Fahrzeugen sind für außergewöhnliche Bemessungssituationen DIN EN 1991-1-7 [15, 16] zu entnehmen (siehe Abschnitt 9).

3.3 Bemessungssituationen

Das gesamte Eigengewicht der tragenden und nichttragenden Bauteile sollte in der Lastkombination als eine einzelne Einwirkung angesetzt werden. Wenn auf belasteten Flächen Bauteile oder nichttragende Bauteile hinzugefügt oder entfernt werden können, ist dies bei den ungünstigen Lastfällen zu berücksichtigen. Auch das Eigengewicht aus Belägen oder Versorgungsleitungen, die erst nach der Ausführung eingebaut werden sollen, ist zu beachten ([3] 3.2).

Bei der Bemessung von Bauwerken für die Lagerung von Schüttgütern sind die Herkunft und der Feuchtegehalt der Stoffe zu berücksichtigen. Die Normwerte für die Wichten gelten für den trockenen Zustand.

Sind für eine belastete Fläche unterschiedliche Nutzungsarten vorgesehen, so ist bei der Bemessung der ungünstigste Lastfall anzusetzen. Wirken neben den Nutzlasten gleichzeitig andere veränderliche Einwirkungen (z. B. aus Wind, Schnee, Kran- oder Maschinenbetrieb) mit, so ist die Gesamtheit aller Nutzlasten, die bei dem Lastfall betrachtet werden, als eine einzige Einwirkung anzusehen ([3] 3.3.1).

Wenn die Anzahl von Lastwechseln oder die Schwingungswirkungen Materialermüdung erzeugen können, sollte ein Ermüdungslastmodell festgelegt werden. Bei schwingungsempfindlichen Tragwerken sollten, soweit erforderlich, dynamische Lastmodelle für die Nutzlasten angewendet werden.

Auf Dächern von Hochbauten (insbesondere auf Dächern der Kategorie H) brauchen Nutzlasten nicht in Kombination mit Schneelasten und/oder Windeinwirkung angesetzt zu werden.

Wird die Nutzlast als Begleiteinwirkung erfasst, so ist bei Hochbauten entweder nur der Kombinationsbeiwert ψ (DIN EN 1990/NA [2]) oder nur der geschosszahlabhängige Abminderungsbeiwert α_n ([4] zu 6.3.1.2 (11)) zu berücksichtigen.

Die Nutzlasten für Gebrauchstauglichkeitsnachweise sollten abhängig von den Nutzungsbedingungen und den Anforderungen an das Verhalten des Tragwerks bestimmt werden.

In Gebäuden und baulichen Anlagen, die in die Kategorien E1.1 und E1.2 sowie E2.1 bis E2.5 (Lager, Fabriken und Werkstätten) eingeordnet werden, ist in jedem Raum die nach Tabelle 6.1DE bzw. Tabelle 6.4DE angenommene Nutzlast anzugeben ([4] zu 3.3.1).

An Zufahrten von Decken, die von Personenfahrzeugen oder von Gabelstaplern befahren werden, ist die zulässige Gesamtlast der Fahrzeuge und Decken, die von schwereren Fahrzeugen befahren werden, die zulässige Gesamtlast des Fahrzeugs der entsprechenden Brückenklasse nach der (historischen) DIN 1072 [39] anzugeben ([4] zu 3.3.1).

3.4 Eigengewicht

Das Eigengewicht von Bauwerken wird im Regelfall durch einen einheitlichen charakteristischen Wert angegeben und auf der Grundlage der Nennwerte der Abmessungen und der charakteristischen Werte der Wichten bestimmt. Das Eigengewicht von Bauwerken umfasst das Tragwerk und die nichttragenden Bauteile einschließlich der eingebauten Versorgungseinrichtungen und das Gewicht von Bodenaufschüttungen.

Eurocode 1 – DIN EN 1991-1-1: Wichten, Eigengewicht und Nutzlasten

Nichttragende Bauteile umfassen:
- Dachabdeckungen;
- Oberflächenbeschichtungen und Abdeckungen;
- Zwischenwände und Ausfütterungen;
- Handläufe, Schutzplanken, Geländer und Schrammborde;
- Fassaden und Wandbekleidungen;
- untergehängte Decken;
- Isolierungen;
- ortsfeste Versorgungseinrichtungen, wie: Einrichtungen für Fahrstühle oder Rolltreppen; Heizungs-, Belüftungs- und Klimaanlagen; elektrische Ausrüstungen; Versorgungsleitungen ohne Inhalt; Kabelführungen und Leitungen.

Im Hochbau dürfen bei vorgefertigten Bauteilen, z. B. für Deckenkonstruktionen, Fassaden oder abgehängte Decken, Fahrstühle oder Gebäudeausrüstungen, Herstellerangaben verwendet werden. Zur Berücksichtigung des Eigengewichts leichter Trennwände darf eine gleichförmig verteilte Ersatzlast angesetzt werden, die den Nutzlasten zugeschlagen wird ([4] zu 6.3.1.2 (8)).

Die Mittelwerte der Wichten und Böschungswinkel und die Flächenlasten sind als charakteristische Werte in DIN EN 1991-1-1 [3] und [4] in den Tabellen aus den informativen Anhängen A bzw. NA.A angegeben. Wird ein Wertebereich angegeben, so ist vorausgesetzt, dass der Mittelwert stark von der Materialherkunft abhängig ist und deshalb für das jeweilige Projekt gewählt (bzw. festgelegt) werden sollte. Werden die Wichten zuverlässig direkt bestimmt, dürfen auch diese Werte verwendet werden ([3], 4.1).

Ergänzt werden in diesem Beitrag in den Tabellen 15 und 16 die Erfahrungswerte für Bodenkenngrößen zur Ermittlung von Einwirkungen infolge der Eigenlast von Böden nach DIN 1055-2:2010-11: Einwirkungen auf Tragwerke – Teil 2: Bodenkenngrößen [40] (z. B. für das Eigengewicht von Erdüberschüttungen oder zur Abschätzung des Erddrucks). Soweit dies aufgrund der geometrischen Gestaltung möglich ist, ist auf begrünten Dächern mit einem Wasserstau zu rechnen [41].

Bei ganz oder teilweise unterirdisch angeordneten baulichen Anlagen ist als Katastrophenlastfall die Standsicherheit bei einer einseitigen Abgrabung des ersten unterirdischen Geschosses zu untersuchen [41].

Tabelle 6. Übersicht der Normtabellen für Wichten, Böschungswinkel und Flächenlasten in [3, 4]

Tabelle	Inhalt
A.1	Baustoffe: Beton und Mörtel Baustoffe
A.2	Baustoffe: Mauerwerk
A.3	Baustoffe: Holz und Holzwerkstoffe
A.4	Baustoffe: Metalle
A.5	Baustoffe: Weitere Stoffe (Glas, Kunststoffe)
A.6	Baustoffe für Brücken
A.7	Lagergüter: Baustoffe und Bauprodukte
A.8	Lagergüter: Landwirtschaft
A.9	Lagergüter: Nahrungsmittel
A.10	Lagergüter: Flüssigkeiten
A.11	Lagergüter: Feste Brennstoffe
A.12	Lagergüter: Industrielle und allgemeine Güter
A.12DE	Wichten und Böschungswinkel von gewerblichen und industriellen Lagerstoffen
NA.A.13	Wichten für Mauerwerk mit Normal-, Leicht- und Dünnbettmörtel
NA.A.14	Wichten für Bauplatten und Planbauplatten aus unbewehrtem Porenbeton nach DIN 4166
NA.A.15	Wichten für Dach-, Wand- und Deckenplatten aus bewehrtem Porenbeton nach DIN 4223

Tabelle 6. Übersicht der Normtabellen für Wichten, Böschungswinkel und Flächenlasten in [3, 4] (Fortsetzung)

Tabelle	Inhalt
NA.A.16	Flächenlasten für Gips-Wandbauplatten nach DIN EN 12859 und Gipskartonplatten nach DIN 18180
NA.A.17	Flächenlasten für Putze ohne und mit Putzträgern
NA.A.18	Flächenlasten von Fußboden- und Wandbelägen
NA.A.19	Flächenlasten von losen Stoffen
NA.A.20	Flächenlasten von Platten, Matten und Bahnen
NA.A.21	Flächenlasten für Deckungen aus Dachziegeln, Dachsteinen und Glasdeckstoffen
NA.A.22	Flächenlasten von Schieferdeckung
NA.A.23	Flächenlasten von Metalldeckungen
NA.A.24	Flächenlasten von Faserzement-Dachplatten nach DIN EN 494
NA.A.25	Flächenlasten von Faserzement-Wellplatten nach DIN EN 494
NA.A.26	Flächenlasten von sonstigen Deckungen
NA.A.27	Flächenlasten von Dach- und Bauwerksabdichtungen mit Bitumen- und Kunststoffbahnen sowie Elastomerbahnen

Im Folgenden werden die gebräuchlichsten Werte auszugsweise aus einigen Norm-Tabellen zusammengefasst.

Tabelle 7. Baustoffe: Beton, Mörtel, Mauerwerk ([3] Tab. A.1, A.2, [4] NA.A.13)

Baustoff			Wichte γ [kN/m^3]
Beton (siehe DIN EN 206)	Leichtbeton [a) b)] Rohdichteklasse	LC 1,0	9 bis 10
		LC 1,2	10 bis 12
		LC 1,4	12 bis 14
		LC 1,6	14 bis 16
		LC 1,8	16 bis 18
		LC 2,0	18 bis 20
	Normalbeton [a) b)]		24
	Schwerbeton [a) b)]		> 26 (aus [26])
	[a)] Erhöhung um 1 kN/m^3 bei üblichem Bewehrungsgrad für Stahlbeton und Spannbeton [b)] Erhöhung um 1 kN/m^3 als Frischbetonzuschlag		
Mörtel	Zementmörtel		19 bis 23
	Gipsmörtel		12 bis 18
	Kalkzementmörtel		18 bis 20
	Kalkmörtel		12 bis 18

Tabelle 7. Baustoffe: Beton, Mörtel, Mauerwerk ([3] Tab. A.1, A.2, [4] NA.A.13) (Fortsetzung)

Baustoff		Wichte γ [kN/m³]	
Mauerwerk	Rohdichte [g/cm³] der Mauersteine	Normalmörtel	Leicht- oder Dünnbettmörtel
	0,31 bis 0,35	5,5	4,5
	0,36 bis 0,40	6	5
	0,41 bis 0,45	6,5	5,5
	0,46 bis 0,50	7	6
	0,51 bis 0,55	7,5	6,5
	0,56 bis 0,60	8	7
	0,61 bis 0,65	8,5	7,5
	0,66 bis 0,70	9	8
	0,71 bis 0,75	9,5	8,5
	0,76 bis 0,80	10	9
	0,81 bis 0,90	11	10
	0,91 bis 1,00	12	11
	1,01 bis 1,20	14	13
	1,21 bis 1,40	16	15
	1,41 bis 1,60	16	16
	1,61 bis 1,80	18	18
	1,81 bis 2,00	20	20
	2,01 bis 2,20	22	22
	2,21 bis 2,40	24	24
	2,41 bis 2,60	26	26
Natursteine (siehe DIN EN 771-6)	Granit, Syenit, Porphyr	27 bis 30	
	Basalt, Diorit, Gabbro	27 bis 31	
	Trachyt	26	
	Basalt	24	
	Grauwacke, Sandstein	21 bis 27	
	dichter Kalkstein	20 bis 29	
	Kalkstein	20	
	Tuffstein	20	
	Gneis	30	
	Schiefer	28	

Tabelle 8. Baustoffe: Holz und Holzwerkstoffe ([3] Tab. A.3)

Baustoff			Wichte γ [kN/m^3]
Nadelholz	Festigkeitsklasse (siehe DIN EN 338)	C14	3,5
		C16	3,7
		C18	3,8
		C22	4,1
		C24	4,2
		C27	4,5
		C30	4,6
		C35	4,8
		C40	5,0
Laubholz	Festigkeitsklasse (siehe DIN EN 338)	D30	6,4
		D35	6,7
		D40	7,0
		D50	7,8
		D60	8,4
		D70	10,8
Brettschichtholz	Festigkeitsklasse (siehe DIN EN 1194)	GL24h/GL24c	3,7/3,5
		GL28h/GL28c	4,0/3,8
		GL32h/GL32c	4,2/4,0
		GL36h/GL36c	4,4/4,2
Sperrholz	Weichholz-Sperrholz		5
	Birken-Sperrholz		7
	Laminate und Tischlerplatten		4,5
Spanplatten	Spanplatten		7 bis 8
	Zementgebundene Spanplatten		12
	Sandwichplatten		7
Holzfaserplatten	Hartfaserplatten		10
	Faserplatten mittlerer Dichte		8
	Leichtfaserplatten		4

Tabelle 9. Lagergüter ([3] aus Tab. A.11, A.12, [4] aus A.12DE)

Stoffe und Güter		Wichte γ [kN/m³]	Böschungswinkel φ
Holzkohle	lufterfüllt	4	–
	luftfrei	15	–
Steinkohle	Pressbriketts, geschüttet	8	35°
	Pressbriketts, gestapelt	13	–
	Eierbriketts	8,3	30°
Braunkohle	Briketts, geschüttet	7,8	30°
	Briketts, gestapelt	12,8	–
Steinsalz		22	45°
Salz		12	40°
Brennholz		5,4	45°
Sägespäne	trocken, in Säcken	3,0	–
	trocken, lose	2,5	45°
	feucht, lose	5,0	45°
Holzwolle	lose	1,5	45°
	gepresst	4,5	–
Fasern, Zellulose, in Ballen gepresst		12	–
Wolle, Baumwolle, gepresst, luftgetrocknet		13	–
Bücher und Akten (dicht gelagert)		8,5	–
Regale und Schränke		6,0	–
Kleidungsstücke und Stoffe, gebündelt		11	–
Papier	in Rollen	15	–
	gestapelt	11	–
Porzellan oder Steingut, gestapelt		11	–

Tabelle 10. Gipswandplatten und Putze ([4] Tab. NA.A.16, NA.A.17)

Gegenstand		Flächenlast [kN/m²]
Wandbauplatten (nach DIN EN 12859)	Porengips (Rohdichteklasse 0,7) je 10 mm Dicke	0,07
	Gips (Rohdichteklasse 0,9) je 10 mm Dicke	0,09
Gipskartonplatten (nach DIN 18180) je 10 mm Dicke		0,09
Putze	15 mm Gipsputz	0,18
	20 mm Kalk-, Kalkgips- und Gipssandmörtel	0,35
	20 mm Kalkzementmörtel	0,40
	20 mm Zementmörtel	0,42
	20 mm Leichtputz (nach DIN 18550-4)	0,30
	20 mm Rohrdeckenputz (Gips)	0,30

Tabelle 10. Gipswandplatten und Putze ([4] Tab. NA.A.16, NA.A.17) (Fortsetzung)

Gegenstand		Flächenlast [kN/m²]
Gipskalkputz auf Putzträger	30 mm Mörteldicke auf Putzträgern (z. B. Ziegeldrahtgewebe, Streckmetall)	0,50
	20 mm Mörteldicke auf 15 mm HWL-Platten	0,35
	20 mm Mörteldicke auf 25 mm HWL-Platten	0,45
Wärmedämmbekleidung aus Kalkzementputz	20 mm Mörteldicke auf 15 mm HWL-Platten	0,49
	20 mm Mörteldicke auf 50 mm HWL-Platten	0,60
	20 mm Mörteldicke auf 100 mm HWL-Platten	0,80
Wärmedämmputzsystem (WDPS)	20 mm Dämmputz	0,24
	60 mm Dämmputz	0,32
	100 mm Dämmputz	0,40
Wärmedämmverbundsystem (WDVS)	15 mm bewehrter Oberputz und Schaumkunststoff [a)] oder Faserdämmstoff [b)]	0,30
	Anm. d. Red.: [a)] DIN EN 13499:2003-12: Wärmedämmstoffe für Gebäude – Außenseitige Wärmedämm-Verbundsysteme (WDVS) aus expandiertem Polystyrol – Spezifikation [b)] DIN EN 13500:2003-12: Wärmedämmstoffe für Gebäude – Außenseitige Wärmedämm-Verbundsysteme (WDVS) aus Mineralwolle – Spezifikation	

Tabelle 11. Boden- und Wandbeläge ([4] aus Tab. NA.A.18)

Gegenstand		Flächenlast [kN/m²]
Estrich je 10 mm Dicke	Anhydritestrich	0,22
	Gipsestrich	0,20
	Gussasphaltestrich	0,23
	Industrieestrich	0,24
	Kunstharzestrich	0,22
	Zementestrich	0,22
Keramische Fliesen (mit Verlegemörtel, je 10 mm Dicke)	Wandfliesen (Steingut)	0,19
	Bodenfliesen (Steinzeug und Spaltplatten)	0,22
Gussasphalt je 10 mm Dicke		0,23
Betonwerksteinplatten, Terrazzo je 10 mm Dicke		0,24
Gummi je 10 mm Dicke		0,15
Kunststoff – Fußbodenbelag je 10 mm Dicke		0,15
Linoleum je 10 mm Dicke		0,13
Natursteinplatten (mit Verlegemörtel) je 10 mm Dicke		0,30
Teppichboden je 10 mm Dicke		0,03
Glasscheiben je 10 mm Dicke		0,25

Tabelle 12. Dachdeckungen ([4] aus Tab. NA.A.21 bis NA.A.26)

Gegenstand			Flächenlast [kN/m^2]
Betondachsteine mit mehrfacher Fußverrippung	und hochliegendem Längsfalz	bis 10 Stück/m^2	0,50 [a]
		über 10 Stück/m^2	0,55 [a]
	und tiefliegendem Längsfalz	bis 10 Stück/m^2	0,60 [a]
		über 10 Stück/m^2	0,65 [a]
Biberschwanzziegel 155 mm × 375 mm und 180 mm × 380 mm und ebene Betondachsteine im Biberformat		Spließdach (einschließlich Schindeln)	0,60 [a]
		Doppeldach und Kronendach	0,75 [a]
Falzziegel, Reformpfannen, Falzpfannen, Flachdachpfannen			0,55 [a]
Kleinformatige Biberschwanzziegel und Sonderformate (Kirchen-, Turmbiber usw.)			0,95 [a]
Krempziegel, Hohlpfannen			0,45 [a]
Krempziegel, Hohlpfannen in Pappdocken verlegt			0,55 [a]
Mönch- und Nonnenziegel (mit Vermörtelung)			0,90 [a]
Strangfalzziegel			0,60 [a]
Altdeutsche Schieferdeckung und Schablonendeckung auf 24 mm Schalung, einschließlich Vordeckung und Schalung		in Einfachdeckung	0,50
		in Doppeldeckung	0,60
		Schablonendeckung auf Lattung	0,45
Aluminiumblechdach (Aluminium 0,7 mm dick, mit 24 mm Schalung)			0,25
Aluminiumblechdach aus Well-, Trapez- und Klemmrippenprofilen			0,05
Doppelstehfalzdach aus Titanzink oder Kupfer, 0,7 mm dick, mit Vordeckung und 24 mm Schalung			0,35
Stahlpfannendach (verzinkte Pfannenbleche)	einschließlich Lattung		0,15
	einschließlich Vordeckung und 24 mm Schalung		0,30
Wellblechdach (verzinkte Stahlbleche mit Befestigungsmaterial)			0,25
Faserzementplatten (nach DIN EN 494)	Dachplatten – Deutsche Deckung auf 24 mm Schalung, mit Vordeckung und Schalung		0,40
	Dachplatten – Doppeldeckung auf Lattung		0,38 [b]
	Dachplatten – Waagerechte Deckung auf Lattung		0,25 [b]
	Kurzwellplatten		0,24 [c]
	Wellplatten		0,20 [c]
Rohr- oder Strohdach, einschließlich Lattung			0,70
Schindeldach, einschließlich Lattung			0,25
Sprossenlose Verglasung	Profilbauglas, einschalig		0,27
	Profilbauglas, zweischalig		0,54

[a] Die Flächenlasten gelten, soweit nicht anders angegeben, ohne Vermörtelung, aber einschließlich der Lattung. Bei einer Vermörtelung sind 0,1 kN/m^2 zuzuschlagen.
[b] Bei Verlegung auf Schalung sind 0,1 kN/m^2 zuzuschlagen.
[c] Ohne Pfetten, jedoch einschließlich Befestigungsmaterial.

Tabelle 13. Abdichtungen mit Bitumen-, Kunststoff-, Elastomerbahnen ([4] Tab. NA.A.27)

Gegenstand		Flächenlast [kN/m^2]
Bahnen im Lieferzustand	Bitumen- und Polymerbitumen-Dachdichtungsbahn (nach DIN 52130 und DIN 52132)	0,04
	Bitumen- und Polymerbitumen-Schweißbahn (nach DIN 52131 und DIN 52133)	0,07
	Bitumen-Dichtungsbahn mit Metallbandeinlage (nach DIN 18190-4)	0,03
	Nackte Bitumenbahn (nach DIN 52129)	0,01
	Glasvlies-Bitumen-Dachbahn (nach DIN 52143)	0,03
	Kunststoffbahnen, 1,5 mm Dicke	0,02
Bahnen in verlegtem Zustand je Lage	Bitumen- und Polymerbitumen-Dachdichtungsbahn [a] (nach DIN 52130 und DIN 52132) bzw. Bitumen- und Polymerbitumen-Schweißbahn (nach DIN 52131 und DIN 52133)	0,07
	Bitumen-Dichtungsbahn [a] (nach DIN 18190-4)	0,06
	Nackte Bitumenbahn [a] (nach DIN 52129)	0,04
	Glasvlies-Bitumen-Dachbahn [a] (nach DIN 52143)	0,05
	Dampfsperre, [a] bzw. Schweißbahn	0,07
	Ausgleichsschicht, lose verlegt	0,03
	Dachabdichtungen und Bauwerksabdichtungen aus Kunststoffbahnen, lose verlegt	0,02
Schwerer Oberflächenschutz Dachabdichtung 50 mm Kiesschüttung		1,0

[a] einschließlich Klebemasse

Die Eigenlasten von Ziegeldecken (früher Stahlsteindecken) sind dem informativen Anhang C der DIN 1045-100 [42] entnommen. Wegen der Vielfalt der Ziegelformen und den unterschiedlichen Betonstegquerschnitten sollten die Eigenlasten bestimmter Ziegeldecken herstellerbezogen angegeben werden. Wenn keine genaueren Angaben vorliegen, dürfen die Werte nach Tabelle 14 angesetzt werden.

In DIN 1055-2:2010-11 „Einwirkungen auf Tragwerke – Teil 2: Bodenkenngrößen" [40] werden Erfahrungswerte angegeben, die als charakteristische Werte verwendet werden dürfen, sofern die Böden im Hinblick auf Korngrößenverteilung, Ungleichförmigkeitszahl und Lagerungsdichte eingestuft werden können. Die Werte gelten sowohl für gewachsene als auch für geschüttete und gegebenenfalls verdichtete Böden.

Hinweis: DIN 1055-2 [40] ist nicht bauaufsichtlich eingeführt. Für geotechnische Nachweise nach Eurocode 7 [33, 34] bzw. DIN 1054 [35] sind immer die Werte aus einem Baugrundgutachten zugrunde zu legen.

Tabelle 14. Eigenlasten für Ziegeldecken aus Deckenziegeln nach DIN 4159 (Steinlänge 250 mm) ([42] Tab. C.1)

1	2	3	4	5	6	7	8	9
Deckendicke h [mm]	Eigenlast g_k [kN/m²]							
	Teilvermörtelung				Vollvermörtelung			
	Ziegelrohdichte [kg/dm³]				Ziegelrohdichte [kg/dm³]			
	0,6	0,8	1,0	1,2	0,6	0,8	1,0	1,2
1 115	1,25	1,45	1,65	1,85	1,45	1,60	1,85	2,00
2 140	1,50	1,75	2,00	2,25	1,80	1,95	2,20	2,45
3 165	1,90	2,15	2,40	2,75	2,20	2,40	2,65	2,95
4 190	2,15	2,45	2,80	3,15	2,55	2,80	3,05	3,40
5 215	2,45	2,80	3,15	3,55	2,90	3,15	3,45	3,85
6 240	2,75	3,10	3,50	3,95	3,20	3,55	3,90	4,30
7 265	3,05	3,45	3,90	4,30	3,70	4,10	4,45	4,80
8 290	3,35	3,80	4,25	4,70	4,05	4,45	4,85	5,25

Tabelle 15. Erfahrungswerte der Wichte nichtbindiger Böden ([40] Tab. 1 und 2)

1	2	3	4	5	6	7
Bodenart	Kurzz.	Lagerungs-dichte	Wichte [kN/m³]			Böschungs-winkel φ'
			erdfeucht γ	gesättigt γ_r	unter Auftrieb γ'	
1 Kies, Sand eng gestuft	GE, SE mit $U < 6$	locker	16,0	18,5	8,5	30°
2		mitteldicht	17,0	19,5	9,5	32,5°
3		dicht	18,0	20,5	10,5	35°
4 Kies, Sand weit oder intermittierend gestuft	GW, GI, SW, SI mit $6 \leq U \leq 15$	locker	16,5	19,0	9,0	30°
5		mitteldicht	18,0	20,5	10,5	32,5°
6		dicht	19,5	22,0	12,0	35°
7 Kies, Sand weit oder intermittierend gestuft	GW, GI, SW, SI mit $U > 15$	locker	17,0	19,5	9,5	30°
8		mitteldicht	19,0	21,0	11,0	32,5°
9		dicht	21,0	22,5	12,5	35°

Anmerkungen:
Kurzzeichen nach DIN 18196 [43].
Die für die Wichte angegebenen Erfahrungswerte sind Mittelwerte mit einer möglichen Abweichung von
− $\Delta\gamma = \pm 1{,}0$ kN/m³ bei erdfeuchtem bzw. über dem Grundwasserspiegel liegendem Boden,
− $\Delta\gamma_r = \Delta\gamma' = \pm 0{,}5$ kN/m³ bei wassergesättigtem bzw. unter Auftrieb stehendem Boden.
Die für den Reibungswinkel φ' angegebenen Erfahrungswerte sind vorsichtige Schätzwerte des Mittelwertes. Die Werte gelten für runde und abgerundete Kornformen. Sofern nachweislich kantige Körner überwiegen, dürfen die angegebenen Werte um 2,5° erhöht werden.
U − Ungleichförmigkeitszahl

Tabelle 16. Erfahrungswerte der Wichte bindiger Böden ([40] Auszug Tab. 3 und 4)

	1	2	3	4	5	6	7
	Bodenart	Kurzz.	Zustandsform	Wichte [kN/m³]			Scherfestigkeit (Reibung) φ'
				erdfeucht γ	gesättigt γ_r	unter Auftrieb γ'	
1	leicht plastische Schluffe ($w_L < 35\%$)	UL	weich	17,5	19,0	9,0	27,5°
2			steif	18,5	20,0	10,0	
3			halbfest	19,5	21,0	11,0	
4	mittel plastische Schluffe $35\% \leq w_L \leq 50\%$	UM	weich	16,5	18,5	8,5	22,5°
5			steif	18,0	19,5	9,5	
6			halbfest	19,5	20,5	10,5	
7	leicht plastische Tone ($w_L < 35\%$)	TL	weich	19,0	19,0	9,0	22,5°
8			steif	20,0	20,0	10,0	
9			halbfest	21,0	21,0	11,0	
10	mittel plastische Tone $35\% \leq w_L \leq 50\%$	TM	weich	18,5	18,5	8,5	17,5°
11			steif	19,5	19,5	9,5	
12			halbfest	20,5	20,5	10,5	
13	ausgeprägt plastische Tone ($w_L > 35\%$)	TA	weich	17,5	17,5	7,5	15°
14			steif	18,5	18,5	8,5	
15			halbfest	19,5	19,5	9,5	

Anmerkungen:
Kurzzeichen nach DIN 18196 [43].
Die für die Wichten sowie für die Scherfestigkeit angegebenen Erfahrungswerte gelten für gewachsene bindige Böden. Ihre Verwendung ist auch bei geschütteten bindigen Böden zulässig, sofern ein Verdichtungsgrad nach DIN 18127 [44] von $D_{Pr} \geq 0,97$ nachgewiesen wird.
Für bindige Böden mit besonders großer Ungleichförmigkeit, z. B. Geschiebemergel und Geschiebelehm ist die Wichte um 1,0 kN/m³ zu erhöhen.
Die für die Wichten angegebenen Erfahrungswerte sind Mittelwerte mit einer möglichen Abweichung von
– $\Delta\gamma = \pm 1,0$ kN/m³ bei erdfeuchtem bzw. über dem Grundwasserspiegel liegendem Boden,
– $\Delta\gamma_R = \pm 0,5$ kN/m³ bei wassergesättigtem bzw. unter Auftrieb stehendem Boden.
Die für die Scherfestigkeit angegebenen Erfahrungswerte sind vorsichtige Schätzwerte des Mittelwertes.
Für weitere Werte für die Kohäsion c' des konsolidierten bzw. dränierten Bodens und der für die Scherfestigkeit c_u des undränierten Bodens siehe DIN 1055-2 [40].
w_L – Fließgrenze (Wassergehalt des Bodens am Übergang von der flüssigen in die breiige (plastische) Zustandsform)

3.5 Nutzlasten

3.5.1 Grundlagen

Die Nutzlasten im Hochbau berücksichtigen ([3], 6.1):
- normale Nutzung durch Personen;
- Möbel und bewegliche Einrichtungsgegenstände (z. B. bewegliche Zwischenwände, Lagerung und Inhalt von Behältern);
- Fahrzeuge;
- seltene Ereignisse, z. B. Personenansammlung oder Zusammenrücken von Möbelstücken, Versetzen oder Stapeln von Einrichtungsgegenständen, die beim Umzug oder bei der Neueinrichtung auftreten können.

Die Nutzlasten werden als gleichmäßig verteilte Flächenlasten, als Streckenlasten, als Einzellasten oder als eine Kombination dieser Lasten dargestellt. Zur Bestimmung der Nutzlasten werden die Decken- und Dachflächen in verschiedene Nutzungskategorien eingeteilt. Schwere Ausrüstungen (wie z. B. Großküchen, Röntgengeräte, Heißwasserspeicher) sind nicht in den angegebenen Lasten enthalten. Lasten von schweren Ausrüstungen sind mit dem Bauherrn und/oder der zuständigen Behörde festzulegen (siehe auch Hinweise zum Teilsicherheitsbeiwert in Abschnitt 2.10). Die Nutzlasten verschiedener Kategorien gelten als unabhängige Einwirkungen.

Für die Bemessung der Decken eines Geschosses oder der Dächer ist die Nutzlast als freie Einwirkung in ungünstigster Stellung auf der Einflussfläche anzuordnen. Haben auch Nutzlasten aus anderen Geschossen Einfluss, dürfen diese als gleichmäßig verteilte (feste) Einwirkung angesetzt werden. Um eine örtliche Mindesttragfähigkeit der Deckenkonstruktion sicherzustellen, ist zusätzlich ein getrennter Nachweis mit einer Einzellast durchzuführen, die, soweit nicht anders geregelt, nicht mit der gleichmäßig verteilten Last und anderen variablen Einwirkungen kombiniert zu werden braucht ([3], 6.2).

3.5.2 Charakteristische Werte

Deckenflächen in Wohn-, Versammlungs-, Geschäfts- und Verwaltungsgebäuden sind entsprechend ihrer Nutzung in die Nutzungskategorien nach den Tabellen 17 bis 22 einzuteilen. Fallen Decken in mehrere Nutzungskategorien, so ist die jeweils ungünstigste Nutzungskategorie für die Bemessung der Bauteile zu Grunde zu legen (z. B. für Schnittgrößen oder für Durchbiegung).

Unabhängig von der Nutzungskategorie der Flächen sind besondere dynamische Effekte zusätzlich zu berücksichtigen, wenn die Art der Nutzung diese erwarten lässt ([3], 6.3.1).

Für örtliche Nachweise sollte die Einzellast Q_k allein ohne Zusammenwirken mit q_k verwendet werden. Für Hochregale und Hebebühnen sollten die Einzellasten Q_k im jeweiligen Einzelfall gesondert bestimmt werden. Die Einzellast ist an jedem möglichen Punkt der Decken-, der Balkon- oder der Treppenkonstruktion anzusetzen. Die Aufstandsfläche ist der Nutzung und der Art der Deckenkonstruktion anzupassen (i. d. R. Quadrat mit 50 mm Seitenlänge).

3.5.3 Trennwandzuschlag

Ist aufgrund der Deckenkonstruktion eine Querverteilung der Lasten möglich, darf statt eines genauen Nachweises der Einfluss leichter unbelasteter Trennwände bis zu einer Höchstlast (Eigenlast) von 5 kN/m Wandlänge durch einen gleichmäßig verteilten Trennwandzuschlag Δq_k zur Nutzlast q_k berücksichtigt werden. Ausgenommen sind Wände, die parallel zu den Balken von Decken ohne ausreichende Querverteilung stehen ([4] zu 6.3.1.2 (8)).

Als Zuschlag zur Nutzlast q_k ist bei Wänden, die einschließlich des Putzes

- eine Last von $\leq$ 3 kN/m Wandlänge erbringen, mindestens $\Delta q_k = 0,8$ kN/m^2,
- eine Last von > 3 kN/m und $\leq$ 5 kN/m Wandlänge erbringen, mindestens $\Delta q_k = 1,2$ kN/m^2

anzusetzen. Bei Nutzlasten $q_k \geq 5$ kN/m^2 ist dieser Zuschlag nicht erforderlich.

Lasten infolge beweglicher Trennwände müssen als Nutzlast behandelt werden ([4] zu 6.3.1.2 (8)).

Für schwerere versetzbare Trennwände sollten die möglichen Standorte und Richtungen sowie die Bauart der Decke berücksichtigt werden.

Empfehlung: Bei Nachweisen in Grenzzuständen der Gebrauchstauglichkeit (z. B. Nachweis der Verformungen) sollte die Nutzlast q_k mit Trennwandzuschlag Δq_k für fest eingebaute Wände als mehrkomponentige veränderliche Einwirkung behandelt werden. Da die Auftretenswahrscheinlichkeit der Trennwandeigenlast in Kombination mit anderen veränderlichen Einwirkungen nicht abnimmt, sollten die Kombinationsbeiwerte für den vereinfachten Trennwandzuschlag Δq_k mit $\psi_{0,1,2} = 1,0$ angenommen werden.

3.5.4 Lagerflächen mit Gabelstaplern

Lagerflächen in Werkstätten, Fabriken, Lagerräumen und Höfen, die mit Gabelstaplern befahren werden (Klassenzuordnung nach Tabelle 18), sind je nach den Betriebsverhältnissen für einen Gabelstapler in ungünstigster Stellung mit den zugehörigen Achslasten Q_k und ringsherum für eine gleichmäßig verteilte Nutzlast q_k nach Tabelle 19 zu bemessen.

Tabelle 17. Lotrechte Nutzlasten für Decken, Treppen und Balkone ([4] Tab. 6.1DE)

1	2		3	4	5
	Kategorie	Nutzung	Beispiele	q_k [kN/m²]	Q_k [e)] [kN]
1	A	A1	Spitzböden	für Wohnzwecke nicht geeigneter, aber zugänglicher Dachraum bis 1,80 m lichter Höhe	1,0	1,0
2		A2	Wohn- und Aufenthaltsräume	Decken mit ausreichender Querverteilung der Lasten, Räume und Flure in Wohngebäuden, Bettenräume in Krankenhäusern, Hotelzimmer einschl. zugehöriger Küchen und Bäder	1,5	–
3		A3		wie A2, aber ohne ausreichende Querverteilung der Lasten	2,0 c)	1,0
4	B	B1	Büroflächen, Arbeitsflächen, Flure	Flure in Bürogebäuden, Büroflächen, Arztpraxen ohne schweres Gerät, Stationsräume, Aufenthaltsräume einschließlich der Flure, Kleinviehställe	2,0	2,0
5		B2		Flure und Küchen in Krankenhäusern, Hotels, Altenheimen, Flure in Internaten usw.; Behandlungsräume in Krankenhäusern, einschließlich Operationsräume ohne schweres Gerät; Kellerräume in Wohngebäuden	3,0	3,0
6		B3		alle Beispiele von B1 und B2, jedoch mit schwerem Gerät	5,0	4,0
7	C	C1	Räume, Versammlungsräume und Flächen, die der Ansammlung von Personen dienen können (mit Ausnahme von unter A, B, D und E festgelegten Kategorien).	Flächen mit Tischen; z. B. Kindertagesstätten, Kinderkrippen, Schulräume, Cafés, Restaurants, Speisesäle, Lesesäle, Empfangsräume, Lehrerzimmer	3,0	4,0
8		C2		Flächen mit fester Bestuhlung; z. B. Flächen in Kirchen, Theatern oder Kinos, Kongresssäle, Hörsäle, Wartesäle	4,0	4,0
9		C3		frei begehbare Flächen; z. B. Museumsflächen, Ausstellungsflächen, Eingangsbereiche in öffentlichen Gebäuden, Hotels, nicht befahrbare Hofkellerdecken, sowie die zur Nutzungskategorie C1 bis C3 gehörigen Flure	5,0	4,0
10		C4		Sport- und Spielflächen; z. B. Tanzsäle, Sporthallen, Gymnastik- und Kraftsporträume, Bühnen	5,0	7,0
11		C5		Flächen für große Menschenansammlungen; z. B. in Gebäuden wie Konzertsäle, Terrassen und Eingangsbereiche sowie Tribünen mit fester Bestuhlung	5,0	4,0
12		C6		Flächen mit regelmäßiger Nutzung durch erhebliche Menschenansammlungen, Tribünen ohne feste Bestuhlung	7,5	10,0

Eurocode 1 – DIN EN 1991-1-1: Wichten, Eigengewicht und Nutzlasten

Tabelle 17. Lotrechte Nutzlasten für Decken, Treppen und Balkone ([4] Tab. 6.1DE) (Fortsetzung)

1	2		3	Beispiele	4 q_k [kN/m²]	5 Q_k [e)] [kN]
	Kategorie		**Nutzung**			
13	**D**	D1	Verkaufsräume	Flächen von Verkaufsräumen bis 50 m² Grundfläche in Wohn-, Büro- und vergleichbaren Gebäuden	2,0	2,0
14		D2		Flächen in Einzelhandelsgeschäften und Warenhäusern	5,0	4,0
15		D3		Flächen wie D2, jedoch mit erhöhten Einzellasten infolge hoher Lagerregale	5,0	7,0
16	**E**	E1.1	Lager, Fabriken und Werkstätten, Ställe, Lagerräume und Zugänge	Flächen in Fabriken [a)] und Werkstätten [a)] mit leichtem Betrieb und Flächen in Großviehställen	5,0	4,0
17		E1.2		allgemeine Lagerflächen, einschließlich Bibliotheken	6,0 [b)]	7,0
18		E2.1		Flächen in Fabriken [a)] und Werkstätten [a)] mit mittlerem oder schwerem Betrieb	7,5 [b)]	10,0
19	**T** [d)]	T1	Treppen und Treppenpodeste	Treppen und Treppenpodeste in Wohngebäuden, Bürogebäuden und von Arztpraxen ohne schweres Gerät	3,0	2,0
20		T2		alle Treppen und Treppenpodeste, die nicht in T1 oder T3 eingeordnet werden können	5,0	2,0
21		T3		Zugänge und Treppen von Tribünen ohne feste Sitzplätze, die als Fluchtwege dienen	7,5	3,0
22	**Z** [d)]		Zugänge, Balkone und Ähnliches	Dachterrassen, Laubengänge, Loggien usw., Balkone, Ausstiegspodeste	4,0	2,0

[a)] Nutzlasten in Fabriken und Werkstätten gelten als vorwiegend ruhend. Im Einzelfall sind sich häufig wiederholende Lasten je nach Gegebenheit als nicht vorwiegend ruhende Lasten einzuordnen.
[b)] Bei diesen Werten handelt es sich um Mindestwerte. In Fällen, in denen höhere Lasten vorherrschen, sind die höheren Lasten anzusetzen.
[c)] Für die Weiterleitung der Lasten in Räumen mit Decken ohne ausreichende Querverteilung auf stützende Bauteile darf der angegebene Wert um 0,5 kN/m² abgemindert werden.
[d)] Hinsichtlich der Einwirkungskombinationen sind die Einwirkungen der Nutzungskategorie des jeweiligen Gebäudes oder Gebäudeteils zuzuordnen.
[e)] Falls der Nachweis der örtlichen Mindesttragfähigkeit erforderlich ist (z. B. bei Bauteilen ohne ausreichende Querverteilung der Lasten), so ist er mit der Einzellast Q_k ohne Überlagerung mit der Flächenlast q_k zu führen. Die Aufstandsfläche für Q_k umfasst ein Quadrat mit einer Seitenlänge von 50 mm.

Tabelle 18. Zuordnung Nutzungskategorie Lagerfläche und Gabelstapler ([4]Tab. 6.4DE)

1	2		3
Kategorie	**Nutzung**		**Gabelstaplerklasse**
1	E	E2.2	Lagerflächen, die mit Gabelstaplern befahren werden	FL1
2		E2.3		FL2
3		E2.4		FL3
4		E2.5		FL4–FL6

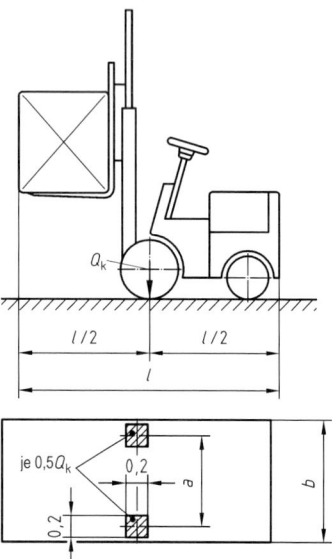

Bild 1. Abmessungen von Gabelstaplern (nach [3] Bild 6.1)

Die Gabelstapler werden abhängig vom Eigengewicht, den Abmessungen (Geometrie siehe Bild 1) und den Stapellasten in die Klassen FL1 bis FL6 (Forklifter) nach Tabelle 19 eingeteilt. Bei Gabelstaplern mit einem Netto-Eigengewicht größer als 110 kN sollten die Lasten anhand genauerer Untersuchungen ermittelt werden.

Der statische Wert der senkrechten Achslast sollte mit einem Schwingbeiwert φ auf den dynamischen Wert $Q_{k,dyn} = Q_k \cdot \varphi$ vergrößert werden. Sofern kein genauerer Nachweis geführt wird, beträgt der Schwingbeiwert $\varphi = 1,4$ ([4] zu 6.3.2.3). Für überschüttete Bauwerke ist

$$\varphi = 1,4 - 0,1 h_{ü} \geq 1,0 \qquad [4] \text{ (6.3DE)}$$

Dabei ist $h_{ü}$ die Überschüttungshöhe in m.

Die Horizontallasten aus Beschleunigung und Bremsen von Gabelstaplern können mit 30 % der senkrechten Achslast Q_k angesetzt werden. Zusätzliche dynamische Vergrößerungsfaktoren brauchen dabei nicht berücksichtigt zu werden.

3.5.5 Parkhäuser

Im Mai 2015 wurde eine A1-Änderung des NA als Norm DIN EN 1991-1-1/NA/A1 [4] veröffentlicht. Dabei wurden u. a. die Parkhauslasten in Tabelle 6.8DE geändert. Wegen der Steigerung des durchschnittlichen maximalen Fahrzeuggewichts des in Deutschland zugelassenen PKW-Bestands und ei-

Tabelle 19. Gabelstaplerklassen und Nutzlasten ([3] Tab. 6.5 und 6.6, [4] Tab. 6.4DE)

1	2	3	4	5		6	7
Gabel-stapler-klasse	Eigen-gewicht (netto)	Hublasten	Rad-abstand a	Fahrzeug-		Flächen-last q_k [a]	Achslast Q_k (statisch) [b]
				Breite b	Länge l		
	[kN]	[kN]	[m]	[m]	[m]	[kN/m²]	[kN]
FL1	21	10	0,85	1,00	2,60	12,5	26
FL2	31	15	0,95	1,10	3,00	15,0	40
FL3	44	25	1,00	1,20	3,30	17,5	63
FL4	60	40	1,20	1,40	4,00	20,0	90
FL5	90	60	1,50	1,90	4,60		140
FL6	110	80	1,80	2,30	5,10		170

[a] außerhalb von $l \cdot b$
[b] Achslast in $l/2$

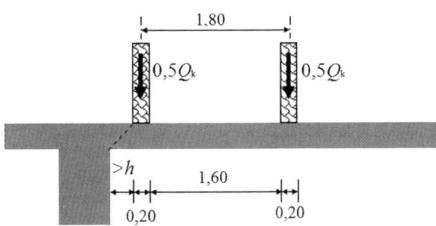

Bild 2. Beispiel für auflagernahe Anordnung der Ersatz-Radlasten mit je $0{,}5Q_k$ (reduzierte Einflussbreite längs zum Auflager beachten)

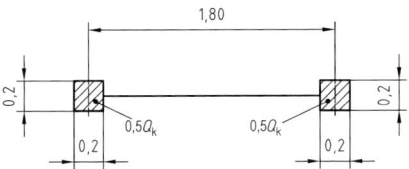

Bild 3. Abmessungen der Achslast für leichte Fahrzeuge (nach [3] Bild 6.2)

ner tendenziellen Umverteilung innerhalb der Fahrzeugklassen (mehr SUV) in den vergangenen Jahren wurden für Lasteinzugsflächen $A > 20$ m^2 die bisherigen Flächenlasten q_k angehoben.

Die charakteristischen Werte von gleichmäßig verteilten Nutzlasten bzw. von Achslasten für Parkhäuser und Flächen mit Fahrzeugverkehr nach Tabelle 20 gelten als vorwiegend ruhende Lasten. Die Flächenlast q_k ist für die Ermittlung der allgemeinen Schnittgrößen bestimmt, während der alternative Ansatz von Q_k (ohne Überlagerung mit den Flächenlasten q_k) örtliche Beanspruchungen erfasst (z. B. Querkraftbeanspruchung durch auflagernahe Achsstellung) bzw. für kurze Spannweiten maßgebend werden kann (vgl. Bilder 2 und 3).

Für die direkt befahrenen Decken und Unterzüge gelten nunmehr in Kategorie F1 die 3,0 kN/m^2 und für die Zufahrtsrampen in Kategorie F2 die 5,0 kN/m^2 durchgängig. Der für die Lastweiterleitung auf Stützen, Wände und Fundamente zulässige pauschale Wert von 2,5 kN/m^2 darf nicht o. W. für Unterzüge und Konsolen angesetzt werden. Dies ist auch eine empfehlenswerte deutliche Vereinfachung in der Tragwerksplanung und für die üblichen Bemessungsaufgaben zweckmäßig und ausreichend.

In der Fußnote b) der Tabelle 20 wird optional eine Abminderungsmöglichkeit der Flächenlast q_k in Kategorie F1 abhängig von einer Einflussfläche A_{EF} eingeräumt. Das heißt, die Bezugsfläche für die Ersatzlast wird von der „Lasteinzugsfläche" auf „Einflussfläche" geändert. Diese Abminderungsmöglichkeit greift erst ab $A_{EF} \geq 43{,}7$ m^2 und erreicht bei $A_{EF} = 116{,}7$ m^2 den untersten Lastwert 2,5 kN/m^2. Die Einflussfläche und die Ersatzlast (ggf. unter Berücksichtigung eines Lastkonzentrationsfaktors) müssten abhängig vom statischen System so bestimmt werden, dass die Schnittgrößen aus der Ersatzlast mit denen aus den realen stochastisch verteilten Radlasten übereinstimmen.

Vereinfacht kann die Einflussfläche für das Feldmoment des jeweils betrachteten Bauteils verwendet werden. Für einachsig gespannte Decken (Einfeld- und Durchlaufsysteme) darf die Einflussfläche feldweise mit der Spannweite l_{eff} und einer angemessenen mitwirkenden Breite und für zweiachsig ge-

Tabelle 20. Lotrechte Nutzlasten für Parkhäuser ([4] Tab. 6.8DE (A1-Änderung))

1	2		3		4
	Kategorie	Nutzung	q_k [kN/m²]		Q_k [kN]
1	F1	Verkehrs- und Parkflächen für leichte Fahrzeuge (Gesamtlast $\leq$ 30 kN)	3,0 [b) c)]	oder	20 [a)]
2	F2	Zufahrtsrampen	5,0 [c)]		20 [a)]

[a)] In den Kategorien F1 und F2 können die Achslast ($Q_k = 20$ kN) oder die Radlasten ($0{,}5Q_k = 10$ kN) für den Nachweis örtlicher Beanspruchungen (z. B. Querkraft am Auflager oder Durchstanzen unter einer Radlast) maßgebend werden. Für Q_k ist das Lastbild nach Bild 6.2 (hier Bild 3) mit einer Seitenlänge der quadratischen Aufstandsfläche von $a = 0{,}20$ m anzunehmen.
[b)] Kann bei statischen Systemen die Einflussfläche A_{EF} eindeutig bestimmt werden, darf die Flächenlast wie folgt abgemindert werden: 2,5 kN/m² $\leq (2{,}2 + 35 / A_{EF}) \leq 3{,}0$ kN/m² (mit A_{EF} in m²). Alternativ darf auf der sicheren Seite liegend die Einflussfläche A_{EF} auch als Einzugsfläche A nach [4] Abschnitt 6.3.1.2 (10) bestimmt werden (hier Bild 4).
[c)] Für die Lastweiterleitung auf Stützen, Wände und Fundamente ist ein Wert von 2,5 kN/m² ausreichend.

spannte Decken mit $A_{EF,i} = l_{eff,y} \cdot l_{eff,z}$ angenommen werden. Bei durchlaufenden Decken und Unterzügen liegt der Bezug auf das Feld mit der kleinsten Stützweite auf der sicheren Seite (für eine über alle Felder konstante Ersatzlast).

Die Durchlaufwirkung von Decken darf bei der Ermittlung der Einflussfläche von Unterzügen vernachlässigt werden. Beispielsweise sind dann die Einflussflächen für Randunterzüge $A_{EF,i} = b_i \cdot a_1$ bzw. für Innenunterzüge $A_{EF,i} = b_i \cdot (a_2 + a_3)$ mit den Bezeichnungen nach Bild 4. Mit der auf Basis der Einflussfläche A_{EF} ggf. abgeminderten Flächenlast q_k darf dann wie bisher der Lastanteil aus der Decke für den betrachteten Unterzug über die Lasteinzugsfläche A nach Bild 4 zugeordnet werden.

Im informativen Anhang B von DIN EN 1991-1-1 [3] werden horizontale Lasten für die Bemessung von Absturzsicherungen und Schutzplanken für Parkhäuser vorgeschlagen.

3.5.6 Fahrzeugverkehr auf Hofkellerdecken und auf planmäßig befahrbaren Deckenflächen

Bei Hofkellerdecken und anderen Decken, die planmäßig von Fahrzeugen befahren werden, gelten für die (charakteristischen) Lasten die Brückenklassen (16/16 bis 30/30) nach DIN 1072 [39] (siehe Tabellen 21 und 22). Die Verkehrsregellasten sind in ungünstigster Stellung auf der Decke anzusetzen.

Schwingbeiwerte sollen nicht nur die Spannungsschwingbreiten der Verkehrslasten, sondern auch die Stoßwirkungen beim Überfahren von Unebenheiten sowie den Einfluss mitschwingender Massen vereinfacht erfassen. Der Schwingbeiwert φ für Verkehr auf Hofkellerdecken und planmäßig befahrbare Deckenflächen ist nach DIN 1072 [39] mit $\varphi = 1{,}4 - 0{,}008 l_\varphi - 0{,}1 h_{\ddot{u}} \geq 1{,}0$ für die Verkehrsregellasten der Hauptspur anzusetzen. Hierin bedeuten l_φ die maßgebende Länge und $h_{\ddot{u}}$ die Überschüttungshöhe bei überschütteten Bauwerken (jeweils in [m]). Für l_φ sind z. B. beim Berechnen der Schnittgrößen aus unmittelbarer Belastung des Bauteils dessen Stützweite bzw. dessen Kraglänge (bei zweiachsig gespannten Platten die kürzere Spannweite) einzusetzen. Vereinfacht wegen der gegenüber Brücken kurzen Spannweiten: $l_\varphi = 0$. Der Schwingbeiwert ist auch bei Unterzügen und Stützen zu berücksichtigen, braucht jedoch nicht bei den Nachweisen der Gründung angesetzt zu werden.

Hofkellerdecken die nur im Brandfall von Feuerwehrfahrzeugen befahren werden, sind für die Brückenklasse 16/16 nach DIN 1072 [39] zu bemessen. Dabei ist jedoch hier ein Einzelfahrzeug in ungünstigster Stellung anzusetzen; auf den umliegenden Flächen ist die gleichmäßig verteilte Last der Hauptspur in Rechnung zu stellen. Der nach [39] geforderte Nachweis für eine einzelne Achslast von 110 kN darf entfallen. Die Nutzlast darf als vorwiegend ruhend eingestuft werden ([4] NA.3.3.3). Der Verweis auf die längst sowohl beim DIN als auch bauaufsichtlich zurückgezogene DIN 1072:1985-12 [39] und deren Brückenklassen für befahrene Deckenflächen und Hofkellerdecken ist mit den Eurocodes nicht konsistent, da DIN 1072 auf dem globalen Sicherheitskonzept beruht und eine Verwendung mit dem Teilsicherheitskonzept nicht vorgesehen war. Das Lastmodell der Brückenklasse bzw. die „alte" Bemessung muss daher hier ingenieurmäßig angepasst und angewendet werden.

Beispiel für weitere Festlegungen lokaler Baubehörden – München [41]: Für Aufstell- und Bewegungsflächen von Feuerwehrfahrzeugen müssen 16 t Gesamtgewicht für ein Fahrzeug in der jeweils ungünstigsten Stellung angesetzt werden. Auf den umliegenden Flächen ist gleichzeitig ungünstigst 5,0 kN/m² als Verkehrslast anzusetzen. Bezüglich der geometrischen Abmessungen und Achslasten gilt DIN 1072. Als weiterer Lastfall ist eine Einzellast von 14 t (140 kN) in ungünstigster Stellung zu berücksichtigen. Der ungünstigere der beiden Lastfälle ist maßgebend. Für Müllfahrzeuge auf privaten Flächen sind die Lastannahmen der Brückenklasse 30 nach DIN 1072 maßgebend. Für Reinigungsfahrzeuge ist die zugehörige nächsthöhere (6, 9 ,12, 16 und 30 t) Brückenklasse anzusetzen. Alle diese Fahrzeuglasten dürfen als vorwiegend ruhend eingestuft werden. Bei bepflanzten Hofkeller- und Tiefgaragendecken ist gemäß Ortssatzung eine Überschüttung von mindestens 0,60 m anzusetzen. Die Angaben im Freiflächengestaltungsplan müssen mit den statischen Nachweisen übereinstimmen. Für Bäume bis 15 m Wuchshöhe ist zusätzlich 1,5 kN/m² Verkehrslast im Kronenbereich zum Grundwert von 5,0 kN/m² anzusetzen. Zu ebener Erde ist ein Ansatz von Leichtstoffen als Überschüttungsmaterial nicht zulässig, da deren Beibehaltung über die Lebensdauer des Bauwerkes nicht als gesichert gelten kann.

3.5.7 Nicht begehbare Dächer

In der **Kategorie H** wird der charakteristische Wert einer Einzellast $Q_k = 1{,}0$ kN auf nicht begehbaren Dächern für eine Dachkonstruktion festgelegt, die nur für übliche Erhaltungsmaßnahmen und Reparaturen betreten wird ([4] zu 6.3.4.2). Eine Überlagerung der Einzellast Q_k mit Schneelasten ist nicht erforderlich, unabhängig davon, ob die Schneelast oder die Last der Kategorie H die Leiteinwirkung ist.

Unkontrollierte Anhäufungen von Baumaterial, die bei Unterhaltungsarbeiten auftreten können, sind mit der Einzellast nicht abgedeckt (siehe auch EN 1999-1-6 [13] „Einwirkungen während der Bauausführung").

Tabelle 21. Brückenklassen 60/30 und 30/30 nach DIN 1072 [39]

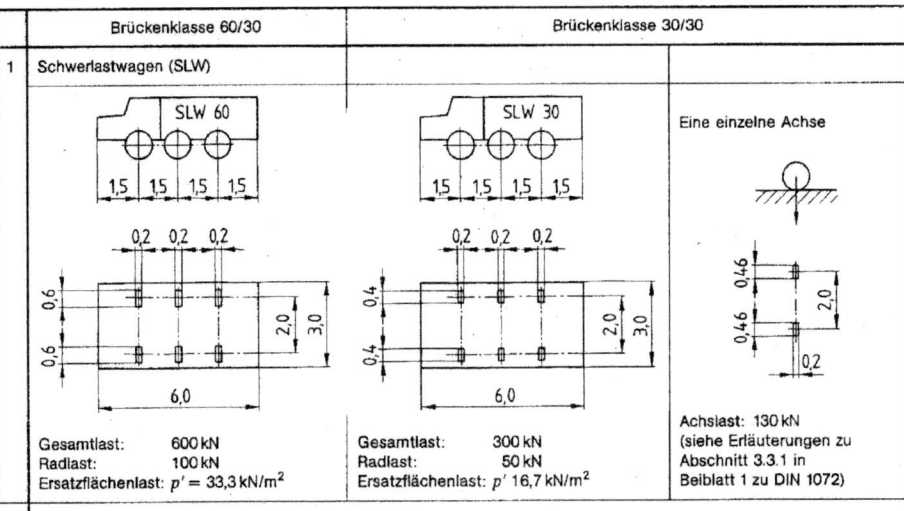

	Brückenklasse 60/30	Brückenklasse 30/30
1	Schwerlastwagen (SLW)	
2	Lastschema für die Fahrbahnfläche zwischen den Schrammborden	

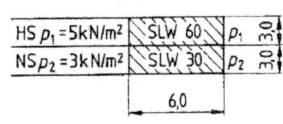
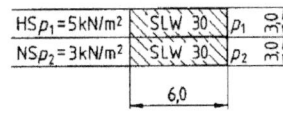

HS Hauptspur mit Schwingbeiwert φ
NS Nebenspur ohne Schwingbeiwert φ
Restflächen $p_2 = 3$ kN/m² ohne Schwingbeiwert φ (φ siehe Abschnitt 3.3.4)

3 Lastschema für die übrigen Brückenflächen bis zu den Geländern
(Geh- und Radwege, Schrammbordstreifen, erhöhte oder baulich abgegrenzte Mittelstreifen).
Der ungünstigste Wert der Zeile 3, Aufzählungen a bis c, ist ohne Schwingbeiwert φ einzusetzen.

a) $p_2 = 3$ kN/m² zusammen mit den übrigen Lasten der Zeile 2, dabei HS mit Schwingbeiwert φ

b) $p_3 = 5$ kN/m² ohne Lasten der Zeile 2
(Nur für die Belastung einzelner Bauteile, z. B. Gehwegplatten, Längsträger, Konsolen, Oberträger)

c) Falls nicht gegen Auffahren durch steife abweisende Schutzeinrichtungen gesichert
(nur für die Belastung einzelner Bauteile entsprechend Zeile 3, Aufzählung b):

Radlast $P = 50$ kN
Aufstandsfläche $0,2 \times 0,4$
ohne Lasten der Zeile 2

Radlast $P = 40$ kN   Nur für das Nachrechnen bestehender Brücken der bisherigen Brückenklasse 60, 45,
Aufstandsfläche $0,2 \times 0,3$ 30, auch wenn sie in Brückenklasse 60/30 oder 30/30 eingestuft werden können.
ohne Lasten der Zeile 2

4 Zuordnung zum Straßen- und Wegenetz [1])
Brückenklasse 60/30: BAB, B, L, K, S
Brückenklasse 30/30: K, S, G, W

[1]) BAB Bundesautobahnen; B Bundesstraßen; L Landesstraßen (Land- bzw. Staatsstraßen bzw. L I.O); S Stadt- bzw. Gemeinde-
straßen; K Kreisstraßen (L II.O); G Gemeindewege; W Wirtschaftswege.

Tabelle 22. Brückenklassen 16/16 bis 3/3 nach DIN 1072 [39]

Brückenklassen 16/16, 12/12 [1]), 9/9, 6/6 und 3/3						
1	Lastkraftwagen (LKW)					
		Brückenklasse	16/16	12/12	9/9	6/6	3/3
		Gesamtlast kN	160	120	90	60	30
		Ersatzflächenlast p' kN/m²	8,9	6,7	5,0	4,0	3,0
	Vorderräder	Radlast kN	30	20	15	10	5
		Aufstandsbreite b_1	0,26	0,20	0,18	0,14	0,14
	Hinterräder	Radlast kN	50	40	30	20	10
		Aufstandsbreite b_2	0,40	0,30	0,26	0,20	0,20
	Eine einzelne Achse	Last kN	110	110	90	60	30
		Aufstandsbreite b_3	0,40	0,40	0,30	0,26	0,20
2	Lastschema für die Fahrbahnfläche zwischen den Schrammborden					
		Brückenklasse	16/16 [2])	12/12	9/9	6/6	3/3
		p_1 kN/m²	5,0	4,0	4,0	4,0	3,0
		p_2 kN/m²	3,0	3,0	3,0	2,0	2,0
	*) Gegebenenfalls auch einzelne Radlasten HS Hauptspur mit Schwingbeiwert φ NS Nebenspur ohne Schwingbeiwert φ Restflächen mit p_2 ohne Schwingbeiwert φ (φ siehe Abschnitt 3.3.4)						
3	Lastschema für die übrigen Brückenflächen bis zu den Geländern (Geh- und Radwege, Schrammbordstreifen, erhöhte oder baulich abgegrenzte Mittelstreifen). Der ungünstigste Wert der Zeile 3, Aufzählungen a bis c, ist ohne Schwingbeiwert φ einzusetzen. a) p_2 nach Zeile 2 zusammen mit den übrigen Lasten nach Zeile 2, dabei HS mit Schwingbeiwert φ b) $p_3 = 5$ kN/m² ohne Lasten der Zeile 2 (Nur für die Belastung einzelner Bauteile, z. B. Gehwegplatten, Längsträger, Konsolen, Querträger) c) Falls nicht gegen Auffahren durch steife abweisende Schutzeinrichtung gesichert (nur für die Belastung einzelner Bauteile entsprechend Zeile 3, Aufzählung b): Radlast $P = 40$ kN Aufstandsfläche $0,2 \times 0,3$ Nur bei bestehenden Brücken der Brückenklasse 16/16 und 12/12 ohne Lasten der Zeile 2 Radlast $P = 50$ kN Aufstandsfläche $0,2 \times 0,4$ Nur bei neuen Brücken der Brückenklasse 12/12 [1]) ohne Lasten der Zeile 2						
	[1]) Die Lastannahmen der Brückenklassen 12/12 für das Nachrechnen bestehender Straßen- und Wegbrücken können vom Baulastträger auch für das Berechnen neuer Brücken zugelassen werden. [2]) Es dürfen auch Werte aus Rechenwerken mit einer Aufteilung der Radlasten (Vorderachse:Hinterachse) im Verhältnis 1 : 2 benutzt werden.						

Lokale Nachweise für Dachabdeckungen, außer solche mit Blechen, sollten für eine Einzellast von $Q_k = 1,5$ kN mit einer quadratischen Aufstandsfläche mit 50 mm Seitenlänge geführt werden. Bei Dachabdeckungen mit profilierter oder unregelmäßiger Oberfläche darf bei der Anordnung der Einzellast Q_k die wirkliche Aufstandsfläche aus der vorgesehenen Lasteinleitung verwendet werden ([3] 6.3.4.2 (2)).

Für Flächen von Begehungsstegen, die ausschließlich Rettungswege darstellen, ist eine Flächenlast von $q_k = 3,0$ kN/m² anzusetzen. Bei Dachlatten sind zwei Einzellasten von je 0,5 kN in den äußeren Viertelpunkten der Stützweite anzunehmen. Für hölzerne Dachlatten mit Querschnittsabmessungen, die sich erfahrungsgemäß bewährt haben, ist bei Sparrenabständen bis etwa 1 m kein Nachweis erforderlich. Leichte Sprossen dürfen mit einer Einzellast von 0,5 kN in ungünstigster Stellung berechnet werden, wenn die Dächer nur mithilfe von Bohlen und Leitern begehbar sind ([4] zu 6.3.4.2).

Hinweis: In DIN EN 1991-1-1/NA [4] werden in Tabelle 6.11DE weitere Nutzlasten auf Dachflächen der Kategorie K mit Hubschrauberlandemöglichkeit angegeben.

3.5.8 Abminderungsbeiwerte α_A (Einzugsfläche) und α_n (Anzahl der Geschosse)

Die Nutzlast aus einer einzelnen Nutzungskategorie darf in Abhängigkeit von der belasteten Einzugsfläche für das zu bemessende sekundäre Tragglied (Unterzüge, Stützen, Wände, Gründungen usw.) mit dem Abminderungsbeiwert α_A abgemindert werden ([3], 6.2.1 (4)). Für die Nutzungskategorien A, B und Z darf der Abminderungsbeiwert α_A nach folgender Gleichung bestimmt werden ([4] zu 6.3.1.2 (10)):

$$\alpha_A = 0,5 + \frac{10}{A} \leq 1,0 \qquad [4]\ (6.1aDE)$$

Für die Nutzungskategorien C bis E1.1 darf der Abminderungsbeiwert α_A nach folgender Gleichung bestimmt werden:

$$\alpha_A = 0,7 + \frac{10}{A} \leq 1,0 \qquad [4]\ (6.1bDE)$$

Dabei ist A die Einzugsfläche des sekundären Traggliedes in m² (siehe Bilder 4 bis 6).

Werden die vertikalen Tragglieder durch Nutzlasten aus mehreren Geschossen beansprucht, so dürfen die gesamten Nutzlasten mit dem Abminderungsbeiwert α_n für die Nutzlasten der Kategorien A bis D und Z abgemindert werden ([3], 6.2.2 (2)). Dabei darf α_n wie folgt angenommen werden ([4] zu 6.3.1.2 (11)):

Nutzungskategorien A bis D und Z:

$$\alpha_n = 0,7 + \frac{0,6}{n} \leq 1,0 \qquad [4]\ (6.2DE)$$

Dabei ist

n die Anzahl der Geschosse ($n > 2$) oberhalb der belasteten Stützen und Wände mit der gleichen Nutzungskategorie.

Wenn der charakteristische Wert der Nutzlasten in Kombination mit anderen Einwirkungen durch einen Kombinationsbeiwert ψ abgemindert wird, darf die Abminderung mit dem Faktor α_n nicht zusätzlich angesetzt werden ([3] 3.3.2 (2)).

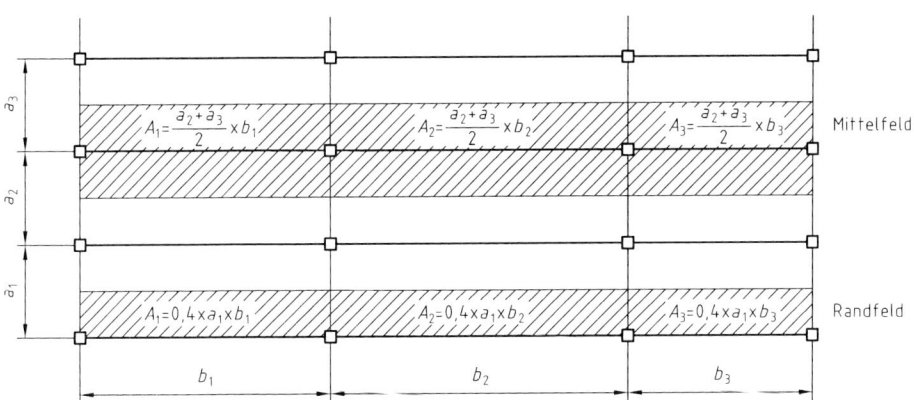

Bild 4. Lasteinzugsflächen für die Schnittgrößenermittlung von Mittel- und Randfeldern (hier $A_2 > A_1 > A_3$) ([4] Bild NA.1)

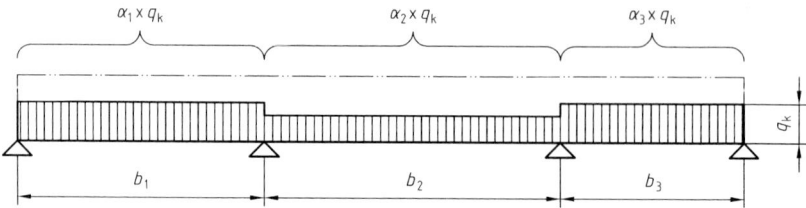

Bild 5. Lastabminderung mit feldweise unterschiedlichen α_i-Werten (hier $\alpha_3 > \alpha_1 > \alpha_2$) ([4] Bild NA.2)

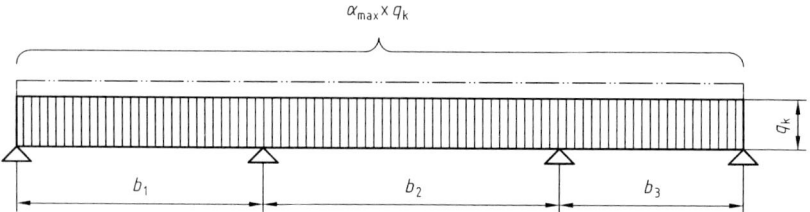

Bild 6. Lastabminderung mit einheitlichen α_i-Werten (hier vereinfacht $a_{max} = \alpha_3$) ([4] Bild NA.3)

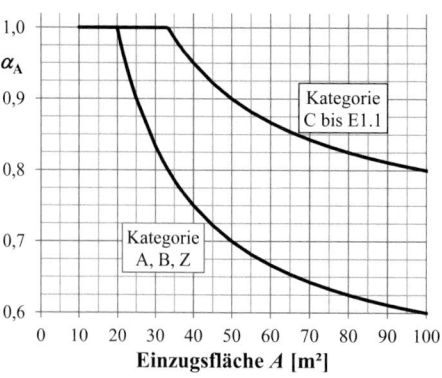

Bild 7. Abminderungsbeiwert α_A für Einzugsfläche

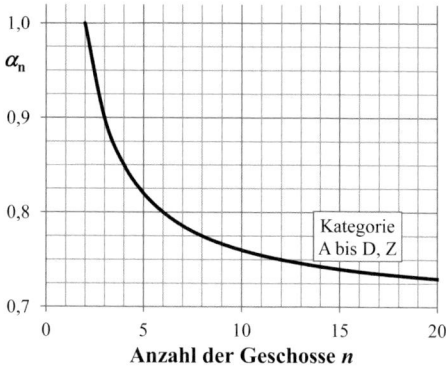

Bild 8. Abminderungsbeiwert α_n für Anzahl der Geschosse

Der Faktor α_A darf für ein Bauteil nicht gleichzeitig mit dem Faktor α_n angesetzt werden. Es darf aber der günstigere der beiden Werte berücksichtigt werden.

In den Bildern 7 und 8 sind die Abminderungsbeiwerte grafisch dargestellt.

3.5.9 Horizontallasten auf Zwischenwände und Absturzsicherungen

Für horizontale Nutzlasten q_k infolge von Personen auf Brüstungen, Geländer und andere Konstruktionen, die als Absperrung dienen, gilt Tabelle 23. Die horizontalen Nutzlasten q_k sind in Absturzrichtung in voller Höhe und in der Gegenrichtung mit 50%, mindestens jedoch 0,5 kN/m, anzusetzen. Im Allgemeinen ist die horizontale Streckenlast q_k in Höhe des Handlaufs, an Zwischenwänden in einer Höhe von bis zu 1,20 m, anzusetzen.

Neben der Windlast und etwaigen anderen waagerecht wirkenden Lasten sind zum Erzielen einer ausreichenden Längs- und Quersteifigkeit beliebig gerichtete Horizontallasten zu berücksichtigen. Für Tribünenbauten und ähnliche Sitz- und Steheinrich-

Tabelle 23. Horizontallasten auf Zwischenwände und Absturzsicherungen ([4] Tab. 6.12DE)

	1	2
	Belastete Fläche nach Nutzungskategorie	Horizontale Nutzlast q_k [kN/m]
1	A, B1, H, F1 [b] bis F4 [b], T1, Z [a]	0,5
2	B2, B3, C1 bis C4, D, E1.1 [c], E1.2 [c], E2.1 [c] bis E2.5 [c], FL [b], T2, Z [a]	1,0
3	C5, C6, T3	2,0

[a] Für Kategorie Z ist die Zuordnung in Zeile 1 bzw. Zeile 2 entsprechend der zugehörigen maßgeblichen Nutzungskategorie nach Tabelle 17 vorzunehmen.
[b] Anprall wird durch konstruktive Maßnahmen ausgeschlossen.
[c] Bei Flächen der Kategorie E1.1, E1.2, E2.1 bis E2.5, die nur zu Kontroll- und Wartungszwecken begangen werden, sind die Lasten in Abstimmung mit dem Bauherrn festzulegen, jedoch mindestens 0,5 kN/m.

tungen ist eine in Fußbodenhöhe angreifende Horizontallast von 1/20 der lotrechten Nutzlast anzusetzen. Bei Gerüsten ist je Rüstlage eine angreifende Horizontallast von 1/100 aller zugehörigen lotrechten Lasten anzusetzen. Zur Sicherung gegen Umkippen von Einbauten, die innerhalb von geschlossenen Bauwerken stehen und keiner Windbeanspruchung unterliegen, ist eine Horizontallast von 1/100 der Gesamtlast in Höhe des Schwerpunktes anzusetzen ([4] zu 6.4).

Für die Horizontallasten gelten die Kombinationsbeiwerte ψ der zugehörigen Nutzungskategorie (siehe Abschnitt 2.11, Tabelle 4). Das heißt im üblichen Hochbau: Kombination der Horizontallast als Leiteinwirkung mit 60 % der Windlast oder die Windlast als Leiteinwirkung mit 70 % der Horizontallast (vgl. [36]).

Für Horizontallasten für Hubschrauberlandeplätze auf Dachdecken gilt ergänzend: In der Ebene der Start- und Landefläche und des umgebenden Sicherheitsstreifens ist eine horizontale Nutzlast q_k = 1,0 kN/m an der für den untersuchten Querschnitt eines Bauteils jeweils ungünstigsten Stelle anzunehmen. Für den mindestens 10 cm hohen Überrollschutz ist am oberen Rand eine Horizontallast von 10 kN anzunehmen (MVV TB [27] A 1.2.1/2).

4 Eurocode 1 – DIN EN 1991-1-2: Brandeinwirkungen auf Tragwerke

4.1 Einführung

DIN EN 1991-1-2 „Einwirkungen auf Tragwerke – Teil 1-2: Allgemeine Einwirkungen – Brandeinwirkungen auf Tragwerke" [5] (inkl. Berichtigung 1) mit Nationalem Anhang DIN EN 1991-1-2/NA [6] sind bauaufsichtlich eingeführt (vgl. MVV TB [27] A 1.2.1.2, [28]).

In [5] werden die Verfahren zur Tragwerksbemessung im Brandfall (z. B. Brandszenarien), die thermischen Einwirkungen für die Temperaturberechnung (z. B. Temperaturzeitkurven und Naturbrandmodelle) und die mechanischen Einwirkungen für die Tragfähigkeitsberechnung im Brandfall geregelt. Im Nationalen Anhang [6] werden u. a. die Eingangsdaten für die Anwendung von Naturbrandmodellen spezifiziert (normativer Anhang BB) und Beispiele zur Prüfung und Validierung von Rechenprogrammen für Brandschutznachweise mittels allgemeiner Rechenverfahren (informativer Anhang CC) ergänzt. Erläuterungen hierzu wurden u. a. von *Zehfuß* und *Kampmeier* im Beton-Kalender 2018/2 [45] gegeben.

Zu beachten ist auch die MVV TB [27], Anlage 1.2.1/3, in der zu DIN EN 1991-1-2 [5] in Verbindung mit DIN EN 1991-1-2/NA [6] Vorgaben und Einschränkungen zur Anwendung von Naturbrandmodellen in Deutschland festgelegt werden. Dabei ist Folgendes zu beachten:

Nach Abschnitt 3 der DIN EN 1991-1-2:2010-12 [5] können die Brandeinwirkungen für die Bemessung tragender und aussteifender Bauteile nach nominellen Temperaturzeitkurven oder Naturbrandmodellen ermittelt werden. Im Nationalen Anhang [6] wird festgelegt, dass für die zu erbringenden brandschutztechnischen Nachweise bei Tragwerken im Hochbau in der Regel die Einheitstemperaturzeitkurve (ETK) anzuwenden ist. Nachweise auf Basis von Naturbrandmodellen sollen nur im Zusammenhang mit einem Brandschutzkonzept erstellt werden. Das Ergebnis der Bemessung des Feuerwiderstands (Brandeinwirkung und Nachweis) tragender oder aussteifender Bauteile auf der Grundlage von Naturbrandmodellen bedarf einer Abweichung nach § 67 Abs. 1 MBO [46]; es kann auch im Rahmen des § 51 MBO zugelassen werden.

Gebäude, deren Standsicherheit auf der Grundlage von Naturbrandmodellen bemessen ist, unterliegen Nutzungsbegrenzungen, die durch betriebliche Maßnahmen und externe Überprüfungen sicherzustellen sind. Die Anwendung solcher Modelle kann daher nur bei bestimmten Gebäudenutzungen sachgerecht sein. Sie kann bei Nutzungen mit geringen und beständigen Brandlasten insbesondere in großen Raumstrukturen angemessen sein; anders verhält es sich bei Räumen mit veränderlichen Brandlasten und Nutzungen oder Gebäuden mit besonderen Sicherheitsanforderungen (z. B. Hochhäuser); die Erforderlichkeit betrieblicher Maßnahmen schließt eine Anwendung bei Wohnungen oder ähnlichen Nutzungen grundsätzlich aus [27].

Im Folgenden werden einige Hinweise für die Ermittlung der Einwirkungen im Brandfall bei der Anwendung der Tabellenverfahren im Betonbau nach Eurocode 2 DIN EN 1992-1-2 [47, 48] gegeben.

4.2 Allgemeines

Aufgebrachte und behinderte Ausdehnungen und Verformungen, die ihre Ursache in der durch die Brandeinwirkung bedingten Temperaturänderung haben, verursachen Beanspruchungen, z. B. Zwangsschnittgrößen, die berücksichtigt werden müssen, außer wenn sie

- entweder als vernachlässigbar oder günstig wirkend betrachtet werden können;
- durch eine sichere Auflagerung und Randbedingung berücksichtigt sind und/oder durch sichere spezifizierte Brandsicherheitsanforderungen mit abgedeckt werden.

Bei der Bestimmung indirekter Einwirkungen (Zwang) sollte Folgendes berücksichtigt werden:

- behinderte thermische Ausdehnung der Bauteile selbst, z. B. bei Stützen in mehrgeschossigen Rahmen mit steifen Wänden;
- unterschiedliche thermische Ausdehnung in statisch unbestimmten Bauteilen, z. B. durchlaufende Decken;
- Temperaturgradienten in Querschnitten, die Eigenspannungen verursachen;
- thermische Ausdehnung von angeschlossenen Bauteilen, z. B. die Verformung von Stützen infolge der Ausdehnung der Decke oder die Ausdehnung angeschlossener Seile;
- thermische Ausdehnung von Bauteilen, die Auswirkungen auf Bauteile außerhalb des Brandabschnitts haben.

Die Bemessungswerte indirekter Einwirkungen infolge eines Brandes $A_{ind,d}$ sollten auf Grundlage der Werte für thermische und mechanische Materialeigenschaften, die in den Brandschutzteilen -1-2 der bauartspezifischen Eurocodes angegeben sind, unter Berücksichtigung der maßgebenden Brandbeanspruchung bestimmt werden. Indirekte Einwirkungen durch angeschlossene Bauteile brauchen nicht berücksichtigt zu werden, wenn die Brandschutzanforderungen auf Bauteile unter Einheitstemperaturbedingungen verweisen.

4.3 Mechanische Einwirkungen im Brandfall

Die Beanspruchungen der Bauteile im Brandfall dürfen nach DIN EN 1991-1-2 [5, 6] für die Zeit $t = 0$ unter Berücksichtigung der Kombinationsfaktoren $\psi_{fi} = \psi_1$ (häufig) oder $\psi_{fi} = \psi_2$ (quasi-ständig) nach DIN EN 1990 [1, 2] ermittelt werden (siehe auch Tabelle 4 in Abschnitt 2.11).

Vereinfacht dürfen die Beanspruchungen im Brandfall aus der Kaltbemessung mit einem Reduktionsfaktor η_{fi} abgeleitet werden:

$$E_{d,fi} = \eta_{fi} \cdot E_d \qquad [47]\ (2.4)$$

Dabei ist E_d der Bemessungswert der zugehörigen Schnittgrößen aus der Kaltbemessung.

Der Abminderungsfaktor η_{fi} wird in den Brandschutzteilen -1-2 der bauartspezifischen Eurocodes definiert. Der Reduktionsfaktor η_{fi} darf nach DIN EN 1992-1-2 [47] wie folgt berechnet werden:

$$\eta_{fi} = \frac{E_{d,fi}}{E_d} = \frac{G_k + \psi_{fi} \cdot Q_{k,1}}{\gamma_G \cdot G_k + \gamma_{Q,1} \cdot Q_{k,1}} \qquad [47]\ (2.5)$$

Dabei ist

G_k der charakteristische Wert der ständigen Einwirkung;

$Q_{k,1}$ die veränderliche Leiteinwirkung;

γ_G der Teilsicherheitsbeiwert für die ständige Einwirkung;

$\gamma_{Q,1}$ der Teilsicherheitsbeiwert für die veränderliche Einwirkung;

ψ_{fi} der Kombinationsbeiwert im Brandfall (quasi-ständig oder häufig).

Vereinfacht kann immer $\eta_{fi} = 0{,}7$ verwendet werden. Bei genauerer Ermittlung darf im Brandfall grundsätzlich die quasi-ständige Größe $\psi_{2,1} \cdot Q_{k,1}$ angenommen werden. Eine Ausnahme bilden Bauteile, deren veränderliche Leiteinwirkung der Wind ist; in diesem Fall ist für die Einwirkung aus Wind die häufige Größe $\psi_{1,1} \cdot Q_{k,1}$ zu verwenden ([6] zu 4.3.1 (2)).

Bild 9 enthält eine grafische Auswertung der Gleichung (2.5) aus [47] für im Hochbau typische quasi-ständige Lastanteile mit $\psi_2 = 0{,}3$ (Nutzungskategorien A – Wohnen, B – Büro und F – PKW-Verkehr), $\psi_2 = 0{,}6$ (Nutzungskategorien C – Versammlung und D – Verkaufen), $\psi_2 = 0{,}8$ (Nutzungskategorie E – Lagern) unter Berücksichtigung der Teilsicherheitsbeiwerte $\gamma_G = 1{,}35$ und $\gamma_{Q,1} = 1{,}5$.

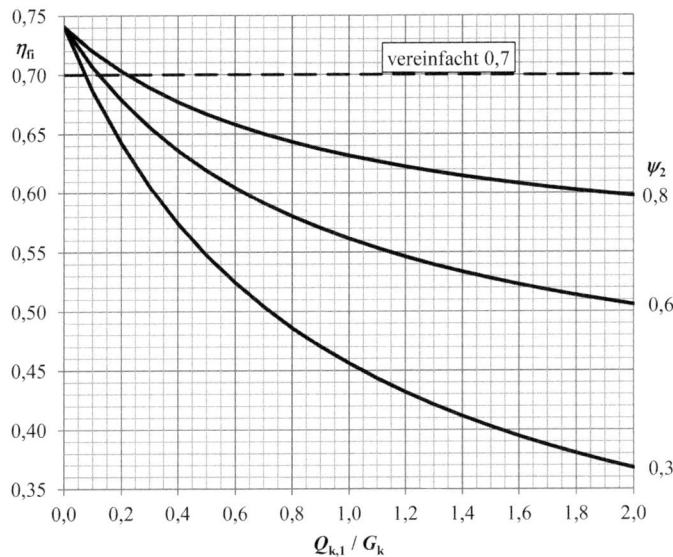

Bild 9. Reduktionsfaktor η_{fi} abhängig vom Verhältnis $Q_{k,1}/G_k$

5 Eurocode 1 – DIN EN 1991-1-3: Schnee- und Eislasten

5.1 Einführung

DIN EN 1991-1-3 „Einwirkungen auf Tragwerke – Teil 1-3: Allgemeine Einwirkungen – Schneelasten" [7] noch mit Nationalem Anhang DIN EN 1991-1-3/NA:2010-12 sind bauaufsichtlich eingeführt (vgl. MVV TB [27] A 1.2.1.2, [28]). Es ist zu empfehlen, die Neuausgabe des Nationalen Anhangs DIN EN 1991-1-3/NA:2019-04 [8] umgehend anzuwenden und ggf. in der Übergangszeit bis zur bauaufsichtlichen Einführung eine frühzeitige Abstimmung hierzu mit den unteren zuständigen Bauaufsichtsbehörden herbeizuführen. In diesem Beitrag wird die Neuausgabe des NA [8] berücksichtigt.

Der Nationale Anhang [8] beinhaltet zum einen die national zu wählenden Parameter und zum anderen bestimmte ehemalige Regelungen aus früheren Musterlisten der Technischen Baubestimmungen, wie zum Schneeüberhang an der Dachtraufe und zu den Schneelasten an Höhensprüngen von Dächern und Vordächern. Außerdem beinhaltet der NA [8] eine früher nicht eingeführte Begrenzung der Schneelasten bei Höhensprüngen, wenn $s_k >$ 3,0 kN/m² und das Gelände der Alpenregion zuordenbar ist. Dies führt bei hohen Schneelasten zu wirtschaftlicheren Ergebnissen [30].

Die in Abschnitt 4.2 der Norm [7] und im NA [8] für bestimmte Dachformen angegebenen verein- fachten Lastbilder ersetzen in ihrer Wirkung näherungsweise die tatsächlich möglichen Schneelastverteilungen. Zu Lasterhöhungen, die entstehen, wenn das Entwässerungssystem durch Schnee und Eis funktionsuntüchtig ist, können keine allgemeingültigen Angaben gemacht werden [30].

Der informative Anhang A in [7] enthält eine Tabelle zu Bemessungssituationen und Lastverteilungen bei unterschiedlichen örtlichen Gegebenheiten. Es gelten hier nur die Fälle A und B1. Außergewöhnliche Situationen mit Schneeverwehungen nach Anhang B sind nicht zu betrachten. Bei Anhang C „Europäische Karte für Schneelasten auf dem Boden", Anhang D „Anpassung der Schneelast auf dem Boden in Übereinstimmung mit der Wiederkehrperiode" und Anhang E „Wichte von Schnee" handelt es sich nur um informative Anhänge.

5.2 Anwendungsbereich

DIN EN 1991-1-3 gilt nicht für Bauten in einer Höhenlage von mehr als 1500 m. Für diese müssen in jedem Einzelfall von der zuständigen Behörde entsprechende Rechenwerte festgelegt werden ([8] zu 1.1 (2)).

Die Norm macht keine Angaben über besondere Aspekte von Schneelasten, z. B.:

- aufprallende Schneelast aufgrund des Abrutschens oder Herunterfallens von Schneemassen von höheren Dächern;
- zusätzliche Windlasten, die sich aus einer Änderung der Umrissform oder Größe von Bauwerken aufgrund von Schnee oder Eisablagerungen ergeben könnten;
- Lasten in Gebieten, in denen das ganze Jahr über Schnee vorhanden ist;
- seitliche Lasten aufgrund von Schnee (z. B. durch Verwehungen);
- Schneelasten auf Brücken.

5.3 Charakteristische Schneelast auf dem Boden

Deutschland ist grob in Schneelastzonen nach Bild 10 eingeteilt. Eine genauere Zuordnung von Verwaltungseinheiten zu den Schneelastzonen erfolgt in der Tabelle „Zuordnung der Schneelastzonen nach Verwaltungsgrenzen" [49] (*www.bauministerkonferenz.de* oder *www.dibt.de*) bzw. auf Basis entsprechender amtlicher Bekanntmachungen der einzelnen Bundesländer. Beispiel: Im Bereich der Landeshauptstadt München ist die Regelschneelast mit $s_k = 1{,}15 \text{ kN/m}^2$ anzusetzen [41].

Da in den Gemeinden am Alpenrand besondere und unterschiedliche Schneesituationen zu verzeichnen sind, wurde für fünf Landkreise am Alpenrand – Oberallgäu, Garmisch-Partenkirchen, Berchtesgadener Land, Miesbach, Traunstein – und für die beiden Landkreise Passau und Rottal-Inn im Vorfeld der Normüberarbeitung ein Forschungsvorhaben durch den Deutschen Wetterdienst [50] durchgeführt, um durch Auswertung von gemessenen Schneehöhen (über den Vergleich mit den Wasseräquivalenten) die kleinräumigen Änderungen besser erfassen zu können. Auf dieser Grundlage [50] wurden in den betroffenen Landkreisen die Schneelastansätze in den Gemeinden in 30 % der Fälle herabgestuft, in 30 % der Fälle wurde sie unverändert und in 17 % wurden sie angehoben. Zwischenzeitlich sind die neu ermittelten Schneelastzonen in den aktuellen DIBt-Tabellen „Zuordnung der Schneelastzonen nach Verwaltungsgrenzen" [49] veröffentlicht worden. Dabei wurden bestimmte Gemeinden in eine neue Zone 3a eingestuft, bei der ebenso wie bei den Zonen 1a und 2a um 25 % höhere Schneelasten gegenüber der jeweiligen Basiszone anzusetzen sind.

Die bisher erfolgten Hinweise auf bestimmte Lagen der Schneelastzone 3, bei denen sich noch höhere Schneelasten einstellen können, die von den zuständigen örtlichen Stellen einzuholen oder beim Deutschen Wetterdienst zu erfragen sind, wurden ebenfalls verändert. Aufgrund der Neuzonierung ist der Hinweis auf Reit im Winkl entfallen. Stattdessen wurde das Gebiet des Bayerischen Walds mit signifikant erhöhten Schneelasten beispielhaft neu aufgenommen, d. h. der verantwortungsvoll planende Ingenieur sollte wie in den Hochlagen des Fichtelgebirges wissen, in welchem Gebiet gebaut wird und bei Unklarheiten ggf. ein Gutachten des Deutschen Wetterdienstes einholen.

In einem weiteren zukünftigen Forschungsprojekt soll eine grundsätzliche deutschlandweite Überarbeitung der Schneelasten erfolgen. Wegen der vorgenommenen und zukünftig zu erwartenden laufenden Aktualisierungen wurde im neuen Nationalen Anhang [8] nunmehr direkt auf die genauere Zuordnung der Schneelastzonen und des Bereichs des „Norddeutschen Tieflands" gemäß den DIBt-Tabellen [49] verwiesen. Es ist zu empfehlen, bei Nutzung der Zuordnungstabellen diese herunterzuladen und projektbezogen mit dem jeweils gültigen Stand zu dokumentieren (insbesondere im Rahmen der Genehmigungsplanung), um spätere Aktualisierungen in [49] nachvollziehbar abgrenzen zu können. Die teilweise überholte Schneelastzonenkarte Bild NA.1 [8] kann dabei weiterhin dem schnellen Überblick dienen, wobei die genaueren und regelmäßig aktualisierten Tabellen [49] vorgehen.

In den Schneelastzonen 1 bis 3 sind die charakteristischen Werte der Schneelasten auf dem Boden s_k in Abhängigkeit von der Schneelastzone und der Geländehöhe über dem Meeresniveau nach Gleichungen [8] (NA.1) bis (NA.3) zu berechnen. Die charakteristischen Werte in den Zonen 1a, 2a und 3a ergeben sich jeweils durch Erhöhung der Werte aus den Zonen 1, 2 und 3 mit dem Faktor 1,25 (inklusive der Sockelbeträge in Bild 11).

- Zone 1:

$$s_k = 0{,}19 + 0{,}91 \cdot \left(\frac{A + 140}{760}\right)^2 \geq 0{,}65$$

[8] (NA.1)

- Zone 2:

$$s_k = 0{,}25 + 1{,}91 \cdot \left(\frac{A + 140}{760}\right)^2 \geq 0{,}85$$

[8] (NA.2)

- Zone 3:

$$s_k = 0{,}31 + 2{,}91 \cdot \left(\frac{A + 140}{760}\right)^2 \geq 1{,}10$$

[8] (NA.3)

Dabei sind

s_k charakteristischer Wert der Schneelast auf dem Boden [kN/m^2];

A Geländehöhe über Meeresniveau [m] (≤ 1500 m).

Für bestimmte Lagen der Schneelastzone 3 können sich höhere Werte als nach Gleichung [8] (NA.3) ergeben. Informationen über die Schneelast in die-

sen Lagen sind von den örtlichen, zuständigen Stellen einzuholen. Beispielhaft können folgende Gebiete benannt werden:
- Oberharz, z. B. „Harzinsel" mit $s_k = 5{,}5$ kN/m² (Altenau, Ortsteil Torfhaus, Braunlage und Sankt Andreasberg, siehe Tabelle [49] für Niedersachsen).
- Hochlagen des Fichtelgebirges;
- Bayerischer Wald.

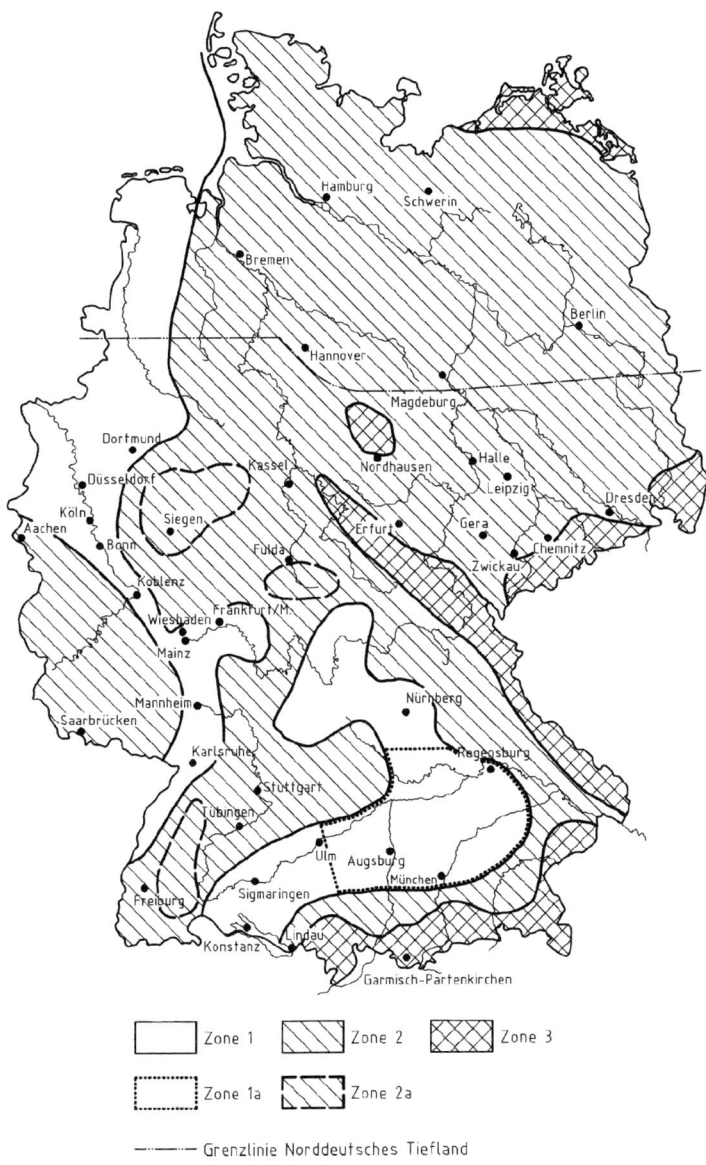

Bild 10. Schneelastzonenkarte ([8], Bild NA.1)

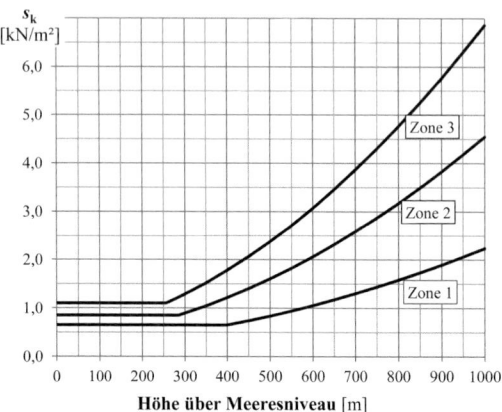

a) Darstellung bis 1000 m ü. M.
(Gleichungen [8] (NA.1) bis (NA.3))

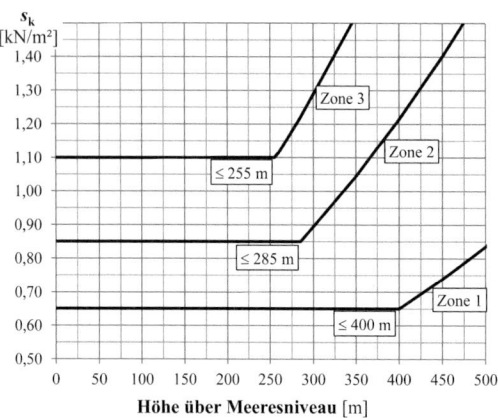

b) Sockelbeträge (Mindestwerte)

Bild 11. Charakteristischer Wert der Schneelast s_k auf dem Boden (Auszüge [8], Bild NA.2)

5.4 Außergewöhnliche Schneelast in Norddeutschland

Im norddeutschen Tiefland wurden in seltenen Fällen Schneelasten bis zum Mehrfachen der rechnerischen Werte gemessen ([8] zu 4.3 (1)). Daher ist dort (nördlich der Grenzlinie „Norddeutsches Tiefland" in Bild 10 bzw. in den zugeordneten Gemeinden nach [49]) die mögliche außergewöhnliche Schneelast zu berücksichtigen (siehe MVV TB [27], Anlage A 1.2.1/4).

Danach ist für alle Gebäude in den Schneelastzonen 1 und 2 – zusätzlich zu den ständigen und vorübergehenden Bemessungssituationen – auch die außergewöhnliche Bemessungssituation mit Schnee zu überprüfen. Maßgebend ist dann die außergewöhnliche Einwirkungskombination nach DIN EN 1990/ NA [2] Gleichung (6.11c) (siehe auch hier in Abschnitt 2.12.2). Der Erhöhungsfaktor für die Schneelasten auf dem Boden beträgt $C_{esl} = 2,3$ soweit behördlicherseits keine anderen Werte festgelegt werden. Dies gilt auch für die Sockelbeträge der Schneelasten nach Bild 11.

Der jeweilige außergewöhnliche Bemessungswert s_{Ad} ($= A_d$) der Schneelast am Boden ist demnach in den Schneelastnachweisen in der außergewöhnlichen Einwirkungskombination anstelle von s_k gemäß Gleichung (4) anzunehmen:

$$s_{Ad} = 2,3 \cdot s_k \qquad (4)$$

5.5 Schneelast auf Dächern

Es wird vorausgesetzt, dass die Schneelast senkrecht wirkt und sich auf die horizontale Projektion der Dachfläche bezieht. Es müssen nichtverwehte und verwehte Schneelasten auf dem Dach berücksichtigt werden ([7], 5.2).

Allgemein gilt: Wenn die zulässige Schneelast erreicht ist, sollte das Dach vom Schnee geräumt werden. Hinweise hierzu für Eigentümer bzw. Verfügungsberechtigte einer baulichen Anlage werden z. B. in Bayern in [51] gegeben. Ist eine Schneeräumung oder eine nichtnatürliche Schneeumverteilung auf dem Dach anzunehmen, muss das Dach für eine entsprechend geeignete Lastverteilung bemessen werden.

Für die mittlere Wichte von Schnee dürfen i. Allg. folgende Werte angesetzt werden ([7], Anhang E):

- 1,0 kN/m³ für frischen Schnee;
- 2,0 kN/m³ für gesetzten Schnee (mehrere Stunden oder Tage nach dem Schneefall);
- 2,5 bis 3,5 kN/m³ für alten Schnee (mehrere Wochen oder Monate nach dem Schneefall);
- 4,0 kN/m³ für feuchten Schnee;
- 9,0 kN/m³ für vereisten Schnee.

Die Schneelasten auf Dächern für ständige und veränderliche Bemessungssituationen sind nach Gleichung (5) (entspricht [7] Gleichung (5.1) mit NA [8] zu 5.2 (7) und (8)) wie folgt zu ermitteln:

$$s_i = \mu_i \cdot s_k \qquad (5)$$

Dabei ist

μ_i Formbeiwerte für Schneelasten (siehe Abschnitt 5.6);

s_k charakteristischer Wert der Schneelast auf dem Boden (siehe Abschnitt 5.3).

Die Formbeiwerte berücksichtigen die besonderen Schneelastverteilungen infolge der Dachform und infolge Windverwehungen während und nach dem Schneefall. So wird z. B. mit dem Formbeiwert $\mu_1 = 0,8$ bei Flachdächern die Schneelast auf dem Dach gegenüber dem Boden reduziert, weil ein Teil des Schnees vom Dach auf den Boden heruntergeweht wird.

5.6 Übersicht Formbeiwerte für Dächer

Die Formbeiwerte in Tabelle 24 gelten für Schneelastverteilungen mit und ohne Verwehungen für die in [7] und [8] angegebenen Dachformen. Besondere Überlegungen sollten zu Formbeiwerten für Schneelasten bei Dachgeometrien erfolgen, die im Vergleich zu einer geradlinigen Dachform zu einer nennenswerten Vergrößerung der Schneelast führen (z. B. Mulden-, Trichter- oder Wellengeometrien).

5.7 Ausgedehnte Flachdächer

In den Auslegungen zur DIN 1055-5 [52] wurde schon empfohlen, bei ausgedehnten Flachdächern bzw. bei niedrigen Gebäudehöhen je nach Exposition des Gebäudes, ggf. einen Beiwert $0,8 < \mu_1 \leq 1,0$ anzusetzen. Die Empfehlung ist nachvollziehbar, weil sich die Schneelast auf sehr großen bzw. niedrigen Dachflächen derjenigen auf dem Boden annähert. Je leichter das Eigengewicht einer sehr großflächigen Dachkonstruktion ist, umso sinnvoller ist eine entsprechende Anpassung der Schneelast.

Im Nationalen Anhang zu DIN EN 1991-1-3/NA [8] wurden die Schneelasten für großflächige Dächer, insbesondere Flachdächer konkretisiert. Da bei solchen Dächern die Schneefrachtungen durch Wind einen umso geringeren Einfluss ausüben, je größer die Dachflächen werden, wurden die Formbeiwerte bei Mindestabmessungen der Dachflächen zwischen 50 m und 250 m zwischen 0,8 und 1,0 heraufgesetzt, sodass ab 250 m Breite die gleichen Schneelasten wie am Boden anzusetzen sind:

$$\mu_1(\alpha) = \mu_2(\alpha) = 0,80 + 0,20 \cdot \frac{B - 50\,[m]}{200}$$
$$\leq 1,0 \qquad \qquad [8],\,(NA.5)$$

Dabei ist B die kleinste Grundrissabmessung in [m].

Tabelle 24. Formbeiwerte für Dächer (aus [7, 8] 5.3)

1		2
Dachform		**Formbeiwerte**
1	Pultdächer	Dachneigung α

Dachneigung α	$\geq 0°$ $\leq 30°$	$> 30°$ $< 60°$	$\geq 60°$
$\mu_1 (\alpha)$	0,8	$0,8 \dfrac{(60° - \alpha)}{30°}$	0,0

Die Werte gelten, wenn das Abgleiten des Schnees vom Dach nicht behindert wird. Wenn Schneefanggitter oder anderweitige Aufbauten vorhanden sind oder an der Dachtraufe eine Aufkantung angeordnet ist, sollten die Formbeiwerte nicht unter 0,8 liegen.

Bei ausgedehnten Dachflächen mit $\alpha \leq 30°$ und minimalen Grundrissabmessungen $B > 50$ m gilt $0,8 < \mu_1 \leq 1,0$ (siehe Abschnitt 5.7).

Bei Pultdächern gilt die Lastverteilung (Zeile 1) sowohl für nichtverwehte als auch für verwehte Lastverteilung.

Bei Satteldächern (Zeile 2) gilt die Lastverteilung nach Fall (i) bei nichtverwehtem Schnee. Bei verwehtem Schnee gilt die Lastverteilung nach den Fällen (ii) und (iii).

Tabelle 24. Formbeiwerte für Dächer (aus [7, 8] 5.3) (Fortsetzung)

1		2
	Dachform	**Formbeiwerte**
3	**Gereihte Dächer und Sheddächer** Fensterband geneigt: Fall (i), Fall (ii) ... Für die Innenfelder ist dabei der mittlere Neigungswinkel maßgebend: $\bar{\alpha} = \dfrac{\alpha_1 + \alpha_2}{2}$. Die Schneelast auf steil stehende Fensterflächen oder auf angrenzende Bauteile kann sinngemäß nach Abschnitt 5.11 wie bei Dachaufbauten ermittelt werden.	Dachneigung α

	$\geq 0°$ $\leq 30°$	$> 30°$ $< 60°$	$\geq 60°$
μ_2	0,8	$0,8 \dfrac{(60° - \alpha)}{30°}$	0
μ_3	$0,8 + 0,8 \dfrac{\alpha}{30°}$	1,6	1,6

Der Formbeiwert μ_3 darf begrenzt werden auf:

$$\mu_3 \leq \mu_2 + \dfrac{\gamma \cdot h}{s_k}$$

Dabei ist
γ Schneewichte (hier 2 kN/m³);
h Firsthöhe über der Traufe [m];
s_k charakteristische Schneelast [kN/m²].
Für nichtverwehten Schnee gilt die Lastverteilung nach Fall (i) und für verwehten Schnee nach Fall (ii).

Tabelle 24. Formbeiwerte für Dächer (aus [7, 8] 5.3) (Fortsetzung)

1		2
	Dachform	**Formbeiwerte**
4	**Tonnendächer** Fall (i) $\mu_2 = 0{,}8$ Fall (ii) $0{,}5\mu_4$ $\mu_4 = 1$	$\mu_2 = 0{,}8$ $\mu_4 = 1{,}0$ Für nicht verwehten Schnee gilt die Lastverteilung nach Fall (i) und für verwehten Schnee nach Fall (ii), sofern für örtliche Verhältnisse nicht anders festgelegt.
5	**Gereihte Solarthermie- und Photovoltaikanlagen auf Dächern bis 10° Dachneigung**	Für Anlagen mit $h \leq 0{,}5$ m gilt: $$\mu_5(\alpha) = \min\begin{cases} 1{,}0 \\ \gamma\dfrac{h}{s_k} \geq \mu_{1,2} \end{cases}$$ Für Anlagen mit $h > 0{,}5$ m gilt: $$\mu_5(\alpha) = \min\begin{cases} 1{,}1 \\ \gamma\dfrac{h}{s_k} \geq \mu_{1,2} \end{cases}$$ Für l_1 ist jeweils die Abmessung der Anlagen-Belegungsfläche in Länge und Breite zu berücksichtigen. Weitere Erläuterungen siehe Abschnitt 5.8.

Tabelle 24. Formbeiwerte für Dächer (aus [7, 8] 5.3) (Fortsetzung)

1	2
Dachform	**Formbeiwerte**
6 **Höhenversprünge an Dächern** Fall (i) nicht verwehter Schnee mit durchgängig μ_1 auf tieferliegendem Dach (hier ohne Bild). 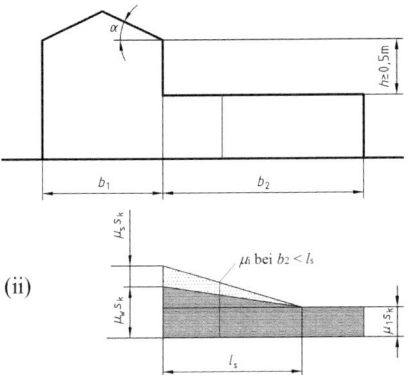 (ii) Verwehungslänge l_s: 5 m $\leq l_s = 2h \leq$ 15 m Bei $b_2 < l_s$ darf der Beiwert μ_i am Ende des tieferen Daches durch Interpolation zwischen μ_1 und ($\mu_w + \mu_s$) ermittelt werden. Bei Anordnung von Schneefanggittern oder vergleichbaren Einrichtungen auf dem oberen Dach darf auf den Ansatz von μ_s verzichtet werden.	Fall (ii) verwehter und abrutschender Schnee: Lastverteilung mit $\mu_w + \mu_s$ μ_w Formbeiwert für Schnee unter Berücksichtigung von Wind für Höhensprünge mit $h \geq 0{,}5$ m: $$\mu_w = \min \begin{cases} \dfrac{b_1 + b_2}{2h} \\ \gamma \dfrac{h}{s_k} \end{cases}$$ Dabei ist γ Schneewichte (hier 2 kN/m³); h Höhe des Versprungs [m] (bei Giebelwänden z. B. Mittelwert h_m); s_k charakteristische Schneelast [kN/m²]. μ_s Formbeiwert für abrutschenden Schnee Dachneigung $\alpha \leq 15°$: $\mu_s = 0$ Dachneigung $\alpha > 15°$: μ_s wird mithilfe einer zusätzlichen Last von 50 % der größten Gesamtschneelast auf der angrenzenden Dachseite der oberen Dachfläche (für Pult-, Sattel-, Tonnendach unabhängig von α mit $0{,}8 \cdot s_k$) ermittelt und dreieckförmig auf der Länge l_s verteilt. Für die Summe $\mu_w + \mu_s$ gilt allgemein: $0{,}8 \leq (\mu_w + \mu_s) \leq 2{,}4$. Bei seitlich offenen und für die Räumung zugänglichen Vordächern ($b_2 \leq 3$ m) braucht nur die ständige und vorübergehende Bemessungssituation berücksichtigt zu werden und es gilt die Begrenzung $0{,}8 \leq (\mu_w + \mu_s) \leq 2{,}0$. Im Falle der außergewöhnlichen Schneelast im norddeutschen Tiefland (siehe Abschnitt 5.4) gilt für die außergewöhnliche Einwirkung $s_i = (\mu_w + \mu_s) \cdot s_{Ad} \leq 2{,}4 \cdot s_{Ad}$ und $\leq \gamma \cdot h$ Dabei ist $\gamma = 2$ kN/m³ für die Wichte des Schnees. Für die alpine Region ≥ 500 m ü. M. ([7] Bild C.2) gilt für Schneelasten $s_k > 3{,}0$ kN/m² die obere Begrenzung $1{,}2 \leq (\mu_w + \mu_s) \leq (6{,}45/s_k^{0{,}9})$. Weitere Erläuterungen siehe Abschnitt 5.9.

Tabelle 24. Formbeiwerte für Dächer (aus [7, 8] 5.3) (Fortsetzung)

1	2
Dachform	**Formbeiwerte**
7 Verwehungen an Dachaufbauten	An Dachaufbauten kann es durch Windverwehung zu Schneeanhäufungen kommen. Formbeiwerte (quasi-horizontale Dächer): $\mu_1 = 0{,}8$ $0{,}8 \leq \mu_2 = (\gamma \cdot h/s_k) \leq 2{,}0$ Dabei ist γ Schneewichte (hier 2 kN/m³); h Höhe des Dachaufbaus [m]; s_k charakteristische Schneelast [kN/m²]. Wände und Aufbauten mit einer Ansichtsfläche unter 1 m² oder einer Höhe unter 0,50 m brauchen nicht berücksichtigt zu werden.
Verwehungslänge l_s: 5 m $\leq l_s = 2h \leq$ 15 m	

Anmerkung: Bilder Dachformen in Zeilen 1, 2, 4, 6, 7 aus [53], in Zeilen 3 und 5 aus [8]

5.8 Solarthermie- und Photovoltaikanlagen auf Flachdächern

In den Auslegungen zur DIN 1055-5 [52] wurde festgestellt, dass die Norm für die Schneelasten bei großflächiger Aufstellung von Photovoltaikanlagen auf einem Dach keine Regelung vorsieht. Ein ingenieurmäßiger Ansatz wurde empfohlen.

Im Nationalen Anhang [8] werden konkretere Regeln für Schneeanhäufungen bei gereihten Solarthermie- und Photovoltaikanlagen auf Dächern bis 10° Dachneigung angegeben. Auch in solchen Fällen wird das Abwehen des Schnees während und nach dem Schneefall behindert. Je nach Windrichtung können sich Schneeverwehungen bilden, die die Zwischenräume zwischen den aufgeständerten Hindernissen vollständig ausfüllen können (Bilder 12 und 13).

Bei solchen Anlagen ist zwischen den einzelnen Komponenten und um die Anlage herum mit einer Verwehungslänge gleich der Anlagenhöhe ein Formbeiwert μ_5 für Anlagen anzusetzen (siehe Tabelle 24, Zeile 5).

Das heißt, in der Regel ist die verwehte Schneelast zwischen den Anlagen wie die auf dem Boden anzunehmen (Bild 12, Fall (a)), jedoch nicht mehr als sich bei einer gleichmäßigen Schneelastverteilung bis Oberkante der Anlagen ergeben kann (Bild 12, Fall (b)). Dabei ist $\gamma = 2$ kN/m³ für die Wichte des Schnees anzunehmen. Sollten sich jedoch mit den Formbeiwerten $\mu_{1,2} = 0{,}8$ der abgewehten Schneelast auf dem Flachdach noch größere Schneelasten als $\gamma \cdot h$ ergeben, sind diese anzusetzen (Bild 12, Fall (c)).

Im Falle außergewöhnlicher Einwirkungen im Gebiet des „Norddeutschen Tieflands" ist wieder statt s_k die außergewöhnliche Einwirkung s_{Ad} zu verwenden.

Bei Anlagen mit Höhen $h > 0{,}5$ m ist der Wert für μ_5 um 10 % auf $\mu_5 = 1{,}10$ zu erhöhen. Dies berücksichtigt, dass durch Verwehungen zwischen den aufgeständerten Anlagen noch größere lokale Schneeansammlungen entstehen können als bei gleichmäßiger Verteilung auf dem Boden. Der Begrenzung der maximalen Schneehöhe auf die Anlagenhöhe gilt hier unverändert.

5.9 Höhenversprünge an Dächern

Das Prinzip, dass der Schneelastkeil am Höhensprung aus verwehtem bzw. abrutschendem Schnee auf dem untenliegenden Dach nicht höher angesetzt werden muss, als sich aus dem Höhensprung selbst ergibt, soll durch die obere Begrenzung der Schneelast auf dem unteren Dach auf $\gamma \cdot h$ für $s_k = \mu_w \cdot s_k$ (Tabelle 24, Zeile 6) abgedeckt werden. Aus dieser

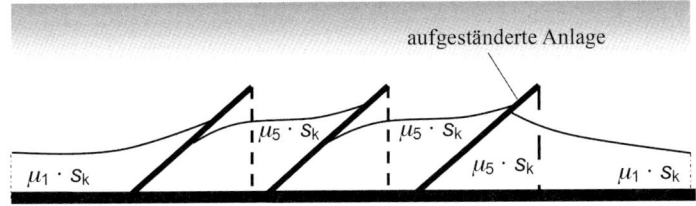

(a) Schneeverwehung mit $s_i = \mu_5 \cdot s_k$

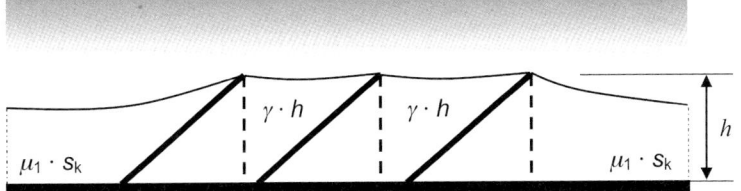

(b) Schneeverwehung durch Anlagenhöhe begrenzt mit $s_i = \gamma \cdot h \, (\leq \mu_5 \cdot s_k)$

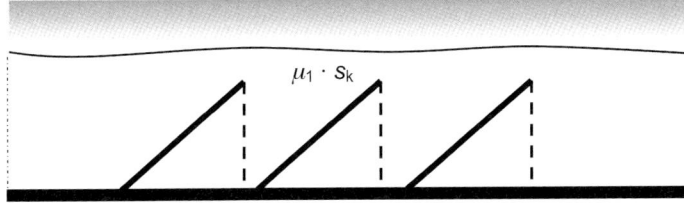

(c) Schneehöhe Flachdach größer als Anlagenhöhe mit $s_i = \mu_1 \cdot s_k \, (\geq \mu_5 \cdot s_k)$

Bild 12. Mögliche Schneelasten bei Schneeverwehungen an Solar- bzw. Photovoltaikanlagen auf Flachdächern mit $\alpha \leq 10°$-Neigung [54]

Bild 13. Beispiel für Schneeverwehungen auf Flachdächern mit Photovoltaikanlagen [54]

Bild 14. Beispiel für erhöhte (verwehte) Schneelast am Höhensprung von Dächern [54]

Überlegung lässt sich ableiten, dass bei höher liegenden Dächern ohne horizontale Traufkante entlang des Höhenversatzes (wie z. B. entlang des Giebels eines Satteldachs), die maximale Schneeanhäufung den schrägen Dachkanten folgt (siehe Bild 14).

Ist Abrutschen von Schnee vom höher liegenden Dach wegen fehlender Dachneigung nicht möglich, ist nur das Anwehen an den Höhenversatz zu berücksichtigen. Der Formbeiwert μ_w ist dann für die maßgebenden unterschiedlichen Höhensprünge h

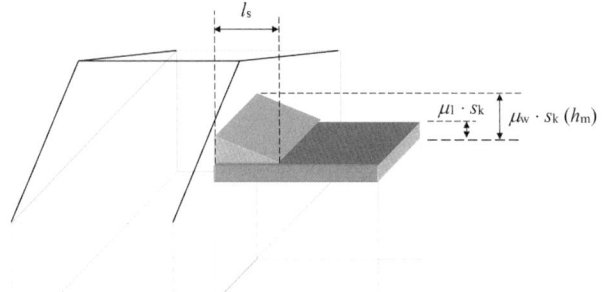

Bild 15. Beispiel Schneeanhäufung an Höhenversprung Giebelwand (vereinfachter Ansatz)

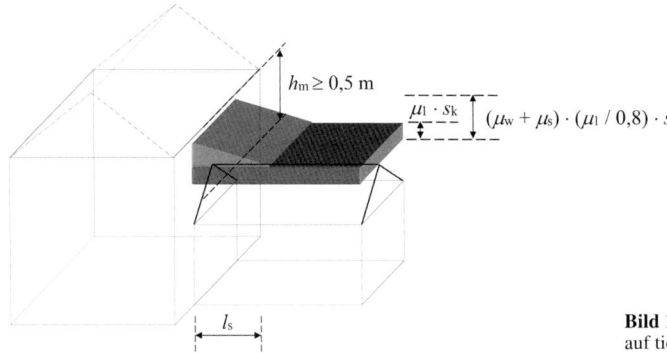

Bild 16. Beispiel: Schneeanhäufung auf tiefer liegendem Satteldach

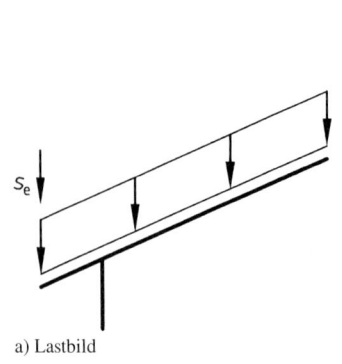

a) Lastbild

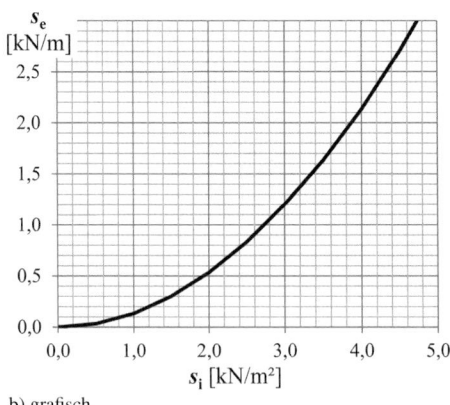

b) grafisch

Bild 17. Schneeüberhang s_e an Traufen

(Traufe, First) zu bestimmen. In vielen Fällen wird ein vereinfachter mit dem Mittelwert der Höhenordinaten h_m ermittelter, gleichmäßig verteilter Schneelastkeil auf dem unteren Dach zu ausreichenden Ergebnissen führen (Bild 15).

Ist das tiefer liegende Dach kein Flachdach, sondern grenzt beispielsweise als Satteldach mit der Giebelseite an das höhere Gebäude, könnte für die Bestimmung des Höhensprungs h ebenfalls eine gemittelte tiefer liegende Dachhöhe h_m aus den First- und Traufordinaten verwendet werden (Bild 16) und die Schneeanhäufung entsprechend der Dachneigung des tiefer liegenden Dachs im Verhältnis der Formbeiwerte $\mu_1/0{,}8$ abgemindert werden.

5.10 Schneeüberhang an Dachtraufen

Der Nachweis auskragender Dachteile für den (abrutschenden) Schneeüberhang an der Traufe (Beispiel in Bild 18) zusätzlich zur Schneelast auf dem Kragarm ist unabhängig von der Höhenlage des Bauortes zu führen ([8] zu 6.3 (1)). Die Trauflast darf wie folgt berechnet werden:

$$s_e = \frac{0{,}4 \cdot s^2}{\gamma} \qquad [7, 8]\ (6.4)$$

Dabei ist

s_e Schneelast [kN/m] je Meter Länge infolge Schneeüberhang (siehe Bild 17);

s_i Schneelast auf dem Dach [kN/m^2] ($s_i = \mu_i \cdot s_k$);

γ Schneewichte (hier: 3 kN/m^3).

Bild 18. Beispiel für Schneeüberhang

Sofern über die Dachfläche verteilt Schneefanggitter oder vergleichbare Einrichtungen angeordnet werden, die das Abgleiten von Schnee wirksam verhindern und die nach Abschnitt 5.11 bemessen sind, darf auf den Ansatz der Linienlast ganz verzichtet werden ([8] zu 6.3 (2)).

5.11 Schneelasten an Schneefanggittern und Dachaufbauten

Werden Schneefanggitter zur Reduzierung der Schneelast auf die Tragkonstruktion, z. B. Lasten aus abgleitenden Schneemassen auf tiefer liegende Dachflächen bei Höhensprüngen, angeordnet oder sind Dachaufbauten vorgesehen, die abgleitende Schneemassen anstauen, so ist eine Schneelast F_s nach Bild 19 anzusetzen ([8] zu 6.4 (1)).

Die Kraft F_s ist in der Regel wie folgt anzunehmen (Reibung zwischen Schnee und Dach vernachlässigt):

$$F_s = s \cdot b \cdot \sin \alpha \qquad [7]\ (6.5)$$

Dabei ist

s Schneelast auf dem Dach, bezogen auf den ungünstigsten Lastfall für unverwehten Schnee, der für die Dachfläche, von der der Schnee abgeleitet, auftreten kann [kN/m^2];

b horizontaler Abstand des Fanggitters oder Aufbaus zum nächsten Fanggitter oder zum First [m];

α Winkel der Dachneigung.

5.12 Eislasten

Der Nationale Anhang [8] enthält im Anhang NA.F wieder Regelungen für den Ansatz von Eislasten aus meteorologischen Einflüssen. Dieser Anhang inklusive der Eiszonenkarte für Deutschland fehlte in DIN EN 1991-1-3/NA:2010-12 und ist aus DIN 1055-5 [53], Anhang A mit geringen, meist redaktionellen Änderungen in [8] übernommen worden. Dieser Anhang ist nach bauaufsichtlicher Vorgabe weiterhin zu beachten (vgl. MVV TB [27]).

Die Vereisung (Eisregen oder Raueis) hängt von meteorologischen Einflüssen wie Lufttemperatur, relative und absolute Luftfeuchtigkeit und Wind ab, die mit der Geländeform und Geländehöhe über NN stark wechseln.

Wegen der vielfältigen Einflussfaktoren werden zur Art und Stärke des Eisansatzes allgemeine Angaben nur bis zu Höhenlagen ≤ 600 m ü. NN und bis zu Bauwerkshöhen von 50 m über Gelände gemacht. In allen anderen Fällen und für besonders exponierte Lagen ist bereits in der Planung in Abstimmung mit der zuständigen Behörde festzulegen, welcher Eisansatz zu berücksichtigen ist. Dabei kann es – je nach topografischen und meteorologischen Gege-

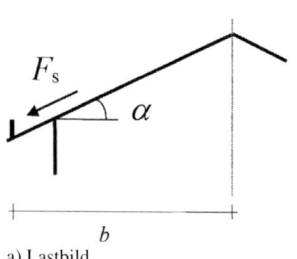

a) Lastbild   b) Beispiele

Bild 19. Schneelast F_s auf Schneefanggitter ([8] Bild NA.6)

benheiten – im Einzelfall sinnvoll und erforderlich sein, eine gutachterliche Stellungnahme einzuholen [30].

Bei filigranen Bauteilen kann für die Bemessung der Eislastansatz anstelle des Schneelastansatzes maßgebend werden. Neben dem erhöhten Gewicht sollte dabei auch die größere Windangriffsfläche beachtet werden (Beispiel siehe Bild 20).

Es werden zwei typische Vereisungsklassen G und R für das Gebiet der Bundesrepublik Deutschland angenommen.

Vereisungsklasse G beschreibt eine allseitige Ummantelung der Bauteile mit Klareis (gefrierende Nebellagen) oder Glatteis (gefrierender Regen), die durch die Dicke der Eisschicht in Zentimeter charakterisiert ist (Vereisungsklasse G 1 mit allseitigem Eisansatz von $t = 1$ cm und G 2 mit $t = 2$ cm, siehe Bild 21). Für G-Klassen darf der Eisansatz für Bauteile mit Klareis bis zu 50 m über Gelände konstant angenommen werden. Die Eisrohwichte für Klareis und Glatteis darf mit 9 kN/m³ angesetzt werden.

Vereisungsklasse R ist dadurch gekennzeichnet, dass die vorherrschende Windrichtung während der Vereisung des Bauwerks zum Aufbau einer einseitigen, gegen den Wind anwachsenden kompakten Eisfahne führt (siehe Bild 20). Sie ist durch das Gewicht des an einen dünnen Stab angelagerten Eises definiert. Dies gilt für Stäbe beliebiger Querschnittsform bis zu einer Profilbreite von 300 mm (siehe Tabelle 25). Im Flachland und bis in die unteren mittleren Lagen der Mittelgebirge der Bundesrepublik Deutschland dürfen die Vereisungsklassen R 1 bis R 3 angenommen werden. Die Eisrohwichte für Raueis darf mit 5 kN/m³ angesetzt werden.

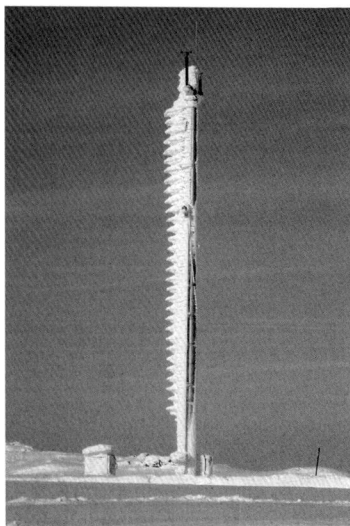

Bild 20. Beispiel für Raueisfahne an einer filigranen Mastkonstruktion in exponierter Lage

Tabelle 25. Vereisungsklassen R (nach Tab. NA.F.1 aus [8])

Vereisungs-klasse	Eisgewicht an einem Stab [a]	Raueisquer-schnitt [b]
R 1	0,005 kN/m	1.000 mm²/m
R 2	0,009 kN/m	1.800 mm²/m
R 3	0,016 kN/m	3.200 mm²/m
R 4	0,028 kN/m	5.600 mm²/m
R 5	0,050 kN/m	10.000 mm²/m

[a] Stabdurchmesser $\leq$ 300 mm
[b] mit Eisrohwichte für Raueis 5 kN/m³
Das Eisgewicht gilt in 10 m Höhe über Gelände. Im Falle abweichender Bauteilhöhen bis $h = 50$ m über Gelände ist der Höhenfaktor k_Z zu berücksichtigen:

$$k_Z = 1 + \frac{h[\text{m}] - 10}{100} \leq 1{,}4$$

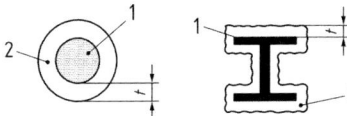

Bild 21. Allseitiger Eismantel gemäß Vereisungsklassen G (Bild NA.F.1 aus [8])

Die schematisierten Formen einer anwachsenden kompakten Eisfahne sind für nicht verdrehbare Stabquerschnitte in Tabelle 27 angegeben. Für Fachwerke ergibt sich die Eislast als Summe der Eislasten der Einzelstäbe, wobei geometrische Überschneidungen abgezogen werden dürfen. Bei verdrehbaren Querschnitten (z. B. Seilen) kann es durch die Rotation zu einer allseitigen Eisanlagerung (Eiswalze) kommen. Die Schichtdicke darf aus den Eisgewichten nach Tabelle 25 berechnet werden. Mit zunehmender Querschnittsbreite nimmt die Länge der Eisfahne ab. Für breitere Querschnitte als 300 mm darf der Wert für 300 mm angenommen werden, sodass sich für diese Bauteile höhere Eisgewichte je Längeneinheit ergeben (siehe auch ISO 12494 [55]).

Aufgrund der meteorologischen und topografischen Verhältnisse wird Deutschland nach Bild 22 in vier **Eiszonen** unterteilt (nach [56]). In den Eiszonen

Tabelle 26. Zuordnung Eiszonen und Vereisungsklassen R (Tab. NA.F.4 aus [8])

Eiszone	Region	Vereisungsklasse
1	Küste	G 1, R 1
2	Binnenland	G 2, R 1
3	Mittelgebirge $A \leq 400$ m	R 2
4	Mittelgebirge 400 m $< A \leq 600$ m	R 3

sollten die Vereisungsklassen entsprechend Tabelle 26 alternativ untersucht werden. Die Vereisungsklassen decken normale Verhältnisse ab. In besonders exponierten oder gut abgeschirmten Lagen darf die maßgebende Vereisungsklasse zutreffender durch ein meteorologisches Gutachten festgelegt werden. Für Höhenlagen $A > 600$ m ü. NN sollte die Vereisungsklasse durch ein Gutachten in Abstimmung mit der zuständigen Behörde festgelegt werden.

Zur Windlast auf vereiste Baukörper siehe auch Abschnitt 6.11.

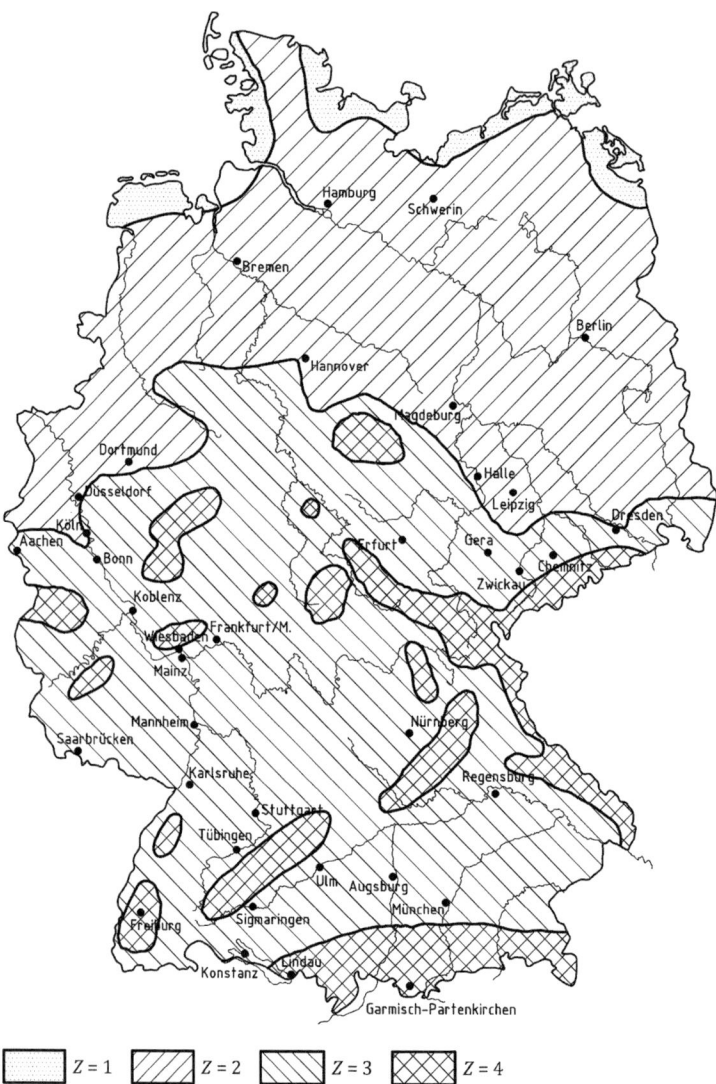

Z = 1   Z = 2   Z = 3   Z = 4

Bild 22. Eiszonenkarte ([8], Bild NA.F.3)

Tabelle 27. Eisfahnen von nicht verdrehbaren Stäben mit unterschiedlicher Querschnittsform (nach [8])

Querschnittsform Typen	W [mm]		Vereisungsklasse nach Tabelle 25		
			R 1	R 2	R 3
A, B:	10	L	56 mm	80 mm	111 mm
		D	23 mm	29 mm	37 mm
	30	L	36 mm	57 mm	86 mm
		D	35 mm	40 mm	48 mm
C, D:	100	L	13 mm	23 mm	41 mm
		D	100 mm	100 mm	100 mm
	300	L	4 mm	8 mm	14 mm
		D	300 mm	300 mm	300 mm
E, F:	10	L	55 mm	79 mm	111 mm
		D	22 mm	28 mm	36 mm
	30	L	29 mm	51 mm	81 mm
		D	34 mm	39 mm	47 mm
	100	L	0 mm	0 mm	0 mm
		D	100 mm	100 mm	100 mm
	300	L	0 mm	0 mm	0 mm
		D	300 mm	300 mm	300 mm

Legende:
W Breite des Stabquerschnitts ohne Vereisung;
D Gesamtbreite des vereisten Stabs;
L Länge der Eisfahne in windwärtiger Richtung;
t Breite des Eisablagerungsansatzes.
  Phase 1: Hierbei tritt noch kein Breitenwachstum (t) ein.
  Phase 2: Hierbei tritt nach Abschluss der Phase 1 Breitenwachstum (t) ein.

6 Eurocode 1 – DIN EN 1991-1-4: Windlasten

6.1 Einführung

DIN EN 1991-1-4 „Einwirkungen auf Tragwerke – Teil 1-4: Allgemeine Einwirkungen – Windlasten" [9] mit Nationalem Anhang DIN EN 1991-1-4/NA [10] sind bauaufsichtlich eingeführt (vgl. MVV TB [27] A 1.2.1.2, [28]).

Da die letzte Ausgabe von DIN 1055-4 [57] als deutsche Stellungnahme zur Vornorm ENV 1991-1-4 erarbeitet wurde, ist das in DIN EN 1991-1-4 [9] enthaltene Konzept sowie die Systematik zur Windlastermittlung bereits seit vielen Jahren in Deutschland bekannt und der Praxis vertraut.

Die Erfassung der Windeinwirkung erfolgt durch die Betrachtung von äußerem und innerem Winddruck, Windkräften und Reibungskräften sowie der Erfassung dynamischer Tragwerksantworten infolge der Einwirkung von böigem Wind. Der Wind wird dabei als vorübergehende, veränderliche Einwirkung angesehen. Für ihre Ermittlung wird eine mittlere Windgeschwindigkeit zugrunde gelegt. Diese wird als 10-Minuten-Mittelwert unter Standardbedingungen, die sich auf die Höhe des Windmessers (10 m über Grund) und die Umgebungsbedingungen der Messstation beziehen, erfasst. Aus den unter den genannten Bedingungen gewonnenen Messwerten werden die Jahresextremwerte ermittelt. In Deutschland geschieht dies unabhängig von der Windrichtung. Entsprechend dem Sicherheitskonzept von DIN EN 1990 [1, 2] ist der für die Tragwerksbemessung zugrunde zu legende Wert der Windgeschwindigkeit derjenige, der erwartungsgemäß einmal in 50 Jahren überschritten wird. Mit dem im Nationalen Anhang [10] gewählten Modell für die Windgeschwindigkeit wurde die Gültigkeit für Bauwerke bis zu einer Höhe von ca. 300 m über Gelände erweitert. Außerdem wurde die „Vordachregelung" aus früheren bauaufsichtlichen Listen der Technischen Baubestimmungen im normativen Anhang NA.V als ergänzende, nicht widersprechende Information (NCI) übernommen [30].

Die informativen Anhänge B und C „Berechnungsverfahren zur Bestimmung des Strukturbeiwertes" sind in Deutschland nicht anzuwenden. Vielmehr gilt hierfür der normative Anhang NA.C.

6.2 Anwendungsbereich und Annahmen

Die Normregeln dienen der Bestimmung der Einwirkungen aus natürlichem Wind auf für die Bemessung betrachteten Lasteinflussflächen. Damit werden ganze Tragwerke oder Teile davon oder Bauelemente, die mit dem Tragwerk verbunden sind, erfasst, z. B. Komponenten, Fassadenteile und deren Verankerungen, Anprallschutz- und Lärmschutzwände. Die Regelungen umfassen aufgrund des in Deutschland gültigen Windprofils Gebäude und ingenieurtechnische Bauwerke an Land mit einer Höhe bis 300 m ([10] zu 1.1 (2)). Abgespannte Maste sowie Fachwerkmaste und -türme werden in DIN EN 1993-3-1 [58] und Lichtmaste in DIN EN 40-3 [59] behandelt.

DIN EN 1991-1-4 [9, 10] enthält keine Hinweise zur Berücksichtigung von örtlichen thermischen Effekten auf die Windcharakteristik, wie z. B. starke arktische Inversionslagen, Windkanalisierungen oder Wirbelstürme. Es werden keine Hinweise für die Berücksichtigung böenerregter Schwingungen gegeben, sofern höhere Schwingungsformen dazu einen merklichen Beitrag liefern. Die Norm enthält auch keine Regeln für die Bestimmung der Windeinwirkungen auf kleinformatige, hinterströmbare Dach- und Wandbekleidungen. Hierzu wird auf die entsprechenden Fachregeln verwiesen ([10] zu 1.1 (11)). Siehe hierzu z. B. auch die DIBt-Hinweise für die Herstellung, Planung und Ausführung von Solaranlagen [60] oder hinterlüftete Außenwandbekleidungen mit im Geltungsbereich von DIN 18516.

DIN EN 1991-1-4 [9, 10] enthält außerdem keine Angaben zu:

- Torsionsschwingungen, z. B. von hohen Gebäuden mit zentralem Kern,
- Schwingungen von Brückenüberbauten infolge Windturbulenz,
- Windeinwirkungen auf Schrägseilbrücken und Hängebrücken,
- Schwingungen, bei denen die Berücksichtigung der Grundschwingungsform nicht ausreicht.

Veränderungen des Bauwerks während der Bauausführung (wie z. B. unterschiedliche Bauwerksformen während verschiedener Bauzustände, unterschiedliche dynamische Eigenschaften usw.), welche die Windeinwirkungen beeinflussen können, sind zu berücksichtigen. Fenster und Türen sind im Fall von Sturmereignissen als geschlossen anzunehmen. Die Wirkung geöffneter Fenster und Türen sollte als außergewöhnliche Bemessungssituation berücksichtigt werden. Ermüdungsbeanspruchungen infolge von Windeinwirkungen sind bei ermüdungsempfindlichen Bauwerken oder Bauteilen (z. B. Windenergieanlagen) zu berücksichtigen ([9] zu 2).

6.3 Windzonen und Geländekategorien

Deutschland ist in vier Windzonen nach Bild 23 eingeteilt. Eine genauere Zuordnung von Verwaltungseinheiten zu den Windzonen erfolgt in der Tabelle „Zuordnung der Windzonen nach Verwaltungsgrenzen" [61] (*www.bauministerkonferenz.de* oder *www.dibt.de*) bzw. auf Basis entsprechender amtlicher Bekanntmachungen der einzelnen Bundesländer.

Diese genaueren und regelmäßig aktualisierten Bekanntmachungen bzw. Zuordnungen gehen gegenüber der Windzonenkarte vor. Zu empfehlen ist, die jeweils einer Tragwerksplanung zugrunde gelegte Fassung der Excel-Tabelle [61] abzuspeichern und somit zu dokumentieren (insbesondere zur Genehmigungsplanung).

In Tabelle 28 sind die Grundwerte der Basiswindgeschwindigkeiten $v_{b,0}$ und zugehörige Geschwindig-

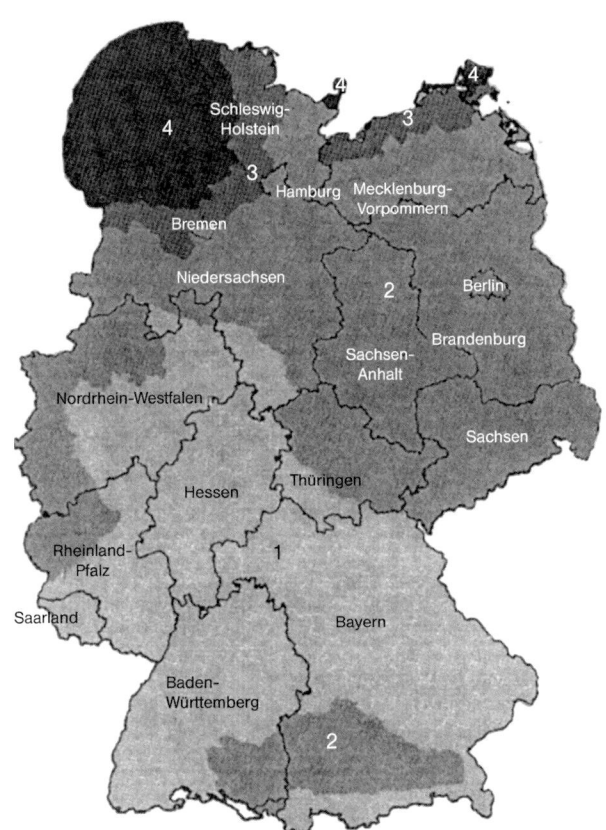

Bild 23. Windzonenkarte für Deutschland ([10] Bild NA.A.1)

Tabelle 28. Windzonen – Basiswindgeschwindigkeiten und Geschwindigkeitsdruck

1	2	3
Windzone	Basiswindgeschwindigkeit $v_{b,0}$	Geschwindigkeitsdruck $q_{b,0}$ [a]
WZ 1	22,5 m/s	0,32 kN/m²
WZ 2	25,0 m/s	0,39 kN/m²
WZ 3	27,5 m/s	0,47 kN/m²
WZ 4	30,0 m/s	0,56 kN/m²

[a] Zuordnung Geschwindigkeitsdruck zu Windgeschwindigkeit: $q = v^2 \cdot \rho/2 = v^2/1600$
mit q in [kN/m²], v in [m/s] und Luftdichte $\rho = 1,25$ kg/m³

Tabelle 29. Geländekategorien ([10] Tab. NA.B.1)

Geländekategorie	Beschreibung
GKat I	Offene See; Seen mit mindestens 5 km freier Fläche in Windrichtung; glattes, flaches Land ohne Hindernisse
GKat II	Gelände mit Hecken, einzelnen Gehöften, Häusern oder Bäumen, z. B. landwirtschaftliches Gebiet
GKat III	Vorstädte, Industrie- oder Gewerbegebiete; Wälder
GKat IV	Stadtgebiete, bei denen mindestens 15 % der Fläche mit Gebäuden bebaut sind, deren mittlere Höhe 15 m überschreitet

keitsdrücke $q_{b,0}$ für die Windzonen angegeben. Diese Werte gelten für Geländekategorie II nach Anhang NA.B (siehe auch Tabelle 29).

Der Geschwindigkeitsdruck ist zu erhöhen, wenn der Bauwerksstandort oberhalb einer Meereshöhe H_s von 800 m über NN liegt. Der Erhöhungsfaktor beträgt $(0{,}2 + H_s \, [\text{m}]/1000)$. Für Kamm- und Gipfellagen der Mittelgebirge sowie oberhalb $H_s = 1100$ m sind besondere Überlegungen erforderlich ([10] zu A.2).

Für baupraktische Zwecke werden die in der Natur vorkommenden Bodenrauigkeiten in Geländekategorien zusammengefasst. Es werden vier Geländekategorien nach Tabelle 29 sowie zwei Mischprofile unterschieden. Das Mischprofil Küste beschreibt die Verhältnisse in einem Übergangsbereich zwischen der Geländekategorie I und II. Das Mischprofil Binnenland beschreibt die Verhältnisse in einem Übergangsbereich zwischen der Geländekategorie II und III. Auf der sicheren Seite liegend kann in den küstennahen Gebieten sowie auf den Nord- und Ostseeinseln die Geländekategorie I, im Binnenland die Geländekategorie II zugrunde gelegt werden.

6.4 Vereinfachte Geschwindigkeitsdrücke für Bauwerke bis zu einer Höhe von 25 m

Die überwiegende Anzahl der zu bemessenden Gebäude ist nicht schwingungsanfällig und in der Regel stellt Wind auch nicht die bemessungsentscheidende Einwirkung dar. Ohne besonderen Nachweis dürfen in der Regel Wohn-, Büro- und Industriegebäude mit einer Höhe bis zu 25 m und ihnen in Form oder Konstruktion ähnliche Gebäude als nicht schwingungsanfällig angenommen werden ([10] NA.C.2 (4)). Daher wird im Nationalen Anhang [10] ein vereinfachtes Verfahren zur Ermittlung der Windlasten angegeben, das für nicht schwingungsanfällige Gebäude mit Höhen nicht größer als 25 m über Grund eine ausreichend sichere Bemessung ermöglicht [30]. Hierfür enthält der Nationale Anhang [10] vereinfachte Angaben von Böengeschwindigkeitsdrücken abhängig von der Windzone, dem Geländeprofil und der Gebäudehöhe (siehe Tabelle 30). Damit lassen sich für die meisten Bauwerke die Windlasten unter Verwendung geeigneter Druckbeiwerte einfach ermitteln.

Bei Bauwerken, die sich in Höhen bis 25 m über Grund erstrecken, wird der Geschwindigkeitsdruck zur Vereinfachung konstant über die gesamte Gebäudehöhe angenommen. Die Werte, die in Tabelle 30 für die Küste angegeben sind, gelten für küstennahe Gebiete in einem Streifen entlang der Küste mit 5 km Breite landeinwärts sowie auf den Inseln der Ostsee. Auf den Inseln der Nordsee ist das vereinfachte Verfahren nur bis zu einer Gebäudehöhe von 10 m zulässig.

Bei höheren Gebäuden ist der Böengeschwindigkeitsdruck nach [10] NA.B.3.3 zu ermitteln (siehe Abschnitt 6.5). Zur möglichen Abminderung des Geschwindigkeitsdrucks bei vorübergehenden Zuständen siehe Abschnitt 6.9.

6.5 Höhenabhängige Geschwindigkeitsdrücke für Bauwerke bis 300 m Höhe

Die Bodenrauigkeit, die durch Bewuchs und Bebauung erzeugt wird, beeinflusst das Profil des Geschwindigkeitsdrucks. Für Bauwerke, die sich in größeren Höhen als 25 m über Grund erstrecken, ist dieser Einfluss nach den Gleichungen [10] (NA.B.1) bis (NA.B.8) genauer zu erfassen (vgl. auch Bild 24).

Als Regelfall sind drei Profile des Böengeschwindigkeitsdrucks angegeben. Das erste gilt im Binnenland, das zweite in einem Streifen entlang der Küste mit 5 km Breite landeinwärts (küstennahe Gebiete) sowie auf den Ostseeinseln und das dritte auf den Inseln der Nordsee. Diese sind gemäß Tabelle 31 anzunehmen.

Zur möglichen Abminderung des Geschwindigkeitsdrucks bei vorübergehenden Zuständen siehe Abschnitt 6.9.

Tabelle 30. Vereinfachte Geschwindigkeitsdrücke für Bauwerke bis 25 m Höhe ([10] Tab. NA.B.3)

1		2	3	4
Windzone		Geschwindigkeitsdruck q_p [kN/m²] [a] bei einer Gebäudehöhe h		
		$h \leq 10$ m	10 m $< h \leq$ 18 m	18 m $< h \leq$ 25 m
WZ 1	Binnenland	0,50	0,65	0,75
WZ 2	Binnenland	0,65	0,80	0,90
	Küste und Inseln der Ostsee	0,85	1,00	1,10
WZ 3	Binnenland	0,80	0,95	1,10
	Küste und Inseln der Ostsee	1,05	1,20	1,30
WZ 4	Binnenland	0,95	1,15	1,30
	Küste der Nord- und Ostsee und Inseln der Ostsee	1,25	1,40	1,55
	Inseln der Nordsee	1,40	–	–

[a] Bei Bauwerksstandorten mit $H_s > 800$ m ü. NN: Erhöhung mit Faktor $(0{,}2 + H_s \text{[m]}/1000)$.

Tabelle 31. Geschwindigkeitsdrücke im Regelfall ([10] Gl. (NA.B.1-NA.B.8))

	1	2	3	4
	Geländeprofil	Böengeschwindigkeitsdruck $q_p(z)$ [kN/m²] bei einer Höhe z über Grund		
a)	Binnenland (Mischprofil der GKat II und III)	$z \leq 7$ m $\quad q_p(z) = 1{,}5 \cdot q_b$	7 m $< z \leq$ 50 m $\quad q_p(z) = 1{,}7 \cdot q_b \left(\dfrac{z}{10}\right)^{0,37}$	50 m $< z \leq$ 300 m $\quad q_p(z) = 2{,}1 \cdot q_b \left(\dfrac{z}{10}\right)^{0,24}$
b)	küstennahe Gebiete sowie Inseln der Ostsee (Mischprofil der GKat I und II)	$z \leq 4$ m $\quad q_p(z) = 1{,}8 \cdot q_b$	4 m $< z \leq$ 50 m $\quad q_p(z) = 2{,}3 \cdot q_b \left(\dfrac{z}{10}\right)^{0,27}$	50 m $< z \leq$ 300 m $\quad q_p(z) = 2{,}6 \cdot q_b \left(\dfrac{z}{10}\right)^{0,19}$
c)	Inseln der Nordsee (GKat I)	$z \leq 2$ m $\quad q_p(z) = 1{,}1$	2 m $< z \leq$ 300 m $\quad q_p(z) = 1{,}5 \cdot \left(\dfrac{z}{10}\right)^{0,19}$	

mit Grundgeschwindigkeitsdruck $q_b = q_{b,0}$ nach Tabelle 28 entsprechend der Windzone

6.6 Windeinwirkungen

6.6.1 Winddruck

Der auf die **Außenflächen** eines Bauwerks einwirkende Winddruck w_e für nicht schwingungsanfällige Konstruktionen beträgt

$$w_e = q_p(z_e) \cdot c_{pe} \qquad [9]\ (5.1)$$

Der Winddruck w_i, der auf eine **Oberfläche im Inneren** eines Bauwerks wirkt, beträgt

$$w_i = q_p(z_i) \cdot c_{pi} \qquad [9]\ (5.2)$$

Dabei ist

$q_p(z)$ Böengeschwindigkeitsdruck nach Abschnitt 6.4 bzw. 6.5;

z_e, z_i Bezugshöhe für den Außendruck bzw. Innendruck nach Abschnitt 6.7;

c_{pe}, c_{pi} aerodynamischer Beiwert für den Außendruck bzw. Innendruck nach Abschnitt 6.7.

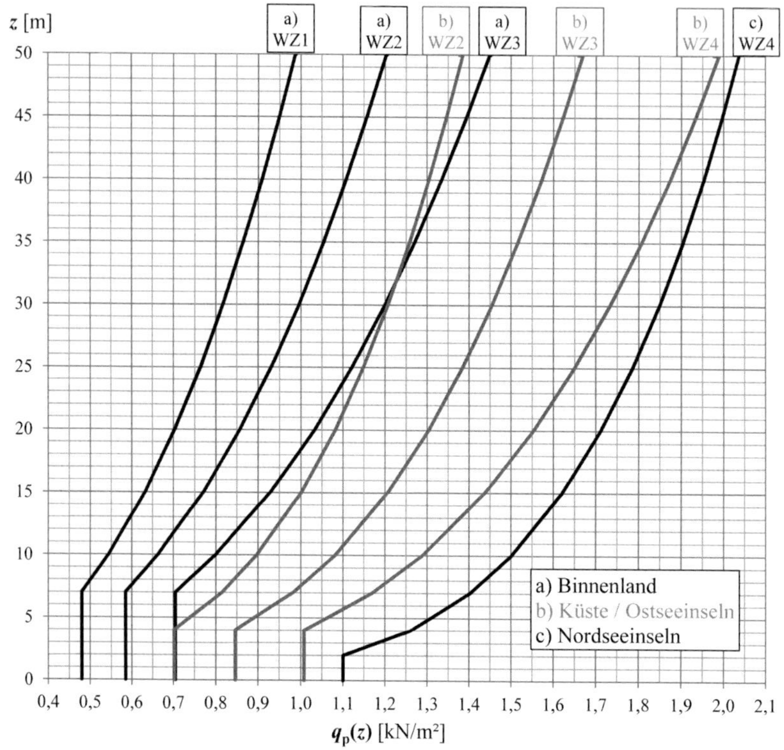

Bild 24. Böengeschwindigkeitsdruck $q_p(z)$ – Beispiele bis 50 m Höhe ([10] Gl. (NA.B.1-NA.B.8))

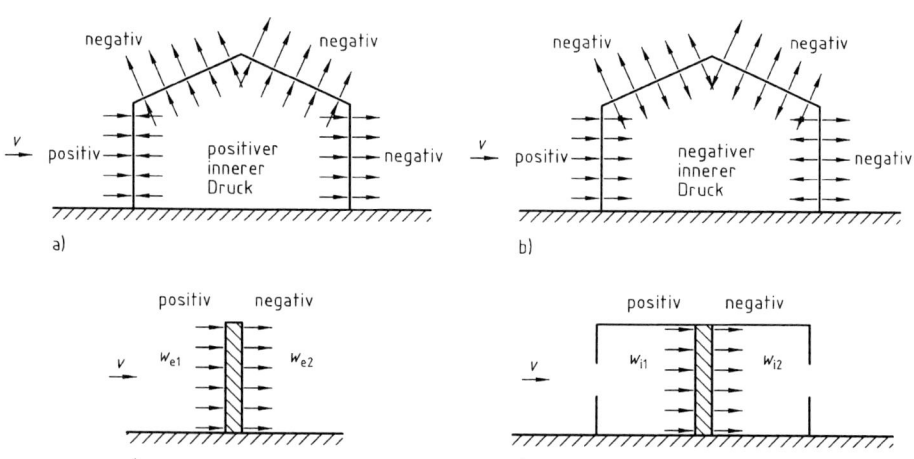

Bild 25. Druck und Sog auf Oberflächen ([9] Bild 5.1, hier aus [57] entnommen)

Die Nettodruckbelastung infolge Winddrucks auf eine Wand, ein Dach oder ein Bauteil ist die Resultierende von Außen- und Innendruck. Druck auf eine Oberfläche wird positiv angenommen, Sog von der Oberfläche weg als negativer Winddruck. Beispiele für die Überlagerung sind in Bild 25 angegeben.

Der Innendruck in einem Gebäude hängt von Größe und Lage der Öffnungen in der Außenfläche ab. Er wirkt auf alle Raumabschlüsse eines Innenraums gleichzeitig und mit gleichem Vorzeichen. Sofern der Innendruck entlastend auf eine betrachtete Reaktionsgröße einwirkt, ist er zu null anzunehmen. Die angegebenen Winddrücke wirken nicht notwendigerweise gleichzeitig auf allen Punkten der Oberfläche. Dieses trifft insbesondere für weitgespannte Rahmen- und Bogentragwerke zu. Eine in der Regel konservative Abschätzung besteht darin, die günstig wirkenden Lastanteile zu null zu setzen (DIN 1055-4 [57]).

6.6.2 Windkräfte

Die Gesamtwindkraft F_w, die auf einen Baukörper oder Baukörperabschnitt einwirkt, darf mit Kraftbeiwerten berechnet werden:

– Gesamtwindkraft Baukörper

$$F_w = c_s c_d \cdot q_p(z_e)_j \cdot c_f \cdot A_{ref} \qquad [9]\ (5.3)$$

– oder Windkraft für j Baukörperabschnitte

$$F_{w,j} = c_s c_d \sum_j q_p(z_e)_j \cdot c_{f,j} \cdot A_{ref,j} \qquad [9]\ (5.4)$$

Dabei sind

$c_s c_d$ Strukturbeiwert (für nicht schwingungsanfällige Standardfälle = 1,0, s. u.);

$q_p(z_e)$ Böengeschwindigkeitsdruck nach Abschnitt 6.4 bzw. 6.5 in der Bezugshöhe z_e;

c_f Kraftbeiwert für einen Baukörper oder Baukörperabschnitt j nach Abschnitt 6.8;

A_{ref} Bezugsfläche für einen Baukörper oder Baukörperabschnitt j.

Der Strukturbeiwert $c_s c_d$ berücksichtigt, dass Spitzenwinddrücke nicht gleichzeitig auf der gesamten Oberfläche auftreten können (Anteil c_s), sowie die durch dynamische Überhöhung durch resonanzartige Bauwerksschwingungen infolge Windturbulenz (Anteil c_d). Für Standardfälle, wie z. B.

– Gebäude mit einer Höhe $h < 15$ m,
– Fassaden und Dachelemente mit einer Eigenfrequenz $f > 5$ Hz (z. B. Glasflächen mit einer Spannweite ≤ 3 m),
– Gebäude in Skelettbauweise mit aussteifenden Wänden, die niedriger als 100 m sind und deren Höhe kleiner als das Vierfache der Gebäudetiefe ist,
– Schornsteine mit kreisförmigem Querschnitt (Durchmesser d) mit Höhen $h < 60$ m und $h < 6{,}5d$ ([62]),

gilt der Strukturbeiwert $c_s c_d = 1{,}0$ ([9] 6.2 (1)). Für andere Fälle ist für die Ermittlung des Strukturbeiwerts $c_s c_d$ ein genaueres Verfahren im NA [10] im Anhang NA.C angegeben.

Die Windkraft F_w kann auch mit Winddrücken und Reibungsbeiwerten ermittelt werden. Die einzelnen Kraftkomponenten Außenwindkraft $F_{w,e}$, Innenwindkraft $F_{w,i}$ und Reibungswindkraft $F_{fr,j}$ können vektoriell addiert werden. Die Windkraft auf ein Bauteil (z. B. Wände oder Dächer) wird aus der Differenz der Außenwindkraft und Innenwindkraft berechnet.

– Außenwindkraft auf j Oberflächen

$$F_{w,e} = c_s c_d \sum_j w_{e,j} \cdot A_{ref,j} \qquad [9]\ (5.5)$$

– Innenwindkraft auf j Oberflächen

$$F_{w,i} = \sum_j w_{i,j} \cdot A_{ref,j} \qquad [9]\ (5.6)$$

– Reibungswindkraft (in Windrichtung parallel zu den j Außenflächen)

$$F_{fr,j} = q_p(z_e)_j \cdot c_{fr,j} \cdot A_{fr,j} \qquad [9]\ (5.7)$$

Dabei sind

w_e, w_i Außen- bzw. Innenwinddruck auf einen Baukörperabschnitt j in der jeweiligen Bezugshöhe z_e oder z_i (siehe Abschnitt 6.6.1);

c_{fr} Reibungsbeiwerte für Wände, Brüstungen und Dachflächen:

     $c_{fr} = 0{,}01$ für glatte Oberflächen (z. B. Stahl, Glas),

     $c_{fr} = 0{,}02$ für raue Oberflächen (z. B. rauer Beton, geteerte Flächen),

     $c_{fr} = 0{,}04$ für sehr raue Oberflächen (z. B. gewellt, gerippt, gefaltet);

$q_p(z_e)$ Böengeschwindigkeitsdruck nach Abschnitt 6.4 bzw. 6.5 in der Bezugshöhe z_e;

A_{fr} parallel vom Wind umströmte (benetzte) Außenfläche.

Die Reibungskräfte tangential zur Bauteiloberfläche dürfen vernachlässigt werden, wenn die Gesamtfläche aller windparallelen Oberflächen (und Flächen mit geringer Winkelabweichung zur Parallelen) gleich oder geringer ist als das 4-Fache aller Flächen, die senkrecht zum Wind orientiert sind (luv- und leeseitig) ([9] 5.3 (4)).

Verursachen veränderliche Windeinwirkungen signifikante asymmetrische Belastungen und ist das Tragwerk empfindlich für solche Belastungen (z. B. bei Torsion von symmetrischen Gebäuden mit nur einem Aussteifungskern), dann sind diese zu berücksichtigen ([9] 7.1.2).

Bei torsionsanfälligen, rechteckigen Bauteilen kann zur Ermittlung der Torsionsbelastung infolge schrä-

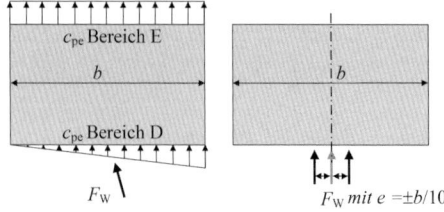

a) nach DIN EN 1991-1-4 [9] Bild 7.1, Bereiche E und D nach Bild 29

b) nach DIN 1055-4 [57]

Bild 26. Druckverteilung zur Berücksichtigung von Torsionseffekten

ger Anströmung oder infolge fehlender Korrelation zwischen Windeinwirkungen auf verschiedene Tragwerksteile die Druckverteilung nach Bild 26a angenommen werden (aerodynamische Beiwerte c_p siehe Abschnitt 6.7). Andernfalls ist eine asymmetrische Belastung dadurch zu erzeugen, dass die günstig wirkenden Windlasten auf die Bauteile eines Tragwerks vernachlässigt werden.

Da die dabei ermittelte Ersatzlast in der Summe eine geringere Gesamtwindkraft ergibt, ist stets auch der Lastfall mit voller Druckbelastung zu berücksichtigen. Eine generelle Exzentrizität der Windkraft von $e = 0{,}1b$, die nach DIN 1055-4 [57] anzunehmen war, fehlt in DIN EN 1991-1-4 [9, 10]. Unabhängig davon wird empfohlen, bei torsionsempfindlichen Konstruktionen oder Konstruktionsteilen die Aufnahme der Torsion für die bisherige Exzentrizität $e = 0{,}1b$ der Gesamtwindkraft oder der abschnittsweisen Windkraft nachzuweisen [30] (Bild 26b).

6.7 Aerodynamische Beiwerte

6.7.1 Beiwerte für vertikale Wände von Gebäuden mit rechteckigem Grundriss

Die Außendruckbeiwerte c_{pe} für Bauwerke und Gebäudeabschnitte hängen von der Größe der Lasteinflussfläche A ab. Sie werden in den für die entsprechende Gebäudeform maßgebenden Tabellen 32 bis 36 für Lasteinflussflächen von 1 m² und von 10 m² als $c_{pe,1}$ bzw. $c_{pe,10}$ angegeben. Die $c_{pe,1}$-Werte dienen dem Nachweis kleiner Bauteile und deren Verankerungen, mit einer Lasteinflussfläche $A \leq 1$ m², wie z. B. Verkleidungs- und Dachelementen. Die $c_{pe,10}$-Werte werden zur Bemessung des Gesamttragwerks verwendet ([9] 7.2.1). Die Interpolation erfolgt logarithmisch mit Gleichung (6) (vgl. Bild 27).

$$c_{pe,i} = c_{pe,1} + (c_{pe,10} - c_{pe,1}) \cdot \lg A_i \quad (6)$$

Die Außendruckbeiwerte in den folgenden Tabellen werden für die orthogonalen Anströmrichtungen 0°, 90° und 180° angegeben. Sie decken den höchsten auftretenden Wert innerhalb des Bereichs von ±45° um die angegebene orthogonale Anströmrichtung ab.

Bei Dachüberständen kann für den Unterseitendruck der Wert der anschließenden Wandfläche angenommen werden, auf der Oberseite der Druck der angrenzenden Dachfläche.

Für Wände und Baukörper mit rechteckigem Grundriss (Bereich D in Bild 29) dürfen die Außendrücke über die Baukörperhöhe gestaffelt nach Bild 28 angesetzt werden. Als Bezugshöhe z_e für den Geschwindigkeitsdruck des jeweiligen Streifens ist die Höhe seiner Oberkante anzusetzen. Die Staffelung erfolgt in Abhängigkeit vom Verhältnis von Baukörperhöhe zu Baukörperbreite h/b in folgender Weise ([9] 7.2.2):

– Für Baukörper mit $h \leq b$ wird ein einziger Streifen der Höhe h angenommen.

– Für Baukörper mit $b < h \leq 2b$ wird ein unterer Streifen der Höhe b sowie ein oberer Streifen der Höhe $(h - b)$ angenommen.

– Für Baukörper mit $h > 2b$ wird ein unterer Streifen der Höhe b sowie ein oberer Streifen der Höhe b, der sich von $(h - b)$ bis h erstreckt, angenommen. Der Zwischenbereich wird in eine angemessene Anzahl j von weiteren Streifen mit den Höhen h_j (bzw. h_{strip}) unterteilt, siehe Bild 28.

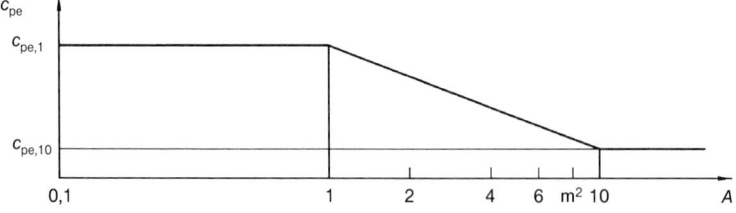

Bild 27. Außendruckbeiwert abhängig von der Lasteinzugsfläche A ([9], Bild 7.2)

Tabelle 32. Außendruckbeiwerte für vertikale Wände rechteckiger Gebäude ([10] Tab. NA.1)

1	2	3	4	5	6	7	8	9	10	11
h/d	Bereich									
	A		B		C		D		E	
	$c_{pe,10}$	$c_{pe,1}$	$c_{pe,10}$	$c_{pe,1}$	$c_{pe,10}$	$c_{pe,1}$	$c_{pe,10}$	$c_{pe,1}$	$c_{pe,10}$	$c_{pe,1}$
≥ 5	−1,4	−1,7	−0,8	−1,1	−0,5	−0,7	+0,8	+1,0	−0,5	−0,7
1	−1,2	−1,4	−0,8	−1,1	−0,5		+0,8	+1,0	−0,5	
$\leq 0,25$	−1,2	−1,4	−0,8	−1,1	−0,5		+0,7	+1,0	−0,3	−0,5

Für einzeln in offenem Gelände stehende Gebäude können im Sogbereich auch größere Sogkräfte auftreten.
Zwischenwerte dürfen linear interpoliert werden.
Für Gebäude mit $h/d > 5$ ist die Gesamtwindlast anhand der Kraftbeiwerte aus Abschnitt 6.8 zu ermitteln.

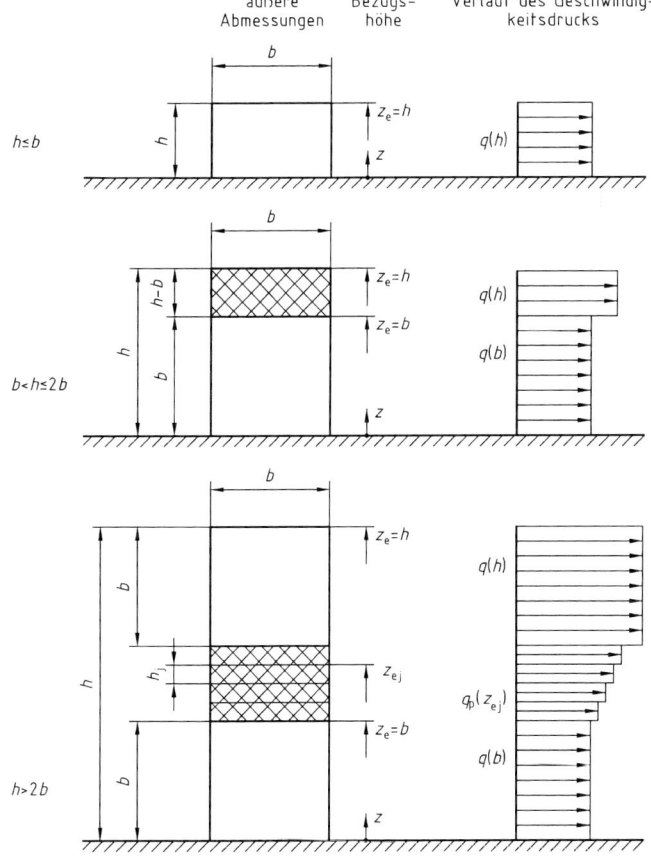

Bild 28. Bezugshöhe z_e in Abhängigkeit von h und b und Winddruckverteilung (sinngemäß [9] Bild 7.4, entnommen aus [57])

Bei Satteldächern gilt die Firsthöhe als Bezugshöhe z_e für alle Außenwände (siehe Bild 29). Für die übrigen Wände gilt z_e = Gebäudehöhe h.

Die Außendruckbeiwerte c_{pe} in Tabelle 32 sind für die Bereiche A bis E nach Bild 29 definiert.

6.7.2 Beiwerte für Flachdächer

Flachdächer sind Dächer, die weniger als $\alpha = \pm 5°$ geneigt sind. Sie sind in Bereiche nach Bild 30 zu unterteilen. Die Bezugshöhe für Flachdächer mit abgerundeten Ecken oder mansardenartigen Ab-

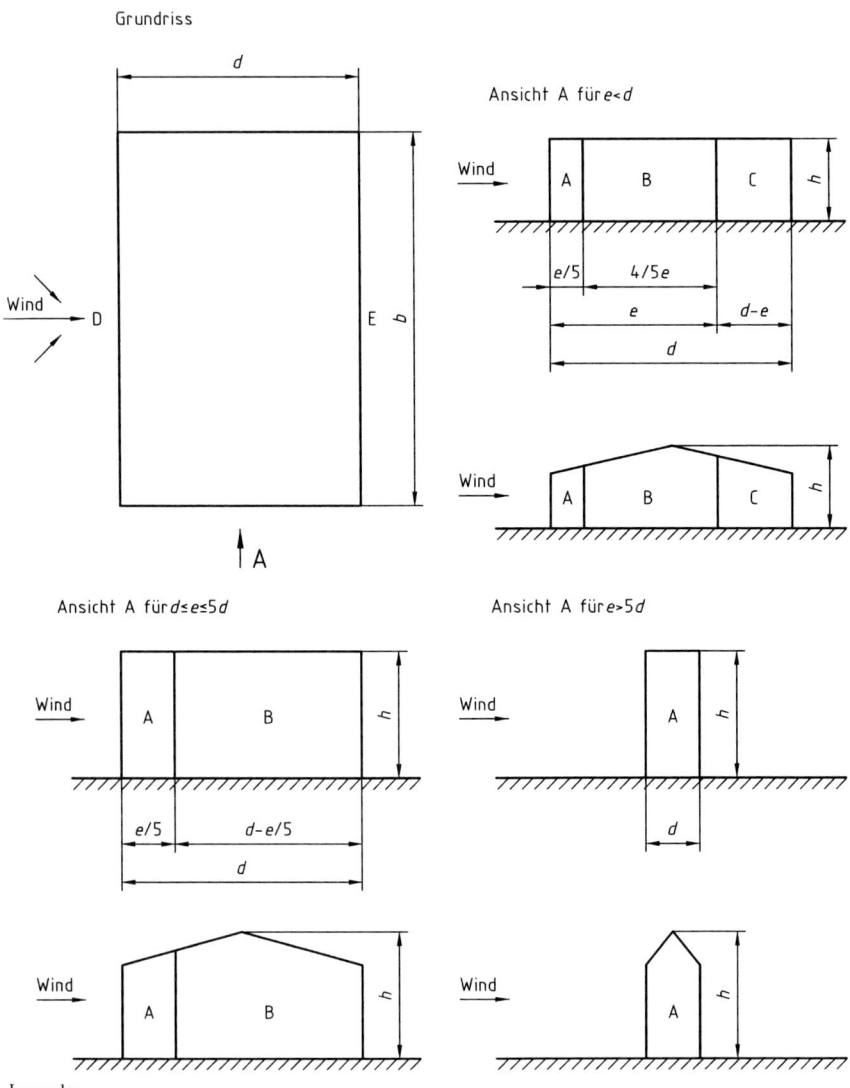

Legende:
$e = b$ oder $2h$ (der kleinere Wert ist maßgebend)

Bild 29. Einteilung der Wandflächen bei vertikalen Wänden (sinngemäß [9] Bild 7.5, entnommen aus [57])

Eurocode 1 – DIN EN 1991-1-4: Windlasten

schrägungen ist mit $z_e = h$ anzusetzen. Bei Flachdächern mit Attika gilt $z_e = h + h_p$. Für das Maß e gilt: $e = b$ oder $= 2h$ (der kleinere Wert ist maßgebend). Die Druckbeiwerte für jeden Bereich werden in Tabelle 33 angegeben. Im Bereich I, für den positive und negative Werte angegeben werden, sollten beide Werte berücksichtigt werden.

Bei Dächern mit Attika oder abgerundetem Traufbereich darf für Zwischenwerte h_p/h und r/h linear interpoliert werden. Bei Dächern mit mansardendachartigem Traufbereich darf für Zwischenwerte von α zwischen $\alpha = 30°$, $45°$ und $60°$ linear interpoliert werden. Für $\alpha > 60°$ darf zwischen den Werten für $\alpha = 60°$ und den Werten für Flachdächer mit scharfkantigem Traufbereich linear interpoliert werden.

Für die Schräge des mansardendachartigen Traufbereichs selbst werden die Außendruckbeiwerte in Tabelle 35 „Außendruckbeiwerte für Satteldächer und Trogdächer" Anströmrichtung $\theta = 0°$, Bereich F und G, in Abhängigkeit von dem Neigungswinkel des mansardendachartigen Traufbereichs angegeben. Für den abgerundeten Traufbereich selbst werden die Außendruckbeiwerte entlang der Krümmung durch lineare Interpolation entlang der Kurve zwischen den Werten der vertikalen Wand und auf dem Dach ermittelt. Bei mansardenartigen abgeschrägten Traufbereichen mit einem horizontalen Maß weniger als $e/10$ sollten die Werte für scharfkantige Traufbereiche verwendet werden.

6.7.3 Beiwerte für Pultdächer

Pultdächer sind in Bereiche nach Bild 31 einzuteilen. Die Bezugshohe ist mit $z_e = h$ anzusetzen. Für das Maß e gilt: $e = b$ oder $= 2h$ (der kleinere Wert ist maßgebend).

Die Außendruckbeiwerte für jeden Bereich werden in Tabelle 34 angegeben. Für die Anströmrichtung $\theta = 0°$ und bei Neigungswinkeln von $\alpha = +5°$ bis $+45°$ ändert sich der Druck schnell zwischen positiven und negativen Werten; daher werden sowohl der positive als auch der negative Wert angegeben. Bei solchen Dächern sind beide Fälle getrennt zu berücksichtigen, d. h. ausschließlich positive Werte und ausschließlich negative Werte. Für Dachneigungen zwischen den angegebenen Werten darf linear interpoliert werden, sofern nicht das Vorzeichen der Druckbeiwerte wechselt. Der Wert Null ist für Interpolationszwecke angegeben.

6.7.4 Beiwerte für Sattel- und Trogdächer

Sattel- und Trogdächer sind in Bereiche nach Bild 32 einzuteilen. Für das Maß e gilt: $e = b$ oder $= 2h$ (der kleinere Wert ist maßgebend). Die Bezugshohe ist mit $z_e = h$ anzusetzen.

Tabelle 33. Außendruckbeiwerte für Flachdächer ([9] Tab. 7.2 und [10] zu 7.2.3)

1		2	3	4	5	6	7	8
	Dachtyp	Bereich						
		F		G		H		I
		$c_{pe,10}$	$c_{pe,1}$	$c_{pe,10}$	$c_{pe,1}$	$c_{pe,10}$	$c_{pe,1}$	$c_{pe,10}$	$c_{pe,1}$
1	scharfkantiger Traufbereich		−1,8	−2,5	−1,2	−2,0	−0,7	−1,2	+0,2 −0,6
2	mit Attika	$h_p/h = 0{,}025$	−1,6	−2,2	−1,1	−1,8	−0,7	−1,2	+0,2 −0,6
3		$h_p/h = 0{,}05$	−1,4	−2,0	−0,9	−1,6			
4		$h_p/h = 0{,}10$	−1,2	−1,8	−0,8	−1,4			
5	abgerundeter Traufbereich	$r/h = 0{,}05$	−1,0	−1,5	−1,2	−1,8	−0,4		± 0,2
6		$r/h = 0{,}10$	−0,7	−1,2	−0,8	−1,4	−0,3		
7		$r/h = 0{,}20$	−0,5	−0,8	−0,5	−0,8	−0,3		
8	mansardenartig abgeschrägter Traufbereich	$\alpha = 30°$	−1,0	−1,5	−1,0	−1,5	−0,3		± 0,2
9		$\alpha = 45°$	−1,2	−1,8	−1,3	−1,9	−0,4		
10		$\alpha = 60°$	−1,3	−1,9	−1,3	−1,9	−0,5		

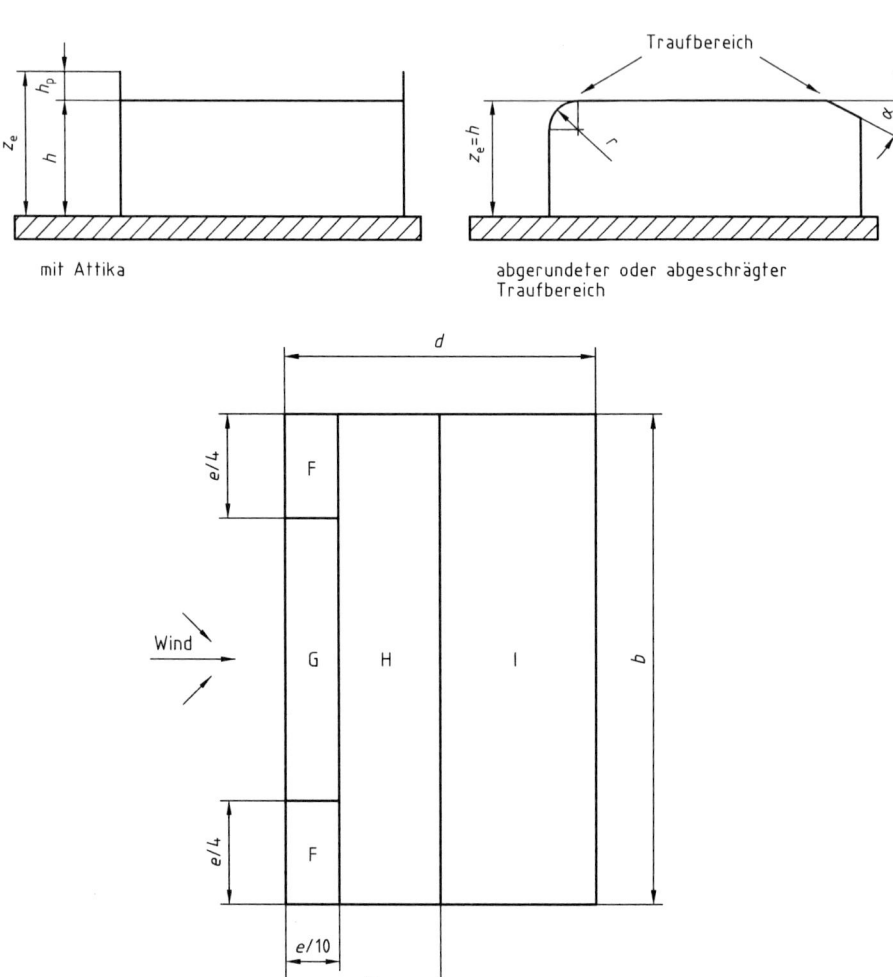

Bild 30. Einteilung der Dachflächen bei Flachdächern ([9] Bild 7.6, entnommen aus [57])

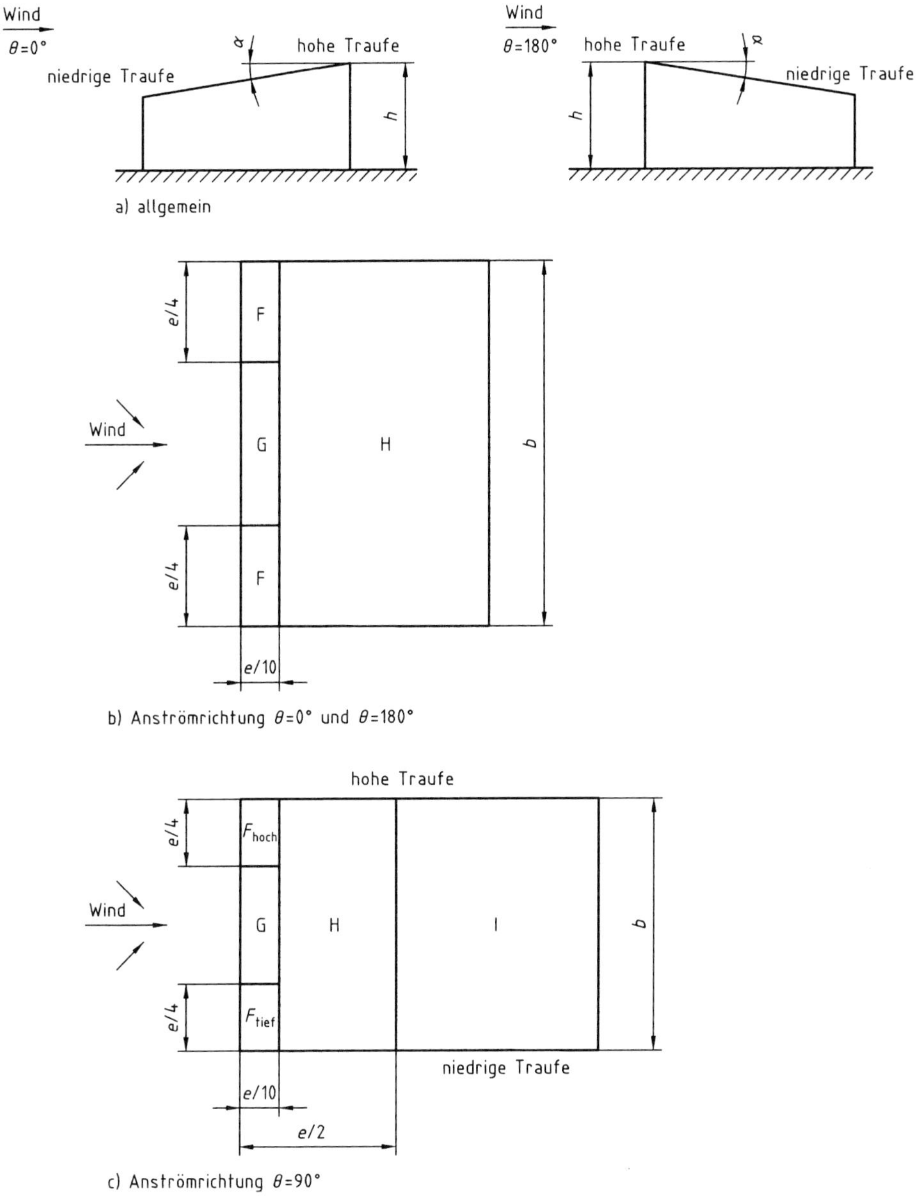

Eurocode 1 – DIN EN 1991-1-4: Windlasten 981

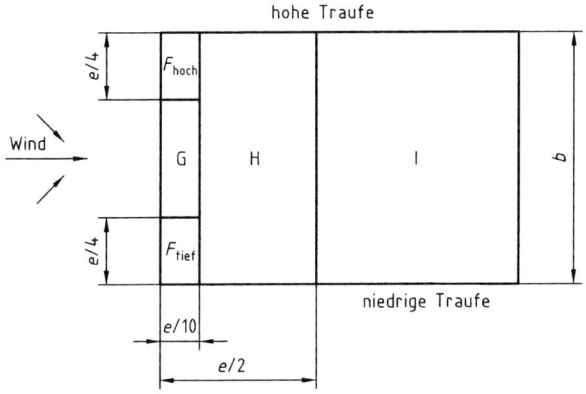

Bild 31. Einteilung der Dachflächen bei Pultdächern ([9] Bild 7.7, entnommen aus [57])

Tabelle 34. Außendruckbeiwerte für Pultdächer ([9] Tab. 7.3a und 7.3b)

1	2	3	4	5	6	7	8	9	10	11	12	13
	Neigungswinkel α	Bereich für die Anströmrichtung $\theta = 0°$						Bereich für die Anströmrichtung $\theta = 180°$				
		F		G		H		F		G		H
		$c_{pe,10}$	$c_{pe,1}$	$c_{pe,10}$	$c_{pe,1}$	$c_{pe,10}$	$c_{pe,1}$	$c_{pe,10}$	$c_{pe,1}$	$c_{pe,10}$	$c_{pe,1}$	$c_{pe,10}$	$c_{pe,1}$
1	5°	−1,7	−2,5	−1,2	−2,0	−0,6	−1,2	−2,3	−2,5	−1,3	−2,0	−0,8	−1,2
		+0,0		+0,0		+0,0							
2	15°	−0,9	−2,0	−0,8	−1,5	−0,3		−2,5	−2,8	−1,3	−2,0	−0,9	−1,2
		+0,2		+0,2		+0,2							
3	30°	−0,5	−1,5	−0,5	−1,5	−0,2		−1,1	−2,3	−0,8	−1,5	−0,8	
		+0,7		+0,7		+0,4							
4	45°	−0,0		−0,0		−0,0		−0,6	−1,3	−0,5		−0,7	
		+0,7		+0,7		+0,6							
5	60°	+0,7		+0,7		+0,7		−0,5	−1,0	−0,5		−0,5	
6	75°	+0,8		+0,8		+0,8		−0,5	−1,0	−0,5		−0,5	

		Bereich für die Anströmrichtung $\theta = 90°$									
		F_{hoch}		F_{tief}		G		H		I	
		$c_{pe,10}$	$c_{pe,1}$	$c_{pe,10}$	$c_{pe,1}$	$c_{pe,10}$	$c_{pe,1}$	$c_{pe,10}$	$c_{pe,1}$	$c_{pe,10}$	$c_{pe,1}$
7	5°	−2,1	−2,6	−2,1	−2,4	−1,8	−2,0	−0,6	−1,2	−0,5	
8	15°	−2,4	−2,9	−1,6	−2,4	−1,9	−2,5	−0,8	−1,2	−0,7	−1,2
9	30°	−2,1	−2,9	−1,3	−2,0	−1,5	−2,0	−1,0	−1,3	−0,8	−1,2
10	45°	−1,5	−2,4	−1,3	−2,0	−1,4	−2,0	−1,0	−1,3	−0,9	−1,2
11	60°	−1,2	−2,0	−1,2	−2,0	−1,2	−2,0	−1,0	−1,3	−0,7	−1,2
12	75°	−1,2	−2,0	−1,2	−2,0	−1,2	−2,0	−1,0	−1,3	−0,5	

Die Druckbeiwerte für jeden Bereich werden in Tabelle 35 angegeben. Für die Anströmrichtung $\theta = 0°$ und einen Neigungswinkel von $\alpha = −5°$ bis $+45°$ ändert sich der Druck schnell zwischen positiven und negativen Werten; daher werden sowohl der positive als auch der negative Wert angegeben. Bei solchen Dächern sind vier Fälle zu berücksichtigen, bei denen jeweils der kleinste bzw. größte Wert für die Bereiche F, G und H mit den kleinsten bzw. größten Werten der Bereiche I und J kombiniert werden. Das Mischen von positiven und negativen Werten auf einer Dachfläche ist nicht zulässig.

Für Dachneigungen zwischen den angegebenen Werten darf linear interpoliert werden, sofern nicht das Vorzeichen der Druckbeiwerte wechselt. Zwischen den Werten $\alpha = +5°$ und $\alpha = −5°$ darf nicht interpoliert werden, stattdessen sind die Werte für Flachdächer nach Abschnitt 6.7.2 zu benutzen. Der Wert Null ist für Interpolationszwecke angegeben.

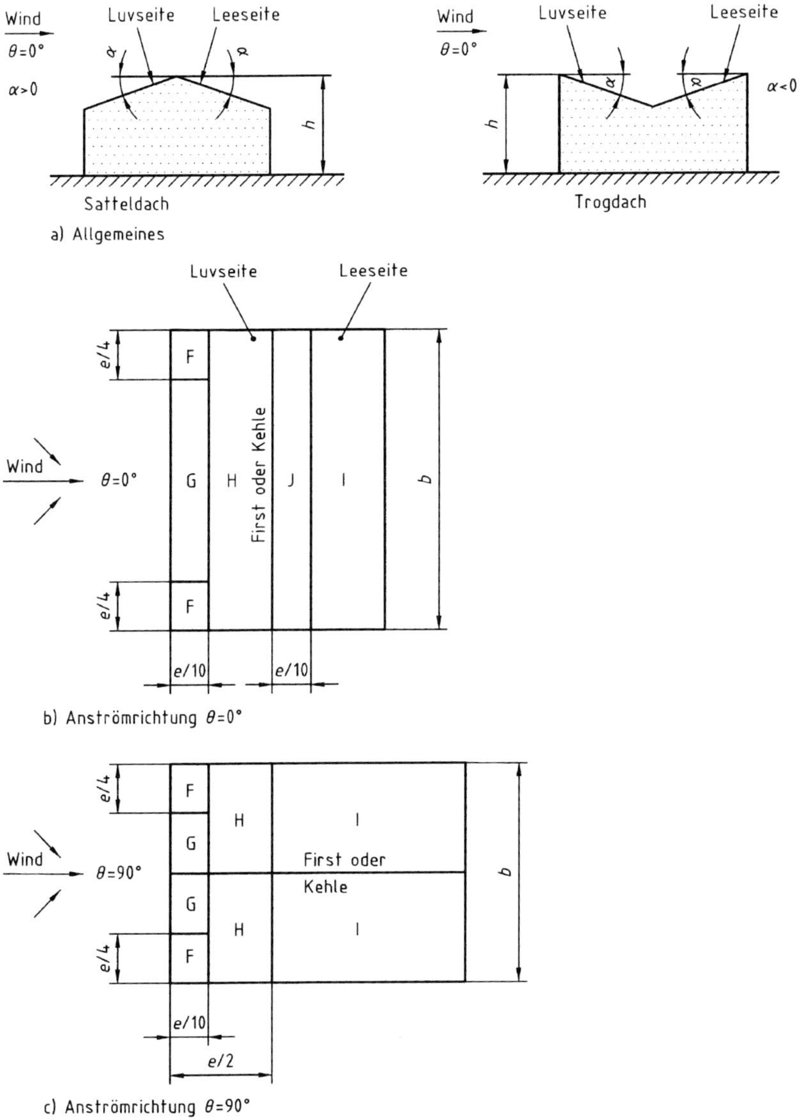

Bild 32. Einteilung der Dachflächen bei Sattel- und Trogdächern ([9] Bild 7.8, entnommen aus [57])

Tabelle 35. Außendruckbeiwerte für Sattel- und Trogdächer ([9] Tab. 7.4a und 7.4b)

1	2	3	4	5	6	7	8	9	10	11
	Neigungs-winkel α	Bereich für die Anströmrichtung $\theta = 0°$								
		F		G		H		I	J	
		$c_{pe,10}$	$c_{pe,1}$	$c_{pe,10}$	$c_{pe,1}$	$c_{pe,10}$	$c_{pe,1}$	$c_{pe,10}$	$c_{pe,10}$	$c_{pe,1}$
1	$-45°$	$-0{,}6$		$-0{,}6$		$-0{,}8$		$-0{,}7$	$-1{,}0$	$-1{,}5$
2	$-30°$	$-1{,}1$	$-2{,}0$	$-0{,}8$	$-1{,}5$	$-0{,}8$		$-0{,}6$	$-0{,}8$	$-1{,}4$
3	$-15°$	$-2{,}5$	$-2{,}8$	$-1{,}3$	$-2{,}0$	$-0{,}9$	$-1{,}2$	$-0{,}5$	$-0{,}7$	$-1{,}2$
4	$-5°$	$-2{,}3$	$-2{,}5$	$-1{,}2$	$-2{,}0$	$-0{,}8$	$-1{,}2$	$+0{,}2$	$+0{,}2$	
								$-0{,}6$	$-0{,}6$	
5	$5°$	$-1{,}7$	$-2{,}5$	$-1{,}2$	$-2{,}0$	$-0{,}6$	$-1{,}2$	$-0{,}6$	$+0{,}2$	
		$+0{,}0$		$+0{,}0$		$+0{,}0$			$-0{,}6$	
6	$15°$	$-0{,}9$	$-2{,}0$	$-0{,}8$	$-1{,}5$	$-0{,}3$		$-0{,}4$	$-1{,}0$	$-1{,}5$
		$+0{,}2$		$+0{,}2$		$+0{,}2$		$+0{,}0$	$+0{,}0$	$+0{,}0$
7	$30°$	$-0{,}5$	$-1{,}5$	$-0{,}5$	$-1{,}5$	$-0{,}2$		$-0{,}4$	$-0{,}5$	
		$+0{,}7$		$+0{,}7$		$+0{,}4$		$+0{,}0$	$+0{,}0$	
8	$45°$	$-0{,}0$		$-0{,}0$		$-0{,}0$		$-0{,}2$	$-0{,}3$	
		$+0{,}7$		$+0{,}7$		$+0{,}6$		$+0{,}0$	$+0{,}0$	
9	$60°$	$+0{,}7$		$+0{,}7$		$+0{,}7$		$-0{,}2$	$-0{,}3$	
10	$75°$	$+0{,}8$		$+0{,}8$		$+0{,}8$		$-0{,}2$	$-0{,}3$	

		Bereich für die Anströmrichtung $\theta = 90°$							
		F		G		H		I	
		$c_{pe,10}$	$c_{pe,1}$	$c_{pe,10}$	$c_{pe,1}$	$c_{pe,10}$	$c_{pe,1}$	$c_{pe,10}$	$c_{pe,1}$
11	$-45°$	$-1{,}4$	$-2{,}0$	$-1{,}2$	$-2{,}0$	$-1{,}0$	$-1{,}3$	$-0{,}9$	$-1{,}2$
12	$-30°$	$-1{,}5$	$-2{,}1$	$-1{,}2$	$-2{,}0$	$-1{,}0$	$-1{,}3$	$-0{,}9$	$-1{,}2$
13	$-15°$	$-1{,}9$	$-2{,}5$	$-1{,}2$	$-2{,}0$	$-0{,}8$	$-1{,}2$	$-0{,}8$	$-1{,}2$
14	$-5°$	$-1{,}8$	$-2{,}5$	$-1{,}2$	$-2{,}0$	$-0{,}7$	$-1{,}2$	$-0{,}6$	$-1{,}2$
15	$5°$	$-1{,}6$	$-2{,}2$	$-1{,}3$	$-2{,}0$	$-0{,}7$	$-1{,}2$	$-0{,}6$	
16	$15°$	$-1{,}3$	$-2{,}0$	$-1{,}3$	$-2{,}0$	$-0{,}6$	$-1{,}2$	$-0{,}5$	
12	$30°$	$-1{,}1$	$-1{,}5$	$-1{,}4$	$-2{,}0$	$-0{,}8$	$-1{,}2$	$-0{,}5$	
13	$45°$	$-1{,}1$	$-1{,}5$	$-1{,}4$	$-2{,}0$	$-0{,}9$	$-1{,}2$	$-0{,}5$	
14	$60°$	$-1{,}1$	$-1{,}5$	$-1{,}2$	$-2{,}0$	$-0{,}8$	$-1{,}0$	$-0{,}5$	
15	$75°$	$-1{,}1$	$-1{,}5$	$-1{,}2$	$-2{,}0$	$-0{,}8$	$-1{,}0$	$-0{,}5$	

6.7.5 Beiwerte für Walmdächer

Walmdächer sind in Bereiche nach Bild 33 einzuteilen. Für das Maß e gilt: $e = b$ oder $= 2h$ (der kleinere Wert ist maßgebend). Die Bezugshöhe ist mit $z_e = h$ anzusetzen.

Die Druckbeiwerte für jeden Bereich werden in Bild 36 angegeben. Für die Anströmrichtung $\theta = 0°$ und einen Neigungswinkel von $\alpha = +5°$ bis $+45°$ ändert sich der Druck auf der Luvseite schnell zwischen positiven und negativen Werten; daher werden sowohl positive als auch negative Werte angegeben. Bei solchen Dächern sind zwei Fälle separat zu berücksichtigen, d. h. ausschließlich positive Werte und ausschließlich negative Werte. Das Mischen von positiven und negativen Werten auf einer Dachfläche ist nicht zulässig. Für Werte der Dachneigung zwischen den angegebenen Werten darf linear interpoliert werden, sofern nicht das Vorzeichen der Druckbeiwerte wechselt. Der Wert Null ist für Interpolationszwecke angegeben. Die luvseitige Dachneigung ist maßgebend für die Druckbeiwerte.

6.7.6 Beiwerte für Sheddächer

Für Sheddächer werden die Druckbeiwerte aus den Werten für Pultdächer bzw. für Trogdächer abgeleitet und entsprechend der Lage der Dachflächen nach Bild 34 angepasst. Die Bezugshöhe ist mit $z_e = h$ anzusetzen.

Für Sheddächer nach Bild 34a und b werden die Druckbeiwerte für Pultdächer benutzt. Bei einer Anströmrichtung parallel zu den Firsten gelten die Werte der Tabelle 34 für $\theta = 90°$ unverändert. Für die Anströmrichtungen $\theta = 0°$ und $180°$ werden die Werte der Tabelle 34 mit Faktoren von Bild 34a bzw. b abgemindert.

Für Sheddächer nach Bild 34c und d werden die Druckbeiwerte für Trogdächer benutzt. Bei einer Anströmrichtung parallel zu den Firsten gelten die Werte der Tabelle 35 für $\theta = 90°$ unverändert. Für die Anströmrichtungen $\theta = 0°$ und $180°$ werden die Werte der Tabelle 35 für $\theta = 0°$ mit den Faktoren von Bild 34c bzw. d abgemindert.

Dabei sind die Bereiche F, G und J nur für die erste, luvseitige Dachfläche zu benutzen. Für die übrigen Dachflächen sind die Bereiche H und I zu verwenden.

Für Sheddächer nach Bild 34b müssen, abhängig vom Vorzeichen des Druckbeiwerts c_{pe} der ersten Dachfläche, zwei Fälle untersucht werden. Für Dächer nach Bild 34c ist der erste c_{pe}-Wert der c_{pe}-Wert eines Pultdachs, die folgenden c_{pe}-Werte sind jene eines Trogdachs.

Für Sheddächer ohne resultierende horizontale Kräfte sollte ein Rauigkeitsfaktor von mindestens 0,05 (unabhängig von der Rauigkeit des Bauwerks) für Windlasten normal zu den Flächen des Sheddachs berücksichtigt werden. Demzufolge sind Sheddächer mit der Grundfläche A_{Shed} für die folgende resultierende horizontale Kraft zu bemessen:

$$F_{fr,Shed} = 0{,}05 \cdot q_p(z_e) \cdot A_{Shed} \qquad (7)$$

6.7.7 Beiwerte für Innendruck

In Räumen mit durchlässigen Außenwänden ist der Innendruck zu berücksichtigen, wenn er ungünstig wirkt. Innen- und Außendruck sind als gleichzeitig wirkend anzunehmen. Dabei wirkt der Innendruck auf alle Raumabschlüsse eines Innenraums gleichzeitig und mit gleichen Vorzeichen.

Der Innendruckbeiwert c_{pi} ist von der Größe und der Verteilung der Öffnungen in der Gebäudehülle abhängig. Eine Wand, bei der der Anteil der Öffnungen mehr als 30 % beträgt, gilt als durchlässige Wand. Sind mindestens zwei Seiten eines Gebäudes (Fassade oder Dach) durchlässig, so gelten die beiden Seiten als gänzlich offen und die Windlast ist wie für freistehende Dächer bzw. Wände zu ermitteln.

Gebäudeöffnungen schließen kleine Öffnungen wie Fenster, Lüftungsklappen, Rauchabzüge etc. sowie eine Grundundichtigkeit ein, die sich z. B. durch undichte Türen, Fenster oder Versorgungsschächte ergibt. Bis zu einem Öffnungsanteil (inkl. Grundundichtigkeit) von 1 % braucht der Innendruck nicht berücksichtigt zu werden, wenn die Öffnungsanteile über die Flächen der Außenwände annähernd gleichmäßig verteilt sind ([57] mit [10] zu 7.2.9 (2)).

Gebäudeöffnungen, wie Fenster oder Türen, dürfen im Hinblick auf den Innendruck für den Grenzzustand der Tragfähigkeit als geschlossen angesehen werden, sofern sie nicht betriebsbedingt bei Sturm geöffnet werden müssen, z. B. Ausfahrtstore von Gebäuden mit Rettungsdiensten. In anderen Fällen sollte die Bemessungssituation mit geöffneten Fenstern oder Türen als außergewöhnlicher Lastfall nach DIN EN 1990 [1, 2] betrachtet werden. Das Prüfen der außergewöhnlichen Bemessungssituation ist besonders für große Innenwände (mit hohem Gefährdungspotenzial) wichtig, wenn diese, aufgrund von Öffnungen in der Gebäudehülle, die gesamte äußere Windlast abtragen.

Eine Gebäudefläche ist für den Innendruck als dominant anzusehen, wenn die Gesamtfläche der Öffnungen dieser Seite mindestens doppelt so groß ist wie die Summe aller Öffnungen und Undichtigkeiten in den restlichen Seitenflächen. Diese Definition kann auch auf einzelne Innenräume angewendet werden. Bei einem Gebäude mit einer dominanten Fläche ist der Innendruck von dem Außendruck, der auf die Öffnungen der dominanten Seitenfläche wirkt, abhängig.

Tabelle 36. Außendruckbeiwerte für Walmdächer ([9] Tab. 7.5)

1	2	3	4	5	6	7	8	9	10	11	12	13	14	15	16	17	18	19
Neigungs-winkel α_0 für $\theta = 0°$ α_{90} für $\theta = 90°$	Bereich für die Anströmrichtung $\theta = 0°$ und $\theta = 90°$																	
	F		G		H		I		J		K		L		M		N	
	$c_{pe,10}$	$c_{pe,1}$	$c_{pe,10}$	$c_{pe,1}$	$c_{pe,10}$	$c_{pe,1}$	$c_{pe,10}$	$c_{pe,1}$	$c_{pe,10}$	$c_{pe,1}$	$c_{pe,10}$	$c_{pe,1}$	$c_{pe,10}$	$c_{pe,1}$	$c_{pe,10}$	$c_{pe,1}$	$c_{pe,10}$	$c_{pe,1}$
1 5°	−1,7 +0,0	−2,5	−1,2 +0,0	−2,0	−0,6 +0,0	−1,2	−0,3		−0,6		−0,6		−1,2	−2,0	−0,6	−1,2	−0,4	
2 15°	−0,9 +0,2	−2,0	−0,8 +0,2	−1,5	−0,3 +0,2		−0,5		−1,0	−1,5	−1,2	−2,0	−1,4	−2,0	−0,6	−1,2	−0,3	
3 30°	−0,5 +0,5	−1,5	−0,5 +0,7	−1,5	−0,2 +0,4		−0,4		−0,7	−1,2	−0,5		−1,4	−2,0	−0,8	−1,2	−0,2	
4 45°	−0,0 +0,7		−0,0 +0,7		−0,0 +0,6		−0,3		−0,6		−0,3		−1,3	−2,0	−0,8	−1,2	−0,2	
5 60°	+0,7		+0,7		+0,7		−0,3		−0,6		−0,3		−1,2	−2,0	−0,4		−0,2	
6 75°	+0,8		+0,8		+0,8		−0,3		−0,6		−0,3		−1,2	−2,0	−0,4		−0,2	

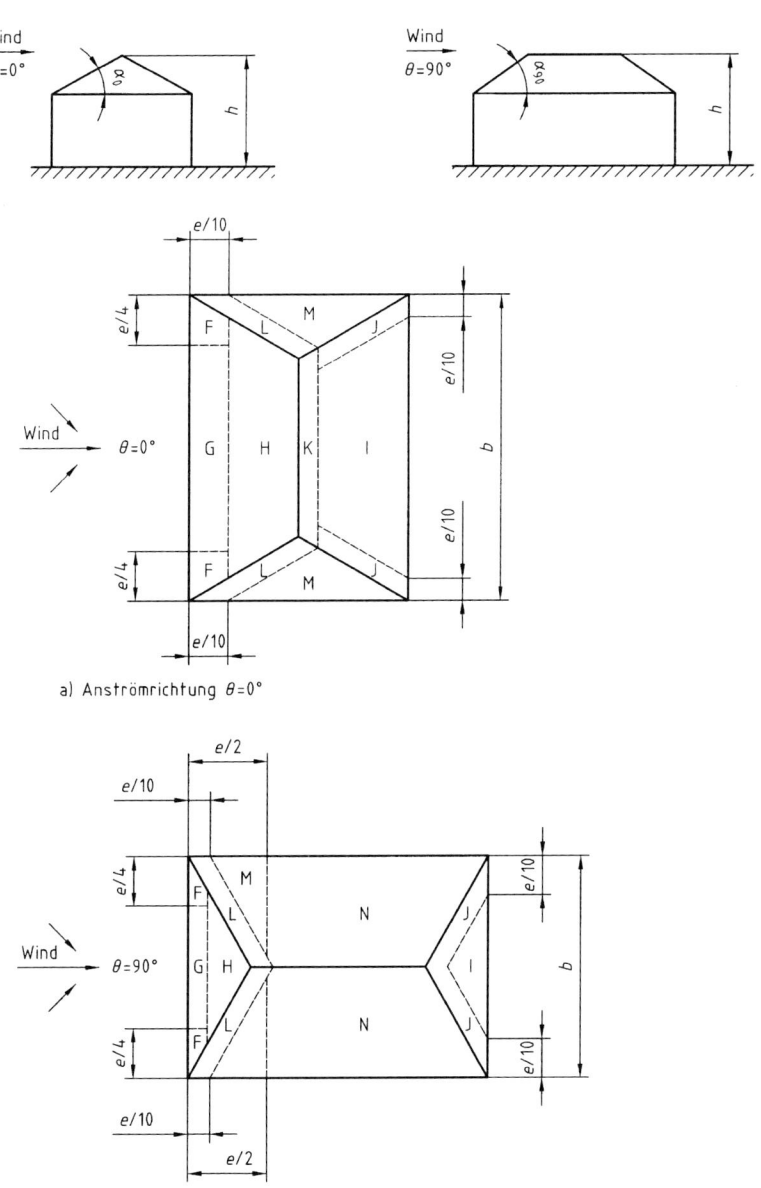

Bild 33. Einteilung der Dachflächen bei Walmdächern ([9] Bild 7.9, entnommen aus [57])

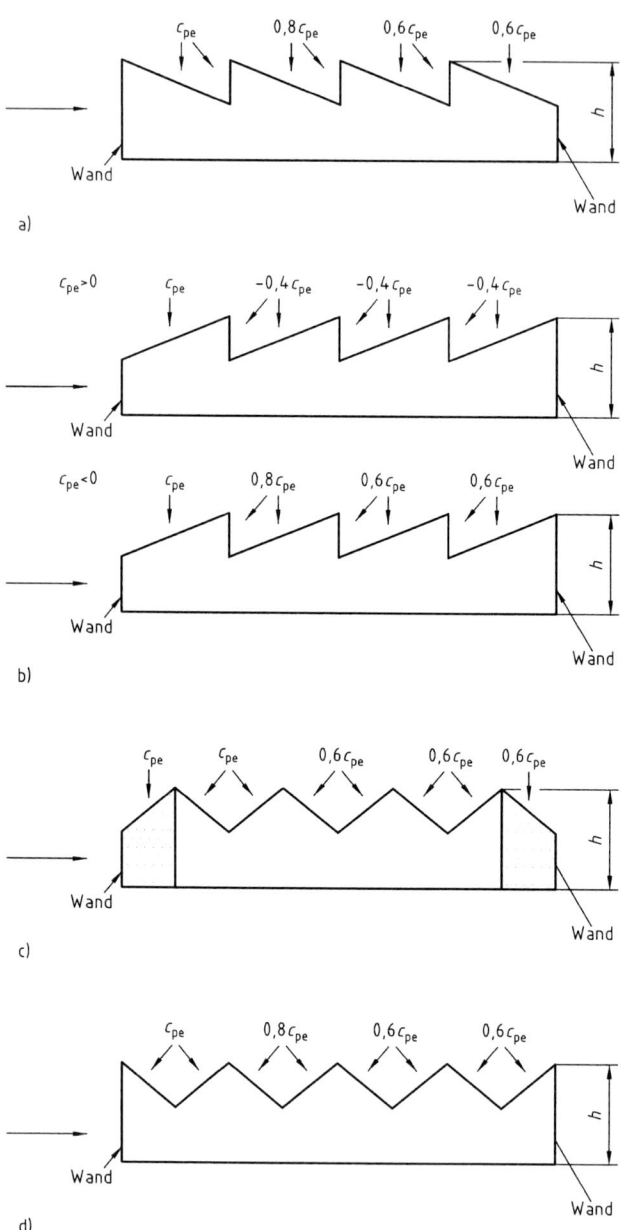

Bild 34. Außendruckbeiwerte bei Sheddächern ([9] Bild 7.10, entnommen aus [57])

Ist die Gesamtfläche der Öffnungen in der dominanten Seite doppelt so groß wie die Summe aller Öffnungen in den restlichen Seitenflächen, gilt:

$$c_{pi} = 0{,}75 \cdot c_{pe} \qquad [9]\ (7.1)$$

Ist die Gesamtfläche der Öffnungen in der dominanten Seite mindestens dreimal so groß wie die Summe aller Öffnungen in den restlichen Seitenflächen, gilt:

$$c_{pi} = 0{,}90 \cdot c_{pe} \qquad [9]\ (7.2)$$

Der c_{pe}-Wert ist hierbei der Außendruckbeiwert der dominanten Seite. Liegen die Öffnungen der dominanten Seitenfläche in Bereichen mit unterschiedlichen Außendruckbeiwerten, ist ein mit den Öffnungsflächen gewichteter Mittelwert für c_{pe} zu ermitteln. Liegt die Gesamtfläche der Öffnungen in der dominanten Seite zwischen dem Dreifachen und Doppelten der Summe aller Öffnungen in den restlichen Seitenflächen, darf der c_{pi}-Wert linear interpoliert werden.

Bei Gebäuden ohne eine dominante Seite ist der c_{pi}-Wert anhand von Bild 35 zu ermitteln. Der c_{pi}-Wert ist dabei abhängig von der Höhe h und der Tiefe d des Gebäudes (vgl. Bild 30) sowie vom Flächenparameter μ für jede Anströmrichtung θ. Für $0{,}25 < h/d < 1$ darf linear interpoliert werden.

Der Flächenparameter μ ergibt sich wie folgt:

$$\mu = \frac{A_{\text{öff,Sog}}}{A_{\text{öff,Gesamt}}} \qquad [9]\ (7.3)$$

Dabei sind

$A_{\text{öff,Sog}}$ Gesamtfläche der Öffnungen in den leeseitigen und windparallelen Flächen mit $c_{pe} \leq 0$;

$A_{\text{öff,Gesamt}}$ Gesamtfläche aller Öffnungen.

Dies gilt für Fassaden und Dächer von Gebäuden mit und ohne Zwischenwände. Lässt sich kein sinnvoller Flächenparameter μ ermitteln oder ist die Berechnung nicht möglich, so ist der c_{pi}-Wert als der ungünstigere Wert aus $+0{,}2$ und $-0{,}3$ anzunehmen.

Als Bezugshöhe z_i für den Innendruck ist die Bezugshöhe z_e für den Außendruck der Seitenflächen anzusetzen, deren Öffnungen zur Entstehung des Innendrucks führen. Gibt es mehrere Öffnungen, so ist der größte sich ergebende z_e-Wert für die Bezugshöhe z_i maßgebend.

Die Innendruckbeiwerte betragen für offene Silos $c_{pi} = -0{,}60$ und für belüftete Tanks mit kleinen Öffnungen $c_{pi} = -0{,}40$ (bei Bezugshöhe z_i = Höhe h des Silos bzw. Tanks).

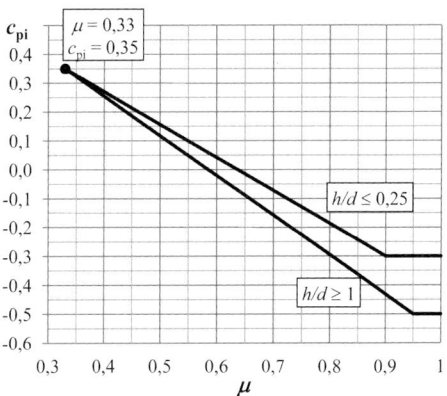

Bild 35. Innendruckbeiwerte bei gleichförmig verteilten Öffnungen ([9] Bild 7.13)

6.7.8 Beiwert für mehrschalige Wand- und Dachflächen

Die Windlast ist bei mehrschaligen Wänden und Dächern für jede Schale getrennt zu berechnen. Die Windeinwirkung auf die Schale mit der größten Steifigkeit sollte als Differenz der Innen- und Außendrücke ermittelt werden (Näherung).

Ist die Durchlässigkeit einer Schale (Verhältnis der Summe aller Öffnungsflächen zur Gesamtfläche der Seite) $\mu < 0{,}1\%$ gilt sie als luftdicht. Die Fläche darf dann wie eine einschalige betrachtet werden. Ist nur eine Schale durchlässig, ist die Windlast auf die dichte Schale als Differenz der Innen- und Außendrücke nach Abschnitt 6.6.1 zu berechnen ([9] 7.2.10)).

Wenn entlang der vertikalen Gebäudekanten eine dauerhaft wirksame, vertikale Luftsperre angeordnet und die lichte Dicke der Luftschicht im Hinterlüftungsraum kleiner als 100 mm ist, darf der sich aus dem Innendruck im Hinterlüftungsraum und dem Außendruck ergebende resultierende Winddruck auf die durchlässige Außenschale mit einem Beiwert $c_{p,net} = \pm 0{,}5$ berechnet werden. Dies gilt für eine Durchlässigkeit der Außenschale $\mu \geq 0{,}75\%$ und bei gleichmäßiger Verteilung der Öffnungsflächen über die Gesamtfläche der Außenschale ([10] zu 7.2.10).

6.7.9 Beiwerte für freistehende Wände und Brüstungen

Freistehende Wände und Brüstungen sind in Bereiche A bis D nach Bild 36 zu unterteilen Die resultierenden Druckbeiwerte $c_{p,net}$ in Tabelle 37 sind vom Völligkeitsgrad φ abhängig (für geschlossene Wände $\varphi = 1{,}0$, für Wände mit einem Öffnungsanteil

Tabelle 37. Druckbeiwerte $c_{p,net}$ für freistehende Wände ([9] Tab. 7.9)

Völligkeitsgrad	Zone		A	B	C	D
$\varphi = 1$	gerade Wand	$l/h \leq 3$	2,3	1,4	1,2	1,2
		$l/h = 5$	2,9	1,8	1,4	1,2
		$l/h \geq 10$	3,4	2,1	1,7	1,2
	abgewinkelte Wand mit Schenkellänge $\geq h$ [a), b)]		± 2,1	± 1,8	± 1,4	± 1,2
$\varphi = 0,8$			± 1,2	± 1,2	± 1,2	± 1,2

[a)] Für Schenkellängen des abgewinkelten Wandstücks zwischen 0 und h darf linear interpoliert werden.
[b)] Das Mischen von positiven und negativen Werten ist nicht gestattet.

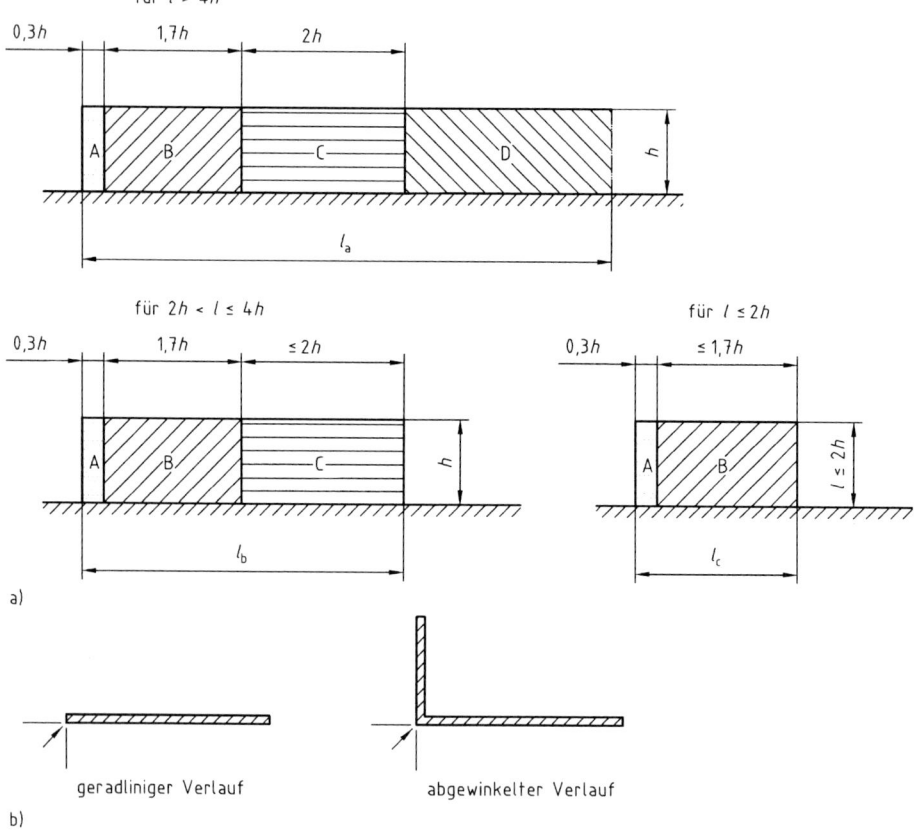

a) Unterteilung der Bereiche ($z_e = h$)
b) Anströmrichtung

Bild 36. Flächeneinteilung bei freistehenden Wänden ([9] Bild 7.19, entnommen aus [57])

Eurocode 1 – DIN EN 1991-1-4: Windlasten   991

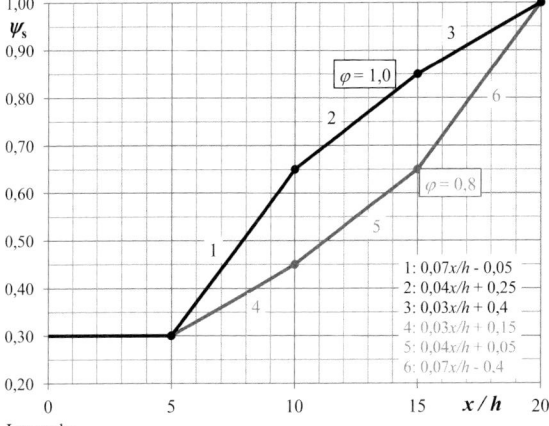

Legende:
x - Abstand der Wände; h - Höhe der luvseitigen Wand

Bild 37. Abschattungsfaktor ψ_s für Wände ([9] Bild 7.20)

von 20 % $\varphi = 0,8$). Für Völligkeitsgrade φ zwischen 0,8 und 1,0 dürfen die Beiwerte linear interpoliert werden. Offene Wände mit $\varphi < 0,8$ sind wie Fachwerke zu behandeln. Die Bezugshöhe ist mit $z_e = h$ anzusetzen ([9] 7.4.1).

Falls der betrachteten Wand luvseitig andere gleich große oder größere Wände vorgelagert sind, dürfen die Gesamtdruckbeiwerte $c_{p,net}$ für die abgeschattete Wand bereichsweise mit einem Abschattungsfaktor ψ_s nach Bild 37 abgemindert werden. Für Völligkeitsgrade φ zwischen 0,8 und 1,0 können auch die Abschattungsfaktoren linear interpoliert werden. Die Endbereiche der abgeschatteten Wand sind auf einer Länge, die gleich der Höhe h ist, für die volle Windbelastung ohne Abschattungsfaktor nachzuweisen ([9] 7.4.2).

6.7.10 Beiwerte für Vordächer

Die Druckbeiwerte der Tabelle 38 gelten für ebene Vordächer, die mit einer maximalen Auskragung von 10 m und einer Dachneigung von bis zu $\pm 10°$ aus der Horizontalen an eine Gebäudewand angeschlossen sind. Vordächer sind für zwei Lastfälle, eine abwärts gerichtete (positive) und eine aufwärts gerichtete (negative) Kraftwirkung zu untersuchen. In Tabelle 38 sind Druckbeiwerte $c_{p,net}$ für die Resultierende der Drücke an Ober- und Unterseite angegeben (Bezeichnungen und Abmessungen siehe Bild 38). Die Werte gelten unabhängig vom horizontalen Abstand des Vordachs von der Gebäudeecke. Die Bezugshöhe z_e ist der Mittelwert aus der Trauf- und Firsthöhe des Gebäudes.

6.7.11 Beiwerte für freistehende Dächer mit offenen Wänden

In DIN EN 1991-1-4 [9] 7.3 werden freistehende Dächer ohne durchgehende begleitende Wände geregelt (z. B. Bahnsteig- oder Tankstellenüberdachungen).

Für freistehende Dächer mit offenen Wänden (z. B. Tribünendach mit Rückwand) kann die Regelung in DIN 1055-4 [57] 12.1.9: Druckbeiwerte auf die innen liegenden Oberflächen seitlich offener Baukörper weiterhin als Stand der Technik angesehen werden [62]. Die Druckbeiwerte für die innen liegenden Wandoberflächen sind demnach Bild 39 zu entnehmen. Für die außen liegenden Wandoberflächen können, soweit nichts anderes angegeben ist, die Druckbeiwerte geschlossener Baukörper benutzt werden. Als Bezugshöhe z_i ist die Bezugshöhe z_e für den Außendruck der Wandfläche, in der sich die Öffnung befindet, anzusetzen.

6.8 Kraftbeiwerte

6.8.1 Beiwerte für Anzeigetafeln

Der Kraftbeiwert für Anzeigetafeln, deren Unterkante mindestens um $z_g = h/4$ von der Geländeoberkante entfernt ist (Bild 40), beträgt $c_f = 1,80$. Dieser Wert darf auch bei $z_g < h/4$ und $b/h \le 1$ verwendet werden. Die resultierende Kraft senkrecht zur Anzeigetafel ist in Höhe des Flächenschwerpunkts der Tafel mit einer horizontalen Ausmitte $e = \pm b/4$ anzusetzen. Die Bezugshöhe ist $z_e = z_g + h/2$ und die Bezugsfläche $A_{ref} = b \cdot h$. Bei einem Bodenabstand von $z_g < h/4$ und $b/h > 1$ ist die Tafel als freistehende Wand zu behandeln ([9] 7.4.3).

Tabelle 38. Druckbeiwerte für Vordächer ([10] Tab. NA.V.1)

	1	2	3	4	5	6	7
	Höhenverhältnis h_1/h	Bereich A			Bereich B		
		Abwärtslast	Aufwärtslast		Abwärtslast	Aufwärtslast	
			$h_1/d_1 \leq 1$	$h_1/d_1 \geq 3{,}5$		$h_1/d_1 \leq 1$	$h_1/d_1 \geq 3{,}5$
1	≤ 0,1	1,1	−0,9	−1,4	0,9	−0,2	−0,5
2	0,2	0,8			0,5		
3	0,3	0,7			0,4		
4	0,4		−1,0	−1,5	0,3		
5	0,5		−1,0	−1,5			
6	0,6		−1,1	−1,6		−0,4	−0,7
7	0,7		−1,2	−1,7		−0,7	−1,0
8	0,8		−1,4	−1,9		−1,0	−1,3
9	0,9		−1,7	−2,2		−1,3	−1,6
10	1,0		−2,0	−2,5		−1,6	−1,9

Für Zwischenwerte $1{,}0 < h_1/d_1 < 3{,}5$ ist linear zu interpolieren, Zwischenwerte h_1/h dürfen linear interpoliert werden.

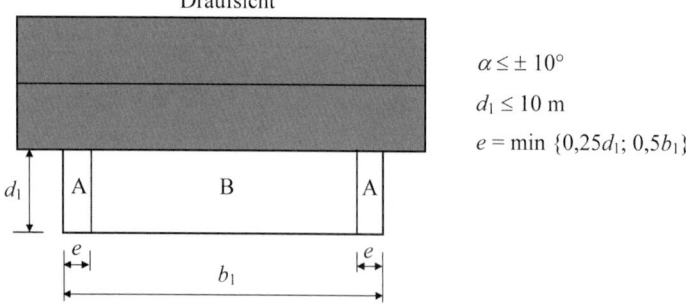

Bild 38. Abmessungen und Einteilung der Flächen für Vordächer

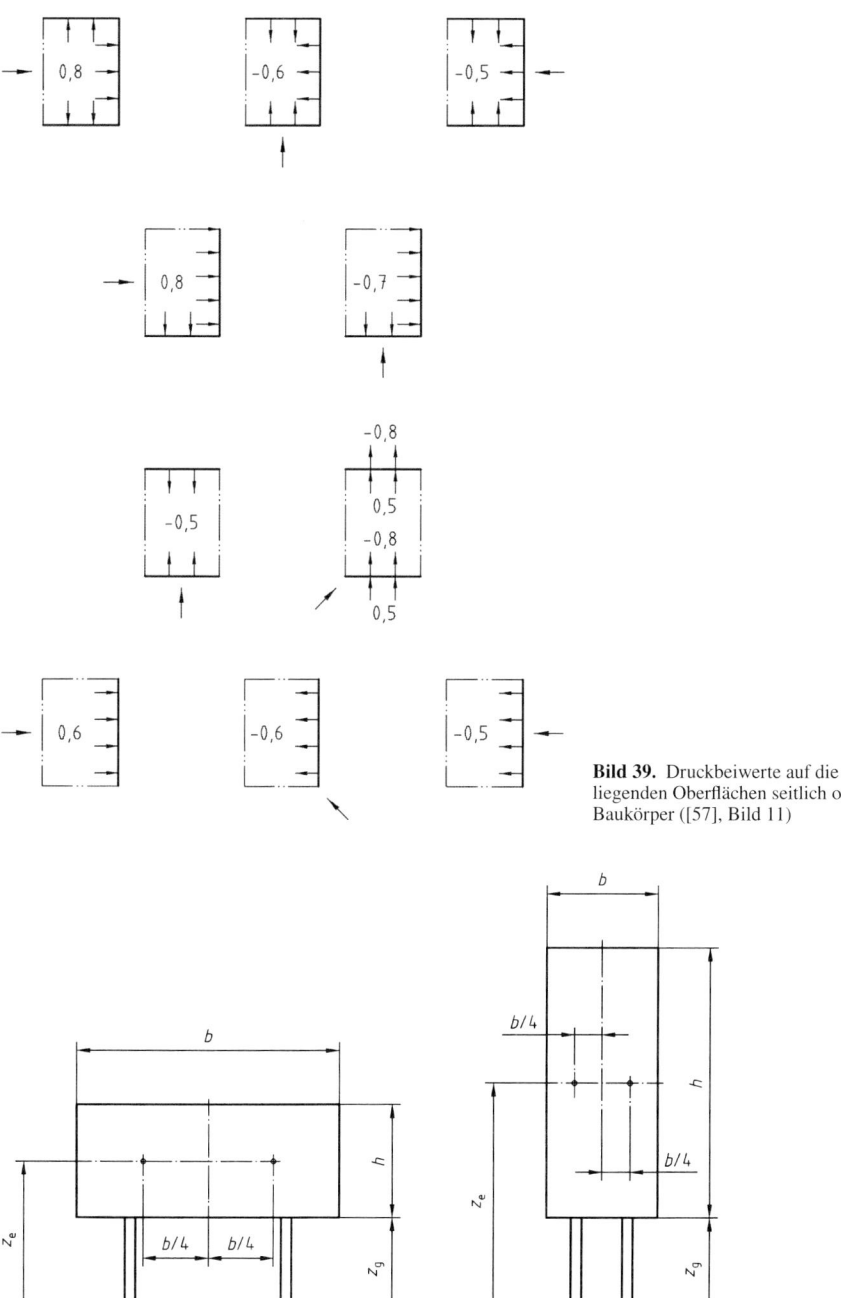

Bild 39. Druckbeiwerte auf die innen liegenden Oberflächen seitlich offener Baukörper ([57], Bild 11)

Bild 40. Abmessungen bei Anzeigetafeln ([9] Bild 7.21, entnommen aus [57])

6.8.2 Beiwerte für Bauteile mit rechteckigem Querschnitt

Der Kraftbeiwert c_f für Bauteile mit rechteckigem Querschnitt bei Anströmung senkrecht zu einer Querschnittsseite ist

$$c_f = c_{f,0} \cdot \psi_r \cdot \psi_\lambda \qquad [9]\ (7.9)$$

Dabei sind

$c_{f,0}$ Grundkraftbeiwert nach Bild 41 für einen scharfkantigen Rechteckquerschnitt mit unendlicher Schlankheit λ;

ψ_r Abminderungsfaktor für quadratische Querschnitte mit abgerundeten Ecken nach Bild 42;

ψ_λ Abminderungsfaktor zur Berücksichtigung der Schlankheit nach Abschnitt 6.8.5.

Die Bezugsfläche ist $A_{ref} = l \cdot b$ (mit Länge l des betrachteten Abschnitts). Die Bezugshöhe z_e ist gleich der maximalen Höhe des betrachteten Abschnitts über Geländeoberkante. Für plattenartige Querschnitte ($d/b < 0{,}2$) kann es bei bestimmten Anströmrichtungen zu einem Anstieg der c_f-Werte infolge von Auftriebskräften um bis zu 25 % kommen. Bild 41 darf auch für Gebäude mit $h/d > 5{,}0$ angewendet werden ([9] 7.6).

6.8.3 Beiwerte für Bauteile mit kantigem Querschnitt

Der Kraftbeiwert c_f für Bauteile mit kantigem Querschnitt (Bild 43) für die Windkräfte in x- und y-Richtung ist

$$c_f = c_{f,0} \cdot \psi_\lambda \qquad [9]\ (7.11)$$

Dabei sind

$c_{f,0} = 2{,}0$ Grundkraftbeiwert für alle Anströmrichtungen (oder genauer nach Tabelle 39 gleichzeitig für x- und y-Richtung und sofern die Seitenverhältnisse näherungsweise eingehalten sind);

ψ_λ Abminderungsfaktor zur Berücksichtigung der Schlankheit nach Abschnitt 6.8.5.

Die Bezugsflächen für die Windkräfte sind in x- und y-Richtung $A_{ref,x} = l \cdot b$ bzw. $A_{ref,y} = l \cdot d$ (mit Länge l des betrachteten Bauteils). Die Bezugshöhe z_e ist gleich der maximalen Höhe des betrachteten Abschnitts über Geländeoberkante. Die Angaben dürfen auch für Gebäude mit $h/d > 5{,}0$ angewendet werden.

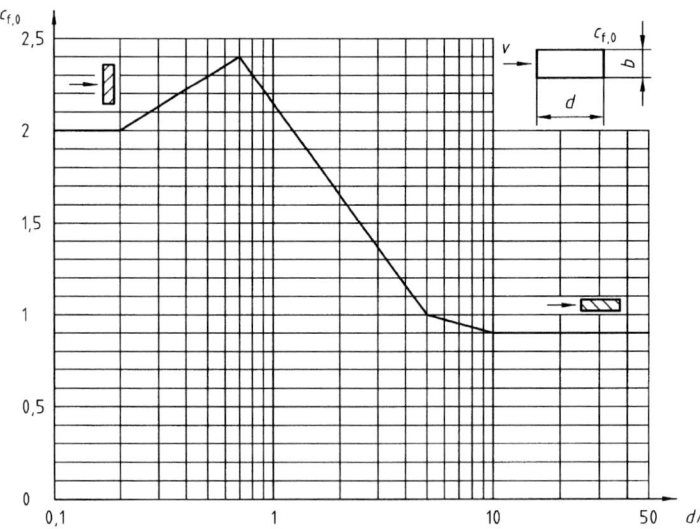

Bild 41. Grundkraftbeiwerte $c_{f,0}$ für scharfkantige Rechteckquerschnitte mit $\lambda = \infty$ ([9] Bild 7.23, entnommen aus [57])

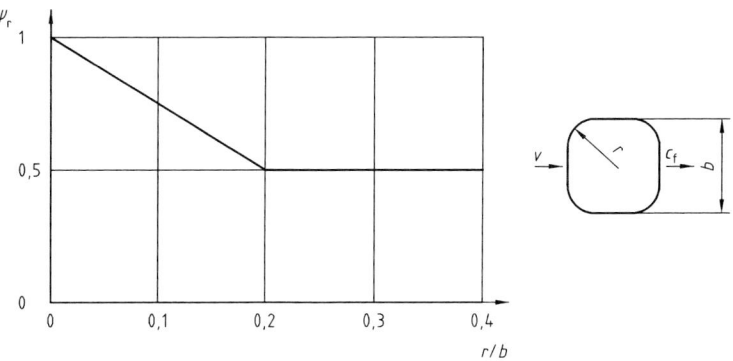

Bild 42. Abminderungsfaktor ψ_r für quadratische Querschnitte mit abgerundeten Ecken ([9] Bild 7.24, entnommen aus [57])

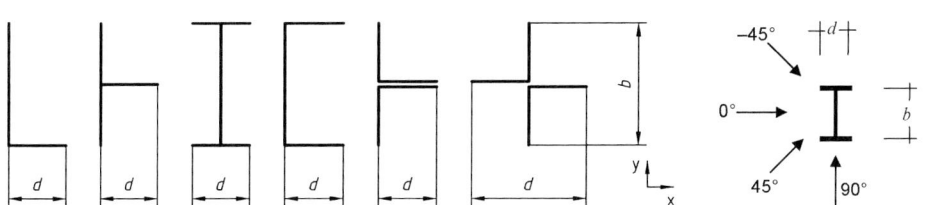

Bild 43. Kantige Querschnitte ([9] Bild 7.25 und [10] Bild NA.1)

Tabelle 39. Grundkraftbeiwerte $c_{f,0}$ für Bauteile mit kantigem Querschnitt ([10] Tab. NA.2)

Lfd. Nr.	1	2	3	4	5
	Form	**Seitenverhältnis**	**Windrichtung**	$c_{fx,0}$	$c_{fy,0}$
1	│	$d/b < 0{,}1$	0°	2,00	0
2	┤	$d/b = 1{,}0$	0° 45° 90°	1,65 2,20 1,30	0 1,00 2,10
3	├	$d/b = 1{,}0$	0° 45° 90°	2,00 1,15 −1,30	0 0,80 2,10
4	┐	$d/b = 0{,}5$	0° +45° −45° 90°	2,00 1,80 1,30 1,75	2,00 1,60 −0,40 2,50
5	L	$d/b = 0{,}5$	0° +45° −45° 90°	2,00 1,55 1,55 −0,25	−0,20 1,40 −1,60 1,60

Tabelle 39. Grundkraftbeiwerte $c_{f,0}$ für Bauteile mit kantigem Querschnitt ([10] Tab. NA.2) (Fortsetzung)

Lfd. Nr.	Form	Seitenverhältnis	Windrichtung	$c_{fx,0}$	$c_{fy,0}$
1		2	3	4	5
6	⌐	$d/b = 1{,}0$	0° 45° 90°	1,80 1,80 2,00	2,00 1,80 1,80
7	L	$d/b = 1{,}0$	0° +45° −45° 90°	1,90 1,40 0,70 −0,20	−0,20 1,40 −1,80 1,90
8	⊥	$d/b = 1{,}0$	0° 45° 90°	2,00 0,85 0	0 0,85 2,00
9	I	$d/b = 0{,}5$	0° 45° 90°	2,00 1,80 0	0 1,20 1,60
		$d/b = 0{,}66$	0° 45° 90°	1,85 1,70 0	0 1,50 1,80
		$d/b = 1{,}0$	0° 45° 90°	1,70 1,50 0	0 1,50 1,70
10	⌐	$d/b = 0{,}5$	0° 45° 90°	2,10 1,80 0	0 1,20 1,40
11	C	$d/b = 0{,}5$	0° 45° 90°	1,80 1,80 0	0 1,0 2,4

6.8.4 Beiwerte für Bauteile mit regelmäßigem polygonalem Querschnitt

Der Kraftbeiwert c_f für Bauteile mit regelmäßigem polygonalem Querschnitt ist

$$c_f = c_{f,0} \cdot \psi_\lambda \qquad [9]\ (7.13)$$

Dabei ist

$c_{f,0}$ Grundkraftbeiwert für alle Anströmrichtungen nach Tabelle 40;

ψ_λ Abminderungsfaktor zur Berücksichtigung der Schlankheit nach Abschnitt 6.8.5.

Die Bezugsfläche ist $A_{ref} = l \cdot b$. Dabei ist l die Länge des betrachteten Bauteils und b der Durchmesser eines den polygonalen Querschnitt umschreibenden Kreises. Die Bezugshöhe z_e ist gleich der maximalen Höhe des betrachteten Bauteilabschnitts über Geländeoberkante. Die Angaben dürfen auch für Gebäude mit $h/d > 5{,}0$ angewendet werden ([9] 7.8).

6.8.5 Abminderungsbeiwert ψ_r zur Berücksichtigung der Schlankheit

Der Abminderungsfaktor ψ_r ist in Bild 44 abhängig von der effektiven Schlankheit λ nach Tabelle 41 für Zylinder, Vieleck- und Rechteckquerschnitte, scharfkantige Bauteile und Fachwerk- und Gitterkonstruktionen angegeben.

Der Völligkeitsgrad entspricht $\varphi = A/A_c$. Dabei ist A die Summe der projizierten Flächen der einzelnen Teile und A_c die umschlossene Fläche $A_c = l \cdot b$ (siehe Bild 45).

Tabelle 40. Grundkraftbeiwerte $c_{f,0}$ für Bauteile mit polygonalem Querschnitt (Auszug [9] Tab. 7.11 und [10] zu 7.8.1)

	1		2
	Querschnitt		$c_{f,0}$
1	gleichseitiges Dreieck mit scharfen Kanten $r/b < 0{,}10$ (Bild 41)	Anströmung auf Seite	2,0
		Anströmung auf Spitze	1,2
2	Fünfeck		1,8
3	Sechseck		1,6
4	Achteck		$\leq 1{,}45$
5	Zehneck		1,3
6	Zwölfeck		$\leq 1{,}3$
7	$\geq$ Sechzehneck (wie Kreiszylinder)		$\leq 1{,}2$

6.9 Abminderung des Geschwindigkeitsdrucks bei vorübergehenden Zuständen

Für zeitweilig bestehende Bauwerke sowie für vorübergehende Zustände, z. B. für Bauwerke im Bauzustand, darf die Windlast abgemindert werden. Die Größe der Abminderung hängt von der Dauer des Zustands sowie von der Möglichkeit von Sicherungsmaßnahmen für den Fall aufkommenden Sturms ab. Abminderungsfaktoren für den Geschwindigkeitsdruck zur Untersuchung solcher Zustände sind in Tabelle 42 angegeben ([10] NA.B.5).

Die Reduzierung der rechnerischen Geschwindigkeitsdrücke nach Tabelle 42, Spalten 2 und 3, gilt für den Nachweis der ungesicherten Konstruktion. Ihre Anwendung setzt voraus, dass die Wetterlage ausreichend genau beobachtet wird, gegebenenfalls Sturmwarnungen durch einen qualifizierten Wetterdienst eingeholt werden und die Sicherungsmaßnahmen rechtzeitig vor aufkommenden Sturm abgeschlossen werden können. Die im Falle aufkom-

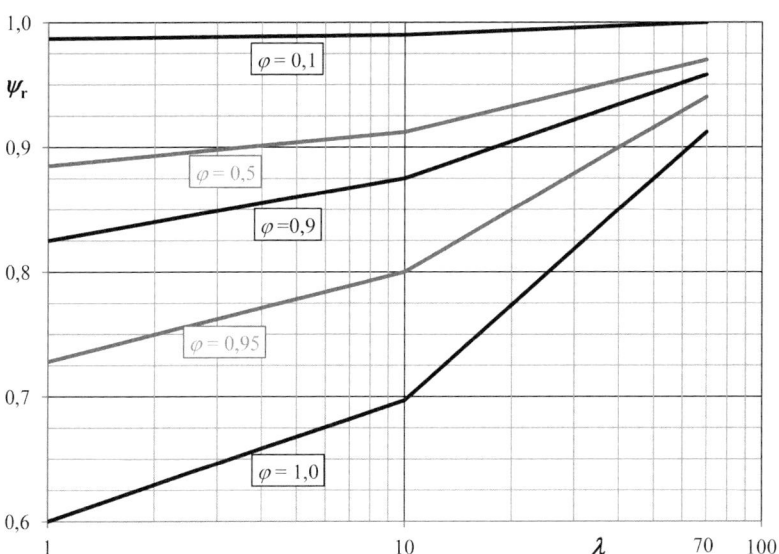

Bild 44. Abminderungsfaktor ψ_r abhängig von effektiver Schlankheit λ und Völligkeitsgrad φ ([9] Auszug Bild 7.36)

Tabelle 41. Effektive Schlankheit λ ([9] Tab. 7.16, entnommen aus [57])

Lfd. Nr.	1 Lage des Baukörpers, Anströmung senkrecht zur Zeichenebene	2 Effektive Schlankheit λ
1	für $\ell > b$	$\lambda = \ell/b$ oder $\lambda = 2$, der größere Wert ist maßgebend
2	für $b \leq \ell$	Für polygonale, rechteckige und scharfkantige Querschnitte sowie für Fachwerke: für $\ell \geq 50$ m ist $\lambda = 1{,}4\ \ell/b$ oder $\lambda = 70$, der kleinere Wert ist maßgebend für $\ell < 15$ m ist $\lambda = 2\ \ell/b$ oder $\lambda = 70$, der kleinere Wert ist maßgebend Für Kreiszylinder: für $\ell \geq 50$ m ist $\lambda = 0{,}7\ \ell/b$ oder $\lambda = 70$, der kleinere Wert ist maßgebend
3	für $b \leq \ell$	für $\ell < 15$ m ist $\lambda = \ell/b$ oder $\lambda = 70$, der kleinere Wert ist maßgebend Zwischenwerte dürfen linear interpoliert werden.
4		
5		für $\ell \geq 50$ m ist $\lambda = 0{,}7\ \ell/b$ oder $\lambda = 70$, der größere Wert ist maßgebend für $\ell < 15$ m ist $\lambda = \ell/b$ oder $\lambda = 70$, der größere Wert ist maßgebend Zwischenwerte dürfen linear interpoliert werden.

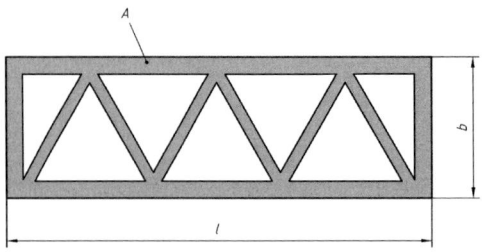

Bild 45. Definition Völligkeitsgrad $\varphi = A/(l \cdot b)$ ([9] Bild 7.37)

Tabelle 42. Abgeminderter Geschwindigkeitsdruck für vorübergehende Zustände ([10] Tab. NA.B.5)

1		2	3	4
	Dauer des vorübergehenden Zustands	**mit schützenden** [a] **Sicherungsmaßnahmen**	**mit verstärkenden**	**ohne**
1	bis zu 3 Tagen	$0,1q$	$0,2q$	$0,5q$
2	bis zu 3 Monaten von Mai bis August	$0,2q$	$0,3q$	$0,5q$
3	bis zu 12 Monaten	$0,2q$	$0,3q$	$0,6q$
4	bis zu 24 Monaten	$0,2q$	$0,4q$	$0,7q$

[a] Schützende Sicherungsmaßnahmen sind z. B.: Niederlegen von Bauteilen am Boden, Einhausung oder Einschub in Hallen.

menden Sturms durch verstärkende Sicherungsmaßnahmen ertüchtigte Konstruktion ist für einen Geschwindigkeitsdruck entsprechend Tabelle 42, Spalte 4 zu bemessen.

Bei Bauten, die jederzeit errichtet und demontiert werden können, z. B. fliegende Bauten und Gerüste, darf die Abminderung nicht angewendet werden, es sei denn dies wird in Fachnormen anders geregelt. Bei Berücksichtigung von Eisansatz dürfen die Windlasten nach Tabelle 42, Spalte 4, sinngemäß angesetzt werden.

6.10 Sonderfall Reihenhäuser

In der MVV TB [27], Anlage A 1.2.1/5 wird für Reihenmittelhäuser eine Sonderregelung getroffen. Bei Reihenmittelhäusern mit einer Gesamthöhe $h \leq 10$ m, an die beidseitig im Wesentlichen profilgleich angebaut und bei denen (rechtlich) gesichert ist, dass die angebauten Gebäude nicht dauerhaft beseitigt werden, darf die Einwirkung des Windes als veränderliche Einwirkung aus Druck **oder** Sog nachgewiesen werden (Bild 46a). Es gilt der vereinfachte Geschwindigkeitsdruck nach Tabelle 30, Spalte 2. Dabei ist der ungünstigere Wert maßgebend. Die Einwirkung von Druck und Sog gemeinsam muss dann nur noch als außergewöhnliche Einwirkung angesetzt werden (siehe Bild 46b).

6.11 Windlasten auf vereiste Baukörper

Durch Eisansatz ändert sich die Querschnittsform der Bauteile und damit der Windkraftbeiwert und die Bezugsfläche, bei Fachwerken auch der Völligkeitsgrad. Dies ist in der Berechnung zu berücksichtigen.

In den Vereisungsklassen G ([8], siehe hier in Abschnitt 5.12) sollte mit den allseitig geometrisch vergrößerten Querschnitten gerechnet werden. Ausgehend von den Windkraftbeiwerten c_{f0} können im Bild 47 die veränderten Werte c_{fi} für einen Glatteisansatz abgelesen oder linear interpoliert werden. Die Windkraftbeiwerte tendieren mit zunehmender Vereisung auf einen einheitlichen Wert hin.

Bei den Raueisklassen R sollte ungünstig davon ausgegangen werden, dass der Wind quer zu den Eisfahnen weht. Ausgehend von den Windkraftbeiwerten c_{f0} ohne Eisansatz können in Bild 48 die veränderten Werte c_{fi} für einen Raueisansatz abgelesen

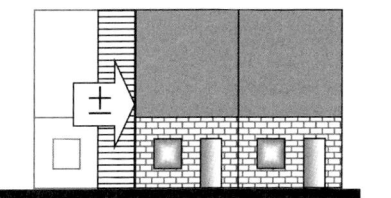

$w_{ed} = 1{,}5 \cdot c_{pe,Druck} \cdot q_p(z_e)$ oder
$w_{ed} = 1{,}5 \cdot c_{pe,Sog} \cdot q_p(z_e)$

a) ständige und vorübergehende Bemessungssituation W_d

$w_{ed,A} = 1{,}0 \cdot (c_{pe,Druck} + |\,c_{pe,Sog}|) \cdot q_p(z_e)$

b) außergewöhnliche Bemessungssituation $W_{d,A}$

Bild 46. Windlasten auf Wände eines Reihenmittelhauses

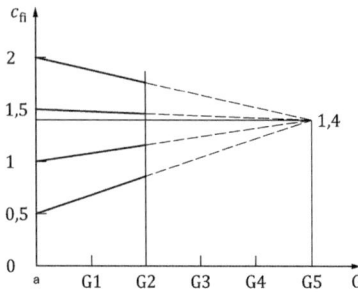

Legende
G Vereisungsklasse
c_{fi} Windkraftbeiwert
a eisfrei

Bild 47. Veränderte Windkraftbeiwerte c_{fi} bei allseitigem Glatteisansatz – Vereisungsklassen G (Bild NA.F.5 aus [8])

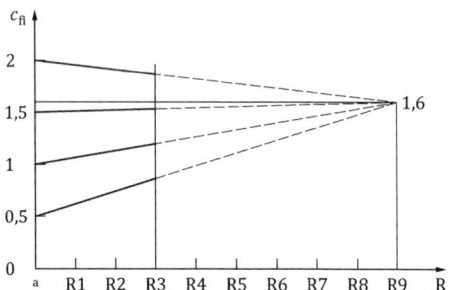

Legende
R Vereisungsklasse
c_{fi} Windkraftbeiwert
a eisfrei

Bild 48. Veränderte Windkraftbeiwerte c_{fi} bei einseitigem Raueisansatz – Vereisungsklassen R (Bild NA.F.6 aus [8])

oder linear interpoliert werden. Für dünne und für stabförmige Bauglieder bis zur Breite von 300 mm können die vergrößerten Windangriffsflächen der Tabelle 27 aus Abschnitt 5.12 entnommen werden.

Für Bauteile mit einer Breite über 300 mm lassen sich die durch Eisansatz veränderten Windkraftbeiwerte nach ISO 12494 [55] abschätzen.

7 Eurocode 1 – DIN EN 1991-1-5: Temperatureinwirkungen

7.1 Einführung

DIN EN 1991-1-5 „Einwirkungen auf Tragwerke – Teil 1-5: Allgemeine Einwirkungen – Temperatureinwirkungen" [11] mit Nationalem Anhang DIN EN 1991-1-5/NA [12] sind nicht bauaufsichtlich eingeführt. Temperatureinwirkungen für Hochbauten waren bisher in Deutschland bauaufsichtlich nur für Sonderfälle, z. B. in Zulassungsgrundsätzen des DIBt, festgelegt.

In DIN EN 1991-1-5 [11, 12] werden charakteristische Werte für Temperatureinwirkungen angegeben, die für die Bemessung von Tragwerken benutzt werden können, die durch tägliche und jahreszeitliche Temperaturwechsel beansprucht werden. Temperatureinwirkungen auf Gebäude infolge klimatischer und betriebsbedingter Temperaturwechsel sollten bei der Bemessung des Gebäudes berücksichtigt werden, wenn Grenzzustände durch Bewegungen bzw. Spannungen infolge Temperatureinwirkungen erreicht oder überschritten werden (z. B. Zwang in statisch unbestimmten Systemen, notwendige Fugenbreiten). Die Temperatureinwirkungen brauchen nicht berücksichtigt zu werden, wenn das Tragwerk keinen klimatischen Temperatureinwirkungen ausgesetzt ist.

7.2 Temperatureinwirkungen und -verteilung

Tägliche und jahreszeitliche Schwankungen der Außenlufttemperatur, Sonneneinstrahlung, Rückstrahlung usw. führen zu einer Veränderung der Temperaturverteilung in den betroffenen Bauteilen eines Tragwerks. Die Größe der Temperatureinwirkungen sind von den lokalen klimatischen Bedingungen, zusammen mit der Ausrichtung des Tragwerks, seiner Beschaffenheit der Außenflächen, den Ausbauten (Fassadenverkleidung) und bei Gebäuden vom Heizungs- und Klimasystem und dem Wärmedämmsystem abhängig ([11] 4).

Die Temperaturverteilung innerhalb eines einzelnen Bauteils darf in einzelne Anteile aufgeteilt werden (Bild 49):

a) konstanter Temperaturanteil: $\Delta T_u = T - T_0$ (Differenz zwischen der Durchschnittstemperatur T eines tragenden Bauteils infolge betriebsbedingter und klimatischer Temperaturen im Winter und Sommer und der Aufstelltemperatur T_0),

b), c) linear veränderliche, achsenbezogene Temperaturanteile: ΔT_M,

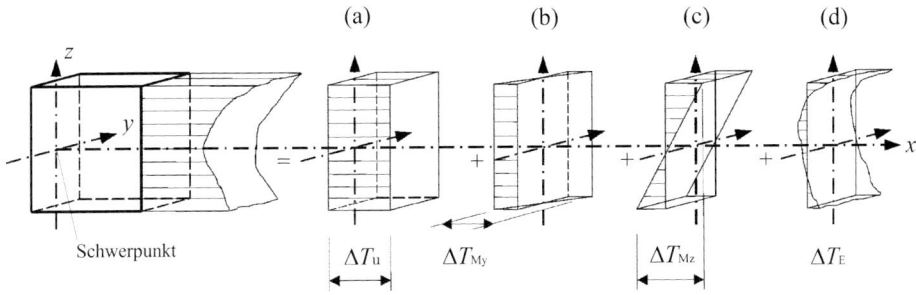

Bild 49. Temperaturanteile über den Querschnitt ([11] Bild 4.1)

d) nichtlinear veränderlicher Temperaturanteil: ΔT_E (mit Auswirkungen als Eigenspannung ohne äußere Bauteilbeanspruchung).

Die Anfangstemperatur T_0 beim Einbau bzw. beim Betonieren und Erhärten des Bauteils ist sinnvoll anzunehmen. Je nach Betrachtung zwangerzeugender Verformungen infolge Bauteilerwärmung bzw. infolge Bauteilabkühlung können auf der sicheren Seite liegende niedrigere bzw. höhere Anfangstemperaturen zweckmäßig sein. Anderenfalls sind die angesetzten Herstelltemperaturen in den Ausführungsunterlagen vorzugeben. Soweit keine anderen Werte festgelegt oder bekannt sind, werden in [11, 12] bestimmte Temperaturannahmen empfohlen.

7.3 Temperaturprofile

Für die Innentemperaturen beheizter Gebäude sollte im Sommer T_{in} = +20 °C und im Winter T_{in} = +25 °C angenommen werden ([12] zu 5.3 (2)). Bei unbeheizten und insbesondere der Außenluft zugänglichen Bauteilen (z. B. offene Hallen, belüftete Parkdecks) sind dagegen auch Außenlufttemperaturen maßgebend (i. d. R. ohne direkte Sonneneinstrahlung).

Die empfohlenen Außentemperaturen für den Sommer T_{out} in Tabelle 43 hängen vom Wärmeabsorptionsvermögen und der Ausrichtung der Bauwerksoder Bauteiloberfläche ab. Das Temperaturmaximum wird üblicherweise für horizontale nach Süd/West ausgerichtete Oberflächen und das Temperaturminimum (ungefähr $0,5 T_{max}$) für nach Nord ausgerichtete Oberflächen erreicht. Wenn Bauteile mit nur einer Schicht betrachtet werden und die Umgebungsbedingungen auf beiden Seiten gleich sind, darf T annähernd als Durchschnitt der inneren und äußeren Umgebungstemperaturen T_{in} und T_{out} bestimmt werden.

Hinweis: Die Grundtemperatur im Erdreich wird in zunehmender Tiefe immer weniger von der Außenlufttemperatur, sondern vielmehr vom Grundwasser und seiner Strömung und in der Nähe beheizter Untergeschosse auch vom Abwärmestrom bestimmt. Erfahrungsgemäß kann man ab 2 m Tiefe auch von einem Temperaturbereich im ungestörten Erdreich zwischen +8 °C und +12 °C ausgehen. Die in Tabelle 43 vorgeschlagenen unterirdischen Werte für den Winter aus DIN EN 1991-1-5 [11] sind dagegen sehr konservativ.

Wenn nicht genauer gerechnet werden muss, sind i. d. R. auch die vereinfachenden Annahmen einer gleichmäßigen Temperatur im gesamten Tragwerk zur linear-elastischen Ermittlung von Schnittgrößen infolge Wärmeeinwirkungen nach DIN 1045 (1972–1988) für den üblichen Hochbau ausreichend. Empfohlen wurden im Allgemeinen Temperaturdifferenzen von ±15 °C, bei massigen Bauteilen (mit min h ≥ 0,70 m) ±10 °C und bei erdüberschütteten Bauteilen ±7,5 °C. In rauen Lagen (z. B. Gebirge) und bei Außenbauteilen mit direkter Bewitterung sollten diese Werte erhöht werden. Wird der Abbau von Zwangsschnittgrößen durch reduzierte Steifigkeiten im Zustand II berücksichtigt, sollten diese Temperaturannahmen um +5 °C erhöht werden.

7.4 Temperaturkoeffizienten

In Tabelle 44 sind für übliche Materialien die Temperaturkoeffizienten angegeben, die zur Bestimmung der Beanspruchungen infolge Temperatureinwirkungen verwendet werden dürfen.

Tabelle 43. Empfehlungen für den Ansatz der Außentemperatur T_{out} ([11, 12] Tab. 5.2, 5.3)

	1	2	3	4	5
	Gebäudelage	Jahreszeit	Randbedingung	Temperatur T_{out}	
1	oberirdisch	Sommer	strahlend helle Oberfläche (0,5) [a]	+37 °C [b]	+55 °C [c]
2			helle farbige Oberfläche (0,7) [a]	+39 °C [b]	+67 °C [c]
3			dunkle Oberfläche (0,9) [a]	+41 °C [b]	+79 °C [c]
4		Winter	–	–24 °C	
5	unterirdisch	Sommer	Tiefe unter Erdoberfläche ≤ 1 m	+8 °C	
6			Tiefe unter Erdoberfläche > 1 m	+5 °C	
7		Winter	Tiefe unter Erdoberfläche ≤ 1 m	–5 °C	
8			Tiefe unter Erdoberfläche > 1 m	–3 °C	

[a] relative Absorption abhängig von der Farbe der Oberfläche
[b] Bauteile in Richtung Nord/Ost
[c] Bauteile in Richtung Süd/West oder horizontal angeordnete Bauteile

Tabelle 44. Temperaturkoeffizienten α_T ([11] Tab. C.1)

	1	2
	Material	α_T [K^{-1}]
1	Aluminium, Aluminiumlegierungen	$24 \cdot 10^{-6}$
2	Nichtrostender Stahl	$16 \cdot 10^{-6}$
3	Baustahl, Schmiede- oder Gusseisen	$(10 \text{ bis } 12) \cdot 10^{-6}$
4	Beton (allgemein) [c]	$10 \cdot 10^{-6}$
5	Beton mit leichter Gesteinskörnung	$(4 \text{ bis } 14) \cdot 10^{-6}$ [d]
6	Mauerwerk	$(6 \text{ bis } 10) \cdot 10^{-6}$ [a]
7	Holz, in Faserrichtung	$5 \cdot 10^{-6}$
8	Holz, quer zur Faserrichtung	$(30 \text{ bis } 70) \cdot 10^{-6}$ [b]

[a] Die Werte für Mauerwerk schwanken abhängig vom Steinverband.
[b] Die Werte für die Querrichtung von Holz schwanken wesentlich abhängig von der Holzart.
[c] ohne genauere Informationen (analog DIN EN 1992-1-1 [25], 3.1.3 (5)),
    detailliertere Angaben abhängig von der Gesteinskörnung siehe [63]
[d] nach DIN EN 1992-1-1 [25], 11.3.2(2)

8 Eurocode 1 – DIN EN 1991-1-6: Einwirkungen während der Bauausführung

8.1 Einführung

DIN EN 1991-1-6 „Einwirkungen auf Tragwerke – Teil 1-6: Allgemeine Einwirkungen – Einwirkungen während der Bauausführung" [13] mit Nationalem Anhang DIN EN 1991-1-6/NA [14] sind nicht bauaufsichtlich eingeführt.

In DIN EN 1991-1-6 [13, 14] werden Hinweise bzw. Regelungen für die Bestimmung von folgenden Einwirkungen angegeben, die bei der Bauausführung von Gebäuden und Ingenieurbauwerken auftreten können:

- Einwirkungen auf tragende und nicht tragende Bauteile während der Montage,
- geotechnische Einwirkungen,
- Einwirkungen infolge Vorspannung,
- Vorverformungen,
- Temperatur, Schwinden, Einflüsse aus Hydratation,
- Windeinwirkungen,
- Schnee- und Eislasten,
- Einwirkungen infolge Wasser,
- Einwirkungen infolge atmosphärischer Vereisung,
- Bauausführungslasten,
- außergewöhnliche Einwirkungen,
- Einwirkungen durch Erdbeben.

Abgeminderte Windeinwirkungen für vorübergehende Bauzustände sind in Abschnitt 6.9, Tabelle 42 angegeben.

Arbeitsverfahren, die während der Bauausführung übermäßige Rissbildung und/oder frühzeitig Verformungen verursachen und die Dauerhaftigkeit, die Betriebsbereitschaft und/oder das Erscheinungsbild im Endzustand beeinträchtigen, sind zu vermeiden ([13] 3.3 (3)P).

8.2 Bauausführungslasten beim Betonieren

Die Bauausführungslasten sind in der Regel als veränderliche Einwirkungen anzusetzen. Dazu gehören:

- Personal und Handwerkzeuge,
- gestapelte bewegbare Güter,
- nicht ständig vorhandene Ausrüstungsgegenstände,
- bewegbare schwere Maschinen und Ausrüstungsgegenstände,
- Ansammlung von (Bau-)Abfallmaterialien,
- Lasten durch Tragwerksteile in zeitlich begrenztem Bauzustand.

Einwirkungen, die gleichzeitig während des Betoniervorgangs zu berücksichtigen sind, können Arbeitspersonal mit kleinem Arbeitsgerät (Q_{ca}), Schalungen und Stützen (Q_{cc}) und das Gewicht des Frischbetons sein (Q_{cf}). Die Wichte des Frischbetons beträgt in der Regel 25 kN/m³ (Normalbeton), (siehe Abschnitt 3.4, Tabelle 7). Da die Frischbetonlast hier als veränderliche Einwirkung angesetzt wird, ist ein weiterer Zuschlag für die verlegte Bewehrung nicht erforderlich (siehe z. B. auch DIN EN 12812 [64], 8.2.2.1).

Folgende charakteristische Werte für Einwirkungen aus Personal und Gerät sind während des Betonierens auf Schalungen so anzuordnen, dass die maximalen Beanspruchungen auftreten (siehe Bild 50) ([14] zu 4.11.2):

- $q_{ca,1} = 1{,}5$ kN/m² im Bereich der Arbeitsfläche 3 m × 3 m (bzw. der Spannweite < 3 m):
- $q_{ca,2} = 0{,}75$ kN/m² außerhalb der Arbeitsfläche.

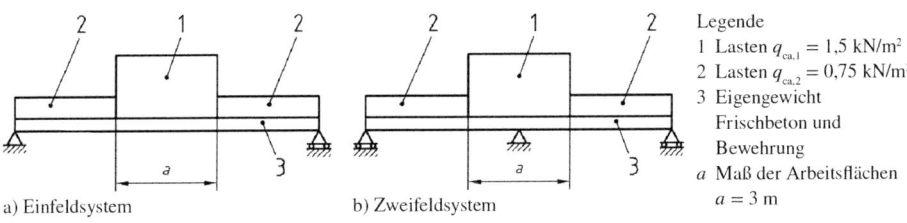

Legende
1 Lasten $q_{ca,1} = 1{,}5$ kN/m²
2 Lasten $q_{ca,2} = 0{,}75$ kN/m²
3 Eigengewicht Frischbeton und Bewehrung
a Maß der Arbeitsflächen
$a = 3$ m

a) Einfeldsystem b) Zweifeldsystem

Bild 50. Beispiele für die Belastungsanordnung während des Betonierens ([14] Bild NA.1)

9 Eurocode 1 – DIN EN 1991-1-7: Außergewöhnliche Einwirkungen

9.1 Einführung

DIN EN 1991-1-7 „Einwirkungen auf Tragwerke – Teil 1-7: Allgemeine Einwirkungen – Außergewöhnliche Einwirkungen" [15] noch mit Nationalem Anhang DIN EN 1991-1-7/NA:2010-12 sind bauaufsichtlich eingeführt (vgl. MVV TB [27] A 1.2.1.2, [28]). Es ist zu empfehlen, die Neuausgabe des Nationalen Anhangs DIN EN 1991-1-7/NA:2019-09 [16] umgehend anzuwenden und ggf. in der Übergangszeit bis zur bauaufsichtlichen Einführung eine frühzeitige Abstimmung hierzu mit den unteren zuständigen Bauaufsichtsbehörden herbeizuführen. In diesem Beitrag wird die Neuausgabe des NA [16] berücksichtigt.

Im Folgenden wird nur auf Anprall und Explosion bei Hochbauten eingegangen. Ausführlichere Erläuterungen zum Eurocode 1, Teil 1-7 von *Kunz* auch im Beton-Kalender 2012/1 [65] enthalten.

Bauwerke sind auch für außergewöhnliche Situationen unter außergewöhnlichen Bedingungen, z. B. bei Brand, Explosionen, Anprall oder Folgen lokalen Versagens, zu bemessen. Außergewöhnliche Einwirkungen haben eine sehr kurze Einwirkungsdauer und ihre Eintretenswahrscheinlichkeit ist gering, jedoch können die Folgen ihres Eintretens zu erheblichen Schäden führen. Bei der Auslegung eines Tragwerks gegen außergewöhnliche Einwirkungen sind die Auftretenswahrscheinlichkeit und die Gefährdung des Tragwerks, die Höhe des hinnehmbaren Risikos und mögliche Schadensfolgen sowie Schutzmaßnahmen zur Vermeidung oder Verringerung der Gefährdung zu berücksichtigen. Die in der Norm enthaltenen repräsentativen Werte für außergewöhnliche Einwirkungen stellen im Allgemeinen den Bemessungswert A_d dar. Bauaufsichtlich relevant sind hauptsächlich die Anprallasten und die Explosionslasten [30].

Entsprechend DIN EN 1991-1-7 [15] gilt, dass bei Gebäuden und Ingenieurbauwerken mit Gasanschluss oder bei Lagerung explosiver Stoffe Explosionen beim Entwurf zu berücksichtigen sind. Jedoch sind die Wirkungen von Sprengstoffen in dieser Norm nicht geregelt. Die Ermittlung der tatsächlich auftretenden Explosionsdrücke ist wegen der Vielfalt der in Gebäuden vorhandenen Geometrien nur sehr schwer theoretisch herzuleiten und baupraktisch anzuwenden. So können bei Gasexplosionen in vollständig abgeschlossenen Räumen, die durch starre Bauteile begrenzt werden, Explosionsdrücke von über 1000 kN/m^2 auftreten. In der Praxis wirken aber Türen und Fenster als Entlastungsöffnungen im Explosionsfall und verringern so den effektiven Einwirkungen auf die Tragstruktur erheblich. Die bei Explosionen anzusetzenden Lasten und vorzusehenden konstruktiven Maßnahmen sind im Nationalen Anhang [16] enthalten. Die entsprechenden Regelungen in [16] wurden unter Berücksichtigung des hohen Sicherheitsstandards von gastechnischen Anlagen in Deutschland erarbeitet, die aufgrund der geltenden technischen Regeln des Gas- und Wasserfachs verbindlich zu beachten sind. Die Bemessung von Tragwerken erfolgt unter Beachtung des Gebäudetyps abhängig von einer Versagensfolgeklasse im Sinne der Gebäudeklassen der Landesbauordnungen. Für die meisten Gebäude ist danach die Vermeidung fortschreitenden Einsturzes das Hauptziel der Maßnahmen. Eine rechnerische Bemessung und Nachweisführung ist i. d. R. nur für Gebäude der höchsten Versagensfolgeklasse erforderlich [30].

Im Nationalen Anhang [16] sind Werte für identifizierte außergewöhnliche Einwirkungen als dynamische Lasten oder als statische Ersatzlasten angegeben. Abweichungen von diesen Werten dürfen bei entsprechend begründetem Nachweis mit dem Bauherrn und der zuständigen Behörde vereinbart werden ([16] zu 3.1 (2)).

9.2 Anprall durch Kraftfahrzeuge

Im Hochbau sind Anprallasten in Parkbauten, in Bauwerken mit zugelassenem Fahrzeug- oder Gabelstaplerverkehr und in Bauwerken, die an Straßen- oder Schienenverkehr angrenzen, zu berücksichtigen. Leichttragwerke (wie z. B. Gerüste und Beleuchtungsmasten) sind ebenfalls gegen Anprallasten zu bemessen, wenn durch deren Versagen eine Gefahr für die öffentliche Sicherheit und Ordnung besteht. Montagestützen und Lehrgerüste sind durch angemessene konstruktive Maßnahmen vor Fahrzeuganprall zu sichern ([16] zu 4.1 (1)).

Bei Ingenieurbauwerken sind Anprallasten bis in die Tragwerksfundamente weiterzuverfolgen. Bei Hochbauten hängt die Weiterleitung der außergewöhnlichen Einwirkung von den durch sie in das Tragwerksfundament übertragenen Kräften ab; in der Regel ist eine Weiterleitung nicht maßgebend ([16] zu 4.1 (1)).

Sind tragende Bauteile (z. B. Stützen, Rahmenstiele, Wände, Endstäbe von Fachwerkträgern usw.) im Bereich von allgemeinen Verkehrsflächen für Anprall von Kraftfahrzeugen zu bemessen, so sind die in Tabelle 45 angegebenen statisch äquivalenten Anprallkräfte anzusetzen. Diese wirken bei Lkw in einer Höhe $h = 1{,}25$ m und bei Pkw in $h = 0{,}5$ m über der Fahrbahnoberfläche. Die Anprallflächen betragen $b \times a \leq 0{,}5 \text{ m} \times 0{,}2 \text{ m}$ (mit Höhe a und Breite b). Die Kräfte F_{dx} und F_{dy} brauchen nicht gleichzeitig wirkend angesetzt zu werden ([16] zu 4.3.1 (1)-(3)).

Die Anprallasten dürfen abweichend festgelegt werden, wenn zuvor Risikostudien oder genauere Untersuchungen über die Interaktionen zwischen anprallendem Fahrzeug und angefahrenem Bauteil (z. B. durch elastisch-plastisches Verhalten des Bauteils) durchgeführt werden ([16] zu 4.3.1 (1)).

In Parkgaragen mit einer Nutzung durch Pkw mit einer zulässigen Gesamtlast ≤ 30 kN sind absturzsichernde, umschließende Bauteile und besondere geeignete bauliche Maßnahmen, die ein Abstürzen von Fahrzeugen verhindern sollen (z. B. Schutzeinrichtungen), sowie deren Verbindungsmittel und angrenzende lastabtragende Bauteile jeweils für eine auf dem absturzsichernden Bauteil in einer Höhe von 0,5 m über der Fahrbahnoberfläche horizontal wandernden Einzelkraft von 40 kN zu bemessen (Anprallfläche $b \times a \leq 0,5$ m $\times$ 0,2 m). Der Einzelkraft ist eine Anprallenergie von 5,5 kNm gleichwertig, die für alternative Nachweise verwendet werden kann ([16] zu 4.3.1 (1)).

9.3 Anprall durch Gabelstapler

Anstelle einer dynamischen Berechnung für außergewöhnliche Einwirkungen aus Anprall von Gabelstaplern darf eine äquivalente statische Kraft F angesetzt werden. Die Ersatzlast darf mit dem 5-Fachen der Gesamtlast des Staplers (Eigengewicht und Hublast) in einer Höhe von 0,75 m über dem Fußboden angesetzt werden (siehe Abschnitt 3.5.4, Tabelle 19).

In der vor der MVV TB geltenden M-LTB 2015-06 [67], Anlage 1.2/4 wurde für die Anprallasten von Gabelstaplern bei Regalen, die nicht gleichzeitig die tragende Gebäudekonstruktion sind, Folgendes vorgegeben:

An den für den Lastfall „Gabelstapleranprall" maßgebenden Regalstützen an der Gangseite ist in 0,4 m Höhe eine Horizontallast von 2,5 kN in Gangquer-

Tabelle 45. Äquivalente statische Anprallkräfte aus Straßenfahrzeugen ([16] Tab. NA.2)

1	2	3
Kategorie	Statisch äquivalente Anprallkraft [kN]	
	F_{dx} in Fahrtrichtung	F_{dy} rechtwinklig zur Fahrtrichtung
1	Straßen außerorts	1.500	750
2	Straßen innerorts bei $v \geq 50$ km/h [a]	1.000	500
	Straßen innerorts bei $v < 50$ km/h [a) b)]		
3	– an ausspringenden Gebäudeecken	500	500
4	– in allen anderen Fällen	250	250
5	mit Lkw befahrbare Verkehrsflächen (z. B. Hofräume) bzw. Gebäude mit PKW-Verkehr > 30 kN	100	100
6	mit Pkw befahrbare Verkehrsflächen: – bei Geschwindigkeitsbeschränkung für $v \leq 10$ km/h	15	8
7	– in allen anderen Fällen	50	25
	Parkgaragen für Pkw ≤ 30 kN [b)]		
8	– Einzel-/Doppel-Garage, Carports	10	10
9	– in allen anderen Fällen	40	25
10	Tankstellenüberdachungen [b) c)]	100	100

[a)] Nicht anzusetzen, wenn stützende Bauteile nicht der unmittelbaren Gefahr des Anpralls von Straßenfahrzeugen ausgesetzt sind, d. h. nicht anzusetzen, wenn der Abstand von einem nicht überfahrbaren Schrammbord mehr als 1 m beträgt. Als nicht überfahrbar gelten Schrammborde mit einer grundsätzlichen lichten Mindesthöhe von 150 mm.
[b)] Nicht anzusetzen, wenn bei Ausfall der stützenden Bauteile die Standsicherheit von Gebäude/Überdachung/ Decke nicht gefährdet ist.
[c)] Nicht anzusetzen, wenn die stützenden Bauteile am fließenden Verkehr liegen, sondern dann wie Zeile 1 bis 4 (ohne Fußnote [a)]).

richtung und von 1,25 kN in Ganglängsrichtung anzusetzen. Für die Bemessung der Stützen sind die Lasten nicht gleichzeitig, sondern in jeder Richtung getrennt anzusetzen.

Empfehlung: Der Anprall von Gabelstaplern gegen nichttragende umschließende Bauteile und Rampenbrüstungen sollte grundsätzlich durch z. B. Bordschwellen oder vorgesetzte Riegel mit einer Höhe von mindestens 0,2 m verhindert werden (DIN 1055-9 [66] 6.7.2).

9.4 Innenraumexplosionen

Bei Gebäuden und Ingenieurbauwerken mit Gasanschluss oder bei Lagerung explosiver Stoffe, Gase oder Flüssigkeiten sind mögliche Explosionen beim Entwurf zu berücksichtigen. Die Tragwerke sind dabei so zu entwerfen, dass progressiver Kollaps aus Innenraumexplosionen verhindert wird.

Nachfolgend aufgeführte Regelungen gelten nur für die Herstellung neuer Tragwerke. Dabei ist der Gasexplosionsdruck auf tragende Bauteile von Gebäuden in allen Räumen mit einem Gasendverbrauchsgerät zu berücksichtigen.

Bei Bauwerken der Versagensfolgeklasse CC1 und CC2.1 und bei eingeschossigen Gebäuden der Versagensfolgeklasse CC2.2 nach Tabelle 46 reichen die Bemessungs- und Konstruktionsregeln der jeweils bauartspezifischen Eurocodes DIN EN 1992 bis DIN EN 1999 und die übliche konstruktive Bauausführung zur Sicherstellung der Robustheit aus.

Bei Bauwerken der Versagensfolgeklasse CC2.2 nach Tabelle 46 – mit Ausnahme eingeschossiger Gebäude – gilt, dass Tragwerke, die nicht für außergewöhnliche Ereignisse bemessen sind, ein geeignetes konstruktives Zuggliedsystem aufweisen müssen. Dieses soll alternative Lastpfade nach einer örtlichen Schädigung ermöglichen, sodass der Ausfall eines einzelnen Bauteils oder eines begrenzten Teils des Tragwerks nicht zum Versagen des Gesamttragwerks führt (Vermeiden fortschreitenden Versagens).

Bei Bauwerken der Versagensfolgeklasse CC3 nach Tabelle 46 ist eine Bemessung nach [15], Anhang D, D.2, vorzunehmen.

Folgende einfache konstruktive Regeln erfüllen im Allgemeinen die Anforderungen bei mehrgeschossigen Bauwerken der Versagensfolgeklasse CC2.2. Für das Zuggliedsystem dürfen Ringanker, innen liegende Zuganker und horizontale Stützen- oder Wandzuganker verwendet werden (siehe auch Abschnitt 11.4, DIN EN 1992-1-1, Bild 9.15). Wird ein Bauwerk durch Dehnfugen in unabhängige Tragwerksteile geteilt, muss in der Regel jeder Abschnitt ein unabhängiges Zuggliedsystem aufweisen. Die Zugglieder dürfen mit $\gamma_M = 1,0$ bemessen werden.

Tabelle 46. Zuordnung zu Versagensfolgeklassen ([16] Tab. NA.1)

Versagensfolgeklasse	Gebäudetypen [a]
CC1	– Gebäude mit einer Höhe [b] bis zu 7 m – land- und forstwirtschaftlich genutzte Gebäude
CC2.1	– Gebäude mit einer Höhe [b] von mehr als 7 m bis zu 13 m
CC2.2	– Gebäude, die nicht den Versagensfolgeklassen CC1, CC2.1 und CC3 zuzurechnen sind, sowie die in der Versagensfolgeklasse CC3 genannten Gebäude mit einer Höhe [b] bis zu 13 m
CC3	– Hochhäuser (Gebäude mit einer Höhe [b] von mehr als 22 m), – folgende Gebäude mit einer Höhe [b] von mehr als 13 m: • Verkaufsstätten, deren Verkaufsräume und Ladenstraßen eine Grundfläche von insgesamt mehr als 2000 m² haben, • Gebäude für mehr als 200 Personen, ausgenommen Wohn- und Bürogebäude, • Sonstige, öffentlich zugängliche Gebäude, in denen aufgrund ihrer Nutzung zeitweilig mit großen Menschenansammlungen zu rechnen ist, und mit mehr als 1600 m² Grundfläche des Geschosses mit der größten Ausdehnung, • Gebäude mit Räumen, deren Nutzung durch Umgang oder Lagerung von Stoffen mit Explosions- oder erhöhter Brandgefahr verbunden ist.

[a] Sofern die in der Tabelle genannten Gebäude mehreren Versagensfolgeklassen zugeordnet werden können, ist die jeweils höchste maßgebend.
[b] Höhe ist das Maß der Oberkante des fertigen Fußbodens des höchstgelegenen Geschosses, in dem ein Aufenthaltsraum möglich ist, über der Geländeoberfläche im Mittel.

Für andere Zwecke vorgesehene Zugglieder dürfen teilweise oder vollständig für diese Zugglieder angerechnet werden.

Die Bemessungs- und Konstruktionsregeln für die Zuganker entsprechen denen nach Eurocode 2 DIN EN 1992-1-1 [25, 26] 9.10.2. Die aufzunehmenden Zugankerkräfte sind ([16] zu 5.3 (1)P):

- für Ringanker:
  $F_{tie,per} = l_i \cdot 10 \text{ kN/m} \geq 70 \text{ kN}$
- für innen liegende Zuganker:
  $f_{tie,int} = 20 \text{ kN/m}$
- für innen liegende Zuganker in Fugen von Fertigteilplatten ohne Aufbeton:
  $F_{tie} = 20 \text{ kN/m} \cdot (l_1 + l_2) / 2 \geq 70 \text{ kN}$
- für horizontale Stützen- und Wandzuganker:
  $f_{tie,fac} = 10 \text{ kN/m}$ je Fassadenmeter

Dabei sind

F_{tie} Kraft des jeweiligen Zugankers;

l_i die Spannweite des Endfeldes;

l_1, l_2 Spannweiten (in m) der Deckenplatten auf beiden Seiten der Fuge (siehe auch Abschnitt 11.4, DIN EN 1992-1-1, Bild 9.15).

Tragwerke mit Innenrändern (z. B. Atrium, Hof usw.) müssen in der Regel Ringanker wie bei Decken mit Außenrändern aufweisen, die vollständig zu verankern sind.

Bei horizontalen Stützen- und Wandzugankern sind Randstützen und Außenwände in jeder Decken- und Dachebene horizontal im Tragwerk zu verankern. Die entsprechende Anschlusskraft $f_{tie,fac}$ der Wände an das Zuggliedsystem in einer Decke darf über Reibungskräfte unter Berücksichtigung der minimalen Deckenauflagerkräfte und über konstruktive Anschlüsse nachgewiesen werden. Für Stützen ist dabei nicht mehr als $F_{tie,col} = 150 \text{ kN}$ je Stütze anzusetzen. Eckstützen sind in der Regel in zwei Richtungen zu verankern. Die für den Ringanker vorhandene Bewehrung darf in diesem Fall für den horizontalen Zuganker angerechnet werden.

10 Eurocode 1 – DIN EN 1991-3: Krane und Maschinen

DIN EN 1991-3 „Einwirkungen auf Tragwerke – Teil 3: Allgemeine Einwirkungen – Einwirkungen infolge von Kranen und Maschinen" [17] mit Nationalem Anhang DIN EN 1991-3/NA:2010-12 [18] sind bauaufsichtlich eingeführt (vgl. MVV TB [27] A 1.2.1.2, [28]). Anfang 2019 ist eine Neuausgabe des Nationalen Anhangs DIN EN 1991-3/NA:2019-02 [18] veröffentlicht worden.

Die durch **Krane** verursachten Einwirkungen sind als veränderliche und außergewöhnliche Einwirkungen zu klassifizieren. Unter normalen Betriebsbedingungen sind die veränderlichen Einwirkungen Eigenlasten, Hublasten, Kräfte aus Beschleunigungen und Bremsen sowie aus Schräglauf und anderen dynamischen Einflüssen. Das gleichzeitige Auftreten von Kranlastanteilen wird durch die Bildung von Lastgruppen berücksichtigt. Jede dieser Lastgruppen ist für die Kombination mit anderen, nicht aus Kranbetrieb resultierenden Einwirkungen als eine charakteristische Kraneinwirkung anzusehen. Durch Pufferanprall oder durch die Kollision von Lastaufnahmemitteln mit Hindernissen können weitere Einwirkungen entstehen, die dann wie außergewöhnliche Einwirkungen zu behandeln sind. Windkräfte auf Kran und Hublast brauchen nur außerhalb von geschlossenen Gebäuden berücksichtigt zu werden. Außerdem werden in der Norm [17] Empfehlungen gegeben, wie die Einwirkungen aus weiteren Kranen innerhalb eines Gebäudes oder Gebäudekomplexes zu berücksichtigen sind. Der normative Anhang A bzw. der NA [18] enthalten ergänzende Regeln zur DIN EN 1990 [1, 2] für Kranbahnträger (Teilsicherheits- und Kombinationsbeiwerte). Die Angaben zur Ermittlung der schadensäquivalenten Ermüdungslast gehen von der ausschließlichen Verwendung von Kranbahnträgern aus Stahl aus und sind nur in Verbindung mit Eurocode 3 anwendbar [30].

Ist der Kranhersteller zum Zeitpunkt der Bemessung bekannt, dürfen auch dessen Angaben zur geplanten Krananlage verwendet werden. Die Daten sind den bautechnischen Unterlagen beizufügen ([18] zu 2.1 (2)).

Im Allgemeinen sind bei kleineren **Maschinen** mit nur umlaufenden Teilen und einem Gewicht von weniger als 5 kN oder einer Leistung von weniger als 50 kW die Beanspruchungen in den Nutzlasten enthalten und keine separaten Überlegungen erforderlich [30].

In DIN EN 1991-3 [17] ist ein Abschnitt enthalten, der die Einwirkungen rotierender Maschinen und deren dynamisches Verhalten auf bauliche Konstruktionen beschreibt, die die vorgenannten Grenzwerte überschreiten. Für einfache Fälle ist dargestellt, wie die freien dynamischen Kräfte für umlaufende Maschinenteile bestimmt und damit auch die Wechselwirkung zwischen der Erregung einer Maschine mit umlaufender Masse und dem dynamischen Verhalten des Tragwerks durch eine äquivalente statische Einzellast ausgedrückt werden können [30].

11 Eurocode 2 – DIN EN 1992-1-1: Bemessung und Konstruktion von Stahlbeton- und Spannbetontragwerken – Teil 1-1: Allgemeine Bemessungsregeln und Regeln für den Hochbau

11.1 Bauaufsichtliche Einführung in Deutschland

Die deutsche Normenorganisation DIN hat den überarbeiteten Normentext von DIN EN 1992-1-1 im Januar 2011 (mit A1-Änderung von 2015-03) und den zugehörigen Nationalen Anhang im April 2013 (mit A1-Änderung vom 2015-12) veröffentlicht. Der Teil DIN EN 1992-1-2 mit NA (mit A1-Änderung von 2015-09) zur Bemessung für den Brandfall erschien im Dezember 2010. Die frühere deutsche Bemessungsnorm für den Betonbau DIN 1045-1:2008-08 [68] wurde im Januar 2011 aus der Normenliste des NABau zurückgezogen.

In den meisten Bundesländern wurde der Eurocode 2 (mit weiteren maßgebenden Eurocodes) mit Stichtag 1. Juli 2012 bauaufsichtlich eingeführt. Spätestens seit 01. Januar 2014 ist der Eurocode 2 in allen Bundesländern allein verbindlich für die Bemessung von Hochbauten mit Beton-, Stahlbeton- oder Spannbetontragwerken. Maßgebend für den Stichtag war in der Regel das Datum des Bauantrags. Aktuell gilt für die Einführung von DIN EN 1992-1-1 mit NA und den A1-Änderungen die MVV TB [27], A 1.2.3.1.

Bei Verweisen in DIN EN 1992-1-1 auf DIN EN 13670: „Ausführung von Tragwerken aus Beton" [69] ist diese zusammen mit den nationalen Anwendungsregeln DIN 1045-3 [70] anzuwenden.

Die Betonnorm DIN EN 206-1 wurde 2014 beim DIN zurückgezogen und zunächst durch DIN EN 206:2014-07 und danach durch DIN EN 206:2017-01 [71] ersetzt. Allerdings wurde bisher für diese europäische Norm kein Nationales Anwendungsdokument erarbeitet. Für DIN EN 206 [71] existiert somit übergangsweise keine nationale Anwendungsregel. Insofern bleibt bis zur Veröffentlichung einer neuen DIN 1045-2 der alte Regelungsstand „DIN EN 206-1:2001-07 (einschl. der Änderungen) in Verbindung mit DIN 1045-2:2008-08" mit allen zugehörigen DAfStb-Richtlinien weiter bestehen. Bei Verweisen in DIN EN 1992-1-1 auf DIN EN 206-1: „Beton – Teil 1: Festlegung, Eigenschaften, Herstellung und Konformität" [31] ist diese also weiterhin zusammen mit den nationalen Anwendungsregeln DIN 1045-2 [32] anzuwenden.

Bauaufsichtlich relevant ist die Zurückziehung einer Norm beim DIN zunächst nicht, maßgebend wird die bekannt gemachten und damit eingeführten Verwaltungsvorschriften der Technischen Baubestimmungen (VV TB) der Länder [28], die auf der Muster-Verwaltungsvorschrift Technische Baubestimmungen (MVV TB) des DIBt basieren [27].

11.2 Einleitung

Im Abschnitt 11.4 ist ein auf die Regelungen für den Beton- und Stahlbetonbau im üblichen Hochbau gekürzter aktueller Normentext von DIN EN 1992-1-1 mit NA abgedruckt.

Im Folgenden werden Erläuterungen und Hintergrundinformationen insbesondere zu den gegenüber DIN 1045-1 neuen oder abweichenden Regeln des Eurocode 2 und zu den Festlegungen im Nationalen Anhang (NA) zu den national festzulegenden Parametern (NDP) und den nationalen Ergänzungen (NCI) gegeben. Diese mögen nicht als dogmatische Auslegungen eines „Gesetzeswerks" missverstanden werden, sondern als Hilfe zur Selbsthilfe des praktisch tätigen Ingenieurs dienen. In Kenntnis dieser Hintergrundinformationen und auf der Basis des eigenen Ingenieurwissens kann der Eurocode dann wieder als grundlegendes Hilfsmittel wahrgenommen und für die regelmäßig abweichenden und schwierigeren Unikataufgaben der Praxis interpretiert und kreativ angewendet werden.

Zur Gliederung und Zuordnung werden die Abschnittsnummern des Eurocode 2 verwendet. Die Erläuterungen in diesem Beton-Kalender stützen sich im Wesentlichen auf die Erläuterungen in der „Kommentierten Fassung EUROCODE 2 für Deutschland" [63] und aktuelle Auslegungen (z. B. in [72]).

Weitere Erläuterungen sind im DAfStb-Heft 600 [37] enthalten. Für ausführlich durchgearbeitete Beispiele, insbesondere im Hinblick auf einen Normenvergleich, wird auf die Beispielsammlungen zu Eurocode 2 und DIN 1045-1 des Deutschen Beton- und Bautechnik-Vereins E. V. [73] bis [76] verwiesen.

Soweit bei den Erläuterungen auf historische Regelwerke verwiesen wird (z. B. DIN 1045-Fassungen vor 2001), können diese z. B. in [77] nachgelesen und verglichen werden.

Für den Anwender der Eurocodes im Betonbau sind verschiedene in Bezug genommene Normen und Eurocode-Teile relevant (Bild 51). Zu jedem Eurocode-Teil (DIN EN 199x-y) gehört in der Regel auch ein zusätzlicher Nationaler Anhang. Die **Bauproduktnormen** umfassen die Baustoffe (wie z. B. Zement, Gesteinskörnung, Beton, Betonstahl, Spannstahl) und Bauteile (wie z. B. Fertigteile, Deckenziegel).

Darüber hinaus können spezielle Bauprodukte im Rahmen von **allgemeinen bauaufsichtlichen Zulassungen** (abZ) oder **Europäischen Technischen Bewertungen** (ETA, ggf. mit zusätzlichen Techni-

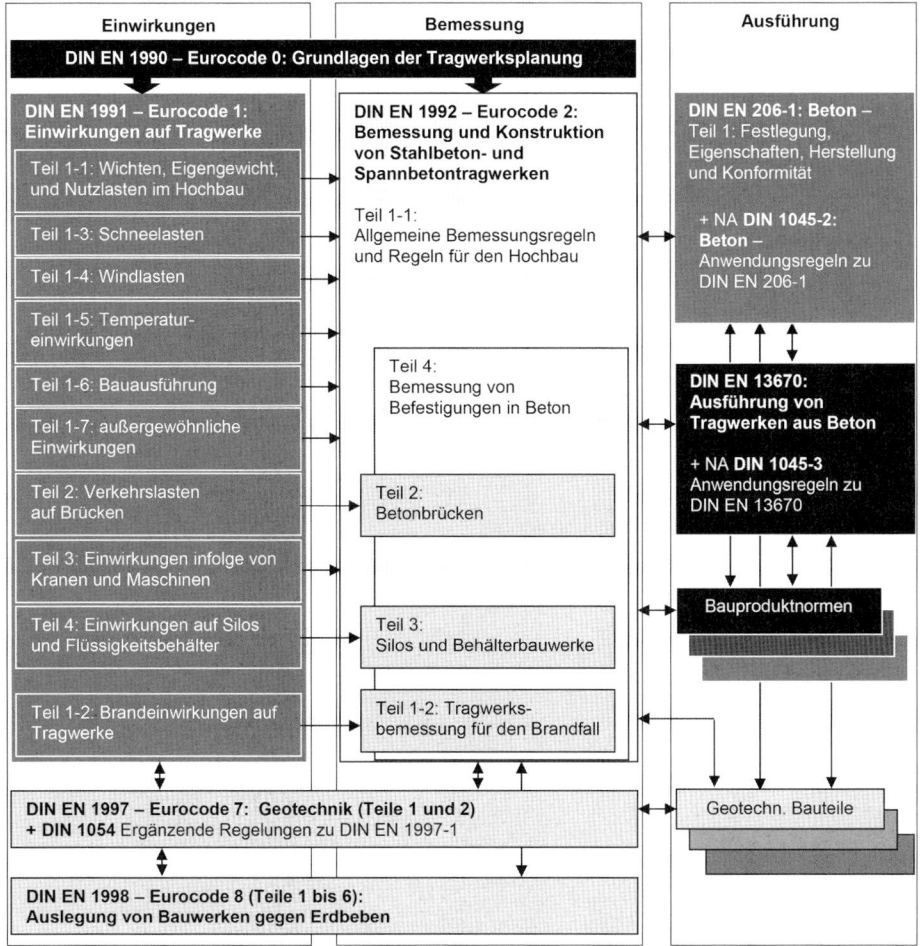

Bild 51. Struktur des europäischen Normenwerks mit Bezug zum Betonbau

schen Dokumentationen) bemessen bzw. verwendet werden (z. B. nichtrostende Betonstähle, Bewehrungselemente, Verbindungen, Spannbetonhohlplatten). Bestimmte Betonbauteile des Spezialtiefbaus sind in geotechnischen Normen geregelt (wie z. B. Bohrpfähle, Verdrängungspfähle, Mikropfähle, Schlitzwände).

Müssen in der baulichen Anlage bei Planung, Bemessung und Ausführung besondere Randbedingungen berücksichtigt werden und hat z. b. die Art und Weise des Einbaus und das Zusammenwirken mit anderen Bauwerksteilen erheblichen Einfluss auf die dauerhafte Erfüllung der Grundanforderungen an Bauwerke, kann sich bei Ermangelung gülti-

ger technischer Regeln zur Berücksichtigung dieser Randbedingungen das Erfordernis für eine allgemeine oder vorhabenbezogene **Bauartgenehmigung** ergeben.

Allgemeine bauaufsichtliche Zulassungen und allgemeine Bauartgenehmigungen können auf Antrag vom Deutschen Institut für Bautechnik (DIBt) erteilt werden.

Die Grundlagennorm DIN EN 1992-1-1 [25, 26] wird durch spezielle Normenteile für die Betonbrücken DIN EN 1992-2 [78, 79] sowie Silos und Behälter aus Beton DIN EN 1992-3 [80, 81] ergänzt. Diese enthalten nur noch die spezifischen abweichenden oder zusätzlichen Regeln ihrer Bauart und sind somit nur zusammen mit dem Grundlagenteil anwendbar.

Ergänzend ist 2019 der neue Normenteil DIN EN 1992-4: Bemessung und Konstruktion von Stahlbeton- und Spannbetontragwerken – Teil 4: Bemessung der Verankerung von Befestigungen in Beton [82, 83] erschienen.

Außerdem werden in DIN EN 1992-1-1 die besonderen oder zusätzlichen Bemessungs- und Konstruktionsregeln zu Bauteilen und Tragwerken aus Fertigteilen, aus Leichtbeton und aus unbewehrtem Beton in den separaten Kapiteln 10, 11, 12 ergänzt.

Eine wesentliche Abweichung zur üblichen **Vorzeichendefinition** in Festigkeitslehre und Mechanik (und auch in den früheren deutschen Bemessungsnormen des Betonbaus) ist die Festlegung im Eurocode 2, dass die Druck- und Zugspannungen positiv angegeben werden. Es wird erwartet, dass der planende Ingenieur fallbezogen selbst erkennt, ob eine Druckspannung günstig (z. B. tragfähigkeitssteigernd) oder ungünstig wirkt. Gleiches gilt auch für Zugspannungen. Das kann dazu führen, dass Zugspannungen bei tragfähigkeitsreduzierender Wirkung in Gleichungen negativ eingesetzt werden müssen.

Innerhalb der Norm wird aufgrund des Verbindlichkeitsgrades zwischen **Prinzipien** (Absätze mit der Kennzeichnung „P") und **Anwendungsregeln** (ohne Kennzeichnung mit „P") unterschieden. Die Prinzipien enthalten allgemeine Festlegungen, Definitionen und Angaben, die einzuhalten sind, sowie Anforderungen und Rechenmodelle, für die keine Abweichungen erlaubt sind, sofern dies nicht ausdrücklich angegeben ist. Die Anwendungsregeln sind dagegen allgemein anerkannte Regeln, die den Prinzipien folgen und deren Anforderungen erfüllen. Abweichungen hiervon sind zulässig, wenn sie mit den Prinzipien übereinstimmen und hinsichtlich der nach der Norm erzielten Tragfähigkeit, Gebrauchstauglichkeit und Dauerhaftigkeit gleichwertig sind (vgl. auch [1] 1.4). Anwendungsregeln können, gekennzeichnet durch die Wortwahl (insbesondere der modalen Hilfsverben), Bestimmungen enthalten, von denen bei der Anwendung nicht abgewichen werden darf, da sonst deren Gültigkeit nicht mehr gegeben ist.

Für den Umgang mit **Abweichungen** von den Technischen Baubestimmungen gelten die Festlegungen der Landesbauordnungen. Abweichende Anwendungsregeln sind möglich, sofern sie mit Bezug auf die Grundanforderungen am Bauwerke gleichwertig sind (siehe § 67 (1) der MBO [46]). Die Anwendung abweichender Anwendungsregeln ist im Allgemeinen zwischen Tragwerksplaner und Prüfingenieur sowie dem bauausführenden Unternehmen zu klären. Bei wesentlichen Abweichungen von den tech-

nischen Baubestimmungen oder wenn keine allgemein anerkannten Regeln der Technik zur Bewertung zur Verfügung stehen, ist die Zustimmung der zuständigen Bauaufsichtsbehörde erforderlich. Grundsätzlich ist die Gleichwertigkeit der alternativen Anwendungsregeln durch den Tragwerksplaner mittels entsprechender Ableitungen (z. B. wissenschaftliche Veröffentlichungen) oder Vergleichsrechnungen nachzuweisen.

11.3 Abschnittsweise Erläuterungen zu DIN EN 1992-1-1 mit Nationalem Anhang

11.3.1 Zu 1 Allgemeines

Zu 1.2 Normative Verweisungen

DIN EN 10080 „Betonstähle" wird mittelfristig überarbeitet. Daher gelten für die Eigenschaften und die Verwendung der Betonstähle bis auf Weiteres die Normen der Reihe DIN 488 [84] bzw. allgemeine bauaufsichtliche Zulassungen (z. B. für Gitterträger, nichtrostende Bewehrungsstähle, verzinkte Betonstahlbewehrung, besondere Rippungen).

Die Richtlinien des DAfStb sind in Bezug auf die Bemessungsregeln weitgehend auf den Eurocode 2 umgestellt (z. B. Stahlfaserbeton, Betonbau beim Umgang mit wassergefährdenden Stoffen, WU-Richtlinie, siehe hier DAfStb-Richtlinienverzeichnis im Abschnitt 12.2). Eine sinngemäße Anwendung der noch auf DIN 1045-1 bezogenen Richtlinien ist zulässig und zweckmäßig (z. B. Massige Bauteile aus Beton [85]).

Direkt in Bezug genommen werden im Nationalen Anhang auch die DBV-Merkblätter „Betondeckung und Bewehrung nach Eurocode 2", „Abstandhalter nach Eurocode 2", „Unterstützungen nach Eurocode 2" sowie „Rückbiegen von Betonstahl und Anforderungen an Verwahrkästen nach Eurocode 2" [87] bis [90].

Zu 1.5 Begriffe

Im Nationalen Anhang wurden weitestgehend die bewährten Begriffe aus DIN 1045-1 wieder aufgenommen, die im Eurocode 2 selbst, aber auch in anderen Normen, mit Bezug zur Bemessung haben, vorkommen und zweckmäßig sind. Teilweise werden hier auch Begriffsdefinitionen wiederholt oder zugeschärft, die im Eurocode 2 an anderen Stellen im Text implementiert worden sind.

11.3.2 Zu 2 Grundlagen der Tragwerksplanung

Zu 2.1 Anforderungen

Zu 2.1.2 Behandlung der Zuverlässigkeit

Die Grundlagen der Tragwerksplanung von Beton-, Stahlbeton- und Spannbetontragwerken sind im Eurocode 0: DIN EN 1990 [1, 2] festgelegt. Diese beinhalten Prinzipien und Anforderungen für die Tragsicherheit, Gebrauchstauglichkeit und Dauerhaftigkeit von Tragwerken, Beschreibung von Nachweisen und Hinweise zu den dafür anzuwendenden Zuverlässigkeitsanforderungen. Zusammen mit dem Nationalen Anhang wird z. B. für den allgemeinen Hochbau das Sicherheitsniveau für Deutschland bestimmt.

Hinweise und Grundlagen speziell zur Zuverlässigkeitsanalyse von Bauwerken und zum semiprobabilistischen Sicherheitskonzept der Eurocodes mit Teilsicherheitsbeiwerten sind in den Anhängen B und C von DIN EN 1990 bauartübergreifend und vereinfacht enthalten. Die informativen Anhänge B, C und D dürfen in Deutschland jedoch nicht ohne Zustimmung im Einzelfall angewendet werden (vgl. Anlage A 1.2.1/1 in der MVV TB [27]).

In Deutschland wird der versuchsgestützten Bemessung (z. B. nach DIN EN 1990 [1], 5.2 und Anhang D) insbesondere bauaufsichtlich weitgehend Skepsis entgegengebracht. Solche Nachweisformate bleiben daher i. d. R. der Zustimmung des Bauherrn und den Zulassungsverfahren oder der Zustimmung im Einzelfall vorbehalten.

Zu 2.1.3 Nutzungsdauer, Dauerhaftigkeit und Qualitätssicherung

Eine geplante Nutzungsdauer von 50 Jahren gilt als Anhaltswert für den Hochbau.

Nach DIN EN 1990 [1] ist die „geplante Nutzungsdauer die angenommene Zeitdauer, innerhalb derer ein Tragwerk unter Berücksichtigung vorgesehener Instandhaltungsmaßnahmen für seinen vorgesehenen Zweck genutzt werden soll, ohne dass jedoch eine wesentliche Instandsetzung erforderlich ist".

Die in DIN EN 1992-1-1 und den zugehörigen bauartspezifischen Bemessungs- und Bauproduktnormen enthaltenen Regelungen zur Gewährleistung der Dauerhaftigkeit sollen demnach bei angemessenem und geplantem Instandhaltungsaufwand in der Regel während der vorgesehenen Nutzungsdauer die geforderte Tragfähigkeit und Gebrauchstauglichkeit ohne wesentliche Beeinträchtigung der Nutzungseigenschaften sicherstellen. Die unvermeidlichen zeitabhängigen Veränderungen der Eigenschaften der Baustoffe und des Tragwerks während der geplanten Nutzungsdauer werden durch einen sogenannten „Abnutzungsvorrat" abgedeckt, der während der Nutzungsdauer bis zu einem kritischen Zustand aufgebraucht werden kann (siehe auch Erläuterungen in Abschnitt 2.4).

Für ein angemessen dauerhaftes Tragwerk sind nach DIN EN 1990 [1], 2.4 (2), die folgenden Aspekte zu berücksichtigen:

– die vorgesehene oder vorhersehbare zukünftige Nutzung des Tragwerks;
– die geforderten Entwurfskriterien;
– die erwarteten Umweltbedingungen;
– die Zusammensetzung, die Eigenschaften und das Verhalten der Baustoffe und Bauprodukte;
– die Eigenschaften des Baugrunds;
– die Wahl des Tragsystems;
– die Gestaltung der Bauteile und Anschlüsse;
– die Qualität der Bauausführung und der Überwachungsaufwand;
– besondere Schutzmaßnahmen;
– die geplante Instandhaltung während der geplanten Nutzungszeit.

Eine Instandhaltungsplanung, die die wesentlichen Wartungsintervalle und Instandsetzungsmaßnahmen insbesondere von Baustoffen und Bauteilen mit kürzerer Lebensdauer umfasst, gehört demnach mit zum Umfang der Planung.

Zu 2.3 Basisvariablen

Zu 2.3.3 Verformungseigenschaften des Betons

Zu 2.2.3 (3): Bei fugenloser Bauweise von Bauteilen mit großen Längenänderungen sind die Auswirkungen aus Temperatur, Schwinden und Kriechen zu berücksichtigen. Diese führen bei behinderter Verformung zu entsprechenden Zwangsschnittgrößen, da diese nicht durch Dehnfugen abgebaut werden. Neben der Bauteilausbildung spielt hier auch der Behinderungsgrad (z. B. steife Scheiben oder biegeweiche Rahmen) eine Rolle.

Geeignete Maßnahmen können im Schutz vor größeren Temperaturdehnungen durch Wärmedämmung (insbesondere bei Dachdecken) bestehen oder die Verwendung von Beton mit geringeren Wärmedehnzahlen sein. Zwangreduzierende verschiebliche Auflager oder Bettungen (z. B. Gleitschichten unter möglichst unterseitig ebenen Bodenplatten) sind ebenfalls zweckmäßig.

Für den (außergewöhnlichen) Brandfall können die Bauteiltemperaturen und Beanspruchungen auch durch Schutzmaßnahmen wie Bekleidungen oder Kompensationsmaßnahmen wie Sprinkleranlagen oder verkleinerte Brandabschnitte reduziert werden. Bei langen fugenlosen Bauteilen sollten Überlegungen angestellt werden, wie die Standsicherheit weiter von Festpunkten abliegende Bauteile trotz der zum Teil erheblichen Verschiebungen bzw. Verdrehungen infolge erhitzter, sich ausdehnender Deckenscheiben sichergestellt werden kann. Konstruktiv muss die Funktionsfähigkeit von Auflagerkonstruktionen gesichert werden, um den Absturz von Bauteilen zu verhindern. Die Auswirkungen auf benachbarte Bauwerke sind in Betracht zu ziehen.

Zu 2.4 Nachweisverfahren mit Teilsicherheitsbeiwerten

Zu 2.4.2 Bemessungswerte

Zu 2.4.2.4 Teilsicherheitsbeiwerte für Baustoffe

Die Teilsicherheitsbeiwerte für die Bemessung der Bauteilwiderstände im Hochbau sind für normalfesten Beton, für Betonstahl und für Spannstahl in DIN EN 1992-1-1/NA identisch mit DIN 1045-1 seit 2001 festgelegt. Die Indizes der Teilsicherheitsbeiwerte γ_C und γ_S sind konsequent großgeschrieben, da es sich um Teilsicherheitsbeiwerte der Materialseite γ_M handelt, die die Modellunsicherheiten bei den Bauwerkswiderständen **und** die Unsicherheiten der Baustoffeigenschaften berücksichtigen.

Für Bauteile aus hochfestem Beton war nach DIN 1045-1 [68] noch ein von der Betondruckfestigkeit abhängiger vergrößerter Teilsicherheitsbeiwert ($\gamma_c \cdot \gamma_c'$) zu berücksichtigen. Ergebnisse von statistischen Auswertungen der Streuungen von Betoneigenschaften aus Qualitätskontrollen von Bauteilen und die Analyse der Unsicherheitsquellen von Beton zeigen, dass es aus dieser Sicht zur Sicherstellung der Zuverlässigkeit von Bauwerken kein Erfordernis für diesen zusätzlichen Sicherheitsfaktor gibt. *Tue* u. a. [95] haben deshalb vorgeschlagen, diese Erhöhung bei entsprechenden Qualitätssicherungsmaßnahmen in der Bauausführung (die beim Einsatz hochfester Betone in Deutschland obligatorisch sind) zu streichen.

Bei Biegung mit Längskraft und bei Druckgliedern wird auf diesen erhöhten Teilsicherheitsbeiwert in DIN EN 1992-1-1 mit NA verzichtet. Da jedoch die größere Sprödigkeit bei hochfestem Beton insbesondere im Bereich von Betondruckstreben wesentlich größere Bedeutung hat, wurde in DIN EN 1992-1-1/NA eine direkte Abminderung der Druckstrebenfestigkeit hochfester Betone $\geq$ C55/67 mit $\nu_1 \cdot \nu_2 = \nu_1 \cdot (1{,}1 - f_{ck}/500)$ bei Querkraft- und Torsionsbeanspruchung, Stabwerkmodellen usw. eingeführt. Dies ist gegenüber dem in DIN EN 1992-1-1 [25] vorgeschlagenen Abminderungsbeiwert $\nu = 0{,}6 \cdot (1 - f_{ck}/250)$ für die Druckstreben immer noch progressiver (z. B. bei Querkraft im NA: $\nu_1 \cdot \nu_2 = 0{,}75 \cdot (1{,}1 - f_{ck}/500)$).

Mit den sicherheitstheoretischen Annahmen für die geometrischen Streuungen korrespondieren die einzuhaltenden Grenzabmaße in der Bauausführung, die für die Querschnittsabmessungen und die Lage der Bewehrung und Spannglieder in DIN EN 13670 [69] bzw. DIN 1045-3 [70] festgelegt sind. Für die Maßtoleranzen werden in DIN EN 13670 zwei konstruktive Toleranzklassen vorgegeben. Am fertiggestellten Tragwerk gilt Toleranzklasse 1 für normale Toleranzen. Weitergehende Anforderungen an Toleranzen können ggf. nach DIN 18202 [96] festgelegt werden. Die in DIN EN 13670 für die Toleranzklasse 1 bzw. die in DIN 1045-3 angegebenen Werte

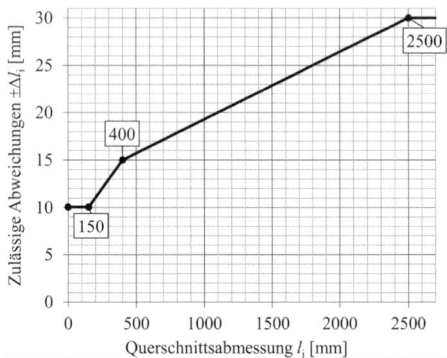

Bild 52. Zulässige Abweichungen der Bauausführung in Toleranzklasse 1 nach DIN 1045-3 [70] von den Nennmaßen der Querschnittsabmessungen (Balken, Platten, Stützen)

(vgl. z. B. Bild 52) entsprechen den Bemessungsannahmen von DIN EN 1992, insbesondere mit Bezug auf die Teilsicherheitsbeiwerte für Baustoffe. Die Toleranzklasse 2 ist als Voraussetzung für die Verwendung abgeminderter Teilsicherheitsbeiwerte vorgesehen, welche jedoch im deutschen NA ausgeschlossen worden ist (siehe [26] Anhang A).

Besondere Anforderungen an die Toleranzen sind demnach in den bautechnischen Unterlagen festzulegen.

Zu 2.4.3 Kombinationsregeln für Einwirkungen

Zu 2.4.3 (2): Da die Streuungen der Eigenlasten innerhalb eines Bauteils gering sind, dürfen bei Hochbauten die Konstruktionseigenlast und die Eigenlasten nichttragender Teile im Allgemeinen zu einer gemeinsamen unabhängigen Einwirkung G_k (Eigenlasten) zusammengefasst werden (vgl. DIN EN 1991-1-1 [3], 3.2 (1)). In diesem Fall darf bei durchlaufenden Platten und Balken der gleiche Bemessungswert bei ungünstiger Auswirkung mit $G_{d,sup} = 1{,}35 G_k$ und bei günstiger Auswirkung mit $G_{d,inf} = 1{,}0 G_k$ in allen Feldern angesetzt werden.

Der Einfluss der Variation der Eigenlasten auf die Sicherheit ist vom Verhältnis der Eigenlasten zu den wesentlich stärker streuenden veränderlichen Einwirkungen abhängig. Daher setzt diese Regel voraus, dass die Summe der veränderlichen Einwirkungen je Feld mindestens 20 % der Summe der ständigen Einwirkungen je Feld beträgt. Davon kann im Hochbau im Allgemeinen ausgegangen werden. Diese Regel setzt weiterhin nicht zu große Spannweitenunterschiede in den Feldern voraus. Insbesondere bei langen Kragarmen kann eine feldweise ungünstige Anordnung der Eigenlast mit dem oberen oder unteren Bemessungswert erforderlich sein.

Besondere Bemessungssituationen, z. B. Entfall der entlastenden Wirkung von ständigen Einwirkungen auf Kragarme im angrenzenden Feld im Reparaturfall (z. B. Fassadenlasten), sind ggf. gesondert zu berücksichtigen [37].

Zu 2.5 Versuchsgestützte Bemessung

Die Anwendung der versuchsgestützten Bemessung in der Tragwerksplanung bedarf der Zustimmung des Bauherrn und der zuständigen Behörde (DIN EN 1990/NA [2], NCI zu 5.2 (1).

Zu 2.7 Befestigungsmittel im Beton

Erstmals wird die Bemessung von Befestigungen in Beton im neuen Teil 4 des Eurocodes 2 (DIN EN 1992-4:2019-04 [82, 83]) in einer Norm geregelt und nicht wie bisher üblich in Richtlinien oder Technischen Spezifikationen. Die neue Norm fasst die Bemessung verschiedenster Befestigungssysteme zusammen, wie

- Ankerschienen,
- Kopfbolzen,
- Metallspreizdübel,
- Hinterschnittdübel,
- Betonschrauben,
- Verbunddübel,
- Verbundspreizdübel.

Dabei werden Bemessungsregeln für verschiedenste Einwirkungskategorien erfasst und die Bemessung für statische und quasi-statische Einwirkungen sowie für Ermüdungs- und Erdbebenbeanspruchungen geregelt. Die Bemessung unter Brandeinwirkung wird in DIN EN 1992-4 ebenfalls berücksichtigt. Im deutschen Nationalen Anhang DIN EN 1992-4/NA [83] wurden nur für den Fall der Erdbebenbeanspruchung abweichende nationale Regelungen definiert.

Die Befestigungen in Beton sind nunmehr in das Sicherheitskonzept für Betonkonstruktionen eingebunden. Der Deutsche Ausschuss für Stahlbeton hat das DAfStb-Heft 615 [189] zu DIN EN 1992-4 herausgegeben, um der Praxis das Verständnis und den Gebrauch der Norm durch Erläuterungen und Darlegung der wissenschaftlichen Grundlagen zu erleichtern.

Zu NA.2.8 Bautechnische Unterlagen

Der Abschnitt zu den Anforderungen und Inhalten der bautechnischen Ausführungsunterlagen wurde wieder zusätzlich in den Nationalen Anhang aufgenommen, weil der Qualität der Planung und der Kommunikation zwischen Tragwerksplaner, Betonhersteller und Bauausführende erfahrungsgemäß entscheidende Bedeutung für die erfolgreiche Realisierung mangelfreier Bauwerke zukommt. Die zum Teil weit entwickelten und ausgereizten Ergebnisse der Tragwerksplanung erfordern auch eine entsprechende qualitative Umsetzung in der Bauausführung. Prinzip ist daher, dass der Tragwerksplaner die Voraussetzungen und insbesondere alle wesentlichen Annahmen sowie die Ergebnisse seiner Planung so detailliert und ausführlich auf den bautechnischen Unterlagen darstellt, dass diese Grundlage von möglichst eindeutiger Ausschreibung und klaren bauvertraglichen Regelungen werden können. Nur so kann der bauausführende Unternehmer die geforderten Eigenschaften und Qualitäten richtig bewerten oder ggf. auch Bedenken anmelden, wenn aus seiner Sicht Umstände und Randbedingungen die Realisierung des Geforderten oder des Vorausgesetzten unmöglich machen oder Anlass zur Mängelvermutung bieten. Unvollständige oder fehlerhafte Angaben können daher auch zu Haftungsansprüchen gegenüber dem Planer führen.

Der Mindestumfang der zu erstellenden bautechnischen Unterlagen wird durch die baurechtlichen Bestimmungen der Bundesländer bzw. durch Sonderregelungen der öffentlichen Auftraggeber festgelegt. Zeichnungen sind die zur Bauausführung erforderlichen planlichen Unterlagen.

Zu den weiteren Anforderungen an den Beton auf Bewehrungsplänen gehören z. B. die Feuchtigkeitsklasse nach Tabelle 4.1, Nr. NA.7, oder eine ggf. notwendige Begrenzung des Größtkorns der Gesteinskörnung oder die Festlegung der Festigkeitsentwicklung des Betons (z. B. entsprechend dem Konzept der Rissbreitenbegrenzung nach 7.3.2).

Hinweise zur Festlegung von Ausschalfristen abhängig vom Erhärtungsverlauf des Betons und der Belastung während der Bauzeit sind im DBV-Merkblatt „Betonschalungen und Ausschalfristen" [91] enthalten.

Mit besonders hohem seitlichen Frischbetondruck ist bei fließfähigen, leichtverdichtbaren Betonen in hohen Betonierabschnitten zu rechnen (siehe DIN 18218 [97], Erläuterungen auch in [98]). Dies gilt insbesondere für selbstverdichtenden Beton [99].

11.3.3 Zu 3 Baustoffe

Zu 3.1 Beton

Zu 3.1.2 Festigkeiten

Zu 3.1.2 (4): Grundsätzlich ist die Druckfestigkeit zur Einteilung in die geforderte Druckfestigkeitsklasse und zur Bestimmung der charakteristischen Festigkeit nach DIN EN 206-1 [31] an Probekörpern im Alter von 28 Tagen zu bestimmen. Hierbei ist auch im Rahmen der Konformitätskontrolle für die Druckfestigkeit die Konformität an Probekörpern zu beurteilen, die im Alter von 28 Tagen geprüft werden.

Von diesem Grundsatz darf nur unter bestimmten Bedingungen abgewichen werden (beachte die MVV TB [27], Anlage A 1.2.3/4). Für besondere

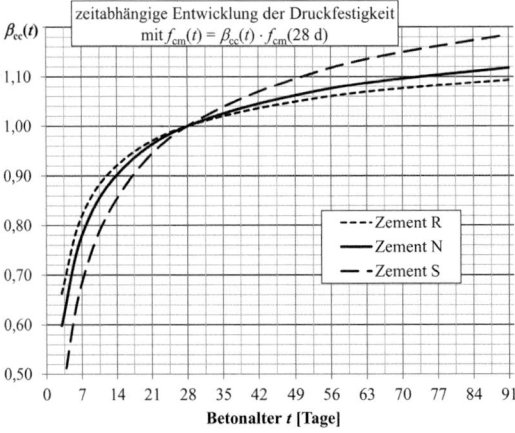

Bild 53. Zeitabhängige Entwicklung der Betondruckfestigkeit unter Laborbedingungen nach [25] Gleichung (3.1)

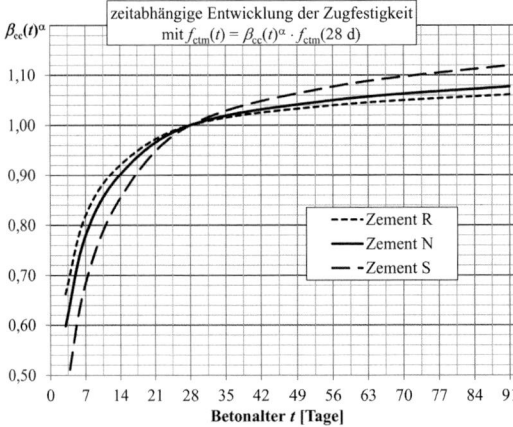

Bild 54. Zeitabhängige Entwicklung der Betonzugfestigkeit unter Laborbedingungen nach [25] Gleichung (3.4)

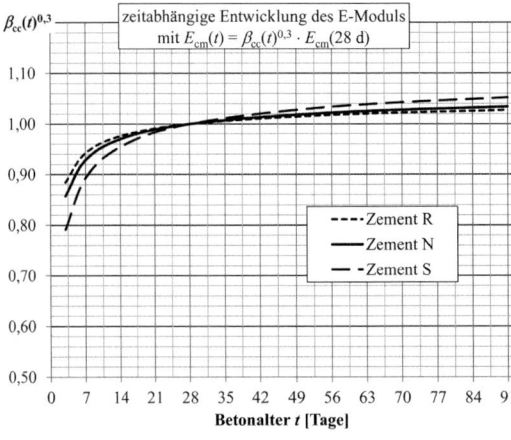

Bild 55. Zeitabhängige Entwicklung des Beton-E-Moduls unter Laborbedingungen nach [25] Gleichung (3.5)

Anwendungen kann es notwendig sein, die Betondruckfestigkeit zu einem früheren oder späteren Zeitpunkt als nach 28 Tagen zu vereinbaren bzw. zu bestimmen, z. B. bei Leichtbeton, bei massigen Bauteilen oder nach Lagerung unter besonderen Bedingungen wie z. B. Wärmebehandlung. Bei massigen Bauteilen soll die DAfStb-Richtlinie „Massige Bauteile aus Beton" [85] beachtet werden.

Betonsorten, deren Nachweisalter für die Betonfestigkeit auf 56 Tage oder später festgelegt wird, dürfen nur unter Einbeziehung aller am Bau Beteiligten (wie z. B. Bauherr, Planer, Betonhersteller und Bauunternehmen) verwendet werden, um Defizite in der Sicherheit oder bei der Ausführungsqualität zu verhindern (z. B. bei Nichtbeachtung verlängerter Ausschalfristen und Nachbehandlungszeiten).

Falls die Betonfestigkeit für ein Alter bis zu 91 Tagen bestimmt wird, ist eine weitere Reduktion der Dauerstandsbeiwerte nicht erforderlich, da diese im NA schon reduziert mit α_{cc} und $\alpha_{ct} = 0{,}85 < 1{,}0$ festgelegt wurden. Die in DIN EN 1992-1-1 [25] vorgeschlagenen Werte α_{cc} und $\alpha_{ct} = 1{,}0$ setzten voraus, dass der Belastungsbeginn im Betonalter von nicht mehr als 28 Tagen stattfindet und damit ein größeres Nacherhärtungspotenzial zur Kompensation des Dauerstandsabfalls der Festigkeit zur Verfügung steht.

Zu 3.1.2 (6): Die analytischen Beziehungen nach den Gleichungen (3.1) und (3.2) entstammen dem Model Code MC90 [100] und stellen die Entwicklung der Betondruckfestigkeit $f_{cm}(t)$ unter Laborbedingungen bezogen auf die 28-Tage-Druckfestigkeit dar (Bild 53). Zu erkennen ist das unterschiedliche Nacherhärtungspotenzial der Zementklassen.

Zu 3.1.2 (9): Die zeitliche Entwicklung der Betonzugfestigkeit $f_{ct}(t)$ folgt ebenfalls dem Hydratationsgrad. Die Zugfestigkeit nimmt tatsächlich im jungen Betonalter < 28 Tage zunächst schneller zu als die Druckfestigkeit. Das wird in Gleichung (3.4) durch den Exponenten α nur unzureichend berücksichtigt (siehe Bild 54).

Zu 3.1.3 Elastische Verformungseigenschaften

Zu 3.1.3 (2): Die zeitliche Entwicklung des E-Moduls $E_{cm}(t)$ folgt ebenfalls dem Hydratationsgrad. Der E-Modul nimmt im jungen Betonalter < 28 Tage noch schneller zu als die Druck- und Zugfestigkeit des Betons (Bild 55).

Der E-Modul des Betons wird durch die E-Moduln der Komponenten Gesteinskörnung und Zementsteinmatrix bestimmt. Der Tangentenmodul E_c wird im Eurocode 2 mit $1{,}05 E_{cm}$ angenommen. Die in DIN EN 1992-1-1 [25] eingeführte Beziehung für E_{cm}

$$E_{cm} = 22{.}000 \left(\frac{f_{ck} + 8 \,[\text{N/mm}^2]}{10} \right)^{0{,}3}$$

$$\approx 11{.}000 \cdot f_{cm}^{0{,}3} \qquad (8)$$

entspricht der im CEB-Bulletin 228 [101] vorgeschlagenen Beziehung für den Tangentenursprungsmodul E_{ci} für hochfeste Betone. Die Gleichung (8) führt daher gegenüber den wissenschaftlich überprüften Laborwerten nach DIN 1045-1:2008-08 [68] zu relativ hohen rechnerischen Richtwerten für die Sekanten-E-Moduln E_{cm} für normalfeste Betone (siehe Bild 56).

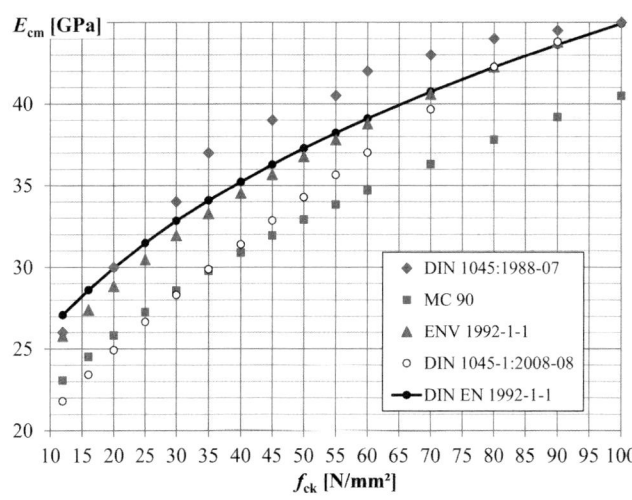

Bild 56. Vergleich der E-Moduln für Beton aus verschiedenen Regelwerken

Der tatsächliche E-Modul des Betons im fertigen Bauteil wird sich oft deutlich von den geprüften Laborwerten unterscheiden. Die 28-Tage-Richtwerte E_{cm} in Tabelle 3.1 gelten nur für Betonsorten mit quarzithaltigen Gesteinskörnungen. Bei Gesteinskörnungen aus Kalkstein und Sandstein sind niedrigere (etwa -30%) und bei solchen aus Basalt höhere E-Moduln (etwa $+20\%$) zu erwarten. Die zeitliche Entwicklung des E-Moduls wird auch von den örtlichen Umgebungsbedingungen und der Nachbehandlung beeinflusst. Der Tragwerksplaner sollte sich vergewissern, welche regionalen Gesteinskörnungen zur Betonherstellung verwendet werden bzw. den Betonsorten-E-Modul beim Betonhersteller abfragen, wenn die Bemessung von Bauteilen entscheidend von diesem Kennwert abhängt (z. B. Verformungsnachweise, Zwangsschnittgrößen). Gegebenenfalls sollte der E-Modul dann als zusätzliche Betoneigenschaft festgelegt oder rechnerische Untersuchungen mit oberen und unteren Grenzwerten vorgenommen werden.

Zu 3.1.4 Kriechen und Schwinden

Zu 3.1.4 (2): Für die beiden **Kriechanteile** Grundkriechen und Trocknungskriechen wird in DIN EN 1992-1-1 [25] und DIN 1045-1 [68] (vgl. auch [102]) ein identischer Produktansatz für die Kriechzahl zugrunde gelegt:

$$\varphi(t,t_0) = \varphi_0 \cdot \beta_c(t,t_0)$$
$$= \varphi_{RH} \cdot \beta(f_{cm}) \cdot \beta(t_0) \cdot \beta_c(t,t_0)$$
$$[25] \text{ (B.1)} + \text{(B.2)}$$

DIN EN 1992-1-1, Anhang B, darf normativ in Deutschland angewendet werden. Für Betonfestigkeiten $\geq$ C30/37 ist die Übereinstimmung zwischen den Kriechfunktionen aus Anhang B und aus DAfStb-Heft 525 [103] vollständig. Für Betonfestigkeiten $\leq$ C25/30 ergeben sich nach Anhang B etwas geringere Kriechzahlen.

Sie gelten im Temperaturbereich von $-40\,°C$ bis $+40\,°C$ sowie für Umgebungsbedingungen mit Luftfeuchten zwischen 40% und 100% [104]. Die Kriechfunktionen im Anhang B beschreiben das lineare Kriechen bis zu einem Spannungsniveau bei Belastungsbeginn mit kriecherzeugenden Druckspannungen von $\sigma_c \leq 0{,}45 f_{ck}(t_0)$.

Die Gleichung (B.7) hat für eine Belastungsdauer von ca. 70 Jahren Gültigkeit. Im Eurocode 2 wird davon ausgegangen, dass die sich für diese Belastungsdauer ergebende Kriechzahl für den praktischen Gebrauch als Endkriechzahl betrachtet werden kann [105].

Zu 3.1.4 (4): Nichtlineares Kriechen ist i. d. R. zu berücksichtigen, da diese Kriechverformungen fast immer wesentliche Auswirkungen haben. Hierfür darf nach Gleichung (3.7) eine nichtlineare Endkriechzahl φ_{nl} als Vielfaches der linearen Endkriechzahl verwendet werden. Diese ist für kriecherzeugende Spannungen im Bereich 0,45 bis $0{,}7 f_{ck}(t_0)$ gültig (entspricht etwa 0,4 bis $0{,}6 f_{cm}(t_0)$ [105]).

Zu 3.1.4 (6): Trocknungsschwinden

Im Schwindansatz nach DIN EN 1992-1-1 werden die aus der Betonzusammensetzung resultierenden Einflüsse in Näherung allein durch die Betondruckfestigkeit und die Zementklasse erfasst. Im Vergleich mit DAfStb-Heft 525 [103] sind die Grundwerte für die Trocknungsschwinddehnung $\varepsilon_{cd,0}$ im Anhang B auf 85 % der Werte $\varepsilon_{cds,0}(f_{cm}) \cdot \beta_{RH}(RH)$ nach [103] bei den Zementarten S und N wegen des Vorfaktors 0,85 in Gleichung (B.11) reduziert. Dies erfolgte im zuständigen Subcommittee SC2 mit Blick auf die Unterschiede zwischen den unter Laborbedingungen ermittelten und den am realen Bauteil auftretenden Schwinddehnungen. Bei der Zementklasse R ist der Unterschied wegen der Differenz im Anpassungsfaktor α_{ds2} (DIN EN 1992-1-1: $\alpha_{ds2} = 0{,}11$ und [103]: $\alpha_{ds2} = 0{,}12$) geringer.

Die Unterscheidung des Faktors für die Luftfeuchte über 99 % $\cdot \beta_{s1}$ nach [103] wirkt sich nur bei Wassersättigung und hochfesten Betonen aus. Die Schwinddehnung wird dann null bzw. wird zur Quelldehnung. Die vereinfachende Vernachlässigung dieses Effektes in DIN EN 1992-1-1 liegt meist auf der sicheren Seite.

Der zeitliche Verlauf für die Trocknungsschwinddehnung wird in DIN EN 1992-1-1 durch Multiplikation des Grundmaßes mit dem Zeitfaktor $k_h \cdot \beta_{ds}(t, t_s)$ in Gleichung (3.9) abgebildet. Die Verlaufsfunktion nach Gleichung (3.10) hängt im Wesentlichen von der Austrocknungsgeschwindigkeit und damit von der wirksamen Dicke h_0 ab. In DIN EN 1992-1-1 wurde die Zeitverlaufsfunktion nach Gleichung (3.10) eingeführt und der Korrekturfaktoren 0,85 (in Gleichung (B.11) integriert) und k_h ingenieurmäßig angepasst. Größere Unterschiede zu den Werten nach [103] ergeben sich dadurch für den Zeitraum nach 5 Jahren. Der Abminderungsfaktor k_h in DIN EN 1992-1-1, Tabelle 3.3 berücksichtigt zusätzlich das reduzierte Austrocknungsverhalten von Bauteilen mit größerer wirksamer Querschnittsdicke und kompensiert zum Teil die Unterschiede in den Zeitverlaufsfunktionen nach 50 bzw. 70 Jahren (vgl. Bild 57). Zum Zeitpunkt $t = \infty$ liegt die Annahme $\beta_{ds}(\infty) \to 1{,}0$ immer auf der sicheren Seite.

Die Trocknungsschwindmaße ε_{cd} nach DIN EN 1992-1-1 zum Zeitpunkt $t = 50$ Jahre betragen demnach je nach wirksamer Dicke, Zementart und Betonfestigkeitsklasse nur noch zwischen ca. 65 % und 95 % der Werte nach DAfStb-Heft 525 [103]. Mit der Zeitverlaufsfunktion werden die Endschwinddehnungen jedoch etwas schneller erreicht.

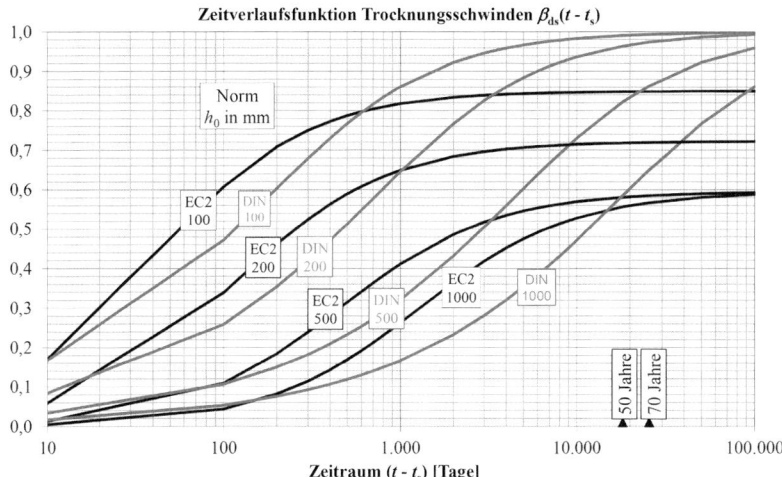

Bild 57. Vergleich der Zeitverlaufsfunktionen für Trocknungsschwinden nach DIN EN 1992-1-1 (mit Abminderungsfaktoren) und DIN 1045-1 ([103] bezogen auf den gleichen Grundwert $\varepsilon_{cd,0}$

Da die Variationskoeffizienten ohnehin bei 30 % liegen und die Auswirkungen auf die Bemessungsergebnisse im GZT deutlich geringer sind als die Unterschiede der Trocknungsschwindmaße, wurden die günstigeren Regelungen aus DIN EN 1992-1-1 ohne Änderung im NA übernommen. Das erhöht die Wirtschaftlichkeit der Bauweise. In der Regel unterscheiden sich die Schwinddehnungen an realen Bauteilen von den im Laborklima ermittelten, da der Austrocknungsprozess durch Feuchte- und Temperaturschwankungen verlangsamt wird. Darüber hinaus werden die Schwinddehnungen durch Bewehrung oder Stahlquerschnitte im Verbundbau reduziert und langfristig auch durch Zugkriechen abgebaut. Bei verformungsempfindlicheren Bauteilen und sensiblen Nachweisen (z. B. in sehr trockener Umgebung oder bei Hauptzwangsursache Schwinden) sollten ohnehin Grenzwertbetrachtungen vorgenommen werden. Die größeren Endschwindmaße nach DIN 1045-1 bzw. DAfStb-Heft 525 liegen auf der sicheren Seite und können jedenfalls auch weiter verwendet werden.

In DIN EN 1992-1-1 werden in Tabelle 3.2 nur einige Nennwerte für die unbehinderte Trocknungsschwinddehnung $\varepsilon_{cd,0}$ in [‰] für Beton mit Zement CEM Klasse N (normal erhärtend) angegeben. Diese wurden auf Basis des Anhangs B ermittelt. Als Hilfestellung für die Praxis wurden in DIN EN 1992-1-1/NA, Anhang B, die erweiterten Tabellen NA.B.1 bis NA.B.3 – Grundwerte für die unbehinderte Trocknungsschwinddehnung $\varepsilon_{cd,0}$ – mit den Zementklassen S, N und R sowie mit allen Betonfestigkeitsklassen ergänzt. In Bezug auf die relative Luftfeuchte wurde auf die nicht praxisrelevante Spalte für 20 % verzichtet, dafür wird die für trockene Umgebungsbedingungen relevante relative Luftfeuchte 50 % ergänzt.

Zu 3.1.4 (6): Grundschwinden

Bei normalfestem Beton liefert das Grundschwinden infolge der Reaktion des Zements (Summe aus chemischen Schwinden und autogenem Schwinden = innere Austrocknung) einen gegenüber dem Trocknungsschwinden vergleichsweise kleinen Verformungsbeitrag. Mit zunehmender Betonfestigkeit nimmt das Grundschwinden zu und das Trocknungsschwinden ab [103].

Der vereinfachte, linearisierte und zementunabhängige Ansatz für das Endmaß des Grundschwindens nach DIN EN 1992-1-1, Gleichung (3.12), liefert bei normalfesten Betonen je nach Zementart und Betonfestigkeitsklasse Werte zwischen 55 % (C20/25 mit Zementklasse S) und 100 % (C50/60 mit Zementklasse R) der Werte nach [103]. Im relevanten Bereich der hochfesten Betone beträgt die Übereinstimmung zwischen 90 % (Zementklasse N) und 110 % (Zementklasse R) (vgl. Bild 58). Da der Anteil am Gesamtschwindmaß bei normalfesten Betonen relativ gering und die Auswirkungen auf die Bemessungsergebnisse im GZT damit noch geringer sind, wurde die vereinfachte Gleichung (3.12) übernommen.

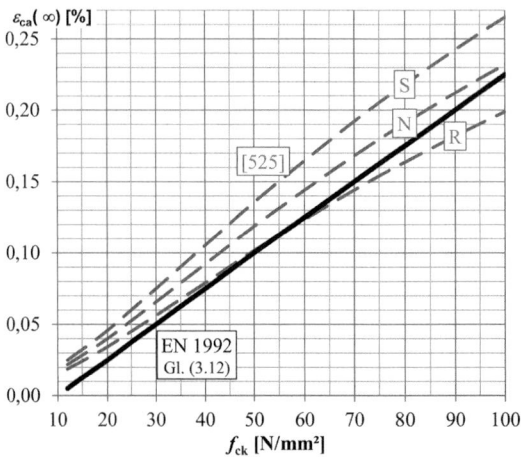

Bild 58. Vergleich der Endmaße für Grundschwinden $\varepsilon_{ca}(\infty)$ nach [25] Gleichung (3.12) und DAfStb-Heft 525 [103]

Zu 3.1.6 Bemessungswert der Betondruck- und Betonzugfestigkeit

Zu 3.1.6 (1): Die Druckfestigkeit von Beton ist von der Einwirkungsdauer einer konstanten Druckbeanspruchung abhängig. Die größte Druckspannung, die der Beton gerade noch unendlich lange ertragen kann, wird als Dauerstandsfestigkeit bezeichnet. Bei der Bemessung wird diese unter Beachtung der Nacherhärtung des Betons durch eine Abminderung des Bemessungswertes mit dem Beiwert $\alpha_{cc} = 0{,}85$ berücksichtigt. Für hohe Belastungsgeschwindigkeiten und kurze Einwirkzeiten, wie z. B. bei einem Aufprall, einer Explosion, einem Schlag oder Stoß darf die dabei mobilisierte Zunahme der Druckfestigkeit mit $\alpha_{cc} \leq 1$ berücksichtigt werden.

Zu 3.1.6 (2): Wegen der Korrelation der Betonzugfestigkeit mit der Druckfestigkeit wird der Bemessungswert mit identischem Dauerstandsbeiwert $\alpha_{ct} = 0{,}85$ und Teilsicherheitsbeiwert $\gamma_C = 1{,}5$ festgelegt.

Ausnahme: Bei Ermittlung der Verbundspannungen f_{bd} nach 8.4.2 (2) darf jedoch $\alpha_{ct} = 1{,}0$ angesetzt werden, weil die Verbundfestigkeit als Vielfaches der Betonzugfestigkeit (für gerippte Bewehrungsstäbe mit dem Faktor 2,25 [100]) auf Basis von Ausziehversuchen unter Kurzzeitbelastung so festgelegt wurde, dass die unter Gebrauchslasten größeren Verbundspannungen am Beginn der Verankerung keine kritischen Rissbildungen oder Gleitungen erzeugen. Dauerlasten bewirken einen Abbau dieser Spitzenwerte und führen zu einer Annäherung an die rechnerisch angenommene gleichmäßige Spannungsverteilung entlang der gesamten Verankerungslänge (*Rehm* et al. in DAfStb-Heft 300 [106]).

Zu 3.1.7 Spannungs-Dehnungs-Linie für die Querschnittsbemessung

Die Grundlagen für die Biegebemessung (Ebenbleiben der Querschnitte, Arbeitslinien Beton) sind qualitativ in DIN EN 1992-1-1 und DIN 1045-1 gleichwertig. Die möglichen Dehnungsverteilungen über den Querschnitt im GZT sind mit den NA-Festlegungen für die maximale Randstauchung des Betons ε_{cu2} bzw. ε_{cu3} und für die Grenzdehnung der Bewehrung ε_{ud} nach [25] Bild 6.1 unverändert. Bei vollständig überdrückten Querschnittsteilen, wie z. B. Gurten von profilierten Querschnitten, ist zusätzlich die mittlere Stauchung auf ε_{c2} bzw. ε_{c3} zu begrenzen (siehe DIN EN 1992-1-1, 6.1 (5)).

In der Regel wird für die Ermittlung der Tragfähigkeit der Betondruckzone das Parabel-Rechteck-Diagramm nach [25] Bild 3.3 verwendet. Im Vergleich mit DIN 1045-1 sind die P-R-Diagramme für normalfeste Betone identisch. Für hochfeste Betone ist die Völligkeit der ausgenutzten Druckzone nach DIN EN 1992-1-1 geringer, dafür sind die Bruchdehnungen und die Bemessungswerte der Druckfestigkeit (im NA $\gamma_C = 1{,}5$) größer. Die Unterschiede in den Bemessungsergebnissen sind gering.

Zu 3.1.8 Biegezugfestigkeit

Die Biegezugfestigkeit ist als die maximal aufnehmbare Spannung am Zugrand eines Biegebalkens definiert, die sich unter Annahme linear-elastischen Verhaltens des Betons nach der Biegetheorie ergibt. Entscheidend für die Biegezugfestigkeit ist die Bauteilhöhe. Mit zunehmender Bauteilhöhe nimmt die Biegezugfestigkeit ab und nähert sich der zentrischen Zugfestigkeit (sehr konservativ mit [25] Gleichung (3.23) ab $h \geq 600$ mm). Der Umrechnungsfaktor zwischen Biegezugfestigkeit und zentrischer Zugfestigkeit $f_{ct,fl}/f_{ct} = (1,6 - h/1000$ mm) darf auch für die Bemessungswerte f_{ctd} angesetzt werden.

Zu 3.2 Betonstahl

Zu 3.2.1 Allgemeines

Zu 3.2.1 (1)P: In Deutschland gilt für das Bauprodukt Betonstahl DIN 488 [84]. In DIN 488-1 werden zwei Betonstahlsorten geregelt, die mit B500A bzw. B500B (**B**etonstahl – Streckgrenze **500** N/mm^2 – Duktilitätsklasse **A** oder **B**) bezeichnet werden.

Der Anhang C: „Eigenschaften des Betonstahls" findet in Deutschland keine Anwendung und wurde national zu einem informativen Anhang bestimmt. Sollte irgendwann eine neue harmonisierte Produktnorm EN 10080 für Betonstahl bauaufsichtlich eingeführt werden, kann der Anhang C wieder an Bedeutung gewinnen. Anhang C enthält u. a. die aus der Bemessung nach Eurocode 2 erforderlichen Eigenschaften für Betonstähle, wie die Duktilitätsparameter, die Dehngrenzen sowie Anforderungen an die bezogene Rippenfläche und die Ermüdungsschwingbreite.

In DIN 488-2 [84] werden die lieferbaren Nenndurchmesser $d = 6{,}0$ mm bis $d = 40$ mm geregelt. Die Erweiterung der Nenndurchmesser gegenüber der DIN 488-2:1986-06 über 28 mm hinaus führte dazu, dass in DIN EN 1992-1-1/NA, 8.8: „Zusätzliche Bewehrungsregeln für große Stabdurchmesser" für Stabdurchmesser $\phi = 40$ mm die bisher in den abZ enthaltenen zusätzlichen Bemessungs- und Konstruktionsregeln mit dem Ziel ergänzt wurden, diese zukünftig ohne Zulassung als geregelte Betonstäbe zu verwenden. Für Stabdurchmesser $\phi > 40$ mm sind weiterhin abZ erforderlich.

Zu 3.2.1 (4)P: Die Streckgrenze f_{yk} (R_e nach DIN 488) und die Zugfestigkeit f_{tk} (R_m nach DIN 488) werden jeweils als charakteristische Werte definiert.

Zu 3.2.1 (5): Für die Verwendung von Gitterträgern sind i. d. R. auch weiterhin Zulassungen erforderlich, obwohl das Produkt in DIN 488-5:2009-08 geregelt wird und einige Konstruktionsregeln schon in DIN EN 1992-1-1 aufgenommen wurden (siehe auch Beitrag von *Furche* und *Bauermeister* „Elementbauweise mit Gitterträgern nach Eurocode 2" im Beton-Kalender 2016 [107]).

Zu 3.2.2 Eigenschaften

Zu 3.2.2 (1)P: Betonstahl vom Ring kann nach DIN 488-3 [84] sowohl aus Betonstahl B500A oder B500B bestehen. Maßgebend sind die Eigenschaften nach dem Richten. Für Betonstahl vom Ring nach bisherigen allgemeinen bauaufsichtlichen Zulassungen darf davon ausgegangen werden, dass Stäbe und Matten aus B500WR stets hochduktile Eigenschaften aufweisen. Für kalt aufgewickelten und gerichteten Betonstahl vom Ring B500KR wurden entsprechend den nachgewiesenen Produkteigenschaften ebenfalls Zulassungen sowohl für hoch- als auch normalduktile Bewehrungen erteilt.

Für Sonderanwendungen existieren noch spezielle Stähle mit sehr hohen Duktilitätseigenschaften der Klasse C (z. B. für Bauten in Erdbebengebieten). Diese dürfen nur mit abZ verwendet werden.

Zu 3.2.2 (3)P: In der DIN EN 1992-1-1 [25] ist vorgesehen, die Bemessungs- und Konstruktionsregeln auf Betonstähle mit charakteristischen Streckgrenzen von 400 N/mm$^2 \leq f_{yk} \leq 600$ N/mm^2 anzuwenden. In DIN EN 1992-1-1/NA [26] wurde jedoch für Deutschland in Übereinstimmung mit der DIN 488-Reihe [84] und den abZ für Betonstähle der Anwendungsbereich in Deutschland auf die bewährten Betonstahlsorten mit $f_{yk} = 500$ N/mm^2 eingeschränkt. Betonstähle mit anderen Streckgrenzen sind daher nur mit Zustimmung der Bauaufsicht oder mit ggf. weitergehenden abZ verwendbar. Diese Einschränkungen sollen auch die Prüfbarkeit und Feststellung der Konformität der verwendeten Betonstahlprodukte auf der Baustelle erleichtern.

Zu 3.2.7 Spannungs-Dehnungs-Linie für die Querschnittsbemessung

Zu 3.2.7 (2): In der DIN EN 1992-1-1 [25] wird die ansteigende Arbeitslinie für beide Stahlklassen unterschiedlich mit $f_{tk} = k \cdot f_{yk}$ bei ε_{uk} vorgeschlagen, wobei für die Bemessung die Stahlspannung bei $\varepsilon_{du} = 0{,}9\varepsilon_{uk}$ angesetzt werden darf. Der Ansatz unterschiedlicher Dehnungen und Zugfestigkeiten ist jedoch bemessungstechnisch aufwendiger und baupraktisch nicht sinnvoll, um mögliche Wechsel zwischen Betonstahlbewehrung (i. d. R. B500B) und geschweißter Bewehrung (z. B. Betonstahlmatten i. d. R. B500A) nicht zu erschweren. Darüber hinaus sind bei den sehr großen Betonstahldehnungen über 25 ‰ im GZT grundsätzlich die Nachweise im GZG zu führen und die zweckmäßigen Vereinfachungen wie z. B. Verzicht auf die Spannungsnachweise nach 7.1 (NA.3) oder auf die Rissbreitenbegrenzung bei dünnen Deckenplatten nach 7.3.3 (1) nicht mehr ohne Weiteres zulässig.

Die maximal ausnutzbare rechnerische Betonstahlzugfestigkeit unter Berücksichtigung der Nachverfestigung wurde daher im NA [26] wieder einheitlich für beide Betonstahlklassen B500A und B500B mit $f_{tk,cal} = k \cdot f_{yk} = 1{,}05 \cdot 500 = 525$ N/mm^2 bei einer Bemessungsdehngrenze von $\varepsilon_{ud} = 25$ ‰ festgelegt (d. h. $f_{td} = 525/1{,}15 = 456{,}5$ N/mm^2).

Diese Dehngrenze sollte sowohl für den ansteigenden als auch für den horizontalen Ast der Betonstahl-Arbeitslinie eingehalten werden. Die bekannten Bemessungshilfsmittel nach DIN 1045-1 können dann ohne Weiteres auf der sicheren Seite liegend weiter verwendet werden.

11.3.4 Zu 4 Dauerhaftigkeit und Betondeckung

Zu 4.1 (4): Beton-Mindestfestigkeitsklassen

Die Anforderungen an die Betonzusammensetzung zur Sicherstellung der Dauerhaftigkeit und die sich daraus ergebenden Mindestbetonfestigkeitsklassen sind national in DIN 1045-2 [32] geregelt. Die Mindestfestigkeitsklassen nach DIN 1045-2 werden im DIN EN 1992-1-1/NA im normativen Anhang E umgesetzt.

Die Verwendung von Luftporenbeton sollte nur auf den notwendigen Einsatz unter einer XF-Klassifizierung begrenzt bleiben und nicht für eine Abminderung der Mindestfestigkeitsklasse für andere Zwecke (z. B. bei der Rissbreitenbegrenzung) zweckentfremdet werden. Bei vollflächig beschichteten Betonoberflächen sollte kein Luftporenbeton geplant werden (u. a. wegen möglicher Schäden am Oberflächenschutzsystem [92]). Theoretischen Einsparungen stehen oft Mehrkosten bei der Herstellung, beim Verarbeiten oder bei etwaigen Beschichtungen entgegen.

Gleiches gilt für die Festlegung von langsam bzw. sehr langsam erhärtenden Betonen, die vorrangig bei massigen Bauteilen ihren Anwendungsbereich finden sollten. Für diese Bauteile sind verlängerte Ausschalfristen und Nachbehandlungszeiten erforderlich, ggf. muss die Betonfestigkeit zu einem späteren Zeitpunkt als 28 Tage vereinbart werden (siehe Erläuterungen zu 3.1.2).

Der auch als wasserundurchlässiger Beton („WU-Beton" als besondere Betoneigenschaft) bezeichnete Baustoff wird in DIN 1045-2 [32], 5.5.3 bzw. in der DAfStb-WU-Richtlinie [115], 6.1, geregelt. Die betontechnologischen Anforderungen an diesen „Beton mit hohem Wassereindringwiderstand" führen für Bauteile bis 400 mm Dicke i. d. R. zu einer Mindestbetonfestigkeitsklasse C25/30. Bei WU-Bauteilen mit den empfohlenen Mindestdicken nach Tabelle 1 in [115] (zzgl. 15 % Dickentoleranz) ist wegen des geforderten reduzierten w/z-Werts $\leq 0{,}55$ i. d. R. eine Betonfestigkeitsklasse C30/37 zu erwarten. Diese Eigenschaften gehen über die Mindestanforderungen für die Expositionsklassen XC1 bis XC3 in DIN 1045-2 [32] hinaus. Hingewiesen sei hier auch auf ggf. erforderliche Begrenzungen des Größtkorns der Gesteinskörnung, z. B. für WU-Wände.

Ausführlichere Erläuterungen zur DAfStb-WU-Richtlinie von 2017 werden von *Alfes* et al. im Beton-Kalender 2018/1 [116] gegeben.

Zu 4.2 Umgebungsbedingungen

In den DIN EN 1992-1-1/NA [26] wurde mit Tabelle 4.1 die Expositionsklassen-Tabelle aus der Betonnorm DIN 1045-2 [32] übernommen. Insoweit gelten grundsätzlich alle Erläuterungen und Auslegungen zur Wahl der Expositionsklassen nach DIN 1045-1 unverändert.

Nichttragende Bauteile, wie z. B. Kellerfußböden und Bodenplatten, die nicht Bestandteil des Tragsystems sind, werden in DIN EN 1992-1-1 nicht explizit geregelt. Die Maßnahmen zur Dauerhaftigkeit solcher Bauteile, insbesondere zum Korrosionsschutz ggf. vorhandener Bewehrung, können (müssen aber nicht) im Verantwortungsbereich der Planer im Einzelfall z. B. mit Blick auf andere Nutzungsdauern oder Schadensfolgen in Abstimmung mit dem Bauherrn abweichend festgelegt werden.

Zu 4.2 (2), Tabelle 4.1 – allgemein

In Tabelle 4.1 wird unterschieden zwischen Einflüssen auf die Bewehrungskorrosion (Klassen XC, XD und XS) und Angriffsmechanismen auf den Beton selbst (Klassen XA und XF sowie Feuchtigkeitsklassen W). Für jedes Bauteil sind alle maßgebenden Expositions- und Feuchtigkeitsklassen zu ermitteln und als Grundlage für die erforderliche Betonzusammensetzung in den Planungsunterlagen anzugeben.

Die Expositionsklassen XM werden in der europäischen Betonnorm DIN EN 206-1 [31] und daher auch in Tabelle 4.1 nicht behandelt. Sie werden jedoch gesondert in 4.4.1.2 (13) im Zusammenhang mit einer zusätzlichen „Opfer-"Betondeckung definiert.

Entscheidend für die Bauteileinstufung sind vorrangig die Umgebungsbedingungen, denen eine Bauteiloberfläche ausgesetzt ist. In DIN EN 1992-1-1/NA [26] wurden die Beispiele nach DIN 1045-2 weitestgehend übernommen.

Zu 4.2 (2), Tabelle 4.1 – Parkflächen

Eine wesentliche Ergänzung besteht in besonderen Beispielen für **direkt befahrene Verkehrsflächen** in Deutschland in den Expositionsklassen XD3, XD1 und XC3. Diese wurden über die Änderung DIN EN 1992-1-1/NA/A1:2015-12 [26] eingeführt und ersetzen die frühere Fußnote b) der NA-Fassung von 2011 (erforderliche zusätzliche Maßnahme bei direkt befahrenen Parkdecks in XD3). Diese Beispiele wurden mit den Ausführungsvarianten A (XD3), B (XD1) und C (XC3) im DBV-Merkblatt „Parkhäuser und Tiefgaragen" von 2018 [92] detaillierter aufgegriffen (siehe hier auch Tabelle 47). Ausführliche Erläuterungen und Hintergründe zu den aktualisierten Regelungen für **Verkehrsflächen in Parkbauten** finden sich auch im Teil 2 des Beton-Kalenders 2019 (u. a. [109–111]).

In während der Nutzungszeit auftretenden offenen oberseitigen Rissen auf befahrenen Verkehrsflächen kann nicht ausgeschlossen werden, dass Chloride aus Tausalz bereits bei kurzzeitiger Einwirkung in die Risse eingedrungen sind und zur Korrosion der Bewehrung geführt haben können. Nach derzeitigem Erkenntnisstand ist bei kurzen Einwirkzeiten (maximal eine Wintersaison) i. d. R. nicht mit standsicherheitsrelevanten Korrosionsschäden der Bewehrung zu rechnen. Diese Risse sind daher immer kurzfristig und dauerhaft unmittelbar nach der Wintersaison rissüberbrückend im Sinne der DAfStb-Instandsetzungsrichtlinie [108] zu schließen, sodass eine weitere Chlorid- und Feuchtezufuhr auch bei weiteren abkühlungsbedingten Rissbewegungen in zukünftigen Wintern verhindert wird [92]. Sollten sich diese instand gesetzten Risse doch weitere Male öffnen und eine Chloridzufuhr ist nicht auszuschließen, sind diese durch einen sachkundigen Planer zu bewerten und ggf. instand zu setzen.

Alternativen können die Verwendung von nichtrostender chloridbeständiger Bewehrung (nach allgemeinen bauaufsichtlichen Zulassungen) oder eines präventiven kathodischen Korrosionsschutzsystems (KKS, siehe auch [111]) sein, sodass die Bewehrung unter Chloridbeanspruchung nicht korrodiert. Für die nichtrostende chloridbeständige Bewehrung reicht in der Regel die Betondeckung und Rissbreitenbegrenzung analog der Expositionsklasse XC1 aus. Bei nur mit KKS-Variante geschützten Bauteilen sind diese mindestens in XD1 einzustufen. Bei beiden Alternativen sind auf Parkdecks auftretende Trennrisse und Fugen so abzudichten, dass kein Wasserdurchtritt in darunterliegende Geschosse erfolgen kann.

Beispielhafte Varianten hinsichtlich der Ausführung unter Kombination der Wahl des Schutzes (ohne oder mit Beschichtung bzw. Abdichtung), der Wahl des Entwurfsgrundsatzes und der darauf abgestimmten Instandhaltung unter Einhaltung der Dauerhaftigkeitsprinzipien möglich sind, enthält Tabelle 47, die im aktuellen DBV-Merkblatt „Parkhäuser und Tiefgaragen" von 2018 [92] und im Beton-Kalender 2019/2 [109, 110] ausführlicher erläutert wird.

Unabhängig von der Wahl der Ausführungsvariante ist stets eine Instandhaltung der Konstruktion oder der zusätzlichen Schutzmaßnahmen notwendig, die geplant werden muss (siehe DIN EN 1990 [1], 2.4: Dauerhaftigkeit). Das bedeutet, dass stets in geeigneten Intervallen Inspektionen vorgenommen werden müssen, die – je nach Ergebnis – zu weiteren Wartungs- oder Instandsetzungs- und Instandhaltungsmaßnahmen führen können. Dabei sind flächige und lokale Oberflächenschutzsysteme mindestens einmal jährlich auf Beschädigungen (insbesondere auf Risse und Verschleiß) zu kontrollieren, während bei unterlaufsicheren Abdichtungen mit mindestens zwei Abdichtungsschichten (Variante C) oder bei rissvermeidender Bauweise (Variante A1) nach den ersten fünf Jahren mit mindestens jährlicher Inspektion auch größere Abstände – nämlich mindestens alle zwei Jahre – gerechtfertigt sind. Es ist ein Prinzip der DAfStb-Richtlinie „Schutz und Instandsetzung von Betonbauteilen" [108], dass die Instandhaltung bauwerksspezifisch zu planen ist. Dieses Prinzip gilt unabhängig von der Wahl der Ausführungsvariante.

Detaillierte Angaben zu den Inhalten des Instandhaltungsplans, zu der Festlegung von Wartungsintervallen und Hinweise zu einer Auswahl sinnvoller Instandsetzungsmaßnahmen enthält das DBV-Merkblatt „Parkhäuser und Tiefgaragen" [92].

Zum Schutz von **oberirdischen aufgehenden Bauteilen**, die nicht mindestens in Expositionsklasse XD2 (Spritzwasserbereich von Verkehrsflächen) eingestuft werden, ist eine Beschichtung oder Abdichtung der chloridbeanspruchten Bauteiloberflächen derselben erforderlich. Die Arbeitsfugen von Wand- oder Stützenfüßen im chloridbeanspruchten Bereich müssen in jedem Fall zusätzlich geschützt werden.

Ungeschützte tragende Stahlbetonbauteile im erdberührten Bereich **unter durchlässigen Fahrbelägen** (z. B. unter Pflaster bei Parkflächen) können durch hindurchsickerndes tausalzhaltiges Wasser mit Chloriden beaufschlagt werden. Unterirdische Oberflächen ohne oder mit nur geringem Gefälle und damit möglicher Chloridaufkonzentration sind in XD3 einzustufen (z. B. horizontale Fundamentoberflächen). Überwiegend vertikale Oberflächen (z. B. Wände, Stützen, Fundamentseitenflächen) und Oberflächen mit starkem Gefälle (min 2,5 %) sind unterhalb durchlässiger Fahrbeläge in XD2 einzustufen. Bewehrte Arbeitsfugen zwischen Fundamenten und aufgehenden Bauteilen müssen immer gesondert geschützt werden. Diese Verschärfungen gegenüber den Auslegungen zu DIN 1045-1 wurden erst im Oktober 2017 mit den NABau-Auslegungen zu DIN EN 1992-1-1/NA [72] veröffentlicht.

Wenn die Stahlbetonbauteile unterhalb des durchlässigen Fahrbelags mit einer flüssig aufzubringenden oder bahnenförmigen Abdichtung nach DIN 18533 [113] dauerhaft geschützt und damit nicht mit Chlorid beaufschlagt werden, ist eine Einstufung in XC3 ausreichend. Eine Einstufung in die XD-Klassen ist somit nicht erforderlich (vgl. auch hier Auslegungen des NA 005-07-01 AA zu DIN EN 1992-1-1 mit NA [72]).

Weitere Hinweise und Ausführungsdetails hierzu sind in etwa 95 Beispielen im DBV-Heft 42 „Ausführungsvarianten für dauerhafte Bauteile in Parkbauten – Beispielsammlung" [114] enthalten. Wegen der Vielzahl möglicher Ausführungsvarianten und -details zur Sicherstellung der Dauerhaftigkeit von feuchte- und chloridbeanspruchten Stahlbeton- und Spannbetonbauteilen in Parkbauten gibt das DBV-Heft 42 den Planern und Ausführenden Hilfestellungen bei der Umsetzung der Hinweise und Empfehlungen des DBV-Merkblatts [92] und für

Tabelle 47. Ausführungsvarianten für befahrene Parkflächen aus Stahlbeton oder Spannbeton nach DBV-Merkblatt [92] (und DBV-Heft 42 [114])

Variante	Untervariante	EGS	Klassen
A: ohne flächiges Oberflächenschutzsystem, ohne Abdichtung [a]	**A1:** rissvermeidende Bauweise	EGS-a	XD3, XC4, XF2 (ggf. XF4), WA
	A2: lokaler Schutz der Risse und Fugen mit begleitender Rissbehandlung [b] (z. B. rissüberbrückende Bandage)	EGS-c	
B: mit flächigem Oberflächenschutzsystem [a) d)]	**B1:** vollflächig starr beschichtet: OS 8 mit begleitender Rissbehandlung [b] (z. B. rissüberbrückende Bandage)	EGS-a EGS-c	XD1, XC3, XF1, WF
	B2: vollflächig rissüberbrückend beschichtet: OS 10 mit Nutzschicht oder OS 11	EGS-a EGS-b	
C: mit flächiger, rissüberbrückender Abdichtung und Schutzschicht [a) d)]	**C1:** OS 10 oder unterlaufsichere [c)] bahnenförmige Abdichtung, jeweils mit Dichtungs- und Schutzschicht aus Gussasphalt	EGS-a EGS-b	XC3, (ggf. XF1), WF
	C2: unterlaufsichere [c)] zweilagige bahnenförmige Abdichtung mit Schutzschicht		
	C3: Warmdach: Abdichtung mit Nutzschicht oberhalb der Wärmedämmung und unterlaufsichere Abdichtung (statt Dampfsperre)		
	C4: Umkehrdach: Abdichtung mit einlagigem Flüssigkunststoff FLK-DA unterhalb der Wärmedämmung mit Nutzschicht		
KKS: Präventiver Kathodischer Korrosionsschutz Ohne Beschichtung, ohne Abdichtung, jedoch Abdichtung von Trennrissen und Arbeitsfugen in Parkdecks erforderlich		EGS-a EGS-c	XD1, XF2 (ggf. XF4) WA
Rostfrei: Nichtrostende chloridbeständige Bewehrung mit abZ Ohne Beschichtung, ohne Abdichtung, jedoch Abdichtung von Trennrissen und Arbeitsfugen in Parkdecks erforderlich		EGS-a EGS-c	XF2 (ggf. XF4) WA

[a] Für alle Varianten ist ein Instandhaltungsplan im Sinne der DAfStb-Richtlinie Schutz und Instandsetzung von Betonbauteilen [108] erforderlich.
[b] Planung und Ausführung des dauerhaften lokalen Schutzes von Rissen und Fugen nach DAfStb-Richtlinie Schutz und Instandsetzung von Betonbauteilen [108].
[c] Voraussetzung für die Unterlaufsicherheit einer direkt auf dem Betonuntergrund aufgebrachten Abdichtungsschicht ist eine vollflächige, dauerhaft kraftschlüssige Verbindung mit dem Betonuntergrund. Der Betonuntergrund ist dazu vor Aufbringen der Abdichtungsbahn durch Kugelstrahlen vorzubereiten und mit Epoxidharz zu behandeln. Dabei sollen die Verfahren, Stoffe und Nachweise für Brückenbeläge auf Beton nach ZTV ING, Teil 7, Abschnitt 1:2003-01 (eine Dichtungsschicht aus einer Bitumen-Schweißbahn), Abschnitt 2:2010-04 (eine Dichtungsschicht aus zwei Bitumen-Schweißbahnen), Abschnitt 3:2003-01 (eine Dichtungsschicht aus Flüssigkunststoff) zugrunde gelegt werden (siehe auch DBV-Heft 42 [114], Abschnitt 1.3.0).
[d] Alternative Produkte oder Bauarten sind möglich, wenn deren Gleichwertigkeit mit den Oberflächenschutzsystemen oder Abdichtungen nachgewiesen wird.

Ausschreibungen. Es werden dort auch zusätzliche Varianten und Sonderfälle behandelt, die den Umfang des DBV-Merkblatts zu sehr vergrößert hätten. Alle gezeigten Beispiele erfüllen die deutschen Dauerhaftigkeitsprinzipien gemäß Eurocode 2 DIN EN 1992-1-1 mit Nationalem Anhang und dem DAfStb-Heft 600. Wo bestimmte besondere Randbedingungen hierfür einzuhalten sind, werden diese genannt. Alle Beispiele werden mit allgemeinen Hinweisen sowie notwendigen Instandhaltungshinweisen erläutert. Die Beispiele gelten nur für die jeweils endgültige Konstruktion und nicht für die Phasen der Bauausführung bzw. für Bauzustände.

Im DBV-Heft 42 wird auch auf Abdichtungsvarianten der DIN-18532-Normenreihe „Abdichtung von befahrbaren Verkehrsflächen aus Beton" [112] eingegangen. Insbesondere werden Konkretisierungen bei der Herstellung der Unterlaufsicherheit der direkt auf den Konstruktionsbeton aufgebrachten Abdichtungen vorgenommen.

Bei **Bestandsparkbauten** oder in besonderen Fällen können die vorgenannten für den Neubau geltenden Prinzipien analog angewendet werden. Das bedeutet, dass ein entsprechend der vorgesehenen (ggf. reduzierten Rest-)Nutzungsdauer angemessener Ausgleich zwischen

- Dicke und Dichte der Betondeckung unter Berücksichtigung der Art einer eventuellen Beschichtung bzw. Abdichtung,
- Schutz von Rissen und Arbeitsfugen und
- Inspektionsintensität und Instandhaltungsaufwand

zu planen ist, über den sichergestellt wird, dass keine die Nutzungsdauer des Bauteils insgesamt infrage stellende und durch Chloride ausgelöste Korrosion der Bewehrung stattfindet. Dabei ist – insbesondere je nach vorhandenem Widerstand des bestehenden Bauteils, je nach tatsächlichem Chlorideintrag und je nach baulichen Gegebenheiten – zu entscheiden, ob gegenüber den Regelungen für den Neubau auch andere ggf. geringere Anforderungen zweckmäßig sind. Die etwaige Kompensation von gegenüber den Neubauanforderungen geringeren Bauteilwiderständen im Bestand (z. B. Betondichtheit und Betondeckung) über eine intensivierte und zuverlässige Instandhaltung wäre dann vertraglich zu vereinbaren und mit den Bauaufsichtsbehörden abzustimmen.

Zu 4.2 (3): Chemischer Angriff auf Beton

Für einen chemischen Angriff in natürlichen Böden und Grundwässern bestehen normative Vorgaben in DIN 4030-1 [117] bzw. DIN EN 206-1 [31], um den Angriffsgrad anhand der Art und Konzentration der angreifenden Stoffe in Expositionsklassen XA1 (schwach angreifend) bis XA3 (stark angreifend) einzustufen.

Bei chemischem Angriff der Expositionsklasse XA3 oder stärker, hoher Fließgeschwindigkeit von Wasser und Mitwirkung von Chemikalien nach DIN EN 206-1 [31], Tabelle 2, sind Schutzmaßnahmen für den Beton erforderlich (Schutzschichten oder dauerhafte Bekleidungen) oder eine gutachterlich abgesicherte Betonzusammensetzung zu wählen [32].

Für viele andere chemische Beanspruchungsfälle werden im DBV-Merkblatt „Chemischer Angriff auf Betonbauwerke" [93] Hinweise zur Bewertung des Angriffsgrads gegeben und geeignete Schutzprinzipen erläutert. Anwendungsbereiche sind Böden und Grundwässer, Kraftwerksbau, Abwasseranlagen, chemische Industrie, Landwirtschaft, Biogasanlagen, Schlachthöfe, Flugflächen, Schmelzwasserspeicher, Trinkwasserbehälter, Schwallwasserbehälter sowie Müllbunker.

Weitere Erläuterungen zum chemischen Angriff auf Beton werden von *Siebert* und *Gerlach* im Beton-Kalender 2019/2 [118] gegeben.

Zu 4.2 (3): Feuchtigkeitsklassen – Alkali-Kieselsäure-Reaktion

Die Feuchtigkeitsklassen der DAfStb-Alkali-Richtlinie [119] sind in DIN EN 1992-1-1/NA in Tabelle 4.1 mit Zeile NA.7: „Betonkorrosion infolge Alkali-Kieselsäure-Reaktion" integriert worden. Anhand der zu erwartenden Umgebungsbedingungen ist der Beton vom Tragwerksplaner einer von vier Feuchtigkeitsklassen zuzuordnen. In Abhängigkeit von der gewählten Feuchtigkeitsklasse ist bei der Betonherstellung eine geeignete Gesteinskörnung bzw. ein geeigneter Zement zu verwenden. Die Feuchtigkeitsklassen sind in den Ausführungsunterlagen anzugeben, sie haben jedoch keine direkten Auswirkungen auf die Bemessung. Neben den informativen Beispielen finden sich in den Erläuterungen zur Alkali-Richtlinie aus 2007 Hinweise, wie aus der Einstufung eines Bauteils in die Expositionsklassen die richtige Einstufung in die Feuchtigkeitsklasse erfolgen kann.

Zu 4.4.1 Betondeckung

Die Betondeckung der Bewehrung hat drei wesentliche Aufgaben zu erfüllen:

- Sicherstellung der Dauerhaftigkeit der Bewehrung durch eine ausreichend dicke und dichte Betonschicht, die das Vordringen korrosionsfördernder Stoffe bis zur Bewehrung im Verlauf der zugrunde gelegten Nutzungsdauer mit ausreichender Zuverlässigkeit verhindert,
- Sicherstellung der Übertragung der Kräfte zwischen Bewehrung und umhüllenden Beton über allseitigen Verbund,
- Sicherstellung einer Feuerwiderstandsdauer durch Verzögerung der Temperaturerhöhung des abgedeckten Bewehrungsstahls infolge einer Brandbeaufschlagung der Betonoberfläche (siehe hierzu die Mindestachsabstände a bzw. a_{sd} nach DIN EN 1992-1-2 [47, 48] bzw. nach DIN 4102-4 [120]).

Das entscheidende Maß für die Tragwerksplanung (statische Nutzhöhe d) und die Bauausführung (Bestellung der Abstandhalter) ist das Verlegemaß der Bewehrung c_v. Dieses ergibt sich aus der Bewehrungskonstruktion (Lagen und Durchmesser der Bewehrung) und den Lieferabmessungen der Abstandhalter und Unterstützungen. Daher wird auf den Bewehrungsplänen die Angabe des Verlegemaßes (für die Bestellung) und des Vorhaltemaßes (für die

Überwachung) gefordert. Auf die Angabe des Mindestmaßes c_{min} sollte verzichtet werden, um Verwechslungen auszuschließen.

Zu 4.4.1.2 Mindestbetondeckung

Zu 4.4.1.2 (2)P: Die Mindestbetondeckung wird nach Gleichung (4.2) aus dem Maximalwert verschiedener Anforderungen abgeleitet:

$$c_{min} = \max \{c_{min,b}; c_{min,dur} + \Delta c_{dur,\gamma}$$
$$- \Delta c_{dur,st} - \Delta c_{dur,add}; 10 \text{ mm}\}; [25] (4.2)$$

$c_{min,b}$ → aus dem Verbundkriterium nach 4.4.1.2 (3);

$c_{min,dur}$ → aus den Umgebungsbedingungen, siehe Tabelle 4.4DE und 4.5DE;

$\Delta c_{dur,\gamma}$ → additives Sicherheitselement (für XD1 = +10 mm und für XD2 = +5 mm);

$\Delta c_{dur,st}$ → bei nicht rostendem Stahl gilt die abZ (i. d. R. c_{min} = max $\{c_{min,b}$; 10 mm$\}$);

$\Delta c_{dur,add}$ = 0 → Verringerung der Betondeckung aufgrund zusätzlicher (additiver) Schutzmaßnahmen;

Δc_{dev} Vorhaltemaß nach 4.4.1.3: Δc_{dev} = 15 mm in der Regel bzw. Δc_{dev} = 10 mm bei XC1 und bei Verbundkriterium.

Zu 4.4.1.2 (5)P: Die Leistungsfähigkeit der Betonrandzone (Widerstand) in Bezug auf den Korrosionsschutz der Betonstahlbewehrung ist eine Funktion von Dicke und Dichtheit der Betondeckung. Außerdem hängt der Einfluss auf die Dichtheit auch vom verwendeten Bindemittel ab. Die Möglichkeit, durch Einhalten einer erhöhten Druckfestigkeitsklasse die Mindestbetondeckung um 5 mm abzumindern, ist im NA in Tabelle 4.3DE geregelt. Die dort angegebenen Druckfestigkeitsklassen sind um zwei Festigkeitsklassen höher als die Mindestanforderungen nach DIN 1045-2 [32] (siehe auch Tabelle 48).

Der Bezug auf eine Erhöhung um zwei Druckfestigkeitsklassen ist jedoch nur ein vereinfachtes Hilfsmittel zur Betonfestlegung. Zum Erreichen der höheren Druckfestigkeitsklasse ist i. d. R. ein reduzierter Wasserzementwert und mehr Bindemittel nötig, woraus eine Erhöhung der Dichtheit folgt, die die Reduzierung der Mindestbetondeckung rechtfertigt. Die dementsprechend erforderliche erhöhte Dichtheit der Betondeckung sollte analog den Anforderungen in DIN 1045-2 [32] sinngemäß wie in Tabelle 48 angestrebt werden.

Zu 4.4.1.2 (7): Nichtrostende Bewehrung darf prinzipiell mit angepassten Mindestbetondeckungen eingesetzt werden. Die allgemeinen bauaufsichtlichen Zulassungen sind zu beachten. Die Verbundbedingung $c_{min,b} \geq \phi$ ist immer zu beachten.

Bei nichtrostender Betonstahlbewehrung der Werkstoff-Nr. 1.4003 sind keine Abweichungen von den erforderlichen Mindestbetondeckungen $c_{min,dur}$ in den Expositionsklassen XD und XS zugelassen. In den Expositionsklassen XC2 bis XC4 dürfen die Mindestbetondeckungen $c_{min,dur}$ auf 15 mm abgemindert werden (vgl. abZ [121]).

Für nichtrostende chloridbeständige Betonstahlbewehrung B500B NR aus den Werkstoffen Nr. 1.4362, Nr. 1.4482 und Nr. 1.4571 (für mittlere Chloridbelastung) sowie B500A NR aus Werkstoff Nr. 1.4462 (für starke Chloridbelastung) in Anlehnung an DIN EN 10088-3 [124] darf danach in der Regel die Betondeckung für XC1 in allen Expositionsklassen angesetzt werden. Dies gilt auch für Bewehrungsstäbe aus glasfaserverstärktem Kunststoff (vgl. abZ [122]).

Bei Verwendung feuerverzinkter Betonstahlbewehrung in tragender Funktion sind keine Abweichungen von den erforderlichen Mindestbetondeckungen in den Expositionsklassen XD und XS zugelassen. In den Expositionsklassen XC2 bis XC4 dürfen die Mindestbetondeckungen $c_{min,dur}$ um −10 mm abgemindert werden, wenn ein Beton mit zwei Festigkeitsklassen höher als mindestens für XC2 bis XC4 erforderlich ist, verwendet wird (vgl. abZ [123] und Tabelle 48).

Zu 4.4.1.2 (8): Die Möglichkeit, die Mindestbetondeckung um $\Delta c_{dur,add}$ = 10 mm bei Expositionsklassen XD mit dauerhafter, rissüberbrückender Beschichtung und intensivierter Wartung (2-mal jährlich) zu verringern, wird in der A1-Änderung [26] für den Neubau zurückgenommen. In der Praxis zeigte sich, dass die Kompensation der reduzierten Betondeckung durch zukünftiges Handeln der Eigentümer oder Nutzer mit erhöhtem Instandhaltungsaufwand über (mindestens?) 50 Jahre praktisch kaum umgesetzt und kontrolliert wird. Hinzu kamen juristische Bedenken bezüglich der Risikoübertragung bei der Sicherstellung der Dauerhaftigkeit der Parkbauten. Dementsprechend wurde auch die dazugehörige frühere Ausführungsvariante 2b nach DBV-Merkblatt „Parkhäuser und Tiefgaragen" Fassung 2010 für den Neubau zurückgezogen. Bei entsprechender ausführlicher Risikoberatung des Bauherrn und zugehöriger Dokumentation kann diese Variante aber weiterhin bei Bestandsparkdecks mit geringer vorhandener Betondeckung zweckmäßig sein.

Stattdessen wurde die Ausführungsvariante für Parkdecks mit flächigen unterlaufsicheren bahnenförmigen Abdichtungen (bzw. OS 10) und Schutzschicht (einlagig mit Gussasphalt bzw. zweilagig mit mechanischer Schutzschicht) in die Tabelle 4.1 des NA der Expositionsklasse XC3 zugeordnet und damit fallweise eine gegenüber XD-Klassen reduzierte Betondeckung erlaubt.

Tabelle 48. Widerstand der Betonrandzone – Beziehung zwischen Betonzusammensetzung und $c_{min,dur}$

Expositions-klasse	Eigenschaft	Widerstand der Betonrandzone	
		Mindestdruckfestigkeit	erhöhte Druckfestigkeit
XC2	Mindestbetondeckung $c_{min,dur}$	20 mm	15 mm [b]
	min C	$\geq$ C16/20	$\geq$ C25/30
	zulässiger w/z-Wert	$w/z \leq 0{,}75$	$(w/z \leq 0{,}60)$ [a]
	Mindestzementgehalt min z	$z \geq 240$ kg/m^3	$(z \geq 280$ kg/m$^3)$ [a]
	bei Anrechnung von Zusatzstoffen	$z \geq 240$ kg/m^3	$(z \geq 270$ kg/m$^3)$ [a]
XC3	Mindestbetondeckung $c_{min,dur}$	20 mm	15 mm [b]
	min C	$\geq$ C20/25	$\geq$ C30/37
	zulässiger w/z-Wert	$w/z \leq 0{,}65$	$(w/z \leq 0{,}55)$ [a]
	Mindestzementgehalt min z	$z \geq 260$ kg/m^3	$(z \geq 300$ kg/m$^3)$ [a]
	bei Anrechnung von Zusatzstoffen	$z \geq 240$ kg/m^3	$(z \geq 270$ kg/m$^3)$ [a]
XC4	Mindestbetondeckung $c_{min,dur}$	25 mm	20 mm [b]
	min C	$\geq$ C25/30	$\geq$ C35/45
	zulässiger w/z-Wert	$w/z \leq 0{,}60$	$(w/z \leq 0{,}50)$ [a]
	Mindestzementgehalt min z	$z \geq 280$ kg/m^3	$(z \geq 320$ kg/m$^3)$ [a]
	bei Anrechnung von Zusatzstoffen	$z \geq 270$ kg/m^3	$(z \geq 270$ kg/m$^3)$ [a]
XD1 XS1	Mindestbetondeckung $c_{min,dur}$	40 mm	35 mm
	min C	$\geq$ C30/37	$\geq$ C40/50
	zulässiger w/z-Wert	$w/z \leq 0{,}55$	$(w/z \leq 0{,}45)$ [a]
	Mindestzementgehalt min z	$z \geq 300$ kg/m^3	$(z \geq 340$ kg/m$^3)$ [a]
	bei Anrechnung von Zusatzstoffen	$z \geq 270$ kg/m^3	$(z \geq 270$ kg/m$^3)$ [a]
XD2 XS2	Mindestbetondeckung $c_{min,dur}$	40 mm	35 mm
	min C	$\geq$ C35/45 [c]	$\geq$ C45/55
	zulässiger w/z-Wert	$w/z \leq 0{,}50$	$(w/z \leq 0{,}40)$ [a]
	Mindestzementgehalt min z	$z \geq 320$ kg/m$^{3\,c)}$	$(z \geq 360$ kg/m$^3)$ [a]
	bei Anrechnung von Zusatzstoffen	$z \geq 270$ kg/m^3	$(z \geq 270$ kg/m$^3)$ [a]
XD3 XS3	Mindestbetondeckung $c_{min,dur}$	40 mm	35 mm
	min C	$\geq$ C35/45 [c]	$\geq$ C45/55
	zulässiger w/z-Wert	$w/z \leq 0{,}45$ [c]	$(w/z \leq 0{,}35)$ [a]
	Mindestzementgehalt min z	$z \geq 320$ kg/m$^{3\,c)}$	$(z \geq 380$ kg/m$^3)$ [a]
	bei Anrechnung von Zusatzstoffen	$z \geq 270$ kg/m^3	$(z \geq 270$ kg/m$^3)$ [a]

[a] Empfehlung im Sinne von Tab. F.2.1 und F.2.2 [32], bindemittelabhängig auch abweichende Werte möglich.
[b] Bei feuerverzinkter Bewehrung nach abZ [123] ist eine weitere Reduktion von $c_{min,dur}$ um -5 mm in XC-Klassen zulässig.
[c] Nach DAfStb-Richtlinie Massige Bauteile aus Beton [85] sind abweichende Anforderungen zulässig.

Zu 4.4.1.3 Vorhaltemaß der Betondeckung

Zu 4.4.1.3 (1)P: Prinzipielles Ziel der Normregelungen ist das Vorhandensein der Mindestbetondeckung am fertigen Bauteil. Die Mindestbetondeckung c_{min} ist der mit ausreichender Zuverlässigkeit (Quantilwert) einzuhaltende Mindestabstand zwischen der Betonoberfläche und den Bewehrungsstäben. In DIN EN 1992-1-1/NA [26] wird daher bezüglich der erforderlichen Zuverlässigkeit nach den Auswirkungen von eventuell örtlichen Unterschreitungen der Betondeckung unterschieden. Ist die Dauerhaftigkeit bestimmend für die erforderliche Mindestbetondeckung, wird für die weniger kritischen Umgebungsbedingungen – trocken oder ständig nass (Expositionsklasse XC1) – ein Vorhaltemaß von 10 mm, bei allen anderen, kritischeren Expositionsklassen XC, XD und XS dagegen ein erhöhtes Vorhaltemaß von 15 mm gefordert. Wenn die Verbundbedingung nach 4.4.1.2 (3) für die Betondeckung maßgebend wird, ist ein Vorhaltemaß von Δc_{dev} = 10 mm ausreichend. Im Bereich von innenliegenden Arbeitsfugen bei ortbetonergänzten Fertigteilen darf auf das Vorhaltemaß ganz verzichtet werden. Dabei muss aber die über die Fertigteilfugen verlegte Bewehrung bei Expositionsklassen > XC1 ebenfalls ausreichend vor Korrosion geschützt werden (c_{min} + Δc_{dev}).

Zu 4.4.1.3 (2): Zulässige Abweichungen in der Bauausführung nach unten für die Betondeckung sind in DIN 1045-3 [70] angegeben (siehe Bild 59). Die zulässige Δc_{minus}-Abweichung entspricht dem gewählten Vorhaltemaß, sodass die Mindestbetondeckung auch in diesem Fall eingehalten wird.

Wird die Betondeckung deutlich größer als geplant ausgeführt, ist in jedem Fall zu überprüfen, dass für die statische Nutzhöhe d (= l_i) die zulässigen Querschnittsabweichungen $-\Delta l_i$ nach [70] nicht unterschritten werden. Sinngemäß sind davon ableitbare Δc_{plus}-Abweichungen in Bild 59 dargestellt. Die Einhaltung von Δc_{plus}-Abweichungen für die Lage der Bewehrung ist sonst nur ggf. bei Anforderungen an die Begrenzung der Rissbreite bzw. die Begrenzung der Betondeckung zur Vermeidung von Betonabplatzungen im Brandfall gemäß DIN EN 1992-1-2 zu berücksichtigen.

Mit zunehmender Betondeckung nimmt der Wirkungsbereich der rissbreitenbegrenzenden Bewehrung zu und ihre Effektivität ab, die Rissbreiten im Mittel und insbesondere an der Oberfläche werden tendenziell größer.

Bei Bauteilen mit Anforderungen an den Feuerwiderstand muss das Abfallen von Betonschichten im letzten Stadium der Brandbeanspruchung vermieden oder verzögert werden. Hierzu wird in DIN EN 1992-1-2 [47], 4.5.2, festgelegt, dass bei einem Achsabstand der Bewehrung $a \geq 70$ mm eine zusätzliche Oberflächenbewehrung in der Betondeckung vorzusehen ist (i. d. R. mit c_{nom} = 40 mm zur Hauptbewehrung) oder besondere Nachweise zu führen sind (z. B. Verwendung von PP-Faserbeton).

Ergänzende Qualitätsanforderungen an die Weiterverarbeitung von Betonstahl und den Einbau der Bewehrung werden in der DAfStb-Richtlinie „Qualität der Bewehrung" [125] formuliert, welche jedoch nicht bauaufsichtlich eingeführt wurde. Somit ist die Einhaltung der besonderen Qualitätsanforde-

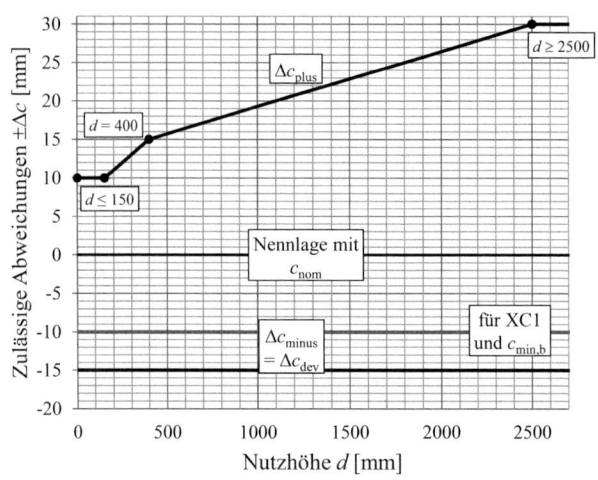

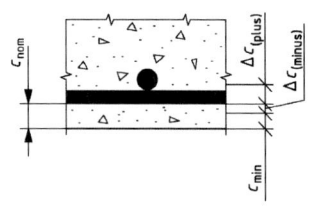

Bild 59. Grenzabmaße für die Betondeckung nach DIN 1045-3 [70]

rungen nach dieser Richtlinie ausdrücklich zwischen den Vertragspartnern zu vereinbaren.

Zu 4.4.1.3 (3): Das Vorhaltemaß $\Delta c_{dev} = 15$ mm darf um 5 mm reduziert werden, wenn konsequente Qualitätssicherungsmaßnahmen in Planung und Ausführung ergriffen werden. Dies ist gerechtfertigt, wenn die Streuungen der Betondeckung in der Bauausführung reduziert werden. Die DBV-Merkblätter „Betondeckung und Bewehrung" [87], „Abstandhalter" [88] und „Unterstützungen" [89] enthalten entsprechende qualitätssichernde Maßnahmen beim Entwurf, im Biegebetrieb, beim Verlegen der Bewehrung und beim Betonieren sowie Anforderungen an die Stabilität und Tragfähigkeit der Abstand haltenden Elemente selber als auch Empfehlungen für Maximalabstände. Die zusätzlichen Maßnahmen müssen dann auf den Bewehrungsplänen angegeben und in der Praxis überwacht werden.

Eine weitere Reduzierung des Vorhaltemaßes über die in der DIN EN 1992-1-1 mit NA geregelten Möglichkeiten hinaus ist z. B. bei zusätzlichen Aufwendungen denkbar, die die Streuungen in der Bauausführung stärker reduzieren bzw. vor der Betonage beseitigen. Hierbei wird dann von den genormten Anwendungsregeln abgewichen. Eine Möglichkeit des Nachweises, dass man die Anforderungen von DIN EN 1992-1-1 trotzdem mit angemessener Zuverlässigkeit erfüllt, besteht in der Messung der Betondeckung am fertigen Bauteil (z. B. bei Fertigteilen siehe auch NA.10.4). Hinweise zum Vorgehen bei der Messung und der statistischen Auswertung der Messergebnisse sind im DBV-Merkblatt „Betondeckung und Bewehrung" [87] enthalten.

11.3.5 Zu 5 Ermittlung der Schnittgrößen

Zu 5.2 Imperfektionen

Zu 5.2 (1)P: Mit dem Ansatz von Schiefstellungen gegenüber der Sollachse werden die Auswirkungen unvermeidbarer Ungenauigkeiten bei der Bauausführung (meistens Lotabweichungen planmäßig vertikaler Bauteile), die insgesamt auch als Tragwerksimperfektionen bezeichnet werden, erfasst. Von den Auswirkungen betroffen sind die aussteifenden Bauteile und die aussteifend gehaltenen Tragwerksteile mit den aussteifenden Bauteilen verbinden. Für Einzeldruckglieder werden geometrische und strukturelle Imperfektionen als ungewollte zusätzliche Verkrümmung oder bzw. Lastausmitte geregelt.

Zu 5.2 (2)P: Diese Imperfektionen dienen als Sicherheitselement und müssen in allen Bemessungssituationen im GZT in ungünstiger Richtung berücksichtigt werden, da sie den Tragwerken strukturbedingt anhaften. Dies gilt auch für außergewöhnliche Bemessungssituationen, wie z. B. den Brandfall (vgl. DIN EN 1992-1-2 in der Lastausmitte nach Theorie I. Ordnung enthalten) oder bei Anprall.

Zu 5.2 (5): Die Größe der anzusetzenden zusätzlichen Schiefstellung nach Gleichung (5.1) korrespondiert mit ähnlichen Regelungen für Winkeltoleranzen in DIN 18202 [96] und an Messergebnissen ausgeführter Bauwerke. Danach nehmen die unvermeidbaren Winkelabweichungen von der Sollachse mit zunehmender Tragwerkshöhe ab. Dies wird mit dem Abminderungsbeiwert α_h berücksichtigt. Für Bauteilhöhen bis $l \leq 4$ m (i. d. R. eingeschossige Tragwerke) beträgt mit $\alpha_h = 1{,}0$ die zusätzliche Schiefstellung θ_i dem Grundwert $\theta_0 = 1/200$. Für mehrgeschossige Tragwerke darf die zusätzliche Schiefstellung reduziert werden. Der in der DIN EN 1992-1-1 [25] vorgesehene untere Grenzwert für $\alpha_h \geq 2/3$ (entspricht $l = 9$ m) wurde im NA [26] als (NCI) null gesetzt, da die weitere Abnahme der Winkelabweichung auch über mehr als 3 Geschosse ($l > 9$ m) erwartet werden kann.

Für m nebeneinander angeordnete und gleichsinnig wirkende vertikale Bauteile darf die zusätzliche Schiefstellung für die Auswirkungen auf das Aussteifungssystem mit Kernen oder Wandscheiben nach [25] Bild 5.1 b) nochmals mit einem Abminderungsbeiwert α_m reduziert werden. Dabei wird davon ausgegangen, dass die Lotabweichungen der einzelnen Bauteile statistisch voneinander unabhängig sind. Die statische Überlagerung erfordert jedoch, dass die Längskräfte der einzelnen Bauteile nicht über ein bestimmtes Maß hinaus voneinander abweichen. Es dürfen daher nur Bauteile herangezogen werden, deren Bemessungswert der Längskraft größer als 70 % des auf die m lastabtragenden Bauteile bezogenen Mittelwerts aller Bemessungswerte der Längskräfte in den lastabtragenden und in den nicht als lastabtragend zu zählenden Bauteilen ist (siehe Absatz 5.2 (6)).

Zu 5.2 (8): Die lokale Auswirkung der Schiefstellung für die Bemessung der horizontalen Bauteile (i. Allg. Decken mit Zugankern) sind Aussteifungskräfte nach den Gleichungen (5.5) und (5.6). Die Einleitung dieser Kräfte in die aussteifenden lotrechten Bauteile ist nachzuweisen, ihre Weiterleitung dagegen nicht verfolgt zu werden. Dabei wird davon ausgegangen, dass alle aussteifenden Bauteile unter- und oberhalb des betrachteten horizontalen Bauteils gegenläufig schief stehen. Damit heben sich diese Stabilisierungskräfte am Gesamtsystem auf. Die horizontalen Bauteile unter- und oberhalb des betrachteten Bauteils erhalten in diesem Modell aus Gleichgewichtsgründen entsprechende Gegenkräfte.

Die Schiefstellung von Stützen für die geschoßweisen Auswirkungen auf eine Deckenscheibe wurden schon Mitte der 1970er-Jahre in [126] empirisch untersucht und ausgewertet. Die statistische Auswertung der Messergebnisse mit empirischem Zuschlag führte zu einem Vorschlag, der erst mit DIN 1045-1 in Deutschland eingeführt wurde:

$$\alpha_{a2} = \frac{\pm 0{,}008}{\sqrt{2k}} \quad (9)$$

Dieser auch im NA, 5.2 (5) übernommene Schiefstellungswinkel $\alpha_{a2} = \theta_i$ darf jedoch nicht halbiert werden. Die Horizontalkraft in Bild 5.1 c1) ist demnach für **Deckenscheiben**

$$H_i = \frac{\pm 0{,}008}{\sqrt{2m}} \cdot (N_b + N_a) \quad (10)$$

und in Bild 5.1 c2) für **Dachscheiben**

$$H_i = \frac{\pm 0{,}008}{\sqrt{m}} \cdot N_a \quad (11)$$

Zu 5.3 Idealisierungen und Vereinfachungen

Zu 5.3.2.1 Mitwirkende Plattenbreite

Zu 5.3.2.1 (2): Der Ansatz für l_0 am Kragarm nach DIN EN 1992-1-1 [25], Bild 5.2, weicht insbesondere bei sehr kurzen Kragarmlängen stark von den exakten analytischen Lösungen ab. Dies kann die Bauteilsicherheit herabsetzen, wenn beispielsweise die Lasten aus einer Fassade in einen kurzen Kragarm eingeleitet werden und die erforderliche Biegezugbewehrung auf eine zu große mitwirkende Plattenbreite aufgeteilt ist. Deshalb wird in DIN EN 1992-1-1/NA [26] mit (NCI) zu 5.3.2.1 (2) für kurze Kragarme die Festlegung mit $l_0 = 1{,}5l_{\text{eff},3}$ als zusätzliche Anwendungsregel eingeführt (der kleinere Wert ist maßgebend). Der Geltungsbereich von Bild 5.2 wird im NA [26] für das Stützweitenverhältnis benachbarter Felder mit $0{,}8 < l_1/l_2 < 1{,}25$ stärker eingegrenzt als in DIN EN 1992-1-1 [25] mit $0{,}67 < l_1/l_2 < 1{,}5$.

Zu 5.3.2.1 (3): Die mitwirkenden Plattenbreiten nach Gleichung (5.7) gelten näherungsweise für ungerissene Druckgurte infolge Biegung im Bereich der Gebrauchsspannungen. Oberhalb des Gebrauchsspannungsbereichs nimmt die mitwirkende Plattenbreite mit zunehmender Gurtbeanspruchung durch Plastifizierungen und Rissbildung deutlich zu. Die angegebenen mitwirkenden Breiten liegen daher für den GZT i. Allg. auf der sicheren Seite. Für ungerissene Zuggurte können näherungsweise die Werte für Druckgurte übernommen werden. Bei gerissenen Gurten hingegen sollte die mitwirkende Breite nicht größer angesetzt werden als die Verteilungsbreite der in die Gurtplatte ausgelagerten Zugbewehrung. Die Auslagerung der Zugbewehrung in die Gurte sollte nach (NCI) 9.2.1.2 (2) höchstens auf die halben mitwirkenden Plattenbreiten nach Gleichung (5.7a) erfolgen.

Zutreffende Werte der mitwirkenden Plattenbreite b_{eff} können unter Berücksichtigung der Flanschdicke h_f nach DAfStb-Heft 630 [127], Abschnitt 1.7.5 ermittelt werden.

Zu 5.3.2.2 Effektive Stützweite von Balken und Platten im Hochbau

Zu 5.3.2.2 (1): Die effektive Stützweite wird in Gleichung (5.8) durch Addition von effektiven Auflagertiefen zur lichten Weite zwischen den Auflagern bestimmt, wobei die effektiven Längen a_i sowohl von der tatsächlichen Lagertiefe t als auch von der Dicke h des aufliegenden Bauteils abhängig sind. Die Anwendungsregel 5.3.2.2 (1) erlaubt den Ansatz des kleineren Wertes aus dem Anteil an der Auflagertiefe t oder der Bauteildicke h. Das kann z. B. bei Innenauflagern mit dünnen Decken und breiten Auflagern ($h < t$) dazu führen, dass zwei Auflagerlinien für die Ermittlung der effektiven Deckenstützweite zulässig wären. Diese Stützweite wäre etwas kleiner als die auf die Auflagermitte bezogene. In der Regel wird es zweckmäßiger sein, auf solche marginalen Einsparmöglichkeiten zu verzichten. Man darf (und sollte) hier auch weiterhin die Auflagermitte für die Stützweite heranziehen.

Bei sehr großer konstruktiver Auflagertiefe t darf eine erforderliche Länge a auch aus der zulässigen Auflagerpressung abgeleitet werden.

Zu 5.3.2.2 (2): Die Stützkräfte aus den Auflagerreaktionen von einachsig gespannten Platten, Rippendecken und Balken (einschließlich Plattenbalken) dürfen auch unter der Annahme ermittelt werden, dass die Bauteile unter Vernachlässigung der Durchlaufwirkung frei drehbar gelagert sind. Die Durchlaufwirkung sollte jedoch stets für das erste Innenauflager sowie solche Innenauflager berücksichtigt werden, bei denen das Stützweitenverhältnis benachbarter Felder mit annähernd gleicher Steifigkeit außerhalb des Bereichs $0{,}5 \le l_{\text{eff},1}/l_{\text{eff},2} \le 2{,}0$ liegt [68].

In rahmenartigen Tragwerken des üblichen Hochbaus, bei denen alle horizontalen Kräfte von aussteifenden Scheiben aufgenommen werden, dürfen bei Innenstützen, die mit Balken oder Platten biegefest verbunden sind, die Biegemomente aus Rahmenwirkung vernachlässigt werden, wenn das Stützweitenverhältnis benachbarter Felder mit annähernd gleicher Steifigkeit $0{,}5 \le l_{\text{eff},1}/l_{\text{eff},2} \le 2{,}0$ beträgt. Randstützen von rahmenartigen Tragwerken sind stets als Rahmenstiele in biegefester Verbindung mit Balken oder Platten zu berechnen. Dies gilt auch für Stahlbetonwände in Verbindung mit Platten [68].

Zu 5.4 Linear-elastische Berechnung

Zu 5.4 (2) und (3): Vor allem mit ungerissenen Querschnitten ermittelte Schnittgrößen infolge Zwang, die tatsächlich zu einer erheblichen Rissbildung führen können, sind realitätsfern und führen zu unwirtschaftlicher Bemessung. Deshalb dürfen diese Zwangsschnittgrößen entweder mit einem abgeminderten Teilsicherheitsbeiwert $\gamma_Q = 1,0$ angesetzt werden (siehe z. B. (NCI) zu 2.3.1.2 (3) und 2.3.1.3 (4)) oder die reduzierten Steifigkeiten der gerissenen Querschnitte (Zustand II) werden generell bei der Schnittgrößenermittlung berücksichtigt.

Zu 5.5 Linear-elastische Berechnung mit begrenzter Umlagerung

Zu 5.5 (4): Voraussetzung für die Momentenumlagerung bei durchlaufenden Platten ist, dass diese quasi-kontinuierlich in Querrichtung durch Linienlager unterstützt werden. In der Regel werden Stütz- oder Eckmomente in den Feldbereich umgelagert. Nur für diesen Fall gelten die angegebenen Grenzwerte für die Umlagerungsfaktoren δ (siehe Bild 60). Grundsätzlich sind aber auch Umlagerungen vom Feld zur Stütze (oder in die Eckknoten bei Rahmen) zulässig, jedoch ergeben sich in diesen Fällen (ebenso bei Überschreitung des zulässigen Stützweitenverhältnisses) aufgrund der ungünstigeren Form der Momentenlinie wesentlich größere erforderliche Rotationsbereiche, sodass dann die Rotationskapazität nach 5.6.3 generell nachzuweisen ist.

Zu 5.5 (5): Die Rotationskapazität von Rahmenknoten ist aufgrund ihrer Geometrie und speziellen Bewehrungsanordnung wesentlich geringer als diejenige der Stützbereiche durchlaufender Balken und Platten. Deshalb darf eine mögliche Umlagerung in Eckknoten von Riegeln unverschieblicher Rahmen nur bis $\delta \geq 0,9$ und in verschieblichen Rahmen gar nicht erfolgen.

Eine Umlagerung der Schnittgrößen aus dem konzentrierten Lasteinleitungsbereich von punktgestützten Flachdecken darf i. d. R. auch nicht erfolgen. Bei Durchstanzversuchen zeigte sich, dass mit der Reduktion der Anzahl der Unterstützungen der Versuchsplatten (und damit ungleichmäßigerer Schubverteilung) die Bruchlasten signifikant abnehmen. Dies ist auf die gegenüber Linienlagerung wesentlich größeren Rotationen innerhalb eines kleinen Bereichs um die Lasteinleitungsfläche zurückzuführen. Eine Umlagerung der Schnittgrößen in die wesentlich breiteren Feldbereiche kann wegen der progressiven Rissbildung und des schnell folgenden Versagens des Druckrings (Kegelschale) um die Lasteinleitungsfläche nicht mehr in ausreichendem Maße stattfinden [63].

Zu 5.6.4 Stabwerkmodelle

Zu 5.6.4 (2): Stabwerkmodelle dürfen sowohl für die Bemessung in den Grenzzuständen der Tragfähigkeit als auch in den Grenzzuständen der Gebrauchstauglichkeit verwendet werden. Bei Einhaltung der Empfehlung, das Stabwerkmodell an der Spannungsverteilung nach linearer Elastizitätstheorie zu orientieren, sind nur geringe Umlagerungen der inneren Kräfte von der Gebrauchslast zur Grenzlast der Tragfähigkeit zu erwarten. Somit ist kein Nachweis der Rotationsfähigkeit erforderlich (siehe 5.6.1 (NA.5)) und ein derart gewähltes Modell kann auch für den Nachweis der Gebrauchstauglichkeit verwendet werden, also z. B. für die Ermittlung der Rissbreiten.

Zu 5.6.4 (5): Ausführliche Hinweise und Empfehlungen zur Entwicklung und Wahl von Stabwerkmodellen werden von *Schlaich* und *Schäfer* im Beton-Kalender 2001 [128] und von *Reineck* im Beton-Kalender 2005 [129] gegeben. Verschiedene Ansätze zur Bemessung mit Stabwerkmodellen werden für Konsolen und Ausklinkungen z. B. von *Fingerloos* und *Stenzel* in [171] und von Trägerenden oder Rahmenecken z. B. in den DAfStb-Heften 600 [37], 599 [172] und 532 [173] vorgeschlagen.

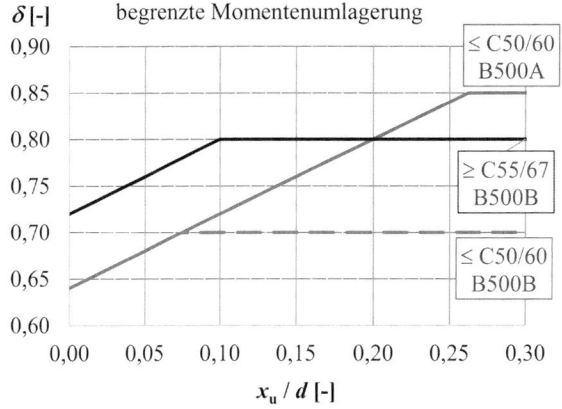

Bild 60. Begrenzte Momentenumlagerung (nach [26] Gleichung (5.10))

Zu 5.7 Nichtlineare Verfahren

Zu 5.7 (1): Nichtlineare Verfahren der Schnittgrößenermittlung ermöglichen eine durchgängige Berechnung des Tragwerks (Schnittgrößenermittlung und Bemessung) unter weitgehend wirklichkeitsnaher Berücksichtigung seines Tragverhaltens.

Abhängig von der Art des Tragsystems und der Art der Einwirkungen ergeben sich unterschiedliche Ergebnisse zwischen der linear-elastischen und der nichtlinearen Berechnung. Bei Flächentragwerken sowie bei Zwangsbeanspruchungen sind diese Unterschiede am größten. Eine nichtlineare Berechnung kann mittels Momenten-Krümmungs-Beziehung über Stahlbetonquerschnittssteifigkeiten (für stabförmige Bauteile und einachsig gespannte Platten) oder über nichtlineare Spannungs-Dehnungs-Beziehungen für Beton, Verbund und Bewehrung erfolgen.

Prinzipiell sind zwei Arten einer nichtlinearen Berechnung möglich. Es wird entweder auf der **Querschnittsebene** ein Vergleich der einwirkenden mit den aufnehmbaren Schnittgrößen durchgeführt oder auf der **Systemebene** ein geforderter Sicherheitsabstand zwischen dem Grenzzustand der Tragfähigkeit (Systemtraglast) und den Bemessungswerten der maßgebenden Einwirkungskombination nachgewiesen.

Zu 5.7 (NA.6): In den folgenden NA-Abschnitten wurde das nichtlineare Verfahren auf Systemebene nach DIN 1045-1, 8.5, aufgenommen. Mit den angenommenen Baustoffeigenschaften und Schnittgrößen-Verformungsbeziehungen wird der Gesamtwiderstand R_d des Tragsystems ermittelt. Eine separate Bemessung „kritischer Querschnitte" im GZT ist nicht mehr erforderlich. Da wegen der Nichtlinearität das Superpositionsprinzip nicht gilt, muss für jede maßgebende Einwirkungskombination ein gesonderter Nachweis geführt werden. Da für jede Laststufe die tatsächlich vorhandenen Querschnittssteifigkeiten zugrunde gelegt werden, ist in einem Berechnungsgang eine durchgängige Nachweisführung für die Grenzzustände der Gebrauchstauglichkeit und Tragfähigkeit möglich.

Zu 5.8 Berechnung von Bauteilen unter Normalkraft nach Theorie II. Ordnung

Zu 5.8.3 Vereinfachte Nachweise für Bauteile unter Normalkraft nach Theorie II. Ordnung

Zu 5.8.3.1 Grenzwert der Schlankheit für Einzeldruckglieder

Zu 5.8.3.1 (1): Die Grenzwerte λ_{lim} wurden aus Vereinfachungsgründen allein auf die Werte nach Gleichung (5.13DE) festgelegt. Die bezogene Drucknormalkraft $n_{bal} = 0{,}41$ kennzeichnet bei Momenten-Normalkraft-Interaktion die Querschnittstragfähigkeit bei maximal aufnehmbarem Biegemoment. Unterhalb dieser Normalkraft im Zugbruchbereich nimmt die Gefahr des Stabilitätsversagens entsprechend ab.

Zu 5.8.3.3 Nachweise am Gesamttragwerk nach Theorie II. Ordnung im Hochbau

Zu 5.8.3.3 (1): Als Kriterien für die Festlegung, ob Gesamttragwerke durch lotrechte Wandscheiben oder Kerne ausreichend ausgesteift oder nicht ausgesteift sind, dienen die Gleichungen (5.18) für die Verschiebungen und (NA.5.18.1) für die Verdrehungen.

Die Ableitung und mögliche Anpassung der Grenzwerte wird im informativen Anhang H erläutert. Die Aussteifungskriterien nach DIN EN 1992-1-1 beschreiben den Abstand mit 10 % der nominalen (Knick-)Grenzlast eines mehrgeschossigen Systems etwas besser als die alten DIN 1045-Werte. In DIN EN 1992-1-1 wird auch zwischen gerissenen und ungerissenen Aussteifungsbauteilen unterschieden.

Die Aussteifungskriterien in DIN EN 1992-1-1 entsprechen der quadrierten Labilitätszahl α^2 und ergeben sich unter der Maßgabe, dass das Gesamttragwerk nicht nach Theorie II. Ordnung nachgewiesen werden muss, wenn die Summe der gesamten 1,0-fachen Vertikallasten auf aussteifenden und ausgesteiften Druckgliedern nicht mehr als 10 % der ideellen Knicklast beträgt.

In Bild 61 sind zum Vergleich die Labilitätszahlen nach DIN EN 1992-1-1 und DIN 1045 (seit 1972) gegenübergestellt. Dabei ist zu berücksichtigen, dass in diesem Fall der Bemessungswert des E-Moduls E_{cd} in DIN EN 1992-1-1/NA [26] noch mit dem in DIN EN 1992-1-1 [25] empfohlenen Teilsicherheitsbeiwert $\gamma_{CE} = 1{,}2$ gegenüber dem E-Modul E_{cm} abgemindert wird. Für den Vergleich mit DIN 1045 in Bild 61 ohne diese Abminderung wären die Labilitätszahlen des Eurocode 2 noch ca. 10 % geringer anzunehmen.

Zu 5.8.3.3 (NA.3): Der Widerstand des Gesamttragwerks gegen Verdrehung hängt von der Torsionssteifigkeit und der Wölbsteifigkeit des Aussteifungssystems ab. Im NA wurde die Beziehung für die kritische Torsionsbeanspruchung aus DIN 1045-1 [28], Gleichung (25), in modifizierter Form und mit Bezug auf das Aussteifungskriterium des Eurocode 2 wieder aufgenommen.

Zu 5.8.4 Kriechen

Zu 5.8.4 (2): Die effektive Kriechzahl φ_{ef} wurde zur Berücksichtigung der Kriechverformungen aus quasi-ständigen Beanspruchungen im GZT abgeleitet [130].

Die Gesamtverformung unter Berücksichtigung der zeitabhängigen Kriechdehnungen darf näherungsweise direkt mit einem effektiven E-Modul

$$E_{c,eff} = \frac{E_{cm}}{1 + \varphi(t, t_0)} \qquad (12)$$

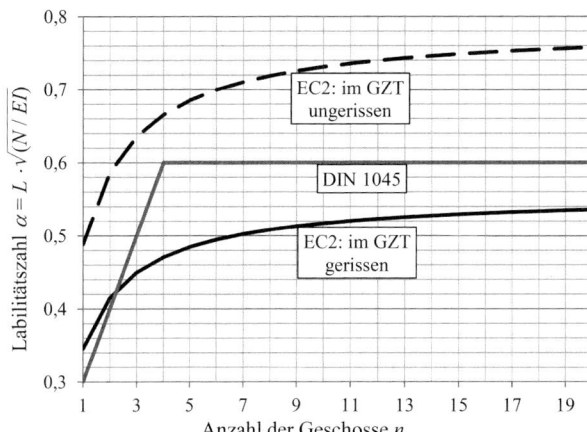

Bild 61. Labilitätszahlen nach DIN EN 1992-1-1 und DIN 1045

ermittelt werden (siehe z. B. für Verformungsberechnungen nach DIN EN 1992-1-1, in Gleichung (7.20)). Für die Nachweise im GZT darf der effektive E-Modul mit der effektiven Kriechzahl bestimmt werden:

$$E_{c,\text{eff},GZT} = \frac{E_{cm}}{1 + \varphi_{\text{ef}}(t,t_0)} \quad (13)$$

Die effektive Kriechzahl φ_{ef} kann auch bei zweiachsiger Biegung zweckmäßig verwendet werden, wenn in Gleichung (5.19) die resultierenden Momente aus beiden Achsrichtungen y und z nach den Gleichungen (14) und (15) eingesetzt werden [130]:

$$M_{0\text{Eqp}} = \sqrt{M_{0\text{Eqp},y}^2 + M_{0\text{Eqp},z}^2} \quad (14)$$

$$M_{0\text{Ed}} = \sqrt{M_{0\text{Ed},y}^2 + M_{0\text{Ed},z}^2} \quad (15)$$

Zu 5.8.4 (4): Die Kriechauswirkungen verlieren mit zunehmender Biegebeanspruchung und abnehmender Schlankheit an Bedeutung. Zur vereinfachenden Vernachlässigung der Kriechauswirkungen wurden in DIN EN 1992-1-1/NA [26] zusätzlich zu den Randbedingungen der DIN EN 1992-1-1 [25] die bewährten Grenzen für die minimale Lastausmitte und die maximale Schlankheit aus DIN 1045-1 [68] zusätzlich wieder aufgenommen. Bei der Freistellung von Druckgliedern in monolithischer Verbindung mit lastabtragenden Balken oder Platten wird davon ausgegangen, dass die Lagerungsbedingungen eine elastische Einspannung gewährleisten, die die Verformungen ausreichend reduziert. Hierfür sollte mindestens eine konstruktive Einbindung der Längsbewehrung in die benachbarten Bauteile vorgesehen werden.

Zu 5.8.5 Berechnungsverfahren

Zu 5.8.5 (1): In DIN EN 1992-1-1 [25] wurde in 5.8.7 für stabilitätsgefährdete Druckglieder neben dem Näherungsverfahren mit Nennkrümmungen (Modellstützenverfahren) ein weiteres Näherungsverfahren mit Nennsteifigkeiten aufgenommen. Zwei genormte Näherungsverfahren sind jedoch unnötig. Daher und wegen der z. T. unwirtschaftlichen Ergebnisse und der notwendigen Iteration wurde das Näherungsverfahren mit Nennsteifigkeiten für Deutschland nicht übernommen. Der Absatz (2) und das Kapitel 5.8.3 wurden daher zur Vereinfachung in der konsolidierten Normfassung [63] und in Abschnitt 11.4 gestrichen.

Zu 5.8.6 Allgemeines Verfahren

Zu 5.8.6 (3): Das alternative Konzept nach *Quast* (vgl. [131, 132]), die Verformungs- und Schnittgrößenermittlung für Druckglieder nach Theorie II. Ordnung mit den durch Teilsicherheitsbeiwerte reduzierten Mittelwerten der Baustofffestigkeiten vorzunehmen und dann die Querschnittstragfähigkeit mit den Bemessungswerten nachzuweisen („doppelte Buchführung"), in DIN 1045-1 [68], 8.6.1 (7)), wurde in DIN EN 1992-1-1/NA [26] wieder ergänzt. Ein Nachweis nach diesem Konzept ist dann angebracht, wenn die Tragfähigkeit des Druckglieds in sehr erheblichem Maße durch die Bauteilsteifigkeit im gerissenen Zustand begrenzt wird (bei zunehmender Schlankheit und abnehmender planmäßiger Lastausmitte). Die Schnittgrößen am verformten System für genauere Nachweise der Kippsicherheit sollten ebenfalls so ermittelt werden [103].

Der Vorschlag in DIN EN 1992-1-1 [25] für einen reduzierten Teilsicherheitsbeiwert $\gamma_{CE} = 1{,}2$ zur Ermittlung des Bemessungswertes für den E-Modul E_{cd} wird durch Herausdividieren des Anteils für die geometrischen Querschnittsabweichungen aus $\gamma_C = 1,5$ bei Annahme gleicher oder geringerer Streuungen als bei den Betonfestigkeiten begründet [104]. Dies wird im NA nur für die verformungsabhängigen Aussteifungskriterien akzeptiert, bei den Nachweisen im GZT ist E_{cd} mit $\gamma_{CE} = 1,5$ vor dem Hintergrund der E-Modul-Streuungen und der Querschnittsabweichungen zu bestimmen.

Der E-Modul des Betonstahls E_s (Mittelwert) braucht wegen der geringen Streuung nicht durch γ_S dividiert zu werden.

Zu 5.8.8 Verfahren mit Nennkrümmung

Zu 5.8.8.2 Biegemomente

Zu 5.8.8.2 (3): Der Beiwert K_1 vermittelt einen allmählichen Übergang zwischen der Querschnittstragfähigkeit nach Theorie I. Ordnung bis $\lambda_{lim} = 25$ und der Stützentragfähigkeit nach Theorie II. Ordnung ab $\lambda = 35$.

Zu 5.8.8.2 (4): Der Krümmungsverlauf entlang von (teilweise gerissenen) Stahlbetonstützen ist nicht einfach analytisch zu bestimmen. Es können lediglich Grenzwerte für mögliche Krümmungsverläufe angegeben werden. Der Krümmungsverlauf wird umso rechteckiger sein, je kleiner die H-Last und die Zusatzausmitte e_2/h sind. Je größer die H-Last, umso dreieckförmiger und je größer die Zusatzausmitte e_2/h, umso parabelförmiger wird der Verlauf (siehe Bild 62). Bei gestaffelter Bewehrungsanordnung nicht die Querschnittstragfähigkeit nicht nur am Einspannquerschnitt der Modellstütze, sondern auch im Bereich der Staffelungen maßgebend, sodass näherungsweise in diesem Fall ein rechteckförmiger Verlauf mit $c = 8$ anzusetzen ist (*Quast* [132]).

Zu 5.8.8.3 Krümmung

Zu 5.8.8.3 (3): Der Faktor K_r berücksichtigt näherungsweise, dass der im Einspannquerschnitt angenommene Grenzwert der Krümmung bei Erreichen der Fließdehnung in den symmetrischen Bewehrungslagen mit zunehmend überdrücktem Querschnitt (Druckbruchbereich oberhalb n_{bal}) abnimmt. Die Drucknormalkräfte n sind hier bezogen positiv definierte Werte. Für die Bestimmung der zentrischen Tragfähigkeit n_u muss die Bewehrungsmenge bekannt sein oder angenommen werden. Wird die Bewehrung und damit der mechanische Bewehrungsgrad ω und n_u hierbei zunächst überschätzt, liegt K_r auf der sicheren Seite und eine iterative Anpassung kann entfallen.

Zu 5.8.8.3 (4): Die Funktion des Faktors β in Gleichung (5.37) für die effektive Kriechzahl φ_{ef} erscheint zunächst paradox, da dieser Wert mit ansteigender Schlankheit (und damit scheinbar die Kriechauswirkung) abnimmt. Vergleichsrechnungen von *Westerberg* in [130] haben jedoch gezeigt, dass die näherungsweise Modellstützenverfahren für schlankere Stützen mit ca. $\lambda > 70$ auch bei Ansatz von $K_\varphi = 1$ im Vergleich zu einer „genaueren" Berechnung mit Berücksichtigung des Kriechens auf der sicheren Seite liegt. Das ist u. a. darauf zurückzuführen, dass der Faktor $K_r = 1$ bei einer bezogenen Normalkraft $n < n_{bal} = 0,4$ (bei großen Stützenschlankheiten die Regel) keine Reduktion der Krümmung mit der Folge sehr konservativer Ergebnisse vorsieht.

Zu 5.9 Seitliches Ausweichen schlanker Träger

Zu 5.9 (3): Der Grenzwert nach Gleichung (5.40a) wurde auf der Basis von Vergleichsrechnungen an Stahlbeton- und Spannbetonträgern abgeleitet (vgl. *König* und *Pauli* [133]). Diese Beziehung liefert danach auch zutreffende Ergebnisse für Querschnittsverhältnisse $h/b \leq 5$. Die Näherungsgleichungen (5.40) sollten nur bis zu Trägerspannweiten von $l_0 \leq 30$ m angewendet werden, darüber hinaus ist immer ein Kippnachweis angezeigt.

Die zusätzliche Grenze $h/b \leq 2,5$ entstammt der Vornorm ENV 1992 [134] und war nur für die dort vorgeschlagene einfachere Begrenzung $l_0 \leq 50b$ erforderlich.

11.3.6 Zu 6 Grenzzustände der Tragfähigkeit (GZT)

Zu 6.1 Biegung mit oder ohne Normalkraft und Normalkraft allein

Zu 6.1 (3)P: Auch bei einer nichtlinearen Berechnung und Bemessung nach 5.7 gelten die Dehngrenzen nach [25] Tabelle 3.1.

Durch den Ansatz einer erhöhten Stauchungsgrenze $\varepsilon_{c2} = 2,2$ ‰ nach (NCI) wird mit Blick auf die zu erwartenden Kriechumlagerungen im Verbundquerschnitt eine wirtschaftliche Bemessung von Druckgliedern aus Normalbeton durch Ausnutzung des Bemessungswerts der Streckgrenze der Druckbewehrung $f_{yd} = 435$ N/mm² ermöglicht.

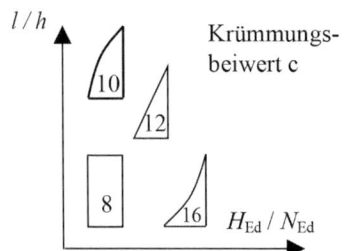

Bild 62. Krümmungsbeiwert c im Modellstützenverfahren

Wird eine genaue Kriechuntersuchung durchgeführt, ist $\varepsilon_{c2} = 2\,\%_0$ einzuhalten ($\rightarrow \sigma_{sd} = 400\,\text{N/mm}^2$).

Bei nichtrostender Betonstahlbewehrung ist die begrenzte Ausnutzung der Betonstahllängsbewehrung auf Druck bei reduziertem E-Modul 150 GPa bis 180 GPa gemäß abZ zu beachten (z. B. $\sigma_{sd} \leq 330\,\text{N/mm}^2$ bei $E_s = 150\,\text{GPa}$ und $\varepsilon_s \leq 2{,}2\,\%_0$).

Zu (4): Gegenüber DIN 1045-1 [68] ist der Ansatz einer Mindestausmitte $e_0 = h/30 \geq 20\,\text{mm}$ für Querschnitte mit Längsdruckkraft neu (siehe Bild 63). Dies ist ein zusätzliches Sicherheitselement insbesondere bei kleineren Druckquerschnitten, da eine ideale zentrische Lasteintragung nicht realistisch ist. Mit den (NCI)-Festlegungen wird klargestellt, dass diese Ausmitte nur für Druckglieder nach Theorie I. Ordnung anzusetzen ist.

Der grau unterlegte Bemessungsbereich in Bild 63 wird damit ausgeschlossen. Für Biegebauteile ist das nicht von Bedeutung und für stabilitätsgefährdete Druckglieder die von der Knicklänge abhängigen Imperfektionen nach 5.2, auch wenn sie kleinere Werte ergeben.

Zu 6.1 (5)P: Die Dehnungsbegrenzung für den Betonstahl sollte allgemein mit $\varepsilon_{du} \leq 25\,\%_0$ eingehalten werden (siehe Erläuterungen zu 3.2.7). Werden in gegliederten Querschnitten die Gurtplatten bei Biegebeanspruchung überdrückt, ist die Stauchungsgrenze $\boxed{C}$ nach Bild 6.1 in Plattenmitte mit ε_{c2} nach [25] Tabelle 3.1 einzuhalten.

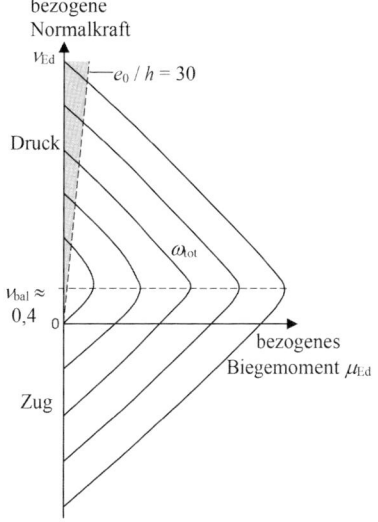

Bild 63. Mindestausmitte e_0 bei Druck im M/N-Interaktionsdiagramm

Zu 6.2 Querkraft

Zu 6.2.1 Nachweisverfahren

Zu 6.2.1 (4): Untergeordnete Bauteile sind solche, bei denen ein eventuelles sprödes Schubversagen wegen fehlender Mindestquerkraftbewehrung keinen Einsturz wesentlicher tragender Bauteile oder den Verlust der Standsicherheit des Tragwerks zur Folge hat. Die Untersuchung alternativer Lastpfade und die Abschätzung möglicher Schadensfolgen muss der sachkundige Ingenieur im Einzelfall vornehmen.

Beim Ausfall der als Beispiel genannten kurzen Stürze mit $l_{eff} \leq 2\,\text{m}$ dürfen daher z. B. nur wenige (ggf. abstürzende) Mauersteine betroffen sein. In der Regel muss sichergestellt werden, dass sich in diesem Fall oberhalb des Sturzes ein Druckgewölbe ausbilden kann und der Gewölbeschub aufgenommen wird. Das kann durch ein Zugband (z. B. im Flachsturz, siehe abZ oder Eurocode 6 [135, 136] 6.6.5) oder durch Ableitung in benachbarte Wandscheiben erfolgen. Die Anforderungen an das Mauerwerk oberhalb des Sturzes müssen festgelegt werden (z. B. Mauerwerksdruckfestigkeit, vollvermörtelte Stoßfugen, ggf. Längsdruckfestigkeit, Rauigkeit der Sturz-Oberseite). Wenn keine genaueren Angaben existieren, liegt ein Ansatz der Nutzhöhe mit einer Druckzone oberhalb des Sturzes mit $d \approx 0{,}4\,l_{eff}$ auf der sicheren Seite.

Um die in Absatz 6.2.1 (4) geforderte ausreichende Lastumlagerung für Rippendecken in Querrichtung zu quantifizieren, wird im NA [26] auf die früheren DIN-1045-Regeln zurückgegriffen. Die frühere Nutzlastbegrenzung wurde im NA moderat auf $q_k \leq 3{,}0\,\text{kN/m}^2$ angehoben (DIN EN 1991-1-1/NA [4], Kategorien A bis B2: Wohn-, Büro- und Arbeitsflächen sowie C1, D1, T1). Ansonsten gelten für den Entfall der Mindestquerkraftbewehrung in Rippendecken die ursprünglichen Randbedingungen:

- maximaler lichter Rippenabstand 700 mm,
- minimale Plattendicke mindestens 1/10 des lichten Rippenabstands bzw. $\geq 50\,\text{mm}$,
- Querbewehrung in der Platte mindestens $3\,\phi\,6\,\text{mm}$ je m,
- durchlaufende Feldbewehrung in den Rippen mit $\phi \leq 16\,\text{mm}$.

Im Bereich der Innenstützen durchlaufender Decken (Druckzone unten in den Rippen) und durchgängig bei Decken, die feuerbeständig ($\geq$ REI 90) sein müssen, sind stets Bügel anzuordnen (vgl. DIN 1045:1988-07, 21.2.2).

Zu 6.2.2 Bauteile ohne rechnerisch erforderliche Querkraftbewehrung

Zu 6.2.2 (1): Die Begrenzung des Bewehrungsgrades in Gleichung (6.2a) auf Werte $\rho_l \leq 0{,}02$ soll verhindern, dass überbewehrte Bauteile mit sprödem Bruchtragverhalten ohne Querkraftbewehrung geplant werden.

Die Mindestquerkrafttragfähigkeit v_{min} bei geringen Längsbewehrungsgraden wurde durch *Reineck* [137] untersucht. Die Überprüfung des Mindestwertes der Querkrafttragfähigkeit mit Versuchen aus [138] ergab, dass diese mit größeren Nutzhöhen sowie für niedrigere Bewehrungsgrade abnimmt. Daher wurde im NA der Vorwert für die Mindestquerkrafttragfähigkeit für Bauteile mit statischen Nutzhöhen über 800 mm um ca. 30% gegenüber

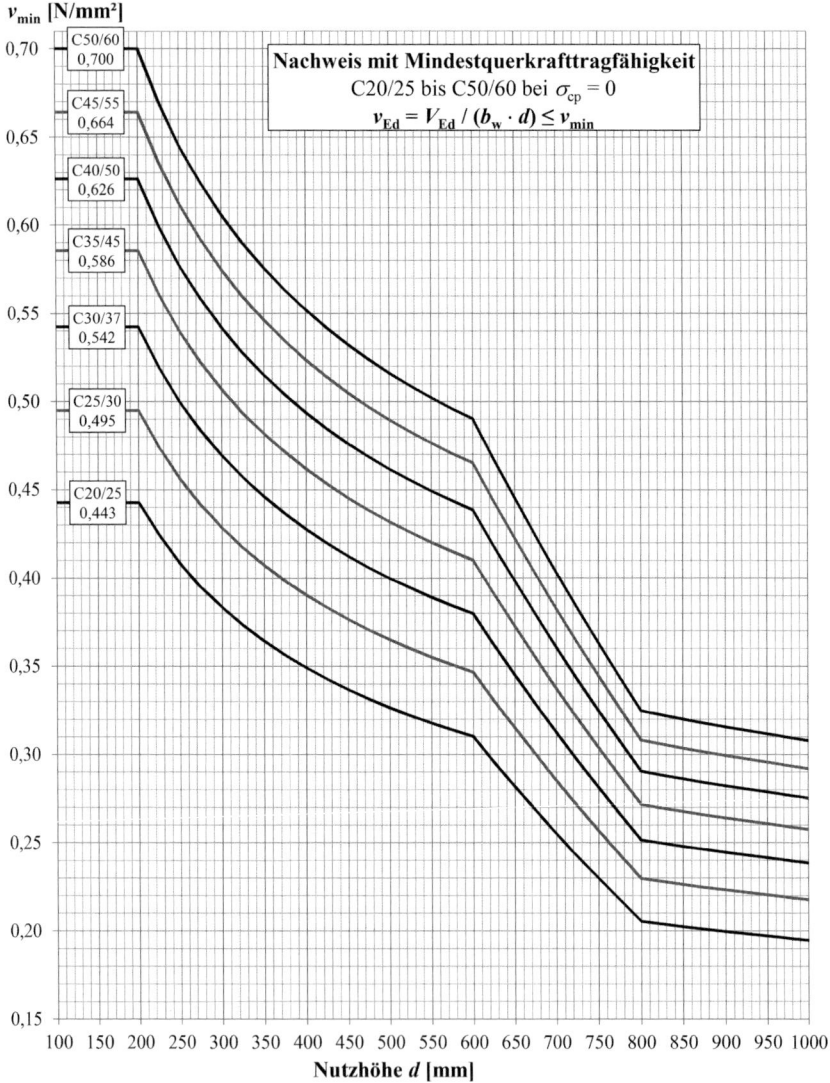

Bild 64. Mindestquerkrafttragfähigkeit für Stahlbetonplatten ohne Querkraftbewehrung und reine Biegung nach [26], Gleichung (6.3DE)

dem Wert für dünnere Bauteile mit $d \leq 600$ mm reduziert (vgl. Gleichungen (6.3aDE) und (6.3bDE), Bemessungsdiagramm siehe Bild 64).

Zu 6.2.2 (6): Die Begrenzung der Druckstrebentragfähigkeit nach Gleichung (6.5) kann nur bei sehr großen auflagernahen Einzellasten maßgebend werden. Mit dem Abminderungsbeiwert $\nu = 0,675$ wird die Druckstrebenauslastung in einem 45°-Fachwerk analog Gleichung (6.9) auf

$$V_{Rd,max} = 0,5 \cdot b_w \cdot d \cdot 0,675 \cdot f_{cd}$$
$$= 0,5 \cdot b_w \cdot 0,9d \cdot 0,75 \cdot f_{cd}$$

$$V_{Rd,max} = \frac{b_w \cdot z \cdot 0,75 f_{cd}}{\cot 45° + \tan 45°} \quad (16)$$

festgelegt. Für den Abstand der Einzellast a_v ist der lichte Abstand zwischen Auflagerrand und Lasteinleitungsbereich maßgebend. Hierfür ist z. B. die Abmessung eines Lagers oder einer Fußplatte festzulegen. Der Ansatz der Lastachse für a_v liegt auf der sicheren Seite.

Zu 6.2.3 Bauteile mit rechnerisch erforderlicher Querkraftbewehrung

Zu 6.2.3 (2): Im Nationalen Anhang [26] wurde das Fachwerkmodell mit der variablen Druckstrebenneigung nach *Reineck* aus DIN 1045-1 wieder eingeführt. Die Neigung der Druckstreben θ ergibt sich demnach beanspruchungsabhängig ausgehend von einem Winkel von $\theta = 40°$ ($\cot\theta = 1,2$) in Abhängigkeit vom Verhältnis der Betonlängsspannung zu Betondruckfestigkeit (σ_{cp}/f_{cd}) und dem Verhältnis des Betontraganteils zur einwirkenden Querkraft ($V_{Rd,cc}/V_{Ed}$) (vgl. bei reiner Biegung mit $\sigma_{cp} = 0$ Bild 65 für $\cot\theta$ und Bild 66 für $V_{Rd,cc}$).

Die Untergrenze von $\theta = 18,4°$ ($\cot\theta = 3,0$) entspricht ungefähr dem Druckstrebenwinkel bei Bauteilen mit Mindestquerkraftbewehrung. Sie wird immer maßgebend, wenn der Betontraganteil $V_{Rd,cc} \geq V_{Ed}$ (keine negativen Werte für $\cot\theta$) bzw. $V_{Rd,cc} \geq 0,6 V_{Ed}$ bei Stahlbetonplatten ohne Normalspannung ist.

Die Vereinfachungen für $\cot\theta = 1,2$ (bzw. 1,0 bei Längszugspannung) nach (NDP) dürfen uneingeschränkt verwendet werden, auch wenn sich nach Gleichung (6.7aDE) geringere Werte ergäben.

Der Querkraftanteil $V_{Rd,cc}$ nach Gleichung (6.7bDE) ist nicht mit dem Bemessungswert der Querkraft $V_{Rd,c}$ für Bauteile ohne Querkraftbewehrung gleichzusetzen. Durch die Vereinheitlichung des Bemessungskonzepts für Querkraft wurde der Rauigkeitsfaktor c aus Gleichung (6.25) hier eingeführt, um die Querkraftbemessung von Bauteilen mit Fugen senkrecht zur Bauteilachse zu ermöglichen (siehe 6.2.5 (NA.6)).

Mit Gleichung (6.7aDE) wird mit $(\cot\theta)_{max}$ der flachstmögliche Druckstrebenwinkel θ_{min} ermittelt,

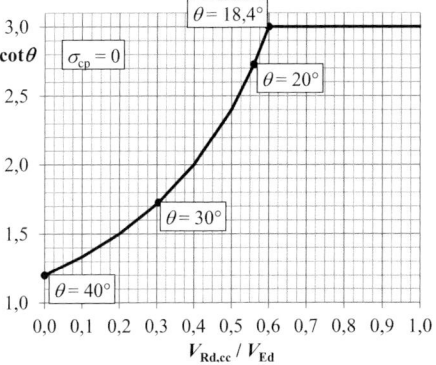

Bild 65. Minimal zulässiger Druckstrebenwinkel $\cot\theta$ bei $\sigma_{cp} = 0$ nach [26], Gleichung (6.7aDE)

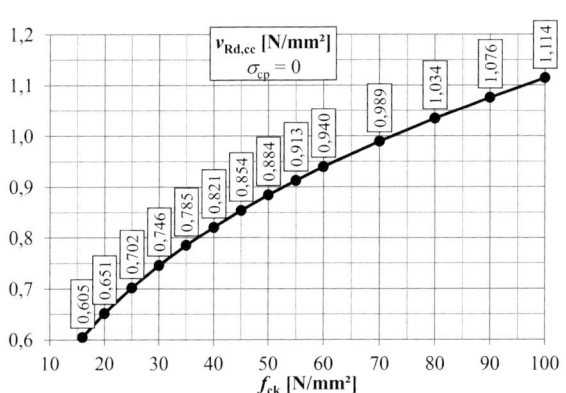

Bild 66. Bezogener Betontraganteil $v_{Rd,cc} = V_{Rd,cc}/(b_w \cdot z)$ bei $\sigma_{cp} = 0$ nach [26], Gleichung (6.7bDE)

der zu minimaler Querkraftbewehrung $a_{sw,erf}$ sowie zu maximalem Versatzmaß a_l führt. Der Druckstrebenwinkel θ darf jedoch zwischen diesem Minimalwert und 45° frei gewählt werden. Wird die Querkraftbewehrung größer gewählt (z. B. aus konstruktiven Gründen oder als zusätzliche Verbundbewehrung), darf dementsprechend auch der zugehörige mögliche steilere Druckstrebenwinkel in den weiteren Nachweisen ausgenutzt werden (z. B. für eine größere Maximaltragfähigkeit $V_{Rd,max}$ oder für kürzere Versatzmaße und Verankerungslängen):

$$(\cot\theta_{gew}) \leq (\cot\theta_{max}) \frac{a_{sw,erf}}{a_{sw,vorh}} \qquad (17)$$

Zu 6.2.3 (3): Die Notwendigkeit einer Abminderung der maximalen Druckstrebentragfähigkeit $V_{Rd,max}$ mit dem Faktor ν_1 ist durch den Querzug begründet, der durch die im Verbund liegenden Bügel eingetragen wird. Weiterhin wirken die Bewehrungsstäbe als Störungen und die unregelmäßige Rissoberfläche vermindert den Querschnitt. Wegen der beanspruchungsabhängigen und an der Schubrissneigung orientierten Bestimmung des Druckstrebenwinkels kann für normalfeste Betone $\nu_1 = 0,75$ konstant festgelegt werden. Da die zunehmende Sprödigkeit bei hochfestem Beton insbesondere im Bereich von Betondruckstreben kritisch ist, wird die Druckstrebenfestigkeit f_{cd} hochfester Betone $\geq$ C55/67 im NA [26] zusätzlich mit $\nu_2 = (1,1 - f_{ck}/500)$ bei Querkraftbeanspruchung, Stabwerkmodellen usw. abgemindert.

Zu 6.2.3 (8): Der Bewehrungsanteil nach Gl. (6.19), der im Bereich zwischen Auflagerrand und auflagernaher Einzellast F die möglichen Schubrisse in der direkten Druckstrebe zur Einzellast kreuzt (Bild 6.6) soll nur den reduzierten Querkraftanteil aus der Einzellast F abdecken. Es handelt sich somit um einen Zusatznachweis zur Ermittlung der Querkraftbewehrung nach Gl. (6.8), d. h. $V_{Ed,red,F} = \beta \cdot V_{Ed,F} \leq A_{sw} \cdot f_{yd} \cdot \sin\alpha$ [72].

Zu 6.2.4 Schubkräfte zwischen Balkensteg und Gurten

Zu 6.2.4 (5): Die aus dem Fachwerkmodell ermittelte Zugbewehrung A_{sf}/s_f wird i. d. R. je zur Hälfte oben und unten im Gurtflansch eingelegt. Wird die Gurtplatte noch zusätzlich aus Querbiegung über dem Steg beansprucht, darf die entsprechend erforderliche bzw. eingelegte Biegebewehrung angerechnet werden.

Zu 6.2.4 (6): Bei Schubspannungen am monolithischen Gurtplattenanschluss, die weniger als 40% des Bemessungswertes der Betonzugfestigkeit betragen, kann die Gurtanschlusskraft sicher über die Betonzugfestigkeit bzw. die Betondruckzone aus der Querbiegung allein aufgenommen werden. Eine für Querbiegung bewehrte Gurtplatte ist Voraussetzung für diese Regel.

Zu 6.2.5 Schubkraftübertragung in Fugen

Zu 6.2.5 (1): Die zusätzlichen Nachweise der Schubkraftübertragung längs zu Verbundfugen werden in DIN EN 1992-1-1 auf rechnerische Schubspannungen zurückgeführt. Die Gleichung (6.25) zur Berechnung der aufnehmbaren Schubspannung v_{Rdi} basiert auf der „Schubreibungstheorie". Die Fugentragfähigkeit setzt sich aus drei additiven Anteilen – Adhäsion, Reibung, Bewehrung – nach Gleichung (18) zusammen (siehe Bild 67). Die maximale Schubtragfähigkeit $v_{Rdi,max}$ wird dabei durch die abgeminderte Druckfestigkeit des Neu- oder Altbetons begrenzt.

$$v_{Rdi} = v_{Rdi,ad} + v_{Rdi,r} + v_{Rdi,sy} \leq v_{Rdi,max} \qquad (18)$$

Querkraftbewehrung darf immer als Verbundbewehrung angerechnet werden. Im Gegensatz zu DIN EN 1992-1-1 [25] wurde im NA [26] für den Schubtraganteil der zur Fuge orthogonalen Bewehrungskomponente der Faktor 1,2 eingefügt, der aus Gleichung (86) für $\cot\theta$ aus DIN 1045-1 [68] entnommen wurde. Dies führt ungefähr zu den durch Versuche abgesicherten, wirtschaftlicheren Verbundbewehrungsmengen. Mechanisch könnte der Faktor als ein Anteil aus der Dübelwirkung der Bewehrung im GZT interpretiert werden.

Bei sehr glatten Fugen darf nur der Traganteil aus Reibung unter vorhandenen Druckspannungen angerechnet werden (günstige Auswirkung). Dieser wird dann auf den Maximalwert für glatte Fugen begrenzt:

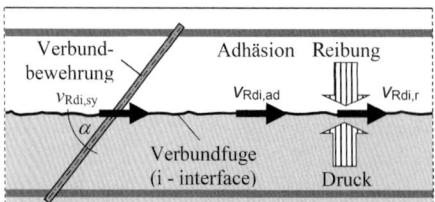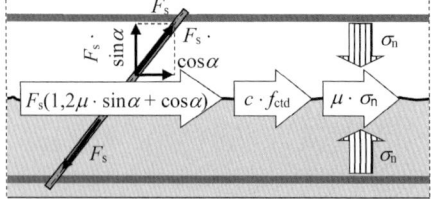

Bild 67. Bemessungsmodell für Verbundfugentragfähigkeit

$v_{Rdi,r,glatt} \leq 0,5 \cdot \nu \cdot f_{cd} = 0,5 \cdot 0,2 \cdot f_{cd}$
$= 0,1 f_{cd}$ (19)

In Bild 68 sind vergleichend Schubtragfähigkeitsdiagramme für verzahnte, raue und glatte Verbundfugen mit 90°-Verbundbewehrung für die Betonfestigkeitsklassen C20/25, C30/37, C40/50, C50/60 über den Verbundbewehrungsgrad $\rho = A_s/A_i$ aufgetragen.

Zu 6.2.5 (2): Den Verbundfugen werden vier **Rauigkeitskategorien** zugeordnet (siehe auch Bilder 69 und 70).

Unbehandelte Fugenoberflächen sind der Kategorie **„sehr glatt"** zuzuordnen, wenn im ersten Betonierabschnitt Beton der Ausbreitmaßklasse $\geq$ F5 (fließfähige bzw. sehr fließfähige Konsistenz) verwendet wird. Dabei wird berücksichtigt, dass insbesondere unter der Schwerkraft verlaufende Fugenoberflächen, die nach dem Betonieren nicht weiter behandelt bzw. aufgeraut werden, sehr ungünstige Eigenschaften aufweisen können. Diese ergeben sich aus der fehlenden Makrorauigkeit und durch Sedimentationsvorgänge, die eine Schicht mit geringer Tragfähigkeit bilden (Zementschlempe).

Eine Fugenoberfläche darf als **„rau"** eingestuft werden, wenn eine Oberfläche mit mindestens 3 mm Rauigkeit durch Rechen mit maximal 40 mm Zinkenabstand oder durch entsprechendes Freilegen der Gesteinskörnung erzeugt wird (Bild 70). Andere Methoden, die ein äquivalentes Tragverhalten herbeiführen, sind auch zulässig, wenn die mit dem Sandflächenverfahren nach *Kaufmann* [139] oder nach DIN EN 1766 [140] bestimmte mittlere Rautiefe $R_t \geq 1,5$ mm (Bild 69) bzw. als maximale Profilkuppenhöhe $R_p \geq 1,1$ mm beträgt.

Eine Fuge gilt als **„verzahnt"**, wenn eine Gesteinskörnung mit $d_g \geq 16$ mm verwendet und das Korngerüst mindestens 6 mm tief freigelegt wird (Bild 70). Die Rauigkeitsparameter für die Zuordnung der Kategorie „verzahnt" sollten als mittlere Rautiefe $R_t \geq 3,0$ mm bzw. als maximale Profilkuppenhöhe $R_p \geq 2,2$ mm betragen.

Als praxistaugliches Messmittel auf der Baustelle für die Rauigkeit freigelegter Gesteinskörnungen 3 mm („raue" Fuge) bzw. 6 mm („verzahnte" Fuge) kann z. B. ein Reifenprofilmesser genutzt werden. Die zusätzlich angegebenen Rauigkeitsparameter mittlere Rautiefe R_t nach *Kaufmann* [139] bzw. maximale Profilkuppenhöhe R_p nach *Schäfer* [141] sind als abschätzende Konformitätskriterien in Zweifelsfällen oder für Kontrollen im Fertigteilwerk gedacht.

Wesentlich für die Sicherstellung der rechnerisch vorausgesetzten Tragfähigkeit ist die sorgfältige Vorbereitung der Fugenoberflächen. Auf die Regelungen in DIN EN 13670 bzw. DIN 1045-3 [70], zu 8.2 (NA.4), zur erforderlichen Fugenvorbereitung wird in diesem Zusammenhang besonders hingewiesen. Neben der Oberflächenrauigkeit sind die Sauberkeit und das angemessene Vornässen der Fugen sowie eine ausreichende Verdichtung des Ortbetons entscheidend. Insbesondere bei der Herstellung der Rauigkeit mit Stahlrechen kommt es auf den richtigen Erhärtungszeitpunkt des Betons an: bei zu frühem Rechenaufziehen verläuft der noch nicht erhärtete plastische Beton wieder und bei zu spätem Rechaneinsatz wird das Gefüge der gerade erhärtenden Betonrandzone durch Herausreißen der dann losen Gesteinskörnung nachhaltig gestört.

Zu 6.2.5 (3): Bei der Addition der Traganteile von Gitterträgern und sonstiger Verbundbewehrung sind die ggf. abweichenden Randbedingungen in der allgemeinen bauaufsichtlichen Zulassung der Gitterträger zu beachten (z. B. Bemessungskonzept, Fugenrauigkeit).

Im Gegensatz zu Absatz (1) dürften nach (3) auch in Schubrichtung fallende Einzeldiagonalstäbe mit $90° < \alpha \leq 135°$ für die Fugentragfähigkeit berücksichtigt werden. In Deutschland werden diese Bewehrungsdruckdiagonalen bisher nicht als Verbundbewehrung angerechnet. Das Schubreibungsmodell, wonach die orthogonale Verbundbewehrungskomponente infolge der mit der Rauigkeit zunehmenden Rissöffnung ansteigt, trifft auf diesen Diagonalen nicht zu. Eher ist ein ausgeprägterer Dübeleffekt zu erwarten. Bis aussagekräftige Versuche hierzu vorliegen, die den Traganteil der Druckdiagonalen quantifizieren, ist auf den Ansatz dieser gegen die Schubrichtung geneigten Verbundbewehrung zu verzichten.

Die mit (NCI) aufgenommenen, gegenüber der Querkraftbewehrung großzügigeren Konstruktionsregeln für die Verbundbewehrung entsprechen denen in Versuchen bewährten aus den abZ für gitterträgerbewehrte Elementdecken.

Zu 6.2.5 (5): In DIN EN 1992-1-1 [25] wird vorgeschlagen, bei dynamischer oder Ermüdungsbeanspruchung die Rauigkeitsbeiwerte c zu halbieren. Aus deutscher Sicht fehlen hierzu aussagekräftige Versuchsergebnisse, sodass der Adhäsionstraganteil des Betonverbunds bei Ermüdungsnachweisen nach NA nicht berücksichtigt werden darf ($c = 0$). Das heißt, wenn die Bauteile durch nicht vorwiegend ruhende Einwirkungen beansprucht werden, ist die gesamte Schubspannung in der Fuge durch Verbundbewehrung aufzunehmen (Hinweis: abweichende Auslegung seit Juni 2019 in [72]).

Zu 6.2.5 (NA.6): Für den Sonderfall Schub quer zur Fuge bei vorgefertigten Rückbiegeanschlüssen, deren Tragverhalten durch die Verwahrkastenvertiefung und zum Teil glatte Rückenoberfläche bestimmt wird, enthält das DBV-Merkblatt „Rückbiegen von Betonstahl und Anforderungen an Ver-

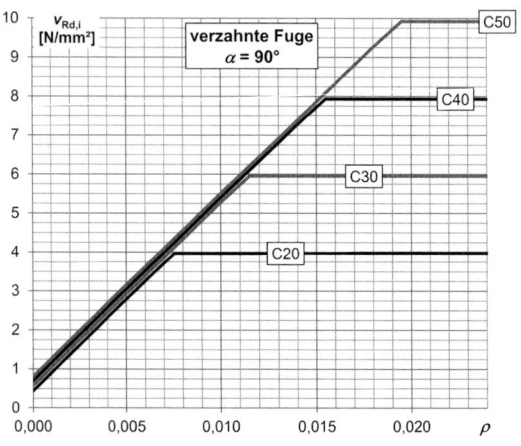

a) verzahnte Verbundfuge

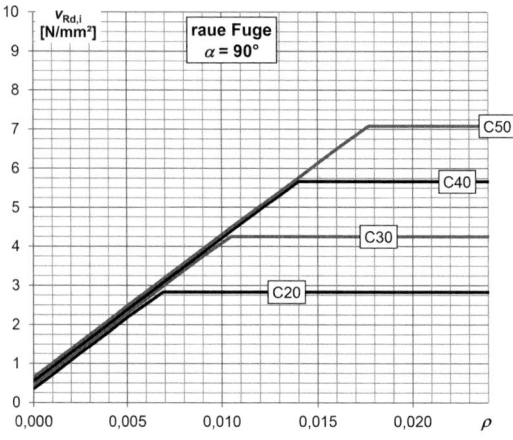

b) raue Verbundfuge

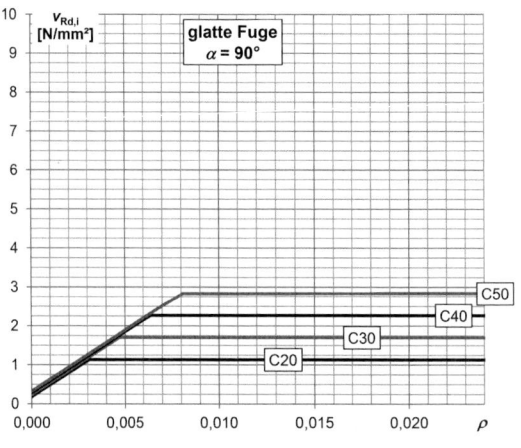

c) glatte Verbundfuge

Bild 68. Schubtragfähigkeit $v_{Rd,i}$ für Verbundfugen mit 90°-Verbundbewehrung und $\sigma_n = 0$ nach [26]

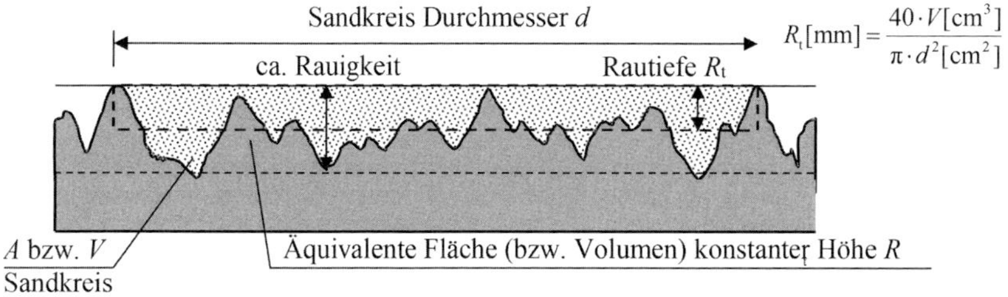

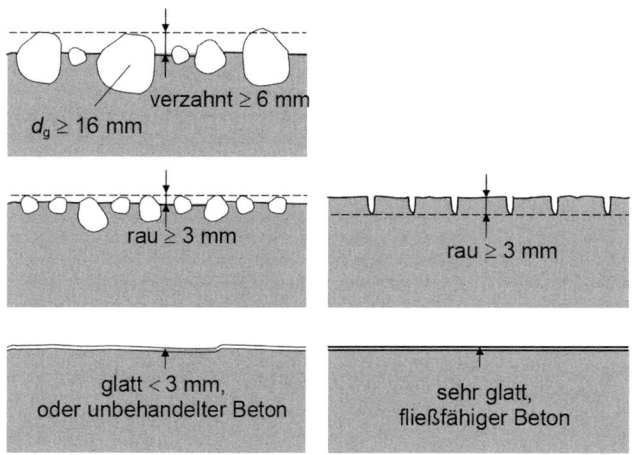

$$R_t[\text{mm}] = \frac{40 \cdot V[\text{cm}^3]}{\pi \cdot d^2[\text{cm}^2]}$$

Bild 69. Rautiefe R_t nach dem Sandflächenverfahren

Bild 70. Verbundfugenkategorien mit nachträglicher Oberflächenbearbeitung (hier Angaben Rauigkeit 3 mm bzw. 6 mm ≈ zweifache Rautiefe R_t)

wahrkästen" [90] weitergehende Hinweise und Bemessungsbeispiele.

Zu 6.3 Torsion

Zu 6.3.2 Nachweisverfahren

Zu 6.3.2 (1): Die Ermittlung des Torsionswiderstands eines Betonbauteils erfolgt anhand eines räumlichen Netzfachwerkmodells bestehend aus umlaufenden Zug- und Druckstreben. Hierbei ist die Neigung der Druckstreben θ analog zur Querkraftbemessung zu begrenzen, wobei vereinfachend $\theta = 45°$ angenommen werden darf.

Für die effektive Wanddicke $t_{ef,i}$ eines Bauteils darf nach DIN EN 1992-1-1 [25], 6.3.2 (1) die effektive Wanddicke mit $t_{ef,i} = A/u \geq 2d_1$ und $\leq h_{Wand}$ angesetzt werden. Im NA [26] wird diese Regelung auf eine effektive Wirkungszone der Längsbewehrung für den dünnwandigen Querschnitt $t_{ef,i} = 2d_1$ eingeschränkt. Durch die Definition $t_{ef,i} = A/u$ ergeben sich in einigen Fällen im Vergleich mit DIN 1045-1, insbesondere bei sehr kompakten massigen Querschnitten, deutlich größere effektive Wanddicken. Das maximal aufnehmbare Torsionsmoment $T_{Rd,max}$ wird entsprechend größer und die für ein Druckstrebenversagen von Stahlbetonbalken erforderliche Sicherheit wird fallweise deutlich unterschritten. Andererseits verringert sich der auf die Mittellinien der Ersatzquerschnittswände bezogene Kernbereich A_k und es ergeben sich größere Torsionsbewehrungsmengen als nach DIN 1045-1. Auf Basis der Vorschläge von *Leonhardt* und *Mönnig* [142] darf bei schlanken Hohlkästen, deren Wanddicken $h_{Wand} \leq b/6$ bzw. $\leq h/6$ sind und die eine beidseitige wirksame Wandbewehrung aufweisen, die gesamte Wanddicke für $t_{ef,i} = h_{Wand} \geq 2d_1$ angesetzt werden.

Zu 6.3.2 (4): Wegen des die Druckstreben kreuzenden engeren Torsionsrissbildes wird die Druckstrebenfestigkeit für die Festlegung von $T_{Rd,max}$ gegenüber der „reinen" Querkraftdruckstrebe um 30 % mit dem Beiwert $\nu = 0,7\nu_1 = 0,525$ abgemindert (mit $\nu_1 = 0,75$ nach 6.2.3 (3)). Wird bei schlanken

Kastenquerschnitten eine netzförmige innen- und außenliegende Wandbewehrung angeordnet, wird diese Rissbildung behindert und auf diese zusätzliche Abminderung darf verzichtet werden. Mit der quadratischen Interaktionsgleichung (NA.6.29.1) werden die zusätzlichen Umlagerungsmöglichkeiten der Querkraftbeanspruchung in den innerhalb des torsionsbeanspruchten dünnwandigen Ersatzquerschnittes liegenden Kernbereich bei Vollquerschnitten ausgenutzt.

Zu 6.4 Durchstanzen

Zu 6.4.1 Allgemeines

Im Rahmen der Bearbeitung des Nationalen Anhangs wurden die Regelungen aus DIN 1045-1 zum Durchstanzen bei Flachdecken und Fundamenten überarbeitet und an das Nachweisformat in DIN EN 1992-1-1 angepasst. Die wesentlichen Arbeiten hierfür wurden von *Hegger* et al. in Aachen geleistet [143–156]. Bei der Überarbeitung wurden neuere Forschungsergebnisse in den normativen Regelungen berücksichtigt. Eine kritische Würdigung der Sicherheitsdefizite im Bemessungsmodell für durchstanzbewehrte Bauteile im Model Code 90 und in EN 1992-1-1 mit den Konsequenzen für den NA zur Behebung der festgestellten Sicherheitsdefizite haben *Hegger*, *Walraven* und *Häusler* in [157] veröffentlicht.

Zu 6.4.1 (2)P: In DIN EN 1992-1-1 [25] wird die maximale Lasteinleitungsfläche A_{load} nicht begrenzt, da die Querkrafttragfähigkeit und die Durchstanztragfähigkeit gleich groß angesetzt werden. Der im NA [26] gegenüber dem Querkraftwiderstand erhöhte Durchstanzwiderstand kann sich jedoch nur dann vollständig ausbilden, wenn die Lasteinleitungsfläche klein genug ist, um einen mehraxialen Spannungszustand im Beton zu verursachen. Anderenfalls kann anstelle des Durchstanzwiderstands nur der geringere Querkraftwiderstand angesetzt werden.

Zu 6.4.1 (3): Die Festlegung eines kritischen Rundschnitts ist nur eine Konvention für ein Rechenmodell. Die rechnerischen Vergleichstragfähigkeiten können auf (fast) jeden festgelegten Rundschnitt kalibriert werden. Im kritischen Rundschnitt wird kontrolliert (en: control perimeter), ob Durchstanzbewehrung erforderlich ist. Im Unterschied zu DIN 1045-1 wurde in DIN EN 1992-1-1 der Kontrollrundschnitt für Flachdecken im Abstand von 2,0d (statt 1,5d) von der Lasteinleitungsfläche festgelegt (zu Fundamenten siehe 6.4.2 (2)). Mit dem größeren Rundschnittabstand werden allerdings Spannungsspitzen entlang des Rundschnitts stärker geglättet.

Zu 6.4.1 (4): Der den Durchstanzbereich abgrenzende äußere Rundschnitt u_{out} ist der Schnitt, indem gerade die ebene Querkrafttragfähigkeit der Platte ohne Querkraftbewehrung eingehalten bzw. unterschritten wird (siehe 6.4.5 (4)). Der in DIN EN 1992-1-1 [25] vorgeschlagene Nachweis der maximalen Durchstanztragfähigkeit $V_{Rd,max}$ als Druckstrebe am Stützenrand wird in Deutschland nicht akzeptiert und im NA [26] durch einen Nachweis im kritischen Rundschnitt ersetzt. Dieser Nachweis wurde zwischenzeitlich auch mit der A1-Änderung zu DIN EN 1992-1-1 [25] ergänzt.

Zu 6.4.1 (5): Da der bei 2,0d formal festgelegte kritische Rundschnitt i. d. R. nicht das reale Tragverhalten abbildet, dürfen die innerhalb des Schnittes liegenden Lastanteile nicht vollständig von der Auflagerreaktion V_{Ed} abgezogen werden (max. bis 0,5 d [72]). Die Vergleichswerte der Tragfähigkeit sind auf die volle Auflagerreaktion bezogen. Sollen stützennahe Lastanteile von der Bemessungsquerkraft abgezogen werden, sind andere, realistische Bemessungsschnitte zugrunde zu legen (wie z. B. bei Fundamenten).

Zu 6.4.2 Lasteinleitung und Nachweisschnitte

Zu 6.4.2 (2): Wenn wesentliche günstig oder ungünstig wirkende Beanspruchungen innerhalb des fiktiven kritischen Rundschnitts wirken, sind engere Rundschnitte im Abstand < 2,0d zu untersuchen, die die Auswirkungen dieser auflagernahen Lastanteile wirklichkeitsnäher berücksichtigen. Für Gründungsbauteile wird zunächst eine Definition der „schlanke" und „gedrungene" Fundamente mit der Schlankheit $\lambda = a_\lambda/d$ eingeführt. Dies ist mit deren qualitativ unterschiedlichen Tragverhalten zu begründen und dient der Nachweisvereinfachung für schlanke Fundamente. Für gedrungene Fundamente mit $\lambda \leq 2$ muss der Rundschnitt last- und querschnittsabhängig ermittelt werden (i. d. R. iterativ, siehe 6.4.4 (2)). Für schlanke Fundamente mit $\lambda > 2$ darf alternativ der kritische Rundschnitt auch vereinfacht im Abstand 1,0d angenommen werden. Dies hat allerdings im Übergangsbereich von „gedrungen" zu „schlank" einen Sprung in der rechnerischen Durchstanztragfähigkeit zur Folge, der aber noch akzeptiert werden kann.

Zu 6.4.2 (8): Für mäßig schlanke Stützenkopfverstärkungen mit $1,5h_H < l_H < 2h_H$ wird im NA [26] ein Durchstanznachweis innerhalb der Stützenkopfverstärkung bei $1,5d_H$ gefordert (vgl. Bild 71). Die auf den Rundschnitt im Abstand $2d_H$ kalibrierte Durchstanztragfähigkeit $v_{Rd,c}$ nach Gleichung (6.47) darf für den Nachweis im engeren Rundschnitt bei $1,5d_H$ proportional im Verhältnis der Rundschnittumfänge mit dem Faktor $u_{2,0dH}/u_{1,5dH}$ vergrößert werden.

Zu 6.4.3 Nachweisverfahren

Zu 6.4.3 (1)P: Der Nachweis der maximalen Durchstanztragfähigkeit $V_{Rd,max}$ wird in Deutschland durch einen Nachweis im kritischen Rund-

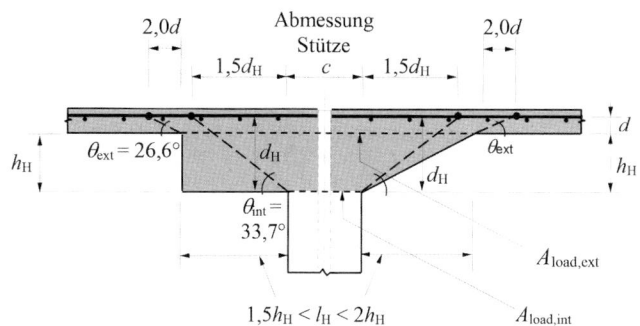

Bild 71. Zusatznachweis im Abstand $1,5d_H$ bei Stützenkopfverstärkungen mit $1,5h_H \leq l_H < 2,0h_H$

schnitt u_1 ersetzt (siehe 6.4.5 (3) und (NCI) in Absatz (2)).

Zu 6.4.3 (3): Die einwirkende Querkraft wird zu einer fiktiven Schubspannung im betrachteten Rundschnitt nach Gleichung (6.38) umgerechnet. Die Spannungsspitzen aus ungleichmäßiger Querkrafteintragung entlang des Rundschnitts werden wie bisher vereinfacht durch Vergrößerung der einwirkenden Bemessungsschubspannung mit einem Lasterhöhungsbeiwert β berücksichtigt. Für die Bestimmung dieses β-Faktors stehen in DIN EN 1992-1-1 mit NA folgende Möglichkeiten zur Verfügung:

– Näherungswerte für ausgesteifte Systeme mit annähernd gleichen Stützweiten nach Absatz (6) mit Bild 6.21,
– Näherungswert über Lasteinzugs- bzw. Sektorflächen,
– Näherungswert für rechteckige Innenstützen mit zweiachsiger Lastausmitte (z. B. mit Biegemoment im Decken-Stützenknoten) nach Gleichung (6.43),
– genauerer Wert für Innenstützen mit Kreisquerschnitt und Lastausmitte nach Gleichung (6.42),
– genauerer Wert für beliebige Stützenquerschnitte und Rundschnitte mit einachsiger Lastausmitte nach Gleichung (6.39) und zweiachsiger Lastausmitte nach Gleichung (NA.6.39.1),
– genauerer Wert für beliebige Stützenquerschnitte und Rundschnitte mit einachsiger Lastausmitte bei Fundamenten nach Gleichung (6.51) bzw. (NA.6.51.1).

In allen Fällen (auch für Innenstützen) wird im NA ein Mindestwert von $\beta \geq 1,10$ gefordert, weil es in Bezug auf Steifigkeiten und Einwirkungen echt doppeltsymmetrische Systeme in realen Stahlbetonkonstruktionen nicht gibt.

Die Festlegung des kritischen Rundschnitts bei Flachdecken im $2,0d$-Abstand in [25] ist nur eine Rechenkonvention und bildet den realen Durchstanzbruchkegel nicht ab. Ein voller Lastabzug innerhalb dieses fiktiven kritischen Rundschnitts ist daher bei Flachdecken nicht vorgesehen und führt insbesondere bei dickeren Platten zu unsicheren Ergebnissen. Ein Abzug der Einwirkungen innerhalb eines Rundschnitts im Abstand $0,5d$ (inklusive Lasteinleitungsfläche) von der Auflagerkraft der Punktstützung wäre jedoch möglich und liegt bei Flachdecken, auch beim Nachweis für $v_{Rd,max}$, auf der sicheren Seite [72].

Zu 6.4.3 (4) und (5): Nach der DIN EN 1992-1-1 [25] dürfen die Lasterhöhungsfaktoren β für ausmittig belastete Rand- und Eckstützen vereinfacht über verkürzte Rundschnitte u_{1*} ermittelt werden. Dieses Verfahren erreicht insbesondere für Randstützen nicht das erforderliche Sicherheitsniveau und weist sogar eine größere Streuung auf als bei Ansatz von konstanten Lasterhöhungsbeiwerten [145, 157]. Daher wurde das Verfahren mit verkürztem Rundschnitt in Deutschland weder für Randstützen (4) noch für Eckstützen (5) zugelassen. Beide Absätze wurden in der konsolidierten Fassung im Abschnitt 11.4 gestrichen.

Zu 6.4.3 (6): Die vereinfachten Ansätze für konstante Lasterhöhungsfaktoren β in ausgesteiften Systemen ohne wesentliche Spannweitenunterschiede sind unter bestimmten Annahmen pragmatisch abgeleitet worden.

Für **Innenstützen** ist in DIN EN 1992-1-1 [25] ein β-Wert von 1,15 vorgeschlagen worden. Mit Blick auf die durch die üblicherweise stärker bewehrten und damit steiferen Gurtstreifen in den Stützenachsen aus den Diagonalspannweiten abgezogenen Querkraftspitzen wurde für Deutschland im NA [26] als praxisverträglicher Kompromiss der Mindestwert $\beta = 1,10$ festgelegt.

Bei **Rand- und Eckstützen** sind die konstanten Werte $\beta = 1,4$ bzw. $\beta = 1,5$ bei bezogenen Lastausmitten $e/c \leq 1,2$ konservativ. Bei größeren Lastausmitten nimmt das Sicherheitsniveau bei Anwendung der konstanten Werte signifikant ab (vgl. [155]).

Für die Fälle **Wandecke** und **Wandende** wurden gestützt auf sehr fein elementierte nichtlineare FEM-Vergleichsrechnungen die β-Werte 1,2 bzw. 1,35 ermittelt. Die mit β multiplizierte Querkraft ist dann auf die kritischen Teilrundschnitte nach Bild NA.6.12.1 zu verteilen.

Zu 6.4.4 Durchstanzwiderstand für Platten oder Fundamente ohne Durchstanzbewehrung

Zu 6.4.4 (1): Die im Vergleich zu DIN 1045-1 kleineren Vorwerte $C_{Rd,c} = 0,18/\gamma_C$ (statt $0,21/\gamma_C$) und 0,10 (statt 0,12) für Flachdecken sind auf den erweiterten kritischen Rundschnitt u_1 bei $2,0d$ (statt $1,5d$) kalibriert und führen wegen der entsprechend vergrößerten Umfangslänge bzw. Schubfläche zu vergleichbaren Tragfähigkeiten $V_{Rd,c}$.

Wenn der Umfang u_0 der Lasteinleitungsflächen A_{load} im Verhältnis zum kritischen Rundschnitt u_1 im Abstand $2d$ sehr klein wird, geht der Einfluss der Lasteinleitungsfläche weitgehend verloren. Daher ist eine zusätzliche Beschränkung der Tragfähigkeit von Flachdecken bei Verhältnissen $u_0/d < 4$ erforderlich.

Der Längsbewehrungsgrad ρ_l in Gleichung (6.47) ist bei Flachdecken auf einer mitwirkenden Plattenbreite entsprechend der Stützenabmessung zuzüglich $3,0d$ pro Seite zu ermitteln, die also $1,0d$ über den kritischen Umfang hinausreicht und hinter dem betrachteten Rundschnitt analog Bild 6.3 in [25] mit l_{bd} zu ankern (siehe Bild 72). Dabei wird für die Längsbewehrungsgrad jeweils nur die hinter dem betrachteten kritischen Rundschnitt unter Berücksichtigung eines Versatzmaßes d verankerte Bewehrung angerechnet. Das liegt wegen der oft reduzierten Längsbewehrung neben den unmittelbaren Gurtstreifen auf der sicheren Seite. Die so ermittelte Tragfähigkeit $V_{Rd,c}$ gilt dann auch für alle Schnitte in diesem Bereich.

Der maximal anrechenbare Längsbewehrungsgrad ρ_l wird auf 2 % begrenzt, um eine Bewehrungskonzentration im Bereich des Stanzkegels zu vermeiden, die ein Verbundversagen begünstigen würde. Aufgrund der geringen Druckzonenhöhe ist eine Druckbewehrung bei Platten im Durchstanzbereich kaum oder gar nicht wirksam, daher wird der Längsbewehrungsgrad zusätzlich auf $0,5f_{cd}/f_{yd}$ begrenzt. Mit dem empirischen Beiwert $k_1 = 0,1$ wird vor allem eine günstig wirkende Betonnormalspannung aus Vorspannung σ_{cp} erfasst. Im Unterschied zu DIN 1045-1 sind nach DIN EN 1992-1-1 für Druckspannungen positive und für Zugspannungen negative Werte für σ_{cp} einzusetzen.

Zu 6.4.4 (2): Wegen der Interaktion mit dem Abzugswert des Sohldrucks ΔV_{Ed} ist die Verwendung eines konstanten kritischen Nachweisschnitts bei gedrungenen Fundamenten nicht ausreichend sicher. In DIN EN 1992-1-1 ist deshalb die Ermittlung des ungünstigsten kritischen Rundschnitts im Abstand $a_{crit} < 2,0d$ vorgesehen. Mit der Variation der Schubschlankheit eines Fundaments ändert sich auch der Abstand des maßgebenden Nachweisschnitts von der Lasteinleitungsfläche. Mit zunehmender Schlankheit ergeben sich größere Werte für a_{crit}.

Für Bodenplatten und schlanke Fundamente mit $\lambda > 2,0$ darf zur Vereinfachung der Rechnung alternativ ein konstanter Rundschnitt im Abstand $a_{crit} = 1,0d$ angenommen werden, wobei dabei aber nur 50 % des entlastenden Sohldrucks im vereinfachten Rundschnitt von der einwirkenden Querkraft V_{Ed} abgezogen werden darf.

Die Bestimmung des maßgebenden Rundschnitts erfolgt in der Regel iterativ. Zwei gegenläufige Phänomene sind dafür verantwortlich. Zum einen nimmt die aufnehmbare Schubspannung ohne Durchstanzbewehrung $v_{Rd,c}$ nach Gleichung (6.50) zu, je dichter der Rundschnitt an der Lasteinleitungsfläche liegt (abnehmender Umfang). Dies wird vereinfacht über den Faktor $(2d/a)$ berücksichtigt, der den auf den fiktiven Rundschnitt bei $2,0d$ kalibrierten Wert $v_{Rd,c}$ linear vergrößert. Zum anderen nimmt jedoch die Abzugsfläche für den Sohldruck mit dem Rundschnittabstand ab, sodass die einwirkende Querkraft $V_{Ed,red}$ wegen des kleiner werdenden Abzugswerts ΔV_{Ed} größer wird. Der maßgebende Abstand a_{crit} ergibt sich für das ungünstigste Verhältnis von einwirkender zu aufnehmbarer Schubspannung $v_{Ed,red}/v_{Rd,c}$.

Wegen der bei Fundamenten und Bodenplatten gegenüber Flachdecken steileren Durchstanzrisse darf die zu berücksichtigende Fundamentbreite bei der Bestimmung des wirksamen Längsbewehrungsgrades ρ_l mit der Stützenabmessung zzgl. beidseitig $2,0d$ Abstand angenommen werden (Bild 73) [72]. Bei Bodenplatten ist diese Breite auf beidseitig $a_{crit} + 1,0d \leq 3,0d$ zu vergrößern, falls iterativ $a_{crit} > 1,0d$ ermittelt wird (Bild 74) [158]. Diese Regel geht dann auch in die für Flachdecken mit $3d$ (= $2,0d + 1,0d$) anzurechnende Breite beidseits über. Dabei wird für die Längsbewehrungsgrad wieder jeweils nur die hinter dem betrachteten kritischen Rundschnitt unter Berücksichtigung eines Versatzmaßes d verankerte Bewehrung angerechnet.

Um das geforderte Sicherheitsniveau für Fundamente und Bodenplatten zu erreichen, musste im NA [26] der empirische Vorfaktor $C_{Rd,c}$ von $0,18/\gamma_C$ auf $0,15/\gamma_C$ reduziert werden. Eine Abminderung des Vorfaktors aufgrund kleiner u_0/d-Verhältnisse wie bei Flachdecken ist dann nicht mehr erforderlich.

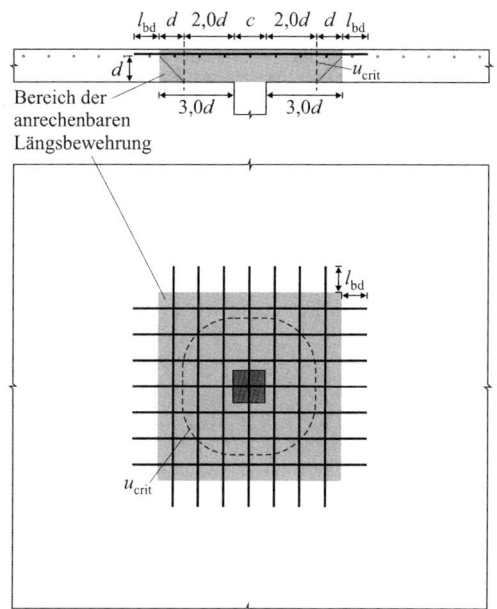

Bild 72. Anrechenbare Breite zur Ermittlung des Längsbewehrungsgrads und Verankerung der Längsbewehrung bei Flachdecken ohne Durchstanzbewehrung für ρ_l in [25] Gleichung (6.47) (Schnitt und Grundriss aus [158])

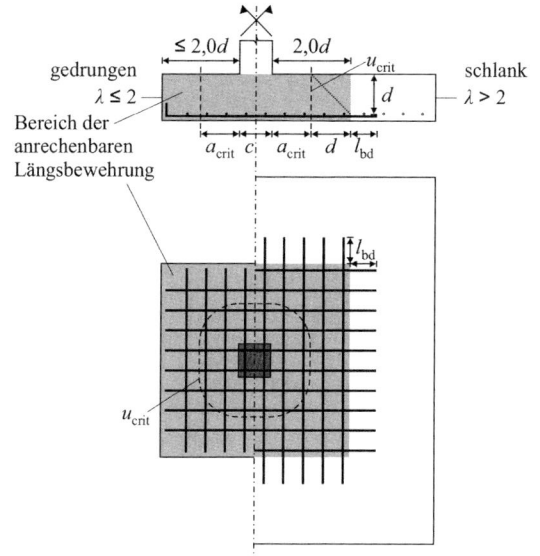

Bild 73. Anrechenbare Breite zur Ermittlung des Längsbewehrungsgrads und Verankerung der Längsbewehrung bei Fundamenten ohne Durchstanzbewehrung für ρ_l in [25] Gleichung (6.50) (Schnitt und Grundriss aus [158])

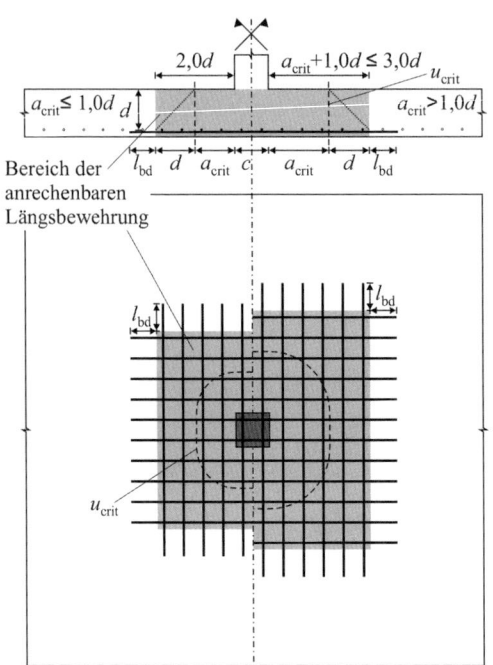

Bild 74. Anrechenbare Breite zur Ermittlung des Längsbewehrungsgrads und Verankerung der Längsbewehrung bei Bodenplatten ohne Durchstanzbewehrung für ρ_l in [25] Gleichung (6.50) (Schnitt und Grundriss aus [158])

Zu 6.4.5 Durchstanztragfähigkeit für Platten oder Fundamente mit Durchstanzbewehrung

Zu 6.4.5 (1): Flachdecken

In DIN EN 1992-1-1 [25] wird in einer Berechnung nach Gleichung (6.52) zunächst der Grundwert der Durchstanzbewehrungsmenge A_{sw} im Rundschnitt u_1 im Abstand $2,0d$ von der Lasteinleitungsfläche bestimmt. Diese Bewehrungsmenge soll in jeder erforderlichen Bewehrungsreihe angeordnet werden. Die Anzahl der erforderlichen Bewehrungsreihen wird durch die maximalen radialen Reihenabstände s_r und durch den äußeren Rundschnitt u_{out} bestimmt. Multipliziert man die Schubspannungen nach Gleichung (6.52) mit der Schubfläche im Rundschnitt $(u_1 \cdot d)$, erhält man z. B. für 90°-Bügel die Durchstanztragfähigkeit als Querkraft:

$$V_{Ed} \leq V_{Rd,cs} = 0{,}75 \cdot V_{Rd,c} + 1{,}5 \cdot (d/s_r) \cdot A_{sw} \cdot f_{ywd,ef}$$
$$= 0{,}75 \cdot V_{Rd,c} + (A_{sw}/s_r) \cdot f_{ywd,ef} \cdot 1{,}5d \quad (20)$$

Um die abnehmende Verankerungsqualität von Bügeln wegen des relativen Schlupfes in dünnen Decken zu berücksichtigen, ist bei statischen Nutzhöhen bis $d \leq 740$ mm die wirksame Betonstahlzugfestigkeit unter den Bemessungswert der Streckgrenze mit $f_{ywd,ef} = 250 + 0{,}25d \leq f_{ywd}$ zu reduzieren. Darüber hinaus sind angepasste Bügeldurchmesser mit $\phi_w \leq 0{,}05d$ zu wählen (siehe 9.4.3 (1)).

Die Überprüfung der Bruchlasten aus Durchstanzversuchen von *Hegger* et al. [144, 145, 155] ergab, dass der Ansatz nach DIN EN 1992-1-1 [25] die erforderliche Durchstanzbewehrungsmenge in den ersten beiden Rundschnitten deutlich unterschätzt. Daher wird im NA [26] die Durchstanzbewehrungsmenge für die erste Reihe (im Abstand $0{,}3d$ bis $0{,}5d$ zum Rand der Lasteinleitungsfläche) mit dem Faktor $\kappa_{sw,1} = 2{,}5$ und für die zweite Reihe im Abstand $0{,}75d$ zur ersten Reihe um den Faktor $\kappa_{sw,1} = 1{,}4$ erhöht.

Die Bemessungsgleichung zur Bestimmung der Durchstanzbewehrungsmenge von aufgebogener Bewehrung weist einen günstigeren Beiwert zur Berücksichtigung der höheren Wirksamkeit der Durchstanzbewehrung aus Schrägstäben auf, da die Schrägstäbe den Durchstanzriss unabhängig von seiner Neigung kreuzen und somit eine Einschnürung der Druckzone verzögern. Aufgrund der besseren Verankerung erreichen Schrägstäbe auch bei dünnen Platten die Streckgrenze, daher darf hier $f_{ywd,ef} = f_{yd}$ ausgenutzt werden.

In [144] haben *Hegger* et al. auch das Sicherheitsniveau für Durchstanzbewehrungen mit Schrägstäben untersucht. Dabei wurde der in DIN EN 1992-1-1 [25] vorgeschlagene Vorfaktor $1,5 \cdot (d/s_r) = 1,5 \cdot 0,67$ zur Bestimmung der Durchstanzbewehrungsmenge überprüft. Die Auswertung wurde mit der Begrenzung des u_0/d-Verhältnisses und des Längsbewehrungsgrads auf $0,5 f_{cd}/f_{yd}$ durchgeführt. Die Bestimmung des Betontraganteils $v_{Rd,c}$ im Rundschnitt bei $2,0d$ führt insbesondere bei großen statischen Nutzhöhen zu deutlich höheren Betontraganteilen als nach DIN 1045-1. Dies wird durch die vorhandenen Versuche nur unzureichend erfasst. Daher wurde für den NA teilweise eine Erhöhung der geneigten Durchstanzbewehrungsmenge um 25 % festgelegt, d. h., der Vorfaktor im NA wird dann $(1,5 \cdot 0,67/1,25) = 1,5 \cdot 0,53 \approx 0,8$.

Der anrechenbare Längsbewehrungsgrad ρ_l für $v_{Rd,c}$ in den Gleichungen (6.52) für $v_{Rd,cs}$, (NA.6.53.1) für $v_{Rd,max}$ und (6.54) für u_{out} wird wieder aus der Längsbewehrung ermittelt, die jeweils nur die hinter dem betrachteten inneren oder äußeren Rundschnitt unter Berücksichtigung eines Versatzmaßes d verankert ist. In [158] wird vorgeschlagen, für übliche Fälle mit durchstanzbewehrten Bereichen kürzer als 3,0d ($l_{sw} \leq 3,0d$) den Längsbewehrungsgrad analog zum Nachweis ohne Durchstanzbewehrung zu ermitteln (Stützenabmessung zuzüglich $3,0d$ je Seite). Für sehr lange durchstanzbewehrte Bereiche ($l_{sw} > 3,0d$) ist der Längsbewehrungsgrad analog zum Durchstanznachweis mit Stützenkopfverstärkung im durchstanzbewehrten Bereich (Stützenabmessung zuzüglich l_{sw} je Seite) zu ermitteln (Bild 75). Dadurch wird sichergestellt, dass der für die Berechnung des Betontraganteils innerhalb des durchstanzbewehrten Bereichs in Gleichung (6.52) angesetzte Längsbewehrungsgrad auch im gesamten durchstanzbewehrten Bereich verfügbar ist.

Zu 6.4.5 (2): Fundamente und Bodenplatten

Der anrechenbare Längsbewehrungsgrad ρ_l für $v_{Rd,c}$ in den Gleichungen (NA.6.53.1) für $v_{Rd,max}$ und (6.54) für u_{out} wird wieder aus der Längsbewehrung ermittelt, die jeweils nur die hinter dem betrachteten inneren oder äußeren Rundschnitt unter Berücksichtigung eines Versatzmaßes d verankert ist. Für Fundamente und Bodenplatten mit Durchstanzbewehrung können die Regelungen sinngemäß wie für Flachdecken mit Durchstanzbewehrung übernommen werden. Dabei dürfen bei Fundamenten und

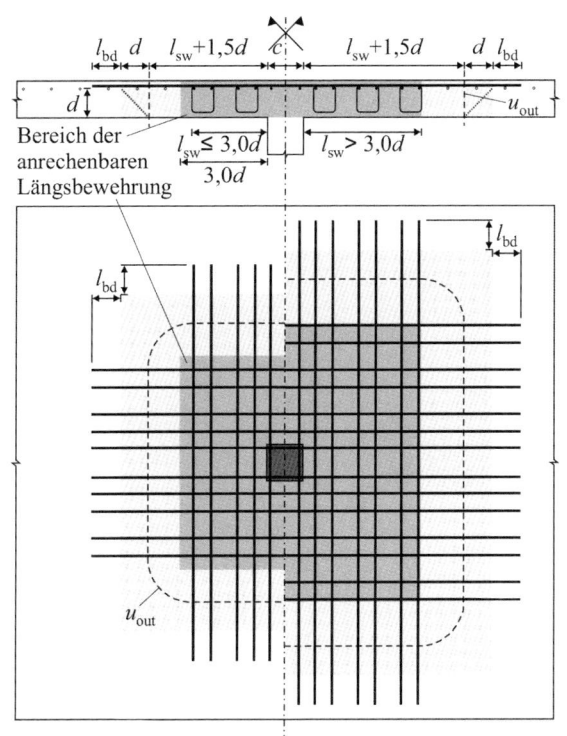

Bild 75. Anrechenbare Breite zur Ermittlung des Längsbewehrungsgrads und Verankerung der Längsbewehrung bei Flachdecken mit Durchstanzbewehrung für ρ_l in [25] Gleichungen (6.52), (NA.6.53.1), (6.54) (Schnitt und Grundriss aus [158]

Bodenplatten mit Durchstanzbewehrung wieder nur Längsbewehrungsstäbe angerechnet werden, die hinter dem betrachteten Rundschnitt zzgl. Versatzmaß d verankert sind (Bilder 76 und 77).

Die Gleichung (6.52) in DIN EN 1992-1-1 [25] für die Ermittlung der Tragfähigkeit innerhalb des durchstanzbewehrten Bereichs ist für die Verwendung mit einem kritischen Rundschnitt u_1 im Abstand von $2{,}0d$ vom Rand der Lasteinleitungsfläche abgeleitet worden. Der abgeminderte Betontraganteil $0{,}75v_{Rd,c}$ bezieht sich auf einen Versagensriss mit einer Neigung von $\cot\theta = 1{,}5$ im gerissenen Querschnitt. Bei gedrungenen Fundamenten liegt dieser fiktive Rundschnitt zum großen Teil schon außerhalb der Fundamentfläche. Der Abzug des Sohldrucks in diesem großen kritischen Rundschnitt ist unzulässig, da sich die Versagensrisse bei Fundamenten deutlich steiler einstellen.

Wegen vieler Inkonsistenzen wurde zur Sicherstellung der Tragfähigkeit innerhalb des durchstanzbewehrten Bereichs im NA ein modifizierter und praktikabler einfacher Ansatz gewählt [156]. In Anlehnung an die Zulassungen für Doppelkopfanker ist danach die gesamte einwirkende Querkraft von den ersten beiden Bewehrungsreihen aufzunehmen. Ein Betontraganteil wird dabei nicht angesetzt. Die Tragfähigkeit innerhalb des durchstanzbewehrten Bereichs der ersten beiden Reihen bei Annahme eines gleichmäßig verteilten Sohldrucks σ_{gd} (ground pressure design value) folgt dann aus Gleichung (21):

$$\beta \cdot V_{Ed,red} = \beta \cdot (V_{Ed,red} - \Delta V_{Ed})$$
$$= \beta \cdot (V_{Ed,red} - A_{crit} \cdot \sigma_{gd})$$
$$\leq V_{Rd,s} = A_{sw,1+2} \cdot f_{ywd,ef} \qquad (21)$$

Dabei ist

$A_{sw,1+2}$ die Querschnittsfläche der Durchstanzbewehrung in 2 Reihen bis $0{,}8d$ vom Stützenanschnitt;

$f_{ywd,ef}$ der Bemessungswert der wirksamen Stahlspannung der Durchstanzbewehrung: $f_{ywd,ef} = 250 + 0{,}25d \leq f_{ywd}$ (mit d in mm);

A_{crit} die Fläche innerhalb des iterativ bestimmten kritischen Rundschnitts.

Bei Bodenplatten oder schlanken Einzelfundamenten können zur Einhaltung des Durchstanznachweises auch mehr als zwei Reihen Durchstanzbewehrung notwendig werden. Der in diesen zusätzlichen Reihen erforderliche Bewehrungsquerschnitt darf vereinfacht ermittelt werden, indem 33 % der einwirkenden Querkraft $\beta \cdot V_{Ed,red}$ „hochgehängt" werden. Der Sohldruck innerhalb der jeweiligen weiteren Bewehrungsreihe darf dabei vollständig von der einwirkenden Querkraft abgezogen werden.

Werden Schrägstäbe aus der Biegezugbewehrung abgebogen oder in Form von beidseitig abgebogenen Stäben als Durchstanzbewehrung verwendet, darf aufgrund der höheren Verankerungsqualität bei ausreichend kleinen Stabdurchmessern

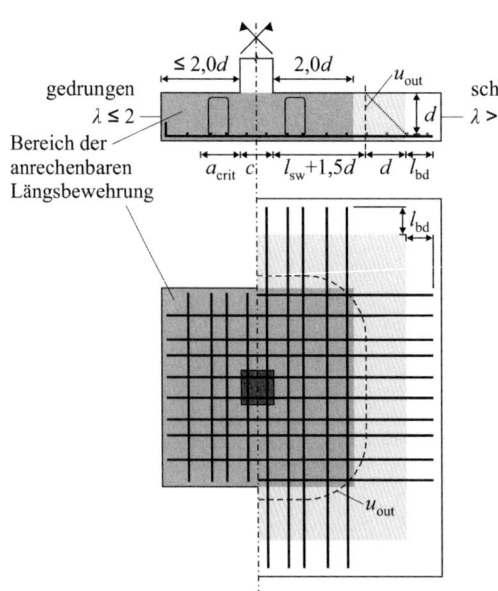

Bild 76. Anrechenbare Breite zur Ermittlung des Längsbewehrungsgrads und Verankerung der Längsbewehrung bei Fundamenten mit Durchstanzbewehrung für ρ_l in [25] Gleichungen (NA.6.53.1), (6.54) (Schnitt und Grundriss aus [158]

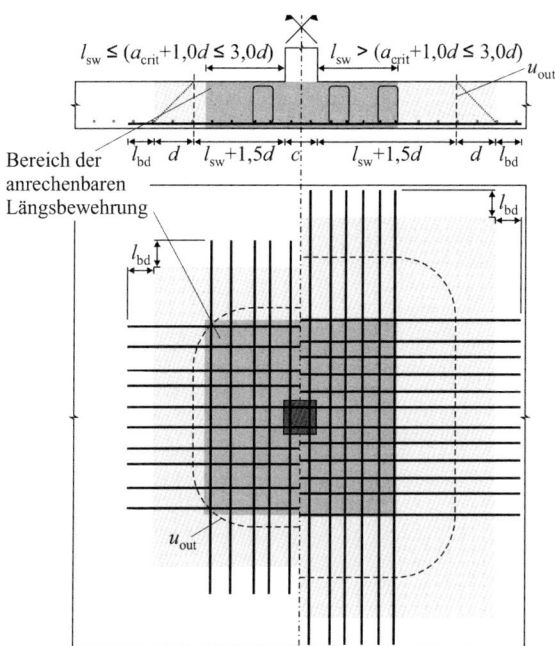

Bild 77. Anrechenbare Breite zur Ermittlung des Längsbewehrungsgrads und Verankerung der Längsbewehrung bei Bodenplatten mit Durchstanzbewehrung für ρ_1 in [25] Gleichungen (NA.6.53.1), (6.54) (Schnitt und Grundriss aus [158])

($\phi_w \leq 0{,}08d$) die Stahlspannung bis zur Streckgrenze f_{ywd} ausgenutzt werden. Außerdem wird dadurch die Einschnürung der Betondruckzone infolge von Biegerissen verzögert, sodass sich ein höherer Betontraganteil einstellt.

Zur Vereinfachung des Nachweises werden die günstigen Eigenschaften der so angeordneten Schrägbewehrung über einen Effektivitätsfaktor 1,3 für die Vertikalkomponente $A_{sw} \cdot \sin\alpha$ berücksichtigt. Bei Anordnung von mit dem Winkel $45° \leq \alpha \leq 60°$ zur Bauteilachse geneigten Stäben unter Ansatz eines gleichmäßig verteilten Sohldrucks ergibt sich für die Tragfähigkeit innerhalb des durchstanzbewehrten Bereichs:

$$\beta \cdot V_{Ed,red} = \beta \cdot (V_{Ed,red} - \Delta V_{Ed})$$
$$= \beta \cdot (V_{Ed,red} - A_{crit} \cdot \sigma_{gd})$$
$$\leq V_{Rd,s} = 1{,}3 \cdot A_{sw,schräg} \cdot f_{ywd} \cdot \sin\alpha \quad (22)$$

Aufgrund des im Vergleich zu Flachdecken steileren Durchstanzkegels sind die radialen Maximalabstände der Durchstanzbewehrung bei Fundamenten zu verringern [148]. Dabei ist der radiale Abstand der ersten Bewehrungsreihe auf $0{,}3d$ und der zweiten Bewehrungsreihe auf $0{,}8d$ vom Rand der Lasteinleitungsfläche zu begrenzen, damit die steileren möglichen Versagensrisse (insbesondere der erste) in jedem Fall erfasst werden (siehe Bild 78a).

Sollte bei gedrungenen Fundamenten ausnahmsweise eine dritte Bewehrungsreihe erforderlich werden, ist ein engerer Bügelabstand $s_r = 0{,}5d$ zur zweiten Reihe einzuhalten (siehe auch Erläuterungen zu 9.4.3 (4)). Bei schlanken Fundamenten und Bodenplatten sind die radialen Abstände s_r zwischen den weiteren Bewehrungsreihen auf $0{,}75d$ zu begrenzen, damit entlang flacherer Risse mit einer Neigung von $\cot\theta = 1{,}5$ mindestens zwei Bügelreihen wirken (vgl. Bild 9.10DE c).

Geneigte Stäbe haben den Vorteil, dass sie stets voll wirksam verankert sind und den Stanzkegel unabhängig von der jeweiligen Rissneigung schneiden (vgl. Bild 78b). Daher ist bei aufgebogener Bewehrung auch eine rechnerisch erforderliche Bewehrungsreihe ausreichend, die im Bereich zwischen $0{,}3d$ bis $1{,}0d$ vom Rand der Lasteinleitungsfläche anzuordnen ist, um sicherzustellen, dass die Schrägstäbe den Versagensriss schneiden [148].

Zu 6.4.5 (3): In DIN EN 1992-1-1 [25] ist vorgesehen, in Analogie zum Querkraftnachweis die Druckstrebenfestigkeit wie in einem parallelgurtigen Fachwerkmodell am Auflageranschnitt mit einem leicht reduzierten Wert mit $v_{Rd,max} \leq 0{,}4 \cdot v \cdot f_{cd}$ nachzuweisen. Die statistische Auswer-

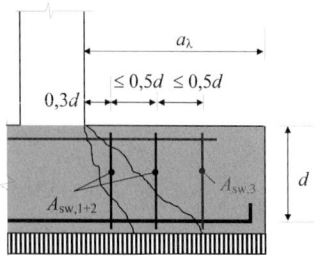
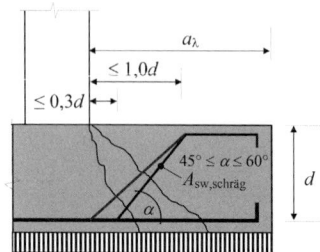

a) 90°-Bügelbewehrung   b) Schrägstäbe

Bild 78. Anordnung der stützennahen Durchstanzbewehrung bei Fundamenten

tung von Versuchen einer Versuchsdatenbank auf Bruchlastniveau von *Hegger* et al. [157] ergab für den Ansatz der Maximaltragfähigkeit nach DIN EN 1992-1-1 eine deutliche Unterschreitung der erforderlichen Sicherheit. Vor diesem Hintergrund war eine Anpassung der Maximaltragfähigkeit im NA [26] notwendig. Dies führte auch zu einer vergleichbaren Ergänzung in der A1-Änderung von DIN EN 1992-1-1 [25].

Die Maximaltragfähigkeit einer mit Bügeln oder Schrägstäben durchstanzbewehrten Flachdecke wurde anhand der Versuche als 1,4-fache Tragfähigkeit ohne Durchstanzbewehrung $v_{Rd,c}$ kalibriert.

Eine rechnerisch günstige Betondruckspannung σ_{cp} bei $v_{Rd,c}$, z. B. infolge Vorspannung, darf beim Nachweis der Maximaltragfähigkeit nicht in Ansatz gebracht werden. Diese Einschränkung ist notwendig, da bisher keine Versuche zur Kombination von Vorspannung und Bügelbewehrung auf dem Niveau der Maximaltragfähigkeit vorliegen.

Die Maximaltragfähigkeit von Fundamenten wurde in Analogie zu den Flachdecken konservativ und für die Praxis vereinfacht ebenfalls als 1,4-facher Wert der Tragfähigkeit ohne Durchstanzbewehrung $v_{Rd,c}$, jedoch im iterativ ermittelten Rundschnitt, festgelegt.

Für besser verankerte Durchstanzbewehrungen aus Doppelkopfankern und Gitterträgern in Flachdecken und Fundamenten sind höhere Werte bis zum 2,1-Fachen von $v_{Rd,c}$ zugelassen (vgl. jeweilige abZ).

Zu 6.4.5 (4): Die Begrenzung des durchstanzbewehrten Bereichs ist durch einen äußeren Rundschnitt u_{out} gekennzeichnet, in dem mindestens die Querkrafttragfähigkeit einer liniengelagerten Platte ohne Querkraftbewehrung $v_{Rd,c}$ nach Gleichung (6.2) erreicht wird:

$$\beta \cdot V_{Ed} \leq V_{Rd,c,out} = v_{Rd,c} \cdot d \cdot u_{out} \qquad (23)$$

Die äußerste Durchstanzbewehrungsreihe darf dabei maximal im Abstand von 1,5d innerhalb des Rundschnitts u_{out} angeordnet werden. Die in DIN EN 1992-1-1[25] vorgeschlagene Auflösung des äußeren Rundschnitts auf $u_{out,ef}$ mit der Konzentration auf bewehrte Gurtstreifen wird wegen der großen unbewehrten Diagonalbereiche für Deutschland im NA [26] nicht akzeptiert und daher in der konsolidierten Normfassung im Abschnitt 11.4 gestrichen.

Es lassen sich zwei Bemessungsstrategien verfolgen:

(1) Der minimale äußere Rundschnittumfang u_{out} nach Gleichung (6.54) (und damit der minimale Abstand a_{out}) wird direkt berechnet. Danach wird die Anzahl der erforderlichen Bewehrungsreihen anhand der maximal zulässigen radialen Reihenabstände bestimmt, wobei sich dann ein in Bezug auf die Bewehrungsmenge in Gleichung (6.52) optimierter minimaler Reihenabstand $s_r < 0{,}75d$ ergeben kann.

(2) Beginnend mit der ersten Bewehrungsreihe wird ein konstruktiv zweckmäßiger Reihenabstand ≤ max s_r gewählt. Um jede Bewehrungsreihe wird ein äußerer Rundschnitt u_{out} im Abstand 1,5d gelegt und dahingehend untersucht, ob Gleichung (23) $\beta \cdot V_{Ed} \leq V_{Rd,c,out}$ eingehalten ist. Wenn nicht, wird jeweils eine weitere Bewehrungsreihe solange angeordnet, bis der Nachweis erfolgreich ist. Bei Bügeln ist jedoch immer eine zweite konstruktiv bewehrte Reihe erforderlich, auch wenn rechnerisch eine ausreichen würde.

Der Ansatz des Lasterhöhungsfaktors β für den kritischen Rundschnitt u_1 im weiter entfernten äußeren Rundschnitt u_{out} liegt immer auf der sicheren Seite und ist für Innenstützen als Regelfall anzunehmen.

Zu 6.4.5 (NA.6) Mindestmomente

Die Mindestmomente sind auch für die Querkrafttragfähigkeit ohne Durchstanzbewehrung nach Gleichung (6.47) mit Biegelängsbewehrung abzudecken, da insbesondere für Flachdecken ohne

Durchstanzbewehrung eine Mindestbiegetragfähigkeit sicherzustellen ist.

Für Wandenden und Wandecken sollten die Mindestmomente und Verteilungsbreiten in Anlehnung an Tabelle NA.6.1.1 und Bild NA.6.22.1 wie folgt angenommen werden (Bild 79, [158]):

- Wandende (in z-Richtung):

$$\eta_z = 0{,}125,\ b = 0{,}3l_y;\ \eta_y = 0{,}25,\ b = 0{,}15l_z \quad (24)$$

- Wandecke:

$$\eta_z = 0{,}125,\ b = 0{,}3l_y;\ \eta_y = 0{,}125,\ b = 0{,}3l_z \quad (25)$$

Zu 6.5 Stabwerkmodelle

Zu 6.5.2 Bemessung der Druckstreben

Zu 6.5.2 (2): Für Druckstäbe parallel zu Rissen beträgt der Bemessungswert der Festigkeit analog der Druckstrebenfestigkeit im Querkraftmodell nach 6.2.3 (3) $\sigma_{Rd,max} = 0{,}75 \cdot \nu_2 \cdot f_{cd}$. Allerdings wird bei der Querkraftbemessung unterstellt, dass dieser Wert nur für sehr hohe Querkraftbeanspruchung ausgenutzt wird und dass dann die Risse parallel zu den Druckstreben verlaufen. Dort wird die Abweichung von der Rissrichtung durch die Begrenzung der variablen Druckstrebenneigung nach Gleichung (6.7DE) kontrolliert. Dieser Nachweis deckt die geringere Tragfähigkeit der über Risse verlaufenden Druckstreben ab. In D-Bereichen gibt es diese Kontrolle nicht, deshalb muss eine Abschätzung über das mögliche Rissbild erfolgen. Im Zweifelsfall sollte man ungünstigerweise unterstellen, dass die Druckstäbe Risse kreuzen können und einen geringeren Festigkeitswert mit $\sigma_{Rd,max} = 0{,}60 \cdot \nu_2 \cdot f_{cd}$ ansetzen. Für Bauteile mit sehr starker Rissbildung, wie z. B. Zuggurte von Hohlkastenträgern, oder mit kombinierter Querkraft und Torsion sollte die Druckstrebenfestigkeit noch weiter auf $\sigma_{Rd,max} = 0{,}525 \cdot \nu_2 \cdot f_{cd}$ reduziert werden (siehe Gleichungen (6.56) und (6.57)).

Zu 6.5.3 Bemessung der Zugstreben

Zu 6.5.3 (3): Die Querzugkräfte T in flaschenförmigen Spannungsfeldern wurden von *Schlaich* und *Schäfer* (z. B. im BK 1989/II [159]) aus einem Stabwerkmodell abgeleitet. Die effektive Druckfeldbreite b_{ef} bei unbegrenzter Spannungsausbreitung wurde dabei auf Basis von FEM-Berechnungen abgeschätzt. Im Spannungsfeld mit unbegrenzter Ausbreitung der Druckspannung nach [25] Bild 6.25 b) ergab sich mit $b = b_{ef}$ und $z = 0{,}5h = 0{,}25H$:

$$T = \frac{1}{4} \cdot F \cdot \left(1 - \frac{0{,}70a}{H}\right) \quad (26)$$

d. h. dass Gleichung (6.59) in [25] statt h die Gesamthöhe H beinhalten soll. Bei großen Belastungsbreiten ergeben sich nach Gleichung (26) demnach höhere Querzugkräfte. Bei Belastungsbreiten etwa ab $a > 0{,}25H$ sollte Gleichung (26) angewendet werden. Im BK 2001/2 [128] haben *Schlaich* und *Schäfer* die Modellierung etwas zugeschärft. Danach wird der Anwendungsbereich der Gleichung (6.58) [25] etwas weiter bis zu $b \le 0{,}8H$ bei beliebiger Auflagerbreite a gefasst. Die Gleichung (26) wurde für eine seitlich unbegrenzte Ausbreitung des Druckfelds nach Bild (6.25 b) [25] abgeleitet. Für Belastungsbreiten bis $a \le 0{,}8H$ liefert folgende angepasste Näherungsformel verbesserte Ergebnisse [128]:

$$T = \frac{1}{4} \cdot F \cdot \left(1 - \frac{0{,}70a}{H}\right)^2 \quad (27)$$

Zu 6.7 Teilflächenbelastung

Zu 6.7 (1)P: Um die Belastungsfläche A_{c0} herum soll ein ausreichend großer, mindestens der rechnerischen Verteilungsfläche A_{c1} entsprechender Betonquerschnitt vorhanden sein. Eine erhöhte Teilflächenbelastung auf einen theoretisch freigestellten Pyramidenstumpf ohne umgebenden Beton ist nicht zulässig, da sich kein mehraxialer Spannungszustand ausbilden kann.

Zu 6.7 (2): Die ansetzbare rechnerische Verteilungsfläche A_{c1} muss A_{c0} geometrisch ähnlich sein ($b_1/d_1 = b_2/d_2$). Für die Teilflächenbelastung bei einer Lastausbreitung nur in einer Richtung (zweiaxialer Spannungszustand, z. B. Einzellast auf Wandscheibe) darf $\sigma_{Rd,max}$ nach 6.5.4 (4) a), Gleichung (6.60), für einen Druck-Knoten ausgenutzt

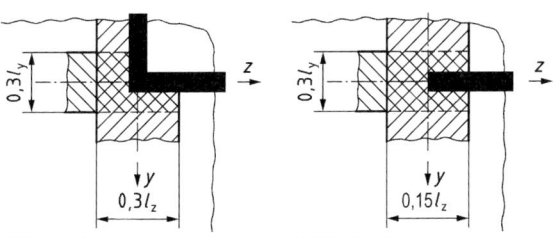

a) Wandecke   b) Wandende

Bild 79. Verteilungsbreite der Mindestlängsbewehrung nach NA [26] ([72] Bild NA.6.22.1 ergänzt)

werden. Experimentelle Untersuchungen stützen auch einen wirtschaftlicheren Ansatz, indem in Gleichung (6.63) die Quadrat- durch die Kubikwurzel ersetzt wird. Dies führt bei einer ebenen Lastausbreitung mit $d_2 = 3d_1$ bis zu $F_{Rdu,eben} = A_{c0} \cdot f_{cd} \cdot 1{,}44$ [63, 190].

Zu 6.7 (3): Bei ausmittiger Belastung ist eine reduzierte Belastungsfläche $A_{c0,red}$ nach Bild 80 anzusetzen, die dafür mit gleichmäßiger Lagerpressung belastet wird. Bei benachbarten Lasteinleitungen dürfen sich die Lastausbreitungsbereiche innerhalb der Höhe h nicht überschneiden (siehe Bild 81).

11.3.7 Zu 7 Grenzzustände der Gebrauchstauglichkeit (GZG)

Zu 7.2 Begrenzung der Spannungen

Die Begrenzung auftretender Spannungen im GZG wird für statisch unbestimmt gelagerte Bauteile, bei denen die Schnittgrößenermittlung im GZT unter Ausnutzung plastischer Systemreserven erfolgt bzw. für vorgespannte Bauteile maßgebend. Für andere Bauteile wurde daher wieder eine vereinfachende Freistellungsregel im NA in 7.1 (NA.3) aufgenommen. Die Spannungsbegrenzungen umfassen direkte Nachweise der Gebrauchstauglichkeit und implizite Nachweise der Dauerhaftigkeit, die z. B. auf die Begrenzung des Auftretens bzw. der Breite von Rissen abzielen.

Zu 7.3 Begrenzung der Rissbreiten

Zu 7.3.1 Allgemeines

Zu 7.3.1 (1P): Für die methodische Ermittlung der Wünsche und Bedürfnisse von Bauherren und Nutzern durch zielgerichtete Aufbereitung als Bedarf und dessen Umsetzung in bauliche Anforderungen ist eine Bedarfsplanung durchzuführen. Dabei werden die wesentlichen Grundsatzfragen des Projekts behandelt. Diese sind Ausdruck der Erwartungen des Bauherrn in Bezug auf das Bauwerk, die Wirtschaftlichkeit und die Projektorganisation. Das Instrument der Bedarfsplanung eignet sich auch als Leitfaden zur umfassenden Beratung des Bauherrn und zur anschließenden Dokumentation der Planungsziele auf Basis definierter Bauherrenwünsche. Auf Grundlage der Bedarfsplanung nach DIN 18205 [161] und der folgenden planerischen Grundlagenermittlung ergeben sich Randbedingungen für die Wahl des planerischen Entwurfsgrundsatzes zur Beherrschung der Risse und das Konstruktions- und Bemessungskonzept [94].

Damit verknüpfte Kriterien für die Rissbreitenbegrenzung hängen außerdem ab von

- den Bauarten Spannbeton oder Stahlbeton,
- der Vorspannart,
- den Einwirkungen und der maßgebenden Einwirkungskombination,
- den Umgebungsbedingungen beschrieben durch Expositionsklassen und den daraus folgenden Anforderungen an die Dauerhaftigkeit,
- der Korrosionsempfindlichkeit der Bewehrung,
- den Anforderungen nachfolgender Gewerke, wie z. B. zusätzliche Oberflächenschutzsysteme und Ausbaugewerke,
- den Anforderungen an die Gebrauchstauglichkeit, wie z. B. an die Wasserundurchlässigkeit oder an Sichtbetonqualität.

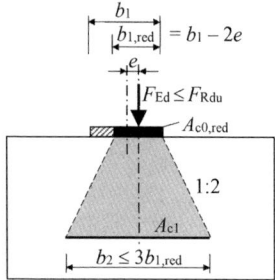

Bild 80. Reduktion der Belastungsfläche bei ausmittiger Lasteintragung

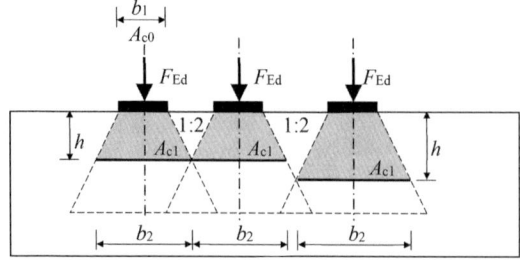

Bild 81. Reduktion der Verteilungsfläche bei eng benachbarter Lasteintragung

Je nach **Entwurfskonzept** zum Umgang mit Rissen (in Bezug auf Nutzung, Erscheinungsbild, Dauerhaftigkeit) ist vom Tragwerksplaner stets ein passender Entwurfsgrundsatz a), b) oder c) in Bezug auf die Rissbreitenbegrenzung zu wählen und mit dem Objektplaner abzustimmen [94].

- **EGS-a:** Rissvermeidung
 Vermeidung von Rissen durch die Festlegung von besonderen konstruktiven, betontechnischen und ausführungstechnischen Maßnahmen.
- **EGS-b:** Rissverteilung
 Festlegung von rechnerischen Rissbreiten, die die Mindestanforderungen des Eurocode 2 erfüllen, oder von geringeren rechnerischen Rissbreiten, die besondere Anforderungen der Gebrauchstauglichkeit auf eine bestimmte Art und Weise erfüllen sollen.
- **EGS-c:** Rissbildung mit planmäßiger nachträglicher Behandlung
 Festlegung von tolerierbaren rechnerischen Rissbreiten möglichst in definierten Bereichen (wenige breite Risse), die bei Bedarf mit im Entwurf planmäßig vorgesehenen lokalen Maßnahmen nach ihrem Auftreten dauerhaft geschlossen bzw. abgedichtet werden.

Der gewählte Entwurfsgrundsatz mit den dazugehörigen Annahmen und Randbedingungen ist vom Planer zu dokumentieren und in den Entwurfsunterlagen, in der Baubeschreibung sowie in den Ausschreibungsunterlagen zu beschreiben.

Der Planer muss die geplante Rissbreite und Rissverteilung mit den Anforderungen aus Tragfähigkeit, Dauerhaftigkeit, Gebrauchstauglichkeit und weiteren bauteilbezogenen Kriterien in Übereinstimmung bringen und im Hinblick auf Wirtschaftlichkeit und Risiken unter Berücksichtigung der Folgekosten optimieren. Die Wahl der Entwurfsgrundsätze kann zweckmäßigerweise für einzelne Bauteile bzw. Bauteiloberflächen unterschiedlich sein.

Zumeist wird bei der üblichen Bemessung eine bewehrungsgesteuerte Begrenzung der Rissbreiten gemäß den EGS-b (mit den zulässigen Werten der Tabelle 7.1DE) oder EGS-c zugrunde gelegt. Dabei gilt, je größer die Bewehrungsmenge und je kleiner die Stabdurchmesser und Stababstände gewählt werden, umso kleiner sind die zu erwartenden Rissbreiten. Die so entstehenden schmaleren Risse werden auf geringere Abstände verteilt.

Durch die Festlegung von besonderen und aufeinander abgestimmten konstruktiven, betontechnischen und ausführungstechnischen Maßnahmen kann eine Rissvermeidungsstrategie als EGS-a konzipiert werden. Die Verwirklichung dieses sehr anspruchsvollen Entwurfsgrundsatzes ist an Bedingungen gebunden, die über eine stets unerlässliche kooperative und koordinierte Zusammenarbeit der Baubeteiligten hinausgehen (siehe auch [116]). Wegen der sehr anspruchsvollen und i. d. R. praktisch nicht vorliegenden Voraussetzungen wird der EGS-a bei den meisten Bauwerken die Ausnahme bleiben. Bei üblichen statisch unbestimmt gelagerten Stahlbetonbauteilen ist die Vermeidung von Rissen i. d. R. nicht zielsicher zu erreichen.

Neben vertieften technischen und betontechnologischen Kenntnissen und Erfahrungen mit dem Entwurf und der Ausführung derartiger Konzepte sind die notwendigen Zeiträume für den Planungsablauf und die Bauausführung zu beachten.

Die Umsetzung des EGS-c kann mit erheblich reduziertem Bewehrungsaufwand verbunden sein, die Kostenersparnis ist oft höher als die Kosten für die anfallende nachträgliche Behandlung von Rissen. Es ist dabei unerlässlich, dass hierüber im Kreise der Baubeteiligten Einvernehmen herrscht (Risikoberatung, Dokumentation) und die Kosten nachträglicher Rissbehandlungsmaßnahmen berücksichtigt werden. Der wahrscheinliche Zeitpunkt der Rissentstehung und der Rissverfüllung muss mit den Nutzungsanforderungen verträglich sein. Das regelgerechte Verfüllen der Risse nach der Instandsetzungsrichtlinie [108] (kraftschlüssig, abdichtend usw.) führt dann auch zu vereinbarungsgemäß neuwertigen und dauerhaften Betonbauteilen.

Bei allen Entwurfsgrundsätzen kann auch ein nachträgliches Behandeln von Rissen mit unplanmäßigen Breiten nach DAfStb-Richtlinie Schutz und Instandsetzung von Betonbauteilen [108] erforderlich werden. Die vorsorgliche Festlegung und Ausschreibung solcher Maßnahmen ist daher zu empfehlen. Nach der DAfStb-Richtlinie Wasserundurchlässige Bauwerke aus Beton (WU-Richtlinie) [115] sind diese Maßnahmen verbindlich vorzusehen.

Der Tragwerksplaner sollte in Abstimmung mit seinem Auftraggeber – i. d. R. dem Bauherrn – unter Einschaltung des Objektplaners und mit den Bauausführenden in jedem Einzelfall eine optimierte Lösung für eine Rissbreitenbegrenzung einerseits und dem möglicherweise später anfallenden Aufwand für das Behandeln von Rissen andererseits finden. Dabei ist bspw. auf die WU-Richtlinie [115] und die Ausbauabsichten Rücksicht zu nehmen [94].

Wichtig: Die Entwurfsgrundsätze sind auf die für die Planungsaufgabe relevanten Risse zu beziehen. Bei chloridbeanspruchten Verkehrsflächen sind alle **oberseitigen Biege- und Trennrisse** vor dem Eindringen von Chloriden zu schützen. Werden Abdichtungen oder Oberflächenschutzsysteme geplant, sind die maximal zu erwartende Rissbreite nach deren Aufbringen und deren Leistungsfähigkeit aufeinander abzustimmen (i. d. R. mit EGS-b). Dies gilt auch für rissbegleitende Behandlungen, wie rissüberbrückende Bandagen (i. d. R. EGS-c).

Bei der Risskonzeption der DAfStb-WU-Richtlinie [115] beziehen sich die Entwurfsgrundsätze dagegen auf mögliche wasserführende **Trennrisse**. (z. B. EGS-b wenn auf Selbstheilung der Risse gesetzt wird.

Zu 7.3.1 (5): Die Anforderungen an die Rissbreitenbegrenzung aus DIN 1045-1 [68] wurden im NA in Tabelle 7.1DE gleichwertig umgesetzt und korrespondieren mit den deutschen Festlegungen für die Mindestbetondeckungen im Abschnitt 4.4 und für die Betonzusammensetzung in DIN 1045-2 [32].

Die Dauerhaftigkeit von Stahlbetonbauteilen hängt in einem hohen Maße von einem zuverlässigen Korrosionsschutz der Bewehrung ab. Dicke und Dichtheit der Betondeckung sind von weit größerer Bedeutung für die Dauerhaftigkeit als die Breite der Risse quer zur Bewehrungsrichtung, solange die an der Bauteiloberfläche vorhandene Rissbreite nicht größer als 0,4 mm bis 0,5 mm wird. Bis zu dieser Grenze gibt es keinen Zusammenhang zwischen dem Absolutwert der Rissbreite und dem Grad der Bewehrungskorrosion (vgl. *Schießl* in [160]).

Die Tabelle 7.1DE dient der Klassifizierung des Zusammenwirkens zwischen Umgebungs- oder Nutzungsbedingungen und dem Bauteil in Bezug auf die geforderte Gebrauchstauglichkeit. Berücksichtigt werden dabei die Expositionsklassen für Bewehrungskorrosion und die Empfindlichkeit der Bewehrung gegenüber Korrosion sowie das Gefährdungspotenzial für das gesamte Bauteil. Der Bauherr kann erhöhte Anforderungen und damit kleinere Rissbreiten verlangen, wenn Risse aus optischen Gründen stören (z. B. Sichtbeton in Innenbauteilen) oder höhere Anforderungen an die Dichtheit gestellt werden sollen.

Die Bedingungen hinsichtlich der Dauerhaftigkeit und des Erscheinungsbildes des Bauwerks gelten dann als erfüllt, wenn in Abhängigkeit von der Expositionsklasse die offenbleibende Rissbreite auf einen maximal zulässigen Rechenwert w_k begrenzt wird und ggf. die Forderungen hinsichtlich der Dekompression eingehalten werden (Ausnahme: XD3 mit direkter Chloridbeanspruchung unter wechselnd nassen und trockenen Umgebungsbedingungen, siehe zu 7.3.1 (7)).

Insbesondere bei den Nachweisen unter quasi-ständiger Einwirkungskombination ist zu beachten, dass unter häufiger und seltener Einwirkungskombinationen größere Rissbreiten während der Belastungszeit auftreten können. Diese zusätzlichen Nachweise können auch maßgebend werden (z. B. für die Abstimmung auf rissüberbrückende Oberflächenschutzsysteme oder Abdichtungen).

Zu 7.3.1 (7): Eine Ausnahme bilden vorwiegend horizontale, durch chloridhaltiges Wasser von oben beaufschlagte Bauteilflächen, die auch bei kleinen Rissbreiten erhebliche Korrosionserscheinungen infolge der tief in Risse eindringenden Chloride zeigen können. Bei befahrenen horizontalen Flächen von Parkdecks, die in die Expositionsklasse XD3 eingestuft werden, ist die Begrenzung der Rissbreite allein kein geeignetes Mittel zur Erzielung einer ausreichenden Dauerhaftigkeit. Trennrisse sind hinsichtlich der Korrosionsintensität wesentlich kritischer zu bewerten als Biegerisse.

In der Tabelle 7.1DE Rechenwerte für die Rissbreite wurde daher in der Fußnote d) für die Expositionsklasse XD3 ergänzt, dass „bei Dach- oder Verkehrsflächen mit einer Chloridbeaufschlagung aus Tausalzen das Eindringen von Chloriden in Risse dauerhaft zu verhindern ist (siehe informative Beispiele in Tabelle 4.1 – Expositionsklassen)." Das heißt, bei befahrenen Verkehrsflächen mit einer direkten Chloridbeaufschlagung aus Tausalzen ist in jedem Fall das Eindringen von Chloriden in oberseitige Risse dauerhaft zu verhindern (Prinzip).

Zu 7.3.1 (9): Die statistische Aussagewahrscheinlichkeit der Rissbreitenberechnung (Quantilwerte) wird durch die Vereinfachungen des Rechenmodells und durch die unvermeidbaren Streuungen der tatsächlichen Einwirkungen, der Materialeigenschaften (insbesondere Verbund und Betonzugfestigkeit) und der Ausführungsqualität (z. B. Abweichungen bei Querschnittsabmessungen und Bewehrungslage) bestimmt. Eine Abschätzung der Größenordnung der Vorhersagequalität enthält Bild 82. Daher lassen sich im Bauwerk auch bei Einhaltung der in DIN EN 1992-1-1 enthaltenen Konstruktions- und Bemessungsregeln einzelne Risse, die etwa um 0,1 mm bis 0,2 mm breiter sind als die Rechenwerte, nicht immer vermeiden [94]. Das vereinfachte Rechenmodell in DIN EN 1992-1-1/NA wird bei der Abschätzung von Rissbreiten < 0,1 mm zu ungenau und ist daher dafür ungeeignet.

Die Regeln zur Begrenzung der Rissbreiten sollen nicht die explizite Einhaltung bestimmter, am Bauteil nachmessbarer Grenzwerte von Rissbreiten sicherstellen. Vielmehr sollen diese das Auftreten breiter Einzelrisse verhindern. Die schärferen Anforderungen an die Rissbreitenbegrenzung bei „aggressiveren" Expositionsklassen bedeuten dabei nichts anderes, als dass breite Einzelrisse mit einer größeren Wahrscheinlichkeit als bei Innenbauteilen vermieden werden (vgl. *Schießl* in [160]).

Zu 7.3.2 Mindestbewehrung für die Begrenzung der Rissbreite

Zu 7.3.2 (2): Zwang entsteht bei der Behinderung von Bauteilverformungen, die durch indirekte Einwirkungen aus Temperaturänderungen, Kriechen, Schwinden, Setzungen usw. verursacht werden. Führt dies zu Zwangszugspannungen ist in statisch unbestimmt gelagerten Betonbauteilen mit Rissen zu rechnen, die zur Sicherstellung von Dauerhaftigkeit und Gebrauchstauglichkeit zu begrenzen sind.

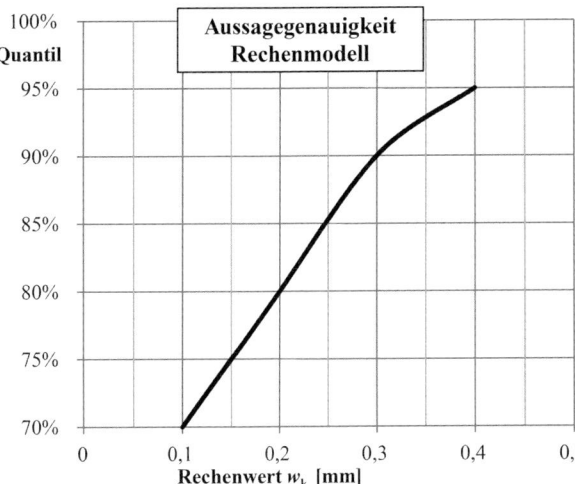

Bild 82. Vorhersagegenauigkeit des Modells für die Rissbreitenberechnung nach DIN EN 1992-1-1/NA – ungefähre Quantilwerte der Rissbreiten im abgeschlossenen Rissbild [94]

Entscheidend ist der Zeitpunkt der Rissentstehung, da die Materialeigenschaften des erhärtenden Betons zeitabhängig sind. In den Bemessungsnormen des Betonbaus wird seit Jahrzehnten für die Ermittlung der Mindestbewehrung zur Rissbreitenbegrenzung vereinfacht auf empirisch abgeschätzte Rissschnittgrößen als obere Grenzwerte für mögliche Zwangsschnittgrößen abgestellt.

Eine weitere normative Möglichkeit besteht darin, die Mindestbewehrung zu optimieren, wenn die Zwangsschnittgröße die Rissschnittgröße sicher nicht erreicht (NA [26] NCI Zu 7.3.2 (2)). In diesen Fällen darf die Mindestbewehrung durch eine Bemessung des Querschnitts für die nachgewiesene Zwangsschnittgröße $F_{ct,Zwang}$ (kleiner als die Rissschnittgröße) unter Berücksichtigung der Anforderungen an die Rissbreitenbegrenzung ermittelt werden:

$$A_{s,min} \cdot \sigma_s = F_{ct,Zwang} \qquad (28)$$

Die nachzuweisende Zwangsschnittgröße hängt wiederum von realistischen Annahmen zu den Verformungen und Dehnungen aus den indirekten Einwirkungen und zum erhärtungs- bzw. reifeabhängigen E-Modul $E_c(t)$ und von der zutreffenden Modellierung der oft auch steifigkeitsabhängigen verformungsbehindernden Festhaltungen ab.

Wenn der Entwurfsgrundsatz EGS-a (Rissvermeidung) angestrebt wird, kann auf die Mindestbewehrung zur Rissbreitenbegrenzung verzichtet werden und es ist nachzuweisen, dass zu jedem Zeitpunkt die ausreichend sicher abgeschätzten Betonzugspannungen σ_{ct} aus Zwang (ggf. auch aus Last), die erreichte Betonzugfestigkeit $f_{ctk;0,05}$ nicht überschreiten:

$$f_{ctk;0,05}(t) \geq \sigma_{ct,Zwang}(t) \qquad (29)$$

In der Regel ist die Mindestbewehrung einzulegen, wenn eine Rissbildung infolge nicht berücksichtigter Zwangseinwirkung oder Eigenspannungen nicht auszuschließen ist. Bei Bauteilen, bei denen Zwangsspannungen sicher ausgeschlossen werden können (z. B. statisch bestimmt gelagerte mit konstruktiven Maßnahmen an Lagern und im Gesamtsystem), sind die Lastschnittgrößen sicher bestimmbar und nur für diese ist die (rechnerische) Rissbreitenbegrenzung erforderlich. Eine rissbreitenbegrenzende Mindestbewehrung zur Abdeckung der Rissschnittgröße ist hier nicht erforderlich, wobei jedoch ein duktiles Bauteilverhalten sichergestellt werden muss (z. B. Robustheitsbewehrung nach 9.2.1.1).

Zu 7.3.2 (2): wirksame Betonzugfestigkeit

Der sehr kurze Erläuterungstext in EN 1992-1-1 zur wirksamen Betonzugfestigkeit $f_{ct,eff}$ wurde im DIN EN 1992-1-1/NA:2011-01 zunächst mit einer NCI durch den ausführlicheren Text aus DIN 1045-1 ersetzt. Diese Erläuterung wurde in der A1-Änderung des NA [26] gekürt, umformuliert und allgemeiner gefasst. Der Fall „später Zwang" wird nunmehr als Regelfall behandelt. Danach wird der Ansatz für die Rissbildung in der frühen Erhärtungsphase vor 28 Tagen eindeutiger formuliert [162].

Das heißt, wenn der Zeitpunkt der Rissbildung nicht mit Sicherheit innerhalb der ersten 28 Tage festgelegt werden kann (z. B. wegen Differenzschwinden benachbarter Bauteile, jahreszeitlichen Temperaturdifferenzen bei Bauteilen mit verformungsbehindernder Einspannung bzw. Festhaltung), ist **„später Zwang"** zu berücksichtigen und für die Ermittlung der Mindestbewehrung (Rissschnittgröße) sollte mindestens eine Zugfestigkeit von 3,0 N/mm² für Normalbeton bzw. 2,5 N/mm² für Leichtbeton angenommen werden.

Oft wird in der Tragwerksplanung (z. T. zu leichtfertig) angenommen, dass ein risserzeugender „**früher Zwang**" nur aus dem Abfließen der Hydratationswärme herrührt und die Risse in den ersten 3 bis 5 Tagen nach dem Betonieren entstehen. Das Abfließen der Wärme führt zu einer Verkürzung des bereits erhärteten Betons, der nicht mehr plastisch verformbar ist, aber auch noch keine ausreichende Zugfestigkeit hat. Wird die Verkürzung des Betons durch Reibung, Anschluss an ältere Bauteile o. Ä. behindert, ist mit Rissen zu rechnen. In diesem frühen Betonalter durfte früher (bis Ende 2015) die Betonzugfestigkeit $f_{ct,eff}$ vereinfacht und pauschal zu 50 % der mittleren Zugfestigkeit f_{ctm} nach 28 Tagen angenommen werden, „sofern kein genauerer Nachweis erforderlich ist". Falls diese Annahme getroffen wird, sollte dies durch Hinweis des Tragwerksplaners in der Baubeschreibung und auf den Ausführungsplänen mitgeteilt werden, damit Betonhersteller und Bauausführende diese Anforderungen bei der Festlegung des Betons und bei der Bauausführung umsetzen können (vgl. auch Erläuterungen in [186, 187]).

Dem Bauherrn, der an einer beabsichtigten Bewehrungseinsparung ein wirtschaftliches Interesse hat, sollte das erhöhte Risiko, das mit einer pauschalen 50%-Annahme für die frühe Betonzugfestigkeit für nur „frühen Zwang" verbunden ist, nämlich etwaige unplanmäßige größere Rissbreiten, bewusst gemacht werden, damit er es auch mittragen kann. Dies ist Aufgabe des beratenden Tragwerksplaners. In vielen Fällen kann nämlich nicht sicher ausgeschlossen werden, dass auch nach dem Abfließen der Hydratationswärme zu einem späteren Zeitpunkt bei entsprechender Verformungsbehinderung Zwangskräfte im Bauteil entstehen, die zu Rissen führen können („später Zwang").

In der Konsequenz sollten unabhängig von der Annahme „frühen" oder „späten Zwangs" Eventual-Positionen im Leistungsverzeichnis für das nachträgliche geregelte Schließen von Rissen mit unplanmäßigen Breiten vorgesehen werden. Das kann späteren Streit vermeiden.

Aus der spezifischen Sicht der Transportbetonindustrie ist es für die Betonlieferanten sinnvoll, bei Ausschreibungen mit oben genanntem Hinweis für Tragwerksplaner (0,50f_{ctm} nach 5 Tagen) nur Beton auszuwählen, bei dessen Herstellung ein Zementtyp 32,5 N (Klasse S) verwendet wird und bei der Druckfestigkeitsnachweis nach 91 Tagen erfolgt (mit $r < 0,30$, vgl. BTB-Praxis-Tipp [163]). Allerdings wird in vielen Lieferwerken CEM 32,5 N nicht mehr standardmäßig vorgehalten. Außerdem ist der lange 91-Tage-Zeitraum für die meisten Bauvorhaben nicht akzeptabel. Wenn von Transportbetonwerken doch langsam und sehr langsam erhärtende Betone mit Nachweisen der Betondruckfestigkeit später als nach 28 Tagen angeboten werden, ist bei Verwendung solcher Betone eine besondere Vereinbarung erforderlich. Dabei sind die Vorgaben der MVV TB, Teil A, Abschnitt A1 [27], Anlage A 1.2.3/4 zur Anwendung eines von 28 Tagen abweichenden Prüfalters zu beachten.

Problematisch bei dieser Annahme ist jedoch, dass die Konsequenzen für die Bauausführung häufig übersehen werden. Der vermeintliche wirtschaftliche Vorteil durch Stahleinsparung wird durch erhöhten Aufwand in der Bauausführung (Nachbehandlung, Ausschalen, Temperieren) und vor allem höhere Baustoffkosten oder regionale Lieferschwierigkeiten für eine bestimmte Betonzusammensetzung (i. d. R. Betone mit langsamer Festigkeitsentwicklung) schnell aufgezehrt. Darüber hinaus werden zunehmend besondere Nachweise dieser frühen Betonzugfestigkeit verlangt, die die Transportbetonhersteller für ihre (wirtschaftlichen) 28-Tage-Standardbetonsorten nicht liefern können. Vor allem vor diesem Hintergrund wurde der pauschale Ansatz von 0,50f_{ctm} mit der A1-Änderung des NA gestrichen [162].

Bei den Normwerten der Betonfestigkeiten handelt es sich um Laborwerte von eigens angefertigten und speziell gelagerten Prüfkörpern. In praktisch keinem Bauwerk weist der Beton von den Prüfkörpern entsprechende Erhärtungs- und Einbaubedingungen auf, sodass die tatsächlich zum Zeitpunkt der Entstehung der Zwangsschnittgrößen und etwaiger Risse vorhandenen Betoneigenschaften mehr oder weniger deutlich von diesen Annahmen abweichen. Insofern ist der Tragwerksplaner in der Regel auf Schätzungen der Betonzugfestigkeit angewiesen, was aufgrund der Aussagegenauigkeit des Rissbreitenmodells und den streuenden Eingangsgrößen vertretbar ist. Deshalb ist ein hoher Aufwand bei der Festlegung der rechnerischen Betonzugfestigkeit nicht gerechtfertigt [162].

Bei Festigkeitsklassen $\geq$ C30/37 ist es erfahrungsgemäß nicht zielsicher möglich, die Festigkeitsentwicklung des Betons ausreichend zu verzögern, um die Betonzugfestigkeit von 0,50f_{ctm} während des Abfließens der Hydratationswärme einzuhalten. Dies gilt insbesondere für dickere Bauteile, deren maximale Temperatur infolge der Hydratation erst nach mehreren Tagen erreicht wird und bei denen das Abfließen der Hydratationswärme länger dauert.

Forderungen nach einer langsamen oder sehr langsamen Festigkeitsentwicklung werden von den regional angebotenen Betonsorten mit der heutzutage üblicherweise verwendeten Zemente (so z. B. mit höheren Festigkeitsklassen CEM 42,5 als Standardzement) praktisch nicht mehr erfüllt. Auch wegen der seit 2001 erhöhten Dauerhaftigkeitsanforderungen (Wasserzementwerte und Mindestzementgehalte nach DIN 1045-2 [32]) zu den vom Planer gewählten Expositionsklassen weisen die heute üblichen Betone gegenüber den vor einigen Jahren verwendeten tendenziell höhere Frühfestigkeiten auf. Langsam oder sehr langsam erhärtende Betone mit 28-Tage-Endfestigkeiten sind heute de facto in vielen Regionen nicht mehr am Markt verfügbar. Sie werden praktisch nur noch bei massigen Bauteilen nach der DAfStb-Richtlinie „Massige Bauteile aus Beton" [85] (mit $h > 0{,}80$ m) und in der Regel unter gesonderter Vereinbarung des Nachweises der Betondruckfestigkeit mit einem späteren Prüfalter von 56 oder 91 Tagen verwendet.

Für die Auswahl einer geeigneten Betonsorte soll in Bezug auf die Begrenzung der Betonzugfestigkeit näherungsweise weiterhin nur die Druckfestigkeitsentwicklung herangezogen werden (r-Werte). Hierbei wird die unterschiedliche Entwicklung von Druck- und Zugfestigkeit vernachlässigt. Dieser Ansatz ist mit Blick auf die Streuungen der Festigkeitswerte und die sonstigen teilweise groben Annahmen im Rechenmodell ausreichend genau.

Ein expliziter Nachweis der Betonzugfestigkeit durch den Betonhersteller oder den Verwender ist daher nicht erforderlich. Die rechnerischen Annahmen nach Tabelle 49 basieren auf Laborwerten für die Festigkeitsentwicklung. Anpassungen der Festigkeitsentwicklung bei der Betonbestellung für das konkrete Bauteil unter Berücksichtigung der tatsächlichen Baustellenrandbedingungen, z. B. Sommer-/Winterrezeptur, sind i. d. R. zweckmäßig und notwendig.

Im Brückenbau soll gemäß DIN EN 1992-2/NA [79] weiterhin pauschal mit $0{,}50 f_{ctm}$ gerechnet werden, da i. d. R. langsam erhärtender Beton bei sommerlichen Temperaturen und Beton mit mittlerer Festigkeitsentwicklung beim Betonieren unter winterlichen Bedingungen vorgeschrieben wird und der Nachweis der Festigkeit ggf. auf 56 Tage festgelegt werden darf. Hinzu kommen besondere konstruktive Festlegungen in den ZTV-ING, z. B. Fugenanordnung. Wenn der r-Wert $< 0{,}30$ nicht nachgewiesen wird, kann es erforderlich werden, die effektive Zugfestigkeit $f_{ct,eff}$ zu erhöhen (vgl. [164]).

Wenn die Festlegung der Rissbildung nur infolge „frühen Zwangs" nach sorgfältiger Abwägung beibehalten wird und (noch) keine genaueren Angaben über die Festigkeitsentwicklung des Betons vorliegen, sollte vom Tragwerksplaner ein heutzutage **üblicher Beton mit mittlerer Festigkeitsentwicklung** (statt langsamer oder sehr langsamer) insbesondere in der Entwurfs- und Genehmigungsplanung angenommen werden. Berücksichtigt man noch die gegenüber der Druckfestigkeit schnellere frühe Zugfestigkeitsentwicklung, können als rechnerische Anhaltswerte für die frühe Betonzugfestigkeit $f_{ct,eff} = f_{ctm}(t)$ bei „üblichen" Betonen die Werte der Tabelle 49 empfohlen werden [94].

Je dicker die Bauteile, umso länger dauert das Abfließen der Hydratationswärme (vereinfachte Annahmen: $h \approx 0{,}30$ m ≈ 3 Tage und $h > 0{,}80$ m ≈ 7 Tage und länger). Außen- und Frischbetontemperaturen sowie die Verweildauer in der Schalung beeinflussen den Hydratations- und Erhärtungsverlauf

Tabelle 49. Empfohlene Anhaltswerte der Betonzugfestigkeit bei Zwang aus Abfließen der Hydratationswärme [94]

	1	2	3	4	5
	Festigkeitsentwicklung des Betons	**Bauteildicke h**			
		$\leq 0{,}30$ m	$\leq 0{,}80$ m	$\leq 2{,}0$ m	$> 2{,}0$ m
1	langsam ($r < 0{,}30$) [1] [2]	_ [3]	$0{,}60 f_{ctm}$	$0{,}70 f_{ctm}$ [4]	$0{,}80 f_{ctm}$ [4]
2	mittel ($r < 0{,}50$) [1]	$0{,}65 f_{ctm}$	$0{,}75 f_{ctm}$	$0{,}85 f_{ctm}$	$0{,}95 f_{ctm}$
3	schnell ($r \geq 0{,}50$) [1]	$0{,}80 f_{ctm}$	$0{,}90 f_{ctm}$	$1{,}00 f_{ctm}$	$1{,}00 f_{ctm}$

[1] Die Festigkeitsentwicklung des Betons wird durch das Verhältnis $r = f_{cm}(2\,d)/f_{cm}(28\,d)$ beschrieben, das bei der Eignungsprüfung oder auf der Grundlage eines bekannten Verhältnisses von Beton vergleichbarer Zusammensetzung (d. h. gleicher Zement, gleicher w/z-Wert) ermittelt wurde.
Wird bei besonderen Anwendungen die Druckfestigkeit zu einem späteren Zeitpunkt $t > 28$ Tage bestimmt, ist das Verhältnis der mittleren Druckfestigkeit nach 2 Tagen $f_{cm}(2\,d)$ zur mittleren Druckfestigkeit zum Zeitpunkt der Bestimmung der Druckfestigkeit $f_{cm}(t)$ zu ermitteln oder es ist vom Betonhersteller eine Festigkeitsentwicklungskurve bei 20 °C zwischen 2 Tagen und dem Zeitpunkt für Bestimmung der Druckfestigkeit anzugeben.

[2] Bei Festigkeitsklassen $\geq$ C30/37 ist es i. d. R. nicht möglich, das Festigkeitsverhältnis $r \leq 0{,}30$ bezogen auf 28 Tage zu begrenzen. In diesen Fällen ist es erforderlich, den Zeitpunkt des Nachweises der Festigkeitsklasse auf einen späteren Zeitpunkt (z. B. 56 Tage) zu vereinbaren.

[3] Die Auslegung der Bewehrung bei dünnen Bauteilen gegen eine langsame Festigkeitsentwicklung ist nicht sinnvoll. Es sollte grundsätzlich mindestens eine mittlere Festigkeitsentwicklung angenommen werden.

[4] Der empfohlene Anhaltswert für massige Bauteile ist erst bei der Verwendung von langsam erhärtenden Betonen mit einem Prüfalter von 91 Tagen zu erwarten.

Tabelle 50. Vergleich der Mindestbewehrungsmenge $A_{s,min}$ abhängig von $f_{ct,eff}$

$f_{ct,eff}$ von f_{ctm}	$A_{s,min}$
$1,0 f_{ctm}$	100%
$0,85 f_{ctm}$	92%
$0,75 f_{ctm}$	87%
$0,65 f_{ctm}$	81%
$0,50 f_{ctm}$	71%

ebenfalls. Die Konsequenzen auf die Mindestbewehrungsmenge sind Tabelle 50 zu entnehmen.

Die Abfrage der Festigkeitsentwicklung im Labor für eine Betonsorte beim Transportbetonhersteller liefert realistischere Anhaltswerte. Je dicker die Bauteile, umso länger dauert das Abfließen der Hydratationswärme. Außen- und Frischbetontemperaturen sowie die Verweildauer in der Schalung beeinflussen den Hydratations- und Erhärtungsverlauf ebenfalls.

Die Informationen des Tragwerksplaners über seine Annahmen in der Ausschreibung bzw. in bautechnischen Unterlagen an die ausführenden Bauunternehmen sind weiterhin erforderlich. Sie sollten in allgemeinerer Form auf die Annahme des „frühen" oder „späten Zwangs" und auf die vorausgesetzte (in der Regel mittlere) Festigkeitsentwicklung des Betons hinweisen. Wichtig ist nach wie vor, dass die Annahmen des Tragwerksplaners für das Bauunternehmen als Bieter in der Ausschreibung klar erkennbar mitgeteilt und die betroffenen Bauteile explizit in der Ausschreibung erwähnt werden.

Ein zweckmäßiger **Textvorschlag** für die Ausführungsunterlagen und Ausschreibungen lautet [94]:

> Bei der rechnerischen Begrenzung der Rissbreite für das Bauteil (z. B. Bodenplatte, Wand, Pos. XYZ) wurde früher/später Zwang vorausgesetzt.
>
> Zur Begrenzung der frühen Betonzugfestigkeit ist ein Beton mit langsamer/mittlerer/schneller Festigkeitsentwicklung zu verwenden.
>
> *(Anmerkung: Nichtzutreffendes streichen!)*

Eine optimale Lösung ist durch möglichst frühzeitige Kommunikation mit allen am Bau Beteiligten zu erreichen. Bei entsprechendem Vorlauf und Abstimmung geeigneter betontechnischer und ausführungstechnischer Maßnahmen sind dann auch weiterhin deutlich reduzierte Ansätze zur frühen Betonzugfestigkeit (z. B. $0,50 f_{ctm}$) oder zu einer nachgewiesenen reduzierten Zwangsschnittgröße möglich,

die eine wirtschaftlichere Rissbreitenbegrenzung rechtfertigen.

Bei massigen Bauteilen wird häufig zur Vermeidung einer übermäßigen frühen Rissbildung ein langsam erhärtender Beton gewählt. Für den Nachweis der Festigkeitsklasse empfiehlt es sich dann, einen späteren Zeitpunkt (z. B. 56 Tage) zu vereinbaren (weitere Erläuterungen hierzu im DBV-Merkblatt „Rissbildung" [94], siehe auch Hinweise zu 3.1.2 (4)). Genauere Hinweise zur anzusetzenden Betonzugfestigkeit liefern Berechnungen zur Entwicklung der Hydratationswärme im Bauteil und der temperaturabhängigen Festigkeitsentwicklung des Betons [165]. Bei Massenbetonen sollte die DAfStb-Richtlinie „Massige Bauteile aus Beton" [85] berücksichtigt werden.

Wenn die Mindestbauteildicken nach WU-Richtlinie [115] angesetzt werden, ist auf die besonderen Anforderungen an die Betonzusammensetzung zu achten. Wegen des geforderten w/z-Wertes $\leq 0,55$ ist in der Regel davon auszugehen, dass eine Betonzugfestigkeit f_{ctm} von 3,0 N/mm² erreicht wird.

Zu 7.3.2 (2): Die ***k*-Beiwerte** zur Berücksichtigung von nichtlinear verteilten Betonzugspannungen und weiteren risskraftreduzierenden Einflüssen wurden im NA [26] gegenüber DIN EN 1992-1-1 [25] modifiziert. Als Bezugsquerschnittsgröße wurde die jeweils kleinere des betrachteten Teilquerschnitts festgelegt, da die wesentliche eigenspannungsinduzierende ungleichmäßige Temperaturverteilung nach dem Abfließen der Hydratationswärme davon abhängt, ob ein dünner Querschnitt schneller oder ein dicker Querschnitt langsamer auskühlt. Das ist unabhängig von der Richtung der risserzeugenden Spannungen. Dafür wurden mit Blick auf weitere, nicht genau quantifizierbare, risskraftreduzierende Einflüsse infolge inneren Zwangs die k-Werte auf die in Deutschland jahrzehntelang bewährten Erfahrungswerte $k = 0,8$ für dünne Bauteile und $k = 0,5$ für dicke Bauteile reduziert (= 80% der vorgeschlagenen EN 1992-1-1-Werte). Außerdem wird im NA [26] eine Unterscheidung in inneren und äußeren Zwang vorgenommen, weil nur bei innerem Zwang mit Sicherheit von einer nichtlinearen Eigenspannungsverteilung ausgegangen werden kann.

Rechenbeispiel: Mindestbewehrung für Wand mit zentrischem Zwang

Eingangswerte:

Beton C30/37, XC4 (Außenbauteil, eingespannt)
Wanddicke $h = 200$ mm: $k = 0,8$ (innerer Zwang)
zentrischer Zug $k_c = 1,0$
gewählte Bewehrung ϕ 10 mm
zulässige Rissbreite $w_k = 0,3$ mm
$A_{ct} = 20$ cm · 100 cm (je m Wandhöhe)

**a) später Zwang ≥ 28 Tage
(z. B. Außentemperatur, Abkühlung im Winter):**

$f_{ct,eff} = 3{,}0 \text{ N/mm}^2 > f_{ctm} = 2{,}9 \text{ N/mm}^2$

Ausnutzbare Stahlspannung nach Gl. (31) (siehe zu 7.3.3):

$\sigma_s = \sqrt{w_k \cdot 6 \cdot f_{ct,eff} \cdot E_s / \phi_s}$
$= \sqrt{0{,}3 \cdot 6 \cdot 3{,}0 \cdot 200.000/10} = 329 \text{ N/mm}^2$

→ Gleichung [25] (7.1) umgestellt:

$A_{s,min} = k_c \cdot k \cdot f_{ct,eff} \cdot A_{ct}/\sigma_s$
$= 1{,}0 \cdot 0{,}8 \cdot 3{,}0 \cdot 20 \cdot 100/329$
$= 14{,}6 \text{ cm}^2/\text{m}$
$< \phi \, 10/100 \text{ mm je Wandseite } (= 2 \cdot 7{,}85 \text{ cm}^2/\text{m})$

**b) nur früher Zwang
(aus Abfließen der Hydratationswärme):**

Annahme:

$f_{ct,eff} = 0{,}65 f_{ctm} = 0{,}65 \cdot 2{,}9 = 1{,}9 \text{ N/mm}^2$

Ausnutzbare Stahlspannung nach Gl. (31):

$\sigma_s = \sqrt{0{,}3 \cdot 6 \cdot 1{,}9 \cdot 200.000/10} = 261 \text{ N/mm}^2$
$A_{s,min} = 1{,}0 \cdot 0{,}8 \cdot 1{,}9 \cdot 20 \cdot 100/261$
$= 11{,}6 \text{ cm}^2/\text{m}$
$< \phi \, 10/125 \text{ mm je Wandseite } (= 2 \cdot 6{,}28 \text{ cm}^2/\text{m})$

Zu 7.3.3 Begrenzung der Rissbreite ohne direkte Berechnung

Zu 7.3.3 (2): Die Rissbildung infolge Zwang kann zu einem oder mehreren einzelnen, relativ breiten Rissen führen, wenn es nicht gelingt, die Risse durch zusätzliche Bewehrung im Sinne einer abgeschlossenen Rissbildung feiner zu verteilen. Einzelrissbreiten können analog zu 7.3.2 ohne direkte Berechnung nur über die Einhaltung eines **Grenzdurchmessers** begrenzt werden, indem der tatsächliche Stabdurchmesser ϕ kleiner gleich dem rechnerischen Grenzdurchmesser ϕ_s^* gewählt wird. Bei einer äußeren Belastung, die zu einer Überschreitung der Rissschnittgröße führt und die auch nach dem ersten Riss wirksam bleibt, werden i. Allg. mehrere Risse bis hin zum abgeschlossenen Rissbild entstehen, wobei jeder neue Riss innerhalb der Einleitungslänge die Breite des zuvor entstandenen Risses verringert. Dies gilt unter der Voraussetzung, dass der Stahl bei der Erstrissbildung nicht schon seine Streckgrenze erreicht hat, was mit der Einhaltung der vorgeschriebenen Mindestbewehrung nach 9.2.1.1 (1) und 7.3.2 gesichert wird. Der Nachweis der Rissbreite beim abgeschlossenen Rissbild darf bei Last- und Zwangsbeanspruchung immer über den Grenzdurchmesser geführt werden.

Bei einlagiger Bewehrung in Flächentragwerken darf der Nachweis bei überwiegender Lastbeanspruchung alternativ auch über den Stababstand nach der schon aus DIN 1045-1 bekannten Tabelle 7.3N in [25] erfolgen. Bei größeren Betondeckungen > 40 mm oder mehrlagiger Bewehrung in der Zugzone sollte der Nachweis aufgrund bestehender Unsicherheiten hinsichtlich der Stahlspannungen in der zweiten Bewehrungslage immer über die Einhaltung der Grenzdurchmesser geführt werden.

Der Zusammenhang zwischen Stabdurchmesser, ausnutzbarer Stahlspannung und zulässiger Rissbreite lässt sich aus den Gleichungen (7.8), (7.9) und (7.11) für die direkte Rissbreitenberechnung wie folgt herleiten:

$$w_k = \frac{\sigma_s \cdot \phi_s}{3{,}6 \cdot f_{ct,eff}} \cdot \frac{0{,}6 \cdot \sigma_s}{E_s}$$

$$= \frac{\sigma_s^2 \cdot \phi_s}{6 \cdot f_{ct,eff} \cdot E_s} \quad (30)$$

$$\sigma_s = \sqrt{w_k \cdot \frac{6 \cdot f_{ct,eff} \cdot E_s}{\phi_s}} \quad (31)$$

Die Betonstahlspannung nach Gleichung (31) kann so direkt für den tatsächlich gewählten Stabdurchmesser und die Betonzugfestigkeit (und ggf. geringere E-Moduln) einer nichtrostenden Betonstahlbewehrung) ohne weitere Modifikation und ohne Nutzung der Grenzdurchmessertabelle 7.2 in die Gleichung (7.1) zur Ermittlung der Mindestbewehrung eingesetzt werden.

Werden in Gleichung (30) für die Erstrissbildung die Werte $f_{ct,eff} = 2{,}9 \text{ N/mm}^2$ für C30/37 und $E_s = 200.000 \text{ N/mm}^2$ eingesetzt, ergeben sich die Werte der Grenzdurchmessertabelle 7.2DE im NA [26] nach Gleichung (32) (siehe auch Bild 83):

$$\phi_s^* = w_k \cdot \frac{6 \cdot f_{ct,eff} \cdot E_s}{\sigma_s^2} = w_k \cdot \frac{3{,}48 \cdot 10^6}{\sigma_s^2} \quad (32)$$

Die **Modifikation des Grenzdurchmessers** nach Tabelle 7.2DE für die Rissschnittgröße darf bzw. muss nach den Gleichungen (7.6DE) und (7.7DE) erfolgen. Die Modifikation unter Lastbeanspruchung mit Biegung wird im NA mit Gleichung (7.7.1DE) ergänzt.

Zu 7.3.3 (3): Um breite Sammelrisse außerhalb der Wirkungszone der statisch erforderlichen Bewehrung in Stegen hoher Träger hauptsächlich unter Lastbeanspruchung zu vermeiden, sollte eine konstruktive Mindestbewehrung vorgesehen werden, um eine Rissverteilung zu erreichen. Dies gilt auch für einen abliegende Querschnittsbereiche, wie z. B. in breiten Gurten profilierter Querschnitte. Wegen der bereits vorhandenen Rissbildung in den angrenzenden Bereichen kann die Rissschnittgröße für solche Querschnittsteile abgemindert werden

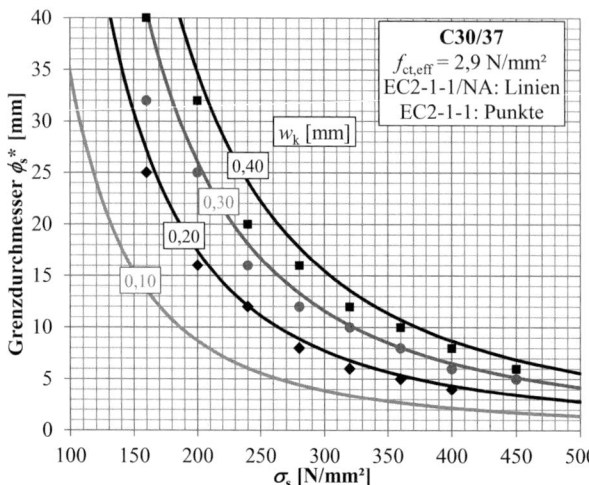

Bild 83. Grenzdurchmesser nach DIN EN 1992-1-1/NA [26], Tabelle 7.2DE im Vergleich mit DIN EN 1992-1-1 [25], Tabelle 7.2N

(z. B. über die wirksame Betonzugfestigkeit, vgl. Schießl in [160]).

In DIN EN 1992-1-1 [25] wird dies vereinfacht so gelöst, dass der Abminderungsbeiwert k für risskraftreduzierende Einflüsse pauschal auf $k = 0,5$ abgemindert wird. Für die effektive Betonzugfestigkeit in Gleichung (7.1) ist dabei wegen der Abstimmung auf die Lastbeanspruchung bei Stegen i. d. R. $f_{ct,eff} = f_{ctm} \geq 3,0$ N/mm² anzusetzen. Der untere Grenzwert der Mindestbewehrung wird rechnerisch zunächst mit $\sigma_s = f_{yk}$ ermittelt:

$$A_{s,min} \cdot f_{yk} = 0,5 \cdot f_{ct,eff} \cdot A_{ct} \quad (33)$$

Sind die Anforderungen an das Erscheinungsbild oder infolge von Expositionsklassen höher, wird empfohlen ggf. die Mindestbewehrung auf $\sigma_s = 0,8 f_{yk}$ auszulegen. Für die konstruktive Durchbildung ist es immer am wirkungsvollsten, die erforderliche Rissbewehrung mit möglichst kleinem Stabdurchmesser und -stababstand zu wählen. Eine geeignete Vereinfachung für die Wahl des Stabdurchmessers besteht darin, dass für die Mindestbewehrung angenommen wird, dass diese bei der Rissbildung im Steg tatsächlich nur mit ca. 50 % der Bemessungsspannung der Hauptbewehrung im GZT (also in der Regel $\sigma_s = 0,5 f_{yd} \approx 220$ N/mm²) beansprucht wird (vgl. Tabelle 7.2DE). Das ist mit üblichen Stabdurchmessern ohne Weiteres umsetzbar.

Zu 7.3.4 Berechnung der Rissbreite

Zu 7.3.4 (1): Die direkte Berechnung des charakteristischen Wertes der Rissbreite erfolgt nach Gleichung (7.8) als Produkt der mittleren Dehnungsdifferenz zwischen Betonstahl und Beton im Riss ($\varepsilon_{sm} - \varepsilon_{cm}$) und dem maximalen (charakteristischen) Rissabstand nach abgeschlossener Rissbildung $s_{r,max}$. Damit werden die beiden Risszustände Einzelriss und abgeschlossenes Rissbild zusammengeführt, indem der rechnerisch maximale Rissabstand für den Einzelriss als Obergrenze und ein Mindestwert für die Differenz zwischen mittlerer Betondehnung und mittlerer Stahldehnung angegeben wird.

Zu 7.3.4 (2): Bei der Ermittlung der Dehnungsdifferenz ($\varepsilon_{sm} - \varepsilon_{cm}$) nach [25] Gleichung (7.9) ist ein Faktor k_t für die Berücksichtigung des Verbundkriechens im Term für die Mitwirkung des Betons zwischen den Rissen vorgesehen ($k_t = 0,6$ bei kurzzeitiger Lasteinwirkung bzw. $k_t = 0,4$ bei langfristiger Lasteinwirkung mit Verbundkriechen unter Ansatz von ca. 70 % der Verbundfestigkeit). Wenn die durch die freigesetzte Rissschnittgröße im Betonstahl eingetragene Stahlspannung über längere Zeit unverändert ansteht, vergrößert sich die Rissbreite, da der Verbund mit der Zeit infolge Kriechens weicher wird. Bei Spannungen aus innerem Zwang kann gleichzeitig eine Reduktion durch Zwangsabbau infolge weiterer Risse oder Zugkriechen stattfinden. Auf die Berücksichtigung dieses günstigen Kurzzeiteffekts mit $k_t = 0,6$ sollte jedoch auf der sicheren Seite liegend verzichtet werden, da der Zwangsabbau infolge Zugkriechens deutlich langsamer als der Abfall der Verbundsteifigkeit infolge des Verbundkriechens erfolgt. Im NA [26] wird daher als Regelfall $k_t = 0,4$ festgelegt. Für Rissbreitennachweise unter wirklich kurzzeitiger Rissspannung, wie z. B. bei einer seltenen Einwirkungskombination oder infolge Anpralls usw., ist die Berücksichtigung des Kurzzeiteffekts unter kritischer Würdigung der Risiken durch den Tragwerksplaner jedoch sinnvoll.

Zu 7.3.4 (3): Für die Bestimmung des maximalen Rissabstands $s_{r,max}$ in DIN EN 1992-1-1 [25] wird ein additiver Ansatz nach Gleichung (34) benutzt:

$$s_{r,max} = \beta \cdot s_{rm}$$
$$= \beta \cdot (2 \cdot c + k_1 \cdot k_2 \cdot 2 \cdot l_t)$$
$$= k_3 \cdot c + k_1 \cdot k_2 \cdot k_4 \cdot \phi / \rho_{\rho,eff} \quad (34)$$

Aus verschiedenen Gründen wurde diese Gleichung für die Berechnung des maximalen Rissabstands im NA [26] modifiziert. Im NA zu 7.3.4 (3) wurde der Vorfaktor k_3 (= 3,4) auf 0 gesetzt, sodass der Anteil der freien Verbundlänge entfällt. Mit dem Produkt $k_1 \cdot k_2 = 1$ werden beide Beiwerte aus dem Term für die doppelte Eintragungslänge herausgekürzt. Der Vorfaktor k_4 wird mit (1/3,6) angenommen, was einer „charakteristischen" Verbundspannung $\tau_{sk} = 1,8 f_{ctm}$ für Rippenstähle entspricht.

Mit diesen NA-Festlegungen wird die Gleichung (7.11) identisch mit DIN 1045-1 [68], Gleichung (137):

$$s_{r,max} = 0 \cdot c + 1,0 \cdot \frac{1}{3,6} \cdot \frac{\phi}{\rho_{eff}}$$
$$= \frac{\phi}{3,6 \cdot \rho_{eff}} \leq \frac{\sigma_s \cdot \phi}{3,6 \cdot f_{ct,eff}} \quad (35)$$

Zu 7.4 Begrenzung der Verformungen

Zu 7.4.1 Allgemeines

Zu 7.4.1 (1)P: Die Begrenzung von Verformungen im GZG stellt eine wesentliche Anforderung dar. Sie soll Folgendes sicherstellen:

- Erhalt eines subjektiv verträglichen und Sicherheit vermittelnden äußeren Erscheinungsbilds,
- Erhalt der eigentlichen Gebrauchstauglichkeit, z. B. Entwässerung (Gefälle), Vermeidung übermäßiger Auflagerkantenpressungen oder -verdrehungen, Putz- und Belagintegrität,
- Vermeidung von Schäden in angrenzenden tragenden Bauteilen, z. B. unplanmäßige Auflagerverformungen oder Lasteinleitungen,
- Vermeidung von Schäden in angrenzenden nichttragenden Bauteilen, z. B. Schäden in Trennwänden, Türen, Fenstern oder Fassaden durch Hohllegen oder Aufsetzen,
- Erhalt der Funktion von technischer Ausrüstung, z. B. Leitungsverbindungen, Rohrgefälle, Aufzüge,
- Einhaltung zulässiger Verformungen oder Toleranzen verbundener technischer Systeme, z. B. Kranbahnen, Behälterschiefstellungen,
- Vermeidung von übermäßigen Schwingungen.

In diesem Zusammenhang muss der Tragwerksplaner im Zweifelsfall mit dem Bauherrn, dem Objektplaner und anderen am Bau beteiligten Fachplanern weitergehende und fallspezifische Überlegungen anstellen. Eine Überschreitung der Grenzwerte nach DIN EN 1992-1-1 [25] für Verformungen ist nicht automatisch als Mangel zu sehen, während andererseits eine Einhaltung nicht in allen Fällen die volle Gebrauchstauglichkeit sicherstellt.

Die subjektive Wahrnehmung eines beeinträchtigten Erscheinungsbilds hängt neben den Verformungen auch von der Gestaltung der Oberflächen sowie der Vergleichsmöglichkeit mit vorhandenen Referenzlinien ab. Die Anforderung an das Erscheinungsbild kann in vielen Fällen durch den Ausbau (z. B. abgehängte Decken) erfüllt werden, sodass die Anforderungen an das Rohbautragwerk sekundär werden.

Zu 7.4.1 (2): Die Angabe von Grenzwerten allgemeiner zulässiger Verformungen in einer Norm ist wegen der komplexen Randbedingungen, die sich je nach Gebäude, Bauteil, Einbauort, Funktion, Ausbau, technischer Gebäudeausrüstung, Nutzung, Einwirkungskombination usw. unterscheiden, immer diskussionswürdig. In den Absätzen (4) und (5) werden daher nur Empfehlungen in Form von Anwendungsregeln angegeben, um eine Größenordnung zulässiger vertikaler Verformungen für Standardfälle abzustecken. Diese sollen im Allgemeinen hinreichende Gebrauchseigenschaften von Bauwerken, wie Wohn- und Bürogebäude, öffentliche Bauten und Fabriken, gewährleisten.

Bei Einwirkungskombinationen mit höheren Lastintensitäten (häufig oder selten) wird erwartet, dass sich die unvermeidliche elastische Vergrößerung des Durchhangs f nach Entlastung zurückbildet. Grundsätzlich kann der Grenzwert des Durchhangs auch für die Beurteilung von Aufbiegungen („negativer" Durchhang) herangezogen werden.

Eine Überhöhung der Schalung zur Verminderung des Durchhangs bei größerer Durchbiegung bis auf 1/250 der Spannweite ist zulässig. Verformungen infolge nicht ausreichend stabiler Schalungen oder bei zu frühem Entfernen der Bauteilunterstützung können den Durchhang dagegen unplanmäßig vergrößern. Deshalb sollte bei besonders schlanken und verformungsempfindlichen Bauteilen das Ausführungskonzept zwischen Planer und Bauausführendem bezüglich der Schalungskonstruktion, der Betoneigenschaften und der Ausschalfristen dahingehend abgestimmt werden.

Zu 7.4.1 (5): Die allgemeine Empfehlung für die Durchbiegungsbegrenzung unter Berücksichtigung von Kriechen und Schwinden **nach** Einbau verformungsempfindlicher, angrenzender Bauteile (i. d. R. des Ausbaus) gibt 1/500 der Stützweite unter quasi-ständiger Einwirkung an. Diese Grenze kann heraufgesetzt werden, wenn die angrenzenden Bauteile planmäßig mit größeren Verformungen verträglich sind. Andererseits sind im Einzelfall auch kleinere Grenzwerte oder andere Einwirkungskombinationen vorzusehen.

Zu 7.4.2 Nachweis der Begrenzung der Verformungen ohne direkte Berechnung

Zu 7.4.2 (1)P: Ein vereinfachter Nachweis zur Begrenzung der Verformungen ohne direkte Berechnung darf über die (konstruktive) Einhaltung von Biegeschlankheiten geführt werden. Im Regelfall ist dieser Nachweis ausreichend. Für Spannbetonbauteile sind die Biegeschlankheitskriterien infolge der zusätzlichen Wirkungen von Umlenk- und Drucknormalkräften jedoch nicht mehr anwendbar. Für diese Bauteile können die Verformungsbegrenzungen nur über direkte Berechnungsverfahren nachgewiesen werden.

Die Biegeschlankheitsgrenzen in DIN EN 1992-1-1 [25] unterscheiden sich deutlich von den aus DIN 1045-1 [68] bekannten. Die verbesserten zulässigen Biegeschlankheiten in DIN EN 1992-1-1 berücksichtigen den Einfluss der Belastung über den erforderlichen Längsbewehrungsgrad ρ bzw. ρ' und die Betonfestigkeit über f_{ck}.

Die Biegeschlankheitsgrenzen werden mit den Gleichungen (7.16a) aus [25] für gering und mäßig bewehrte und mit (7.16b) für hochbewehrte Bauteile (ggf. mit Druckbewehrung) ermittelt. Die Unterscheidung erfolgt mit einem von der Betonfestigkeit abhängigen Referenzbewehrungsgrad ρ_0. Die Längsbewehrungsgrade für Decken im üblichen Hochbau liegen i. d. R. unter 0,40 %, sodass für viele übliche Fälle nur Gleichung (7.16a) ausgewertet werden muss. Die grafische Auswertung der Gleichungen (7.16) mit den Randbedingungen des NA enthalten die Bilder 84 und 85.

Die zulässigen Biegeschlankheiten werden demnach kleiner (d. h. konservativer), wenn der erforderliche Längsbewehrungsgrad ρ und damit die Belastung zunehmen. Sie werden größer, wenn die Betonfestigkeit und damit die Biegesteifigkeit (E-Modul) größer werden.

Bei geringer bewehrten Bauteilen können die Biegeschlankheitsgrenzen nach DIN EN 1992-1-1 [25] auch sehr hohe Werte annehmen. Um konstruktiv unsinnige und unterdimensionierte Bauteildicken auszuschließen, werden im NA [26] zu 7.4.2 (2) die Biegeschlankheitsgrenzen aus DIN 1045-1 [68] (bzw. aus DIN 1045:1972-01) als obere Grenzwerte wieder aufgenommen. Die Biegeschlankheiten nach Gleichung (7.16) sollten danach auf $l/d \leq K \cdot 35$ und bei Bauteilen, die verformungsempfindliche Ausbauelemente beeinträchtigen können, auf $l/d \leq K^2 \cdot 150/l$ begrenzt werden.

In Bild 84 sind die Grenzbewehrungsgrade ρ_{lim}, bei denen die maximal zugelassene Biegeschlankheit $l/d = K \cdot 35$ überschritten wird, eingetragen. Für Deckenquerschnitte mit $\rho_{erf} > \rho_{lim}$ sind nunmehr strengere Biegeschlankheitsgrenzen als nach DIN 1045-1 [68] einzuhalten. Vergleichsrechnungen innerhalb der EC2-Pilotprojekte lassen erwarten, dass ca. 30 % der Deckendicken und ca. 10 % der Balkenquerschnitte aus einer Bemessung nach DIN 1045-1 bei Anwendung der Biegeschlankheiten nach DIN EN 1992-1-1 vergrößert werden müssten [166].

Die mögliche Erhöhung des vorhandenen Bewehrungsgrads gegenüber dem erforderlichen darf mit einem Erhöhungsfaktor $(310 \text{ N/mm}^2/\sigma_s) = (A_{s,prov}/A_{s,req})$ nach Gleichung [25] (7.17) für die zulässigen Biegeschlankheiten vorgenommen werden. Der Spannungswert $\sigma_s = 310 \text{ N/mm}^2$ für den Gebrauchszustand setzt voraus, dass die erforderliche Bewehrung ρ mit dem Bemessungswert 435 N/mm² unter 1,4-fachen charakteristischen Einwirkungen berechnet wurde (435/1,4 = 310 N/mm²). Wird die Betonstahlspannung (Dehnung) reduziert, ergeben sich geringere Durchbiegungen. Insoweit besteht eine Erschwernis bei der Anwendung der zulässigen Biegeschlankheiten nach Eurocode 2 darin, dass ggf. Nutzhöhe und erforderliche Bewehrung iterativ aufeinander abgestimmt werden müssen.

Zwei Strategien bei der Verformungsbegrenzung mithilfe der Biegeschlankheitsgrenzen sind möglich:

(A) Im Rahmen einer Vorbemessung oder bei fehlenden Erfahrungswerten zur erforderlichen statischen Nutzhöhe muss ein erforderlicher Längsbewehrungsgrad geschätzt werden (z. B. $\rho \leq \rho_{lim}$ bei Deckenplatten oder ein auf der sicheren Seite liegender deutlich größerer Wert). Danach erfolgt die Biegebemessung im GZT. Ist dort erforderliche Längsbewehrungsgrad erf ρ kleiner als der vorab geschätzte, ist der Nachweis ohne Weiteres erfüllt. Ist erf ρ größer als der vorab geschätzte Wert, muss der Biegeschlankheitswert reduziert werden (in Richtung ρ) und die Nachweise sind zu wiederholen.

(B) Mit einem bekannten Querschnitt wird die Bemessung für Biegung im GZT vorgenommen und mit dem erforderlichen Längsbewehrungsgrad erf ρ die zulässige Biegeschlankheit ermittelt. Ist die vorhandene Biegeschlankheit mit der gewählten statischen Nutzhöhe kleiner als die maximal zulässige, ist der Verformungsnachweis erfüllt.

Bei gegliederten Querschnitten (z. B. schlanken Plattenbalken), bei denen das Verhältnis von mitwirkender Gurtbreite zu Stegbreite den Wert 3 übersteigt, sind die für Rechteckquerschnitte hergeleiteten Werte von l/d nach Gleichung (7.16) aus [25] mit 0,8 zu multiplizieren. Alternativ kann ein gegliederter Querschnitt auf einen Ersatzrechteckquerschnitt mit äquivalenter Biegesteifigkeit umgerechnet werden, der dann dem erforderlichen Längsbewehrungsgrad zugrunde zu legen ist.

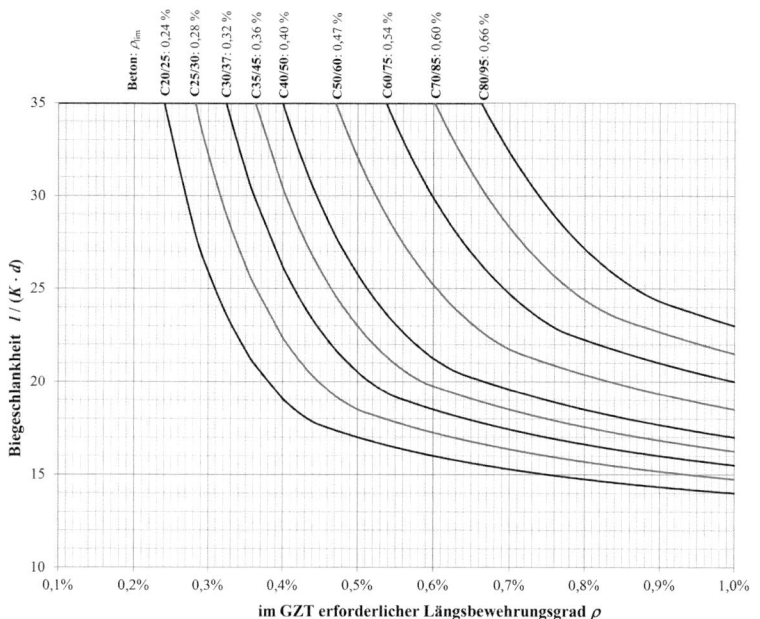

Bild 84. Grenzwerte der Biegeschlankheiten bis erf $\rho \leq 1{,}0\,\%$ ($\rho = A_{sl,erf}/(b_w \cdot d)$ ohne Druckbewehrung)

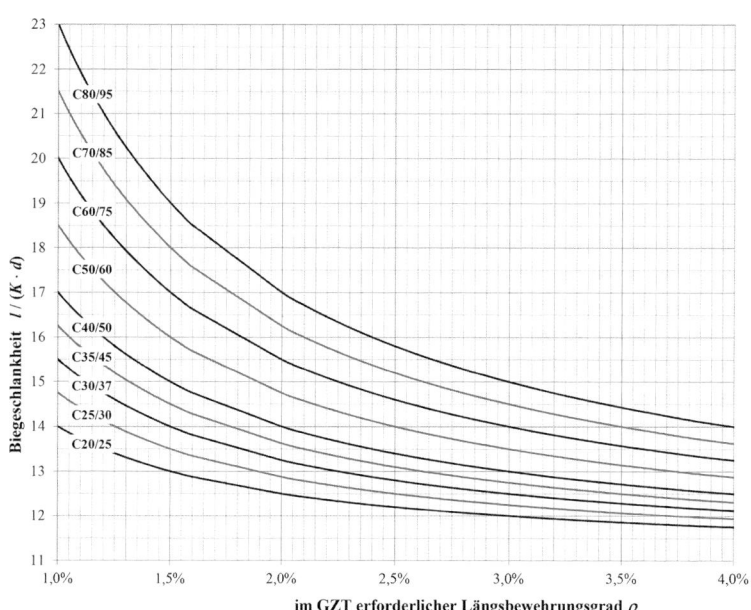

Bild 85. Grenzwerte der Biegeschlankheiten ab erf $\rho \geq 1{,}0\,\%$ ($\rho = A_{sl,erf}/(b_w \cdot d)$ ohne Druckbewehrung)

Bei Bauteilen, deren übermäßige Durchbiegung benachbarte Ausbauteile beschädigen könnten, sind in der Regel die Biegeschlankheitswerte l/d nach Gleichung (7.16) aus [25] mit einem Faktor α_1 weiter zu reduzieren:

- Balken und Platten mit $l_{\text{eff}} > 7$ m:
$$\alpha_1 = (7{,}0/l_{\text{eff}}) \tag{36}$$
- Flachdecken mit $l_{\text{eff}} > 8{,}5$ m:
$$\alpha_1 = (8{,}5/l_{\text{eff}}) \tag{37}$$

Zu 7.4.3 Nachweis der Begrenzung der Verformungen mit direkter Berechnung

Zu 7.4.3 (2)P: Bei verformungsempfindlichen Bauteilen mit hohen Anforderungen an die Verformungsbegrenzung oder unter Einzel- und Streckenlasten sollte statt einer Begrenzung der Biegeschlankheit immer eine analytische Grenzwertbetrachtung der Verformungen durchgeführt werden. Die wahrscheinlich auftretende Verformung von überwiegend auf Biegung beanspruchten Stahlbeton- und Spannbetonbauteilen wird hauptsächlich von folgenden streuenden Parametern bestimmt:

- vorhandene Querschnittsabmessungen und -steifigkeit (Zustand I oder II),
- Betoneigenschaften mit Elastizitätsmodul, Zugfestigkeit, Kriechen und Schwinden,
- Einspanngrad an den Auflagern, Fundamentverdrehungen,
- ein- oder zweiachsige Lastabtragung,
- Bewehrungsgrad, -abstufung, -lage,
- Größe und zeitlicher Verlauf der realen Belastung.

Daher kann die auftretende Durchbiegung nicht exakt berechnet, sondern nur näherungsweise abgeschätzt werden.

In der Literatur finden sich verschiedenste Ansätze zur Berechnung der Durchbiegung von Stahlbeton- und Spannbetonbauteilen (teilweise auch als vereinfachte Nachweise, z. B. [167] bis [170]). Weitere Hinweise zur Verformungsberechnung von Stahlbetonbauteilen werden im DAfStb-Heft 630 gegeben [127]. In der Regel wird man diese Berechnungen jedoch softwareunterstützt durchführen. Wichtig ist zu prüfen, auf welche Art in den Programmen die Querschnittssteifigkeiten ermittelt werden.

Dabei hat der E-Modul des Betons einen entscheidenden Einfluss. Der Tangentenmodul E_c bzw. der Sekantenmodul $E_{cm} \approx E_0/1{,}05$ in [25] Tabelle 3.1, sind mittlere Richtwerte, die i. Allg. mit ausreichender Genauigkeit der Planung von Stahlbetontragwerken zugrunde gelegt werden dürfen (siehe die Erläuterungen zu 3.1.3). Die rechnerischen Kriech- und Schwindbeiwerte weisen ebenfalls größere Streuungen auf.

Darüber hinaus spielt die Belastungsgeschichte neben dem unmittelbaren Einfluss auf das Kriechen dahingehend eine Rolle, welche Bauteilbereiche gerissen oder ungerissen sind. Verformungsberechnungen für statisch unbestimmte Tragwerke sind nur iterativ möglich, da sich Schnittgrößen und Steifigkeiten gegenseitig beeinflussen und zudem die Querschnittsausbildung von der schnittgrößenabhängigen Bewehrungswahl abhängt.

Zu 7.4.3 (3): Das genaueste Verfahren zur Berechnung der Durchbiegung besteht darin, die Krümmungen an einer Vielzahl von Schnitten nach [25] Gleichung (7.18) entlang des Bauteils zu berechnen und dann durch numerische Integration die Durchbiegung zu bestimmen. In den meisten Fällen reicht es aus, die Verformungen zweimal zu berechnen – jeweils unter der Annahme eines vollständig gerissenen und eines vollständig ungerissenen Bauteils – und dann unter Verwendung der Gleichung (7.18) zu interpolieren.

Ein oberer Grenzwert für den Verteilungsbeiwert ζ sollte erforderlichenfalls abgeschätzt werden, indem der gerissene Bereich mit einem größeren Biegemoment $M > M_{\text{perm}}$ aus einer vorangegangenen häufigen oder seltenen Einwirkungskombination angesetzt wird. Das ist insbesondere zweckmäßig, wenn sich M_{perm} vom Rissmoment M_{cr} wenig unterscheidet oder dieses sogar nicht erreicht.

Eine zweckmäßige Vereinfachung besteht darin, die Krümmung nur in einem Querschnitt (z. B. an der Stelle des maximalen Biegemoments) zu berechnen und vorauszusetzen, dass der Krümmungsverlauf entlang der Bauteillänge zum Momentenverlauf affin ist. Der Momentenverlauf kann mit einem Koeffizienten k nach DAfStb-Heft 425 [167] beschrieben werden. Die Durchbiegung w kann dann näherungsweise nach Gleichung (38) berechnet werden (vgl. *Schießl* und *Reuter* in [167]):

$$\text{vorh } w = k \cdot (1/r)_m \cdot l_{\text{eff}}^2 \tag{38}$$

mit

k Beiwert für den Momentenverlauf abhängig von Lagerung und Belastungsart (aus [167]);

$(1/r)_m$ mittlere Krümmung in Feldmitte infolge Biegung, Kriechen, Schwinden;

l_{eff} effektive Stützweite.

Diese näherungsweise Verformungsberechnung liefert erfahrungsgemäß brauchbare Werte und liegt i. d. R. auf der sicheren Seite.

11.3.8 Zu 8 Allgemeine Bewehrungsregeln

Zu 8.3 Biegen von Betonstählen

Zu 8.3 (2): Die in Tabelle 8.1DE a) [26] für Haken, Schlaufen und Bügel schon in der DIN 1045:1978-

12 festgelegten Mindestbiegerollendurchmesser sind ausschließlich auf die Biegefähigkeit des Betonstahls abgestimmt. Die verankerten Zugkräfte werden hier überwiegend im unmittelbaren Biegebereich inklusive der geraden Vorlänge eingeleitet. Die größeren Biegerollendurchmesser für aufgebogene Stäbe begrenzen die Betonpressungen im Bereich der Stabkrümmung und ermöglichen die Weiterleitung der Zugkräfte in der Bewehrung über den gebogenen Bereich hinaus. Mit einer ausreichenden seitlichen Betondeckung bzw. einem entsprechenden Achsabstand der Bewehrung soll ein Abplatzen bzw. Aufspalten der Querschnitte infolge der erhöhten Pressungen vermieden werden [106].

Das Biegen an Schweißstellen sollte wegen der Gefügeänderungen im Stahl und einer erhöhten Kerbwirkung vermieden werden. Anderenfalls gelten die Werte in Tabelle 8.1DE b) für geschweißte Bewehrungsstäbe und Betonstahlmatten abhängig vom Abstand a der Schweißstelle. Wird das Biegen vor der Schweißung ausgeführt, sind diese Einschränkungen nicht erforderlich.

Zu 8.3 (3): Die Vergrößerung des Biegerollendurchmessers D_{min} nach Gleichung (8.1) bezieht sich in DIN EN 1992-1-1 [25] auf die kleinsten Mindestwerte 4ϕ bzw. 7ϕ. Mit der Einführung der größeren Mindestbiegerollendurchmesser in Tabelle 8.1DE ist die erforderliche Vergrößerung für übliche Fälle aufgebogener Stäbe abgedeckt.

Mit Gleichung (8.1) wird die Wirkung der Umlenkkräfte $u = F_{bt}/(0{,}5D_{min} + 0{,}5\phi)$ in der Stabkrümmung auf den Ausbreitungsbereich a_b im Beton abhängig vom Abstand benachbarter gebogener Stäbe bzw. der Betondeckung und der Betondruckfestigkeit näherungsweise berücksichtigt. Wertet man diese für übliche Bemessungssituationen für die maximale Betonstahlausnutzung mit $f_{yd} = 435$ N/mm² in Gleichung (39) aus,

$$D_{min} = \frac{F_{bt}}{f_{cd}} \cdot \left(\frac{1}{a_b} + \frac{1}{2\phi}\right)$$

$$= \frac{\pi \cdot \phi^2 \cdot f_{yd}}{4 \cdot f_{cd}} \cdot \left(\frac{1}{a_b} + \frac{1}{2\phi}\right)$$

$$= \frac{\pi \cdot f_{yd}}{4 \cdot f_{cd}} \cdot \left(\frac{\phi}{a_b} + \frac{1}{2}\right) \cdot \phi \quad (39)$$

ergeben sich die Mindestbiegerollendurchmesser nach Bild 86. Diese sollten für aufgebogene Stäbe eingehalten werden, wenn sie nahe an Seitenflächen oder in dünnen Stegen bzw. Scheiben liegen und keine Spaltzugbewehrung innerhalb der Biegung angeordnet wird. Die Biegerollendurchmesser nach Gleichung (39) dürfen bzw. müssen bei abweichender Betonstahlausnutzung im Verhältnis σ_{sd}/f_{yd} angepasst werden.

Zu 8.3 (NA.7)P: Ausführliche Hinweise zur Planung und Ausführung von vorgefertigten Rückbiegeanschlüssen in Verwahrkästen mit ergänzenden Bemessungsbeispielen sind dem DBV-Merkblatt „Rückbiegen von Betonstahl und Anforderungen an Verwahrkästen" [90] zu entnehmen. Nach Anhang A dieses Merkblatts können die Rückenflächen der Bewehrungsanschlüsse in Bezug auf die Fugenkategorie (vgl. 6.2.5 (2)) durch Versuche von den Herstellern klassifiziert werden.

Zu 8.4 Verankerung der Längsbewehrung

Zu 8.4.1 Allgemeines

Zu 8.4.1 (2): Die in Deutschland übliche, vom Ende der Biegeform gemessene Verankerungslänge wird

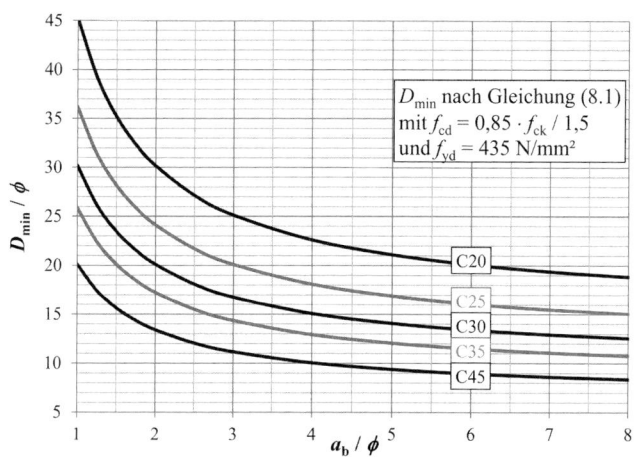

Bild 86. Vergrößerte Biegerollendurchmesser zur Vermeidung von Betonversagen nach [25] Gleichung (8.1)

in DIN EN 1992-1-1 [25] als Ersatzverankerungslänge $l_{b,eq}$ bezeichnet (vgl. Bilder 8.1 b) bis e)) und als „vereinfachte Alternative" in 8.4.4 (2) geregelt. Dies sollte weiterhin für die Praxis der Standardfall der Verankerung sein. Der gerade Stab wird mit $l_{b,rqd}$ verankert.

Für eng gebogene Bewehrungselemente, wie Haken, Winkelhaken oder Schlaufe, ist die Regelung nach Bild 8.1a) und 8.4.3 (3) technisch fragwürdig, weil bei den geringen Biegerollendurchmessern $D_{min} < 10\phi$ die Zugkraft den Bereich der Stablänge nach der Krümmung praktisch nicht mehr erreicht. Daher wurde im NA [26] die Einschränkung aufgenommen, dass nur aufgebogene Stäbe mit großen Biegerollendurchmessern ggf. über die Biegung verankert werden dürfen, wobei eine gerade Mindestvorlänge von $0,5 l_{bd}$ nicht unterschritten werden sollte.

Zu 8.4.1 (3): Bei druckbeanspruchten Stäben wirken sich Abbiegungen am Stabende ungünstig aus, weil das Ausknicken des Stabs vor der Abbiegung durch deren Exzentrizität begünstigt wird. Bei wechselweise druck- und zugbeanspruchter Bewehrung sollte also möglichst mit geraden Stäben oder zentrischen Ankerkörpern verankert werden. Lassen sich Zughaken nicht vermeiden, ist der Verankerungsbereich für den Druckfall eng zu umbügeln bzw. mit Querdruck (wie z. B. in Hülsenfundamenten) zu umfassen, um das Ausknicken zu verhindern.

Zu 8.4.2 Bemessungswert der Verbundfestigkeit

Zu 8.4.2 (2): Der Bemessungswert der Verbundfestigkeit f_{bd} nach [25] Gleichung (8.2) wurde in Ausziehversuchen ermittelt und als Vielfaches der Kurzzeitbetonzugfestigkeit ($f_{ctk;0,05}/1,5$) kalibriert (siehe auch Tabelle 51). Der Verhältnisbeiwert ist abhängig von der Oberflächenstruktur der Betonstähle und wurde im Model Code 90 [100] mit $\eta = 2,25$ für gerippte Betonstähle festgelegt (dort auch $\eta = 1,4$ für profilierte und $\eta = 1,0$ für glatte Betonstähle).

Die Verbundbedingungen werden in gute und mäßige Bauteilbereiche eingeteilt, die die größeren Betonierhöhen die negativen Folgen erhöhter Sedimentationswahrscheinlichkeit („Bluten") des Betons auf den Verbund berücksichtigen (→ mäßig). Für die Bewehrung über der Unterkante des Frischbetons wurde in DIN 1045-1 der gute Verbundbereich von 250 mm nach DIN 1045:1978-12 auf 300 mm erhöht, u. a. weil die heutige Betonqualität bei bis zu 300 mm dicken Deckenplatten erfahrungsgemäß gute Verbundeigenschaften sicherstellt. Daher wurde der in DIN EN 1992-1-1 [25] vorgeschlagene alte Wert von „nur" 250 mm im NA über (NCI) wieder auf 300 mm angehoben, damit die obere Bewehrung solcher Decken nicht in den mäßigen Verbundbereich fällt.

Tabelle 51. Verbundfestigkeit bis C50/60 nach [25] Gleichung (8.2) für $\phi \leq 32$ mm

Beton	f_{bd} [N/mm²]	
	Verbundbedingungen	
	gut	mäßig
C16/20	2,00	1,40
C20/25	2,32	1,62
C25/30	2,69	1,89
C30/37	3,04	2,13
C35/45	3,37	2,36
C40/50	3,68	2,58
C45/55	3,99	2,79
C50/60	4,28	2,99

Der gute Verbundbereich wurde auch auf liegend gefertigte, stabförmige Bauteile (z. B. Stützen) mit äußeren Querschnittsabmessungen $h \leq 500$ mm erweitert, da bei Anwendung von Außenrüttlern eine besonders gute Verdichtung erzielt wird. Beide Erweiterungen werden im NA [26] zu 8.4.2 (2) und in Bild 8.2DE eingeführt.

Voraussetzung für guten Verbund ist auch, dass die Bewehrung während der Betonerhärtung nicht hin- und herbewegt oder sonst wie erschüttert wird. Diese Voraussetzung ist typischerweise bei Gleitbauverfahren nicht ohne Weiteres gegeben, daher ist die Bewehrung hierfür in mäßige Verbundbedingungen einzuordnen.

Zu 8.4.3 Grundwert der Verankerungslänge

Zu 8.4.3 (2): Der erforderliche Grundwert der Verankerungslänge $l_{b,rqd}$ wird in DIN EN 1992-1-1 [25] direkt unter Berücksichtigung der tatsächlichen Ausnutzung des Betonstahls mit σ_{sd} ermittelt. Für die Bemessungspraxis wird empfohlen, den Wert besser zunächst für die Vollauslastung mit $\sigma_{sd} = f_{yd}$ zu berechnen

$$l_{b,rqd} = (\phi/4) \cdot (f_{yd}/f_{bd}) \quad (40)$$

und erst bei der Auslegung der Verankerungslänge bzw. der Übergreifungslänge im jeweils betrachteten Querschnitt die Abminderung über $A_{s,erf}/A_{s,vorh}$ (bzw. σ_{sd}/f_{yd}) vorzunehmen. Zum Beispiel darf hier bei der rissbreitenbegrenzenden Mindestbewehrung die wesentlich geringere Ausnutzung der Bewehrung im GZG mit σ_s nach Gleichung (31) (hier in Erläuterungen zu 7.3.3) berücksichtigt werden.

Dies entspricht der jahrzehntelang in Deutschland geübten Praxis und verringert dann auch die (Gewohnheits-)Fehleranfälligkeit. Außerdem ist für die

Mindestmaße der Verankerungs- und Übergreifungslänge ein prozentualer Anteil von $0,3l_{b,rqd}$ bzw. $0,6l_{b,rqd}$ gefordert. Diese Mindestwerte sollen greifen, wenn $A_{s,erf}/A_{s,vorh} < 0,3$ bzw. $< 0,6$ betragen. Deshalb ist für die Mindestlängen auch der Grundwert $l_{b,rqd}$ für die Vollauslastung des Bewehrungsstabs mit $\sigma_{sd} = f_{yd}$ zugrunde zu legen.

Zu 8.4.3 (3): Das Anrechnen der Verankerungslänge über die Biegung hinweg entlang der Mittellinie ist für Haken, Winkelhaken und Schlaufen nicht zulässig, siehe Erläuterungen zu 8.4.1 (2).

Zu 8.4.4 Bemessungswert der Verankerungslänge

Zu 8.4.4 (1): Formal gewöhnungsbedürftig ist zunächst die Berücksichtigung verschiedener Effekte auf die Verankerung über einen umfangreichen Beiwertsatz α_1 bis α_5 in DIN EN 1992-1-1 [25], Tabelle 8.2. Auch hier sei vorab gleich erwähnt, dass diese Abminderungsbeiwerte α_i vereinfacht immer mit ihrem oberen Grenzwert 1,0 angesetzt werden dürfen.

Haken, Winkelhaken und Schlaufen sind in der Lage, die Betonstahlzugkraft auf einer gegenüber geraden Stäben verkürzten Länge zu verankern, wenn die an der Krümmung auftretenden Spaltzugkräfte aufgenommen werden. Dies wird über den **Beiwert α_1** = 0,7 berücksichtigt, soweit seitliche Betondeckung sowie halber benachbarter Stababstand den Wert 3ϕ nicht unterschreiten (alternativ: Aufnahme der Spaltzugkräfte durch z.B. Querdruck oder enge Verbügelung).

Da der Versagensfall „Herausziehen" bei Schlaufen praktisch unmöglich ist, wird für diese Verankerungsart bei ausreichend großem Biegerollendurchmesser von $D \geq 15\phi$ der nochmals reduzierte Beiwert α_1 = 0,5 im NA wieder zugelassen. Die geforderte Betondeckung $\geq 3\phi$ wurde aus Versuchen für Rippenstäbe mit $D = 4\phi$ und eine Betonwürfelfestigkeit von 25 N/mm² ($\approx$ C20/25) in den 1970er-Jahren abgeleitet. Als „enge" Verbügelung wurde für DIN 1045:1978-12 ein Bügelabstand von maximal 50 mm angesehen [106]. In allen anderen Fällen ist auch für diese abgebogenen Verankerungsarten α_1 = 1,0 zu setzen, d.h., die Zugkraft muss allein über die gerade Vorlänge eingetragen werden.

In der DIN EN 1992-1-1 [25] wird ein **Beiwert** $\alpha_2 = 1 - 0,15 \cdot (c_d - \phi)/\phi$ für gerade bzw. $\alpha_2 = 1 - 0,15 \cdot (c_d - 3\phi)/\phi$ für abgebogene Stäbe definiert (jeweils mit $\alpha_2 \geq 0,7$). Das hätte z.B. zur Folge, dass die Verankerungslänge bei geraden Stäben mit einer allseitigen Betondeckung von $c_d = 3\phi$ mit $\alpha_2 = 0,7$ bzw. von $c_d = 2\phi$ mit $\alpha_2 = 0,85$ deutlich reduziert werden darf. Zusätzliche Reduzierungen über $\alpha_1 = 0,7$ hinaus wären dann auch über $\alpha_2 < 1,0$ für abgebogene Verankerungen mit $c_d > 3\phi$ zulässig. Die Reduktion der Verankerungslänge unter Berücksichtigung größerer Stababstände wäre jedoch nur gerechtfertigt, wenn das Verbundversagen durch „Spalten des Betons" eingeleitet wird (i.d.R. bei Übergreifungsstößen). Im Verankerungsbereich von Auflagern tritt jedoch auch die zweite Versagensart „Herausziehen" auf, die durch den Stababstand kaum beeinflusst wird. Die Festlegung der Verbundspannungen erfolgte in Bezug auf beide Versagensarten. Die Reduktion der Verankerungslängen auf bis zu 70 % über den Beiwert α_2 ist daher nicht in jedem Fall gerechtfertigt, sodass der Wert α_2 i.d.R. mit 1,0 nach NA anzusetzen ist. Dies hat jedoch keine praktischen Auswirkungen, da für Verankerungen mit Haken, Winkelhaken und Schlaufen nur die Ersatzverankerungslänge $l_{b,eq}$ (ohne α_2) verwendet werden soll (vgl. NA zu 8.4.1 (2)).

Mit dem **Beiwert α_3** darf die günstige Wirkung einer nicht angeschweißten Querbewehrung in der Betondeckung des Verankerungsbereichs berücksichtigt werden, wenn sie die Mindestquerbewehrung übersteigt. Das setzt voraus, dass die Plattenquerbewehrung oder die Bügel bei Balken bis über die Auflagerlinie hinaus im Verankerungsbereich verlegt werden. Der Wirksamkeitsfaktor K für die Querbewehrung wird in Bild 8.4 definiert. Die Auswirkung wird hier am Beispiel der Verankerung am Endauflager eines einachsig gespannten Balkens demonstriert. Die Auswirkung des Beiwerts α_3 wird im baupraktischen Bereich relativ gering sein, die Annahme $\alpha_3 = 1,0$ ist i.d.R. zweckmäßig.

Die zusätzliche Verankerungswirkung angeschweißter einzelner Querstäbe wird wie bisher mit einer zulässigen Reduktion der Verankerungslänge auf 70 % für Zug- und Druckstäbe über den **Beiwert α_4** ausgenutzt. Angerechnet werden nur die Querstäbe, die in der Verankerungslänge liegen (also z.B. hinter der Auflagervorderkante) und mit einer tragenden Schweißverbindung nach DIN EN ISO 17660-1 [174] verbunden werden.

Die unter bestimmten konstruktiven Randbedingungen nach DIN 1045-1 [68] mögliche weitere Abminderung auf 50 % für zwei angeschweißte Querstäbe wurde im NA [26] mit (NCI) zu 8.4.4 (2) zur Ersatzverankerungslänge ergänzt (α_4 = 0,5). Die konstruktiven Einschränkungen auf maximale Stabdurchmesser von 16 mm bzw. Doppelstäbe mit 12 mm wurden in DIN 1045:1978-12 für die damals „neue" Verankerungsmethode eingeführt, weil Versuche mit dickeren Stäben nicht vorlagen und bei diesen ein Abscheren des Betons zwischen den Querstäben wegen der größeren Zugkräfte nicht ausgeschlossen werden konnte [106].

Die Berücksichtigung des Querdrucks p rechtwinklig zur möglichen Spaltfläche mit einem **Beiwert α_5** < 1,0 entspricht im Prinzip der rechnerischen Erhöhung der ausnutzbaren Verbundspannung. Die vergleichbar günstige Wirkung einer Auflagerpressung bei direkter Lagerung führt zur Behinderung der Querdehnung und unterbindet i. d. R. die Rissbildung im Auflagerbereich. Daher darf für Verankerungen über direkter Auflagerung $\alpha_5 = 2/3$ gesetzt werden (entspricht der 1,5-fachen Verbundfestigkeit). Diese Abminderung ist bei einer Querpressung in der Größenordnung $p \approx 5$ N/mm² berechtigt, die bei Balken i. d. R. auch vorliegt. Bei Platten ist die Querpressung oft geringer, jedoch wird sich ein Riss wegen der geringen Querkraft nicht an der Auflagervorderkante, sondern in einem Abstand davon bilden, wodurch die vorhandene Verankerungslänge vergrößert und die Kraft am Auflager gegenüber dem Rechenwert vermindert wird. Die Berechtigung der vereinfachten, auch im NA [26] beibehaltenen Regel für direkte Auflager wurde in zahlreichen Großversuchen an Balken und Platten bestätigt und hat sich in der Praxis bewährt [175].

Wenn Querdruck günstig wirkt, ist konsequenterweise auch die ungünstige Wirkung von Querzug auf das Spalten im Verankerungsbereich mit $\alpha_5 = 1,5$ anzurechnen (z. B. im Feldbereich zweiachsig gespannter Decken oder bei der Verankerung der Biegezugbewehrung von Nebenträgern in der Zugzone eines Hauptträgers). Wird bei vorwiegend ruhenden Einwirkungen die Breite der Risse parallel zu den Stäben auf $w_k \leq 0,2$ mm im GZG begrenzt, darf auf diese Erhöhung verzichtet werden.

In DIN EN 1992-1-1 [25] wird die **Mindestverankerungslänge** $l_{b,min}$ für Zugverankerungen u. a. auf $0,3 l_{b,rqd}$ bzw. für Druckverankerungen auf $0,6 l_{b,rqd}$ und auf ≥ 100 mm festgelegt. Das heißt, diese Mindestverankerungslängen sollen vom Ausnutzungsgrad abhängen, jedoch nicht von der Verankerungsart. Es ist mechanisch jedoch nicht sinnvoll, bei gleicher Stabausnutzung für gerade Stäbe und solche mit Haken, Winkelhaken, Schlaufen oder angeschweißten Querstäben gleiche prozentuale Mindestlängen vorzusehen. Für den NA [26] wurde daher festgelegt, dass die Mindestverankerungslänge grundsätzlich auf den Grundwert des vollausgelasteten Stabs zu beziehen ist (analog MC 90 [100] und DIN 1045) und dafür die erhöhte Verankerungseffizienz verschiedener Verankerungsarten mit α_1 und α_4 bei Zugstäben berücksichtigt werden darf.

Die Festlegung der Mindestverankerungslänge auf 1/3 des Grundwertes eines vollausgelasteten Stabs erfolgte in DIN 1045:1972-01 „aus praktischen und konstruktiven Gründen" (*Leonhardt/Mönnig* [142]). In der 1978er-Fassung von DIN 1045 wurde darauf verzichtet, da bei geraden Stabenden der konstruktive Mindestwert $\geq 10\phi$ durchschlägt bzw. bei Stäben mit Abbiegungen die gerade Vorlänge unnötig groß würde. Die Wiederaufnahme der 30%-Mindestverankerungslänge in DIN 1045-1 (aus MC 90 [100]) war insofern gerechtfertigt, als die anrechenbare Verbundfestigkeit gegenüber den älteren DIN 1045-Fassungen angehoben und die Berücksichtigung der Abbiegungen beim Mindestwert zugelassen wurde.

Der Mindestwert 10ϕ soll hauptsächlich mögliche Verlegeungenauigkeiten berücksichtigen [106]. Er wird auch zur Absicherung ausreichender Verankerung bei dünneren Stabdurchmessern angesehen. Der Mindestwert von 100 mm aus DIN EN 1992-1-1 [25], der nur bei Durchmessern $<$ 10 mm greifen würde, braucht daher nach NA nicht beachtet zu werden. Die Möglichkeit, auch den Mindestwert 10ϕ bei direkter Auflagerung auf 2/3ϕ zu reduzieren, wurde im NA [26] zu 8.4.4 (1), Gleichung (8.6), und in 9.2.1.4 (3) zur Verankerung an Endauflagern ergänzt.

Die Fußnote [1)] in der Original-Tabelle 8.2 in [25], wonach bei direkter Lagerung die Verankerungslänge auch geringer als $l_{b,min}$ angesetzt werden darf, wenn mindestens ein Querstab 15 mm vom Anschnitt innerhalb der Auflagerung angeschweißt ist (nach 8.6), wird mit den NA-Festlegungen anders geregelt. Danach wird der günstige Wirkung angeschweißter Querstäbe mit α_4 bei Zugstäben für die Mindestverankerungslänge berücksichtigt. Der normative Ansatz eines angeschweißten Stabs als Ankerkörper nach 8.6 ist in Deutschland grundsätzlich nicht erlaubt (ggf. aber in abZ) und darf jedenfalls nicht zur Unterschreitung der Mindestverankerungslänge benutzt werden. Die Fußnote ist daher gleich in der konsolidierten Fassung im Abschnitt 11.4 weggelassen worden.

Zu 8.4.4 (2): Als vereinfachter Regelfall sollte die Ersatzverankerungslänge $l_{b,eq}$ genutzt werden. Im NA wurden die Verankerungsvarianten mit Abbiegungen und angeschweißten Querstäben ergänzt. Es ergeben sich die Verankerungslängen z. B. nach Bild 87 für den in der ständigen und vorübergehenden Bemessungssituation voll ausgenutzten Stab. Auch hier ist bei reduzierter Stabausnutzung bei $A_{s,erf}/A_{s,vorh} < 1,0$ selbstverständlich die Mindestverankerungslänge $l_{b,min}$ einzuhalten.

Zu 8.5 Verankerung von Bügeln und Querkraftbewehrung

Zu 8.5 (1): Eine Verankerung der Bügelschenkel mit Stabdurchmesser ϕ_w in der Druck- oder Zugzone mit angeschweißten Querstäben nach [25] Bild 8.5 c) und d) ist nur zulässig, wenn durch eine ausreichend festgelegte seitliche Betondeckung der Bügel im Verankerungsbereich mit $c_{nom} \geq 3\phi_w$ und ≥ 50 mm die Sicherheit gegenüber Abplatzen sichergestellt ist. Bei geringeren Betondeckungen ist die ausreichende Sicherheit durch Versuche nachzuweisen [106].

Zur Verankerung von aufgebogener Querkraftbewehrung in der Druck- und Zugzone siehe 9.2.1.3 (4).

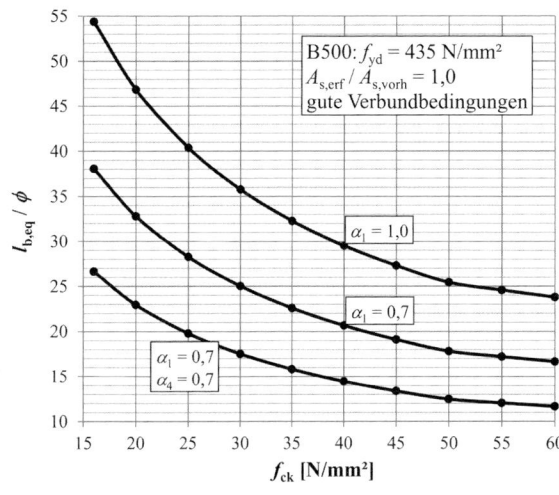

Bild 87. Ersatzverankerungslänge $l_{b,eq}$ für voll ausgelastete Zugstäbe in Abhängigkeit von der Betonfestigkeitsklasse

Zu 8.5 (2): Mit Bild 8.5DE e) bis i) wurden die üblichen Bügelformen mit ihren Verankerungsarten und Übergreifungen der Bügelschenkel zur Klarstellung im NA [26] ergänzt. Die Wirksamkeit der dargestellten Übergreifungen mit l_0 wird hauptsächlich durch die 90°-Abbiegungen sichergestellt. Die Anrechnung von $\alpha_1 = 0{,}7$ bei einer Schenkelübergreifung nach Bild 8.5DE g) ist nur zulässig, wenn an den Schenkelenden zusätzliche Haken oder Winkelhaken ähnlich wie in Bild 8.5DE h) angeordnet werden. Die Kombination aller Verankerungselemente nach Bild 8.5 a) bis d) mit einem Kappenbügel nach Bild 8.5DE f) ist möglich. In der Zugzone ist der Kappenbügel auch mit Übergreifungsstoß anzuschließen.

Für alle Bügelformen nach Bild 8.5DE (also auch g)) gelten die kleinen Mindestbiegerollendurchmesser nach Tabelle 8.1DE für Bügel.

Zu 8.5 (NA.3)P: Die Verankerung der Bügel mit in das Querschnittsinnere gerichteten Haken nach Bild 8.5 a) ist uneingeschränkt für Druck- und Zugzonen von Balken und Stützen geeignet. Dies gilt insbesondere für Bauteile mit erhöhten Anforderungen an die Feuerwiderstandsdauer ($\geq$ R 90), weil die Hakenform auch noch eine Restverankerung sicherstellt, wenn sich die Betondeckung im Brandverlauf löst. Sollten andere Verankerungsarten für die Bügel in durchlaufenden Balken mit Rechteckquerschnitt gewählt werden, muss die Bügelform im Stütz- und Feldbereich entsprechend der Verankerung in Druck- und Zugzone unterschiedlich gewählt werden.

Zu 8.5 (NA.4): Bei Plattenbalken dürfen die Bügel mittels durchgehender Stäbe in der Druck- oder Zugzone nach Bild 8.5DE i) geschlossen werden.

Dabei wird die Verbindung zwischen Bügeln und Querbewehrung durch die Zugfestigkeit des Betons gewährleistet. Die Querbewehrung in der Platte sollte mindestens einem Schenkel der Mindestquerkraftbewehrung nach 9.2.2 (5) entsprechen. Die Stababstände der Querbewehrung dürfen vom Bügelabstand abweichen, sie sollten jedoch nicht größer als der maximale Bügelabstand nach Tabelle NA.9.1 gewählt werden [106].

Die schiefen Stegdruckstreben stützen sich auf die Bügelecken, jedoch auch auf die im Bereich des Stegs liegende Längsbewehrung ab. Dabei kann es bei hoher Querkraftbelastung zum Absprengen des Betons (z. B. im Bereich von Innenstützen durchlaufender Plattenbalken) kommen. Zur Vermeidung dieser Bruchart wird der Bemessungswert der Querkraft V_{Ed} auf $2/3 V_{Rd,max}$ begrenzt. Es darf der für die Bemessung dieser Bügel maßgebende, ggf. nach 6.2.1 (8) bzw. 6.2.3 (8) reduzierte, Querkraftwert V_{Ed} verwendet werden. Offene senkrechte Bügel in Plattenbalken bei $V_{Ed} \leq 2/3 V_{Rd,max}$ nach Bild 8.5DE i) dürfen auch mittels tragender angeschweißter Querstäbe nach Bild 8.5 d) verankert werden, wobei der Achsabstand des angeschweißten Stabs mindestens 5 mm und maximal 15 mm vom Bügelende betragen muss. Der angeschweißte Querstab muss etwa in Höhe der Längsbewehrung liegen.

Zu 8.6 Verankerung mittels angeschweißter Stäbe

In der DIN EN 1992-1-1 [25] wird eine zusätzliche Verankerungsart durch angeschweißte Querstäbe mit $\phi_t \leq 32$ mm im Sinne von Ankerkörpern eingeführt. Eine aufnehmbare Verankerungskraft F_{btd} wäre danach unter bestimmten konstruktiven Randbedingungen bis zum Bemessungswert der aufnehmbaren Scherkraft der Schweißstelle F_{wd} zulässig.

Für die empfohlenen vereinfachten Nachweise für eine solche Verankerung im weitgehend uneingeschränkten Parameterbereich fehlen aus deutscher Sicht ausreichende Versuchsdaten und Erfahrungen. Der Wert für F_{btd} wurde daher im NA grundsätzlich zu null gesetzt, d. h. die Verankerung **allein** durch angeschweißte Querstäbe nach 8.6 ist normativ nicht geregelt.

Zu 8.7 Stöße und mechanische Verbindungen

Zu 8.7.2 Stöße

Zu 8.7.2 (3): Die Definition eng oder weit auseinander liegender Stöße wird in DIN EN 1992-1-1 [25] anhand des lichten Abstands a benachbarter Stäbe vorgenommen. Zum Vergleich sind die Definitionen nach DIN 1045-1 [68] in Bild 88 eingetragen.

Die Kraftüberleitung bei Übergreifungsstößen erfolgt über den Beton zwischen den gestoßenen Stäben. Die gegenseitige Beeinflussung der benachbarten Stöße kann durch einen Versatz in Bauteillängsrichtung und durch einen ausreichenden Abstand in Querrichtung ausgeschlossen bzw. reduziert werden.

Der für die Vernachlässigung der gegenseitigen Beeinflussung ausreichende Längsversatz der Stoßmitten wurde mit der 1,3-fachen Übergreifungslänge in Versuchen festgestellt (*Leonhardt/Mönnig* [106, 142]). Das abwechselnde Versetzen der Stöße nur um die 0,5-fache Übergreifungslänge führt bei Balken zu keiner Traglaststeigerung gegenüber Vollstößen, da der Einfluss der seitlichen Betondeckung auf das Versagen der Randstöße i. d. R. dominiert. Bei Stößen ohne Randeinfluss (z. B. in Flächentragwerken) ist jedoch eine Traglaststeigerung bei einem $0,5l_0$-Versatz möglich, da die gegenseitige Beeinflussung der höher beanspruchten Stoßenden reduziert wird. Diese Effekte reichten aber nicht aus, um kürzere Übergreifungslängen zuzulassen, solche Stöße werden als besondere Vollstöße betrachtet, für deren etwas günstigeres Stoßtragverhalten Vergünstigungen bei der Querbewehrung gestattet werden (siehe 8.7.4.1 (3), [106]).

Zu 8.7.2 (4): Der Regelfall für einen 100%-Stoß aller Zugstäbe in einer Lage nach DIN EN 1992-1-1 [25] sind ausreichend längsversetzte, direkt benachbarte Stöße. In diesem Falle können die versetzten Stöße beliebig in einem Plattengrundriss verteilt werden. Lässt sich sicherstellen, dass Stöße in gering beanspruchten Bewehrungsquerschnitten liegen können (z. B. in der Nähe der Momentennullpunkte), sind auch wie bisher 100%-Vollstöße ohne Längsversatz in einem Querschnitt möglich.

Da bei einem Vollstoß mehrlagiger Bewehrungen der Beton im Stoßbereich höher und über einen größeren Bereich beansprucht wird als beim Stoß einer Bewehrungslage, dürfen nur maximal 50 % des gesamten mehrlagigen Bewehrungsquerschnitts in einem Querschnitt gestoßen werden. Die nicht gestoßene Bewehrung entlastet dann den Stoßbereich. Es fehlen für Stöße mehrlagiger Bewehrungen ausreichende Versuchserfahrungen, um weitergehende Regeln einzuführen [106].

Zu 8.7.2 (NA.5): Um Kontaktstöße von Druckstäben ohne abZ zu ermöglichen, wurden diese Regeln aus DIN 1045:1978-12 übernommen. Wesentliche Voraussetzung für die Funktion der Kontaktstöße ist die zentrische Krafteinleitung. Diese soll durch maschinentechnisch genau orthogonal zur Stablängsachse gesägte Stirnflächen und zusätzliche Montagehilfen sichergestellt werden. Zur Gewährleistung der Stützenstabilität insbesondere in außergewöhnlichen Situationen wird verlangt, dass die Stützen unverschieblich gehalten sind, die Kontaktstöße in den äußeren Vierteln der Bauteillänge angeordnet und nicht planmäßig auf Zug beansprucht werden und der Stoßanteil begrenzt wird. Einerseits darf in einem Querschnitt höchstens die Hälfte der Druckstäbe über Direktkontakt gestoßen werden. Die nicht gestoßenen Stäbe müssen mindestens 0,8 % des statisch erforderlichen Betonquerschnitts

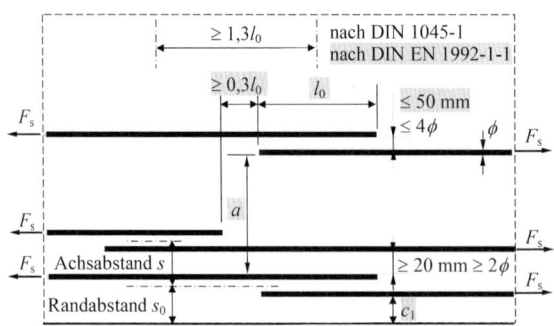

Bild 88. Benachbarte und versetzte Stöße (Grundriss)

des Bauteils aufweisen und sind gleichmäßig über den Querschnitt zu verteilen. Dadurch soll eine Mindestbiegetragfähigkeit für unplanmäßige Beanspruchungen gewährleistet werden [106].

Zu 8.7.3 Übergreifungslänge

Zu 8.7.3 (1): Ähnlich wie bei der Verankerungslänge werden die verschiedenen Effekte auf die Übergreifungslänge über einen Beiwertsatz α_1 bis α_6 berücksichtigt. Die Ermittlung der Übergreifungslänge geht vom Grundwert der Verankerungslänge $l_{b,rqd}$ aus. Die Erläuterungen zur Verankerungslänge nach 8.4.4 gelten hier gleichermaßen. Der Grundwert $l_{b,rqd}$ sollte zunächst für den im GZT mit f_{yd} voll ausgelasteten Stab ermittelt werden. Die ggf. reduzierte erforderliche Übergreifungslänge darf dann auch direkt unter Berücksichtigung des Ausnutzungsgrads $A_{s,erf}/A_{s,vorh}$ bestimmt werden. Für $A_{s,vorh}$ darf immer die gewählte Bewehrungsmenge unabhängig davon angesetzt werden, aus welchem Nachweis die Bewehrung erforderlich wird.

Bei Übergreifungsstößen mit verschiedenen Stabdurchmessern ist die Übergreifungslänge für jeden Durchmesser und zugehöriger Auslastung zu ermitteln und die jeweils größere Übergreifungslänge zu wählen.

Zusätzlich ist die Übergreifungslänge für die im GZG ausgenutzte Betonstahlspannung σ_s nachzuweisen. Bei diesem Nachweis ist der Ausnutzungsgrad auf die Betonstahlspannung σ_s im GZG zu beziehen (z. B. für die Mindestbewehrung der Rissbreitenbegrenzung nach Gleichung (31) hier in den Erläuterungen zu 7.3.3). Dieser Nachweis kann maßgebend werden, wenn die im GZT erforderliche Bewehrung sehr gering oder z. B. erf $A_s = 0$ ist. Der größere Wert für die Übergreifungslänge ist maßgebend.

Bei Zugstößen mit abgebogenen Haken, Winkelhaken oder Schlaufen darf $\alpha_1 = 0,7$ angesetzt werden, wenn Betonabplatzungen im Bereich der Krümmungen wie bei Verankerungen vermieden werden [106].

Für die Übergreifungslänge darf der Einfluss von angeschweißten Querstäben mit α_4 nach Tabelle 8.2 nicht angesetzt werden.

Der Übergreifungsbeiwert α_6 wurde in der DIN EN 1992-1-1 [25] unabhängig von der Stoßart (Druck- oder Zug), von Stabdurchmessern und von Stoßabständen wie folgt vorgeschlagen:

$$1,0 \leq \alpha_6 = (\rho_1/25)^{0,5} \leq 1,5 \qquad (41)$$

Dabei ist ρ_1 der Prozentsatz der innerhalb von $0,65 l_0$ gestoßenen Bewehrung.

Diese Werte mussten im NA [26] komplett durch die Tabelle 8.3DE (mit den Werten von Tabelle 27 aus DIN 1045-1 [28]) ersetzt werden, weil die EN 1992-1-1-Beiwerte α_6 insbesondere bei Zugstößen mit dickeren Stäben und einem Stoßanteil $\geq 50\%$ sowie engen Stoßabständen keine ausreichende Sicherheit gewährleisten. Andererseits führen die EN-1992-1-1-Werte $\alpha_6 > 1,0$ für Druckstöße zu auf der sicheren Seite liegenden, aber unwirtschaftlichen Übergreifungslängen. Für die Bestimmung des Stoßanteils in einem Querschnitt in Tabelle 8.3DE sind alle Stöße anzurechnen, die nicht längsversetzt sind. Es gilt Bild 8.7, wonach Übergreifungsstöße als ausreichend längsversetzt gelten, wenn der Längsabstand der Stoßmitten mindestens der 1,3-fachen Übergreifungslänge l_0 nach Gleichung (8.10) entspricht.

Es gilt als nachgewiesen, dass bei gegenseitigen Achsabständen nicht längsversetzter Stöße in Querrichtung von $s \geq 12\phi$ (bzw. $a \geq 10\phi$ bei direkter Stabberührung) keine Überlagerung der Sprengkräfte benachbarter Stöße mehr stattfindet. Bei Balken ist zusätzlich ein Randabstand von $s_0 \geq 5\phi$ (bzw. $c_1 \geq 4\phi$) einzuhalten, da sonst der Randstoß das Gesamttragverhalten bestimmt. Bei Flächentragwerken spielt der Randabstand wegen der Vielzahl der Stäbe nur eine untergeordnete Rolle. Die Abstandswerte und Übergreifungslängen wurden für eine minimale Betondeckung von $c_y \approx 1\phi$ ausgelegt [106].

Die Zugstoßbeiwerte α_6 nach Tabelle 8.3DE dürfen bei großen gegenseitigen Abständen nicht längsversetzter Stöße ca. 30% gegenüber denen bei engen Stoßabständen reduziert werden (siehe Fußnoten). Im Gegensatz zu den auf Achsabstände bezogenen Festlegungen in DIN 1045 wird dabei in DIN EN 1992-1-1 auf die planmäßigen lichten Stababstände a bzw. die Betondeckung c_1 parallel zur Stoßebene Bezug genommen. Dabei darf davon ausgegangen werden, dass sich die zu stoßenden Stäbe direkt berühren. Verlegeabweichungen bis zu einem lichten Stababstand zwischen den gestoßenen Stäben bis 4ϕ bzw. 50 mm sind ohne Änderungen der Übergreifungslänge abgedeckt.

Die Mindestmaße $l_{0,min} \geq 15\phi$ bzw. 200 mm gewährleisten eine Mindesttragfähigkeit des Stoßes und berücksichtigen die bei üblicher Sorgfalt möglichen Verlegeungenauigkeiten [106]. Die Festlegung der Mindestübergreifungslänge auf 30% des Grundwertes erfolgte analog dem Mindestwert für die Verankerungslänge. Für den Mindestwert $0,3 \cdot \alpha_1 \cdot \alpha_6 \cdot l_{b,rqd}$ darf nach NA [26] wieder die Wirksamkeit von Aufbiegungen mit α_1 zusätzlich berücksichtigt werden, dafür ist der Grundwert $l_{b,rqd}$ auf den mit f_{yd} voll ausgelasteten Stab zu beziehen.

Zu 8.7.4 Querbewehrung im Bereich der Übergreifungsstöße

Zu 8.7.4.1 Querbewehrung für Zugstäbe

Zu 8.7.4.1 (1): Im Stoßbereich wird Querbewehrung benötigt, um Querzugkräfte aufzunehmen und die Breite von möglichen Längsrissen zu begrenzen. Die Abtriebskräfte wirken zweidimensional, zu ihrer Aufnahme sind also i. d. R. umschließende Querbewehrungen, wie Bügel, erforderlich. Im Vertrauen auf die Zugfestigkeit des Betons wurden für DIN 1045:1978-12 auch gerade Querbewehrungen für Flächentragwerke unter bestimmten, pragmatisch festgelegten Randbedingungen erlaubt (vgl. [106]), die bis heute Bestand haben. Aus anderen Gründen vorhandene Querbewehrungen dürfen angerechnet werden.

Zu 8.7.4.1 (2): Konstruktive Querbewehrung: Bei dünnen Stäben $\phi < 20$ mm oder, wenn der Anteil gestoßener Stäbe in einem Querschnitt höchstens 25 % beträgt, darf die nach Kapitel 9 vorhandene Querbewehrung ohne weiteren Nachweis als ausreichend angesehen werden, weil die Spaltkräfte immer noch relativ gering sind. Aussagekräftige Versuche hierzu liegen nicht vor. Diese konstruktiven Grenzwerte nach DIN EN 1992-1-1 sind großzügiger als jene seit der DIN 1045:1972-12 in Deutschland ebenfalls pragmatisch festgelegten mit $\phi < 16$ mm oder dem maximalen Stoßanteil von 20 % für normalfesten Beton. Die Unterscheidung in Stöße mit auf das Bauteilinnere bezogen nebeneinander bzw. übereinander liegenden Stäben wurde schon für die DIN-1045-1-Fassung 2001 aufgegeben.

Die Erweiterung der Grenzwerte in DIN EN 1992-1-1 gegenüber 1972 erscheint gerechtfertigt, wenn die konstruktiven Querbewehrungen aus Kapitel 9 in der Betondeckung des Stoßbereichs außenliegend angeordnet werden. Soll die konstruktive Querbewehrung jedoch in Platten und Wänden innenliegend angeordnet werden, wird die geringeren "bewährten" Grenzwerte $\phi < 16$ mm bis $\leq$ C55/67 oder der maximale Stoßanteil ohne Versatz von 20 % in einem Querschnitt einzuhalten.

Zu 8.7.4.1 (3): Rechnerisch nachzuweisende Querbewehrung: In der Regel ist die Querbewehrung für Übergreifungsstöße nachzuweisen (Ausnahmen siehe (2)). Die Gesamtquerschnittsfläche jeder rechnerisch nachzuweisenden Querbewehrung ΣA_{st} darf nicht kleiner als die Querschnittsfläche A_s eines gestoßenen Stabs ($\Sigma A_{st} \geq 1,0 A_s$) sein. Liegen die gestoßenen Stäbe im lichten Abstand weiter als 4ϕ auseinander, ist die Querbewehrung auf beide gestoßene Stäbe auszulegen.

Werden in vorwiegend biegebeanspruchten Bauteilen mehr als 50 % des Querschnitts einer Bewehrungslage in engem Abstand gestoßen (benachbarte Stöße mit lichten Abständen $a \leq 10\phi$ bzw. Achsabständen $s \leq 12\phi$), muss die Querbewehrung die Stöße bügelartig umfassen, um alle Zugkräfte durch Bewehrung aufzunehmen (anderenfalls darf sie gerade sein). Damit soll das schlagartige Abklappen der Bewehrung bei einem evtl. Stoßversagen verhindert werden [106]. Die geringfügige Zurückführung der DIN-EN-1992-1-1-Regel auf den "engen" Stoßabstand $s \leq 12\phi$ gegenüber DIN 1045:1978-12 mit $s \leq 10\phi$ ist mit Blick auf die erhöhte zulässige Betonstahlauslastung in jedem Fall gerechtfertigt.

Eine bügelartige Querbewehrung ist mit der Verankerungslänge l_{bd} bzw. $l_{b,eq}$ nach 8.4.4 oder nach den Regeln für die Verankerung von Bügeln nach 8.5 im Bauteilinneren zu verankern. Der Abstand der Bügelschenkel in Querrichtung sollte nicht größer als h bzw. 600 mm bis $\leq$ C50/60 gewählt werden (analog Querkraftbügel nach Tabelle NA.9.2).

Zu 8.7.4.2 Querbewehrung für Druckstäbe

Zu 8.7.4.2 (1): Da an den Stabenden ein Teil der Druckkraft durch Spitzendruck übertragen wird, ist eine Vergrößerung der Verankerungslänge bei Übergreifung nicht erforderlich ($\alpha_6 = 1,0$). Abzüge für abgebogene Stabenden sind nicht zulässig.

Die Sprengwirkung des Spitzendrucks erfordert eine zusätzliche Querbewehrung, die über die Stoßenden hinaus eingelegt werden muss (mindestens ein Stab).

Zu 8.7.5 Stöße von Betonstahlmatten aus Rippenstahl

Zu 8.7.5.1 Stöße der Hauptbewehrung

Zu 8.7.5.1 (3): Ein-Ebenen-Stöße von geschweißten Betonstahlmatten sollen wie Stöße von Stabstählen (ohne Anrechnung der angeschweißten Querstäbe) bemessen werden. Sie können durch wechselseitige Verschränkung der Matten (Bild 8.10 a) oder mit Matten mit langen Überstandsstäben ohne Querbewehrung realisiert werden.

Die angeschweißten Querstäbe dürfen als erforderliche Querbewehrung im Übergreifungsstoßbereich nach 8.7.4 angerechnet werden.

Zu 8.7.5.1 (4) und (5): Zwei-Ebenen-Stöße werden durch Übereinanderstapeln der Matten mit zwischenliegenden Querstäben ausführungstechnisch einfacher verlegt. Werden dabei keine bügelartigen Umfassungen eingebaut, versagen die Stöße ähnlich wie bei Stäben mit engem Stababstand durch großflächiges Abplatzen der Betondeckung [106].

Die Forderung, Stöße in Bereichen mit ($\sigma_{sd} \leq 0,8 f_{yd}$) anzuordnen, soll sicherstellen, dass die Risse an den Stoßenden wegen der größeren Dehnung der innenliegenden Matte und des Schlupfes der gestoßenen Stäbe nicht wesentlich breiter als außerhalb des Übergreifungsstoßes werden bzw. tolerierbare Grenzwerte nicht überschreiten. Bei Matten mit $a_s > 6$ cm^2/m und $\sigma_{sd} > 0,8 f_{yd}$ ist deshalb bei einem erforderlichen Nachweis der Rissbreitenbegrenzung mit einer um 25 % erhöhten Betonstahlspannung zu führen [106].

Zu 8.7.5.1 (6): Stöße in der inneren Lage weisen gegenüber Stößen in der äußeren Lage ein wesentlich günstigeres Tragverhalten auf. Die äußere Bewehrung hält die Rissbreiten an den Stoßenden klein, sodass ein Abplatzen der Betondeckung erst bei höheren Beanspruchungen auftritt. Daher wurden in DIN 1045:1978-12 die auch in DIN EN 1992-1-1/NA [26] aufgenommenen Regeln eingeführt. Danach dürfen nur Matten mit $a_s \leq$ 12 cm²/m ohne Längsversatz in zwei Ebenen gestoßen werden. Vollstöße von Matten mit größerem Bewehrungsquerschnitt sind nur in der inneren Lage zulässig, wobei der gestoßene Anteil nicht mehr als 60 % des erforderlichen Bewehrungsquerschnitts betragen darf. Auf eine Erhöhung der Stahlspannung für die Rissbreitenbegrenzung darf dann in der inneren Lage verzichtet werden [106].

Bei der Ermittlung der Übergreifungslänge für Zwei-Ebenen-Stöße nach Gleichung (NA.8.11.1) werden mit α_7 die aus der Exzentrizität herrührenden zusätzlichen Abtriebskräfte und die fehlende Umfassungsbewehrung berücksichtigt. Wegen des größeren Grundmaßes der Verankerungslänge ist der um ca. 10 % gegenüber DIN 1045:1978-12 reduzierte Übergreifungsbeiwert gerechtfertigt.

Zu 8.9 Stabbündel

Zu 8.9.2 Verankerung von Stabbündeln

Zu 8.9.2 (1): Stabbündel mit einem Vergleichsdurchmesser $\phi_n \leq 28$ mm dürfen wie querschnittsgleiche Einzelstäbe verankert werden. Zugspruchte Stabbündel über End- und Zwischenauflagern dürfen ohne Längsversatz an einer Stelle enden. Bei größerem Vergleichsdurchmesser $\phi_n \geq$ 32 mm sind die Einzelstäbe des Bündels außerhalb von Auflagern gegeneinander versetzt zu verankern (z. B nach Bild 8.12), um das bei einer sprunghaften Änderung der Dehnsteifigkeit zu erwartende ungünstige Rissverhalten und eine zu große örtliche Betonbeanspruchung zu vermeiden [106].

11.3.9 Zu 9 Konstruktionsregeln

Zu 9.2 Balken

Zu 9.2.1 Längsbewehrung

Zu 9.2.1.1 Mindestbewehrung und Höchstbewehrung

Zu 9.2.1.1 (1): Das Sicherheitskonzept für die Nachweise in den Grenzzuständen der Tragfähigkeit setzt eine Vorankündigung durch duktile Bauteilverformungen bei einer fiktiven Lasterhöhung bis zum Bruch voraus. Das Prinzip erfordert die Aufnahme der bei Erstrissbildung durch den Ausfall der Betonzugspannungen frei werdenden Schnittgrößen durch Betonstahl allein, durch Beton- und Spannstahl oder bei unbewehrten Bauteilen durch die Sicherstellung von Umlagerungsmöglichkeiten der Druckkräfte im Querschnitt [37]. Eine vergleichbare Empfehlung für eine solche Mindestbewehrung wurde auch schon von *Bonzel* et al. in [176] für DIN 1045:1972-01 gegeben.

Bei gering bewehrten Bauteilen besteht die Gefahr eines unangekündigten Versagens, wenn das Rissmoment des Betonquerschnitts über dem durch die Bewehrung aufnehmbaren Moment liegt. In jedem Bauteilquerschnitt muss deshalb die Biegebewehrung mindestens so groß sein, dass sie das Rissmoment M_{cr} des Querschnitts unter Ausnutzung der Streckgrenze f_{yk} aufnehmen kann (Robustheitsbewehrung), wenn das spröde Versagen nicht auf andere Weise verhindert wird. Demnach sind auch alternative konstruktive Maßnahmen oder Tragmodelle anwendbar, die ein Bauteilversagen (Einsturz) ohne Vorankündigung (z. B. durch Risse oder Durchbiegungen usw.) ausschließen. Ein Beispiel hierfür ist die Ausnutzung der Umlagerungsmöglichkeiten des Sohl- oder Erddrucks elastisch gebetteter Gründungsbauteile [37].

Zu 9.2.1.1 (3): In DIN 1045:1972-01 wurde die Begrenzung der Längsbewehrung auch im Bereich von Übergreifungsstößen auf $A_{s,max} = 0.09 A_c$ (für Betone $> C12/15$) mit folgenden Begründungen eingeführt [176]:

Ein einwandfreies Betonieren muss durch ausreichende Lücken zum Einbringen und Rütteln des Betons gewährleistet werden. Zu hohe Bewehrungsprozentsätze sind konstruktiv nicht ordnungsgemäß unterzubringen. Außerdem ist die Bewehrungsmenge sinnvoll so zu begrenzen, dass ein bauartgerechtes Tragverhalten sichergestellt bleibt, d. h., dass z. B. eine zu hohe Querschnittsausnutzung oder große Verformungen vermieden werden. Das Trägheitsmoment wird durch den Einbau von Druckbewehrung nicht wesentlich erhöht. Mit der Wahl immer größerer Stabdurchmesser ist außerdem ein ungünstigeres Rissverhalten zu erwarten.

Der Einbau einer Druckbewehrung bringt eine wesentliche Erhöhung der Tragfähigkeit, wenn sie ausreichend durch Verbügelung gegen Ausknicken gesichert wird (siehe 9.2.1.2 (3)). Die bei der Berechnung angesetzte Druckbewehrung sollte die Menge der Zugbewehrung nicht überschreiten und bei überwiegend biegebeanspruchten Bauteilen auf maximal 1,0 % begrenzt bleiben. Wenn mit hohen Kriechverformungen gerechnet werden muss, ist die Entlastung der Druckzone durch Bewehrung zweckmäßig.

Die etwas reduzierte Begrenzung auf $A_{s,max} = 0.08 A_c$ wurde erstmalig für DIN 1045-1:2001-07 aus dem Vorschlag der Vornorm ENV 1992-1-1 [134] übernommen. Die Einengung auf maximal je 4 % maximaler Bewehrungsgrad der Druck- und Zugbewehrung wurde auch mit Blick auf die größeren Stabdurchmesser 32 mm und 40 mm im Vertrauen auf eine ingenieurmäßig vernünftige Bewehrungskonstruktion etwas gelockert.

Zu 9.2.1.2 Weitere Konstruktionsregeln

Zu 9.2.1.2 (2): Bei Gurtplatten in der Zugzone führt eine Konzentration der Zuggurtbewehrung im Stegbereich zu breiten Rissen in der Platte. Werden jedoch 40% bis 60% der Zuggurtbewehrung in die Platte ausgelagert, ergibt sich ein günstigeres Rissbild und Tragverhalten. Dazu kommt oft ein vergrößerter Hebelarm bei dann möglicher einlagiger Bewehrung und mehr Betonierlücken (*Leonhardt/ Mönnig* [142]).

In DIN 1045:1978-12 wurde eine Begrenzung des Auslagerungsbereichs auf die halbe mitwirkende Plattenbreite eingeführt. *Eibl* und *Kühn* haben in Versuchen in den Jahren 1973/1974 [177] nachgewiesen, dass sich eine weitergehende Auslagerung ungünstig auf die Rissverteilung und Gleichmäßigkeit der Bewehrungsbeanspruchung auswirkt. Insbesondere im Gebrauchslastbereich wurde die nahe am Steg liegende Gurtbewehrung deutlich höher beansprucht als die weiter ausgelagerte. Auf die Anordnung einer entsprechenden Querbewehrung für die ausgelagerte Längsgurtbewehrung und das zusätzliche Versatzmaß (siehe [26] (NCI) 9.2.1.3 (2)) wurde gleichermaßen hingewiesen.

Daher wurde im NA [26] die Empfehlung aufgenommen, abweichend von der DIN EN 1992-1-1 [25] die Zuggurtbewehrung nur auf die halbe rechnerische mitwirkende Plattenbreite auszulagern. Das Bild 9.1DE wurde dementsprechend in der konsolidierten Fassung im Abschnitt 11.4 redaktionell angepasst.

Zu 9.2.1.3 Zugkraftdeckung

Zu 9.2.1.3 (1): Durch den Nachweis der Zugkraftdeckung wird sichergestellt, dass in jedem Querschnitt die auftretende Zuggurtkraft durch die vorhandene Bewehrung aufgenommen werden kann.

Die Zugkraftdeckung muss auch bei einer erforderlichen Bemessung für den Brandfall sichergestellt sein. Die außergewöhnliche Einwirkungskombination im Brandfall führt zu deutlich geringeren Schnittgrößen als bei der Kaltbemessung (maximal 70%). Daher liegen die Momentennullpunkte in Durchlaufträgersystemen zunächst günstig näher an den Stützungen, bevor im Brandfall der entgegengesetzte Effekt eintritt, weil sich Feldmomente wegen der heißer und damit „weicher" werdenden Feldbewehrung zu den kälteren Stützquerschnitten umlagern. Dies ist bei einer genaueren „Heißbemessung" mit Näherungsverfahren bzw. allgemeinen Verfahren zu berücksichtigen.

Werden z. B. nach DIN EN 1992-1-2 [47], 5.7.3, Durchlaufplatten mit dem Tabellenverfahren nachgewiesen, wird in DIN EN 1992-1-1/NA [48] zur Sicherstellung der Rotationsfähigkeit über den Auflagern gefordert, die Stützbewehrung gegenüber der erforderlichen Länge aus der Zugkraftdeckung „Kaltbemessung" beidseitig um 0,15l weiter ins Feld zu führen (mit l – Stützweite des angrenzenden größeren Felds).

Zu 9.2.1.3 (2): Der Einfluss der Querkraft auf die Biegebewehrung darf vereinfacht über einen oberen Schätzwert für das Versatzmaß a_l berücksichtigt werden. Das Versatzmaß für Platten ohne Querkraftbewehrung wurde erstmalig für DIN 1045: 1978-12 von 1,5d auf 1,0d aufgrund damaliger Versuche reduziert [106].

Der Hebelarm der inneren Kräfte z in Gleichung (9.2) für das Versatzmaß bei Bauteilen mit Querkraftbewehrung im GZT kann aus der Biegebemessung übernommen werden; er darf näherungsweise zu $z \approx 0,9d$ angesetzt werden, sofern nicht durch erhebliche Normalkräfte z. B. aus Vorspannung kleinere Werte maßgebend sind [178]. Deutlich wird die Abhängigkeit des Versatzmaßes und damit der Verankerungslänge von der gewählten Druckstrebenneigung mit dem Winkel θ. Bei kurzen Auflagertiefen kann die Verankerungslänge damit auch für die Querkraftbewehrung bemessungsentscheidend werden, weil der Druckstrebenwinkel steiler gewählt werden muss.

Zu 9.2.1.3 (3): Im Unterschied zur Regelung in DIN 1045-1 darf nach DIN EN 1992-1-1 [25] ein linearer Kraftverlauf entlang der Verankerungslänge bei der Abdeckung der Zugkraftlinie durch gestaffelte Bewehrung berücksichtigt werden. Am Stabende beginnend steigt die in einem Bewehrungsstab aufnehmbare Kraft durch die Verbundwirkung allmählich linear an, bis nach der Verankerungslänge l_{bd} der Bemessungswert F_{sd} erreicht ist. Dies durfte in DIN 1045-1 nicht berücksichtigt werden. Im Vergleich zur Anrechnung eines stetigen Anstiegs der Zugkraftdeckungslinie in DIN EN 1992-1-1 ergaben sich damit größere erforderliche Stablängen. Eine Begründung für die Vernachlässigung des Anstiegs war die mögliche Abweichung der tatsächlichen von der rechnerischen Zugkraftlinie, insbesondere da damals die Zugkraftlinie oft nur genähert (z. B. durch Schätzung oder Überschläge) nachgewiesen wurde. Außerdem können Verlegeungenauigkeiten auftreten, die zur Verkürzung der vorhandenen Verankerungslängen führen (vgl. [106]). In diesem Sinne ist der Hinweis auf den auf der sicheren Seite liegenden Verzicht auf die Berücksichtigung der Verankerungslänge in der Zugkraftdeckungslinie als weiterhin sinnvolle Empfehlung zu verstehen.

Wenn die Zugkraftlinie allerdings unter Ansatz der Betonstahlzugkraft in der Verankerungslänge abgedeckt wird, kommt der genauen Ermittlung ihres Verlaufs unter Berücksichtigung aller maßgebenden Lastfälle große Bedeutung zu. Der Aufwand ist heute mit Softwareunterstützung kein Thema mehr, gleichwohl sollte mit Ingenieurverstand eine ausreichend robuste konstruktive Staffelung mit nicht zu knappen Verankerungen gewählt werden.

Zu 9.2.1.3 (4): Aufgebogene Querkraftbewehrung, die im Bereich von Zugspannungen endet, muss an die Zugbewehrung mit Übergreifungsstoß angeschlossen werden. Hierfür ist vereinfacht die 1,3-fache Verankerungslänge mit $1,3 l_{bd}$ ausreichend. Bei im Bereich von Betondruckspannungen endenden Querkraftaufbiegungen kann die Verankerung ab der Nulllinie als gesichert gelten. Da zusätzlich eine günstige Wirkung der Krümmung gegeben ist, reicht eine verkürzte Verankerungslänge aus [106]. Diese wird in DIN EN 1992-1-1 [25] mit $0,7 l_{bd}$ festgelegt.

Zu 9.2.1.4 Verankerung der unteren Bewehrung an Endauflagern

Zu 9.2.1.4 (2): Die für die zu verankernde Zugkraft in Gleichung (9.3) im NA [26] ergänzte Begrenzung auf $\geq 0{,}5 V_{Ed}$ entspricht einem maximal ansetzbaren Druckstrebenwinkel von $\theta = 45°$.

Die zu verankernde Zugkraft sollte bei Vorhandensein einer Normallängskraft (Druckkraft negativ) unter Berücksichtigung des Hebelarms z_{s1} (Abstand Schwerpunkt zu Längsbewehrungslage A_{s1}) ermittelt werden [179]:

$$F_{Ed} = \frac{V_{Ed}}{2} \cdot (\cot\theta - \cot\alpha)$$
$$+ N_{Ed} \cdot \left(1 - \frac{z_{s1}}{z}\right) \geq \frac{V_{Ed}}{2} \quad (42)$$

Zu 9.2.1.4 (3): Ein ausführungstechnisch bedingtes Mindestmaß der Verankerungslänge wurde in DIN 1045:1972-01 mit 10ϕ eingeführt. Es sollte unvermeidliche Herstellungsungenauigkeiten abdecken und gewährleisten, dass ein bestimmter Teil der Zugkraft der Stäbe, die über die Auflager geführt werden, verankert wird [106]. Abweichungen können beim Ablängen oder Verlegen der Bewehrung sowie bei der Stützweite auftreten. Bei dieser Festlegung wurde davon ausgegangen, dass die Herstellungsungenauigkeiten proportional zum Stabdurchmesser ansteigen (größerer Stabdurchmesser → größere Stützweite und Stablängen, vgl. [175]). Ab DIN 1045:1978-12 wurde für die Verankerung am Endauflager das Mindestmaß mit 10ϕ bei indirekter und 6ϕ bei direkter Auflagerung unterschieden. In DIN 1045-1:2008-08 [68] wurde dieses Mindestmaß auf $2/3 \cdot 10\phi = 6{,}7\phi$ am direkten Auflager mit Blick auf die gegenüber früher möglicherweise höhere Betonstahlausnutzung konstruktiv sinnvoll etwas vergrößert. Dieser Mindestwert wurde im NA [26] mit (NCI) zu 8.4.4 (1) und 9.2.1.4 (3) übernommen.

Zu 9.2.1.5 Verankerung der unteren Bewehrung an Zwischenauflagern

Zu 9.2.1.5 (2): An Zwischenauflagern von durchlaufenden Platten und Balken, an Endauflagern mit anschließendem Kragarm, an eingespannten Auflagern und an Rahmenecken wurde als Verankerungslänge in DIN 1045:1978-12 unabhängig von der Art der Endverankerung und der Lagerungsart vereinfachend das Maß 6ϕ gefordert, wobei Krümmungen und Haken an der Auflagervorderkante beginnen dürfen. Die Länge 6ϕ war ein Kompromiss für die i. d. R. vorhandene Druckzone, für die eine volle Verankerung der Bewehrung auf keinen Fall ausreicht [106]. Dieser Kompromiss wurde im NA [26] als (NCI) sozusagen im Sinne des Bestandsschutzes wieder aufgenommen. Die Vorgabe in DIN EN 1992-1-1 mit 10ϕ für gerade Stabverankerungen ist natürlich sicherer.

Außerdem sollte bei Betonstahlmatten mindestens 50 mm hinter der Auflagervorderkante des Zwischenauflagers noch ein Querstab liegen.

Zu 9.2.1.5 (3): Auch für DIN 1045:1972-01 wurde schon empfohlen, an Zwischenauflagern zur Aufnahme unplanmäßiger Beanspruchungen (z. B. Brandeinwirkung, Stützensenkung, Katastrophenfall) einen Teil der Feldbewehrung durchzuführen bzw. kraftschlüssig zu stoßen (insbesondere über Mauerwerkswänden). Sinnvollerweise sollte dies mit der mindestens über das Auflager zu führenden Feldbewehrung geschehen. Die Entscheidung bleibt dem Ermessen des Ingenieurs vorbehalten [106]. In DIN EN 1992-1-1 wird hierzu eine vertragliche Vereinbarung bemüht, um die Kosten für die erhöhte Zuverlässigkeit eindeutig und rechtssicher zuzuordnen.

Zu 9.2.2 Querkraftbewehrung

Zu 9.2.2 (2): Bild 9.5 wurde im NA [26] durch die seit DIN 1045:1978-12 bekannten Beispiele für Querkraftzulagen aus Bügelkörben und Bügelleitern ergänzt, um klarzustellen, dass auch alle bisher bewährten Konstruktionsformen weiterhin zulässig sind.

Zu 9.2.2 (4): Bei einer Kombination von Bewehrungselementen nach Bild 9.5 muss in Balkenquerschnitten immer mindestens 50 % der Querkraftbewehrung aus Außenbügeln bestehen, die die gesamte Zugbewehrung umfassen.

Zu 9.2.2 (5): Die **Mindestquerkraftbewehrung** nach DIN EN 1992-1-1 [25], Gleichung (9.5N) ist z. T. deutlich geringer als die für DIN 1045-1 abgeleitete. Daher wurden die Beziehungen aus DIN 1045-1 in den NA [26] mit den Gleichungen 9.5DE) wieder aufgenommen. Aus konstruktiven Gründen sollte die Mindestquerkraftbewehrung bei Balken zu 100 % aus Bügeln bestehen.

Zu 9.2.2 (6) und (8): Die Querkraftbemessung im Fachwerkmodell setzt anstelle singulärer Stäbe Druck- und Zugfelder voraus. Dabei stützen sich die Druckstreben vorrangig in den steiferen Bügelecken ab und schnüren sich so ein. Um Schäden aus den Druckspannungskonzentrationen zu vermeiden und die dichter werdende Schubrissbildung durch ausreichend viele Bügelschenkel zu fassen, müssen mit zunehmender Ausnutzung der Druckstrebentragfähigkeit engere Bügelabstände vorgesehen werden. Da die Einschnürung auch in Breitenrichtung stattfindet, sind die Abstände der Bügelschenkel quer zur Bauteilachse ebenfalls zu begrenzen. Bei breiten Balken- und Plattenquerschnitten sind daher mehrere Bügel nebeneinander und versetzt anzuordnen.

Im NA [26] wurden daher wieder beanspruchungsabhängige Maximalabstände $s_{l,max}$ der Bügelschenkel in Längsrichtung (Tabelle NA.9.1) und in Querrichtung aufgenommen. Die strengere Abstandsbegrenzung ist unter anderem auf die nach NA gegenüber DIN EN 1992-1-1 [25] erhöhte maximal mögliche Querkraftausnutzung $V_{Rd,max}$ zurückzuführen.

Die Querabstände der Bügelschenkel $s_{t,max}$ wurden im NA mit der Bauteilabmessung h in Tabelle NA.9.2 dafür großzügiger festgelegt.

In DIN 1045:1978-12 wurde die konstruktive Regelung für niedrige ($h < 200$ mm), gering querkraftbeanspruchte Balken ohne rechnerisch erforderliche Querkraftbewehrung eingeführt, wonach ein maximaler Bügelabstand von $s_{l,max} = 150$ mm „die praktischen Verhältnisse als auch die notwendigen Sicherheitsanforderungen" berücksichtigt [106]. Dies ist beispielsweise eine für Fensterstürze mit größeren Spannweiten relevante Regelung, die im Sinne der Praxis wieder im NA integriert wurde (Fußnote b) in Tabelle NA.9.1).

Zu 9.2.3 Torsionsbewehrung

Zu 9.2.3 (1): Torsionsbügel müssen den umlaufenden Schubfluss durch Kurzschließen der Zugkraft aufnehmen (z. B. mit Übergreifungsstößen nach Bild 9.6 a2)). Daher ist das Schließen offener Bügel z. B. mit Plattenquerbewehrung nach Bild 8.5DE i) für Torsionsbügel nicht zulässig. Dies ist insbesondere auch wegen der im NA höher ausnutzbaren umlaufenden Druckstrebe für Querkraft und Torsion begründbar. Diese in DIN EN 1992-1-1 [25] im Bild 9.6a3) als „empfohlen" dargestellte Bügelform wurde daher im NA [26] ausgeschlossen und in der konsolidierten Normfassung in Abschnitt 11.4 entfernt.

Torsionsbügel dürfen mit Haken nach Bild 9.6a1) bzw. Bild 8.5DE a) geschlossen werden, wenn die Hakenlänge nach der Biegung von 5ϕ auf 10ϕ vergrößert wird, um das Herausziehen zu verhindern (siehe auch *Leonhardt/Mönnig* in [142]). Bei engem Bügelabstand ($s_{l,max} \leq 200$ mm) sind die Haken längs des Bauteils wechselseitig zu versetzen.

Zu 9.2.5 Indirekte Auflager

Zu 9.2.5 (1): Die Auflagerkraft des unterstützten Nebenträgers muss vollständig durch Aufhängebewehrung in die Druckzone des stützenden Hauptträgers eingehängt werden. Die überwiegend parallel verlaufenden, in den Hauptträger einmündenden Druckstreben erlauben eine über die Höhe verteilte Einleitung der Auflagerkraft und damit gleichzeitig eine Auslagerung eines Teils der Aufhängebewehrung (maximal 30% [37]) in die unmittelbar angrenzenden Bereiche von Haupt- und Nebenträger.

Zu 9.2.5 (2): Die Umlenkung der Druckstreben bei ausgelagerter Aufhängebewehrung erfordert dabei eine horizontale, ausreichend verankerte Bewehrung zur Aufnahme der Zugkräfte. Die über die Höhe verteilte, horizontale Bewehrung muss dann der Gesamtquerschnittsfläche der ausgelagerten Bügel entsprechen (Druckstrebenwinkel 45°). Bei breiten unterstützten Trägern oder Platten ist der indirekte Auflagerbereich für den Nebenträger auf eine Auflagertiefe entsprechend seiner Nutzhöhe zu begrenzen (45° Druckstrebe vom Auflagerrand) [63].

Zu 9.3 Vollplatten

Zu 9.3.1 Biegebewehrung

Zu 9.3.1.1 Allgemeines

Zu 9.3.1.1 (3): Die Begrenzung des maximalen Stababstands in Platten führt indirekt auch zu einer Begrenzung der Stabdurchmesser und damit zu einer günstigeren Rissverteilung (vgl. DIN EN 1992-1-1 [25], Bild 7.2). Die im NA [26] daher eingeführten „bewährten" Werte für $s_{max,slabs}$ entstammen der DIN 1045:1988-07. Sie sind gegenüber den in DIN EN 1992-1-1 vorgeschlagenen Werten z. T. deutlich konservativer.

Zu 9.3.1.1 (4): Wenn das Versatzmaß bei querkraftbewehrten Platten nach Gleichung (9.2) bei sehr flach geneigten Druckstreben (bei ca. $\cot\theta > 2{,}5$) größer als d wird, ist das größere Versatzmaß $a_l > d$ für die Zugkraftdeckung und die Verankerung zu verwenden.

Zu 9.3.2 Querkraftbewehrung

Zu 9.3.2 (1): Die differenzierten Mindestdicken für Ortbetonplatten berücksichtigen die unterschiedliche Wirksamkeit der Verankerung von Querkraftbewehrungen. Bei zu geringer Dicke wird der relative Verankerungsschlupf so groß, dass die Querkraft- bzw. Durchstanzbewehrung im Bruchzustand nicht ausreichend wirksam werden kann.

Zu 9.3.2 (2): Die Mindestquerkraftbewehrung darf zwischen Balken und Platten im Bereich $4 \leq b/h \leq 5$ interpoliert werden ($\rho_{w,min}$ nach Gleichung

(9.5DE)). Dabei wird bei Platten zwischen Bereichen mit rechnerisch erforderlicher und nicht erforderlicher Querkraftbewehrung unterschieden.

Die Reduktion der Mindestquerkraftbewehrung für Platten gegenüber Balken ist auf das duktilere Bauteilverhalten von Flächentragwerken zurückzuführen. Diese weisen i. d. R. Umlagerungsmöglichkeiten auf, die lokale Fehlstellen besser ausgleichen können als Balkenquerschnitte. Die reduzierten Mindestquerkraftbewehrungsgrade dürfen auch für punktgestützte Platten verwendet werden, da innerhalb der Rundschnitte umgelagert werden kann [103].

Zu 9.3.2 (3): Querkraftbewehrung und Querkraftzulagen müssen grundsätzlich in der Druck- und Zugzone ausreichend verankert sein.

Werden in Platten Bügel als Querkraftbewehrung angeordnet, so müssen sie mindestens 50 % der Stäbe der äußeren Längsbewehrungslage umfassen. Diese gegenüber Balkenquerschnitten großzügigere Regelung wurde in DIN 1045:1978-12 eingeführt, weil Platten kaum auf Torsion beansprucht werden, die Bügel im Brandfall geschützt im Bauteilinneren liegen und die Querbewehrung eine Kraftumlagerung im Falle örtlicher Störungen erlaubt [106].

Querkraftbewehrungen in Platten dürfen auch als ein- oder zweischnittige Bügel mit Haken verankert werden. Es wird dabei davon ausgegangen, dass die Querkraftbewehrung die Zuggurtbewehrung umschließt, und dass eine Querbewehrung vorhanden ist, die die Querzugkräfte aus der Spreizung der Druckstrebe aufnehmen kann. Bügel mit 90°-Winkelhaken gelten als Querkraftzulage. Der Bemessungswert der Querkraft ist bei ihrer ausschließlichen Verwendung auf $1/3 V_{Rd,max}$ zu begrenzen.

Im Regelfall ist eine Verankerung mit 90°-Winkelhaken bei Querkraftzulagen und bei offenen Bügeln in Decken bis zu Feuerwiderstandsdauern von 90 Minuten ausreichend. Meistens werden die Bügelschenkel im Brandfall nicht mehr als etwa 80 % ($\sigma_{s,fi} \approx 240 \text{ N/mm}^2$) ausgenutzt. Bei diesem Beanspruchungsniveau ist die Verankerung mit 90°-Winkelhaken $\varnothing 8$ mm auch bis zu einer R120-Anforderung ausreichend. Dies trifft auch auf offene Bügel von Durchstanzbewehrung zu, die z. B. gemäß DAfStb-Heft 600 [37], Bild H9-7a) in der Druckzone einer brandbeanspruchten Deckenunterseite mit 90°-Winkelhaken verankert werden, wenn die statische Nutzhöhe nicht mehr als 400 mm beträgt. Nur bei einem Zusammentreffen mehrerer ungünstiger Randbedingungen, wie einer maximalen rechnerischen Ausnutzung der Querkraftbewehrung im Brandfall ($\sigma_{s,fi} \approx 300 \text{ N/mm}^2$ bei Betonstahl B500), geringer Betondeckung (≤ 20 mm bei XC1), kleinen Stabdurchmessern ≤ 8 mm und in Deckenbereichen mit $V_{Ed} > 1/3 V_{Rd,max}$ wird vorerst auf der sicheren Seite weiter empfohlen, entsprechend DAfStb-Heft 525 [103] bei einer Anforderung $\geq$ R90 auf die ausschließliche Verankerung aller offenen Bügel und Querkraftzulagen durch 90°-Winkelhaken auf der brandbeanspruchten Bauteilseite zu verzichten (siehe [180]).

Im Beanspruchungsbereich $V_{Ed} > 1/3 V_{Rd,max}$ sollten mindestens 50 % der Querkraftbewehrung aus geschlossenen Bügeln oder offenen Bügeln mit Hakenverankerung bestehen (vgl. [26] 9.2.2 (4)).

Zu 9.3.2 (4) und (5): Wie für Balkenquerschnitte wurden im NA [26] wieder die bewährten beanspruchungsabhängigen Maximalabstände s_{max} der Bügelschenkel in Längsrichtung aufgenommen.

Auch die Querabstände der Bügelschenkel wurden im NA mit der Bauteilabmessung h (statt $1,5d$) strenger festgelegt.

Zu 9.4 Flachdecken

Zu 9.4.3 Durchstanzbewehrung

Zu 9.4.3 (1): Wegen der abweichenden Festlegungen zur Ermittlung der Durchstanzbewehrung in DIN EN 1992-1-1 [25] (aufgebogene Bewehrung allgemein und Bügel bei Fundamenten) wurde das dortige Bild 9.10 überarbeitet und ergänzt und als Bild 9.10DE im NA [26] übernommen. Dabei wurden die Abstände für die aufgebogene Bewehrung in b) reduziert und die Anforderung engerer Bügelabstände in der Nähe der Lasteinleitungsfläche bei Fundamenten in c) aufgenommen.

Es müssen mindestens 50 % der Längsbewehrung in tangentialer oder radialer Richtung von den Durchstanzbügeln umschlossen werden (ggf. auch in der 2. Lage ausreichend).

Im Bereich der ausgerundeten Verlegeumfänge der Bewehrung (affin zum Nachweisschnitt in [25] Bild 6.13) sind insbesondere wegen des orthogonalen Längsbewehrungsrasters Lagetoleranzen der Bügelschenkel gegenüber der theoretischen Schnittführung baupraktisch erforderlich. Versuchsauswertungen ergaben, dass einzelne Bügelschenkel von der theoretischen Reihenlinie radial um bis zu $\pm 0,2d$ abweichen dürfen, solange die Grenzabstände der Bügel untereinander eingehalten werden [103]. Dies gilt nicht für die wichtigste erste Bügelreihe direkt neben der Lasteinleitungsfläche. Bei Flachdecken sollte diese zwischen $0,3d$ und $0,5d$ liegen, damit ein möglicher erster steiler Schubriss nicht vor dem ersten Bügelschenkel durch die Platte läuft. Die exakte Lage der ersten Bügelreihe in Fundamenten bei $0,3d$ ist wegen der tendenziell steileren Schubrisse noch wichtiger und sollte möglichst genau auf der Baustelle eingehalten werden. Eine entsprechende deutliche und auffällige Vermaßung der Bügelabstände auf den Bewehrungsplänen ist dringend erforderlich.

Querkraftzulagen sind als Durchstanzbewehrung unzulässig.

Wegen der gegenüber konventionellen Bügelformen besseren schlupfärmeren Verankerung und einfacheren Einbaubarkeit haben sich als alternative und effektivere Durchstanzbewehrung Doppelkopfanker und spezielle Gitterträger etabliert. Diese werden in DIN EN 1992-1-1 [25] nicht explizit behandelt, für diese besonderen Bewehrungselemente gelten weiterhin die entsprechenden Zulassungen.

Zu 9.4.3 (2): Die Mindestdurchstanzbewehrung wird in DIN EN 1992-1-1 auf den Wirkungsbereich eines einzelnen Bügelschenkels ($s_r \cdot s_t$) bezogen. In DIN 1045-1 wurde dagegen der Bezug auf den Wirkungsbereich entlang des Umfangs einer Bewehrungsreihe ($s_w \cdot u_i$) gewählt.

Bei Schrägaufbiegungen ist darüber hinaus zu beachten, dass die Mindestbewehrung für die Stäbe aus der 90°-Komponente mit $\sin\alpha$ in DIN 1045-1 [68], Gleichung (114) enthalten ist, während in die DIN EN 1992-1-1-Gleichung (9.11) auf den Mindestwert der 90°-Komponente allein bezieht. Die Mindestbewehrung der aufgebogenen Stäbe ist daher in DIN EN 1992-1-1/NA mit $A_{s\alpha} = A_{sw\alpha}/\sin\alpha$ zu ermitteln.

Der Mindestbewehrungsgrad nach DIN EN 1992-1-1 [25], Gleichung (9.11) ist mit dem Faktor $(1,5 \cdot \sin\alpha + \cos\alpha)$ verknüpft. Dieser Faktor ist 1,5 bei einer Neigung von $\alpha = 90°$ und erreicht bei ca. $\alpha = 60°$ mit 1,8 ein Maximum.

Die Übereinstimmung nach DIN EN 1992-1-1 mit DIN 1045-1 ist für 90°-Bügel gut. Mit flacher werdender Neigung der Durchstanzbewehrung nimmt die Mindestbewehrung nach DIN EN 1992-1-1 gegenüber DIN 1045-1 ab. Diese Differenz wurde im NA [26] behoben, indem in Gleichung (9.11DE) der Faktor $(1,5 \cdot \sin\alpha + \cos\alpha) = 1,5$ konstant für alle Winkel α festgelegt wird. Der radiale Abstand für aufgebogene Bewehrung ist mit $s_r = 1,0d$ anzusetzen.

$$\frac{A_{sw,min}}{s_r \cdot s_t} = \frac{A_s \cdot \sin\alpha}{s_r \cdot s_t} = \frac{0,08}{1,5} \cdot \frac{\sqrt{f_{ck}}}{f_{yk}} = \rho_{sw,min}$$

vereinfacht [26] (9.11DE)

In Gleichung (9.11DE) kann alternativ die Mindestdurchstanzbewehrung auch für den Umfang einer Bewehrungsreihe durch Ersatz des tangentialen Abstands s_t durch u_i ermittelt werden. Das ist vorteilhaft, wenn man die tatsächliche Anzahl der zu wählenden Bügelschenkel in einer Bewehrungsreihe und damit s_t noch nicht kennt. Mit dem maximal zulässigen tangentialen Schenkelabstand $s_t = 1,5d$ bzw. $s_t = 2,0d$ erhält man alternativ den größten Mindestbügelstabdurchmesser.

Darüber hinaus greifen in den Bewehrungsreihen mit zunehmendem Umfang die Konstruktionsregeln für den maximalen tangentialen Stababstand s_t, die zusammen mit einem üblichen Mindestdurchmesser 6 mm die Mindestbewehrung bestimmen.

Zu 9.5 Stützen

Zu 9.5.2 Längsbewehrung

Zu 9.5.2 (1): Der Mindestdurchmesser der Längsbewehrung soll sicherstellen, dass einzelne Bewehrungsstäbe nicht ausknicken. Außerdem verbiegen sich dünnere Stäbe leichter, sodass die planmäßige Bewehrungslage in der Bauausführung schwieriger wird. Dennoch wurde in DIN 1045:1972-01 der Mindestdurchmesser von vorher 14 mm für die Mindestquerschnittsdicke $h \geq 200$ mm auf 12 mm bzw. für $h \geq 100$ mm auf 10 mm festgelegt, um bei geringen Beanspruchungen keinen übermäßigen Mindestbewehrungsgehalt zu erzeugen [176].

Zu 9.5.2 (2): Der Bezug der Mindestbewehrung auf 15 % der einwirkenden Normalkraft ersetzt die in früheren DIN-1045-Fassungen (seit 1932) auf den statisch erforderlichen Betonquerschnitt bezogenen 0,8 %-Mindestbewehrungsgrad.

Zu 9.5.2 (3): Der maximal zulässige Bewehrungsgrad von 9 % in stabförmigen Druckgliedern außerhalb und innerhalb von Übergreifungsstößen hat sich seit DIN 1045:1972-01 in Deutschland bewährt.

Zu 9.5.2 (4): Der Abstand der Längsbewehrung ist auf 300 mm begrenzt, damit nicht zu große Bereiche des Betonquerschnitts ohne Bewehrung bleiben [176].

Zu 9.5.3 Querbewehrung

Zu 9.5.3 (1): Der Hauptzweck der konstruktiv festgelegten Querbewehrung besteht darin, dass Ausknicken der Längsbewehrung zu verhindern. Darüber hinaus kann sie in bestimmten Bereichen erhöhte Querzugspannungen aufnehmen.

Zu 9.5.3 (2): In den Kernquerschnitt der Stütze gerichtete Haken nach Bild 8.5DE a) sind für das Schließen der Bügel günstiger als 90°-Winkelhaken. Bei Verankerungen der Bügel mit 90°-Winkelhaken bzw. Übergreifung nach Bild 8.5DE b), und g), verlaufen nebeneinander liegende Stäbe im Bereich des Betondruckrands quer zur Längsdruckspannung und in Richtung der Hauptbeanspruchung gesehen hintereinander. Dies ist bei Normaltemperatur und umso mehr bei Brandeinwirkung nachteilig, weil es das Abplatzen der Betondeckung fördert. Deshalb wird i. d. R. die Hakenverankerung für die Stützenbügel gefordert [37].

In der Praxis werden 90°-Winkelhaken wegen ihrer einfacheren Herstellung und Einbaubarkeit bevorzugt. Diese Konstruktionsform erfüllt den gleichen Zweck, wenn Maßnahmen ergriffen werden, die einen ähnlichen Widerstand gegen Abplatzen der Betondeckung wie bei Haken erwarten lassen (siehe [171]). Die vorgeschlagenen Maßnahmen haben z. B. die Erhöhung der Steifigkeit des Bügelgerüstes zum Ziel. Bei der Vergrößerung des Bügeldurchmessers um eine Durchmessergröße gegenüber 9.5.3 (1) wird hier die Wahl von $\phi_w \geq 8$ mm statt min 6 mm bzw. von $\phi_w \geq 10$ mm statt min 8 mm empfohlen.

In [171] wird für Stützen mit einem Bügelverlegemaß von nur 20 mm (im Innenbereich XC1) und Feuerwiderstandsklassen $\geq$ R 90 bei Verwendung von 90°-Winkelhaken grundsätzlich ein Bügeldurchmesser $\phi_w \geq 10$ mm empfohlen.

Der traditionelle Standardfall für die Querbewehrung bei Rundstützen sind Wendeln, die ebenfalls mit Haken abschließen. In der Praxis werden jedoch oft auch Bügel bei Rundstützen eingesetzt. Der oben erläuterte ungünstige Einfluss übereinander liegender Bügelschenkel bei Übergreifungsstößen in Bezug auf die Betondruckzone in Stützenlängsrichtung ist bei dieser Querschnittsform vermutlich noch ausgeprägter. Da aussagekräftige Versuche mit Rundstützen und Bügelschlössern mit Übergreifungsstößen fehlen, kann nur das Schließen der Bügel mit Haken empfohlen werden.

Unabhängig von der Form der Bügelschlösser sollten diese in Längsrichtung der Stützen versetzt werden, damit kein Reißverschlusseffekt eintritt und beim Versagen eines Bügelstoßes sich der von dieser Ecke ausgehende Riss auf eine größere Länge fortsetzt. Sie sind zwingend zu versetzen, wenn mehr als drei Eckstäbe vorhanden sind [176].

Zu 9.5.3 (3): Die Abstände der Querbewehrung begrenzen vorrangig die Knicklänge der Längsbewehrung. In den Bestimmungen des Deutschen Ausschusses für Eisenbeton von 1916 wurden die Bügelabstände mit dem 12-fachen Durchmesser der Längsstäbe bzw. der kleinsten Seitenlänge der Stütze aufgrund erster Versuchserfahrungen festgelegt. Der dritte Grenzwert 300 mm wurde für DIN 1045-1:2001-07 aus der ENV 1992-1-1 [134] übernommen. Die jahrzehntelangen guten Erfahrungen mit diesen Grenzwerten entfalten eine solche faktische Gewalt, dass sie auch aus dem NA [26] nicht mehr wegzudenken waren. Tatsächlich spricht für die Beibehaltung der Konstruktionsregeln auch, dass fast alle relevanten Stützenversuche des DAfStb nach 1916 und insbesondere die Brandversuche des iBMB in Braunschweig mit Bügeln nach diesen Konstruktionsregeln durchgeführt wurden (vgl. z. B. [181]). Gerade das Versagen im Brandfall wird wesentlich durch die Leistungsfähigkeit der Querbewehrung mitbestimmt. Die Festlegungen für die Tabellen-Heißbemessung von Stützen in DIN EN 1992-1-2 [47, 48] wurden auch an den Braunschweiger Stützenversuchen kalibriert.

Zu 9.5.3 (4): Reduzierte Bügelabstände sind zu wählen, wenn erhöhte Querzugspannungen oder nicht berücksichtigte Einspannwirkungen auftreten können. Das ist insbesondere im Kopf- und Fußbereich monolithisch angeschlossener Druckglieder und im Bereich von Stößen der Fall.

Da im Abschnitt 8.7.4 i. d. R. höhere Anforderungen an die Querbewehrung von Übergreifungsstößen gestellt werden, ist bei hochbeanspruchten Druckstößen außerhalb des unmittelbaren Knotenbereichs und in jedem Fall bei überwiegend biegebeanspruchten Stützenquerschnitten im Bereich eines Übergreifungsstoßes die Querbewehrung nach 8.7.4 anzuordnen.

Zu 9.6 Wände

Zu 9.6.1 Allgemeines

Zu 9.6.1 (NA.2): Die **Mindestwanddicken** im NA [26] wurden in DIN 1045:1972-01 eingeführt. Sie sollen eine ausreichende Betonierbarkeit und eine angemessene Begrenzung der Ausmitte bzw. Zentrierung der Auflagerkräfte der Decken auf den tragenden Wänden sicherstellen. Eine untere Begrenzung der Mindestwanddicke bei untergeordneten und nichttragenden Wänden erschien entbehrlich, wenn der Tragwerksplaner auf die Verdichtbarkeit des Betons und die Einhaltung der erforderlichen Betondeckung achtet [176]. Selbstverständlich sind die ggf. höheren Anforderungen an die Wanddicke für den Brand-, Schall- oder Wärmeschutz zusätzlich zu beachten.

Zu 9.6.3 Horizontale Bewehrung

Zu 9.6.3 (1): Die Querbewehrung je Meter Wandhöhe ist prozentual der jeweiligen lotrechten Bewehrung je Meter Wandlänge der Wandseiten zuzuordnen (20 % bzw. 50 %). Bei Wandscheiben ist mit schiefen Hauptzugspannungen zu rechnen. Bei schlanken und hoch normalkraftbeanspruchten Wänden nimmt die Knickgefahr zu. Für diese Fälle wird daher die größere Querbewehrung von 50 % gefordert [103].

Zu 9.6.4 Querbewehrung

Zu 9.6.4 (1) und (2): Die druckbeanspruchte Vertikalbewehrung in Wänden ist wie bei stabförmigen Druckgliedern gegen Ausknicken zu sichern. Bei hoher Druckbeanspruchung ist die Vertikalbewehrung mit Bügeln bzw. Bügelschenkeln zu verbinden. Bei geringer druckbeanspruchten Wänden (erforderlicher Bewehrungsgrad $<$ 2 % insgesamt bzw. $<$ 1 % je Wandseite) ist eine so enge Verbügelung wie bei Stützen wegen der Horizontalbewehrung nicht erforderlich. Deshalb reichen i. d. R. 4 S-Haken je m^2 Wandfläche aus, die die auf beiden Wandseiten außenliegende horizontale Wandbewehrung verbinden.

Bei dünneren Vertikalstäben mit $\phi_l \leq 16$ mm wird angenommen, dass eine Betonschale mit der Betondeckung mit $c_{nom} \geq 2\phi_l$ allein ausreicht, um das Ausknicken zu verhindern [176].

Die Steckbügel an freien Rändern sind erforderlich, da die Vertikalstäbe dort in zwei Richtungen ausknicken können.

Zu 9.7 Wandartige Träger

Im neuen DAfStb-Heft 631 [188] werden Verfahren zur Ermittlung der Schnittgrößen in wandartigen Einfeld- und Mehrfeldträgern sowie zur Ermittlung der zugehörigen Hauptdruck- und Hauptzugspannungen aufbereitet. Darüber hinaus werden Empfehlungen zur Lage und Verteilung der Bewehrung gegeben. Diese Regeln für wandartige Träger ersetzen die früheren im DAfStb-Heft 240 von 1991, welches noch auf dem alten globalen Sicherheitskonzept und DIN 1045 beruhte.

Eine zusätzliche Bemessung des wandartigen Trägers mit einem Stabwerkmodell ist dann nicht erforderlich (aber alternativ natürlich zulässig).

Zu 9.10 Schadensbegrenzung bei außergewöhnlichen Ereignissen

Zu 9.10.1 Allgemeines

Zu 9.10.1 (1)P: Zur Schadensbegrenzung bei außergewöhnlichen Ereignissen (z. B. Gasexplosion) und allgemein zur Sicherstellung des aussteifenden Tragverhaltens sind die Deckenscheiben aus Ortbeton bzw. Fertigteilen durch Ringanker und innenliegende Zuganker konstruktiv zu bewehren. Darüber hinaus sind die auszusteifenden Stützen und Wände durch horizontale Zuganker an die Deckenscheiben konstruktiv anzuschließen. Die aufzunehmenden Zugkräfte werden konstruktiv in Abhängigkeit von Deckenspannweiten bzw. Fassadenlängen ermittelt.

Zu 9.10.2 Ausbildung von Zugankern

Mit einem Corrigendum zu EN 1992-1-1 vom November 2010 wurden im Gegensatz zur Vornorm ENV 1992-1-1 (Grundlage für DIN 1045-1) die **oberen** Grenzwerte der Zugkraft für Ringanker und innenliegende Zuganker zu **unteren** Grenzwerten deklariert. Der Hintergrund hierfür liegt in der DIN EN 1991-1-7: „Außergewöhnliche Einwirkungen" [15]. Dort werden im Anhang A Regeln und Verfahren für den Entwurf von Hochbauten angegeben, sodass sie ein lokales Versagen aus unspezifizierter Ursache ohne unverhältnismäßige Versagensfolgen (z. B. Einsturz) überstehen. Für wirksame horizontale Zuganker und Ringanker in Geschoss- und Dachdecken werden Bemessungszugkräfte als außergewöhnliche Einwirkungen angegeben. Die Mindestwerte dieser Zugkräfte werden für Skelettbauten in [15] mit 75 kN festgelegt. Für Tragwerke in tragender Wandbauweise werden in [15] geringere Werte bis maximal 60 kN als Mindestwerte vorgeschlagen.

In DIN EN 1992-1-1 [25] werden die Mindestwerte ≥ 75 kN der außergewöhnlichen Einwirkung aus DIN EN 1991-1-7 für die ständige und vorübergehende Bemessungssituation mit dem bekannten Grenzwert 70 kN umgesetzt. Dieser Grenzwert wird maßgebend, wenn bei Ringankern die Spannweite des Endfelds $l_i < 7$ m und bei innenliegenden Zugankern der Mittelwert benachbarter Deckenspannweiten $l_i < 3,5$ m beträgt. Diese Änderung gegenüber DIN 1045-1 bedeutet, dass diese Zuganker **mindestens** mit $A_{s,tie,min} = F_{tie,min}/f_{yk} = 10^4 \cdot 0,070/500 = 1,4$ cm^2 (entspricht z. B. ca. 2 ϕ 10 oder 1 ϕ 14) zu bewehren sind. Da es sich um konstruktive Festlegungen handelt, dürfen andere Bewehrungen in entsprechender Anordnung angerechnet werden.

Zu 9.10.2.4 Horizontale Stützen- und Wandzuganker

Zu 9.10.2.4 (NA.4) bis (NA.6): Die Absätze im NA gehen auf die Regelungen in DIN 1045:1972-01, 19.8.6, zurück. Bei Gebäuden aus großformatigen Wandfertigteilen ist eine sorgfältige Verbindung zwischen den Wandtafeln und Deckenscheiben erforderlich. Die tragenden und aussteifenden Fertigteile sind untereinander und miteinander so durch Bewehrung, Stahlverankerungen oder gleichwertige Maßnahmen zu verbinden, dass sie auch durch außergewöhnliche Beanspruchungen, wie z. B. Bausetzungen, starke Erschütterungen, kleinere Gasexplosionen usw. nicht ihre Standsicherheit verlieren [176].

Alle tragenden und aussteifenden Außenwandtafeln sind mit den oben anschließenden Deckenscheiben für eine orthogonal zur Wandebene wirkende Zugkraft von $f_{tie,fac} = 10$ kN/m zu verbinden. Bei Hochhäusern ist diese Verbindung wegen der höheren Beanspruchungen am unteren Wandtafelrand erforderlich. Hochhäuser sind nach MBO [46], § 2 (4), Gebäude mit einer Fußbodenoberkante von mehr als 22 m über der Geländeoberfläche im höchstgelegenen Geschoss, in dem ein Aufenthaltsraum möglich ist.

Auch wenn diese konstruktive Zugkraft $f_{tie,fac}$ bereits bei kleineren Explosionen beträchtlich überschritten werden kann, so verhindern die Verbindungen zusammen mit den Zugankern in der Deckenscheibe und den vertikalen Zugankern nach 9.10.2.5 den Einsturz größerer Gebäudeteile.

11.3.10 Zu 10 Zusätzliche Regeln für Fertigteile

Zu 10.1 Allgemeines

DIN 1045-4 „Ergänzende Regeln für die Herstellung und die Konformität von Fertigteilen" [182] gilt für die Herstellung und Konformität von „nicht harmonisierten" Betonfertigteilen, die nach DIN EN 1992-1-1 in Verbindung mit DIN EN 1992-1-1/NA entworfen und bemessen sind und für die Beton nach DIN EN 206-1 [31] in Verbindung mit DIN 1045-2 [32] verwendet wird. Sie enthält auch ergänzende Regeln für diejenigen Fertigteile, die in den europäischen Produktnormen für Betonfertigteile nicht enthalten sind. Solche Fertigteile werden weiterhin mit Ü-Zeichen gekennzeichnet.

Stahlbeton- oder Spannbetonfertigteile werden seit etlichen Jahren zu einem erheblichen Anteil auf der Basis harmonisierter europäischer Normen (hEN) hergestellt und nur noch mit CE-Zeichen gekennzeichnet. Die in Deutschland bestehenden Anforderungen an die Auswahl der zu verwendenden Stoffe (Beton nach DIN 1045-2 in Verbindung mit DIN EN 206-1, Betonstahl nach DIN 488 [84], Spannstahl mit abZ) bei der Herstellung von Betonfertigteilen auf der Basis von hEN sind weiterhin gegeben. Auch gelten die in Deutschland in DIN EN 1992-1-1/NA [26] getroffenen nationalen Festlegungen für die Bemessung. Jedoch wird die Einhaltung dieser Anforderungen an die Stoffe und an die Bemessung im Rahmen des neuen Bauordnungsrechts nicht mehr mit einem Übereinstimmungszeichen (Ü-Zeichen) bestätigt.

Die aktuellen, aus den Bauwerksanforderungen abgeleiteten, bauaufsichtlichen Vorgaben für Fertigteile können der MVV TB [27], Anlagen A 1.2.3/1 und C 2.1.5.4 bzw. der entsprechenden Landesverwaltungsvorschrift entnommen werden. Demnach ist bei der Verwendung von Betonfertigteilen in Tragwerken auch weiterhin sicherzustellen, dass für Beton, Betonstahl und Spannstahl die nationalen Regelungen eingehalten werden. Dies gilt auch für Fertigteile nach harmonisierten europäischen Normen.

Zu 10.2 Grundlagen für die Tragwerksplanung

Zu 10.2 (NA.5): DIN EN 1992-1-1 enthält keine Angaben zur Tragfähigkeit von serienmäßig hergestellten **Transportankern** zum Heben und Transportieren von vorgefertigten Betonbauteilen mit zugehörigem Hebezeug. Die Transportanker fallen nicht in den durch die Bauordnungen geregelten Rechtsbereich, sondern als Bestandteil der zugehörigen Transportsysteme in den Rechtsbereich des Arbeitsschutzes (Sicherheit bei der Arbeit und Gesundheitsschutz). Die einzuhaltenden Sicherheitsregeln sind z. B. vom Hauptverband der gewerblichen Berufsgenossenschaften in den BGR 106 „Transportanker und -systeme von Betonfertigteilen" [183] festgelegt.

Außerdem gilt die VDI-Richtlinie VDI/BV-BS 6205: „Transportanker und Transportankersysteme für Betonfertigteile" [184] als Ergänzungspapier zur europäischen Maschinenrichtlinie 2006/42/EG.

Sie dient als Arbeitsunterlage und Entscheidungshilfe für das Herstellen, Inverkehrbringen, Planen und Anwenden von Transportankern und Transportankersystemen zum Heben und Versetzen von Betonfertigteilen. Sie richtet sich an die Planer, Hersteller und Nutzer von Transportankern und Transportankersystemen und an diejenigen, die vom Betonfertigteilwerk bis zum Einbau auf der Baustelle damit umgehen.

Die Betonbauteile selbst sind jedoch für die Transport- und Montagevorgänge nach den Regeln von DIN EN 1992-1-1 mit NA hinsichtlich Tragfähigkeit und Gebrauchstauglichkeit zu bemessen. Auf die Überprüfung und Durchbildung der Lasteinleitungspunkte, ggf. mit zusätzlicher Bewehrung, ist zu achten (vgl. auch FDB-Merkblatt [185]).

Werden im Endzustand an die Transportankern dauerhaft Lasten verankert, sind die Transportanker für diesen Fall wie ungeregelte Bauprodukte zu behandeln und benötigen für den Anwendungszweck eine allgemeine bauaufsichtliche Zulassung oder eine Zustimmung im Einzelfall [37].

Zu NA.10.4 Dauerhaftigkeit und Betondeckung

In Bezug auf die Qualitätskontrolle bei einer Abminderung des Vorhaltemaßes wird auf die Planung und Verwendung „geeigneter" Abstandhalter und Unterstützungen, die z. B. nach den einschlägigen DBV-Merkblättern [88] und [89] geprüft und zertifiziert sowie nach dem DBV-Merkblatt „Betondeckung und Bewehrung" [87] verlegt werden, hingewiesen.

Bei der werksmäßigen Herstellung von Betonfertigteilen wird bei entsprechender Qualitätssicherung eine geringere Streuung der Betondeckungen am fertigen Bauteil erwartet. Daher wird in Analogie zur Reduktion des Teilsicherheitsbeiwerts für Beton in A.2.3 ein vergleichbares Vorgehen bei einer Reduktion des Vorhaltemaßes um mehr als 5 mm gestattet. Voraussetzung ist dabei, dass durch eine Überprüfung der Mindestbetondeckung am Fertigteil sichergestellt wird, dass Fertigteile mit geringer Mindestbetondeckung ausgesondert werden. Die in diesem Fall notwendigen Maßnahmen sind durch die zuständigen Überwachungsstellen im Einzelfall festzulegen. Eine Verringerung von Δc_{dev} unter 5 mm ist dabei unzulässig. Eine weitere Reduktion des Vorhaltemaßes unter 5 mm ist nur in Ausnahmefällen mit sehr aufwendigen Maßnahmen bei Herstellung und Überwachung im Rahmen einer Zustimmung im Einzelfall oder einer allgemeinen bauaufsichtlichen Zulassung denkbar.

Die i. d. R. erforderliche Messung der Betondeckung am Fertigteil und die Auswertung der Messergebnisse sollte nach dem entsprechenden Anhang im DBV-Merkblatt „Betondeckung und Bewehrung" [87] erfolgen. Mit den zuständigen Überwachungsstellen ist dabei z. B. das Herstellungsverfahren, die Messtechnik, die Messhäufigkeit, die laufende Produktionskontrolle, die Dokumentation und Auswertung sowie die ggf. mögliche Weiterverwendung ausgesonderter Bauteile festzulegen.

Wenn die Tragwerksplanung nicht vom Fertigteilwerk selbst, sondern extern aufgestellt wird, sollte vom Aufsteller eine frühzeitige Absprache mit den nachgeschalteten Planern und Ausführenden erfolgen und das Fertigteilwerk rechtzeitig über die Reduktion des Vorhaltemaßes informiert werden.

Zu 10.9 Bemessungs- und Konstruktionsregeln

Zu 10.9.2 Wand-Decken-Verbindungen

Zu 10.9.2 (2): Die Regelungen für Auflagerung von Wänden im Stoßbereich zweier Wandplatten gehen auf DIN 1045:1978-12 zurück. Die Tragfähigkeit von Innenwandtafeln hängt entscheidend von der Ungleichmäßigkeit des Linienauflagers ab. Damals wurden in Versuchen Festigkeitsabnahmen von 70% bei unbewehrten und 40% bei bewehrten Wänden bei mangelhafter Fugenausbildung festgestellt. Die zulässige Wandlast ohne zusätzliche Maßnahmen wurde daraufhin ingenieurmäßig zu 50% der zentrischen Tragfähigkeit festgelegt.

Mit einer entsprechenden Wandfuß- bzw. Wandkopfbewehrung darf die Wandbelastung am Knotenrand auf 60% von f_{cd} gesteigert werden.

Zu 10.9.3 Deckensysteme

Zu 10.9.3 (8): Die Mindestdicke der Ortbetonergänzung auf Halbfertigteilen war in DIN 1045:1972-01 sinnvollerweise auf die Mindestdicke der Elementplatte festgelegt worden (i. d. R. 50 mm), damit die aufgelegte Querbewehrung noch in der Zugzone des Gesamtquerschnitts liegt. Bei Anordnung der Mindestdicke von 40 mm in DIN EN 1992-1-1 [25] sind dementsprechend ingenieurmäßige und konstruktiv angemessene Überlegungen anzustellen.

11.3.11 Zu 12 Tragwerke aus unbewehrtem oder gering bewehrtem Beton

Zu 12.3 Baustoffe

Zu 12.3.1 Beton

Zu 12.3.1 (1): Unbewehrte Bauteile (Bauteile ohne Bewehrung oder mit Bewehrungsgraden unterhalb der Mindestbewehrungsgrade) weisen eine geringere Umlagerungsfähigkeit im Querschnitt und im Tragwerk auf und reagieren damit empfindlicher auf Streuungen der Betondruckfestigkeit. Dies wurde in DIN 1045-1 durch einen erhöhten Teilsicherheitsbeiwert $\gamma_c = 1,8$ (bzw. 1,55) berücksichtigt.

In DIN EN 1992-1-1 [25] ist ein einheitlicher Teilsicherheitsbeiwert für alle Betonfestigkeitswerte vorgesehen, was auch für Deutschland übernommen wird. Um das bisherige konservativere Sicherheitsniveau für unbewehrte Betonbauteile zu erreichen, wird im NA [26] der Dauerstandsbeiwert zu einem Duktilitätsbeiwert $\alpha_{cc,pl} = 0{,}70$ in Gleichung (3.15) für die **Betondruckfestigkeit** und $\alpha_{ct,pl} = 0{,}70$ in Gleichung (12.1) für die Betonzugfestigkeit reduziert.

Zu 12.6.5 Bauteile unter Normalkraft nach Theorie II. Ordnung

Mit der A1-Änderung DIN EN 1992-1-1/A1 [25] wurde in 12.6.5.2 (1) für die Gesamtausmitte e_{tot} nach Gleichung (12.12) die Ausmitte e_φ infolge Kriechens ergänzt. Gemäß vorhandenem NCI darf diese i. Allg. weiterhin vernachlässigt werden. Außerdem werden Hinweise zur Bestimmung der Ausmitte nach Theorie I. Ordnung e_0 mit einem äquivalenten Endmoment M_{0e} ergänzt.

Zu 12.9 Konstruktionsregeln

Zu 12.9.1 Tragende Bauteile

Zu 12.9.1 (1): Die Mindestwanddicken im NA [26] wurden in DIN 1045:1972-01 eingeführt. Sie sollen eine ausreichende Betonierbarkeit und eine angemessene Begrenzung der Ausmitte bzw. Zentrierung der Auflagerkräfte der Decken auf den tragenden Wänden sicherstellen.

Zu 12.9.3 Streifen- und Einzelfundamente

Zu 12.9.3 (1): Die alternative Einhaltung konstruktiver Abmessungen für unbewehrte, zentrisch belastete Einzel- und Streifenfundamente ist möglich. Hierfür wird die Gleichung (12.13) in [25] angegeben, die aus der Betrachtung am auskragenden Teil des Fundaments und der zulässigen Zugfestigkeit abgeleitet wird (siehe Bild 89). Wegen des gedrungenen Kragarms wird das Ebenbleiben des Bemessungsquerschnitts zweifelhaft, daher wird das Widerstandsmoment im Schnitt (1) in Bild 89 näherungsweise auf eine reduzierte Fundamenthöhe von $0{,}85 h_F$ bezogen (siehe Gleichungen (43) bis (45)).

$$M_S = \frac{\sigma_{gd} \cdot a^2}{2} \qquad (43)$$

$$W_c = \frac{(0{,}85 \cdot h_F)^2}{6} \qquad (44)$$

$$\frac{M_S}{W_c} = \frac{6 \cdot \sigma_{gd} \cdot a^2}{2 \cdot (0{,}85 h_F)^2} \leq f_{ctd} \qquad (45)$$

$$\sqrt{\frac{3 \cdot \sigma_{gd}}{f_{ctd}}} \leq \frac{0{,}85 h_F}{a} \qquad [25]\ (12.13)$$

Die Verwendung des höheren Bemessungswerts f_{ctd} für die Betonzugfestigkeit bei unbewehrten Streifen- und Einzelfundamenten anstatt $f_{ctd,pl}$ ist gerechtfertigt, weil die Boden-Bauwerk-Interaktion die Gefahr des spröden Versagens der Fundamente durch Umlagerungen des Sohldrucks reduziert.

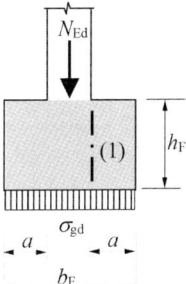

Bild 89. Unbewehrte Streifen – und Einzelfundamente – Bezeichnungen

Rechnerisch darf keine höhere Betonfestigkeit als C35/45 für unbewehrte Bauteile im GZT angesetzt werden.

Vereinfachend darf die Beziehung $h_F/a \geq 2$ verwendet werden. Als Untergrenze sollte man wie bisher wegen der 45°-Lastausbreitung im Fundament ein Verhältnis von $h_F/a = 1$ nicht unterschreiten. Die Auswertung der Gleichung (12.13) aus [25] mit diesen beiden Grenzwerten enthält Bild 90.

11.3.12 Zu den Anhängen

Der Eurocode 2 wird durch Anhänge zum Normentext ergänzt. Diese werden in informative und normative unterschieden, wobei die Verwendung der informativen Anhänge national geregelt werden darf. Tabelle 52 gibt einen Überblick über die Festlegung der Verwendung der Anhänge im deutschen NA.

Zu Anhang A: Modifikation von Teilsicherheitsbeiwerten für Baustoffe

Die Kapitel A.2.1, A.2.2, A.3 und A.4 sind in Deutschland nicht anzuwenden und in der konsolidierten Fassung in Abschnitt 11.4 gestrichen.

Als einzige geregelte Ausnahme wird in A.2.3 (1) die Reduktion des Teilsicherheitsbeiwerts für Beton bei Fertigteilen auf $\gamma_{C,red} = 1{,}35$ unter entsprechend angepasster Überprüfung und Überwachung der Bauteilfestigkeiten zugelassen, da bei der werksmäßigen Herstellung von Betonfertigteilen eine geringere Streuung bei den Material- und Querschnittseigenschaften erwartet wird. In diesem Fall ist eine Überprüfung der Betonfestigkeit an **jedem** fertigen Bauteil der entsprechenden Charge sicherzustellen. **Alle** Fertigteile mit zu geringer Betonfestigkeit müssen ausgesondert werden. Der Fertigteilhersteller wird in Bezug auf die Qualitätssicherung vollverantwortlich in die Pflicht genommen. Die notwendigen Maßnahmen sind durch den Hersteller in Abstimmung mit der zuständigen Überwachungsstelle festzulegen und vom Hersteller zu dokumentieren.

Wenn die statische Berechnung nicht vom Fertigteilwerk selbst, sondern extern aufgestellt wird, sollte eine frühzeitige Absprache mit den nachgeschalteten Planern und Ausführenden erfolgen. Das Fertigteilwerk und der Verwender sind über die Anwendung dieser Regelung zu informieren und das Ergebnis der Abstimmung muss in den Ausfüh-

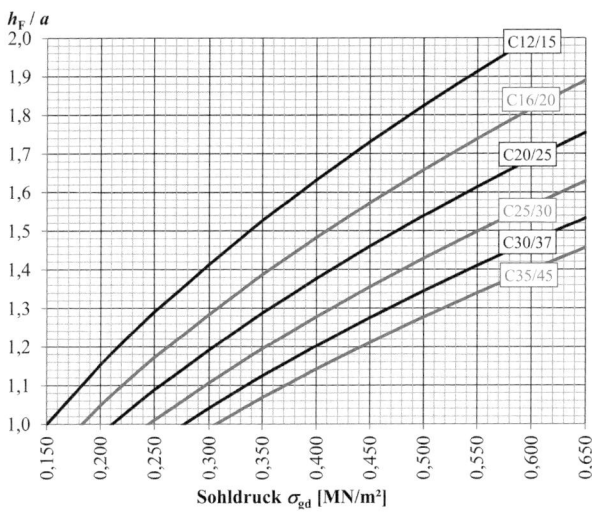

Bild 90. Unbewehrte Betonfundamente – Auswertung der Gleichung (12.13) [25, 26]

Tabelle 52. Übersicht der EN-1992-1-1-Anhänge

Anhang	Inhalt	EN 1992-1-1	DIN EN 1992-1-1/NA
A	Modifikation von Teilsicherheitsbeiwerten für Baustoffe	informativ	teilweise normativ
B	Kriechen und Schwinden	informativ	normativ
C	Eigenschaften des Betonstahls	normativ	informativ, keine Anwendung
D	Genauere Methode zur Berechnung von Spannkraftverlusten aus Relaxation	informativ	informativ
E	Indikative Mindestfestigkeitsklassen zur Sicherstellung der Dauerhaftigkeit	informativ	normativ
F	Gleichungen für Zugbewehrung für den ebenen Spannungszustand	informativ	informativ, keine Anwendung
G	Boden-Bauwerk-Interaktion	informativ	informativ, keine Anwendung
H	Nachweise am Gesamttragwerk nach Theorie II. Ordnung	informativ	informativ
I	Ermittlung der Schnittgrößen bei Flachdecken und Wandscheiben	informativ	informativ, keine Anwendung
J	Konstruktionsregeln für ausgewählte Beispiele	informativ	teilweise normativ

rungsunterlagen (u. a. auf den Fertigteilzeichnungen) dokumentiert werden.

Anhang B: Kriechen und Schwinden

Dieser Anhang enthält die Grundgleichungen zur Ermittlung der Kriechzahl und der Trocknungsschwinddehnung. Ähnliche Gleichungen waren früher im DAfStb-Heft 525 [103] enthalten. Die Beziehungen für die Kriechzahl stimmen dabei weitgehend überein.

Die in DIN EN 1992-1-1 [25], 3.1.4 und im Anhang B angegebenen Beziehungen für die Schwinddehnungen liefern kleinere Werte als die in [103]. Mit Blick auf die ohnehin großen Variationskoeffizienten von 30 % und die relativ geringen Auswirkungen auf die Bemessungsergebnisse wurden die etwas einfacheren Eurocode-Regeln ohne Änderung akzeptiert und der Anhang B zu einem normativen umgewandelt (siehe auch hier Erläuterungen zu 3.1.4). Somit können auf Basis dieser Gleichungen die Kriech- und Schwindbeiwerte für verschiedene Parameter berechnet werden. Die Auswertung der Gleichungen für die Grundwerte der Trocknungsschwinddehnung wurde in ergänzenden NA-Tabellen im Anhang B für alle Betonfestigkeitsklassen und die Zementarten S, N und R vorgenommen.

Für das Ablesen der Endkriechzahlen werden mit Bild 3.1 in Abschnitt 3.1.4 wieder Ablesediagramme für Umgebungsbedingungen mit 50 % und 80 % relativer Luftfeuchte angegeben. Auf Diagramme zum Ablesen der Schwinddehnungen wurde verzichtet. Die entsprechenden Diagramme aus DIN 1045-1 [68] für die Endschwindmaße könnten weiter verwendet werden, da sie größere Werte liefern und damit in der Regel auf der sicheren Seite liegen.

Die in DIN EN 1992-1-1 [25] für Betonfestigkeiten $f_{cm} \leq 35$ N/mm^2 bzw. $f_{cm} > 35$ N/mm^2 gesplitteten Gleichungen für die Luftfeuchtebeiwerte φ_{RH} (B.3a) und (B.3b) sowie β_H (B.8a) und (B.8b) wurden in der konsolidierten Normfassung in Abschnitt 11.4 zu den Gleichungen (B.3) und (B.8) zusammengefasst, da die Unterschiede der Teilgleichungen nur darin bestehen, dass die Beiwerte der Betondruckfestigkeit $\alpha_{1,2,3}$ für $f_{cm} \leq 35$ N/mm^2 zu 1,0 festgelegt sind. Diese Begrenzung wurde dafür in Gleichung (B.8c) integriert.

Anhang C: Eigenschaften des Betonstahls

Der Anhang C sollte die Lücke zwischen den in der europäischen harmonisierten Produktnorm EN 10080 „Stahl für die Bewehrung von Beton" allgemein definierten, aber nicht konkret mit Zahlenwerten festgelegten, Leistungsmerkmalen und den für die Bemessung erforderlichen (und vorausgesetzten) Betonstahleigenschaften und zulässigen Betonstahlsorten schließen. EN 10080 wurde jedoch wegen diverser Defizite aus dem Europäischen Amtsblatt wieder gestrichen (Materialspezifikation für eine CE-Kennzeichnung unzureichend, fehlende Regelungen für Werkkennzeichnung).

In Deutschland werden Betonstähle der Duktilitätsklassen A und B daher bis auf Weiteres durch die DIN-488-Reihe [84] oder allgemeine bauaufsichtliche Zulassungen des DIBt auch für die Verwendung nach Eurocode 2 geregelt. Der „Erdbebenstahl" der Duktilitätsklasse C wird z. B. in europäischen Starkbebengebieten eingesetzt und ist in Deutschland bisher nicht genormt. Der Anhang C findet in Deutschland zunächst keine Anwendung und wurde national zu einem informativen Anhang bestimmt. Sollte irgendwann eine neue harmonisierte Produktnorm für Betonstahl eingeführt werden, kann der Anhang C wieder an Bedeutung gewinnen, daher wurde er nicht gestrichen.

Anhang E: Indikative Mindestfestigkeitsklassen zur Sicherstellung der Dauerhaftigkeit

Die Dicke, Dichtheit und Widerstandsfähigkeit der Betondeckung sind die wesentlichen Parameter für die Dauerhaftigkeit der Stahlbeton- und Spannbetonbauteile. Die Dichtheit der Betondeckung wird durch die Anforderungen an die Betonzusammensetzung in DIN 1045-2 [32] bestimmt. Die sich daraus ergebenden Mindestbetonfestigkeitsklassen sind als Hilfestellung für den Anwender direkt in der Tabelle 4.1 „Expositionsklassen" in der konsolidierten Normfassung in Abschnitt 11.4 aufgenommen worden. Zusätzlich werden diese Mindestfestigkeitsklassen im Anhang E den Expositionsklassen zugeordnet. Die Tabelle E.1DE enthält die identischen Anforderungen aus DIN 1045-2. Der Anhang E wurde daher national als normativ bestimmt.

Anhang F: Gleichungen für Zugbewehrung für den ebenen Spannungszustand

Im Anhang F werden lehrbuchartig Hauptspannungszustände und Bewehrungsfestigkeiten in Beziehung gesetzt. Auf diesen Anhang kann verzichtet werden.

Anhang G: Boden-Bauwerk-Interaktion

Auch im Anhang G finden sich lehrbuchartige Ausführungen zur Boden-Bauwerk-Interaktion zu Flachgründungen und Pfahlgründungen, die relativ allgemeine Hinweise enthalten und hinter dem Stand der sonstigen Fachliteratur zurückbleiben. Insbesondere sollte für die Abschätzung der Bodensteifigkeit auf geotechnische Regelwerke zurückgegriffen werden. Auf diesen Anhang kann daher ebenfalls verzichtet werden.

Anhang H (informativ): Nachweise am Gesamttragwerk nach Theorie II. Ordnung

Der Anhang H ist zum Verständnis des Aussteifungskriteriums in DIN EN 1992-1-1 [25], 5.8.3.3 nützlich und eröffnet weitergehende Nachweise für Aussteifungssysteme. Diese dürfen verwendet werden. Der Anhang H wurde als informativ belassen und reiht sich damit in die Reihe der Fachliteratur zur Aussteifung von Gebäuden ein.

Mit der A1-Änderung DIN EN 1992-1-1/A1 [25] wurde jedoch die Gleichung (H.4) korrigiert (bei elastischer Einspannung der Aussteifungsbauteile konservativer):

$$\xi = 7{,}8 \cdot \frac{n_s}{n_s + 1{,}6} \cdot \frac{1}{1 + 3{,}9 \cdot k} \quad [25]\ \text{A1 (H.4)}$$

Anhang I (informativ): Ermittlung der Schnittgrößen bei Flachdecken und Wandscheiben

Anhang I ist ebenfalls lehrbuchartig. Für Flachdecken wird eine Ermittlung der Schnittgrößen mit Rahmen- oder Trägerrostmodellen behandelt. Die Ermittlung der Schnittgrößen im Aussteifungssystem und der Nachweis von aussteifenden Wandscheiben sind in der Fachliteratur ausreichend erläutert.

Anhang J: Konstruktionsregeln für ausgewählte Beispiele

Der Anhang J enthält in J.1 die Regeln für die Oberflächenbewehrungen u. a. bei großen Stabdurchmessern ϕ bzw. $\phi_n > 32$ mm. Der Anhang J wird daher im NA normativ festgelegt.

Die Abschnitte J.2: Rahmenecken und J.3: Konsolen werden in der Fachliteratur ausführlicher behandelt. Diese Abschnitte wurden daher aus den normativen Anhang J entfernt (Normenvereinfachung), stattdessen wird hierfür auf die DAfStb-Hefte 600 [37], 525 [103] und 599 [172] verwiesen.

Gerhard Hanswille, Markus Schäfer, Marco Bergmann

Eurocode 4 – DIN EN 1994-1-1 Bemessung und Konstruktion von Verbundtragwerken aus Stahl und Beton

- Normungsauslegung durch Normenmacher
- lesbare und fehlerbereinigte konsolidierte Fassung des für Deutschland relevanten Normtextes

Der Normentext des Eurocode 4 Teil 1-1 und sein Nationaler Anhang werden praxisgerecht bearbeitet und zu einem durchgängig lesbaren Text zusammengefasst (konsolidierte Fassung). Die Regelungen und Hintergründe der Norm werden erläutert und durch zahlreiche Beispiele komplettiert.

2 / 2020 · ca. 320 Seiten

Softcover
ISBN 978-3-433-03162-9
ca. **€ 108***

eBundle (Print + PDF)
ISBN 978-3-433-03182-7
ca. **€ 140,40***

Bereits vorbestellbar.

BESTELLEN
+49 (0)30 470 31-236
marketing@ernst-und-sohn.de
www.ernst-und-sohn.de/3162

* Der €-Preis gilt ausschließlich für Deutschland. Inkl. MwSt.

11.4 Normentext Kurzfassung

Vorbemerkungen der Redaktion

Für den Beton-Kalender 2020 wurde Eurocode 2 DIN EN 1992-1-1 mit dem dazugehörigen Nationalen Anhang für Deutschland in einer **Kurzfassung** zusammengeführt (inklusive der A1-Änderungen von 2015). Die Regelungen aus dem Nationalen Anhang wurden dabei grau unterlegt.

Dabei wurde zwischen den

- **national festzulegenden Parametern (NDP, Schrift schwarz),**

die von jedem CEN-Mitgliedsland festzulegen sind (z. B. auch in Deutschland), und den

- **ergänzenden, nicht widersprechenden Angaben zur Anwendung von DIN EN 1992-1-1 (NCI, Schrift blau),**

die nur für Deutschland gelten sollen, unterschieden.

Vor dem Hintergrund, dass der größte Teil der Betonbauwerke im Hochbau nur den üblichen Stahlbetonbau umfasst, wurde die Langfassung der DIN EN 1992-1-1 für die praktische Anwendung um alles dafür Überflüssige gekürzt. Wir gehen davon aus, dass dies die praktische Anwendbarkeit des Eurocode 2 für viele Tragwerksplaner verbessert.

Das heißt, dass Folgendes in dieser Kurzfassung **nicht enthalten** ist:

- Vorwort stark gekürzt;
- Anmerkungen zu den NDP, die durch eine nationale Regelung ersetzt wurden;
- Textteile und Regeln, die in Deutschland nicht angewendet werden sollen;
- die Regelungen zum Spannbeton;
- die Regelungen zu geotechnischen Bauteilen;
- die Regelungen zum hochfesten Beton $>$ C50/60 und zum Leichtbeton;
- die Regelungen für Betonstahldurchmesser $>$ 32 mm bzw. für Stabbündel mit Vergleichsdurchmesser $>$ 32 mm;
- die Regelungen zu Ermüdungsnachweisen;
- die Regelungen zur Plastizitätstheorie (außer Stabwerkmodelle);
- Anforderungen an Befestigungsmittel;
- Informative Anhänge des Eurocode 2 oder Teile davon, die nur lehrbuchartige Inhalte aufweisen und in Deutschland nicht angewendet werden sollen.

Für die vollständige Langfassung wird verwiesen auf

Fingerloos, F.; Hegger, J.; Zilch, K.: Eurocode 2 für Deutschland – DIN EN 1992-1-1 Bemessung und Konstruktion von Stahlbeton- und Spannbetontragwerken – Teil 1-1: Allgemeine Bemessungsregeln und Regeln für den Hochbau mit Nationalen Anhang – Kommentierte Fassung. Hrsg.: BVPI, DBV, DIN, ISB, VBI. Berlin: Beuth Verlag und Ernst & Sohn, 2. überarbeitete Fassung 2016.

Frank Fingerloos, Berlin im September 2019

DIN EN 1992-1-1: Eurocode 2: Bemessung und Konstruktion von Stahlbeton- und Spannbetontragwerken – Teil 1-1: Allgemeine Bemessungsregeln und Regeln für den Hochbau mit NA

Inhalt

Vorwort   1086

Nationaler Anhang zu EN 1992-1-1   1086

1 Allgemeines   1086

2 Grundlagen der Tragwerksplanung   1090

3 Baustoffe   1093

4 Dauerhaftigkeit und Betondeckung   1102

5 Ermittlung der Schnittgrößen   1109

6 Nachweise in den Grenzzuständen der Tragfähigkeit (GZT)   1124

7 Nachweise in den Grenzzuständen der Gebrauchstauglichkeit (GZG)   1149

8 Allgemeine Bewehrungsregeln   1159

9 Konstruktionsregeln   1171

10 Zusätzliche Regeln für Bauteile und Tragwerke aus Fertigteilen   1185

12 Tragwerke aus unbewehrtem oder gering bewehrtem Beton   1197

Anhang A (normativ): Modifikation von Teilsicherheitsbeiwerten für Baustoffe 1202

Anhang B (normativ): Kriechen und Schwinden 1203

Anhang C (informativ): Eigenschaften des Betonstahls 1205

Anhang E (normativ): Indikative Mindestfestigkeitsklassen zur Sicherstellung der Dauerhaftigkeit 1206

Vorwort

Dieses Dokument (EN 1992-1-1 + AC:2010) „Eurocode 2: Bemessung und Konstruktion von Stahlbeton- und Spannbetontragwerken: Allgemeine Bemessungsregeln und Regeln für den Hochbau" wurde vom Technischen Komitee CEN/ TC 250 „Structural Eurocodes" erarbeitet, dessen Sekretariat vom BSI gehalten wird. CEN/TC 250 ist für alle Eurocodes des konstruktiven Ingenieurbaus zuständig ...

(NCI) Die Arbeiten wurden auf nationaler Ebene vom NABau-Arbeitsausschuss NA 005-07-01 AA „Bemessung und Konstruktion (Sp CEN/TC 250/ SC 2)" begleitet. Von diesem Ausschuss wurde auch der Nationale Anhang erstellt.

Entsprechend der CEN/CENELEC-Geschäftsordnung sind die nationalen Normungsinstitute der folgenden Länder gehalten, diese europäische Norm zu übernehmen: Belgien, Bulgarien, Dänemark, Deutschland, Estland, Finnland, Frankreich, Griechenland, Irland, Island, Italien, Kroatien, Lettland, Litauen, Luxemburg, Malta, Niederlande, Norwegen, Österreich, Polen, Portugal, Rumänien, Schweden, Schweiz, Slowakei, Slowenien, Spanien, Tschechische Republik, Ungarn, Vereinigtes Königreich und Zypern.

(NCI) Die Anwendung dieser Norm gilt in Deutschland in Verbindung mit dem Nationalen Anhang.

Im Nationalen Anhang werden Europäische Technische Zulassungen und nationale allgemeine bauaufsichtliche Zulassungen in Bezug genommen. Diese werden nachfolgend als **Zulassungen** bezeichnet.

Soweit in DIN EN 1992-1-1 Europäische Technische Zulassungen in Bezug genommen werden, dürfen in Deutschland auch allgemeine bauaufsichtliche Zulassungen verwendet werden.

In Deutschland dürfen Europäische Technische Zulassungen in bestimmten Fällen nur in Verbindung mit einer allgemeinen bauaufsichtlichen Zulassung für die Anwendung verwendet werden.

Nationaler Anhang zu EN 1992-1-1

(NCI) Die europäische Norm EN 1992-1-1 räumt die Möglichkeit ein, eine Reihe von sicherheitsrelevanten Parametern national festzulegen. Diese national festzulegenden Parameter (en: *nationally determined parameters*, NDP) umfassen alternative Nachweisverfahren und Angaben einzelner Werte sowie die Wahl von Klassen aus gegebenen Klassifizierungssystemen.

Darüber hinaus enthält dieser Nationale Anhang ergänzende nicht widersprechende Angaben zur Anwendung von DIN EN 1992-1-1 (en: *non-contradictory complementary information*, NCI).

Nationale Absätze werden mit vorangestelltem „(NA.+ lfd. Nr.)" eingeführt.

Bei Bildern, Tabellen und Gleichungen, die national verändert werden, wird statt des „N" ein „DE" nachgestellt (z. B. Gleichung 7.6DE statt 7.6N).

Bei Bildern, Tabellen und Gleichungen, die national ergänzt werden, wird ein „NA." vorangestellt und die Nummer des vorangegangenen Elements um „.1 ff." ergänzt (z. B. ist das zusätzliche Bild NA.6.22.1 zwischen den Bildern 6.22 und 6.23 angeordnet).

DIN EN 1992-1-1:2011-01 und der Nationale Anhang DIN EN 1992-1-1/NA:2013-04 ersetzen DIN 1045-1:2008-08.

1 Allgemeines

1.1 Anwendungsbereich

1.1.1 Anwendungsbereich des Eurocode 2

(1)P Der Eurocode 2 gilt für den Entwurf, die Berechnung und die Bemessung von Hoch- und Ingenieurbauten aus Beton und Stahlbeton. Der Eurocode 2 entspricht den Grundsätzen und Anforderungen an die Tragfähigkeit und Gebrauchstauglichkeit von Tragwerken sowie den Grundlagen für ihre Bemessung und den Nachweisen, die in DIN EN 1990 – Grundlagen der Tragwerksplanung – enthalten sind *(Anm. d. Red.: hier für die Kurzfassung im BK)*.

(2)P Der Eurocode 2 behandelt ausschließlich Anforderungen an die Tragfähigkeit, die Gebrauchstauglichkeit, die Dauerhaftigkeit und den Feuerwiderstand von Tragwerken aus Beton und Stahlbeton *(Anm. d. Red.: hier für die Kurzfassung im BK)*.

Andere Anforderungen, wie z. B. Wärmeschutz oder Schallschutz, werden nicht berücksichtigt.

(3)P Die Anwendung des Eurocode 2 ist in Verbindung mit folgenden Regelwerken beabsichtigt:

DIN EN 1990: *Grundlagen der Tragwerksplanung*

DIN EN 1991: *Einwirkungen auf Tragwerke*

hENs für Bauprodukte, die für Beton- und Stahlbetontragwerke Verwendung finden

DIN EN 13670: *Ausführung von Tragwerken aus Beton*

DIN EN 1997: *Entwurf, Berechnung und Bemessung in der Geotechnik*

DIN EN 1998: *Auslegung von Bauwerken gegen Erdbeben.*

(4)P Der Eurocode 2 ist in die folgenden Teile gegliedert:

Teil 1-1: *Allgemeine Bemessungsregeln und Regeln für den Hochbau*

Teil 1-2: *Tragwerksbemessung für den Brandfall*

Teil 2: *Betonbrücken*

Teil 3: *Silos und Behälterbauwerke aus Beton*

1.1.2 Anwendungsbereich des Eurocode 2 Teil 1-1

(1)P Teil 1-1 des Eurocode 2 enthält Grundregeln für den Entwurf, die Berechnung und die Bemessung von Tragwerken aus Beton und Stahlbeton unter Verwendung normaler Gesteinskörnung und zusätzlich auf den Hochbau abgestimmte Regeln *(Anm. d. Red.:* hier für die Kurzfassung im BK).

(NCI) Der Nationale Anhang enthält nationale Festlegungen für den Entwurf, die Berechnung und die Bemessung von Tragwerken aus Stahlbeton aus normalen Gesteinskörnungen und zusätzlich auf den Hochbau abgestimmte Regeln, die bei der Anwendung von DIN EN 1992-1-1 in Deutschland zu berücksichtigen sind.

Dieser Nationale Anhang gilt nur in Verbindung mit DIN EN 1992-1-1:2011-01.

(2)P Teil 1-1 enthält folgende Kapitel:

1 Allgemeines
2 Grundlagen der Tragwerksplanung
3 Baustoffe
4 Dauerhaftigkeit und Betondeckung
5 Ermittlung der Schnittgrößen
6 Nachweise in den Grenzzuständen der Tragfähigkeit (GZT)
7 Nachweise in den Grenzzuständen der Gebrauchstauglichkeit (GZG)
8 Allgemeine Bewehrungsregeln
9 Konstruktionsregeln
10 Zusätzliche Regeln für Bauteile und Tragwerke aus Fertigteilen
11 Zusätzliche Regeln für Bauteile und Tragwerke aus Leichtbeton *(Anm. d. Red.:* im BK gestrichen)
12 Tragwerke aus unbewehrtem oder gering bewehrtem Beton

(3)P Kapitel 1 und 2 enthalten zusätzliche Regelungen zu DIN EN 1990 „Grundlagen der Tragwerksplanung".

(4)P Teil 1-1 behandelt folgende Themen nicht:

– die Verwendung von ungerippter Bewehrung;
– Feuerwiderstand;
– besondere Aspekte bei speziellen Anwendungen des Hochbaus (z. B. Hochhäuser);
– besondere Aspekte bei speziellen Anwendungen des Ingenieurbaus (z. B. Brücken, Talsperren, Druckbehälter, Bohrinseln oder Behälterbauwerke);
– Ein-Korn-Betone, Gasbetone und Schwerbetone sowie Betone mit tragenden Stahl-Querschnitten (siehe Eurocode 4 für Verbundtragwerke aus Stahl und Beton).

1.2 Normative Verweisungen

(1)P Die folgenden Normen enthalten Regelungen, auf die in dieser europäischen Norm durch Hinweis Bezug genommen wird. Bei datierten Bezügen gelten spätere Änderungen oder Ergänzungen der zitierten Normen nicht. Jedoch sollte bei Bedarf geprüft werden, ob die jeweils gültige Ausgabe der Normen angewendet werden darf. Bei undatierten Bezügen gilt die jeweils gültige Ausgabe der zitierten Norm.

1.2.1 Allgemeine normative Verweisungen

DIN EN 1990: *Grundlagen der Tragwerksplanung*

DIN EN 1991-1-5: *Einwirkungen auf Tragwerke – Teil 1-5: Allgemeine Einwirkungen – Temperatureinwirkungen*

DIN EN 1991-1-6: *Einwirkungen auf Tragwerke – Teil 1-6: Allgemeine Einwirkungen – Einwirkungen während der Bauausführung*

1.2.2 Weitere normative Verweisungen

DIN EN 1997: *Entwurf, Berechnung und Bemessung in der Geotechnik*

DIN EN 197-1: *Zement: Zusammensetzung, Anforderungen und Konformitätskriterien von Normalzement*

DIN EN 206-1: *Beton: Festlegung, Eigenschaften, Herstellung und Konformität*

DIN EN 12390: *Prüfung von Festbeton*

DIN EN 10080: *Stahl für die Bewehrung von Beton – Schweißgeeigneter Betonstahl – Allgemeines*

DIN EN ISO 17660 (alle Teile): *Schweißen – Schweißen von Betonstahl*

DIN EN 13670: *Ausführung von Tragwerken aus Beton*

DIN EN 13791: *Bewertung der Druckfestigkeit von Beton in Bauwerken oder in Bauwerksteilen*

(NCI) Normen der Reihe DIN 488, *Betonstahl*

DIN 1045-2:2008-08, *Tragwerke aus Beton, Stahlbeton und Spannbeton – Teil 2: Beton – Festlegung, Eigenschaften, Herstellung und Konformität – Anwendungsregeln zu DIN EN 206-1*

DIN 1045-3, *Tragwerke aus Beton, Stahlbeton und Spannbeton – Teil 3: Bauausführung – Anwendungsregeln zu DIN EN 13670*

DIN 1045-4, *Tragwerke aus Beton, Stahlbeton und Spannbeton – Teil 4: Ergänzende Regeln für die Herstellung und die Konformität von Fertigteilen*

DIN 18516-1, *Außenwandbekleidungen, hinterlüftet – Teil 1: Anforderungen, Prüfgrundsätze*

DIN EN 206-1, *Beton – Teil 1: Festlegung, Eigenschaften, Herstellung und Konformität*

DIN EN 1536, *Ausführung von Arbeiten im Spezialtiefbau – Bohrpfähle*

DIN EN ISO 4063, *Schweißen und verwandte Prozesse – Liste der Prozesse und Ordnungsnummern*

DAfStb-Heft 600, *Erläuterungen zu DIN EN 1992-1-1 und DIN EN 1992-1-1/NA (Eurocode 2)*

DAfStb-Richtlinie, *Schutz und Instandsetzung von Betonbauteilen*

DBV-Merkblatt, *Abstandhalter* [1]

DBV-Merkblatt, *Betondeckung und Bewehrung* [1]

DBV-Merkblatt, *Unterstützungen* [1]

DBV-Merkblatt, *Rückbiegen von Betonstahl und Anforderungen an Verwahrkästen* [1]

1.3 Annahmen

(1)P Zusätzlich zu den allgemeinen Annahmen der DIN EN 1990 gelten die folgenden Annahmen:
- Tragwerke werden von entsprechend qualifizierten und erfahrenen Personen geplant.

---
[1] Zu beziehen bei: Deutscher Beton- und Bautechnik-Verein E. V., Kurfürstenstraße 129, 10785 Berlin, www.betonverein.de.

- In Fabriken, Werken und auf der Baustelle wird eine angemessene Überwachung und Qualitätskontrolle durchgeführt.
- Die Bauausführung erfolgt mit Personal, welches angemessene Fertigkeiten und Erfahrungen hat.
- Baustoffe und Bauprodukte werden nach diesem Eurocode oder entsprechend den maßgeblichen Material- oder Produktspezifikationen verwendet.
- Das Tragwerk wird angemessen instand gehalten.
- Das Tragwerk wird entsprechend den geplanten Anforderungen genutzt.
- Die Anforderungen nach DIN EN 13670 an die Bauausführung und das Personal werden erfüllt.

1.4 Unterscheidung zwischen Prinzipien und Anwendungsregeln

(1)P Es gelten die Regelungen der DIN EN 1990.

(NCI) Die **Prinzipien** (mit P nach der Absatznummer gekennzeichnet) enthalten:
- allgemeine Festlegungen, Definitionen und Angaben, die einzuhalten sind,
- Anforderungen und Rechenmodelle, für die keine Abweichungen erlaubt sind, sofern dies nicht ausdrücklich angegeben ist.

Die **Anwendungsregeln** (ohne P) sind allgemein anerkannte Regeln, die den Prinzipien folgen und deren Anforderungen erfüllen. Abweichungen hiervon sind zulässig, wenn sie mit den Prinzipien übereinstimmen und hinsichtlich der nach dieser Norm erzielten Tragfähigkeit, Gebrauchstauglichkeit und Dauerhaftigkeit gleichwertig sind.

1.5 Begriffe

1.5.1 Allgemeines

(1)P Es gelten die Begriffe der DIN EN 1990.

1.5.2 Besondere Begriffe und Definitionen in dieser Norm

1.5.2.1 Fertigteile

Bauteile, die nicht in ihrer endgültigen Lage, sondern in einem Werk oder an anderer Stelle hergestellt werden. Im Tragwerk werden die Bauteile miteinander verbunden, um die geforderte Tragfähigkeit zu gewährleisten.

1.5.2.2 Unbewehrte oder gering bewehrte Bauteile

Bauteile ohne Bewehrung oder mit einer Bewehrung, die unterhalb der jeweils erforderlichen Mindestbewehrung nach Kapitel 9 liegt.

(NCI)

NA.1.5.2.5 Üblicher Hochbau

Hochbau, der für vorwiegend ruhende, gleichmäßig verteilte Nutzlasten bis 5,0 kN/m², gegebenenfalls auch für Einzellasten bis 7,0 kN und für PKW bemessen ist.

NA.1.5.2.6 Vorwiegend ruhende Einwirkung

Statische Einwirkung oder nicht ruhende Einwirkung, die jedoch für die Tragwerksplanung als ruhende Einwirkung betrachtet werden darf.

NA.1.5.2.7 Nicht vorwiegend ruhende Einwirkung.

Stoßende Einwirkung oder sich häufig wiederholende Einwirkung, die eine vielfache Beanspruchungsänderung während der Nutzungsdauer des Tragwerks oder des Bauteils hervorruft und die für die Tragwerksplanung nicht als ruhende Einwirkung angesehen werden darf (z. B. Kran-, Kranbahn-, Gabelstaplerlasten, Verkehrslasten auf Brücken).

NA.1.5.2.8 Normalbeton

Beton mit einer Trockenrohdichte von mehr als 2000 kg/m³, höchstens aber 2600 kg/m³.

NA.1.5.2.10 Schwerbeton

Beton mit einer Trockenrohdichte von mehr als 2600 kg/m³.

NA.1.5.2.16 Verbundbauteil

Bauteil aus einem Fertigteil und einer Ortbetonergänzung mit Verbindungselementen oder ohne Verbindungselemente.

NA.1.5.2.17 Vorwiegend auf Biegung beanspruchtes Bauteil

Bauteil mit einer bezogenen Lastausmitte im Grenzzustand der Tragfähigkeit von $e_d/h \geq 3,5$.

NA.1.5.2.18 Druckglied

vorwiegend auf Druck beanspruchtes, stab- oder flächenförmiges Bauteil mit einer bezogenen Lastausmitte im Grenzzustand der Tragfähigkeit von $e_d/h < 3,5$.

NA.1.5.2.19 Balken, Plattenbalken

Stabförmiges, vorwiegend auf Biegung beanspruchtes Bauteil mit einer Stützweite von mindestens der dreifachen Querschnittshöhe und mit einer Querschnitts- bzw. Stegbreite von höchstens der fünffachen Querschnittshöhe.

NA.1.5.2.20 Platte

Ebenes, durch Kräfte rechtwinklig zur Mittelfläche vorwiegend auf Biegung beanspruchtes, flächenförmiges Bauteil, dessen kleinste Stützweite mindestens das Dreifache seiner Bauteildicke beträgt und mit einer Bauteilbreite von mindestens der fünffachen Bauteildicke.

NA.1.5.2.21 Stütze

Stabförmiges Druckglied, dessen größere Querschnittsabmessung das Vierfache der kleineren Abmessung nicht übersteigt.

NA.1.5.2.22 Scheibe, Wand

Ebenes, durch Kräfte parallel zur Mittelfläche beanspruchtes, flächenförmiges Bauteil, dessen größere Querschnittsabmessung das Vierfache der kleineren übersteigt.

NA.1.5.2.23 Wandartiger bzw. scheibenartiger Träger

Ebenes, durch Kräfte parallel zur Mittelfläche vorwiegend auf Biegung beanspruchtes, scheibenartiges Bauteil, dessen Stützweite weniger als das Dreifache seiner Querschnittshöhe beträgt.

NA.1.5.2.24 Betondeckung

Abstand zwischen der Oberfläche eines Bewehrungsstabes und der nächstgelegenen Betonoberfläche.

NA.1.5.2.26 Direkte und indirekte Lagerung

Eine direkte Lagerung ist gegeben, wenn der Abstand der Unterkante des gestützten Bauteils zur Unterkante des stützenden Bauteils größer ist als die Höhe des gestützten Bauteils. Andernfalls ist von einer indirekten Lagerung auszugehen (siehe Bild NA.1.1).

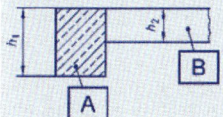

A stützendes Bauteil
B gestütztes Bauteil
$(h_1 - h_2) \geq h_2$ direkte Lagerung
$(h_1 - h_2) < h_2$ indirekte Lagerung

Bild NA.1.1. Direkte und indirekte Lagerung

2 Grundlagen der Tragwerksplanung

2.1 Anforderungen

2.1.1 Grundlegende Anforderungen

(1)P Für die Tragwerksplanung von Beton- und Stahlbetonbauten gelten die Grundlagen der DIN EN 1990 *(Anm. d. Red.: hier für die Kurzfassung im BK)*.

(2)P Darüber hinaus gelten für Beton- und Stahlbetontragwerke die Grundlagen dieses Kapitels.

(3) Die grundlegenden Anforderungen der DIN EN 1990, Kapitel 2, gelten für Beton- und Stahlbetontragwerke als erfüllt, wenn:
- die Bemessung in Grenzzuständen in Verbindung mit Teilsicherheitsbeiwerten nach DIN EN 1990 erfolgt,
- die Einwirkungen nach DIN EN 1991 verwendet werden,
- die Lastkombinationen nach DIN EN 1990 angesetzt und
- die Tragwiderstände, die Dauerhaftigkeit und die Gebrauchstauglichkeit entsprechend dieser Norm nachgewiesen werden.

Anmerkung: Anforderungen an den Feuerwiderstand (siehe DIN EN 1990, Kapitel 5 und DIN EN 1992-1-2) können zu größeren Bauteilabmessungen führen, als sie nach einer Bemessung unter Normaltemperatur erforderlich werden.

2.1.3 Nutzungsdauer, Dauerhaftigkeit und Qualitätssicherung

(1) Die Regeln für geplante Nutzungsdauer, Dauerhaftigkeit und Qualitätssicherung enthält DIN EN 1990, Kapitel 2.

2.2 Grundsätzliches zur Bemessung mit Grenzzuständen

(1) Die Regeln zur Bemessung in Grenzzuständen enthält DIN EN 1990, Kapitel 3.

2.3 Basisvariablen

2.3.1 Einwirkungen und Umgebungseinflüsse

2.3.1.1 Allgemeines

(1) Die bei der Bemessung zu verwendenden Einwirkungen dürfen aus den entsprechenden Teilen der DIN EN 1991 übernommen werden.

2.3.1.2 Temperaturauswirkungen

(1) In der Regel sind Temperaturauswirkungen für die Nachweise im Grenzzustand der Gebrauchstauglichkeit zu berücksichtigen.

(2) Temperaturauswirkungen sollten für die Nachweise im Grenzzustand der Tragfähigkeit nur dann berücksichtigt werden, wenn sie wesentlich sind (z. B. bei Ermüdung oder beim Nachweis der Stabilität nach Theorie II. Ordnung). In anderen Fällen muss die Temperatur nicht berücksichtigt werden, wenn Verformungsvermögen und Rotationsfähigkeit der Bauteile im ausreichenden Maße nachgewiesen werden können.

(3) Werden Temperaturauswirkungen berücksichtigt, sind sie in der Regel als veränderliche Einwirkungen mit einem Teilsicherheitsbeiwert γ und dem Kombinationsbeiwert ψ aufzubringen.

(NCI) Allgemein gilt $\gamma_{Q,T} = 1{,}5$.

Bei linear-elastischer Schnittgrößenermittlung mit den Steifigkeiten der ungerissenen Querschnitte und dem mittleren Elastizitätsmodul E_{cm} darf für Zwang der Teilsicherheitsbeiwert $\gamma_{Q,T} = 1{,}0$ angesetzt werden.

Anmerkung: Der Kombinationsbeiwert ψ ist im entsprechenden Anhang der DIN EN 1990 und DIN EN 1991-1-5 definiert.

2.3.1.3 Setzungs-/Bewegungsunterschiede

(1) Setzungs-/Bewegungsunterschiede des Tragwerks infolge von Bodensetzungen sind in der Regel als ständige Einwirkungen G_{set} in den Einwirkungskombinationen zu behandeln. Im Allgemeinen wird G_{set} aus Werten von Setzungs-/Bewegungsunterschieden $d_{set,i}$ (bezogen auf eine Referenzlage) einzelner Gründungen oder Gründungsteile i bestehen.

Anmerkung: Es dürfen angemessene Schätzwerte der erwarteten Setzungen verwendet werden.

(2) Auswirkungen von Setzungsunterschieden sind in der Regel immer für die Nachweise im Grenzzustand der Gebrauchstauglichkeit zu berücksichtigen.

(3) Auswirkungen von Setzungsunterschieden sollten für die Nachweise im Grenzzustand der Tragfähigkeit nur dann berücksichtigt werden, wenn sie wesentlich sind (z. B. bei Ermüdung oder beim Nachweis der Stabilität nach Theorie II. Ordnung. In anderen Fällen müssen Setzungsunterschiede nicht berücksichtigt werden, wenn Verformungsvermögen und Rotationsfähigkeit im ausreichenden Maße nachgewiesen werden können.

(4) Werden die Auswirkungen von Setzungsunterschieden berücksichtigt, ist in der Regel ein Teilsicherheitsbeiwert für Setzungen anzusetzen.

(NCI) Allgemein gilt $\gamma_{Q,set} = 1{,}5$.

Bei linear-elastischer Schnittgrößenermittlung mit den Steifigkeiten der ungerissenen Querschnitte und dem mittleren Elastizitätsmodul E_{cm} darf für Setzungen der Teilsicherheitsbeiwert $\gamma_{Q,set} = 1{,}0$ angesetzt werden.

2.3.2 Eigenschaften von Baustoffen, Bauprodukten und Bauteilen

2.3.2.1 Allgemeines

(1) Die Regeln für Material- und Produkteigenschaften enthält DIN EN 1990, Kapitel 4.

(2) Bestimmungen für Beton und Betonstahl sind in Kapitel 3 oder in den maßgeblichen Produktnormen enthalten.

2.3.2.2 Kriechen und Schwinden

(1) Kriechen und Schwinden sind zeitabhängige Eigenschaften des Betons. Ihre Auswirkungen sind in der Regel generell für die Nachweise im Grenzzustand der Gebrauchstauglichkeit zu berücksichtigen.

(2) Kriechen und Schwinden sollten für die Nachweise im Grenzzustand der Tragfähigkeit nur dann berücksichtigt werden, wenn sie wesentlich sind, z. B. bei Stabilitätsnachweisen nach Theorie II. Ordnung. In anderen Fällen müssen Kriechen und Schwinden im GZT nicht berücksichtigt werden, wenn Verformungsvermögen und Rotationsfähigkeit der Bauteile im ausreichenden Maße nachgewiesen werden können.

(3) Wird das Kriechen berücksichtigt, sind in der Regel die Auswirkungen unter der quasi-ständigen Einwirkungskombination zu ermitteln, unabhängig davon, ob eine ständige, eine vorübergehende oder eine außergewöhnliche Bemessungssituation untersucht wird.

Anmerkung: Im Allgemeinen dürfen die Kriechauswirkungen unter ständigen Lasten ermittelt werden.

2.3.3 Verformungseigenschaften des Betons

(1)P Auswirkungen aus Verformungen, die durch Temperatur, Kriechen und Schwinden hervorgerufen sind, müssen in der Bemessung berücksichtigt werden.

(2) Diese Auswirkungen sind im Allgemeinen ausreichend berücksichtigt, wenn die Anwendungsregeln dieser Norm eingehalten werden. Auf Folgendes sollte ebenfalls Wert gelegt werden:

– Reduzierung von Verformungen und Rissbildung aus früher Belastung von Bauteilen sowie aus Kriechen und Schwinden durch entsprechende Betonzusammensetzung;

– Reduzierung zwangerzeugender Verformungsbehinderungen durch Lager oder Fugen;

– Berücksichtigung auftretenden Zwangs bei der Bemessung.

(3) Für Hochbauten dürfen Auswirkungen aus Temperatur und Schwinden auf das Gesamttragwerk vernachlässigt werden, wenn Fugen im Abstand von d_{joint} vorgesehen werden, die die entstehenden Verformungen aufnehmen können.

(NDP) Der Fugenabstand d_{joint} muss im Einzelfall bestimmt werden.

2.4 Nachweisverfahren mit Teilsicherheitsbeiwerten

2.4.1 Allgemeines

(1) Die Regeln für das Nachweisverfahren mit Teilsicherheitsbeiwerten enthält DIN EN 1990, Kapitel 6.

2.4.2 Bemessungswerte

2.4.2.1 Teilsicherheitsbeiwerte für Einwirkungen aus Schwinden

(1) Werden Einwirkungen aus Schwinden für die Nachweise im Grenzzustand der Tragfähigkeit berücksichtigt, ist in der Regel ein Teilsicherheitsbeiwert γ_{SH} zu verwenden.

(NDP) Es gilt der empfohlene Wert $\gamma_{SH} = 1,0$.

2.4.2.4 Teilsicherheitsbeiwerte für Baustoffe

(1) Für die Nachweise im Grenzzustand der Tragfähigkeit sind für die Baustoffe in der Regel die Teilsicherheitsbeiwerte γ_C und γ_S nach Tabelle 2.1DE zu verwenden.

Anmerkung: Für die Bemessung im Brandfall gilt DIN EN 1992-1-2.

(2) Für die Nachweise im Grenzzustand der Gebrauchstauglichkeit sind in der Regel die Werte der Teilsicherheitsbeiwerte für Baustoffe entsprechend den einzelnen Abschnitten dieses Eurocodes zu verwenden.

Tabelle 2.1DE. Teilsicherheitsbeiwerte für Baustoffe in den Grenzzuständen der Tragfähigkeit

	1	2	3
	Bemessungssituationen	γ_C für Beton	γ_S für Betonstahl
1	ständig und vorübergehend	1,5	1,15
2	außergewöhnlich	1,3	1,0

(NDP) Es gelten die empfohlenen Werte $\gamma_C = 1,0$ und $\gamma_S = 1,0$.

(3) Abgeminderte Werte für γ_C und γ_S dürfen verwendet werden, wenn dies durch Maßnahmen zur Verringerung der Unsicherheit in der Berechnung gerechtfertigt ist.

Anmerkung: Informationen hierzu enthält der normative Anhang A.

2.4.3 Kombinationsregeln für Einwirkungen

(1) Die allgemeinen Kombinationsregeln für Einwirkungen in den Grenzzuständen der Tragfähigkeit und Gebrauchstauglichkeit enthält DIN EN 1990, Kapitel 6.

Anmerkung: Die detaillierten Formulierungen für Einwirkungskombinationen sind in den normativen Anhängen der DIN EN 1990, z. B. Anhang A.1 für den Hochbau, enthalten.

(2) Für jede ständige Einwirkung darf durchgängig entweder der untere oder der obere Bemessungswert innerhalb eines Tragwerks verwendet werden, je nachdem, welcher Wert ungünstiger wirkt (z. B. Eigenlast eines Tragwerks).

Anmerkung: Unter Umständen gibt es Ausnahmen zu dieser Regel (z. B. Nachweis der Lagesicherheit, siehe DIN EN 1990, Kapitel 6). In solchen Fällen können andere Teilsicherheitsbeiwerte (Satz A) maßgebend werden.

2.4.4 Nachweis der Lagesicherheit

(1) Das Format beim Nachweis der Lagesicherheit gilt auch für EQU-Bemessungszustände, z. B. für Abhebesicherungen oder den Nachweis gegen das Abheben von Lagern bei Durchlaufträgern.

Anmerkung: Informationen hierzu enthält Anhang A der DIN EN 1990.

(NCI)

NA.2.8 Bautechnische Unterlagen

NA.2.8.1 Umfang der bautechnischen Unterlagen

(1) Zu den bautechnischen Unterlagen gehören die für die Ausführung des Bauwerks notwendigen Zeichnungen, die statische Berechnung und – wenn für die Bauausführung erforderlich – eine ergänzende Projektbeschreibung sowie bauaufsichtlich erforderliche Verwendbarkeitsnachweise für Bauprodukte bzw. Bauarten (z. B. allgemeine bauaufsichtliche Zulassungen).

NA.2.8.2 Zeichnungen

(1)P Die Bauteile, die einzubauende Betonstahlbewehrung sowie alle Einbauteile sind auf den Zeichnungen eindeutig und übersichtlich darzustellen und zu bemaßen. Die Darstellungen müssen mit den Angaben in der statischen Berechnung übereinstimmen und alle für die Ausführung der Bauteile und für die Prüfung der Berechnungen erforderlichen Maße enthalten.

(2)P Auf zugehörige Zeichnungen ist hinzuweisen. Bei nachträglicher Änderung einer Zeichnung sind alle von der Änderung ebenfalls betroffenen Zeichnungen entsprechend zu berichtigen.

(3)P Auf den Bewehrungszeichnungen sind insbesondere anzugeben:

– die erforderliche Festigkeitsklasse, die Expositionsklassen und weitere Anforderungen an den Beton,

– die Betonstahlsorte,

– Anzahl, Durchmesser, Form und Lage der Bewehrungsstäbe; gegenseitiger Abstand und Übergreifungslängen an Stößen und Verankerungslängen; Anordnung, Maße und Ausbildung von Schweißstellen; Typ und Lage der mechanischen Verbindungsmittel,

– Rüttelgassen, Lage von Betonieröffnungen,

– bei gebogenen Bewehrungsstäben die erforderlichen Biegerollendurchmesser,

– Maßnahmen zur Lagesicherung der Betonstahlbewehrung sowie Anordnung, Maße und Ausführung der Unterstützungen der oberen Betonstahlbewehrungslage,

– das Verlegemaß c_v der Bewehrung, das sich aus dem Nennmaß der Betondeckung c_{nom} ableitet, sowie das Vorhaltemaß Δc_{dev} der Betondeckung,

– die Fugenausbildung,

– gegebenenfalls besondere Maßnahmen zur Qualitätssicherung.

(4)P Für Schalungs- und Traggerüste, für die eine statische Berechnung erforderlich ist, sind Zeichnungen für die Baustelle anzufertigen; ebenso für Schalungen, die hohen seitlichen Druck des Frischbetons aufnehmen müssen.

NA.2.8.3 Statische Berechnungen

(1)P Das Tragwerk und die Lastabtragung sind zu beschreiben. Die Tragfähigkeit und die Gebrauchstauglichkeit der baulichen Anlage und ihrer Bauteile sind in der statischen Berechnung übersichtlich und leicht prüfbar nachzuweisen. Mit numerischen Methoden erzielte Rechenergebnisse sollten grafisch dargestellt werden.

(2) Für Regeln, die von den in dieser Norm angegebenen Anwendungsregeln abweichen, und für abweichende außergewöhnliche Gleichungen ist die Fundstelle anzugeben, sofern diese allgemein zugänglich ist, sonst sind die Ableitungen so weit zu entwickeln, dass ihre Richtigkeit geprüft werden kann.

NA.2.8.4 Baubeschreibung

(1)P Angaben, die für die Bauausführung oder für die Prüfung der Zeichnungen oder der statischen Berechnung notwendig sind, aber aus den Unterlagen nach NA.2.8.2 und NA.2.8.3 nicht ohne Weiteres entnommen werden können, müssen in einer Baubeschreibung enthalten und erläutert sein. Dazu gehören auch die erforderlichen Angaben für Beton mit gestalteten Ansichtsflächen.

3 Baustoffe

3.1 Beton

3.1.1 Allgemeines

(1)P Die folgenden Abschnitte enthalten Prinzipien und Anwendungsregeln für Normalbeton und hochfesten Beton.

(NA.3) Der Abschnitt 3.1 gilt für Beton nach DIN EN 206-1 in Verbindung mit DIN 1045-2.

3.1.2 Festigkeiten

(1)P Die Betondruckfestigkeit wird nach Betonfestigkeitsklassen gegliedert, die sich auf die charakteristische (5%) Zylinderdruckfestigkeit f_{ck} oder die Würfeldruckfestigkeit $f_{ck,cube}$ nach DIN EN 206-1 beziehen.

(2)P Die Festigkeitsklassen dieser Norm beziehen sich auf die charakteristische Zylinderdruckfestigkeit f_{ck} für ein Alter von 28 Tagen mit einem Maximalwert von C_{max}.

(NDP) C_{max} = C50/60 (*Anm. d. Red.: für diese Kurzfassung im BK*)

(3) In Tabelle 3.1 sind die charakteristischen Festigkeiten f_{ck} mit den ihnen zugeordneten mechanischen Eigenschaften angegeben, die für die Bemessung notwendig sind.

(4) Für bestimmte Anwendungsfälle (z. B. bei Vorspannung) darf unter Umständen die Druckfestigkeit des Betons für ein Alter von weniger oder mehr als 28 Tagen auf der Grundlage von Prüfkörpern bestimmt werden, die unter anderen als den in DIN EN 12390 angegebenen Bedingungen gelagert wurden.

Falls die Betonfestigkeit für ein Alter von $t > 28$ Tagen bestimmt wird, sind in der Regel die in 3.1.6 (1)P und 3.1.6 (2)P definierten Beiwerte α_{cc} und α_{ct} um den Faktor k_t zu reduzieren.

(NDP) Der Wert k_t muss entsprechend der Festigkeitsentwicklung im Einzelfall festgelegt werden.

(5) Muss die Betondruckfestigkeit $f_{ck}(t)$ für ein Alter t für bestimmte Bauzustände (z. B. Ausschalen) angegeben werden, darf diese wie folgt bestimmt werden:

$f_{ck}(t) = f_{cm}(t) - 8$ [N/mm²] für $3 < t < 28$ Tage

$f_{ck}(t) = f_{ck}$ für $t \geq 28$ Tage

Genauere Werte speziell für $t \leq 3$ Tage sollten auf der Basis von Versuchen bestimmt werden.

(6) Die Betondruckfestigkeit im Alter t hängt vom Zementtyp, der Temperatur und den Lagerungsbedingungen ab. Bei einer mittleren Temperatur von 20 °C und bei Lagerung nach DIN EN 12390 darf die Betondruckfestigkeit zu unterschiedlichen Zeitpunkten $f_{cm}(t)$ mit den Gleichungen (3.1) und (3.2) ermittelt werden.

$$f_{cm}(t) = \beta_{cc}(t) \cdot f_{cm} \tag{3.1}$$

mit

$$\beta_{cc}(t) = e^{s(1-\sqrt{28/t})} \tag{3.2}$$

Dabei ist

$f_{cm}(t)$ die mittlere Betondruckfestigkeit für ein Alter von t Tagen;

f_{cm} die mittlere Druckfestigkeit nach 28 Tagen gemäß Tabelle 3.1;

$\beta_{cc}(t)$ ein vom Alter des Betons t abhängiger Beiwert;

t das Alter des Betons in Tagen;

s ein vom verwendeten Zementtyp abhängiger Beiwert:

$s = 0{,}20$ für Zement der Festigkeitsklassen CEM 42,5 R, CEM 52,5 N und CEM 52,5 R (Klasse R),

$s = 0{,}25$ für Zement der Festigkeitsklassen CEM 32,5 R, CEM 42,5 N (Klasse N),

$s = 0{,}38$ für Zement der Festigkeitsklassen CEM 32,5 N (Klasse S).

In Fällen, in denen der Beton nicht der geforderten Druckfestigkeit nach 28 Tagen entspricht, sind die Gleichungen (3.1) und (3.2) nicht geeignet.

Es ist nicht zulässig, mit den Regeln dieses Abschnittes eine nichtkonforme Druckfestigkeitsklasse über die Nacherhärtung des Betons im Nachhinein zu rechtfertigen.

Zur Wärmebehandlung von Bauteilen siehe 10.3.1.1 (3).

(7)P Die Zugfestigkeit bezieht sich auf die höchste Spannung, die bei zentrischer Zugbeanspruchung erreicht wird. Für die Biegezugfestigkeit siehe auch 3.1.8 (1).

(8) Wenn die Zugfestigkeit mittels der Spaltzugfestigkeit $f_{ct,sp}$ bestimmt wird, darf näherungswei-

Tabelle 3.1. Festigkeits- und Formänderungskennwerte für Beton

			Betonfestigkeitsklasse								Analytische Beziehung
1	f_{ck}	N/mm²	12 [1]	16	20	25	30	35	40	45	50	
2	$f_{ck,cube}$	N/mm²	15	20	25	30	37	45	50	55	60	
3	f_{cm}	N/mm²	20	24	28	33	38	43	48	53	58	$f_{cm} = f_{ck} + 8$
4	f_{ctm}	N/mm²	1,6	1,9	2,2	2,6	2,9	3,2	3,5	3,8	4,1	$f_{ctm} = 0{,}30 f_{ck}^{(2/3)}$
5	$f_{ctk;0,05}$	N/mm²	1,1	1,3	1,5	1,8	2,0	2,2	2,5	2,7	2,9	$f_{ctk;0,05} = 0{,}7 f_{ctm}$ (5%-Quantil)
6	$f_{ctk;0,95}$	N/mm²	2,0	2,5	2,9	3,3	3,8	4,2	4,6	4,9	5,3	$f_{ctk;0,95} = 1{,}3 f_{ctm}$ (95%-Quantil)
7	$E_{cm} \cdot 10^{-3}$	N/mm²	27	29	30	31	33	34	35	36	37	$E_{cm} = 22 \cdot (f_{cm}/10)^{0,3}$ [GPa]
8	ε_{c1}	‰	1,8	1,9	2,0	2,1	2,2	2,25	2,3	2,4	2,45	ε_{c1} (‰) $= 0{,}7 f_{cm}^{0,31}$
9	ε_{cu1}	‰	3,5									
10	ε_{c2}	‰	2,0									
11	ε_{cu2}	‰	3,5									
12	n		2,0									

(NCI) [1] Die Festigkeitsklasse C12/15 darf nur bei vorwiegend ruhenden Einwirkungen verwendet werden.

se der Wert der einachsigen Zugfestigkeit f_{ct} mit folgender Gleichung ermittelt werden:

$$f_{ct} = 0{,}9 \cdot f_{ct,sp} \quad (3.3)$$

(9) Die zeitabhängige Entwicklung der Zugfestigkeit hängt besonders stark von der Nachbehandlung und der Trocknungsbedingungen sowie der Bauteilgröße ab. Wenn keine genaueren Werte vorliegen, darf die Zugfestigkeit $f_{ctm}(t)$ wie folgt angenommen werden:

$$f_{ctm}(t) = [\beta_{cc}(t)]^\alpha \cdot f_{ctm} \quad (3.4)$$

mit $\beta_{cc}(t)$ aus Gleichung (3.2) und $\alpha = 1$ für $t < 28$ Tage bzw. $\alpha = 2/3$ für $t \geq 28$ Tage.
Die Werte für f_{ctm} sind in Tabelle 3.1 enthalten.

Anmerkung: Wenn die zeitabhängige Entwicklung der Zugfestigkeit von Bedeutung ist, wird empfohlen, dass zusätzliche Prüfungen unter Berücksichtigung der Umgebungsbedingungen und der Bauteilgröße durchgeführt werden.

3.1.3 Elastische Verformungseigenschaften

(1) Die elastischen Verformungseigenschaften des Betons hängen in hohem Maße von seiner Zusammensetzung (vor allem von der Gesteinskörnung) ab. Die folgenden Angaben stellen deshalb lediglich Richtwerte dar. Sie sind in der Regel dann gesondert zu ermitteln, wenn das Tragwerk empfindlich auf entsprechende Abweichungen reagiert.

(2) Der Elastizitätsmodul eines Betons hängt von den Elastizitätsmoduln seiner Bestandteile ab. Tabelle 3.1 enthält die Richtwerte für den Elastizitätsmodul E_{cm} (Sekantenwert zwischen $\sigma_c = 0$ und $0{,}4 f_{cm}$) für Betonsorten mit quarzitischen Gesteinskörnungen. Bei Kalkstein- und Sandsteingesteinskörnungen sollten die Werte um 10% bzw. 30% reduziert werden. Bei Basaltgesteinskörnungen sollte der Wert um 20% erhöht werden.

(3) Die zeitabhängige Änderung des Elastizitätsmoduls darf mit folgender Gleichung ermittelt werden:

$$E_{cm}(t) = [f_{cm}(t)/f_{cm}]^{0,3} \cdot E_{cm} \quad (3.5)$$

wobei $E_{cm}(t)$ und $f_{cm}(t)$ die Werte im Alter von t Tagen bzw. E_{cm} und f_{cm} die Werte im Alter von 28 Tagen sind. Die Beziehung zwischen $f_{cm}(t)$ und f_{cm} entspricht Gleichung (3.1).

(4) Die *Poisson*'sche Zahl (Querdehnzahl) darf für ungerissenen Beton mit 0,2 und für gerissenen Beton zu null angesetzt werden.

(5) Liegen keine genaueren Informationen vor, darf die lineare Wärmedehnzahl mit $10 \cdot 10^{-6}$ K^{-1} angesetzt werden.

3.1.4 Kriechen und Schwinden

(1)P Kriechen und Schwinden des Betons hängen hauptsächlich von der Umgebungsfeuchte, den Bauteilabmessungen und der Betonzusammensetzung ab. Das Kriechen wird auch vom Grad der Erhärtung des Betons beim erstmaligen Aufbringen der Last sowie von der Dauer und der Größe der Beanspruchung beeinflusst.

(2) Die Kriechzahl $\varphi(t, t_0)$ bezieht sich auf den Tangentenmodul E_c, der mit $1{,}05 E_{cm}$ angenommen werden darf. Wenn keine besondere Genauigkeit erforderlich ist, darf der in Bild 3.1 angegebene Wert als Endkriechzahl angesehen werden, wenn die Betondruckspannung zum Zeitpunkt des Belastungsbeginns $t = t_0$ nicht mehr als $0{,}45 f_{ck}(t_0)$ beträgt.

Anmerkung: Weitere Informationen, einschließlich der zeitabhängigen Kriechentwicklung, sind im Anhang B enthalten.

(NCI) Die Endkriechzahlen und Schwinddehnungen dürfen als zu erwartende Mittelwerte angesehen werden. Die mittleren Variationskoeffizienten für die Vorhersage der Endkriechzahl und der Schwinddehnung liegen bei etwa 30 %. Für gegenüber Kriechen und Schwinden empfindliche Tragwerke sollte die mögliche Streuung dieser Werte berücksichtigt werden.

(3) Die Kriechverformung von Beton $\varepsilon_{cc}(\infty, t_0)$ im Alter $t = \infty$ bei konstanter Druckspannung σ_c, aufgebracht im Betonalter t_0, darf mit folgender Gleichung berechnet werden:

$$\varepsilon_{cc}(\infty, t_0) = \varphi(\infty, t_0) \cdot (\sigma_c / E_c) \quad (3.6)$$

(4) Wenn die Betondruckspannung im Alter t_0 den Wert $0{,}45 f_{ck}(t_0)$ übersteigt, ist in der Regel die Nichtlinearität des Kriechens zu berücksichtigen. In diesen Fällen darf die nichtlineare rechnerische Kriechzahl wie folgt ermittelt werden:

$$\varphi_{nl}(\infty, t_0) = \varphi(\infty, t_0) \cdot e^{1{,}5 (k_\sigma - 0{,}45)} \quad (3.7)$$

Dabei ist

$\varphi_{nl}(\infty, t_0)$ die nichtlineare rechnerische Kriechzahl, die $\varphi(\infty, t_0)$ ersetzt;

k_σ das Spannungs-Festigkeitsverhältnis $\sigma_c / f_{ck}(t_0)$, wobei σ_c die Druckspannung ist und $f_{ck}(t_0)$ der charakteristische Wert der Betondruckfestigkeit zum Zeitpunkt der Belastung.

(5) Die in Bild 3.1 angegebenen Werte gelten für mittlere relative Luftfeuchten zwischen 40 % und 100 % und für Umgebungstemperaturen zwischen $-40\,°C$ und $+40\,°C$.

Folgende Formelzeichen werden verwendet:

$\varphi(\infty, t_0)$ Endkriechzahl;

t_0 Alter des Betons bei der ersten Lastbeanspruchung in Tagen;

h_0 wirksame Querschnittsdicke mit $h_0 = 2 A_c / u$, wobei A_c die Betonquerschnittsfläche und u die Umfangslänge der dem Trocknen ausgesetzten Querschnittsflächen sind;

(NCI) *Anmerkung:* u – bei Hohlkästen einschließlich 50 % des inneren Umfangs

S   Zement der Klasse S nach 3.1.2 (6);

N   Zement der Klasse N nach 3.1.2 (6);

R   Zement der Klasse R nach 3.1.2 (6).

(6) Die Gesamtschwinddehnung setzt sich aus zwei Komponenten zusammen: der Trocknungsschwinddehnung und der autogenen Schwinddehnung.

Die Trocknungsschwinddehnung bildet sich langsam aus, da sie eine Funktion der Wassermigration durch den erhärteten Beton ist. Die autogene Schwinddehnung bildet sich bei der Betonerhärtung aus: Der Hauptanteil bildet sich bereits in den ersten Tagen nach dem Betonieren aus. Das autogene Schwinden ist eine lineare Funktion der Betonfestigkeit. Es sollte insbesondere dort berücksichtigt werden, wo Frischbeton auf bereits erhärteten Beton aufgebracht wird.

Somit ergibt sich die Gesamtschwinddehnung ε_{cs} aus

$$\varepsilon_{cs} = \varepsilon_{cd} + \varepsilon_{ca} \quad (3.8)$$

Dabei ist

ε_{cs} die Gesamtschwinddehnung;

ε_{cd} die Trocknungsschwinddehnung des Betons;

ε_{ca} die autogene Schwinddehnung.

Der Endwert der Trocknungsschwinddehnung beträgt $\varepsilon_{cd,\infty} = k_h \cdot \varepsilon_{cd,0}$.

Der Grundwert $\varepsilon_{cd,0}$ darf den Tabellen NA.B.1 bis NA.B.3 entnommen werden (erwartete Mittelwerte mit einem Variationskoeffizienten von ca. 30 %).

Anmerkung: Die Gleichung für $\varepsilon_{cd,0}$ ist im Anhang B angegeben.

(NCI) *Anmerkung:* Die Grundwerte für die unbehinderte Trocknungsschwinddehnung $\varepsilon_{cd,0}$ sind für die Zementklassen S, N, R und die Luftfeuchten RH = 40 % bis RH = 90 % im Anhang B als Tabellen NA.B.1 bis NA.B.3 ergänzt (Ersatz für Tabelle 3.2).

Die zeitabhängige Entwicklung der Trocknungsschwinddehnung folgt aus:

$$\varepsilon_{cd}(t) = \beta_{ds}(t, t_s) \cdot k_h \cdot \varepsilon_{cd,0} \quad (3.9)$$

Dabei ist k_h ein von der wirksamen Querschnittsdicke h_0 abhängiger Koeffizient gemäß Tabelle 3.3.

$$\beta_{ds}(t, t_s) = \frac{(t - t_s)}{(t - t_s) + 0.04\sqrt{h_0^3}} \quad (3.10)$$

Dabei ist
t Alter des Betons in Tagen zum betrachteten Zeitpunkt;
t_s Alter des Betons in Tagen zu Beginn des Trocknungsschwindens (oder des Quellens). Normalerweise das Alter am Ende der Nachbehandlung;

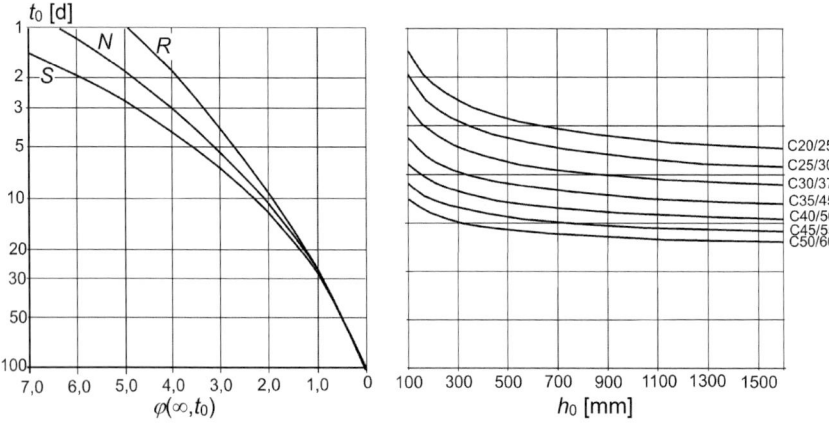

a) trockene Innenräume, relative Luftfeuchte = 50 %

Anmerkung:
– der Schnittpunkt der Linien 4 und 5 kann auch über dem Punkt 1 liegen
– für $t_0 > 100$ Tage darf $t_0 = 100$ Tage angenommen werden (Tangentenlinie ist zu verwenden)

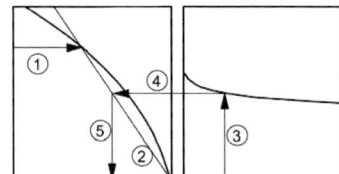

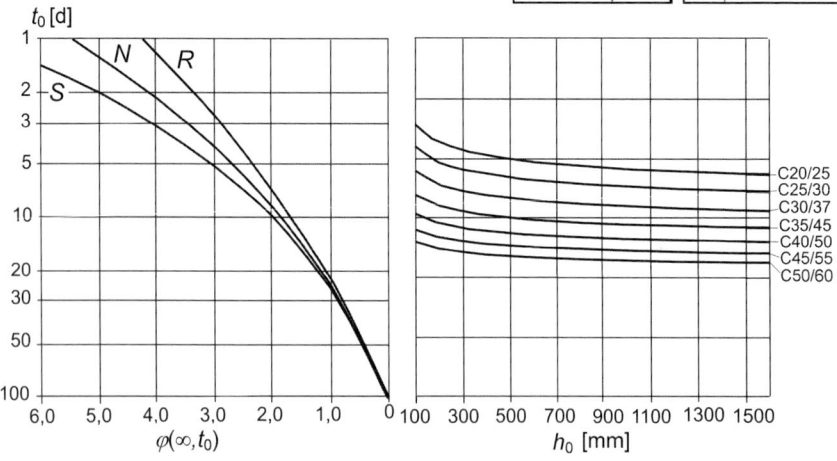

b) Außenluft, relative Luftfeuchte = 80 %

Bild 3.1. Methode zur Bestimmung der Kriechzahl $\varphi(\infty, t_0)$ für Beton bei normalen Umgebungsbedingungen

Tabelle 3.3. k_h-Werte in Gleichung (3.9)

	1	2
	h_0 [mm]	k_h
1	100	1,0
2	200	0,85
3	300	0,75
4	≥ 500	0,70

h_0 wirksame Querschnittsdicke (mm)
$h_0 = 2A_c/u$.
Dabei ist
A_c die Betonquerschnittsfläche;
u die Umfangslänge der dem Trocknen ausgesetzten Querschnittsflächen.

Die autogene Schwinddehnung folgt aus:

$$\varepsilon_{ca}(t) = \beta_{as}(t) \cdot \varepsilon_{ca}(\infty) \quad (3.11)$$

Dabei ist

$$\varepsilon_{ca}(\infty) = 2,5 \cdot (f_{ck} - 10) \cdot 10^{-6} \quad (3.12)$$

$$\beta_{as}(t) = 1 - e^{-0,2 \cdot \sqrt{t}} \text{ mit } t \text{ in Tagen.} \quad (3.13)$$

3.1.5 Spannungs-Dehnungs-Linie für nichtlineare Verfahren der Schnittgrößenermittlung und für Verformungsberechnungen

(1) Der in Bild 3.2 dargestellte Zusammenhang zwischen σ_c und ε_c für eine kurzzeitig wirkende, einaxiale Druckbeanspruchung wird durch Gleichung (3.14) beschrieben:

$$\frac{\sigma_c}{f_{cm}} = \frac{k\eta - \eta^2}{1 + (k-2)\eta} \quad (3.14)$$

Dabei ist

$\eta = \varepsilon_c/\varepsilon_{c1}$;
ε_{c1} die Stauchung beim Höchstwert der Betondruckspannung gemäß Tabelle 3.1;
$k = 1,05 E_{cm} \cdot |\varepsilon_{c1}|/f_{cm}$ (f_{cm} nach Tabelle 3.1).

Die Gleichung (3.14) gilt für $0 < |\varepsilon_c| < |\varepsilon_{cu1}|$, wobei ε_{cu1} die rechnerische Bruchdehnung ist.

(NCI) Für das Allgemeine Verfahren Theorie II. Ordnung nach Abschnitt 5.8.6 oder für nichtlineare Verfahren nach Abschnitt 5.7, sind für f_{cm} die dort angegebenen Werte zu verwenden.

(2) Andere idealisierte Spannungs-Dehnungs-Linien dürfen verwendet werden, wenn sie das Verhalten des untersuchten Betons angemessen wiedergeben.

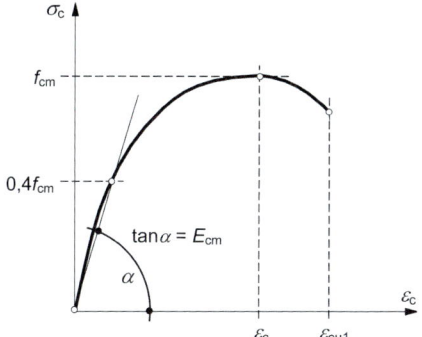

Bild 3.2. Spannungs-Dehnungs-Linie für die Schnittgrößenermittlung mit nichtlinearen Verfahren und für Verformungsberechnungen

(NCI) Das heißt, sie müssen dem in Absatz (1) beschriebenen Ansatz gleichwertig sein.

3.1.6 Bemessungswert der Betondruck- und Betonzugfestigkeit

(1)P Der Bemessungswert der Betondruckfestigkeit wird definiert als

$$f_{cd} = \alpha_{cc} \cdot f_{ck}/\gamma_C \quad (3.15)$$

Dabei ist

γ_C der Teilsicherheitsbeiwert für Beton, siehe 2.4.2.4;

α_{cc} der Beiwert zur Berücksichtigung von Langzeitauswirkungen auf die Betondruckfestigkeit und von ungünstigen Auswirkungen durch die Art der Beanspruchung.

(NDP) $\alpha_{cc} = 0,85$.

In begründeten Fällen (z. B. Kurzzeitbelastung) dürfen auch höhere Werte für α_{cc} (mit $\alpha_{cc} \leq 1$) angesetzt werden.

(2)P Der Bemessungswert der Betonzugfestigkeit f_{ctd} wird definiert als

$$f_{ctd} = \alpha_{ct} \cdot f_{ctk;0,05}/\gamma_C \quad (3.16)$$

Dabei ist

γ_C der Teilsicherheitsbeiwert für Beton, siehe 2.4.2.4;

α_{ct} der Beiwert zur Berücksichtigung von Langzeitauswirkungen auf die Betonzugfestigkeit und von ungünstigen Auswirkungen durch die Art der Beanspruchung.

(NDP) $\alpha_{ct} = 0{,}85$.

Bei der Ermittlung der Verbundspannungen f_{bd} nach 8.4.2 (2) darf $\alpha_{ct} = 1{,}0$ angesetzt werden.

3.1.7 Spannungs-Dehnungs-Linie für die Querschnittsbemessung

(1) Für die Querschnittsbemessung darf die in Bild 3.3 dargestellte Spannungs-Dehnungs-Linie verwendet werden (Stauchungen positiv):

$$\sigma_c = f_{cd}\left[1 - \left(1 - \frac{\varepsilon_c}{\varepsilon_{c2}}\right)^n\right]$$

für $0 \leq \varepsilon_c \leq \varepsilon_{c2}$ (3.17)

$\sigma_c = f_{cd}$

für $\varepsilon_{c2} \leq \varepsilon_c \leq \varepsilon_{cu2}$ (3.18)

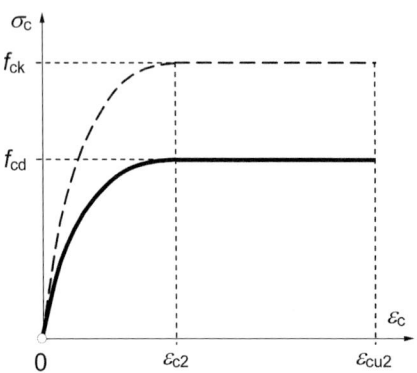

Druckspannungen und Stauchungen sind positiv dargestellt.

Bild 3.3. Parabel-Rechteck-Diagramm für Beton unter Druck

Dabei ist

n der Exponent gemäß Tabelle 3.1;

ε_{c2} die Dehnung beim Erreichen der Maximalfestigkeit gemäß Tabelle 3.1;

ε_{cu2} die Bruchdehnung gemäß Tabelle 3.1.

(2) Andere vereinfachte Spannungs-Dehnungs-Linien dürfen auch verwendet werden, wenn sie gleichwertig oder konservativer als die in Absatz (1) definierte sind. (*Anm. d. Red.*: Vereinfachte bilineare Spannungs-Dehnungs-Linie in der Kurzfassung in diesem BK gestrichen, da praktisch ohne Bedeutung).

(3) Ein Spannungsblock wie in Bild 3.5 darf angesetzt werden. Der Beiwert λ zur Bestimmung der effektiven Druckzonenhöhe und der Beiwert η zur Bestimmung der effektiven Festigkeit folgen aus:

$\lambda = 0{,}8$ für $f_{ck} \leq 50 \text{ N/mm}^2$ (3.19)

und

$\eta = 1{,}0$ für $f_{ck} \leq 50 \text{ N/mm}^2$ (3.21)

Anmerkung: Sofern die Breite der Druckzone zum gedrückten Querschnittsrand hin abnimmt, sollte der Wert $\eta \cdot f_{cd}$ um 10 % abgemindert werden.

3.1.8 Biegezugfestigkeit

(1) Die mittlere Biegezugfestigkeit bewehrter Betonbauteile hängt vom Mittelwert der zentrischen Zugfestigkeit und der Querschnittshöhe ab.

Die folgende Beziehung darf verwendet werden:

$$f_{ctm,fl} = (1{,}6 - h/1000) \cdot f_{ctm} \geq f_{ctm} \quad (3.23)$$

Dabei ist

h die Gesamthöhe des Bauteils in mm;

f_{ctm} der Mittelwert der zentrischen Betonzugfestigkeit gemäß Tabelle 3.1.

Die Beziehung nach Gleichung (3.23) gilt auch für charakteristische Zugfestigkeiten.

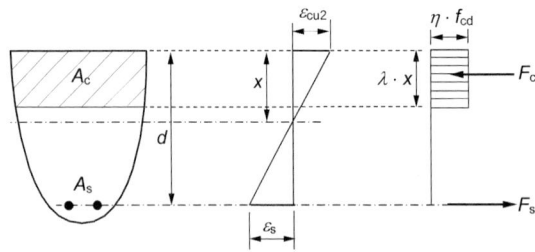

Bild 3.5. Spannungsblock

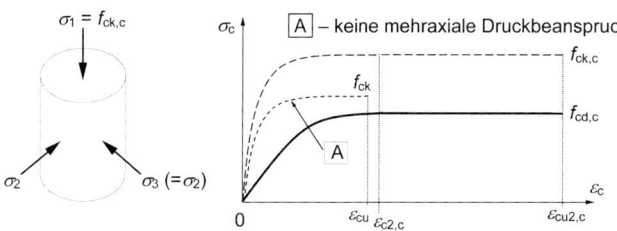

Bild 3.6. Spannungs-Dehnungs-Linie für Beton unter mehraxialen Druckbeanspruchungen

3.1.9 Beton unter mehraxialer Druckbeanspruchung

(1) Eine mehraxiale Druckbeanspruchung des Betons führt zu einer Modifizierung der effektiven Spannungs-Dehnungs-Linie: Es werden höhere Festigkeiten und höhere kritische Dehnungen erreicht. Andere grundlegende Baustoffeigenschaften dürfen für die Bemessung als unbeeinflusst betrachtet werden.

(2) Fehlen genauere Angaben, darf die in Bild 3.6 dargestellte Spannungs-Dehnungs-Linie (Stauchungen positiv) mit folgenden erhöhten charakteristischen Festigkeiten und Dehnungen verwendet werden:

$f_{ck,c} = f_{ck} \cdot (1,0 + 5,0 \cdot \sigma_2/f_{ck})$
für $\sigma_2 \leq 0,05 f_{ck}$ (3.24)

$f_{ck,c} = f_{ck} \cdot (1,125 + 2,5 \cdot \sigma_2/f_{ck})$
für $\sigma_2 > 0,05 f_{ck}$ (3.25)

$\varepsilon_{c2,c} = \varepsilon_{c2} \cdot (f_{ck,c}/f_{ck})^2$ (3.26)

$\varepsilon_{cu2,c} = \varepsilon_{cu2} + 0,2 \cdot \sigma_2/f_{ck}$ (3.27)

wobei σ_2 $(=\sigma_3)$ die effektive Querdruckspannung im GZT infolge einer Querdehnungsbehinderung ist und ε_{c2} und ε_{cu2} aus Tabelle 3.1 zu entnehmen sind. Die Querdehnungsbehinderung kann durch entsprechende geschlossene Bügel oder durch Querbewehrung erzeugt werden, die die Streckgrenze infolge der Querdehnung des Betons erreichen können.

3.2 Betonstahl

3.2.1 Allgemeines

(1)P Die folgenden Abschnitte enthalten Prinzipien und Anwendungsregeln für Betonstabstahl, Betonstabstahl vom Ring, Betonstahlmatten und Gitterträger. Sie gelten nicht für speziell beschichtete Stäbe.

(NCI) Dieser Abschnitt gilt für Betonstahlprodukte im Lieferzustand nach den Normen der Reihe DIN 488 oder nach allgemeinen bauaufsichtlichen Zulassungen. Für Betonstahl, der in Ringen produziert wurde, gelten die Anforderungen für den Zustand nach dem Richten.

(2)P Die Anforderungen an die Materialeigenschaften gelten für die im erhärteten Beton liegende Bewehrung. Wenn durch die Art der Bauausführung die Eigenschaften der Bewehrung beeinträchtigt werden können, müssen diese nachgeprüft werden.

(3)P Bei der Verwendung anderer Betonstähle, die nicht den Normen der Reihe DIN 488 entsprechen, sind Zulassungen erforderlich.

(4)P Die erforderlichen Eigenschaften der Betonstähle müssen gemäß den Prüfverfahren in EN 10080 nachgewiesen werden.

(NCI) Anmerkung: Die Streckgrenze f_{yk} (R_e nach den Normen der Reihe DIN 488) und die Zugfestigkeit f_{tk} (R_m nach den Normen der Reihe DIN 488) werden jeweils als charakteristische Werte definiert; sie ergeben sich aus der Last bei Erreichen der Streckgrenze bzw. der Höchstlast, geteilt durch den Nennquerschnitt.

(5) Die Anwendungsregeln für Gitterträger (Definition in EN 10080) gelten nur für solche mit gerippten Stäben. Gitterträger mit anderen Bewehrungsarten können in einer entsprechenden Europäischen Technischen Zulassung geregelt sein.

(NCI) Anmerkung: Für die Verwendung von Gitterträgern sind die jeweiligen allgemeinen bauaufsichtlichen Zulassungen zu beachten.

3.2.2 Eigenschaften

(1)P Das Verhalten von Betonstählen wird durch die nachfolgenden Eigenschaften festgelegt:

– Streckgrenze (f_{yk} oder $f_{0,2k}$),
– maximale tatsächliche Streckgrenze ($f_{y,max}$),
– Zugfestigkeit (f_t),
– Duktilität (ε_{uk} und ($f_t/f_y)_k$),
– Biegbarkeit,
– Verbundeigenschaften (bezogene Rippenfläche f_R),
– Querschnittsgrößen und Toleranzen,
– Ermüdungsfestigkeit,

– Schweißeignung,
– Scher- und Schweißfestigkeit für geschweißte Matten und Gitterträger.

(NCI) Sofern relevant, gelten die Eigenschaften der Betonstähle gleichermaßen für Zug- und Druckbeanspruchung. Für Stähle mit Eigenschaften, die von den Normen der Reihe DIN 488 abweichen, können andere als die in dieser Norm angegebenen Festlegungen und konstruktiven Regeln notwendig sein.

Für Betonstähle nach Zulassungen sind die Duktilitätsmerkmale (normalduktil oder hochduktil) darin geregelt. Falls dort keine entsprechenden Festlegungen getroffen sind, sind die Betonstähle als normalduktil (A) einzustufen.

Soweit in den Normen der Reihe DIN 488 oder in den Zulassungen nicht abweichend festgelegt, darf für die Bemessung die Wärmedehnzahl mit $\alpha = 10 \cdot 10^{-6}\,K^{-1}$ angenommen werden.

(2)P Dieser Eurocode gilt für gerippten und schweißbaren Betonstahl, einschließlich Matten. Die zulässigen Schweißverfahren sind in Tabelle 3.4 aufgeführt.

Anmerkung: Die Eigenschaften und Regeln, die bei der Verwendung von profilierten Stäben in Fertigteilen zur Anwendung kommen, dürfen den maßgebenden Produktnormen entnommen werden.

(NCI) Maßgebend sind Produktnormen für Betonstahl und Betonfertigteile.

(3)P Die Anwendungsregeln für die Bemessung und die bauliche Durchbildung in diesem Eurocode gelten für Betonstähle ...

(NDP) mit der Streckgrenze $f_{yk} = 500\,N/mm^2$.

(4)P Die Oberflächen gerippter Betonstähle müssen so beschaffen sein, dass ein ausreichender Verbund mit dem Beton sichergestellt ist.

(5) Ausreichender Verbund darf bei Einhaltung der geforderten, bezogenen Rippenfläche f_R angenommen werden.

(NCI) *Anmerkung:* Die entsprechenden Quantilwerte für die bezogene Rippenfläche f_R sind DIN 488 oder den allgemeinen bauaufsichtlichen Zulassungen zu entnehmen.

(6)P Die Bewehrung muss über ausreichende Biegbarkeit verfügen, um die Verwendung der in Tabelle 8.1 angegebenen kleinsten Biegerollendurchmesser und das Zurückbiegen zu ermöglichen.

(NCI) *Anmerkung:* Die Normen der Reihe DIN 488 enthalten die Anforderungen an die Biegefähigkeit von Betonstahlerzeugnissen.

3.2.3 Festigkeiten

(1)P Die Streckgrenze f_{yk} (bzw. die 0,2%-Dehngrenze $f_{0,2k}$) und die Zugfestigkeit f_{tk} werden jeweils als charakteristische Werte definiert; sie ergeben sich aus der Last bei Erreichen der Streckgrenze bzw. der Höchstlast, geteilt durch den Nennquerschnitt.

3.2.4 Duktilitätsmerkmale

(1)P Die Bewehrung muss angemessene Duktilität aufweisen. Diese wird durch das Verhältnis der Zugfestigkeit zur Streckgrenze $(f_t/f_y)_k$ und die Dehnung bei Höchstlast ε_{uk} definiert.

(NCI) Die Duktilität wird ggf. auch durch das Verhältnis der im Zugversuch ermittelten Streckgrenze zum Nennwert der Streckgrenze $f_{y,ist}/f_{yk}$ definiert (siehe DIN 488-1).

(2) Bild 3.7 zeigt die Spannungs-Dehnungs-Linie für typischen warmgewalzten und kaltverformten Stahl.

(NCI) *Anmerkung:* Die Werte für $k = (f_t/f_y)_k$, ε_{uk} und ggf. $f_{y,ist}/f_{yk}$ für die Duktilitätsklassen A und B sind in DIN 488 angegeben. Betonstähle der Duktilitätsklasse C werden durch allgemeine bauaufsichtliche Zulassungen geregelt.

3.2.5 Schweißen

(1)P Schweißverfahren für Bewehrungsstäbe müssen mit Tabelle 3.4 übereinstimmen. Die Schweißeignung muss EN 10080 entsprechen.

(NCI) Betonstähle müssen eine Schweißeignung aufweisen, die für die vorgesehene Verbindung und die in Tabelle 3.4 genannten Schweißverfahren ausreicht.

(2)P Alle Schweißarbeiten an Bewehrungsstäben müssen gemäß DIN EN ISO 17660 durchgeführt werden.

(3)P Die Festigkeit der Schweißverbindungen innerhalb der Verankerungslänge von Betonstahlmatten muss zur Aufnahme der Bemessungskräfte ausreichen.

(4) Es darf von einer ausreichenden Festigkeit der Schweißverbindung der Betonstahlmatten ausgegangen werden, wenn jede Schweißverbindung einer Scherkraft widerstehen kann, die mindestens 25 % der geforderten charakteristischen Streckgrenze multipliziert mit dem Nennquerschnitt entspricht. Bei zwei unterschiedlichen

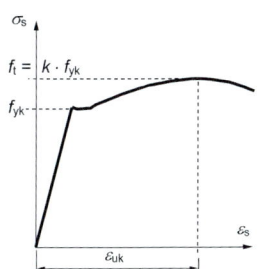
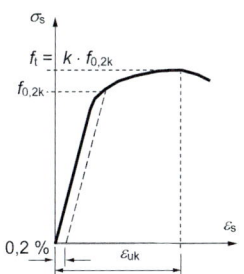

Zugspannungen und Dehnungen positiv

a) Warmgewalzter Stahl   b) Kaltverformter Stahl

Bild 3.7. Spannungs-Dehnungs-Linie für typischen Betonstahl

Tabelle 3.4. Zulässige Schweißverfahren und Anwendungsbeispiele

	1	2	3	4	5
	Belastungsart	Schweißverfahren	Nr. [5]	Zugstäbe [1]	Druckstäbe [1]
1	Vorwiegend ruhend (siehe auch 6.8.1 (2))	Abbrennstumpfschweißen	24	Stumpfstoß	
		Lichtbogenhandschweißen und Metall-Lichtbogenschweißen	111 114	Stumpfstoß mit $\phi \geq 20$ mm, Laschenstoß, Überlappstoß, Kreuzungsstoß [3], Verbindung mit anderen Stahlteilen	
		Metall-Aktivgasschweißen [2]	135 136	Laschenstoß, Überlappstoß, Kreuzungsstoß [3], Verbindung mit anderen Stahlteilen	
				–	Stumpfstoß mit $\phi \geq 20$ mm
		Reibschweißen	42	Stumpfstoß, Verbindung mit anderen Stahlteilen	
		Widerstandspunktschweißen	21	Überlappstoß [4], Kreuzungsstoß [2,4]	
2	Nicht vorwiegend ruhend (siehe auch 6.8.1 (2))	Abbrennstumpfschweißen	24	Stumpfstoß	
		Lichtbogenhandschweißen	111	–	Stumpfstoß mit $\phi \geq 14$ mm
		Metall-Aktivgasschweißen	135 136	–	Stumpfstoß mit $\phi \geq 14$ mm

[1] Es dürfen nur Stäbe mit näherungsweise gleichem Nenndurchmesser zusammengeschweißt werden. (NCI) Als näherungsweise gleich gelten benachbarte Stabdurchmesser, die sich nur durch eine Durchmessergröße unterscheiden.
[2] Zulässiges Verhältnis der Stabnenndurchmesser sich kreuzender Stäbe $\geq 0{,}57$.
[3] Für tragende Verbindungen $\phi \leq 16$ mm
[4] Für tragende Verbindungen $\phi \leq 28$ mm
[5] (NCI) Ordnungsnummern der Schweißverfahren nach DIN EN ISO 4063.

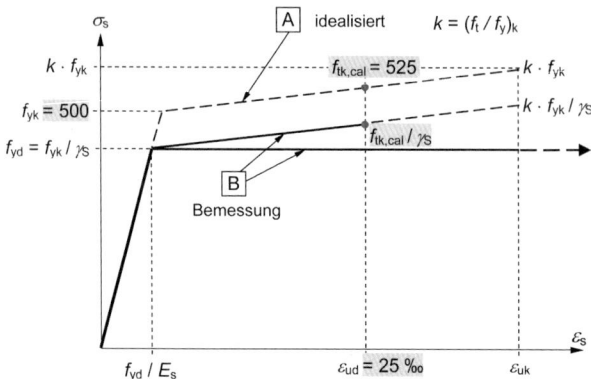

Bild 3.8. Rechnerische Spannungs-Dehnungs-Linie des Betonstahls für die Bemessung (für Zug und Druck)

Stabdurchmessern ist dabei in der Regel der Nennquerschnitt des dickeren Stabes zu verwenden.

3.2.7 Spannungs-Dehnungs-Linie für die Querschnittsbemessung

(1) Die Bemessung darf auf Grundlage der Nennquerschnittsfläche der Bewehrung und mit den Bemessungswerten, die aus den charakteristischen Werten nach 3.2.2 abgeleitet werden, durchgeführt werden.

(2) Bei der üblichen Bemessung darf eine der folgenden Annahmen getroffen werden (siehe Bild 3.8):

a) ein ansteigender oberer Ast mit einer Dehnungsgrenze ε_{ud}.

(NCI) *Anmerkung:* Der Mindestwert für $k = (f_t/f_y)_k$ ist in DIN 488-1 enthalten.

(NDP) $\varepsilon_{ud} = 0{,}025$.

Für Betonstahl B500A und B500B darf für $f_{tk,cal} = 525\,\text{N/mm}^2$ (rechnerische Zugfestigkeit bei $\varepsilon_{ud} = 0{,}025$) angenommen werden.

b) ein horizontaler oberer Ast, bei dem die Dehnungsgrenze nicht geprüft werden muss.

(3) Für die Dichte darf ein Mittelwert von 7850 kg/m³ angesetzt werden.

(4) Der Bemessungswert des Elastizitätsmoduls E_s darf mit 200.000 N/mm² angesetzt werden.

(NA.5) Bei nichtlinearen Verfahren der Schnittgrößenermittlung ist in der Regel eine wirklichkeitsnahe Spannungs-Dehnungs-Linie nach Bild NA.3.8.1 mit $\varepsilon_s \le \varepsilon_{uk}$ anzusetzen.

Vereinfachend darf auch ein bilinear idealisierter Verlauf der Spannungs-Dehnungs-Linie (siehe Bild NA.3.8.1 angenommen werden. Dabei darf für f_y der Rechenwert f_{yR} nach 5.7 (NA.10) angenommen werden.

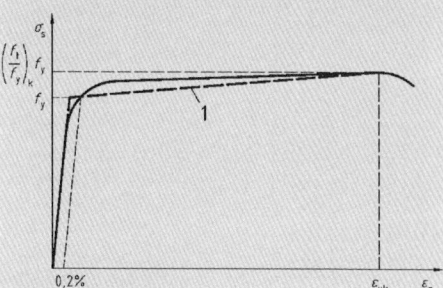

1 - idealisierter Verlauf

Bild NA.3.8.1. Spannungs-Dehnungs-Linie des Betonstahls für die Schnittgrößenermittlung

4 Dauerhaftigkeit und Betondeckung

4.1 Allgemeines

(1)P Die Anforderung nach einem angemessen dauerhaften Tragwerk ist erfüllt, wenn dieses während der vorgesehenen Nutzungsdauer seine Funktion hinsichtlich der Tragfähigkeit und der Gebrauchstauglichkeit ohne wesentlichen Verlust der Nutzungseigenschaften bei einem angemessenen Instandhaltungsaufwand erfüllt (für allgemeine Anforderungen, siehe auch DIN EN 1990).

(2)P Der erforderliche Schutz des Tragwerks ist unter Berücksichtigung seiner geplanten Nutzung und Nutzungsdauer (siehe DIN EN 1990), der Einwirkungen und durch Planung der Instandhaltung sicherzustellen.

(3)P Der mögliche Einfluss von direkten und indirekten Einwirkungen, von Umgebungsbedingungen (4.2) und von daraus folgenden Auswirkungen muss berücksichtigt werden.

Anmerkung: Beispiele hierfür sind Kriech- und Schwindverformungen (siehe 2.3.2).

(4) Der Schutz der Bewehrung vor Korrosion hängt von Dichtheit, Qualität und Dicke der Betondeckung (siehe 4.4) und der Rissbildung (siehe 7.3) ab. Die Dichtheit und die Qualität der Betondeckung werden durch Begrenzung des Wasserzementwertes und durch einen Mindestzementgehalt (siehe DIN EN 206-1) erreicht. Diese Anforderungen können in Bezug zu einer Mindestbetondruckfestigkeitsklasse gebracht werden.

(NCI) *Anmerkung:* Die Mindestbetondruckfestigkeitsklassen sind im normativen Anhang E festgelegt.

(5) Beschichtete Einbauteile aus Metall, die zugänglich und austauschbar sind, dürfen auch bei Korrosionsgefahr verwendet werden. Anderenfalls ist in der Regel korrosionsbeständiges Material zu verwenden.

(6) Anforderungen, die über diesen Abschnitt hinausgehen, sind in der Regel gesondert zu berücksichtigen (z. B. für Tragwerke mit besonders kurzer oder besonders langer Nutzungsdauer, Tragwerke unter extremen oder unüblichen Einwirkungen usw.).

4.2 Umgebungsbedingungen

(1)P Die Umgebungsbedingungen sind durch chemische und physikalische Einflüsse gekennzeichnet, denen ein Tragwerk als Ganzes, einzelne Bauteile, der Betonstahl und der Beton selbst ausgesetzt sind und die bei den Nachweisen in den Grenzzuständen der Tragfähigkeit und der Gebrauchstauglichkeit nicht direkt berücksichtigt werden.

(2) Umgebungsbedingungen werden nach der auf DIN EN 206-1 basierenden Tabelle 4.1 eingeteilt.

(3) Zusätzlich zu den Bedingungen in Tabelle 4.1 sind in der Regel bestimmte aggressive oder indirekte Einwirkungen zu berücksichtigen. Zu ihnen gehören:

– chemischer Angriff, z. B. hervorgerufen durch
  • die Nutzung des Gebäudes oder des Tragwerks (Lagerung von Flüssigkeiten usw.),
  • saure Lösungen oder Lösungen von Sulfatsalzen (DIN EN 206-1),
  • im Beton enthaltene Chloride (DIN EN 206-1),
  • Alkali-Kieselsäure-Reaktionen (DIN EN 206-1, nationale Normen);
– physikalischer Angriff, z. B. hervorgerufen durch
  • Temperaturschwankungen,
  • Abrieb (siehe 4.4.1.2 (13)),
  • Eindringen von Wasser (DIN EN 206-1).

4.3 Anforderungen an die Dauerhaftigkeit

(1)P Um die angestrebte Lebensdauer des Tragwerks zu erreichen, müssen angemessene Maßnahmen ergriffen werden, die jedes einzelne Bauteil vor den jeweiligen umgebungsbedingten Einwirkungen schützen.

(2)P Die Anforderungen an die Dauerhaftigkeit müssen berücksichtigt werden bei:

– dem Tragwerksentwurf,
– der Baustoffauswahl,
– den Konstruktionsdetails,
– der Bauausführung,
– der Qualitätskontrolle,
– der Instandhaltung,
– den Nachweisverfahren,
– besonderen Maßnahmen (z. B. Verwendung von nichtrostendem Stahl, Beschichtungen, kathodischem Korrosionsschutz).

(NCI) *Anmerkung:* Eine angemessene Dauerhaftigkeit des Tragwerks gilt als sichergestellt, wenn neben den Anforderungen aus den Nachweisen in den Grenzzuständen der Tragfähigkeit und Gebrauchstauglichkeit und den konstruktiven Regeln der Abschnitte 8 und 9 die Anforderungen dieses Abschnittes sowie die Anforderungen an die Zusammensetzung und die Eigenschaften des Betons nach DIN EN 206-1:2001-07 und DIN 1045-2:2008-08 und an die Bauausführung nach DIN 1045-3 bzw. DIN EN 13670 erfüllt sind und das Bauwerk bzw. Bauteil einer geplanten Instandhaltung inklusive Inspektion, Wartung und Instandsetzung unterliegt (siehe DAfStb-Richtlinie „Schutz und Instandsetzung von Betonbauteilen").

4.4 Nachweisverfahren

4.4.1 Betondeckung

4.4.1.1 Allgemeines

(1)P Die Betondeckung ist der minimale Abstand zwischen einer Bewehrungsoberfläche zur nächstgelegenen Betonoberfläche (einschließlich vorhandener Bügel, Haken oder Oberflächenbewehrung).

Tabelle 4.1. Expositionsklassen

Klasse	Beschreibung der Umgebung	Beispiele für die Zuordnung von Expositionsklassen (informativ)	min C [e]
1 Kein Korrosions- oder Angriffsrisiko			
X0	Für Beton ohne Bewehrung oder eingebettetes Metall: alle Umgebungsbedingungen, ausgenommen Frostangriff mit und ohne Taumittel, Abrieb oder chemischen Angriff. Für Beton mit Bewehrung oder eingebettetem Metall: sehr trocken	Fundamente ohne Bewehrung ohne Frost; Innenbauteile ohne Bewehrung; Beton in Gebäuden mit sehr geringer Luftfeuchte [a]	C12/15
2 Korrosion, ausgelöst durch Karbonatisierung			
XC1	Trocken oder ständig nass	Bauteile in Innenräumen mit üblicher Luftfeuchte (einschließlich Küche, Bad und Waschküche in Wohngebäuden); Beton, der ständig in Wasser getaucht ist.	C16/20
XC2	Nass, selten trocken	Teile von Wasserbehältern; Gründungsbauteile.	C16/20
XC3	Mäßige Feuchte	Bauteile, zu denen die Außenluft häufig oder ständig Zugang hat, z. B. offene Hallen, Innenräume mit hoher Luftfeuchtigkeit z. B. in gewerblichen Küchen, Bädern, Wäschereien, in Feuchträumen von Hallenbädern und in Viehställen; Dachflächen mit flächiger Abdichtung; Verkehrsflächen mit flächiger unterlaufsicherer Abdichtung [b].	C20/25
XC4	Wechselnd nass und trocken	Außenbauteile mit direkter Beregnung.	C25/30
3 Bewehrungskorrosion, ausgelöst durch Chloride, ausgenommen Meerwasser			
XD1	Mäßige Feuchte	Bauteile im Sprühnebelbereich von Verkehrsflächen; Einzelgaragen; befahrene Verkehrsflächen mit vollflächigem Oberflächenschutz [b].	C30/37 [f]
XD2	Nass, selten trocken	Solebäder; Bauteile, die chloridhaltigen Industrieabwässern ausgesetzt sind.	C35/45 [f]
XD3	Wechselnd nass und trocken	Teile von Brücken mit häufiger Spritzwasserbeanspruchung; Fahrbahndecken; befahrene Verkehrsflächen mit rissvermeidenden Bauweisen ohne Oberflächenschutz oder ohne Abdichtung [b]; befahrene Verkehrsflächen mit dauerhaftem lokalen Schutz von Rissen [b] [d].	C35/45 [f]

Tabelle 4.1. Expositionsklassen *(Fortsetzung)*

Klasse	Beschreibung der Umgebung	Beispiele für die Zuordnung von Expositionsklassen (informativ)	min C [e)]
4 Bewehrungskorrosion, ausgelöst durch Chloride aus Meerwasser			
XS1	Salzhaltige Luft, kein unmittelbarer Kontakt mit Meerwasser	Außenbauteile in Küstennähe	C30/37 [f)]
XS2	Unter Wasser	Bauteile in Hafenanlagen, die ständig unter Wasser liegen	C35/45 [f)]
XS3	Tidebereiche, Spritzwasser- und Sprühnebelbereiche	Kaimauern in Hafenanlagen	C35/45 [f)]
5 Betonangriff durch Frost mit und ohne Taumittel			
XF1	Mäßige Wassersättigung ohne Taumittel	Außenbauteile	C25/30
XF2	Mäßige Wassersättigung mit Taumittel oder Meerwasser	Bauteile im Sprühnebel- oder Spritzwasserbereich von taumittelbehandelten Verkehrsflächen, soweit nicht XF4; Betonbauteile im Sprühnebelbereich von Meerwasser	C25/30 LP C35/45
XF3	Hohe Wassersättigung ohne Taumittel	offene Wasserbehälter; Bauteile in der Wasserwechselzone von Süßwasser	C25/30 LP C35/45
XF4	Hohe Wassersättigung mit Taumittel oder Meerwasser	Verkehrsflächen, die mit Taumitteln behandelt werden; Überwiegend horizontale Bauteile im Spritzwasserbereich von taumittelbehandelten Verkehrsflächen; Räumerlaufbahnen von Kläranlagen; Meerwasserbauteile in der Wasserwechselzone	C30/37 LP
6 Betonangriff durch chemischen Angriff der Umgebung			
XA1	Chemisch schwach angreifende Umgebung	Behälter von Kläranlagen; Güllebehälter.	C25/30
XA2	Chemisch mäßig angreifende Umgebung und Meeresbauwerke	Betonbauteile, die mit Meerwasser in Berührung kommen; Bauteile in betonangreifenden Böden.	C35/45 [f)]
XA3	Chemisch stark angreifende Umgebung	Industrieabwasseranlagen mit chemisch angreifenden Abwässern; Futtertische der Landwirtschaft; Kühltürme mit Rauchgasableitung.	C35/45 [f)]

Tabelle 4.1. Expositionsklassen (*Fortsetzung*)

Klasse	Beschreibung der Umgebung	Beispiele für die Zuordnung von Expositionsklassen (informativ)	min C [e]
NA.7 Betonkorrosion infolge Alkali-Kieselsäurereaktion Anhand der zu erwartenden Umgebungsbedingungen ist der Beton einer der folgenden Feuchtigkeitsklassen zuzuordnen.			
WO	Beton, der nach normaler Nachbehandlung nicht längere Zeit feucht und nach dem Austrocknen während der Nutzung weitgehend trocken bleibt.	Innenbauteile des Hochbaus; Bauteile, auf die Außenluft, nicht jedoch z. B. Niederschläge, Oberflächenwasser, Bodenfeuchte einwirken können und/oder die nicht ständig einer relativen Luftfeuchte von mehr als 80 % ausgesetzt werden.	
WF	Beton, der während der Nutzung häufig oder längere Zeit feucht ist.	Ungeschützte Außenbauteile, die z. B. Niederschlägen, Oberflächenwasser oder Bodenfeuchte ausgesetzt sind; Innenbauteile des Hochbaus für Feuchträume, wie z. B. Hallenbäder, Wäschereien und andere gewerbliche Feuchträume, in denen die relative Luftfeuchte überwiegend höher als 80 % ist; Bauteile mit häufiger Taupunktunterschreitung, wie z. B. Schornsteine, Wärmeübertragerstationen, Filterkammern und Viehställe; Massige Bauteile gemäß DAfStb-Richtlinie „Massige Bauteile aus Beton", deren kleinste Abmessung 0,80 m überschreitet (unabhängig vom Feuchtezutritt).	
WA	Beton, der zusätzlich zu der Beanspruchung nach Klasse WF häufiger oder langzeitiger Alkalizufuhr von außen ausgesetzt ist.	Bauteile mit Meerwassereinwirkung; Bauteile unter Tausalzeinwirkung ohne zusätzliche hohe dynamische Beanspruchung (z. B. Spritzwasserbereiche, Fahr- und Stellflächen in Parkhäusern); Bauteile von Industriebauten und landwirtschaftlichen Bauwerken (z. B. Güllebehälter) mit Alkalisalzeinwirkung.	
Anmerkung 1: Die Zusammensetzung des Betons wirkt sich sowohl auf den Schutz der Bewehrung als auch auf den Widerstand des Betons gegen Angriffe aus. Anhang E enthält indikative Mindestfestigkeitsklassen für bestimmte Umgebungsbedingungen.			
Das kann dazu führen, dass für einen Beton eine höhere Druckfestigkeitsklasse verwendet werden muss, als aus der Bemessung erforderlich ist. In solchen Fällen ist in der Regel der Wert f_{ctm} der höheren Druckfestigkeitsklasse für die Berechnung der Mindestbewehrung und der Begrenzung der Rissbreite (siehe 7.3.2 bis 7.3.4) zu übernehmen.			

(NCI)
[a] Sehr geringe Luftfeuchte bedeutet RH ≤ 30 %.
[b] Für die Sicherstellung der Dauerhaftigkeit ist ein Instandhaltungsplan im Sinne der DAfStb-Richtlinie „Schutz und Instandsetzung von Betonbauteilen" aufzustellen.
[c] Grenzwerte für die Expositionsklassen bei chemischem Angriff XA sind in DIN EN 206-1 und DIN 1045-2 angegeben.
[d] Für die Planung und Ausführung des dauerhaften lokalen Schutzes von Rissen gilt DAfStb-Richtlinie „Schutz und Instandsetzung von Betonbauteilen".

Anmerkung 2: Die Expositionsklasse XM wird in 4.4.1.2 (13) definiert.

Anmerkung 3: Die Feuchteangaben beziehen sich auf den Zustand innerhalb der Betondeckung der Bewehrung. Im Allgemeinen kann angenommen werden, dass die Bedingungen in der Betondeckung den Umgebungsbedingungen des Bauteils entsprechen. Dies braucht nicht der Fall zu sein, wenn sich zwischen dem Beton und seiner Umgebung eine Sperrschicht befindet.

(NDP)
[e] Indikative Mindestfestigkeitsklassen nach Anhang E, Tab. E.1DE. Siehe auch Fußnoten dort.
[f] Bei Verwendung von Luftporenbeton (LP), z. B. auf Grund gleichzeitiger Anforderungen aus der Expositionsklasse XF, eine Betonfestigkeitsklasse niedriger.

(2)P Das Nennmaß der Betondeckung muss auf den Plänen eingetragen werden. Es ist definiert als die Summe aus der Mindestbetondeckung c_{min} (siehe 4.4.1.2) und dem Vorhaltemaß Δc_{dev} (siehe 4.4.1.3):

$$c_{nom} = c_{min} + \Delta c_{dev} \quad (4.1)$$

(NCI) Auf den Bewehrungszeichnungen sollten das Verlegemaß der Bewehrung c_v, das sich aus dem Nennmaß der Betondeckung c_{nom} ableitet, sowie das Vorhaltemaß Δc_{dev} der Betondeckung angegeben werden (siehe NA 2.8.2 (3)P).

4.4.1.2 Mindestbetondeckung c_{min}

(1)P Die Mindestbetondeckung c_{min} muss eingehalten werden, um:

- Verbundkräfte sicher zu übertragen (siehe auch Abschnitte 7 und 8),
- einbetonierten Stahl vor Korrosion zu schützen (Dauerhaftigkeit),
- den erforderlichen Feuerwiderstand sicherzustellen (DIN EN 1992-1-2).

(2)P Der Bemessung ist der größere Wert der Betondeckung c_{min}, der sich aus den Verbund- bzw. Dauerhaftigkeitsanforderungen ergibt, zugrunde zu legen.

$$c_{min} = \max \{c_{min,b}; c_{min,dur} - \Delta c_{dur,st}; 10 \text{ mm}\} \quad (4.2)$$

Dabei ist

$c_{min,b}$ die Mindestbetondeckung aus der Verbundanforderung, siehe 4.4.1.2 (3);

$c_{min,dur}$ die Mindestbetondeckung aus der Dauerhaftigkeitsanforderung, siehe 4.4.1.2 (5);

$\Delta c_{dur,st}$ die Verringerung der Mindestbetondeckung bei Verwendung nichtrostenden Stahls, siehe 4.4.1.2 (7);

(3) Zur Sicherstellung des Verbundes und einer ausreichenden Verdichtung des Betons ist in der Regel die Mindestbetondeckung nicht geringer als $c_{min,b}$ aus Tabelle 4.2 zu wählen.

(5) Die Mindestbetondeckungen für Betonstahl in Normalbeton für Expositionsklassen werden durch $c_{min,dur}$ festgelegt.

(NDP) Es gelten die Tabellen 4.3DE und 4.4DE.

Anmerkung: In Deutschland wird Beton der Zusammensetzung nach DIN EN 206-1 und DIN 1045-2 verwendet. Die Festigkeit und Dichtheit des Betons in oberflächennahen Bereich werden durch die Nachbehandlung nach DIN 1045-3 bzw. DIN EN 13670 sichergestellt.

(6) Die Mindestbetondeckung ist in der Regel um das additive Sicherheitselement $\Delta c_{dur,\gamma}$ zu erhöhen.

(NDP) Das Sicherheitselement $\Delta c_{dur,\gamma}$ ist anzusetzen. Die Werte für $\Delta c_{dur,\gamma}$ sind in Tabelle 4.4DE integriert.

(7) Bei der Verwendung von nichtrostendem Stahl oder aufgrund von besonderen Maßnahmen darf die Mindestbetondeckung um $\Delta c_{dur,st}$ abgemin-

Tabelle 4.2. Mindestbetondeckung $c_{min,b}$ Anforderungen zur Sicherstellung des Verbundes

	1	2
	Art der Bewehrung	Mindestbetondeckung $c_{min,b}$ [1]
1	Betonstabstahl	Stabdurchmesser
2	Stabbündel	Vergleichsdurchmesser (ϕ_n) (siehe 8.9.1)

[1] Ist der Nenndurchmesser des Größtkorns der Gesteinskörnung größer als 32 mm, ist in der Regel $c_{min,b}$ um 5 mm zu erhöhen.

Tabelle 4.3DE. Modifikation für $c_{min,dur}$

Kriterium	1	2	3	4	5	6	7
	Expositionsklasse nach Tabelle 4.1							
	X0, XC1	XC2	XC3	XC4	XD1, XS1	XD2, XS2	XD3, XS3
Druckfestigkeitsklasse [a]	0	$\geq$ C25/30	$\geq$ C30/37	$\geq$ C35/45	$\geq$ C40/50 [b]	$\geq$ C45/55 [b]	$\geq$ C45/55 [b]
	−5 mm						

[a] Es wird davon ausgegangen, dass die Druckfestigkeitsklasse und der Wasserzementwert einander zugeordnet werden dürfen.
[b] Die geforderten Druckfestigkeitsklassen dürfen um eine Klasse reduziert werden, wenn unter Zugabe eines Luftporenbildners Poren mit einem Mindestluftgehalt nach DIN 1045-2 für XF-Klassen erzeugt werden.

Tabelle 4.4DE. Mindestbetondeckung $c_{min,dur}$ – Anforderungen an die Dauerhaftigkeit von Betonstahl nach DIN 488

1	2	3	4	5
Expositionsklasse nach Tabelle 4.1				
(X0)	XC1	XC2 XC3	XC4	XD1, XD2, XD3 XS1, XS2, XS3
(10)	10	20	25	40 [a]

[a] inklusive additivem Sicherheitselement $\Delta c_{dur,\gamma}$ nach (6)

dert werden. Die sich hieraus ergebenden Auswirkungen auf relevante Baustoffeigenschaften, z. B. den Verbund, sind dabei in der Regel zu berücksichtigen.

(NDP) Für die Abminderung der Betondeckung $\Delta c_{dur,st}$ gelten die Festlegungen der jeweiligen allgemeinen bauaufsichtlichen Zulassung des nichtrostenden Stahls.

(9) Wird Ortbeton kraftschlüssig mit einem Fertigteil oder erhärtetem Ortbeton verbunden, dürfen die Werte an den der Fuge zugewandten Rändern auf den Mindestwert zur Sicherstellung des Verbundes (siehe Absatz (3)) abgemindert werden, vorausgesetzt, dass:

– die Betondruckfestigkeitsklasse mindestens C25/30 beträgt,
– die Betonoberfläche nicht länger als 28 Tage dem Außenklima ausgesetzt ist,
– die Fuge aufgeraut wurde.

(NCI) Die Werte c_{min} dürfen an den der Fuge zugewandten Rändern auf 5 mm im Fertigteil und auf 10 mm im Ortbeton verringert werden. In diesen Fällen darf auf das Vorhaltemaß verzichtet werden. Die Bedingungen zur Sicherstellung des Verbundes nach Absatz 4.4.1.2 (3) müssen jedoch eingehalten werden, sofern die Bewehrung im Bauzustand ausgenutzt wird.

Werden bei rau oder verzahnt ausgeführten Verbundfugen Bewehrungsstäbe direkt auf die Fugenoberfläche aufgelegt, so sind für den Verbund dieser Stäbe nur mäßige Verbundbedingungen nach 8.4.2 (2) anzusetzen. Die Dauerhaftigkeit der Bewehrung ist jedoch durch das erforderliche Nennmaß der Betondeckung im Bereich von Elementfugen bei Halbfertigteilen sicherzustellen.

(11) Für unebene Oberflächen (z. B. herausstehendes Grobkorn) ist in der Regel die Mindestbetondeckung um mindestens 5 mm zu erhöhen.

(12) Werden Frost-Tau-Wechsel oder ein chemischer Angriff auf den Beton erwartet (Expositionsklassen XF und XA), ist dies in der Regel in der Betonzusammensetzung zu berücksichtigen (siehe DIN EN 206-1, Abschnitt 6). Die Betondeckung nach 4.4.1 ist hierbei ausreichend.

(13) Bei Verschleißbeanspruchung des Betons sind in der Regel zusätzliche Anforderungen an die Gesteinskörnung nach DIN EN 206-1 zu berücksichtigen. Alternativ darf die Verschleißbeanspruchung auch durch eine Vergrößerung der Betondeckung (Opferbeton) berücksichtigt werden. In diesem Fall ist in der Regel die Mindestbetondeckung c_{min} für die Expositionsklassen XM1 um k_1, für XM2 um k_2 und für XM3 um k_3 zu erhöhen.

(NDP) Es gelten die empfohlenen Werte $k_1 = 5$ mm, $k_2 = 10$ mm und $k_3 = 15$ mm.

Anmerkung 1: Expositionsklasse XM1 bedeutet mäßige Verschleißbeanspruchung wie beispielsweise für Bauteile von Industrieanlagen mit Beanspruchung durch luftbereifte Fahrzeuge.

Expositionsklasse XM2 bedeutet starke Verschleißbeanspruchung wie beispielsweise für Bauteile von Industrieanlagen mit Beanspruchung durch luft- oder vollgummibereifte Gabelstapler.

Expositionsklasse XM3 bedeutet sehr starke Verschleißbeanspruchung wie beispielsweise für Bauteile von Industrieanlagen mit Beanspruchung durch elastomerbereifte oder stahlrollenbereifte Gabelstapler oder Kettenfahrzeuge.

(NDP) *Anmerkung 2:* Die Bauteile von Industrieanlagen sind tragende bzw. aussteifende Industrieböden. Anforderungen an die Betonzusammensetzung für die XM-Klassen ohne Opferbeton sind in DIN 1045-2 geregelt.

4.4.1.3 Vorhaltemaß

(1)P Zur Ermittlung des Nennmaßes der Betondeckung c_{nom} muss bei Bemessung und Konstruktion die Mindestbetondeckung zur Berücksichtigung von unplanmäßigen Abweichungen um das Vorhaltemaß Δc_{dev} (zulässige negative Abweichung in der Bauausführung) erhöht werden.

(NDP) Es gelten:

- für Dauerhaftigkeitsanforderungen mit $c_{min,dur}$ nach 4.4.1.2 (5):
  $\Delta c_{dev} = 15$ mm
  (außer für XC1: $\Delta c_{dev} = 10$ mm);
- für Verbundanforderungen mit $c_{min,b}$ nach 4.4.1.2 (3):
  $\Delta c_{dev} = 10$ mm.

(2) Für den Hochbau enthält DIN EN 13670 die zulässige Abweichung. Diese ist üblicherweise auch für andere Bauwerke ausreichend. Sie ist in der Regel bei der Wahl des Nennmaßes der Betondeckung für die Bemessung zu berücksichtigen. Das Nennmaß der Betondeckung ist in der Regel den Berechnungen zugrunde zu legen und auf den Bewehrungsplänen anzugeben, wenn kein anderer Wert (z. B. ein Mindestwert) vereinbart wurde.

(NCI) *Anmerkung:* Es gilt DIN 1045-3.

(3) Unter bestimmten Umständen darf das Vorhaltemaß Δc_{dev} abgemindert werden.

(NDP) Das Vorhaltemaß Δc_{dev} darf um 5 mm abgemindert werden, wenn dies durch eine entsprechende Qualitätskontrolle bei Planung, Entwurf, Herstellung und Bauausführung gerechtfertigt werden kann (siehe z. B. DBV-Merkblätter „*Betondeckung und Bewehrung*", „*Unterstützungen*" und „*Abstandhalter*").

(4) Für ein bewehrtes Bauteil, bei dem der Beton gegen unebene Flächen geschüttet wird, ist in der Regel das Nennmaß der Betondeckung grundsätzlich um eine zulässige Abweichung zu vergrößern. Die Erhöhung sollte das Differenzmaß der Unebenheit, jedoch mindestens k_1 mm bei Herstellung auf vorbereitetem Baugrund (z. B. Sauberkeitsschicht) bzw. mindestens k_2 mm bei Herstellung unmittelbar auf den Baugrund betragen.

(NDP) Es gilt: $k_1 = 20$ mm bei unebener Sauberkeitsschicht; $k_2 = 50$ mm.

Bei Oberflächen mit architektonischer Gestaltung, wie strukturierte Oberflächen oder grober Waschbeton, ist in der Regel die Betondeckung ebenfalls entsprechend zu erhöhen.

5 Ermittlung der Schnittgrößen

5.1 Allgemeines

5.1.1 Grundlagen

(1)P Zweck der statischen Berechnung ist die Bestimmung der Verteilung entweder der Schnittgrößen oder der Spannungen, Dehnungen und Verschiebungen am Gesamttragwerk oder einem Teil davon. Sofern erforderlich, sind zusätzliche Untersuchungen der lokal auftretenden Beanspruchungen durchzuführen.

Anmerkung: Üblicherweise wird eine statische Berechnung durchgeführt, um die Verteilung der Schnittgrößen zu bestimmen. Der vollständige Nachweis der Querschnittswiderstände basiert auf diesen Schnittgrößen. Werden bei bestimmten Bauteilen jedoch Berechnungsverfahren verwendet, die Spannungen, Dehnungen und Verschiebungen anstelle von Schnittgrößen ergeben (z. B. Finite-Elemente-Methode), werden spezielle Nachweisverfahren benötigt.

(2) Zusätzliche lokale Untersuchungen können erforderlich sein, wenn keine lineare Dehnungsverteilung angenommen werden darf, z. B.:

- in der Nähe von Auflagern,
- in der Nähe von konzentrierten Einzellasten,
- bei Kreuzungspunkten von Trägern und Stützen,
- in Verankerungszonen,
- bei sprunghaften Querschnittsänderungen.

(4)P Bei der Schnittgrößenermittlung werden sowohl eine idealisierte Tragwerksgeometrie als auch ein idealisiertes Tragverhalten angenommen. Die Idealisierungen sind entsprechend der zu lösenden Aufgabe zu wählen.

(5)P Die Bemessung muss die Tragwerksgeometrie, die Tragwerkseigenschaften und das Tragwerksverhalten während aller Bauphasen berücksichtigen.

(6) Der Schnittgrößenermittlung werden gewöhnlich folgende Idealisierungen des Tragverhaltens zugrunde gelegt:

- linear-elastisches Verhalten (siehe 5.4),
- linear-elastisches Verhalten mit begrenzter Umlagerung (siehe 5.5),
- plastisches Verhalten (siehe 5.6) einschließlich von Stabwerkmodellen (siehe 5.6.4),
- nichtlineares Verhalten (siehe 5.7).

(7) Im Hochbau dürfen die Verformungen aus Querkraft oder aus Normalkräften bei stabförmigen Bauteilen und Platten vernachlässigt werden, wenn diese weniger als 10 % der Biegeverformung betragen.

(NA.8)P Alle Berechnungsverfahren der Schnittgrößenermittlung müssen sicherstellen, dass die Gleichgewichtsbedingungen erfüllt sind.

(NA.9)P Wenn die Verträglichkeitsbedingungen nicht unmittelbar für die jeweiligen Grenzzustände nachgewiesen werden, muss sichergestellt werden, dass das Tragwerk bis zum Erreichen des Grenzzustandes der Tragfähigkeit ausreichend verformungsfähig ist und ein unzulässiges Verhalten im Grenzzustand der Gebrauchstauglichkeit ausgeschlossen ist.

(NA.10)P Der Gleichgewichtszustand wird im Allgemeinen am nichtverformten Tragwerk nachgewiesen (Theorie I. Ordnung). Wenn jedoch die Tragwerksauslenkungen zu einem wesentlichen Anstieg der Schnittgrößen führen, muss der Gleichgewichtszustand am verformten Tragwerk nachgewiesen werden (Theorie II. Ordnung).

(NA.11)P Die Auswirkungen zeitlicher Einflüsse (z. B. Kriechen, Schwinden des Betons) auf die Schnittgrößen sind zu berücksichtigen, wenn sie von Bedeutung sind.

(NA.12) Für Tragwerke mit vorwiegend ruhender Belastung dürfen die Auswirkungen der Belastungsgeschichte im Allgemeinen vernachlässigt werden. Es darf von einer gleichmäßigen Steigerung der Belastung ausgegangen werden.

(NA.13) Übliche Berechnungsverfahren für Plattenschnittgrößen mit Ansatz gleicher Steifigkeiten in beiden Richtungen gelten nur, wenn der Abstand der Längsbewehrung zur zugehörigen Querbewehrung in der Höhe 50 mm nicht überschreitet.

(NA.14) Berechnungsverfahren mit plastischen Umlagerungen sind bei Bauteiltemperaturen unter $-20\,°C$ wegen der abnehmenden Duktilitätseigenschaften der Stähle nicht ohne weitere Nachweise anwendbar.

5.1.3 Lastfälle und Einwirkungskombinationen

(1)P Zur Ermittlung der maßgebenden Einwirkungskombination (siehe DIN EN 1990, Kapitel 6) ist eine ausreichende Anzahl von Lastfällen zu untersuchen, um die kritischen Bemessungssituationen für alle Querschnitte im betrachteten Tragwerk oder Tragwerksteil festzustellen.

(NDP) Die bei den Nachweisen in den GZT in Betracht zu ziehenden Bemessungssituationen sind in DIN EN 1990 angegeben.

(NA.2) Bei durchlaufenden Platten und Balken darf für ein und dieselbe unabhängige ständige Einwirkung (z. B. Eigenlast) entweder der obere oder der untere Wert γ_G in allen Feldern gleich angesetzt werden. Dies gilt nicht für den Nachweis der Lagesicherheit nach DIN EN 1990.

(NA.3) Die maßgebenden Querkräfte dürfen bei üblichen Hochbauten für Vollbelastung aller Felder ermittelt werden, wenn das Stützweitenverhältnis benachbarter Felder mit annähernd gleicher Steifigkeit $0,5 < \ell_{eff,1}/\ell_{eff,2} < 2,0$ beträgt.

(NA.4) Bei nicht vorgespannten durchlaufenden Bauteilen des üblichen Hochbaus brauchen, mit Ausnahme des Nachweises der Lagesicherheit nach DIN EN 1990, Bemessungssituationen mit günstig wirkenden ständigen Einwirkungen bei linear-elastischer Berechnung nicht berücksichtigt zu werden, wenn die Konstruktionsregeln für die Mindestbewehrung eingehalten werden.

5.1.4 Auswirkungen von Bauteilverformungen (Theorie II. Ordnung)

(1)P Die Auswirkungen nach Theorie II. Ordnung (siehe auch DIN EN 1990, Kapitel 1) müssen berücksichtigt werden, wenn sie die Gesamtstabilität des Bauwerks erheblich beeinflussen oder zum Erreichen des Grenzzustands der Tragfähigkeit in kritischen Querschnitten beitragen.

(2) Die Auswirkungen nach Theorie II. Ordnung sind in der Regel gemäß 5.8 zu berücksichtigen.

(3) Für Hochbauten dürfen die Auswirkungen nach Theorie II. Ordnung unterhalb bestimmter Grenzen vernachlässigt werden (siehe 5.8.2 (6)).

(NA.4)P Der Gleichgewichtszustand von Tragwerken mit stabförmigen Bauteilen oder Wänden unter Längsdruck und insbesondere der Gleichgewichtszustand dieser Bauteile selbst muss unter Berücksichtigung der Auswirkung von Bauteilverformungen nachgewiesen werden, wenn diese die Tragfähigkeit um mehr als 10 % verringern. Dies gilt für jede Richtung, in der ein Versagen nach Theorie II. Ordnung auftreten kann.

5.2 Imperfektionen

(1)P Für die Ermittlung der Schnittgrößen von Bauteilen und Tragwerken sind die ungünstigen Auswirkungen möglicher Abweichungen in der Tragwerksgeometrie und in der Laststellung zu berücksichtigen.

Anmerkung: Abweichungen bei den Querschnittsabmessungen sind i. Allg. in den Materialsicherheitsfaktoren berücksichtigt. Diese brauchen bei der Schnittgrößenermittlung nicht berücksichtigt zu werden. Eine minimale Lastausmitte bei der Bemessung von Querschnitten wird in 6.1 (4) vorgesehen.

(NCI) Die einzelnen aussteifenden Bauteile sind für Schnittgrößen zu bemessen, die sich aus der Berechnung am Gesamttragwerk ergeben, wobei die Auswirkungen der Einwirkungen und Imperfektionen am Tragwerk als Ganzem einzubeziehen sind.
Der Einfluss der Tragwerksimperfektionen darf durch den Ansatz geometrischer Ersatzimperfektionen erfasst werden.

(2)P Imperfektionen müssen bei ständigen und vorübergehenden sowie bei außergewöhnlichen Bemessungssituationen im Grenzzustand der Tragfähigkeit berücksichtigt werden.

(3) Imperfektionen brauchen im Grenzzustand der Gebrauchstauglichkeit nicht berücksichtigt zu werden.

(4) Die folgenden Regeln gelten für Bauteile unter Normalkraft sowie für Tragwerke mit vertikaler Belastung (vorwiegend im Hochbau). Die numerischen Werte beziehen sich auf normale Abweichungen der Bauausführung (Klasse 1 in DIN EN 13670). Bei Verwendung anderer Abweichungen (z. B. Klasse 2) sind die Werte in der Regel entsprechend anzupassen.

(5) Imperfektionen dürfen als Schiefstellung θ_i wie folgt berücksichtigt werden:

$$\theta_i = \theta_0 \cdot \alpha_h \cdot \alpha_m \qquad (5.1)$$

Dabei ist
θ_0 der Grundwert;
α_h der Abminderungsbeiwert für die Höhe:
$\alpha_h = 2/\sqrt{\ell} \leq 1$;
α_m der Abminderungsbeiwert für die Anzahl der Bauteile: $\alpha_m = \sqrt{0,5 \cdot (1 + 1/m)}$;
ℓ die Länge oder Höhe [m], siehe (6);
m die Anzahl der vertikalen Bauteile, die zur Gesamtauswirkung beitragen.

(NDP) Allgemein:
$\theta_0 = 1/200$ mit $0 \leq \alpha_h = 2/\sqrt{\ell} \leq 1$;
Für Auswirkungen auf Scheiben gilt abweichend:
Decken: $\theta_0 = 0{,}008/\sqrt{2m}$
Dächer: $\theta_0 = 0{,}008/\sqrt{m}$
mit $\alpha_h = \alpha_m = 1$.

(6) Die in Gleichung (5.1) enthaltenen Definitionen von ℓ und m hängen von der untersuchten Auswirkung ab, für die drei Fälle unterschieden werden dürfen (siehe auch Bild 5.1):

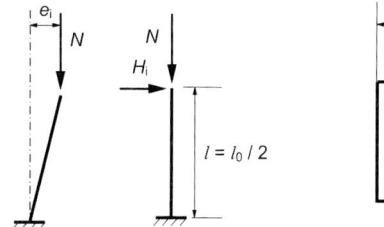 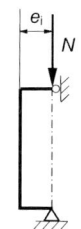 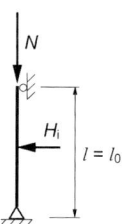

a1) nicht ausgesteift   a2) ausgesteift
a) Einzelstützen mit ausmittiger Normalkraft oder seitlich angreifender Kraft

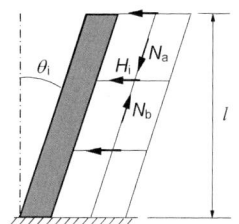 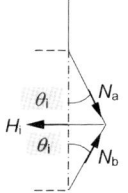 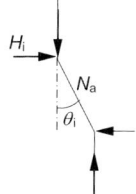

b) ausgesteiftes System   c1) Deckenscheibe   c2) Dachscheibe

Bild 5.1. Beispiele für die Auswirkung geometrischer Imperfektionen

- Auswirkung auf Einzelstütze:
  ℓ = tatsächliche Länge der Stütze, $m = 1$.
- Auswirkung auf Aussteifungssystem:
  ℓ = Gebäudehöhe, m = Anzahl der vertikalen Bauteile, die zur horizontalen Belastung des Aussteifungssystems beitragen.

(NCI) Für m dürfen nur vertikale Bauteile angesetzt werden, die mindestens 70 % des Bemessungswerts der mittleren Längskraft $N_{Ed,m} = F_{Ed}/n$ aufnehmen, worin F_{Ed} die Summe der Bemessungswerte der Längskräfte aller nebeneinander liegenden lotrechten Bauteile im betrachteten Geschoss bezeichnet.

- Auswirkung auf Decken- oder Dachscheiben, die horizontale Kräfte verteilen:
  ℓ = Stockwerkshöhe, m = Anzahl der vertikalen Bauteile in den Stockwerken, die zur horizontalen Gesamtbelastung auf das Geschoss beitragen.

(7) Bei Einzelstützen (siehe 5.8.1) dürfen die Auswirkungen der Imperfektionen mit einer der zwei Alternativen a) oder b) berücksichtigt werden:

a) als Lastausmitte e_i mit

$$e_i = \theta_i \cdot \ell_0/2 \qquad (5.2)$$

wobei ℓ_0 die Knicklänge ist: siehe auch 5.8.3.2.

Bei Wänden und Einzelstützen in ausgesteiften Systemen darf vereinfacht immer $e_i = \ell_0/400$ verwendet werden (entspricht $\alpha_h = 1$).

b) als Horizontalkraft H_i in der Position, die das maximale Moment erzeugt:

für nicht ausgesteifte Stützen (siehe Bild 5.1a1)

$$H_i = \theta_i \cdot N \qquad (5.3a)$$

für ausgesteifte Stützen (siehe Bild 5.1a2)

$$H_i = 2 \cdot \theta_i \cdot N \qquad (5.3b)$$

Dabei ist N die Normalkraft.

Anmerkung: Die Lastausmitte eignet sich für statisch bestimmte Bauteile, wohingegen die Horizontalkraft sowohl für statisch bestimmte als auch für unbestimmte Bauteile verwendet werden darf. Die Kraft H_i darf auch durch eine vergleichbare Quereinwirkung ersetzt werden.

(8) Bei Tragwerken darf die Auswirkung der Schiefstellung θ_i durch äquivalente Horizontalkräfte zusammen mit den anderen Einwirkungen bei der Schnittgrößenermittlung berücksichtigt werden.

Auswirkung auf ein Aussteifungssystem (siehe Bild 5.1b):

$$H_i = \theta_i \cdot (N_b - N_a) \qquad (5.4)$$

Auswirkung auf eine Deckenscheibe (siehe Bild 5.1c1):

$$H_i = \theta_i \cdot (N_b + N_a) \qquad (5.5)$$

Auswirkung auf eine Dachscheibe (siehe Bild 5.1c2):

$$H_i = \theta_i \cdot N_a \qquad (5.6)$$

Dabei sind N_a und N_b die Normalkräfte, die zu H_i beitragen.

(NCI) Für die Schiefstellung θ_i ist
- in Gleichung (5.5) bei Deckenscheiben
  $\theta_i = 0{,}008/\sqrt{2m}$ und
- in Gleichung (5.6) bei Dachscheiben
  $\theta_i = 0{,}008/\sqrt{m}$

in Bogenmaß anzunehmen (siehe 5.2 (5)). Dabei ist m die Anzahl der auszusteifenden Tragwerksteile im betrachteten Geschoss.

(9) Als vereinfachte Alternative für Wände und Einzelstützen in ausgesteiften Systemen darf eine Lastausmitte $e_i = \ell_0/400$ verwendet werden, um die mit den üblichen Abweichungen in der Bauausführung verbundenen Imperfektionen zu berücksichtigen (siehe 5.2 (4)).

5.3 Idealisierungen und Vereinfachungen

5.3.1 Tragwerksmodelle für statische Berechnungen

(1)P Die Bestandteile eines Tragwerks werden nach ihrer Beschaffenheit und Funktion unterteilt in Balken, Stützen, Platten, Wände, Scheiben, Bögen, Schalen usw. Die folgenden Regeln gelten für die Schnittgrößenermittlung der gebräuchlichsten Bauteile und für aus diesen Bauteilen zusammengesetzte Tragwerke.

(2) Die folgenden Absätze (3) bis (7) gelten für den Hochbau.

(3) Ein Balken ist ein Bauteil, dessen Stützweite nicht kleiner als die 3-fache Gesamtquerschnittshöhe ist. Andernfalls ist es in der Regel ein wandartiger Träger.

(4) Als Platte gilt ein flächenartiges Bauteil, dessen kleinste Dimensionen in der Ebene mindestens seiner 5-fachen Gesamtdicke entsprechen.

(5) Eine durch überwiegend gleichmäßig verteilte Lasten belastete Platte darf als einachsig gespannt angenommen werden, wenn sie entweder:

- zwei freie (ungelagerte), nahezu parallele Ränder besitzt oder
- wenn sie den mittleren Bereich einer rechteckigen, allseitig gestützten Platte bildet, die ein Seitenverhältnis der längeren zur kürzeren Stützweite von mehr als 2 aufweist.

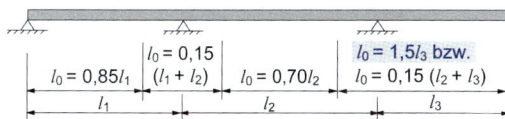

Bild 5.2. Definition von ℓ_0 zur Berechnung der mitwirkenden Plattenbreite

(6) Rippen- oder Kassettendecken brauchen für die Ermittlung der Schnittgrößen nicht als diskrete Bauteile behandelt zu werden, wenn die Gurtplatte zusammen mit den Rippen eine ausreichende Torsionssteifigkeit aufweist. Dies darf vorausgesetzt werden, wenn:

– der Rippenabstand 1500 mm nicht übersteigt,
– die Rippenhöhe unter der Gurtplatte die 4-fache Rippenbreite nicht übersteigt,
– die Dicke der Gurtplatte mindestens 1/10 des lichten Abstands zwischen den Rippen oder 50 mm beträgt, wobei der größere Wert maßgebend ist,
– Querrippen vorgesehen sind, deren lichter Abstand nicht größer als die 10-fache Plattendicke ist.

(NCI) Die Schnittgrößenermittlung für diese Decken als Vollplatte ist auf die Verfahren nach 5.4 und 5.5 beschränkt.

Anmerkung: In 10.9.3 (11) werden diese Deckensysteme für Fertigteile behandelt.

(7) Eine Stütze ist ein Bauteil, dessen Querschnittsbreite nicht mehr als das 4-Fache seiner Querschnittshöhe und dessen Gesamtlänge mindestens das 3-Fache seiner Querschnittshöhe beträgt. Im Falle anderer Querschnittsabmessungen ist es eine Wand.

5.3.2 Geometrische Angaben

5.3.2.1 Mitwirkende Plattenbreite (alle Grenzzustände)

(1)P Bei Plattenbalken hängt die mitwirkende Plattenbreite, für die eine konstante Spannung angenommen werden darf, von den Gurt- und Stegabmessungen, von der Art der Belastung, der Stützweite, den Auflagerbedingungen und der Querbewehrung ab.

(2) Die mitwirkende Plattenbreite ist in der Regel auf der Grundlage des Abstands ℓ_0 zwischen den Momentennullpunkten zu ermitteln. Siehe hierfür Bild 5.2.

(NCI) Bild 5.2 gilt bei annähernd gleichen Steifigkeiten und annähernd gleicher Belastung für ein Stützweitenverhältnis benachbarter Felder im Bereich von $0,8 < \ell_1/\ell_2 < 1,25$. Für kurze Kragarme (in Bezug auf das angrenzende Feld) sollte die wirksame Stützweite ℓ_0 ermittelt werden zu $\ell_0 = 1,5\ell_3$.

(3) Die mitwirkende Plattenbreite b_{eff} für einen Plattenbalken oder einen einseitigen Plattenbalken darf wie folgt ermittelt werden:

$$b_{eff} = \sum b_{eff,i} + b_w \leq b \qquad (5.7)$$

Dabei ist

$$b_{eff,i} = 0,2 b_i + 0,1 \ell_0 \leq 0,2 \ell_0 \qquad (5.7a)$$

und

$$b_{eff,i} \leq b_i \qquad (5.7b)$$

(für die Bezeichnungen siehe Bilder 5.2 und 5.3).

(4) Ist für die Schnittgrößenermittlung keine besondere Genauigkeit erforderlich, darf eine konstante Gurtbreite über die gesamte Stützweite angenommen werden. Dabei darf in der Regel der Wert für den Feldquerschnitt verwendet werden.

5.3.2.2 Effektive Stützweite von Balken und Platten im Hochbau

Anmerkung: Die folgenden Regeln sind vorwiegend für die Schnittgrößenermittlung von Einzelbauteilen bestimmt. Bei der Schnittgrößenermittlung für Rahmentragwerke dürfen diese Vereinfachungen verwendet werden, sofern sie zutreffen.

(1) Die effektive Stützweite ℓ_{eff} eines Bauteils ist in der Regel wie folgt zu ermitteln:

$$\ell_{eff} = \ell_n + a_1 + a_2 \qquad (5.8)$$

Dabei ist ℓ_n der lichte Abstand zwischen den Auflagerrändern.

Die Werte a_1 und a_2 für die beiden Enden des Feldes dürfen nach Bild 5.4 bestimmt werden. Wie dargestellt ist t die Auflagertiefe.

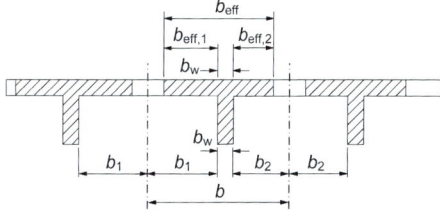

Bild 5.3. Parameter der mitwirkenden Plattenbreite

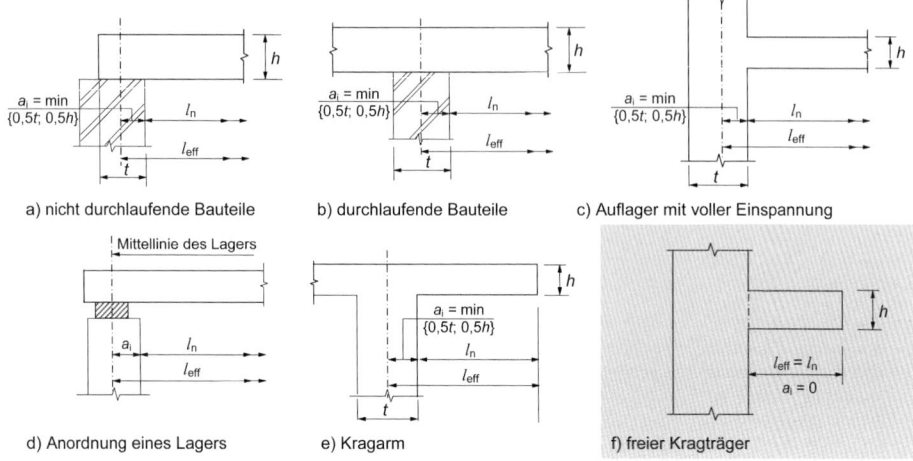

Bild 5.4. Effektive Stützweite ℓ_{eff} für verschiedene Auflagerbedingungen

(2) Die Schnittgrößenermittlung bei durchlaufenden Platten und Balken darf unter der Annahme frei drehbarer Lagerung erfolgen.

(3) Bei einer monolithischen Verbindung zwischen Balken bzw. Platte und Auflager darf der Bemessungswert des Stützmoments am Auflagerrand ermittelt werden. Das auf das Auflager (z. B. Stütze, Wand usw.) übertragene Bemessungsmoment und die Auflagerreaktion sind im Allgemeinen jeweils mittels linear-elastischer Berechnung mit und ohne Umlagerung zu bestimmen, abhängig davon, welches Verfahren die größeren Werte liefert.

Anmerkung: Das Moment am Auflagerrand sollte mindestens das 0,65-Fache des Volleinspannmoments betragen.

(NCI) Bei indirekter Lagerung ist dies nur zulässig, wenn das stützende Bauteil eine Vergrößerung der statischen Nutzhöhe des gestützten Bauteils mit einer Neigung von mindestens 1:3 zulässt.

Anmerkung: Definition direkte/indirekte Auflagerung siehe NA.1.5.2.26.

(4) Der Bemessungswert des Stützmoments durchlaufender Balken oder Platten, deren Auflager als frei drehbar angenommen werden dürfen (z. B. über Wänden), darf unabhängig vom angewendeten Rechenverfahren um einen Betrag ΔM_{Ed} reduziert werden. Hierbei sollte als effektive Stützweite der Abstand zwischen den Auflagermitten angenommen werden:

$$\Delta M_{Ed} = F_{Ed,sup} \cdot t/8 \qquad (5.9)$$

Dabei ist

$F_{Ed,sup}$ der Bemessungswert der Auflagerreaktion;

t die Auflagertiefe (siehe Bild 5.4 b)).

Anmerkung: Werden Lager eingesetzt, ist in der Regel für t die Breite des Lagers anzusetzen.

5.4 Linear-elastische Berechnung

(1) Die Schnittgrößen von Bauteilen dürfen auf Grundlage der Elastizitätstheorie sowohl für die Grenzzustände der Gebrauchstauglichkeit als auch der Tragfähigkeit bestimmt werden.

(2) Eine linear-elastische Schnittgrößenermittlung darf dabei unter folgenden Annahmen erfolgen:

i) ungerissene Querschnitte,

ii) lineare Spannungs-Dehnungs-Linien und

iii) Mittelwert des Elastizitätsmoduls.

(NCI) Es dürfen jedoch auch die Steifigkeiten der gerissenen Querschnitte (Zustand II) verwendet werden.

(3) Im Grenzzustand der Tragfähigkeit darf bei Temperatureinwirkungen, Setzungen und Schwinden von einer verminderten Steifigkeit infolge gerissener Querschnitte ausgegangen werden. Dabei darf die Mitwirkung des Betons auf Zug vernachlässigt werden, während die Auswirkungen des Kriechens zu berücksichtigen sind. Im Grenz-

zustand der Gebrauchstauglichkeit ist in der Regel eine sukzessive Rissbildung zu berücksichtigen.

(NA.4) Im Allgemeinen sind keine besonderen Maßnahmen zur Sicherstellung angemessener Verformungsfähigkeit erforderlich, sofern sehr hohe Bewehrungsgrade in den kritischen Abschnitten der Bauteile vermieden und die Anforderungen bezüglich der Mindestbewehrung erfüllt werden.

(NA.5) Für Durchlaufträger, bei denen das Stützweitenverhältnis benachbarter Felder mit annähernd gleichen Steifigkeiten $0,5 < \ell_{\text{eff},1}/\ell_{\text{eff},2} < 2,0$ beträgt, in Riegeln von Rahmen und in sonstigen Bauteilen, die vorwiegend auf Biegung beansprucht sind, einschließlich durchlaufender, in Querrichtung kontinuierlich gestützter Platten, sollte x_d/d den Wert 0,45 bis C50/60 nicht übersteigen, sofern keine geeigneten konstruktiven Maßnahmen getroffen oder andere Nachweise zur Sicherstellung ausreichender Duktilität geführt werden.

5.5 Linear-elastische Berechnung mit begrenzter Umlagerung

(1)P Die Auswirkungen einer Momentenumlagerung müssen bei der Bemessung durchgängig berücksichtigt werden.

(2) Die linear-elastische Schnittgrößenermittlung mit begrenzter Umlagerung darf für die Nachweise von Bauteilen im GZT verwendet werden.

(3) Die mit dem linear-elastischen Verfahren ermittelten Momente dürfen für die Nachweise im GZT umgelagert werden, wobei die resultierende Schnittgrößenverteilung mit den einwirkenden Lasten im Gleichgewicht stehen muss.

(NCI) Für die Ermittlung von Querkraft, Drillmoment und Auflagerreaktion bei Platten darf im üblichen Hochbau entsprechend dem Momentenverlauf nach Umlagerung eine lineare Interpolation zwischen den Beanspruchungen bei voll eingespanntem Rand und denen bei gelenkig gelagertem Rand vorgenommen werden.

(4) Bei durchlaufenden Balken oder Platten, die:

a) vorwiegend auf Biegung beansprucht sind und

b) bei denen das Stützweitenverhältnis benachbarter Felder mit annähernd gleicher Steifigkeit 0,5 bis 2,0 beträgt, dürfen die Biegemomente ohne besonderen Nachweis der Rotationsfähigkeit umgelagert werden, vorausgesetzt, dass:

$$\delta \geq k_1 + k_2 \cdot x_u/d \quad \text{für } f_{ck} \leq 50 \text{ N/mm}^2$$
(5.10a)

(NDP) $k_1 = 0,64; k_2 = 0,8$

$\delta \geq k_5$ bei Betonstahl der Klassen B und C (siehe Anhang C),

$\delta \geq k_6$ bei Betonstahl der Klasse A (siehe Anhang C).

(NDP) für $f_{ck} \leq 50 \text{ N/mm}^2$: $k_5 = 0,7; k_6 = 0,85$

Dabei ist

δ das Verhältnis des umgelagerten Moments zum Ausgangsmoment vor der Umlagerung;

x_u die bezogene Druckzonenhöhe im GZT nach Umlagerung;

d die statische Nutzhöhe des Querschnitts.

(5) Eine Umlagerung darf in der Regel nicht erfolgen, wenn die Rotationsfähigkeit nicht sichergestellt werden kann (z. B. in vorgespannten Rahmenecken).

(NCI) Bei verschieblichen Rahmen, Tragwerken aus unbewehrtem Beton und solchen, die aus vorgefertigten Segmenten mit unbewehrten Kontaktfugen bestehen, ist keine Umlagerung zugelassen.

(6) Für die Bemessung von Stützen in rahmenartigen Tragwerken sind in der Regel die elastischen Momente ohne Umlagerung zu verwenden.

5.6 Verfahren nach der Plastizitätstheorie

5.6.4 Stabwerkmodelle

(1) Stabwerkmodelle dürfen bei der Bemessung in den Grenzzuständen der Tragfähigkeit von Kontinuitätsbereichen (ungestörte Bereiche von Balken und Platten im gerissenen Zustand, siehe 6.1–6.4) und bei der Bemessung in den Grenzzuständen der Tragfähigkeit und der baulichen Durchbildung von Diskontinuitätsbereichen, siehe 6.5.1, angewendet werden. Üblicherweise sollten Stabwerkmodelle noch bis zu einer Länge h (Querschnittshöhe des Bauteils) über den Diskontinuitätsbereich ausgedehnt werden. Stabwerkmodelle dürfen ebenfalls bei Bauteilen verwendet werden, bei denen eine lineare Dehnungsverteilung innerhalb des Querschnitts angenommen werden darf (z. B. bei einem ebenen Dehnungszustand).

(2) Nachweise in den Grenzzuständen der Gebrauchstauglichkeit, wie z. B. die Nachweise der Stahlspannung und der Rissbreitenbegrenzung, dürfen ebenfalls mit Hilfe von Stabwerkmodellen ausgeführt werden, sofern eine näherungsweise Verträglichkeit der Stabwerkmodelle sichergestellt ist (insbesondere die Lage und Richtung der

Hauptstreben sollten der Elastizitätstheorie entsprechen).

(3) Ein Stabwerkmodell besteht aus Betondruckstreben (diskretisierte Druckspannungsfelder), aus Zugstreben (Bewehrung) und den verbindenden Knoten. Die Kräfte in diesen Elementen des Stabwerkmodells sind in der Regel unter Einhaltung des Gleichgewichts für die Einwirkungen im Grenzzustand der Tragfähigkeit zu ermitteln. Die Elemente des Stabwerkmodells sind in der Regel nach den in 6.5 angegebenen Regeln zu bemessen.

(4) Die Zugstreben des Stabwerkmodells müssen in der Regel nach Lage und Richtung mit der zugehörigen Bewehrung übereinstimmen.

(5) Geeignete Stabwerkmodelle können durch Übernehmen von Spannungstrajektorien und -verteilungen nach der Elastizitätstheorie oder mit dem Lastpfadverfahren entwickelt werden. Alle Stabwerkmodelle dürfen mittels Energiekriterien optimiert werden.

(NA.6) Stabwerkmodelle dürfen kinematisch sein, wenn Geometrie und Belastung aufeinander abgestimmt sind.

(NA.7) Bei der Stabkraftermittlung für statisch unbestimmte Stabwerkmodelle dürfen die unterschiedlichen Dehnsteifigkeiten der Druck- und Zugstreben näherungsweise berücksichtigt werden. Vereinfachend dürfen einzelne statisch unbestimmte Stabkräfte in Anlehnung an die Kräfte aus einer linear-elastischen Berechnung des Tragwerks gewählt werden.

(NA.8) Die Ergebnisse aus mehreren Stabwerkmodellen dürfen i. Allg. nicht überlagert werden. Dies ist im Ausnahmefall möglich, wenn die Stabwerkmodelle für jede Einwirkung im Wesentlichen übereinstimmen.

5.7 Nichtlineare Verfahren

(1) Nichtlineare Verfahren der Schnittgrößenermittlung dürfen sowohl für die Nachweise in den Grenzzuständen der Gebrauchstauglichkeit als auch der Tragfähigkeit angewendet werden, wobei die Gleichgewichts- und Verträglichkeitsbedingungen zu erfüllen und die Nichtlinearität der Baustoffe angemessen zu berücksichtigen sind. Die Berechnung kann nach Theorie I. oder II. Ordnung erfolgen.

(2) Im Grenzzustand der Tragfähigkeit ist in der Regel die Aufnahmefähigkeit nichtelastischer Formänderungen in örtlich kritischen Bereichen zu überprüfen, soweit sie in der Berechnung berücksichtigt werden. Unsicherheiten sind hierbei in geeigneter Form Rechnung zu tragen.

(3) Für vorwiegend ruhend belastete Tragwerke dürfen die Auswirkungen der vorausgegangenen Lastgeschichte im Allgemeinen vernachlässigt und eine stetige Zunahme der Einwirkungen angenommen werden.

(4)P Für nichtlineare Verfahren müssen Baustoffeigenschaften verwendet werden, die zu einer realistischen Steifigkeit führen und die die Unsicherheiten beim Versagen berücksichtigen. Es dürfen nur Bemessungsverfahren verwendet werden, die in den maßgebenden Anwendungsbereichen gültig sind.

(5) Bei schlanken Tragwerken, bei denen die Auswirkungen nach Theorie II. Ordnung nicht vernachlässigt werden dürfen, darf das Bemessungsverfahren nach 5.8.6 angewendet werden.

(NA.6) Ein geeignetes nichtlineares Verfahren der Schnittgrößenermittlung einschließlich der Querschnittsbemessung ist den Absätzen (NA.7) bis (NA.15) beschrieben.

(NA.7)P Der Bemessungswert des Tragwiderstands R_d ist bei nichtlinearen Verfahren nach Gleichung (NA.5.12.1) zu ermitteln:

$$R_d = R(f_{cR}; f_{yR}; f_{tR})/\gamma_R \quad \text{(NA.5.12.1)}$$

Dabei ist

f_{cR}, f_{yR}, f_{tR} der jeweilige rechnerische Mittelwert der Festigkeiten des Betons bzw. des Betonstahls;

γ_R der Teilsicherheitsbeiwert für den Systemwiderstand.

(NA.8) Durch die Festlegung der Bewehrung nach Größe und Lage schließen nichtlineare Verfahren die Bemessung für Biegung mit Längskraft ein.

(NA.9)P Die Formänderungen und Schnittgrößen des Tragwerks sind auf der Grundlage der Spannungs-Dehnungs-Linien für Beton nach Bild 3.2 und für Betonstahl nach Bild NA.3.8.1 zu berechnen, wobei die Mittelwerte der Baustofffestigkeiten zugrunde zu legen sind.

(NA.10) Die Mittelwerte der Baustofffestigkeiten dürfen rechnerisch wie folgt angenommen werden:

$$f_{yR} = 1{,}1 \cdot f_{yk} \quad \text{(NA.5.12.2)}$$

$$f_{tR} = 1{,}08 \cdot f_{yR} \ (\text{für B500B}) \quad \text{(NA.5.12.3)}$$

$$f_{tR} = 1{,}05 \cdot f_{yR} \ (\text{für B500A}) \quad \text{(NA.5.12.4)}$$

$$f_{cR} = 0{,}85 \cdot \alpha_{cc} \cdot f_{ck} \quad \text{(NA.5.12.7)}$$

Hierbei sollte ein einheitlicher Teilsicherheitsbeiwert $\gamma_R = 1{,}3$ (für ständige und vorübergehende Bemessungssituationen und Nachweis gegen Ermüdung) oder $\gamma_R = 1{,}1$ (für außergewöhnliche

Bemessungssituationen) für den Bemessungswert des Tragwiderstands berücksichtigt werden.

(NA.11)P Der Bemessungswert des Tragwiderstands darf nicht kleiner sein als der Bemessungswert der maßgebenden Einwirkungskombination.

(NA.12)P Der GZT gilt als erreicht, wenn in einem beliebigen Querschnitt des Tragwerks die kritische Stahldehnung oder die kritische Betondehnung oder am Gesamtsystem oder Teilen davon der kritische Zustand des indifferenten Gleichgewichts erreicht ist.

(NA.13) Die kritische Stahldehnung sollte auf den Wert $\varepsilon_{ud} = 0{,}025$ festgelegt werden. Die kritische Betondehnung ε_{cu1} ist Tabelle 3.1 zu entnehmen.

(NA.14) Die Mitwirkung des Betons auf Zug zwischen den Rissen (tension stiffening) ist zu berücksichtigen. Sie darf unberücksichtigt bleiben, wenn dies auf der sicheren Seite liegt.

(NA.15) Die Auswahl eines geeigneten Verfahrens zur Berücksichtigung der Mitwirkung des Betons auf Zug sollte in Abhängigkeit von der jeweiligen Bemessungsaufgabe getroffen werden.

5.8 Berechnung von Bauteilen unter Normalkraft nach Theorie II. Ordnung

5.8.1 Begriffe

Zweiachsige Biegung: gleichzeitige Biegung um zwei Hauptachsen.

Ausgesteifte Bauteile oder Systeme: Tragwerksteile oder Subsysteme, bei denen in Berechnung und Bemessung davon ausgegangen wird, dass sie *nicht* zur horizontalen Gesamtstabilität eines Tragwerks beitragen.

Aussteifende Bauteile oder Systeme: Tragwerksteile oder Subsysteme, bei denen in Berechnung und Bemessung davon ausgegangen wird, dass sie zur horizontalen Gesamtstabilität eines Tragwerks beitragen.

Knicken: Stabilitätsversagen eines Bauteils oder Tragwerks unter reiner Normalkraft ohne Querbelastung.

Anmerkung: Dieses „reine Knicken" ist bei realen Tragwerken kein maßgebender Grenzzustand wegen der gleichzeitig zu berücksichtigenden Imperfektionen und Querbelastungen. Diese rechnerische Knicklast darf jedoch als Parameter bei einigen Verfahren nach Theorie II. Ordnung eingesetzt werden.

Knicklast: Die Last, bei der Knicken auftritt; bei elastischen Einzelbauteilen entspricht sie der idealen *Euler*'schen Verzweigungslast.

Knicklänge: Länge einer beidseitig gelenkig gelagerten Ersatzstütze mit konstanter Normalkraft, die den Querschnitt und die Knicklast des tatsächlichen Bauteils unter Berücksichtigung der Knicklinie aufweist.

Auswirkungen nach Theorie I. Ordnung: Die Auswirkungen der Einwirkungen, die ohne Berücksichtigung der Verformung des Tragwerks berechnet werden, jedoch geometrische Imperfektionen beinhalten.

Einzelstützen: einzeln stehende Stützen oder Bauteile in einem Tragwerk, die in der Bemessung einzeln stehend idealisiert werden. Beispiele von Einzelstützen mit verschiedenen Lagerungsbedingungen sind in Bild 5.7 dargestellt.

Rechnerisches Moment nach Theorie II. Ordnung: Ein Moment nach Theorie II. Ordnung, das in bestimmten Bemessungsverfahren verwendet wird. Mit diesem lässt sich ein Gesamtmoment zur Bestimmung des erforderlichen Querschnittswiderstands für die GZT berechnen, siehe auch 5.8.5 (2).

Auswirkungen nach Theorie II. Ordnung: zusätzliche Auswirkungen der Einwirkungen unter Berücksichtigung der Verformungen des Tragwerks.

5.8.2 Allgemeines

(1)P Dieser Abschnitt behandelt Bauteile und Tragwerke, bei denen das Tragverhalten durch die Auswirkungen nach Theorie II. Ordnung wesentlich beeinflusst wird (z. B. Stützen, Wände, Pfähle, Bögen und Schalen). Auswirkungen auf das Gesamtsystem nach Theorie II. Ordnung treten insbesondere bei Tragwerken mit einem nachgiebigen Aussteifungssystem auf.

(NCI) *Anmerkung:* Für Nachweise am Gesamtsystem nach Theorie II. Ordnung wird auf DAfStb-Heft 600 verwiesen.

(2)P Bei Berücksichtigung von Auswirkungen nach Theorie II. Ordnung (siehe auch (6)) müssen das Gleichgewicht und die Tragfähigkeit der verformten Bauteile nachgewiesen werden. Die Verformungen müssen unter Berücksichtigung der maßgebenden Auswirkungen von Rissen, nichtlinearer Baustoffeigenschaften und des Kriechens berechnet werden.

Anmerkung: Werden bei der Berechnung lineare Baustoffeigenschaften angenommen, dürfen diese Auswirkungen durch verminderte Steifigkeitswerte berücksichtigt werden. Siehe 5.8.7.

(3)P Falls maßgebend, muss die Schnittgrößenermittlung den Einfluss der Steifigkeit benachbarter Bauteile und Fundamente beinhalten (Boden-Bauwerk-Interaktion).

(4)P Das Verhalten des Tragwerks muss in der Richtung, in der Verformungen auftreten können, berücksichtigt werden. Eine zweiachsige Lastausmitte ist erforderlichenfalls zu berücksichtigen.

(5)P Unsicherheiten der Geometrie und der Lage der axialen Lasten müssen als zusätzliche Auswirkungen nach Theorie I. Ordnung auf Grundlage geometrischer Imperfektionen berücksichtigt werden. Siehe 5.2.

(6) Die Auswirkungen nach Theorie II. Ordnung dürfen vernachlässigt werden, wenn sie weniger als 10 % der entsprechenden Auswirkungen nach Theorie I. Ordnung betragen. Vereinfachte Kriterien dürfen für Einzelstützen 5.8.3.1 und für Tragwerke 5.8.3.3 entnommen werden.

(NCI) Dies gilt für jede Richtung, in der ein Versagen nach Theorie II. Ordnung auftreten kann.

5.8.3 Vereinfachte Nachweise für Bauteile unter Normalkraft nach Theorie II. Ordnung

5.8.3.1 Grenzwert der Schlankheit für Einzeldruckglieder

(1) Alternativ zu 5.8.2 (6) dürfen die Auswirkungen nach Theorie II. Ordnung vernachlässigt werden, wenn die Schlankheit λ (in 5.8.3.2 definiert) unterhalb eines Grenzwertes λ_{lim} liegt.

(NDP) Es gilt:

$\lambda_{lim} = 25$ für $|n| \geq 0{,}41$ (5.13.aDE)

$\lambda_{lim} = 16/\sqrt{n}$ für $|n| < 0{,}41$ (5.13.bDE)

Dabei ist $n = N_{Ed}/(A_c \cdot f_{cd})$.

(2) Für Druckglieder mit zweiachsiger Lastausmitte darf das Schlankheitskriterium für jede Richtung einzeln geprüft werden. Demnach dürfen die Auswirkungen nach Theorie II. Ordnung

(a) in beiden Richtungen vernachlässigt werden bzw. sind

(b) in einer Richtung oder

(c) in beiden Richtungen

zu berücksichtigen.

5.8.3.2 Schlankheit und Knicklänge von Einzeldruckgliedern

(1) Die Schlankheit ist wie folgt definiert:

$$\lambda = \ell_0/i \quad (5.14)$$

Dabei ist

ℓ_0 die Knicklänge, siehe auch 5.8.3.2 (2) bis (7);

i der Trägheitsradius des ungerissenen Betonquerschnitts.

(2) Eine allgemeine Definition der Knicklänge enthält 5.8.1. Beispiele von Knicklängen bei Einzelstützen mit konstanten Querschnitten sind in Bild 5.7 dargestellt.

(3) Bei Druckgliedern in üblichen Rahmen darf in der Regel das Schlankheitskriterium (siehe 5.8.3.1) mit folgender Knicklänge ℓ_0 nachgewiesen werden:

Ausgesteifte Bauteile (siehe Bild 5.7 f)):

$$\ell_0 = 0{,}5\ell \cdot \sqrt{\left(1 + \frac{k_1}{0{,}45 + k_1}\right) \cdot \left(1 + \frac{k_2}{0{,}45 + k_2}\right)}$$
(5.15)

Nicht ausgesteifte Bauteile (siehe Bild 5.7 g)):

$$\ell_0 = \ell \cdot \max\left\{ \sqrt{1 + 10 \cdot \frac{k_1 \cdot k_2}{k_1 + k_2}} \; ; \right.$$
$$\left. \left(1 + \frac{k_1}{1 + k_1}\right) \cdot \left(1 + \frac{k_2}{1 + k_2}\right) \right\} \quad (5.16)$$

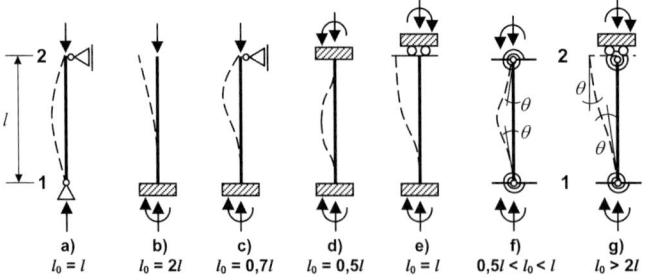

Bild 5.7. Beispiele verschiedener Knickfiguren und der entsprechenden Knicklängen von Einzelstützen

Dabei ist

k_1, k_2 die bezogenen Einspanngrade an den Enden 1 und 2;

$k = (\theta/M) \cdot (EI/\ell)$;

θ die Verdrehung eingespannter Bauteile bei einem Biegemoment M, siehe auch Bild 5.7 f) und g);

EI die Biegesteifigkeit des Druckglieds, siehe auch 5.8.3.2 (4) und (5);

ℓ die lichte Höhe des Druckgliedes zwischen den Endeinspannungen.

Anmerkung: $k = 0$ ist die theoretische Grenze für eine feste Einspannung, und $k = \infty$ stellt den Grenzwert bei gelenkiger Lagerung dar. Da eine volle Einspannung in der Praxis praktisch nicht vorkommt, wird ein Mindestwert von 0,1 für k_1 und k_2 empfohlen.

(NCI) *Anmerkung:* Die Ermittlung weiterer Knicklängen nach Fachliteratur, z. B. nach DAfStb-Heft 600, ist zulässig.

(4) Wenn ein benachbartes Druckglied (Stütze) zur Knotenverdrehung beim Knicken beitragen kann, ist in der Regel (EI/ℓ) in der Definition von k mit $[(EI/\ell)_a + (EI/\ell)_b]$ zu ersetzen, wobei a und b die Druckglieder (Stützen) über und unter dem Knoten kennzeichnen.

(5) Bei der Festlegung von Knicklängen sind in der Regel die Auswirkungen einer Rissbildung auf die Steifigkeit einspannender Bauteile zu berücksichtigen, wenn nicht nachgewiesen werden kann, dass sie im Grenzzustand der Tragfähigkeit ungerissen sind.

(6) In anderen als den in (2) und (3) genannten Fällen, z. B. bei Bauteilen mit veränderlichen Normalkraftbeanspruchungen bzw. Querschnitten, ist in der Regel das Schlankheitskriterium nach 5.8.3.1 mit einer Knicklänge auf Grundlage der Knicklast zu überprüfen (berechnet z. B. mit einer numerischen Methode):

$$\ell_0 = \pi\sqrt{EI/N_B} \qquad (5.17)$$

Dabei ist

EI eine repräsentative Biegesteifigkeit;

N_B die zu EI gehörige Knicklast, (in Gleichung (5.14) ist i ebenfalls auf dieses EI zu beziehen).

(7) Die einspannende Wirkung von Querwänden darf bei der Berechnung der Knicklänge von Wänden mit dem Faktor β gemäß 12.6.5.1 berücksichtigt werden. In Gleichung (12.9) und Tabelle 12.1 wird ℓ_w dann durch ℓ_0 nach 5.8.3.2 ersetzt.

5.8.3.3 Nachweise am Gesamttragwerk nach Theorie II. Ordnung im Hochbau

(1) Alternativ zu 5.8.2 (6) dürfen Nachweise am Gesamttragwerk nach Theorie II. Ordnung im Hochbau vernachlässigt werden, falls

$$F_{V,Ed} \leq K_1 \cdot \frac{n_s}{n_s + 1{,}6} \cdot \frac{\sum E_{cd} I_c}{L^2} \qquad (5.18)$$

Dabei ist

$F_{V,Ed}$ die gesamte vertikale Last (auf ausgesteifte und aussteifende Bauteile);

n_s die Anzahl der Geschosse;

L die Gesamthöhe des Gebäudes oberhalb der Einspannung;

E_{cd} der Bemessungswert des Elastizitätsmoduls von Beton, siehe 5.8.6 (3);

I_c das Trägheitsmoment des ungerissenen Betonquerschnitts der aussteifenden Bauteile.

(NDP) Es gilt der empfohlene Wert $K_1 = 0{,}31$. Der Bemessungswert der Vertikallasten $F_{V,Ed}$ darf mit $\gamma_F = 1{,}0$ angesetzt werden.

(NCI) Gleichung (5.18) darf in die in Deutschland gebräuchliche Form gebracht werden:

$$\frac{F_{V,Ed} \cdot L^2}{\sum E_{cd} I_c} \leq K_1 \cdot \frac{n_s}{n_s + 1{,}6} \qquad (5.18DE)$$

Gleichung (5.18) gilt nur unter Einhaltung aller folgenden Bedingungen:

- ein ausreichender Torsionswiderstand ist vorhanden, d. h., das Tragwerk ist annähernd symmetrisch,
- die Schubkraftverformungen am Gesamttragwerk sind vernachlässigbar (wie in Aussteifungssystemen überwiegend aus Wandscheiben ohne große Öffnungen),
- die Aussteifungsbauteile sind starr gegründet, d. h., Verdrehungen sind vernachlässigbar,
- die Steifigkeit der Aussteifungsbauteile ist entlang der Höhe annähernd konstant,
- die gesamte vertikale Last nimmt pro Stockwerk annähernd gleichmäßig zu.

(2) In Gleichung (5.18) darf K_1 durch K_2 ersetzt werden, wenn nachgewiesen werden kann, dass die Aussteifungsbauteile im Grenzzustand der Tragfähigkeit nicht gerissen sind.

(NDP) *Anmerkung 1:* Es gilt der empfohlene Wert $K_2 = 0{,}62$.

Anmerkung 2: Anhang H enthält weitere Informationen für Fälle, in denen am Gesamtaussteifungssystem signifikante Schubverformungen und/oder Rotationen an den Enden auftreten. Dieser Anhang enthält auch die Hintergründe für obige Regeln.

Anmerkung 3: Die aussteifenden Bauteile dürfen als nicht gerissen angenommen werden, wenn die Betonzugspannungen den Wert f_{ctm} nach Tabelle 3.1 nicht überschreiten.

Anmerkung 4: In Gleichung (NA.5.18.1) darf K_1 ebenfalls durch K_2 ersetzt werden.

(NA.3) Wenn die lotrechten aussteifenden Bauteile nicht annähernd symmetrisch angeordnet sind oder nicht vernachlässigbare Verdrehungen zulassen, muss zusätzlich die Verdrehsteifigkeit aus der Kopplung der Wölbsteifigkeit $E_{cd} I_\omega$ und der Torsionssteifigkeit $G_{cd} I_T$ der Gleichung (NA.5.18.1) genügen, um Nachweise am Gesamttragwerk nach Theorie II. Ordnung zu vernachlässigen:

$$\frac{1}{\left(\frac{1}{L}\sqrt{\frac{E_{cd} I_\omega}{\sum_j F_{V,Ed,j} \cdot r_j^2}} + \frac{1}{2,28}\sqrt{\frac{G_{cd} I_T}{\sum_j F_{V,Ed,j} \cdot r_j^2}}\right)^2} \leq$$

$$\leq K_1 \cdot \frac{n_s}{n_s + 1,6} \quad \text{(NA.5.18.1)}$$

Dabei ist

K_1, n_s, L, E_{cd}, I_c nach Absatz (1);

r_j der Abstand der Stütze j vom Schubmittelpunkt des Gesamtsystems;

$F_{V,Ed,j}$ der Bemessungswert der Vertikallast der aussteifenden und ausgesteiften Bauteile j mit $\gamma_F = 1,0$;

$E_{cd} I_\omega$ die Summe der Nennwölbsteifigkeiten aller gegen Verdrehung aussteifenden Bauteile (Bemessungswert);

$G_{cd} I_T$ die Summe der Torsionssteifigkeiten aller gegen Verdrehung aussteifenden Bauteile (St. Venant'sche Torsionssteifigkeit, Bemessungswert).

5.8.4 Kriechen

(1)P Kriechauswirkungen müssen bei Verfahren nach Theorie II. Ordnung berücksichtigt werden. Dabei sind die Grundlagen des Kriechens (siehe 3.1.4) sowie die unterschiedlichen Belastungsdauern in den Einwirkungskombinationen zu beachten.

(2) Die Dauer der Belastungen darf vereinfacht mittels einer effektiven Kriechzahl φ_{ef} berücksichtigt werden. Zusammen mit der Bemessungslast ergibt diese eine Kriechverformung (Krümmung), die der quasi-ständigen Beanspruchung entspricht:

$$\varphi_{ef} = \varphi(\infty, t_0) \cdot M_{0Eqp}/M_{0Ed} \quad (5.19)$$

Dabei ist

$\varphi(\infty, t_0)$ die Endkriechzahl gemäß 3.1.4;

M_{0Eqp} das Biegemoment nach Theorie I. Ordnung unter der quasi-ständigen Einwirkungskombination (GZG);

M_{0Ed} das Biegemoment nach Theorie I. Ordnung unter der Bemessungs-Einwirkungskombination (GZT).

(NCI) Die Biegemomente M_{0Eqp} und M_{0Ed} in Gleichung (5.19) beinhalten die Imperfektionen, die bei Nachweisen nach Theorie II. Ordnung zu berücksichtigen sind.

Anmerkung: Es besteht auch die Möglichkeit, φ_{ef} auf Grundlage der Gesamtbiegemomente M_{Eqp} und M_{Ed} zu ermitteln. Dies bedarf allerdings der Iteration und des Nachweises der Stabilität unter quasi-ständiger Belastung mit $\varphi_{ef} = \varphi(\infty, t_0)$.

(3) Wenn M_{0Eqp}/M_{0Ed} in einem Bauteil oder Tragwerk variiert, darf das Verhältnis für den Querschnitt mit dem maximalen Moment berechnet oder ein repräsentativer Mittelwert verwendet werden.

(4) Die Kriechauswirkungen dürfen vernachlässigt werden ($\varphi_{ef} = 0$), wenn die folgenden drei Bedingungen eingehalten werden:

- $\varphi(\infty, t_0) \leq 2$,
- $\lambda \leq 75$,
- $M_{0Ed}/N_{Ed} \geq h$.

Dabei ist M_{0Ed} das Moment nach Theorie I. Ordnung und h ist die Querschnittshöhe in der entsprechenden Richtung.

(NCI) Kriechauswirkungen dürfen in der Regel auch vernachlässigt werden, wenn die Stützen an beiden Enden monolithisch mit lastabtragenden Bauteilen verbunden sind oder wenn bei verschieblichen Tragwerken die Schlankheit des Druckgliedes $\lambda < 50$ und gleichzeitig die bezogene Lastausmitte $e_0/h > 2$ ist ($M_{0Ed}/N_{Ed} > 2h$).

Anmerkung: Wenn die Bedingungen zum Vernachlässigen der Auswirkungen nach Theorie II. Ordnung gemäß 5.8.2 (6) oder 5.8.3.3 nur knapp eingehalten werden, kann es unsicher sein, die Auswirkungen nach Theorie II. Ordnung und des Kriechens zu vernachlässigen, außer der mechanische Bewehrungsgrad ω beträgt mindestens 0,25.

5.8.5 Berechnungsverfahren

(1) Die Berechnungsverfahren umfassen ein allgemeines Verfahren auf Grundlage einer nichtlinearen Schnittgrößenermittlung nach Theorie II. Ordnung (siehe 5.8.6) sowie die beiden folgenden Näherungsverfahren:

(a) Verfahren auf Grundlage einer Nennsteifigkeit, siehe 5.8.7,

(b) Verfahren auf Grundlage einer Nennkrümmung, siehe 5.8.8.

(NDP) *Anmerkung 1:* Die vereinfachte Methode (a) Verfahren auf Grundlage einer Nennsteifigkeit, kann in Deutschland entfallen.

Anmerkung 2: Die mittels der Näherungsverfahren (a) und (b) ermittelten rechnerischen Momente nach Theorie II. Ordnung sind manchmal größer als infolge Instabilität. Damit soll sichergestellt werden, dass das Gesamtmoment mit dem Querschnittswiderstand kompatibel ist.

(3) Das Verfahren (b) nach 5.8.8 eignet sich vorwiegend für Einzelstützen. Bei realistischen Annahmen hinsichtlich der Krümmungsverteilung darf dieses Verfahren jedoch auch für Tragwerke angewendet werden.

5.8.6 Allgemeines Verfahren

(1)P Das allgemeine Verfahren basiert auf einer nichtlinearen Schnittgrößenermittlung, die die geometrische Nichtlinearität nach Theorie II. Ordnung beinhaltet. Es gelten die allgemeinen Regeln für nichtlineare Verfahren nach 5.7.

(2)P Für die Schnittgrößenermittlung müssen geeignete Spannungs-Dehnungs-Linien für Beton und Stahl verwendet werden. Kriechauswirkungen sind zu berücksichtigen.

(3) Die in 3.1.5, Gleichung (3.14) und 3.2.7 (Bild 3.8) dargestellten Spannungs-Dehnungs-Linien für Beton und Stahl dürfen verwendet werden. Mit auf Grundlage von Bemessungswerten ermittelten Spannungs-Dehnungs-Linien darf der Bemessungswert der Tragfähigkeit direkt ermittelt werden. In Gleichung (3.14) und im k-Wert werden dabei f_{cm} durch den Bemessungswert der Betondruckfestigkeit f_{cd} und E_{cm} durch

$$E_{cd} = E_{cm}/\gamma_{CE} \qquad (5.20)$$

ersetzt.

(NDP) Dabei ist $\gamma_{CE} = 1{,}5$.

Die Formänderungen dürfen auf der Grundlage von Bemessungswerten, die auf den Mittelwerten der Baustoffkennwerte beruhen (z. B. f_{cm}/γ_C, E_{cm}/γ_{CE}), ermittelt werden. Für die Ermittlung der Grenztragfähigkeit im kritischen Querschnitt sind jedoch die Bemessungswerte der Baustofffestigkeiten anzusetzen.

Für die Aussteifungskriterien nach 5.8.3.3 gilt $\gamma_{CE} = 1{,}2$.

(4) Fehlen genauere Berechnungsmodelle, darf das Kriechen berücksichtigt werden, indem alle Dehnungswerte des Betons in der Spannungs-Dehnungs-Linie gemäß 5.8.6 (3) mit einem Faktor $(1 + \varphi_{ef})$ multipliziert werden. Dabei ist φ_{ef} die effektive Kriechzahl gemäß 5.8.4.

(5) Die günstigen Auswirkungen der Mitwirkung des Betons auf Zug dürfen berücksichtigt werden.

(NCI) *Anmerkung:* Diese Auswirkung ist nur bei Einzeldruckgliedern immer günstig.

(6) Üblicherweise werden die Gleichgewichtsbedingungen und die Dehnungsverträglichkeit von mehreren Querschnitten erfüllt. Werden vereinfachend nur die kritischen Querschnitte untersucht, darf ein realistischer Verlauf der dazwischen liegenden Krümmungen angenommen werden (d. h. ähnlich dem Momentenverlauf nach Theorie I. Ordnung oder entsprechend einer anderen zweckmäßigen Vereinfachung).

5.8.8 Verfahren mit Nennkrümmung

5.8.8.1 Allgemeines

(1) Dieses Näherungsverfahren eignet sich vor allem für Einzelstützen mit konstanter Normalkraftbeanspruchung und einer definierten Knicklänge ℓ_0 (siehe 5.8.3.2). Mit dem Verfahren wird ein Nennmoment mit einer Verformung nach Theorie II. Ordnung berechnet, die auf der Grundlage der Knicklänge und einer geschätzten Maximalkrümmung ermittelt wird (siehe auch 5.8.5 (3)).

(2) Das auf dieser Grundlage ermittelte Bemessungsmoment wird für die Bemessung von Querschnitten unter Biegung mit Normalkraft gemäß 6.1 verwendet.

5.8.8.2 Biegemomente

(1) Das Bemessungsmoment ist:

$$M_{Ed} = M_{0Ed} + M_2 \qquad (5.31)$$

Dabei ist

M_{0Ed} das Moment nach Theorie I. Ordnung, einschließlich der Auswirkungen von Imperfektionen, siehe auch 5.8.8.2 (2);

M_2 das Nennmoment nach Theorie II. Ordnung, siehe 5.8.8.2 (3).

Der Maximalwert für M_{Ed} wird durch den Verlauf von M_{0Ed} und M_2 bestimmt. Der Momentenverlauf von M_2 darf dabei als sinus- oder parabelförmig über die Knicklänge angenommen werden.

Anmerkung: Bei statisch unbestimmten Bauteilen wird M_{0Ed} für die tatsächlichen Randbedingungen festgelegt, wobei M_2 von den Randbedingungen für die Knicklänge abhängt; vergleiche auch 5.8.8.1 (1).

(2) Für Bauteile ohne Querlasten zwischen den Stabenden dürfen unterschiedliche Endmomente M_{01} und M_{02} nach Theorie I. Ordnung durch ein äquivalentes Moment nach Theorie I. Ordnung M_{0e} ersetzt werden.

$$M_{0e} = 0{,}6M_{02} + 0{,}4M_{01} \geq 0{,}4M_{02} \quad (5.32)$$

M_{01} und M_{02} haben dasselbe Vorzeichen, wenn sie auf derselben Seite Zug erzeugen, andernfalls haben sie gegensätzliche Vorzeichen. Darüber hinaus gilt $|M_{02}| \geq |M_{01}|$.

(3) Das Nennmoment nach Theorie II. Ordnung M_2 in Gleichung (5.31) lautet

$$M_2 = N_{Ed} \cdot e_2 \quad (5.33)$$

Dabei ist

N_{Ed} der Bemessungswert der Normalkraft;

e_2 die Verformung $= (1/r) \cdot \ell_0^2 / c$;

$1/r$ die Krümmung, siehe 5.8.8.3;

ℓ_0 die Knicklänge, siehe 5.8.3.2;

c ein Beiwert, der vom Krümmungsverlauf abhängt, siehe 5.8.8.2 (4).

(NCI) Für Druckglieder mit Schlankheiten $25 \leq \lambda \leq 35$ darf die Verformung e_2 mit dem interpolierenden Faktor K_1 multipliziert werden: $K_1 = \lambda/10 - 2{,}5$.

(4) Bei konstantem Querschnitt wird üblicherweise $c = 10$ ($\approx \pi^2$) verwendet. Wenn das Moment nach Theorie I. Ordnung konstant ist, ist in der Regel ein niedrigerer Wert anzusetzen (8 ist ein unterer Grenzwert, der einem konstanten Verlauf des Gesamtmoments entspricht).

Anmerkung: Der Wert π^2 entspricht einem sinusförmigen Krümmungsverlauf. Der Wert einer konstanten Krümmung ist 8.

5.8.8.3 Krümmung

(1) Bei Bauteilen mit konstanten symmetrischen Querschnitten (einschließlich Bewehrung) darf die Krümmung wie folgt ermittelt werden:

$$1/r = K_r \cdot K_\varphi \cdot 1/r_0 \quad (5.34)$$

Dabei ist

K_r ein Beiwert in Abhängigkeit von der Normalkraft, siehe 5.8.8.3 (3);

K_φ ein Beiwert zur Berücksichtigung des Kriechens, siehe 5.8.8.3 (4);

$1/r_0 = \varepsilon_{yd}/(0{,}45d)$;

$\varepsilon_{yd} = f_{yd}/E_s$;

d die statische Nutzhöhe, siehe auch 5.8.8.3 (2).

(2) Wenn die gesamte Bewehrung nicht an den gegenüberliegenden Querschnittsseiten konzentriert, sondern teilweise parallel zur Biegungsebene verteilt ist, wird d definiert als

$$d = (h/2) + i_s \quad (5.35)$$

wobei i_s der Trägheitsradius der gesamten Bewehrungsfläche ist.

(3) In Gleichung (5.34) ist K_r in der Regel wie folgt anzunehmen:

$$K_r = (n_u - n)/(n_u - n_{bal}) \leq 1 \quad (5.36)$$

Dabei ist

$n = N_{Ed}/(A_c \cdot f_{cd})$, die bezogene Normalkraft;

N_{Ed} der Bemessungswert der Normalkraft;

$n_u = 1 + \omega$;

n_{bal} der Wert von n bei maximaler Biegetragfähigkeit; es darf der Wert 0,4 verwendet werden;

$\omega = (A_s \cdot f_{yd})/(A_c \cdot f_{cd})$;

A_s die Gesamtquerschnittsfläche der Bewehrung;

A_c die Betonquerschnittsfläche.

(4) Die Auswirkungen des Kriechens dürfen mit dem folgenden Beiwert berücksichtigt werden:

$$K_\varphi = 1 + \beta \cdot \varphi_{ef} \geq 1 \quad (5.37)$$

Dabei ist

φ_{ef} die effektive Kriechzahl, siehe 5.8.4;

$\beta = 0{,}35 + f_{ck}/200 - \lambda/150$;

λ die Schlankheit, siehe 5.8.3.2.

5.8.9 Druckglieder mit zweiachsiger Lastausmitte

(1) Das allgemeine Verfahren nach 5.8.6 darf auch für Druckglieder mit zweiachsiger Lastausmitte verwendet werden. Die folgenden Regeln gelten, wenn Näherungsverfahren angewendet werden. Besonders wichtig ist die Feststellung des Bauteilquerschnitts mit der maßgebenden Momentenkombination.

(2) Als erster Schritt darf eine getrennte Bemessung in beiden Hauptachsenrichtungen ohne Beachtung der zweiachsigen Lastausmitte erfolgen.

Imperfektionen müssen nur in der Richtung berücksichtigt werden, in der sie zu den ungünstigsten Auswirkungen führen.

(NCI) Die getrennten Nachweise dürfen dabei in den Richtungen der beiden Hauptachsen jeweils mit der gesamten im Querschnitt angeordneten Bewehrung durchgeführt werden.

(3) Es bedarf keiner weiteren Nachweise, wenn die Schlankheitsverhältnisse die folgenden beiden Bedingungen erfüllen:

$$\lambda_y/\lambda_z \leq 2 \text{ und } \lambda_z/\lambda_y \leq 2 \quad (5.38a)$$

und wenn die bezogenen Lastausmitten e_y/h_{eq} und e_z/b_{eq} (siehe Bild 5.8) eine der folgenden Bedingungen erfüllen:

$$\frac{e_y/h_{eq}}{e_z/b_{eq}} \leq 0{,}2 \text{ oder } \frac{e_z/b_{eq}}{e_y/h_{eq}} \leq 0{,}2 \quad (5.38b)$$

Dabei ist

b, h die Breite und Höhe des Querschnitts;

$b_{eq} = i_y \cdot \sqrt{12}$ und $h_{eq} = i_z \cdot \sqrt{12}$ für einen gleichwertigen Rechteckquerschnitt;

λ_y, λ_z die Schlankheit (ℓ_0/i) jeweils bezogen auf die y- und z-Achse;

i_y, i_z die Trägheitsradien jeweils bezogen auf die y- und z-Achse;

$e_z = M_{Edy}/N_{Ed}$; Lastausmitte in Richtung der z-Achse;

$e_y = M_{Edz}/N_{Ed}$; Lastausmitte in Richtung der y-Achse;

M_{Edy} das Bemessungsmoment um die y-Achse, einschließlich des Moments nach Theorie II. Ordnung;

M_{Edz} das Bemessungsmoment um die z-Achse, einschließlich des Moments nach Theorie II. Ordnung;

N_{Ed} der Bemessungswert der Normalkraft in der zugehörigen Einwirkungskombination.

(NCI) Für Druckglieder mit rechteckigem Querschnitt und mit $e_{0z} > 0{,}2h$ dürfen getrennte Nachweise nur dann geführt werden, wenn der Nachweis der Biegung über die schwächere Hauptachse z des Querschnitts auf der Grundlage der reduzierten Querschnittsdicke h_{red} nach Bild NA.5.8.1 geführt wird. Der Wert h_{red} darf unter der Annahme einer linearen Spannungsverteilung nach folgender Gleichung ermittelt werden:

$$h_{red} = \frac{h}{2}\left(1 + \frac{h}{6(e_{0z} + e_{iz})}\right) \leq h \quad (NA.5.38.1)$$

Dabei ist

h die größere der beiden Querschnittsseiten;

e_{iz} die Zusatzausmitte zur Berücksichtigung geometrischer Ersatzimperfektionen in z-Richtung;

e_{0z} die Lastausmitte nach Theorie I. Ordnung in Richtung der Querschnittsseite h.

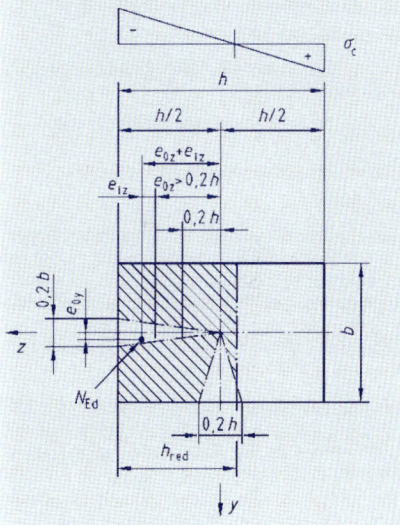

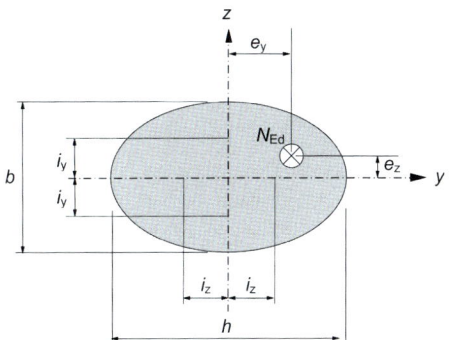

Bild 5.8. Definition der Lastausmitten e_y und e_z

Bild NA.5.8.1. Reduzierte Querschnittsdicke h_{red}

(4) Werden die Bedingungen der Gleichung (5.38) nicht erfüllt, ist in der Regel eine zweiachsige Lastausmitte einschließlich der Auswirkungen nach Theorie II. Ordnung in beiden Richtungen zu berücksichtigen, wenn sie nicht gemäß 5.8.2 (6) oder 5.8.3 vernachlässigt werden dürfen. Ohne

eine genaue Bemessung der Querschnitte für eine zweiachsige Lastausmitte darf der folgende vereinfachte Nachweis verwendet werden:

$$\left(\frac{M_{Edz}}{M_{Rdz}}\right)^a + \left(\frac{M_{Edy}}{M_{Rdy}}\right)^a \leq 1,0 \qquad (5.39)$$

Dabei ist

$M_{Edz/y}$ das Bemessungsmoment um die entsprechende Achse, einschließlich eines Moments nach Th. II. Ordnung;

$M_{Rdz/y}$ der Biegewiderstand in die jeweilige Richtung;

a der Exponent;
- für runde und elliptische Querschnitte: $a = 2$,
- für rechteckige Querschnitte:

N_{Ed}/N_{Rd}	0,1	0,7	1,0
$a =$	1,0	1,5	2,0

mit linearer Interpolation für Zwischenwerte;

N_{Ed} der Bemessungswert der Normalkraft;

N_{Rd} $= A_c \cdot f_{cd} + A_s \cdot f_{yd}$, Bemessungswert der zentrischen Normalkrafttragfähigkeit.

Dabei ist

A_c die Bruttofläche des Betonquerschnitts;

A_s die Fläche der Längsbewehrung.

5.9 Seitliches Ausweichen schlanker Träger

(1)P Das seitliche Ausweichen schlanker Träger muss in bestimmten Fällen berücksichtigt werden, beispielsweise bei Transport und Montage von Fertigteilträgern, bei Trägern ohne ausreichende seitliche Aussteifung im fertigen Tragwerk usw. Geometrische Imperfektionen sind dabei anzusetzen.

(2) Beim Nachweis von nicht ausgesteiften Trägern ist in der Regel eine seitliche Auslenkung von $\ell/300$ als geometrische Imperfektion anzusetzen, wobei ℓ die Gesamtlänge des Trägers ist. Im fertigen Tragwerk darf die Aussteifung durch angeschlossene Bauteile berücksichtigt werden.

(3) Die Auswirkungen nach Theorie II. Ordnung auf das seitliche Ausweichen dürfen vernachlässigt werden, falls die folgenden Bedingungen erfüllt sind:

- ständige Bemessungssituationen:

$$\frac{\ell_{0t}}{b} \leq \frac{50}{\sqrt[3]{h/b}} \quad \text{und } h/b \leq 2,5 \qquad (5.40a)$$

- vorübergehende Bemessungssituationen:

$$\frac{\ell_{0t}}{b} \leq \frac{70}{\sqrt[3]{h/b}} \quad \text{und } h/b \leq 3,5 \qquad (5.40b)$$

Dabei ist

ℓ_{0t} die Länge des Druckgurts zwischen seitlichen Abstützungen;

h die Gesamthöhe des Trägers im mittleren Bereich von ℓ_{0t};

b die Breite des Druckgurts.

(4) Die mit dem seitlichen Ausweichen verbundene Torsion ist in der Regel bei der Bemessung des unterstützenden Tragwerks zu berücksichtigen.

(NCI) Sofern keine genaueren Angaben vorliegen, ist die Auflagerkonstruktion so zu bemessen, dass sie mindestens ein Torsionsmoment $T_{Ed} = V_{Ed} \cdot \ell_{eff}/300$ aus dem Träger aufnehmen kann. Dabei ist ℓ_{eff} die effektive Stützweite des Trägers und V_{Ed} der Bemessungswert der Auflagerkraft rechtwinklig zur Trägerachse.

6 Nachweise in den Grenzzuständen der Tragfähigkeit (GZT)

6.1 Biegung mit oder ohne Normalkraft und Normalkraft allein

(1)P Dieser Abschnitt gilt für ungestörte Bereiche von Balken, Platten und ähnlichen Bauteilen, deren Querschnitte vor und nach Beanspruchung näherungsweise eben bleiben. Die Diskontinuitätsbereiche von Balken und anderen Bauteilen, in denen Querschnitte nicht eben bleiben, dürfen nach 6.5 bemessen und konstruktiv durchgebildet werden.

(2)P Bei der Bestimmung der Biegetragfähigkeit von Querschnitten aus Stahlbeton werden folgende Annahmen getroffen:

- Ebene Querschnitte bleiben eben.
- Die Dehnungen der im Verbund liegenden Bewehrung haben sowohl für Zug als auch für Druck die gleiche Größe wie die des umgebenden Betons.
- Die Betonzugfestigkeit wird nicht berücksichtigt.
- Die Verteilung der Betondruckspannungen wird entsprechend den Bemessungs-Spannungs-Dehnungs-Linien nach 3.1.7 angenommen.
- Die Spannungen im Betonstahl werden mit den Arbeitslinien aus 3.2 (Bild 3.8) bestimmt.

(3)P Die Betonstauchung ist auf ε_{cu2} in Abhängigkeit von der verwendeten Spannungs-Dehnungs-Linie zu begrenzen (siehe 3.1.7 und Tabelle 3.1). Die Dehnungen des Betonstahls sind auf ε_{ud} zu begrenzen (wo zutreffend), siehe 3.2.7 (2).

(NCI) *Anmerkung:* Bei geringen Ausmitten bis $e_d/h \leq 0{,}1$ darf für Normalbeton die günstige Wirkung des Kriechens des Betons vereinfachend durch die Wahl von $\varepsilon_{c2} = 0{,}0022$ berücksichtigt werden.

(4) Für Querschnitte mit Drucknormalkraft ist in der Regel eine Mindestausmitte von $e_0 = h/30 \geq 20$ mm anzusetzen (mit h – Querschnittshöhe).

(NCI) Für Querschnitte in Biegebauteilen braucht diese Mindestausmitte nicht angesetzt zu werden. Für Bauteile, die nach Theorie II. Ordnung nachzuweisen sind, sind die Imperfektionen nach Abschnitt 5.2 maßgebend.

(5) Bei Querschnittsteilen, die näherungsweise zentrischem Druck ($e_d/h \leq 0{,}1$) ausgesetzt sind, wie z. B. Druckgurte von Hohlkastenträgern, ist in der Regel die mittlere Stauchung auf ε_{c2} zu begrenzen.

(NCI) Die Tragfähigkeit des Gesamtquerschnitts braucht nicht kleiner angesetzt zu werden als diejenige der Stege mit der Höhe h und der Dehnungsverteilung nach Bild 6.1.

(6) Die zulässigen Grenzen der Dehnungsverteilung sind in Bild 6.1 dargestellt.

6.2 Querkraft

6.2.1 Nachweisverfahren

(1)P Für die Nachweise des Querkraftwiderstands werden folgende Bemessungswerte definiert:

$V_{Rd,c}$ Querkraftwiderstand eines Bauteils ohne Querkraftbewehrung;

$V_{Rd,s}$ durch die Fließgrenze der Querkraftbewehrung begrenzter Querkraftwiderstand;

$V_{Rd,max}$ durch die Druckstrebenfestigkeit begrenzter maximaler Querkraftwiderstand.

Bei Bauteilen mit geneigten Gurten werden folgende zusätzliche Bemessungswerte definiert (siehe auch Bild 6.2):

V_{ccd} Querkraftkomponente in der Druckzone bei geneigtem Druckgurt;

V_{td} Querkraftkomponente in der Zugbewehrung bei geneigtem Zuggurt.

(2) Der Querkraftwiderstand eines Bauteils mit Querkraftbewehrung entspricht:

$$V_{Rd} = V_{Rd,s} + V_{ccd} + V_{td} \qquad (6.1)$$

(3) In Bauteilbereichen mit $V_{Ed} \leq V_{Rd,c}$ ist eine Querkraftbewehrung rechnerisch nicht erforderlich. V_{Ed} ist der Bemessungswert der Querkraft im untersuchten Querschnitt aus äußerer Einwirkung.

(NCI) Zum Querkraftwiderstand eines Bauteiles ohne Querkraftbewehrung dürfen analog Gleichung (6.1) $V_{ccd} + V_{td}$ addiert werden.

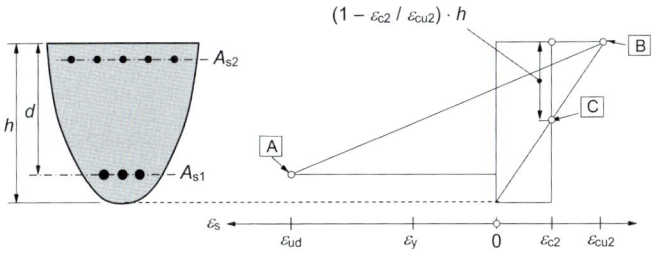

Bild 6.1. Grenzen der Dehnungsverteilung im GZT

A – Dehnungsgrenze des Betonstahls
B – Stauchungsgrenze des Betons
C – Stauchungsgrenze des Betons bei reiner Normalkraft

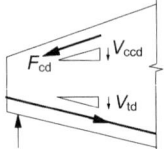

Bild 6.2. Querkraftkomponente für Bauteile mit geneigten Gurten

(4) Auch wenn rechnerisch keine Querkraftbewehrung erforderlich ist, ist in der Regel dennoch eine Mindestquerkraftbewehrung gemäß 9.2.2 vorzusehen. Auf die Mindestquerkraftbewehrung darf bei Bauteilen wie Platten (Voll-, Rippen- oder Hohlplatten), in denen eine Lastumlagerung in Querrichtung möglich ist, verzichtet werden. Auf eine Mindestquerkraftbewehrung darf auch in Bauteilen von untergeordneter Bedeutung verzichtet werden (z. B. bei Stürzen mit Spannweiten ≤ 2 m), die nicht wesentlich zur Gesamttragfähigkeit und Gesamtstabilität des Tragwerks beitragen.

(NCI)

Anmerkung 1: Bei Einhaltung der Bewehrungs- und Konstruktionsregeln nach den Abschnitten 8 und 9 kann von einer ausreichenden Querverteilung der Lasten bei Platten ausgegangen werden.

Bei Rippendecken darf unter vorwiegend ruhenden Einwirkungen mit Nutzlasten $q_k \leq 3{,}0$ kN/m² bzw. Einzellasten $Q_k \leq 3{,}0$ kN auf die Mindestquerkraftbewehrung in den Rippen verzichtet werden, wenn der maximale Rippenabstand 700 mm beträgt. Bei Rippendecken, die feuerbeständig (≥ R 90) sein müssen, sind stets Bügel anzuordnen.

Anmerkung 2: Zur Belastung von Stürzen siehe DAfStb-Heft 600.

(5) In Bereichen mit $V_{Ed} > V_{Rd,c}$ gemäß Gleichung (6.2) ist in der Regel eine Querkraftbewehrung vorzusehen, die $V_{Ed} \leq V_{Rd}$ sicherstellt (siehe Gleichung (6.1)).

(6) Die Summe aus Bemessungsquerkraft und Beiträgen der Gurte $V_{Ed} - V_{ccd} - V_{td}$ darf in der Regel in keinem Bauteilquerschnitt den Maximalwert $V_{Rd,max}$ überschreiten (siehe 6.2.3).

(7) Die Längszugbewehrung muss in der Regel den zusätzlichen Zugkraftanteil infolge Querkraft aufnehmen können (siehe 6.2.3 (7)).

(NCI) Alternativ darf diese zusätzliche Zugkraft auch nach Abschnitt 9.2.1.3 (2) mit einem Versatzmaß berücksichtigt werden.

(8) Bei gleichmäßig verteilter Belastung darf die Bemessungsquerkraft im Abstand d vom Auflager nachgewiesen werden. Die erforderliche Querkraftbewehrung ist in der Regel bis zum Auflager weiterzuführen. Zusätzlich ist in der Regel nachzuweisen, dass die Querkraft am Auflager $V_{Rd,max}$ nicht überschreitet (siehe 6.2.2 (6) und 6.2.3 (8)).

(NCI) Die Nachweise für $V_{Rd,c}$ und $V_{Rd,s}$ dürfen i. d. R. nur bei direkter Auflagerung im Abstand d vom Auflagerrand und für $V_{Rd,max}$ unmittelbar am Auflagerrand geführt werden. Bei indirekter Auflagerung ist die Bemessungsquerkraft für alle Nachweise V_{Rd} i. d. R. in der Auflagerachse zu bestimmen. Ausnahmen siehe DAfStb-Heft 600.

(9) Für eine an der Bauteilunterseite abgehängte Last ist in der Regel zusätzlich zur Querkraftbewehrung eine Aufhängebewehrung erforderlich, die die Last im oberen Querschnittsbereich verankert.

(NA.10) Die Querkraftnachweise dürfen bei zweiachsig gespannten Platten in den Spannrichtungen y und z mit den jeweiligen Einwirkungs- und Widerstandskomponenten getrennt geführt werden. Wenn Querkraftbewehrung erforderlich ist, ist diese aus beiden Richtungen zu addieren.

(NA.11) Vorgespannte Elementdecken werden in allgemeinen bauaufsichtlichen Zulassungen geregelt.

6.2.2 Bauteile ohne rechnerisch erforderliche Querkraftbewehrung

(1) Der Bemessungswert für den Querkraftwiderstand $V_{Rd,c}$ darf ermittelt werden mit:

$$V_{Rd,c} = [C_{Rd,c} \cdot k \cdot (100 \cdot \rho_l \cdot f_{ck})^{1/3} + k_1 \cdot \sigma_{cp}] \cdot b_w \cdot d \quad (6.2a)$$

mit einem Mindestwert

$$V_{Rd,c} = (v_{min} + k_1 \cdot \sigma_{cp}) \cdot b_w \cdot d \quad (6.2b)$$

Dabei ist

f_{ck} die charakteristische Betonfestigkeit [N/mm²];

$k = 1 + \sqrt{200/d} \leq 2{,}0$ mit d [mm];

$\rho_l = A_{sl} / (b_w \cdot d) \leq 0{,}02$;

A_{sl} die Fläche der Zugbewehrung, die mindestens ($\ell_{bd} + d$) über den betrachteten Querschnitt hinaus geführt wird (siehe Bild 6.3);

b_w die kleinste Querschnittsbreite innerhalb der Zugzone des Querschnitts [mm];

$\sigma_{cp} = N_{Ed}/A_c < 0{,}2 f_{cd}$ [N/mm²];

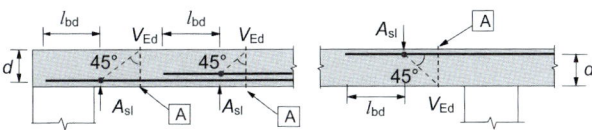

A betrachteter Querschnitt

Bild 6.3. Definition von A_{sl} in Gleichung (6.2)

N_{Ed} die Normalkraft im Querschnitt infolge Lastbeanspruchung [N] ($N_{Ed} > 0$ für Druck). Der Einfluss von Zwang auf N_{Ed} darf vernachlässigt werden;

A_c die Betonquerschnittsfläche [mm²];

$V_{Rd,c}$ in [N].

(NDP) $C_{Rd,c} = 0{,}15/\gamma_C$

$k_1 = 0{,}12$

$v_{min} = (0{,}0525/\gamma_C) \cdot k^{3/2} \cdot f_{ck}^{1/2}$
für $d \leq 600$ mm (6.3aDE)

$v_{min} = (0{,}0375/\gamma_C) \cdot k^{3/2} \cdot f_{ck}^{1/2}$
für $d > 800$ mm (6.3bDE)

Für 600 mm $< d \leq$ 800 mm darf interpoliert werden.

Betonzugspannungen σ_{cp} sind in den Gleichungen (6.2) negativ einzusetzen.

(Anm. d. Red.: Absätze (2) und (3) Querkrafttragfähigkeit $V_{Rd,c}$ in ungerissenen Spannbetonquerschnitten in dieser Kurzfassung nicht enthalten).

(4) Kann für Bauteile unter Biegung und Normalkraft nachgewiesen werden, dass es im GZT zu keiner Rissbildung kommt, darf 12.6.3 angewendet werden.

(5) Zur Bemessung der Längsbewehrung in unter Biegung gerissenen Bereichen ist in der Regel die M_{Ed}-Linie um das Versatzmaß $a_l = d$ in die ungünstige Richtung zu verschieben (siehe 9.2.1.3 (2)).

(6) Bei Bauteilen mit oberseitiger Eintragung einer Einzellast im Bereich von $0{,}5d \leq a_v < 2d$ vom Auflagerrand (oder von der Achse verformbarer Lager), darf der Querkraftanteil dieser Last V_{Ed} mit $\beta = a_v/2d$ multipliziert werden. Diese Abminderung darf beim Nachweis von $V_{Rd,c}$ in Gleichung (6.2a) verwendet werden, wenn die Längsbewehrung vollständig am Auflager verankert ist. Für $a_v \leq 0{,}5d$ ist in der Regel der Wert $a_v = 0{,}5d$ anzusetzen.

Die ohne die Abminderung β berechnete Querkraft muss in der Regel folgende Bedingung erfüllen

$V_{Ed} \leq 0{,}5 \cdot b_w \cdot d \cdot \nu \cdot f_{cd}$ (6.5)

Dabei ist ν ein Abminderungsbeiwert für die Betonfestigkeit bei Schubrissen.

(NDP) $\nu = 0{,}675$

(NCI) Die Abminderung des Querkraftanteils auflagernaher Einzellasten mit β darf nur bei direkter Auflagerung erfolgen.

(7) Träger mit auflagernahen Lasten und Konsolen dürfen alternativ dazu auch mit Stabwerkmodellen bemessen werden. Siehe hierzu 6.5.

(NCI) Konsolen sind in der Regel mit Stabwerkmodellen zu bemessen.

6.2.3 Bauteile mit rechnerisch erforderlicher Querkraftbewehrung

(1) Die Bemessung von Bauteilen mit Querkraftbewehrung basiert auf einem Fachwerkmodell (Bild 6.5). Die Druckstrebenneigung θ im Steg ist nach 6.2.3 (2) zu begrenzen.

Folgende Bezeichnungen werden in Bild 6.5 verwendet:

α Winkel zwischen Querkraftbewehrung und der rechtwinklig zur Querkraft verlaufenden Bauteilachse (in Bild 6.5 positiv);

θ Winkel zwischen Betondruckstreben und der rechtwinklig zur Querkraft verlaufenden Bauteilachse;

F_{td} Bemessungswert der Zugkraft in der Längsbewehrung;

F_{cd} Bemessungswert der Betondruckkraft in Richtung der Längsachse des Bauteils;

b_w kleinste Querschnittsbreite zwischen Zug- und Druckgurt;

z innerer Hebelarm bei einem Bauteil mit konstanter Höhe, zum Biegemoment im betrachteten Bauteil gehört. Bei der Querkraftbemessung von Stahlbeton ohne Normalkraft darf i. Allg. der Näherungswert $z = 0{,}9d$ verwendet werden.

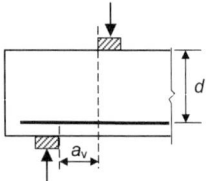

a) Träger mit direkter Auflagerung

Bild 6.4. Auflagernahe Lasten

(NCI) Für die Annahme von $z = 0,9d$ wird vorausgesetzt, dass die Bügel nach 8.5 in der Druckzone verankert sind.

Es darf für z aber kein größerer Wert angesetzt werden, als sich aus $z = d - 2c_{v,l} \geq d - c_{v,l} - 30$ mm ergibt (mit Verlegemaß $c_{v,l}$ der Längsbewehrung in der Betondruckzone).

(NCI) Zu Bild 6.5: Bei anderen Querschnittsformen, z. B. Kreisquerschnitten, ist als wirksame Breite b_w der kleinere Wert der Querschnittsbreite zwischen dem Bewehrungsschwerpunkt (Zuggurt) und der Druckresultierenden (entspricht der kleinsten Breite senkrecht zum inneren Hebelarm z) zu verwenden.

(2) Der Winkel θ ist in der Regel nach Gleichung (6.7DE) zu begrenzen.

(NDP)

$$1{,}0 \leq \cot\theta \leq \frac{1{,}2 + 1{,}4\sigma_{cp}/f_{cd}}{1 - V_{Rd,cc}/V_{Ed}} \leq 3{,}0$$

(6.7aDE)

$$V_{Rd,cc} = c \cdot 0{,}48 \cdot f_{ck}^{1/3}\left(1 - 1{,}2\frac{\sigma_{cp}}{f_{cd}}\right) \cdot b_w \cdot z$$

(6.7bDE)

Bei geneigter Querkraftbewehrung darf $\cot\theta$ bis 0,58 ausgenutzt werden.

Dabei ist

$c = 0{,}5$;

σ_{cp} der Bemessungswert der Betonlängsspannung in Höhe des Schwerpunkts des Querschnitts mit $\sigma_{cp} = N_{Ed}/A_c$ in N/mm², Betonzugspannungen σ_{cp} in den Gleichungen (6.7DE) sind negativ einzusetzen;

N_{Ed} der Bemessungswert der Längskraft im Querschnitt infolge äußerer Einwirkungen ($N_{Ed} > 0$ als Längsdruckkraft).

Vereinfachend dürfen für $\cot\theta$ die folgenden Werte angesetzt werden:

- reine Biegung: $\cot\theta = 1{,}2$
- Biegung und Längsdruckkraft: $\cot\theta = 1{,}2$
- Biegung und Längszugkraft: $\cot\theta = 1{,}0$

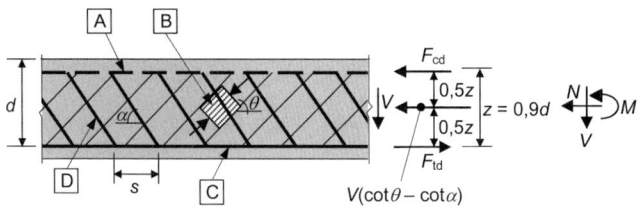

A Druckgurt, B Druckstreben, C Zuggurt, D Querkraftbewehrung

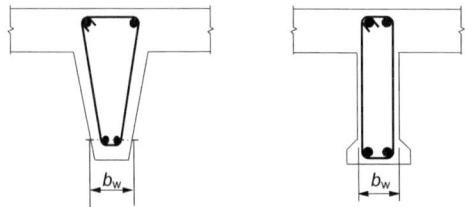

Bild 6.5. Fachwerkmodell und Formelzeichen für Bauteile mit Querkraftbewehrung

(3) Bei Bauteilen mit Querkraftbewehrung rechtwinklig zur Bauteilachse ist der Querkraftwiderstand V_{Rd} der kleinere Wert aus:

$$V_{Rd,s} = (A_{sw}/s) \cdot z \cdot f_{ywd} \cdot \cot\theta \quad (6.8)$$

und

$$V_{Rd,max} = \alpha_{cw} \cdot b_w \cdot z \cdot \nu_1 \cdot f_{cd}/(\cot\theta + \tan\theta) \quad (6.9)$$

Dabei ist

A_{sw} die Querschnittsfläche der Querkraftbewehrung;

s der Bügelabstand;

f_{ywd} der Bemessungswert der Streckgrenze der Querkraftbewehrung;

ν_1 ein Abminderungsbeiwert für die Betonfestigkeit bei Schubrissen;

α_{cw} ein Beiwert zur Berücksichtigung des Spannungszustandes im Druckgurt.

(NDP) $\nu_1 = 0{,}75$; $\alpha_{cw} = 1{,}0$

(4) Bei Bauteilen mit geneigter Querkraftbewehrung ist der Querkraftwiderstand V_{Rd} der kleinere Wert aus:

$$V_{Rd,s} = (A_{sw}/s) \cdot z \cdot f_{ywd} \cdot (\cot\theta + \cot\alpha) \cdot \sin\alpha \quad (6.13)$$

und

$$V_{Rd,max} = \alpha_{cw} \cdot b_w \cdot z \cdot \nu_1 \cdot f_{cd} \cdot (\cot\theta + \cot\alpha)/(1 + \cot^2\theta) \quad (6.14)$$

(5) In Bereichen ohne Diskontinuitäten im Verlauf von V_{Ed} (z. B. bei einer Gleichstreckenlast auf der Bauteiloberseite) darf die Querkraftbewehrung in jedem Längenabschnitt $\ell = z \cdot \cot\theta$ mit dem kleinsten Wert von V_{Ed} in diesem Abschnitt bestimmt werden.

(7) Die zusätzliche Zugkraft ΔF_{td} in der Längsbewehrung infolge der Querkraft V_{Ed} darf wie folgt bestimmt werden:

$$\Delta F_{td} = 0{,}5 \cdot V_{Ed} (\cot\theta - \cot\alpha) \quad (6.18)$$

Die Zugkraft $(M_{Ed}/z) + \Delta F_{td}$ braucht nicht größer als $M_{Ed,max}/z$ angesetzt zu werden, wobei $M_{Ed,max}$ das maximale Moment in Bauteillängsrichtung ist.

(8) Bei Bauteilen mit oberseitiger Eintragung einer Einzellast im Bereich von $0{,}5d \leq a_v < 2d$ vom Auflagerrand darf der Querkraftanteil an V_{Ed} mit dem Faktor $\beta = a_v/2d$ abgemindert werden.

Die so reduzierte Querkraft V_{Ed} muss in der Regel folgende Bedingung erfüllen:

$$V_{Ed} \leq A_{sw} \cdot f_{ywd} \cdot \sin\alpha \quad (6.19)$$

Dabei ist $A_{sw} \cdot f_{ywd}$ der Widerstand der Querkraftbewehrung, die den geneigten Schubriss zwischen den belasteten Bereichen kreuzt (siehe Bild 6.6). In der Regel darf nur die Querkraftbewehrung in einem mittleren Bereich von $0{,}75a_v$ berücksichtigt werden.

Die Abminderung mit β ist bei der Bemessung der Querkraftbewehrung nur zulässig, wenn die Längsbewehrung vollständig am Auflager verankert ist.

Für $a_v < 0{,}5d$ ist in der Regel der Wert $a_v = 0{,}5d$ zu verwenden.

Der ohne die Abminderung mit β bestimmte Wert V_{Ed} darf in der Regel jedoch $V_{Rd,max}$ nach Gleichung (9.9) nicht überschreiten.

(NCI) Die Querkraft darf nur bei direkter Auflagerung mit dem Beiwert β abgemindert werden.

Konsolen sollten ohne Querkraftabminderung mit Stabwerkmodellen bemessen werden.

6.2.4 Schubkräfte zwischen Balkensteg und Gurten

(1) Die Schubtragfähigkeit eines Gurts darf unter Annahme eines Systems von Druckstreben und Zuggliedern aus Bewehrung berechnet werden.

(2) Eine Mindestbewehrung ist in der Regel nach 9.3.1 vorzusehen.

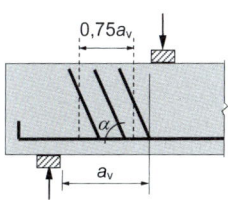
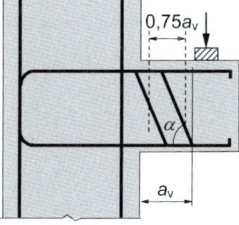

Bild 6.6. Querkraftbewehrung mit direkter Strebenwirkung

(3) Die Längsschubspannung v_{Ed} am Anschluss einer Seite eines Gurtes an den Steg wird durch die Längskraftdifferenz im untersuchten Teil des Gurtes bestimmt:

$$v_{Ed} = \Delta F_d / (h_f \cdot \Delta x) \quad (6.20)$$

Dabei ist

h_f die Gurtdicke am Anschluss;

Δx die betrachtete Länge, siehe Bild 6.7;

ΔF_d die Längskraftdifferenz im Gurt über die Länge Δx.

Für Δx darf höchstens der halbe Abstand zwischen Momentennullpunkt und Momentenmaximum angenommen werden. Wirken Einzellasten, darf in der Regel die Länge Δx den Abstand zwischen den Einzellasten nicht überschreiten.

(4) Die Querbewehrung pro Abschnittslänge A_{sf}/s_f darf wie folgt bestimmt werden:

$$(A_{sf} \cdot f_{yd}/s_f) \geq v_{Ed} \cdot h_f / \cot \theta_f \quad (6.21)$$

Um das Versagen der Druckstreben im Gurt zu vermeiden, ist in der Regel die folgende Anforderung zu erfüllen:

$$v_{Ed} \leq \nu \cdot f_{cd} \cdot \sin \theta_f \cdot \cos \theta_f \quad (6.22)$$

(NDP) Für ν ist $\nu_1 = 0{,}75$ nach (NDP) 6.2.3 (3) zu verwenden.

Der Druckstrebenwinkel θ_f darf nach 6.2.3 (2) ermittelt werden. Dabei ist $b_w = h_f$ und $z = \Delta x$ zu setzen. Für σ_{cp} darf die mittlere Betonlängsspannung im anzuschließenden Gurtabschnitt mit der Länge Δx angesetzt werden.

Vereinfachend darf in Zuggurten $\cot \theta_f = 1{,}0$ und in Druckgurten $\cot \theta_f = 1{,}2$ gesetzt werden.

(5) Bei kombinierter Beanspruchung durch Querbiegung und durch Schubkräfte zwischen Gurt und Steg ist in der Regel der größere erforderliche Stahlquerschnitt anzuordnen, der sich entweder als Schubbewehrung nach Gleichung (6.21) oder aus der erforderlichen Biegebewehrung für Querbiegung und der Hälfte der Schubbewehrung nach Gleichung (6.21) ergibt.

(NCI) Wenn Querkraftbewehrung in der Gurtplatte erforderlich wird, sollte der Nachweis der Druckstreben des Gurtes (Scheibe und Platte) in linearer Interaktion nach Gleichung (NA.6.22.1) geführt werden:

$$\left(\frac{V_{Ed}}{V_{Rd,max}} \right)_{Platte} + \left(\frac{V_{Ed}}{V_{Rd,max}} \right)_{Scheibe} \leq 1{,}0$$

(NA.6.22.1)

(6) In Bereichen mit $v_{Ed} \leq k \cdot f_{ctd}$ ist keine zusätzliche Bewehrung zur Biegebewehrung erforderlich.

(NDP) Es gilt der empfohlene Wert $k = 0{,}4$ für monolithische Querschnitte und mit Mindestbiegebewehrung nach Abschnitt 9.

(7) Die Längszugbewehrung im Gurt ist in der Regel hinter der Druckstrebe zu verankern, die am Stegbereich beginnt, an dem diese Längsbewehrung benötigt wird (siehe Schnitt A-A in Bild 6.7).

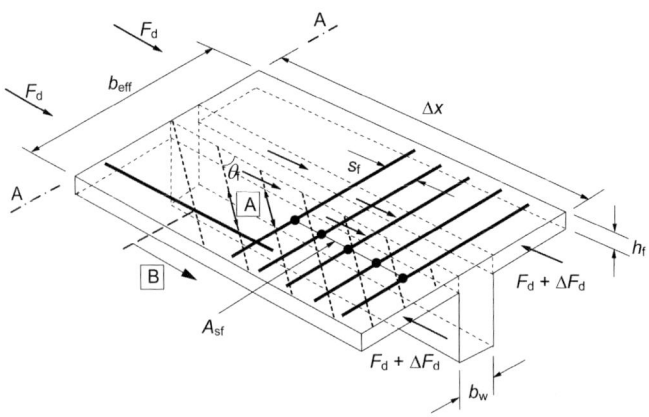

A Druckstreben
B hinter diesem projizierten Punkt verankerter Längsstab, siehe 6.2.4 (7)

Bild 6.7. Formelzeichen beim Anschluss zwischen Gurten und Steg

6.2.5 Schubkraftübertragung in Fugen

(1) Die Schubkraftübertragung in Fugen zwischen zu unterschiedlichen Zeitpunkten hergestellten Betonierabschnitten ist in der Regel zusätzlich zu den Anforderungen aus 6.2.1 bis 6.2.4 wie folgt nachzuweisen:

$$v_{Edi} \leq v_{Rdi} \quad (6.23)$$

v_{Edi} ist der Bemessungswert der Schubkraft in der Fuge. Er wird ermittelt durch:

$$v_{Edi} = \beta \cdot V_{Ed}/(z \cdot b_i) \quad (6.24)$$

Dabei ist

β das Verhältnis der Normalkraft in der Betonergänzung und der Gesamtnormalkraft in der Druck- bzw. Zugzone im betrachteten Querschnitt;

V_{Ed} der Bemessungswert der einwirkenden Querkraft;

z der Hebelarm des zusammengesetzten Querschnitts;

(NCI) Für den inneren Hebelarm darf $z = 0{,}9d$ angesetzt werden. Ist die Verbundbewehrung jedoch gleichzeitig Querkraftbewehrung, muss die Ermittlung des inneren Hebelarms nach NCI zu 6.2.3 (1) erfolgen.

b_i die Breite der Fuge (siehe Bild 6.8);

v_{Rdi} der Bemessungswert der Schubtragfähigkeit in der Fuge mit:

$$v_{Rdi} = c \cdot f_{ctd} + \mu \cdot \sigma_n + \rho \cdot f_{yd}(1{,}2\mu \cdot \sin\alpha + \cos\alpha)$$
$$\leq 0{,}5 \cdot \nu \cdot f_{cd} \quad (6.25)$$

Dabei ist

c und μ je ein Beiwert, der von der Rauigkeit der Fuge abhängt (siehe (2));

f_{ctd} der Bemessungswert der Betonzugfestigkeit nach 3.1.6 (2)P;

σ_n die Spannung infolge der minimalen Normalkraft rechtwinklig zur Fuge, die gleichzeitig mit der Querkraft wirken kann (positiv für Druck mit $\sigma_n < 0{,}6 f_{cd}$ und negativ für Zug). Ist σ_n eine Zugspannung, ist in der Regel $c \cdot f_{ctd}$ mit 0 anzusetzen;

ρ $= A_s/A_i$;

A_s die Querschnittsfläche der die Fuge kreuzenden Verbundbewehrung mit ausreichender Verankerung auf beiden Seiten der Fuge einschließlich vorhandener Querkraftbewehrung;

A_i die Fläche der Fuge, über die Schub übertragen wird;

α der Neigungswinkel der Verbundbewehrung nach Bild 6.9 mit einer Begrenzung auf $45° \leq \alpha \leq 90°$;

ν ein Festigkeitsabminderungsbeiwert, siehe (NDP).

(NCI) zu Bild 6.9: Es gilt zusätzlich: $0{,}8 \leq h_1/h_2 \leq 1{,}25$. Die Zahnhöhe muss $d \geq 10$ mm betragen.

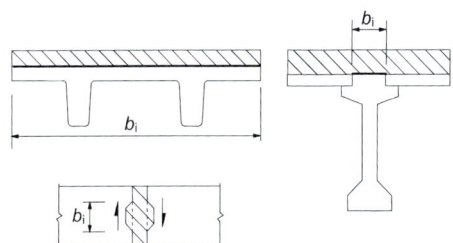

Bild 6.8. Beispiele für Fugen

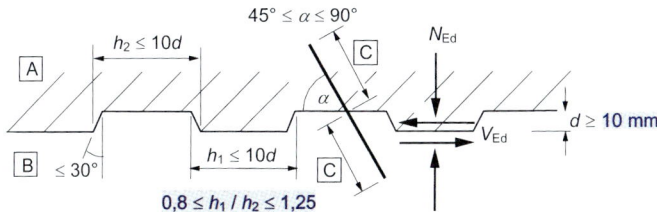

A   1. Betonierabschnitt
B   2. Betonierabschnitt
C   Verankerung der Bewehrung

Bild 6.9. Verzahnte Fugenausbildung

(NDP) Für Schubnachweise in der Verbundfuge nach Gleichung (6.25) gilt:
- sehr glatte Fuge: $\nu = 0$

  (für sehr glatte Fugen ohne äußere Drucknormalkraft senkrecht zur Fuge; der Reibungsanteil in Gleichung (6.25) darf bis zur Grenze ($\mu \cdot \sigma_n \leq 0{,}1\, f_{cd}$) ausgenutzt werden)
- glatte Fuge: $\quad \nu = 0{,}20$
- raue Fuge: $\quad \nu = 0{,}50$
- verzahnte Fuge: $\nu = 0{,}70$

(NCI) Gleichung (6.25): Der Traganteil der Verbundbewehrung aus der Schubreibung in Gleichung (6.25) darf auf $\rho\, f_{yd}\, (1{,}2\mu\, \sin\alpha + \cos\alpha)$ erhöht werden.

(2) Fehlen genauere Angaben, dürfen Oberflächen in die Kategorien sehr glatt, glatt, rau oder verzahnt entsprechend folgenden Beispielen eingeteilt werden:
- Sehr glatt: die Oberfläche wurde gegen Stahl, Kunststoff oder speziell geglättete Holzschalungen betoniert: $0{,}025 \leq c \leq 0{,}10$ und $\mu = 0{,}5$;

  (NCI) Im Allgemeinen ist für sehr glatte Fugen der Rauigkeitsbeiwert $c = 0$ zu verwenden. Höhere Beiwerte müssen durch entsprechende Nachweise begründet sein.

- Glatt: die Oberfläche wurde abgezogen oder im Gleit- bzw. Extruderverfahren hergestellt oder blieb nach dem Verdichten ohne weitere Behandlung: $c = 0{,}20$ und $\mu = 0{,}6$;

  (NCI) Unbehandelte Fugenoberflächen sollten bei der Verwendung von Beton mit fließfähiger bzw. sehr fließfähiger Konsistenz ($\geq$ F5 im 1. Betonierabschnitt) als sehr glatte Fugen eingestuft werden.

- Rau: eine Oberfläche mit mindestens 3 mm Rauigkeit, erzeugt durch Rechen mit ungefähr 40 mm Zinkenabstand, Freilegen der Gesteinskörnungen oder andere Methoden, die ein äquivalentes Verhalten herbeiführen: $c = 0{,}40$ und $\mu = 0{,}7$;

  (NCI) Bei rauen Fugen muss die Gesteinskörnung mindestens 3 mm tief freigelegt werden (d. h. z. B. mit dem Sandflächenverfahren bestimmte mittlere Rautiefe mindestens 1,5 mm).

- Verzahnt: eine verzahnte Oberfläche gemäß Bild 6.9: $c = 0{,}50$ und $\mu = 0{,}9$.

  (NCI) Wenn eine Gesteinskörnung mit $d_g \geq$ 16 mm verwendet und diese z. B. mit Hochdruckwasserstrahlen mindestens 6 mm tief freigelegt wird (d. h. z. B. mit dem Sandflächenverfahren bestimmte mittlere Rautiefe mindestens 3 mm), darf die Fuge als verzahnt eingestuft werden.

(NCI) In den Fällen, in denen die Fuge infolge Einwirkungen rechtwinklig zur Fuge unter Zug steht, ist bei glatten oder rauen Fugen $c = 0$ zu setzen.

(3) Die Verbundbewehrung darf nach Bild 6.10 gestaffelt werden. Wird die Verbindung zwischen den beiden Betonierabschnitten durch geneigte Bewehrung (z. B. mit Gitterträgern) sichergestellt, darf für den Traganteil der Bewehrung an v_{Rdi} die Resultierende der diagonalen Einzelstäbe mit $45° \leq \alpha \leq 135°$ angesetzt werden.

(NCI) Für die Verbundbewehrung bei Ortbetonergänzungen sollten i. Allg. die Konstruktionsregeln für die Querkraftbewehrung eingehalten werden.

Für Verbundbewehrung bei Ortbetonergänzungen in Platten ohne rechnerisch erforderliche Querkraftbewehrung dürfen nachfolgende Konstruktionsregeln angewendet werden.

Für die maximalen Abstände gilt
- in Spannrichtung: $\quad 2{,}5h \leq 300$ mm
- quer zur Spannrichtung: $5h \leq 750$ mm ($\leq$ 375 mm zum Rand).

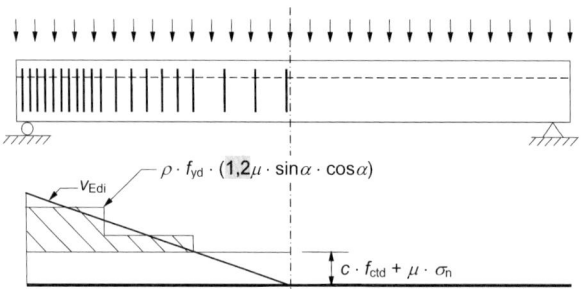

Bild 6.10. Querkraft-Diagramm mit Darstellung der erforderlichen Verbundbewehrung

Wird die Verbundbewehrung zugleich als Querkraftbewehrung eingesetzt, gelten die Konstruktionsregeln für Querkraftbewehrung nach (NCI) 9.3.2.

Für aufgebogene Längsstäbe mit angeschweißter Verankerung in Platten mit $h \leq 200$ mm darf jedoch als Abstand in Längsrichtung $(\cot\theta + \cot\alpha) \cdot z \leq 200$ mm gewählt werden.

In Bauteilen mit erforderlicher Querkraftbewehrung und Deckendicken bis 400 mm beträgt der maximale Abstand quer zur Spannrichtung 400 mm. Für größere Deckendicken gilt (NCI) 9.3.2 (4).

(4) Die Schubtragfähigkeit in Längsrichtung von vergossenen Fugen zwischen Decken oder Wandelementen darf entsprechend 6.2.5 (1) bestimmt werden. Wenn die Fugen überwiegend gerissen sind, ist in der Regel jedoch für glatte und raue Fugen $c = 0$ und für verzahnte Fugen $c = 0{,}5$ anzusetzen (siehe auch 10.9.3 (12)).

(NCI) Dies gilt auch bei Fugen zwischen nebeneinander liegenden Fertigteilen ohne Verbindung durch Mörtel- oder Kunstharzfugen wegen des nicht vorhandenen Haftverbundes.

(5) (NCI) Bei dynamischer oder Ermüdungsbeanspruchung darf der Adhäsionstraganteil des Betonverbundes nicht berücksichtigt werden ($c = 0$ in 6.2.5 (1)).

(NA.6) Bei überwiegend auf Biegung beanspruchten Bauteilen mit Fugen rechtwinklig zur Systemachse wirkt die Fuge wie ein Biegeriss. In diesem Fall sind die Fugen rau oder verzahnt auszuführen. Der Nachweis sollte deshalb entsprechend den Abschnitten 6.2.2 und 6.2.3 geführt werden. Dabei sollten sowohl $V_{Rd,c}$ nach Gleichung (6.2) als auch $V_{Rd,cc}$ nach Gleichung (6.7bDE) als auch $V_{Rd,max}$ nach Gleichung (6.9) bzw. Gleichung (6.14) im Verhältnis $c/0{,}50$ abgemindert werden. Bei Bauteilen mit Querkraftbewehrung ist die Abminderung mindestens bis zum Abstand von $\ell_e = 0{,}5 \cdot \cot\theta \cdot d$ beiderseits der Fuge vorzunehmen.

6.3 Torsion

6.3.1 Allgemeines

(1)P Wenn das statische Gleichgewicht eines Tragwerks von der Torsionstragfähigkeit einzelner Bauteile abhängt, ist eine vollständige Torsionsbemessung für die Grenzzustände der Tragfähigkeit und der Gebrauchstauglichkeit erforderlich.

(2) Wenn in statisch unbestimmten Tragwerken Torsion nur aus Einhaltung der Verträglichkeitsbedingungen auftritt und die Standsicherheit des Tragwerks nicht von der Torsionstragfähigkeit abhängt, darf auf Torsionsnachweise im GZT verzichtet werden. In solchen Fällen ist in der Regel eine Mindestbewehrung gemäß den Abschnitten 7.3 und 9.2 in Form von Bügeln und Längsbewehrung vorzusehen, um eine übermäßige Rissbildung zu vermeiden.

(3) Die Torsionstragfähigkeit eines Querschnitts darf unter Annahme eines dünnwandigen, geschlossenen Querschnitts nachgewiesen werden, in dem das Gleichgewicht durch einen geschlossenen Schubfluss erfüllt wird. Vollquerschnitte dürfen hierzu durch gleichwertige dünnwandige Querschnitte ersetzt werden.

Gegliederte Querschnitte, wie z. B. T-Querschnitte, dürfen in Teilquerschnitte aufgeteilt werden, die jeweils durch gleichwertige dünnwandige Querschnitte ersetzt werden. Die Gesamttorsionstragfähigkeit darf als Summe der Tragfähigkeiten der Einzelelemente berechnet werden.

(4) Die Aufteilung des angreifenden Torsionsmomentes auf die einzelnen Querschnittsteile darf in der Regel im Verhältnis der Torsionssteifigkeiten der ungerissenen Teilquerschnitte erfolgen. Bei Hohlquerschnitten darf die Ersatzwanddicke die wirkliche Wanddicke nicht überschreiten.

(5) Die Bemessung darf für jeden Teilquerschnitt getrennt erfolgen.

6.3.2 Nachweisverfahren

(1) Die Schubspannung in einer Wand eines durch ein reines Torsionsmoment beanspruchten Querschnittes darf folgendermaßen ermittelt werden:

$$\tau_{t,i} \cdot t_{ef,i} = T_{Ed}/(2 \cdot A_k) \qquad (6.26)$$

Die Schubkraft $V_{Ed,i}$ in einer Wand i infolge Torsion wird ermittelt mit:

$$V_{Ed,i} = \tau_{t,i} \cdot t_{ef,i} \cdot z_i \qquad (6.27)$$

Dabei ist

T_{Ed} der Bemessungswert des einwirkenden Torsionsmoments (Bild 6.11);

A_k die Fläche, die von den Mittellinien der verbundenen Wände eingeschlossen wird, einschließlich innerer Hohlbereiche;

$\tau_{t,i}$ die Torsionsschubspannung in Wand i;

$t_{ef,i}$ die effektive Wanddicke. Für Hohlquerschnitte ist die vorhandene Wanddicke eine Obergrenze.

(NCI) Die effektive Wanddicke $t_{ef,i}$ ist immer gleich dem doppelten Abstand von der Außenfläche bis zur Mittellinie der Längsbewehrung, aber nicht größer als die vorhandene Wanddicke, anzunehmen. Bei Hohlkästen mit Wanddicken $h_w \leq b/6$ bzw. $h_w \leq h/6$ und beidseitiger Wandbewehrung darf die gesamte Wanddicke für $t_{ef,i}$ angesetzt werden;

z_i die Höhe der Wand i, definiert durch den Abstand der Schnittpunkte der Wandmittellinie mit den Mittellinien der angrenzenden Wände.

(2) Die Auswirkungen aus Torsion und Querkraft dürfen unter Annahme gleicher Druckstrebenneigung θ sowohl für Hohl- als auch Vollquerschnitte überlagert werden. Die Grenzwerte für θ nach 6.2.3 (2) gelten auch für eine kombinierte Beanspruchung durch Querkraft und Torsion.

Die maximale Tragfähigkeit eines durch Querkraft und Torsion beanspruchten Bauteils ergibt sich nach 6.3.2 (4).

(NCI) Bei kombinierter Beanspruchung aus Torsion und anteiliger Querkraft ist in Gleichung (6.7aDE) für V_{Ed} die Schubkraft der Wand $V_{Ed,T+V}$ nach Gleichung (NA.6.27.1) und in Gleichung (6.7bDE) für b_w die effektive Dicke der Wand $t_{ef,i}$ einzusetzen. Mit dem gewählten Winkel θ ist der Nachweis sowohl für Querkraft als auch für Torsion zu führen.

Die so ermittelten Bewehrungen sind zu addieren.

$$V_{Ed,T+V} = V_{Ed,T} + \frac{V_{Ed} \cdot t_{ef,i}}{b_w} \quad (NA.6.27.1)$$

Vereinfachend darf die Bewehrung für Torsion allein unter der Annahme von $\theta = 45°$ ermittelt und zu der nach Abschnitt 6.2.3 ermittelten Querkraftbewehrung addiert werden.

(3) Die erforderliche Querschnittsfläche der Torsionslängsbewehrung ΣA_{sl} darf mit Gleichung (6.28) ermittelt werden:

$$\frac{\Sigma A_{sl} \cdot f_{yd}}{u_k} = \frac{T_{Ed}}{2 \cdot A_k} \cot\theta \quad (6.28)$$

Dabei ist

u_k der Umfang der Fläche A_k;

f_{yd} der Bemessungswert der Streckgrenze der Längsbewehrung A_{sl};

θ der Druckstrebenwinkel (siehe Bild 6.5).

In Druckgurten darf die Längsbewehrung entsprechend den vorhandenen Druckkräften abgemindert werden.

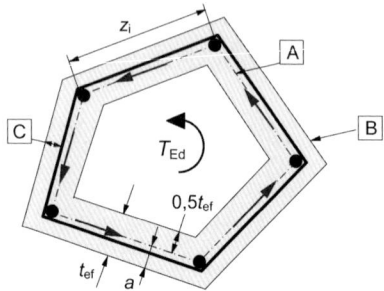

A Mittellinie
B Außenkante des effektiven Querschnitts, Außenumfang
C Betondeckung

Bild 6.11. In 6.3 verwendete Formelzeichen und Definitionen
(Anm. d. Red.: In Bild 6.11 verbindet die Mittellinie A gemäß (NCI) zu 6.3.2 (1) die Längsstäbe.)

In Zuggurten ist in der Regel die Torsionslängsbewehrung zusätzlich zur übrigen Längsbewehrung einzulegen. Die Längsbewehrung ist in der Regel über die Höhe der Wand z_i zu verteilen, darf jedoch bei kleineren Querschnitten an den Wandecken konzentriert werden.

(NCI) Die erforderliche Querschnittsfläche der Torsionsbügelbewehrung A_{sw}/s_w rechtwinklig zur Bauteilachse darf mit Gleichung (NA.6.28.1) ermittelt werden:

$$\frac{A_{sw} \cdot f_{yd}}{s_w} = \frac{T_{Ed}}{2 \cdot A_k} \cdot \tan\theta \quad (NA.6.28.1)$$

Dabei ist s_w der Abstand der Torsionsbewehrung in Richtung der Bauteilachse.

(4) Die maximale Tragfähigkeit eines auf Torsion und Querkraft beanspruchten Bauteils wird durch die Druckstrebentragfähigkeit begrenzt. Um diese Tragfähigkeit nicht zu überschreiten, sind in der Regel folgende Bedingungen zu erfüllen:

$$T_{Ed}/T_{Rd,max} + V_{Ed}/V_{Rd,max} \leq 1{,}0 \quad (6.29)$$

Dabei ist

T_{Ed} der Bemessungswert des Torsionsmoments;

V_{Ed} der Bemessungswert der Querkraft;

$T_{Rd,max}$ der Bemessungswert des aufnehmbaren Torsionsmoments mit

$$T_{Rd,max} = 2 \cdot \nu \cdot \alpha_{cw} \cdot f_{cd} \cdot A_k \cdot t_{ef,i} \cdot \sin\theta \cdot \cos\theta \quad (6.30)$$

wobei ν und α_{cw} aus dem (NDP) folgt;

(NDP) $\alpha_{cw} = 1,0$; allgemein für Torsion: $\nu = 0,525$

(NCI) Bei Kastenquerschnitten mit Bewehrung an den Innen- und Außenseiten der Wände darf $\nu = 0,75$ angesetzt werden.

$V_{Rd,max}$ der maximale Bemessungswert der Querkrafttragfähigkeit gemäß den Gleichungen (6.9) oder (6.14). Bei Vollquerschnitten darf die gesamte Stegbreite zur Ermittlung von $V_{Rd,max}$ verwendet werden.

(NCI) Für Kompaktquerschnitte darf die günstige Wirkung des Kernquerschnitts in der Interaktionsgleichung

$$\left(\frac{T_{Ed}}{T_{Rd,max}}\right)^2 + \left(\frac{V_{Ed}}{V_{Rd,max}}\right)^2 \leq 1,0 \quad (NA.6.29.1)$$

berücksichtigt werden.

(5) Bei näherungsweise rechteckigen Vollquerschnitten ist nur die Mindestbewehrung erforderlich (siehe 9.2.1.1), wenn die nachfolgende Bedingung erfüllt ist:

$$T_{Ed}/T_{Rd,c} + V_{Ed}/V_{Rd,c} \leq 1,0 \quad (6.31)$$

Dabei ist

$T_{Rd,c}$ das Torsionsrissmoment, das mit $\tau_{t,i} = f_{ctd}$ ermittelt werden darf;

$V_{Rd,c}$ der Querkraftwiderstand nach Gleichung (6.2).

(NCI) Wenn die beiden folgenden Bedingungen nicht eingehalten werden, sollte neben dem Einbau der Mindestbewehrung der Nachweis auf Querkraft und Torsion geführt werden:

$$T_{Ed} \leq \frac{V_{Ed} \cdot b_w}{4,5} \quad (NA.6.31.1)$$

$$V_{Ed}\left[1 + \frac{4,5 \cdot T_{Ed}}{V_{Ed} \cdot b_w}\right] \leq V_{Rd,c} \quad (NA.6.31.2)$$

6.3.3 Wölbkrafttorsion

(1) Bei geschlossenen dünnwandigen Querschnitten und bei Vollquerschnitten darf Wölbkrafttorsion im Allgemeinen vernachlässigt werden.

(2) Bei offenen dünnwandigen Bauteilen kann es erforderlich sein, Wölbkrafttorsion zu berücksichtigen. Bei sehr schlanken Querschnitten sollte die Berechnung auf Grundlage eines Trägerrostmodells und in anderen Fällen auf Grundlage eines Fachwerkmodells erfolgen. In allen Fällen sind in der Regel die Nachweise gemäß den Bemessungsregeln für Biegung und Normalkraft sowie für Querkraft durchzuführen.

6.4 Durchstanzen

6.4.1 Allgemeines

(1)P Die Regeln dieses Abschnitts ergänzen die Regeln in 6.2. Sie betreffen das Durchstanzen von Vollplatten, von Rippendecken mit Vollquerschnitten über Stützen und von Fundamenten.

(2)P Durchstanzen kann infolge konzentrierter Lasten oder Auflagerreaktionen eintreten, die auf einer relativ kleinen Lasteinleitungsfläche A_{load} auf Decken oder Fundamente einwirken.

(NCI) Die Festlegungen des Abschnitts 6.4 sind auf die folgenden Arten von Lasteinleitungsflächen A_{load} anwendbar:

– rechteckig und kreisförmig mit einem Umfang $u_0 \leq 12d$ und einem Seitenverhältnis $a/b \leq 2$;

– beliebig, aber sinngemäß wie die oben erwähnten Formen begrenzt.

Dabei ist d die mittlere statische Nutzhöhe des nachzuweisenden Bauteils. Die Rundschnitte benachbarter Lasteinleitungsflächen dürfen sich nicht überschneiden.

Bei größeren Lasteinleitungsflächen A_{load} sind die Durchstanznachweise auf Teilrundschnitte zu beziehen (siehe Bild NA.6.12.1).

Bei Rundstützen mit $u_0 > 12d$ sind querkraftbeanspruchte Flachdecken nach Abschnitt 6.2 nachzuweisen. Dabei darf in 6.2.2 (1) in Gleichung (6.2a) der Vorwert $C_{Rd,c} = (12d/u_0) \cdot 0,18/\gamma_C \geq 0,15/\gamma_C$ verwendet werden.

(3) Ein geeignetes Bemessungsmodell für den Nachweis gegen Durchstanzen im Grenzzustand der Tragfähigkeit ist in Bild 6.12 dargestellt.

(4) Der Durchstanzwiderstand ist in der Regel am Stützenrand und entlang des kritischen Rundschnitts u_1 nachzuweisen. Wenn Durchstanzbewehrung erforderlich wird, ist ein weiterer Rundschnitt u_{out} (siehe Bild 6.22) zu ermitteln, in dem Durchstanzbewehrung nicht mehr erforderlich ist.

(5) Die in 6.4 angegebenen Regeln gelten grundsätzlich für den Fall gleichmäßig verteilter Last. In bestimmten Fällen, wie beispielsweise bei Fundamenten, erhöht sich die Last innerhalb des kritischen Rundschnitts den Durchstanzwiderstand und darf bei der Bestimmung der Bemessungsschubspannung abgezogen werden.

6.4.2 Lasteinleitung und Nachweisschnitte

(1) Der kritische Rundschnitt u_1 darf im Allgemeinen in einem Abstand von $2,0d$ von der Lasteinleitungsfläche angenommen werden und muss dabei in der Regel einen möglichst geringen Umfang aufweisen (siehe Bild 6.13).

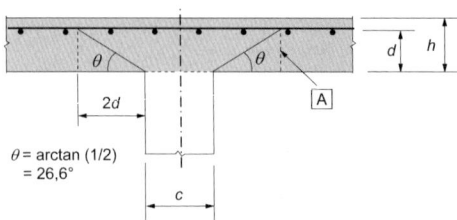

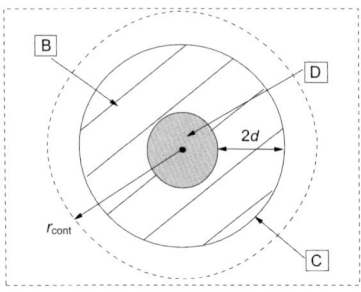

θ = arctan (1/2) = 26,6°

a) Querschnitt

b) Grundriss

|A| Querschnittsfläche des kritischen Rundschnitts
|B| Fläche A_{cont} innerhalb des kritischen Rundschnitts
|C| kritischer Rundschnitt u_1
|D| Lasteinleitungsfläche A_{load}
r_{cont} weitere Rundschnitte

Bild 6.12. Bemessungsmodell für den Nachweis der Sicherheit gegen Durchstanzen im Grenzzustand der Tragfähigkeit

Die statische Nutzhöhe der Platte wird als konstant angenommen und darf im Allgemeinen wie folgt ermittelt werden:

$$d_{eff} = (d_y + d_z)/2 \qquad (6.32)$$

wobei d_y und d_z die statischen Nutzhöhen der Bewehrung in zwei orthogonalen Richtungen sind.

(NCI) Bei Wänden und großen Stützen sind, sofern kein genauerer Nachweis geführt wird, die Rundschnitte gemäß Bild NA.6.12.1 festzulegen, da sich die Querkräfte auf die Ecken der Auflagerflächen konzentrieren.

(2) Rundschnitte in einem Abstand kleiner als $2d$ sind in der Regel zu berücksichtigen, wenn der konzentrierten Last ein hoher Gegendruck (z. B. Sohldruck auf das Fundament) oder die Auswirkungen einer Last oder einer Auflagerreaktion innerhalb eines Abstands von $2d$ vom Rand der Lasteinleitungsfläche entgegenstehen.

(NCI) Der Abstand a_{crit} des maßgebenden Rundschnitts ist iterativ zu ermitteln. Für Bodenplatten und schlanke Fundamente mit $\lambda > 2{,}0$ darf zur Vereinfachung der Rechnung ein konstanter Rundschnitt im Abstand $1{,}0d$ angenommen werden.

Die Fundamentschlankheit $\lambda = a_\lambda/d$ bezieht sich auf den kürzesten Abstand a_λ zwischen Lasteinleitungsfläche und Fundamentrand (siehe auch Bild NA.6.21.1).

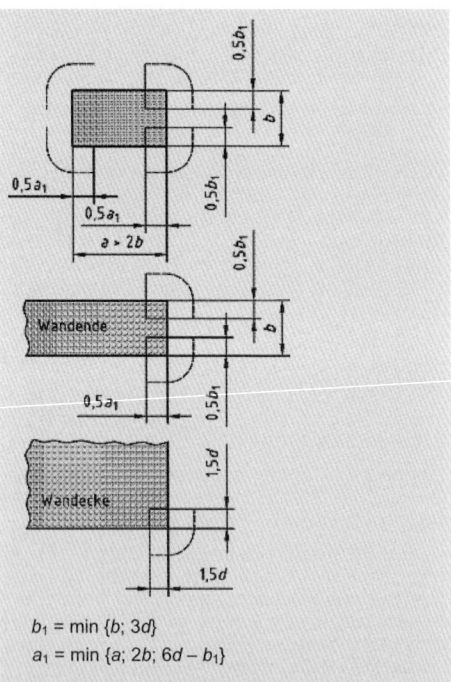

b_1 = min {b; $3d$}
a_1 = min {a; $2b$; $6d - b_1$}

Bild NA.6.12.1. Kritischer Rundschnitt bei ausgedehnten Auflagerflächen

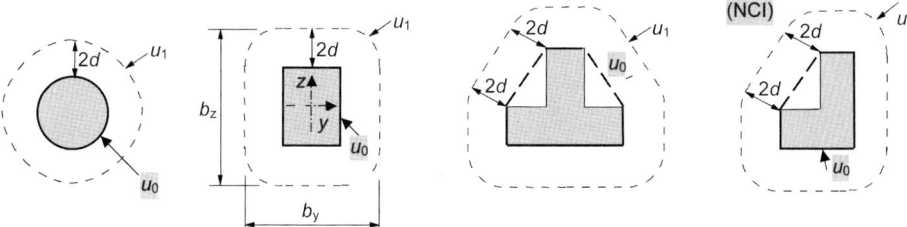

Bild 6.13. Typische kritische Rundschnitte um Lasteinleitungsflächen

(3) Für Lasteinleitungsflächen, deren Rand nicht weiter als $6d$ von Öffnungen entfernt ist, ist ein der Öffnung zugewandter Teil des betrachteten Rundschnitts als unwirksam zu betrachten. Dieser Umfangsabschnitt wird durch den Abstand der Schnittpunkte der Verbindungslinien mit dem betrachteten Rundschnitt nach Bild (6.14) bestimmt.

(4) Bei Lasteinleitungsflächen, die sich in der Nähe eines freien Randes oder einer freien Ecke befinden, ist in der Regel der kritische Rundschnitt nach Bild 6.15 anzunehmen, sofern dieser einen Umfang ergibt (ausschließlich des freien Randes), der kleiner als derjenige nach den Absätzen (1) und (2) ist.

(5) Bei Lasteinleitungsflächen nahe eines freien Rands oder einer Ecke, d. h. in einer Entfernung kleiner als d, ist in der Regel eine besondere Randbewehrung nach 9.3.1.4 einzulegen.

(6) Der Nachweisquerschnitt ergibt sich entlang des kritischen Rundschnitts mit der statischen Nutzhöhe d. Bei Platten mit konstanter Dicke verläuft der Nachweisquerschnitt senkrecht zur Mittelebene der Platte. Bei Platten oder Fundamenten mit veränderlicher Dicke (gilt nicht für Stufenfundamente) darf als wirksame statische Nutzhöhe die am Rand der Lasteinleitungsfläche auftretende statische Nutzhöhe wie in Bild 6.16 angenommen werden.

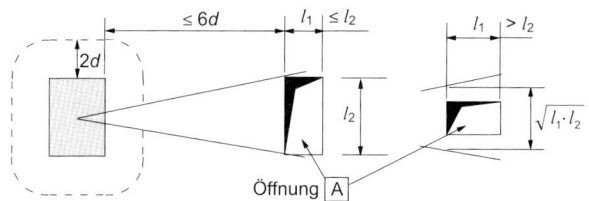

Bild 6.14. Rundschnitte in der Nähe von Öffnungen

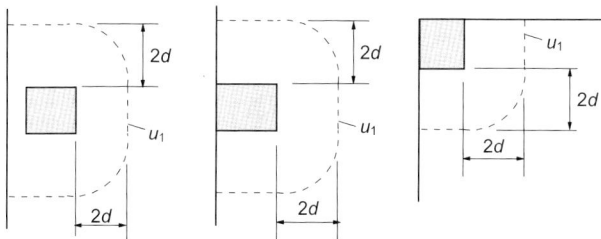

Bild 6.15. Kritische Rundschnitte um Lasteinleitungsflächen nahe eines Randes oder einer Ecke

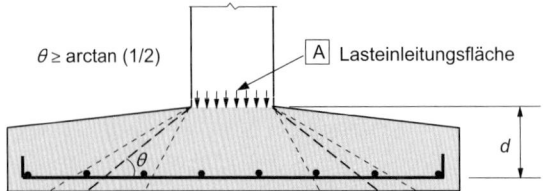

Bild 6.16. Höhe der Querschnittsfläche des Rundschnitts in einem Fundament mit veränderlicher Dicke

(7) Weitere Rundschnitte u_i innerhalb und außerhalb des kritischen Rundschnitts müssen in der Regel die gleiche Form wie der kritische Rundschnitt aufweisen.

(8) Bei Platten mit runder Stützenkopfverstärkung mit $\ell_H < 2{,}0 h_H$ (siehe Bild 6.17) ist ein Nachweis der Durchstanztragfähigkeit nach 6.4.3 nur in der Querschnittsfläche des Rundschnitts außerhalb der Stützenkopfverstärkung erforderlich. Der Abstand r_{cont} dieses Schnittes vom Schwerpunkt der Stützenquerschnittsfläche darf wie folgt ermittelt werden:

$$r_{cont} = 2d + \ell_H + 0{,}5c \qquad (6.33)$$

Dabei ist

ℓ_H der Abstand des Stützenrands vom Rand der Stützenkopfverstärkung;

c der Durchmesser einer Stütze mit Kreisquerschnitt.

Bei Rechteckstützen mit einer rechteckigen Stützenkopfverstärkung $\ell_H < 2{,}0 h_H$ (siehe Bild 6.17) und Gesamtabmessungen von ℓ_1 und ℓ_2 ($\ell_1 = c_1 + 2\ell_{H1}$, $\ell_2 = c_2 + 2\ell_{H2}$, $\ell_1 \leq \ell_2$) darf r_{cont} als der kleinere der folgenden Werte angenommen werden:

$$r_{cont} = 2d + 0{,}56 \sqrt{\ell_1 \cdot \ell_2} \qquad (6.34)$$

und

$$r_{cont} = 2d + 0{,}69\, \ell_1 \qquad (6.35)$$

(NCI) Die Nachweisgrenze $\ell_H < 2 h_H$ ist durch $\ell_H < 1{,}5 h_H$ zu ersetzen.

Für Stützenkopfverstärkungen mit $1{,}5 h_H < \ell_H < 2 h_H$ ist ein zusätzlicher Nachweis im Abstand $1{,}5(d + h_H)$ vom Stützenrand zu führen (Nachweis mit d_H als statische Nutzhöhe). Hierbei darf der Durchstanzwiderstand ohne Durchstanzbewehrung $v_{Rd,c}$ im Verhältnis der Rundschnittlängen $u_{2,0d}/u_{1,5d}$ erhöht werden.

(9) Bei Platten mit Stützenkopfverstärkung mit $\ell_H > 2 h_H$ (siehe Bild 6.18) sind in der Regel die Querschnitte der Rundschnitte sowohl innerhalb der Stützenkopfverstärkung als auch in der Platte nachzuweisen.

(10) Die Angaben aus 6.4.2 und 6.4.3 gelten ebenfalls für Nachweise innerhalb der Stützenkopfverstärkung mit $d = d_H$ gemäß Bild 6.18.

(11) Bei Stützen mit Kreisquerschnitt dürfen die Abstände vom Schwerpunkt der Stützenquerschnittsfläche zu den Querschnittsflächen der Rundschnitte in Bild 6.18 wie folgt werden:

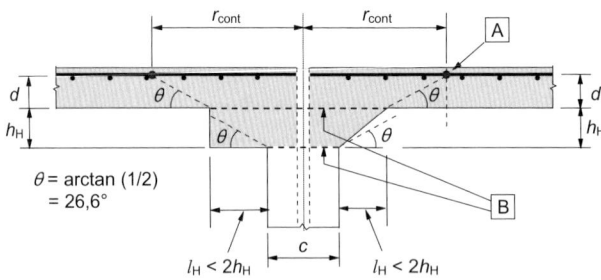

A Querschnittsfläche des kritischen Rundschnitts
B Lasteinleitungsfläche A_{load}

Bild 6.17. Platte mit Stützenkopfverstärkung mit $\ell_H < 2{,}0 h_H$

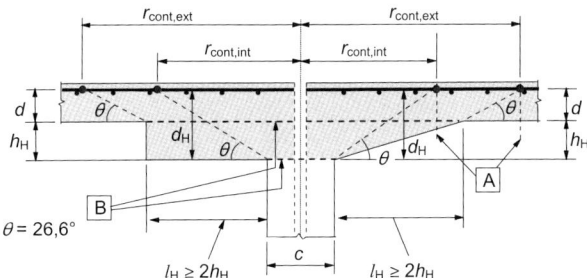

$\theta = 26{,}6°$

A Querschnittsfläche der kritischen Rundschnitte bei Stützen mit Kreisquerschnitt
B Lasteinleitungsfläche A_{load}

Bild 6.18. Platte mit Stützenkopfverstärkung mit $\ell_H \geq 2h_H$

$$r_{cont,ext} = \ell_H + 2d + 0{,}5c \qquad (6.36)$$
$$r_{cont,int} = 2(d + h_H) + 0{,}5c \qquad (6.37)$$

(NCI) Für nicht kreisförmige Stützen sind die Rundschnitte affin zu Bild 6.13 anzunehmen. Dabei sind die kritischen Rundschnitte für die Stützenkopfverstärkung mit d_H und für die anschließende Platte mit d zu ermitteln.

6.4.3 Nachweisverfahren

(1)P Die Durchstanznachweise sind am Stützenrand und entlang des kritischen Rundschnitts u_1 zu führen. Wenn Durchstanzbewehrung erforderlich wird, ist ein weiterer Rundschnitt u_{out} (siehe Bild 6.22) zu ermitteln, für den Durchstanzbewehrung nicht mehr erforderlich ist. Folgende Bemessungswerte des Durchstanzwiderstands [N/mm²] der Querschnittsfläche der Rundschnitte werden definiert:

$v_{Rd,c}$ Durchstanzwiderstand je Flächeneinheit einer Platte ohne Durchstanzbewehrung;

$v_{Rd,cs}$ Durchstanzwiderstand je Flächeneinheit einer Platte mit Durchstanzbewehrung;

$v_{Rd,max}$ maximaler Durchstanzwiderstand je Flächeneinheit.

(2) Die folgenden Nachweise sind in der Regel zu erbringen:

(a) Entlang des Umfangs der Stütze bzw. der Lasteinleitungsfläche darf der maximale Durchstanzwiderstand nicht überschritten werden:
$v_{Ed} \leq v_{Rd,max}$

(NCI) Der maximale Durchstanzwiderstand $v_{Rd,max}$ wird modifiziert und ist im kritischen Rundschnitt u_1 nachzuweisen.

(b) Durchstanzbewehrung ist nicht erforderlich, falls: $v_{Ed} \leq v_{Rd,c}$

(c) Ist v_{Ed} größer als der Wert $v_{Rd,c}$ im kritischen Rundschnitt, ist in der Regel eine Durchstanzbewehrung gemäß 6.4.5 vorzusehen.

(3) Wenn die Auflagerreaktion ausmittig bezüglich des betrachteten Rundschnitts ist, ist in der Regel die maximale einwirkende Querkraft je Flächeneinheit wie folgt zu ermitteln:

$$v_{Ed} = (\beta \cdot V_{Ed})/(u_i \cdot d) \qquad (6.38)$$

Dabei ist

d die mittlere Nutzhöhe der Platte, die als $(d_y + d_z)/2$ angenommen werden darf, mit:

d_y, d_z die statische Nutzhöhe der Platte in y- bzw. z-Richtung in der Querschnittsfläche des betrachteten Rundschnitts;

u_i der Umfang des betrachteten Rundschnitts;

$$\beta = 1 + k \cdot (M_{Ed}/V_{Ed}) \cdot (u_1/W_1) \qquad (6.39)$$

(NCI) Bei Anwendung der Gleichung (6.39) ist das Moment unter Berücksichtigung der Steifigkeiten der angrenzenden Bauteile zu berechnen. Werte kleiner als 1,10 sind für den Lasterhöhungsfaktor β unzulässig.

Bei Stützen-Decken-Knoten mit zweiachsigen Ausmitten darf Gleichung (NA.6.39.1) verwendet werden:

$$\beta = 1 + \sqrt{\left(k_y \cdot \frac{M_{Ed,y}}{V_{Ed}} \cdot \frac{u_1}{W_{1,y}}\right)^2 + \left(k_z \cdot \frac{M_{Ed,z}}{V_{Ed}} \cdot \frac{u_1}{W_{1,z}}\right)^2}$$

$$(NA.6.39.1)$$

Dabei ist

u_1 der Umfang des kritischen Rundschnitts;

k ein Beiwert, der sich aus dem Verhältnis der Abmessungen der Stützen c_1 und c_2 ergibt: sein Wert gibt den Anteil des Momentes an, der durch eine nicht rotationssymmetrische Schubspannungsverteilung übertragen wird. Der restliche Anteil wird über Biegung und Torsion in die Stütze eingeleitet (siehe Tabelle 6.1);

W_1 eine Funktion des kritischen Rundschnitts u_1 zur Ermittlung der in Bild 6.19 dargestellten Querkraftverteilung

$$W_1 = \int_0^{u_1} |e|\, d\ell \qquad (6.40)$$

$d\ell$ das Differential des Umfangs;

e der Abstand von $d\ell$ zur Achse, um die das Moment M_{Ed} wirkt.

Bei Rechteckstützen:

$$W_1 = c_1^2/2 + c_1 \cdot c_2 + 4 \cdot c_2 \cdot d + 16 \cdot d^2 + 2 \cdot \pi \cdot d \cdot c_1 \qquad (6.41)$$

Dabei ist

c_1 die Abmessung der Stütze parallel zur Lastausmitte;

c_2 die Abmessung der Stütze senkrecht zur Lastausmitte.

Tabelle 6.1. Werte für k bei rechteckigen Lasteinleitungsflächen

	1	2	3	4	5
1	c_1/c_2	$\leq 0{,}5$	1,0	2,0	$\geq 3{,}0$
2	k	0,45	0,60	0,70	0,80

Für Innenstützen mit Kreisquerschnitt folgt β aus der Gleichung:

$$\beta = 1 + 0{,}6\pi \cdot e/(D + 4d) \qquad (6.42)$$

Dabei ist

D der Durchmesser der Stütze mit Kreisquerschnitt;

e die Lastausmitte $e = M_{Ed}/V_{Ed}$.

Bei einer rechteckigen Innenstütze mit zu beiden Achsen ausmittiger Lasteinleitung darf die folgende Näherung für β verwendet werden:

$$\beta = 1 + 1{,}8 \sqrt{\left(\frac{e_y}{b_z}\right)^2 + \left(\frac{e_z}{b_y}\right)^2} \qquad (6.43)$$

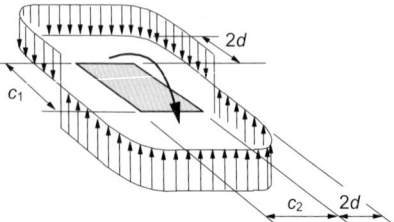

Bild 6.19. Querkraftverteilung infolge eines Kopfmoments einer Innenstütze

Dabei ist

e_y und e_z die Lastausmitten M_{Ed}/V_{Ed} jeweils bezogen auf y- und z-Achse;

b_y und b_z die Abmessungen des betrachteten Rundschnitts (siehe Bild 6.13).

Anmerkung: e_y resultiert aus einem Moment um die z-Achse und e_z aus einem Moment um die y-Achse.

(NCI) Die Gleichungen (6.41) und (6.42) dürfen bei allen Stützen angesetzt werden, bei denen ein geschlossener kritischer Rundschnitt geführt werden kann (z. B. auch Randstützen mit großem Deckenüberstand).

Gleichung (6.43) gilt nur bei Innenstützen mit zweiachsiger Ausmitte.

(NCI) (4) Das Nachweisverfahren nach 6.4.3 (4) darf nicht angewendet werden.

(NCI) (5) Das Nachweisverfahren nach 6.4.3 (5) darf nicht angewendet werden.

(6) Bei Tragwerken, deren Stabilität gegen seitliches Ausweichen von der Rahmenwirkung zwischen Platten und Stützen unabhängig ist und bei denen sich die Spannweiten der angrenzenden Felder um nicht mehr als 25 % unterscheiden, dürfen Näherungswerte für β verwendet werden.

(NDP) Für unverschiebliche Systeme gilt Bild 6.21DE mit folgenden Werten für β:

A – Innenstütze: $\beta = 1{,}10$;
B – Randstütze: $\beta = 1{,}4$;
C – Eckstütze: $\beta = 1{,}5$;
D – Wandende: $\beta = 1{,}35$;
E – Wandecke: $\beta = 1{,}20$.

Für Randstützen mit großen Ausmitten $e/c \geq 1{,}2$ ist der Lasterhöhungsfaktor genauer zu ermitteln (z. B. nach Gleichung (6.39)).

Bild 6.21DE wird um D und E ergänzt.

(7) Bei einer konzentrierten Einzellast in der Nähe der punktförmigen Stützung einer Flachdecke ist

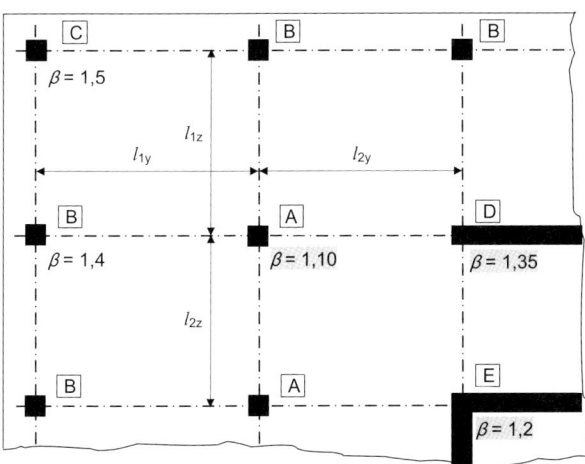

| A | Innenstütze: $\beta = 1{,}10$ | B | Randstütze: $\beta = 1{,}4$ | C | Eckstütze: $\beta = 1{,}5$ |
| D | Wandende: $\beta = 1{,}35$ | E | Wandecke: $\beta = 1{,}20$ | | |

Bild 6.21DE. Werte für β

eine Abminderung der Querkraft nach 6.2.2 (6) bzw. 6.2.3 (8) nicht zulässig.

(8) Die Querkraft V_{Ed} in einer Fundamentplatte darf um die günstige Wirkung des Sohldrucks abgemindert werden.

6.4.4 Durchstanzwiderstand für Platten oder Fundamente ohne Durchstanzbewehrung

(1) Der Durchstanzwiderstand einer Platte ist in der Regel für die Querschnittsfläche im kritischen Rundschnitt nach 6.4.2 zu bestimmen. Der Bemessungswert des Durchstanzwiderstands [N/mm²] darf wie folgt bestimmt werden:

$$v_{Rd,c} = C_{Rd,c} \cdot k \cdot (100 \cdot \rho_\ell \cdot f_{ck})^{1/3} + k_1 \cdot \sigma_{cp}$$
$$\geq (v_{min} + k_1 \cdot \sigma_{cp}) \qquad (6.47)$$

Dabei ist

f_{ck} die charakteristische Betondruckfestigkeit [N/mm²];

k $= 1 + \sqrt{200/d} \leq 2{,}0$ mit d [mm];

ρ_ℓ $= \sqrt{(\rho_{\ell y} \cdot \rho_{\ell z})} \leq 0{,}02$;

$\rho_{\ell y}, \rho_{\ell z}$ der Bewehrungsgrad bezogen auf die verankerte Zugbewehrung in y- bzw. z-Richtung. Die Werte $\rho_{\ell y}$ und $\rho_{\ell z}$ sind in der Regel als Mittelwerte unter Berücksichtigung einer Plattenbreite entsprechend der Stützenabmessung zuzüglich $3d$ pro Seite zu berechnen;

σ_{cp} $= (\sigma_{cy} + \sigma_{cz})/2$.

Dabei ist

σ_{cy}, σ_{cz} jeweils die Betonnormalspannung in y- und z-Richtung im kritischen Querschnitt (N/mm², für Druck positiv): $\sigma_{cy} = N_{Ed,y}/A_{cy}$ und $\sigma_{cz} = N_{Ed,z}/A_{cz}$;

$N_{Ed,y}, N_{Ed,z}$ jeweils die Normalkraft, die für Innenstützen im gesamten Feldbereich wirkt, bzw. die Normalkraft, die für Rand- und Eckstützen im kritischen Nachweisschnitt wirkt. Diese Kraft kann durch eine Last entstehen;

A_c die Betonquerschnittsfläche gemäß der Definition von N_{Ed}.

(NDP)
- bei Flachdecken: $C_{Rd,c} = 0{,}18/\gamma_C$
- Für Innenstützen bei Flachdecken mit $u_0/d < 4$ gilt jedoch: $C_{Rd,c} = 0{,}18/\gamma_C \cdot (0{,}1\, u_0/d + 0{,}6)$

$k_1 = 0{,}10$; v_{min} wie in 6.2.2 (1).

Der Biegebewehrungsgrad ρ_ℓ ist zusätzlich auf $\rho_\ell \leq 0{,}5 f_{cd}/f_{yd}$ zu begrenzen.

Betonzugspannungen σ_{cp} in Gleichung (6.47) sind negativ einzusetzen.

(2) Die Querkrafttragfähigkeit von Stützenfundamenten ist in der Regel in kritischen Rundschnitten innerhalb von $2d$ vom Stützenrand nachzuweisen.

Bei mittiger Belastung ist die resultierende einwirkende Kraft

$$V_{Ed,red} = V_{Ed} - \Delta V_{Ed} \qquad (6.48)$$

Dabei ist

V_{Ed} die einwirkende Querkraft;

ΔV_{Ed} die resultierende, nach oben gerichtete Kraft innerhalb des betrachteten Rundschnittes, d. h. der nach oben gerichtete Sohldruck abzüglich der Fundamenteigenlast;

$$v_{Ed} = V_{Ed,red}/(u \cdot d); \qquad (6.49)$$

$$v_{Rd,c} = C_{Rd,c} \cdot k\,(100 \cdot \rho_\ell \cdot f_{ck})^{1/3} \cdot 2 \cdot d/a$$
$$\geq v_{min} \cdot 2 \cdot d/a \qquad (6.50)$$

Dabei ist

a der Abstand vom Stützenrand zum betrachteten Rundschnitt;

$C_{Rd,c}$ nach 6.4.4 (1);

v_{min} wie in 6.2.2 (1);

k nach 6.4.4 (1).

Für ausmittige Lasten gilt

$$v_{Ed} = \frac{V_{Ed,red}}{u \cdot d}\left[1 + k\frac{M_{Ed} \cdot u}{V_{Ed,red} \cdot W}\right] \qquad (6.51)$$

Dabei wird k in 6.4.3 (3) bzw. 6.4.3 (4) definiert und W entspricht W_1, jedoch für den Rundschnitt u.

(NCI) Der Abstand a_{crit} des maßgebenden Rundschnitts ist iterativ zu ermitteln (Bild NA.6.21.1). Für schlanke Fundamente mit $a_\lambda/d > 2{,}0$ und Bodenplatten darf zur Vereinfachung der Rechnung ein konstanter Rundschnitt im Abstand $1{,}0d$ angenommen werden.

Für Bodenplatten und Stützenfundamente gilt $C_{Rd,c} = 0{,}15/\gamma_C$.

Innerhalb des iterativ bestimmten Rundschnitts darf die Summe des Sohldrucks zu 100 % entlastend angesetzt werden. Wird zur Vereinfachung der Rechnung der konstante Rundschnitt im Abstand $1{,}0\,d$ angenommen, dürfen 50 % der Summe des Sohldrucks innerhalb des konstanten Rundschnitts entlastend angenommen werden.

Die resultierende einwirkende Querkraft $V_{Ed,red}$ nach Gleichung (6.48) sollte in jedem Fall mindestens mit einem Lasterhöhungsfaktor $\beta = 1{,}10$ vergrößert werden.

In Gleichung (6.51) wird der Mindestwert für den Lasterhöhungsfaktor für ausmittige Lasten analog NCI zu 6.4.3 (3) ergänzt:

$$\beta = 1 + k\,\frac{M_{Ed}}{V_{Ed,red}} \cdot \frac{u}{W} \geq 1{,}10 \qquad (NA.6.51.1)$$

Der Bemessungswert des Durchstanzwiderstands $v_{Rd,c}$ nach Gleichung (6.50) ergibt sich in N/mm².

Für ausmittig belastete Fundamente mit klaffender Fuge im Rundschnittbereich unter Bemessungseinwirkungen darf eine Berechnung mit Sektorlasteinzugsflächen erfolgen. Der Abzugswert für den Sohldruck ergibt sich dann jeweils in jedem Sektor separat.

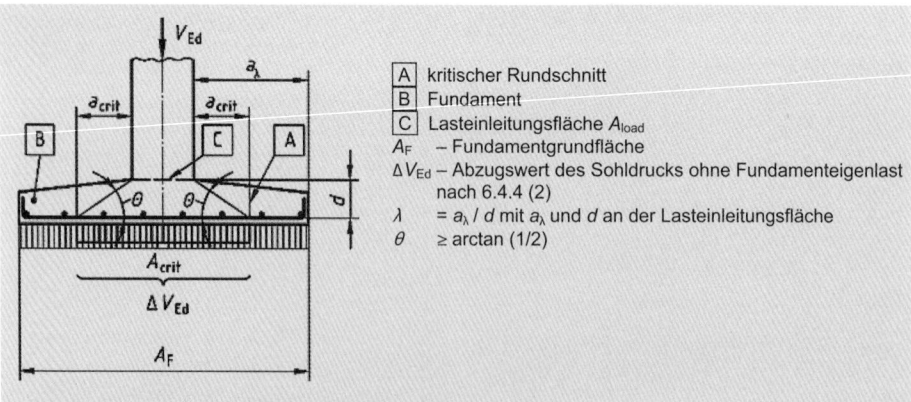

Bild NA.6.21.1. Rundschnitt und Abzug Sohldruck bei Fundamenten

6.4.5 Durchstanztragfähigkeit für Platten oder Fundamente mit Durchstanzbewehrung

(1) Ist Durchstanzbewehrung erforderlich, ist sie in der Regel gemäß Gleichung (6.52) zu ermitteln:

$$v_{Rd,cs} = 0{,}75 \cdot v_{Rd,c} + 1{,}5 \cdot (d/s_r) \cdot A_{sw} \cdot f_{ywd,ef}$$
$$\cdot [1/(u_1 \cdot d)] \cdot \sin\alpha \ [\text{N/mm}^2] \quad (6.52)$$

Dabei ist

A_{sw} die Querschnittsfläche der Durchstanzbewehrung in einer Bewehrungsreihe um die Stütze [mm²];

s_r der radiale Abstand der Durchstanzbewehrungsreihen [mm];

$f_{ywd,ef}$ der wirksame Bemessungswert der Streckgrenze der Durchstanzbewehrung gemäß $f_{ywd,ef} = 250 + 0{,}25d \le f_{ywd}$ [N/mm²];

d der Mittelwert der statischen Nutzhöhen in den orthogonalen Richtungen [mm];

α der Winkel zwischen Durchstanzbewehrung und Plattenebene.

(NCI) Für aufgebogene Durchstanzbewehrung ist für das Verhältnis d/s_r in Gleichung (6.52) der Wert 0,53 anzusetzen. Die aufgebogene Bewehrung darf mit $f_{ywd,ef} = f_{ywd}$ ausgenutzt werden.

Die Tragfähigkeit der Durchstanzbewehrung nach Gleichung (6.52), der Betontraganteil $v_{Rd,c}$ nach Gleichung (6.47) und die einwirkende Querkraft $v_{Ed,i}$ nach Gleichung (6.38) sind für diesen Nachweis für **Flachdecken** auf den kritischen Umfang u_1 im Abstand $a_{crit} = 2{,}0d$ bezogen. Diese Durchstanzbewehrung ist in jeder rechnerisch erforderlichen Bewehrungsreihe einzulegen, wobei die Bewehrungsmenge A_{sw} in den ersten beiden Reihen neben A_{load} mit einem Anpassungsfaktor $\kappa_{sw,i}$ zu vergrößern ist:

– Reihe 1 (mit $0{,}3d \le s_0 \le 0{,}5d$):
  $\kappa_{sw,1} = 2{,}5$

– Reihe 2 (mit $s_r \le 0{,}75d$):
  $\kappa_{sw,2} = 1{,}4$.

Bei unterschiedlichen radialen Abständen der Bewehrungsreihen $s_{r,i}$ ist in Gleichung (6.52) der maximale einzusetzen.

Aufgrund der steileren Neigung der Druckstreben wird für **Fundamente und Bodenplatten** Folgendes festgelegt:

Die reduzierte einwirkende Querkraft $V_{Ed,red}$ nach Gleichung (6.48) ist von den ersten beiden Bewehrungsreihen neben A_{load} ohne Abzug eines Betontraganteils aufzunehmen. Dabei wird die Bewehrungsmenge $A_{sw,1+2}$ gleichmäßig auf beide Reihen verteilt, die in den Abständ $s_0 = 0{,}3d$ und $(s_0 + s_1) = 0{,}8d$ anzuordnen sind:

– Bügelbewehrung:
$\beta \cdot V_{Ed,red} \le V_{Rd,s} = A_{sw,1+2} \cdot f_{ywd,ef}$
(NA.6.52.1)

– aufgebogene Bewehrung:
$\beta \cdot V_{Ed,red} \le V_{Rd,s} = 1{,}3 \cdot A_{sw,1+2} \cdot f_{ywd} \cdot \sin\alpha$
(NA.6.52.2)

Dabei ist

β der Erhöhungsfaktor für die Querkraft nach Gleichung (NA.6.51.1);

α der Winkel der geneigten Durchstanzbewehrung zur Plattenebene.

Wenn bei Fundamenten und Bodenplatten ggf. weitere Bewehrungsreihen erforderlich werden, sind je Reihe jeweils 33% der Bewehrung $A_{sw,1+2}$ nach Gleichung (NA.6.52.1) vorzusehen. Der Abzugswert des Sohldrucks ΔV_{Ed} in Gleichung (6.48) darf dabei mit der Fundamentfläche innerhalb der betrachteten Bewehrungsreihe angesetzt werden.

(2) Die Anforderungen für die bauliche Durchbildung der Durchstanzbewehrung sind in 9.4.3 enthalten.

(NCI) Es sind in jedem Fall mindestens 2 Bewehrungsreihen innerhalb des durch den Umfang u_{out} nach Abschnitt 6.4.5 (4) begrenzten Bauteilbereiches zu verlegen.

Der radiale Abstand der 1. Bewehrungsreihe ist bei gedrungenen Fundamenten auf $0{,}3d$ vom Rand der Lasteinleitungsfläche und die Abstände s_r zwischen den ersten drei Bewehrungsreihen sind auf $0{,}5d$ zu begrenzen.

(3) (NDP) Die Maximaltragfähigkeit $v_{Rd,max}$ ist im kritischen Rundschnitt u_1 mit Gleichung (NA.6.53.1) nachzuweisen:

$$v_{Ed,u1} \le v_{Rd,max} = 1{,}4 \cdot v_{Rd,c,u1} \quad (\text{NA.6.53.1})$$

Anmerkung: Bei Fundamenten ist der ggf. iterativ ermittelte kritische Rundschnitt u für u_1 einzusetzen.

(4) Der Rundschnitt u_{out} (siehe Bild 6.22), für den Durchstanzbewehrung nicht mehr erforderlich ist, ist in der Regel nach Gleichung (6.54) zu ermitteln:

$$u_{out} = \beta \cdot V_{Ed}/(v_{Rd,c} \cdot d) \quad (6.54)$$

Die äußerste Reihe der Durchstanzbewehrung darf in der Regel nicht weiter als $k \cdot d$ von u_{out} entfernt sein (siehe Bild 6.22).

(NDP) Es gilt der empfohlene Wert $k = 1{,}5$.

(NCI) *Anmerkung:* $v_{Rd,c}$ für Querkrafttragfähigkeit ohne Querkraftbewehrung nach 6.2.2 (1).

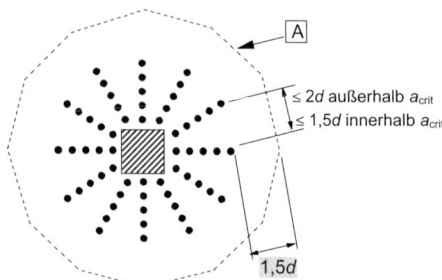

A Rundschnitt u_{out}

(NCI) Bild 6.22: Die rechtwinklig angeordnete und auf die Gurtstreifen konzentrierte Durchstanzbewehrung mit einem aufgelösten äußeren Rundschnitt $u_{out,ef}$ B darf nicht verwendet werden.

Bild 6.22DE. Rundschnitt u_{out} bei Innenstützen

(5) Bei Verwendung von speziellen Bewehrungselementen als Durchstanzbewehrung ist in der Regel $v_{Rd,cs}$ durch Versuche in Übereinstimmung mit den maßgebenden Europäischen Technischen Zulassungen zu bestimmen. Siehe auch 9.4.3.

(NA.6) Um die Querkrafttragfähigkeit sicherzustellen, sind die Platten im Bereich der Stützen für Mindestmomente m_{Ed} nach Gleichung (NA.6.54.1) zu bemessen, sofern die Schnittgrößenermittlung nicht zu höheren Werten führt.

Wenn andere Festlegungen fehlen, sollten folgende Mindestmomente je Längeneinheit angesetzt werden:

$$m_{Ed,z} = \eta_z \cdot V_{Ed} \text{ und}$$
$$m_{Ed,y} = \eta_y \cdot V_{Ed} \qquad \text{(NA.6.54.1)}$$

Dabei ist

V_{Ed} die aufzunehmende Querkraft;

η_z, η_y der Momentenbeiwert nach Tabelle NA.6.1.1 für die z- bzw. y-Richtung (siehe Bild NA.6.22.1).

Diese Mindestmomente sollten jeweils in einem Bereich mit der in Tabelle NA.6.1.1 angegebenen Breite angesetzt werden (siehe Bild NA.6.22.1).

6.5 Stabwerkmodelle

6.5.1 Allgemeines

(1)P Bei einer nichtlinearen Dehnungsverteilung (z. B. bei Auflagern, in der Nähe konzentrierter Lasten oder bei Scheiben) dürfen Stabwerkmodelle verwendet werden (siehe auch 5.6.4).

Tabelle NA.6.1.1. Momentenbeiwerte und Verteilungsbreite der Mindestlängsbewehrung

	Lage der Stütze	1	2	3	4	5	6
		η_z		anzusetzende Breite [b]	η_y		anzusetzende Breite [b]
		Zug an der Plattenoberseite [c]	Zug an der Plattenunterseite [c]		Zug an der Plattenoberseite [c]	Zug an der Plattenunterseite [c]	
1	Innenstütze	0,125	0	0,3 ℓ_y	0,125	0	0,3 ℓ_z
2	Randstütze, Rand „z" [a]	0,25	0	0,15 ℓ_y	0,125	0,125	(je m Plattenbreite)
3	Randstütze, Rand „y" [a]	0,125	0,125	(je m Plattenbreite)	0,25	0	0,15 ℓ_z
4	Eckstütze	0,5	0,5	(je m Plattenbreite)	0,5	0,5	(je m Plattenbreite)

[a] Definition der Ränder und der Stützenabstände ℓ_z und ℓ_y siehe Bild NA. 6.22.1.
[b] Siehe Bild NA. 6.22.1.
[c] Die Plattenoberseite bezeichnet die der Lasteinleitungsfläche gegenüberliegende Seite der Platte; die Plattenunterseite diejenige Seite, auf der die Lasteinleitungsfläche liegt.

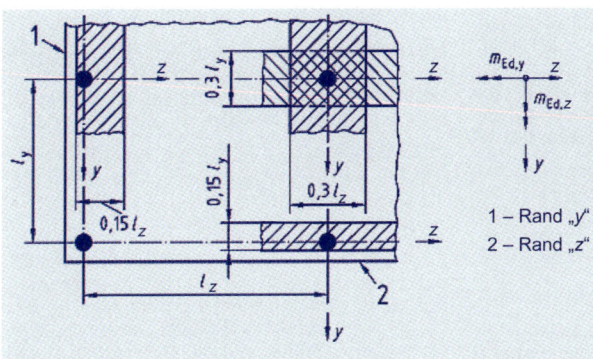

Bild NA.6.22.1. Bereiche für den Ansatz der Mindestbiegemomente $m_{Ed,z}$ und $m_{Ed,y}$

6.5.2 Bemessung der Druckstreben

(1) Der Bemessungswert der Druckfestigkeit für Betonstreben in einem Bereich mit Querdruck oder ohne Querzug darf mit Gleichung (6.55) bestimmt werden (siehe Bild 6.23).

$$\sigma_{Rd,max} = f_{cd} \qquad (6.55)$$

In Bereichen mit mehraxialem Druck darf ein höherer Bemessungswert der Festigkeit angesetzt werden.

(NCI) *Anmerkung:* Ist die Dehnungsverteilung über die Höhe der Betonstrebe nicht konstant, dann sollte die Höhe des Druckspannungsfeldes oder die Höhe des Spannungsblocks im Hinblick auf die Verträglichkeit begrenzt werden. So sollten diese Abmessungen nicht größer gewählt werden, als sie sich bei Annahme einer linearen Dehnungsverteilung ergeben.

(2) Der Bemessungswert der Druckfestigkeit für Betonstreben in gerissenen Druckzonen ist in der Regel abzumindern und darf mit Gleichung (6.56) bestimmt werden, wenn keine genauere Berechnung erfolgt (siehe Bild 6.24).

$$\sigma_{Rd,max} = 0{,}6 \cdot \nu' \cdot f_{cd} \qquad (6.56)$$

(NDP) Dabei ist
– für Druckstreben parallel zu Rissen:
$\nu' = 1{,}25$ (6.57aDE)
– für Druckstreben, die Risse kreuzen und für Knotenbemessung nach 6.5.4:
$\nu' = 1{,}0$ (6.57bDE)
– für starke Rissbildung mit V und T:
$\nu' = 0{,}875$ (6.57cDE)

(3) Für Druckstreben, die sich direkt zwischen Lasteinleitungsflächen befinden, wie z. B. Konsolen oder kurze hohe Träger, sind alternative Berechnungsmethoden in 6.2.2 und 6.2.3 angegeben.

6.5.3 Bemessung der Zugstreben

(1) (NCI) Der Bemessungswert der Stahlspannung der Bewehrung der Zugstreben und der Bewehrung zur Aufnahme der Querzugkräfte in Druckstreben ist bei Betonstahl auf f_{yd} nach 3.2 zu begrenzen.

(2) Die Bewehrung ist in der Regel in den Knoten ausreichend zu verankern.

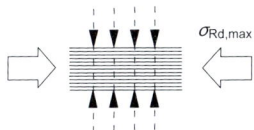

Querdruck oder ohne Querzug

Bild 6.23. Bemessungswert der Festigkeit von Betonstreben ohne Querzug

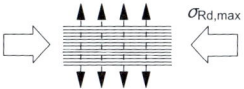

Querzug

Bild 6.24. Bemessungswert der Festigkeit von Betonstreben mit Querzug

(NCI) Die Bewehrung ist bis in die konzentrierten Knoten ungeschwächt durchzuführen. Sie darf in verschmierten Knoten, die sich im Tragwerk über eine größere Länge erstrecken, innerhalb des Knotenbereichs gestaffelt enden. Dabei muss sie alle durch die Bewehrung umzulenkenden Druckwirkungen erfassen.

Die Verankerungslänge der Bewehrung in Druck-Zug-Knoten beginnt am Knotenanfang, wo erste Druckspannungen aus den Druckstreben auf die verankerte Bewehrung treffen und von ihr umgelenkt werden (siehe Bild 6.27).

(3) Die zur Aufnahme der Kräfte an konzentrierten Knoten benötigte Bewehrung darf verteilt werden (siehe Bild 6.25 a) und b)). Die Bewehrung ist dabei in der Regel über den gesamten Bauteilbereich, in dem die Druck-Trajektorien gekrümmt sind (Zug- und Druckstreben), zu verteilen. Die Querzugkraft T darf folgendermaßen ermittelt werden:

a) in Bereichen mit begrenzter Ausbreitung der Druckspannung $b \leq H/2$, siehe Bild 6.25 a):

$$T = \frac{1}{4} \cdot \frac{b-a}{b} \cdot F \qquad (6.58)$$

b) in Bereichen mit unbegrenzter Ausbreitung der Druckspannung $b > H/2$, siehe Bild 6.25 b):

$$T = \frac{1}{4} \cdot \left(1 - 0{,}7\frac{a}{H}\right) \cdot F \qquad (6.59)$$

Anmerkung: Zur Erläuterung der Anwendungsgrenzen von Gleichung (6.59) siehe DAfStb-Heft 600.

6.5.4 Bemessung der Knoten

(1)P Die Regeln dieses Abschnitts für Knoten gelten auch für die Bereiche konzentrierter Krafteinleitungen in Bauteile, die in den übrigen Bereichen nicht mit Stabwerkmodellen berechnet werden.

(2)P Die an einem Knoten angreifenden Kräfte müssen im Gleichgewicht sein. Querzugkräfte, die senkrecht zur Knotenebene wirken, sind dabei zu berücksichtigen.

(3) Die Dimensionierung und bauliche Durchbildung konzentrierter Knoten bestimmen maßgeblich deren Tragfähigkeit. Konzentrierte Knoten können sich z. B. bei Einzellasten, an Auflagern, in Verankerungsbereichen mit Konzentration von Bewehrung, an Biegungen von Bewehrungsstäben sowie an Anschlüssen und Ecken von Bauteilen ausbilden.

(4) Die Bemessungsdruckfestigkeiten im Knoten dürfen wie folgt bestimmt werden:

a) in Druckknoten ohne Verankerung von Zugstreben (siehe Bild 6.26):

$$\sigma_{Rd,max} = k_1 \cdot \nu' \cdot f_{cd} \qquad (6.60)$$

b) in Druck-Zug-Knoten mit Verankerung von Zugstreben in einer Richtung (siehe Bild 6.27):

$$\sigma_{Rd,max} = k_2 \cdot \nu' \cdot f_{cd} \qquad (6.61)$$

c) in Druck-Zug-Knoten mit Verankerung von Zugstreben in mehrere Richtungen (siehe Bild 6.28):

$$\sigma_{Rd,max} = k_3 \cdot \nu' \cdot f_{cd} \qquad (6.62)$$

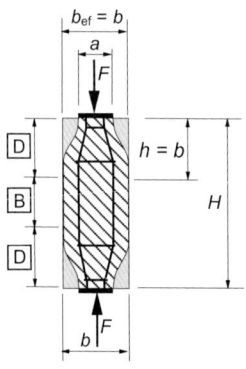
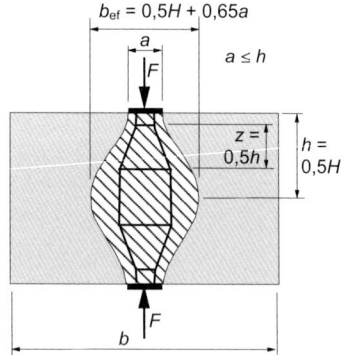

B – Kontinuitätsbereich
D – Diskontinuitätsbereich

a) Spannungsfeld mit begrenzter Ausbreitung der Druckspannung

b) Spannungsfeld mit unbegrenzter Ausbreitung der Druckspannung

Bild 6.25. Parameter zur Bestimmung der Querzugkräfte in einem Druckfeld mit verteilter Bewehrung

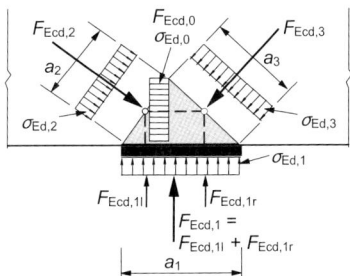

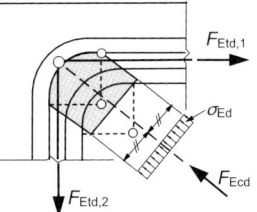

Bild 6.28. Druck-Zug-Knoten mit Bewehrung in zwei Richtungen

Bild 6.26. Druckknoten ohne Verankerung von Zugstreben

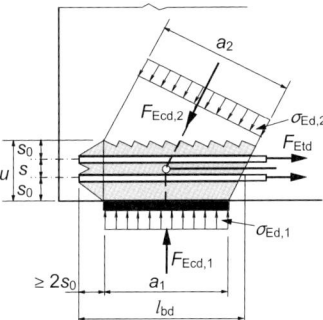

Bild 6.27. Druck-Zug-Knoten mit Bewehrung in einer Richtung

wobei $\sigma_{Rd,max}$ die maximale Druckspannung ist, die an den Knotenrändern aufgebracht werden kann.

Siehe 6.5.2 (2) für die Definition von ν'.

(NDP) Es gelten: $k_1 = 1{,}1$; $k_2 = k_3 = 0{,}75$.

- 6.5.2 (2): für Knotenbemessung:
  $\nu' = 1{,}0$ \hfill (6.57bDE)

(NCI) Knoten mit Abbiegungen von Bewehrung (z. B. nach Bild 6.28) erfordern die Einhaltung der zulässigen Biegerollendurchmesser nach 8.3.

(5) Die Bemessungswerte für die Druckspannung nach 6.5.4 (4) dürfen um bis zu 10 % erhöht werden, wenn mindestens eine der unten aufgeführten Bedingungen zutrifft:

- dreiaxialer Druck ist gewährleistet;
- alle Winkel zwischen Druck- und Zugstreben ≥ 55°;
- die an Auflagern oder durch Einzellasten aufgebrachten Spannungen sind gleichmäßig verteilt und der Knoten ist durch Bügel gesichert;
- die Bewehrung ist in mehreren Lagen angeordnet;
- die Querdehnung des Knotens wird zuverlässig durch die Lager oder Reibung behindert.

(6) Dreiaxial gedrückte Knoten dürfen mit den Gleichungen (3.24) und (3.25), mit einer oberen Begrenzung von $\sigma_{Rd,max} = k_4 \cdot \nu' \cdot f_{cd}$ nachgewiesen werden, wenn für alle Richtungen der Streben die Lastverteilung bekannt ist.

(NDP) Es gilt $k_4 = 1{,}1$. Bei genaueren Nachweisen können auch höhere Werte bis $\sigma_{Rd,max} = 3{,}0 \cdot f_{cd}$ angesetzt werden (siehe Abschnitte 3.1.9 bzw. 6.7).

(7) Die Verankerung der Bewehrung in den Druck-Zug-Knoten beginnt am Anfang des Knotens, d. h., sie beginnt beispielsweise bei einer Auflagerverankerung am Auflagerrand (siehe Bild 6.27). Die Verankerungslänge muss in der Regel über die gesamte Knotenlänge reichen. In bestimmten Fällen darf die Bewehrung auch hinter dem Knoten verankert werden. Zur Verankerung und zum Biegen der Bewehrung siehe Abschnitte 8.4 bis 8.6.

(8) Ebene Druckknoten, an denen sich drei Druckstreben treffen, dürfen gemäß Bild 6.26 nachgewiesen werden. Die maximale der gleichmäßig verteilten Knoten-Hauptspannungen ($\sigma_{Ed,0}$, $\sigma_{Ed,1}$, $\sigma_{Ed,2}$, $\sigma_{Ed,3}$) ist in der Regel gemäß 6.5.4 (4) a) nachzuweisen. Üblicherweise darf angenommen werden:

$F_{Ecd,1}/a_1 = F_{Ecd,2}/a_2 = F_{Ecd,3}/a_3$ entspricht
$\sigma_{Ed,1} = \sigma_{Ed,2} = \sigma_{Ed,3} = \sigma_{Ed,0}$.

(9) Knoten an Biegungen von Bewehrungsstäben dürfen gemäß Bild 6.28 berechnet werden. Die mittleren Spannungen in den Druckstreben sind in der Regel gemäß 6.5.4 (5) nachzuweisen. Der Biegerollendurchmesser ist in der Regel gemäß 8.3 einzuhalten.

6.6 Verankerung der Längsbewehrung und Stöße

(1)P Der Bemessungswert der Verbundfestigkeit ist auf einen Wert begrenzt, der von den Oberflächeneigenschaften der Bewehrung, der Zugfestigkeit des Betons und der Umschnürung des umgebenden Betons abhängt. Diese wird von der Betondeckung, der Querbewehrung und dem Querdruck beeinflusst.

(2) Die erforderliche Verankerungs- bzw. Übergreifungslänge wird auf Grundlage einer konstanten Verbundspannung ermittelt.

(3) Die Anwendungsregeln für die Bemessung und bauliche Durchbildung von Verankerungen und Stößen sind in den Abschnitten 8.4 bis 8.9 enthalten.

6.7 Teilflächenbelastung

(1)P Bei der Teilflächenbelastung müssen das lokale Bruchverhalten (siehe unten) und die Querzugkräfte (siehe 6.5) berücksichtigt werden.

(2) Für eine gleichmäßige Lastverteilung auf einer Fläche A_{c0} (siehe Bild 6.29) darf die aufnehmbare Teilflächenlast wie folgt ermittelt werden:

$$F_{Rdu} = A_{c0} \cdot f_{cd} \cdot \sqrt{(A_{c1}/A_{c0})}$$
$$\leq A_{c0} \cdot f_{cd} \cdot 3{,}0 \qquad (6.63)$$

Dabei ist

A_{c0} die Belastungsfläche;

A_{c1} die maximale rechnerische Verteilungsfläche mit geometrischer Ähnlichkeit zu A_{c0}.

(3) Die für die Aufnahme der Kraft F_{Rdu} vorgesehene rechnerische Verteilungsfläche A_{c1} muss in der Regel den nachfolgenden Bedingungen genügen:

– Für die zur Lastverteilung in Belastungsrichtung zur Verfügung stehende Höhe gelten die Bedingungen in Bild 6.29.

– Der Schwerpunkt der Fläche A_{c1} muss in der Regel in Belastungsrichtung mit dem Schwerpunkt der Belastungsfläche A_{c0} übereinstimmen.

– Wirken auf den Betonquerschnitt mehrere Druckkräfte, so dürfen sich die rechnerischen Verteilungsflächen innerhalb der Höhe h nicht überschneiden.

Der Wert von F_{Rdu} ist in der Regel zu verringern, wenn die Last nicht gleichmäßig über die Fläche A_{c0} verteilt ist oder wenn hohe Querkräfte vorhanden sind.

(NCI) Bei ausmittiger Belastung ist die Belastungsfläche A_{c0} entsprechend der Ausmitte zu reduzieren.

(NCI) zu Bild 6.29: *Anmerkung:* Für den Ansatz der Teilflächentragfähigkeit ist mindestens eine A_{c0} umgebende Betonfläche mit den Abmessungen aus der Projektion von A_{c1} auf die Lasteinleitungsebene erforderlich.

(4) Die durch die Teilflächenbelastung entstehenden Querzugkräfte sind in der Regel durch Bewehrung aufzunehmen.

(NCI) Ist die Aufnahme dieser Querzugkräfte nicht durch Bewehrung gesichert, sollte die Teilflächenlast auf $F_{Rdu} \leq 0{,}6 \cdot f_{cd} \cdot A_{c0}$ begrenzt werden.

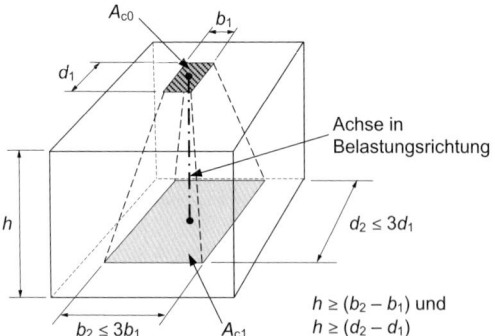

Bild 6.29. Ermittlung der Flächen für Teilflächenbelastung

7 Nachweise in den Grenzzuständen der Gebrauchstauglichkeit (GZG)

7.1 Allgemeines

(1)P Dieser Abschnitt gilt für die üblichen Grenzzustände der Gebrauchstauglichkeit. Diese sind:
– Begrenzung der Spannungen (siehe 7.2),
– Begrenzung der Rissbreiten (siehe 7.3),
– Begrenzung der Verformungen (siehe 7.4).

Weitere Grenzzustände (wie z. B. Schwingungen) können bei bestimmten Tragwerken von Bedeutung sein, werden in dieser Norm allerdings nicht behandelt.

(2) Bei der Ermittlung von Spannungen und Verformungen ist in der Regel von ungerissenen Querschnitten auszugehen, wenn die Biegezugspannung $f_{ct,eff}$ nicht überschreitet. Der Wert für $f_{ct,eff}$ darf zu f_{ctm} oder $f_{ctm,fl}$ angenommen werden, wenn die Berechnung der Mindestzugbewehrung auch auf Grundlage dieses Wertes erfolgt. Für die Nachweise von Rissbreiten und bei der Berücksichtigung der Mitwirkung des Betons auf Zug ist in der Regel f_{ctm} zu verwenden.

(NA.3) Die Spannungsnachweise nach 7.2 dürfen für nicht vorgespannte Tragwerke des üblichen Hochbaus, die nach Abschnitt 6 bemessen wurden, im Allgemeinen entfallen, wenn
– die Schnittgrößen nach der Elastizitätstheorie ermittelt und im Grenzzustand der Tragfähigkeit um nicht mehr als 15 % umgelagert wurden und
– die bauliche Durchbildung nach Abschnitt 9 durchgeführt wird und insbesondere die Festlegungen für die Mindestbewehrungen eingehalten sind.

7.2 Begrenzung der Spannungen

(1)P Die Betondruckspannungen müssen begrenzt werden, um Längsrisse, Mikrorisse oder starkes Kriechen zu vermeiden, falls diese zu Beeinträchtigungen der Funktion des Tragwerks führen können.

(2) Es kann zu Längsrissen kommen, wenn die Spannungen unter der charakteristischen Einwirkungskombination einen kritischen Wert übersteigen. Diese Rissbildung kann die Dauerhaftigkeit beeinträchtigen. In Bauteilen unter den Bedingungen der Expositionsklassen XD, XF und XS (siehe Tabelle 4.1) sollten die Betondruckspannungen auf den Wert $k_1 \cdot f_{ck}$ begrenzt werden, wenn keine anderen Maßnahmen, wie z. B. eine Erhöhung der Betondeckung in der Druckzone oder eine Umschnürung der Druckzone durch Querbewehrung getroffen werden.

(NDP) Es gilt der empfohlene Wert $k_1 = 0{,}6$.

Anmerkung: charakteristische = seltene Einwirkungskombination

(3) Beträgt die Betondruckspannung unter quasiständiger Einwirkungskombination weniger als $k_2 \cdot f_{ck}$, darf von linearem Kriechen ausgegangen werden. Übersteigt die Betondruckspannung $k_2 \cdot f_{ck}$, ist in der Regel nichtlineares Kriechen zu berücksichtigen (siehe 3.1.4).

(NDP) Es gilt der empfohlene Wert $k_2 = 0{,}45$.

(4)P Zur Vermeidung nichtelastischer Dehnungen, unzulässiger Rissbildungen und Verformungen müssen die Zugspannungen in der Bewehrung begrenzt werden.

(5) Wenn die Zugspannung in der Bewehrung unter der charakteristischen Einwirkungskombination $k_3 \cdot f_{yk}$ nicht übersteigt, darf davon ausgegangen werden, dass für das Erscheinungsbild unzulässige Rissbildungen und Verformungen vermieden werden. Zugspannungen infolge indirekter Einwirkung sind in der Regel auf $k_4 \cdot f_{yk}$ zu begrenzen.

(NDP) Es gilt: $k_3 = 0{,}8$; $k_4 = 1{,}0$;

Anmerkung: charakteristische = seltene Einwirkungskombination

7.3 Begrenzung der Rissbreiten

7.3.1 Allgemeines

(1)P Die Rissbreite ist so zu begrenzen, dass die ordnungsgemäße Nutzung des Tragwerks, sein Erscheinungsbild und die Dauerhaftigkeit nicht beeinträchtigt werden.

(2) Rissbildung tritt bei Stahlbetontragwerken auf, welche durch Biegung, Querkraft, Torsion oder Zugkräfte beansprucht werden, die aufgrund direkter Last oder durch behinderte bzw. aufgebrachte Verformungen auftreten.

(3) Risse im Beton können auch aus anderen Gründen, z. B. als plastischem Schwinden oder chemischen Reaktionen mit Volumenänderung, auftreten. Die Vermeidung und die Begrenzung der Breite solcher Risse sind in diesem Kapitel nicht geregelt.

(4) Die Rissbreite muss nicht begrenzt werden, wenn der ordnungsgemäße Gebrauch des Tragwerks nicht beeinträchtigt wird.

(5) Ein Grenzwert w_{max} für die rechnerische Rissbreite w_k ist in der Regel unter Berücksichtigung

Tabelle 7.1DE. Rechenwerte für w_{max} (in Millimeter)

	1	2
	Expositionsklasse	Stahlbeton mit quasi-ständiger Einwirkungskombination
1	X0, XC1	0,4 [a)]
2	XC2 – XC4	0,3
3	XS1 – XS3 ; XD1, XD2, XD3 [d)]	

[a)] Bei den Expositionsklassen X0 und XC1 hat die Rissbreite keinen Einfluss auf die Dauerhaftigkeit und dieser Grenzwert wird i. Allg. zur Wahrung eines akzeptablen Erscheinungsbildes gesetzt. Fehlen entsprechende Anforderungen an das Erscheinungsbild, darf dieser Grenzwert erhöht werden.
[d)] Beachte 7.3.1 (7). Bei Dach- oder Verkehrsflächen mit einer Chloridbeaufschlagung aus Tausalzen ist das Eindringen von Chloriden in Risse dauerhaft zu verhindern (siehe informative Beispiele in Tabelle 4.1 – Expositionsklassen).

des geplanten Gebrauchs und der Art des Tragwerks sowie der Kosten der Rissbreitenbegrenzung festzulegen.

(NDP) Es gilt Tabelle 7.1DE.

(7) Bei Bauteilen der Expositionsklasse XD3 können besondere Maßnahmen erforderlich werden. Die Wahl der entsprechenden Maßnahmen hängt von der Art des Angriffsrisikos ab.

(8) Bei Stabwerkmodellen, die an der Elastizitätstheorie orientiert sind, dürfen die aus den Stabkräften ermittelten Stahlspannungen beim Nachweis der Rissbreitenbegrenzung verwendet werden (siehe 5.6.4 (2)).

(NCI) Auch an Stellen, an denen nach dem verwendeten Stabwerkmodell rechnerisch keine Bewehrung erforderlich ist, können Zugkräfte entstehen, die durch eine geeignete konstruktive Bewehrung, z. B. für wandartige Träger nach Abschnitt 9.7, abgedeckt werden müssen.

(9) Rissbreiten dürfen gemäß 7.3.4 berechnet werden. Alternativ dürfen vereinfachend die Durchmesser der Stäbe oder deren Abstände gemäß 7.3.3 begrenzt werden.

(NA.10) Werden Betonstahlmatten mit einem Querschnitt $a_s \geq 6$ cm^2/m nach 8.7.5.1 in zwei Ebenen gestoßen, ist im Stoßbereich der Nachweis der Rissbreitenbegrenzung mit einer um 25 % erhöhten Stahlspannung zu führen.

7.3.2 Mindestbewehrung für die Begrenzung der Rissbreite

(1)P Zur Begrenzung der Rissbreiten ist eine Mindestbewehrung in der Zugzone erforderlich. Die Mindestbewehrung darf aus dem Gleichgewicht der Betonzugkraft unmittelbar vor der Rissbildung und der Zugkraft in der Bewehrung der Zugzone unter Berücksichtigung der Stahlspannung σ_s nach Absatz (2) ermittelt werden.

(2) Sofern nicht eine genauere Rechnung zeigt, dass ein geringerer Bewehrungsquerschnitt ausreicht, darf die erforderliche Mindestbewehrung zur Begrenzung der Rissbreite nach Gleichung (7.1) ermittelt werden. Bei gegliederten Querschnitten wie Hohlkästen oder Plattenbalken ist in der Regel die Mindestbewehrung für jeden Teilquerschnitt (Gurte und Stege) einzeln nachzuweisen.

$$A_{s,min} \cdot \sigma_s = k_c \cdot k \cdot f_{ct,eff} \cdot A_{ct} \qquad (7.1)$$

Dabei ist

$A_{s,min}$ die Mindestquerschnittsfläche der Betonstahlbewehrung innerhalb der Zugzone;

A_{ct} die Fläche der Betonzugzone. Die Zugzone ist derjenige Teil des Querschnitts oder Teilquerschnitts, der unter der zur Erstrissbildung am Gesamtquerschnitt führenden Einwirkungskombination im ungerissenen Zustand rechnerisch unter Zugspannungen steht;

σ_s der Absolutwert der maximal zulässigen Spannung in der Betonstahlbewehrung unmittelbar nach Rissbildung. Dieser darf als die Streckgrenze der Bewehrung f_{yk} angenommen werden. Zur Einhaltung der Rissbreitengrenzwerte kann allerdings ein geringerer Wert entsprechend dem Grenzdurchmesser der Stäbe oder dem Höchstwert der Stababstände erforderlich werden (siehe 7.3.3 (2));

(NCI)

$f_{ct,eff}$ der Mittelwert der wirksamen Zugfestigkeit des Betons f_{ctm}, der beim Auftreten der Risse zu erwarten ist. Dabei sollte für $f_{ct,eff}$ mindestens eine Zugfestigkeit $f_{ctm} > 3$ N/mm² angenommen werden. Wenn der Abschluss der Rissbildung mit Sicherheit innerhalb der ersten 28 Tage festgelegt werden kann, darf ein niedrigerer Wert mit $f_{ctm}(t)$ angesetzt werden. Falls ein niedrigerer Wert $f_{ctm}(t)$ angesetzt wird, ist dieser durch den Hinweis in der Baubeschreibung, der Ausschreibung und auf den Ausführungsunterlagen dem Bauausführenden rechtzeitig mitzuteilen, damit dies bei der Festlegung des Betons berücksichtigt werden kann.

k der Beiwert zur Berücksichtigung von nichtlinear verteilten Betonzugspannungen und weiteren risskraftreduzierenden Einflüssen. Modifizierte Werte für k sind für unterschiedliche Fälle nachfolgend angegeben:

a) Zugspannungen infolge im Bauteil selbst hervorgerufenen Zwangs (z. B. Eigenspannungen infolge Abfließens der Hydratationswärme):

$k = 0,8$ für Querschnitte mit $h \leq 300$ mm,

$k = 0,5$ für Querschnitte mit $h \geq 800$ mm.

Zwischenwerte dürfen interpoliert werden; für h ist der kleinere Wert von Höhe oder Breite des Querschnitts oder Teilquerschnitts zu setzen;

b) Zugspannungen infolge außerhalb des Bauteils hervorgerufenen Zwangs (z. B. Stützensenkung, wenn der Querschnitt frei von nichtlinear verteilten Eigenspannungen und weiteren risskraftreduzierenden Einflüssen ist):

$k = 1,0$;

k_c der Beiwert zur Berücksichtigung des Einflusses der Spannungsverteilung innerhalb des Querschnitts vor der Erstrissbildung sowie der Änderung des inneren Hebelarmes:

– bei reinem Zug: $k_c = 1,0$,

– bei Biegung oder Biegung mit Normalkraft:

• bei Rechteckquerschnitten und Stegen von Hohlkästen- oder T-Querschnitten:

$$k_c = 0,4 \cdot \left[1 - \frac{\sigma_c}{k_1 \cdot (h/h^*) \cdot f_{ct,eff}}\right] \leq 1 \quad (7.2)$$

• bei Gurten von Hohlkästen- oder T-Querschnitten:

$$k_c = 0,9 \cdot \frac{F_{cr}}{A_{ct} \cdot f_{ct,eff}} \geq 0,5 \quad (7.3)$$

Dabei ist

σ_c (NCI) die Betonspannung in Höhe der Schwerlinie des Querschnitts oder Teilquerschnitts im ungerissenen Zustand unter der Einwirkungskombination, die am Gesamtquerschnitt zur Erstrissbildung führt.

$$\sigma_c = N_{Ed}/(b \cdot h); \quad (7.4)$$

N_{Ed} die Normalkraft im Grenzzustand der Gebrauchstauglichkeit, die auf den untersuchten Teil des Querschnitts einwirkt (Druckkraft positiv). Zur Bestimmung von N_{Ed} sind in der Regel die charakteristischen Werte der Normalkräfte unter der maßgebenden Einwirkungskombination zu berücksichtigen;

h^* $h^* = h$ für $h < 1,0$ m,
$h^* = 1,0$ m für $h \geq 1,0$ m;

k_1 der Beiwert zur Berücksichtigung der Auswirkungen der Normalkräfte auf die Spannungsverteilung:

$k_1 = 1,5$ falls N_{Ed} eine Druckkraft ist,
$k_1 = 2h^*/(3h)$ falls N_{Ed} eine Zugkraft ist;

F_{cr} der Absolutwert der Zugkraft im Gurt unmittelbar vor Rissbildung infolge des mit $f_{ct,eff}$ berechneten Rissmoments.

(NCI) Die Mindestbewehrung ist überwiegend am gezogenen Querschnittsrand anzuordnen, mit einem angemessenen Anteil aber auch so über die Zugzone zu verteilen, dass die Bildung breiter Sammelrisse vermieden wird.
Der Querschnitt der Mindestbewehrung darf vermindert werden, wenn die Zwangsschnittgröße die Rissschnittgröße nicht erreicht. In diesen Fällen darf die Mindestbewehrung durch eine Bemessung des Querschnitts für die nachgewiesene Zwangsschnittgröße unter Berücksichtigung der Anforderungen an die Rissbreitenbegrenzung ermittelt werden.

(3) $A_{c,eff}$ ist der Wirkungsbereich der Bewehrung. $A_{c,eff}$ ist die Betonfläche um die Zugbewehrung mit der Höhe $h_{c,ef}$, wobei $h_{c,ef}$ das Minimum von $[2,5 \cdot (h - d); (h - x)/3; h/2]$ ist (siehe Bild 7.1).

(NCI) Anmerkung: Der Ansatz für den Wirkungsbereich der Bewehrung $A_{c,eff}$ mit $2,5(h - d)$ gilt nur für eine konzentrierte Bewehrungsanordnung und dünne Bauteile mit $h/(h - d) \leq 10$ bei Biegung und $h/(h - d) \leq 5$ bei zentrischem Zwang hinreichend genau. Bei dickeren Bauteilen kann der Wirkungsbereich bis auf $5(h - d)$ anwachsen (siehe Bild 7.1d).

Wenn die Bewehrung nicht innerhalb des Grenzbereiches $(h-x)/3$ liegt, sollte dieser auf $(h-x)/2$ mit x im Zustand I vergrößert werden.

(NA.5) Bei dickeren Bauteilen darf die Mindestbewehrung unter zentrischem Zwang für die Begrenzung der Rissbreiten je Bauteilseite unter Berücksichtigung einer effektiven Randzone $A_{c,eff}$ mit Gleichung (NA.7.5.1) je Bauteilseite berechnet werden,

$$A_{s,min} = f_{ct,eff} \cdot A_{c,eff}/\sigma_s \geq k \cdot f_{ct,eff} \cdot A_{ct}/f_{yk}$$
(NA.7.5.1)

Dabei ist

$A_{c,eff}$ der Wirkungsbereich der Bewehrung nach Bild 7.1: $A_{c,eff} = h_{c,ef} \cdot b$;

A_{ct} die Fläche der Betonzugzone je Bauteilseite mit $A_{ct} = 0{,}5\, h \cdot b$.

Der Grenzdurchmesser der Bewehrungsstäbe zur Bestimmung der Betonstahlspannung in Gleichung (NA.7.5.1) muss in Abhängigkeit von der wirksamen Betonzugfestigkeit $f_{ct,eff}$ folgendermaßen modifiziert werden:

$$\phi = \phi_s^* \cdot f_{ct,eff}/2{,}9\ \text{N/mm}^2 \qquad \text{(NA.7.5.2)}$$

Es braucht aber nicht mehr Mindestbewehrung eingelegt zu werden, als sich nach Gleichung (7.1) mit Gleichung (7.7DE) bzw. nach Abschnitt 7.3.4 ergibt.

(NA.6) Werden langsam erhärtende Betone mit $r \leq 0{,}3$ verwendet (i. d. R. bei dickeren Bauteilen), darf die Mindestbewehrung mit einem Faktor 0,85 verringert werden. Die Rahmenbedingungen der Anwendungsvoraussetzungen für die Bewehrungsverringerung sind dann in den Ausführungsunterlagen festzulegen.

Anmerkung: Kennwert für die Festigkeitsentwicklung des Betons $r = f_{cm2}/f_{cm28}$ nach DIN EN 206-1.

7.3.3 Begrenzung der Rissbreite ohne direkte Berechnung

(1) Bei biegebeanspruchten Stahlbetonbetondecken im üblichen Hochbau ohne wesentliche Zugnormalkraft sind bei einer Gesamthöhe von nicht mehr als 200 mm und bei Einhaltung der Bedingungen gemäß 9.3 keine speziellen Maßnahmen zur Begrenzung der Rissbreiten erforderlich.

(NCI) Die Regel darf nur für Platten in der Expositionsklasse XC1 angewendet werden.

(2) Zur Vereinfachung des Nachweises der Rissbreitenbegrenzung sind die Regeln aus 7.3.4 in tabellarischer Form als Begrenzung des Stabdurchmessers oder des Stababstands dargestellt.

Anmerkung: Wenn die Mindestbewehrung nach 7.3.2 eingehalten wird, ist eine Überschreitung der Rissbreiten unwahrscheinlich, wenn:

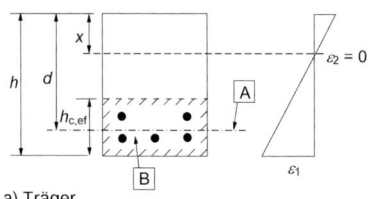

a) Träger

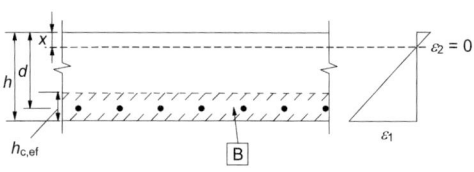

b) Platte / Decke

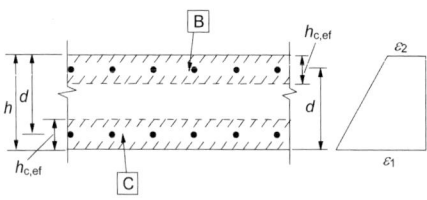

c) Bauteil unter Zugbeanspruchung

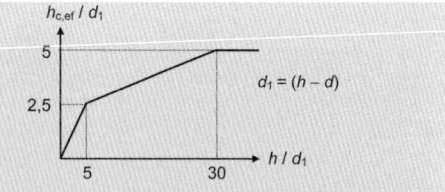

(NCI) d) Vergrößerung der Höhe $h_{c,ef}$ des Wirkungsbereiches der Bewehrung bei zunehmender Bauteildicke

A Schwerachse der Bewehrung

B, C Wirkungsbereich der Bewehrung $A_{c,eff}$

Bild 7.1DE. Wirkungsbereich der Bewehrung (typische Fälle)

- bei Rissen infolge überwiegenden Zwangs der Stabdurchmesser nach Tabelle 7.2DE eingehalten ist. Dabei ist für die Stahlspannung der Wert unmittelbar nach Rissbildung (d. h. σ_s in Gleichung (7.1)) einzusetzen.
- bei Rissen infolge überwiegend direkter Einwirkungen die Bedingungen nach Tabelle 7.2DE oder nach Tabelle 7.3N eingehalten sind. Die Stahlspannungen sind in der Regel auf Grundlage gerissener Querschnitte unter der maßgebenden Einwirkungskombination zu ermitteln.

Tabelle 7.2DE. Grenzdurchmesser bei Betonstählen ϕ_s^* [mm]

1	2	3	4
Stahlspannung σ_s [b)] N/mm²	Grenzdurchmesser der Stäbe [mm] [a)]		
	$w_k = 0{,}4$ mm	$w_k = 0{,}3$ mm	$w_k = 0{,}2$ mm
160	54	41	27
180	43	32	21
200	35	26	17
220	29	22	14
240	24	18	12
260	21	15	10
280	18	13	9
300	15	12	8
320	14	10	7
340	12	9	6
360	11	8	5
400	9	7	4
450	7	5	3

[a)] Die Werte der Tabelle 7.2DE basieren auf den folgenden Annahmen: Grenzwerte der Gleichungen (7.9) und (7.11) mit $f_{ct,eff} = 2{,}9$ N/mm² und $E_s = 200.000$ N/mm²:

$$\sigma_s = \sqrt{w_k \cdot 3{,}48 \cdot 10^6/\phi_s^*}$$

[b)] unter der maßgebenden Einwirkungskombination

Tabelle 7.3N. Höchstwerte der Stababstände zur Begrenzung der Rissbreiten

1	2	3	4
Stahlspannung σ_s [b)] N/mm²	Höchstwerte der Stababstände [mm]		
	$w_k = 0{,}4$ mm	$w_k = 0{,}3$ mm	$w_k = 0{,}2$ mm
160	300	300	200
200	300	250	150
240	250	200	100
280	200	150	50
320	150	100	–
360	100	50	–

[b)] unter der maßgebenden Einwirkungskombination

Der Grenzdurchmesser sollte wie folgt modifiziert werden:

(NDP)

– Mindestbewehrung Rissmoment Biegung nach 7.3.2:

$$\phi_s = \phi_s^* \cdot \frac{k_c \cdot k \cdot h_{cr}}{4(h-d)} \cdot \frac{f_{ct,eff}}{2,9} \geq \phi_s^* \cdot \frac{f_{ct,eff}}{2,9}$$

(7.6DE)

– Mindestbewehrung zentrischer Zug nach 7.3.2:

$$\phi_s = \phi_s^* \cdot \frac{k_c \cdot k \cdot h_{cr}}{8(h-d)} \cdot \frac{f_{ct,eff}}{2,9} \geq \phi_s^* \cdot \frac{f_{ct,eff}}{2,9}$$

(7.7DE)

– Lastbeanspruchung:

$$\phi_s = \phi_s^* \cdot \frac{\sigma_s \cdot A_s}{4(h-d) \cdot b \cdot 2,9} \geq \phi_s^* \cdot \frac{f_{ct,eff}}{2,9}$$

(7.7.1DE)

Dabei ist

ϕ_s der modifizierte Grenzdurchmesser;

ϕ_s^* der Grenzdurchmesser nach Tabelle 7.2;

h die Gesamthöhe des Querschnitts;

h_{cr} die Höhe der Zugzone unmittelbar vor Rissbildung unter Berücksichtigung der Normalkräfte unter quasi-ständiger Einwirkungskombination;

d die statische Nutzhöhe bis zum Schwerpunkt der außenliegenden Bewehrung;

σ_s (NDP) Betonstahlspannung im Zustand II.

Steht der Querschnitt vollständig unter Zug, ist $(h-d)$ der Mindestabstand zwischen dem Schwerpunkt der Bewehrungslage und der Betonoberfläche (bei unsymmetrischer Stablage Mindestabstand zu allen Seiten berücksichtigen).

(3) Bei Trägern mit einer Höhe von mindestens 1000 mm, bei denen die Hauptbewehrung auf einem kleinen Teil der Höhe konzentriert ist, ist in der Regel eine zusätzliche Oberflächenbewehrung vorzusehen, um die Rissbreite an den Seitenflächen des Trägers zu begrenzen. Diese Oberflächenbewehrung ist in der Regel gleichmäßig über die Höhe zwischen der Lage der Zugbewehrung und der Nulllinie innerhalb der Bügel zu verteilen. Die Querschnittsfläche der Oberflächenbewehrung darf in der Regel den nach 7.3.2 (2) mit $k = 0,5$ und $\sigma_s = f_{yk}$ ermittelten Mindestwert nicht unterschreiten. Abstand und Durchmesser der Stäbe dürfen gemäß 7.3.4 oder durch eine geeignete Vereinfachung gewählt werden. Dabei wird von reinem Zug und einer Stahlspannung mit der Hälfte des für die Hauptzugbewehrung ermittelten Wertes ausgegangen.

(4) Ein erhöhtes Risiko für größere Risse besteht in Querschnitten, in denen es zu größeren lokalen Spannungsänderungen kommt, beispielsweise:

– bei Querschnittsänderungen,

– in der Nähe konzentrierter Lasten,

– in Bereichen mit gestaffelter Bewehrung,

– in Bereichen mit hohen Verbundspannungen, insbesondere an den Enden von Bewehrungsstößen.

In diesen Bereichen ist in der Regel besonders darauf zu achten, die Spannungsänderungen so weit wie möglich zu minimieren. Üblicherweise begrenzen die oben aufgeführten Regeln jedoch die Rissbreiten dort ausreichend, wenn die Bewehrungsregeln der Kapitel 8 und 9 angewendet werden.

(5) Es darf davon ausgegangen werden, dass die Rissbreiten infolge indirekter Einwirkungen ausreichend begrenzt sind, wenn die Konstruktionsregeln der Abschnitte 9.2.2, 9.2.3, 9.3.2 und 9.4.3 eingehalten werden.

(NA.6)P Bei Stabbündeln ist anstelle des Stabdurchmessers der n Einzelstäbe der Vergleichsdurchmesser des Stabbündels $\phi_n = \phi \cdot \sqrt{n}$ anzusetzen.

(NA.7) Werden in einem Querschnitt Stäbe mit unterschiedlichen Durchmessern verwendet, darf ein mittlerer Stabdurchmesser $\phi_m = \Sigma \phi_i^2 / \Sigma \phi_i$ angesetzt werden.

(NA.8) Bei Betonstahlmatten mit Doppelstäben darf der Durchmesser eines Einzelstabes angesetzt werden.

(NA.9) Die Begrenzung der Schubrissbreite darf ohne weiteren Nachweis als sichergestellt angenommen werden, wenn die Bewehrungsregeln nach 8.5 und die Konstruktionsregeln nach 9.2.2 und 9.2.3 eingehalten sind.

7.3.4 Berechnung der Rissbreite

(1) Die charakteristische Rissbreite w_k darf wie folgt ermittelt werden:

$$w_k = s_{r,max} \cdot (\varepsilon_{sm} - \varepsilon_{cm})$$

(7.8)

Dabei ist

$s_{r,max}$ der maximale Rissabstand bei abgeschlossenem Rissbild;

ε_{sm} die mittlere Dehnung der Bewehrung unter der maßgebenden Einwirkungskombination einschließlich der Auswirkungen aufgebrachter Verformungen und unter Berücksichtigung der Mitwirkung des Betons auf Zug zwischen den Rissen. Es wird nur die zusätzliche, über die Nulldehnung hinausgehende, in gleicher Höhe auftretende Betonzugdehnung berücksichtigt;

ε_{cm} die mittlere Dehnung des Betons zwischen den Rissen.

(NCI) Wenn die Rissbreiten für Beanspruchungen berechnet werden, bei denen die Zugspannungen aus einer Kombination von Zwang und Lastbeanspruchung herrühren, dürfen die Gleichungen dieses Abschnitts verwendet werden. Jedoch sollte die Dehnung infolge Lastbeanspruchung, die auf Grundlage eines gerissenen Querschnitts berechnet wurde, um den Wert infolge Zwangs erhöht werden.

(2) Die Größe von $\varepsilon_{sm} - \varepsilon_{cm}$ darf mit folgender Gleichung ermittelt werden:

$$\varepsilon_{sm} - \varepsilon_{cm} = \frac{\sigma_s - k_t \cdot \frac{f_{ct,eff}}{\rho_{p,eff}}(1 + \alpha_e \cdot \rho_{p,eff})}{E_s}$$

$$\geq 0{,}6 \cdot \frac{\sigma_s}{E_s} \quad (7.9)$$

Dabei ist

σ_s die Spannung in der Zugbewehrung unter Annahme eines gerissenen Querschnitts;

α_e ist das Verhältnis E_s/E_{cm};

$\rho_{p,eff} = A_s/A_{c,eff}$ \quad (7.10)

$A_{c,eff}$ ist in 7.3.2 (3) definiert;

k_t der Faktor, der von der Dauer der Lasteinwirkung abhängt,

$k_t = 0{,}6$ bei kurzzeitiger Lasteinwirkung,

$k_t = 0{,}4$ bei langfristiger Lasteinwirkung.

(NCI) In der Regel ist das Verbundkriechen zu berücksichtigen und $k_t = 0{,}4$ zu setzen.

(NCI) Wenn die resultierende Dehnung infolge von Zwang im gerissenen Zustand den Wert 0,8 ‰ nicht überschreitet, ist es im Allgemeinen ausreichend, die Rissbreite für den größeren Wert der Spannung aus Zwang- oder Lastbeanspruchung zu ermitteln.

Die wirksame Betonzugfestigkeit in Gleichung (7.9) entspricht $f_{ct,eff}$ nach NCI zu 7.3.2 (2) (jedoch ohne Ansatz einer Mindestbetonzugfestigkeit).

(3) Bei geringem Abstand der im Verbund liegenden Stäbe untereinander in der Zugzone ($\leq 5 \cdot (c + \phi/2)$) darf der maximale Rissabstand bei abgeschlossenem Rissbild mit Gleichung (7.11) ermittelt werden (siehe Bild 7.2):

$$s_{r,max} = k_3 \cdot c + k_1 \cdot k_2 \cdot k_4 \cdot \phi/\rho_{p,eff} \quad (7.11)$$

Dabei ist

ϕ der Stabdurchmesser. Werden verschiedene Stabdurchmesser in einem Querschnitt verwendet, ist in der Regel ein Ersatzdurchmesser ϕ_{eq} zu verwenden. Bei einem Querschnitt mit n_1 Stäben mit dem Durchmesser ϕ_1 und n_2 Stäben mit einem Durchmesser ϕ_2 beträgt der Ersatzdurchmesser:

$$\phi_{eq} = \frac{n_1 \cdot \phi_1^2 + n_2 \cdot \phi_2^2}{n_1 \cdot \phi_1 + n_2 \cdot \phi_2} \quad (7.12)$$

c die Betondeckung der Längsbewehrung;

k_1 der Beiwert zur Berücksichtigung der Verbundeigenschaften der Bewehrung;

k_2 der Beiwert zur Berücksichtigung der Dehnungsverteilung;

(NDP) $k_1 \cdot k_2 = 1$; $k_3 = 0$; $k_4 = 1/3{,}6$

$\rightarrow s_{r,max} = (1/3{,}6) \cdot \phi/\rho_{p,eff} \quad (7.11DE)$

Dabei darf $s_{r,max}$ nach Gleichung (7.11DE) mit

$$s_{r,max} \leq \frac{\sigma_s \cdot \phi}{3{,}6 \cdot f_{ct,eff}}$$

und bei Betonstahlmatten auf maximal zwei Maschenweiten begrenzt werden.

Wenn der Abstand der im Verbund liegenden Stäbe $5 \cdot (c + \phi/2)$ übersteigt (siehe Bild 7.2) oder wenn in der Zugzone keine im Verbund liegende Bewehrung vorhanden ist, darf ein oberer Grenzwert für die Rissbreite unter Annahme eines maximalen Rissabstands ermittelt werden:

$$s_{r,max} = 1{,}3 \, (h - x) \quad (7.14)$$

(4) Wenn die Achsen der Hauptzugspannung in orthogonal bewehrten Bauteilen einen Winkel von mehr als 15° zur Richtung der zugeordneten Bewehrung bilden, darf der Rissabstand $s_{r,max}$ mit folgender Gleichung berechnet werden:

$$s_{r,max} = \frac{1}{\dfrac{\cos\theta}{s_{r,max,y}} + \dfrac{\cos\theta}{s_{r,max,z}}} \quad (7.15)$$

Dabei ist

θ der Winkel zwischen der Bewehrung in y-Richtung und der Richtung der Hauptzugspannung;

$s_{r,max,y}$, $s_{r,max,z}$ der maximale Rissabstand in y- bzw. z-Richtung nach 7.3.4 (3).

(5) Bei Wänden, bei denen der Querschnitt der horizontalen Bewehrung A_s die Anforderungen aus 7.3.2 nicht erfüllt und bei denen die mit dem Abfließen der Hydratationswärme verbundene

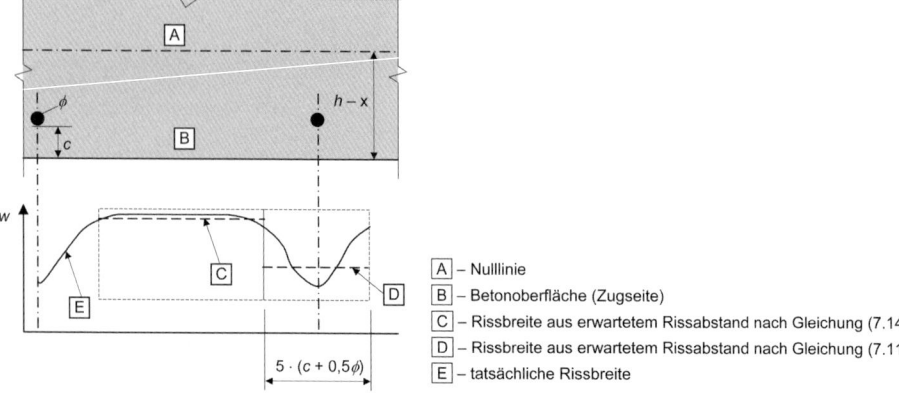

Bild 7.2. Rissbreite w an der Betonoberfläche in Bezug auf den Stababstand

Verformung durch früher hergestellte Fundamente behindert wird, darf $s_{r,max}$ gleich der 1,3-fachen Wandhöhe angenommen werden.

(NCI) Wenn für diese Wände der Nachweis der Rissbreitenbegrenzung geführt wird, sollte ein oberer Grenzwert der Rissbreite im Einzelfall festgelegt werden. Der maximale Rissabstand sollte jedoch gleich der 2-fachen Wandhöhe gesetzt werden.

Anmerkung: Werden vereinfachte Verfahren zur Berechnung der Rissbreite verwendet, sollten diese in der Regel auf den in dieser Norm enthaltenen Grundlagen beruhen oder sie sind durch Versuche zu verifizieren.

7.4 Begrenzung der Verformungen

7.4.1 Allgemeines

(1)P Die Verformungen eines Bauteils oder eines Tragwerks dürfen weder die ordnungsgemäße Funktion noch das Erscheinungsbild des Bauteils beeinträchtigen.

(2) Geeignete Grenzwerte für die Durchbiegung sind in der Regel auf die Art des Tragwerks, des Ausbaus, etwaige leichte Trennwände oder Befestigungen sowie auf die Funktion des Tragwerks abzustimmen.

(3) Verformte Bauteile oder Tragwerke dürfen angrenzende Bauelemente, wie z. B. leichte Trennwände, Verglasungen, Außenwandverkleidungen, haustechnische Anlagen oder Oberflächenstrukturen, nicht beeinträchtigen. In einigen Fällen können Begrenzungen erforderlich sein, um die ordnungsgemäße Funktion von Maschinen oder Geräten auf dem Tragwerk sicherzustellen oder stehendes Wasser auf Flachdächern zu vermeiden.

Anmerkung: Die Durchbiegungsgrenzen nach den Absätzen (4) und (5) basieren auf ISO 4356 und stellen i. Allg. hinreichende Gebrauchseigenschaften von Bauwerken, wie z. B. Wohnbauten, Bürobauten, öffentlichen Bauten oder Fabriken, sicher. Es sollte überprüft werden, ob die Grenzwerte für das jeweilig betrachtete Tragwerk angemessen sind und keine besonderen Anforderungen vorliegen. Weitere Angaben zu Durchbiegungen und deren Grenzwerte dürfen ISO 4356 entnommen werden.

(NCI) *Anmerkung:* In diesem Abschnitt werden nur Verformungen in vertikaler Richtung von biegebeanspruchten Bauteilen behandelt. Dabei wird unterschieden in

– Durchhang: vertikale Bauteilverformung bezogen auf die Verbindungslinie der Unterstützungspunkte,

– Durchbiegung: vertikale Bauteilverformung bezogen auf die Systemlinie des Bauteils (z. B. bei Schalungsüberhöhungen bezogen auf die überhöhte Lage).

(4) Das Erscheinungsbild und die Gebrauchstauglichkeit eines Tragwerks können beeinträchtigt werden, wenn der berechnete Durchhang eines Balkens, einer Platte oder eines Kragbalkens unter quasi-ständiger Einwirkungskombination 1/250 der Stützweite überschreitet. Der Durchhang ist auf die Verbindungslinie der Unterstützungspunkte zu beziehen. Überhöhungen dürfen eingebaut werden, um einen Teil oder die gesamte Durchbiegung auszugleichen. Die Schalungsüberhöhung darf in der Regel 1/250 der Stützweite nicht überschreiten.

(NCI) Bei Kragträgern darf für die Stützweite die 2,5-fache Kraglänge angesetzt werden, d.h. Durchhang $\leq 1/100$ der Kraglänge. Der maximal zulässige Durchhang eines Kragträgers sollte jedoch den des benachbarten Feldes nicht überschreiten.

In Fällen, in denen der Durchhang weder die Gebrauchstauglichkeit beeinträchtigt noch besondere Anforderungen an das Erscheinungsbild gestellt werden, darf dieser Wert erhöht werden.

Anmerkung: Auch bei Anwendung der Biegeschlankheitskriterien bzw. sorgfältiger Verformungsberechnung können die Verformungsgrenzwerte gelegentlich und geringfügig überschritten werden.

(5) Verformungen, die angrenzende Bauteile des Tragwerks beschädigen könnten, sind in der Regel zu begrenzen. Für die Durchbiegung unter quasi-ständiger Einwirkungskombination nach Einbau dieser Bauteile darf als Richtwert für die Begrenzung 1/500 der Stützweite angenommen werden. Andere Grenzwerte dürfen je nach Empfindlichkeit der angrenzenden Bauteile berücksichtigt werden.

(6) Der Grenzzustand der Verformung darf nachgewiesen werden durch:
– Begrenzung der Biegeschlankheit nach 7.4.2 oder
– Vergleich einer berechneten Verformung gemäß 7.4.3 mit einem Grenzwert.

Anmerkung: Die tatsächlichen Verformungen können von den berechneten Werten abweichen, insbesondere wenn die einwirkenden Momente in der Nähe des Rissmomentes liegen. Die Unterschiede hängen von der Streuung der Materialeigenschaften, den Umweltbedingungen, der Lastgeschichte, den Einspannungen an den Auflagern, den Bodenverhältnissen usw. ab.

7.4.2 Nachweis der Begrenzung der Verformungen ohne direkte Berechnung

(1)P Im Allgemeinen sind Durchbiegungsberechnungen nicht erforderlich, wenn die Biegeschlankheit nach 7.4.2 (2) begrenzt wird. Genauere Nachweise sind erforderlich, wenn die Biegeschlankheit nach 7.4.2 (2) nicht eingehalten wird oder andere Randbedingungen oder Durchbiegungsgrenzen als die dem vereinfachten Verfahren zugrunde liegenden bestehen.

(2) Wenn Stahlbetonbalken oder -platten im Hochbau so dimensioniert sind, dass die in diesem Abschnitt angegebenen zulässigen Biegeschlankheiten eingehalten werden, darf man davon ausgehen, dass auch ihre Durchbiegungen die in 7.4.1 (4) und (5) angegebenen Grenzen nicht überschreiten. Die zulässige Biegeschlankheit darf mit den Gleichungen (7.16.a) und (7.16.b) ermittelt werden, wenn diese mit Korrekturbeiwerten, welche die Bewehrung und andere Einflussgrößen berücksichtigen, multipliziert werden. Eine Überhöhung wird in diesen Gleichungen nicht berücksichtigt.

$$\frac{\ell}{d} = K \cdot \left[11 + 1{,}5\sqrt{f_{ck}}\,\frac{\rho_0}{\rho} + 3{,}2\sqrt{f_{ck}} \cdot \sqrt{\left(\frac{\rho_0}{\rho} - 1\right)^3}\right]$$

wenn $\rho \leq \rho_0$ \hfill (7.16a)

$$\frac{\ell}{d} = K \cdot \left[11 + 1{,}5\sqrt{f_{ck}}\,\frac{\rho_0}{\rho - \rho'} + \frac{1}{12}\sqrt{f_{ck}} \cdot \sqrt{\frac{\rho'}{\rho_0}}\right]$$

wenn $\rho > \rho_0$ \hfill (7.16b)

Dabei ist

ℓ/d der Grenzwert der Biegeschlankheit (Verhältnis von Stützweite zu Nutzhöhe);

K der Beiwert zur Berücksichtigung der verschiedenen statischen Systeme;

ρ_0 der Referenzbewehrungsgrad
$\rho_0 = 10^{-3} \cdot \sqrt{f_{ck}}$;

ρ der erforderliche Zugbewehrungsgrad in Feldmitte, um das Bemessungsmoment aufzunehmen (am Einspannquerschnitt für Kragträger);

ρ' der erforderliche Druckbewehrungsgrad in Feldmitte, um das Bemessungsmoment aufzunehmen (am Einspannquerschnitt für Kragträger);

f_{ck} in [N/mm^2].

(NCI) Die Biegeschlankheiten nach Gleichung (7.16) sollten jedoch allgemein auf die Maximalwerte $\ell/d \leq K \cdot 35$ und bei Bauteilen, die verformungsempfindliche Ausbauelemente beeinträchtigen können, auf $\ell/d \leq K^2 \cdot 150/\ell$ begrenzt werden.

Die Gleichungen (7.16a) und (7.16b) sind unter der Voraussetzung hergeleitet worden, dass die Stahlspannung unter der entsprechenden Bemessungslast im GZG in einem gerissenen Querschnitt in Feldmitte eines Balkens bzw. einer Platte oder am Einspannquerschnitt eines Kragträgers 310 N/mm² beträgt (entspricht ungefähr f_{yk} = 500 N/mm²). Werden andere Spannungsniveaus verwendet, sind in der Regel die nach Gleichung (7.16) ermittelten Werte mit 310/σ_s zu multiplizieren. Im Allgemeinen befindet man sich mit der Annahme nach Gleichung (7.17) auf der sicheren Seite:

$$310/\sigma_s = 500/(f_{yk} \cdot A_{s,req}/A_{s,prov}) \quad (7.17)$$

Dabei ist

σ_s die Stahlzugspannung in Feldmitte (am Einspannquerschnitt eines Kragträgers) unter der Bemessungslast im GZG;

$A_{s,prov}$ die vorhandene Querschnittsfläche der Zugbewehrung im vorgegebenen Querschnitt;

$A_{s,req}$ die erforderliche Querschnittsfläche der Zugbewehrung im vorgegebenen Querschnitt im Grenzzustand der Tragfähigkeit.

Bei gegliederten Querschnitten, bei denen das Verhältnis von Gurtbreite zu Stegbreite den Wert 3 übersteigt, sind in der Regel die Werte von ℓ/d nach Gleichung (7.16) mit 0,8 zu multiplizieren.

Bei Balken und Platten (außer Flachdecken) mit Stützweiten über 7 m, die leichte Trennwände tragen, die durch übermäßige Durchbiegung beschädigt werden könnten, sind in der Regel die Werte ℓ/d nach Gleichung (7.16) mit dem Faktor $7/\ell_{eff}$ (ℓ_{eff} [m], siehe 5.3.2.2 (1)) zu multiplizieren.

Bei Flachdecken mit Stützweiten über 8,5 m, die leichte Trennwände tragen, die durch übermäßige Durchbiegung beschädigt werden könnten, sind in der Regel die Werte ℓ/d nach Gleichung (7.16) mit dem Faktor $8,5/\ell_{eff}$ (ℓ_{eff} [m]) zu multiplizieren.

Anmerkung: Die Werte nach Gleichung (7.16) sind das Ergebnis einer Parameterstudie, die an einer Reihe von gelenkig gelagerten Balken oder Platten mit Rechteckquerschnitten unter Verwendung des allgemeinen Ansatzes aus 7.4.3 durchgeführt wurde. Dabei wurden verschiedene Betondruckfestigkeitsklassen und eine charakteristische Streckgrenze von 500 N/mm² berücksichtigt. Für eine gegebene Zugbewehrung wurde das Tragfähigkeitsmoment errechnet und die quasi-ständige Einwirkung wurde mit 50 % der entsprechenden Gesamtbemessungslast angenommen. Die daraus resultierenden Biegeschlankheiten führen zur Einhaltung der Verformungsgrenzwerte nach 7.4.1 (5).

(NDP) Es gilt die empfohlene Tabelle 7.4N.

7.4.3 Nachweis der Begrenzung der Verformungen mit direkter Berechnung

(1)P Wenn eine Berechnung erforderlich wird, muss die Durchbiegung mit einer dem Nachweiszweck entsprechenden Lastkombination ermittelt werden.

(2)P Das Berechnungsverfahren muss das Verhalten des Tragwerks unter den maßgebenden Einwirkungen wirklichkeitsnah mit einer Genauigkeit beschreiben, die auf den Nachweiszweck abgestimmt ist.

(NCI) *Anmerkung:* In der Literatur finden sich weitere Hinweise zur Berechnung der Durchbiegung von Stahlbetonbauteilen (siehe DAfStb-Heft 600).

(3) Bauteile, bei denen die Betonzugfestigkeit unter der maßgebenden Belastung an keiner Stelle überschritten wird, dürfen als ungerissen betrachtet werden. Das Verhalten von Bauteilen, bei denen nur bereichsweise Risse erwartet werden, liegt zwischen dem von Bauteilen im ungerissenen und im vollständig gerissenen Zustand. Für überwiegend biegebeanspruchte Bauteile lässt sich dieses Verhalten näherungsweise nach Gleichung (7.18) bestimmen:

$$\alpha = \zeta \cdot \alpha_{II} + (1 - \zeta) \cdot \alpha_{I} \tag{7.18}$$

Tabelle 7.4N. Beiwert K zur Berücksichtigung der verschiedenen statischen Systeme

Statisches System	K
frei drehbar gelagerter Einfeldträger; gelenkig gelagerte einachsig oder zweiachsig gespannte Platte	1,0
Endfeld eines Durchlaufträgers oder einer einachsig gespannten durchlaufenden Platte; Endfeld einer zweiachsig gespannten Platte, die kontinuierlich über einer längeren Seite durchläuft	1,3
Mittelfeld eines Balkens oder einer einachsig oder zweiachsig gespannten Platte	1,5
Platte, die ohne Unterzüge auf Stützen gelagert ist (Flachdecke) (auf Grundlage der größeren Spannweite)	1,2
Kragträger	0,4

Anmerkung: Für zweiachsig gespannte Platten ist in der Regel der Nachweis mit der kürzeren Stützweite zu führen. Bei Flachdecken ist in der Regel die größere Stützweite zugrunde zu legen.

(Anm. d. Red.: Die Beispielwerte der Biegeschlankheiten aus EN 1992-1-1 für „häufige Fälle" wurden hier gestrichen, da sie nicht o. W. repräsentativ sind. Die Anwendung der Gleichung (7.16) ist maßgebend.

Dabei ist

α der untersuchte Durchbiegungsparameter, der beispielsweise eine Dehnung, eine Krümmung oder eine Rotation sein kann. (Vereinfachend darf α als Durchbiegung angesehen werden (siehe Absatz (6));

α_I, α_II der jeweilige Wert des untersuchten Parameters für den ungerissenen bzw. vollständig gerissenen Zustand;

ζ ein Verteilungsbeiwert (berücksichtigt die Mitwirkung des Betons auf Zug zwischen den Rissen) nach Gleichung (7.19):

$$\zeta = 1 - \beta \cdot (\sigma_\mathrm{sr}/\sigma_\mathrm{s})^2 \quad (7.19)$$

$\zeta = 0$ für ungerissene Querschnitte;

β ein Koeffizient, der den Einfluss der Belastungsdauer und der Lastwiederholung berücksichtigt

$\beta = 1{,}0$ bei Kurzzeitbelastung,

$\beta = 0{,}5$ bei Langzeitbelastung oder vielen Zyklen sich wiederholender Beanspruchungen;

σ_s die Spannung in der Zugbewehrung bei Annahme eines gerissenen Querschnitts (Spannung im Riss);

σ_sr die Spannung in der Zugbewehrung bei Annahme eines gerissenen Querschnitts unter einer Einwirkungskombination, die zur Erstrissbildung führt.

Anmerkung: $\sigma_\mathrm{sr}/\sigma_\mathrm{s}$ darf mit M_cr/M für Biegung oder N_cr/N für reinen Zug ersetzt werden, wobei M_cr das Rissmoment und N_cr die Rissnormalkraft sind.

(4) Verformungen infolge von Lastbeanspruchung dürfen unter Verwendung der Zugfestigkeit und des wirksamen Elastizitätsmoduls für Beton ermittelt werden (siehe (5)).

In Tabelle 3.1 ist der Bereich wahrscheinlicher Werte für die Zugfestigkeit enthalten. Im Allgemeinen wird das Verhalten am besten abgeschätzt, wenn f_ctm verwendet wird. Wenn nachgewiesen werden kann, dass im Schwerpunkt keine Längszugspannungen vorhanden sind (z. B. infolge Schwinden oder Wärmeauswirkungen), darf die Biegezugfestigkeit $f_\mathrm{ctm,fl}$ (siehe 3.1.8) verwendet werden.

(5) Für kriecherzeugende Beanspruchungen darf die Gesamtverformung unter Berücksichtigung des Kriechens mittels des effektiven Elastizitätsmoduls für Beton gemäß Gleichung (7.20) ermittelt werden:

$$E_\mathrm{c,eff} = E_\mathrm{cm}/[1 + \varphi(\infty, t_0)] \quad (7.20)$$

Dabei ist $\varphi(\infty, t_0)$ die für die Last und das Zeitintervall maßgebende Kriechzahl (siehe 3.1.4).

(6) Krümmungen infolge Schwindens dürfen mit Gleichung (7.21) ermittelt werden:

$$1/r_\mathrm{cs} = \varepsilon_\mathrm{cs} \cdot \alpha_\mathrm{e} \cdot S/I \quad (7.21)$$

Dabei ist

$1/r_\mathrm{cs}$ die durch Schwinden verursachte Krümmung;

ε_cs die freie Schwinddehnung (siehe 3.1.4);

S das Flächenmoment 1. Grades der Querschnittsfläche der Bewehrung bezogen auf den Schwerpunkt des Querschnitts;

I das Flächenmoment 2. Grades des Querschnitts;

α_e das Verhältnis der E-Moduln: $\alpha_\mathrm{e} = E_\mathrm{s}/E_\mathrm{c,eff}$.

S und I sind in der Regel sowohl für den ungerissenen als auch für den gerissenen Zustand zu ermitteln. Die Gesamtkrümmung darf dann mit Gleichung (7.18) ermittelt werden.

(7) Das genaueste Verfahren zur Berechnung der Durchbiegung nach Absatz (3) ist, die Krümmungen an einer Vielzahl von Schnitten entlang des Bauteils zu berechnen und dann durch numerische Integration die Durchbiegung zu bestimmen. In den meisten Fällen reicht es aus, die Verformungen zweimal zu berechnen – jeweils unter der Annahme eines vollständig gerissenen und eines vollständig ungerissenen Bauteils – und dann unter Verwendung der Gleichung (7.18) zu interpolieren.

Anmerkung: Werden vereinfachte Verfahren zur Berechnung der Durchbiegungen verwendet, sollten sie auf den in dieser Norm enthaltenen Grundlagen beruhen und sie sind durch Versuche zu verifizieren.

8 Allgemeine Bewehrungsregeln

8.1 Allgemeines

(1)P Die in diesem Abschnitt enthaltenen Regeln gelten für gerippten Betonstahl und Betonstahlmatten unter vorwiegend ruhender Belastung. Sie gelten für den normalen Hochbau und Brücken. Sie sind möglicherweise nicht ausreichend für:

– Bauteile unter dynamischen Belastungen aus seismischen Einwirkungen oder aus Schwingungen von Maschinen, Anpralllasten und

– Bauteile mit speziell lackierten, mit Epoxydharz oder mit Zink beschichteten Stäben.

(NCI) Für die außergewöhnliche Einwirkung aus Fahrzeuganprall im Hochbau dürfen die Bewehrungsregeln uneingeschränkt verwendet werden.

(2)P Die Anforderungen an die Mindestbetondeckung müssen erfüllt sein (siehe 4.4.1.2).

8.2 Stababstände von Betonstählen

(1)P Der Stababstand muss mindestens so groß sein, dass der Beton ordnungsgemäß eingebracht und verdichtet werden kann, um ausreichenden Verbund sicherzustellen.

(2) Der lichte Abstand (horizontal und vertikal) zwischen parallelen Einzelstäben oder in Lagen paralleler Stäbe darf in der Regel nicht geringer als das Maximum von $\{k_1 \cdot$ Stabdurchmesser; $d_g + k_2$ mm; 20 mm$\}$ sein.

Dabei ist d_g der Durchmesser des Größtkorns der Gesteinskörnung.

(NDP) $k_1 = 1$;
$k_2 = 0$ für $d_g \leq 16$ mm; $k_2 = 5$ für $d_g > 16$ mm

(3) Bei einer Stabanordnung in getrennten horizontalen Lagen sind in der Regel die Stäbe jeder einzelnen Lage vertikal übereinander anzuordnen. Es ist in der Regel ausreichend Platz zwischen den Stäben innerhalb der Lagen zum Einbringen eines Innenrüttlers zur guten Verdichtung des Betons vorzusehen.

(4) Gestoßene Stäbe dürfen sich innerhalb der Übergreifungslänge berühren. Weitere Details sind in 8.7 enthalten.

8.3 Biegen von Betonstählen

(1)P Der kleinste Durchmesser, um den ein Stab gebogen wird, muss so festgelegt sein, dass Biegerisse im Stab und Betonversagen im Bereich der Stabbiegung ausgeschlossen werden.

(2) Um eine Schädigung der Bewehrung zu vermeiden, darf in der Regel der Biegerollendurchmesser nicht kleiner als D_{min} sein.

(NDP) Es gilt Tabelle 8.1DE.

(3) Der zur Vermeidung von Betonversagen erforderliche Biegerollendurchmesser muss nicht nachgewiesen werden, wenn folgende Bedingungen eingehalten werden:

– Es ist entweder keine Verankerungslänge des Stabes $> 5\phi$ über das Ende der Biegung hinaus erforderlich oder der Stab liegt nicht am Rand (Ebene der Biegung nahe der Betonoberfläche) und der Durchmesser eines Querstabs innerhalb der Biegung beträgt $\geq \phi$.

– Der Biegerollendurchmesser ist mindestens gleich den empfohlenen Werten aus Tabelle 8.1 DE.

Andernfalls ist in der Regel der Biegerollendurchmesser D_{min} gemäß Gleichung (8.1) zu erhöhen.

Tabelle 8.1DE. Mindestbiegerollendurchmesser D_{min}

a) für Stäbe

1	2	3	4	5
\multicolumn{2}{Haken, Winkelhaken, Schlaufen, Bügel}	\multicolumn{3}{Schrägstäbe oder andere gebogene Stäbe}		
Stabdurchmesser [mm]		Mindestwerte der Betondeckung rechtwinklig zur Biegeebene		
$\phi < 20$	$\phi \geq 20$	> 100 mm und $> 7\phi$	> 50 mm und $> 3\phi$	≤ 50 mm oder $\leq 3\phi$
4ϕ	7ϕ	10ϕ	15ϕ	20ϕ

b) für nach dem Schweißen gebogene Bewehrung (Stäbe und Matten)

1	2	3	4	5
für	vorwiegend ruhende Einwirkungen		nicht vorwiegend ruhende Einwirkungen	
	Schweißung außerhalb	Schweißung innerhalb	Schweißung auf der Außenseite	Schweißung auf der Innenseite
	des Biegebereiches		der Biegung	
$a < 4\phi$	$20\ \phi$	20ϕ	100ϕ	500ϕ
$a \geq 4\phi$	Werte nach Tab. 8.1DEa)			

a – Abstand zwischen Biegeanfang und Schweißstelle

$D_{min} \geq F_{bt} \cdot [(1/a_b) + 1/(2 \cdot \phi)]/f_{cd}$ (8.1)

Dabei ist

F_{bt} die Zugkraft im GZT in einem Stab oder Stabbündel am Anfang der Stabbiegung;

a_b für einen bestimmten Stab (oder Stabbündel) der halbe Schwerpunkt-Abstand zwischen den Stäben (oder den Stabbündeln) senkrecht zur Biegungsebene. Für einen Stab oder ein Stabbündel in der Nähe der Oberfläche eines Bauteils ist in der Regel a_b mit $\phi/2$ zuzüglich der Betondeckung anzunehmen.

(NCI) (NA.4)P Beim Hin- und Zurückbiegen gelten die Absätze (NA.5) bis (NA.7).

(NA.5)P Beim Kaltbiegen von Betonstählen sind die folgenden Bedingungen einzuhalten:

– Der Stabdurchmesser darf maximal ϕ = 14 mm sein. Ein Mehrfachbiegen (wiederholtes Hin- und Zurückbiegen an derselben Stelle) ist nicht zulässig.

– Bei vorwiegend ruhenden Einwirkungen muss der Biegerollendurchmesser beim Hinbiegen mindestens $D_{min} = 6\phi$ betragen. Die Bewehrung darf im GZT höchstens zu 80 % ausgenutzt werden.

– Im Bereich der Rückbiegestelle ist die Querkraft auf $0{,}30 V_{Rd,max}$ bei Bauteilen mit Querkraftbewehrung senkrecht zur Bauteilachse und $0{,}20 V_{Rd,max}$ bei Bauteilen mit Querkraftbewehrung in einem Winkel $\alpha < 90°$ zur Bauteilachse zu begrenzen. Dabei darf $V_{Rd,max}$ nach 6.2.3 vereinfachend mit $\theta = 40°$ ermittelt werden.

(NA.6)P Beim Warmbiegen von Betonstählen sind die folgenden Bedingungen einzuhalten:

– Wird Betonstahl B500 bei der Verarbeitung warm gebogen ($\geq 500 °C$), so darf er nur mit einer Streckgrenze von f_{yk} = 250 N/mm² in Rechnung gestellt werden.

(NA.7)P Verwahrkästen für Bewehrungsanschlüsse sind so auszubilden, dass sie weder die Tragfähigkeit des Betonquerschnitts noch den Korrosionsschutz der Bewehrung beeinträchtigen.

Anmerkung: Einzelheiten der technischen Ausführung sind z. B. im DBV-Merkblatt „Rückbiegen von Betonstahl und Anforderungen an Verwahrkästen" enthalten.

8.4 Verankerung der Längsbewehrung

8.4.1 Allgemeines

(1)P Bewehrungsstäbe, Drähte oder geschweißte Betonstahlmatten müssen so verankert sein, dass ihre Verbundkräfte sicher ohne Längsrissbildung und Abplatzungen in den Beton eingeleitet werden. Falls erforderlich, muss eine Querbewehrung vorgesehen werden.

(2) Mögliche Verankerungsarten sind in Bild 8.1 dargestellt (siehe auch 8.8 (3)).

(NCI) Der Grundwert der Verankerungslänge darf bei gebogenen Bewehrungsstäben nur dann über die Krümmung nach Bild 8.1a) gemessen werden, wenn der größere Biegerollendurchmesser nach Tab. 8.1DE für Schrägstäbe und gebogene Stäbe eingehalten ist. Für gebogene Stäbe mit einem kleineren Biegerollendurchmesser (Haken, Winkelhaken, Schlaufen) ist die Ersatzverankerungslänge $\ell_{b,eq}$ nach Bild 8.1b) bis 8.1d) zu verwenden.

Schweißverbindungen sind als tragende Verbindungen auszuführen (z. B. in Bild 8.1e)).

(3) Winkelhaken und Haken dürfen nicht zur Verankerung von Druckbewehrung verwendet werden.

(NCI) Für die Verankerung von Druckbewehrungen sind auch Schlaufen nicht zulässig.

(4) Ein Betonversagen innerhalb der Stabbiegung ist in der Regel durch Einhaltung der Bedingungen nach 8.3 (3) zu vermeiden.

(NCI) Anmerkung: Einem Abplatzen des Betons oder einer Zerstörung des Betongefüges kann vorgebeugt werden, indem eine Konzentration von Verankerungen vermieden wird.

(5) Bei Ankerkörpern müssen in der Regel die Prüfungsanforderungen den maßgebenden Produktnormen oder einer Europäischen Technischen Zulassung entsprechen.

(NCI) Sofern rechnerisch nicht nachweisbar, sind Ankerkörper durch Zulassungen zu regeln.

8.4.2 Bemessungswert der Verbundfestigkeit

(1)P Die Verbundtragfähigkeit muss zur Vermeidung von Verbundversagen ausreichend sein.

(2) Der Bemessungswert der Verbundfestigkeit f_{bd} darf für Rippenstäbe wie folgt ermittelt werden:

$f_{bd} = 2{,}25 \cdot \eta_1 \cdot \eta_2 \cdot f_{ctd}$ (8.2)

Dabei ist

f_{ctd} der Bemessungswert der Betonzugfestigkeit gemäß 3.1.6 (2)P.

η_1 ein Beiwert, der die Qualität der Verbundbedingungen und die Lage der Stäbe während des Betonierens berücksichtigt (siehe Bild 8.2):

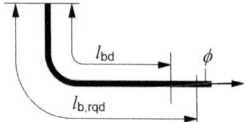

a) Grundwert der Verankerungslänge $l_{b,rqd}$, für alle Verankerungsarten, gemessen entlang der Mittellinie

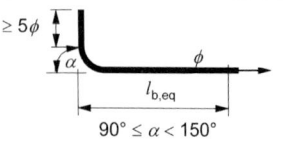

b) Ersatzverankerungslänge für normalen Winkelhaken

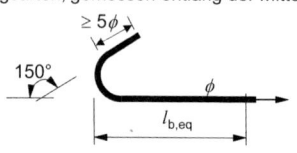

c) Ersatzverankerungslänge für normalen Haken

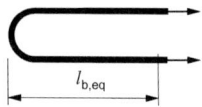

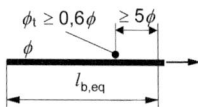

d) Ersatzverankerungslänge für normale Schlaufe

e) Ersatzverankerungslänge für angeschweißten Querstab

Bild 8.1. Zusätzliche Verankerungsarten zum geraden Stab

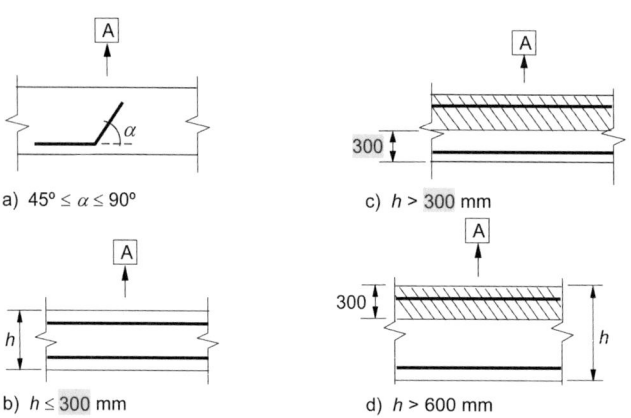

A Betonierrichtung

a) und b) „gute" Verbundbedingungen für alle Stäbe

c) und d) unschraffierter Bereich − „gute" Verbundbedingungen
schraffierter Bereich − „mäßige" Verbundbedingungen

Bild 8.2. Verbundbedingungen

η_1 = 1,0 bei „guten" Verbundbedingungen,

η_1 = 0,7 für alle anderen Fälle sowie für Stäbe in Bauteilen, die im Gleitbauverfahren hergestellt wurden, außer es können „gute" Verbundbedingungen nachgewiesen werden;

η_2 ein Beiwert zur Berücksichtigung des Stabdurchmessers: $\eta_2 = 1,0$ für $\phi \leq 32$ mm.

(NCI) Der gute Verbundbereich darf im unteren Bauteilbereich auf 300 mm Höhe (statt 250 mm) angenommen werden, d. h.

Bild 8.2b): $h \leq 300$ mm

Bild 8.2c): $h > 300$ mm sowie Maß für gute Verbundbedingungen auf 300 mm erhöhen.

Der gute Verbundbereich darf auch für liegend gefertigte stabförmige Bauteile (z. B. Stützen) angenommen werden, die mit einem Außenrüttler verdichtet werden und deren äußere Querschnittsabmessungen 500 mm nicht überschreiten.

8.4.3 Grundwert der Verankerungslänge

(1)P Bei der Festlegung der erforderlichen Verankerungslänge müssen die Stahlsorte und die Verbundeigenschaften der Stäbe berücksichtigt werden.

(2) Der erforderliche Grundwert der Verankerungslänge $\ell_{b,rqd}$ zur Verankerung der Kraft $A_s \cdot \sigma_{sd}$ eines geraden Stabes unter Annahme einer konstanten Verbundspannung f_{bd} folgt aus der Gleichung:

$$\ell_{b,rqd} = (\phi/4) \cdot (\sigma_{sd}/f_{bd}) \quad (8.3)$$

Dabei ist σ_{sd} die vorhandene Stahlspannung im GZT des Stabes am Beginn der Verankerungslänge.

Werte für f_{bd} sind in 8.4.2 angegeben.

(3) Bei gebogenen Stäben sind in der Regel der Grundwert der erforderlichen Verankerungslänge $\ell_{b,rqd}$ und der Bemessungswert der Verankerungslänge ℓ_{bd} entlang der Mittellinie des Stabes zu messen (siehe Bild 8.1a)).

(NCI) Die gerade Vorlänge (Abstand zwischen Beginn der Verankerungslänge und Beginn der Krümmung) sollte z. B. in Rahmenecken ausreichend lang sein (z. B. $0,5\ell_{bd}$, mit $\alpha_1 = 1,0$).

(4) Bei Doppelstäben in geschweißten Betonstahlmatten ist in der Regel der Durchmesser ϕ in Gleichung (8.3) durch den Vergleichsdurchmesser $\phi_n = \phi \cdot \sqrt{2}$ zu ersetzen.

8.4.4 Bemessungswert der Verankerungslänge

(1) Der Bemessungswert der Verankerungslänge ℓ_{bd} darf wie folgt ermittelt werden:

$$\ell_{bd} = \alpha_1 \cdot \alpha_2 \cdot \alpha_3 \cdot \alpha_4 \cdot \alpha_5 \cdot \ell_{b,rqd} \geq \ell_{b,min} \quad (8.4)$$

Dabei berücksichtigen die in Tabelle 8.2 angegebenen Beiwerte α_i:

α_1 die Verankerungsart der Stäbe unter Annahme ausreichender Betondeckung (siehe Bild 8.1);

α_2 die Mindestbetondeckung: (NCI) $\alpha_2 = 1,0$;

α_3 eine Querbewehrung;

α_4 einen oder mehrere angeschweißte Querstäbe ($\phi_t > 0,6\phi$) innerhalb der erforderlichen Verankerungslänge ℓ_{bd} (siehe auch 8.6);

α_5 einen Druck quer zur Spaltzug-Riss-Ebene innerhalb der erforderlichen Verankerungslänge.

Im Allgemeinen ist $(\alpha_2 \cdot \alpha_3 \cdot \alpha_5) \geq 0,7$. (8.5)

$\ell_{b,rqd}$ folgt aus Gleichung (8.3);

$\ell_{b,min}$ die Mindestverankerungslänge beträgt, wenn keine andere Begrenzung gilt:

– bei Verankerungen unter Zug:
$\ell_{b,min} \geq \max \{0,3 \cdot \ell_{b,rqd}; 10\phi; 100$ mm$\}$; (8.6)

– bei Verankerungen unter Druck:
$\ell_{b,min} \geq \max \{0,6 \cdot \ell_{b,rqd}; 10\phi; 100$ mm$\}$. (8.7)

(NCI) Gleichung (8.6): Bei $\ell_{b,min}$ darf auch α_1 und α_4 berücksichtigt werden. Der Mindestwert 100 mm darf unterschritten werden. Der Mindestwert 10ϕ darf bei direkter Lagerung auf $6,7\phi$ reduziert werden.

Gleichung (8.7): Der Mindestwert 100 mm darf unterschritten werden.

In Gleichung (8.6) und (8.7) ist $\ell_{b,rqd}$ nach Gleichung (8.3) mit $\sigma_{sd} = f_{yd}$ zu ermitteln.

(NCI) *Anmerkung:* Bei Übergreifungsstößen gerader Stäbe nach Bild 8.3a) darf die Betondeckung orthogonal zur Stoßebene unberücksichtigt bleiben, d. h. $c_d = \min \{a/2; c_1\}$.

(2) Als vereinfachte Alternative zu 8.4.4 (1) darf die Verankerung unter Zug bei bestimmten, in Bild 8.1 gezeigten Verankerungsarten als Ersatzverankerungslänge $\ell_{b,eq}$ angegeben werden. Die Verankerungslänge $\ell_{b,eq}$ wird in diesem Bild definiert und darf folgendermaßen angenommen werden:

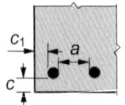 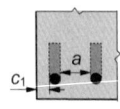 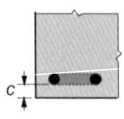

$c_d = \min \{a/2; c_1; c\}$ $c_d = \min \{a/2; c_1\}$ $c_d = c$

a) Gerade Stäbe   b) Gebogene Stäbe oder Haken   c) Schlaufen

Bild 8.3. Werte c_d für Balken und Platten

Tabelle 8.2. Beiwerte α_1, α_2, α_3, α_4 und α_5

Einflussfaktor	Verankerungsart	Bewehrungsstab	
		unter Zug	unter Druck
Form der Stäbe	gerade	$\alpha_1 = 1{,}0$	$\alpha_1 = 1{,}0$
	gebogen (siehe Bild 8.1 (b), (c) und (d))	$\alpha_1 = 0{,}7$ für $c_d > 3\phi$ andernfalls $\alpha_1 = 1{,}0$	$\alpha_1 = 1{,}0$
Betondeckung	alle Arten	(NCI) $\alpha_2 = 1{,}0$	$\alpha_2 = 1{,}0$
nicht an die Hauptbewehrung angeschweißte Querbewehrung	alle Arten	$0{,}7 \leq \alpha_3 = 1 - K \cdot \lambda \leq 1{,}0$	$\alpha_3 = 1{,}0$
angeschweißte Querbewehrung	alle Arten, Positionen und Größen sind in Bild 8.1 (e) angegeben	$\alpha_4 = 0{,}7$	$\alpha_4 = 0{,}7$
Querdruck	alle Arten	$0{,}7 \leq \alpha_5 = 1 - 0{,}04p \leq 1{,}0$	–

Dabei ist
c_d siehe Bild 8.3;
λ $= (\Sigma A_{st} - \Sigma A_{st,min})/A_s$;
ΣA_{st} die Querschnittsfläche der Querbewehrung innerhalb der Verankerungslänge ℓ_{bd};
$\Sigma A_{st,min}$ die Querschnittsfläche der Mindestquerbewehrung:
  $\Sigma A_{st,min} = 0{,}25 A_s$ für Balken und $\Sigma A_{st,min} = 0$ für Platten;
A_s die Querschnittsfläche des größten einzelnen verankerten Stabs;
K der Wert nach Bild 8.4;
p der Querdruck [N/mm²] im Grenzzustand der Tragfähigkeit innerhalb ℓ_{bd}.

(NCI) Bei Schlaufenverankerungen mit $c_d > 3\phi$ und mit Biegerollendurchmessern $D \geq 15\phi$ darf $\alpha_1 = 0{,}5$ angesetzt werden.
Der Beiwert α_2 ist in der Regel mit $\alpha_2 = 1{,}0$ anzusetzen.
Bei direkter Lagerung darf $\alpha_5 = 2/3$ gesetzt werden.
Falls eine allseitige, durch Bewehrung gesicherte Betondeckung von mindestens 10ϕ vorhanden ist, darf $\alpha_5 = 2/3$ angenommen werden. Dies gilt nicht für Übergreifungsstöße mit einem Achsabstand der Stöße von $s \leq 10\phi$.
Der Beiwert α_5 ist auf 1,5 zu erhöhen, wenn rechtwinklig zur Bewehrungsebene ein Querzug vorhanden ist, der eine Rissbildung parallel zur Bewehrungsstabachse im Verankerungsbereich erwarten lässt. Wird bei vorwiegend ruhenden Einwirkungen die Breite der Risse parallel zu den Stäben auf $w_k \leq 0{,}2$ mm im GZG begrenzt, darf auf diese Erhöhung verzichtet werden.
Anmerkung: Verankerungen mit gebogenen Druckstäben sind unzulässig (siehe (NCI) 8.4.1 (3)).

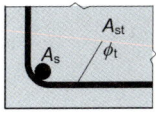 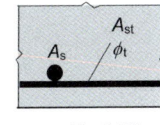 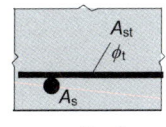

K = 0,1   K = 0,05   K = 0

Bild 8.4. Werte für K für Balken und Platten

- $\alpha_1 \cdot \ell_{b,rqd}$ für die Verankerungsarten gemäß den Bildern 8.1b) bis 8.1d) (siehe Tabelle 8.2 mit Werten für α_1);
- $\alpha_4 \cdot \ell_{b,rqd}$ für die Verankerungsarten gemäß Bild 8.1e) (siehe Tabelle 8.2 mit Werten für α_4);

(NCI)

- $\ell_{b,eq} = \alpha_1 \cdot \alpha_4 \cdot \ell_{b,rqd}$ für Haken, Winkelhaken und Schlaufen mit mindestens einem angeschweißten Querstab innerhalb von $\ell_{b,rqd}$ vor Krümmungsbeginn;
- $\ell_{b,eq} = 0,5 \cdot \ell_{b,rqd}$ für gerade Stabenden mit mindestens zwei angeschweißten Stäben innerhalb $\ell_{b,rqd}$ (Stababstand $s < 100$ mm und $\geq 5\phi$ und ≥ 50 mm), jedoch nur zulässig bei Einzelstäben mit $\phi \leq 16$ mm und bei Doppelstäben mit $\phi \leq 12$ mm.

Dabei ist

α_1 und α_4 jeweils in (1) definiert;

$\ell_{b,rqd}$ der Grundwert nach Gleichung (8.3).

(NCI) Grundsätzlich gilt $\ell_{b,eq} \geq \ell_{b,min}$.

Wenn wegen Querzugspannungen der Beiwert $\alpha_5 > 1,0$ anzusetzen ist, muss dieser bei der Ermittlung der Ersatzverankerungslänge zusätzlich berücksichtigt werden.

8.5 Verankerung von Bügeln und Querkraftbewehrung

(1) Bügel und Querkraftbewehrungen sind in der Regel mit Haken oder Winkelhaken oder durch angeschweißte Querstäbe zu verankern. Innerhalb eines Hakens oder Winkelhakens ist in der Regel ein Querstab einzulegen.

(2) Die Verankerung muss in der Regel gemäß Bild 8.5 erfolgen. Schweißstellen sind in der Regel gemäß DIN EN ISO 17660 mit einer Verankerungskraft nach 8.6 (2) auszuführen.

Anmerkung: Eine Definition der Biegewinkel ist in Bild 8.1 enthalten.

(NCI) Bild 8.5 wird durch Bild 8.5DE ersetzt.

(NA.3)P Bei Balken sind die Bügel in der Druckzone nach Bild 8.5DE e) oder f), in der Zugzone nach Bild 8.5DE g) oder h) zu schließen.

(NA.4) Bei Plattenbalken dürfen die für die Querkrafttragfähigkeit erforderlichen Bügel im Bereich der Platte mittels durchgehender Querstäbe nach Bild 8.5DE i) geschlossen werden, wenn der Bemessungswert der Querkraft $V_{Ed} \leq 2/3 V_{Rd,max}$ nach 6.2.3 beträgt.

8.7 Stöße und mechanische Verbindungen

8.7.1 Allgemeines

(1)P Die Kraftübertragung zwischen zwei Stäben erfolgt durch:
- Stoßen der Stäbe, mit oder ohne Haken bzw. Winkelhaken,
- Schweißen,
- mechanische Verbindungen für die Übertragung von Zug- und Druckkräften bzw. nur Druckkräften.

(NCI) Mechanische Verbindungen sind durch Zulassungen zu regeln.

8.7.2 Stöße

(1)P Die bauliche Durchbildung von Stößen zwischen Stäben muss so ausgeführt werden, dass
- die Kraftübertragung zwischen den Stäben sichergestellt ist,
- im Bereich der Stöße keine Betonabplatzungen auftreten,
- keine großen Risse auftreten, die die Funktion des Tragwerks gefährden.

(2) Stöße
- von Stäben sind in der Regel versetzt anzuordnen und dürfen in der Regel nicht in hoch beanspruchten Bereichen liegen (z. B. plastische Gelenke). Ausnahmen sind in Absatz (4) angegeben,
- sind in der Regel in jedem Querschnitt symmetrisch anzuordnen.

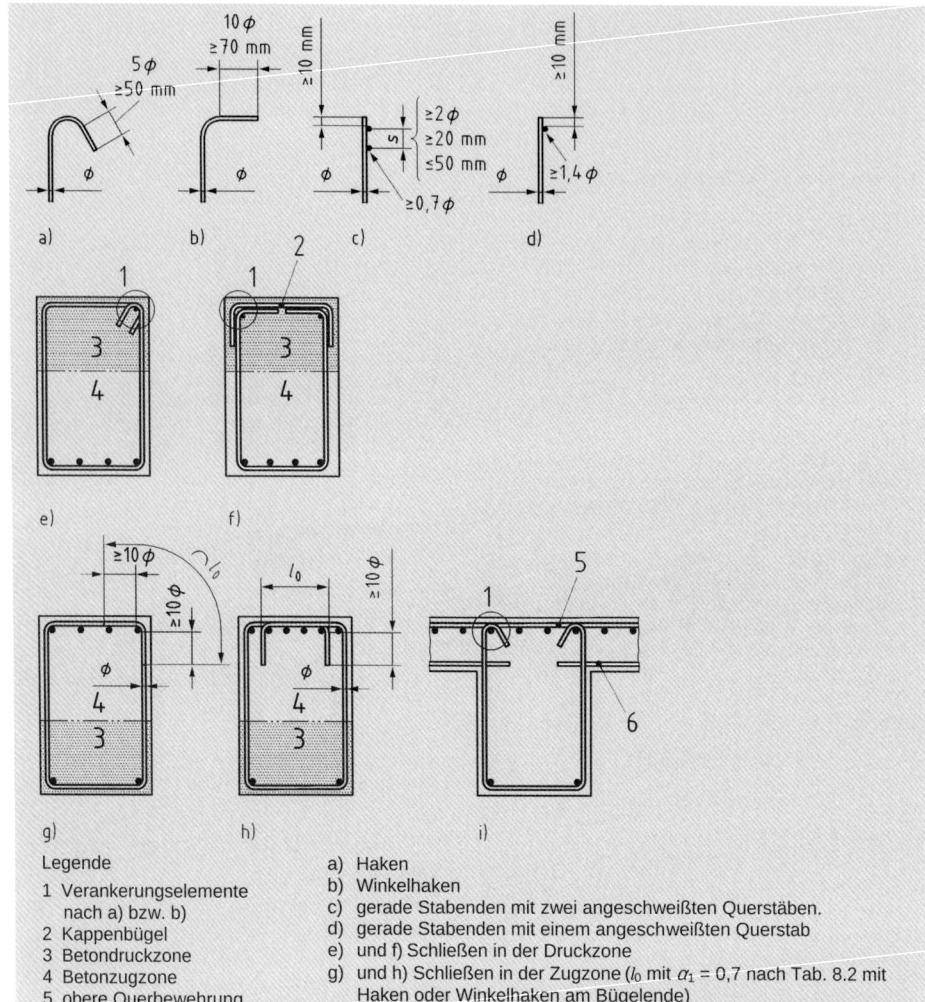

Bild 8.5DE. Verankerung und Schließen von Bügeln

(3) Die Anordnung der gestoßenen Stäbe muss in der Regel Bild 8.7 entsprechen und folgende Bedingungen erfüllen:
- der lichte Abstand zwischen sich übergreifenden Stäben darf in der Regel nicht größer als 4ϕ oder 50 mm sein, andernfalls ist die Übergreifungslänge um die Differenz zwischen dem lichten Abstand und 4ϕ bzw. 50 mm zu vergrößern;
- der Längsabstand zweier benachbarter Stöße darf in der Regel die 0,3-fache Übergreifungslänge ℓ_0 nicht unterschreiten;

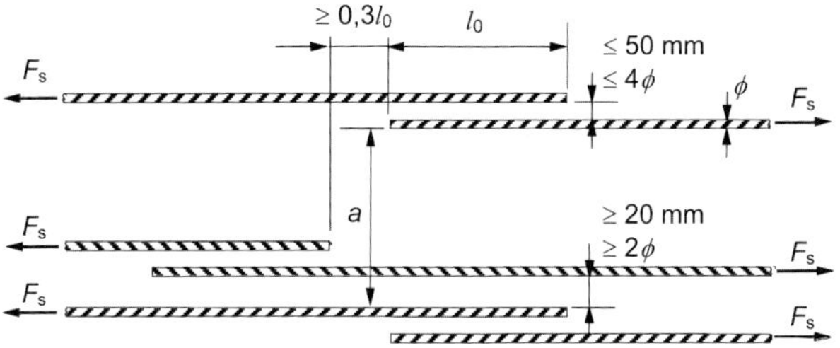

Bild 8.7. Benachbarte Stöße

- bei benachbarten Stößen darf in der Regel der lichte Abstand zwischen benachbarten Stäben nicht weniger als 2ϕ oder 20 mm betragen.

(4) Wenn die Anforderungen aus Absatz (3) erfüllt sind, dürfen 100 % der Zugstäbe in einer Lage gestoßen sein. Für Stäbe in mehreren Lagen ist in der Regel dieser Anteil auf 50 % zu reduzieren.

Alle Druckstäbe sowie die Querbewehrung dürfen in einem Querschnitt gestoßen sein.

(NA.5) Druckstäbe mit $\phi \geq 20$ mm dürfen in Stützen durch Kontaktstoß der Stabstirnflächen gestoßen werden, wenn sie beim Betonieren lotrecht stehen, die Stützen an beiden Enden unverschieblich gehalten sind und die gestoßenen Stäbe auch unter Berücksichtigung einer Beanspruchung nach Abschnitt 5.8 (Theorie II. Ordnung) zwischen den gehaltenen Stützenenden nur Druck erhalten. Der zulässige Stoßanteil beträgt dabei maximal 50 % und ist gleichmäßig über den Querschnitt zu verteilen.

Die Querschnittsfläche der nicht gestoßenen Bewehrung muss mindestens 0,8 % des statisch erforderlichen Betonquerschnitts betragen. Die Stöße sind in den äußeren Vierteln der Stützenlänge anzuordnen. Der Längsversatz der Stöße muss mindestens $1,3 \ell_{b,rqd}$ betragen ($\ell_{b,rqd}$ nach Gleichung (8.3) mit $\sigma_{sd} = f_{yd}$).

Die Stabstirnflächen müssen rechtwinklig zur Längsachse hergestellt und entgratet sein. Ihr mittiger Sitz ist durch eine feste Führung zu sichern, die die Stoßfuge vor dem Betonieren teilweise sichtbar lässt.

8.7.3 Übergreifungslänge

(1) Der Bemessungswert der Übergreifungslänge beträgt:

$$\ell_0 = \alpha_1 \cdot \alpha_2 \cdot \alpha_3 \cdot \alpha_5 \cdot \alpha_6 \cdot \ell_{b,rqd} \geq \ell_{0,min} \quad (8.10)$$

Dabei ist

$\ell_{b,rqd}$ nach Gleichung (8.3);

$$\ell_{0,min} \geq \max\{0,3 \cdot \alpha_6 \cdot \ell_{b,rqd};\ 15\phi;\ 200\ \text{mm}\};$$
(8.11)

(NCI) Gleichung (8.11): Bei $\ell_{0,min}$ darf neben α_6 auch α_1 berücksichtigt werden und $\ell_{b,rqd}$ nach Gleichung (8.3) ist mit $\sigma_{sd} = f_{yd}$ zu ermitteln.

Die Werte für $\alpha_1, \alpha_2, \alpha_3$ und α_5 dürfen der Tabelle 8.2 entnommen werden. Für die Berechnung von α_3 ist in der Regel $\Sigma A_{st,min}$ zu 1,0$A_s \cdot (\sigma_{sd} / f_{yd})$ anzunehmen, mit A_s = Querschnittsfläche eines gestoßenen Stabes; Werte für α_6 sind in Tabelle 8.3 enthalten

(NCI) Statt Tabelle 8.3 ist in Deutschland Tabelle 8.3DE anzuwenden.

8.7.4 Querbewehrung im Bereich der Übergreifungsstöße

8.7.4.1 Querbewehrung für Zugstäbe

(1) Im Stoßbereich wird Querbewehrung benötigt, um Querzugkräfte aufzunehmen.

(2) Wenn der Durchmesser der gestoßenen Stäbe $\phi < 20$ mm ist oder der Anteil gestoßener Stäbe in jedem Querschnitt höchstens 25 % beträgt, dann darf die aus anderen Gründen vorhandene Querbewehrung oder Bügel ohne jeden weiteren Nachweis als ausreichend zur Aufnahme der Querzugkräfte angesehen werden.

(3) Wenn der Durchmesser der gestoßenen Stäbe $\phi \geq 20$ mm ist, darf in der Regel die Gesamtquerschnittsfläche der Querbewehrung ΣA_{st} (Summe aller Schenkel, die parallel zur Lage der gestoßenen Bewehrung verlaufen) nicht kleiner als die Querschnittsfläche A_s eines gestoßenen Stabes ($\Sigma A_{st} \geq 1,0 A_s$) sein. Der Querstab sollte orthogonal zur Richtung der gestoßenen Bewehrung angeordnet werden.

Werden mehr als 50 % der Bewehrung in einem Querschnitt gestoßen und ist der Abstand zwischen benachbarten Stößen in einem Querschnitt

Tabelle 8.3DE. Beiwert α_6

	1	2	3	4
	Stoß	Stabdurchmesser ϕ	Stoßanteil einer Bewehrungslage	
			$\leq 33\%$	$> 33\%$
1	Zug	< 16 mm	1,2 [a]	1,4 [a]
2		≥ 16 mm	1,4 [a]	2,0 [b]
3	Druck	alle	1,0	1,0

Wenn die lichten Stababstände $a \geq 8\phi$ (Bild 8.7) und der Randabstand in der Stoßebene $c_1 \geq 4\phi$ (Bild 8.3) eingehalten werden, darf der Beiwert α_6 reduziert werden auf:
[a] $\alpha_6 = 1{,}0$
[b] $\alpha_6 = 1{,}4$

$a \leq 10\phi$ (siehe Bild 8.7), ist in der Regel die Querbewehrung in Form von Bügeln oder Steckbügeln ins Innere des Betonquerschnitts zu verankern.

(NCI) In flächenartigen Bauteilen muss die Querbewehrung ebenfalls bügelartig ausgebildet werden, falls $a \leq 5\phi$ ist; sie darf jedoch auch gerade sein, wenn die Übergreifungslänge um 30% erhöht wird.

Sofern der Abstand der Stoßmitten benachbarter Stöße mit geraden Stabenden in Längsrichtung etwa $0{,}5\ell_0$ beträgt, ist kein bügelartiges Umfassen der Längsbewehrung erforderlich.

Werden bei einer mehrlagigen Bewehrung mehr als 50% des Querschnitts der einzelnen Lagen in einem Schnitt gestoßen, sind die Übergreifungsstöße durch Bügel zu umschließen, die für die Kraft aller gestoßenen Stäbe zu bemessen sind.

(4) Die nach Absatz (3) erforderliche Querbewehrung ist in der Regel im Anfangs- und Endbereich der Übergreifungslänge nach Bild 8.9 a) zu konzentrieren.

8.7.4.2 Querbewehrung für Druckstäbe

(1) Zusätzlich zu den Regeln für Zugstäbe muss in der Regel ein Stab der Querbewehrung außerhalb des Stoßbereichs, jedoch nicht weiter als 4ϕ von den Enden des Stoßbereichs entfernt liegen (siehe Bild 8.9 b)).

8.7.5 Stöße von Betonstahlmatten aus Rippenstahl

8.7.5.1 Stöße der Hauptbewehrung

(1) Die Stöße dürfen entweder durch Verschränkung oder als Zwei-Ebenen-Stoß von Betonstahlmatten ausgeführt werden (Bild 8.10).

(3) Bei verschränkten Betonstahlmatten muss in der Regel die Anordnung der Hauptlängsstäbe im Übergreifungsstoß 8.7.2 entsprechen. Günstige Auswirkungen der Querstäbe sollten mit $\alpha_3 = 1{,}0$ vernachlässigt werden.

(NCI) Die Übergreifungslänge für verschränkte Betonstahlmatten ist nach Gleichung (8.10) zu berechnen. Darüber hinaus sollte $\ell_{0,\min}$ nach Gleichung (8.11) den Abstand der Querbewehrung s_{quer} bei Matten nicht unterschreiten.

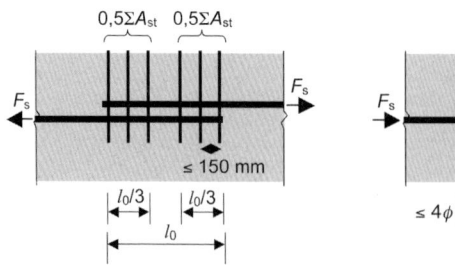

a) Zugstäbe

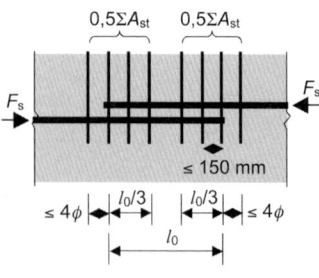

b) Druckstäbe

Bild 8.9. Querbewehrung für Übergreifungsstöße

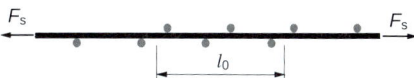

a) Verschränkung von Betonstahlmatten (Längsschnitt)

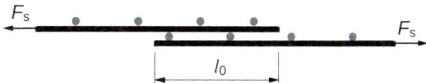

b) Zwei-Ebenen-Stoß von Betonstahlmatten (Längsschnitt)

c) Übergreifungsstoß der Querbewehrung (NCI)

Bild 8.10. Übergreifungsstöße von geschweißten Betonstahlmatten

(4) Bei Betonstahlmatten mit Zwei-Ebenen-Stoß müssen in der Regel die Stöße der Hauptbewehrung generell in Bereichen liegen, in denen die Stahlspannung im Grenzzustand der Tragfähigkeit nicht mehr als 80 % des Bemessungswerts der Stahlfestigkeit beträgt.

(NCI) Zwei-Ebenen-Stöße ohne bügelartige Umfassung sind zulässig, wenn der zu stoßende Mattenquerschnitt $a_s \leq 6$ cm²/m beträgt.

(5) Wenn Absatz (4) nicht eingehalten wird, ist in der Regel die statische Nutzhöhe bei der Berechnung des Biegewiderstands gemäß 6.1 für die am weitesten von der Zugseite entfernte Bewehrungslage zu bestimmen. Außerdem ist in der Regel bei der Rissbreitenbegrenzung im Bereich der Stoßenden aufgrund der dort vorliegenden Diskontinuität die Stahlspannung für die Anwendung der Tabellen 7.2 und 7.3 um 25 % zu erhöhen.

(6) Der Anteil der Hauptbewehrung, der in jedem beliebigen Querschnitt gestoßen werden darf, muss in der Regel nachfolgenden Bedingungen entsprechen:

- Bei verschränkten Betonstahlmatten gelten die Werte aus Tabelle 8.3DE.
- Bei Betonstahlmatten im Zwei-Ebenen-Stoß hängt der zulässige Anteil einer mittels Übergreifung gestoßenen Hauptbewehrung in jedem Querschnitt von der vorhandenen Querschnittsfläche der geschweißten Betonstahlmatte $(A_s/s)_{prov}$ ab, wobei s der Abstand der Stäbe ist:
  - 100 % wenn $(A_s/s)_{prov} \leq 1200$ mm²/m;
  - 60 % wenn $(A_s/s)_{prov} > 1200$ mm²/m.

Bei mehrlagiger Bewehrung sind in der Regel die Stöße der einzelnen Lagen mindestens um die 1,3-fache Übergreifungslänge ℓ_0 in Längsrichtung gegeneinander zu versetzen (ℓ_0 nach 8.7.3).

(NCI) Für Zwei-Ebenen-Stöße gilt:

Betonstahlmatten mit einem Bewehrungsquerschnitt $a_s \leq 12$ cm²/m dürfen stets ohne Längsversatz gestoßen werden. Vollstöße von Matten mit größerem Bewehrungsquerschnitt sind nur in der inneren Lage bei mehrlagiger Bewehrung zulässig, wobei der gestoßene Anteil nicht mehr als 60 % des erforderlichen Bewehrungsquerschnitts betragen darf.

Die Übergreifungslänge (siehe Bild 8.10b)) darf folgenden Wert nicht unterschreiten:

$$\ell_0 = \ell_{b,rqd} \cdot \alpha_7 \geq \ell_{0,min} \qquad (NA.8.11.1)$$

Dabei ist

$\ell_{b,rqd}$ der Grundwert der Verankerungslänge nach Gleichung (8.3);

α_7 der Beiwert Mattenquerschnitt mit
$\alpha_7 = 0{,}4 + a_{s,vorh}/8$ mit $1{,}0 \leq \alpha_7 \leq 2{,}0$;

$a_{s,vorh}$ die vorhandene Querschnittsfläche der Bewehrung im betrachteten Schnitt in cm²/m;

$\ell_{0,min}$ der Mindestwert der Übergreifungslänge mit $\ell_{0,min} = 0{,}3 \cdot \alpha_7 \cdot \ell_{b,rqd} \geq s_q$;
≥ 200 mm;

s_q der Abstand der geschweißten Querstäbe.

(7) Eine zusätzliche Querbewehrung im Stoßbereich ist nicht erforderlich.

8.7.5.2 Stöße der Querbewehrung

(1) Die Querbewehrung darf vollständig in einem Schnitt gestoßen werden. Die Mindestwerte für die Übergreifungslänge ℓ_0 sind in Tabelle 8.4 enthalten; innerhalb der Übergreifungslänge zweier Stäbe der Hauptbewehrung müssen in der Regel mindestens zwei Stäbe der Hauptbewehrung vorhanden sein.

Tabelle 8.4. Erforderliche Übergreifungslängen für Stöße von Querbewehrung

	1	2
	Stabdurchmesser	Übergreifungslänge
1	$\phi \leq 6$ mm	≥ 150 mm; jedoch mindestens 1 Mattenmasche
2	6 mm $< \phi \leq 8{,}5$ mm	≥ 250 mm; jedoch mindestens 2 Mattenmaschen
3	8,5 mm $< \phi \leq 12$ mm	≥ 350 mm; jedoch mindestens 2 Mattenmaschen
4	(NCI) $\phi > 12$ mm	≥ 500 mm; ≥ 2 Mattenmaschen

8.9 Stabbündel

8.9.1 Allgemeines

(1) Wenn nicht anders festgelegt, gelten die Regeln für Einzelstäbe auch für Stabbündel. In einem Stabbündel müssen in der Regel alle Stäbe gleiche Eigenschaften aufweisen (Sorte und Festigkeitsklasse). Stäbe mit verschiedenen Durchmessern dürfen gebündelt werden, wenn das Verhältnis der Durchmesser den Wert 1,7 nicht übersteigt.

(NCI) Die Durchmesser der Einzelstäbe dürfen $\phi = 28$ mm nicht überschreiten.

(2) Für die Bemessung wird das Stabbündel durch einen Ersatzstab mit gleicher Querschnittsfläche und gleichem Schwerpunkt ersetzt. Der Vergleichsdurchmesser ϕ_n dieses Ersatzstabs ergibt sich zu:

$$\phi_n = \phi \cdot \sqrt{n_b} \leq 55 \text{ mm} \qquad (8.14)$$

Dabei ist

n_b die Anzahl der Bewehrungsstäbe eines Stabbündels mit folgenden Grenzwerten:

$n_b \leq 4$ für lotrechte Stäbe unter Druck und für Stäbe in einem Übergreifungsstoß;

$n_b \leq 3$ für alle anderen Fälle.

(3) Für Stabbündel gelten die in 8.2 aufgeführten Regeln für die Stababstände. Dabei ist in der Regel der Vergleichsdurchmesser ϕ_n zu verwenden, wobei jedoch der lichte Abstand zwischen den Bündeln vom äußeren Bündelumfang zu messen ist. Die Betondeckung ist in der Regel vom äußeren Bündelumfang zu messen und darf nicht weniger als ϕ_n betragen.

(4) Zwei sich berührende, übereinanderliegende Stäbe in guten Verbundbedingungen brauchen nicht als Bündel behandelt zu werden.

8.9.2 Verankerung von Stabbündeln

(1) Stabbündel unter Zug dürfen über End- und Zwischenauflagern enden. Bündel mit einem Vergleichsdurchmesser $\phi_n < 32$ mm dürfen in der Nähe eines Auflagers ohne Längsversatz der Einzelstäbe enden. Bei Bündeln mit einem Vergleichsdurchmesser $\phi_n \geq 32$ mm, die in der Nähe eines Auflagers verankert sind, sind in der Regel die Enden der Einzelstäbe gemäß Bild 8.12 in Längsrichtung zu versetzen.

(2) Werden Einzelstäbe mit einem Längsversatz größer $1{,}3\ell_{b,rqd}$ verankert (mit $\ell_{b,rqd}$ für den Stabdurchmesser), darf der Stabdurchmesser zur Berechnung von ℓ_{bd} verwendet werden (siehe Bild 8.12). Andernfalls ist in der Regel der Vergleichsdurchmesser des Bündels ϕ_n zu verwenden.

(3) Bei druckbeanspruchten Stabbündeln dürfen alle Stäbe an einer Stelle enden. Für einen Vergleichsdurchmesser $\phi_n \geq 32$ mm sind in der Regel mindestens vier Bügel mit $\phi \geq 12$ mm am Ende des Bündels anzuordnen. Ein weiterer Bügel ist in der Regel direkt hinter dem Stabende anzuordnen.

(NCI) Auf die Bügel darf verzichtet werden, wenn der Spitzendruck durch andere Maßnahmen (z. B. Anordnung der Stabenden innerhalb einer Deckenscheibe) aufgenommen wird; in diesem Fall ist ein Bügel außerhalb des Verankerungsbereichs anzuordnen.

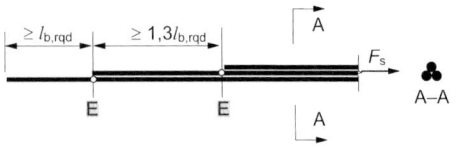

Bild 8.12. Verankerung von Stabbündeln bei auseinandergezogenen rechnerischen Endpunkten E

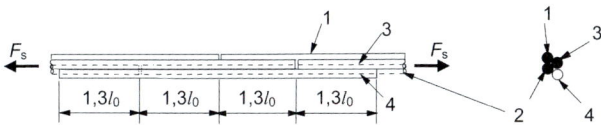

Bild 8.13. Zugbeanspruchter Übergreifungsstoß mit viertem Zulagestab

8.9.3 Gestoßene Stabbündel

(1) Die Übergreifungslänge nach 8.7.3 ist in der Regel mit dem Vergleichsdurchmesser ϕ_n (aus 8.9.1 (2)) zu ermitteln.

(2) Bündel aus zwei Stäben mit einem Vergleichsdurchmesser $\phi_n < 32$ mm dürfen ohne Längsversatz der Stäbe gestoßen werden. Dabei ist in der Regel der Vergleichsdurchmesser zur Berechnung von ℓ_0 zu verwenden.

(3) Bei Bündeln aus zwei Stäben mit einem Vergleichsdurchmesser $\phi_n \geq 32$ mm oder bei Bündeln aus drei Stäben sind in der Regel die Einzelstäbe gemäß Bild 8.13 um mindestens $1{,}3\ell_0$ in Längsrichtung versetzt zu stoßen. Dabei bezieht sich ℓ_0 auf den Einzelstab. In diesem Fall wird der vierte Stab als übergreifender Stab (Stoßlasche) verwendet. In jedem Schnitt eines gestoßenen Bündels dürfen in der Regel höchstens vier Stäbe vorhanden sein. Bündel mit mehr als drei Stäben dürfen in der Regel nicht gestoßen werden.

9 Konstruktionsregeln

9.1 Allgemeines

(1)P Die Anforderungen an die Sicherheit, Gebrauchstauglichkeit und Dauerhaftigkeit werden durch die Einhaltung der Regeln dieses Abschnitts zusätzlich zu den anderweitig aufgeführten allgemeinen Regeln erfüllt.

(2) Die bauliche Durchbildung von Bauteilen muss in der Regel mit den zur Bemessung verwendeten Modellen übereinstimmen.

(3) Die Anordnung von Mindestbewehrung erfolgt zur Vermeidung unangekündigten Versagens und breiter Risse sowie zur Aufnahme von Zwangsschnittgrößen.

Anmerkung: Die in diesem Abschnitt aufgeführten Regeln gelten überwiegend für den Stahlbetonhochbau.

9.2 Balken

9.2.1 Längsbewehrung

9.2.1.1 Mindestbewehrung und Höchstbewehrung

(1) Die Mindestquerschnittsfläche der Längszugbewehrung muss in der Regel $A_{s,min}$ entsprechen.

Anmerkung 1: Siehe auch 7.3 für die Querschnittsflächen der Längszugbewehrung zur Begrenzung der Rissbreiten.

(NCI) Die Mindestbewehrung $A_{s,min}$ zur Sicherstellung eines duktilen Bauteilverhaltens ist für das Rissmoment mit dem Mittelwert der Zugfestigkeit des Betons f_{ctm} nach Tabelle 3.1 und einer Stahlspannung $\sigma_s = f_{yk}$ zu berechnen.

Die Mindestbewehrung ist gleichmäßig über die Breite sowie anteilmäßig über die Höhe der Zugzone zu verteilen. Die im Feld erforderliche untere Mindestbewehrung muss unabhängig von den Regelungen zur Zugkraftdeckung zwischen den Auflagern durchlaufen.

Über Innenauflagern ist die obere Mindestbewehrung in beiden anschließenden Feldern über eine Länge von mindestens einem Viertel der Stützweite einzulegen. Bei Kragarmen muss sie über die gesamte Kragarmlänge durchlaufen. Die Mindestbewehrung ist am Endauflager und am Innenauflager mit der Mindestverankerungslänge zu verankern. Stöße sind für die volle Zugkraft auszubilden.

Bei Gründungsbauteilen und erddruckbelasteten Wänden aus Stahlbeton darf auf die Mindestbewehrung nach Absatz (1) verzichtet werden, wenn das duktile Bauteilverhalten durch Umlagerung des Sohldrucks bzw. des Erddrucks sichergestellt werden kann. Dies ist in der Regel bei Gründungsbauteilen zu erwarten. Dabei müssen die Schnittgrößen für äußere Lasten nach Abschnitt 5.4 ermittelt sowie die Grenzzustände der Tragfähigkeit nach Abschnitt 6 und der Gebrauchstauglichkeit nach Abschnitt 7 nachgewiesen werden.

Der Verzicht auf Mindestbewehrung ist im Rahmen der Tragwerksplanung zu begründen. Bei schwierigen Baugrundbedingungen oder komplizierten Gründungen ist nachzuweisen, dass ein duktiles Bauteilverhalten auch ohne entsprechende Mindestbewehrung durch die Boden-Bauwerk-Interaktion sichergestellt ist.

(2) Querschnitte mit weniger Bewehrung als $A_{s,min}$ gelten als unbewehrt (siehe Kapitel 12).

(3) (NDP) Die Summe der Querschnittsfläche der Zug- und Druckbewehrung darf $A_{s,max} = 0{,}08 A_c$ nicht überschreiten. Dies gilt auch im Bereich von Übergreifungsstößen.

9.2.1.2 Weitere Konstruktionsregeln

(1) In monolithisch hergestellten Balken sind in der Regel bei Annahme einer gelenkigen Lagerung die Querschnitte an den Auflagern für ein Moment infolge teilweiser Einspannung zu bemessen, das mindestens dem β_1-fachen maximalen benachbarten Feldmoment entspricht.

(NDP) Es gilt $\beta_1 = 0{,}25$ für Balken und Platten.

Die Bewehrung muss, vom Auflagerrand gemessen, mindestens über die 0,25-fache Länge des Endfeldes eingelegt werden.

(2) An Zwischenauflagern von durchlaufenden Plattenbalken ist in der Regel die gesamte Querschnittsfläche der Zugbewehrung A_s über die effektive Breite des Gurtes zu verteilen (siehe 5.3.2). Ein Teil davon darf über dem Steg konzentriert werden (siehe Bild 9.1).

(NCI) Es wird empfohlen, die Zugbewehrung bei Plattenbalken- und Hohlkastenquerschnitten höchstens auf einer Breite entsprechend der halben rechnerischen effektiven Gurtbreite $b_{\text{eff},i}$ nach Gleichung (5.7a) anzuordnen. Die tatsächlich vorhandene Gurtbreite darf ausgenutzt werden.

(3) Die im GZT rechnerisch erforderliche Druckbewehrung (Stabdurchmesser ϕ) ist in der Regel durch Querbewehrung mit einem Stababstand von maximal 15ϕ zu sichern.

9.2.1.3 Zugkraftdeckung

(1) Für alle Querschnitte ist in der Regel ausreichende Bewehrung vorzusehen, um die Umhüllende der einwirkenden Zugkraft aufzunehmen. Dabei sind die Auswirkungen von geneigten Rissen in Stegen und Gurten zu berücksichtigen.

(NCI) Ausreichende Bewehrung ist mit der Zugkraftdeckung im GZG und GZT nachgewiesen.

Bei einer Schnittgrößenermittlung nach E-Theorie darf i. Allg. auf einen Nachweis im GZG verzichtet werden, wenn nicht mehr als 15 % der Biegemomente umgelagert werden.

(2) Bei Bauteilen mit Querkraftbewehrung ist in der Regel die zusätzliche Zugkraft ΔF_{td} entsprechend 6.2.3 (7) zu ermitteln. Bei Bauteilen ohne Querkraftbewehrung darf ΔF_{td} berücksichtigt werden, indem der Verlauf des Biegemoments gemäß 6.2.2 (5) um das Versatzmaß $a_l = d$ verschoben wird. Dieses Versatzmaß darf alternativ auch bei Bauteilen mit Querkraftbewehrung verwendet werden. Dabei gilt:

$$a_l = z\,(\cot\theta - \cot\alpha)/2 \tag{9.2}$$

Die zusätzliche Zugkraft ist in Bild 9.2 dargestellt.

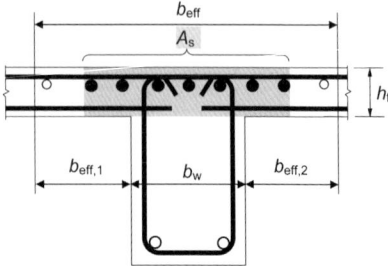

Bild 9.1DE. Anordnung der Zugbewehrung im Plattenbalkenquerschnitt (mit NCI zu 9.2.1.2 (2))

(NCI) Bei einer Anordnung der Zugbewehrung in der Gurtplatte außerhalb des Steges ist a_l jeweils um den Abstand der einzelnen Stäbe vom Steganschnitt zu erhöhen.

(3) Die Tragfähigkeit der Stäbe innerhalb ihrer Verankerungslängen darf unter Annahme eines linearen Kraftverlaufs berücksichtigt werden, siehe Bild 9.2. Als auf der sicheren Seite liegende Vereinfachung darf diese Annahme vernachlässigt werden (konstanter Kraftverlauf).

(4) Die Verankerungslänge aufgebogener Querkraftbewehrung muss in der Regel in der Zugzone mindestens $1{,}3\ell_{bd}$ und in der Druckzone mindestens $0{,}7\ell_{bd}$ betragen. Sie wird vom Schnittpunkt zwischen den Achsen des aufgebogenen Stabs und der Längsbewehrung aus gemessen.

9.2.1.4 Verankerung der unteren Bewehrung an Endauflagern

(1) Die Querschnittsfläche der unteren Bewehrung an Endauflagern, für die bei der Bemessung wenig oder keine Einspannung angenommen wurde, muss in der Regel mindestens das β_2-Fache der Feldbewehrung betragen.

(NDP) Es gilt der empfohlene Wert $\beta_2 = 0{,}25$.

(2) Die zu verankernde Zugkraft darf gemäß 6.2.3 (7) (Bauteile mit Querkraftbewehrung) gegebenenfalls unter Berücksichtigung der Normalkraft oder mit dem Versatzmaß ermittelt werden:

$$F_{Ed} = |V_{Ed}| \cdot a_l/z + N_{Ed} \geq 0{,}5 V_{Ed}\ \text{(NCI)} \tag{9.3}\text{DE}$$

Dabei ist N_{Ed} die Normalkraft, die zur Zugkraft addiert oder von ihr abgezogen wird; für a_l siehe auch 9.2.1.3 (2).

(3) Die Verankerungslänge ℓ_{bd} nach 8.4.4 beginnt am Auflagerrand. Bei direkter Auflagerung darf der Querdruck berücksichtigt werden. Siehe Bild 9.3.

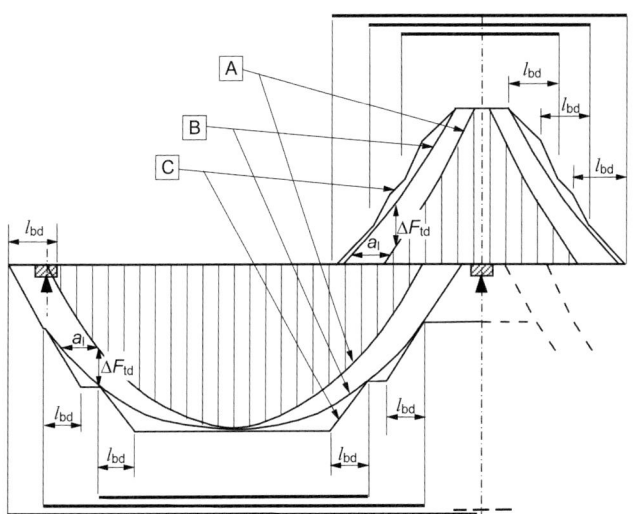

A Umhüllende für $M_{Ed}/z + N_{Ed}$
B einwirkende Zugkraft F_s
C aufnehmbare Zugkraft F_{Rs}

Bild 9.2. Darstellung der Staffelung der Längsbewehrung unter Berücksichtigung geneigter Risse und der Tragfähigkeit der Bewehrung innerhalb der Verankerungslängen

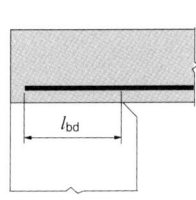

a) direkte Auflagerung: Balken liegt auf Wand oder Stütze auf

b) indirekte Auflagerung: Balken bindet in einen tragenden Balken ein

Bild 9.3. Verankerung der unteren Bewehrung an Endauflagern

(NCI) Der Querdruck bei direkter Auflagerung wird mit $\alpha_5 = 0{,}67$ in $\ell_{bd} \geq 6{,}7\phi$ nach 8.4.4 (1) berücksichtigt.

Die Bewehrung ist jedoch in allen Fällen mindestens über die rechnerische Auflagerlinie zu führen.

Anmerkung: Definition direkte/indirekte Auflagerung siehe NA.1.5.2.26.

9.2.1.5 Verankerung der unteren Bewehrung an Zwischenauflagern

(1) Es gilt die Querschnittsfläche der Bewehrung nach 9.2.1.4 (1).

(2) Die Verankerungslänge muss in der Regel mindestens 10ϕ (für gerade Stäbe) oder mindestens den Biegerollendurchmesser (für Haken und Winkelhaken mit mindestens 16 mm Stabdurchmesser) oder den doppelten Biegerollendurch-

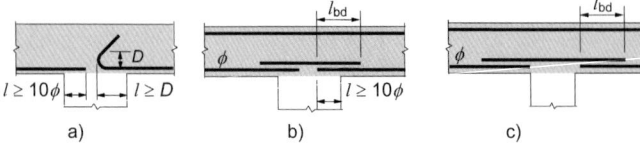

a) b) c)

Bild 9.4. Verankerung an Zwischenauflagern

messer (in den anderen Fällen) betragen (siehe Bild 9.4a)). Im Allgemeinen sind die Mindestwerte maßgebend. Es darf jedoch auch eine genauere Berechnung nach 6.6 durchgeführt werden.

(NCI) In der Regel ist es ausreichend, an Zwischenauflagern von durchlaufenden Bauteilen die erforderliche Bewehrung mindestens um das Maß 6ϕ bis hinter den Auflagerrand zu führen.

(3) Eine Bewehrung, die mögliche positive Momente aufnehmen kann (z. B. Auflagersetzungen, Explosion usw.), ist in der Regel in den Vertragsunterlagen festzulegen. Diese Bewehrung ist in der Regel durchlaufend auszuführen, z. B. durch gestoßene Stäbe (siehe Bild 9.4b) oder c)).

9.2.2 Querkraftbewehrung

(1) Die Querkraftbewehrung muss in der Regel mit der Schwerachse des Bauteils einen Winkel von 45° bis 90° bilden.

(2) Sie darf aus einer Kombination folgender Bewehrungen bestehen:

- Bügel, die die Längszugbewehrung und die Druckzone umfassen (Bild 9.5),
- aufgebogene Stäbe,
- Querkraftzulagen in Form von Körben, Leitern usw., die ohne Umschließung der Längsbewehrung verlegt sind, aber ausreichend in der Druck- und Zugzone verankert sind.

(3) Bügel sind in der Regel wirksam zu verankern. Ein Übergreifungsstoß des Bügelschenkels nahe der Oberfläche des Stegs ist erlaubt (außer bei Torsionsbügeln).

(NCI) Die Verankerung muss in der Druckzone zwischen dem Schwerpunkt der Druckzonenfläche und dem Druckrand erfolgen; dies gilt im Allgemeinen als erfüllt, wenn die Querkraftbewehrung über die ganze Querschnittshöhe reicht. In der Zugzone müssen die Verankerungselemente möglichst nahe am Zugrand angeordnet werden.

(NCI) Einschnittige Bügel mit Haken in Balken gelten als Querkraftzulage.

Weitere Beispiele für Querkraftbewehrung sind in Bild NA.9.5.1 angegeben:

(4) Mindestens das β_3-Fache der erforderlichen Querkraftbewehrung muss in der Regel aus Bügeln bestehen.

(NDP) Es gilt der empfohlene Wert $\beta_3 = 0{,}5$ mit Bügeln nach Bild 8.5DE.

(5) Der Querkraftbewehrungsgrad ergibt sich aus Gleichung (9.4):

$$\rho_w = A_{sw}/(s \cdot b_w \cdot \sin\alpha) \qquad (9.4)$$

Dabei ist

ρ_w der Bewehrungsgrad der Querkraftbewehrung; mit $\rho_w \geq \rho_{w,min}$;

A_{sw} die Querschnittsfläche der Querkraftbewehrung je Länge s;

s der Abstand der Querkraftbewehrung entlang der Bauteilachse;

b_w die Stegbreite des Bauteils;

α der Winkel zwischen Querkraftbewehrung und der Bauteilachse (siehe 9.2.2 (1)).

(NDP) Der Mindestquerkraftbewehrungsgrad beträgt:

- Allgemein:
$$\rho_{w,min} = 0{,}16 \cdot f_{ctm}/f_{yk} \qquad (9.5aDE)$$
- Für gegliederte Querschnitte mit vorgespanntem Zuggurt:
$$\rho_{w,min} = 0{,}256 \cdot f_{ctm}/f_{yk} \qquad (9.5bDE)$$

(6) Der größte Längsabstand der Querkraftbewehrungselemente darf in der Regel den Wert $s_{l,max}$ nach Tabelle NA.9.1 nicht überschreiten.

(7) Der größte Längsabstand von aufgebogenen Stäben darf in der Regel den Wert $s_{b,max}$ nicht überschreiten.

(NDP) $s_{b,max} = 0{,}5h\,(1 + \cot\alpha) \qquad (9.7DE)$

(8) Der Querabstand der Bügelschenkel darf in der Regel den Wert $s_{t,max}$ nach Tabelle NA.9.2 nicht überschreiten.

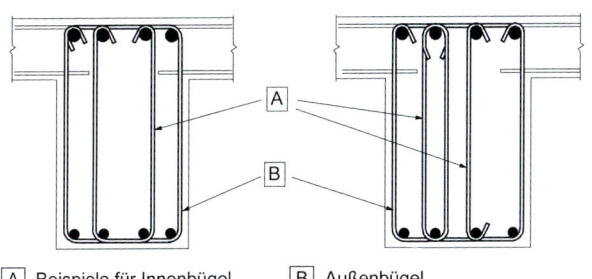

A Beispiele für Innenbügel   B Außenbügel

Bild 9.5. Beispiele zur Querkraftbewehrung

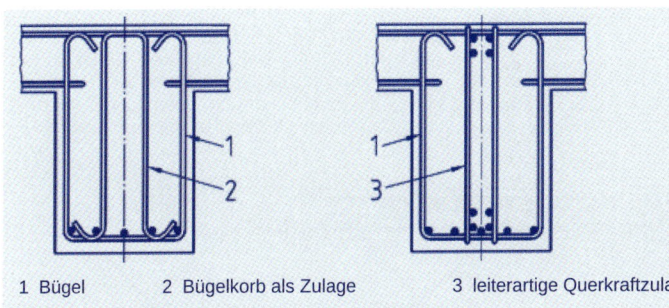

1 Bügel   2 Bügelkorb als Zulage   3 leiterartige Querkraftzulage

Bild NA.9.5.1. Weitere Beispiele für Querkraftbewehrung

(NDP) Tabelle NA.9.1. Längsabstand $s_{l,max}$ für Bügel

	1	2
	Querkraftausnutzung [a]	Festigkeitsklasse Beton $\leq$ C50/60
1	$V_{Ed} \leq 0{,}3 V_{Rd,max}$	$0{,}7h$ [b] bzw. 300 mm
2	$0{,}3 V_{Rd,max} < V_{Ed} \leq 0{,}6 V_{Rd,max}$	$0{,}5h$ bzw. 300 mm
3	$V_{Ed} > 0{,}6 V_{Rd,max}$	$0{,}25h$ bzw. 200 mm

[a] $V_{Rd,max}$ darf hier vereinfacht mit $\theta = 40°$ ($\cot\theta = 1{,}2$) ermittelt werden.
[b] Bei Balken mit $h < 200$ mm und $V_{Ed} \leq V_{Rd,c}$ braucht der Bügelabstand nicht kleiner als 150 mm zu sein.

(NDP) Tabelle NA.9.2. Querabstand $s_{t,max}$ für Bügel

	1	2
	Querkraftausnutzung [a]	Festigkeitsklasse Beton $\leq$ C50/60
1	$V_{Ed} \leq 0{,}3 V_{Rd,max}$	h bzw. 800 mm
2	$0{,}3 V_{Rd,max} < V_{Ed} \leq V_{Rd,max}$	h bzw. 600 mm

[a] $V_{Rd,max}$ darf hier vereinfacht mit $\theta = 40°$ ($\cot\theta = 1{,}2$) ermittelt werden.

9.2.3 Torsionsbewehrung

(1) Die Torsionsbügel sind in der Regel zu schließen und durch Übergreifung oder Haken zu verankern, (siehe Bild 9.6). Sie sollten dabei einen Winkel von 90° mit der Bauteilachse bilden.

(NCI) Die Torsionsbügel dürfen in Balken und in Stegen von Plattenbalken nach Bild 8.5DE e), g) oder h) geschlossen werden. Die Hakenlänge nach Bild 8.5DE a) in Bild e) ist dabei auf 10ϕ zu vergrößern.

(2) Die Regeln 9.2.2 (5) und (6) gelten im Allgemeinen für die Mindestmenge der erforderlichen Torsionsbügel.

(3) Der Längsabstand der Torsionsbügel darf in der Regel den Wert $u/8$ (siehe 6.3.2, Bild 6.11), die Abstände nach 9.2.2 (6) und die kleinere Abmessung des Balkenquerschnitts nicht überschreiten.

(4) In jeder Querschnittsecke ist in der Regel mindestens ein Längsstab anzuordnen. Weitere Längsstäbe sind in der Regel gleichmäßig über den Umfang innerhalb der Bügel mit einem Abstand von höchstens 350 mm zu verteilen.

9.2.4 Oberflächenbewehrung

(1) Zur Vermeidung von Betonabplatzungen und zur Begrenzung der Rissbreiten kann eine Oberflächenbewehrung erforderlich sein.

9.2.5 Indirekte Auflager

(1) Liegt ein Träger anstatt auf einer Wand oder Stütze indirekt auf einem anderen Träger auf, ist in der Regel im Kreuzungsbereich der Bauteile eine Aufhängebewehrung vorzusehen, die die wechselseitigen Auflagerreaktionen vollständig

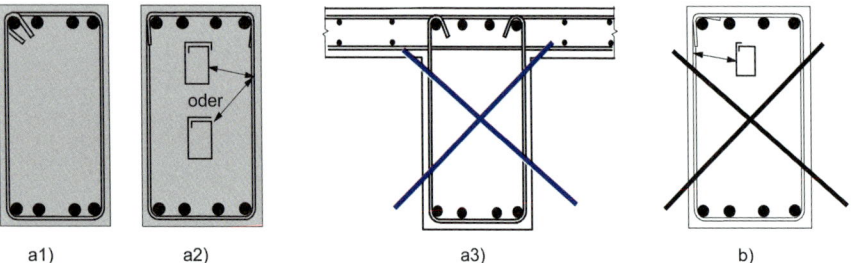

a) empfohlene Bügelformen
b) nicht empfohlene Bügelformen

Anmerkung: Die zweite Alternative für a2) (untere Darstellung) muss in der Regel eine volle Übergreifungslänge entlang des oberen Abschnitts aufweisen.

(NCI) Die Bügelform a3) nach Bild 9.6 darf für Torsionsbügel nicht angewendet werden.

Bild 9.6. Beispiele zur Ausbildung von Torsionsbügeln

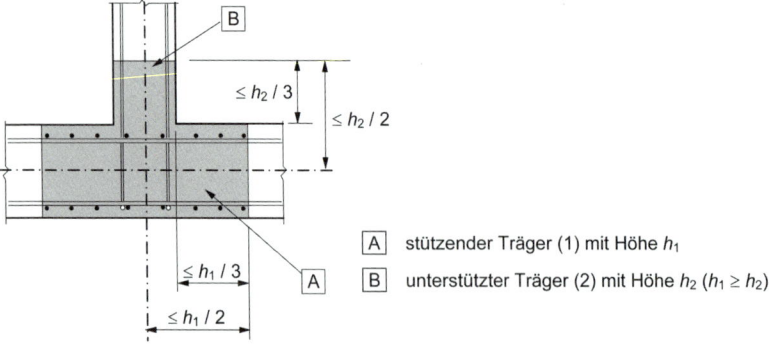

A stützender Träger (1) mit Höhe h_1
B unterstützter Träger (2) mit Höhe h_2 ($h_1 \geq h_2$)

Bild 9.7. Bereich der Aufhängebewehrung beim Anschluss eines Nebenträgers (Grundriss)

aufnehmen kann. Diese Bewehrung wird zusätzlich zu der eingelegt, die aus anderen Gründen erforderlich ist. Dies gilt auch für eine indirekt aufgelagerte Platte.

(2) Die Aufhängebewehrung muss in der Regel aus Bügeln bestehen, die die Hauptbewehrung des unterstützenden Bauteils umfassen. Einige dieser Bügel dürfen außerhalb des unmittelbaren Kreuzungsbereichs beider Bauteile angeordnet werden (siehe Bild 9.7).

(NCI) Wenn die Aufhängebewehrung nach Bild 9.7 ausgelagert wird, dann sollte eine über die Höhe verteilte Horizontalbewehrung im Auslagerungsbereich angeordnet werden, deren Gesamtquerschnittsfläche dem Gesamtquerschnitt dieser Bügel entspricht.

Bei sehr breiten stützenden Trägern oder bei stützenden Platten sollte die in diesen Trägern oder Platten angeordnete Aufhängebewehrung nicht über eine Breite angeordnet werden, die größer als die Nutzhöhe des gestützten Trägers ist.

9.3 Vollplatten

(1) Dieser Abschnitt gilt für einachsig und zweiachsig gespannte Vollplatten, bei denen b und ℓ_{eff} nicht weniger als $5h$ betragen (siehe 5.3.1).

(NCI) Die Regeln für Vollplatten dürfen auch für $\ell_{eff}/h \geq 3$ angewendet werden.

9.3.1 Biegebewehrung

9.3.1.1 Allgemeines

(1) Für die Mindest- und Höchstwerte des Bewehrungsgrades in der Hauptspannrichtung gelten die Regeln aus 9.2.1.1 (1) und (3).

(NCI) Bei zweiachsig gespannten Platten braucht die Mindestbewehrung nach 9.2.1.1 (1) nur in der Hauptspannrichtung angeordnet zu werden.

Anmerkung: Bei Platten mit geringem Risiko von Sprödbruch darf $A_{s,min}$ alternativ mit dem 1,2-Fachen derjenigen Querschnittsfläche berechnet werden, die für den Nachweis im GZT benötigt wird.

(2) Bei einachsig gespannten Platten darf in der Regel die Querbewehrung nicht weniger als 20 % der Hauptbewehrung betragen.

(NCI) Bei Betonstahlmatten ist min $\phi_{quer} = 5$ mm einzuhalten.

In zweiachsig gespannten Platten darf die Bewehrung in der minderbeanspruchten Richtung nicht weniger als 20 % der in der höherbeanspruchten Richtung betragen.

(3) Der Abstand zwischen den Stäben darf in der Regel nicht größer als $s_{max,slabs}$ sein.

(NDP) Es gilt:

– für die Haupt(zug-)bewehrung:
  $s_{max,slabs} = 250$ mm für Plattendicken $h \geq 250$ mm;
  $s_{max,slabs} = 150$ mm für Plattendicken $h \leq 150$ mm;
  Zwischenwerte sind linear zu interpolieren.

– für die Querbewehrung oder die Bewehrung in der minderbeanspruchten Richtung:
  $s_{max,slabs} \leq 250$ mm.

(4) Die Regeln aus 9.2.1.3 (1) bis (3), 9.2.1.4 (1) bis (3) und 9.2.1.5 (1) bis (2) gelten ebenfalls, allerdings mit $a_l = d$.

(NA.5) Die Mindestdicke h_{min} einer Vollplatte (Ortbeton) beträgt i. d. R. 70 mm.

9.3.1.2 Bewehrung von Platten in Auflagernähe

(1) Bei gelenkig gelagerten Platten ist in der Regel mindestens die Hälfte der erforderlichen Feldbewehrung über das Auflager zu führen und dort gemäß 8.4.4 zu verankern.

(NCI) Die Regel gilt für alle Auflager von beliebig gelagerten Platten.

Anmerkung: Die Staffelung und Verankerung der Bewehrung dürfen gemäß 9.2.1.3, 9.2.1.4 und 9.2.1.5 durchgeführt werden.

(2) Bei teilweiser Einspannung einer Plattenseite, die bei der Berechnung nicht berücksichtigt wurde, ist in der Regel eine obere Stützbewehrung anzuordnen, die mindestens 25 % des benachbarten maximalen Feldmoments aufnehmen kann. Diese Bewehrung muss in der Regel, vom Auflagerrand gemessen, mindestens über die 0,2-fache Länge des Endfeldes eingelegt werden.

Sie muss in der Regel über den Zwischenauflagern durchlaufen und an den Endauflagern verankert werden.

(NCI) Auch bei frei drehbar angenommenen Endauflagern sind 25 % des angrenzenden Feldmomentes durch eine obere konstruktive Bewehrung abzudecken.

9.3.1.3 Eckbewehrung

(1) Wenn durch bauliche Durchbildung das Abheben der Platte an einer Ecke verhindert wird, ist in der Regel eine entsprechende Drillbewehrung anzuordnen.

(NA.2) Werden die Schnittgrößen in einer Platte unter Ansatz der Drillsteifigkeit ermittelt, so ist die Bewehrung in den Plattenecken unter Berücksichtigung des Drillmoments zu bemessen.

(NA.3) Die Drillbewehrung darf durch eine parallel zu den Seiten verlaufende obere und untere Netzbewehrung in den Plattenecken ersetzt werden, die in jeder Richtung die gleiche Querschnittsfläche wie die Feldbewehrung und mindestens eine Länge von $0,3\ell_{eff,min}$ hat.

(NA.4) In Plattenecken, in denen ein frei aufliegender und ein eingespannter Rand zusammenstoßen, sollte die Hälfte der Bewehrung nach Absatz (NA.3) rechtwinklig zum freien Rand eingelegt werden.

(NA.5) Bei vierseitig gelagerten Platten, deren Schnittgrößen als einachsig gespannt oder unter Vernachlässigung der Drillsteifigkeit ermittelt werden, sollte zur Begrenzung der Rissbildung in den Ecken ebenfalls eine Bewehrung nach Absatz (NA.3) angeordnet werden.

(NA.6) Ist die Platte mit Randbalken oder benachbarten Deckenfeldern biegefest verbunden, so brauchen die zugehörigen Drillmomente nicht nachgewiesen und keine Drillbewehrung angeordnet zu werden.

9.3.1.4 Randbewehrung an freien Rändern von Platten

(1) Entlang eines freien (ungestützten) Randes ist in der Regel eine Längs- und Querbewehrung nach Bild 9.8 anzuordnen.

(2) Die vorhandene Bewehrung der Platte darf als Randbewehrung angerechnet werden.

(NA.3) Bei Fundamenten und innenliegenden Bauteilen des üblichen Hochbaus braucht eine Bewehrung nach Absatz (1) nicht angeordnet zu werden.

9.3.2 Querkraftbewehrung

(1) Die Mindestdicke einer Platte mit Querkraftbewehrung beträgt in der Regel 200 mm.

(NCI) h_{min} einer Vollplatte (Ortbeton):

mit Querkraftbewehrung (aufgebogen): 160 mm;
mit Querkraftbewehrung (Bügel) oder Durchstanzbewehrung: 200 mm

(2) Für die bauliche Durchbildung der Querkraftbewehrung gelten der Mindestwert und die Definition des Bewehrungsgrades nach 9.2.2, soweit sie nicht nachfolgend modifiziert werden.

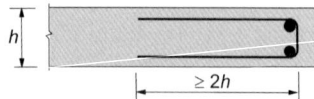

Bild 9.8. Randbewehrung an freien Rändern von Platten

(NCI) Bei $V_{Ed} \leq V_{Rd,c}$ mit $b/h > 5$ ist keine Mindestbewehrung für Querkraft erforderlich. Bauteile mit $b/h < 4$ sind als Balken zu behandeln. Im Bereich $5 \geq b/h \geq 4$ ist eine Mindestbewehrung erforderlich, die bei $V_{Ed} \leq V_{Rd,c}$ zwischen dem nullfachen und dem einfachen Wert, bei $V_{Ed} > V_{Rd,c}$ zwischen dem 0,6-fachen und dem einfachen Wert der erforderlichen Mindestbewehrung von Balken interpoliert werden darf.
Bei $V_{Ed} > V_{Rd,c}$ mit $b/h > 5$ ist der 0,6-fache Wert der Mindestbewehrung von Balken erforderlich.

(3) In Platten mit $|V_{Ed}| \leq 1/3 V_{Rd,max}$ (siehe 6.2) darf die Querkraftbewehrung vollständig aus aufgebogenen Stäben oder Querkraftzulagen bestehen.

(4) Der größte Längsabstand von Bügelreihen ist:

(NCI)
- für $V_{Ed} \leq 0,30 V_{Rd,max}$:
  $s_{max} = 0,7h$
- für $0,30 V_{Rd,max} < V_{Ed} \leq 0,60 V_{Rd,max}$:
  $s_{max} = 0,5h$
- für $V_{Ed} > 0,60 V_{Rd,max}$:
  $s_{max} = 0,25h$

Der größte Längsabstand von aufgebogenen Stäben darf mit $s_{max} = h$ angesetzt werden.

(5) (NCI) Der maximale Querabstand von Bügeln darf in der Regel $s_{max} = h$ nicht überschreiten.

9.4 Flachdecken

9.4.1 Flachdecken im Bereich von Innenstützen

(1) Die Anordnung der Bewehrung in Flachdecken muss in der Regel das Verhalten im Gebrauchszustand berücksichtigen. Im Allgemeinen führt dies zu einer Konzentration der Bewehrung über den Stützen.

(NCI) *Anmerkung:* Beachte auch die Festlegungen zu den Mindestbiegemomenten für den Durchstanzbereich nach NCI zu 6.4.5 (1).

(2) Werden keine genaueren Gebrauchstauglichkeitsberechnungen durchgeführt, ist in der Regel

über Innenstützen eine Stützbewehrung mit der Querschnittsfläche $0{,}5A_t$ beidseitig der Stütze auf einer Breite entsprechend der 0,125-fachen effektiven Spannweite der angrenzenden Deckenfelder anzuordnen. A_t ist dabei die Querschnittsfläche der Biegebewehrung über der Stütze, die erforderlich ist, um das gesamte negative Moment aufzunehmen, das aus der Belastung aus den beiderseits der Stütze angrenzenden Deckenfeldern resultiert.

(3) Bei Innenstützen ist in der Regel eine untere Bewehrung ($\geq$ 2 Stäbe) entlang jeder orthogonalen Richtung anzuordnen. Diese Bewehrung muss in der Regel über der Stütze durchlaufen.

(NCI) Zur Vermeidung eines fortschreitenden Versagens von punktförmig gestützten Platten ist stets ein Teil der Feldbewehrung über die Stützstreifen im Bereich von Innen- und Randstützen hinwegzuführen bzw. dort zu verankern. Die hierzu erforderliche Bewehrung muss mindestens die Querschnittsfläche $A_s = V_{Ed}/f_{yk}$ aufweisen und ist im Bereich der Lasteinleitungsfläche anzuordnen. Abminderungen von V_{Ed} sind dabei nicht zulässig. Dabei ist V_{Ed} der Bemessungswert der Querkraft mit $\gamma_F = 1{,}0$.

Auf diese Abreißbewehrung beim Durchstanzen darf bei elastisch gebetteten Bodenplatten wegen der Boden-Bauwerk-Interaktion verzichtet werden.

9.4.2 Flachdecken im Bereich von Randstützen

(1) Bewehrungen, die senkrecht entlang eines freien Rands verlaufen und die die Biegemomente der Platte auf eine Eck- oder Randstütze übertragen sollen, sind in der Regel innerhalb der mitwirkenden Breite b_e nach Bild 9.9 einzulegen.

(NCI) *Anmerkung:* Beachte auch die Festlegungen zu den Mindestbiegemomenten für den Durchstanzbereich nach NCI 6.4.5 (1).

(NA.2) Bei Lasteinleitungsflächen, die sich nahe oder an einem freien Rand oder einer Ecke befinden, d. h. mit einem Randabstand kleiner als d, ist stets eine besondere Randbewehrung nach 9.3.1.4 mit einem Abstand der Steckbügel $s_w \leq 100$ mm längs des freien Randes erforderlich.

9.4.3 Durchstanzbewehrung

(1) Wenn Durchstanzbewehrung erforderlich wird (siehe 6.4), ist diese in der Regel zwischen der Lasteinleitungsfläche/Stütze bis zum Abstand $k \cdot d$ innerhalb des Rundschnitts einzulegen, an dem Querkraftbewehrung nicht mehr benötigt wird. Sie ist in der Regel mindestens in zwei konzentrischen Reihen von Bügelschenkeln einzulegen (siehe Bild 9.10). Der Abstand zwischen den Bügelschenkelreihen darf in der Regel nicht größer als $0{,}75d$ sein.

Innerhalb des kritischen Rundschnitts ($2d$ von der Lasteinleitungsfläche) darf in der Regel der tangentiale Abstand der Bügelschenkel in einer Bewehrungsreihe nicht mehr als $1{,}5d$ betragen. Außerhalb des kritischen Rundschnitts darf in der Regel der Abstand der Bügelschenkel in einer Bewehrungsreihe nicht mehr als $2d$ betragen, wenn die Bewehrungsreihe zum Durchstanzwiderstand beiträgt (siehe Bild 6.22).

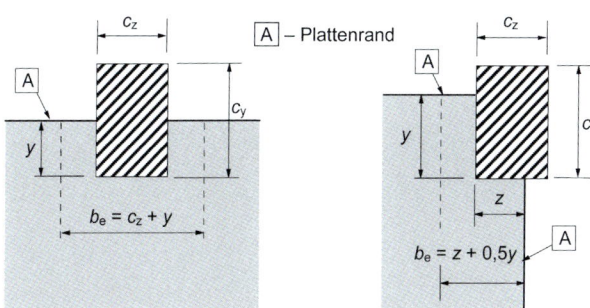

Anmerkung: y darf $> c_y$ sein.
y ist der Abstand vom Plattenrand bis zur Innenseite der Stütze.

Anmerkung: z darf $> c_z$ sein und $y > c_y$.

a) Randstütze b) Eckstütze

Bild 9.9. Wirksame Breite b_e einer Flachdecke

Bei aufgebogenen Stäben (wie in Bild 9.10 b) dargestellt) darf eine Bewehrungsreihe als ausreichend betrachtet werden.

Anmerkung: Siehe 6.4.5 (4) für den Wert von k.

(NDP) Es gilt der empfohlene Wert $k = 1,5$.

(NCI) Die Stabdurchmesser einer Durchstanzbewehrung sind auf die vorhandene mittlere statische Nutzhöhe der Platte abzustimmen:

- Bügel: $\phi \leq 0,05d$;
- Schrägaufbiegungen: $\phi \leq 0,08d$.

Anmerkung: Weitere Hinweise zu Bügelformen und Darstellung der Durchstanzbewehrung sind in DAfStb-Heft 600 enthalten.

(2) Wenn Durchstanzbewehrung erforderlich ist, wird der Querschnitt eines Bügelschenkels (oder gleichwertig) $A_{sw,min}$ mit der Gleichung (9.11DE) ermittelt.

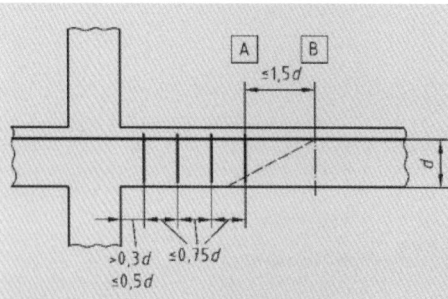

a) Bügelabstände bei Flachdecken

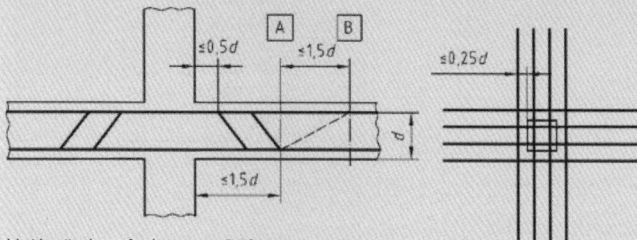

b) Abstände aufgebogener Stäbe

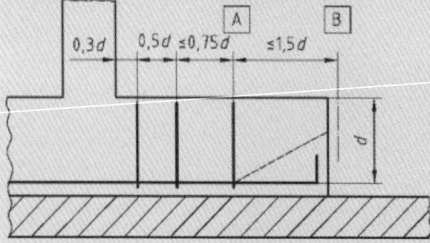

c) Bügelabstände bei Fundamenten

A letzter Rundschnitt, der noch Durchstanzbewehrung benötigt
B erster Rundschnitt, der keine Durchstanzbewehrung benötigt

Bild 9.10DE. Durchstanzbewehrung

$$A_{sw,min} = A_s \cdot \sin\alpha = \frac{0,08}{1,5} \cdot \frac{\sqrt{f_{ck}}}{f_{yk}} \cdot s_r \cdot s_t \quad (9.11DE)$$

Dabei ist

α der Winkel zwischen der Durchstanzbewehrung und der Längsbewehrung (d. h. bei vertikalen Bügeln $\alpha = 90°$ und $\sin\alpha = 1$);

s_r der Abstand der Bügel der Durchstanzbewehrung in radialer Richtung;

s_t der Abstand der Bügel der Durchstanzbewehrung in tangentialer Richtung;

f_{ck} in N/mm^2.

(3) Aufgebogene Stäbe, die die Lasteinleitungsfläche kreuzen oder in einem Abstand von weniger als $0,25d$ vom Rand dieser Fläche liegen, dürfen als Durchstanzbewehrung verwendet werden (siehe Bild 9.10 b), oben).

(4) Der Abstand zwischen dem Auflageranschnitt oder dem Umfang einer Lasteinleitungsfläche und der nächsten Durchstanzbewehrung, die bei der Bemessung berücksichtigt wurde, darf nicht größer als $0,5d$ sein. Dieser Abstand ist in der Regel in Höhe der Längszugbewehrung zu messen.

(NCI) Werden Schrägstäbe als Durchstanzbewehrung eingesetzt, sollten diese eine Neigung von $45° \leq \alpha \leq 60°$ gegen die Plattenebene aufweisen.

Bild 9.10 wird durch Bild 9.10DE ersetzt.

9.5 Stützen

9.5.1 Allgemeines

(1) Dieser Abschnitt gilt für Stützen, bei denen die größere Abmessung h das 4-Fache der kleineren Abmessung b nicht überschreitet.

(NCI) Für Stützen mit Vollquerschnitt, die vor Ort (senkrecht) betoniert werden, darf die kleinste Querschnittsabmessung 200 mm nicht unterschreiten.

9.5.2 Längsbewehrung

(1) Der Durchmesser der Längsstäbe darf in der Regel nicht kleiner als ϕ_{min} sein.

(NDP) $\phi_{min} = 12$ mm

(2) Die Gesamtquerschnittsfläche der Längsbewehrung darf in der Regel nicht kleiner als $A_{s,min}$ sein.

(NDP) $A_{s,min} = 0,15 \cdot |N_{Ed}|/f_{yd}$ (9.12DE)

Dabei ist

f_{yd} der Bemessungswert der Streckgrenze der Bewehrung;

N_{Ed} der Bemessungswert der Normalkraft.

(3) Die Gesamtquerschnittsfläche der Längsbewehrung darf in der Regel nicht größer als $A_{s,max}$ sein.

(NDP) Es gilt $A_{s,max} = 0,09 A_c$ auch im Bereich von Übergreifungsstößen.

(4) Bei Stützen mit polygonalem Querschnitt muss in der Regel mindestens in jeder Ecke ein Stab liegen.

(NCI) Dabei sollte der Abstand der Längsstäbe ≤ 300 mm betragen. Bei $b \leq 400$ mm und $h \leq b$ genügt je ein Bewehrungsstab in den Ecken. In Stützen mit Kreisquerschnitt sollten mindestens 6 Stäbe angeordnet werden.

9.5.3 Querbewehrung

(1) Der Durchmesser der Querbewehrung (Bügel, Schlaufen oder Wendeln) muss in der Regel mindestens ein Viertel des maximalen Durchmessers der Längsbewehrung, jedoch mindestens 6 mm betragen. Der Stabdurchmesser bei Betonstahlmatten als Querbewehrung muss in der Regel mindestens 5 mm betragen.

(NCI) Die Querbewehrung muss die Stützenlängsbewehrung umfassen.

Bei Verwendung von Stabbündeln mit $\phi_n > 28$ mm als Druckbewehrung muss abweichend von Absatz (1) der Mindeststabdurchmesser für Einzelbügel und für Bügelwendeln 12 mm betragen.

(2) Die Querbewehrung ist in der Regel ausreichend zu verankern.

(NCI) Bügel sind in der Regel mit Haken Bild 8.5 a) zu schließen.

Wird der Widerstand gegen Abplatzen der Betondeckung erhöht, darf die Querbewehrung aus Bügeln auch mit 90°-Winkelhaken nach Bild 8.5 b) geschlossen werden. Die Bügelschlösser sind entlang der Stütze zu versetzen. Mindestens eine der folgenden Maßnahmen kommt hierfür in Frage:

– Vergrößerung des Mindestbügeldurchmessers um mindestens 2 mm gegenüber Absatz (1);
– Halbierung der Bügelabstände nach Absatz (3) bzw. (4);
– angeschweißte Querstäbe (Bügelmatten);
– Vergrößerung der Winkelhakenlänge nach Bild 8.5 b) von 10ϕ auf $\geq 15\phi$.

(3) Die Abstände der Querbewehrung entlang der Stütze dürfen in der Regel nicht größer als $s_{cl,tmax}$ sein.

(NDP) Der Abstand der Querbewehrung $s_{cl,tmax}$ darf den kleinsten der drei folgenden Werte nicht überschreiten:
- das 12-Fache des kleinsten Durchmessers der Längsstäbe;
- die kleinste Seitenlänge oder den Durchmesser der Stütze;
- 300 mm.

(4) Die Abstände nach (3) sind in der Regel mit dem Faktor 0,6 zu vermindern:
(i) unmittelbar über und unter Balken oder Platten über eine Höhe gleich der größeren Abmessung des Stützenquerschnitts;
(ii) bei Übergreifungsstößen der Längsstäbe, wenn deren größter Durchmesser größer als 14 mm ist. Dabei sind mindestens 3 gleichmäßig auf der Stoßlänge angeordnete Stäbe erforderlich.

(5) Bei Richtungsänderungen der Längsstäbe (z. B. bei Veränderungen des Stützenquerschnitts) sind die Abstände der Querbewehrung in der Regel unter Berücksichtigung der auftretenden Querzugkräfte zu berechnen. Diese Auswirkungen dürfen vernachlässigt werden, falls die Richtungsänderung $\leq 1/12$ ist.

(6) Alle Längsstäbe oder Stabbündel in einer Ecke sind in der Regel durch Querbewehrung zu umfassen. Dabei darf kein Stab innerhalb einer Druckzone weiter als 150 mm von einem gehaltenen Stab entfernt sein.

(NCI) In oder in der Nähe jeder Ecke ist eine Anzahl von maximal 5 Stäben durch die Querbewehrung gegen Ausknicken zu sichern. Weitere Längsstäbe und solche, deren Abstand vom Eckbereich den 15-fachen Bügeldurchmesser überschreitet, sind durch zusätzliche Querbewehrung nach Absatz (1) zu sichern, die höchstens den doppelten Abstand der Querbewehrung nach Absatz (3) haben darf.

9.6 Wände

9.6.1 Allgemeines

(1) Dieser Abschnitt gilt für Stahlbetonwände, bei denen die Wandlänge mindestens der 4-fachen Wanddicke entspricht und bei denen die Bewehrung im Tragfähigkeitsnachweis berücksichtigt wurde. Die Größe und die zweckmäßige Anordnung der Bewehrung dürfen einem Stabwerkmodell (siehe 6.5) entnommen werden. Für Wände mit überwiegender Plattenbiegung gelten die Regeln für Platten (siehe 9.3).

(NCI) Für Wände mit Halbfertigteilen gelten die allgemeinen bauaufsichtlichen Zulassungen.

(NA.2) Die Wanddicken tragender Wände sollten die Nennmaße nach Tabelle NA.9.3 nicht unterschreiten.

9.6.2 Vertikale Bewehrung

(1) Die Querschnittsfläche der vertikalen Bewehrung muss in der Regel zwischen $A_{s,vmin}$ und $A_{s,vmax}$ liegen.

(NDP)
- allgemein: $A_{s,vmin} = 0{,}15 \, |N_{Ed}|/f_{yd} \geq 0{,}0015 A_c$
- bei schlanken Wänden mit $\lambda \geq \lambda_{lim}$ (nach 5.8.3.1) oder mit $|N_{Ed}| \geq 0{,}3 f_{cd} A_c$: $A_{s,vmin} = 0{,}003 A_c$
- $A_{s,vmax} = 0{,}04 A_c$ (dieser Wert darf innerhalb von Stoßbereichen verdoppelt werden.)

Der Bewehrungsgehalt sollte an beiden Wandaußenseiten im Allgemeinen gleich groß sein.

(2) Wenn die Mindestbewehrung $A_{s,vmin}$ maßgebend ist, muss in der Regel die Hälfte dieser Bewehrung an jeder Außenseite liegen.

(3) (NCI) Der Abstand zwischen zwei benachbarten vertikalen Stäben darf nicht größer als die 2-fache Wanddicke oder 300 mm sein. Der kleinere Wert ist maßgebend.

Tabelle NA.9.3. Mindestwanddicken für tragende Stahlbetonwände

			1	2
	Wandkonstruktion		mit Decken	
			nicht durchlaufend	durchlaufend
1	$\geq$ C16/20	Ortbeton	120 mm	100 mm
2		Fertigteil	100 mm	80 mm

9.6.3 Horizontale Bewehrung

(1) Eine horizontale Bewehrung, die parallel zu den Wandaußenseiten (und zu den freien Kanten) verläuft, ist in der Regel außenliegend einzulegen. Diese muss in der Regel mindestens $A_{s,hmin}$ betragen.

(NDP)

- allgemein: $A_{s,hmin} = 0{,}20 A_{s,v}$
- bei schlanken Wänden mit $\lambda \geq \lambda_{lim}$ (nach 5.8.3.1) oder mit $|N_{Ed}| \geq 0{,}3 f_{cd} A_c$: $A_{s,hmin} = 0{,}50 A_{s,v}$

Der Durchmesser der horizontalen Bewehrung muss mindestens ein Viertel des Durchmessers der vertikalen Stäbe betragen.

(2) (NCI) Der Abstand s zwischen zwei benachbarten horizontalen Stäben sollte maximal 350 mm betragen.

9.6.4 Querbewehrung

(1) In jedem Wandbereich, in dem der Gesamtquerschnitt der vertikalen Bewehrung beider Wandseiten $0{,}02 A_c$ übersteigt, ist in der Regel Querbewehrung mit Bügeln nach den Bestimmungen für Stützen (siehe 9.5.3) einzulegen. Entsprechend 9.5.3 (4) (i) sind die Bügelabstände unmittelbar über und unter aufliegenden Platten über eine Höhe gleich der 4-fachen Wanddicke zu vermindern.

(NCI) Beträgt die Vertikalbewehrung weniger als $0{,}02 A_c$ ist die Querbewehrung gemäß 9.6.4 (2) auszubilden.

(2) Eine außenliegende Hauptbewehrung ist in der Regel durch Querbewehrung mit mindestens 4 Bügelschenkeln je m² Wandfläche zu verbinden.

(NCI) S-Haken dürfen bei Tragstäben mit $\phi \leq 16$ mm entfallen, wenn deren Betondeckung mindestens 2ϕ beträgt; in diesem Fall und stets bei Betonstahlmatten dürfen die druckbeanspruchten Stäbe außen liegen.

Die außenliegenden Bewehrungsstäbe dicker Wände können auch mit Steckbügeln im Innern der Wand verankert werden, wobei die freien Bügelenden die Verankerungslänge $0{,}5 \ell_{b,rqd}$ haben müssen.

An freien Rändern von Wänden mit einer Bewehrung $A_s \geq 0{,}003 A_c$ je Wandseite müssen die Eckstäbe durch Steckbügel nach Bild 9.8 gesichert werden.

9.7 Wandartige Träger

(1) Wandartige Träger (Definition in 5.3.1 (3)) sind in der Regel an beiden Außenflächen mit einer rechtwinkligen Netzbewehrung mit einer Mindestquerschnittsfläche von $A_{s,dbmin}$ zu versehen.

(NDP) $A_{s,dbmin} = 0{,}075\%$ von A_c bzw. $A_{s,dbmin} \geq 150$ mm²/m.

(NCI) Die Mindestwanddicken nach 9.6.1 (NA.2), Tabelle NA.9.3, sind auch bei wandartigen Trägern einzuhalten.

(2) Die Maschenweite des Bewehrungsnetzes darf in der Regel nicht größer als die doppelte Trägerdicke und nicht größer als 300 mm sein.

(3) Die Bewehrung, die den Zugstäben im Bemessungsmodell zugeordnet ist, ist für das Gleichgewicht in den Knoten in der Regel (siehe auch 6.5.4) durch Aufbiegung der Stäbe, durch Verwendung von U-Bügeln oder mit Ankerkörpern vollständig zu verankern, wenn keine ausreichende Verankerungslänge ℓ_{bd} zwischen Knoten und Trägerende vorhanden ist.

9.10 Schadensbegrenzung bei außergewöhnlichen Ereignissen

9.10.1 Allgemeines

(1)P Tragwerke, die nicht für außergewöhnliche Ereignisse bemessen sind, müssen ein geeignetes Zuggliedsystem aufweisen. Dieses soll alternative Lastpfade nach einer örtlichen Schädigung ermöglichen, so dass der Ausfall eines einzelnen Bauteils oder eines begrenzten Teils des Tragwerks nicht zum Versagen des Gesamttragwerks führt (fortschreitendes Versagen). Die nachfolgenden einfachen Regeln erfüllen im Allgemeinen diese Anforderung.

(2) Die nachfolgenden Zuganker dürfen in der Regel verwendet werden:

a) Ringanker;

b) innen liegende Zuganker;

c) horizontale Stützen- oder Wandzuganker;

d) wo erforderlich, vertikale Zuganker, insbesondere bei Großtafelbauten.

(3) Wird ein Bauwerk durch Dehnfugen in unabhängige Tragwerksteile geteilt, muss in der Regel jeder Abschnitt ein unabhängiges Zuggliedsystem aufweisen.

(4) Für die Bemessung der Zugglieder darf die Bewehrung bis zu ihrer charakteristischen Festigkeit ausgenutzt werden, so dass die in den nachfolgenden Abschnitten definierten Kräfte aufgenommen werden können.

(NCI) Bei der Bemessung der Zugglieder dürfen andere Schnittgrößen als die, die direkt durch die außergewöhnlichen Einwirkungen hervorgerufen werden oder unmittelbar aus der betrachteten lokalen Zerstörung resultieren, vernachlässigt werden.

(5) Für andere Zwecke vorgesehene Bewehrung in Stützen, Wänden, Balken und Decken darf teilweise oder vollständig für diese Zugglieder angerechnet werden.

9.10.2 Ausbildung von Zugankern

9.10.2.1 Allgemeines

(1) Zuganker sind als Mindestbewehrung und nicht als zusätzliche Bewehrung zu der aus der Bemessung erforderlichen Bewehrung vorgesehen.

9.10.2.2 Ringanker

(1) In jeder Decken- und Dachebene ist in der Regel ein wirksamer durchlaufender Ringanker innerhalb eines Randabstandes von 1,2 m anzuordnen. Der Ringanker darf Bewehrung einschließen, die Teil der inneren Zuganker ist.

(2) Der Ringanker muss in der Regel folgende Zugkraft aufnehmen können:

$$F_{tie,per} = \ell_i \cdot q_1 \geq Q_2 \quad (9.15)$$

Dabei ist

$F_{tie,per}$ die Zugkraft des Ringankers;

ℓ_i die Spannweite des Endfeldes.

(NDP) Es gelten die empfohlenen Werte
$q_1 = 10$ kN/m und $Q_2 = 70$ kN.

(NCI) Die Umlaufwirkung kann durch Stoßen der Längsbewehrung mit einer Stoßlänge $\ell_0 = 2\ell_{b,rqd}$ erzielt werden. Der Stoßbereich ist mit Bügeln, Steckbügeln oder Wendeln mit einem Abstand $s \leq 100$ mm zu umfassen. Die Umlaufwirkung darf auch durch Verschweißen oder durch Verwenden mechanischer Verbindungen erzielt werden.

(3) Tragwerke mit Innenrändern (z. B. Atrium, Hof usw.) müssen in der Regel Ringanker wie bei Decken mit Außenrändern aufweisen, die vollständig zu verankern sind.

9.10.2.3 Innen liegende Zuganker

(1) Diese Zuganker müssen in der Regel in jeder Decken- und Dachebene in zwei zueinander ungefähr rechtwinkligen Richtungen liegen. Sie müssen in der Regel über ihre gesamte Länge wirksam durchlaufend und an jedem Ende in den Ringankern verankert sein (es sei denn, sie werden als horizontale Zuganker zu Stützen oder Wänden fortgesetzt).

(2) Die innen liegenden Zuganker dürfen insgesamt oder teilweise gleichmäßig verteilt in den Platten oder in Balken, Wänden bzw. anderen geeigneten Bauteilen angeordnet werden. In Wänden müssen sie in der Regel innerhalb von 0,5 m über oder unter den Deckenplatten liegen, siehe Bild 9.15.

(3) Die innen liegenden Zuganker müssen in der Regel in jeder Richtung einen Bemessungswert der Zugkraft von $F_{tie,int}$ (in kN/m) aufnehmen können.

(NDP) Es gilt der empfohlene Wert
$F_{tie,int} = 20$ kN/m.

(4) Bei Decken ohne Aufbeton, in denen die Zuganker über die Spannrichtung nicht verteilt werden können, dürfen die Zuganker konzentriert in den Fugen zwischen den Bauteilen angeordnet werden. In diesem Fall ist die aufzunehmende Mindestkraft in einer Fuge:

$$F_{tie} = q_3 \cdot (\ell_1 + \ell_2)/2 \geq Q_4 \quad (9.16)$$

Dabei sind

ℓ_1, ℓ_2 die Spannweiten (in m) der Deckenplatten auf beiden Seiten der Fuge (siehe Bild 9.15).

(NDP) Es gelten die empfohlenen Werte
$q_3 = 20$ kN/m und $Q_4 = 70$ kN.

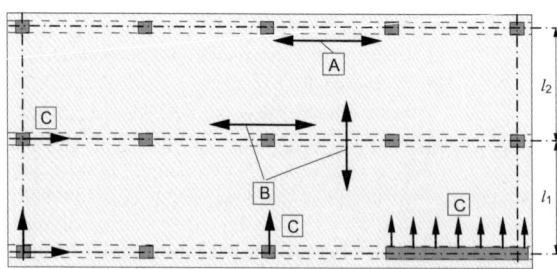

[A] Ringanker [B] innen liegende Zuganker [C] horizontale Stützen oder Wandzuganker

Bild 9.15. Zuganker für außergewöhnliche Einwirkungen

(5) Innen liegende Zuganker sind in der Regel so mit den Ringankern zu verbinden, dass die Kraftübertragung gesichert ist.

9.10.2.4 Horizontale Stützen- und Wandzuganker

(1) Randstützen und Außenwände sind in der Regel in jeder Decken- und Dachebene horizontal im Tragwerk zu verankern.

(2) Die Zuganker müssen in der Regel eine Zugkraft $f_{tie,fac}$ je Fassadenmeter aufnehmen können. Für Stützen ist dabei nicht mehr als $F_{tie,col}$ je Stütze anzusetzen.

(NDP) $f_{tie,fac} = 10$ kN/m und $F_{tie,col} = 150$ kN

(3) Eckstützen sind in der Regel in zwei Richtungen zu verankern. Die für den Ringanker vorhandene Bewehrung darf in diesem Fall für den horizontalen Zuganker angerechnet werden.

(NA.4) Bei Hochhäusern sollte auch eine horizontale Verankerung am unteren Rand der Randstützen und tragenden Außenwände vorgesehen werden.

(NA.5) Bei Außenwandtafeln von Hochhäusern, die zwischen ihren aussteifenden Wänden nicht gestoßen sind und deren Länge zwischen diesen Wänden höchstens das Doppelte ihrer Höhe ist, dürfen die Verbindungen am unteren Rand ersetzt werden durch Verbindungen gleicher Gesamtzugkraft, die in der unteren Hälfte der lotrechten Fugen zwischen der Außenwand und ihren aussteifenden Wänden anzuordnen sind.

(NA.6) Am oberen Rand tragender Innenwandtafeln sollte mindestens eine Bewehrung von 0,7 cm^2/m in den Zwischenraum zwischen den Deckentafeln eingreifen. Diese Bewehrung darf an zwei Punkten vereinigt werden, bei Wandtafeln mit einer Länge bis 2,50 m genügt ein Anschlusspunkt in Wandmitte. Die Bewehrung darf durch andere gleichwertige Maßnahmen ersetzt werden.

9.10.2.5 Vertikale Zuganker

(NCI) Der Abschnitt gilt nur für Großtafelbauten.

(1) In Großtafelbauten ab 5 Geschossen sind in der Regel vertikale Zuganker in den Stützen/Wänden anzuordnen, um den Einsturz einer Decke im Fall eines außergewöhnlichen Ausfalls der darunter liegenden Stütze/Wand zu verhindern. Die Zuganker müssen in der Regel einen Teil eines Überbrückungssystems um den zerstörten Bereich bilden.

(2) Die Zuganker müssen in der Regel über alle Geschosse durchlaufen und in der außergewöhnlichen Bemessungssituation mindestens die Einwirkungen aufnehmen können, die auf der Decke unmittelbar über der ausgefallenen Stütze/Wand wirken. Andere Lösungen wie beispielsweise auf Grundlage der Scheibenwirkung verbliebener Wandelemente und/oder der Membranwirkung in Decken dürfen berücksichtigt werden, falls das Gleichgewicht und ausreichende Verformungsfähigkeit nachgewiesen werden können.

(3) Wenn eine Stütze oder Wand an ihrem unteren Ende nicht durch ein Fundament, sondern durch ein anderes Bauteil gestützt wird (z. B. durch Balken oder Platten), ist in der Regel ein außergewöhnlicher Ausfall dieses Bauteils bei der Tragwerksplanung zu untersuchen und ein geeigneter alternativer Kraftfluss vorzusehen.

9.10.3 Durchlaufwirkung und Verankerung von Zugankern

(1)P Zuganker in zwei horizontalen Richtungen müssen wirksam durchlaufend sein und am Rand des Tragwerks verankert werden.

(2) Zuganker dürfen vollständig innerhalb des Aufbetons oder an Verbindungen von Fertigteilen angeordnet werden. Wenn die Zuganker nicht in einer Ebene durchlaufen, ist in der Regel die Auswirkung der Biegung infolge von Lastausmitten zu berücksichtigen.

(3) Übergreifungen von Zugankern dürfen in der Regel nicht in zu schmalen Fugen zwischen Fertigteilen angeordnet werden. In diesen Fällen sollten dann sichere mechanische Verankerungen verwendet werden.

10 Zusätzliche Regeln für Bauteile und Tragwerke aus Fertigteilen

10.1 Allgemeines

(1)P Die in diesem Abschnitt aufgeführten Regeln gelten für Hochbauten, die teilweise oder vollständig aus Fertigteilen bestehen, und ergänzen die Regeln in den anderen Abschnitten. Zusätzliche Regeln im Zusammenhang mit der baulichen Durchbildung, der Herstellung und Montage sind in speziellen Produktnormen enthalten.

Anmerkung: Die Überschriften werden mit einer vorangestellten 10 nummeriert, der die Nummer des entsprechenden Hauptabschnitts folgt. Die Unterkapitel werden ohne Verbindung zu den Unterüberschriften in den entsprechenden Hauptabschnitten durchnummeriert.

(NA.2) Diese Norm enthält keine Angaben über den Nachweis der Tragfähigkeit von Transportankern. Für Bemessung, Herstellung und Einbau sind spezielle Richtlinien zu beachten.

10.1.1 Besondere Begriffe dieses Kapitels

Fertigteil: Ein Bauteil, das nicht in seiner endgültigen Lage, sondern im Werk oder an anderer Stelle mit einem Schutz vor ungünstigen Wettereinflüssen hergestellt wird.

(NCI) *Fertigteilprodukt:* Ein Fertigteil, das nach einer harmonisierten Produktnorm oder einer Zulassung oder nach DIN 1045-4 hergestellt wird.

Verbundbauteil: Ein Bauteil, das aus einem Fertigteil und Ortbeton mit oder ohne Verbindungsmittel besteht.

Hohl- und Füllkörperdecke: Diese besteht aus vorgefertigten Rippen (oder Trägern), deren Zwischenräume durch Zwischenbauteile, keramische Hohlkörper oder andere verbleibende Bauteile geschlossen werden. Die Decke kann mit oder ohne Aufbeton ausgeführt werden.

Scheibe: Ebenes Bauteil, das in seiner Ebene wirkenden Kräften ausgesetzt ist. Eine Scheibe darf aus mehreren vorgefertigten, miteinander verbundenen Elementen bestehen.

Zugglied: Ein Zuganker bei Fertigteiltragwerken, der am wirkungsvollsten durchlaufend in Wänden, Decken oder Stützen angeordnet wird.

Vorgefertigtes Einzelbauteil: Bauteil, bei dem im Versagensfall keine alternative Möglichkeit zur Lastübertragung mehr besteht.

Vorübergehende Bemessungssituation: In der Fertigteilbauweise umfasst diese Folgendes:

- Ausschalen,
- Transport zum Lagerplatz,
- Lagerung (Bedingungen der Unterstützung und der Einwirkung),
- Transport zur Baustelle,
- Aufstellung (Heben),
- Einbau (Zusammenbau).

10.2 Grundlagen für die Tragwerksplanung, grundlegende Anforderungen

(1)P Bei der Bemessung und baulichen Durchbildung von Fertigteilen und Tragwerken aus Fertigteilen muss insbesondere Folgendes berücksichtigt werden:

- vorübergehende Bemessungssituationen (siehe 10.1.1),
- vorübergehende und ständige Lager,
- Verbindungen und Fugen zwischen den Bauteilen.

(2) Falls erforderlich, sind in der Regel dynamische Einwirkungen in vorübergehenden Bemessungssituationen zu berücksichtigen. Wenn keine genaueren Berechnungen vorliegen, dürfen die statischen Einwirkungen mit einem entsprechenden Faktor multipliziert werden (siehe hierzu auch die Produktnormen für bestimmte Arten von Fertigteilprodukten).

(3) Erforderliche mechanische Verbindungen sind in der Regel so auszubilden, dass ein einfacher Einbau und einfaches Überprüfen und Auswechseln möglich sind.

(NA.4) Bei Fertigteilen dürfen für Bauzustände im Grenzzustand der Tragfähigkeit für Biegung und Längskraft die Teilsicherheitsbeiwerte für die ständigen und die veränderlichen Einwirkungen mit $\gamma_G = \gamma_Q = 1,15$ angesetzt werden. Einwirkungen aus Krantransport und Schalungshaftung sind dabei zu berücksichtigen.

(NA.5) Bei Verwendung von Fertigteilen sind auf den Ausführungszeichnungen anzugeben:

- die Art der Fertigteile,
- Typ- oder Positionsnummer und Eigenlast der Fertigteile,
- die Mindestdruckfestigkeitsklasse des Betons beim Transport und bei der Montage,
- Art, Lage und zulässige Einwirkungsrichtung der für den Transport und die Montage erforderlichen Anschlagmittel (z. B. Transportanker), Abstützpunkte und Lagerungen,
- gegebenenfalls zusätzliche konstruktive Maßnahmen zur Sicherung gegen Stoßbeanspruchung,
- die auf der Baustelle zusätzlich zu verlegende Bewehrung in gesonderter Darstellung.

(NA.6) Bei Bauwerken mit Fertigteilen sind für die Baustelle Verlegezeichnungen der Fertigteile mit den Positionsnummern der einzelnen Teile und eine Positionsliste anzufertigen. In den Verlegezeichnungen sind auch die für den Zusammenbau erforderlichen Auflagertiefen, die Art und die Abmessungen der Lager und die erforderlichen Abstützungen der Fertigteile anzugeben.

(NA.7) Bei Bauwerken mit Fertigteilen sind in der Baubeschreibung Angaben über den Montagevorgang einschließlich zeitweiliger Stützungen und Aufhängungen sowie über das Ausrichten und über die während der Montage auftretenden, für die Tragfähigkeit und Gebrauchstauglichkeit wichtigen Zwischenzustände erforderlich. Besondere Anforderungen an die Lagerung der Fertigteile sind in den Zeichnungen und der Montageanleitung anzugeben.

10.3 Baustoffe

10.3.1 Beton

10.3.1.1 Festigkeiten

(1) Bei Fertigteilprodukten aus ständiger Produktion, die einer entsprechenden Qualitätskontrolle gemäß den Produktnormen unterzogen wurden und deren Betonzugfestigkeit nachgewiesen wurde, darf alternativ zu den Werten aus Tabelle 3.1 eine statistische Analyse der Versuchsergebnisse als Grundlage für die Ermittlung der Betonzugfestigkeit dienen, die für die Nachweise in den Grenzzuständen der Gebrauchstauglichkeit verwendet wird.

(2) (NCI) Dieser Absatz gilt in Deutschland nicht.

(3) Bei einer Wärmebehandlung von Betonfertigteilen darf die Druckfestigkeit des Betons $f_{cm}(t)$ im Alter $t < 28$ Tage mit Gleichung (3.1) abgeschätzt werden. In dieser wird das Betonalter t durch das temperaturangepasste Betonalter t_T nach Gleichung (B.10) in Anhang B ersetzt.

Anmerkung: Der Beiwert $\beta_{cc}(t)$ ist in der Regel auf 1 zu begrenzen.

Die Auswirkungen der Wärmebehandlung dürfen mit Gleichung (10.1) berücksichtigt werden:

$$f_{cm}(t) = f_{cmp} + \frac{f_{cm} - f_{cmp}}{\log(28 - t_p + 1)} \log(t - t_p + 1)$$

(10.1)

Dabei ist f_{cmp} die mittlere Betonfestigkeit nach der Wärmebehandlung. Diese wird durch Messungen an Proben im Alter t_p ($t_p < t$) ermittelt, die derselben Wärmebehandlung zusammen mit den Fertigteilen unterzogen wurden.

10.3.1.2 Kriechen und Schwinden

(1) Bei wärmebehandelten Betonfertigteilen ist es zulässig, die Werte der Kriechverformung gemäß der Reifefunktion in Gleichung (B.10) im Anhang B abzuschätzen.

(2) Zur Berechnung der Kriechverformungen ist in der Regel das Alter des Betons bei Belastung t_0 (in Tagen) aus Gleichung (B.5) mit dem äquivalenten Betonalter aus den Gleichungen (B.9) und (B.10) in Anhang B zu ersetzen.

(3) Bei wärmebehandelten Betonfertigteilen darf davon ausgegangen werden:

a) dass das Schwinden während der Wärmebehandlung unwesentlich und

b) dass das autogene Schwinden vernachlässigbar ist.

NA.10.4 Dauerhaftigkeit und Betondeckung

(1) Bei Fertigteilen mit einer werksmäßigen und ständig überwachten Herstellung darf das Vorhaltemaß Δc_{dev} nur dann um mehr als 5 mm reduziert werden, wenn durch eine Überprüfung der Mindestbetondeckung am fertigen Bauteil (Messung und Auswertung nach DBV-Merkblatt *„Betondeckung und Bewehrung"*) sichergestellt wird, dass Fertigteile mit zu geringer Mindestbetondeckung ausgesondert werden. Eine Verringerung von Δc_{dev} unter 5 mm ist dabei unzulässig.

10.5 Ermittlung der Schnittgrößen

10.5.1 Allgemeines

(1)P Die Schnittgrößenermittlung muss Folgendes berücksichtigen:

– das Verhalten der Tragwerksteile für alle Bauzustände, unter Verwendung der entsprechenden Geometrie und Eigenschaften für die jeweiligen Bauzustände und ihr Zusammenwirken mit anderen Bauteilen (z. B. Verbundverhalten mit Baustellenbeton bzw. anderen Fertigteilen),

– das durch die Bauteilverbindungen beeinflusste Tragwerkverhalten unter besonderer Berücksichtigung möglicher Verformungen und der Tragfähigkeit von Verbindungen,

– die Unsicherheiten in Bezug auf Zwangsbeanspruchungen und die Kraftübertragung zwischen den Bauteilen infolge von Abweichungen in Geometrie und Lage von Bauteilen und Lagern.

(2) Durch Reibung hervorgerufene, günstig wirkende horizontale Auflagerkräfte infolge der Eigenlast eines gestützten Bauteils dürfen nur für nicht erdbebengefährdete Gebiete (mit $\gamma_{G,inf}$) verwendet werden und dort, wo:

– die Reibung nicht allein die Gesamtstabilität des Tragwerks sicherstellen muss,

– die Ausbildung der Lager die Möglichkeit einer Aufsummierung irreversibler Bauteilbewegungen ausschließt, wie sie z. B. durch ungleiches Verhalten unter wechselnden Einwirkungen hervorgerufen wird (z. B. zyklische thermische Auswirkungen auf die Auflagerränder gelenkig gelagerter Einfeldsysteme),

– keine Möglichkeit maßgebender Anprallbelastungen besteht.

(3) Die Auswirkungen horizontaler Bewegungen sind in der Regel bei der Tragwerksplanung unter Beachtung des Tragwerkwiderstands und der Funktionsfähigkeit der Fugen/Verbindungen zu berücksichtigen.

10.9 Bemessungs- und Konstruktionsregeln

10.9.1 Einspannmomente in Platten

(1) Einspannmomente können durch eine obere Bewehrung aufgenommen werden, die im Aufbeton verlegt oder mit Betondübeln in Öffnungen von Hohlbauteilen verankert wird. Im ersten Fall ist in der Regel die horizontale Schubkraft in der Verbundfuge nach 6.2.5 nachzuweisen. Im zweiten Fall ist in der Regel die Kraftübertragung zwischen dem Betondübel und dem Hohlbauteil nach 6.2.5 zu prüfen. Die Länge der oberen Bewehrung muss in der Regel den Anforderungen aus 9.2.1.3 entsprechen.

(2) Ungewollte Einspannwirkungen an Auflagern von gelenkig gelagerten Platten sind in der Regel durch besondere Bewehrung und/oder spezielle bauliche Durchbildung zu berücksichtigen.

10.9.2 Wand-Decken-Verbindungen

(1) Bei Wandelementen, die auf Deckenplatten stehen, ist in der Regel Bewehrung für mögliche Lastausmitten und für eine Konzentration der Vertikallast am Wandende vorzusehen. Für Deckenbauteile siehe 10.9.1 (2).

(2) Bei einer vertikalen Last je Längeneinheit $\leq 0{,}5 \cdot h \cdot f_{cd}$ ist keine besondere Bewehrung erforderlich (mit h – Wanddicke, siehe Bild 10.1). Die Last darf auf $0{,}6 \cdot h \cdot f_{cd}$ erhöht werden, wenn eine Bewehrung nach Bild 10.1 vorhanden ist, die einen Durchmesser $\phi \geq 6$ mm hat und deren Abstand s nicht größer als der kleinere Wert aus h und 200 mm ist. Bei größeren Lasten ist in der Regel die Bewehrung nach (1) zu bemessen. Die untere Wand ist in der Regel zusätzlich zu prüfen.

(NCI) Dies gilt bei Anordnung einer Fertigteilwand auf einer Fuge zwischen zwei Deckenplatten als auch auf einer Deckenplatte (siehe Bild NA.10.1.1).

Die Querschnittsfläche einer zusätzlichen Querbewehrung am Wandfuß bzw. Wandkopf (siehe Bild 10.1DE) soll mindestens betragen:

$$a_{sw} = h/8$$

mit a_{sw} in cm^2/m und h in cm. Der Durchmesser der Längsbewehrung A_{sl} soll ebenfalls mindestens 6 mm betragen.

10.9.3 Deckensysteme

(1)P Die bauliche Durchbildung von Deckensystemen muss mit den in der Schnittgrößenermittlung und Bemessung getroffenen Annahmen übereinstimmen. Die maßgebenden Produktnormen sind zu beachten.

(2)P Wird die Querverteilung der Lasten zwischen nebeneinander liegenden Deckenelementen berücksichtigt, sind geeignete Verbindungen zur Querkraftübertragung vorzusehen.

(3)P Die Auswirkungen möglicher Einspannungen von Fertigteilen müssen berücksichtigt werden. Dies gilt auch, wenn bei der Bemessung von gelenkigen Auflagern ausgegangen wurde.

(4) Die Querkraftübertragung in Fugen kann auf verschiedene Weisen erreicht werden. Drei Haupttypen von Fugenausbildungen sind in Bild 10.2 dargestellt.

(5) Die Querverteilung der Lasten muss in der Regel auf Grundlage von Berechnungen oder Versuchen und unter Berücksichtigung möglicher Last-

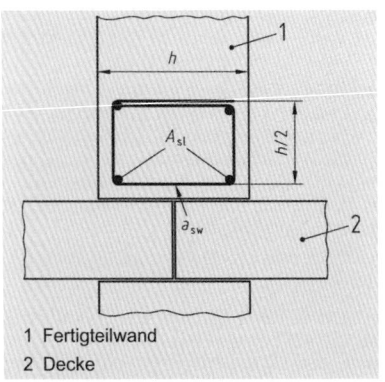
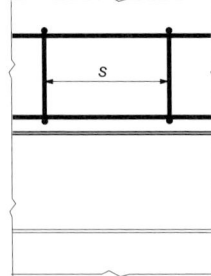

1 Fertigteilwand
2 Decke

Bild 10.1DE. Beispiel zur Bewehrung einer Wand über der Verbindung zweier Deckenplatten

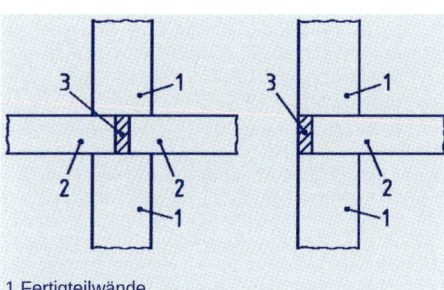

1 Fertigteilwände
2 Fertigteildeckenplatten
3 Fugenverguss
a) Mittelauflager
b) Randauflager

Bild NA.10.1.1. Auflagerung von Deckenplatten auf Fertigteilwänden

unterschiede zwischen den Fertigteilen nachgewiesen werden. Die zu übertragende Querkraft zwischen Deckenbauteilen ist in der Regel bei Bemessung und Ausbildung von Verbindungen bzw. Fugen und anliegenden Teilen des Bauteils (z. B. Außenrippen oder Stege) zu berücksichtigen.

Wird keine genauere Berechnung durchgeführt, darf bei Decken mit gleichmäßig verteilten Lasten die entlang der Fugen wirkende Querkraft pro Längeneinheit wie folgt ermittelt werden:

$$v_{Ed} = q_{Ed} \cdot b_e/3 \qquad (10.4)$$

Dabei ist

q_{Ed} der Bemessungswert der Nutzlast (kN/m^2);

b_e die Breite des Bauteils.

(NCI) Die Lasteinzugbreite $b_e/3$ in Gleichung (10.4) sollte mindestens 0,50 m betragen.

(6) Wenn vorgefertigte Decken als Scheiben zur Übertragung horizontaler Kräfte zu den aussteifenden Bauteilen bemessen werden, ist in der Regel Folgendes zu berücksichtigen:

– die Scheibe sollte Teil eines wirklichkeitsnahen Tragwerkmodells sein, das die Verträglichkeit der Verformungen der aussteifenden Bauteile berücksichtigt,
– die Auswirkungen der resultierenden horizontalen Verschiebungen auf alle Teile des Tragwerks sind zu berücksichtigen,
– die Scheibe ist entsprechend den in dem angenommenen Tragwerksmodell auftretenden Zugkräften zu bewehren,
– wo Spannungskonzentrationen in der Scheibe auftreten (z. B. an Öffnungen, Verbindungen zu aussteifenden Bauteilen), ist eine geeignete bauliche Durchbildung vorzusehen.

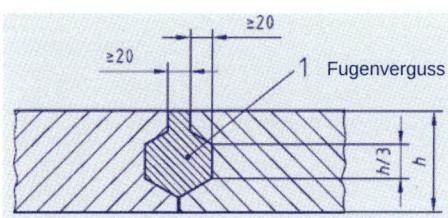

a) DE – Mindestmaße [mm] für ausbetonierte bzw. vergossene Fugen

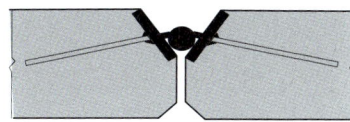

b) Schweiß- oder Bolzenverbindungen (gezeigt wird *eine* Art der Schweißverbindung als Beispiel)

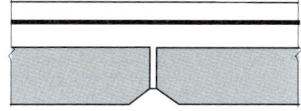

c) bewehrter Aufbeton (vertikale Bewehrungsverbindungen in den Aufbeton können für die Querkraftübertragung im GZT erforderlich werden)

Bild 10.2. Deckenverbindungen zur Querkraftübertragung (Beispiele)

(7) Eine Querbewehrung für die Schubkraftübertragung in Fugenlängsrichtung der Scheibe darf entlang der Auflager konzentriert werden, so dass sich mit dem statischen Modell kompatible Zugstreben bilden. Diese Querbewehrung darf im Aufbeton liegen.

(8) Fertigteile mit einer Aufbetonschicht von mindestens 40 mm dürfen als Verbundbauteile bemessen werden, falls die Verbundfuge nach 6.2.5 nachgewiesen wird. Das Fertigteil ist dabei in der Regel für alle Bauzustände vor und nach Wirksamwerden der Verbundwirkung nachzuweisen.

(9) Die Querbewehrung für Biegung und andere Auswirkungen darf vollständig im Aufbeton liegen. Die bauliche Durchbildung muss in der Regel mit dem statischen System übereinstimmen, z. B. bei Annahme von zweiachsig gespannten Platten.

(10) Stege oder Rippen in einzelnen Plattenelementen (d. h. Elemente, die nicht für die Querkraftübertragung verbunden sind) sind in der Regel mit einer Querkraftbewehrung zu versehen, wie sie für Balken vorgeschrieben ist.

(11) Hohl- und Füllkörperdecken ohne Aufbeton dürfen für die Schnittgrößenermittlung als Vollplatten angesetzt werden, falls die Ortbeton-Querrippen mit einer durch die Fertigteil-Längsrippen durchlaufenden Bewehrung ausgeführt und im Abstand s_T gemäß Tabelle 10.1 angeordnet werden.

(12) Für die Scheibenwirkung zwischen den vorgefertigten Plattenelementen mit ausbetonierten oder vergossenen Fugen ist in der Regel die durchschnittliche Schubtragfähigkeit v_{Rdi} bei sehr glatten Oberflächen auf 0,10 N/mm² und bei glatten und rauen Oberflächen auf 0,15 N/mm² zu begrenzen. Eine Definition der Oberflächen ist in 6.2.5 angegeben.

(NCI) Die Scheiben sind dabei mit Zugankern nach 9.10.2 auszubilden.

(NCI) (NA.13) Für nachträglich mit Ortbeton ergänzte Deckenplatten gelten zusätzlich die Absätze (NA.14)P bis (NA.18).

(NA.14)P Bei zweiachsig gespannten Platten darf für die Beanspruchung rechtwinklig zur Fuge nur die Bewehrung berücksichtigt werden, die durchläuft oder mit ausreichender Übergreifung gestoßen ist. Voraussetzung für die Berücksichtigung der gestoßenen Bewehrung ist, dass der Durchmesser der Bewehrungsstäbe $\phi \leq 14$ mm, der Bewehrungsquerschnitt $a_s \leq 10$ cm²/m und der Bemessungswert der Querkraft $V_{Ed} \leq 0,3 V_{Rd,max}$ (V_{Ed} und $V_{Rd,max}$ nach 6.2.3) ist. Darüber hinaus ist der Stoß durch Bewehrung (z. B. Bügel) in Abstand höchstens der zweifachen Deckendicke zu sichern. Der Betonstahlquerschnitt dieser Bewehrung im fugenseitigen Stoßbereich ist dabei für die Zugkraft der gestoßenen Längsbewehrung zu bemessen. Werden Gitterträger verwendet, gelten darüber hinaus die Zulassungen.

(NA.15)P Die günstige Wirkung der Drillsteifigkeit darf bei der Schnittgrößenermittlung nur berücksichtigt werden, wenn sich innerhalb des Drillbereiches von $0,3\ell$ ab der Ecke keine Stoßfuge der Fertigteilplatten befindet oder wenn die Fuge durch eine Verbundbewehrung im Abstand von höchstens 100 mm vom Fugenrand gesichert wird. Die Aufnahme der Drillmomente ist nachzuweisen.

(NA.16) Die Aufnahme der Drillmomente braucht nicht nachgewiesen zu werden, wenn die Platte mit den Randbalken oder den benachbarten Deckenfeldern biegesteif verbunden ist.

(NA.17)P Bei Endauflagern ohne Wandauflast ist eine Verbundsicherungsbewehrung von mindestens 6 cm²/m entlang der Auflagerlinie anzuordnen. Diese sollte auf einer Breite von 0,75 m angeordnet werden.

(NA.18) Wenn an Fertigteilplatten mit Ortbetonergänzung planmäßig und dauerhaft Lasten angehängt werden, sollte die Verbundsicherung im unmittelbaren Lasteinleitungsbereich nachgewiesen werden.

Tabelle 10.1. Größter Querrippenabstand s_T [1)]

	1	2	3
	Art der Belastung	$s_L \leq \ell_L/8$	$s_L > \ell_L/8$
1	Lasten aus dem Wohnungsbau, Schnee	nicht benötigt	$s_T \leq 12h$
2	andere	$s_T \leq 10h$	$s_T \leq 8h$

[1)] so dass Hohl- und Füllkörperdecken für die Schnittgrößenermittlung als Vollplatten angesehen werden können
s_L – Abstand der Längsrippen,
ℓ_L – Länge (Stützweite) der Längsrippen,
h – Dicke der gerippten Decke

10.9.4 Verbindungen und Lager für Fertigteile

10.9.4.1 Baustoffe

(1)P Die Baustoffe für Verbindungsmittel müssen:
- während der Lebensdauer des Tragwerks tragfähig und dauerhaft sein,
- chemisch und physikalisch kompatibel sein,
- gegen schädliche chemische und physikalische Einflüsse geschützt sein,
- den gleichen Feuerwiderstand wie das Tragwerk aufweisen.

(2)P Die Festigkeit und Verformungseigenschaften von Lagern müssen den Bemessungsannahmen entsprechen.

(3)P Metallische Verbindungsmittel für Fassaden, die nicht in die Expositionsklassen X0 und XC1 (Tabelle 4.1) fallen und die nicht gegen Umwelteinflüsse geschützt sind, müssen aus korrosionsbeständigen Baustoffen sein.

(NCI) Verbindungsmittel für Fassaden im Außenbereich müssen grundsätzlich aus korrosionsbeständigen Baustoffen bestehen. Verbindungsmittel aus beschichteten Baustoffen bedürfen einer Zulassung.

Anmerkung: Zu beachten sind auch DIN 18516-1: Außenwandbekleidungen, hinterlüftet – Teil 1: Anforderungen, Prüfgrundsätze bzw. die Zulassungen für Fassadenverbindungsmittel.

(4)P Vor dem Schweißen, Glühen oder Kaltverformen muss die Eignung des Materials nachgewiesen werden.

10.9.4.2 Konstruktions- und Bemessungsregeln für Verbindungen

(1)P Verbindungen müssen in der Lage sein, dass sie den Bemessungsannahmen entsprechend die Einwirkungen und notwendigen Verformungen aufnehmen sowie ein robustes Tragverhalten des Tragwerks sicherstellen können.

(2)P Das vorzeitige Spalten oder Abplatzen des Betons an den Bauteilenden muss verhindert werden. Dabei ist Folgendes zu berücksichtigen:
- die relativen Verschiebungen zwischen den Bauteilen,
- die Toleranzen,
- die Montageanforderungen,
- die einfache Ausführbarkeit,
- die einfache Überprüfbarkeit.

(3) Der Nachweis der Tragfähigkeit und Steifigkeit der Verbindungen darf rechnerisch erfolgen und ggf. durch Versuche unterstützt werden (versuchsgestützte Bemessung, siehe DIN EN 1990 Anhang D). In der Regel sind dabei Imperfektionen zu berücksichtigen. In den auf der Grundlage von Versuchen ermittelten Bemessungswerten sind in der Regel ungünstige Abweichungen von den Versuchsbedingungen zu berücksichtigen.

(NCI) Anmerkung: Nachweise unter Verwendung von Versuchen erfordern eine Zulassung oder eine Zustimmung im Einzelfall.

10.9.4.3 Verbindungen zur Druckkraft-Übertragung

(1) Die Querkräfte bei Druckfugen dürfen vernachlässigt werden, wenn sie weniger als 10 % der Druckkraft betragen.

(NCI) Anmerkung: Druckfugen sind Fugen, die bei der ungünstigsten anzusetzenden Beanspruchungskombination vollständig überdrückt bleiben.

(2) Bei Lagerfugen mit Bettungen aus z. B. Mörtel, Beton oder Polymeren ist in der Regel eine relative Bewegung zwischen den verbundenen Oberflächen während der Erhärtung des Bettungsmaterials auszuschließen.

(3) Trockene Lagerfugen dürfen in der Regel nur dann verwendet werden, wenn die erforderliche Qualität der Bauausführung erreicht werden kann. Die durchschnittliche Lagerpressung zwischen den ebenen Oberflächen darf in der Regel nicht größer als $0{,}3 f_{cd}$ sein. Trockene Lagerfugen mit gekrümmten (konvexen) Oberflächen sind in der Regel unter Berücksichtigung der Geometrie zu bemessen.

(4) Querzugspannungen in benachbarten Bauteilen sind in der Regel zu berücksichtigen. Diese können aufgrund von konzentriertem Druck gemäß Bild 10.3 a) entstehen oder aufgrund der Dehnungen eines verformbaren Fugenmaterials gemäß Bild 10.3 b). Die Bewehrung im Fall a) darf nach 6.5 bemessen und angeordnet werden. Die Bewehrung im Fall b) ist in der Regel nahe der Oberfläche der benachbarten Bauteile anzuordnen.

(NCI) Anmerkung: Konzentrierter Druck entsteht bei einer harten Lagerung. Diese wird angenommen, wenn der Elastizitätsmodul des Fugenmaterials mehr als 70 % des Elastizitätsmoduls der angrenzenden Bauteile beträgt. Eine harte Lagerung bilden auch vollflächig mit Zementmörtel gefüllte Fugen. Hier treten Querzugspannungen infolge der Umlenkung der Traganteile aus Bewehrung und Betonanteil auf.

Bei verformbarem Fugenmaterial (Bild 10.3 b)) kann es zusätzlich erforderlich sein, die Fuge selbst zu bewehren, sofern ein Ausweichen des Fugenmaterials nicht anderweitig verhindert wird.

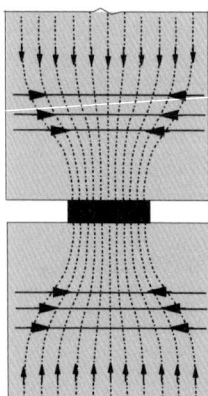 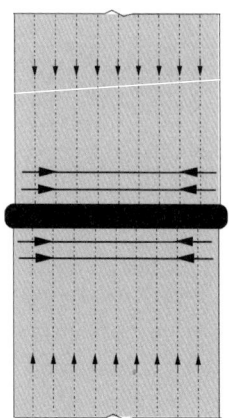

a) Konzentriertes Lager   b) Fuge mit verformbarem Fugenmaterial

Bild 10.3. Querzugspannungen in Druckfugen

(5) Fehlen genauere Modelle, darf der Bewehrungsquerschnitt im Fall b) gemäß der Gleichung (10.5) berechnet werden:

$$A_s = 0{,}25 \cdot (t/h) \cdot F_{Ed}/f_{yd} \quad (10.5)$$

Dabei ist

A_s die Bewehrungsfläche an jeder Oberfläche;

t die Dicke des Fugenmaterials;

h die Abmessung des Fugenmaterials in Richtung der Bewehrung;

F_{Ed} die Druckkraft in der Lagerfuge.

(6) Die maximale Tragfähigkeit von Druckfugen darf nach 6.7 ermittelt werden. Alternativ darf sie auf der Grundlage einer genaueren Berechnung ermittelt werden, die durch Versuche unterstützt wird (versuchsgestützte Bemessung, siehe DIN EN 1990).

(NCI) *Anmerkung:* Nachweise unter Verwendung von Versuchen erfordern eine Zulassung oder eine Zustimmung im Einzelfall.

Hinweise zur Berechnung der Tragfähigkeit von Druckfugen siehe DAfStb-Heft 600.

10.9.4.4 Verbindungen zur Querkraft-Übertragung

(1) Für die Schubkraftübertragung in Verbundfugen zwischen zwei Betonen, wie beispielsweise einem Fertigteil und Ortbeton, siehe 6.2.5.

10.9.4.5 Verbindungen zur Übertragung von Biegemomenten oder Zugkräften

(1)P Die Bewehrung muss die Fuge kreuzen und in den benachbarten Bauteilen verankert werden.

(2) Die Kraftübertragung kann beispielsweise erreicht werden mit:

– Übergreifungsstößen,
– Vergießen der Bewehrung in Aussparungen,
– Übereinandergreifen von Bewehrungsschlaufen,
– Schweißen von Stäben oder Stahlplatten,
– Vorspannen,
– mechanische Vorrichtungen (Schraub- oder Vergussmuffen),
– geschmiedete Verbindungsmittel (Druckmuffen).

10.9.4.6 Ausgeklinkte Auflager

(1) Ausgeklinkte Auflager dürfen mit Stabwerkmodellen nach 6.5 bemessen werden. Zwei alternative Modelle und Bewehrungsführungen sind in Bild 10.4 dargestellt. Beide Modelle dürfen kombiniert werden.

10.9.4.7 Verankerung der Längsbewehrung an Auflagern

(1) Die Bewehrung in stützenden und gestützten Bauteilen ist in der Regel baulich so durchzubilden, dass die Verankerung im betrachteten Knoten unter Berücksichtigung von Abweichungen si-

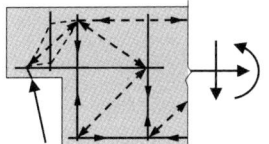 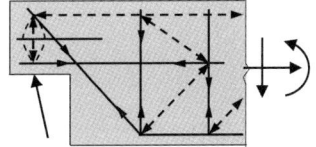

Anmerkung: Das Bild zeigt nur die wesentlichen Merkmale des Stabwerkmodells.

Bild 10.4. Beispiele für Stabwerkmodelle für ausgeklinkte Auflager

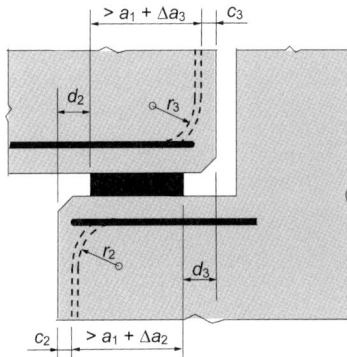

Bild 10.5. Beispiel der Bewehrungsführung am Auflager

chergestellt ist. Ein Beispiel dafür ist in Bild 10.5 dargestellt.

Die wirksame Auflagertiefe a_1 ist vom Abstand d vom Rand des betrachteten Bauteils abhängig (siehe Bild 10.5). Dabei ist

$d = c_i + \Delta a_i$

mit horizontalen Schlaufen oder endverankerten Stäben,

$d = c_i + \Delta a_i + r_i$

mit vertikalen aufgebogenen Stäben.

Dabei ist

c_i die Betondeckung;

Δa_i die Abweichung (siehe 10.9.5.2 (1));

r_i der Biegeradius.

Für die Definitionen von Δa_2 bzw. Δa_3 siehe Bild 10.5 und 10.9.5.2 (1).

(NCI) *Anmerkung: $d = d_i$*

10.9.5 Lager

10.9.5.1 Allgemeines

(1)P Die Funktionstüchtigkeit von Lagern muss durch Bewehrung in den benachbarten Bauteilen, durch Begrenzung der Lagerpressung und durch Maßnahmen zur Berücksichtigung von Verschiebungen oder Zwang sichergestellt werden.

(2)P Bei Lagern, bei denen weder Gleiten noch Rotation ohne erhebliche Zwangsspannungen möglich sind, müssen die Einwirkungen aus Kriechen, Schwinden, Temperatur, mangelhaftes Ausrichten, Fehlen der Lotausrichtung usw. bei der Bemessung der benachbarten Bauteile berücksichtigt werden.

(3) Die Auswirkungen nach Absatz (2)P können eine Querbewehrung in den unterstützten und unterstützenden Bauteilen und/oder eine Verbundbewehrung erforderlich machen, um die Bauteile zu verbinden. Diese Auswirkungen können auch Einfluss auf die Bemessung und Führung der Hauptbewehrung dieser Bauteile haben.

(4)P Lager müssen so bemessen und konstruktiv gestaltet werden, dass sie unter Berücksichtigung von Herstellungs- und Montagetoleranzen eine korrekte Lage sicherstellen.

10.9.5.2 Lager für verbundene Bauteile (Nicht-Einzelbauteile)

(1) Der Nennwert a der Tiefe eines einfachen Auflagers, wie in Bild 10.6 dargestellt, darf berechnet werden mit:

$$a = a_1 + a_2 + a_3 + \sqrt{\Delta a_2^2 + \Delta a_3^2} \qquad (10.6)$$

Dabei ist

a_1 der Grundwert der Auflagertiefe abhängig von der Lagerpressung, $a_1 = F_{Ed}/(b_1 \cdot f_{Rd})$, mit den Mindestwerten nach Tabelle 10.2;

F_{Ed} der Bemessungswert der Auflagerreaktion;

b_1 die Netto-Auflagerbreite des Bauteils, siehe (3);

f_{Rd} der Bemessungswert der Auflagerfestigkeit, siehe (2);

a_2 der als nicht wirksam angesehene Abstand vom äußeren Rand des unterstützenden Bauteils, siehe Bild 10.6 und Tabelle 10.3;

a_3 der als nicht wirksam angesehene Abstand vom äußeren Rand des unterstützten Bauteils, siehe Bild 10.6 und Tabelle 10.4;

Δa_2 die zulässige Grenzabweichung für den Abstand zwischen unterstützenden Bauteilen, siehe Tabelle 10.5;

Δa_3 die zulässige Grenzabweichung für die Länge der unterstützten Bauteile, $\Delta a_3 = \ell_n / 2500$, mit ℓ_n – Bauteillänge.

(2) Wenn nicht anders festgelegt, dürfen folgende Werte für die Auflagerfestigkeit verwendet werden:

$f_{Rd} = 0{,}4 f_{cd}$
für trockene Lagerfugen
(Definition nach 10.9.4.3 (3)),

$f_{Rd} = f_{bed} \leq 0{,}85 f_{cd}$
für alle anderen Fälle.

Dabei ist

f_{cd} der niedrigere der Bemessungswerte der Festigkeit des unterstützten bzw. des unterstützenden Bauteils;

f_{bed} der Bemessungswert der Festigkeit des Fugenfüllmaterials.

(3) Werden Maßnahmen ergriffen, um eine gleichförmige Verteilung der Lagerpressung zu erzielen, wie beispielsweise mit Mörtel-, Elastomer- oder ähnlichen Lagern, darf die Bemessungsauflagerbreite b_1 als die tatsächliche Breite des Lagers angenommen werden. In allen anderen Fällen, und falls genauere Berechnungen fehlen, darf b_1 in der Regel nicht größer als 600 mm angesetzt werden.

10.9.5.3 Lager für Einzelbauteile

(1)P Der Nennwert der Auflagertiefe für Einzelbauteile muss 20 mm größer sein als für verbundene Bauteile (Nicht-Einzelbauteile).

(2)P Wenn ein Bauteil sich relativ zum Auflager frei bewegen kann, muss die Netto-Auflagertiefe so vergrößert werden, dass die zu erwartende Bewegung aufgenommen werden kann.

(3)P Wenn ein Bauteil außerhalb der Auflagerebene verankert wird, muss der Grundwert der Auflagertiefe a_1 vergrößert werden, um die Auswirkungen einer Lagerverdrehung gegenüber der Verankerung aufnehmen zu können.

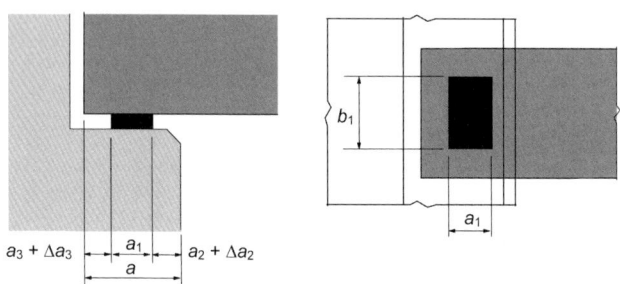

Bild 10.6. Beispiel für Lager mit Definitionen

Tabelle 10.2. Mindestwerte von a_1 in mm

		1	2	3	4
	Bezogene Lagerpressung σ_{Ed}/f_{cd}	$\leq 0{,}15$	0,15 bis 0,4	$> 0{,}4$
1	Linienlager (Decken, Dächer)	25	30	40
2	Rippendecken und Pfetten	55	70	80
3	Konzentrierte Auflager (Balken)	90	110	140

Tabelle 10.3. Abstand a_2 (mm) von der Außenkante des unterstützenden Bauteils, der als nicht mitwirkend angesehen wird

	1	2	3	4	5
	Baustoff und Art des Auflagers		Bezogene Lagerpressung σ_{Ed}/f_{cd}		
			$\leq 0{,}15$	$0{,}15$ bis $0{,}4$	$> 0{,}4$
1	Stahl	Linienlager	0	0	10
2		Einzellager	5	10	15
3	Bewehrter Beton $\geq$ C30/37	Linienlager	5	10	15
4		Einzellager	10	15	25
5	Unbewehrter Beton und bewehrter Beton $<$ C30/37	Linienlager	10	15	25
6		Einzellager	20	25	35
7	Mauerwerk	Linienlager	10	15	(–) [1]
8		Einzellager	20	25	(–) [1]

[1] In diesen Fällen sollte ein Betonauflagerstein verwendet werden.

Tabelle 10.4. Abstand a_3 (mm) über die Außenkante des gestützten Bauteils hinaus, der als nicht mitwirkend angesehen wird

	1	2	3
	Bauliche Durchbildung der Bewehrung	Auflager	
		Linienlager	Einzellager
1	Durchlaufende Stäbe über Auflager (eingespannt oder nicht)	0	0
2	Gerade Stäbe, horizontale Schlaufen, direkt am Bauteilende	5	15, aber mindestens Betondeckung am Ende
3	Gerade Stäbe, die am Bauteilende ungeschützt sind	5	15
4	Vertikale Schlaufenbewehrung	15	Betondeckung am Ende plus innerer Biegeradius

Tabelle 10.5. Grenzabmaß Δa_2 für lichten Abstand zwischen den Auflageranschnitten

	1	2
	Baustoff des Auflagers	Δa_2
1	Stahl oder Betonfertigteil	$10 \leq \ell/1200 \leq 30$ mm
2	Mauerwerk oder Ortbeton	$15 \leq \ell/1200 + 5 \leq 40$ mm

ℓ = Spannweite

10.9.6 Köcherfundamente

10.9.6.1 Allgemeines

(1)P Betonköcher müssen vertikale Lasten, Biegemomente und Horizontalkräfte aus Stützen in den Baugrund übertragen können. Der Köcher muss groß genug sein, um ein einwandfreies Verfüllen mit Beton unter und seitlich der Stütze zu ermöglichen.

10.9.6.2 Köcherfundamente mit profilierter Oberfläche

(1) Köcher mit speziell ausgebildeten Profilierungen oder Verzahnungen dürfen als mit der Stütze monolithisch verbunden angenommen werden.

(2) Wo vertikaler Zug infolge der Momentübertragung auftritt, ist eine sorgfältige Ausbildung der Übergreifung der Bewehrung von Stütze und Fundament unter Berücksichtigung des großen Stababstandes erforderlich. Die Übergreifungslänge nach 8.7 ist dabei in der Regel mindestens um den horizontalen Abstand zwischen dem Stab in der Stütze und dem senkrechten übergreifenden Stab im Fundament zu erhöhen (siehe Bild 10.7 a)). Für den Übergreifungsstoß ist in der Regel eine entsprechende Horizontalbewehrung vorzusehen.

(3) Die Bemessung für Durchstanzen darf in der Regel wie für monolithische Verbindungen von Stütze und Fundament nach 6.4 erfolgen (siehe Bild 10.7 a)), wenn die Querkraftübertragung zwischen Stütze und Fundament sichergestellt ist. Andernfalls muss in der Regel die Bemessung für Durchstanzen wie für Köcher mit glatter Oberfläche erfolgen.

10.9.6.3 Köcherfundamente mit glatter Oberfläche

(1) Es darf angenommen werden, dass die Kräfte und das Moment von der Stütze in das Fundament durch Druckkräfte F_1, F_2 und F_3 über den Füllbeton und entsprechende Reibungskräfte übertragen werden (siehe Bild 10.7 b)). Das Modell setzt voraus, dass $\ell \geq 1{,}2h$ ist.

(NCI) Die Einbindetiefe ℓ sollte $1{,}5h$ nicht unterschreiten.

(2) Der Reibungsbeiwert darf in der Regel nicht größer als $\mu = 0{,}3$ gewählt werden.

(3) Besonders zu beachten ist:
- die konstruktive Durchbildung der Bewehrung für F_1 an der Oberseite der Köcherwand,
- die Übertragung von F_1 entlang den Seitenwänden in das Fundament,
- die Verankerung der Hauptbewehrung in Stütze und Köcherwänden,
- die Querkrafttragfähigkeit der Stütze innerhalb des Köchers,
- der Durchstanzwiderstand der Fundamentplatte unter der Stützenlast, wobei der Füllbeton unter dem Fertigteil berücksichtigt werden darf.

10.9.7 Schadensbegrenzung bei außergewöhnlichen Ereignissen

(1) Bei Scheiben aus vorgefertigten Elementen, z. B. Wand- und Deckenscheiben, kann das erforderliche Zusammenwirken durch außen und/oder innen liegende Zuganker erreicht werden. Diese Zuganker können auch ein fortschreitendes Versagen gemäß 9.10 verhindern.

NA.10.9.8 Zusätzliche Konstruktionsregeln für Fertigteile

(1) Zur Erzielung einer ausreichenden Seitensteifigkeit sollte bei Fertigteilen, deren Verhältnis $\ell_{\text{eff}}/b > 20$ ist, ein Teil der Längsbewehrung konzentriert an den seitlichen Rändern der Zug- und Druckzone angeordnet werden.

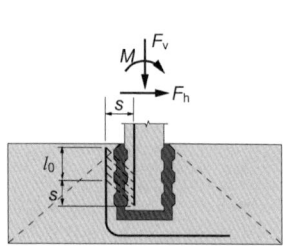

a) mit profilierter Oberfläche

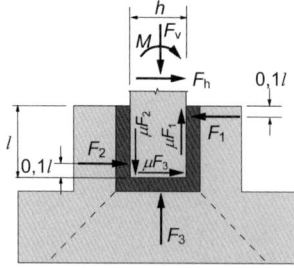

b) mit glatter Oberfläche

Bild 10.7. Köcherfundamente

(2) Für Vollplatten aus Fertigteilen mit einer Breite $b \leq 1{,}20$ m darf die Querbewehrung nach 9.3.1.1 (2) entfallen.

(3) Bei feingliedrigen Fertigteilträgern (z. B. Trägern mit I-, T- oder Hohlquerschnitten mit Stegbreiten $b_w \leq 80$ mm) dürfen einschnittige Querkraftzulagen allein als Querkraftbewehrung verwendet werden, wenn die Druckzone und die Biegezugbewehrung gesondert durch Bügel umschlossen sind.

(4) Die Mindestquerschnittsabmessung nach 9.5.1 (1) darf für waagerecht betonierte Fertigteilstützen auf 120 mm reduziert werden.

NA.10.9.9 Sandwichtafeln

(1)P Bei der Bemessung von Sandwichtafeln müssen die Einflüsse von Temperatur, Feuchtigkeit, Austrocknen und Schwinden in ihrem zeitlichen Verlauf berücksichtigt werden.

(2)P In Sandwichtafeln sind ausschließlich zugelassene, korrosionsbeständige Werkstoffe für die Verbindungen der einzelnen Schichten zu verwenden.

(3) Die Mindestbewehrung der tragenden Schicht der Tafeln sollte an beiden Seiten in der horizontalen und vertikalen Richtung nicht weniger als 1,3 cm²/m betragen. Im Allgemeinen ist eine Randbewehrung (siehe Bild 9.8) nicht erforderlich.

(4) In der Vorsatzschicht einer Sandwichtafel darf die Bewehrung einlagig angeordnet werden.

(5) Die Mindestdicke für Trag- und Vorsatzschicht beträgt 70 mm.

(6) Bei Sandwichtafeln mit Fugenabdichtung sollte die Innenseite der Vorsatzschicht und in der Regel auch die gegenüberliegende Seite der Tragschicht im Bereich einer anliegenden, geschlossenporigen Kerndämmung der Expositionsklasse XC3 zugeordnet werden.

12 Tragwerke aus unbewehrtem oder gering bewehrtem Beton

12.1 Allgemeines

(1)P Dieses Kapitel enthält ergänzende Regeln für Tragwerke aus unbewehrtem Beton oder für Tragwerke, bei denen die vorhandene Bewehrung geringer als die Mindestbewehrung für Stahlbeton ist.

Anmerkung: Die Überschriften werden mit einer vorangestellten 12 nummeriert, der die Nummer des entsprechenden Hauptabschnitts folgt. Die Unterkapitel werden ohne Verbindung zu den Unterüberschriften in den entsprechenden Hauptabschnitten durchnummeriert.

(2) Dieses Kapitel gilt für Bauteile, bei denen die Auswirkungen von dynamischen Einwirkungen vernachlässigt werden können. Beispiele für solche Bauteile sind:

- nichtvorgespannte Bauteile, die überwiegend einer Druckbeanspruchung ausgesetzt sind, z. B. Wände, Stützen, Bögen, Gewölbe und Tunnel,
- streifenförmig und flach gegründete Einzelfundamente,
- Stützwände.

Das Kapitel gilt nicht bei Auswirkungen infolge rotierender Maschinen oder Verkehrsbeanspruchung.

(3) Bei Fertigteilbauteilen und -tragwerken, die von diesem Eurocode erfasst werden, sind die Bemessungsregeln in der Regel entsprechend anzupassen.

(4) In unbewehrten Betonbauteilen darf jedoch auch Betonstahlbewehrung zur Erfüllung der Anforderungen an die Gebrauchstauglichkeit und/oder der Dauerhaftigkeit bzw. in bestimmten Bereichen der Bauteile angeordnet werden. Diese Bewehrung darf für örtliche Nachweise im GZT und für Nachweise im GZG berücksichtigt werden.

12.3 Baustoffe

12.3.1 Beton

(1) Aufgrund der geringeren Duktilität von unbewehrtem Beton sind in der Regel die Werte für $\alpha_{cc,pl}$ und $\alpha_{ct,pl}$ geringer als die Werte α_{cc} und α_{ct} für bewehrten Beton anzusetzen.

(NDP) $\alpha_{cc,pl} = 0{,}70$ in Gleichung (3.15);
$\alpha_{ct,pl} = 0{,}70$ in Gleichung (12.1)

(2) Wenn Betonzugspannungen beim Bemessungswert der Tragfähigkeit unbewehrter Betonbauteile in die Berechnung einbezogen werden, darf die Spannungs-Dehnungs-Linie (siehe 3.1.7) mit der Gleichung (3.16) als eine lineare Beziehung auf den Bemessungswert der Betonzugfestigkeit erweitert werden.

$$f_{ctd,pl} = \alpha_{ct,pl} \cdot f_{ctk;0,05}/\gamma_C \qquad (12.1)$$

(3) Auf der Bruchmechanik beruhende Berechnungsverfahren sind zulässig, wenn nachgewiesen wird, dass das geforderte Sicherheitsniveau damit erreicht wird.

12.5 Ermittlung der Schnittgrößen

(1) Da unbewehrte Betonbauteile nur über eine begrenzte Duktilität verfügen, dürfen lineare Verfahren mit Umlagerung oder Verfahren nach der

Plastizitätstheorie in der Regel nicht angewendet werden.

Solche Verfahren ohne ausdrückliche Prüfung der Verformungsfähigkeit sind nur in begründeten Fällen anwendbar.

(2) Die Schnittgrößenermittlung darf auf Basis der nichtlinearen oder der linearen Elastizitätstheorie erfolgen. Wird das nichtlineare Verfahren angewendet (z. B. Bruchmechanik), muss in der Regel eine Prüfung der Verformungsfähigkeit erfolgen.

(NCI) Eine nichtlineare Schnittgrößenermittlung ist nur nach 5.7 (NA.6) zulässig.

12.6 Nachweise in den Grenzzuständen der Tragfähigkeit (GZT)

(NCI) Die Betonzugspannungen dürfen im Allgemeinen nicht angesetzt werden. Rechnerisch darf keine höhere Festigkeitsklasse des Betons als C35/45 ausgenutzt werden.

12.6.1 Biegung mit oder ohne Normalkraft und Normalkraft allein

(1) Bei Wänden dürfen Zwangsverformungen infolge Temperatur oder Schwinden bei entsprechender konstruktiver Durchbildung und Nachbehandlung vernachlässigt werden.

(2) Die Spannungs-Dehnungs-Linie für unbewehrten Beton ist in der Regel nach 3.1.7 anzunehmen.

(3) Die aufnehmbare Normalkraft N_{Rd} eines Rechteckquerschnitts mit einachsiger Lastausmitte e in der Richtung h_w darf wie folgt ermittelt werden:

$$N_{Rd} = \eta \cdot f_{cd,pl} \cdot b \cdot h_w \cdot (1 - 2 \cdot e/h_w) \quad (12.2)$$

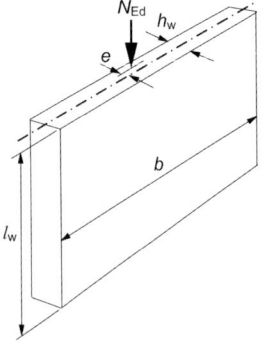

Bild 12.1. Bezeichnungen für unbewehrte Wände

Dabei ist

$\eta \cdot f_{cd,pl}$ die wirksame Bemessungsdruckfestigkeit (siehe 3.1.7 (3));

b die Gesamtbreite des Querschnitts (siehe Bild 12.1);

h_w die Gesamtdicke des Querschnitts;

e die Lastausmitte von N_{Ed} in Richtung h_w.

Anmerkung: Wenn andere vereinfachte Verfahren angewendet werden, müssen diese in der Regel mindestens das gleiche Sicherheitsniveau wie ein genaueres Verfahren sicherstellen, das eine Spannungs-Dehnungs-Linie nach 3.1.7 verwendet.

12.6.2 Örtliches Versagen

(1)P Sofern das örtliche Versagen eines Querschnitts auf Zug nicht durch entsprechende Maßnahmen verhindert wird, muss die höchstzulässige Lastausmitte der Normalkraft N_{Ed} im Querschnitt auf einen bestimmten Wert beschränkt werden, um große Risse zu vermeiden.

(NCI) Für stabförmige unbewehrte Bauteile mit Rechteckquerschnitt gilt das Duktilitätskriterium als erfüllt, wenn die Ausmitte der Längskraft in der maßgebenden Einwirkungskombination des Grenzzustandes der Tragfähigkeit auf $e_d/h < 0,4$ beschränkt wird. Die Ausmitte e_d ist mit M_{Ed} nach Gleichung (5.31) zu ermitteln. Für e_d ist e_{tot} nach 12.6.5.2 (1) zu setzen.

12.6.3 Querkraft

(1) In unbewehrten Betonbauteilen darf die Betonzugfestigkeit im Grenzzustand der Tragfähigkeit für Querkraft berücksichtigt werden, wenn entweder durch Rechnung oder Versuch nachgewiesen wird, dass ein Sprödbruch ausgeschlossen werden kann und eine ausreichende Tragfähigkeit vorhanden ist.

(NCI) Es ist nachzuweisen, dass die Betonzugfestigkeit nicht infolge von Rissbildung ausfällt.

(2) Bei einem Querschnitt, bei dem eine Querkraft V_{Ed} und eine Normalkraft N_{Ed} über eine Druckzone A_{cc} wirken, sind in der Regel die Bemessungswerte der Spannungen wie folgt anzusetzen:

$$\sigma_{cp} = N_{Ed}/A_{cc} \quad (12.3)$$
$$\tau_{cp} = k \cdot V_{Ed}/A_{cc} \quad (12.4)$$

(NDP) $k = S \cdot A_{cc}/(b_w \cdot I)$ für Schnittgrößen aus vorwiegend ruhenden Einwirkungen

Folgendes ist in der Regel nachzuweisen:

$\tau_{cp} \leq f_{cvd}$

Dabei gilt:

- wenn $\sigma_{cp} \leq \sigma_{c,lim}$:

$$f_{cvd} = \sqrt{f_{ctd,pl}^2 + \sigma_{cp} \cdot f_{ctd,pl}} \quad (12.5)$$

- wenn $\sigma_{cp} > \sigma_{c,lim}$:

$$f_{cvd} = \sqrt{f_{ctd,pl}^2 + \sigma_{cp} \cdot f_{ctd,pl} - \left(\frac{\sigma_{cp} - \sigma_{c,lim}}{2}\right)^2} \quad (12.6)$$

$$\sigma_{c,lim} = f_{cd,pl} - 2 \cdot \sqrt{f_{ctd,pl} \cdot (f_{ctd,pl} + f_{cd,pl})} \quad (12.7)$$

Dabei ist

f_{cvd} der Bemessungswert der Betonfestigkeit bei Querkraft und Druck;

$f_{cd,pl}$ der Bemessungswert der Betondruckfestigkeit nach 12.3.1 (1);

$f_{ctd,pl}$ der Bemessungswert der Betonzugfestigkeit nach Gleichung (12.1).

(3) Ein Betonbauteil darf als ungerissen angesehen werden, wenn es im Grenzzustand der Tragfähigkeit vollständig unter Druckbeanspruchung steht oder die Hauptzugspannung σ_{ct1} im Beton den Wert $f_{ctd,pl}$ nicht überschreitet.

(NCI) Kann nicht von einem ungerissenen Bauteil ausgegangen werden, ist der Bemessungswert der Querkrafttragfähigkeit V_{Rd} am ungerissenen Restquerschnitt zu berechnen. Dieser ist aus dem Spannungszustand des Querschnitts für die ungünstigste Bemessungssituation zu ermitteln.

12.6.4 Torsion

(1) Gerissene Bauteile dürfen in der Regel nicht für die Aufnahme von Torsionsmomenten bemessen werden, sofern nicht eine ausreichende Tragfähigkeit hierfür nachgewiesen werden kann.

(NA.2) Für kombinierte Beanspruchung aus Torsion und Querkraft gelten die Festlegungen aus den Abschnitten 12.6.3 und 12.6.4 (1) analog.

12.6.5 Auswirkungen von Verformungen von Bauteilen unter Normalkraft nach Theorie II. Ordnung

12.6.5.1 Schlankheit von Einzeldruckgliedern und Wänden

(1) Die Schlankheit einer Stütze oder Wand ist

$$\lambda = \ell_0/i \quad (12.8)$$

Dabei ist

i der minimale Trägheitsradius;

ℓ_0 die Knicklänge des Bauteils. Sie darf angenommen werden mit:

$$\ell_0 = \beta \cdot \ell_w \quad (12.9)$$

Dabei ist

ℓ_w die lichte Höhe des Bauteils;

β ein von den Lagerungsbedingungen abhängiger Beiwert,

- bei Stützen im Allgemeinen: $\beta = 1$,
- bei Kragstützen oder Wänden: $\beta = 2$,
- für anders gelagerte Wände: β-Werte nach Tabelle 12.1.

(2) Die β-Werte sind in der Regel entsprechend zu vergrößern, wenn die Querbiegetragfähigkeit durch Schlitze oder Aussparungen beeinträchtigt wird.

(3) Querwände dürfen als aussteifende Wände angesehen werden, wenn:

- ihre Gesamtdicke den Wert $0{,}5h_w$ nicht unterschreitet, wobei h_w die Gesamtdicke der ausgesteiften Wand ist,
- sie die gleiche Höhe ℓ_w besitzen wie die jeweilige ausgesteifte Wand,
- ihre Länge ℓ_{ht} mindestens $\ell_w/5$ der lichten Höhe ℓ_w der ausgesteiften Wand beträgt,
- innerhalb der Länge $\ell_w/5$ der Querwand keine Öffnungen vorhanden sind.

(4) Bei zweiseitig gehaltenen Wänden, die am Kopf- und Fußende durch Ortbeton und Bewehrung biegesteif angeschlossen sind, so dass die Randmomente vollständig aufgenommen werden können, darf β nach Tabelle 12.1 mit dem Faktor 0,85 abgemindert werden.

(5) Die Schlankheit unbewehrter Wände in Ortbeton darf in der Regel den Wert $\lambda = 86$ (d. h. $\ell_0/h_w = 25$) nicht überschreiten.

(NCI) Dies gilt auch für unbewehrte Stützen aus Ortbeton.

(NA.6) Unabhängig vom Schlankheitsgrad λ sind Druckglieder aus unbewehrtem Beton als schlanke Bauteile zu betrachten. Jedoch ist für Druckglieder aus unbewehrtem Beton mit $\ell_{col}/h < 2{,}5$ eine Schnittgrößenermittlung nach Theorie II. Ordnung nicht erforderlich.

Tabelle 12.1. Werte für β bei verschiedenen Randbedingungen

1	2	3	4	5
Lagerungsbedingungen	Zeichnung	Gleichung	Faktor β	
Zweiseitig gehalten		$\beta = 1{,}0$ für alle Verhältnisse von ℓ_w / b		
Dreiseitig gehalten		$\beta = \dfrac{1}{1 + \left(\dfrac{\ell_w}{3b}\right)^2}$	b/ℓ_w	β
			0,2	0,26
			0,4	0,59
			0,6	0,76
			0,8	0,85
			1,0	0,90
			1,5	0,95
			2,0	0,97
			5,0	1,00
Vierseitig gehalten		wenn $b \geq \ell_w$: $\beta = \dfrac{1}{1 + \left(\dfrac{\ell_w}{b}\right)^2}$ wenn $b < \ell_w$: $\beta = \dfrac{b}{2\ell_w}$	b/ℓ_w	β
			0,2	0,10
			0,4	0,20
			0,6	0,30
			0,8	0,40
			1,0	0,50
			1,5	0,69
			2,0	0,80
			5,0	0,96

Ⓐ Deckenplatte
Ⓑ Freier Rand
Ⓒ Querwand

Anmerkung: Den Angaben in Tabelle 12.1 liegt zugrunde, dass die Wand keine Öffnung aufweist, deren Höhe 1/3 der lichten Wandhöhe ℓ_w oder deren Fläche 1/10 der Wandfläche überschreitet. Werden diese Grenzen nicht eingehalten, sind in der Regel bei 3- oder 4-seitig gehaltenen Wänden die zwischen den Öffnungen liegenden Teile als nur an zwei Seiten gehalten zu betrachten und entsprechend zu bemessen.

12.6.5.2 Vereinfachtes Verfahren für Einzeldruckglieder und Wände

(1) Wenn kein genauerer Lösungsansatz gewählt wird, darf der Bemessungswert der Normalkraft in einer schlanken Stütze oder Wand näherungsweise wie folgt berechnet werden:

$$N_{Rd} = b \cdot h_w \cdot f_{cd,pl} \cdot \Theta \qquad (12.10)$$

Dabei ist

N_{Rd} der Bemessungswert der aufnehmbaren Normaldruckkraft;

b die Gesamtbreite des Querschnitts;

h_w die Gesamtdicke des Querschnitts;

Θ der Faktor zur Berücksichtigung der Lastausmitte, einschließlich der Auswirkungen nach Theorie II. Ordnung und der normalen Auswirkungen des Kriechens.

Für ausgesteifte Bauteile darf der Faktor Θ wie folgt angenommen werden:

$\Theta = 1{,}14 \cdot (1 - 2 \cdot e_{tot}/h_w) - 0{,}02 \cdot \ell_0/h_w$
$\leq 1 - 2 \cdot e_{tot}/h_w$ (12.11)

Dabei ist

$e_{tot} = e_0 + e_i + e_\varphi;$ (12.12)

e_0 die Lastausmitte nach Theorie I. Ordnung, erforderlichenfalls unter Berücksichtigung der Einwirkungen aus anschließenden Decken (z. B. Einspannmomente zwischen Platte und Wand) sowie horizontaler Einwirkungen. Zur Bestimmung von e_0 kann ein äquivalentes Endmoment nach Theorie I. Ordnung M_{0e} verwendet werden, siehe 5.8.8.2 (2);

e_i die ungewollte zusätzliche Lastausmitte infolge geometrischer Imperfektionen, siehe 5.2;

e_φ die Exzentrizität aufgrund Kriechens.

In einigen Fällen kann (können) je nach Schlankheitsgrad das (die) Endmoment(e) für das Tragwerk kritischer als das äquivalente Endmoment nach Theorie I. Ordnung M_{0e} sein. In solchen Fällen sollte die Gleichung (12.2) verwendet werden.

(NCI) Das vereinfachte Verfahren darf nur für Bauteile in unverschieblich ausgesteiften Tragwerken angewendet werden.

Eine Zusatzausmitte infolge von Kriechen in e_{tot} darf im Allgemeinen vernachlässigt werden.

(2) Andere vereinfachte Verfahren dürfen verwendet werden, wenn sie mindestens das gleiche Sicherheitsniveau sicherstellen wie ein genaueres Verfahren nach 5.8.

12.7 Nachweise in den Grenzzuständen der Gebrauchstauglichkeit (GZG)

(1) Spannungen sind in der Regel zu überprüfen, wenn sie infolge konstruktionsbedingter Einspannungen (Zwang) zu erwarten sind.

(2) Die folgenden Maßnahmen sind in der Regel zur Sicherung einer ausreichenden Gebrauchstauglichkeit in Betracht zu ziehen:

a) im Hinblick auf eine Rissbildung:
– Begrenzung der Betonzugspannungen auf zulässige Werte,
– Einlegen einer konstruktiven Zusatzbewehrung (Oberflächenbewehrung, erforderlichenfalls Ring- und Zuganker),
– Anordnung von Fugen,
– betontechnologische Maßnahmen (z. B. geeignete Betonzusammensetzung, Nachbehandlung),
– geeignete Bauverfahren;

b) im Hinblick auf die Begrenzung der Verformungen:
– Festlegung einer minimalen Querschnittsgröße (siehe 12.9),
– Begrenzung der Schlankheit bei Druckgliedern.

(3) Jede Bewehrung in sonst unbewehrten Bauteilen muss in der Regel den Dauerhaftigkeitsanforderungen aus 4.4.1 entsprechen. Dies gilt auch, wenn sie für Tragfähigkeitszwecke nicht in Anspruch genommen wird.

12.9 Konstruktionsregeln

12.9.1 Tragende Bauteile

(1) Die Gesamtdicke h_w am Einbauort betonierter Wände darf in der Regel nicht kleiner als 120 mm sein.

(NCI) Für die Mindestwanddicken gilt Tabelle NA.12.2.

(2) Schlitze und Aussparungen sind in der Regel nur zulässig, wenn eine ausreichende Festigkeit und Stabilität nachgewiesen werden kann.

(NCI) Aussparungen, Schlitze, Durchbrüche und Hohlräume sind bei der Bemessung der Wände zu berücksichtigen, mit Ausnahme von lotrechten Schlitzen sowie lotrechten Aussparungen und Schlitzen von Wandanschlüssen, die den nachstehenden Regelungen für nachträgliches Einstemmen genügen.

Das nachträgliche Einstemmen ist nur bei lotrechten Schlitzen bis 30 mm Tiefe zulässig, wenn ihre Tiefe höchstens 1/6 der Wanddicke, ihre Breite höchstens gleich der Wanddicke, ihr gegenseitiger Abstand mindestens 2,0 m und die Wand mindestens 120 mm dick ist.

12.9.2 Arbeitsfugen

(1) In Bereichen, in denen Betonzugspannungen zu erwarten sind, ist in der Regel eine geeignete Bewehrung zur Begrenzung der Rissbreiten anzuordnen.

12.9.3 Streifen- und Einzelfundamente

(1) Sofern nicht genauere Daten zur Verfügung stehen, dürfen zentrisch belastete Streifen- und Einzelfundamente als unbewehrte Bauteile berechnet und ausgeführt werden, wenn

$$\frac{0{,}85 \cdot h_F}{a} \geq \sqrt{\frac{3\sigma_{gd}}{f_{ctd,pl}}} \qquad (12.13)$$

eingehalten wird.

Tabelle NA.12.2. Mindestwanddicken für tragende unbewehrte Wände

	Wandkonstruktion		1 mit Decken nicht durchlaufend	2 mit Decken durchlaufend
1	C12/15	Ortbeton	200 mm	140 mm
2	≥ C16/20	Ortbeton	140 mm	120 mm
3		Fertigteil	120 mm	100 mm

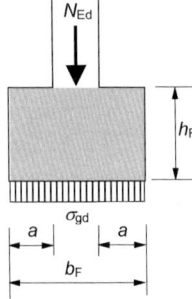

Bild 12.2. Unbewehrte Stützenfundamente; Bezeichnungen

Dabei ist

h_F die Fundamenthöhe;

a der Fundamentüberstand von der Stützenseite an (siehe Bild 12.2);

σ_{gd} der Bemessungswert des Sohldrucks;

$f_{ctd,pl}$ der Bemessungswert der Betonzugfestigkeit (Maßeinheit wie für σ_{gd}).

Vereinfachend darf das Verhältnis $h_F/a \geq 2$ verwendet werden.

(NCI) Für $f_{ctd,pl}$ darf f_{ctd} nach Gleichung (3.16) angesetzt werden.

Das Verhältnis h_F / a darf auch bei Anwendung von Gleichung (12.13) den Wert 1,0 nicht unterschreiten.

Anhang A (normativ): Modifikation von Teilsicherheitsbeiwerten für Baustoffe

A.1 Allgemeines

(1) Die Teilsicherheitsbeiwerte für Baustoffe nach 2.4.2.4 setzen die geometrischen Abweichungen der Klasse 1 nach DIN EN 13670 sowie ein übliches Niveau der Bauausführung und Überwachung (z. B. Überwachungsklasse 2 in DIN EN 13670) voraus.

(2) Dieser Anhang enthält Empfehlungen für verminderte Teilsicherheitsbeiwerte von Baustoffen. Weitere detaillierte Regeln zu Überwachungsverfahren dürfen Produktnormen für Fertigteile entnommen werden.

Anmerkung: Weitere Informationen sind in Anhang B der DIN EN 1990 enthalten.

(NCI) Eine Differenzierung durch Veränderung der Teilsicherheitsbeiwerte ist nach DIN EN 1990, Anhang B möglich. Da in Deutschland nur Zuverlässigkeitsklasse RC2 normativ geregelt ist und die Überwachungsmaßnahmen nicht über die Überwachungsstufen nach Tabelle B.5 aus DIN EN 1990, Anhang B hinausgehen, entfällt eine Modifikation der Teilsicherheitsbeiwerte für Tragwiderstände, bis auf die in A.2.3 (1) genannte Ausnahme.

Die Abschnitte A.2.1, A.2.2, A.3 und A.4 entfallen in Deutschland.

A.2 Tragwerke aus Ortbeton

A.2.3 Reduktion auf Grundlage der Bestimmung der Betonfestigkeit im fertigen Tragwerk

(1) Für Werte der Betonfestigkeit, die auf Versuchen an einem fertigen Tragwerk oder Bauelement, siehe DIN EN 13791, DIN EN 206-1 sowie entsprechende Produktnormen, basieren, darf γ_C mit dem Umrechnungsfaktor η vermindert werden. Jedoch darf der Endwert des Teilsicherheitsbeiwertes nicht kleiner als $\gamma_{C,red4}$ angesetzt werden.

(NDP) Es gilt:

– Ortbeton: $\eta = 1,0$ und $\gamma_{C,red4} = 1,5$
– Fertigteile: $\eta = 0,9$ und $\gamma_{C,red4} = 1,35$,

wenn bei Fertigteilen mit einer werksmäßigen und ständig überwachten Herstellung durch eine Überprüfung der Betonfestigkeit an jedem fertigen Bauteil sichergestellt wird, dass alle Fertigteile mit zu geringer Betonfestigkeit ausgesondert werden. Die in diesem Fall notwendigen Maßnahmen sind durch den Hersteller in Abstimmung mit der zuständigen Überwachungsstelle festzulegen. Diese Maßnahmen sind vom Hersteller zu dokumentieren.

Anhang B (normativ): Kriechen und Schwinden

B.1 Grundgleichungen zur Ermittlung der Kriechzahl

(1) Die Kriechzahl $\varphi(t,t_0)$ darf wie folgt ermittelt werden:

$$\varphi(t,t_0) = \varphi_0 \cdot \beta_c(t,t_0) \tag{B.1}$$

Dabei ist

φ_0 die Grundzahl des Kriechens mit

$$\varphi_0 = \varphi_{RH} \cdot \beta(f_{cm}) \cdot \beta(t_0); \tag{B.2}$$

φ_{RH} ein Beiwert zur Berücksichtigung der Auswirkungen der relativen Luftfeuchte auf die Grundzahl des Kriechens mit

$$\varphi_{RH} = \left[1 + \frac{1 - RH/100}{0{,}1 \cdot \sqrt[3]{h_0}} \cdot \alpha_1\right] \cdot \alpha_2 \tag{B.3a+b}$$

RH die relative Luftfeuchte der Umgebung in %;

$\beta(f_{cm})$ ein Beiwert zur Berücksichtigung der Auswirkungen der Betondruckfestigkeit auf die Grundzahl des Kriechens:

$$\beta(f_{cm}) = \frac{16{,}8}{\sqrt{f_{cm}}} \tag{B.4}$$

f_{cm} die mittlere Zylinderdruckfestigkeit des Betons in N/mm² nach 28 Tagen;

$\beta(t_0)$ ein Beiwert zur Berücksichtigung der Auswirkungen des Betonalters bei Belastungsbeginn auf die Grundzahl des Kriechens:

$$\beta(t_0) = \frac{1}{(0{,}1 + t_0^{0{,}20})} \tag{B.5}$$

h_0 die wirksame Bauteildicke in mm. Dabei ist $h_0 = 2A_c/u$; (B.6)

A_c die Gesamtfläche des Betonquerschnitts;

u der Umfang des Querschnitts, welcher Trocknung ausgesetzt ist;

$\beta_c(t,t_0)$ ein Beiwert zur Beschreibung der zeitlichen Entwicklung des Kriechens nach Belastungsbeginn, der wie folgt ermittelt werden darf:

$$\beta_c(t,t_0) = \left[\frac{(t - t_0)}{(\beta_H + t - t_0)}\right]^{0{,}3} \tag{B.7}$$

t das Betonalter zum betrachteten Zeitpunkt in Tagen;

t_0 das tatsächliche Betonalter bei Belastungsbeginn in Tagen;

$t - t_0$ die tatsächliche Belastungsdauer in Tagen;

β_H ein Beiwert zur Berücksichtigung der relativen Luftfeuchte (RH in %) und der wirksamen Bauteildicke (h_0 in mm). Er darf wie folgt ermittelt werden:

$$\beta_H = 1{,}5[1 + (0{,}012RH)^{18}] \cdot h_0 + 250 \cdot \alpha_3$$
$$\leq 1500 \cdot \alpha_3 \tag{B.8a+b}$$

$\alpha_{1/2/3}$ Beiwerte zur Berücksichtigung des Einflusses der Betondruckfestigkeit:

$$\alpha_1 = \left[\frac{35}{f_{cm}}\right]^{0{,}7} \leq 1 \quad \alpha_2 = \left[\frac{35}{f_{cm}}\right]^{0{,}2} \leq 1$$

$$\alpha_3 = \left[\frac{35}{f_{cm}}\right]^{0{,}5} \leq 1 \tag{B.8c}$$

(2) Die Auswirkungen der Zementart auf die Kriechzahl des Betons dürfen durch die Anpassung des Betonalters bei Belastungsbeginn t_0 in Gleichung (B.5) berücksichtigt werden. t_0 darf wie folgt ermittelt werden:

$$t_0 = t_{0,T} \cdot \left(\frac{9}{2 + t_{0,T}^{1{,}2}} + 1\right)^\alpha \geq 0{,}5 \tag{B.9}$$

Dabei ist

$t_{0,T}$ das der Temperatur angepasste Betonalter bei Belastungsbeginn in Tagen. Die Anpassung darf mit Gleichung (B.10) erfolgen;

α ein Exponent zur Berücksichtigung der Zementart:

$\alpha = -1$ für Zemente der Klasse S,

$\alpha = 0$ für Zemente der Klasse N,

$\alpha = 1$ für Zemente der Klasse R.

(3) Die Auswirkungen von erhöhten oder verminderten Temperaturen in einem Bereich von 0 °C bis 80 °C auf den Grad der Aushärtung des Betons dürfen durch die Anpassung des Betonalters wie folgt berücksichtigt werden:

$$t_T = \sum_{i=1}^{n} e^{-(4000/[273 + T(\Delta t_i)] - 13{,}65)} \cdot \Delta t_i \tag{B.10}$$

Dabei ist

t_T das temperaturangepasste Betonalter, welches t in den entsprechenden Gleichungen (B.5 und B.9) ersetzt;

$T(\Delta t_i)$ die Temperatur in °C im Zeit-Intervall Δt_i;

Δt_i die Anzahl der Tage, an denen die Temperatur T vorherrscht.

Der mittlere Variationskoeffizient der nach obigen Verfahren vorausgesagten Größe des Kriechens liegt im Bereich von 20 %. Das Vorhersageverfahren beruht auf den Auswertungen einer digitalen Datenbank aus Labor-Versuchsergebnissen.

Die nach den obigen Verfahren ermittelten Werte für $\varphi(t,t_0)$ sind in der Regel auf den Tangenten-Modul E_c zu beziehen.

Wenn keine große Genauigkeit verlangt wird, dürfen die Werte in Bild 3.1 aus 3.1.4 herangezogen werden, um das Kriechen von Beton im Alter von 70 Jahren zu bestimmen.

B.2 Grundgleichungen zur Ermittlung der Trocknungsschwinddehnung

(1) Der Grundwert des Trocknungsschwindens $\varepsilon_{cd,0}$ lässt sich wie folgt ermitteln:

$$\varepsilon_{cd,0} = 0{,}85\left[(220 + 110 \cdot \alpha_{ds1})\cdot \exp\left(-\alpha_{ds2}\cdot\frac{f_{cm}}{f_{cmo}}\right)\right]\cdot 10^{-6}\cdot \beta_{RH} \quad (B.11)$$

$$\beta_{RH} = 1{,}55\left[1 - \left(\frac{RH}{RH_0}\right)^3\right] \quad (B.12)$$

Dabei ist

f_{cm} die mittlere Zylinderdruckfestigkeit des Betons [N/mm²];

$f_{cmo} = 10$ N/mm²;

α_{ds1} ein Beiwert zur Berücksichtigung der Zementart (siehe 3.1.2 (6)):

$\alpha_{ds1} = 3$ für Zemente der Klasse S,

$\alpha_{ds1} = 4$ für Zemente der Klasse N,

$\alpha_{ds1} = 6$ für Zemente der Klasse R;

α_{ds2} ein Beiwert zur Berücksichtigung der Zementart:

$\alpha_{ds2} = 0{,}13$ für Zemente der Klasse S,

$\alpha_{ds2} = 0{,}12$ für Zemente der Klasse N,

$\alpha_{ds2} = 0{,}11$ für Zemente der Klasse R;

RH die relative Luftfeuchte der Umgebung [%];

$RH_0 = 100$ %.

(NCI) *Anmerkung:* Die Gleichungen für das Gesamtschwinden sind im Abschnitt 3.1.4 (6) enthalten.

Die Auswertung der Gleichungen (B.11) und (B.12) für die Grundwerte der Trocknungsschwinddehnung $\varepsilon_{cd,0}$ ist für die Zementklassen S, N, R und die Luftfeuchten RH = 40 % bis RH = 90 % in den Tabellen NA.B.1 bis NA.B.3 enthalten (für RH = 100 % beträgt $\varepsilon_{cd,0} = 0$).

Grundwerte für die Trocknungsschwinddehnung $\varepsilon_{cd,0}$ in [‰] für Beton

Beton	Tabelle NA.B.1 – Zement CEM Klasse S						Tabelle NA.B.2 – Zement CEM Klasse N						Tabelle NA.B.3 – Zement CEM Klasse R					
$f_{ck}/f_{ck,cube}$ (N/mm²)	relative Luftfeuchte RH in %						relative Luftfeuchte RH in %						relative Luftfeuchte RH in %					
	40	50	60	70	80	90	40	50	60	70	80	90	40	50	60	70	80	90
C12/15	0,52	0,49	0,44	0,37	0,27	0,15	0,64	0,60	0,54	0,45	0,33	0,19	0,87	0,81	0,73	0,61	0,45	0,25
C16/20	0,50	0,46	0,42	0,35	0,26	0,14	0,61	0,57	0,51	0,43	0,32	0,18	0,83	0,78	0,70	0,58	0,43	0,24
C20/25	0,47	0,44	0,39	0,33	0,25	0,14	0,58	0,54	0,49	0,41	0,30	0,17	0,80	0,75	0,67	0,56	0,42	0,23
C25/30	0,44	0,41	0,37	0,31	0,23	0,13	0,55	0,51	0,46	0,38	0,29	0,16	0,75	0,71	0,63	0,53	0,39	0,22
C30/37	0,41	0,39	0,35	0,29	0,22	0,12	0,52	0,48	0,43	0,36	0,27	0,15	0,71	0,67	0,60	0,50	0,37	0,21
C35/45	0,39	0,36	0,32	0,27	0,20	0,11	0,49	0,45	0,41	0,34	0,25	0,14	0,68	0,63	0,57	0,47	0,35	0,20
C40/50	0,36	0,34	0,30	0,26	0,19	0,11	0,46	0,43	0,38	0,32	0,24	0,13	0,64	0,60	0,54	0,45	0,33	0,19
C45/55	0,34	0,32	0,29	0,24	0,18	0,10	0,43	0,40	0,36	0,30	0,22	0,12	0,61	0,57	0,51	0,43	0,32	0,18
C50/60	0,32	0,30	0,27	0,22	0,17	0,09	0,41	0,38	0,34	0,28	0,21	0,12	0,57	0,54	0,48	0,40	0,30	0,17
C55/67	0,30	0,28	0,25	0,21	0,16	0,09	0,38	0,36	0,32	0,27	0,20	0,11	0,54	0,51	0,45	0,38	0,28	0,16
C60/75	0,28	0,26	0,23	0,20	0,15	0,08	0,36	0,34	0,30	0,25	0,19	0,10	0,51	0,48	0,43	0,36	0,27	0,15
C70/85	0,25	0,23	0,21	0,17	0,13	0,07	0,32	0,30	0,27	0,22	0,17	0,09	0,46	0,43	0,39	0,32	0,24	0,13
C80/95	0,22	0,20	0,18	0,15	0,11	0,06	0,28	0,26	0,24	0,20	0,15	0,08	0,41	0,39	0,35	0,29	0,21	0,12
C90/105	0,19	0,18	0,16	0,13	0,10	0,05	0,25	0,23	0,21	0,18	0,13	0,07	0,37	0,35	0,31	0,26	0,19	0,11
C100/115	0,17	0,16	0,14	0,12	0,09	0,05	0,22	0,21	0,19	0,16	0,12	0,06	0,33	0,31	0,28	0,23	0,17	0,10

Anhang C (informativ): Eigenschaften des Betonstahls

(NCI) Der Anhang C findet in Deutschland keine Anwendung. Es gelten die Normen der Reihe DIN 488, die die für die Bemessung erforderlichen Eigenschaften sicherstellen.

C.1 Allgemeines

(1) In Tabelle C.1 werden die Eigenschaften der Bewehrungsstähle angegeben, die zur Verwendung mit diesem Eurocode geeignet sind. Die Eigenschaften gelten für den Betonstahl im fertigen Tragwerk bei Temperaturen zwischen $-40\,°C$ und $100\,°C$. Alle Biege- und Schweißarbeiten am Betonstahl, die auf der Baustelle ausgeführt werden, sind in der Regel darüber hinaus auf den nach DIN EN 13670 zulässigen Temperaturbereich zu begrenzen.

(NCI) Für die Ausführung auf der Baustelle gilt DIN EN 13670 bzw. DIN 1045-3.

Für die Anwendung von Betonstählen, die von den technischen Baubestimmungen abweichen, oder für die Anwendung unter abweichenden Anwendungsbedingungen ist eine allgemeine bauaufsichtliche Zulassung erforderlich.

Tabelle C.1. Eigenschaften von Betonstahl

Produktart		Stäbe und Betonstabstahl vom Ring			Betonstahlmatten			Anforderung oder Quantilwert (%)
Klasse		A	B	C	A	B	C	–
charakteristische Streckgrenze f_{yk} oder $f_{0,2k}$ (N/mm²)		400 bis 600						5,0
Mindestwert von $k = (f_t / f_y)_k$		≥ 1,05	≥ 1,08	≥ 1,15 < 1,35	≥ 1,05	≥ 1,08	≥ 1,15 < 1,35	10,0
charakteristische Dehnung bei Höchstlast ε_{uk} (%)		≥ 2,5	≥ 5,0	≥ 7,5	≥ 2,5	≥ 5,0	≥ 7,5	10,0
Biegbarkeit		Biege-/Rückbiegetest			–			
Scherfestigkeit		–			0,25 · A · f_{yk} (A – Stabquerschnittsfläche)			Minimum
Maximale Abweichung von der Nennmasse (Einzelstab oder Draht) (%)	Nenndurchmesser des Stabs							5,0
	≤ 8 mm	± 6,0						
	> 8 mm	± 4,5						

Anhang E (normativ): Indikative Mindestfestigkeitsklassen zur Sicherstellung der Dauerhaftigkeit

E.1 Allgemeines

(1) Die Wahl eines ausreichend dauerhaften Betons zum Schutz vor Bewehrungskorrosion und Betonangriff erfordert die Berücksichtigung der Betonzusammensetzung. Dies kann dazu führen, dass eine höhere Betonfestigkeitsklasse erforderlich wird als aus der Bemessung. Der Zusammenhang zwischen Betonfestigkeitsklassen und Expositionsklassen (siehe Tabelle 4.1) darf mittels indikativer Mindestfestigkeitsklassen beschrieben werden.

(2) Wird eine höhere Betonfestigkeitsklasse als aus der Bemessung erforderlich, ist in der Regel der Wert von f_{ctm} für die Bestimmung der Mindestbewehrung nach 7.3.2 und 9.2.1.1 und für die Rissbreitenbegrenzung nach 7.3.3 und 7.3.4 an die höhere Festigkeitsklasse anzupassen.

(NDP) Es gilt Tabelle E.1DE.

Tabelle E.1DE. Indikative Mindestfestigkeitsklassen

Expositionsklasse nach Tabelle 4.1									
Bewehrungskorrosion									
ausgelöst durch Karbonatisierung				ausgelöst durch Chloride ausgenommen Meerwasser			ausgelöst durch Chloride aus Meerwasser		
XC1	XC2	XC3	XC4	XD1	XD2	XD3	XS1	XS2	XS3
C16/20	C16/20	C20/25	C25/30	C30/37 a)	C35/45 a) oder c)	C35/45 a)	C30/37 a)	C35/45 a) oder c)	C35/45 a)
Betonangriff									
Kein Angriffsrisiko	durch Frost mit und ohne Taumittel				durch chemischen Angriff der Umgebung				
X0	XF1	XF2	XF3	XF4	XA1	XA2	XA3		
C12/15	C25/30	C25/30 LP b) C35/45 c)	C25/30 LP b) C35/45 c)	C30/37 LP b) d) e)	C25/30	C35/45 a) oder c)	C35/45 a)		

a) Bei Verwendung von Luftporenbeton, z. B. auf Grund gleichzeitiger Anforderungen aus der Expositionsklasse XF, eine Betonfestigkeitsklasse niedriger; siehe auch Fußnote b.
b) Diese Mindestbetonfestigkeitsklassen gelten für Luftporenbeton mit Mindestanforderungen an den mittleren Luftgehalt im Frischbeton nach DIN 1045-2 unmittelbar vor dem Einbau.
c) Bei langsam und sehr langsam erhärtenden Betonen ($r < 0{,}30$ nach DIN EN 206-1) eine Festigkeitsklasse im Alter von 28 Tagen niedriger. Die Druckfestigkeit zur Einteilung in die geforderte Druckfestigkeitsklasse ist auch in diesem Fall an Probekörpern im Alter von 28 Tagen zu bestimmen.
d) Erdfeuchter Beton mit $w/z \leq 0{,}40$ auch ohne Luftporen.
e) Bei Verwendung eines CEM III/B gemäß DIN 1045-2:2008-08, Tabelle F. 3.3, Fußnote c) für Räumerlaufbahnen in Beton ohne Luftporen mindestens C40/50 (hierbei gilt: $w/z \leq 0{,}35$, $z \geq 360$ kg/m^3).

12 Listen und Verzeichnisse

12.1 Technische Baubestimmungen für den Beton- und Stahlbetonbau

Alle genannten Normen und Richtlinien sind zu beziehen bei der Beuth Verlag GmbH, 10772 Berlin (*www.beuth.de*). Dort können DIN-Normen sowie weitere nationale, europäische und internationale Normen unterschiedlicher Herausgeber online recherchiert, als Papierfassung bestellt oder als Datei (PDF) kostenpflichtig heruntergeladen werden.

Auslegungen zu DIN-Normen und Übersichten über aktuelle Normen werden auf der Internetseite des Normenausschusses Bauwesen (NABau) unter *www.nabau.din.de* → *Auslegungen zu Normen des NABau* zur Verfügung gestellt. Ein Online-Portal für Norm-Entwürfe, die im Einspruchsverfahren der Öffentlichkeit zur Verfügung stehen, ist verfügbar unter *www.entwuerfe.din.de*. Es bietet einen kostenfreien Zugang zu aktuellen Norm-Entwürfen und die Möglichkeit, online Stellungnahmen abzugeben.

Die Normenliste ist wie folgt gegliedert:
1. Grundlagen, Einwirkungen (S. 1207)
2. Baustoffe, Beton und Betonstahl (S. 1209)
3. Bemessung, Ausführung (S. 1215)
4. Brandschutz (S. 1217)
5. Spezielle Bauteile, Betonfertigteile (S. 1219)
6. Schalung, Rüstung (S. 1223)
7. Geotechnik (S. 1224)
8. Schutz und Instandsetzung (S. 1226)
9. Abdichtungen (S. 1227)
10. Richtlinien (S. 1229)

DIN [a]		Titel	Ausgabe	Einführung [b]	in BK
1 Grundlagen, Einwirkungen					
EN	40-3-1	Lichtmaste – Teil 3-1: Bemessung und Nachweis; Charakteristische Werte der Lasten	2013-06	–	
	276	Kosten im Bauwesen	2018-12		
	1356-1	Bauzeichnungen – Teil 1: Arten, Inhalte und Grundregeln der Darstellung	1995-02		
EN	1990	Eurocode: Grundlagen der Tragwerksplanung	2010-12	MVV TB	2020/2 (tw.)
	1990/NA	Nationaler Anhang – National festgelegte Parameter – Eurocode: Grundlagen der Tragwerksplanung	2010-12	MVV TB	
	1990/NA/A1	Nationaler Anhang – A1-Änderung	2012-08	–	–

[a] Abkürzungen:
CEN / TS Europäische Technische Spezifikation
EN deutsche Ausgabe einer Europäischen Norm
EN ISO deutsche Ausgabe einer Europäischen Norm, identisch mit einer Internationalen Norm
Fb Fachbericht
ISO deutsche Ausgabe einer Internationalen Norm
SPEC Technischer Bericht (Spezifikation)
V Vornorm
[b] Abkürzungen, Listen:
BMVBS: vom Bundesministerium für Verkehr, Bau und Stadtentwicklung mit dem Allgemeinen Rundschreiben Straßenbau Nr. 22/2012 vom 26. November 2012 (Az.: StB 17/7192.10/81-1811030) zur Anwendung für den Brücken- und Ingenieurbau bekannt gegeben (Anwendung ab 1. Mai 2013).
MVV TB Muster-Verwaltungsvorschrift Technische Baubestimmungen (MVV TB), Ausgabe 2017/1 (auch für in Bezug genommene Normen).
PRIO Prioritätenliste – Ausgewählte verwendungsspezifische Leistungsanforderungen zur Erfüllung der Bauwerksanforderungen: Hinweisliste sortiert nach harmonisierten Bauproduktnormen der EU-BauPVO (Stand 12. Dezember 2017). Hrsg.: Deutsches Institut für Bautechnik DIBt.

Technische Baubestimmungen für den Beton- und Stahlbetonbau

DIN [a]		Titel	Ausgabe	Einführung [b]	in BK
EN	1991-1-1	Eurocode 1: Einwirkungen auf Tragwerke – Teil 1-1: Allgemeine Einwirkungen auf Tragwerke; Wichten, Eigengewicht und Nutzlasten im Hochbau	2010-12	MVV TB	2020/2 (tw.)
	1991-1-1/NA	Nationaler Anhang – National festgelegte Parameter zu DIN EN 1991-1-1	2010-12	MVV TB	
	1991-1-1/ NA/A1	Nationaler Anhang – A1-Änderung	2015-05	MVV TB	
EN	1991-1-3	... – Teil 1-3: Allgemeine Einwirkungen; Schneelasten	2010-12	MVV TB	2020/2 (tw.)
	1991-1-3/A1	... – Teil 1-3: A1-Änderung	2015-12	–	
	1991-1-3/NA	Nationaler Anhang – National festgelegte Parameter zu DIN EN 1991-1-3	2010-12 2019-04	MVV TB –	
EN	1991-1-4	... – Teil 1-4: Allgemeine Einwirkungen; Windlasten	2010-12	MVV TB	2020/2 (tw.)
	1991-1-4/NA	Nationaler Anhang – National festgelegte Parameter zu DIN EN 1991-1-4	2010-12	MVV TB	
EN	1991-1-5	... – Teil 1-5: Allgemeine Einwirkungen; Temperatureinwirkungen	2010-12		2020/2 (tw.)
	1991-1-5/NA	Nationaler Anhang – National festgelegte Parameter zu DIN EN 1991-1-5	2010-12		
EN	1991-1-6	... – Teil 1-6: Allgemeine Einwirkungen; Einwirkungen während der Bauausführung	2010-12		2020/2 (tw.)
	1991-1-6/ Ber 1	Berichtigung 1 zu DIN EN 1991-1-6	2013-08		
	1991-1-6/NA	Nationaler Anhang – National festgelegte Parameter zu DIN EN 1991-1-6	2010-12		
EN	1991-1-7	... – Teil 1-7: Allgemeine Einwirkungen; Außergewöhnliche Einwirkungen	2010-12	MVV TB	2020/2 (tw.)
	1991-1-7/A1	A1-Änderung zu DIN EN 1991-1-7	2014-08	–	
	1991-1-7/NA	Nationaler Anhang – National festgelegte Parameter zu DIN EN 1991-1-7	2010-12 2019-09	MVV TB –	
EN	1991-2	... – Teil 2: Verkehrslasten auf Brücken	2010-12	BMVBS	–
	1991-2/NA	Nationaler Anhang – National festgelegte Parameter zu DIN EN 1991-2	2012-08	BMVBS	–
EN	1991-3	... – Teil 3: Einwirkungen infolge von Kranen und Maschinen	2010-12	MVV TB	–
	1991-3/Ber 1	Berichtigung 1 zu DIN EN 1991-3	2013-08	MVV TB	–
	1991-3/NA	Nationaler Anhang – National festgelegte Parameter zu DIN EN 1991-3	2010-12 2019-02	MVV TB –	–

Technische Baubestimmungen für den Beton- und Stahlbetonbau

DIN [a]		Titel	Ausgabe	Einführung [b]	in BK
EN	1991-4	... – Teil 4: Einwirkungen auf Silos und Flüssigkeitsbehälter	2010-12	MVV TB	–
	1991-4/Ber 1	Berichtigung 1 zu DIN EN 1991-4	2013-08	MVV TB	–
	1991-4/NA	Nationaler Anhang – National festgelegte Parameter zu DIN EN 1991-4	2010-12	MVV TB	–
Fb	140	Auslegung von Siloanlagen gegen Staubexplosionen	2005-01	MVV TB	–
EN	1998-1	Eurocode 8: Auslegung von Bauwerken gegen Erdbeben – Teil 1: Grundlagen, Erdbebeneinwirkungen und Regeln für Hochbauten	2010-12		–
	1998-1/A1	A1-Änderung zu DIN EN 1998-1	2013-05		–
	1998-1/NA	Nationaler Anhang – National festgelegte Parameter zu DIN EN 1991-8	2011-01		–
EN ISO	3766	Zeichnungen für das Bauwesen – Vereinfachte Darstellung von Bewehrungen	2004-05		–
	3766/Ber 1	Berichtigung 1 zu DIN EN ISO 3766	2005-01		–
	4172	Maßordnung im Hochbau	2015-09		–
	18088-1	Tragstrukturen für Windenergieanlagen und Plattformen – Teil 1: Grundlagen und Einwirkungen	2019-01		
	18200	Übereinstimmungsnachweis für Bauprodukte – Werkseigene Produktionskontrolle, Fremdüberwachung und Zertifizierung von Produkten	2000-05 2018-09	MVV TB –	–
	18202	Toleranzen im Hochbau – Bauwerke	2019-07		–
2 Baustoffe, Beton und Betonstahl					
EN	197-1	Zement – Teil 1: Zusammensetzung, Anforderungen und Konformitätskriterien von Normalzement	2011-11	MVV TB	–
EN	197-2	Zement – Teil 2: Konformitätsbewertung	2014-05		2003/2
Fb	197	Leitlinien für die Anwendung von EN 197-2: Zement – Teil 2: Konformitätsbewertung	2001		–
EN	197-4	Zement – Teil 4: Zusammensetzung, Anforderungen und Konformitätskriterien von Hochofenzement mit niedriger Anfangsfestigkeit	2004-08		–
EN	206	Beton – Festlegung, Eigenschaften, Herstellung und Konformität	2017-01		–
EN	206-1	Beton – Teil 1: Festlegung, Eigenschaften, Herstellung und Konformität	2001-07	MVV TB	2018/2
	206-1/A1	DIN EN 206-1/A1-Änderung	2004-10	MVV TB	
	206-1/A2	DIN EN 206-1/A2-Änderung	2005-09	MVV TB	
EN	206-9	Beton – Teil 9: Ergänzende Regeln für selbstverdichtenden Beton (SVB)	2010-09	MVV TB	–
EN	445	Einpressmörtel für Spannglieder – Prüfverfahren	1996-07 2008-01	MVV TB –	

Technische Baubestimmungen für den Beton- und Stahlbetonbau

DIN [a]		Titel	Ausgabe	Einführung [b]	in BK
EN	446	Einpressmörtel für Spannglieder – Einpressverfahren	1996-07 2008-01	MVV TB –	–
EN	447	Einpressmörtel für Spannglieder – Allgemeine Anforderungen	1996-07 2017-09	MVV TB –	–
EN	450-1	Flugasche für Beton – Teil 1: Definition, Anforderungen und Konformitätskriterien	2012-10	PRIO	–
EN	450-2	... – Teil 2: Konformitätsbewertung	2005-05		–
EN	480-1	Zusatzmittel für Beton, Mörtel und Einpressmörtel – Prüfverfahren – Teil 1: Referenzbeton und Referenzmörtel für Prüfungen	2015-01		–
	488-1	Betonstahl – Teil 1: Stahlsorten, Eigenschaften, Kennzeichnung	2009-08	MVV TB	–
	488-2	... – Teil 2: Betonstabstahl	2009-08	MVV TB	–
	488-3	... – Teil 3: Betonstahl in Ringen, Bewehrungsdraht	2009-08	MVV TB	–
	488-4	... – Teil 4: Betonstahlmatten	2009-08	MVV TB	–
	488-5	... – Teil 5: Gitterträger	2009-08	MVV TB	–
	488-6	... – Teil 6: Übereinstimmungsnachweis	2010-01	MVV TB	–
EN	490	Dach- und Formsteine aus Beton für Dächer und Wandbekleidungen – Produktspezifikationen	2012-01 2017-04		–
EN	492	Faserzement-Dachplatten und dazugehörige Formteile – Produktspezifikation und Prüfverfahren	2018-07		
EN	523	Hüllrohre aus Bandstahl für Spannglieder – Begriffe, Anforderungen und Konformität	2003-11		
EN	934-1	Zusatzmittel für Beton, Mörtel und Einpressmörtel – Teil 1: Gemeinsame Anforderungen	2008-04	MVV TB	–
EN	934-2	... – Teil 2: Betonzusatzmittel; Definitionen und Anforderungen, Konformität, Kennzeichnung und Beschriftung	2012-08	MVV TB	–
EN	934-4	... – Teil 4: Zusatzmittel für Einpressmörtel für Spannglieder; Definitionen, Anforderungen, Konformität, Kennzeichnung und Beschriftung	2009-09	MVV TB	–
EN	934-5	... – Teil 5: Zusatzmittel für Spritzbeton – Begriffe, Anforderungen, Konformität, Kennzeichnung und Beschriftung	2008-02		–
EN	934-6	... – Teil 6: Probenahme, Bewertung und Überprüfung der Leistungsbeständigkeit	2019-05		–
EN	1008	Zugabewasser für Beton – Festlegung für die Probenahme, Prüfung und Beurteilung der Eignung von Wasser, einschließlich bei der Betonherstellung anfallendem Wasser, als Zugabewasser für Beton	2002-10	MVV TB	–

Technische Baubestimmungen für den Beton- und Stahlbetonbau

DIN [a]		Titel	Ausgabe	Einführung [b]	in BK
	1045-2	Tragwerke aus Beton, Stahlbeton und Spannbeton – Teil 2: Beton; Festlegung, Eigenschaften, Herstellung und Konformität; Anwendungsregeln zu DIN EN 206-1	2008-08	MVV TB	2017/2
	1164-10	Zement mit besonderen Eigenschaften – Teil 10: Zusammensetzung, Anforderungen und Übereinstimmungsnachweis von Zement mit niedrigem wirksamen Alkaligehalt	2013-03	MVV TB	–
	1164-11	… – Teil 11: Zusammensetzung, Anforderungen und Übereinstimmungsnachweis von Zement mit verkürztem Erstarren	2003-11	MVV TB	–
	1164-12	… – Teil 12: Zusammensetzung, Anforderungen und Übereinstimmungsnachweis von Zement mit einem erhöhten Anteil an organischen Bestandteilen	2005-06	MVV TB	–
EN	1354	Bestimmung der Druckfestigkeit von haufwerksporigem Leichtbeton	2005-09		
	4159	Ziegel für Ziegeldecken und Vergusstafeln, statisch mitwirkend	2014-05	MVV TB	–
	4160	Ziegel für Decken, statisch nicht mitwirkend	2000-04	MVV TB	–
	4166	Porenbeton-Bauplatten und Porenbeton-Planbauplatten	1997-10	MVV TB	–
	4226-100	Gesteinskörnungen für Beton und Mörtel – Teil 100: Rezyklierte Gesteinskörnungen	2002-02		
	4226-101	Rezyklierte Gesteinskörnungen für Beton nach DIN EN 12620 – Teil 101: Typen und geregelte gefährliche Substanzen	2017-08		
	4226-102	… – Teil 102: Typprüfung und Werkseigene Produktionskontrolle	2017-08		
EN	12350-1	Prüfung von Frischbeton – Teil 1: Probenahme	2009-08		–
EN	12350-2	… – Teil 2: Setzmaß	2009-08		
EN	12350-3	… – Teil 3: Vebe-Prüfung	2009-08		
EN	12350-4	… – Teil 4: Verdichtungsmaß	2009-08		
EN	12350-5	… – Teil 5: Ausbreitmaß	2009-08		
EN	12350-6	… – Teil 6: Frischbetonrohdichte	2011-03		
EN	12350-7	… – Teil 7: Luftgehalte; Druckverfahren	2009-08		
EN	12350-8	… – Teil 8: Selbstverdichtender Beton – Setzfließversuch	2010-12		–
EN	12350-9	… – Teil 9: Selbstverdichtender Beton – Auslauftrichterversuch	2010-12		–
EN	12350-10	… – Teil 10: Selbstverdichtender Beton – L-Kasten-Versuch	2010-12		–

Normen und Regelwerke

Technische Baubestimmungen für den Beton- und Stahlbetonbau

DIN [a]		Titel	Ausgabe	Einführung [b]	in BK
EN	12350-11	... – Teil 11: Selbstverdichtender Beton – Bestimmung der Sedimentationsstabilität im Siebversuch	2010-12		–
EN	12350-12	... – Teil 12: Selbstverdichtender Beton – Blockierring-Versuch	2010-12		–
EN	12390-1	Prüfung von Festbeton – Teil 1: Form, Maße und andere Anforderungen für Probekörper und Formen	2012-12		–
EN	12390-2	... – Teil 2: Herstellung und Lagerung von Probekörpern für Festigkeitsprüfungen	2009-08		–
	12390-2/Ber 1	Berichtigung 1	2012-02		–
	12390-2/A20	A20-Änderung	2015-12		–
EN	12390-3	... – Teil 3: Druckfestigkeit von Probekörpern	2009-07		–
	12390-3/Ber 1	Berichtigung 1	2011-11		–
EN	12390-4	... – Teil 4: Bestimmung der Druckfestigkeit; Anforderungen an Prüfmaschinen	2000-12		–
EN	12390-5	... – Teil 5: Biegezugfestigkeit von Probekörpern	2009-07		–
EN	12390-6	... – Teil 6: Spaltzugfestigkeit von Probekörpern	2010-04		–
EN	12390-7	... – Teil 7: Dichte von Festbeton	2009-07		–
EN	12390-8	... – Teil 8: Wassereindringtiefe unter Druck	2009-07		–
EN	12390-10	... – Teil 10: Bestimmung des Karbonatisierungswiderstandes von Beton bei atmosphärischer Konzentration von Kohlenstoffdioxid	2019-08		–
EN	12390-11	... – Teil 11: Bestimmung des Chloridwiderstandes von Beton - Einseitig gerichtete Diffusion	2015-11		–
EN	12390-13	... – Teil 13: Bestimmung des Elastizitätsmoduls unter Druckbelastung (Sekantenmodul)	2014-06		–
EN	12390-14	... – Teil 14: Teiladiabatisches Verfahren zur Bestimmung der Wärme, die während des Erhärtungsprozesses von Beton freigesetzt wird	2018-10		–
EN	12467	Faserzement-Tafeln – Produktspezifikation und Prüfverfahren	2016-12 2018-07	MVV TB PRIO	–
EN	12504-1	Prüfung von Beton in Bauwerken – Teil 1: Bohrkernproben – Herstellung, Untersuchung und Prüfung der Druckfestigkeit	2009-07		–
EN	12504-2	... – Teil 2: Zerstörungsfreie Prüfung – Bestimmung der Rückprallzahl	2012-12		–
EN	12620	Gesteinskörnungen für Beton	2008-07 2013-07	MVV TB PRIO	– –

Listen und Verzeichnisse | 1213

Technische Baubestimmungen für den Beton- und Stahlbetonbau

DIN [a)]		Titel	Ausgabe	Einführung [b)]	in BK
EN	16236	Bewertung und Überprüfung der Leistungsbeständigkeit (AVCP) von Gesteinskörnungen – Typprüfung und werkseigene Produktionskontrolle	2018-11		–
EN	12878	Pigmente zum Einfärben von zement- und/oder kalkgebundenen Baustoffen – Anforderungen und Prüfverfahren	2006-05		–
EN	13043	Gesteinskörnungen für Asphalt und Oberflächenbehandlungen für Straßen, Flugplätze und andere Verkehrsflächen	2013-08		–
EN	13055-1	Leichte Gesteinskörnungen – Teil 1: Leichte Gesteinskörnungen für Beton, Mörtel und Einpressmörtel	2002-08	PRIO	–
	13055-1/ Ber 1	Berichtigung 1 zu DIN EN 13055-1	2004-12	PRIO	–
EN	13055	Leichte Gesteinskörnungen für Beton, Mörtel, Einpressmörtel, bitumengebundene Mischungen, Oberflächenbehandlungen und für ungebundene und gebundene Anwendungen	2016-11		
EN	13139	Gesteinskörnungen für Mörtel	2002-08		–
EN	13263-1	Silikastaub für Beton – Teil 1: Definitionen, Anforderungen und Konformitätskriterien	2009-07		–
EN	13263-2	... – Teil 2: Konformitätsbewertung	2009-07		–
EN	13383-1	Wasserbausteine Teil 1: Anforderungen	2013-08		–
EN	13383-2	... – Teil 2: Prüfverfahren	2013-08		–
EN	13450	Gesteinskörnungen für Gleisschotter	2013-07		–
V	20000-105	Anwendung von Bauprodukten in Bauwerken – Teil 105: Gesteinskörnungen nach DIN EN 13450:2003-06	2005-04		–
EN	13577	Chemischer Angriff an Beton – Bestimmung des Gehalts an angreifendem Kohlendioxid in Wasser	2007-07		–
EN	13791	Bewertung der Druckfestigkeit von Beton in Bauwerken oder in Bauwerksteilen	2008-05	MVV TB	–
	13791/A20	A20-Änderung: Nationaler Anhang	2017-02	MVV TB	–
EN	13813	Estrichmörtel, Estrichmassen und Estriche – Estrichmörtel und Estrichmassen – Eigenschaften und Anforderungen	2003-01	PRIO	–
EN	13887-1	Fahrbahnbefestigungen aus Beton – Teil 1: Baustoffe	2013-06		
EN	13887-2	... – Teil 2: Funktionale Anforderungen an Fahrbahnbefestigungen aus Beton	2013-06		
EN	14216	Zement – Zusammensetzung, Anforderungen und Konformitätskriterien von Sonderzement mit sehr niedriger Hydratationswärme	2015-09	MVV TB	–

Technische Baubestimmungen für den Beton- und Stahlbetonbau

DIN [a]		Titel	Ausgabe	Einführung [b]	in BK
EN	14487-1	Spritzbeton – Teil 1: Begriffe, Festlegungen und Konformität	2006-03	MVV TB	–
EN	14487-2	Spritzbeton – Teil 2: Ausführung	2007-01	MVV TB	–
EN	14647	Tonerdezement – Zusammensetzung, Anforderungen und Konformitätskriterien	2006-01		–
	14647/Ber 1	Berichtigung 1 zu DIN EN 14647	2007-04		–
EN	14651	Prüfverfahren für Beton mit metallischen Fasern – Bestimmung der Biegezugfestigkeit (Proportionalitätsgrenze, residuelle Biegezugfestigkeit)	2007-12		–
EN	14721	Prüfverfahren für Beton mit metallischen Fasern – Bestimmung des Fasergehalts in Frisch- und Festbeton	2007-12		–
V CEN	TS 14754-1	Nachbehandlungsmittel – Prüfverfahren – Teil 1: Bestimmung der Wasserrückhaltefähigkeit von üblichen Nachbehandlungsmitteln	2007-06		–
EN	14845-1	Prüfverfahren für Fasern in Beton – Teil 1: Referenzbetone	2007-09		–
EN	14845-2	... – Teil 2: Einfluss auf den Beton	2006-11		–
EN	14889-1	Fasern für Beton – Teil 1: Stahlfasern – Begriffe, Festlegungen und Konformität	2006-11		–
EN	14889-2	... – Teil 2: Polymerfasern – Begriffe, Festlegungen und Konformität	2006-11	PRIO	–
EN	15037-1	Betonfertigteile – Balkendecken mit Zwischenbauteilen – Teil 1: Balken	2008-07		
EN	15037-2	... – Teil 2: Zwischenbauteile aus Beton	2011-07		
EN	15037-3	... – Teil 3: Keramische Zwischenbauteile	2011-07	MVV TB	–
	20000-129	Anwendung von Bauprodukten in Bauwerken – Teil 129: Regeln für die Verwendung von keramischen Zwischenbauteilen nach DIN EN 15037-3	2014-10	MVV TB	–
EN	15037-4	... – Teil 4: Zwischenbauteile aus Polystyrolhartschaum	2013-08		
EN	15167-1	Hüttensandmehl zur Verwendung in Beton, Mörtel und Einpressmörtel – Teil 1: Definitionen, Anforderungen und Konformitätskriterien	2006-12	MVV TB	–
EN	15304	Bestimmung des Frost-Tau-Widerstandes von dampfgehärtetem Porenbeton	2010-06		–
EN	15498	Schalungssteine aus Holzspanbeton	2008-08	MVV TB	–
EN ISO	15630-1	Stähle für die Bewehrung und das Vorspannen von Beton – Prüfverfahren – Teil 1: Bewehrungsstäbe, -walzdraht und -draht	2011-02		–
EN ISO	15630-2	... – Prüfverfahren – Teil 2: Geschweißte Matten	2011-02		

Technische Baubestimmungen für den Beton- und Stahlbetonbau

DIN [a]		Titel	Ausgabe	Einführung [b]	in BK
EN ISO	15630-3	... – Prüfverfahren – Teil 3: Spannstähle	2011-02		–
EN	15743	Sulfathüttenzement – Zusammensetzung, Anforderungen und Konformitätskriterien	2015-06	PRIO	–
EN ISO	17660-1	Schweißen – Schweißen von Betonstahl – Teil 1: Tragende Schweißverbindungen	2006-12	MVV TB	–
	17660-1/ Ber 1	Berichtigung 1 zu DIN EN 17660-1	2007-08	MVV TB	–
EN ISO	17660-2	Schweißen – Schweißen von Betonstahl – Teil 2: Nichttragende Schweißverbindungen	2006-12	MVV TB	–
	17660-2/ Ber 1	Berichtigung 1 zu DIN EN 17660-2	2007-08	MVV TB	–
V	18004	Anwendungen von Bauprodukten in Bauwerken – Prüfverfahren für Gesteinskörnungen nach DIN V 20000-103 und DIN V 20000-104	2004-04		–
	18175	Glasbausteine; Anforderungen, Prüfung	1977-05		–
	18516-5	Außenwandbekleidungen, hinterlüftet – Teil 5: Betonwerkstein; Anforderungen, Bemessung	2013-09	MVV TB	–
	18551	Spritzbeton – Nationale Anwendungsregeln zur Reihe DIN EN 14487 und Regeln für die Bemessung von Spritzbetonkonstruktionen	2014-08	MVV TB	–
V	18990	Beurteilung des Korrosionsverhaltens von Zusatzmitteln nach Normenreihe DIN EN 934	2002-11		–
V	18998	Beurteilung des Korrosionsverhaltens von Zusatzmitteln nach Normenreihe DIN EN 934	2002-11		–
V	18998/A1	Änderung A1 zu DIN V 18998	2003-05		–
V	20000-101	Anwendung von Bauprodukten in Bauwerken – Teil 101: Zusatzmittel für Einpressmörtel für Spannglieder nach DIN EN 934-4:2002-02	2002-11	MVV TB	–
	51043	Trass; Anforderungen, Prüfung	1979-08	MVV TB	–

3 Bemessung, Bauausführung

EN	40-3-3	Lichtmaste – Teil 3-3: Bemessung und Nachweis – Rechnerischer Nachweis	2013-06		–
EN	206	Beton – Teil 1: Festlegung, Eigenschaften, Herstellung und Konformität	2014-07		–
EN	206-1	Beton – Teil 1: Festlegung, Eigenschaften, Herstellung und Konformität	2001-07	MVV TB	2018/2
	206-1/A1	DIN EN 206-1/A1-Änderung	2004-10	MVV TB	
	206-1/A2	DIN EN 206-1/A2-Änderung	2005-09	MVV TB	
	1045-2	Tragwerke aus Beton, Stahlbeton und Spannbeton – Teil 2: Beton; Festlegung, Eigenschaften, Herstellung und Konformität; Anwendungsregeln zu DIN EN 206-1	2008-08	MVV TB	2017/2

Technische Baubestimmungen für den Beton- und Stahlbetonbau

DIN [a]		Titel	Ausgabe	Einführung [b]	in BK
	1045-4	... – Teil 4: Ergänzende Regeln für die Herstellung und die Konformität von Fertigteilen	2012-04	MVV TB	–
	1045-100	Bemessung und Konstruktion von Stahlbeton- und Spannbetontragwerken – Teil 100: Ziegeldecken (*mit Eurocode 2*)	2011-12 2017-09	MVV TB –	2016/2 –
	1045-101	... – Teil 101: Konformitätsnachweis für Ziegeldecken nach DIN 1045-100	2017-09		–
EN	1992-1-1	Eurocode 2: Bemessung und Konstruktion von Stahlbeton- und Spannbetontragwerken – Teil 1-1: Allgemeine Bemessungsregeln und Regeln für den Hochbau	2011-01	MVV TB	2020/2 (tw.)
	1992-1-1/A1	A1-Änderung	2015-03	MVV TB	
	1992-1-1/NA	Nationaler Anhang zu Eurocode 2 – Teil 1-1	2013-04	MVV TB	
	1992-1-1/NA/A1	Nationaler Anhang – A1-Änderung	2015-12	MVV TB	
EN	1992-2	... – Teil 2: Betonbrücken – Bemessungs- und Konstruktionsregeln	2010-12	BMVBS	2015/2
	1992-2/NA	Nationaler Anhang zu Eurocode 2 – Teil 2	2013-04	BMVBS	2015/2
EN	1992-3	... – Teil 3: Silos und Behälterbauwerke	2011-01		2016/2
	1992-3/NA	Nationaler Anhang zu Eurocode 2 – Teil 3	2011-01		
EN	1992-4	Eurocode 2: Bemessung und Konstruktion von Stahlbeton- und Spannbetontragwerken – Teil 4: Bemessung der Verankerung von Befestigungen in Beton	2019-04		
	1992-4/NA	Nationaler Anhang zu Eurocode 2 – Teil 4	2019-04		–
EN	1994-1-1	Eurocode 4: Bemessung und Konstruktion von Verbundtragwerken aus Stahl und Beton – Teil 1-1: Allgemeine Bemessungsregeln und Anwendungsregeln für den Hochbau	2010-12	MVV TB	–
	1994-1-1/NA	Nationaler Anhang zu Eurocode 4 – Teil 1-1	2010-12	MVV TB	–
EN	1994-2	... – Teil 2: Allgemeine Bemessungsregeln und Anwendungsregeln für Brücken	2010-12	BMVBS	–
	1994-2/NA	Nationaler Anhang zu Eurocode 4 – Teil 2	2010-12	BMVBS	–
EN	1998-1	Eurocode 8: Auslegung von Bauwerken gegen Erdbeben – Teil 1: Grundlagen, Erdbebeneinwirkungen und Regeln für Hochbauten	2010-12		–
	1998-1/A1	A1-Änderung zu DIN EN 1998-1	2013-05		
	1998-1/NA	Nationaler Anhang zu Eurocode 8 – Teil 1	2011-01		–
EN	1998-2	... – Teil 2: Brücken	2010-12		–
	1998-2/NA	Nationaler Anhang zu Eurocode 8 – Teil 2	2011-03		–

Technische Baubestimmungen für den Beton- und Stahlbetonbau

DIN [a]		Titel	Ausgabe	Einführung [b]	in BK
EN	1998-3	... – Teil 3: Beurteilung und Ertüchtigung von Gebäuden	2010-12		–
	1998-3/Ber 1	Berichtigung 1	2013-09		
EN	1998-4	... – Teil 4: Silos, Tankbauwerke und Rohrleitungen	2007-01		–
EN	1998-5	... – Teil 5: Gründungen, Stützbauwerke und geotechnische Aspekte	2010-12		–
	1998-5/NA	Nationaler Anhang – National festgelegte Parameter zu DIN EN 1998-5	2011-07		–
EN	1998-6	... – Teil 6: Türme, Maste und Schornsteine	2006-03		–
	4149	Bauten in deutschen Erdbebengebieten – Lastannahmen, Bemessung und Ausführung üblicher Hochbauten	2005-04	MVV TB	–
	4232	Wände aus Leichtbeton mit haufwerksporigem Gefüge; Bemessung und Ausführung	1987-09		1989/II
EN	13670	Ausführung von Tragwerken aus Beton	2011-03	MVV TB	2017/2
	1045-3	... – Teil 3: Bauausführung – Anwendungsregeln zu DIN EN 13670	2012-03	MVV TB	2017/2
	1045-3/Ber 1	DIN 1045-3/Berichtigung 1	2013-07	MVV TB	
EN	14487-1	Spritzbeton – Teil 1: Begriffe, Festlegungen und Konformität	2006-03	MVV TB	–
EN	14487-2	Spritzbeton – Teil 2: Bauausführung	2007-01	MVV TB	–
	18088-2	Tragstrukturen für Windenergieanlagen und Plattformen – Teil 2: Stahlbeton- und Spannbetontragwerke	2019-01		
	18205	Bedarfsplanung im Bauwesen	2016-11		–
	18551	Spritzbeton – Nationale Anwendungsregeln zur Reihe DIN EN 14487 und Regeln für die Bemessung von Spritzbetonkonstruktionen	2014-08	MVV TB	–
	19702	Massivbauwerke im Wasserbau – Tragfähigkeit, Gebrauchstauglichkeit und Dauerhaftigkeit	2013-02		
	25449	Bauteile aus Stahl- und Spannbeton in kerntechnischen Anlagen – Sicherheitskonzept, Einwirkungen, Bemessung und Konstruktion	2016-04		–

4 Brandschutz

EN	1991-1-2	Eurocode 1: Einwirkungen auf Tragwerke – Teil 1-2: Allgemeine Einwirkungen; Brandeinwirkungen auf Tragwerke	2010-12	MVV TB	–
	1991-1-2/Ber 1	Berichtigung 1 zu DIN EN 1991-1-2	2013-08	MVV TB	–
	1991-1-2/NA	Nationaler Anhang – National festgelegte Parameter zu DIN EN 1991-1-2	2015-09	MVV TB	–

Technische Baubestimmungen für den Beton- und Stahlbetonbau

DIN [a]		Titel	Ausgabe	Einführung [b]	in BK
EN	1992-1-2	Eurocode 2: Bemessung und Konstruktion von Stahlbeton- und Spannbetontragwerken – Teil 1-2: Allgemeine Regeln – Tragwerksbemessung für den Brandfall	2010-12	MVV TB	2018/2 (tw.)
	1992-1-2/NA	Nationaler Anhang zu Eurocode 2 – Teil 1-2	2010-12	MVV TB	
	1992-1-2/ NA/A1	Nationaler Anhang – A1-Änderung	2015-09	MVV TB	
EN	1994-1-2	Eurocode 4: Bemessung und Konstruktion von Verbundtragwerken aus Stahl und Beton – Teil 1-2: Allgemeine Regeln – Tragwerksbemessung für den Brandfall	2010-12	MVV TB	–
	1994-1-2/A1	A1-Änderung	2014-06	MVV TB	–
	1994-1-2/NA	Nationaler Anhang zu Eurocode 4 – Teil 1-2	2010-12	MVV TB	–
	4102-1	Brandverhalten von Baustoffen und Bauteilen – Teil 1: Baustoffe; Begriffe, Anforderungen und Prüfungen	1998-05	MVV TB	2003/2
	4102-2	... –Teil 2: Bauteile, Begriffe, Anforderungen und Prüfungen	1977-09	MVV TB	–
	4102-4	... – Teil 4: Zusammenstellung und Anwendung klassifizierter Baustoffe, Bauteile und Sonderbauteile	2016-05	MVV TB	2018/2 (tw.)
	4102-16	... – Teil 16: Durchführung von Brandschachtprüfungen	2015-09	MVV TB	–
	4102-17	... – Teil 17: Schmelzpunkt von Mineralwolle-Dämmstoffen – Begriffe, Anforderungen und Prüfung	1990-12 2017-12	MVV TB –	
EN	13501-1	Klassifizierung von Bauprodukten und Bauarten zu ihrem Brandverhalten – Teil 1: Klassifizierung mit den Ergebnissen aus den Prüfungen zum Brandverhalten von Bauprodukten	2010-01 2019-05	MVV TB –	
EN	13501-2	... – Teil 2: Klassifizierung mit den Ergebnissen aus den Feuerwiderstandsprüfungen, mit Ausnahme von Lüftungsanlagen	2016-12	MVV TB	–
EN	13501-3	... – Teil 3: Klassifizierung mit den Ergebnissen aus den Feuerwiderstandsprüfungen an Bauteilen von haustechnischen Anlagen: Feuerwiderstandsfähige Leitungen und Brandschutzklappen	2010-02	MVV TB	–
EN	13501-4	... – Teil 4: Klassifizierung mit den Ergebnissen aus den Feuerwiderstandsprüfungen von Anlagen zur Rauchfreihaltung	2016-12	MVV TB	–
EN	13501-5	... – Teil 5: Klassifizierung mit den Ergebnissen aus Prüfungen von Bedachungen bei Beanspruchung durch Feuer von außen	2016-12	MVV TB	–
EN	13501-6	... – Teil 6: Klassifizierung mit den Ergebnissen aus den Prüfungen zum Brandverhalten von elektrischen Kabeln	2014-07	MVV TB	–

Technische Baubestimmungen für den Beton- und Stahlbetonbau

DIN [a]		Titel	Ausgabe	Einführung [b]	in BK
EN	13501-6	... – Teil 6: Klassifizierung mit den Ergebnissen aus den Prüfungen zum Brandverhalten von Starkstromkabeln und -leitungen, Steuer- und Kommunikationskabeln	2019-05		–
	18009-1	Brandschutzingenieurwesen – Teil 1: Grundsätze und Regeln für die Anwendung	2016-10		–
	18230-1	Baulicher Brandschutz im Industriebau – Teil 1: Rechnerisch erforderliche Feuerwiderstandsdauer	2010-09		–
	18230-2	– Teil 2: Ermittlung des Abbrandverhaltens von Materialien in Lageranordnung – Werte für den Abbrandfaktor m	1999-01		–
	18230-3	– Teil 3: Rechenwerte	2002-08		–
5 Spezielle Bauteile, Betonfertigteile					
EN	40-4	Lichtmaste – Teil 4: Anforderungen an Lichtmaste aus Stahl- und Spannbeton	2006-06		–
	40-4/Ber 1	Berichtigung 1 zu DIN EN 40-4	2008-05		–
Fb	159	Allgemeine Regeln für Betonfertigteile – Zusammenstellung von DIN EN 13369:2004-09, Allgemeine Regeln für Betonfertigteile und DIN V 20000-120, Anwendung von Bauprodukten in Bauwerken – Teil 120: Anwendungsregeln zu DIN EN 13369:2004-09	2008-01		–
	1045-4	... – Teil 4: Ergänzende Regeln für die Herstellung und die Konformität von Fertigteilen	2012-02	MVV TB	–
EN	1168	Betonfertigteile – Hohlplatten	2011-12	PRIO	–
V	1201	Rohre und Formstücke aus Beton, Stahlfaserbeton und Stahlbeton für Abwasserleitungen und -kanäle – Typ 1 und Typ 2 – Anforderungen, Prüfung und Bewertung der Konformität	2004-08	MVV TB	–
EN	1337-1	Lager im Bauwesen – Teil 1: Allgemeine Regelungen	2001-02		–
EN	1337-2	... – Teil 2: Gleitteile	2004-07		–
EN	1337-3	... – Teil 3: Elastomerlager	2005-07		–
EN	1337-4	... – Teil 4: Rollenlager	2004-08		–
	1337-4/Ber 1	Berichtigung 1 zu DIN EN 1337-4	2007-05		–
EN	1337-5	... – Teil 5: Topflager	2005-07		–
EN	1337-6	... – Teil 6: Kipplager	2004-08		–
EN	1337-7	... – Teil 7: Kalotten- und Zylinderlager mit PTFE	2004-08		–
EN	1337-8	... – Teil 8: Führungslager und Festpunktlager	2008-01		–
EN	1337-9	... – Teil 9: Schutz	1998-04		–
EN	1337-10	... – Teil 10: Inspektion und Instandhaltung	2003-11		–

Technische Baubestimmungen für den Beton- und Stahlbetonbau

DIN [a]		Titel	Ausgabe	Einführung [b]	in BK
EN	1337-11	... – Teil 11: Transport, Zwischenlagerung und Einbau	1998-04		–
EN	1338	Pflastersteine aus Beton– Anforderungen und Prüfverfahren	2003-08		–
	1338/Ber 1	Berichtigung 1 zu DIN EN 1338	2006-11		–
EN	1339	Platten aus Beton – Anforderungen und Prüfverfahren	2003-08		–
	1339/Ber 1	Berichtigung 1 zu DIN EN 1339	2006-11		–
EN	1520	Vorgefertigte Bauteile aus haufwerksporigem Leichtbeton und mit statisch anrechenbarer oder nicht anrechenbarer Bewehrung	2011-06	PRIO	–
EN	1739	Bestimmung der Schubtragfähigkeit von Fugen zwischen vorgefertigten Bauteilen aus dampfgehärtetem Porenbeton oder haufwerksporigem Leichtbeton bei Belastung in Bauteilebene	2007-07		–
EN	1916	Rohre und Formstücke aus Beton, Stahlfaserbeton und Stahlbeton	2003-04	PRIO	–
	1916/Ber 1	Berichtigung 1 zu DIN EN 1916	2004-05		–
EN	1917	Einsteig- und Kontrollschächte aus Beton, Stahlfaserbeton und Stahlbeton	2003-04	PRIO	–
	1917/Ber 1	Berichtigung 1 zu DIN EN 1917	2004-05		–
	1917/Ber 2	Berichtigung 2 zu DIN EN 1917	2008-08		–
	4034-1	Schächte aus Beton-, Stahlfaserbeton- und Stahlbetonfertigteilen – Teil 1: Anforderungen, Prüfung und Kennzeichnung für Abwasserleitungen und -kanäle in Ergänzung zu DIN EN 1917:2003-04	2019-04		–
	4141-13	Lager im Bauwesen – Teil 13: Führungslager mit der Gleitpaarung Stahl–Stahl – Bemessung und Herstellung	2010-07	MVV TB	–
	4166	Porenbeton-Bauplatten und Porenbeton-Planbauplatten	1997-10	MVV TB	–
	4178	Glockentürme	2005-04	MVV TB	–
	4213	Anwendung von vorgefertigten Bauteilen aus haufwerksporigem Leichtbeton mit statisch anrechenbarer oder nicht anrechenbarer Bewehrung in Bauwerken	2015-10	MVV TB	–
	4223-100	Anwendung von vorgefertigten bewehrten Bauteilen aus dampfgehärtetem Porenbeton – Teil 100: Eigenschaften und Anforderungen an Baustoffe und Bauteile	2014-12		
	4223-101	... – Teil 101: Entwurf und Bemessung	2014-12	MVV TB	–
	4223-102	... – Teil 102: Anwendung in Bauwerken	2014-12	MVV TB	–
	4223-103	... – Teil 103: Sicherheitskonzept	2014-12	MVV TB	–

Technische Baubestimmungen für den Beton- und Stahlbetonbau

DIN [a]		Titel	Ausgabe	Einführung [b]	in BK
	11622-1	Gärfuttersilos und Güllebehälter – Teil 1: Bemessung, Ausführung, Beschaffenheit; Allgemeine Anforderungen	2006-01	MVV TB	–
	11622-2	... – Teil 2: Bemessung, Ausführung, Beschaffenheit – Gärfuttersilos und Güllebehälter aus Stahlbeton, Stahlbetonfertigteilen, Betonformsteinen und Betonschalungssteinen	2004-06	MVV TB	–
	11622-2	Gärfuttersilos, Güllebehälter, Behälter in Biogasanlagen, Fahrsilos – Teil 2: Gärfuttersilos, Güllebehälter und Behälter in Biogasanlagen aus Beton	2015-09		–
	11622-5	... – Teil 5: Fahrsilos	2015-09		–
	11622-21	... – Teil 21: Betonformsteine	2004-06		–
	11622-22	... – Teil 22: Betonschalungssteine	2015-09	MVV TB	–
	11622 Beiblatt 1	... – Erläuterungen, Systemskizzen für Fußpunktausbildung	2006-01		–
EN	12602	Vorgefertigte bewehrte Bauteile aus dampfgehärtetem Porenbeton	2016-12	PRIO	–
EN	12737	Betonfertigteile – Spaltenböden für die Tierhaltung	2008-02		–
EN	12794	Betonfertigteile – Gründungspfähle	2007-08	MVV TB PRIO	–
	12794/Ber 1	Berichtigung 1	2009-04	PRIO	
EN	12839	Betonfertigteile – Betonelemente für Zäune	2012-03		–
EN	12843	Betonfertigteile – Maste	2004-11	PRIO	–
EN	13084-1	Freistehende Schornsteine – Teil 1: Allgemeine Anforderungen	2007-05	MVV TB	–
EN	13084-2	... – Teil 2: Betonschornsteine	2007-08	MVV TB	–
EN	13224	Betonfertigteile – Deckenplatten mit Stegen	2012-01	PRIO	–
EN	13225	Betonfertigteile – Stabförmige Bauteile	2013-06	PRIO	
V	20000-124	Anwendung von Bauprodukten in Bauwerken – Teil 124: Regeln für die Verwendung von stabförmigen Bauteilen nach DIN EN 13225:2004-12	2006-12		–
EN	13369	Allgemeine Regeln für Betonfertigteile	2018-09	–	–
V	20000-120	Anwendung von Bauprodukten in Bauwerken – Teil 120: Anwendungsregeln zu DIN EN 13369:2004-09	2006-04	MVV TB	–
EN	13693	Betonfertigteile – Besondere Fertigteile für Dächer	2009-10	PRIO	–
EN	13747	Betonfertigteile – Deckenplatten mit Ortbetonergänzung	2010-08	PRIO	–

Technische Baubestimmungen für den Beton- und Stahlbetonbau

DIN [a]		Titel	Ausgabe	Einführung [b]	in BK
EN	13978-1	Betonfertigteile – Betonfertiggaragen – Teil 1: Anforderungen an monolithische oder aus raumgroßen Einzelteilen bestehende Stahlbetongaragen	2005-07	PRIO	–
V	20000-125	Anwendung von Bauprodukten in Bauwerken – Teil 125: Regeln für die Verwendung von Betonfertiggaragen nach DIN EN 13978-1:2005-07	2006-12	MVV TB	–
EN	13978-2 (E)	Normentwurf: ... – Teil 2: Stahlfaserbeton-Garagen	2000-12		–
EN	14843	Betonfertigteile – Treppen	2007-07	PRIO	–
EN	14844	Betonfertigteile – Hohlkastenelemente	2012-02	PRIO	–
EN	14991	Betonfertigteile – Gründungselemente	2007-07	PRIO	–
EN	14992	Betonfertigteile – Wandelemente	2012-09	PRIO	–
EN	15037-1	Betonfertigteile – Balkendecken mit Zwischenbauteilen – Teil 1: Balken	2008-07	PRIO	–
EN	15037-2	... – Teil 2: Zwischenbauteile aus Beton	2011-07	PRIO	–
EN	15037-3	... – Teil 3: Keramische Zwischenbauteile	2011-07	–	–
	20000-129	Anwendung von Bauprodukten in Bauwerken – Teil 129: Regeln für die Verwendung von keramischen Zwischenbauteilen nach DIN EN 15037-3	2014-10	MVV TB	–
EN	15037-4	... – Teil 4: Zwischenbauteile aus Polystyrolhartschaum	2013-08	PRIO	–
EN	15037-5	... – Teil 5: Leichte Zwischenbauteile für einfache Schalungen	2013-08		
EN	15050	Betonfertigteile – Fertigteile für Brücken	2012-06	PRIO	–
EN	15191	Betonfertigteile – Klassifizierung der Leistungseigenschaften von Glasfaserbeton	2010-04		–
EN	15258	Betonfertigteile – Stützwandelemente	2009-05	PRIO	–
EN	15422	Betonfertigteile – Festlegung für Glasfasern als Bewehrung in Mörtel und Beton	2008-06		–
EN	15435	Betonfertigteile – Schalungssteine aus Normal- und Leichtbeton	2008-10	MVV TB	–
EN	15498	Betonfertigteile – Holzspanbeton-Schalungssteine	2008-08	PRIO	–
EN	15564	Betonfertigteile – Kunstharzbeton – Anforderungen und Prüfverfahren	2009-05		–
	18014	Fundamenterder – Allgemeine Planungsgrundlagen	2014-03		
	18057	Betonfenster – Bemessung, Anforderungen, Prüfungen	2005-08	MVV TB	–
	18069	Tragbolzentreppen für Wohngebäude; Bemessung und Ausführung	1985-11		
	18148	Hohlwandplatten aus Leichtbeton	2000-10	MVV TB	–

Technische Baubestimmungen für den Beton- und Stahlbetonbau

DIN [a]		Titel	Ausgabe	Einführung [b]	in BK
	18150-1	Baustoffe und Bauteile für Hausschornsteine; Formstücke aus Leichtbeton, Einschalige Schornsteine, Anforderungen	1979-09		–
	18162	Wandbauplatten aus Leichtbeton, unbewehrt	2000-10	MVV TB	–
	18200	Übereinstimmungsnachweis für Bauprodukte – Werkseigene Produktionskontrolle, Fremdüberwachung und Zertifizierung von Produkten	2000-05	MVV TB	–
	18908	Fußböden für Stallanlagen; Spaltenböden aus Stahlbetonfertigteilen oder aus Holz	1992-05		–
EN ISO	19903	Erdöl- und Erdgasindustrie – Feststehende Offshore-Betonkonstruktionen	2007-04		–

6 Schalung, Rüstung

EN	39	Systemunabhängige Stahlrohre für die Verwendung in Trag- und Arbeitsgerüsten – Technische Lieferbedingungen	2001-11	MVV TB	–
EN	74-1	Kupplungen, Zentrierbolzen und Fußplatten für Arbeitsgerüste und Traggerüste – Teil 1: Rohrkupplungen - Anforderungen und Prüfverfahren	2005-12	MVV TB	–
EN	1065	Baustützen aus Stahl mit Ausziehvorrichtung – Produktfestlegung, Bemessung und Nachweis durch Berechnung und Versuche	1998-12	MVV TB	–
	4420-1	Arbeits- und Schutzgerüste – Teil 1: Schutzgerüste – Leistungsanforderungen, Entwurf, Konstruktion und Bemessung	2004-03	MVV TB	–
	4420-2	…; Leitergerüste; Sicherheitstechnische Anforderungen	1990-12		–
	4420-3	… – Teil 3: Ausgewählte Gerüstbauarten und ihre Regelausführungen	2006-01		–
	4425	Leichte Gerüstspindeln; Konstruktive Anforderungen, Tragsicherheitsnachweis und Überwachung	1990-11 2017-04	MVV TB	–
EN	12810-1	Fassadengerüste aus vorgefertigten Bauteilen – Teil 1: Produktfestlegungen	2004-03	MVV TB	–
EN	12810-2	… – Teil 2: Besondere Bemessungsverfahren und Nachweis	2004-03		–
EN	12811-1	Temporäre Konstruktionen für Bauwerke – Teil 1: Arbeitsgerüste – Leistungsanforderungen, Entwurf, Konstruktion und Bemessung	2004-03	MVV TB	–
EN	12811-2	… – Teil 2: Informationen zu den Werkstoffen	2004-04		–
EN	12811-3	… – Teil 3: Versuche zum Tragverhalten	2003-02		–
EN	12811-4	… – Teil 4: Schutzdächer für Arbeitsgerüste – Leistungsanforderungen, Entwurf, Konstruktion und Bemessung des Produkts	2014-03		–
EN	12812	Traggerüste – Anforderungen, Bemessung und Entwurf	2008-12	MVV TB	–

Technische Baubestimmungen für den Beton- und Stahlbetonbau

DIN [a]		Titel	Ausgabe	Einführung [b]	in BK
EN	13377	Industriell gefertigte Schalungsträger aus Holz – Anforderungen, Klassifikation und Nachweis	2002-11	MVV TB	–
	20000-2	Anwendung von Bauprodukten in Bauwerken – Teil 2: Industriell gefertigte Schalungsträger aus Holz	2013-12	MVV TB	–
EN	16031	Baustützen aus Aluminium mit Ausziehvorrichtung – Produktfestlegungen, Bemessung und Nachweis durch Berechnung und Versuche	2012-09	MVV TB	–
	18216	Schalungsanker für Betonschalungen; Anforderungen, Prüfung, Verwendung	1986-12		1989/II
	18217	Betonflächen und Schalungshaut	1981-12		–
	18218	Frischbetondruck auf lotrechte Schalungen	2010-01	MVV TB	–

7 Geotechnik

DIN [a]		Titel	Ausgabe	Einführung [b]	in BK
	1054	Baugrund – Sicherheitsnachweise im Erd- und Grundbau – Ergänzende Regelungen zu DIN EN 1997-1	2010-12	MVV TB	2019/2 (tw.)
	1054/A1	A1-Änderung zu DIN 1054	2012-08	MVV TB	
	1054/A2	A2-Änderung zu DIN 1054	2015-11	MVV TB	
EN	1536	Ausführung von Arbeiten im Spezialtiefbau – Bohrpfähle	2010-12 2015-10	MVV TB –	–
SPEC	18140	Ergänzende Festlegungen zu DIN EN 1536: 2010-12	2012-02	MVV TB	–
EN	1537	Ausführung von besonderen geotechnischen Arbeiten (Spezialtiefbau) – Verpressanker	2001-01 2014-07	MVV TB –	–
SPEC	18537	Ergänzende Festlegungen zu DIN EN 1537: 2001-01	2012-02	MVV TB	–
EN	1538	Ausführung von besonderen geotechnischen Arbeiten (Spezialtiefbau) – Schlitzwände	2015-10		
EN	1997-1	Eurocode 7: Entwurf, Berechnung und Bemessung in der Geotechnik – Teil 1: Allgemeine Regeln	2009-09 2014-03	MVV TB –	2019/2 (tw.)
	1997-1/NA	Nationaler Anhang – National festgelegte Parameter zu DIN EN 1997-1	2010-12	MVV TB	
EN	1997-2	... – Teil 2: Erkundung und Untersuchung des Baugrunds	2010-10		–
	1997-2/NA	Nationaler Anhang – National festgelegte Parameter zu DIN EN 1997-2	2010-12		
	4017	Baugrund – Berechnung des Grundbruchwiderstands von Flachgründungen	2006-03		–
	4017/ Beiblatt 1	... – Berechnungsbeispiele	2006-11		–
	4019	Baugrund – Setzungsberechnungen	2015-05		–

Technische Baubestimmungen für den Beton- und Stahlbetonbau

DIN [a]		Titel	Ausgabe	Einführung [b]	in BK
	4020	Geotechnische Untersuchungen für bautechnische Zwecke – Ergänzende Regelungen zu DIN EN 1997-2	2010-12		–
	4030-1	Beurteilung betonangreifender Wässer, Böden und Gase – Teil 1: Grundlagen und Grenzwerte	2008-06		–
	4030-2	... – Teil 2: Entnahme und Analyse von Wasser- und Bodenproben	2008-06		–
	4084	Baugrund – Geländebruchberechnungen	2009-01		–
	4084/A1	A1-Änderung zu DIN 4084	2017-08		–
	4084/ Beiblatt 1	Berechnungsbeispiele	2012-07		–
	4085	Baugrund – Berechnung des Erddrucks	2017-08		–
	4085/ Beiblatt 1	Berechnungsbeispiele	2018-12		–
	4093	Bemessung von verfestigten Bodenkörpern – Hergestellt mit Düsenstrahl-, Deep-Mixing- oder Injektions-Verfahren	2015-11	MVV TB	–
	4123	Ausschachtungen, Gründungen und Unterfangungen im Bereich bestehender Gebäude	2013-04	MVV TB	
	4124	Baugruben und Gräben – Böschungen, Verbau, Arbeitsraumbreiten	2012-01		
	4126	Nachweis der Standsicherheit von Schlitzwänden	2013-09		–
	4126/ Beiblatt 1	... – Erläuterungen	2013-09		–
EN	12699	Ausführung spezieller geotechnischer Arbeiten (Spezialtiefbau) – Verdrängungspfähle	2001-05 2015-07	MVV TB	– –
SPEC	18538	Ergänzende Festlegungen zu DIN EN 12699: 2001-05	2012-02	MVV TB	–
EN	12715	Ausführung von besonderen geotechnischen Arbeiten (Spezialtiefbau) – Injektionen	2000-10	MVV TB	–
SPEC	18187	Ergänzende Festlegungen zu DIN EN 12715: 2000-10, Ausführung von besonderen geotechnischen Arbeiten (Spezialtiefbau) – Injektionen	2015-08	MVV TB	–
EN	12716	Ausführung von Arbeiten im Spezialtiefbau – Düsenstrahlverfahren	2019-03		–
EN	12794	Betonfertigteile – Gründungspfähle	2005-06	MVV TB PRIO	–
	12794/Ber 1	Berichtigung 1 zu DIN EN 12794	2009-04	PRIO	–
EN	13577	Chemischer Angriff an Beton – Bestimmung des Gehalts an angreifendem Kohlendioxid in Wasser	2007-07		–

Technische Baubestimmungen für den Beton- und Stahlbetonbau

DIN [a]		Titel	Ausgabe	Einführung [b]	in BK
EN	14199	Ausführung von besonderen geotechnischen Arbeiten (Spezialtiefbau) – Pfähle mit kleinen Durchmessern (Mikropfähle)	2012-01 2015-07	MVV TB –	–
	14199/Ber 1	Berichtigung 1 zu DIN EN 14199	2016-09	–	–
SPEC	18539	Ergänzende Festlegungen zu DIN EN 14199: 2012-01	2012-02	MVV TB	–
EN	14490	Ausführung von besonderen geotechnischen Arbeiten (Spezialtiefbau) – Bodenvernagelung	2010-11		–
EN ISO	14688-1	Geotechnische Erkundung und Untersuchung – Benennung, Beschreibung und Klassifizierung von Boden – Teil 1: Benennung und Beschreibung	2013-12		–
EN ISO	14688-2	... – Teil 2: Grundlagen für Bodenklassifizierungen	2013-12		
	18088-4	Tragstrukturen für Windenergieanlagen und Plattformen – Teil 4: Baugrund und Gründungselemente	2019-01		

8 Schutz und Instandsetzung

EN	1504-1	Produkte und Systeme für den Schutz und die Instandsetzung von Betontragwerken – Definitionen, Anforderungen, Güteüberwachung und Beurteilung der Konformität – Teil 1: Definitionen	2005-10		–
EN	1504-2	... – Teil 2: Oberflächenschutzsysteme für Beton	2005-01	PRIO	–
EN	1504-3	... – Teil 3: Statisch und nicht statisch relevante Instandsetzung	2006-03	PRIO	–
EN	1504-4	... – Teil 4: Kleber für Bauzwecke	2005-02	PRIO	–
EN	1504-5	... – Teil 5: Injektion von Betonbauteilen	2005-03	PRIO	–
EN	1504-6	... – Teil 6: Verankerung von Bewehrungsstäben	2006-11		
EN	1504-7	... – Teil 7: Korrosionsschutz der Bewehrung	2006-11	PRIO	
EN	1504-8	... – Teil 8: Qualitätsüberwachung und Beurteilung der Konformität	2005-02		–
EN	1504-8	Produkte und Systeme für den Schutz und die Instandsetzung von Betontragwerken – Definitionen, Anforderungen, Qualitätskontrolle und AVCP – Teil 8: Qualitätskontrolle und Bewertung und Überprüfung der Leistungsbeständigkeit (AVCP)	2016-08		–
EN	1504-9	... – Teil 9: Allgemeine Grundsätze für die Anwendung von Produkten und Systemen	2008-11		–
EN	1504-10	... – Teil 10: Anwendung von Stoffen und Systemen auf der Baustelle, Qualitätsüberwachung der Ausführung	2017-12		–
EN	1766	Produkte und Systeme für den Schutz und die Instandsetzung von Betontragwerken – Prüfverfahren – Referenzbetone für Prüfungen	2017-05		

Listen und Verzeichnisse | 1227

Technische Baubestimmungen für den Beton- und Stahlbetonbau

DIN [a]		Titel	Ausgabe	Einführung [b]	in BK
EN ISO	12696	Kathodischer Korrosionsschutz von Stahl in Beton	2017-05		–
EN	14629	Produkte und Systeme für den Schutz und die Instandsetzung von Betontragwerken – Prüfverfahren – Bestimmung des Chloridgehaltes in Festbeton	2007-04		–
V	18026	Oberflächenschutzsysteme für Beton aus Produkten nach DIN EN 1504-2:2005-01	2006-06		–
V	18028	Rissfüllstoffe nach DIN EN 1504-5:2005-03 mit besonderen Eigenschaften (*Vornorm*)	2006-06		–
9 Abdichtungen					
	7865-1	Elastomer-Fugenbänder zur Abdichtung von Fugen in Beton – Teil 1: Formen und Maße	2015-02	MVV TB	–
	7865-2	… – Teil 2: Werkstoff-Anforderungen und Prüfung	2015-02	MVV TB	–
	7865-3	… – Teil 3: Verwendungsbereich	2012-05		–
EN	14695	Abdichtungsbahnen – Bitumenbahnen mit Trägereinlage für Abdichtungen von Betonbrücken und andere Verkehrsflächen aus Beton – Definitionen und Eigenschaften	2010-05		–
EN	15814	Kunststoffmodifizierte Bitumendickbeschichtungen zur Bauwerksabdichtung – Begriffe und Anforderungen	2013-01	MVV TB	–
	18195	Abdichtung von Bauwerken – Begriffe	2017-07		–
	18195-2	Bauwerksabdichtungen – Teil 2: Stoffe	2009-04	MVV TB	–
	18197	Abdichten von Fugen in Beton mit Fugenbändern	2018-01		–
	18531-1	Abdichtung von Dächern sowie von Balkonen, Loggien und Laubengängen – Teil 1: Nicht genutzte und genutzte Dächer – Anforderungen, Planungs- und Ausführungsgrundsätze	2017-07	MVV TB	–
	18531-2	… – Teil 2: Nicht genutzte und genutzte Dächer – Stoffe	2017-07		
	18531-3	… – Teil 3: Nicht genutzte und genutzte Dächer – Auswahl, Ausführung und Details	2017-07		
	18531-4	… – Teil 4: Nicht genutzte und genutzte Dächer – Instandhaltung	2017-07		
	18531-5	… – Teil 5: Balkone, Loggien und Laubengänge	2017-07		
	18532-1	Abdichtung von befahrbaren Verkehrsflächen aus Beton – Teil 1: Anforderungen, Planungs- und Ausführungsgrundsätze	2017-07		–
	18532-2	… – Teil 2: Abdichtung mit einer Lage Polymerbitumen-Schweißbahn und einer Lage Gussasphalt	2017-07		–

Technische Baubestimmungen für den Beton- und Stahlbetonbau

DIN [a]	Titel	Ausgabe	Einführung [b]	in BK
18532-3	... – Teil 3: Abdichtung mit zwei Lagen Polymerbitumenbahnen	2017-07		–
18532-3/A1	A1-Änderung zu DIN 18532-3	2018-09		–
18532-4	... – Teil 4: Abdichtung mit einer Lage Kunststoff- oder Elastomerbahn	2017-07		–
18532-5	... – Teil 5: Abdichtung mit einer Lage Polymerbitumenbahn und einer Lage Kunststoff- oder Elastomerbahn	2017-07		–
18532-5/A1	A1-Änderung zu DIN 18532-5	2018-09		–
18532-6	... – Teil 6: Abdichtung mit flüssig zu verarbeitenden Abdichtungsstoffen	2017-07		–
18533-1	Abdichtung von erdberührten Bauteilen – Teil 1: Anforderungen, Planungs- und Ausführungsgrundsätze	2017-07		–
18533-1/A1	A1-Änderung zu DIN 18533-1	2018-09		–
18533-2	... – Teil 2: Abdichtung mit bahnenförmigen Abdichtungsstoffen	2017-07		–
18533-3	... – Teil 3: Abdichtung mit flüssig zu verarbeitenden Abdichtungsstoffen	2017-07		–
18533-3/A1	A1-Änderung zu DIN 18533-3	2018-09		–
18534-1	Abdichtung von Innenräumen – Teil 1: Anforderungen, Planungs- und Ausführungsgrundsätze	2017-07		–
18534-2	... – Teil 2: Abdichtung mit bahnenförmigen Abdichtungsstoffen	2017-07		–
18534-3	... – Teil 3: Abdichtung mit flüssig zu verarbeitenden Abdichtungsstoffen im Verbund mit Fliesen und Platten (AIV-F)	2017-07		–
18534-4	... – Teil 4: Abdichtung mit Gussasphalt oder Asphaltmastix	2017-07		–
18534-5	... – Teil 5: Abdichtung mit bahnenförmigen Abdichtungsstoffen im Verbund mit Fliesen und Platten (AIV-B)	2017-08		–
18535-1	Abdichtung von Behältern und Becken – Teil 1: Anforderungen, Planungs- und Ausführungsgrundsätze	2017-07		–
18535-2	... – Teil 2: Abdichtung mit bahnenförmigen Abdichtungsstoffen	2017-07		–
18535-3	... – Teil 3: Abdichtung mit flüssig zu verarbeitenden Abdichtungsstoffen	2017-07		–
18540	Abdichten von Außenwandfugen im Hochbau mit Fugendichtstoffen	2014-09		–

Technische Baubestimmungen für den Beton- und Stahlbetonbau

DIN [a]	Titel	Ausgabe	Einführung [b]	in BK
18541-1	Fugenbänder aus thermoplastischen Kunststoffen zur Abdichtung von Fugen in Beton – Teil 1: Begriffe, Formen, Maße, Kennzeichnung	2014-11	MVV TB	–
18541-2	... – Teil 2: Anforderungen an die Werkstoffe, Prüfung und Überwachung	2014-11	MVV TB	–
18542	Abdichten von Außenwandfugen mit imprägnierten Dichtungsbändern aus Schaumkunststoff – Imprägnierte Dichtungsbänder – Anforderungen und Prüfung	2018-03		–

10 Richtlinien und Verordnungen

– ETB	ETB-Richtlinie „Bauteile, die gegen Absturz sichern"	1985-06	MVV TB	2008/2
– Flachstürze	Richtlinien für die Bemessung und Ausführung von Flachstürzen (und Berichtigung)	1977-08 1979-07		–
– LöRüRL	Richtlinie zur Bemessung von Löschwasser-Rückhalteanlagen beim Lagern wassergefährdender Stoffe	1992-08	MVV TB	–
– MBeVO	Muster-Verordnung über den Bau und Betrieb von Beherbergungsstätten	2014-05	MVV TB	–
– MFeuV	Muster-Feuerungsverordnung	2007-09 2016-01		
– M-GarVO	Muster einer Verordnung über den Bau und Betrieb von Garagen	2008-05	MVV TB	–
– MHHR	Muster-Richtlinie über den Bau und Betrieb von Hochhäusern	2012-02	MVV TB	–
– MIndBauR	Muster-Richtlinie über den baulichen Brandschutz im Industriebau	2014-07	MVV TB	–
– MLAR	Muster-Richtlinie über brandschutztechnische Anforderungen an Leitungsanlagen	2015-02	MVV TB	–
– M-LüAR	Muster-Richtlinie über brandschutztechnische Anforderungen an Lüftungsanlagen	2005-09	MVV TB	–
– MSchulbauR	Muster-Richtlinie über bauaufsichtliche Anforderungen an Schulen	2009-04	MVV TB	–
– MVkVO	Musterverordnung über den Bau und Betrieb von Verkaufsstätten	2014-07	MVV TB	–
– MVSttV	Musterverordnung über den Bau und Betrieb von Versammlungsstätten	2014-07	MVV TB	–
– MWR	Muster-Richtlinie über bauaufsichtliche Anforderungen an Wohnformen für Menschen mit Pflegebedürftigkeit oder mit Behinderung	2012-05	MVV TB	–
– Windenergieanlagen	Richtlinie für Windenergieanlagen; Einwirkungen und Standsicherheitsnachweise für Turm und Gründung	2012-10 korr. 2015-03		–

Technische Baubestimmungen für den Beton- und Stahlbetonbau

DIN [a]		Titel	Ausgabe	Einführung [b]	in BK
–	Einpressen Spannkanäle	Richtlinie zur Überwachung des Herstellens und Einpressens von Zementmörtel in Spannkanäle	2002		–
–	Verstärken mit angeklebten Lamellen	Richtlinie für den Eignungsnachweis zum Verstärken von Betonbauteilen durch Ankleben von Stahllaschen und CFK-Lamellen	2004-01		–
–	Verstärken mit Lamellen in Schlitzen	Richtlinie für den Eignungsnachweis zum Verstärken von Betonbauteilen durch in Schlitze verklebte CFK-Lamellen	2004-01		–
–	Leichtbeton	Technische Regeln für vorgefertigte bewehrte tragende Bauteile aus haufwerksporigem Leichtbeton	2004-12		–
–	Beschichtung	Bau- und Prüfgrundsätze Beschichtungen von Auffangräumen	2005-01		–
–	DIBt	Anwendungsrichtlinie für Arbeitsgerüste nach DIN EN 12811-1	2005-11		–
–	DIBt	Anwendungsrichtlinie für Traggerüste nach DIN EN 12812	2009-08		–
–	Feuerwehr	Muster-Richtlinien über Flächen für die Feuerwehr	2009-10	MVV TB	–
–	BMVBS	Richtlinie zur Nachrechnung von Straßenbrücken im Bestand (Nachrechnungsrichtlinie)	2011-05		2013/2
–	ABuG	Anforderungen an bauliche Anlagen bezüglich der Auswirkungen auf Boden und Gewässer	2017-07	MVV TB	–

[a] Abkürzungen:
CEN / TS Europäische Technische Spezifikation
EN deutsche Ausgabe einer Europäischen Norm
EN ISO deutsche Ausgabe einer Europäischen Norm, identisch mit einer Internationalen Norm
Fb Fachbericht
ISO deutsche Ausgabe einer Internationalen Norm
SPEC Technischer Bericht (Spezifikation)
V Vornorm
[b] Abkürzungen, Listen:
BMVBS: vom Bundesministerium für Verkehr, Bau und Stadtentwicklung mit dem Allgemeinen Rundschreiben Straßenbau Nr. 22/2012 vom 26. November 2012 (Az.: StB 17/7192.10/81-1811030) zur Anwendung für den Brücken- und Ingenieurbau bekannt gegeben (Anwendung ab 1. Mai 2013).
MVV TB Muster-Verwaltungsvorschrift Technische Baubestimmungen (MVV TB), Ausgabe 2017/1 (auch für in Bezug genommene Normen).
PRIO Prioritätenliste – Ausgewählte verwendungsspezifische Leistungsanforderungen zur Erfüllung der Bauwerksanforderungen: Hinweisliste sortiert nach harmonisierten Bauproduktnormen der EU-BauPVO (Stand 12. Dezember 2017). Hrsg.: Deutsches Institut für Bautechnik DIBt.

12.2 Verzeichnis der Richtlinien des Deutschen Ausschusses für Stahlbeton e. V.

Die Ergebnisse der Forschungstätigkeit im DAfStb werden häufig in Richtlinien des DAfStb umgesetzt, die ggf. bauaufsichtlich eingeführt werden und dann anerkannte Regeln der Technik sind. Im Unterschied zu Normen im Betonbau werden DAfStb-Richtlinien dann erarbeitet, wenn (noch) kein Normungsverfahren zustande gekommen ist oder eine schnelle Umsetzung von Forschungsergebnissen in die Praxis erforderlich wird. Die Richtlinienentwürfe werden nach Verabschiedung in den zuständigen Ausschüssen und Freigabe durch den Vorstand an die Mitglieder des DAfStb mit der Bitte um Abgabe von Stellungnahmen verschickt. Die Mitglieder des DAfStb repräsentieren in diesem Verfahren die Fachöffentlichkeit.

Die aktuellen Richtlinien des Deutschen Ausschusses für Stahlbeton e. V. (DAfStb) werden im Beuth Verlag veröffentlicht und können dort bezogen werden (*www.beuth.de*, Suchwort „DAfStb Richtlinie").

DAfStb-Richtlinie	Ausgabe	Liste a)	in BK
Herstellung und Verwendung von **Trockenbeton und Trockenmörtel** (Trockenbeton-Richtlinie)	2005-06	MVV TB	–
Herstellung und Verwendung von zementgebundenem **Vergussbeton und Vergussmörtel** (Vergussbeton-Richtlinie)	2019-07 2011-11	– MVV TB	–
Wasserundurchlässige Bauwerke aus Beton (WU-Richtlinie)	2017-12		
Vorbeugende Maßnahmen gegen schädigende **Alkalireaktion** im Beton (Alkali-Richtlinie)	2013-10	MVV TB	2017/2
Stahlfaserbeton – Ergänzungen und Änderungen zu DIN EN 1992-1-1 in Verbindung mit DIN 1992-1-1/NA, DIN EN 206-1 in Verbindung mit DIN 1045-2 und DIN EN 13670 in Verbindung mit DIN 1045-3	2012-11	MVV TB	2017/2
Wärmebehandlung von Beton	2012-11		–
Selbstverdichtender Beton (SVB-Richtlinie) – Teil 1: Ergänzungen und Änderungen zu DIN EN 1992-1-1 und DIN EN 1992-1-1/NA – Teil 2: Ergänzungen und Änderungen zu DIN EN 206-1, DIN EN 206-9 und DIN 1045-2 – Teil 3: Ergänzungen und Änderungen zu DIN EN 13670 und DIN 1045-3	2012-09	MVV TB	–
Verstärken von Betonbauteilen mit geklebter Bewehrung. Betonbauteile, mit geklebter Bewehrung (auch in englisch) – Teil 1: Bemessung und Konstruktion – Teil 2: Produkte und Systeme für das Verstärken – Teil 3: Ausführung – Teil 4: Ergänzende Regelungen zur Planung von Verstärkungsmaßnahmen	2012-03	–	
Herstellung und Verwendung von zementgebundenem **Vergussbeton und Vergussmörtel** (Vergussbeton-Richtlinie)	2011-11	MVV TB	–
Betonbau beim Umgang mit wassergefährdenden Stoffen – Teil 1: Grundlagen, Bemessung und Konstruktion unbeschichteter Betonbauten – Teil 2: Baustoffe und Einwirken von wassergefährdenden Stoffen – Teil 3: Instandsetzung – Anhang A: Prüfverfahren (normativ) – Anhang B: Erläuterungen (informativ)	2011-03	MVV TB	2016/2
Qualität der Bewehrung – Ergänzende Festlegungen zur Weiterverarbeitung von Betonstahl und zum Einbau der Bewehrung	2010-10	–	

DAfStb-Richtlinie	Ausgabe	Liste a)	in BK
Beton nach DIN EN 206-1 und DIN 1045-2 mit **rezyklierten Gesteinskörnungen** nach DIN EN 12620 – Teil 1: Anforderungen an den Beton für die Bemessung nach DIN EN 1992-1-1	2010-09	MVV TB	–
Massige Bauteile aus Beton	2010-04	MVV TB	2018/2
… für Beton mit **verlängerter Verarbeitbarkeitszeit** (Verzögerter Beton) – Erstprüfung, Herstellung, Verarbeitung und Nachbehandlung	2006-11	MVV TB	–
Bestimmung der Freisetzung anorganischer Stoffe durch Auslaugung aus zementgebundenen Baustoffen – Teil 1: Grundlagenversuch zur Charakterisierung des Langzeitauslaugverhaltens – Teil 2: Routineversuch zur Charakterisierung des Kurzzeitauslaugverhaltens	2005-05		–
… für **Schutz und Instandsetzung von Betonbauteilen** – Teil 1: Allgemeine Regelungen und Planungsgrundsätze – Teil 2: Bauprodukte und Anwendung – Teil 3: Anforderungen an die Betriebe und Überwachung der Ausführung	2001-10	MVV TB	–
– und Berichtigung 1 zur Instandsetzungsrichtlinie	2002-01	–	
– und Berichtigung 2 zur Instandsetzungsrichtlinie	2005-12	MVV TB	–
– und Berichtigung 3 zur Instandsetzungsrichtlinie	2014-09	MVV TB	–
Belastungsversuche an Massivbauwerken	2000-09		2009/2
Verwendung von Flugasche nach DIN EN 450 im Betonbau	1996-09		
… für die Herstellung von Beton unter Verwendung von **Restwasser, Restbeton und Restmörtel**	1995-08		–

a) Abkürzungen:
MVV TB Muster-Verwaltungsvorschrift Technische Baubestimmungen (MVV TB), Ausgabe 2017/1.

12.3 Deutscher Beton- und Bautechnik-Verein E. V. (DBV): Merkblätter und Sachstandsberichte

Die DBV-Merkblattsammlung wird regelmäßig aktualisiert, wobei Schwerpunkte gesetzt werden. Bedeutung haben neben den DBV-Merkblättern, die direkt in den Betonnormen zitiert werden, auch viele Merkblätter dadurch gewonnen, indem sie regelmäßig als Vertragsanlagen vereinbart werden oder bei sonst fehlenden Normen, Richtlinien oder Regelwerken einen Stand der Technik repräsentieren. Die DBV-Merkblätter können unter *www.betonverein.de* → *Schriften* als Printfassung bestellt oder als Download beim Fraunhofer IRB-Verlag (*www.baufachinformation.de/dbv.jsp*) oder beim Beuth Verlag (*www.beuth.de/sc/dbv*) heruntergeladen werden.

Ab 2019 ist die ständig aktualisierte vollständige DBV-Merkblattsammlung auch als **DBV-App** für PC, Tablet oder Smartphone erhältlich. Über *www.baufachinformation.de* kann die Jahres-Lizenz für diese DBV-App bestellt werden.

Eine Auflistung aller auch zurückgezogenen historischen Merkblätter und Sachstandsberichte des DBV ist unter *www.betonverein.de* → *Schriften* → *Merkblätter* → *Übersicht aller DBV-Merkblätter*, zu finden.

Inhaltsverzeichnis der DBV-Merkblattsammlung Stand September 2019

Themengebiet	Ausgabe
Bautechnik	
Brückenmonitoring – Planung, Ausschreibung und Umsetzung	2018-08
Parkhäuser und Tiefgaragen (3. überarbeitete Ausgabe)	2018-01
Industrieböden aus Beton	2017-02
Begrenzung der Rissbildung im Stahlbeton- und Spannbetonbau	2016-05
Betondeckung und Bewehrung nach Eurocode 2	2015-12
Anwendung zerstörungsfreier Prüfverfahren im Bauwesen	2014-01
WU-Dächer	2013-07
Industrieböden aus Stahlfaserbeton	2013-07
Brückenkappen aus Beton	2011-04
Nachhaltiges Bauen – Hinweise zur Gebäudebewertung	2010-12
Hochwertige Nutzung von Untergeschossen – Bauphysik und Raumklima	2009-01
Schnittstellen Rohbau – TGA	2006-10
Fugenausbildung für ausgewählte Baukörper aus Beton	2001-04
Betontechnik	
Selbstverdichtender Beton	2017-12
Chemischer Angriff auf Beton – Empfehlungen zur Prüfung und Bewertung	2017-05
Chemischer Angriff auf Betonbauwerke – Bewertung des Angriffsgrads und geeignete Schutzprinzipien	2014-07
Unterwasserbeton	2014-10
Besondere Verfahren zur Prüfung von Frischbeton	2014-01
Hochfester Beton	2002-03
Massenbeton für Staumauern	1996-10
Nicht geschalte Betonoberfläche	1996-08
Strahlenschutzbeton	1996 red.
Bauausführung	
Nachbehandlung von Beton	2019-04
Sichtbetonkosmetik	2016-12
Sichtbeton	2015-06
Qualität der Planung	2015-02
Betonierbarkeit von Bauteilen aus Beton und Stahlbeton – Planungs- und Ausführungsempfehlungen für den Betoneinbau	2014-01
Betonschalungen und Ausschalfristen	2013-06
Gleitbauverfahren	2008-02
Betonieren im Winter	2004 red.
Hochdruckwasserstrahltechnik im Betonbau	1999-06

Themengebiet	Ausgabe
Bauprodukte	
Rückbiegen von Betonstahl und Anforderungen an Verwahrkästen nach Eurocode 2	2011-01
Abstandhalter nach Eurocode 2	2011-01
Unterstützungen nach Eurocode 2	2011-01
Injektionsschlauchsysteme und quellfähige Einlagen für Arbeitsfugen	2010-01
Bauen im Bestand	
Bewertung der In-situ-Druckfestigkeit von Beton	2016-03
Beton und Betonstahl	2016-03
Modifizierte Teilsicherheitsbeiwerte für Stahlbetonbauteile	2013-03
Leitfaden	2008-01
Brandschutz	2008-01
Bauwerksbuch	2007-06

12.4 Österreichische Bautechnik Vereinigung (ÖBV): Richtlinien, Merkblätter und Sachstandberichte

Die Österreichische Bautechnik Vereinigung (ÖBV) erarbeitet den aktuellsten Stand der Technik in Österreich auf dem Sektor der Beton- und Bautechnik in Arbeitskreisen, deren Aufgabe es ist, Richtlinien, Merkblätter und Sachstandsberichte zu erstellen. Unter der Nutzung der ÖBV als Wissens- und Kommunikationsplattform wird die Bündelung der Interessen der Bauherren, der Bau- und Zulieferindustrie ständig ausgebaut.

ÖBV-Publikationen können unter *www.bautechnik.pro → Publikationen*, bezogen werden.

Inhaltsverzeichnis der ÖBV-Publikationen Stand September 2019

Themengebiet	Ausgabe
Richtlinien	
Bentonitgeschützte Betonbauwerke – Braune Wannen	2019-07
BIM in der Praxis – AIA	2019-06
Holz-Beton-Verbunddecke	2019-05
Kathodischer Korrosionsschutz von Stahlbetonbauteilen	2018-05
Wasserundurchlässige Betonbauwerke – Weiße Wannen	2018-02
Schmalwände	2017-11
Garagen und Parkdecks	2017-08
Schutzschichten für den erhöhten Brandschutz für unterirdische Verkehrsbauwerke	2017-01
Qualitätssicherung für Beton von Ingenieurbauwerken	2016-11
Injektionstechnik – Teil 2: Mauerwerk	2015-12
Verwendung von Tunnelausbruch	2015-10
Tunnel Waterproofing	2015-08
Erhöhter baulicher Brandschutz für unterirdische Verkehrsbauwerke aus Beton	2015-04

Themengebiet	Ausgabe
Trockenbeton	2014-11
Erhaltung und Instandsetzung von Bauten aus Beton und Stahlbeton	2014-04
Nachträgliche Verstärkung von Betonbauwerken mit geklebter Bewehrung	2014-04
Bohrpfähle	2013-11
Dichte Schlitzwände	2013-11
Sprayed Concrete	2013-04
Innenschalenbeton	2012-12
Tunnelabdichtung	2012-12
Selbst- und Leichtverdichtbarer Beton (SCC und ECC)	2012-09
Concrete Segmental Lining Systems	2011-02
Tunnelentwässerung	2010-04
Spritzbeton	2009-12
Sichtbeton – Geschalte Betonflächen (inkl. Gütezeichen und Grautonskala)	2009-11
Schildvortrieb	2009-08
Tübbingsysteme aus Beton	2009-08
Bewertung und Behebung von Fehlstellen bei Tunnelinnenschalen	2009-04
Faserbeton	2008-07
Injektionstechnik – Teil 1: Bauten aus Beton und Stahlbeton	2008-01
Konstruktive Stahleinbauteile in Beton und Stahlbeton	2006-11
Inner Shell Concrete	2006-08
Stahl-Beton-Verbundbrücken (+ Musterstatik)	2006-06
Kathodischer Korrosionsschutz	2003-12
Qualitätskriterien für die Planung von Brücken	2003-06
Schmalwände	2002-03
Bewehrungszeichnungen	2001-10
LPV-Beton (mit LP-Mittel und Verflüssigern)	1999-09
Frost-Tausalz-beständiger Beton	1989-10
Herstellung von Betonfahrbahndecken	1986-10
Herstellung und Verarbeitung von Fließbeton	1977-01
Merkblätter	
Kooperative Projektabwicklung	2018-04
Analytisches Bemessungsverfahren für die Weiße Wanne optimiert	2018-02
Arbeitssicherheit in Planung und Bau	2017-12
Instandhaltung	2017-04
Baugrubensicherung	2014-12
Tunnelbeschichtungen	2014-08
Abrasivitätsbestimmung von grobkörnigem Lockergestein	2013-10

Themengebiet	Ausgabe
Schnittstelle Bau – TGA	2013-03
Betonspurwege	2013-02
Qualitätssicherung für Bodenvermörtelung	2012-09
Festlegung des Reduzierten Versinterungspotentials	2012-07
Weiche Betone (inklusive ergänzender Klarstellungen)	2009-12
Beton für Kläranlagen	2009-03
Herstellung von faserbewehrten monolithischen Betonplatten	2008-10
Schutzschichten für den erhöhten Brandschutz für unterirdische Verkehrsbauwerke	2006-11
Kreisverkehre mit Betonfahrbahndecken	2006-10
Unterwasserbetonsohlen (UWBS)	2005-06
Anstriche für Tunnelinnenschalen	2004-07
Hochleistungsbeton	1999-04
Sachstandsbericht	
Hochfester Beton	1993-05

13 Literatur

[1] Eurocode 0: DIN EN 1990:2010-12 (2010) *Grundlagen der Tragwerksplanung*, Beuth, Berlin.

[2] Eurocode 0: DIN EN 1990/NA:2010-12 (2010) *Nationaler Anhang – National festgelegte Parameter – Grundlagen der Tragwerksplanung* mit DIN EN 1990/NA/A1:2012-08: A1-Änderung, Beuth, Berlin.

[3] Eurocode 1: DIN EN 1991-1-1:2010-12 (2010) *Einwirkungen auf Tragwerke – Teil 1-1: Allgemeine Einwirkungen auf Tragwerke – Wichten, Eigengewicht und Nutzlasten im Hochbau*, Beuth, Berlin.

[4] Eurocode 1: DIN EN 1991-1-1/NA:2010-12 (2015) *Nationaler Anhang – National festgelegte Parameter – Einwirkungen auf Tragwerke – Teil 1-1: Allgemeine Einwirkungen auf Tragwerke – Wichten, Eigengewicht und Nutzlasten im Hochbau* mit DIN EN 1991-1-1/NA/A1:2015-05: A1-Änderung, Beuth, Berlin.

[5] Eurocode 1: DIN EN 1991-1-2:2010-12 (2013) *Einwirkungen auf Tragwerke – Teil 1-2: Allgemeine Einwirkungen – Brandeinwirkungen auf Tragwerke* mit DIN EN 1991-1-2/Ber 1:2013-08: Berichtigung 1, Beuth, Berlin.

[6] Eurocode 1: DIN EN 1991-1-2/NA:2015-09 (2015) *Nationaler Anhang – National festgelegte Parameter – Einwirkungen auf Tragwerke – Teil 1-2: Allgemeine Einwirkungen – Brandeinwirkungen auf Tragwerke*, Beuth, Berlin.

[7] Eurocode 1: DIN EN 1991-1-3:2010-12 (2010) *Einwirkungen auf Tragwerke – Teil 1-3: Allgemeine Einwirkungen – Schneelasten*, Beuth, Berlin.

[8] Eurocode 1: DIN EN 1991-1-3/NA:2019-04 (2019) *Nationaler Anhang – National festgelegte Parameter – Einwirkungen auf Tragwerke – Teil 1-3: Allgemeine Einwirkungen – Schneelasten*, Beuth, Berlin.

[9] Eurocode 1: DIN EN 1991-1-4:2010-12 (2010) *Einwirkungen auf Tragwerke – Teil 1-4: Allgemeine Einwirkungen – Windlasten*, Beuth, Berlin.

[10] Eurocode 1: DIN EN 1991-1-4/NA:2010-12 (2010) *Nationaler Anhang – National festgelegte Parameter – Einwirkungen auf Tragwerke – Teil 1-4: Allgemeine Einwirkungen – Windlasten*, Beuth, Berlin.

[11] Eurocode 1: DIN EN 1991-1-5:2010-12 (2010) *Einwirkungen auf Tragwerke – Teil 1-5: Allgemeine Einwirkungen – Temperatureinwirkungen*, Beuth, Berlin.

[12] Eurocode 1: DIN EN 1991-1-5/NA:2010-12 (2010) *Nationaler Anhang – National festgelegte Parameter – Einwirkungen auf Tragwerke – Teil 1-5: Allgemeine Einwirkungen – Temperatureinwirkungen*, Beuth, Berlin.

[13] Eurocode 1: DIN EN 1991-1-6:2010-12 (2013) *Einwirkungen auf Tragwerke – Teil 1-6: Allgemeine Einwirkungen – Einwirkungen während der Bauausführung* mit DIN EN 1991-1-6/Ber 1:2013-08: Berichtigung 1, Beuth, Berlin.

[14] Eurocode 1: DIN EN 1991-1-6/NA:2010-12 (2010) *Nationaler Anhang – National festgelegte Parameter – Einwirkungen auf Tragwerke – Teil 1-6: Allgemeine Einwirkungen – Einwirkungen während der Bauausführung*, Beuth, Berlin.

[15] Eurocode 1: DIN EN 1991-1-7:2010-12 (2014) *Einwirkungen auf Tragwerke – Teil 1-7: Allgemeine Einwirkungen – Außergewöhnliche Einwirkungen* mit DIN EN 1991-1-7/A1:2014-08: A1-Änderung, Beuth, Berlin.

[16] Eurocode 1: DIN EN 1991-1-7/NA:2019-09 (2019) *Nationaler Anhang – National festgelegte Pa-*

rameter – Einwirkungen auf Tragwerke – Teil 1-7: Allgemeine Einwirkungen – Außergewöhnliche Einwirkungen, Beuth, Berlin.

[17] Eurocode 1: DIN EN 1991-3:2010-12 (2013) *Einwirkungen auf Tragwerke – Teil 3: Einwirkungen infolge von Kranen und Maschinen* mit DIN EN 1991-3/Ber 1:2013-08: Berichtigung 1, Beuth, Berlin.

[18] Eurocode 1: DIN EN 1991-3/NA:2019-02 (2019) *Nationaler Anhang – National festgelegte Parameter – Einwirkungen auf Tragwerke – Teil 3: Einwirkungen infolge von Kranen und Maschinen*, Beuth, Berlin.

[19] Eurocode 1: DIN EN 1991-2:2010-12 (2010) *Einwirkungen auf Tragwerke – Teil 2: Verkehrslasten auf Brücken*, Beuth, Berlin.

[20] Eurocode 1: DIN EN 1991-2/NA:2012-08 (2010) *Nationaler Anhang – National festgelegte Parameter – Einwirkungen auf Tragwerke – Teil 2: Verkehrslasten auf Brücken*, Beuth, Berlin.

[21] Eurocode 1: DIN EN 1991-4:2010-12 (2013) *Einwirkungen auf Tragwerke – Teil 4: Einwirkungen auf Silos und Flüssigkeitsbehälter* mit DIN EN 1991-4/Ber 1:2013-08: Berichtigung 1, Beuth, Berlin.

[22] Eurocode 1: DIN EN 1991-4/NA:2010-12 (2010) *Nationaler Anhang – National festgelegte Parameter – Einwirkungen auf Tragwerke – Teil 3: Einwirkungen infolge von Kranen und Maschinen*, Beuth, Berlin.

[23] Novák, B., Lippert, P. (2015) Einwirkungen auf Brücken nach den Eurocodes, in *Beton-Kalender 2015/2* (Hrsg. Bergmeister, K. Fingerloos, F., Wörner, J.-D.), Ernst & Sohn, Berlin, S. 585–678.

[24] Ehmann, St., Morgen, K., Ruckenbrod, C. (2016) Silos, in *Beton-Kalender 2016/2*, (Hrsg. Bergmeister, K. Fingerloos, F., Wörner, J.-D.), Ernst & Sohn, Berlin, S. 741–832.

[25] Eurocode 2: DIN EN 1992-1-1:2011-01 (2015) *Bemessung und Konstruktion von Stahlbeton- und Spannbetontragwerken – Teil 1-1: Allgemeine Bemessungsregeln und Regeln für den Hochbau* mit DIN EN 1992-1-1/A1:2015-03: A1-Änderung, Beuth, Berlin.

[26] Eurocode 2: DIN EN 1992-1-1/NA:2013-04 (2015) *Nationaler Anhang – National festgelegte Parameter – Bemessung und Konstruktion von Stahlbeton- und Spannbetontragwerken – Teil 1-1: Allgemeine Bemessungsregeln und Regeln für den Hochbau* mit DIN EN 1992-1-1/NA/A1:2015-12: A1-Änderung, Beuth, Berlin.

[27] Deutsches Institut für Bautechnik (2017) *Muster-Verwaltungsvorschrift Technische Baubestimmungen (MVV TB)*, Ausgabe August 2017, www.dibt.de.

[28] Deutsches Institut für Bautechnik (2019) *Stand der Umsetzung der Muster-Liste der Technischen Baubestimmungen (MLTB) und der Muster-Verwaltungsvorschrift Technische Baubestimmungen (MVV TB) in den Ländern*, Stand 4. April 2019, www.dibt.de.

[29] Deutsches Institut für Normung e. V. (1981) *Grundlagen zur Festlegung von Sicherheitsanforderungen für bauliche Anlagen (GruSiBau)*, Beuth Verlag, Berlin, 1. Auflage 1981.

[30] Scheuermann, G., Häusler, V. (2012) Einwirkungen auf Tragwerke, in *Stahlbau-Kalender 2012* (Hrsg. Kuhlmann, U.), Ernst & Sohn, Berlin, S. 455–488.

[31] DIN EN 206-1:2001-07 (2005) *Beton – Teil 1: Festlegung, Eigenschaften, Herstellung und Konformität* und DIN EN 206-1/A1:2004-10: A1-Änderung, und DIN EN 206-1/A1:2005-09: A2-Änderung (auch im BK 2018/2), Beuth, Berlin.

[32] DIN 1045-2:2008-08 (2008) *Tragwerke aus Beton, Stahlbeton und Spannbeton – Teil 2: Beton; Festlegung, Eigenschaften, Herstellung und Konformität* (auch im BK 2018/2), Beuth, Berlin.

[33] Eurocode 7: DIN EN 1997-1:2009-09 (2009) *Entwurf, Berechnung und Bemessung in der Geotechnik – Teil 1: Allgemeine Regeln*, Beuth, Berlin (auch im Beton-Kalender 2019/2).

[34] Eurocode 7: DIN EN 1997-1/NA:2010-12 (2010) *Nationaler Anhang – National festgelegte Parameter – Entwurf, Berechnung und Bemessung in der Geotechnik – Teil 1: Allgemeine Regeln*, Beuth, Berlin (auch im Beton-Kalender 2019/2).

[35] DIN 1054:2010-12 (2010) *Baugrund – Sicherheitsnachweise im Erd- und Grundbau – Ergänzende Regelungen zu DIN EN 1997-1* mit DIN 1054/A1:2012-08: A1-Änderung und DIN 1054/A2:2015-11: A2-Änderung), Beuth, Berlin (auch im Beton-Kalender 2019/2).

[36] Normenausschuss Bau im DIN (2014) *Auslegungen zu DIN EN 1990:2010-12 und DIN EN 1990/NA:2010-12*, Stand 09.12.2014. www.nabau.din.de → Auslegungen zu Normen des NABau.

[37] Deutscher Ausschuss für Stahlbeton (2012) *Erläuterungen zu DIN EN 1992-1-1 und DIN EN 1992-1-1/NA (Eurocode 2)*, DAfStb-Heft **600**, Beuth Verlag, Berlin (*Neuausgabe in Vorbereitung*).

[38] Glowienka, S. (2018) Optimierter Teilsicherheitsfaktor für Lasten aus Equipment im schweren Industriebau, *Beton- und Stahlbetonbau* **113** (4), 275–280.

[39] DIN 1072:1985-12 (1985) *Straßen- und Wegbrücken – Lastannahmen* (z. B. abgedruckt in BK 1987/II, 1994/II und 1997/II) mit Beiblatt 1: Erläuterungen, Beuth, Berlin.

[40] DIN 1055-2:2010-11 (2010) *Einwirkungen auf Tragwerke – Teil 2: Bodenkenngrößen*, Beuth, Berlin.

[41] *Lastannahmen und Tragwerksplanung – Informationen der Lokalbaukommission* (Hrsg. Landeshauptstadt München – Referat für Stadtplanung und Bauordnung, Lokalbaukommission) Stand Oktober 2014. www.muenchen.de/lbk.

[42] DIN 1045-100:2017-09 (2017) *Bemessung und Konstruktion von Stahlbeton- und Spannbetontragwerken – Teil 100: Ziegeldecken*, Beuth, Berlin.

[43] DIN 18196:2011-05 (2011) *Erd- und Grundbau – Bodenklassifikation für bautechnische Zwecke*, Beuth, Berlin.

[44] DIN 18127:2012-09 (2012) *Baugrund, Untersuchung von Bodenproben – Proctorversuch*, Beuth, Berlin.

[45] Zehfuß, J., Kampmeier, B. (2018) Konstruktiver baulicher Brandschutz im Betonbau, in Beton-Kalender 2018/2, (Hrsg. Bergmeister, K. Fingerloos, F., Wörner, J.-D.), S. 437–510.

[46] Muster-Bauordnung – MBO (2016) Fassung November 2002, zuletzt geändert durch Beschluss der Bauministerkonferenz vom 13.05.2016.

[47] Eurocode 2: DIN EN 1992-1-2:2010-12 (2010) Bemessung und Konstruktion von Stahlbeton- und Spannbetontragwerken – Teil 1-2: Allgemeine Regeln – Tragwerksbemessung für den Brandfall, Beuth, Berlin.

[48] Eurocode 2: DIN EN 1992-1-2/NA:2010-12 (2015) Nationaler Anhang – National festgelegte Parameter – Bemessung und Konstruktion von Stahlbeton- und Spannbetontragwerken – Teil 1-2: Allgemeine Regeln – Tragwerksbemessung für den Brandfall mit DIN EN 1992-1-2/A1:2015-09: A1-Änderung, Beuth, Berlin.

[49] Zuordnung der Schneelastzonen nach Verwaltungsgrenzen (Excel-Tabellen auf www.bauministerkonferenz.de oder www.dibt.de), Stand 03. April 2019.

[50] Flächenhafte Analyse von Schneelastmesswerten in fünf Landkreisen und ihr Vergleich mit den Schneelastzonendaten der DIN 1055/5:2005 als Pilotuntersuchung für die Überarbeitung der Schneelastzonenkarte. Deutscher Wetterdienst (DWD), Abteilung Klima- und Umweltberatung, Regionale Klima- und Umweltberatung Potsdam. Amtliches Gutachten Bauforschung, Band T 3348. Fraunhofer IRB Verlag 2017.

[51] Der nächste Winter kommt bestimmt – Schnee auf Dächern – Tipps für Eigentümer/ Verfügungsberechtigte im baulichen Anlage. Oberste Baubehörde im Bayerischen Staatsministerium des Innern. München Stand: November 2012. http://www.stmb.bayern.de/assets/stmi/buw/baurechtundtechnik/iib8_merkblatt_der_naechste_winter_kommt_bestimmt_201211.pdf.

[52] Normenausschuss Bau im DIN (2012) Auslegungen zu DIN 1055-5:2005-07, Stand Juli 2012, www.nabau.din.de → Auslegungen zu Normen des NABau.

[53] DIN 1055-5:2005-07 (2005) Einwirkungen auf Tragwerke – Teil 5: Schnee- und Eislasten (auch im BK 2008/2), Beuth, Berlin.

[54] Fingerloos, F.; Schwind, W. (2019) Zur Neuausgabe von DIN EN 1991-1-3/NA „Schneelasten" in 2019-04; Bautechnik 96 (4), 352–359.

[55] ISO 12494:2017-03 (2017) Atmosphärische Eisbildung an Tragwerken, Beuth, Berlin.

[56] Die Eislastenbedingungen in Deutschland. Deutscher Wetterdienst (DWD), Abteilung Klima- und Umweltberatung, Regionale Klima- und Umweltberatung Potsdam. Amtliches Gutachten – Zuarbeit im Rahmen der Erarbeitung der Euro-Eislast-Norm. März 1999.

[57] DIN 1055-4:2005-03 (2005) Einwirkungen auf Tragwerke – Teil 4: Windlasten und DIN 1055-4 Ber 1:2006-03: Berichtigung 1 (auch im BK 2008/2), Beuth, Berlin.

[58] Eurocode 3: DIN EN 1993-1:2010-12 (2010) Bemessung und Konstruktion von Stahlbauten – Teil 3-1: Türme, Maste und Schornsteine – Türme und Maste, Beuth, Berlin.

[59] DIN EN 40-3-1:2013-06 (2013) Lichtmaste – Teil 3-1: Bemessung und Nachweis – Charakteristische Werte der Lasten, Beuth, Berlin.

[60] Deutsches Institut für Bautechnik (2012) Hinweise für die Herstellung, Planung und Ausführung von Solaranlagen, Juli 2012.

[61] Zuordnung der Windzonen nach Verwaltungsgrenzen (Excel-Tabellen auf www.bauministerkonferenz.de oder www.dibt.de), Stand 03. April 2019.

[62] Normenausschuss Bau im DIN (2019) Auslegungen zu DIN EN 1991-1-4, Stand Januar 2019, www.nabau.din.de → Auslegungen zu Normen des NABau.

[63] Fingerloos, F., Hegger, J., Zilch, K. (2016) Der Eurocode 2 für Deutschland – DIN EN 1992-1-1 Bemessung und Konstruktion von Stahlbeton- und Spannbetontragwerken – Teil 1-1: Allgemeine Bemessungsregeln und Regeln für den Hochbau. Kommentierte Fassung (Hrsg.: BVPI, DBV, ISB, VBI) Beuth Verlag und Verlag Ernst & Sohn, Berlin, 2. überarbeitete Auflage 2016.

[64] DIN EN 12812:2008-12 (2008) Traggerüste – Anforderungen, Bemessung und Entwurf, Beuth, Berlin.

[65] Kunz, C. (2012) Außergewöhnliche Einwirkungen nach DIN EN 1991-1-7, in Beton-Kalender 2012/1 (Hrsg. Bergmeister, K. Fingerloos, F., Wörner, J.-D.), Ernst & Sohn, Berlin, S. 279–302.

[66] DIN 1055-9:2003-08 (2003) Einwirkungen auf Tragwerke – Teil 9: Außergewöhnliche Einwirkungen (auch im BK 2008/2) , Beuth, Berlin.

[67] Deutsches Institut für Bautechnik (2015) Muster-Liste der Technischen Baubestimmungen (M-LTB), Fassung Juni 2015 unter: www.dibt.de → Technische Baubestimmungen.

[68] DIN 1045-1:2008-08 (2008) Tragwerke aus Beton, Stahlbeton und Spannbeton – Teil 1: Bemessung und Konstruktion (auch im BK 2011/2), Beuth, Berlin.

[69] DIN EN 13670:2011-03 (2011) Ausführung von Tragwerken aus Beton, Beuth, Berlin.

[70] DIN 1045-3:2012-03 (2013) Tragwerke aus Beton, Stahlbeton und Spannbeton – Teil 3: Bauausführung – Anwendungsregeln zu DIN EN 13670 mit DIN 1045-3/Ber 1:2013-07: Berichtigung 1, Beuth, Berlin.

[71] DIN EN 206:2017-01 (2017) Beton – Festlegung, Eigenschaften, Herstellung und Konformität, Beuth, Berlin.

[72] Normenausschuss Bau im DIN (2019) Auslegungen zu DIN EN 1992-1-1, Stand Juni 2019, www.nabau.din.de → Auslegungen zu Normen des NABau.

[73] Deutscher Beton- und Bautechnik-Verein E. V. (2011) Beispiele zur Bemessung nach Eurocode 2. Band 1: Hochbau, Ernst & Sohn, Berlin, 2011.

[74] Deutscher Beton- und Bautechnik-Verein E. V. (2009) Beispiele zur Bemessung nach DIN 1045-1. Band 1: Hochbau, Ernst & Sohn, Berlin, 3. Auflage 2009.

[75] Deutscher Beton- und Bautechnik-Verein E. V. (2015) *Beispiele zur Bemessung nach Eurocode 2. Band 2: Ingenieurbau*, Ernst & Sohn, Berlin, 2015.

[76] Deutscher Beton- und Bautechnik-Verein E. V. (2006) *Beispiele zur Bemessung nach DIN 1045-1. Band 2: Ingenieurbau*, Ernst & Sohn, Berlin, 2. Auflage 2006.

[77] Fingerloos, F. (Hrsg.) (2009) *Historische Technische Regelwerke für den Beton-, Stahlbeton- und Spannbetonbau. Bemessung und Ausführung*, Ernst & Sohn, Berlin, 2009.

[78] Eurocode 2: DIN EN 1992-2:2010-12 (2010) *Bemessung und Konstruktion von Stahlbeton- und Spannbetontragwerken – Teil 2: Betonbrücken – Bemessungs- und Konstruktionsregeln*, Beuth, Berlin.

[79] Eurocode 2: DIN EN 1992-2/NA:2013-04 (2013) *Nationaler Anhang – National festgelegte Parameter – Bemessung und Konstruktion von Stahlbeton- und Spannbetontragwerken – Teil 2: Betonbrücken – Bemessungs- und Konstruktionsregeln*, Beuth, Berlin.

[80] Eurocode 2: DIN EN 1992-3:2011-01 (2011) *Bemessung und Konstruktion von Stahlbeton- und Spannbetontragwerken – Teil 3: Silos und Behälterbauwerke aus Beton*, Beuth, Berlin.

[81] Eurocode 2: DIN EN 1992-3/NA:2011-01 (2011) *Nationaler Anhang – National festgelegte Parameter – Bemessung und Konstruktion von Stahlbeton- und Spannbetontragwerken – Teil 3: Silos und Behälterbauwerke aus Beton*, Beuth, Berlin.

[82] DIN EN 1992-4:2019-04 (2019) *Bemessung und Konstruktion von Stahlbeton- und Spannbetontragwerken – Teil 4: Bemessung der Verankerung von Befestigungen in Beton*, Beuth, Berlin.

[83] DIN EN 1992-4/NA:2019-04 (2019) *Nationaler Anhang – National festgelegte Parameter –Bemessung und Konstruktion von Stahlbeton- und Spannbetontragwerken – Teil 4: Bemessung der Verankerung von Befestigungen in Beton*, Beuth, Berlin.

[84] DIN 488: *Betonstahl* (2010)
DIN 488-1:2009-08: *Teil 1: Stahlsorten, Eigenschaften, Kennzeichnung*,
DIN 488-2:2009-08: *Teil 2: Betonstabstahl*,
DIN 488-3:2009-08: *Teil 3: Betonstahl in Ringen, Bewehrungsdraht*,
DIN 488-4:2009-08: *Teil 4: Betonstahlmatten*,
DIN 488-5:2009-08: *Teil 5: Gitterträger*,
DIN 488-6:2010-01: *Teil 6: Übereinstimmungsnachweis*, Beuth, Berlin.

[85] Deutscher Ausschuss für Stahlbeton (2010) *DAfStb-Richtlinie Massige Bauteile aus Beton*, 2010-04 (auch im BK 2018/2), Beuth Verlag, Berlin.

[86] Deutscher Ausschuss für Stahlbeton (2011) *DAfStb-Richtlinie Betonbau beim Umgang mit wassergefährdenden Stoffen (BUmwS)*, 2011-03 (auch im BK 2016/2):
– Teil 1: Grundlagen, Bemessung und Konstruktion unbeschichteter Betonbauten
– Teil 2: Baustoffe und Einwirken von wassergefährdenden Stoffen,
– Teil 3: Instandsetzung,
– Anhang A: Prüfverfahren (normativ); Anhang B: Erläuterungen (informativ).

[87] Deutscher Beton- und Bautechnik-Verein E. V. (2015), *DBV-Merkblatt Betondeckung und Bewehrung nach Eurocode 2*, 2015-12, DBV, Berlin.

[88] Deutscher Beton- und Bautechnik-Verein E. V. (2011) *DBV-Merkblatt Abstandhalter nach Eurocode 2*, 2011-01, DBV, Berlin.

[89] Deutscher Beton- und Bautechnik-Verein E. V. (2011) *DBV-Merkblatt Unterstützungen nach Eurocode 2*, 2011-01, DBV, Berlin.

[90] Deutscher Beton- und Bautechnik-Verein E. V. (2011) *DBV-Merkblatt Rückbiegen von Betonstahl und Anforderungen an Verwahrkästen nach Eurocode 2*, 2011-01, DBV, Berlin.

[91] Deutscher Beton- und Bautechnik-Verein E. V. (2013) *DBV-Merkblatt Betonschalungen und Ausschalfristen*, 2013-06, DBV, Berlin.

[92] Deutscher Beton- und Bautechnik-Verein E. V. (2018) *DBV-Merkblatt Parkhäuser und Tiefgaragen*, 3. überarbeitete Ausgabe 2018-01, DBV, Berlin.

[93] Deutscher Beton- und Bautechnik-Verein E. V. (2014) *DBV-Merkblatt Chemischer Angriff auf Betonbauwerke – Bewertung des Angriffsgrads und geeignete Schutzprinzipien*, 2014-07, DBV, Berlin.

[94] Deutscher Beton- und Bautechnik-Verein E. V. (2016) *DBV-Merkblatt Begrenzung der Rissbildung im Stahlbeton- und Spannbetonbau*, 2016-05, DBV, Berlin.

[95] Tue, N. V., Schenck, G., Schwarz, J. (2007) Eine kritische Betrachtung des zusätzlichen Sicherheitsbeiwertes für hochfesten Beton, *Bauingenieur* **82** (1), 39–46.

[96] DIN 18202:2013-04 (2013) *Toleranzen im Hochbau – Bauwerke*, Beuth, Berlin.

[97] DIN 18218:2010-01 (2010) *Frischbetondruck auf lotrechte Schalungen*, Beuth, Berlin.

[98] Freund, B., Graubner, C.-A. (2018) Schalungsdruck bei lotrechten und geneigten Betonbauteilen, in *Beton-Kalender 2018/2*, 599–641.

[99] Graubner, C., Proske, T. (2009) Frischbetondruck bei Verwendung von Selbstverdichtendem Beton, *Beton- und Stahlbetonbau* **104** (2), 88–96.

[100] *CEB-FIP Model Code 1990* (1993), Bulletin d'Information No. 213/214, Lausanne, May 1993.

[101] CEB-Bulletin 228 (1995) *High Performance Concrete – Recommended Extensions to the Model Code 90*, Report on the CEB/FIP Working Group on High Strength/High Performance Concrete, July 1995.

[102] Müller, H. S., Kvitsel, V. (2002) Kriechen und Schwinden von Beton – Grundlagen der neuen DIN 1045 und Ansätze für die Praxis, *Beton- und Stahlbetonbau* **97** (1), 8–19.

[103] Deutscher Ausschuss für Stahlbeton (2010) *Erläuterungen zu DIN 1045-1*, DAfStb-Heft **525**, 2. überarbeitete Auflage 2010, Beuth Verlag, Berlin.

[104] Eurocode 2 – Commentary (2008) Ed.: The European Concrete Platform ASBL. June 2008. www.ermco.eu.

[105] Müller, H. S., Wiens, U. (2019) Beton, in *Beton-Kalender 2019/1*, Ernst & Sohn, Berlin, S. 1–172.

[106] Deutscher Ausschuss für Stahlbeton (1979) Rehm, G., Eligehausen, R., Neubert, B.: *Erläuterung der Bewehrungsrichtlinien*, DAfStb-Heft 300, Ernst & Sohn, Berlin, 1979.

[107] Furche, J., Bauermeister, U. (2016) Elementbauweise mit Gitterträgern nach Eurocode 2, in *Beton-Kalender 2016/1* (Hrsg. Bergmeister, K. Fingerloos, F., Wörner, J.-D.), Ernst & Sohn, Berlin, S. 469–636.

[108] Deutscher Ausschuss für Stahlbeton (2001) *DAfStb-Richtlinie Schutz und Instandsetzung von Betonbauteilen (Instandsetzungs-Richtlinie)*, 2001-10:
Teil 1: Allgemeine Regelungen und Planungsgrundsätze;
Teil 2: Bauprodukte und Anwendung;
Teil 3: Anforderungen an die Betriebe und Überwachung der Ausführung;
Teil 4: Prüfverfahren, Beuth Verlag, Berlin.

[109] Fingerloos, F., Flohrer, C., Räsch, D. (2019) Dauerhaftigkeit von Parkbauten in Deutschland, in *Beton-Kalender 2019/2* (Hrsg. Bergmeister, K. Fingerloos, F., Wörner, J.-D.), Ernst & Sohn, Berlin, S. 515–582.

[110] Wolff, L., Schwamborn, B. (2019) Oberflächenschutzsysteme und Abdichtungsbauarten für befahrene Parkdecks, in *Beton-Kalender 2019/2* (Hrsg. Bergmeister, K. Fingerloos, F., Wörner, J.-D.), Ernst & Sohn, Berlin, S. 669–712.

[111] Eichler, Th., Gieler-Bressmer, S. (2019) Kathodischer Korrosionsschutz im Stahlbetonbau, in *Beton-Kalender 2019/2* (Hrsg. Bergmeister, K. Fingerloos, F., Wörner, J.-D.), Ernst & Sohn, Berlin, S. 863–905.

[112] DIN 18532:2017-07 (2017) *Abdichtung von befahrbaren Verkehrsflächen aus Beton.*
– Teil 1: Anforderungen, Planungs- und Ausführungsgrundsätze.
– Teil 2: Abdichtung mit einer Lage Polymerbitumen-Schweißbahn und einer Lage Gussasphalt.
– Teil 3: Abdichtung mit zwei Lagen Polymerbitumenbahnen.
– Teil 4: Abdichtung mit einer Lage Kunststoff- oder Elastomerbahn.
– Teil 5: Abdichtung mit einer Lage Polymerbitumenbahn und einer Lage Kunststoff- oder Elastomerbahn.
– Teil 6: Abdichtung mit flüssig zu verarbeitenden Abdichtungsstoffen, Beuth, Berlin.

[113] *DIN 18533:2017-07 (2017) Abdichtung von erdberührten Bauteilen.*
– Teil 1: Anforderungen, Planungs- und Ausführungsgrundsätze.
– Teil 2: Abdichtung mit bahnenförmigen Abdichtungsstoffen.
– Teil 3: Abdichtung mit flüssig zu verarbeitenden Abdichtungsstoffen, Beuth, Berlin.

[114] Deutscher Beton- und Bautechnik-Verein E. V. (2019) Ausführungsvarianten für dauerhafte Bauteile in Parkbauten – Beispielsammlung, DBV-Heft **42**, Fassung Januar 2019, DBV, Berlin.

[115] Deutscher Ausschuss für Stahlbeton (2017) *DAfStb-Richtlinie Wasserundurchlässige Bauwerke aus Beton (WU-Richtlinie)*, 2017-12, Beuth Verlag, Berlin.

[116] Alfes, Ch., Fingerloos, F., Flohrer, C. (2018) Hinweise und Erläuterungen zur Neuausgabe der DAfStb-Richtlinie „Wasserundurchlässige Bauwerke aus Beton", in *Beton-Kalender 2018/1* (Hrsg. Bergmeister, K. Fingerloos, F., Wörner, J.-D.), Ernst & Sohn, Berlin, S. 173–226.

[117] DIN 4030-1:2008-06 (2008) *Beurteilung betonangreifender Wässer, Böden und Gase – Teil 1: Grundlagen und Grenzwerte*, Beuth, Berlin.

[118] Siebert, B., Gerlach, J. (2019) Chemischer Angriff auf Beton, in *Beton-Kalender 2019/2* (Hrsg. Bergmeister, K. Fingerloos, F., Wörner, J.-D.), Ernst & Sohn, Berlin, S. 905–940.

[119] Deutscher Ausschuss für Stahlbeton (2013) *DAfStb-Richtlinie Vorbeugende Maßnahmen gegen schädigende Alkalireaktion im Beton (Alkali-Richtlinie)*, 2013-10, Beuth Verlag, Berlin.

[120] DIN 4102-4:2016-05 (2016) *Brandverhalten von Baustoffen und Bauteilen – Teil 4: Zusammenstellung und Anwendung klassifizierter Baustoffe, Bauteile und Sonderbauteile*, Beuth, Berlin.

[121] Deutsches Institut für Bautechnik (2018) Allgemeine bauaufsichtliche Zulassung Nr. Z-1.4-272 vom 15.02.2018: *Nichtrostender, warmgewalzter Betonstabstahl B670B NR, Werkstoff-Nr. 1.4003, Nenndurchmesser: 16 bis 28 mm*, DIBt, Berlin.

[122] Deutsches Institut für Bautechnik (2019) Allgemeine bauaufsichtliche Zulassung Nr. Z-1.6-238 vom 10.01.2019: *Bewehrungsstab Schöck ComBAR aus glasfaserverstärktem Kunststoff Nenndurchmesser: 8, 12, 16, 20 und 25 mm*, DIBt, Berlin.

[123] *Deutsches Institut für Bautechnik (2018) Allgemeine bauaufsichtliche Zulassung Nr. Z-1.4-165 vom 06.12.2018: Feuerverzinkte Betonstähle*, DIBt; Berlin.

[124] DIN EN 10088-2:2014-12 (2014) *Nichtrostende Stähle*, Beuth, Berlin.

[125] Deutscher Ausschuss für Stahlbeton (2010) *DAfStb-Richtlinie Qualität der Bewehrung – Ergänzende Festlegungen zur Weiterverarbeitung von Betonstahl und zum Einbau der Bewehrung*, 2010-10, Beuth Verlag, Berlin.

[126] Stoffregen, U., König, G. (1979) Schiefstellung von Stützen in vorgefertigten Skelettbauten, *Beton- und Stahlbetonbau* **74** (1), 1–5.

[127] Deutscher Ausschuss für Stahlbeton (2018) *Bemessung nach DIN EN 1992 in den Grenzzuständen der Tragfähigkeit und der Gebrauchstauglichkeit*, DAfStb-Heft **630**, Beuth Verlag, Berlin, 2018.

[128] Schlaich, J., Schäfer, K. (2001) Konstruieren im Stahlbetonbau, in *Beton-Kalender 2001/2* (Hrsg. Eibl, J.), Ernst & Sohn, Berlin, S. 311–492.

[129] Reineck, K.-H. (2005) Modellierung der D-Bereiche von Fertigteilen, in *Beton-Kalender 2005/2* (Hrsg.

Bergmeister, K., Wörner, J.-D.), Ernst & Sohn, Berlin, S. 241–296.

[130] Westerberg, B. (2004) *Second order effects in slender concrete structures – Background to the rules in EC2*. TRITA-BKN Rapport 77. Betongbyggnad 2004, Stockholm, www.byv.kth.se.

[131] Kordina, K., Quast, U. (2001) Bemessung von schlanken Bauteilen für den durch Tragwerksverformungen beeinflussten Grenzzustand der Tragfähigkeit – Stabilitätsnachweis, in *Beton-Kalender 2001/1* (Hrsg. Eibl, J.), Ernst & Sohn, Berlin, S. 349–416.

[132] Quast, U. (2004) Stützenbemessung, in *Beton-Kalender 2004/2* (Hrsg. Bergmeister, K., Wörner, J.-D.), Ernst & Sohn, Berlin, S. 375–442.

[133] König, G., Pauli, W. (1992) Nachweis der Kippstabilität von schlanken Fertigteilträgern aus Stahlbeton und Spannbeton, *Beton- und Stahlbetonbau* **87** (5), 109–112 und (6), 149–152.

[134] DIN V ENV 1992-1-1:1992-06 (1992) *Eurocode 2 – Planung von Stahlbeton- und Spannbetontragwerken, Teil 1-1: Grundlagen und Anwendungsregeln für den Hochbau* (auch in BK 1998/2), Beuth, Berlin.

[135] Eurocode 6: DIN EN 1996-1-1:2013-02 (2013) *Bemessung und Konstruktion von Mauerwerksbauten – Teil 1-1: Allgemeine Regeln für bewehrtes und unbewehrtes Mauerwerk*, Beuth, Berlin.

[136] Eurocode 6: DIN EN 1996-1-1/NA:2012-05 (2015) *Nationaler Anhang – National festgelegte Parameter – Bemessung und Konstruktion von Mauerwerksbauten – Teil 1-1: Allgemeine Regeln für bewehrtes und unbewehrtes Mauerwerk* mit DIN EN 1996-1-1/NA/A1:2014-03: A1-Änderung und mit DIN EN 1996-1-1/NA/A2:2015-01: A2-Änderung, Beuth, Berlin.

[137] Reineck, K.-H. (2007) *Überprüfung des Mindestwertes der Querkrafttragfähigkeit in EN 1992-1-1* – Projekt A3: DIBt Forschungsvorhaben ZP 52-5-7.270-1218/05. Abschlussbericht März 2007, DIBt, Berlin.

[138] Reineck, K.-H., Kuchma, D.-A., Fitik, B. (2005) *Versuche an Stahlbetonbauteilen ohne Querkraftbewehrung unter Gleichlast. Teil 2.2*, Abschlussbericht des DAfStb Forschungsvorhabens V 423. ILEK, Universität Stuttgart, 2005.

[139] Kaufmann, N. (1971) Das Sandflächenverfahren – Ein einfaches Verfahren zur Messung und Beurteilung der Textur von Fahrbahnoberflächen, *Straßenbau-Technik* **24** (3), 131–135.

[140] DIN EN 1766:2000-03 (2000) *Produkte und Systeme für den Schutz und die Instandsetzung von Betontragwerken – Prüfverfahren – Referenzbetone für Prüfungen*, Beuth, Berlin.

[141] Deutscher Ausschuss für Stahlbeton (1996) u. a. mit Schäfer, G.; Block, K.; Drell, R.: Oberflächenrauheit und Haftverbund sowie Schäfer, G.; Schmidt-Kehle, W.: Zur Oberflächenrauheit von Fertigplatten mit Ortbetonergänzung, DAfStb-Heft **456**, Berlin. Beuth Verlag 1996.

[142] Leonhardt, F., Mönnig, E. (1974) *Vorlesungen über Massivbau – Dritter Teil: Grundlagen zum Bewehren im Stahlbetonbau*, Springer-Verlag, Berlin, 1974.

[143] Hegger, J., Siburg, C. (2010) Durchstanzen, in *Gemeinschaftstagung Eurocode 2 für Deutschland* (Tagungsband), Beuth und Ernst & Sohn, Berlin, 2. aktualisierte Auflage 2010, S. 53–76.

[144] Hegger, J., Siburg, C., Ricker, M. (2009) *Stellungnahme zum Abschlussbericht 2009 für „Eurocode 2 Hochbau (EN 1992-1-1) – Pilotprojekte"*, Institutsbericht IMB Lehrstuhl und Institut für Massivbau der RWTH Aachen, 13.10.2009.

[145] Hegger, J., Ricker, M., Häusler, F. (2006) *DAfStb-AG „Nationales Anwendungsdokument zu DIN EN 1992-1-1" – Durchstanzen nach Eurocode 2*, Institutsbericht 173/2006, IMB Lehrstuhl und Institut für Massivbau der RWTH Aachen, 06.12.2006.

[146] Hegger, J. , Tuchlinski, D. (2006) Zum Durchstanzen von Flachdecken unter Berücksichtigung der Momenten-Querkraft-Interaktion und der Vorspannung, *Beton- und Stahlbetonbau* **101** (10), 742–753.

[147] Hegger, J., Häusler, F., Ricker, M. (2008) Zur Durchstanzbemessung von Flachdecken nach Eurocode 2, *Beton- und Stahlbetonbau* **103** (2), 93–102.

[148] Ricker, M. (2009) *Zur Zuverlässigkeit der Bemessung gegen Durchstanzen bei Einzelfundamenten*, Dissertation. In: Schriftenreihe des IMB RWTH Aachen, Heft **28**, 2009.

[149] Häusler, F. (2009) *Zum maximalen Durchstanzwiderstand von Flachdecken mit und ohne Vorspannung*, Dissertation. In: Schriftenreihe des IMB RWTH Aachen, Heft **27**, 2009.

[150] Beutel, R. (2003) *Durchstanzen schubbewehrter Flachdecken im Bereich von Innenstützen*, Dissertation. In: Schriftenreihe des IMB RWTH Aachen, Heft **16**, 2003.

[151] Tuchlinski, D. (2005) *Zum Durchstanzen von Flachdecken unter Berücksichtigung der Momenten-Querkraft Interaktion und der Vorspannung*, Dissertation. In: Schriftenreihe des IMB RWTH Aachen, Heft **19**, 2005.

[152] Hegger, J., Sherif, A., Ricker, M. (2006) Experimental Investigations on Punching Behavior of Reinforced Concrete Footings, *ACI Structural Journal*, 604–613, July-August 2006.

[153] Hegger, J., Ziegler, M., Ricker, M., Kürten, S. (2010) Experimentelle Untersuchungen zum Durchstanzen von gedrungenen Fundamenten unter Berücksichtigung der Boden-Bauwerk-Interaktion, *Bauingenieur* **85** (2), 87–96.

[154] Hegger, J., Ricker, M., Sherif, A. (2009) Punching Strength of Reinforced Concrete Footings, *ACI Structural Journal*, September-October 2009.

[155] Siburg, C., Häusler, F., Hegger, J. (2012) Durchstanzen von Flachdecken nach NA(D) zu Eurocode 2, *Bauingenieur* **87** (5), 216–225.

[156] Ricker, M., Siburg, C., Hegger, J. (2012) Durchstanzen von Fundamenten nach NA(D) zu Eurocode 2, *Bauingenieur* **87** (6), 267–276.

[157] Hegger, J., Walraven, J.C., Häusler, F. (2010) Zum Durchstanzen von Flachdecken nach Eurocode 2, *Beton- und Stahlbetonbau* **105** (4), 206–215.

[158] Kueres, D., Siburg, C., Hegger, J., Fingerloos, F. (2016) Berücksichtigung der Längsbewehrung beim Durchstanznachweis nach Eurocode 2 (DIN EN 1992-1-1/NA), *Beton- und Stahlbetonbau* **111** (10), 657–662.

[159] Schlaich, J., Schäfer, K. (1989) Konstruieren im Stahlbetonbau, in *Beton-Kalender 1989/II* (Hrsg. Franz, G.), Ernst & Sohn, Berlin S. 563–712.

[160] Deutscher Ausschuss für Stahlbeton (1994) Schießl, P. *Grundlagen der Neuregelung zur Beschränkung der Rissbreite*, DAfStb-Heft **400**. Beuth Verlag, Berlin, 3. berichtigter Nachdruck 1994.

[161] DIN 18205:2016-11 (2016) *Bedarfsplanung im Bauwesen*, Beuth, Berlin.

[162] Fingerloos, F., Hegger, J. (2016) Erläuterungen zur Änderung des deutschen Nationalen Anhangs zu Eurocode 2 (DIN EN 1992-1-1/NA/A1:2015-12), *Beton- und Stahlbetonbau* **111** (1), 2–8.

[163] BTB PRAXIS-TIPP (2013) Betonauswahl bei begrenzter früher Betonzugfestigkeit, in *Transportbeton-Magazin TB-iNFO*. Hrsg.: Bundesverband der Deutschen Transportbetonindustrie e. V., Ausgabe **53**, 12/2013.

[164] Haveresch, K., Maurer, R., Tauscher, F. (2016) Hinweise für den Ansatz der Betonzugfestigkeit beim Nachweis der Mindestbewehrung für frühen Zwang gemäß Eurocode 2-2 (DIN EN 1992-2/NA), *Beton- und Stahlbetonbau* **111** (11), 749–758.

[165] Rostásy, F. S., Krauß, M., Budelmann, H. (2002) Planungswerkzeug zur Kontrolle der frühen Rissbildung in massigen Betonbauteilen, *Bautechnik* **79**, 6 Teile: (7), 431–435.

[166] Fingerloos, F. (Hrsg.) (2010) *Überprüfung und Überarbeitung des Nationalen Anhangs (DE) für DIN EN 1992-1-1 (Eurocode 2)*, Abschlussbericht des DIBt-Forschungsvorhabens ZP 52-5-7.278.2-1317/09: Eurocode 2 Hochbau – Pilotprojekte. Februar 2010.

[167] Deutscher Ausschuss für Stahlbeton (1992) Kordina, K. u. a. *Bemessungshilfsmittel zu Eurocode 2 Teil 1 (DIN V ENV 1992 Teil 1-1, Ausgabe 06.92)*, DAfStb-Heft **425**, Beuth Verlag Berlin, Köln, 1992.

[168] Zilch, K., Reitmayer, C. (2012) Zur Verformungsberechnung von Betontragwerken nach Eurocode 2 mit Hilfsmitteln, *Bauingenieur* **87** (6), 253–266.

[169] Deutscher Ausschuss für Stahlbeton (2006) Zilch, K., Donaubauer, U. *Rechnerische Untersuchung der Durchbiegung von Stahlbetonplatten unter Ansatz wirklichkeitsnaher Steifigkeiten und Lagerungsbedingungen und unter Berücksichtigung zeitabhängiger Verformungen*, DAfStb-Heft **533**. Beuth Verlag, Berlin, 2006.

[170] Deutscher Ausschuss für Stahlbeton (2006) Krüger, W., Mertzsch, O. *Zum Trag- und Verformungsverhalten bewehrter Betonquerschnitte im Grenzzustand der Gebrauchstauglichkeit*, DAfStb-Heft **533**. Beuth Verlag Berlin, 2006.

[171] Fingerloos, F., Stenzel, G. (2007) Konstruktion und Bemessung von Details nach DIN 1045, *Beton-Kalender 2007/2* (Hrsg. Bergmeister, K. Fingerloos, F., Wörner, J.-D.), Ernst & Sohn, Berlin, S. 323–372.

[172] Deutscher Ausschuss für Stahlbeton (2013) *Bewehren nach Eurocode 2*, DAfStb-Heft **599**, Beuth Verlag, Berlin, 2013.

[173] Deutscher Ausschuss für Stahlbeton (2002) Hegger, J., Roeser, W. *Die Bemessung und Konstruktion von Rahmenknoten – Grundlagen und Beispiele gemäß DIN 1045-1 (2002)*, DAfStb-Heft **532**, Beuth Verlag, Berlin, 2002.

[174] DIN EN ISO 17660-1:2006-12 (2007) *Schweißen – Schweißen von Betonstahl – Teil 1: Tragende Schweißverbindungen* mit DIN EN ISO 17660-1/Ber 1:2007-08: Berichtigung 1, Beuth, Berlin.

[175] Deutscher Ausschuss für Stahlbeton (1994) *Erläuterungen zu DIN 1045 Beton- und Stahlbeton, Ausgabe 07.88*, DAfStb-Heft **400**, Beuth Verlag, Berlin, Köln, 3. berichtigter Nachdruck 1994.

[176] Bonzel, J., Bub, H., Funk, P. (1972) *Erläuterungen zu den Stahlbetonbestimmungen*, Ernst & Sohn, Berlin, 7. Auflage 1972.

[177] Eibl, J., Kühn, H. E. (1979) Versuche an Stahlbetonplattenbalken mit gezogener Platte, *Beton- und Stahlbetonbau* **74** (7), 176–181 und (8), 204–209.

[178] Zilch, K., Zehetmaier, G. (2010) *Bemessung im konstruktiven Betonbau nach DIN 1045-1 (Fassung 2008) und EN 1992-1-1 (Eurocode 2)*, Springer-Verlag, Heidelberg, 2. Auflage 2010.

[179] Reineck, K.-H. (2012) *Zur Theorie des Konstruktionsbetons*, Vorlesungsmanuskript. Universität Stuttgart, Institut für Leichtbau Entwerfen und Konstruieren (ILEK), Sommersemester 2012.

[180] Thiele, C., Fingerloos, F., Schilly, T. (2014) Zur Verankerung von Querkraftbewehrung in Decken unter Brandbedingungen, *Beton- und Stahlbetonbau* **109** (9), 589–596.

[181] Deutscher Ausschuss für Stahlbeton (1982) Haksever, A., Haß, R. *Traglast von Druckgliedern mit vereinfachter Bügelbewehrung unter Feuerangriff*. Kordina, K., Mester, R. *Traglast von Druckgliedern mit vereinfachter Bügelbewehrung unter Normaltemperatur und Kurzzeitbeanspruchung*. DAfStb-Heft **332**, Ernst & Sohn Berlin, München 1982.

[182] DIN 1045-4:2012-02 (2012) *Tragwerke aus Beton, Stahlbeton und Spannbeton – Teil 4: Ergänzende Regeln für die Herstellung und die Konformität von Fertigteilen*, Beuth, Berlin.

[183] BGR 106 (1992) *Sicherheitsregeln für Transportanker und -systeme von Betonfertigteilen* Hauptverband der gewerblichen Berufsgenossenschaften: Fachausschuss „Bau", 1992-04.

[184] VDI/BV-BS 6205 (2012) *Transportanker und Transportankersysteme für Betonfertigteile – Grundlagen, Bemessung, Anwendungen*
Blatt 1: Allgemeine Grundlagen,
Blatt 2: Herstellen und Inverkehrbringen,

Blatt 3: Planung und Anwendung, VDI-Richtlinie: 2012-02, Beuth Verlag, Berlin.

[185] Fachvereinigung Deutscher Betonfertigteilbau e. V. (2010) *Merkblatt Nr. 9 zur Ladungssicherung von konstruktiven Betonfertigteilen*, Fassung 09/2010. www.fdb-fertigteilbau.de/planungshilfen/fdb-merkblaetter.

[186] Fingerloos, F. (2015) *Früher oder später Zwang – Kann man die Rissbreiten dabei zielsicher begrenzen?* In: Tagungsband 11. Symposium Betonverformungen beherrschen – Grundlage für schadensfreie Bauwerke. Karlsruher Institut für Technologie (KIT) März 2015. Download Tagungsband komplett: www.ksp.kit.edu/9783731503439.

[187] Meier, A. (2015) Der späte Zwang als unterschätzter – aber maßgebender – Lastfall für die Bemessung, *Beton- und Stahlbetonbau* **107** (4), 216–224 und Fortsetzung Teil 2: Hinweise für Tragwerksplaner, *Beton- und Stahlbetonbau* **110** (2015), (3), 179–190.

[188] Deutscher Ausschuss für Stahlbeton (2019) *Hilfsmittel zur Schnittgrößenermittlung und zu besonderen Detailnachweisen bei Stahlbetontragwerken*, DAfStb-Heft **631**, Beuth Verlag Berlin, 2019.

[189] Deutscher Ausschuss für Stahlbeton (2019) *Erläuterungen zu DIN EN 1992-4 Bemessung der Verankerung von Befestigungen in Beton*, DAfStb-Heft **615**, Beuth Verlag Berlin 2019.

[190] Empelmann, M., Wichers, M. (2009) Stabwerke und Teilflächenbelastung nach DIN 1045-1 und Eurocode 2 – Modelle und Anwendungen, *Beton- und Stahlbetonbau* **104** (4), 226–235.

Stichwortverzeichnis

A

Abbrechverfahren zur Festigkeitsbestimmung I/53
Abdichtung, Technische Baubestimmungen XI/1227–1229
Ablenkdamm VII/514
abschlämmbare Stoffe I/24
Abschlussbauwerk VII/514
Abstandsfaktor I/96
Absturzsicherung
– Nutzlast, horizontale XI/950 f.
Alkaliempfindlichkeitsklassen von Beton I/26 f.
Alkaligehalt von Zement I/14
Alkali-Kieselsäure-Reaktion I/25, I/85 f., VI/486, VI/488
Alkali-Richtlinie I/25 f.
allgemeine bauaufsichtliche Zulassung (abZ) X/901–903
allgemeines bauaufsichtliches Prüfzeugnis (abP)
– Bauarten X/906 f., X/909
– Bauprodukte X/903, X/909
Altbeton V/441
Altlast
– Definition VIII/732
– Sanierung VIII/734
Anker
– Doppelkopfanker *siehe dort*
– Fundamentanker V/462 f.
– Stützenanker, Konstruktionsregeln XI/1078
– Transportanker X/1079
– Zuganker *siehe dort*
Ankerplatte III/258 f.
– (mit) Mörtelausgleichsschicht IV/319
– Steifigkeit IV/311–313
Ankerschiene
– Ausführung IV/298
– Bemessung V/412
– Betonspalten IV/374 f.
– ergänzende Regelungen nach CEN/TR 17080 IV/323, IV/381–386
– (mit) Hammerkopfschraube IV/298
– (mit) Kerbzahnschraube IV/298
– Querbeanspruchung IV/376
– Querlasten IV/322 f.
– Stahlversagen IV/371, IV/376 f., IV/381
– Tragfähigkeitsgrenzzustand IV/368–386
– Versagen IV/369
– – Arten IV/369
– – Aufbiegen, lokales IV/369
– – Betonausbruch
– – – kegelförmiger IV/371–374
– – – lokaler IV/375
– – – rückwärtiger IV/377

– – Betonkantenbruch IV/377–380
– – Biegeversagen IV/369
– – Herausziehen IV/371
– – kombiniertes durch Zug- und Querlasten IV/381
– – Verankerungsversagen IV/376, IV/381
– – (mit) Zahnschraube IV/298
– Zuglasten IV/321 f.
– Zusatzbewehrung IV/369–371
– Versagen IV/376, IV/381
Anschluss
– Bewehrungsanschluss *siehe dort*
– Kragplattenanschluss *siehe dort*
Anschlussbewehrung V/423, V/441
Anschweißmuffe V/424
Ansteifen
– Beton I/44
– Zement I/12
Anzeigetafel
– Abmessungen XI/993
– Kraftbeiwerte XI/991
Aramidfasern I/135
Arbeitsfuge, Konstruktionsregeln XI/1201
Arbeitsplanum VIII/739
Arbeitsplattform VIII/740 f.
AR-Glasfasern I/135
Arrhenius-Gleichung I/62
Auffangdamm VII/514
aufgelöstes Tragwerk VII/698–713
– (im) Bauzustand VII/711
– kombiniertes massen- und vektoraktives VII/709, VII/712
– konstruktive Durchbildung VII/705 f.
– massenaktives VII/699, VII/702, VII/704 f.
– – Bemessung VII/704 f.
– – Berechnung VII/704 f.
– – (mit) Pfeilern VII/708–710
– – (mit) Scheiben VII/706 f.
– – (mit) Scheiben und Winkelstützmauer VII/709
– – vektoraktives VII/701–703
– – biegeweiches VII/709, VII/712 f.
Auflager, ausgeklinktes XI/1192
Aufreißinjektionsverfahren VIII/797–801
– Anwendungsgebiete VIII/798 f.
– Anwendungsgrenzen VIII/798 f.
– Bemessung VIII/800
– Injektionsvolumenbestimmung VIII/800
– (als) Kompensationsinjektion VIII/798 f.
– Manschettenrohranordnung VIII/800

– (als) Manschettenrohrinjektion VIII/799
– Nachteile VIII/799 f.
– Planung VIII/800
– Qualitätssicherung VIII/800 f.
– Risiken VIII/799 f.
– Überwachung VIII/800 f.
– Verfahrensbeschreibung VIII/797
– Verfahrensschritte VIII/798
– Vorteile VIII/799 f.
– Wirkungsweise VIII/797 f.
Aufsatzrüttler *siehe auch* Verdichten mit Aufsatzrüttlern VIII/748, VIII/754–756
Ausbreitfließversuch für Mörtel I/102
Ausfallkörnung I/30
Ausgleichstemperatur IX/848
Außenbauteile, Korrosionsrisiko I/84
außergewöhnliche Einwirkungen XI/1004–1007
– Gabelstaplerapprall XI/1005 f.
– Innenraumexplosion XI/1006 f.
– Kraftfahrzeuganprall XI/1004 f.
– Aussparung, Zwang IX/857–860
– zentrischer IX/858
Ausziehverfahren zur Festigkeitsbestimmung I/53

B

Balken
– Definition XI/1089
– indirekte Auflager XI/1074
– Konstruktionsregeln XI/1071–1074
– Längsbewehrung XI/1071–1073
– – höchste XI/1071
– – mindeste XI/1071
– – Staffelung XI/1173
– – untere, Verankerung
– – – (an) Endauflagern XI/1073, XI/1172 f.
– – – (an) Zwischenauflagern XI/1073, XI/1173 f.
– – Zugkraftdeckung XI/1072 f.
– Oberflächenbewehrung XI/1176
– Querkraftbewehrung XI/1073 f.
– – (mit) Doppelkopfankern V/418–423
– – mindeste XI/1073
– Torsionsbewehrung XI/1074, XI/1176
Balkensperre VII/508 f., VII/514, VII/538 f., VII/706
Balkon, Nutzlast XI/942 f.
Basalt I/23
Bauarten
– abP X/906 f., X/909

- Anwendbarkeitsnachweis X/894, X/905 f.
- Bauartgenehmigung (aBg)
  - allgemeine X/905 f.
  - vorhabenbezogene X/905 f.
- Bauausführung
  - Einwirkungen XI/1003
  - Technische Baubestimmungen XI/1215–1217
- Baugrund *siehe auch* Baugrundverbesserung
  - Dekontamination VIII/733 f.
  - Durchlässigkeitsbeeinflussung VIII/732
  - Erkundung VIII/735
  - Festigkeitsbeeinflussung VIII/731
  - Lasteinleitung VIII/736
  - Sanierung VIII/733
  - Schadstoffabbau VIII/732 f.
  - Schadstoffbindung VIII/732 f.
  - Steifigkeitsbeeinflussung VIII/729–731
  - Verflüssigungspotenzialreduktion VIII/732
- Baugrundverbesserung *siehe auch* Baugrund VIII/725–829
  - Arbeitsplattform *siehe dort*
  - Ausführung VIII/734–742
  - Baustellensicherheit VIII/739–741
  - Bedeutung VIII/727
  - Bemessung für Bauwerke nach Verbesserung VIII/736–739
  - Definition VIII/727 f.
  - diskrete Elemente VIII/738 f.
  - Einsatzbereiche VIII/730
  - Grundverfahren VIII/742–808
  - – dynamische Intensivverdichtung *siehe* Fallplattenverdichtung
  - – Fallplattenverdichtung *siehe auch dort* VIII/756–760
  - – Impulsverdichtung *siehe auch dort* VIII/746, VIII/756–760
  - – Rütteldruckverdichtung *siehe auch dort* VIII/742–748, VIII/817 f.
  - – Rüttelstopfverdichtung *siehe auch dort* VIII/750–754, VIII/817–820
  - – Verdichten mit Aufsatzrüttlern *siehe auch dort* VIII/754–756
  - Lastübertragung VIII/738
  - Methoden VIII/728
  - Modellierung VIII/739
  - Nachhaltigkeit VIII/741 f.
  - Planung VIII/734–742
  - Qualitätskontrolle VIII/735
  - Robustheit VIII/741 f.
  - Schadensfälle VIII/740
  - Sicherheit VIII/739–741
  - Sicherungsmaßnahmen VIII/733
- Umwelt VIII/741 f.
  - – Auswirkungen VIII/741
  - – ökologischer Fußabdruck VIII/741, VIII/824
  - Wirkung, Beurteilung VIII/736
- Bauprodukte
  - abZ X/901–903
  - abP X/903, X/909
  - Anforderungen, nationale X/894, X/899
  - geregelte X/893
  - harmonisierte X/900
  - nicht geregelte X/893 f.
  - nicht harmonisierte X/900 f.
  - ohne Verwendbarkeitsnachweis X/908
  - Prioritätenliste X/910 f.
  - Technische Baubestimmungen X/907 f.
  - Verwendbarkeitsnachweis X/899–905
  - – Erforderlichkeit X/899–901
  - Verwendung X/893
  - Zustimmung im Einzelfall X/903–905
- Bauproduktenrecht, nationales
  - Anpassung nach EuGH-Urteil *siehe auch* EuGH-Urteil X/889–912
- Bauproduktenrichtlinie (BPR) V/411
  - Ziel X/891
- Bauproduktenverordnung (BauPVO) V/411, X/891–894
- Bauregelliste
  - Bauregelliste A X/895
  - Bauregelliste B X/895
  - Liste C X/895
  - Regelungssystem X/893–895
  - Struktur X/894 f.
- Baustoffe, Technische Baubestimmungen XI/1209–1215
- Bauteile mit rechnerisch erforderlicher Querkraftbewehrung XI/1035 f., XI/1127–1229
  - auflagernahe Lasten XI/1128
  - Fachwerkmodell XI/1128
- Bauteile ohne rechnerisch erforderliche Querkraftbewehrung XI/1033–1035, XI/1126 f.
- Bauteile unter Normalkraft
  - Berechnung nach Theorie II. Ordnung XI/1030–1032
- BAW-Merkblatt „Früher Zwang" VI/485
- Befestigungen, redundante IV/366–368
  - Bemessung IV/367 f.
- Befestigungsmittel *siehe auch* Dübel *und* Kopfbolzen *und* Verankerungen
  - Achsabstand IV/302
  - Beanspruchungsrichtung IV/302
- CEN/TS 1992-4 IV/296 f.
  - Einspannung im Anbauteil IV/321
  - Erdbebenbelastung IV/390–397
  - Ermüdungsgrenzzustand IV/387–390
  - Europäische Technische Spezifikationen IV/296
  - Europäische Technische Zulassungen IV/296
  - (im) Freien IV/309 f.
  - Grenzzustand der Gebrauchstauglichkeit IV/304, IV/306
  - Grenzzustand der Tragfähigkeit IV/304–306
  - Hebelarm beim Biegenachweis IV/320
  - (bei) Korrosionsbeanspruchung IV/310
  - Randabstand IV/302
  - (in) ständig feuchten Innenräumen IV/309 f.
  - (in) trockenen Innenräumen IV/309
  - Verankerungstiefe, mindeste IV/301
- Befestigungssysteme, Bemessungsnorm V/411
- Behinderungsgrad IX/844
- Bemessung, Technische Baubestimmungen XI/1209–1215
- Bemessungsregeln
  - Auflager, ausgeklinktes XI/1192
  - Biegemoment-Übertragungsverbindungen XI/1192
  - Deckensysteme XI/1080
  - Druckkraft-Übertragungsverbindungen XI/1191 f.
  - Fertigteillager XI/1191–1193
  - Fertigteilverbindungen XI/1191–1193
  - Köcherfundament XI/1196
  - Längsbewehrungsverankerung an Auflagern XI/1192 f.
  - Platten, Einspannmomente XI/1188
  - Querkraft-Übertragungsverbindungen XI/1192
  - Sandwichtafeln XI/1197
  - (zur) Schadenbegrenzung bei außergewöhnlichen Ereignissen XI/1196 f.
  - Wand-Decken-Verbindungen XI/1080
  - Zugkraft-Übertragungsverbindungen XI/1192
- Bergdrucksperre VII/549 f.
- Beschleuniger I/31–33
- Beton
  - Abstandsfaktor I/96
  - Alkaliempfindlichkeitsklassen I/26 f.

- Altbeton V/441
- Ansteifen I/44
- Arten I/4 f.
- Ausgangsstoffe I/8–40, I/59 f.
- – granulare, Packungsdichte I/146–150
- – – Ökobilanzkennwerte I/145
- Ausgleichstemperatur IX/848
- Belastungsgeschwindigkeit I/77
- Betonfamilie I/7 f.
- Biegebemessung XI/1018
- Biegezugfestigkeit IX/835
- Bindemittelintensität I/152
- Bindemittelzusammensetzung
- – – Leistungsfähigkeit, Bewertung I/150 f.
- Blockierring-Versuch I/104
- Bohrpfahlbeton I/37
- Bruchenergie I/66
- Bruchverhalten I/58 f., I/66
- Carbonbeton I/156–158
- chemischer Angriff I/82, I/84 f., I/98 f.
- Chlorideindringen I/93–95
- Chloridgehalt I/93–95
- – – kritischer I/94
- Dauerhaftigkeit I/81–99
- Dauerschwingfestigkeit I/78
- Dauerstandbeanspruchung I/72
- Definition I/3 f.
- Dehngeschwindigkeit I/77
- druckbeanspruchter, Wöhlerlinie I/78
- Druckbeanspruchung, mehraxiale XI/1099
- – – Spannungs-Dehnungs-Linie XI/1099
- Druckfestigkeit I/58–65, I/68, IX/834
- – – Bemessungswert XI/1018
- – – (unter) Laborbedingungen XI/1014
- – – Verhältniswerte I/68
- Durchgangssumme I/29 f.
- dynamisch beanspruchter I/77 f.
- E-Modul I/70 f., IX/834 f.
- – – (unter) Laborbedingungen XI/1014
- – – zeitliche Entwicklung I/71 f.
- Enddehnzahl XI/1095
- Erhärtungsbedingungen I/60–64
- Ermüdung I/78–81
- Expositionsklassen I/49, I/82–88
- Faserbeton siehe dort
- Feinheitsziffer I/29
- Festigkeit XI/1013–1015
- Festigkeitsentwicklung I/61
- Festigkeitskennwerte XI/1094
- Festigkeitsklassen I/5 f., I/65
- – – indikative XI/1206
- Feuchtigkeitsklassen I/27, I/100
- – – (nach) Alkali-Richtlinie I/99

- Fließbeton I/44
- Fließen I/74
- Formänderungskennwerte XI/1094
- Frischbeton siehe dort
- Frostangriff I/84
- Frostwiderstand I/36, I/95–98
- Gasbeton I/124
- gerissener I/128–134, IV/307
- Gesteinskörnung I/22–30
- – – Absorptionsverhalten I/115
- – – Art I/23 f.
- – – Auswahl I/115
- – – Eigenschaften I/23 f.
- – – geschlossenporige I/114 f.
- – – grobe, Absinken I/46
- – – Größtkorn I/28–30
- – – Kernfeuchte I/116
- – – Kornfestigkeit I/115
- – – Kornform I/28
- – – Kornzusammensetzung I/28–30
- – – leichte I/114–116
- – – Oberfläche I/28
- – – offenporige I/115
- – – schädliche Bestandteile I/24–27
- – – Sinterhaut I/115
- – – Sinterhautporen, Kapillarwirkung I/115
- – – Struktur I/114
- – – Verhalten I/114
- – – Vorbehandlung I/115 f.
- – – Vornässen I/115
- – – Wasseraufnahme I/115
- – Gruppen
- – – nach Eigenschaften (nE) I/6
- – – nach Zusammensetzung (nZ) I/6
- – – Standardbeton siehe dort
- – hochfester I/156
- – Hydratationsgrad I/90
- – Hydratationswärme I/35, IX/836
- – junger Beton siehe dort
- – Klassen I/5–7
- – Klassifizierung I/5–8
- – Körnungsziffer I/29 f.
- – Kornverteilungskurven I/146 f.
- – Korrosion durch Alkali-Kieselsäure-Reaktion I/85 f.
- – Korrosionsrisiko I/83 f.
- – Kriechen siehe dort
- – Leichtbeton siehe dort
- – L-Kasten-Versuch I/103 f.
- – Luftporenbeton I/95 f.
- – massige Bauteile I/38
- – mechanische Kenngrößen IX/834–836
- – Mehlkorngehalt I/34, I/41
- – mehrachsig beanspruchter, Festigkeit I/69
- – Mikroluftporengehalt I/96

- Mikroriss I/58
- – – Bildung I/71, I/90
- Mischungsentwicklung I/146–150
- Nachbehandlung I/36, I/47–50, I/61, I/67, I/92
- – – Arten I/47 f.
- – – Dauer I/48 f.
- – – Schutzmaßnahmen, zusätzliche I/49 f.
- – – thermische IX/849
- – nachhaltiger siehe dort
- Nachhaltigkeitspotenzial I/144
- Neubeton V/441
- Normalbeton siehe dort
- normative Entwicklung I/158
- Ökobeton siehe nachhaltiger Beton
- Ökobilanz I/144–146
- ökologische Kriterien I/143
- Porenbeton I/113, I/124
- Pumpfähigkeit I/45
- Quellen I/54, I/56, I/72
- Querdehnungsverhalten IX/836
- Querdehnzahl I/70 f.
- Querschnittsbemessung, Spannungs-Dehnungs-Linie XI/1018
- Reife I/60–64
- – – gewichtete I/62
- Reifeeinfluss IX/849
- Reifegrad nach Saul-Nurse I/62
- Relaxation I/73, I/75
- Relaxation unter Zugbeanspruchung IX/850
- Rissfreiheit I/38
- Sättigungsgrad I/98
- Schädigungsmechanismen I/82–89
- Schaumbeton I/113, I/124
- Schlitzwandbeton I/38
- Schnittgrößenermittlung, Spannungs-Dehnungs-Linie XI/1097
- Schwerbeton siehe dort
- Schwinddehnung XI/1095
- Schwinden siehe dort
- Sedimentationsversuch I/104 f.
- selbstverdichtender (SVB) siehe dort
- Setzfließversuch I/103
- Sichtbeton siehe dort
- Sieblinien I/28–30
- Sorten I/7
- Spaltzugfestigkeit IX/835
- Spannungs-Dehnungs-Beziehungen I/69–71
- Spritzbeton, Festigkeitsbestimmung I/53
- Taumittelwiderstand I/95–98
- Technische Baubestimmungen XI/1209–1215
- Temperatur I/48

- Temperaturdehnung I/53 f.
- Temperaturdehnzahl I/53 f.
- - Richtwerte I/54
- Textilbeton *siehe auch* Carbonbeton I/126
- Trichterauslaufversuch I/104
- ultrahochfester (UHFB) *siehe dort*
- Umgebungsbedingungen XI/1020
- unbeschichteter *siehe* Sichtbeton
- ungerissener I/127 f., IV/307
- unbewehrter, Wöhlerlinie I/81
- Verformungen IX/836–839
- - (durch) Hydratationswärme IX/836
- - (durch) klimatische Randbedingungen IX/837–839
- - (durch) Kriechen IX/836 f.
- - lastunabhängige I/53–58
- - (durch) Schwinden IX/836 f.
- - zeitabhängige I/72–77
- Verformungsberechnung, Spannungs-Dehnungs-Linie XI/1097
- Verformungseigenschaften, elastische XI/1015 f.
- Verschleißbeanspruchung I/85
- Verschleißwiderstand I/99
- Wärmeausdehnungskoeffizient IX/835 f.
- Waschbeton I/106
- (im) Wasserbau VI/484–492
- - - Alkali-Kieselsäure-Reaktion VI/486, VI/488
- - - Anforderungen VI/488 f.
- - - Bauausführung VI/490–492
- - - Bewehrung VI/490
- - - Bewehrungskorrosion VI/486
- - - chemischer Angriff VI/487
- - - Chlorideindringwiderstand VI/484
- - - Dauerhaftigkeit VI/489
- - - Expositionsklassen VI/486–488
- - - Festlegung VI/489 f.
- - - Frostangriff VI/487
- - - Frostbeständigkeit VI/484
- - - Frost-Tausalz-Widerstand VI/489
- - - - CDF-Prüfverfahren VI/490
- - - Frostwiderstand, CIF-Prüfverfahren VI/490
- - - Fugen VI/490–492
- - - - Arbeitsfuge VI/484, VI/490 f.
- - - - Bewegungsfuge VI/492
- - - - Wasserundurchlässigkeit VI/491
- - - Herstellung VI/485–490
- - - Hydratationswärme VI/488
- - - Lieferung VI/489 f.
- - - massige Betonbauweise VI/492 f.

- - - Mischungsstabilität VI/484
- - - Nachbehandlung VI/492
- - - Schalen VI/490
- - - Temperaturerhöhung, adiabatische VI/488
- - - Verschleiß VI/487
- - - Wärmeentwicklung VI/484
- - - Wassereindringtiefe VI/489
- - - Wassereindringwiderstand VI/484
- - - zonierte Bauweise VI/493
- - Wasserzementwert I/83
- Wichte XI/932
- Zeitfestigkeit I/78
- Zementgehalt, mindester I/89, I/95
- zugbeanspruchter, Relaxation IX/850
- Zugfestigkeit I/65–68, IX/834
- - Bemessungswert XI/1018
- - Biegezugfestigkeit I/67
- - - effektive IX/872
- - Einflüsse I/66 f.
- - (unter) Laborbedingungen XI/1014
- - Spaltzugfestigkeit I/67 f.
- - Verhältniswerte I/68
- - zeitliche Entwicklung I/71 f.
- - zentrische I/67
- Zusammensetzung I/59 f.
- Zusatzmittel I/31–34
- - Anforderungen I/33 f.
- - Anwendungsgebiete I/32 f.
- - Arten I/31 f.
- - Definition I/31
- - Wirkungsgruppen I/31
- Zusatzstoffe I/34–40
- - Definition I/34
- Zuschlag *siehe* Beton, Gesteinskörnung
- Zustandsbestimmung IV/307
Betonausbruch
- kegelförmiger IV/330–340, IV/371–374
- lokaler IV/346–349, IV/375
- rückwärtiger IV/352–355, IV/377
Betonbau
- Ausführungsgespräche I/161
- Kommunikationsbedarf I/160
- Normen, Defizitanalyse I/159
- Planungsgespräche I/161
- Qualität I/158–161
- - Klassen I/160
- - Richtlinie I/159–161
- Startgespräche I/161
- Technische Baubestimmungen XI/1207–1230
- Widerstandsklassen I/161 f.
Betonbauteile, Verformungseinwirkungen IX/834–839
Betondeckung
- Definition XI/1089

- Dichtheit XI/1083
- Dicke XI/1083
- Grenzabmaße XI/1026
- mindeste XI/1024
- Vorhaltemaß XI/1026 f.
- Widerstandsfähigkeit XI/1083
Betondruckelemente V/448
Betondrucklager V/448, V/450
Betonfertigteile, Technische Baubestimmungen XI/1219–1223
Betonkantenbruch IV/355–364, IV/377–380
Betonrandzone, Widerstand XI/1025
Betonrippenstahl, nichtrostender II/240–242
- Eigenschaften II/241
- Herstellwerke II/242
Betonschraube IV/299 f.
- Bemessung V/412
Betonstabstahl
- Arbeitshilfen II/187–194
- (nach) DIN 488-2 II/186 f.
- - Lieferprogramme II/187
- - Nennquerschnittsflächen II/187
- Flächenbewehrungen II/188
- (mit) Gewinderippen II/235
- Herstellverfahren II/185
- Nenndurchmesser II/183
- Nennmassen II/183
- Nennquerschnittsflächen II/183
- (mit) Sonderrippung II/235
- Übergreifungslängen II/189–194
Betonstahl II/175–242
- Biegen V/441
- - Bewehrungsregeln XI/1062 f.
- (nach) DIN 488 II/180–234
- - Eigenschaften II/180–185
- - Herstellverfahren II/185
- - Stahlsorten II/180–185
- (nach) DIN 488-1
- - Kennzeichnung II/180–185
- - Qualitätssicherung II/180
- - Weiterverarbeitung II/180
- Duktilität XI/1100
- Eigenschaften XI/1019
- (mit) erhöhtem Korrosionswiderstand II/236–240
- (nach) europäischer Norm II/177–180
- Festigkeit XI/1100
- feuerverzinkter II/236–240
- - Feuerverzinkungsunternehmen II/238
- - Herstellwerke II/237 f.
- Grenzdurchmesser XI/1153
- Kaltbiegen V/441
- (nach) prEN 10080 II/177–179
- - CE-Kennzeichen II/177
- - Eigenschaften II/177

– – gerichteter Betonstahl vom Ring
  II/179
– – Herstellerkennzeichnung
  II/177
– – Leistungserklärung II/178
– – Leistungsmerkmale II/177 f.
– – Stahlsorten II/179
– (nach) prEN 10348, verzinkter
  Betonstahl II/179
– (in) Ringen
– – mit Sonderprofilierung
  II/236
– – Nenndurchmesser II/183
– – Nennmassen II/183
– – Nennquerschnittsflächen
  II/183
– (in) Ringen nach DIN 488-3
  II/194–196
– – Biegeformen II/194
– – Biegerollendurchmesser,
  mindester II/195
– – Bügel II/194
– – Herstellwerke II/196–198
– – Stäbe II/194
– – Verarbeiterkennzeichen
  II/198–209
– – Vorhaltewerte II/196
– – Weiterverarbeitung II/194
– – Werkkennzeichnung
  II/196–198
– Querschnittsbemessung,
  Spannungs-Dehnungs-Linie
  XI/1019
– rostfreier II/179 f.
– Rückbiegen V/441
– Schweißen XI/1100
– Schweißverfahren XI/1101
– Spannungs-Dehnungs-Linie
  XI/1101 f.
– – (zur) Querschnittsbemessung
  XI/1102
– Stababstand, Bewehrungsregeln
  XI/1160
– Streckgrenze XI/1100
– Technische Baubestimmungen
  XI/1209–1215
– Überwachungsstellen II/185 f.
– Warmbiegen V/441
– Warmrückbiegen V/441
– Zugfestigkeit XI/1100
Betonstahlmatten
– 2D-Elemente II/212 f.
– 3D-Elemente II/213
– Arbeitshilfen II/217–224
– (nach) DIN 488-4 II/210–217
– – Herstellwerke II/210 f.,
  II/213–217
– – Lieferprogramme II/210–217
– – Werkkennzeichen II/210 f.
– HS-Matten II/212, II/224
– Lagermattenprogramm II/221
– Listenmatten II/212
– Nenndurchmesser II/183

– Nennmassen II/183
– Nennquerschnitte II/219 f.
– – Doppelstäbe II/220
– – Einzelstäbe II/219
– Nennquerschnittsflächen II/183
– N-Matten II/212, II/224
– Q-Matten
– – Maschenregel II/223
– – Übergreifungslängen II/222
– (aus) Rippenstahl, Stoß
  XI/1070 f.
– R-Matten
– – Maschenregel II/223
– – Übergreifungslängen II/222
– Sondermatten II/212
– Stababstände
– – Doppelstäbe II/220
– – Einzelstäbe II/219
– Stahlsorten II/183
– Unterstützungskörbe II/213
– Verschweißbarkeit II/218
– Vorratsmatten II/212
Betonstahlverbindungen
– (mit) aufgepresster Muffe
  V/428–432
– (mit) gewindeförmig ausgebildeten Rippen V/423 f.
– (mit) konischem Gewinde
  V/424 f.
– (mit) überzogener Muffe
  V/428–432
– (mit) zylindrischem Gewinde
  V/425–428
Bettungsmodulverfahren
  VIII/811–817
Bewehrung
– Anschlussbewehrung V/423,
  V/441
– Biegebewehrung siehe dort
– Durchstanzbewehrung siehe dort
– Eckbewehrung von Vollplatten
  XI/1177 f.
– Korrosionsschutz I/91–95
– Längsbewehrung siehe dort
– Oberflächenbewehrung siehe dort
– Querkraftbewehrung siehe dort
– Randbewehrung von Vollplatten
  XI/1178
– Torsionsbewehrung siehe dort
– Verbundbewehrung XI/1132
Bewehrungsanschluss
  V/426–429
– Biegerollendurchmesser V/442
– fester, technische Spezifikation
  V/447 f.
– flexibler, technische Spezifikationen V/447 f.
– Rückbiegeanschluss siehe dort
– Übergreifung V/442
– Verankerung V/442
– Verankerungslänge V/442
– Verwahrkasten siehe dort
– vorgefertigter V/441–457

Bewehrungsdraht
– (nach) DIN 488-3 II/226
– – Herstellwerke II/324
– – Werkkennzeichen II/234
– Nenndurchmesser II/183
– Nennmassen II/183
– Nennquerschnittsflächen II/183
– Werkkennzeichen II/185
Bewehrungselemente V/412–423
– Anwendungsbereich V/412 f.
– Ausführung V/413–416
– technische Spezifikationen
  V/422
Bewehrungsregeln, allgemeine
  XI/1062–1071
Bewehrungsstab
– Durchdringungsstellen V/442
– nachträglich eingemörtelter
  V/433–440
– – Anwendungen V/433
– – Montage V/434
– – technische Spezifikationen
  V/435–440
Bewehrungsstahl, hochfester mit
  Gewinderippen V/235
Bewehrungsstoß V/428
Bewehrungstechnik V/409–472
Biegebewehrung V/413
– Vollplatten XI/1074
Biegemoment-Übertragungsverbindungen XI/1192
Biegeriss IX/852
Biegerollendurchmesser
– mindester XI/1160
– vergrößerter XI/1063
Biegeschlankheit XI/1157
biegesteife Verbindungen
  V/461–466
– (zwischen) Beton- und Stahlbauteilen V/462–464
– (mit) Fundamentanker V/462
– Stützenschuh-Elemente
  V/461–463
– – technische Spezifikationen
  V/465 f.
– Wandschuh-Elemente V/461
– Biegung XI/1032 f.
Bindemittel, Anwendungsgrenzen
  VIII/788
Bitumenbahn, Flächenlast XI/938
Blähglas I/114
Blähmittel I/12
Blähschiefer I/114, I/124
Blähton I/114, I/124
Blockierring-Versuch für Beton
  I/104
Boden
– bindiger, Wichte XI/940
– Grenzwerte I/86
– Hebungseffizienzfaktoren
  VIII/800
– nichtbindiger, Wichte XI/939
– Verdichtbarkeit VIII/746

Bodenaustausch VIII/729
Bodenbelag, Flächenlast XI/936
Bodenfestigkeit, Erhöhung VIII/731
Bodenmischverfahren VIII/772–784
– Einteilung VIII/773
– – Bodenstabilisierung, tiefreichende VIII/773
– – Hybridmischverfahren *siehe auch dort* VIII/773, VIII/782–784
– – Nassmischverfahren *siehe auch dort* VIII/777–784, VIII/820 f.
– – Trockenmischverfahren *siehe auch dort* VIII/773–777
Bodenplatte VIII/736
– Biegemomente VIII/813
– mit Durchstanzbewehrung XI/1045–1049
– – Längsbewehrungsgrad, Ermittlung XI/1047
– – Längsbewehrungsverankerung, Ermittlung XI/1047
– ohne Durchstanzbewehrung
– – Längsbewehrungsgrad, Ermittlung XI/1044
– – Längsbewehrungsverankerung, Ermittlung XI/1044
– Zwang IX/851–854
– – Biegeriss IX/852
– – Biegezwang IX/853
– – Eigengewichtsaktivierung IX/851
– – Eigenspannung IX/852
– – Primärrissabstand IX/853
– – Rissgefahr IX/852
– – Trennriss IX/852
– Zwischenschicht zum Fundamentkörper VIII/738
Bodenstabilisierung, tiefreichende VIII/773
Boden-Struktur-Interaktion IX/839
– Baugrundnachgiebigkeit IX/839
– Bauwerkssetzung IX/839
– Biegezwang IX/839
Bodenverbesserung
– Beispiele VIII/811–824
– Grundverfahren
– – Bodenmischverfahren *siehe auch dort* VIII/772–784
– – Bodenvereisung *siehe auch dort* VIII/801–805
– – Düsenstrahlverfahren *siehe auch dort* VIII/764–772, VIII/821–824
– – Fallplattenverdichtung *siehe auch dort* VIII/746, VIII/760
– – Hochdruckbodenvermörtelung *siehe* Düsenstrahlverfahren

– – Hochdruckinjektionsverfahren *siehe* Düsenstrahlverfahren
– – Impulsverdichtung *siehe auch dort* VIII/746, VIII/756–760
– – Injektionsverfahren *siehe auch dort* VIII/789–801
– – Jet Grouting *siehe* Düsenstrahlverfahren
– – Kalkstabilisierung *siehe auch dort* VIII/784–789
– – Stabilisierungssäulen *siehe auch dort* VIII/805–808
– – Vertikaldrän mit Lastschüttung *siehe auch dort* VIII/760–764
– – Vibrationsverdichtung *siehe auch dort* VIII/748–750
– – Wet-Deep-Soil-Mixing *siehe* Nassmischverfahren
– – Zementstabilisierung *siehe auch dort* VIII/784–789
– kombinierte Verfahren VIII/808–811
– – Zweck VIII/808 f.
– starre Verbesserungselemente, Lastabtragungsmechanismus VIII/806
Bodenvereisung, künstliche VIII/801–805
– Anwendungsgebiete VIII/803 f.
– Anwendungsgrenzen VIII/803 f.
– Bemessung VIII/805
– Nachteile VIII/804 f.
– Planung VIII/805
– Qualitätssicherung VIII/805
– Risiken VIII/804 f.
– Stickstoffvereisung VIII/802, VIII/804
– Überwachung VIII/805
– Verfahrensbeschreibung VIII/801 f.
– Vorteile VIII/804 f.
– Wirkungsweise VIII/802 f.
Bodenverfestigung, Bindemittelmengen VIII/787
Bodenverflüssigung VIII/754
Bohrer, Diamantbohrer IV/303
Bohrlochreinigung IV/303
Bohrpfahlbeton I/37
Bolzen, Kopfbolzen *siehe dort*
Böschungswinkel
– Lagergüter XI/935
– Normtabellen XI/931 f.
Brandschutz, Technische Baubestimmungen XI/1217–1219
Brandverhalten von Toren X/896
Bremskegel VII/514
Bruchkörper
– Achsabstandseinfluss IV/332
– idealisierter IV/355
– (unter) Querlast bei Betonkantenbruch IV/355
Brückenklassen nach DIN 1072 XI/947 f.

Brückenrückbau
– Konzepte III/251
– Spanngliedverankerung III/249–292
– Vorschubrüstung III/255
– Zustände III/251
Brüstung, freistehende
– aerodynamische Beiwerte XI/989
Bügel
– Schließen XI/1166
– Verankerung, Bemessungsregeln XI/1066 f.
Bundesanstalt für Wasserbau VI/498
Bundeswasserstraßen VI/475–477

C
Calciumaluminatferrit I/19
Calciumsilicathydrat I/19
Calciumsulfat I/8 f., I/19
Carbonatisierung I/90–93, I/106, I/122
Carbonatisierungsschwinden I/55
Carbonbeton I/156–158
CE-Kennzeichnung V/411
CEM I I/9 f.
– Anwendungsbereiche I/16
CEM II I/9–11
– Anwendungsbereiche I/16–18
CEM III I/9, I/11
– Anwendungsbereiche I/16
CEM IV I/9, I/11
– Anwendungsbereiche I/16, I/18
CEM V I/9, I/11
– Anwendungsbereiche I/16, I/18
CEN/TS 1992-4 IV/296 f.
Chalcedon I/25
Chloriddiffusion I/93–95, I/106
Chloride I/70
Chromatreduzierer I/31, I/33
Compaction grouting *siehe* Verdichtungsinjektionsverfahren
Coplan-Stabilisierungs-Verfahren (CSV) *siehe auch* Nassmischverfahren VIII/778
CSM-Verfahren *siehe* Cutter-Soil-Mixing-Verfahren
CSV *siehe* Coplan-Stabilisierungs-Verfahren
Cutter-Soil-Mixing(CSM)-Verfahren *siehe auch* Nassmischverfahren VIII/779 f.

D
Dach
– Flachdach *siehe dort*
– freistehendes mit offenen Wänden, aerodynamische Beiwerte XI/991
– mehrschaliges, aerodynamische Beiwerte XI/989

– nicht begehbares, Nutzlast XI/946–949
– Pultdach *siehe dort*
– Satteldach *siehe dort*
– Schneelast
– – Formbeiwerte XI/957–962
– – (an) Höhenvorsprung XI/962–965
– Sheddach, aerodynamische Beiwerte XI/985
– Trogdach *siehe dort*
– Vordach *siehe dort*
– Walmdach *siehe dort*
Dachaufbauten, Schneelast XI/965
Dachdeckung, Flächenlast XI/937
Dachtraufe, Schneeüberhang XI/965
DAfStb *siehe* Deutscher Ausschuss für Stahlbeton e. V.
Dämmstoffe, Glimmer X/896
Darrversuch I/119
Datenbank Ökobau.dat I/144
DBV *siehe* Deutscher Beton- und Bautechnik-Verein
Decken
– befahrbare, Nutzlast XI/946
– Flachdecke *siehe dort*
– Hochbaudecke, Zwang IX/856
– Nutzlast XI/942 f.
– Π-Platten-Decke, Stahlauflager V/458
– Ziegeldecke, Eigenlast XI/939
Deckenplatte, Auflagerung auf Fertigteilwand XI/1189
Deckensysteme
– Bemessungsregeln XI/1080
– Konstruktionsregeln XI/1080
– Querrippenabstand, größter XI/1190
Deckenverbindung zur Querkraftübertragung XI/1189
Declaration of Performance (DoP) V/411
Dehnungsverteilungsgrenzen XI/1125
Depassivierung I/95
Deutscher Ausschuss für Stahlbeton e. V. (DAfStb), Richtlinie I/159–161, XI/1231 f.
Deutscher Beton- und Bautechnik-Verein (DBV)
– Merkblätter XI/1232–1234
– – „Parkhäuser und Tiefgaragen" XI/1021
– Sachstandsberichte XI/1232–1234
Diamantbohrer IV/303
Dicalciumsilicat I/19
Dichtgewölbe VIII/771
Dichtsohle VIII/771
Dichtungsmittel I/31 f.
Diffusion, Definition I/89

Diffusionskoeffizient I/90
DIN 19702 VI/477
DIN EN 1990 XI/915–929
DIN EN 1991-1-1 XI/929–951
DIN EN 1991-1-2 XI/951–953
DIN EN 1991-1-3 XI/953–969
DIN EN 1991-1-4 XI/970–1000
DIN EN 1991-1-5 XI/1000–1002
DIN EN 1991-1-6 XI/1003
DIN EN 1991-1-7 XI/1004–1007
DIN EN 1991-3 XI/1007
DIN EN 1992-1-1
– Annahmen XI/1088
– Anwendungsbereich XI/1086 f.
– Anwendungsregeln XI/1088
– bauaufsichtliche Einführung in Deutschland XI/1008–1010
– Begriffe XI/1088–1090
– Erläuterungen XI/1010–1086
– Kurzfassung XI/1085–1206
– Nationaler Anhang XI/1086–1206
– normative Verweisungen XI/1087 f.
– Prinzipien XI/1088
DIN EN 1992-4 V/412
Diorit I/23
Dole VII/524, VII/568
– Großdole VII/568
– Wasserhaltungsdole VII/568
Dolensperre VII/679, VII/697, VII/709
– großdolige mit Rechen VII/514, VII/539, VII/541 f., VII/710
Doppelkopfanker V/412–414
– (in) I-Trägern V/419
– Bewehrung, mindeste V/420
– Einbau, nachträglicher V/418
– (als) Querbewehrung V/416, V/419
– – (in) Balken V/418–423
– – (in) Platten V/418–423
– technische Spezifikationen V/421 f.
Doppelschleuse VI/495
Doppel-Schubdorn V/459
Dosiersperre VII/508 f., VII/514, VII/535–540, VII/697, VII/706
– Balkensperre VII/508 f., VII/514, VII/538 f., VII/706
– Dolensperre *siehe dort*
– Dosierungsfunktion VII/535
– Entwurfsregeln VII/535 f.
– Filterfunktion VII/535
– großdolige VII/509 f.
– kronengeschlossene VII/510
– kronenoffene VII/510, VII/536
– Öffnungsgröße VII/536
– Räumungszufahrt VII/551
– Schlitzsperre *siehe dort*
– Stauraum VII/550 f.
– (mit) Vorfeldmauer VII/560
– Wirkungsweise VII/535

Druckfestigkeit
– Beton I/58–65, I/68
– – Bemessungswert XI/1018
– – (unter) Laborbedingungen XI/1014
– – Verhältniswerte I/68
– Faserbeton I/138 f.
– Konstruktionsleichtbeton I/119 f.
Druckfuge, abgeschalte V/416
Druckglied, Definition XI/1089
Druckknoten XI/1147
Druckkraft-Übertragungsverbindung XI/1191 f.
Druckkriechen IX/849, IX/856
Drucklager V/448
Druckschublager V/448
Drucksondierung VIII/746
Druckstab zur Querkraftbewehrung XI/1168
Druckstoß V/428
Druckstrebe, Bemessung mit Stabwerkmodell XI/1049
Druckstrebenwinkel, minimal zulässiger XI/1035
Druck-Zug-Knoten XI/1147
Dübel *siehe auch* Befestigungsmittel *und* Verankerungen
– Abstandsmontage IV/302, IV/319
– Anordnung IV/301
– Brandbeanspruchung IV/397–402
– – Bemessung IV/398–402
– – Betonbruch IV/401 f.
– – Betonkantenbruch IV/402
– – Herausziehen IV/401
– – Stahlversagen IV/400 f.
– Dauerlasteinfluss IV/341
– drehmomentkontrolliert spreizender IV/299
– Durchmesser, mindester IV/301
– Einschlagdübel IV/299
– Gewindegröße, mindeste IV/301
– Hinterschnittdübel *siehe dort*
– Grenzzustand der Tragfähigkeit IV/326–366
– Lastexzentrizitätseinfluss
– – (bei) Querlast IV/360 f.
– – (bei) Zuglast IV/337 f.
– Metallspreizdübel, Bemessung V/412
– Nachspreizen IV/332
– Plastizitätstheorie IV/402–406
– – Anwendungsbedingungen IV/403 f.
– – Bemessung IV/405 f.
– – Verteilung der äußeren Lasten IV/404 f.
– Querlasten IV/313–321

– Stahlversagen IV/349, IV/364 f.
– – (unter) Querlast
– – – mit Hebelarm IV/352
– – – ohne Hebelarm IV/351 f.
– – (unter) Zuglast IV/330
– Typen IV/299
– Verankerungsversagen IV/349, IV/365
– Verbunddübel *siehe dort*
– Verbundspreizdübel *siehe dort*
– Versagen
– – Arten IV/329
– – Betonausbruch
– – – kegelförmiger IV/330–340
– – – lokaler IV/346–349
– – – rückwärtiger IV/352–355
– – Betonkantenbruch IV/355–364
– – Betonspalten IV/344–346
– – – (unter) Last IV/344–346
– – – (bei der) Montage IV/344
– – Durchziehen IV/327
– – Herausziehen IV/340
– – kombiniertes
– – – (durch) Herausziehen und Betonbruch IV/340–344
– – – (durch) Zug- und Querlasten IV/365 f.
– – (unter) Querlast IV/349–351
– – (unter) Zuglast IV/327
– wegkontrolliert spreizender IV/299
– Zuglasten IV/310–313
– Zusatzbewehrung IV/323–326
– – Versagen IV/349, IV/364 f.
Dübelleiste V/412
DUCON I/138
Düker VI/498
Durchgangsloch
– Definition IV/313
– Durchmesser im Anbauteil IV/314
Durchlass VI/498
Durchstanzbewehrung V/412
– Anordnung V/415
– Bodenplatte XI/1045–1049
– Flachdecke XI/1044 f., XI/1075 f.
– Fundament XI/1044–1049
– Platte V/416–423, XI/1044–1049
– – punktförmig gestützte V/416–423
– Systeme V/414
Durchstanzen
– Lasteinleitung XI/1040 f.
– Mindestmomente XI/1049
– Nachweisschnitte XI/1040 f.
– Nachweisverfahren XI/1041 f.
– Widerstände XI/1042–1044
Durchstanztragfähigkeit V/414
Durchstanzwiderstand, maximaler V/414

Düsenstrahlverfahren VIII/764–772, VIII/821–824
– Anwendungsmöglichkeiten VIII/768
– Bemessung VIII/769–771
– Bodenmischkörper VIII/769
– Festigkeit VIII/767
– – Ermittlung VIII/770
– Injektionskörper VIII/769
– Monitor VIII/765
– Nachteile VIII/768 f.
– Planung VIII/769–771
– Qualitätssicherung VIII/771 f.
– Risiken VIII/768 f.
– Rückfluss VIII/865
– Rücklauf VIII/769
– Steifigkeit VIII/767
– Stopfer VIII/769
– Überwachung VIII/771
– Verfahrensbeschreibung VIII/765
– Verfahrensschritte VIII/766
– Vorteile VIII/768 f.
– Wirkungsweise VIII/766 f.

E
Eckbewehrung von Vollplatten XI/1177 f.
Eigengewichtsaktivierung IX/870
– Wand IX/854
Eigenlast von Ziegeldecken XI/939
Eigenspannung
– Bodenplatte IX/852
– Wand IX/854 f.
Eindringinjektionsverfahren VIII/791–794
– Anwendungsgebiete VIII/793
– Anwendungsgrenzen VIII/793
– Bemessung VIII/794
– Injektionsschleier VIII/793
– Kluftinjektion VIII/792
– Nachteile VIII/793
– Planung VIII/794
– Poreninjektion VIII/792
– Qualitätssicherung VIII/794
– Risiken VIII/793
– Überwachung VIII/794
– Verfahrensbeschreibung VIII/791
– Vorteile VIII/793
– Wirkungsweise VIII/792
Eindringverfahren zur Festigkeitsbestimmung I/53
Einheitstemperaturzeitkurve IV/398
Einmischdichtung VIII/732
Einpresshilfen I/31, I/33
Einschlagdübel IV/299
Einwirkungen
– außergewöhnliche *siehe dort*
– nicht vorwiegend ruhende, Definition XI/1089

– Technische Baubestimmungen XI/1207–1209
– vorwiegend ruhende, Definition XI/1089
Einzeldruckglied, Schlankheitsgrenzwert XI/1030
Einzelfundament
– Konstruktionsregeln XI/1201 f.
– unbewehrtes XI/1081
Einzelriss IX/842 f.
Eisfahne XI/969
Eislast XI/953–969
Eiszonen XI/967
– Karte XI/968
Elastomerbahn, Flächenlast XI/938
Elementplatte V/414
E-Modul
– Basalt I/23
– Beton I/70–72, IX/834 f., XI/1014
– Diorit I/23
– Gabbro I/23
– Granit I/23
– Grauwacke I/23
– Hochofenschlacke I/23
– Kalkstein I/23
– Konstruktionsleichtbeton I/120
– Quarzit I/23
– Quarzporphyr I/23
– Sandstein I/23
– Sekantenwert IX/835
– Tangentenwert IX/835
EN 1992-4 IV/293–408
Endkriechzahl I/76, XI/1095
Endschwindmaß I/58
Endverankerung V/423 f.
Environmental Product Declaration (EPD) I/144
EOTA V/411
Ermüdungsgrenzzustand von Befestigungsmitteln IV/387–390
Erosion, Gerinneerosion VII/507
ETA/ETAG *siehe* Europäische Technische Zulassung
Ettringit I/19, I/117
EuGH-Urteil vom 16.10.2014 X/895–897
– Inhalt X/896
– Konsequenzen X/896 f.
– Umsetzung X/898
Eurocode 0 XI/915–929
Eurocode 1 XI/929–1007
Eurocode 2
– Anwendungsbereich XI/1086 f.
– Kurzfassung XI/1085–1206
Europäische Bewertungsdokumente X/893
Europäische Technische Bewertung V/411, X/893
Europäische Technische Spezifikation IV/296

Europäische Technische
  Zulassung (ETA/ETAG)
  III/269, V/411
– Befestigungsmittel IV/296
  European Organisation for
  Technical Assessment (EOTA)
  V/411
  Eutrophierungspotenzial I/144

F
Fachwerkmodell IV/323–325,
  IV/351
Fahrbahnbelag, durchlässiger
  XI/1021
Fallplattenverdichtung VIII/746,
  VIII/760
– Anwendungsgebiete VIII/759
– Anwendungsgrenzen VIII/759
– Bemessung VIII/759
– Bodenpressung, typische
  VIII/759
– Nachteile VIII/759
– Planung VIII/759
– Qualitätssicherung VIII/759 f.
– Risiken VIII/759
– Schema VIII/756
– Überwachung VIII/759 f.
– Verfahrensbeschreibung
  VIII/756
– Vorteile VIII/759
– Wirkungsweise VIII/758 f.
Faserbeton I/126–142
– Ausziehwiderstand I/130
– composite concept I/127
– Dauerhaftigkeit I/140
– Druckfestigkeit I/138 f.
– DUCON I/138
– Eigenschaften I/138–142
– Endverankerung I/130
– Fasergehalt I/130
– Frostwiderstand I/141
– gerissener I/128–134
– Haftlänge I/128
– Hochleitungsfaserbeton
  (HPFRCC) I/126, I/134
– Kriechen I/140
– Rissbremse I/127
– Rissverteilung I/126
– Scherfestigkeit I/140
– Schwinden I/140
– SIFCON I/131, I/138, I/140
– SIMCON I/131, I/138
– spacing concept I/127
– Spannungs-Dehnungs-Linie
  I/130
– Stahlfaserbeton *siehe dort*
– Taumittelwiderstand I/141
– Tragverhalten I/126
– Übereinstimmungsnachweis
  I/142
– Verbundspannungen I/128
– Verbundverhalten I/130
– Verformungsverhalten I/133

– Verschleißwiderstand I/142
– Wasserzementwert I/138
– Zusammensetzung I/138
Fasercocktail I/133
Fasern I/134–137
– adhäsive Haftung I/131
– Aramidfasern I/137
– Ausziehwiderstand I/130
– Effektivität I/127
– feinfibrillierte I/136
– fibrillierte I/136
– Glasfasern *siehe dort*
– Kohlenstofffasern I/137
– Kunststofffasern I/136 f.
– Kurzfasern I/126, I/135
– Langfasern I/126
– monofilamente I/136 f.
– organische I/136
– – Temperaturverhalten I/141
– Polyacrylnitrilfasern I/137
– Polyesterfasern I/137
– Polyolefinfasern I/137
– Polypropylenfasern I/137
– Polyvinylalkoholfasern I/137
– risshemmende Wirkung
  I/126
– Roving I/135
– Schlankheit I/128
– Stahlfasern *siehe dort*
– Verankerung I/129
– Versagensmöglichkeiten I/129
– Zellulosefasern I/137
Fehlbohrung IV/303, IV/327
Feinheitsziffer I/29
Ferrocement I/126
Fertigteile
– Betonfertigteile, Technische
  Baubestimmungen
  XI/1219–1223
– Betondeckung XI/1079 f.
– Dauerhaftigkeit XI/1079 f.
– Definition XI/1088
– Konstruktionsregeln XI/1196
– Verbindungen, Bemessungs-
  und Konstruktionsregeln
  XI/1191–1193
– zusätzliche Regeln
  XI/1078–1080, XI/1185–1197
Fertigteiltreppe V/455
Fertigteilverbinder V/461–471
Festbeton *siehe* Beton
Festigkeitsklassen
– Beton I/5 f., I/65, XI/1206
– Leichtbeton I/5
– Normalbeton I/5
– Schwerbeton I/5
– Zement I/12, I/61, I/76
Feuchtigkeitsklassen von Beton
  I/27
Filtersperre VII/540–544,
  VII/708
– Konstruktion VII/540–544
– Wirkungsweise VII/540

Flachdach
– aerodynamische Beiwerte
  XI/979
– ausgedehntes, Schneelast XI/957
– Flächeneinteilung XI/980
– (mit) Photovoltaikanlage,
  Schneelast XI/962
– (mit) Solarthermieanlage,
  Schneelast XI/962
Flachdecke
– Durchstanzbewehrung, Ermittlung
  XI/1075 f.
– (nahe bei) Innenstützen
  XI/1178
– Konstruktionsregeln XI/1075 f.
– mit Durchstanzbewehrung
– – Durchstanztragfähigkeit
  XI/1044 f.
– – Längsbewehrungsgrad,
  Ermittlung XI/1045
– – Längsbewehrungsverankerung,
  Ermittlung XI/1045
– ohne Durchstanzbewehrung
– – Längsbewehrungsgrad,
  Ermittlung XI/1043
– – Längsbewehrungsverankerung,
  Ermittlung XI/1043
– Querbewehrung V/412
– (nahe bei) Randstützen
  XI/1179
– Rundschnitt, kritischer V/418
Flächenlast
– Bitumenabdichtungen XI/938
– Bodenbeläge XI/936
– Dachdeckungen XI/937
– Elastomerbahnen XI/938
– Gipswandplatten XI/935 f.
– Kunststoffabdichtungen XI/938
– Normtabellen XI/931 f.
– Putz XI/935 f.
– Wandbeläge XI/936
Flachgründung VIII/730
Fließbeton I/44
Fließmittel I/31 f.
Flinte I/25
Flugasche I/8 f., I/35–39
– anrechenbare Mengen I/36 f.
– Anrechenbarkeitswert I/36
– Höchstmenge I/36
– Mindestmenge I/38
Formschluss IV/299
Frischbeton I/40–50
– Ausbreitmaßklassen I/42
– Bluten I/46
– Einbau I/44–46
– Entmischen I/45–47
– Fördern I/44
– Konsistenz I/42–44
– – Regelkonsistenz I/44
– Luftgehalt I/41
– Pumpfähigkeit I/45
– Rohdichte I/41
– Temperatur I/48

- Transport I/44–46
- Verarbeitbarkeit I/42–44
- Verdichtungsarten I/46
- Verdichtungsmaßklassen I/42
Frostkörper VIII/803
- Festigkeit VIII/805
Frostwiderstand von Beton I/36
Fugen
- Arbeitsfuge, Konstruktionsregeln XI/1201
- Druckfuge, abgeschalte V/416
- Schubkraftübertragung XI/1036–1039
- Verbundfuge siehe dort
- Verbundtragfähigkeit, Bemessungsmodell XI/1036
Fundament
- Einzelfundament siehe dort
- Köcherfundament siehe dort
- mit Durchstanzbewehrung
- – Bewehrungsanordnung XI/1048
- – Durchstanztragfähigkeit XI/1044–1049
- – Längsbewehrungsgrad, Ermittlung XI/1045–1046
- – Längsbewehrungsverankerung, Ermittlung XI/1046
- ohne Durchstanzbewehrung
- – Durchstanzwiderstand XI/1042–1044
- – Längsbewehrungsgrad, Ermittlung XI/1043
- – Längsbewehrungsverankerung, Ermittlung XI/1043
- Rundschnitt, kritischer V/417
- Streifenfundament siehe dort
- Zwischenschicht zur Bodenplatte VIII/738
Fundamentanker V/462 f.
Fundamentplatte, Bemessung VIII/736 f.
- Bettungsmodulverfahren VIII/737
- Biegemomente VIII/737
- Schnittkräfte VIII/737

G
Gabbro I/23
Gabelstaplerprall XI/1005 f.
Gasbeton I/124
Geländekategorien XI/970–972
Gelenkdrucklager V/449
Gelporen I/20
Geotechnik, Technische Baubestimmungen XI/1224–1226
gering bewehrte Bauteile, Definition XI/1088
Gerinneerosion VII/507
Geschiebeablagerung siehe Retention
Geschiebeablagerungsbecken siehe Retentionsbecken

Geschiebebewirtschaftung VII/506–512
- Ablagerungsprozesse, Beeinflussung VII/509–512
- Entstehungsprozesse, Beeinflussung VII/507–509
- Retentionsbauwerke VII/511
- Schutzbauwerke VII/507
- Stabilisierungsbauwerke VII/509
- Verlagerungsprozesse, Beeinflussung VII/509
Geschiebedosiersperre siehe Dosiersperre
Geschiebedosierung VII/509, VII/536
Geschiebefilterung VII/536
Geschiebehaushaltskontrolle VII/506
- Schutzbauwerke VII/508
Geschieberetention siehe Retention
Gesteinskörnung siehe unter Beton
Gesteinsmehl, getempertes I/39
Gewichtsmauer VII/664, VII/666
- Querschnitt VII/667
Gewichtssperre VII/666–669
- Bemessung VII/667–669
- – Standsicherheit VII/667–669
- – Berechnung VII/667–669
- Betongewichtssperre, vorgespannte VII/666–668
- (in) Konstruktionsbeton VII/666
Gewölbesperre VII/665, VII/669–681
- Bemessung VII/673–679
- – (mit) Bogenlamellen VII/674 f.
- – Finite-Elemente-Methode VII/679
- – Lastaufteilungsverfahren VII/678 f.
- – Ringformel VII/674
- – (mit) Trägerrost VII/675, VII/677 f.
- – Versuchslastverfahren VII/678
- – Berechnung VII/673–679
- – Verfahren VII/673
- – Formen VII/670
- Fugen, Blockfuge VII/649 f.
- Grundrissformen VII/672
- Kämpferverbreiterung VII/671–673, VII/681 f.
- konstruktive Durchbildung VII/679
- Lastabtragung VII/670
- Lastfälle VII/673 f.
- Rissbildung VII/672
- Sperrenflügel VII/673
- Vorbemessung VII/673
Gipswandplatten, Flächenlast XI/935 f.
Gittersperre VII/701–703
- Bemessung VII/705

- Berechnung VII/705
- ebenes System VII/701–703
- – abgestütztes VII/701–703
- räumliche VII/703
Gitterträger V/412
- Bezeichnungen II/233
- (nach) DIN 488-5 II/224–233
- – Abweichungen, zulässige II/225
- – Arbeitshilfen II/226
- – Aufbau II/224
- – Gestaltung II/225
- – Listengewichte II/228
- – Werkkennzeichen II/225 f.
- (nach) DIN EN 1992-1-1, Listengewichte II/229
- Herstellwerke II/230–233
- Montagegitterträger II/233
- MQ-Gitterträger II/227
- Nenndurchmesser II/183
- Nennmassen II/183
- Nennquerschnittsflächen II/183
- Schubgitterträger II/233
- S-Gitterträger II/227
- Typen II/233
- Werkkennzeichen II/230–233
Glasfasern I/135 f.
- AR-Glasfasern I/135
- Dauerhaftigkeit I/141
Granit I/23
Grauwacke I/23
Grenzzustand
- Ermüdung, Befestigungsmittel IV/387–390
- Gebrauchstauglichkeit, Befestigungsmittel IV/304, IV/306
- Tragfähigkeit
- – Ankerschiene IV/368–386
- – Befestigungsmittel IV/304–306
- – Dübel IV/326–366
- – Kopfbolzen IV/326–366
Großdole VII/568
Größtkorn V/418
Grundkriechen I/74 f., IX/837
Grundschwinden I/55–57
- Endmaße XI/1018
Gründungen
- (mit) diskreten Elementen siehe Rigid inclusion
- Hybridgründung VIII/808–811
- Kombinationsgründung VIII/808 f.
- ökologischer Fußabdruck VIII/824
- Pfahlgründung VIII/730
- Pfahlplattengründung, kombinierte (KPP) siehe dort
- Rigid inclusion VIII/730, VIII/805–808, VIII/812
- Tiefgründung, Einsatzbereiche VIII/730
Grundwasser, Grenzwerte I/86

H

Hammerkopfschraube IV/298
Hangdrucksperre VII/549 f.
Hangverbau VII/508, VII/514
HCR-Stahl *siehe* Stahl, hochkorrosionsbeständiger
Herstellererklärung, freiwillige X/909 f.
Hinterschnittdübel IV/299 f.
– Bemessung V/412
Hochbau
– Bemessungsregeln XI/1008–1086
– Nachweis nach Theorie II. Ordnung XI/1030
– üblicher, Definition XI/1089
Hochbaudecke, Zwang IX/856
Hochdruckbodenvermörtelung *siehe* Düsenstrahlverfahren
Hochdruckinjektionsverfahren *siehe* Düsenstrahlverfahren
Hochleistungsfaserbeton (HPFRCC) I/126, I/134
Hochofenschlacke I/23
Hochofenzement I/14, I/94 f.
Holz, Wichte XI/934
Holzfaserplatten, Wichte XI/934
Hooke'sches Gesetz I/69
Hoyer-Effekt III/262
Hüttenbims I/114, I/124
Hüttensand I/8, I/39
Hybridgründung VIII/808–811
Hybridmauer VII/665 f., VII/685–688
– Bemessung VII/685–687
– Berechnung VII/685–687
– (als) Konsolidierungssperre VII/687 f.
– (als) Schlitzsperre VII/687 f.
– (als) Wasserretentionssperre VII/688
Hybridmischverfahren VIII/773, VIII/782–784
– Fräs-Misch-Injektionsverfahren VIII/783 f.
– (zur) Massenstabilisierung VIII/782 f.
Hydratationsgrad
– Beton I/90
– Zement I/21 f.
Hydratationswärme
– Beton I/35, VI/488, IX/836
– junger Beton I/50
– Konstruktionsleichtbeton I/117
– Mörtel I/35
– Zement I/13, I/19, I/116
Hydroabrasion VII/552 f.

I

Imperfektionen XI/1027 f.
Impulsverdichtung VIII/746, VIII/756–760
– Anwendungsgebiete VIII/759
– Anwendungsgrenzen VIII/759
– Bemessung VIII/759
– Bodenpressung, typische VIII/759
– Mechanismus VIII/758
– Nachteile VIII/759
– Planung VIII/759
– Qualitätssicherung VIII/759 f.
– Raster, typische VIII/757
– Risiken VIII/759
– Überwachung VIII/759 f.
– Verdichtungsfeld VIII/758
– Verdichtungsgerät VIII/758
– Verfahrensbeschreibung VIII/756–759
– Vorteile VIII/759
– Wirkungsweise VIII/758 f.
Industrieböden, Verschleißbeanspruchung I/85
inerte Stoffe I/34
Injektionsmörtel V/434
Injektionsverfahren VIII/789–801
– Aufreißinjektionsverfahren *siehe auch dort* VIII/797–801
– Compaction grouting *siehe* Verdichtungsinjektionsverfahren
– Eindringinjektionsverfahren *siehe auch dort* VIII/791–794
– Einteilung VIII/790
– Injektionsgut, Einteilung VIII/790
– Injektionsparameter VIII/791
– Übersicht VIII/789
– Verdichtungsinjektionsverfahren *siehe auch dort* VIII/794–797
Innenbauteile, Korrosionsrisiko I/83
Innenraumexplosion XI/1006 f.
Instandsetzung, Technische Baubestimmungen XI/1226 f.
I-Träger mit Doppelkopfankern V/419

J

Jet Grouting *siehe* Düsenstrahlverfahren
junger Beton I/50–53
– Bedeutung I/50
– Definition I/50
– Dehnfähigkeit I/51–53
– Erstarrungsbeginn I/51
– Festigkeitsbestimmung I/53
– Hydratationswärme I/50
– Rissneigung I/51–53
– Spannungen I/51
– Temperatur I/51
– Verformungen I/50 f.
– Wärmedehnzahl I/51

K

Kalkstabilisierung VIII/784–789
– Anwendungsgebiete VIII/787 f.
– Anwendungsgrenzen VIII/787 f.
– Bemessung VIII/788 f.
– Nachteile VIII/788
– Ortmischverfahren VIII/784
– Planung VIII/788 f.
– Qualitätssicherung VIII/789
– Risiken VIII/788
– Überwachung VIII/789
– Verfahrensbeschreibung VIII/784 f.
– Vorteile VIII/788
– Wirkungsweise VIII/785 f.
– Zentralmischverfahren VIII/784
Kalkstein I/8 f., I/23
Kältemaschine VIII/801 f.
Kammerschleuse, Bauteile VI/493
Kampfmittel VIII/741
kapillares Saugen, Definition I/89
Kapillarporen I/20
Kapillarporosität I/70
Kerbzahnschraube IV/298
Kesselsand I/114
Kieselsäure, alkalireaktive I/24 f.
Klebeverbindungen V/433
Knoten
– Bemessung mit Stabwerkmodell XI/1146 f.
– Druckknoten XI/1147
– Druck-Zug-Knoten XI/1147
Köcherfundament XI/1196
Kohlenstofffasern I/137
Kombinationsgründung VIII/808 f.
Kombinationstyp (SVB) I/101
kombinierte Pfahlplattengründung (KPP) VIII/730
Kompensationsinjektion VIII/798 f.
Kompositzement I/143
Konsole, Betonelementanschluss V/462
Konsolidierungssperre VII/530–535, VII/685 f.
– (mit) Hybridquerschnitt VII/687, VII/689
– Kolk VII/533
– Stabilisierungsfunktion VII/531 f.
– Staffelung
– – Abstand VII/533 f.
– – Konstruktion VII/531–535
– Tosbeckenlänge VII/533
– Überfall VII/533
– Wirkungsweise VII/531
Konstruktionsleichtbeton I/113–124
– Ausschreibung I/123
– Betondeckung I/122
– Biegezugfestigkeit I/120
– Carbonatisierungsverhalten I/122
– Dauerhaftigkeit I/121 f.
– Dauerstandsfestigkeit I/120
– Druckfestigkeit I/119 f.

- Druckschwellfestigkeit I/120
- E-Modul I/120
- Farbtonverhalten I/119–122
- Feuerwiderstand I/122
- Förderung I/119
- Frost-Tausalz-Widerstand I/122
- Frost-Tau-Widerstand I/122
- Gesamtwassergehalt I/119
- Herstellung I/118 f.
- Hydratationswärme I/117
- Kriechverhalten I/120
- Mischungsentwurf I/116
- Planung I/122 f.
- Rezeptur I/116, I/118
- Rohdichte I/116
- Schallschutzeigenschaften I/122
- Schubtragverhalten I/120
- Schwindverhalten I/121
- – Feuchtegradient I/121
- – Quellen I/121
- selbstverdichtender I/123 f.
- – Festbetoneigenschaften I/124
- – Pumpförderung I/123
- Spaltzugfestigkeit I/120
- Spannungs-Dehnungs-Linie I/120
- Transport I/118 f.
- Trocknungsverhalten I/121
- Verarbeitung I/118 f.
- Verdichtung I/119
- Verdichtungsporen I/117
- Verformungsverhalten I/114, I/119–121
- Versagensmechanismen I/119
- Wärmedehnung I/120
- Wärmedurchlasswiderstand I/122
- Wärmeleitfähigkeit I/122
- Wasserzementwert I/117
- Zementarten I/117
- zentrische Zugfestigkeit I/120
- Zusammensetzung I/115–117
- Zusatzmittel I/117
Konstruktionsregeln
- Arbeitsfuge XI/1201
- Auflager, ausgeklinktes XI/1192
- Balken XI/1071–1074
- Biegemoment-Übertragungsverbindungen XI/1192
- Deckensysteme XI/1080
- Druckkraft-Übertragungsverbindungen XI/1191 f.
- Einzelfundament XI/1201 f.
- Fertigteile XI/1196
- Fertigteillager XI/1191–1193
- Fertigteilverbindungen XI/1191–1193
- Flachdecken XI/1075 f.
- Köcherfundament XI/1196
- Lager XI/1193–1195
- Längsbewehrungsverankerung an Auflagern XI/1192 f.

- Platten, Einspannmomente XI/1188
- Querkraft-Übertragungsverbindungen XI/1192
- Ringanker XI/1184
- Sandwichtafeln XI/1197
- (zur) Schadensbegrenzung bei außergewöhnlichen Ereignissen XI/1078
- Streifenfundament XI/1201 f.
- Stützen XI/1076 f.
- Stützenanker XI/1078
- Träger, wandartige XI/1078
- Vollplatten XI/1074 f., XI/1177 f.
- Wände XI/1077 f.
- Wand-Decken-Verbindungen XI/1080, XI/1188
- Wandzuganker XI/1185
- Zuganker XI/1078
- Zugkraft-Übertragungsverbindungen XI/1192
Kopfbolzen *siehe auch* Befestigungsmittel *und* Verankerungen
- Abstandsmontage IV/302, IV/319
- Anordnung IV/301
- Bemessung V/412
- Brandbeanspruchung IV/397–402
- – Bemessung IV/398–402
- – Betonbruch IV/401 f.
- – Betonkantenbruch IV/402
- – Herausziehen IV/401
- – Stahlversagen IV/400 f.
- Durchmesser, mindester IV/301
- Gewindegröße, mindeste IV/301
- Lastexzentrizitätseinfluss
- – (unter) Querlast IV/360 f.
- – (unter) Zuglast IV/337 f.
- Plastizitätstheorie IV/402–406
- – Anwendungsbedingungen IV/403 f.
- – Bemessung IV/405 f.
- – Verteilung der äußeren Lasten IV/404 f.
- Querlasten IV/313–321
- Stahlversagen IV/349, IV/364 f.
- – (unter) Querlast
- – – mit Hebelarm IV/352
- – – ohne Hebelarm IV/351 f.
- – (unter) Zuglast IV/330
- technische Spezifikationen V/465 f.
- Tragfähigkeitsgrenzzustand IV/326–366
- Verankerungsversagen IV/349, IV/365
- Versagen
- – Arten IV/329
- – Betonausbruch
- – – kegelförmiger IV/330–336

- – – lokaler IV/346–349
- – – rückwärtiger IV/352–355
- – Betonkantenbruch IV/355–364
- – Betonspalten IV/344–346
- – – (unter) Last IV/344–346
- – – (bei der) Montage IV/344
- – Durchziehen IV/327
- – Herausziehen IV/340
- – kombiniertes
- – – (durch) Herausziehen und Betonbruch IV/340–344
- – – (durch) Zug- und Querlasten IV/365 f.
- – – (unter) Querlast IV/349–351
- – – (unter) Zuglast IV/310–313, IV/327
- – Zusatzbewehrung IV/323–326
- – Versagen IV/349, IV/364 f.
Körnungsziffer I/29 f.
Korrosionsschutz für Verbindungselemente mit Wärmedämmung V/451
KPP VIII/730
Kraftbeiwerte
- Abminderungsbeiwert zur Schlankheitsberücksichtigung XI/996 f.
- Anzeigetafeln XI/991
- Bauteile mit kantigem Querschnitt XI/994–996
- Bauteile mit rechteckigem Querschnitt XI/994
- Bauteile mit regelmäßigem polygonalen Querschnitt XI/996
- (im) Regelfall XI/973
Kraftfahrzeuganprall XI/1004 f.
Kragplattenanschluss V/449
- nachträglicher V/451
Krane XI/1007
Kriechen I/73–75, VIII/764, IX/836 f., XI/1095–1097
- Druckkriechen IX/849, IX/856
- Endkriechzahl I/76, XI/1095
- Grundkriechen I/74, IX/837
- Kriechzahl *siehe dort*
- nichtlineares XI/1016
- Trocknungskriechen I/74, IX/837
- Ursachen I/74
- Vorhersageverfahren I/75–77
- Zugkriechen IX/849, IX/856
Kriechzahl I/73
- Ermittlung XI/1203 f.
Künette VII/508
Kunstharz V/433
Kunststoffbahn, Flächenlast XI/938
Kunststofffasern I/136 f.
Kurzfasern I/126, I/135

L

Lager, Bemessungs- und Konstruktionsregeln XI/1191–1195
Lagerfläche mit Gabelstapler, Nutzlast XI/941
Lagergüter
– Böschungswinkel XI/935
– Wichte XI/935
Lagerung, Definition XI/1089
Landesbauordnung (LBO)
– Regelungssystem X/893–895
– Struktur X/893 f.
Langfasern I/126
Längsbewehrung
– Balken siehe dort
– mindeste XI/1144
– Querkraftbewehrung XI/1181 f.
– Stützen XI/1181
– Verankerung
– – (an) Auflagern
– – – Bemessungsregeln XI/1192 f.
– – – Konstruktionsregeln XI/1192 f.
– – Bemessungsregeln XI/1063–1066
– – Verankerungslänge
– – – Grundwert XI/1064 f., XI/1163
– – – Bemessungswert XI/1065 f., XI/1163–1165
– – – mindeste XI/1066
– – Verbundfestigkeit, Bemessungswert XI/1064
Lasteintrag XI/1050
Lastschüttung siehe auch Vertikaldrän VIII/760–764
latent hydraulische Stoffe I/39 f.
Leichtbeton siehe auch Konstruktionsleichtbeton I/4, I/113–126
– Festigkeitsklassen I/5
– Gesteinskörnung I/113
– haufwerksporiger I/113, I/124–126
– – Einbau I/125
– – Festigkeit I/125
– – Herstellung I/125
– – Korrosionsschutz I/125
– – Zusammensetzung I/125
– Rohdichteklassen I/6
– selbstverdichtender, Pumpförderung I/119
– Umrechnungsfaktoren I/6
Leitwerk VII/508
LH-Zement I/52
L-Kasten-Versuch für Beton I/103 f.
Luftgehalt von Frischbeton I/41
Luftporenbeton I/95 f.
Luftporenbildner I/31 f.
Luftporensysteme I/96
Lugeon-Wert VIII/790

M

Manschettenrohrinjektion VIII/799
Maschinen XI/1007
Mauerwerk, Wichte XI/933
MBO, Novellierung X/898
mechanische Verbindungen siehe auch Betonstahlverbindungen V/423
Mehlkorngehalt I/34, I/41
Mehlkorntyp (SVB) I/101
Merkblätter
– BAW-Merkblatt „Früher Zwang" VI/485
– (des) DBV XI/1021, XI/1232–1234
– (des) ÖBV 1235 f.
Metallspreizdübel, Bemessung V/412
Mikrohohlkugel I/96
Mikrorissbildung I/71, I/90
MIP-Verfahren siehe Mixed-in-Place-Verfahren
Mixed-in-Place(MIP)-Verfahren siehe auch Nassmischverfahren VIII/778 f.
Monosulfat I/19
Montagegitterträger II/233
Mörtel
– Ausbreitfließversuch I/102
– Hydratationswärme I/35
– Injektionsmörtel V/434
– Trichterauslaufversuch I/102 f.
– Wichte XI/932
Muffen, Anschweißmuffe V/424
Muffenstoß V/423 f.
Murabsturzbauwerk VII/514, VII/544 f., VII/548 f.
– Aufbau VII/544
– Konstruktion VII/548 f.
Murabsturzsperre siehe Murabsturzbauwerk
Murbrecher VII/508, VII/514, VII/544–548, VII/706 f.
– Konstruktion VII/545–548
– Scheiben VII/548
Musterbauordnung (MBO), Novellierung X/898
Muster-Verwaltungsvorschrift Technische Baubestimmungen (MVV TB), Ausarbeitung X/898

N

nachhaltiger Beton I/143–156
– Eigenschaften I/152–156
– Zusammensetzung I/152–156
Nachweisschnitt V/417
Nassmischverfahren VIII/777–784, VIII/820 f.
– Anwendungsgebiete VIII/781
– Anwendungsgrenzen VIII/781
– Bemessung VIII/782
– Blade Rotation Number VIII/780
– Coplan-Stabilisierungs-Verfahren (CSV) VIII/778
– Cutter-Soil-Mixing(CSM)-Verfahren VIII/779 f.
– Druckfestigkeit, axiale VIII/782
– Durchlässigkeit VIII/782
– Flügelumdrehungsindex VIII/780
– Mischvorgang VIII/777
– Mixed-in-Place(MIP)-Verfahren VIII/778 f.
– Nachteile VIII/781 f.
– Planung VIII/782
– Qualitätssicherung VIII/782
– Risiken VIII/781 f.
– Überwachung VIII/782
– Verfahrensbeschreibung VIII/777–780
– Vorteile VIII/781 f.
– Wirkungsweise VIII/780 f.
Naturbims I/114, I/124
Naturgefahren
– alpine VII/503 f.
– Definition VII/503
– Schutzbauwerke siehe Wildbachschutzbauwerke
– Ursachen VII/504
Naturstein, Wichte XI/933
Netzsperre VII/513 f., VII/703 f.
– Bemessung VII/705
– Berechnung VII/705
Neubeton V/441
nichtmetallische Bewehrung II/240–242
Normalbeton I/4
– Definition XI/1089
– Festigkeitsklassen I/5
– Spannungs-Dehnungs-Diagramm I/120
Normen XI/913–1243
– harmonisierte X/892 f.
Nutzlast
– Abminderungsbeiwerte XI/949
– Absturzsicherung, Horizontallast XI/950 f.
– Balkon XI/942 f.
– Dach, nicht begehbares XI/946
– Decke XI/942 f.
– Deckenflächen, befahrbare XI/946
– Lagerfläche mit Gabelstapler XI/941
– Parkhaus XI/944–946
– Trennwandzuschlag XI/941
– Treppe XI/942 f.
– Zwischenwand, Horizontallast XI/950 f.

O

Oberflächenbewehrung IV/337, IX/871
- Balken XI/1176
- (bei) großen Stabdurchmessern XI/1083

Oberflächenriss IX/871
Oberflächenverdichtung VIII/729
oberirdisch aufgehende Bauteile XI/1021
Ökobeton *siehe* nachhaltiger Beton
Ölschiefer I/39
ON-Regeln „Schutzbauwerke der Wildbachverbauung" VII/506
Opal I/25
organische Stoffe I/40
Ortbetonplatte V/413
Österreichische Bautechnik Vereinigung (ÖBV)
- Merkblätter XI/1235 f.
- Richtlinien XI/1234 f.
- Sachstandsbericht XI/1236
Ozonabbaupotenzial I/144
Ozonbildungspotenzial, bodennahes I/144

P

Palmgren-Miner-Regel I/80
Parkbauten XI/1023
Parkflächen, Ausführungsvarianten XI/1022
Parkhaus, Nutzlast XI/944–946
Passivierung I/91
Permeabilitätskoeffizient I/90
Permeation, Definition I/89
Pfahlgründung VIII/730
Pfahlplattengründung, kombinierte (KPP) VIII/730
Pfeilerplattensperre VII/695–698
- Bemessung VII/697
- Berechnung VII/697
- Formen VII/696
- konstruktive Durchbildung VII/697
- (mit) luftseitigen Scheiben VII/697 f., VII/700 f.
- (mit) luftseitigen Stützpfeilern VII/695 f.
- Standsicherheit VII/697
- (mit) wasserseitigen Scheiben VII/697–699
- (mit) wasserseitigen Stützpfeilern VII/695 f.
Phonolith I/39
Photovoltaikanlage auf Flachdach XI/962
- Schneelast XI/962
pH-Wert der Porenlösung I/95
Π-Platten-Decke, Stahlauflager V/458
Pigmente I/34
Plastizitätstheorie IV/310, IV/402–406

Platten
- Definition XI/1089
- Einspannmomente
- - Bemessungsregeln XI/1188
- - Konstruktionsregeln XI/1188
- Flementplatte V/414
- mit Durchstanzbewehrung, Durchstanztragfähigkeit XI/1044–1049
- ohne Durchstanzbewehrung, Durchstanzwiderstand XI/1042–1044
- punktförmig gestützte, Durchstanzbewehrung V/416–423
- Querbewehrung mit Doppelkopfankern V/418–423
- (mit) Stützenkopfverstärkung XI/1138
- Vollplatte *siehe dort*
Plattenbalken, Definition XI/1089
Plattenbreite, mitwirkende XI/1028
Plattensperre, einfache VII/681–686
- Bemessung VII/683–685
- Berechnung VII/683–685
- Geometrie VII/683–685
- Konsolidierungsfunktion VII/683
- konstruktive Durchbildung VII/685
- Plattentafeln VII/683–685
- Querschnitt VII/683
Poisson'sche Zahl I/69
Polyacrylnitrilfasern I/137
Polyesterfasern I/137
Polyolefinfasern I/137
Polypropylen I/135
Polypropylenfasern I/137
Polyvinylalkoholfasern I/137
Porenbeton I/113, I/124
Portlandzement I/143
Portlandzementklinker I/8
Primärenergiebedarf I/144
Primärriss IX/841, IX/846
- Abstand IX/853, IX/855
Pultdach
- aerodynamische Beiwerte XI/982
- Flächeneinteilung XI/981
Putz, Flächenlast XI/935 f.
Puzzolane I/8, I/34–39
- natürliche I/8

Q

Quarzporphyr I/23
Querdehnungsverhalten von Beton IX/836
Querdehnzahl von Beton I/70 f.
Querkraft
- Nachweisverfahren XI/1033
- parallel zur Fuge V/445
- senkrecht zur Fuge V/445

Querkraftbewehrung
- Balken XI/1174 f.
- (mit) Doppelkopfankern V/416, V/419
- - (in) Balken V/418–423
- - (in) Platten V/418–423
- Druckstab XI/1168
- Flachdecke V/412
- Übergreifungsstoß XI/1069 f.
- Verankerung, Bemessungsregeln XI/1066 f.
- Vollplatte XI/1074 f.
- Wand XI/1077 f.
- Zugstab XI/1069 f.
Querkraftdorn
- Doppel-Schubdorn IV/459
- einfacher V/461
- (mit) integrierter Schalldämmung V/456
- Systeme V/458–461
- - konstruktive Durchbildung V/461
- - statischer Nachweis V/459, V/461
- - technische Spezifikationen V/460
Querkraftübertragung bei Deckenverbindungen XI/1189
Querkraft-Übertragungsverbindungen XI/1192

R

Randbewehrung von Vollplatten XI/1178
Recyclinghilfen für Waschwasser I/31, I/33
Reduzierverbindung V/430
Regelwerke XI/913–1243
Reibschluss IV/299
Reibungskraft zwischen Ankerteil und Beton IV/310, IV/394
Reihenhaus, Windlast XI/999
Retention VII/509, VII/513
Retentionsbecken VII/508, VII/513 f.
Retentionssperre
- Räumungszufahrt VII/551
- Stauraum VII/550 f.
Rheologie I/42
Richtlinien
- Alkali-Richtlinie I/25 f., I/99
- Bauproduktenrichtlinie (BPR) *siehe dort*
- Betonbauqualität I/159–161
- (des) DAfStb I/159–161, XI/1231 f.
- (des) ÖBV XI/1234 f.
- selbstverdichtender Beton (SVB) I/105
- Stahlfaserbeton I/142 f.
- Technische Baubestimmungen XI/1229 f.

Rigid inclusion VIII/730, VIII/805–808, VIII/812
Ringanker, Konstruktionsregeln XI/1184
Riss
– Biegeriss IX/852
– Einzelriss *siehe dort*
– Oberflächenriss IX/871
– Primärriss *siehe dort*
– Sekundärriss IX/841, IX/845 f., IX/873
– Trennriss IX/852
Rissarretierung I/132
Rissbildung
– abgeschlossene IX/842 f.
– sukzessive IX/841
Rissbreite IX/841 f.
– (bei) abgeschlossener Rissbildung IX/843
– Begrenzung IX/866–871
– – Betonzugfestigkeit
– – – Anhaltswerte XI/1055
– – – wirksame XI/1053–1057
– – Bewehrung, mindeste XI/1052–1057
– – Entwurfsgrundsatz XI/1051
– – Grenzdurchmesser XI/1057 f.
– – ohne direkte Berechnung XI/1057 f.
– – Stababstand, Höchstwerte XI/1153
– – Zwang
– – – früher XI/1054
– – – später XI/1053
– Berechnung XI/1058 f.
– Modell, Vorhersagegenauigkeit XI/1053
– Beschränkung *siehe* Rissbreite, Begrenzung
– Bewehrung, mindeste XI/1150–1152
– (bei) Einzelriss IX/842
– Ermittlung IX/860
– maximale IX/843
– ohne direkte Berechnung XI/1152–1154
– Stahlbetonbauteile IX/831–887
Rissfreiheit I/38
Rissmechanik
– dicke Bauteile IX/871, IX/873–875
– dünne Bauteile IX/871–873
Rissoberfläche, Rauigkeit V/418
Rissschnittgröße IX/862
Rissvermeidung IX/865, IX/871
Risszustand IX/842 f.
Rohdichte
– Basalt I/23
– Diorit I/23
– Frischbeton I/41
– Gabbro I/23
– Granit I/23
– Grauwacke I/23

– Hochofenschlacke I/23
– Kalkstein I/23
– Konstruktionsleichtbeton I/116
– Quarzit I/23
– Quarzporphyr I/23
– Sandstein I/23
Rohdichteklassen von Leichtbeton I/6
Rückbiegeanschluss, flexibler V/444–447
– Fugen V/444
– Querkräfte V/445, V/447
– Seilschlaufe V/444
– technische Spezifikationen V/447 f.
– Wandplattenverbindungen V/444
Rundschnitt V/416
– äußerer V/417
– kritischer V/417 f.
– – (bei) ausgedehnten Auflagerflächen V/417
– – (bei) Flachdecken V/418
– – (bei) Fundamenten V/417
– – (um) Lasteinleitungsflächen V/417
– – (in) Öffnungsnähe XI/1137
Runse VII/514
Runsenverbau VII/508, VII/514
Rüstung, Technische Baubestimmungen XI/1223 f.
Rüttelbohle VIII/748
Rütteldruckverdichtung VIII/742–748, VIII/817 f.
– Ablauf VIII/744
– Anwendungsgebiete VIII/744–746
– Anwendungsgrenzen VIII/744–746
– Bemessung VIII/747
– Bodeneignung VIII/745
– Nachteile VIII/746 f.
– Planung VIII/747
– Qualitätssicherung VIII/747 f.
– Risiken VIII/746 f.
– Überwachung VIII/747 f.
– Verfahrensbeschreibung VIII/742 f.
– Vorteile VIII/746 f.
– Wirkungsweise VIII/743 f.
Rüttelstopfsäule VIII/754 f.
Rüttelstopfverdichtung VIII/750–754, VIII/817–820
– Anwendungsgebiete VIII/752
– Anwendungsgrenzen VIII/752
– Bemessung VIII/753 f.
– Dränagewirkung VIII/751
– Nachteile VIII/752 f.
– Planung VIII/73 f.
– Qualitätssicherung VIII/754
– Risiken VIII/752 f.
– Trockenverfahren VIII/751
– Überwachung VIII/754

– Verfahrensbeschreibung VIII/750 f.
– Vorbohren VIII/752
– Vorteile VIII/752 f.
– Wirkungsweise VIII/751 f.
Rüttler
– Aufsatzrüttler VIII/748, VIII/754–756
– Schleusenrüttler VIII/750 f.
– Tiefenrüttler VIII/743, VIII/750

S
Sachstandsberichte
– (des) DBV XI/1232–1234
– (des) ÖBV XI/1236
Sand, gesättigter
– physikalische Eigenschaften VIII/747
Sandstein I/23
Sandwichtafel XI/1997
Satteldach
– aerodynamische Beiwerte XI/979
– Flächeneinteilung XI/983
Saul-Nurse-Reifegrad I/62
Schalung I/108 f.
– nichtsaugende I/108
– Oberflächeneigenschaften I/108
– saugende I/108
– Technische Baubestimmungen XI/1223 f.
– Trennmittel I/109
Schalungsanker II/243
– Herstellwerke II/247
Schaumbeton I/113, I/124
Schaumbildner I/31, I/33
Schaumlava I/114, I/124
Scheibe, Definition XI/1089
Schiefer, gebrannter I/8 f.
Schiffshebewerk VI/495 f.
Schlankheit V/417
Schlauchwaage VIII/801
Schlaufe, Ersatzverankerungslänge XI/1162
Schleuse VI/477, VI/493–496
– Abmessungen VI/494
– Bauwerk-Boden-Interaktion VI/494
– (mit) biegesteifem Stahlbeton-Halbrahmen VI/494
– Doppelschleuse VI/459
– Ermüdung VI/495
– Kammerschleuse, Bauteile VI/493
– monolithische VI/494
– Querschnitt VII/482
– Schiffshebewerk VI/495 f.
– Sonderformen VI/495
– Sparbeckenschleuse VI/495
– Standardisierung VI/495
– Temperatur VI/482
Schleusenrüttler VIII/750 f.
Schlichte I/135 f.

Schlitzsperre VII/509
– (mit) Balken VII/508 f.,
VII/514, VII/538 f., VII/706
– (mit) Hybridquerschnitt
VII/687 f.
– Konstruktion VII/536–539
– (mit) offenem Schlitz VII/537
Schlitzwandbeton I/38
Schneckenpfahl-Bohrgerät,
umgestürztes VIII/739
Schneefanggitter, Schneelast
XI/965
Schneelast
– außergewöhnliche in
Norddeutschland XI/956 f.
– (auf dem) Boden XI/954
– Dachaufbauten XI/965
– Dachtraufe, Schneeüberhang
XI/965
– Flachdach
– – ausgedehntes XI/957
– – (mit) Photovoltaikanlage
XI/962
– – (mit) Solarthermieanlage
XI/962
– Formbeiwerte XI/957–962
– – (mit) Höhenvorsprung
XI/962–965
– Schneefanggitter XI/965
Schneelastzonenkarte XI/955
Schnellzement I/12
Schnittgrößenermittlung
– allgemeines Verfahren XI/1121
– Balken im Hochbau, effektive
Stützweite XI/1113 f.
– Bauteile unter Normalkraft
– – Berechnung nach Theorie II.
Ordnung XI/1030–1032,
XI/1117–1124
– – Knicklänge von Einzeldruck-
gliedern XI/1118 f.
– – Schlankheit von Einzeldruck-
gliedern XI/1118 f.
– – – Grenzwert XI/1118
– Bauteilverformungen, Auswir-
kungen nach Theorie II. Ordnung
XI/1110
– Berechnung
– – linear-elastische XI/1028 f.
– – – (mit) begrenzter Umlagerung
XI/1115
– – nichtlineare XI/1116 f.
– Druckglieder mit zweiachsiger
Lastausmitte XI/1122–1124
– Einwirkungskombinationen
XI/1110
– Gesamttragwerk, Nachweis nach
Theorie II. Ordnung XI/1119 f.
– Idealisierungen XI/1028
– Imperfektionen XI/1110–1112
– Kriechen XI/1120
– Krümmung XI/1032
– Lastfälle XI/1110

– (mit) Nennkrümmung
XI/1121 f.
– nichtlineare XI/1030
– (nach) Plastizitätstheorie
XI/1115 f.
– – Stabwerkmodelle XI/1115 f.
– Plattenbreite, mitwirkende
XI/1113
– Platten im Hochbau, effektive
Stützweite XI/1113 f.
– Stabwerkmodell XI/1029
– Träger, schlanker
– – seitliches Ausweichen
XI/1124
– Tragwerksmodelle für statische
Berechnungen XI/1112 f.
– Vereinfachungen XI/1028
Schottersäule VIII/755
Schrauben
– Betonschraube *siehe dort*
– Hammerkopfschraube IV/298
– Kerbzahnschraube IV/298
– Zahnschraube IV/298
Schraubenmuffenverbindung
V/423
Schubdornsystem mit Trittschall-
dämmung V/454
Schubgitterträger II/233
Schubkräfte zwischen Balkensteg
und Gurten XI/1036, XI/1129 f.
Schubschlankheit V/418
Schubverbinder V/434 f.
Schutz, Technische Baubestim-
mungen XI/1226 f.
Schutzbauwerke *siehe* Wildbach-
schutzbauwerke
Schutzgalerie VII/514
Schwerbeton I/4
– Definition XI/1089
– Festigkeitsklassen I/5
Schwinden I/54–58, I/72,
IX/836 f., XI/1095–1097
– autogenes I/55, IX/836
– Carbonatisierungsschwinden
I/55
– chemisches I/54
– Endschwindmaß I/58
– Grundschwinden *siehe dort*
– plastisches I/55
– Trocknungsschwinden *siehe dort*
Sedimentationsreduzierer I/31
Sedimentationsversuch für Beton
I/104 f.
Seilsperre VII/513
Sekantenmodul für Druckbeanspru-
chung I/70
Sekundärettringitbildung I/117
Sekundärriss IX/841, IX/845 f.,
IX/873
Sekundärsetzung VIII/764
selbstverdichtender Beton (SVB)
I/100–106
– Eigenschaften I/106

– Mischungsentwurf I/101 f.
– Prüfung I/102–105
– Richtlinie I/105
– Typen I/101
Setzfließversuch für Beton I/103
Sheddach, aerodynamische
Beiwerte XI/985
Sichtbeton I/106–112
– Ausblühungen I/110
– Ausführung I/109
– Ausschreibung I/107
– Beurteilung I/109 f.
– Calciumcarbonatanteil I/110
– Calciumhydroxydanteil I/110
– Definition I/106
– Einbau I/108 f.
– Erprobungsflächen I/106 f.
– farbiger I/112
– Farbunterschiede I/110
– Herstellung I/107 f.
– Kalkaussinterungen I/110
– Konsistenz I/109, I/107
– Leichtbeton I/112 f.
– Mängel I/110–112
– – Beseitigung I/111 f.
– Marmorierungen I/110
– Mischreihenfolge I/108
– Nachbehandlung I/109
– Planung I/107
– Referenzflächen I/107
– Schalhaut I/107 f.
– Schlieren I/108, I/110
– Schüttlagenhöhe I/109
– Trennmittel I/109
– Trocknung I/109
– Verdichtung I/109 f.
– Verfärbungen I/110
– weißer I/112
– Wolkenbildungen I/108, I/110
– Zusammensetzung I/107 f.
Sieblinien I/28–30
SIFCON I/131, I/138, I/140
Silikastaub I/8 f., I/36, I/39 f.,
I/137
SIMCON I/131, I/138
Sinterbims I/114, I/124
Sohlpflasterung VII/514
Sohlstufe VII/508
Solarthermieanlage auf Flachdach,
Schneelast XI/962
Solevereisung VIII/801
Sonderzement I/14
Spannbetontragwerk, Bemessung
und Konstruktion
XI/1008–1086
Spanngliedverankerung
– (mit) Ankerkörpern III/259,
III/274–278
– – Ankerplatten III/275–277
– – Klemmkonstruktionen
III/274–276
– – Kontaktpressung III/275
– – Koppelanker III/277

– – Reibung III/274
– – Rippenhalbschalen III/277 f.
– Bauausführung III/284–287
– – Abbruchverfahren III/284 f.
– – Bauablauf III/286 f.
– – Erschütterungen III/284
– – Pilgerschritt III/285
– (beim) Brückenrückbau III/249–292
– Klemmkonstruktion III/256
– Konzepte III/259–278
– nachträgliche III/253 f.
– Plattenverankerung III/258
– Redundanzen III/260
– Regelwerke III/260
– Sicherheitskonzept III/278 f.
– – Lastaufbringung III/279
– – Nutzungsdauer III/279
– – Spannkraftverluste III/278
– – Teilsicherheitsbeiwerte III/278
– statisch-konstruktive Aspekte III/279–284
– – Lasteinleitung III/282
– – Momentenumlagerung III/280
– – Randzug III/281 f.
– – – Bewehrung III/284
– – Schnittgrößenumlagerung III/279
– – Spaltzug III/281 f.
– – – Bewehrung III/283
– – Spanngliedausfall, planmäßiger III/281
– – Systemumlagerung III/279
– – Teilflächenpressung III/282 f.
– – Trennschnitt III/280
– – Zwangsschnittgrößen III/280
– Trennschnitte III/252
– Überwachung III/287 f.
– – Durchrutschen III/288
– – Endschlupf III/287
– – Kriterien III/287
– – Schlupfkontrolle III/287 f.
– – Verankerungslänge, Abschätzung III/288
– Verankerungslänge III/259
– Verbundverankerung III/259–274
– – Dehnmessungen III/266
– – Endschlupf III/264 f.
– – (mit) Epoxidharz III/274
– – erschütterungsarme III/266
– – Haftbrücken III/273 f.
– – (mit) Hochleistungsbeton III/267
– – nachträglicher Verbund III/269 f.
– – Neuverankerung III/267
– – Oberflächenrauheit III/273 f.
– – sofortiger Verbund III/270
– – Übertragungslänge III/261 f., III/265 f.
– – (mit) ultrahochfestem Beton III/267

– – Verankerungslänge III/261 f., III/272 f.
– – Verbundkraft III/262, III/271
– – Verbundkriechen III/263
– – Verbundlänge III/261, III/271
– – Verbundmaterial III/267 f., III/270
– – Verbundspannung III/261 f.
– – (im) Verpressmörtel II/263 f.
– – Versuche III/268
– – – Ausziehversuch III/268 f., III/271
– – – Dauerschwingversuch III/271
– – – (für) ermüdungsrelevante Einwirkungen III/271
– – – Ermüdungsversuch III/269
– – Versuchsauswertung III/271 f.
– – – statische III/272
– – Versuchskonzept III/270 f.
– – Zulassungen III/260
Spannstahl II/242–247
– Normungsstand II/242 f.
– Schalungsanker siehe dort
– Spannstahldraht siehe dort
– Spannstahllitzen siehe dort
– Spannstahlstab siehe dort
Spannstahldraht II/243
– Herstellwerke II/244 f.
– Lieferformen II/243
Spannstahllitzen II/243
– Herstellwerke II/246
– Lieferformen II/244
Spannstahlstab II/243
– Herstellwerke II/247
Spannungsbegrenzung XI/1050
Spannungsgeschichte eines Stahlbetonbauteils IX/847–851
Spanplatten, Wichte XI/934
Sparbeckenschleuse VI/495
spezielle Bauteile, Technische Baubestimmungen XI/1219–1223
Sprengverdichtung VIII/729
Spritzbeschleuniger I/31
Spritzbeton, Festigkeitsbestimmung I/53
Stababstandtabelle IX/860–862
Stabbündel XI/1071, XI/1171
Stabdurchmessertabelle IX/860 f.
Stabilisierer I/31, I/33
Stabilisierertyp (SVB) I/101
Stabilisierungssäulen VIII/805–808
– Anwendungsgebiete VIII/806
– Anwendungsgrenzen VIII/806
– Bemessung VIII/807
– Nachteile VIII/806 f.
– Planung VIII/807
– Qualitätssicherung VIII/807 f.
– Risiken VIII/806 f.
– Überwachung VIII/807 f.

– Verfahrensbeschreibung VIII/805 f.
– Vorteile VIII/806
– Wirkungsweise VIII/806
Stabwerkmodell
– Biegemomente, mindeste XI/1145
– Druckstrebenbemessung XI/1049
– Knotenbemessung XI/1146 f.
– Zugstrebenbemessung XI/1049
Stahl, hochkorrosionsbeständiger (HCR-Stahl) IV/310
Stahlauflager für Π-Platten-Decke V/458
Stahlbauanschluss V/464
Stahlbetonbau, Technische Baubestimmungen XI/1207–1230
Stahlbetonbauteile
– Rissbreitenbeschränkung IX/831–887
– Spannungsgeschichte IX/847–851
– ungeschützte tragende XI/1021
– Verformungskompatibilität IX/831–887
– Zwangbeanspruchung IX/831–887
Stahlbeton im Wasserbau siehe auch Beton, (im) Wasserbau VI/484–492
Stahlbetonplatte
– Querkrafttragfähigkeit, mindeste XI/1034
Stahlbetontragwerk, Bemessung und Konstruktion XI/1008–1086
Stahlbetonwand, tragende
– Wanddicke, mindeste XI/1182
Stahlbetonzugstab, dünner IX/840
– lastbeanspruchter IX/839–843
– – dicke Bauteile IX/839 f.
– – dünne Bauteile IX/839 f.
– – globales Verhalten IX/840–842
– Rissbreite IX/842 f.
– Risszustand IX/842 f.
– Steifigkeit, lastabhängige IX/841
Stahldrucklager V/449
Stahlfaserbeton I/138
– Arbeitslinien I/139
– Richtlinie I/142 f.
– Wöhlerlinie I/81
Stahlfasern I/131, I/134 f., I/140, III/283
– Dauerhaftigkeit I/140
– Korrosion I/141
– Temperaturverhalten I/141
Stahllasche, Ankleben V/433
Stahlsorten
– B500A II/183
– – Kennzeichnung II/184

– B500B II/183
– – Kennzeichnung II/184
– Werkkennzeichnung II/184
Standardbeton I/6 f.
– Zementgehalt, mindester I/7
Staustufe VI/496
Steinschlichtung VII/508
Stickstoffvereisung VIII/802
Stoffschluss IV/300
Stokes'sches Gesetz I/46
Stoß
– Bemessungsregeln
XI/1068–1071
– benachbarter XI/1068
– (von) Betonstahlmatten aus
Rippenstahl XI/1070 f.
– Übergreifungslänge XI/1069
– Übergreifungsstoß, Querkraftbewehrung XI/1069 f.
– versetzter XI/1068
Streifenfundament
– Konstruktionsregeln
XI/1201 f.
– unbewehrtes XI/1081
Stützen
– Definition XI/1089
– Konstruktionsregeln XI/1076 f.
– Längsbewehrung XI/1076
– Querkraftbewehrung XI/1076 f.
Stützenanker, Konstruktionsregeln
XI/1078
Stützenschuh V/463
Sulfathüttenzement I/9
SVB *siehe* selbstverdichtender
Beton

T
Tangentenmodul für Druck- und
Zugbeanspruchung I/70
Technische Baubestimmungen
X/906–909
– Abdichtungen XI/1227–1229
– Bauarten X/908
– Bauausführung XI/1215–1217
– Bauprodukte X/907
– Baustoffe XI/1209–1215
– Bemessung XI/1215–1217
– Beton XI/1209–1215
– Betonbau XI/1207–1230
– Betonfertigteile XI/1219–1223
– Betonstahl XI/1209–1215
– Brandschutz XI/1217–1219
– Einwirkungen XI/1207–1209
– Geotechnik XI/1224–1226
– Grundlagen XI/1207–1209
– Instandsetzung XI/1226 f.
– Regelung in der MBO X/906
– Richtlinien XI/1229 f.
– Rüstung XI/1223 f.
– Schalung XI/1223 f.
– Schutz XI/1226 f.
– spezielle Bauteile
XI/1219–1223

– Stahlbetonbau XI/1207–1230
– Verordnungen XI/1229 f.
technische Spezifikation X/892 f.
Teilflächenbelastung XI/1049 f.
Teilsicherheitsbeiwerte
– Baustoffe, Modifikation
XI/1081 f., XI/1202 f.
Tempcore-Verfahren II/186
Temperaturdehnzahl I/23
Temperatureinwirkungen
XI/1000–1002
Temperaturkoeffizienten
XI/1001 f.
Temperaturprofile XI/1001
Temperaturverteilung XI/1000 f.
Tension-Stiffening IX/841
Terrazzo I/106
Textilbeton *siehe* Carbonbeton
Thermex-Verfahren II/186
thermische Trennung V/448
Tiefenrüttler VIII/743, VIII/750
Tiefgründung, Einsatzbereiche
VIII/730
Toneerdeschmelzzement I/9
Tonerdezement I/9
Tor, Brandverhalten X/896
Torsion
– Nachweisverfahren XI/1039 f.
– Wölbkrafttorsion XI/1135
Torsionsbewehrung
– Balken XI/1074, XI/1176
– Bügelbewehrung XI/1134
– Längsbewehrung XI/1134
Träger
– Betonelementanschluss V/462
– I-Träger mit Doppelkopfankern
V/419
– scheibenartiger, Definition
XI/1089
– schlanker, seitliches Ausweichen
XI/1032
– wandartiger
– – Definition XI/1089
– – Konstruktionsregeln XI/1078
Tragfähigkeitsgrenzzustand
XI/1032–1050
– Ankerschiene IV/368–386
– Befestigungsmittel IV/304–306
– Dübel IV/326–366
– Kopfbolzen IV/326–366
Tragraupe mit Tiefenrüttler
VIII/750
Tragwerk
– aufgelöstes *siehe dort*
– Betondeckung XI/1002–1109
– Brandeinwirkungen XI/951–953
– – mechanische XI/952 f.
– Dauerhaftigkeit, Anforderungen
XI/1103
– (aus) Fertigteilen, zusätzliche
Regeln XI/1185–1197
– (aus) gering bewehrtem Beton
XI/1080

– Planung *siehe* Tragwerksplanung
– Spannbetontragwerk *siehe dort*
– Stahlbetontragwerk *siehe dort*
– Umgebungsbedingungen
XI/1103
– (aus) unbewehrtem Beton
XI/1080
Tragwerksplanung
– Anforderungen XI/1010 f.
– Basisvariablen XI/1011
– Baubeschreibung XI/1093
– bautechnische Unterlagen
XI/1013
– Befestigungsmittel im Beton
XI/1013
– Bemessung, versuchsgestützte
XI/1013
– Berechnungen, statische
XI/1092
– Bewegungsunterschiede
XI/1090
– Dauerhaftigkeit XI/1011
– Einwirkungen, Kombinationsregeln XI/1012 f.
– Fugenabstand XI/1091
– Grundlagen
– – Anforderungen, grundlegende
XI/917
– – Annahmen XI/916 f.
– – Berechnung, statische
XI/921 f.
– – Dauerhaftigkeit XI/919
– – Einwirkungen
– – Kombinationsbeiwerte
XI/925–927
– – Kombinationsregeln
XI/925–927
– – Teilsicherheitsbeiwerte
XI/923–925
– – Grenzzustände XI/919 f.
– – Kombinationen
– – – (in) Grenzzuständen der
Gebrauchstauglichkeit
XI/928
– – – (in) Grenzzuständen der
Tragfähigkeit XI/927 f.
– – (im) üblichen Hochbau
XI/929
– – Nutzungsdauer, geplante
XI/918 f.
– – Teilsicherheitsbeiwerte
XI/922–925
– – Voraussetzungen XI/916 f.
– Lagesicherheitsnachweis
XI/1092
– Nutzungsdauer XI/1011
– Qualitätssicherung XI/1011
– Setzungsunterschiede XI/1090
– Teilsicherheitsbeiwerte
XI/1012
– Temperaturauswirkungen
XI/1090
– Zeichnungen XI/1092

Transportanker XI/1079
Transportkoeffizient I/90
Treibhauspotenzial I/144
Trennriss IX/852
Treppe
– Fertigteiltreppe V/455
– Nutzlast XI/942 f.
– Trittschallschutz V/454 f.
Treppenpodest
– (aus) Betonfertigteilen V/454
– Lagerung V/457
Tricalciumaluminat I/19
Tricalciumsilicat I/19
Trichterauslaufversuch
– Beton I/104
– Mörtel I/102 f.
Trittschalldämmung, konstruktive Durchbildung V/453 f.
Trittschallschutz für Treppen V/454 f.
trittschalltechnische Entkopplung V/456
Trockenmischverfahren VIII/773–777
– Anwendungsgebiete VIII/774 f.
– Anwendungsgrenzen VIII/774 f.
– Bemessung VIII/775 f.
– Bindemittel VIII/774
– – Gehalt, variabler VIII/775
– Blade Rotation Number VIII/774
– Mischgeräte VIII/774
– Nachteile VIII/775
– Planung VIII/775 f.
– Qualitätssicherung VIII/776 f.
– Risiken VIII/775
– Säulenanordnung VIII/776
– Sondierungsverfahren VIII/776
– Überwachung VIII/776 f.
– Verfahrensbeschreibung VIII/773 f.
– Vorteile VIII/775
– Wirkungsweise VIII/774
Trocknungskriechen IX/837, I/74
Trocknungsschwinddehnung, Ermittlung XI/1204
Trocknungsschwinden I/54–56, IX/836, IX/856
– Zeitverlaufsfunktionen XI/1017
Trogdach
– aerodynamische Beiwerte XI/979
– Flächeneinteilung XI/983

U
Übereinstimmungsbestätigung X/910
Übereinstimmungsnachweis X/910
Übergreifungsstoß, Querkraftbewehrung XI/1069 f.
Überlastschüttung VIII/731

Uferdeckbau VII/508
UHFB *siehe* ultrahochfester Beton
ultrahochfester Beton (UHFB) I/143
– Eigenschaften I/156
– Ökobilanz I/155
– Zusammensetzung I/156
unbewehrte Bauteile, Definition XI/1088

V
Vakuum-Vertikaldränage VIII/729
Verankerungen *siehe auch* Befestigungsmittel *und* Dübel *und* Kopfbolzen
– (mittels) angeschweißter Stäbe, Bemessungsregeln XI/1067 f.
– Anordnung IV/301
– Anwendungsbereich IV/297–303
– Bemessung
– – (nach) EN 1992-4 IV/293–408
– – Grundlagen IV/303–307
– Dauerhaftigkeit IV/307–310
– Endverankerung V/423 f.
– geschichtliche Entwicklung IV/295 f.
– Neuerungen gegenüber der CEN/TS-1992-4-Reihe IV/296 f.
– technische Spezifikationen V/431 f.
Verankerungstechnik V/409–472
Verbindungen
– Betonstahlverbindungen *siehe dort*
– biegesteife *siehe dort*
– Klebeverbindung V/433
– mechanische *siehe auch* Betonstahlverbindungen V/423
– – Bemessungsregeln XI/1068–1071
– – Übergreifungslänge XI/1069
– Reduzierverbindung V/430
– Schraubenmuffenverbindung V/423
– technische Spezifikationen V/431 f.
– Wandplatten V/444
Verbindungselemente V/423–440
– (zur) Querkraftübertragung V/458–461
– Querkraftdornsysteme *siehe auch dort* V/458–461
– – Stahlauflager für Π-Platten-Decke V/458
– (mit) Schalldämmung V/453–457
– – Anwendungsbereich V/453
– – konstruktive Durchbildung V/453–455
– – Korrosionsschutz V/455–457
– – statischer Nachweis V/455

– (mit) Wärmedämmung V/448–452
– – Anwendungsbereich V/453
– – Brandschutz V/451, V/453
– – Dauerhaftigkeit V/451
– – konstruktive Durchbildung V/448, V/450 f.
– – Korrosionsschutz V/451
– – statischer Nachweis V/451
– – Tauwassergefahr V/451
– – technische Spezifikationen V/452
– – Transmissionswärmeverlust V/451
– – Wärmeschutz V/451
Verbund
– Anreicherung von sandreicheren Schichten I/47
– Gesteinskörnung, grobe
– – Absinken I/47
Verbundbauteil, Definition XI/1089
Verbundbedingungen XI/1162
Verbundbewehrung XI/1132
Verbunddübel V/299 f.
– Bemessung V/412
– Versagen IV/328
Verbundfuge
– glatte XI/1038
– Kategorien XI/1039
– raue XI/1038
– Rauigkeitskategorien XI/1037
– Schubtragfähigkeit XI/1038
– verzahnte XI/1038
Verbundspreizdübel IV/299 f.
– Bemessung V/412
Verbundsteifigkeit IX/860
Verbundverhalten zwischen Stahl und Beton, Einflussgrößen III/261
Verdichten mit Aufsatzrüttlern VIII/754–756
– Anwendungsgebiete VIII/755
– Anwendungsgrenzen VIII/755
– Bemessung VIII/755
– Nachteile VIII/755
– Planung VIII/755
– Qualitätssicherung VIII/755 f.
– Risiken VIII/755
– Überwachung VIII/755 f.
– Verfahrensbeschreibung VIII/754 f.
– Vorteile VIII/755
– Wirkungsweise VIII/755
Verdichtungsinjektionsverfahren VIII/794–797
– Anwendungsgebiete VIII/795–797
– Anwendungsgrenzen VIII/795–797
– Bemessung VIII/797
– Dichtevergleich VIII/797

- Nachteile VIII/797
- Planung VIII/797
- Prozessschritte VIII/795
- Qualitätssicherung VIII/797
- Risiken VIII/797
- Überwachung VIII/797
- Verfahrensbeschreibung VIII/794 f.
- Vorteile VIII/797
- Wirkungsweise VIII/795
vereister Baukörper, Windlast XI/999 f.
Vereisungsklassen XI/966 f.
Verflüssiger I/31
Verformungen
- aufzunehmende IX/867
- Begrenzung XI/1059–1062
- – Biegeschlankheitsgrenzwerte XI/1061
- – Nachweis mit direkter Berechnung XI/1062, XI/1158 f.
- – Nachweis ohne direkte Berechnung XI/1060–1062, XI/1157 f.
Verformungseinwirkungen auf Betonbauteile IX/834–839
Verformungskompatibilität IX/831–887
- Bemessungskonzept IX/865–875
- Rechenbeispiele IX/875–885
- – Trogbauwerk aus dicken Bauteilen IX/880–885
- – Untergeschoss aus dünnen Bauteilen IX/875–880
Verkehrswasserbauwerke *siehe* Wasserbauwerke
Verordnungen, Technische Baubestimmungen XI/1229 f.
Versagensfolgeklassen XI/1006
Versauerungspotenzial I/144
Vertikaldrän mit Lastschüttung VIII/760–764
- Anwendungsgebiete VIII/762
- Anwendungsgrenzen VIII/762
- Arbeitsplattform VIII/760
- Bemessung VIII/763 f.
- Einbau VIII/761 f.
- Herstellung VIII/761
- Installationsvorgang VIII/760
- (zur) Konsolidierung VIII/760
- Konsolidierungsgrad VIII/763
- Nachteile VIII/762 f.
- Planung VIII/763 f.
- Qualitätssicherung VIII/764
- Risiken VIII/762 f.
- Testfeld VIII/763
- Überwachung VIII/764
- Verfahrensbeschreibung VIII/760 f.
- Vorteile VIII/762 f.
- Wirkungsweise VIII/761 f.

Vertikaldränage VIII/729, VIII/731
Verwahrkasten für Bewehrungsanschluss V/442–444
- Oberflächenbeschaffenheit V/442
- Profilierung V/443
Verzögerer I/31 f.
Vibrationsverdichtung VIII/748–750
- Anwendungsgebiete VIII/749 f.
- Anwendungsgrenzen VIII/749 f.
- Bemessung VIII/750
- Nachteile VIII/750
- Planung VIII/750
- Prinzip VIII/749
- Qualitätssicherung VIII/750
- Resonanzfrequenz VIII/748
- Risiken VIII/750
- Überwachung VIII/750
- Verfahrensbeschreibung VIII/748
- Vibro-rod-Methode VIII/748
- Vorteile VIII/750
- Wirkungsweise VIII/748 f.
Vibro-rod-Methode VIII/748
VLH-Zement I/19, I/52
Vollplatten
- Bewehrung in Auflagernähe XI/1177
- Biegebewehrung XI/1074
- Eckbewehrung XI/1177 f.
- Konstruktionsregeln XI/1074 f.
- Querkraftbewehrung XI/1074 f., XI/1178
- Randbewehrung XI/1178
Vollstoß V/423
Vollverdrängerschnecke VIII/806
Vollwandsperre VII/524
Vordach
- Abmessungen XI/992
- aerodynamische Beiwerte XI/991 f.
- Flächeneinteilung XI/992
Vorlastschüttung VIII/731
Vorsperre VII/514, VII/566
vorwiegend auf Biegung beanspruchtes Bauteil, Definition XI/1089

W

Walmdach
- aerodynamische Beiwerte XI/985 f.
- Flächeneinteilung XI/987
Wand
- Bewehrung
- – horizontale XI/1077
- – Querkraftbewehrung XI/1077 f.
- – vertikale XI/1182
- Definition XI/1089

- freistehende, aerodynamische Beiwerte XI/989–991
- (von) Gebäuden mit rechteckigem Grundriss
- – aerodynamische Beiwerte XI/976–978
- – Flächeneinteilung XI/978
- Konstruktionsregeln XI/1077 f.
- mehrschalige, aerodynamische Beiwerte XI/989
- Stahlbetonwand *siehe dort*
- Zwang IX/854–856
- Eigengewichtsaktivierung IX/854
- – Eigenspannung IX/854 f.
- – Primärrissabstand IX/855
- – zentrischer IX/854
- Zwischenwand *siehe dort*
Wandbelag, Flächenlast XI/936
Wand-Decken-Verbindung
- Bemessungsregeln XI/1080
- Konstruktionsregeln XI/1080
Wandplatten, Verbindungen V/444
Wandverbinder, lösbarer V/466–471
- Eckausbildung V/467
- Eckverbindung V/469
- Stoßverbindung V/469
- Stütze-Wand-Verbindung V/470
- T-Verbindung V/469
- Wandanschluss V/467
- Wandstoß V/467
Wandzuganker, Konstruktionsregeln XI/1078
Wärmeausdehnungskoeffizient von Beton IX/835 f.
Wärmebrücke V/448
Waschbeton I/106
Waschwasser, Recyclinghilfen I/31, I/33
Wasseraufnahmekoeffizient von Beton I/90
Wasserbau
- (mit) Beton VI/484–492
- Bundesanstalt VI/498
- (mit) Stahlbeton VI/484–492
Wasserbauwerke, massive VI/473–500
- Ausführung VI/477
- Bauwerk-Baugrund-Interaktion VI/479
- Bemessung VI/477–479
- Düker VI/498
- Durchlass VI/498
- Einwirkungen
- – außergewöhnliche VI/482
- – Erdbeben VI/498
- – Grundwasserdruck VI/479
- – Porenwasserdruck VI/481
- – Risswasserdruck VI/481
- – Spaltwasserdruck VI/481
- – ständige VI/479 f.

- – veränderliche VI/480 f.
- – – Wasserdruck VI/479 f.
- – Forschungen VI/498 f.
- – Kombinationsbeiwerte VI/783
- – massige Bauteile VI/488
- – Nachrechnung VI/483
- – Nutzungsdauer VI/483
- – – geplante VI/479
- – Planung VI/477
- – Regelwerke VI/477 f.
- – Schleuse *siehe dort*
- – Sicherheitskonzept VI/478–483
- – – wasserbauspezifisches VI/483
- – Teilsicherheitsbeiwerte, wasserbauspezifische VI/482 f.
- – Wasserkraftwerk VI/477
- – Wehr *siehe dort*
- – Wehranlage VI/477
- – Zwang, später VI/498
- Wasserhaltungsdole VII/568
- Wasserkraftwerk VI/477
- Wasserretentionssperre VII/697
- (mit) Hybridquerschnitt VII/688
- Wasserzementwert I/21 f., I/60, I/89
- – Beton I/83
- – Faserbeton I/138
- – Konstruktionsleichtbeton I/117
- Wehr VI/496 f.
- – Bauwerk-Boden-Interaktion VI/496
- – Eisdruck VI/497
- – Grundwasserdruck VI/497
- – kombiniertes VI/496 f.
- – monolithisches VI/496
- – Revisionsverschluss VI/497
- – Staustufe VI/496
- – Wasserdruck VI/497
- – Wehrpfeiler VI/497
- Wehranlage VI/477
- Weibull-Theorie I/64
- Wichte
- – Beton XI/932
- – Boden
- – – bindiger XI/940
- – – nichtbindiger XI/939
- – Holz XI/934
- – Holzfaserplatten XI/934
- – Lagergüter XI/935
- – Mauerwerk XI/933
- – Mörtel XI/932
- – Naturstein XI/933
- – Normtabellen XI/931 f.
- – Spanplatten XI/934
- Wildbach VII/508
- – Definition VII/503, VII/506
- – murfähiger VII/506
- Wildbachgerinne, Fließgleichungen VII/624–626
- Wildbachgrundlagen VII/506
- Wildbachprozesse, Definition VII/503

Wildbachschutzbauwerke *siehe auch* Wildbachsperren *und* Wildbachverbauung
- Abflusssektion VII/529
- Ablenkdamm VII/514
- (zur) Ablenkung VII/512
- Abschlussbauwerk VII/514
- Auffangdamm VII/514
- aufgelöstes Tragwerk *siehe dort*
- Bauwerksverbände VII/522 f.
- Bemessung, hydraulische VII/622–640
- – Abflussbemessung VII/622–628
- – Abflussprofilveränderungen VII/627 f.
- – Abflussverhalten VII/627
- – – Wechselsprung VII/627
- – Bemessungsabfluss des Gemisches VII/632
- – Energieliniengefällebestimmung VII/623
- – Feststofftransport
- – – fluviatiler VII/628–631
- – – murartiger VII/631–633
- – Geschiebetransportbeginn, Festlegung VII/629
- – Geschiebetransportbemessung VII/628–633
- – Geschwindigkeitsbeiwert VII/625 f.
- – Krümmungen VII/628
- – (von) Querbauwerken *siehe* Wildbachschutzbauwerke, Querbauwerk
- – Schleppspannung VII/629
- – Sohlgefällebestimmung VII/623
- – Stauraumbemessung VII/639 f.
- – Überlastfall VII/634
- – Wasserspiegelgefällebestimmung VII/623
- Bremskegel VII/514
- Buhne VII/508, VII/521
- Dränagen VII/514, VII/522
- (zur) Energieumwandlung VII/512, VII/544–549
- Entwurf VII/528–592
- Erhaltung VII/714–718
- flächenwirkende VII/522
- Funktionskette VII/523
- Funktionstypen VII/518–520
- – Ableitung VII/518
- – Ablenkung VII/519
- – Dosierung VII/519
- – Energieumwandlung VII/519
- – Filterung VII/519
- – Konsolidierung VII/518
- – Retention VII/518 f.
- – Stabilisierung VII/518
- – Umgebung VII/518

- Geschiebeablagerungsbecken *siehe* Retentionsbecken
- Gewichtsmauer *siehe dort*
- Grobsteinschlichtung VII/522
- Grundschwelle VII/521
- (zur) Hangsicherung VII/522
- Hangverbau VII/508, VII/514
- Hybridmauer *siehe dort*
- Inspektion VII/715, VII/718
- Klassifizierung VII/518–528
- Kolk VII/529
- – Bemessung VII/637 f.
- Konstruktion VII/528–592
- (zur) Kontrolle der Ablagerungsprozesse VII/512 f.
- (zur) Kontrolle der Verlagerungsprozesse VII/512 f.
- – murartige Prozesse VII/506, VII/512–515
- (zur) Kontrolle von Wildholz VII/506, VII/514–517
- konstruktive Gestaltung VII/529
- Künette VII/508
- (mit) künstlicher Geländeveränderung VII/522
- Längsbauwerk VII/509, VII/522
- Lebensdauer VII/714–718
- – werkstoffspezifische VII/714
- Leitdamm VII/522
- Leitwerk VII/508
- Murabsturzbauwerk *siehe dort*
- Murbrecher *siehe dort*
- Platte VII/665 f.
- Querbauwerk VII/509, VII/521, VII/529
- – Abflusssektionsbemessung VII/634–637
- – Bemessung, hydraulische VII/634–639
- – Freibord für Abflusssektionen VII/637
- – Kolkbemessung VII/637 f.
- – Öffnungsbemessung VII/638 f.
- – Tosbeckenbemessung VII/637 f.
- – Überfall VII/634–637
- – Vorfeldbemessung VII/637 f.
- Regulierung VII/514, VII/522 f.
- Retentionsbecken VII/508, VII/513 f.
- Risikofaktoren VII/717
- Runsenverbau VII/508, VII/514
- Schussrinne VII/522
- Schutzgalerie VII/514
- Sohlgurt VII/508, VII/521
- Sohlpflasterung VII/514
- Sohlrampe VII/508, VII/521
- Sohlschwelle VII/521
- Sperre *siehe* Wildbachsperren
- Sperrenstaffel VII/508, VII/514, VII/523
- Sporn VII/521

- Staffelung VII/523
- Steinschlichtung VII/508
- Systematik VII/518–528
- – Begriffsdefinitionen VII/518
- – Übersicht VII/504
- Uferdeckbau VII/508
- Ufermauer VII/508, VII/522
- Verlandungslinie VII/639
- Verlandungswinkel VII/639 f.
- (zum) Wildholzrückhalt VII/517
- Winkelstützmauer *siehe dort*
- Wirkung VII/518 f., VII/544 f.
- Zustandsstufen VII/715, VII/718
- Zylindermauer VII/669
Wildbachsperren *siehe auch* Wildbachschutzbauwerke *und* Wildbachverbauung VII/501–724
- Abflusssektion VII/552–557
- Auskragungen VII/557
- – Bemessung VII/634–637
- – Form VII/552
- – Freibord VII/637
- – Stahlblechverkleidungen VII/555–557
- Abriebschutz VII/552 f.
- aufgelöste VII/524
- Balkenkonstruktion VII/561–566
- Balkensperre VII/508, VII/514, VII/538 f., VII/706
- Bauteile, Konstruktion VII/552–582
- Bauwerkshöhe, Festlegung VII/645
- Bemessung VII/640–713
- – Baustoffe VII/640
- – charakteristische Werte VII/640 f.
- – geotechnische Kategorien VII/645, VII/647
- – geotechnische Kennwerte VII/640 f.
- – Grundlagen VII/593–606, VII/640–655
- – – normative VII/640
- – – Standsicherheit VII/640
- – Situation VII/644 f., VII/655
- – – außergewöhnliche VII/645
- – – ständige VII/645
- – – vorübergehende VII/645
- Bemessungsereignis, Festlegung VII/593
- Berechnung, statische VII/640–713
- Berechnungsgrundlagen VII/593–606
- – Abflussabschätzung VII/595
- – Abflussentstehung VII/595
- – Bemessungsniederschlagabschätzung VII/595
- – Bodenkennwerte VII/603

- – Erddruck VII/601 f., VII/605
- – Erddruckberechnung VII/601, VII/604 f.
- – Erddrucksonderformen VII/605
- – Erddruckverteilung VII/601, VII/604
- – Erdruhedruck VII/601, VII/605
- – geotechnische Grundlagen VII/600–606
- – Geschiebefrachtabschätzung VII/598–600
- – Geschiebefrachtermittlung VII/598
- – Geschiebepotenzial VII/599
- – hydrologische Grundlagen VII/593–600
- – hydrologische Modelle VII/596–598
- – Indikation
- – – rückwärtsgerichtete VII/593 f.
- – – vorwärtsgerichtete VII/594
- – Kriechdruck VII/605 f.
- – Murfrachtabschätzung VII/600
- – Siloerddruck VII/605
- – Verlagerungsprozesse, Bestimmung VII/594 f.
- – Wandreibungswinkel VII/603 f.
- Bergdrucksperre VII/549 f.
- Bewehrungsführung VII/579–582
- – Plattenbewehrung VII/579–582
- – Rostwangenanschluss VII/582
- – Scheibenbewehrung VII/579–582
- – Vorfeldwangenanschluss VII/582
- – Winkelstützmauern VII/582 f.
- Bogensperre *siehe* Gewölbesperre
- Dole *siehe dort*
- Dolensperre *siehe dort*
- Dosiersperre *siehe dort*
- Einwirkungen VII/606–622, VII/646 f.
- – außergewöhnliche VII/641, VII/647
- – (aus) dynamischen Komponenten VII/606–608, VII/613–621
- – – Einwirkungsmodell VII/617–619
- – – Murdruck VII/616–621, VII/657–659
- – – Murgang VII/617
- – – Verlagerungsprozesse VII/613
- – – Wasserdruck VII/613–616
- – – Eigengewicht VII/608 f.

- – (aus) Einzelkomponenten VII/621
- – Erdbeben VII/622
- – Erddruck VII/609 f.
- – Ermittlung VII/608
- – Felssturz VII/621 f.
- – Hangdruck, seitlicher VII/621
- – Klassifizierung VII/606 f.
- – Kombinationen VII/655–663
- – – (mit) fluvitilen Verlagerungsprozessen VII/655 f., VII/659–661
- – – (mit) murartigen Verlagerungsprozessen VII/657–659, VII/661
- – – Zuordnung VII/661–663
- – Lawine VII/621
- – Prozessmodelle VII/607
- – Prozessparameter VII/608
- – Rutschung VII/622
- – Sondereinwirkungen VII/607, VII/621 f.
- – ständige VII/641, VII/647
- – statische VII/606–608
- – Steinschlag VII/621 f.
- – Talzuschub VII/621
- – Teilsicherheitsbeiwerte VII/607
- – veränderliche VII/641, VII/647
- – Verkehrslasten VII/622
- – (aus) Verlagerungsprozessen VII/608
- – Wasserdruck, hydrostatischer VII/610–613
- – – Auftrieb VII/611–613
- – – Fugenwasserdruck VII/613
- – – Sohlwasserdruck VII/611–613
- – – Strömungsdruck VII/612
- – – Wasserauflast VII/611
- – (aus) Zwangsbeanspruchung VII/622
- Filtersperre *siehe dort*
- Flügelanzug VII/529
- Fugen VII/572–579
- – Arbeitsfuge VII/573–575
- – Arten VII/572
- – Bewegungsfuge VII/574–579
- – Dehnungsfuge VII/574
- – Setzungsfuge VII/574
- – Fugenbänder VII/574
- – Arbeitsfugenband VII/573, VII/577 f.
- – Bewegungsfugenband VII/576–578
- – Eckverbindung VII/577–579
- – Fundament VII/557–560
- – geometrische Parameter VII/641
- – Geschiebedosiersperre *siehe* Dosiersperre
- – Gewichtssperre *siehe dort*

– Gewölbesperre *siehe dort*
– Gittersperre *siehe dort*
– Grenzzustände VII/642–644
– Hangdrucksperre VII/549 f.
– Klassifizierung VII/523–528
– Kolk
– – Auspflasterung VII/566
– – Bemessung VII/637 f.
– – Sicherung VII/566
– Konsolidierungssperre *siehe dort*
– kronengeschlossene VII/524
– kronenoffene VII/524
– Kronsteine VII/553–555
– Murabsturzsperre *siehe* Murabsturzbauwerk
– Netzsperre *siehe dort*
– offene VII/724
– Öffnungen VII/566–572
– – Bemessung VII/638 f.
– – (in) Bogenmauern VII/570–572
– – (in) Stahlbetonplatten VII/570 f.
– Pfeiler VII/560 f.
– Pfeilerplattensperre *siehe dort*
– Plattensperre *siehe dort*
– Querbauwerk, Versagensarten VII/643 f.
– Rechenkonstruktion VII/561–566
– – Auflager VII/564–567
– – gebrochene VII/565 f.
– – gleichmäßig geneigte Rechen VII/563 f.
– – Rechenabstand VII/561 f.
– – Rechenstäbe VII/564–566
– – vertikale Rechen VII/563
– Retentionssperre *siehe dort*
– Rostwange VII/561
– Scheiben VII/560 f.
– Schlitz VII/524, VII/568
– Schlitzsperre *siehe dort*
– Seilsperre VII/513
– Sohldruckkraft, Ausmittigkeit VII/653
– Sohlfläche, horizontale
– – Gleitfugen VII/652
– Sohlspannungsverteilung VII/651
– Sperrenkrone VII/552–557
– Standsicherheitsnachweis VII/649–655
– – Geländebruchsicherheit VII/654
– – Gleiten VII/651 f.
– – Grundbruch VII/652–654
– – Kippen VII/649–651
– – Spannungsnachweis VII/654 f.
– – Stabilitätsnachweis VII/655
– – statische Systeme VII/663–713
– – Einteilung VII/664
– Teilsicherheitsbeiwerte VII/648–650, VII/655

– Tosbecken VII/566
– – Bemessung VII/637 f.
– Typen VII/525, VII/527 f.
– Überfallsektion VII/552–557
– Versagensarten VII/641 f.
– – Gebrauchstauglichkeit VII/641–643
– – Tragfähigkeit VII/641 f.
– Vollwandsperre VII/524
– Vorfeldbemessung VII/637 f.
– Vorfeldsicherung VII/566–568
– Vorfeldwange VII/560 f.
– Vorsperre VII/514, VII/566
– Wasserretentionssperre *siehe dort*
– Werkstoffe VII/582–592
– – Betonkonzepte VII/586–591
– – – Ausgangsstoffe VII/586 f.
– – – Bindemittel VII/590 f.
– – – Exposition VII/586
– – – Festigkeitsklassen VII/587
– – – Frost-Tau-Widerstand VII/590
– – – Gesteinskörnung VII/587–591
– – – Kornform VII/589
– – – Sieblinie VII/589
– – – Wasser VII/591
– – – Zusatzmittel VII/591
– – Konstruktionsbeton VII/582–585
– – – Abrasion VII/584 f.
– – – Betondeckung VII/585
– – – Betongüte, mindeste VII/582
– – – chemischer Angriff VII/584
– – – Expositionsklassen VII/583–585
– – – Verschleiß VII/584 f.
– – – Werkstoffkennwerte VII/582
– – Stahl VII/592
– Werte VII/645 f.
– Widerstände VII/647
– Wildholzfiltersperre VII/508, VII/544
Wildbachverbauung *siehe auch* Wildbachschutzbauwerke *und* Wildbachsperren VII/503–506
– Definition VII/503
– Funktions-Konstruktions-Matrix VII/526
– Konstruktions-Tragwerks-Matrix VII/526
– Längsbauwerke VII/522
– ON-Regeln „Schutzbauwerke der Wildbachverbauung" VII/506
– Querbauwerke VII/521
– Schutzbauwerke *siehe* Wildbachschutzbauwerke
– Schutzkonzepte VII/506–518
– Schutzmaßnahmen VII/505
– – aktive VII/503
– – Geschiebebewirtschaftung *siehe dort*
– – passive VII/503

– Sofortmaßnahmen VII/805
– Sperren *siehe* Wildbachsperren
– Terminologie VII/518
Wildholzfang VII/515, VII/543
Wildholzfiltersperre VII/508, VII/544
Wildholznetz VII/516, VII/543
Wildholzrechen VII/515, VII/543
Wildholzrückhalt VII/515, VII/517
Winddruck XI/973–975
Windeinwirkungen XI/973–976
Windkräfte XI/975 f.
Windlast
– aerodynamische Beiwerte
– – Brüstung, freistehende XI/989
– – Dach, freistehendes mit offenen Wänden XI/991
– – Dach, mehrschaliges XI/989
– – Flachdach XI/978 f.
– – Innendruck XI/985
– – Pultdach XI/979
– – Satteldach XI/984
– – Sheddach XI/985
– – Trogdach XI/984
– – Vordach XI/991 f.
– – Walmdach XI/985
– – Wand
– – – freistehende XI/989–991
– – – (von) Gebäuden mit rechteckigem Grundriss XI/976–978
– – mehrschalige XI/989
– Geschwindigkeitsdruck
– – Abminderungen XI/997–999
– – Bauwerke bis 25 m Höhe XI/972 f.
– – Bauwerke bis 300 m Höhe XI/972
– Kraftbeiwerte *siehe dort*
– Reihenhaus XI/999
– vereiste Baukörper XI/999 f.
Windzonen XI/970–972
– Karte XI/971
Winkelstützmauer VII/665 f., VII/688–695, VII/709
– Bemessung VII/690–695
– – Konsolenbemessung, Fachwerkmodell VII/694
– – Standsicherheit VII/690, VII/692–695
– – Berechnung VII/690–695
– – Erddruckansätze VII/693 f.
– – konstruktive Durchbildung VII/695
– – mit Querrippen VII/689, VII/691, VII/695
– – ohne Querrippen VII/689, VII/691–694
– – Vorbemessung VII/690
Wöhlerlinie
– Beton unter Druckbeanspruchung I/78

- Stahlfaserbeton I/81
- unbewehrter Beton I/81
Wölbkrafttorsion XI/1135

Z
Zahnschraube IV/298
Zellulosefasern I/137
Zement I/8–22
- Alkaligehalt, niedrig wirksamer I/14
- Ansteifen I/12
- Anwendungsbereiche I/15–19
- Anwendungszulassung I/9
- Arten *siehe auch* CEM I/8 f., I/12
- bautechnische Eigenschaften I/12–14
- (mit) besonderen Eigenschaften I/9
- Bezeichnung I/14 f.
- Dehnungsmaß I/12
- Erhärtungsvermögen I/13
- Erstarrungsbeginn I/12
- Expositionsklassen I/15–19
- Festigkeitsklassen I/12, I/61, I/76
- Hauptbestandteile I/8 f., I/13
- Hochofenzement I/14, I/94 f.
- Hydratation I/19
- Hydratationsgrad I/21 f.
- Hydratationswärme I/13, I/19, I/116
- Kennfarben I/15
- Kompositzement I/143
- Konformitätsnachweis I/13
- Lagerung I/14 f.
- LH-Zement I/52
- Lieferung I/14 f.
- Mahlfeinheit I/14
- Nebenbestandteile I/9
- Portlandzement I/143
- Raumbeständigkeit I/14
- Schnellzement I/12
- Sonderzement I/14
- Sulfathüttenzement I/9
- Sulfatwiderstand, hoher I/14
- Tonerdeschmelzzement I/9
- Tonerdezement I/9

- VLH-Zement I/19, I/52
- Zusätze I/8 f.
Zementgel I/20 f.
Zementstabilisierung VIII/784–789
- Anwendungsgebiete VIII/787 f.
- Anwendungsgrenzen VIII/787 f.
- Bemessung VIII/788 f.
- Nachteile VIII/788
- Ortmischverfahren VIII/784
- Planung VIII/788 f.
- Qualitätssicherung VIII/789
- Risiken VIII/788
- Überwachung VIII/789
- Verfahrensbeschreibung VIII/784 f.
- Vorteile VIII/788
- Wirkungsweise VIII/785 f.
- Zentralmischverfahren VIII/784 f.
Zementstein I/20–22
- Durchlässigkeit I/21
- Kontaktzone zum Zuschlag I/22
Ziegeldecke, Eigenlast XI/939
Ziegelsplitt I/114, I/124
Zink, Abtragsraten IV/308
ZTV-W VI/484
Zugabewasser I/40
- Brauchwasser I/40
- Restwasser I/40
Zuganker
- Durchlaufwirkung XI/1185
- innen liegender XI/1184 f.
- Konstruktionsregeln XI/1078
- Verankerung XI/1185
- vertikaler XI/1185
- Wandzuganker, Konstruktionsregeln XI/1078
Zugfläche, effektive IX/839, IX/865
Zugkraft-Übertragungsverbindungen
- Bemessungsregeln XI/1192
- Konstruktionsregeln XI/1192
Zugkriechen IX/849, IX/856
Zugstab
- Querkraftbewehrung XI/1069 f.

- Stahlbetonzugstab *siehe dort*
- voll ausgelasteter, Ersatzverankerungslänge XI/1067
Zugstoß V/428
Zugstrebe, Bemessung mit Stabwerkmodell XI/1049
Zusatzbewehrung IV/330
- Fachwerkmodell IV/351
- Kräfte IV/323–326
- Versagen IV/349, IV/364 f., IV/376, IV/381
Zusätzliche Technische Vertragsbedingungen – Wasserbau (ZTV-W) VI/484
Zustimmung im Einzelfall für Bauprodukte X/903–905
Zwang
- Aussparung *siehe dort*
- Bodenplatte *siehe dort*
- Boden-Struktur-Interaktion IX/839
- früher IX/835
- Hochbaudecke IX/856
- später IX/835
- Wand *siehe dort*
- Wasserbauwerke, massive VI/498
- zentrischer IX/854, IX/858
Zwangbeanspruchung
- Bewehrung, mindeste IX/862–865
- - Beiwert k_c IX/862–864
- - Eigenspannung IX/861
- - Rissschnittgröße IX/865
- - Zugfläche, effektive IX/865
- - Zwangkraftabbau IX/845, IX/864
- Rissbildungsrisiko I/52
- Stahlbetonbauteile IX/831–887
- Zugspannung I/52
Zwangkraft IX/843–851
- Abbau IX/845, IX/864
Zwangnormalkraft IX/870
Zwangschnittgrößen IX/867
Zwischenwand
- Nutzlast, horizontale XI/950 f.

Notizen

Notizen

Anbieterverzeichnis
Produkte und Dienstleistungen

Alphabetisch nach Stichwörtern geordnet.
_____

Diese Übersicht enthält nur bestellte Eintragungen;
sie erhebt nicht den Anspruch auf Vollständigkeit.

Abdichtungstechnik gegen Grund- und Druckwasser

ankox GmbH
Blumenstraße 42/1, 71106 Magstadt, Germany
Tel.: +49 7159 42 008 40
E-Mail: info@ankox.de
Web: www.ankox.de

BPA-GmbH
Behringstraße 12, D-71083 Herrenberg-Gültstein
Tel: +49 (0) 70 32/8 93 99-0
Fax: +49 (0) 70 32/8 93 99-29
E-mail: info@bpa-waterproofing.com
Internet: www.bpa-waterproofing.com

Befestigungstechnik

MKT Metall-Kunststoff-Technik GmbH & Co. KG
Auf dem Immel 2, 67685 Weilerbach, Germany
Phone +49 63 74 91 16-0, Fax +49 63 74 91 16 60
www.mkt.de, info@mkt.de
Hersteller bauaufsichtlich zugelassener Dübel und Befestigungssysteme

Beton

Holcim (Süddeutschland) GmbH
72359 Dotternhausen
Tel. +49 (0)7427 79-0
Fax +49 (0)7427 79-248
info-sueddeutschland@lafargeholcim.com
www.holcim.de/sued

Betonfertigteile

Fertigbau Lindenberg OTTO QUAST GmbH & Co. KG
An der Autobahn 16-30 · D-57258 Freudenberg
Telefon 02734 490-0
email: fertigteile@quast.de · Internet: www.quast.de
Konstruktive Fertigteile für Industrie- und Gewerbebau, Brückenbauteile, Spannbetonbinder bis 37 m, Pi- und Trogplatten vorgespannt und schlaff bewehrt bis 37 m, Wände, Decken, Treppen, Fassaden.

Betoninstandsetzung

 StoCretec

StoCretec GmbH
Gutenbergstraße 6
65830 Kriftel
Tel.: 0 61 92 4 01-1 04 / Fax: 0 61 92 4 01-1 05
Mail: stocretec@sto.com
Internet: www.stocretec.de

Betonsanierungen

StoCretec GmbH
Gutenbergstraße 6
65830 Kriftel
Tel.: 06192 401-104 / Fax: 06192 401-105
Mail: stocretec@sto.com
Internet: www.stocretec.de

Betonschutzanstriche

StoCretec GmbH
Gutenbergstraße 6
65830 Kriftel
Tel.: 06192 401-104 / Fax: 06192 401-105
Mail: stocretec@sto.com
Internet: www.stocretec.de

Betonstahl mit mechanischer Endverankerung

HRC Europe NL B.V.
Mortelstraat 7
NL-8211 AD Lelystad
Tel.: +31 320 72 70 30
E-mail: info@hrc-europe.com
Internet: www.hrc-europe.de

Betonstahlverbindungen

HRC Europe NL B.V.
Mortelstraat 7
NL-8211 AD Lelystad
Tel.: +31 320 72 70 30
E-mail: info@hrc-europe.com
Internet: www.hrc-europe.de

Bolzenschweißtechnik

Bolte GmbH
Flurstraße 25 · D-58285 Gevelsberg
Tel.: +49 (0)2332 55106-0 · Fax: +49 (0)2332 55106-11
info@bolte.gmbh · www.bolte.gmbh

CFK-Lamellen

StoCretec GmbH
Gutenbergstraße 6
65830 Kriftel
Tel.: 06192 401-104 / Fax: 06192 401-105
Mail: stocretec@sto.com
Internet: www.stocretec.de

Durchstanzbewehrungen

Schöck Bauteile GmbH
Vimbucher Straße 2
76534 Baden-Baden
Tel.: +49 (0) 7223 967-0
Fax: +49 (0) 7223 967-450
E-Mail: schoeck@schoeck.de
Internet: www.schoeck.de

Produkte für Wärmedämmung,
Trittschalldämmung, Bewehrungstechnik

Durchstanz- und Schubbewehrung

ancotech

ancotech GmbH
Spezialbewehrungen
Am Westhover Berg 30
D-51149 Köln
Tel.: (02203) 599 28-0
Fax: (02203) 599 28-10
e-Mail: info@ancotech.de
Internet: www.ancotech.de
– Durchstanz- und Schubbewehrung
– Nichtrostende Edelstahlbewehrung

Edelstahlbewehrung

ancotech

ancotech GmbH
Spezialbewehrungen
Am Westhover Berg 30
D-51149 Köln
Tel.: (02203) 599 28-0
Fax: (02203) 599 28-10
e-Mail: info@ancotech.de
Internet: www.ancotech.de
– Durchstanz- und Schubbewehrung
– Nichtrostende Edelstahlbewehrung

Fachliteratur

Ernst & Sohn
Verlag für Architektur und technische
Wissenschaften GmbH & Co. KG
Rotherstraße 21
D-10245 Berlin
Tel. +49 (0)30 47031 200
Fax +49 (0)30 47031 270
E-Mail: info@ernst-und-sohn.de
Internet: www.ernst-und-sohn.de

Fassaden-Verankerungssystem

Schöck Bauteile GmbH
Vimbucher Straße 2
76534 Baden-Baden
Tel.: +49 (0) 7223 967-0
Fax: +49 (0) 7223 967-450
E-Mail: schoeck@schoeck.de
Internet: www.schoeck.de

Produkte für Wärmedämmung,
Trittschalldämmung, Bewehrungstechnik

Fugendichtungsmassen

ankox Firmengruppe

ankox GmbH
Blumenstraße 42/1, 71106 Magstadt, Germany
Tel.: +49 7159 42 008 40
E-Mail: info@ankox.de
Web: www.ankox.de

Fugendichtungsmassen/ Fugenkonstruktionen

BPA-GmbH
Behringstraße 12, D-71083 Herrenberg-Gültstein
Tel: +49 (0) 70 32/8 93 99-0
Fax: +49 (0) 70 32/8 93 99-29
E-mail: info@bpa-waterproofing.com
Internet: www.bpa-waterproofing.com

Hochleistungsbeton/ Zemente

Baustoff leben

SCHWENK Zement KG
Hindenburgring 15, D-89077 Ulm
Telefon: (07 31) 93 41-0
Telefax: (07 31) 93 41-3 98
E-Mail: info.bauberatung@schwenk.de
Internet: www.schwenk.de

Industrieböden

StoCretec GmbH
Gutenbergstraße 6
65830 Kriftel
Tel.: 0 61 92 4 01-1 04 / Fax: 0 61 92 4 01-1 05
Mail: stocretec@sto.com
Internet: www.stocretec.de

Injektionsharze

StoCretec GmbH
Gutenbergstraße 6
65830 Kriftel
Tel.: 0 61 92 4 01-1 04 / Fax: 0 61 92 4 01-1 05
Mail: stocretec@sto.com
Internet: www.stocretec.de

Innovative Lösungen für Statik und Tragwerksplanung

A NEMETSCHEK COMPANY

FRILO Software GmbH
Stuttgarter Straße 40 · 70469 Stuttgart
Tel: +49 711 81 00 20 · Fax: +49 711 85 80 20
www.frilo.eu · info@frilo.eu

Kies

Holcim (Deutschland) GmbH
Willy-Brandt-Straße 69
20457 Hamburg
Tel. (040) 3 60 02-0
Fax (040) 3 60 02-333
customer_solutions-deu@lafargeholcim.com
www.holcim.de

Holcim (Süddeutschland) GmbH
72359 Dotternhausen
Tel. +49 (0)7427 79-0
Fax +49 (0)7427 79-248
info-sueddeutschland@lafargeholcim.com
www.holcim.de/sued

Kopfbolzen
– bauaufsichtlich zugelassen

Bolte GmbH
Flurstraße 25 · D-58285 Gevelsberg
Tel.: +49 (0)2332 55106-0 · Fax: +49 (0)2332 55106-11
info@bolte.gmbh · www.bolte.gmbh

Kragplattenanschlüsse

Schöck Bauteile GmbH
Vimbucher Straße 2
76534 Baden-Baden
Tel.: +49 (0) 7223 967-0
Fax: +49 (0) 7223 967-450
E-Mail: schoeck@schoeck.de
Internet: www.schoeck.de

Produkte für Wärmedämmung,
Trittschalldämmung, Bewehrungstechnik

Kunststoffbeschichtungen

StoCretec GmbH
Gutenbergstraße 6
65830 Kriftel
Tel.: 06192 401-104 / Fax: 06192 401-105
Mail: stocretec@sto.com
Internet: www.stocretec.de

Leichtbeton-Fertigteile

Liapor GmbH & Co. KG
91352 Hallerndorf-Pautzfeld
E-Mail: info@liapor.com
Internet: www.liapor.com

Pfahlgründungen

GKT Spezialtiefbau GmbH
Winsbergring 3 b
22525 Hamburg
Tel. (0 40) 85 32 54-0
Fax (0 40) 85 32 54-40
e-mail: info@gktspezi.de
Internet: www.gktspezi.de

Querkraftdorne

Schöck Bauteile GmbH
Vimbucher Straße 2
76534 Baden-Baden
Tel.: +49 (0) 7223 967-0
Fax: +49 (0) 7223 967-450
E-Mail: schoeck@schoeck.de
Internet: www.schoeck.de

Produkte für Wärmedämmung,
Trittschalldämmung, Bewehrungstechnik

Software für das Bauwesen

mb AEC Software GmbH
Europaallee 14, 67657 Kaiserslautern
Telefon 06 31 55 09 99-11
Telefax 06 31 55 09 99-20
info@mbaec.de
www.mbaec.de

Software für den Verbundbau

Kretz Software GmbH
Europaallee 14, 67657 Kaiserslautern
Telefon 06 31 55 09 99-11
Telefax 06 31 55 09 99-20
info@kretz.de
www.kretz.de

Spannbeton-Technik und -Ausrüstungen

Paul Maschinenfabrik GmbH & Co. KG
Max-Paul-Straße 1
88525 Dürmentingen/Germany
Phone: +49 (0) 73 71/5 00-0
Fax: +49 (0) 73 71/5 00-111
Mail: spannbeton@paul.eu
Web: www.paul.eu
Beratung u. Planung von Spannbeton-Werken

Spezialbaustoffe

Baustoff leben

SCHWENK Spezialbaustoffe GmbH & Co. KG
Hindenburgring 15, D-89077 Ulm
Telefon: (07 31) 93 41-0
Telefax: (07 31) 93 41-3 96
E-Mail: info.vertrieb@schwenk.de
Internet: www.schwenk.de

Statiksoftware für Tragwerksplanung & FEM

Dlubal Software GmbH
Am Zellweg 2, D-93464 Tiefenbach
Telefon: +49 9673 9203-0
Telefax: +49 9673 9203-51
E-Mail: info@dlubal.com
Internet: www.dlubal.de

Trittschalldämmsysteme

Zuverlässigkeit trägt

Schöck Bauteile GmbH
Vimbucher Straße 2
76534 Baden-Baden
Tel.: +49 (0) 7223 967-0
Fax: +49 (0) 7223 967-450
E-Mail: schoeck@schoeck.de
Internet: www.schoeck.de

Produkte für Wärmedämmung,
Trittschalldämmung, Bewehrungstechnik

Tunnelbau

ankox GmbH
Blumenstraße 42/1, 71106 Magstadt, Germany
Tel.: +49 7159 42 008 40
E-Mail: info@ankox.de
Web: www.ankox.de

BPA-GmbH
Behringstraße 12, D-71083 Herrenberg-Gültstein
Tel: +49 (0) 70 32/8 93 99-0
Fax: +49 (0) 70 32/8 93 99-29
E-mail: info@bpa-waterproofing.com
Internet: www.bpa-waterproofing.com

Verankerungen

HRC Europe NL B.V.
Mortelstraat 7
NL-8211 AD Lelystad
Tel.: +31 320 72 70 30
E-mail: info@hrc-europe.com
Internet: www.hrc-europe.de

Verbundanker für Sandwichplatten

Schöck Bauteile GmbH
Vimbucher Straße 2
76534 Baden-Baden
Tel.: +49 (0) 7223 967-0
Fax: +49 (0) 7223 967-450
E-Mail: schoeck@schoeck.de
Internet: www.schoeck.de

Produkte für Wärmedämmung,
Trittschalldämmung, Bewehrungstechnik

Wärmebrücken

Schöck Bauteile GmbH
Vimbucher Straße 2
76534 Baden-Baden
Tel.: +49 (0) 7223 967-0
Fax: +49 (0) 7223 967-450
E-Mail: schoeck@schoeck.de
Internet: www.schoeck.de

Produkte für Wärmedämmung,
Trittschalldämmung, Bewehrungstechnik

Zement

Holcim (Deutschland) GmbH
Willy-Brandt-Straße 69
20457 Hamburg
Tel. (040) 3 60 02-0
Fax (040) 3 60 02-333
customer_solutions-deu@lafargeholcim.com
www.holcim.de

Holcim (Süddeutschland) GmbH
72359 Dotternhausen
Tel. +49 (0)7427 79-0
Fax +49 (0)7427 79-248
info-sueddeutschland@lafargeholcim.com
www.holcim.de/sued

Zuschlagstoffe für Leichtbeton

Liapor GmbH & Co. KG
91352 Hallerndorf-Pautzfeld
E-Mail: info@liapor.com
Internet: www.liapor.com

Anzeigen:
Wilhelm Ernst & Sohn GmbH & Co. KG
Rotherstraße 21, 10245 Berlin
Verantwortlich für den Anzeigenteil:
Stefan Nepita,
Tel. 0 30/4 70 31-2 56, Fax 0 30/4 70 31-2 30
E-mail: stefan.nepita@wiley.com

Inserentenverzeichnis

Teil/Seite

Anbieterverzeichnis	2 / A7–A15
Adolf Würth GmbH & Co. KG, 74653 Künzelsau	1 / 410
Ancotech GmbH, 51149 Köln	1 / 414 a
ankox GmbH, 71106 Magstadt	2 / Rückseite
ArcelorMittal Commercial RPS S.a.r.l Sheet Pilling, L-4221 Esch sur Alzette	1 / 486 a–b
Bauunternehmen Echterhoff GmbH & Co. KG, 49492 Westerkappeln	1 / A2
Bekaert GmbH, 61267 Neu-Anspach	1 / 134 a
BPA GmbH, 71083 Herrenberg	1 / A7
CEMEX Deutschland AG, 13597 Berlin	1 / 2
Dlubal Software GmbH, 93464 Tiefenbach	1 / VI a
Dywidag-Systems International GmbH, 86343 Königsbrunn	1 / A11
Dywidag-Systems International GmbH, 32457 Porta Westfalica	1 / 426 a
ERKA Pfahl GmbH, 52499 Baesweiler	2 / A5
Fischerwerke GmbH & Co. KG, 72178 Waldachtal	1 / 296 a
Forschungsgesellschaft VMM-Spannbetonplatten GbR, 50171 Kerpen	1 / XVIII b–c
HECO-Schrauben GmbH & Co. KG, 78713 Schramberg	1 / 300 a
Hochtief Infrastructure GmbH, 45133 Essen	1 / IV b
Holcim (Süddeutschland) GmbH, 72359 Dotternhausen	1 / 474
HRC Europe - Department of Metalock Industrier AS, NO-3412 Lierstranda	1 / 418 a
Ingenieurbüro Grassl GmbH, 40211 Düsseldorf	1 / 250
Keller Holding GmbH, 63067 Offenbach	2 / 726
KTI-Schwingungstechnik Dipl. Ing. Rolf Trautmann GmbH, 40822 Mettmann	2 / A5
Laumer Bautechnik GmbH, 84323 Massing	1 / A3
Max Aicher GmbH & Co. KG, 83395 Freilassing	1 / 178 a
mb AEC Software GmbH, 67657 Kaiserslautern	Lesezeichen
MKT Metall-Kunststoff-Technik GmbH & Co.KG, 67685 Weilerbach	Lesezeichen
Montana Bausysteme AG, CH-5612 Villmergen	1 / A5
Peikko Deutschland GmbH, 34513 Waldeck	1 / 416 a
Robusta-Gaukel GmbH & Co. KG, 71263 Weil der Stadt	1 / 424 a
Roxeler Betonsanierungsgesellschaft mbH, 48161 Münster	1 / A9

Schöck Bauteile GmbH, 76534 Baden-Baden   1 / 448 a
Spiekermann GmbH, 40547 Düsseldorf   1 / IV a
StoCretec GmbH, 65830 Kriftel   1 / A9

WEBAC-Chemie GmbH, 22885 Barsbüttel   2 / A2
WestWood Kunststofftechnik GmbH, 32469 Petershagen   1 / A7
wewaton GmbH, 96047 Bamberg   1 / 4 a
WTM Engineers GmbH, 20459 Hamburg   1 / Rückseite